DICTIONNAIRE

ENCYCLOPÉDIQUE & BIOGRAPHIQUE

DE

L'INDUSTRIE & DES ARTS INDUSTRIELS

Paris. — Imp. Ch. Maréchal & J. Montorier, 16, cour des Petites-Écuries.

DICTIONNAIRE

ENCYCLOPÉDIQUE ET BIOGRAPHIQUE

DE

L'INDUSTRIE ET DES ARTS INDUSTRIELS

CONTENANT

1° POUR L'INDUSTRIE :

L'étude historique et descriptive du travail national sous toutes ses formes; de ses origines, des découvertes et des perfectionnements dont il a été l'objet.
Le matériel et les procédés des industries extractives, des exploitations rurales, des usines agricoles et des industries alimentaires, des industries textiles et de la confection du vêtement, des industries chimiques.
Les chemins de fer et les canaux, les constructions navales. Les grandes manufactures. Les écoles professionnelles, etc.

2° POUR LES ARTS APPLIQUÉS A L'INDUSTRIE :

Le dessin; la gravure; l'architecture et toutes les industries qui se rattachent à l'art. — L'imprimerie. La photographie. — Les manufactures nationales. — Les écoles et les sociétés d'art.

3° POUR LA STATISTIQUE :

L'état de la production nationale; les résultats comparés de cette production et de celle de l'étranger pour les industries similaires.

4° POUR LA BIOGRAPHIE :

Les noms des savants, des artistes, fabricants et manufacturiers décédés qui se sont distingués dans toutes les branches de l'industrie et des arts industriels de la France.

5° L'HISTOIRE SOMMAIRE DES ARTS & MÉTIERS :

Depuis les temps les plus reculés jusqu'à nos jours; les mots techniques; l'indication des principaux ouvrages se rapportant à l'art et à l'industrie.

PAR

E.-O. LAMI

Officier d'Académie

Ancien attaché au Service historique et des Beaux-Arts de la Ville de Paris

AVEC LA COLLABORATION DES SAVANTS, SPÉCIALISTES ET PRATICIENS LES PLUS ÉMINENTS DE NOTRE ÉPOQUE

Ouvrage honoré de la souscription du Ministère du Commerce; de la Direction des Poudres et Salpêtres, au Ministère de la Guerre; d'un grand nombre de Sociétés savantes, Bibliothèques publiques, Lycées, Collèges, Ecoles, etc.

TOME IV

PARIS

LIBRAIRIE DES DICTIONNAIRES

7, PASSAGE SAULNIER, 7

1884

EXPLICATION

DES

ABRÉVIATIONS & DES SIGNES

Terme d'agriculture	*T. d'agric.*
— d'ameublement	*d'ameubl.*
— d'apprentissage	*d'appr.*
— d'architecture	*d'arch.*
— d'architecture militaire.	*d'arch. milit.*
— d'architecture et de construction	*d'arch. et de const.*
— d'architecture ornementale	*d'archit. ornement.*
— d'armurier	*d'armur.*
— d'armurerie et de guerre	*d'armur. et de g.*
— d'armurerie et d'art militaire	*d'armur. et d'art milit.*
— d'arquebusier	*d'arqueb.*
— d'art	*d'art.*
— d'art héraldique	*d'art hérald.*
— d'art militaire	*d'art milit.*
— d'art militaire ancien	*d'art milit. anc.*
— d'artificier	*d'artific.*
— d'artillerie	*d'artill.*
— de batteur d'or	*de batt. d'or.*
— de bijouterie	*de bijout.*
— de blanchiment et teint.	*de blanc. et teint.*
— de blanchissage	*de blanch.*
— de blason	*de blas.*
— de bonneterie	*de bonnet.*
— de botanique	*de bot.*
— de boulangerie	*de boul.*
— de bourrelier	*de bourr.*
— de brasserie	*de brass.*
— de briqueterie	*de briquet.*
— de carrelage	*de carr.*
— de carrosserie	*de carross.*
— de céramique	*de céram.*
— de chamoiserie	*de cham.*
— de chapellerie	*de chap.*
— de charpenterie	*de charp.*
— de charpenterie de marine	*de charp. de mar.*
— de charpenterie et de menuiserie	*de charp. et de men.*
— de charronnage	*de charron.*
— de chemin de fer	*de chem. de fer.*
— de chimie	*de chim.*
— de chimie organique	*de chim. organ.*
— de ciselure	*de cisel.*
— de clouterie	*de clout.*
— de coiffure	*de coiff.*
— de construction	*de constr.*
— de corderie	*de cord.*
Terme de cordonnerie	*T. de cordon.*
— de corroierie	*de corr.*
— de costume	*de cost.*
— de costume militaire	*de cost. milit.*
— de coutellerie	*de coutell.*
— de couture	*de cout.*
— de cristallerie	*de cristall.*
— de dessin	*de dess.*
— de décoration	*de déc.*
— de dorure	*de dor.*
— de draperie	*de drap.*
— d'ébénisterie	*d'ébénist.*
— d'électricité	*d'électr.*
— d'émailleur	*d'émail.*
— d'épinglier	*d'éping.*
— d'équipement militaire	*d'éq. milit.*
— d'exploitation des mines.	*d'exploit. des min.*
— de facteur d'instruments de musique	*de fact. de mus.*
— de filature	*de filat.*
— de fonderie	*de fond.*
— de fonderie en caractères	*de fond. en caract.*
— de forgeage	*de forg.*
— de fortification	*de fortif.*
— de fortification ancienne	*de fort. anc.*
— de fourbisseur	*de fourb.*
— de fumisterie	*de fumist.*
— de ganterie	*de gant.*
— de géologie	*de géolog.*
— de géométrie	*de géom.*
— de glacerie	*de glac.*
— de gnomonique	*de gnomon.*
— de gravure	*de grav.*
— d'hongroyage	*d'hong.*
— d'horlogerie	*d'horlog.*
— d'hydraulique	*d'hydraul.*
— d'hygiène	*d'hyg.*
— d'iconographie	*d'iconog.*
— d'iconologie	*d'iconol.*
— d'impression sur étoffes.	*d'imp. s. ét.*
— d'imprimerie	*d'imp.*
— d'industrie	*d'indus.*
— de joaillerie	*de joaill.*
— de laiterie	*de lait.*
— de lampisterie	*de lamp.*
— de lapidaire	*de lapid.*
— de lapidaire et de joaillier	*de lapid. et de joaill.*
— de librairie	*de libr.*
— de luthier	*de luth.*

Terme de machine	*T. de mach.*
— de maçonnerie	*de maçonn.*
— de manufacture	*de manuf.*
— de marbrerie	*de marbr.*
— de maréchalerie	*de maréch.*
— de marine	*de mar.*
— de marine et de navigation *	*de mar. et de nav.*
— de mathématique	*de mathém.*
— de mécanique	*de mécan.*
— de mécanique agricole	*de méc. agr.*
— de mécanique et d'électricité	*de méc. et d'élect.*
— de médecine	*de méd.*
— de mégisserie	*de még.*
— de menuiserie	*de men.*
— de menuiserie en voiture	*de men. en voit.*
— de métallurgie	*de métall.*
— de métier	*de mét.*
— de meunerie	*de meun.*
— de mine	*de min.*
— de mine militaire	*de min. milit.*
— de minéralogie	*de minér.*
— de miroiterie	*de miroit.*
— de monnaie	*de monn.*
— d'optique	*d'optiq.*
— d'orfèvrerie	*d'orfèv.*
— de papeterie	*de pap.*
— de parcheminerie	*de parch.*
— de passementerie	*de passem.*
— de parfumerie	*de parf.*
— de peinture en bâtiment	*de peint. en bât.*
— de pelleterie	*de pellet.*
— de pharmacie	*de pharm.*
— de photographie	*de photog.*
— de physiologie	*de physiol.*
— de physique	*de phys.*
— de physique nautique	*de phys. naut.*
— de plomberie	*de plomb.*

Terme de plumassier	*T. de plumas.*
— de pontonnerie	*de ponton.*
— de ponts et chaussées	*de p. et chauss.*
— de potier	*de pot.*
— de pyrotechnie	*de pyrotechn.*
— de raffinerie de sucre	*de raff. de sucre.*
— de reliure	*de rel.*
— de salines	*de salin.*
— de savonnerie	*de savon.*
— de sellerie	*de sell.*
— de serrurerie	*de serrur.*
— de sucrerie	*de sucr.*
— de tabletterie	*de tabl.*
— de tanneur	*de tann.*
— de tapisserie	*de tapiss.*
— technique	*techn.*
— de teinturerie	*de teint.*
— de télégraphie	*de télégr.*
— de théâtre	*de théât.*
— de thermodynamique	*de thermodyn.*
— de tissage	*de tiss.*
— de tonnellerie	*de tonnell.*
— de tourneur	*de tourn.*
— de travaux publics	*de trav. publ.*
— de typographie	*de typogr.*
— de vernissage	*de verniss.*
— de verrerie	*de verr.*
— de vitrerie	*de vitr.*
— de zoologie	*de zool.*
Art héraldique	*Art. hérald.*
Instrument d'astronomie	*Inst. d'ast.*
Instrument de chirurgie	*Inst. de chirurg.*
Instrument de musique	*Inst. de mus.*
Mythologie	*Myth.*
Synonyme	*Syn.*

Le signe * indique que le mot qui le porte n'est pas dans le dictionnaire de l'Académie.

LISTE DES AUTEURS

QUI ONT CONTRIBUÉ A LA RÉDACTION DU QUATRIÈME VOLUME

Rédacteur en Chef : E.-O. LAMI.

MM. **BADOUREAU**, A. B. — Ancien élève de l'École polytechnique; Ingénieur des mines,
BECHI (Guido de), G. B. — Chimiste;
BLONDEL (S.), S. B. — Homme de lettres;
BOULARD (J.), J. B. — Ingénieur civil;
BOUQUET DE LA GRYE, B. G. — Membre de la Société d'agriculture de France;
CERFBERR DE MÉDELSHEIM, C. de M. — Homme de lettres;
CHAPRON, L. C. — Architecte, Ingénieur des Arts et Manufactures;
CHESNEAU (E.), E. Ch. — Critique d'art;
CLOÜET (J.), J. C. — Professeur à l'École de médecine et de pharmacie de Rouen;
COSMANN, M. C. — Ingénieur des Arts et Manufactures; Inspecteur du mouvement au Chemin de fer du Nord;
DARCEL (A.), A.-D. — Administrateur de la Manufacture des Gobelins;
DECHARME, C. D. — Docteur ès-sciences, ancien professeur de physique et de chimie;
DÉPIERRE, J. D. — Chimiste;
DULAC, L. D. — Ingénieur des Arts et Manufactures;
DU MONCEL (Comte), T. D. M. — Membre de l'Institut;
DUPONT (Paul), P. D. — Ingénieur civil;
DURIN, E. D. — Chimiste;
FOREST, H. F. — Ingénieur des Arts et Manufactures, Ingénieur du service des études au Chemin de fer du Nord;
FOUCHÉ, M. F. — Licencié ès-sciences, professeur au Lycée Henri IV;
FRANCK (René), R. F. — Chimiste;
GAND (Edouard), E. G. — Professeur de tissage à la Société industrielle d'Amiens;
GAUTIER, Dr L. G. — Chimiste;
GAUTIER, F. G. — Ingénieur civil;
GÉRARD, P. G. — Chimiste du laboratoire du Ministère des finances;
GRANDVOINNET, J.-A. G. — Ingénieur des Arts et Manufactures, professeur à l'Institut national agronomique;
GUÉROUT, A. G. — Ingénieur électricien;
GUIFFREY, J. J. G. — Archiviste aux archives nationales, critique d'art;
HENRY (J.-A.), J. A. H. — Fabricant de soieries;
JOUANNE, G. J. — Ingénieur des Arts et Manufactures;
JOULIE, H. J. — Chimiste;
LAMORT, L. — Ingénieur civil;
LEGOYT, A. L. — Ancien directeur de la statistique générale de France au Ministère de l'Agriculture et du commerce;
MAIGNE, M. — Publiciste;
MANTZ (P.), P. M. — Critique d'art;
MONMORY, F. M. — Architecte;
MOREAU, A. M. — Ingénieur des Arts et Manufactures;
NUITTER (Ch.), C. N. — Bibliothécaire de l'Académie de musique;
RAYNAUD, J. R. — Docteur ès-sciences, professeur à l'École supérieure de télégraphie;
RÉMONT, Alb. R. — Chimiste;
RENOUARD, A. R. — Ingénieur civil, Secrétaire général de la Société industrielle du Nord;
RINGELMANN, M. R. — Ingénieur-Répétiteur de Génie rural à l'École de Grandjouan;
ROMAIN, R. — Ancien élève de l'École polytechnique, Ingénieur civil des mines;
TISSERAND (L.-M.), L.-M. T. — Chef du service historique de la ville de Paris;

DICTIONNAIRE

ENCYCLOPÉDIQUE ET BIOGRAPHIQUE

DE

L'INDUSTRIE ET DES ARTS INDUSTRIELS

D

***DACTYLOGRAPHE.** Instrument à clavier qui permet de transmettre, par le toucher, les signes de la parole. Chaque touche représente une lettre de l'alphabet qui, élevée par l'effet d'un mouvement qui lui est imprimé, se fait sentir sous la main de la personne avec laquelle on veut établir une conversation. Le dactylographe est un excellent moyen de faire converser les aveugles et les sourds-muets.

DAGUE. Gros poignard à lame courte et très pointue.

— Au moyen âge, c'était l'arme des gens de pied qui suivaient les hommes d'armes, puis elle devint à la mode parmi les seigneurs; au XVIe siècle, on la portait à la bottine, ainsi que le montre le duel de Jarnac et de la Châtaigneraie. La lame de la dague, très dure et très acérée, pouvait percer les cottes de mailles, et pénétrer dans le défaut de la cuirasse, aussi s'en servait-on pour achever un ennemi renversé, qui n'obtenait grâce qu'en demandant merci ; de là le nom de *miséricorde* donné au genre de dague le plus répandu.

***DAGUERRE** (LOUIS-JACQUES-MANDÉ) naquit à Cormeilles, en 1789. Dès son enfance il montra pour la peinture un goût très vif. Elevé sous les meilleurs maîtres, il ne tarda pas à se faire remarquer, mais c'est surtout dans la décoration théâtrale qu'il se fit une grande réputation. Il excellait à peindre les paysages vaporeux et nul ne savait, comme lui, distribuer la lumière avec autant de science et d'entente des effets. Ses décors du *Belvédère*, de *Calas*, du *Songe* eurent un énorme succès. Mais ce n'était point là l'idéal de Daguerre; gêné par les exigences de la scène, il conçut l'idée du *Diorama*, qui lui permit de développer mieux qu'au théâtre les ressources de son talent. Ses recherches et ses travaux donnèrent à Daguerre l'idée de fixer les images par l'action de la lumière solaire. Il apprit que Niepce, à Châlon-sur-Saône, l'avait devancé; il entra en relations avec lui, et apporta à la chambre noire un perfectionnement considérable. Daguerre et Niepce, voulant donner à la nouvelle découverte un rapide essor, s'associèrent le 14 décembre 1829 pour la développer et la propager. L'acte social dit : « pour coopérer au perfectionnement de ladite découverte, *inventée par* M. Niepce et perfectionnée par M. Daguerre. » Le procédé devait porter le nom des deux inventeurs, mais Niepce étant mort, Daguerre s'appropria seul l'invention, y donna son nom (V. DAGUERRÉOTYPE), prétendant avoir, seul, apporté des perfectionnements sans lesquels l'invention n'était pas pratique. Le 9 janvier 1833, Arago fit part à l'Académie des sciences de l'invention de Daguerre en y associant le nom de Niepce. Les procédés furent achetés par l'Etat, rendus publics moyennant deux pensions viagères, attribuée l'une à Daguerre, l'autre à Niepce fils.

Jusqu'à sa mort (1851), Daguerre, qui avait été nommé officier de la Légion d'honneur, s'occupa d'apporter des perfectionnements à la nouvelle invention. Il a été inhumé à Petit-Bry-sur-Marne. Il a laissé deux ouvrages : *Historique et description des procédés du Daguerréotype et du Diorama* (Paris, 1839, in-8°); *Nouveau moyen de préparer la couche sensible des plaques destinées à recevoir les images photographiques* (Paris, 1844, in-8°).

DAGUERRÉOTYPE. *T. techn.* Art de reproduire les images de la chambre obscure sur une plaque métallique, recouverte d'une substance impressionnable à la lumière, et de les fixer sur cette plaque. On donne aussi ce nom à l'instrument lui-même qui sert à cette reproduction, c'est-à-dire à la chambre obscure et à ses accessoires. Dans ce sens, l'opération devrait s'appeler *Daguerréotypie.*

— Les premières tentatives, faites à ce sujet, datent du commencement de notre siècle. Sans parler des essais infructueux de Wegwood, de Davy, de Watt, on peut dire que le problème ne fut attaqué sérieusement que par Nicéphore Niepce, de 1816 à 1829. On savait que l'azotate et le chlorure d'argent noircissent à la lumière; mais on n'avait pu retirer de ce fait remarquable aucun parti; la conservation des images produites par ce moyen offrant des obstacles invincibles. Niepce employa d'abord, comme substance impressionnable, le bitume de Judée (asphalte) étendu sur une lame d'étain.

Lorsque la lumière avait agi sur cette substance, et reproduit sur la plaque l'image de la chambre obscure, on plongeait cette plaque dans un mélange d'essence de lavande et de pétrole, qui dissolvait les parties non attaquées par la lumière et laissait les autres intactes. On obtenait, par ce moyen, un dessin dont les clairs correspondaient aux clairs, les ombres aux ombres, etc. Mais le procédé était peu pratique à cause de son extrême lenteur. Niepce n'avait pas l'idée des agents accélérateurs ou révélateurs de l'image. Pendant que Niepce expérimentait ainsi sans aboutir, un autre chercheur, un artiste, demi-savant, esprit ingénieux, l'inventeur du diorama, Daguerre, poursuivait le même problème avec ardeur et non sans quelques succès. Par l'intermédiaire de M. Chevalier, Daguerre fut mis en relation avec Niepce; les deux chercheurs convinrent d'unir leurs efforts et passèrent un traité propre à assurer à chacun partage égal dans le succès.

Dix années s'écoulèrent sans lasser l'ardeur des deux associés. Mais, que ne peut la persévérance! A force de recherches, d'essais infructueux, et le hasard aidant, Daguerre fit deux découvertes importantes : d'une part, l'impressionnabilité rapide de l'*iodure d'argent* à la lumière; et d'autre part, l'action des vapeurs de mercure pour *révéler l'image* sur la plaque d'argent iodurée. A partir de là, une solution satisfaisante était entrevue, trouvée, bientôt perfectionnée. Enfin, en 1839, Daguerre put présenter au monde savant une plaque où était reproduite et fixée l'image de la chambre obscure, avec une finesse et une exactitude admirables. Bientôt, sous le patronage d'Arago, la découverte de Daguerre fut annoncée à l'Académie des sciences et peu après connue dans le monde entier.

Nous n'entrerons pas dans les détails de la pratique du daguerréotype, qui d'ailleurs est à peu près abandonné aujourd'hui, et remplacé avantageusement par la *photographie sur papier*. Nous nous contenterons des indications suivantes :

PRÉPARATION DE LA PLAQUE. On se sert d'une lame de cuivre plaquée d'argent ou argentée par procédé galvanique. La plaque subit d'abord un nettoyage ou *décapage* qui s'obtient en la frottant au tripoli, en poudre fine, avec un tampon de coton cardé imbibé d'alcool, puis avec du coton sans tripoli. Le *polissage* se fait en frottant la plaque avec une peau de daim, tendue sur une planche munie d'une poignée; d'abord au rouge d'Angleterre, puis avec une peau ne contenant que des traces de cette poudre. On porte ensuite la plaque dans la *boîte à iode*; dans le principe, c'était une cuvette en porcelaine renfermant des cristaux d'iode, recouverte d'une lame de verre. Depuis la découverte des agents sensibilisateurs, la boîte est en sapin, composée de deux tiroirs renfermant chacun une cuvette en porcelaine, la première contient l'*iode*, la seconde de la *chaux bromée*. La plaque est soumise successivement à l'action de ces vapeurs, pendant une demi-minute environ à la première et pendant un temps trois fois moindre aux vapeurs bromées. La plaque prend une teinte qui doit tirer sur le violet. On l'expose une seconde fois aux vapeurs d'iode pendant 8 à 10 secondes. Toutes ces opérations se font, bien entendu, dans l'obscurité complète.

Exposition de la plaque à la chambre obscure. Préalablement on a dû, à l'aide d'un châssis muni d'un verre dépoli, *mettre l'image au point*, c'est-à-dire déplacer le verre où se peint l'image jusqu'à ce que celle-ci apparaisse parfaitement nette. Puis on y substitue un autre châssis identique portant la plaque sensibilisée. La durée de l'exposition dépend de l'intensité de la lumière, de la température et surtout du degré de sensibilité de la plaque. En général, il faut une demi-minute d'exposition pour portrait et trois minutes environ pour vue extérieure, lointaine, monument, etc. Au début de l'art, la pose durait beaucoup plus longtemps.

DÉVELOPPEMENT DE L'IMAGE. En sortant de la chambre obscure la plaque ne présente aucune modification apparente; l'image ne se développe qu'au contact des vapeurs de mercure. Pour cela, on dispose la plaque dans une *boîte à mercure*, sur une rainure inclinée à 45° et l'on chauffe, à la lampe à alcool, le liquide contenu dans une petite cuvette en fer située au fond de la boîte (à 6 ou 8 centimètres de la plaque), jusqu'à ce que la température atteigne 50 ou 60°, indiqués par un petit thermomètre attaché à la boîte. On voit alors, à travers une fente couverte d'un verre jaune et éclairée par une bougie, l'image se développer peu à peu. Quand elle a atteint la perfection désirée on retire la plaque de la boîte.

Fixage et avivage. Pour débarrasser la plaque de l'iodure d'argent qui noircirait à la lumière, on la passe, durant cinq minutes, dans une dissolution d'*hyposulfite de soude*, puis dans un courant d'eau. L'image est alors fixée; mais elle est grise et s'effacerait au moindre contact. Pour lui donner une belle teinte et assurer sa conservation, on procède à l'*avivage* ou à la *dorure* (procédé de M. Fizeau).

Sur la plaque fixée horizontalement, on verse un composé de sel d'or et d'hydrosulfite de soude; on chauffe en dessous avec la lampe à alcool, jusqu'à l'ébullition. Le sel d'or se décompose, le mercure se dissout à la place de l'or qui se dépose sur l'argent. On lave ensuite la plaque dans un courant d'eau et l'on sèche rapidement à la lampe à alcool. L'image est alors inaltérable à la lumière, elle a seulement l'inconvénient d'être miroitante, ce qui ne permet de la voir que dans certaine direction de la lumière incidente. Les épreuves daguerriennes sont formées, pour les blancs, par l'amalgame d'argent, les noirs étant produits par la surface polie de l'argent lui-même. Elles présentent une finesse que ne peuvent atteindre les procédés sur papier. — V. CHAMBRE NOIRE OU CHAMBRE OBSCURE ; PHOTOGRAPHIE. — C. D.

***DAGUERRÉOTYPEUR.** *T. de mét.* Celui qui s'occupe de reproduire les objets par la daguerréotypie.

***DAHLIA.** *T. de chim.* Syn. : *Violet de Hofmann.* Nom donné à certaines matières colorantes nouvelles, dérivées de la houille, de nuance violette, que A.-W. Hofmann découvrit en 1863, et fit breveter l'année suivante, en Angleterre et en France. Le dahlia est une matière soluble dans l'alcool éthylique et méthylique, l'acide acétique, quelques acides minéraux, mais insoluble dans l'eau. C'est une couleur très brillante, à base d'iode ou de brome, obtenue par éthylation de la rosaniline, ce qui la différencie de certaines nuances analogues, comme le *violet de Perkin*, qui résulte de l'oxydation de l'aniline, le *violet impérial* qui est obtenu en phénylisant la rosaniline, ou le *violet de Paris*, qui est de la méthylaniline oxydée.

Pour préparer la couleur dahlia, on chauffe pendant trois ou quatre heures, entre 100 et 110°, 10 kilogrammes de chlorhydrate de rosaniline (fuchsine), dans des tubes fermés, en verre ou en fer, avec 8 kilogrammes d'iodure ou de bromure d'éthyle, 10 kilogrammes de potasse ou de soude, et 100 litres d'alcool à 90°, ou parfois d'alcool méthylique. Lorsque le sel de rosaniline est converti en une masse violette, on laisse refroidir, puis l'on dissout la matière colorante dans l'alcool. Afin d'enlever l'excès d'iode qu'elle contient, on fait bouillir avec une solution de potasse, qui forme de l'iodure de potassium, et abandonne le principe violet à l'état insoluble.

On connaît dans le commerce trois nuances de couleur dahlia, qui sont obtenues en laissant la réaction se faire pendant un temps plus ou moins long : le *dahlia R* est de nuance violet-rougeâtre ; il s'obtient en chauffant le mélange indiqué plus haut, pendant deux heures, entre 115 et 130°. Comme composition chimique, c'est de la monéthyl-rosaniline, correspondant à la formule suivante :

$$C^{44}H^{21}Az^3 = C^{40}H^{16}(C^4H^5)Az^3$$
$$\text{ou } (Ꞓ^{22}H^{21}Az^3) = [Ꞓ^{20}H^{16}(Ꞓ^2H^5)]Az^3.$$

Le *dahlia BB* s'obtient en employant dans la préparation 20 kilogrammes d'iodure de méthyle. C'est un violet lumière, de nuance rougeâtre, constitué par de la diéthyl-rosaniline, et ayant pour formule :

$$C^{48}H^{26}Az^3 = C^{40}H^{16}(C^4H^5)^2Az^3$$
$$\text{ou } Ꞓ^{24}H^{26}Az^3 = (Ꞓ^{20}H^{16}(Ꞓ^2H^5)^2Az^3).$$

Le *dahlia B* est de couleur violet-bleu ; il se produit en employant 5 kilogrammes d'iodure de méthyle, et 5 kilogrammes d'iodure d'éthyle, toujours pour les mêmes quantités des autres corps. C'est de la triéthyl-rosaniline, répondant à la formule :

$$C^{52}H^{34}Az^3 = C^{40}H^{16}(C^4H^5)^3Az^3$$
$$\text{ou } Ꞓ^{26}A^{34}Az^3 = Ꞓ^{20}H^{16}(Ꞓ^2H^5)^3Az^3.$$ — J. C.

DAIM. *T. techn.* Se dit de la peau de daim qui est ou doit être chamoisée ; à la peau dépilée qui arrive des lieux d'origine, on donne le nom de *daim raturé* ; à celle qui est encore couverte de poils, celui de *daim vert* ; on nomme *daim en moelle* la peau qui, avant d'être livrée au chamoiseur, a été travaillée avec la cervelle de l'animal, et *daim en terre*, celle qui est foulée et adoucie avec de la terre à foulon.

DAIS. Ce mot désigne : 1° un ornement d'architecture et de sculpture fort employé par les artistes du moyen âge ; 2° un objet mobilier fixe ou portatif, constituant à la fois un motif de décoration et un emblème de haute dignité.

Dans le domaine architectonique, le dais est une pierre saillante, plus ou moins enrichie de sculptures et destinée à couvrir des statues placées verticalement soit à l'extérieur, soit même à l'intérieur des édifices sacrés ou profanes. On jugeait inconvenant de laisser l'image d'un saint ou d'un personnage de distinction exposée à la pluie, à la poussière, aux excréments des oiseaux hantant les grands édifices ; pour les en garantir, on mit, au-dessus de leur tête, une sorte d'auvent, fort simple d'abord, puis diversement ornementé. A l'origine, le dais n'était qu'une assise, ou une dalle de pierre, taillée en forme d'arcade. Peu à peu, il se développe comme grandeur et comme décoration : on lui voit prendre successivement la forme d'une porte, d'un dôme, d'une coupole, d'un donjon, quelquefois celle d'un énorme cul-de-lampe, correspondant au soubassement sur lequel repose la statue du saint. Son importance s'accroît avec la grandeur des édifices à l'ornementation desquels il concourt : tantôt il a peu de saillie, mais alors il est couvert de riches et délicates sculptures ; tantôt il a un très grand relief : c'est un pinacle, un clocheton, une pyramide, ou même un édicule complet, formant couronnement au-dessus de la figure du personnage. Suspendu sur la tête de celui qu'il écrase plutôt qu'il ne l'abrite, le dais rappelle alors ces clefs de voûte pendantes que les architectes des XIVe et XVe siècles multipliaient à la croisée des arêtes et qui ressemblent à d'immenses stalactites.

— La Renaissance, en revenant aux lignes simples de l'art grec et romain, abandonna les clefs de voûtes, les acrotères et les dais en pierre sculptée ; mais elle respecta ceux dont les huchiers et tailleurs d'images sur bois avaient enrichi les retables, les salles et les boiseries des palais et des églises. On avait étendu aux personnages vivants la précaution prise à l'égard des hommes et des femmes de pierre ; au-dessus de la tête des prélats, des abbés, des chanoines, des prêtres, des religieux, et, en général, de tous ceux qui occupaient une stalle haute ou d'honneur, on plaça un dais ou auvent plus ou moins ornementé, destiné à les garantir du froid et des courants d'air. Les stalles pourvues de cet élégant appendice sont dites *historiées* ; il en existe de fort remarquables dans plusieurs églises cathédrales, collégiales et abbatiales de la France et des autres contrées de l'Europe. Les dais de bois sculpté figurent tantôt des fleurs, des fruits ou des animaux symboliques, tantôt des personnages de l'Ancien et du Nouveau-Testament, tantôt des scènes entières, historiques et morales.

Le *dais*, considéré comme objet mobilier, était un châssis recouvert d'étoffe, formant ciel-de-lit, et le plus souvent accompagné de lambrequins, de courtines et autres draperies; que l'on plaçait au-dessus d'un trône ou de tout autre siège d'honneur; que l'on transportait à l'aide de bâtons, ou porté sur la tête d'un haut personnage en marche, soit qu'il fut à pied, soit qu'il montât un cheval. Le port du dais constituait autrefois une part importante du cérémonial sacré et profane.

A l'état fixe, le dais en étoffes drapées se plaçait au-dessus du trône des rois, du fauteuil des prélats officiants, du siège des hauts magistrats tenant la place du souverain. Dans les églises, on en mettait au-dessus des autels, des *ciboria*, ou vases suspendus, contenant les saintes espèces, au-dessus des fonts baptismaux, des crèches de Noël et des reposoirs du Jeudi Saint. On portait et l'on porte encore, sur le célébrant, le grand dais aux processions du *corpus christi*, ainsi que le petit dais, soutenu par deux bâtons seulement, au-dessus du viatique destiné à un malade.

Le dais, sacré ou profane, était toujours en étoffe précieuse, damas, baudequin, cendal, veluyau et autres tissus de soie, qui, au moyen âge, venaient d'Italie, apportés ou expédiés par des marchands de Lucques, de Pise ou de Sienne. Plus tard, Gand et Bruges fabriquèrent également les étoffes destinées à la décoration des dais. Tours et Lyon leur ont succédé; aujourd'hui, la chasublerie religieuse qui confectionne les dais est concentrée dans cette dernière ville et aux environs de l'église Saint-Sulpice, à Paris. — L. M. T.

DALLAGE. *T. de constr.* On donne ce nom à une sorte de revêtement, formé de matériaux ayant peu d'épaisseur, disposé soit horizontalement soit avec une faible déclivité ou courbure, et destiné à présenter une surface unie, dure, résistante, compacte, c'est-à-dire propre à la circulation, longue à s'user, ne se rompant pas et s'asséchant facilement. Le *pavage*, le *carrelage*, la *mosaïque*, présentent les mêmes caractères. Cependant, le *pavage*, devant résister à des efforts plus considérables, est formé d'éléments plus épais, mais de plus petite dimension, afin de rester faciles à manier; le *carrelage*, qui a la même destination que le dallage, quoique devant plus généralement résister à de moindres efforts et recevoir une moindre circulation, est formé d'éléments plus petits en tous sens, aussi est-il plus particulièrement propre à être établi sur les planchers des étages, en raison de son peu d'épaisseur et de poids; la *mosaïque* remplit le même rôle que le dallage et le carrelage, mais c'est un ouvrage relativement de luxe, car l'emploi des petits cubes de marbre de diverses couleurs dont on le compose, exige une certaine main-d'œuvre plus coûteuse que celle comportée par l'exécution des autres revêtements.

— Les dallages ont été employés, dans tous les temps, dans les édifices publics ou dans les habitations; il en a été trouvé des débris dans les monuments de l'Assyrie, de l'Egypte, de la Grèce; les Romains, surtout, en ont fait usage dans leurs temples ou basiliques, palais et thermes; pour cet objet, ils mettaient en œuvre des calcaires durs et surtout des marbres de diverses couleurs, jaspes et porphyres, ainsi que le granit. Les dispositions des dallages de l'époque romaine sont généralement très simples, mais l'ordonnance a une ampleur qui correspond à la grandeur des édifices; cela résulte de l'examen de ce qui en reste, notamment à Rome, dans la basilique du Forum de Trajan, dans le Panthéon, etc. A l'époque byzantine, le même luxe a présidé à l'emploi des dallages qu'on a, de plus, incrustés de matières colorées, marbres ou mastics. Au moyen âge, pendant la période romane, les dallages étaient faits plus économiquement; cependant, dans quelques-uns on apportait un certain luxe par le réemploi de dalles de l'époque romaine. Pendant la période d'épanouissement de l'art du moyen âge, on s'est limité, en général, dans les grands édifices, à l'emploi de dalles de calcaire dur, et on n'a introduit des dispositions plus riches que dans les locaux de plus petite dimension ou dans certaines parties, par exemple dans les chœurs, chapelles, etc.; on employait alors des ornements incrustés, des dessins gravés, remplis de plomb et de mastics, généralement de couleur noire, brune, rouge, bleu foncé ou clair, verte. — V. CARRELAGE.

Pendant le règne de Louis XIV, on a exécuté dans la chapelle de Fontainebleau, le Val de Grâce, le chœur de Notre-Dame de Paris, des dallages magnifiques par leur disposition et la matière employée : le marbre. Après ce règne, il a rarement été fait quelque chose de digne de remarque jusqu'à notre époque, qui jusqu'à présent, en ce point comme dans beaucoup d'autres, est caractérisée par l'éclectisme dans le choix des formes, des dispositions et des procédés.

Le dallage est le plus généralement composé de plaques de matériaux de peu d'épaisseur, a-t-il été dit, par rapport aux autres dimensions; cette épaisseur change cependant selon la nature des matériaux : elle peut varier de $0^m,01$ à $0^m,03$ pour le marbre, l'ardoise, la lave; de $0^m,05$ à $0^m,10$ pour le calcaire, tel que le liais, les schistes grossiers feuilletés non compacts, les dalles artificielles en matériaux moulés; de $0^m,08$ à $0^m,12$ pour le granit; de $0^m,010$ à $0^m,015$ pour la fonte, etc. Quant aux dimensions horizontales des dalles, elles sont généralement supérieures à trois fois celles des carreaux, c'est-à-dire qu'elles ont environ $0^m,30$ et au-dessus.

Certains dallages, des plus économiques, sont faits avec des matériaux bruts, plaques minces de calcaire ou de schiste, sans même être équarris, de sorte que les joints présentent un dessin très irrégulier; en vue de l'économie aussi, on emploie les excédents qui résultent du sciage de la pierre dure, et qu'on appelle des *levées*, lesquelles présentent donc un pavement uni, et une surface brute. Mais généralement on donne aux dalles des formes régulières. Les plus simples sont rectangulaires ou carrées.

Avec la forme en rectangle, on peut disposer les dalles en bandes ou rangées de largeur variable, et comme les éléments dans chaque rang peuvent être de diverses longueurs, on peut utiliser les matériaux bruts avec le moins de perte possible. L'emploi de dalles carrées donne un dessin absolument régulier, et au moyen de deux tons elle permet d'obtenir l'aspect si simple du damier, dont l'usage est si répandu. Comme dans le carrelage, nombre de formes géométriques sont employées pour le dallage; outre le rectangle et le carré, le triangle, l'hexagone, l'octogone, le cercle, seuls ou combinés, permettent d'obtenir des dispositions variées d'aspect en dessin, et aussi en couleur selon la nature des matériaux. A ces effets, comme pour le carrelage d'ailleurs, on ajoute ceux qui résultent de l'emploi d'incrustations, limitées à de simples traits entaillés et remplis soit de plomb, soit d'une pâte résistante colorée, ou plus étendues en surface, et remplies aussi par cette pâte ou par des petites plaques de matériaux. Seulement, dans les dallages ainsi incrustés, la composition, le dessin, auront généralement plus d'ampleur que dans les carrelages, soit parce qu'ils sont formés d'éléments plus grands, soit parce qu'ils couvriront des espaces plus étendus. En ce qui touche l'emploi de la fonte, rarement les dalles constituées avec cette matière présentent-elles une surface unie qui serait glissante ; plus généralement on les couvre de stries disposées perpendiculairement au sens de la circulation, ou de dessins en creux et formés soit de figures géométriques, striés dans des sens différents, alternés d'un compartiment à l'autre, soit de rinceaux d'ornement. Ces dalles en fonte sont d'ailleurs armées de nervures périmétriques ou diagonales, ce qui permet une épaisseur réduite sans préjudice de la résistance.

L'opération du dallage doit être conduite de façon à ce que les matériaux meubles qui servent d'assiette, terre ou sable et mortier, soient refoulés vers les bords libres de la dalle ; un refoulement en sens contraire aurait pour résultat de soulever les parties déjà posées. Il en résulte que dans la pose de la dernière dalle, il faut mesurer exactement ce qu'on doit laisser au-dessous ; c'est là une question de coup d'œil. Du moment que l'on emploie des dalles de formes régulières, on cherche à faire les joints aussi minces que possible, en amenant les arêtes supérieures presqu'au contact, tout en conservant au-dessous une épaisseur suffisante pour être garnie de mortier très fin dans la partie non vue ; on s'assure ainsi contre la pénétration de l'eau ; pour obtenir ce résultat, la surface du joint, dans l'épaisseur de la dalle, est oblique par rapport à la surface du dallage, avec laquelle elle fait un angle aigu ; c'est là ce que l'on appelle *démaigrir le joint*. En général, le garnissage ou coulage des joints par le mortier se fait une fois le dallage terminé ; le joint étant déjà garni à sa base par le refoulement du mortier pendant l'opération de la pose de la dalle ; on complète le remplissage en versant un mortier fin et liquide sur la surface du dallage, de sorte qu'il pénètre de lui-même dans le joint ; avec une spatule mince on aide à la pénétration et on fait échapper les bulles d'air afin d'assurer un garnissage complet.

La pose du dallage terminée, si on veut un travail soigné, il reste à régulariser par un polissage, étant donné qu'on n'a pas à recouper la pierre, c'est-à-dire que les dalles sont bien planes et ont été bien posées. Le polissage s'opère au moyen de grès fin mélangé d'eau, que l'on étale sur le dallage, puis on promène dessus un bloc de pierre dure ou de fonte, auquel on donne un mouvement alternatif en y attachant de part et d'autre deux cordes que deux ouvriers tiennent en main et tirent alternativement sans soulever le bloc. Les grains de grès, entraînés par le bloc, glissent sur la pierre, l'usent, en régularisent la surface. Cela fait, on nettoie la surface du dallage, on jointoie avec du mortier fin, et si on veut un ouvrage très soigné, on parachève le polissage avec de la pierre ponce, puis on lave de nouveau à l'eau pure ou légèrement acidulée par de l'acide chlorhydrique.

Par extension, on donne le nom de *dallage* aux revêtements du sol au moyen de l'asphalte ou du ciment, mais ce sont là à proprement parler des enduits, puisque le travail est le même. En ce qui touche l'emploi de l'asphalte, il est procédé comme pour la confection des trottoirs, seulement dans les cours on lui donne plus d'épaisseur. Si on emploie l'asphalte comprimé, on procède comme pour les chaussées, mais en réduisant alors l'épaisseur (V. ASPHALTE). Relativement à l'usage des ciments, on opère comme pour les enduits, seulement, au lieu de confectionner une surface lisse, on la divise en compartiments par des lignes en creux, dessinant des bandes périmétriques et des carrés, de sorte que s'il y a contraction de l'enduit, et par suite fendillement, celui-ci devra se produire suivant ces lignes ; l'ouverture des fentes est ainsi presque nulle, et en pratique l'eau n'y passe pas ; dans un enduit lisse, les fentes se produisent à grands intervalles, sont irrégulières, d'un aspect désagréable et laissent passer l'eau. En outre de la division par des lignes, on donne à chaque compartiment l'apparence d'une surface bouchardée, entourée d'une partie lisse analogue à une ciselure unie ; on évite ainsi que la superficie soit glissante. Ce genre de dallage s'est beaucoup répandu pendant ces dernières années. — V. ENDUIT.

On fait aussi des couvertures disposées comme des dallages, en juxtaposant des dalles sur le remplissage de voûtes et avec une certaine déclivité. — V. COUVERTURE, § I. — L. C.

DALLE. 1° *T. de constr.* On donne ce nom à une plaque d'épaisseur réduite par rapport à ses autres dimensions, et qui sert à faire des revêtements, soit verticaux, soit horizontaux. — V. DALLAGE, REVÊTEMENT.

Les matériaux employés pour constituer les dalles sont : les granits, les laves, les ardoises, les marbres et autres calcaires, puis encore des matériaux moulés, la fonte et enfin les matières vitrifiables ; on conçoit que, dans certains cas et avec certaines dispositions, l'emploi d'un verre transparent, pour éclairer des caves ou sous-sols, des mansardes ou combles, soit nécessaire ; de là l'emploi de vitres-dalles dans les dallages, terrasses et couvertures. — V. l'art. précédent.

|| 2° *T. de constr.* Récipient de forme variée, en zinc ou en autre métal, qui, situé à la partie supérieure d'un édifice, reçoit les eaux de pluie et les déverse dans les tuyaux de descente. || 3° *T. techn.* Bassin en cuivre, muni d'un tuyau par lequel le sucre passe de la chaudière à clarifier dans la chaudière à cuire. || 4° Gouttière en fer qui, dans une tréfilerie, reçoit les barres travaillées au martinet.

DALLE TUMULAIRE. On appelle ainsi les tombes plates, avec effigies gravées sur la pierre ou sur le métal, soit qu'elles mesurent toute la longueur du corps du défunt, soit qu'elles n'en recouvrent qu'une partie, généralement celle où repose la tête. La dalle tumulaire est une sorte de démocratisation des sépultures; alors que les monuments funéraires en haut ou en bas-relief peuplaient le chœur, les chapelles et les bas-côtés des églises, s'adossaient aux piliers de la nef principale et refluaient dans le cimetière contigu aux édifices religieux, où ils affectaient toutes les formes, on dut se contenter, pour les morts moins illustres, moins riches ou moins titrés, d'une simple dalle faisant corps avec le pavement et permettant au clergé, ainsi qu'aux fidèles, de marcher dessus, dans leurs processions, allées et venues. Pour n'en citer qu'un exemple connu de tous les archéologues, à Notre-Dame de Paris, les évêques ou autres princes de l'Eglise ou de l'Etat, avaient leurs tombeaux en relief dans diverses parties de l'édifice; mais les chanoines devaient se contenter d'une simple pierre gravée où se lit encore aujourd'hui leur nom, avec leur qualité et la date de leur obit.

— C'est seulement vers le milieu du XIIIe siècle que l'usage des « plates-tombes » ou dalles tumulaires commence à se généraliser. Antérieurement, on ne cite guère que la seconde ou troisième tombe de Frédégonde, dans la basilique de Saint-Germain-des-Prés. C'est une plaque de pierre de liais, incrustée de fragments de pâte de verre et de pierres dures entremêlés de filets de cuivre. Des réserves, laissées dans la pierre, forment les linéaments du vêtement. La tête, les pieds et les mains, entièrement unis aujourd'hui étaient très probablement peints. Quelques autres tombes, dites en plat-relief, existaient encore dans la basilique de Saint-Germain : le relief nécessaire aux figures avait été obtenu au moyen d'une cavité pratiquée dans l'épaisseur de la dalle. Vers la fin du XIIe siècle et au commencement du XIIIe, les pierres tombales au ras du sol se multiplièrent ; on les fit en pierre, en cuivre ou en bronze, et l'on y grava l'effigie du mort ou une simple inscription commémorative. Les pavages de nos églises, dit Viollet-le-Duc, ne se composaient plus, à la fin du XVe siècle, que de dalles tombales juxtaposées, et, bien que depuis lors, on ait détruit une prodigieuse quantité de ces monuments si précieux pour les études historiques et archéologiques, il en reste encore beaucoup.

On cessa de graver l'effigie du mort sur ces dalles vers le milieu du XVIIe siècle; auparavant, on avait peu à peu substitué à cette effigie, un écu pour les chevaliers, une croix pour les religieux, un calice pour les prêtres, ou tout autre emblème significatif. Les dalles tumulaires des Templiers sont reconnaissables à une croix grecque, et parfois à un triangle équilatéral, symbole de la Trinité. Enfin, une simple inscription, avec les nom, prénoms et la date, fut gravée sur la dalle et celle-ci prit la forme et les dimensions des pièces du pavement; un carré, un rectangle, un losange, un hexagone ou octogone, etc. L'interdiction d'inhumer dans les églises a mis fin à l'usage des dalles tumulaires. — L. M. T.

***DALLERY** (Thomas-Charles-Auguste), l'inventeur de l'hélice et des chaudières tubulaires, est né à Amiens, le 4 septembre 1754. Il fut d'abord facteur d'orgues, comme son père, auquel il succéda. Mais la Révolution ayant fermé les églises, il dut chercher une autre industrie. C'est ainsi que nous le voyons successivement perfectionner les clavecins à bombarde, fabriquer des montres à répétition d'un système nouveau et petites comme des pièces de dix sous, imaginer un procédé plus simple que celui alors en usage pour la fabrication de la bijouterie en or, etc., tout cela sans beaucoup s'enrichir. Dallery rêvait, d'ailleurs, mieux que la fortune. Doué d'un génie particulier pour la mécanique, il voulait faire marcher les bateaux par la vapeur. Déjà en 1780, il avait construit une machine à vapeur, munie d'une chaudière tubulaire, pour imprimer le mouvement à une voiture. En 1803, il prend un brevet d'invention pour « un mobile perfectionné appliqué aux voies de transport par terre et par mer. » L'idée n'était pas nouvelle, puisqu'elle datait de Papin et que Fulton avait attiré l'attention publique sur le même objet. Ce qui appartient bien à Dallery, c'est d'abord l'emploi de chaudières à bouilleurs tubulaires verticaux communiquant avec un réservoir à vapeur. (Contrairement à Séguin, Dallery faisait circuler l'eau dans les tubes et la flamme à l'extérieur.) Dallery employait, en outre, l'hélice immergée comme moyen de direction et de propulsion ; il en mettait deux à son bateau, l'une à l'avant, l'autre à l'arrière. Il se servait aussi de mâts particuliers, c'est-à-dire dont les parties rentraient les unes dans les autres, comme les fragments d'une longue-vue. Enfin, Dallery employait une hélice verticale placée dans l'intérieur de la cheminée et qui faisait fonction de ventilateur pour activer le tirage des foyers. Le rapport présenté en 1845 à l'Académie des sciences, par Morin, constate ces perfectionnements, dont les deux premiers étaient considérables, bien que, dès 1752, Daniel Bernouilli eût remporté le prix proposé par l'Académie des sciences pour l'application de l'hélice à la navigation, et que Paucton, en 1758, Littleton, en 1792, eussent déjà fait quelques expériences non suivies de résultats. Celles de Dallery, tentées avec des moyens insuffisants, n'en eurent pas davantage. Il avait alors dépensé toute sa fortune. A bout de ressources, désespéré, il brisa son bâtiment, déchira son brevet et se retira à Jouy, près Versailles, où il mourut oublié le 1er juin 1835. Dix ans plus tard, l'Académie des sciences, sur le rapport du général Morin, reconnut les droits de Dallery aux inventions que nous venons d'exposer. — L. R.

DALMATIQUE. Espèce de tunique que portent sur leur aube, les ecclésiastiques qui servent, à la messe, le prêtre officiant.

— Encore un emprunt fait par l'Eglise au vêtement civil, comme pour le *pallium* et le laticlave. La dalmatique, costume originaire de Dalmatie, était un vêtement sans manches consistant en un large lez d'étoffe, fendu par le milieu, pour permettre de passer la tête, et tombant jusqu'aux pieds, devant et derrière. Par son ampleur et sa disposition générale, ce vêtement avait beaucoup d'analogie avec la *chasuble* (V. ce mot); aussi a-t-il été adopté par l'Eglise et accompagne-t-il encore aujourd'hui cet ornement traditionnel du célébrant.

Il s'en distingua bientôt par l'addition de manches, dont on retrouve la trace dans la dalmatique moderne; ces manches étaient plus ou moins longues, selon la dignité du personnage qui portait le vêtement : évêque, prêtre ou diacre. Les manches étendues figuraient la croix qu'on a placée plus tard sur la chasuble, en galons ou broderies, tandis que la dalmatique ne représente ce signe sacré qu'autant que celui qui la porte étend les bras.

Avec le temps, la dalmatique fut abandonnée au diacre, dont elle devint le vêtement propre. Il la porta d'abord avec capuchon, puis sans capuchon pour laisser voir l'*amict*, ou linge enveloppant le cou. Sa couleur primitive était pourpre, comme celle du manteau romain ; plus tard elle changea de nuance et s'harmonisa avec le ton et la décoration de la chasuble ; les trois pièces du vêtement d'autel, pour le prêtre, le diacre et le sous-diacre, forment aujourd'hui un ensemble homogène.

La dalmatique, qui était originairement un vêtement civil, le redevint au moyen âge. Les rois et les empereurs, considérés comme *chorévêques*, ou évêques du dehors, portaient la dalmatique dans les grandes cérémonies, à celle du sacre, en particulier. Dans l'inventaire du trésor de Charles V, on trouve la mention de ce vêtement, que le roi avait porté le jour de sa consécration : « Ung dalmatique de satin azuré, semé de fleurs de lys, orfroyé à perles tout autour et doublé d'ung satin vermeil, fermant sur les deux espaulles à quatre gros boutons de grossettes perles, et en chacun d'iceulx a ung chaston d'ung ballay d'orient ou mylien. »

Nous devons ajouter que les souverains ne furent pas les seuls à porter la dalmatique ; on l'employa, comme vêtement ample et chaud, aux XIVe et XVe siècles, concurremment avec les sarcots, peliçons, houppelandes, capes et robes fourrées. La Renaissance en fit justice, comme de beaucoup d'autres choses. De nos jours, un vêtement d'origine anglaise, le *raglan*, a reproduit en partie la forme de la dalmatique à capuchon, mais la mode n'en a été que passagère. — L. M. T.

DALOT. 1° Aqueduc en maçonnerie, de petites dimensions, spécialement destiné au passage et à l'écoulement des eaux dans les remblais des routes et des chemins de fer. Le véritable *dalot*, représenté en coupe à la figure 1, est un simple couloir en maçonnerie, composé de deux montants en moellons, que recouvre une dalle de

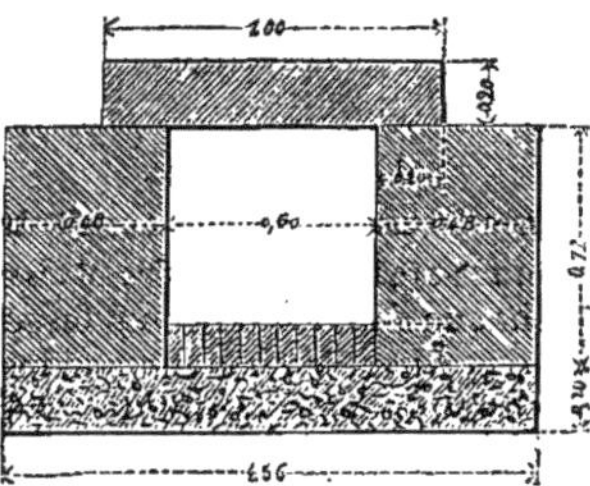

Fig. 1.

0m,20 d'épaisseur. Le radier est en briques et le tout repose sur un lit de béton de 0m,20 d'épaisseur. Mais cette disposition n'est, en général, employée que lorsqu'on ne dispose pas d'une hauteur suffisante pour faire une voûte, ou lorsqu'on peut se procurer des pierres plates à bon marché. Dans tous les autres cas, on préfère construire des *aqueducs-dallots* ; les têtes sont traitées comme celles d'un véritable souterrain, avec des parements et un couronnement en maçonnerie. Lorsqu'il s'agit d'aqueducs d'une très faible longueur, dont le curage est facile à faire de l'extérieur, on se borne à poser, dans les remblais, des buses cylindriques en ciment, de 0m,40 de diamètre et de 0m,05 d'épaisseur. Chaque cylindre a 1 mètre de longueur et peut s'emboîter dans le cylindre voisin. || 2° On donne le même nom, dans la marine, à une ouverture de quelques centimètres pratiquée sur le côté d'un navire, pour l'écoulement des eaux qui tombent sur le pont.

DAMAS. 1° Etoffe de soie ou de laine qui présente des dessins et que l'on tirait de la ville de Damas, avant que l'on apprît à la tisser en France. —V. DAMAS DE LAINE, DAMAS DE SOIE. || 2° *T. de tiss.* Toile qui présente des dessins comme les tissus de Damas. — V. DAMASSÉ, § II. || 3° *T. de métall.* Acier d'une nature particulière qu'on nomme aussi *acier damassé*, acier Wootz. — V. DAMASSÉ, § I.

DAMAS DE LAINE. Cette étoffe, qui sert à l'ameublement, est à fils *rectilignes*. On la tisse en écru, et on ne la destine à la teinture qu'après tissage. La chaîne et la trame (fils et duites) sont en laine simple. Les fils devant être plus solides que les duites, pour résister à l'action des mouvements qu'ils ont à effectuer, doivent être plus tors que la trame. La laize varie de 1m,30 à 1m,37 après teinture. La réduction-chaîne est alors de 26 à 28 fils au centimètre, et la réduction-trame est de 36 à 40 duites également au centimètre. — Peigne de 13 à 14 broches à deux fils, au centimètre.

Le *fond* de l'étoffe — fond sur lequel le dessinateur jette ses effets de façonné — est produit par la chaîne. L'armure de ce fond est un satin de 7-le-8. Son rythme est *sept pris, un laissé.* Conséquemment les sept-huitièmes des fils sont en évidence sur l'endroit de ce fond. En voici le mode de pointage :

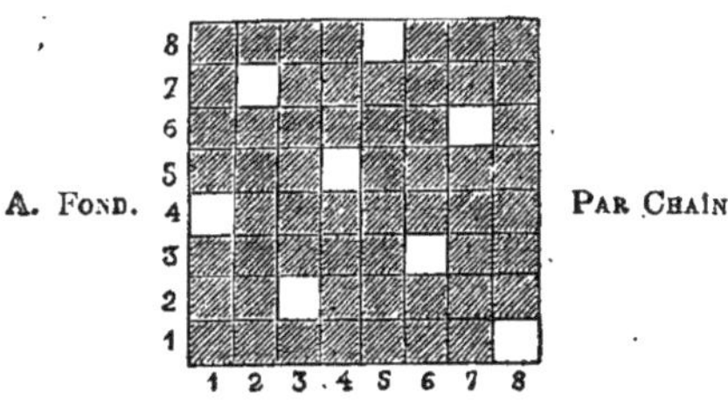

Fig. 2.

Dans cette carte, les rangées verticales de cases représentent les fils ; les rangées horizontales simulent les duites. Les cases en grisé indiquent les *pris*, et les cases blanches les *laissés*. Le *façonné*, c'est-à-dire le dessin, se fait par la trame (textile perpendiculaire à la chaîne). L'armure du façonné est également un satin de 7-le-8, mais son rythme est *un pris, sept laissés.* Conséquemment, les sept-huitièmes des fils apparaissent sous l'effet façonné. Notre figure 3 représente le mode de pointage (toujours face d'endroit).

Dans cette carte, les cases noires représentent les *pris* et les cases blanches les *laissés*. Si l'on compare attentivement la carte B à la carte A, on remarquera que les liages noirs *pris* de la carte B correspondent toujours à des pris (grisés) de la carte A ; et réciproquement tout liage blanc *laissé* de la carte A tombe toujours sur une case blanche de la carte B. Cela dispense le metteur en carte

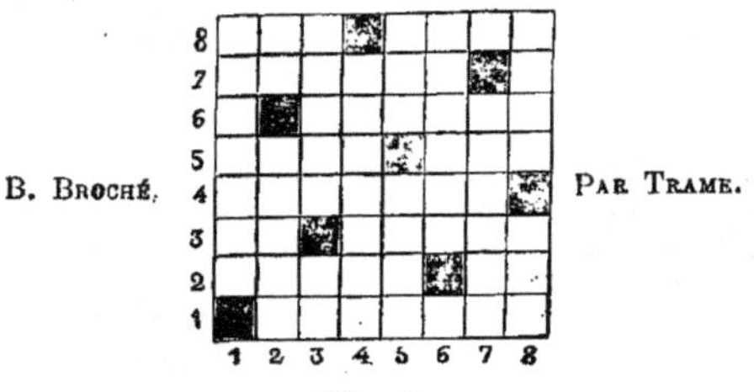

Fig. 3.

de pointer la couleur qui, sur le papier quadrillé, indique la position du façonné. Cette économie de pointage sera expliquée au mot Mise en carte.

On voit, par ce qui précède, que le façonné n'est autre, comme flotté, que l'envers même du fond-chaîne, et *vice-versa*. En effet, si on retourne la pièce et qu'on la regarde à l'envers, le satiné-chaîne du fond devient un satiné trame de 7-le-8; et, inversement, le façonné, vu à l'envers, apparaît comme satiné-chaîne. En un mot, c'est la même armure qui sert aux deux effets, et c'est tout simplement la perpendicularité des deux textiles (fils et duites) qui, suivant le sens du jour où l'on place et regarde l'étoffe, détermine le contraste entre le façonné et le fond, sur la face d'endroit. Toutefois, le metteur en carte n'est pas absolument astreint à pointer le façonné d'après l'armure même qui sert au pointage du fond. Il est libre, si son imagination l'y porte et si, surtout, la mode ne s'y oppose pas, de varier les armures de son façonné. Il peut même simuler des tons divers à l'aide de certains pointages additionnels qui affaiblissent le relief de ce façonné.

Les dessins sont généralement de grande dimension. On emploie tantôt des ramages, tantôt des motifs très apparents, tantôt de larges fleurs reliées entre elles par des branchages garnis de feuilles et de boutons, tantôt des ornements accompagnés de gracieux bouquets, tantôt enfin des combinaisons géométriques (grecques, losanges, zigzags, chevrons, casse-têtes, etc.), ornées de sujets plus ou moins originaux, plus ou moins exotiques.

Nous nous bornerons à ces quelques indications artistiques. Il serait très difficile et par trop long de donner ici la nomenclature de toutes les compositions élégantes, dont le bon goût du dessinateur sait illustrer le tissu simple qui fait l'objet de cette note.

Les damas de laine qui se font en *corps plein*, c'est-à-dire avec la Jacquard et sa *tire* d'arcades seulement, sont préférés à ceux qui sont fabriqués à *tire* et *lames*, comme cela sera expliqué plus loin. Dans le premier cas, chaque crochet ne fait évoluer qu'*un* seul fil dans chaque répétition. Il en résulte que les contours du façonné sont très purs, car les décochements se font alors de fil à fil et de duite à duite. Cette finesse de décochement est impossible à réaliser dans l'emploi simultané de la Jacquard avec sa tire d'arcades et d'une mécanique d'armure avec ses lames. Mais, quand on monte le métier en corps plein, il faut nécessairement avoir recours à un grand nombre de crochets Jacquard si l'on veut obtenir de grands effets. Ainsi, en divisant, par exemple, la laize $1^{m},37$ par 4, on obtient, sur la largeur de la pièce, quatre répétitions de $34^{c},25$ (trente-quatre centimètres et quart). Si, maintenant, on multiplie 34,25 par la réduction-chaîne (28 fils au centimètre), on a le total 959 ou mieux 960, à un fil près, — nombre qui représente la quantité de fils comprise dans chacune des quatre répétitions. Cela donne 3,840 fils pour la chaîne faisant figure, abstraction faite des fils de lisière que l'on ajoute sur chaque côté de la pièce. Deux mécaniques 500, réduites chacune à 480 crochets, fournissent ce nombre total de 960. Or, il faut que ce nombre soit divisible par 8, puisque l'armure est en satin de 8; c'est ce que l'on obtient avec 960 crochets Jacquard. Aujourd'hui la mécanique Vincenzi et celle d'Adolphe Casse répondent parfaitement et bien au delà à cette nécessité, attendu que, sous un petit format, elles contiennent un nombre considérable de crochets.

Ainsi, par exemple, avec une de ces Jacquard perfectionnées, qui pourrait être de 1,280 crochets, on arriverait à n'avoir que 3 répétitions, au lieu de 4, dans la largeur d'un damas de laine. Il y aurait alors plus de marge pour agrandir l'effet artistique et en varier les détails ($1,280 \times 3 = 3,840$).

Lorsque, jadis, on ne pouvait disposer de semblables ressources, on parvenait, néanmoins, à agrandir les dessins en ajoutant un corps de lames à la tire des arcades appendues aux crochets Jacquard.

Ainsi, étant donnée une mécanique n'ayant que 320 crochets, combien faudrait-il de répétitions de 320 fils, en corps plein, pour arriver au total ci-dessus indiqué, savoir 3,840 fils, dans la largeur du tissu ? Il en faudrait *douze*, puisque

$$320 \times 12 = 3,840.$$

Dans ces conditions le dessin serait trop petit.

Mais, si l'on monte le métier à *tire* et *lisses* combinées et que chacun des 320 crochets fasse évoluer, non plus *un seul* fil mais *trois* fils voisins ou consécutifs par répétition, il ne faudra évidemment plus que quatre répétitions au lieu de 12. En effet, nous aurons maintenant, dans chacune de ces quatre courses, 320×3 fils, soit 960 fils. D'autre part, 960×4 répétitions égale encore le total 3,840. Qu'en résultera-t-il ? C'est que le dessin qui était insignifiant avec 320 fils, sera maintenant trois fois plus grand et bien plus apparent qu'il ne l'était lorsque les 320 crochets ne faisaient évoluer qu'*un* fil par course. Dans ce dernier exemple, les dessins n'ont plus besoin d'être pointés sur la mise en carte. Celle-ci n'a plus que des plaqués comme fond (papier quadrillé laissé blanc) et comme dessin (papier quadrillé peint en rouge de Saturne ou en vermillon).

Il s'en suit que si (lorsqu'on foule la mécanique Jacquard) on a, par supposition, 10 crochets pris et 18 laissés, cela fait, dans la chaîne des fils, 30 pris, 54 laissés, puisque tout est triplé. On comprend qu'il n'y aurait pas de tissu possible, dans de telles conditions, puisque la trame flotterait sous 30 fils et sur 54.

Voici un autre exemple: 100 crochets levés et 220 laissés, représenteraient les plaqués suivants: 300 fils pris et 660 fils laissés, d'où résulterait un manque total de contexture. Il importe donc, pour réaliser l'armure du satin de 8, aussi bien dans les plaqués de fils levés que dans les plaqués de fils laissés, d'avoir recours à un corps de lames dont le nombre, étant de 8, correspond aux huit fils compris dans le rapport-chaîne du satin de 8. Après avoir rentré les 3,840 fils dans les maillons de la tire, on les passe ensuite, un par un, dans les mailles des lisses des 8 lames. On obtient ainsi 480 *courses* de 8 fils. Toutes les mailles sont à grande coulisse, afin que chaque lisse puisse lever son fil ou le maintenir rabattu quand besoin est. Cette combinaison permet aux fils de lier l'étoffe, aussi bien dans les parties du fond que dans celles du façonné. Chaque carton de la grande Jacquard doit suffire alors pour l'insertion de trois ou plusieurs duites consécutives; car il faut que le dessin se trouve agrandi en hauteur comme en travers et que la proportion des formes soit ainsi parfaitement observée. Voici comment on obtient ce duitage *triplé* ou *quadruplé*. Un des pieds de l'ouvrier foule la pédale qui correspond à la Jacquard chargée de fournir le façonné ; il maintient cette foule pendant que l'autre pied foule à son tour, et trois ou quatre fois consécutives, une autre pédale aboutissant à une petite mécanique d'armure, placée sur le côté du bâti du métier, et dont l'office est de faire évoluer les lames. Cette petite armure contient 8 crochets de *levée* et 8 de *rabat*. Chaque fois qu'elle fonctionne, elle lève une des huit lames et en rabat simultanément une autre. La lame levée soulève un huitième du nombre des fils, soit 480 sur 3,840; la lame rabattue en baisse donc 480. Or, les fils pris par la lame de levée lient en satin de 8 toutes les longues brides de trame faisant l'effet façonné de la face d'endroit; et simultanément les fils baissés par la lame de rabat lient, également en satin de 8, toutes les longues brides de trame faisant l'envers du fond, c'est-à-dire toutes les brides traînant *sous* la face d'endroit qui correspond aux parties de ce fond. De cette manière tous les plaqués d'endroit et d'envers, que la grande mécanique se bornait à donner, se trouvent transformés en un beau tissu de satin de 8, et la contexture satinée n'a point ainsi subi d'altération malgré l'agrandissement longitudinal et transversal des formes du façonné.

Cette idée est fort ingénieuse ; mais elle présente un inconvénient, celui d'engendrer aux limites ou plutôt à la périphérie des dessins, une cannelure trop accentuée, les décochements ou gradins se faisant de *trois* en *trois* ou de *quatre* en *quatre*, par chaîne et par trame, et non plus de *un* en *un*, comme dans le montage en *corps plein*.

A tous égards et avec la facilité qu'on a de se procurer des Jacquards qui contiennent jusqu'à 1,440 à 1,800 crochets, on doit, maintenant, préférer le montage à corps plein, puisqu'il laisse à chaque fil son évolution spéciale, au lieu de donner une évolution similaire à trois ou quatre fils consécutifs, comme nous venons de le voir dans le montage à *corps et lisses*, pris pour deuxième sujet d'étude.

Dans certains damas, plus serrés en compte-chaîne et en compte-trame, on emploie pour contexture, le satin de 13, dont le pointage monte de 5 cases en 5 cases sur l'échiquier de 13 cases carrées du papier quadrillé. On a ainsi un satin *carré*. — V. Satin.

Ce satin carré a la propriété de couvrir parfaitement le pointage. Il donne au tissu du façonné un magnifique relief, qui simule un velouté du plus bel effet. Nous le recommandons aux fabricants qui produisent les articles de haut prix. — E. G.

DAMAS DE SOIE. La ville de Damas, qui possède encore de nos jours quelques tissages de soieries, est la marraine du tissu dit *damas*. Les Arabes d'Espagne dotèrent la péninsule de cette fabrication importée un peu plus tard, à la suite des Croisades, en Italie et de là en France, principalement à Tours et à Lyon. Ces deux villes fabriquent aujourd'hui le damas avec la suprême perfection. Le damas est un façonné dont la chaîne et la trame, généralement de la même couleur, s'enchevêtrent en armures diverses, qui forment le dessin. Le plus souvent c'est un fond satin sur lequel le dessin se produit en envers de satin, en gros de Tours ou en taffetas. Quelquefois, l'entrecroisure des fils prend les finesses et les modelés de la gravure; c'est le damas en taille douce.

Si l'on se figure une chaîne de 8,000 fils, dont chaque fil serait indépendant; il est facile de concevoir quelle finesse de dessin on pourrait obtenir. Dans la pratique, une mécanique de 8,000 crochets n'existe pas. C'est pourquoi le damas pour robes, qui répète son dessin 4, 5, 6, 8, 10 fois dans la largeur de l'étoffe, est à peu près le seul qui découpe les dessins très finement par 1, 2 ou 3 fils.

Le damas pour meubles, pour ornements d'église, dont les dessins ont de plus grandes proportions, se tisse ordinairement par découpures de 4, 6, 8, même 10 fils à la fois, lesquels fils sont repris par des lisses et produisent, soit dans le fond, soit dans le dessin, des armures par un fil. Le dessin seul est donc fait par des découpures de plusieurs fils. Nous décrirons un des types les plus génériques, le *damas satin de 8 sans envers*, et l'explication raisonnée de la figure armurée que nous donnons nous dispensera de nous étendre davantage sur les difficultés et les soins que nécessite cette belle fabrication.

Damas 8 lisses sans envers. Le dessin se fait par une grosse mécanique Jacquard, dont les crochets soulèvent des maillons à plusieurs fils de chaîne, lesquels sont remis sur 8 lisses de levée et 8 lisses de rabat, mues par une petite mécanique de 104 crochets. Supposons une chaîne de 6,400 fils (80 portées) en un seul chemin. En passant 8 fils par maillon, une mécanique de 800 crochets suffira pour faire le dessin, qui sera découpé par 8 fils. En avant du corps de maillons,

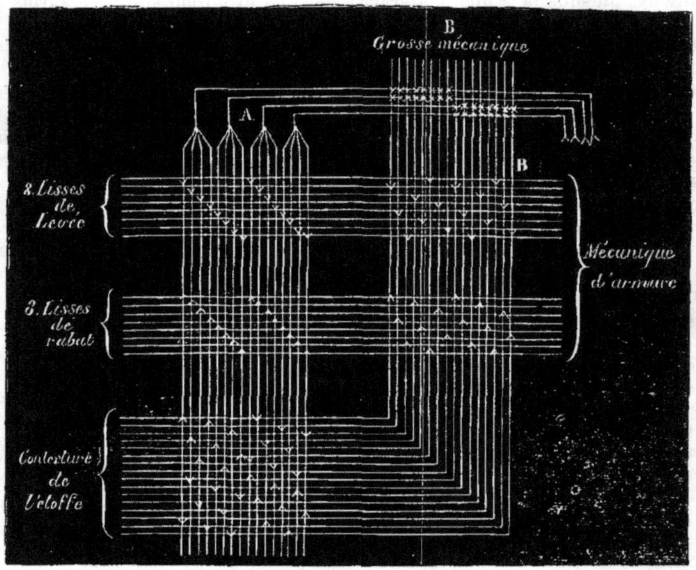

Fig 4. — *Damas satin de 8 sans envers sur 2 chemins de 800 cordes à 4 fils au maillon remis sur 8 fils lisses de levée et 8 lisses de rabat.*

A Remettage suivi à 4 fils au maillon. — *B* Dessin et armures. — V Signe de levée. — Λ Signe de rabat.

les 6,400 fils sont remis un à un sur 8 lisses de levée et 8 lisses de rabat. L'endroit du dessin se

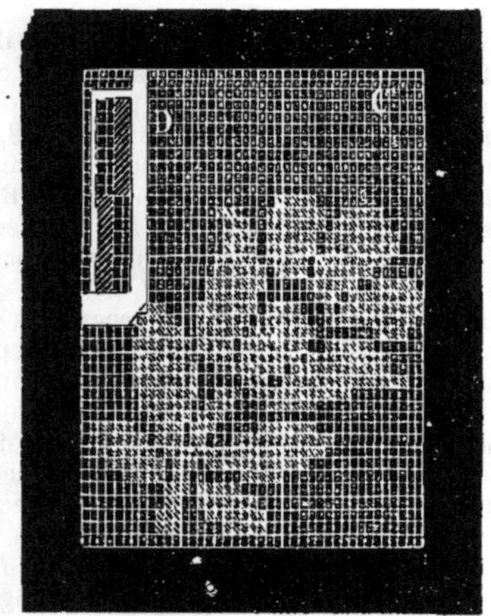

Fig. 5. — *Type de carte.*

C Chaque raie verticale représente une corde avec son maillon à plusieurs fils, c'est-à-dire la découpure du dessin, chaque ligne horizontale figure les coups ou passages de la trame. — *D* Le petit morceau de carte entouré de blanc représente la carte des 4 cordes et des 16 coups du tissu de la figure 4.

tisse dessous. A chaque coup (ou passage de la navette de trame), la mécanique soulève le dessin masse, tandis qu'une lisse de levée enlève 1/8 de la chaîne pour faire l'armure satin à l'endroit et une lisse de rabat, rabat l'autre huitième de la chaîne, ne dérangeant rien dans le fond, qui ne doit pas être soulevé, et faisant dans le dessin levé en masse armure satin à l'envers.

Nous avons dit que les lisses sont mues par la petite mécanique, il est donc aisé de concevoir que, sans nuire au dessin, cette disposition permet de varier les armures du fond. Exemple : en rabattant 4 des 8 lisses de rabat du damas décrit plus haut, le dessin qui était envers de satin, sera devenu un taffetas. Si, au coup de trame suivant, la petite mécanique répète le même mouvement, le dessin se détachera en armure gros de Tours.

DAMASQUINERIE. Art d'incruster un métal dans un autre, sous forme de petits filets ou d'ornements qui, martelés et quelquefois rivés par dessous, ne font qu'un avec le métal qu'on veut orner. En pratique, le *damasquinage* se borne à incruster l'or ou l'argent sur la surface du fer, de l'acier, du bronze et quelquefois, comme dans la bijouterie, sur l'aluminium. Ce système d'ornementation, particulier à l'Orient, tire son nom de la ville de Damas, en Syrie, d'où beaucoup d'objets damasquinés furent introduits en Europe durant les Croisades, et où les damasquineurs arabes lui firent atteindre la dernière perfection.

Historique. Le goût pour le mélange des tons différents des métaux s'est manifesté dès une très haute antiquité. Les peuples de l'Orient, qui furent de tout temps si habiles à rechercher l'effet produit par les contrastes, en ont donné sans doute à l'Europe les premiers modèles. Les descriptions homériques nous fournissent la preuve que l'on se plaisait dès lors au rapprochement des métaux diversement colorés. Déjà, dans l'âge qui précède la période classique de l'art grec, on trouve quelques bronzes ornés de filets d'or incrustés. Telle est l'épée de bronze damasquinée d'or du musée de Copenhague. D'autre part, les portes du Memnonium, ou temple de Memnon, en Egypte, étaient garnies de bas-reliefs de « cuivre d'Asie » avec des incrustations d'or. On voyait, à l'Exposition universelle de 1867, les gonds des portes du temple de Tanis, en bronze orné de fines incrustations d'argent, ainsi que le poignard trouvé dans le tombeau de la reine Aah-Hotep (1703 av. J.-C.

La Grèce connut donc, dès un temps fort ancien, par des modèles venus de l'étranger, l'art de tracer des ornements sur des ouvrages de métal par les procédés de la damasquinure. Mais ce n'est que plus tard que les artistes grecs s'appliquèrent à ces sortes d'ouvrages, comme le démontre un vase en cuivre plaqué et damasquiné d'or et d'argent, trouvé en Hongrie et conservé au musée de Pesth.

Moins enclins que les Orientaux à chercher la beauté dans la richesse et l'éclat des couleurs, les Grecs ont usé avec plus de réserve, dans leur statuaire, des effets qui résultent de pareils contrastes. En général, ce sont les vêtements ou les accessoires qui ont été rehaussés et agrémentés par l'incrustation dans le bronze de dessins d'un métal différent. Ainsi, la tunique et la chaussure du Camille du Capitole conservent la trace de légères broderies d'argent. Le musée Britannique possède une petite statue en bronze d'un Romain, dont la cuirasse est couverte d'ornements en argent incrusté. Une autre figure semblable, trouvée à Pompéi, a une cuirasse pareillement décorée d'incrustations d'or. Dans ces curieuses œuvres d'art, ainsi que dans nombre d'objets mobiliers, tels que vases, coffrets, sièges, candélabres, armes, etc., on reconnaît les procédés qui, plus tard, employés dans les ouvrages de Damas, ont fait donner à ce travail le nom de *damasquinure*.

Ce n'est pas au bronze seulement, mais aussi au fer que l'or et l'argent ont été appliqués ainsi. Nous citerons comme exemple le plateau supérieur d'un petit vase découvert près de Mayence, puis une clef de fer trouvée dans la maison de Diomède, à Pompéi, dont les incrustations d'argent sont d'un travail délicat.

Le fer, lui-même, a été quelquefois incrusté dans le bronze par les artistes romains du premier siècle de l'Empire.

A l'époque franque, la damasquinerie était exercée par les peuples de race germanique qui, selon Lelewel, se trouvaient déjà en possession d'objets décorés par les Arabes et se plaisaient, comme l'a démontré M. Hucher, à imiter jusque dans leurs inscriptions les produits de l'art musulman. Les Burgondes, en effet, ont particulièrement excellé dans le damasquinage. Nous citerons, en témoignage, les deux épées franques damasquinées d'or, exposées en 1867 par M. Benjamin Fillon, ainsi que les boucles d'agrafes et les plaques de ceintures en fer incrustées de filets d'argent, recueillies par MM. Aug. Nicaise et Frédéric Moreau père, dans les sépultures mérovingiennes. Par contre, le Midi de l'Europe resta longtemps, pour ces ouvrages, tributaire de l'Orient, car on voit encore, en plein XIe siècle, Constantinople fournir des portes en bronze damasquiné d'argent à la basilique de Saint-Paul, à Rome. Pantaléon, riche négociant de la famille des Mauro-Pantaléon d'Amalfi, les fit exécuter, en 1070, à Constantinople, par Staurakios, grec byzantin, qui avait probablement appris cet art chez les Asiatiques.

Au XVe siècle, l'Italie cultiva avec autant de talent que de succès l'art du damasquinage. C'est à cette époque que l'on incrusta de métaux précieux les magnifiques armures qui font l'admiration des connaisseurs. C'est alors que l'on couvrit de riches arabesques et de superbes rinceaux les boucliers, les cuirasses et les épées. Venise et Milan rivalisèrent, au XVIe siècle, dans la damasquinerie. Quelques artistes italiens vinrent en France à cette époque et y importèrent leur art. Henri II, qui avait une affection particulière pour les belles armures, logeait dans son palais même les frères César et Baptiste Gamberti (V. ARMURE), auxquels on peut vraisemblablement attribuer la magnifique armure dite de Henri II, conservée au Louvre.

Avec la disparition des armures, l'art du damasquinage perdit son ancien prestige. On ne damasquina plus que quelques armes d'apparat et de petits objets de toilette. Mme Jubinal possède, en ce genre, un busc du temps de Louis XIII, incrusté de fleurs et d'oiseaux d'or sur des tiges d'argent, ainsi qu'une navette à passementerie du temps de Louis XIV, ornée de marguerites d'argent sur des tiges filiformes à rinceaux en or, encadrées dans un quadrillé d'or à fleurons d'argent. Ces deux jolis ouvrages pourraient être attribués au célèbre fourbisseur parisien Cursinet, mort vers 1670, et à l'élève de ce même Cursinet, nommé de La Cousture, établi en 1692, cloître Saint-Nicolas du Louvre, lequel, suivant le *Livre-Commode*, avait « un particulier talent pour damasquiner sur l'acier en figures et ornements de la Chine. »

La ville de Damas, jadis célèbre par ses armes damassées, c'est-à-dire moirées de différentes nuances, conserva pendant tout le moyen âge, avec Mossoul et Bagdad, la supériorité pour la damasquinerie; mais, depuis la prise et le sac de Damas par Tamerlan (1401), c'est dans la Boukharie et le Khoraçan que se cultiva le travail du damasquinage. Les Arabes ont de tout temps excellé dans ce genre d'ornementation, et leurs artistes découvrirent une palette dans les nuances des différents métaux. Sur une plaque de fer, habilement striée au moyen de la lime, ils dessinèrent leurs compositions et ils couvrirent ces dessins de feuilles d'or et d'argent, qui, par la pression et le frottement, adhérèrent et s'incorporèrent au fer. Les parties de la plaque non recouvertes furent brunies et ces métaux, éclatants dans leurs différentes nuances, formèrent une sorte de peinture métallique. Tel est le procédé que l'on adopta généralement en Europe, où nos artistes cherchèrent à rivaliser avec les artistes arabes.

Aujourd'hui, cet art se pratique avec le plus grand succès à Chiraz et à Ispahan, en Perse; à Zuluoga, en Espagne, et dans plusieurs contrées de l'Inde. On damasquine en or sur le fer, à Cachemire, à Guzerate et à Sealcote, dans le Pundjab, où ces ouvrages se nomment *kuft*; le damasquinage en argent s'appelle *bidiri*, de la ville de Beder, dans les états du Nizam, qui fabrique principalement ce genre de produit. On trouve à bon marché des *kuft* imités par la simple application d'une feuille d'or sur la plaque d'acier et sur laquelle le dessin a été gravé au préalable; on fait facilement adhérer la feuille d'or au dessin, puis on l'enlève du reste de la surface. Les provinces de Madura et de Tanjore fabriquent également des pots de cuivre (*lotas*) incrustés d'argent, et des vases de bronze incrustés de cuivre rouge. Ces diverses espèces de damasquinures se font remarquer avantageusement dans la collection du prince de Galles, au Musée Indien, à Londres.

Le damasquineur est un véritable artiste, car il faut qu'il sache dessiner les ornements et manier le burin du graveur pour creuser le fer, l'acier ou le bronze. Voici le procédé généralement employé pour le damasquinage des lames d'épée. Après avoir passé la lame à un feu doux, pour la bleuir, on la couvre d'une couche de vernis composé de cire blanche, de mastic en larmes et de spath en poudre, qu'on noircit à la flamme d'une lampe. On dessine ensuite avec une pointe obtuse, trempée dure, de façon à érailler le métal, le sujet que l'on veut représenter. Le dessin terminé, on environne la partie dessinée avec un ruban en mastic, et l'on fait mordre à l'acide nitrique un temps plus ou moins long, suivant la profondeur des tailles que l'on veut obtenir. On procède alors à l'enlèvement du vernis; il ne reste plus qu'à placer dans le dessin les incrustations d'or ou d'argent. Plusieurs procédés peuvent être employés pour atteindre ce dernier résultat. Souvent on rentre les tailles, c'est-à-dire qu'à l'aide d'un burin, on les approfondit de manière qu'elles aient en creux les deux tiers du diamètre du fil d'or ou d'argent que l'on doit y introduire. Autant que possible il faut laisser au sillon toutes les aspérités naturelles, car ces aspérités servent à retenir le fil que l'on incruste.

Quand l'incision est terminée, on remplit les sillons avec les fils d'or ou d'argent, que l'on fait pénétrer, à l'aide d'un petit ciseau; puis, avec un *matrio*, on aplatit, on *amatit* l'or. Cette pression force les aspérités à entrer dans le fil d'or ou d'argent, ce qui rend l'incrustation complètement adhérente. Les bavures qui se trouvent refoulées par le matoir forment une sertissure qui donne toute la solidité nécessaire. Cette opération terminée, on polit soigneusement la lame avec une lime douce et on termine en lui donnant un bleuissage uniforme. On fait aussi des damasquinures en relief, dans lesquelles le métal ajouté est relevé en bosse et orné de fines ciselures. Mais, par suite du prix élevé qu'atteignaient et qu'atteignent encore les objets damasquinés, on a cherché à imiter le véritable damasquinage par la *damasquine*, dont les procédés consistent à préserver certaines parties d'acier des ravages de la rouille.

Pour faire la damasquine, on commence par recouvrir d'un vernis à épargne les parties réservées pour le relief et on creuse l'acier, à l'aide d'un liquide corrosif. Dès que le creux est assez profond, on enlève le vernis préservateur et, après nettoyage et séchage à la sciure chaude, on recouvre avec une mixtion toutes les surfaces gravées, sans avoir égard aux reliefs; puis, lorsque le vernis à dorer n'adhère plus que faiblement au doigt, on pose les feuilles d'or ou d'argent, qu'il est bon de presser légèrement avec un petit tampon de velours bourré de ouate; la pièce est alors portée au séchoir; puis, quand elle est refroidie, on enlève, avec une lame d'acier, toutes les parties métalliques qui sont sur les reliefs, et le dessin réservé apparaît en métal poli, avec tous ses détails en saillie sur fond d'or ou d'argent. C'est par ce procédé qu'ont été exécutées, au XVIe siècle, les armures de parade. Mais dans les serrures du temps de Louis XIV, on se contentait de poser les feuilles d'or ou d'argent et de laisser sécher; le résultat obtenu était alors analogue à celui d'une dorure en plein des motifs d'acier gravé.

Parmi les autres procédés de damasquinage, le plus moderne est le damasquinage *héliographique*, imaginé en 1856, par Niepce de Saint-Victor, et au moyen duquel on produit sur un métal les dessins d'un autre métal, à l'aide de la lumière et de la pile. Le damasquinage héliographique se fait par deux procédés. Le premier consiste à cuivrer, au moyen de la pile, une plaque d'acier poli, sur laquelle on étend une couche de vernis héliographique, pour reproduire un dessin d'ornement. Quand la lumière a fait son œuvre, on enlève, avec de la benzine et du naphte mélangés, le vernis qui n'a pas été attaqué par la lumière; la partie de cuivre qui a été mise à nu est dissoute par l'acide chromique. On dore ensuite le cuivre par immersion, et l'on a pour résultat un dessin d'acier sur fond d'or. L'inverse s'obtient en reproduisant, par contact, un dessin blanc sur fond noir. Le second procédé consiste à appliquer directement le vernis sensible sur l'acier poli non cuivré. L'opération se fait par contact ou dans la chambre obscure; puis on dore par la pile toutes les parties d'acier couvertes par la portion de vernis qui n'a pas été modifiée par la lumière. — S. B.

M. Dufresne a considérablement perfectionné ce procédé, par une judicieuse application des méthodes électro-métallurgiques, et il a ainsi fabriqué des objets capables de rivaliser en tous points avec les plus beaux spécimens de l'Orient. Il exécute la dorure au feu, à l'aide de l'amalgame d'or, et son procédé consiste à recouvrir la pièce à damasquiner qui est en métal non susceptible de s'amalgamer, comme le fer par exemple, d'un autre métal tel que le cuivre, sur lequel on établit, avec une matière préservatrice, des réserves dans tous les points qui ne devront pas être dorés, réserves qu'on peut obtenir par une foule de procédés variés. Puis il détruit ces métaux intermédiaires là où ils ne sont pas protégés par les réserves, et de façon à conserver le poli ou à creuser la surface du métal primitif, suivant qu'on veut des ornementations à plat ou en relief; il dore alors au feu, et enfin, à l'aide de l'acide chromique, enlève la couche auxiliaire de cuivre, déposée pour remettre à nu la surface du fer garni de ses damasquinures. L'amalgame d'or, dont on fait usage, pénètre dans l'acier et l'adhérence ayant pour base une pénétration intime, la damasquinure résiste au gratte-bosse d'acier. Quant à l'action de l'acide chromique, elle offre cette particularité intéressante qu'elle permet d'enlever le cuivre sans altérer en rien l'état de l'acier qui conserve même le poli, ou la nuance par le feu, qu'on lui aurait d'abord donné.

Un dernier procédé consiste, non plus à tracer seulement le dessin, sur la couche du vernis qui recouvrira l'objet, mais encore à mordre ce tracé, de façon à obtenir des creux où l'or ne se dépose plus suivant une simple pellicule, mais bien avec une certaine épaisseur en profondeur, et, de plus, l'on a pu arriver aussi à faire affleurer ce dépôt bien exactement avec la surface primitive de l'objet. Un poli général complète parfaitement l'aspect, tout à fait semblable à celui des anciens objets damasquinés. Les principales applications de ce genre de travail ont été faites, non sur des objets en fer, mais en cuivre, et le premier type gravé peut lui-même être reproduit par la galvanoplastie, à peu de frais. Les pièces de cuivre sont ensuite susceptibles de recevoir des patines diverses, par les nombreux procédés connus de *bronzage* (V. ce mot), permettant de varier de nombreuses façons l'aspect des ouvrages. C'est ainsi qu'on a mis dans le commerce, depuis quelques années, et à des prix relativement très modérés, de nombreuses reproductions d'objets riches damasquinés, provenant de la Chine et du Japon.

Mentionnons encore trois autres sortes de *damasquines* : la première est celle dans laquelle, en vue de reproduire les moirages des lames de Damas, on simule des dessins et où l'on se contente de *mater* les parties laissées à nu ; la deuxième consiste à bleuir fortement la pièce d'acier, particulièrement les lames d'épée ou de poignard, et, après y avoir tracé des réserves au pinceau, à décolorer par le contact de vinaigre ou d'acide chlorhydrique les parties non recouvertes : on obtient ainsi de la damasquine bleue sur acier; enfin, dans le troisième mode d'opérer ce genre de travail, on se borne à dorer ou à argenter à la pile les endroits bleuis, et, après avoir gravé les ornements à l'aide d'une épargne, à dissoudre l'or par les cyanures et la potasse caustique; le vernis enlevé donne alors un dessus d'or ou d'argent sur fond bleu. Ce travail est d'un bel effet; il peut être retouché par le ciseleur et rappeler assez parfaitement le damasquinage d'or et d'argent. — R.

Bibliographie : Daremberg et Saglio : *Dictionnaire des antiquités grecques et romaines*, art. *Chrysographia*; Demmin : *Encyclopédie des arts plastiques*; J. Labarte : *Histoire des arts industriels*, art, *Damasquinerie*; Bosc : *Dictionnaire de l'Art, de la Curiosité et du Bibelot*; Duc de Luynes : *Rapport sur l'industrie des métaux précieux*, Paris, 1854.

***DAMASQUINE.** *T. techn.* Se dit plus particulièrement des imitations du véritable damasquinage. — V. l'article précédent.

DAMASQUINEUR. *T. de mét.* Celui qui exécute le damasquinage, qui fait les *damasquinures*. — V. Damasquinerie.

I. *DAMASSÉ. *T. de métall.* Se dit de l'acier qui présente des moirures ou dessins sur sa surface, mise à nu par une attaque aux acides et polie. Ce mot vient de Damas, ville de Syrie, où se faisait autrefois un grand commerce d'aciers indiens présentant au plus haut degré ce phénomène. *L'acier Wootz*, ou acier damassé, sert surtout à faire des lames de sabre très élastiques et très résistantes. On l'obtient dans l'Inde de la manière suivante : on prend des morceaux de fer affinés au bas foyer, on les met dans de petits creusets d'argile, avec des copeaux de bois et des feuilles et on chauffe jusqu'à demi-fusion dans un four à vent. On obtient ainsi de petits lingots coniques d'un acier très carburé et surtout très peu homogène, pesant moins d'un kilogramme.

Voici une analyse d'acier damassé.

Carbone combiné	1.33
Graphite	0.31
Silicium	0.04
Soufre	0.18
Arsenic	0.03
Fer (par différence)	98.11

L'explication du *damassage* se trouve dans la différence d'aspect que présentent les aciers, quand on les soumet à l'attaque d'un acide et qu'ils renferment plus ou moins de carbone : plus l'acier est doux et plus sa teinte est claire, plus il est dur et carburé, plus, au contraire, il y a de dépôt de carbone et plus la teinte est foncée. Le vrai damassage est donc dû à une composition chimique et un défaut d'homogénéité spéciaux. On l'imite de la manière suivante. On prend des tiges ou verges d'acier de différentes duretés ; on les entrelace d'une manière confuse, on les soude en les tordant sous le marteau, puis on les replie, de manière à obtenir une grande variété de figures quand on polira et décapera la surface. C'est ainsi que se font les canons de Paris pour fusils de chasse.

On produit un *damassage superficiel*, mais qui ne résiste pas à un frottement un peu énergique et encore moins au repassage en recouvrant certaines parties de lames de couteaux de chasse ou de rasoir, d'un enduit gras ; puis on traite par l'acide azotique qui attaque les parties seules qui n'ont pas été touchées par le corps gras. On peut, par exemple, tremper dans l'huile une brosse de peintre et en frottant l'extrémité des poils avec une tige quelconque, il se fait une pluie fine de gouttelettes d'huile qui vient frapper irrégulièrement la lame d'acier et produira au décapage un damassé brillant sur fond gris. Pour obtenir des dessins à plus grands ramages, on cherche à étendre les parties huileuses en employant différents moyens. — F. G.

II. DAMASSÉ. *T. de tiss.* Ce nom s'applique de nos jours plus particulièrement au linge de table qui porte des dessins comme les damas proprement dits, et quelquefois à la toile à matelas de même aspect.

— La fabrication des serviettes et des nappes damassées est d'origine belge, on peut la faire remonter au-delà du XVe siècle ; à cette époque, on ne fabriquait que des dessins simples. Les premiers métiers ont été inventés à Courtrai, et c'est de là que cette industrie se répandit en France, en Hollande et en Saxe. En France, entre autres, le linge damassé fut longtemps regardé comme un objet de grand luxe ; on n'en fabriquait guère que dans le Béarn et à Reims ; les *serviettes à ramages* faites en cette dernière ville ne servaient guère que pour les cérémonies du sacre.

Au XVIe siècle, on fit quelques essais pour implanter en France la fabrication de cet article. En 1662, un tisserand nommé Graindorge édifia une petite fabrique à Caen. En 1682, Madame de Maintenon fit aussi venir 25 ouvriers belges et établit, dans son domaine, un atelier pour le linge de table.

Ce fut à peu près vers cette époque que la fabrication du linge damassé se divisa en deux branches, qui se spécialisèrent dans des centres particuliers : la Belgique et, plus tard, l'Angleterre se consacrèrent aux articles simples et à bas prix ; la Saxe et la Suède, au contraire, s'acquirent le monopole des articles riches et des dessins compliqués.

Aujourd'hui, toutes les nations manufacturières de l'Europe fabriquent ces deux genres de damassé. En France, cette fabrication a atteint son plus grand développement depuis 1855; les centres qui en ont la spécialité sont : Lille, Estaires, Armentières, dans le Nord; Hallencourt, Pont-Rémy, dans la Somme; Essonnes, en Seine-et-Oise; Panissières, dans la Loire; cette dernière localité a même donné son nom à une sorte de serviette en fil jaune avec des dessins blancs, qui a été longtemps de mode. A une époque, le Midi s'est montré jaloux de cette fabrication quasi-spéciale au Nord, et l'on a essayé, à Lyon, de faire du linge de table avec du damas de soie blanche; le résultat n'a pas répondu aux efforts tentés en ce sens.

A l'étranger, l'Autriche s'est acquis une bonne réputation pour la fabrication du damassé; l'Allemagne a conservé un bon renom à ses fabriques de Dresde et de Stuttgard. Quant aux autres nations, elles ne brillent guère : l'Angleterre seule fabrique beaucoup, mais elle se borne à des articles très simples, tels que l'ouvré à petit grain (*diaper*), l'œil de perdrix (*birds-ege*), etc.

La France n'importe pas ou presque pas de damassés; elle exporte une certaine quantité de damassés de luxe qui exigent, à côté des qualités requises d'une bonne fabrication, des connaissances artistiques et le goût du dessin. Dans ces dernières années, l'exportation a été de :

1880	6.802	kilogrammes.
1881	23.008	—
1882	19.766	—

D'après ce que nous venons de dire, on a vu que le linge de table comprenait deux catégories :

1° Le *linge ouvré* ou à dessins simples, se fabriquant avec des métiers à la marche, et comprenant tous les dessins classiques à angles droits et à croisures droites, tels que le *damier*, le *damier fleuri*, l'*échiquier*, etc.;

2° Le *linge damassé* proprement dit, représentant des fleurs, des fruits, des personnages, etc., ou tous les autres objets à lignes courbes.

Le premier genre ne présente guère de difficultés dans la fabrication. Le second, au contraire, exige une mise en carte des plus compliquées. Il faut y imiter la nature sans avoir la ressource des couleurs, avec de simples gradations dans les tons; on est arrivé, dans ces derniers temps, en ce genre à reproduire des tableaux de maître de grandes dimensions, des manuscrits, etc. : c'est assez dire qu'il n'est pas de difficulté qu'on ne sache aujourd'hui surmonter. Tous ces damassés sont actuellement exécutés à l'aide de métiers à la Jacquard.

Dans le commerce, le blanchiment, l'apprêt, le pliage et l'enveloppe du linge damassé, sont choses à considérer pour la vente. Ce qu'on appelle *service damassé* comprend la nappe et un nombre de serviettes correspondant à la dimension de la nappe. C'est ainsi qu'on distingue les nappes de 12, 18, 24, etc., couverts, et qui ont, suivant le cas, comme dimensions en long et en large, 140 sur 150 centimètres, 140 sur 160, 170 sur 170, sur 190, sur 220, sur 280, sur 350. Suivant les fabricants, les serviettes et nappes sont « encadrées » ou non, c'est-à-dire entourées d'un dessin formant cadre, et se vendent, suivant l'un ou l'autre cas, à la pièce ou au mètre. Certaines spécialités, telles que le « service à thé » par exemple, sont entourées de franges. Le linge de table se faisait presque toujours autrefois en fil de lin pur, mais aujourd'hui on en fabrique beaucoup en fil de lin et fil de coton. Pour les pièces fines de grande dimension, on emploie quelquefois la soie, et le fil de lin.

Quant à la toile à matelas à laquelle on donne aussi le nom de *toile damassée*, on la fait en fil de lin ardoisé avec des dessins blancs en fil de coton ou de lin blanchi. On la fait aussi en fil de jute. Nous nous en occuperons à l'article TOILE. — A. R.

* **DAMASSERIE.** *T. techn.* Fabrique de linge damassé.

* **DAMASSEUR, EUSE.** *T. de mét.* Ouvrier, ouvrière qui fabrique le damas, le linge damassé.

* **DAMBOURNEY** (LOUIS-AUGUSTE), chimiste et naturaliste, né à Rouen, en 1722, mort en 1795. En 1748 cherchant, le premier, à acclimater la garance dans son pays, il la cultiva en grand dans les plaines d'Oissel. Il eut l'idée d'employer les racines fraîches pour la teinture. Il parvint à fixer sur le fil de lin la couleur rouge des Indes. Mais les recherches, qui l'ont rendu célèbre, sont celles qu'il fit sur les couleurs que l'on peut tirer des végétaux de notre pays. En moins de six ans, après des essais faits en Normandie, aidé des conseils de Delafollie, il obtint plus de 1,200 nuances solides sur laine. L'Etat lui accorda, en 1783, une pension de 1,000 livres. Dambourney était, depuis 1761, secrétaire de l'Académie de Rouen et directeur du jardin botanique de cette ville. On a de lui : *Recueil de procédés et d'expériences sur les teintures solides que nos végétaux indigènes communiquent aux laines et lainages* (Paris, 1786); *Instruction sur la culture de la garance* (Paris, 1788); *Histoire des plantes qui servent à la teinture* (Paris, 1792).

I. **DAME.** *T. de constr.* On désigne sous ce nom un outil destiné à comprimer des matières : terre, sable, béton, mortier, le plus généralement en vue d'en niveler la surface supérieure, et cela horizontalement. Cet outil se compose, le plus souvent, d'un morceau de bois carré percé d'un trou, ou d'une pièce de fonte munie d'un appendice à douille, emmanché; avec le manche, maintenu verticalement, l'ouvrier soulève la partie inférieure et laissant retomber le tout en y ajoutant un effort propre, il comprime, tasse les matériaux par petites couches.

Avec la dame, on prépare le lit de matières destinées à recevoir les dallages, carrelages, mosaïques. Dans certains cas, le manche de la dame est oblique par rapport à la partie qui sert à comprimer, à *damer*; c'est alors, à parler plus exactement, une sorte de *batte*.

Il ne faut pas confondre la dame avec le *pilon*, sorte de masse, généralement en bois, soit un morceau de tronc d'arbre écorcé, emmanché de la même façon, avec lequel on comprime successivement les diverses couches de terre d'un remblai, ou le béton d'un massif de construction, afin d'éviter tout tassement en augmentant la compacité. Le *marteau-pilon*, appelé aussi *pilon* tout simplement quand il n'est pas mû mécaniquement, a pour objet de concasser, d'écraser les matières, ce qui est distinct de la compression. Le pilon doit être aussi distingué de la *demoiselle* ou *damoiselle*, ou *hie*, dont l'objet est, au moyen d'un léger choc, d'obtenir l'enfoncement d'éléments résistants, tels que ceux constituant un pavage. — L. C.

II. ***DAME.** 1° *T. de métall.* Le creuset d'un haut-fourneau est généralement de section circulaire, avec un orifice servant à l'écoulement de la fonte et des laitiers. Cet orifice porte le nom d'*avant-*

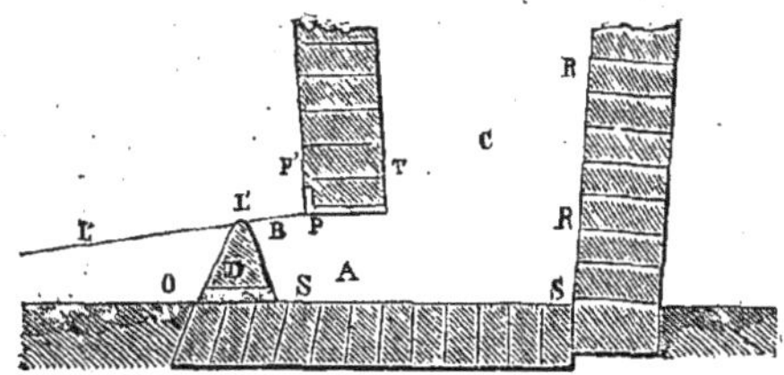

Fig. 6. — *Dame.*

C Creuset. — *A* Avant-creuset. — *S* Sole du creuset. — *D* Dame. — *B* Bouchage en terre pour régler l'écoulement du laitier. — *LL'* Plan incliné pour l'écoulement des laitiers qui se déversent en *L'* par dessus la dame. — *T* Tympe ou partie antérieure. — *P* Plaque de tympe. — *RR* Rustine ou partie postérieure. — *O* Orifice pratiqué à la partie inférieure de la dame pour l'écoulement de la fonte.

creuset et est bouché par une partie appelée *dame*, que nous représentons par la figure 6.

On tend à supprimer les avant-creusets des fourneaux. C'est une cause de refroidissement pour le métal; de plus, l'emploi de plus en plus général de la haute pression rend difficile le bouchage de l'endroit où s'écoulent les laitiers quand le niveau de la fonte vient à monter. La suppression de l'avant-creuset entraîne la suppression de la *dame*. La coulée de la fonte se fait alors par un orifice spécial, pratiqué dans la partie antérieure de la muraille; quant à la coulée du laitier, elle a lieu d'une manière presque continue, au moyen d'une tuyère en fonte, refroidie par un courant d'eau. — V. TUYÈRE A LAITIER. || 2° *T. de p. et chauss.* Petit cône en terre laissé dans une fouille pour servir de repère quand on fera le métrage. || 3° Nom que l'on donne, dans les fouilles d'un canal, à des digues que l'on laisse de distance en distance pour protéger les travailleurs contre l'irruption de l'eau.

DAME-JEANNE. Grosse bouteille en verre ou en grès, le plus souvent clissée, qui sert à contenir des liquides ou des acides. — V. BOUTEILLE.

***DAMEMME** (HENRI), fabricant de coutellerie, d'une habileté vraiment remarquable, naquit à Saint-Lô, en 1776, et mourut à Caen, en 1845. Il a laissé un ouvrage intitulé : *Essai pratique sur l'emploi ou la manière de travailler l'acier* (Caen, 1835, in-8°).

DAMIER. Table de bois contenue dans un cadre ou une boîte et divisée en cases alternativement blanches ou noires; on s'en sert pour jouer aux dames, aux échecs, etc. || *T. de tiss.* Etoffe présentant des carreaux réguliers et des couleurs alternées. || *T. d'arch.* Ornement fréquemment employé dans l'architecture romane pour décorer les entablements, les corniches des colonnes et des édifices; ce sont des carrés de mêmes dimensions, alternativement saillants et creux, qui, par des jeux d'ombre, rompent la monotonie des moulures horizontales ou concentriques. || On donne aussi ce nom au carrelage composé de carreaux de couleurs alternées.

***DANEMARK** (1). La nation danoise, si sympathique à la France, a montré, lors de notre dernière Exposition, les qualités aussi brillantes que solides de ses artistes et de ses industriels. Le lecteur se souvient, sans doute, de la façade du Danemark, élevée entre la Grèce et l'Amérique méridionale; elle portait, gravé au fronton, le chiffre du roi Christian IX et sa belle devise : *Avec Dieu, pour le droit et l'honneur.* En pénétrant par là dans la section danoise, le visiteur éprouvait une réelle admiration pour ce petit pays, si énergique et si laborieux que la misère et la mendicité y sont à peu près inconnues.

Le Danemark occupe une superficie d'environ 45,000 kilomètres carrés et sa population totale est de 1,903,000 habitants (îles, 1,057,000 habitants, et le Jutland, 846,000 habitants). Son commerce, qui reçoit beaucoup d'encouragements de la part de son gouvernement, nous offre des chiffres qui attestent son extrême activité : pour ne nous arrêter qu'à l'année 1876 (nous n'avons point de documents plus récents), nous trouvons à son chapitre des importations 310,173,283 fr. 75, et à celui de l'exportation, 251,127,159 fr. 20.

Dans cette même année, le commerce danois avec la France était de 6,055,333 fr. 45 pour les importations au Danemark, et de 244,738 fr. 70 pour les marchandises exportées en France. Nous devons aussi mentionner qu'à cette époque le royaume possédait 1,366 kilomètres de chemins de fer, 2,777 kilomètres de fils télégraphiques.

L'enseignement est, au Danemark, l'objet d'une attention constante de la part du roi et de ses ministres. C'est à Frédéric VI, mort en 1839, qu'il faut attribuer cette admirable institution de l'enseignement primaire, grâce à laquelle tous les Danois, ou presque tous, savent lire, écrire et compter. Le dessin y est en grand honneur. Aussi avons-nous constaté, dans le domaine artistique, des efforts souvent couronnés de succès.

Si leurs peintres se tiennent étrangers à la peinture d'histoire comme l'entendent nos Académies, ils ont au moins le bon sens, si rare dans les grandes écoles étrangères, de s'intéresser aux mœurs et aux paysages de leur propre pays et de nous en apporter d'intéressants témoignages. Dans les industries d'art, la première place de la section danoise appartenait au mobilier, qui est remarquable par la perfection, on peut dire la probité de la main-d'œuvre et le bon goût de son ébénisterie. Ce résultat est dû à un arrêté datant d'un siècle, signé du célèbre ministre Struensée, enjoignant aux apprentis de toutes les industries du goût la fréquentation des cours de l'Académie des Beaux Arts, en n'accordant aux artisans le titre de maître que sur la présentation et l'approbation d'un chef-d'œuvre. Après avoir traversé les styles Louis XV et romain, sous la direction de Hetsch, l'école se confina dans une recherche néo-grecque, où elle se distingua par la pureté et la simplicité des lignes. Nous avons enregistré dans nos notes la maison P. Ibsen, pour ses produits de terre cuite; M. V. Christesen, pour ses re-

(1) V. la note, p. 117, t. I

productions de bijoux anciens d'après des modèles du musée des Antiquités du Nord; de jolies broderies, exécutées par les dames danoises et d'une grande élégance de dessin; enfin une belle publication : *Ornement sans relief en Danemark aux XVIe et XVIIe siècles*, collection dirigée par M. Klein, architecte à Copenhague.

Il n'est point inutile de rappeler ici que le Danemark est la patrie de Tycho-Brahé, le savant astronome du XVIe siècle; de Œrstedt, qui trouva l'électro-magnétisme; du poète Andersen, et du sculpteur Thorvaldsen, la plus grande illustration artistique de ce pays.

***DANTAN** (Antoine-Laurent), dit « Dantan aîné », statuaire, né à Saint-Cloud, en 1798, était le fils aîné d'un sculpteur sur bois et modeleur d'ornements, homme dur à la peine, rude travailleur, estimé et recherché des entrepreneurs, qui collabora à l'exécution des hiéroglyphes de la maison égyptienne de la place du Caire, et a laissé à Château-Thierry, où il s'était retiré dans sa vieillesse, l'enseigne fameuse de l'auberge de la Girafe, parfaitement sculptée dans la pierre dure et encore encastrée, aujourd'hui, au-dessus de la porte de l'auberge, place de la Bascule. Le vieux Dantan habitua de bonne heure ses deux fils au travail, et quand il leur eut appris à manier la gouge et le ciseau, il les envoya à l'atelier de Bosio, le statuaire alors en faveur, auteur du *Henri IV enfant* et du Louis XIV de la place des Victoires. Les dons naturels des jeunes Dantan se développèrent rapidement à cette excellente école. L'aîné, *Antoine-Laurent*, obtint le premier grand prix de Rome en 1828 et envoya, de la villa Médicis, un bas-relief en plâtre représentant l'*Ivresse de Silène*, qui lui valut la première médaille au Salon de 1835; il avait obtenu celle de seconde classe en 1824. Ce bel ouvrage fut cependant pour l'artiste une source de mécomptes de toute sorte. Il n'eut point la commande officielle du marbre, commande que le grand succès de l'œuvre lui permettait d'espérer. Seulement, trente ans plus tard, il put en entreprendre l'exécution définitive. Le marbre figura au Salon de 1868, mais, pas plus que le plâtre, ne fut acheté par l'Etat. Dantan aîné attendait la visite promise et prochaine de l'empereur dans sa maison de Saint-Cloud, quand survinrent les formidables événements de 1870. Le *Silène* n'était pas au bout de ses épreuves. La charmante villa que l'artiste habitait dans le parc de Montretout fut brûlée, en 1871, par les Prussiens, avec toutes les collections, études et richesses d'art qu'elle contenait. Le *Silène*, brisé en trois cents morceaux environ, fut reconstitué pièce à pièce par l'artiste, qui occupa ses dernières années en ce travail de patience douloureuse et mourut le 25 mai 1878, dans sa quatre-vingtième année. On doit citer, parmi ses ouvrages les plus estimés, *Jeune chasseur jouant avec un chien*, Salon de 1835; *Jeune Napolitaine au tambourin* (1835), au musée de Bordeaux; *Baigneur*, marbre; *Vendangeuse italienne*, bronze (1855): le portrait de *Madame Paul Delaroche*, buste, marbre polychrôme; le buste de *Mademoiselle Rachel*, marbre de Paros; la statue de *Villars*, au musée de Versailles; celle de *Ponsard*, à la Comédie-Française; enfin, le *Duquesne*, érigé, en 1843, sur la place de Dieppe, à l'occasion duquel Dantan aîné fut fait chevalier de la Légion d'honneur. Ajoutons que le *Silène* a fourni à son fils, *Edouard* Dantan, le motif d'un des tableaux de genre les plus remarquables du Salon de 1880. Le jeune peintre avait représenté son père travaillant à son œuvre de prédilection.

***DANTAN** (Jean-Pierre), dit « Dantan jeune », statuaire, frère puîné du précédent, naquit à Paris, en 1800. Bien que Dantan aîné eut produit des œuvres d'un ordre plus élevé que celles de son frère, il faut reconnaître que c'est ce dernier surtout qui a rendu le nom des Dantan célèbre et même populaire. Dantan jeune a créé le genre qui fit sa réputation. On se rappelle ces figurines à grosse tête crânement campées sur un socle orné de rébus, et qui eurent un succès de vogue, vers 1840. Le spirituel artiste avait une aptitude rare pour découvrir dans une physionomie le point vulnérable qu'il s'agissait d'accentuer et de grossir; mais ces charges, traitées par un homme de goût, ne dépassaient jamais les limites d'une plaisanterie de bon aloi. Toutes les notoriétés de la littérature, de la politique et du théâtre y passèrent, et l'on enviait comme une faveur de figurer dans le panthéon Dantan. L'artiste éditait lui-même ses séries de grotesques et les expédiait en province par milliers. Les plus célèbres sont les charges de Rossini, Meyerbeer, Paganini, Rubini, la Malibran, Ponchard, Bouffé, Arnal, Fréderick-Lemaître, Odry, Vernet, Talleyrand, Wellington, lord Brougham, etc., etc. Qu'on ne croie pas, cependant, que le caricaturiste absorbât complètement le statuaire, car Dantan jeune a produit des bustes nombreux, notamment ceux de Pie VIII, Boiëldieu, Julia Grisi, Thalberg, Onslow, Cherubini, Spontini, Musard, Rose Chéri, Samson, Rosa Bonheur, Pleyel, Rossini, Meyerbeer, Auber, Velpeau, Cloquet, Jobert de Lamballe, Marjolin, Maine de Biran, Canrobert, Clotbey, Méhémet-Ali, Soufflot, Jean Bart. On lui doit enfin la statue de Philibert Delorme, dans la cour du Louvre, et celle de Boiëldieu, qui orne le cours de ce nom à Rouen. Décoré de la Légion d'honneur en 1841, il mourut à Bade, le 6 septembre 1860.

***DANZÉ.** *T. techn.* Masse de fer qui sert d'appui au manche de l'outil avec lequel l'ouvrier puise le verre mou.

DAPHNÉ. *T. de bot.* On donne ce nom à la substance fibreuse qui forme le liber des *lagetta lintearia* (Jamaïque, Brésil, Népaul), *lag. furiofera* (Guadeloupe), *lag. sinensis* (Chine), *lag. viridiflora* (Maurice), de la famille des daphnoïdées. Ce liber est formé de diverses couches de réseaux fins qui se trouvent en contact entre eux par quelques points, et offre l'apparence de plusieurs épaisseurs de dentelles superposées; aussi lui donne-t-on quelquefois le nom de *bois dentelle*. On ne s'en sert pas pour la fabrication des étoffes, mais on a très souvent proposé, et nous croyons qu'on le ferait avec avantage, de s'en servir pour la fabrication du papier. Il serait d'autant plus intéressant de faire des essais en ce genre, que notre pays possède lui-même, sous le nom de *lauréole* ou *mézéréon*, un daphné indigène, parfois assez commun dans les bois. Moeller a même prétendu dernièrement (*Journ. of the chem. Soc. of London*, oct. 1879) qu'à la Jamaïque les fibres du lagetta furiofera étaient utilisées pour cette fabrication. Dans tous les cas, aux Antilles on emploie ce liber sous forme de longues lanières blanches très tenaces, qu'il suffit de rouler entre les mains pour obtenir des liens de toute sorte, et on y vend journellement le liber entier que l'on découpe pour cet usage. Forbes Royles, dans son ouvrage *Fibrous plants of India*, dit que dans le Népaul on emploie depuis très longtemps, pour la fabrication d'un papier extrêmement solide, un daphné auquel il donne le nom de *daphne bholua* ou *cannabina*. — A. R.

***DARAN** (Jean-Emile), peintre-décorateur, décédé à Paris, le 11 mai 1882. Daran avait travaillé dans l'atelier de Cambon dont il fut un des meilleurs élèves. C'était un artiste d'une remarquable intelligence; devenu lui-même chef d'atelier, il traita avec succès tous les genres de décoration, mais il excella surtout dans la reproduction des grands aspects pittoresques. Il brossa nombre de toiles pour le théâtre de la Porte-St-Martin, à l'époque où Marc Fournier dirigeait cette scène. Le décor fameux du *Fils de la nuit*, — le vaisseau, — l'avait mis en évidence, la *Biche au bois*, le *Pied de mouton*, la *Dame de Monsoreau*, et surtout la reproduction des vieilles Halles de Bruxelles, dans le drame de Victorien Sardou, *Patrie!* achevèrent sa réputation.

Appelé à l'Opéra par M. Halanzier, Daran prit part à la réfection des décors du répertoire lors de l'installation dans la salle actuelle. On a de lui des décorations importantes dans les *Huguenots*, le *Freischutz*, *Coppelia*, l'*Africaine*, etc. Les opéras et les ballets nouveaux dans lesquels existent des toiles de lui sont : le *Roi de Lahore*, *Yedda*, le *Fandango*, *Aïda*, *Polyeucte*, *Françoise de Rimini*, le dernier ouvrage auquel il ait travaillé et qui fut représenté quelques semaines avant sa mort. Il a peint, en outre, pour le théâtre de la Monnaie, à Bruxelles, les décorations du *Tannhauser*, d'*Aïda*, etc.

Daran était un artiste dont le talent progressa jusqu'à son dernier jour, et la mort l'a enlevé trop tôt à un art dans lequel il paraissait appelé à briller au premier rang. Il est décédé à l'âge de cinquante ans.

***DARBLAY** (Aimé-Stanislas), dit « Darblay jeune », minotier français, né à Auvers (Seine-et-Oise) en 1794, mort en 1878. D'abord maître de poste, il concourut ensuite avec son frère aîné à la fondation de la maison Darblay, ayant pour objet le commerce des grains. Installés au moulin d'Ormoy, les deux frères se firent une marque très recherchée.

— En 1827, l'administration des subsistances militaires, qui achetait ses farines, changea de système et résolut d'avoir un acheteur spécial, pris parmi les négociants de la place de Paris, au lieu de fournisseurs avec lesquels elle passait des marchés à prix débattus; M. Darblay aîné fut désigné pour remplir cette mission; il le fit avec l'habileté et l'honorabilité qu'on lui connaissait et il gagna la confiance de l'Administration.

Aussi, en 1828, une augmentation étant imminente, le département de la guerre se détermina à acheter des blés à Dantzick et chargea M. Darblay de l'opération. M. Darblay, entraîné par les mêmes causes que l'Administration, opéra en même temps pour son propre compte; la hausse prévue survint, les bénéfices sur ces achats furent considérables.

Après d'autres opérations non moins heureuses, les deux frères prirent en location les moulins de Corbeil que les hospices venaient de vendre à Madame de Noailles. Darblay aîné se retira à la campagne et se livra à l'agriculture dans une propriété considérable, sise à Nogent-sur-Seine, où il établit une distillerie de betteraves. Darblay jeune qui avait toujours laissé à son frère la haute main dans les affaires, se trouvait libre de se livrer à ses combinaisons commerciales. Il organisa sa maison en conséquence, installa des agents sur tous les points du globe où il pouvait agir, à Salonique, au Caire, à Alexandrie, etc., il acheta les moulins de St-Maur. Il domina alors la place, fit la hausse et la baisse suivant ses besoins et se trouva bientôt à la tête d'une fortune colossale. S. Darblay a perfectionné la fabrication des farines, une grande médaille à l'Exposition de Londres (1855) a consacré ces perfectionnements. Il a établi à Corbeil une des premières usines à fabriquer les huiles des graines des plantes oléagineuses dont il avait importé la culture dans la Brie. Il a relevé, par l'installation des fameuses papeteries de la vallée d'Essonnes, l'industrie du papier. Darblay jeune a été député sous l'empire, censeur de la Banque de France et du Crédit foncier, président du comice agricole de Seine-et-Oise, membre de la Chambre de commerce de Paris. Enfin, il était commandeur de la Légion d'honneur. Résumons-nous en disant que Darblay jeune a été l'un des représentants les mieux doués du commerce actif et intelligent.

***DARCET** (Jean), chimiste, membre de l'Académie des sciences. Né en 1725 à Douazit (Landes); mort en 1803. Il fut secrétaire de Montesquieu et précepteur de ses fils. Médecin en 1762, il se lia avec le célèbre Rouelle, devint son gendre; se fit chimiste; en 1774 il professa la chimie au Collège de France. « En 1766 et 1768, il présenta à l'Académie des sciences, dont il ne faisait point encore partie, le résultat de ses essais sur la fabrication de la porcelaine qui devaient le conduire à obtenir des produits aussi beaux que ceux que donnait alors la Saxe. Cet Etat avait interdit, sous peine de mort, d'exporter la terre à porcelaine, dont Bœtticher avait su tirer une si belle substance. Darcet découvrit dans le Limousin une terre propre à suppléer à ce kaolin qu'on avait été demander jusqu'en Chine. » (Alf. Maury, *l'ancienne Académie des sciences*, p. 236). Darcet devint directeur de la manufacture de Sèvres, inspecteur des essais des monnaies, membre de l'Académie des sciences, où il remplaça Macquer; puis membre de l'Institut et sénateur. C'est à lui qu'on doit l'art de fabriquer la porcelaine, le mode d'extraction de la gélatine des os, et un alliage fusible qui porte son nom, alliage employé d'abord à la confection des soupapes de sûreté des machines à vapeur, et usité aujourd'hui en galvanoplastie pour prendre des empreintes et faire des moules. Darcet a publié un assez grand nombre de mémoires dans les revues scientifiques de l'époque, et, à part, ses recherches *sur l'action d'un feu égal sur un grand nombre de terres* (1766). — C. D.

* **DARCET** (JEAN-PIERRE-JOSEPH), chimiste, fils du précédent. Né à Paris en 1777, mort en 1845 (le 1er août). Elève de son père et de Vauquelin, il appliqua aux arts industriels les connaissances chimiques qu'il tenait de ces grands maîtres. C'était l'époque où la révolution qui s'était opérée en chimie commençait à introduire dans l'industrie de nombreux perfectionnements. Darcet, avec sa grande sagacité, son infatigable activité, se plaça au premier rang des savants qui s'attachèrent à faire progresser l'industrie française, tâche qu'il continua jusqu'à ses derniers moments. Il fut successivement essayeur des monnaies, en 1800; vérificateur général des essais des monnaies, 1805; commissaire général des monnaies; directeur des essais, 1823; membre de l'Académie des sciences, 1823; membre du conseil général des arts et manufactures, du comité consultatif, 1811; du conseil de salubrité, 1813; de la Société d'agriculture, 1831; de la Société d'encouragement pour l'industrie nationale dont il fut un des fondateurs, 1819-1844; du Jury central des expositions; d'un grand nombre de sociétés savantes nationales et étrangères.

Il a publié plus de 200 mémoires ou opuscules sur la science appliquée à la chimie (quelques-uns seulement relatifs à la chimie théorique), à l'écononomie agricole et domestique, à l'hygiène publique, aux arts industriels, etc. Voici les principaux sujets dont il s'est occupé : fabrication en grand de l'hydrate de baryte et du chlorure de baryum; théorie chimique de la fabrication du savon et fondation à Paris de la plus grande savonnerie qui ait existé (1807); extraction de la châtaigne d'un sucre cristallisable analogue au sucre de canne (1812); importation de l'art de tremper les alliages de cuivre et d'étain, de faire des cymbales, des tam-tams; perfectionnements dans la fabrication des canons; préparation de l'or de Manheim (alliage de cuivre et de zinc), perfectionnements dans l'art de l'essayeur ; trempe des coins de monnaies; invention de nouveaux procédés de clichage; fabrication des camées à l'imitation des antiques; invention des pastilles dites *de Vichy* (au carbonate de soude), de la poudre à coller les vins, de l'écaille artificielle, des mastics hydrofuges, de la fusion du suif au bain-marie; détermination de la composition des fusées à la congrève et moyen de les préparer.

Perfectionnements apportés à la fabrication de l'acide sulfurique, du bicarbonate de soude, de la soude artificielle, de l'alun, du papier, de la porcelaine à bas prix. Il donna un mode d'extraction en grand de la gélatine des os, par les acides, pour obtenir de la colle forte et de la gélatine dite alimentaire. On a renoncé à introduire cette dernière substance dans la nourriture des hommes : mais l'industrie a conservé le procédé de Darcet pour la fabrication de la colle qui entre en concurrence avec celle provenant des peaux. Il imagina et réalisa un système de ventilation aussi simple qu'efficace pour les salles de spectacle, les ateliers de dorure; il améliora les systèmes de chauffage, fit partie de la commission du gaz d'éclairage; appliqua un système économique de fumigation à l'hôpital St-Louis; s'occupa d'un procédé d'assainissement des vidanges, des équarrissages, des soufroirs, des magnaneries; donna des modèles de silos pour la conservation des grains, etc. On voit, par là, quels services nombreux et importants il a rendus à l'industrie et aux arts. — C. D.

DARD. Arme formée d'une pointe de fer, fixée à l'extrémité d'une hampe en bois et qui se lançait à la main. || *Art hérald. Dard futé*, dard dont l'émail de la hampe diffère de celui de la pointe; *dard empenné*, dard dont l'émail des barbes diffère de celui de la hampe. || *T. d'archit.* Ornement taillé en flèche séparant les oves. || *T. de chim.* Langue de feu qui, dans les opérations au chalumeau, s'étend suivant la direction du bec. — V. CHALUMEAU.

* **DARET** (PIERRE), dessinateur et graveur au burin, né à Paris en 1610, mort vers 1680. Il étudia d'abord la peinture, mais il abandonna bientôt la palette pour prendre le burin du graveur qu'il sut manier d'une façon remarquable. Nous citerons parmi ses œuvres : *Une Sainte Famille, le Christ mort, Cupidon et Psyché*, d'après S. Vouet; *Thétis dans les forges de Vulcain*, d'après Jacques Blanchard; *Louis XIV jeune entre la Vertu et la Volupté*, d'après E. Lesueur; la *Vierge adorant l'enfant Jésus; sainte Cécile*; une *Madone*, d'après le Guide; *Diane découvrant la grossesse de Calisto*, d'après le Titien, etc., et un grand nombre de portraits, parmi lesquels ceux de Louis XIII, de Charles Ier, roi d'Angleterre, de la duchesse Gaston d'Orléans, de Cinq-Mars, du prince et de la princesse de Condé, de Scarron, etc.

* **DARI.** *T. de bot.* Nom donné aux semences du Sorgho, *sorghum vulgare*, Willd., plante annuelle, de la famille des Graminées, tribu des Andropogonées, originaire des Indes orientales, et excessivement répandue en Afrique et dans plusieurs autres contrées. Cette plante, à tiges pleines de moelle, peut atteindre 2 à 3 mètres de hauteur; ses feuilles, semblables à celles du maïs, ont jusqu'à 1 mètre de longueur. Les fleurs sont en panicules, ramassées presqu'en épis, et les semences arrondies, assez grosses, de couleur pouvant varier du blanc, au jaune, au pourpre, et même aller jusqu'au noir.

L'utilité du sorgho est considérable; ses emplois nombreux, puisque, d'après Bosc (*Dictionnaire des sciences naturelles*, Paris, 1821, t. XXI, p. 286), un tiers des habitants du globe vit peut-être de cette plante. A partir du 40e degré, son rendement est très grand; en Egypte, elle donne 241 pour 1. Toutes les parties du végétal sont utilisées : vert, c'est un excellent fourrage, qui séché, sert comme combustible ; avec les panicules, on fait, en Italie, en Espagne et en France, après l'enlèvement des graines, de beaux balais d'appartement, des brosses ; les graines sont données aux animaux domestiques, aux oiseaux et aux volailles, qu'elles engraissent ; leur farine sert en Egypte, au Sénégal, à faire du pain, des gâteaux, de la bouillie. Les Cabardiens en préparent une boisson ; enfin, dans la décoction de l'enveloppe des semences, la laine mordancée à l'alun et au bitartrate de potasse, prend une couleur rose pâle ; puis, avec le nitrate de bismuth, on obtient une teinte bleu de Prusse solide.

Il arrive actuellement en France de très grandes quantités de graines de dari, que l'on utilise pour faire de l'alcool.

Pour plus de détails sur cette plante, ainsi que sur l'analyse du dari, nous renvoyons à la note publiée en 1876, par M. J. Cloüet, dans le *Bulletin de la Société industrielle de Rouen*, p. 379.

***DASH-VHEEL.** *T. d'impr. s. ét. et de teint.* Aussi *wash-wheel, roue à laver* ; en allemand : *Wasch-rad, Plotsche.*

— Le dash-wheel est une des plus anciennes machines à laver employée dans la teinture et l'impression des étoffes ; elle date de la fin du siècle dernier ; elle a été inventée en Angleterre, d'où son nom ; on l'a aussi appelée machine de Betham. Elle a été introduite en France en 1819, par M. Dolfus-Ausset. On l'appelle plus généralement *roue*.

Elle a subi de nombreux perfectionnements dus à Shotwell (1807), Smith (1823), Herrypon (1839), Knight (1845), Holdin (1856), pour arriver à l'état actuel. Aujourd'hui, elle est moins répandue et tend à être remplacée par les engins nouveaux, qui opèrent plus rapidement et plus économiquement, mais non pas mieux, quand au lavage proprement dit. — V. BLANCHIMENT.

Le mouvement peut se donner de différentes manières ; quelquefois les roues sont garnies à leur circonférence d'aubes pour recevoir l'impulsion que leur imprime alors directement un cours d'eau ; d'autres fois, trois ou quatre roues sont soumises à l'action d'un moteur hydraulique ou autre ; et des engrenages établissent la communication entre les roues et le moteur. Chaque roue est munie d'un débrayage pour que l'on puisse à volonté suspendre son mouvement sans interrompre celui des roues voisines. Quel que soit le moyen par lequel on donne aux roues leur mouvement de révolution, on conçoit que la vitesse de ce mouvement doit être en raison du diamètre. Pour les dimensions d'une roue ordinaire qui a 2 mètres 25 de diamètre la roue doit faire 20 à 22 tours par minute, si la roue est plus petite, il faut augmenter la vitesse, et si elle est plus grande, il faut la diminuer pour rester dans les conditions énoncées qui donnent le meilleur rendement. Si l'on accélérait le mouvement, les pièces lancées à la circonférence par la force centrifuge y resteraient fixées et le lavage ne s'opèrerait pas ; si, au contraire, le mouvement est ralenti, la pièce glisse sur les parois de la roue et l'eau n'agit plus par pression.

Avant de mettre la roue en mouvement, on met dans chaque compartiment, suivant les longueurs de pièces et la qualité des tissus, une, deux ou trois pièces de 50 mètres, on ouvre le robinet et on met l'appareil en jeu. Quand on lave des tissus fins ou que l'on met plusieurs pièces courtes, on a soin de les mettre dans des sacs, qui empêchent les pièces de trop s'emmêler. Une fois lavées, il faut plusieurs ouvriers pour les débrouiller, car elles sont en général fort enchevêtrées les unes dans les autres. On laisse les pièces pendant 15 à 20 minutes. Ce temps est suffisant pour la plupart des genres. On lave donc en moyenne huit pièces par heure. La force exigée par une roue est estimée à deux chevaux. La figure 419 du t. Ier, représente une roue à laver.

V. *Monographie des machines à laver*, par DÉPIERRE, Baudry, Paris.

***DARONDEAU** (BENOÎT-HENRY), né le 3 avril 1805, à Paris, où il mourut le 1er mars 1869. Nommé élève de l'Ecole polytechnique en 1824, il en sortit en 1826 dans les premiers rangs, pour entrer comme élève dans le corps des ingénieurs hydrographes. Il collabora d'abord au travail des sondes d'atterrages des côtes de France en 1828 et 1829. Nommé sous-ingénieur en 1830, il concourut en 1831, sous les ordres de Beautemps-Beaupré, à la reconnaissance des côtes de France, et faillit y perdre la vie. Dans une de ces reconnaissances, il fut laissé avec quelques hommes sur un rocher du plateau des Minquiers, où pendant dix jours le mauvais temps s'opposa à ce qu'on vînt les chercher. Après cinq années d'études sur nos côtes, Darondeau fut nommé ingénieur de 3e classe en 1835, et embarqua sur la *Bonite*, chargé d'une mission scientifique. Il publiait à son retour une carte du cap Horn et du détroit de Magellan, qu'il accompagnait d'instructions nautiques.

Entré dans cette voie, Darondeau fit paraître ensuite une foule d'ouvrages analogues ; *Instructions sur la Mer rouge ; Instructions sur les côtes occidentales d'Afrique ; Description des côtes de Chine ; Instructions sur les mers de l'Inde ; Description du phare des Aiguilles ; Instructions pour les bâtiments qui se rendent au cap de Bonne-Espérance ; Note sur les Esquerquis ; Mémoires relatifs à l'hydrographie et au magnétisme terrestre*, etc., etc. Mais ce sont surtout les belles et originales études sur l'influence du magnétisme sur les compas à bord des navires en fer, qui rendent cher à la marine le nom de Darondeau. Ingénieur de 2e classe en 1843 et de 1re classe en 1851, il devint ingénieur en chef du Dépôt des cartes et plans de la marine en 1865, et fut nommé commandeur de la Légion d'honneur en 1868. Il était membre du Bureau des longitudes depuis 1865. Comme l'a dit avec raison l'un de ses élèves, « en succombant, Darondeau a laissé dans le corps des hydrographes, comme ingénieur, un noble exemple de zèle, de dévouement, de persévérance dans le travail ; comme chef, le souvenir d'une grande bienveillance, qui fera toujours chérir sa mémoire. »

***DATHOLITE.** *T. de minér.* Boro-silicate de magnésie, transparent, incolore ou verdâtre, d'éclat vitreux, à cassure légèrement grasse, parfois cristallisé en prismes rhomboïdaux obliques, mais offrant le plus souvent une structure grenue.

Il contient de 18 à 21,87 0/0 d'acide borique, 37,5 de silice et 35,0 de chaux, avec 5,63 d'eau. On le trouve dans le Hartz et à Bergen-Hill, New-Jersey. Il est exploité à cause de l'acide borique qu'il renferme.

DATTIER. Le dattier (*phœnix dactylifera*, Lin.), arbre de la famille des palmiers, n'est pas seulement utile à cause de son fruit, appelé *datte*, mais aussi par les produits secondaires qu'il fournit à l'industrie. Son fruit, charnu, à chair pulpeuse et sucrée, se présente sous forme de baie oblongue, elliptique, long de 1,5 cent. à 3 centim. ; son péricarpe est mince et rougeâtre, il recouvre une partie charnue, laquelle adhère à un endocarpe membraneux, transparent, à reflets de soie. La semence, ou noyau, est dure, cornée, allongée et marquée d'un sillon vertical, offrant une petite dépression circulaire correspondant à l'embryon.

La datte, d'après l'analyse qu'en a fait M. Bonastre (*Journal de Pharmacie*, XVIII, p. 729), contient de 24 à 43 0/0 d'eau, 58 0/0 de glucose et un peu de sucre cristallisable, 8 à 9 0/0 de gomme, puis de la pectine et une petite quantité de matière albuminoïde.

Les meilleures dattes sont celles qui nous viennent d'Alexandrie et de Tunisie ; elles sont cueillies avant une maturité complète, et sont molles et sucrées. Celles de Barbarie sont plus petites, pâles, sèches, et moins estimées.

Usages. La datte est d'un grand secours dans l'Afrique. Elle sert de comestible ; on en fait une farine qui se comprime en galettes ; les Arabes préparent avec elle un sirop qui sert à accommoder le riz, et font, avec celles qui fermentent, un très bon vinaigre. En médecine, ce fruit est employé comme pectoral et comme émollient.

Le dattier fournit, du reste, un grand nombre de produits utiles : on mange son bourgeon et ses jeunes feuilles ; de son tronc s'écoule une sève sucrée, que la fermentation transforme en une sorte de vin ; avec les feuilles, on se procure, par simple macération, une filasse appelée *lifa*, qui peut être employée pour confectionner les tissus grossiers, alors qu'avec les fibres du pétiole on fait des cordages ; ces mêmes feuilles, déchirées en lanières, sont utilisées pour fabriquer des tapis, paniers, chapeaux, balais ; entières, elles servent encore comme palmes dans quelques cérémonies religieuses, alors que dans l'antiquité elles symbolisaient la Victoire, et étaient la récompense des triomphateurs. Elles peuvent toujours servir de combustible. Le bois est employé pour les constructions. Enfin, les noyaux, ramollis par une ébullition dans l'eau, sont donnés à manger aux bestiaux, après broyage ; en Espagne, on en fait une poudre dentifrice, et on vient de démontrer, qu'avec leur poudre, on falsifie le poivre depuis quelque temps.

***DATURINE.** Alcaloïde cristallisé en prismes nets, incolores, brillants, retiré du *datura stramonium*. D'après les recherches les plus récentes, la daturine est loin d'être un corps déterminé ; elle est constituée par un mélange d'atropine et de hyoscyamine en quantités variables. Le datura contient surtout de l'hyoscyamine et peu d'atropine (Ladenburg). La formule de la daturine est $C^{17}H^{23}AzO^{3}$ (n. not.). La daturine est un violent poison et dilate la pupille.

Pour la préparer, on épuise les essences de la stramoine par une solution à 1 0/0 d'acide tartrique ; on concentre fortement la dissolution et on épuise l'extrait par 5 parties d'alcool concentré ; on évapore la dissolution alcoolique, on ajoute de l'éther et de la potasse ; l'éther dissout l'alcaloïde et l'abandonne par évaporation ; on le redissout dans l'acide sulfurique, on décompose le sel formé par le carbonate de potasse et on purifie l'alcaloïde par cristallisation dans l'alcool.

***DAUMIER** (HONORÉ), peintre, lithographe et caricaturiste, naquit à Marseille en 1810. Son père était un brave vitrier passionné de lecture, nourri de Jean-Jacques, des traductions de l'abbé Delille, des tragédies de Racine, des œuvres de Condillac, et qui s'étant instruit de la sorte, publia plus tard un volume de *Veillées poétiques*.

A l'époque où *Jean-Baptiste* DAUMIER faisait imprimer son volume de poésies, son fils *Honoré*, jeune garçon qui, de son crayon, devait traduire en prose brutale les mœurs contemporaines, publiait, chez les marchands d'estampes, quelques feuilles timides. Elles ne font pas pressentir le satirique de 1833. Ce sont des dessins politiques, minces et sans portée, des imitations de caricatures en vogue, des croquis militaires inspirés de Charlet, des titres de romances, des alphabets pour les enfants, des lithographies à la plume sur des sujets de chasse et de pêche, qui font penser aux caricatures anglaises et rappellent les trivialités de Pigal. *La Revue des Peintres* (Aubert, 1833 à 1835) contient toutefois de douces compositions du satirique. Daumier songeait déjà à la peinture et c'est d'après des aquarelles, la *Malade*, la *Bonne grand'maman*, que furent lithographiées ces œuvres empreintes de tendresse et de bonhomie. Il cherchait sa voie et fut prompt à trouver son génie. Tout d'abord la *Caricature* publia, sous le titre de *Masques de 1831*, une grande planche, premier essai satirique d'après la plupart des hommes politiques en vue. Daumier (la planche est signée *Rogelin*) débuta par ces essais de portraits, comme un enfant dessine d'après des plâtres antiques. Des masques, il passa aux portraits en buste : le *Charivari* de 1833 en contient qui ne sont pas encore du domaine de la caricature. Au début, Daumier employa un pseudonyme et semble avoir éteint volontairement son crayon (les planches signées *Rogelin* sont d'une faible exécution), pour ne pas attirer l'attention du préfet de police qui, après une condamnation, avait accordé au jeune artiste quelques délais pour se rendre en prison ; mais un nouveau dessin ranima la colère du préfet. Il représentait M. Gisquet lavant un drapeau tricolore pour en enlever les couleurs, avec cette légende : *Le bleu s'en va, mais ce diable de rouge tient comme du sang.* On lit dans la *Caricature* du 3 août 1832 : « Au moment où nous écrivions ces lignes, on arrêtait, sous les yeux de son père et de sa mère, dont il était le seul soutien, M. Daumier, condamné à six mois de prison pour la caricature du *Gargantua.* » Quand on regarde les caricatures fielleuses, qui ne reculaient, à cette date, devant aucune audace pour battre en brèche la royauté, on s'étonne qu'une si médiocre composition, qui ne brillait ni par la pensée ni par l'exécution, fut déférée au parquet. Emprisonné pour cette caricature, ne pouvant faire sortir de sa cellule des pièces satiriques contre le pouvoir, Daumier peignait à l'aquarelle des compositions sous le titre de l'*Imagination,* qu'un autre lithographiait sans rendre la personnalité du maître. Mais le séjour de Daumier à la prison nous a valu une belle composition : *Souvenir de Sainte-Pélagie.* Un jeune républicain lit la *Tribune* à un artiste, qui l'écoute, debout, tandis qu'entre eux un vieillard assis, la tête appuyée sur la main, recueille avec une profonde attention les paroles brûlantes qui s'échappent de la bouche du lecteur. De cette condamnation, de cet emprisonnement, germa sans doute la raillerie persistante contre les *Gens de justice,* que Daumier étudiait de son banc de prévenu.

Une collection, intitulée *Association mensuelle lithographique,* entreprise par Philipon, qui avait pour but, par cette publication, de venir en aide aux condamnés politiques, permit à Daumier de se montrer hors de pages. Le jeune artiste fournit cinq grands dessins qui resteront comme la plus haute expression de la lithographie. En voici trois. La belle planche, intitulée le *Ventre législatif,* représente le banc des ministres : M. Guizot et M. Thiers, M. de Broglie, M. d'Argout, M. de Rigny, etc. Au milieu de l'enceinte, accoudé familièrement sur le pupitre des ministres, le maire de Lyon, M. Prunelle, les cheveux emmêlés, les habits fatigués, montre sa familiarité avec les hommes politiques. Derrière les ministres, s'étagent en amphithéâtre les gras étalant leurs ventres dans l'intervalle des bancs. Tous ces hommes vivent, remuent, écoutent, regardent comme dans la vie. C'est un coin de la Chambre, avec ses ombres et ses lumières, ses demi-jours et ses transparences. Une autre planche suivit avec d'autres éclatantes qualités. Un cortège funèbre se dirige vers les hauteurs du Père-Lachaise. C'est là que le peintre a pu montrer un aspect nouveau : les horizons parisiens, le plein air, la façon dont il comprend la lumière. Au milieu du cimetière, près d'une tombe, se détache une larmoyante figure de croque-mort. Il joint les mains et semble prêt à s'agenouiller devant le corbillard qui passe ; mais sous les crêpes pendants de son chapeau, se dessinent les épais favoris légendaires. « Enfoncé, Lafayette ! » s'écrie le croque-mort royal. Cette planche est un chef-d'œuvre de dessin et de couleur. Les mains du roi sont dessinées par un maître. La dernière planche de cette série, d'un dramatique incontestable, a pour titre : *La rue Transnonain*; elle est la plus populaire des œuvres de l'artiste. Chacun se souvient de ce terrible drame. Le mot « Transnonain » en est resté sinistre. Les historiens ont décrit cette scène cruelle dans ses horribles détails, Daumier y a vu un entre-sol bas, en désordre, un lit fouillé par des baïonnettes, un lugubre traversin pendant hors du lit et, à terre, morts, une femme, un enfant, un vieillard, un ouvrier à la chemise ensanglantée. C'est effrayant de sinistre réalité.

Le drame et la comédie de la première moitié du siècle, se retrouvent dans cent planches de *Robert Macaire,* conçues par Philipon et traduites par Daumier. Il y a là des traits, des observations, des scènes qui en font la véritable histoire des mœurs et des fièvres d'agiotage de l'époque. Il a donné à Macaire et à Bertrand la plus extraordinaire vitalité. Le débraillé succède au distingué, l'élégance aux guenilles. La cravate en ficelles, les habits rapiécetés, les bottes éculées, les chapeaux effondrés, prennent, sous son crayon, des tournures héroïques. Dans ce drame crayonné, Robert Macaire et Bertrand devinrent, en une dualité incessante, la représentation moderne du Mercure des anciens. En eux, ils résumèrent l'agent de change emportant la fortune de ses clients ; la *hausse* factice et la *baisse* mensongère. Après Frédérick Lemaître, qui avait fait le succès de cette singulière parodie, Daumier communiqua une nouvelle vie à *Robert Macaire,* dont le nom restera dans l'histoire de la caricature au XIXe siècle.

On peut grouper, vers le même temps, deux séries du maître : les *Bas-bleus* et les *Divorceuses,* qui montrent jusqu'à un certain point la parenté de Daumier avec Molière. Bas-bleus humanitaires, dramaturges femelles sifflées à l'Odéon, maigres blondes, lisant leurs poésies en petit comité, femmes fortes fumant, malheureuses sans orthographe allant frapper à la porte des éditeurs, mauvaises ménagères négligeant leurs enfants pour s'occuper de questions sociales, forment le grotesque défilé des *Bas-bleus.*

La série des *Divorceuses* de Daumier roule sur le divorce, tel qu'on le comprenait au *Club des Femmes,* en 1848. Dans une lithographie, blonde comme une esquisse de Rubens, une grosse personne coiffée à la chinoise, et une femme maigre coiffée en saule pleureur, regardent avec pitié une mère de famille qui fait sauter son enfant sur ses genoux. « Qu'il y a encore en France des êtres abrupts et arriérés ! s'écrie une des divorceuses ; voilà une femme qui, à l'heure solennelle où nous sommes, s'occupe bêtement de ses enfants. » Rarement Daumier a composé un groupe plus charmant que celui de la mère et de l'enfant.

A cette époque, en 1848, Daumier put croire qu'il échapperait à l'art satirique. Le ministre avait décrété un concours public à l'Ecole des beaux-arts pour une figure symbolique de la République. Daumier concourut, il n'obtint pas le prix.

L'artiste exposa encore au Salon qui suivit une libre interprétation de La Fontaine, *le Meunier, son fils et l'âne,* pretexte pour peindre trois joyeuses maritornes qui s'égosillent de rire à regarder l'âne se prélassant comme un archevêque. Dans cette peinture étaient dénotées clairement les admirations flamandes du caricaturiste (flamandes à la Jordaens). A cette époque, le maître, préoccupé du grand art, esquissait de folles rondes de silènes et tentait également de vastes compositions religieuses ; mais il était facile de constater les inquiétudes de son pinceau s'épuisant en retouches et retouches inutiles. Ce ne fut guère qu'en 1860 que le peintre se débarrassa de ces entraves et put rendre la vie contemporaine par de vifs et gais fusains colorés.

En quinze ans à peu près, suivant l'événement du jour, Daumier a crayonné sous le titre d'*Actualités* une sorte de journal personnel qu'il pourrait appeler le journal de tout le monde, nouvelles, croquis de la rue, esquisses à la légère, bruits du jour, préoccupations du badaud, jusqu'aux crises politiques, qui tiennent en éveil la nation, y sont relatés, jour par jour. C'est une des faces curieuses d'une œuvre à l'aide de laquelle on reconstituera plus tard les misères de la vie privée et de la vie politique.

C'est dans les *Actualités* qu'il faut suivre la fin misérable de la République. Daumier y a peint en traits ineffaçables les médecins qui s'empressaient autour de la malade, lui tâtaient le pouls, hochaient la tête et donnaient des remèdes impuissants, hostiles ou dangereux. Ces oscillations politiques, cette agonie, ce rôle de la bourgeoisie, Daumier les a, par un suprême effort, enregistrés sur la pierre. Dans cette œuvre défilent les hommes au pouvoir, les magistrats, les industriels et les inventeurs, les hommes et les femmes. C'est en même temps la légende comique de Paris et du Parisien dans ses affaires et ses plaisirs.

Qui veut se rendre compte aujourd'hui de l'époque de Louis-Philippe doit consulter l'œuvre de Daumier. L'artiste a été longtemps méconnu. Peu d'hypocrisies et de vices échappant à l'œil pénétrant du satirique pendant une période si longue, Honoré Daumier avait tous les titres à la rancune d'une époque, marquée des terribles initiales H. D., qui entraient si profondément dans les chairs et dont chaque trait témoignait du génie du peintre.

Ce titre d'homme de génie, prodigué si souvent, Daumier est un des rares artistes satiriques qui ait le droit de le porter. Il a résumé en lui les forces comiques des nombreux caricaturistes qui l'avaient précédé et il a apporté dans l'exercice de son art un sentiment de la couleur qui fait de chacun de ses croquis une œuvre puissante.

Après un long repos, Daumier était rentré au journal dont il avait fait la fortune. Ce jour là, ses anciens compagnons de jeunesse fêtèrent son retour par un banquet auquel accoururent écrivains et artistes, peintres et statuaires, poètes et critiques. Quand, sous l'Empire, M. de Nieuwerkerke, surintendant des beaux-arts, voulut décorer Daumier, celui-ci refusa. Très simplement il répondit : « Je suis trop vieux maintenant, je vous remercie. » De son immense labeur, si mal rétribué, il avait pu cependant acquérir une modeste maison à Valmondois, dans l'Oise. Cette maisonnette où Daumier s'était retiré quand, vaincu par l'âge et le besoin, il dut quitter Paris, aveugle ou à peu près, cette simple maisonnette était sur le point de lui échapper. Si elle lui est restée jusqu'à la fin, c'est que la main bienfaisante du grand Corot, les cœurs vaillants de Jules Dupré et de Daubigny avaient passé par là.

C'est dans l'humble cimetière de Valmondois que fut enterré, le 13 février 1879, le grand artiste qui fut mieux qu'un caricaturiste, qui restera comme le peintre le plus puissant des mœurs bourgeoises de son temps. — E. CH.

***DAUPHIN.** *T. de constr.* Pierre dans laquelle on a percé un trou coudé, pour le passage des eaux. || Extrémité coudée d'un tuyau de descente, représentant un dauphin à la gueule béante. || *T. de pyrotechn.* Pièce d'artifice qui plonge dans l'eau et en ressort. || *Art hérald.* En armoiries, le dauphin est représenté avec la tête beaucoup plus grosse que le corps, de profil et courbé en un demi-cercle, le haut de la queue tourné vers le côté droit de l'écu ; *dauphin couché* se dit quand la queue et la tête sont tournées vers la pointe ; *dauphin allumé* est celui dont l'œil est d'un émail particulier ; *dauphin loré*, lorsque les nageoires sont d'un autre émail ; *dauphin pâmé*, celui qui a la gueule béante ; *dauphin vif*, celui qui a la gueule close. || *Iconog.* Poisson figuré qui, dans les premiers monuments chrétiens, était le symbole du *Christ.* — V. ce mot.

***DAVID** (CHARLES), graveur du XVIIe siècle, fut l'un des meilleurs artistes de son temps. On cite de lui un certain nombre de planches remarquables, parmi lesquelles un *Homme qui tient un escargot sur son doigt*, d'après Callot ; la *Vierge et l'enfant Jésus*, d'après Champaigne ; etc. Son frère *Jérôme* DAVID s'est distingué par de nombreux portraits et des eaux-fortes représentant des vues de Rome.

***DAVID** (JACQUES-LOUIS), peintre, naquit à Paris le 31 août 1748. Son père, qui mourut d'une mort tragique, en duel, était marchand de fer. Il lui restait un oncle, entrepreneur des bâtiments du roi, qui le mit au collège des Quatre-Nations et, ses études finies, témoin des dispositions de l'enfant pour le dessin, le plaça chez le peintre Boucher qui était son parent un peu éloigné. Déjà âgé, celui-ci le confia à Vien, qui réagissait avec talent contre la tradition académique de son temps. Sedaine, le parrain de David, secrétaire de l'Académie d'architecture, le logea au Louvre, et l'empêcha de se laisser mourir de faim dans le désespoir où l'avait jeté son second échec au concours du prix de Rome en 1772. Mais prenons tout de suite David à son heure importante, en 1783, au moment où, entré à l'Académie sur la présentation de son tableau d'*Hector et Andromaque*, son atelier était devenu trop étroit pour recevoir les nombreux élèves qui s'y pressaient.

C'est alors qu'il résolut de secouer à jamais le joug des règles classiques, dont il suivit les errements funestes depuis son premier concours pour le prix de Rome en 1771 (*Combat de Minerve contre Mars et Vénus*, aujourd'hui au Louvre), jusqu'au

Bélisaire exposé à Paris dix ans plus tard et qui lui avait valu l'agrégation académique. Son plus récent tableau, intitulé maladroitement la *Mort d'Hector* (1783) puisqu'il représente *Andromaque pleurant sur le corps du héros troyen*, était tout autant que la *Peste de saint Roch* (1779), une de ses premières œuvres, dans les traditions immédiates de l'école; mais on y aperçoit déjà une certaine recherche d'exactitude archéologique dans le dessin des accessoires, en particulier dans la forme des meubles et dans l'architecture. C'est là le premier symptôme en France de ce retour aux monuments antiques qui s'accomplira bientôt avec un retentissement sans autre exemple dans l'histoire des arts décoratifs.

A l'époque de son premier séjour en Italie (1775) les esprits avaient été récemment éveillés sur l'art antique par les publications de Lessing, de Heyne, reprises depuis par Winckelmann et Raphaël Mengs. Déjà dans les ateliers romains, on discutait avec une certaine passion la valeur de ces restaurations théoriques d'un art dont les précieux monuments étaient accessibles à tous. David prenait peu de part à ces discussions, mais elles restaient profondément gravées dans sa pensée. C'est sous l'empire de cet esprit de réforme et son plan déjà esquissé qu'il se dirigea de nouveau vers Rome, décidé à étudier à son tour et à s'approprier le génie de ces monuments antiques, représentatifs, disait-on, du beau absolu. Il faut ajouter d'ailleurs qu'il était favorisé par les circonstances. Dans les dernières années du règne de Louis XVI, une préoccupation générale des républiques antiques avait introduit dans le courant officiel une vive curiosité pour la reproduction artistique — plastique, pittoresque ou littéraire, — des hauts faits de l'histoire grecque et surtout de l'histoire romaine; c'est pour obéir à cette tendance du goût français que M. d'Angivilliers, directeur général des bâtiments du roi, avait commandé à l'artiste l'exécution de deux tableaux qui assurèrent définitivement sa réputation : *le Serment des Horaces* (1784) et *les Licteurs rapportant à Brutus le corps de ses fils* (1789). C'était là pour David une occasion précieuse d'appliquer les principes de la nouvelle doctrine; c'est non pas ce qu'il fit, mais ce qu'il tenta de faire, et nous allons voir ce que produisit cette seconde manière qui dura quatre ans, pendant lesquels il peignit quatre tableaux : les *Horaces*, le *Brutus*, la *Mort de Socrate* et les *Amours d'Hélène et de Paris* (1787).

Eh bien, qu'on veuille le reconnaître, il n'y a rien qui soit moins fait pour donner une idée de l'antiquité au point de vue historique et social, rien qui rappelle moins les œuvres d'art qu'elle nous a laissées; et pour s'en convaincre il suffit, trois de ces toiles étant au Louvre, de descendre au rez-de-chaussée et de comparer.

Ici, nul effort,—et nous ne parlons que de la statuaire romaine, David n'avait encore étudié que celle-là, — nul effort, nulle emphase ; peu de grâce, il est vrai, mais une vie libre dans son plein exercice; absence d'âme, mais une force équilibrée, sévère, contenue. Là, au contraire, tout est tendu, le corps et l'esprit, l'attitude et le geste; de grâce, il n'y en a pas; de flamme intérieure, n'en cherchez nul vestige; la passion qui devrait animer ces héros les paralyse. Ce qu'on trouve dans ces œuvres, c'est une correction de *dessin* incontestable;— et nous soulignons le mot pour limiter l'éloge à ce seul élément de l'art de peindre. Voyez, dans le *Brutus*, le personnage principal lui-même, Brutus; étudiez-le anatomiquement sur la gravure: il est dans les formes d'une justesse de proportions rigoureuse ; maintenant, jetez un coup d'œil sur le tableau : par un malencontreux effet de lumière, les extrémités inférieures étant au premier plan, tout le haut du corps se trouve rejeté bien au delà du groupe des femmes, qui occupe à peu près le centre de la perspective. Donc, il n'y a pas autre chose, un dessin correct: telle est la qualité essentielle qui caractérise cette phase du talent de David. Un seul entre tous ces tableaux est composé d'une manière acceptable, le *Socrate*. Dans les *Horaces*, dans le *Brutus*, il obéit à cette tradition bizarre qui fait une loi de l'équilibre dans la disposition des groupes, — loi qu'il ne faut pas condamner d'une manière absolue et qui a sa véritable valeur, lorsque mise en pratique elle se révèle seulement à l'œil exercé, et non lorsque mal comprise et mal interprétée, elle choque aussi visiblement que dans les deux toiles que nous étudions.

La *Mort de Socrate* est le morceau principal de cette seconde manière: tout n'y est pas irréprochable, mais rien n'y est ridicule dans le sens de la composition, et l'intention en est élevée. Ce n'est plus, comme dans le *Brutus* ou les *Horaces*, une chaise vide ou un faisceau d'épées qui appelle tout d'abord l'attention au milieu du tableau, c'est Socrate lui-même: il n'y a plus ici un côté exclusivement consacré à un groupe de femmes, l'autre côté au groupe des hommes; plus d'accessoires inutiles, de ces accessoires pseudo-grecs ou romains, que David prit trop longtemps pour la dernière expression d'une restitution sérieusement archaïque. On peut encore blâmer la pose tourmentée de l'esclave tendant la coupe au divin philosophe, le geste si peu naturel du dernier personnage à droite, tourné contre le mur où s'appuie une de ses mains, tandis que l'autre rejoint péniblement la tête renversée en arrière; mais il faut louer sans restriction la belle attitude de Platon, si noble et si pure tout à la fois, les têtes recueillies des deux enfants. Le personnage de Socrate est moins heureux; il est péniblement assis, le mouvement est dénué de souplesse, et l'exécution laisse voir une recherche de précision dans le rendu des plus petits détails anatomiques qui fatigue et enlève à cette partie de l'œuvre tout caractère de grandeur. C'est que David n'était pas un maître alors ; il avait étudié la sculpture antique, mais il n'avait pas remarqué avec quelle largeur elle modelait par plans généraux toutes les parties du corps humain, sans s'arrêter à la minutieuse réalité du détail; il n'était pas un maître alors, il n'était qu'un copiste.

Si maintenant nous résumons ce que ces quatre toiles apportèrent à l'art français, nous devons savoir gré à David de lui avoir montré un dessin sévère, vigoureux, savant, un pinceau habile et ferme, où se reconnaît une main qui avait copié la *Cène* de ce peintre français devenu Italien, notre Valentin. En outre, il avait affranchi l'école de la routine, de l'afféterie, de la convention froide et banale. Il n'y avait pas introduit le mouvement ni la chaleur, la vérité ni la vie, mais chose précieuse, le lien était coupé, la routine était vaincue.

Cependant, malgré toutes les lacunes de son talent, David obtint un succès prodigieux et sans précédent de 1785 à 1789; il exerça une telle influence sur le goût de son époque que les modes s'en trouvèrent sensiblement modifiées, le mobilier lui-même affecta les apparences qu'on lui voyait dans les œuvres du peintre, les formes massives, lourdes, carrées, se substituèrent aux élégances et aux contournements légers du règne de Louis XV déjà rectifiés et devenus plus rigides sous Louis XVI.

Mais le temps a marché, les événements se sont précipités, la Salle du jeu de Paume, à Versailles, a entendu le serment des députés qui composeront tout à l'heure l'Assemblée constituante; la popularité de David l'a tout naturellement désigné pour devenir le peintre officiel de la Révolution. En effet, on lui demanda de fixer d'une manière durable le souvenir de cette journée fameuse qui prit le nom de « Serment du jeu de Paume»; et nous allons voir le peintre de la *Peste de saint Roch* et des *Horaces* transformer son talent une troisième fois, renoncer à poursuivre ses longues études antérieures, abandonner l'histoire et consacrer son pinceau à la reproduction des événements contemporains.

Dans le *Serment du jeu de Paume*, le peintre nous révèle une face de son talent tout à fait imprévue; le sentiment des masses s'y montre très réel, la physionomie du groupe moderne est observée: progrès immense, c'est du fait même, de l'actualité que l'artiste s'inspire; son patient travail sur le modèle humain lui retire de la spontanéité, mais donne à ses personnages une sûreté, une solidité incomparables; cependant, il n'a pu encore secouer l'effort ni l'affectation dramatique, l'aisance lui fait défaut.

Comme il l'avait fait pour Lepelletier de Saint-Fargeau, tué par un ancien garde du corps, — trois mois après l'assassinat de Marat, — l'artiste offrait à la Convention le tableau représentant *Marat expirant*. Cette peinture est un chef-d'œuvre. La composition en est simple et l'effet saisissant.

Dans ce tableau tout est peint sobrement, sincèrement, composé sans emphase, avec un cachet de réalité sévère. Le corps tout moite des affres de la mort est modelé merveilleusement, et David, par un miracle de la passion vivement surexcitée, a rencontré un effet de lumière dont il a su tirer un grand effet de couleur. Il a triomphé en maître des difficultés que lui présentait l'opposition des chairs blanches et des draperies également blanches. Sans charlatanisme, sans fausse recherche mélodramatique, comme sans trivialité, il a su peindre une œuvre contenue, émouvante et vraie. Il a peint la mort comme nous la comprenons, il n'a consulté ni l'antique, ni l'école espagnole; l'œuvre est sortie de lui-même, *ex corde*, originale et forte.

Les événements dans sa vie furent bientôt d'une rigueur inattendue. Comme il avait adoré Marat, comme plus tard il adorera Napoléon Bonaparte, il adorait Robespierre; il avait soulevé bien des haines contre lui, et si nous laissions le peintre dans l'ombre pour regarder l'homme plus attentivement, il nous serait facile de voir qu'elles n'étaient pas toutes imméritées. Il ne s'était pas borné à dresser le plan des grandes fêtes républicaines, à régler l'ordre des cérémonies, à dessiner des costumes pour les divers corps de l'Etat ou les médailles commémoratives des faits de guerre les plus glorieux, et cela « à l'imitation des Grecs et des Romains. » Compromis dans un complot terroriste, il fut incarcéré.

David obéissait à une tradition renaissante lorsqu'il peignit les *Horaces* et le *Socrate*; malheureusement il ne l'avait pas cherchée de ses yeux, il l'avait trouvée dans le cerveau de Lessing et sans se l'expliquer. Dans son isolement forcé au Luxembourg, lorsque méditant de rentrer dans la vie de l'artiste par une œuvre importante, il conçut le projet de peindre les *Sabines* (1799), il s'était imposé de nouvelles lois et il pouvait dire, en parlant des *Horaces*: « Peut-être ai-je trop laissé voir dans cet ouvrage mes connaissances en anatomie. Dans celui des *Sabines* je traiterai cette partie de l'art avec plus d'adresse et de goût. *Ce tableau sera plus grec.* » Ces derniers mots nous donnent l'explication de la quatrième manière de David qui, pénétré de l'importance de la nouvelle réforme qu'il tentait, ne mit pas moins de quatre ans à achever son tableau.

Le mouvement que nous avions vu poindre dans le *Serment du jeu de Paume* s'est dans les *Sabines* complètement immobilisé. Toutes les poses sont péniblement cherchées, difficilement trouvées; tous les personnages, tous les groupes s'agencent tant bien que mal; mais l'ensemble une fois réalisé, chacun étant placé à son poste, il semblerait que, par un phénomène dont la mythologie nous offre quelques exemples, ces gens-là se sont tout à coup figés dans leur attitude. Toute action leur est à jamais interdite. La fable de Pygmalion se trouve renversée. David avait des héros, il en a fait des statues. L'erreur de ce système apparaît évidente dans les *Sabines*, mais combien plus encore dans un autre tableau commencé à la même époque, dans le *Léonidas aux Thermopyles*, interrompu pendant dix ans (terminé en 1814). Lorsque l'artiste voulut le reprendre au point où il l'avait laissé, sa main avait faibli, d'autres théories avaient traversé son esprit inconsistant, et mobile à la surface, au fond sourdement obstiné; et dans ce tableau les tiraillements de la pensée se sont traduits par des inégalités qui resteraient inexplicables à celui qui, sans rien connaître de David, étudierait attentivement cet ouvrage où ne se trouve même pas l'unité d'exécution. Peut-être ce que nous avons vainement cherché jusqu'à présent, l'expression de la vie moderne, allons-nous le rencontrer dans deux compositions que nous n'avons pas encore étudiées.

Napoléon Bonaparte, alors premier consul, n'avait point approuvé, même avant de l'avoir vu, le sujet du *Léonidas aux Thermopyles;* et pour arracher l'artiste, qu'il avait de tout temps estimé, aux voies périlleuses où il le trouvait engagé, il lui demanda de faire son portrait. David, épris d'une nouvelle passion pour le héros qui avait passé les Alpes, renonça à ses chers Grecs pour revenir aux contemporains. Malgré les engagements qu'il avait pris vis-à-vis de lui-même dans la prison du Luxembourg, il accepta la proposition du premier consul, le pria de poser et fit ce trop fameux portrait équestre de *Napoléon gravissant le mont Saint-Bernard* « calme sur un cheval fougueux ». Portrait fameux, mais, au point de vue de l'art, portrait inavouable, où le cavalier est emphatique et faux, où la monture n'appartient à aucune des nombreuses races de cheval reconnues par la science.

Mais ce n'était là qu'un prélude à de nouvelles œuvres. Le premier consul est devenu empereur, David est nommé son premier peintre et, à ce titre, chargé d'exécuter quatre grands tableaux destinés à la salle du trône : 1° *le Couronnement de Napoléon*; 2° *la Distribution des aigles*; 3° *l'Intronisation dans l'église de Notre-Dame*; 4° *l'Entrée de Napoléon à l'Hôtel-de-Ville*. Les deux premiers seulement furent entrepris et terminés. On les voit dans les vastes salles du musée de Versailles, où ils couvrent deux pans de mur énormes. Celui des deux qui a demandé le plus d'efforts à l'artiste n'est pas le meilleur, il s'en faut de beaucoup ; nous parlons de la *Distribution des aigles*, où jamais l'on ne simula tant de mouvement pour en obtenir si peu. Cette œuvre disgracieuse, pénible et froide ne laisse qu'un souvenir confus et contraire à ce qu'elle est réellement ; la mémoire se représente la toile entièrement envahie par une foule de soldats, chacun d'eux s'agite, se précipite, mais le groupe reste immobile.

Dans le *Couronnement*, David a évité cet écueil. La composition est intelligente, claire ; d'un seul regard on embrasse la scène principale ; le groupe de l'autel est justement célèbre, mais il restera dit que rien de complet et de tout à fait satisfaisant ne sera sorti des mains du peintre. Si l'on excepte l'impératrice, l'empereur et le clergé, dont les gestes sont justes et bien en situation, rien ne se peut comparer à la rigidité gonflée et guindée des assistants. Les officiers de la couronne, porteurs des attributs de la majesté impériale, luttent entre eux d'affectation solennelle ; les dames d'honneur sont vraiment plus roides et plus laides l'une que l'autre ; ces graves personnages sont embarrassés de leurs bras, de leurs jambes, de leurs manteaux, de leurs plumes ; et pour employer une expression vulgaire qui rend exactement l'effet qu'ils produisent : ils paraissent *endimanchés*. Mais le pape est vivant et vrai.

David n'avait aucune inspiration et de tels effets ne sont pas dans l'art un résultat de l'étude ; on les trouve dans son cœur ou dans le modèle. Le Pie VII du *Couronnement* est l'une des grandes productions de David. Il vaut le *Marat expirant* et la tête de *Lepelletier de Saint-Fargeau*.

Le *Couronnement* avait obtenu le plus grand succès, mais on n'avait pas épargné les critiques à la *Distribution des aigles*. David, froissé, renonça à peindre les deux autres tableaux qui lui avaient été commandés : l'*Intronisation* et l'*Entrée à l'Hôtel-de-Ville* ; il retourna au Léonidas. Nous avons dit ce qu'il advint de ce retour à une composition longtemps abandonnée ; mais l'artiste était satisfait, il s'était « tiré des habits brodés et des bottes, » comme il l'écrivait plus tard à Gros en lui exprimant son dédain pour ce qu'il appelait les « sujets futiles » pour les « tableaux de circonstance. »

A la seconde rentrée des Bourbons, par la loi du 12 janvier 1816, David se vit contraint de demander à l'étranger un refuge pour ses principaux tableaux et pour lui-même. Au milieu d'une petite cour d'élèves, empressés à ses leçons, attentifs à lui cacher le mouvement des esprits en France, et l'opposition que rencontrait son enseignement, il put vivre encore dix ans à Bruxelles, professant et peignant toujours, sans jamais se douter que son talent et son autorité avaient singulièrement faibli. C'est à Bruxelles qu'il mourut le 29 décembre 1825.

Malgré sa volonté, son ambition, sa conscience, sa bonne foi et aussi parce qu'il a souvent douté, David n'est pas de la famille des hommes de génie. Les hommes de génie peuvent douter de leur talent, ils ne doutent jamais d'eux-mêmes. Les hommes de génie sont ceux qui disent et expriment ce qu'on n'a ni exprimé ni dit avant eux ; et David n'a rien dit, rien exprimé, rien inventé.

David ne fut donc ni un peintre de génie, ni un peintre de sentiment, il fut un peintre d'intelligence. Si l'on osait dire toute sa pensée lorsqu'on songe à la manière dont il a transformé les calmes et pures beautés de la Grèce, on pourrait lui appliquer le misérable mot du sculpteur Falconnet parlant de Michel-Ange : « L'ami, vous avez l'art de rapetisser les grandes choses. » — E. CH.

***DAVID** (PIERRE-JEAN) dit *d'Angers*, statuaire, naquit, en 1789, à Angers, comme l'indique suffisamment le double nom qu'il adopta pour se distinguer, sans doute, de son maître le peintre Louis David. Son père était un pauvre sculpteur en bois ; c'est assurément dans l'atelier paternel qu'il prit l'amour de la sculpture et se familiarisa avec l'outillage d'un art qui est aussi un métier. Une petite pension que lui fit sa ville natale lui permit de venir à Paris poursuivre ses études. C'était en 1808, il avait dix-neuf ans. Il entra successivement dans l'atelier du statuaire Rolland et de David, son homonyme, le peintre des *Horaces*. Trois ans après, en 1811, il obtenait le premier grand prix de Rome pour son bas-relief d'*Epaminondas* qui est au musée d'Angers. En Italie, où il séjourna cinq ans, tant à Naples et à Florence qu'à Rome, il fréquenta l'atelier de Canova et se perfectionna dans ses études. Rentré en France, il reçut la commande de la statue du grand Condé pour le pont de la Concorde. On sait de quel beau geste il a représenté le vainqueur de Rocroy jetant son bâton de commandement dans les lignes ennemies. Cette statue fut sous Louis Philippe transportée, avec les autres statues du pont de la Concorde, dans la cour d'honneur du palais de Versailles. David d'Angers fut nommé membre de l'Institut et professeur à l'Ecole des beaux-arts en 1826. Républicain ardent, il combattit avec la jeunesse libérale sur les barricades de juillet 1830 et l'année suivante il commença l'exécution du fronton du Panthéon dont l'achèvement ne demanda pas moins de sept années. En étudiant cette œuvre capitale du célèbre statuaire, nous aurons occasion de la rapprocher d'un certain nombre de ses ouvrages antérieurs; et cette étude nous permettra d'analyser toutes les grandes qualités et aussi les quelques défaillances de son talent. David était naturellement appelé par sa renommée à décorer le fronton du Panthéon et à traduire la légende inscrite au-dessous : « Aux grands hommes la patrie reconnaissante. » M. Guizot accepta le programme proposé par David et laissa au statuaire une entière liberté; mais M. d'Argout s'était effrayé du programme et avait arrêté les travaux préparatoires du fronton. Heureusement M. Thiers, en arrivant au ministère, se hâta de lever le *veto* de M. d'Argout et les travaux furent repris selon la volonté primitive de David. On était d'autant plus impatient de voir et d'étudier le fronton du Panthéon que, jusque-là, l'auteur n'avait pas encore rencontré un programme aussi magnifique, aussi digne de son habileté. Le fronton du Panthéon est donc le début de David dans la sculpture monumentale. Ce début fut ce qu'il devait être, c'est-à-dire une œuvre d'une science consommée, où la critique peut signaler quelques fautes de composition, mais dont l'exécution excitera l'admiration unanime de tous les hommes habitués à contempler les plus beaux monuments de la statuaire antique. Les précédents ouvrages de David avaient éveillé de grandes espérances. Les bustes de Chateaubriand et de Bentham avaient prouvé depuis longtemps que David n'avait pas de rivaux dans l'art de comprendre et d'interpréter la tête humaine; le fronton du Panthéon prouva que cette merveilleuse faculté s'était agrandie de jour en jour. On sait que le talent de l'auteur consiste à deviner le sens intime d'une physionomie et à rendre évidente, pour les yeux les moins clairvoyants, la pensée qui a dominé toute la vie de son modèle. Envisagés sous ce rapport, les bustes innombrables dont David a enrichi les principales villes de France et d'Europe peuvent se comparer, sans exagération, aux plus beaux ouvrages de la Grèce. Sieyès et Merlin de Douai, Berzélius et Rauch ont la même finesse, la même précision, la même grandeur que Bentham et Chateaubriand. Ces bustes savants expriment avec une étonnante clarté le caractère individuel de chaque modèle. Il est évident pour tout homme familiarisé avec la réalité que David s'est proposé, dans ces admirables ouvrages, quelque chose de plus que la reproduction littérale de la nature. Il règne dans tous les traits du visage une vie si abondante, une harmonie si pure, une logique si parfaite qu'on devine facilement la différence qui sépare le marbre sculpté de la réalité vivante ; mais pour peu qu'on prenne la peine de comparer le buste au modèle, on s'aperçoit bien vite que le mérite principal de David consiste à interpréter la nature pour lutter avec elle. La jeune fille qui épèle du doigt le nom de Marco Botzaris se recommande par le même mérite. En effet, l'âge de la jeune fille est celui qui offre à la statuaire les difficultés les plus nombreuses. Dans le passage de l'enfance à l'adolescence le corps de la femme présente rarement des lignes harmonieuses; la femme qui sera belle à seize ans est souvent disgracieuse à quatorze. Pour traduire en marbre une femme de quatorze ans, il faut une habileté consommée, et surtout une grande hardiesse d'interprétation. Profondément pénétré de la nécessité d'obéir à cette condition, David a trouvé dans une fille de quatorze ans le sujet d'une composition exquise: il a corrigé sans violence la sécheresse et la maigreur de plusieurs parties de son modèle, et, en même temps, il a su conserver les lignes encore indécises du torse et des membres. Si cette statue, destinée au tombeau de Botzaris, était enfouie à vingt pieds de profondeur aux environs d'Athènes ou de Marseille, il est permis de croire qu'elle tromperait la sagacité d'un antiquaire.

La statue de Gouvion Saint-Cyr, placée sur le tombeau du maréchal, est composée d'après les mêmes principes. Désormais, il n'est plus permis de croire que le costume moderne résiste obstinément à tous les efforts du statuaire, car David, sans omettre aucun élément de la réalité, a trouvé moyen d'unir la grandeur à l'élégance. Le procédé employé par David, dans la représentation fidèle mais hardie du maréchal, consiste à respecter, mais en même temps à élargir les différentes parties du vêtement de façon à trouver des plis abondants et des lignes heureuses. Grâce à l'application de ce procédé, le maréchal offre à l'œil des masses bien distribuées et son costume militaire, que David a reproduit complètement, n'a plus rien d'étroit ni de mesquin.

Sans doute, il est permis de comprendre et de traduire diversement la légende inscrite au-dessous du fronton du Panthéon ; cette légende : *Aux grands hommes la patrie reconnaissante* doit embrasser tous les ordres de mérite; car la patrie, c'est-à-dire la conscience une et continue des générations qui se succèdent sur le sol que nous habitons est nécessairement impartiale et clairvoyante. C'est pourquoi elle doit témoigner une égale reconnaissance à Charlemagne et à Napoléon, à Sully et à Colbert. De la cime où elle est placée elle n'aperçoit pas les petites passions, les petits intérêts qui, aux yeux des contemporains, diminuent le mérite des guerriers ou des hommes d'Etat; elle ne voit que les grandes œuvres accomplies par eux et elle se reprocherait de couronner Colbert au détriment de Sully, Napoléon au détriment de Charlemagne. Il semble que le statuaire, chargé d'exprimer la reconnaissance de la patrie pour les grands hommes, devait tenir compte de tous les éléments du sujet. Quoique la destination actuelle du Panthéon remonte aux jours ardents de la Révolution française, le fronton destiné à traduire l'opinion de la France sur les grands hommes qui l'ont honorée, devait juger le passé non pas avec les passions de la révolution française, mais avec l'impartialité de la génération contemporaine. Puisque la Restauration avait brisé les bas-reliefs sculptés dans les dernières années du XVIIIe siècle, puisque le fronton était vide, le statuaire avait une entière liberté.

David a compris autrement la reconnaissance de la patrie pour les grands hommes. Il a cru devoir demeurer fidèle aux principes de la révolution française. A notre avis, cette manière de concevoir le sujet a moins de grandeur et de richesse, mais elle a du moins le mérite de l'unité. Le statuaire a cru qu'il devait plutôt restituer qu'agrandir la pensée qui avait changé la destination primitive de Sainte-Geneviève. Il a vu dans le fronton du Panthéon l'occasion d'exprimer une opinion politique précisément conforme aux espérances, à la conduite de la révolution française. Le sujet ainsi conçu se rétrécit et perd le caractère d'impartialité qu'il devait avoir; mais si nous blâmons la conception de David, nous ne la condamnons pas absolument, car il a usé de son droit en choisissant dans notre histoire un moment déterminé et le problème se réduit à savoir s'il a bien exprimé ce qu'il voulait. A gauche, nous voyons Bichat, Voltaire et Jean-Jacques Rousseau, David, Cuvier, Lafayette, Manuel, Carnot, Berthollet, Laplace, Malesherbes, Mirabeau, Monge, Fénelon; à droite, le général Bonaparte et des soldats choisis dans toutes les armes; au centre, la figure de la Patrie ayant à sa droite la Liberté, à sa gauche l'Histoire. Ainsi à la gauche du spectateur de nombreux portraits d'hommes célèbres; à droite, Bonaparte seul à la tête de l'armée. Il est évident que le statuaire n'a pas sans dessein établi entre les deux moitiés de son bas-relief une telle différence de caractère. Il ne faut pas une grande clairvoyance pour deviner qu'il a voulu personnifier le peuple dans l'armée. Le parti adopté par David donne à la partie droite de sa composition une sorte d'obscurité. L'œil, après avoir reconnu les différents portraits qui occupent la partie gauche cherche à reconnaître les guerriers en qui David a personnifié la gloire militaire, et cette étude inutile nuit à l'effet général de l'ouvrage. Autant l'on peut blâmer l'expression anonyme de la gloire militaire, autant l'on peut approuver la manière ingénieuse dont David a traduit les relations qui unissent l'étude à la grandeur. C'est là une pensée vraiment claire, qui s'explique par elle-même et qui n'a besoin d'aucun commentaire. Il était permis de craindre que le statuaire, ne sachant comment remplir les deux extrémités angulaires du fronton, ne se résignât à les garnir de figures inutiles; les élèves des écoles savantes que David a placés derrière les grands hommes couronnés par la patrie, contentent l'œil et la pensée. Quant aux portraits que l'auteur a placés à gauche du spectateur, ils ne sont ni choisis ni ordonnés d'une façon bien naturelle. Pourquoi Bichat précède-t-il Jean-Jacques Rousseau et Voltaire? La composition du fronton n'est donc pas précisément ce qu'elle devrait être. Non seulement la partie droite n'est pas en harmonie avec la partie gauche; mais la partie gauche elle-même n'est pas aussi claire qu'on pourrait le désirer. Il y a dans la réunion des hommes que David a groupés autour de la patrie reconnaissante quelque chose de fortuit. L'ordre selon lequel sont disposés les portraits pourrait être changé sans inconvénient et même avec avantage.

On ne saurait approuver le parti adopté par David pour la personnification de la gloire militaire; la partie droite du fronton n'est pas en harmonie avec la partie gauche; mais il faut louer l'exécution des figures qui, malheureusement, n'ont aucun nom historique. L'artilleur, le marin de la garde, le grenadier, le dragon, le lancier, le hussard, le tambour et le cuirassier sont traités avec une souplesse et une largeur qu'on ne pourrait méconnaître sans injustice. Chacune de ces figures étudiée individuellement est un prodige d'habileté. Cependant le grenadier de la trente-deuxième demi-brigade appelle particulièrement l'attention; la tête de ce vieux soldat est admirable de noblesse, il attend la récompense due à son courage avec une ardeur pleine de confiance. Dans l'exécution de cette figure, David a franchement abordé toutes les difficultés que présentait la reproduction de la réalité. Il n'a omis ni le chapeau à trois cornes, ni les cheveux nattés, ni la longue moustache, et il a résolu tous ces problèmes avec une adresse consommée. Je ne sais pas si le grenadier de David est un portrait, mais j'incline à le penser. Si l'auteur a composé librement toutes les parties de cette belle et grande figure, s'il n'avait pas sous les yeux les traits qu'il a sculptés dans la pierre, nous devons le féliciter du bonheur avec lequel il a su concilier l'invention et la réalité. Désormais, il ne sera plus permis de croire que la statuaire est inhabile à reproduire le type du soldat moderne; car David a montré dans le grenadier de la trente-deuxième demi-brigade que le ciseau conduit par une main savante peut enrichir les détails les plus mesquins.

Le tambour d'Arcole placé au premier plan, comme le grenadier, a été pour David l'occasion d'un nouveau triomphe. La tête de cet enfant respire une pieuse ardeur. Il est fier d'avoir, par son dévouement, assuré la victoire à l'armée française et il se présente hardiment pour recevoir des mains de la Patrie la couronne acquise aux belles actions. Cette figure ne se recommande pas seulement par la pureté de l'expression, mais bien aussi par la jeunesse et la simplicité des plans du visage. Le tambour d'Arcole n'a pas plus de quinze ans et l'on sait combien il est difficile de reproduire un modèle de cet âge. La forme n'est pas encore nettement accusée; en essayant de lutter avec la nature, le ciseau court le danger d'arrondir les chairs et d'effacer la vie; l'artiste a su éviter cet écueil et conserver cependant la jeunesse de son modèle. L'attitude de cette figure est bien ce qu'elle devait être, animée, ardente, déduite logiquement de l'expression de la tête. Le hussard et le dragon sont empreints d'une vigueur héroïque.

On doit louer sans restriction le parti que l'auteur a su tirer des deux extrémités du fronton. La raison défend de blâmer l'identité des attitudes attribuées aux élèves des écoles savantes. Les figures, de chaque côté, jouent le même rôle; il est naturel qu'elles décrivent la même ligne. Les poètes, les orateurs, les jurisconsultes futurs qui occupent l'extrémité gauche sont penchés sur leurs livres, comme les futurs officiers de génie et d'artillerie qui occupent l'extrémité droite; l'identité des mouvements était donc une nécessité.

Les trois figures allégoriques, placées au centre de la composition, la Liberté, la Patrie et l'Histoire, sont admirables de grandeur et de franchise. La Patrie reçoit des mains de la Liberté les couronnes qu'elle distribue, et l'Histoire inscrit les noms des grands hommes couronnés. La Patrie est debout, l'Histoire et la Liberté sont assises. La tête de la Patrie satisfait à toutes les conditions de la sculpture monumentale; non seulement l'expression est ce qu'elle devait être, calme et majestueuse; mais l'inflexion de la tête combinée avec la direction du regard donne à cette figure un merveilleux caractère de prévoyance. Il semble que la Patrie plonge déjà dans les profondeurs de l'avenir, et qu'elle prépare pour les services futurs que lui rendront ses enfants encore à naître les trésors inépuisables de sa reconnaissance. Les lignes et les plans de la tête sont d'une simplicité comparable aux plus beaux monuments de l'art antique; l'orbite est d'une ampleur prodigieuse et la paupière supérieure, en se repliant sous la voûte de l'orbite, agrandit encore le champ du regard; les bras sont modelés avec une pureté qui défie l'analyse la plus patiente et qui révèle chez le statuaire une science consommée. Pour agrandir la nature sur une pareille échelle, sans violer l'harmonie des proportions, il faut connaître le modèle humain dans ses moindres détails et surtout les relations qui régissent les diverses parties de ce modèle. La tête de la Liberté est pleine d'ardeur et d'énergie; les narines dilatées et palpitantes respirent l'enthousiasme, l'œil levé vers la Patrie a quelque chose d'impérieux; les lèvres fines et comprimées ajoutant encore à l'expression de la physionomie; le profil entier de cette tête se recommande par les qualités les plus rares. La Liberté, telle que l'a conçue, telle que nous la montre David, est jeune, hardie, amoureuse du combat et de la mêlée; mais sa hardiesse n'a rien de vulgaire. L'exaltation de ses traits concilie très bien la noblesse et la vivacité.

L'Histoire, placée pour le spectateur à droite de la Patrie, quoique traitée avec une grande largeur, se rapproche cependant d'une façon plus évidente du type de la beauté grecque. Les cheveux sont relevés avec une élégance ionienne; les yeux respirent l'admiration et l'amour des grandes actions; les lèvres sont modelées avec une finesse exquise et la tête légèrement inclinée en arrière donne à la figure une grâce voluptueuse; mais cette grâce pourtant n'a rien de frivole ni de mondain et ne contredit pas la gravité de cette muse divine. Elle inscrit sur son livre les grandes actions que la Liberté juge et que la Patrie récompense.

Tel est, étudié dans toutes ses parties, ce fronton du Panthéon, qui est une des grandes œuvres décoratives de la statuaire française et le chef-d'œuvre de David d'Angers.

L'artiste, en 1831, avait épousé la fille de La Reveillère-Lepeaux. En 1848, il fut nommé maire du onzième arrondissement de Paris et député de Maine-et-Loire à l'Assemblée constituante. A la suite du coup d'Etat de 1851, il quitta momentanément la France et voyagea en Grèce. Ses œuvres, fort nombreuses, sont consacrées, pour la plupart, aux gloires nationales de la France. On les classe habituellement en cinq groupes : médaillons, bustes, statues, bas-reliefs et monuments. Ses médaillons, quart de nature, forment un ensemble infiniment précieux pour l'iconographie française. Le plus important de ses bas-reliefs est le fronton du Panthéon; il a fait aussi, pour l'arc de triomphe de la porte d'Aix, à Marseille, la bataille de *Fleurus* et celle d'*Héliopolis*. Les statues où, lorsqu'il y a lieu, le costume moderne est étudié avec une rare passion de réalité, sont : *Cuvier*, au Jardin des Plantes de Paris et à Montbéliard; *Larrey*, au Val de Grâce; *Armand Carrel*, à Saint-Mandé; *Casimir Delavigne* et *Bernardin de Saint-Pierre*, au Hâvre; *Mathieu de Dombasle* et *Drouot*, à Nancy; *Bichat*, à Bourg; *Jefferson*, à New-York; *Gerbert*, à Aurillac; *Gutenberg*, à Strasbourg; *Racine*, à la Ferté-Milon; *De Belmas*, à Cambrai; *Jean Bart*, à Dunkerque; *Pierre Corneille*, à Rouen; *Paul Riquet*, à Béziers; le cardinal de *Cheverus*, à Mayenne; le roi *René*, à Aix et à Angers, où sont aussi les statues de *Saint Jean*, *Sainte Cécile* et la *Vierge au pied de la croix; Ambroise Paré*, à Laval; *Talma* et *Philopœmen*, au Louvre. Parmi les tombeaux et monuments, nous nous bornerons à citer ceux du général *Foy*, du général *Gobert*, du maréchal *Gouvion de Saint-Cyr*, au Père Lachaise; de *Fénelon*, à Cambrai; du général *Bonchamp*, à Saint-Florent, et de *Marco Botzaris*, à Missolonghi. On s'étonne qu'une vie d'homme ait suffi à une telle somme de travaux, œuvres de premier ordre pour la plupart. David d'Angers mourut à Paris, en 1856.

DAVID (Maxime), peintre en miniature, né à Châlons-sur-Marne, en 1798, fut un des meilleurs élèves de Madame de Mirbel, dont il prolongea pendant de longues années les traditions de grâce exquise et de rare délicatesse. Il obtint une médaille de 3e classe au Salon de 1835, une de 2e classe en 1836, une de 1re classe en 1841 et fut décoré dix ans plus tard, le 2 mai 1851. Son œuvre capitale est intitulée *La jeune mère*, exposée au Salon de 1842. Mais il a surtout laissé un nombre considérable de portraits.

DAVIER. *T. de typogr.* Petite patte qui sert à maintenir le petit tympan de la presse dans l'enchâssure du grand. || *T. de chirurg.* Pince très forte que l'on emploie pour extraire une dent à une seule racine, les incisives, les canines et les petites molaires. || *T. techn.* Outil de fer qui sert à saisir et à transporter sur l'enclume la pièce à forger. || Outil du tonnelier pour faire entrer les cerceaux. || Outil de menuisier composé d'une barre coudée à l'un des bouts et d'une pièce mobile, pour serrer et assembler les pièces.

DÉ. *T. techn.* 1° Outre le petit cube d'or, d'ivoire ou autre matière, portant des points sur chacune de ses six faces carrées et égales, et dont on se sert pour jouer, on donne ce nom : 2° à un petit objet de métal dont on coiffe un de ses doigts pour pousser une aiguille afin de ne point se blesser; 3° *en arch. et constr.* aux prismes quadrangulaires de pierre, qui servent de support à des vases ; à la partie comprise entre la base du piédestal et la corniche ; aux pierres qui supportent des poteaux de bois pour les garantir de l'humidité de la terre ; 4° *en orfèvr.*, à une plaque percée de trous dans lesquels l'orfèvre enfonce les pièces d'orfèvrerie qu'il veut restreindre ; 5° *en typogr.*, au morceau d'acier de forme carrée qu'on place dans la grenouille pour recevoir le pivot de la vis de la presse ; 6° *en chem. de fer*, à une pierre de forme cubique sur laquelle on fixe quelquefois, mais rarement, des coussinets au moyen de chevilles de bois ou de métal ; 7° *en charp.*, aux tampons de bois avec lesquels les charpentiers bouchent les trous des nœuds du bois debout ; 8° *en mécan.*, à un morceau de cuivre, de bronze ou d'antifriction rapporté dans une pièce destinée à servir de support à un tourillon ou à un petit axe. Ce morceau est enfoncé à coups de marteau dans un trou préalablement percé dans la dite pièce et joue le rôle d'un coussinet, après avoir été percé lui-même à la dimension convenable ; 9° *Dé de poulie*. Bague en bronze avec collerette fixée concentriquement contre la joue d'une poulie ; elle sert à amoindrir le frottement de cette dernière sur son axe.

DÉBARCADÈRE. Terme générique qui désigne les endroits où l'on débarque des marchandises et qui a pour corrélatif le mot *embarcadère*. Dans son acception précise, *débarcadère* ne devrait s'appliquer qu'au déchargement et *embarcadère* au chargement, mais l'usage a confondu les deux mots, parce que le même emplacement sert à la fois aux chargements et aux déchargements. On dit plus ordinairement *gare* (V. ce mot) lorsqu'il s'agit d'un chemin de fer.

***DÉBARRAGE.** *T. techn.* On désigne sous ce nom l'une des dernières opérations que l'on fait subir aux tissus-nouveautés, et qui consiste à faire disparaître, par une adjonction de couleur, les inégalités de nuançage désignées, suivant leur direction sur l'étoffe, sous les noms de *barres* (en travers) ou de *rayons* (en long). Le débarrage se fait à la brosse, au pinceau, au tampon ou au pastel.

La *brosse* sert pour l'application de couleurs liquides. La pièce d'étoffe étant passée sur une perche et tombant sur une traverse établie à 80 centimètres de hauteur, où elle est fixée par les lisières, l'ouvrier debout, la passe correctement sur la partie claire et arrive avec un peu d'habitude à faire les barres d'un seul coup. Le débarrage au *pinceau* se fait sur une table, la pièce restant bien tendue pour qu'il n'y ait pas de plis, ce qui pourrait faire tacher. On trempe alors le pinceau dans la teinture, on l'exprime un peu et on le passe deux ou trois fois sur la teinte pour arriver graduellement à la nuance. Ce système est plus répandu ; il peut être fait par des femmes. Le débarrage au *tampon* n'est guère employé que pour les pointillés soie et coton, la première, comme on le sait, prenant difficilement la teinture. Ce tampon n'est qu'une bande de drap que l'on enroule sur elle-même. La teinte se fait au moyen de peintures remontées par du *cache-épouti* (V. ce mot). Enfin le débarrage au *pastel*, le plus facile de tous, a longtemps joui d'une grande vogue, malheureusement il n'est pas solide. La pièce est fixée sur une perche fixée à près de 3 mètres de hauteur, de là elle descend et tourne sur une table debout, mais légèrement inclinée. L'ouvrier passe alors le pastel et termine en frappant légèrement sur l'étoffe avec un petit balai nommé *écouvette* pour unir et faire adhérer.

***DÉBARREUR, EUSE.** *T. de mét.* Ouvrier, ouvrière qui fait le débarrage.

***DEBAY** (Auguste-Hyacinthe), peintre et sculpteur, né à Nantes en 1804, était le fils aîné de *Joseph* Debay (1779-1863) statuaire lui-même qui, bien qu'il fut né à Malines (Belgique), accomplit toute sa carrière en France où il a laissé un très grand nombre d'œuvres importantes. Auguste Debay, élève de son père d'abord, puis de Gros, remporta le premier grand prix de Rome de peinture en 1823, une médaille de 3e classe en 1819, de 1re classe en 1831 et fut décoré de la Légion d'honneur en 1861. Ses principaux tableaux sont : *Lucrèce sur la place publique de Collatie* (1831), que l'on a vu longtemps au musée du Luxembourg ; les *Enrôlements volontaires de* 1792 (1833), détruit dans l'incendie du Palais-Royal en 1848 ; l'*Entrevue du Camp du drap d'or* (1839), au musée de Versailles ; la *Bataille de Dreux* (1846), au musée de Dreux. Il a peint aussi la coupole de l'église St-Pierre de Chaillot et laissé comme statuaire la statue de *Perrault* au nouveau Louvre, le mausolée de *Monseigneur Affre* dans la cathédrale de Paris et un joli groupe de marbre *Le berceau primitif : Ève et ses deux enfants*, qui figura à l'Exposition universelle de 1855. — A.-H. Debay est mort en 1865.

***DEBAY** (Jean-Baptiste-Joseph), statuaire, frère puîné du précédent, né à Nantes en 1806, obtint le premier grand prix de Rome de sculpture en 1829, une 1re médaille au Salon de 1836 et fut décoré en 1851. Nous citerons parmi ses meilleurs ouvrages : la statue équestre en bronze de l'empereur *Napoléon III* qui était exposée au seuil du Palais de l'industrie à l'Exposition universelle de 1855 ; *Saint Jean-Baptiste enfant*, marbre ; le *Génie de la chasse*, groupe, bronze ; la *Pudeur cède à l'Amour*, groupe marbre ; les *Heures* figurées sur le socle du groupe des *Trois Parques*, œuvre de son père ; la *Vierge au pressentiment*, statue marbre dans l'église St-Louis au Marais, son dernier ouvrage. Jean Debay est mort le 7 janvier 1862.

***DÉBIELLER.** *T. de mach.* Opérer le démontage d'une bielle, soit pour cause d'avarie, soit pour réduire la puissance d'une machine à plusieurs cylindres.

***DÉBILLARDER.** *T. techn.* Dégrossir une pièce de bois, la tailler pour l'arrondir ou en multiplier les plans.

DÉBIT ou **DÉBITAGE DES BOIS.** Opération qui a pour objet de partager les arbres abattus en pièces de divers échantillons, suivant les besoins du commerce. Deux grandes divisions peuvent être établies dans les produits tirés des bois : 1° les *bois d'œuvre*, comprenant surtout les bois de marine, les bois de construction ou de charpente, les bois de sciage et les bois de fente ; 2° les *bois de chauffage*.

L'article Bois a déjà donné sur le débitage du bois quelques renseignements que nous croyons devoir compléter ici.

Dans une exploitation importante, lorsqu'un arbre est abattu, on commence par le débarrasser de tout ce qui n'est propre qu'à faire du bois de feu, c'est-à-dire d'une partie des branches et des ramilles. Le bûcheron coupe ces branches en morceaux de $1^m,00$ à $1^m,35$, refend en *bûches* ou *quartiers* ceux qui ont un diamètre supérieur à $0^m,12$ et empile ceux dont le diamètre est compris entre $0^m,12$ et $0^m,06$ et qu'on appelle *rondins*. Le reste est assemblé avec les ramilles et menus brins en *fagots* et *bourrées*. Les bois destinés à être transformés en charbon sont coupés en morceaux de $0^m,60$ à $0^m,80$ de longueur, et comprennent tous les morceaux qui ont plus de $0^m,02$ de largeur. Les bois d'œuvre restés sur le sol sont expédiés, soit en grume, soit équarris. Ce dernier cas est le plus fréquent, notamment, pour les bois de charpente qui doivent faire un long trajet. Les bois de sciage sont très souvent débités sur l'emplacement même de la coupe. Les ouvriers équarrissent légèrement la pièce ou *bille*, sur quatre ou huit faces ; puis ils l'élèvent sur deux

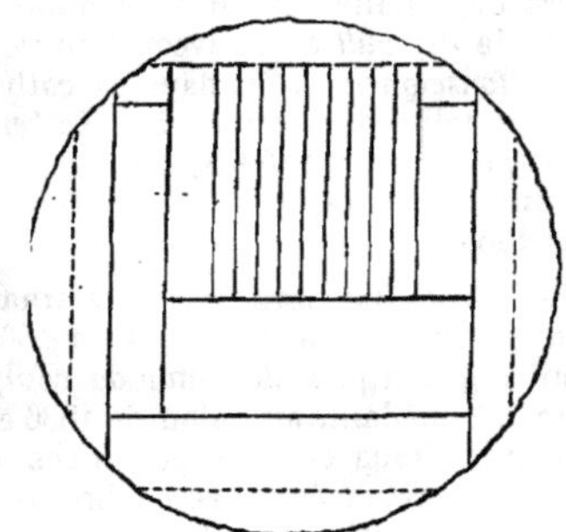

Fig. 7.

chevalets et lignent sur ses deux têtes, ainsi que sur sa face supérieure, les traits que doit suivre la scie à cadre en bois, dite *scie de long*. Cet outil est manié par deux hommes, l'un qui monte sur la pièce et guide la scie suivant le trait ligné, l'autre qui reste dessous pour la faire descendre. Cette opération exige certaines précautions, parce qu'il n'est pas indifférent d'attaquer les bois dans n'importe quelle direction. Le débit sur *mailles*, c'est-à-dire suivant les rayons médullaires, est le plus estimé ; mais il occasionne un déchet trop considérable. Le mode généralement adopté pour le débitage d'un arbre en planches consiste à en tirer une planche contenant le cœur et à faire les autres parallèles ou perpendiculaires à celle-ci (V. Bois). La disposition ci-jointe (fig. 7) permet de débiter dans une même bille quelques bois épais, pour lesquels la maille est sans importance et de menues planches coupées sur maille ou à peu près.

Le débitage du bois se fait non seulement à bras d'homme, mais encore mécaniquement. Tantôt plusieurs lames de scie, montées parallèlement, débitent plusieurs planches à la fois ; tantôt la *scie circulaire* ou la *scie sans fin* sont utilisées. Rapidité, économie, tels sont les avantages que présente le sciage mécanique ; mais on n'y tient pas compte des défauts des bois et tous les procédés ne sont pas également recommandables : le débitage à la scie sans fin, par exemple, ne donne pas des surfaces bien planes quand les pièces sont un peu fortes. Le débitage par la fente se fait généralement en forêt. Les arbres de futaie

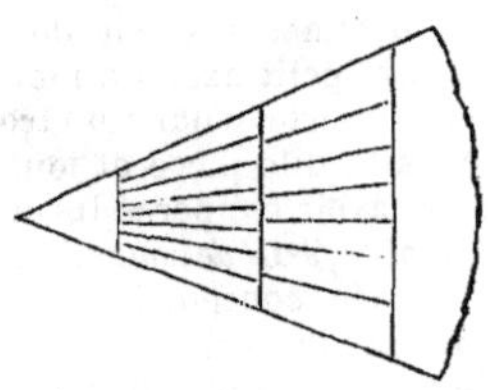

Fig. 8.

et les bois gras sont ceux qui se prêtent le mieux à cette opération. Les bois de fente sont particulièrement utilisés par les tonneliers. Les ouvriers qui les débitent coupent les billes à la longueur voulue, fendent les morceaux avec un coutre et en détachent des prismes de la forme indiquée par la figure 8, puis retirent le cœur et l'aubier. Si le morceau est gros, ils le divisent par des plans perpendiculaires aux mailles et refendent ces blocs suivant les mailles. — F. M.

***DÉBITANT.** Petit laminoir mobile dont se servent les chaînistes pour écraser leur fil.

DÉBLAI. *T. de constr.* Opération qui consiste à fouiller le sol et à enlever des terres pour permettre la construction des fondements d'un édifice ou celle des chemins de fer, des routes, le creusement des canaux, des tranchées, etc. — V. Terrassement.

DÉBLAYER. *T. techn.* Extraire des matériaux, faire des travaux de *déblayement* ou *déblaiement*.

***DÉBLOCAGE.** 1° *T. de chem. de fer.* Opération de *Block-system* (V. ce mot), par laquelle on débloque, en effaçant des signaux, une section de ligne précédemment bloquée, c'est-à-dire occupée par un train. Le déblocage d'une section ayant pour effet de découvrir la voie en arrière, cette opération doit être entourée de garanties sérieuses, en l'absence desquelles la sécurité donnée par le Block-system n'est plus qu'illusoire. Ainsi, il ne faut pas que l'on puisse débloquer une section sans avoir préalablement bloqué la section suivante; en d'autres termes, il doit exister, entre les appareils qui servent à réaliser ces deux opérations, une relation d'enclenchement telle que le train qui passe d'une section dans la suivante ne cesse pas un instant d'être protégé par des signaux d'arrêt. Cette condition est remplie par la plupart des systèmes récents, tels que ceux de Siemens et Halske, de Tesse et Lartigue (modifié), de Hodgson, etc., pour ne citer que ceux qui sont en service. Il est encore une autre condition, dont la nécessité n'est pas universellement reconnue, mais qui peut avoir des avantages dans quelques cas particuliers; c'est celle qui consiste à empêcher le déblocage d'une section avant que le train qui y circule, l'ait réellement quittée. Cette condition ne peut être obtenue qu'en ajoutant, sur la voie, une pédale ou un contact électrique, disposé de telle manière que le déblocage ne soit possible que quand ce contact a été atteint par les roues des véhicules, au moment du passage d'un train. L'appareil Hodgson, les électro-sémaphores de MM. Siemens ont été munis de ce surcroît de précautions, qui peut rendre quelques services en pleine voie, mais qui est une véritable cause de gêne dans les gares et les stations.

Enfin le déblocage des sections de Block est encore réalisé par le train lui-même dans tous les systèmes automatiques, tels que ceux de Hall, de Rousseau et de Gassett, employés en Amérique, et celui de Céradini, essayé en Italie. La fonction des gardes est alors supprimée : le train bloque et débloque lui-même les sections, en faisant agir des contacts convenablement placés sur la voie et reliés à des signaux automoteurs. L'économie de personnel que l'on obtient au moyen de cette disposition, est largement compensée par les chances d'accidents qui peuvent naître d'un dérangement des appareils. Aussi, n'y a-t-on pas recours en France. || 2° Action de *débloquer* les lettres qu'on a dû bloquer dans la composition. || 3° *T. de filat.* — V. EMOUCHETAGE.

DÉBOISEUSE. On nomme ainsi une *charrue* destinée à cultiver un bois *défriché.* Comme il reste parfois des *souches,* il faut que la charrue soit très forte pour résister à une énorme traction. En outre, le coutre marchant en avant se fausserait en rencontrant une souche. On remplace le coutre unique des charrues ordinaires par deux, trois ou quatre coutres se suivant dans le même plan vertical et attaquant la souche de plus en plus profondément : le premier coutre ne coupe que sur deux ou trois centimètres de profondeur la souche rencontrée ; le second approfondit cette entaille d'autant ; puis le troisième et le quatrième continuent la section et donnent ainsi des coups de hache successifs qui finissent par rompre la souche. Si la pointe du soc s'engage dans une souche profonde, on attelle les chevaux à l'arrière du sep pour dégager la déboiseuse.

* **DÉBONDONNOIR.** *T. techn.* Outil qui sert à enlever la bonde d'un tonneau.

* **DÉBORDAGE.** *T. techn.* On donne ce nom aux brins de laine retirés des bords d'une toison (extrémité, pattes et queue) et que l'on met à part en triant les laines brutes. — V. LAINE.

* **DÉBORDER.** *T. techn.* Opération du palissonnage ; elle a pour but d'étaler et d'ouvrir les peaux, afin de les assouplir dans toutes leurs parties. || Couper avec une plane les bords d'une table de plomb.

* **DÉBORDOIR.** *T. techn.* Outil en usage dans divers métiers ; c'est une sorte de *plane,* ou lame de fer courbée et tranchante, avec poignée à chaque bout.

DÉBOUCHAGE. Extraction du bouchon qui ferme une bouteille, un flacon. Les bouchons sont de deux sortes : en liège, ou en verre désignés sous le nom de *bouchons à l'émeri.* Les premiers s'extirpent à l'aide de l'instrument bien connu, le *tire-bouchon,* sorte de vrille qu'on peut introduire dans le bouchon par un mouvement hélicoïdal sans enfoncer celui-ci dans la bouteille et qui sert à déboucher en tirant sur la poignée ; ou bien, plus simplement encore avec un foret, ce qui ménage les bouchons. Les bouchons à l'émeri s'enlèvent par une traction directe, mais il arrive souvent que l'adhérence entre le goulot du flacon et le bouchon est telle, que le débouchage est à peu près impossible. Dans ce cas, il faut chauffer doucement le col du goulot pour faire dilater le verre, établir un peu de jeu qui détruit l'adhérence avec le bouchon et facilite le débouchage.

* **I. DÉBOUCHÉ.** *T. de p. et chauss.* S'emploie pour désigner la capacité d'écoulement que présentent les travaux exécutés en travers des cours d'eau ; on l'exprime ordinairement par le cube d'eau qui peut s'écouler dans une seconde ; cependant, lorsque les profondeurs sont peu différentes, on compare les ouvrages par leur débouché linéaire, soit la longueur totale de toutes les ouvertures.

Les barrages en rivière ont un débouché variable que les pièces mobiles du déversoir permettent de régler suivant les besoins ; les ponts n'offrent, au contraire, qu'un débouché invariable qui doit être calculé avec beaucoup d'attention, afin de n'apporter dans le régime des eaux aucun trouble de nature à compromettre la sécurité des ouvrages ou celle des propriétés riveraines. Toutefois, si le débouché d'un pont doit être suffisant pour donner passage aux eaux des plus grandes crues, il ne doit pas non plus être exagéré ; un débouché trop considérable expose à des atterrissements qui pourraient ne pas être enlevés assez rapidement lors des crues, et, par suite, provoquer des affouillements dangereux sur d'autres points.

Dans les canaux et les rivières à régime très régulier, le volume d'eau à écouler est obtenu en multipliant la section transversale du lit par la vitesse moyenne de l'eau. Pour avoir la section transversale, on relève avec soin un profil en travers, en mesurant la profondeur du lit en des points assez rapprochés et autant que possible équidistants, repérés par un fil de fer divisé à l'avance ou par une corde à nœuds que l'on tend d'une rive à l'autre. On reporte ces mesures sur une feuille de papier à une échelle convenable; et on indique par une ligne de niveau la hauteur de l'eau; on calcule alors la valeur de la section en décomposant la figure en trapèzes et en triangles. La même figure sert à mesurer la longueur du périmètre mouillé.

Dans les mêmes conditions, on peut calculer la vitesse de l'eau au moyen de la formule de Tadini, $V=50\sqrt{RI}$, dans laquelle V est la vitesse moyenne; I, la pente par mètre et R le rayon moyen; ce dernier est lui-même égal au rapport entre la section transversale S et le périmètre mouillé P. Soient $R=\frac{S}{P}$, et $V=50\sqrt{\frac{SI}{P}}$.

Comme le calcul ne peut s'appliquer lorsque le lit est irrégulier et encore moins lorsqu'il s'agit des crues, il vaut mieux, en général, mesurer la vitesse moyenne à l'endroit où doit être établi l'ouvrage; on emploie à cet effet le tube de Pitot ou mieux encore le moulinet de Woltmann. Dans la pratique, on mesure simplement la vitesse à la surface, au moyen d'un flotteur, qui peut être, soit une boule creuse suffisamment lestée, soit un morceau de chêne plongeant presque entièrement dans l'eau: ce flotteur doit correspondre à l'endroit le plus profond qui est celui où le courant est le plus rapide; on opère par un temps calme et sur une assez grande longueur. Des expériences nombreuses ont montré qu'il fallait prendre environ les 4/5 de cette vitesse à la surface pour avoir la vitesse moyenne.

Pour de très petits cours d'eau on peut quelquefois mesurer directement le débit en établissant un barrage provisoire, avec déversoir de superficie et calculer le volume écoulé au moyen de la formule de Bommard $Q=1,80\,lH^{3/2}$. H est la hauteur de la surface de l'eau au-dessus du déversoir, dont l est la largeur.

Le *jaugeage des cours d'eau* au moyen du relevé des profils et de la mesure directe de la vitesse peut fournir assez facilement le volume des basses eaux et celui des eaux moyennes; il est rarement suffisant et souvent impossible pour donner le volume des crues; il convient de compléter le travail par l'examen des ouvrages déjà existants sur le même cours d'eau et par celui des circonstances les plus défavorables qui peuvent influer sur la quantité d'eau à écouler. On compare l'étendue du bassin qui verse ses eaux dans la rivière à traverser et dans les affluents voisins, avec celle des autres bassins de la contrée dont les eaux s'écoulent par des ponts déjà existants, en tenant compte de la nature du sol et des cultures, de la pente des versants et de celle des cours d'eau, de la fréquence et de la durée des pluies d'orage dans la contrée. Comme donnée générale, on peut admettre, par kilomètre carré de bassin et par seconde:

0^{mcc},05 dans les pays comme la Belgique et la Hollande;

0^{mcc},09 lorsque les coteaux ne s'élèvent pas à plus de 40 mètres;

0^{mcc},125 lorsque les coteaux atteignent 50 mètres de hauteur.

Lorsque l'on a déterminé le débit et le niveau des plus grandes et des plus basses eaux et des eaux moyennes, on peut en conclure un débouché qui ne permette ni les atterrissements, ni les vitesses exagérées capables d'attaquer le fond de la rivière et d'affouiller les fondations. On pourrait, pour de très petits ouvrages, remédier à ce dernier inconvénient en établissant un radier suffisant; mais ce serait trop coûteux pour les grands débouchés et il est important de tenir compte de la nature du fond.

Le tableau suivant indique les vitesses des courants au delà desquelles les divers terrains peuvent être entamés.

Terre, boue détrempée	0^m,08	Cours lents.
Argile	0^m,15	
Sable	0^m,30	
Gravier	0^m,61	Cours réguliers.
Cailloux	0^m,91	Cours assez rapides
Pierres cassées, silex anguleux	1^m,22	Crues rapides.
Cailloux agglomérés	1^m,52	
Roches lamelleuses	1^m,83	
Roches dures	3^m,00	Vitesse torrentielle

Il faut encore, pour régler un débouché, avoir égard à la forme des arches, et à la diminution de section qui pourrait résulter d'une trop grande élévation du niveau extrême des crues. Enfin, il faut tenir compte de l'exhaussement qui se produit en amont du pont, par suite de l'obstacle que créent dans le lit de la rivière les piles et les culées. Cet exhaussement, appelé *remous*, peut être assez important pour entraîner des dommages aux propriétés riveraines; on le calcule de la manière suivante: soient L la largeur moyenne de la rivière; l la longueur moyenne du débouché; Q le débit de la rivière par seconde; h la hauteur moyenne des eaux: W la vitesse de l'eau ralentie en amont; v la vitesse entre les piles; m le coefficient de contraction de l'eau entre les piles; x la hauteur du remous, que l'on veut déterminer. On a

$$Q=L(h+x)W=(mlh)v$$

d'où

$$W=\frac{Q}{L(h+x)} \quad \text{et} \quad v=\frac{Q}{mlh}.$$

De la relation

$$2gx=v^2-W^2$$

on tire

$$x=\frac{Q^2}{2g}\left(\frac{1}{m^2l^2h^2}-\frac{1}{L^2(h+x)^2}\right)$$

équation du 3e degré qui ne contient que l'inconnue x et que l'on résout facilement par la moyenne des valeurs approchées. En assignant à x dans le second membre de l'équation une valeur supposée, on ramène l'équation au premier degré et on obtient une nouvelle valeur de x plus exacte que l'on substitue dans le second membre de l'équation pour en obtenir une troisième qui sera presque toujours suffisamment exacte.

On prend généralement pour le coefficient *m*, les valeurs suivantes: 0,70 pour les très petites arches, dont les naissances sont exposées à se trouver au-dessous de l'eau ; 0,85 pour les piles terminées carrément, sans avant-bec, lorsque les arches sont assez grandes; 0,90 pour les piles avec avant-bec demi-circulaires ou à base de triangle équilatéral ; 0,95 pour les avant-becs présentant un angle aigu.

Cette formule appliquée par d'Aubuisson aux résultats observés sur le Weser, au pont de Minden, a donné les valeurs suivantes:

Valeurs de				Valeur de *x*	
Q	*l*	*h*	*m*	calculée	observée
mcc					
58	73^{m},70	1^{m},43	0.90	0.016	0.050
432	94.60	2.51	0.90	0.220	0.209
817	91.30	3.70	0.90	0.302	0.296
996	97.60	4.44	0.81	0.342	0.345
1.318	96.00	5.37	0.81	0.426	0.384
2.370	132.40	5.62	0.81	0.559	0.540

J. B.

Bibliographie : Dupuit : *Etudes théoriques et pratiques sur le mouvement des eaux;* Morandière : *Cours de ponts;* Debauve : *Manuel de l'ingénieur* (10e fascicule); Gauthey : *Traité de la construction des ponts.*

II. ***DÉBOUCHÉ.** *T. d'art milit.* En campagne les troupes du génie sont chargées, sous la direction de leurs officiers, de préparer les *débouchés,* par des déboisements, des remblais, des déblais ou des ponts, suivant les circonstances, de façon à assurer un passage facile aux troupes et à leur artillerie. || On nomme aussi *débouché,* dans les travaux d'attaque des places fortes, l'opération qui consiste à ouvrir dans la *parallèle* une tranchée nouvelle en sape pleine ou double, pour avancer vers le point d'attaque. On distingue, dans la pratique, diverses méthodes d'exécuter les débouchés suivant l'espèce de sape employée. — V. Sape.

DÉBOUCHÉS COMMERCIAUX ET INDUSTRIELS. Il existe deux débouchés pour les produits d'un pays : le débouché ou le marché intérieur; le débouché ou le marché extérieur. Le premier est aujourd'hui librement ouvert partout, sauf dans les Etats où un certain nombre de communes sont autorisées à percevoir des droits d'octroi sur des denrées alimentaires, sur certaines matières premières de l'industrie et même quelquefois sur des produits fabriqués.

L'existence des débouchés extérieurs suppose la réunion de deux circonstances : 1° la disponibilité d'une certaine quantité de produits, la consommation intérieure satisfaite ; 2° la possibilité de vendre ces produits à l'étranger à des prix rémunérateurs. Or, cette possibilité est subordonnée, à son tour, à trois conditions. La première, c'est qu'ils conviendront, par leur qualité et leur prix, aux consommateurs du dehors ; la seconde, c'est qu'ils ne rencontreront pas, dans les produits similaires d'autres pays, une concurrence victorieuse ; la troisième, c'est que les tarifs de douane de ces pays n'en prohiberont pas l'importation ou ne les frapperont pas de droits équivalant à la prohibition, ou enfin ne stipuleront pas, au profit de certains pays, des traitements de faveur.

Les débouchés extérieurs sont de deux natures. Les uns se composent de colonies dont l'approvisionnement constitue un monopole pour la mère patrie ; les autres sont des pays absolument étrangers aux importateurs. Les débouchés extérieurs et même intérieurs peuvent se fermer complètement ou perdre de leur importance, soit accidentellement, soit définitivement, par suite d'événements divers. Citons comme exemples : un blocus prolongé des côtes du pays importateur ou exportateur, une guerre civile ou étrangère également prolongée, un appauvrissement des consommateurs du dedans et du dehors comme conséquence d'une série de mauvaises récoltes, ou d'une crise industrielle, ou encore de changements dans les goûts, dans les habitudes, dans les modes, des aggravations des droits de douane, enfin la concurrence victorieuse de producteurs étrangers parvenus à réduire leurs frais de fabrication.

Un pays industriel est donc obligé de lutter sans relâche pour conserver ses débouchés, et, dans cette lutte, il est bon, il est même nécessaire qu'il soit assisté par un gouvernement intelligent et patriotique qui, prenant à cœur les intérêts de la production nationale, s'efforce de négocier des traités de commerce favorables à ces mêmes intérêts et recueille tous les renseignements propres à faciliter les exportations de ses nationaux.

Les pays producteurs peuvent se diviser, au point de vue de la nature des objets d'exportation, en trois catégories : les pays agricoles, les pays industriels, les pays à la fois agricoles et industriels. L'Angleterre, par exemple, est un pays presque exclusivement industriel, puisqu'il est obligé de faire venir du dehors une notable partie de ses consommations alimentaires. La Belgique peut être classée dans la même catégorie et, dans une certaine mesure aussi, la Suisse. L'Autriche-Hongrie, mais surtout la Russie, sont, au moins quant à présent, des pays beaucoup plus agricoles qu'industriels. Il en a été longtemps de même des Etats-Unis. La France réalise le type du pays à la fois agricole et manufacturier. Un pays, pendant un certain temps exclusivement agricole, peut devenir industriel, comme les Etats-Unis et peut-être un jour la Russie, si sa législation douanière, en écartant les marchandises étrangères, l'oblige à produire les articles dont il a besoin, ou si la découverte de mines métalliques et de gîtes houillers d'une grande importance le met en mesure, grâce en outre à des voies de communication perfectionnées, de fabriquer à bon marché. Il est des pays qui, aux ressources du sol, joignent une aptitude industrielle spéciale, aptitude qui s'applique, par exemple, à toutes les créations où le goût, où l'art dominent. Ce privilège, en quelque sorte de race, est tellement inhérent au *milieu* dans lequel vit le producteur, que, lorsqu'il quitte ce milieu, pour aller s'établir au dehors, il ne tarde pas à le perdre. Nous faisons ici allusion à l'ouvrier français, et surtout à l'ouvrier français des grandes villes. Il est certain qu'il ne travaille dans la plénitude de ses dons naturels que lorsqu'il vit dans son pays, source, pour lui, d'une constante inspiration.

D'autres pays possèdent aussi certaines aptitudes spéciales qui favorisent à un très haut degré l'œuvre de la production. C'est ainsi que les Anglo-Américains améliorent, sans relâche, par des inventions ou des perfectionnements, leur outillage mécanique. Ils peuvent ainsi lutter, plus efficacement que leurs concurrents, contre les exigences de la main-d'œuvre. Sans cette substitution toujours progressive de la machine aux bras, l'industrie anglaise aurait été impuissante, depuis longtemps, à sortir victorieuse de ses perpétuels conflits avec les *Trades' Unions*. Dans tous les cas, elle n'aurait pas réalisé les immenses progrès qui permettent, notamment à ses industries du coton et du fer, d'avoir des débouchés dans le monde entier.

Ce ne sont pas exclusivement les aptitudes spéciales dans leurs applications variées qui assurent le succès d'une industrie, ou de l'industrie en général, mais encore des avantages naturels, comme d'abondantes mines de fer et de houille de bonne qualité et d'une exploitation facile, arrivant, aux prix les plus modérés, sur les lieux de consommation (Angleterre et Belgique). Ailleurs, c'est le faible prix des salaires résultant d'une moindre cherté de la vie matérielle et du travail plus offert que demandé (Allemagne et Belgique). Ailleurs encore, c'est un grand développement du crédit industriel, par suite de l'abondance des capitaux (Angleterre).

On voit que, si les débouchés sont en raison du prix, de la qualité ou du bon goût des produits, ces conditions sont dues à des causes très variables, qui ne s'appliquent qu'à un certain nombre de ces produits et ne se rencontrent que rarement réunies dans le même pays.

Les comptes-rendus commerciaux permettent de constater ces diverses natures de supériorités, en mettant en lumière les produits qui trouvent le plus d'acheteurs. Les limites de notre travail ne nous permettant pas de faire cette recherche pour les principaux pays industriels, nous la limiterons à la France.

Nous avons sous les yeux un tableau de notre commerce spécial pour les quatorze années de la période 1867-1881 et nous y trouvons les renseignements suivants sur l'écoulement de nos principaux produits, d'abord sans distinction du pays de destination, puis avec cette distinction, mais applicable seulement aux Etats avec lesquels nous entretenons les plus importantes relations commerciales. Nos comparaisons devant se faire *toujours avec l'année la plus récente* (1881), nous nous bornerons, pour abréger, à nommer l'*année antérieure qui nous aura servi de rapprochement*, sauf à l'omettre également quand elle sera la même pour plusieurs articles.

Nos produits chimiques ont trouvé des débouchés de plus en plus étendus depuis 1872 : 44,6 millions de francs et 58,8 (1). Notre parfumerie, au contraire, jadis si appréciée à l'étranger, en a perdu dans la proportion de plus de moitié : 17,1 et 7,6. Il en a été de même de nos bougies : 8,1 et 1,7. Nos poteries fines, verres et cristaux ont également vu diminuer le nombre de leurs consommateurs étrangers : 60,0 millions et 39,5. Si nos fils de coton trouvent aussi moins d'acheteurs au dehors, c'est que nous avons perdu l'Alsace-Lorraine, centre de fabrication des numéros les plus fins. Il n'en a pas été de même de nos fils de laine, dont la valeur exportée s'est assez notablement accrue : 39,7 millions en 1875 et 49,3 en 1880 (38,4 seulement en 1881). Nos tissus de soie ont sensiblement souffert : de 478,6 millions en 1875, leur exportation est tombée à 226,7 en 1879, pour se relever à 245,1 en 1881. Nos tissus de coton ont énergiquement lutté malgré la perte de l'Alsace-Lorraine : 81,9 en 1875 et 88,2. Notre lingerie et nos confections tendent à se relever de la crise qui les avait frappées à partir de 1875 : 86,0 et 92,8. Nos papiers, cartons, gravures, etc., après une baisse continue remontant à la même année, se sont relevés, de 47,8 en 1879, année du maximum de la baisse, à 55,6. Nos peaux apprêtées ont suivi un mouvement progressif presque continu : 89,4 en 1875 et 100,2. Le mouvement s'est fait dans le sens contraire pour nos ouvrages en peau : 173,3 en 1875 et 169,0.

Une de nos plus belles industries d'art, l'orfèvrerie et la bijouterie, regagne le terrain momentanément perdu : 60,5 en 1875, 68,0. Notre horlogerie n'a pas lutté aussi efficacement contre la concurrence suisse et anglaise : 18,0 en 1875 et 16,4. Nos machines et mécaniques conservent un bon courant d'affaires : 24,5 en 1875 et 26,0. Il en est de même de nos armes et de notre coutellerie : 2,8 en 1875 et 3,0.

Une notable partie de nos industries parisiennes perd de sa clientèle extérieure. Ainsi la tabletterie, la bimbeloterie, la mercerie et les boutons, les parapluies, les meubles et autres ouvrages en bois, qui étaient exportés pour une valeur de 184,8 et 184,7 en 1874 et 1875, n'ont plus trouvé d'acheteurs que pour 162,0. C'est le résultat, qu'il était facile de prévoir, de nos grèves continuelles. Nos ouvrières n'ayant pas encore recouru au même mode de pression sur les patrons, les modes et fleurs artificielles, après un mouvement de baisse assez sensible, motivé par la crise générale de 1875 à 1879 (34,9 et 30,1), ont pris une marche ascendante caractérisée : 45,6.

Mais les autres articles de l'industrie parisienne qualifiés de *divers* par le document officiel, sont tombés, après d'assez fortes oscillations, de 10,5 en 1880 à 2,4.

Voyons maintenant quels sont nos principaux débouchés et commençons par l'Angleterre, qui est l'un des plus importants.

Notre industrie parisienne ne paraît pas y être très appréciée ; car ses produits n'y sont importés que pour une valeur, tombée de 2,2 maximum en

(1) Nous comptons par millions et en chiffres ronds, soit 44 millions 600,000 francs, 58 millions 800,000 francs.

1875, à 0,9. Même résultat pour nos chapeaux de paille et de feutre. Nos fils de toute sorte (ceux de coton toujours exceptés) y ont trouvé un marché de plus en plus étendu, mais encore assez restreint, depuis 1875 : 4,3 et 7,6. L'exportation de notre mercerie (boutons compris) est tombée, de 48,5 en 1867, à 20,7. Celle de nos meubles, toujours très faible, est restée à peu près stationnaire : 2,0 en 1867 et 2,5. Il en a été de même pour nos modes et fleurs artificielles : 20,5 en 1875 et 20,0. Notre orfèvrerie et bijouterie est en forte baisse : 4,7 en 1874 et 2,4. Nos envois de peaux préparées, de 80,1 en 1875, sont tombés à 76,1, avec d'assez fortes fluctuations dans l'intervalle. Il en est autrement de ceux de nos plumes de parure : 7,8 en 1875 et 12,8. Notre céramique et cristallerie n'a pas eu le même succès : 12,4 en 1875 et 7,7, dernier terme d'une diminution continue. Les Anglais nous achètent de plus en plus nos produits chimiques : 2,9 en 1875, et 12,8 ; mais leur marché tend à se fermer devant notre tabletterie et bimbeloterie : 9,3 en 1875, et 2.7. Il est assez extraordinaire, que sur ce même marché, nos tissus de coton (les plus fins évidemment) trouvent encore des consommateurs, mais, il est vrai, en nombre décroissant : 8,0 en 1875 et 6,5. Même résultat pour nos tissus de laine, également dans une proportion décroissante : 95,2 en 1875 ; 82,6 (93,8, il est vrai, en 1880) (1). Nos tissus de soie n'ont plus le même nombre d'acheteurs : 153,9 en 1875, 105,0.

Nos débouchés diminuent en Allemagne. La vente à ce pays de nos articles de Paris notamment, après s'être maintenue à plus de 4 millions de 1873 à 1876, n'a plus été que de 3,6. Nos fils de toute sorte ont subi une bien plus forte baisse : 9,6 en 1875 et 5,9. Nos instruments de musique et de précision sont mieux accueillis : 1,3 en 1875 et 3,5. Il en est de même de nos machines et mécaniques : 3,4 en 1875 et 3,6. L'Allemagne nous achète de moins en moins nos meubles, dont le prix, il est vrai, par suite de la hausse de la main-d'œuvre, subit une hausse continue : 2,2 et 1875 et 1,4. En revanche, elle nous en expédie pour une valeur croissante : 0,4 en 1875 et 1,2. Ce résultat se sera certainement aggravé en 1882 et 1883. La consommation allemande de notre mercerie (boutons compris) est décroissante : 21,5 en 1875 et 20,4. On constate un peu d'amélioration pour nos modes et fleurs artificielles 5,2 et 7,2. Il en est de même pour notre bijouterie : 9,0 et 10,1. Nos expéditions d'outils et ouvrages en métaux sont à peu près stationnaires : 11,9 et 11,4. Elles diminuent pour nos peaux préparées et nos ouvrages en peau : 17,6 (maximum) en 1872 et 9,0. Même résultat pour nos plumes de parure : 5,6 en 1879 et 2,2 ; ainsi que pour notre céramique et cristallerie : 3,2 en 1875 et 1,8. Nous prenons une revanche pour nos produits chimiques non dénommés : 4,0 et 7,5 ; mais non pour notre tabletterie : 3,1 et 1,8. Nos tissus de soie continuent à être recherchés : 15,0 et 20,7 ; il en est autrement pour nos tissus de laine : 28,4 et 21,2 et nos tissus de coton (perte de l'Alsace-Lorraine) : 4,8 et 4,2. L'Allemagne continue à rechercher nos confections et notre lingerie : 2,6 et 5,8.

Notre commerce d'exportation avec l'Italie (pays encore peu industriel et dont l'Angleterre et l'Allemagne nous disputent le marché avec un succès de plus en plus marqué) appelle l'attention. Depuis 1868, elle a complètement cessé de nous prendre plusieurs de nos articles de Paris ; elle ne nous achète que pour des sommes insignifiantes nos chapeaux de paille et de feutre. Après nous avoir demandé pour 7,3 en 1873 de fer, fonte et acier, elle a cessé presque complètement d'en importer, pour s'approvisionner en Angleterre, en Belgique et en Allemagne. Son marché perd également toute importance pour nos fils de diverses sortes : 3,2 en 1875 et 1,2. Il n'en a jamais eu pour notre horlogerie : 1,1 et 1,3, et pour nos machines ou mécaniques : 2,6 et 1,9.

Il constitue, au contraire, un débouché d'une certaine valeur pour notre mercerie : 7,5 et 7,8 ; pour nos modes et fleurs artificielles : 0,7 et 2,6 ; ainsi que pour notre bijouterie : 2,6 et 2,7. Mais il se resserre pour nos outils et ouvrages en métaux : 12,3 (*maximum*) en 1873 et 4,9, et s'élargit en ce qui concerne nos peaux préparées : 6,5 en 1875 et 8,0. Après nous avoir pris pour 8,8 de poterie, verres et cristaux en 1872, l'Italie ne nous en a plus acheté que pour 3,0 en 1881. La baisse n'est pas moins forte pour nos tissus de toute nature : 62,9 en 1867, 37,3.

L'ouverture du Saint-Gothard réduira encore nos exportations pour ce pays au profit de la Suisse et de l'Allemagne.

La Suisse, qui nous demandait pour 3,8 de notre métallurgie en 1873, ne nous en a pris que pour le chiffre dérisoire de 100,000 francs en 1881. L'importation de notre mercerie s'y maintient, mais péniblement : 4,3 en 1875 et 4,1. Nos meubles y sont de moins en moins appréciés : 1,2 et 0,7. On observe de fortes oscillations dans nos ventes de modes et fleurs artificielles, ventes tantôt nulles, comme en 1880 et 1881, tantôt s'élevant au chiffre de 1,2, comme en 1878 et 1879. La Suisse nous achète de moins en moins de bijoux (1) : 8,9 en 1875 et 5,8, ainsi que d'outils et ouvrages en métaux : 9,2 en 1873 et 3,7. Même diminution pour nos peaux préparées et ouvrages en peau : 12,9 en 1875 et 11,2, ainsi que pour notre céramique et notre cristallerie : 2,4 et 1,6. Enfin, l'importation suisse de nos tissus, vêtements et pièces de lingerie est tombée, de 71,54 en 1875 à 28,3.

Nous ne sommes pas plus heureux avec la Belgique, pays encore plus industriel que la Suisse. Nos exportations d'armes à destination de ce pays ont fléchi de 5,9 en 1874, à 2,3. Celles de nos papiers, cartons, livres et gravures, de 8,2 en 1875, à 7,0 ; de nos fils de laine, de 29,0 à 26,3 ;

(1) Nous constatons, d'ailleurs, pour ce produit, comme pour presque tous les autres que, lorsqu'une importation considérable a eu lieu dans une année, elle diminue fortement l'année suivante, par la raison probable que le marché étranger a été suffisamment approvisionné.

(1) Les bijoux allemands et autrichiens, qui ont un beaucoup plus fort alliage que les nôtres et sont par conséquent moins chers, nous font partout une concurrence croissante. Rappelons qu'une loi récente a autorisé nos orfèvres à fabriquer dans les mêmes conditions.

de nos articles de Paris, de 4,0 en 1873, à 0,5; de nos machines et mécaniques, de 4,8 en 1879, à 3,9; de nos articles de mercerie, de 16,1 en 1875, à 14,3; de nos modes et fleurs artificielles, de 4,6 à 3,0; de notre bijouterie, de 2,7 à 0,8; de nos outils et ouvrages en métaux, de 10,7 à 8,9; de nos peaux préparées, de 5,3 à 4,3; de nos plumes de parure, de 2,7 à 0,5; de notre céramique et cristallerie, de 11,2 à 3,4; de l'ensemble de nos tissus, de 60,6 à 50,6. Nous ne trouvons d'exceptions que pour nos ouvrages en peau ou en cuir: 5,2 et 8,2; pour nos produits chimiques: 4,4 et 7,3; pour nos tissus de coton: 8,9 et 11,5; et, pour nos vêtements et notre lingerie: 4,0 et 7,9.

Nous n'avons guère plus de succès en Espagne, pays, comme l'Italie, beaucoup plus agricole que manufacturier, et dont les populations, également peu aisées, consomment peu de nos produits, dont le prix moyen est relativement élevé. Et, tout d'abord, voici les articles que nous lui vendons de moins en moins: habillements et lingerie: 1,1 en 1875 et 0,7; horlogerie: 1,9 en 1879 et 0,8; instruments de musique et autres: 1,5 en 1879 et 0,8; machines et mécaniques: 2,5 en 1879 et 2,3; bijouterie: 6,0 en 1878 et 2,4; ouvrages en peau: 1,6 en 1875 et 0,5; peaux préparées: 3,2 et 2,6; poterie et cristaux: 2,4 et 2,1; tabletterie et bimbeloterie: 1,9 et 1,4; tissus et bourre de soie: 7,4 et 6,0; meubles: 1,5 en 1880 et 1,0.

Les accroissements ont porté sur les articles suivants: mercerie et boutons: 7,3 en 1880 et 9,2; outils et ouvrages en métaux: 4,9 en 1875 et 6,9; ouvrages en bois: 1,1 et 7,3; papier, carton, etc.: 3,0 en 1879 et 4,4; produits chimiques: 0,9 en 1875 et 2,1; savons, soude et potasse: 0,6 et 0,7; tissus de coton: 2,1 en 1878 et 3,8; tissus de laine: 16,5 et 23,3.

Les changements suivants se sont produits dans nos envois en Hollande: (*a*) *diminutions:* fils de toute sorte: 1,1 en 1875 et 0,3; mercerie: 1,9 et 0,4; ouvrages en métaux: 0,9 et 0,3; papiers, etc.: 0,7 en 1876 et 0,4; poteries, verres et cristaux: 1,5 en 1875 et 1,0; tissus de soie: 1,0 et 0,5; tissus de laine: 5,1 et 3,0; — (*b*) *augmentations:* ouvrages en peau ou en cuir: 0,2 en 1879 et 0,7; vêtements et lingerie: 0,2 en 1875 et 0,9.

L'Autriche, de pays presque exclusivement agricole, il y a quelques années, est devenue aujourd'hui, dans une mesure déjà sensible et toujours croissante, un pays industriel. Comme l'Allemagne, l'Italie, la Russie, etc., elle s'est, en outre, protégée contre la concurrence étrangère par un tarif protecteur. Nos débouchés dans ce pays tendent donc plutôt à diminuer qu'à s'accroître. (*a*) *Diminutions:* articles de Paris: 0,7 en 1880 et 0,1; fils: 0,2 en 1879 et 0,0; mercerie: 6,1 en 1875 et 1,7; ouvrages en métaux: 0.9 en 1875 et 0,1; papiers, etc.: 0,7 en 1877 et 0,1; poterie, verres et cristaux: 0,2 en 1876 et 0,1; — (*b*) *augmentations:* habillements et lingerie: 0,4 en 1876 et 1,0; horlogerie: 0,1 en 1875 et 0,2; instruments d'optique et de précision: 0,1 et 0,4; objets dits de collection: 0,3 en 1876 et 0,9; ouvrages en caoutchouc: 0,1 en 1876 et 0,4; modes et fleurs artificielles: 0,2 en 1875 et 1,4; peaux préparées et ouvrages en peau: 0,6 et 1,3; plumes de parure: 0,3 et 0,9; tabletterie et bimbeloterie: 0,2 et 0,5; tissus: 6,1 et 12,0; vêtements et lingerie: 0,5 et 1,0. Les augmentations sont ici plus importantes que les diminutions.

Le Portugal, lié, comme on sait, étroitement à l'Angleterre par un traité exceptionnellement favorable pour ce dernier pays, ne pouvait nous offrir un débouché important. Nous allons voir qu'en outre ce débouché tend à devenir de plus en plus insignifiant. — (*a*) *Diminutions:* fils de toutes sortes: 0,4 en 1875 et 0,3; horlogerie: 0,2 et 0,1; machines et mécaniques: 1,5 et 0,5; mercerie: 1,3 et 0,8; meubles: 0,3 et 0,2; modes et fleurs artificielles: 0,5 en 1879 et 0,4; bijouterie: 1,6 en 1875 et 0; outils et ouvrages en métaux: 0,7 et 0,6; ouvrages en peau: 0,5 et 0,2; papier, carton, etc.: 1,4 et 0,1; peaux préparées: 0,8 en 1878 et 0,5; poterie, verres et cristaux: 0,5 en 1875 et 0,2; tabletterie et bimbeloterie: 0,2 et 0,1; produits chimiques (plus d'exportations); vêtements et lingerie: 0,8 en 1875 et 0,1; tissus de toutes sortes: 8,8 et 7,0. — (*b*) *Augmentations:* soie, écrue et teinte: 0,1 en 1876 et 0,3.

Notre industrie est-elle mieux traitée aux Etats-Unis? *a priori*, ce n'est guère présumable, le tarif américain, presque prohibitif, malgré quelques dégrèvements récents, frappant surtout les produits français, comme articles de luxe. On constate tout d'abord, dans notre commerce d'exportation avec ce pays, des intermittences singulières. Des articles paraissent, puis disparaissent, pour revenir plus tard dans des proportions plus ou moins réduites. C'est ainsi, par exemple, que nos chapeaux de feutre, après une disparition complète prolongée, reviennent en 1880 pour une valeur de 1 million, qui tombe à 100,000 francs en 1881. Même évolution pour notre fer, fonte et acier, dont l'importation tombe, de 1,1 en 1880, à 0,3 en 1881. Notre horlogerie, au contraire, gagne du terrain: 1,7 en 1875 et 2,9. Il en est de même de nos instruments de musique: 0,3 et 0,6; l'importation de nos instruments d'optique, de calcul et de précision se maintient: 0,6 et 0,6; celle de nos machines et mécaniques diminue: 0,3 et 0,1. Notre mercerie a des alternatives de succès et de revers: 13,1 en 1880 et 9,6. Nos meubles progressent: 0,5 en 1875 et 0,9. Nos modes et fleurs artificielles fléchissent: 6,6 et 5,8. Notre bijouterie est en faveur: 3,3 et 10,8; il en est de même de nos outils et ouvrages en métaux: 2,3 et 5,0. Nos ouvrages en bois, en caoutchouc, en gutta-percha disparaissent complètement; le chiffre de nos affaires en papier, etc. est stationnaire: 1,9 et 1,9; notre parfumerie gagne des consommateurs: 0,5 et 0,9. Nos peaux preparées en perdent, mais en ont encore pour une somme importante: 29,6 et 28,9 (30,6 en 1880). Notre poterie, nos verres et cristaux luttent péniblement: 4,3 et 3,6; notre tabletterie et bimbeloterie a passé de 2,4 à 3,5. La vogue de nos tissus s'accroît: 134,3 et 153,4; il n'en est pas de même de nos vêtements et de notre lingerie: 5,3 et 2,3.

Nous ne pousserons pas plus loin cette étude,

d'ailleurs assez pénible. On a vu, en effet, que, sauf peut-être en ce qui concerne nos tissus, dont l'exportation ne s'accroît pas, mais ne faiblit pas sensiblement, nos débouchés dans les pays que nous venons de mentionner diminuent. Il nous serait facile d'établir la contre-partie, c'est-à-dire de démontrer que notre marché est de plus en plus envahi par les produits industriels de l'étranger; nous aimons mieux rechercher les causes probables, momentanées ou définitives, de l'affaiblissement incontestable de nos ventes au dehors.

Mais répondons tout d'abord à l'objection qui pourrait nous être faite que nous avons raisonné d'après des valeurs et non d'après des quantités, les valeurs pouvant avoir diminué et les quantités s'être accrues. Dans la période qui nous a surtout occupé et comprend les années 1875-1881, les valeurs, telles qu'elles sont arrêtées annuellement par la commission spéciale du ministère du commerce, n'ont pas subi de modifications notables; nos rapprochements sont donc suffisamment exacts. Mais il est très possible — et nous l'admettons même — que, par suite de la crise industrielle qui sévit depuis 1875, la valeur des produits étrangers, par suite d'une production supérieure aux besoins, ait sensiblement diminué et nous expliquerions volontiers, en partie, par cette diminution, le double fait de leur entrée croissante en France et de la forte concurrence qu'ils nous font à l'étranger.

Il est certain que des tarifs de douanes, suffisamment protecteurs à l'époque de leur mise en vigueur, peuvent perdre plus tard cette propriété, soit par ce que l'industrie étrangère est parvenne à réduire ses frais de fabrication, soit parce que les prix ont baissé par suite d'une crise.

Mais nous avons hâte d'arriver à l'étude des causes principales, selon nous, de la déchéance graduelle de notre commerce d'exportation. Nous les énumérerons le plus succinctement possible.

Et d'abord, l'annexion à l'Allemagne de l'Alsace-Lorrraine nous a fait perdre une notable partie des débouchés de nos fils et tissus de coton.

L'incertitude qui a régné de 1877 à 1882, c'est-à-dire jusqu'au vote du nouveau tarif général et à la négociation des nouveaux traités de commerce, sur le régime douanier de la France, n'a pas été sans influence sur l'accroissement de nos importations. Il est très probable que l'Europe, s'attendant à un relèvement de nos droits, s'est hâtée de profiter des tarifs en vigueur pour nous expédier la plus grande quantité de produits possible.

Mais il est permis de croire aussi que les industries étrangères progressent plus rapidement que les nôtres. Il est certain que notre production n'est plus, par suite des taxes énormes qui la grèvent depuis 1871, *et des prétentions toujours croissantes de la main-d'œuvre*, dans les mêmes conditions de prix de revient qu'antérieurement, surtout quand on songe que, pour un grand nombre de nos industries, et notamment de nos industries d'art, la machine ne peut pas remplacer le travail des bras.

Il est avéré, en outre, que, sous l'influence des préoccupations politiques qui règnent en France, de l'insécurité générale qui en résulte, les capitaux et le crédit se retirent de l'industrie.

Il ne faut pas perdre de vue non plus qu'à l'exception de la Belgique et de l'Angleterre, qui n'ont rien à craindre de la concurrence étrangère pour leur marché intérieur, tous les pays qui nous entourent ont relevé leur tarif de douane. Si notre industrie ne conserve même pas celui de la France —et elle a déjà perdu, en 1866, le monopole de l'approvisionnement des colonies — il faut s'attendre à ce qu'elle réduise sa production et cesse ainsi de pouvoir lutter contre les produits étrangers à la fois au dedans et au dehors.

Il faut dire encore que nos rivaux s'approprient, avec une audace croissante, nos modèles et jusqu'à nos marques de fabrique, et qu'ils vendent, comme français, des produits de leur propre fabrication, produits qui, par leur qualité inférieure, peuvent, en outre, discréditer les nôtres. Cette piraterie industrielle est, d'ailleurs, singulièrement encouragée par la facilité avec laquelle nous accueillons les étrangers, mais surtout les Allemands, dans nos fabriques et nos maisons de commission.

Mentionnons également l'existence, depuis 1875, d'une crise économique générale, qui a réduit sensiblement les facultés de consommation des habitants de tous les pays, surtout en ce qui concerne les produits de luxe comme les nôtres.

Nous venons de mentionner la perte, en 1866, du monopole de l'approvisionnement de nos colonies au profit de l'importation étrangère; cette perte a été plus sensible pour notre commerce qu'on ne le pense. Ainsi nos exportations dans nos onze établissements coloniaux (moins la Cochinchine non occupée en 1860) sont tombées, de 238,900,000 francs en 1860, à 214,900,000 francs en 1881. Il importe de ne pas perdre de vue, en outre, qu'en 1860, nos produits y ont été soumis à l'impôt connu sous le nom d'*octroi de mer*, qui, avant, frappait exclusivement les pays étrangers.

Puis, il faut bien le dire, notre pays manque de patience et d'énergie; il ne sait pas lutter contre la fortune mauvaise dans l'attente de temps meilleurs; il se retire de la lutte au premier échec.

Nous ne voyons pas non plus se manifester, chez nous, cet esprit d'association qui fait de si grandes choses en Angleterre et en Allemagne! Dans ces deux pays, il se forme des sociétés puissantes qui, spontanément, sans aucune instigation, presque sans aucun appui du gouvernement, se mettent à la recherche de nouveaux débouchés et, dans ce but, vont faire, sur place, de minutieuses enquêtes sur les besoins des populations. En France, l'individualisme règne dans l'industrie; chacun se cantonne dans son intérêt personnel et refuse de concourir à des mesures qui pourraient bénéficier au voisin.

Puis, l'industrie française est encore trop disséminée, trop éparpillée, pour pouvoir lutter contre les usines anglaises, belges, suisses et allemandes qui, plus concentrées, peuvent économiser sur les frais généraux, et substituer, en outre, plus facilement les machines aux bras.

Nous ne devons pas omettre de dire que, chez nous, le gouvernement — auquel, au moindre échec, notre industrie tend des mains suppliantes — fait bien peu de choses pour justifier la confiance qu'elle met en lui. Notre corps consulaire, — surtout depuis le choix, exclusivement politique, du nouveau personnel — ne rend, incapable qu'il est, aucun service. Nos écoles industrielles sont encore en fort petit nombre. Nous n'avons, en France, aucun de ces musées commerciaux qui abondent en Allemagne et que des associations spéciales enrichissent de spécimens de tous les produits nouveaux, de toutes les machines nouvelles, de tous les procédés d'invention ou de perfectionnement qui voient le jour dans le pays ou à l'étranger. Le corps consulaire allemand, à la différence du nôtre, parle la langue du pays où il est établi et peut ainsi se rendre un compte exact de l'état de son marché, de ses besoins, de ses goûts, de ses modes, de la qualité, du prix et du stock des articles étrangers qui s'y vendent.

On est frappé, quand on lit, par exemple, les recueils commerciaux de l'Allemagne, de la date récente et de l'étendue de leurs informations. Or, tout le monde sait que nos publications de même nature sont, à ce double point de vue, dans un état d'infériorité manifeste.

En Angleterre et en Allemagne, ce ne sont plus seulement aujourd'hui les agents consulaires, mais encore les attachés d'ambassade qui ont mission d'ouvrir, sur la situation économique des Etats auprès desquels ils sont accrédités, des enquêtes permanentes.

Ces pays ont également, à l'étranger, des agences chargées de recevoir les marchandises de la mère-patrie, d'en provoquer le placement et le payement et d'informer leurs nationaux de tout ce qui peut les intéresser.

Nos producteurs français, au contraire, généralement privés d'institutions de cette nature, ne peuvent exporter directement et sont ainsi à la merci des maisons de commissions.

Enfin, n'avons-nous rien à nous reprocher au point de vue de la qualité, du poids ou de la mesure des produits que nous envoyons à l'étranger? Notre loyauté, à ces divers points de vue, est-elle complète? Ne négligeons-nous ainsi aucune des précautions nécessaires pour prévenir le discrédit de notre industrie? — A. L.

* **DÉBOUCHOIR.** *T. techn.* Outre l'instrument qui sert à déboucher, on donne ce nom à un outil de lapidaire, qui sert à repousser une queue de coquille brisée.

DÉBOUILLIR. *T. d'impr. s. ét.* Traitement spécial par lequel on fait disparaître les couleurs imprimées sur une étoffe dont la fabrication, pour une cause ou une autre, est manquée (mauvaise impression, traits de râcle, erreur de couleur, de préparation, manque de cadrage, etc., etc.). Une étoffe bien débouillie sert à nouveau comme une pièce régulièrement blanchie, mais cette opération du *débouillage* ou *débouillissage* demande à être bien conduite, sans quoi on est exposé à affaiblir la fibre.

* **DÉBOURBAGE.** *T. de métall.* Certains minerais de fer, se trouvant mélangés d'argile, demandent une préparation mécanique simple, que l'on appelle *débourbage*. On met le minerai en suspension dans l'eau; l'argile est entraînée par les eaux de lavage, grâce à une agitation au moyen de palettes, dans un appareil appelé *patouillet*, tandis que le minerai, plus lourd, reste au fond du bassin. Cette opération est fort usitée pour les minerais argileux de la Haute-Marne et les minerais en grains du Berry.

* **DÉBOURBEUR.** *T. de mét.* Ouvrier qui fait le débourbage du minerai.

* **DÉBOURRAGE.** Opération qui consiste à enlever la bourre des garnitures des organes des cardes; cette bourre qui, dans le cardage du coton, vient se fixer peu à peu dans les aiguilles et finirait par en annihiler complètement l'action, est composée de fibrilles ou fibres courtes, duvets, boutons et corps étrangers qui s'échappent de la masse; le débourrage est donc indispensable, tant pour empêcher ces matières étrangères et les mauvaises fibres d'être entraînées avec le bon coton, que pour permettre aux aiguilles d'opérer le travail du cardage. Le résidu ou déchet provenant du débourrage se désigne sous le nom de *débourrure*. L'opération du débourrage s'est, pendant longtemps, faite et se fait encore à la main; comme elle est des plus malsaines et très nuisible à la santé des ouvriers, les efforts des constructeurs se sont portés vers la création d'appareils réalisant automatiquement l'opération du débourrage. Depuis un certain nombre d'années, il existe plusieurs de ces appareils fonctionnant avec toute la précision et la régularité désirables. Nous citerons parmi les plus répandus, le système Wellmann, un des plus anciens, modifié et perfectionné par MM. Dobson et Barlow, N. Schlumberger et Cie, Rieter et Cie, les systèmes Higgins, Valéry et Delarocque, etc. Nous avons décrit en détail à notre article CARDE, le dernier de ces appareils, en même temps que la manière dont s'effectue le débourrage des divers organes des cardes, chapeaux, tambours, etc.

Dans le travail des laines, le débourrage des cardes se fait également à intervalles réguliers en même temps que l'aiguisage, avec la carde à main, mais par suite du graissage que la laine a subi, la bourre finit par former une masse, pour ainsi dire feutrée, que l'on peut enlever très facilement en la sortant des aiguilles suivant une génératrice du tambour au moyen d'un crochet en laiton; on fait tourner le tambour et toute la masse se détache du pourtour d'une seule pièce. Les débourrures de laine peignée sont dégraissées, et les fibres que l'on recueille peuvent être utilisées dans la préparation de la laine cardée.

* **DÉBOURRAGE DES PEAUX.** Opération qui précède le *tannage* proprement dit (V. ce mot), et qui a pour but d'enlever le poil resté adhérent aux peaux fournies au tanneur. Les peaux soumises

au gonflement, qui a pour objet d'ouvrir les pores et de détruire l'adhérence du poil, soit en les portant dans des chambres humides et chaudes, soit en les plongeant dans des fosses pleines de jusée (eau de lavage des résidus de tan), sont ensuite travaillées au couteau rond. Divers procédés chimiques ont été proposés pour activer ce travail ; l'un de ceux qui réussissent le mieux, consiste dans l'emploi du sulfure de sodium ou du sulfure double de calcium et de sodium, dont on enduit les peaux et qui détermine la chute du poil. On a également cherché à substituer une opération mécanique au travail manuel du couteau rond par les machines à débourrer, analogues aux machines à refendre. — V. Tannage.

*** DÉBOURREUR.** *T. de mét.* Ouvrier qui est chargé de débourrer les organes des cardes. || On désigne également, par abréviation, sous le même nom, le cylindre qui, dans les cardes à coton, est placé sous le grand tambour et est chargé de le débourrer. Dans les cardes à coton et à laine, on appelle aussi quelquefois *débourreur* le petit cylindre d'une paire de *hérissons* qui enlève la matière au *travailleur*, le *débourre*, pour la rendre au *grand tambour*. — V. Carde.

*** DÉBOURRURE.** *T. techn.* Déchets ou résidus enlevés des organes des cardes par le débourreur (V. Débourrage). Les débourrures de coton ont une valeur qui varie suivant l'organe dont elles proviennent, elles peuvent être réemployées pour la production de fils de numéros inférieurs ou pour différents usages, entre autres la fabrication de l'ouate.

*** DEBOUT.** *Art. hérald.* Se dit des animaux qu'on représente tout droits et posés sur leurs pieds de derrière.

*** DÉBOUTER.** *T. de mét.* Enlever les aiguilles sur une partie de la largeur d'un ruban de carde et aux deux extrémités, afin de faciliter la disposition normale de celui-ci sur le cylindre ou tambour à garnir. — V. Carde, § *Montage des garnitures*.

*** DÉBRAISAGE.** *T. techn.* Opération qui a pour but de déblayer les alandiers de la braise qui, en s'amassant, s'oppose au tirage.

*** DÉBRAYAGE.** *T. de mécan.* Opération qui permet d'interrompre le mouvement d'une pièce, généralement la rotation d'un arbre en suspendant l'effet de la transmission qui le commandait. Le mouvement de rotation, par exemple, est transmis habituellement par l'intermédiaire d'une courroie qui se trouve alors reportée par le débrayage sur une poulie folle voisine de la poulie fixe qui l'entraînait auparavant ; quelquefois on emploie aussi un manchon denté qu'on peut écarter de la roue dentée sur laquelle il engrenait ; quand on veut arrêter le mouvement transmis. Le débrayage, comme l'*embrayage* (V. ce mot), se commande habituellement à la main, l'ouvrier chargé d'une machine-outil, par exemple, peut arrêter ou rétablir le mouvement à sa volonté en se rattachant à la transmission générale ; mais on rencontre néanmoins certaines dispositions où le débrayage s'effectue automatiquement lorsqu'il y aurait danger ou inconvénient à laisser continuer le mouvement.

*** DÉBROCHAGE.** *T. techn.* Action de remettre en feuilles un livre broché. — V. Brochage.

*** DE BROSSE** (Salomon), né à Verneuil-sur-Oise, était l'architecte de Marie de Médicis. Il édifia pour cette princesse, en cinq années (1515-1520), le palais du Luxembourg à Paris. On lit dans le *compte des bâtiments de Marie de Médicis* (1616) : A Salomon Brosse, architecte général des bâtimens du Roy et de la Royne, mère de sa Majesté, la somme de 300 livres pour les gaiges ordinaires attribuez et appartenant à la dicte charge (*Arch. nat.*). Il construisit également à Paris le portail de l'église Saint-Gervais, la grande salle du Palais-de-Justice, dite *salle des pas perdus*, brûlée le 7 mars 1618, l'aqueduc d'Arcueil que ses proportions magnifiques ont fait regarder comme digne des Romains, le château de Monceaux (Seine-et-Marne) pour Gabrielle d'Estrées ; il donna les dessins du château de Coulommiers, etc.

De Brosse est un des artistes qui ont illustré l'architecture nationale, et il a sa place marquée à côté de Philibert Delorme, de Pierre Lescot, de du Cerceau. Il mourut à Paris le 8 décembre 1626.

DÉCAGONE. Le décagone est un polygone de 10 côtés. Nous ne nous occuperons que du décagone régulier, c'est-à-dire de celui qui a tous ses côtés égaux et tous ses angles égaux. Si l'on suppose une circonférence divisée en 10 parties égales, on obtiendra le décagone régulier convexe en joignant les points de division consécutifs, et le décagone régulier étoilé en joignant les points de division de 3 en 3 ; si l'on joignait les points de division de 2 en 2, on obtiendrait le pentagone régulier convexe, et de 4 en 4, le pentagone régulier étoilé. Si, par un même point d'une circonférence, on mène les côtés des décagones réguliers inscrits convexes et étoilés, et qu'on tire les rayons aboutissant à leurs extrémités, on pourra facilement calculer les angles formés par ces différentes lignes, et l'on trouvera des triangles isocèles qui permettront de prouver que la différence des côtés des deux décagones est égale au rayon, et leur produit au carré du rayon. Il en résulte que pour construire les côtés des deux décagones réguliers inscrits, il suffit de partager le rayon en moyenne et extrême raison. Le plus grand segment intérieur est égal au côté du décagone régulier convexe ; le plus petit segment extérieur est le côté du décagone régulier étoilé. Cette construction permet de partager une circonférence en dix arcs égaux.

Le côté du décagone régulier inscrit convexe a pour valeur en fonction du rayon :

$$c=\frac{r}{2}\left(\sqrt{5}-1\right)$$

et le côté du décagone étoilé :

$$c'=\frac{r}{2}\left(\sqrt{5}+1\right)$$

L'apothème du décagone régulier convexe a pour expression :

$$a=\frac{r}{4}\sqrt{10+2\sqrt{5}}$$

c'est la moitié du côté du pentagone régulier étoilé inscrit.

La surface du décagone inscrit est :

$$S=\frac{5r^2}{4}\sqrt{10-2\sqrt{5}}$$

c'est 5 fois la surface d'un triangle ayant pour base le rayon, et pour hauteur le côté du pentagone régulier convexe inscrit, ce qu'il est facile de prouver directement.

DÉCALAGE. *T. de mach.* Enlèvement des cales d'épaisseur diverses placées entre les lèvres d'un coussinet, ou sous un palier. || Sortie, généralement à la presse hydraulique ou en faisant chauffer l'œil ou le moyeu, d'une manivelle ou d'une roue clavetée sur un arbre. || Jeu d'un chariot d'excentrique ou de toute autre pièce maintenue à poste fixe sur un arbre. || Employé quelquefois comme synonyme de *dénivellation*. — V. CALAGE.

DÉCALCOMANIE. Procédé par lequel on transporte sur matières diverses des sujets peints qui y restent fixés. On arrive à ce résultat en recouvrant une feuille de papier d'une couche de matière susceptible de s'en détacher régulièrement quand on humecte le papier, et sur laquelle on exécute soit à la main, soit par impression mécanique des sujets mono ou polychrômes. On alune fortement le papier sur une de ses faces, et on y dépose ensuite une couche d'albumine additionnée de quelques gouttes d'alcool à 45°, et d'un peu de gomme adragante, que l'on peut remplacer par une couche de colle de caséine et de borax. Quand ce papier est sec, on peint sur l'enduit. On découpe les sujets et mouillant légèrement, on applique sur le sujet où l'on veut faire le transport, en humectant ensuite la décalcomanie sur la face non peinte. Au bout de quelques instants, il n'y a plus qu'à soulever le papier dont l'image se détache et reste adhérente à l'objet sur lequel on l'appuie. Une couche de vernis déposée ensuite par dessus préserve la décoration contre les altérations.

DÉCALQUE. Opération qui consiste à reproduire sur une feuille de papier, une planche à dessin, ou tout autre matière, un dessin d'une façon infiniment plus rapide que par les procédés graphiques ordinaires. Le décalque rend surtout des services considérables lorsqu'il s'agit de reproduire un certain nombre de fois le même dessin. On se sert pour cela d'un papier préparé spécialement, dit *papier à décalque*, qu'on interpose entre l'original et la pièce où doit se faire le transport. En repassant les traits du dessin avec une pointe à tracer, la matière dont est enduit le papier à décalque se dépose suivant les contours tracés. Pour préparer du papier à décalque, on se sert d'un mélange de saindoux, de térébenthine et de bleu de prusse, ou de plombagine, ou de vermillon en poudre très fine, étendu en couche régulière qu'on laisse sécher et dont on enlève l'excès déposé avec du papier Joseph. On prépare le papier à décalque sur une ou sur deux faces à volonté. Dans ce cas, en le plaçant entre deux feuilles de papier et posant l'original par dessus le tout, on peut obtenir deux épreuves à la fois.

Un procédé plus rapide, qu'emploient les dessinateurs en broderie, consiste à piquer un dessin fait sur papier fort, puis à tamponner avec un sachet de bleu pour le linge.

DÉCAMÈTRE. Mesure de longueur égale à dix mètres, et qui remplace la chaîne d'arpentage. — V. CHAINE D'ARPENTEUR.

*** DECAMPS** (GABRIEL-ALEXANDRE), peintre et caricaturiste, naquit à Paris le 3 mars 1803.

Lorsqu'il parut au Salon de 1833 avec quelques sujets d'Orient, le public, celui qui distribue la célébrité, s'étonna d'abord, hésita, ne sachant où porter ses éloges que se disputaient avec une égale passion les deux camps ennemis ; puis il adopta définitivement ce peintre de juste milieu, suffisamment original pour satisfaire ses penchants du jour, tout romantiques, assez habile pour ne pas heurter violemment ses goûts, au fond, classiques, et si clair, si précis, qu'il ne sut trouver en lui le courage ou la force d'exiger davantage. Le public fut captivé d'ailleurs par un don très particulier à l'artiste : un charme, une séduction irrésistibles. Dans l'intervalle de 1829 à 1833, il s'exerça pendant quelque temps au journal *La Caricature*, il malmena d'un crayon plus hardi que savant le gouvernement déchu et le nouveau gouvernement. *Les grands sauteurs* (23 décembre 1830), le *Jugement de Françoise Liberté* (27 janvier 1831), et la *Naissance de Liberté, Françoise-Désirée* (3 mars 1831), sont les plus célèbres entre ces essais, qui ne dénotent qu'une main facile et une parfaite entente du geste. Le Salon de 1839, où il exposa *Joseph vendu par ses frères*, marque l'époque la plus brillante du talent de Decamps et consacra définitivement sa réputation.

La période de 1840 à 1850 fut malheureuse pour l'artiste. Elle représente dix ans de pénibles et tardives études, d'élans et de retours, d'efforts et de chutes ; elle date de son voyage en Italie. A Rome, il subit l'influence de M. Ingres, plus classique que jamais, blessé qu'il était par l'accueil fait en 1834 à son tableau de *Saint Symphorien*. Après les succès inattendus qui l'avaient accueilli, et en présence desquels lui, qui connaissait sa véritable valeur, il resta écrasé, Decamps voulut se relever à ses propres yeux et devenir un grand artiste.

Quand la mort vint le surprendre d'une manière si tragique, il habitait depuis quelques années Fontainebleau. Il avait repris ses pinceaux, mais la foi de sa jeunesse l'avait complètement abandonné. Ses dernières œuvres manquent d'invention ; soigneusement peintes, elles n'ont plus cet éclat, cette joie, cette lumière qui caractérisent son meilleur temps ; il fait des copies de ses premiers tableaux, de la *Patrouille turque* entre autres ; sa veine est épuisée. Le 21 août 1860, il succombait des suites d'une chute de cheval, de ce cheval dont il disait, sur les avertissements de ses amis et avec une sorte d'insouciance cruelle : « Il s'emporte, c'est ce qui m'amuse. »

Comme dessinateur, Decamps devine et trouve la justesse des formes plutôt qu'il ne la sait ; il saisit une allure générale, un geste familier au personnage qu'il met en scène et, à vrai dire, il dessine le mouvement, l'apparence extérieure, plutôt que la forme réelle, son dessin ne supporterait pas une analyse sévère. Ce défaut, qui se trouve, comme on vient de le voir, balancé par une qualité, ressort d'une comparaison de quelques instants entre ses croquis lithographiques et les plus achevés parmi ses tableaux. Dans ceux-ci les figures sont traitées de la même manière et ni plus ni moins parfaites que dans ces croquis enlevés avec une rapidité et une légèreté de main évidentes. Si l'on rapproche de l'une de ses bonnes toiles, le *Retour du berger*, un des dessins exécutés en lithographie pour l'éditeur Gihaut, celui qui porte le n° 12 par exemple, et qui représente un *Chasseur traversant un bois*, il est impossible de ne pas être frappé de l'analogie du procédé : les vêtements du chasseur et ceux du berger sont rendus avec le même esprit, par touches ou par coups de crayon caractéristiques, et dans leurs moindres plis *professionnels* ; mais n'y a-t-il pas là plus d'esprit que de vraie science, et pouvons-nous accepter sans protestation les négligences des extrémités ? Disons-le sans plus attendre, Decamps n'a jamais su peindre un pied, une main, une tête. Il s'y reprit à vingt fois, et sans réussir en définitive, pour faire la tête du pacha dans la *Patrouille turque*. Il sentait bien que c'était là une lacune immense dans son œuvre. Il eut pour la première fois ce sentiment lorsque Léopold Robert exposa ses *Moissonneurs*, et il en fut assez vivement impressionné pour en tomber malade. Depuis, devant le plus mauvais tableau d'histoire, il ne manquait pas de laisser échapper cette douloureuse exclamation : « Ah ! si je savais peindre un « prix de Rome », quel grand artiste je serais ! » Et il ajoutait : « Mais je suis trop vieux (dès 1833, il avait trente ans alors) et maintenant trop usé. »

Nous ne voulons rappeler qu'on lui a contesté la création originale des dessins composant l'*Histoire de Samson* que pour affirmer la parfaite loyauté de Decamps. De simples réminiscences ont pu donner lieu à une interprétation défavorable et malveillante, mais qu'il ait vu ou non l'œuvre de Verdier, il est certain dans tous les cas qu'il n'a jamais agi qu'à la façon d'un homme d'honneur et réellement supérieur. Un plagiaire ne saurait copier, sans l'amoindrir, l'objet de son vol ; un véritable artiste ne peut qu'agrandir, transformer et faire véritablement siennes les choses qui sont tombées sous ses yeux.

On ne goûta pas tout d'abord la saveur piquante de ses scènes orientales qui dérangeaient des habitudes prises et démentaient la tradition. On ne comprit pas immédiatement la véritable originalité de ces œuvres qui étaient surtout originales en ce qu'elles n'avaient demandé l'originalité qu'à la seule exactitude des costumes et des types reproduits. Aussi, lorsqu'en 1831, à côté des *Chiens savants* et de l'*Opital des galeus*, Decamps exposa la *Patrouille turque*, le succès fut tout entier pour les deux premiers tableaux et surtout pour le premier, dans lequel le public reconnaissait une scène familière ; la facture large, énergique, fougueuse des bassets à l'*Hôpital* le troublait dans sa quiétude habituelle ; quant à la *Patrouille turque*, qui le dépaysait, il ne vit dans ce superbe élan qu'une caricature peu digne de l'artiste. La *Halte d'une caravane*, en 1833, trouva le public déjà moins rebelle à l'admiration qu'il devait plus tard accorder à l'artiste dans une si large mesure et qui se déclara franchement au Salon de 1834, où Decamps exposait un *Corps de garde sur la route de Smyrne*, le *Village turc* (tableau généralement plus connu sous la dénomination des *Anes d'Orient*), et la *Défaite des Cimbres*. Cette dernière œuvre tout à fait capitale a été généreusement léguée par M. Maurice Cottier au Louvre, où Decamps était fort mal représenté par des *Chevaux de halage*, autre don d'un amateur également libéral, M. Ravenaz.

A partir du Salon de 1834, les expositions se succédèrent apportant toutes à l'artiste de nouvelles victoires. Le *Porte-Etendard*, le *Bazar turc*, la *Cavalerie asiatique traversant un gué*, un *Café dans les environs de Smyrne*, le *Joseph vendu par ses frères*, l'*Ecole turque* et la *Sortie de l'école turque*, toutes ces compositions empruntées à des mœurs étrangères sont surtout remarquables par l'admirable distribution de la lumière, la vivacité des allures dans les scènes d'enfants, le mouvement si juste et si bien d'ensemble des cavaliers et des chevaux, par le saisissant aspect que l'artiste a su donner à la vie orientale dans ses mollesses et dans sa férocité.

Parce que nous avons réuni dans une même énumération les morceaux les plus importants que Decamps peignit d'après ses souvenirs de voyage dans le Levant, il ne s'ensuit pas qu'il ait exploité cette veine sans interruption aussitôt qu'il l'eût ouverte. Il l'abandonna souvent, peignant et dessinant, sous prétexte d'histoire, des paysages empruntés au sol de France ou d'Italie, dans lesquels il plaçait tantôt une scène de *Don Quichotte*, tantôt un sujet épisodique des fables de La Fontaine. La plupart des fables qu'il *illustra* ainsi ont été reproduites par l'habile aquafortiste Marvy : le *Héron*, la *Grenouille et le Bœuf*, l'*Ane et les Voleurs*, le *Meunier, son Fils et l'Ane* sont devenus populaires de cette façon. L'*Ivrogne et sa femme* continue la série des fables de La Fontaine illustrées par Decamps, mais ici nous rentrons dans la peinture de ces intérieurs qu'il égaya si souvent de personnages bizarres et pittoresques, mis en scène avec une véritable verve satirique, mais pénible et triste. Les *Singes experts*, le *Singe peintre*, le *Singe au miroir* lui ont offert de merveilleuses occasions de prouver son habileté de détailliste. Souvent il revint à ses singes et toujours il en tira de curieux partis pris de ridicule. S'il méconnut l'expression du visage humain dans sa beauté, il semble qu'il ait voulu se venger de son impuissance partielle en élevant le singe à la dignité humaine pour railler l'humanité et la montrer sous ses côtés grotesques, mesquins et misérables. Dans les *Singes musiciens*, deux compositions qu'il intitula primitivement, si je ne me trompe, l'*Accord parfait* et le *Désaccord*, dans les *Singes charcutiers*, les *Singes boulangers*, on ne trouve nulle trace de la bonhomie sérieuse qui caractérise les singes de Chardin. Decamps nous montre sous toutes les faces l'abrutissement du métier manuel ou l'abaissement d'une intelligence obtuse, s'épuisant et s'épanouissant tour à tour dans la recherche idiote d'une manifestation intellectuelle, hors de sa portée. En cela, il a dépassé son but qui était le comique.

Malgré les écarts de sa fantaisie, Decamps n'en reste pas moins à son honneur le véritable initiateur de tout un genre dans l'art contemporain, et n'eut-il été que le précurseur de la jeune école orientaliste, il faudrait lui savoir le plus grand gré de cette intuition merveilleuse qui lui a fait découvrir un filon nouveau et riche. D'ailleurs, nous l'avons dit, on lui doit encore en grande partie les origines du paysage français.

Depuis le jour où ses tableaux obtinrent l'accès des expositions, il semble que rien n'ait manqué au bonheur de Decamps; la fortune devança ses vœux, la gloire accompagna bientôt sa fortune. Chevalier de la Légion d'honneur après le Salon de 1839, il fut nommé officier du même ordre en 1851; enfin le jury international de l'Exposition universelle lui attribua, en 1855, une des dix grandes médailles d'honneur réservées aux peintres de la section des beaux-arts. — E. CH.

DÉCANTATION. *T. techn.* Opération qui consiste à séparer d'un liquide des matières solides déposées ou précipitées, et que l'on pratique à l'aide d'un siphon, d'un robinet, d'un simple chalumeau, ou simplement en inclinant peu à peu le vase pour recueillir la partie claire. Le résultat de cette opération est analogue à celui de la filtration.

DÉCAPAGE. *T. techn.* Opération que l'on fait subir aux métaux bruts laminés ou fondus, pour les transformer en métaux ouvrés, dans le but de les débarrasser des impuretés qui en souillent la surface et, en particulier, de l'oxyde qui a pu s'y former. Le décapage est de première nécessité, toutes les fois qu'il s'agit de recouvrir un métal d'une couche d'un autre métal, ou de tout autre enduit protecteur, l'adhérence n'ayant lieu que si la surface métallique a été parfaitement mise à nu. Les procédés généraux de décapage consistent à maintenir les métaux plus ou moins longtemps dans des solutions acides, dans de l'acide sulfurique ou de l'acide chlorhydrique, ou dans de l'eau-forte. Il est quelquefois indispensable de faire précéder cette action, d'une autre destinée plus particulièrement à l'enlèvement des matières grasses, soit en exposant les pièces au feu ou *au recuit*, soit en les traitant par des lessives alcalines. Enfin, il faut aussi, dans d'autres cas, ajouter une action mécanique, telle qu'un brassage, un brossage énergique, etc. Une des difficultés que présente toujours le décapage, c'est de le conduire au degré exact nécessaire, pour obtenir le détachement complet de toutes les pellicules d'oxyde, sans cependant prolonger l'immersion dans les solutions acides, ce qui provoquerait une attaque du métal, une détérioration des surfaces, quelquefois la production de nouveaux sels adhérents, etc. Les accidents provenant de cette immersion prolongée sont les plus fréquents qui se rencontrent dans l'industrie. Aussi de nombreux praticiens se sont-ils préoccupés de cette question, cherchant des procédés de décapage, qui, tout en assurant le détachement complet des couches d'oxyde, mettent cependant les métaux à l'abri des accidents provenant de séjours trop prolongés dans les bains acides.

MM. Thomas et Delisle ont établi, qu'en combinant avec les bains acides certaines matières organiques, on obtenait le décapage des métaux dans les conditions cherchées. Les pellicules d'oxyde se détachent d'elles-mêmes, tombent dans le bain sans se dissoudre, et l'on n'a plus à redouter l'altération des métaux par un séjour trop prolongé dans le bain. Ils formaient des solutions marquant de 8 à 15° de l'aréomètre, amendées par la glycérine, le tannin artificiel, la naphtaline ou la créosote. Le Dr Elsner a également montré que le goudron pouvait procurer les mêmes résultats, avec cet avantage d'être d'un prix moins élevé que les matières précédentes. C'est à la même cause qu'est dû le succès des eaux acides grasses provenant de la fabrication des huiles, dont on fait un grand emploi pour le décapage de la tôle. M. Sorel, dont l'autorité est grande par les études qu'il a faites sur le décapage, ayant rencontré certains inconvénients dans l'emploi des substances organiques, a reconnu que l'on pouvait avec avantage y substituer des matières minérales, telles que des sels de cuivre, d'antimoine et d'étain. Il a indiqué pour les compositions des bains, les formules suivantes :

1° Solution d'acide sulfurique marquant 10° au pèse acide	96	parties.
Protochlorure d'étain	4	—
2° Dissolution acide précédente	96	—
Sulfate de cuivre	4	—
3° Solution acide chlorhydrique marquant 15° au pèse acide	98	—
Acétate, sulfate, nitrate ou chlorure de cuivre	2	—

Ces proportions ne sont pas, d'ailleurs, immuables. Ainsi pour décaper le fer, on emploie le premier bain, en forçant un peu la proportion d'acide, pour la fonte, au contraire, il faut augmenter celle du sel d'étain. Enfin M. Besseyre a indiqué un procédé général applicable à tous les métaux, donnant d'excellents résultats, par l'emploi du chlorure double de zinc et d'ammoniaque. Ce procédé convient surtout pour l'étamage, et, en particulier, pour décaper les surfaces métalliques à joindre à l'aide de la soudure des plombiers; dans ce dernier cas, il est de beaucoup préférable à l'emploi de l'esprit de sel simple (sel ammoniac), dont les plombiers se servaient toujours pour cet usage. Beaucoup de ferblantiers avaient d'ailleurs coutume, de mettre des rognures de zinc dans le flacon d'esprit de sel qui leur servait pour les soudures.

Les travaux, dont nous venons de parler, ont surtout été entrepris, en vue du décapage de la tôle, de la fonte pour l'étamage. Il nous restera peu de mots à ajouter pour compléter ces notions à propos des autres métaux. Le plomb et l'étain étant peu attaquables aux acides, la méthode mécanique est seule applicable dans ce cas. Il est vrai que la nature malléable et molle de ces métaux s'y prête facilement, le meilleur moyen, dans ce cas, est de gratter ou de couper les surfaces pour mettre le métal à nu. Bien que les compositions de bains de décapage données plus haut soient susceptibles d'être appliquées à l'argent, au cuivre et aux alliages de ces métaux. Il y a à leur égard certaines pratiques qu'il est bon de signaler. L'argent se décape en le faisant chauffer et le plongeant chaud encore dans de l'eau bouillante contenant 1/5 d'acide sulfurique. Le cuivre et ses alliages sont soumis à des décapages plus ou moins compliqués, suivant l'opération qui doit suivre. Ainsi lorsqu'il s'agit d'étamer le cuivre, ou de le bronzer, les recettes de M. Sorel sont très applicables, les rétameurs ambulants se contentent souvent d'un procédé plus expéditif, qui, sans être aussi parfait, donne encore des résultats assez satisfaisants, par l'emploi de l'esprit de sel (sel ammoniac). Lorsqu'il s'agit d'argenter ou de dorer le cuivre, le bronze, et autres alliages, le décapage exige des soins plus minutieux ainsi qu'on peut le voir dans les articles consacrés à ces opérations (V. ARGENTURE, DORURE), où ce travail est décrit en détail, nous n'aurons donc besoin que de les résumer ici. Le décapage du cuivre comprend trois opérations : *le recuit*, *le dérochage* et *le décapage* proprement dit. Le recuit opéré au rouge cerise pour détruire les matières grasses adhérentes au cuivre, qu'on remplace par une immersion dans une lessive bouillante de potasse, quand la pièce ne peut aller au feu. Le dérochage, qui a pour but de détruire la croûte de bioxyde de cuivre formée pendant le recuit, au moyen d'une immersion dans un bain à 1/10 d'acide sulfurique, suivie d'un gratte-bossage énergique et d'un rinçage à l'eau claire. Enfin, le décapage, qui met le métal complètement à nu, et qui se compose de deux passages à l'eau forte, l'une dite *vieille*, bain d'acide nitrique ayant déjà servi, et l'autre dite *vive*, où l'on doit passer les pièces très vivement, composé d'acide nitrique neuf additionné de 1/100 de suie et de sel marin. On rince à grande eau et l'on met les pièces à sécher dans de la sciure de bois. Le décapage en vue de la dorure et de l'argenture est une opération délicate à conduire. En effet, le but auquel sont destinées les pièces traitées exige que la surface métallique soit mise parfaitement à nu ; d'autre part, l'action énergique de l'eau forte vive peut amener une altération de la surface, et faire ressortir des piqûres, surtout avec les pièces d'une fonte mauvaise, piqûres qui entraînent à un travail très compliqué dit de *ragréures*, souvent insuffisant, car les bains acides de dorure ne font qu'augmenter ces défauts et la pièce devient absolument défectueuse. Aussi faut-il de la part des ouvriers qui exécutent ce travail, une grande habitude et une grande attention, afin de saisir le degré convenable, suivant chaque pièce, auquel ils doivent laisser prolonger l'attaque de l'eau forte. — R.

* **DÉCAPEUR.** *T. de mét.* Ouvrier qui fait le décapage des métaux.

* **DÉCARBURATION.** *T. de métall.* La réduction de l'oxyde de fer a lieu, soit au contact du carbone solide, soit au contact de l'oxyde de carbone, à une température relativement basse. Pour que le fer réduit puisse se séparer de la gangue ou partie terreuse du minerai, il faut qu'il devienne fusible. Le fer n'acquiert cette fusibilité, qu'en s'unissant au carbone, dans une proportion qui ne dépasse pas 5 à 6 0/0, il constitue alors la *fonte*, tandis que le *laitier* entraîne sous forme de silicate de chaux et d'alumine, les matières étrangères. La forme *la plus facile* pour dégager le fer de son minerai est donc un *carbure de fer*, tandis que *celle qui répond le plus aux besoins des arts*, est le fer presque complètement privé de carbone. Il faut donc, dans une opération spéciale, appelée *affinage* ou *décarburation*, enlever cet excès de carbone.

La décarburation ou affinage a lieu exclusivement par une action oxydante qui transforme à l'état d'oxyde de carbone ou d'acide carbonique le carbone combiné au fer. Cette oxydation du carbone de la fonte peut avoir lieu de différentes manières :

1° Lorsque la fonte, portée au rouge, reste à l'état solide et est soumise à une action oxydante, on obtient la *fonte malléable*. On chauffe, en vase clos, les objets en fonte entourés d'oxyde de fer, quelquefois d'oxyde de zinc. Il se fait, de proche en proche, une oxydation du carbone de la fonte, tandis que l'oxyde environnant est partiellement réduit ;

2° La fonte liquide est soumise à la double action d'un jet d'air et de scories de fer peroxydées. Cet affinage a lieu dans un foyer de forme parallélipipédique, en présence de charbon de bois, dont la combustion entretient la température nécessaire. On a alors l'affinage au bas foyer. Le fer, décarburé, n'étant pas assez chaud pour rester liquide, passe à l'état solide et est extrait du foyer sous forme spongieuse que l'on soumet à une compression mécanique destinée à extraire les scories interposées ;

3° La fonte liquide est soumise sur la sole d'un four à reverbère à l'action oxydante d'un courant d'air entrant par la porte de travail et au contact de scories de silicate de fer. Ces scories se peroxydent par l'action des gaz du foyer, toujours plus au moins chargés d'air en excès, et par l'action des rentrées d'air elles repassent à l'état de protoxyde en brûlant le carbone de la fonte. Il en résulte, en activant l'opération par un brassage, un dégagement d'oxyde de carbone, sous forme de bulles qui viennent brûler à la surface et se transformer en acide carbonique. Comme dans l'affinage au bas-foyer, le fer se sépare sous forme de masses spongieuses, qui portent le nom de *boules* ou *loupes*. C'est le *puddlage*;

4° Dans le *Bessemer*, on soumet la fonte liquide à un courant d'air à haute pression, qui oxyde une partie du fer, fait passer le carbone à l'état d'oxyde de carbone et le silicium à l'état de silice. L'opération est tellement rapide, que la chaleur dégagée par ces réactions se concentre, en majeure partie, dans le vase ou *convertisseur*, et le produit de la décarburation ou affinage est du *fer fondu*, qui reste à l'état liquide. Ce fer fondu, pour être forgeable et laminable, a besoin d'être débarrassé de l'oxyde de fer qu'il renferme en dissolution : on se sert, pour cela, du manganèse métallique. Quand on ajoute le manganèse, au moyen d'une fonte, qui en renferme 10 à 12 0/0 et qui porte le nom de *spiegel*, ou *fonte spéculaire, fonte miroitante*, on ajoute, en même temps, une proportion assez notable de carbone, le produit est *recarburé* partiellement et devient de l'*acier fondu*. Quand on ajoute le manganèse, sous forme d'alliage à plus de 10 0/0 de manganèse, portant le nom de *ferromanganèse*, on obtient un produit différent. Pour enlever l'oxydation du fer, il faut environ 1 0/0 de manganèse métallique. Il est clair que, puisque 100 kilogrammes de spiegel ou de ferromanganèse renferment la même quantité de carbone, 6 0/0 environ, pour ajouter un certain nombre de kilogrammes de manganèse, on ajoutera, en même temps, d'autant moins de carbone que l'alliage renfermera plus de manganèse.

Pour mettre 1 0/0 de manganèse, en employant du spiegel, à 10 0/0 de manganèse, et 6 0/0 de carbone, il faudra : 10 0/0 de spiegel qui apporteront : 1 de manganèse, 0,6 de carbone.

Si, au contraire, on emploie du ferromanganèse à 80 0/0 de manganèse et 6 0/0 de carbone, il faudra : $1/80 = 1{,}255$ 0/0 de ferromanganèse qui apporteront : 1 de manganèse, 0,07 de carbone.

L'acier obtenu sera donc beaucoup plus doux, beaucoup moins carburé. On aura du *métal fondu doux* ou *acier doux*;

5° On peut, enfin, employer un four à reverbère du système *Martin-Siemens* et décarburer la fonte, liquéfiée préalablement sur la sole, en ajoutant du minerai de fer pur et riche ou des riblons plus ou moins oxydés.

Le carbone de la fonte se dilue, d'abord, dans une masse métallique plus grande, en même temps que, sous l'action oxydante des gaz du foyer et de la source d'oxygène fournie par le minerai de fer et les riblons plus ou moins rouillés, ce carbone se transforme en oxyde de carbone. Il en résulte une *décarburation*, un affinage, dont le produit final, additionné de la proportion convenable de spiegel ou de ferromanganèse donne de l'acier dur ou doux.

Tels sont, actuellement, les divers procédés de décarburation de la fonte, pratiquement en usage. — F. G.

* **DÉCARBURER.** *T. de chim.* Enlever le carbure mêlé dans un corps à d'autres substances.— V. l'art. précédent.

DÉCATIR. *T. techn.* Action d'enlever le cati aux étoffes. — V. l'art. suivant. || Démêler le poil d'une peau destinée à la chapellerie. || Séparer les brins d'un écheveau, collés par l'humidité.

DÉCATISSAGE. *T. techn.* Le décatissage est une des opérations multiples de l'apprêt des draps. Il a pour but d'enlever à ces étoffes le lustre et le brillant produits par la presse à chaud ou le cylindrage en cours d'apprêt, et de leur faire perdre ce qu'elles ont pu gagner par la tension particulière procurée par le *ramage*.— V. ce mot.

Dès le principe, on s'est contenté, pour décatir le drap, de laisser séjourner les étoffes longuement dans des caves avant de les livrer à la consommation ; on a rejeté ce procédé en raison du temps qu'il demandait pour être bien complet, et des inconvénients qu'il présentait lorsqu'il ne l'était pas ; en ce cas, le brillant (en terme technique, le *cati*) de la presse n'étant pas suffisamment enlevé, l'étoffe se tachait si l'eau y tombait goutte à goutte, ou se déformait si on la mouillait complètement pour la rendre mate. On a trouvé qu'en injectant la vapeur d'eau au travers des étoffes, on en enlevait le cati d'une façon plus rapide. Aussi aujourd'hui tous les moyens de décatissage des draps sont-ils fondés sur l'emploi de la vapeur d'eau.

Suivant les résultats qu'on veut obtenir, on fait usage pour décatir les draps, de machines très diverses. Les principales sont la *boîte à vapeur*, la *table à décatir* et les machines à décatir sans plis.

La boîte à vapeur est une caisse recouverte de molletons et d'un plateau à peu près ajusté formant couvercle, dans laquelle on renferme l'étoffe et où on amène la vapeur par un tuyautage spécial. On laisse l'eau de condensation s'écouler, et on a soin, non seulement de pénétrer le drap entier avec la vapeur, pour ne pas faire tache sur les parties préservées, mais encore de n'injecter que la vapeur sèche, l'eau produisant aussi des taches sur les parties mouillées. Ce genre de décatissage convient à l'apprêt des draps, mais il est surtout employé pour la draperie unie.

La table à décatir, appelée encore bassine à vapeur, se compose d'une cuvette rectangulaire en fonte, de 1m,60 sur 0m,80, dont l'intérieur est garni d'un grillage quadrillé et supportant une plaque de cuivre mince perforée, dont les bords adhèrent à la cuvette. Celle-ci est munie de deux ou quatre colonnes verticales, supportant un sommier en fer portant écrou et vis, ce qui permet d'exercer sur l'étoffe un serrage quelconque, s'il est nécessaire. Pour placer dans la bassine le drap dont la largeur varie de 1m,20 à 2m,10, on le plie en deux par le milieu (ce qu'on appelle *fauder* l'étoffe), puis on le plie une seconde fois à la baguette sur des longueurs variant de 1m,20 à 2m,40 en raison de la longueur de la table à décatir. On injecte enfin la vapeur pendant quelques minutes.

A ce moment, la manière de continuer l'opération varie suivant les établissements. Si on veut obtenir le décatissage, dit *indestructible*, on serre peu l'étoffe quand l'injection de vapeur est faite, mais on augmente ensuite la pression en laissant séjourner l'étoffe sur la table : on fixe de cette façon l'apprêt donné par la presse. Si, au contraire, on ne veut arriver qu'au décatissage simple, comme dans les magasins militaires pour les draps destinés à l'habillement des troupes, on enlève l'étoffe aussitôt que l'injection de vapeur est faite, on l'ouvre pour l'éventer, et on la replie ensuite. L'Etat fait lui-même cette opération, afin d'être certain que l'étoffe ne se rétrécira plus lorsqu'elle sera portée, comme cela arrive malheureusement souvent pour les draps destinés à la consommation privée. Le grand inconvénient de la table à décatir est l'empreinte ineffaçable des plis qu'il a fallu donner à l'étoffe à décatir pour la faire entrer dans la bassine. Aussi a-t-on inventé d'autres machines qui décatissent *sans plis*. Parmi elles, nous devons citer l'*indestructible sans plis* à cylindre fixe horizontal, la même à cylindre mobile vertical, etc.

La première se compose d'un cylindre horizontal en cuivre perforé, dans lequel l'injection de vapeur se fait sans déplacement, par le centre de l'un des tourillons qui supportent ledit cylindre. On enroule l'étoffe sur celui-ci mécaniquement et à la main, en ayant soin de le garnir avec des molletons avant l'enroulement et de recouvrir l'étoffe de la même façon après enroulement. On enroule quelquefois par dessus une feuille de cuivre mince, suivant qu'on veut un apprêt brillant ou mat, on serre fortement en enroulant pour laisser reposer sur le cylindre jusqu'à complet refroidissement, ou bien on déroule de suite, on évente et on plie pour continuer les apprêts.

La seconde machine se compose d'un cylindre perforé comme dans la première, mais une fois l'étoffe enroulée, on place verticalement ce cylindre sur un appareil spécial pour l'injection de la vapeur. On l'enlève ensuite, on le laisse refroidir, s'il y a lieu, ou bien on le déroule en le plaçant horizontalement sur des supports. Avec cette machine, on évite beaucoup plus les chances de mouiller l'étoffe par l'eau de condensation.

Pour terminer définitivement l'étoffe et la livrer à la consommation, on la décatit d'une manière continue sur toute la largeur et sans plis. L'étoffe entraînée par un mouvement d'appel longitudinal, passe au-dessus d'une table en cuivre perforé qui l'injecte de vapeur pendant son passage. On règle la vitesse d'appel suivant la nature de l'étoffe et le degré de décatissage qu'on veut donner. L'étoffe opère librement son retrait, s'il y a lieu, moins complètement cependant que sur la table à cause de l'effort de traction nécessaire pour l'entraîner.

Citons encore parmi les procédés de décatissage le *décatissage-rame*. La machine alors employée est similaire de celle que nous venons de décrire, mais l'étoffe, au lieu de passer librement, est accrochée par les lisières sur des chaînes à picots, qui lui impriment, pendant l'injection de vapeur, le mouvement de translation longitudinal nécessaire. On laisse ensuite l'étoffe reprendre ses dimensions naturelles.

|| 2° Opération qui consiste à passer à l'eau de savon la toile de lin crémée (V. CRÉMAGE) pour faire tomber une partie de l'apprêt de la chaîne et la rendre plus molle et plus douce. Le tissu, une fois sec, prend un aspect mat et grisâtre, qui en rend la vente plus facile dans certaines contrées.

DÉCATISSEUR, EUSE. *T. de mét.* Ouvrier ou ouvrière qui exerce la profession de décatir les étoffes chez les apprêteurs.

*** DÉCAVAILLONNEUSE.** Charrue vigneronne déchausseuse enlevant le *cavaillon* ou petit cavalier de terre laissé sur la ligne des ceps par la charrue *rechausseuse*. — V. DÉCHAUSSEUSE.

*** DECAZEVILLE** (Mines et usines de). L'établissement de Decazeville, du nom de son fondateur, le duc Decazes, situé dans le département de l'Aveyron, forme l'un des grands groupes métallurgiques du Midi de la France. Très heureusement situé, à proximité du chemin de fer d'Orléans, qui, par des embranchements spéciaux, en dessert tous les services, on y trouve des mines de charbon et des usines à for.

Les mines de houille sont divisées en cinq groupes distincts, offrant une puissance de couche que l'on rencontre rarement; c'est ainsi qu'à la mine de Bourreau, exploitée par puits et galeries, le charbon se présente souvent sur une épaisseur de 60 mètres. Mais la plus remarquable de ces mines est celle de La Vaysse, offrant ce spectacle assez rare d'une couche dont l'épaisseur moyenne est de 35 mètres, allant quelquefois jusqu'à 75, et exploitée à ciel ouvert. La houille est recouverte de roche sur une hauteur de 35 mètres environ; on la découvre par gradins d'une largeur de banquette égale à l'épaisseur de la veine, puis on fait des sous-caves interrompus par des piliers, et au moyen de coups de mine forés en haut des assises, on abat le charbon. La qualité en est généralement bonne; on trouve, au bas du gîte, des rognons de fer carbonaté très durs, ainsi que du schiste et des grès schistaux. Ces schistes offrent une nature particulière, ils sont en quelque sorte brûlés, très riches en alcalis et en phosphates, par suite, très propres à l'agriculture. Les charbons de Decazeville ont une grande tendance à prendre feu, et les accidents de ce genre sont très fréquents. Ils sont dus à la présence, en très grande quantité, de pyrites, et aux éboulements favorisés par la puissance des couches. Le charbon, au contact de l'air, se désagrège, le menu s'accumule, et par suite d'une sorte de fermentation, s'enflamme spontanément. Ces conditions légitiment parfaitement le système d'exploitation à l'air libre et par gradins.

A côté de l'exploitation proprement dite de la houille, se trouvent annexés tous les services d'épuration, de lavage, de la fabrication du coke, et en particulier de la fabrication d'agglomérés, qui forme le seul débit au dehors du charbon qu'exploite la Société, tout le reste étant consommé pour les services des usines métallurgiques.

Cette seconde partie de l'exploitation de Decazeville a pour objet principal la fabrication des rails, des fers marchands divers, les pièces de moulage, en particulier les tuyaux en fonte pour conduites, et la chaudronnerie. Le matériel se compose de 3 hauts-fourneaux, 22 fours à puddler, 2 cubilots, 1 reverbère à refonte, 30 fours Coppée, 5 trains de laminoirs, etc., nécessitant une force motrice de 850 chevaux environ.

La Société a fait une large part au développement du bien-être des ouvriers qu'elle emploie, et dont le nombre s'élève tant aux mines qu'aux usines environ à 2,000. Cette population ouvrière est recrutée dans la région même, et les hommes, les femmes et les enfants trouvent des occupations proportionnées à leurs forces respectives. Le salaire est généralement établi à la tâche. Un hôpital et un service de secours largement pourvus ont été fondés par la Société, enfin, chaque famille, grâce à l'aide qu'elle trouve, peut facilement devenir propriétaire des maisons qu'elle occupe. — R.

***DÉCENTOIR.** *T. de carrel.* Outil qui sert à préparer l'aire destinée au carrelage.

DÉCHARGE. 1° *T. de constr.* On appelle *arc en décharge* un arc construit au-dessus d'un linteau, d'une plate-bande et, en général, au-dessus d'un vide ou de parties faibles, pour reporter sur des points d'appui solides la charge des constructions supérieures. || 2° *T. de charp.* Pièce de bois que l'on nomme aussi *écharpe* et qui s'assemble obliquement dans les sablières d'un pan de bois (V. PAN), de manière à s'opposer à la déformation de ce pan de bois dans le sens de sa longueur. Quelquefois deux décharges se coupent, formant ainsi entre elles une croix de Saint-André. || 3° *T. d'hydraul.* Appareil qui sert à faire écouler les eaux accumulées dans un bassin, un réservoir, une conduite, etc. Les fontaines, les canalisations d'eau doivent toujours être pourvues d'un tuyau spécial, muni d'un obturateur, permettant de vider l'eau qui y est accumulée, lorsqu'on redoute l'effet de la gelée, ou qu'on doit y faire des réparations. On appelle également décharge, la bande placée au bas des cuves et qui permet de les vider. || 4° *T. de mach.* Nom donné au tuyau d'évacuation de l'eau qui a servi à opérer la condensation de la vapeur, ainsi qu'au robinet ou à la soupape dont ce tuyau est muni. || Diminution du poids appliqué sur le levier d'une soupape de sûreté, ou de la tension du ressort qui charge cette soupape, lorsque après des épreuves à l'eau froide, on a reconnu que la résistance de la chaudière avait diminué. || *Décharge accidentelle.* Nom donné au tuyau qui, dans un condenseur à surface, permet l'écoulement du trop plein de la bâche à eau douce à l'extérieur, que ce trop plein provienne d'un manque d'alimentation ou de l'entrée de l'eau de circulation dans le condenseur, à la suite de fuites par les tubes. || 5° *T. de typogr.* Feuille de papier ou *papier de décharge* que l'on presse sur une forme, pour en sécher les caractères.

***DÉCHARGE ÉLECTRIQUE.** *T. d'électr.* Retour à l'état neutre d'un corps ou d'un système de corps électrisés Le mot décharge est cependant plus spécialement employé pour désigner le phénomène lumineux qui se produit lorsque deux corps électrisés contrairement sont approchés l'un de l'autre à une distance convenable pour que la réunion des électricités ait lieu. Le même phénomène a lieu quand un seul des conducteurs étant isolé on en approche un corps en relation avec le sol. Ce corps s'électrisant d'abord par influence se charge d'électricité contraire à celle du premier, le phénomène devient semblable à celui qui se produit dans le cas des deux corps isolés et électrisés contrairement.

La décharge lumineuse affecte le plus souvent la forme d'étincelle, d'aigrette lumineuse ou d'effluve. L'étincelle, lorsqu'elle est produite avec une machine, prend, par exemple, le plus généralement la forme d'un trait lumineux irrégulier. Il en est ainsi lorsque l'on approche le doigt du conducteur de la machine. Si, se plaçant dans l'obscurité, on éloigne le doigt, on voit l'étincelle se résoudre en une série d'étincelles plus minces, puis se transformer en une sorte de faisceau épanoui de fibres lumineuses auquel on donne le nom d'*aigrette*. Ce dernier phénomène se produit de lui-même lorsqu'une machine en activité est munie d'une pointe; on voit s'échapper de cette pointe, dans l'obscurité, une aigrette très nette, dont la forme peut être aisément modifiée en en approchant la main plus ou moins.

Quand, se servant toujours de la machine statique, on opère dans le vide, soit avec l'appareil connu sous le nom d'*œuf électrique*, soit avec les tubes de Geissler, la décharge prend la forme d'une vapeur lumineuse à laquelle on a donné le nom d'*effluve*. Les deux pôles sont alors distingués par la teinte variée que prend l'effluve aux deux électrodes. Cette effluve dont la teinte varie suivant le gaz raréfié, contenu dans l'œuf ou les tubes Geissler, est susceptible d'être influencée et déviée par l'action d'un aimant et ce phénomène a été utilisé par M. De la Rive pour expliquer le phénomène des aurores polaires en les considérant comme des décharges électriques influencées par le magnétisme terrestre.

La décharge d'une bouteille de Leyde donne lieu à une étincelle courte, mais excessivement nourrie, en raison de la grande quantité d'électricité qui entre en jeu. Cette étincelle est très brillante et doit parfois une partie de sa couleur aux particules métalliques volatilisées qu'elle entraîne.

Les courants alternatifs de la bobine d'induction sont également susceptibles de produire l'étincelle, l'aigrette et l'effluve. L'étincelle de la bobine permet même de réaliser une expérience curieuse pour démontrer que l'étincelle est composée de plusieurs parties concentriques. Elle consiste à projeter de l'air, à l'aide d'un soufflet ordinaire, sur une étincelle d'induction un peu nourrie, on voit alors cette étincelle se dédoubler en une sorte de flamme rose qu'entraîne le souffle et un trait bleu très fin qui relie les deux electrodes. Cette expérience a conduit à penser que l'étincelle, lorsqu'elle s'est d'abord frayé un chemin au travers de l'air, échauffe l'air ambiant et qu'il se forme alors une gaîne de gaz échauffé au travers de laquelle la décharge se fait avec plus de facilité que précédemment. C'est cette gaîne que dévie le vent du soufflet.

La décharge des bobines d'induction est le plus souvent employée pour mettre en action les *tubes de Geissler* à gaz raréfiés et donne lieu à des phénomènes particuliers tels que stries, bandes, etc. En produisant cette décharge dans des tubes extrêmement raréfiés, M. Crookes a également réussi à produire sur le verre de ces tubes et sur différentes matières introduites à leur intérieur des phénomènes de phosphorescence et de chaleur tout particuliers.

En thèse générale, on peut appliquer le nom de *décharge* à un grand nombre de phénomènes produits par la réunion des deux électricités. L'arc électrique peut être considéré comme une décharge continue. Ce sont des décharges électriques entre les nuages qui produisent les phénomènes lumineux de l'atmosphère; la foudre n'est qu'une décharge entre les nuages et les objets terrestres.

La décharge électrique, lorsqu'elle se produit sous la forme d'étincelle, d'une certaine puissance, est susceptible de produire, outre les phénomènes lumineux déjà signalés, un certain nombre d'effets variés :

Des effets physiologiques, tels que des commotions, secousses, etc. ;

Des effets chimiques, comme la combinaison de l'oxygène avec l'azote, la décomposition de l'ammoniaque gazeux ; l'inflammation de l'éther, etc. ;

Des effets calorifiques, comme la fusion et la volatilisation des métaux (expérience du portrait de Franklin) ;

Des effets mécaniques, comme la projection des liquides au milieu desquels elle se produit, la rupture de corps solides (perce-verre, perce-carte, etc.).

Tous ces effets que l'on observe en petit avec la bouteille de Leyde, se retrouvent avec une grande puissance dans les phénomènes produits par la foudre. — V. CHARGE ÉLECTRIQUE. — A. G.

* **DÉCHARGEOIR.** *T. d'hydraul.* Endroit par où s'écoule le trop plein d'une fontaine, d'un réservoir. || Ecluse qui sert à vider un bief. || *T. de tiss.* Rouleau du métier sur lequel s'enroule l'étoffe fabriquée.

* **DÉCHARGEUR.** Nom donné dans quelques régions au petit cylindre d'une paire de hérissons de la carde, qui enlève la matière textile au *travailleur*, le *décharge*, pour la rendre au *grand tambour*. — V. CARDE, DÉBOURREUR.

* **DÉCHAUSSEUSE** (Charrue). La vigne est un arbuste vivace cultivé en lignes et qui doit pendant sa végétation recevoir des *façons* culturales diverses. Ces façons varient naturellement avec les climats, la situation et la nature des terres. Dans la majorité des cas, le travail des vignes se fait encore à la main et l'ouvrier emploie, suivant les circonstances, la *bèche*, si le *labour* doit être un peu profond et à mottes retournées ; la *pioche*, dans les terres pierreuses ; la *houe* fourchue, la *houe* tranchante, etc. pour les façons superficielles et les nettoyages.

Tout en reconnaissant que la culture à bras de la vigne, faite par des ouvriers consciencieux, intéressés aux succès de la récolte, est la plus proche de la perfection, il est impossible de méconnaître que, dans une grande partie de nos départements viticoles, la main-d'œuvre fait défaut; même pour les travaux les plus indispensables et malgré le concours d'ouvriers étrangers. Ainsi dans le Médoc, où 30,000 hectares de vignes emploient toute l'année 9,000 vignerons et autant de femmes, outre 1,500 Pyrénéens venant chaque année à l'époque des rudes travaux de transport et du retournement des terres, on ne peut songer à faire cultiver la vigne à la main ; c'est à grande peine si l'on trouve les bras nécessaires à la *taille* et aux façons qui la suivent. En outre, la vigne est la meilleure culture pour le sol de ce pays. Pour pouvoir cultiver à la charrue avec l'araire antique à *timon* doublement coudé, on rabat les branches à fruit sur des lattes transversales de façon que le timon passe obliquement au-dessus des lignes de ceps sans atteindre ni endommager ceux-ci. La culture à la charrue est une nécessité dans les vignobles du Médoc, comme dans la plupart des autres départements. Elle est toujours la plus économique et la plus prompte.

La reconstitution des vignobles imposée par les ravages du phylloxera se fera de façon à permettre la généralisation de la culture attelée par un outillage spécial, que l'on peut déjà se procurer en France chez de nombreux fabricants. Mais la plupart des instruments attelés, destinés aux vignobles, sont des modèles pouvant être employés aussi dans la culture des champs : ainsi la charrue *rechausseuse* n'est qu'une charrue ordinaire de petite dimension pouvant être traînée par un cheval ou une mule, ou même un bœuf attelé à un joug simple ou au collier. Les *houes* vigneronnes diffèrent à peine des houes simples à betteraves ; les herses vigneronnes sont en réalité des houes-herses employées aussi pour les betteraves en terres très fortes. Les scarificateurs ou extirpateurs à vignes sont des houes simples dans lesquelles les pièces travaillantes sont des pieds de scarificateurs ou d'extirpateurs. Ainsi, bien que l'outillage de la culture attelée de la vigne soit un outillage particulier aux pays vignobles, la charrue *déchausseuse* seule est faite différemment des autres charrues. Elle caractérise l'outillage viticole : c'est pourquoi nous avons dû lui consacrer un article spécial. Les autres appareils de culture de la vigne seront examinés incidemment aux mots EXTIRPATEUR, HOUE, HERSE et SCARIFICATEUR.

Les conditions auxquelles doivent satisfaire les charrues à vignes, outre les conditions inhérentes à toutes les charrues sont les suivantes : qu'elles soient déchausseuses ou rechausseuses, elles doivent être légères de traction pour réduire l'attelage au minimum exigé pour la profondeur à atteindre. Cet attelage doit, autant que possible, se réduire à un animal ; cheval, mule ou bœuf. En second lieu, la muraille de la charrue *déchausseuse* devant passer tout près des ceps, il faut que la pointe du soc ne tende pas à mordre ; c'est-à-dire que, loin de saillir ou pointer au dehors, la pointe du soc des déchausseuses doit rentrer ou être rabattue. On peut pour les charrues à deux fins avoir un soc spécial à déchausser. En troisième lieu, l'âge d'une charrue déchausseuse doit être tenu le plus loin possible de la ligne des ceps et par suite du plan de sa muraille, afin de ne pas approcher des sarments. L'âge ne peut donc être relié au sep que par des étançons courbés dans un plan normal à l'âge; la muraille du sep devant être fort éloignée du plan vertical médian de l'âge. Enfin, quatrièmement, les mancherons de la charrue déchausseuse doivent être déviés aussi pour que le laboureur puisse marcher au milieu de l'intervalle de deux lignes de ceps, ou au moins assez loin de chaque ligne, pour ne pas accrocher les sarments avec les poignées des mancherons.

Lorsque la même charrue doit servir à *déchausser* et à *rechausser*, il faut que le soc puisse être changé à volonté, et que les mancherons puissent être déviés tantôt à droite, tantôt à gauche de l'âge.

Décavaillonneuses. Toutes les charrues déchausseuses laissent après leur passage, sur la ligne même des ceps et entre les pieds de vigne, un bourrelet de terre que la charrue rechausseuse y a poussé. Ce *cavaillon* doit être enlevé et ameublé à la main lorsqu'on emploie les charrues déchausseuses ordinaires. Ce travail à bras est très coûteux et souvent l'on manque d'ouvriers pour l'exécuter au moment favorable. C'est pour éviter d'avoir recours au travail manuel, que nombre d'inventeurs depuis fort longtemps ont imaginé des charrues vigneronnes qui, tout en déchaussant les ceps, ameublissent et étalent ou repoussent le cavaillon. On les nomme alors *décavaillonneuses*. Nous ne pouvons examiner ici les dix ou douze systèmes proposés. Les uns ont un soc décavaillonneur fixé sur la partie inférieure d'un axe vertical. Ce soc sort assez de la muraille de la charrue pour couper le cavaillon; mais dès que le conducteur voit ce soc s'approcher d'un pied de vigne, il le fait rentrer à l'intérieur du corps de charrue en agissant sur la manivelle qui termine l'axe de rotation entre les mancherons. C'est le système adopté par M. Renault-Gouin. L'attention exigée du conducteur de la charrue, ainsi disposée pour décavaillonner, est peut-être excessive et l'on peut craindre par suite qu'un ouvrier peu consciencieux blesse quelques ceps, ce qui compenserait et au delà l'économie de 20 à 30 francs par hectare que procure le décavaillonnage par la charrue. Aussi les vraies décavaillonneuses sont-elles disposées de façon que le soc et le corps décavaillonneurs rentrent automatiquement dès qu'un pied de vigne est proche. Il y a plus de 25 ans que M. Paris, à Aulnay (Charente-Inférieure), fait des décavaillonneuses automatiques. Le soc décavaillonneur armé d'un râcleur est fixé sur un bras horizontal maintenu par des ressorts assez en dehors de la muraille pour détruire le cavaillon. Tout ce système est solidaire d'une branche de levier qui tourne dès que son autre branche vient frôler (par le disque tournant en bois dont elle est armée) un pied de vigne. Le cep franchi, les ressorts ramènent le soc cavaillonneur sur la ligne des ceps où il doit travailler.

Enfin, l'Exposition de 1878 présentait une décavaillonneuse très ingénieuse de M. Nadaud, à Blaye (Gironde). — J. A. G.

DÉCHETS. Les déchets de matières ont une réelle valeur en ce qu'ils donnent lieu à des réemplois importants; nous ne nous occuperons que des déchets qui offrent quelque intérêt au point de vue de notre programme.

MATIÈRES TEXTILES

Déchets de coton. Les diverses machines par lesquelles, dans une filature, passe le coton, et qui ont pour objet l'épuration complète de la matière en vue de sa transformation ultérieure en fil, éliminent de la masse en travail les matières ou corps étrangers qui y sont renfermés ou qui peuvent être incorporés aux fibres: débris de feuilles, de capsules, graines, sables, poussières et de plus les boutons, c'est-à-dire les petits amas de fibres roulées ou pelotonnées en boule, les fibres adhérentes aux graines, celles qui sont trop courtes ou brisées et enfin quelques bonnes fibres qui sont entraînées accidentellement avec les impuretés dont on veut débarrasser le coton. Ces diverses matières constituent les déchets proprement dits. Il se produit également dans le travail, des déchets provenant de fausse main-d'œuvre, des ruptures de rubans ou de mèches, des simples, des barbes, etc., que l'on est obligé d'extraire de la préparation quoiqu'ils ne soient composés que de bon coton que l'on peut réemployer. On conçoit que suivant leur nature, et suivant le degré d'avancement de la manutention, c'est-à-dire d'épuration de la matière, ces déchets ont une valeur très différente.

Pour les uns qui, après l'épuisement des traitements ne sont plus composés que d'impuretés, elle est très faible pour ne pas dire nulle; pour les autres, composés de boutons ou de fibres plus ou moins longues et qui, par suite, peuvent être réemployés dans une certaine mesure, cette valeur est relativement assez élevée. L'emploi judicieux des déchets dans une filature constitue donc un art véritable; on peut poser en règle générale qu'il y a avantage à faire rentrer les déchets dans la préparation tant que, sans nuire sensiblement à la qualité du produit obtenu, la main-d'œuvre occasionnée par les traitements nécessaires pour leur mise en travail, jointe à leur valeur intrinsèque, ne sera pas supérieure au prix du bon coton.

Les déchets provenant de la filature de coton se divisent en *bons* et en *mauvais déchets*. Les bons déchets sont ceux exempts d'ordures qui proviennent : 1° des rattaches faites aux métiers à filer et aux bancs-à-broches, des blousses de peigneuses, des duvets et débourrures de chapeaux et de tambours de cardes. Les autres proviennent des balayures, des déchets de batteurs, des chapeaux des étirages. Suivant leur propreté et leur valeur relative, on peut les classer ainsi : déchets de métiers à filer, de bancs-à-broches, de peigneuses; duvets de cardes en fin, duvets et bouts de rubans des cardes en gros; débourrures des tambours de cardes en fin, des cardes en gros, des chapeaux des cardes en fin, des chapeaux des cardes en gros; chapeaux des laminoirs; déchets des batteurs; balayures propres, balayures sales.

La quantité de déchets produite par l'ensemble des différentes machines varie considérablement suivant la qualité des cotons traités; on ne peut donc à cet égard fournir des indications très précises; tandis qu'un coton de longueur moyenne (Louisiane non peigné) produira environ 10 à 12 0/0 de déchets; les cotons plus courts, rudes et grossiers, tels que ceux des Indes, peuvent donner jusqu'à 25 et 35 0/0.

Le peignage appliqué principalement aux cotons longs et fins, *Jumel*, *Géorgie longue soie* et similaires fournit en plus 15 à 25 0/0 de déchets et au delà. Répartis sur les différentes machines, on peut compter comme moyenne :

	Cotons longue soie	Cotons moyens	Cotons courts
Ouvreuses et batteurs.	2 à 4 0/0	3 à 5 0/0	5 à 20 0/0
Cardes.	6 à 10 —	5 à 7 —	5 à 8 —
Peigneuses	18 à 25 —	15 à 22 —	»
Diverses machines de préparation .	0.40 —	0.40 —	0.40 —
Métiers à filer. . .	1.20 —	1.20 —	1.20 —
Evaporation (déchets perdus). . .	3 à 4 —	3 à 4 —	5 à 6 —

Dans les filatures importantes où l'on peut toujours disposer de quelques machines pour le traitement des déchets, on les tranforme en filés autant qu'il est possible de le faire. Dans d'autres, il est plus avantageux de les vendre, car si l'on n'a pas un assortiment spécial de machines pour les travailler, la quantité à faire rentrer dans la préparation est trop faible pour qu'on puisse conserver la totalité.

Certaines filatures traitent exclusivement les déchets, tels que les boutons de batteurs, et en font des filés de gros numéros.

Les déchets provenant de la filature du coton font l'objet d'un commerce important; ils sont généralement centralisés par des commissionnaires ayant des marchés de plusieurs années avec les filateurs, et la demande qui est toujours assez forte, en maintient les prix assez élevés. Voici un exemple des cours moyens actuels :

Désignation des cotons	Batteurs passés à l'ouvreuse	Tambours	Chapeaux	Duvets	Blousse de peigneuses
	les 100 kil.	les 100 kil.	les 100 kil.	les 100 kil.	les 100 kil.
Indes.	25 à 30	75	55 à 60	60 à 65	»
Louisiane. . .	30 à 35	95	75 à 80	70 à 75	»
Jumel.	»	140	100	110	90 à 95
Gallin.	»	145	105	115	95 à 100
Tahiti.	»	150	110	120	100
Fidji et Sea-Island. . . .	»	160	115	120	100 à 105

Les déchets non vendus peuvent être utilisés ainsi :

Ceux de batteurs dans la proportion de 1 1/2 à 2 0/0 après avoir été ouverts et cardés préalablement.

Les débourrures de chapeaux et de tambours de cardes peuvent, après avoir été de nouveau cardées, être employées dans la proportion de 20 à 30 0/0.

Les mèches de bancs-à-broches doivent avant de pouvoir être réemployées être ouvertes à une effilocheuse spéciale ou au batteur avec le coton de l'assortiment.

Les duvets propres des cardes, les rubans de cardes et de laminoirs, peuvent être réemployés dans la proportion de 30 0/0.

Les blousses de peigneuses provenant de coton destiné à produire des filés très fins peuvent, repeignées, fournir des filés de numéros inférieurs; la blousse de ce second peignage peut rentrer dans une certaine proportion dans la préparation de coton ordinaire.

En général, il semble préférable, dans le cas de plusieurs assortiments, de faire rentrer les déchets d'un assortiment dans les proportions indiquées, dans l'assortiment inférieur. Entrer dans plus de détails à ce sujet serait sortir de notre cadre; les données qui peuvent servir de guide à cet égard doivent surtout être appuyées par l'expérience pratique.

Les déchets de filés provenant de la filature et du tissage sont surtout employés pour le nettoyage des machines; après avoir servi, ils sont soumis au blanchissage et peuvent être réemployés (V. BLANCHIMENT). Ces déchets imprégnés de matières grasses sont très susceptibles de s'enflammer spontanément : ils absorbent une grande quantité d'oxygène et quand l'huile vient à s'oxyder à l'air, la température s'élève très rapidement et détermine aussitôt la combustion de la masse. Aussi est-il nécessaire de prendre de grandes précautions, et d'éviter de conserver des agglomérations de ces déchets à l'intérieur des établissements industriels; on dispose habituellement pour les recevoir un local spécial construit en maçonnerie et isolé des autres constructions; à bord des bâtiments on les jette à la mer. — P. D.

Déchets de laine. C'est la ville de Reims qui, la première en 1807, fit de l'utilisation des déchets de laine une véritable industrie. Jusque là, ces déchets étaient laissés aux ouvriers qui les vendaient à vil prix à des petits marchands; mais cette habitude, qui laissait trop de prise à la fraude en permettant facilement de prélever sous le nom de *déchets* des parties de laine qui n'en étaient pas, disparut à cette époque, grâce à la formation d'une société, dite *des déchets*, qui accapara l'achat de tous les débris de laine sans exception pour les revendre ou les utiliser d'une manière quelconque. Afin de rendre tout détournement impossible, les actionnaires de cette association, qui doivent toujours être des filateurs, tisseurs, apprêteurs ou autres producteurs de déchets, sont engagés d'honneur à ne pas vendre ces déchets à d'autres acheteurs qu'à la Société, et celle-ci ne peut acheter que directement à l'industriel sans passer par aucun intermédiaire. Et afin de ne pas en faire une œuvre de spéculation, chaque actionnaire ne peut avoir plus de 20 actions de 200 francs; de plus, dans la répartition des bénéfices (car la Société a toujours fait d'excellentes affaires), 4/10 seulement sont attribués aux actionnaires à titre de dividende, 3/10 sont rendus aux actionnaires vendeurs de déchets, et 3/10 sont employés en œuvres de bienfaisance. La Société de 1807 fonctionna d'abord jusqu'en 1833, fut renouvelée en 1834, mais ne fut définitivement constituée qu'en 1846. Un certain nombre de villes lainières, telles que Roubaix, Elbeuf, etc., envoient à Reims une partie de leurs déchets.

Les déchets de laine sont extrêmement variés, et partant leur valeur est bien différente pour chaque type. Parmi les plus bas prix, nous mentionnerons, par exemple, la poussière pleine de gratterons qui sort de l'échardonneuse et qu'on peut obtenir pour 2 à 3 centimes le kilogramme; et parmi les plus hauts, les bouts de rubans cassés du peignage qui sont souvent payés plus de 7 francs au même poids. Encore chacun de ces déchets subit-il une dépréciation ou une surélévation de prix suivant son état plus ou moins grand de propreté.

Pour être rendus de nouveau utilisables, les déchets de laine subissent en général une manipulation spéciale. Les débris extrêmement poussiéreux sont secoués et divisés dans des caisses munies sur leur pourtour intérieur de baguettes de fer fixes, entre lesquelles passent vivement d'autres baguettes de même métal, fixées sur un axe mobile. Puis on les envoie au dégraissage, afin de les débarrasser de toutes les matières grasses dont ils se sont chargés dans le travail de l'atelier.

Les brins de laine qui proviennent du débourrage des garnitures de carde et qui, restés longtemps accumulés dans les dents de ces machines, ont fini par y former une sorte de feutre résistant, sont découpés au moyen d'une sorte de hache-paille. Ensuite, ils sont aussi envoyés au dégraissage. Enfin bon nombre de déchets sont dégraissés directement.

Le dégraissage s'opère en faisant passer les déchets sous des meules verticales, tournant dans une cuvette, où on les arrose d'une eau contenant de l'argile en dissolution; l'argile absorbe toutes les matières grasses et les meules broient toutes les substances qui sont étrangères à la laine. Celles-ci sont ensuite enlevées par un lavage énergique dans des cuves à circulation continue, puis le tout est rincé à grande eau et essoré par la force centrifuge.

Le séchage des déchets lavés et essorés s'opère, en été, en plein air, en étalant la laine sur une aire bien sèche; et en hiver, dans des étuves spéciales à air chaud où se meuvent sept toiles métalliques sur lesquelles on étend le déchet humide. Celui-ci est ensuite vendu par fortes parties, dont le minimum est 20 kilogrammes.

A la Société des déchets de Reims, le déchet des déchets, c'est-à-dire le résidu quelque peu laineux résultant de la manipulation générale des débris, est mis en adjudication; le preneur les utilise presque toujours comme engrais. Nous devons mentionner qu'il est certains déchets de laine qui ne sont soumis à aucune manipulation en sortant de chez l'industriel et qui sont utilisés tels qu'ils sont. Tels sont, par exemple, les débris de fils blancs et colorés, restes de parties, et les chiffons, que l'on fait servir à la fabrication du drap dit *renaissance*, en les défilochant à nouveau; telles sont encore les tontisses, c'est-à-dire les poussières de laine amenées par l'action des machines à tondre les étoffes, et dont on poudre les papiers veloutés et les tapis collés sur caoutchouc, ou qu'on ajoute pour renforcer les draps pendant le foulage.

Comme tous les déchets de laine sont empreints de matières grasses, ils s'échauffent pendant les mois d'été et provoquent parfois des incendies spontanés ; aussi est-il indispensable, dans les établissements où il s'en trouve de fortes quantités sur un seul point, comme à Reims, d'établir pendant la nuit un service actif de surveillance. On est averti de l'inflammation de ces déchets par une odeur âcre qui se dégage des tas, et on peut alors, en s'empressant d'ouvrir la masse atteinte, la refroidir et empêcher la propagation de l'incendie. — A. R.

Déchets de lin. Ces déchets peuvent être classés en quatre catégories, qui sont: 1° ceux qui résultent du teillage; 2° ceux des filatures de lin au sec; 3° ceux des filatures de lin au mouillé; 4° les déchets de tissage.

Les *déchets de teillage*, que l'on appelle dans les campagnes *pions*, *tirures*, etc., sont ordinairement le bénéfice des ouvriers teilleurs. Les débris de lin qui tombent avec la chènevotte sont recueillis par ceux-ci et revendus, tels quels ou un peu secoués, soit aux maçons qui les emploient pour consolider leurs mortiers, soit aux cordiers qui en font l'âme de leurs cordes composées ou qui en fabriquent des produits de qualité inférieure, soit enfin aux matelassiers pour le rembourrage des coussins.

Les déchets que l'on recueille dans les *filatures de lin au sec*, comprennent un certain nombre de catégories de valeurs bien diverses. Nous y voyons depuis les poussières qu'on vend 1 franc le sac en moyenne, et les duvets de cardes à 5 fr. les 100 kilogr., jusqu'aux mèches de banc-à-broches qui valent de 24 à 25 fr. au même poids. Ces déchets sont ordinairement livrés à un ou plusieurs marchands avec lesquels le filateur a passé marché à l'avance pour une période déterminée. Ceux-ci viennent les enlever régulièrement dans les filatures, et vont les placer dans leurs magasins toujours situés dans les faubourgs des villes ou à la campagne. Là, ces déchets sont triés et soumis à des manipulations très diverses. Généralement, ils sont d'abord secoués dans des machines à battre en forme de vis d'Archimède à l'intérieur desquelles des baguettes fixées autour d'un axe mobile leur font subir, par leur rotation, un nettoyage sommaire; ils passent de là dans d'autres machines similaires où ils sont soumis à une ventilation plus complète, qui les débarrasse d'une partie des poussières dont ils sont chargés ; souvent, enfin, on les soumet à l'action des briseuses à étoupes (V. ETOUPE). Ces déchets sont revendus suivant la qualité par leurs détenteurs, soit à des filateurs qui en fabriquent des trames pour toiles d'emballage grossières, soit à des fabricants de papier, soit encore à des maçons pour la « liaison » des mortiers.

Les *déchets des filatures de lin au mouillé* sont le plus souvent enlevés « à l'abonnement annuel » par des marchands qui viennent les charrier eux-mêmes dans les usines. Cet abonnement est souvent de 1 franc par broche (c'est-à-dire qu'un filateur qui a 3,000 broches reçoit 3,000 francs de son marchand de déchets). Ces déchets sont presque toujours destinés aux fabriques de papier. Mais comme ils ont été balayés le plus souvent sur le sol humide de l'usine et qu'ils sont noirs et sales, il est nécessaire de les laver. Comme les marchands qui les enlèvent sont, en général, des personnes peu aisées et qui ne peuvent supporter les frais nécessaires à la construction de bassins imperméables au dépôt et à la conservation des matières insolubles, ils effectuent ce lavage dans les rivières, ce qui salit énormément les eaux. Intentionnellement ils le font très mal, afin de ne pas faire éprouver trop de perte à ces débris qni se vendent au poids, et souvent ils les étalent pour les faire sécher sur des fils de fer ce qui donne malheureusement naissance, pendant la saison chaude, à une fermentation putride d'une odeur écœurante dont les voisins, qui y sont exposés, se plaignent amèrement. Aussi exige-t-on aujourd'hui, ponr les nouvelles installations, que les lavages de déchets s'effectuent dans des cuves en bois ou de préférence dans des laveuses en fonte, que les eaux provenant de ces lavages se rendent dans des bassins de décantation et ne soient évacuées qu'après épuration et repos suffisants; on est aussi devenu plus difficile pour l'installation des magasins de déchets et des ateliers de travail, qui sont maintenant, d'ailleurs, le plus souvent surmontés de cheminées d'aérage pour disséminer les odeurs ou les poussières dans l'atmosphère.

Les *déchets de tissage* ne comprennent guère que les débris de fils provenant des diverses opérations des ateliers, et principalement du parage ou les bouts de chaînes (dits *piennes*) inutilisables, qui sont livrés directement aux fabricants de papier. On peut aussi ranger dans cette catégorie les bouts de pièces coupées à l'aunage, chez les négociants en toile, et qui constituent du chiffon d'excellente qualité. Ces déchets de tissage blancs se vendent souvent plus de 50 francs les 100 kilogrammes.

Outre ces déchets provenant de la fabrication proprement dite, les marchands recueillent encore dans les mêmes usines les *déchets gras*, c'est-à-dire les débris et chiffons qui ont servi au nettoyage des machines et qui sont de ce fait imbibés d'huile et de cambouis (lesquels se vendent de 12 à 15 francs suivant qu'ils proviennent de la filature ou du tissage), et les paillassons faits en liber de tilleul qui viennent de la Russie, enveloppant les lins de ce pays et que l'on enlève à raison de 8 ou 9 francs les 100 kilogrammes.

Comme les déchets de laine, ceux de lin peuvent s'échauffer fortement dans les magasins, et provoquer des incendies spontanés s'ils sont mélangés de déchets gras. Une très grande surveillance est donc nécessaire et des précautions doivent être prises pour écarter tout danger de feu dans les ateliers où ils sont manipulés. — A. R.

Déchets de soie. On peut comprendre sous la dénomination de *déchets de soie*, dans le sens le plus général, tous les débris soyeux provenant de la culture, de la filature, de l'ouvraison et du tissage de la soie. Nous distinguons : I. *Déchets provenant de la culture du ver à soie :* (A) *cocons percés* par éclosion dans le but de la reproduction (du grainage); (B) *cocons qui, par un motif ou un autre, ne peuvent pas se dévider*, soit :

1° Les *cocons fondus, tachés* et *faibles*. Les *fondus* sont ceux qui sont imbibés d'une liqueur roussâtre sécrétée par le ver malade, au moment où il a terminé le cocon. Ce liquide, lorsque le cocon est sec, produit une certaine agglomération des fibres et ne permet plus de dévider le fil du cocon d'un bout à l'autre. — Les *tachés* sont des cocons sains, mais auxquels s'est communiqué extérieurement et jusqu'à une certaine profondeur le liquide d'un cocon fondu. — Les cocons *faibles* sont faits par des vers malades, le fil n'a pas la résistance de celui d'un cocon sain et le cocon n'est qu'imparfaitement achevé.

2° Les *cocons piqués, hartés* et *ratés*. Les *piqués* et *hartés* ont des piqûres d'insectes parasites du ver à soie qui éclosent dans l'intérieur de la chrysalide et percent la paroi du cocon pour se faire jour; les *ratés* sont ceux qui sont rongés par les rats dans les magasins où ils se conservent. Dans les deux cas, le cocon présente un orifice, il y a, par conséquent, solution de continuité répétée dans le fil qui forme le cocon et celui-ci ne peut plus être dévidé.

II. *Déchets provenant de la filature de la soie* (du dévidage du cocon).

(*a*) La *blaze* est un réseau de filaments très fins que le ver fixe comme une toile d'araignée à la bruyère qui doit lui servir de point d'appui. La partie centrale de la blaze forme un duvet autour du cocon et peut facilement s'en détacher à la main.

(*b*) Le *frison*. Couche extérieure du cocon que l'ouvrière à la bassine détache d'abord, et qu'elle tient à la main jusqu'au moment où elle ajoute le fil du cocon à ceux qui montent au dévidoir.

(*c*) Le *bassiné* est la partie intérieure du cocon qui tombe au fond de la bassine, alors que le tissu est devenu assez mince pour laisser pénétrer l'eau dans l'intérieur et que le dévidage n'est plus possible. Il renferme encore la chrysalide qui est souvent visible à travers la paroi devenue transparente du bassiné filé à fond. — Les bassinés très pauvres en soie, provenant de cocons qui se sont dévidés presque jusqu'au bout, sont appelés *pe-*

lettes. Souvent les bassinés arrivent sur le marché après avoir subi une espèce de cuisson, c'est l'article connu sous les dénominations de *ricotti*, *moresconi*, *velettes*, etc.

III. *Déchets provenant de l'ouvraison et du tissage* (*ourdissage*, etc.).

Les déchets de cette catégorie sont ceux qui sont connus sous le nom de *bourre de soie*; on distingue, d'une part, les *bourres fines* (simples) et les *bourres retors* et, d'autre part, les *bourres écrues* et les *bourres teintes*.

Tous ces déchets se présentent sous des aspects très différents, variant suivant le pays de leur origine, l'habileté et les habitudes des ouvriers. Les déchets les mieux tenus sont ceux provenant des filatures européennes; ici toutes les catégories, mentionnées plus haut, se tiennent généralement à part. — Le genre qui varie le plus d'aspect est le frison. — Dans les bonnes filatures il se tient en forme allongée, ce sont les fils de plusieurs cocons agglomérés et formant un gros fil irrégulier qui a de 50 centimètres jusqu'à 2 mètres de long. D'un côté ils se terminent par les *têtes*, la partie que l'ouvrière fileuse a tenue à la main, et à l'autre extrémité se trouve le *bouquet* dans lequel les fils sont plus séparés et prennent une apparence frisée. Les têtes d'un frison classique ne doivent pas renfermer autre chose que de la soie agglomérée, soit en costes allongées (Lombardie, Piémont, Frioul, etc.) ou en bandes aplaties (Midi de la France), ou en feuilles plates (Toscane). Mais souvent elles forment des moignons lourds et épais contenant des parties de bassinés et de chrysalides et même des corps étrangers. — Des frisons de même valeur que les plus classiques d'Europe, se font dans quelques parties de la Turquie d'Asie (Brousse), ceux de Syrie présentent également le même aspect, mais sont inférieurs à cause de la qualité de la soie.

Dans les pays séricicoles de l'Orient, on rencontre isolément des filatures montées à l'européenne et classifiant leurs déchets d'une manière analogue, mais la grande majorité de ces pays produit des déchets traités d'une manière spéciale, souvent très mélangés et même fraudés. Nous n'en citerons que les plus connus en parcourant rapidement les pays de cette partie du monde.

De la Perse, les seuls déchets connus en Europe sont les *boules de Perse* qui arrivent principalement dans le port de Marseille; elles réunissent tous les déchets provenant de la filature, le frison est roulé à l'état humide en forme d'une boule et renferme à l'intérieur des bassinés et de la chrysalide. Des boules analogues viennent de Bokhara, d'où cependant l'on exporte aussi des frisons ouverts mais toujours mélangés de bassinés.

Aux Indes les frisons de Bengale sont également, à part quelques filatures européennes, de qualité médiocre et mal soignés; il y en a qui ont l'apparence frisée, d'autres la forme de rubans plats, etc.

La Chine produit des déchets de soie très variés: les plus connus sont les *China Curleys* qui viennent de Shanghaï, c'est du frison mélangé de bassinés; les meilleurs ont la forme frisée sans partie allongee; ceux qui se rapprochent de la tenue européenne sont toujours très chargés de chrysalides. Les déchets de la province de Shantung sont tous de qualité inférieure et leur aspect est très varié. Canton exporte surtout des cocons percés et des bourres.

Enfin, le Japon est de tous les pays d'Asie celui qui a le plus d'importance au point de vue des déchets de soie. Le frison est généralement tenu en forme d'écheveaux, on ne distingue ni têtes, ni bouquet; tout ce qui en Europe constitue le frison est allongé en un fil grossier plus ou moins homogène et, suivant les provinces, on y mélange souvent le bassiné étiré de la même manière et renfermant des morceaux de chrysalide. Ces frisons s'appellent *Noshito* et les plus classiques viennent de la province d'Oshiou. Un autre déchet très répandu est le *Kibizzo*, l'aspect en est frisé comme celui du Curley de Chine, et il contient encore plus que le Noshito des bassinés et surtout des chrysalides.

La *production des déchets* dépend naturellement de la production de cocons, ou du résultat que donne chaque année la récolte soyeuse. En général, les cocons de race jaune donnent moins de déchet que les verts (race japonaise) et lorsque la récolte est mauvaise comme qualité, la proportion de déchets augmente parce que les cocons étant plus faibles se dévident moins parfaitement. Un bon cocon jaune (race italienne ou française) sec donne jusqu'à 25 ou 27 0/0 de soie; le reste se perd en partie en gomme, et le surplus forme le déchet y compris la chrysalide. Il est cependant difficile d'évaluer la production totale des déchets dans tous les pays producteurs de la terre, car sans compter que dans les pays peu civilisés de l'Asie la proportion de déchets doit forcément être plus forte qu'en Europe où la filature profite de tous les progrès de l'industrie, il y a une quantité considérable de déchets qui échappent à toute évaluation parce qu'ils restent dans leur pays d'origine. Ainsi la Chine, qui produit d'énormes quantités de soie pour l'exportation et qui en produit encore bien davantage pour son propre usage, n'exporte qu'un chiffre relativement très petit de déchet, tandis que la majeure partie reste dans le pays où elle sert à fabriquer des tissus grossiers et souvent même est utilisée telle quelle pour rembourrer des matelas.

Avant de parler du parti que l'industrie est parvenue à tirer des déchets de soie, nous devons encore mentionner deux genres de cocons qui, sans être des déchets, sont souvent utilisés de la même manière que ceux-ci, ce sont les *cocons doubles* et les *cocons rouillés*; ils peuvent être filés comme les cocons fins, mais donnent une soie de qualité inférieure et, par cette raison, ne peuvent être payés qu'à des prix que la filature de déchets peut souvent atteindre et quelquefois dépasser.

Tous ces différents produits que nous venons d'énumérer sommairement, et dont une nomenclature complète serait trop longue, forment aujourd'hui la matière première d'une industrie qui, depuis une cinquantaine d'années, a pris un certain développement: la filature de *schappe*.

Il était un temps où la plupart des déchets de soie n'avaient aucune valeur vénale, ceux qui contenaient encore la chrysalide étaient employés comme engrais, les autres travaillés grossièrement dans les pays de production par les paysans qui en faisaient un fil grossier qu'on tissait ensuite à la main. Cette industrie primitive existe toujours dans les pays séricicoles de l'Asie ; il s'en retrouve encore des restes en Europe et l'on peut encore, de nos jours, rencontrer en Italie des femmes filant au fuseau des déchets soyeux, comme cela se fait avec le lin et le chanvre. Ces procédés primitifs cependant se perdent de plus en plus à mesure que la connaissance de la valeur vénale de ces matières pénètre dans les localités les plus reculées, valeur motivée par le rendement qu'en tire la grande industrie moderne avec ses perfectionnements multiples et toujours nouveaux.

Afin de pouvoir rendre les déchets de soie aptes à être traités comme d'autres matières textiles et filés comme le coton et le lin, il faut avant tout en enlever la gomme et désagréger les fibres. Ce but s'atteint par un séjour plus ou moins prolongé dans l'eau et nous trouvons à cette première manutention deux manières différentes de procéder. La première est la *macération* ou le rouissage. Elle consiste à laisser séjourner la matière dans l'eau tiède pendant plusieurs jours ; les déchets assujettis à ce procédé subissent une espèce de fermentation grâce à la gomme et à la chrysalide qu'ils renferment, et l'eau de la cuve est par cette fermentation même maintenue à un degré de température suffisant. On a cependant adopté très généralement le chauffage artificiel de l'eau en la changeant souvent et en la chauffant à la vapeur. La matière ainsi ramollie et plus ou moins désagrégée, est ensuite soumise à un lavage énergique pour lui enlever toutes les impuretés provenant de la chrysalide et de corps étrangers qui y sont souvent mélangés à l'état brut. Ce procédé de macération est le plus répandu dans les filatures de France, de la Suisse et de l'Italie.

Les Anglais emploient de préférence la cuisson pour le travail des déchets de soie. La matière est traitée dans l'eau bouillante au savon; toute l'opération se termine en quelques heures et enlève complètement la gomme dont la soie est chargée. Les produits obtenus de cette façon sont connus sous le nom de *fantaisie*, tandis qu'on appelle *schappe* ceux qui proviennent de la macération ou du *schappage*, opération qui, suivant sa durée et son intensité plus ou moins prolongées, laisse encore une partie de la gomme dans les brins soyeux.

La matière ainsi traitée, soit macérée, soit cuite, est ensuite séchée et soumise au peignage qui est le même que pour la laine, le lin ou le coton, avec les modifications nécessitées par la nature et la longueur du brin. Pour nous conformer à l'ordre alphabétique et aux exigences de notre programme, nous renvoyons le lecteur aux mots FILATURE et SCHAPPE pour l'étude des opérations qui suivent celles dont il vient d'être question.

MATÉRIAUX DE CONSTRUCTIONS

Déchets de construction. Les opérations qu'exige la mise en œuvre des matériaux employés dans les constructions, pour être façonnés aux dimensions prévues, entraînent la perte d'une certaine quantité de ces matériaux. Il importe au point de vue de l'économie, de réduire cette perte ou déchet autant que possible, et de trouver l'emploi des déchets qu'on ne peut éviter.

Tout d'abord, pour réduire le déchet, on conçoit que les formes des éléments, entrant dans une construction, c'est-à-dire des matériaux œuvrés, doivent se rapprocher autant que possible de celles des matériaux bruts ou à mettre en œuvre. On doit donc, quand on étudie la forme et les dimensions des éléments constitutifs d'une construction, le faire en raison des formes et des dimensions que l'on peut obtenir en matériaux bruts. Ainsi, pour la pierre, si le constructeur ne doit pas prévoir de morceaux taillés plus hauts que l'épaisseur du banc en carrière, puisqu'on ne pourrait se procurer des blocs convenables, il ne doit pas non plus prévoir des morceaux beaucoup moins hauts que l'épaisseur du banc, car il en résulterait au sciage ou à la taille, un déchet considérable. D'autre part, un bloc étant donné, le talent de l'appareilleur est d'en tirer, par le sciage, le plus de morceaux possibles à tailler pour réduire le déchet.

Pour le bois, on doit, dans la détermination des dimensions d'une charpente, d'une menuiserie, tenir compte de celles qu'ont les arbres dans la nature, ou bien de celles qu'ont les bois dits *de commerce*.

Pour le fer, en feuilles ou tôles, et en barres carrées, mi-plates, rondes ou ayant en section l'un des profils si couramment employés de nos jours, en T, double T ou cornières, etc., il faut dans les commandes faites à l'industrie, donner exactement les dimensions pour éviter, avec le déchet, le travail coûteux des coupes. Cet esprit de prévision, pour éviter les déchets, s'applique en somme à tous les matériaux employés dans la construction, le zinc, le plomb, le verre à vitre, le papier de tenture, etc.

Cependant, malgré les prévisions, il y a encore des déchets, dans les constructions en pierre et moellon, l'expérience a fourni les résultats suivants :

Selon la nature des travaux, les déchets, d'après J. Claudel et L. Laroque (*Pratique de l'art de construire*), varient du 1/3 et moins, au 1/18, et s'évaluent comme suit : 5/12 pour claveaux droits, en pierre tendre, abatages inclus dans le déchet ; 1/3 pour claveaux droits, en pierre dure, abatages inclus dans le déchet ; 1/5 pour claveaux de plates-bandes droites, en pierre tendre, voussoirs mesurés par équarrissage, et pour dalles de $0^m,054$ d'épaisseur, ainsi que pour seuils, appuis, marches ; 1/6 pour claveaux de plates-bandes droites, en pierre dure, voussoirs mesurés par équarrissage, et pour dalles de $0^m,08$ d'épaisseur ; 1/18 pour libages à lits dégrossis, pour bornes et gros travaux.

D'après Blottas, les déchets pour les voûtes sont :

1/2 en pierre dure pour voûtes en berceau,
7/12 — tendre — —
2/3 — dure — sphériques et d'arête.
3/4 — tendre — —

et ces proportions varient selon la forme, les dimensions, les dispositions des voûtes.

Pour les moellons, le déchet varie avec le plus ou moins de soin donné à la taille, et avec le plus ou moins de régularité donné aux formes ; les chiffres attribués aux déchets sont les suivants :

1/25 à 1/3 pour moellons ébousinés,
1/5 à 1/10 — — surillés,
1/3 à 1/4 — — piqués,
1/2 — — d'appareil.

Le déchet pour la meulière, selon qu'elle est smillée ou piquée, varie du 1/3 au 1/10, et selon le plus ou moins de régularité de la matière brute et le soin apporté à la taille.

Malgré le soin apporté pour réduire les déchets, il y en a cependant encore en quantité appréciable, aussi une des préoccupations du constructeur doit-elle être de rechercher les moyens d'utiliser ces déchets. Les morceaux de pierre de taille, en déchet, sont employés comme moellon, ou, s'ils sont petits, comme remplissage dans la construction en moellon ; sont aussi employés pour garnir les menus morceaux de moellon, de meulière. Les débris de tous ces matériaux, pierre ou moellon, sont aussi utilisés en remplissage dans les voûtes, ou bien pour établir les formes sur lesquelles on dispose avec une couche de mortier les éléments des carrelages et dallages. La sciure de pierre tendre est employée, comme les gravois, avec du plâtre pour former des carreaux dans la construction des cloisons. Le sciage des pierres dures donne quelquefois des plaques d'épaisseur relativement faible, appelées *levées*, qu'on utilise comme dallages. Les menus morceaux de meulière, de briques, concassés s'il y a lieu, sont employés au lieu de cailloux pour faire du béton.

Les déchets de bois, fer, fonte, zinc, plomb, verre, etc., résultant des opérations de construction, n'ont pas d'emploi dans les constructions mêmes ; ces déchets, tels que les copeaux et les débris de bois, servent comme combustible ; la sciure est utilisée dans certaines industries ; quant aux débris de métaux, verre, etc., ils sont vendus au poids, aux forges, fonderies, pour servir à nouveau de matières premières.

Dans la construction, on emploie quelquefois les déchets provenant de certaines industries. Ainsi, avec le machefer et les scories provenant des forges ou fonderies, on macadamise des chemins ; ou bien, après pulvérisation et mélange avec des mortiers de chaux ou de ciment, on en fabrique des briques, des carreaux.

La bourre, qui est un déchet résultant de la tonte des draps, est utilisée, mélangée à du mortier de chaux et de sable, dans la fabrication du blanc en bourre, qui est employé, notamment en Picardie, pour faire des *enduits* de plafond sur lattis. — L. C.

Disons encore que le débitage des bois de fente employés en tonnellerie donne lieu à un déchet assez considérable (V. DÉBITAGE). Les résidus, que l'on ne peut pas utiliser dans cette industrie, sont transformés en produits d'importance moindre, tels qu'échalas, roues de voitures, cercles et menus objets désignés sous le nom d'*ouvrages de râclerie*, avec lesquels on fabrique les boîtes, les petits sceaux, les jouets d'enfants, les bois de brosse, les soufflets, la miroiterie, etc.

DÉCHETS DIVERS.

« Rien ne se perd, rien ne se crée, » a dit Lavoisier, lorsqu'il a si bien résumé en quelques mots le jeu des corps dans la nature ; on peut ajouter : *tout se retrouve, tout renaît*, déchets insignifiants, rebuts informes, guenilles et ordures, tout est matière à transformation utile, à création ingénieuse. Donner la nomenclature des déchets qui, de la rue ou du ruisseau, retournent à l'industrie et au commerce, est à peu près impossible ; nous en avons déjà, à l'article CHIFFONNIER, donné un rapide exposé ; qu'il nous suffise de dire ici, — pour faire saisir l'importance de tous les déchets réemployés, — que les déchets de boîtes de sardines ou de conserves, transformés en pistolets, cavaliers et fantassins, grenouilles-sauteuses, etc., fournissent annuellement deux milliards de petits jouets, fabriqués à Paris, et dont les deux tiers sont enlevés par l'étranger.

* **DÉCHIQUETER.** *T. de céram.* Percer une pièce pour y appliquer un ornement ou une partie accessoire.

DÉCINTREMENT. *T. de constr.* Opération qui consiste à enlever les cintres sur lesquels on a exécuté la maçonnerie d'une voûte (V. CINTRE) ; afin de pouvoir retirer les couchis et démonter les fermes, il faut d'abord que l'ensemble des cintres ait été abaissé d'une quantité suffisante pour leur faire quitter la voûte ; cette première manœuvre, qui constitue, à vrai dire, le décintrement, est très importante et demande à être conduite avec des précautions particulières ; on doit éviter les mouvements brusques et rapides, afin que les voûtes, qui s'abaissent toujours plus ou moins par suite du tassement des maçonneries, ne prennent pas trop de vitesse ; il faut encore que, s'il était nécessaire de suspendre le décintrement, la voûte se trouve continuellement soutenue sur les cintres, avec la même solidité qu'avant le commencement de l'opération ; on obtient ces résultats en disposant à l'avance les points d'appuis des fermes sur des supports mobiles, dont on est maître de régler à volonté le déplacement.

Les coins en bois, employés primitivement, ont dû être abandonnés, surtout pour les grandes voûtes, parcequ'ils sont trop compressibles ; on leur a d'abord substitué des sacs en forte toile remplis de sable parfaitement sec et bien tassé ; ces sacs étaient placés entre les retombées des cintres et les supports inférieurs, au droit de chaque poteau. En perçant un trou dans chaque sac, on faisait écouler le sable assez régulièrement pour que le cintre descende uniformément et sans secousse. Actuellement, les sacs sont remplacés par des cylindres en tôle de $0^m,30$ de diamètre sur $0^m,30$ de hauteur. Chaque cylindre repose sur une plate-forme en bois de $0^m,04$ d'épaisseur et de $0^m,40$ de côté. Ces cylindres sont remplis de sable, tamisé et bien desséché, jusqu'aux 2/3 ou aux 3/4 de leur hauteur; sur ce sable repose un piston en bois qui entre sans frottement dans le cylindre; c'est sur l'ensemble de tous les pistons que repose le cintre. Quatre orifices de $0^m,02$ de diamètre sont percés dans chaque cylindre à $0^m,03$ au-dessus de sa base et fermés simplement par des bouchons de liège. Pour décintrer, en enlève simultanément tous les bouchons; le sable s'écoule et les pistons s'enfoncent très régulièrement. Des lignes de couleurs différentes tracées sur les pistons en bois permettent de contrôler la marche de l'opération. Au bas du cylindre et sur la plateforme, on place un collier tournant très librement et pourvu de petites lames saillantes destinées, lorsque l'on imprime au collier un mouvement de va-et-vient, à enlever les petits cônes de sable qui se forment devant les orifices et qui arrêteraient l'écoulement. La course des pistons est d'environ 0,20; lorsqu'elle est insuffisante, on remplace le cylindre unique de cet appareil par une série d'anneaux de diamètres décroissants que l'on engage les uns dans les autres, comme les tubes d'une longue-vue. Au pont d'Austerlitz, où les appareils ont été employés pour la première fois, en 1854, la dépense a été de 12 francs par boîte complète.

On a aussi employé pour le décintrement des verrins à vis; mais outre qu'ils sont plus coûteux, ils obligent à soulever d'abord un peu les cintres pour l'enlèvement des cales en bois, et ce soulèvement, très difficile par suite de la compression énorme des bois, présente des inconvénients sérieux pour les maçonneries.

Il est admis aujourd'hui que le décintrement doit se faire lorsque les mortiers sont encore susceptibles de compression, parceque leur adhérence aux voussoirs, leur imperméabilité et leur homogénéité sont bien plus complètes, lorsque le durcissement s'opère après que les maçonneries ont atteint leur état définitif de stabilité. Le temps qui doit s'écouler entre la fermeture d'une voûte et son décintrement doit donc être réglé sur la nature des mortiers employés. — J. B.

***DÉCINTROIR.** *T. techn.* Sorte de marteau à deux taillants tournés en sens inverse, dont le maçon se sert pour écarter les joints des pierres ou équarrir les trous ébauchés.

***DÉCLENCHE** ou **DÉCLANCHE.** *T. de mach.* Organe de liaison facultative entre la tige du tiroir ou de la détente et la bielle d'excentrique de l'un ou de l'autre. Le couteau de déclanche n'est autre chose qu'une languette, mue par une poignée à ressort, que l'on abaisse afin que la languette vienne remplir l'encoche dans laquelle est logé un bouton fixé sur le renvoi de mouvement au tiroir ou à la détente; ceux-ci demeurent alors immobiles.

***DÉCLENCHEMENT** ou **DÉCLANCHEMENT.** Opération ou mécanisme produisant l'effet inverse de l'*enclenchement*. — V. ce mot.

***DÉCLIC.** *T. de mécan.* Mécanisme ayant pour but d'accrocher un mouton et d'amener sa chute à une hauteur déterminée ou variable à volonté, tout en le maintenant rattaché invariablement pendant la montée à la chaîne qui le soulève. Le déclic est fréquemment employé dans les sonnettes pour le battage des pieux. Le mouton est alors guidé entre deux montants et enserré par le déclic pour la montée. En un point déterminé, on fixe sur l'un des guides un taquet qui vient butter sur le déclic et dégage le mouton, qui tombe librement. Un débrayage automatique permet de faire descendre rapidement la chaîne, et le déclic reprend le mouton pour le remonter. Lorsque le mouton doit tomber d'une hauteur variable à volonté, comme dans les essais au choc, par exemple, on fait fonctionner le déclic à la main à l'aide d'une corde.

Le déclic le plus simple est formé d'une sorte de levier dont l'extrémité est recourbée et forme un crochet dans lequel vient s'engager l'anneau de suspension du mouton. L'autre branche du levier forme une partie droite au bout de laquelle est attachée la corde de tirage. L'axe du levier est supporté par une chape rattachée à la chaîne de suspension, cette chape est placée dans le plan vertical du crochet, afin de prévenir la chute du mouton pendant la montée. On fait tomber le mouton en tirant sur la corde pour faire basculer le levier.

Quelquefois, le déclic présente des dispositions plus compliquées que nous ne décrirons pas ici; mais le point essentiel auquel on doit s'attacher, c'est d'adopter un type de déclic qui ne puisse pas se détacher par accident pendant la montée.

DÉCLINAISON MAGNÉTIQUE. Personne n'ignore que l'aiguille aimantée ne se dirige pas exactement vers le Nord. Le plan vertical dans lequel se place une aiguille aimantée libre de ses mouvements s'appelle le *méridien magnétique*; la *déclinaison* est l'angle de ce plan avec le méridien astronomique; il est évident qu'elle peut être orientale ou australe. Du reste, la déclinaison varie en un même lieu avec le temps; elle varie aussi d'un lieu à un autre. Les navigateurs l'appellent la *variation du compas*.

Outre son emploi dans la navigation, la boussole est encore utilisée dans la géodésie et le lever des plans; les ingénieurs des mines s'en servent constamment pour fixer la direction des galeries souterraines (V. BOUSSOLE). Comme il est indispensable de corriger les indications de cet instrument, on comprend tout l'intérêt qui s'attache à la détermination des valeurs actuelles de la déclinaison et de leurs variations, sans compter que les phénomènes magnétiques sont l'un des éléments les plus importants de la *physique du globe*, science encore nouvelle, mais dont les progrès sont appelés à rendre les plus grands services à l'astronomie et à la météorologie. Aussi les observations des mouvements spontanés de l'aiguille aimantée sont-elles actuellement effectuées avec le plus grand soin et la plus grande régularité dans les principaux observatoires de la France et de l'étranger.

La déclinaison se détermine au moyen de la *boussole de Gambey ou du théodolithe-boussole*. Ce sont des instruments munis d'une lunette et d'un barreau aimanté pouvant tourner autour d'un axe vertical au-dessus d'un cercle divisé horizontal. La lunette sert à faire des observations astronomiques qui permettent de déterminer la position du méridien astronomique, tandis que l'aiguille aimantée fait connaître celle du méridien magnétique ; l'écart se lit sur le cercle divisé. Il est indispensable de répéter l'observation après avoir retiré l'aiguille de son habitacle et l'avoir retournée autour de son axe longitudinal, car la ligne des pôles de l'aimant ne coïncide généralement pas avec son axe de figure.

La force directrice du globe est sujette à deux espèces de variations que l'on peut appeler les variations séculaires et les variations périodiques, et qui affectent à la fois sa direction et son intensité ; mais les changements de direction nous intéressent seuls. Les variations séculaires consistent en ce que le plan du méridien magnétique se déplace lentement avec les siècles, de manière à faire varier la déclinaison d'une façon continue. Cependant ce déplacement ne se poursuit pas indéfiniment dans le même sens ; la déclinaison augmente jusqu'à un certain maximum pour diminuer ensuite, et reprendre les mêmes valeurs en sens inverse. Il semble que le méridien magnétique exécute autour du méridien astronomique de lentes oscillations qui exigent plusieurs siècles à s'accomplir. Ainsi à Paris, en 1550, la déclinaison était *orientale* et égale à 8° ; l'aiguille aimantée déviait vers l'Est ; la déclinaison a progressivement diminué jusqu'en 1663, où elle est devenue nulle : la boussole indiquait alors exactement le Nord ; après être restée deux ans dans cette position, elle s'est mise à dévier vers l'Ouest et, depuis, la déclinaison, devenue *occidentale*, a augmenté jusqu'en 1814, où elle est devenue maximum de 22°34'. Depuis cette époque, l'aiguille se rapproche du Nord, et la déclinaison, toujours occidentale, a constamment diminué : en 1882, elle était de 16°45' ; elle diminue actuellement de 3' à 4' par an. La même variation séculaire a été constatée dans un grand nombre de pays. A Londres, la déclinaison occidentale est devenue maximum en 1815 où elle était de 24°2' ; en 1879, elle n'était plus que de 18°35'.

Ce mouvement annuel de l'aiguille ne se fait pas uniformément, mais il est le résultat de plusieurs oscillations qui constituent les variations périodiques et qui ont été découvertes par Cassini. En général, la déclinaison augmente depuis le solstice d'hiver jusqu'à l'équinoxe de printemps ; à partir de cette époque, elle diminue jusqu'au solstice d'été, augmente ensuite de nouveau jusqu'à l'équinoxe d'automne pour diminuer encore pendant les trois derniers mois de l'année. Outre cette double oscillation annuelle, l'aiguille aimantée exécute aussi chaque jour une double oscillation dont l'amplitude moyenne est à Paris d'environ 10' et qui a reçu le nom de *variation diurne*. Le plus grand écart à l'Est se produit en tous lieux vers huit heures du matin ; l'aiguille marche ensuite vers l'Ouest et atteint de ce côté son plus grand écart vers une heure quinze de l'après-midi. Ainsi l'excursion totale de l'Est à l'Ouest s'effectue en cinq heures et un quart. Le reste des vingt-quatre heures est employé à revenir au point de départ. Mais, dans l'intervalle, l'aiguille exécute une petite oscillation du même sens que la précédente. Vers huit heures du soir, elle rebrousse vers l'Ouest jusqu'à onze heures, puis reprend sa marche régulière vers l'Est jusqu'à huit heures du matin. Enfin, certaines perturbations atmosphériques, comme les violents orages et surtout les aurores boréales, exercent une influence considérable sur le magnétisme terrestre. Pendant ces époques de trouble, l'aiguille de la boussole est comme affolée : elle se déplace avec une grande rapidité, exécutant brusquement des oscillations dont l'amplitude atteint quelquefois un ou deux degrés.

La variation diurne de l'aiguille aimantée est un phénomène d'une très haute importance, soumis lui-même à des modifications périodiques ; nous avons dit que l'amplitude de cette oscillation était à Paris d'environ 10', sous l'équateur, elle n'est plus que de 2' ou 3', mais elle ne reste pas constante avec le temps : il y a des époques, où cette amplitude devient maximum pour diminuer ensuite jusqu'à un minimum et augmenter ensuite jusqu'au maximum suivant. Les maximums se reproduisent environ tous les onze ans, et coïncident avec les époques où les taches du soleil sont les plus nombreuses et les plus grandes, car la fréquence des taches solaires est soumise à la même période de onze ans, ce qui semble indiquer une relation singulière et inexplicable entre le magnétisme terrestre et l'agitation de la surface du soleil. Du reste, cette opinion semble confirmée davantage par ce fait que les *perturbations magnétiques* se produisent presque toujours quand la surface du soleil est couverte de taches exceptionnellement grosses ou nombreuses. C'est particulièrement ce qui est arrivé le 17 novembre 1882, où l'on a pu constater la double coïncidence d'une perturbation magnétique considérable, d'une magnifique aurore boréale qui fut visible dans tout l'hémisphère boréal, et d'un groupe de taches solaires tellement énormes qu'on pouvait facilement les observer à l'œil nu.

C'est Christophe Colomb qui a le premier reconnu que la déclinaison magnétique changeait d'un lieu à l'autre ; il y a des régions où la déclinaison est orientale, d'autres où elle est occidentale, et ces régions sont séparées par des lignes sans déclinaison où l'aiguille aimantée se dirige juste vers le Nord. Nous avons vu qu'une de ces lignes passait par Paris en 1663. Depuis 1876, l'*Annuaire du Bureau des longitudes* publie tous les ans le tableau de la déclinaison magnétique dans les principales villes de France et des pays voisins avec une carte sur laquelle on a tracé des lignes qui réunissent les points d'égale déclinaison et qui portent le nom de *lignes isogones*. On trouvera dans l'*Annuaire de l'Observatoire météorologique de Montsouris* le tableau de la déclination magnétique d'année en année, depuis 1550 jusqu'en 1883. — V. AIGUILLE AIMANTÉE, BOUSSOLE, INCLINAISON.

* **DÉCLINATOIRE.** On appelle *déclinatoire* un petit instrument, d'ailleurs peu usité, qui sert à orienter un cadran solaire, ou plus exactement, à tracer sur un plan horizontal la méridienne astronomique ou magnétique. Ce n'est autre chose qu'une boussole dont l'habitacle a la forme d'un rectangle ; le cercle divisé, le long duquel peut se déplacer l'aiguille aimantée, est naturellement incomplet et ne comporte que deux arcs opposés situés le long des petits côtés du rectangle. La ligne 0,180° est parallèle aux grands côtés du rectangle qui peuvent servir de règle pour tracer la méridienne magnétique quand on a orienté l'instrument de manière que l'aiguille se trouve sur cette ligne 0,180°. Si l'on veut tracer la méridienne astronomique, on placera le rectangle de manière que l'aiguille s'arrête sur la division correspondant à la déclinaison magnétique, à l'Ouest de la ligne 0,180°, puisque la déclination magnétique est actuellement occidentale ; les grands côtés du rectangle seront alors parallèles à la méridienne. On dit aussi *déclinateur*.

DÉCLIVITÉ. Inclinaison que présente le profil en long d'une route, d'un chemin ou d'une voie ferrée. Lorsque la déclivité est abordée dans le sens de la montée, elle prend le nom spécial de *rampe :* elle se nomme *pente* dans le sens de la descente. Enfin, l'absence de déclivité est ce qu'on appelle *palier*.

Déclivités des routes. Les déclivités des routes varient depuis 0 jusqu'à une limite que l'on restreint, autant que l'on peut, à 0m,05 par mètre. L'horizontalité est favorable au tirage puisque les chevaux ont un égal effort à faire, quelle que soit la direction dans laquelle ils marchent; mais elle est moins favorable à l'entretien de la chaussée, à cause des chances de stagnation des eaux pluviales. Toutefois, cette dernière considération n'a que peu d'importance en présence des inconvénients qui résultent de la diminution rapide de la charge qu'il est possible de traîner sur une route en rampe. Si, en effet, on désigne par p la valeur de la déclivité, par k le coefficient de frottement, par P_0 la charge que l'on peut traîner en palier, celle que l'on peut remorquer sur la pente p est égale à

$$P_0.\frac{K+p}{K};$$

c'est le rapport inverse pour le cas d'une rampe.

En supposant que $K=\frac{1}{20}$, on trouve que la réduction de charge est successivement de :

1/6	pour une rampe de	1	cent. par mètre
2/7	—	2	—
3/8	—	3	—
4/9	—	4	—
1/2	—	5	—
2/3	—	10	—

La pente des routes construites dans les pays de montagnes, atteint quelquefois cette extrême limite ; mais partout ailleurs, on reste bien au-dessous. Aux abords des ponts, on ne dépasse guère 0m,03 sur les routes nationales et départementales, 0m,05 sur les chemins vicinaux; telle est du moins la limite officiellement fixée par les cahiers de charge des Compagnies françaises de chemins de fer, pour les modifications qu'elles ont à apporter au profil des routes traversées par la voie ferrée. On considère, en général, que des rampes d'une courte longueur ne sont pas très nuisibles, quand une pente leur succède immédiatement; les attelages sont susceptibles d'un coup de collier à la montée et se reposent de leur fatigue au moment de la descente. Les rues de Paris ont, pour la plupart, un profil dont l'inclinaison ne dépasse pas 0m,03 par mètre; il n'y a guère que les rues peu fréquentées des quartiers élevés de Montmartre ou de Belleville qui aient des pentes supérieures à 0m,05.

Déclivités des chemins de fer. Sur les voies ferrées, les déclivités ont une importance beaucoup plus grande que sur les routes et ne doivent pas atteindre, à beaucoup près, les mêmes limites, à cause du poids du moteur qui n'arrive même plus, si la rampe est un peu forte, à se traîner lui-même. Dans la formule indiquée ci-dessus pour les déclivités des routes, le poids du cheval a été négligé comme trop minime par rapport à la charge remorquée. Ici, au contraire, la limite à partir de laquelle la machine, supposée à adhérence totale, ne peut plus se remorquer elle-même, est donnée par la formule :

$$\frac{1}{i}=\frac{f}{\sqrt{1+f^2}},$$

$\frac{1}{i}$ étant l'inclinaison de la rampe et f le coefficient de frottement. Mais une ligne, dont le profil atteindrait une pareille limite, ne serait d'aucune utilité pratique, puisque l'on ne pourrait y faire circuler que des machines seules; dans la pratique, il faut admettre que la machine pourra remorquer un poids utile au moins égal à son poids mort. Dans ce cas, la limite est donnée par la formule :

$$\frac{1}{i}=\frac{T}{V\pi}-r$$

T^{km} étant le travail disponible, par unité de temps, sur les roues motrices, π le poids de la locomotive, V la vitesse uniforme, r le coefficient de résistance correspondant à cette vitesse. Pour une machine de 30 tonnes, qui peut remorquer 1,000 tonnes en palier, avec une vitesse de 15 kilomètres à l'heure, déjà bien faible, la limite de l'inclinaison est de 0m,05 par mètre. On ne peut donc s'élever au-dessus de ce chiffre, en prenant des machines de ce poids, que si l'on double la traction, en attelant deux machines, soit toutes les deux en tête, soit l'une en tête et l'autre en queue.

Sur les grandes lignes, les fortes rampes ne sont admises que comme une exception, pour franchir, sur une faible longueur, des points spéciaux, tels que le faîte d'une ligne de partage des eaux, entre deux bassins. Sur les lignes de montagnes, qui ne sont pas destinées à desservir un trafic important ni à être parcourues par des trains à marche rapide, on est bien obligé d'admettre des déclivités plus accentuées et ayant un développement kilométrique plus considérable. Mais, dans tous les cas, on s'arrange toujours de manière qu'une pente ne succède jamais immédiatement à une rampe (profil en dos d'âne); car le brusque changement d'allure des locomotives provoquerait de fréquentes ruptures d'attelages; il faut qu'il y ait, entre les deux déclivités, un palier pouvant contenir environ la moitié de la longueur maxima d'un train. Les premières grandes artères, construites en France, ne présentaient pas de déclivités supérieures à $0^m,005$; on citait comme des exceptions les abords de Dijon et d'Etampes, où, pour franchir le Mont Tasselot et s'élever sur le plateau de la Beauce. (réseau de P.-L.-M. et d'Orléans) il a fallu donner à la voie un profil de $0^m.008$ par mètre. Mais, pour les chemins du second réseau, on n'a pas tardé à dépasser cette limite, et l'on considère aujourd'hui comme acceptables, pour des lignes desservies par trois ou quatre trains mixtes dans chaque sens, des déclivités de $0^m,015$ par mètre. Les rampes comprises entre $0^m,015$ et $0^m,020$ sont même actuellement tellement fréquentes que nous renonçons à en citer des exemples. Parmi les lignes qui dépassent cette limite, on peut signaler:

La ligne de *Mouchard à Neufchâtel*, par Pontarlier, qui traverse le Jura avec une inclinaison de $0^m,020$, sur une longueur de 17 kilomètres; le chemin de *Baltimore à l'Ohio* qui présente une rampe de $0^m,022$, ayant 17 kilomètres de développement; les lignes d'accès au tunnel du *St-Gothard* qui sont en rampe presque constante, de $0^m,023$, de chaque côté du tunnel principal, dont la déclivité est, au contraire, très faible; la traversée du *Sœmmering*, celle du *Brenner*, de l'Apennin entre *Bologne et Pistoïa*, celle des Cevennes entre *Arvant et Nîmes*, la ligne de *Grenoble à Gap*, qui ont des rampes atteignant $0^m,025$; la section de *Murat à Aurillac*, la traversée du *Mont Cenis*, du côté de l'Italie, où le profil s'élève à raison de $0^m,03$ par mètre; la ligne de *Tarbes à Montréjeau*, près de Capvern, où il existe une rampe de $0^m,032$ sur 8 kilomètres; la ligne de *Turin a Gênes* où, sur le versant Sud de l'Apennin, il a fallu descendre avec une pente de $0^m,035$; le chemin d'*Enghien à Montmorency*, qui a la plus forte déclivité connue sur le réseau français, à savoir $0^m,045$, sur une longueur de 1,200 mètres seulement; les passages provisoires des *Monts Alleghanys*, aux Etats-Unis, où l'inclinaison moyenne s'élève à $0^m,056$, et où l'on circule encore avec des vitesses de 12 kilomètres à l'heure; enfin, une rampe provisoire de $0^m,10$, sur le chemin de Baltimore à l'Ohio, exploitée au moyen d'une machine fixe.

Nous laissons de côté, bien entendu, les chemins spéciaux, tels que ceux à crémaillère, par exemple, dont il a été question à l'article CHEMIN DE FER, § *Chemins de fer dans les montagnes*.

Ces rampes exceptionnelles sont inadmissibles pour une exploitation normale; elles ont, le plus souvent, servi à titre transitoire, en attendant le percement des souterrains définitifs, comme au Mont Cenis, par exemple; ou pendant la réparation des tunnels éboulés, comme aux Etats-Unis, et tout récemment encore, sur la ligne de Lyon à Genève. En dehors de ces cas tout à fait spéciaux, qu'il faut plutôt considérer comme de simples curiosités historiques, la limite qu'il est bon de ne pas franchir, même si le trafic ne doit pas être, de longtemps, rémunérateur, est $0^m,025$ par mètre. De $0^m,025$ à $0^m,030$, les frais d'exploitation croissent dans une proportion considérable et il faut qu'il y ait, au point de vue de la construction, des avantages bien constatés, pour que l'on accepte cette dernière limite; encore faut-il que le développement kilométrique de ces fortes déclivités soit réduit au minimum, et, malgré cela, il arrive toujours une époque où l'on regrette d'avoir eu recours à une solution si gênante, et où l'on fait des dépenses considérables, qu'il eût été facile d'éviter, dès le principe, pour améliorer ces profils défavorables. — M. C.

* **DÉCOCHEMENT.** *T. de tiss.* Gradation suivant laquelle s'opère, de droite à gauche ou de gauche à droite, la levée successive des fils de chaîne, pour chaque insertion de duite, à l'effet de produire, d'une façon aussi nette que possible, les contours du dessin. || Petits gradins déterminant cette périphérie sur le papier quadrillé de la mise en carte.

DÉCOCTION. *T. de pharm.* Opération qui a pour but de retirer d'une substance animale ou végétale tous les principes solubles qu'elle contient en la soumettant à l'action d'un liquide qu'on porte à l'ébullition. La décoction met en liberté certains principes et en dissout d'autres qui seraient restés insolubles à une température plus basse; des substances provenant des matières employées et qui ne se forment qu'en présence de l'eau bouillante prennent naissance dans la décoction; d'autres, au contraire, s'altèrent, deviennent insolubles et se détruisent même entièrement.

* **DÉCOGNOIR.** *T. de typogr.* Coin de bois qui sert au serrage et au desserrage des formes.

* **DÉCOLLEMENT.** *T. techn.* Outre l'action de décoller, ce mot désigne l'entaille que fait le charpentier, du côté de l'épaulement, pour dérober la mortaise.

* **DÉCOLLETAGE.** *T. techn.* Hauteur donnée dans les coins qui servent à frapper les monnaies, à la partie portant directement l'empreinte à reproduire. Lorsqu'on frappe une pièce, le flan qui la formera est soumis à l'action des deux coins, en même temps qu'il est inséré dans une virole portant empreinte de la gravure à reproduire sur la

tranche de la pièce. Le décolletage a pour but de limiter la profondeur de pénétration de chacun des coins dans la virole, il est beaucoup plus grand sur le coin supérieur que sur le coin inférieur qui doit à peine entrer dans la virole. || Procédé de fabrication qui consiste à tirer d'une tringle de métal, cylindrique ou polygonale, et sans autre outil qu'un *tour à décolleter*, une multitude de pièces de formes diverses et notamment les vis et boulons de faibles dimensions. Presque toutes les petites pièces cylindriques accessoires à la télégraphie, à l'optique, aux couseuses mécaniques se font par le décolletage.

*** DÉCOLORANTES** (Matières). *T. de chim.* Dans les arts, il est souvent nécessaire de séparer de certaines substances les matières colorantes avec lesquelles elles sont combinées ou simplement mélangées. C'est aux agents employés dans ce but qu'on donne le nom de *décolorants*, et l'on a recours aux uns plutôt qu'aux autres, suivant la nature des corps que l'on veut éliminer. Nous dirons seulement quelques mots des plus importants.

Charbon. En 1790, le chimiste russe Lowitz, découvrit que le charbon de bois s'empare, avec une rapidité pour ainsi dire merveilleuse, des matières colorantes de presque tous les liquides végétaux ou animaux. Si, en effet, on agite, pendant quelque temps avec ce charbon en poudre ou bien si l'on filtre sur une couche de cette poudre, des sucs de plantes, du vin rouge, du vinaigre, du sirop brun, des décoctions de plantes tinctoriales, ces produits perdent leurs principes colorants et deviennent presque aussi incolores que l'eau de source. Plusieurs industries, entre autres la pharmacie, l'art du confiseur, la fabrication du sucre, etc., utilisèrent presque aussitôt la découverte de Lowitz. Les choses en étaient à ce point, lorsqu'en 1810, Pierre Figuier, pharmacien à Montpellier, père de notre confrère M. Louis Figuier, démontra que la propriété si remarquable du charbon végétal existait à un degré infiniment plus élevé dans le charbon d'os ou noir animal. Dès ce moment, les producteurs de sucre, que cette innovation intéressait plus particulièrement, étudièrent avec soin l'action de ce dernier et, convaincus par de très nombreuses expériences de sa réelle et très grande supériorité, s'empressèrent d'en introduire l'usage dans leurs usines. Depuis cette époque, c'est-à-dire depuis les dernières années du premier empire, il se consomme, dans les établissements sucriers, fabriques proprement dites et raffineries, d'immenses quantités de noir animal, qu'on emploie principalement pour le raffinage des cassonades et le blanchiment des sirops de betteraves. On sait que lorsqu'il a servi, les corps étrangers dont il a débarrassé les matières avec lesquelles on l'a mis en contact, lui ont fait perdre ses propriétés absorbantes; mais, en le traitant d'une certaine manière, on lui restitue sa puissance décolorante, en sorte qu'il peut servir de nouveau. Cette opération a reçu le nom de *révivification*; il est possible, suivant Wagner, de la répéter jusqu'à vingt et même vingt-cinq fois sur le même charbon.

Inutile d'ajouter qu'à l'exemple des fabricants de sucre les autres industriels se sont empressés d'adopter le noir d'os comme décolorant. Ainsi, les pharmaciens y ont recours pour blanchir les sirops, les décoctions, les huiles, etc. Décolorées par cet agent, les huiles d'olive, d'œillette et d'amandes douces, deviennent tellement fluides qu'il faut y ajouter un cinquième de cire de plus pour donner au cérat une consistance égale à celui qui a été préparé avec les mêmes huiles non travaillées. En outre, elles ne se figent qu'à plusieurs degrés au-dessous de leur point ordinaire de congélation. Le vinaigre blanc n'est souvent que du vinaigre rouge décoloré par le noir d'os. L'expérience a démontré que si le noir animal est supérieur comme agent décolorant au charbon végétal, il le doit à sa plus grande porosité, laquelle tient de la nature des substances qu'il renferme et qui est encore accrue par la calcination. Elle a encore appris que l'action de ce charbon, au lieu d'être chimique, comme on l'a cru pendant longtemps, est un simple effet d'adhérence physique.

Les matières colorantes pénètrent les pores du noir à la manière des gaz, et y restent emprisonnées sans éprouver aucune altération. Ce qui prouve que les choses se passent ainsi, c'est que, dans certaines circonstances, on peut les reprendre au charbon et les faire réapparaître avec leurs caractères primitifs. — V. CHARBON ANIMAL, § *Charbon d'os*.

Chlore. Aucune matière colorante, soit animale, soit végétale, ne résiste au chlore. Il opère en vertu de sa tendance pour l'hydrogène, corps que toutes les couleurs renferment. Cependant, le mode de cette action semble être différent suivant qu'il a lieu en l'absence ou en présence de l'eau. Quand le chlore sec, c'est-à-dire gazeux, se trouve en présence d'une couleur également sèche, sous l'influence de la lumière solaire, il enlève à cette couleur une partie de son hydrogène pour former de l'acide chlorhydrique, et l'hydrogène est remplacé par du chlore. Lorsqu'il est dissous dans l'eau, il décompose celle-ci pour s'emparer de son hydrogène, avec lequel il se combine pour donner également naissance à de l'acide chlorhydrique, et l'oxygène, mis en liberté, réagit, à l'état naissant, sur la couleur pour la modifier ou la détruire. Le résultat est le même dans les deux cas, sauf qu'il se produit assez lentement dans le premier, tandis qu'il est instantané dans le second. Le pouvoir décolorant du chlore a été découvert par Scheele, vers 1774, mais c'est Berthollet qui, en 1785, l'a utilisé pour la première fois en l'appliquant au blanchiment des toiles.

Chlorures ou *hypochlorites*. Ils agissent de la même manière que le chlore dissous, mais plus lentement, et encore est-il nécessaire qu'ils soient en contact avec l'air ou qu'ils renferment quelques gouttes d'acide. Quand donc on veut s'en servir pour décolorer une liqueur, il faut y verser un peu d'acide, n'importe lequel, ou bien agiter fortement le mélange au contact de l'air, pour que l'acide carbonique de ce dernier puisse produire le même effet que l'acide ajouté. Les chlorures de chaux et de potasse sont journellement employés au blanchiment des tissus, ainsi qu'à celui des chiffons destinés à la fabrication des papiers ordinaires (pour les papiers fins, on préfère le chlorure d'alumine). On s'en sert aussi dans l'indiennerie, pour produire des dessins sur les fonds unis, par le procédé des enlevages.

Corps oxydants. Ce sont des décolorants énergiques, parce que, en raison de leur faible stabilité, ils se séparent facilement de tout ou partie de l'oxygène qu'ils contiennent et le portent sur les matières colorantes, qu'il détruit immédiatement. Le nombre de ces corps est très considérable. Nous citerons seulement le *bi* ou *suroxyde d'hydrogène*, appelé communément *eau oxygénée*; les *acides chloreux* et *hypochloreux*; les *acides chromique, manganique* et *permanganique*; les *acides de l'azote*, les *acides citrique, oxalique, tartrique*, en présence du suroxyde de manganèse et du chromate de potasse; l'*acide chlorhydrique* en présence des chromates de potasse et de plomb, du chlorate de potasse, des suroxydes de plomb et de manganèse; le *chlorate de potasse* et le *protochlorure d'étain*, appelé communément *sel d'étain*, etc. Tous ces agents sont d'un usage constant en teinture, surtout dans l'impression des tissus, pour produire différents effets par la méthode des rongeants et des enlevages. Employés d'une manière convenable, ils servent aussi à développer certaines couleurs et à les fixer. C'est ainsi, par exemple, que s'obtiennent les couleurs dites *de conversion*.

Ozone. Agent d'oxydation et chlorurant énergique, il a une puissance de décoloration qui, suivant Houzeau, serait quarante fois supérieure à celle du chlore. Son action est surtout remarquable sur le rouge d'aniline et le bleu d'indigo. A cause du prix élevé de sa production, il n'a pu encore entrer dans la pratique industrielle.

Permanganate de potasse. C'est encore un oxydant. Jusqu'à présent, il n'a été appliqué qu'au blanchiment des toiles et à la décoloration des huiles. Grâce à lui, on peut amener à la couleur jaune paille de l'huile de foie de morue de couleur rouge.

Acide sulfureux. Il ne détruit pas toutes les couleurs végétales, et plusieurs d'origine animale, celle de cochenille, entre autres, lui résistent parfaitement. Quant à son mode d'action, il n'est pas positivement connu. Les uns croient qu'il opère comme un désoxygénant; les autres supposent qu'il se combine avec les matières colorantes et donne naissance à un composé incolore. — M.

DÉCOLORATION. *T. de chim.* Action d'enlever ou d'affaiblir la couleur d'un corps. On décolore une multitude de substances animales ou végétales en les mettant en contact avec des agents, appelés *décolorants*, dont nous avons indiqué ci-dessus les plus usités.

* **DÉCOLORIMÈTRE.** *T. de phys.* Instrument imaginé par Payen pour évaluer le plus ou moins de propriété décolorante des divers charbons, ou le degré de décoloration éprouvé par les substances qui sont soumises à l'expérience. Nous en donnons la figure à l'article CHARBON ANIMAL.

DÉCOMPOSITION. 1° *T. de chim.* Séparation d'un corps ou ses éléments. Tantôt cette séparation est provoquée, soit pour connaître la nature et la proportion de ces éléments, c'est alors une *analyse* (V. ce mot) : décomposition de l'eau par l'électricité en oxygène et hydrogène ; soit seulement pour extraire un des principes : décomposition de l'eau par le potassium, le fer, le zinc et l'acide sulfurique, le carbone, etc., pour extraire l'hydrogène ; décomposition du chlorate de potasse par la chaleur pour préparer l'oxygène ; soit pour séparer la base ou l'acide d'un sel : décomposition des sels par les acides, par les bases; *double décomposition* des sels par échange de leurs bases ; tantôt, la séparation est spontanée et irrégulière, comme dans la décomposition des matières organiques, végétales ou animales, sous l'influence de la chaleur, de l'humidité et de l'air ; décomposition ou fermentation acide, ammoniacale, sulfhydrique, putride, etc.; décomposition de l'acide carbonique par les plantes. Comme la synthèse est l'inverse de l'analyse, la décomposition est l'inverse de la *combinaison* ou de la *composition*. ‖ 2° *T. de phys.* Séparation des parties constitutives d'un tout : décomposition de la lumière blanche en sept couleurs simples (V. COULEUR), décomposition de l'électricité neutre en électricité positive et en électricité négative, décomposition du magnétisme neutre en magnétisme boréal et en magnétisme austral, décomposition des électrodes et des électrolytes, galvanoplastie, dorure, etc., décomposition des formes vibratoires des cordes, des verges, des plaques, en d'autres figures plus petites, qui déterminent les sons harmoniques. ‖ 3° *T. de méc.* Décomposition d'une force en deux ou plusieurs autres produisant le même effet total. On dit dans le même sens, la décomposition des mouvements, du travail. ‖ 4° *T. de math.* Décomposition d'une courbe en lignes droites infiniment petites, d'un polygone, d'un cercle en triangles, d'un polyèdre, d'une sphère en pyramides; décomposition d'un nombre, d'un polynôme en facteurs, etc. ‖ 5° *T. de tiss.* Opération qui consiste à détisser, duite par duite ou fil par fil, l'échantillon d'une étoffe, à l'effet de découvrir son mode de contexture, de déterminer sa réduction-chaîne et sa réduction-trame, et d'arriver, par cette analyse, à composer le montage d'un métier propre à reproduire, si besoin est, ces divers éléments de fabrication.

DÉCOR. En son acception la plus large, le mot *décor* est synonyme d'ornement. « Décorer, dit Littré, orner, parer. » Mais dans la langue de l'art, ornement a une signification tellement précise et limitée qu'on ne saurait sans méprise confondre le sens des deux mots (V. ORNEMENT). On entendra donc par *décor* le résultat de toute modification que, dans le but de plaire aux yeux, les différents arts du dessin, soit isolés, soit concurremment, peuvent apporter à l'apparence première d'un objet ou d'un groupe d'objets, d'une matière façonnée quelconque, d'un monument tant au dedans qu'au dehors ou d'une réunion de monuments, d'un lieu, d'un site même et parfois de grande étendue. Ainsi l'on dira d'une bague : « le décor en est riche » ou « charmant » ou « mauvais », et aussi d'un parc, comme celui de Versailles : « le décor en est imposant. »

En matière de *décoration théâtrale* le mot *décor* sert à désigner l'ensemble des parties décorées représentant le lieu de l'action pendant la durée d'un acte ou d'un tableau. — V. DÉCORATION THÉATRALE.

Enfin, s'en tenant au sens que nous avons tout d'abord indiqué, le peintre d'enseignes s'intitule volontiers « peintre de décors et d'attributs, » et souvent ce n'est pas un titre usurpé; il y a telles enseignes dans Paris qui sont de véritables œuvres d'art.

DÉCORATEUR. Tout artiste dont la fonction est de créer, tout artisan dont l'état est d'appliquer, d'exécuter un *décor* sont, à des degrés différents dans la même hiérarchie, mais au même titre, des « décorateurs. » La distance est considérable qui va d'un grand artiste, d'un peintre de génie comme Eugène Delacroix, décorant de vingt-deux compositions magistrales la bibliothèque du Palais Bourbon, au modeste ouvrier à la journée qui, en quelques touches de couleur, décore tel ou tel article de Paris, mais leur rôle est le même. L'un et l'autre ils ajoutent une parure à une forme donnée dans une matière donnée, ayant une destination donnée ; destination, matière et forme qu'ils doivent, l'un comme l'autre, respecter. Cette subordination à des convenances imposées suffit à constituer une différence capitale entre l'artiste livré sans entrave ni conditions à son inspiration personnelle et l'artiste décorateur, entre le peintre de tableaux qui ne relève que de sa fantaisie et le peintre chargé de concourir par les moyens de son art à la somptuosité d'une salle des fêtes dans un palais, entre le statuaire donnant la vie du marbre à une conception plastique qui lui est propre et le statuaire à qui l'on confie l'exécution d'une ou de plusieurs figures appartenant à un monument caractérisé, comme un tombeau, un arc triomphal, une chapelle. Il va sans dire qu'il n'y a pas d'artiste, peintre ou statuaire, aujourd'hui, qui se spécialise dans la décoration. L'architecte, lui, est toujours un décorateur, ou bien il cesse d'être architecte pour n'être plus qu'un maçon.

Des trois grands arts générateurs procède une quantité iunombrables d'arts secondaires dont l'industrie s'est attaché le concours quand elle ne les avait pas elle-même enfantés. L'importance de ces arts dans l'ordre purement économique est telle qu'il n'y a pas d'industrie, peut-on dire, qui n'ait son décorateur. Toute industrie a de la sorte donné naissance à un *art industriel*. Or, on constate, d'année en année, dans les industries d'art, la disette croissante des décorateurs créateurs (V. DÉCORATION). D'autre part, cette indigence de la création, nous la retrouvons également dans les arts décoratifs étrangers à l'industrie, ceux qui procèdent par exemplaires uniques et exigent et produisent la réalisation directe des mains de l'artiste décorateur. Y a-t-il un remède à cette situation mauvaise, menaçante? S'il y en a un, quel est-il ? Chacun a déjà répondu : dans l'enseignement, sans doute. Mais faut-il être sincère? Est-il opportun de dire toute sa pensée à ce sujet? Nous le croyons, dussions-nous remonter quelque peu le courant d'opinion où se laissent entraîner les hommes généreux et de bonne foi qui ont accepté ou pris la charge de diriger l'enseignement des arts du dessin.

Eh bien ! il nous semble que nous tendons beaucoup trop à isoler « l'art appliqué à l'industrie » de ce qu'on appelle « l'art pur. » Ce qu'il y a de curieux, c'est que cette tendance est partagée à la fois par ceux qui font profession du dédain le plus parfait pour ce que, confondant les mots et les choses, ils persistent à nommer « l'art industriel » et par ceux-là même qui, depuis vingt ans, ont donné tant de gages persistants de leur dévouement au progrès des arts décoratifs. Chez les uns, elle tient à des préjugés difficiles à déraciner, parce qu'ils sont fondés sur l'orgueil, entretenus par des intérêts mesquins et par une autre cause plus grave, une certaine ignorance spéciale, que nous aurons à signaler. Chez les autres, absolument désintéressés, elle n'accuse qu'un zèle excessif pour une cause trop longtemps et à tort négligée, mais un excès de zèle périlleux pour cette cause même, et de nature à compromettre les résultats poursuivis.

Certes, parmi les forces généreuses auxquelles notre pays doit sa gloire et sa fortune, il en est peu qui méritent un plus constant hommage que les artistes de ces industries de luxe, dont les créations se mêlent si étroitement, dans le cours des siècles, et si continûment aux besoins et à toutes les jouissances de l'état social. Le tableau et la statue, que nous considérons aujourd'hui comme des œuvres d'art complètes en soi, sans autre objet qu'elles-mêmes, œuvre de cabinet et de collection, que l'on peut indifféremment isoler, déplacer, changer de milieu, transporter d'un cabinet d'amateur dans un autre cabinet d'amateur, d'un entresol bourgeois dans un palais ou dans un Louvre, répondent à une conception toute moderne de l'art. La statue et le tableau sont devenus des genres, se sont spécialisés en se dégageant du vaste ensemble qui jadis réunissait tous les arts du dessin. — Comme ces branches gourmandes qui attirent à elles toute la sève du tronc commun, et boivent et confisquent à leur profit exclusif toute la lumière du ciel, les derniers nés parmi les arts ont relégué dans l'ombre de leurs rameaux épanouis les rejetons moins audacieux de la même branche, leurs aînés cependant, qui les avaient précédés dans le temps. En effet, si le premier acte d'intelligence de l'homme sur la terre a été de pourvoir au soin de sa nourriture, le second de construire un abri qui le défendît contre les intempéries des saisons et contre l'attaque des animaux malfaisants, — le premier acte du sentiment esthétique chez l'homme fut de se parer et de parer sa demeure.

Le philosophe anglais Herbert Spencer, dans

son livre *De l'Education*, fait même remarquer que dans le cours du temps la *parure précède le vêtement*. Les peuplades, dit-il, qui se soumettent à de vives souffrances pour s'orner de superbes tatouages, snpportent des températures excessives sans beaucoup chercher à les modérer. Humboldt dit qu'un Indien Orénoque qui ne s'inquiète guère du bien-être physique, travaillera pendant quinze jours pour se procurer les couleurs grâce auxquelles il compte se faire admirer, et que la même femme qui n'hésiterait pas à sortir de sa cabane sans l'ombre d'un vêtement, n'oserait pas commettre une aussi grave infraction au décorum que celle de se montrer sans être peinte. Les voyageurs constatent toujours qu'auprès des tribus sauvages la verroterie et les colifichets ont cent fois plus de succès que les cotonnades ou les gros draps. Toutes les anecdotes sur la manière grotesque dont les sauvages s'affublent avec les chemises et les habits qu'on leur donne, montre à quel point l'idée de la parure domine celle du vêtement. Il y a encore des exemples plus concluants, témoin le fait suivant conté par le capitaine Speke: « Quand il faisait beau, les Africains de sa suite se pavanaient fièrement dans leur manteau de peau de chèvre; mais, à la moindre humidité, ils l'ôtaient prestement, pour le plier avec soin, et ils restaient à grelotter, tout nus, sous la pluie! » Ce que nous avons dit de la vie primitive semble indiquer que le vêtement est réellement dérivé de la parure. Nous avons d'autant plus de raisons d'admettre cette origine que, même parmi nous, beaucoup de gens s'inquiètent bien plus du luxe que du confort, de l'élégance que de la commodité, de la tournure que leur donnent leurs habits que des services qu'ils leur rendent. H. Spencer constate également la même corrélation dans l'ordre intellectuel, et que, pour l'esprit comme pour le corps, l'*utile* cède le pas à ce qu'il appelle le *décoratif*.

Alors qu'il se construisait une cabane, l'homme n'était que charpentier ou maçon; le jour où il tenta d'ajouter à cette maison, à quelque ustensile de poterie grossière, à l'arme qui ne le quittait point, des éléments étrangers aux conditions strictes du nécessaire ou de l'utile, où il combina les proportions de sa demeure en vue d'une certaine symétrie, d'nne harmonie nullement indispensable à la satisfaction de ses besoins matériels, où il décora la pierre, le bois, la corne, l'argile à l'aide de sculptures même informes, de peintures voyantes ou de tremblantes gravures, il fit œuvre d'artiste. Dès lors, le bon et l'utile ne lui suffirent plus; il chercha le superflu, l'inutile, le décor, il voulut que ce qui lui était utile fût beau, que ce qui lui était bon fût beau. Ce désir dont on retrouve la trace aux origines de l'humanité a été pleinement réalisé à toutes les grandes époques de la civilisation. L'homme y persévéra, s'entoura de belles choses, poussa le raffinement du superflu jusqu'à exiger qu'après avoir conçu les grandes formes extérieures de l'architecture, l'art posât son empreinte sur tous les objets d'usage domestique. De là est né un groupe d'arts qu'on a longtemps désignés sous le nom d'*arts industriels* et d'*arts décoratifs* et qui ne sont, en somme, que l'art éternel traduisant sous mille formes diverses les aspirations élevées, les sentiments nobles, les goûts somptueux, les caprices mêmes de l'être humain; l'art ajoutant sa glorieuse parure aux objets d'utilité, les transformant en objets de luxe, sans souci de la richesse de la matière employée; l'art s'appliquant indistinctement et avec le même amour au décor de l'habitation, du mobilier, des métaux, précieux ou non, et quelqu'en soit l'usage, à la céramique, à la verrerie, aux étoffes de tenture, de table, de corps, de vêtement. Tout ce qui sort de la main de l'homme, tout ce qu'elle touche peut être touché, transformé, embelli par l'art, dont le champ d'action est ainsi sans limites.

Les esthéticiens de profession, ceux qui écrivent des traités sur le *beau* et le *sublime* refusent encore de juger l'art à ce point de vue et d'élargir ainsi les cadres où il peut se mouvoir. Ils y viendront portés par un courant d'opinion qui triomphera de toutes les résistances, et dont sont un précieux témoignage les expositions récemment ouvertes au Palais de l'industrie et les musées spéciaux créés avec l'appui officieux de l'administration officielle. C'est depuis l'invasion des peintres italiens à la cour des Valois que date dans l'école française l'art de musée que nous opposons à l'art vivant et original du XVe siècle. Il n'y avait pas alors d'art ni d'artistes industriels. Les vieux maîtres ne dédaignaient pas de tracer une arabesque, de peindre un modèle de tapisserie, de dessiner un meuble, de sculpter une cheminée. L'art entre leurs mains se manifestait en toutes choses; dans la peinture et la sculpture historiques assurément, mais aussi dans la peinture et la sculpture décoratives, dans le costume et le mobilier, dans la distribution intérieure des habitations, dans la concordance et le rapport des objets destinés à être groupés côte à côte, dans leur mise en valeur selon leur importance et leur destination. Voilà ce qu'on avait oublié, ce qu'il faut rappeler. Ainsi avaient fait les Grecs dont si longtemps on copia les œuvres avec une habileté servile et banale, au lieu de chercher à en comprendre, à s'en assimiler l'esprit, comme on copie aujourd'hui les œuvres des trois derniers siècles.

L'industrie française cependant a fait en ce sens, depuis vingt ans, des efforts méritoires. Des sociétés se sont formées, l'*Union centrale des beaux-arts appliqués à l'industrie*, d'abord, puis le *Musée des arts décoratifs* qui, réunis désormais, concourent à étendre et à rendre commune à tous la science qui, dans les siècles précédents, s'était conservée dans les ateliers des Delorme, des Ducerceau, des Lepautre, des Delaune et propagée jusqu'à la fin du XVIIIe siècle par les Lebrun, Marot, Coypel, Bérain, Boulle, Watteau, Boucher, ces habiles décorateurs dont la tradition fut brusquement rompue par l'école de David. C'est une Renaissance au petit pied, toute française qui doit s'accomplir dans le goût. Au courant familier de la vie, nous sommes tous ou presque tous, à des titres divers, appelés à nous occuper d'art; quelques-uns comme producteurs, la plupart comme juges. Que nous le voulions ou non, maintes fois il nous arrive d'avoir à décider sur le choix d'une nuance, d'une tenture, d'un bronze ou d'un tableau. Il importe donc que chacun sache, à première vue, analyser l'effet pratique et la valeur d'art de tout objet qui a exigé un effort de goût, qu'il s'agisse d'un meuble, d'une étoffe ou d'une peinture de maître, d'une simple création de l'intelligence ou d'une création du génie. Cela peut-il s'apprendre? Nous répondrons : Oui, par la fréquentation des musées permanents et des musées temporaires, comme ces expositions rétrospectives où sont précieusement recueillies tant d'admirables épaves des siècles antérieurs. Encore faut-il apporter à cette étude quelque largeur d'esprit et n'aller point s'imaginer que ces belles œuvres sont sorties d'un enseignement aussi spécial, nous dirons plus, aussi étroit qu'on tend à le faire aujourd'hui. On verse de la sorte dans l'ornière qu'on voudrait éviter.

M. de Chennevières, qui a la longue expérience de ces choses, l'a fort bien dit à l'occasion d'une exposition d'anciens dessins décoratifs : « De tels dessins, que les ignorants seuls et les pédants à courte vue regarderaient comme les produits d'une création inférieure, sont les œuvres de très grands peintres, de très grands sculpteurs, de très grands architectes qui les ont conçus comme le plus élégant ornement des palais de nos rois et de tout ce qui a fait le luxe de l'aristocratie européenne durant trois siècles. » Contrairement à l'opinion régnante, ne faut-il pas conclure d'un tel passé, que les arts décoratifs s'étant toujours alimentés aux degrés les plus élevés de la hiérarchie, loin de spécialiser l'enseignement, on doit s'efforcer, au contraire, de le généraliser, de l'élever le plus possible et de former non des dessinateurs spéciaux pour l'industrie, mais de grands architectes, de grands sculpteurs et de grands peintres.

A ne consulter que les apparences il semble vraiment qu'on y songe et point seulement en France. De toutes parts, en effet, le monde civilisé témoigne pour les arts du dessin d'une sollicitude plus active que jamais. L'Angleterre, l'Autriche, la Belgique multiplient les moyens d'enseignement; les Etats-Unis ouvrent chaque jour de nouvelles écoles. Assurément, le fait est très digne d'intérêt, cependant ne nous faisons pas trop d'illusion sur le caractère de ce mouvement.

L'effort est général, il n'est pas vraiment généreux; il est considérable, mais non très haut; ardent, mais point désintéressé. Le pur amour des formes pittoresques ou plastiques et des jouissances esthétiques qu'elles suscitent y entre pour peu de chose. Pour bien moins encore devons-nous compter ici l'amour des grandes représentations de la vie humaine, des conceptions magnifiques et puissantes qui s'alimentent aux sources sacrées, aux sources du lyrisme, de l'épopée, des légendes nationales et des passions éternelles. Non, le mouvement d'art auquel nous assistons et qui se traduit par de si nombreuses fondations d'écoles et de musées n'est point désintéressé. Ce mouvement est surtout économique. On ne veut que parer les choses marchandes pour les mieux vendre.

Il est vrai que les sacrifices accomplis à cet effet par nos voisins d'Outre-Manche leur ont parfaitement réussi (1). En moins de trente ans, ils ont réussi à prendre parmi les peuples artistes, dans les arts *industriels* (nous ne disons pas *décoratifs*), une place bien voisine de la première par l'habileté singulière avec laquelle ils ont su s'assimiler le génie des peuples créateurs, — ce qu'ils ne sont pas, — et en particulier du Japon, et l'adapter aux besoins de leur industrie et de leurs mœurs. Aussi la leçon a-t-elle profité. On peut constater dans tous les pays industriels une simultanéité d'efforts dirigée dans le même sens et qui témoignent de l'importance que, de tous côtés, on attache au décor de l'habitation, du mobilier et de la personne, de tout ce qui encadre la vie humaine en exerçant sur le sens de la vue une agréable influence. Chaque nation, désormais, veut se dégager du servage que le goût français imposait naguère à l'Europe, et voudra tout à l'heure nous imposer son propre goût. Et, de fait, l'Angleterre notamment pour les vitraux, la céramique et le mobilier de demi-luxe, de même aussi, l'Autriche pour les articles de luxe éphémère et de fantaisie deviennent sur les marchés du monde des rivales sérieuses pour la France, et l'Allemagne enfin pour l'industrie du gros meuble.

C'est un point de vue qui n'est certes pas à dédaigner, mais qui n'est fait pour nous troubler que si nous le voulons bien. Sans doute, en présence d'une telle émulation, la France a beaucoup à faire pour maintenir son rang et ne pas déchoir de sa haute renommée; l'Exposition internationale de 1878 l'a bien prouvé. Tenons-nous donc pour avertis, mais ne prenons point peur, et surtout que la peur et la contagieuse manie de l'imitation ne nous égarent pas sur de fausses pistes. Nous avons beaucoup à faire, avons-nous dit, nous avons surtout à bien faire, et cela nous serait facile, car nous avons entre les mains des éléments excellents, des cadres tout tracés et parfaits qu'il suffirait de remplir, — nous le montrerons tout à l'heure, — et de mettre en pleine activité. Soyons bien persuadés aussi que le goût qui crée n'obéit pas aux sommations des hommes d'Etat, qu'il y faut de longs siècles de culture, et que l'on peut en tout pays multiplier par décret les écoles spéciales de dessin industriel sans augmenter d'uu *iota* la valeur effective et l'action durable de l'art chez ce peuple.

(1) Chaque année le Parlement vote une somme importante pour l'encouragement des arts parmi les classes industrielles. Son emploi est réglé par la section ou le département des Sciences et Arts du Conseil d'éducation. Une partie de cette somme est consacrée à l'enseignement de l'art dans tout le royaume : dessin, peinture, sculpture, architecture, forme et décoration des œuvres industrielles. Le département concourt à l'enseignement du dessin élémentaire dans les écoles des enfants pauvres; à un enseignement *plus élevé dans les* classes du soir à l'usage des artisans; à l'enseignement de l'art dans les écoles spéciales; à l'entretien et à la propagation des bonnes méthodes dans l'école supérieure et normale pour la formation des professeurs. Les collections d'art décoratif à Kensington contribuent *aussi à cet enseignement*. Un système bien combiné d'examens, de concours, de récompenses, soit dans les écoles mêmes, soit entre les écoles diverses, entretient l'émulation et le progrès. Des diplômes ou certificats de capacité sont délivrés chaque année, après examen, à ceux qui en sont jugés dignes.

L'art, comme les fleuves, descend des sommets aux vallées, il ne remonte point.

Dieu merci, l'art français a de plus fières allures, il plane d'un vol plus haut et plus large au-dessus des statistiques de l'exportation commerciale. — V. DÉCORATION.

Voyez : il n'est si petit élève de l'Ecole nationale des arts décoratifs qui, en dépit de tous les conseils contraires, n'aspire à l'Ecole des beaux-arts, au prix de Rome. On se plaint de ces désertions, et l'on n'a pas tort ; il en est tant de ces déserteurs qui succombent à la peine ! Mais cet irrésistible entraînement vers les grandes pratiques de l'art est-il si préjudiciable à l'industrie artistique qu'on veut bien le dire sur de spécieuses apparences ? Il ne nous paraît point que la chose soit bien prouvée. Aujourd'hui, ce qui nous paraît regrettable, ce n'est pas que les dessinateurs et modeleurs de l'industrie veuillent peindre des tableaux et modeler des statues, c'est bien plutôt que nos peintres et nos statuaires ne condescendent que par nécessité à peindre et à modeler pour l'industrie. Les maîtres dans le passé, même très près de nous, n'avaient point cet orgueil singulier des décadences. Est-ce que Raphaël hésitait à décorer d'arabesques les loges du Vatican, Albert Dürer et Holbein à créer des modèles pour les orfèvres, les armuriers et les imprimeurs de leur temps? Dans l'école française même, cette fécondité familière était de tradition jusqu'en ce siècle. M. de Chennevières, dans la préface que nous avons déjà citée, en rappelle de nombreux exemples. Notre Delaune et notre Ducerceau marchaient de pair avec les artistes les mieux famés de la cour de France, et approvisionnaient de motifs de décoration les architectes, et les sculpteurs, et les orfèvres, et les arquebusiers, et les tapissiers, et les menuisiers, et les potiers. Au plus grave moment de notre époque classique, Poussin dessine, d'après l'antique, les trophées des arcs triomphaux et les rinceaux des bas-reliefs romains; Lesueur peint pour l'hôtel Lambert, dans les enroulements et sous les pavillons, de petits panneaux, des figurines mythologiques, qui ont été transportées par M. de Montalivet à son château de La Grange, en Berry. Dans la multitude des dessins de Le Brun que possède le Louvre, les moins intéressants ne sont pas ceux que le premier peintre crayonnait à destination des tapisseries du roi, de ses argenteries, des groupes à modeler pour les bassins de Versailles, et dont la réalisation était confiée à tout ce monde d'importants artistes, les Audran, les Leclerc, les de Sève, les Migliarini, Bonnemer, Testelin et B. Yvart, Tubi et Coyzevox, etc., etc., que Marolles énumère sous le titre de « ceux qui font fleurir les beaux-arts dans l'hostel des manufactures royales aux Gobelins ». Des sculpteurs illustres, comme Puget et Caffieri, ont dépensé plus d'invention pour la décoration des vaisseaux du roi que pour l'agencement de leurs meilleurs groupes. Et Gillot, Watteau et Boucher, et avant eux les trois Coypel, n'ont-ils pas semé leurs plus ravissantes fantaisies dans ces pages capricieuses, mêlées de grotesques et de chinoiseries, que le goût de tout un siècle transforma en trumeaux de boudoirs, en dessus de porte chantournés, en paravents et en couvercles d'epinettes, en éventails et en fines porcelaines ? Et cela va ainsi jusqu'à Percier et jusqu'à Prud'hon, qui ne croit point faire déroger son génie en composant toute la série des meubles et ustensiles de la toilette de l'impératrice ou le berceau du roi de Rome, dessins où se retrouvaient la même grâce poétique et le même charme tendre dont il a imprégné ses œuvres les plus exquises. Ces maîtres ne distinguaient donc point, comme on le fait aujourd'hui, entre les arts utiles et les beaux-arts, distinction qui repose sur un principe faux et qui est grosse de conséquences périlleuses que nous aurons à signaler dans leurs applications à l'enseignement. — V. ENSEIGNEMENT.

Mais, disons-le tout de suite, le décorateur est voué d'avance à une vie toute d'abnégation, de hiérarchie, de second plan. Il doit posséder une instruction immense, très supérieure à celle des hommes qui le dirigent, architectes, peintres, amateurs. Et pourtant, il doit aussi subordonner, plier son talent à des conditions non choisies par lui, mais subies, aux résistances de la matière, à l'imprévu des formes périmétriques dans les surfaces à décorer, à l'abondance excessive ou à la pénurie de la lumière, sans parler du caprice et souvent du mauvais goût de celui qui l'a chargé du travail. En réalité, telle est la grandeur de cet art que tout doit y être su à fond, par principe et méthode : perspective, architecture, figures, animaux, paysage. Il faut que la main soit absolument rompue à toutes les difficultés du dessin ; agile et souple, qu'elle obéisse instantanément aux ordres du cerveau. Il faut au moment où l'intelligence et le jugement conçoivent l'œuvre d'art que la conception n'éprouve aucun ralentissement causé par l'inexpérience des organes. Quel que soit le génie d'un maître, si sa main n'est pas secondée par une science étendue, n'est pas rigoureusement asservie à une obéissance infaillible et rapide, ses productions resteront toujours imparfaites. Des exemples illustres en ce siècle en témoignent suffisamment. Mais combien cette nécessité n'est-elle pas plus évidente encore en ce qui concerne l'art décoratif. L'étude du peintre d'histoire pourrait, à la rigueur, se concentrer sur la figure humaine ; mais dans l'art qui nous occupe, c'est la nature tout entière, dans ses manifestations les plus diverses, qui doit être étudiée. C'est la flore infinie en ses variétés de lignes, de contours et de coloration ; c'est le fruit, c'est la feuille, c'est la branche avec leur diversité de structure, d'insertion, d'attache et d'aspect. C'est aussi la nature animée, l'immensité de ses formes, l'homme et l'animal, qui viennent à leur tour réclamer une place dans le *mobilier* de la décoration, et aussi toutes les formes créées par l'industrie de l'homme, toutes les architectures, tous les styles. N'est-ce pas là une préparation admirable et qui suffirait au plus grand artiste ?

On voit que l'art du décorateur, ainsi compris, est un art de lent apprentissage. Dans l'état des choses, c'est une carrière sans issue et dans laquelle les sacrifices sont hors de toute proportion avec les avantages. Les jeunes gens, ne se sentant pas soutenus, reculent devant les frais énormes qu'impose la production. Dès qu'ils se sont rendus compte de toutes ces difficultés, ils désertent l'atelier et préfèrent la carrière du peintre de portraits ou de tableaux. On ne peut vraiment le leur reprocher. Mais on peut demander à l'Etat de faire un effort énergique et décisif pour conserver à l'Ecole des beaux-arts, cet enseignement indispensable, qui doit nous rendre notre initiative.

Cette initiative doit renaître, elle renaîtra aussi par la fréquentation des chefs-d'œuvre que nous ont laissés les maîtres anciens. Ces peintres, ces sculpteurs, ces dessinateurs, ces auteurs de modèles qui, depuis le moyen âge jusqu'à nos jours, ont fait de tant d'objets usuels autant d'objets d'art furent, eux aussi, des artistes, au même titre que le statuaire et le peintre de tableaux, et souvent de grands artistes, nous l'avons prouvé. Nos amateurs ne l'ignorent pas aujourd'hui. Ne les voyons-nous pas collectionner avec une passion plus ardente encore que jamais ne le fut la passion des tableaux, ces *innombrables riens* que l'on désigne en masse d'un nom collectif : *la curiosité*. Eh bien ! par une étonnante iniquité de l'histoire, il n'est personne envers qui l'opinion se soit montrée plus ingrate qu'envers ces artistes, dont l'admirable talent et parfois le génie a, depuis la Renaissance, maintenu l'Europe dans la dépendance du goût français, même aux heures les plus douloureuses pour notre fierté nationale. Tandis que la signature du moindre peintre de genre ou de paysage figure infailliblement dans les catalogues de nos musées, les noms des hommes qui ont appliqué leurs facultés créatrices à varier les formes des objets dont nous nous servons chaque jour, à les décorer, à en déterminer le style, à leur donner la valeur de véritables œuvres d'art, ceux-là, à quelques exceptions près, sont demeurés dans l'oubli le plus profond et le plus injuste.

La célébrité n'a de faveurs que pour ceux qui la violent : or, les artistes dont nous parlons, produisant dans la dépendance d'intermédiaires, architectes ou fabricants, ont gardé de leur subordination une excessive modestie. Leurs ouvrages sont, le plus souvent anonymes ; c'est le fabricant qui les signe, c'est l'architecte qui s'en fait honneur. A peine, et depuis bien peu d'années, sont-ils admis à concourir aux récompenses officielles, dans les expositions internationales, au titre très humble de coopérateurs ; encore pour cela même faut-il qu'ils soient présentés par l'industriel, qui n'est point tenu de le faire, qui y est seulement invité. Nous n'ignorons pas, et nous l'avons dit, que cette subordination leur est imposée par la force des choses ; que la vie de ces artistes, à raison même de leur art, dont le cadre est le plus souvent tracé par certaines dispositions architecturales, par certaines nécessités commerciales et industrielles, est et doit être une vie d'abnégation, de hiérarchie, de second plan ; qu'ils sont forcés de composer incessamment avec les dimensions variables à l'infini de ce lit de Procuste, *l'utile*, de compter avec les exigences du capital, d'observer la convenance de l'objet à sa destination, de ménager les susceptibilités de l'intermédiaire qui, le plus souvent, au point de vue de l'art et des connaissances techniques, leur est très inférieur ; nous savons que en dehors de toute considération de personnes, leur art est toujours régi par un principe qui leur est étranger, par une loi qui domine leur inspiration et se l'asservit presque toujours, par l'impérieuse et légitime tyrannie de la matière, par l'aspect de l'ensemble décoratif ; que cet art est de la sorte condamné à briller d'un éclat réfléchi plutôt que de son propre éclat ; que cet art est en général un art collectif et non un art rigoureusement individuel.

Mais en raison même de tant de difficultés proposées qui, pour être vaincues d'une façon triomphante, exigent une si grande somme d'études « encyclopédiques », nous pensons que de tels artistes méritent d'être considérés d'autant plus, d'autant plus honorés, au moins à l'égal des autres artistes, statuaires et peintres de tableaux. Voilà pourquoi, dans notre pensée, le complément logique de la fondation nécessaire d'un prix de Rome pour l'art décoratif, serait la création d'une section spéciale pour les artistes décorateurs dans la quatrième classe de l'Institut. Cet art, en effet, comprend tout le grand art, qui est, en principe, essentiellement décoratif.

Dans l'un des rapports du jury international sur l'exposition universelle de 1867, nous trouvons du programme, que nos mœurs imposent aux industries d'art, une définition excellente qu'il est bon de rappeler ou, tout au moins, de résumer. Le rapporteur, M. Edmond Taigny, indique nettement le point de départ et le but de ces industries. Le point de départ est celui-ci : la vulgarisation indéfinie des œuvres d'art, leur transformation à travers les procédés scientifiques qui ont pour objet de simplifier la main-d'œuvre et de diminuer le prix de revient sont des nécessités auxquelles nous devons obéir. Quelque regret qu'on en puisse avoir, — et nous ne voyons pas pourquoi en le regretterait, — il faut marcher avec le courant qui entraîne l'art à sortir du domaine exclusif de quelques délicats pour enrichir le patrimoine du plus grand nombre. Si les objets d'art ont perdu quelque chose de cette faveur que leur donnaient la rareté, le fini, l'alliance exquise de la forme avec la matière, combien aussi le champ de la possession ne s'est-il pas agrandi ! De même que les richesses et les propriétés se morcellent en des milliers de mains actives, de même, le œuvres d'art, autrefois l'apanage d'un petit group de privilégiés, s'en vont, par des applications ingénieuses, visiter les plus humbles demeures. L'industrie a fait pour le tableau, pour la statue, pour l'orfèvrerie, ce que l'imprimerie a fait jadis pour le manuscrit, elle en tire des exemplaires à l'infini. L'extension du goût a été en rapport avec cette propagation. La forme est devenue une préoccupation plus générale, la matière s'est pliée complaisamment à tous nos caprices, la science a multiplié les moyens et centuplé les forces productrices. « Mais, n'oublions pas, reprend l'auteur, que ces facilités mêmes deviendraient des auxiliaires dangereux, s'ils n'aboutissaient qu'à nous faire perdre de vue le but et négliger les principes éternels du beau, principes communs à tous les arts, aux plus infimes comme aux plus élevés. Conserver la pureté des formes, approprier la matière à l'importance et à la destination des objets, apporter autant de soins à la composition qu'à l'exécution, demeurer simple, sobre et vrai, sans cesser d'être original : tel devrait être l'objectif de tout artiste consciencieux, telles doivent être les bases sur lesquelles pourra se conclure l'alliance possible et vraiment féconde de l'art et de l'industrie. »

Aux exigences de ce programme, on mesurera l'importance que nos décorateurs, car c'est d'eux qu'il s'agit, occupent dans les destinées industrielles du pays. Nous dirons à quel degré de l'enseignement se forment les artistes capables d'exécuter, les dessinateurs capables de composer, les chefs d'industrie capables de commander de bons modèles, propres à être fabriqués ou reproduits par les procédés spéciaux à chaque industrie. Mais nous pouvons, dès maintenant, affirmer qu'il ne suffit pas de maintenir notre enseignement *spécial* au niveau des efforts parallèles que fait l'étranger, car cela ne suffit point à alimenter un grand courant de création esthétique qui seul peut nous assurer la victoire définitive. Ce qui fait défaut, c'est l'enseignement supérieur, ou plutôt, car il existe, ce qui nous manque, c'est d'en comprendre toute l'importance, d'en assurer la durée, d'en protéger le développement, de lui faire rendre tous les fruits dont il contient le germe. L'atelier d'art décoratif, si vainement créé à l'Ecole des beaux-arts, devrait être l'objectif de tous les élèves de nos écoles d'art qui, ayant l'ambition un peu haute, trouveraient là le complément d'études nécessaire à la pratique de la grande décoration originale qui, de plus en plus nous échappe. Nous renvoyons une dernière fois sur ce point au mot ENSEIGNEMENT.

DÉCORATIFS (Arts). Nous entendons désigner par les mots *Arts décoratifs* tous les arts qui ont pour objet de décorer en effet, d'orner, de rendre agréable aux yeux, un objet déterminé dont la destination est fixée d'avance et répond à l'une des nécessités de la vie sociale. Tous les *arts industriels* rentrent donc dans l'ensemble des arts décoratifs. Ce n'est pas dire que tous les arts décoratifs soient des arts industriels. Nous entendons, en effet, par *Arts industriels* ceux-là seulement qui, *par des moyens industriels*, multiplient un modèle donné à un grand nombre d'exemplaires. — V. ART, § *Art appliqué à l'industrie*.

DÉCORATION. Satisfaire le goût en satisfaisant aux exigences de l'utile. C'est en ces termes très simples en apparence que se pose le problème, très difficile en réalité, de l'art décoratif. Nous étudierons ici cet art très spécial dans les conditions où il intéresse le plus grand nombre des lecteurs, c'est-à-dire dans l'ameublement et la décoration intérieure de nos *appartements*. Nous soulignons ce dernier mot afin qu'il n'y ait pas de méprise sur les limites du sujet que nous voulons traiter. Il est bien entendu que nous ne nous occuperons que de l'habitation moyenne. Le point de vue ne serait plus le même si nous nous proposions d'examiner la décoration des palais, des édifices publics, des hôtels princiers, c'est-à-dire de toute habitation où le décorateur est affranchi des questions d'économie qui dominent les fortunes privées. Dans ce cas, en effet, on n'a pas à tenir compte de la fabrication industrielle en vogue, on peut concevoir *à priori* l'ensemble et les détails d'une complète ornementation de l'édifice en rapport avec le service auquel il est destiné; on peut faire exécuter sur des modèles originaux, inspirés d'une même pensée, toutes les pièces qui concourront à l'ameublement et à la décoration, depuis la grille d'entrée jusqu'au plus petit verrou, depuis les marbres et les boiseries jusqu'aux bronzes et aux tentures. L'homme de goût qui dispose de telles facilités se trouve dans des conditions exceptionnelles et l'habitation dont il aura dirigé la décoration, doit être par conséquent d'une beauté irréprochable. S'agit-il, au contraire, de meubler et de décorer nos appartements, loin de pouvoir commander à l'industrie, loin de pouvoir disposer d'elle à notre gré, nous sommes forcés de subir ses produits fabriqués à des nombres considérables d'exemplaires, et composés bien moins en vue du goût que d'une vente facile et lucrative. Chaque profession nous soumet alors ses albums de modèles marqués à prix fixe et il n'y a rien à lui demander en dehors de sa fabrication courante. C'est dans ce qui se fait habituellement qu'il faut choisir et, par ce choix, qu'il faut arriver à une harmonie générale.

On comprend aisément que cela ne soit pas toujours facile. Deux faits bien graves viennent encore compliquer la difficulté. Le premier, — auquel il ne sera pas avec le temps impossible de remédier, — c'est l'absence d'un style propre à notre époque. Le second, c'est l'absence de caractère individuel imposé à tous les produits industriels par la division du travail dans la main-d'œuvre et par l'intervention de la machine dans la fabrication. Avant d'aller au cœur de notre sujet, nous avons à examiner ces deux faits dans leur action sur l'industrie et sur le goût.

C'est la légitime réaction de 1815 à 1830 contre l'art pseudo-classique de David, qui nous a valu de n'avoir pas de style original en ce temps-ci. Légitime, nous le répétons, et généreuse en ses aspirations, puissante en ses œuvres, elle s'est trompée de direction. Elle a cherché l'archaïsme et rien de moderne. De là vient le mal. On ne dira pas, nous l'espérons, que nous faisons remonter à des causes bien élevées l'état de choses qui affecte notre industrie. A la réflexion, sans doute, on jugera qu'en matière de goût l'impulsion appartient à l'art pur, que c'est lui qui forme le jugement du public et l'habitue à exiger plus ou moins des arts utiles. On ne s'étonnera donc pas si nous sommes tentés d'attribuer ce manque de style à la mort prématurée de Géricault, tout au moins à ce que l'école romantique n'a pas suivi la voie absolument originale et moderne qu'il avait frayée.

Qu'est-il arrivé, en effet? Ceci : que les artistes, dégoûtés des pauvretés grecques et romaines de l'école décadente, représentée par les élèves de David, se sont jetés à corps perdu dans l'étude et par suite dans l'imitation des écoles antérieures, proscrites par le peintre des *Sabines*. Le style de la Renaissance, le style Louis XIV, les styles Louis XV et Louis XVI — récemment le Louis XIII, le Henri II, aujourd'hui une sorte de gothique allemand — sont entrés par là dans un courant de vie posthume auxquels ils n'avaient pas droit. Loin de s'efforcer de faire du neuf, l'industrie, sur cette pente rétrograde, ne s'est pas arrêtée, et s'est cantonnée dans l'imitation pure et simple des styles antérieurs. N'a-t-on pas poussé la manie de l'imitation jusqu'à reproduire sur des meubles les piqûres de vers qui se trouvaient dans des modèles datant de plusieurs siècles? N'est-ce pas le dernier terme de l'absurde et la condamnation des plagiaires? Quand donc, des premiers aux plus humbles degrés de l'art, depuis le peintre d'histoire, le statuaire, l'architecte, jusqu'aux dessinateurs de la petite industrie parisienne, quand sera-t-il définitivement établi que le but de l'art n'est pas d'imiter mais de créer? Il y a dans le fait d'imiter un modèle quelconque — et cela est vrai de tous les arts — une supercherie et en même temps un aveu d'infériorité mal déguisé. L'imitation d'une œuvre ancienne est voisine du plagiat. Il n'en est pas de même de la fidèle reproduction de la même œuvre, si elle est hautement avouée. Nous n'y voyons qu'un témoignage d'admiration donné à cet œuvre. Et plus augmentera le nombre des exemplaires de reproduction, plus le témoignage acquerra d'importance par la part que le public y aura prise. Pour donner une autre forme à notre pensée : on comprend que les faiseurs de tragédies à l'imitation de Corneille et de Racine aient péri sous le ridicule et que cependant les éditions des tragédies de Racine et de Corneille se multiplient tous les jours; on comprend que, de notre temps, les pasticheurs de notre glorieuse école des peintres du XVIIIe siècle soient tenus en médiocre estime par les amateurs sérieux, qui pourtant couvriront d'or les toiles de ces chers maîtres et, à défaut de tel tableau original placé au Louvre, par exemple, accrocheront avec joie dans leur cabinet une gravure ancienne, parfois une gravure moderne, commandée par eux et exécutée sous leurs yeux, d'après l'œuvre préférée. Nous irons plus loin, s'il y a, en outre d'une fausse direction de goût, une supercherie et par conséquent une immoralité dans l'imitation, la reproduction sévère et respectueuse des grandes œuvres de l'art au contraire exerce, dans l'industrie du bronze notamment, une action saine, pleine de suggestions fécondes. En ses hardiesses les plus grandes, n'imitant point servilement, l'industrie s'inspire des vieux styles et Dieu sait les pitoyables conséquences d'une semblable inspiration; la copie humble, mais fidèle, nous venons de le dire, est cent fois préférable. De longues années d'une éducation nouvelle, largement dirigée, pourront ramener notre industrie dans une voie rationnelle et nul n'y épargne sa peine : l'administration officielle en multipliant les écoles de dessin, l'initiative privée en multipliant les expositions et créant des musées d'enseignement. Mais dans l'état actuel des choses, il y a là une difficulté presque insurmontable à qui veut, avec les ressources bornées d'une fortune particulière, meubler et décorer son appartement d'une façon point vulgaire et de manière à satisfaire le goût.

Nous sommes également entravés par l'intervention de la machine, avons-nous dit. La machine se plaçant entre le créateur d'une œuvre et l'œuvre terminée enlève ainsi au produit tout caractère d'individualité. De ceci, il faut sans retour, prendre notre parti. Exécutées par celui qui les concevait, les œuvres industrielles du XVIe, du XVIIe et du XVIIIe siècle sont nécessairement plus variées que les nôtres. Fussent-elles mêmes, à ces différentes dates, fabriquées par un artisan sur un modèle donné et non par celui qui avait dessiné ce modèle, au moins étaient-elles achevées par les mains qui s'y étaient portées au début. Ce sont là des conditions *sine qua non* de grâce, de verve, de variété dans le détail et d'harmonie. Dans le passé, a dit quelque part notre éminent collaborateur M. Paul Mantz, « le peintre et le décorateur, le statuaire et l'orfèvre, l'architecte qui construit un monument et l'ébéniste qui donne le dessin d'un meuble, obéissaient à la séduction du même idéal; ils réussissaient ensemble, ils se trompaient à la fois et, dans le succès et dans l'erreur, suivant toujours un sentier parallèle, ils réalisèrent cette chose si douce à l'esprit et aux yeux, l'harmonie. » L'ouvrier était alors forcément et par la pratique plus artiste qu'il ne l'est aujourd'hui.

D'autre part, à ne considérer que l'excellence de la fabrication, son côté utile, la perfection des pièces, nous l'emportons de beaucoup en apparence sur nos aînés, grâce à cette division du travail précisément, et à l'action de la machine qui, elle, est infaillible. Pourtant, il est bien évident aussi que le meuble, la dentelle, l'étoffe que tout objet sorti en entier d'une seule main est supérieur en beauté aux produits mécaniques de même sorte, en dépit des imperfections de détail aisément reconnaissables en cet objet; ces imperfections légères contribuent elles-mêmes à lui donner une personnalité, une âme en quelque sorte. Le produit de la machine est inerte et froid comme un chiffre; l'œuvre de l'homme vivante contre l'homme lui-même.

La chose est vraiment curieuse, mais elle est vraie, les fabricants de Lyon regardent les soies de la Chine et de l'Inde, de l'Asie-Mineure et de la Syrie surtout, comme les plus détestables qu'il y ait. Ils donnent pour raison que la soie n'est pas suffisamment ouvrée, c'est-à-dire mise dans l'état qui rend facile le tissage à la mécanique; que les soies grèges, chargées de matières hétérogènes au lieu d'être épluchées, gommées, égalisées, ne peuvent, suivant eux, convenir qu'aux emplois communs. Cette croyance, dans la perfection de la mécanique, dans cette implacable régularité du fil et du tissu, dans cette uniformité de ton, dans tout ce système enfin, qui anéantit le sentiment de l'ouvrier, leur fait dire que l'Orient n'a que des procédés arriérés, qu'une routine qui arrête tout progrès. Ils paraissent ignorer que les manipulations que l'on fait subir au fil avec des colles diverses, des acides de toute sorte pour l'unir, l'ébarber et le rendre droit comme du laiton — de telle sorte que le métier renvideur ne trouve aucun arrêt, aucun obstacle dans son aveugle travail — sont une des causes les plus certaines, non seulement de la monotonie des tissus comme trame et comme nuance, mais aussi de leur médiocre durée. Ce qu'on nomme ici barbarie, c'est tout simplement la tradition des grandes époques où la civilisation avait atteint la perfection; ce qu'ils nomment routine, c'est le métier naïf, qui n'est que le côté matériel de l'art, le moyen à l'aide duquel des doigts intelligents savent produire des chefs-d'œuvre que n'exécutera jamais la machine la plus parfaite. « Voyez, disait un fabricant de tapis, en 1855, au regretté Adalbert de Beaumont, voyez à quel point nos imitations de Smyrne surpassent l'original! Ces gens-là ne savent pas teindre! Regardez de près et observez combien les fonds sont inégaux et marbrés : on sent que cela est fait au hasard, sans soin ni précaution. Quelle différence avec mes produits! comme les couleurs en sont plus égales et plus vives! » L'artiste perdit son temps à lui expliquer son erreur; il ne comprit pas que ces *gens-là* sont les premiers teinturiers du monde, que c'est bien volontairement et par calcul qu'ils réunissent de la sorte *plusieurs nuances dans le même ton afin de composer un accord*, qu'il en est des couleurs comme des sons et qu'avec une seule note, ou pour mieux dire avec des sons sans vibration, on ne saurait faire de l'harmonie.

Si nous n'avons pu nous défendre d'exprimer quelques regrets suggérés par la disparition des anciens modes de fabrication, il ne faut cependant pas s'attarder en regrets inutiles, nous disons bien *inutiles*, car il ne s'agit pas là d'un fait passager. La machine est une des forces des sociétés modernes, elle satisfait à leurs exigences les plus impérieuses, elle répand le bien-être, un luxe relatif, le confortable; elle fournit à bon compte des produits matériellement bien fabriqués, fonctionnant commodément, répondant à leur destination. Ce sont des avantages à considérer et dont il importe de tenir compte; il pourrait s'y joindre des qualités de goût, qui manquent trop souvent, mais c'est affaire d'éducation et par conséquent de temps. Comptons donc avec notre mal, sachons les inconvénients de notre force, mais acceptons franchement cette force avec cette préoccupation de la convertir autant que possible au bien, et de la mener au point de perfectionnement esthétique où il est possible de la faire arriver.

Tout ce que nous venons de dire de la condition actuelle de l'industrie ne porte que sur l'un des trois éléments principaux de la décoration et de l'ameublement, n'a trait qu'à la forme. Les deux autres éléments, dont le rôle est aussi important, sont d'une part la couleur, et d'autre part la convenance des appropriations. Nous reparlerons de la couleur et de la forme, et de leur action décorative. Auparavant, il nous paraît logique d'étudier les lois de la convenance. En effet, la première chose à considérer dans une habitation, c'est qu'elle soit habitable, c'est que chaque pièce, que chaque meuble réponde à sa destination spéciale. Non seulement cette condition est capitale au point de vue de l'utile, nous disons qu'elle l'est aussi au point de vue esthétique. S'il est vrai qu'un appartement peut être rendu habitable et cependant, par un mauvais choix des formes et des couleurs, choquer grossièrement le goût, il n'est pas moins vrai que, les lois de la forme et de la couleur fussent-elles observées scrupuleusement, cet appartement choquera notre goût plus vivement encore si les conditions de convenance n'y sont pas respectées. Or, c'est ce dont on s'inquiète le moins. On se préoccupera du luxe toujours, de l'art dans une certaine mesure, rarement de la convenance des appropriations, c'est-à-dire de la destination effective du meuble ou de l'objet. Comme exemple de la destination de l'objet, nous prendrons un parquet. Un parquet doit être plan et le paraître. Or, à qui n'est-il pas arrivé, au seuil de quelque vestibule moderne, d'hésiter à entrer de plain-pied et de confiance, parce que le dallage gris et noir présentait l'aspect de cubes en relief, alignés symétriquement, mais posés sur un angle. Cette disposition est peut-être très originale, mais elle est aussi très inquiétante pour l'œil et contraire au plus élémentaire bon sens; le principe décoratif est là absolument faussé. Voilà ce que nous appelons ne point respecter la convenance de l'objet. Ainsi, dans un couvercle de forme sphéroïdale, de soupière, par exemple, destiné à conserver le potage chaud, ce serait une faute de convenance que de pratiquer des jours, tandis que dans les coqs (1) des anciennes montres les jours devaient être assez nombreux pour que le balancier restât visible à travers les méandres de l'ornement. Cette loi de convenance est tellement capitale que, bien observée, elle suffit à engendrer cette chose rare, le style, un style original. Elle fait la force aujourd'hui des arts décoratifs, en Angleterre, notamment dans l'industrie du mobilier. Les fabricants anglais partent d'un principe absolument méconnu chez nous, où l'on sacrifie tout à la reproduction des styles consacrés, au *paraître* et non à l'*être*. Ce principe, dont on ne saurait trop admirer la simplicité rationnelle, est qu'un meuble doit être d'usage facile, commode, bien en main, à portée immédiate du désir, en un mot répondre à sa destination. De là une variété de formes qui renouvelle sans effort l'architecture du mobilier et, par la logique attentive des proportions et de leurs rapports, détermine le style. Mais il ne suffit même pas que la convenance et la destination de

(1) On donne le nom de *coq* à une pièce d'horlogerie ancienne qui se trouve dans les montres à balancier et à réaction, antérieures aux montres à cylindre. C'est une sorte de platine découpée à jour, de petite grille, en général très finement ornée, dont la fonction était de couvrir et de protéger le balancier

l'objet soient scrupuleusement respectées, il faut aussi que ce respect s'étende jusqu'à l'apparence même de la convenance.

On se souvient encore des services de porcelaine d'il y a un demi-siècle, sur lesquels on peignait des paysages. N'était-il pas ridicule de prétendre nous faire voir sur des surfaces tournantes des perspectives qui étaient infailliblement faussées par le contour sphérique ou cylindrique de l'objet; de figurer au fond d'une assiette des plaines, de petites vaches, des chaumières, des arbres, des cours d'eau? Le temps n'est pas encore loin où un fabricant croyant bien faire, — ignorant des lois qui président à la décoration des tissus souples destinés à envelopper le corps en formant des plis, — imaginait d'imiter la nature dans le fond des châles, d'y peindre des édifices, des parcs ornés de jets d'eau et jusqu'à des figures, les portraits de l'empereur, de l'impératrice, de la reine Victoria et du prince Albert. La contradiction avec la convenance de l'objet était ici formidable. Depuis, on est revenu, on est guéri à jamais, espérons-le, de telles aberrations. Aujourd'hui, il n'est plus loisible à l'ornemaniste de contrarier la convenance, même dans l'aspect des choses, de peindre un ciel dans un tapis de pied, de modeler un vase en lui donnant la forme concave à l'extérieur. Rappelez-vous ces beaux vases antiques qu'on est habitué à appeler vases étrusques, bien qu'on sache aujourd'hui que ce sont des vases grecs. Voyez avec quelle aisance ingénieuse cette loi de la convenance y est observée.

Les potiers qui les fabriquaient, non seulement ne se servaient que très discrètement de la couleur dans leur ornementation, mais — par un trait noir si le fond du vase était rouge, par un trait rouge ou blanc si le fond était noir, — ils accentuaient la forme à l'endroit où elle se courbe pour former la panse; et, alors même qu'ils employaient des motifs dans lesquels la figure humaine intervenait, ils ne faisaient usage que d'un simple contour, évitaient le modelé, laissaient au regard la perception complète du fond et par conséquent ils évitaient cette prétentieuse illusion du relief des saillies, des creux, de l'ombre, qui dénaturent en apparence le galbe du vase. S'inspirant de tels exemples, le décorateur qui mêlera la figure humaine à l'ornementation des surfaces pleines fera donc bien d'éviter, autant que possible, que le modelé des figures soit poussé trop loin. Il lui suffira de l'indiquer d'une façon simple, de manière à ce qu'il soit plus qu'un trait peut-être, mais n'arrive pas jusqu'au relief puissant, qui impliquerait contradiction avec la forme essentielle et la destination de l'objet.

Nous allons examiner maintenant la forme et la couleur, mais en nous tenant également dans le domaine des généralités. Il nous faut dans cet examen considérer tour à tour la décoration et le mobilier.

Trois industries contribuent plus activement qu'aucune autre à décorer nos appartements : le papier peint, la sculpture d'ornements et la serrurerie. En seconde ligne nous citerons la peinture à teintes plates, la vitrerie, la faïence, etc. Occupons-nous d'abord des industries principales.

Le papier de tenture, qui ne date guère que de Louis XV, a réalisé de tels progrès en ce siècle et notamment depuis une vingtaine d'années qu'il s'est substitué presque partout aux lambris peints, et que dans les habitations les plus riches, il est appelé concurremment avec les étoffes à décorer un grand nombre de pièces. D'autre part, les fabricants sont parvenus à livrer leurs produits à des conditions de prix tellement modestes, qu'il n'est pas de logis si humble que ne puisse égayer cette légère parure; on ne voit plus dans les logements d'ouvriers l'affreuse nudité des murailles qu'autrefois on se contentait de blanchir à la chaux. On a bien peu de conseils à donner à l'acheteur à ce sujet. Le principe de la décoration du papier de tenture est heureusement trouvé; il repose sur les combinaisons de lignes géométriques et sur l'emploi de la fleur comme ornement; la loi de l'association des couleurs, en outre, est dans cette industrie généralement bien observée. L'acquéreur suivra donc son goût personnel pour choisir entre les diverses formes d'ornement, les dispositions de bandes et les variétés de dessins qui lui sont soumises. Il va de soi que, pour une pièce de dimensions restreintes, il préférera une tenture claire et un semis de très petits bouquets, s'il veut des fleurs et une disposition de bandes extrêmement étroites, s'il préfère les rayures. Les teintes foncées, les dispositions de bandes très larges, les bouquets à grandes fleurs auraient pour effet assuré de diminuer encore au regard les dimensions d'une pièce jugée déjà trop petite et d'exagérer son défaut de proportions. L'amateur aura soin aussi de ne pas oublier que le papier est, en somme, un produit industriel, et partant de ce point, il ne se laissera pas tenter par la séduction de certains papiers très somptueux qui atteignent et parfois dépassent le prix que coûterait la même décoration exécutée par un peintre-décorateur habile. C'est le seul reproche que nous ayons à faire à l'industrie du papier de tenture. Les dessinateurs employés par les fabricants ont échappé, par l'étude constante de la nature, aux tristes résultats de cette imitation du passé qui pèsent sur les autres industries décoratives. Mais cette étude même a été poussée à l'excès ou du moins mal dirigée. L'ambition du fabricant de papier peint — on en peut dire autant du fabricant de tissus de tenture — est d'arriver dans les produits de luxe à réaliser l'illusion de la peinture elle-même. Il dénature les principes de son art qui a pour but, nous ne saurions trop y insister, non la reproduction exacte de la fleur réelle, mais celle de la fleur au point de vue décoratif. Loin de chercher l'illusion, par où il sort de sa voie légitime, il doit tendre à ramener aux simples formes géométriques colorées les contours que lui donne la plante vivante. L'Orient — l'Inde et la Perse — nous fournit, en ce sens, des types absolument parfaits de décoration.

Lorsqu'un fonds d'affaires est basé sur des productions dont le principe sera plus ou moins condamnable au point de vue de l'esthétique, comme le sont entre autres le poudrage des matières textiles sur des mixtures imprimées, on ne saurait attendre du fabricant, pour lequel ces procédés sont le meilleur de son revenu, qu'il cherche autre chose que de propager autant que possible l'usage des produits qui le font vivre. Ces erreurs paraissent d'autant plus irrémédiables, pour le moment, que si le papier peint est entré absolument dans nos mœurs, la décoration qu'il comporte a dans beaucoup de cas perdu de son importance chez nous, par suite de l'habitude croissante d'accumuler les meubles et les bibelots dans les appartements. La place occupée par le mobilier, ainsi que l'éclat des poteries, des faïences et des panoplies disposées en plein mur, relèguent le revêtement de la paroi à un rôle très subordonné. Il importe que le décor du papier servant de fond ne joue que d'une façon discrète dans cet ensemble où il n'est vraiment utile qu'en étant sacrifié.

Lorsque le papier peint, selon la nature de la pièce d'habitation, doit contribuer par son propre éclat à la parure d'une chambre, on est loin aujourd'hui de recourir au décor tel qu'on l'entendait il y a quelque cinquante ans, à l'époque des simulations de la peinture murale, où la haute fabrication mettait sous les yeux du public ces ensembles féeriques, ces perspectives si violemment colorées que l'on a vus, en face des productions modernes, dans la partie rétrospective de l'Exposition de l'Union centrale des Arts décoratifs en 1883. Les excès pittoresques de ces tableaux d'un éclat déplacé qui, sous prétexte de réjouir l'œil, ne lui laissaient aucun repos, nuisant à la beauté féminine même qui se produisait dans un pareil milieu, sont heureusement tombés en désuétude. C'est avec un goût bien autrement préférable que le papier de luxe se borne maintenant à imiter tantôt des tentures de soieries, tantôt des tapisseries. Ces illusions économiques rapprochent le papier peint actuel de ce qui paraît avoir été son début, en principe. Seulement, la fabrication est de beaucoup supérieure à ce qu'elle était au siècle dernier. Il y a là toute une école intéressante et d'un niveau plus relevé qu'on ne le croit généralement. Le modèle initial pour le décor à répétition du papier ne diffère point de celui qui convient pour la tenture imprimée sur étoffe ou tissée. Les travaux de ce genre nécessitent des praticiens consommés; il y faut des techniciens d'un savoir sérieux et de goût éprouvé, car les frais de premier établissement sont toujours dispendieux et il est de haut intérêt pour le négociant, que ni ces frais ni le temps employé ne donnent des résultats négatifs, annulant tout l'effort de la campagne annuelle. Le créateur est donc fort important dans cette industrie et les fabricants ne le savent que trop, eux qui considèrent avec effroi la disette qui s'annonce sous ce rapport. C'est un fait douloureux. Cette disette des dessinateurs apparaît imminente à tous les fabricants, qui ne voient plus personne pour reprendre la place de leurs aînés et on ne sait comment il sera possible de s'en tirer. (*Rapports des jurys de nos dernières Expositions.*) — V. DÉCORATEUR.

Les jeunes dessinateurs pour papier peint auront à ouvrir les yeux sur le monde immense, infini, de formes admirables que leur offrirait l'exploitation du règne végétal dans le sens purement décoratif. Le microscope nous a ouvert cette mine de combinaisons d'une variété inconcevable, d'une beauté, d'une richesse de couleur éblouissante et incessamment renouvelée. Jetez les yeux sur un livre de botanique, la *Vie des fleurs*, par M. Eugène Noël ou l'excellent livre de M. Grimard sur le cahier d'études du moindre élève en pharmacie; feuilletez et vous serez stupéfait de voir qu'on n'ait tiré aucun parti décoratif des différents organes de la plante. Il y a là des dessins merveilleux formés par les cellules agglomérées, tantôt allongées, aplaties, étalées, échancrées; tantôt polygonales ou polyédriques comme dans le tissu de la tige d'angélique, étoilées comme dans le tissu du sparganium. On trouverait des motifs inépuisables dans les dessins ponctués, rayés, dentelés, découpés en spirales, assemblés en toile d'araignée que fournit avec une abondance inépuisable la membrane cellulaire des plantes. Les tissus fibreux et vasculaires des végétaux ne sont pas moins riches en indications de ce genre. Voyez l'épiderme grossi au microscope de la feuille d'iris, l'épiderme avec stomates de la primevère de Chine, et dans la fleur, les masses de pollen de l'asclépiade, la forme étrange de certaines étamines, les aigrettes rameuses, plumeuses ou barbues de quelques graines; dans la section horizontale des végétaux, le dessin des fougères, le pointillé du palmier, les cercles concentriques et traversés de rayons que chacun a remarqués sur le tronc de nos arbres d'Europe; ce sont autant de motifs originaux offerts à l'investigation de l'artiste décorateur, et tout prêts à être appliqués immédiatement, s'ils sont convenablement interprétés. Dans son livre l'*Insecte*, M. Michelet a écrit un chapitre très juste intitulé « de la rénovation de nos arts par l'étude de l'insecte. » Il a décrit des yeux de mouches présentant au microscope « la féerie étrange d'une mosaïque de pierreries, » l'aile du hanneton, le scarabée, la cincidèle, tel autre insecte qui ni le jour ni la nuit, ni à l'œil nu ni au microscope, n'exciterait d'intérêt, mais dit l'auteur, « si vous prenez la peine avec un scalpel patient, délicat, de soulever dans l'épaisseur de son aile écailleuse les feuillets qui la composent, vous trouverez le plus souvent des dessins inattendus, parfois de courbes végétales, de légers rameaux, parfois de figures angulaires striées, comme hiéroglyphiques, qui rappellent l'alphabet de certaines langues orientales. Vrai grimoire en réalité, qu'on ne peut ramener, comparer à aucune forme connue. » Grimoire, soit, mais dans ce dédale de formes et de lignes, le regard est assuré de toujours trouver un équilibre parfait. Cet enchevêtrement plaira donc à l'œil par son apparence inextricable; il ne l'inquiétera point cependant, grâce à la raison supérieure qui y domine, grâce à la logique, à l'harmonie constante qui président en toute œuvre naturelle.

Il est inutile, je crois, d'insister plus longuement sur l'industrie des papiers de tenture, car après ce qui précède, il serait superflu de dire qu'on devra proscrire impitoyablement toute espèce de reproduction de tableaux, tentative absurde, hasardée quelquefois par des industriels qu'avait enivrés le progrès matériel de leur fabrication. Nous félicitons, au contraire, au nom du goût, d'autres fabricants qui, frappés de l'aspect trop réaliste de leurs fleurs, ont voulu les ramener au rôle décoratif par de légères stries horizontales, dont l'effet se rapproche de celui des fils de tapisseries, sans qu'il y ait néanmoins intention évidente de simuler en papier peint les produits des Gobelins, de Beauvais ou d'Aubusson. Nous signalerons également dans le même esprit, pour leur intelligente beauté décorative, les tentures dites « cuirs repoussés » qui ressortissent, dans une certaine mesure, à la fabrication du papier peint. Elles reproduisent avec une perfection réelle les vieux cuirs de Cordoue, leurs tons chauds, leurs reliefs chargés d'impression en couleur sans que la dorure de ces reliefs en soit altérée, et forment ainsi un décor riche et sévère qui s'harmonise à merveille, soit par contraste, soit par analogie avec la personne humaine. La vraie difficulté, la seule qu'offre le choix des tentures tient bien moins au caractère des dessins qui les décorent qu'à la couleur et à la nuance de couleur qui donne le ton général de la tenture. Là seulement, il peut y avoir hésitation et méprise. Nous avons traité ce point dans un paragraphe spécial sur la loi d'association des couleurs. — V. le mot COULEUR, § *Couleur au point de vue esthétique.*

Arrêtons-nous aux autres industries décoratives. L'emploi général, universel, des pâtes en carton pierre a tué la sculpture d'ornement. Ici le modèle de l'industriel s'impose despotiquement au public ; les rosaces et la bordure du plafond sortent uniformément du même moule, quel que soit, d'ailleurs, le style de la pièce à laquelle on les applique. Supposons cependant qu'elles se trouvent d'accord par le style avec leur destination. Ce qui reste affreux, c'est que par le blanchissage nécessairement fréquent des plafonds dans nos appartements, le carton-pierre s'empâte d'année en année et perd ainsi toute finesse de contour et d'arêtes et que telle feuille, telle grappe, tel ornement de petit modèle répété à l'infini sur toute la longueur de la bordure, finit par ressembler à un mamelon informe, à ces poches, à ces bosses qui s'élèvent sur les grandes surfaces peintes à l'huile, lorsqu'elles sont exposées à l'humidité. Mais l'usage du carton-pierre est tellement entré dans les habitudes communes, que ne pouvant désormais le proscrire, il faut s'accommoder de son mal en y remédiant de notre mieux. On tiendra le ton général du plafond un peu au-dessous du blanc pur et, par une suite de touches de blanc vif et d'ombres, très facile à poser dans le sens logique de la lumière artificielle ou naturelle, on ravivera aisément le relief et l'aspect des pâtes. Nous n'avons pas besoin de dire que pour un salon de réception, pour une salle à manger d'apparat, on fera rayonner l'ombre autour du centre, puisque ces pièces ne seront vues qu'aux lumières et éclairées par un foyer central. Au contraire, dans les pièces réservées à l'habitation constante, on forcera les ombres et on posera les clairs en se guidant sur les ombres et les clairs tels qu'ils sont modelés dans la réalité par la lumière naturelle venant des fenêtres.

De même que le carton-pierre a remplacé la sculpture d'ornement, la fonte de fer qui est un produit industriel a remplacé le fer forgé qui était un travail d'art. Nos balcons, les grilles d'appui des fenêtres au dehors ; au dedans le chapiteau, la base et les fleurons des espagnolettes, les rampes d'escalier, tout cela est en fonte. Pour éviter l'oxydation de la fonte de fer, on est forcé d'avoir recours à la peinture. Il résulte nécessairement de l'application de cet enduit préservatif que le modèle primitif, qui, le plus souvent, est d'un goût déjà contestable, s'empâte et s'altère jusqu'à devenir méconnaissable. On aura donc soin de répudier sévèrement les modèles où apparaîtraient des dessins qui exigent une certaine finesse, tels que fleurs, animaux, figures ; on s'en tiendra strictement à l'emploi des formes géométriques dont l'empâtement ne peut dénaturer le caractère essentiel. Dans les hôtels particuliers, si pour des raisons d'économie, on accepte la fonte, on pourra l'ennoblir en la faisant revêtir d'une couche de bronze pur par les procédés électro-métallurgiques qui ont donné de si excellents résultats dans leur application aux fontaines de la place de la Concorde et de la place Louvois. — V. DÉPÔTS MÉTALLIQUES.

Mais autant l'emploi de ces procédés est légitime et justifié par la nature des matières employées, autant le bronzage simulé est condamnable. La fonte ayant besoin d'être préservée du contact de l'air, il n'y a que deux moyens raisonnables de le faire : la peinture et le bronzage électrique qui enveloppe réellement de bronze le noyau de fonte. Dans l'art décoratif, la condition essentielle pour satisfaire le goût c'est de rester dans la vérité des moyens employés, d'avouer loyalement la matière mise en œuvre et de chercher le rôle décoratif propre à cette matière. Il est conséquemment ridicule de peindre en bronze florentin ou en bronze antique un morceau de fonte quel qu'il soit : cela trompe bien peu de monde ; c'est donc tout d'abord une supercherie à peu près inutile, et songez, en outre, qu'aux yeux de ceux qui sont trompés, vous déshonorez un admirable métal, le bronze, en le parodiant de cette façon pitoyable. Si vous ne pouvez user du bronzage réel, prenez hardiment votre parti de la peinture et faites la servir avec tous ses moyens à la décoration de vos grilles, rampes et balcons. Variez les tons. Pour un balcon, par exemple, destiné à être vu de loin par le passant, pourquoi ne pas adopter des couleurs franches, des rouges, des bleus, des verts qui, habilement combinés, égaieraient la vue comme le feraient nos stores extérieurs si l'intempérie de nos climats n'en altérait si rapidement les vives couleurs. Avec la peinture, il n'y a pas à craindre cet inconvénient, en tout cas est-il bien moindre. On bannira donc avec la même énergie toute tentative d'imitation d'ue matière étrangère par la fonte. On ne mettra point sur un perron de pierre des vases de fonte peints de couleur de pierre, dans un vestibule de marbre des vases de fonte simulant le marbre. Décorez votre fonte de dessins, de filets, de méandres, d'arabesques détachés du fond par leur ton propre; quel que soit l'objet, il y gagnera et votre réputation de goût n'y perdra rien.

Il nous faut dire ici quelques mots de la statuaire décorative.

A la fin du siècle dernier, l'illustre peintre Louis David engendra une nombreuse école d'artistes qui engendra le pédantisme, qui engendra l'esprit académique, qui engendra la morne statuaire dont les moellons massifs et bêtement corrects pèsent si lourdement dans l'histoire artistique des soixante premières années de ce siècle. Malgré la science incontestable, mais incontestablement glaciale, des sculpteurs de ce temps-là, notre art statuaire y aurait péri, saisi par ce froid de mort, si de temps en temps quelque œuvre de génie ou seulement vivante, — le *Départ* de Rude, un médaillon de David d'Angers, une fantaisie sensuelle de Clésinger ou brutale de Préault, un *Lion* de Barye — n'était venu prouver que le bronze, la pierre, le marbre pouvaient cependant s'échauffer, s'assouplir et se tordre au feu d'une puissante inspiration. Qu'ils en eussent ou non conscience, ces hommes qui étaient mieux que des sculpteurs, qui étaient de véritables artistes, protestaient par leurs œuvres contre les doctrines byzantines de *l'art pur*, de l'art de musée, solennel, ennuyeux, sans charme, sans vie, sans emploi, insociable en un mot, bon tout au plus à figurer dans les niches d'une école de dessin, comme un paraphe de Brard et Saint-Omer dans le cadre sous verre d'un professeur de calligraphie. Tout ce qu'ils pouvaient faire, ils l'ont fait. Ils ont entretenu le foyer de l'art vivant. C'est à ce foyer sauvé par eux que se sont allumées les belles flammes de notre jeune école de sculpteurs. Ils reviennent, tous ces jeunes gens, au vrai sens de l'art statuaire, qui est de triompher des rigidités de la matière et de la ployer à nos convenances décoratives; d'y mettre la grandeur, la force, la sérénité, le symbole selon le lieu, mais la vie surtout pour animer et caractériser nos monuments publics; d'y mettre aussi la grâce, l'élégance, la passion, la beauté, et par dessus tout la vie encore pour éclairer nos demeures d'un rayon de spiritualité. Nos jeunes maîtres — les Carpeaux, les Dubois, les Chapu, de plus jeunes encore comme MM. Falguière, Mercié, — ont repris et fondé à nouveau la vraie tradition française de la *statuaire décorative* : deux mots, grâce à eux, redevenus un pléonasme. Comme si la statuaire pouvait avoir et avait jamais eu d'autre rôle aux grandes époques d'Athènes et de Florence que la dération! Il est juste et il est temps de le dire, nous assistons sur ce point à une véritable renaissance de l'art français. Il nous donne des œuvres parfaites, avec lesquelles on a envie de vivre. L'art reste grand et pourtant s'humanise. Il s'était fait aride comme une formule algébrique, raide, solennel et gourmé. Il veut désormais entrer familièrement dans notre intimité, y apporter son sourire et sa beauté. Qu'il y soit le bien-venu!

En ce qui touche la décoration proprement dite, nous aurons encore à parler ici de la peinture: — nous avons énoncé ailleurs quelques généralités essentielles sur la *couleur* (V. ce mot); — des verres peints: leur emploi est trop facile, trop indiqué pour y insister longuement. Après de longs siècles de décadence ou plutôt d'éclipse totale, l'art du vitrail est entré, depuis quelques années, dans une période de renaissance confirmée, chaque jour davantage, par les progrès de notre jeune école de peintres verriers, que stimule la croissante passion du public pour ce somptueux moyen de décoration. Il ne s'applique pas seulement, en effet, à compléter les monuments de l'architecture religieuse; tous les gens de goût ont rapidement compris que la magnificence de ses colorations était le complément nécessaire du mobilier moderne, dont le principe décoratif est précisément la couleur. Au mobilier des deux premiers tiers du XIXe siècle, où le bois uni restait, à travers les variations de forme, le seul élément de style, a succédé l'amour des étoffes aux tons profonds et puissants richement drapées. A la sécheresse du bois suffisait la dure et sèche lumière du verre blanc; les chatoyantes harmonies des tissus colorés exigent l'étincelante couleur du vitrail. C'est, peut-on dire, une industrie toute nouvelle dans laquelle il s'est formé deux écoles adverses. L'une s'efforce de rester fidèle aux traditions de la grande époque des verriers antérieurs au XVe siècle, elle maintient le vitrail dans le rôle que le bon sens de nos prédécesseurs lui avait assigné. Elle sait que ce rôle est de tamiser la lumière extérieure et non de l'étouffer. Elle sait aussi que le verre peint, étant une matière transparente et colorée, il faut à tout prix lui conserver la transparence et la coloration qui sont ses éléments esthétiques essentiels. Elle simplifie donc autant que possible le dessin, se garde bien de modeler par tons rabattus, qui ternissent l'éclat du verre; elle multiplie les teintes plates en restreignant le champ de chacune d'elles, les juxtapose, les mêle, les combine en une sorte de mosaïque diaphane composée du plus grand nombre de couleurs concourant toutes à l'harmonie de l'ensemble. La tendance de l'autre école, au contraire, est de rivaliser avec la peinture à l'huile par le modelé, le clair-obscur et par le fondu des tons. Son objet est l'imitation de la nature, elle fait des tableaux sur verre; des tableaux translucides encadrés dans une fenêtre. Dans les lignes qui précèdent, nous avons assez dit ce qu'il fallait penser d'une telle erreur pour qu'il ne soit pas nécessaire d'y revenir de nouveau.

La céramique a pris, elle aussi, depuis un quart de siècle, un développement considérable, et il faut le dire à l'honneur de nos fabricants, elle s'est lancée, dès le début de ce mouvement, dans une direction d'art qu'on ne saurait trop louer. Sauf notre constante réserve au sujet des imitations de faïence ancienne, l'amateur trouvera dans cette industrie, et presque à coup sûr, de beaux modèles décoratifs applicables à la décoration tant extérieure qu'intérieure de l'habitation. Faïences émaillées, mosaïques, dallages d'asphalte à incrustations, pierres naturelles ou factices, briques estampées se prêtent également à toutes les combinaisons géométriques imaginables, celles qui s'accordent le mieux avec la rigidité de ces matériaux. Il est bien entendu que nous ne parlons pas ici de la mosaïque en pierres dures dont Florence, en quelque sorte, a le monopole, cet art très coûteux n'a d'emploi que dans la décoration des petites surfaces, il fournit surtout des bijoux et des plaques de coffret, quelquefois des dessus de table, mais rien de plus; on ne saurait donc le compter parmi les arts qui concourent excellemment à décorer nos demeures. En ramenant les autres arts que nous venons d'énumérer à la recherche de l'ornement géométrique coloré, nous indiquons une loi générale, mais cette loi souffre des exceptions. Les plaques de revêtements en faïence émaillée peuvent, en effet, étant scellées sur des murailles verticales, fournir de grands motifs de décoration où le paysage, l'architecture et même la figure humaine occupent la première place. Nous avons eu occasion d'en citer de beaux exemples, notamment la façade du pavillon des beaux-arts à l'Exposition universelle de 1878 (V. CÉRAMIQUE ARCHITECTURALE). Nous citerons aussi un exemple non moins précieux du parti qu'un architecte intelligent peut tirer de la brique simplement estampée. On a récemment ouvert à Londres, au musée de Kensington, deux nouvelles galeries dont l'une est consacrée à l'ornithologie, l'autre à l'ichthyologie. Disons d'abord qu'avec un sens pratique dont se tient fort éloignée en France l'architecture officielle, qui jongle avec les millions des villes ou de l'Etat, l'architecte anglais n'a pas eu l'ambition, dont les nôtres ne se fussent pas fait faute, de bâtir un palais en pierre de taille dans le style du Parthénon pour y loger quelques carcasses d'oiseaux ou des arêtes de poisson. A cet effet, deux murs de brique réunis par un plafond vitré lui ont paru suffisants. Il a donné à chaque galerie la longueur nécessaire pour recevoir les collections dans l'état actuel de leurs richesses, et l'a fermée au bout par un modeste refend de briques. Si dans quelques années l'accroissement des collections l'exige, il prolongera à proportion des besoins les murs latéraux et reportera son refend un peu plus loin. Il n'en va pas de même chez nous. L'on n'y connaît point de telles prévoyances, non plus que de telles économies. Nous venons d'en avoir un nouveau témoignage dans la construction achevée d'hier d'annexes au Museum d'histoire naturelle et à l'Ecole de médecine, monuments somptueux fermés par des façades à colonnes, à triglyphes et à métopes, mais fermés, c'est-à-dire peut-être trop larges aujourd'hui, mais demain trop étroits pour les services auxquels ils sont destinés. S'il y a digression dans les lignes qui précèdent, elle n'est qu'apparente. De l'esprit de la construction, en effet, dépend celui de la décoration. Qu'a donc fait l'architecte anglais? Il ne pouvait, si économe qu'il fût, s'en tenir au rôle de maçon, abandonner les murailles d'un musée à la dure nudité de la brique; il fallait orner cette ingrate matière. Il a donc imaginé de faire exécuter en bas-relief quatre modèles de poissons différents et quatre modèles d'oiseaux; puis il a fait repousser ses briques dans ces différents moules, et de la sorte, par une disposition d'ailleurs facile à trouver, il a réalisé une décoration charmante dont le motif indique la destination du lieu, après avoir été indiqué par elle. En entrant dans ces galeries, il semble qu'on pénètre ici dans une volière, là dans un aquarium peuplé de mille animaux divers. C'est moins noble qu'un temple grec à coup sûr; c'est, par contre, plus pratique et plus nouveau.

L'industrie du mobilier est représentée par l'ébénisterie, par les étoffes pour tentures et pour meubles.

Tout ce que nous avons dit des inconvénients qui s'attachent à la division infinie du travail s'applique étroitement à l'ébénisterie et là, plus que dans toute autre industrie, ces inconvénients se révèlent d'une manière fâcheuse. Allez chez un fabricant de meubles, portez-lui le dessin d'un lit, d'une table de forme très simple, sans ornements, sans sculptures; assurément, il l'exécutera, mais à des conditions de prix considérablement plus élevées que celles où il vous livrerait un lit ou une table beaucoup plus chargés de travail sortis de sa fabrication habituelle. Pourquoi cela? Je veux bien que ce fabricant soit tenté de vous faire payer votre fantaisie et vous punisse de ne pas vous en rapporter à son propre goût, de ne pas trouver ses modèles parfaits en tous points. Cependant, il est juste de reconnaître que la main-d'œuvre de votre meuble lui reviendra à lui-même beaucoup plus cher. En effet, ne sera-t-il pas forcé de confier votre modèle à un ouvrier spécial plus intelligent que les autres qui saura traduire exactement une forme originale, nouvelle pour lui? Et ne faut-il pas que cette intelligence se paie? Dans la fabrication courante, au contraire, le modèle une fois adopté se répète à l'infini pendant deux, trois, quatre années, quelquefois plus. Quand la besogne n'est pas faite à la machine, elle se partage entre quatre ou cinq ouvriers qui font perpétuellement la même pièce. Chacun d'eux acquiert dans cette production, pour ainsi dire mécanique, elle aussi, une habileté de main exceptionnelle qui permet d'accomplir, dans un temps donné, une plus grande somme de travail, une certaine perfection apparente et même réelle, mais vulgaire. Il n'y aurait que demi-mal si les modèles étaient très simples et très purs de forme. Malheureusement, il n'en est pas ainsi. Les fabricants encouragent la tendance générale de leur clientèle vers le luxe, lui donnent du gros et faux luxe à bon marché, des meubles lourds chargés de sculptures, de moulures, de médaillons, qui rappellent la fable des bâtons flottants sur l'onde : de loin c'est quelque chose, et de près ce n'est rien, moins que rien. Nos dernières expositions nous ont montré cependant quelques beaux meubles bien exécutés et bien conçus au point de vue du goût. Mais c'est là l'exception. Ces meubles appartenaient à l'ébénisterie de luxe, qui ne se fait que sur commande très spéciale, ou en vue de concours internationaux, par conséquent, elle ne rentre pas dans l'objet plus général de notre étude à raison des conditions exceptionnelles dans lesquelles elle se fabrique.

Un meuble a, comme un monument, une ordonnance générale des divisions, des détails, des moulures, des corniches. Outre la disposition des lignes, il présente un agencement dans ses masses colorantes, et tout son ensemble de formes et de couleurs doit produire une harmonie heureuse pour l'œil, logique pour l'esprit, commode pour l'usage. Mais celui qui le compose n'a pas toujours le sens architectural assez robuste pour résister au charme optique d'une décoration qui, très souvent, est un contresens. Quand l'ornement envahit le meuble, au lieu de le seconder, quand il en contrarie la destination, tout le talent dépensé dans l'exécution l'est en pure perte. Il arrive même quelquefois, quand les saillies n'ont pas été bien calculées, que l'ornement devient une gêne plus encore qu'une décoration. Et remarquez bien que, dans ce cas particulier, on ne peut faire aucun reproche au collaborateur qui a souvent fait preuve de talent, la responsabilité morale retombe tout entière sur le patron qui, n'ayant pas fait d'études suffisantes pour commander à ses ouvriers avec connaissance de cause, est bien obligé de leur obéir, puisque toute la valeur de son meuble est dans l'exécution des détails. On ne s'improvise pas plus fabricant qu'on ne s'improvise architecte, et l'art fait forcément défaut dans une fabrique où il n'y a pas de direction artistique parfaitement déterminée. Autrefois, le fabricant faisait son meuble comme le sculpteur fait sa statue et l'exécution se trouvait toujours en harmonie parfaite avec la conception. Dans nos fabriques modernes, où le travail est morcelé à l'infini, on voit souvent des meubles dont chaque partie prise isolément peut être excellente, mais dont l'ensemble laisse à désirer. Quand le menuisier a fait le corps du meuble, le sculpteur en bois, le ciseleur en cuivre et bien d'autres viennent contribuer à sa décoration et la plupart de ses collaborateurs songent bien plus à faire ressortir leur talent personnel qu'à l'employer en vue d'un ensemble harmonieux. Si l'ébéniste qui ajuste et réunit ces pièces de rapport, si surtout le fabricant qui dirige le tout n'a pas une instruction suffisante pour être le véritable *maître de l'œuvre*, tous ces talents divers, n'allant plus en mesure aboutissent à des détails intéressants appliqués sur une œuvre souvent dépourvue d'intérêt.

Notre conclusion, c'est que l'acquéreur aura à choisir de préférence les formes les plus simples qui, par leur simplicité même, échappent aux surcharges défectueuses. Nous donnons cette solution pour ce qu'elle vaut, et elle ne vaut pas grand chose. Mais si l'imitation maladroite des meubles anciens d'une part, et, d'autre part, si le mobilier grossièrement chargé d'ornements communs ne trouvaient point d'acheteurs, nos fabricants parisiens, si ingénieux et si habiles, sauraient bien de leur côté se procurer des modèles qui satisferaient à la fois le goût et les exigences d'une exécution morcelée, le seul moyen qu'ils aient de fabriquer leurs produits à des prix accessibles pour tout le monde. En fait de mobilier les différences de prix ne devraient être calculées que sur la différence des matériaux employés.

Nous devons accepter les conditions nouvelles de l'industrie de notre temps, puisqu'elle-même elle se trouve entraînée dans cette voie par la double nécessité d'une production qui se développe chaque jour et d'un abaissement des prix de plus en plus caractérisé. Il ne faut pas essayer de remonter ce courant dont la violence briserait toutes les volontés qui lui seraient opposées. Du moins avons-nous le devoir de rendre hommage aux très rares producteurs qui, préférant s'adresser à une clientèle d'élite, maintiennent dans toute la mesure de leurs forces les antiques traditions de beauté, de solidité, de saine appropriation de la matière à l'usage et d'application intelligente de la décoration qui ont fait jadis l'honneur et la fortune de la France. Nous avons non seulement ce devoir, mais aussi le droit d'adresser aux fabricants que des intérêts d'argent bien légitimes mettent au service des idées nouvelles, l'instante prière de ne point encourager le mauvais goût général par un excès d'empressement à le flatter et à le servir. Ils contribueront ainsi doublement à la prospérité de leur pays, car sans négliger les soins qu'ils donnent à l'extension de son industrie et de son commerce, ils sauveront sa suprématie en péril. Quand on se plaint de voir dans une Exposition des œuvres mal conçues, médiocrement exécutées et d'un goût fâcheux, souvent sans logique, et appropriées de façon très contestable à leur destination, la réponse est invariable : « Le public les veut ainsi et la vente en est énorme. » Mais n'est-il pas possible de répliquer que en principe le producteur fait bien plus l'éducation du consommateur que celui-ci n'impose ses idées au fabricant? La mode est établie surtout par le producteur et les dessinateurs spéciaux; et, le public se contente, en général, d'accepter les idées qui lui sont soumises en profitant largement, il est vrai, des facilités qui lui sont offertes d'acquérir à bas prix ce qu'une qualité supérieure de la matière première ou une meilleure exécution lui feraient payer plus cher. En admettant que les procédés économiques soient reconnus indispensables à la diffusion d'un luxe relatif, par les moyens dont l'industrie contemporaine dispose, nos instances auront alors pour but essentiel d'obtenir une discrétion de bon goût, quant à l'application de ces moyens qui à elle seule constituera déjà un très sérieux progrès. Et puis, le salut sera dans une étude plus attentive des règles esthétiques de l'art. La simplicité, le style, le caractère conventionnel, — plus favorable que l'imitation pure de la réalité, — des éléments de décoration empruntés au règne végétal ou à l'ornementation de pure fantaisie, une coloration en harmonie avec la matière mise en œuvre et avec la destination de l'objet, tels sont les principes généraux sur lesquels nos artistes et nos fabricants doivent régler leur conduite en essayant de les faire prévaloir auprès du consommateur qui est plus docile qu'on ne le dit.

Le nombre toujours croissant des copies nous paraît aussi révéler un symptôme assez inquiétant pour l'avenir de cette grande industrie du meuble, qui depuis quatre siècles est une des gloires de notre pays; le jury de l'Union centrale a ouvert une enquête sur les causes qui pouvaient amener un appauvrissement dans l'esprit autrefois si inventif des producteurs. « Tous les fabricants que nous avons questionnés, dit le rapporteur, nous ont donné la même réponse : on nous demande des reproductions de modèles anciens et nous en avons toujours le placement à un prix assez avantageux. Quand nous créons des modèles nouveaux, nous avons plus de frais et un placement moins assuré. » Par suite, le nombre des dessinateurs de meubles est des plus restreints et on peut prévoir le temps où il ne s'en formera plus de nouveaux, parce qu'ils trouvent de moins en moins l'occasion d'employer leurs talents. C'est donc en vain que dans nos écoles de dessin nous cherchons à développer chez les élèves l'esprit d'invention en les poussant le plus possible à la composition. Comment dirigeraient-ils leurs efforts dans ce sens, quand ils entendent dire à leurs anciens que maintenant ce qu'il faut à un dessinateur en meubles, c'est un carton d'estampes bien garni, le public voulant surtout des reproductions?

Les étoffes destinées à l'ameublement se divisent en tapisseries, tapis, étoffes de tenture et étoffes de meubles.

Les tapisseries présentées au public par les manufactures nationales sont assez importantes et nombreuses pour montrer les ressources admirables dont ces grandes institutions disposent. Le talent des peintres chargés de fournir des modèles et l'habileté prodigieuse des artistes tapissiers sont connus dans le monde entier et hors de toute contestation. Les ouvrages exécutés aux Gobelins sont plus que jamais des œuvres parfaites, des merveilles. Sur leurs qualités, tout a été dit. Seuls les principes décoratifs appliqués dans notre manufacture nationale sont susceptibles d'une critique; mais on peut être assuré que avec le temps ils seront profondément modifiés. Il y a des habitudes invétérées difficiles à détruire et des ménagements nécessaires à garder. La volonté persévérante de notre collaborateur M. Alfred Darcel et du directeur des travaux d'art, M. Galland, sauront vaincre les difficultés qui, jusqu'à présent, ont retardé la régénération définitive des Gobelins. Il serait injuste, d'ailleurs, de ne pas constater les progrès accomplis en ces dernières années. Une évolution commence à s'opérer; si elle est timide elle est cependant évidente; nous espérons donc voir dans un prochain avenir ces précieuses tapisseries reprendre les caractères de haute décoration qui, sous le règne de Louis XIV, ont illustré la célèbre manufacture. Renoncer absolument aux copies de tableaux, obtenir des artistes auxquels est confiée la composition des modèles qu'ils se préoccupent davantage des nécessités spéciales de la tapisserie, en appréciant plus qu'ils ne le font les grandes qualités décoratives des belles œuvres des XVIe et XVIIe siècles, ce sera un bien grand pas effectué dans la voie du véritable progrès. (La cause sera gagnée et le triomphe complet, lorsque le modelé très simplifié sera exécuté par hachures et que les formes seront nettement accusées par un trait. L'idéal serait de permettre à la tapisserie de flotter, ainsi qu'il convient à une tenture mobile, au lieu de la fixer avec une rigidité absolue sur un châssis, comme cela est indispensable à un tableau; mais il ne faut pas être trop exigeant ni choquer ouvertement les idées actuellement en faveur. Les artistes chargés des modèles de tapisserie dans l'industrie privée suivent de trop près la nature. Le choix de leurs encadrements n'est pas non plus toujours heureux. C'est ainsi qu'ils simuleront autour de leurs compositions de fleurs de lourds cadres d'or, sur lesquels il est évidemment contraire au bon sens de s'appuyer et de marcher. A plus forte raison, est-il ridicule de poser le pied sur des compositions d'animaux et de figures. Il se fait aussi des imitations de tapisserie en peinture inaltérable sur reps dont il nous faut dire un mot. On se trouve ici en présence de peintures remarquables, mais qui ont été exécutées directement sur le tissu par des artistes de talent. L'intérêt du procédé consiste dans ce fait que la couleur employée pénètre la trame et traverse l'étoffe; il est aisé de le constater à l'inspection de l'envers. Mais est-il certain que la coloration de l'épiderme du reps ne sera pas altérée, quand à l'intérieur du tissu elle restera inutilement indélébile? Il est possible que l'imbibition complète n'ait ainsi aucun résultat pratique bien sérieux. En exprimant un doute, on n'entend pas condamner ce très curieux procédé; d'ailleurs le temps doit accomplir son œuvre pour que l'expérience soit décisive. En résumé, si la tapisserie reproduit les effets de la peinture, à son tour, la peinture imite la tapisserie : elle est aidée en cela par les moyens nouveaux que la chimie, toujours en progrès, met à la disposition de l'industrie. Cette tendance est mauvaise. Voici des panneaux de tenture fort coûteux, lorsque des artistes d'une valeur réelle les décorent de leur main, et qui sont des originaux sans reproduction possible; or, le but qu'on se propose d'atteindre est d'offrir aux yeux un simple mirage, c'est-à-dire l'imitation de tapisseries exécutées au métier, cette imitation voulue étant facilitée par le cotelé du reps. N'y a-t-il pas là une erreur fondamentale à déplorer, tout en appréciant à sa valeur l'effort industriel qui a été effectué? En outre, il est à craindre que ce moyen décoratif ne tombe plus tard dans des vulgarités d'exécution qui lui enlèveront son intérêt actuel.

Quant aux autres étoffes de tentures et de meubles, notre étude est bien simplifiée par l'adoption très générale et très motivée des étoffes de velours, de soie et de jute d'une seule couleur et le plus souvent tout unies. Quand on y introduit la couleur, comme dans les tissus de jute, par voie d'impression, on s'inspire heureusement des tapis d'Orient et parfois de notre vigoureuse, brillante et harmonieuse Renaissance française. La perse seule fait exception. Dans cette industrie, comme dans celle des tapis et du papier peint, il n'y a guère à reprendre que le réalisme de l'imitation, en outre, une recherche de tons éclatants qui n'établissent victorieusement que la perfection des produits chimiques et luttent bien à contresens avec la richesse toute naturelle des toilettes de la femme. Dans le choix des perses, sauf de rares motifs, on fera bien de s'arrêter aux compositions de couleurs claires et légères.

Faut-il ajouter à ce paragraphe relatif aux étoffes d'ameublement un mot sur les mousselines ? La mousseline est une étoffe légère et qui doit rester telle. Toute broderie qu'on y appliquerait avec excès serait donc, venant alourdir la mousseline, en contradiction avec la nature de l'étoffe même ; il y a par conséquent là aussi un contresens à éviter. On évitera de même tout dessin d'ornement qui rappellerait des formes pesantes. On adoptera les arabesques, les entrelacs aussi variés que possible, les oiseaux-mouches, les papillons, les fleurs ; mais on tiendra à ce que ces fleurs ne s'élancent pas d'un vase immense ou ne se rattachent pas à de grosses et lourdes branches, comme cela se fait trop souvent. La délicatesse de ce tissu léger étant une chose essentielle à conserver, on en conclura aisément le principe décoratif déterminé par la loi de convenance.

L'amour du bien-être et le désir de briller ont pris un développement si considérable depuis une trentaine d'années que l'industrie a dû régler sa marche et augmenter ses moyens d'action en conséquence ; elle a fourni d'extraordinaires facilités à l'art industriel en favorisant assez son extension pour qu'il fût en mesure de satisfaire à des exigences autrefois inconnues. Par malheur, les appétits sont devenus excessifs et trop pressés ; les fantaisies se sont accrues démesurément dans ce domaine si largement ouvert et les besoins ont pris un caractère artificiel qui augmente dans de trop larges proportions les nécessités imposées au producteur. Il en résulte que partout la qualité de la matière se trouve sacrifiée ou du moins placée à un rang secondaire et que la machine rapide s'est substituée à la main humaine, trop lente. Parfois l'esprit éprouve beaucoup de peine à concevoir l'intervention de procédés mécaniques qui servent mal les intérêts de l'art. Ici apparaît un genre particulier de luxe fait d'ostentation et de mensonge, plaie vive de notre état social à raison des maux variés qu'il traîne à sa suite. L'ambition du fabricant ainsi favorisée n'a plus de bornes ; elle renverse tous les obstacles, son objectif a cessé d'être la mise en valeur des qualités naturelles de la matière employée ; on déguise celle-ci afin qu'elle prenne l'aspect et jusqu'aux défauts d'une autre matière dont la mission est cependant très différente de la sienne. De divers côtés, le souci de l'imitation et du trompe-l'œil est flagrant. Cette préoccupation se manifeste avec une certaine intensité dans la plupart des industries appartenant au groupe des tissus. Peut-être aurait-on le droit de trouver que la modeste cotonnade, qui s'adresse principalement aux petites bourses, est chargée parfois d'une décoration bien somptueuse ou d'une coloration bien lourde ! Mais il est beaucoup plus grave de donner à ces tissus d'un prix si bas les apparences de la tapisserie au métier pour en faire des portières, des rideaux et des tentures ; ceci est absolument condamnable et fait regretter la belle percale imprimée qui, décorée avec plus de discrétion, laisse apparaître l'étoffe et permet de la comprendre. En général, les soieries ne présentent pas des garanties de durée en harmonie avec leur valeur et leur beauté. A quoi bon, d'ailleurs ! une robe ne devant vivre que peu de mois ou même peu de semaines. La mode, qui ne se pique pas de logique, exige pour la décoration des tissus de soie destinés à la parure de la femme, une ornementation à grande échelle, quand elle impose aux étoffes de tenture des motifs plus fins. Et comme l'on copie plus que l'on ne crée, les dessins pour robes sont empruntés à d'anciens tissus d'ameublement, lorsque la décoration des tentures et des sièges est souvent une simple reproduction des combinaisons décoratives imaginées pour les jupes de nos bisaïeules. Voici le jute qui ne tardera pas à faire oublier tous les textiles en usage dans les tissus d'ameublement, maintenant qu'on le file avec facilité ; sa solidité est douteuse, mais son prix est minime et sa domination est assurée dans un avenir prochain. Le poil de chèvre, cette matière magnifique est trop précieuse sous tous les rapports pour que l'emploi en soit possible aujourd'hui, sans un mélange dans lequel on le fait entrer avec parcimonie. Les plus coûteuses dentelles ne s'exécutent presque jamais en lin, depuis que les Anglais sont parvenus à filer le coton très retors et avec une finesse supérieure ; mais ces merveilleux ouvrages, que l'on ne peut nettoyer fréquemment, auront une existence relativement courte. Encore, devons-nous être satisfaits que l'on n'ait pas entièrement renoncé à la confection des dentelles à la main ; toutefois, la terrible machine menace ; elle se prépare à détruire les dernières résistances qu'elle rencontre. La broderie à la main, sous ses diverses et très nombreuses formes, ne sera bientôt qu'un souvenir peut-être, car les procédés mécaniques envahissent de plus en plus cette industrie et tendent à faire disparaître totalement l'action de la main humaine. La broderie blanche et la broderie de soie et de laine se font mécaniquement pour les applications les plus variées ; enfin d'opulentes broderies d'or s'obtiennent, du moins quant à l'apparence, par le moyen du gaufrage et de l'impression combinée.

Dans un ordre d'idées bien différent, il est un autre caractère de la fabrication moderne qu'il est utile de signaler ici. C'est la perfection excessive de l'exécution dans plusieurs catégories d'ouvrages. Une pareille qualité se transforme en défaut, lorsqu'elle a pour résultat de tromper les yeux sur la nature de la matière employée ou de l'objet fabriqué, comme de la destination attribuée à l'œuvre décorative. Une tapisserie donnant l'illusion d'un tableau, une dentelle et une broderie confectionnées avec cette habileté prestigieuse qui semble avoir appelé le secours de la machine, en faisant disparaître les hésitations charmantes de la main, perdent une part de leur intérêt ou de leur logique spéciale ; elles laissent le spectateur froid ou troublé. Certaines guipures ont la sécheresse du métal et une régularité dans l'exécution qui étonne et autorise le doute. Il en est de même de la broderie proprement dite dans ses nombreuses applications ; il arrive que son fini exagéré surprend et choque le regard. L'habileté de nos ouvriers et de nos ouvrières est égale à la science et à la facilité de main de nos dessinateurs ; leurs qualités sont devenues proverbiales. Mais cette virtuosité donne, en certains cas, des résultats dont nous ne pouvons nous applaudir sans quelques réserves. En résumé, il ne suffit point qu'artistes et artisans fournissent des preuves constantes qu'ils sont en mesure d'exprimer des idées avec perfection, encore faut-il que leurs idées soient saines au point de vue décoratif et que leur talent s'exerce au plus grand profit de la fonction et de l'aspect des ouvrages.

Il est opportun, en terminant, d'ajouter quelques mots pour faire ressortir une fois de plus l'absence presque complète d'originalité dans la décoration contemporaine. Nos fabricants persistent à copier les productions du passé, sans paraître redouter l'inconséquence et parfois l'étrangeté des résultats qu'ils obtiennent comme le danger pour l'avenir de leurs habitudes routinières. Faire du nouveau ne consiste plus à caractériser un style, mais simplement à rechercher des applications industrielles sans précédents. A cet effet, on use de moyens décoratifs soustraits à leur véritable mission ou de procédés économiques qui détournent la matière et son ornementation de leur emploi rationnel. Nous n'irons pas jusqu'à dire que nulle part le souffle créateur ne se fait sentir ni l'effort sérieux, qui a pour but d'innover avec goût, d'après les principes d'une saine esthétique ; mais il semble qu'on perde la notion délicate, qu'il est cependant indispensable de posséder, sur les rapports entre les personnes et les choses, ainsi que le sentiment des proportions entre les combinaisons ornementales, le mode d'exécution et l'usage. Tantôt la nature prise sur le vif ne reçoit pas l'interprétation décorative qui la fait valoir, tantôt un archaïsme exagéré surprend le regard et ne saurait permettre d'en comprendre la convenance spéciale. La main exécute machinalement ce que les yeux, en se détournant du spectacle de nos besoins réels, ont contemplé dans les siècles écoulés. Il semble que nous soyons sans imagination, sans idées et que des préoccupations d'un ordre bien différent soient parvenues à éteindre en nous la flamme vivifiante qui animait le génie de nos pères. Nos meubles en 1883 sont des reproductions trop souvent banales et maladroites des œuvres des trois derniers siècles, les tissus sont décorés à l'aide d'imitations, généralement mal adaptées, de motifs inventés en d'autres temps ou par d'autres civilisations.

Comment réaliser dans ces conditions l'harmonie parfaite qui doit présider à l'ornementation de nos demeures et de nos vêtements? La Renaissance et le style des derniers jours de la monarchie française se coudoient avec l'art de l'extrême Orient, et ces splendeurs associées sous une forme qui fournit rarement la preuve de l'intelligence des applications sont mises à la disposition de toutes les bourses, grâce aux progrès constants des procédés mécaniques.

Il s'est opéré une évolution bien curieuse dans les arts décoratifs depuis que de fréquentes expositions ont donné à nos industriels l'occasion et la facilité d'étudier une très grande quantité d'étoffes et de tapis d'Orient. En se familiarisant avec les principes admirables qui régissent les diverses applications de l'art chez les peuples asiatiques, nos producteurs ont compris qu'ils avaient là une mine très riche à exploiter pour répondre à des aspirations dirigées vers l'inconnu et pour satisfaire à un besoin de réaction contre la monotonie de l'art occidental inspiré des époques antérieures. C'est ainsi qu'ils sont parvenus à déguiser leur impuissance et leur infécondité. Avec l'élément chinois et surtout japonais, la fantaisie du dessin est venue s'ajouter à la fantaisie de la couleur, et le plaisir des yeux s'est doublé des étonnements de l'imagination. La liberté d'allure, l'originalité toujours singulière des compositions habituelles à ces artistes orientaux, — qui nous étaient presque inconnus il y a trente ans, — nous ont délassé des imitations fastidieuses de notre passé. Comme une partie de l'orfèvrerie et de la bijouterie, de la céramique et de la cristallerie, du papier peint et des mille objets en bronze et en ivoire qui encombrent nos habitations, les tissus ont fréquemment adopté une décoration empruntée à celle des Chinois et des Japonais. L'Exposition universelle de 1878 et celle de l'Union centrale en 1882 ont fait apprécier cette influence considérable qui apparaît un peu partout dans les tentures, les rideaux, les robes et les broderies. Du moins en est-il résulté une renaissance de la couleur à laquelle il convient d'applaudir ; de superbes effets ont été obtenus ainsi. Mais quelle bizarrerie de contraste entre l'art des pays latins et les caractères archaïques des compositions et du dessin que les industriels européens ont imités au moyen du pillage en règle de ces ornementations prises dans les étoffes, les porcelaines et les albums de l'empire du « Soleil-Levant » ! L'amalgame est affligeant, car il démontre péremptoirement notre décadence, la perte de notre originalité, ainsi qu'une suprême indifférence pour les lois élémentaires de l'harmonie décorative.

En résumé, l'art décoratif a perdu au XIXe siècle la meilleure partie de sa vitalité ; il est devenu infécond, il vit de copies, et sa décadence serait complète si une grande habileté d'exécution matérielle et un certain goût — natif chez les Français, ou acquis récemment par d'autres peuples — ne procurait encore aux yeux une satisfaction qui est insuffisante pour l'esprit. On ne saurait se contenter de posséder ce goût qui met en valeur les reproductions d'ouvrages anciens ou les inspirations les plus modestes. Le sens de la création est indispensable pour relever l'art de l'état d'abaissement dans lequel il se trouve aujourd'hui, relativement à la situation glorieuse qu'il occupait autrefois.

En ce qui concerne la France, un double intérêt oblige à essayer de résoudre rapidement cette grave question : le maintien d'une suprématie en matière d'art qui tend à disparaître et la nécessité de protéger le commerce national qui est en péril. L'Angleterre, la Belgique, l'Allemagne, l'Autriche, la Russie et l'Amérique nous envoient leurs produits par quantités énormes ou fabriquent pour leur usage ce qu'ils nous achetaient, il y a peu d'années encore, dans de grandes proportions. Il n'est pas jusqu'à la Chine et au Japon qui n'envahissent notre marché. Ainsi que vient de le faire remarquer M. Marius Vachon (*Nos industries d'art en péril*), d'après les tableaux généraux du commerce français « sur l'ensemble des principaux objets fabriqués importés, il n'y a pas moins de cent quatre-vingt-cinq millions d'augmentation de 1873 à 1881 ; par contre, les exportations ont diminué de deux cent quatre-vingt-deux millions. Il y a là un fait économique de la plus grande gravité. La carrosserie a diminué entre les deux périodes de près de cinq millions, la tabletterie de neuf millions, les meubles de deux millions, les articles de l'industrie parisienne de huit millions, la faïence et la porcelaine de trois millions, les verres et cristaux de douze millions, les tissus de soie de *deux cent quarante-quatre millions*.» Le goût des nations étrangères s'est développé d'une manière imprévue et se met nettement en concurrence avec le nôtre. Les expositions internationales y ont aidé ; mais une volonté vigoureuse et persévérante a permis d'entreprendre cette lutte avec des chances sérieuses de succès. Partout des musées d'art décoratif et des écoles de dessin ont été fondés, partout ils sont en pleine voie de prospérité. L'argent est dépensé à profusion, car on sait bien que les capitaux engagés rapporteront de gros intérêts. D'ailleurs les résultats ne se sont pas fait attendre et les progrès considérables qui s'effectuent de tous côtés en constituent la meilleure preuve. Seule, la France est restée à peu près stationnaire, au risque de voir les nations qui étaient ses tributaires devenir ses rivales triomphantes. « L'industrie des peuples et la prospérité des manufactures sont la richesse la plus sûre d'un état. » Cette parole de Colbert est plus que jamais une vérité saisissante. Ajoutons qu'un gouvernement ne peut acquérir de plus beaux titres à l'estime publique qu'en prenant le soin d'encourager les arts et l'industrie. Bien des voix autorisées ont réclamé pour la France les institutions dont la plupart des contrées de l'Europe ont été récemment dotées : musées d'art industriel, bibliothèques spéciales, enseignement sous toutes les formes et multiplié dans les grands centres producteurs. Or rien ou presque rien n'a été fait. Il y a là, pour notre patriotisme, grave matière à réflexion.

DÉCORATION THÉATRALE. Le théâtre avait chez les anciens une importance considérable. Les ruines qui existent encore suffisent pour donner une idée de ce qu'étaient les monuments consacrés aux représentations dramatiques, mais on ne sait pas exactement en quoi consistait l'art de la décoration théâtrale. Ce qui reste des théâtres antiques ne fait que rendre les conjectures plus incertaines par l'extrême difficulté de combiner avec d'aussi vastes espaces l'emploi des moyens connus de nos jours. Les auteurs parlent de l'illusion scénique, de l'émotion éprouvée par les spectateurs ; les tragédies, les comédies, offrent des scènes tellement compliquées que, pour les interpréter, ce ne serait pas trop de toutes les ressources de l'art moderne. Comment parvenait-on à réaliser ce que les poètes avaient imaginé ? Par quel degré d'imitation l'illusion était-elle produite ? On ne le sait que fort imparfaitement. La scène, telle qu'elle était construite, avec ses trois portes donnant chacune accès à des lieux déterminés par une convention théâtrale, constituait déjà une décoration qui était l'œuvre de l'architecte. D'autres décorations mobiles, peintes, venaient s'y joindre à l'occasion. Vitruve décrit trois sortes de scènes : « la tragique, la comique et la satirique. Les décorations en sont différentes en ce que la scène tragique a des colonnes, des frontons élevés, des statues et tels autres ornements qui conviennent à un palais royal. La décoration de la scène comique représente des maisons particulières avec leurs balcons et croisées disposés comme les habitations ordinaires. La scène satirique est ornée de bocages, de cavernes, de montagnes et de tout ce qu'on voit représenté dans les paysages de tapisseries. » (*De l'architecture*, chap. VII, traduction de Perrault.) Comment étaient peintes ces décorations ? D'après Vitruve encore, il est certain que les règles de la perspective y étaient habilement observées et que l'on produisait une illusion complète « en représentant fort bien les édifices dans les perspectives dont on décore les théâtres, où ce qui est peint sur une surface plate paraît s'avancer à certains endroits et s'éloigner en d'autres. »

Quelques bas-reliefs, quelques peintures découvertes à Pompéi, reproduisent des scènes théâtrales, mais, au point de vue spécial qui nous occupe, il est presque toujours difficile de déterminer si l'artiste nous a conservé exactement l'aspect d'une partie de la décoration, ou s'il a interprété à son gré une scène tirée de quelque tragédie ou de quelque comédie. Il faut arriver aux mystères pour trouver des documents précis, des descriptions exactes des moyens employés, des dessins ou des miniatures représentant la scène dans son ensemble. On est surpris de découvrir alors un art déjà complet et des inventions aussi ingénieuses que les nôtres. Il n'est pas dans la nature des choses qu'un art quelconque naisse ainsi, armé de toutes pièces, et dans un état voisin de la perfection. D'où venaient *ces beaux secrets* des mystères, comme on nommait alors ce que maintenant nous appelons des *trucs ?* par quelle tradition avaient-ils été transmis à ceux qui s'en servaient ? C'est ce qu'il serait fort curieux de savoir, et ce que nous ne savons pas.

Dès le commencement du XVIIe siècle, les documents abondent. En 1638, paraît à Ravenne le curieux ouvrage de Nicola Sabbattini, intitulé : *Pratica di fabricar scene e machine ne teatri*. Cet ouvrage indique, avec des figures explicatives, les règles de la perspective théâtrale, les détails de la machinerie, les appareils d'éclairage bien primitifs qui servent à faire le jour et la nuit. La plupart des pièces italiennes publiées à cette époque sont enrichies de gravures montrant pour chaque acte les différentes décorations. Ces décorations sont généralemen très compliquées, très riches, sinon de très bon goût ; d'une perspective exacte, mais qui nous paraît froide parce qu'alors l'usage était de reproduire à chaque plan et souvent jusque sur le fond du décor, le même motif diminuant régulièrement.

Lorsque Mazarin fit exécuter en France les premières comédies en musique, en même temps que les chanteurs, les décorateurs vinrent d'Italie. Torelli d'abord, Vigarani ensuite. Ce dernier fut l'associé de Lully dans la direction de l'Académie royale de musique. Les décors de Torelli, ainsi que ceux de Vigarani sont gravés, on peut en apprécier la composition. Quant à la façon dont ils étaient peints, on en est réduit à des conjectures. Ce serait une merveille qu'un fragment de décoration théâtrale du XVIIe siècle fût conservé. De tous temps, ces peintures qui parfois ont été dans leur genre des chefs-d'œuvre d'exécution, furent vouées à une destruction rapide, usées dans le service, quand l'ouvrage a de nombreuses représentations ; lavées pour être remplacées par d'autres, quand la pièce ne doit plus se jouer, périssant dans les incendies, elles ont toutes les chances contre elles, et précisément, en ce qui concerne Torelli, nous pouvons citer l'exemple d'une autre cause de destruction assez singulière. La Grange, dans son précieux registre, nous raconte que lorsque la troupe de Molière quitta le petit Bourbon pour aller au Palais-Royal, elle fut autorisée à emporter les loges et autres choses nécessaires pour le nouvel établissement « à la réserve des décorations que le sieur de Vigarani, machiniste du Roy, nouvellement arrivé à Paris, se réserva sous prétexte de les faire servir au palais des Tuileries. Mais il les fit brûler jusque à la dernière afin qu'il ne restât rien de l'invention de son prédécesseur qui était le sieur Torelli dont il vouloit ensevelir la mémoire. »

Vigarani avait pour collaborateur Erard, premier peintre du roi. Un procès qui eut lieu entre eux nous apprend qu'Erard demandait 1090 livres pour quatre décorations. Vigarani fut remplacé en 1680 par Rivani que Lully fit venir d'Italie. En 1684, Bérain qui, jusqu'alors, n'avait dessiné que les costumes, fut chargé des décorations d'*Amadis*. Il en composa d'autres par la suite.

Pendant que les opéras et les pièces à machines se représentaient ainsi avec un grand luxe de décors, la comédie se contentait de ressources beaucoup plus modestes. La Bibliothèque nationale possède au département des manuscrits un très curieux recueil où Laurent Mahelot et Michel Laurent, machinistes de l'Hôtel de Bourgogne, ont décrit, en les accompagnant de dessins, les décors qui servaient aux pièces de Rotrou, de Scudéry, de Corneille, de Benserade, etc. Ce recueil est particulièrement intéressant en ce qu'il révèle tout un système de décoration d'après lequel la scène, au lieu de changer suivant les nécessités de l'action, nous montre à la fois toutes les localités dont il sera question dans l'ouvrage. Ainsi, pour *la Folie de Clidamant*, de Hardy, par exemple, le théâtre représente « à gauche, un vaisseau d'où une femme doit se jeter dans la mer ; plus loin, l'entrée d'un palais ; au fond, un beau palais avec un trône ; à droite, une chambre, qui s'ouvre et se ferme, avec un lit et des draps. » C'est ainsi que, sans changement à vue, et la scène représentant à la fois les lieux les plus divers, l'action pouvait se passer d'un côté sur un vaisseau, de l'autre dans une chambre à coucher, il suffisait pour cela que la scène fut jouée par les acteurs d'un côté ou de l'autre du théâtre. Cette simultanéité paraît être un reste du système de décoration des mystères pour lesquels on voyait sur un même échafaud l'enfer, le paradis, Nazareth, etc.

En 1726, Servandoni commença à peindre des décors pour l'Opéra. Jamais avant lui l'illusion n'avait été aussi complète, l'entente de la perspective, l'emploi des lumières firent paraître immense une scène qui n'était ni large, ni profonde. Parfait, dans son histoire manuscrite de l'Académie royale de musique, donne à ce sujet des détails que nous croyons devoir reproduire parce qu'ils sont d'une grande précision. Il s'agit du *Temple de Minerve* (1er acte de Thésée, 1729). « La perspective sembloit avoir donné réellement à ce temple une élévation extraordinaire, puisque malgré la petitesse du lieu, les décorations étoient beaucoup plus hautes sur le fond du théâtre que sur le devant, chose qu'on n'avoit point encore vue à l'Opéra, et qui fit un effet admirable, car, outre le dôme, on voyoit dans le fond deux ordres d'architecture, le tout ayant trente-deux pieds de haut réels qui paroissoient à la vue en avoir plus de soixante, au lieu que jusqu'alors aucune décoration n'avoit eu plus que dix-huit pieds de haut dans le fond. »

Après Servandoni, parmi les peintres les plus célèbres, on peut citer Parrocel, Boucher, de Gotti, Boquet, puis, arrivant à la période moderne, Ciceri, avec qui travailla Daguerre ; Isabey, Percier et Fontaine, etc.

Avec Cicéri, on peut dire que l'art de la décoration théâtrale était arrivé à un point très voisin du degré de perfection où l'ont amené les artistes contemporains. On n'en peut donner de meilleure preuve que celle-ci : au nouvel Opéra, pour le décor du 1er acte de *Guillaume Tell*, pour le célèbre décor du cloître de *Robert-le-Diable*, MM. Rubé et Chaperon ont cru devoir reproduire les principales dispositions des décors originaux de Ciceri.

On trouvera au mot MACHINERIE THÉATRALE tout ce qui est relatif à cette importante partie de la mise en scène, mais nous ne pouvons nous dispenser de parler des progrès qui ont été réalisés, dans ce qu'on appelle la *plantation* des décors, parce que cette partie de la construction est intimement liée à l'art du peintre décorateur.

Depuis l'origine et jusqu'à une époque assez récente, tous les décors ont été composés d'une toile de fond ou d'une *ferme* qui en était l'équivalent, puis, de chaque côté, de châssis soutenus par des portants et glissant à volonté dans des rainures. C'est de là qu'est venu le terme de *coulisses*, généralement employé dans le langage usuel. Dans ce système, quand on devait représenter une salle de palais ou un appartement, au lieu de construire comme maintenant un décor fermé, surmonté d'un plafond, on se contentait de peindre en perspective sur chaque châssis les différentes lignes d'architecture qui se raccordaient tant bien que mal, et ne pouvaient paraître exactes qu'aux spectateurs placés au fond et au milieu de la salle.

Dans ce système, les entrées et les sorties se faisaient par les coulisses, et quand il était absolument nécessaire, pour un jeu de scène, qu'il y eut une porte s'ouvrant ou se fermant et non pas une porte peinte, on fixait cette porte entre les deux châssis dont elle ne fermait qu'une partie en hauteur, laissant apercevoir au-dessus le reste du décor et les corniches peintes en perspective. C'est ce qu'on appelait le *portique*.

Dans les décors représentant des paysages, on se servait très rarement de ce qu'on appelle les *praticables*, c'est-à-dire de ces constructions, si fréquentes de nos jours, qui permettent de traverser un pont, de monter un escalier, de gravir un sentier au milieu des rochers.

Dans ce système, les changements à vue étaient tres faciles et ils étaient la règle à l'Opéra, où jusqu'à *Guillaume Tell*, tous les ouvrages furent représentés sans que le rideau fut baissé à l'entr'acte. Mais on comprend combien l'art du décorateur était gêné et combien les moyens de produire l'illusion étaient restreints. De là une monotonie constante, aussi bien dans la disposition des plans que dans la distribution de l'éclairage qui est devenu une partie si importante de la décoration. Il faut dire, du reste, que jusqu'à l'introduction du gaz, l'éclairage des décors a été des plus insuffisants. L'œil des spectateurs y était fait et ne demandait pas davantage, mais un décor, éclairé par les anciens procédés, et représentant le soleil dans tout son éclat, ne produirait plus maintenant que l'impression de l'aurore ou du crépuscule.

Nous voici arrivé à la période contemporaine, et, pour exposer ce qu'est l'art de la décoration théâtrale de nos jours, nous croyons n'avoir rien de mieux à faire que de suivre une décoration depuis le premier moment jusqu'à l'heure où elle apparaît devant le public. Nous choisirons pour exemple la construction et la peinture d'un décor de l'Opéra.

On commence par communiquer aux peintres le manuscrit de l'ouvrage que l'on se propose de représenter; ce ne serait pas assez de donner seulement communication de la description du décor tel que les auteurs l'ont déterminé. Les artistes ont besoin d'étudier dans chaque scène ce qui peut être relatif aux entrées, aux sorties, etc. Ils ont même besoin, en dehors de toute nécessité scénique, de connaître le caractère de l'ouvrage; et selon qu'il sera gracieux ou sévère, ils sauront donner à leur décoration un aspect différent.

Le résultat de cet examen du manuscrit est la présentation d'une esquisse, puis d'une maquette construite en carton, qui, à l'échelle de 3 centimètres pour mètre, reproduit avec la plus scrupuleuse fidélité toutes les dispositions et tous les détails de la décoration future. Les maquettes sont quelquefois tracées à l'encre relevée de quelques tons de gouache. Le plus souvent elles sont peintes. En construisant sa maquette, l'artiste a déjà prévu la façon dont elle sera éclairée. Tel mouvement de terrain est destiné à cacher aux yeux du public une *traînée* qui projettera une vive lueur sur les plans suivants. On comprend que dès qu'un théâtre est un peu large, les appareils d'éclairage, placés derrière les châssis de droite et de gauche, deviennent insuffisants pour éclairer le milieu de la scène, de même l'artiste fait descendre plus ou moins ses *plafonds* (on appelle ainsi les toiles qui pendent du cintre, qu'elles représentent de l'architecture, de la verdure ou simplement le ciel), afin de disposer à la hauteur convenable les *herses* qui serviront à l'éclairage des plans suivants et de la toile de fond ou *rideau*.

On peut dire de ces maquettes que ce sont de petits chefs-d'œuvre. Elles donnent aussi exactement que possible l'impression de la décoration elle-même. A l'Exposition universelle de 1878, où l'on en avait réuni une certaine quantité dans une salle spéciale, elles ont été fort admirées, et celles qui sont actuellement exposées dans le Musée de l'Opéra n'ont pas moins de succès.

Quand la maquette a été acceptée par le directeur et par les auteurs, les décorateurs donnent au machiniste les mesures et les indications nécessaires pour la construction des fermes, châssis et accessoires divers qui feront partie de la décoration. Ces indications consistent généralement en tracés à l'échelle de 4 ou 5 centimètres au moins et autant que possible cotés. C'est au machiniste alors à livrer au peintre les rideaux, les châssis tout construits et munis de leurs toiles *broquetées*. Certaines parties ne sont *chantournées* qu'après que la peinture, complètement achevée, leur a donné une forme définitive.

Le lecteur a sous les yeux (fig. 9) l'atelier de la rue Richer où se construisent et se peignent les décors de l'Opéra. On voit ces immenses surfaces de toile étalées par terre et les artistes munis de longues brosses et de vastes règles opérant le tracé à l'encre, ou la mise en couleur.

Il est facile d'apprécier ce que la décoration théâtrale exige de connaissances de toute sorte, d'habileté de main, de sûreté de coup d'œil. L'architecture de tous les temps, de tous les pays doit être familière à l'artiste; de même les différents aspects de la nature dans toutes les régions. Il faut reproduire tantôt la végétation tropicale dans toute sa splendeur, tantôt les steppes de quelque contrée du nord, et, architecture ou paysage, tout cela est exécuté dans des dimensions qui, pour les premiers plans, sont celles de la nature elle-même. Les moindres détails d'une cathédrale gothique, d'un temple indou, d'une pagode chinoise revivent sous le pinceau de l'artiste; quant au paysage, le temps n'est plus où l'on se contentait d'un feuillé uniforme, vulgairement appelé *patte d'oie* ou *gant de gendarme*. Chaque arbre a son essence, partout se retrouve une étude attentive de la nature; et ce n'est pas assez; le décorateur doit encore suivre les fantaisies du poète, donner un corps aux conceptions féeriques, nous montrer un monde fantastique, tantôt les profondeurs du ténare, tantôt le ciel d'or du paradis d'Indra. Que de charmantes créations, que d'élégantes visions ont été ainsi réalisées par la décoration théâtrale!

Il est inutile d'insister sur l'habileté des peintres décorateurs dans l'art de la perspective. Ils en connaissent tous les secrets. Ils savent présenter un ensemble qui vu à la fois par chaque partie du public, de gauche, de droite ou de face, a toujours un aspect exact, et où ils trouvent moyen de raccorder leurs lignes, de réunir tous ces châssis séparés de façon à tromper les yeux les plus exercés et à produire l'illusion la plus complète. On voit dans notre gravure une série de ponts suspendus et laissant entre eux et le mur un espace libre. Autrefois on tendait les toiles contre le mur et c'est sur ces ponts que les décorateurs exécutaient le tracé et la peinture. Ce système a été abandonné; il avait cet inconvénient de rendre très difficile pour l'artiste la vue d'ensemble de son œuvre. Maintenant les toiles sont étendues sur le sol de l'atelier qui doit présenter une vaste surface, puisque les rideaux de l'Opéra mesurent 27^{m},30 de large sur 21, et les peintres travaillent en se promenant, avec un pinceau au long manche qui leur permet de ne pas se baisser, ayant à quelques pas d'eux leur palette, sorte de boîte d'un mètre carré environ, sur trois côtés de laquelle sont rangés les pots de couleur, et dont le milieu sert à essayer et à mêler les tons. Les couleurs qu'on emploie sont des couleurs à l'eau préparées à la colle. C'est ce qu'on appelle la peinture *à la détrempe*. Les tons, au moment où ils sont appliqués, sont plus vigoureux qu'ils ne le paraîtront une fois secs, et l'artiste qui connaît les effets qu'il tirera de sa palette ne peut les juger immédiatement.

C'est encore le décorateur qui choisit et combine les moyens destinés à imiter la transparence des eaux, le mouvement d'une cascade, etc. Les toiles métalliques employées depuis quelques années rendent de très grands services; c'est à travers leur tissu qu'on voit Ophélie glisser lentement dans le lac. Ces toiles permettent aussi de rendre l'effet d'une vision avec beaucoup plus d'illusion qu'on ne pourrait le faire au moyen des gazes. La toile métallique est peinte comme le reste du décor et, quand elle est éclairée par devant, elle a le même aspect que l'ensemble de la décoration. Il suffit d'éteindre la lumière d'un côté et de la faire apparaître de l'autre pour que la toile, devenue invisible, laisse apercevoir le tableau que l'on a préparé derrière; puis, si l'éclairage est de nouveau changé, la vision disparaît immédiatement et la scène reprend son premier aspect.

Le décor achevé est porté au théâtre. Là, chaque morceau est mis en place, et l'on peut procéder au *réglage*. C'est ainsi que l'on appelle une opération assez longue et assez compliquée qui consiste à opérer, avec le machiniste, la mise en état et ensuite à donner aux gaziers toutes les indications nécessaires pour que le décor soit éclairé comme il doit l'être. Naturellement c'est le décorateur qui règle l'éclairage de son tableau. Pour faire briller un clair de lune, pour faire pénétrer un rayon de soleil à travers les vitraux d'une cathédrale, pour produire des lueurs féeriques, on emploie la lumière électrique. Quand on est parvenu à l'effet voulu, quand les machinistes ont marqué tous leurs repères, quand les gaziers ont noté la place et le feu de chaque *herse*, de chaque *portant*, quand les électriciens ont pris leurs notes, on démonte, et le décor peut désormais paraître devant les yeux du public.

Fig. 9. — *Atelier de décors de l'Opéra, rue Richer (Paris).*

Il reste à le payer.

Depuis longtemps la décoration théâtrale a donné lieu à l'établissement d'un tarif particulier. Les différents genres de décors ont été divisés en sept classes.

Dans la première sont compris les rideaux, châssis et plafonds représentant ciels et mers tranquilles; — orages, fumées d'incendie ou de volcans, tempêtes; — nuages, gloires, vapeurs célestes ou infernales.

Dans la seconde: les paysages de différents genres, agrestes, ou agréables, montagnes, forêts, prairies, rochers, rivières, jardins ornés de fleurs.

Dans la troisième : les campements militaires anciens ou modernes et l'architecture navale.

Dans la quatrième : l'architecture agreste; villages, hameaux, maisons de fermiers.

Dans la cinquième : l'architecture civile, intérieurs et extérieurs de tout genre, places, ponts, hôtels, tombeaux, etc.

Dans la sixième : l'architecture noble et riche, palais, portiques, temples, colonnades, etc.

Enfin dans la septième : l'architecture fantastique, rehaussée et paillonnée, pour les palais des divinités célestes, des enfers ou des eaux.

On calcule combien il entre dans la décoration de mètres superficiels de peinture appartenant à chacune de ces classes, et le prix est établi en conséquence. On comprend qu'il peut monter assez haut dans un théâtre comme celui de l'Opéra dont nous avons déjà indiqué les vastes proportions. La peinture d'un décor de paysage peut s'élever à 12,000 francs. Celle d'un grand décor d'architecture très riche à 17,000 francs.

Ces prix n'ont rien d'exagéré lorsque l'on songe, non seulement à l'habileté des peintres-décorateurs, mais au temps que demandent des travaux aussi considérables, et aux prix qu'eux-mêmes doivent offrir aux artistes qu'ils emploient. Tous les peintres, tous les architectes qui ont été à même de suivre ces travaux et de les examiner de près ont été surpris de la somme d'études et de talent, dépensée pour ces œuvres qui doivent seulement servir de cadre à une représentation dramatique et sans distraire le public de l'action qui se passe sous ses yeux, la rendre plus claire, plus saisissante en contribuant par leur harmonie à l'impression que produiront le jeu des acteurs, le charme de la musique et de la danse. Si l'Italie a fourni, à l'origine, le plus grand nombre des décorateurs, on peut dire que, depuis longtemps, c'est la France qui, dans ce genre, a compté les plus habiles artistes. Aux noms que nous avons déjà cités, dans la partie historique de cet article, nous pouvons ajouter ceux des Séchan, des Feuchères, des Dieterle, et, à peu d'années de distance, de Cambon, de Thierry, de Desplechin. A ces noms sont liés les souvenirs des plus beaux décors qu'on ait vus il y a une vingtaine d'années. Aujourd'hui les décorateurs de l'Opéra sont MM. J.-B. Lavastre, Rubé et Chaperon, Carpezat. Au moment de l'ouverture du nouvel Opéra, plusieurs décors ont été confiés à Daran, et à Chéret qui comme paysagiste avait eu de grands succès dans les théâtres de drame et de féerie. — C. N.

Bibliographie : Sabbatini : *Pratica di fabricar scene e machine ne teatri*, Ravenna, 1638, in-4°; Bibiena : *Architetture e prospettive*, Augustae, 1740, in-folio; Mazzi : *Caprici di scene...*, Bologne, 1776, in-folio; Smit : *Recueil de décorations du théâtre d'Amsterdam*, 1774, 1783, in-folio; Rossi : *Raccolta di scene teatrali; Raccolte di varie scene eseguite dai piu celebri pittori teatrali in Milano*, 1819-28, in-4°; Basoli : *Raccolta di prospettive*, in-4°; Rucci : *Raccolta inedita di cinquanta scene teatrali*, Bologna, in-folio; Platzer : *Theater decorationen nach den original skitzer*, Wien, 1816, in-4°; De Pian : *Theater decorationen*, Wien, 1818, in-4°; Beuther : *Dekorationen fur die Schaubuhne*, Brawnschweig, 1824, in-folio; Taccani : *Della prospettiva e sua applicazione alle scene teatrali*, Milano, 1825, in-8°; Sanquirico : *Raccolta di varie decorazione sceniche (teatro alla Scala)*, in folio; Ferri : *Decorations du Théâtre royal italien*, 1832-36, in-folio; Ciceri et Léger Larbouillat : *Recueil de décorations théâtrales*, Paris in-folio; Schinkel : *Sammlung von theater décorationen*, Postdam, 1849, in-folio; *Album de l'Opéra*, publié par Challamel (sans date); *Décorations de théâtre* (Académie de musique), Bulla et Jouy, édit., 1854, in-folio; R. Clément : *Etudes sur le théâtre antique au point de vue des décors, des machines et des masques*, Paris, 1863, in-8°; Lehman : *Theater decorationen*, Wien, 1863, in-folio; Ludovic Celler : *Les décors, les costumes et la mise en scène au XVIIe siècle*, Paris, 1869, in-12. — Voir, en outre, les livrets des premiers opéras italiens du XVIIe siècle qui ont été publiés avec des gravures de Burnacini, Torelli, Della Bella, Mauro, Bibiena, etc., représentant les décorations. — Voir pour les recueils de dessins originaux : *Mémoire de plusieurs décorations qui servent aux pièces contenues en ce présent livre*, commencé par Laurent Mahelot et continué par Michel Laurent, en l'année 1673 (Bibliothèque nationale, manuscrits, Fr. 24330); *Recueil de décorations de théâtre*, formé par Lévesque, garde général des magasins des menus-plaisirs de la chambre du roy (Archives nationales, O¹. 3238-3242). — Les archives de l'Opera possèdent une série nombreuse de dessins de décorations italiennes ou françaises du XVIIe et du XVIIIe siècles, et la collection complète des maquettes des décors exécutés à l'Opéra depuis une vingtaine d'années.

DÉCORTICAGE ou **DÉCORTICATION.** On nomme ainsi l'opération ayant pour but d'enlever la peau ou l'écorce des *graines* pour mettre à nu l'amande. Cette opération est indispensable pour certaines graines comme le *riz*, le *café*, etc. Pour d'autres, elle est seulement utile. On l'a proposée, par exemple, pour certains froments et il y a des appareils qui paraissent faire suffisamment bien cette opération, sauf dans la *rainure*, que chaque grain de froment présente. L'orge est souvent soumise aussi au décorticage.

* **DÉCORTIQUEUR, EUSE.** *T. tech.* Machine qui sert à décortiquer les graines. || *T. de mét.* Celui, celle qui fait le décorticage.

* **DÉCOTTAGE.** *T. de fond.* Opération qui a pour but de détacher le moule du modèle, au moyen d'un mouvement particulier qui lui est imprimé.

DÉCOUPAGE. *T. techn.* Opération qui consiste à enlever dans une plaque de bois, de métal, de matière osseuse ou autre, en suivant les contours d'un dessin tracé à l'avance, toutes les parties étrangères au dessin, pour ne conserver que ce qui en forme le corps. L'industrie du découpage a pris une grande extension depuis quelques années; grâce aux perfectionnements apportés à l'outillage d'exécution, elle trouve de nombreuses applications dans la menuiserie, l'industrie du meuble et de la décoration en général. On ne saurait non plus omettre de parler du découpage, comme art d'agrément, cultivé par de nombreux amateurs, qui trouvent dans des publications spéciales, toute une série de dessins choisis, tant au point de vue de l'harmonie de la composition, que de l'utilisation des objets obtenus par ce procédé.

Le découpage de plaques de métal d'épaisseurs assez considérables, à permis, entre autres applications, de constituer un nouveau genre de décoration très répandu aujourd'hui dans les installations des magasins, des bureaux, etc. Enfin, l'art du découpage rend de grands services aux industries des vêtements confectionnés ; on est arrivé aujourd'hui à couper rapidement et à peu de frais un nombre assez considérable de pièces semblables à la fois, et sur un même patron, ce qui a contribué dans une certaine part à l'abaissement du prix de revient de ces objets.

Découpage du bois. Il faut d'abord, avant toute autre opération, tracer sur la plaque de bois le dessin que l'on veut obtenir. De nombreux procédés peuvent être utilisés, tracé direct, poncif décalque, collage de l'original sur papier, etc. ; méthodes toutes également propres à fournir le résultat cherché, et sur l'emploi desquelles il n'y a pas lieu de s'étendre. Le collage d'un dessin exige cependant quelques soins attentifs pour éviter toute déformation qui en altèrerait les proportions, inconvénient qu'il faut surtout éviter, lorsqu'on a à découper isolément une série de pièces devant ensuite se rapporter entre elles d'une façon quelconque. Il ne faut jamais étendre la colle sur le bois, mais bien sur le papier tendu bien à plat sur une table ; on applique la plaque par dessus, on la retourne et l'on égalise le collage à la brosse, ainsi que le font les colleurs de papier de tenture.

L'instrument qui, d'une façon générale, sert à effectuer tous les découpages, est la *scie*. De tout temps les menuisiers ont exécuté à la main un travail analogue avec la scie à chantourner, mais le découpage réclame une délicatesse et une perfection telles qu'il a fallu apporter de profondes modifications dans l'outil. Au début, on n'opérait que sur des planchettes très minces de 8 à 10 millimètres d'épaisseur au plus, et le travail se faisait à la main avec une petite lame de scie montée dans un support approprié, le tout formant le *boc-fil* ; puis, quand le découpage s'est généralisé, que diverses industries en ont fait un grand usage, et que la force des planches découpées a beaucoup augmenté, il a fallu perfectionner cet outillage, et l'on a été conduit à l'emploi des *machines à découper*, soit mues à la main, soit actionnées par des transmissions mécaniques, et qui se composent toujours d'une scie à mouvement rectiligne alternatif, ou à ruban sans fin. Quel que soit le mode adopté pour faire fonctionner la scie, celle-ci doit toujours remplir les mêmes conditions : posséder une tension suffisante indispensable à la régularité du découpage, mais qu'il ne faut pas dépasser, car alors la scie casserait à chaque instant ; avoir toujours une très petite largeur de lame, afin de pouvoir facilement suivre toutes les sinuosités du dessin sans faire éclater le bois, l'expérience a montré que les scies les plus favorables avaient une section carrée, la largeur de la lame étant égale à l'épaisseur ; enfin, le mouvement continu ou alternatif doit être rigoureusement rectiligne. Les autres outils, que nécessite le découpage, se réduisent à un foret, un drille, ou une machine à percer quelconque, propres à pratiquer en un point du contour un avant-trou pour l'introduction de la lame de scie. Toutefois il n'en peut être ainsi avec les lames à ruban sans fin, il faut forcément trancher le corps du découpage en un point, si le contour intérieur ne vient pas lui-même affleurer un des bords de la plaque.

Le boc-fil se compose d'un cadre en métal à trois côtés seulement, dont l'extrémité supérieure porte une mordache ou pince fixe, l'extrémité inférieure se raccorde avec un manche qui porte une seconde mordache que l'on peut déplacer en hauteur dans le manche, ce qui permet de régler la tension de la lame de scie, saisie entre les deux mordaches. La plaque de bois à découper est posée sur une planche munie d'une échancrure, cette planche peut être fixée de bien des façons sur une table fixe, le procédé le plus commode consiste à la monter sur une presse à bois. La scie ayant été introduite dans le trou, pratiqué au foret, on maintient d'une main la plaque sur la planchette en la faisant tourner pour présenter successivement tout le contour au droit de la scie et cela dans la portion échancrée du support, et de l'autre main on fait agir le boc-fil dont le cadre est appuyé contre l'épaule. La difficulté du travail consiste à maintenir la scie verticale et à bien diriger la plaque suivant le dessin tracé, et cela cependant d'une seule main.

On construit aujourd'hui le boc-fil sous une nouvelle forme, qui facilite considérablement le travail du découpage pour les amateurs. Les diverses pièces, scies, plaques à découper, sont réunies sur un même support. Le cadre du boc-fil oscille autour d'un point fixe, et une lame de ressort attachée sur la table ramène toujours le cadre à sa position supérieure, il suffit donc pour exécuter le sciage, de tirer sur le cadre à l'aide d'une petite poignée, le mouvement de retour se produisant de lui-même.

L'exécution d'un découpage un peu complexe, dans des planches d'une certaine épaisseur exigeait absolument que l'opérateur eût ses deux mains libres, pour diriger convenablement le trait sous la scie. Aussi les véritables instruments de découpage sont-ils ceux où l'on a substitué l'action du pied à celle de la main, pour actionner la scie dont la verticalité est d'ailleurs assurée. Les machines construites sur ce principe rappellent, par leur aspect et leur construction, les machines à coudre, la lame de scie saisie entre deux mordaches remplaçant le porte-aiguille, et recevant comme lui, à l'aide d'une pédale, un mouvement alternatif rectiligne. La fig. 10 représente un des types les plus complets de ce genre, son inspection seule suffit assez à en comprendre le fonctionnement, pour que nous n'ayons pas besoin d'entrer dans le détail de sa description. Dans quelques machines les tables se basculent pour faciliter les coupes obliques.

Quant à l'emploi des scies alternatives ou à lame sans fin, l'étude détaillée de ces outils se trouve dans le *Dictionnaire* à l'article Scie.

Il est aisé de comprendre, que pour ce qui est relatif à la pratique même du découpage, l'expérience soit le seul maître capable de l'enseigner. L'opération la plus délicate à exécuter, bien que cela puisse sembler étrange, est le découpage en ligne droite. Quant aux angles, pour les découper nettement, il y a avantage, toutes les fois qu'on le peut, à prolonger la course de la scie dans le bois plein au delà du sommet, puis à revenir en arrière pour attaquer franchement dans la direction du second côté. Il est aussi préférable de suivre les traits en plein, et non de les cotoyer.

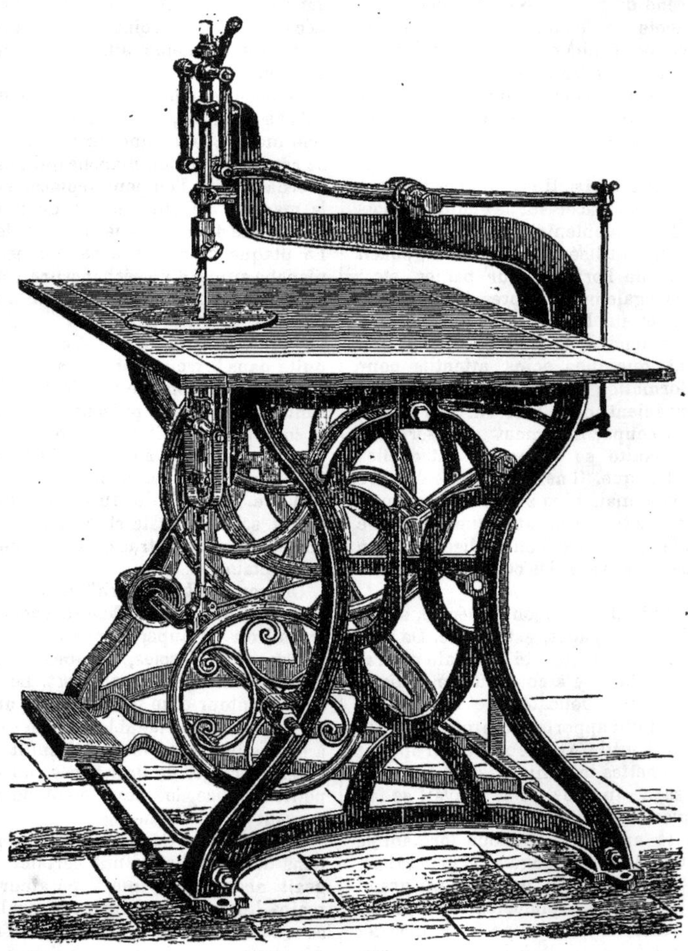

Fig. 10. — *Machine à découper de Thiersot.*

Découpage des métaux. Après ce que nous venons de dire, à propos du découpage du bois, il nous suffira d'ajouter peu de mots pour expliquer le même travail quand il s'agit des métaux. Cette industrie est toute récente, bien que de tous temps on ait effectué un certain découpage de feuilles métalliques d'une épaisseur très minime, pour la bijouterie, par exemple, travail plus connu sous le nom de *reperçage.* L'outillage, créé pour le découpage du bois, trouva une première utilisation pour les feuilles métalliques dont l'épaisseur ne dépassait pas 12 millimètres. Pour des feuilles très minces, il faut employer un artifice très simple, pour éviter la voilure des pièces, et qui consiste à les placer entre deux planchettes de bois de un à deux millimètres d'épaisseur, le tout fixé par des pointes. L'on chercha ensuite à travailler des plaques métalliques plus épaisses, et l'on y est parvenu par l'emploi des scies alternatives mécaniques, où l'on s'est efforcé, par des perfectionnements de détail dans les transmissions, à obtenir en particulier, une grande précision dans la mise en marche et dans l'arrêt de l'outil, ainsi que par une étude raisonnée des vitesses et du choix des dentures de scies, d'après la nature et l'épaisseur du métal. On découpe aussi aisément que le bois, et, suivant les dessins les plus complexes, des tôles de 20 millimètres et du bronze de 7 centimètres d'épaisseur. La serrurerie, l'industrie du bronze ont trouvé là un accessoire de premier ordre pour l'exécution de leurs travaux.

Découpage des étoffes. Ainsi que nous le disions au début, l'industrie des vêtements confectionnés, a emprunté aux méthodes de découpage, un procédé pour la coupe rapide et précise d'un nombre assez considérable de pièces identiques sur le même patron. Il suffit de disposer les unes au-dessus des autres les bandes de drap, de toile ou de calicot, en nombre variable allant jusqu'à 20, suivant la nature de la matière, de faire à l'aide d'aiguilles à tête plate, sortes de boulons à écrous, un tout solidaire; de tracer sur la première bande le dessin du patron, et l'on découpe comme s'il s'agissait du bois ou du métal à la scie à ruban sans fin. La seule différence que présente l'outillage c'est que la scie, au lieu d'être à dents, est affûtée comme une lame de couteau. Les pièces que l'on cherche à obtenir n'offrant pas de découpure intérieure, la scie à lame sans fin convient spécialement dans le cas actuel. — R.

|| *T. de tiss.* Tondage qui sert à enlever les longues brides inutiles de trame, traînantes sur la face d'envers des tissus à plusieurs lats lancés, tels que châles, mousselines brochées, etc., etc.

* **DÉCOUPÉ, ÉE.** *Art hérald.* Meuble d'armoiries dont les bords sont ornés de dentelures irrégulières.

DÉCOUPEUR, EUSE. *T. de mét.* Celui, celle qui fait des découpures. || *T. techn.* Machine qui fait le découpage de certaines étoffes brochées. || Machine qui divise les rubans de laine peignée de façon à leur faire subir le tortillonnage.

DÉCOUPOIR. On a donné, par extension, le nom de *découpoir* à des machines qui fonctionnent comme les *cisailles* (V. ce mot), mais dont les dimensions beaucoup plus restreintes ne permettent d'effectuer qu'un plus faible travail. Dans les ateliers d'horlogerie, dans les fabriques de bouton, et en général dans toutes les industries où l'on emploie certaines matières en plaques de contour varié, minces et de faible dimension, le découpoir n'est qu'une machine à balancier, travaillant comme un emporte-pièce, c'est-à-dire donnant d'un seul coup, à la pièce, la forme plane qu'elle doit avoir. D'ailleurs cette appellation est si peu précise que le même outil prend le nom de *découpoir*, *découpeur* ou *découpeuse*, selon les industries qui l'emploient.

* **DÉCOUVREMENT.** *T. de mach.* Différence entre la distance des arêtes extérieures ou intérieures d'un tiroir, et les arêtes correspondantes des orifices ou lumières d'un cylindre. Cette différence se mesure en millimètres en plaçant le tiroir à mi-course. L'*avance* du tiroir est d'autant plus accentuée que le découvrement est grand. — V. TIROIR.

* **DÉCOUVRIR.** *T. de grav.* Dépouiller une planche du vernis, après que l'eau forte a mordu. || *T. techn.* Nettoyer un outil trempé en le fichant plusieurs fois successivement dans un morceau de pierre ponce.

* **DÉCRASSAGE.** *T. de mach.* Opération qui consiste à débarrasser la grille d'un foyer, d'un fourneau, d'un four, des matières non combustibles, scories ou mâchefers, qui obstruent le *jour* entre les barreaux de grille ; on ranime ainsi l'activité de la combustion. Dans les grandes chaudières à plusieurs foyers, on doit échelonner le décrassage afin que la production moyenne de la vapeur ne soit pas ralentie. Le meilleur mode à suivre est d'activer les foyers voisins et de laisser tomber les feux du fourneau à décrasser, d'ouvrir à ce moment la demi-porte du foyer, de renvoyer avec la *lance* à plat tout le charbon qui reste encore sur la grille du côté de la demi-porte fermée, piquer ensuite avec la lance pour soulever et détacher les gâteaux de mâchefer adhérents aux barreaux, sortir ces gâteaux avec le *rouable*, jeter alors quelques pelletées de charbon frais sur la demi-grille nettoyée, agir pour l'autre moitié de grille comme on vient de le faire pour celle-ci, terminer en égalisant la couche de charbon. Cette opération doit être menée rondement, afin de diminuer le temps pendant lequel l'air froid afflue dans les courants de flamme, par l'ouverture béante de la porte. || *T. de métall. et de fond.* Agitation du métal fondu pour faire surnager et enlever les crasses qui peuvent y être contenues.

* **DÉCREUSAGE** ou **DÉCREUSEMENT.** *T. techn.* 1° On désigne sous ce nom l'une des opérations qu'on fait souvent subir à la soie avant de l'employer en teinture. Elle comprend deux opérations principales que l'on désigne sous les noms de *dégommage* et de *cuite*.

Dans la première opération, les matteaux ou *pantes* de soie, de 300 à 400 grammes chacun, sont enfilés sur des bâtons que l'on plonge transversalement sur les bords d'une chaudière contenant un bain de 30 à 35 parties de savon blanc de Marseille pour 100 parties de soie, et que l'on chauffe à 90-95°. On retourne de temps en temps les matteaux (ce qui s'appelle *lisser les pantes*), et souvent, quand le bain est très sali, on les fait passer dans un deuxième bain dit de *repassage*, puis dans un troisième pendant 20 à 25 minutes. Les matteaux sont essorés à l'hydro-extracteur, puis passent à la seconde opération.

On les enferme alors (deuxième opération) dans des poches en toile pouvant contenir environ 15 kil., puis on les plonge dans un bain bouillant où l'on a mis pour 100 parties de soie, 5 à 600 d'eau et 15 à 30 de savon. On remue constamment pendant 25 à 30 minutes, puis on retire les matteaux des poches, on les rince à l'eau courante et on les secoue à la cheville pour les redresser. La fibre est alors très propre à recevoir les couleurs foncées ou moyennes, mais pour les couleurs blanches, il est nécessaire de la blanchir à l'aide de l'acide sulfureux, en terme technique de la *soufrer*. — V. SOUFRAGE.

Après le décreusage, si l'opération a été bien conduite, la matière en traitement abandonne la presque totalité de son *grès*, tandis que son fil devient souple, doux et brillant, en un mot prend au plus haut degré le caractère soyeux.

Il est à remarquer que, lorsque la soie a été décreusée à fond, elle éprouve une réduction de poids très notable et perd surtout de sa consistance ; et que si elle est *écrue* (c'est-à-dire débarrassée, à des degrés divers et par des traitements spéciaux, des éléments étrangers qui l'accompagnent), elle n'est point propre à tous les usages en raison de sa raideur et de son manque d'éclat. C'est pourquoi les teinturiers ont cherché un article intermédiaire entre ces deux types et n'offrant pas les mêmes inconvénients ; on désigne la soie qui a subi ce genre de traitement du nom d'*assouplie* ou *mi-cuite*. — V. Souple.

La soie peut donc être employée en teinture sous trois états : décreusée, assouplie ou écrue. De là, en quelque sorte, trois types distincts de ce textile, ayant chacun leur caractère propre et exigeant plus tard des précautions particulières suivant les différentes couleurs qu'on veut leur donner. || 2° On fait subir également l'opération du décreusage aux écheveaux de coton ; c'est un premier lavage à fond qui a pour but d'enlever les matières solubles et faciliter la pénétration des lessives suivantes. || 3° On donne aussi le nom de *décreusage* au lavage qu'on fait subir aux laines manufacturées avant de les conditionner. — V. Conditionnement.

*** DÉCRUAGE.** *T. techn.* Opération qui consiste à faire passer les fils écrus dans une lessive de soude, puis à les laver à l'eau claire, avant de les teindre. Les fils *décrués* sont plus propres et subissent ensuite plus facilement l'action de la teinture.

*** DE DION** (Henri), ingénieur, né à Montfort-l'Amaury, en 1828, et sorti, en 1851, de l'Ecole centrale des Arts et Manufactures. Elève de Flachat, qui venait, à cette époque, d'inaugurer l'introduction du métal dans la construction des grands ouvrages d'art, de Dion débuta par la construction du pont de Langon, au chemin de fer du Midi et dirigea la restauration de la tour centrale de la cathédrale de Bayeux, qui menaçait ruine. Nommé professeur de stabilité des constructions à l'Ecole spéciale et générale d'architecture, il créa, à force de procédés graphiques originaux, et sans avoir recours aux mathématiques supérieures, un cours absolument clair, à portée de l'auditoire auquel il était destiné.

Il se distingua, pendant la guerre de 1870, en élevant, jusque devant l'ennemi, un grand nombre de travaux de défense autour de Paris, conduite qui lui valut, comme récompense, la croix d'officier de la Légion d'honneur. Président de la Société des Ingénieurs civils, en 1877, il fut chargé de l'étude et de l'exécution de toutes les constructions métalliques pour l'Exposition universelle de 1878. Il fit adopter le système de grandes fermes sans entrait, d'une portée élégante et hardie et d'une construction simple et économique. La mort l'a frappé, au mois d'avril 1878, avant qu'il ait pu recueillir le fruit de ses calculs, et jouir du succès mérité de son œuvre. De Dion réunissait deux qualités qui s'excluent d'ordinaire : il avait l'esprit ouvert aux plus hautes spéculations scientifiques, en même temps que la vigueur de son caractère, la promptitude de son coup d'œil en faisaient un homme d'exécution et de chantier.

*** DÉDORAGE.** Lorsque des objets en métal, en porcelaine, en bois, etc., autrefois dorés, tombent au rebut, il y a intérêt à en retirer l'or dont ils sont recouverts. Le même travail se présente encore au cours de la dorure, lorsque, par suite d'un accident, la pièce a été manquée, et qu'on doit la refaire à nouveau. En langage d'atelier, les liqueurs qui servent au dédorage se nomment *dédrogues*. Il faut distinguer deux cas : suivant que la pièce dorée doit être conservée intacte, ou peut être détruite. Dans ce dernier cas, si ces pièces sont d'argent, de cuivre ou d'un alliage de ce dernier, il suffit de les plonger dans l'acide nitrique. Après un séjour plus ou moins long, l'acide dissout le métal en respectant l'or qui se dépose dans le bain, et qu'on recueille par filtration ; il n'y a plus qu'à procéder au lavage et à la refonte. Si au contraire on ne doit que recueillir l'or, sans altérer la pièce qu'il recouvre, il faut employer d'autres procédés. Les objets en argent doré sont chauffés au rouge cerise et jetés encore incandescents dans un bain composé de : nitre, 10 parties ; sel marin, 20 parties ; acide sulfurique, 100 parties ; en répétant cette opération jusqu'à ce que tout l'or ait été détaché. Ceux en cuivre ou alliage de ce métal sont passés dans un bain des acides, sulfurique, chlorhydrique et nitrique dans les proportions suivantes : acide sulfurique, 50 parties ; acide chlorhydrique, 10 parties ; acide nitrique, 5 parties. Enfin, ceux en fer et en acier, sont suspendus au pôle positif d'une pile et plongés dans un bain de cyanure de potassium que traverse le courant. Le bronze doré peut être également dépouillé de son or par un procédé galvanique, en employant comme bain l'acide sulfurique fumant.

Les débris de porcelaine ou de verre sont traités par l'eau régale. Les vieux cadres dorés et, en général, tous les objets dorés à l'or en feuille, sont plongés dans l'eau bouillante, jusqu'à ce que tout l'or soit détaché. Les vieux galons, qui sont, en général, à âme de soie, peuvent être dédorés par incinération. On a proposé à ce sujet une autre méthode basée sur cette propriété qu'une lessive alcaline de savon, — et l'on prend alors la *lie de savon*, — dissout les matières animales sans agir sur les matières végétales. On enferme les déchets de galons, préalablement coupés en petits fragments, dans une enveloppe de linge ordinaire, et on les immerge dans une lessive bouillante de lie de savon. Au bout d'un certain temps, la soie seule est dissoute et l'on retrouve dans le linge toute la couverture d'or, qu'on recueille par une série de lavages à l'eau ordinaire.

*** DÉDROGAGE.** — V. Dédorage, Désargenture.

DÉFÉCATION. *T. de sucr.* Opération que l'on fait subir au jus de la betterave ou de la canne dans les fabriques de sucre, et qui a pour but de commencer l'épuration de ce jus et d'en prévenir l'altération spontanée. Elle consiste à ajouter au jus un réactif capable de se combiner avec certaines des impuretés qui accompagnent le sucre, ou de les coaguler; puis à séparer le dépôt formé (*écumes* ou *fèces*) : le jus ainsi traité est limpide, clarifié et sensiblement purifié.

On sait aujourd'hui que les jus sucrés contiennent un grand nombre de substances minérales et organiques : matières albuminoïdes, composés pectiques, acides organiques, sels minéraux (chlorures, nitrates, sulfates, phosphates, etc., de potasse et de soude), sels organiques, matières colorantes, quelquefois du glucose, enfin des débris végétaux en suspension provenant de la pulpe. Ces matières, dont les proportions respectives varient avec la provenance du jus, sont beaucoup plus abondantes dans les jus de betterave que dans ceux de la canne : aussi les fondateurs de la sucrerie indigène, Achard, Derosne, Chaptal, etc., avant même que la constitution de la betterave eût été complètement étudiée, comprirent la nécessité d'éliminer une partie de ces matières étrangères pour augmenter le rendement en sucre, et portèrent tous leurs efforts sur la recherche des meilleurs procédés d'épuration préalable des jus.

Achard, puis Derosne (1812) s'adressèrent d'abord à l'acide sulfurique pour « rendre concrètes les substances muqueuses extractives et colorantes ». On neutralisait ensuite par le carbonate de chaux et la chaux.

Outre le danger de mettre en présence du sucre un acide fort, qui pouvait altérer profondément le sucre, si les proportions n'étaient pas rigoureusement déterminées, un autre inconvénient résultait de la présence du sulfate de chaux qui prenait naissance par la réaction : ce sulfate de chaux cristallisait par la concentration du sirop, et devait en être séparé.

Chaptal produisait la défécation en n'employant que la chaux : le jus était porté à 80° dans une chaudière munie de robinets à différentes hauteurs ; il ajoutait 3 grammes de chaux par litre, brassait, puis portait à l'ébullition : il se produisait un chapeau ; on laissait ensuite déposer une heure, puis on tirait à clair. D'après Chaptal, dans l'opération de la défécation, « la chaux se combine avec le principe mucilagineux du jus et neutralise l'acide malique qu'il contient. » Les études ultérieures, dont la question a été l'objet, ont démontré que, de tous les agents chimiques expérimentés, c'est à la chaux que l'on doit donner la préférence et la pratique l'a adoptée. La chaux, en effet, neutralise les acides libres du jus, insolubilise une portion des matières azotées, élimine l'acide phosphorique et plusieurs acides organiques en mettant les bases en liberté ; à l'ébullition elle n'attaque pas le sucre et elle détruit le glucose si par accident il en existe dans le jus ; les précipités calciques entraînent, en outre, une certaine quantité de matière colorante, et clarifient énergiquement le liquide. — V. CLARIFICATION, § *Clarification par entraînement.*

Si les savants et les industriels se sont vite mis d'accord relativement au réactif à employer, il n'en est pas de même quant au mode d'emploi, à la proportion jugée nécessaire pour produire le maximum d'effet utile, la température à laquelle l'opération doit être faite, etc.; il est peu de questions sur lesquelles le génie des inventeurs se soit autant donné carrière, que sur celle de la défécation ou chaulage des jus. Sans énumérer les divers brevets auxquels a donné lieu l'emploi de la chaux en sucrerie, on peut les ramener à trois types de défécation qui sont les suivants :

Défécation simple. C'est la méthode la plus ancienne, celle qui, à peu près abandonnée pour la betterave, est encore employée dans les fabriques de sucre de canne. Elle consiste à chauffer d'abord le jus pour coaguler l'albumine, sans toutefois produire l'ébullition; puis, sans séparer le précipité, à ajouter une quantité de lait de chaux en proportion déterminée par un essai préalable, et suffisante pour insolubiliser les matières précipitables ; on porte ensuite au *bouillon*, on laisse déposer et on décante. La température du jus au moment du chaulage varie suivant les spécialistes de 75 à 90°.

Défécation trouble. On ajoute au jus une quantité de chaux bien supérieure à celle strictement nécessaire pour produire les écumes, puis on porte à l'ébullition et on la maintient pendant plusieurs minutes. Dans ces conditions, les écumes changent d'aspect, le *chapeau* se dissémine dans la masse, le liquide paraît trouble, mais le précipité dense et pulvérulent tombe rapidement au fond de la chaudière. Les matières albuminoïdes coagulées sont en partie décomposées et redissoutes par la chaux en excès et il se dégage de l'ammoniaque ; de plus, la chaux s'unit au sucre et forme un sucrate qu'il faut décomposer ensuite, pour remettre le sucre en liberté.

Dès 1812, Barruel avait signalé la nécessité de saturer par un acide la chaux en excès, et il avait indiqué l'acide sulfurique ou l'acide carbonique.

Défécation, *par le procédé Périer et Possoz ou de Frey et Jellinek.* Au lieu d'introduire en une seule fois toute la chaux, Michaëlis proposa, en 1855, de fractionner les doses de chaux pour augmenter l'effet utile.

Peu de temps après, MM. Périer et Possoz, en France, et Frey et Jellinek, en Allemagne, formulèrent les procédés suivis actuellement dans la plupart des usines du continent.

Procédé Périer et Possoz. Sauf de légères modifications de détail, ce procédé comporte les opérations suivantes :

1° Addition de 1 0/0 de chaux en lait ou en poudre ; repos de dix à douze heures ; décantation du liquide clair, et séparation du précipité.

2° Nouvelle addition de 2 à 5 millièmes de chaux, et passage d'un courant d'acide carbonique entre 60 et 100°, en maintenant l'ébullition jusqu'à ce que la liqueur s'éclaircisse rapidement par le repos.

3° Après repos et décantation, nouvelle addition de 1 à 3 millièmes de chaux, et carbonatation jusqu'à précipitation complète de la chaux.

Procédé Frey et Jellinek. On ajoute en une seule

fois assez de chaux pour former un sucrate avec tout le sucre du jus; puis on décompose ce sucrate dans la chaudière même à défécation par un courant de gaz carbonique à une température inférieure à l'ébullition. La décoloration est énergique, grâce à l'abondance du précipité. Le matériel employé pour réaliser ces opérations sera décrit à l'article SUCRE. — V. ce mot.

Autres modes de défécation. Un grand nombre de réactifs ont été essayés pour l'épuration des jus sucrés. Aucun n'a pu remplacer l'emploi de la chaux et de l'acide carbonique. Parmi les procédés qui ont été proposés, nous devons citer le tannin et la chaux. Le tannin, ajouté au jus, coagule les matières albuminoïdes. Si l'on emploie un excès de tannin et que l'on ajoute ensuite de la chaux, on obtient à froid la précipitation du tannin en excès, et ce nouveau précipité clarifie énergiquement. On doit regretter que ce procédé n'ait pas été l'objet d'expérimentations plus suivies. — P. G.

Bibliographie : STAMMER : *Fabrication du sucre*, Paris, Lacroix; WALKHOFF : *Fabrication du sucre*, Paris, Savy; N. BASSET : *Guide du fabricant de sucre*, Paris, libr. du *Dictionnaire encyclopédique;* Ch. BARDY : *Sucre de betterave*, imprimerie nationale, 1881.

***DÉFERRAGE.** *T. techn.* (V. CHARRÉE). Outre l'action d'ôter le fer d'un objet quelconque, on donne ce nom à une opération consistant à précipiter le fer à l'état de sulfure au moyen de la charrée de soude agissant sur les chlorures neutres de calcium de manganèse et de fer. Le déferrage s'opère de la manière suivante : les résidus de chlore neutralisés sont pompés dans un bassin établi sur le chantier d'oxydation; dans l'un des angles de ce bassin se trouve une vanne qui en occupe toute la hauteur, et qui est entourée vers l'intérieur d'un revêtement ou manteau en osier, pour qu'aucune partie solide, mais seulement le liquide, puisse s'écouler lorsqu'on lève la vanne. Dans le bassin aux trois quarts rempli de liqueur, on jette 5 ou 6 mètres cubes de charrée par pelletées pendant que des ouvriers remuent le tout très énergiquement avec des pelles à disques. Il est probable qu'il y aurait avantage à opérer le mélange et le remuage par voie mécanique, qui réduirait en même temps la charrée en poudre fine. On continue à remuer jusqu'à ce que tout le fer soit précipité à l'état de sulfure : cela se reconnaît très facilement en filtrant un peu du liquide et versant quelques gouttes d'eaux jaunes dans la liqueur filtrée. Le précipité est noir tant qu'il y a encore du fer en solution; lorsqu'il n'y en a plus de traces, le précipité est gris; lorsque tout le fer a disparu, le précipité est jaune ou couleur de chair.

On emploie à dessein, pour le déferrage de la liqueur, un très grand excès de charrée, non seulement parce que cet excès accélère la précipitation du fer, sans pour cela précipiter une quantité notable de manganèse, mais aussi parce qu'il faut une proportion de charrée suffisante pour englober le sulfure de fer précipité, le retenir dans ses pores et l'empêcher de s'échapper avec la liqueur lorsqu'on lève la vanne, le but est atteint d'une manière des plus satisfaisantes. La solution de chlorures de manganèse et de calcium draine, en effet, avec la plus grande facilité et s'écoule parfaitement limpide.

Mais ce qui constitue, en outre, le plus grand avantage du déferrage, c'est que cette opération effectue en même temps la préparation de la charrée pour l'oxydation. En effet, la charrée qui a servi au déferrage, non seulement renferme tout le sulfure de fer, mais elle est encore imprégnée de tout le chlorure de manganèse qui ne s'est pas écoulé par la vanne. Cette charrée, au sortir du bassin de déferrage, est mélangée avec le reste de la charrée sortant des bacs, et c'est avec ce mélange qu'on construit le premier tas d'oxydation.

Le déferrage peut donc remplacer très rationnellement l'arrosage de la charrée fraîche avec la solution neutralisée des résidus du chlore.

***DÉFEUTRAGE.** *T. de filat.* Opération qui a pour but, au moyen de l'appareil appelé *défeutreur*, de disposer à l'étirage la laine qui vient d'être peignée.

DÉFET. *T. de libr.* Se dit des feuilles dépareillées d'un ouvrage, dont la réunion ne peut composer un exemplaire complet.

***DÉFIBRAGE DES BOIS.** *T. de pap.* Le mot de *défibrage* s'applique plus particulièrement en papeterie à la séparation des fibres des bois bruts ou lessivés. Pour diviser les bois en fibres fines susceptibles de se feutrer pour former une feuille de papier, on a imaginé différents systèmes de défibrage. Le plus ancien et de beaucoup le plus répandu est celui imaginé par M. Vœlter, de Heidenheim (Wurtemberg). Le principe de son procédé est employé avec quelques variantes dans presque toutes les papeteries.

Le *défibreur* est de beaucoup l'appareil le plus important de ceux employés dans la fabrication de la pâte de bois, car on pourrait à la rigueur fabriquer de cette pâte en l'employant seul. Les autres appareils sont l'épurateur, le raffineur et les assortisseurs. Le défibreur se compose d'une meule en grès qui a généralement un diamètre de 1 mètre à $1^{m},30$ et une épaisseur de 35 à 50 centimètres. Cette meule est fixée sur un arbre horizontal dont les tourillons reposent sur un bâti très solide; l'arbre fait 150 à 180 tours à la minute. Le bois qui est défibré suivant son fil, est placé dans ce but dans des boîtes en fonte entourant une partie de la circonférence de la meule. La meule est prise à son centre entre deux tourteaux en fonte calés sur l'arbre. Trois forts boulons traversent la meule et relient celle-ci aux tourteaux; souvent l'arbre de la meule est animé d'un léger mouvement de va-et-vient dans le sens de sa longueur; ce mouvement combiné avec le mouvement de rotation augmente, dans une certaine mesure, la production de la pâte.

Les bûches de bois sont pressées automatiquement contre la surface de la meule. A l'origine, cette pression s'exerçait au moyen de vis mues par la transmission du défibreur. On préfère une pression plus élastique qui est donnée par une chaîne sans fin passant sur des galets actionnant, au moyen de petits pignons, des crémaillères fixées sur les pistons des boîtes contenant le bois. La chaîne sans fin est automatiquement tendue par un appareil à friction et suivant la force motrice disponible.

Quand on ouvre une des boîtes pour charger une nouvelle bûche, la pression se répartit de suite sur les autres boîtes en travail; de cette façon le défibreur conserve sa vitesse et toute la puissance du moteur est bien utilisée; car au remplacement d'une bûche, une des boîtes, qui sont généralement au nombre de huit, ne travail-

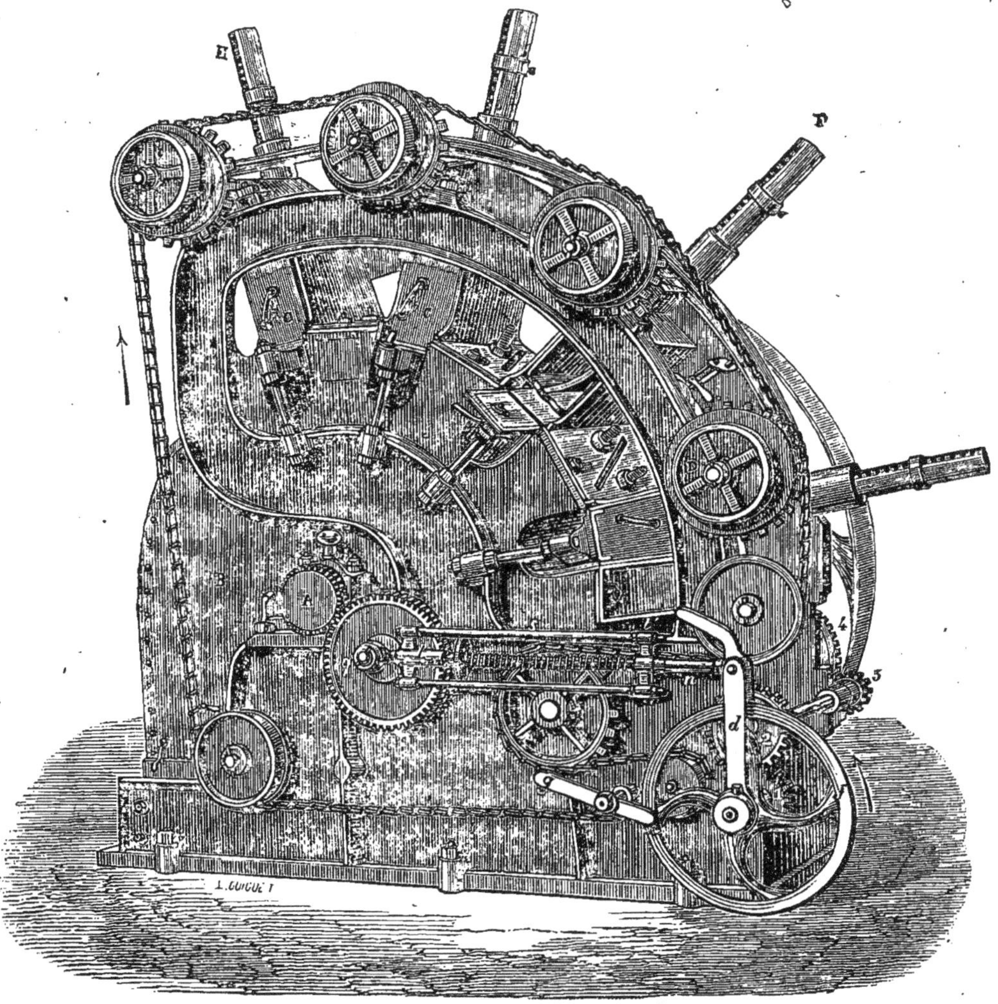

Fig. 11. — *Défibreur.*

A Arbre portant la meule du défibreur. — *B* Calotte en tôle recouvrant la meule. — *CC* Chambres dans lesquelles le bois est pressé contre la meule. — *D* Poulies à chaîne actionnant, au moyen de pignons fixés sur leur arbre, les crémaillères *E*, qui pressent le bois. — *F* Enveloppe dans laquelle descendent les cloisons des chambres au fur et à mesure de l'usure du bois.

lant pas, la vitesse du moteur tend à augmenter, mais la friction augmentant également sur l'appareil qui tend la chaîne, la pression se trouve augmentée sur les boîtes en travail, l'équilibre entre la puissance et la résistance se trouve rétabli et la vitesse redevient normale.

Le bâti en fonte est entièrement dégagé d'un côté, il se forme par une simple cloison en tôle qui s'enlève facilement, ce qui permet, sans rien démonter, de retirer la meule et son arbre. Les boîtes sont ajustées dans le bâti, mais de façon à pouvoir être rapprochées de la meule à mesure que celle-ci s'use. Il est très important de ne laisser qu'un faible jeu entre les boîtes et la meule, afin que la pâte défibrée ne se rende pas d'une boîte dans une autre où elle serait trop raccourcie et deviendrait sans valeur. Un filet d'eau lancé sur la meule la débarrasse de la pâte qu'elle produit. (fig. 11).

Pour fabriquer 100 kilogrammes de pâte sèche

en vingt-quatre heures, il faut environ 8 chevaux de force et 0m³,30 à 0m³,35 de bois brut. Pour l'établissement d'un défibreur qui prend 25 à 30 chevaux, il faut disposer d'une force d'au moins 50 chevaux; le surplus étant absorbé par le frottement des transmissions, par le raffineur, les pompes, scies, etc.

Quelques constructeurs placent la meule du défibreur sur un arbre vertical; cette disposition, essayée également par Vœlter, a été abandonnée par lui comme manquant de solidité. Théoriquement la meule tournant horizontalement et travaillant sur toute sa circonférence, serait dans de bonnes conditions pour réduire à un minimum les efforts latéraux considérables que doit supporter l'arbre de la meule. Les bûches placées sur la circonférence de la meule, généralement au nombre de huit et diamétralement opposées, devraient par leur position neutraliser chacune l'effort exercé sur l'arbre par la bûche correspondante. En pratique, il n'en est rien; les bûches ne sont jamais assez régulières pour présenter la même surface de frottement, de plus à chaque remplacement de bûche l'équilibre est détruit.

Dans le défibreur à axe horizontal, au contraire, le poids de la meule et toute la pression sont supportés par deux coussinets faciles à visiter et à remplacer, tandis que dans le défibreur à axe vertical, tout l'effort est supporté par un pivot unique qui est sujet à usure rapide; pour remplacer ce pivot ainsi que sa crapaudine, il faut soulever tout l'appareil; le rhabillage de la meule, est également plus difficile que dans le défibreur à axe horizontal. On a cherché également sans grand succès à remplacer la meule par un tambonr en fer, garni de lames en acier inclinées. Cet appareil coupe plutôt le bois qu'il ne le défibre. Il donne des pâtes très grossières et tout le travail incombe au raffineur; ce dernier défibreur est peu ou point employé; le plus répandu est sans contredit le défibreur Vœlter.

Bois. *Sa préparation.* Le bois destiné au défibrage ne doit pas être d'un âge trop avancé, la couleur fonce avec l'âge, surtout dans les bois résineux qui de plus se chargent de résine à mesure qu'ils vieillissent. Les bois trop résineux entravent la fabrication de la pâte en obstruant les mailles des cylindres assortisseurs. On se sert de bien des essences de bois; les résineux sont à préférer; ils donnent une pâte plus solide que les bois feuillus. Voici, suivant leur mérite, les bois résineux les plus employés: épicia, pin sylvestre, sapin blanc; les bois feuillus fournissent une pâte plus tendre, mais plus blanche que les bois résineux; les plus employés sont le tremble, le peuplier.

Pour préparer le bois à être défibré, on commence par l'écorcer; ce travail se fait à la main, ou au moyen de machines; ces dernières donnent un déchet plus considérable. Une scie circulaire le débite ensuite en morceaux de 30 à 40 centimètres qui sont refendus en deux, suivant leur longueur; celle-ci dépend de la dimension des boîtes du défibreur, on enlève les nœuds au moyen d'une machine à percer. Toutes ces opérations occasionnent un déchet de 5 à 8 0/0 du poids du bois brut. — L.

***DÉFIBRAGE DES CANNES À SUCRE.** Le but du défibrage de la canne est de préparer celle-ci en mettant à nu les cellules contenant le sucre, de manière à leur faire subir directement l'action des cylindres et à extraire ainsi une plus grande quantité de vesou. Différentes machines ont été construites pour faire ce travail, et le premier défibreur a été expérimenté en 1879, à la Martinique. Les résultats obtenus ayant été complètement satisfaisants, d'autres défibreurs ont été installés et, en 1882, 12 appareils ont fonctionné à la Martinique, à Cuba, au Brésil, etc.

DÉFILAGE. *T. de pap.* En papeterie, le défilage est l'opération qui suit le lessivage; on se sert pour ce travail de la pile à cylindre, qui est d'origine hollandaise, de là le nom qu'on lui donne quelquefois de *pile hollandaise.*

On distingue deux catégories de piles à cylindres : le *défileur* et le *raffineur*.

Le travail du défileur est venu remplacer la première partie du travail de l'ancienne pile à maillets aujourd'hui abandonnée, ce travail est fini par la *pile raffineuse.*

La pile défileuse se compose essentiellement d'un cylindre armé de lames, mobile autour de son axe et pouvant se rapprocher plus ou moins d'un ensemble de lames fixes qu'on appelle la *platine*. Le cylindre tourne dans un cuve ou bac. Les chiffons, en sortant du *lessivage*, subissent dans le défileur un lavage énergique, et sont transformés en 1/2 pâte ou *défilé*. Le lecteur trouvera au mot Pile l'étude de la *pile défileuse* et nous ne retenons ici que le travail produit par le cylindre *défileur.*

Le défilage est l'opération qui suit le lessivage dans la fabrication du papier; du lessiveur les chiffons sont amenés dans des vagonnets contre le cylindre défileur; l'ouvrier chargé du défileur le remplit d'eau aux 2/3, et charge les chiffons en éparpillant ceux-ci par poignée à la surface de l'eau mise en mouvement par le cylindre, celle-ci entraîne les chiffons, l'ouvrier aide le mouvement au moyen de sa spatule. Vers la fin du chargement, on rapproche le cylindre de la platine pour défaire les chiffons et les aplanir, sans quoi ceux qui seraient fortement roulés ou comprimés tendraient à se précipiter au fond de la pile en vertu de leur plus grande densité. Une fois la masse des chiffons rendue homogène et la circulation du chiffon bien établie, on relève le cylindre qui reste dans cette position jusqu'à la fin du lavage.

Une fois le lavage terminé, on rapproche graduellement le cylindre de la platine de manière à obtenir un défilé de la longueur convenable pour le papier à fabriquer. Si on réduisait les chiffons en pâte avant leur lavage complet, on n'obtiendrait qu'un défilé malpropre et difficile à blanchir.

On comprend facilement que toutes les impuretés contenues dans les chiffons en morceaux, se détachent facilement de ceux-ci par le lavage et sont entraînées par l'eau, les plus lourdes se déposant dans les sablières; mais si on réduit les chiffons en pâte avant la fin du lavage, les impuretés sont emprisonnées dans la pâte pour ne plus en sortir.

Quand on observe les chiffons en mouvement dans une pile défileuse, on remarque de suite que la vitesse dans les différents points de la masse est très inégale, et ceci par suite de la différence du chemin à parcourir; la vitesse la plus grande se manifeste contre la cloison et va en diminuant graduellement jusqu'à la paroi extérieure où elle atteint son minimum. Il est donc indispensable que l'ouvrier spatule énergiquement sa pilée, qu'il déplace continuellement les chiffons en les mélangeant, ramenant ceux-ci des bords vers le milieu et inversement, sans quoi les parties de la masse à circulation rapide seraient raccourcies alors que celles qui cheminent plus lentement seraient à peine touchées, et on n'obtiendrait pas une pâte homogène.

La force absorbée par un défileur est très variable suivant ses dimensions et les chiffons qu'il doit triturer. Les cylindres les plus usités prennent de 5 à 10 chevaux de force; le temps employé pour la trituration d'une pilée varie de trois à quatre heures (70 à 100 kilogrammes de pâte sèche). — L.

DÉFILÉ. *T. de pap.* Pâte à papier que produit la pile défileuse. — V. l'article précédent.

DÉFILEMENT. *T. de fortif.* Disposition particulière que l'on donne au parapet d'un ouvrage de fortification ou d'une tranchée pour mettre les hommes et le matériel, qui se trouvent derrière, à l'abri des projectiles ennemis. La surface de terrain *défilée* dépend de la hauteur et de la direction de la crête couvrante et de l'inclinaison maximum de la trajectoire du projectile au point où elle rencontre la crête du parapet. Dans les projets de fortification on cherche surtout à obtenir le défilement des ouvrages par le choix du site, par le tracé et par le relief. S'il s'agit, par exemple, d'un fort isolé, on doit tout d'abord le placer sur un plateau assez élevé, pour qu'il ne soit dominé par aucune position environnante, située dans un cercle de 3 kilomètres au moins de rayon. Ensuite on doit donner autant que possible aux crêtes C du parapet ABCDEP (fig. 12) une direction et une élévation telles, par rapport aux points dangereux extérieurs, qu'une ligne idéale passant par C inclinée au 1/6 dans le plan du profil et prolongée dans la campagne passe à 2 mètres environ au-dessus des positions que peut occuper l'ennemi jusqu'à 6 ou 7 kilomètres de la place. Si ces conditions peuvent être réalisées, le parapet ayant d'ailleurs $2^m,50$ au moins de relief au-dessus du terre-plain, les hommes et le matériel seront à couvert *de la vue de l'ennemi* et des coups directs les plus dangereux, dans une zône de 10 mètres de largeur environ en arrière de la crête du parapet. On complète le défilement en construisant sur le parapet des *traverses* pour couvrir les pièces contre les coups latéraux ou d'enfilade et en établissant, dans certains cas, des *parados* contre les coups de revers.

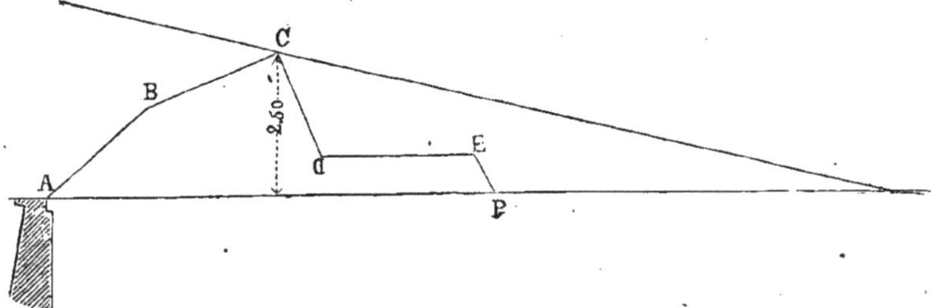

Fig. 12.

Dans les travaux de siège, les *boyaux de tranchée* par lesquels on s'approche de la place ayant un profil constant et le terrain présentant des variations de pente, on défile les tranchées exclusivement par le tracé. Dans la plupart des cas, ce tracé est indiqué directement aux travailleurs par des officiers du génie ayant le coup d'œil exercé. On peut cependant se servir utilement d'un petit appareil nommé *défilateur* qui, à l'aide d'une alidade, permet de vérifier si la direction donnée à la crête du parapet de la tranchée assure un défilement suffisant. — V. Tranchée.

Les récents progrès de l'artillerie, en permettant à l'assiégeant d'effectuer avec précision le tir plongeant à grande distance avec des projectiles explosifs, ont rendu les anciens procédés géométriques de défilement à peu près illusoires. Aussi dans les nouveaux ouvrages de fortification les ingénieurs militaires se sont surtout préoccupés de multiplier autant que possible les casemates et abris-blindés ou cuirassés de façon à mettre le personnel et le matériel non seulement à l'abri des vues ou des coups directs de l'assiégeant, mais surtout à l'abri des *projectiles verticaux ou plongeants* qui sont actuellement les plus redoutables et les plus meurtriers.

* **DÉFLAGRATEUR.** *T. de phys.* Appareil électromagnétique propre à produire l'explosion de certaines matières.

DÉFLAGRATION. *T. de chim.* Combustion très vive, ordinairement accompagnée d'étincelles brillantes et de projection de matières enflammées. Ainsi, quand on jette du chlorate de potasse sur des charbons ardents, il y a déflagration, la combustion en est considérablement activée. Si l'on mêle à ce chlorate du sucre en poudre ou de l'amidon et qu'on verse sur le mélange une goutte d'acide sulfurique, il y aura inflammation spontanée, rapide, avec projection d'une partie de la matière enflammée; c'est le type caractéristique de la déflagration. Les feux d'artifice, les feux de Bengale offrent des exemples de déflagrations plus ou moins vives et diversement colorées.

***DEFLECTOR.** Appareil magnétique que l'on place à une certaine distance de la boussole d'un navire afin de faire varier sa déviation et de corriger ainsi une partie de l'influence exercée sur elle par les pièces de fer du navire. Sir William Thomson a donné le nom d'*adjustable deflector* à un système de deux aimants inverses, que l'on place au-dessus d'un compas et dont un mécanisme très simple permet de changer la position, de manière à faire varier leur action sur le compas depuis zéro jusqu'à un maximum.

***DÉFONÇAGE.** *T. de corr.* Opération qui a pour objet le ramollissement du cuir en le trempant dans l'eau et en le frappant fortement avec une masse de bois.

***DÉFONCEUSE.** *T. d'agric.* Sorte de *charrue.* — V. ce mot.

***DÉFOURNEUR.** *T. de mét.* Ouvrier qui fait le *défournement* des pièces mises au four, briques, poteries, etc. || *T. techn.* Appareil propre à opérer le défournement, notamment dans la fabrication du *coke.* — V. ce mot.

***DÉFOURRER.** *T. techn.* Retirer les enveloppes des cauchers, pendant l'opération du battage de l'or, pour juger de l'état des quartiers.

DÉFRICHEMENT. On entend par ce mot la mise en culture des *terres incultes*, des *pâtures*, des *vieilles prairies pérennes* et des *bois*. Dans chacun de ces cas, l'enlèvement du gazon, des bruyères ou des bois, exige des façons culturales pour lesquelles on a imaginé divers instruments mus à bras ou traînés par des chevaux.

DÉFRICHER (Charrue à). S'il s'agit de défricher des vieilles prairies ou des pâtures enherbées, la charrue à employer doit avoir un soc aussi plat que possible et très tranchant; un soc formé d'un disque volant d'acier très tranchant, enfin un versoir renversant bien la bande pour exposer à l'air les racines de l'herbe enfouie.

***DÉGALAGE.** *T. techn.* Action de débarrasser les peaux de ce qu'elles ont de nuisible ou d'inutile.

***DÉGAUCHISSAGE.** *T. techn.* Action de dégauchir, de dresser ce qui est gauche et d'amener un objet, ou le ramener exactement, dans la direction qu'il doit avoir.

***DÉGOMMAGE.** 1° On a vu au mot *décreusage* les détails de cette opération, ainsi que son but et sa nécessité. L'eau qui doit servir au dégommage de la soie ne doit pas donner de trouble par le savon, car alors on est obligé, pour dissoudre le précipité, d'ajouter à chaud dans le bain une quantité plus considérable de cet agent. Quand l'eau est très calcaire, certains teinturiers commencent par introduire dans la chaudière une quantité convenable de carbonate de soude avec un peu de savon et portent à l'ébullition. De cette façon, ils font rassembler à la surface sous forme d'écume les précipités calcaires et magnésiens, qu'ils enlèvent avec une écumoire. Les bains de dégommage et de repassage ne restent pas sans emploi pour avoir servi une fois. Quand les pantes introduites dans un bain neuf ont été retirées, on les remplace par une autre *mise* ou *barquée*, c'est-à-dire par une nouvelle quantité de soie disposée de même, et ainsi de suite jusqu'à ce qu'on ait opéré le dégommage de toute la partie. Comme les matteaux passés les premiers sortent avec le plus de blancheur, on a soin de traiter d'abord ceux qui sont destinés à être teints en blanc et de prendre les suivants dans l'ordre que nécessitent les couleurs délicates. On a remarqué que, pour obtenir de très beaux blancs, il y avait avantage à multiplier le nombre des bains et à diminuer la durée de chacun d'eux.

|| 2° *T. de blanch. et de teint.* Dans l'impression et la teinture, c'est l'opération qui succède à l'oxydation ou au vaporisage. Son but est d'enlever l'épaississant, la gomme. Le dégommage consiste en un passage en bain chaud, dont la nature varie avec les genres. Quand il s'agit de tissus mordancés, où on a encore besoin de faciliter la fixation des mordants, on emploie alors la bouse de vache d'où est venu à cette opération le nom de *bousage* (V. ce mot), lequel est plus généralement employé.

***DÉGORGEAGE.** *T. de teint.* Ce mot est synonyme de *lavage*, lorsqu'il s'agit de traitement du coton, soit en écheveaux, soit en tissus. Dans la teinture de la laine, c'est l'opération qui a pour but de nettoyer, de débarrasser l'étoffe de quelques parties de mordant non combiné et qui en se répandant, en se *dégorgeant* dans le bain de teinture, y serait une cause de perturbation. Quand le dégorgeage est incomplet ou mal fait, le bain de teinture *tourne*, c'est-à-dire que la matière colorante se précipite sans se fixer sur l'étoffe, ou s'y dépose, mais n'y adhère pas. Le dégorgeage est une des opérations les plus délicates de la teinture sur laine. Les bains de dégorgeage se font à base de son, de savon, d'urine, de bouse, de bain blanc, de biphosphate de soude, quelquefois des alcalis faibles, des acides faibles, de l'eau de savon, etc. On termine le dégorgeage par un bon lavage. Le dégorgeage est, dans la teinture de la laine, l'opération similaire du dégommage dans la teinture des étoffes de coton imprimées. On dit aussi *dégorgement*.

DÉGORGEMENT. *T. techn.* Tuyau de décharge. || Syn. de *dégorgeage*.

***DÉGORGEOIR.** *T. techn.* 1° Outil de forgeron qui sert à faire les congés des pièces de forge et les angles droits intérieurs. || 2° Sorte de gouge qu'on emploie pour couper le fer à chaud, ou détacher des parties arrondies. || 3° Extrémité d'un tuyau vertical qui déverse l'eau d'une pompe ou d'une conduite. || 4° Appareil qui sert à tondre la laine pendant le nettoyage. || 5° Outil d'atelier qui présente la forme d'une sorte de mouton à panne demi-cylindrique, et destiné à étirer le fer dans le travail de forge en frappant sur la tête de l'outil.

***DÉGOUPILLER.** *T. techn.* Sortir une goupille pour la changer, ou opérer le démontage de la pièce qu'elle maintient.

***DÉGOURDI.** *T. de céram.* On donne ce nom à la première cuisson d'une pièce de poterie, avant qu'elle n'ait reçu la couverte ; cette opération préliminaire qui n'est point nécessaire pour les poteries communes permet, lorsqu'il s'agit de la pâte de porcelaine, de lui enlever l'excès de l'eau qu'elle contient. || On donne le nom de *dégourdi* à la partie du four dans laquelle se fait cette cuisson et aux pièces qui y ont été soumises.

DÉGOURDIR. *T. de céram.* Chauffer légèrement, donner un petit coup de feu à une pâte de poterie. || *Dégourdir une glaçure*, c'est lui donner une légère cuisson, sans l'amener jusqu'à la fusion.

DÉGRADER. *T. de photog.* Affaiblir graduellement du noir au blanc la teinte des fonds de photographies ; on dit alors des *fonds dégradés*. || *T. de teint.* Diminuer une couleur d'*intensité* ; on dit aussi *démonter*.

DÉGRAISSAGE. *T. techn.* Action d'enlever les taches d'une étoffe et qui donne lieu à une industrie spéciale que nous étudions au mot DÉGRAISSEUR. || 2° Opération qui consiste à faire disparaître les impuretés des textiles, à laquelle nous consacrons des articles spéciaux.—V. les art. suiv. || 3° *T. techn.* Dans le raffinage du sucre, opération qui a pour but de dissoudre le sucre adhérent aux parois des caisses, et qui se pratique au moyen d'une injection de vapeur. || 4° Dans les verreries, opération qui précède le polissage et qui consiste à frotter le verre avec de l'émeri pulvérisé et délayé dans l'eau. || 5° En céramique, action d'ajouter une certaine quantité de sable ou de silice à l'argile pour la dégraisser. || 6° Chez les miroitiers, donner le dernier polissage à la feuille d'étain. || 7° Action de nettoyer les surfaces qui doivent recevoir la dorure. || 8° Action d'enlever les parties de soudure qui adhèrent au plomb.

***DÉGRAISSAGE DU COTON.** Le dégraissage comprend, dans le blanchiment des tissus de coton, deux ordres d'opérations, les unes chimiques, les autres mécaniques. Par les premières, on soumet les toiles : 1° à l'action de lessives de chaux, pour saponifier les corps gras ou résineux qui s'y trouvent ; 2° à l'action de bains acidulés appelés à décomposer les savons calcaires formés dans l'opération précédente et à mettre en liberté les acides gras ou résineux ; 3° à l'action de lessives de carbonate de soude qui doivent opérer la dissolution des acides gras précités. Les autres opérations sont les lavages qui enlèvent les substances solubles ou insolubles qui se trouvent dans les pores de l'étoffe. — V. BLANCHIMENT, § *Blanchiment du coton.*

***DÉGRAISSAGE DES DÉCHETS.** Les déchets d'origine végétale (coton, lin, chanvre), qui ont servi au nettoyage des machines, métiers de filature, locomotives, essieux de vagons, etc., au lieu d'être jetés, sont dégraissés. Après cette opération, les fibres peuvent servir à nouveau et la matière grasse est utilisée par les savonniers et les stéariniers. Voici comment on les traite : on donne deux lessivages à chaud, le premier avec une lessive de soude qui a été employée à dégraisser une mise précédente, le second avec un bain frais contenant de 6 à 10 kilogrammes de soude par 100 kilogrammes de déchets. Chaque lessivage dure une heure et est chauffé par la vapeur. La lessive qui a passé deux fois sur les mêmes chiffons est recueillie dans une citerne de dépôt, celle qui n'a encore servi qu'une fois est envoyée par un courant de vapeur dans une bâche placée à un niveau supérieur où elle se clarifie. Elle redescend de cette bâche pour repasser sur les déchets. Après dégraissage, les déchets sont essorés, lavés deux fois à l'eau chaude, puis séchés sur des claies, pour être revendus. Quant aux lessives, on les clarifie, puis on les traite par l'acide chlorhydrique qui met en liberté les acides gras. Ceux-ci, égouttés et fondus, sont coulés en moules et livrés aux savonniers.

L'appareil qui sert au dégraissage est dû à M. François, chimiste à Montceau-les-Mines (fig. 13). Il se compose d'une chaudière A en fer, entièrement

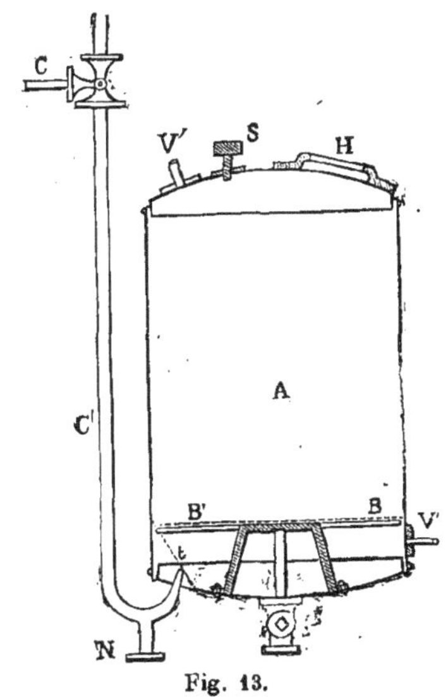

Fig. 13.

close, munie d'un faux fond en tôle perforée BB, destiné à supporter les déchets ; dans le haut de la chaudière, il y a un trou d'homme H, pour introduire les déchets et les lessives. A côté se trouve une soupape de sûreté S, timbrée à 2 atmosphères. Pour chasser la vieille lessive, on fait entrer la vapeur par le tube V et la lessive s'écoule par le robinet purgeur P. Pour faire monter la lessive dans la bâche, on ouvre le robinet de vapeur V' et la lessive passe par le tube C dans le réservoir supérieur. Une fois déposée, le même tube sert à la faire revenir dans la chaudière A.

Sur le côté, en bas, est une tôle perforée *t*, destinée à empêcher l'engorgement du tuyau C, qui se nettoie par une plaque mobile. On emploie également le sulfure de carbone pour le dégraissage des déchets. — J. D.

***DÉGRAISSAGE DES LAINES BRUTES.** — V. DESSUINTAGE.

***DÉGRAISSAGE DE LA SOIE.** Lorsque la soie doit être *assouplie* ou *mi-cuite*, c'est-à-dire lorsqu'elle doit subir en vue de la teinture la préparation intermédiaire entre l'écru et le décreusé (V. DÉCREUSAGE), on commence par la soumettre à une opération qui porte aussi le nom de *dégraissage*. Elle est passée dans un premier bain chauffé à tiède et monté à raison de 10 parties de savon pour 100 de soie : la température est portée à 25, 30 ou même 35 degrés. On y laisse séjourner la fibre pendant une heure ou deux, en la lissant trois ou quatre fois et de préférence entre deux bâtons pour bien la mouiller en l'exprimant, on dit alors qu'on la *sabre*. En réalité, ce bain a moins pour effet de dégraisser la soie, comme l'indiquerait le nom de l'opération, que de gonfler ses brins et, en ouvrant ses pores, de la bien préparer aux opérations subséquentes. A ce premier bain de savon, en succède un second semblable, dans lequel on répète les mêmes manipulations, puis on lave.

Si la soie doit être blanchie, on la soumet ensuite à un bain de blanchiment, puis au *soufrage* (V. ce mot) (ce qui fait que les soies assouplies peuvent se diviser en deux catégories : les blanchies et les non-blanchies), et on termine en lui faisant subir l'opération proprement dite du *souple* ou *assouplissage*. Si la soie ne doit pas être blanchie, elle est de suite assouplie, c'est-à-dire qu'on lui fait subir une immersion prolongée dans l'eau bouillante additionnée de crême de tartre.

***DÉGRAISSAGE DES DRAPS.** Le dégraissage des draps est une opération importante de leur fabrication, et cependant il se fait généralement à l'aide de procédés primitifs. Suivant la nature des huiles employées pour le graissage ou ensimage des laines afin de les filer, le dégraissage après tissage se fait avec des alcalis, des cristaux de soude ou de la terre connue sous le nom de « *terre à foulon* », que l'on prépare *ad hoc*. On dégraisse les huiles faciles à saponifier avec les alcalis ou les sels de soude ; les autres huiles, avec de la terre à foulon. Le travail se fait sur une ou plusieurs pièces à la fois, dans des machines composées de deux rouleaux ordinairement en bois, qui sont très pesants naturellement, ou qui sont rendus tels par des leviers ou des contre-poids.

L'étoffe dirigée par une lunette, s'engage entre les rouleaux cannelés ou unis, qui la pressurent pour faciliter les combinaisons de l'huile avec l'agent employé pour dégraisser, et quand on juge l'opération faite, on opère le rinçage, qui est en même temps le désencollage du parement, méthodiquement avec de l'eau ordinaire ou de l'eau rectifiée. La durée du travail complet varie, suivant la nature des huiles, entre six et vingt-quatre heures.

Nous ferons remarquer que le dégraissage prolongé des draps amollit, déforme et fatigue les tissus ; il amène à la surface des étoffes une grande quantité de laine, dont une partie se détache au frottement de la lunette-guide, ils *se plument* comme on dit, et cette laine, se trouvant entraînée par l'eau de lavage, constitue une perte réelle ; de plus, malgré tous les soins qu'on peut y apporter le feutrage commence pendant le dégraissage, les tissus se rétrécissent beaucoup, et tout ce qu'on peut faire pour empêcher ces inconvénients émousse les propriétés feutrantes de la laine. La réparation des défauts de tissage est extrêmement difficile et coûteuse. Enfin, quand on opère sur des étoffes de nuances variées, les couleurs perdent leur fraîcheur et leur vivacité, par suite d'une manipulation trop prolongée dans les bains chargés pour le dégorgeage des tissus.

Tout ce travail se faisant à froid, le désencollage de la chaîne est souvent imparfait, car ayant été appliqué à chaud, le parement se dissout difficilement autrement.

On a essayé de dégraisser et de fouler en même temps, de dégraisser à chaud, etc., mais il s'est produit d'autres inconvénients plus grands que les avantages et bien peu de fabricants ont pu persévérer dans cette voie, de telle sorte que c'est généralement à froid et dans les machines primitives dont nous venons de parler que, malgré toutes leurs imperfections, on continue à dégraisser. — A. R.

DÉGRAISSEUR. *T. de mét.* Le *dégraisseur* est l'industriel qui se charge d'enlever toute espèce de taches sur une étoffe quelconque, sans en altérer le blanc ou les couleurs, et en conservant le lustre ou l'apprêt. Le nom de *détacheur*, qu'on lui donne quelquefois, serait plus rationnel, puisque, comme nous venons de le dire, son travail consiste à faire disparaître les taches de tout genre, et si celui de *dégraisseur* a prévalu, c'est probablement parce que les taches produites par les matières grasses sont celles qui se présentent le plus fréquemment. Il se qualifie lui-même de *teinturier-dégraisseur* et de *teinturier-apprêteur*, parce qu'il est obligé de rétablir les couleurs et les apprêts altérés ou entièrement détruits, ce qui lui fait un devoir d'être bien au courant des procédés du teinturier. Dans tout ce qui va suivre, nous nous occuperons principalement des pratiques du dégraisseur proprement dit, renvoyant pour le reste aux articles consacrés aux arts de la teinture et de l'impression des tissus.

I. SUBSTANCES EMPLOYÉES PAR LE DÉGRAISSEUR.

1° Il est rare que l'*eau pure*, à l'état liquide, soit froide, soit chaude, puisse suffire pour enlever les taches. Il faut presque toujours y ajouter quelque matière. A l'état de vapeur, on y a recours pour amollir les corps gras et leur permettre d'être dissous par certains réactifs spéciaux.

2° On fait usage de plusieurs *acides*, les uns d'origine minérale, les autres d'origine organique.

Ainsi, l'*acide sulfurique* est utilisé pour aviver et rehausser certaines couleurs plus ou moins effacées. A défaut d'acide sulfurique, on peut se servir d'*acide acétique* ou d'*acide citrique*. Celui-ci détruit très bien les *rosures* sur l'écarlate, c'est-à-dire les taches rougeâtres ou bleuâtres qui se forment sur cette couleur. L'*acide chlorhydrique* enlève les taches d'encre et de rouille sur les tissus blancs. L'*acide oxalique* détruit les taches d'encre, de rouille, de fruits et de sucs astringents, d'urine, etc. L'*acide sulfureux* enlève les taches de certains fruits sur les étoffes de laine ou de soie blanche. Il est préférable de l'employer à l'état liquide plutôt qu'à l'état gazeux.

3° L'*alcool* ou *esprit-de-vin* joue un rôle important dans l'art du dégraisseur, soit seul, soit en mélange avec des substances qui sont souvent des huiles essentielles.

4° Les *alcalis* sont la *soude* et la *potasse*. On les emploie en dissolution dans l'eau, c'est-à-dire à l'état de lessive. Ces dissolutions sont généralement faites avec le *carbonate* de l'une ou de l'autre de ces substances.

5° L'*ammoniaque liquide* ou *alcali volatil* est l'agent le plus énergique dont on puisse faire usage pour dégraisser les étoffes, les chapeaux de soie, etc., et pour neutraliser l'action des alcalis. Les fripiers l'emploient chaque jour pour remettre à neuf les vieux habits.

6° La *benzine rectifiée*, c'est-à-dire pure, dissout parfaitement les corps gras, par conséquent la graisse, la cire, le suif, le beurre, l'huile; elle dissout également les essences, le caoutchouc, les résines, les goudrons, les mastics, les peintures, et, comme elle possède la propriété de ne pas se résinifier, elle ne laisse aucune trace apparente sur l'étoffe qui en a été imprégnée.

7° La *céruse* a la propriété de faire disparaître les taches de graisse et d'huile sur les étoffes de laine claires, le satin blanc, les tapisseries. La *craie ordinaire* ou *blanc d'Espagne* possède à peu près la même propriété.

8° La *crème de tartre* (bi-tartrate de potasse) s'emploie pour enlever les taches formées par les compositions dans lesquelles il entre des parcelles d'oxyde de fer, telles que la boue, le cambouis, etc., et qui résistent à l'essence de térébenthine.

9° L'*eau de javelle* n'est autre chose qu'une dissolution de chlorure ou hypochlorite de potasse. On ne s'en sert que sur les étoffes non teintes de chanvre, de lin ou de coton, pour enlever les taches de fruits.

10° Les *essences* ou *huiles volatiles rectifiées*, telles que celles de citron, de lavande, de bergamote, de térébenthine, etc., enlèvent facilement les taches de graisse, de résine, de goudron, de peinture et autres matières analogues.

11° L'*essence de pétrole* peut être employée à la place de l'essence de térébenthine et dans les mêmes circonstances.

12° L'*éther sulfurique* ou *éther vinique* est également un dissolvant des huiles grasses et des graisses.

13° Le *fiel* ou *bile de bœuf*, appelé aussi *amer de bœuf*, est encore un dissolvant des corps gras. Les dégraisseurs en font surtout usage pour enlever les taches de graisse sur les étoffes qui sont altérables par les alcalis et le savon. Ils s'en servent principalement pour les tissus de laine, mais jamais pour les étoffes de nuances claires et délicates.

14° Le *jaune d'œuf* possède à peu près les mêmes propriétés que le fiel de bœuf. Comme ce dernier, il doit être employé très frais. On augmente quelquefois son action en y ajoutant une petite quantité d'essence de térébenthine. On l'emploie à la température de l'eau tiède.

15° La *racine de luzerne* bouillie dans l'eau ordinaire, pendant une demi-heure, donne une décoction qui peut être employée au nettoyage du linge, des lainages et de la soie.

16° Le *panama* n'est autre chose que l'écorce du quillaïa, arbre de l'Amérique du Sud. Sa décoction est employée avec avantage pour le nettoyage des lainages fins.

17° La *saponaire* est une autre plante dont on utilise les feuilles et la racine pour préparer une décoction qui dégraisse fort bien les étoffes de laine et de cachemire.

18° Les *savons* sont d'un fréquent usage, mais leur nombre est grand et il faut savoir choisir. Le *savon blanc de Marseille*, qui est moins alcalin et moins mordant que le *savon marbré* de la même origine, convient surtout pour les tissus fins de toute nature. Quant au *savon vert*, qui est à base de potasse, tandis que les précédents sont à base de soude, il s'emploie en dissolution avec de la gomme arabique ou quelque autre substance mucilagineuse, pour dégraisser les étoffes de couleur et surtout celles de soie unies. Ce qu'on appelle *essence de savon* n'est autre chose que du savon blanc dissous dans l'alcool et aromatisé avec une huile essentielle quelconque.

Le *bain de savon* qu'on emploie pour laver à fond les étoffes blanches et celles en bon teint, se prépare en faisant fondre dans l'eau, à la température de l'ébullition, du savon blanc découpé en tranches très minces.

19° Le *sel de tartre*, appelé aussi *sel fixe de tartre* ou *alcali du tartre* (bi ou sous-carbonate de potasse), dissout facilement les corps gras, mais il est prudent de ne l'employer que sur celles des étoffes teintes ou imprimées qui sont réputées bon teint.

20° Le *sel d'oseille* (bi-oxalate de potasse) a la propriété de dissoudre les oxydes métalliques.

21° Le *sulfure de carbone* est un des meilleurs dissolvants des corps gras, des résines, du caoutchouc et de la gutta-percha.

22° On désigne sous le nom de *terres dégraissantes* des matières minérales, naturellement pulvérulentes ou faciles à réduire en poudre, dont on se sert pour enlever les taches de graisse et d'huile qu'elles absorbent promptement. Telles sont, indépendamment de la *craie* et de la *céruse*, dont il a été question ci-dessus, la *terre à foulon*, la *terre de pipe* et autres argiles; le *plâtre*, la *magnésie*, les *cendres tamisées*, la *craie de Briançon*, etc. Toutefois, il faut les employer avec discernement, suivant l'espèce de tissu et la nature des couleurs.

23° En mélangeant plusieurs des substances qui viennent d'être passées en revue, on obtient ces produits qui se vendent sur la voie publique, sous forme de poudres, de tablettes, de boules, de pâtes, etc., et qui, prônés, pour la plupart, comme des panacées, ont trop souvent le défaut de détruire au lieu de nettoyer, parce que, s'en rapportant aux hâbleries du marchand, on les a employés dans des cas où ils ne pouvaient être que nuisibles.

II. Nature des taches, moyens de les enlever. La nature des taches est aussi diverse que le mode de traitement qu'il convient de leur appliquer. Celles qu'on appelle *simples*, parce qu'elles sont formées par une seule substance, n'exigent généralement que l'emploi d'un agent. Celles, au contraire, qu'on nomme *composées*, parce qu'elles sont le résultat de l'action de plusieurs matières, veulent être traitées par autant de réactifs qu'elles contiennent de corps différents. Il y en a encore qui altèrent ou même détruisent entièrement les couleurs, et d'autres qui n'exercent sur elles aucune action nuisible. La première chose que doit faire le dégraisseur, consiste donc à connaître la nature de la tache qu'il doit enlever, et il y parvient, sans trop de peine, s'il est à la hauteur de son métier; quelquefois cependant, il éprouve des difficultés presque insurmontables.

1° *Taches d'acides minéraux.* Quand elles sont récentes, on les enlève au moyen d'un lavage avec de l'ammoniaque liquide étendu d'eau ou bien en les exposant à la vapeur de cet alcali. Lorsqu'elles sont anciennes et qu'elles ont détruit la couleur, il n'y a d'autre remède que d'envoyer le tissu à la teinture.

2° *Taches de beurre.* On les fait disparaître de la même manière que celles de *graisse* (V. ci-après), c'est-à-dire à l'aide de l'essence de térébenthine, de la benzine, etc.

3° *Taches de bière.* Même procédé que pour les *taches de fruits.* — V. plus loin.

4° *Taches de blanc de baleine.* Le frottement seul suffit pour les faire disparaître, cette matière ne pénétrant pas les étoffes.

5° *Taches de boue.* Quand la boue est uniquement composée de matières terreuses, elles cèdent généralement à un ou plusieurs lavages à l'eau pure. Si elles ne disparaissent pas, on les lave avec un jaune d'œuf délayé dans un peu d'eau, puis on les rince avec de l'eau bien propre. La boue des villes est plus tenace, parce que, indépendamment des substances terreuses, elle renferme des débris végétaux et des parcelles ferrugineuses. Deux opérations sont alors nécessaires. Premièrement, à l'aide d'un ou plusieurs savonnages à l'eau chaude, suivis d'un rinçage à l'eau froide, on se débarrasse de la terre et des débris végétaux. Secondement, on fait disparaître les parcelles métalliques en procédant comme pour la rouille, ou bien en mettant sur les taches et l'y laissant séjourner quelques minutes une couche de crême de tartre en poudre légèrement humectée. Sur les étoffes teintes en rouge petit teint, la boue fait virer la couleur en violet. On rétablit la nuance primitive en la touchant avec un acide affaibli, qui peut être l'acide citrique, l'acide acétique ou l'acide chlorhydrique.

6° *Taches de bougie.* Mêmes procédés que pour les *taches de cire.*

7° *Taches de café.* Sur le linge blanc, elles s'enlèvent au moyen d'un premier lavage à l'eau pure et froide, suivi d'un second lavage à l'eau de savon chauffée à 40 ou 50°. Il faut quelquefois recommencer l'opération. Dans tous les cas, on termine par une exposition à la vapeur de soufre. On traite de la même manière les étoffes teintes ou imprimées. Toutefois, si les couleurs sont petit teint, comme le savon pourrait les altérer, il vaut mieux le remplacer par un jaune d'œuf délayé dans un peu d'eau tiède. Si les taches sont anciennes, on ajoute au mélange quelques gouttes d'esprit-de-vin.

8° *Taches de cambouis.* Elles sont à la fois graisseuses et ferrugineuses. On commence par enlever au couteau toute la matière qui n'a pas pénétré l'étoffe. Cela fait, on imbibe la tache avec de l'essence de térébenthine et l'on frotte légèrement avec une éponge. On l'imbibe de nouveau de la même essence, puis on la couvre aussitôt de cendres tamisées ou de terre de pipe réduite en poudre impalpable. Au bout d'une quinzaine de minutes, on fait tomber la matière absorbante, et l'on brosse bien la place. Si la tache n'a pas entièrement disparu, on recommence l'opération. Enfin, si, ce qui est rare, elle résiste encore, on procède à un troisième traitement, mais en se servant d'un jaune d'œuf délayé dans l'essence. Si la tache était ancienne, il pourrait arriver que l'essence de térébenthine fût impuissante à enlever la partie ferrugineuse. Dans ce cas, on l'attaquerait avec l'acide oxalique ou l'acide chlorhydrique, comme s'il s'agissait d'une vieille tache d'encre. Notons, en terminant, qu'on peut remplacer le jaune d'œuf par le fiel de bœuf, et l'essence de térébenthine par la benzine.

9° *Taches de chocolat.* Mêmes procédés que pour les *taches de café*, mais elles sont moins tenaces.

10° *Taches de cidre.* Mêmes procédés que pour les *taches de fruits.*

11° *Taches de cire.* Si la cire est pure, il suffit souvent de les frotter avec les doigts. En général, surtout quand elles ne sont pas très récentes, on les imbibe de benzine ou d'alcool rectifié, puis on les frotte avec une éponge fine. A défaut de ces substances, on peut employer l'eau de Cologne, les essences de térébenthine, de citron, de lavande, etc., ou un mélange de 15 grammes de savon blanc, 3 de potasse pure, et 1 1/2 d'essence de genièvre, pourvu toutefois que ces matières ne puissent altérer les couleurs. Quand la cire est additionnée de suif, ce qui arrive fréquemment, c'est la benzine qu'on doit employer de préférence. Les taches d'acide stéarique s'enlèvent comme celles de cire pure. On peut également les traiter par la chaleur, en opérant comme il est dit pour les taches de graisse.

12° *Taches de couleurs de peinture.* Mêmes procédés que pour les taches de cire, de graisse, d'huile, etc. Toutefois, ces taches étant toujours composées, exigent parfois des opérations multiples. On enlève d'abord le corps gras, c'est-à-dire l'huile, et l'on continue par les autres substances dont un examen attentif a fait reconnaître la présence.

13° *Taches d'eau.* Certaines étoffes, surtout les soieries, quand elles séjournent trop longtemps dans un lieu humide et mal aéré, se couvrent de petites taches ou piqûres qui en altèrent la beauté. Il n'est possible de détruire ces taches que lorsqu'elles sont récentes. Il suffit alors de rouler l'étoffe dans une pièce de calicot légèrement mouillé et de la tenir, pendant vingt-quatre heures, un peu moins, un peu plus, dans une chambre modérément humide. D'autres taches sont produites par des gouttes de pluie qui, tombant sur les tissus délicats, y forment des ronds et détruisent le glacé des parties atteintes. Pour les faire disparaître, on commence par les frotter avec une brosse douce ou un morceau de flanelle, afin d'enlever la poussière qui peut y adhérer. Cela fait, on étend l'étoffe sur une table, on la mouille légèrement, soit avec de l'eau pure, soit, ce qui est préférable, avec la vapeur d'eau, puis on la maintient pendant quelque temps, sous une légère pression, dans un linge fin. En opérant ainsi, il est rare que les lainages et les soieries ne reprennent pas leur aspect primitif.

14° *Taches d'encre à écrire.* Les encres modernes étant généralement composées de matières végétales, ne résistent pas à des lavages répétés combinés avec des savonnages. Il en est de même des taches produites par les encres au sulfate de fer, quand elles sont récentes. Seulement, pour celles-ci, après les savonnages et les lavages, qui n'enlèvent que les parties non métalliques, il reste une empreinte roussâtre d'oxyde de fer, dont on se débarrasse en la mouillant avec de l'acide sulfurique ou de l'acide chlorhydrique très étendu, qu'on y dépose à l'aide d'une pipette. Lorsque les taches faites par les encres au sulfate sont anciennes, leur enlèvement est plus compliqué. Si les tissus sont blancs, on commence par laver à l'eau pure les parties salies, puis on les couvre d'une couche mince de sel d'oseille ou d'acide oxalique en poudre, et on les frotte avec le doigt ou une éponge fine. Si elles résistent, on les frotte de nouveau, mais avec du chlorure d'étain dissous dans un peu d'eau. Le chlore et les hypochlorites peuvent aussi être employés sur les étoffes blanches, mais ils laissent subsister une tache jaune de rouille, qu'il faut faire disparaître en la mouillant avec une dissolution de sel d'oseille. Quand les étoffes sont de couleur, on lave d'abord les taches à l'eau pure et à l'eau de savon; cela fait, on les humecte avec de l'acide chlorhydrique, ou de l'acide sulfurique, ou de l'acide acétique, et l'on termine par un lavage à l'eau pure. Il ne faut pas oublier que les taches sur la soie ne peuvent pas s'enlever.

15° *Taches de fruits.* Sur les étoffes blanches de nature végétale, un lavage à l'eau pure suivi d'un savonnage les fait disparaître. Si elles sont anciennes un passage à l'acide sulfureux est nécessaire. Sur les étoffes de laine et de soie, on les savonne d'abord, puis on les soufre. Quand les étoffes sont de couleur, on imbibe les taches, au moyen du doigt, d'eau aiguisée par l'acide sulfurique (10 à 12 gouttes d'acide dans un verre d'eau). Un lavage à l'eau élimine ensuite les dernières traces d'acide. Ces différentes manières d'opérer s'appliquent aux taches de *cassis*, de *fraises*, de *framboises*, de *groseilles*, de *cidre*, de *poiré*, de *vin*, de *bière*, de suc d'*herbes*, de *sucre*, de *sirop* et de tout autre produit végétal dont l'acidité n'est pas très grande.

16° *Taches de goudron.* Elles s'enlèvent avec l'essence de térébenthine, l'alcool rectifié, l'éther sulfurique, la benzine; ces deux dernières substances sont préférables pour la soie. On peut aussi se servir de beurre. Dans ce cas, on étend sur les parties tachées une mince couche de beurre, on frotte avec une brosse, un chiffon ou une éponge, puis on se débarrasse des corps gras avec la benzine ou l'essence.

17° *Taches de graisse.* Ce sont les plus communes et celles qui ont exercé plus particulièrement la patience des dégraisseurs. La benzine est la matière qu'on emploie le plus communément pour les faire disparaître. Après avoir étendu l'étoffe sur une serviette pliée en plusieurs doubles ou mieux sur une pièce de flanelle, on imbibe les taches de benzine avec un tampon d'ouate blanche ou une éponge très fine, après quoi on frotte avec un linge sec et bien propre. Si l'on opère sur du velours, le frottement avec ce linge doit être évité, parce qu'il pourrait froisser le tissu. Enfin, si le tissu est teint en couleurs claires et tendres, surtout s'il est de soie glacée, on évite la formation des cernes en recouvrant les taches, après qu'on les a imbibées, de craie de Briançon ou de quelque autre terre absorbante. Quand on n'a point de benzine, on a recours à des procédés qui varient selon la nature des étoffes. S'agit-il de tissus de chanvre, de lin ou de coton, un savonnage à chaud suffit, mais il faut le répéter plusieurs fois. Sur les étoffes de laine, on peut procéder de plusieurs manières. *A.* A l'aide d'une éponge fine, imbiber les taches d'essence de térébenthine et frotter avec les doigts; imbiber de nouveau, puis recouvrir de craie de Briançon, de terre de pipe, de cendre tamisée ou d'une autre terre absorbante, qu'on laisse séjourner une heure ou deux; enfin, brosser avec soin. Si la matière absorbante laissait quelque trace blanchâtre; on l'effacerait en frottant avec de la mie de pain. *B.* Etendre sur une table, soit une serviette bien propre et pliée en quatre doubles, soit plusieurs feuilles de papier buvard ou de papier de soie superposées; poser dessus l'étoffe tachée et promener sur les taches, à plusieurs reprises, un fer à repasser assez chaud pour fondre le corps gras, ou bien des charbons ardents contenus dans un sachet humide, ou encore une cuiller convenablement chauffée; sous l'action de la chaleur, la graisse se liquéfie et est absorbée par le linge ou le papier. Pour être efficace, ce moyen doit être appliqué avec le plus grand soin. Autrement, les taches ne seraient que momentanément masquées et reparaîtraient au bout de quelques jours. *C.* Si l'étoffe est très délicate, imbiber les taches avec de l'esprit-de-vin, placer dessus trois ou quatre feuilles de papier de soie et promener sur ce papier un fer à repasser chauffé comme ci-dessus. *D.* Si l'étoffe est teinte en couleurs claires ou a des reflets moirés, verser sur les taches une ou deux gouttes d'alcool, recouvrir d'un linge fin et promener le fer chaud sur ce linge. Quand la matière grasse a presque entièrement disparu, les mouiller avec de l'éther sulfurique. Sur la soie, les taches graisseuses peuvent s'enlever avec le fer chaud et le papier de soie. On emploie aussi la benzine, comme nous l'avons dit, ainsi que l'ammoniaque liquide, l'éther, le jaune d'œuf, les terres absorbantes.

18° *Taches de sucs d'herbes.* Mêmes procédés que pour les *taches de fruits.*

19° *Taches d'huile.* Mêmes procédés que pour les *taches de graisse.* Il est cependant à remarquer que celles d'huile d'éclairage sont plus difficiles à enlever que les autres, surtout si elles sont anciennes. Souvent même, on ne peut y parvenir.

20° *Taches de liqueur.* Sur les étoffes blanches, on les enlève au moyen d'un lavage à l'eau de savon, suivi d'un passage au gaz acide sulfureux. Sur les étoffes de couleur, on commence par les humecter avec la couleur qui les a produites; aussitôt après, on les imbibe avec de l'eau pure et l'on frotte légèrement. Si elles ne disparaissent pas entièrement, on les mouille, si la nature des couleurs le permet, avec de l'acide citrique ou de l'acide chlorhydrique, dont on a soin de neutraliser l'action avec de l'ammoniaque. L'esprit-de-vin à plusieurs degrés peut également être employé.

21° *Taches de peinture.* Mêmes procédés que pour les *couleurs à l'huile.*

22° *Taches de poix et de résine.* Elles s'enlèvent au moyen de l'alcool rectifié. Il suffit de les imbiber avec ce liquide, puis de les frotter avec soin. A défaut d'alcool on peut se servir d'eau-de-vie forte, ou d'eau de Cologne, ou d'essence de térébenthine, de lavande ou de citron.

23° *Taches de rouille.* On procède différemment suivant que les tissus sont blancs ou colorés. Sur les tissus blancs, on mouille les taches avec de l'eau pure, on les recouvre avec un peu d'acide oxalique en poudre fine, on laisse agir huit ou dix minutes en frottant avec le doigt, et on lave avec soin. Sur les tissus peints ou imprimés, on met sur les taches une pincée de crème de tartre, on laisse agir une dizaine de minutes, on frotte légèrement et l'on termine par un lavage à l'eau pure. Il existe, pour les deux cas, plusieurs procédés dans lesquels on fait intervenir l'acide sulfurique, l'acide chlorhydrique, etc., mais qui ont l'inconvénient d'altérer plus ou moins les étoffes, s'ils ne sont appliqués avec de grandes précautions.

24° *Taches de sang.* Un simple lavage à l'eau les fait généralement disparaître.

25° *Taches de sueur.* Si elles sont récentes, elles s'enlèvent en les lavant avec de l'ammoniaque liquide étendue d'eau. Si elles sont anciennes, on les traite par l'acide oxalique, puis on les rince à l'eau pure. Ces deux procédés, surtout le premier, s'appliquent à toutes les étoffes et à toutes les couleurs. Si le tissu est teint en écarlate ancien, la dissolution d'étain fait disparaître les taches instantanément.

26° *Taches de suie* et *de dégouttures des tuyaux de poêle.* On commence par les imbiber d'essence de térébenthine, en frottant légèrement. Cela fait, on applique dessus un jaune d'œuf délayé dans une petite quantité de cette même essence et tiédi, et l'on frotte de nouveau, toujours avec soin. On répète cette application et ce frottement jusqu'à ce que toute la suie ait disparu. S'il reste encore une nuance noirâtre, due à des particules ferrugineuses, on s'en débarrasse avec un peu de crème de tartre, ou de sel d'oseille ou d'acide oxalique, sur les tissus blancs ou en couleurs bon teint, et, par l'emploi de l'acide chlorhydrique, sur les tissus reconnus mauvais teint.

27° *Taches de suif.* Mêmes procédés que pour les *taches graisseuses.*

28° *Taches de tabac.* Mêmes procédés que pour les *taches de fruits.*

29° *Taches d'urine.* Elles doivent être enlevées le plus promptement possible. L'ammoniaque liquide étendue d'eau est le meilleur réactif qu'on puisse employer. Si elles ne disparaissent pas, et c'est ce qui arrive souvent quand elles sont anciennes, il faut les rincer à l'eau pure, puis les mouiller légèrement avec de l'acide oxalique dissous dans l'eau. Lorsque l'étoffe salie est de laine bon teint, on les nettoie parfaitement avec de la dissolution d'étain.

30° *Taches de vernis.* Mêmes procédés que pour les *taches de couleurs de peinture.*

31° *Taches de vin.* Mêmes procédés que pour les *taches de fruits.*

Le travail du dégraisseur ne se borne pas à enlever les taches partielles; il consiste aussi à nettoyer à fond les vêtements entiers, à les *remettre à neuf*, comme on dit. L'exposition des moyens qu'il emploie à cet effet nous entraînerait trop loin; aussi, nous bornerons-nous à en dire quelques mots. Supposons qu'il s'agisse d'un habit, d'une redingote ou d'un paletot de drap, de couleur foncée et en bon teint. Après avoir enlevé, une à une, toutes les taches, on frotte partout le vêtement, dans le sens des poils, avec une brosse trempée dans du fiel de bœuf ou, ce qui paraît préférable, dans l'ammoniaque liquide additionnée de 8 à 12 parties d'eau tiède. On rince alors à l'eau claire et on laisse égoutter. Il s'agit alors de donner au drap l'aspect et le brillant du neuf. A cet effet, on fait bouillir de la graine de lin et un peu de matière colorante en rapport avec la couleur du vêtement. Quand ce mélange file comme le blanc d'œuf, on le passe au travers d'un linge pour en extraire les impuretés, puis, avec une brosse demi-rude, on l'étend uniformément et dans le sens du poil, sur toutes les parties de l'habit. Cette opération, que les dégraisseurs appellent *passer en couleur,* étant terminée, on étire l'habit sur toutes les coutures, pour qu'il ne fasse pas de faux plis, et on le fait sécher sur un demi-cerceau. Il ne reste plus, quand il est sec, qu'à poser dessus un linge bien propre, mouillé avec une eau de savon légère, et à le repasser avec un fer chaud.

Les vêtements de femme se remettent à neuf aussi bien que ceux d'homme, mais les procédés employés varient suivant la nature des étoffes dont ils sont faits. Ajoutons, d'ailleurs, que la plupart des dégraisseurs ont, pour les vêtements des deux sexes, des pratiques, des tours de main particuliers, qu'ils tiennent cachés avec soin, bien que très souvent la chose n'en vaille pas la peine.

Dégraisseur. Appareil dans lequel le teinturier tord la laine imprégnée d'eau de savon. On dit aussi *dégraissoir*.

**DÉGRAISSOIR.* *T. techn.* Instrument du boyaudier pour dégraisser les boyaux. || Morceau d'étoffe avec lequel le miroitier dégraisse l'étain d'une glace.

***DÉGRAS.** *T. techn.* Nom donné aux résidus liquides provenant du dégraissage des peaux chamoisées (V. CHAMOISAGE). Cette matière est une émulsion ou une saponification des huiles de poisson par la potasse ou la soude, et elle trouve un emploi très étendu dans les opérations du *corroyage* (V. ce mot). On distingue deux états dans le dégras, *le premier dégras* résultant de la mise en presse des peaux passées dans les eaux provenant de lavages antérieurs, et le *second dégras* obtenu en traitant ensuite ces mêmes peaux dans une lessive chaude alcaline. Le premier est le plus estimé, comme étant le plus riche en huile. On retire aussi, dans la rectification de l'huile de bouleau, employée à la fabrication du cuir de Russie, une matière grasse mêlée de goudron, qu'on a proposée comme dégras pour imprégner les cuirs de vache destinés aux capotes de voiture.

DEGRÉ. *T. de géom.* Outre sa signification en algèbre, le mot *degré* est employé pour désigner l'unité d'arc la plus employée. On suppose la circonférence entière partagée en 360°, le degré en 60 minutes et la minute en 60 secondes; les arcs plus petits qu'une seconde s'évaluent en fractions décimales de la seconde. Les angles au centre, étant proportionnels aux arcs qu'ils interceptent, le degré peut aussi servir d'unité d'angle. Alors 360° équivalent à 4 angles droits, puisqu'il faut 4 angles droits pour recouvrir le plan. Le degré est donc la 90e partie d'un angle droit.

Lors de l'établissement du système métrique, on a proposé de prendre pour unité d'angle la 100e partie de l'angle droit qui a reçu le nom de *grade*, la circonférence eût alors été divisée en 400 grades, le grade en 100 *minutes décimales*, et la minute en 100 *secondes décimales*. Des tables trigonométriques ont même été construites dans ce système qui présentait des avantages considérables au point de vue de la rapidité et de la commodité des calculs. Malheureusement, l'usage ne s'en est pas répandu, et il est aujourd'hui complètement abandonné.

Degré de longitude, de latitude. Nous nous bornerons ici à faire observer que la circonférence d'un méridien terrestre étant divisée en 360°, il y a 90° de *latitude* de l'équateur au pôle. Si la méridienne terrestre avait la forme d'un cercle parfait, tous ces degrés auraient la même longueur. L'aplatissement polaire fait qu'il en est autrement. La latitude d'un lieu terrestre est la hauteur angulaire du pôle au-dessus de l'horizon de ce lieu, ou, ce qui revient au même, l'angle de la verticale avec l'équateur. Un arc de méridienne de 1° est donc un arc tel que les verticales aux deux extrémités fassent entre elles un angle de 1°. Comme ces verticales sont en tous points normales à la surface de la terre, et, par suite, à la méridienne, il en résulte que l'arc de 1° est d'autant plus court que la courbure de cette méridienne est plus prononcée. C'est pourquoi le degré de latitude est plus court dans le voisinage de l'équateur que dans celui du pôle. C'est même en mesurant l'arc de 1° au Pérou et en Laponie qu'on a pu, vers le milieu du siècle dernier, constater l'aplatissement polaire déjà prévu par Newton comme conséquence de la rotation du globe terrestre.

Le mètre étant la dix-millionième partie du quart du méridien terrestre, on trouve, en négligeant l'aplatissement, que le degré de latitude vaut en moyenne une longueur de $111^k,111$; la minute qui vaut 1852 mètres équivaut au mille marin; la seconde ne représente que $30^m,86$.

Degré de température. *T. de phys.* La valeur du degré de température dépend de l'échelle thermométrique employée. Le degré *Réaumur* vaut les 3/4, et le degré *Fahrenheit* les 5/9 du degré centigrade. De plus, le thermomètre Fahrenheit marque 32° quand les thermomètres centigrade et Réaumur marquent 0°, de sorte qu'il faut retrancher 32° des indications du thermomètre Fahrenheit avant de les comparer à celle des autres thermomètres. — V. THERMOMÈTRE.

***DÉGRÉNAGE.** *T. de céram.* Action de retirer du moulin les matières qui doivent constituer les pâtes de poterie.

***DÉGROSSAGE.** *T. techn.* Action d'amincir les lingots avant de les faire passer à la filière.

***DÉGROSSI.** *T. techn.* Qui a reçu une première façon. || Opération du *douci*, qui consiste à faire disparaître les aspérités d'une glace brute au moyen du sable quartzeux arrosé d'eau et que l'on met en mouvement avec la ferrasse. || Sorte de laminoir des plombiers.

° DÉGROSSISSAGE. Outre l'action d'ébaucher, de donner la première façon à un ouvrage, on appelle ainsi en *métall.*, l'opération qui a pour but d'*ébaucher*, de commencer le laminage. Le dégrossissage s'entend surtout du premier laminage auquel sont soumis les *pains* métalliques ou *blooms* provenant du cinglage des loupes de fer. Le dégrossissage se fait avec des cylindres portant des cannelures ogivales, qui ont l'avantage d'être très simples et très durables. Par leur forme voisine de la forme circulaire elles ne refroidissent pas inégalement la barre; par leur ressemblance avec la forme carrée, elles servent de préparation aux ébauchés plats destinés au paquetage.

* **DÉGROSSISSEMENT**. *T. techn.* Opération qui consiste à dégrossir les glaces. || *T. de métall.* Etirage qui, après le cinglage, donne une forme plus régulière à la loupe. || Réduction en plaques du fer destiné à la fabrication de la tôle. || *T. de monn.* Premier passage des lames au laminoir, des lames de métal destinées à la fabrication des monnaies.

* **DÉGUT**. *T. techn.* Huile empyreumatique que l'on obtient avec l'écorce de bouleau, et dans laquelle on fait séjourner les huiles de Russie.

* **DÉJOUTEMENT**. *T. de charp.* Coupe biaise faite sur les faces de deux pièces de bois qui, assemblées dans une même mortaise, se contrebutent en formant un angle aigu.

* **DELACROIX** (Ferdinand-Victor-Eugène), le plus grand, le plus noble, le plus illustre décorateur de l'école française, est né le 7 floréal, an VI (26 avril 1798), à Charenton-Saint-Maurice, aux portes de Paris.

C'est au Lycée impérial (Louis-le-Grand) que Delacroix fit ses études universitaires. Il y eut pour condisciples le Dr Véron et aussi Philarète Chasles, cet esprit éminent, si large et si varié, que ses contemporains n'ont pas classé à son véritable rang, très au-dessus des doctrinaires et des pédants spiritualistes. Philarète Chasles a, dans ses *Mémoires*, tracé de l'Eugène Delacroix d'alors un portrait étrangement vivant et à coup sûr ressemblant. — « ... J'étais au lycée avec ce garçon olivâtre de front, à l'œil qui fulgurait, à la face mobile, aux joues creusées de bonne heure, à la bouche délicatement moqueuse. Il était mince, élégant de taille, et ses cheveux noirs, abondants et crépus trahissaient une éclosion méridionale... Eugène Delacroix couvrait ses cahiers de dessins et de bonshommes. Le vrai talent est chose tellement innée et spontanée que, dès sa huitième et neuvième année, cet artiste merveilleux reproduisait les attitudes, inventait les raccourcis, dessinait et variait tous les contours, poursuivant, torturant, multipliant la forme sous tous les aspects avec une obstination semblable à de la fureur... Tout était véhément chez Delacroix, même son amitié qu'il m'a conservée jusqu'à la mort... »

En 1816, Delacroix entre dans l'atelier de Guérin, l'auteur du *Marcus Sextus*, et en 1822 débute au Salon, par la *Barque de Dante*, qui fit époque. En 1824, le *Massacre de Scio* le place définitivement à la tête du mouvement romantique. En 1827, il expose douze toiles dont le *Marino Faliero*, la *Mort de Sardanapale*, le *Christ aux Oliviers*; en 1831, le *Richelieu disant sa messe*, brûlé dans l'incendie du Palais-Royal; en 1848, la *Liberté guidant le peuple* et le *Massacre de l'évêque de Liège*, un chef-d'œuvre.

Décoré en 1831, sans doute, pour son tableau de la *Liberté*, car son talent était toujours furieusement contesté, Delacroix désormais ne manque plus une exposition. En 1832, il fait le voyage du Maroc et en rapporte cet admirable joyau les *Femmes d'Alger*, pour le Salon de 1834, où il expose aussi la *Bataille de Nancy* et l'*Amende honorable*, dont il avait emprunté le cadre à la belle salle des Pas-Perdus du Palais de justice de Rouen dans une de ses excursions (1821) à son cher pays de Valmont, près de Fécamp, « séjour de paix et d'oubli du monde entier. » A ce même Salon, les bons juges d'alors refusèrent la superbe *Rencontre de cavaliers maures*, que Delacroix estimait assez pourtant pour en faire lui-même une magnifique reproduction à l'eau-forte.

Rappeler les principales œuvres exposées successivement, c'est dénombrer les victoires du maître dont il n'y a pas six pouces de peinture qui ne soient une merveille éblouissante de couleur, un joyau décoratif sans prix.

1835. Le *Prisonnier de Chillon* pour le duc d'Orléans. — On refuse un *Hamlet*.

1836. Son premier *Saint Sébastien*.

1837. La *Bataille de Taillebourg*, pour Versailles.

1838. La *Médée*, de Lille, les *Convulsionnaires de Tanger*.

1839. *Cléopâtre*. — *Hamlet*, scène du cimetière avec Horatio et les fossoyeurs.

1840. Le *Trajan*, de Rouen.

1841. La *Prise de Constantinople par les Croisés*, au Musée de Versailles, la *Barque de Don Juan* et la *Noce juive*, au Musée de Louvre. — Quel éblouissement!

1845. Le *Marc-Aurèle*, de Lyon; la *Sortie du Sultan Abd-el-Rahman*, du Musée de Toulouse, et la *Sybille*, dont Rachel posa le mouvement.

1846. L'*enlèvement de Rébecca; Roméo et Juliette*, cette œuvre exquise, *Marguerite à l'église*, si tragique.

1847. *Christ en croix*, *Musiciens juifs*.

1848. *Christ au tombeau*, *Mort de Valentin*, *Mort de Lara*, *Comédiens arabes*, du Musée de Tours.

1849. Des fleurs et des fruits, une variante des *Femmes d'Alger*, *Othello et Desdémone*, l'*Arabe syrien et son cheval*, une perle incomparable.

1850-51. *Lazare*, le *Giaour*, *Macbeth*, le *Bon Samaritain*.

1853. *Saint-Etienne*, les *Pèlerins d'Emmaüs*, *Pirates enlevant une femme*.

1859. Son dernier Salon, où il semble réunir comme dans un dernier et magnifique effort, huit chefs-d'œuvre : la *Montée au Calvaire*, le *Christ au tombeau*, *Saint Sébastien*, *Ovide chez les Scythes*, *Herminie et les Bergers*, l'*Enlèvement de Rébecca*, *Hamlet tuant Polonius*, les *Bords du fleuve Sébou*

Nous n'avons pas mentionné ici l'Exposition universelle de 1855, où nous retrouvons un choix de trente-cinq tableaux empruntés aux églises, aux musées, aux collections particulières. Ce fut un triomphe sans précédent, le triomphe de l'art vivant sur l'art embaumé de l'école académique. Nous ne nous sommes pas encore arrêté, mais nous arrivons à ses admirables peintures décoratives, au *Salon du Roi* et à la *Bibliothèque* de la Chambre des députés, à la *Bibliothèque* du Palais du Luxembourg, à la *Galerie d'Apollon*, du Louvre, à la chapelle des *Saints-Anges*, de l'église Saint-Sulpice, et au *Salon d'Hercule*, de l'Hôtel-de-Ville, brûlé en 1871.

Palais de la Chambre des Députés. — *Salon du Roi.* 1833-1838. La décoration du *Salon du Roi* comprend : 1° un plafond divisé en quatre caissons occupés par des figures allégoriques représentant : la *Justice*, la *Guerre*, l'*Agriculture*, l'*Industrie;* — 2° une frise, occupant les quatre faces du salon, qui se déroule entre les archivoltes des portes et fenêtres, et forme quatre suites de sujets répondant à l'allégorie principale de chacun des caissons. Au-dessous du caisson de la Justice : la *Sagesse* et la *Vigilance* président à la formation des lois ; les coupables paraissent devant leurs juges ; le génie de la *Vengeance* poursuit les crimes des hommes. Au-dessous du caisson de la Guerre : des femmes partent en esclavage ; des mères emportent leurs enfants ; des guerriers se préparent au combat ; les Cyclopes forgent des armes. Au-dessous du caisson de l'Agriculture : d'un côté, les *Vendanges* avec tout le cortège de Bacchus ; de l'autre, les *Moissons* avec celui de Cérès. Au-dessous du caisson de l'Industrie : l'Océan apporte le tribut des contrées lointaines ; l'industrie de la soie présente ses phases diverses ; — 3° huit figures colossales, en grisaille, occupent les trumeaux qui se trouvent entre les fenêtres ; elles symbolisent les mers et les fleuves qui bornent ou fertilisent la France, et représentent la *Seine*, la *Loire*, le *Rhône*, la *Garonne*, la *Saône*, le *Rhin*, la *Méditerranée*, l'*Océan*.

Bibliothèque du palais Bourbon, 1844-1847. La décoration de la Bibliothèque comprend deux hémicycles et cinq coupoles. Chaque coupole est divisée en quatre pendentifs. Le premier hémicycle est consacré à *Orphée apportant la civilisation à la Grèce*. Le second à *Attila ramenant la Barbarie sur l'Italie ravagée*. La coupole des Sciences représente : 1° *Pline l'ancien* étudiant l'éruption du Vésuve ; 2° *Aristote* décrivant les animaux que lui envoie Alexandre ; 3° *Hippocrate* refusant les présents d'Artaxerce ; 4° *Archimède* tué par un soldat de Marcellus. La coupole de la Philosophie : 5° *Hérodote* en présence des Mages ; 6° Les *Bergers chaldéens*, inventeurs de l'astronomie : 7° *Sénèque* mourant ; 8° *Socrate* avec son démon familier. La coupole de la Législation : 9° *Numa* et la nymphe Egérie ; 10° *Lycurgue* consultant la Pythie ; 11° *Démosthène* haranguant les flots ; 12° *Cicéron* accusant Verrès. La coupole de la Théologie : 13° *Adam et Eve* chassés du paradis ; 14° Les *Juifs* en captivité ; 15° la décollation de *St-Jean-Baptiste* : 16° la drachme de *Saint Pierre*. La coupole de la Poésie ; 17° *Homère* et Alexandre ; 18° l'éducation d'*Achille*; 19° *Ovide* exilé en Thrace ; 20° la Muse d'*Hésiode*.

Palais du Luxembourg. Coupole de la Bibliothèque. 1845-1847. La composition, tirée du quatrième chant de l'*Enfer* de Dante, représente l'*Elysée des grands hommes*. L'épisode choisi par le peintre est celui où Dante pénètre dans les Limbes, guidé par Virgile. Cette composition est divisée en quatre parties ou groupes principaux : 1° le premier groupe, celui du centre, est le plus important et fait face à la fenêtre donnant sur le jardin ; c'est celui des poètes : *Virgile* présente *Dante* à *Homère*, entouré de *Lucain*, d'*Horace* et d'*Ovide;* d'un côté sont assis *Pyrrhus* et *Annibal*, et de l'autre *Achille* ; 2° le second groupe, à gauche du premier, est celui des Grecs illustres : *Alexandre* appuyé sur l'épaule d'*Aristote*, se tourne vers *Apelles* occupé à le peindre ; *Aspasie* est debout, vêtue d'une draperie blanche. *Platon* s'appuie sur un cippe ; derrière lui on voit *Alcibiade*, puis *Socrate* causant avec ses disciples à l'ombre d'un bosquet de lauriers et d'orangers, et auquel un génie ailé présente une palme, allusion à l'oracle de Delphes. En avant et dans l'ombre, *Xénophon* est tourné vers Démosthène qui tient un rouleau sur ses genoux ; 3° sur la troisième face ou division de la composition, est *Orphée* accordant sa lyre, qui civilise les hommes et apprivoise les bêtes féroces ; la *Muse* voltige au-dessus de sa tête ; *Hésiode* et *Sapho* recueillent ses paroles ; 4° le quatrième groupe est celui des Romains. *Porcia* montre à *Marc-Aurèle* les charbons ardents, instruments de sa mort stoïque. *Caton d'Utique*, tenant à la main le traité de Platon, semble appuyer sa poitrine sur la pointe de son épée. A gauche, *César* tenant un globe à la main, est debout à l'ombre d'un laurier, entouré de *Cicéron*, d'*Annibal* et de *Trajan* ; à droite, *Cincinnatus* auquel un génie apporte son casque, se repose appuyé sur sa bêche. Enfin, pour relier entre eux tous ces groupes et ces épisodes divers, Delacroix a placé, ici une Nymphe assise sous un laurier et jouant avec un enfant, là une Naïade couchée sur son urne, et de petits Génies luttant entre eux. Dans l'hémicycle, le peintre a reproduit un sujet déjà traité par lui dans la cinquième coupole de la bibliothèque de la Chambre des députés : *Alexandre faisant renfermer dans un coffre d'or les œuvres d'Homère*. Ici l'empereur est représenté assis sur le champ de bataille d'Arbelles, couronné par la victoire, ayant à ses pieds les satrapes vaincus et la famille de Darius. Le célèbre coffre d'or, trouvé dans les dépouilles des Perses, déposé près du trophée élevé par les vainqueurs, reçoit les écrits immortels du poète. Ce travail fut payé 30,000 francs à Delacroix.

Palais du Louvre. *Plafond de la Galerie d'Apollon*. 1849. Le sujet est le *Triomphe d'Apollon pythien*. Le Dieu, debout sur son char traîné par un quadrige, s'apprête à lancer la flèche qui doit tuer le serpent Python ; *Diane*, *Iris*, la *Victoire*, lui font cortège. *Vulcain* et *Borée* le précèdent. Au-dessous d'eux, dans les eaux du déluge qui se retirent de la terre, se débat le serpent déjà blessé ; à droite, la lutte d'*Hercule*, de *Minerve* et de *Mercure* contre les monstres. Dans un coin du ciel, *Cérès*, *Vénus*, *Junon*, attendent l'issue du combat et le triomphe du Dieu de la lumière. Delacroix toucha 18,000 francs pour ce plafond.

Ancien Hôtel de Ville de Paris, brûlé en 1871. *Salon de la paix*. La décoration se composait : d'un plafond circulaire mesurant 8 mètres de circonférence ; de huit caissons allongés autour de la composition centrale ; de onze tympans demi-circulaires au-dessus des portes et des fenêtres. Le plafond central représente : la *Terre* éplorée, levant les yeux au ciel pour obtenir la fin de ses malheurs ; elle est entourée de ruines, près d'elle un soldat éteint une torche sous ses pieds; des parents, des amis qui se retrouvent, s'embrassent ou relèvent en pleurant des victimes. La *Paix*, portée sur des nuages, ramène l'*Abondance* suivie du cortège des *Muses;* à sa droite, *Cérès* repousse *Mars* et les *Furies*; à sa gauche, la *Discorde* s'enfuit et rentre dans les abîmes, pendant que *Jupiter*, du haut de son trône de nuages, se tourne encore menaçant vers les divinités malfaisantes, ennemies du repos des hommes. Dans les huit caissons: *Vénus; Bacchus*; *Mars* enchaîné; *Minerve;* la *Muse; Mercure; Neptune* calmant les flots; *Cérès*. Dans les onze tympans: les épisodes suivants de la vie d'Hercule: 1° *Hercule*, à sa naissance, recueilli par *Junon* et *Minerve*, 2° *Hercule*, après ses travaux, se repose près des célèbres colonnes; 3° *Hercule* ramène *Alceste* des enfers; 4° *Hercule* tue le centaure; 5° *Hercule* enchaîne *Nérée*, dieu de la mer; 6° *Hercule* s'empare du baudrier de la reine des Amazones; 7° *Hercule* étouffe *Antée*; 8° *Hercule* délivre *Hésione;* 9° *Hercule* écorche le lion de Némée; 10° *Hercule* entre le Vice et la Vertu; 11° *Hercule* rapporte le sanglier d'Erymanthe. — Cette décoration fut payée 30,000 francs.

Eglises. *Eglise d'Orgemont* (Arrondissement de Rambouillet, Seine-et-Oise). La *Vierge aux Moissons*. — *Chapelle des Dames du Sacré Cœur* (à Nantes, Loire-Inférieure): *Notre Dame des Sept-Douleurs*. — *Eglise Saint-Paul-St-Louis* (Paris): le *Christ au Jardin des oliviers*. — *Eglise Saint-Paterne* (à Vannes, Morbihan): le *Christ* entre deux larrons, ce tableau détérioré par l'humidité est maintenant à la mairie. — *Eglise de Nantua* (Ain): *Saint Sébastien*. — *Eglise Saint-Denis du Saint Sacrement* (Paris): le *Christ mort sur les genoux de la Vierge*. — *Chapelle du Château de Dreux* (Eure-et-Loir): *Saint Jean et Sainte Victoire*. — *Eglise Saint Sulpice* (Paris): *Héliodòre chassé du Temple; la lutte de Jacob avec l'Ange; l'archange Saint Michel terrassant le Dragon*.

Dans ce travail décoratif immense, Delacroix tour à tour fait passer sous nos yeux tous les drames qui s'agitent dans l'âme humaine et dans la nature, et les revêt d'un somptueux vêtement de formes et de couleurs, varié à l'infini avec une fécondité que rien n'épuise ni ne lasse, la fécondité sereine du génie.

On ne peut imaginer la somme énorme d'études, de préparations, de projets, de compositions qu'il prodigua dans ces travaux gigantesques. Nous connaissons un dessin du char d'Apollon pour le plafond du Louvre. Ne restât-il du maître que ce croquis où il a fixé en quelques coups de crayon le vertige du mouvement, cela suffirait pour révéler le génie absolument original du maître français. Jamais l'art d'aucune époque n'a exprimé avec une égale puissance l'emportement d'allure des coursiers héroïques que la fable attelait au char d'Apollon. Avec quelle facilité d'invention pittoresque le grand artiste a varié l'attitude des nobles animaux. Deux d'entre eux sont lancés à l'allure du trot tellement allongé que les deux autres pour les suivre s'enlèvent au galop. La différence du mouvement engendre les plus curieuses combinaisons de lignes décoratives. Malgré le prestige de la couleur dans l'œuvre définitive, nous considérons l'étude de ce dessin dont les moindres hachures ont un sens si nettement intelligible, comme plus instructif encore que la peinture elle-même.

A l'égal de tous les grands maîtres des écoles d'Italie, Eugène Delacroix a eu, au degré le plus élevé, le génie de la décoration. Nous ne parlons pas ici de l'art de remplir, par des compositions ingénieuses, certaines surfaces données par l'architecture et d'un périmètre souvent singulier. Cet art, Delacroix a montré, dans les pendentifs en forme d'hexagone de la bibliothèque de la Chambre des députés, à quel point il en était maître. Nous parlons des combinaisons purement décoratives où les accessoires et l'ornement jouent le rôle principal. On peut voir, dans le Salon du roi de cette même Chambre des députés tout entier décoré par le maître, quelles prodigieuses ressources d'invention il a mises en œuvre dans cet admirable travail trop peu connu. Et quelle rare conscience il apportait à l'exécution des grandes pages décoratives qui lui furent confiées! Chargé de peindre le motif central du plafond de la galerie d'Apollon au Louvre: *Apollon vainqueur du serpent Python*, et voulant maintenir la plus parfaite unité entre son œuvre propre et le milieu destiné à la recevoir, il commença par dessiner l'ordonnance architecturale où son plafond allait s'encadrer, interprétation magnifique de la bordure restaurée d'après les modèles fournis par Le Brun, motif superbe d'ailleurs et dont l'éclat et les complications fastueuses ont déterminé les formes mouvementées et les colorations puissantes auxquelles s'est arrêtée la volonté réfléchie du maître.

Vingt fois, dans la décoration de la bibliothèque de la Chambre des députés, Eugène Delacroix a su remplir, avec la plus rare abondance d'invention, le cadre exceptionnel que présentait chacun des pendentifs des cinq petites coupoles. La base étroite de l'hexagone irrégulier offrait de singulières difficultés au développement de la composition qui cependant devait être assise dans le sens de la largeur. Delacroix, qui est le plus grand génie décoratif du XIXe siècle, en a triomphé sans jamais se répéter, avec un bonheur d'imagination toujours renouvelé. Les vingt pendentifs exécutés peuvent être vus et étudiés sur place; mais que de projets qui n'ont pas été réalisés et qui ont été retrouvés dans les cartons du maître après sa mort! Il en est un: *Jeunes filles de Sparte s'exerçant à la lutte*. Rien ne saurait exprimer la noblesse et la grâce touchante de ces exercices charmants, l'élégance des mouvements, l'aisance des attitudes, la souplesse et la force de ces jeunes corps, la science de construction, la beauté des emmanchements. Cela rappelle dans une forme plus haute l'admirable sentiment du tableau qui appartenait à feu M. Maurice Cottier: *Jeune tigre jouant avec sa mère*. Ce qui nous arrête tout spécialement au point de vue de la composition, c'est la grandeur des groupes considérés isolément, et l'aspect décoratif de l'ensemble compris à la façon d'un bas-relief. Il n'y a pas un détail dans cet ensemble immense qui ne fournirait matière à de précieuses études. J'en cite un exemple. Chacune des cinq coupoles de la bibliothèque de la Chambre des députés est divisée en quatre parties reliées à l'intersection par une bande d'ornements. Le centre de chaque bande est occupé par un mascaron différent. M. Fabius Brest a recueilli le dessin de l'un d'eux dans les débris de l'atelier du maître qui furent vendus sur place après la vente posthume. Elle était pourtant bien digne de figurer aux solennelles enchères de l'hôtel Drouot, cette superbe tête de jeune femme au regard profond, aux traits calmes, purs et si nobles. Quel beau modèle cela ferait pour nos écoles de dessin! Le procédé est là d'une simplicité extrême: le ton chaud du papier goudron fournit une demi-teinte puissante, les ombres sont obtenues par un lavis de sépia rehaussé d'huile. Les hachures largement tracées accentuent le caractère de la forme et lui donnent un relief saisissant. Delacroix est ici sculpteur autant que peintre. A raison de la place qu'elle occupe dans la décoration de la bibliothèque de la Chambre des députés, il a fait venir la lumière par dessous, c'est ainsi que sont éclairés au théâtre les visages des comédiens. Ce renversement de la lumière ajoute un attrait de curiosité à l'effet puissant du modelé en cette simple tête décorative. De tels exemples de perfection se rencontrent couramment dans l'œuvre d'Eugène Delacroix. Quelle réponse écrasante au préjugé qui, contrairement à l'évidence, a si longtemps affirmé que cet admirable coloriste ne savait pas dessiner!

Si naturellement la pente de son humeur le portait aux conceptions tragiques, qu'il n'a pu y échapper même dans les sujets religieux. Quels sont ses motifs de prédilection? Les angoisses du Christ au jardin des Oliviers, les angoisses des apôtres pendant la tempête, les angoisses des saintes femmes pansant le corps percé de flèches de saint Sébastien, les angoisses des chrétiens relevant le corps lapidé de saint Etienne, celles du bon Samaritain, celles de la mère tenant sur ses genoux sacrés le corps exsangue du Crucifié, celles aussi de la crucification et de la descente de croix. Chargé de décorer une chapelle à l'église Saint-Sulpice, celle des Saints-Anges, reprendra-t-il un sujet de douceur qui l'avait déjà occupé, *Tobie et l'Ange?* Non. Il choisira trois motifs de lutte : la *Lutte de Jacob avec l'Ange*, *Héliodore chassé du temple*, sur les parois latérales de la chapelle; et, au plafond, *Saint-Michel terrassant le démon*. Cette trilogie des vengeances angéliques est la dernière œuvre d'Eugène Delacroix, sa dernière grande pensée de peintre.

On l'attendait avec quelque impatience à cette épreuve. Volontiers, croyait-on que l'intensité de la vie, la furie du mouvement dans l'art ne s'obtenaient que par une sorte de fièvre d'imagination conduisant les hasards heureux de la main. Fougue, désordre, improvisation passaient pour synonymes. Or ici, Delacroix, pour la première fois, allait avoir à triompher d'un procédé qui interdit tout hasard, ne permet point d'improviser, car il n'autorise aucun repentir. C'était bien peu connaître cet admirable talent, tout de réflexion, que de douter de lui. On peut dire, en effet, d'une façon absolue, que Delacroix n'a jamais rien abandonné à la fortune de la brosse. Ses œuvres sont toujours le résultat de conceptions longtemps mûries dans sa pensée et de longues préparations. Recherches de composition sans cesse renouvelées, corrigées, améliorées, études de geste, de mouvement, d'expressions variées à l'infini : tout dans la technique d'Eugène Delacroix est sage, savant et prudent. Jamais il n'a tracé une ligne, sans d'avance en avoir calculé, mesuré l'effet. Que lui importait donc le procédé lent de la peinture à la cire? Jusque-là ses grandes décorations monumentales avaient été exécutées sur toile et marouflées. Il avait pu en voir la fragilité sans la soupçonner pourtant aussi grande qu'elle nous a été révélée depuis, par la restauration devenue nécessaire, en 1869, du plafond d'Apollon, au Louvre, et par celle plus grave encore des coupoles de la Bibliothèque au Palais Législatif. Nous supposons donc sans aucun scrupule que Delacroix, très jaloux de la postérité, accueillit avec une secrète joie l'occasion de fixer sa pensée dans un procédé qui assurait à celle-ci la durée. Et, en effet, la patiente volonté du maître bien aisément assouplit le moyen qui devait s'opposer à la fougue de sa main ; il lui communiqua la flamme de son génie résolu.

D'ailleurs, nous l'avouerons, il nous semble que l'exécution même de *Saint Michel* trahit une certaine fatigue chez l'artiste; il s'en serait rapporté à la main de son praticien que nous n'en serions pas étonné: cela se sent au parallélisme timide et au dentelé symétrique des ailes de l'archange. Ce qui reste admirable en cette composition, c'est le monvement planant du saint vainqueur, léger et robuste à la fois et d'un dessin superbe, fort et ressenti. Les deux principales compositions de la chapelle des Saints-Anges sont une vigoureuse revanche des faiblesses relatives que nous avons pu signaler dans le *Saint Michel terrassant le démon*.

Quelle grandeur dans la *Lutte de Jacob avec l'ange!* Toute l'importance décorative, ici, est laissée au paysage, un paysage solennel en sa simplicité, formé de trois chênes aux troncs immenses. L'énorme végétation oppose la puissante tranquillité de ses ombres paisibles au poudroiement lumineux des troupeaux disparaissant dans la perspective profonde des vallées tournantes, incendiés par la lumière du soleil levant. Au bord du gué qu'il vient de franchir, au pied du tertre élevé où s'agrafent les chênes géants, impassibles témoins du duel mystérieux, la lutte de Jacob et de l'ange touche à son terme. Une dernière fois Jacob, tête baissée, se rue comme un bélier contre son adversaire inconnu. Sans effort, d'un simple geste, celui-ci arrête le combat, il lui suffit de toucher au nerf sciatique le serviteur de Laban, celui qui s'appellera désormais Israël. C'est ce dernier geste que Delacroix a représenté; avec quelle science!

A l'architecture somptueuse et tourmentée des grands arbres du *Jacob*, Eugène Delacroix oppose dans l'*Héliodore* l'architecture somptueuse aussi, mais régulière du temple de Jérusalem. L'admirable artiste! Que de soin, que d'intelligence il apporte en tous ces calculs de contrastes! Voici maintenant qu'à la simplicité de la composition dans le *Jacob*, où il ne met en scène que deux figures, il oppose, dans l'*Héliodore*, le fracas de sept grandes figures et de treize figures secondaires. Sur l'un des paliers du temple, parmi les orfèvreries du trésor, dont il a voulu s'emparer, le lieutenant de Séleucus Philopator vient de rouler sous l'atteinte du « cheval brillant et magnifique, monté par un cavalier terrible. » Il est terrible, en effet, ce cavalier, et terriblement beau dans son implacable sérénité d'exécuteur des œuvres divines, superbe sous l'armure de pourpre et d'or, levant d'un grand geste le sceptre du commandement, conduisant à rênes lâches, du genou, la noble bête qui, sans fureur, d'un mouvement cadencé, automatique, comme on accomplit un devoir, pétrit de l'un et de l'autre sabot alternativement la poitrine du profanateur. Sous les regards du grand prêtre Onias et des femmes, des enfants et des soldats terrifiés, deux anges, sous la figure de jeunes hommes « pleins de force et de beauté », ajoutent au châtiment la dure fustigation de grandes verges d'airain.

Rien, si ce n'est l'œuvre elle-même ou ses reproductions, ne peut donner une juste idée de cette composition héroïque, de sa majesté, malgré le vertige du mouvement, de son ordonnance savante et puissante dans un tourbillon de vie et d'action. La beauté du cavalier est incomparable. Un historien de l'art, peu suspect de n'aimer point l'art italien en général et en particulier Raphaël, qui a traité le même sujet, M. L. Vitet, vaincu par l'évidence et bravant le fétichisme académique de ses amis, a eu le ferme courage et la loyauté d'écrire : « Ce cavalier me semble de meilleure race et, à certains égards, il me satisfait mieux que son rival du Vatican. Il est moins bourru, moins brutal ; il y a dans son attitude, dans sa personne, dans ses traits, je ne sais quoi de sérieux, de noble, d'idéal. Ce n'est pas un centurion en colère, c'est vraiment un archange... »

Le *Jacob luttant avec l'Ange* et l'*Héliodore chassé du temple* sont traités dans le meilleur esprit décoratif. Malgré la perspective obligatoire du paysage dans le premier et de l'architecture dans le second, on sent derrière la peinture la résistance d'une épaisse muraille. L'œuvre de l'artiste voile la pierre, elle n'y perce pas d'ouverture factice. En effet, la peinture murale n'obéit pas aux mêmes lois que la peinture à l'huile ; elle est un ornement, rien de plus. Si le trompe-l'œil est déjà, dans un tableau, un solécisme grossier, dans la peinture décorative, cela devient un barbarisme sans excuse. Il est essentiel que la surface reste et paraisse plane. La peinture murale joue un rôle plus élevé, mais analogue à celui qui jadis était réservé aux tapisseries de tenture dans le décor des habitations. Delacroix n'est donc pas tombé dans la faute de la plupart de nos peintres de chapelles et de salles de mairie. Sans diminuer en rien la valeur expressive de son admirable talent, il a voulu et su, dans cette dernière création de son génie, rester le plus grand de nos décorateurs. — E. CH.

*** DELAFOSSE** (Jean-Charles), architecte-décorateur. On ne sait rien de lui, sinon qu'il était adjoint à professeur, en 1776, d'après l'*Almanach des artistes*, et qu'en 1777, il habitait rue Neuve-Saint-Martin. Il s'intitule lui-même architecte-décorateur, professeur de dessin, dans le titre de son *Iconologie historique* qu'il a gravée lui-même. Ch. Delafosse fut un des agents les plus absolus de la réaction provoquée par la lassitude du rococo, et par les études que Soufflot et Cochin firent en Italie, où l'on venait de découvrir Herculanum, à la suite de M. de Vaudières qui, sous le nom du marquis de Marigny, devint le surintendant des Beaux-Arts. Il n'emploie presque que des lignes droites et des lignes brisées dans le contour de ses compositions, aux gorges profondes et aux ressauts puissants dont les motifs sont empruntés de l'antique. L'échine si souple du chapiteau dorique grec, s'il l'eut connue, ne lui eut point semblé assez sévère pour entrer dans la composition, même d'un flambeau, creusé, d'ailleurs, de cannelures et accidenté de triglyphes, à plus forte raison d'une cheminée ou d'une console.

En même temps qu'il est un novateur, Ch. Delafosse est un philosophe. Il veut que ses compositions disent quelque chose. Aussi présente-t-il sous le titre bizarre d'*Iconographie historique*, un recueil formé de 24 cahiers de six feuilles chacun, représentant des cheminées, des bordures, des portes, des trophées, des vases, des médaillons et des cartels, des tables, des consoles, des fontaines et des tombeaux, etc.

Ces différents éléments décoratifs comprennent des « attributs hiéroglyphiques qui ont pour objet les quatre éléments, les quatre saisons, les quatre parties du monde et les différentes complexions de l'homme. »

De telle sorte que s'il y a la Cheminée de la Barbarie, c'est-à-dire des Etats barbaresques ; la Bordure du Mérite, la Porte de la Prusse, le Piédestal de l'Inquisition et la Fontaine du Chaos, chacune de ces choses faisant partie d'un ensemble que l'on peut, à l'aide des différentes planches constituant les différents cahiers inventés et gravés par Ch. Delafosse, composer un appartement barbaresque, inquisitorial ou catholique, etc.

Mais l'exécution vaut mieux que l'idée. Elle est ferme et large dans ses gravures à l'eau-forte, celles qui forment le commencement de son œuvre, dont les dernières pièces, gravées par Joly, par Berthaut et par Mlle Thouvenin, se trouvent chez Chéreau fils.

Dans ses dessins, qui sont presque tous à la plume, lavée d'encre de Chine ou de bistre, la plume un peu épaisse trace fermement et à grands coups le dessin de la composition, que quelques teintes plates mises au pinceau accentuent en les modelant largement.

La Bibliothèque du Louvre, brûlée en 1871, possédait 56 dessins de Ch. Delafosse, dont plusieurs étaient signés : *J.-Ch. Delafosse, archit.*, et l'Union centrale des Arts décoratifs avait exposé, en 1880, un certain nombre d'autres dessins industriels appartenant à quelques amateurs— A. D.

***DÉLAINAGE.** *T. techn.* On donne ce nom à l'opération qui consiste à retirer la laine des peaux de mouton dont on veut utiliser, après coup, le cuir et la laine séparément.

Bien des procédés ont été inventés pour délainer. Le plus souvent on commence par arroser les peaux du côté de la chair avec une liqueur agissant comme le sulfure de sodium, puis on juxtapose deux peaux chair contre chair, et on empile un certain nombre de couples. Au bout d'une heure environ, la laine peut se détacher aisément de la peau par une légère traction. Pour l'enlever rapidement, on la soumet alors à l'action d'une machine se composant d'un cylindre recouvert de caoutchouc, sur laquelle la peau à délainer est fixée à l'aide d'une disposition très simple; ce cylindre tourne avec une vitesse faible devant un autre muni de lames en forme d'hélice et animé d'un mouvement de rotation très rapide. Les lames séparent la laine de la peau et l'étalent immédiatement sur une toile sans fin. On enlève alors la peau délainée du premier cylindre et on la remplace par une autre.

***DÉLAITAGE.** *T. de lait.* Opération qui a pour objet d'enlever les parties liquides disséminées dans la masse du beurre. A la fin du barattage, le beurre se prend en grumeaux nageant dans le lait-de-beurre qu'il est important d'enlever afin d'assurer la conservation du produit. Le délaitage peut se faire à sec : en Bretagne, le beurre est malaxé à l'aide d'une spatule en bois dans une jatte en terre ou en bois préalablement mouillée. A Isigny, on le travaille sur une planchette soutenue par trois pieds et désignée sous le nom de *sanne.* Il faut éviter de le pétrir avec les doigts, car la chaleur de la main donne au beurre un aspect huileux qui le déprécie. Le délaitage à l'eau enlève le lait-de-beurre d'une façon complète et empêche un rancissement rapide. On se contente de le laver dans la baratte en y introduisant de l'eau fraîche jusqu'à ce que la dernière eau sorte limpide. Dans les laiteries bien installées, on emploie avec avantage la *presse à beurre* ou mieux un *malaxeur,* soit à bras, soit mécanique.

***DELAMBRE** (J.-B.-JOSEPH), astronome, né à Amiens en 1749, mort à Paris en 1822. Fils aîné de petits marchands qui avaient beaucoup de peine à élever une famille composée de six enfants, Delambre fit au collège d'Amiens, puis au collège de Plessis, à Paris, de brillantes études, après lesquelles il résolut de compléter par lui-même son instruction déjà très avancée. « Logé dans une mansarde à Paris, dit un de ses biographes, et ne dépensant que quelques sous par jour pour sa nourriture, il put se livrer au culte désintéressé des sciences et des lettres. Il n'abandonnait ses persévérantes études que pour faire quelque traduction et donner des leçons particulières dont la modique rétribution l'aidait à soutenir sa vie de labeur et de sacrifice. Suivant d'abord l'impulsion qui lui avait été donnée par l'abbé Delille, son ancien professeur au collège d'Amiens, il s'était surtout adonné aux lettres; mais ce n'était pas de ce côté que l'appelait sa véritable vocation.

« Après avoir étudié seul, dans les livres, les sciences mathématiques et astronomiques (il avait alors 36 ans), il se mit à suivre les cours que l'astronome Lalande professait au collège de France; ce fut là un pas décisif dans sa carrière et dès ce moment il connut sa faculté maîtresse. »

Il devint l'élève de prédilection de Lalande et enfin son ami. Cet astronome se plaisait à dire que Delambre était son meilleur ouvrage. Il ne tarda pas à l'associer à ses travaux et pour ainsi dire à sa renommée. C'est, en effet, dans l'édition de 1792 de l'astronomie de Lalande que parurent les tables d'Uranus et les Satellites de Jupiter, calculées par Delambre avec une précision remarquable et qui lui valurent un prix de l'Académie des sciences. La même année, 1792, il fut admis dans ce corps savant. Mais l'œuvre capitale de Delambre, son plus beau titre de gloire aux yeux de la postérité est son grand travail sur la mesure de la méridienne.

La Convention venait de décréter la mesure d'un arc de méridienne compris entre Dunkerque et Barcelone. Delambre fut chargé par l'Académie des sciences, avec son collègue Méchain, d'effectuer cette vaste opération avec toute l'exactitude que comportait l'état de la science, et dans le but, non seulement de déterminer la figure et les dimensions de la terre (en mesurant un arc plus long que ceux des précédents essais), mais pour avoir sur le globe terrestre même, une base linéaire indestructible d'un système décimal de poids et mesures pouvant être adopté par tous les peuples.

Delambre fut chargé de la mesure septentrionale de cet arc, à partir de Dunkerque; il poursuivit jusqu'à Rodez les opérations géodésiques et astronomiques de cette belle entreprise, au milieu de grandes difficultés, pendant les discordes civiles, à travers les obstacles matériels de toute nature.

L'Académie des sciences avait été dissoute en 1793; Delambre n'en continua pas moins avec un zèle et une persistance qui l'honorent, l'important travail qui lui avait été confié et qu'il ne termina qu'en 1799. Depuis lors, il a encore mesuré, par des procédés nouveaux et avec une grande précision, deux autres arcs de 6,000 toises, l'un à Melun, l'autre près de Perpignan. En 1795, Delambre fut nommé de la classe des sciences de l'Institut. En 1810, l'Académie des sciences, à l'occasion des prix décennaux, couronna l'ouvrage de Delambre où sont exposés les éléments et les résultats de la grande opération qu'il avait exécutée avec Méchain (mort à la peine), et qui a pour titre : *Base du système métrique.* L'Académie voulait « récompenser le zèle et l'habileté qu'il avait déployés dans l'accomplissement de sa mission et rendre hommage à la grandeur des résultats qu'il avait conquis, au profit de l'humanité toute entière, en proclamant que les travaux de Delambre, pour la méridienne, étaient la plus belle application des sciences mathématiques et physiques qui ait été faite depuis dix ans. » Quelque temps après, les titres littéraires et scientifiques de Delambre le firent élever à la position si enviée de secrétaire perpétuel de l'Académie des sciences. Il succéda à Lalande au collège de France; il fut trésorier de l'Université, inspecteur général des études. C'est dans une de ses tournées qu'il distingua Ampère, alors simple professeur de physique à l'école centrale de Bourg. Il le protégea activement; et c'est sans aucun doute à Delambre que l'on doit l'éclosion de ce génie si original, auteur de ces belles découvertes en électricité, qui sont les bases des applications merveilleuses que nous admirons aujourd'hui. Delambre fut chevalier, puis officier de la Légion d'honneur, chevalier de l'ordre de Saint-Michel, honoré de l'estime générale.

Il était doué d'une grande habileté comme observateur et d'une ardeur infatigable au travail. « Le repos, chez Delambre, dit Arago, ne fut jamais qu'un changement d'occupations. » Ses dernières années ont été consacrées à la composition de deux grands ouvrages : un traité complet d'astronomie et l'histoire de la science, depuis les temps les plus reculés jusqu'à notre époque.

Les principaux ouvrages de Delambre sont : *Table du Soleil, de Jupiter, de Saturne, d'Uranus et des satellites de Jupiter*, insérées dans l'astronomie de Lalande, 1792; *Méthode analytique pour la détermination d'un arc du méridien*, 1 vol. in-4°, 1799; *Base du système métrique* ou *Mesure de l'arc du méridien de Dunkerque à Barcelone*, 3 vol. in-4°, 1806-1810, formant suite aux *Mémoires de l'Institut*; *Nouvelles tables du Soleil*, in-4°, 1806; *Rapport historique sur les progrès des sciences mathématiques*, depuis 1789, lu au Conseil d'Etat, le 6 février 1808, in-4°, 1810; *Abrégé d'astronomie*, 1 vol. in-8°, 1813; *Traité complet d'astronomie théorique et pratique*, 3 vol. in-4°, 1814; *Histoire de l'astronomie ancienne*, 2 vol. in-4°, 1817; *Histoire de l'astronomie du moyen âge*, 1 vol. in-4°, 1819; *Histoire de l'astronomie moderne*, 2 vol. in-4°, 1821; *Histoire de l'astronomie du XVIIIe siècle*, in-4°, 1827. — C. D.

DÉLARDEMENT. *T. de charp.* Action d'enlever du bois d'une arête sur un côté seulement. || *T. de maçonn.* Action de couper obliquement le dessous d'une marche en pierre, selon la ligne de rampe; diminuer avec la pointe du marteau le lit d'une pierre.

* **DELAROCHE** (Paul, ou plutôt Hippolyte, le nom sous lequel il est devenu célèbre n'étant qu'une sorte d'abréviation de celui qu'il avait reçu d'abord), naquit à Paris en 1797. Sans être précisément issu d'une race d'artistes, il appartenait à une famille qui ne laissait pas de devoir aux arts et aux études qui s'y rattachent une certaine notabilité.

Bien que Delaroche soit entré de très bonne heure dans la carrière et que sa vocation n'ait été entravée par aucun de ces rudes obstacles que rencontrent souvent les artistes à leurs débuts, il ne se révéla pourtant qu'assez tard et dans un ouvrage au fond médiocrement conforme aux inclinations de son esprit. Il avait vingt-cinq ans lorsqu'il exposa au Salon de 1822, *Josabeth sauvant Joas*, tableau non sans mérite dans quelques parties, mais dont le style à la fois emphatique et timide accusait un talent qui se cherche encore. Elevé à l'école de Gros, Delaroche y avait puisé de gré ou de force un certain goût de peinture fastueuse. D'autre part, le souvenir de quelques essais dans une voie toute différente contrariaient sourdement ses aspirations. Avant de se destiner à la peinture d'histoire, Delaroche avait étudié le paysage sous la direction de Watelet. Il avait même obtenu d'être admis au premier concours ouvert entre les paysagistes pour le grand prix (1817), concours à la suite duquel Michallon fut envoyé à Rome. Cependant les considérations de famille auxquelles il devait obéir d'abord cessèrent bientôt de faire obstacle à ses goûts. En effet, lorsque Delaroche avait été en âge de commencer ses études d'artiste, son frère aîné, élève de David, aspirait à prendre rang parmi les peintres d'histoire. Le père des deux jeunes gens ne voulut pas qu'une rivalité trop directe s'établit entre eux, et il détermina son second fils à s'essayer dans un genre à part. M. Delaroche aîné ayant ensuite changé de carrière, toute liberté d'action fut rendue au paysagiste, qui se trouvait dès lors le seul peintre de la famille, Paul Delaroche avait aussitôt renoncé à la peinture de paysage et il était entré dans l'atelier de Gros. Mais ces deux éducations contraires ne lui laissaient en définitive que des principes incertains et une pratique sans consistance.

En homme habile, il ne tarda pas à prendre position. En 1822-1824, deux courants violemment opposés divisaient le mouvement de l'art. Entre les ardeurs de la jeune école romantique et l'immobilité de l'école dite classique, Delaroche devint le chef du parti des modérés. De là le succès qui accueillit dès le début son talent mieux approprié à l'analyse des faits qu'aux vastes entreprises de l'imagination. Il vint un moment où pourtant celles-ci le tentèrent.

Tandis que Delaroche travaillait au tableau de la *Mort du duc de Guise*, une tâche fort différente à tous égards, la décoration de l'église de la Madeleine, occupait déjà sa pensée. Il avait accepté ce grand travail vers la fin de l'année précédente (1833). De la part d'un artiste accoutumé aux succès populaires, et dont le crédit était bien assuré dans un certain ordre de peinture, il y avait du courage à tenter ainsi une entreprise contraire à toutes les habitudes de son talent. Jusque-là, Delaroche ne s'était pas essayé dans la peinture religieuse. Deux tableaux faits au commencement de sa carrière, une *Piété* destinée à la chapelle du Palais-Royal et un *Saint-Sébastien*, ne pouvaient sous aucun rapport passer pour des épreuves suffisantes. Personne ne le sentait mieux que lui et lorsqu'il se résolut à entreprendre les peintures de la Madeleine, il alla chercher à Florence et à Rome des leçons techniques, des modèles de style. Cependant, pour se prémunir contre les dangers d'une influence trop directe sur sa propre imagination, il avait voulu, avant son départ, arrêter toutes ses compositions, les essayer sur les murs de l'église et se fixer à lui-même les termes généraux du programme dont il modifierait ensuite les détails suivant les exemples des maîtres. Au lieu de copier les œuvres de Raphaël ou de Léonard, il voulut remonter aux sources où ces grands maîtres avaient puisé et interroger à son tour les premiers monuments de la peinture religieuse. Il consulta à fond et le crayon à la main les fresques des *trecentisti* qui ornent les églises de Florence et des autres villes de la Toscane; puis, accompagné de deux de ses amis et d'un de ses élèves, il se retira pour peindre les esquisses de ses compositions dans le couvent des Camaldules, monastère situé au sommet de l'Apennin et, par conséquent, rarement visité. Ces travaux, auxquels Delaroche se livrait alors, et qu'il allait, pendant près d'une année encore, continuer à Rome, ces études poursuivies avec ardeur, tout cela devait rester stérile et s'ensevelir dans l'obscurité. Une mesure prise par l'administration l'ayant dépossédé d'une partie de la tâche qu'il croyait confiée tout entière à son pinceau, il s'éleva vivement contre ce partage, et s'empressa de rendre, avec le travail auquel il avait consacré deux années déjà, une somme considérable reçue pour prix de ses études préparatoires. Peut-être, il faut le dire, la décision ministérielle n'était-elle que le résultat d'un malentendu, peut-être les droits de Delaroche avaient-ils été involontairement méconnus. Quoi qu'il en soit il y allait pour lui de sa dignité d'artiste et il n'était pas homme à en faire bon marché. Dans une occasion précédente, vers la fin de la Restauration, il avait mieux aimé voir son nom rayé de la liste des peintres employés par la direction des Beaux-Arts que de subir certaines conditions qui auraient mutilé son œuvre. Il s'agissait alors d'un plafond pour l'une des salles du musée Charles X. Le sujet était *Jacques II recueilli à Saint-Germain par Louis XIV*. Delaroche, pour compléter le sens de sa composition, l'avait entourée de figures allégoriques en relief, dont on exigea la suppression non seulement avec une insistance peu éclairée, mais avec menace de ne plus employer à l'avenir l'artiste, s'il refusait d'obéir. Delaroche abandonna le travail, acceptant sans hésiter la disgrâce qui devait punir son refus.

Delaroche avait épousé à Rome, en 1835, Mlle Louise Vernet, fille d'Horace Vernet. Ce fut le meilleur résultat de ce voyage d'Italie qu'il avait entrepris en vue d'une œuvre spéciale. Il en revint aussi mieux préparé aux tâches qui pourraient survenir. Celles qui lui furent offertes d'abord ne lui permettaient guère de mettre en relief les qualités qu'il avait acquises au delà des monts. *Charles Ier insulté par les soldats de Cromwell* et *Strafford marchant au supplice* n'avaient et ne pouvaient avoir qu'un mérite analogue à celui des tableaux précédents. Il lui fallait attendre, pour tirer parti de son expérience nouvelle, qu'une occasion se présentât où il eût à reproduire, non plus un fait simplement historique, mais une scène d'un caractère idéal. L'*Hémicycle du Palais des Beaux-Arts*, qu'il fut chargé de peindre, en 1837, lui fournit enfin le moyen d'essayer ses forces sur un vaste champ.

On pense bien qu'en entreprenant la décoration de l'hémicycle, Delaroche devait être moins enclin que jamais à se départir de ses habitudes studieuses. Ici, en effet, les dimensions de l'œuvre, la simplicité de l'ordonnance avec des éléments très compliqués, l'élévation nécessaire du style, tout exigeait un redoublement de zèle et une ferme volonté d'approfondir les conditions nouvelles inhérentes à ce difficile sujet. Il fallait éviter d'autre part un écueil qui se présentait tout d'abord et louvoyer entre l'imitation formelle de certains types et l'indépendance absolue. « Son œuvre, a dit son panégyriste, M. H. Delaborde, secrétaire perpétuel de l'Académie des Beaux-Arts, à qui nous empruntons les éléments de cette biographie, son œuvre sérieuse sans être gourmée, élégante, mais non futile, résume à merveille le caractère de ce talent à la fois grave et spirituel. »

Un long portique à colonnes d'une élégante simplicité occupe presque tout le fond de la scène. Vers le milieu de cette colonnade, c'est-à-dire au centre de l'hémicycle, on voit dans une sorte d'enfoncement, auquel on monte par des degrés, un banc de marbre sur lequel sont assis deux vieillards et, entre eux, un homme dans la force de l'âge. Tous trois, ils portent pour vêtement un manteau blanc qui couvre à peine leurs épaules ; leur front est ceint d'une couronne d'or. Le plus jeune est *Apelles*, les deux autres *Phidias* et *Ictinus*. Apelles, le dernier des grands peintres de la Grèce ; Ictinus, l'architecte du Parthénon, le représentant du grand siècle de l'architecture ; Phidias, le créateur de la sculpture à la fois idéale et vivante. Ces trois génies sont donc là comme juges suprêmes et éternels des concours de l'École. On n'y peut songer sans sourire. Sous leurs yeux, en leur nom, la Muse, au regard bienveillant, ramasse une couronne et se dispose à la lancer aux lauréats. A leurs pieds, sont deux jeunes femmes assises de chaque côté des degrés. L'une, par son profil, rappelle le type de certaines médailles grecques ; l'autre, le front ceint d'un diadème, a plutôt le caractère des têtes impériales. C'est l'image et la personnification de l'art antique sous ses deux formes les plus saillantes : la forme grecque et la forme romaine. Deux autres femmes, debout sur le devant des degrés, ont un aspect moins sévère. L'une porte au ciel un regard rêveur ; sur ses épaules qu'enveloppe un manteau, ses blonds cheveux retombent en nappes onduleuses. Une palme à la main, ce serait une sainte ; mais elle porte le modèle d'une église gothique qui trahit son secret. C'est le génie de l'art du moyen âge. Quel contraste entre cette figure et sa compagne ! Celle-ci est belle aussi, mais sans retenue, sans mesure, sans pudeur. Ses riches vêtements retombent en désordre, sa brillante coiffure se dénoue et s'échappe au hasard ; courtisane audacieuse, passionnée, inconstante, c'est l'image de l'art moderne. Ces deux femmes sont comme le chaînon qui relie la partie antique et toute idéale du tableau avec sa partie moderne et presque vivante. A droite et à gauche de ce muet aéropage, une foule se meut et parle, étrange assemblage des costumes les plus variés, des figures les plus diversement caractérisées. Ces hommes sont là sans façon, sans apparat, les uns debout, les autres assis sur un long banc de marbre en avant du portique. Entre eux, point de hiérarchie de talents, point de distinction de pays : le Florentin se confond avec le Français, le Flamand et l'Espagnol avec le Vénitien ; seulement, ce qui est bien naturel, les architectes cherchent de préférence les architectes, les sculpteurs s'adressent aux sculpteurs et quant aux peintres, eux qui sont de beaucoup les plus nombreux, ils se partagent et se divisent selon leur nature et leurs sympathies, les grands dessinateurs d'un côté, les grands coloristes de l'autre.

Ainsi l'ensemble de la composition se fractionne en cinq groupes distincts et, néanmoins, suffisamment enchaînés. Au milieu, le groupe idéal, l'art antique dans une sorte de demi-teinte et d'éloignement vaporeux ; à droite, le groupe des architectes, de l'autre côté les sculpteurs, puis aux deux extrémités les peintres. Ces classifications symétriques ne se manifestent même pas au premier abord ; la réflexion seule les découvre. Dans chacun de ces groupes, on aperçoit bientôt des subdivisions, c'est-à-dire, à côté de la scène principale, des épisodes qui s'y rattachent. C'est Léonard, le patriarche du dessin ; autour de lui, tous gardent le silence, Raphaël lui-même l'écoute avec respect, Fra Bartolomeo le contemple dans un pieux recueillement, le Dominiquin s'attache à ses paroles avec une ardente curiosité ; Albrecht Dürer admire la justesse de ses démonstrations, et Fra Beato Angelico s'arrachant à ses prières et à ses saintes visions s'avance pour l'écouter. Mais tout le monde ne lui prête pas ainsi l'oreille. Seul, assis sur un chapiteau renversé, tournant le dos à Léonard et à ses auditeurs, Michel-Ange s'absorbe dans sa hautaine et solitaire méditation. Plus loin, Le Giotto, Cimabue, Masaccio se tiennent aussi dans une sorte d'isolement. Enfin, à l'extrémité du tableau, cette grande figure vêtue de noir, au front large, à l'œil vif, vous la connaissez, c'est notre Poussin. Dans le groupe des architectes, c'est le vieux Arnolfo di Lapo qui prend la parole ; c'est autour de lui que sont réunis presque tous les maîtres du grand art de bâtir : Robert de Luzarche, Bramante, Palladio, Brunelleschi, Pierre Lescot, Le Sansovino et Erwin de Steinbach, Philibert Delorme, Vignole. La scène principale dans le groupe des sculpteurs est une conversation entre le vieux Andrea Pisano et Lucca della Robbia ; Donatello et Ghiberti se disposent à y prendre part. Derrière les interlocuteurs, on aperçoit Bandinelli, Jean Goujon, Germain Pilon, Puget, Jean Bologne, Benvenuto Cellini, Bernard Palissy, Pierre Bontemps, Peters Fischer, etc.

Parvenus à l'autre extrémité de l'hémicycle, nous voici de nouveau en présence des peintres ; mais ici, c'est le rendez-vous de ces génies lumineux qui ont cherché la poésie de leur art, moins dans la beauté des lignes et dans l'expression de la pensée, que dans les mystérieuses harmonies de la couleur. Ce groupe renferme, comme les autres, plusieurs scènes distinctes. Et d'abord, nous rencontrons les quatre plus grands artistes qui aient jamais exprimé les beautés du paysage : Claude Lorrain, Guaspre Poussin, Ruysdaël et Paul Potter. Plus loin, le théâtre s'agrandit : c'est Rubens, Van Dyck, Murillo, Rembrandt, Velazquez, qui écoutent la savante parole du Titien. Van Dyck lui-même prend plaisir à l'entendre. Debout à ses côtés, Antonello de Messine semble faire l'office d'un page soumis et docile. Pour écouter Titien, le sombre Caravage lui-même semble imposer silence à sa mauvaise humeur ; puis en diverses attitudes paraissent Jean Bellini, Giorgione, Paul Véronèse, Le Corrège.

L'*Hémicycle du Palais des Beaux-Arts* est la dernière œuvre que Delaroche ait rendue publique. A partir du jour où il l'a terminée jusqu'au jour où il cessa de vivre, c'est-à-dire pendant quinze années, non seulement il ne montra plus rien aux expositions annuelles, mais il n'essaya même pas de recourir aux exhibitions privées. Sauf un bien petit nombre d'amis, personne ne vit plus ses ouvrages que de loin en loin, à la dérobée pour ainsi dire. Et cependant, la plupart des tableaux qu'il a produits dans cette dernière phase de sa vie sont peut-être les meilleurs qu'il ait jamais faits. Je ne parle pas de *Moïse exposé*, ni même des *Girondins*. C'est à ses derniers tableaux religieux dont le motif est emprunté à la *Douloureuse passion de Notre Seigneur* par la sœur Emerick que nous faisons allusion. Les trois tableaux relatifs à la mort du Christ étaient en effet une tentative nouvelle de Delaroche. Il avait voulu raconter la Passion en l'absence du héros principal ; il s'était demandé s'il n'y avait pas un puissant effet à chercher dans le crucifiement moral des apôtres et des saintes femmes. Dans l'un, le *Vendredi-Saint*, la mère tombant à genoux dans une sorte d'extase, envoie tout son cœur au-devant de son fils qui passe sous les fenêtres et que l'on conduit au Calvaire. On aperçoit le bout des piques et des enseignes des soldats romains.

Le second tableau est le *Retour du Golgotha*. A droite, la porte de la maison de la Vierge est ouverte, une lumière sort, qui se prolonge dans la rue comme un reflet sanglant. Au milieu de la toile, un groupe touchant symbolise et confond les trois douleurs diversement exprimées dans le premier sujet. La Vierge s'avance, entourant d'un de ses bras le cou de Madeleine et de l'autre, s'appuyant sur saint Jean, qui, enivré de désespoir, se retient au mur pour avancer. Jamais la désolation ne fut plus poignante. Saint Pierre suit à quelques pas, tenant la couronne d'épines ; les femmes et les disciples font cortège. Ce tableau était presque terminé, mais Delaroche ne l'avait pas signé, ne le jugeant pas fini, lorsqu'il mourut en 1856.

Le dernier tableau de cette série, celui qui a reçu le dernier coup de pinceau, le dernier regard du maître, représente la *Vierge debout*, dans une rigidité de statue, contemplant la couronne d'épines. Le diadème glorieux est posé sur une table, une lampe répand sa lumière tout autour; saint Jean et Madeleine sont dans l'ombre, pleurant et se lamentant. Leur cœur se dégonfle, celui de la Vierge s'emplit. On sent que la flèche a pénétré profondément, et pourtant une sérénité étrange est répandue sur la figure de la mère d'un Dieu.

Nous avons dû nous arrêter ici très spécialement à l'œuvre décorative de Paul Delaroche, mais nous devons au moins énumérer ceux des tableaux de cet homme habile que les gravures ont rendus populaires. L'ingéniosité des compositions, le choix dramatique des sujets, exprimés avec esprit et sans passion, charmèrent tous les salons bourgeois du règne de Louis-Philippe. Il n'en était pas où l'on ne vit quelque manière noire, d'après la *Mort d'Elisabeth d'Angleterre*, la *Mort du président Duranti*, la *Mort de Jeanne Gray*, la *Mort de Charles Ier*, la *Mort du duc de Guise*, *Cromwell*, *Les enfants d'Edouard*, les *Girondins*, et surtout *Richelieu traînant a la remorque de son bateau Cinq-Mars et de Thou* et *Mazarin à son lit de mort*. L'auteur de tant de tableaux où la tragédie se dissimulait derrière l'anecdote entra à l'Institut en 1833.

On peut, on doit même juger avec quelque sévérité le métier proprement dit dans l'œuvre de Paul Delaroche : mais ce qu'on ne saurait nier, c'est que Delaroche comprit noblement sa mission, qu'il fut un artiste sérieux, et, comme homme, un caractère. — E. CH.

***DELARUE** ou **DE LA RUE** (JACQUES-ETIENNE), négociant rouennais, naquit en 1674, et contribua, dans la plus grande mesure, au développement et à la prospérité de sa ville natale. A la tête d'une puissante maison de commerce, et possesseur d'une grande fortune, il fit venir, le premier, par ses navires, d'importants chargements de coton dans le port de Rouen, et créa tout un monde de fileurs au rouet et de tisseurs, tant aux environs de la ville que dans le pays de Caux. Il n'y a que quelques années à peine, que le filage et le tissage à la main ont complètement disparu. De la Rue, qui était écuyer secrétaire du roi, fut également maire de Rouen, de 1728 à 1731 ; mais, à partir de cette époque, on ne peut, même dans les archives de la ville, trouver de renseignements snr son compte, et la date de sa mort nous est absolument inconnue. Ses contemporains cependant parlaient de lui avec une telle vénération que, peu après son décès, l'un d'eux disait qu'on devrait lui élever, par reconnaissance, une statue d'or, sur la principale place de Rouen. Ses oublieux descendants, loin de lui élever un monument, n'ont même pas songé à perpétuer sa mémoire en donnant son nom à l'une des rues de la ville qu'il a rendue florissante et fait connaître à tout l'univers.

***DELAULNE** ou **DE LAULNE** (ETIENNE), dessinateur et graveur, né à Orléans ou à Paris, en 1519, suivant les mentions exprimées sur plusieurs de ses estampes, mort à Paris le jour de la Pentecôte 1583, suivant M. G. Duplessis (le *Peintre graveur*) et en 1595 suivant la *Biographie* Didot. Cependant un acte de décès de « Anne, fille d'Estienne de Laulne, peintre, » en date du 3 mai 1689, ne constate pas qu'il soit mort lui-même (H. Herluison : *Actes de l'état civil de Paris*). Il est probable qu'avant de manier la pointe du graveur en taille douce, Etienne De Laulne usa du burin du graveur en médailles. Il existe, en effet, une médaille de Henri II, signée de l'S (*Stephanus*) qui marque plusieurs de ses estampes, laquelle est de l'année 1552. Dans son œuvre on trouve, en outre, plusieurs estampes reproduisant des médailles et des revers de médailles projetées ou exécutées, que l'on croit antérieures à ses premières planches gravées qui portent la date de 1561, cependant son portrait authentique de Henri II a été publié antérieurement à 1560.

Il habita à Strasbourg (*Argentina*) d'où il a daté des estampes de 1573 à 1580, et à Augsbourg (*Augusta*) en 1576, mais il est probable qu'il résidait aussi à Paris, rue Galande, s'il vivait encore lorsqu'y mourut sa fille. Il y aurait gravé et publié les planches qui portent la mention : *cum privilegio regis*. La dernière date qu'on y relève est celle de 1580.

Malgré son séjour en Alsace et en Allemagne, Etienne de Laulne est un pur Français de l'Ecole de Fontainebleau dont il a adopté les figures allongées aux grâces un peu maniérées chez les femmes, à la musculature trop ressentie chez les hommes. Il procède directement du Rosso et de Nicolo del Abbate. Puis, comme la plupart des artistes de la fin du XVIe siècle et des commencements du XVIIe, il aime à planter au premier plan de ses compositions une ou plusieurs grandes figures qui servent de repoussoir à une foule de petits personnages qui se meuvent dans les fonds, au milieu de la perspective d'architectures très abondantes ou de paysages un peu conventionnels.

Ses compositions religieuses, historiques ou allégoriques dont la pensée est parfois si subtile qu'il est besoin des quatrains qui souvent les accompagnent pour en découvrir le sens, occupent en général un champ très exigu. *Stephanus*, ainsi qu'il les signe, ne se sent jamais plus à l'aise que sur les surfaces les plus restreintes. On devine les habitudes de l'ancien graveur en médailles.

Les figures de trop grande proportion ne conviennent point d'ailleurs à son talent tout de pratique. Si ces œuvres, d'après leurs dimensions, ont dû servir à l'illustration des livres en même temps qu'elles pouvaient être employées pour modèles par les graveurs et les modeleurs de son temps, il est une partie de son œuvre qui concerne plus particulièrement l'industrie et c'est la plus importante.

Les douze mois, compositions avec bordures concordantes au sujet, ont pu servir aux tapissiers, mais ils ont été surtout empruntés par les émailleurs limousins qui les ont modifiés pour les approprier à la forme circulaire de leurs coupes ou de leurs assiettes. Ils lui ont surtout emprunté ses grotesques, les uns s'enlevant en vigueur sur un fond clair, les autres, et ce sont les plus nombreux, en clair sur un fond noir.

Ceux-ci sont composés d'une figure centrale, divinité ou personnification quelconque, entourée de caprices symétriques, formés d'enfants, d'animaux, de monstres, d'architectures légères, arrondies en berceau ou portant un pavillon aux courtines relevées qui abrite la figure. On les retrouve surtout au revers des plats et des assiettes, et sur les boîtes de miroir toutes brillantes d'émaux polychromes dont l'éclat est relevé de paillons d'or ou d'argent. D'autres grotesques de formes bizarres mais symétriques, ont dû servir de modèles aux graveurs de boîtiers de montres ou de platines d'arquebuse, à tous les artisans, enfin, qui décoraient les métaux par la gravure et par le relief.

L'œuvre d'Etienne De Laulne est nombreux et important par l'action qu'il a dû exercer sur les arts appliqués à l'industrie pendant la seconde moitié de la Renaissance.

Les estampes qui le composent, gravées d'une pointe fine et spirituelle, trop sûre d'elle-même, présentent, suivant une observation de M. G. Duplessis, une innovation ingénieuse. Lorsqu'Etienne De Laulne avait à représenter une apparition, comme celle de Dieu créant l'homme, il l'exprimait par un pointillé qui, lui donnant une légèreté et une transparence tout aériennes, la différencient des personnages réels.

Les dessins, qui nous sont parvenus de lui, sont généralement exécutés sur vélin, d'une plume très fine, et avec autant de sûreté de main que ses estampes. — A. D.

***DELAUNAY** (Charles-Eugène), mathématicien, membre de l'Institut, né à Lusigny (Aube) le 9 avril 1816. Sorti le premier de l'Ecole polytechnique, il fut successivement ingénieur en chef des mines de première classe (1843), professeur à l'Ecole polytechnique (1850) et à la Faculté des sciences de Paris (1853), membre du bureau des longitudes (1860) et directeur de l'Observatoire (1870). Il publia dans un certain nombre de journaux scientifiques des mémoires importants : sur le *calcul des variations* (1843), sur la *théorie des marées* (1844), sur *une nouvelle théorie analytique du mouvement de la lune* (1846), mais on lui doit surtout la vulgarisation de la mécanique et de l'astronomie dans deux ouvrages classiques qui atteignirent un nombre considérable d'éditions, le premier, *Cours élémentaire de mécanique* qui date de 1854, le second *Cours élémentaire d'astronomie* qu'il publia en 1855. C'est cette année même qu'il fut élu membre de l'Institut en remplacement de Mauvais. Il était officier de la Légion d'honneur depuis 1850. Il périt à Cherbourg dans une promenade qu'il fit en mer, le 5 août 1872.

***DÉLAYAGE.** *T. de boul.* Outre l'action de détremper, c'est l'opération du pétrissage qui consiste à malaxer le levain nécessaire à la préparation de la pâte, afin d'obtenir une masse fluide bien fondue et sans grumeaux; on dit aussi *délayure*.

***DELESSERT** (Benjamin), industriel français, né à Lyon en 1773, mort en 1847. Après avoir voyagé en Ecosse et en Angleterre, où Watt l'initia à ses premières expériences sur la force de la vapeur, il entra à l'Ecole d'artillerie de Meulan. Un brillant avenir lui paraissait réservé dans la carrière militaire, quand son père, Etienne Delessert, banquier, désirant se retirer des affaires, le rappela auprès de lui. Delessert dirigea la grande maison de banque, fondée par son père, et sut tellement faire apprécier ses capacités financières qu'il fut nommé régent de la Banque de France. Delessert consacra encore une partie de ses soins à l'industrie. En 1801, il fonda à Passy la première filature de coton. Mais la création qui a le plus contribué à la célébrité de son nom est celle de la première usine pour extraire le sucre de la betterave. Le 2 janvier 1812, l'usine fonctionnait en présence de Napoléon qui détacha la croix d'honneur qu'il avait sur la poitrine pour la placer sur celle de Delessert. Plus tard, l'Empereur le fit baron. Nous devons dire, néanmoins, que d'autres documents attribuent à Crespel-Delisse, de Lille, et à Parsy, son parent, l'importation de l'industrie sucrière en France, en 1810, et lors du blocus continental.

Delessert, élu député par ses concitoyens, en 1817 et en 1827, demanda, en philanthrope éclairé, l'amélioration du régime pénitentiaire, la suppression des loteries et des maisons de jeu ; il fonda divers établissements de bienfaisance, et, à sa mort, il affecta une somme de 150,000 francs à former des livrets de 50 francs qui devaient être distribués à 3,000 ouvriers.

DÉLIQUESCENCE. *T. de chim.* C'est la propriété qu'ont certains corps solides d'absorber la vapeur d'eau atmosphérique, pour devenir liquides (tomber en *deliquium*), ou, comme on disait encore dans l'ancien langage chimique, *tomber en défaillance*. L'huile de tartre se préparait ainsi. La déliquescence diffère de l'hygroscopicité, en ce que les corps hygrométriques n'absorbent que momentanément l'eau, pouvant perdre celle-ci quand l'air devient plus sec, — et de la délitescence, en ce que les corps déliquescents ont déjà dans leur composition une certaine quantité d'eau, puisque leurs caractères chimiques sont peu ou pas modifiés, par l'addition d'une nouvelle proportion de ce liquide.

Parmi les corps déliquescents, il faut ranger en première ligne, les anhydrides, comme l'anhydride carbonique, sulfurique, phosphorique; certaines bases, comme la potasse ou la soude; un grand nombre de chlorures, tels sont ceux de phosphore, de calcium, de magnésium, de fer, de cobalt, de nickel, de zinc; divers azotates, tels que ceux de sodium, de magnésium, de calcium, d'ammonium ; des carbonates comme celui de potasse ; et parmi les matières organiques, les saccharoses, etc.

Les corps qui tombent en déliquescence sont généralement peu modifiés dans leur composition chimique, avons-nous dit; on peut utiliser l'avidité des anhydrides pour l'eau, pour dessécher certains espaces clos. C'est ainsi que l'on enlève facilement l'eau que retiennent divers corps, en renfermant ceux-ci sous des cloches qui contiennent de l'acide sulfurique monohydraté, de l'acide phosphorique anhydre, de la potasse ou de la soude, que l'on enlève cette humidité avec ou sans le concours d'une machine pneumatique. Dans les laboratoires de chimie, les cages des balances de précision renferment presque toujours des vases à potasse ou à soude pour garantir de la rouille; le chlorure de calcium est encore parfois employé dans des cas semblables. La médecine utilise la déliquescence de la potasse ou de la soude, pour en faire des préparations caustiques qui agissent avec lenteur, c'est-à-dire à mesure qu'elles absorbent l'humidité.

Dans certaines circonstances, au contraire, l'action de l'eau peut amener une modification complète du corps. Ainsi lorsque le perchlorure de phosphore tombe en déliquescence, l'oxygène de l'eau forme avec le phosphore de l'acide phosphorique hydraté, et le chlore se combine à l'hydrogène pour faire de l'acide chlorhydrique.

Il doit être à peine besoin d'indiquer que tous les corps déliquescents se conservent mal. Les anhydrides doivent être gardés dans des matras ou dans des tubes scellés à la lampe; les sels, dans des flacons munis de bouchons cirés ou paraffinés, ou encore dans des vases obturés par des bouchons creux en verre, et contenant des corps hygroscopiques. Chez les confiseurs, on empêche les bonbons d'attirer l'humidité, en les conservant sur des diaphragmes percés de trous, au-dessus des corps très avides d'eau, comme la chaux, par exemple.

|| *T. de bot.* Sorte de décomposition putride que subissent quelques végétaux gorgés d'eau, comme les champignons, et notamment les coprins, qui se résolvent en une matière gluante par la fermentation.

***DÉLISSAGE** *T. techn.* Opération qui consiste à diviser les chiffons pour les classer ensuite, suivant leur couleur et leur qualité. || Dans la papeterie, on donne ce nom à l'action de classer les feuilles suivant leurs qualités et défauts.

***DÉLITAGE** *T. techn.* Opération qui consiste à ôter les vers à soie de dessus leur litière.

***DÉLITEMENT**. *T. techn.* Division des pierres suivant le sens des couches dont elles sont formées. || Ce mot s'applique aussi à l'opération du *délitage.*

DÉLITER. *T. techn.* Couper une pierre suivant son lit de carrière. || Enlever de la carrière la pierre ou l'ardoise par blocs. || *Déliter de la chaux.* Lui donner de l'eau.

DÉLITESCENCE. *T. de chim.* Phénomène par suite duquel un corps peut se désagréger et tomber en poudre, soit par suite d'absorption d'eau, tel est le cas de la chaux vive qui, mouillée, de solide devient pulvérulente (chaux éteinte) en s'hydratant — ou bien par suite de perte de l'eau de cristallisation, comme cela se produit, lorsque le tinckal se dessèche. Dans tous ces cas, la délitescence est due à l'état hygroscopique de l'air.

***DELORME** (Philibert), architecte, né à Lyon, vers le commencement du XVIe siècle, mort à Paris en 1577, partit pour l'Italie, dès l'âge de quatorze ans, revint élever le portail de St-Nizier, et fut bientôt appelé à Paris par le cardinal du Bellay, qui le presenta à la cour de Henri II. L'escalier en fer à cheval de Fontainebleau fut sa première entre prise et il ne tarda pas à être chargé de travaux importants, tels que les châteaux d'Anet et de Meudon, qui ont été bâtis sur ses plans. Une partie de la façade du château d'Anet se voit actuellement dans la cour de l'Ecole des Beaux-Arts, où elle a été transportée. Ce château fut élevé par une galanterie de Henri II pour la duchesse de Valentinois, Diane de Poitiers. Le domaine d'Anet appartenait depuis un siècle environ à la famille du comte de Brézé, dont Diane de Poitiers était la veuve, et Philibert Delorme dut conserver une partie de l'ancien manoir, tout en accommodant l'ensemble au goût du jour. Les bâtiments qu'il éleva avaient la forme d'un double quadrilatère. Le plus grand formait un vaste portique autour du jardin, et l'autre comprenait les bâtiments d'habitation, où on arrivait par une porte monumentale qui subsiste encore. Cette porte était décorée par une horloge surmontée d'un cerf en bronze et sous laquelle était un bas-relief que Benvenuto Cellini avait fait pour le château de Fontainebleau et qui est maintenant au Louvre. Quant au château de Meudon, il ne reste plus des ouvrages de Philibert Delorme qu'une terrasse en briques, le reste appartenant à des constructions plus modernes.

Le palais des Tuileries a contribué plus que tout le reste à sa réputation. Une place au faubourg Saint-Honoré, du côté du Louvre, occupée alors par une tuilerie et quelques grands jardins, parut convenable à Catherine de Médicis pour élever une habitation de plaisance, où elle serait séparée du Louvre habité par Charles IX. Le plan de Philibert Delorme était d'ailleurs fort différent de l'édifice que nous avons connu et qui a subi de grandes modifications sous Henri IV, Louis XIII, Louis XIV et Louis-Philippe, pour finalement disparaître dans l'incendie de mai 1871. Philibert Delorme attachait une grande importance à une espèce particulière de colonne, qu'on appelait de son temps, la *colonne française*, et qui a été un des caractères de notre architecture jusqu'au règne de Louis XIII. Pour masquer les joints des pierres dans la colonne, il les entourait d'espèces de colliers et de tambours qui sont comme passés autour des cannelures, et qui donnent à la colonne un aspect bizarre plutôt que réellement beau. Nous ne quitterons pas cet artiste sans avoir mentionné un petit monument de lui, qui passe pour un des chefs-d'œuvre de la Renaissance française : c'est le tombeau de François Ier à Saint-Denis.

***DELVIGNE** (Henri-Gustave). Inventeur d'armes et d'appareils de guerre, né à Paris, en 1798, mort à Toulon, le 18 octobre 1876. Il s'engagea comme simple soldat dans la ligne, en 1817, et en sortit quelques années plus tard avec le grade de lieutenant. Il s'attacha, dès lors, à perfectionner les armes les plus usuelles, dont la mauvaise facture l'avait frappé. En 1837, il inventait une carabine à balle forcée qui porta son nom et devint à cette époque l'arme d'usage des chasseurs d'Afrique : ce fut son premier pas. On lui dut ensuite l'invention de balles cylindro coniques, de balles-obus, de canons doubles rotatifs de fer forgé à rubans, d'obusiers portatifs, de carabines rayées, de mousquetons de cavalerie, et de divers autres engins de même nature, dont quelques-uns furent adoptés par le gouvernement. Il fut nommé chevalier de la Légion d'honneur, en 1830, et officier en 1868.

***DEMACLAGE.** *T. techn.* Action de remuer le verre fondu, au moyen d'une barre de fer.

DÉMAIGRIR. *T. de maçon.* Diminuer une pierre. || *T. de charp.* Amincir un tenon; rendre aigu l'angle d'une pièce de charpente.

***DÉMAIGRISSEMENT.** *T. techn.* Se dit du côté de la pierre ou de la pièce de bois démaigrie.

DEMANDE. La demande d'un produit, par ceux qui en ont besoin, est réglée par la quantité existante de ce produit. Si cette quantité est supérieure à la demande, le prix du produit diminue et il est offert. Si elle est inférieure ou si, ce qui est identique, le produit est monopolisé par des spéculateurs, son prix s'élève et on dit qu'il est plus demandé qu'offert, ce qui est vrai.

La même loi règle les conditions du travail industriel, ou plus clairement, de la main-d'œuvre. Si une industrie est en souffrance, faute de *débouchés* (V. ce mot), ou de débouchés suffisants, une partie des ouvriers qu'elle occupe, menacés d'être congédiés, demanderont à continuer d'être occupés en offrant de travailler à un moindre salaire. Dans ce cas, le travail sera plus offert que demandé. Si la même industrie retrouve et même étend ses anciens débouchés, elle augmente nécessairement ses moyens de production, et, par conséquent, elle a besoin d'un supplément d'ouvriers. Dans ce cas le travail est plus demandé qu'offert.

Dans les pays dont la population s'accroit rapidement, comme l'Allemagne et l'Angleterre, si un grand nombre d'adultes n'émigraient pas, le travail serait plus offert que demandé et les salaires baisseraient. En France, où la population tend à l'état stationnaire, le travail est au moins aussi demandé qu'offert.

Les grèves troublent profondément la loi qui régit la demande et l'offre du travail. La substitution des machines aux bras aurait pour effet de réduire la demande et d'accroître l'offre du travail, si elle n'avait également pour effet d'accroître la consommation, par suite de l'abaissement du prix de revient et d'augmenter ainsi la production.

Le lecteur trouvera à l'article Offre un exposé complet de la théorie de la demande et de l'offre.

***DÉMÊLAGE.** *T. techn.* Opération qui consiste à débrouiller la laine pour la préparer au filage.

***DÉMÊLEUR, EUSE.** *T. de mét.* Ouvrier, ouvrière qui fait le démêlage. || Briquetier qui corroie la terre.

***DEMI-BANDE.** *T. de mach.* Action de tendre un ressort, de manière à lui faire exercer ou supporter un effort égal à environ moitié de son effort maximum ; on dit alors que le ressort est à demi-bandé.

***DEMI-BOSSE.** *T. d'arch.* Sculpture qui tient le milieu entre le bas-relief et la ronde-bosse.

***DEMI-CONSTITUTION.** *T. de tiss.* On appelle ainsi un velours de coton d'Amiens, exigeant, pour les deux grosses côtes comprises dans le rapport-chaîne, 20 fils ; et, pour le rapport-trame, 10 duites. — V. Velours de coton.

***DEMI-CÔTE.** *T. de tiss.* Velours de coton d'Amiens, à côtes de grosseur ordinaire. Il y a deux côtes dans le rapport-chaîne de 16 fils. Le rapport-trame, suivant le mode de soubassement adopté, comporte tantôt 4 ou 6 duites, tantôt 9 ou 10. — V. Velours de coton.

***DEMI-COURSE.** — V. Course.

***DEMI-FIN, FINE.** *T. de bijout.* Matière qui contient moitié d'alliage.

***DEMI-LUNE.** *T. de fortif.* Dans les systèmes de Vauban, de Cormontaigne et, en général, dans la fortification bastionnée, la demi-lune est un ouvrage important, de forme triangulaire, placé en avant de la courtine, et dont les faces permettent de donner des feux flanquants sur les saillants des bastions.

***DEMI-OPALE.** *T. de minér.* Nom du quartz résinite, dont la couleur est d'un blanc laiteux.

***DEMI-PORCELAINE.** *T. de céram.* Nom que l'on donne à une variété de faïence fine.

***DEMI-RELIURE.** *T. techn.* Reliure dans laquelle le dos seul est en peau.

***DEMI-REVÊTEMENT.** *T. de fortif.* Paroi d'un fossé dont la maçonnerie n'atteint que la hauteur du niveau de campagne. || Petite galerie reliée à la galerie parallèle au chemin couvert.

***DEMI-ROND.** *T. techn.* Couteau mi-circulaire dont se servent les corroyeurs.

***DEMI-VARLOPE.** *T. techn.* Se dit d'un rabot à deux poignées.

***DEMI-VOL.** *Art hérald.* Meuble d'armoiries représentant une seule aile d'oiseau.

DEMOISELLE. *T. techn.* Outil de paveur. — V. Dame. || Verge de fer avec laquelle le fondeur retient les charbons qui pourraient tomber dans la matière fondue. || Jambier de cuir qui protège le genou du scieur de long. || Instrument de bois à deux branches, qui sert à élargir les doigts de gants. || Sorte de brosse du peintre. || Dans les raffineries de sucre, lucarne du toit du bâtiment des chaudières.

DÉMOLISSEUR. *T. de mét.* Ouvrier qui travaille aux démolitions. — V. l'art. suivant.

DÉMOLITION. Destruction totale ou partielle d'un bâtiment pour cause de malfaçon, de vétusté ou de changement jugé nécessaire. La démolition a lieu par la volonté du propriétaire ou par décision administrative. Ce dernier cas se présente si la construction menace ruine, ou si elle est comprise dans les immeubles expropriés pour cause d'utilité publique.

La démolition d'un bâtiment est effectuée, notamment à Paris, par des entrepreneurs spéciaux qui emploient, pour cette opération, des ouvriers *démolisseurs* habitués à ces sortes de travaux. Les uns, appelés *compagnons* ou *hommes de marteau* s'occupent de la démolition proprement dite et procèdent par sape, abatage, tranchées ou renversement des murs ou parties de murs ; les autres, appelés *garçons*, opèrent la descente, le triage, le transport à la brouette et le rangement des objets démolis et susceptibles de réemploi. Tantôt ces objets sont revendus par les entrepreneurs; tantôt ils sont mis de côté comme pouvant servir à la construction d'un bâtiment destiné à remplacer l'ancien. Il importe donc de dresser préalablement un état de tous les matériaux en place avant leur démolition, puis de les ranger suivant leur nature, afin de pouvoir les donner en compte aux entrepreneurs des divers corps d'état ou les leur confier, pour être de nouveau mis en œuvre, en justifiant de leur emploi. Les pierres peuvent être divisées en moellons ou retaillées et trouver leur place dans une nouvelle construction. Les moellons, les plâtras, les briques sont *arrimés* ou mis en tas et cubés. Les bois de charpente, les tuiles, les menuiseries, portes, croisées, etc..., les balcons, les fers, les feuilles et tuyaux de plomb ou de zinc sont rangés suivant leur nature. Les gravois sont chargés sur des tombereaux et transportés aux décharges publiques. Souvent les entrepreneurs de démolitions emploient des ouvriers de corps d'état spéciaux tels que menuisiers, serruriers, etc., pour l'enlèvement des boiseries, le descellement des ferrures, etc.,. L'un des cas de démolition qui se présente le plus fréquemment est celui où le bâtiment menace ruine, notamment lorsque les fondations, les jambes étrières sont reconnues en mauvais état, lorsque les murs de face offrent un surplomb ou un fruit très prononcé. Si la construction ainsi mise en péril borde la voie publique, la démolition est souvent ordonnée par la police. Les précautions à prendre ont pour objet de garantir la sécurité des constructions voisines et la libre circulation des personnes sur la voie publique. Elles consistent surtout dans l'établissement d'une palissade à la distance de 2 mètres du bâtiment à démolir, le stationnement d'un manœuvre chargé d'avertir les passants, et l'éclairage pendant la nuit. De plus, la démolition doit s'opérer au marteau, sans abatage et en faisant tomber les matériaux dans l'intérieur du bâtiment. Le dépôt sur la voie publique des matériaux provenant de cette opération ne peut avoir lieu qu'en cas de nécessité reconnue par le commissaire de police. Enfin, les travaux de démolition doivent être poursuivis sans interruption jusqu'à leur entier achèvement; après quoi, il est procédé à l'enlèvement de la barrière et à la réparation des dégradations faites au sol de la voie publique. S'il s'agit de démolir un bâtiment joignant un mur mitoyen, tout ce qui pourrait endommager ce mur ou nuire à la solidité est interdit : ainsi les murs de refend et de face ne doivent être démolis que jusqu'à 0m,16 du mur mitoyen, ou tout au moins faut-il laisser toutes les pierres et moellons qui y forment liaison. Il est de même indispensable de reboucher en bonne maçonnerie les trous faits dans ce mur pour le descellement des poutres, solives, enchevêtrures, etc... Nos lecteurs trouveront plus de détails en ce qui concerne les règlements administratifs et la jurisprudence applicables aux démolitions opérées soit de la volonté du propriétaire soit par ordonnance de la police, ou bien encore pour cause d'incendie, dans les ordonnances de police du 8 août 1829 et du 25 juillet 1862, dans la nouvelle édition du *Manuel des lois du bâtiment*, publiée par la Société centrale des architectes et dans le *Traité de la législation des bâtiments*, de Frémy-Ligneville, édit. 1881.

***DÉMONTAGE.** *T. techn.* En général, opération qui consiste à désassembler, à séparer des pièces. La séparation de certaines pièces est parfois très difficile à effectuer; lorsque l'on a échoué avec les moyens ordinaires, on peut mettre en jeu les propriétés de la dilatation et de la contraction du fer; chauffer un écrou sur sa tige, par exemple, en maintenant celle-ci froide; atteler rigidement une ou deux barres de fer chaud sur l'objet à arracher, de telle sorte que l'effort dû à la contraction s'exerce sur cet objet. Pendant le démontage, on doit se servir de matoirs et de masses en cuivre afin de ne pas endommager les pièces.

***DÉMOULAGE.** *T. de fond.* Sortie d'une pièce en fonte, en bronze ou en acier, du moule dans lequel elle a été coulée. On n'effectue naturellement cette opération que lorsque la pièce est devenue suffisamment froide; le temps pendant lequel un objet coulé demeure en moule dépend à la fois de la quantité du métal employé pour sa confection et de la forme de cet objet. — V. Moulage.

***DENAIN** (Forges de). L'établissement métallurgique connu sous le nom des *Forges de Denain*, est un des plus considérables de la région du Nord. Il appartient à la *Société anonyme des hauts-fourneaux, forges et aciéries de Denain et Anzin*, qui possède également un établissement important à Anzin. Ces deux usines, situées sur la grande ligne du chemin de fer du Nord, ou reliées à cette ligne par des embranchements, propriété de la Société, sont également desservies par les canaux de l'Escaut.

— La création des premiers établissements de Denain date de 1837 et est due à MM. Serret, Lelièvre et Cie. En 1847, ils fusionnèrent avec ceux d'Anzin, appartenant alors à M. Talabot.

La Société des forges de Denain et Anzin possède actuellement 10 hauts-fourneaux, 120 machines à vapeur représentant plus de 8,000 chevaux de force; les voies ferrées installées pour le service des usines offrent plus de 15 kilomètres de développement ; enfin 4,000 ouvriers sont employés aux usines, qui s'étendent sur une superficie de 35 hectares.

Les forges de Denain et Anzin fabriquent des fers laminés de toutes espèces (environ 50,000 tonnes par an), des tôles de fer et d'acier (environ 8,000 tonnes par an) et enfin des rails et autres produits d'acier (environ 60,000 tonnes par an) ; cette dernière fabrication forme une des spécialités bien marquées de la Société.

***DÉNATURATEUR.** *T. de mét.* Industriel dont la profession consiste à fournir à d'autres industriels des alcools additionnés de substances dites *dénaturantes :* les alcools ainsi rendus impropres à la consommation de bouche sont employés exclusivement à des préparations industrielles, et bénéficient de la modération de taxe consentie par la loi de 1872, relative au régime des alcools. Toutes les opérations des dénaturateurs, entrées de matières premières, manipulations, sorties de marchandises, etc., sont soumises à des formalités rigoureuses, et s'effectuent sous la surveillance et le contrôle des agents du fisc. — V. DÉNATURATION.

***DÉNATURATION.** Les lois fiscales actuellement en vigueur en France, font bénéficier d'une modération de taxe, les alcools et les sels employés à des usages industriels ou agricoles, lorsqu'ils sont préalablement dénaturés, c'est-à-dire additionnés de substances qui les rendent impropres à la consommation de bouche. Pour prévenir les abus et les fraudes, la loi et les règlements d'administration publique déterminent les substances que les industriels peuvent ou doivent employer comme agents de dénaturation, ainsi que les formalités qui doivent accompagner leur mise en œuvre.

Dénaturation des alcools. *Législation antérieure à 1872.* La loi de finances du 8 décembre 1814, exonérait de tout impôt les spiritueux employés à des usages industriels, à condition qu'ils fussent dénaturés en présence du service. La loi du 18 avril 1816 ne concédait pas cette franchise, mais par décision du 29 novembre 1816, le ministre des finances en prononça le maintien.

Des abus s'étant produits, une décision ministérielle du 10 octobre 1833, rapporta celle de 1816, et, jusqu'en 1843, les alcools employés dans l'industrie furent frappés de la même taxe que les alcools consommés comme boisson.

La loi du 24 juillet 1843, sans accorder aux alcools dénaturés, la franchise absolue de l'impôt, les fit bénéficier d'une sensible réduction de taxe.

L'ordonnance du 14 juin 1844 régla les conditions de dénaturation des alcools : ils devaient être additionnés en proportions variables d'huiles essentielles (essences de goudron de bois, de goudron de houille, de térébenthine, d'huiles de schiste, de naphte, etc.). La vente de ces mélanges d'alcool et d'essences, n'étant soumise à aucune restriction, les employés de la régie, n'avaient aucun moyen de surveiller l'emploi ultérieur de ces produits comme réactifs réellement industriels. D'autre part, certains fabricants ne pouvaient faire usage d'alcools contenant des essences, et se trouvaient, à leur grand préjudice, exclus de fait des bénéfices de la modération de taxe.

Législation actuelle. En 1871, les droits de consommation ayant été élevés de 75 francs à 125 francs en principal, les inconvénients de ce régime devinrent encore plus sensibles ; car la fraude, surexcitée par l'augmentation de l'impôt, avait toute facilité pour séparer l'alcool pur de ces mélanges d'essences.

La loi du 2 août 1872, qui régit aujourd'hui la matière, dispose que : « Les alcools dénaturés de manière à ne pouvoir être consommés comme boissons, sont soumis en tout lieu à une taxe spéciale dite de dénaturation, dont le taux est fixé en principal à 30 francs par hectolitre d'alcool pur, » et que « le Comité consultatif des Arts et Manufactures détermine pour chaque branche d'industrie les conditions dans lesquelles la dénaturation des alcools devra être opérée. »

Adoption du méthylène comme agent de dénaturation. Le Comité consultatif des arts et manufactures, dont les décisions ont force de loi, choisit, comme agent unique de dénaturation, le méthylène (ou esprit de bois, ou alcool méthylique impur) qui prend naissance dans la distillation du bois. L'esprit-de-bois ordinaire est un liquide le plus souvent jaunâtre, à odeur infecte de goudron et de fumée, il est très difficile de le séparer par distillation de l'alcool dont il a à peu près le point d'ébullition ; il en a aussi la densité et la solubilité dans l'eau. Enfin pour le séparer de l'alcool, il faudrait employer les procédés de distillation les plus perfectionnés, et encore n'y réussirait-on pas complètement (SAINTE-CLAIRE-DEVILLE, *Rapport au Comité consultatif* du 20 novembre 1872).

Des types de méthylène réglementaire furent mis à la disposition des intéressés et servirent à vérifier les méthylènes proposés comme dénaturants.

Au moment où le Comité adopta sa formule, l'industrie ne produisait que des méthylènes impurs, et qui se troublaient par l'addition d'eau, de sorte que le véritable dénaturant prescrit n'était pas l'alcool méthylique, mais bien plutôt les impuretés odorantes et sapides dont il était le véhicule.

Au début, ce méthylène infect fut régulièrement employé, mais bientôt des réclamations surgirent de toutes parts, signalant divers accidents arrivés dans les grands centres industriels, notamment dans l'industrie de l'apprêt des tissus de soie et dans celle de l'apprêt des chapeaux. Une enquête administrative faite à ce sujet, en 1874, constata que les ouvriers avaient les yeux rouges, injectés, leurs larmes coulaient abondamment et plusieurs étaient atteints d'érysipèle facial, etc. Ces accidents devaient être attribués, non pas à l'alcool méthylique, mais aux impuretés qui l'accompagnent.

L'administration dut alors permettre l'emploi de méthylènes moins impurs, mais cette faculté dégénéra vite en abus. Les producteurs d'esprit-de-bois, trouvant dans l'industrie des matières colorantes dérivées de la houille, un nouveau débouché, perfectionnèrent leurs procédés et parvinrent à produire des méthylènes constitués par de l'alcool méthylique presque pur, incolore, exempt d'odeur et de saveur, et ne troublant pas l'eau.

Les alcools dénaturés par ces méthylènes, pouvaient entrer tels quels dans beaucoup de produits de consommation de bouche (absinthes, bitters, eaux-de-vie de marcs, etc.) et les fraudeurs ne s'en firent pas faute ; des échantillons prélevés chez les détaillants de Paris, en 1876, démontrèrent le fait.

Adoption d'un méthylène-type comme agent de dénaturation. Par suite de l'emploi de méthylènes trop purs, les intérêts du Trésor ne se trouvant pas sauvegardés, et la santé publique se trouvant menacée, on dut chercher le moyen de revenir, dans une certaine mesure, à la sage prescription du Comité consultatif ; les substances à odeur irritante ayant disparu des méthylènes commerciaux, il devenait possible d'établir un type de méthylène satisfaisant aux légitimes exigences de l'industrie et offrant en même temps des garanties au Trésor.

Par décision en date du 12 février 1879, le Comité consultatif a adopté un type de méthylène ainsi défini : l'esprit de bois réglementaire doit marquer au moins 90° alcoométriques et contenir au maximum 40 0/0 d'alcool méthylique, le surplus étant composé de matières impures telles que l'acétone, l'acétate de méthyle, le méthylacétal, l'aldéhyde, la méthylamine, le phénol, etc. Pour assurer l'exécution de cette mesure, des flacons contenant du méthylène type, sont fournis par la Régie à tous les agents chargés de surveiller les usines où se font des dénaturations, et aux dénaturateurs et fabricants de méthylènes. Toutes les opérations de dénaturation se font en présence des agents de la régie. Les méthylènes proposés comme dénaturants ne peuvent être employés qu'après que l'administration les a agréés et reconnus suffisamment conformes au type. Des échantillons sont prélevés et essayés au laboratoire des Contributions indirectes.

Les méthylènes sont conservés soit en touries de verre capsulées et plombées de la régie, soit dans des réservoirs métalliques fermés par deux cadenas différents, et dont l'une des clés est entre les mains de la régie.

Les alcools, une fois dénaturés, doivent être mis en œuvre et transformés sur place, c'est-à-dire dans l'intérieur de l'usine, en produits industriels et marchands bien déterminés. On ne doit leur faire subir aucune manipulation capable de régénérer l'alcool.

Toutes ces dispositions très minutieuses et très sévères, et d'autres encore qu'il est inutile de rappeler ici, ont pour but de garantir l'Etat contre la revivification ultérieure de ces alcools. Elles protègent, en outre, les commerçants contre les agissements d'industriels peu scrupuleux qui n'hésiteraient pas à livrer à la consommation des alcools régénérés et qui réaliseraient de ce fait des bénéfices considérables au détriment de leurs concurrents.

Formules de dénaturation adoptées par le Comité pour diverses industries. Le Comité consultatif, appelé depuis 1872 à se prononcer sur la dénaturation des alcools dans les industries les plus diverses, a posé cette règle générale: « Toutes les fois que l'emploi de l'esprit de bois est admis par les fabricants, la régie l'accepte s'il est conforme au type. Toutes les fois que l'esprit de bois est considéré par le fabricant comme nuisible aux matières qu'il produit, l'intéressé doit indiquer lui-même le procédé qu'il désire substituer à l'emploi de l'alcool méthylique. Le Comité apprécie alors le procédé au point de vue de la salubrité et des intérêts de l'Etat, et l'approuve ou le rejette, mais ne se charge pas d'en indiquer de nouveaux. »

Partant de ce principe, le Comité a adressé successivement pour la dénaturation des alcools destinés à certaines industries, les formules suivantes :

Fabrication des vernis. **Les alcools destinés à la** fabrication des vernis, sont dénaturés par l'addition de 1/9e de leur volume d'esprit de bois, et par l'addition d'huiles ou de résines en proportion suffisante pour amener le liquide à l'état de vernis marchand.

Fabrication des couleurs. Dénaturation par 1/9 d'esprit de bois.

Produits chimiques. 1° Ethers simples ou composés; mélanger à l'alcool 10 0/0 d'acide sulfurique à 66° ou 20 0/0 d'acide à 54°, et porter le mélange à 80° centigrades ; ou bien additionner l'alcool de résidus provenant d'opérations antérieures; 2° Ethers chlorhydrique, iodhydrique, azotique, acétique, formique et valérianique, aldéhydes et sulfovinates ; même formule que pour les éthers.

Digitaline, santonine, atropine et divers alcaloïdes. Mélanger aux alcools 1/9 d'esprit de bois.

Tannin, chapellerie, insecticides. Mélanger aux alcools 1/9 d'esprit de bois.

Présure liquide. L'alcool employé à la fabrication de la présure liquide peut être considéré comme suffisamment dénaturé par sa dilution dans l'eau salée, à la condition que le degré alcoolique de cette dilution n'excède pas 10°. A défaut de ce procédé, la dénaturation doit être opérée par 1/9 de méthylène.

Fulminate de mercure. Addition de 1/9 d'esprit de bois ou de résidus d'opérations antérieures.

Ethyl-diphénilamine. Mélanger: diphénilamine 25 kilogrammes, acide chlorhydrique 20 kilogrammes, alcool à 96° additionné préalablement de 5 0/0 de benzine, 20 kilogrammes.

Alcools destinés au chauffage et à l'éclairage. Addition de méthylène dans la proportion de 1/5 du volume de l'alcool.

Ether bromhydrique. Mélanger 25 litres d'esprit à 96°, 20 kilogrammes de brome et 2 kilogrammes de phosphore amorphe dilués dans 3 litres d'alcool à 96°.

Ether iodhydrique. Mélanger 6 litres d'esprit à 96°, 4 kilogrammes iode et 800 grammes phosphore amorphe.

Ethylate de soude ou *alcool sodé.* Mélanger 8 litres d'alcool absolu et 500 grammes de sodium.

Ether nitrique. Mélanger 1 hectolitre en poids d'acide azotique à 36° et 4 hectolitres alcool à 96°.

Ether chlorhydrique et dérivés. Mélanger poids égaux d'alcool à 96° et d'acide chlorhydrique à 21°.

Savons transparents. Addition de 1/9 de méthylène et emploi de l'alcool dans l'établissement même.

Collodion. Les fabricants sont autorisés à employer l'alcool en modération de taxe, à condition de représenter pour chaque litre d'alcool à 95°, au moins 2 litres de collodion tenant en dissolution 12 à 15 grammes de pyroxiline.

Chloral et hydrate de chloral. Faire passer dans l'alcool un courant de gaz chlore.

Essai des méthylènes destinés a servir d'agents de dénaturation. La nécessité de préparer des méthylènes conformes au type réglementaire rend indispensable pour les industriels l'essai de leurs produits : on doit à M. Ch. Bardy, directeur du Laboratoire des contributions indirectes, une méthode d'essai qui permet de déterminer rapidement si un méthylène est ou non conforme au type. Cette méthode consiste à déterminer la proportion de l'acétone, qui est l'impureté principale qui doit accompagner l'alcool méthylique; elle repose sur la transformation de l'acétone en iodoforme à l'aide d'une lessive de soude et d'une solution d'iode dans l'iodure de potassium. On commence par préparer une solution au 1/100° du méthylène à essayer; on en prend 5cc que l'on introduit dans un tube bouché de 20cc environ; on ajoute ensuite 10cc de lessive de soude à 1,080 de densité, puis 1/2 centimètre cube d'une solution d'iode contenant 385 grammes d'iodure de potassium et 254 grammes d'iode par litre; on bouche le tube avec le doigt et on le retourne: il se produit immédiatement un trouble laiteux dû à la formation d'iodoforme. On ajoute 15 centimètres cubes d'eau, et on retourne de nouveau le tube. On compare alors le trouble ainsi produit avec celui obtenu dans un autre tube tout semblable au premier, et dans lequel on a traité de même du méthylène conforme au type. Pour faciliter cette comparaison on place côte à côte les deux tubes, et on regarde au travers des liquides une carte blanche sur laquelle sont tracés des traits parallèles mais de grosseurs différentes et rangés dans l'ordre de décroissance de leur épaisseur, et l'on examine si dans chacun des tubes, on peut apercevoir un même nombre de raies. Si le trouble dans le tube contenant l'essai est moins abondant que celui produit par le type, le méthylène ne contient pas la proportion voulue d'acétone, il est trop riche en alcool méthylique, et ne peut servir à la dénaturation. Si le trouble est sensiblement pareil au type, il y a lieu alors de doser exactement l'alcool méthylique (V. MÉTHYLÈNE). Si enfin le trouble est manifestement plus fort que celui produit par le type, le méthylène sera certainement admis comme agent de dénaturation.

En dehors de ces formules particulières, la Régie autorise l'emploi de méthylènes non conformes au type, lorsque ces méthylènes, essayés au Laboratoire central des contributions indirectes, sont reconnus offrir par leur odeur, leur saveur, leur infection évidente, des garanties suffisantes contre toute régénération ultérieure. Enfin, sur la proposition du directeur des laboratoires de la régie, par suite des travaux supplémentaires dont la question a été l'objet, et sur l'avis conforme du Comité consultatif, la teneur maximum en alcool méthylique des méthylènes dénaturants a pu être élevée de 40 à 65 0/0 (11 mai 1881).

Dénaturation des sels. Le principe de l'immunité de taxe en faveur des sels destinés aux usages agricoles a été posé par un décret du 11 juin 1806, et par une ordonnance du 26 février 1846. Aux termes des dispositions réglementaires maintenues par le décret du 8 novembre 1869, les agriculteurs sont autorisés à recevoir en franchise de droits, les sels destinés à la nourriture des bestiaux et à l'amendement des terres, sous la condition que ces sels seront préalablement pulvérisés et dénaturés en présence des agents de la régie, suivant l'une des dix formules suivantes :

Numéro de la formule	Proportions de sel	Proportions des matières étrangères
1	1,000 k.	200 kilogrammes de tourteaux oléagineux.
2	—	300 kilogrammes de pulpes pressées de betteraves ou de marcs de fruits.
3	—	5 kilogrammes de peroxyde rouge de fer (colcotar ou rouge de Prusse). 100 kilogrammes de tourteaux oléagineux.
4	—	5 kilogrammes de peroxyde rouge de fer. 200 kilogrammes de pulpes pressées de betteraves ou de marcs de fruits.
5	—	5 kilogrammes de peroxyde rouge de fer. 10 kilogrammes de poudre d'absinthe. 10 kilogrammes de mélasse ou de goudron végétal.
6	—	5 kilogrammes de peroxyde rouge de fer. 10 kilogrammes de suie ou de noir de fumée. 10 kilogrammes de goudron végétal.
7	—	5 kilogrammes de peroxyde rouge de fer. 20 kilogrammes de goudron végétal.
8	—	30 kilogrammes d'ocre ferrugineuse ou de minerai de fer en poudre fine. 30 kilogrammes de goudron provenant de la fabrication du gaz. 30 kilogrammes de guano, de poudrette, de matières fécales, de fumier d'étable consommé ou d'autres engrais d'origine animale.
9	—	30 kilogrammes de sulfate de fer. 120 kilogrammes de guano, de poudrette, de matières fécales, de fumier d'étable consommé ou d'autres engrais d'origine animale.
10	—	60 kilogrammes de plâtre cru ou cuit ou de plâtras en poudre fine. 150 kilogrammes de guano, de poudrette, de matières fécales, de fumier d'étable consommé ou d'autres engrais d'origine animale.

L'immunité de taxe a été, dans ces dernières années, concédée aux sels destinés à diverses industries, dénaturés suivant certaines formules adoptées par le Comité consultatif.

Sels destinés aux tanneurs, mégissiers, saleurs et autres préparateurs de peaux dites en poils; *potiers, faïenciers, fabricants de limes :* dénaturation par l'addition à 1,000 kilogrammes de sel de: 10 kilogrammes de naphtaline brute essorée, ou de 2 kilogrammes de goudron de houille, ou de 2k,500 de goudron de bois, ou de 10 kilogrammes de savon en poudre.

Sels pour amender les terres. A 1,000 kilogrammes de sel on ajoute 250 kilogrammes de chaux éteinte en poudre.

Pour les sels, comme pour les alcools, la Régie peut, dans certains cas particuliers, autoriser l'emploi d'autres formules, lorsque les mélanges proposés lui paraissent suffisamment dénaturants; mais ces autorisations ne sont que provisoires, et révocables en cas de fraudes ou d'abus constatés.

— V. *Recueil des lois et règlements*, Imprimerie nationale; Ch. Bardy : *Essai des méthylènes commerciaux*, *Journal de pharmacie*, Juillet 1881.

***DENCHÉ, ÉE.** *Art. hérald.* Se dit des figures dont les bords sont taillés en dents de scie.

***DENDROMÈTRE.** Instrument destiné à mesurer un arbre sur pied et ce qu'il peut fournir de bois utilisable.

***DÉNÉRAL.** *T. de monn.* Plaque ronde, dont le poids sert de type aux monnayeurs. Il y a pour chaque pièce un déneral de poids droit (poids que doit avoir la pièce aux termes de la loi), un dénéral de poids fort (tolérance au-dessus du poids droit), un dénéral de poids faible (tolérance au-dessous du poids droit). L'ouvrier chargé de la vérification des pièces passées en délivrance, les vérifie en les éprouvant d'abord au poids droit; si le plateau où est la pièce l'emporte sur celui où est le dénéral la pièce est éprouvée au poids fort, si elle est encore plus lourde que le dénéral, elle est rebutée. Les pièces moins lourdes que le dénéral de poids faible sont également rejetées.

***DÉNIVELLATION.** 1° *T. de trav. publ.* Inégalité d'un terrain. || 2° *T. de mach.* Situation d'une machine dont les principales lignes n'occupent plus les positions relatives qu'elles avaient entre elles au moment du montage. Cet effet peut être amené par différentes causes : l'usure pour les pièces mobiles; l'affaissement des fondations, ou le travail du navire lorsqu'il s'agit de machines marines. || 3° Etat d'abaissement du niveau de l'eau dans une chaudière.

DÉNOMBREMENT INDUSTRIEL. Les statistiques officielles, malgré d'incontestables améliorations, se heurtent à des obstacles qui resteront insurmontables tant que l'éducation économique des populations laissera autant à désirer qu'en ce moment, au moins en France. Nous faisons ici allusion à celles de ces statistiques qui ont pour objet le recensement des deux grandes forces productives d'un pays, l'agriculture et l'industrie. Aussi longtemps que les intéressés, auxquels les autorités locales, chargées de ce recensement, sont obligées de s'adresser directement pour obtenir les renseignements demandés par le gouvernement, croiront devoir attribuer à une enquête de cette nature une intention fiscale, comme, par exemple, l'augmentation de l'impôt foncier (agriculture) ou la réduction des droits de douane (industrie), ils atténueront ou exagèreront, selon le point de vue de leur intérêt présumé, ces mêmes renseignements

Cela est surtout vrai pour l'industrie. A deux reprises, en 1844 et en 1863, le ministre du commerce a tenté de connaître l'état de l'industrie française en ce qui concerne : le nombre des établissements, celui des ouvriers, le chiffre des capitaux engagés dans chaque fabrication, l'importance ainsi que la valeur des produits et des débouchés, le nombre et la puissance des moteurs, — et, à deux reprises, il a échoué, — les industriels, ou s'étant formellement refusés à remplir le questionnaire, ou l'ayant rempli avec une inexactitude calculée. C'est qu'ils ne veulent pas croire que le gouvernement ouvre une enquête semblable uniquement pour se rendre compte du mouvement, progressif, rétrograde ou stationnaire, d'une des branches les plus considérables de la richesse publique. Ils ont une autre préoccupation qui exerce une non moins grande influence sur leur résistance, c'est le désir, assez naturel d'ailleurs, de ne pas faire connaître le chiffre de leurs affaires, dans la crainte de révéler peut-être des situations embarrassées ou de fournir des armes à la concurrence intérieure. Et c'est vainement qu'à ce sujet les agents du recensement leur donnent l'assurance que le gouvernement ne publiera pas, par établissement, les renseignements demandés, mais bien par département, ou pour une conscription comprenant plusieurs départements.

Faute d'avoir pu convaincre les intéressés du but, absolument désintéressé, des enquêtes s'appliquant à toutes les branches du travail national, le gouvernement a dû renoncer à renouveler l'expérience de 1844 et 1863, pour se borner à demander aux préfets, à partir de 1872, un état de situation annuel très sommaire d'un certain nombre d'industries. Nous résumons plus loin les résultats de cette recherche spéciale.

Enfin, l'Administration recueille, à l'occasion des recensements quinquennaux de la population, un document qui n'est pas trop éloigné de la vérité; c'est celui qui concerne la profession de chaque habitant, soit qu'il l'exerce directement, soit qu'il vive du travail du chef de l'établissement, comme femme, enfant, employé, ouvrier et domestique. Elle résume ensuite, dans ses publications officielles, les renseignements ainsi obtenus, par grands groupes professionnels, de manière à donner une idée du mouvement des industries du pays par le nombre des habitants qu'elles occupent ou font vivre à diverses époques. C'est ce document que nous allons analyser tout d'abord.

— Le premier recensement de la population par professions remonte à 1851; il a été suivi de ceux de 1856, 1861, 1866, 1872, 1876 et 1881. Par suite de circonstances diverses, il n'a été obtenu, sur ce point, d'indications d'une certaine valeur qu'à partir de 1866, année où le dénombrement paraît avoir été fait avec des soins qui en ont déterminé le succès. En voici un court résumé.

En juin (date du commencement de l'opération (1) 1866, l'industrie grande et petite (manufactures et arts et métiers) occupait, ou plus exactement, faisait vivre 10,959,091 individus, tant comme patrons, que comme employés, ouvriers, membres de la famille et domestiques, en supposant, bien entendu, que les personnes de l'avant-dernière catégorie n'exerçaient pas de professions distinctes.

Ces 10,959,091 habitants se répartissaient par sexe comme suit : sexe masculin, 5,574,828; sexe féminin, 5,384,263. Rapportés à la population totale (37,328,091),

(1) Date défectueuse en ce sens qu'elle est celle de l'année qui voit se produire le plus grand nombre de déplacements, et qui n'a été changée, pour la première fois, qu'en 1881

ou mieux encore à 10,000 habitants, ils représentaient 2.879 personnes vivant de l'industrie; or, ce nombre n'était que de 2,735 en 1861. Il était le plus élevé, en 1866, dans les onze départements dont les noms suivent : Seine, 6,070; Nord, 5,206; Rhône, 4,723; Ardennes, 4.674; Somme, 4,471; Haut-Rhin, 4,458; Seine-Inférieure, 4,268; Aisne, 4,163; Bouches-du-Rhône, 3,915; Loire, 3,880; Oise, 3,868.

Distraction faite des domestiques, chaque famille industrielle ou vivant de l'industrie comptait le nombre moyen de personnes ci-après :

Patrons.	Employés.	Ouvriers.	Famille moyenne, domestiques compris.
2,98	2,11	1,86	2,32

Si nous continuons à rapporter à 10,000 habitants le nombre des personnes exerçant directement (en dehors de leurs familles et domestiques) la profession industrielle, nous trouvons 1,516 patrons, 106 employés et 2,681 ouvriers. Ces 4,303 *exploitants directs* faisaient vivre : les patrons, 2,998; les employés, 118; les ouvriers, 2,314 membres de la famille; au total, 5,430 personnes. En joignant aux trois groupes réunis 267 domestiques, nous obtenons le total de 10,000.

Le rapport des sexes dans l'industrie s'établissait, même année, comme suit (hommes pour 100 femmes) : patrons, 396,3; employés, 446,26; ouvriers, 190,76. Ces rapports s'appliquent aux personnes exerçant personnellement et directement les diverses professions industrielles.

Les industries qui occupent le plus grand nombre de femmes sont : l'habillement et la toilette, l'industrie textile, l'industrie de l'alimentation et la catégorie dite des industries diverses. Les hommes sont les plus nombreux dans les industries du bâtiment, des moyens de transport, de la métallurgie, de l'ameublement, etc. Pour les 24 groupes entre lesquels le document officiel répartit l'industrie de la toilette, les hommes ne dominent que dans huit. Les femmes, comme il fallait s'y attendre, dominent à peu près exclusivement dans la couture, les modes, la lingerie, la chemiserie, les plumes et fleurs, la broderie, la ganterie et la blanchisserie.

En 1866, l'industrie se répartissait entre 1,450,165 établissements. Le nombre moyen par établissement des personnes exerçant directement la profession était de 3,26, et, en y comprenant la famille et les domestiques, de 7,56.

Nous avons vu que la population totale vivant directement (patrons, employés, ouvriers), ou indirectement (familles et domestiques) de l'industrie était de 10,959,091 habitants. Ce nombre se répartissait comme suit : patrons, 1,661,584; employés, 116,068; ouvriers, 2,938,153; familles et domestiques, 6,243,286.

La même année, il a été recensé, à Paris, 1,799,980 habitants, dont 948,551 ou 54,83 0/0 exerçaient des professions industrielles. Les ouvriers étaient au nombre de 755.007, non compris ceux qui, travaillant en chambre, ont été assimilés aux patrons. Ce chiffre énorme et hors de proportion avec toute population normalement constituée, fait comprendre les continuelles agitations politiques dont cette ville est le théâtre et qui exerce une si funeste influence sur les destinées du pays! Il est à regretter que la *part des étrangers* dans cette population si dangereuse n'ait pas été relevée; on aurait certainement constaté qu'*elle est considérable.*

Nous omettons le recensement de 1872, opéré dans des circonstances exceptionnelles, et notamment dans un moment où l'industrie se remettait à peine de la terrible secousse des événements de 1870-71, pour résumer celui de 1876. Ce dernier n'a pas été fait, au point de vue de l'industrie, dans des conditions identiques à celui de 1866. Le nombre des professions recensées a été notamment restreint et, d'un autre côté, la population industrielle n'a été relevée que pour la population sédentaire, c'est-à-dire non compris les populations dites flottantes. Or, cette population n'était que de 36.045,398 habitants sur 36,905,788. D'un autre côté, l'Alsace-Lorraine n'a pas figuré dans le nouveau recensement. Les éléments de comparaison avec les résultats de 1866 sont donc différents. En fait, l'industrie n'occupait, en 1876, que 9,274,537 personnes, dont 3,133,867 ou 33,79 0/0 pour la grande industrie, et 6,140.670 ou 66,21 0/0 pour les arts et métiers.

La population directement occupée par l'industrie (moins la famille et les domestiques), que nous appellerons population *active*, se divisait comme suit : chefs d'établissements ou patrons, 1,125,680; employés, 192,686; ouvriers, 2,609,864; journaliers (catégorie nouvelle), 549,717. La population *inactive*, ou plus exactement *improductive* (bien qu'en réalité les femmes et les jeunes filles arrivées à un certain âge rendent, dans la famille, des services industriels considérables) comprenant les parents et les domestiques, comptait 4,800,590 personnes. La première représentait 34,99; la deuxième 65,01 0/0.

Les 9,274,537 habitants vivant directement ou indirectement de l'industrie se répartissaient par sexe comme suit : sexe masculin, 4,571,701; femmes, 4,702,836.

Les résultats complets du recensement de 1881 n'ont pas encore été publiés au moment où nous écrivons (juin 1883). Nous savons seulement, d'après un tableau par département, inséré récemment au *Journal officiel*, que, d'après ce recensement, l'industrie occupait 9,324,107 personnes sur une population totale de 37,465,290 habitants; c'est à peu de choses près le chiffre de 1876. Il y a lieu de remarquer, à ce sujet, que c'est en 1876 qu'a commencé la crise industrielle qui sévit encore et a peut être atteint son apogée en 1881.

Nous arrivons maintenant aux industries, émanées, les unes du ministère du commerce, les autres du ministère des travaux publics, et qui sont, chaque année, depuis 1872, l'objet d'un recensement annuel. Nous prendrons, pour abréger, comme éléments de comparaison, pour l'industrie minérale, les années 1881 et 1882.

I. Industrie extractive et salines.

(*a*) *Combustibles minéraux.* En 1872, on comptait 310 mines exploitées occupant 91,899 ouvriers. Il en avait été extrait 15,802,515 tonnes métriques de houille ou d'anthracite valant 212,758,473 francs. En 1881, nous trouvons les chiffres comparatifs suivants : 321 mines ayant produit 19,765,983 tonnes métriques d'une valeur de 245,791,577 francs et occupant 106,410 ouvriers. Le prix moyen par tonne s'était abaissé, de 12 fr. 46 sur le carreau de la mine, et de 28 fr. 58 sur les lieux de consommation, à 12 fr. 43 et 21 fr. 67.

(*b*) *Fer.* Le nombre des mines et minières est tombé, de 363, occupant 9,605 ouvriers en 1872, à 263, en 1881, occupant 8,623 ouvriers. Mais la production a monté, de 2,781,790 tonnes valant 14,669,733 francs; soit 5,27 par tonne en 1872, à 3,032,070 tonnes valant 15,171,732 francs ou 5 francs par tonne en 1881.

(*c*) *Autres métaux.* La production du cuivre, de 1,491 tonnes valant 195,431 francs en 1872, a monté à 8,170 tonnes valant 236,371 francs en 1881; celle du plomb et de l'argent, de 10.174 tonnes valant 2,901,579 francs, à 12,316 tonnes valant 2,927,600 francs; celle de l'antimoine, de 132 tonnes et 37,192, à 1,632 tonnes et 306,725 francs; celle du manganèse, de 10,051 tonnes et 737,388 francs, à 13,702 tonnes et 492,331 francs; enfin, celle du zinc, de 1,451 tonnes et 99,813 francs, à 12,943 tonnes et 391,151 francs.

(*d*) *Sel.* En 1872, le sel était extrait, de 429 marais salants, de 12 mines de sel gemme et de 4 sources salées; en 1881, de 429, 22 et 4. L'extraction a été de 448,900 tonnes en 1872, et de 751,301 en 1881.

Complétons, en ce qui concerne l'Algérie et pour l'industrie minérale seulement, — les documents faisant défaut pour les autres — les renseignements qui précèdent. L'Algérie n'a pas de mines de combustibles minéraux; elle en a consommé, toutefois, en 1881, 100.500 tonnes valant, au prix moyen de 32 fr. 22 la tonne, 3,238,100 francs. Elle exploitait, même année, 8 mines de fer (dont 3 à Alger et 5 à Constantine) et 5 minières. Mines et minières ont occupé 2,202 ouvriers ayant reçu 2,439,778 francs de salaires.

Les mines ont produit 311,997 tonnes de minerai d'une valeur totale de 3,815,516 francs au prix moyen de 11 fr. 85 la tonne; les minières, 834,649 tonnes d'une valeur totale de 3,499,168 au prix moyen de 10 fr. 46 la tonne. — Ensemble, 656,646 tonnes d'une valeur totale de 7,314,684 francs.

Les autres minerais produits par l'Algérie, en 1881, sont les suivants : plomb et argent, 1,796 tonnes valant 180,972 francs, au prix moyen de 100 fr. 76 la tonne; — cuivre, 14,405 tonnes valant 643,034 francs, au prix moyen de 64 fr. 10; — zinc, 422 tonnes valant 9,631 fr. au prix de 22 fr. 82; — antimoine, 457 tonnes valant 127,868 francs, au prix moyen de 279 fr. 80. L'exploitation de ces divers minerais avait occupé 961 ouvriers qui avaient reçu en salaires 716,703 francs.

L'Algérie avait, en outre, en 1881, deux exploitations de sel gemme, 7 de sources salées et 15 de lacs salés, ayant occupé un nombre total de 72 ouvriers qui ont reçu 16,865 francs de salaires. Le produit total, brut ou lavé, a été de 15,059 tonnes d'une valeur de 373.733 francs.

Dans la province de Constantine, les exploitations minérales ont exigé l'emploi de quatre machines à vapeur d'une force réunie de 1,094 chevaux et ayant consommé 1,913 tonnes de combustible.

II. **Industrie métallurgique.** (a) *Fonte.* La production a été, en 1872, de 1,217,838 tonnes valant 147,567,443 francs, et, en 1881, de 1,886,320 tonnes ne valant plus que 172,469,260 francs.

(b) *Fer.* Nous trouvons, en 1872, 884,021 tonnes valant 311,955.311 francs, et, en 1881, 1,026,320 tonnes valant 233,658,149 francs.

(c) *Acier.* 141.705 tonnes valant 57,311,626 francs en 1872, et 422,395 tonnes valant 118,508,012 francs en 1881.

(d) *Autres métaux.*—Cuivre, 20,694 tonnes et 52,620,570 francs en 1872, et seulement, par suite de l'épuisement probable des gîtes, 4,125 tonnes et 6,789,600 francs en 1881.—Plomb 21,485 tonnes et 10,747,299 francs en 1872; 7,097 tonnes et 2,603,435 francs en 1881. — Zinc, 8,245 tonnes et 5,628,228 francs en 1872; 18,509 tonnes et 7,429.120 en 1881. — Argent fin, 34,454 kilogrammes et 7,579,159 francs en 1872; 54,718 kilogrammes et 10,279,145 francs en 1881. — Or fin, 410,480 grammes et 1,407,632 francs en 1872; 39,000 grammes et 133,900 francs en 1881. Cette énorme diminution s'explique en partie par l'omission, en 1881, comme dans les deux années précédentes, de l'or tiré des cendres d'orfèvres.

III. **Industrie sucrière.** Il a été produit 375,597 tonnes (sucre brut) valant 89,700,000 francs en 1872, et 307,036 tonnes (sucre raffiné) valant 182,516,000 francs en 1881.

IV. **Fabrication des tabacs.** 27,031 tonnes valant 269,633,000 francs en 1872 et 34,236 tonnes valant 355,130,000 francs en 1881.

V. **Industries diverses.** Pour ces industries, la comparaison n'est possible que pour les années 1873 et 1879, et les documents officiels dont elles sont l'objet, recueillis directement chez les industriels, sont loin d'avoir l'exactitude relative des précédents, qui résultent de la constatation réelle, par les ingénieurs de l'État, des quantités produites et de leur valeur.

Nous allons voir, en outre, que les quantités produites ne sont pas indiquées.

(a) *Céramique.* La valeur de la porcelaine blanche, ordinaire ou décorée, fabriquée en 1873 a été de 18,102,230 francs et, en 1879, de 31,821,000 francs. Cette dernière année, on comptait 305 établissements occupant 16,339 ouvriers; ce double renseignement nous manque pour 1873. La valeur de la porcelaine opaque, de 24,313,350 francs en 1873, est tombée à 14,990,000 fr. en 1879. Ce produit a été fabriqué, dans cette dernière année, par 22 établissements occupant 71,058 ouvriers. La valeur de la faïence, de 12,711,380 francs en 1872, a monté à 27,420,000 francs en 1879, année dans laquelle elle a été produite par 186 établissements employant 4,431 ouvriers.

(b) *Verres, cristaux et glaces.* La valeur de ces produits est restée à peu près la même en 1873 (108,054,925 francs) et en 1879 (108,092,200 francs), année dans laquelle leur fabrication occupait 177 établissements et 26,538 ouvriers. En 1879, les documents officiels séparent, et avec raison, les deux industries, et attribuent à celle des verres et cristaux une valeur de 83,144,200 francs, produite par 169 établissements et 23,441 ouvriers. La fabrication des glaces était concentrée dans 8 établissements occupant 3,097 ouvriers, et ayant produit une valeur de 24,948,000 francs.

(c) *Papeterie.* La valeur de cette fabrication, de 100,453,212 francs en 1873, a monté à 113,685,230 francs en 1879, année dans laquelle elle occupait (cartons compris) 528 établissements et 33,285 ouvriers.

(d) *Gaz.* La quantité fabriquée, de 315,892,540 mètres cubes en 1872, a monté à 467,491,440 en 1879, année pendant laquelle cette industrie occupait 682 usines et 11,374 ouvriers.

(e) *Bougies.* La quantité fabriquée a été de 326,979 quintaux métriques valant 56,078,159 francs en 1873, et de 345,445 quintaux métriques valant 64,552,425 francs en 1879.

(f) *Savons.* Il en a été fabriqué 1,514,281 quintaux métriques valant 103,837,168 francs en 1873, et 1,550,842 quintaux métriques valant 100,942,490 francs en 1879, année pendant laquelle cette industrie occupait 348 établissements et 3,894 ouvriers.

VI. **Industrie textile.** (a) *Coton.* La filature et le tissage de ce textile occupaient, en 1873, 4,610,906 broches actives et 305,509 inactives; 4,529,427 et 348,877 en 1879, année où cette importante industrie occupait 95,189 ouvriers (114,259 en 1875), répartis entre 506 établissements. Les métiers mécaniques, au nombre de 55,111 actifs et de 4,425 inactifs en 1873, étaient de 58,836 et 4,512 en 1879.

(b) *Laine.* Le nombre des broches était de 2,648,053 en activité et de 250,866 en non activité en 1873; de 2,747,262 et 295,515 en 1879 réparties entre 2,200 usines et occupant 108,085 ouvriers.

(c) *Lin, chanvre et jute.* 663,027 broches actives et 53,463 inactives en 1873; 648,690 et 89,929 en 1879, réparties entre 584 établissements occupant 57,833 ouvriers et employant, en outre, 14,713 métiers mécaniques actifs, 1,108 inactifs (13,938 et 2,870 en 1873).

(d) *Mélanges.* Cette fabrication occupait en 1879 (les documents manquent pour 1873) 489,089 broches actives et 31,840 inactives, 13,352 métiers mécaniques actifs, dont 1,905 inactifs, 51,188 métiers à bras; ce matériel se répartissait entre 350 établissements, qui occupaient 13,918 ouvriers en 1875. Ces chiffres se sont modifiés comme suit en 1879 : 843,642 broches, dont 30,535 inactives; 36,267 métiers mécaniques, dont 4,313 inactifs; 20,456 métiers à bras; 620 établissements et 30,184 ouvriers.

(e) *Soie*, soie grège. 1,738 établissements, en 1875, employant 72,080 ouvriers; 24,830 bassines et 620,835 tavelles ou fuseaux. En 1879, nous ne trouvons plus que 1,370 établissements, 47,743 ouvriers, 19,216 bassines et 1,105,465 tavelles ou fuseaux. — Filature et tissage : 822

établissements, 20,519 ouvriers, 538,088 broches, dont 146,250 inactives; 29,734 métiers mécaniques, dont 6,631 inactifs et 81,460 métiers à bras en 1875. Ces chiffres s'étaient modifiés comme suit en 1879 : 590 (diminution) établissements occupant 61,923 ouvriers (1), employant 242,120 broches. dont 47,570 inactives, 12,394 métiers, dont 2,127 inactifs, enfin 56,747 métiers à bras.

On voit que, pour le plus grand nombre des industries qui viennent de nous occuper, la quantité produite n'est pas indiquée. L'omission volontaire, sur le questionnaire officiel, de ce renseignement était, dans la pensée probable de l'administration, le moyen d'obtenir, des intéressés, des renseignements approximativement exacts, en ce sens, qu'ils ne livraient pas le *secret de leurs affaires*. Toutefois, pour une notable partie de l'industrie textile, quand on peut connaître le nombre des broches, on en déduit aisément le chiffre de la fabrication, la production moyenne par broche étant généralement connue. Remarquons encore, en terminant, qu'à peu d'exceptions près, les industries dont l'énumération précède sont en voie de progrès, malgré la crise qui sévit depuis 1875. On constate, toutefois, une diminution considérable de la filature et du tissage de la soie. — A. L.

(1) Il doit y avoir ici une erreur dans le document officiel ; c'est probablement 11,623 ouvriers.

* **DENSIMÈTRE.** Les densimètres étant des instruments destinés à faire connaître directement ou, par un calcul simple, la densité des corps solides ou liquides, il est nécessaire de se reporter d'abord à la définition de la densité et aux divers procédés employés pour la déterminer. — V. DENSITÉ.

Principe des densimètres ou *volumètres* (d'après Gay-Lussac). On prend un tube de verre bien cylindrique, fermé à sa partie inférieure. On y verse du mercure de manière qu'il se tienne verticalement dans le liquide. On le dépose sur l'eau pure et on marque 100 à son point d'affleurement. Après avoir fermé le tube à la lampe, on divise en 100 parties égales la longueur comprise au-dessous du trait d'affleurement. Si l'on place l'instrument dans un autre liquide plus dense que l'eau, il s'y enfoncera moins et l'affleurement correspondra au volume V exprimé en divisions du tube. Or, les volumes de liquides différents déplacés par un même poids d'un corps (le poids de l'instrument) sont en raison inverse des densités de ces liquides; on aura donc, en représentant par x la densité cherchée :

$$\frac{100}{V}=\frac{x}{1}, \text{ ou } x=\frac{100}{V}.$$

Donc, pour avoir la densité d'un liquide à l'aide de ce *volumètre*, il n'y a qu'à diviser 100 par le volume correspondant au point d'affleurement dans ce liquide. Le même raisonnement et le même procédé s'appliquent au cas où le liquide est moins dense que l'eau. Seulement, dans ce cas, l'instrument est lesté de manière que le point d'affleurement dans l'eau soit à la partie inférieure du tube, au lieu de se trouver à la partie supérieure.

On donne ordinairement aux densimètres et volumètres la forme des aréomètres à volume variable, dont le renflement de la tige permet d'en diminuer beaucoup la longueur. Mais alors, n'ayant pas le zéro de l'échelle, comme avec le tube de Gay-Lussac, on a recours au mode de graduation suivant :

1° Si l'instrument est destiné aux liquides *plus denses que l'eau*, on le leste de telle sorte qu'il s'enfonce presque entièrement dans l'eau pure et l'on marque 1000, ou plutôt 100, au point d'affleurement. Ensuite on compose un liquide (avec une dissolution saline plus ou moins concentrée) dont la densité, déterminée avec exactitude par la méthode du flacon, soit, par exemple, les 5/4 de celle de l'eau, c'est-à-dire égale à 1,25. On y plonge le densimètre et on marque 125 au point d'affleurement. On partage l'intervalle entre 100 et 125 en 25 parties égales et l'on prolonge les divisions jusqu'au bas de la tige supposée bien cylindrique. Vient-on à placer l'instrument dans un liquide où il affleure au trait marqué, par exemple, 153, cela signifie que le litre de ce liquide pèse 1530 grammes ou que sa densité est 1,530 par rapport à l'eau. Pour ne pas surcharger la tige d'un trop grand nombre de divisions, on ne marque celles-ci que de 10 en 10, et l'on supprime le dernier zéro. Ainsi, 1000, 1250, 1530 sont marqués, 100, 125, 153.

On a aussi d'autres moyens d'opérer la graduation des densimètres; par exemple, en composant quatre ou cinq mélanges d'eau et de dissolution saline ou acide, dont on détermine la densité par la méthode du flacon. A l'aide d'une courbe, dont les densités fournissent les éléments, on construit facilement l'échelle des densités, de 10 en 10 divisions pour tous les liquides. Les densités elles-mêmes peuvent être inscrites sur le tube au lieu des volumes correspondants. Les instruments sont alors de véritables *densimètres*, donnant, sans calcul, par une simple lecture, la densité des liquides.

2° Quand il s'agit de faire un densimètre destiné aux liquides *moins denses que l'eau*, on emploie un procédé de graduation tout différent : après avoir lesté l'instrument de manière que son point d'affleurement soit vers le bas de la tige, on le charge d'un poids égal au quart de son propre poids, considéré comme égal à 100; avec sa surcharge, le poids total de l'instrument sera représenté par 125. On marque donc 125 au nouveau point d'affleurement dans l'eau; on partage l'intervalle en 25 parties égales et on prolonge les divisions jusqu'à l'extrémité supérieure de la tige. (Dans la pratique, il suffit de prolonger jusqu'à 70.) Si l'instrument plongé, par exemple, dans un éther, y marque 74, cela signifie que le litre d'éther pèse 740 grammes ou que sa densité est 0,740;

3° En lestant le densimètre de manière que le point d'affleurement relatif à l'eau soit vers le milieu de la tige suffisamment longue, l'instrument devient un *densimètre universel*, c'est-à-dire pouvant servir à la détermination des densités de liquides plus denses ou moins denses que l'eau.

Dans tous les cas, il est facile de vérifier l'exactitude des résultats fournis par les instruments de ce genre : il suffit pour cela de peser à la balance un litre du liquide en expérience. Le poids obtenu ainsi directement devra se trouver sensiblement identique à celui que fournit le densimètre.

La densité d'un liquide variant avec sa température, il est nécessaire de faire à ce sujet une correction. Des tables, calculées à cet effet, pour chaque liquide particulier, donnent, à la simple lecture, le chiffre dont il faut augmenter ou diminuer la densité observée, suivant qu'on a opéré à une température supérieure ou inférieure à celle (de 15°, par exemple) à laquelle la graduation a été faite.

Densimètre de Rousseau. Cet instrument est destiné à évaluer la densité d'un liquide dont on n'a qu'une quantité insuffisante pour qu'on puisse y plonger un densimètre ordinaire. L'instrument a la forme d'un aréomètre à volume variable et sa tige A est surmontée d'une petite capsule tubulaire C, fermée intérieurement et destinée à recevoir un centimètre cube du liquide en expérience. Un trait limite ce volume exactement (fig. 14). Le point d'affleurement dans l'eau est au sommet ou au bas de la tige, suivant qu'on le destine aux liquides plus denses ou moins denses que l'eau. On y trouve inscrit le chiffre 1. Quand la capsule contient 1 centimètre d'eau distillée, l'instrument marque 1. Lorsque c'est 1 centimètre cube d'un autre liquide, il marque sur la tige, graduée en centimètres cubes et fractions décimales, un autre nombre N de centimètres cubes plus grand ou plus petit; nombre qui, exprimé en grammes, donne le poids de 1 centimètre cube du liquide en expérience, c'est-à-dire sa densité, avec une assez grande approximation. La seule difficulté est l'évaluation *exacte* du centimètre cube du liquide mis dans la capsule; car la moindre erreur à ce sujet en entraîne une assez grande dans la densité, le résultat devant être multiplié par 1000. Ce jaugeage se fait plus sûrement avec le tube-pipette *p* qui contient entre 0 et 1, un centimètre cube.

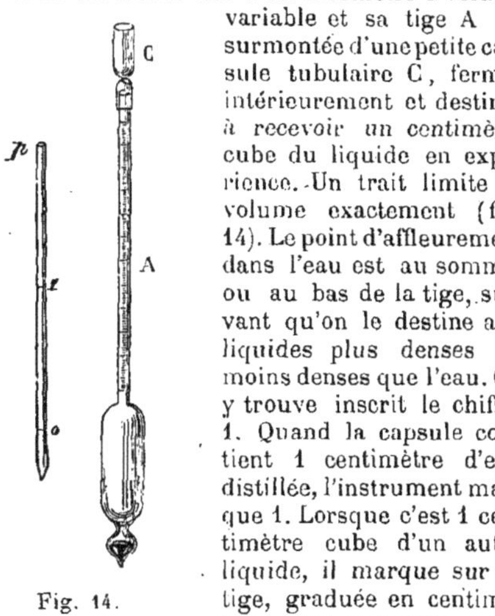

Fig. 14.
Densimètre de Rousseau.

Densimètre à volume constant de Ruau. Cet instrument ressemble, pour la forme, à l'aréomètre de Fahrenheit; il en diffère en ce qu'il donne en centilitres le volume du liquide en expérience et sans qu'il soit besoin de calcul ni de table pour en déterminer la densité. Il est fondé sur le principe suivant : quand un flotteur déplace des volumes égaux de deux liquides différents, les densités de ces liquides sont dans le rapport des poids de liquides déplacés. Un trait d'affleurement est gravé sur la tige et placé de telle sorte que le volume immergé dans l'eau pure à +4° est égal à un décilitre. Le poids de l'instrument est de 100 grammes. La partie supérieure porte, soit une capsule pour recevoir les poids, soit un arrêt pour ceux-ci, qui, percés à leur centre, s'enfilent sur la tige. Pour faire usage de l'instrument, on le plonge dans le liquide dont on veut trouver la densité et l'on ajoute des poids jusqu'à ce qu'on obtienne l'affleurement, par exemple, 35 grammes. Le poids total de l'appareil flottant est de 135 grammes (puisque l'instrument pèse 100 grammes). Cela signifie que le poids du décilitre du liquide est de 135 grammes, ou le poids du litre de 1350 grammes, ou encore, que sa densité est de 1,350.

Cet instrument donne la densité avec une approximation de 0,001. On construit des densimètres de cette sorte déplaçant 1/2 décilitre et pesant 50 grammes.

Densimètre de M. Pâquet. Cet instrument est à la fois un aréomètre à volume variable et à poids variable, donnant rapidement la densité des solides, spécialement des minéraux, dont on peut avoir des fragments de faible volume. « Les deux termes de la densité cherchée s'obtiennent, pour ainsi dire, à la suite de la simple immersion de l'instrument dans l'eau ; son usage ne nécessite l'emploi ni de balance ni de poids. » Ce densimètre a la forme d'un aréomètre de Baumé (fig. 15); sa tige, de 5 millimètres de diamètre et de $0^m,15$ de longueur, est surmontée d'un tube plus large CD, fermé inférieurement et divisé en centimètres cubes et dixièmes de centimètre cube. Le zéro est placé au niveau supérieur du deuxième centimètre cube. L'instrument est lesté de telle sorte qu'il s'enfonce dans l'eau à l'origine B de la tige, lorsque le tube CD est rempli d'eau jusqu'au zéro et renferme par conséquent 2cc de ce liquide. La tige BE porte aussi une graduation obtenue de la manière suivante : le densimètre devant servir pour des poids inférieurs à 6 grammes, par exemple, on met dans le tube CD, contenant déjà de l'eau jusqu'au zéro, un poids de 6 grammes ou bien on ajoute 6cc d'eau. Il s'enfonce jusqu'en E. On partage l'intervalle EB en 60 parties égales (la tige est supposée cylindrique), dont chacune correspond à un décigramme. On prolonge les divisions au-dessus, s'il y a lieu. Pour déterminer une densité avec cet instrument, on verse, dans le tube CD, 2cc d'eau, c'est-à-dire jusqu'au zéro. On plonge l'instrument dans l'eau, il affleure en B; on introduit le corps dans CD, ce qui fait élever le

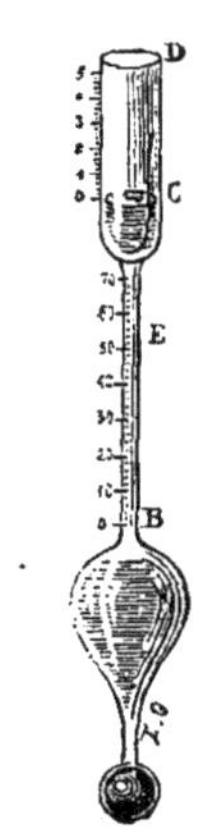

Fig. 15.
Densimètre de M. Pâquet.

niveau du liquide contenu dans le tube, jusqu'à une certaine division, 1,4, par exemple. Le volume du corps est 1^{cc},4. D'autre part, l'instrument s'enfonce jusqu'à une certaine division de la tige, 48, par exemple. Le poids du corps est de 48 décigrammes ou 4^{gr},8 ; la densité est donc

$$\frac{4,8}{1,4}=3,43.$$

Ce densimètre peut aussi servir pour la densité des liquides : on opère à peu près comme avec celui de Rousseau.

On fait encore usage, sous le nom de *densimètre*, d'appareils tout différents fondés sur d'autres principes et destinés à faire connaître la densité des corps solides; tel est, par exemple, le *densimètre à mercure* de M. Mallet, qui n'est autre que l'*appareil de Bianchi*. — V. Densité, § *Corps en poudre*.

Usages des densimètres. Les densimètres sont aujourd'hui d'un usage presque général; ils tendent à remplacer dans l'industrie, le commerce, la régie, tous les flotteurs à graduation arbitraire, tels que les aréomètres de Baumé, de Cartier. On se sert des densimètres dans la fabrication des sucres, des savons, dans la préparation des sels de soude, des salpêtres, de l'ammoniaque, des éthers, etc. En médecine on l'emploie pour peser les urines dans différents cas pathologiques. Enfin, on construit des densimètres très sensibles pour les eaux de sources et de rivières, l'eau de mer, etc. — c. d.

DENSITÉ. *T. de phys*. Chacun sait que les différentes substances, sous le même volume, ne pèsent pas le même poids; que le fer pèse plus que le bois ou la pierre, le plomb plus que le fer, etc. Il est souvent utile de connaître exactement les poids comparatifs des corps à ce point de vue. Pour cela, on prend comme terme de comparaison l'eau à la température + 4° centigrades, qui est celle de son maximum de densité et à laquelle un centimètre cube de ce liquide pèse un gramme. Il faut, en outre, convenir que le corps comparé sera à une température déterminée ; car son volume varie avec sa température, puisqu'il se dilate par la chaleur et se contracte par le froid. On le prendra à la température 0°, facile à réaliser par l'emploi de la glace fondante.

I. Densité des corps solides et des liquides. La *densité d'un corps*, solide ou liquide, pourra donc être définie en disant que c'est le *rapport entre le poids de ce corps, sous un volume quelconque, et le poids d'un égal volume d'eau distillée* : le corps étant pris à la température 0°, et l'eau à celle de son maximum de densité, à + 4° centigrades.

Le *poids spécifique*, que l'on confond ordinairement avec la densité, est le *poids de l'unité de volume d'un corps ;* en France, c'est le nombre de grammes (ou de kilogrammes) que pèse un centimètre cube (ou un décimètre cube) de ce corps. On peut, en effet, sans inconvénient, prendre indifféremment l'une pour l'autre ces deux expressions, car il revient au même de diviser le poids d'un corps par le *poids* (en grammes) d'un égal volume d'eau, ou par le *volume* (en centimètres cubes) de ce corps, ces deux diviseurs étant représentés par le même nombre.

Dans ces définitions, nous n'avons pas fait intervenir la considération de *masse*, quantité abstraite, usitée en mécanique, mais dont la pratique industrielle n'a pas à se préoccuper ici, non plus que de la distinction entre les *poids spécifiques relatifs* et les *poids spécifiques absolus*. Quant à la *pesanteur spécifique*, expression employée quelquefois comme synonyme de poids spécifique, elle doit être abandonnée comme pouvant donner une idée fausse, la pesanteur étant la cause et le poids étant l'effet de cette force qui sollicite tous les corps vers le centre de la terre.

En représentant par D, P, V, la densité, le poids et le volume d'un corps et par P' le poids d'un volume d'eau égal à celui du corps, on a, d'après les définitions de la densité et du poids spécifique regardées comme identiques.

$$D=\frac{P}{P'} \quad \text{et} \quad D=\frac{P}{V}$$

celle-ci donne $P=VD$ et $V=\frac{P}{D}$; ces trois dernières relations font connaître l'une des trois quantités, D, P, V, quand on connaît les deux autres.

$P=VD$ est la formule fondamentale servant à résoudre toutes les questions relatives aux densités ou poids spécifiques.

Pour deux corps différents on a

$$P=VD \text{ et } P'=V'D', \text{ d'où } \frac{P}{P'}=\frac{VD}{V'D'}$$

V. pour la suite l'article Aréomètre.

La densité joue un rôle important en physique, en chimie, en minéralogie, en métallurgie et dans un grand nombre d'industries, soit pour caractériser un corps, soit pour estimer la valeur d'un minerai, l'identité d'une pierre précieuse, soit pour vérifier la pureté d'un produit commercial, ou constater une fraude, etc. Sa détermination exige quelquefois des pesées délicates et l'emploi de procédés particuliers plus ou moins rapides ou rigoureux. Nous indiquerons les principaux.

La densité d'un corps étant l'expression du rapport de deux poids : celui du corps et celui d'un égal volume d'eau, nécessite, pour être déterminée, deux pesées et un petit calcul, la division du premier poids par le second. La balance donne facilement le poids du corps, avec toute l'exactitude qu'on peut désirer. La seule difficulté consiste dans la détermination du poids d'un volume d'eau égal à celui du corps (ou du volume du corps, si l'on considère le poids spécifique). Il faut, pour obtenir ce second terme du rapport, user d'artifice, recourir à divers procédés plus ou moins rapides, plus ou moins exacts que la physique fait connaître.

§ I. Procédé de la balance hydrostatique. *Corps solides*. Sous l'un des plateaux de la balance dite *hydrostatique* (fig. 16), on accroche le corps par un fil métallique très fin sous l'un des bassins de la balance. On fait la tare; quand l'équilibre est établi, on enlève le corps et l'on met sur le plateau des poids marqués capables de rétablir l'équilibre. Ils représentent le poids P du corps par la méthode de la double pesée. On enlève ces poids, on rattache le corps à son fil et, au moyen de la crémaillère dont la balance est munie, on abaisse le système de manière que le corps (supposé insoluble) soit entièrement immergé dans l'eau du vase V. L'équilibre est rompu par la poussée du liquide;

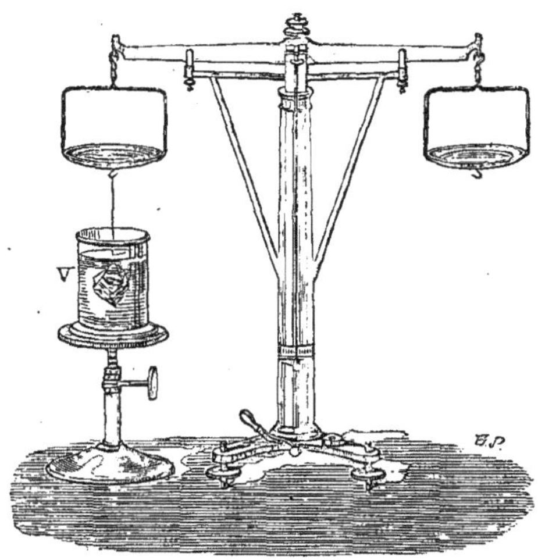

Fig. 16. — *Balance hydrostatique.*

on le rétablit en mettant des poids marqués P' dans le bassin sous lequel le corps est attaché; ces poids représentent, d'après le principe d'Archimède, la perte de poids qu'a éprouvé le solide étant plongé dans l'eau; ils indiquent aussi le poids d'un volume du liquide égal à celui du corps immergé. Donc la densité D du corps, qui n'est autre que ce rapport, sera exprimée par

$$D = \frac{P}{P'}.$$

Expérience avec le cuivre :

$$P = 110,90,\ P' = 12,6;\ D = \frac{110,90}{12,6} = 8,801$$

Pour plus d'exactitude, les pesées devraient être faites dans le vide, ce qui exigerait une correction relative à la poussée de l'air; d'autre part, on suppose dans l'opération que la température de l'eau est à $+4°$ et celle du corps à $0°$. Comme ces conditions ne sont pas ordinairement remplies, il faudrait encore faire subir aux résultats des corrections nouvelles. Nous renvoyons, pour ces détails, accessoires ici, aux traités de physique. D'ailleurs, il est bon de remarquer que l'ensemble de ces corrections n'atteint généralement que 1/1000 et rarement 1/100 de la densité.

Cas ou le corps solide est moins dense que l'eau. Après avoir déterminé le poids P de ce corps dans l'air, on le fixe à un autre corps plus dense que l'eau (assez lourd pour que le système puisse s'enfoncer dans l'eau) et dont on a fait la tare pendant son immersion. La diminution de poids qu'éprouve l'auxiliaire par l'adjonction du corps en expérience, donne la mesure de la poussée ou le poids P' de l'eau déplacée par ce corps. La densité sera donc $D = \frac{P}{P'}$.

Corps liquide. On suspend par un fil au crochet de l'un des bassins de la balance une boule de verre lestée au mercure, on en fait la tare, et on l'immerge successivement dans le liquide dont on cherche la densité et dans l'eau. Les poids P et P' qui rétablissent l'équilibre dans chacun de ces cas, représentent les poids de volumes égaux du liquide en expérience et de l'eau, c'est-à-dire que leur rapport $\frac{P}{P'}$ est l'expression de la densité du liquide.

Cette méthode de la balance hydrostatique, appliquée aux solides et aux liquides, ne donne pas de résultats bien exacts, par suite de la difficulté qu'éprouvent les corps à se mouvoir dans les liquides où ils sont plongés. C'est cependant la seule applicable aux corps solides un peu volumineux.

§ II. Méthode du flacon. Elle est la plus précise et même la seule qui puisse donner avec une égale précision les poids dont le rapport exprime la densité.

Corps solides. On emploie des flacons de différentes formes. Si le corps dont on cherche la densité est en fragments assez volumineux, on se sert de flacon à large ouverture dont les bords sont usés à l'émeri. Le flacon, rempli d'eau, se ferme à l'aide d'une lame de verre qu'on fait glisser et adhérer sur ces bords. On place sur l'un des bassins d'une balance de précision le corps et le flacon rempli d'eau et couvert de sa plaque. On fait la tare; on enlève le corps et on le remplace par des poids marqués, jusqu'à rétablissement d'équilibre. Ces poids P donnent le poids du corps par double pesée. On retire de la balance poids et flacon. On introduit le corps dans le flacon, il en sort une certaine quantité d'eau. On ferme, on essuie le flacon et on le reporte sur le bassin. La tare l'emporte; on met, pour rétablir l'équilibre, des poids marqués P' qui représentent le poids de l'eau sortie du flacon, c'est-à-dire le poids de l'eau qui a le volume du corps. Donc la densité est

$$D = \frac{P}{P'}.$$

Quand le corps dont on cherche la densité est en petits fragments ou en poudre, on fait usage de petits flacons minces à goulot étroit dont le bouchon est formé d'un tube effilé et ouvert, usé à l'émeri de façon à s'enfoncer toujours de la même quantité dans le goulot. Lorsqu'on met le bouchon sur ce flacon plein d'eau il sort une certaine quantité de liquide par l'ouverture capillaire, mais le tube bouchon reste complètement rempli. Quelquefois le col du bouchon n'est

Fig. 17.

pas capillaire et porte un trait de repère *t* (fig. 17); à l'aide d'un rouleau de papier-buvard on enlève l'excédant de liquide jusqu'à ce trait. L'opération s'achève ensuite comme dans le cas précédent.

Corps liquides. Les flacons employés dans ce cas sont formés d'un réservoir cylindrique, ou sphérique, surmonté d'un tube capillaire et d'une autre partie cylindrique, servant d'entonnoir pouvant être fermé quand on opère sur des liquides volatils. On remplit ces flacons par le procédé usité dans la construction des thermomètres, ou bien on introduit dans le tube capillaire un autre tube plus fin encore qui, donnant passage à l'air, permet l'introduction du liquide. On vide le flacon par le même moyen; un trait de repère est marqué vers la partie supérieure du tube capillaire. On enlève le liquide jusqu'à ce trait, à l'aide d'un rouleau de papier buvard. Pour obtenir la densité d'un liquide par la méthode du flacon, il faut d'abord déterminer le poids P du flacon vide, puis ceux P' et P" du flacon plein successivement du liquide en expérience et de l'eau pure;

$$\frac{P'-P}{P''-P}$$

qui représente le rapport du poids du liquide et de l'eau sous le même volume, donnera la dureté du liquide. On pourrait opérer autrement : faire la tare du flacon vide, puis évaluer l'augmentation de poids du flacon successivement plein du liquide et d'eau; le rapport $\frac{P}{P'}$ de ces poids serait la densité.

Dans cette opération, il faut, chaque fois qu'on change de liquide, sécher avec soin le flacon. L'emploi de ces flacons minces à étranglement capillaire a été introduit dans les laboratoires par M. Regnault qui en a fait un fréquent usage. Le flacon plein est préalablement placé dans la glace fondante; pendant un temps suffisant : on opère ainsi à 0°. La correction relative au corps se trouve faite; quant à l'eau, qui doit être prise à + 4°, la correction consiste à multiplier le résultat obtenu par la densité de l'eau à 0°, c'est-à-dire par 0,999886.

Cas particuliers. 1° *Corps soluble.* Lorsque le corps en expérience est soluble dans l'eau, on cherche sa densité par rapport à un autre liquide dans lequel il ne soit pas soluble, par exemple, l'alcool, l'éther, l'huile, l'essence de térébenthine. En opérant avec l'alcool, soit $d=\frac{p}{p'}$; si $d'=\frac{p'}{p''}$ est la densité de l'alcool par rapport à l'eau, le produit $dd'=\frac{p}{p'}\times\frac{p'}{p''}=\frac{p}{p''}$ sera la densité du corps par rapport à l'eau.

On opère, bien entendu, dans ces deux circonstances, de manière que le poids p' du liquide employé soit le même.

2° *Corps en poudre.* A. On prend un vase de capacité connue en centimètres cubes, ce qui donne en grammes le poids P' de l'eau ayant un volume égal à celui du corps, on y tasse la poudre et on a soin de placer le vase, pendant quelques instants, sous le récipient d'une machine pneumatique, pour faire échapper l'air contenu dans les interstices. On pèse le tout; on en retranche le poids du vase et on a le poids P du corps que l'on divise par P' pour avoir la densité cherchée. Ce procédé n'est qu'approximatif; mais il suffit dans nombre de circonstances pratiques.

B. Lorsque le corps ne peut être mis en contact avec aucun liquide autre que le mercure (par exemple, les poudres de chasse, de guerre, de mines, les fécules, etc.), on a recours à l'*appareil de Bianchi,* désigné aussi sous le nom de *densimètre à mercure* de M. Mallet, ou mieux au *voluménomètre* dans l'emploi duquel le corps n'a d'autre contact que celui de l'air. L'*appareil de Bianchi* se compose d'un vase en verre épais, de forme ovoïde, muni de douilles à robinets et se vissant sous un tube qui peut être mis en communication avec une machine pneumatique. Le tout est fixé à un support métallique. La partie inférieure du vase se termine par un tube plongeant dans une cuvette pleine de mercure. Pour déterminer une densité avec cet appareil, on introduit dans le vase un poids connu P du corps en poudre. On y fait le vide, le mercure y pénètre à travers une peau de chamois qui retient le corps intérieurement, tandis qu'il est arrêté en dessus par une toile métallique à mailles très serrées. Le liquide s'élève dans le tube supérieur. On ferme le robinet et on met le mercure en communication avec l'air extérieur. La pression fait pénétrer le liquide jusque dans les plus petits interstices et l'applique exactement contre les parois du vase. On ferme les robinets, on dévisse et on pèse le vase plein de mercure et contenant le corps. On fait une seconde expérience, après avoir enlevé le corps et on pèse le vase plein de mercure seul. La différence des pesées donne le poids du mercure, sous le volume du corps; lequel volume s'obtient en divisant P par la densité du mercure, à la température de l'expérience.

La formule $D=\frac{P}{V}$ donne alors la densité cherchée.

3° *Corps poreux.* Il faut distinguer ici la *densité apparente* ou le poids du corps rapporté à son volume apparent (les pores étant supposés remplis) et la *densité réelle* de la matière elle-même dans laquelle les pores sont creusés. Si l'on ne veut que la densité apparente, on se contente de recouvrir le corps d'un mince vernis qui le rende imperméable à l'eau en bouchant les pores de la surface, et l'on opère ensuite comme avec les corps non poreux. Mais on peut obtenir les deux densités exactement, par trois pesées. La première sera celle du corps, un morceau de craie, par exemple; soit *p* son poids dans l'air. On pose ensuite le corps sur une soucoupe contenant un peu d'eau; la craie s'imbibe bientôt complètement; on la retire, on enlève avec du papier buvard le liquide excédant et on la pèse de nouveau; soit p' son nouveau poids; $p'-p$ est le poids de l'eau qui remplit les pores.

On fait ensuite plonger dans l'eau (par un fil) le corps imbibé et on détermine son poids dans cette troisième condition : $\frac{p}{p'-p''}$, donne la densité apparente et $\frac{p}{p-p''}$, la densité absolue.

Quand la substance poreuse n'est pas susceptible de s'imbiber complètement, on la réduit en poudre et on la traite comme il a été indiqué précédemment.

Pour la détermination des corps en poudre ou des corps poreux, le voluménomètre de M. Regnault est le plus exact de tous les appareils de ce genre.

4° *Matières filamenteuses.* Lorsqu'il s'agit de déterminer la densité des matières formées de fibres juxtaposées, comme le coton, la laine, la soie, le fil, les tissus, qui retiennent entre elles une quantité d'air assez notable qu'il est impossible d'expulser par la méthode du flacon, il convient alors d'appliquer le procédé du *voluménomètre* : encore faut-il avoir soin de diviser la substance en fragments assez petits, pour que l'air adhérent puisse se dégager librement et se mêler à celui que renferme le ballon de l'appareil.

§ III. Procédé des vases communiquants. Plusieurs appareils destinés à mesurer la densité des liquides sont fondés sur le principe suivant : lorsque deux liquides, non miscibles, se font librement équilibre dans des vases communiquants, les hauteurs verticales de ces liquides sont en raison inverse de leurs densités ; de sorte que si l'on connaît la densité de l'un (eau ou mercure), on peut ainsi trouver la densité de l'autre. L'appareil le plus commode et le plus simple dans ce genre est un tube en U, dont les branches sont fixées verticalement sur une planchette (fig. 18), et portent deux échelles identiques, arbitraires d'ailleurs. Du mercure est d'abord versé dans ce tube, en quantité telle que le niveau s'arrête au zéro dans les deux branches. On verse ensuite dans l'une des branches une certaine quantité du liquide dont on veut trouver la densité, de l'alcool par exemple. Il ne reste plus qu'à lire les hauteurs que les deux liquides occupent dans chacune des branches.

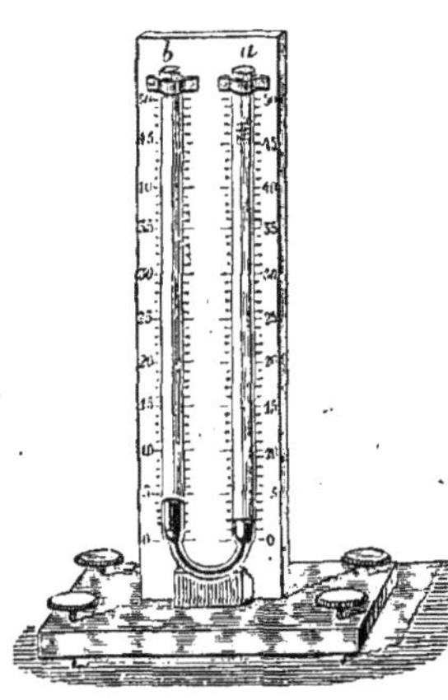

Fig. 18.

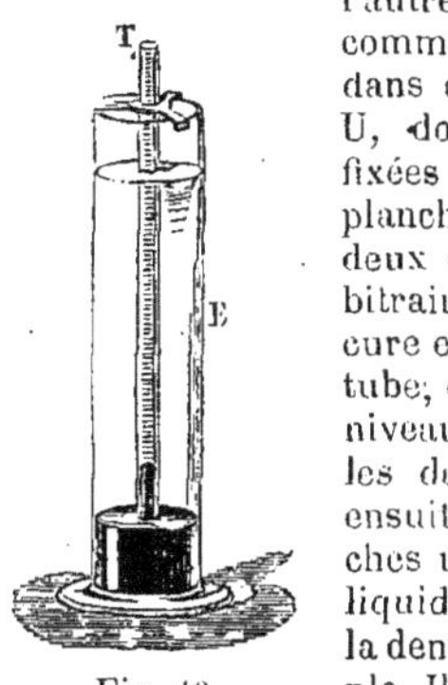

Fig. 19.

Soit h et h' les hauteurs, d et d' les densités respectives du mercure et de l'alcool. On aura :

$$\frac{d}{d'}=\frac{h'}{h} \text{ ou } d'=d\frac{h}{h'}=13{,}596\frac{h}{h'}.$$

Un simple tube fixe T (fig. 19) plongeant verticalement dans le mercure d'une éprouvette E où l'on verse le liquide en expérience, peut donner aussi la densité de ce liquide, d'après le principe précédent. Le tube et l'éprouvette sont gradués à la même échelle.

L'*appareil de Boyle* (fig. 20), désigné quelquefois sous le nom d'*aréomètre à pompe* est encore fondé sur le principe des vases communiquants. Il se compose de deux tubes verticaux, d'environ 1 mètre de longueur, portant des échelles identiques et plongeant dans deux cuvettes c et c' contenant, l'une du mercure ou de l'eau ou un liquide quelconque dont la densité est connue, l'autre le liquide dont on cherche la densité. Les deux tubes se raccordent à la partie supérieure et aboutissent à une petite pompe à main, au moyen de laquelle on raréfie l'air dans ces deux tubes. La pression extérieure fait monter les liquides à des hauteurs différentes, lesquelles sont en raison inverse des densités des liquides employés.

$$\frac{d}{d'}=\frac{h'}{h}.$$

On a soin que les niveaux soient finalement les mêmes dans les deux vases et correspondent au zéro des échelles.

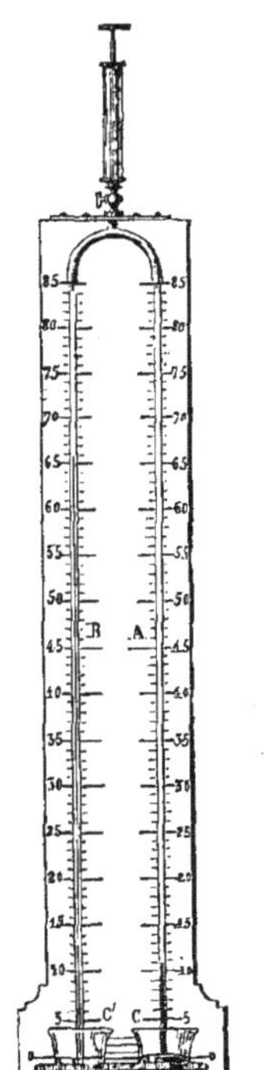

Fig. 20.

M. Babinet a imaginé une autre disposition qui supprime la pompe et utilise, au contraire, la compression de l'air qui se fait par les liquides eux-mêmes.

M. Jeannel a modifié ce procédé d'une façon avantageuse. Entre les tubes communiquants il a placé un vase contenant du mercure, de manière que les deux liquides en expérience ne peuvent jamais se mêler. L'échelle collée sur l'un des tubes donne la densité ou le volume, pour le même poids que l'eau, exprimé en grammes. Elle donne aussi en regard le volume du kilogramme. L'instrument permet de constater une différence de densité de 0,005 et de tenir compte, par une simple soustraction, des corrections nécessitées par les variations de température.

L'*appareil de Pisani* est encore fondé sur le principe des vases communiquants. Il est employé pour trouver la densité des minéraux volumineux. C'est une cloche en verre, renversée, ayant deux tubulures : l'une inférieure munie d'un robinet, l'autre latérale portant un tube recourbé verticalement et faisant vase communiquant avec la cloche. On remplit d'eau ce vase et on fait écouler le liquide jusqu'à ce que le niveau arrive à un trait marqué sur le tube. On plonge alors doucement le corps dans la cloche, ce qui fait élever le niveau ; on fait écouler le liquide dans un tube gradué, jusqu'à ce que le niveau soit arrivé de nouveau vis-à-vis du trait de repère. Le volume du liquide, donné en centimètres par une éprouvette jaugée, exprime en grammes le poids de l'eau déplacée. En divisant le poids du corps par le chiffre obtenu expérimentalement, on a la densité de ce corps.

Procédé du siphon capillaire. On sait qu'un siphon capillaire, de dimensions convenables, plongé dans un liquide, s'amorce seul et fonctionne jusqu'à ce que le niveau du liquide mette à découvert son extrémité plongeante. Si en ce moment on dépose dans le vase contenant de l'eau, le corps solide dont on cherche la densité, sa présence fera élever le niveau du liquide et l'écoulement ne s'arrêtera que quand le siphon aura déversé un volume d'eau précisément égal à celui du corps. En divisant le poids de ce corps par le poids de cette eau recueillie on aura la densité.

Ce procédé peut s'appliquer aux liquides en faisant plonger une boule de verre lestée au mercure, dans le vase muni de son siphon et successivement plein du liquide dont on cherche la densité et d'eau pure.

M. Meyer, physicien de Saint-Pétersbourg, a vérifié par ce procédé un grand nombre de densités (obtenues par des méthodes rigoureuses) ; il a trouvé des résultats très concordants.

L'emploi du siphon rend l'opération lente, mais on gagne en exactitude ce que l'on perd en temps. On pourrait d'ailleurs abréger ce temps en enlevant la majeure partie du liquide à l'aide d'une pipette ou par tout autre moyen expéditif.

Les résultats numériques obtenus pour la densité des corps n'ont rien d'absolu, car ils peuvent varier d'un échantillon à l'autre d'une même substance. D'autre part, on a remarqué que la densité d'un corps solide présente, selon son état physique, des variations tout à fait comparables et quelquefois supérieures à celles qui proviennent des corrections relatives à la poussée de l'air et à la température. Ainsi, un métal fondu est moins dense que quand il est écroui (passé à la filière ou au laminoir). Exemples :

Zinc fondu	6.862
Zinc laminé	7.215
Or fondu	19.17
Or écroui	19.33
Or précipité	20.68
Platine laminé	21 à 22
Platine, précipité comprimé	26.14

Le soufre, le phosphore fondus ou cristallisés n'ont pas la même densité. Voilà pourquoi, dans chaque cas particulier, on est obligé de déterminer directement la densité d'un corps, si elle présente quelque importance.

Usages des densités. On trouve, non seulement dans les sciences, mais dans les arts, l'industrie et le commerce, des applications fréquentes et même journalières des densités des corps solides ou liquides. Une substance physique, chimique ou minérale est incomplètement connue quand on ignore sa densité qui est un élément caractéristique de sa pureté. Avec les densités on résout une foule de problèmes sur les mélanges, les alliages : on détermine le poids et le volume des corps, ou la capacité des vases ; on évalue l'épaisseur d'une feuille d'or, le diamètre d'un tube capillaire, etc.

§ IV. Procédé des aréomètres (V. Aréomètre, Alcoomètre). Indépendamment des pèse-sels, pèse-acides, pèse-vinaigres, pèse-potasses, pèse-lessives, pèse-savons, pèse-sirops, pèse-esprits, pèse-éthers, noms qu'on donne aux aréomètres, analogues à celui de Baumé, selon les usages auxquels on les destine, il y a encore d'autres aréomètres assez usités et se graduant d'une manière analogue, tels que l'*œnomètre* ou pèse-vins, le *gleuco-œnomètre* de Cadet Devaux, ou pèse-moût, le *mustimètre* pour déterminer la quantité de sucre du moût de raisin, le *lactomètre*, le *galactomètre*, le *lactodensimètre*, pour le lait, etc. Il faut remarquer que si les aréomètres à volume variable sont des instruments commodes, les indications qu'ils donnent n'ont pas une grande exactitude : cela tient à plusieurs causes : d'abord à l'adhérence des liquides contre le verre, ce qui entrave les mouvements oscillatoires des instruments et les rend peu sensibles, puis le défaut de cylindricité des tubes, la détermination inexacte des points fixes et leur non coïncidence avec les échelles, enfin l'influence de la *tension superficielle* des liquides, influence telle qu'il suffit d'une imperceptible quantité de matière grasse à la surface du liquide pour que la tige s'élève d'un ou plusieurs degrés.

Les aréomètres à volume variable ne donnent pas la densité des corps, mais font seulement connaître le degré de concentration des liquides, résultat qui suffit pour un grand nombre de produits commerciaux et industriels. On a un certain nombre d'appareils de ce genre, propres à donner la densité des corps solides ou liquides.

§ V. Procédé des densimètres et volumètres (V. ces mots). On connaît encore, sous les dénominations impropres de *gravimètres*, de *stéréomètres*, des appareils destinés à évaluer la densité des corps solides, spécialement des poudres.

Maximum de densité. — V. Dilatation.

II. **Densité des gaz.** Les gaz étant des corps très légers, on compare leur poids, non pas à celui de l'eau, mais à celui de l'air, dans les mêmes conditions de volume, de température et de pression. On sait qu'une quantité quelconque d'un gaz renfermé dans un vase, petit ou grand, en occupe toute la capacité. Le volume d'un gaz n'a donc une valeur déterminée qu'autant que l'on indique à la fois sa température et la pression qu'il supporte. On est convenu de comparer les gaz à la température 0° et sous la pression normale $0^m,760$. On définira donc la *densité d'un gaz* par rapport à l'air : *le rapport entre le poids de ce gaz, sous un volume quelconque, et le poids d'un égal volume d'air*, l'un et l'autre étant pris à la température 0° et à la pression 0m,760. Les gaz sont supposés parfaitement desséchés.

On connaît plusieurs méthodes pour déterminer la densité des gaz. Nons ne mentionnerons que la suivante qui est la plus exacte.

Méthode de M. Regnault. Sans entrer dans le détail descriptif de l'appareil et sans parler des précautions à prendre pour obtenir des résultats exacts, nous dirons que cette méthode consiste essentiellement, d'abord à déterminer le poids du gaz qui remplit à 0° et sous une pression voisine de 0m,760, la capacité d'un ballon de verre (fig. 21) d'une dizaine de litres, ce qui permet de conclure (d'après la loi de Mariotte applicable, sans erreur dans ce cas) le poids du gaz à la pression normale 0m,760. Après avoir opéré de même sur l'air, il ne reste plus qu'à prendre le rapport des poids obtenus pour avoir la densité des gaz.

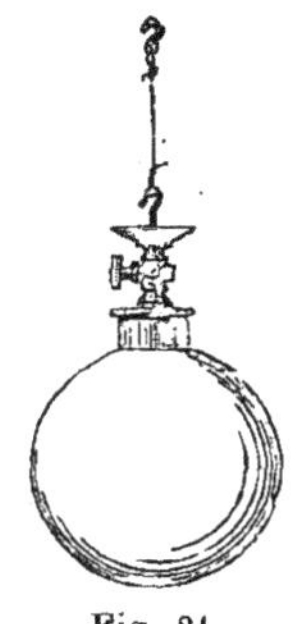

Fig. 21.

Le ballon, muni d'un robinet, se visse à un raccord portant un robinet R à trois voies (fig. 22) destiné à mettre l'intérieur du ballon en rapport,

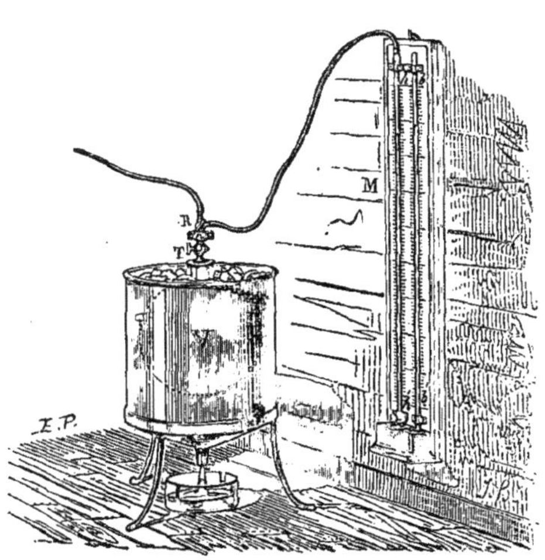

Fig. 22.

soit avec une machine pneumatique, ou un gazomètre, soit avec un manomètre M. Pour avoir le gaz à zéro, le ballon est placé dans un vase V et entouré de glace fondante. Les pesées se font au moyen d'un ballon compensateur qui a exactement le même volume que celui qui sert aux expériences ; mis sous les bassins d'une balance, ces deux ballons déplacent des volumes d'air égaux ; en sorte que, par ce moyen, on évite toute correction relative à la poussée de l'air et à l'humidité, les deux verres étant de même coulée. (Pour plus de détails, voir les traités de physique.)

Le *poids spécifique d'un gaz* pouvant se définir, le *poids de l'unité de volume* de ce gaz à 0° et à 0m,760, il suffira, pour l'obtenir, de jauger exactement un ballon en le remplissant d'eau et en évaluant le poids du liquide en grammes et son volume en centimètres cubes, ce qui permettra de calculer le poids de l'unité de volume du gaz. En opérant avec tous les soins qu'exige cette importante détermination, M. Regnault a trouvé que 1 litre d'air sec, à 0° et à la pression 0m,760, pèse 1gr,293187. Dans la pratique, on se contente de prendre 1gr,293 ou 1gr,3. Connaissant le poids du litre d'air et la densité d'un gaz, on calcule facilement le poids du litre de ce gaz, les poids de deux gaz, sous le même volume étant proportionnels à leurs densités.

Pour avoir la densité de l'air par rapport à l'eau, il suffit de diviser le poids d'un litre d'air 1gr,293 par celui d'un litre d'eau, 1000, et on a 0,001293.

En comparant le poids d'un litre d'air à celui d'un litre d'eau, on trouve que ce rapport est d'environ $\frac{1}{772}$.

La densité des gaz par rapport à l'eau s'obtiendra donc en multipliant par 0,001293 leur densité par rapport à l'air. Quand il s'agit de la densité des gaz qui attaquent les métaux, on opère avec un flacon en verre, qu'on peut fermer hermétiquement avec un bouchon également en verre usé à l'émeri.

III. **Densité des vapeurs**. La définition de la densité des gaz convient aux vapeurs. Pour déterminer la densité des vapeurs, on connaît différents procédés : celui de Gay-Lussac, spécialement applicable à l'eau, consiste à déduire la densité du volume occupé par un poids connu de vapeur ; celui de M. Dumas, employé à des températures plus élevées, et donnant la densité par le rapport des poids de vapeur et d'air ; enfin l'appareil de M. Regnault, construit pour opérer à de hautes températures. (Voir pour les détails, les traités de physique.) — C. D.

* **DENSITÉ ÉLECTRIQUE**. Ce terme a été introduit par Coulomb dans ses recherches sur la distribution de l'électricité à la surface des corps conducteurs, pour désigner la quantité d'électricité répartie sur l'unité d'aire. Supposons la surface du conducteur divisée en petits éléments, de un centimètre carré, par exemple, et appliquons successivement sur chacun de ces éléments le *plan d'épreuve*, c'est-à-dire un disque de clinquant, de même aire, tenu à la main par une tige isolante : en portant à chaque fois le plan d'épreuve dans la *balance de torsion*, les déviations obtenues seront proportionnelles à la charge du disque et partant à la charge électrique des différents éléments touchés. Coulomb vérifia ainsi que, sur une sphère électrisée, le plan d'épreuve accuse une distribution uniforme ; mais, sur un conducteur de forme différente, les indications de la balance montrent que chaque centimètre carré de la

surface ne renferme pas la même quantité d'électricité, et que la charge est plus grande aux points où la courbure est plus grande. Il exprime ce fait en disant que la *densité électrique* est variable : la densité électrique est donc mesurée par le quotient de la quantité d'électricité par l'aire de la surface sur laquelle elle est répartie. L'expression *charge électrique en un point* (c'est-à-dire sur un élément de surface) est souvent usitée dans le même sens.

Poisson se sert de l'expression *épaisseur électrique.* Il suppose que l'électricité forme à la surface des corps une couche de densité constante (c'est-à-dire renfermant la même quantité d'électricité dans l'unité de volume), mais d'épaisseur variable.

Si un élément σ est recouvert d'une couche d'épaisseur ϵ et de densité δ, la quantité d'électricité qu'il renferme est donnée par $q = \sigma\epsilon\delta$. On ne peut mesurer que le produit $\epsilon\delta = \rho$. Coulomb supposait que sur toute la surface ϵ était constant et δ variable, et il appelait ρ la densité électrique ; Poisson supposait que δ était constant et ϵ variable, et il appelait ρ l'épaisseur électrique.

Il existe des relations très simples entre la densité électrique, la force électrique résultante et la pression électrique.

« La *force électrique résultante* en un point de l'air dans le voisinage d'un corps électrisé, est la force qui solliciterait l'unité d'électricité concentrée en ce point, si cette unité d'électricité n'exerçait aucune influence sur les distributions électriques voisines. Cette force est normale à la surface du conducteur et égale à $4\pi\rho$, ρ étant la densité électrique sur l'élément de surface voisin du point considéré.

« Une enveloppe métallique mince ou une membrane liquide (une bulle de savon, par exemple) électrisée, est soumise à une véritable force mécanique dirigée vers l'extérieur normalement à la surface, et dont la grandeur, par unité d'aire, est $2\pi\rho^2$, ρ étant encore la densité électrique sur l'élément de surface considéré. Dans le cas d'une bulle de savon, l'effet de cette *pression électrique* se traduit par un léger agrandissement de la bulle quand on l'électrise, et par une diminution correspondante quand on la décharge. On peut toujours considérer cette pression contre l'air comme entrant en déduction de la pression que l'air exerce sur le corps quand il n'est pas électrisé. La grandeur de cette déduction variant aux divers points du corps comme le carré de la densité électrique, son action résultante sur l'ensemble du corps détruit son équilibre et constitue, en réalité, la force électrique résultante à laquelle le corps est soumis. »

Ces définitions sont empruntées aux mémoires de sir William Thomson.

Quand, au lieu d'un conducteur, on a affaire à un diélectrique, l'électricité occupe toute l'étendue du corps. La densité électrique doit être alors rapportée à l'unité de volume et non plus à l'unité de surface. Maxwell définit comme il suit la densité électrique dans les deux cas :

« La densité (rapportée au volume) en un point donné dans l'espace est la limite vers laquelle tend le rapport de la quantité d'électricité renfermée dans une sphère, ayant son centre en ce point, au volume de cette sphère, quand son rayon diminue indéfiniment.

« La densité (rapportée à la surface) en un point donné sur une surface est la limite vers laquelle tend le rapport de la quantité d'électricité renfermée dans une sphère, ayant son centre en ce point, à l'aire de la portion de surface découpée par cette sphère, lorsque son rayon diminue indéfiniment. »

Si nous passons à la propagation de l'électricité dans un système de conducteurs, l'état permanent ne peut exister qu'à la condition que chaque élément de volume reçoive toujours autant d'électricité d'un côté qu'il en cède de l'autre. Cette condition, combinée avec la loi d'Ohm, conduit, comme dans le cas de l'électricité statique, à cette conclusion que la densité électrique est nulle dans tous les conducteurs, c'est-à-dire qu'il ne peut exister d'électricité libre à l'intérieur des conducteurs ; elle ne peut donc se trouver qu'à la surface.

Chaque élément de volume devant rester à l'état neutre, il en résulterait dans l'hypothèse des deux fluides, qu'il doit contenir toujours des quantités égales des deux électricités et que celles-ci se meuvent en formant deux courants égaux de directions opposées ; dans l'hypothèse d'un seul fluide, qu'il doit toujours avoir la densité normale qui constitue l'état neutre par rapport aux conducteurs considérés. — J. R.

I. **DENT**. Petit organe ossiforme qui garnit le bord de la mâchoire. Les dents placées à l'entrée du canal alimentaire ont pour usage principal d'assurer la mastication des aliments. La dent comprend trois parties : la *couronne* qui fait saillie en dehors ; la *racine* implantée dans l'alvéole, le *collet*, partie rétrécie réunissant la racine à la couronne.

Les dents se composent d'une partie molle formée par la pulpe dentaire et d'une partie dure constituée par l'émail, l'ivoire et le cément. La pulpe ou bulbe dentaire est une substance molle, rougeâtre, enfermée dans la cavité dentaire et rattachée au périoste alvéolo-dentaire par un pédicule mince traversant le canal de la racine par lequel pénètrent les rameaux nourriciers. L'émail est la partie externe de la dent ; il forme une couche d'un blanc bleuâtre recouvrant la couronne et s'arrêtant au collet. L'émail est un corps très dur composé de prismes microscopiques soudés entre eux et reposant par leur base sur l'ivoire.

L'ivoire ou dentine forme la majeure partie de la dent. C'est une substance granuleuse moins dure que l'émail, plus dure que les os ou le cément, traversée dans toute son épaisseur par des canaux microscopiques parallèles, et creusée d'une cavité où passe la pulpe dentaire. Le cément est une substance analogue aux os qui revêt la surface extérieure des racines intimement enveloppées par le périoste alvéolo-dentaire. Nous donnons plus loin un tableau indiquant la composition des éléments constitutifs de la dent.

On doit regarder encore comme analogues aux dents, les fanons de la baleine (*Balæna mysticetus*, Lin.) (V. BALEINE) qui se développent dans le repli de la voûte palatine et sont au nombre de plus de 200 de chaque côté. Ils se logent entre la langue et les mâchoires, quand la bouche de l'animal est fermée.

Il arrive enfin fréquemment dans nos ports,

Composition des éléments constitutifs de la dent.

Corps	Email d'après Berzélius	Ivoire d'après Berzélius	Cément d'après Lassaigne
Phosphate de chaux.	88.5	64.30	53.84
Fluorure de calcium.	traces	traces	»
Carbonate de chaux.	8	5.30	3.98
Soude	»	1.40	»
Phosphate de magnésie. . . .	1.5	1.00	»
Eau et substance animale. . .	2	28.00	42.18
	100.0	100.00	100.00

pour les besoins de l'agriculture, des chargements d'ossements fossiles, renfermant de grandes quantités de dents de squale et d'autres animaux. Ces produits qui sont vendus comme phosphates de chaux, viennent en particulier de Charlestown. Ils proviennent des terrains tertiaires, et sont de la période éocène moyenne.

Dents artificielles. Les Romains connaissaient l'emploi des dents artificielles. Martial, dans plusieurs de ses épigrammes, nous en donne la preuve et nous indique que ces dents étaient en os ou en ivoire.

Jusqu'au dernier siècle, l'art du dentiste resta dans l'enfance ; ce n'est qu'au commencement de ce siècle que la prothèse dentaire a pris un large essor.

Les dents artificielles employées pour remédier à l'absence des dents naturelles extraites ou tombées par suite d'accident ou de maladie comprennent : 1° les *dents humaines* ; 2° les *dents de bétail* (bœuf, vache, mouton, etc.) et de certains poissons (morse, narval, cachalot) ; 3° les *dents taillées* dans l'ivoire des défenses d'éléphant ou dans celui des dents d'hippopotame (*osanores*) ; 4° les *dents de porcelaine.*

Les dents humaines, outre la répulsion qu'elles inspirent, s'altèrent assez rapidement (en 5 ou 6 ans) ; les dents de bétail ou de poisson incomplètement recouvertes d'émail, ne résistent que 2 à 4 ans ; l'ivoire des défenses d'éléphant, dépourvu d'émail, est très perméable aux sécrétions ; il donne bientôt à l'haleine une odeur fétide ; les dents d'hippopotame bien que recouvertes d'un émail épais s'altèrent vite et jaunissent ; enfin, les dents de porcelaine ne présentent aucun de ces inconvénients et leur fabrication est arrivée à un tel degré de perfection que ce sont à peu près les seules employées maintenant.

On peut donner aux dents de porcelaine, à l'aide de certains oxydes qu'on y incorpore, une coloration en rapport avec celle des dents naturelles. L'oxyde de titane ou l'oxyde d'urane donne une coloration jaunâtre, l'éponge de platine, une coloration grisâtre (pourpre de Cassius) ; l'oxyde de cobalt donne une teinte bleue. Les gencives sont colorées en rouge soit avec un oxyde d'or (pourpre de Cassius), soit avec l'oxyde de manganèse.

— La fabrication des dents de porcelaine remonte au siècle dernier. Elle fut imaginée par un français nommé Chément. Dès le commencement de ce siècle, les Américains s'emparèrent des procédés de cette industrie, et on compte aujourd'hui aux Etats-Unis douze grandes fabriques qui fournissent au monde entier des dents de porcelaine. Il n'y a plus en France qu'une seule fabrique.

II. * **DENT.** 1° *T. d'arch. Dents-de-scie.* Ornement des styles roman et ogival, appliqué à la décoration des corniches, bandeaux, chapiteaux, etc., et qui imite la forme des dents d'une scie. || *Dent de chien.* Petit fleuron, d'où s'échappent des filets ayant la forme des dents de chien. || 2° *T. de mécan.* Chacune des saillies dont on arme les roues pour assurer la transmission du mouvement de l'une à l'autre. — V. Engrenage. || 3° *T. techn.* Broche plate, de faible épaisseur, en bois ou en métal, employée pour confectionner les peignes des métiers à tisser. || 4° Ensemble des fils compris entre deux dents consécutives ; la dent est dite *corrompue*, s'il s'y trouve des fils ne lui appartenant pas, *forte* si elle a plus de fils qu'elle n'en doit avoir, *faible*, dans le cas contraire.

DENT-DE-LOUP. *T. techn.* 1° Outil qui sert au polissage du parchemin, du papier. || 2° Cheville de fer qui arrête la soupente d'une voiture. || 3° Sorte de clou gros et long.

* **DENTÉ, ÉE.** *Art hérald.* Se dit des animaux dont les dents sont d'un autre émail que la tête.

* **DENTELÉ, ÉE.** *Art hérald.* Se dit des pièces honorables dont les bords sont découpés en dents aiguës et fines.

I. **DENTELLE.** Sorte d'étoffe en tissus très fins, faits de fils de lin, de coton et de soie, quelquefois d'or et d'argent, dont l'ensemble présente un réseau réticulaire à mailles régulières de forme polygonale, servant de support à un dessin, représentant des figures, des fleurs, des ornements divers. Venise, Gênes, Alençon, Bruxelles, Malines, Bruges, Valenciennes, etc., ont dû longtemps à la fabrication de la dentelle une prospérité que plusieurs d'entre elles lui doivent encore ; mais les principaux centres de cette fabrication sont la France et la Belgique. Les dentelles consistent le plus communément en bandes de largeurs variables, cependant on fabrique beaucoup de pièces façonnées, de dimensions quelquefois assez grandes, telles que cols, voiles et même des robes. Toutes les dentelles en usage peuvent être comprises dans cinq classifications principales. 1° *Point d'Alençon ;* 2° *point de Bruxelles*, appelé improprement *point d'Angleterre ;* 3° *dentelle de Malines* ; 4° *dentelle de Valenciennes ;* 5° *dentelle de Lille, Chantilly.* Les autres dentelles, imitation plus ou moins heureuse de l'une de ces cinq dentelles principales, empruntent le nom des pays qui les fabriquent, sans se recommander au même degré à la faveur et à l'élégance.

Historique. La dentelle étant un des ornements les plus gracieux que puisse porter une femme, on en a tiré cette déduction singulière que son inventeur doit appartenir à la plus haute antiquité ; mais il n'existe aucun terme qui puisse permettre d'assigner une date quelconque à ses commencements, comme aussi de préciser le lieu où, pour la première fois, on a confectionné ce léger tissu.

La dentelle doit donc être considérée comme une invention des temps modernes. La délicatesse des fils qui la composent ne pouvait s'accommoder des procédés imparfaits de fabrication employés par l'antiquité et le moyen âge. Les textes, d'ailleurs, nous apprennent qu'on portait déjà des dentelles en France sous Charles V (1364-1380) ; qu'en 1390, il est fait mention de dentelles dans un traité conclu entre la ville de Bruges et l'Angleterre ; qu'en 1408, la dentelle était fabriquée au Puy-en-Velay ; qu'en 1463, afin de protéger les dentelles fabriquées dans ses Etats, le roi d'Angleterre, Edouard IV, interdit l'importation de celles de la Belgique, de France et de Venise ; qu'en 1476 enfin, Charles-le-Téméraire perdit ses dentelles à la bataille de Granson. Un document de la famille des Sforza, daté de 1493, prouve également que la dentelle existait en Italie au XVe siècle. On en peut dire autant de l'Espagne où la dentelle, connue sous le nom de *point d'Espagne*, se fabriquait déjà en 1492, ainsi que le prouve une aube en dentelle que l'on

Fig. 23. — *Dentelle allemande (XVIIe siècle).*

conserve dans la cathédrale de Grenade. Elle est évaluée 10,000 écus et fut donnée à l'église par le roi Ferdinand et la reine Isabelle-la-Catholique.

Mais pendant cette période de transition qui sépare le moyen âge de la Renaissance, la dentelle n'était encore qu'une espèce de passementerie blanche, en fil de lin, tricotée au fuseau ou à l'aiguille sans réseau.

A l'époque de la Renaissance, sous l'impulsion de la mode, du luxe et du goût, la dentelle se transforma. C'était une espèce de toile découpée, à fortes nervures qu'on appela d'abord *passement*. Le passement fut à son tour perfectionné. Le fil employé devint de plus en plus fin ; on varia le réseau, et la *guipure* naquit. La guipure, qui n'est en résultat qu'une passementerie aux fuseaux, différant de la dentelle proprement dite, en ce qu'elle est plus épaisse, qu'elle offre des parties convexes et des jours plus grands, régna en souveraine maîtresse à partir de François Ier.

Venise parvint même à faire des dentelles qui représentaient, en toile, des ornements, des figures, des personnages historiques, ce qui prouve que l'on arrivait déjà à vaincre une des plus grandes difficultés de la fabrication. Mais son fameux point, qui pendant toute la durée des XVIe et XVIIe siècles paraît avoir joui d'une réputation européenne, ne se fabrique plus aujourd'hui. L'ouvrage de mistress Bury Palliser nous offre de magnifiques échantillons de sa riche contexture, ressemblant à de l'ivoire finement sculpté sous la forme de dessins qui rappellent les formes géométriques du kaléidoscope, ou les minutieuses et élégantes compositions de la Renaissance.

La guipure fine se fabriquait surtout en Flandre et en Italie. Celle qui se fabriquait en Angleterre et aux environs de Paris, à Saint-Denis, Ecouen, Groslay était commune. Les guipures de fil d'or et d'argent, qui tenaient plus de la passementerie que de la dentelle se fabriquaient à Paris et surtout à Lyon.

Après la guipure venait le *point-coupé*, sorte de dentelle à jour qu'on faisait en collant du filet sur du *quintin* (toile de Bretagne) et en perçant et emportant la toile qui était entre deux.

Quant au *lacis*, sorte de réseau fait avec des *lacs* (cordonnet) de fil ou de soie, les bourgeoises coquettes s'en servaient pour leur parure. Dans les *Contens*, comédie par Odet de Turnèbe (1584), Françoise ayant à faire l'éloge de Geneviève, jeune fille qu'elle cherche à marier, dit qu' « en matière d'ouvrages de lingerie, de poinct-couppé et de lassis, elle ne craint personne, soit sur l'estamine, le canevas ou la gaze. »

L'industrie dentellière était donc florissante à cette époque, et ses produits formaient un grand nombre de genres différents, dont la fabrication était propre à certaines localités. Elle existait non seulement en France, en Italie, en Espagne, en Belgique et jusqu'en Danemark où les moines belges l'avaient introduite, mais encore en Allemagne, où le premier atelier avait été fondé, en 1555, à Annaberg (Saxe) (fig. 23).

C'est alors que la France, après sa première phase de servile imitation italienne, qui dura jusqu'à l'époque des derniers Valois, inaugura hardiment dans la toilette une des plus singulières inventions en ce genre, à savoir la *fraise*, vaste collerette en dentelle empesée à godrons, qu'Henri II et surtout Henri III portèrent à ses plus extrêmes limites (V. COSTUME). Mais on revint bientôt de ces exagérations, et la fraise fit place chez les hommes au col rabattu en dentelle, tandis que les dames adoptaient l'ample collerette qu'on peut voir dans les tableaux de Rubens. Mais pour se dédommager de cette diminution de dentelle autour du cou, le sexe fort imagina d'en border les bottes et les jarretières. Ce fut la mode de porter des rosettes de dentelles sur les souliers.

Quoi qu'il en soit de ces bizarreries, malgré tous les progrès du XVIe siècle en fait de luxe, Anvers et Bruxelles n'avaient pas encore trouvé à cette époque le secret de ces dentelles gracieuses et légères, qui font la richesse et l'orgueil de leurs fabriques, ou, si quelques-uns de ces merveilleux produits étaient sortis des mains de leurs ouvrières, l'admiration les avait reservés pour elle sans les livrer à l'usage.

Les dentelles de Bruxelles pénétrèrent pour la première fois en France au commencement du XVIIe siècle. Il ne paraît pas qu'elles aient orné la beauté de la célèbre Gabrielle d'Estrées. L'Inventaire des biens-meubles de la charmante duchesse, dressé en 1599, ne mentionne que des garnitures de lit en point-coupé, lequel, parmi les ouvrages de fil à l'aiguille, semble avoir eu la principale vogue pendant la seconde moitié du XVIe siècle. La guipure et le point étaient surtout en faveur : ils descendaient autour du cou des élégants seigneurs de la cour, se relevaient en collerette pour les grandes dames, ou se dessinaient en rabat sur la soutane noire, violette ou rouge des prélats.

Pour résumer ce qui précède, on peut dire que la dentelle, invention moderne, ne parut pas avant le milieu du XVIe siècle; que les Pays-Bas marchèrent les premiers dans les voies de cette industrie nouvelle, où ils furent bientôt suivis par Venise et par Gênes, et plus tard par la France.

Nous avons dit au mot ANGLETERRE (Point d') comment les Anglais imaginèrent d'importer frauduleusement des dentelles belges et de les vendre ensuite, en les débaptisant, comme provenant de leurs propres manufactures. A Londres comme à Paris, le commerce offre donc au choix du point d'Angleterre, mais ce point est dû à l'habileté des ouvrières de Bruxelles.

A partir du XVIIe siècle, la passion pour la dentelle alla jusqu'à la folie, et les points se multiplièrent. C'étaient le *point de Venise*, le *point de Gênes*, le *point de Raguse*, le *point de Bruxelles*, le *point de Malines*, le *point de Valenciennes*, le *point d'Aurillac*, le *point double dit point de Paris* ou *point de champ*, parce qu'il se faisait aussi dans la campagne des environs. Il y avait encore la *guipure;* la *bisette*, ainsi appelée parce qu'elle était demi-blanche; la *gueuse*, dentelle à réseau clair, et d'une consommation générale à cause de son bon marché; la *campane*, dentelle blanche destinée à élargir les autres dentelles; la *mignonnette*, appelée aussi *blonde de fil;* enfin les dentelles d'or et d'argent, spécialement fabriquées à Lyon.

Lorsque la dentelle parut à la cour de Louis XIII, elle y servait plutôt la vanité que la coquetterie et fut moins une parure qu'un signe de distinction. C'est ainsi que des nobles et des seigneurs en ornaient leurs carrosses et les harnais de leurs chevaux.

Le succès de la dentelle arriva à son apogée pendant le règne de Louis XIV. A un prince froid, mélancolique, avait succédé un roi jeune, ardent au plaisir, passionné pour l'éclat et le faste. La dentelle fut désormais l'ornement obligé du costume des hommes, et les nœuds de dentelles furent remplacés par les cravates flottantes, telles que la *steinkerque* (V. COSTUME et CRAVATE). Cette mode passa bientôt en Angleterre. La première année de son règne, Charles II dépensa 20 livres 12 shillings pour une cravate en dentelle destinée à être portée le jour de naissance de son cher frère, et Jacques II donna 29 livres sterling pour une autre en point de Venise, dont il se para à l'occasion du jour de naissance de la reine sa femme.

On fit un usage encore plus extravagant de la dentelle en inventant les canons ou garnitures en dentelles qui tombaient des genoux jusqu'à mi-jambe. Dans le tableau du Musée de Versailles représentant l'entrevue de Louis XIV et de Philippe IV à l'île des Faisans, le grand monarque porte à chaque jambe un canon aussi ample qu'une petite chemise d'enfant. Ces ridicules appendices coûtaient quelquefois jusqu'à 7,000 livres tournois la paire.

La dentelle ne se distingua pas moins dans la toilette des femmes. Jusqu'alors elle n'avait guère été employée que pour les collerettes et les guimpes, elle se mêla aux rubans sur la robe elle-même. Mlle de Fontanges mit cet ajustement en faveur.

Comme de toutes les dentelles ou points, celles de Venise, de Gênes et de Bruxelles étaient les plus belles et les plus recherchées, — il faut dire qu'elles se recommandaient alors par une très grande finesse et par un travail admirable, presque inconnu aujourd'hui, — les sommes qui sortaient ainsi du pays étaient considérables. Des lois somptuaires interdisant l'importation des dentelles avaient été décrétées à plusieurs reprises; mais

Colbert comprit qu'il fallait diriger le luxe et non pas le supprimer, et il s'appliqua à faire imiter dans les fabriques françaises les produits de l'étranger. Nous en citerons un exemple. Dans la corbeille exécutée pour le mariage de la duchesse de Bourgogne, qui eut lieu en 1697, les broderies et les guipures étaient magnifiques « On ne peut rien voir de plus beau que la toilette de la fiancée, raconte la princesse Palatine dans ses *Lettres*

Fig. 24. — *Point d'Alençon (South Kensington Museum).*

nouvelles inédites, et sa contre-pointe garnie de dentelles longues d'une aune. C'est du point de Venise, mais fait à Paris, aux armes et aux chiffres des deux fiancés. » Cette imitation parisienne des dentelles étrangères avait encore lieu au XVIIIe siècle. « Ainsi, dit l'abbé Legendre en sa *Vie privée des Français* (1779), l'on fait à Paris des dentelles d'Angleterre, de Bruxelles et de Malines, qui ne sont jamais sorties du royaume. »

C'est alors que Colbert, après avoir fondé d'importantes fabriques à Reims, à Aurillac, à Bourges, à Loudun, à Arras, à la Flèche, au Mans et à Paris, imagina de faire rivaliser la dentelle française avec les fameux points de Flandre, de Belgique et d'Italie. En conséquence, il fit venir à grands frais trente premières ouvrières de Venise, et donna 150,000 livres à une dame Gilbert, qui connaissait la fabrication des points étrangers, pour établir un atelier à son château de Lonrai, près d'Alençon.

Mme Gilbert modifia d'abord le dessin et le style, puis elle adopta une méthode inconnue à cette époque, la division du travail. Par ce moyen, elle arriva à simplifier l'ouvrage, à rendre l'ouvrière très habile et à produire un point admirable de solidité et de richesse, mais qui ne ressemblait nullement à celui de Venise. Dès lors, dit M. Léon Lagrange, dans un intéressant article de la *Gazette des Beaux-Arts* (t. XIX) relatif à l'exposition rétrospective d'Alençon, en 1865, « dès lors le point d'Alençon devint assez couvert, opposant les blancs mats au réseau de petites mailles qui forme le fond. Peu à peu, on voit la fabrication prendre plus d'originalité. Une pièce de maîtrise nous montre des animaux et des cavaliers se détachant sur un tableau intitulé : *Vive la chasse!* Ailleurs une main d'une délicatesse extrême a brodé des bergers et des dames à la Watteau au milieu d'un jardin dont les arbres se couronnent d'ombrelles. Et puis, ce sont des fleurs, des rinceaux, des ornements où le goût français a marqué son empreinte. »

En un mot, le triomphe de la *fleur commence, triomphe* quelque peu exclusif. D'abord elle est traitée largement, majestueusement : puis le tour devient plus mouvementé, le modelé plus fin ; bientôt on essaie de rendre avec un fil d'une couleur uniforme la ténuité de sa structure, la délicatesse de ses nuances ; on voudrait, si faire se pouvait, fixer jusqu'à son parfum (fig. 24).

Les premières dentelles de ce genre furent apportées à Versailles par Colbert et offertes à Louis XIV, qui fut émerveillé et témoigna sa satisfaction en annonçant publiquement à sa cour qu'il venait de faire établir une manufacture de *point* qui l'emportait de beaucoup sur celui de Venise. Il manifesta le désir que les seigneurs et les dames de la cour ne portassent plus d'autres dentelles que celles d'Alençon, auxquelles il donna le nom de *point de France*. A partir de ce jour, les dentelles étrangères furent soumises à de sages mesures prohibitives, et peu à peu nous primes le pas sur elles. Le point de France supplanta bientôt le point de Venise et fit une telle concurrence à la dentelle de Malines, que le poète anglais Young, parlant de la dentelle de France, connue de l'autre côté du détroit sous le nom de *Colberten*, dit « Et si la dispute de l'empire s'élève entre la Malines, la reine de la dentelle, et la *colbertine*, tout est doute, tout est obscurité jusqu'à ce que le Destin en suspens se prononce et close le grand débat (fig. 25). »

Fig. 25. — *Point de France* ou *point Colbert, dentelle dite* Colbertine.

Louis XIV était si fier de ses manufactures de dentelles, qu'il fit présent aux ambassadeurs siamois de cravates et de manchettes de la plus belle espèce de dentelle, sans réfléchir, a dit un humoriste, que peut-être il donnait des manchettes à des hommes sans chemises.

De Vizé, dans la *Suite du voyage des ambassadeurs de Siam en France* (1686), nous apprend que Louis XIV n'avait rien négligé, d'ailleurs, pour faire réussir le point de France. « Le lit du roi, tout en point, était le plus grand et le plus bel ouvrage en ce genre qui ait jamais été fait. Le couvre-pied, entre autres, ouvrage en dentelle, dont M. Eudore Soulié a donné la description dans l'*Union de Seine-et-Oise* (27 novembre 1850), fut exécuté vers 1682, époque où Louis XIV fixa sa résidence à Versailles. On a pu voir autrefois cette belle pièce de dentelle au Musée des Souverains, au Louvre (N° 120).

L'approbation donnée par Louis XIV fit la fortune d'Alençon et d'Argentan, où s'était aussi formée une fabrique de point de France (*bride d'Argentan*) (fig. 26). La mode enfin s'en mêla. Les seigneurs attachés à la maison du roi, tous ceux qui étaient reçus à Versailles ne purent y paraître qu'avec des jabots et des manchettes, et les dames avec des garnitures de robes en point d'Alençon.

Comme on le voit, la dentelle avait été définitivement adoptée par l'étiquette de la cour et devint obligatoire. Les hommes ne la recherchaient pas moins que les femmes ; l'Eglise elle-même la disputait à la frivolité du monde pour en parer ses autels et pour en former le rochet dont se revêtaient, les jours de grande solennité, les évêques et les autres princes de l'Eglise.

La dentelle d'Alençon, qui s'est appelée *point de France* jusqu'en 1790, est entièrement faite à la main. Le soin que nécessitait sa confection la rendait excessivement chère ; aussi voit-on à cette époque des parures en point d'Alençon coûter 30,000 livres. La valenciennes n'avait pas moins de valeur, car il fallait plus d'un an à une ouvrière travaillant quinze heures par jour pour achever une paire de manchettes valant 400 livres. Aujourd'hui, remarque Hippolyte Cocheris, on ne trouverait personne pour en fabriquer d'aussi belles, et peu d'amateurs pour en acheter d'aussi chères.

De même qu'Alençon et Valenciennes, les villes de Lille, Sedan, Charleville, Dieppe, Le Havre, Honfleur, Fécamp, Pont-l'Évêque, Caen, Bayeux, Gisors, Aurillac, Mirecourt, Le Puy, virent bientôt se développer une industrie que quelques-unes seulement ont conservée de nos jours. C'est également à cette époque que les dentelles de soie et de fil de Chantilly commencèrent leur apparition, sous les auspices de Mme la duchesse de Longueville (fig. 27).

Avec le XVIIIe siècle, la dentelle voit augmenter sa faveur. La manchette paraît d'abord, et le rabat est remplacé par le jabot, que la Révolution pourra coucher sur la chemise, mais non pas abolir. La toilette des femmes, plus riche que légère, est chamarrée de dentelles de toute espèce; le point d'Angleterre, la guipure, la malines, et la valenciennes rachètent par la délicatesse de leur tissu l'ampleur des robes gonflées par les paniers.

Soixante années s'écoulent pendant lesquelles la dentelle efface, par ses merveilles et par sa richesse, l'éclat et le luxe de tous les ornements de la toilette; les femmes sont enveloppées de ses flots légers : c'est le temps de la Régence et du style rocaille appelé souvent *rococo*, c'est le règne des Pompadour, des Du Barry; le luxe des dentelles françaises et étrangères est devenu une fureur! (fig. 28)

Le règne de Louis XV apporta un nouveau caractère à l'empire de la dentelle sur les deux sexes. C'est, en effet, vers 1745, que les dentellières normandes firent pour la première fois la *blonde* ou dentelle en soie plate, que les Espagnols de Catalogne fournissaient seuls au commerce, et qui fut ainsi nommée parce que, dans le principe, on la confectionnait avec de la soie écrue qui

Fig. 26. — *Bride d'Argentan (XVIIIe siècle).*

arrivait de la Chine, et avait une teinte moins blanche que blonde, c'est-à-dire jaune nankin; puis on parvint à se procurer de la soie d'un blanc convenable, et l'on produisit ces séduisantes dentelles qui ont tant d'éclat et que nul autre pays ne peut fabriquer avec une nuance aussi brillante, un blanc aussi pur et un travail aussi parfait. Ce charmant tissu, le plus léger et le plus délicat qui se soit jamais fait, fut appelé *blonde de Caen*. Il eut un immense succès en France et à l'étranger, notamment en Angleterre; il fit la fortune de Caen et de plusieurs villes environnantes (fig. 29).

Si la cour de Louis XIV mit la dentelle en grand honneur et en fit passer l'usage dans les habitudes, le XVIIIe siècle en couvrit la toilette des hommes comme celle des femmes. Les jabots et les longues manchettes tombantes dominèrent dans ce siècle d'abbés galants, de chevaliers et de grands seigneurs à talons rouges. Le luxe fut même poussé si loin que, pour obtenir les bonnes grâces du roi et des ministres, les courtisans et leurs femmes prodiguèrent à l'envie la dentelle française. On orna de dentelles tous les articles de toilette et d'ameublement qui pouvaient le comporter. Les jupons, les corsets, les mantelets, les tabliers, les souliers, les gants et jusqu'aux éventails, tout fut garni de point de France; les draperies, les oreillers, les couvre-pieds des lits en étaient surchargés. Les dentelles du trousseau de Madame, fille aînée de Louis XV, se montèrent à 625,000 livres Une somme de 125,000 livres, allouée à l'achat de dentelle, linge, etc., était un des articles ordinaires du trousseau d'une femme du monde à cette époque. Cet exemple fut si fidèlement suivi en Angleterre que, en 1763, au baptême du duc d'York, la reine reçut sa société sur un lit splendide, dont la courte pointe seule avait pour 3,783 livres sterling de dentelles.

Louis XVI arrive au trône, et les grâces charmantes de Marie-Antoinette la font reine de l'empire de la mode. La mode reçut ses lois. Parée de sa jeunesse et de sa beauté, la reine affectait la simplicité dans ses ajustements; l'argent et l'or avaient presque disparu de la toilette pour faire place à la dentelle, comme plus élégante et plus légère. Malheureusement, l'ardeur des artistes se refroidit; les rangées de pensées ou de violettes, les semis de pois, ne vont pas tarder à remplacer les compositions exubérantes du style rocaille.

La reine Marie-Antoinette, qui avait donné à Madame du Crey la surveillance de ses dentelles, rompit avec la tradition de la cour, et le lourd point à l'aiguille fut supplanté par la fine et légère mousseline de l'Inde. Une preuve de la décadence de la dentelle à cette époque, c'est que, dans les livres de Mademoiselle Bertin, lingère de la reine, la dentelle ne représente qu'un article très insignifiant. La blonde prit sa place; la « blonde à façon d'Alençon, semée à *pois*, à mouches » L'Eglise seule protégea les anciens produits.

Fig. 27. — *Dentelle de Chantilly.*

Parmi les dentelles de la fin du XVIIIe siècle, la *blonde* paraît avoir eu le plus de vogue. D'après Hurtaut et Magny, dans leur *Dictionnaire historique de la ville de Paris* (1779), on en faisait beaucoup à Lyon, entre autres les blondes de fantaisie connues sous les noms de *Bergop-zoom, chenille, persil, points à la Reine, pouce du Roi*, etc.

Le tiers-état comme la noblesse, bourgeois et seigneurs, avaient définitivement adopté la dentelle, lorsque la Révolution éclata. «Plus de marquises, s'écrie l'auteur anonyme d'une élégante et succincte *Histoire de la Dentelle*, plus d'abbés, plus de fermiers généraux, plus d'autels, si ce n'est l'autel de la Patrie ! Pauvre dentelle, qu'allait-elle devenir! la loi de l'égalité n'était-elle pas offensée par la supériorité de l'élégance elle-même? Le souffle d'une révolution venait de renverser un trône; pouvait-il respecter la dentelle, cet enfant léger de la mode! La Liberté, drapée à l'antique, se promenait par la ville; la dentelle se cacha comme une proscrite. Qu'avait-elle à faire désormais? Pouvait-elle exiger que Brutus portât manchettes en point ou rabat de guipure?» La Révolution fut donc une époque d'anéantissement pour le commerce de la dentelle. Pendant douze ans les fabriques cessèrent presque complètement de travailler. Le discrédit dans lequel tomba ce gracieux tissu se propagea en Angleterre, où la mousseline des Indes et la gaze usurpèrent aussi sa place.

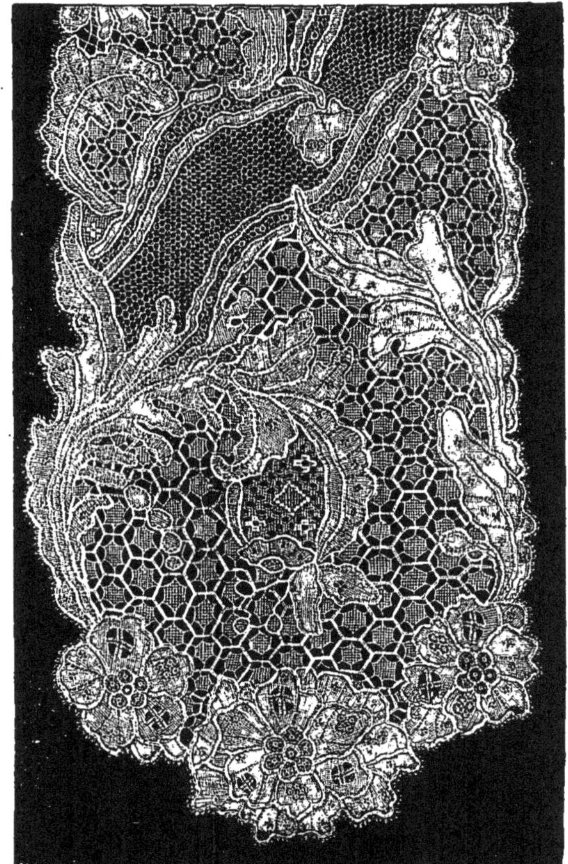

Fig. 28. — *Point de Gênes (argentella), époque Louis XV.*

Le XVIIIe siècle, qui avait vu le succès et les malheurs de la dentelle, fut témoin encore de son triomphe. La dentelle reparut, plus fêtée que jamais, dans les salons du Directoire et du premier Empire. Le luxe, longtemps comprimé, s'étant vivement relevé avec la reprise des affaires, la dentelle fut demandée de toutes parts avec tant d'insistance, qu'on se vit obligé de changer sinon la méthode de fabrication, du moins le mode de production. Le vieux point, lourd et massif, fut donc mis de côté et remplacé par un genre de dentelle plus léger, tandis que, d'un autre côté, on abandonna les anciens dessins, trop ouvragés, pour leur substituer des genres plus clairs, mélangés de jours riches et variés, d'un goût et d'un style plus délicat. C'est de cette époque que datent tous les dessins à lignes droites, à vases de fleurs et à rosaces empruntées à l'art grec, désignés généralement sous le nom de dessins de l'Empire.

Sous le patronage de l'empereur, les dentelles de grand luxe, c'est-à-dire les points d'Alençon, de Bruxelles et de Chantilly reconquirent leur ancienne réputation. A l'exemple de Louis XIV, Napoléon voulut que ses dentelles favorites fissent partie du costume obligatoire aux Tuileries. Le prix et la beauté des dentelles qui furent faites pour le mariage de Marie-Louise n'ont jamais été surpassés, et pour les reproduire, il faudrait dépenser aujourd'hui plus d'un million. La princesse Pauline Borghèse, sœur de Napoléon, s'était aussi passionnée pour les dentelles, et les élégantes du jour partagèrent ce goût des Bonaparte.

La dentelle reçut encore un coup fatal en 1818, lors de l'invention du tulle de Nottingham (Angleterre) et l'introduction des métiers mécaniques. Après quinze années d'une lutte désespérée, elle réussit à reconquérir sa place.

De 1830 à 1848, pendant le règne de Louis Philippe, l'industrie dentellière prit de grands développements et jouit d'une grande prospérité. Parmi les dentelles de luxe fabriquées durant cette période, nous citerons : la robe de mariage de la reine Victoria, garnie de volants

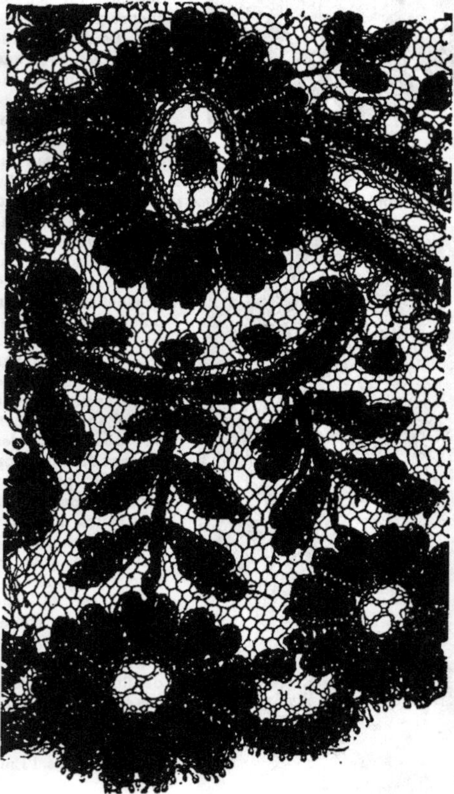

Fig. 29 — *Blonde.*

en dentelle de Malines (fig. 30); la coiffure en vraie valenciennes offerte par la ville de Valenciennes à la duchesse de Nemours, à l'époque de son mariage; et enfin la robe de mariage de la duchesse d'Orléans, en point d'Alençon Cette robe avait coûté 30,000 francs, mais elle était loin d'approcher de la robe également en point d'Alençon, et qui fut exposée en 1859. Estimée 200,000 francs, elle fut acquise par Napoléon III pour l'impératrice, qui la fit transformer en rochet et l'offrit à Pie IX.

Aujourd'hui la dentelle est entrée dans les besoins de toutes les classes : simple pour les conditions modestes, riche pour les conditions opulentes, recherchée par tous. En contemplant ces transparents tissus, produits de tant de combinaisons diverses et d'un long et délicat travail de l'aiguille, on se sent pénétré d'admiration pour le génie merveilleux de l'homme. Les personnes qui ont visité l'Exposition de 1878 ont toutes remarqué, dans la salle de la dentelle belge, qui méritait bien un temple à elle seule, une pointe de Flandre et deux volants de Bruxelles, accompagnés d'un délicieux éventail sur lequel la dentelle, se substituant à la peinture, représentait un parc avec tous ses détails, et au milieu duquel on voyait deux amoureux qui se balancent. Mais les regards étaient surtout frappés de la beauté des dessins des grandes pièces en dentelle de Bruxelles, dans lesquelles les fleurs et le feuillage se mariaient avec une grâce incomparable et une imitation merveilleuse de la nature, tandis que, dans leur salle spéciale splendide comme un palais, les magnifiques robes en point d'Alençon, avec leurs riches bordures et leurs fleurs en relief, offraient un coup d'œil plus grandiose, tout en manquant peut-être de la grâce aérienne et vaporeuse des dentelles de Bruxelles. En comparaison de ces deux produits, ceux des autres pays ont un caractère de second ordre bien inférieur.

Quant aux dentelles blanches et noires de toute dimension, dites *de Chantilly*, — Chantilly ayant cessé de

Fig. 30. — *Dentelle de Malines.*

fabriquer, — et que les manufactures de Bayeux et de Caen ont portées au dernier degré de perfection sous toutes les formes : châles, pointes, volants, écharpes, ombrelles, etc., elles rivalisent avec succès avec les dentelles-guipures de Mirecourt (Vosges), renommé pour l'originalité et le cachet artistiques de ses productions.

La France et la Belgique tiennent donc ensemble le premier rang dans cette riche industrie, pour laquelle elles n'ont aucune rivale à redouter. — S. B.

Bibliographie : Le livre de lingerie, composé par Dominique SARA, italien, enseignant le noble et gentil art de l'esguille, nouvellement augmenté et enrichi de plusieurs excellents et divers patrons, tant du point coupé, raiseau que passement, de l'invention de M. Jean Cousin, peintre à Paris, Paris, 1584 ; *Les singuliers et nouveaux portraits*, du seigneur Frédéric VINCIOLO, vénitien, pour toutes sortes d'ouvrages de lingerie, dédiés à la Royne, de rechef et pour la troisième fois augmentés, outre le réseau premier et le point coupé et lacis, de plusieurs beaux et différents portraits de réseau, de point de côté, avec le nombre des mailles, chose non encore vue ni inventée, Paris, 1587 ; Hans SIBMACHER : *Modèles de dentelles*, en 35 pl., Nuremberg, 1597 ; *La Révolte des passemens*, Paris, 1661 ; *Consolation aux dames sur la défense des passemens, points coupés et dentelles*, Paris, 1663 ;

Roland de la Platière : Art. *Dentelle* dans l'*Encyclopédie des manufactures de 1785;* M. de *** : *Histoire de la dentelle*, Paris, 1843; Félix Aubry : *Rapport sur les Dentelles, les blondes, les tulles et les broderies*, Paris, 1854; Girolamo d'Adda : *L'art et l'industrie aux XVI*[e] *et XVII*[e] *siècles*, art. *Dentelle, Gazette des Beaux-Arts* d'octobre 1863; Mistress Bury Palliser : *History of lace (Histoire de la Dentelle)*, trad. par Mme la comtesse G. de Clermont-Tonnerre, Paris, 1869; *Histoire de la Dentelle, Revue britannique* d'août 1869; Ph. de Chennevières : *Notes d'un compilateur pour servir à l'histoire du point de France*, par un bourgeois de Bellesme, Amiens, 1870; Hippolyte Cocheris : *Patrons de broderies*, dentelles et guipures du xvie siècle, Paris 1873; Joseph Seguin : *La Dentelle*, histoire, description, fabrication, bibliographie, 1878.

Fabrication des dentelles. Les dentelles que l'on fabrique actuellement peuvent être classées de différentes manières, d'après le point de vue auquel on se place. On peut distinguer d'abord les *vraies dentelles* ou *dentelles faites à la main* et les *dentelles d'imitation* ou *dentelles fabriquées mécaniquement;* et dans ce cas il y aurait lieu d'introduire un genre intermédiaire, où l'on fait concourir à la fois le travail à la main et le travail mécanique, ainsi que nous le verrons plus loin. On peut également distinguer les dentelles d'après leur mode de constitution, et à cet égard il existe des noms consacrés par l'usage, basés sur celui des localités où les dentelles ont été imaginées, ou bien sur celui des endroits où elles sont le plus fréquemment établies. On distingue aujourd'hui : la *dentelle de Bruxelles* ou *application d'Angleterre* et de *Bruxelles*, la *dentelle de Malines*, la *dentelle d'Alençon*, la *dentelle de Valenciennes*, les *dentelles de soie*, celle de *Chantilly* ou de *Grammont* (Belgique), la *blonde*.

Les *dentelles guipures*, portant des noms variés suivant le genre et la provenance, guipure ordinaire, point de Venise, Cluny, etc. — V. Guipure.

L'exposition des procédés de fabrication de la dentelle, nous obligera à nous servir de ces deux modes de classement à la fois.

Dentelles à la main. On distingue dans la dentelle, considérée à un point de vue général, deux parties principales : le fond et les ornements.

Le *fond* ou *réseau* est un tissu régulier à mailles polygonales. Les *ornements* qui forment la partie décorative portent souvent le nom de *fleurs*, bien qu'on ne s'astreigne pas à cette seule nature d'éléments pour enrichir le réseau. Il existe deux procédés de fabrication des dentelles à la main, ce qui donne encore lieu pour quelques auteurs à un nouveau mode de classification ; les *dentelles au fuseau*, plus spécialement appelées *dentelles*; et les dentelles à l'*aiguille* portant la désignation particulière de *points*. Toutefois, le nom de *point* est souvent employé pour désigner la forme particulière des mailles dont se compose la dentelle, qu'elle soit faite au fuseau ou à l'aiguille, ce qui pratiquement conduit à une certaine confusion, si l'on employait indifféremment ce nom ou celui de dentelle à l'aiguille.

Dans la fabrication des dentelles, le fond et les ornements peuvent être faits simultanément ou séparément et rapportés ensuite l'un sur l'autre. L'on désigne quelquefois du nom d'*application*, au lieu de dentelles, celles qui sont faites suivant la seconde manière.

Avant de nous occuper de la fabrication proprement dite par l'un de ces procédés, nous allon examiner comment sont formées les diverse parties constituantes des dentelles.

1° Le *réseau* est ce tissu réticulaire à mailles polygonales qui forme le fond de toutes les dentelles, et qui pris isolément constitue à lui seul une sorte de dentelle, ou plutôt un *tulle*, suivant le nom donné à ce genre de tissus. Le principe constitutif des réseaux est le suivant : tous les fils exécutent les mêmes actions, mais alternativement inverses ; ils sont enlacés les uns autour des autres par des passages, successivement en dessus et en dessous, quand on considère la marche d'un seul fil par rapport aux autres ; et avec une torsion au point de jonction qui assure la fixité du croisement, la torsion se faisant de droite à gauche ou de gauche à droite pour déterminer le renversement d'un fil au-dessus ou au-dessous de l'autre.

Le nombre des combinaisons que l'on peut obtenir par l'application de ces principes est excessivement nombreux. Toutefois, dans la pratique, il n'y en a guère qu'un certain nombre consacrées par l'usage.

Un des premiers réseaux qui ait été fabriqué est le réseau dit *torchon*, à deux fils et maille carrée, les torsions étant au nombre de deux au plus. Des torsions plus multipliées au nombre de trois et quatre fournissent des lignes beaucoup plus nettes, c'est le réseau de *Dieppe*. Dans les dentelles d'Alençon, de Lille, la maille est de forme hexagonale ; elle est produite par le croisement de deux des fils au point de jonction sur les quatre qui le constituent ; si au contraire on croisait les quatre fils au même point, on retrouverait le réseau carré. Ce réseau hexagonal, dit d'*Alençon*, sert de base à une quantité assez considérable de dentelles diverses, dentelles d'Alençon, de Lille, de Caen, de Chantilly, les applications de Bruxelles, etc. Le *réseau de Malines* spécial à la dentelle de ce nom est à maille octogonale ; au point de jonction les fils, au nombre de quatre, se tressent ensemble par trois et quatre fois, ce qui donne une ligne d'une épaisseur double. On nomme *trenne* ou réseau de *Paris* et encore quelquefois *point de chant*, un réseau complexe présentant une série d'hexagones séparés par de petits triangles, qu'on peut considérer comme un réseau à mailles carrées, recoupé par une série de deux fils parallèles. Le *réseau Valenciennes* est à quatre fils. La maille, presque ronde autrefois, est remplacée aujourd'hui par un carré parfait ; à chaque jonction il y a croisement de deux des fils sur quatre. Enfin on donne le nom de *mariage* ou *cinq trous*, à un réseau fabriqué au Puy, d'aspect rond et conformé sur le principe du réseau de Paris.

2° Les *ornements* sont formés par les entrecroisements, entre les mailles du réseau, de fils spéciaux, indépendants ou travaillant avec le concours des fils du réseau lui-même ; entrecroisements assez variés qui permettent d'obtenir des effets multiples. On distingue dans les ornements, ceux qui sont faits au fuseau dits *plats*, et ceux faits à l'aiguille ou *point à l'aiguille*. Le plat se subdivise en *mat*, en *gaze* et en *jours*. Le mat est une sorte de toile ou de batiste fine dans laquelle les fils sont placés suivant les mêmes lois que dans ces tissus. La gaze ne diffère du mat, qu'en ce que les fils au lieu de se toucher laissent entre eux de petits vides, et son aspect ressemble assez au canevas de tapisserie. Les jours sont des parties vides limitées suivant des formes variées, composant de petits dessins, telles que boulettes, étoiles, chaînettes, reliées et maintenues en place par des fils minces. On comprend que la combinaison de ces éléments permet de reproduire une silhouette quelconque, en y déterminant des effets de clair et d'ombre. Enfin, dans la constitution des éléments, il faut ajouter les cordons, lignes saillantes qui servent à encadrer un dessin ou à en séparer les diverses parties.

Lorsqu'une dentelle est achevée, que le réseau est garni de ses ornements, il y a lieu de distinguer encore de nouvelles parties constituantes : l'*engrelure* ou le *pied* et le *picot*. Tout côté non orné, est muni d'une lisière droite qui porte le nom d'*engrelure* ou de *pied*, suivant qu'elle offre 5 millièmes ou 2 millièmes seulement de hauteur. C'est par cette lisière qu'on peut fixer les dentelles sur les vêtements ou étoffes qu'elles doivent orner. Le côté opposé à la lisière ou *bord*, peut être droit ou contourné, et porte souvent une série de petites boucles saillantes dites *picots* Le picot est un des éléments à l'aide desquels on peut distinguer les dentelles à la main et les dentelles à la mécanique. Dans les premières, il est formé par les fils mêmes constituant le réseau, dans les secondes il est rapporté, beaucoup moins solide et peut être arraché sans détruire la dentelle même, ce qui est impossible dans le premier cas.

Dentelles au fuseau. Le travail au fuseau se fait à l'aide d'un métier, ou plus généralement du *carreau*, sorte de coussin ovale fixé sur une boîte, portant le dessin dont la reproduction constituera la dentelle, et recouvert d'une toile percée d'un trou de 5 à 6 centimètres de diamètre, au-dessus duquel se fait progressivement le travail. Ce morceau de toile permet de préserver les parties exécutées qu'on roule en-dessous de lui. A ce carreau on substitue souvent une boîte munie d'une ouverture centrale, dans laquelle tourne sur son axe un cylindre coussin emportant avec lui la dentelle et le dessin. Cette disposition évite de relever l'ouvrage et le dessin au fur et à mesure de l'avancement. Enfin on emploie également un métier rond tournant sur un pivot.

Les fuseaux sont des sortes de poires très allongées, composés de : la *poignée* qui sert à manier la pièce, terminée par la bobine porte-fil ou *casse*, surmontée de la *tête*, autre espèce de bobine si petite qu'on la prendrait pour une simple rainure.

Le dessin étant disposé sur le carreau, on fixe à la tête une première épingle qui sert de support aux divers fils des fuseaux, dont le nombre variant suivant la nature de la dentelle, peut aller de quatre à deux cents et plus; puis fixant d'autres épingles sur les points convenables du dessin, l'ouvrière exécute la dentelle en croisant les fuseaux, les faisant passer les uns au-dessus des autres, et en les changeant de place en leur imprimant un mouvement de rotation entre les doigts. Au fur à mesure que le travail est produit, que les fils sont croisés et tordus sur les épingles, ce qui assure la conservation de la maille produite, on déplace les épingles pour les reporter sur de nouvelles portions du dessin non encore attaquées. Quelques mots suffisent pour expliquer ce travail d'une complication quelquefois presque infinie, facile à mieux faire ressortir par un exemple. Dans les anciennes valenciennes faites au fuseau, pour une dentelle de 1 centimètre de hauteur, il ne fallait pas moins de 800 fuseaux, donc quand l'ouvrière avait produit 10 centimètres d'ouvrage elle avait déplacé 64,000 fuseaux. Nous ne pensons donc pas pouvoir, à l'aide des quelques lignes précédentes, indiquer le moyen de faire une dentelle, c'est là un métier que l'expérience peut seule enseigner, et dont on ne peut décrire que le principe; car prît-on un exemple déterminé, la description détaillée des manœuvres entraînerait à un volume d'une lecture impossible à suivre, dont on ne pourrait déduire que peu ou point de règles générales permettant ensuite de les appliquer à un exemple différent.

Dentelles à l'aiguille. Cette seconde famille de dentelles se fabrique au moyen de l'aiguille, sur un dessin exécuté, soit sur parchemin pour les dentelles fines, soit sur papier pour les plus ordinaires. On peut ainsi faire le réseau et les ornements, soit simultanément, soit séparément en les rapportant après coup l'un sur l'autre suivant les positions relatives à la composition générale, c'est ce qui forme les applications. Les éléments constitutifs de la dentelle à l'aiguille sont un peu plus variés que pour la dentelle au fuseau, ainsi au mat, à la gaze et aux jours on ajoute le *point-un*, tissu réticulaire et transparent à mailles hexagonales ornées aux quatre angles principaux d'une maille carrée beaucoup plus petite. Enfin dans cette dentelle, les cordonnets qui servent à contourner les dessins, à les fixer sur le fond, jouent un rôle assez considérable. Les modifications de grandeur des mailles, dans le mat et la gaze, permettent d'obtenir des dégradations de nuancement dans les effets du dessin, et c'est ainsi qu'on a pu faire dans ces dentelles des reproductions fidèles de tableaux de maître. La combinaison dans une même pièce de parties au fuseau, et au point à l'aiguille offre des ressources précieuses surtout pour les fleurs variées et les ornements composés de nombreuses nuances.

Les dentelles à l'aiguille portent souvent, comme on l'a déjà vu, le nom de *point à l'aiguille*, et le point de Venise en particulier est un des plus beaux exemples qu'on puisse citer dans ce genre.

L'origine de ces dentelles fut le *lacis*, dans lequel

on commençait par prendre un tissu de toile ordinaire, dont on tirait régulièrement des fils de chaîne et de trame, de manière à former un canevas à jour et à mailles carrées, puis on arrêtait les croisements à chaque angle par un point à l'aiguille, sur lequel on exécutait les broderies à l'aiguille. Vint ensuite le *point coupé*, à réseau plus large, à angles arêtés, avec cordons sur les linéaments du réseau, et un toilage intérieur en diagonale servant de points d'appui au dessin proprement dit. Enfin on supprima toute règle absolue pour la confection du réseau de fond, fait lui-même à l'aiguille, suivant les nécessités du dessin, et le point à l'aiguille fut désormais créé.

Quant au mode suivant lequel est installé la fabrication des dentelles, il varie un peu suivant les genres et les localités; mais il est facile de comprendre que dans beaucoup de circonstances, on a pu avec avantage y appliquer le principe de la division du travail, qui permet d'accélérer la production, et de répartir entre les mains d'habiletés diverses, des travaux relatifs à ces habiletés.

Les dentelles, ainsi qu'on le comprend, ne peuvent guère être livrées par les ouvrières dans un état de propreté irréprochable. Pendant longtemps on a fait usage exclusivement de la céruse ou blanc de plomb, soit pour remettre à neuf les dentelles souillées, soit pour faire disparaître les traces des doigts et dissimuler les raccordements des dessins, spécialement dans l'application de Bruxelles. On sait combien cette substance a d'influence malsaine sur l'économie vitale. M. Masson a proposé, il y a longtemps, de substituer à la céruse le sulfate de plomb, qui remplit admirablement toutes les conditions voulues, et n'a qu'une très faible action sur l'économie.

Il nous sera facile, à l'aide de ce qui précède, de pouvoir donner la définition de chacun des genres de dentelle, dont des spécimens variés sont représentés dans la partie historique de cet article.

La dentelle de Chantilly et la blonde, sont des dentelles de soie, la première noire, la seconde blanche. Le chantilly se fait aujourd'hui sur réseau Alençon parsemé de fleurs et d'ornements très mats entourés d'un petit cordonnet. La blonde se distingue par la finesse extrême tant dans le réseau que dans les ornements.

Les autres dentelles sont en fil de lin ou d'Écosse, quelquefois en coton. Celle d'Alençon est une dentelle à l'aiguille, dont nous avons déjà décrit le réseau, et dont les cordonnets et les lignes marquantes des fleurs, sont bourrés de crin et recouverts de fil. La dentelle de Malines est une dentelle au fuseau, à réseau à maille octogonale, dont les dessins sont relevés par un cordonnet de fil plat. La valenciennes est également une dentelle au fuseau, autrefois et c'est ce qui distingue les vieilles valenciennes, tous les fuseaux, même ceux qui faisaient le mat, concourraient à faire le fond, d'où une lenteur excessive dans la production; aujourd'hui les fuseaux qui servent à faire les mats, ne concourrent plus à la confection du fond, ils sont levés et reportés comme dans les tissus brochés Enfin le point de Bruxelles, dont le réseau est composé de très petites mailles hexagones, et les ornements rapportés, c'est-à-dire cousus sur ce fond que l'on découpe ensuite sous les applications.

Dentelles à la mécanique. La base de l'industrie des dentelles mécaniques, c'est la fabrication du *tulle* (V. ce mot), c'est-à-dire d'un réseau réticulaire à maille polygonale, analogue à celui que l'on fait aux fuseaux ou à l'aiguille. Toutefois, les différences entre ces deux sortes de tissus sont assez sensibles et malgré les perfectionnements considérables apportés dans les machines à tulle, un œil tant soit peu exercé peut facilement distinguer un réseau à la main et un réseau à la mécanique. On peut établir entre les dentelles mécaniques et les dentelles à la main une comparaison qui a été déjà faite bien des fois entre le cachemire de l'Inde et le châle français. Les dentelles mécaniques manquent, en effet, de ce flou, de ce moelleux, de cette irrégularité chatoyante qu'offrent celles faites à la main; et cette différence provient assurément de ce que dans le travail à la machine, la force qui opère étant toujours la même, la régularité du tissu est aussi absolue, et il en résulte ce qu'en terme de métier on nomme un tissu *plat*. La façon même dont sont constitués les tissus, résultant des deux procédés différents, suffit d'ailleurs à faire comprendre qu'ils ne peuvent être parfaitement identiques. Dans le réseau à la main, on a vu qu'il n'y avait qu'un seul système de fils s'enlaçant les uns les autres : dans le réseau mécanique, il y a deux systèmes formant l'un la chaîne, l'autre la trame passant dans une direction oblique autour des fils tendus de chaîne, tournant une fois autour de chacun d'eux et deux fois autour de ceux tendus sur les bords. Cette combinaison donne le réseau à maille rectangulaire, en employant deux fils de trame dans deux directions opposées on obtient la maille hexagonale. Ainsi, alors que dans le réseau à la main deux fils, qui se croisent, sont mutuellement tordus l'un sur l'autre, dans le réseau mécanique, un seul fil est tordu autour de l'autre. On voit également que le *picot* ne peut venir avec le réseau et doit être rapporté; c'est là ainsi qu'il a déjà été dit, un des grands caractères de distinction des deux genres.

Pendant assez longtemps, cette industrie s'est bornée à la fabrication du réseau, sur lequel on appliquait ensuite des ornements faits à part sur le carreau ou à l'aiguille. Au point de vue de la rapidité et de l'économie de production, il y avait déjà là un progrès très important, mais qui ne tarda pas à être suivi de nouveaux, qui ont permis de fabriquer mécaniquement des dentelles à peu près entièrement. En employant des fils auxiliaires, on est parvenu à intercaler directement dans le réseau primitif simple, des toilés de maille différente, remplissant les effets de mat, et sur lesquels, par une broderie à la main, on parvenait à imiter complètement la dentelle. Cette fabrication a donné lieu à des imitations très parfaites de dentelles riches, et les nouveaux produits ont même reçu des noms particuliers qui les distinguent dans le commerce. C'est ainsi, par exemple, que les dentelles de Cambrai sont l'imitation mécanique des dentelles de Chantilly. Enfin, les progrès récents des machines appliquées à la couture, certaines variétés de brodeuses, par exemple, ont encore permis de perfectionner ce genre de travail, et les dentelles mécaniques, bien que ne pouvant être confondues avec les dentelles à la main, n'en sont pas moins arrivées aujourd'hui à une perfection relative assez grande, et peuvent être fabriquées avec une rapidité et à des prix tels qu'elles occupent aujourd'hui une place très importante dans le commerce, qui redouble d'efforts tous les ans, soit à Lyon, soit à Saint-Pierre-les-Calais, pour offrir aux consommateurs des produits d'un aspect nouveau, et toujours à des prix de moins en moins élevés. Quant à l'outillage spécial pour ce travail, comme il est intimement lié à celui de la fabrication du TULLE, nous renvoyons à cet article pour les détails de construction.

Une invention récente permet cependant d'affirmer que toutes les différences qui séparaient jusqu'ici la vraie dentelle à la main, de la dentelle d'imitation à la mécanique vont disparaître, du moins pour les produits d'une machine particulière, récemment inventée, la *dentellière*, et que l'on trouvera décrite plus loin sous ce titre. — R.

II. **DENTELLE.** *T. de lapid.* Partie de la superficie d'un diamant taillé en rose. || Brillant sur lequel les arêtes des biseaux sont rabattues par une simple facette. || *T. techn.* Réunion des pointes qui forment le peigne du dominotier. || *T. de typogr.* Vignette qui sert d'ornement aux titres des livres ou d'entourage aux pages.

* **DENTELLERIE.** Fabrication, ouvrages de dentelles.

DENTELLIÈRE. 1° *T. de mét.* Nom général donné aux ouvrières qui font de la dentelle, mais qui reçoit quelquefois des distinctions ou des qualifications particulières, suivant les pays et suivant que le travail est divisé en plusieurs mains occupées chacune séparément à une partie spéciale de l'ensemble. || 2° *T. techn.* Nouvelle machine qui permet de reproduire mécaniquement les vraies dentelles à la main, sans qu'il y ait une différence bien appréciable entre les deux produits. On a pu voir dans l'article DENTELLE qu'une des différences fondamentales entre le vrai réseau, et celui produit mécaniquement, consistait dans le mode d'enlacement des fils qui, dans le vrai réseau, sont tous de même nature, alors que dans l'autre ils sont divisés en deux groupes : chaîne et trame. La dentellière réalise exactement, mais d'une façon mécanique, le travail que l'ouvrière exécute sur le carreau, tous les fils jouant un même rôle, sans cette division en deux groupes. Dans une couronne circulaire, sont percées douze rangées horizontales de trous tangents entre eux, d'abord sur une même rangée, puis d'une rangée à l'autre ; dans ces trous sont enchâssées des broches munies à leur extrémité antérieure d'une rainure diamétrale formant coulisse à recouvrement. Une tête en forme de queue d'aronde est engagée dans cette coulisse, et par son extrémité sortant de la broche porte la bobine où est enroulé le fil. Il résulte de cette disposition, que par la rotation des broches les fils peuvent recevoir une torsion de droite à gauche ou de gauche à droite, en même temps qu'une tige, traversant la broche et armée de pièces articulées, détermine la translation du porte-cocon dans la rainure de la broche, soit horizontalement à droite ou à gauche, soit de bas en haut, produisant ainsi à volonté le passage du porte-cocon d'une broche déterminée, de la coulisse correspondante dans celle d'une des quatre broches tangentes à la première. Cette simple explication suffit à montrer que les fils sont dirigés d'une façon identique à celle qu'emploie l'ouvrière sur son carreau. Transport des fuseaux choisis, rotation des fuseaux sur eux-mêmes. Quant à la suite de l'opération on va voir qu'elle est encore la réalisation mécanique du travail à la main. Tous les fils sortant des cocons sont tendus horizontalement et viennent se disposer les uns à côté des autres entre un système de cylindres entraîneurs. Au devant de ces cylindres est agencé un système d'épingles en acier dont le rôle est le même que celui des épingles sur le carreau. Lorsque deux fils de l'ensemble sont tordus l'un sur l'autre, l'épingle se lève et se place entre les deux fils bien en avant du croisement opéré ; puis glissant horizontalement après avoir cueilli ce croisement, le transporte auprès du système entraîneur et ne l'abandonne, en s'abaissant, qu'après qu'un nouveau croisement, de ces mêmes fils avec d'autres, permet d'abandonner le premier dont la durée est assurée. Quant à la réalisation de ces mouvements corrélatifs si complexes, elle est obtenue très aisément à l'aide de machines à la Jacquart avec des jeux de cartons préparés sur la mise en carte du dessin de la dentelle, et actionnant : les uns, les broches pour les faire tourner sur elles-mêmes et produire leur translation ; les autres pour régler le jeu correspondant des épingles. Tel est le principe de cette ingénieuse machine, dont le mode de fonctionnement, pareil à celui qu'emploie l'ouvrière, a pour résultat, de produire une dentelle tellement identique à la vraie dentelle à la main, qu'il faut avoir l'œil très exercé pour en faire la différence ; elle a ceci de particulier que le picot pris à même sur les fils, et non rapporté après coup, présente une condition qu'on ne peut trouver dans aucune autre dentelle mécanique. Sans entrer dans des détails plus étendus, on comprend facilement que les broches peuvent servir à faire un réseau avec mélange de dessin comme dans la vieille valenciennes, ou bien, si ce dessin est trop complexe, un certain nombre des broches ne sont mises en marche que pour concourir spécialement à la formation du dessin, exactement encore ainsi qu'il est dit plus haut pour le second mode de fabrication de la valenciennes. Dans le premier cas, la machine peut fabriquer à la fois douze bandes identiques, dans le second, neuf ou six suivant la complication du type choisi. — R.

DENTICULE. *T. d'arch.* On désigne ainsi des

ornements de forme cubique distribués à intervalles égaux sur l'entablement de certains ordres d'architecture. Ces ornements appartiennent surtout aux corniches ionique, corinthienne et composite. On leur donne, en général, une hauteur double de leur largeur, et leurs intervalles, appelés *métoches*, varient de la moitié aux trois quarts de la largeur des denticules.

***DENTICULÉ, ÉE.** *T. d'arch.* Ornement garni de denticules. ‖ *Art hérald.* Se dit d'un écu dont la bordure est formée de petites dents semblables aux denticules en usage dans l'architecture.

DENTIER. Appareil formé par une série de dents artificielles montées sur une plaque. La pose d'une pièce dentaire exige les opérations suivantes : prise de l'empreinte de la partie sur laquelle doit reposer la pièce ; confection d'un modèle avec du plâtre ; confection du moule et du contre-moule à l'aide du modèle ; fixation des dents sur la plaque, opération de finissage ; décapage (si c'est une plaque métallique), polissage, etc., et, enfin, fixation du dentier dans la bouche.

L'empreinte de la partie de la bouche sur laquelle doit reposer le dentier se prend à l'aide d'une substance plastique déposée dans un porte-empreinte que l'on introduit dans la bouche du patient. Les porte-empreinte doivent suivre aussi exactement que possible les contours des surfaces qui serviront de modèle, et laisser entre l'appareil et ces surfaces un espace de 5 à 10 millimètres pour introduire la substance à empreinte. Ces porte-empreinte sont généralement en métal et en gutta-percha. La porcelaine et le caoutchouc durci ont été essayés, mais le premier de ces corps est trop fragile et le second ne se prête pas assez aux cas particuliers qui peuvent se présenter. L'empreinte, avons-nous dit, se prend avec une substance plastique. Cette substance néanmoins ne doit être ni trop dure — car elle exigerait une trop grande pression pour l'appliquer — ni trop molle — car elle s'échapperait du porte-empreinte ; elle doit durcir rapidement et ne pas se dilater ni se rétracter. Trois substances, la cire des abeilles, la gutta-percha, le plâtre réunissent ces qualités. Le praticien doit voir dans quel cas il doit recourir à l'une ou à l'autre de ces matières.

L'empreinte étant prise, on fait un modèle en plâtre. La confection de ce modèle est très délicate et nous ne pouvons entrer ici dans ses détails. Le moule — qui est généralement en zinc ou en plomb — et le contre-moule — qui est en plomb — peuvent se faire de différentes manières, entre autres en versant le métal fondu dans une matrice en sable faite avec le modèle ; le contre-moule s'obtient en versant le métal fondu dans le moule. Si la plaque du dentier est métallique, on l'estampe en la plaçant entre le moule et le contre-moule.

Après s'être assuré de l'exactitude des rapports des dents artificielles avec les dents naturelles antagonistes, ou bien — s'il s'agit d'un double dentier — avec la plaque opposée, — on les maintient sur la plaque avec de la cire ou du plâtre et on adapte, par derrière, une contre-plaquette percée de trous correspondant aux deux petites pointes de platine dont est munie chaque dent. Ces pointes sont rivées à la contre-plaquette et on soude ensuite tout le système. On procède enfin au décapage, et au polissage. Nous devons encore citer les dents à tube. Ces dents sont percées d'un canal dont la paroi est formée par un tube de platine qu'on soude sur la base du dentier.

Les dents humaines se fixent sur la base en y soudant une ou deux tiges d'or vert qu'on fait pénétrer dans le canal de la dent.

Nous n'avons indiqué la fixation des dents sur la base que dans le cas où celle-ci est métallique ; cela suffit, croyons-nous, pour faire comprendre la marche générale à suivre.

Beaucoup de matières servent à faire des plaques de base ; nous ne pouvons que les énumérer, chaque praticien ayant sa préférence. Nous dirons donc que l'on fait des plaques en porcelaine, en étain, en aluminium, en métal chéoplastique (argent, bismuth, traces d'antimoine), en substances vulcano-plastiques (substances végétales auxquelles on a incorporé du soufre, de l'iode, etc.), en vulcanite (caoutchouc vulcanisé), en celluloïd, etc.

Le dentier étant constitué est fixé dans la bouche et y est maintenu, soit par des ressorts en spirale, soit par des crochets, soit enfin par adhérence parfaite à la gencive au moyen du vide produit entre la plaque et la muqueuse. Ce système, qui prend le nom de *dentier à succion*, a été introduit en Europe vers 1855, par M. Préterre, chirurgien-dentiste qui, depuis, l'a tout à fait perfectionné. S'il s'agit d'un petit nombre de dents, on ne les monte pas sur plaque, on les fixe à l'aide d'un pivot. La place qui nous est réservée ne nous permettant pas d'entrer dans les détails très intéressants de la fixation des dentiers, dans l'examen des avantages ou des inconvénients que présente chaque système, nous devons renvoyer aux traités spéciaux sur la matière.

– *Bibliographie : Traité théorique et pratique de l'art du dentiste*, par Chapin, A. Harris et Ph.-H. Austen, traduit de l'anglais, par le Dr E. Andrieu, J.-B. Baillière et fils, édit. ; *Les dents*, par A. Préterre, 13e édit.

DENTIFRICE. On comprend sous ce nom les compositions en poudre, ou en pâte (*opiats*) ou liquides (*eaux* et *élixirs*), destinées à l'entretien et aux soins de la bouche. Les dentifrices sont préparés par les parfumeurs et par les pharmaciens : leur fabrication n'offre rien de particulier, ni au point de vue des appareils ni à celui du mode opératoire. Les poudres dentifrices s'obtiennent en mélangeant soigneusement les substances préalablement pulvérisées, tamisées, et en les additionnant de substances aromatiques et colorantes. Les opiats sont des mélanges de miel et de substances minérales et aromatiques pulvérisées. Les eaux et les élixirs sont constitués soit par des dissolutions d'huiles essentielles et de résines dans l'alcool, et colorés au goût du public, soit par des infusions alcooliques de substances végétales. Nous donnons ci-dessous, sans discuter leur valeur, les formules des dentifrices qui ont eu ou qui ont encore une certaine réputation.

I. Poudres dentifrices. Les dentifrices solides peuvent se diviser en dentifrices acides et en dentifrices alcalins; ceux-ci semblent préférables à ceux-là, d'après les expériences faites et publiées par M. Préterre: les substances acides ayant le grave défaut d'altérer les dents.

1° *Dentifrices acides. Poudre de Cadet* (Codex): bol d'Armenie 90 grammes; corail rouge 95 grammes; os de sèche 96 grammes; sang dragon 48 grammes; cochenille 12 grammes; tartrate acide de potasse 140 grammes: cannelle 12 grammes; girofle 4 grammes. On pulvérise toutes les substances et on tamise.

Poudre de Charlat: bitartrate de potasse 150 grammes; alun calciné 10 grammes; cochenille 8 grammes; essence de roses 5 gouttes.

Poudre de Deschamps: Talc 120 grammes; crème de tartre 30 grammes; carmin 0g,3; essence de menthe 15 gouttes;

2° *Dentifrices alcalins. Poudre de charbon magnésienne.* Charbon 200 grammes: magnésie calcinée 10 grammes; essence de menthe 1 gramme.

Poudre alcaline. Talc 120 grammes; bicarbonate de soude 30 grammes; carmin 0g,3; essence de menthe 15 gouttes.

Poudre de Regnart. Magnésie 15 grammes; sulfate de quinine 0g,5; carmin ou cochenille 2 grammes: essence de menthe poivrée 3 gouttes.

Dentifrice neutre. Carbonate de chaux précipité 200 grammes; sucre 50 grammes; essence de menthe 5 grammes; essence d'anis 1 gramme; carmin ou cochenille à volonté.

Poudre de Mialhe. Sucre de lait 1,000 grammes; tannin 15 grammes; laque carminée 10 grammes; essence de menthe 20 gouttes; essence d'anis 20 gouttes; essence d'orange 10 gouttes.

II. Opiats. Les opiats sont peu usités quand leur emploi n'est pas ordonné par un médecin. Nous citerons comme exemple l'*opiat de Desforges*: miel de Narbonne 160 grammes; corail 150 grammes; crême de tartre 30 grammes; os de sèche 20 grammes; cochenille 3 grammes.

III. Eaux dentifrices et élixirs. *Elixir de Desirabode*: eau de vie de gaïac 180 grammes; eau vulnéraire 180 grammes; essence de menthe 4 grammes.

Eau de Botot. Semences d'anis 80 grammes; girofle et cannelle concassées, 20 grammes de chaque; essence de menthe, 10 grammes. Faire macérer huit jours dans 2 litres 250 d'eau-de-vie; filtrer et ajouter 1 gramme de teinture d'ambre.

Elixir odontalgique de Leroy. Gaïac 15 grammes; pyrèthre 4 grammes; noix muscade 4 grammes; girofle 2 grammes; essence de romarin 10 gouttes; essence de bergamotte 4 grammes; alcool 100 grammes; on filtre après huit jours de macération.

Paragay roux. Feuilles et fleurs d'inula bifrons 10 grammes; fleurs de cresson de para 40 grammes; racine de pyrèthre 10 grammes; alcool 80 grammes. On filtre après 15 jours de macération. — P. G.

— V. Bouchardat : *Formulaire magistral*; Soubeyran et Regnault : *Traité de pharmacie*; Lunel : *Cosmétiques et parfums*.

***DENYS** (Pierre), né en Belgique en 1658, mort en 1733 à Saint-Denis où il travaillait pour le compte de l'Abbaye, fut un artiste remarquable dans le travail du fer. Il sut assouplir le métal et lui donner les contours les plus délicats; on lui doit la plupart des admirables ornements en fer de l'Abbaye, à Saint-Denis; la grille, la balustrade de la cathédrale de Meaux, etc.

DÉPART. *T. de chim.* Opération qui consiste à débarrasser les métaux précieux de certains autres qu'ils peuvent contenir.

— Ce mot, qui vient de *départir*, vieux mot synonyme de *séparer*, s'applique surtout à la purification de l'argent, de l'or et du platine. Quoique toutes les monnaies anciennes renferment une certaine quantité d'or allié à l'argent, Pline indiquait déjà le moyen de purifier l'or (Livre XXXIII, ch. XXV); mais, comme son procédé faisait perdre l'argent, l'eau-forte, ou solution d'acide azotique, fut préconisée pour ce même usage, dès le temps des premières croisades, et un établissement de ce genre était autorisé à Paris, en 1403, et exploité par un Génois, Dominique Honesti. Ce ne fut que vers les premières années du XIXe siècle, que l'on utilisa le procédé inventé au XVIe par Agricola, et basé sur l'emploi de l'acide sulfurique, pour séparer facilement l'or de l'argent. Cette méthode perfectionnée en 1825, par M. Serbat, essayeur de la monnaie, est encore employée de nos jours. Elle constitue ce que l'on nomme l'*affinage*. — V. ce mot.

***DÉPARTEUR.** *T. de mét.* Celui qui fait le départ des métaux.

DÉPECER. *T. techn.* Action de diviser, de mettre en morceaux, et chez les gantiers, d'étirer les peaux dans tous les sens.

***DÉPENDAGE.** *T. de tiss.* Opération qui a pour objet la séparation des maillons garnis des cordes auxquelles ils sont suspendus.

***DÉPENSE.** *T. d'hydraul.* C'est la quantité de liquide qui s'écoule par un orifice dans un temps déterminé, ordinairement une seconde. Elle dépend de la grandeur de cette ouverture, ainsi que de la vitesse d'écoulement, vitesse qui varie avec la charge du liquide à l'orifice, c'est-à-dire avec la hauteur verticale du niveau au-dessus du centre de l'orifice. La vitesse théorique d'écoulement d'un liquide est donnée, d'après le principe de Torricelli, par la formule

$$v=\sqrt{2gh},$$

dans laquelle h est la hauteur verticale du liquide au-dessus du centre de pression de l'orifice, et g l'intensité de la pesanteur; c'est la vitesse qu'acquiert un corps tombant dans le vide pendant une seconde, $g=9{,}8088$.

On peut calculer la dépense, quand on connaît la section de l'orifice et la vitesse d'écoulement; car le liquide qui s'écoule en une seconde peut être représenté par un cylindre ayant pour base la section de l'ouverture et pour longueur, la vitesse d'écoulement, dans ce même temps. Si S est l'aire de la section, la dépense sera

$$D=Sv=S\sqrt{2gh}$$

Mais la vitesse effective n'est jamais égale à la vitesse théorique. Un phénomène particulier, la *contraction de la veine*, vient la diminuer dans un rapport qui varie avec les conditions de l'écoulement. L'expérience a constaté que cette vitesse effective est égale à celle qui aurait lieu théoriquement si la section de l'orifice était réduite à celle de la veine contractée. Si l'on représente par m ce rapport, on a, en général :

$$D = mSv = mS\sqrt{2gh}$$

1° *Dépense par un orifice en mince paroi.* Il résulte d'un grand nombre d'expériences que dans ce cas m = 0,62, donc

$$D = 0{,}62S\sqrt{2gh} = 2{,}75S\sqrt{h}.$$

2° *Dépense par un ajutage cylindrique.* La dépense est un peu augmentée, pourvu que la longueur du tuyau soit au moins égale à 2 fois ou 2 fois 1/2 le diamètre de l'orifice, l'écoulement ayant lieu à plein tuyau, à *gueule-bée*; alors

$$D = 0{,}82S\sqrt{2gh} = 3{,}62S\sqrt{h}.$$

3° *Dépense par les ajutages coniques convergents.* Les effets varient avec *l'angle de convergence*. La dépense réelle, à partir des 0,82 de la dépense théorique, va graduellement en augmentant, à mesure que l'angle de convergence des côtés de l'ajutage augmente, mais jusqu'à 12 ou 13 degrés seulement ; son coefficient est alors 0,95. Au-delà elle diminue, très faiblement d'abord, puis plus rapidement et finirait par n'être plus que celle qu'on obtient des orifices en mince paroi, les 0,65 de la dépense théorique.

4° *Dépense par les ajutages coniques divergents.* Ces ajutages, peu employés, présentent le singulier phénomène de donner une dépense plus grande que la dépense théorique. Venturi, qui a fait beaucoup d'expériences sur ces ajutages, a trouvé que, si la longueur du tronc de cône est égal à 9 fois le diamètre de la petite base, et si l'angle d'évasement est d'environ 5°, la dépense réelle est 1 fois 1/2 plus grande que la vitesse théorique.

Dépense par les tuyaux de conduite cylindriques. Si le parcours est rectiligne et sans coude, et si l'écoulement se fait à l'air libre, la dépense sera

$$D = 20{,}8\sqrt{\frac{h\,d^5}{L + 54d}}$$

dans laquelle d est le diamètre du tuyau, L la longueur totale de la conduite. Bien que la vitesse augmente avec la hauteur h du réservoir, elle diminue à mesure que les tuyaux sont plus longs et plus étroits, il peut même se faire que, malgré une très grande hauteur de niveau, le liquide ne s'échappe que goutte à goutte, par suite des frottements considérables que le liquide éprouve contre les parois des tuyaux, la vitesse étant en raison inverse de la section et de la longueur des tuyaux.

Dépense d'un cours d'eau. C'est le volume de liquide qui passe en une seconde par une section transversale de ce cours d'eau. Un barrage convenable où l'on a pratiqué diverses ouvertures qu'on ferme ou qu'on débouche permet de rendre le niveau constant. La dépense est alors le produit de la section transversale par la *vitesse moyenne*. Cette section se détermine en faisant des sondages le long d'un cordeau tendu perpendiculairement au courant. On a trouvé que la vitesse moyenne U est les 0,80 de la vitesse *maximum* V, qui a lieu à la surface et suivant la ligne de plus grande profondeur ; c'est-à-dire qu'on a U = 0,80 V. Quant à la vitesse V elle s'évalue facilement, soit à l'aide de légers flotteurs, dont on suit la marche sur la rive, soit à l'aide de moulinets destinés à cet usage, on a donc

$$D = SU = 0{,}80SV.$$

Cette dépense constitue ce qu'on nomme le *jaugeage* du cours d'eau.

Dépense par les vannes et déversoirs. Quand l'eau s'écoule par la partie inférieure du barrage, au moyen d'une *vanne* verticale un peu inclinée :

$$D = 0{,}62S\sqrt{2gh}$$

Si la vanne est inclinée à 45° et les parois latérales du réservoir évasées sans coude brusque, le coefficient pourrait s'élever de 0,62 à 0,80. Dans ce cas

$$D = 0{,}80S\sqrt{2gh}$$

Dans le cas d'un déversoir, en représentant par l la largeur de l'orifice et par h la hauteur du niveau supérieur au-dessus de la crête du déversoir, on a

$$D = mlh\sqrt{2gh}$$

le coefficient m varie avec la hauteur h et avec le rapport de la largeur l avec celle du canal ; mais on peut prendre moyennement : $m = 0{,}40$; si cependant le courant occupait toute la largeur du déversoir m peut atteindre 0,44.

La dépense des cours d'eau s'estime quelquefois à l'aide d'une unité qu'on nomme *pouce d'eau*.

Dépense dans l'écoulement des fluides aériformes. Dans l'écoulement des gaz, la veine fluide se contracte comme dans l'écoulement des liquides, et pour calculer la dépense réelle, il faut employer les mêmes coefficients de réduction. On a donc généralement :

$$D = mSv;\quad v = \sqrt{2gh}$$

La vitesse d'écoulement des gaz par de longs tuyaux est toujours plus petite que par des orifices en mince paroi. Sa diminution est d'autant plus considérable qu'elle est elle-même plus grande et que les tuyaux sont plus longs et plus étroits.

Dépense de vapeur et de combustible. « La dépense de vapeur s'obtient en multipliant le volume du cylindre où arrive la vapeur à pleine pression, par l'espace parcouru par le piston dans une heure, puis par le poids de la vapeur selon la pression. » (Armengaud.) La dépense du combustible se détermine en divisant la dépense de la vapeur par le pouvoir calorifique de 1 kilogramme de houille. Or, on sait que 1 kilogramme de bonne houille réduit en vapeur 6 kilogrammes d'eau. — C. D.

***DÉPHOSPHORATION.** *T. de métall.* On nomme ainsi, dans l'industrie, l'opération qui a pour but d'enlever le phosphore du fer ou de l'acier. Pour comprendre l'importance de la déphosphoration, il faut d'abord expliquer l'influence qu'exerce le phosphore sur les propriétés des métaux extraits du minerai de fer : la fonte, le fer, l'acier.

Le phosphore rend la *fonte* plus fluide, mais il augmente considérablement sa fragilité à froid. Le phosphore facilite le laminage du *fer*, mais il lui ôte toute résistance au choc. Le phosphore ne peut exister dans l'*acier* dans la proportion de 2 à 3 millièmes, que si le carbone est en très faible quantité. Dès que l'acier est un peu carburé, le phosphore lui communique un état cristallin, ainsi qu'une aigreur toute particulière, qui s'opposent entièrement au laminage et au martelage.

Déphosphoration des minerais. On a cherché d'abord à enlever aux minerais de fer le phosphore qu'ils renferment principalement sous forme de phosphate d'alumine et de phosphate de chaux. On a essayé de dissoudre, par des eaux acidulées, ces phosphates terreux. L'acide sulfureux réussit assez bien, mais on se trouvait entre deux écueils. En agissant sur les minerais en gros morceaux l'épuration était faible, et si on les pulvérisait, leur traitement ultérieur au fourneau en était rendu plus difficile; les menus tendant toujours à échapper en partie à la réduction par les gaz et à tamiser jusqu'au creuset. D'ailleurs, l'emplacement nécessaire était considérable et les frais étaient assez élevés. On a renoncé à ce procédé.

Déphosphoration des fontes au puddlage. La présence du phosphore, dans les scories de puddlage, avait montré depuis longtemps que ce mode d'affinage était accompagné d'une déphosphoration. L'analyse chimique indiquait que cette épuration n'était que partielle; que des fontes à 15 millièmes de phosphore donnaient des fers qui en renfermaient encore 6 à 7 millièmes. Les théoriciens, d'accord sur le fait de cette déphosphoration, ne l'étaient plus quand il s'agissait d'en trouver l'explication. Les uns admettaient que la fluidité du phosphure de fer, au moment de la solidification du fer, permettait une sorte de *liquation*. Le phosphure de fer liquaté s'oxydait ensuite au contact des gaz du foyer, toujours chargés d'air en excès et produisant finalement le phosphate de fer que l'on trouvait dans la scorie. Les autres, mieux avisés, comme nous le verrons plus loin, attribuaient la déphosphoration à une oxydation directe du phosphore, en présence d'une scorie suffisamment basique pour retenir à l'état de phosphate, l'acide phosphorique produit. Dans ces derniers temps, la déphosphoration au puddlage des fontes très phosphoreuses du Luxembourg et de la Moselle, s'est perfectionnée par l'introduction du manganèse. On a pu, en ajoutant un à deux pour cent de manganèse à la fonte, au moyen des *petits spiegel* de Prusse, obtenir avec des fontes à 15 millièmes de phosphore des fers qui n'en contenaient plus que 1 millième environ.

Déphosphoration dans la fabrication de l'acier. Jusqu'en 1878, on ne pouvait employer à la fabrication de l'acier, par les procédés Bessemer et Martin-Siemens, que des fontes provenant de minerais très purs. On n'obtenait couramment de bons aciers qu'avec des fontes renfermant seulement 5 à 7 dix-millièmes de phosphore. C'était une grave restriction; la majeure partie des minerais de fer, les plus abondants et les moins chers, donnant couramment des fontes à 10 et 15 millièmes de phosphore. La fabrication de l'acier avec des fontes communes était donc un *desideratum* de la métallurgie; et on en recherchait la solution d'autant plus vivement que l'écart de prix entre ces fontes et les *fontes* dites *à acier*, était assez considérable.

Berthier avait signalé depuis longtemps ce fait que, dans l'opération appelée *mazéage* et dont le but est d'oxyder avant le puddlage la majeure partie du silicium de la fonte, il y avait enlèvement partiel du phosphore. Comme la fonte, soumise à l'action oxydante d'un courant d'air, en présence d'oxyde de fer, restait à l'état liquide à la fin du mazéage, on ne pouvait vraisemblablement attribuer cette déphosphoration à une liquation du phosphure de fer, suivie d'une oxydation, puisque le produit obtenu ne passait pas à l'état solide. Grüner avait attribué cette déphosphoration à la composition *basique* de la scorie ferreuse obtenue, permettant à l'acide phosphorique formé de rester combiné à l'oxyde de fer. Les conclusions que l'on a tirées de cette manière de voir et qui ont amené le succès complet de la déphosphoration, ont montré que c'était bien la véritable explication.

Deux jeunes ingénieurs anglais, MM. Thomas et Gilchrist, se sont demandés si en réalisant une scorie très basique, on n'amènerait pas au Bessemer la déphosphoration tant désirée dans la fabrication de l'acier. Comme la garniture habituelle des convertisseurs Bessemer est en matières réfractaires essentiellement siliceuses, on ne pouvait espérer obtenir et maintenir une scorie basique qu'en modifiant ce garnissage.

MM. Thomas et Gilchrist employèrent un petit convertisseur pouvant contenir quelques kilogrammes de fonte et dont le garnissage était en chaux agglomérée par du silicate de soude. Le refroidissement intense causé par le rayonnement d'une si faible masse ne permit pas de pousser l'affinage jusqu'à sa terminaison, mais la déphosphoration obtenue encouragea les jeunes inventeurs.

Dans un convertisseur tenant 150 à 200 kilogrammes de fonte, ils eurent les résultats suivants, l'acier étant obtenu liquide :

Garnissage en chaux mélangée de 10 0/0 *d'argile ou de silicate de soude :*

	Fonte.	Acier.
Silicium	1.9 à 2 0/0	0.03 à 0.07
Phosphore	1.8 à 1.46	0.04 à 0.07

La scorie renfermait :

Silice	8 à 24
Chaux	32 à 14
Acide phosphorique	5.79 à 10 79

Pour faciliter l'élimination du phosphore, on prolongeait l'affinage un peu au delà de la limite habituelle. On voit que la route vers une solution pratique était parfaitement tracée. Changeant le garnissage du petit convertisseur et employant un mélange d'une partie d'argile et de deux de silice, la fonte à **1,44** 0/0 de phosphore donna de l'acier à 1,63 0/0, tandis que la scorie obtenue renfermait 32,5 0/0 de silice et seulement un millième d'acide phosphorique.

Ajoutait-on, avec un semblable garnissage, 20 0/0 de chaux, avant d'introduire la fonte phosphoreuse, on obtenait un métal, qui ne renfermait plus que 1 0/0 de phosphore et la scorie tenait :

Silice	30.7 à 31
Chaux	18.8 à 25.1
Acide phosphorique	2.0 à 2.3

Il était évident, dès lors, qu'il fallait absolument une scorie basique pour enlever le phosphore, et que cette scorie ne pouvait se former qu'en présence d'une faible proportion de silice, soit dans le garnissage, soit dans les additions, plus ou moins oxydantes, destinées à faciliter l'élimination du phosphore et dont la pratique enseigne l'utilité.

Tel est l'historique de la déphosphoration dans la fabrication de l'acier, ainsi qu'il résulte des recherches de MM. Thomas et Gilchrist dans les années 1877 et 1878.

Actuellement, ce qu'on appelle la *déphosphoration au Bessemer*, c'est-à-dire la fabrication des aciers non phosphoreux avec des minerais impurs, constitue le *procédé Thomas*, ou *procédé basique*, dont le développement s'accentue de jour en jour.

Nature et qualités de la fonte Thomas. La fonte qui doit être traitée pour acier, par le procédé Thomas, a la composition suivante :

Silicium	moins de 1 0/0.
Manganèse	au moins 1,5 0/0.
Phosphore	1,5 à 3 0/0.
Soufre	moins de 2 millièmes.

La faible proportion de *silicium* tient à ce que dans l'opération, le silicium, se transformant en silice, nuirait à l'état basique que doit nécessairement avoir la scorie. Tout excès de silicium est un élément de corrosion pour le garnissage et une dépense inutile en addition basique. Le manganèse, dans la fonte, est destiné à augmenter, par sa scorification, la fluidité de la scorie. Il semble aussi faciliter l'élimination du soufre.

La proportion de phosphore, qui est requise (tandis qu'autrefois les traces seules en étaient prohibées), a pour rôle principal d'élever la température du bain par sa combustion, en l'absence du silicium, qui, dans le Bessemer, est, avec le manganèse, le principal élément calorifique.

Le soufre s'éliminant difficilement, on doit en rechercher l'absence.

Dans l'état actuel, une fonte phosphoreuse, propre au traitement par le procédé Thomas, coûte, de 8 à 10 francs par tonne plus cher que si elle ne devait pas satisfaire aux conditions multiples que nous venons d'énumérer plus haut. Comme l'écart entre les fontes impures et les fontes Bessemer est de 30 à 40 francs, il reste donc une marge assez grande pour les frais spéciaux de l'opération et le bénéfice à réaliser par la nouvelle méthode.

Détails de la déphosphoration au convertisseur Bessemer. Garnissage. On emploie, actuellement et exclusivement, la dolomie calcinée et le goudron pour garnir le convertisseur.

La dolomie est un carbonate de chaux et de magnésie, qui se rencontre fréquemment dans plusieurs étages géologiques et notamment dans le trias. La dolomie est choisie aussi exempte de silice que possible. On expulse son acide carbonique et on lui communique l'état physique désirable, par un *frittage* ou calcination à haute température. Cette opération se fait généralement dans un cubilot avec une consommation de coke assez faible, car elle ne dépasse guère 300 kilogrammes par tonne de dolomie obtenue à l'état de grillage convenable.

On peut, avec cette dolomie, faire des briques et c'est même ainsi que l'on a opéré dans les premiers temps ; mais il est préférable de l'employer comme *pisé*. On dessine, avec des moules de bois ou de fonte, la forme que devra présenter intérieurement le convertisseur, puis on *dame* avec des pilons un mortier de goudron et de dolomie frittée. On fait ainsi une muraille compacte, qui n'a pas de joints et qui, par conséquent, présente moins de prise à l'usure.

On fait, de même, la partie inférieure où se trouvent les tuyères, destinées à donner passage au vent. Primitivement, on se donnait beaucoup de peine pour avoir des tuyères en matériaux basiques, mais on a vite reconnu que l'action corrosive, due à la déphosphoration, s'exerce surtout dans la partie moyenne et supérieure du vase ; on emploie, sans inconvénient, les tuyères en matières réfractaires ordinaires. De même, comme il se fait souvent un engorgement à l'orifice du convertisseur, lorsque la scorie, trop pâteuse, vient à se figer, on s'est assez bien trouvé de placer en cet endroit quelques rangées de briques réfractaires ordinaires.

Forme du convertisseur. La grande épaisseur donnée au garnissage, le volume occupé par les additions, les réactions plus ou moins tumultueuses, tendent à diminuer un peu la capacité utile des convertisseurs, quand on passe de la méthode Bessemer ordinaire à la déphosphoration. On cherche donc à augmenter leur volume. De plus, pour faciliter la coulée du métal et de la scorie on supprime généralement le bec du convertisseur, qui devient totalement symétrique autour de son axe vertical ; on peut alors verser à droite ou à gauche en disposant convenablement la fosse de coulée.

OPÉRATION. La métallurgie fait de si rapides progrès, depuis quelques années, qu'on ne peut avoir d'autre prétention que de représenter fidèlement son *état actuel*. C'est dans ce sens seul que nous prions le lecteur d'interpréter la description suivante de la déphosphoration Thomas.

La fonte, provenant d'un cubilot ou mieux encore, prise directement au fourneau, est versée dans le convertisseur. En même temps qu'elle, et plutôt avant qu'après, on charge une proportion variable de chaux récemment cuite et *encore chaude, si c'est possible*, pour se garantir de la recarbonatation et du refroidissement de l'appareil. On ajoute aussi quelquefois des oxydes de fer, mais la pratique tend à s'en affranchir, parce que l'affinage est alors plus tumultueux. On renverse l'appareil, dès que la coulée de la fonte est finie et on souffle.

Dans une opération *Bessemer* ordinaire on distingue deux périodes : 1° la *scorification* ou formation de la scorie, par l'oxydation du silicium de la fonte. La pression du vent entraîne au dehors de l'appareil, sous forme d'étincelles rougeâtres, des particules de graphite et des globules de scorie, mais comme il ne se forme que de la silice et de l'oxyde de fer, on ne voit pas de flamme proprement dite ; aussi, avec le spectroscope, on n'aperçoit rien qu'un spectre continu et peu lumineux ; 2° dans la deuxième période a lieu la *réaction* de l'oxyde de fer en dissolution dans la fonte, sur le carbone de celle-ci, dont la totalité se trouve à l'état de combinaison ; il se forme de l'oxyde de carbone qui brûle vivement au-dessus du bain et à l'orifice du convertisseur, avec une flamme de plus en plus brillante, à mesure qu'elle se charge davantage de particules métalliques incandescentes. C'est donc ce que l'on peut appeler la *décarburation*. C'est pendant cette période que l'on voit le spectre étaler ses raies nombreuses. D'abord, apparaît la raie jaune du sodium, qui caractérise toutes les flammes, puis des bandes vertes formant un groupe important et très lumineux. Tout d'un coup la flamme tombe, les raies disparaissent successivement, même la raie jaune, il ne reste plus qu'un spectre continu et pâle. Il n'y a plus de flamme, parce qu'il n'y a plus de carbone à brûler, la décarburation est terminée.

Dans l'*opération Thomas*, la faible quantité de silicium en présence, raccourcit beaucoup la première période. On aperçoit donc très rapidement la raie jaune du sodium. Puis la seconde période se développe sans phénomène remarquable. Mais ce qui fait la grande différence entre une opération Bessemer ordinaire et une opération Thomas, c'est qu'*au moment de la chute de flamme qui accompagne la décarburation, la déphosphoration n'est, pour ainsi dire, pas commencée* ; le métal renferme encore les 85 0/0 du phosphore de la fonte. Il faut une *troisième période* dans le procédé Thomas pour enlever le phosphore, c'est ce que l'on appelle le *sursoufflage* (overblowing ou afterblowing des anglais).

Dans cette période, l'oxyde de fer produit réagit sur le phosphore inattaqué et forme un phosphate de chaux et de fer qui passe dans la scorie.

Pour étudier comment se fait l'élimination des différents éléments que renferme la fonte traitée par l'affinage Bessemer ou Thomas, on opère de la manière suivante : on fait, toutes les trois minutes, au moyen d'une cuiller en fer à long manche, une prise d'essai du métal et de la scorie, puis on fait l'analyse chimique de ces échantillons. En prenant pour abscisses les minutes et pour ordonnées les quantités restantes de chaque élément, puis joignant par un trait continu, on obtient un diagramme figuratif, qui donne bien l'idée des réactions chimiques qui se passent.

Nous donnons ici les résultats d'une opération Thomas, tels qu'ils ont été communiqués par M. Richards, au meeting de Liverpool, de l'*Iron and steel Institute*. Nous y avons joint l'analyse des scories correspondantes.

MÉTAL							
Temps écoulé	0	3'	6'	9'	12'	14' 1/2	16' 1/2
Phosphore	1.5	1.6	1.63	1.43	1.42	1.2	0.08
Carbone	3.5	3.6	3.4	2.4	0.9	0.075	»
Silicium	1.7	0.8	0.28	0.05	0.01	0	0
Manganèse	0.7	0.62	0.55	0.37	0.28	0.13	0.1
Soufre	0.05	0.05	0.05	0.05	0.05	0.05	0.05

SCORIES CORRESPONDANTES							
Temps écoulé	3'	6'	9'	12'	14' 1/2	16' 1/2	16' 35"
Silice	32.60	42.60	36.00	35.60	33.00	15.60	16.60
Acide phosphorique	0.60	0.15	1.60	2.61	5.66	15.06	16.03
Fer	5.65	2.00	4.60	4.80	6.15	10.45	11.35

Ces résultats se traduisent par le diagramme de la figure 31.

On voit que la *première période* peut être considérée comme ayant duré 6 minutes, la proportion de carbone est restée sensiblement constante, tandis que le silicium est diminué de 90 0/0. Le phosphore n'a pas diminué, sa proportion relative a même augmenté, puisque par la combustion du silicium et l'oxydation du fer il s'est déjà produit un déchet.

Dans la deuxième période, qui est de 9 minutes, le phosphore ne diminue guère ; le silicium achève lentement de disparaître, tandis que le manganèse s'oxyde peu à peu ; quant au carbone il se brûle complètement.

La partie ombrée du diagramme ci-contre indique la période de *sursoufflage* ou de *déphosphoration* proprement dite, qui caractérise le procédé Thomas. On voit que ce sursoufflage est indispensable, puisqu'au moment où il commence il n'y avait que 10 0/0 à peine de phosphore d'éliminé, tandis que cette porportion s'élève finalement à 94 0/0. L'analyse des scories montre que la déphosphoration ne commence qu'avec une proportion faible de silice, inférieure à 40 0/0 et qu'elle ne s'achève que lorsque celle-ci est au-dessous de 20 0/0. On remarquera même, avec intérêt, que la proportion d'acide phosphorique fixé peut être égale à celle de la silice.

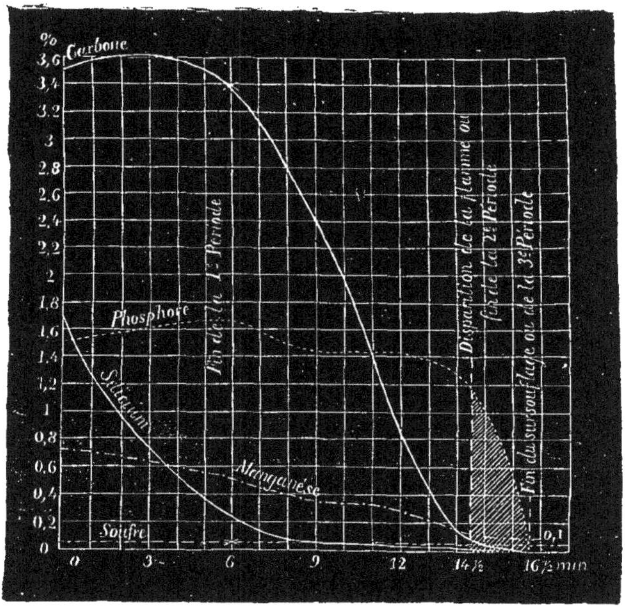

Fig. 31.

Lorsqu'une opération Bessemer est terminée, qu'elle soit faite avec de la fonte pure ou avec de la fonte pour déphosphorer, le bain métallique renferme de l'oxyde de fer, dont il importe de se débarrasser. Cet oxyde de fer, dont la proportion n'est pas supérieure à 1/2 0/0, suffit cependant pour empêcher le métal de se forger et de se laminer. Pour réduire cet oxyde de fer, il faut employer le manganèse métallique, dont l'affinité pour l'oxygène est supérieure à celle du fer. Vu la haute température du bain, l'oxyde produit est de l'oxyde magnétique Fe^3O^4. On admet que la réduction par le manganèse s'arrête à l'état de protoxyde, dont l'affinité pour la silice en présence, permet la formation d'un silicate de fer et de manganèse

$$Fe^3O^4 + Mn = MnO + 3FeO$$

Cette incorporation du manganèse métallique se fait de deux manières (V. Décarburation), suivant qu'on désire obtenir un métal *doux* ou *carburé*. Le *spiegeleisen*, ou spiegel, renfermant 10 à 12 0/0 de manganèse et exceptionnellement 20 à 25 0/0 sert dans la fabrication des aciers durs. Le *ferromanganèse* ou alliage de fer et de manganèse, pouvant renfermer jusqu'à 85 0/0 de manganèse, sert dans la fabrication des aciers doux. La proportion de manganèse métallique nécessaire à la réduction bien complète du bain d'acier, ne saurait être inférieure à *un pour cent*. C'est ce que l'expérience indique.

Les aciers Thomas, obtenus par la déphosphoration, ne le cèdent nullement en qualité aux aciers les meilleurs provenant des minerais les plus purs. L'oxydation intense, destinée à éliminer les dernières traces de phosphore, sert à faire disparaître le silicium en totalité. Il en résulte la possibilité, vraiment étonnante, d'obtenir, en partant de fontes à *deux* ou *trois pour cent de phosphore*, des aciers qui en conservent moitié moins que si on avait employé les fontes les plus pures. On arrive très pratiquement au-dessous de *un demi-millième de phosphore*, ce qui est largement suffisant.

Déphosphoration sur sole. La fabrication de l'acier sur sole, procédé *Martin-Siemens*, présente, vis-à-vis de la fabrication au Bessemer, des avantages et des inconvénients. Les inconvénients sont une fabrication moindre, puisque l'action affinante n'étant pas produite par des torrents d'air, mais seulement, par une action lente des gaz du foyer, ou par les rentrées d'air de la porte de travail, on ne peut espérer une allure rapide. Il en résulte des frais de fusion plus élevés, que la dépense de combustible vient encore augmenter.

Les avantages sont les suivants : puisqu'on affine lentement, on est maître de l'opération, dont on peut essayer à chaque instant les produits. On peut donc atteindre rigoureusement le degré de décarburation voulu. D'un autre côté, le chauffage extérieur, qui maintient le bain métallique à l'état liquide convenable, permet d'élargir le cercle d'approvisionnement des matériaux employés. Ainsi, dans l'opération Bessemer, la fonte doit produire, par la combustion des matières étrangères qu'elle renferme, silicium, manganèse, phosphore, etc., assez de chaleur pour entretenir l'opération. Il en résulte certaines limites de composition, qui correspondent finalement à une augmentation de prix. Dans la fabrication de l'acier sur sole, la composition de la fonte ne joue plus le même rôle. Dans l'opération Martin-Siemens ordinaire la fonte n'était astreinte qu'à deux conditions : ne pas renfermer plus de un millième de phosphore, ni plus de quelques millièmes de soufre. Dans la déphosphoration sur sole, la chose est encore simplifiée ; la seule restriction imposée c'est d'*éviter un excès de soufre* et encore, les li-

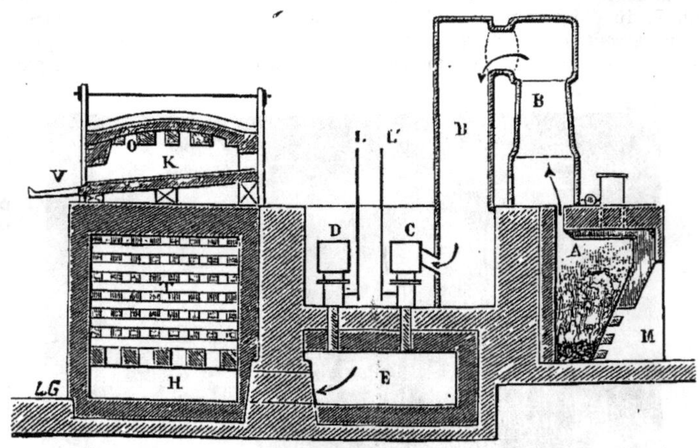

Fig. 32. — *Chauffage Siemens. Coupe du gazogène et du four.*

A Gazogène. — *B* Conduite de gaz faisant siphon. — *C* Valve à gaz. — *D* Valve à air. — *E* Chambre de distribution. — *LL'* Leviers de manœuvre des valves *C* et *D*. — *H* Antichambre du régénérateur. — *K* Four de fusion. — *M* Grille à gradins. — *O* Carneaux de sortie des gaz brûlés. — *O* Carneaux d'entrée de l'air et des gaz. — *S* Chambres à air. — *T* Chambres à gaz. — *V* Chenal de coulée.

mites de cette proportion de soufre tendent-elles à se reculer de plus en plus.

On voit toute l'importance réservée à la *déphosphoration sur sole*. Cette opération métallurgique est destinée à remplacer peu à peu le puddlage et

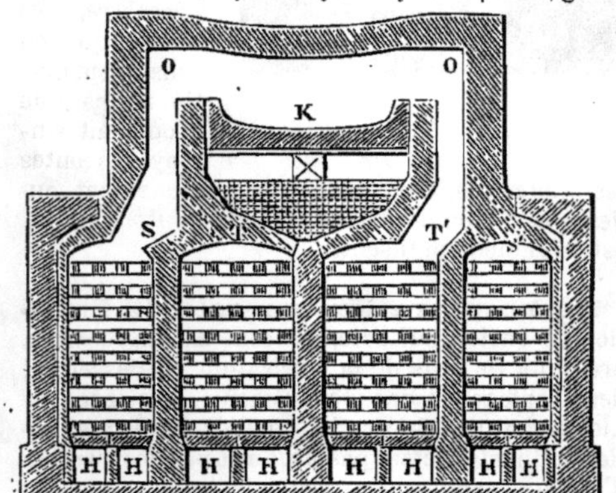

Fig. 33. — *Chauffage Siemens. Coupe du four et des régénérateurs de chaleur.*

(Même légende que celle de la figure 32.)

cette transformation serait infiniment plus rapide, sans la différence de nature physique entre le fer et l'acier. Pour que l'acier doux se substitue complètement au fer, il faut qu'il devienne *soudant* comme lui.

Avant de décrire l'opération proprement dite de la déphosphoration sur sole, nous pensons utile de compléter, pour la fabrication de l'acier sur *sole*, ce qui a été dit à l'article ACIER.

La fusion de l'acier, demandant une température très élevée, ne peut être obtenue, en grande masse, que par un perfectionnement important des procédés de chauffage employés jusqu'à présent en métallurgie. La méthode la plus sûre et la plus répandue est le *chauffage Siemens*, que nous allons décrire.

Le combustible est d'abord réduit à l'état d'oxyde de carbone par une combustion partielle avec accès d'air. C'est généralement de la houille gazeuse mais non collante, et cette demi-combustion a lieu dans un foyer profond, qui porte le nom de *gazogène*. La figure 17, tome I, représente deux *gazogènes Siemens* accolés et que l'on a improprement appelés *four Siemens*. Le combustible, chargé par la partie supérieure, descend peu à peu jusqu'à la grille ; l'acide carbonique, produit par la combustion du carbone au contact de l'air, se transforme finalement en oxyde de carbone, en traversant la couche incandescente placée au-dessus. Cependant cette transformation n'est pas complète et la composition du gaz obtenu varie entre les limites suivantes :

Azote.	50 à 60 0/0
Oxyde de carbone.	30 à 25
Acide carbonique.	3 à 10
Hydrogène, eau, etc	2 à 5

Primitivement, dans le but de condenser la vapeur d'eau et les goudrons, on plaçait les gazogènes aussi loin que possible des fours. Les longues conduites aériennes ou souterraines que cette disposition nécessitait, refroidissaient beaucoup le gaz et la plus grande partie de la chaleur produite par la combustion à l'état d'oxyde de carbone, c'est-à-dire près du tiers de la chaleur totale disponible dans le combustible, se trouvait ainsi perdu.

Actuellement, on préfère, avec juste raison, le *système rapproché*, tel que nous l'indiquons dans les figures 32 et 33. Au sortir du gazogène A, le gaz monte et descend par le siphon BB, pour pénétrer dans une chambre de distribution E et de là dans des chambres telles que T, garnies d'un entassement de briques réfractaires préalablement échauffées par le passage des gaz brûlés dans le four. Ces gaz abandonnent à ces briques empilées la majeure partie de leur chaleur qui se répartit entre deux chambres, S pour le chauffage de l'air et T pour le chauffage du gaz. L'ensemble des deux systèmes de chambres S T S' T', servant *alternativement* à dépouiller de leur chaleur les flammes perdues, ou à restituer cette chaleur au gaz et à l'air avant leur combustion, porte le nom de *régénérateurs de chaleur*. Le système de *renversement* dans la direction des gaz, est obtenu par des vannes D, C, manœuvrées par des leviers L L'; combiné avec le système des *chambres du régénérateur*, il constitue le chauffage Siemens. Il peut s'appliquer à tous les chauffages, mais il présente surtout de grands avantages pour la production des hautes températures. L'air et le gaz, étant préalablement chauffés aux environs de 900 à 1,000°, c'est autant de gagné pour la température de la combustion. C'est actuellement le mode de chauffage le plus puissant, aussi est-il difficile de se procurer des matériaux réfractaires pour ce genre de fours. On emploie principalement les briques siliceuses, dont le type se trouve à Dinas, en pays de Galles.

On remarquera dans la figure 33 que les chambres S et T sont inégales, la chambre à gaz est la plus grande, parce que la masse d'air à chauffer est moindre que la masse de gaz.

On comprend facilement que le four Siemens, représenté par la figure 33, doit être symétrique ainsi que la sole K, puisque le courant gazeux traverse le four alternativement dans un sens et dans l'autre.

La *déphosphoration sur sole* emploie le four Siemens avec les modifications apportées par MM. Martin et qui ont surtout rapport à l'inclinaison et l'isolement de la sole, pour permettre au métal fondu de se rassembler en bain, facile à couler par le chenal V.

La sole du four Martin-Siemens est en sable siliceux, pour l'acier ordinaire, mais pour la déphosphoration, on emploie des matières *neutres* et surtout *basiques*. Ce sont : 1° la *chaux magnésienne* ou *dolomie frittée*. La dolomie, comme nous l'avons déjà expliqué plus haut, est un carbonate de magnésie et de chaux, qui se trouve abondamment répandu dans certains terrains et notamment dans le *trias*. Par la cuisson, il se forme un mélange de chaux et de magnésie qui est peu sensible au délitement par l'humidité de l'air : la dureté de ce mélange est d'autant plus grande que la température à laquelle a été portée la cuisson est plus élevée. On effectue un *frittage* en chauffant dans un cubilot des couches alternatives de coke et de dolomie. La consommation de coke n'atteint pas la moitié du poids de la dolomie frittée. Ce qu'il y a de préférable, c'est de garnir les parois de ce cubilot avec un pisé de fer chromé et de chaux ; ou mieux avec des blocs de fer chromé, dont les interstices sont remplis d'un mélange de chaux et de fer chromé en poudre.

2° Le *goudron* de houille. Il sert de ciment pour la fabrication du pisé de dolomie frittée. Celle-ci, réduite en poudre, est gâchée avec du goudron de houille en quantité suffisante pour faire une pâte. On doit lui enlever l'eau qu'il renferme et qui pourrait faire déliter la dolomie. On y arrive par l'ébullition.

3° Le *fer chromé*, dont l'emploi semble devoir se développer. C'est une combinaison d'oxyde de chrome et d'oxyde de fer $FeOCr^2O^3$ renfermant aussi de l'alumine.

Une bonne composition de fer chromé pour déphosphoration est la suivante :

Oxyde de chrome	51.0
Protoxyde de fer	13.5
Alumine	13.0
Magnésie	13.0
Chaux	1.5
Silice	8.0

Le fer chromé est infusible, inattaquable à la plupart des agents chimiques, sauf les alcalis et un peu la chaux.

La sole des fours à déphosphoration, ainsi que les parois verticales, se font actuellement en pisé de dolomie et de goudron, auquel on pourra mélanger du fer chromé en poudre.

D'un autre côté, on ne peut faire la voûte du four qu'en briques siliceuses ; car une voûte doit gonfler par la chaleur, ce qui augmente sa flèche et par suite sa stabilité, et il n'y a que la silice qui ne prenne pas de retrait quand on la porte à une température élevée. Mais il faut isoler ces briques siliceuses ; on y arrive en interposant une matière *neutre*, c'est-à-dire qui ne soit attaquée, ni par la silice, ni par la dolomie frittée. On emploie avec succès la *bauxite* ou alumine ferrugineuse et encore mieux le fer chromé en poudre, mélangé de goudron ; de plus, on fait toucher seulement la voûte sur la couche de fer chromé, la majeure partie du poids reposant sur les armatures métalliques du four. On peut aussi employer, comme support de la voûte, des caisses creuses en acier moulé reposant sur les pieds droits.

Lorsqu'on emploie le four à sole tournante, système Pernot, la sole étant complètement séparée de la voûte, il n'y a pas lieu de recourir aux artifices décrits plus haut.

Opération sur sole. Quant à l'opération proprement dite, elle varie peu. Nous avons vu qu'aucune condition ne restreignait la composition chimique des matières employées dans la fusion. On charge généralement la fonte avec un mélange de chaux, destinée à absorber l'acide phosphorique, au fur et à mesure de sa production, puis on termine par des additions de ferrailles et autres matières déjà affinées.

On évacue la scorie, pour éviter que l'acide

phosphorique, au moment de la recarburation, ne puisse remettre du phosphore dans le métal. On n'arrive, naturellement, à une déphosphoration complète, que par une oxydation prolongée, que facilitent des additions de battitures ou de minerai de fer; on fait avec une cuiller des prises d'essai fréquentes, quand on juge la décarburation et la déphosphoration terminées. On obtient ainsi de petits cylindres aplatis, que l'on forge sous un pilon et qui, refroidis dans l'eau, doivent présenter un aspect nerveux dépourvu de grains blancs brillants.

On ajoute alors du ferromanganèse ou du spiegel, pour incorporer la proportion de manganèse nécessaire. On emploie du ferromanganèse à 70 ou 80 0/0 de manganèse pour produire les aciers très doux et du spiegel à 20 0/0 de manganèse pour les aciers de dureté moyenne. On obtient ainsi des aciers sans silicium, sans phosphore et où la proportion de carbone peut être au-dessous de *un millième*.

La résistance à la traction descend jusqu'à 30 kilogrammes par millimètre carré quand l'allongement à la rupture dépasse 30 0/0.

On voit que, sauf l'état fondu, par lequel est passé le métal, et qui laisse toujours, jusqu'à présent du moins, un arrangement moléculaire encore différent de celui du fer, le métal déphosphoré doit présenter une aussi grande douceur que celui-ci. Aussi ses emplois tendent-ils à se développer de plus en plus au détriment du fer supérieur.

***DÉPILAGE**. *T. de tann.* Action d'enlever les poils des peaux. || *T. d'expl. de min.* Enlèvement des piliers ou massifs d'une couche exploitée et que l'on veut épuiser pour l'abandonner. Dans ce dernier cas, on dit aussi *dépilement*.

DÉPILATOIRE. *T. de parf. et pharm.* On donne ce nom à des compositions caustiques destinées à faire tomber les cheveux ou les poils des parties du corps avec lesquelles on les met en contact. L'usage des dépilatoires est très ancien, et certaines formules nous viennent d'Orient : on sait que les femmes turques et arabes détruisent soigneusement toutes les végétations pileuses, autres que les cheveux, les cils et les sourcils. Nous donnons ci-dessous quelques formules de dépilatoires, en faisant remarquer que la chaux vive, et surtout l'arsenic qui entrent dans leur composition en rendent l'emploi dangereux.

Dépilatoire ou *rusma des Arabes*. Chaux vive 40 à 60 grammes, orpiment (sulfure d'arsenic) 5 à 15 grammes; les deux substances pulvérisées sont délayées dans un litre de blanc d'œuf ou de lessive de soude faible.

Dépilatoire de Boudet. Sulfure de sodium cristalsisé 4 grammes, chaux vive en poudre 10 grammes, amidon 10 grammes; délayer dans l'eau.

Dépilatoire de Boettger. Faire passer jusqu'à refus un courant d'acide sulfhydrique dans un lait de chaux contenant 2 parties de chaux pour 3 parties d'eau.

Dépilatoire de Pleuck. Chaux vive 48 grammes, sulfure d'arsenic 4 grammes, amidon 40 grammes.

Dépilatoire de Laforêt. Mercure 60 grammes, orpiment 30 grammes, litharge 30 grammes, amidon 30 grammes; on délaye la poudre dans de l'eau de savon.

DÉPIQUAGE DES BLÉS. Ce mode d'égrenage par le piétinement des chevaux sur une aire couverte de gerbes étalées, tend à disparaître complètement. Il avait été remplacé dans le midi de la France, par l'emploi de rouleaux unis ou cannelés, cylindriques ou coniques, traînés par des chevaux sur l'aire couverte de blé en paille. Ce genre de dépiquage, quoique préférable au précédent, disparaît aussi devant les machines à battre et les égreneuses. — V. BATTRE LES GRAINS (Machine à).

***DÉPLACEMENT**. *T. de chim.* Opération par suite de laquelle on peut entraîner, au moyen d'un liquide convenablement employé, les principes actifs contenus dans un corps, et solubles dans un dissolvant approprié.

— Ce procédé, entrevu par Vauquelin, utilisé plus tard par Robiquet et Boutron, puis perfectionné par Boullay père et fils (1833), peut être représenté par la méthode employée lors de la confection du café, au moyen des filtres ordinaires.

Les véhicules qui servent au déplacement ou à la *lixiviation* (V. ce mot) sont, d'ordinaire, l'eau, l'alcool, l'éther, les carbures d'hydrogène, etc., suivant la nature des substances que l'on doit traiter, et en employant ces liquides à une température variable. L'opération se fait dans des vases ouverts ou fermés, entonnoirs, cylindres métalliques, allongés, etc., dans lesquels on introduit la poudre de la substance à épuiser, en la tassant modérément, imbibant d'abord avec le liquide, puis versant ensuite celui-ci par fractions. L'opération, avec les liqueurs volatiles, peut se faire à l'aide d'une certaine pression et en vase clos (appareils Berral, Zennec, Signoret), ou, au contraire, en faisant le vide au moyen d'une pompe aspirante (procédé Berjot). Lorsque l'opération doit se faire à la température de l'ébullition, et avec des liquides volatils, on réserve le nom de *digesteurs* (V. ce mot) aux appareils qui servent à opérer le déplacement.

***DÉPOINTAGE**. *T. de filat.* Période de mouvement qui suit la torsion et précède le renvidage dans les métiers à filer Mule-Jenny et Self-actings. C'est la troisième ou la deuxième de la formation de l'aiguillée, suivant que l'on donne ou que l'on ne donne pas de torsion supplémentaire. Pendant cette période, les broches tournent en sens inverse pour dérouler le fil envidé jusqu'à la pointe de la broche; la *baguette* s'abaisse pour guider le fil jusqu'au point où doit commencer le renvidage et la *contre-baguette* s'élève pour absorber et tendre le fil déroulé. Dans les métiers Mule-Jenny, le dépointage est fait à la main par l'ouvrier fileur; dans les Self-actings, il s'exécute automatiquement. — V. COTON.

DÉPOLISSAGE. Action d'ôter à une surface son poli, son brillant, soit pour diminuer son pouvoir réflecteur, soit pour laisser traverser la lumière en empêchant qu'on ne puisse distinguer les objets placés derrière. On dépolit généralement, par le frottement, à l'aide de la poudre d'émeri; quelques substances, en attaquant superficiellement les objets traités, fournissent le même résultat : certains acides sur les métaux et sur le marbre par exemple. Le verre est le corps qui est le plus soumis à cette opération du polissage, autrefois, ce travail se faisait uniquement en usant la superficie avec de la poudre d'émeri et un frottoir de liège. Le même résultat s'obtient aujourd'hui beaucoup plus aisément et plus rapidement par l'action de l'acide fluorhydrique. Les globes de verre, destinés à l'éclairage, sont généralement dépolis intérieurement afin de ne pas redouter le contact des doigts. Ce résultat s'obtient pratiquement par un artifice ingénieux; on dispose dans les globes une bouillie d'émeri, et on ferme les ouvertures; puis les globes sont emballés par groupes dans des caisses, isolés les uns des autres, et avec un bourrage qui assure la fixité de leur situation. Les caisses sont munies de tourillons à l'aide desquels on peut les faire rouler sur elles-mêmes dans deux sens différents, perpendiculaires l'un sur l'autre.

* **DÉPONTILLER.** *T. techn.* Détacher du pontil la pièce de verrerie qui y est fixée.

* **DÉPORTEMENT.** *T. techn.* Se dit de l'excès de dimension que l'on donne à un moule, pour compenser le retrait que subira la matière coulée par le refroidissement.

* **DÉPÔT.** *T. de mach.* Accumulation à l'intérieur des chaudières des sels contenus dans l'eau d'alimentation. A la suite de projections d'eau, ces sels se déposent parfois dans l'intérieur des cylindres; lorsque la couche a atteint une épaisseur égale à la *liberté* du cylindre, il peut en résulter de très graves avaries.

* **DÉPÔT MÉTALLIQUE.** Une des plus intéressantes applications de l'électro-métallurgie, consiste dans les procédés industriels propres à obtenir sur une surface quelconque un dépôt métallique, qui en épouse exactement la forme dans ses moindres détails et sans les altérer. La formation de ces dépôts remonte à l'origine même de la découverte de la pile, celle de Daniel en offre le premier exemple. Dès 1830, des savants illustres, De la Rue, Spencer, Jacobi, Murray, etc., ne tardèrent pas à montrer toutes les ressources que l'industrie pouvait tirer de cette nouvelle branche de la science. Les principes théoriques, qui régissent la formation de ces dépôts sont les mêmes que ceux d'où découle l'*électro-métallurgie*, et sont exposés en détail dans l'article consacré spécialement à cette question; nous n'y reviendrons pas ici, et nous examinerons particulièrement les procédés pratiques d'exécution, nous contentant de rappeler ce fait que si dans une dissolution saline d'un métal, on vient à plonger les deux réophores d'une batterie, en suspendant au pôle négatif une lame conductrice, celle-ci ne tarde pas à se couvrir d'un dépôt du métal qui constituait la dissolution. Quant aux détails d'exécution, à la nature des substances mises en présence, aux formes, dimensions les plus convenables, à l'intensité que doit présenter relativement le courant, etc., ces parties essentielles du problème sont traitées, comme nous l'avons dit, dans l'étude générale de l'*électro-métallurgie*. — V. ce mot.

L'étude des dépôts métalliques peut être divisée en trois classes principales embrassant tous les divers cas qui peuvent se présenter dans la pratique : 1° la surface à recouvrir n'est pas en métal, et l'opération est alors plus souvent désignée sous le nom spécial de *métallisation*, nom également employé dans les opérations de la galvanoplastie, pour la préparation des moules qui permettent d'obtenir en bas-relief ou en ronde-bosse les objets que l'on fabrique dans cette industrie, bien que le but ne soit pas exactement le même, ainsi que le montre l'examen des deux questions; 2° la surface à recouvrir est elle-même en métal, et dans ce cas, le but, que l'on se propose le plus souvent en exécutant le dépôt, consiste à recouvrir un métal, plus ou moins susceptible de s'altérer sous l'influence des actions atmosphériques, par un autre métal inattaquable par les mêmes agents et de façon à n'altérer en rien l'apparence de l'objet primitif. Quelquefois aussi non seulement on se propose de protéger la surface primitive, mais encore de substituer à un métal commun, un métal précieux comme l'argent, l'or ou le platine. Ce dernier cas donne lieu à des industries tellement considérables que leur étude a été faite séparément à leur place respective dans ce *Dictionnaire* (V. ARGENTURE, DORURE, PLATINURE); c'est à cette seconde classe que correspond en pratique le nom de *dépôt métallique*; 3° enfin l'on se propose non plus tant de recouvrir un métal d'un autre métal, mais d'obtenir, au lieu d'un dépôt d'aspect uniforme, des colorations variées d'un très bel aspect, dont l'industrie a su tirer un profit avantageux. Cette dernière classe est ordinairement désignée sous le nom spécial de *métallochromie*.

Dépôts sur les matières non métalliques. Métallisation. — L'adhérence qui peut exister entre un métal déposé sur une surface non conductrice, et la matière qui constitue cette surface, ne peut être en réalité que factice, et ne présentera pas ce caractère de soudure qu'offre le dépôt d'un métal sur un autre métal. Aussi comprend-on aisément que pour que le dépôt ainsi formé ne soit pas susceptible d'être détaché, il faut que la pièce recouverte le soit entièrement, qu'elle demeure enfermée toute entière dans le dépôt. On peut alors enduire ainsi de métal des objets variés de substances les plus diverses, plâtre, porcelaine, verre, bois, substances textiles, ainsi que des productions de la nature, comme les fleurs, les fruits, les insectes, etc. Avant toute autre chose, et quel que soit le métal dont on veut enduire l'objet proposé, il s'agit de rendre celui-ci conducteur de l'électricité, et c'est là l'opération analogue à celle à laquelle on soumet les moules employés dans la galvanoplastie. Les nombreux systèmes proposés pour atteindre ce but, peuvent tous se ramener à un petit nombre de types déterminés. Appliquer une feuille mince de métal, ou une poudre métallique assez fine pour ne point empâter les détails des creux de l'objet; ou bien enduire la surface des pièces d'une solution d'un sel métallique que l'on revivifie au moyen d'une réaction chimique. En tous cas, les conditions essentielles à remplir sont les suivantes : obtenir une couche uniforme, assez mince pour n'altérer en rien ni la forme ni les détails de l'objet traité.

Emploi des poudres métalliques. On a proposé dans l'industrie de nombreuses poudres métalliques destinées à la métallisation. Poudres d'argent, de bronze, de bismuth, etc., mais celle qui convient le mieux pour cette opération, parce que d'abord son prix est moins élevé, qu'ensuite son adhérence est beaucoup plus grande, et qu'enfin elle n'est pas attaquée par les solutions dans lesquelles on trempe ensuite les objets pour y déposer, par le concours de la voie électro-chimique, le métal dont on veut recouvrir les objets: c'est la *plombagine* ou *graphite*, appelée vulgairement, mais à tort, *mine de plomb*. La plombagine doit être employée pure, et pour cela, le produit ordinaire du commerce peut être soumis aux opérations, déjà décrites à propos de l'emploi de cette matière pour la fabrication des *creusets*. — V. ce mot.

Elle convient parfaitement d'une façon générale dans presque tous les cas, avec des surfaces assez uniformes, un peu rugueuses ou légèrement happantes, ce qui facilite l'adhérence de la poudre. Ainsi sur le verre, il serait à peu près impossible d'obtenir une couche adhérente régulière de plombagine; mais en soumettant légèrement cette même surface à l'action de l'acide fluorhydrique, l'emploi de la poudre deviendra plus aisé. Lorsque les surfaces offrent des creux et des reliefs relativement considérables, il est quelquefois difficile d'obtenir une couche bien régulière, et la méthode de métallisation par réaction chimique est bien préférable. Divers auteurs ont cherché à augmenter le pouvoir conducteur de la plombagine en y incorporant de l'or ou de l'argent, tout en fournissant une poudre d'un prix moindre que celle de ces métaux employés seuls,

MM. Tabouret et Roseleur ont indiqué les procédés suivants: on fait dissoudre 10 grammes de chlorure d'or dans un litre d'éther sulfurique, on en forme une bouillie avec 500 grammes de plombagine, qu'on expose à l'air et à la lumière sous une grande surface. L'éther se vaporise, on achève la dessiccation à l'étuve, et on pulvérise de nouveau. Dans une solution de 100 grammes d'azotate d'argent pour 2 litres d'eau distillée, on ajoute 1 kilogramme de plombagine, on remue bien le mélange, on sèche à la capsule et achève dans un creuset porté au rouge, puis on pulvérise de nouveau.

Lorsque les objets à recouvrir sont assez poreux pour pouvoir s'imbiber des solutions métalliques où on les plongera ultérieurement, il faut avant de les plombaginer les rendre imperméables, ce qu'on obtient à l'aide d'une légère couche de vernis, ou en les imbibant de cire ou de stéarine.

On peut dire que l'emploi de la plombagine est universel, et ne rencontre pas d'exception par la nature des objets, mais seulement par suite de leurs formes, et surtout à cause des reliefs et creux relatifs.

Application d'une feuille mince de métal. Ce second mode de préparation s'applique spécialement aux produits céramiques, verreries, poteries, etc. La feuille de métal peut être appliquée par simple apposition en prenant un métal très malléable comme le plomb ou en disposant simplement sur la pièce un vernis qui fixe la feuille; ou bien on peut, en ayant recours aux procédés qu'emploient les peintres en porcelaine, obtenir une première couche d'un métal or ou argent, très adhérente, excessivement mince et qui n'aura pour but que de donner de la conductibilité à certaines parties de l'objet.

Emploi d'une réaction chimique. Ce procédé d'un emploi général, est le seul qui convienne dans le cas où les objets présentent des surfaces à relief et creux, ne permettant pas un enduit régulier avec une poudre métallique. Il suffit de plonger l'objet dans une solution métallique qui l'imbibe plus ou moins, puis de déterminer la décomposition de ce sel et la précipitation du métal qui en formait la base. Toutefois, il faut que ce métal offre certaines propriétés relativement aux solutions dans lesquelles on plongera ensuite les objets pour y produire le dépôt véritable, et que ce métal soit d'une conductibilité suffisante et inattaquable par ces solutions. Aussi l'or et l'argent sont-ils les métaux généralement employés, et principalement l'azotate d'argent dissous dans un liquide approprié ; eau, alcool pour les objets délicats qui doivent être traités rapidement; ammoniaque, si le corps est gras et ne se mouille pas à l'eau; sulfure de carbone lorsque la solution ne peut être posée au pinceau, et qu'on y plonge l'objet. Puis après dessiccation, on réduit le sel d'argent soit à la lumière, soit par l'action du gaz hydrogène simple ou composé; soit enfin, ce qui est préférable, par la vapeur d'une solution concentrée de phosphore dans le sulfure de carbone. Cette méthode permet de métalliser les objets les plus délicats, des dentelles, des fleurs, des insectes, des fils d'une extrême ténuité.

Le dépôt proprement dit de métal, s'obtient, une fois l'objet métallisé, en le plongeant dans une solution de ce même métal traversé par un courant dynamiqne, en observant les lois et principes qui sont exposés à ce sujet dans l'article consacré à l'*électro-métallurgie*. — V. ce mot.

En dehors des procédés électro-métallurgiques, qui permettent de recouvrir, ainsi que nous venons de le voir, une surface quelconque d'un dépôt métallique qui en épouse toutes les formes, on peut à l'aide d'artifices assez multiples obtenir des résultats analogues, sans le secours de l'électricité et l'on désigne également, sous le nom de *métallisation*, les résultats ainsi obtenus. C'est surtout sur les objets en plâtre ou en bois qu'on en fait l'application. Le principe de ces divers procédés consiste à pénétrer le corps d'une dissolution, contenant un sel ou une poudre métallique restant adhérent à la surface et que l'on rend brillante par le poli.

M. Rubennick a proposé entre autres, pour la métallisation du bois, le système suivant, qui bien qu'un peu long et un peu complexe comme manipulation, est recommandable par les excellents résultats qu'il fournit. On plonge le bois pendant trois ou quatre jours, suivant qu'il est plus ou moins poreux, dans une lessive alcaline caustique (soude calcaire), maintenue entre 70 et 90°, puis immédiatement dans un bain de sulfhydrate de calcium, auquel on ajoute, après vingt-quatre ou trente-six heures, une solution concentrée de soufre dans la soude caustique, en maintenant cette seconde immersion pendant quarante-huit heures à la température de 40° environ. Il ne reste plus qu'à plonger une dernière fois le bois dans une dissolution chaude d'acétate de plomb, cela pendant quarante-huit heures, puis à sécher et à passer au brunissoir. Le résultat est favorisé, si on a frotté préalablement le bois, avec du plomb, du zinc ou de l'étain. Ainsi qu'il est facile de le voir, tous ces procédés se rattachent à la troisième classe que nous avons décrite, *emploi d'une réaction chimique*, la substance métallique dont on a imbibé le corps, étant décomposée par une réaction chimique sans le secours de la pile, et des artifices procurant l'adhérence au dépôt métallique ainsi obtenu.

Dépôts sur les matières métalliques. Les nombreuses applications industrielles qui permettent de recouvrir de cuivre, de plomb, de zinc ou d'étain, par les procédés électro-métallurgiques, d'autres métaux, soit pour les préserver des actions de l'air, soit pour les employer à des usages auxquels ils seraient naturellement impropres, soit enfin pour arriver, en partant d'une matière peu coûteuse et se moulant facilement comme la fonte, à procurer des objets ayant l'apparence du bronze, donnent à cette question une grande importance. Il est inutile d'insister beaucoup sur la nécessité d'une opération qui doit précéder tout dépôt et qui consiste à nettoyer complètement les surfaces à recouvrir, en particulier des portions d'oxyde qui peuvent y être fixées. Cette opération, le *décapage* (V. ce mot), est indispensable pour assurer l'adhérence des dépôts effectués. Nous allons examiner successivement le cas de chacun des métaux employés à en recouvrir d'autres.

Cuivrage. — Le problème du cuivrage, un des plus importants parmi tous ceux de ce genre, a été longtemps retardé par des difficultés pratiques, soit que le métal déposé conservât l'état pulvérulent, soit que les métaux sur lesquels on l'effectuait fussent attaqués par le bain de sulfate de cuivre où l'acide sulfurique était rendu libre, notamment pour le cuivrage du fer et de la fonte. On recourut d'abord à la substitution de bains alcalins, comme celui de cyanure double de cuivre et de potassium, au bain de sulfate. Mais l'on se trouvait en présence d'autres difficultés provenant de la lenteur de l'opération et de la nécessité d'employer des batteries puissantes. MM. Sorin et Bocquet imaginèrent un procédé intermédiaire entre les deux précédents. L'opération était décomposée en deux phases. Un premier bain de cyanure alcalin permettait d'obtenir un dépôt très adhérent sous une faible épaisseur, que l'on augmentait ensuite à volonté plus rapidement à l'aide d'un bain de sulfate. M. Sorin recommande en particulier d'établir ce bain de la manière suivante. Il est formé à chaud et doit marquer 24° à l'aréomètre de Baumé puis on laisse refroidir, on étend d'eau jusqu'à ce qu'il ne marque plus que 20° et le remonte à 22° avec de l'acide sulfurique. On ne doit plonger les pièces dans le bain que lorsque le courant le traverse. Enfin, M. Sorin a proposé de remplacer le premier cuivrage au bain de cyanure, par un plombage avec un bain obtenu en saturant par la litharge une solution à 10 0/0 de potasse.

MM. Elsner et Philipp avaient cherché des composés propres au cuivrage et différents du cyanure de potassium. Ils avaient trouvé que le chlorure de potassium ou de sodium, même le chlorure de calcium avec addition d'ammoniaque caustique liquide, que le tartrate de potasse en dissolution rendue alcaline par le carbonate de potasse, donnaient des résultats aussi favorables que le cyanure alcalin cuivrique. On prépare une solution de ces sels, on fixe une plaque de cuivre à l'extrémité du fil du pôle cuivre de la batterie, on suspend la pièce à l'extrémité du fil du pôle zinc, et l'on voit l'anode de cuivre disparaître peu à peu, la liqueur se colorant en bleu en même temps que la pièce de fer ou de fonte se recouvre d'un beau dépôt adhérent de cuivre métallique. Le courant doit être réglé pour ne jamais laisser développer des bulles de gaz hydrogène sur la pièce à cuivrer, la température doit être maintenue entre 15 à 20° centigrades. Les objets cuivrés sont lavés et gratte-bossés, ce qui leur donne un grand éclat. Le bain au tartrate de potasse est préférable lorsqu'il s'agit de cuivrer le zinc, et le courant doit être, proportionnellement au volume des pièces à cuivrer, plus faible que lorsqu'on opère sur du fer.

M. W. Newton opérait le cuivrage de la fonte à l'aide du cyanure alcalin de cuivre, mais non directement et après avoir déposé d'abord sur la fonte une première couche de zinc à l'aide d'un bain analogue de cyanure alcalin de zinc. M. Elsner, reprenant encore l'étude de la composition de ces bains alcalins, avait montré que si l'on introduit dans une solution concentrée de sulfate de soude, du carbonate de cuivre hydraté récemment précipité, ou ce qui est préférable, de l'hydrate d'oxyde de cuivre, il se dissout une portion de sel de cuivre dans le sel de soude et cette liqueur filtrée étendue et rendue alcaline par le carbonate de soude est très propre au cuivrage de la fonte, cuivrage qu'on obtient même par simple immersion sans le secours d'un courant.

M. Dulle a proposé l'emploi d'un seul bain

de cuivrage préparé au chlorure de cuivre. La pièce est décapée à l'acide chlorhydrique en la brossant et la laissant dans l'eau acidulée légèrement jusqu'au moment où, sans la faire sécher, on la transporte dans le bain de cuivrage. Ce bain se prépare en dissolvant 25 grammes d'oxyde de cuivre dans 170 d'acide chlorhydrique et ajoutant 1/2 litre d'eau et 1/2 d'alcool. L'alcool en prolongeant la durée de la précipitation permet d'obtenir un précipité très dense. L'opération se fait à froid, il suffit de quelques heures pour obtenir un dépôt épais et fortement adhérent. Il faut toutefois faire une observation importante à propos de ce procédé. Le dépôt de cuivre se recouvre à son tour d'une couche de chlorure, qui, bien que très adhérent, doit être enlevé, afin qu'exposé à l'air il ne se transforme pas en protoxyde de cuivre, et ne donne à la pièce un aspect peu flatteur. A cet effet, lorsqu'on retire la pièce du bain, il faut la bien laver à l'eau, puis avec un peu d'acide chlorhydrique étendu, ensuite avec une lessive de soude étendue aussi, et ces deux derniers lavages à deux reprises. D'autres procédés dus à de nombreux inventeurs MM. Weil, Grügle, Stolzel, etc., reposent sur l'emploi de bains alcalino-organiques. La pièce décapée est lavée à l'eau pure, et à l'eau faiblement acidulée, en se servant d'une gratte-bosse en fil de fer, puis suspendue par un fil de zinc au milieu d'un bain composé de; eau, 10 litres, sulfate de cuivre cristallisé 350 kilogrammes, sel de seignette cristallisé 1500 grammes, soude caustique à la chaux 800 grammes. A l'usine de Nuremberg on se contente simplement de frotter vivement la pièce avec une brosse dure de crin, imprégnée d'acide tartrique en poudre, au moment de l'immerger dans le bain de sulfate de cuivre. Ce procédé plus simple donne toutefois un cuivrage rapide et durable.

Mais c'est à M. Oudry que l'on doit la solution la plus complète d'un procédé de cuivrage qui résume tous les avantages, économie, promptitude et solidité.

C'est surtout pour le cuivrage de la fonte, d'un décapage si difficile et d'une texture toujours un peu granuleuse, emprisonnant, quoiqu'on fasse, entre ses aspérités, une certaine quantité de bain métallisant, qui attaque la fonte et détermine la rouille traversant toujours le dépôt de cuivre; c'est dans ce cas que le procédé de M. Oudry offre une supériorité incontestable sur tous ceux que nous avons déjà décrits. Ce procédé repose dans l'emploi d'un premier enduit destiné à isoler complètement la surface de la fonte et il offre plusieurs avantages qui en forment l'originalité. Il dispense du décapage de la fonte, opération longue, minutieuse, souvent incertaine et toujours dispendieuse, quand on veut obtenir un dépôt cuivreux soigné. Il supprime tout bain intermédiaire et rend direct l'emploi de celui de sulfate de cuivre. Il rend la surface de la fonte brute plus unie, ce qui favorise singulièrement la pureté du dépôt de cuivre sur la pièce brillantée par le vernis. Il s'oppose enfin, par son interposition entre la fonte et le cuivre, à la formation d'un élément galvanique, résultat d'une certaine importance puisque l'érosion de la coque des navires par l'eau de mer s'en trouve retardée, lors même que la couche de cuivre et d'enduit aurait été accidentellement déchirée jusqu'à la tôle. Le procédé consiste donc à employer certaines compositions particulières, qu'on applique à la brosse ou de toute autre manière sur les surfaces à cuivrer. Ces compositions ont pour base, l'huile de lin, la résine, le minium et le naphte. Voici les proportions adoptées pour quelques-unes :

Huile de lin bouillie	5	5	5
Minium lévigé.	50	50	50
Bonne résine.	8	5	5
Benzole ou naphte de goudron de houille.	25	22	25
Copal dur ou demi-dur	10	13	»
Silice ou silicate convenable . .	2	3	»

On peut y introduire également du soufre ou caoutchouc en dissolution.

Les pièces sont enduites à froid ou à chaud, séchées à l'étuve, et recouvertes de graphite, pour les rendre conductrices de l'électricité. On les suspend ensuite dans le bain de sulfate de cuivre, puis on les fait communiquer avec le zinc, qui constitue alors l'un des éléments de la pile, tandis que les pièces à cuivrer représentent le deuxième.

La disposition de l'opération que montre la figure 34 fait voir combien l'appareil employé est simple. C'est une grande cuve en bois, contenant la solution de sulfate de cuivre avec des vases poreux pour le zinc et l'acide sulfurique et des boîtes aux extrémités pour les cristaux de sulfate de cuivre. Dans les parties renflées ou à gorge, les vases poreux uniformes sont remplacés par des vessies de bœuf ou de porc, qui peuvent se mouler sur la forme de la partie spéciale qu'on veut recouvrir pour répondre aux conditions générales que doit remplir le courant.

Le procédé de M. Oudry a été complété au point de vue industriel par un artifice ingénieux permettant, si une portion quelconque de la surface ainsi enduite est exposée, par le déplacement ou l'enlèvement accidentel de l'enduit cuivreux, à être mise à nu, de pouvoir réparer facilement cet accident, en rétablissant la couche protectrice sur la fonte sans avoir besoin de repasser la pièce au bain. On emploie pour cela une soudure galvanique ou de cuivre précipité, réduit en poudre et mélangé à de la résine, du copal et de la cire blanche ou jaune. Voici les proportions qui donnent de bons résultats :

Cire.	130
Copal dur.	10
Résine.	10
Cuivre galvanique en poudre.	850

Cette soudure est appliquée, soit au fer à souder, soit à la brosse, et l'on peut bronzer la portion séparée comme l'avait été toute la pièce, pour ne pas en changer l'aspect. C'est par ce procédé que sont cuivrés tous les candélabres de la ville de Paris, ainsi que la fontaine de la place Louvois, l'un des spécimens remarquables des travaux électro-métallurgiques.

Le cuivrage des métaux, en dehors de cette importance par rapport à la fonte de fer, offre encore une foule d'applications industrielles qui font qu'on ne doit pas les passer sous silence. Ainsi, par exemple, c'est par le cuivrage qu'on est obligé de passer pour exécuter la dorure sur une foule de pièces en métal. M. Roseleur a donné à propos de la composition des bains pour ce travail les formules suivantes :

Eau ordinaire.	10 litres.
Acétate de cuivre (verdet rectifié) .	200 grammes.
Carbonate de soude.	200 —
Bisulfite de soude.	200 —
Cyanure de potassium pur	200 —

Les trois premiers sels sont successivement dissous dans fort peu d'eau, en donnant un magma jaune, qu'on étend, et auquel on ajoute le cyanure. Des modifications dans les proportions et l'addition d'ammoniaque permettent de parer au cas si fréquent de l'emploi de cyanure impur. On opère à froid ou à chaud, ce dernier procédé est le plus rapide. Lorsqu'on veut cuivrer de menus objets comme des plumes, par exemple, il faut les agiter dans le bain de cuivrage, ce qu'on obtient facilement en les disposant au fond d'une passoire en grès plongée dans le bain. L'un des pôles arrive en contact avec la masse des menus objets et l'on peut alors faciliter le cuivrage par

Fig. 34. — *Cuivrage d'un candélabre.*

la pratique du *sauté*. Ces bains s'épuisent rapidement, l'anode attachée au second fil ne suffit pas pour maintenir la richesse en cuivre, il faut de temps en temps y ajouter directement de l'acétate de cuivre et du cyanure de potassium.

LAITONNAGE. Ce genre de dépôt trouve également de grandes applications industrielles, et permet, par exemple, d'obtenir un bronzage et une dorure bien supérieurs à ceux que l'on a sur le cuivre rouge, tout en donnant aux objets, quand cet enduit colorant vient à tomber, un aspect de bronze ordinaire assez recherché. Toutefois, la réduction par voie galvanique d'un bain complexe contenant plusieurs métaux et de façon à ce que la précipitation se fasse dans des proportions déterminées pour chaque métal, offre des difficultés assez grandes, dont la solution a un peu retardé l'extension pratique du laitonnage, qui n'est venue qu'après le cuivrage.

De nombreuses formules ont été données pour la composition des bains de laitonnage, nous ne reproduirons que celles consacrées par la pratique.

1 partie	de sulfate	de cuivre	dans	4	d'eau bouillante.
8	—	—	de zinc	16	—
10	—	—	de potassium	36	—

Mélanger les trois solutions, agiter jusqu'à disparition d'un léger trouble qui se manifeste, et qu'on détermine complètement si besoin est, en ajoutant un peu de cyanure, étendre avec 250 parties d'eau, et précipiter à chaud avec un courant un peu fort. M. Roseleur a donné un certain nombre de formules dont il a vérifié par lui-même l'efficacité.

Carbonate de cuivre.	100 grammes.
— de zinc.	100 —
— de soude.	200 —
Bisulfite de soude.	200 —
Cyanure de potassium pur.	200 —
Acide arsénieux.	1 —
Eau.	10 litres.

Pour le préparer on traite une solution dans 2 litres d'eau, de 150 grammes de chacun des sulfates, cuivre et zinc, par 400 grammes de carbonate de soude, qui donne le précipité de mélange de carbonate de cuivre et de zinc, qu'on obtient par décantation et dissous dans 9 litres d'eau à l'aide du bisulfite de soude et du carbonate, et l'on ajoute la solution de cyanure et d'acide arsenieux dans le dernier litre d'eau. L'acide arsenieux favorise le dépôt et le rend brillant. L'entretien de ces bains ne peut se suffire avec l'anode de laiton, comme nous l'avons déjà vu pour le cuivrage, il faut régénérer directement les sels métalliques. La marche du bain se règle par des additions de cyanure ou d'acide arsenieux. Quelques praticiens composent les bains, en mélangeant deux solutions : l'une, bisulfite de soude, cyanure de potassium, carbonate de soude; l'autre, acétate de cuivre et protochlorure de zinc, où l'on ajoute quelquefois de l'ammoniaque.

Cette opération est assez délicate, car les moindres variations d'équilibre général amènent la variation du dépôt, celui de cuivre ayant une tendance à prédominer. Les courants doivent être généralement plus intenses que pour le cuivrage, car la puissance des batteries devenait un obstacle pratique. L'introduction des machines dynamiques a permis de vaincre une partie de ces difficultés, et d'arriver à un laitonnage pratique de pièces colossales en fonte, comme l'exécute la fonderie du Val d'Osne.

Nickelage. Ce genre de dépôt a pris depuis quelques années un très grand développement, grâce aux découvertes de mines importantes, qui ont permis de livrer ce métal à des prix bien inférieurs à ceux auxquels on le vendait autrefois. L'industrie du bronze a adopté ce genre de décor, pour une foule d'objets dont l'aspect est très agréable à l'œil, et qui ne s'altèrent pas aussi facilement à l'air que lorsque le cuivre est laissé à nu. On fait aussi beaucoup de nickelage sur les objets de serrurerie en fer. Les bains de nickelage se forment avec le sulfate ou le nitrate de ce métal, en neutralisant l'acide par l'ammoniaque, quelques auteurs lui préfèrent le chlorure double de nickel et d'ammonium, M. Roseleur a obtenu d'excellents résultats avec le sulfite double de ces métaux.

Zincage, Plombage. Les dépôts de zinc s'obtiennent facilement à l'aide de bains formés par la solution, dans un excès d'alcali, du précipité par l'ammoniaque d'un sel soluble du zinc, ou par les sels doubles de cyanure et de sulfite. Mais la facilité du zincage dans les bains de zinc fondu, restreint beaucoup le champ d'applications du zincage par les procédés électro-métallurgiques. Le plombage s'obtient aisément par l'emploi d'une dissolution saturée de litharge dans une solution à 10 0/0 de potasse.

Étamage. L'étamage qui peut se produire par divers procédés, peut l'être également par les méthodes électro-métallurgiques. M. Roseleur indique parmi toutes les formules connues, la suivante comme donnant les meilleurs résultats.

Eau.	500 litres.
Pyrophosphate de soude	5 kilogr.
Protochlorure d'étain cristallisé . .	600 grammes.

Ferrage. Les dépôts de fer n'ont guère trouvé d'applications que dans le décor de certains bijoux, pour imiter l'ancien travail de la damasquinure. Pour composer le bain on a recours au protosulfate de fer dissous dans le sel ammoniacal.

Métallochromie. Le phénomène de coloration électro-chimique est le même que celui des lames minces recouvrant les surfaces de certains corps, et laissant voir par transparence ces mêmes surfaces avec des couleurs dont l'espèce et l'éclat dépendent de l'épaisseur des lames déposées, de la couleur du corps, et qui présentent souvent à nos yeux le brillant phénomène des anneaux colorés. Ainsi on sait qu'en exposant à des degrés différents de température, un objet en acier poli, on observe des nuances variées suivant cette température, et qui proviennent de la différence d'épaisseur de la petite couche d'oxyde qui se produit à la surface. En précipitant le protoxyde de plomb de sa dissolution dans la potasse on obtient les mêmes effets dus à une cause semblable, et l'on arrive à produire toutes les couleurs prismatiques, même le vert. Nobili est le premier qui ait fait connaître ce phénomène que Becquerel a étudié d'une façon toute spéciale. Il se servait, pour arriver à ce résultat, d'une dissolution plombique alcaline, qu'on prépare en faisant bouillir de la litharge dans une solution de 400 grammes de potasse dans 1 litre d'eau; à la place de la litharge on peut employer 125 grammes de massicot. La liqueur doit toujours être saturée de plomb et marquer 25° à l'aréomètre de Baumé. L'objet est plongé dans cette liqueur attaché au pôle positif, ce qui constitue une inversion par rapport aux procédés ordinaires, puis l'anode, formée d'un fil de platine, attachée au pôle négatif, est plongée graduellement dans la liqueur sans lui faire toucher l'objet. L'objet métallique se couvre bientôt de nuances commençant par le jaune, fonçant ou changeant complètement, selon qu'on immerge plus ou moins l'anode.

Les couches de peroxyde déposées, étant transparentes, laissent voir la surface des objets; par conséquent, l'aspect ou l'éclat des couleurs dépend essentiellement de l'état de ces surfaces. Il faut donc préalablement les décaper aussi complètement que possible, ne jamais les toucher avec les doigts pour éviter de les ternir, puis on les rend mates, brunies, polies à volonté. Bien que théoriquement ces dépôts puissent se faire sur toutes les substances métalliques, c'est sur les surfaces dorées qu'ils réussissent le mieux. Le laiton offre quelquefois une sorte de passivité analogue à celle du fer plongé dans l'acide nitrique. Les pièces arrivées au degré de coloration cherché, il faut les laver à grande eau pour enlever toute trace de potasse qui, en réagissant sur le peroxyde, détruirait le résultat obtenu. La coloration se produit naturellement sur les bords, dans les parties où le courant est le plus intense, il faut donc pour les diriger à volonté prendre certaines dispositions.

Voici d'après M. Becquerel comment se succèdent les effets de coloration sur une surface dorée, effets, qui, dépendant de la nature du dessous, varient avec chacune de ces surfaces:

1° Léger dépôt, dont la couleur est si fugitive qu'on ne peut guère la fixer : orangé clair, puis foncé, gris perle verdâtre, jaune d'or, rouge faible, beau rouge prismatique;

2° Rouge tirant sur le violet, vert bleuâtre, beau vert, jaune rouge;

3° Violet vineux, vert foncé, vert rougeâtre, puis les couleurs foncent jusqu'au noir de jayet.

Avec le platine on arrive à un magnifique bleu d'outremer. Sur le cuivre l'ordre est à peu près le même que sur l'or, toutes les teintes étant nuancées de jaune. Sur l'argent, on obtient le jaune, le rouge, le blanc et le vert. Sur le fer et l'acier les teintes sont assombries par la nuance propre de la matière. Les matières incolores ne donnent lieu qu'aux couleurs foncées.

Pour obtenir des teintes uniformes ou variées à volonté, M. Becquerel indique les précautions suivantes : pour produire une seule teinte, le dépôt doit être excessivement mince, le fil de platine formant l'anode doit avoir au plus 1 millimètre, on multiplie les points de contact suivant la surface de l'objet, en formant un pinceau dont tous les brins sont isolés dans des petits tubes en verre. De même il faut multiplier les points d'attache de l'objet à recouvrir, avec le pôle positif, à mesure que la surface augmente. Le tube électrode contenant la ou les anodes doit être promené continuellement au-dessus de la surface à recouvrir, et écarté d'autant plus que cette surface augmente. Aux approches de la teinte désirée, on ne doit laisser l'électrode, plongée dans le bain, que quelques secondes et examiner le degré atteint. Si, au contraire, on veut produire des teintes variées sur un même objet, il suffit de se rappeler que sur les lignes terminales, ainsi que sur les points les plus rapprochés de l'électrode, se forment les nuances les plus foncées. D'où le moyen, en dirigeant convenablement l'électrode, d'obtenir à la fois des effets variés. On peut ainsi *peindre* une fleur avec ses nuances naturelles.

Les couches de peroxyde adhèrent très fortement, on peut les brunir au rouge d'Angleterre. Cependant il est facile de réparer les objets manqués, il suffit de les laver à l'acide acétique, les brosser et les rincer. Le peroxyde de plomb est ramené à l'état de protoxyde qui se dissout. M. Becquerel a également indiqué un vernis propre à protéger les colorations, en traitant l'huile de lin par la litharge et 1/2 litre d'huile pour 6 grammes de litharge et 2 grammes de sulfate de zinc. Ce vernis modifie le bleu de second ordre qui disparaît, les autres couleurs ne changent pas sensiblement, mais cependant si l'on gagne en durée on perd en éclat, car le vernis est toujours un peu brun, et sa couche très mince agit pour produire des effets spéciaux de coloration. — R.

*** DÉPOTAGE.** *T. de raff. de suc.* Opération qui consiste à vider les sucres dans les bacs pour séparer les parties altérées pendant leur transport; on dit encore *dépotement*.

*** DÉPOTOIR.** Nom particulier donné aux usines où l'on rassemble les matières des fosses d'aisances, recueillies à domicile par des procédés divers. C'est là que ces matières sont soumises à des traitements divers, dans le but d'en retirer des produits utilisables dans l'industrie ou dans l'agriculture. La description des appareils divers que comporte un dépotoir, étant inséparable de celle des procédés employés pour le traitement des matières, se trouve naturellement reportée à l'article VIDANGE.

*** DÉPOUILLE.** *T. de fond.* Nom donné à la forme générale des pièces modèles qui servent à faire un moule dans le sable, afin que lorsqu'on retire cette matrice, l'empreinte qu'elle laisse derrière elle demeure intacte, et qu'aucune ligne d'arête ne soit brisée. Le principe général qui permet de donner de la dépouille à un modèle consiste à en disposer les diverses parties en forme de queue d'aronde, dont la base la moins large sera du côté de l'intérieur du châssis, et la partie la plus large en dehors. Ce résultat s'obtient de deux façons : soit en graissant légèrement certaines parties du modèle par rapport à l'original en sculpture, pour détruire les angles rentrants, lorsque cette modification n'altère pas trop la forme primitive et que l'on pourra facilement, par la ciselure, par exemple, détruire cette légère altération, soit encore en divisant le modèle en plusieurs parties, fixées les unes aux autres par des assemblages mobiles, de manière à mouler séparément chacune d'elles, à les réunir dans le moule général sans crainte de détruire une partie du travail quand on veut mettre l'empreinte à nu.

DÉPURATION. *T. de chim.* Opération qui consiste à purifier certains liquides organiques, des matières qu'ils tiennent en suspension, augmentées de celles que la chaleur peut coaguler. C'est une véritable clarification; elle s'effectue surtout sur les sucs aqueux herbacés, en élevant leur température entre 60 et 70 degrés centigrades, chaleur suffisante pour coaguler l'albumine végétale. Après refroidissement, on filtre le liquide pour séparer toutes les parties insolubles qui se sont déposées et troublent la transparence du produit.

*** DÉRAILLAGE.** *T. d'appr.* On donne ce nom à une opération qui consiste à tirer certains tissus, tels que les mousselines, la tarlatane, etc., après l'application de l'apprêt, dans le sens de la trame et dans celui de la chaîne, pour régulariser cet apprêt ainsi que la croisure de l'étoffe. Ce travail se fait partie à la main, partie au moyen de cadres ou rames horizontales, articulées pour produire les oscillations nécessaires sur une portion de la longueur du tissu.

DÉRAILLEMENT. *T. de chem. de fer.* Accident résultant de la sortie, hors des rails, d'un véhicule circulant sur une voie ferrée. Les déraillements se produisent soit en pleine voie, par suite de la rupture d'un bandage de roue, ou d'un défaut à la voie, soit aux aiguilles et principalement aux aiguilles en pointe, lorsqu'un essieu d'un véhicule s'engage dans une direction et que l'autre essieu suit l'autre direction. Les effets des déraillements peuvent être très graves si le train qui déraille est animé d'une grande vitesse ou si le déraillement se produit en haut d'un talus ou près d'un cours d'eau. Le relèvement des véhicules déraillés s'effectue à l'aide de crics et de vérins; un appareil spécial, connu sous le nom de *vérin-manivelle*, a été imaginé par M. Ferd. Mathias, pour le relèvement des locomotives déraillées.

I. **DÉRIVATION.** *T. de trav. publ.* On pratique une dérivation toutes les fois que l'on détourne, totalement ou partiellement, les eaux d'une source, d'un ruisseau ou d'une rivière pour les diriger en dehors de leur lit naturel d'écoulement. C'est à l'aide de dérivations que l'on se procure la force motrice des usines hydrauliques, l'eau d'irrigation nécessaire à l'agriculture et l'eau d'alimentation des grandes villes. On les emploie aussi pour améliorer la navigation; les canaux latéraux ne sont que des canaux de dérivation munis d'écluses. Par extension, on appelle quelquefois *dérivation*, l'ensemble des ouvrages exécutés pour la prise et la conduite des eaux dérivées, comme les dérivations de la Vanne et de la Dhuis qui fournissent une partie de l'eau d'alimentation de Paris. — V. AQUEDUC.

L'établissement d'une dérivation est soumise à des formalités d'autant plus sérieuses que, dans certains cas, comme les irrigations, le colmatage et l'alimentation des villes, le volume d'eau emprunté est considérable et n'est pas restitué au cours d'eau, de sorte qu'il est complètement supprimé pour les riverains situés en aval de la prise d'eau. L'autorisation fait l'objet d'un décret rendu en la forme des règlements d'administration publique. Le préfet du département auquel est adressée la demande, provoque dans toutes les communes intéressées une enquête contradictoire; l'ingénieur en chef des ponts et chaussées procède à une instruction, dresse les plans et les nivellements nécessaires et rédige un rapport contenant les propositions relatives : au volume d'eau disponible, au niveau légal de la retenue, aux ouvrages régulateurs et aux prescriptions à imposer, en tenant compte des concessions déjà existantes, et, s'il y a lieu, des besoins de la navigation. Le niveau légal est la hauteur à laquelle on doit, par une manœuvre convenable des vannes de décharge, maintenir les eaux en temps ordinaire et les ramener autant que possible en temps de crue. En effet, les prises ne sont, en général, possibles qu'en relevant artificiellement le niveau des eaux par des ouvrages de retenue.

C'est principalement au point de vue des irrigations et des colmatages que les dérivations ont pris, dans ces dernières années, une importance considérable; il suffit de citer, pour exemples, les canaux de Carpentras, du Forez, de la Neste, de Saint-Martory, de l'Estelle, de la Bourne et du Verdon. Pour ces entreprises importantes, les demandes d'autorisation sont présentées par les départements ou par des syndicats de propriétaires. Elles obtiennent la reconnaissance d'utilité publique, ce qui permet de recourir à l'expropriation, tant pour les concessions antérieures qu'il peut être nécessaire de supprimer, que pour les acquisitions de terrains indispensables pour le passage des eaux. Du reste, la loi de 1845 accorde ce droit de passage des eaux d'irrigation sur les fonds intermédiaires, à charge d'indemnité, en exceptant toutefois les maisons, jardins, parcs et enclos attenant aux habitations. C'est ce que l'on nomme la *servitude d'aqueduc*.

Les règlements relatifs aux dérivations s'appliquent également aux cours d'eau non navigables ou flottables, la loi imposant à l'administration le droit et le devoir d'assurer la conservation et le libre cours des eaux; les eaux de source, les eaux de pluie recueillies dans des réservoirs, et les eaux des puits artésiens appartiennent seules aux propriétaires des fonds sur lesquels elles naissent ou sont fixées.

Lorsque l'on possède le décret d'autorisation, on règle la section et la pente du canal de dérivation d'après le volume d'eau accordé, la hauteur de l'eau et la vitesse qui correspond à la nature des ouvrages, canaux à ciel ouvert, conduites forcées en maçonnerie ou en métal, ponts-aqueducs, souterrains, siphons, etc. L'important, c'est de perdre le moins possible de la hauteur de chute disponible entre le point de départ et celui d'arrivée. — V. AQUEDUC, IRRIGATION.

On peut employer, pour calculer les largeurs moyennes, la formule :

$$Q = 50 l H \sqrt{Hi}$$

dans laquelle Q représente le débit, l la largeur moyenne, H la hauteur, et i l'inclinaison longitudinale par mètre. Dans les rigoles de dérivation non maçonnées (alimentation des canaux navigables), on doit maintenir la vitesse supérieure à $0^m,30$ par seconde pour éviter les herbes, et ne pas dépasser $0^m,80$, pour que les talus ne soient pas attaqués; la pente varie alors de $0^m,10$ à $0^m,90$ par kilomètre; mais on augmente la pente et la vitesse sur les ouvrages d'art, afin de diminuer leur largeur et de réduire le cube des maçonneries.

On établit, à l'origine des dérivations, des prises d'eau munies de vannes qui servent à régler et, au besoin, à interrompre l'introduction de l'eau; ce sont des ouvrages en maçonnerie, solidement construits et reliés aux berges par des parties arrondies afin de diminuer la contraction. Les vannes sont en fonte, munies de glissières et manœuvrées à l'aide de vis ou de crémaillères (V. VANNE). On établit ces ouvrages en double, l'un d'eux servant de barrage de sûreté, et, lorsque le cours d'eau est susceptible de charrier, on protège la prise d'eau par une estacade en charpente, plantée obliquement afin de renvoyer les corps entraînés vers le courant principal. L'emplacement des prises d'eau doit en outre être choisi de façon à éviter les envasements. Enfin, comme les dérivations ne peuvent pas servir à l'évacuation des crues, parce que les eaux ne doivent pas y dépasser la vitesse prévue pour la conservation des ouvrages, il faut les mettre à l'abri des inondations en élevant à une hauteur suffisante les murs des barrages et les digues de raccordement. On les munit en outre d'un déversoir et de vannes de décharge ou pertuis de fond, qui servent à assurer, en tout temps, le régime des eaux. — J. B.

II. * **DÉRIVATION** (V. CIRCUIT). Déviation d'une partie du courant d'un circuit principal dans un second circuit greffé sur le premier (*circuit dérivé*). Par extension, on désigne sous le nom de *dérivations*, les circuits dérivés eux-mêmes. Les lois des courants dans les dérivations ont été données à l'article COURANT. — V. ce mot.

* **DÉRIVE.** *T. de chem. de fer.* Accident résultant de la mise en mouvement spontanée de vagons s'échappant sur une voie en pente. Les cas de dérive peuvent se produire soit en pleine voie, par suite de la rupture d'un attelage au milieu d'un train, soit dans les gares, lorsque des vagons, stationnant sur une voie accessoire, sont poussés sur la voie principale par le vent ou par une manœuvre imprudente. On obvie à la première cause de dérive en attelant des machines de renfort en queue des trains sur les lignes à fortes déclivités. Pour se garantir contre les dérives dans les stations, on termine souvent les voies de garage par une courte impasse d'évitement en rampe, dont l'aiguille est normalement dirigée vers le cul-de-sac, de manière que si un vagon s'échappe, il aille amortir sa vitesse sur l'impasse, sans engager les voies principales. Les accidents résultant des cas de dérive peuvent avoir des conséquences très graves, surtout sur les lignes à voie unique, puisque les vagons isolés roulent à contre-voie sans être maîtrisés; aussi prend-on des mesures d'exploitation spéciales dans ce cas. — V. EXPLOITATION.

* **DÉRIVÉE.** *T. de mathém.* Lorsque deux quantités variables x et y sont liées l'une à l'autre, de manière que la variation de l'une d'elles soit déterminée par la variation de l'autre, on dit qu'elles sont *fonction l'une de l'autre* ; si x reçoit une série de valeurs quelconques, les valeurs, correspondantes de y, seront déterminées : x sera la *variable indépendante*, y la *fonction de x*. Si l'on fait croître x d'une quantité quelconque dx, y recevra un accroissement défini positif ou négatif dy, et le rapport $\frac{dy}{dx}$ représente, pour ainsi dire, la vitesse moyenne de la variation de y. Si maintenant on suppose que dx devienne de plus en plus petit et tende vers 0, dy tendra aussi vers 0; mais le rapport $\frac{dy}{dx}$ tendra généralement vers une limite dépendant de la valeur de x; cette limite est ainsi une fonction de x que l'on peut déterminer quand on connaît la fonction y. On l'appelle la *fonction dérivée* ou simplement la *dérivée* de y par rapport à x. Les accroissements eux-mêmes dy et dx prennent le nom de *différentielles* de y et de x, quand on les considère comme des *infiniment petits*, c'est-à-dire comme des quantités variables tendant vers 0, qu'on introduit dans les équations, non pour les calculer elles-mêmes, mais pour déterminer les limites de leurs sommes ou de leurs rapports. Ces considérations, un peu abstraites, sont développées à l'article DIFFÉRENTIELLE. Bornons-nous à faire remarquer que la dérivée de y, qu'on désigne souvent par la notation y', est le quotient des différentielles dy et dx. Par opposition avec sa dérivée, la fonction y s'appelle quelquefois la *fonction primitive*.

La notion de la dérivée revient à chaque instant dans les applications des mathématiques. Lorsqu'une courbe plane est rapportée à des coordonnées rectilignes (V. COORDONNÉES), sa tangente fait avec l'axe des abscisses un angle variable d'un point à un autre, dont la tangente trigonométrique est, pour chaque point, égale à la dérivée de l'ordonnée par rapport à l'abscisse; cette dérivée représente donc en chaque point la *pente* de la courbe : elle est positive quand la courbe s'élève, négative quand la courbe s'abaisse. En mécanique, la vitesse d'un mobile est à chaque instant la dérivée de l'espace parcouru par rapport au temps (V. VITESSE); l'*accélération* est, de même, la dérivée de la vitesse par rapport au temps.

La dérivée y' étant une fonction de x, admet elle-même une dérivée qu'on appelle la dérivée seconde de y; la dérivée de la *dérivée seconde* est la *dérivée tierce*, etc. On peut ainsi concevoir les dérivées des différents ordres d'une fonction y. L'analyse infinitésimale apprend à déterminer les dérivées des fonctions simples et, en général, de toute fonction qui ne renferme pas d'autres éléments que des fonctions algébriques, exponentielles ou circulaires, directes ou inverses. Les plus importants de ces résultats trouveront mieux leur place au mot DIFFÉRENTIELLE, car la recherche de la dérivée et celle de la différentielle ne sont au fond qu'un seul et même problème.

Une quantité variable u peut être fonction de plusieurs variables x, y, z, etc. Supposons que, laissant x, y, z, etc., fixes, on donne à x un certain accroissement dx, u prendra l'accroissement correspondant du, et la limite du rapport $\frac{du}{dx}$ quand dx tend vers 0 est ce qu'on appelle la *dérivée partielle* de u par rapport à x. On la calcule comme une dérivée ordinaire, en traitant les autres variables comme des constantes. Cette dérivée partielle est elle-même une fonction des variables x, y, z, etc., qui admet à son tour des dérivées partielles par rapport à chacune de ces variables ; ce sont les dérivées partielles secondes de u, on comprend de même ce que sont les dérivées partielles des différents ordres, seulement leur nombre augmente très rapidement avec l'ordre, car on peut prendre la dérivée d'abord par rapport à x puis par rapport à y ou à z, etc. On démontre que la dérivée partielle d'un ordre quelconque est indépendante de l'ordre dans lequel on a pris les dérivées par rapport à chaque variable, pourvu qu'on dérive toujours le même nombre de fois par rapport à la même variable. Par exemple, la dérivée tierce prise deux fois par rapport à x, puis par rapport à y est la même que la dérivée prise d'abord par rapport à y puis deux fois par rapport à x, ou bien par rapport à x, puis à y, puis à x. — M. F.

***DERLE.** *T. de céram.* Argile qu'on utilise pour fabriquer la faïence fine.

***DÉROBEMENT.** *T. d'arch.* Tracé fait avec l'épure et rapporté directement sur la pierre équarrie.

***DÉROCHAGE.** Nom donné à l'une des phases du travail du décapage du cuivre qui a pour but d'enlever, par une immersion dans un bain à 1/10 d'acide sulfurique, la croûte de bioxyde formée pendant le recuit. — V. DÉCAPAGE.

***DÉROMPAGE.** *T. d'appr.* On donne ce nom à une opération mécanique, dont le but est de briser la *carte*, c'est-à-dire d'enlever l'excès d'apprêt que l'on est obligé de donner aux tissus pour qu'ils aient plus de main. Avant l'opération, on dit que l'étoffe est *à dérompre* ; après l'opération, on dit qu'elle est *dérompue*. Les *dérompeuses* comptent un grand nombre de modèles différents. Les plus répandues consistent principalement en deux séries de rouleaux métalliques ; les uns qui tournent librement sont lisses et espacés entre eux d'une distance plus grande que leur diamètre respectif ; les autres, qui tournent à l'aide d'engrenages, sont garnis d'aspérités disposées en hélice et placés de façon à correspondre aux vides existant entre les premiers rouleaux. Le tissu passe successivement entre chacun de ces rouleaux, les enveloppant sur une partie de leur circonférence, et se dérompt par son passage sur les aspérités des surfaces métalliques. || 2° Opération qui consiste à diviser les chiffons en petits morceaux sur un *dérompoir*, sorte de table munie d'un instrument tranchant.

***DEROSNE** (CHARLES), chimiste et industriel, né à Paris en 1780, mort en 1846. En 1806, il s'associa à son frère aîné pour la direction de l'importante pharmacie, fondée rue Saint-Honoré, par Derosne père et Cadet de Gassicourt. Cette maison fut pendant longtemps le lieu de réunion des esprits novateurs de la fin du siècle dernier. Francklin, Vauquelin, Parmentier en étaient les hôtes assidus. C'est avec ce dernier que Derosne fit les premières tentatives pour extraire le sucre et l'alcool de la pomme de terre. Plus tard, il fit avec J.-B. Mollerat des recherches sur l'acide pyro-acétique, qui devint l'objet de l'installation d'une fabrication industrielle à Pouilly-sur-Saône. En 1811, Derosne commence à étudier les procédés à employer pour blanchir le sucre de betterave. Dans un mémoire, publié en 1813, il indique le perfectionnement à apporter dans l'exploitation de la betterave par l'emploi du charbon, l'utilisation des écumes, etc., etc. On lui doit aussi les procédés de fabrication du noir animal par la carbonisation des os, et l'application de ce produit à la purification des sirops de sucre. En 1816, il fonde à Chaillot une chaudronnerie destinée spécialement à la construction des appareils distillatoires, et, en 1817, il invente, avec Cellier-Blumenthal, l'alambic à distillation continue qui est aujourd'hui la base de tous les appareils à simple, double ou triple effet, employés dans les raffineries. C'est à cette époque qu'il distingua dans ses ateliers, J.-F. Cail, qui bientôt participant aux intérêts de la maison, devint, en 1836, l'associé de M. Derosne. Ce fut alors que se développèrent ces ateliers de construction qui sous la raison sociale Derosne et Cail acquirent une réputation européenne.

Dans ses voyages à la Martinique et à la Havane, où son nom est resté populaire, Derosne, poursuivant ses recherches, remarqua que le sang frais desséché à basse température donne un produit sec, riche en albumine, capable de clarifier les jus et sirops sucrés, et de fournir un engrais énergique. Aidé de son frère, Bernard Derosne, un des plus habiles maîtres de forges de Franche-Comté, il tenta de nouveaux procédés de carbonisation du bois à l'usage des hauts-fourneaux, et fit dans la terre d'Ollans, des essais sur les engrais animaux, et la cuisson de la nourriture pour le bétail.

Derosne a publié avec D. Angar une traduction annotée du *Traité complet du sucre européen de betteraves* (Paris, 1812, in-8°), de l'allemand Achard.

***DEROSNE** (FRANÇOIS), frère du précédent, né à Paris en 1774, mort en 1855, pharmacien et chimiste distingué, membre de l'Académie de médecine, est surtout connu par ses travaux sur les alcaloïdes. Il obtint, en 1804, la narcotine qui porta longtemps le nom de *sel de Derosne ;* en 1816, il imagina le briquet phosphorique, cet ingénieux petit appareil qui fut d'un emploi général à Paris jusqu'à la vulgarisation des allumettes à friction directe.

***DÉSACIÉRATION.** *T. de métall.* La *désaciération* n'est pas, à proprement parler, une opération métallurgique spéciale, c'est une forme d'affinage à l'état solide, qui est peu usitée d'ailleurs. Etant donnée une matière dont on veut détruire l'aciération, il suffit, dans la plupart des cas, de *détremper* fortement par un recuit au rouge. Si on voulait transformer cette matière en quelque chose de plus doux, de plus analogue au fer, il faudrait employer les procédés de la fabrication de la fonte malléable et oxyder une partie du carbone de constitution par un recuit prolongé avec ou sans la présence de l'oxygène.

***DÉSARGENTURE.** *T. techn.* Opération qui a pour but de retirer l'argent qui recouvre une surface métallique, et qui s'exécute en immergeant les pièces argentées dans des liqueurs appropriées qu'on désigne sous le nom de *dédrogues* ou *eau Reine*. A froid, on emploie un mélange de dix parties d'acide sulfurique à 66° pour 1 d'acide azotique à 40°, qui n'attaque que l'argent à la condition de ne pas contenir d'eau. A chaud, l'opération, moins complète, est par contre plus rapide, la liqueur employée est de l'acide sulfurique concentré chauffé vers 200°, auquel on ajoute du salpêtre sec et pulvérisé. Pour les pièces en métal autre que le cuivre et ses alliages, le procédé le plus convenable est un bain de cyanure avec l'intervention d'un courant électrique. Pour recueillir l'argent dissous, on étend d'eau et précipite le métal à l'état de chlorure par l'acide chlorhydrique.

DESCELLER. *T. techn.* Détacher de son scellement une grille, une dalle, etc. || Dégrossir une glace jusqu'à ce qu'elle soit parfaitement plane.

***DESCENDERIE.** *T. d'exploit. de min.* Galerie qui suit la pente de la couche exploitable.

***DESCENSEUR.** Nom générique des machines qui ont pour objet, dans les magasins et ateliers, la descente facile et rapide des matériaux ou marchandises. || Par extension, on a donné ce nom à un appareil de sauvetage fort ingénieux qui, en cas d'incendie, peut être d'une grande utilité; voici en quoi il consiste : une corde de 20 mètres de long et de 11 millimètres de diamètre, traverse un manchon métallique massif, en s'enroulant de deux, trois ou quatre tours, dans une gorge en spirale intérieure (de là le nom de cet appareil, *descenseur à spirale*). L'extrémité de la corde est munie d'un solide crochet destiné à prendre un point d'arrêt sur une barre d'appui de fenêtre, un meuble ou autre objet fixe et solide situé dans la maison où un incendie ne permet plus la fuite par l'escalier ; à l'aide d'une ceinture quelconque dans laquelle est engagé l'un des crochets fixés sur le côté du manchon, une personne peut se suspendre en dehors de la fenêtre, descendre d'un 6e étage, en réglant sa descente à volonté, selon la pression de la corde exercée sur les gorges de la spirale, et, comme les mains et les jambes sont libres, s'arrêter même aux étages inférieurs, pour sauver d'autres personnes en péril. Le descenseur à spirale obtint, il y a quelques années, un succès auquel son utilité incontestable semblait réserver une plus longue durée; il eut cependant cette bonne fortune d'être bien accueilli par la presse et surtout de trouver en M. Edouard Philippe, un Parisien aussi actif qu'intelligent, le plus zélé des propagateurs. Avec le plus louable désintéressement, M. E. Philippe fit une foule d'expériences concluantes que le *Dictionnaire* avait le devoir de mentionner, ne fût-ce que pour sauver de l'oubli une invention intéressante.

DESCENTE. 1° *T. de constr.* Une voûte en berceau est dite *rampante* ou *en descente* lorsque les génératrices du cylindre qui forme l'intrados sont inclinées à l'horizon. Le cas se présente quand il faut recouvrir par une voûte un passage qui fait communiquer le sol extérieur avec un terrain situé plus bas. Des voûtes en descente recouvrent ordinairement les escaliers de cave. Une descente est *biaise* lorsque son axe est oblique par rapport à la direction du mur dans lequel elle débouche. Une voûte annulaire en descente forme une vis Saint-Gilles. Cette espèce de voûte a été plusieurs fois employée pour soutenir les marches d'escaliers circulaires. Par extension, on appelle *descente de cave*, le passage même qui donne accès à une cave. Quelquefois la descente de cave est une simple pente, pavée ou cailloutée, placée soit à l'extérieur du bâtiment, soit dans des hangars ou celliers situés au-dessus des caves, notamment dans les exploitations agricoles. Les caves habitées d'un grand nombre de villes fortifiées du moyen âge avaient ordinairement pour accès une ouverture pratiquée devant la façade sur la voie publique. Dans quelques villes de province et particulièrement en Bourgogne, on voit encore un grand nombre de ces descentes de caves qui empiètent sur la rue et sont fermées par des volets légèrement inclinés pour faire écouler les eaux pluviales. || 2° *T. de plomb.* Suite de tuyaux en zinc ou en fonte qui servent, dans les constructions, à l'écoulement des eaux pluviales et ménagères. Ces conduites sont appliquées contre les parois extérieures de l'édifice et maintenues par de petits colliers en fer plat scellés dans la maçonnerie ou cloués sur le bois. Une cuvette est fréquemment placée à la partie supérieure; le bas se termine par un bout recourbé appelé *dauphin*. Les tuyaux de descente en fonte sont fréquemment cannelés. On appelle encore *descente* ou *chute* les tuyaux composés de *chausses* en poterie ou en fonte, qui mettent en communication les sièges d'aisances avec les fosses fixes ou mobiles dans les habitations.

***DESCROIZILLES.** Nom d'une famille de pharmaciens-chimistes de Normandie, dont les membres ont fait accomplir à la science de notables progrès, et dont la mémoire doit être justement honorée.

François, le père et grand-père des chimistes de ce nom, exerçait la pharmacie à Dieppe; il est surtout connu par son *Essai pour corriger et adoucir les vins qui ont de la verdeur*. Il employait pour cet usage la corne de cerf râpée, au lieu de la litharge, qui servait alors presqu'exclusivement. L'Académie de Rouen a publié de lui un *Mémoire sur un nouveau sel polychreste* (1758), ou sel neutre, ayant la triple propriété d'être purgatif, fondant et calmant (c'est le tartrate double de potasse et de soude).

François-Antoine-Henri, fils du précédent, est le plus célèbre de tous les DESCROIZILLES. Il naquit à Dieppe, le 11 juin 1751, et suivit la carrière paternelle. Il devint à Rouen, l'élève et le préparateur de Rouelle, puis y fut nommé démonstrateur royal de chimie, tout en administrant la pharmacie qu'il avait créée en cette ville (1). Ses premiers travaux industriels eurent pour but l'étude des *mordants pour la teinture*, mais ses recherches chimiques ne l'empêchaient pas de se livrer à d'autres méditations; c'est ainsi qu'en 1784, il eut

(1) Par un concours bizarre de circonstances, l'auteur de cette notice biographique est également professeur de chimie à Rouen, et habite encore la maison qu'à fondée Henri Descroizilles en 1776.

l'idée de la construction des phares à éclipses, que Fresnel perfectionna plus tard. Le premier appareil de ce genre fut construit par Lemoine, alors maire de Dieppe, et élevé sur la jetée de cette ville. Reprenant le cours de ses travaux ordinaires, Descroizilles soupçonna la composition double de l'alun ; puis, ayant imaginé d'introduire dans l'eau qui servait à recueillir le chlore destiné au blanchiment, du carbonate de chaux, il fut conduit à trouver les chlorures décolorants. En 1788, il fonda à Lescure, près Rouen, un établissement, qu'il appela *blanchisserie berthollienne,* dans laquelle on parvenait à blanchir les toiles, bien mieux et bien plus rapidement que par la simple exposition sur le pré, méthode uniquement employée avant lui. La tourmente révolutionnaire atteignit Descroizilles ; regardé comme suspect, en 1793, il fut incarcéré à l'asile de St-Yon ; mais, toujours préoccupé de sciences, même pendant sa captivité, il examina la nature des efflorescences des murailles de sa prison, et trouva le moyen d'épurer en grand, et facilement, le salpêtre des caves. Le Mémoire qu'il rédigea sur ce sujet, après avoir été communiqué au Comité de Salut public, lui fit d'abord rendre la liberté, et le fit nommer ensuite inspecteur de l'Administration des poudres et salpêtres.

Descroizilles quitta Rouen, pour aller habiter momentanément à Paris ; mais il n'en continua pas moins à se préoccuper des intérêts de l'industrie. En 1801, il prépara et fit connaître l'*oxymuriate d'étain,* qu'il faisait fabriquer par Arvers, son successeur. Presqu'en même temps, il construisit son alcalimètre, qui devint bientôt le *polymètre à quatre échelles,* c'est-à-dire, un aréomètre susceptible de pouvoir servir à la fois d'alcalimètre, de berthollimètre, d'acétimètre et de pèse-liqueur. Son usine de Lescure se développait concurremment, et lors de l'exposition régionale qui fut organisée en 1803, à Rouen, à l'occasion de la visite du premier consul, on put voir différents spécimens de sa fabrication, notamment son acide muriatique et son sel d'étain.

En 1804, il entreprit l'étude des eaux de Rouen, et publia l'analyse des cinq principales sources alimentant la ville, d'un grand nombre d'eaux de puits, de l'eau de la Seine, en y ajoutant une étude sur l'eau des fontaines de Dieppe. Ce travail a été reproduit presque complètement par Lepec de la Clôture, dans son ouvrage sur les *Maladies et constitutions épidémiques,* chapitre relatif à Rouen.

En 1806, Descroizilles, nommé secrétaire du Conseil général des manufactures, vint complètement habiter Paris ; peu après la chute de l'Empire, il fut destitué. Cette disgrâce, toute politique, ne fut pas de longue durée, car, dès 1816, il fut appelé au sein de la commission formée près du ministère de l'intérieur, puis des douanes, pour juger les tissus présumés être d'origine étrangère, et créer le système de protection qui favorisa le développement de l'industrie nationale. Il mourut à ce poste, le 14 avril 1825.

Chercheur infatigable, Descroizilles découvrit, en outre, divers appareils que l'on utilise encore tous les jours. C'est ainsi qu'en faisant des recherches sur la distillation des liquides, il construisit un petit appareil portatif, lequel, modifié légèrement, est encore connu aujourd'hui sous le nom d'*alambic de Gay-Lussac.* C'est lui, qui, grand amateur de café, fit construire par un ferblantier de Rouen, le modèle d'un filtre en ferblanc, que Fourcroy et Chaptal possédaient déjà, lorsque le constructeur eut l'idée d'aller exploiter la découverte du savant Rouennais. A Paris, le filtre présenté à l'abbé Du Belloy, fut prôné par son nouveau protecteur, et fit la fortune du marchand, qui, par reconnaissance, le vendit sous le nom de cafetière à la Du Belloy. Henri Descroizilles fut, comme on le voit, un homme remarquable. Utile à son pays, il contribua à enrichir l'industrie de sa ville d'adoption. Les principaux travaux de Henri Descroizilles sont : *Description et usage du berthollimètre,* ou instrument d'épreuve pour l'acide muriatique oxygéné liquide, pour l'indigo et l'acide de manganèse, avec des observations sur l'art de graver sur verre par l'acide fluorhydrique, in-8°, avec fig., Rouen 1802 ; *Mémoire sur les ateliers de tisserands, les encollages et parements employés par les ouvriers,* Rouen, an XIII ; *Mémoire sur l'art d'économiser le combustible,* Rouen, an XIII ; *Notice sur la pyrotechnie,* Rouen, 1803 ; Supplément : Rouen, 1804 ; *Mémoire sur l'étain,* Rouen, 1806 ; *Notice sur l'aréométrie,* Rouen, 1802-1806 ; *Essai sur l'art du salpêtrier,* Paris, 1805 ; *Notices sur les alcalis du commerce, opuscule utile aux verriers, aux savonniers, aux teinturiers, aux salpêtriers, aux blanchisseurs, etc.,* Paris, 1806 : *Méthode très simple pour préserver les blés, seigles, orges, avoines, riz, etc., de toute altération et de tout déchet, dans des bâtiments beaucoup moins coûteux et beaucoup moins spacieux que les greniers ordinaires, sans surveillance et sans autres frais que l'intérêt du capital,* Paris, août 1819, in-8°, fig. ; *Estampillage en registre, moyen certain de réprimer la fraude et de percevoir des droits d'entrée suffisants sur tous les produits de l'industrie étrangère,* 1re partie, Paris, 1816, in-8° ; *Notice sur les fermentations vineuses et spécialement sur celles du cidre et du poiré ;* Extrait des *Annales de l'industrie nationale et étrangère,* Paris, 1822, in-8° ; *Notices sur les eaux distillées, les fumigations guytonniennes, sur les frictions berthollienes, sur la production du gaz nitreux dans la concentration du sirop de betterave,* dans le *Journal de Pharmacie et de Chimie,* Paris, in-8° ; *Notices sur l'alcalimètre et autres tubes chimico-métriques, et sur un petit alambic pour l'essai des vins,* Opuscule utile aux fabricants, commerçants et consommateurs de soude, de potasse, de savon, de vinaigre et d'eau-de-vie, 3e éd. corr. et aug., Paris, in-8°, 1824.

* **DÉSÉLECTRISEUR.** *T. techn.* Ce nom est toujours donné aux nombreux et divers appareils brevetés, et destinés à parer aux inconvénients produits par l'électrisation de la bourre de soie dans le travail des peigneuses et étireuses. En règle générale, les inventeurs croient obtenir un bon résultat en faisant passer le boyau soyeux

sous un cylindre métallique presseur en communication avec le sol. Or, dans de semblables circonstances, la soie s'électrise toujours et on ne fait que développer une quantité de fluide plus considérable. L'électricité ne pouvant que se déplacer très difficilement d'un point à un autre sur la soie, il serait nécessaire, pour désélectriser complètement celle-ci, de mettre chaque partie de la fibre en contact, sans pression, avec un corps bon conducteur communiquant avec le sol.

* **DÉSEMBATTAGE.** *T. de mécan.* Opération pratiquée dans les ateliers de chemins de fer et qui consiste à détacher un bandage du corps de roue sur lequel il a été fixé antérieurement par l'embattage. Il arrive parfois que le bandage, qui a reçu au moment de la mise en service un serrage initial, se lâche de lui-même, et il est alors facile à sortir, puisqu'il présente un excédent de diamètre sur le corps de roue. Autrement les bandages qu'on enlève sont arrivés à la limite d'usure, ou doivent être déplacés, parce que le bandage de l'autre roue calée sur le même essieu, vient lui-même à se rompre, et qu'on se trouve obligé de les remplacer tous deux pour mettre deux bandages de même épaisseur. Dans ce cas, on opère le désembattage en chauffant le bandage sur tout son pourtour afin de l'amener à un diamètre supérieur à celui du corps de roue. Cette opération se pratique, d'ailleurs, dans les mêmes conditions que l'embattage et nous en donnons plus loin la description. — V. EMBATTAGE.

* **DÉSEMBRAYAGE.** *T. de mach.* Mécanisme disposé de manière à pouvoir affoler ou à laisser immobile des parties de machine qui, précédemment, étaient animées du même mouvement.

* **DÉSENCASTAGE.** *T. de céram.* Action de tirer les poteries de leur encastage.

* **DÉSENCHÂSSER.** *T. de joaill.* Action d'enlever une pierre de son chaton ou de son enchâssement.

* **DÉSENCOLLAGE.** *T. d'appr.* On donne quelquefois ce nom à l'opération de lavage qui suit le dégraissage des draps, et qui a pour but non seulement de laver le tissu pour en faire disparaître les matières dont il s'est chargé pendant le dégraissage, mais encore de faire tomber la *colle* ou parement de la chaîne.

* **DÉSINCRUSTANT.** *T. techn.* Ce mot désigne les matières introduites dans les chaudières à vapeur pour empêcher l'adhérence aux parois des sels terreux contenus dans l'eau d'alimentation. Les alcalis minéraux solubles, les matières astringentes, ont la propriété de précipiter, à l'état vaseux, les sels de chaux. L'analyse chimique de l'eau est indispensable pour déterminer la nature et le dosage des corps susceptibles d'agir efficacement sur les sels terreux.

En procédant empiriquement, on s'expose à des mécomptes qui jettent la défaveur sur l'emploi raisonné des réactifs dans les chaudières à vapeur. L'appellation est impropre, si on entend désigner sous le nom de *désincrustant* l'agent chimique agissant sur des dépôts de formation ancienne; sauf de rares exceptions, son action est nulle; mais avec l'emploi judicieux de réactifs appropriés empêchant la formation d'une nouvelle couche incrustante, les dépôts anciens comprimés se rompent par la contraction des parois métalliques, lors de leur refroidissement, et se détachent de ces parois; il en serait autrement si une nouvelle couche incrustante consolidait la couche ancienne.

Ce phénomène purement physique, du détachement par différence de contraction, a, selon toute probabilité, été attribué à l'action chimique des matières introduites dans la chaudière et donné naissance à une appellation inexacte. — V. INCRUSTATION.

* **DÉSINCRUSTATION.** *T. de mach.* Action d'enlever les dépôts formés dans les chaudières par les sels tenus en suspension dans l'eau que l'on emploie. De nombreux procédés ont été proposés dans ce but; le seul qui donne un résultat vraiment efficace, sans attaquer le métal de la chaudière, est le nettoyage à la main à l'aide d'outils convenablement appropriés. Pour les parties difficilement accessibles, les faisceaux de tubes, par exemple, on se sert de chaînes composées de maillons porteurs d'arêtes coupantes que l'on fait aller et venir autour du tube à nettoyer. Le premier outil de ce genre a été imaginé par M. Joublin, mécanicien principal de la marine, qui le fit breveter en 1861. L'usage des tubes amovibles rend l'opération du nettoyage d'un faisceau beaucoup plus commode qu'avec une chaîne ou une courroie armée de lames coupantes. L'adoption, aujourd'hui presque générale, de la condensation par surface, dans les machines à vapeur marines, a beaucoup diminué les chances d'encombrement des chaudières, par suite des dépôts de sel, mais, par contre, elle a considérablement contribué aux incrustations dues aux actions corrosives qui s'exercent à l'intérieur des chaudières. — V. l'art. précédent, CHAUDIÈRE A VAPEUR, CORROSION.

DÉSINFECTANT. *T. de chim.* Les désinfectants sont des corps qu'on emploie pour neutraliser les odeurs désagréables ou assainir les milieux infectés par les miasmes ou les contages.

Les *odeurs* sont nombreuses et nous ne traiterons pas tous les cas qu'on peut avoir à résoudre; nous dirons seulement que les odeurs dues à des vapeurs *acides* telles que celles de l'acide chlorhydrique ou nitrique sont facilement absorbées par les *alcalis*, la *chaux* et la *magnésie;* inversement, les vapeurs *alcalines* comme celles de l'ammoniaque que dégage l'urine putréfiée sont neutralisées par les acides. A ces odeurs se rattachent celles qui s'échappent des fosses d'aisances et qui sont dues à l'*hydrogène sulfuré* et aux *sulphydrate et carbonate d'ammoniaque.* Ces corps sont détruits lorsqu'on les met en présence de *sels métalliques* tels que les sulfate et chlorure de fer, de zinc ou de cuivre qui donnent par double décomposition des sulfures insolubles, inodores et des sels d'ammoniaque.

Les odeurs dues aux *matières organiques* sont plus difficiles à atteindre et on se contente généralement de les masquer par une odeur aromatique telle que celle des *essences*, du *goudron de bois*, etc.; cependant, quelques corps tels que le chlorure de chaux, l'hypochlorite de soude dégageant du *chlore* sous l'influence de l'acide carbonique de l'air, permettent de détruire l'odeur due aux matières organiques.

Quant aux *miasmes* ou *contages*, leur stérilisation est assurée par l'emploi de *corps antiseptiques* parmi lesquels nous citerons les suivants:

L'*acide borique* corps peu soluble dans l'eau dont l'emploi ne présente pas le danger des autres acides: l'*acide sulfureux*, gaz d'une production facile et jouissant de propriétés énergiques. La *chaux* et le *chlorure de zinc*, en solution aqueuse à 1/2 pour cent, sont d'un emploi très commode. Les *hypochlorites de soude et de chaux* par le *chlore* qu'ils dégagent à l'air tuent les germes qui flottent dans l'atmosphère. Un effet analogue est dû aux vapeurs de *phénol* et de *thymol* qu'on répand avec raison dans les chambres de malades. Enfin l'*acide salicylique* est un antiseptique puissant, inodore, peu soluble dans l'eau, et qui est malheureusement d'un prix assez élevé.

DÉSINFECTION. La *désinfection* est le traitement qu'on fait subir à un milieu quelconque en vue de lui donner les qualités de pureté qui lui font défaut. Ici le mot *désinfection* doit être compris dans un sens très général, car il ne signifie pas seulement neutralisation d'odeurs, mais aussi destruction de tous principes mauvais. On peut dire même que dans la plupart des cas, la désinfection vise plus les corps organiques qui forment les miasmes et les contages, que les corps odorants désagréables, il est vrai, mais point malfaisants, sauf quelques exceptions.

Ces deux points de vue différents se retrouvent dans l'étude des désinfectants qu'on doit employer dans les divers cas; ainsi, l'acide salicylique neutralise parfaitement l'action des germes septiques tandis qu'il n'a aucune action sur les corps odorants comme l'hydrogène sulfuré par exemple; inversement, l'hydrogène sulfuré est absorbé par l'oxyde de fer qui n'a aucune action sur les germes organiques; cependant, disons que certains produits, tels que le chlore, agissent également sur les matières infectieuses. Suivant les cas que nous étudierons, nous aurons donc à résoudre l'une de ces deux questions ou les deux simultanément.

1° *Stérilisation des miasmes et contages.* Il est permis de conclure des recherches de nombreux expérimentateurs, au premier rang desquels nous devons placer notre illustre compatriote Pasteur, que beaucoup de maladies proviennent de l'inoculation de virus dont les germes souillent tout ce qui nous entoure. Trois moyens permettent d'entraver le développement de ces germes: la pression, la chaleur et les agents antiseptiques.

(*a*) *La pression.* M. Paul Bert a montré, au cours de ses expériences sur l'influence de l'air comprimé sur la vie, que les germes septiques meurent lorsque le milieu où ils se trouvent est soumis à une pression de 10 atmosphères. Ce procédé n'étant pas d'une application pratique, nous ne nous y arrêterons pas.

(*b*) *La chaleur.* D'après M. Pasteur, tous les virus sont détruits lorsqu'on les soumet à une température de 60°, mais les spores ou germes de ces virus sont beaucoup plus résistants et il faut atteindre 110° au moins pour être sûr d'une destruction complète. M. Pasteur a observé que cet effet était réalisé plus rapidement dans une atmosphère humide que dans une atmosphère sèche, d'où on peut conclure que la vapeur d'eau surchauffée est ce qui doit donner les meilleurs résultats. Comme la production de cet élément est facile industriellement on a là un procédé d'une application pratique.

(*c*) *Les agents antiseptiques* ont une action fort curieuse d'une puissance quelquefois considérable et qui résulte de la stérilité qu'ils communiquent aux milieux ordinairement propres au développement des germes. Nous citerons, parmi ces agents, la plupart des sels métalliques, l'alcool, le phénol, le thymol, l'acide salicylique, le chlore, l'acide sulfureux, etc.

Suivant la nature du milieu à désinfecter, on s'adressera à tel ou tel agent en se guidant sur le prix ou sur la commodité d'emploi.

2° *Destruction des odeurs.* Il est impossible de traiter ce sujet d'une façon complète vu le grand nombre d'odeurs qn'on peut être appelé à combattre; mais on peut dire, en thèse générale, que les odeurs que l'homme subit d'habitude proviennent de la décomposition des matières organiques qu'il rejette chaque jour, et qu'il rencontre dans les habitations, sur les chaussées et dans l'eau qu'il absorbe, etc.

La désinfection, dans ce cas, implique autant la destruction de l'odeur qui existe que la modification du milieu où elle doit se développer de façon à l'entraver; ainsi, le chlorure de chaux jeté dans un urinoir neutralise l'odeur ammoniacale qui résulte de la fermentation de l'urine et de plus il agit sur les éléments de ce liquide de telle façon qu'il les empêche de fermenter ultérieurement.

Les corps qu'on rencontre le plus souvent dans les produits de la putréfaction des matières organiques contiennent du soufre dans leur molécule; parmi ces corps quelques-uns sont d'une destruction facile : l'hydrogène sulfuré et le sulfhydrate d'ammoniaque, par exemple, donnent, lorsqu'on les soumet à l'action d'un sel métallique, un sulfure insoluble et inodore, tandis que d'autres corps sulfurés de nature organique résistent à ces agents et ont besoin d'être traités d'une façon beaucoup plus énergique. Cette résistance de divers corps sulfurés, jointe à celle d'autres substances organiques, explique les difficultés qu'on rencontre dans la désinfection complète des vidanges, soit au moment où on vide les fosses, soit au cours des opérations qu'elles subissent dans les usines de traitement.

Ces principes généraux étant établis, il nous sera facile de les appliquer aux divers cas de désinfection en présence desquels on peut se trouver.

Pour faciliter cette étude, nous diviserons notre sujet en cinq parties :

1° *L'homme et ses résidus* ;
2° *L'habitation humaine ;*
3° *La voie publique ;*
4° *L'eau alimentaire ;*
5° *Les modes de transport.*

1° L'HOMME ET SES RÉSIDUS. L'homme dégage, à l'état normal, une odeur particulière qui est une résultante des exhalaisons de la sécrétion cutanée et de la respiration. Cette odeur pénétrante et fétide semble due à une matière alcaline décomposant le permanganate de potasse et qu'on peut condenser en recueillant dans de l'eau les gaz qui s'échappent des poumons : cette odeur est augmentée, dans la vie ordinaire, par la malpropreté de l'individu et la saleté des vêtements qui le couvrent. Le moyen de remédier dans une large mesure à ces exhalaisons est l'usage de bains fréquents et la pratique journalière des ablutions d'eau pure ou additionnée de phénol, d'acide borique ou de tout autre antiseptique. Certains organes, comme les pieds, en raison de leur rôle actif, dégagent des émanations plus fortes que le reste du corps, qu'on peut combattre, ainsi que cela se pratique dans l'armée allemande, par des lavages à l'eau additionnée d'un millième d'acide salicylique.

Si, après avoir étudié l'homme vivant, nous examinons les phénomènes qui se passent à sa mort, nous sommes en présence de la décomposition naturelle des matières organiques sous l'influence des germes septiques. Le cadavre humain constitue alors un danger pour ceux qui vivent à proximité, non seulement à cause des odeurs qu'il dégage mais aussi en raison des germes morbides qu'il exhale ; ce danger est surtout grand dans les ménages pauvres où le mort est placé dans la pièce, souvent unique, qu'habitent ceux qu'il vient de quitter, et il est à désirer que la création de maisons mortuaires, semblables à celles qui existent à l'étranger, viennent remédier dans nos villes à cette triste situation.

L'infection produite par les cadavres peut être entravée par l'*embaumement*, opération longue et coûteuse qui consiste dans l'extraction des viscères, et l'imprégnation des tissus de corps antiseptiques, soit par l'injection intra-veineuse d'agents tels que l'acide borique ou l'acide salicylique ; on a pu, à l'aide de ce dernier, conserver des cadavres pendant deux mois sans qu'aucun indice de putréfaction se déclare. Le cadavre de l'homme, porté au cimetière, est abandonné à une décomposition complète, ce qui constitue un nouveau danger au double point de vue des émanations qui s'en dégagent et des infiltrations qui viennent souiller les nappes d'eau.

La *crémation* (V. ce mot), remplacera peut-être l'inhumation dans l'avenir ; par l'incinération des corps on supprimera toutes les causes d'insalubrité.

Les *résidus* alimentaires et les *déjections* de l'homme sont pour lui une grande sujétion dont il pourrait cependant s'affranchir, vu la grande valeur fertilisante dont jouissent ces matières ; malheureusement, en ce qui concerne la vidange notamment, certaines municipalités perdent une grande partie des principes fertilisants en pratiquant le système du « tout à l'égout » qui, à côté de quelques avantages, ne fait guère que déplacer le mal, si l'égout se rend dans un cours d'eau. Nous examinerons plus loin la question des égouts, pour le moment nous ne nous occuperons que des fosses d'aisances fixes et mobiles et de la désinfection des gaz qu'elles émettent ou des matières qu'elles renferment.

On sait que les fosses sont ventilées par des tuyaux d'évent qui conduisent les gaz méphitiques à la partie supérieure des habitations ; on attribue généralement à ces gaz la propriété de transporter les germes qui s'échappent des excréments d'individus morts de maladies contagieuse, ce qui en ferait des sources d'infection dangereuses ; aussi a-t-on cherché de divers côtés le moyen de purifier ces gaz. MM. Pabst et Girard ont proposé de les soumettre à l'action des cristaux des chambres de plomb, corps sulfo-nitrés qui jouissent d'une action oxydante énergique.

M. Gipouloux a imaginé de faire passer ces gaz sur une plaque de terre réfractaire percée de trous et maintenue à une température élevée par un bec de gaz. Sans nous prononcer sur ces procédés divers, nous dirons qu'ils sont d'une application difficile vu le grand volume d'air que les gaz diluent et qui s'échappent des matières de vidanges. La désinfection des matières solides et liquides est plus pratique ; en effet, on arrive à une absorption complète de l'hydrogène sulfuré et du sulfhydrate d'ammoniaque à l'aide d'un grand nombre de sels métalliques parmi lesquels les moins coûteux sont le sulfate de fer et le chlorure de zinc ; ces corps provoquent la formation d'un sulfure insoluble et d'un sel ammoniacal inodores. Nous avons déjà dit que divers corps odorants se trouvant dans la vidange échappaient à l'action des sels métalliques, c'est à eux qu'on doit ces émanations dont les Parisiens se plaignent si fort depuis quelques années et qui résultent du traitement des matières de vidange dans les usines qui entourent la capitale. Y a-t-il un moyen de remédier à cet état de choses ? Oui, car le feu dénature tous les gaz qui se dégagent, soit lors de la dessiccation des excréments en vue de la préparation de la poudrette, soit lors de la distillation des eaux-vannes pour la fabrication des sels ammoniacaux. Actuellement, la désinfection par le feu n'est appliquée que dans certaines usines et notamment dans celles de la Compagnie Lesage, mais elle ne donne pas les résultats qu'on est en droit d'attendre d'appareils qui n'en sont, d'ailleurs, qu'à leur période d'essai.

2° L'HABITATION HUMAINE. L'habitation présente l'intérêt le plus sérieux, puisque c'est là que l'homme passe la plus grande partie de son temps dans la vie ordinaire et tout son temps lorsqu'il est atteint de maladie ; de plus, les grandes agglomérations ont pour conséquence la création de monuments publics, tels que les bâtiments d'administration, les casernes, les théâtres et les hôpitaux où les hommes respirent un air confiné, chargé de miasmes tout prêts à s'attaquer aux organismes faibles. Nous diviserons le chapitre de l'habitation en trois parties ; l'habitation proprement dite, les cabinets d'aisances et le vêtement.

L'habitation proprement dite comprend aussi bien la maison privée que le monument public; parmi les nombreux modes de désinfection qui ont été proposés, nous nous arrêterons à l'étude de quatre seulement: la vapeur d'eau, l'acide sulfureux, les hypochlorites et le phénol. La *vapeur d'eau surchauffée* a été préconisée par un grand nombre d'inventeurs, en raison de la facilité qu'on a de la produire à l'aide des machines à vapeur ordinaires. Le procédé de M. Labourdy consiste à faire arriver la vapeur d'eau dans les pièces à désinfecter par l'intermédiaire d'un tube en caoutchouc relié à la chambre de vapeur d'une machine de cinq chevaux timbrée à 9 atmosphères. La vapeur, au sortir de la lance qui termine le tube en caoutchouc, atteint une température de 130 à 135° et elle est projetée directement contre les murs, le parquet, les boiseries et le plafond de la pièce à désinfecter. D'après l'inventeur on pourrait ainsi purifier 2 mètres carrés à la minute. Lorsque les murs sont peints à l'huile ils ne subissent aucune dégradation, mais s'ils sont enduits à la chaux ou à la colle la peinture est complètement enlevée; il en est de même s'ils sont couverts de papier; la dépense qui peut résulter de ce fait est un grave obstacle à l'emploi du procédé dans les maisons privées, mais il n'en est pas de même dans les monuments comme les casernes ou les hôpitaux où généralement les murs sont peints à l'huile.

L'*acide sulfureux* présente beaucoup d'avantages à la condition expresse qu'on évite de soumettre à son action des corps humides car, en présence de l'eau, l'acide sulfureux s'oxyde et forme de l'acide sulfurique qui est un corrosif puissant. Le mode le moins coûteux de production de ce gaz consiste à faire brûler du soufre dans la pièce à désinfecter et à laisser réagir douze heures environ de façon à ce que l'action soit complète. Le Dr Czernicki a publié les expériences qu'il a faites lors de l'assainissement de la caserne d'Avignon (*Journal de Pharmacie et de Chimie*, 1881) et voici, d'après lui, la manière la plus convenable d'opérer. On calcule, tout d'abord, la capacité de la pièce à désinfecter et on met dans un pot en terre du soufre en canons dans la proportion de 35 à 40 grammes par mètre cube d'air à purifier; on pose le pot sur une dalle en pierre afin d'éviter les accidents, puis on allume le soufre, on ferme toutes les ouvertures et on laisse la désinfection s'opérer; le lendemain, on ouvre les portes et les fenêtres et l'acide sulfureux s'échappe facilement. Le Dr Czernicki a constaté que dans ces conditions tous les insectes et leurs œufs sont complètement détruits; le coût s'élève à 0 fr. 012 par mètre cube.

Les *hypochlorites* employés pour la désinfection sont à base de soude (eau de Javel) ou de chaux (chlorure de chaux). Pour que leur action soit radicale, il faut les employer en solution qu'on projette sur les murs, le plancher et le plafond des pièces à désinfecter. Le chlorure de chaux dissous dans 12 fois son poids d'eau donne un liquide très convenable.

Le *phénol* a le grave inconvénient de communiquer, à tout ce qu'il imprègne, une odeur pénétrante et désagréable qui explique qu'on renonce à l'usage de cet agent peu coûteux, dans beaucoup de cas où il rendrait de grands services. Le phénol s'emploie en solution aqueuse diluée.

Ce que nous venons de dire de l'habitation proprement dite s'applique aux établissements de toute nature où l'infection peut provenir, soit de l'homme lui-même, soit des animaux, soit des opérations industrielles.

Les *cabinets d'aisances*, *latrines*, etc., doivent leur odeur désagréable aux émanations ammoniacales et sulfurées qui s'échappent de l'urine et des excréments solides en putréfaction. Cette odeur est surtout intense dans les cabinets de certains monuments publics, dans les maisons anciennes ou habitées par des individus peu soigneux qui, le plus souvent, n'ont pas à leur disposition l'eau strictement nécessaire.

Ce manque d'eau n'existe pas à Londres, par exemple, où presque tous les cabinets sont des *water-closets*, c'est-à-dire que les appareils sont à fermeture hydraulique et munis de prises d'eau suffisantes pour assurer un lavage parfait après chaque présentation.

Les produits qu'on peut employer dans des conditions d'économie satisfaisantes pour la désinfection des cabinets d'aisances sont le phénol et les hypochlorites.

Le *vêtement* comprend les tissus dont l'homme se couvre dans la vie ordinaire et les objets de literie qui forment sa couche. Ces objets constituent autant de sources infectieuses, parce que les tissus, en raison de leur nature filamenteuse, arrêtent les poussières qui flottent dans l'atmosphère, poussières qui peuvent être, à un certain moment, chargées de miasmes et de contages, par le voisinage, soit de pays malsains, soit d'individus atteints de maladie. Le conseil de salubrité de la Seine s'est préoccupé, en 1880, de trouver un procédé pratique de désinfection des vêtements et objets de literie ayant appartenu à des personnes mortes d'affections contagieuses, de façon à entraver l'extension du mal. MM. Pasteur et Colin ont conclu, dans leur rapport, que le procédé le plus convenable était basé sur l'emploi de la vapeur d'eau surchauffée. Parmi les méthodes qui ont été proposées dans ce but nous prendrons, comme exemple, celle de M. Julien.

Les vêtements sont amenés dans des voitures spéciales à l'usine de désinfection, composée d'un bâtiment qui contient les étuves et qui est placé entre deux cours, celle d'arrivée et celle de départ des objets, de façon à ce que la contamination ne soit pas possible. Les ouvriers déchargent les voitures en poussant sur des grilles les objets à désinfecter, puis ils introduisent le tout dans l'*étuve* qui est un cylindre à double paroi, à l'intérieur de laquelle circule un courant d'eau ou de vapeur, de façon à éviter la condensation de la vapeur surchauffée lors de son introduction. Ce cylindre, d'une capacité intérieure de 3 à 4 mètres cubes, est fermé à ses deux extrémités par deux trappes qui permettent l'enfournement et le défournement des objets; un tuyau amène dans ce cylindre la vapeur d'un générateur, à une pression telle que la température atteigne au moins 110°. D'après ce que nous venons de dire, on voit que l'introduction des objets a lieu du côté d'une des cours et l'extraction du côté de l'autre cour; ces deux opérations sont exécutées par des ouvriers différents.

C'est un système analogue qui fut appliqué, en 1878, lors de la guerre de Turquie, à la désinfection des vêtements des soldats russes. Les effets étaient déposés dans des vagons hermétiquement clos et rembourrés de feutre de manière à éviter la déperdition de la chaleur; on faisait d'abord brûler quatre cartouches antiseptiques de Trapp, puis pendant trois quarts d'heure on faisait passer la vapeur d'une locomotive, de telle sorte qu'à la fin de l'opération la température atteignait 125° Réaumur.

Les autres méthodes de désinfection que nous avons exposées, lors de l'étude de l'habitation, sont applicables également dans le cas des vêtements.

3° LA VOIE PUBLIQUE. Ce chapitre comprend la *chaussée* sur laquelle on circule, les *urinoirs* qui bordent la chaussée, et les *égouts* qui existent au-dessous d'elle. La désinfection de la chaussée est réalisée par le balayage et l'enlèvement des boues et immondices qui la recouvrent ainsi que par le lavage des ruisseaux. L'arrosage de la chaussée empêche la poussière de se former et de se répandre dans l'atmosphère. Nous renverrons au sujet des urinoirs à ce que nous avons dit lors de l'étude des cabinets d'aisance.

Quant aux *égouts*, ils ont une importance très grande en raison de la tendance générale qu'ont les municipalités des villes d'en faire des exutoires universels. C'est ce qui se passe à Paris où le système du « tout à l'égout » est adopté; on comprend que dans ces conditions la désinfection des eaux d'égout de la capitale présente un grand intérêt et, comme elle a été l'objet d'études approfondies, nous exposerons les divers systèmes qui ont été proposés pour résoudre le problème. Parmi ces procédés, les uns sont mécaniques, les autres chimiques.

Les *procédés mécaniques* consistent surtout dans la séparation des matières en suspension, soit par dépôt dans des bassins suivi d'une *décantation*, soit par *filtration*. On ne sépare, de la sorte, que les matières insolubles et l'infection due aux éléments dissous putrescibles continue à exister.

L'*insufflation d'air* au sein de l'eau appartient aux *procédés chimiques*, car elle réalise une véritable combustion de la matière organique sous l'influence de l'oxygène de l'air; ce procédé a donné d'excellents résultats; malheureusement, son application n'est pas pratique.

Les *procédés chimiques*, proprement dits, consistent à traiter l'eau de façon à lui enlever complètement les matières fermentescibles qu'elle contient en les amenant à l'état de précipité. Beaucoup de produits chimiques ont été proposés, mais, parmi eux, trois seulement sont d'un emploi pratique, la chaux, le perchlorure de fer et le chlorure de chaux. Les docteurs Frankland et Hoffmann ont examiné parallèlement ces produits, et ils ont trouvé qu'au point de vue de la dépense le perchlorure de fer coûte moitié moins que la chaux et un cinquième seulement du prix du chlorure de chaux. Ces divers produits n'épurent pas complètement l'eau, car les savants que nous venons de citer ont trouvé que la putréfaction se déclarait dans les eaux désinfectées deux jours après le traitement par la chaux, quatre jours dans le cas du chlorure de chaux et dix jours après l'addition du perchlorure de fer. Le seul moyen d'arriver à une épuration complète est l'irrigation de terrains de culture, car les racines des végétaux extraient de l'eau tous les principes fertilisants qu'elle contient.

4° L'EAU ALIMENTAIRE. L'eau joue un rôle important dans la diffusion des germes septiques au sein de l'organisme humain, car elle peut être souillée par des infiltrations d'eaux ayant traversé des terrains imprégnés de matières en putréfaction ou provenant du voisinage de fosses d'aisances.

La première condition que doit remplir une eau potable, c'est d'être *claire*; on peut arriver à ce résultat soit par simple *repos* soit par la *filtration*; mais, de cette façon, on n'enlève à l'eau ni les gaz fétides en solution, ni les germes qu'elle peut renfermer. Le meilleur mode de purification est l'*ébullition* qui chasse les uns et stérilise les autres; ce traitement a l'inconvénient, il est vrai, de donner de la *lourdeur* à l'eau, car elle la prive de l'air qu'elle doit avoir normalement, mais on peut remédier à cet état de choses en aérant l'eau par battage. L'emploi du *charbon de bois* usité dans beaucoup de ménages ne vise absolument que l'absorption des gaz fétides, mais il n'a aucune action sur les matières organiques; celles-ci sont détruites par un agent chimique dont on ne saurait trop recommander l'usage, le *permanganate de potasse*; ce corps, dissous dans l'eau, lui communique une coloration rouge très vive, qui disparaît en présence des matières organiques; cette propriété permet de contrôler si une eau est pure et, dans le cas où l'impureté est reconnue, de verser du réactif jusqu'à ce qu'on arrive à une coloration rose persistante, ce qui indique qu'on a ajouté un excès de permanganate et que la destruction des matières organiques est complète.

5° LES MODES DE TRANSPORT. Les divers véhicules employés pour le transport des voyageurs et des marchandises sont par eux-mêmes des modes de propagation des contages très redoutables, et on ne saurait apporter trop de soin dans leur désinfection lors de leur arrivée au but de leur course.

Pour les *vagons*, cette désinfection présente surtout un grand intérêt lorsqu'ils ont servi au transport des animaux. — ALB. R.

Désinfection des vagons. Les bestiaux sont transportés par chemins de fer dans des vagons à un ou deux planchers que l'on garnit de paille. Pour peu que le transport ait une certaine durée, cette paille est, à l'arrivée, transformée en un fumier dont l'odeur imprègne les parois du véhicule qui a servi au transport, et dont les résidus adhèrent au plancher lui-même en s'introduisant dans ses rainures. Ces conditions sont évidemment favorables à la propagation des épidémies contagieuses ; il est, en tous cas, prudent non seulement de nettoyer, mais même de désinfecter les vagons ayant servi au transport du bétail, de manière qu'ils ne puissent propager les épizooties.

— Cette mesure qu'avait rendue obligatoire, dans certains cas, un arrêté du ministre des travaux publics, en date du 27 octobre 1877, a été généralisée à la suite d'une lettre adressée aux préfets par M. le ministre de l'agriculture et du commerce, pour les inviter à requérir, d'une manière permanente, la désinfection de la part des Compagnies qui font le transport du bétail dans leur département. Les mesures prescrites par cette lettre sont les suivantes :

En premier lieu, enlèvement de la litière sur laquelle les animaux ont séjourné pendant le trajet, puis grattage à l'aide d'un racloir et d'un crochet, pour détacher, du plancher ou des parois, les matières qui sont adhérentes à leur surface ou qui remplissent les joints ; balayage avec un balai rude et lavage à l'eau froide, afin d'entraîner les matières qui ont pu rester adhérentes. Après ce lavage, nouveau balayage pour achever le nettoyage. Après ces opérations, second lavage à l'aide d'une solution désinfectante.

Dans les gares, les places occupées ou parcourues par les animaux, les quais d'embarquement et de débarquement, les ponts mobiles, etc., sont nettoyés et lavés à grande eau, et irrigués avec le liquide désinfectant dont il vient d'être question. L'irrigation peut être remplacée par un saupoudrage de chlorure de chaux. Les fumiers, extraits des vagons, doivent d'ailleurs être mis hors de la portée des animaux, afin que ceux-ci ne soient pas exposés à le piétiner ou à en respirer les émanations.

Par application de ces dispositions, les Compagnies de chemins de fer ont été amenées à rechercher plusieurs moyens de désinfection, qui puissent être mis en pratique dans les gares d'importance très diverse qu'elles ont sur leur réseau. Ces moyens sont les suivants :

Dans les grandes gares, comme celle de La Chapelle, par exemple, qui reçoivent des vagons de bestiaux en grand nombre, on désinfecte à la vapeur, aussitôt le premier nettoyage et le grattage du plancher terminés. On projette la vapeur provenant d'une locomotive ou d'un tonneau mobile et spécial ; si l'on se sert d'une locomotive on a soin de prendre la vapeur au robinet de jauge du bas, afin d'obtenir de la vapeur humide. Le tonneau mobile est plus avantageux ; c'est un récipient en tôle d'une contenance de 800 litres environ, rempli aux 3/4 d'eau surchauffée fournie, au moyen d'un tuyau percé de trous, par une chaudière fixe ou par une locomotive, et dont la température, de 130° à 140°, correspond à une pression de 6 ou 7 atmosphères. On conduit le tonneau devant chaque vagon à désinfecter : un homme revêtu d'un habillement en caoutchouc, pour le préserver des brûlures, dirige, au moyen d'une lance, la vapeur sur les parois du vagon, aussi bien à l'intérieur qu'à l'extérieur. La durée moyenne de cette opération complète est d'environ 2 heures 3/4 à 3 heures, y compris la projection de vapeur qui dure de 15 à 20 minutes, mais non compris le temps passé aux manœuvres des vagons pour les amener au quai de désinfection, les retirer, etc...

L'expérience a démontré que, pour obtenir le meilleur rendement, il était utile de se servir de tuyaux en cuivre recouverts de drap, pour établir la communication entre le tonneau et la chaudière qui fournit la vapeur, et de faire aboutir l'ajutage du tuyau en caoutchouc au bout duquel est montée la lance, non pas à la partie supérieure, mais à la partie inférieure du tonneau, afin que la chaleur empruntée par l'expansion de la vapeur ne soit pas prise aux dépens de l'eau surchauffée.

Dans les gares de moyenne importance, on procède au nettoyage préalable, comme dans le cas précédent ; le lavage s'effectue au moyen d'une petite pompe adaptée à un tonneau d'arrosage de 200 litres. Le liquide désinfectant employé au second lavage est un produit neutre marquant 22° à l'aréomètre Baumé, et contenant, par litre, 315 grammes de sulfate de zinc cristallisé, un peu de nitrate de zinc, des matières goudronneuses, un peu de nitrobenzine ; les deux derniers produits sont des impuretés de fabrication des sels métalliques, mais leur présence complète heureusement l'opération.

On a essayé d'employer des antiseptiques dont le rôle plus complet consiste à arrêter, en outre, les germes de fermentation putride. Mais l'acide phénique a dû être abandonné, à cause de l'odeur persistante qu'il laisse aux parois des vagons et qui les rend impropres au transport ultérieur des sucres, farines, etc... L'acide salicylique, au titre de 3 grammes par litre (20 à 25°), n'a pas cet inconvénient, mais il coûte cher et exige l'emploi d'eau tiède qu'on ne peut se procurer facilement en grande quantité dans les gares.

La désinfection, opérée dans ces conditions, exige par vagon, environ quatre heures de travail, non compris les manœuvres préparatoires.

Enfin, dans les gares de minime importance, l'opération est la même, seulement, elle se fait avec des seaux et sans le secours d'un tonneau, ni d'une pompe, sa durée est alors de cinq heures.

La taxe spéciale de désinfection dont la perception a été autorisée par un arrêté ministériel est de 3 francs par vagon. Il a été question d'abaisser ce prix qui ne rémunère cependant que très imparfaitement l'opération, dont les frais ne se composent pas seulement de l'acquisition des désinfectants, de la consommation de vapeur, et de l'emploi du personnel nécessaire à la désinfection, mais encore de l'immobilisation forcée du matériel, chaque vagon ayant, de ce chef, à subir un stationnement supplémentaire de cinq heures au moins, soit un quart de la journée entière. On ne tient pas assez compte de cet élément qui est l'une des charges les plus onéreuses que l'on puisse imposer à une administration de chemins de fer. — M. C.

A la désinfection des vagons se rattache le chapitre concernant les *lettres et colis postaux* de provenance étrangère suspecte. Lorsque les épidémies sévissent, comme la peste en Asie, ou la fièvre jaune en Afrique ou en Amérique, il est nécessaire de désinfecter tous les objets originaires de ces pays. Quand le choléra s'est abattu récemment en Egypte, M. Riche a été chargé d'organiser le service de désinfection des correspondances venant par la voie ferrée italienne et nous allons décrire le système qu'il a adopté. Par une des ouvertures qui existent dans la partie supérieure des vagons du ministère des Postes, on introduisait un tuyau de plomb descendant jusqu'au plancher du vagon, puis on le raccordait à un siphon analogue à ceux qui renferment l'eau de seltz et qui était plein d'acide sulfureux liquide. L'acide sulfureux, gazeux à la pression et à la température ordinaires, se liquéfie facilement lorsqu'on le soumet à une basse température ou à une pression relativement peu élevée; il en résulte que lorsqu'on ouvre un vase renfermant ce corps à l'état liquide, il se volatilise immédiatement, et dans le cas qui nous occupe le gaz se répandait dans le vagon en déplaçant l'air; on fermait alors l'ouverture après l'extraction du tube de plomb et ce n'est qu'après six heures d'action qu'on ouvrait les portes du vagon; en peu de temps l'acide sulfureux était chassé par l'air ambiant et on pouvait pénétrer dans l'intérieur pour les besoins du service.

En ce qui concerne la *désinfection des navires*, nous ne pouvons mieux faire que d'exposer les résultats obtenus par le professeur Max de Pettenkofer, dans l'étude des moyens les plus convenables à suivre dans ce but. Voici les conclusions auxquelles est arrivé ce savant : 1° la désinfection des navires par l'action de l'acide sulfureux est praticable ; 2° les différents objets d'appartement, les meubles, les approvisionnements ne subissent aucune altération ; 3° une action de deux ou trois heures suffit pour désinfecter un navire dont l'air contient des germes contagieux; 4° en cas de nécessité, on peut procéder à la désinfection en pleine mer, pourvu que les gens du bord se tiennent pendant quelques heures sur le pont.

Quant aux eaux stagnantes de la cale, on les traita parallèlement par la chaux et le chlorure de zinc qni donnèrent les résultats suivants : 1° l'hydrate de chaux possède la propriété de détruire la vie organique dans l'eau, de prévenir la fermentation putride, et de l'arrêter si elle vient à se produire; 2° pour désinfecter une eau peu altérée, il suffit d'employer la chaux dans la proportion de 1/2 0/0 et de 1 0/0 quand l'eau est complètement corrompue. Pendant cinq ou six semaines ces eaux ne présentent plus aucun signe de putréfaction; 3° dans les épidémies, il sera très utile de laver le pont des navires avec un lait de chaux dans la proportion de 1/2 0/0; 4° le chlorure de zinc est aussi efficace que l'hydrate de chaux pour prévenir la putréfaction des eaux et détruire la vie organique; 5° pour désinfecter une eau très altérée, on peut l'employer dans la proportion de 1/5 0/0; 6° le chlorure de zinc a une action plus énergique et plus rapide que la chaux hydratée; 7° dans la proportion qui vient d'être indiquée, il n'exerce aucune action nuisible sur les matières organiques ni même sur celles de nature inorganique; 8° enfin, il présente cet avantage sur l'hydrate de chaux, c'est que le dépôt qu'il forme est peu cohérent et qu'il peut être enlevé facilement. — ALB. R.

* **DESLANDES** (PIERRE DE LAUNAY), ingénieur des ponts et chaussées, né en 1726 à Vergoncey (Manche), devint successivement sous-directeur et directeur de la manufacture de glaces de Saint-Gobain. On lui doit des perfectionnements qui ont imprimé une vigoureuse impulsion à la fabrication des glaces. Il est mort en 1803.

* **DESMINE.** *T. de minér.* — V. STILBITE.

* **DESNOYERS** (AUGUSTE-GASPARD-LOUIS, **BOUCHER**, baron) fut un des derniers maîtres dans l'art de la gravure au burin, art très noble, très sévère, bien français, qui tend à disparaître de jour en jour, compromis d'un côté par la longue souveraineté d'un artiste d'un talent très grand, mais sans variété ni souplesse, et d'un autre côté par les facilités de l'eau forte, sans compter le prodigieux et tout récent développement des procédés de gravure dérivés de la photographie. Boucher-Desnoyers naquit à Paris en 1779. Il fit ses premières études dans l'atelier de Lethière, un des bons élèves de Louis David, et commença par reproduire les tableaux de son maître et des peintres contemporains. Mais il prit bientôt conseil d'Alexandre Tardieu, le graveur illustre, qui avait conservé la belle tradition des Nanteuil et des Edelinck. Sous la direction de cet artiste éminent, qu'il connut en 1799, Desnoyers grava une des plus célèbres *Vierges* de Raphaël, la *Belle Jardinière*, qui mit aussitôt le nom du jeune graveur en lumière, il avait 25 ans (1804) ; et c'est à ses belles, consciencieuses et savantes reproductions d'après Raphaël que Boucher-Desnoyers dut le meilleur de sa gloire très légitime. Il a traduit ainsi : la *Vierge de Foligno*, 1814; la *Vierge au linge*, la *Vierge à la chaise*, la *Vierge au poisson*, 1822; la *Vierge d'Albe*, 1827; la *Vierge au berceau*, 1831 ; la *Transfiguration*, 1840 ; la *Visitation*, *Sainte Catherine d'Alexandrie*, la *Belle Jardinière de Florence*, 1841 ; la *Vierge de saint Sixte*, 1846. Mais la supériorité de Desnoyers se révéla également en ceci qu'il n'avait pas inféodé son remarquable burin au style d'un seul maître. Il est vrai qu'il s'attachait de préférence aux dessinateurs; mais il n'en a pas moins fait preuve d'une rare souplesse d'outil, en interprétant avec un égal talent la *Vierge au rocher*, de Léonard de Vinci; les *Muses et les Piérides*, de Perino del Vaga; d'après Nicolas Poussin, *Moïse sauvé des eaux*, *Eliézer et Rebecca*; la *Madeleine*, du Corrège; et d'après des contemporains: la *Léda*, de Léthière; *Dédale et Icare*, de Landon ; *Héloïse et Abeilard*, et *Vénus désarmant l'Amour*, de Robert Lefèvre; *Psyché et l'Amour*, *Bélisaire*, *Napoléon Ier* en pied, le *Prince de Talleyrand* en pied, d'après le baron Gérard; le *Roi de Rome* et *Phèdre et Hippolyte*, de Pierre Guérin, etc., etc. Boucher-Desnoyers entra à l'Institut en 1816. Il fut nommé par ordonnance royale « premier graveur du roi » en 1825, et baron en 1828. Il mourut à Paris en 1857.

***DÉSORNAGE.** *T. de métall.* Dans l'affinage du fer, c'est l'opération qui a pour but de séparer les sornes pour reporter au feu les parties ferreuses.

***DÉSOUFRAGE.** 1° *T. de métall.* Légère carbonisation que subissent certaines houilles pour les débarrasser du soufre et du bitume qu'elles contiennent. || 2° *T. techn.* Lisser les matteaux de soie sur des barques pleines d'eau, après les avoir retirées des *soufroirs*.

***DÉSOXYGÉNATION.** *T. de chim.* Opération qui a pour but d'enlever tout ou partie de l'oxygène contenu dans un corps; en parlant des métaux, on dit aussi *désoxydation*.

***DESPRETZ** (César-Mansuète), physicien, né à Lessines (Hainaut) le 13 mai 1789, mort à Paris le 15 mars 1863. Jeune encore, après avoir été maître d'études au lycée de Bruges, il vint à Paris, sans protection, sans autre appui que lui-même, pour s'y livrer à l'étude des sciences physiques et chimiques où il ne tarda pas à se distinguer. Son intelligence, son assiduité et sa persévérance au travail, attirèrent promptement sur lui l'attention de Gay-Lussac qui le choisit pour répétiteur de son cours de chimie à l'Ecole polytechnique, et qui ne cessa de le protéger jusqu'à sa nomination à l'Académie des sciences en 1841. Despretz fut professeur au collège Henri IV, puis professeur de physique à la Faculté des sciences où il succéda à Dulong, élu président de l'Académie des sciences en 1858, promu officier de la Légion d'honneur en 1846.

Ses premières recherches expérimentales datent de 1818. Elles avaient pour but la détermination des rapports entre les chaleurs latentes des vapeurs et leurs densités. Après divers travaux importants, il présenta son Mémoire sur les causes de la chaleur animale, qui fut couronné, en 1822, par l'Académie des sciences. Il s'occupa successivement de la conductibilité des métaux, des liquides et de diverses substances minérales, et en détermina expérimentalement les lois; de la compressibilité des liquides et des gaz; de la densité des gaz à diverses pressions; du déplacement du zéro des thermomètres à mercure; de la chaleur de combustion; de la température du maximum de densité de l'eau (qu'il fixa à $+4°$) et de diverses dissolutions salines; de nombreuses expériences sur la pile voltaïque et les appareils d'induction; sur la température des pôles lumineux d'induction, etc. En réunissant les trois plus puissantes sources de chaleur, l'action solaire concentrée au foyer d'une lentille, la combustion des gaz oxygène et hydrogène et l'arc voltaïque, il a démontré, par expérience, qu'il n'y a pas de corps *infusible*. C'est à lui qu'on doit les belles expériences relatives à la production artificielle du diamant (microscopique, il est vrai), en employant, soit l'électricité d'induction, soit les courants voltaïques plus ou moins forts. Enfin, mettant en jeu la chaleur et l'électricité, il a soumis les métaux à des expériences variées dans le but de savoir s'ils sont ou non des corps simples. S'il n'a pas créé de théories nouvelles, il a étudié, mesuré, coordonné un nombre considérable de faits, comblé bien des lacunes dans la science; de sorte que son nom se rencontre maintes fois dans tous les traités de physique.

Passionné pour la science qu'il a cultivée jusqu'à ses derniers moments, il avait des goûts modestes et menait une vie austère, d'une régularité qu'on pourrait dire excessive. Il était désintéressé, peu soucieux de l'avenir et ennemi de l'intrigue. Il dut tous ses succès à un travail persévérant et à une forte volonté de réussir.

Outre de nombreux Mémoires à l'Institut, Despretz a publié : *Recherches expérimentales sur la cause de la chaleur animale*, in-8°, 1825; *Traité élémentaire de physique*, in-8°, 1825; *Eléments de chimie théorique et pratique*, 2 vol., in-8°, 1828, 1830; *Des collèges, de l'Instruction publique, des Facultés*, 1847. — C. D.

***DESPUMATION.** *T. techn.* Opération qui a pour objet de clarifier un liquide ou un corps en fusion, en provoquant la formation des écumes qu'on enlève ensuite avec les impuretés qui surnagent. La despumation est ordinairement pratiquée dans la préparation des sirops.

***DESSÈCHEMENT.** L'aménagement naturel des eaux à la surface du globe produit des changements continuels dans le relief des continents. L'eau que la chaleur solaire enlève par évaporation à la surface des mers, sous forme de vapeur, se rassemble en nuages; ceux-ci entraînés par les courants aériens rencontrent, tôt ou tard, des chaînes de montagnes ou des régions froides où ils se condensent sous forme de neige ou de pluie. Des glaciers ainsi formés et des pluies tombées aux divers étages des continents, naissent des ruisseaux temporaires ou permanents plus ou moins importants qui, en se réunissant, forment les rivières, puis les fleuves, ramenant à l'Océan l'eau que la chaleur solaire en avait enlevée. Outre cette circulation incessante de l'eau dans l'atmosphère et à la surface des continents, il y a une circulation souterraine d'une partie de l'eau de pluie qui pénètre dans le sol plus ou moins profondément, y séjourne plus ou moins longtemps, et finit par ressortir sous forme de sources naturelles ou artificielles pour rentrer dans la circulation générale.

Les torrents et les rivières à forte pente des hautes vallées entraînent une partie du sol de leurs lits et de leurs berges jusqu'aux fleuves. Dans ces cours d'eau, les dépôts se font par ordre de volume et de densité : les plus volumineux et les plus denses d'abord; les plus fins et les moins lourds à la fin du courant. Ces *érosions* et ces *dépôts*, ce *transport* des matières terreuses, depuis les hautes montagnes jusqu'à la mer, changent peu à peu le relief du sol. Sur le littoral marin, le flux et le reflux viennent ajouter leurs effets à ceux des courants : en retardant l'écoulement des fleuves à leur embouchure, les marées provoquent des dépôts, des barres, qui changent aussi le relief du littoral voisin. Ailleurs, des falaises s'écroulent, tandis que plus loin des dunes se forment. Ces diverses actions ont parfois pour résultats la formation d'étangs, de marais ou de tourbières, portions de sol recouvertes constamment, ou pendant une partie de l'année, d'une épaisseur plus ou moins forte d'eau stagnante. Suivant la cause qui les forme, les étangs, marais et tourbières sont à *l'intérieur* des terres ou près des rivages actuels des mers.

En France, le principal groupe de marais est sur le littoral Ouest. Cinq départements, la Loire-Inférieure, la Vendée, la Charente-Inférieure, la Gironde et les Landes en ont ensemble 200,000 hectares. Un second groupe est au Sud : les Bouches-du-Rhône ont 54,000 hectares; l'Aude, l'Hérault et le Gard, 26,000. La Corse en a 13,000. Parmi les marais situés à l'intérieur, on peut citer ceux de la vallée de la Somme : d'Amiens à la mer, il y a 12,000 hectares. Puis vient l'Isère avec 8,000 hectares, la Marne, l'Aisne et l'Oise. Une faible partie de ces marais ont été desséchés. Le littoral de la Manche, de Dunkerque au Calvados, montre quelques marais desséchés ou des plages gagnées sur la mer. En somme, il reste en France de grandes étendues de marais à dessécher et des plages basses à rendre cultivables.

Les marais sont non seulement des non-valeurs, mais surtout des foyers pestilentiels que depuis longtemps on cherche à faire disparaître en les desséchant.

Le dessèchement est une question mixte : la partie *législative* et *contentieuse* est de beaucoup la plus importante et ne peut être traitée dans cet article. *L'exécution* des dessèchements dont nous allons nous occuper, est en principe une chose facile; mais elle peut entraîner à des dépenses considérables, en rapport, du reste, avec la grandeur des surfaces couvertes d'eaux. C'est presque toujours une œuvre de longue haleine, qui ne peut être entreprise que par des propriétaires réunis en syndicats bien organisés, ou par les gouvernements.

L'insalubrité de la plupart des étangs et des marais ne tient pas à l'évaporation de l'eau à leur surface, ce qui ne provoque qu'un refroidissement de l'air ambiant; mais à l'alternance de l'assèchement et de l'inondation de tout ou partie de la surface qu'ils occupent. Après l'assèchement partiel, il reste une plage (*Lai* ou *Relai*), remplie de débris organiques, des algues et autres végétaux et de petits animaux inférieurs, qui ont vécu dans l'eau, qui meurent à l'air et se putréfient, pendant qu'il se développe d'autres animaux ou végétaux propres aux terres asséchées, qui mourront à la prochaine inondation et donneront lieu à de nouvelles putréfactions. L'insalubrité est plus frappante à la fin de l'été et en automne; elle se constate dans les climats tempérés par des fièvres intermittentes ou continues, dans les pays chauds, en outre, par la dyssenterie. La présence de marais ou seulement d'étangs insalubres peut doubler la mortalité des habitants. Dans les parties de la Sologne où il n'y a pas d'étangs, la vie moyenne est de plus de 33 ans, quand elle est de 22 seulement dans le voisinage des étangs. L'insalubrité des étangs, communiquant avec la mer dans les hautes eaux, provient aussi des alternances d'*assec* avec eaux presque douces et de *plein* avec eau saumâtre. Les plantes et animaux marins périssent pendant les longs *assecs* et se putréfient, tandis que les animaux et végétaux d'eau douce sont tués par l'afflux de l'eau de mer. Dans les voisinages des étangs et marais les habitants doivent s'astreindre à une hygiène sévère : il leur faut une bonne nourriture avec un peu de vin, du café ou du thé comme boissons usuelles; des vêtements de laine et des ceintures de flanelle sont absolument nécessaires.

Comment se forment les marais : 1° *à l'intérieur des continents*. Toutes les fois que l'écoulement de l'eau d'une rivière pendant les crues est retardé par des obstacles divers tels que plantes aquatiques, vases ou dépôts de sable, les rives sont inondées : les ensablements s'accroissent alors sur certains points; le fond du lit parfois même s'élève peu à peu, et il se forme par place sur l'une ou l'autre rive des marais ou tourbières dont le fond est un peu au-dessous du niveau des moyennes crues;

2° *Sur le littoral*. Les plages marines à pente très faible, alternativement sous l'eau et à sec, ne présentent pas les inconvénients des lais et relais des étangs ou marais, parce que ces périodes d'assèchement et d'inondations sont courtes : mais il se fait parfois des apports de sable qui surélèvent les rivages produisant comme une digue que les hautes mers franchissent en formant, au delà, des marais recevant, des terres plus élevées, les eaux de pluie qui ne peuvent s'écouler jusqu'à la mer. Il en est de même quand il y a formation constante de dunes sur le rivage. Les marais ainsi formés sont tout à fait séparés de la mer par ces espèces de digues naturelles ou ces chaînes de dunes : mais parfois ils communiquent avec la mer par des brèches ou des seuils plus ou moins bas;

3° *Deltas*. Aux embouchures des fleuves, les deux causes précédentes peuvent concourir pour former des marais; les dépôts des matières limoneuses, entraînées par les fleuves, forment des alluvions qui accroissent continuellement les deltas, tandis les marées entraînent la formation de barres qui provoquent la formation de marais.

Exécution des Dessèchements. Pour dessécher un marais ou un étang, il suffit de procurer aux diverses eaux qui s'y accumulent un écoulement suffisamment prompt pour que la surface reste à sec pendant toute l'année. Deux situations bien distinctes peuvent se présenter : 1° l'écoulement de l'eau peut se faire par la gravité seule, parce qu'il se trouve dans le voisinage une rivière ou une mer dont le niveau est toujours inférieur à celui du point le plus bas du marais. Le marais est séparé de la rivière ou de la mer, qui peut recevoir ses eaux, soit par une digue naturelle, soit par une certaine étendue de terrain plus élevé qu'il suffit de couper par un canal ouvert ou un aqueduc pour procurer l'écoulement nécessaire; 2° le fond du marais étant plus bas que le niveau de tous les cours d'eau voisins ou de la mer, il faut élever mécaniquement l'eau pour qu'elle puisse s'écouler dans ces récepteurs. Parfois les deux cas peuvent se présenter réunis dans un seul marais : l'écoulement par la gravité peut avoir lieu pendant les étiages des rivières ou pendant le reflux seulement. Dans le premier cas, c'est-à-dire quand l'écoulement peut se faire par la gravité, le travail se borne à l'exécution de canaux plus ou moins importants. Soit A A A le contour du marais figuré par la ligne horizontale limitant l'eau pendant la période de *pleine eau* (fig. 35). Les berges de D en D sont plus élevées que le fond du marais : il faut donc couper cette digue latérale naturelle par un canal qui permette l'écoulement des eaux du marais. Si le point le plus bas du fond du marais est au-dessus du niveau de la rivière en moyennes et hautes eaux, l'assèchement sera assuré par le simple creusement de cet émissaire DD, pourvu qu'il ait une section assez grande pour débiter en tous temps toute l'eau qui arrive au marais et tend à s'y accumuler. Si pour la faible pente dont on dispose, la section de l'émissaire DD est trop faible, le marais ne s'assèchera

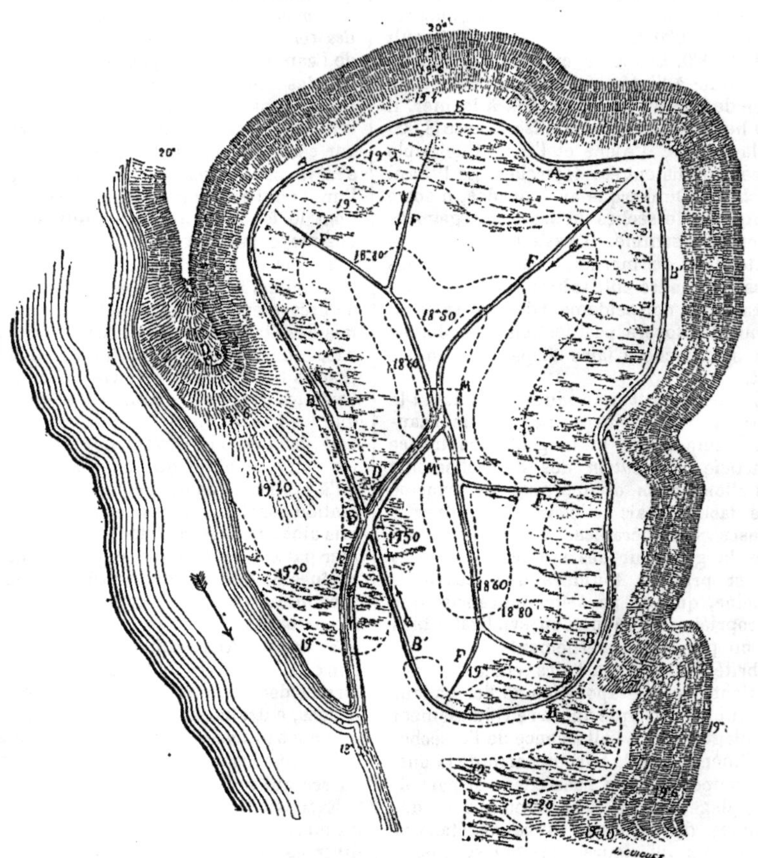

Fig. 35. — *Desséchement d'un marais latéral à une rivière.*

pas complètement en tous temps : il convient donc de déterminer avec précision la quantité d'eau que l'émissaire doit porter. Lorsque la quantité d'eau à expulser par seconde est connue, ainsi que la pente disponible, la détermination de la section du canal est du ressort de la partie de la mécanique appliquée dite *hydraulique*.

Le marais peut recevoir de l'eau de toutes les terres qui l'entourent et le dominent : soit *superficiellement* pendant les pluies, ce qu'on appelle les eaux *sauvages*, soit *souterrainement* sous forme d'*infiltrations*. Le volume d'eau qui peut ainsi alimenter le marais dépend de l'étendue du bassin alimentaire qui le domine. Parfois ce volume est extrêmement grand pour un marais relativement petit. En second lieu, le marais reçoit la pluie tombée directement sur sa surface.

La quantité de pluie tombée annuellement est une donnée que l'on peut se procurer assez facilement pour les diverses régions de la France. Mais il est évident que le calcul de la section du canal émissaire ne doit pas être fait dans l'hypothèse d'une répartition uniforme de la pluie pendant toute l'année. Il faut faire ce calcul pour la semaine ou le mois le plus pluvieux. Ainsi, dans une région qui ne reçoit que 0m.60 de hauteur de pluie par année, il peut se faire qu'en un mois, il en tombe 0m,20. Le calcul de la section du canal devrait donc être fait pour ce mois. Si le canal ne recevait que l'eau de pluie qui incombe à la superficie du marais, ce canal n'aurait besoin, en général, que d'une faible pente. Ainsi, pour une étendue de 200 hectares et une pluie maxima de $0^m,20$ pour le mois le plus pluvieux, le canal aurait avec $0^m,2$ de pente par kilomètre les dimensions suivantes : $1^m,621$ de largeur au niveau de l'eau, $0^m,581$ au plafond et une profondeur moyenne de $0^m,26$. En conservant même les berges à une hauteur de $0^m,20$ au-dessus du niveau de l'eau dans le canal, celui-ci ne serait évidemment pas coûteux. En isolant le marais par un canal ou un drain de ceinture, l'émissaire propre du canal serait en général peu important. Mais il faut compter sur les eaux affluant au marais de toutes les terres environnantes. Pour un marais de 200 hectares, il peut y avoir un bassin l'alimentant d'eaux sauvages d'une étendue de mille hectares. Dans ce cas, et pour la même pente, l'eau à expulser aurait un volume sextuple et, par suite, la section du canal devrait être notablement plus grande : la profondeur devrait être de $0^m,624$, la largeur au plafond de $1^m,395$ et au niveau de l'eau de $3^m,891$. Nous avons supposé que toute l'eau de pluie tombée sur le bassin arrive au marais superficiellement ou souterrainement. En réalité, une partie est absorbée par la végétation et par l'évaporation.

Il y a donc lieu de faire en sorte que les eaux sauvages n'arrivent pas au marais à dessécher : on les arrête superficiellement par un fossé ouvert ou canal d'*isolement* ; et souterrainement par un *drain en pierres* (V. Drainage). Le canal d'isolement, suivant la forme du marais, aura une ou deux branches, avec la pente par mètre la plus forte possible : il débouchera dans l'émissaire portant l'eau du marais, ou aura son émissaire spécial. Si l'étendue du marais est quelque peu importante, le fond peut présenter des dépressions dans lesquelles les eaux s'accumulent pendant l'assèchement. Le complément du dessèchement sera donc l'établissement à l'intérieur du marais de fossés de dessèchement F placés dans tous les thalwegs. Ces fossés, eux-mêmes, peuvent recevoir les eaux recueillies par un drainage souterrain, si le sol ou le sous-sol sont de nature argileuse.

On peut alors résumer le travail de dessèchement d'un *marais du premier genre* par la figure 35.

AAA... contour horizontal limitant l'eau lorsque le marais est entièrement submergé ; BBB ... fossé ou canal d'isolement arrêtant les eaux affluant superficiellement des terrains supérieurs ; B'B'B', second fossé d'isolement ; DD, émissaire général conduisant toutes les eaux à la rivière ou à la mer. La figure elle-même peut se résumer par trois mots : *isoler* le marais ; *réunir* les eaux de pluie ou dessécher l'intérieur ; *expulser* ou conduire toutes les eaux à la mer ou à une rivière.

Lorsque l'étendue du marais est considérable, les fossés d'isolement B et B' peuvent être d'une grande portée et servir comme canaux navigables, ainsi que l'émissaire D qui les reçoit. La pente de ces divers canaux étant parfois très faible, une petite fraction de millimètre par mètre, seulement, il est essentiel que la section du canal soit plus que suffisante pour le débit des plus fortes pluies ; et que la grandeur de cette section soit toujours maintenue par un curage d'entretien que des lois ou règlements locaux assurent en France pour les cours d'eau.

Dans le second cas, c'est-à-dire quand le fond du marais, dans tout ou partie de son étendue, est au-dessous du niveau moyen de la mer ou de la rivière dans laquelle l'écoulement peut se faire, la manière de procéder est absolument celle que nous venons de détailler pour le premier cas ; sauf en ce qui concerne le *départ de l'eau*. En MM, partie la plus basse du marais, on établit un bassin ou un réservoir plus ou moins grand dans lequel toutes les eaux qui ne peuvent être conduites par la gravité jusqu'à la rivière ou à la mer, sont réunies. On dispose alors sur le bord de ce bassin une machine élévatoire qu'un moteur fait marcher. C'est une *roue à palettes* (dite hollandaise), une *vis* d'Archimède, une *roue à pots* ou à augets, une *noria*, ou même une *pompe* suivant la hauteur à laquelle l'eau doit être élevée pour qu'elle puisse ensuite s'écouler par sa gravité jusqu'à la mer. Le fossé d'isolement B ou B', suivant les cas, pourra conduire l'eau supérieure à la mer et la machine n'aura à épuiser que l'eau de pluie tombée sur le marais et réunie en M.

Pour les terres basses de ce genre appelées *polders* en Hollande, on emploie le plus souvent comme moteurs des moulins à vent qui suffisent à la besogne et réduisent au minimum les frais de dessèchement. Pour les polders gagnés sur la mer par l'exécution de digues convenables, il faut, tout d'abord, vider l'eau de mer qui les remplit ; et, dans ce cas, un moteur plus expéditif, la vapeur est nécessaire. C'est ainsi que le lac de Harlem a été desséché.

Lorsque le marais, par sa situation, participe des deux cas précédents, on le divise en deux étages par des fossés d'isolement. L'étage supérieur peut vider ses eaux par écoulement naturel jusqu'à la mer ou au fleuve voisin ; tandis que l'eau de pluie de l'étage inférieur doit être d'abord élevée à l'aide de machines pour pouvoir s'écouler à la mer.

En principe donc, les travaux de dessèchement sont très simples ; mais ils peuvent être financièrement d'une extrême importance par suite de l'étendue considérable du sol à dessécher. Les émissaires et les canaux d'isolement sont alors d'une grande section et leur prix d'établissement très élevé. La quantité d'eau à élever par des machines peut, comme dans le cas du lac de Harlem, être si grande que les moteurs et les machines élévatoires ont des proportions colossales. Au point de vue général, le dessèchement des marais et des étangs marécageux s'impose : en premier lieu, pour la salubrité du pays ; et, en second lieu, pour rendre productif des étendues parfois considérables de terres sans valeur. Les dessèchements bien faits et parfaitement entretenus ont toujours payé les dépenses qu'ils ont entraînées : quelques-uns même ont donné de grands bénéfices.

Nous terminerons cet article par quelques mots sur l'histoire des principaux dessèchements opérés.

— Dans l'arrondissement de Dunkerque, en 1610, il y avait 3,100 hectares de terres partiellement inondées dites *moëres*, on fit un canal de ceinture pour les isoler, puis deux émissaires pour jeter l'eau à la mer, en 1621. Les terres enlevées des fossés servirent à faire des routes en ceinture dès 1622. L'année suivante, on fit les

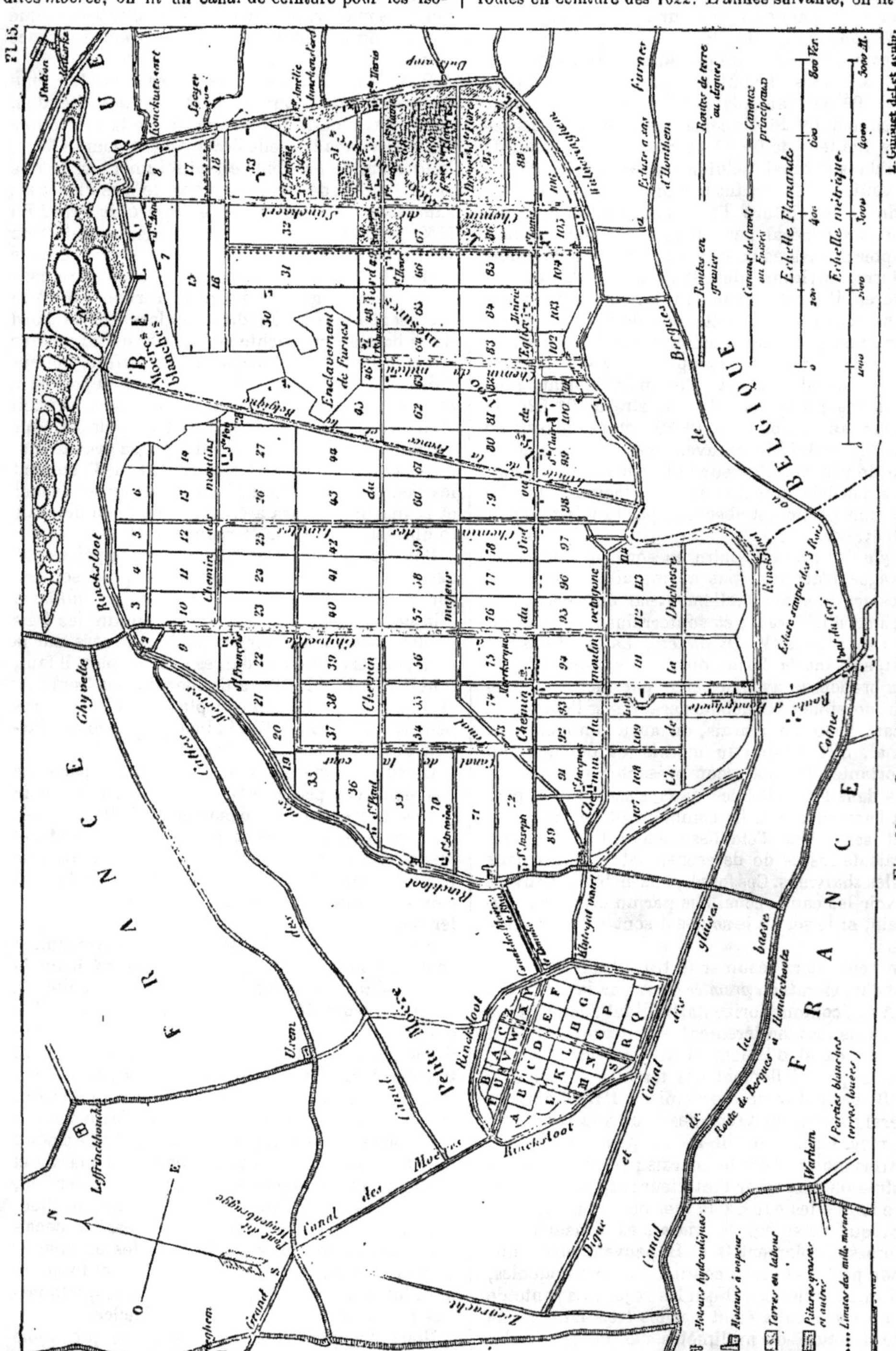

Fig. 36. — Carte détaillée des Moëres en 1869.

canaux secondaires et les chemins et on put mettre la terre asséchée en culture. On bâtit ensuite un village, avec église, *Mouerkerke*. Plus tard, le duc de Leyde fit détruire les digues, les eaux revinrent. Mais de 1800 à 1806, les travaux furent rétablis. Le sol de ces *moëres* est à 0m,50 au-dessus des basses mers et à 5m,44 au-dessous des hautes mers. En 1621, les eaux étaient élevées par un moulin à vent actionnant des vis d'Archimède et deux faisant tourner des roues à palettes. Actuellement on emploie des roues à *tympans* élevant l'eau à 3 mètres. Les moulins ayant 108 mètres carrés de voiles élèvent un mètre cube d'eau par seconde à un mètre par un bon vent ordinaire.

A Monikendal, en Hollande, on a desséché 122 hectares. Le canal d'isolement ou de ceinture a 4 mètres au niveau du sol et 1 mètre au plafond. L'émissaire qui alimente le réservoir où puise le moulin a 8 et 3m,50 de largeur et 1m,50 de profondeur. Les canaux secondaires ont 3 mètres et 1 mètre de largeur sur 1 mètre de profondeur. Le moulin octogonal actionne une vis d'Archimède fusiforme ayant 1m,65 au milieu et 1m,60 aux extrémités : son inclinaison est de 33°, et sa hauteur de 3m,90. La vitesse de la vis est de 1m,83 quand celle des ailes du moulin est 1. L'épuisement a commencé le 12 novembre 1863 et le dessèchement a été complet le 16 février 1864. Sur ces 95 jours, le moulin a pu marcher 59 et a épuisé 1,236,320 mètres cubes. La surface de ces moëres est de 121hres,55, le volume d'eau à épuiser de 3,236,501. Les grands canaux et les terrassements ont coûté près de 75,000 francs, les canaux secondaires et les écluses 35,000, le moulin et la vis près de 55,000 francs : en tout, près de 165,000 francs ou 1,100 francs par hectare ; 1,349 francs valeur du sol comprise. Notre figure 36 est le plan des moëres situées entre Bergues et Furnes.

Le lac ou plutôt la mer de Harlem, aujourd'hui desséchée, fut en 1573 le lieu d'un combat naval entre Espagnols et Anglais. Un ingénieur en proposa le dessèchement dès 1640 Mais ce n'est qu'en 1838 que le gouvernement hollandais décida ce travail. Il fut commencé en 1841. Trois ans après, il y avait encore assez d'eau pour qu'on y pût observer des tempêtes. Il fut entièrement desséché le 16 avril 1856. Il compte aujourd'hui 8,000 habitants, plus de 1,700 maisons, 2 temples protestants et autant d'églises catholiques. Les eaux que la pluie y amène et celles des terres qui le dominent sont jetées à la mer par 3 grandes bouches. La surface totale du débouché par les portes de flot est de 77 mètres carrés. On employa trois machines à vapeur de 350 chevaux chacune, actionnant 7 pompes en tout, de dimensions colossales.

Le dessèchement a coûté 23 millions et on a vendu ensuite pour 18 millions de terrains. La valeur actuelle est, dit-on, de 85 millions, frais payés. Nous terminerons cet article par quelques notes et chiffres pratiques.

La vis hollandaise, si employée dans les anciens desséchements, se fait presque toujours suivant un même modèle. Le noyau a 0m,50 de diamètre : les filets saillants de 0m,5, ce qui fait un diamètre extérieur de 1m,50. L'inclinaison des filets varie de 33 à 45°. On lui fait faire ordinairement de 30 à 40 tours par minute : si la vitesse est trop petite, l'eau retombe ; si la vis tourne trop vite, il y a des chocs qui consomment inutilement une partie du travail moteur. La roue à palettes dite *hollandaise* ne doit être employée que pour élever l'eau jusqu'à 1m,25 environ ; pour élever à une plus grande hauteur, il faudrait étager plusieurs de ces roues, ce qui est mauvais en principe. Pour réussir, il faut que le rayon extérieur de la roue soit égal à 4 ou 5 fois au moins la hauteur à laquelle on veut élever l'eau. En outre, la vitesse à la circonférence ne doit pas dépasser 2 mètres. En cas de nécessité, on peut faire marcher plus vite ; mais le rendement mécanique est d'autant plus faible que la vitesse est plus grande. Le coursier en arc de cercle dans lequel tourne la roue, est précédé d'une vanne que l'on règle pour que l'eau arrive avec une certaine vitesse dans la roue. L'effet utile peut être alors de 65 0/0.

Les roues à tympan sont préférables aux précédentes ; elles donnent 75 0/0 d'effet utile.

Les pompes centrifuges sont d'un bon emploi dans les épuisements ne nécessitant qu'une élévation de 4 à 5 mètres au plus ; elles rendent alors près de 60 0/0 ; mais pour de plus grandes hauteurs le rendement baisse rapidement. — J. A. G.

DESSERTIR. *T. techn.* Action d'enlever de sa monture une pierre fine ou tout autre objet serti.

I. ***DESSICCATEUR.** *T. de chim.* Appareil destiné à enlever l'humidité contenue dans certains corps. Suivant qu'un objet est gazeux ou solide, on opèrera, pour le dessécher, de manières différentes :

1° Lorsque l'on veut priver les gaz de toute trace d'humidité, on se sert de deux appareils représentés dans les figures 37 et 38, et que l'on désigne sous les noms de *tubes en U*, et d'*éprouvette à dessécher*. On remplit ces objets de substances très avides d'eau, comme de potasse caustique en fragments, de pierre ponce imbibée d'acide sulfurique, de chlorure de calcium, de chaux vive, etc., etc., et après avoir fermé les ouvertures avec des bouchons bien imperméables à l'air, on force le gaz à dessécher à passer au travers de l'appareil. Pour avoir une dessiccation parfaite, on met souvent en communication plusieurs appareils du même genre, que le gaz devra successivement traverser. Il va sans dire que les corps hygrométriques doivent être de nature à ne pas faire subir aux gaz des modifications chimiques qui altèreraient leur composition.

Fig. 37.

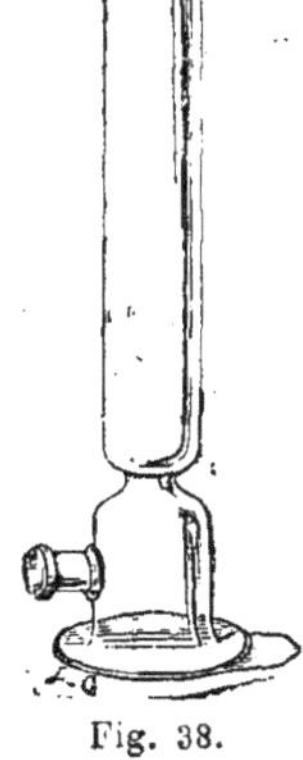
Fig. 38.

2° Pour dessécher les corps solides, on se sert de bien des appareils, suivant le volume et la nature des corps à dessécher. C'est ainsi que les étuves de Gay-Lussac, à eau et à huile, sont des dessiccateurs (fig. 75, t. I) ; mais, comme lorsque l'on veut faire une pesée rigoureuse, on ne peut se servir de vases chauds, lorsque l'on a évaporé à l'étuve, on laisse refroidir les corps chauffés dans les dessiccateurs proprement dits (fig. 39 et 40), avant de les porter sur la balance. Le dessiccateur ordinaire est constitué (fig. 39) par une glace dépolie, sur laquelle se pose une cloche rodée, dont on garnit les bords avec un corps gras. On place le corps à dessécher sur un support, placé au-dessus d'un vase contenant de l'acide sulfurique concentré. Le dessiccateur de Schrœtter (fig. 40) est constitué de la même manière, mais comme il est surtout destiné à dessécher les corps portés à une température assez élevée, il est muni d'un tube de sûreté, qui pénètre dans la cloche au moyen d'un bon bouchon. Lorsque l'on a besoin de dessécher à la fois un certain nombre de corps, on se sert avec avantage du disque dessiccateur de Frésenius. C'est un appareil métallique, rempli à l'intérieur d'un corps que l'on chauffe avec une lampe à al-

Fig. 39.

cool ou un bec de gaz. La partie supérieure de l'appareil présente plusieurs cavités ; dans l'une d'elles, on introduit un thermomètre pour connaître la température de chauffe, et, dans les autres, on met les échantillons des matières à dessécher.

La dessiccation peut encore se faire parfois dans un courant d'air. On introduit alors la matière pulvérisée dans un tube de verre de forme spé-

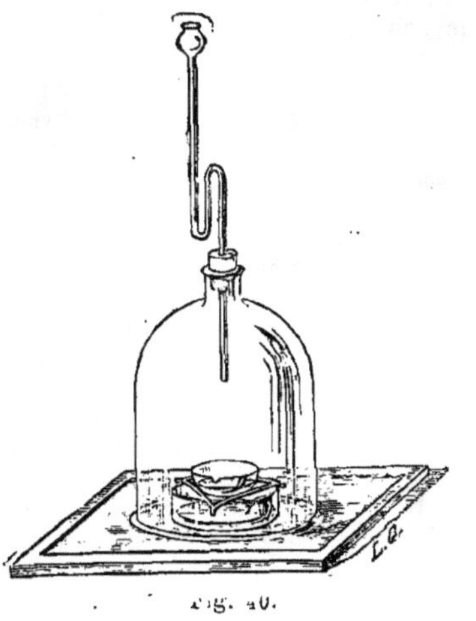

Fig. 40.

ciale, en forçant l'entrée de l'air, par l'emploi d'un flacon à écoulement d'eau et chauffant la poudre à dessécher dans un bain d'eau ou d'huile (V. le *dessiccateur de Liebig*, t. I, art. ANALYSE CHIMIQUE). Parfois enfin, lorsque la dessiccation doit se faire à l'abri de l'air, on a recours à d'autres procédés. On peut faire le vide dans les cloches à dessiccation, soit au moyen de la trompe d'Alvergnat à double ou à simple effet, en adaptant un petit tube manométrique, pour indiquer si le vide se maintient dans l'appareil, soit au moyen de machines pneumatiques ordinaires. Lorsque l'on n'a pas ces appareils à sa disposition, on peut faire le vide, à l'aide d'une petite pompe aspirante, communiquant avec le tube contenant la matière à dessécher, au moyen d'un tube renfermant des matières avides d'humidité. On peut voir à l'article ANALYSE CHIMIQUE, la manière dont on doit disposer l'appareil.

Dans l'industrie, on emploie aussi les dessiccateurs pour constater la quantité d'eau hygroscopique, qu'ont pu attirer certaines matières, comme les fibres textiles notamment. — V. CONDITIONNEMENT et l'article suivant.

Beaucoup d'autres appareils servent dans l'industrie comme dessiccateurs, telles sont les étuves, les séchoirs à vapeur, etc. Ce sont des appareils spéciaux qui seront décrits avec les industries qui les emploient.

II. *DESSICCATEUR. Nous avons vu au mot CONDITIONNEMENT que le dessiccateur était un appareil employé dans les établissements de *condition* (V. ce mot) pour soumettre à la dessiccation des échantillons de matières textiles et déterminer le poids absolu des ballots de marchandises auxquels ils correspondent. Du nom des trois inventeurs qui coopérèrent à le perfectionner, cet appareil, ainsi qu'il a été expliqué, a reçu le nom de *dessiccateur Talabot-Persoz-Rogeat*. Il se compose d'une étuve cylindrique à air chaud, recouverte d'une enveloppe en tôle émaillée. Au-dessus de cette étuve repose une balance de précision, recouverte d'une cloche de verre rectangulaire, et dont le fléau soutient à l'une de ses extrémités un plateau destiné à recevoir des poids, et à l'autre extrémité une couronne à crochets où sont suspendues les parties des textiles à dessécher. Une tige, à laquelle est suspendue cette couronne, passe à travers une ouverture pratiquée dans le couvercle du cylindre; une clef, commandée par un levier, permet d'établir ou d'interrompre l'arrivée de l'air *chaud*; et un bouton, qui fait saillie au dehors de l'étuve, correspond à un registre qui permet d'interrompre la communication de l'appareil avec la cheminée d'appel et d'arrêter le mouvement de l'air dans l'étuve; le bouton, placé tout auprès, sert à régler l'introduction de l'air tiède. On conçoit qu'il est facile, au moyen de tous ces boutons, clefs et leviers, et en combinant successivement l'arrivée de l'air chaud et de l'air *tiède*, d'atteindre aisément, par exemple, la température de 110° nécessaire au fonctionnement de l'appareil pour la soie. Cette température peut être observée sur le thermomètre à monture métallique fixé sur le couvercle de l'étuve.

Lorsque les industriels veulent, non pas conditionner, mais simplement se rendre compte chez eux de la quantité d'humidité renfermée dans un textile, ils se servent d'un *dessiccateur portatif* (fig. 41) qui a certains points de ressemblance avec celui dont nous venons de parler. Ils l'utilisent surtout pour le coton et parfois le lin.

Pour se servir de cet appareil, on peut l'installer dans un local quelconque : il suffit d'y adapter un tuyau en tôle pour l'évacuation au dehors des gaz de la combustion. Voici comment on opère : On met l'échantillon de la matière textile que l'on veut essayer, dans le panier qui est suspendu à la balance, et on le pèse d'abord avec soin. On allume ensuite au bas de l'appareil soit le gaz, soit une lampe à alcool, en ayant soin d'ouvrir le registre intérieur et la bouche d'air extérieure. L'échantillon perd peu à peu son humi-

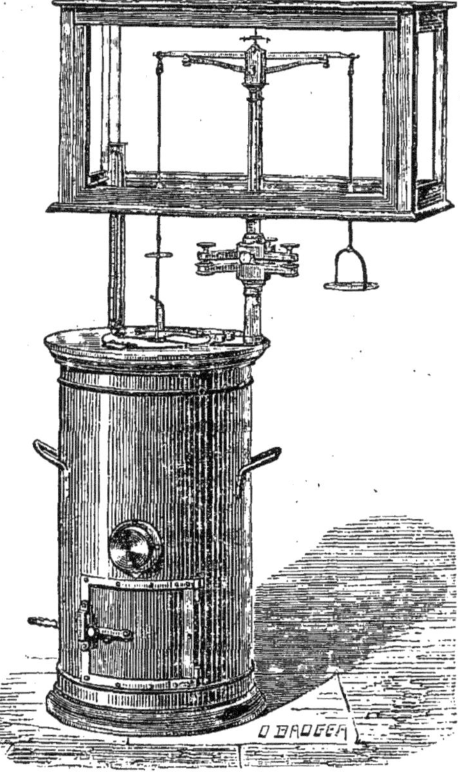

Fig. 41. — *Dessiccateur portatif.*

dité, et le bras de balance qui le supporte se relève. Dès que le thermomètre arrive à 100 ou 105°, on éteint le gaz ou la lampe, et on ferme les bouches. On ajoute alors sur le petit plateau de la balance, du côté du panier, les poids nécessaires pour rétablir l'équilibre. Ce poids représente l'humidité que contenait l'échantillon. Nécessairement le dessiccateur portatif n'a ni la précision ni l'exactitude du dessiccateur fixe. Il ne sert qu'à donner à ceux qui s'en servent des résultats approximatifs. — A. R.

DESSICCATION. *T. de chim.* Opération qui a pour but d'enlever l'humidité que peut posséder un corps quelconque. Nous avons décrit, dans les articles précédents, les appareils qui sont employés le plus généralement pour opérer la dessiccation des gaz, des corps solides. Nous n'avons pas besoin de revenir sur ce chapitre ; ajoutons toutefois que, pour que la dessiccation se fasse convenablement, lorsque l'on absorbe l'humidité avec des substances hygrométriques, il faut surveiller attentivement celles-ci, et les remplacer dès qu'elles sont saturées d'humidité. Sans cette précaution, l'opération serait incomplète, ou les instruments que l'on veut préserver de l'oxydation s'altèreraient facilement.

La dessiccation s'obtient encore par d'autres procédés ; c'est ainsi que dans les laboratoires, on peut dessécher les précipités, en posant les filtres mouillés sur des doubles de papier non collé. C'est ce que l'on fait plus en grand dans l'industrie, en posant les matières humides sur des plaques en plâtre, en biscuit, par exemple. Les matières pulvérulentes, les substances un peu compactes, soumises au mouvement rapide d'une *essoreuse* (V. ce mot) sont facilement desséchées ; on a, dans les laboratoires, de ces petits appareils qui rendent de grands services.

Nous rappellerons que la dessiccation peut se faire à froid ou à des températures variables, suivant la nature des corps à dessécher ; à l'air, dans des courants d'air sec ou chauffé ; à la vapeur, ou enfin dans le vide, avec ou sans l'aide de la chaleur.

|| *T. techn.* La dessiccation, comme opération industrielle, peut s'effectuer sur un grand nombre de produits. Les bois, qui sont gorgés de sève lorsqu'on les abat, ne pourraient servir avant d'avoir subi la dessiccation. Ils s'altèreraient facilement et changeraient de volume, ce qui amènerait des modifications dans la forme des objets que l'on aurait confectionnés avec eux. A l'article Bois, § *Dessiccation*, nous avons indiqué comment, sous les hangars, on empile les bois pour les faire sécher. Cette pratique est souvent abandonnée aujourd'hui, à cause du temps très long qu'exigent les bois pour être bien secs. On la remplace par une série d'opérations qui sont les suivantes : 1° on commence par exposer les bois découpés en billes ou en planches, dans une chambre close, à l'action directe de la vapeur d'eau à 100°. Les pièces de bois sont empilées les unes sur les autres, de façon à laisser entre elles des intervalles suffisants pour le passage de la vapeur, sans toutefois les exposer à reposer directement sur le sol, pour ne pas être imbibées par l'eau condensée ; lorsque le liquide, qui s'écoule de la chambre, cesse d'être coloré, et sort limpide, ce qui demande un espace de temps variable suivant la nature et l'épaisseur des pièces de bois, on arrête l'opération et laisse rentrer l'air. 2° L'exposition à la vapeur étant terminée, on procède à l'essorage, c'est-à-dire que l'on expose à nouveau les bois traités par la vapeur, à l'action d'un courant d'air, sans cependant que celui-ci soit trop vif. Après un temps qui peut être évalué à trois mois, on procède à la dernière opération, le séchage. 3° Celui-ci se fait à l'étuve, et au moyen de l'air chaud, d'abord à la température de 25°, puis en montant progressivement à 32°, mais en mettant environ quinze jours, pour atteindre ce degré de chaleur.

Cette dessiccation à la vapeur économise un temps considérable ; ainsi, pour donner un point de comparaison, nous pouvons dire que des bois ayant huit mois de coupe, perdent par les opérations que nous venons d'indiquer 0,23, soit 23 0/0 de leur poids, alors qu'ils ne perdent que 0,15 à 0,18, soit 15 à 18 0/0 de leur poids après trois ans d'exposition sous hangars, et qu'il faut souvent attendre six ou sept ans de dessiccation à l'air seul, pour avoir des bois parfaitement secs.

La dessiccation, telle que nous venons de l'indiquer, est actuellement, et d'une manière générale, adoptée dans les grands chantiers de construction et notamment dans les arsenaux. Dans tous les cas, les bois doivent être privés de leur sève, soit par flottaison, soit par action de la vapeur, si l'on veut éviter la pourriture sèche. Il y a, d'ailleurs, plusieurs procédés de dessiccation basés sur l'emploi de l'air chaud. Davison a fait breveter en Angleterre un procédé destiné surtout au séchage des planches. Il soumet celles-ci à l'action d'un courant d'air porté de 30 à 40°. Il faut une semaine d'exposition à l'étuve par trois centimètres d'épaisseur; les planches de chêne, seules, ne peuvent supporter une température dépassant 33°, à cause de la facile altération de l'acide gallique à un degré supérieur. Dans d'autres procédés, l'emploi de l'air chaud se combine à la présence, dans la vapeur, de certaines matières actives; c'est ainsi que M. Guibert, de Cherbourg, fait arriver sur les bois les fumées obtenues dans la distillation de certaines matières organiques, sciure de bois, tan, houille, etc. Les carbures qui se produisent alors sont mélangés d'autres produits pyrogénés, lesquels ajoutent leurs propriétés à celles de l'air chaud.

M. de Lapparent a préconisé un autre système, qui, modifié suivant ses idées, permet d'employer une méthode que l'on avait dû abandonner par suite des dangers qu'elle présentait. C'est celle de la dessiccation par carbonisation superficielle. On comprend que les bois que l'on calcine à la surface peuvent être desséchés d'une façon convenable, mais que l'action de la flamme, que l'on promène à leur surface, peut fréquemment aussi déterminer des incendies dont on n'est pas toujours maître. M. de Lapparent a proposé de flamber la surface du bois à dessécher, au moyen d'un jet de gaz dans lequel on fait arriver un courant d'air forcé, comme cela a lieu avec les lampes d'émailleur. En suivant certaines règles indiquées par l'auteur du procédé, on arrive sans danger à obtenir une dessiccation parfaite.

Lorsque l'on veut dessécher des plantes, et les conserver sans les comprimer, on peut utiliser le procédé dû à MM. Berjot et Reviel, de Caen, et qui consiste à introduire la plante dans un vase que l'on remplit peu à peu de sable chaud stéariné (à 6 00/00). En ne dépassant pas la température de 70° centigrades, on peut conserver aux plantes leur forme et leur couleur, sans craindre de les voir s'altérer, tant qu'elles restent à l'abri de l'air.

Certaines parties des végétaux doivent être divisées en tranches minces ou en quartiers, pour pouvoir se dessécher convenablement, les racines molles sont dans ce cas; les tubercules, les bulbes, pourront, avec avantage, être portés à une certaine température; cette dernière méthode s'emploie, d'ailleurs, parfois pour dessécher les feuilles. Le thé est chauffé sur des plaques métalliques, afin d'être promptement privé de son eau de végétation.

Les fruits doivent être desséchés avec soin, mais d'une manière variable suivant leur nature. Ceux dits *secs* n'ont pas besoin de soins, ils contiennent peu d'eau et se conservent très bien après leur maturité; les fruits charnus, au contraire, sont souvent conservés par la méthode mixte, c'est-à-dire en employant alternativement la chaleur d'un four et celle du soleil, à l'air libre. On évite ainsi de rendre les fruits cassants et durs. C'est de cette façon que l'on dessèche les figues, prunes, cerises, pommes et poires, ces dernières en les coupant souvent en fragments. Certains fruits charnus n'étant pas utilisés, au moins tels qu'on les récolte, subissent quelques préparations; les noix sont débarrassées de leur péricarpe, mécaniquement, tandis que les fruits du caféier sont mis à macérer pendant quelque temps dans l'eau, pour hâter la séparation de la partie du fruit qui n'est pas constituée par la semence seule; que les semences du cacaoyer sont abandonnées à la fermentation, dans le même but, etc.

Il faudrait pouvoir entrer dans de trop longs détails, pour indiquer toutes les précautions qu'il y a à prendre pour opérer une dessiccation convenable. Nous ajouterons que tous les corps ne peuvent pas être desséchés d'une façon complète sans se briser; certains ont besoin, pour garder leurs caractères physiques, de conserver une certaine quantité d'eau d'hydratation ou d'interposition. — J. C.

DESSIN. Les corps, indépendamment de toutes leurs autres propriétés, sont tous situés dans l'espace et ont tous une certaine figure; ce sont là leurs attributs essentiels et fondamentaux; ce sont ceux que considère la géométrie; ce sont ceux aussi qui sont l'objet du dessin. La géométrie les explique, le dessin les représente.

Les situations et les figures résultent des rapports des grandeurs, en d'autres termes, des proportions. Le dessin, considéré d'une manière générale, et dans tous ces arts différents qu'effectivement on appelle du nom commun d'*arts du dessin*, peut donc être défini *la représentation des proportions*, comme la géométrie peut en être définie *la science*.

En représentant les proportions des choses, abstraction faite, autant que possible, de toutes leurs autres qualités, l'art nous apprend à les mieux connaître, mais d'une manière et pour une fin qui lui sont propres. On ne connaît véritablement que les choses que l'on comprend, c'est-à-dire celles que l'on connaît dans leurs rapports, dans leur connexion avec leurs principes. L'art doit donc, comme la géométrie, nous faire connaître les proportions en nous faisant voir les principes. Mais par le principe d'une chose, on entend, soit les éléments dont elle est composée, soit au contraire la forme qu'elle doit avoir, et qui est le but pour lequel ses éléments sont réunis ou, ce qui revient au même, la pensée qui l'a faite ce qu'elle est. C'est au premier de ces deux points de vue qu'est placée la géométrie; le second est proprement le point de vue de l'art. La géométrie nous fait donc comprendre les proportions en les analysant, en les décomposant; l'art nous les fait comprendre en faisant ressortir, en rendant plus sensible le caractère de la forme qui fait leur unité. « Les mathématiques, dit Léonard de Vinci, à la fois artiste et géomètre, considèrent les proportions, mais ne se mettent pas en peine de leur qualité. » Ce dont l'art se met en peine, c'est cette qualité qui fait ce que l'on nomme le *caractère* des choses, cette qualité par laquelle elles ont chacune leur signification, et qui, par conséquent, est l'expression de l'esprit dont elles procèdent.

En représentant les proportions des choses, c'est donc l'esprit que l'art a pour objet d'examiner.

« L'art a deux choses à faire, dit Léonard de Vinci, il doit représenter le corps de l'homme; et, par les gestes et les mouvements de ses parties, il doit représenter aussi son esprit. » Et la même idée est exprimée presque par les mêmes termes dans la conversation de Socrate et de Parrhasius que rapporte Xénophon.

Non seulement c'est une des parties de l'art que de représenter les mouvements; c'en est, suivant Léonard de Vinci, suivant Michel-Ange, suivant le Poussin, comme aussi suivant les anciens, la partie la plus relevée et la plus difficile. Et, en effet, c'est à l'invention des mouvements que se font reconnaître avant tout les grands maîtres; c'est avant tout par le caractère des attitudes et des gestes que se révèle dans l'ébauche la plus incomplète, ou dans les débris les plus maltraités par le temps, le génie d'un Léonard de Vinci, d'un Fra Bartolommeo, d'un Perugin, d'un Raphaël, d'un Michel-Ange ou le génie plus parfait, sinon plus sublime encore, d'un Phidias.

La partie la plus haute du dessin est donc « de représenter la pensée par des mouvements et des gestes qui s'accordent avec elle. » Si c'est par les mouvements que l'esprit se manifeste avec le plus de clarté et d'évidence, la figure aussi le fait connaître et porte son empreinte. Le défaut dans lequel tombent souvent les peintres, de faire à leur propre ressemblance les figures qu'ils inventent est une preuve, suivant Léonard de Vinci, que notre corps est tel que notre âme s'est plu à le former. « Ce défaut, dit-il, doit être fortement combattu parce qu'il est né avec le jugement. Car l'âme qui règne en ton corps est la même qui est ton propre jugement, et volontiers elle se plaît à des ouvrages semblables à celui qu'elle a fait elle-même en se composant son corps. » Quoi qu'il en soit de cette opinion, et soit que l'on admette que c'est cet esprit même par lequel nous pensons, ou bien un autre esprit, qui a donné la forme à notre corps, il est toujours certain que la figure de chaque corps est dans toutes ses parties la manifestation d'une seule et même pensée, une et indivisible dans son caractère particulier, comme l'est toute pensée, comme l'est l'esprit même. De là vient, dans tout ce qu'a formé la nature, cet accord de toutes les proportions, qui en fait une harmonie et que l'art doit avant tout observer.

« Que chaque partie d'un tout, dit Léonard, soit proportionnée avec ce tout; si un homme est gros et court, fais qu'il soit de même en tous ses membres, qu'il ait les bras gros et courts, les mains larges et grosses, les doigts courts, et ainsi de tout le reste. Et je dis cela d'une manière générale pour tous les animaux et toutes les plantes. »

Pour les choses dont la nature n'offre pas de modèle à l'art, pour les édifices, par exemple, même règle, même loi de proportion. « De même, dit Léon-Baptiste Alberti, que dans un être animé les membres doivent correspondre aux membres; de même, dans un édifice, les parties doivent répondre aux parties. D'où est venu ce précepte que d'un grand édifice, les membres aussi doivent être grands; précepte que les anciens ont observé avec tant de scrupule que, dans les édifices publics et de vastes dimensions, ils ont eu soin que les briques même fussent plus grandes que dans les constructions privées. » — « Que les parties soient de telle sorte, dit en plusieurs endroits Palladio, qu'elles correspondent au tout et se correspondent entre elles. »

Maintenant parmi nos sens, il en est deux par lesquels nous pouvons connaître directement les situations et les formes des corps, et par conséquent leurs proportions, savoir le toucher et la vue.

Mais outre que le premier de ces deux sens ne nous donne le sentiment des formes et des situations que troublé par celui des diverses propriétés de la matière, pour peu que les objets aient d'étendue, il ne nous les fait connaître que d'une manière successive; difficilement donc pourrait-on, si l'on était réduit au toucher, se rendre compte de l'ensemble des proportions des choses et par conséquent de leurs harmonies.

Par la vue au contraire, la figure des choses se détache en quelque sorte de leur matière, tout entière à la fois, et formant un ensemble dont nous embrassons dans un même moment toutes les parties. « Lorsqu'on nous décrit des proportions, dit Léonard de Vinci en comparant les description des poètes aux représentations par la peinture, le temps les sépare les unes des autres et met entre elles l'oubli, et de là vient que le poète ne peut de ces proportions former une harmonie » — « Il n'y a d'harmonie, dit-il encore, que dans l'instant où se fait voir ou entendre la proportionnalité. Or, dans la description que fait le poète d'une belle chose, une partie succède à l'autre et la suivante ne naît point que la précédente ne meure. Il ne saurait donc nous faire voir la proportionnalité des parties qui composent les beautés divines de ce visage qui est devant moi, lesquelles, rassemblées en un même temps toutes ensemble, me causent, par leurs divines proportions, un tel plaisir qu'il n'est sur la terre chose faite par l'homme qui puisse en donner un plus grand. »

On peut dire la même chose des perceptions

des formes par le toucher, comparées à celles que nous en donne la vue. Aussi celui qui n'a jamais vu la lumière, dit encore Léonard, ignore quelle chose c'est que la beauté. Du moins il ne la connaît que par les sons et il n'est pas d'autre art pour lui que la musique. « Car, ajoute-t-il, la beauté du monde consiste dans les surfaces des corps, tant accidentels que naturels, lesquels se réfléchissent dans l'œil de l'homme. »

De là, il résulte que c'est pour l'œil que travaillent tous les arts du dessin.

De là, il résulte aussi que si les arts du dessin en général consistent à représenter, telles qu'elles sont ou qu'elles doivent être, les proportions des choses, savoir dessiner, c'est savoir les estimer de l'œil. Exécuter, ce n'est que traduire et appliquer à une matière quelconque le jugement que l'œil a porté sur les proportions. Dès lors, comme le dit ce même maître que nul n'a pourtant surpassé pour la perfection de l'exécution, « le principal de l'art consiste dans le bon jugement de l'œil. » — « Les mains exécutent, disait Michel-Ange, et l'œil juge. » — « C'est pour cela, dit encore Léonard, que l'art n'est point, comme plusieurs se l'imaginent, une chose mécanique, mais une chose intellectuelle, *cosa mentale.* »

Enseigner le dessin, ce sera donc, comme on le voit, enseigner à l'œil à bien juger.

Rien de plus naturel et de plus commun à ce qu'il semble au premier abord que le bon jugement de l'œil. N'a-t-on pas besoin à chaque instant, pour tous les usages de la vie, de comparer les grandeurs et d'en apprécier les rapports? Presque toutes les actions, presque tous les mouvements du corps n'impliquent-ils pas une juste estimation des distances et des formes?

Et pourtant, si tout le monde jugeait bien des grandeurs visibles, tout le monde serait capable, sinon de les représenter avec facilité et avec grâce, du moins d'en indiquer exactement l'essentiel, d'en marquer avec justesse les positions et les distances principales. Or, bien loin que tout le monde possède une telle capacité, il n'en est pas au contraire qui soit moins commune, il n'en est pas pour l'acquisition ou pour le développement de laquelle il faille plus d'étude. Si enfin l'on a souvent à juger de la beauté, si même tout le monde est à peu près « capable de distinguer une belle personne d'une laide, et encore de reconnaître qu'une bouche est trop grande, une épaule trop haute ou trop basse, » c'est néanmoins sans apercevoir distinctement dans la beauté et dans la laideur ce qui les explique, savoir : d'une part, l'accord, le parfait concert des proportions, et de l'autre, la discordance.

Le bon jugement de l'œil, dans lequel Léonard de Vinci et Michel-Ange font consister le principal de l'art, c'est celui au contraire qui mesure avec précision les proportions; celui surtout qui en apprécie les harmonies et qui en comprend l'esprit. Maintenant, chose remarquable, il arrive que les proportions, telles qu'elles apparaissent à cet œil qui en est le seul juge, sont très différentes de ce qu'elles sont dans la réalité. Dans la réalité, les choses ont trois dimensions : longueur, largeur et profondeur; pour la vue elles se réduisent, et presque toujours plus ou moins abrégées, à des images projetées sur un plan.

En effet, les choses nous sont visibles par les rayons de lumière qui viennent en ligne droite de leurs surfaces à notre œil et qui, après s'être croisées dans le cristallin, vont frapper la rétine. Ces rayons forment ainsi deux cônes opposés par leurs sommets en un même lieu qui est le cristallin, et dont l'un a pour base la réalité dont ils émanent, l'autre le plan de la rétine auquel ils aboutissent.

De là plusieurs conséquences : premièrement nous ne saurions d'un même point où notre œil est placé, rien voir que les surfaces d'où peuvent partir des droites qui aboutissent à ce point; par là notre œil, comme on l'a dit aussi de notre esprit, ne saurait avoir à la fois des choses qu'un point de vue. En second lieu, plus ces surfaces sont, par rapport à la surface de notre rétine, dans une position oblique, plus, ne nous étant visibles que par les projections qu'elles y peignent, elles nous apparaissent raccourcies; par là, des choses même que nous voyons, nous n'avons, par la vue, qu'une perception qui les altère pour la plupart, et qui en change la figure. Enfin, plus les choses sont éloignées de l'œil, et plus par conséquent le cône visuel dont elles forment la base en s'allongeant devient aigu à son sommet, plus aussi la base du cône opposé qui repose sur la rétine se rapetisse; par là, le vaste spectacle de la nature, la terre, la mer, le ciel, les immenses espaces qui séparent les étoiles peuvent tenir réduits et abrégés sur cette étroite surface. Donc, comme notre esprit, notre œil, du point de vue particulier où il est placé, concentre, pour ainsi dire, en lui l'univers.

Quoique du croisement des rayons lumineux à leur passage par le cristallin, il résulte que les objets se peignent renversés dans notre œil, néanmoins nous les voyons droits; par conséquent, cette base du cône visuel interne qui repose sur la rétine, nous la voyons dans la disposition inverse que présenterait une section faite parallèlement dans le cône extérieur, à une même distance par rapport au cristallin. Supposons donc effectivement un tableau qui coupe le cône visuel extérieur à une distance du cristallin égale à celle qui sépare le cristallin de la rétine; c'est sur la surface de ce tableau, qu'on peut appeler le tableau visuel, que nous apparaît en raccourci, par sa projection perspective, le monde visible.

Ainsi, ce que nous voyons, à proprement parler, ce ne sont point les objets, ce ne sont pas même les véritables formes des objets, ce sont des signes qui la plupart du temps ne nous les représentent qu'en abrégé. Mais ces signes étant avec les choses qu'ils représentent dans une relation nécessaire et constante, que nous avons besoin de calculer incessamment, sans même nous en apercevoir, ainsi qu'il arrive de tout ce qui nous devient habituel, nous croyons voir ce que les apparences ne nous donnent qu'à deviner. Nous ne voyons qu'une surface, qu'un seul et unique plan et nous croyons voir la profondeur et le relief;

nous voyons presque tout plus ou moins raccourci, et nous croyons voir, au moins la plupart du temps, les formes et les dimensions de la réalité.

Des apparences visibles qui ne sont que les projections perspectives des choses, nous remontons ainsi sans efforts, et presque sans le remarquer, aux proportions réelles et par conséquent aux harmonies qu'elles composent.

Les apparences visibles forment donc un langage muet dont notre œil est l'organe et par lequel l'esprit, qui a produit les formes et qu'elles manifestent, se fait entendre à notre esprit.

Or, entre les différents arts du dessin, il en est qui donnent aux formes qu'ils créent les trois dimensions de la réalité : longueur, largeur et profondeur; c'est la nature ensuite qui traduit ces formes pour notre œil, aussi bien que celles qu'elles a créées elle-même, dans le langage visuel des projections perspectives. Ces arts sont l'architecture et la sculpture. Il est un autre art qui emprunte à la nature et qui parle lui-même ce langage visuel; il est un art qui nous offre dans ses œuvres, au lieu des proportions dont il veut nous faire comprendre et apprécier l'harmonie, leurs apparences seules, leurs signes visibles, tels que la nature les peindrait dans notre œil. Cet art est la peinture, et c'est celui qu'on appelle proprement, quand il se borne aux formes seules sans les couleurs, le *dessin*.

Et, en effet, puisque le dessin en général est ainsi dénommé de ce qu'il représente les choses par leurs proportions seules, comme par autant de signes (*disegno*, de *segno; zeichnung*, de *zeichen*), c'est le dessin par excellence que celui qui, s'élevant à un degré supérieur d'abstraction, et passant du corps à la surface, donne, des signes qu'emploient les autres arts, ces signes plus abrégés qui constituent leurs apparences visibles.

Le dessin proprement dit est donc la reproduction, sur une simple surface, d'un tableau visuel, tel que celui sur lequel nous apparaissent les choses. Maintenant, puisque c'est par la lumière que les apparences des choses sont visibles, il y a nécessairement dans ces apparences, dans ces signes, deux éléments, savoir : d'une part les lignes et les points dont se composent leurs surfaces, de l'autre cette lumière qui seule les fait voir; inséparables l'un de l'autre, ils s'expliquent l'un l'autre, et c'est leur connexion qui détermine leur signification perspective. .

En effet, la lumière, à partir du foyer d'où elle émane, se distribue sur la surface des corps en raison de leur forme. Par la différence de la lumière et de l'ombre, nous pouvons en conséquence juger de l'inclinaison différente des surfaces. Si nous voyons sur un dessin quelconque des lignes se rapprocher, devons-nous donc en conclure que l'espace qu'elles renferment entre elles est la représentation raccourcie d'une surface qui, dans la réalité, s'enfonce et s'éloigne? La lumière, qui l'éclaire plus ou moins qu'une surface contiguë, est ce qui nous l'apprend. — Réciproquement, sur ce même dessin, tels degrés différents de lumière et d'ombre indiquent-ils des surfaces qui sont dans la réalité plus ou moins inclinées, plus ou moins éloignées? C'est la direction des lignes qui à son tour nous l'enseigne. De là, la nécessité pour le dessin d'ajouter aux raccourcis les lumières et les ombres. Ce sont les deux parties que renferme la perspective.

Enfin, à mesure que les objets sont plus loin de notre œil, les différents points de leurs surfaces se confondant pour nous de plus en plus, et, en outre, la quantité de l'air qui les sépare de nous devenant de plus en plus grande, leurs contours apparents sont plus vagues, leurs lumières et leurs ombres apparentes plus troubles et plus faibles. Par ces changements seuls nous jugeons de l'éloignement relatif entre des objets sur lesquels la lumière et l'ombre sont, d'ailleurs, semblablement distribuées; les règles de ces changements composent ce qu'on nomme par analogie avec la *perspective géométrique*, la *perspective aérienne*. Tels sont les éléments nécessaires de ce langage des apparences visibles que parle le dessin.

Ainsi les proportions réelles des choses sont l'objet principal du dessin proprement dit, comme elles sont celui de tous les arts du dessin. Les images superficielles ou projection des choses, avec les diminutions perspectives des grandeurs, avec les lumières et les ombres et leur affaiblissement, composent le langage par lequel le dessin, proprement dit, exprime et fait comprendre les proportions réelles.

Mais, de même que calquer n'est point dessiner, ce n'est point dessiner que de construire géométriquement et d'après des formules. Celui-là seul dessine qui sait, sans le secours d'aucun appareil ni mécanique, ni scientifique, apprécier, estimer les proportions des choses, et à qui il suffit pour cela du sens même auquel elles apparaissent, c'est-à-dire de la vue, et de l'intelligence qui juge par la vue. « Ce n'est pas dans la main que doit être le compas, disait Michel-Ange, mais dans l'œil. » Or, à la difficulté d'apprécier les proportions réelles des choses, s'ajoute, dès qu'il s'agit de représenter leurs apparences seules, celle de voir ces apparences comme elles sont. En effet, au lieu du raccourci de la réalité, tel que nous le présente si souvent l'apparence visible, nous croyons voir la réalité même, et nous lui rendons, par un jugement dont nous n'avons pas conscience, les dimensions que nous lui supposons; c'est donc avec beaucoup de peine que nous parvenons à voir simplement l'apparence, telle qu'elle est sur le tableau visuel, telle aussi qu'elle doit être sur la reproduction que le dessin a pour objet d'en faire.

Juger des proportions générales des choses, juger, en outre, des proportions de leurs apparences, c'est-à-dire des modifications des proportions géométrales par la perspective, tel est donc, en résumé, le double problème que doit résoudre l'œil.

On supposerait à tort que, même en enseignant à dessiner par la pratique du dessin, dans le sens véritable de ce mot, il serait bon néanmoins, afin de soutenir le courage des commençants, que rebute quelquefois le peu de succès de leurs premiers efforts, de les laisser de temps en temps employer le calque. Le vrai moyen de prévenir le découragement, est de ne donner à imiter à ceux qui commençent rien qu'ils ne puissent effectivement imiter, et de ne les faire passer que par degrés de ce qui est facile à ce qui est difficile. Mais les habituer à un procédé qui semble rendre inutile le travail, c'est là ce qui, au contraire, leur ôterait pour toujours le courage de prendre le chemin plus rude qui seul conduit au but. Et, en effet, voit-on que ce même Léonard de Vinci, qui approuve l'usage du calque, soit afin de prendre des mesures très exactes, quand on en a

Fig. 42 à 44. — *Têtes d'étude, par Rubens. Musée du Louvre, galerie des dessins.*

besoin pour exécuter un ouvrage d'art, soit afin de vérifier la justesse de ce qu'on a fait de mémoire, voit-on qu'il le recommande à quelque degré que ce soit dans l'enseignement proprement dit du dessin? Bien loin de là. « Par une telle paresse, ils sont les destructeurs de leur propre génie et jamais ne savent rien faire sans un semblable secours. Ceux qui procèdent ainsi, ajoute-t-il, sont toujours pauvres et misérables dans leurs inventions et dans la composition des *histoires*, chose qui est la fin dernière de la science du dessin. »

Ce jugement s'applique pareillement aux autres méthodes qui consistent dans l'emploi de moyens mécaniques plus ou moins analogues au calque, tel que le treillis ou filet (*rete*) de Léon-Baptiste Alberti, etc., etc.

Si donc, il est vrai qu'on ne saurait apprendre l'art sans la pratique, il est vrai aussi que quelque théorie est nécessaire à la pratique pour la diriger. « Ceux qui s'éprennent de la pratique seule sans nulle science, sont comme des navigateurs qui vont en mer sur un navire sans gouvernail ni boussole, et qui ne savent jamais avec certitude où ils vont. Toujours la pratique doit être édifiée sur la bonne théorie; sans celle-ci rien ne se fait bien, non plus dans la peinture qu'en toute autre profession. »

Il est évident d'abord qu'entre tous les objets qu'on peut étudier, il en est dont l'étude est plus profitable; c'est au moins une première règle qui doit gouverner la pratique, que celle qui lui apprendra à quels objets elle doit de préférence s'adresser.

De tout ce que produit la nature ou que l'art ait jamais inventé, la figure humaine est celle qu'il est le plus important de bien connaître et de savoir

Fig. 45 — *Dessin de Raphaël*

le mieux représenter; mais ce n'est pas seulement parce que, dans l'art comme dans la nature, l'homme a droit partout à la première et à la principale place. Fait entre tous les corps pour servir d'habitation et d'instrument à l'esprit, pour obéir à ses volontés et pour exprimer ses affections, le corps humain est de tous celui qui dans ses mouvements, dans ses formes, dans toutes leurs proportions, présente à la fois et le plus de variété et le plus d'unité; c'est celui dont les types divers sont le plus empreints d'un caractère propre, d'une individualité distincte, celui enfin qui est susceptible de la plus grande beauté. De là, il résulte que les erreurs dans la représentation d'une figure humaine sont plus sensibles que dans celle de toute autre figure, et que celui-là même qui les a commises les reconnaît plus aisément. Dès lors, pour instruire à bien juger en toutes choses des proportions, c'est-à-dire comme nous l'avons montré *à dessiner*, il n'est rien de mieux que de proposer pour premier objet d'étude et d'initiative la figure humaine. C'est un point sur lequel il n'y a guère de dissentiment. Mais de ce que la figure humaine est la plus complexe, et dans ses mouvements et dans ses formes, il suit aussi que c'est de toutes les figures la plus difficile à bien voir et à bien représenter. Dans la nature vivante, où à la variété des formes s'ajoutent celle des couleurs et la mobilité inséparable de la vie, la complexité est telle qu'il est manifestement impossible à un commençant de ne point s'y perdre. De là la nécessité, sur laquelle tout le monde ou peu s'en faut est encore unanime, d'une première simplification, de celle qui consiste à donner pour modèle, non la nature même, mais une image de la nature sans mouvement et sans couleur, c'est ce que l'on appelle ordinairement une *bosse*.

Mais une semblable image, s'il s'agit d'une figure entière, n'offre-t-elle pas encore un ensemble composé de trop d'éléments divers, dont il est impossible à un œil inexpérimenté de saisir et de reproduire les rapports? Sur ce point encore, sur l'impossibilité, de donner au commençant pour modèle une figure entière, nul dissentiment.

Or, il est une partie de la figure humaine dans laquelle, plus encore que dans le reste, les proportions sont savantes et délicates, qui possède plus que tout le reste l'individualité du caractère, qui est enfin susceptible d'une beauté plus exquise que tout le reste, et qui de plus forme à elle seule, en quelque sorte, un tout déjà bien suffisamment complexe et difficile à comprendre. Cette partie est la tête (fig. 42 à 45).

La moindre simplification qu'il soit nécessaire de faire, la moindre restriction aux entreprises hasardeuses d'une routine aveugle, c'est donc de ne donner d'abord pour modèles que des bosses, et parmi les bosses de simples têtes.

Ne faut-il pas aller plus loin encore? Ne faut-il pas donner aux commençants pour premiers modèles, au lieu de bosses, des estampes, dessins ou photographies, où les apparences visibles se distinguent plus aisément des proportions réelles, où les lumières et les ombres sont plus simples et plus aisées à comprendre; ne faut-il pas aussi au lieu de têtes entières, faire imiter d'abord les parties seulement dont la tête se compose? C'est l'opinion qui a eu dans tous les temps le plus de crédit; c'est ce que dans tous les temps on a généralement pratiqué, comme l'attestent les écrits de Cennino Cennini, Léonard de Vinci, Benvenuto Cellini, Vasari, Lomazzo, Armenini, de Piles, etc., comme le prouvent les recueils de *Principes de dessin* qui ont été publiés à différentes époques. C'est enfin ce que l'on pratique encore de nos jours dans la plus grande partie des écoles, et l'on peut même dire dans presque toutes (1).

On s'est plaint que, par cette méthode, il fallait trop de temps pour arriver de degré en degré à partir de l'imitation des parties de la tête d'après des estampes jusqu'à celle des têtes et des

(1) Il s'est produit de toutes parts, depuis un certain nombre d'années, une réaction énergique contre l'usage du modèle estampe. Nous ne traitons ici que les principes généraux du dessin, de ses lois philosophiques essentielles, et nous n'envisagerons, dans le présent article, que le côté purement rationnel, sans entrer dans le débat de cette question.

figures entières d'après la bosse; on s'est plaint que, de plus, trop de temps se passait, en faisant chaque dessin, à imiter les lumières, les ombres, les demi-teintes; que, dans les minuties de ce travail, on contractait une habitude vicieuse de se préoccuper à l'excès des détails, qui ne permettait plus de comprendre les ensembles. On a dit enfin que le résultat qu'on devait se proposer était de conduire, dans le moins de temps possible, à reproduire l'ensemble et l'aspect général des choses, et qu'après plusieurs années employées à cette étude patiente, à partir des éléments de la figure humaine, à peine approchait-on d'un semblable résultat. De là, différents systèmes, dans lesquels le dessin commence par l'imitation des têtes en relief.

Nous avons vu que la tête humaine est un objet trop complexe pour servir de premier modèle, qu'en cherchant dès son début à l'imiter un commençant ne pouvait que prendre l'habitude de l'erreur; nous avons vu que d'un autre côté, proposer pour premier modèle un ensemble abstrait et sans parties, c'est enseigner encore, quoique d'une autre manière, l'erreur et la confusion.

Dès lors, nous sommes nécessairement ramenés à la méthode qui a presque toujours prévalu et que confirme l'autorité de tous les maîtres de l'art, à celle qui ne laisse aborder les ensembles qu'après l'étude approfondie des parties.

« La vue, dit Léonard de Vinci, a une action des plus promptes qui soient et embrasse en un moment une infinité de formes; néanmoins elle ne comprend qu'une chose à la fois. Supposons, lecteur, que tu regardes d'un coup d'œil toute cette page écrite, tu jugeras à l'instant qu'elle est pleine de différentes lettres; mais tu ne connaîtras pas dans ce peu de temps quelles lettres ce sont, ni ce qu'elles veulent dire; il te faudra donc marcher mot à mot, ligne à ligne pour comprendre ces lettres. Et de même, je te dis à toi, que la nature tourne vers cet art du dessin : si tu veux avoir la vraie connaissance des formes des choses, tu commenceras par leurs parties, et tu n'iras pas à la seconde que tu n'aies bien dans ta mémoire et dans ta pratique la première. Et si tu fais autrement, tu perdras le temps ou du moins tu allongeras l'étude. Je te le répète encore, apprends l'exactitude avant la prestesse. »

Cependant, si nous ne pouvons comprendre un tout sans en avoir préalablement et séparément étudié les parties, n'est-il pas vrai, d'un autre côté que les parties, étant nécessairement relatives au tout qu'elles composent, ne sauraient être comprises séparément de ce tout? En un mot, puisqu'on ne peut comprendre que ce qui forme une unité, et puis qu'une partie, n'est qu'une fraction de l'unité du tout, le tout seul est intelligible et la partie ne l'est pas? « Je tiens impossible, dit Pascal, de connaître les parties sans connaître le tout, non plus que de connaître le tout sans connaître particulièrement les parties. »

Si l'on suit ce raisonnement jusqu'où Pascal le conduit, il faudra dire que l'homme même n'étant qu'une partie de la nature, connaître l'homme sans connaître la nature entière est impossible et que l'ensemble seul de la nature est intelligible.

Dès lors, si l'on veut se régler sur ce principe, entendu à la rigueur, que des fragments n'étant pas intelligibles sans le tout, c'est par le tout qu'il faut commencer, ce ne serait pas assez de prendre pour premier objet d'études la tête humaine, ni même l'homme entier; ce serait à la nature dans sa totalité, que le dessinateur devrait donc s'adresser.

Mais dit-on, d'un autre côté, si l'on ne peut commencer par le tout, pourquoi ne pas descendre à des fragments plus petits que ceux par lesquels on commence d'ordinaire, pourquoi ne pas descendre jusqu'aux doigts, jusqu'aux ongles? C'est que, en conseillant de ne point commencer par le tout de la nature visible, ni même par un ensemble tel que la tête humaine, — trop complexe encore, bien que ce ne soit aussi qu'un fragment, pour un œil inexpérimenté, — néanmoins, afin de satisfaire à ces deux principes également certains que nous ne pouvons commencer par un tout très complexe, et qu'un tout seul se peut comprendre, la raison veut que nous commencions par des parties qui forment encore des touts et par conséquent des objets intelligibles. Nous nous arrêterons donc, comme on l'a toujours fait, à des fragments qui ont, dans une certaine mesure, leur destination particulière, leur caractère propre, leur individualité distincte; tels sont l'œil, l'oreille, la bouche, la main, etc.

Tel est donc l'ordre que la théorie prescrit à l'étude pratique du dessin. Mais la détermination de cet ordre, est-ce toute la part que doit avoir la théorie dans l'enseignement? Et par conséquent l'ordre de l'étude pratique une fois déterminé, est-ce assez pour apprendre les éléments du dessin, que cette étude qui consiste à commencer par l'imitation des parties de la tête pour finir par celle de la figure entière?

Dans l'enseignement élémentaire du dessin, tel qu'il est en usage aujourd'hui, tel même qu'il l'a été souvent, il n'y a rien de plus.

Cependant, alors même que la pratique procède d'une manière progressive, du plus simple au plus composé, et par conséquent du plus facile au plus difficile, elle a toujours ses écueils et il reste toujours vrai, comme Léonard de Vinci l'a remarqué, que rien ne nous trompe plus que de nous fier à notre jugement.

Il est à la vérité un secours dont il nous est facile de l'aider : c'est celui que nous fournissent des instruments matériels de mesure et de vérification.

Ainsi, c'est un conseil que Léonard donne aux peintres et aux dessinateurs de regarder souvent leur ouvrage dans un miroir. Le miroir en renversant toutes les positions nous rend sensibles des fautes dont, sans ce moyen, il nous est très difficile de nous apercevoir. « Vu dans le miroir, notre ouvrage nous paraît comme d'un autre maître, et nous en jugeons mieux les erreurs. »

Il est un autre moyen de vérification plus sûr et plus exact encore, qui a toujours été mis en usage et auquel le même maître recommande aussi de recourir; c'est celui qui consiste à tenir en main un fil à plomb avec lequel on observe les points du modèle qui se trouvent sur une même verticale, puis on s'assure si sur la copie qu'on en fait, ils occupent des places correspondantes.

Ce sont des procédés matériels qui servent à signaler les erreurs que l'œil a commises et à les redresser, et qui concourent ainsi à former son jugement.

Mais, en outre, selon ce grand et savant maître, sur l'autorité duquel nous ne saurions trop nous appuyer, il est des notions qui règlent, comme à l'avance, le jugement de l'œil et qui le prémunissent contre les illusions de l'expérience. Ces notions qui sont les principes scientifiques de l'art, comme il les appelle, qui par conséquent doivent en régler la pratique et dont, par conséquent encore, il faut se rendre maître avant de la commencer, sont celles qu'il classe sous ces deux chefs : la mesure des choses, l'anatomie et la perspective.

La connaissance des mesures des choses, c'est en d'autres termes celle des proportions.

« La nature, dit pourtant Albert Dürer, a tant de soin de faire toutes choses différentes que, de cette variété même, il y a une infinité de modes. »

« N'imite pas, dit aussi Léonard de Vinci, ces peintres qui font toutes les espèces d'arbres d'une même sorte de vert. La couleur des prés, des rochers et celle des pétales des plantes varient toujours, puisque la nature est variable à l'infini. »

Ainsi, blâmant « ces peintres dont toutes les figures semblent être autant de sœurs, » il veut que dans une *histoire* ou composition, « il y ait des hommes différents de complexion, de carnation, d'attitude; qu'il y en ait de gros et de minces, de grands et de petits, de gras et de maigres, de rudes et de doux, de vieux et de jeunes, de forts et musculeux, de faibles avec peu de muscles, de gais et de mélancoliques, tels à cheveux frisés, tels autres à cheveux droits, etc. »

Ajoutons que dans chaque espèce, à des âges différents, répondent différentes proportions. C'est pourquoi Léonard de Vinci blâme aussi ces peintres qui « voulant, dit-il, raccommoder les choses de la nature, s'ils ont à représenter un enfant d'un an, dont la tête devrait entrer cinq fois dans sa hauteur, l'y font entrer huit fois, et au lieu de faire la largeur de ses épaules égale à la hauteur de sa tête, la font double, donnant ainsi à un petit enfant d'un an les proportions d'un homme de trente ans. »

C'est pourquoi, si les dieux et les déesses, les héros et les héroïnes, dans lesquels l'art grec a cherché à représenter avec des caractères divers la plus haute beauté, présentent des types tous différents les uns des autres et des mesures diverses, il n'en est pas moins vrai, comme le démontrent les relevés qu'on a fait de leurs proportions respectives, que les différences de ces proportions pour un même sexe et un même âge sont peu considérables.

Remarquons, d'ailleurs, que pour les membres, les différences de mesures affectent surtout les grosseurs qui dépendent des muscles, etc.; et cherchant principalement dans les longueurs qui dépendent davantage de la constitution ostéologique, les mesures universelles et constantes, nous trouverons que leurs variations, pour être infinies en nombre, n'en sont pas moins contenues dans d'étroites limites.

Dès lors on comprend les recherches auxquelles se sont livrés tant de maîtres des plus beaux temps de l'art, pour déterminer les proportions de la figure humaine; chez les Grecs, les Phidias, les Polyclète, les Euphranor; chez les modernes, Léon-Baptiste Alberti, Léonard de Vinci, Bramante, Albert Dürer, etc.; on comprend aussi combien doit être utile la connaissance de ces proportions, des principales du moins et des plus constantes, afin de prévenir dans une mesure convenable le jugement de l'œil et de l'empêcher de s'égarer. Pour apprécier les choses à leur juste grandeur, pour juger même des écarts, combien ne sert-il point de connaître la loi? Combien ne sert-il point de connaître à l'avance ce cercle autour duquel oscillent, pour ainsi dire, sans pouvoir s'en écarter beaucoup, toutes les diversités individuelles.

Il est une autre science également utile pour comprendre les formes et même pour les bien voir, c'est celle de leur construction anatomique. Le dessin ne représente que la surface des corps, cette surface dont les proportions, la figure, la couleur, sont la fin dernière pour laquelle la nature a disposé tout le reste. Mais la surface résulte de la construction des parties intérieures qu'elle laisse plus ou moins entrevoir, parties qui sont principalement les muscles et les os. Pour imaginer des figures dont les mouvements et les formes soient conformes à la nature, rien de plus nécessaire que de connaître le nombre, la situation, les fonctions des os et des muscles, et pour reproduire les formes mêmes qu'on a devant les yeux, pour diriger l'œil parmi les incertitudes des apparences et le préserver des illusions où elles l'induisent, rien qui soit plus utile. Sur ce point aussi les maîtres de l'art se sont tous accordés.

Il est aisé de voir que les artistes de l'antiquité faisaient de l'ostéologie et de la myologie la plus profonde étude, et les preuves abondent que les grands maîtres des temps modernes ont procédé de même. Les dessins de Raphaël, que possède l'Académie de Venise, témoignent de ses études anatomiques. Léonard de Vinci possédait en perfection l'anatomie de l'homme et celle du cheval, et il en avait fait le sujet d'une quantité considérable de dessins dont une partie subsiste encore. Michel-Ange fit de la même science, pendant des années entières, son étude principale. Benvenuto Cellini, Alessandro Allori, nourris des principes de Michel-Ange, savaient également à fond l'anatomie, et la considéraient comme la base du dessin.

Il est vrai qu'on a vu souvent ceux qui avaient acquis la connaissance des os et des muscles en faire, aux dépens de la vérité et de la beauté, un indiscret étalage. C'est un abus de la science que prévoyait Michel-Ange, lorsqu'il disait que sa manière produirait nombre de méchants artistes.

Mais le moyen de se préserver de telles erreurs est-il de ne connaître point la structure anatomique du corps, ou n'est-ce pas plutôt de la mieux connaître?

Encore une fois, le remède à l'abus d'une science mal entendue ne saurait être l'ignorance, mais une science supérieure.

Or, s'il est vrai qu'il est presque impossible de bien dessiner les formes sans connaître la structure anatomique des parties de dessous, que le dessus laisse plus ou moins entrevoir, ne s'ensuit-il pas que l'étude approfondie des muscles et des os doit précéder le dessin des formes superficielles, et que, par conséquent, avant de dessiner chaque partie de la figure humaine, il faut en connaître les muscles et les os? C'est une pensée qu'Alessandro Allori et Benvenuto Cellini développèrent dans des opuscules composés tout exprès, et de laquelle il est probable dès lors que le fond leur était venu de Michel Ange. C'est une pensée que recommande une autorité plus sûre encore peut-être que celle même du grand Buonarotti, l'autorité de Léonard de Vinci.

Enfin, on a vu plus haut que le dessin proprement dit est la représentation des proportions des choses telles qu'elles paraissent à l'œil. On a vu également que, si nous avons peine à bien juger de la réalité par l'apparence visible qui en est pour nous le signe, d'un autre côté, par l'habitude que nous avons de ne voir dans le signe que ce qu'il signifie, nous avons peine aussi à voir l'apparence telle qu'elle est. De là des difficultés continuelles, soit, lorsqu'on invente, pour donner aux choses qu'on imagine les formes qu'elles doivent avoir, soit même, lorsqu'on imite, pour bien juger les apparences et pour les reproduire fidèlement. D'où une incertitude dont on ne sort guère sans beaucoup d'erreurs.

Or, le rapport des apparences visibles aux proportions réelles, pour un point de vue et une distance quelconques, est réglé par des lois géométriques; par ces lois, qui sont celles de la perspective, on peut à coup sûr prévenir l'expérience et déduire sans erreur l'apparence de la réalité ou la réalité de l'apparence. Qui pourrait donc douter que la connaissance n'en puisse être très utile pour assurer le jugement de l'œil et le garder de l'erreur? Aussi, à l'époque où le dessin chez les modernes a atteint le plus haut point de perfection, voyons-nous la perspective en honneur.

Après Brunelleschi, Paolo Uccello, Lorenzo Ghiberti, qui furent les premiers à en bien entendre les règles; après Pietro della Francesca qui fut, dit-on, le premier à en donner la théorie, les maîtres dont les travaux illustrent le milieu et la seconde moitié du xve siècle, Masaccio, Filippino Lippi, Pisanello, Signorelli, le précurseur de Michel-Ange; Melozzo da Forli, dont les fresques enseignèrent probablement au Corrège l'art des plafonds; les deux Bellin, Mantegna, Ghirlandajo, le Pérugin se montrent consommés dans la nouvelle science; Léonard de Vinci en fait le sujet d'un livre, aujourd'hui perdu, qui est devenu la source des principaux ouvrages où l'on en a traité au xvie siècle; Raphaël, enfin, à qui le Pérugin l'a enseignée, la possède à ce point d'en donner des leçons au grand peintre florentin Fra-Bartolomeo. Et l'on ne saurait douter que la connaissance et la pratique habituelle de la perspective n'aient effectivement contribué pour beaucoup à donner au dessin, chez les peintres du siècle d'or de l'art, cette exquise justesse et, par suite, cette élégance achevée dont on s'est plus tard écarté de plus en plus, à mesure que, comptant davantage, pour dissimuler les erreurs, sur le jeu de la lumière et de l'ombre, et sur l'effet de la perspective aérienne, on s'est fié de plus en plus au seul jugement de l'œil.

Ce n'est pas que lorsqu'on apprend à dessiner on doive mettre fréquemment en usage les règles de la perspective, pour trouver la place et la grandeur des contours et des ombres. Nous l'avons déjà dit, construire géométriquement les formes, ce n'est pas plus dessiner que les calquer n'est dessiner, et par conséquent, ce n'est pas davantage ce qui peut enseigner le dessin. Mais, en même temps qu'elle nous fournit un moyen exact de construction géométrique et de vérification, la connaissance des principes de la perspective, unie à l'habitude de les appliquer, doit nécessairement, en nous rendant attentifs aux diminutions perspectives des proportions et aux lois qu'elles suivent, nous conduire à les observer mieux, à les apprécier, à les représenter avec plus de justesse.

Or, si la connaissance de la perspective peut servir à bien juger de toutes les formes visibles, de celles les os et des muscles comme de celles de la surface extérieure, ne s'ensuit-il pas que c'est par la perspective que doit être commencé l'enseignement du dessin? « La pratique doit être édifiée sur la bonne théorie, de laquelle la perspective est la porte et le guide. »

Objecterait-on que c'est allonger beaucoup l'enseignement du dessin que d'y joindre celui de la perspective, ainsi que de la structure et des mesures de la figure humaine? Bien loin de là, ce sont des notions qui, en même temps qu'elles doivent éclairer la pratique et par suite rendre sa marche plus rapide ainsi que plus sûre, peuvent s'acquérir dans un temps relativement court.

Apprendre la perspective, en second lieu la structure de l'homme et ses mesures; en troisième lieu seulement, dessiner la figure humaine, d'abord les parties, ensuite le tout; tel est donc l'ordre que prescrit Léonard de Vinci à l'étude du dessin, et qui n'a pas cessé d'être l'ordre qu'il convient le mieux de suivre.

Cela n'empêche pas néanmoins que l'enseignement des principes scientifiques de l'art ne puisse être utilement précédé d'un certain nombre de leçons consacrées à des exercices purement pratiques, exercices qui pourraient consister dans l'imitation des figures simples, telles que celles de solides réguliers, de quelques parties de végétaux, etc. Dans ces premiers essais, on s'habituerait à tracer des contours, à indiquer des ombres;

on s'habituerait surtout à observer des proportions et des formes; et les difficultés mêmes que l'on éprouverait pour en bien juger et pour les bien reproduire disposeraient à reconnaître la nécessité et à comprendre l'usage des principes dont l'application méthodique servira, dans l'enseignement régulier, à résoudre successivement les problèmes du dessin. Ces exercices divers forment ainsi une sorte de préparation au cours régulier des études, qui commencerait par la perspective.

Dans les établissements comme nos lycées, par exemple, où l'enseignement ne peut être, à tous égards que très élémentaire, l'étude de la perspective sera nécessairement bornée aux principes généraux et aux applications les plus utiles pour la pratique du dessin. On aura soin surtout de faire voir comment cette science, — qu'on n'applique aujourd'hui qu'à la représentation en raccourci des formes régulières qui peuvent être géométriquement dessinées, telles que celles d'un édifice, — s'applique également à toute espèce de forme et en particulier à la figure humaine. L'étude des mesures ne s'étendra qu'à celles qu'il est le plus important de connaître et qui sont le plus constantes; et l'on s'attachera à faire comprendre, par des exemples empruntés principalement aux chefs-d'œuvre de l'art antique comment se concilie avec la règle générale, qui est la loi de l'espèce, la variété infinie des formes individuelles. L'étude de la structure anatomique sera aussi limitée à ce qu'il est le plus nécessaire de savoir et que l'on peut apprendre d'après des moulages, des estampes ou des photographies, sur la situation et les fonctions des muscles et des os.

Mais d'un autre côté, ce ne serait point assez, pour les principes scientifiques de l'art, que quelques leçons plus ou moins abstraites précédant la théorie. Dans l'art, la pratique est le but, la théorie un moyen pour y atteindre. Dès le début, la théorie doit donc être rapportée à son usage pratique, et la pratique doit jusqu'au bout s'éclairer de la théorie et en prendre incessamment conseil.

En conséquence, lorsqu'on exposera aux élèves les principes de la perspective, on aura soin de les leur rendre sensibles en leur montrant et en leur faisant faire à eux-mêmes des applications immédiates à des objets analogues à ceux qu'ils devront plus tard dessiner. Et réciproquement dans le cours de l'étude pratique et pendant sa durée entière, on ne négligera aucune occasion de leur faire voir comment les problèmes qu'offrent à l'œil les raccourcis de toute nature que le relief implique, rentrent tous sous les lois générales de la perspective, et comment elle conduit à les résoudre. Ainsi se vérifiera dans tout l'enseignement cette maxime que « la perspective est la bride et le timon de la peinture. »

De même, en donnant les notions nécessaires sur la structure anatomique de l'homme au point de vue du dessin et sur ses proportions principales, on aura soin d'en faire voir tout d'abord par des exemples l'utilité pratique. Puis au fur et à mesure qu'on fera dessiner les différentes parties de la figure humaine, ou même des figures entières dans différents mouvements, on en fera étudier de nouveau d'une manière plus approfondie, soit la structure, soit les proportions. Pour cela nul moyen n'est peut-être meilleur que celui que proposait Alessandro Allori et qui n'était que l'application à l'enseignement de la manière ordinaire de procéder de Michel-Ange; moyen qui consiste, soit avant de faire dessiner chaque partie du corps telle qu'elle est dans sa forme superficielle, à faire dessiner d'abord les os qu'elle renferme, ensuite les muscles ou cartilages qui les recouvrent et que recouvre la peau; soit, du moins, à placer quelquefois à côté des modèles, d'après lesquels on fait reproduire la figure superficielle des objets, la représentation de leur structure anatomique, représentation qui explique en partie leurs apparences et qui conduit ainsi, comme le fait à d'autres égards la connaissance des lois de la perspective, à les mieux comprendre, et par suite à mieux les dessiner.

En prévenant l'expérience, selon l'expression que nous avons empruntée à Leibnitz, la science réduit les chances d'erreur que l'expérience comporte toujours, et n'en laisse subsister, comme on l'a dit aussi de la sagesse à l'égard du hasard, que ce qu'on ne peut retrancher. C'est ce que fait encore à l'égard de l'étude des ensembles, l'étude préalable des parties. Les parties une fois bien connues dans leurs éléments constitutifs, dans les principales variétés de formes et sous les divers aspects qu'elles peuvent présenter, lorsque l'on arrive à un ensemble, on le connaît à demi; et, déjà familiarisé avec des éléments analogues à ceux dont il se compose, on le comprend plus vite et le représente mieux. C'est pour cela, comme nous l'avons dit, qu'il faut étudier les parties avant l'ensemble. C'est pour cela aussi que rien ne sert de les étudier, si on ne les étudie assez profondément pour les bien connaître et que, par conséquent, « il ne faut point passer d'une première à une seconde qu'on ne possède la première. »

De là dérivent pour la pratique plusieurs conséquences. En premier lieu, les parties de la figure humaine doivent être, en général, soit dans les modèles, soit dans les copies qu'on en fait faire aux élèves, de dimensions égales à celles de la nature, ou du moins qui en approchent. Car, dans les choses de petite dimension, on est plus exposé à ne pas tout voir, et, par la même raison, « dans de petites choses on ne voit pas ses fautes comme on le fait dans de plus grandes? — Une fois maître du détail des parties, on pourra, au contraire, parvenir aux figures entières, leur donner sans inconvénient des dimensions plus petites. En dessinant de semblables figures il faut pour mettre en proportion les unes avec les autres les diverses parties de la copie qu'on en fait, l'embrasser d'un seul et même regard; et l'usage s'est établi, avec raison, de ne point donner aux dessins de figures entières des dimensions supérieures à celles d'une feuille ordinaire de papier à dessiner. Il y a plus: ces dimensions sont celles aussi qu'on donne ordinairement aux modèles; or, comme on n'apprend à dessiner que par les jugements qu'on porte sur les rapports des grandeurs, ou les proportions; comme par conséquent il importe que les commençants ne puissent pas s'habituer à prendre sur le modèle des mesures qui le dispensent de ces jugements, c'est une chose utile que de les exercer à donner à leurs dessins, représentant des figures entières, des dimensions différentes de celles des modèles. Il sera donc bon, si les modèles n'ont en général que la hauteur d'une feuille entière de papier, d'en faire quelquefois des copies encore plus petites. Mais par cette raison que, dans les petites choses, on ne juge pas bien de ses fautes, et pour qu'on ne s'habitue point à se contenter d'imitations inexactes, les dimensions des dessins des figures entières, ne devront descendre, en aucun cas, au-dessous de celles d'une demi-feuille de papier à dessiner.

En second lieu, on ne connaît bien les objets que par les lumières et les ombres, qui en rendent sensible le relief. Si le trait qui marque les limites extérieures suffit pour représenter en abrégé la figure et la faire reconnaître, ce n'est que par les lumières et les ombres que présente sa surface qu'on en connaît d'une manière exacte et complète et les proportions et le caractère et la beauté propre. Afin de remplir ce précepte, d'après lequel dans toute la série de ses études, on ne doit pas passer d'un objet à un autre qu'on ne connaisse bien le premier, il est donc nécessaire que pour chaque objet que l'on dessine, depuis les parties les plus simples jusqu'aux ensembles les plus composés, on ne s'en tienne pas au trait, ni même à une indication grossière du modelé; mais qu'on s'attache à reproduire, et à reproduire avec exactitude, les lumières et les ombres.

« Si tu veux, ô dessinateur, dit Léonard de Vinci, faire une bonne et utile étude, va doucement, juge bien entre les lumières quelles sont celles et en quel nombre, qui tiennent pour la clarté le premier degré, et de même, entre les ombres, quelles sont celles qui sont plus obscures que les autres, et de quelle manière elles se mêlent ensemble, et compare-les toujours les unes avec les autres, et enfin, que tes ombres et tes lumières soient unies sans traits ni points, et se fondent comme la fumée. Et quand tu te seras fait la main et le jugement à cette exactitude, la pratique te viendra si vite que tu ne t'en apercevras seulement pas. »

Pour exprimer avec ce même crayon qui sert à indiquer le contour, le caractère exact des ombres, pour en rendre la douceur et selon l'expression italienne, le *sfumato*, par des hachures juxtaposées ou croisées, il faut un grand travail, qui demande beaucoup de temps. Avec une estompe, on peut imiter et plus facilement et plus vite et les ombres et le passage des ombres aux lumières. Il semblerait donc qu'il conviendrait de prescrire, pour l'imitation des ombres ainsi qu'on l'a proposé l'emploi de l'estompe plutôt que du crayon.

Pour l'enseignement, pour former l'œil à bien juger des formes et de leur caractère, le crayon est préférable à l'estompe. Le crayon représente des ombres par de simples traits. Ces traits, suivant le sens dans lequel on les trace, peuvent contrarier les formes dont ils doivent servir à exprimer le relief ou, au contraire, en se conformant à elles, concourir par leur direction même à les faire mieux comprendre. Pour mettre les ombres avec le crayon, il faut donc observer à chaque instant et l'ensemble et les détails des formes, avec le changement que leur fait subir le raccourci. Chaque trait, chaque hachure devient ainsi un enseignement du caractère des choses, de leur construction anatomique et de leur perspective. C'est ce que nous font voir les dessins des meilleurs peintres et les estampes des meilleurs graveurs, chez qui mettre les ombres n'est rien autre chose que dessiner. — De plus, on n'a pas toujours des estompes; au contraire on a toujours à sa disposition ou un crayon ou une plume ou quelque chose qui peut en tenir lieu et faire le même office. Il importe d'apprendre, dès le principe, à se servir surtout du moyen qui peut le moins faire défaut, et de savoir enfin peindre les ombres avec la même pointe qui sert à faire le trait.

Si donc l'emploi de l'estompe peut être quelquefois autorisé, si même il est utile d'apprendre de bonne heure à la manier, ne fut-ce que pour se rendre indépendant de tout procédé et de toute manière particulière d'exécuter, néanmoins l'instrument habituel, et surtout au début, doit être le crayon.

De ce qui précède il suit que l'objet qu'on devra se proposer en indiquant les ombres, ce ne sera pas tant de plaire, par la régularité du travail, à des yeux ignorants ou mal instruits, que d'exprimer d'une manière aussi parfaite que possible, la figure et le caractère des objets. De la sorte, en consacrant au modelé et au clair-obscur tout le temps nécessaire, on ne consumera pourtant pas, comme il arrive souvent, la plus grande partie du cours dans une imitation minutieuse des travaux du burin et de la pointe des graveurs. En outre, une fois qu'on se sera rendu capable, par un exercice suffisant, d'exprimer complètement les demi-teintes, à défaut desquelles les lumières et les ombres n'ont point leur caractère véritable, mais qui sont la partie la plus difficile du modelé et celle qui exige le plus long travail, on pourra, sans les omettre, épargner néanmoins le temps nécessaire pour les bien représenter avec le crayon. Il suffira pour cela de dessiner sur un fond dont la teinte les supplée. C'est ce que l'on faisait habituellement dans le meilleur temps de l'art, en prenant pour papiers à dessin des papiers légèrement colorés sur lesquels on indiquait les ombres avec du noir, et les lumières les plus vives avec du blanc. Et, suivant Léonard de Vinci, qui maniait le crayon comme la plume avec une si surprenante habileté, c'est en effet, pour dessiner d'après les modèles en relief, la meilleure méthode.

Nous avons vu que, s'il faut commencer par les parties de la figure humaine, et non pas par le tout, c'est par cette raison qu'en toutes choses la route qu'il faut prendre est celle qui conduit du plus simple au composé. Par cette même raison, ce ne seront point des reliefs qui devront être les premiers modèles, mais des imitations du relief sur un plan.

Les dessins ou les estampes, soit qu'ils représentent des parties de la figure humaine ou des figures entières, devront être la reproduction fidèle de types empruntés aux meilleurs maîtres de tous les temps. La photographie aussi pourra venir en aide au crayon et au burin, soit en multipliant des dessins de bons auteurs ou des estampes rares, soit même en offrant des reproductions immédiates de chefs-d'œuvre de la peinture ou de la sulpture, ou des représentations de la nature. Quant aux modèles en relief, c'est parmi les chefs-d'œuvre de la sculpture antique qu'ils devront presque tous être choisis.

Sous l'influence de systèmes erronés sur l'objet et le but de l'art, l'usage s'est établi de choisir presque exclusivement pour servir de modèles dans l'enseignement du dessin, parmi tous les monuments qui nous restent de la statuaire antique, des figures du genre de celles que l'on appelait idéales et où l'on croyait trouver avec le moins d'individualité possible la représentation de la nature humaine dans sa plus abstraite généralité. Sans s'apercevoir que ces figures, plus remarquables par la régularité que par la vérité des formes, sont pour la plupart des copies ou des imitations, d'où le caractère propre que présentaient les originaux a plus ou moins disparu, pour ne laisser subsister que les proportions générales, c'est à ces ouvrages de seconde main que l'on s'est trop souvent adressé de préférence. Et de là, il arrivait qu'en apprenant à dessiner, on apprenait aussi à n'estimer qu'un type conventionnel de formes et de mouvements, et on devenait incapable de comprendre les beautés infiniment variées de la nature.

Par suite de la découverte qui a été faite au commencement de ce siècle d'un grand nombre d'ouvrages originaux de la plus belle époque de la statuaire grecque, et qui a frappé avec force les imaginations; par suite aussi de la réaction que devait naturellement produire, en sens contraire, l'insipidité de tant de productions inspirées par le culte d'un faux idéal, les opinions qui régnaient dans le domaine de l'art et dans celui de la critique se sont modifiées. L'individualité, la vérité, la vie sont rentrées dans leurs droits, et l'on peut même douter si, après avoir incliné longtemps vers l'un de ces deux pôles entre lesquels l'art moderne a presque toujours oscillé, on ne s'est pas aujourd'hui trop rejeté vers l'autre.

« Le peintre, dit Léonard de Vinci, et l'on peut dire la même chose du dessinateur, doit étudier avec règle et ne laisser chose qu'il ne se mette dans la mémoire. » Et c'est pourquoi il recommande, après qu'on a fait d'un modèle une copie aussi exacte qu'on est capable de la faire, de s'exercer à la reproduire de souvenir. Par cet exercice, en effet, on fortifie, et la mémoire sans laquelle il n'est point d'art ni de science, et l'attention qui n'est autre chose que l'intelligence même tendue et appliquée par la volonté; enfin ces types, qu'on a appris à comprendre par la comparaison attentive de leurs proportions, conservés et sans cesse présents dans l'imagination, deviennent un sujet permanent de réflexions, de comparaisons et d'enseignements nouveaux.

Au dessin d'après les modèles on joindra donc autant que possible cette pratique du dessin de mémoire qui, longtemps négligée, a été, comme nous aurons occasion de le dire, introduite avec succès dans l'enseignement de l'*Ecole spéciale de dessin*. Mais, pour que cette pratique n'ait point les inconvénients qu'entraîne après elle l'habitude de travailler de tête, et qu'elle n'éloigne point de l'observation et de l'imitation naïve de la nature, il importe que, selon la recommandation expresse de Léonard de Vinci, un calque fidèle serve à vérifier incessamment les inexactitudes du dessin de souvenir et à les corriger; c'est sous cette condition qu'une telle pratique pourra, sans nul danger, affermir dans l'esprit les résultats de l'imitation des modèles.

Mais, pour apprendre à bien juger de l'esprit des formes et de la beauté, ce qui est l'objet le plus élevé de l'enseignement du dessin, ce n'est pas assez de l'étude qu'on peut faire des modèles qu'on copie ou qu'on reproduit de mémoire. Le nombre en est toujours nécessairement trop restreint.

Les élèves ne pouvant aller chercher çà et là les œuvres d'art dispersées en tant d'endroits ni même visiter, sinon très rarement, les musées où elles sont rassemblées en grand nombre, seront-ils donc privés de ce complément nécessaire d'éducation? On leur en procurerait le bienfait dans une certaine mesure si l'on faisait autant que possible de chaque école un musée. C'est à quoi on arriverait sans beaucoup de dépense en plaçant, partout où la disposition des lieux le comporterait, et d'une manière qui s'harmonisât avec cette disposition, des reproductions par le moulage, par la gravure ou par la photographie, des chefs-d'œuvre en tout genre de l'art des anciens et de celui des modernes. La puissante et favorable influence s'en exercerait ainsi partout et à tout instant sur l'esprit de la jeunesse. Dans les lycées où il est nourri de la poésie d'Homère et de Virgile, de Corneille et de Racine, l'élève se nourrirait aussi, à chaque instant du jour et presque sans s'en apercevoir, de celle des Phidias et des Raphaël, des Jean Goujon et des Poussin.

A ce programme d'études, il convient d'ajouter un enseignement qui commence à peine à trouver place dans celui du dessin et qui n'a encore été régulièrement organisé que dans quelques écoles spéciales, c'est celui du dessin appliqué aux formes qui sont entièrement la création de l'art et que, par opposition à celles des choses de la nature, on peut appeler formes *artificielles*. Ces formes sont celles des objets divers que l'art invente pour les besoins divers de la vie ou pour la satisfaction de ce que Michel-Ange appelait l'insatiable fantaisie humaine : édifices, meubles, vases, ustensiles, ornements de toute sorte.

Les êtres que crée la nature sont tels, dans leur matière et dans leurs formes, que le demandent les différentes fins qu'ils doivent accomplir et, en même temps, ils composent, soit par leur figure, soit par leurs couleurs, des harmonies qui satisfont à une fin supérieure et universelle, laquelle est la beauté. Les objets que l'homme crée pour son usage sont déterminés aussi, et dans leur matière et dans leurs formes, par la nature même des besoins auxquels ils doivent servir. Mais, comme la nature, l'homme poursuit en même temps une fin plus haute. Entre toutes les matières, entre toutes les formes; il choisit autant que possible pour ses créations celles qui satisfont le mieux aux conditions de la beauté. Ce n'est pas tout : à ces formes mêmes, il en ajoute d'autres qui servent soit à mieux exprimer l'idée de laquelle procèdent les premières, soit à rehausser leur beauté ; ces accessoires au moyen desquels les objets disent, en quelque sorte, avec plus de clarté, de force et de grâce, et d'un style plus relevé, ce qu'ils veulent dire, ces accessoires qui sont le commentaire poétique des formes principales et qui les accompagnent en les embellissant, comme l'harmonie accompagne et fait valoir le thème mélodique, ce sont les ornements. En premier lieu, les *formes* que l'art crée pour les objets nécessaires aux différents usages de la vie; en second lieu, les *ornements* dont elles sont susceptibles, tel serait donc le double sujet d'une étude complète du dessin.

En général, — car c'est le point de vue général qui nous occupe ici, — le temps que l'on peut consacrer à l'étude de l'art ne suffisant pas, à beaucoup près, pour en approfondir toutes les parties et non pas même une seule, il est évident qu'au lieu de les parcourir toutes, de manière à n'apprendre de chacune que très peu de chose, le mieux est, généralement parlant, de s'appliquer à pousser aussi loin que possible l'étude de ce qui est le plus difficile comme le plus important, et que l'on ne connaît point sans être capable d'apprendre en peu de temps tout le reste, c'est-à-dire l'étude de la figure humaine. Car, quiconque est en état de bien représenter la figure humaine dans ses proportions, son caractère et sa beauté, apprendra sans peine et en peu de temps à représenter de même les proportions, le caractère, la beauté des animaux, du paysage et des fleurs, etc., tandis que la proposition inverse n'est pas vraie. Dès lors, il semblerait qu'il ne peut y avoir lieu non plus à faire du dessin des formes que nous venons d'appeler artificielles un objet d'enseignement. Ces formes, en effet, composées des mêmes éléments que celles des objets naturels ne les surpassent point pour la plupart, ne les égalent pas même en complications et en difficultés. Aussi tel jugera assez bien des proportions d'un candélabre ou d'un vase, qui ne saurait juger de même de celles d'une grande partie des êtres qu'a créés la nature. Tel, au contraire, qui saura bien voir et par suite bien dessiner des animaux et des plantes, saura bien apprécier et par suite dessiner comme il faut un vase, un candélabre, une volute. Combien mieux encore celui qui est capable de comprendre et de retracer les savantes lignes d'une figure humaine !

Mais quoique dans le dessin de la figure humaine soient renfermés les principes universels du dessin des autres genres de formes, néanmoins, chacun de ces genres a encore des principes propres. De là, il suit que pour bien dessiner les formes qu'ils comprennent, par conséquent, pour bien juger de leurs proportions, de leur caractère, de la beauté particulière dont elles sont susceptibles, il faut à l'étude du dessin de la figure humaine joindre des études spéciales. Si cela est vrai pour les formes des objets naturels, peut-être cela est-il plus vrai encore de celles dont l'imagination humaine est la source. Les formes naturelles, en effet, plus ou moins analogues à la nôtre, répondent par une secrète harmonie à la constitution intime de notre âme, et de là vient que ceux même, qui n'ont de l'art nulle teinture, jugent passablement des beautés de telle forme, soit dans la nature même, soit dans les ouvrages d'art qui la représentent. Pour celles, au contraire, qui sont des créations de l'art, la culture seule du goût, par la vue et l'étude des chefs-d'œuvre, nous met en état d'en juger.

D'un autre côté, par cela même que ces formes sont celles des objets qui servent aux usages les plus ordinaires de la vie et que le besoin ou les variations de la fantaisie nous invitent continuellement à renouveler, nous avons à en juger incessamment; c'est encore une raison pour qu'il soit désirable que des études spéciales nous mettent en mesure d'en porter des jugements éclairés.

A cette considération s'en joint une autre, tirée de l'intérêt même de ces arts auxquels se rattachent, dans notre pays surtout, tant d'intérêts. Si la destinée de l'art, en général, dépend en grande partie de l'opinion plus ou moins éclairée du public, cela est vrai, surtout des arts qui sont étroitement liés à l'industrie et qui ne peuvent se passer de son concours. Séparé du public par des intermédiaires plus ou moins nombreux, à peine connu de lui, l'artiste même qui déploie dans ces arts, considérés comme secondaires, la plus rare habileté, ne lui impose point par l'autorité de son nom et n'exerce sur le jugement du plus grand nombre qu'une faible influence. Si, d'ailleurs, pour juger des tableaux, des statues, on veut bien déférer, dans une certaine mesure, à ceux qui sont versés dans la connaissance et dans la pratique de la peinture et de la sculpture et qui, par conséquent, en sont nécessairement les meilleurs juges, — pour ces choses usuelles dont on est entouré et dont à tout moment on fait usage, il n'en est pas de même, et chacun se croit volontiers capable d'en juger aussi bien que qui que ce soit. Ajoutons enfin que si, de toutes les parties de l'art, le dessin des objets que l'industrie doit approprier aux divers usages de la vie n'est pas la plus relevée, ni celle, par conséquent, qui peut contribuer le plus à l'éducation de l'âme et de l'esprit, c'est celle qui, d'un autre côté, a l'avantage de servir à juger des choses dont nous avons le plus souvent besoin, unit cet avantage encore, qui est une suite nécessaire du premier, de trouver un emploi immédiat dans le plus grand nombre des professions et des métiers.

En donnant dans l'étude des éléments de l'art la première et la plus grande place au dessin de la figure humaine, qui en est la partie la plus haute, il semble donc qu'il y a des motifs suffisants pour faire aussi une place à cette partie de l'art qui en occupe, en quelque sorte, l'autre extrémité et dont les applications directes sont les plus nombreuses de beaucoup et, matériellement du moins, les plus utiles.

Les formes, qui sont la création de l'imagination se divisent naturellement, comme nous l'avons dit, en deux grandes classes savoir : les figures mêmes des édifices, meubles, ustensiles, etc., et les ornements dont ces différents objets peuvent être revêtus ; l'enseignement du dessin des formes artificielles se divise donc aussi en deux parties répondant à ces deux classes d'objets.

Dans la première partie de l'enseignement, on ferait étudier des profils choisis, d'abord de quelques-uns des principaux membres dont les édifices se composent, ensuite de vases, de consoles, de vasques, de balustres, de candélabres, etc., en joignant quelquefois, pour les formes architecturales, l'étude des plans à celle des profils. Dans l'étude de ces objets, comme dans celle de l'homme, on s'attacherait à faire voir comment les proportions des différentes parties dépendent les unes des autres et varient les unes avec les autres ; comment, à cet accord et à cette correspondance qui donnent à tout œuvre d'art avec un caractère défini une beauté propre, se fait reconnaître la pensée, l'esprit qui l'a produite, comment du concert harmonieux de ces proportions que Léonard de Vinci appelle divines, résulte enfin la parfaite beauté.

A cet enseignement se joindrait l'indication, par un nombre suffisant d'exemples des modifications que les formes doivent subir, et des caractères particuliers qu'elles doivent prendre, selon la diversité des matières et d'après la nature différente du marbre, de la pierre, du granit, du bois, de l'ivoire, du fer, du bronze, des métaux précieux, etc.

Dans l'étude spéciale de l'ornementation, on ferait connaître et les types principaux que l'art a créés et ceux qu'il emprunte le plus ordinairement, soit au règne animal, soit au règne végétal ; on montrerait surtout comment il modifie les éléments que la nature fournit et les transforme au gré de la fantaisie.

Pour toutes les parties de cette étude, les modèles seraient, en général, empruntés à l'art grec, qui, dans ce genre, comme dans tous les autres, a su unir la plus parfaite convenance des formes avec la destination des objets et avec leur matière, la plus grande originalité de caractère, le plus haut style et la plus excellente beauté. On y joindrait néanmoins d'autres modèles empruntés à l'art romain, à l'art oriental, à celui du moyen âge et de la Renaissance qui, sans atteindre au même degré de suprême perfection, ont néanmoins produit aussi en ce genre une foule de chefs-d'œuvre. Au dessin des formes artificielles et de leurs ornements s'appliquerait, comme à celui de la figure humaine et avec le même fruit, l'exercice de la reproduction de mémoire qui en graverait dans les imaginations les types les plus achevés. Peut-être, à ces études, pourrait-on ajouter quelques leçons pratiques sur l'emploi de la couleur dans l'ornementation, leçons qui initieraient, dans une certaine mesure, à la connaissance des rapports et de l'harmonie des tons.

Enfin, comme pour le dessin de la figure, outre les modèles de formes artificielles et d'ornements qu'on pourrait reproduire dans la durée du cours, d'autres chefs-d'œuvre de l'art, placés partout, dans les écoles, dans les lycées, sous les yeux de la jeunesse, achèveraient de la pénétrer de l'esprit qui les a produits, de cet esprit universel duquel procèdent également et les contours héroïques des marbres du Parthénon et le profil des moindres vases de terre que recèlent les sépultures d'Athènes ou de Vulci. — E. CH.

DESSIN INDUSTRIEL ou **GÉOMÉTRIQUE.** A côté du dessin artistique dont les principes ont été si savamment exposés dans l'article précédent, il existe un genre spécial, presque uniquement employé dans l'industrie et qu'on appelle le *dessin industriel* ou *géométrique*. Cette dernière appellation est justifiée par ce fait, qu'en dehors du croquis et de l'ornement, où l'œil et la main jouent le principal rôle comme dans le dessin d'art proprement dit, le dessin industriel ne s'exécute qu'au moyen d'instruments qui permettent de donner aux proportions de l'objet représenté la plus rigoureuse précision. Au lieu d'avoir le compas dans l'œil, selon la pittoresque expression de Michel-Ange et de Léonard de Vinci ; on l'a bel et bien à la main et le dessin industriel n'est réalisé dans la plupart des cas qu'avec les instruments qui permettent de tracer exactement les figures géométriques, c'est-à-dire la règle et le compas.

Cette définition bien établie, hâtons-nous de dire que, comme conséquence, le dessin géométrique doit avoir des règles précises, l'emploi des instruments de mathématiques venant diminuer dans une forte mesure la question d'appréciation personnelle et d'individualité dans l'exécution. On peut donc grouper ces règles, rapprocher ces principes, et en faire un tout homogène, une véritable science qui peut s'enseigner comme les autres, comme l'a très bien et seul compris jusqu'à ce jour l'habile directeur du collège Chaptal, M. Monjean. Mais en dehors de cet établissement, nous n'en connaissons guère où le dessin industriel soit enseigné d'une façon rationnelle et complète et où les élèves fassent autre chose que des copies plus ou moins bonnes des modèles qu'on leur donne, le professeur se contentant de leur signaler individuellement les défauts les plus apparents sans donner à personne de marche générale et sûre pour arriver à un bon résultat. Notre cadre ne nous permet malheureusement pas de rédiger ici un véritable cours de dessin industriel ; néanmoins, nous nous proposons de combler, en partie, la lacune que nous avons constatée dans les établissements d'instruction et de résumer les principes fondamentaux qu'il faut absolument connaître pour arriver à exécuter vite et bien le genre de dessin qui nous occupe.

Nous voudrions signaler à nos lecteurs quelques ouvrages où ils puissent au besoin étudier avec plus de développement ce que nous allons exposer rapidement ici ; nous n'en connaissons qu'un seul, conçu et rédigé, il est vrai, avec une rare perfection, c'est le *Cours élémentaire de dessin géométrique* de M. J. Denfer, ingénieur, chef des travaux graphiques à l'Ecole Centrale, ouvrage exécuté sous l'inspiration de M. A. Sarazin, directeur des Etudes à la même école (Dejey, éditeur) et dans lequel nous avons puisé bon nombre des éléments qui suivent.

Cela posé, nous allons examiner d'abord quels sont les principes généraux qui s'appliquent à tous les genres de dessin industriel, puis nous étudierons spécialement ces principaux genres qui sont: le *croquis*, le *dessin architectural*, le *dessin de machines*, le *dessin d'ornement* qui rentre, en partie, dans le dessin appliqué à l'art décoratif, et enfin le *lavis*.

Instruments et accessoires. Pour exécuter le dessin géométrique, appelé encore quelquefois *dessin graphique*, il est indispensable d'être muni d'un certain nombre d'instruments et accessoires spéciaux et de les conserver toujours en bon état : voici la liste de ces objets avec une étude sommaire de chacun d'eux : le papier, dont les seules qualités à employer sont les diverses variétés de *vergé* pour le dessin au trait et le *Watmann* pour le lavis et les dessins où les teintes dominent ; les *planches* en bois blanc garnies d'un cadre complet en bois dur qui empêche le centre de se disloquer et résiste mieux aux opérations du collage et du coupage des feuilles ; les *crayons*. Les meilleurs à employer sont les Faber nº 3 qui ne sont ni trop durs ni trop mous ; les *règles*, les *équerres* ; la *gomme à effacer*, le *grattoir*, la *sandaraque* ; les *compas*, les *règles graduées*. Les pièces indispensables, comme compas, sont : un compas à pointes sèches, un compas à pointes mobiles avec porte-crayon et tire-lignes de rechange, une rallonge, un balustre, deux tire-lignes. A la boîte est généralement annexée une règle graduée en buis ou en ivoire appelée *décimètre*. On emploie encore le *double-décimètre* et le *demi-mètre* comme règles à main ; l'*encre de Chine*, les *couleurs*. Le dessin graphique ne s'exécute jamais avec de l'encre ordinaire qui jaunit avec le temps, se délaie sous le passage des teintes et oxyde le métal des tire-lignes. Il faut employer exclusivement une encre spéciale appelée *encre de Chine* et composée, en grande partie, de noir de fumée ; on la délaie dans l'eau comme une couleur ordinaire. Quant aux *couleurs* proprement dites, il faut se borner à un petit nombre de types qui sont : le carmin, la gomme-gutte, le bleu de Prusse, la terre de sienne ordinaire et brûlée, la sépia et la teinte neutre. Il ne faut jamais se servir de vieilles encres ou teintes séchées, mais en délayer toujours de fraîches. Les *godets*, *pinceaux* et autres accessoires.

Dessin au crayon. Le principe fondamental sur lequel repose l'exécution d'un dessin au crayon est que le trait soit très bien étudié et tracé d'une façon absolument rigoureuse avant le passage à l'encre. Le dessin passé à l'encre, en effet, sera toujours moins bien réussi et moins précis que le trait primitif au crayon. Si soigneusement qu'on passe un trait à l'encre, on ne suit jamais bien rigoureusement le trait de crayon, il y a presque toujours une déviation qui est au moins égale à l'épaisseur du trait primitif. Il faut donc, pour obtenir toute la précision désirable dans le dessin géométrique, d'abord que l'épaisseur de ce trait ne soit pas appréciable, et, en second lieu, qu'il soit mathématiquement à sa place.

Il faut encore que le trait au crayon soit très léger, de façon qu'après le passage à l'encre on puisse l'enlever par un coup de gomme si doux que le papier n'en subisse aucune altération, non seulement dans sa texture mais même dans sa surface. Cette précaution est surtout essentielle lorsque le dessin est destiné à être lavé et que l'on veut arriver à obtenir des teintes bien homogènes, sans aucune nuance ; car le papier altéré irrégulièrement absorbe la teinte d'une façon variable et dangereuse. Au point de vue du graphique pur, il faut avoir soin de ne jamais déterminer un point que par l'intersection de deux lignes aussi voisines que possible de la position rectangulaire. Les points résultant de la rencontre de deux lignes obliques sont très incertains. Lorsqu'une figure a un axe, il faut toujours commencer par tracer cet axe et porter ensuite de chaque côté les dimensions symétriques. Dans les cercles en contact entre eux ou avec des droites, il faut toujours préciser le point de tangence au moyen du rayon perpendiculaire ou de la ligne des centres. Dans les courbes, faites à la main, il faut éviter les défauts de courbure ou *jarrets* ; d'ailleurs, il ne faut jamais laisser plusieurs traits, mais effacer jusqu'à un trait définitif.

Dessin à l'encre. Le dessin au crayon a besoin d'être passé à l'encre, car il s'effacerait bien vite par le frottement ; de plus, il manque de netteté ; les traits sont prolongés au delà de leurs extrémités ; le tout est encombré de lignes de construction qui ne doivent pas subsister ; on ne pourrait passer de teintes sans effacer le trait, etc. Il est donc indispensable de remplacer par des traits d'encre les lignes au crayon à conserver.

Les droites et cercles se tracent au moyen de tire-lignes dont les deux branches doivent être bien rigoureusement égales, fines, sans être coupantes, et arrondies, pour ne pas arracher le papier. Les petits cercles se tracent au balustre qui ne doit pas présenter de pièces de rechange dont le jeu pourrait constituer un élément dangereux pour l'exactitude. Si l'on veut tracer à l'avance les petits cercles au crayon, il faut avoir deux balustres.

Quand dans un dessin il y des cercles et des droites, il faut commencer par passer à l'encre tous les cercles ou arcs de cercles, car il est plus facile de raccorder une droite sur un cercle que de prolonger bien exactement une droite par un cercle.

Après l'emploi, on doit desserrer et nettoyer avec soin les tire-lignes; il ne faut jamais y laisser sécher d'encre, car cela les rouille et les encrasse. Lorsque les pointes s'usent, on les égalise en les frottant sur du papier d'émeri fin.

Le tracé des courbes autres que le cercle ne doit jamais, dans une classe de dessin, se faire autrement qu'à la main, en traçant d'abord tout du long de la courbe un trait excessivement fin que l'on repasse ensuite avec un trait plus gros, en égalisant et renforçant le trait fin de façon à le rendre aussi régulier que possible. On arrive ainsi à tracer rapidement à la main d'excellentes courbes. Mais il faut proscrire absolument *le pistolet*, règle contournée présentant dans son ensemble les principales courbes usitées dans la pratique. Ici, le tracé à la main ne se fait plus au tire-lignes, mais à la plume et, dans ce cas, il est préférable, contrairement à ce qu'on a vu antérieurement pour les cercles tangents, de tracer d'abord les lignes droites jusqu'aux points de contact, parce que la plume a plus de latitude pour se prêter au raccord.

Les parties cachées que l'on veut représenter s'indiquent en lignes pointillées composées de points ronds; les lignes pointillées composées de traits allongés séparés par des intervalles blancs égaux à la *moitié* des traits noirs, indiquent des lignes de construction que l'on veut conserver. Les axes de symétrie sont représentés par des lignes pointillées mixtes composées de points alternativement ronds et longs avec diverses combinaisons. Dans le dessin de machines, ces axes se représentent par des lignes pleines en bleu. Dans les épures de géométrie descriptive, les constructions se font toutes en rouge et les lignes de rappel généralement en bleu.

Travaux complémentaires. Il ne faut pas oublier que tout en procédant par des méthodes exactes, nous faisons du *dessin*, c'est-à-dire en somme une œuvre qui doit toujours au fond présenter un certain côté agréable à l'œil. Il faut donc qu'un dessin soit non seulement exact, mais bien présenté et qu'il dénote, à première vue, de l'ordre, du soin et du goût, en même temps que du travail. De là, la nécessité de le *parer*, ce qui comporte l'ensemble des opérations suivantes.

Ainsi le dessin une fois terminé, on l'entoure d'un *cadre* composé de deux traits fins, distants de $0^{m},001$; il est bon, en outre, lorsqu'on a des teintes à passer sur une pièce, et quoique rien ne paraisse l'exiger théoriquement, de ne pas poser la couleur tout contre le trait d'encre du côté éclairé, mais de laisser un petit espace blanc d'un demi-millimètre appelé *reflet*.

En général, il est d'usage de mettre du côté opposé à celui par lequel vient la lumière, des traits plus gros que les autres et qu'on appelle *traits de force*. Le rayon lumineux est supposé venir du côté gauche, à 45° de haut en bas, dans les élévations et les coupes, et de bas en haut également à 45° dans les plans. Ces deux directions ne sont que les projections de la diagonale d'un cube de l'espace. Ce système a l'avantage de donner des ombres dont les portées sont égales aux saillies qui les produisent.

Les parties cachées ne reçoivent pas de traits de force, pas plus que les parties arrondies, cylindriques ou autres. Il est entendu qu'il ne faut passer ces traits forts qu'après les teintes lorsqu'il y en a; sinon ces traits déteindraient et tacheraient tout le dessin. Dans le lavis à effet, où les teintes doivent représenter les ombres, il n'y a naturellement pas de traits de force. On trace ensuite les *axes* en rouge dans le dessin d'architecture, en bleu dans le dessin de machines; les lignes de *cotes* toujours en rouge avec *attaches* et *chiffres* en noir. Toutes ces lignes doivent être évidemment tracées après les teintes s'il y en a, et en encre assez pâle et traits assez fins pour ne pas attirer l'œil plus que le reste du dessin. Ensuite on trace les échelles et les écritures; il ne reste plus qu'à nettoyer légèrement la feuille à la gomme et à la mie de pain, puis à la détacher avec la règle en fer et le canif.

Croquis. Le *Croquis* est un dessin à main-levée, exécuté sans règle ni compas, d'un objet que l'on veut pouvoir plus tard représenter exactement à échelle donnée dans le cabinet.

Pour faire convenablement un croquis, il faut d'abord se rendre compte par comparaison et aussi exactement que possible des dimensions relatives de l'objet, puis tracer sur un carnet ou album les axes des différentes pièces principales, en les mettant à des distances convenables et proportionnelles à celles qu'elles occupent dans la réalité; on opère de même pour les épaisseurs à donner aux pièces. On termine ainsi complètement le croquis au crayon simplement à l'œil, sans aucun instrument de précision, et on représente l'objet sous toutes ses faces et avec toutes les élévations, coupes, etc., nécessaires pour pouvoir le reproduire exactement ensuite dans le cabinet, grâce aux cotes nombreuses que l'on a soin de relever sur l'objet lui-même.

Les lignes, droites ou courbes, au crayon ou à l'encre, se tracent par portions, c'est-à-dire en arrêtant la main aussitôt qu'elle est sur le point de dévier de la bonne direction et reprenant le tronçon de ligne suivant, le plus près possible de l'extrémité du premier, sans redouter cependant de laisser un petit espace blanc entre les deux.

Le passage à l'encre se fait toujours à la plume. Plus que dans tout autre genre de dessin, il faut ménager les traits de force; les plans fuyants s'indiquent comme les surfaces cylindriques, par des génératrices parallèles qui vont en se rapprochant ou en s'éloignant dans la partie la plus près de l'œil de l'observateur, selon que la face en question est dans la lumière ou dans l'ombre. Toutes les parties coupées sont munies de hachures parallèles au rayon lumineux, excepté quand plusieurs pièces sont superposées, dans lequel cas les hachures doivent être de directions perpendiculaires sur deux pièces voisines. Les hachures sont d'autant plus rapprochées, que l'objet est plus petit.

Les cotes s'indiquent en noir au moyen de lignes pointillées noires et d'attaches, ou guillemets en forme de pointe de flèche également à l'encre noire. On ne doit voir aucune encre de couleur ni aucune teinte dans un croquis. Les cotes doivent être inscrites dans deux directions seulement, de gauche à droite et de bas en haut, comme d'ailleurs dans tout dessin. Il est indispensable de ne jamais exécuter un dessin que d'après un croquis préalable.

Dessin d'architecture. Ce genre de dessin est spécialement destiné à la représentation des constructions civiles, monuments, bâtiments de toutes sortes, ouvrages d'art, etc.; on lui applique tous les principes exposés précédemment. Il ne présente aucune indécision ; chaque ligne est parfaitement déterminée par des cotes précises, et chaque dimension est définie par un chiffre. L'exécution doit donc présenter une précision mathématique ; chaque mesure devra être prise exactement et lorsqu'on aura à prendre une série de mesures sur la même ligne, bout à bout, il faudra se contrôler en prenant la longueur totale et ne pas accumuler les erreurs successives, quelque faibles qu'elles soient. Il faut faire exécuter aux élèves d'abord le croquis de l'objet et dresser le dessin d'après ce croquis, le modèle restant inaccessible dans un châssis vitré placé au bout de la salle. Les coupes de maçonnerie se représentent en carmin pâle, et en teintes conventionnelles pour les autres matières : fer, fonte, etc.

Dessin de machines. Ce genre de dessin ne diffère pas sensiblement du précédent, si ce n'est par la nature des objets représentés ; les formes sont quelquefois moins régulières, les raccords moins géométriques, mais les principes généraux restent les mêmes. Seuls les axes des machines et de leurs organes sont ici indispensables à tracer : on les indique en trait plein bleu.

Il arrive souvent aussi que l'on a à représenter une série de petites pièces identiques disposées régulièrement les unes par rapport aux autres ; tels sont, par exemple, les nombreux trous d'une tôle perforée, une suite de rivets ou de boulons, les sections des tubes d'une chaudière, etc. On a avantage alors à indiquer les axes en deux sens rectangulaires, dont les intersections figurent les centres de position de chaque élément, et à n'en dessiner seulement que quelques-uns. La lecture du dessin est aussi facile, et il en résulte plus de netteté dans le travail et une économie de temps.

Très généralement, comme pour le dessin architectural, on ne teinte que les coupes ; les principales matières à teinter sont : le fer, la fonte, l'acier, le cuivre, le laiton, le bronze, etc.

Dessin d'ornement. Les ornements employés dans l'architecture et les arts industriels présentent des contours arrondis et irréguliers comme détails qui les rendent impossibles à coter directement ; on ne peut guère en coter que quelques points principaux, ou les inscrire dans des figures géométriques connues qui, elles, peuvent se préciser par des mesures. Il faudra donc, dans le dessin d'ornement, suppléer, par le jugé des proportions et des courbures, à ce que les dimensions laissent d'indécis ; l'œil et la main ont donc, dans ce cas particulier, au moins autant à faire que les instruments et par là l'ornement rentre en partie dans le dessin artistique.

Le modèle doit toujours être inaccessible et ne servir qu'à deux élèves au plus, car on ne peut faire ici de croquis préparatoire faute de cotes suffisantes. Le papier doit toujours être collé et tendu. On exécute alors le dessin au crayon, au moyen d'un trait fin qui ne doit jamais être surchargé ; on se base pour cela sur les figures géométriques qui se rapprochent le plus du dessin à exécuter, sur les axes s'il y en a, etc. Puis on passe à l'encre d'un trait léger et assez pâle ; les traits de force s'indiquent ensuite au moyen d'un trait plus gros et plus noir. On termine comme un dessin ordinaire.

Lavis. Les dessins qui doivent être lavés doivent avoir le trait pâle et très fin ; le lavis devant lui-même indiquer la forme et les contours, un trait gros et noir serait un contresens, outre qu'il risquerait de déteindre pendant le travail du passage des teintes.

Cela posé, la teinte liquide étant préparée et amenée à l'intensité voulue dans un godet, on prend ensuite le pinceau bien propre et on l'agite dans la teinte pour la rendre bien homogène, car les couleurs et l'encre de chine ne sont pas solubles dans l'eau et n'y sont que tenues en suspension, de sorte qu'elles se déposent au fond du vase, aussitôt que l'eau est en repos. On égoutte ensuite le pinceau, on incline sa planche vers soi pour y ramener le liquide étendu sur le papier, et on passe la teinte par coups de pinceaux successifs, en ne touchant le papier que de la pointe ; on obtient ainsi une *teinte plate*, c'est-à-dire présentant partout la même nuance, sans aucune partie foncée ou claire. Il ne faut jamais passer de teintes à côté l'une de l'autre ou *juxtaposées*, car l'arête de rencontre n'est jamais parfaite et présente, à côté de points blancs complètement dépourvus de teintes, des points trop noirs qui ont été lavés deux fois. Les teintes doivent en effet toujours être *superposées*, après avoir attendu toutefois que la première soit bien sèche, sans quoi la capillarité produirait, en passant une seconde teinte sur cette teinte fraîche, les effets les plus déplorables. Il est bon en outre d'obtenir du premier coup l'intensité voulue d'une teinte plate, car s'il faut repasser plusieurs fois pour obtenir cette nuance, on augmente les chances d'accidents, tels que bavochures, bords frangés, taches, etc.

Lorsqu'on veut obtenir une teinte dégradée présentant une série de nuances diverses du foncé au pâle, sans transition accentuée d'une nuance à la voisine, on emploie ce qu'on appelle la *teinte fondue*. Pour passer convenablement une teinte fondue, il faut d'abord commencer par la partie la plus claire et aller en augmentant d'intensité contrairement à ce que l'on fait souvent ; la réussite est beaucoup plus certaine en procédant ainsi du clair au foncé. On prépare pour cela deux godets contenant, l'un de la teinte foncée, l'autre de la teinte très claire qui sert à former la partie la plus faible du lavis. Lorsque cette première est passée, on trempe le bout du pinceau dans le liquide foncé, pour en prendre un peu et le mêler au liquide clair avec lequel il constitue une nouvelle teinte qu'on agite bien pour la rendre homogène, et dont on fait une seconde bande de teinte avant que la première n'ait eu le temps de sécher et ainsi de même pour les autres. On obtient ainsi une teinte uniformément dégradée d'un bout à l'autre. Mais lorsque les surfaces à représenter sont un peu grandes, il devient extrêmement difficile de réussir convenablement ces teintes fondues; aussi a-t-on pris l'habitude de représenter même les surfaces cylindriques, par exemple, au moyen de teintes plates superposées.

Ainsi supposons un *cylindre* vertical, il présentera une génératrice directement éclairée, celle qui est dans le plan tangent perpendiculaire au rayon lumineux; de chaque côté, la surface sera de moins en moins éclairée au fur et à mesure de son obliquité, jusqu'au moment où son plan tangent contiendra le rayon lumineux lui-même; la génératrice de contact de ce dernier plan, constitue ce qu'on appelle la *ligne de séparation d'ombre et de lumière;* c'est à côté de cette génératrice et au delà que se trouve l'ombre la plus noire, qui va ensuite en se dégradant parce que le cylindre, tournant encore, peut recevoir, non pas la lumière directe, mais les reflets des objets voisins éclairés. La surface cylindrique présente donc en somme deux zônes bien distinctes, la première qui est éclairée d'une façon variable, la seconde qui est complètement dans l'ombre avec reflets. C'est ce qu'on appelle l'ombre *propre* du cylindre; si un autre objet voisin portait lui-même ombre sur le cylindre, il déterminerait sur ce dernier une nouvelle ombre spéciale qu'on appelle l'ombre *portée*.

Cela posé, pour laver un cylindre de manière à représenter avec des teintes plates superposées l'ombre propre que détermine la courbure de la surface, on divise par une épure très élémentaire en traçant le demi-cercle de base, la portion éclairée et la surface dans l'ombre, en un certain nombre de parties égales et l'on remplace par la pensée la surface cylindrique par une surface prismatique dont les faces correspondraient aux divisions menées. On commence alors par passer la teinte d'ombre, mais en lui donnant la nuance la plus claire, c'est-à-dire celle qu'elle offre dans la région où elle reçoit le plus fort reflet. Puis on lave à gauche et à droite de la région éclairée en commençant par les teintes les plus faibles et couvrant le plus grand nombre de divisions pour aller en fonçant la teinte et évitant à chaque fois une division, de manière à atteindre la nuance la plus foncée par une gradation naturelle. Le résultat ainsi obtenu est très prompt et très satisfaisant, le nombre de divisions de la surface doit naturellement être d'autant plus grand que le cylindre doit être vu de plus près.

Le cône se lave exactement de la même manière, sauf que les génératrices d'ombre sont convergentes au lieu d'être parallèles.

Le lavis terminé, on efface les constructions, non à la gomme, qui enlèverait en même temps les teintes, mais à la mie de pain, et l'on ne détache la feuille que *lorsqu'elle est bien sèche*.

Si l'on lave une *corniche*, on a, en somme, une série de plans et de surfaces cylindriques qui présentent des ombres propres et des ombres portées les unes sur les autres. Quelquefois un entablement supérieur porte ombre sur la corniche entière dont les différentes parties n'en présentent pas moins pour cela leurs ombres propres. Seulement, les régions recevant une ombre portée par une autre pièce ne se lavent pas de la même manière que celles qui sont directement éclairées.

Dans ce dernier cas, en effet, pour toutes les ombres, portées ou propres, la lumière ne provient que du rayon lumineux, qui est supposé venir d'en haut à gauche et à 45°.

Si la corniche est, au contraire, tout entière dans l'ombre, le reflet venant du sol est la seule lumière qui puisse agir et produire une ombre propre relative dans les différentes moulures déjà dans l'ombre portée; il faut donc laver ces dernières comme si la lumière venait d'en bas, ce qui produit des dispositions de teintes généralement opposées à ce qu'elles sont dans le premier cas. Ainsi, dans une corniche éclairée, l'ombre propre d'un quart de rond se trouve en bas de la moulure; avec la corniche dans l'ombre, elle sera, au contraire, dans la partie la plus élevée, c'est-à-dire la plus éloignée du sol, etc. Un cavet, au contraire, présentera la même physionomie dans les deux cas, parce qu'il est toujours dans l'ombre portée.

Quoi qu'il en soit, pour laver une corniche, on commence comme toujours par passer les teintes d'ombre avec une intensité égale à la partie la plus claire due au reflet; puis, au moyen de teintes dégradées, d'abord claires et de plus en plus foncées, comme dans le cylindre, on lave les parties tournantes. On termine en mettant d'une seule teinte, deux au plus, les faces verticales ombrées des murs et des filets en rapport avec la teinte la plus foncée des parties courbes voisines. Pour éviter de confondre les parties sombres de deux pièces contiguës, on laisse à l'arête inférieure de la pièce la plus élevée une petite bande ou reflet sur lequel on n'a passé que la faible teinte d'ombre première.

On se rend encore compte de la façon de laver des moulures entièrement dans l'ombre, en remarquant que les faces sont d'autant plus exposées aux reflets du sol qu'elles sont plus horizontales; plus elles sont verticales, au contraire, plus elles doivent paraître noires.

Comme il n'y a que les faces perpendiculaires au rayon lumineux qui soient en pleine lumière, ce sont les seules qui doivent paraître complètement blanches et exemptes de teintes sur le papier. Les faces verticales du dessin, en apparence dépourvues d'ombre, devront donc elles-mêmes être garnies d'une teinte très légère, passée comme de coutume, en laissant un petit reflet blanc le long des arêtes vives exposées à la lumière.

La hauteur au-dessus du sol modifiant l'effet

des reflets, il faudra en tenir compte dans un bâtiment à plusieurs étages. On tiendra compte de même de l'éloignement de plusieurs objets successifs par des lavis de plus en plus faibles à mesure que la distance augmente.

Sur le papier calque, il faut passer les teintes avec précaution pour ne pas déchirer la feuille en la mouillant ; sur la toile à calquer, on passe les teintes à l'envers et elles font leur effet à l'endroit par transparence. En lavant à l'endroit, qui est le côté gommé, on enlèverait, en effet, le vernis qui donne à la toile sa propriété dioptrique, et chaque coup de pinceau ferait une tache opaque. Il est bon, pour le même motif, et même en mettant la couleur à l'envers, de badigeonner à teinte épaisse sans redouter les taches de lavis proprement dites, qui ne paraissent pas de l'autre côté de la toile. — A. M.

DESSINATEUR INDUSTRIEL. On appelle ainsi les spécialistes qui se consacrent exclusivement à l'exécution du dessin industriel ou géométrique; la tendance qui s'accentue de plus en plus est de les appeler *dessinateurs*, sans aucun qualificatif annexe, l'ambiguité devenant chaque jour plus difficile avec leurs collègues, les dessinateurs à main-levée faisant l'académie, le paysage et même l'ornement, et qui se font généralement appeler *artistes dessinateurs* ou simplement *artistes*.

Le dessinateur industriel, voué particulièrement à l'exécution des dessins techniques, a rarement à faire des créations et à composer des projets, ce qui est du domaine de l'*ingénieur* ; son rôle se borne simplement à reproduire, au moyen de dessins exacts et bien cotés, à une échelle fixée à l'avance, pour pouvoir être ensuite construits en grandeur naturelle au chantier ou à l'atelier, les objets que les ingénieurs lui livrent sous forme de croquis soigneusement garnis de cotes. Le dessinateur doit, d'ailleurs, lui-même, savoir exécuter un croquis à main levée. — V. DESSIN INDUSTRIEL OU GÉOMÉTRIQUE.

Quelques dessinateurs cependant, soit qu'ils sortent des écoles d'arts et métiers, soit à la suite d'une longue pratique, possèdent les notions suffisantes pour composer eux-mêmes un dessin de toutes pièces, un véritable projet sous la direction de l'ingénieur qui n'a plus qu'à les guider. On les appelle alors des *projeteurs*.

On nomme encore *dessinateur industriel* le dessinateur sur étoffe. Cet artiste ne doit pas se borner à composer des esquisses; il faut qu'il sache encore combiner ses créations de façon à les approprier à tel tissu donné. Il doit aussi savoir mettre ses dessins en carte sur *papier quadrillé* et, pour cela, être initié aux secrets de la fabrication. En un mot, il importe que le dessinateur industriel connaisse la théorie du tissage, puisque la mise en carte ne comporte pas seulement une reproduction, en grand, des formes du dessin, mais encore le pointage des diverses contextures de l'étoffe sur laquelle la composition artistique sera réalisée, au moyen de la mécanique Jacquard.

*** DESSOUDURE.** — V. SOUDURE.

*** DESSOUFRAGE.** — V. SOUFRAGE.

*** DESSUINTAGE.** *T. techn.* On donne ce nom à l'opération qui a pour but de débarrasser la laine brute triée du *suint* et des matières étrangères qui recouvrent tous ses brins. Après le dessuintage, le textile perdant de 70 à 80 0/0 et plus, suivant sa propreté et sa richesse en suint, on conçoit de quelle importance est la connaissance exacte de la matière pour les achats de matière première, tout l'avantage restant au filateur qui sait apprécier d'avance ce que la laine brute achetée lui rendra dégraissée et lavée à fond.

Les méthodes de dessuintage employées par l'industrie sont très diverses, mais le plus généralement on traite la laine par une dissolution savonneuse ou alcaline à chaud, on lui fait subir au besoin un lavage dans l'eau froide ou tiède pour lui enlever le reste des matières qui masquent sa pureté, et on la fait sécher. Les résidus du dessuintage sont utilisés dans l'usine.

Que la laine soit destinée à être peignée ou à être cardée, elle doit être toujours dessuintée, mais il y a de légères différences dans la manière d'opérer. Voyons d'abord la *laine peignée*.

Dès le principe, on immergeait les toisons dans l'eau pure tiède pendant une vingtaine de minutes, le suint lui-même servant alors de corps dégraisseur. Puis la laine était immergée dans un bac rectangulaire d'un volume proportionnel à la quantité de textile à traiter et renfermant le liquide dégraisseur (savon, carbonate de soude, ou autre ingrédient). Les ouvriers agitaient la laine avec des fourches et la plaçaient sur une toile sans fin qui la conduisait à la presse, espèce de calandre formée de deux cylindres superposés, l'un inférieur en fonte, l'autre supérieur garni de tresses en fil de laine. On réitérait trois à quatre fois la même opération, sauf lorsque la laine était déjà lavée à dos : alors on supprimait le premier trempage.

Aujourd'hui, on emploie des appareils à dégraisser beaucoup plus puissants. Nous citerons, par exemple, ceux de MM. Pierrard-Parpaite et fils, réunissant 3 à 4 bacs, dont le dernier est un laveur à l'eau pure, aboutissant chacun à une toile sans fin et à une paire de rouleaux et disposés en étages de façon que la laine puisse entrer par la partie la plus basse et sortir par la plus élevée. Le textile, remué dans chaque bassin, est placé sur chaque toile sans fin et passe du premier bassin dans le second, du second dans le troisième, et ainsi de suite, et sort enfin exprimée au maximum par les derniers rouleaux. Là, elle est ouverte par un ventilateur et tombe sur une toile inclinée, pour être ensuite soumise aux appareils sécheurs qui se trouvent ordinairement à la suite.

Certains industriels préfèrent à la disposition verticale des bacs, la disposition dans un plan horizontal qui permet de les placer les uns à la suite des autres. Ce système est dû à M. Chaudet. En ce cas, dans chaque bac sont disposées 4 fourches plongeant d'une certaine quantité dans le bain et douées d'un mouvement de va-et-vient imitant l'action des bâtons manœuvrés à la main : à la suite de chaque série de fourches se trouve un mécanisme extracteur pour enlever automatiquement la laine et la transmettre aux rouleaux presseurs. On emploie dans certaines usines de Roubaix un système identique, dû à MM. Skene et Delvallée, mais il faut ici le concours d'un homme pour ramasser la laine ouverte par la double fourche et la faire passer sur le tablier voyageur.

Des essais ont été faits pour dégraisser la laine peignée au sulfure de carbone et aux hydrocarbures, mais on n'a jamais obtenu de bons résultats. Quelques industriels ont aussi expérimenté le verre soluble (composé de sable et de potasse rendu soluble en l'immergeant dans l'eau bouillante) et ont été assez satisfaits. Le savon de résine, conseillé par M. Auguste Féron, a aussi réussi.

Pour la *laine cardée* les méthodes de dessuintage sont un peu différentes.

Dans certains établissements, à Elbeuf, on emploie encore une ancienne méthode qui consiste à dessuinter la laine avec des cristaux de soude par mise de 10 kilogr. pour 225 kilogr. de textile. Les laines restent dix minutes dans la chaudière chauffée à 70 ou 80° : les premières sont placées à part et rabattues plus tard, car autrement elles ne seraient pas bien dégraissées, le suint lui-même comptant comme détersif. Toutes les trois ou quatre mises, on ajoute une certaine quantité de soude (5 à 6 kilogrammes). A la fin de la journée, si l'on a complètement opéré sur des laines en suint, on vide complètement le bain et on remplit de nouveau la chaudière ; si les laines ont déjà subi l'opération du lavage à dos, on vide seulement la moitié du bain et on remplit en ajoutant de l'urine et de la soude : on ne vide alors complètement qu'au bout de trois jours. Les laines sont ensuite portées à la rivière pour y être lavées dans des caisses en bois percées de trous où des hommes les agitent violemment avec des bâtons. C'est ce qu'on appelle le *lavage au bâton*. Le plus souvent, le textile, après avoir été dégraissé dans des bains contenant 4 à 5 kilogrammes de savon pour 60 à 70 litres d'eau et 15 à 20 kilogrammes de laine, ne passe plus sous des cylindres presseurs, mais est soumis au travail automatique de machines à laver. Celles-ci sont très variées et nous ne pouvons les décrire toutes : les unes, comme celles de Petrie et Taylor, sont à rateaux automatiques ; d'autres, comme celles de Peltzer, sont à palettes courbes et à mouvement circulaire continu ; d'autres, comme celles de Chaudet, sont à palettes articulées et à mouvement circulaire continu, et à renouvellement artificiel d'eau ; dans d'autres encore, comme celle de M. Plantrou, on a substitué l'air soufflé à l'action du choc des bâtons, etc. Le lavage ainsi entendu est appelé *lavage mécanique*.

Quant à l'utilisation des résidus de dessuintage, elle a lieu généralement dans les usines mêmes. Ces résidus sont de deux sortes et comprennent, après le dégraissage complet d'une toison :

1° Les *eaux de dessuintage*, d'où l'on extrait la potasse ; 2° Les *eaux-vannes de lavage*, d'où l'on retire des engrais, des acides gras et des terres.

Les eaux de dessuintage ne sont emmagasinées comme eaux de suint qu'après avoir passé successivement au moins sur trois laines différentes pour s'enrichir et lorsqu'elles marquent 10 à 12° à l'aréomètre Baumé. Elles sont reprises et exposées dans de grands fours à palettes et à calciner, d'après un système imaginé en premier lieu par MM. Maumené et Rogelet, et l'on en retire la potasse brute. — V. Potasse.

Les eaux de lavage servent aussi trois fois et ne sont évacuées qu'épuisées en lessive de savon et très chargées en matières. Parmi tous les procédés préconisés ou employés pour les épuiser et les clarifier, nous mentionnerons, pour donner une idée de ces opérations, celui de M. Delattre, de Dorignies. Ces eaux traversent d'abord des citernes en maçonnerie, étroites, profondes, où se déposent les sables lourds et s'échappent ensuite par des déversoirs superficiels. Le travail est alternatif dans deux citernes, dont l'une se remplit pendant que l'autre est en vidange. Ces citernes se vident facilement au moyen de barrages superposés que l'on enlève successivement, et l'on charge à la pelle ces sables qu'un dépôt de quelques jours a rendu solides. Ces sables constituent un excellent engrais par les matières minérales et ammoniacales qu'ils renferment.

Les eaux vont ensuite dans une grande citerne à l'entrée de laquelle elles sont traitées par un jet d'acide chlorhydrique ou de perchlorure de fer acide qui les décompose et met en liberté tous les acides gras qu'elle contient en quantité considérable : ceux-ci surnagent, sont écumés et emmagasinés. Puis ils sont ensachés, pressés à la vapeur et fournissent une huile qui donne un gaz d'éclairage très riche. Les tourteaux résultant de la pression contiennent beaucoup de détritus de laine et de matières azotées pour engrais.

Enfin, les eaux acides se rendent dans une tine circulaire, munie d'un agitateur mécanique qui les mélange intimement à un jet de lait de chaux neutralisant les acides et les rendant alcalins. Elles vont se décanter dans une citerne où le dépôt calcaire s'effectue et, de là, limpides, elles s'échappent à la rivière. Quant au dépôt calcaire, il constitue une excellente terre à brique : évacué par des purges, il va se solidifier dans des bassins où on l'enlève à la pelle. — A. R.

***DESTIGNY** (Pierre-Daniel), horloger, naquit en 1770, à Sanneville (Seine-Inférieure), où il mourut en 1855. Il exerça son art à Rouen avec une rare habileté. L'horlogerie lui doit de grands perfectionnements et il a laissé un travail intéressant sur la dilatation des pierres, des marbres et des métaux. Il a publié divers mémoires dans les *Annales de l'Académie de Rouen* et dans le *Bulletin de la Société d'émulation* de cette ville.

***DÉSULFURATION.** *T. de métall.* La désulfuration est l'ensemble des moyens employés pour enlever à la fonte le soufre qu'elle renferme. On ne connaissait, jusqu'à ces dernières années, qu'un bon moyen d'éliminer le soufre dans la métallurgie du fer; c'était de le faire passer dans les laitiers du haut-fourneau.

On marchait en fonte très grise, avec petite charge de minerai et beaucoup de castine, de manière à dépasser la proportion de chaux habituelle, *un de chaux pour un de silice*. Les laitiers devenaient sulfureux, dégageant de l'acide sulfhydrique, tandis que la fonte se trouvait plus pure. On pouvait encore, et le moyen était plus sûr, ajouter un peu d'oxyde de manganèse au lit de fusion. Les laitiers se chargeaient de manganèse, devenaient jaunâtres et entraînaient la presque totalité du soufre. Il n'était même pas nécessaire de faire des fontes grises; la fonte pouvait rester blanche sans être sulfureuse.

Dans le puddlage, il y a toujours désulfuration; elle est seulement partielle et les fers provenant de fontes sulfureuses sont cassants à chaud, c'est ce que l'on appelle *l'état rouverain*, ou la *couleur*. Il y a une certaine température, une certaine *couleur*, à laquelle le fer casse subitement au moindre choc; au-dessus, comme au-dessous de cette température, le fer conserve sa résistance et sa malléabilité. Dans le puddlage, le fer, en devenant solide, se sépare des impuretés, qui restent en dissolution dans la scorie et parmi lesquelles il faut compter le sulfure de fer.

Dans la *déphosphoration* (V. ce mot), la désulfuration est imparfaite et l'on s'est préoccupé d'enlever la majeure partie du soufre de la fonte dans une opération spéciale appelée *désulfuration*.

Voici comment opère M. Rollet. Dans un cubilot de $0^m,70$ de diamètre et de 4 mètres de hauteur, on met les deux tiers du revêtement intérieur, à partir du bas, en matière basique, dolomie frittée ou chaux, agglomérée avec du goudron; le reste du revêtement peut être en briques réfractaires quelconques. On charge de la fonte et du coke mélangé de castine et de spath fluor, dans la proportion suivante :

Fonte 1,060; castine 100; coke 170; spath-fluor 25 et on obtient une tonne de fonte désulfurée : la perte est donc de 6 0/0.

A la pression de 25 centimètres d'eau, on peut fondre, avec un semblable cubilot, 1,500 kilogrammes à l'heure.

Voici un exemple de cette désulfuration :

	Avant.	Après.
Soufre.	0.450	0.025 à 0.096
Silicium.	1.000	0.590
Phosphore	0.300	0.264
Carbone combiné. . .	2.240	2.240
Graphite	0.600	0.600

De semblables fontes donnent, au puddlage, après leur épuration, un fer beaucoup meilleur à chaud, comme il fallait s'y attendre, et plus de résistance à froid. Pour la désulfuration du coke, V. COKE, § *Coke métallurgique*.

***DÉTACHEUR, EUSE.** *T. de mét.* — V. DÉGRAISSEUR.

***DÉTENDAGE.** *T. de tiss.* Opération qui a pour but, à l'aide du *détendoir*, de détendre la chaîne d'un tissu.

***DÉTENDEUR.** *T. de mach.* Qualificatif donné aux cylindres dans lesquels la vapeur introduite provient d'un autre cylindre; on les désigne également sous le nom de cylindres *à basse pression*, par opposition aux cylindres *admetteurs*.

I. ***DÉTENTE.** *T. de mach.* Période de la distribution pendant laquelle la vapeur isolée dans le cylindre *se détend*, suivant l'expression consacrée dans l'étude des machines à vapeur, en augmentant de volume et diminuant de pression.

Nous étudions, à l'article DISTRIBUTION, le phénomène de la détente, nous montrons le rôle important qu'il joue dans le travail de la vapeur, et nous indiquons les principales dispositions auxquelles on a eu recours pour prolonger la période de détente. Comme c'est là réellement ce qui constitue le principal objectif poursuivi dans l'établissement d'une distribution, il arrive même souvent qu'on désigne le dispositif lui-même sous le nom de *détente*, et on rencontre souvent cette expression employée au lieu du mot *distribution*. Toutefois, comme cette extension nous paraît abusive, nous réservons le nom de *détente* pour une période déterminée de la *distribution*, en réservant à ce dernier mot l'exposé des différentes solutions adoptées.

L'étude des phénomènes internes que présente la vapeur pendant la détente est des plus complexes et bien qu'elle paraisse établie aujourd'hui sur des recherches précises, les résultats obtenus ne sont pas encore entièrement admis par tous les ingénieurs.

Si la détente s'opérait dans les conditions théoriques admises dans l'étude du cycle de Carnot, c'est-à-dire sur de la vapeur d'eau complètement sèche, dans un milieu bien adiabatique, elle serait toujours accompagnée de condensations tant que la température serait inférieure à 520° ; non pas, bien entendu, qu'il y ait là un fait absolu toujours corrélatif de la détente ; car ce résultat tient, au contraire, à la nature même de la vapeur employée, à sa température de vaporisation, à la loi qui relie la pression à la température, etc., et on pourrait, par suite, obtenir un résultat différent avec d'autres vapeurs; ainsi avec la vapeur d'éther, par exemple, ce serait la compression, au contraire, qui serait accompagnée d'une condensation, et la détente d'une sorte de surchauffe. M. Hirn a pu, d'ailleurs, vérifier ces résultats, en opérant sur un cylindre en cuivre muni de fonds en verre et dont les parois étaient échauffées : on y admettait de la vapeur d'eau absolument sèche à une pression supérieure à celle de l'atmosphère, on constatait un dépôt d'eau condensée aussitôt qu'on ouvrait le robinet d'évacuation de la vapeur. Avec la vapeur d'éther, au contraire, on observait ce même nuage résultant de la condensation, aussitôt qu'on essayait de comprimer la vapeur.

En pratique, les choses ne se passent pas absolument de même pour les machines à vapeur, car on n'opère plus sur de la vapeur sèche, et le milieu n'est pas adiabatique, les parois du cylindre jouent, au contraire, un rôle très important dans la distribution, par la chaleur qu'elles cèdent ou qu'elles enlèvent, suivant les cas, à la masse de vapeur isolée. Il faut remarquer, d'ailleurs, que la présence de l'eau entraînée seule, ne suffirait pas pour expliquer théoriquement la vaporisation pendant la détente, car il est rare que la proportion d'eau entraînée soit suffisante pour que théoriquement la condensation fasse place à une vaporisation.

Comme il se dépose toujours une quantité d'eau assez considérable dans les cylindres sans enveloppe, on en avait conclu que ce fait résultait d'une condensation de vapeur pendant la détente, et on avait même été jusqu'à y voir une des principales sources du travail développé par les machines, la vapeur cédant par sa condensation la plus grande partie du calorique qu'elle retenait à l'état latent. En réalité, il n'en est pas ainsi et la détente est presque toujours accompagnée d'une vaporisation partielle de l'eau condensée pendant la phase d'admission. Ce phénomène s'explique par l'influence des parois du cylindre qui sont refroidies pendant la période d'échappement de la course précédente et déterminent ainsi une condensation abondante de la vapeur au moment de l'admission, aussi observe-t-on presque toujours sur les diagrammes une chute de pression très appréciable de la chaudière aux cylindres ; cette chute de pression est toujours plus sensible, d'ailleurs, sur le fond d'avant des locomotives, par exemple, plus exposé au refroidissement. Les parois réchauffées pendant l'admission fournissent pendant la détente une quantité de calorique suffisante pour vaporiser une partie de l'eau mélangée avec la vapeur. Cette explication a été mise complètement hors de doute par les expériences prolongées du Dr Bauschinger, qui a relevé plusieurs centaines de diagrammes et a constaté que la courbe de la pression de vapeur, pendant la détente, se tenait toujours au-dessus de la courbe de détente théorique de la vapeur supposée sèche, calculée d'après les lois de la détente adiabatique ou même d'après la loi de Mariotte.

M. Bauschinger a même réussi, en partant de la considération de cet écart, à calculer la proportion d'eau existant dans la vapeur au moment où la détente commence, en supposant seulement que la vapeur se maintienne toujours saturée sans surchauffe. Il a reconnu ainsi que cette proportion qui se tient en moyenne de 12 à 20 0/0 atteint quelquefois 40 0/0, comprenant, bien entendu, l'eau entraînée par la vapeur elle-même dans les cylindres et celle que les parois ont condensée pendant l'admission.

Cette vaporisation, pendant la détente, contribue d'ailleurs à l'effet utile dans une proportion très appréciable, puisque la chaleur de la vapeur se trouve ainsi convertie en force vive; autrement cette vaporisation se produirait pendant l'échappement sans profit, il importe même qu'à la fin de la détente la vapeur soit débarrassée complètement de l'eau de condensation. — V. ECHAPPEMENT.

M. Grimburg a exécuté aussi sur cette question différentes expériences qui sont discutées également dans l'ouvrage de M. Couche, et, tout en retrouvant dans la généralité des cas la vaporisation pendant la détente, observée déjà par M. Bauschinger, il signale néanmoins certaines expériences dans lesquelles la détente était accompagnée d'une condensation. En réalité, comme l'observe M. Couche, il devrait y avoir vaporisation auprès des parois et condensation dans la masse de la vapeur, et le résultat final dépendrait de la proportion de vapeur et d'eau et des températures en présence.

Les expériences diverses qui ont été poursuivies depuis sur les machines fixes s'accordent, en général d'ailleurs, pour indiquer que la détente est presque toujours accompagnée d'une vaporisation qui relève la courbe des diagrammes, et si on observe quelquefois une condensation c'est là un fait purement exceptionnel. — V. DISTRIBUTION. — B.

II. **DÉTENTE.** 1° *T. d'armur.* Dans les armes à feu portatives, fusils, carabines, pistolets, revolvers, la détente est une petite pièce, en forme de levier, qui fait saillie en dessous de la monture et sur laquelle on presse avec le doigt pour faire partir le coup. De la plus ou moins grande sensibilité de la détente dépendent, en partie, d'une part, la sécurité qu'offre l'arme, et d'autre part, sa précision. En effet, si l'effort à exercer est trop faible, le tireur peut faire partir le coup sans le vouloir ; si, au contraire, cet effort est trop grand, l'arme sera déplacée au moment même du départ du coup. Pour obvier à ces deux inconvénients, sensibles surtout dans les anciennes armes à feu, on a eu quelquefois recours — pour certaines armes de précision — à l'emploi de mécanismes plus ou moins compliqués et en général très ingénieux, auxquels on a donné le nom de *double-détente*. Une première pression du doigt sur la détente désenraye le mécanisme; il suffit alors d'un effort excessivement faible pour faire partir le coup. || 2° *T. d'horlog.* Pièce qui fait aller la sonnerie.

* **DÉTISSER.** *T. de tiss.* Action de défaire un tissu, pour réparer une erreur, remédier à un oubli ou rectifier un défaut commis, soit à cause d'une imperfection dans le montage du métier, soit par suite d'une inadvertance de l'ouvrier, pendant l'opération même du tissage. — On détisse également pour analyser ou décomposer une étoffe.

* **DÉTORDRE.** *T. de teint.* Syn. : d'*exprimer*. Action d'exprimer les écheveaux après les passages en bain de teinture ou les lavages. Cette opération se fait au moyen de l'*espart* (V. ce mot) ou mécaniquement par la détordeuse.

* **DÉTORTILLONNAGE.** *T. techn.* Dans la filature des laines, action de détordre, au moyen d'une machine appelée *détortillonneuse*, les rubans qui ont été tortillonnés.

DÉTREMPE (Peinture en). Nom donné aux peintures dont les couleurs broyées à l'eau sont ensuite détrempées à la colle. Elles s'emploient pour les plafonds, les parquets, sur les murailles mêmes, à cause de leur prix de revient moins élevé que celui des peintures à l'huile, et enfin dans toutes les circonstances où l'on ne recherche qu'un éclat passager, sans avoir en vue une longue conservation de l'ouvrage, comme pour les décorations de fêtes et de théâtres.

Les bases fondamentales des peintures en détrempe sont l'eau, la colle de peau, et le blanc de Meudon. On en distingue trois sortes : la détrempe commune, celle dit *blanc mat*, et la détrempe vernie ou *chipolin*, dont l'emploi tend de plus en plus à disparaître. Le *badigeon* (V. ce mot) n'est qu'une peinture en détrempe.

Règles générales. Les surfaces que l'on veut peindre par ces procédés doivent être préalablement nettoyées et purgées de toutes les impuretés qui les souillent, soit par un grattage, soit par un lessivage; puis les trous sont rebouchés, et souvent sur le bois on emploie un mastic à base d'ail pour écarter la vermine. Les premières couches posées, dites d'*encollage*, doivent être données très chaudes mais non bouillantes cependant, cette condition facilite l'adhérence ; elles se font toujours en blanc, que la peinture à exécuter soit elle-même blanche ou de couleur. La colle doit avoir été mise en suffisante quantité, pour que la peinture file au bout de la brosse. On ne doit jamais préparer à l'avance que les quantités de couleurs nécessaires pour le travail à exécuter, les remuer souvent pendant l'application, coucher la peinture hardiment à grands coups ; ne jamais poser une seconde teinte avant que la première ne soit parfaitement sèche. Telles sont du moins les précautions fondamentales et indispensables à observer.

Détrempe commune. Elle s'exécute soit en blanc, soit en couleur, et on emploie alors généralement des terres. Le blanc d'Espagne ou la terre est infusée dans l'eau pendant quelques heures, quelquefois on ajoute du noir, du rouge, du bleu, etc., puis on détrempe à la colle chaude et on amène au degré de consistance convenable. Les proportions d'un tel mélange sont essentiellement variables avec les divers cas d'emploi; d'une façon générale on peut admettre le rapport suivant : trois quarts de couleur délayée à l'eau, et un quart de colle. Pour les peintures un peu soignées, on commence toujours par quelques couches en blanc et on termine par celles en couleur. Dans les mêmes conditions de généralité, on admet qu'il faut 125 grammes de couleur par mètre carré superficiel à couvrir.

Les plafonds en particulier se font à deux couches, la colle doit être relativement plus légère que dans les autres cas. En un mot, les plafonds sont moins encollés que les panneaux, les boiseries, etc.

Détrempe en blanc mat. Cette peinture, d'un assez bel aspect quand elle vient d'être faite, s'altère rapidement par l'action des poussières, des émanations de l'air. Elle se prépare à l'aide de blanc et de colle, mais on y ajoute souvent un peu de blanc de céruse, et une pointe de bleu et de charbon. Elle s'emploie à deux couches.

Détrempe dite Chipolin. Ces peintures aussi riches que les belles peintures à l'huile, rendues aussi inaltérables puisqu'elles sont recouvertes de vernis, offrent même sur les peintures vernies ordinaires l'avantage de l'absence de ces reflets qui altèrent les couleurs. Elles rentrent d'ailleurs dans la classe générale des peintures vernies, et exigent comme celles-ci des opérations multipliées. L'encollage de la partie à peindre, pour bien boucher toutes les parties poreuses et faire un dessous contribuant à l'adhérence. Ce travail se fait à une ou plusieurs couches de colle de parchemin, délayée dans 1/5 de son poids, d'une forte infusion d'ail, de feuilles d'absinthe, ou autres substances dans le but de repousser les insectes ; on termine en posant une dernière couche de colle additionnée d'un peu de craie (1 litre de colle pour 2 décilitres d'eau) ; seulement, au lieu de coucher comme d'ordinaire, on tape avec le pinceau, maintenu presque verticalement par rapport à la surface.

L'apprêt de blanc, ou pose de plusieurs couches successives de blanc, en les laissant bien sécher avant d'y revenir, et entre deux couches bouchant avec un mastic au blanc d'Espagne, et ponçant avec une peau de chien. Les couches de blanc doivent être de même force, on les prépare en recouvrant la colle de parchemin un peu forte, de l'épaisseur d'un doigt de blanc finement pulvérisé, laissant le tout environ une heure à une douce chaleur et mêlant intimement.

Un ponçage soigné et bien égal, en mouillant légèrement à l'eau fraîche, rend le travail parfaitement uniforme, on répare en même temps toutes les petites défectuosités qui peuvent se présenter. C'est alors seulement qu'on procède à la peinture proprement dite, qui se pose à deux couches seulement, la couleur assez claire et passée au tamis de soie fin. Par dessus, on passe deux couches de colle bien claire et faible qui doit être posée aussi régulièrement que possible, en se servant d'une brosse très douce, et en particulier d'une ancienne brosse à peindre qu'on a bien nettoyée. Enfin, il ne reste plus qu'à vernir à deux ou trois couches avec un vernis à l'esprit de vin. M. Cadet de Vaux a proposé un nouveau genre de peinture en détrempe, dans lequel on remplace la colle de peau par la pomme de terre, ou mieux la fécule de pomme de terre, qui, délayée dans l'eau, fournit une colle analogue à la colle de pâte ordinaire. — R.

DÉTREMPER. *T. de métall.* Opération qui a pour but d'enlever la trempe de l'acier. On y arrive facilement en chauffant l'acier au rouge. La trempe ordinaire de l'acier est presque toujours suivie d'une certaine *détrempe* ou d'un recuit. On trempe l'acier *de toute sa force*, c'est-à-dire au maximum et on réchauffe l'acier trempé jusqu'à ce que sa surface se colore d'une mince pellicule d'oxyde dont la couleur varie depuis le jaune paille jusqu'au bleu foncé, suivant que le recuit est plus ou moins intense. — V. ACIER.

* **DÉTREMPEUR.** *T. de mét.* Ouvrier qui détrempe l'acier ou les objets aciérés.

* **DÉTRESSE.** *T. de chem. de fer.* Accidents résultant de l'arrêt imprévu d'un train qui est dans l'impossibilité de continuer sa marche, la locomotive étant hors de service, soit par défaut de pression de la vapeur, soit par suite de la rupture d'un organe essentiel. Le secours porté à un train qui tombe en détresse nécessite l'application de certaines mesures d'*exploitation* (V. ce mot), avec ou sans pilotage.

* **DÉTRICHAGE.** *T. de filat.* Opération que subissent les laines avant le peignage, afin de les classer par sortes.

* **DÉTRICHEUR, EUSE.** *T. de mét.* Celui, celle qui pratique le détrichage des laines.

* **DEUTO.** *T. de chim.* Préfixe qui indique le second degré parmi les composés d'un même corps.

DEVANTURE. *T. techn.* Revêtement de menuiserie qui orne et garnit le devant d'une boutique, d'un magasin.

* **DÉVASEMENT.** *T. techn.* Après les grandes pluies d'orage et les crues, les eaux sont chargées des matières qu'elles arrachent sur leur passage; ces matières, incessamment broyées par le mouvement qui les entraîne, finissent par être réduites en particules extrêmement fines qui se précipitent aussitôt que la vitesse des filets d'eau est suffisamment ralentie. Il se forme alors des depôts de limon ou de vase dont on peut apprécier l'importance en considérant les chiffres extraordinaires auxquels s'élève le volume des matières contenues dans certaines eaux. Ainsi la Garonne en charrie annuellement plus de cinq millions de mètres cubes ; le Var, onze millions et le Rhône, dix-sept millions, soit près de 50,000 mètres cubes par jour (5 mètres de hauteur sur un hectare de superficie). Le Pô jette tous les ans dans l'Adriatique 43 millions de mètres cubes de vase et, d'après un rapport officiel fait en 1874, la quantité de matières terreuses, annuellement amenée par le Mississipi vers son embouchure, représenterait une couche d'un mètre d'épaisseur sur 180 kilomètres carrés.

Si le dépôt de ces matières est quelquefois une source de richesse, comme c'est le cas pour le Gange et le Nil (V. Colmatage), très souvent c'est un des obstacles les plus sérieux qu'ait à combattre la science de l'ingénieur. Il convient d'y ajouter la vase qui se forme au fond des mers par la trituration et la décomposition des plantes et des coquillages, vase que les courants viennent déposer dans les golfes et les anses où leur vitesse se trouve ralentie, soit par la configuration du terrain, soit par leur rencontre avec les eaux fluviales. L'enlèvement des dépôts de vase nécessite des travaux importants, tantôt renouvelés à de longs intervalles, comme le curage des canaux et des ruisseaux, tantôt fréquents et presque quotidiens, comme le dévasement des rades, des ports et des bassins.

Dans les canaux et les ruisseaux que l'on peut mettre à sec, le curage s'exécute comme un travail de terrassement. Dans le cas contraire, il exige généralement plusieurs opérations :

1° Le fauchage des herbes sur les berges et le *faucardement* des herbes de fond et des plantes aquatiques.

2° L'enlèvement des vases, soit au moyen de la drague à main ou du rabot, soit avec un petit bateau dragueur (V. Dragage et Drague). Les produits de ce dragage sont employés comme engrais ou amendement, et leur valeur peut couvrir la plus grande partie des frais du curage;

3° Le redressement des berges et le rechargement des parties corrodées. Les redressements offrent toujours de nombreuses difficultés, à cause des échanges de terrains qu'ils rendent indispensables entre les riverains;

4° L'élargissement et l'approfondissement qui sont quelquefois indispensables pour régler le débit de façon à empêcher tout au moins les inondations du printemps qui sont les plus nuisibles, parce qu'elles recouvrent de limon les pousses nouvelles.

Ces travaux, extrêmement simples, ont une importance que l'on est souvent loin de soupçonner; la longueur cumulée des cours d'eau, en France, est évaluée à 200,000 kilomètres; en admettant que le curage n'ait lieu chaque année que sur un quart de cette longueur et en évaluant le prix du kilomètre à 120 francs, la dépense annuelle s'élèverait à 6 millions de francs. D'autre part, si l'on suppose seulement 5 centimètres d'épaisseur de vase sèche par mètre courant, le produit du curage atteindrait 2,500,000 mètres cubes qui représentent une quantité de matière fertilisante équivalente à celle que contiennent 2,000,000 de tonnes de fumier valant environ 5 francs par tonne.

Le curage d'un cours d'eau doit être exécuté sur tous les points à la fois; un travail partiel et morcelé serait sans effet. On avait établi, dans quelques contrées, des règlements locaux pour fixer l'époque du curage et la part de travail ou d'argent qui incombait à chacun des propriétaires intéressés. Les applications de ces règlements étaient trop restreintes et on les a complétés d'abord par la loi du 14 floréal, an XI, qui détermine les moyens à l'aide desquels il doit être pourvu au curage des cours d'eau. Lorsque l'application des usages anciens soulève des difficultés, ou que les changements survenus exigent des dispositions nouvelles, il y est pourvu par un règlement d'administration publique rendu sur la proposition des préfets, et le recouvrement des sommes fixées par le rôle de répartition s'opère de la même manière que celui des contributions publiques. Si l'opération est considérée comme étant d'intérêt général, l'Etat, la commune ou la ville, qui a intérêt au curage, contribue à la dépense. C'est ainsi qu'en Sologne, l'Etat a payé les deux tiers des dépenses de curage des principaux cours d'eau.

La loi de l'an XI a été complétée par celle du 21 juin 1865, sur les associations syndicales. Cette dernière spécifie les cas où le curage doit être décidé et exécuté et permet de l'imposer à une minorité opposante de peu d'importance, sauf à celle-ci à se laisser exproprier, si elle ne veut pas prendre part à l'opération.

Dans les ports, les procédés généralement employés sont : les *chasses* (V. ce mot) et les *dragages* (V. ce mot). Ces procédés, excellents contre le gravier, le sable et la vase compacte, sont inefficaces contre les vases molles, comme celles que la mer apporte dans la rade et le port de Saint-Nazaire, à l'embouchure de la Loire ; celles-ci sont tellement fluides et tassent si lentement, qu'au bout d'un mois elles ne pèsent pas plus de 1,175 kilogrammes par mètre cube ; au bout de huit mois, leur volume est réduit à moitié et le poids du mètre cube atteint seulement 1,325 kilogrammes. Les dragues à godets ne peuvent servir que pour les dépôts suffisamment tassés, soit par l'action du temps, soit par des circonstances accidentelles ou par le mélange de la vase avec le sable entraîné par les eaux de pluie. Cependant les apports étaient assez considérables pour exiger l'extraction d'environ un millier de mètres cubes par jour, si l'on voulait conserver le mouillage normal dans le chenal et dans les bassins. C'est alors que l'on eut l'idée d'enlever cette vase semi-fluide au moyen de pompes ; on réussit parfaitement ; les pompes peuvent extraire couramment des vases de 1,225 kilogrammes et travaillent même encore utilement pour des vases de 1,275 kilogrammes. On les a installées sur des bateaux spéciaux qui sont munis de puits à clapets pour recevoir la vase, et qui la transportent à 1,000 ou 1,500 mètres de distance, dans les grands courants de la rade. Ces bateaux sont donc tout à la fois *pompeurs* et *porteurs*.

Chaque bateau, construit entièrement en fer, avec une longueur de 42 mètres et une largeur de 7m,50, contient huit puits à vase établis, sur deux lignes, de chaque côté d'une cloison longitudinale ; leur capacité totale est de 292 mètres cubes ; les clapets de vidange sont à charnières et se manœuvrent à l'aide de treuils. Les deux pompes sont en cuivre, du système connu sous le nom de *pompe Letestu* ; les pistons ont 40 centimètres de diamètre. Les tuyaux d'aspiration pendent à l'extérieur et aboutissent à une même crépine qui traîne dans la vase, pendant que le bateau se déplace continuellement. Les trous percés dans la crépine ont 2 centimètres de diamètre. Le propulseur est une hélice et la machine à vapeur, d'environ 70 chevaux, peut, au moyen d'embrayages, être attelée à volonté sur l'hélice ou sur les pompes. Des couloirs distributeurs en tôle permettent de répartir convenablement dans les puits la vase élevée par les pompes ; l'expérience a montré que la crépine doit être plongée de 0m,40 à 0m,50 ; autrement les pompes amènent autant d'eau que de vase. L'extraction s'opère à des profondeurs variant de 3 mètres à 9m,50 ; mais on peut travailler avec les tuyaux descendus verticalement et atteindre environ 20 mètres.

On attaque la vase au deuxième mois du dépôt, lorsque sa densité n'est encore que de 1,190 ; à 1,230 elle est encore assez fluide pour être pompée ; il faut environ trois heures et demie pour effectuer un chargement et le transporter en rade, et le prix de revient du mètre cube extrait et transporté est en moyenne de 30 centimes, lorsque le bateau travaille dans le chenal. Ce prix est du double plus élevé pour le bassin, à cause des pertes de temps et des sujétions de toute espèce. A Saint-Nazaire, trois bateaux semblables suffisent à l'entretien du chenal et du bassin ; le même système doit être appliqué au dévasement du bassin à flot de Bordeaux.

La vase mélangée de sable cesse d'obéir à l'action des pompes, et on a dû modifier le système précédent pour enlever les alluvions plus compactes qui barrent la passe d'entrée du port de Dunkerque. Les chasses, qui comportent actuellement une émission de un million de mètres cubes d'eau lancés en trois quarts d'heure, attaquent facilement les dépôts dans les 300 ou 400 premiers mètres ; mais leur action ne va guère au delà et, d'autre part, l'emploi des dragues à godets était impraticable, parce qu'elles encombraient l'entrée du port et que, de plus, la houle rendait l'accostage des chalands très difficile.

C'est alors que l'on imagina d'ajouter à l'aspiration des pompes, l'action de l'eau comprimée employée : d'abord à désagréger le sable, puis à le diluer et le refouler sur une partie de la hauteur des tuyaux ; c'est une combinaison de la pompe de Saint-Nazaire et de l'appareil employé pour extraire le sable des fondations du pont Saint-Louis, sur le Mississipi et assez improprement nommé *pompe à sable* (Sand-pump).

Le bateau aspirateur-porteur de Dunkerque renferme deux systèmes de pompes centrifuges ; les unes, d'aspiration, travaillent à la manière ordinaire ; les autres, de compression, refoulent l'eau dans un réservoir, sous la pression de 2 1/2 à 3 atmosphères. Cette eau est conduite par un tuyau spécial à un injecteur logé au bas de chacun des tuyaux d'aspiration et formé par deux tuyères concentriques. C'est par l'orifice annulaire ménagé entre ces tuyères que l'eau sous pression est lancée dans le tuyau et y refoule le mélange d'eau et de sable aspiré dans l'orifice de la tuyère intérieure. L'aspirateur est muni de trois petits tuyaux en saillie, par lesquels sortent trois jets d'eau comprimée qui désagrègent le sable et le mettent en suspension, ce qui rend l'aspiration plus facile. Des couloirs cloisonnés permettent de distribuer le mélange dans deux puits à clapets placés au centre du bateau et pouvant contenir ensemble 250 mètres cubes. Lorsque les puits sont remplis, l'eau se déverse par dessus le bord et retombe à la mer ; le sable seul se dépose dans la proportion de 25 à 33 parties de sable pour 100 de mélange. On peut même atteindre 40 à 42 parties ; mais on risque alors de voir l'extraction s'arrêter par suite de l'ensouillement des aspirateurs ; il vaut mieux relever les tuyaux pour les abaisser de nouveau une vingtaine de mètres plus loin. La machine, du système Compound, avec condenseur par surface, peut développer sur les pistons 150 chevaux de force ; elle est munie de deux embrayages ; l'un, sur l'avant, commande les pompes et l'autre, sur l'arrière, commande l'arbre de l'hélice, placé dans le prolongement de l'arbre de la machine.

Le débit moyen, à la sortie des couloirs, est de 25 mètres cubes de mélange par minute ; le remplissage des puits dure de deux à cinq heures, suivant l'état de la mer et la nature du fond ; l'ensemble d'une opération complète dure en moyenne cinq heures. Le prix payé actuellement à la Compagnie de Fives-Lille, qui a créé le matériel, est de 2 fr. 89 par mètre cube de déblais extraits et transportés. — J. B.

* **DÉVELOPPABLE.** *T. de géom.* On appelle *surface développable* toute surface que l'on peut appliquer sur un plan sans déchirure ni duplicature. Pour que cette condition puisse se réaliser, il faut que tous les plans tangents à la surface viennent successivement s'appliquer sur le plan du développement. Réciproquement, on reproduirait tous les plans tangents par le déplacement continu d'un seul d'entre eux. De là résulte que toute surface développable est l'enveloppe d'un plan mobile : c'est une surface réglée ayant même plan tangent tout le long de chaque génératrice. Réciproquement, toute surface réglée jouissant de cette propriété est développable. Les surfaces réglées non développables ont reçu le nom de *surfaces gauches.* En général, on ne peut mener à une surface développable ni plan tangent passant par une droite donnée, ni plan tangent parallèle à un plan donné ; le plan tangent est déterminé quand on connaît un de ses points ou une droite à laquelle il est parallèle. Deux surfaces développables n'ont généralement pas de plan tangent commun, tandis que deux surfaces quelconques en ont une infinité, et qu'une surface quelconque et une développable en ont un nombre limité.

Les génératrices d'une surface développable sont les intersections successives de deux plans tangents infiniment voisins ; il en résulte que deux génératrices successives doivent être considérées comme appartenant à un même plan, car si l'on imagine trois plans tangents successifs, le plan intermédiaire sera coupé par les deux autres, suivant deux génératrices de la surface. On démontre même que la plus courte distance de deux génératrices infiniment voisines est du 3e ordre par rapport à leur angle considéré comme étant du premier. Cette propriété permet de concevoir la surface développable comme engendrée par une droite qui tournerait successivement autour de ses différents points : c'est la limite de la surface polyédrique que formerait une droite en tournant d'abord d'un certain angle autour d'un de ses points, puis en tournant ensuite dans un autre plan, autour d'un autre de ses points, puis autour d'un troisième et ainsi de suite. Le lieu des positions successives qu'occupent dans l'espace tous ces centres instantanés de rotation, et qui n'est autre que le lieu des points de rencontre de deux génératrices infiniment voisines, forme sur la surface une ligne qui a reçu le nom d'*arête de rebroussement,* et qui est évidemment tangente à toutes les génératrices dont elle est l'enveloppe. Réciproquement, le lieu des tangentes à une courbe gauche quelconque est toujours une surface développable dont la courbe donnée est l'arête de rebroussement. On peut obtenir l'équation différentielle des surfaces développables, en les considérant, soit comme enveloppe de plans mobiles, soit comme lieu de droites dont la distance est infiniment petite d'ordre supérieur, par rapport à leur angle : on arrive à l'équation suivante :

$$rt-s^2=0$$

ou r, s et t, désignent les dérivées partielles secondes de z par rapport à x^2, xy et z^2 ; une première intégration facile permet de mettre cette équation sous la forme $p=\varphi\ (q)$ ou p et q sont les dérivées partielles premières de z par rapport x et y, et φ une fonction arbitraire.

Les surfaces développables les plus remarquables sont les *cônes* dont l'arête de rebroussement se réduit à un point, les *cylindres* dont l'arête de rebroussement est rejetée à l'infini, l'*hélicoïde développable,* lieu des tangentes à une hélice, etc.

* **DÉVELOPPANTE.** *T. de géom.* Les normales à une courbe donnée forment, par leurs intersections successives, une courbe enveloppe, dite *développée,* de la première. Celle-ci prend elle-même le nom de *développante.* D'après cette définition, on voit que les tangentes successives à la développée sont les normales de la développante, et qu'il existe pour une courbe donnée une infinité de développantes ou trajectoires orthogonales des tangentes à cette courbe.

Ces développantes, qui sont des courbes parallèles, sont liées à la développée par cette propriété caractéristique : la développée est le lieu de leurs centres de courbure. La cycloïde et la spirale logarithmique jouissent de cette propriété, qu'elles ont pour développées des courbes respectivement égales à elles-mêmes.

En mécanique, on a recours à la développante du cercle dans le tracé d'un engrenage très employé, dont les dents sont des arcs de développantes ; et on leur assure ainsi cette propriété précieuse que leur forme ne varie pas trop par l'usure, puisque tous les arcs de développantes sont parallèles.

La développante du cercle dont les équations sont :

$$x=r(\cos\theta+\theta\sin\theta)$$
$$y=r(\sin\theta-\theta\cos\theta)$$

jouit de cette propriété que son rayon de courbure est proportionnel à l'angle dont a tourné la tangente qui la décrit, depuis la position initiale qui correspond au point de départ situé sur le cercle de base. — V. DÉVELOPPÉE et ENGRENAGE.

DÉVELOPPÉE. *T. de géom.* On appelle *développée* d'une ligne courbe plane, l'enveloppe de ses normales, c'est-à-dire le lieu des points de rencontre de deux normales infiniment voisines : c'est, par conséquent, le lieu des centres de courbure de la courbe proposée (V. CENTRE). Si les coordonnées d'un point de la courbe sont exprimées en fonction d'un paramètre variable t, les coordonnées du centre de courbure seront :

$$\alpha = x - \frac{\left(\frac{dx}{dt}\right)^2 + \left(\frac{dy}{dt}\right)^2}{\frac{dx}{dt}\frac{d^2y}{dt^2} - \frac{dy}{dt}\frac{d^2x}{dt^2}} \frac{dy}{dt}$$

$$\beta = y + \frac{\left(\frac{dx}{dt}\right)^2 + \left(\frac{dy}{dt}\right)^2}{\frac{dx}{dt}\frac{d^2y}{dt^2} - \frac{dy}{dt}\frac{dx^2}{dt^2}} \frac{dx}{dt}$$

On aura donc l'équation de la développée en éliminant x, y et t entre ces équations et les deux équations de la courbe.

On peut aussi l'obtenir en éliminant t entre l'équation de la normale :

$$(\alpha - x)x' + (\beta - y)y' = o$$

et sa dérivée :

$$(\alpha - x)x'' + (\beta - y)y'' = x'^2 + y'^2$$

Toutes les normales de la courbe proposée sont tangentes à la développée. La courbe proposée peut donc être considérée comme engendrée par un point de la tangente de la développée, quand cette tangente roule sans glisser sur la développée, ou encore, par l'extrémité libre d'un fil inextensible qui serait enroulé sur la développée et qu'on développerait en le maintenant constamment tendu. Sous ce point de vue, la courbe proposée prend le nom de *développante*.

Il en résulte immédiatement qu'un arc de développée est égal à la longueur de la portion de fil enroulée sur cet arc ou, ce qui revient au même, à la différence des rayons de courbure de la développante correspondant aux deux extrémités de cet arc. On voit ainsi que les développées des courbes algébriques sont *rectifiables*, c'est-à-dire que la longueur de leur arc peut s'exprimer par des fonctions simples. Si deux courbes ont la même développée, il est alors certain qu'elles auront les mêmes normales et que leur distance, comptée sur la normale commune, reste constante, ce qui leur a fait donner le nom de *courbes parallèles*. Deux courbes *parallèles* sont engendrées par deux points différents de la tangente roulant sur leur développée commune, ou encore par deux points différents d'un même fil enroulé sur leur développée commune. — V. DÉVELOPPANTE.

DÉVELOPPEMENT. *T. de géom.* Opération qui consiste à amener sur un même plan, sans déchirure ni duplicature, toutes les faces successives d'un polyèdre, ou tous les éléments successifs d'une surface *courbe* qui peut subir cette opération, et qui appartient par suite au groupe des surfaces dites *développables*.

Le développement d'un polyèdre s'opère dans des conditions très simples sur lesquelles nous aurons peu à insister. Si on considère par exemple un polyèdre, dont les faces successives A, B, C, D, etc., ont été choisies de manière à avoir toujours deux arêtes communes, et si on veut en opérer le développement sur le plan de l'une d'elles, la face A, par exemple, on ouvrira le polyèdre suivant toutes les arêtes de cette face, à l'exception de l'arête *a* qui lui est commune avec B, et on fera tourner l'ensemble du polyèdre autour de l'arête *a* jusqu'à ce que la face B vienne s'appliquer sur le plan de développement. On répétera alors la même opération pour la face B, dont on ouvrira toutes les arêtes, à l'exception de l'arête *c* qui lui est commune avec la face suivante C, et on fera tourner à nouveau le polyèdre autour de cette arête jusqu'à amener la face C sur le plan de développement ; on continuera ainsi jusqu'à la dernière face, et toutes doivent se trouver rabattues sur le plan sans qu'aucune d'elles recouvre les autres.

Si une ligne est tracée sur le polyèdre, on en obtient le développement en portant sur chaque face rabattue le tronçon de ligne que celle-ci contenait.

La théorie générale du développement des surfaces courbes constitue au contraire une question de géométrie pure, particulièrement délicate, et elle fait l'objet des études des principaux géomètres et analystes de notre siècle ; elle sortirait des limites de ce *Dictionnaire*, et nous n'avons pas d'ailleurs à l'exposer ici, nous nous bornerons simplement à signaler les théorèmes les plus importants qui la résument, et nous insisterons davantage sur certains cas particuliers qui trouvent une application dans la pratique.

Dans toute surface développable, deux génératrices rectilignes infiniment voisines peuvent toujours être considérées, en négligeant les infiniments petits du 3me ordre, comme étant dans un même plan qui est celui de deux éléments consécutifs de l'arête de rebroussement, et dès lors le développement s'opère d'une manière analogue à celui des polyèdres : c'est-à-dire qu'on considère le premier élément de la surface comme limité par deux génératrices infiniment voisines *a* et *b*, dont le plan sera celui du développement, on ouvre la surface suivant l'arête *a* et on la fait tourner autour de l'arête *b* jusqu'à amener l'élément infiniment voisin limité par la génératrice commune *b*, et par celle infiniment voisine *c* dans le plan de développement. On continue de même en faisant pivoter la surface autour de cette troisième génératrice *c*, puis autour de celle infiniment voisine *d* et ainsi de suite.

Les courbes tracées sur la surface se transforment suivant des courbes planes qui sont liées à celles-ci par certaines relations importantes : nous citerons seulement les théorèmes principaux qui les résument :

Une ligne quelconque tracée sur une surface développable fait le même angle avec une même génératrice avant et après le développement (cette génératrice a servi en effet d'axe de rotation, et elle conserve ainsi toujours le même angle avec les lignes qu'elle a entraînées dans son mouvement.

Un plan qui coupe normalement en un point quelconque une surface développable, fournit une section dont la transformée présente un point d'inflexion au point correspondant à celui considéré sur la surface.

Le rayon de courbure en chaque point de la surface transformée par développement de l'arête de rebroussement de la surface est égal au rayon de courbure de celle-ci, divisé par le cosinus de l'angle que fait avec le plan tangent le plan osculateur de l'arête en ce point.

Dans certaines industries on fait un usage assez fréquent du développement de surfaces particulièrement simples, comme le cylindre ou le cône, et nous devons en dire quelques mots sans entrer toutefois dans des détails qui ressortent de la géométrie descriptive. On peut avoir à exécuter par exemple deux tuyaux cylindriques ou coniques qui s'abouchent l'un dans l'autre : il faut alors déterminer la courbe d'intersection et en chercher ensuite la transformée par développement, afin de pouvoir la tracer d'avance sur les feuilles de métal développées qui doivent former les tuyaux. Plus fréquemment, comme c'est le cas, par exemple, pour les coudes des tuyaux de poêle, on peut avoir à exécuter deux cylindres d'égal diamètre, qui se rencontrent suivant un plan incliné à 45° sur chacun des deux axes. La courbe d'intersection est alors une ellipse dont il faut chercher la transformée par développement. Ces différentes questions se résolvent sans difficulté par les procédés de la géométrie descriptive, en s'aidant en même temps, pour la recherche des transformées par développement, des théorèmes que nous avons rappelés plus haut. Si on cherche par exemple la transformée de l'ellipse formant section oblique d'un cylindre droit, on prendra comme plans de projection un plan horizontal normal aux génératrices du cylindre supposées verticales, et un plan vertical normal au plan sécant, de manière que l'ellipse se projette verticalement, suivant la trace du plan. On portera ensuite sur la ligne de terre une longueur égale à la circonférence de section droite développée ; on partagera cette droite en éléments aussi petits que possible correspondant à des éléments circulaires égaux pris sur la circonférence et pouvant être confondus avec des lignes droites. Par les différents points ainsi déterminés, on mènera sur le plan vertical des ordonnées égales aux longueurs de génératrices passant par les points correspondants sur la section droite et comprises entre le plan horizontal et la section elliptique : le lieu des extrémités des ordonnées ainsi tracées formera la courbe transformée par développement de l'ellipse considérée.

Pour tracer une tangente quelconque à cette transformée, on mènera la tangente à l'ellipse au point correspondant, on déterminera l'angle qu'elle fait avec la génératrice du cylindre au point de contact, et il suffira de mener par le point de la transformée une droite faisant un angle égal sur le plan vertical avec l'ordonnée en ce point. Les points d'inflexion correspondent, comme nous l'avons dit plus haut, aux points où le plan sécant est normal à la surface considérée. On voit immédiatement que dans le cas d'une section oblique du cylindre, le plan sécant devient normal au cylindre aux deux extrémités du petit axe de l'ellipse d'intersection. Dans l'épure que nous considérons, on a immédiatement la projection commune de ces deux points sur le plan vertical, et il suffit, pour obtenir les deux points d'inflexion de la transformée, de mener par ce point une parallèle à la ligne de terre qui rencontre les ordonnées, menées par les deux points correspondants sur la transformée de la section droite. Si on voulait déterminer ces points d'inflexion par une méthode générale, on pourrait remarquer que les points d'inflexion correspondent sur la surface aux points où le plan tangent contient la normale au plan sécant ; on aura donc à chercher les plans tangents parallèles à cette direction ; pour le cylindre, on peut tracer immédiatement le plan parallèle aux plans demandés, puisque ce plan est déterminé par l'intersection d'une génératrice et de la normale au plan sécant. Cette remarque servirait également dans le cas du cône pour trouver les points d'inflexion de la transformée d'une section plane, on aurait à mener au cône des plans tangents parallèles à une direction donnée qui serait la normale au plan sécant. On retombe ainsi sur deux problèmes de géométrie descriptive, dont la solution ne présente aucune difficulté. Pour le cône en particulier, on reconnaîtra facilement que la transformée par développement peut n'avoir pas de point d'inflexion, et le fait se produit dans le cas où la perpendiculaire menée du sommet du cône sur le plan sécant tombe à l'intérieur de la surface conique. Il y aurait à dire un mot également pour le cône de la recherche des asymptotes dans la transformée de la section hyperbolique ; mais on peut déterminer ces lignes dans les mêmes conditions que les tangentes ordinaires, et c'est d'ailleurs un cas qui ne se rencontre presque jamais en pratique. — B.

* **DÉVERDIR.** *T. de teint.* Expression vulgaire qui désigne : faire disparaître par l'évent la couleur verte que donne la cuve bleue d'indigo aux articles qui en sortent, jusqu'à ce que le vert soit devenu uniformément bleu. Le *déverdissage* se fait par l'exposition à l'air et ne demande pas moins de prudence que de soins.

* **DÉVERSOIR.** Les déversoirs sont des orifices ouverts à la partie supérieure et par dessus lesquels l'eau passe en tranche plus ou moins épaisse. Le bord horizontal inférieur se nomme le *seuil* et les côtés latéraux forment les *joues*. Un déversoir est dit complet ou incomplet suivant que le seuil est situé au-dessus ou au-dessous de l'eau d'aval. La dépense d'un orifice en déversoir est donnée par la formule

$$Q = mlH\sqrt{2gH}$$

dans laquelle on a :

Q, volume d'eau écoulée par seconde ; l, largeur du déversoir ; H, hauteur du niveau d'amont au-dessus du seuil. Comme la chute commence toujours un peu en amont du seuil et déprime la surface de l'eau, la valeur de H doit être mesurée à une certaine distance, là où le niveau conserve encore son horizontalité ; m, coefficient de correction.

Pour le jaugeage des petits cours d'eau et des sources, on emploie de petits déversoirs à arêtes vives et on peut prendre $m = 0,40$, tant que la largeur du déversoir ne dépasse pas le cinquième de celle du canal ; à largeur égale, $m=0,443$. Cette valeur de m diminue un peu, à mesure que le seuil est plus élevé au-dessus du canal : elle ne convient qu'autant que la charge n'excède pas le tiers de la hauteur du barrage au-dessus du fond du réservoir; quand cette proportion est dépassée la dépense augmente en raison de l'augmentation de vitesse de l'eau ; du reste, c'est la proportion admise pour les déversoirs d'alimentation des usines.

Une inclinaison du barrage vers l'amont, de 1 de base pour 3 de hauteur, est sans effet sensible sur le débit ; mais si on augmente l'épaisseur du seuil, en lui donnant une forme arrondie, la contraction diminue et la dépense Q augmente; la valeur de m peut atteindre de 0,464 à 0,562 pour des charges de 0,08 à 0,16.

Lorsque la nappe déversante, au lieu de tomber librement sous forme de veine parabolique, est noyée en dessous, par suite de la surélévation du remous qui se forme à l'aval du barrage, entre celui-ci et la nappe liquide, le volume du débit est également augmenté. D'après les expériences de M. Bazin, on peut adopter pour la valeur de m : 0,42 à 0,47 pour des charges de 0,10 à 0,50, si la lame déversante n'est pas noyée en dessous, et 0,47 à 0,50 pour les lames noyées.

On emploie la même formule pour les déversoirs suivis d'un coursier d'une certaine longueur, mais en prenant $m=0,35$. Pour les barrages de rivière, en maçonnerie d'une grande épaisseur, dont le seuil présente une surface inclinée au dixième, la valeur de m a été trouvée de 0,375 à 0,361, avec des charges de 0,05 à 0,30.

Pour les déversoirs incomplets, la formule devient $Q=mlH\sqrt{2g(H-h)}$. h est la hauteur mesurée au-dessus du seuil, au point le plus déprimé de la nappe d'eau en aval du déversoir, point de rencontre de la lame d'écoulement avec la surface de l'eau d'aval. Dans ce cas, la valeur de m varie en sens inverse du rapport $\frac{H-h}{H}$; ainsi pour $\frac{H-h}{H}=0,05$, $m=0,522$ et pour $\frac{H-h}{H}=0,5$, m est réduit à 0,474.

Les déversoirs ne sont pas seulement des appareils de jaugeage ; ce sont aussi des appareils régulateurs indispensables toutes les fois que l'on barre un cours d'eau. Dans les canaux de dérivation qui amènent l'eau aux usines hydrauliques, on établit un déversoir pour assurer l'écoulement, non seulement de l'eau en excès, mais encore de celle qui n'est pas utilisée par les moteurs et à laquelle ont droit les usiniers placés en aval. Ici le seuil est arasé au niveau légal de la retenue et la largeur de l'orifice est égale à celle du canal.

Les biefs de canaux sont munis de déversoirs de superficie qui empêchent l'eau de s'élever audessus du niveau normal ; on évite ainsi le passage de l'eau par dessus les portes d'écluses, la diminution de la hauteur libre sous les ponts et le danger des infiltrations à travers la partie supérieure des digues, partie d'autant plus exposée qu'elle serait alternativement couverte et découverte. Ces déversoirs, très simples, consistent généralement en une coupure de la berge, garnie d'un radier et suivie d'un mur de chute avec une fondation très solide ; un pont construit au-dessus du déversoir assure la continuité du chemin de halage. Les barrages en rivières peuvent être considérés comme des déversoirs qui fonctionnent à l'étiage comme des déversoirs ordinaires et, en grandes eaux, comme des déversoirs noyés ; dans ce dernier cas, on prend pour la hauteur d'aval l'état ancien du cours d'eau, et pour la hauteur d'amont le niveau que la retenue ne doit pas dépasser. On détermine la saillie et la longueur par tâtonnement, en prenant pour l'une de ces quantités une valeur supposée et en déduisant l'autre de la formule.

Les grands réservoirs d'alimentation pour les canaux sont aussi munis de déversoirs suffisants pour empêcher de trop grandes variations dans le niveau de la retenue ; on les place en dehors de la digue de barrage, le long d'un des versants ; on diminue ainsi la hauteur de la chute et l'importance des fondations. La crête est arasée au niveau assigné à la retenue et la longueur doit être telle que la plus grande surélévation de l'eau n'excède pas le niveau maximum prévu. On rachète la pente du versant par une série de gradins, suivis de plans inclinés, et, pour les chutes un peu considérables, on établit sur chaque gradin un petit mur qui maintient un matelas d'eau destiné à amortir les chocs de la lame déversante.

On doit remarquer que l'effet produit par un déversoir dépend de la longueur du seuil et de l'épaisseur de la tranche d'eau qui passe par dessus ; cette épaisseur se trouve limitée entre le niveau supérieur admissible pour les plus hautes eaux et le niveau normal de la retenue ; on ne peut l'augmenter qu'aux dépens de ce dernier, c'est-à-dire en sacrifiant une partie de l'effet utile du réservoir ou du barrage ; il vaut donc mieux chercher à augmenter la longueur en plaçant le barrage obliquement. Dans ce cas, on calcule la dépense d'un barrage de même longueur qui serait normal au courant, et on multiplie le résultat par 0,942 ou par 0,911, suivant que l'angle atteint 45 ou 65 degrés. Lorsqu'il est impossible de trouver la longueur nécessaire, il faut suppléer à l'insuffisance du déversoir de superficie en lui adjoignant un vannage de fonds, ou mieux encore un appareil automatique comme le siphon du réservoir de Mittersheim. — V. SIPHON. — J. B.

***DEVIATOR.** — V. DEFLECTOR.

DÉVIDAGE. *T. de filat.* Opération qui a pour but de transformer en écheveaux les bobines ou fuseaux de fils produits à la filature. Elle ne s'applique guère au coton et à la laine que lorsque ces fils sont destinés à la teinture ou à un autre emploi que le tissage. Le lin, au contraire, s'expédie toujours en écheveaux. La mise en écheveaux et en paquets facilite l'emballage et le transport des filés. La longueur et le nombre des échevettes formant un écheveau, le nombre des écheveaux composant un paquet ne sont pas arbitraires; ils sont établis et consacrés par l'usage, et le poids d'un paquet ainsi que le nombre des écheveaux entrant dans sa composition suffit pour indiquer la grosseur relative du fil. Le dévidage ou le *tirage* de la soie des cocons étant une des opérations principales de la filature de la soie, et ayant un tout autre objet que celui exposé ci-dessus, nous renvoyons à l'étude spéciale que nous consacrerons à ce sujet. — V. FILATURE, SOIE.

DÉVIDOIR. *T. de filat.* Appareil ou machine servant au dévidage des filés, soit pour leur mise en *écheveaux* et en paquets, soit pour l'*échantillonnage*.

Les dévidoirs sont des appareils très simples qui, quoique différents quant aux dispositions de détails, sont tous composés d'un guindre hexagonal sur lequel s'enroule le fil dévidé des bobines, et dont le périmètre varie suivant la nature des textiles. Lorsque le dévidoir doit être mu à la main, l'axe du guindre est, à cet effet, muni d'une manivelle, et l'appareil est constitué par le guindre et par le support recevant les broches sur lesquelles doivent être placées les bobines à dévider; ce support reçoit un léger mouvement de déplacement longitudinal pour éviter la superposition des fils au même endroit. Les dévidoirs mus mécaniquement sont munis, en outre, de freins, de compteur, de diviseur, d'appareil casse-fils, etc.; leur longueur est plus grande que celle des dévidoirs mus à la main. Ne pouvant passer en revue les différentes dispositions adoptées par les constructeurs, nous représentons ci-dessous (fig. 46 et 47) vue de face en partie, et vue de bout, un des appareils les plus simples et dont le fonctionnement est tout à la fois des plus satisfaisants, qui vient d'être construit, il y a quelques années,

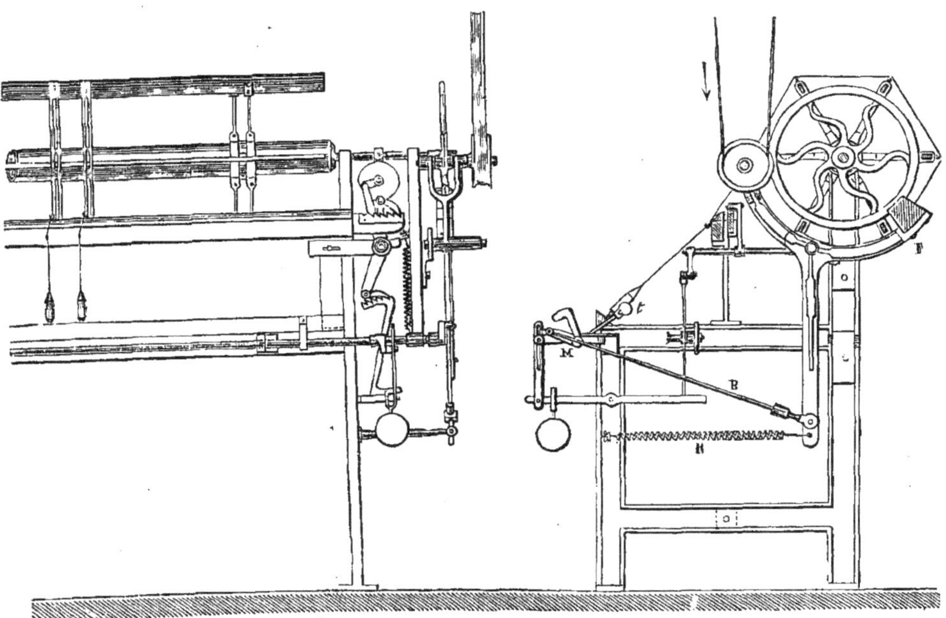

Fig. 46 et 47.

par M. P. G. Biedermann et qui s'est rapidement répandu.

Le mouvement de la transmission est communiqué au guindre par une friction conique, fonte sur fonte. L'arrêt instantané du guindre est produit par le frein F. Une légère traction sur la poignée de la détente met le dévidoir en marche; une faible pression sur la même poignée l'arrête instantanément. La bielle B est placée dans le prolongement de la manivelle M de la détente (point mort) pour maintenir l'engrènement de la friction. La tige *t* empêche la manivelle de dépasser le point mort. Le frein n'agit ainsi que pendant qu'on appuie sur la détente; lorsque cette pression cesse, le ressort R ramène la fourche dans une position moyenne où ni le galet de friction, ni le frein ne touche le volant. Alors le guindre est parfaitement libre sur ses axes et l'ouvrière peut facilement le faire tourner, moyennant une faible poussée sur les lattes, pour rechercher les bouts des fils cassés. Sans cette disposition, un dévidoir mécanique n'est pas réellement pratique. Un compteur, actionné par une vis sans fin, arrête automatiquement l'appareil, lorsque l'écheveau a atteint la longueur voulue; le dessin montre également l'appareil diviseur, c'est-à-dire qui déplace le support des guide-fils de quantités égales à intervalles égaux pour produire la séparation des échevettes. — L'appareil de sortie est également très pratique; l'extrémité de l'axe du guindre est supportée par un secteur mobile autour de son axe; les écheveaux étant amenés à l'extrémité du dévidoir, on fait basculer le secteur, et le même mouvement agit sur un levier qui vient soutenir le guindre en arrière des écheveaux. Le bout du guindre devient ainsi parfaitement libre et on n'a qu'à tirer à soi les écheveaux. On ramène toutes les pièces dans leur position première par la manœuvre inverse. Cette disposition est préférable à la demi-lune existant dans les anciens dévidoirs, car on ne risque pas de tacher d'huile les écheveaux.

Dans l'échantillonnage des diverses matières textiles, on emploie de petits dévidoirs mus à la main, composés également de croisillons à 6 bras montés sur un axe et réunis à leurs extrémités par les lattes sur lesquelles s'envide le fil; en avant est disposé le support, destiné à recevoir les broches et les bobines desquelles on veut prélever une longueur déterminée; ces appareils sont souvent munis de compteur à sonnerie indiquant qu'un nombre déterminé de tours a été fait, et de frein. Le périmètre des dévidoirs varie suivant la longueur des écheveaux à obtenir pour les différentes matières textiles, c'est-à-dire suivant les différentes bases de numérotage; ainsi, par exemple, pour le coton, il est de $1^m,4286$; 70 tours donnent 100 mètres; pour la laine peignée, de $1^m,44$ ou de $1^m,40$, suivant qu'il s'agit d'obtenir 720 ou 700 mètres avec 500 tours; certains dévidoirs pour la laine cardée ont $1^m,544$ (1 aune 3/10); les dévidoirs anglais ont 1, 1 1/2 et 2 yards, etc., nous ne citons que les plus usités.

Les dévidoirs à échantillonner peuvent servir également à l'examen des filés, à la constatation de leurs défauts. On dévide entièrement, à cet effet, une bobine prise au hasard parmi celles à examiner et en évitant que les spires se superposent sur le dévidoir : chaque spire étant ainsi isolée, l'examen du fil devient très facile. On construit aussi dans ce but des petits dévidoirs spéciaux dans lesquels le guindre hexagonal est remplacé par une feuille de carton noir pour les filés écrus et blancs, et blanc pour les filés de couleur; cet écran est mobile sur un axe passant par son milieu, et le support portant la bobine à dévider se déplace longitudinalement au moyen d'une vis, et parallèlement à l'écran. Les deux mouvements combinés de rotation de l'écran et de translation de la bobine le long de la vis disposent le fil sur le carton en hélices régulières. Le fond noir de l'écran permet ainsi de reconnaître à l'examen, les grosseurs, inégalités, boutons, coupures, le plus ou moins de duvet, etc. Le carton plein peut être enlevé du dévidoir et remplacé par une feuille vide; on conserve ainsi les résultats d'examens précédents et l'on peut comparer entre eux les effets produits par les modifications apportées au réglage des machines, par de nouveaux mélanges ou par d'autres matières employées, etc. Nous décrirons les différents dévidoirs ou *tours* employés pour le tirage de la soie des cocons, dans l'étude spéciale que nous consacrerons à ce sujet. — V. Soie.

* **DEVILLE** (Henri-Etienne **Sainte-Claire**), l'un de nos plus illustres chimistes; né à St-Thomas (Antilles), le 18 mars 1818. Il vint tout jeune en France pour y faire ses études; et, séduit par la gloire dont étaient alors entourés les noms de Lavoisier, de Thénard, d'Orfila, de Balard, de Dumas, etc., il se livra avec ardeur à l'étude de la chimie, travaillant seul, dans le laboratoire qu'il s'était créé.

Ses premières recherches portèrent sur les essences et les résines, et à 20 ans à peine, il découvrait le toluène. Ces remarquables débuts attirèrent sur lui l'attention, et lorsqu'il fut question de créer, en 1844, une Faculté de sciences à Besançon, c'est lui, qui venant de passer d'une très brillante manière ses examens pour le doctorat en médecine et le doctorat ès-sciences, fut chargé d'aller organiser cette Faculté. L'année suivante, à 26 ans, le 16 février, il était chargé de la chaire de chimie, et était nommé doyen de la jeune faculté. Il continua, dans cette nouvelle position, la série de travaux qui devaient lui faire obtenir en Europe une compétence et une autorité incontestées, dans la chimie minérale. Après une série d'analyses faites sur les eaux de Besançon, il découvrit la présence constante des nitrates et de la silice, dans les eaux courantes; en 1849, il prépara l'anhydride azotique, non connu avant cette époque (*Comptes-rendus*, XXVIII). Le 22 janvier 1851, il fut appelé à Paris, comme maître de conférences à l'Ecole normale; il allait remplacer Balard, professeur de chimie et directeur du laboratoire; il se montra bientôt le digne successeur de ce remarquable savant. En 1852, Deville publia un *Mémoire sur les carbonates métalliques et leurs combinaisons* (*Annales de Physique et de Chimie*); puis, l'année suivante, il fit connaître une *Nouvelle méthode de chimie analytique, dite par voie moyenne*, proposant l'emploi exclusif des gaz et des réactifs volatils, pour éviter les erreurs auxquelles donne lieu l'usage des filtres; il publia encore à cette époque une *Note sur les trois états moléculaires du silicium*, une *Etude sur le bore*, et commença, à Javel, ses études sur l'aluminium, avec son élève et ami, M. Debray. Wœhler, en 1827, avait bien découvert ce métal, mais il n'avait signalé que quelques-unes de ses propriétés, et le produit était resté sans applications, vu sa grande cherté. MM. Sainte-Claire Deville et Debray trouvèrent un procédé économique de fabrication, permirent de livrer l'aluminium à très bon marché, grâce au procédé qu'ils inventèrent aussi de préparer le sodium à fort bas prix. Ils firent connaître en même temps ce que l'on sait actuellement sur les propriétés de l'aluminium, dans les mémoires qu'ils publièrent sur ce sujet (*Annales de Physique et de Chimie*, t. XLIII et XLIV).

C'est encore à cette époque que Deville commença ses recherches sur le platine et les métaux qui l'accompagnent; mais, bien qu'il n'ait publié qu'en 1863 les résultats de ses travaux sur *la métallurgie du platine* (2 vol., in-8°), les expériences qu'il entreprit à propos de ces recherches, lui firent concevoir un mode particulier de décomposition, la *dissociation*, qui fut, sans contredit, son plus grand titre de gloire.

Avant Sainte-Claire Deville, on croyait, en effet, que la décomposition était un phénomène relativement simple, s'accomplissant et s'achevant pour chaque corps, à une température fixe. Or, les travaux qu'il entreprit, toujours avec la collaboration de M. Debray, prouvèrent qu'il n'en est pas souvent ainsi, et que, parfois, la décomposition s'accomplit par degrés, entre certaines limites de température, de telle sorte qu'elle s'arrête à une température donnée, par la raison qu'il s'établit un équilibre entre le corps qui se décompose et les produits de son dédoublement. Sainte-Claire Deville publia en février 1856 les principaux résultats obtenus dans cette voie, dans les *Annales de Physique et de Chimie*, sous le titre de *Mémoire sur la production des températures élevées*; s'il n'a pas donné, tout d'abord, son extension et sa formule définitive au phénomène de la dissociation, il ne l'a pas moins conçu dans toute son étendue, et avec toute son importance, comme l'a dit M. Wurtz « par une sorte d'intuition qui est le don et la marque d'un esprit supérieur. »

En 1858, Henri Sainte-Claire Deville fut chargé de suppléer M. Dumas dans sa chaire de chimie, de la Faculté des sciences de Paris, et le 25 novembre 1861, il fut élu membre de l'Académie des sciences, dans la section de minéralogie, en remplacement de Berthier. Il s'occupa, en 1863, de la combustion des hydrocarbures, espérant parvenir à faire se généraliser ce mode de chauffage; il fit construire dans ce but une locomotive à dispositions spéciales, qui fonctionna au camp de Châlons. Ses recherches sont consignées dans sa *Note sur la combustion du pétrole et des huiles minérales, dans les machines à vapeur.*

Il faudrait, pour être complet, signaler encore un très grand nombre de travaux, si l'on voulait bien faire connaître l'ensemble de l'œuvre de Henri Sainte-Claire Deville; on peut dire qu'il toucha à tous les points de la chimie minérale, et fit réaliser des progrès à toutes les questions qu'il étudia. Il s'efforça surtout de faire rentrer dans des lois générales, les faits particuliers qu'il pouvait étudier; c'est ainsi, qu'il donna encore une méthode pour la production de quelques corps simples fixes, au moyen de leurs combinaisons volatiles, après avoir étudié pendant quelque temps le carbone et sa cristallisation. De semblables travaux ne tardèrent à lui faire obtenir les récompenses qu'il méritait si justement, et Sainte-Claire Deville était commandeur de la Légion d'honneur, depuis 1868, lorsqu'il mourut à Boulogne-sur-Seine, le 1er juillet 1881. De la plus grande affabilité, Henri Sainte-Claire Deville était l'un des chimistes les plus estimés. Universellement admiré par le monde savant, il avait su se faire aimer de tous ceux qui avaient pu l'approcher.

***DEVINCK** (François-Jules), industriel, né à Paris en 1804, mort le 20 novembre 1878. Il se livra de bonne heure à l'industrie et se créa, comme fabricant de chocolat, une situation exceptionnelle qui attira sur lui l'attention des électeurs consulaires. Il était président du tribunal de commerce, lorsque la Révolution de 1848 éclata. Nous n'avons pas à nous occuper ici de sa vie politique; nous rappellerons cependant qu'il fut élu député de la Seine en 1851, 1852, 1857 et que depuis 1863, après avoir échoué dans toutes ses candidatures, il se consacra presque exclusivement aux affaires. Devinck était à sa mort grand-officier de la Légion d'honneur. Il avait publié, en 1867 : *Pratique commerciale* et *Recherches historiques sur la marche du commerce et de l'industrie.*

DEVIS. D'une manière générale, état détaillé de tous les travaux et dépenses nécessaires pour la construction d'un bâtiment, d'un pont, d'une route, etc. On appelle plus particulièrement *devis descriptif* l'exposé des ouvrages à exécuter, depuis les fondations jusqu'à la couverture, et *devis estimatif* l'application des prix faite à chaque espèce d'ouvrage, avec énoncé des dimensions des objets et de leurs quantités. Quelquefois on se contente d'un *devis approximatif* où chaque nature d'ouvrage est indiquée par sa superficie seulement et par le prix que l'on croit devoir y appliquer. Enfin, l'on fait des *devis en masse*, où l'on désigne sommairement les travaux à faire, que l'on estime à tant par mètre superficiel de construction.

Le devis général, étant arrêté, sert de base pour passer soit des marchés à tant le mètre de chaque nature d'ouvrages, soit des marchés particuliers avec chaque entrepreneur pour tout ce qu'il y a à faire d'après les détails du devis, pour une *somme de...* soit enfin un *marché à forfait* pour la totalité de la construction à exécuter, moyennant *le prix total de...* Dans le premier cas, l'architecte ou l'ingénieur doit vérifier la quantité prévue de chaque ouvrage pour allouer à l'entrepreneur ce qui lui est dû ; dans les deux autres cas, il ne lui reste qu'à s'assurer si les travaux ont été exécutés conformément aux termes du devis. Quand on procède par adjudication, tantôt les entrepreneurs mis en concurrence offrent un rabais sur une série de prix déterminée, ou sur le montant d'un devis établi par l'architecte ou l'ingénieur, tantôt ils dressent eux-mêmes une estimation sur un devis descriptif qui leur est donné et le travail est attribué à celui qui offre le prix le moins élevé. Dans la pratique, le devis descriptif fait partie de ce qu'on appelle le *cahier des charges*, pièce ou acte déterminant les clauses, charges et conditions d'exécution des travaux, auxquelles sont astreints les entrepreneurs et qu'ils sont tenus d'observer. On distingue : le *cahier des charges générales*, déterminant les obligations communes à tous les entrepreneurs des divers corps d'état employés, et le *cahier des charges particulières* à chaque entrepreneur, comprenant le *devis descriptif* applicable à chaque nature d'ouvrages.

L'établissement d'un devis est un travail long et difficile, embrassant une infinité de détails, exigeant de la part de celui qui le dresse une connaissance parfaite de toutes les parties de l'ouvrage à exécuter. Dans les travaux de bâtiment, cet état, ordinairement dressé par l'architecte, signé par le propriétaire et l'entrepreneur, doit faire connaître, d'une manière précise, l'édifice projeté dans son ensemble et dans ses parties; établir les conditions, sujétions et procédés les plus propres à assurer une exécution parfaite; indiquer la nature des matériaux à employer, leurs qualités, les vices qui pourraient s'y rencontrer, et que l'on doit prohiber; fixer les formes et dimensions des pièces, dans leurs parties apparentes, comme dans leurs parties cachées et cela, d'après des dessins représentant les plans, coupes, élévations et même des détails en grand préalablement arrêtés. Un classement méthodique s'impose, vu la quantité des sujets à traiter.

On commence la rédaction du devis par une description sommaire de l'édifice projeté, dont on indique les formes générales et les principales dimensions; on fait ensuite un article particulier pour chaque genre d'ouvrage, en suivant l'ordre dans lequel il est exécuté: terrassement et fouille, fondations, maçonnerie, serrurerie, charpente, couverture, menuiserie, peinture et vitrerie, etc. Toutes les conditions relatives à chacun de ces objets sont ici relatées. Pour les fouilles en terrain ordinaire, on détaille les ouvrages de terrasse, déblais ou remblais à faire; pour les fondations en sols compressibles, affouillables, vaseux ou recouverts d'eau, on indique les précautions à prendre en raison de chaque espèce de terrain, les matériaux à employer, leur mise en œuvre. On désigne ensuite, dans des articles séparés: pour la maçonnerie, la nature des pierres, moellons, plâtre, mortier, etc., avec la manière dont ces matériaux seront façonnés, employés et mesurés; pour la charpente, la nature des bois, leurs dimensions, leur disposition et leurs assemblages dans les planchers, les combles, pans de bois, cloisons, escaliers, lucarnes et autres ouvrages; pour la menuiserie, la qualité des bois tels que le chêne ou sapin employé à l'exécution des lambris, portes et croisées, avec la forme et la dimension de ces objets; pour la serrurerie, les ouvrages en *gros fers* (tirants, ancres, harpons, étriers, solives de planchers, colonnes, etc.), les rampes d'escalier, les balcons, les grilles, enfin les ouvrages de quincaillerie, tels que pentures, gonds, serrures, espagnolettes, crémones, verrous, etc......; pour la couverture, la forme des combles, la nature des matériaux, ardoises, tuiles, plomb, zinc, etc., qui doivent constituer cette partie de l'édifice, avec la description des faîtages, noues, gouttières, chéneaux, lucarnes, etc...; pour la plomberie, le nombre et la dimension des conduites d'eau et de gaz avec leurs accessoires, le revêtement des terrasses, des réservoirs, etc.....; pour la peinture, les apprêts, le choix des tons, le nombre des couches, les vernis, etc...; pour la vitrerie, la nature des verres; enfin toutes les indications qu'il est possible d'énumérer pour le parfait achèvement de la construction projetée. Tel est le devis descriptif. Pour le devis estimatif, on commence par l'évaluation des travaux de terrassement et de fouille. Quand on a mesuré sur le plan la superficie des fouilles, et qu'au moyen des coupes on en a fait les cubes et qu'ensuite on a adopté les prix, on doit passer à l'évaluation des différents travaux de maçonnerie indiqués dans le devis descriptif. On fait de même des ouvrages de charpente, de couverture, de menuiserie, de serrurerie, de plomberie, de pavage et carrelage, de marbrerie, de peinture, de vitrerie, de miroiterie, etc.... Ce devis se termine par un résumé exprimant le prix total de la construction, si elle est faite à forfait.

Après avoir dressé les plans et devis, le propriétaire et l'architecte préparent le marché. C'est un acte contenant les clauses et conditions générales suivant lesquelles le propriétaire et l'entrepreneur s'engagent, l'un à exécuter les travaux conformément aux plans et devis, l'autre à payer le prix convenu. Le devis et le marché, réunis ensemble, constituent, comme nous le disions plus haut, *le cahier des charges*.

Il y aurait à citer ici de nombreux textes de lois destinés à assurer l'exécution des conventions qui interviennent à l'occasion des devis et marchés en matière de construction. Nous nous bornerons à renvoyer nos lecteurs au Code civil (art. 1787 et suiv.) ainsi qu'aux ouvrages spéciaux tels que le *Traité des devis* de Mandar, le *Traité de la législation des bâtiments* de Fremy-Ligneville, le *Manuel des lois du bâtiment*, édit. de 1880, etc..... Nous ne présenterons ici qu'une simple remarque sur la responsabilité de l'architecte chargé par un propriétaire de dresser un devis et de le faire exécuter. Quelle que soit la forme de cet état, que les ouvrages aient été prévus et détaillés dans un devis portant le prix particulier de chaque objet exprimé, ou dans lequel ces objets sont confondus en masse pour une somme totale, s'il arrive que le propriétaire exige des augmentations ou changements, l'architecte doit le faire constater par écrit et fixer le prix d'avance, afin d'éviter, lors des paiements, toutes les contestations qui pourraient survenir, soit par suite du défaut de mémoire du propriétaire, soit parce qu'il aurait pensé que ces augmentations étaient comprises au devis, ou que les changements n'en augmentaient pas le prix (C. c. art. 1793). N'étant pas muni du consentement écrit du propriétaire, l'architecte peut être rendu responsable de l'excédent de dépenses. Il en serait de même si cet excédent était motivé par des travaux supplémentaires reconnus indispensables au cours d'exécution et que l'architecte n'aurait pas signalés au propriétaire en les lui faisant approuver par écrit.

Quant aux *travaux publics*, c'est-à-dire ceux qui s'exécutent dans l'intérêt de l'État, d'un département ou d'une commune, l'exécution en est également faite sur devis dont la rédaction diffère suivant la nature même de ces travaux. Ainsi, les travaux des ponts et chaussées comprennent l'établissement, l'amélioration, la conservation des routes nationales et départementales, des chemins de fer et des ponts, les fleuves et rivières navigables et flottables, les canaux, bacs et bateaux, les ports de commerce, quais, digues et dunes; le dessèchement des marais. L'exécution de ces divers ouvrages est soumise à des clauses et conditions générales énumérées dans un cahier des charges qui date du 25 août 1866 et qui a été approuvé par le ministre des travaux publics le 16 novembre suivant.

Pour les bâtiments civils, c'est-à-dire pour les maisons, hôtels, palais et monuments, etc., dont la liste est insérée dans l'*Annuaire* du ministère des travaux publics, la rédaction des projets est confiée à un architecte sur des programmes préalablement arrêtés par le ministre. Il doit être fourni : 1° un *devis descriptif*, 2° un *détail métrique* et *estimatif*, accompagné de *sous-détails* faisant connaître les prix de base des matériaux et de la main-d'œuvre, conformément à la série des prix arrêtés par le ministre, les déchets, faux frais et bénéfices, etc., le détail métrique et estimatif des démolitions s'il y a lieu, et celui des matériaux à en provenir ; 3° un *cahier des charges* précisant les diverses obligations de l'entrepreneur ; les conditions de l'adjudication s'il doit en être passé une ; le mode et les époques de paiement, soit par acompte, soit pour solde, etc. On suit généralement les clauses et conditions générales des ponts et chaussées. Pour les travaux du génie militaire, il existe un cahier de clauses et conditions générales, dont la dernière rédaction porte la date du 25 novembre 1876. On peut consulter sur cette matière le *Commentaire des clauses et conditions générales du génie*, par M. Barry. Quant aux travaux publics dont l'exécution dépend des autres ministères, marine, intérieur, commerce, etc....., ils sont exécutés conformément à des plans, devis et cahier des charges, dans l'établissement desquels on suit la marche adoptée pour les travaux des bâtiments civils et des ponts et chaussées. Les travaux entrepris par les départements dans un but d'utilité publique, sont considérés comme travaux publics et assimilés, sous ce rapport, aux travaux de l'État. Quant aux travaux communaux, ils donnent lieu à des projets et des devis soumis aux conseils municipaux, et l'autorisation nécessaire pour l'exécution est donnée par le préfet.

V. Frémy Ligneville : *Traité de la législation des bâtiments*, 2e édit. ; *Circulaire ministérielle* du 14 avril 1877.

DEVISE. *Art hérald.* On appelle *devise*, en blason, une pensée exprimée en un petit nombre de mots, quelquefois en un seul, et qui contient une allusion à un sentiment, un dessein, une qualité, un souvenir historique, ou qui stimule l'honneur et le courage. La devise s'écrit en lettres de métal dans un listel de couleur placé au bas de l'écusson, couleur et métal appartenant d'ailleurs aux émaux de l'écu. Lorsque la devise se confond avec le cri de guerre, elle s'inscrit comme lui au-dessus de l'écu.

Les devises sont de plusieurs sortes. Les unes font allusion, par une sorte de jeu de mots, au nom des familles qui les portent. Parmi celles-ci nous citerons les devises de la maison de Vienne, au comté de Bourgogne : *Tost ou tard vienne*, ou *A bien vienne tout* ; — de la maison de Vaudray, de la même province : *J'ay valu, vaux et vaudray* ; — des Viry, également bourguignons : *A virtute, viri ;* — des Du Butet, de Savoye : *La vertu mon but est ;* — des ducs de Nemours, de la maison de Savoie : *Suivant sa voye.*

A côté des devises composées de mots énigmatiques ou de simples initiales comme la devise de la maison de Savoie *F, E, R, T*, dont on donne plusieurs interprétations et qui est encore la devise de l'ordre de l'Annonciade, on rencontre des devises composées de proverbes et de sentences, de mots historiques et d'invocations; telles sont celles de Brissac : *Virtute et tempore ;* — des Coucy : *Ne suis ne roy ne prince aussi, suis sire de Coucy ;* — des Rohan : *Roy ne puis, duc ne daigne, Rohan suis ;* — de Duguesclin : *Notre-Dame, Duguesclin.* — Des rébus ont servi de devises. Au nombre de celles qui sont formées de simples figures, on peut citer le *chardon* des ducs de Bourbon, la *rose blanche* de la maison d'York, et la *rose rouge* de la maison de Lancastre. On trouve fréquemment des devises composées de figures et de mots. Les Montmorency ont une épée avec le mot grec : Απλανῶς ; le cardinal de Bourbon avait un bras armé d'une épée flamboyante avec ces mots : *N'espoir ny peur.* La devise de François Ier est bien connue : une salamandre dans le feu, avec ces mots : *Nutrior et extinguo ;* il en est de même des devises de Louis XIV : un soleil et le fameux *Nec pluribus impar*, et de l'ordre de la jarretière : *Honny soit qui mal y pense.*

La devise était choisie par le chef de famille, par le chevalier prêt à entrer au tournoi, ou donnée par le prince au seigneur qu'il attachait à son service et dont il recevait l'hommage lige.

* **DEVISME** (Louis-François), armurier, né à Paris le 8 juillet 1806, mort à Argenteuil le 9 avril 1873. Ayant étudié l'arquebuserie sous la direction de l'un des chefs de l'ancienne mannfacture d'armes de Versailles, aujourd'hui supprimée, il acquit rapidement, lorsqu'il s'établit en 1830, une réputation comme fabricant d'armes. Parmi ses principales inventions, nous citerons particulièrement des fusils et des pistolets à six coups, bien connus des spécialistes, des balles-obus pour la chasse au lion, des balles-harpons pour la pêche à la baleine, etc., c'est aussi lui qui a fait adopter le premier la cartouche métallique pour le chassepot. Il fut décoré de la Légion d'honneur en 1863.

* **DÉVRILLAGE.** *T. techn.* On donne ce nom à une opération qu'on fait subir aux fils de laine pour en faire disparaître les *vrilles*, qui nuiraient considérablement à la régularité des opérations ultérieures, notamment lorsqu'il s'agit de faire du retors à bouts multiples pour la bonneterie. Dans des cas très rares, on a recours pour dévriller à l'immersion directe et rapide des bobines dans l'eau. L'action hygrométrique, gonflant le corps dans tous les sens, fait alors dominer l'extension des filaments sur leur augmentation de grosseur, et tend à les allonger de proche en proche et à leur faire reprendre une direction rectiligne. Mais le

principal inconvénient de ce procédé est que la surface se trouve plus atteinte que le centre.

Le plus souvent, on a recours à l'action de la vapeur d'eau. Les bobines sont étagées dans une caisse en tôle galvanisée, renfermée par un couvercle où l'on fait arriver la vapeur par jets aussi uniformes que possible. L'action dure de quinze à vingt minutes. On fait sécher, puis on dévide. Enfin, pour certains fils raides et durs comme ceux en poil de chèvre, fabriqués en Angleterre, on fait passer les bobines provenant du continu sur un dévidoir tournant dans un bac d'eau de savon : on les laisse ensuite sécher en écheveaux sur les dévidoirs. Toutes ces opérations ayant lieu généralement sur des fils blancs, dont la pureté a une grande importance, il est évident qu'il faut se garder d'employer pour les bobines des récipients formés d'une matière attaquable par la vapeur, le savon, etc., et qui pourraient exercer sur les fils une action colorante quelconque.

* **DÉVITRIFICATION.** Phénomène que présente le verre soumis à l'action prolongée de la chaleur, et par suite duquel il perd sa transparence et est transformé en une matière opaque. C'est Réaumur qui fit cette découverte vers 1727, et il avait surnommé *porcelaine de Réaumur* ce produit nouveau. Les causes de ce fait particulier sont restées assez longtemps inexpliquées, mais grâce aux travaux de Berzélius et surtout de Peligot, elles sont aujourd'hui parfaitement connues. Il n'y a là qu'un changement d'état physique, le verre dévitrifié présente dans sa cassure une série de petites aiguilles accolées traversant normalement la masse d'une feuille de verre, et la dévitrification s'opère de la surface vers le centre, car si on retire la feuille du verre avant que toute l'action ne soit produite, on retrouve un cœur transparent entre deux lames opaques. Le verre dévitrifié offre quelques propriétés différentes du verre ordinaire, il est moins doux, plus dur, plus altérable à l'air, moins cassant, ne se coupe plus au diamant, mauvais conducteur de la chaleur, très bon isolant de l'électricité.

La dévitrification du verre oblige les verriers à épuiser rapidement une potée de verre fondu, et encore reste-t-il toujours au fond des creusets des masses dévitrifiées que les ouvriers nomment *galeux*. M. Pelouze pense qu'à un moment l'industrie pourra tirer parti de cette propriété, pour fabriquer avec des pièces en verre une nouvelle matière analogue d'aspect à la porcelaine. Seulement, la nécessité de laisser longtemps ces pièces dans une sorte de ramollissement, la grande quantité de combustible dépensée pour ce résultat, n'ont pas permis jusqu'ici d'utiliser cette matière dans le commerce.

DEXTRINE. *T. de chim.* Lorsqu'on soumet les matières amylacées à l'action des acides étendus, de la chaleur sèche ou de la diastase, elles se changent, par une simple transformation moléculaire, en un produit nouveau, auquel Biot a donné le nom de *dextrine*, à cause de la propriété que présente sa solution de dévier à droite le plan de la lumière polarisée plus fortement qu'aucune autre substance organique. La dextrine a été longtemps confondue avec la gomme. Ce n'est qu'en 1838 que Payen et Persoz ont reconnu qu'elle constituait un principe distinct.

Propriétés de la dextrine. La composition élémentaire de la dextrine est représentée par la formule $C^6H^{10}O^5$, qui est aussi celle de l'amidon et de la gomme arabique, avec laquelle elle offre beaucoup d'analogie. La dextrine est solide, amorphe, d'une saveur fade un peu sucrée, incolore et soluble en toutes proportions dans l'eau, avec laquelle elle donne des liquides épais, visqueux et transparents ; elle est insoluble dans l'alcool absolu et dans l'éther, un peu soluble dans l'alcool faible. Les indications relatives à son pouvoir rotatoire oscillent entre $+139$ et $213°$. L'iode ne la colore pas en bleu comme l'amidon, mais en rouge amarante faible ; si elle est tout à fait pure, elle ne réduit pas la solution alcaline de cuivre (liqueur de Fehling), qui est, au contraire, réduite partiellement par la dextrine commerciale, à cause du sucre (glucose ou maltose) que celle-ci renferme. Lorsqu'on soumet la dextrine à l'action des acides étendus, elle se transforme en glucose ou sucre de raisin (dextrose). Une solution de dextrine, mélangée avec de la levure de bière, n'entre pas en fermentation, mais lorsqu'on ajoute au mélange un peu de diastase (qui transforme la dextrine en maltose) la fermentation se déclare. Les solutions de dextrine sont précipitées par le sel d'étain, mais non par les sels ferriques ; les acétates neutre ou basique de plomb ne les précipitent qu'après addition d'ammoniaque. Suivant Gruber et Musculus, il existerait quatre dextrines différentes, qui se produiraient par l'action de quantités variables de diastase, ou par l'action des acides sur l'amidon, et ces dextrines seraient douées de pouvoirs rotatoires différents et exerceraient une action réductrice sur la solution alcaline de cuivre, tandis que les quatre dextrines, dont Sullivan admet aussi l'existence, posséderaient toutes le même pouvoir rotatoire et ne réduiraient pas la liqueur de Fehling.

Préparation de la dextrine. Pour préparer la dextrine, on fait bouillir de la fécule avec de l'eau acidulée avec 3 0/0 d'acide sulfurique, jusqu'à ce que le liquide ne soit plus du tout coloré en bleu ou en rouge par l'iode ; on sature l'acide avec un peu de carbonate de baryum, puis on ajoute de la levure de bière lavée, on laisse fermenter et, une fois la fermentation achevée, on filtre et on évapore au bain-marie. Le résidu, lavé à plusieurs reprises avec de l'alcool absolu bouillant, est de la *dextrine pure.*

La dextrine étant maintenant employée dans beaucoup de cas à la place de la gomme, qui est d'un prix bien plus élevé, sa fabrication est devenue une branche d'industrie importante.

Fabrication industrielle de la dextrine. La matière première de la fabrication de la dextrine est généralement la fécule de pommes de terre ; l'amidon de froment est plus rarement employé, parce que ce dernier est moins pur que la fécule et celle-ci d'un prix moins élevé. La transformation de la fécule ou de l'amidon en dextrine est effectuée par grillage ou par chauffage avec de l'acide sulfurique, chlorhydrique ou azotique étendus ou au moyen de la diastase.

Procédé par grillage. Ce procédé est très simple; il consiste à chauffer la matière amylacée à 180 ou 200°, suivant que la matière employée est de l'amidon ou de la fécule.

On peut se servir, pour effectuer ce chauffage, d'une étuve disposée à peu près comme les fours aérothermes employés pour la cuisson du pain. La figure 48 représente une étuve de ce genre, dans laquelle sont établis, les uns au-dessus des autres, des tiroirs en laiton contenant une couche de fécule sèche de 3 à 4 centimètres d'épaisseur; le feu étant allumé dans le foyer D, l'air s'échauffe dans les canaux qui entourent celui-ci, monte dans l'étuve ABC et, après avoir circulé autour

Fig. 48. — *Etuve pour la fabrication de la dextrine par grillage.*

des tiroirs, en leur cédant sa chaleur, il redescend par C, pour venir s'échauffer de nouveau et parcourir le même circuit. On préfère généralement effectuer le grillage dans un appareil analogue aux brûloirs à café. Cet appareil consiste en un tambour en fonte ou en cuivre disposé horizontalement et fermé par deux disques, dont l'un est fixe, tandis que l'autre est mobile et s'ouvre comme une porte pour l'introduction de la fécule; le centre du disque fixe est traversé par l'arbre d'un agitateur intérieur. Après avoir chargé le tambour avec 100 kilogrammes de fécule sèche, on le place dans un bain d'huile; l'agitateur ayant été mis en activité, de façon à remuer constamment la masse, on élève peu à peu la température jusqu'à 200°, et on l'y maintient pendant trois heures environ. A l'aide de ce dispositif, on obtient un chauffage plus régulier, une température constante, et l'opération est plus rapide. On se sert aussi quelquefois d'une chaudière munie de deux fonds, entre lesquels se trouve de l'huile; un agitateur met peu à peu toute la fécule en contact avec les parois de la chaudière et l'expose ainsi à la température nécessaire pour la production de la dextrine.

Le produit ainsi obtenu est désigné sous les noms d'*amidon grillé* ou *torréfié*, de *fécule grillée* ou *léïocome*, suivant la matière amylacée qui a servi à le préparer; il offre toujours une couleur jaune ou brunâtre; ses solutions ont une teinte très foncée et, comme le grillage est poussé plus ou moins loin, suivant les besoins de l'industrie qui en fait usage, il contient des quantités variables de fécule ou d'amidon non transformés; la fécule est presque toujours plus fortement grillée que l'amidon. La léïocome se dissout mieux que l'amidon torréfié, sa solution est plus gommeuse, presque limpide, et si elle n'était pas aussi colorée, elle pourrait remplacer la gomme dans un grand nombre de cas.

Procédés par les acides. Procédé par l'*acide azotique.* Ce procédé a été indiqué par Payen et appliqué industriellement par Heuzé en 1838. On mélange 1,000 kilogrammes de fécule sèche avec 300 litres d'eau additionnés de 2 kilogrammes d'acide azotique à 36 ou 40° Baumé; on porte la pâte épaisse ainsi obtenue dans un séchoir à air libre, après l'avoir partagée en pains de 10 à 12 kilogrammes. Après un séjour de quelques heures dans le séchoir, ces pains sont écrasés à la pelle et la poudre qui en résulte est étendue en couches de 4 à 5 centimètres d'épaisseur, sur le fond des tiroirs de l'étuve décrite précédemment (fig. 48); la température de celle-ci étant maintenue entre 110 et 120°, la transformation de la fécule en dextrine est complète au bout de deux heures et demie. On peut rendre l'opération plus rapide en portant la température à 130°; trente ou quarante minutes sont alors suffisantes pour achever la transformation; de même, on peut aussi, en prolongeant pendant quatre heures le séjour à l'étuve ne chauffer celle-ci qu'à 100°, et l'on obtient ainsi un produit plus blanc qu'aux températures plus élevées.

Une fois la fécule convertie en dextrine, on vide les tiroirs dans de grands réservoirs en maçonnerie à bords peu élevés, où on laisse refroidir la dextrine au contact de l'air; on prolonge quelquefois le séjour dans les réservoirs pendant un temps suffisant pour qu'il puisse se produire une absorption de deux à trois centièmes d'eau. Le produit refroidi est mis dans des barils bien secs, sur les joints desquels on a collé intérieurement des bandes de papier enduites de térébenthine, afin d'éviter les pertes pendant le transport. La dextrine, ainsi préparée, est appelée dans le commerce *dextrine blanche, fécule soluble* ou *gommeuse, dextrine Heuzé.* Elle offre l'aspect de la fécule qui a servi à la préparer, elle est même presque aussi blanche, si la température n'a pas été trop élevée; elle donne avec l'eau une solution presque claire, mucilagineuse, qui se colore en rouge pourpre au contact de l'iode, ce qui indique qu'elle ne renferme que très peu de fécule non transformée.

Procédé par l'*acide chlorhydrique.* Si l'on remplace l'acide azotique par l'acide chlorhydrique, on obtient un produit encore plus blanc. On procède alors de la manière suivante : on mélange intimement 100 kilogrammes de fécule avec 500 litres d'eau additionnés de 2 litres d'acide chlorhydrique, on étend ensuite le mélange, en couches épaisses de 4 centimètres, dans des caisses en zinc, que l'on porte dans une étuve chauffée à 55 ou 60° ; au bout de 48 heures, lorsque la masse est sèche, on élève la température à 110 ou 120° et on la maintient à ce degré pendant quatre heures.

La dextrine préparée au moyen de l'acide chlorhydrique est tout à fait blanche ; on lui donne le nom de *gommeline*.

Procédé par l'*acide sulfurique*. L'acide sulfurique donne un produit tout aussi blanc que l'acide chlorhydrique, mais il n'est plus que rarement employé. On mélange intimement, dans un pétrisseur mécanique, 1,000 kilogrammes de fécule avec 250 litres d'eau acidulée avec 2 kilogrammes d'acide sulfurique ; on répartit le mélange dans des caisses en ferblanc et on l'y chauffe pendant 6 à 8 jours, jusqu'à siccité complète, à une température de 45 à 50°.

L'*acide lactique*, sous forme de petit-lait ou de lait aigri, est aussi employé en Angleterre pour la fabrication de la dextrine, d'après le procédé indiqué, en 1858, par Wooley et Pochin. On emploie pour 1,000 kilogrammes de fécule 150 à 250 litres de petit-lait. Le produit obtenu est presque blanc et offre un très grand pouvoir épaississant. Enfin, Ficinus a décrit, en 1871, un procédé de préparation rapide et peu coûteux de la dextrine au moyen de l'*acide oxalique*.

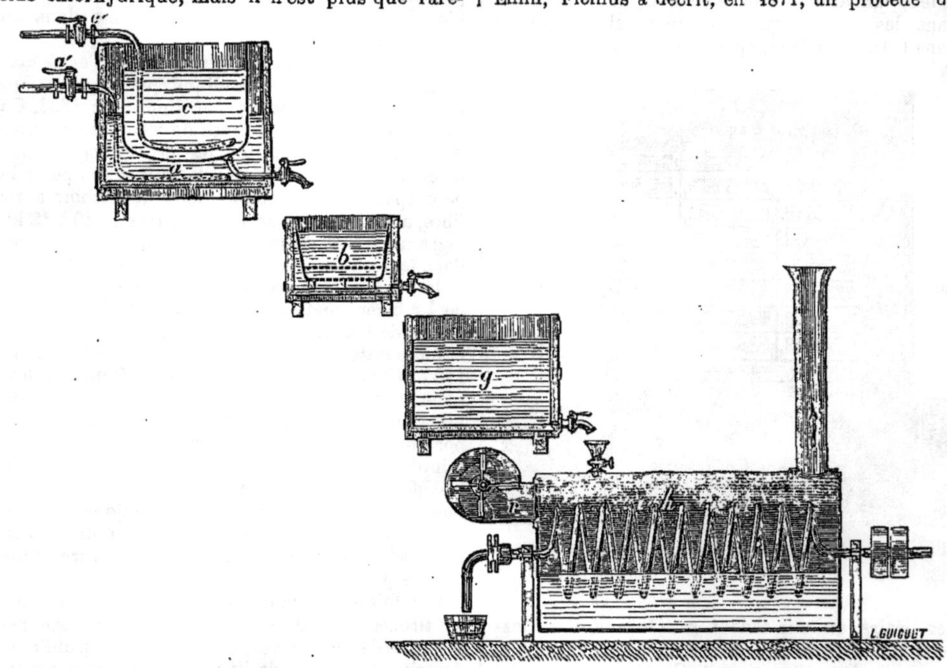

Fig. 49. — *Appareil pour la fabrication de la dextrine au moyen de la diastase.*

Procédé par la *diastase*. Dans une chaudière *c* (fig. 49), placée dans une cuve contenant de l'eau que l'on peut chauffer au moyen d'un courant de vapeur amené par le tuyau *a a'*, on délaye avec une quantité suffisante d'eau froide 15 kilogrammes de malt moulu (orge germée. — V. BIÈRE) ; on ouvre le robinet de vapeur *a'* et lorsque la température du mélange contenu dans la chaudière est montée à 75°, on verse dans celle-ci 100 kilogrammes de fécule en agitant continuellement ; on maintient la température à 75°, jusqu'à ce que une ou deux gouttes du liquide, mises en contact avec une goutte de solution d'iode, se colorent en rouge vineux. Arrivé à ce point, on fait cesser l'action de la diastase, en injectant dans la chaudière, par le tuyau *c'*, un courant de vapeur qui élève la température à 100° (V. DIASTASE). Lorsque le liquide est en pleine ébullition, on ouvre le robinet du tuyau adapté au fond de la chaudière *c*, afin de le faire écouler dans le filtre *b*, d'où il se rend dans le réservoir *g*, et de ce dernier dans la chaudière *h*, où on le concentre jusqu'à consistance de sirop. Dans cette chaudière, l'évaporation est produite par chauffage au moyen d'un courant de vapeur circulant dans un serpentin animé d'un mouvement de rotation continue et faisant, par suite, fonction d'agitateur, et la concentration est encore accélérée par le ventilateur *r*, qui entraîne au dehors les vapeurs aqueuses à mesure qu'elles se produisent. Le résidu laissé par le malt ou la drèche, qui est retenu par le filtre *b*, peut être employé pour la nourriture des bestiaux. Le produit ainsi obtenu renferme toujours une quantité plus ou moins grande de sucre (*maltose*. — V. ce mot et *diastase*); il est désigné sous le nom de *dextrine sucrée* ou de *sirop de dextrine*. La dextrine est rarement préparée sous cette forme, parce que sa grande teneur en eau rend son transport coûteux, et qu'en outre, à cause du glucose qu'elle contient, elle se conserve difficilement.

Composition et essai de la dextrine commerciale. Les dextrines du commerce renferment toujours, outre la dextrine, des quantités variables de fécule ou d'amidon non décomposés et de glucose; on y trouve aussi quelquefois des substances minérales (sable, plâtre, craie, sulfate de baryum, etc.), qui ont été ajoutées avec intention et, dans les sortes préparées au moyen des acides, on peut également rencontrer une petite quantité de ces derniers. Förster a analysé différentes sortes de dextrines et les a trouvées composées comme il suit :

	Dextrine prima	Amidon gris foncé	Dextrine brune	Gommeline	Dextrine vieille	Amidon gris clair
Dextrine	72.45	70.43	63.60	59.71	49.78	5.34
Glucose	8.77	1.92	7.67	5.76	1.42	0.24
Substances insolubles (amidon, cendres, etc.)	13.14	19.07	14.51	20.64	30.80	86.47
Eau	5.64	7.68	14.23	13.89	18.00	7.05

Pour *essayer la dextrine*, on commence par déterminer la *proportion d'eau* qu'elle renferme; dans ce but, on pèse bien exactement, dans un tube en U taré, 2 à 3 grammes de la substance et on chauffe le tube au bain d'huile à 110°, jusqu'à ce qu'il ne se produise plus de diminution de poids. On peut rendre l'opération plus rapide, en faisant passer à travers le tube un courant d'air desséché sur de l'acide sulfurique. La perte de poids représente la teneur en eau. On procède ensuite à la *détermination des éléments solubles et insolubles*. A cet effet, on traite 50 grammes de dextrine séchée à l'air par 400cc environ d'eau distillée; on filtre sur un petit filtre desséché à 100° et taré et on lave complètement le filtre, en recevant le liquide filtré dans un ballon jaugé de 500cc, que l'on remplit exactement jusqu'à la marque; on évapore dans une capsule tarée une portion mesurée du liquide (100cc, par exemple, qui équivalent à 5 grammes de dextrine), on chauffe le résidu à 110° et l'on pèse. Le poids trouvé, moins celui de la capsule, représente la somme des *éléments solubles* (dextrine, glucose). Dans une portion du liquide filtré on peut doser le *glucose* au moyen de la liqueur de Fehling, en ayant soin de ne faire bouillir que pendant quelques minutes, afin d'empêcher la transformation en sucre d'une portion de la dextrine (V. Saccharimétrie). On dessèche ensuite à 100° le filtre qui a servi pour la filtration de la solution de la dextrine et on le pèse; le poids trouvé, diminué de celui du filtre, donne la proportion des *éléments insolubles*. Ceux-ci sont formés par de l'amidon et des substances minérales. On peut déterminer la proportion de ces dernières, en incinérant une quantité pesée du résidu insoluble, et, si on le juge nécessaire, on recherche les différents corps que la cendre peut contenir, en suivant les méthodes analytiques ordinaires. Si l'on voulait doser l'amidon, il faudrait traiter un poids déterminé du résidu insoluble par l'acide sulfurique étendu ou la diastase et doser le sucre formé par la liqueur de Fehling.

Les résultats de l'analyse sont calculés pour 100 parties de la substance soumise à l'essai, et alors 100 — (eau + éléments insolubles + glucose) = dextrine pure; la quantité de celle-ci est ainsi déterminée par différence. On obtient un résultat plus exact en dosant la dextrine elle-même, à l'aide du procédé suivant, dû à Roussin : On évapore jusqu'à consistance sirupeuse la solution aqueuse d'une quantité pesée de la dextrine à essayer, puis on la mélange avec un volume d'alcool à 90°, qui précipite la dextrine; on lave le précipité avec de l'alcool de même concentration, on le dessèche et on le pèse. Du produit ainsi obtenu on dissout 1 gr. dans 10cc d'eau et à cette solution on ajoute 30cc d'alcool à 56°, quatre gouttes d'une solution de perchlorure de fer à 20 0/0 et un peu de craie en poudre. On agite bien le mélange, on filtre et on lave le résidu sur le filtre avec de l'alcool à 56°, dans le liquide filtré on sépare ensuite de nouveau la dextrine avec de l'alcool à 95°, on laisse reposer pendant vingt-quatre heures, on décante l'alcool, on dissout le précipité dans un peu d'eau, on évapore au bain-marie à siccité dans une petite capsule tarée et l'on pèse. Avec le poids ainsi trouvé, il est maintenant facile de calculer la teneur centésimale en dextrine pure du produit essayé.

Lorsque la dextrine doit servir comme épaississant, on se borne ordinairement, pour se rendre compte de sa qualité, à effectuer simplement un essai d'impression sur tissu. On peut aussi essayer son pouvoir épaississant d'après les procédés (notamment à l'aide du *viscosimètre*) qui sont employés pour les gommes.

Les *bonnes dextrines* offrent une couleur café au lait clair, une saveur sucrée très marquée et une odeur douceâtre; elles sont colorées en violet par la solution d'iode; elles ne crépitent pas lorsqu'on les presse entre les doigts; elles se dissolvent facilement et complètement dans l'eau froide et l'alcool faible, en donnant des liquides visqueux, et lorsqu'on les incinère elles ne laissent qu'un très faible résidu. Les *mauvaises dextrines* sont plus blanches, leur saveur est moins sucrée, l'iode leur communique une coloration bleue, elles ne crépitent pas sous les doigts et elles ne se dissolvent qu'incomplètement dans l'eau froide, qu'elles ne rendent que peu visqueuse; incinérées, elles donnent souvent un résidu considérable, qui indique qu'elles ont été mélangées avec des substances minérales.

Usages de la dextrine. La dextrine est employée pour les apprêts des tissus et des toiles qui en consomment de très grandes quantités, dans l'impression des tissus pour l'épaississage des mordants et des couleurs, dans l'industrie des papiers peints, pour le fonçage des tons et le gommage des couleurs, dans la préparation des papiers autographiques; on s'en sert également pour le gommage des estampes coloriées et des dessins, le vernissage des tableaux à l'huile récemment peints, pour préparer une colle fluide à froid et le parou des tisserands, et, en chirurgie, pour confectionner des bandages inamovibles destinés à maintenir en rapport les os fracturés. C'est surtout sous forme d'amidon grillé et de léïocome que la dextrine trouve comme épaississant des mordants et des couleurs de nombreuses applications dans l'impression des tissus. L'amidon grillé, dont le pouvoir épaississant est d'autant plus fort que le grillage a été poussé moins loin, est principalement employé pour épaissir les mordants et pour imprimer de grandes masses telles que les fonds; mais, comme il est coloré, il ne convient pas pour les nuances claires, qu'il altère; il s'emploie surtout au rouleau. La léïocome s'emploie le plus souvent fortement grillée, et, de même que l'amidon grillé, on ne peut en faire usage que pour les couleurs foncées, par exemple, les couleurs vapeur sur laine, telles que le noir, le puce, le bois, le grenat, etc. On s'en sert aussi pour épaissir les mordants, ceux de fer principalement.

Les autres épaississants à base de dextrine, que l'on trouve dans le commerce sous les noms de dextrine, de gommeline, de gomméine, de gomme Tissot, de gomme Lefebvre, de gomme double, de gomme indigène, etc., diffèrent de l'amidon grillé et de la léïocome par une nuance beaucoup plus claire. Ils sont préparés avec les fécules par les procédés décrits précédemment et quelquefois mélangés avec d'autres épaississants. Ils n'ont qu'un emploi assez restreint dans la préparation de quelques couleurs (bleus vapeur, par exemple), parce qu'ils ont l'inconvénient de produire facilement des coulages.

Tous les dérivés de l'amidon et de la fécule agissent comme réducteurs et empêchent l'oxydation des couleurs, la léïocome plus que l'amidon grillé. Les couleurs à la dextrine ne sont pas toujours aussi stables que les couleurs à la gomme (P. Schützenberger). — Dr L. G.

Bibliographie : Pelouze et Frémy : *Traité de chimie*, t. IV, Paris, 1865; P. Schützenberger : *Traité des matières colorantes*, t. II, Paris, 1867; Würtz : *Dictionnaire de chimie*,; Girardin : *Leçons de chimie*, t. III, Paris, 1873; R. Wagner et L. Gautier : *Nouveau traité de chimie industrielle*, t. II, Paris, 1879; Payen : *Précis de chimie industrielle*, t. II, Paris, 1878; Springmühl : *Lexicon der Farbenwaaren und Chemikalienkunde*, t. II, Leipzig, 1880; Chevallier et Baudrimont : *Dictionnaire des falsifications*, Paris, 1882; J. Post : *Traité d'analyse chimique appliquée aux essais industriels*, traduit par L. Gautier, Paris, 1883; R. Wagner : *Jahresbericht der chemischen Technologie*, 1871; *Bulletin de la Société chimique*, t. XXX et XXXII.

***DEXTROSE.** *T. de chim.* Nom donné au glucose, à cause de la propriété que présentent ses solutions de dévier à droite le plan de la lumière polarisée, et, par opposition à la lévulose, qui dévie à gauche. — V. Glucose, Lévulose, Sucre interverti.

***DIABLAGE.** *T. techn.* Essorage de la soie teinte au moyen des essoreuses dites *hydro-extracteurs*.

— Ce nom vient de ce que, dès le principe, les hydro-extracteurs avaient reçu le nom de *diables*, pour rappeler le bruit assourdissant qu'ils faisaient lorsque le mouvement de transmission leur était donné par engrenages. Aujourd'hui, le mouvement est généralement transmis par des cônes de friction.

I. DIABLE. *T. techn.* 1° Petit chariot traîné par des hommes, formé d'un fort châssis de bois monté sur deux roues basses et muni d'un timon avec une traverse; ce chariot s'incline à volonté et agit comme un levier dont le point d'appui est l'essieu. Un crochet, fixé à l'extrémité du timon, permet au besoin d'y atteler un cheval. || 2° Petit fardier, composé d'un essieu monté sur deux roues et muni d'un timon, qui sert au transport des pièces de bois trop pesantes pour être portées à l'épaule. Les bois sont soutenus par des chaînes attachées au timon et à l'essieu. || 3° Sorte de brouette basse et sans caisse pour le chargement et le déchargement des marchandises. || 4° Levier en usage dans les fabriques de glaces. || 5° Machine employée au pétrissage du caoutchouc. || 6° Machine très simple dont le but est de nettoyer les étoupes, et qui est usitée chez certains marchands de déchets et filateurs d'étoupes. Elle a l'apparence d'une caisse haute et ouverte seulement sur le devant. A la partie supérieure, un arbre à double coude communique un mouvement alternatif de haut en bas à une série de baguettes en bois; c'est sur ces baguettes que l'on jette les étoupes, lesquelles sont agitées pendant quelque temps, passent bientôt au travers et tombent à la partie inférieure où elles sont reçues sur un grillage incliné. Là, on les retire. Afin de les maintenir sur l'extrémité des baguettes, on place vers le milieu de celles-ci une cloison verticale qui leur laisse cependant jeu libre. Cette machine, on le conçoit, produit une poussière excessive, ce qui fait qu'elle n'est que d'un emploi très restreint. Cette poussière tombe au travers du grillage du bas. Le nom de *diable* lui vient des mouvements précipités et continus des baguettes qui ressemblent à autant de bras s'agitant dans le vide. || 7° On a donné ce nom à l'*essoreuse*. — V. ce mot et l'article précédent.

II. DIABLE. *Iconog.* La première apparition de l'esprit du mal dans les Écritures revêt la forme du serpent tentateur, forme constamment reproduite par l'art. La démonologie de l'église Notre-Dame de Paris, qui figure du côté gauche du grand portail, montre une singulière imagination dans la forme variée des diables et dans l'invention des supplices. Un diable enfonce avec un croc un damné dans une chaudière, sur les parois de laquelle rampent des crapauds. Un malheureux damné est broyé sous les dents d'un diable qui a une gueule comme celle de l'hippopotame. Puis voici le cheval pâle de l'Apocalypse ; il est monté par la mort que figure une femme d'une effrayante maigreur qui a les yeux bandés, les cheveux en désordre, un fer de lance à la main droite et qui porte en croupe l'Enfer. Ensuite ce sont des entassements de démons et de damnés, des malheureux qui s'arrachent et se déchirent avec leurs ongles, tandis que des crapauds leur rongent les chairs, des diables qui enfoncent des barres de fer dans le corps des réprouvés, un autre qui s'assied sur des monceaux d'hommes qu'il accable, et le prince des enfers qui rit, tandis que deux épées sortent de sa bouche. Les anachorètes qui vivent au désert parmi les sinistres apparitions et les cauchemars diaboliques, ont donné lieu à maintes représentations du diable. Aucune n'est plus populaire que saint Antoine, et c'est un des saints dont l'image a été le plus multipliée. Au moyen âge, on le représente souvent à côté d'un grand feu. Une épidémie, connue sous le nom de *feu sacré*, causa de grands ravages pendant le XIe et le XIIe siècles et cessa par l'intercession du saint anachorète. Telle est la raison qu'on donne du feu placé près de lui. Mais l'attribut le plus habituel de saint Antoine est le cochon que l'on regarde ordinairement comme l'emblème du démon qui a voulu tenter le saint. C'est saint Athanase qui a raconté le terrible cauchemar de saint Antoine. « L'intrépide anachorète, dit-il, avait triomphé de plusieurs moyens de séduction employés contre lui par l'esprit infernal, lorsqu'une nuit, pendant le sommeil de saint Antoine, le lieu de son repos fut violemment ébranlé. Les quatre parois de sa cellule s'écroulèrent, et à travers les ruines pénétrèrent les démons sous la forme de bêtes. Le lieu parut subitement rempli de spectres, de lions, d'ours, de léopards, de taureaux, de scorpions, de serpents, d'aspics, de loups. Chacun de ces animaux se mouvait à sa manière. Le lion rugissait, prêt à fondre sur sa proie ; le taureau agitait ses cornes menaçantes, le serpent se repliait en sifflant, le loup prenait son essor ; tous ces monstres poussaient des mugissements formidables et semblaient animés d'une horrible fureur. »

Tel est le récit qui a fourni le sujet d'un très grand nombre de tableaux qu'on voit dans toutes les galeries de l'Europe. Mais Breughel, David Teniers, Callot et presque tous les artistes du XVIIe siècle ont donné à leurs démons une physionomie burlesque bien plutôt que terrible. L'idée comique attachée aujourd'hui aux tentations de saint Antoine est peut-être une des causes pour lesquelles ce sujet n'est plus guère représenté dans la décoration de nos églises contemporaines.

Le diable est souvent aussi personnifié par les Vices qui sont eux-mêmes figurés sous la forme de personnages historiques. Ainsi la *Dissolution* est représentée par Tarquin, la *Folie* par Sardanapale, l'*Iniquité* par Néron, le *Désespoir* par Judas Iscariote, l'*Impiété* par Mahomet. Enfin c'est encore des images du diable qu'il faut voir dans les animaux prodigieux ou les phénomènes extraordinaires. Un éléphant était pour nos pères un être aussi étonnant que le Cidipe, homme nu couché sur le dos et levant en l'air un pied plus grand que son corps, figure qu'on retrouve fréquemment dans l'imagerie du moyen âge et qui paraît entre autres à la cathédrale de Sens. Pour avoir l'explication de ces bizarreries, il faudrait consulter les *bestiaires* du moyen âge ou la *Chronique de Nuremberg*. Ces figures faisaient partie du système d'enseignement sculpté sur les églises. On ne connaissait pas alors l'histoire naturelle avec ses classifications fondées sur les organes, mais on voulait montrer au peuple les phénomènes qui semblaient les plus curieux. Ceux que M. de Caumont signale comme se trouvant plus souvent dans les édifices sont : le *Cidipe* ou homme à grand pied ; il s'en sert comme d'un parasol pour se garantir des ardeurs du soleil ; et c'est pour cela qu'il se couche sur le dos ; l'*Iopode* ou homme à pieds de cheval ; les animaux à jambes d'homme qui se tiennent à volonté sur deux pieds ou sur quatre ; l'*Éléphant* qu'on retrouve partout et qui paraît avoir beaucoup frappé nos pères ; la *Manicora*, quadrupède à tête de femme et coiffé d'un bonnet phrygien, assez commune dans les églises romaines ; le *Caméléon*, qui n'a que deux pieds, une queue de reptile et une tête de quadrupède ; le *Griffon*, quadrupède ailé à tête d'aigle qui a cela de particulier que sa queue se termine par un cœur ; la *Licorne*, animal à corps de cheval et à tête de cerf, qui n'a qu'une corne et ne se laisse dompter que par les vierges ; le *Satyre* qu'on ne peut prendre que lorsqu'il est malade ou très vieux, la *Sirène*, etc. On voit que l'histoire naturelle du temps n'était pas très avancée. Ces figures auxquelles on attribue un sens mystique que nous avons indiqué se trouvent fréquemment sur les chapiteaux des colonnes.

* **DIACOUSTIQUE.** *T. de phys.* Partie de l'acoustique qui traite de la réfraction du son et de ses modifications, quand il passe d'un milieu dans un autre de densité ou de nature différente. Elle est à l'acoustique ce que la dioptrique est à l'optique. Les lois sont les mêmes dans les deux ordres de phénomènes, du moins pour le petit nombre d'expériences comparatives qu'on a pu réaliser jusqu'ici, car la diacoustique est fort peu avancée. Nous allons citer les principaux résultats obtenus dans cette voie:

Réfraction du son. On sait qu'une lentille convexe en verre a la propriété de concentrer à un foyer les rayons lumineux qui arrivent à la surface. Un effet analogue se produit à l'égard des ondes sonores. L'expérience se fait avec une lentille très mince, en caoutchouc soufflé, ou mieux en collodion que l'on gonfle convenablement en y introduisant du gaz acide carbonique. Sondhauss, physicien allemand, qui le premier a réalisé cette expérience, découpe sur un grand ballon de collodion deux calottes sphériques égales et les colle sur les deux faces d'un anneau métallique de 0m,31 de diamètre, de manière à en faire une lentille biconvexe, dont l'épaisseur au centre est de 0m,12. Après avoir suspendu cette lentille par un fil à son support, on place une montre à plusieurs mètres de distance sur l'axe de la lentille. L'observateur met l'oreille au foyer conjugué de la lentille et entend le tic-tac de la montre; pour toute autre position de l'oreille, même plus rapprochée de cette montre, le son cesse d'être perçu. L'expérience se fait plus commodément en mettant au foyer l'ouverture d'un globe résonateur d'Helmholtz qu'on promène devant la lentille pendant qu'on tient enfoncé dans l'oreille le bout d'un tube en caoutchouc attaché à ce résonateur.

La réfraction de la lumière se fait aussi à l'aide d'un prisme, milieu diaphane terminé par des faces inclinées. L'appareil de Hajech réalise pour le son une disposition analogue. Un tube en cuivre est fermé à l'un des bouts par une membrane inclinée sur l'axe et à l'autre bout, par une autre membrane perpendiculaire à l'axe. L'appareil peut être rempli d'un gaz ou d'un liquide. Un son produit devant la membrane perpendiculaire traverse le prisme, est dévié à sa sortie et vient influencer un résonateur d'Helmholtz accordé pour ce son et fixé en avant de la membrane inclinée. Des dispositions sont prises pour que le son qui a traversé le prisme agisse seul sur le résonateur. En promenant celui-ci autour de sa position, sur un support qui tourne sur un axe situé sous le centre de cette membrane, on trouve que la direction pour laquelle le son acquiert son maximum d'intensité, est plus ou moins inclinée par rapport à l'axe du tube, selon la nature du milieu traversé par le son.

Nous rangerons parmi les phénomènes diacoustiques les vibrations sonores excitées *par influence*, car dans cette circonstance, le son traverse successivement plusieurs milieux différents. Par exemple, un son musical, un bruit produit près d'un piano même fermé, détermine les vibrations sonores d'une ou plusieurs cordes de l'instrument. Un chanteur doué d'une voix juste peut facilement faire résonner par influence une cloche en verre. Il suffit d'émettre dans son intérieur le son propre du verre. Si le son est fortement émis et maintenu rigoureusement à la même hauteur, les vibrations communiquées peuvent être assez intenses pour déterminer la rupture du vase.

La facilité de résonner par influence dépend de la masse des corps élastiques. Ceux de faible masse, cordes de violon, membranes tendues, communiquent facilement leur mouvement à l'air et cessent rapidement de vibrer. Réciproquement ces corps vibrent facilement par influence et s'adaptent au rythme vibratoire de la masse gazeuse ambiante. L'excitation, par influence, des diapasons isolés est assez difficile; mais si on les monte sur des caisses de résonance, accordées au ton de ces instruments, il devient facile de les faire vibrer à distance, en produisant leurs sons propres avec un instrument quelconque. Deux diapasons donnant *ut*$_2$ se font vibrer mutuellement, par l'influence de l'air, à la distance de 20 mètres. Deux plaques circulaires en laiton, sensiblement de même diamètre, sont accordées de manière à vibrer à l'unisson, pour un mode de division déterminé: on les saupoudre de sable, on fait vibrer l'une avec l'archet et l'on approche l'autre (soutenue par un manche) au-dessus et très près de la première; elle entre alors en vibration et affecte le même mode de division, c'est-à-dire rend le même son que la plaque excitatrice.

Tous les phénomènes dans lesquels le son traverse un milieu quelconque, solide, liquide ou gazeux, avant d'arriver à notre oreille, sont du domaine de la diacoustique; telles sont les modifications que le son éprouve dans son *intensité*, par la présence de corps qui jouent, à son égard, le rôle d'écrans placés sur son trajet et forment derrière eux de véritables *ombres sonores*. Telle est encore la propagation du son à travers les couches d'air de densités variables ou d'états physiques différents, phénomène analogue au passage de la lumière à travers les couches d'air atmosphérique, transmission qui se fait par une série de réfractions et d'absorptions successives. Ainsi, qu'un rideau de pluie, de brouillard ou de neige, se produise entre deux points observés, le son, en traversant ces milieux, en sera modifié dans sa direction et surtout dans son *intensité*. Il résulte, en effet, des observations du célèbre physicien anglais Tyndall, que l'atmosphère calme et pure n'est pas le meilleur véhicule du son et que la transparence optique parfaite est quelquefois d'une opacité acoustique presque impénétrable. Il a constaté, à son grand étonnement, que la pluie et le brouillard donnent à l'air une sonorité remarquable.

On a observé que la transmission du son se fait plus facilement d'un milieu plus dense à un milieu moins dense qu'en sens inverse. Ainsi un plongeur entend difficilement dans l'eau les bruits du dehors, tandis qu'on perçoit bien dans l'air les bruits produits dans l'eau. De même, du haut d'une montagne, ou d'un ballon, ou du sommet d'une tour élevée, on entend bien les sons et les bruits qui viennent d'un bas, tandis qu'on ne parvient pas à faire entendre de pareils sons de haut en bas. Le son de la voix qu'on émet dans les régions élevées de l'atmosphère paraît très affaibli et comme fêlé. Le bruit que les bolides produisent en éclatant à des hauteurs considérables dans les régions très raréfiées de l'atmosphère doit être formidable pour qu'il puisse être entendu, quelquefois d'une façon très forte, à la surface de la terre. En résumé, quand le son traverse des milieux différents, il y a changement de direction, de vitesse, d'intensité et de timbre. — C. D.

DIADÈME. Malgré la synonymie apparente des deux mots, il ne faut pas confondre *diadème* avec *couronne*. Ce dernier ornement, auquel nous avons consacré un article spécial, est essentiellement une *coiffure*; le diadème n'est qu'un *bandeau* de laine, de fil ou de soie, enrichi de broderies, de diamants, de perles, de pierreries et autres ornements variés à l'infini. Chez les poètes et les orateurs, on emploie concurremment les expressions *diadème* et *bandeau royal*; mais, dans le langage archéologique rigoureux, aussitôt que l'objet dont il s'agit s'amplifie, s'évase, s'élève, s'arrondit, prend enfin un relief plus ou moins considérable, ce n'est plus un diadème, c'est une couronne.

— Le diadème est, comme la plupart des ornements royaux, d'origine orientale ; les monarques assyriens, mèdes et perses portaient primitivement un bandeau de lin, comme emblème de leur dignité. Peu à peu ce modeste symbole suivit les progrès du luxe, et les souverains crurent affirmer leur richesse, ainsi que leur puissance, en le surchargeant d'ornements. Le diadème des Xercès et des Darius était un objet de grand luxe, lorsque Alexandre-le-Grand l'adopta. Les monarques orientaux en conservèrent la tradition ; tandis que, en Europe, le diadème revenait à sa simplicité primitive, il gardait, en Asie, son aspect luxueux, et les empereurs de Constantinople, amis du faste, n'hésitèrent point à s'en parer. De Byzance, le diadème passa en Italie, puis en France, en Allemagne, en Espagne et en Angleterre ; au retour de la Terre-Sainte, les croisés l'importèrent partout. Mais il ne tarda point à prendre les formes artistiques propres à l'orfèvrerie du moyen âge : ce fut dès lors une couronne ; le bandeau ne se conserva que dans le *tortil* de baron. Aujourd'hui le mot diadème n'a plus qu'un sens figuré. — V. COURONNE.

Diadème. *Art hérald.* Se dit d'un bandeau ou cercle d'or servant à former la couronne royale ou impériale.

***DIAGOMÈTRE.** *T. de phys. et de chim.* Instrument imaginé par M. Rousseau pour comparer la conductibilité électrique des liquides et notamment des huiles, dans le but de vérifier leur pureté (chacune d'elles ayant une conductibilité particulière) et de reconnaître, jusqu'à un certain point, leurs mélanges. Nous ne décrirons que le diagomètre suivant, construit pour l'essai des huiles. L'appareil se compose essentiellement d'une source constante et faible d'électricité, une *pile sèche* A (fig. 50) fournissant le courant que l'huile doit transmettre, et d'une aiguille aimantée *m*, très

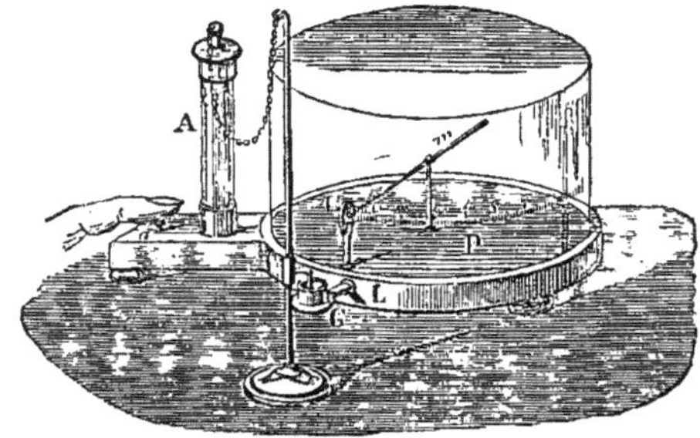

Fig. 50. — *Diagomètre de M. Rousseau.*

légère, mobile sur un pivot implanté dans un gâteau de résine P et munie à l'une de ses extrémités d'un petit disque de clinquant. Cette aiguille étant en repos dans le plan du méridien magnétique, présente son disque le plus près possible de celui L' d'une tige en laiton recourbée LL' qui traverse le plateau P. Cette tige se termine extérieurement par une plaque qui supporte un godet G contenant l'huile à essayer. Le plateau isolant est recouvert d'une cloche en verre pour que l'aiguille ne soit pas influencée par les mouvements de l'air. Cette cloche porte sur son pourtour, à la hauteur du disque de l'aiguille, une échelle horizontale divisée en degrés de 0° à 90°. On la dispose de manière que le 0° coïncide avec la position d'arrêt de l'aiguille. Pour faire une expérience, on remplit le godet d'huile à essayer et l'on y fait plonger une pointe métallique communiquant avec le pôle positif de la pile A. En mettant alors le doigt sur le bouton *a* qui correspond à l'autre pôle, on fait écouler dans le sol l'électricité négative, tandis que la positive, passant à travers la couche d'huile, se répand sur les disques en regard (ou même au contact). L'aiguille est repoussée avec une énergie qui dépend évidemment de la force de la pile. Aussi n'est-ce pas à la grandeur de la déviation qu'on juge de la conductibilité du liquide en expérience, mais d'après le *temps* plus ou moins long que met l'aiguille à atteindre son maximum d'écart. On note donc ce temps pour les différentes huiles comparées. M. Rousseau a trouvé ainsi qu'une couche d'huile d'olives très pure, placée dans la capsule, prolongeait jusqu'à 40 minutes le temps nécessaire pour obtenir le *maximum de déviation* de l'aiguille aimantée. Avec l'huile de pavot, le temps était réduit à 27 secondes. En mêlant à l'huile d'olives 1/100 seulement d'huile étrangère, on réduit au quart, c'est-à-dire à 10 minutes, le temps nécessaire à la déviation maxima. M. Rousseau s'est servi de son *diagomètre*, pour mesurer la conductibilité des charbons. Il a trouvé que ceux qui conviennent le mieux à la fabrication de la poudre sont ceux qui conduisent le moins bien l'électricité. — C. D.

I. **DIAGONALE.** On appelle *diagonale d'un polygone* toute ligne droite qui joint deux sommets non consécutifs de ce polygone. Le nombre des diagonales d'un polygone de *n* côtés est donc $\frac{n(n-3)}{2}$. Les diagonales d'un parallélogramme se coupent en leur milieu ; celles d'un rectangle sont de plus égales entre elles, tandis que celles d'un losange sont perpendiculaires l'une sur l'autre. La diagonale d'un carré est égale au côté multiplié par $\sqrt{2}$. Les diagonales d'un polygone régulier sont ou le diamètre du cercle circonscrit, ou le côté d'un autre polygone régulier inscrit dans le même cercle qui peut être convexe ou étoilé. Chaque diagonale d'un quadrilatère est divisée harmoniquement par l'autre diagonale et la ligne droite qui joint les points de rencontre des côtés opposés.

II. **DIAGONALE.** *T. de tiss.* Expression qui sert à désigner les tissus dont le mode de croisement représente une sorte de sillon oblique bien accusé. Tous les *sergés* sont à classer dans la catégorie des diagonales. On fabrique des étoffes à grandes dispositions obliques, pour doublures de vêtements, et qui sont également de la famille des diagonales *façonnées*.

***DIAGRAMME.** *T. techn.* On donne en général le nom de diagramme à toute courbe représentant un phénomène déterminé. Dans l'étude des machines à vapeur, on nomme plus spécialement *diagramme de pression* la courbe représentative de la valeur de la pression de vapeur pour toutes les positions du piston dans le cylindre. Le *dia-*

gramme du tiroir est la courbe représentative du mouvement cinématique du tiroir par rapport au piston permettant d'établir toutes les périodes d'une distribution donnée. La considération de ces deux diagrammes présente une importance capitale dans l'étude d'une machine à vapeur : le diagramme de pression permet de mesurer le travail développé dans les cylindres, et le diagramme du tiroir fournit tous les éléments de la distribution.

Aux mots CHALEUR, THERMODYNAMIQUE, MACHINES A VAPEUR, LOCOMOTIVE, nous insistons sur le rôle et le parti qu'on peut tirer des diagrammes de pression, au mot INDICATEUR, nous décrirons les principaux appareils qui permettent de les relever sur une machine en marche. Les diagrammes du tiroir sont étudiés à l'article DISTRIBUTION DE LA VAPEUR, où nous décrivons les principaux appareils qui permettent de les tracer.

***DIAGRAMMAGRAPHE.** *T. techn.* Appareil en bois reproduisant en vraie grandeur les organes commandant la distribution d'une machine et servant à tracer la courbe représentative de cette distribution. Nous avons décrit différents types de diagrammagraphes en parlant de la *distribution de la vapeur*. — V. cet article.

***DIAGRAPHE.** *T. de phys.* Instrument qui sert à dessiner un objet (plan ou en relief), d'après le principe de la *chambre claire* (V. ce mot). Il consiste simplement en une lame de verre (de 0m,20 à 0m,25 de hauteur sur 0m,15 à 0m,20 de largeur) qu'on dispose verticalement sur une table. L'objet à dessiner est placé à gauche de cette plaque; l'œil de l'observateur, situé du même côté, en voit, à droite (sur une feuille de papier qu'on y a mise), l'image réfléchie par la seconde face du verre; on peut donc voir, *à travers* la lame de verre, la pointe d'un crayon qui suit les contours de cette image, laquelle est d'autant plus apparente que l'objet est mieux éclairé et que la feuille de papier l'est moins. Il résulte de cette disposition que l'image est nécessairement *symétrique* de l'objet, comme celle qu'en donnerait un miroir; c'est-à-dire que l'écriture serait reproduite à l'envers. Mais la position de l'image ne varie pas avec le déplacement de l'œil de l'observateur, ce qui est un avantage. — C. D.

***DIALYSE.** *T. de chim.* Opération qui permet, dans un mélange de corps, de séparer les substances cristallisables (cristalloïdes) de celles qui ne le sont pas (colloïdes).

Cette méthode est fondée sur la propriété découverte par Dutrochet, en 1826, que présentent quelques corps, de laisser passer, à travers leurs pores, certaines substances à l'exclusion des autres.

Lorsque le savant français découvrit la *diffusion* ou *osmose* (V. ces mots), il croyait que les membranes animales possédaient seules cette propriété. Depuis, on sait que les vases en terre, comme ceux qui servent à monter les piles, que le papier transformé en parchemin végétal, par l'action de l'acide sulfurique dilué, peuvent également servir pour démontrer le passage des gaz ou des liquides, par diffusion; comme il se forme deux courants au travers de la membrane, on réserve le nom d'*endosmose* à celui qui va du dehors au dedans, et celui d'*exosmose* au courant opposé.

La méthode de diffusion fut appliquée en 1854, par Dubrunfaut, à l'industrie sucrière, pour opérer la purification des mélasses de betterave, et l'emploi de l'*osmomètre* fit réaliser de grands bénéfices.

En utilisant le même principe, Thomas Graham créa une nouvelle méthode d'analyse chimique, à laquelle il donna le nom de *dialyse*. L'*endosmomètre* de Dutrochet était constitué par un long tube renflé à l'une de ses extrémités; on y fixait une vessie pour permettre le passage des corps à diffuser. Le chimiste anglais modifia l'appareil primitif, qui consiste en un vase extérieur en verre ou en porcelaine, dans lequel peut se placer ou se suspendre un second vase en verre, de forme cylindrique ordinairement, et auquel on fait un fond au moyen d'une membrane animale, ou de parchemin végétal préalablement ramolli dans l'eau.

Lorsque l'on veut dialyser une substance quelconque, on commence par préparer le vase inférieur en lui fixant une membrane; puis, lorsque celle-ci est sèche, pour voir s'il n'existe pas de solutions de continuité, on met un peu d'eau dans le vase, et l'on examine si celui-ci se mouille à la partie inférieure. On doit fermer chaque petite ouverture, en y mettant un peu d'albumine, puis portant à 100° pour bien coaguler celle-ci.

On prend alors la substance à expérimenter, et on la délaie dans un peu d'eau distillée, de façon à ce que cette matière, introduite dans le dialyseur, occupe seulement une épaisseur de 1 à 2 centimètres. On met dans le vase extérieur environ quatre fois autant d'eau distillée que l'on avait de matière, puis l'on place les deux vases l'un dans l'autre. Au bout de vingt-quatre heures environ, lorsque la substance cristalloïde est facile à dialyser, l'opération est à peu près terminée. Graham a ainsi retrouvé dans le vase extérieur 0gr,241 d'acide arsenieux, après vingt-quatre heures, sur 0gr,250 qu'il avait mis dans le dialyseur. Malheureusement, dans les recherches ordinaires, les corps ne sont pas en solution dans l'eau pure, et l'opération marche moins bien.

Comme la dialyse a été, depuis quelque temps, préconisée dans les recherches chimiques, parce que cette première opération ne modifie en rien la nature des corps à étudier, on commence souvent maintenant les recherches toxicologiques par la dialyse. Dans ce cas, on emploie le moins de liquide possible, puis on concentre le liquide dialysé au quart de son volume, et, en le divisant en trois parts, on peut y rechercher successivement : 1° les sels métalliques; 2° les acides; 3° les alcaloïdes ou les glucosides.

Lorsque l'opération a été négative, cela n'entraîne pas l'absence de matières cristalloïdes. Certains sels sont peu solubles; on ajoute alors à la matière première retirée du dialyseur, un peu d'acide dilué (chlorhydrique ou azotique), on laisse le tout macérer à +40° environ, pendant douze heures et l'on fait une seconde opération; l'acide ayant facilité la dissolution des sels, on pourra retrouver ceux-ci dans le liquide dialysé. Mais, dans le cas où les sels existant dans la matière organique ont pu faire avec celle-ci une combinaison insoluble, comme cela arrive fréquemment, il est indispensable de traiter les matières par un acide énergique avant d'effectuer la dialyse. Certains corps, comme la cantharidine, ne dialysent, au contraire, qu'en présence de liquides fortement alcalins. Cette méthode analytique qui réussit bien, lorsque l'on veut séparer, pour une démonstration, des substances cristalloïdes d'une liqueur, n'a donc pas donné au point de vue de son application à la chimie légale, tous les services qu'on attendait d'elle. Souvent elle ne fournit quelques résultats qu'après plusieurs opérations successives; puis, il arrive encore que quelques colloïdes passent en plus ou moins grande quantité dans le vase extérieur, alors que des cristalloïdes proprement dits dialysent fort peu ou très difficilement.

La dialyse est employée pour la fabrication de certains produits chimiques que l'on veut obtenir purs. C'est ainsi que, depuis quelque temps, on prépare ainsi, parmi les matières organiques, les sucrates, l'urée, l'albumine, l'acide gummique, les peptones; et, parmi les substances minérales, certains produits que l'on obtient ainsi purifiés très rapidement, ou même sous une forme différente de celle qu'ils possèdent d'ordinaire. Parmi ces derniers corps, nous pouvons surtout citer: l'acide silicique soluble, l'alumine soluble, le protoxyde de chrome et l'acide stannique solubles, les ferrocyanures de cuivre et de fer, ainsi que celui de tous ces corps qui est le plus connu, le fer dialysé ou peroxyde de fer soluble. — J. C.

***DIALYSEUR.** *T. de chim.* Appareil qui sert à effectuer la dialyse. Suivant la quantité de substance à traiter, il peut varier dans sa forme et ses dimensions. Renvoyant au mot OSMOMÈTRE pour les appareils industriels, nous dirons seulement que tout vase ouvert à ses deux extrémités, sur l'un des fonds duquel on peut appliquer une membrane poreuse, peut remplir l'office de dialyseur. Quant à ceux employés dans les laboratoires, ils sont ou en verre ou en gutta-percha; on les monte presqu'exclusivement avec des feuilles de parchemin végétal, et on peut utiliser comme vase extérieur, n'importe quel appareil, pourvu que sa nature ne puisse réagir sur les corps dialysés. — V. DIALYSE.

***DIAMAGNÉTISME.** *T. de phys.* On appelle *diamagnétiques* les corps qui, au lieu d'être attirés par les aimants comme le fer, le nickel, le cobalt, etc., sont, au contraire, repoussés par eux. Beaucoup de corps de la nature et, en particulier, le bismuth, sont diamagnétiques à ce point de vue, surtout quand ils ne renferment pas dans leur composition de matières magnétiques; mais la théorie de ces effets est encore obscure, bien que MM. Weber, de La Rive, Tyndall, Plucker, Becquerel, Verdet, Matteucci aient cherché à la relier à celle du magnétisme. Quoique ces effets de répulsion aient été observés dans le siècle dernier par plusieurs physiciens, entr'autres Brugman et Lebaillif, ce n'est qu'en 1846, après les savantes études de Faraday, qu'ils furent l'objet de la préoccupation des savants et qu'on pensa qu'ils pouvaient constituer une nouvelle propriété de la matière. Alors on divisa les corps impressionnables à l'aimant en deux classes : 1° ceux attirables à l'aimant qu'on désigna sous le nom de *paramagnétiques*; 2° ceux susceptibles d'être repoussés par l'aimant et qui prirent le nom de *diamagnétiques*.

D'après la plupart des savants qui se sont occupés de ces phénomènes, tous les corps de la nature sont magnétiques, mais dans un sens différent, suivant la quantité d'atomes chimiques réunis sous un même volume, tous ceux qui en renferment le plus sont magnétiques, et ceux qui en renferment le moins seraient diamagnétiques, et leur propriété magnétique serait en rapport avec leur degré de conductibilité électrique. Ainsi le pouvoir des corps magnétiques serait en raison inverse de cette conductibilité, alors qu'il serait en raison directe pour les corps diamagnétiques. En revanche, le pouvoir des premiers serait en raison directe du nombre de leurs atomes, tandis qu'il serait en raison inverse de ce nombre chez les seconds. Si un corps réunit à la fois les deux qualités qui peuvent le rendre magnétique ou diamagnétique, ses propriétés sont nettement tranchées, il ne peut y avoir de doute à son égard; mais il n'en est pas toujours ainsi, et il peut arriver que ces qualités ne soient pas réparties de manière à agir dans le même sens. Alors, c'est celle de ces qualités qui prédomine, qui détermine la nature magnétique du corps. Ainsi le cuivre renferme un très grand nombre d'atomes et il est pourtant diamagnétique, parce qu'il est très bon conducteur. Toutefois, on comprend que, dans ce cas, le corps soumis à l'expérience est bien voisin de l'état neutre et peut, sous certaines conditions, devenir magnétique ou diamagnétique.

Les théories qu'on a émises sur ces phénomènes sont assez différentes. Dans les unes, on admettrait que les atomes des corps auraient des polarités qui seraient de sens inverse pour les corps magnétiques et diamagnétiques, et les effets seraient expliqués d'après la théorie électro-dynamique d'Ampère.

Dans d'autres, la différence des effets dans les corps magnétiques et diamagnétiques tiendrait à la manière dont les lignes de force des aimants se trouveraient modifiées dans leur direction à travers ces corps. Enfin, dans d'autres, on regarde les effets de répulsion exercés sur les corps diamagnétiques comme illusoires et comme étant le résultat d'une réaction exercée par le milieu entourant l'aimant qui, étant plus magnétique que le corps diamagnétique exposé à son action, repousserait ce dernier en se précipitant sur l'aimant, à la manière d'une boule creuse fixée à l'intérieur d'un liquide et qu'on abandonnerait à elle-même.

La manière dont le magnétisme réagit sur les

corps ne dépend pas seulement de leur nature, para ou diamagnétique, elle dépend encore de plusieurs circonstances physiques reliées à leur structure moléculaire. Ainsi les cristaux peuvent éprouver de la part des aimants une impulsion directrice qui est diamétralement opposée, suivant que leur axe est parallèle ou perpendiculaire à leur plus grande longueur. Les corps ligneux subissent des effets analogues suivant que la direction de leurs fibres correspond ou non à leur plus grand axe. Bien plus même, il paraîtrait que les axes optiques des cristaux subiraient un effet différent de la part du magnétisme suivant qu'ils sont positifs ou négatifs. Toutefois, ce n'est pas tant la direction des axes que celle des plans de clivage qui influe sur la position que prennent les corps cristallisés entre les pôles d'un aimant, position qui doit être telle que les plans de clivage prennent la direction équatoriale dans les substances diamagnétiques et la direction axiale dans les corps magnétiques.

Nous n'insisterons pas sur l'explication de tous ces effets qui, pour être comprise, nécessite une étude approfondie du magnétisme. Nous y reviendrons du reste quand nous en serons arrivés au mot MAGNÉTISME.

I. **DIAMANT**. Le plus dur, le plus pur et le plus brillant de toutes les pierres précieuses. Composé d'un carbone sans mélange, combustible et non métallique, le diamant se broie sous le marteau et conserve son poli malgré tous les frottements. Sa dureté est telle qu'il ne peut être travaillé que par sa propre poussière. Il sert, outre cela, d'instrument pour couper le verre, graver les pierres précieuses et perforer les roches. Suivant la taille qu'il a reçue, le diamant porte les dénominations suivantes : le *brillant à simple* et *à double taille*, le *demi-brillant*, les *pendeloques*, la *rose*, qui se subdivise en *rose de Hollande*, *demi-rose* et *rose de Brabant* ou *d'Anvers*.

Incolore, le diamant a, de tout temps, été regardé comme infiniment plus précieux que les autres pierres, par son éclat, son inaltérabilité et le degré de sa transparence. Sa limpidité égale celle de l'eau de roche; mais, quelquefois, il est teint de particules métalliques qui le rendent vert, jaune, rouge, bleu, gris, brun et quelquefois noir. Dans ce dernier cas, la pierre est complètement opaque, mais elle offre un éclat extraordinaire supérieur à celui de l'acier poli. La célèbre collection du marquis de Drée contenait un ensemble d'échantillons qui permettait d'apprécier les différentes nuances qu'affecte le diamant. On y voyait, entre autres, des diamants bleu indigo, vert pâle, rose cerise, jaune jonquille et jaune citron, à l'état parfait, excessivement rares dans cette condition, et enfin un superbe diamant noir.

Mais si un diamant coloré est au-dessus des autres gemmes, nous n'en dirons pas autant d'un beau diamant blanc, bien taillé en *brillant* ou en *rose*, limpide, lumineux, donnant parfois, au milieu de ses feux étincelants, colorés comme le prisme, le scintillement radieux d'une étoile. Ce n'est plus alors un simple caillou de parure, un misérable jouet de la vanité humaine, c'est un admirable produit de la création, plein de problèmes pour l'artiste et pour le savant.

HISTORIQUE. Le diamant, placé par les minéralogistes parmi les matières inflammables, parce qu'il brûle sans laisser aucun résidu, tire son nom du grec *adamas*, qui signifie *indomptable*. Les Grecs ignoraient certainement qu'il se dissipe au feu quand ils lui ont donné ce nom, mais ils l'appelaient ainsi parce qu'ils ne croyaient pas qu'on pût le tailler. Ne pouvant soupçonner ses brillantes qualités optiques, c'est sa dureté seule qu'ils semblent avoir remarquée. Les Romains conservèrent l'expression d'*adamas*, même alors que, dans la plus grande vogue des pierres gravées, leurs artistes eurent découvert la propriété du diamant, non seulement d'entamer les pierres les plus dures, mais de s'entamer lui-même. Pline consacre un paragraphe entier de son XXXVIIe livre au diamant; la moitié d'une ligne compense toutes les folies que contiennent les autres. *Alio adamante perforari potest*, dit le savant encyclopédiste latin. Ainsi donc, le secret de la taille du diamant par lui-même était trouvé, au moins dans son principe, au début de l'ère chrétienne.

Malgré les grands désastres de l'empire romain, le secret de la taille des diamants se transmit de générations en générations, avec la taille grossière et le polissage des pierres précieuses. Cependant on se contentait de porter les pierres fines en *cabochon* (V. ce mot) et le diamant ne brillait que par les seules facettes de ses *pointes naïves*, comme ceux de l'agrafe du manteau de Charlemagne. L'Inde fournissait seule alors les diamants à l'Europe, comme le prouve le *Liber lapidum*, poème latin sur les pierres précieuses, par Marbode, évêque de Rennes (1070). Plus tard quand le luxe, faisant appel à l'art et à l'industrie, eut mis en valeur la taille à facettes des pierres fines, on reprit toutes les traditions de la taille des pierres et l'on s'attaqua au diamant, pour ajouter, par des facettes artificielles, à l'éclat que lui donnaient les formes accidentelles de son état naturel. On taillait même les faux diamants, faits de verre et de béricle, à l'imitation des vrais : « Nul ne peut faire tailler diamans de béricle ne mettre en or ne en argent, » dit une *Ordonnance des rois de France* de l'an 1355. Et quant au diamant, on le débita d'abord en tables, à faces bien dressées, à tranches taillées en biseau, ou à pans et facettes. La pierre avait-elle plus d'épaisseur, on comprit l'importance de la régularité des facettes, on tailla la partie la plus large en table à biseau et la partie opposée en prisme régulier formant culasse. C'est ainsi qu'on les trouve ornant encore quelques joyaux d'église, c'est ainsi qu'ils sont décrits dans les anciens documents. De ce moment leur prix s'élève avec le progrès de l'art de les tailler. Vendus d'abord beaucoup moins chers que les autres pierres fines, qui, à autant d'éclat, ajoutaient leurs brillantes couleurs, ils prennent bientôt un rang égal et enfin une valeur supérieure.

« Telle est, dit M. de Laborde, la marche suivie par la taille des diamants, mais telle n'est pas l'histoire qu'on en a tracée. Les encyclopédistes du moyen âge brodent, il est vrai, sur le canevas des fables antiques, d'autres fables plus ineptes encore; ce n'est donc pas dans leurs ouvrages qu'il faut chercher la preuve d'un usage constant de la taille du diamant, mais dans les descriptions des inventaires, dans les détails fournis par les comptes, dans l'existence d'un corps de métier tout formé, en France, comme dans les Flandres, par les tailleurs de diamants, probablement dès le XIIIe siècle, et avec certitude dès le XIVe. C'est, en effet, à dater de la fin du XIIIe siècle, et surtout de la seconde moitié du XIVe, que les diamants à faces ou à côtés, taillés en écu ou en table, prennent, dans les prix des pierres précieuses et dans les montures des riches joyaux, un rang qu'ils n'y avaient pas occupé jusque-là; aussi, lorsque le duc de Bourgogne, en 1403, donne, dans le Louvre, un dîner au roi et à sa cour, ses nobles convives reçoivent des présents et onze diamants en font partie; ils valaient 786 écus. Au nombre de ses riches joyaux, le duc de Berry comptait un diamant qu'on estima, en 1416, cinq mille écus. Le prix très élevé, mentionné dans ces deux exemples, ne peut s'appliquer à des pointes naïves, autrement dit des diamants non faits, c'est-à-dire polis naturellement. »

Qu'on ouvre cependant tous les ouvrages qui traitent des pierres précieuses publiés jusqu'au milieu du siècle actuel, qu'on interroge les encyclopédies, comme celle de Larousse, par exemple, on y trouvera cette phrase répétée à peu près mot pour mot par tous les auteurs : *Louis de Berquem, natif de Bruges, découvrit la propriété du diamant de se tailler avec sa propre poudre, et il mit ce secret en pratique dès 1476.* « Cette erreur, dit M. de Laborde, fut introduite dans l'*Histoire du diamant*, en 1669, par Robert de Berquen (et non pas de *Berquem* ou *Berghem*, comme disent la plupart des dictionnaires), marchand orfèvre de Paris, un vaniteux, qui cherchait dans ce fait un titre de noblesse. On le crut sur parole, parce qu'il est commode d'avoir une date fixe et une historiette toute faite pour chaque invention. Qu'y a-t-il de fondé dans ces prétentions? C'est que Louis de Berquen, homme ingénieux, qui avait étudié les mathématiques, aurait compris que la taille du diamant, telle qu'on la pratiquait de son temps, était susceptible d'importants perfectionnements, par une plus grande régularité de facettes, disposées dans un ordre symétrique et dans un accord parfait. Sur ces principes, il aurait combiné les dispositions de la taille dite en *rose*, et donné au diamant la valeur qu'il a conservée et une supériorité incontestable sur toutes les pierres précieuses. Tels seraient ses titres, et cependant, même en les réduisant ainsi, comment expliquer qu'Anselme de Boot, médecin de l'empereur Rodolphe II, n'ait pas connu Louis de Berquen, n'ait pas revendiqué ses titres dans son histoire *Gemmarum et Lapidum*, publiée en 1601? Comment ne pas s'étonner de l'existence de cette famille de Berquen, à Bruges, tandis que Scourion, dans son immense travail de dépouillement des archives, ne rencontre presque jamais ce nom parmi les habitants de cette ville? Comment enfin concilier, avec l'histoire, les détails historiques qu'il ajoute à son récit, tels, par exemple, que ce diamant donné en 1476, à Louis XI, en signe de bonne amitié : à Louis XI, et en 1476, l'année même des batailles de Granson et de Morat? »

En résumé, la taille du diamant par le diamant, connue des anciens, ainsi que Pline nous l'apprend, ne redevint point un secret au moyen âge; seulement, ce n'est qu'à partir du XIVe siècle que la disposition régulière des facettes, dans l'ordre le plus propre à faire briller le diamant, reçut de notables perfectionnements et en accrut chaque année la valeur. L'Inventaire des joyaux de Louis, duc d'Anjou, dressé de 1360 à 1368, signale effectivement des diamants taillés. On y voit figurer un diamant *plat à six côtés*, un diamant en *cœur*, un diamant à *huit côtés*, un diamant en *forme de losange*, un gros diamant *pointu à quatre faces*, un reliquaire dans lequel est enchâssé un diamant *taillé en écusson*, etc.

Il y a plus encore. Rien que sur la coiffe qui soutenait la couronne d'Isabelle de Bavière, femme de Charles VI, le jour de son sacré (17 juillet 1385), on ne comptait pas moins de quatre-vingt-treize diamants associés à des saphirs, à des rubis et à des perles. Nul doute que ces diamants n'aient été des diamants taillés. En dépit de la tradition presque encore universellement admise, cela n'a rien qui doive surprendre, puisqu'au rapport de l'historien Guillebert de Metz, dans la description qu'il a laissée de la capitale, en 1407, cent cinquante ans avant les travaux de Louis de Berquen, il existait à Paris, au carrefour de la Corroyerie, « plusieurs artificieux ouvriers, comme Herman, qui polissoient dyamans de diverses formes. » D'autre part, dans une contestation tirée des archives de la ville de Bruges, relative à une améthyste vendue comme rubis balais, en 1465, figurent, à titre d'experts ou de témoins, Jean Belamy, Chretien van de Scilde, Gilbert van Hitsberghe et Léonard de Brouckère, *diamantslypers*, c'est-à-dire tailleurs de diamants. A Paris, le « diamantier » Hermann était donc renommé parmi les joailliers, en 1407, pour son habileté à tailler le diamant, et Louis de Berquen peut bien avoir obtenu le même genre de célébrité, en 1476, à Bruges.

La ville de Bruges paraît être, en effet, le grand centre où s'effectua d'abord la taille du diamant. Mais quoique plusieurs diamantaires brugeois aient passé à Amsterdam, à Anvers, à Venise et à Paris, où ils fondèrent des tailleries de diamants, la fin du XVe siècle et le suivant n'offrirent aucune sorte de progrès sensibles.

Benvenuto Cellini, dans son *Traité de l'orfèvrerie*, nous apprend quelle était, à cette époque, la méthode employée pour tailler les diamants. « Disons maintenant comment, dans sa forme brute, le diamant arrive à cette beauté parfaite où nous le voyons taillé en table, à facettes et en pointe. Cette pierre ne peut pas se tailler seule, c'est-à-dire une à la fois; il est nécessaire d'en préparer deux ensemble; sa dureté est si merveilleuse, que rien ne saurait l'entamer, il faut donc qu'elles s'usent l'une par l'autre. On prend ordinairement deux diamants que l'on frotte l'un contre l'autre, jusqu'à ce qu'ils soient réduits à la forme voulue, et l'on se sert, pour leur donner la dernière perfection, de la poudre qui résulte de ce frottement. Pour cela on les met sur une roue d'acier, soudés dans certains petits carrés de plomb ou d'étain qu'on tient par le manche avec de petites tenailles faites exprès, et on les termine avec la poudre mêlée d'huile. »

Quelques-uns des diamantaires qui s'étaient installés à Paris formèrent à leur tour des élèves, lesquels durent leurs progrès aux encouragements du cardinal Mazarin, et bientôt, sous l'impulsion de ce ministre persévérant, la taille des diamants prit dans la capitale une véritable importance. « Paris, dit le savant lithologue Caire, tailla dès lors des diamants pour toutes les cours; ils n'avaient point encore une régularité parfaite, mais on ne faisait rien de mieux, ou peut-être d'aussi bien nulle part. »

Mazarin, après être parvenu à faire surmonter les premières difficultés, confia les douze plus gros diamants que possédât alors la couronne de France aux diamantaires parisiens, pour être retaillés. On ajouta à ces pierres quelques facettes insignifiantes, qui, quoique formées très irrégulièrement, ne laissèrent point d'augmenter leur premier éclat. Le cardinal, constant dans ses projets, paya généreusement les tentatives faites sous ses auspices; il sentit que cet art n'était point parvenu à un degré suffisant d'élévation, et remit une seconde fois les diamants pour qu'ils fussent rectifiés. On fit de nouveaux essais qui menèrent insensiblement à des divisions de détail : ces pierres, connues sous le nom des *douze Mazarins*, furent les premiers modèles de ce talent, à la vérité encore très limité, et amenèrent à la découverte déterminée du *brillant en seize*, qui date du ministère de ce cardinal. L'Inventaire de la couronne ne fait mention que d'un, au n° 349, sous la dénomination du *dixième Mazarin*, beau brillant, forme carrée, arrondie, pesant 16 carats. C'est par suite de recherches sur le diamant brut qui avait de la couleur, qu'on parvint à la taille du diamant *recoupé*. Les renseignements que nous avons pu nous procurer semblent en attribuer la gloire à Vincent Perruzzi, de Venise, qui vivait vers la fin du XVIIe siècle.

La mort de Mazarin fit décliner en France cette belle industrie, à laquelle la révocation de l'Edit de Nantes porta le dernier coup. Cependant la taille du diamant fut extrêmement avantageuse à tous les points de vue : indépendamment que la joaillerie lui doit son origine, elle mit en action une infinité de professions secondaires, dont le nombre et l'étendue occupaient, en 1770, plus de 30,000 personnes. Vers la fin du XVIIe siècle, Paris possédait encore soixante-quinze diamantaires, au nombre desquels figuraient des maîtres habiles, tels que Dauvergne et Jarlet, qui tailla un diamant pour la Russie, de 90 carats. Malheureusement Louis XV, avec son insouciance ruineuse, s'inquiétait peu des arts qui font prospérer un pays; on ne fit plus d'élèves, et la taillerie de diamants périclita. Les amateurs recherchèrent alors les pierres taillées à l'étranger. D'après le *Catalogue raisonné des effets curieux et rares contenus dans le cabinet de feu M. le chevalier de la Roque*, par Gersaint, ch. *Pierreries, agates*, etc. (1775), « la meilleure taille pour le diamant taillé en rose se faisait en Hollande; et, pour le brillant, celle d'Angleterre était beaucoup plus régulière, plus nette, plus vive, et par conséquent plus estimée. » En 1775, le nombre des maîtres parisiens s'était insensiblement réduit à sept!

Depuis lors, cette industrie se concentra à Amsterdam, où la première taillerie en grand fut établie vers 1830 par Posno. Ce premier établissement avait pour moteur le cheval. Marchand et Cie et Prins en fondèrent d'autres. Vers 1847, des négociants et des fabricants hollandais, au nombre de soixante, ont formé une Société par actions; ils ont fait construire deux grands établissements avec machines à vapeur qui peuvent suffire à tous les ouvriers diamantaires. Mais la maison Coster est restée en dehors de cette combinaison, et elle apparaît presque seule en relief pour la taille des diamants. Il peut sembler singulier que les diamants qui doivent être vendus à Paris, se dirigent du Brésil sur Londres, de Londres à Paris, puis se rendent à Amsterdam, où ils seront travaillés, pour revenir enfin à Paris, où ils seront montés et mis en vente. C'est ce qu'a voulu éviter M. Bernard, créateur à Paris d'une taillerie de diamants, dont on a pu voir un spécimen à l'Exposition universelle de 1867. Cet atelier, installé dès 1857, boulevard des Fourneaux, occupait une centaine d'ouvriers. Aujourd'hui, Paris a développé ce genre de travail, qui est aussi représenté en grand à Septmoncel (Jura). Paris compte actuellement trois importantes tailleries de diamants.

La première patrie du diamant fut sans contredit les deux provinces de Visapour et de Golconde, aux grandes Indes. On l'appelle en ce pays *iraa*. La première de ces deux mines a été découverte en 1430 et la seconde en 1663. Cependant, la première extraction de ces dépôts diamantifères doit remonter au temps des Grecs et des Romains, puisqu'ils connaissaient le diamant. C'est de la mine de Parteal, à huit lieues de Golconde, que nous sont venus les plus beaux diamants, entre autres le *Régent*.

Jusqu'au XVIIIe siècle, on ne connut de mines de diamants qu'aux Indes, dans l'empire du Mogol et dans l'île de Bornéo. Mais à cette époque, la découverte de terrains diamantifères au Brésil, dans la province de Minas Géraës, changea complètement cet état de choses. D'après le *Mercure de France* (janvier 1730 et février 1732), dans la seule année 1730, la flotte royale du Portugal en transporta en Europe plus de *soixante-dix livres pesant*, ce qui causa une grande sensation et fit baisser considérablement le prix de cette pierre.

Aujourd'hui, c'est le Nouveau-Monde qui fournit presque exclusivement les diamants au marché européen, surtout depuis l'exploitation des mines de Bahia, qui, pendant un certain temps, ont été extrêmement riches. Disons toutefois que, depuis quelques années (1869), on a découvert en Afrique, au cap de Bonne-Espérance, de très riches gisements de diamants (Diamond's Fields), connus en Europe sous le nom de *diamants du Cap*. Mais, en thèse générale, les diamants du Brésil, et surtout ceux du Cap, sauf quelques rares exceptions, sont d'une eau moins pure, et d'une limpidité moins parfaite que ceux de l'Inde; ils ont, dès lors, moins de valeur que ces derniers, à dimensions et à poids égaux.

Quoique aucune mine du monde n'ait jamais donné une aussi grande abondance de grosses pierres, écrivait en 1874, M. Desdemaines-Hugon, mineur qui fit un long séjour dans ces parages, « les diamants du Cap sont plus ou moins cassés, et l'on trouve autant de morceaux informes que de pierres entières; une règle assez générale est que le diamant est d'autant plus coloré en jaune qu'il a de fortes dimensions. » Les plus gros découverts jusqu'à ce jour proviennent de la mine de *Beer New Rush*, et sont de 115, 144, 166, 288 carats. Tel était le fameux diamant connu sous le nom d'*Etoile de l'Afrique méridionale* (*Star of south Africa*). Ce diamant géant, exposé en mai 1873, à Liverpool, était d'une couleur jaunâtre très prononcée, comme tous les diamants trouvés au Cap, et pesait 288 1/2 carats, soit 102 carats de plus que le célèbre *Koh-i-Noor*.

Mais voici que le *The Morning News* (8 août 1883), journal publié à Paris, nous apprend qu'un mineur anglais, M. Porter Rhodes, vient d'arriver en Angleterre, porteur d'un magnifique diamant blanc de 150 carats trouvé par lui au Cap, en 1880. Ce diamant doit être taillé à Londres.

Bien que les mines de l'Inde aient à peu près cessé d'envoyer leurs produits en Europe depuis l'exploitation sur une grande échelle des gisements américains et africains, l'Orient n'en reste pas moins digne de notre attention puisque, à l'exception de deux, les plus beaux diamants connus, d'une grosseur énorme et tout à fait hors ligne, sont venus de ces contrées.

Passons maintenant en revue les diamants célèbres.

L'un des plus beaux diamants du monde appartient à la France, c'est le *Régent*, qui, à des dimensions considérables, réunit au suprême degré toutes les qualités que l'on recherche dans ces magnifiques productions. C'est un brillant blanc, de forme carrée, les coins arrondis, et pesant au sortir de la mine 410 carats. Sa taille demanda deux ans de travail et coûta 125,000 francs. Il se trouva alors réduit à 136 14/16 carats; mais il n'y avait qu'à s'applaudir du résultat malgré la grande diminution de poids; la taille était parfaite. Son estimation, dans l'Inventaire de 1791, monta à 12 millions. Les amateurs ont pu en admirer la pureté à nos dernières expositions universelles (fig. 51).

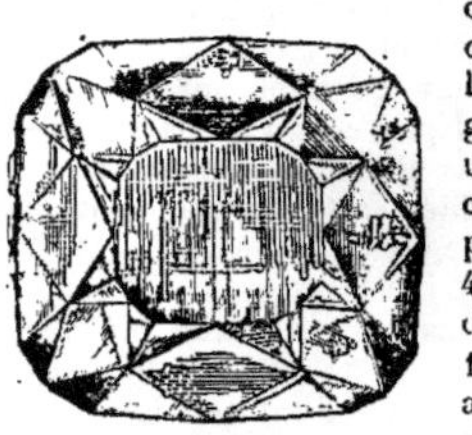

Fig. 51. — *Le Régent*.

On lit partout que ce diamant brut avait été acheté à Madras par le grand-père de William Pitt, 312,500 fr. et que, en 1717, il fut acheté pour la somme de 3,375,000 francs par le duc d'Orléans, régent de France pendant la minorité de Louis XV. Il existe même au Musée britannique, à Londres, un modèle de ce diamant. On lit sur la petite plaque d'argent qui le surmonte : « Modèle du diamant de Pitt; il pèse 136 1/2 carats, il fut vendu à Louis XV, roi de France, l'an du Seigneur 1717. » Voici maintenant le curieux récit, fait par Saint-Simon, de l'achat de ce diamant, et on voit que les choses y sont présentées d'une toute autre façon. « Par un événement extrêmement rare, un employé aux mines de diamants du Grand-Mogol trouva le moyen d'en voler un d'une grosseur prodigieuse. Pour comble de fortune, il put s'embarquer et atteindre l'Europe avec son diamant. Il le fit voir à plusieurs princes dont il passait les forces, il le porta enfin en Angleterre où le roi l'admira sans pouvoir se résoudre à l'acheter. On en fit un modèle de cristal en Angleterre, d'où l'on envoya l'homme, le diamant et le modèle, parfaitement semblable, à Law, qui le proposa au

Régent pour le roi; le prix en effraya le Régent, qui refusa de le prendre. L'état des finances fut un obstacle sur lequel le Régent insista beaucoup; il craignait d'être blâmé de faire un achat si considérable, tandis qu'on avait tant de peine à subvenir aux nécessités les plus pressantes, et qu'il fallait laisser tant de gens en souffrance. Je louai ce sentiment. Mais je lui dis qu'il n'en devait pas user pour le plus grand roi de l'Europe comme d'un simple particulier, qui serait très répréhensible de jeter cent mille francs pour se parer d'un beau diamant, tandis qu'il devrait beaucoup et ne se trouvait pas en état de se satisfaire; qu'il fallait considérer l'honneur de la couronne, et ne pas laisser manquer l'occasion unique d'un diamant sans prix qui effaçait tous ceux de l'Europe; ..... enfin, je ne quittai point Monseigneur le duc d'Orléans que je n'eusse obtenu que le diamant serait acheté. Law, avant de me parler, avait tant représenté au marchand l'impossibilité de vendre son diamant au prix qu'il avait espéré, le dommage et la perte qu'il souffrirait en le rompant en divers morceaux, qu'il le fit venir enfin à 2 millions de francs avec les rognures, en outre, qui sortiraient de la taille. Le marché fut conclu de la sorte. On lui paya l'intérêt de deux millions jusqu'à ce qu'on pût lui donner le capital, et, en attendant, on déposa pour deux millions de pierreries en gage. »

Ajoutons que le *Régent* servit à orner la couronne du sacre de Louis XV.

Lors du vol des diamants de la couronne, en 1792, le *Régent* éprouva des péripéties toutes particulières. Caché par les malfaiteurs, avec tous les autres diamants, « dans deux mortaises d'une grosse poutre de la charpente du grenier d'une maison, » il est retrouvé, sur la dénonciation de la citoyenne Corbin, par un officier municipal administrateur de la commune nommé Sergent, lequel envoya en 1834, à la *Revue rétrospective*, une note précieuse en renseignements sur la célèbre effraction du Garde-Meuble.

Exposé ensuite à la curiosité du peuple, on le voit passer entre les mains du financier belge Vanlerberghe, en garantie de ses avances en numéraire. Mme Vanlerberghe le portait sur elle, cousu dans une ceinture, rapporte un historien du Directoire, A. Granier de Cassagnac. Son mari en avait fait faire une copie en cristal de roche, et cette copie fut souvent un objet de curiosité pour les hôtes qu'il accueillait avec éclat dans cette sorte de palais du faubourg du Roule, qu'on appelait les *Folies-Beaujon*. Plus tard, le *Régent* fut engagé par le Premier Consul entre les mains du gouvernement Batave pour se procurer les fonds dont il avait le besoin le plus urgent après le 18 Brumaire. Bonaparte eut ensuite la vanité de le faire ajuster à son épée d'Austerlitz, qui, selon la remarque de Vatout, n'avait pas besoin d'ornement.

Le second diamant célèbre est le *Sancy*, ainsi nommé de Nicolas de Harlay, sire de Sancy. Ce diamant, fort épais, est taillé à facettes des deux côtés, en forme de pendeloque; il est très blanc, d'une netteté et d'une vivacité parfaite, et pèse 33 12/16 carats. L'Inventaire de 1791 l'estime un million (fig. 52).

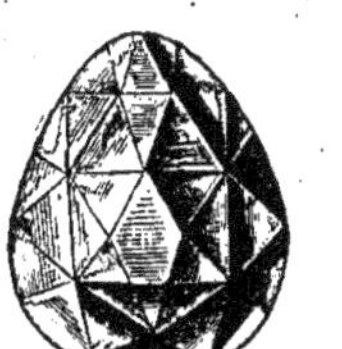
Fig. 52. — *Le Sancy.*

Les pérégrinations de ce diamant sont des plus étonnantes. Suivant les uns, il aurait été rapporté de Constantinople par un ambassadeur de ce nom, qui l'aurait payé 600,000 fr.; suivant d'autres, il ornait le casque de Charles-le-Téméraire, dernier duc de Bourgogne, qui le perdit à la bataille de Granson. « Son gros diamant, qui estoit un des plus gros de la chrétienté, dit Philippe de Commines, fut levé par un Suisse et puis remis en son estuy, puis rejeté sous un chariot; puis le revint quérir et l'offrit à un prestre pour un florin. Cestuy-là l'envoya à leurs seigneurs, qui luy en donnèrent trois francs. » Alors on le perd de vue; mais en 1585, on le retrouve au nombre des pierreries d'Antoine, roi de Portugal, qui le donna en gage à de Sancy, maître des requêtes et conseiller du roi, lequel finit par l'acquérir pour la somme de 100,000 livres tournois. En 1589, malgré la détresse du trésor de Henri III, de Sancy alla en Suisse, où en négociant habilement avec Berne et Genève, et en engageant ses pierreries, entre autres le célèbre diamant qui porte son nom, il parvint à lever un corps de douze mille hommes qu'il amena au roi. C'est pendant ce voyage que, d'après la légende, le domestique chargé de porter le diamant à son maître fut attaqué, puis mis à mort, et on crut le diamant perdu. A force de recherches, on finit par découvrir que le domestique avait été assassiné dans la forêt de Dôle, et que, par les soins du curé, il avait été enterré dans le cimetière du village. « Alors, dit de Sancy, mon diamant n'est pas perdu. » En effet, on le trouva dans l'estomac du malheureux et fidèle serviteur, qui l'avait avalé au moment où il vit qu'il allait succomber.

Plus tard, si l'on en croit le journal de Pierre de l'Etoile, le célèbre diamant fut acheté par le roi Jacques Ier d'Angleterre. En effet, à la mort de Henri III, de Sancy servit fidèlement Henri IV, sous le règne duquel il devint baron et surintendant des finances. A ce propos, M. le baron Pichon possède une quittance d'Henri IV au baron de Sancy pour un diamant, mais rien ne prouve qu'elle se rapporte au diamant qui nous occupe. Enfin, en 1596, de Sancy fut nommé ambassadeur d'Angleterre. C'est dans le cours de cette ambassade que le futur roi Jacques Ier aurait fait l'acquisition du fameux diamant.

Quoi qu'il en soit, devenu ensuite on ne sait comment la propriété de Jacques II, lorsqu'il était à St-Germain, ce roi déchu vendit le Sancy à Louis XIV pour 625,000 livres. Dès lors, il fit partie des diamants de la couronne. Cette belle pierre fut de celles qui disparurent lors du vol des diamants au Garde-Meuble, en 1792, et qu'on ne put retrouver ainsi que le beau diamant bleu de 67 carats, car on ne les voit plus figurer dans les Inventaires suivants; seulement, d'après M. Germain Bapst, qui a bien voulu nous communiquer quelques détails intéressants à ce sujet, on assure que le Sancy passa aux mains de la reine d'Espagne, femme de Ferdinand VII, qui en fit don à Godoï, prince de la Paix. Il est question de ce diamant dans la correspondance de Napoléon Ier et de Joseph. On le revoit ensuite à Paris, où il figura, pendant l'Exposition universelle de 1867, parmi les inestimables joyaux de MM. Bapst, joailliers de la couronne, à côté du *diamant noir*. Le Sancy appartenait en dernier lieu à la famille Paul Demidoff, lorsque, en 1874, il fut acheté 20,000 livres sterlings (500,000 fr.) par MM. Garrard, les fameux joailliers de Hay-Market, à Londres, pour le compte de Jamsetjée, de Bombay, et il rentra dans l'Inde, sa patrie.

Un autre beau diamant est l'*Impératrice Eugénie*. Il est taillé en brillant, pèse 51 carats, et fait également partie des diamants de la Couronne de France.

Viennent ensuite les diamants étrangers.

Parmi les diamants hors ligne conservés en Orient, nous citerons en premier lieu celui du Grand Mogol. C'est une *rose* ronde fort haute d'un côté, du poids de 279 9/16 carats. « Quand Mirgimola, qui trahit le Grand Mogol son maître, nous apprend le voyageur Tavernier, fit présent de cette pierre à Cha-Gehan (Aureng-Zeyb), auprès duquel il se retira, elle pesoit alors 787 1/2 carats, et il y avoit plusieurs glaces. Si cette pierre avoit esté en Europe, on l'auroit gouvernée d'une autre façon, car on en auroit tiré de bons morceaux, et elle seroit demeurée plus pesante. Ce fut le sieur Hortensio Borghis, vénitien qui la tailla. » Ajoutons que ce diamant, tiré de la mine de Coloure, près de Golconde, a la forme d'un œuf coupé transversalement, et est estimé près de 12 millions, ou, si l'on préfère le langage précis de Tavernier, « onze millions sept cent vingt-trois mille deux cent soixante-dix-huit livres quatorze sols et trois liards! »

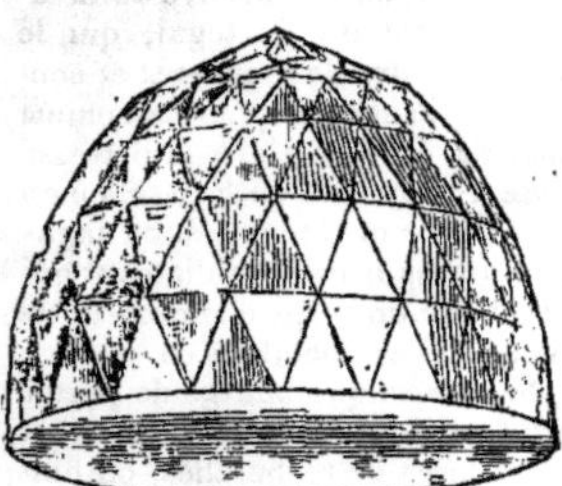

Fig. 53. — *Le Grand-Mogol.*

Au rapport du prince Alexis Soltykoff (*Voyage en Perse*, 1838), ce diamant est le même que celui connu en Perse sous le nom de *Déryaï-Noor* (océan de lumière), dont s'empara Nadir Schah. Les souverains persans actuels le portent au bras gauche dans les grandes solennités (fig. 53).

On connaît encore le beau diamant appelé *Agrah*, qui pesait 645 5/8 carats. Tavernier l'estimait 25 millions.

Citons également le diamant du rajah de Matan, à Bornéo. Ce diamant, de la plus belle eau, pèse brut 318 carats, et a la forme d'une poire assez régulière. C'est, pour le souverain qui le possède et pour la population du pays, une espèce de palladium auquel sont attachées les destinées de l'empire. On comprend, dès lors, le prix attribué à cette pierre. En 1820, M. Stewart fut député par le gouverneur qui résidait à Batavia, auprès du rajah, et lui offrit, en échange de son diamant, 150,000 dollars (environ 750,000 francs), deux bricks de guerre bien armés, et une grande quantité de poudre et de munitions de toute espèce. Le rajah refusa.

L'Inde a encore fourni un autre gros diamant que possède le rajah de Golconde, le fameux *Nizam* qui, brut, pesait 340 carats et était estimé 5 millions de francs.

Le Brésil étant la seconde patrie des pierres précieuses, il est naturel qu'il en ait produit d'exceptionnelles. La plus volumineuse est le fameux diamant dit du *roi de Portugal*. Il est encore à l'état brut et pèse 1,680 carats. Sa grosseur est celle d'un œuf de poule, un peu oblong et jaune foncé. D'après la règle des carrés employés pour le calcul approximatif des diamants, il serait estimé, malgré ses défauts, 7 milliards 500 millions!! Malheureusement, affirme M. Barbot, « on prétend que c'est une topaze, et cette pierre n'est pas taillée dans la crainte peut-être qu'elle ne puisse supporter le frottement de la meule, comme cela arrive quelquefois, et qu'elle ne se brise en éclats. »

Mais la merveille, parmi toutes ces productions du Brésil, c'est l'*Etoile du Sud* Ce diamant extraordinaire fut trouvé en 1853, aux mines de Bogagan, par une pauvre négresse, et a été acheté par M. Halphen. Il pesait brut 257 1/2 carats. Aujourd'hui, ce beau diamant est taillé. Il ne pèse plus que 124 1/4 carats; mais il est d'une forme ronde ovale très gracieuse, d'une pureté irréprochable, blanc et prenant par réfraction une jolie teinte rosée (fig 54).

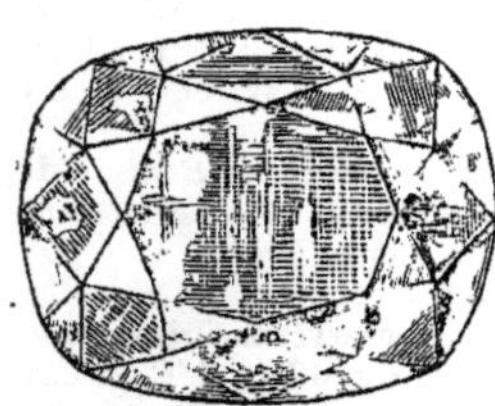

Fig 54. — *L'Etoile du Sud*

La couronne d'Angleterre est aussi très riche en beaux diamants, tels que le *Cumberland* (fig. 55). Mais la pièce capitale est le fameux *Koh-i-Noor* (*Montagne de Lumière*). Selon la légende, ce serait le plus ancien diamant connu. Quelle que soit son antiquité, on le trouve dans les trésors du Schah Shouja, ex-roi de Caboul; il passe ensuite par voie de conquête, dans les mains de Rundjett-Sind. Ce despote fastueux, qui portait déjà pour soixante-quinze millions de diamants dans le harnais de son cheval, fit placer le Koh-i-Noor sur le pommeau de sa selle. Devenu la propriété de la Compagnie des Indes, il a été offert par elle à la reine d'Angleterre. Il pesait 186 1/2 carats et était estimé 3,500,000 francs; mais il avait une *mauvaise forme*. Il a été retaillé et ne pèse plus que 102 3/4 carats. En effet, lorsque le Koh-i-Noor fut exposé en 1861, à Londres, rapporte notre éminent collaborateur, M. Alfred Darcel (*Gazette des Beaux-Arts*, 1862), il causa un vif désappointement. « Il avait été irrégulièrement taillé en Orient, de façon à ménager la matière, et lançait des feux assez discrets, quoiqu'on l'appelât « *Montagne de Lumière*. » MM. Garrard, à qui la reine l'avait confié, se résignèrent à en couper une partie importante, *de façon à lui imposer une taille régulière*, et aujourd'hui le Koh-i-Noor, plus beau de forme qu'il n'était jadis, — comme le prouve un *fac-similé* en cristal exposé à côté de lui, — possède un éclat qu'il n'avait point alors. » Le Koh-i-Noor est donc une pierre hors ligne, mais son épaisseur ne répond pas à son étendue; aussi son jeu n'est-il pas très prononcé. Quoi qu'il en soit, la reine Victoria le porte monté en broche à l'ouverture du Parlement et dans les grandes cérémonies (fig. 56).

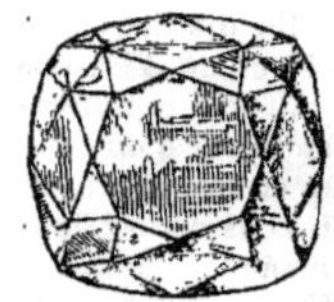

Fig. 55.
Le Cumberland.

Fig. 56. — *Le Koh-i-Noor.*

Un autre diamant bien connu est le *Nassack*, conquis pendant les anciennes guerres sur le territoire mahratte. Il pesait alors 89 3/4 carats. Vendu par la Compagnie des Indes au marquis de Westminster, qui le fit retailler, il ne pèse plus aujourd'hui que 78 5/8 carats; mais il a infiniment gagné comme forme et comme jeu. Il est estimé 800,000 francs.

Le pays le plus riche actuellement en beaux diamants est la Russie. Parmi les plus gros diamants russes, le plus remarquable est l'*Orloff*. Il pèse 193 carats et est originaire de l'Inde. D'une pureté parfaite et n'offrant pas l'ombre d'une paille, sa forme est celle d'une moitié d'œuf de pigeon. C'est un des ornements du sceptre impérial, porté il y a peu de temps, lors de la cérémonie du couronnement, à Moscou. Ce diamant ornait primitivement le trône de Nadir-Schah. Il passa depuis en Angleterre, où il fut acheté 300,000 francs par un marchand hollandais, qui plus tard le vendit à Catherine II. C'est évidemment de ce diamant que parle une lettre datée de la Hague, du 2 janvier 1776, et citée par Beyle dans le *Museum Britannicum*. « Nous apprenons d'Amsterdam que le prince Orloff est venu dans cette ville, où il n'est resté qu'un jour, et a acheté pour la souveraine sa maîtresse un diamant qu'il a payé un million quatre cent mille florins (monnaie hollandaise) (fig. 57). »

Fig. 57. — *L'Orloff.*

Citons également le beau diamant russe, connu sous le

nom de *Schah*, et qui a appartenu aux anciens sophis de Perse. Cette belle pierre, taillée en forme de carré long, est d'une très belle eau et pèse 95 carats.

Le troisième gros diamant russe est la *Lune de Montagne* ou *Lune des Monts*. Acheté pour 50,000 piastres à un chef afghan par un négociant arménien, qui le garda pendant douze ans, il fut vendu à Amsterdam, pour le compte de la Russie, moyennant 450,000 roubles d'argent (1,800,000 francs).

Mentionnons encore l'*Etoile polaire*, superbe diamant taillé en brillant et pesant 40 carats. Il appartient à la princesse Youssoupoff.

Quant aux autres diamants célèbres, nous nous bornerons à citer le *Grand duc de Toscane*, qui appartient à l'empire d'Autriche. Charles-le-Téméraire le perdit en même temps que le Sancy à la désastreuse journée de Granson. Trouvé par un soldat, il fut vendu cinq mille florins à un Diesbach de Berne, qui le céda pour sept mille florins à un joaillier de Genève, lequel en eut onze mille ducats de Ludovic Sforza, duc de Milan. Le duc de Milan, à son tour, le vendit vingt mille ducats au pape Jules II, qui en fit présent à l'empereur d'Autriche. Ce diamant était accompagné d'un autre plus petit, que le fastueux duc de Bourgogne portait à son cou, et qui fait partie aujourd'hui des pierreries qui ornent la tiare du pape, à Rome. Le *Grand duc de Toscane* pèse 139 1/2 carats; mais comme son « eau » tire un peu sur la couleur jaune-citron, Tavernier, qui eut occasion de l'examiner plusieurs fois, ne l'estime que 2,608,335 francs (fig. 58).

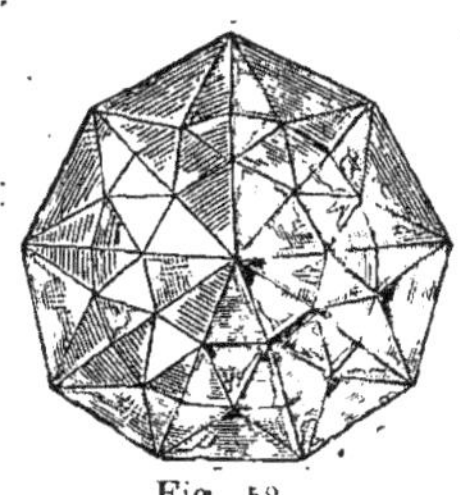

Fig. 58.
Le Grand Duc de Toscane.

Pour finir par une exception au milieu de ces brillantes exceptions de la nature, nous signalerons le célèbre *diamant bleu* de M. Hope, l'amateur hollandais bien connu. Son poids de 44 1/8 carats le place au second rang pour les dimensions, mais sa couleur bleue du plus beau saphir, jointe à l'éclat adamantin le plus vif, en fait véritablement une pierre sans pareille (fig. 59). Il a été payé 450,000 fr. — S. B.

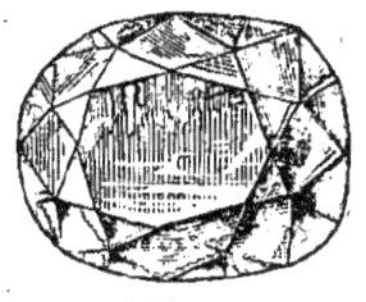

Fig. 59.
Le diamant bleu de Hope.

Bibliographie : PINDER : *De Adamante*, Berlin, 1849; ZERRENNER : *De Adamante dissert.*, Leipsick, 1850; FALCONNET : *Mémoire de l'Académie des inscriptions*, 1717; J. MAWE : *A treatise on Diamonds and precious stones*, London, 1813; H. JACOBS et N. CHATRIAN : *Monographie du diamant*, 1880; De LABORDE : *Glossaire français du moyen âge*, V° *Diamant*; Robert de BERQUEN : *Les Merveilles des Indes, Traité des pierres précieuses*, 1669; JEFFRIES : *Traité des diamants et des perles*, traduit de l'anglais par CHAPOTIN, 1753; PUGET fils : *Traité des pierres précieuses*, 1762; DUTENS : *Traité des pierres précieuses*, 1776; CAIRE : *La science des pierres précieuses, appliquée aux arts*, 1833; Ch. BARBOT : *Traité des pierres précieuses*, 1858; DIEULAFAIT : *Diamants et pierres précieuses*, 1874; JANNETAZ, VANDERHEYM, FONTENAY et COUTANCE : *Diamants et pierres précieuses*, 1878; RAMBOSSON : *Les pierres précieuses*, 1870; Et. de DRÉE : *Musée minéralogique*, 1810; LASSEN : *Mémoire sur les découvertes de mines diamantines au Brésil*, Bruxelles, 1870; DESDEMAINES-HUGON : *Les mines de diamants du Cap, Souvenirs d'un mineur*, *Revue des Deux-Mondes*, 1er juin 1874; Gabriel PEIGNOT : *Notice sur les diamants*, dans les *Amusements philologiques*, 1823; TAVERNIER : *Voyages*, t. II, l. II, ch. XVI, p. 277; ch. XVII, p. 283; TURGAN : *Les grandes usines, Tailleries de diamants de M. Coster à Amsterdam*, 1865; BAUDRILLART : *Le diamant à l'Exposition universelle, Journal officiel* du 3 juillet 1878.

PROPRIÉTÉS ET NATURE DU DIAMANT. Le diamant est un corps vitreux, doué d'un éclat particulier. Sa dureté est telle qu'il raye tous les corps, sans être rayé par aucun d'eux. On le trouve toujours cristallisé, seulement les faces plus ou moins arrondies dissimulent quelquefois la cristallisation. Les clivages sont faciles, parallèles aux faces de l'octaèdre régulier. Outre cette forme primitive et fondamentale, on le rencontre encore en une pyramide trièdre simple, en cristal double, en octaèdre tronqué sur tous les bords, en un segment d'octaèdre, en octaèdres à faces convexes se partageant chacune en trois faces triangulaires, de sorte que le cristal présente vingt-quatre faces; quelquefois même quarante-huit, par un partage en six facettes des faces octaédriques, en dodécaèdre à plans rhombes, en pyramides diverses, trièdre, hexaèdre, etc.

Le diamant se trouve sous trois états moléculaires différents : *cristallisé*, c'est le diamant par excellence, celui qui sert pour la joaillerie; *cristallin*, il porte alors le nom de *bord* et sert à faire la poudre de diamant pour la taille; *amorphe* d'une couleur gris d'acier, quelquefois noir, complètement opaque, qui ne trouvait pas d'application pour la joaillerie et ne servait qu'à faire de la poudre de diamant, mais qui, depuis quelques années, a trouvé une nouvelle source d'utilisation dans la construction des perforateurs, pour entailler les roches dures et surtout y percer les trous de mine pour le dérochement.

L'éclat du diamant, vif et tout à fait spécial à cette matière est désigné sous le nom d'*éclat adamantin*, il ne jouit que de la réfraction simple, avec un indice exprimé par 2,439; c'est après l'orpiment et le minium le corps qui réfracte le plus la lumière, sous un angle de 24° 13'. L'angle de polarisation pour le diamant est de 68° 1'. La densité du diamant est de 3,4 à 3,55. Il est inattaquable par tous les réactifs chimiques, mauvais conducteur de la chaleur et de l'électricité. Le diamant est généralement blanc, mais on en trouve quelquefois de colorés.

La nature du diamant est restée longtemps inconnue, Newton, le premier, la pressentit par intuition et en se basant sur sa grande réfraction; il rangea le diamant parmi les combustibles. En 1694, l'Académie de Florence et en même temps Boyle, en Angleterre, montrèrent que le diamant, exposé au foyer d'un miroir ardent, brûlait sans résidu. Des expériences de ce genre répétées à plusieurs reprises, en différents points, ne déterminèrent cependant pas la nature exacte du diamant, car, dans les unes, il disparaissait, dans les autres il subsistait, et cela parce que ces expériences, bien que semblables en apparence, mais conduites d'une façon absolument empiriques, étaient cependant absolument différentes les unes des autres. La question ne fut résolue que lorsque Lavoisier eût posé les principes de la chimie et, en particulier, qu'il eût défini le phénomène de la combustion. Il montra que le diamant n'est autre que du charbon, puisque, mis comme ce corps en présence de l'oxygène, à une température suffisamment élevée, il brûle en donnant de l'acide carbonique, sans autre résidu. Les travaux de Davy, de MM. Dumas et Stan, ont complètement affirmé ce fait, en le dégageant de tous les doutes qui avaient pu subsister.

Lorsqu'on recherche qu'elle peut être l'origine du diamant dans la nature, on est conduit aux deux hypothèses suivantes. Ou bien le charbon a été fondu à un feu violent et a cristallisé dans un excès de liquide, ou bien le charbon a été dissous dans un corps particulier et la cristallisation a eu lieu lors de l'évaporation du véhicule. De ces deux hypothèses, la première peut être immédiatement écartée, et des faits connus actuellement, on peut également conclure que le diamant n'a pas été produit à haute température. Si le charbon, en général, est mauvais conducteur de la chaleur et de l'électricité comme le diamant, il acquiert, au contraire, ces propriétés quand il a été chauffé et d'autant plus qu'il a été porté à une plus haute température. Donc, si le diamant avait été produit à haute température, il serait plus ou moins conducteur. D'autre part, toutes les tentatives faites jusqu'ici n'ont pu arriver à obtenir la fusion du diamant. Enfin M. Brewster, à la suite d'observations attentives du diamant au microscope, y a découvert des stries, rappelant les fibres des plantes, et en a conclu à une origine organique. M. Moiren a également démontré, en brûlant du diamant dans un flacon d'oxygène, comme on le fait pour le potassium, que si l'on arrête la combustion à une période quelconque, la portion du diamant qui subsiste n'a éprouvé aucun changement, il brûle donc *par couches*, ce qui viendrait corroborer l'opinion émise de l'origine organique.

Gisement et extraction du diamant. Le diamant se rencontre généralement dans des alluvions formés aux dépens des roches des dépôts anciens attribuables à l'action volcanique. On le trouve également disséminé dans ces roches mêmes, au Brésil, dans des roches micacées, dites *Itacolumites*; à Bornéo, dans des débris de serpentine; aux Indes, dans des grès, etc.

L'Inde paraît être le premier pays où ait été découvert le diamant, les principaux gîtes sont dans le Bengale et le Decan. C'est là que se trouvent les célèbres mines de Gani, de Baolconda, de Gouel, de Pastéal. On le trouve quelquefois bien exempt de toute matière étrangère, mais c'est là un cas assez rare; généralement, il est enveloppé dans une gangue ou croûte opaque et dure, formée le plus souvent d'une argile ferrugineuse. Voici généralement comment on procède aux Indes : On creuse le sol jusqu'à ce qu'on trouve l'eau, la terre provenant de cette fouille est transportée dans une enceinte et délayée de façon à entraîner les portions légères. Lorsqu'il ne reste plus qu'un gros sable, on le fait sécher au soleil, on le vanne, pour en séparer le fin; on écrase ce qui reste au pilon, on vanne de nouveau, en répétant ces opérations jusqu'à ce qu'il ne reste qu'un sable à peu près uniforme, où l'on recherche les diamants avec le soin le plus scrupuleux. C'est alors qu'il faut de la part des chefs de travaux une grande surveillance pour empêcher les détournements de la part des ouvriers. Cette méthode un peu primitive est remplacée aujourd'hui par une autre, perfectionnée et plus rapide, par l'emploi d'appareils de lavage et de séparation.

Le Brésil est, après les Indes, le pays où l'on récolte le plus de diamants. Les gîtes sont dans la province de Minas-Geraës, district de Serra-do-Frio, dans la croûte terreuse des montagnes, ainsi que dans les lits des rivières voisines, où les diamants sont conduits par entraînement. On recueille ces sables et les soumet à un lavage et à un triage soigné. La gangue est appelée *cascalho*. La production moyenne est d'environ 15 livres par an.

L'île de Bornéo, la Sibérie, en fournissent également. Enfin, dans ces dernières années, des gîtes considérables ont été trouvés au Cap. Les diamants qu'ils fournissent offrent des dimensions généralement supérieures à celles des diamants des Indes et du Brésil; leur apparition sur le marché jeta même un grand trouble dans le commerce du diamant. Toutefois, les diamants du Cap ont ordinairement une teinte jaune particulière, qui les classe bien au-dessous des beaux diamants blancs des autres provenances; aussi, après le premier moment d'enjouement, n'ont-ils pas tardé à reprendre leur place commerciale véritable. Il y a eu, par suite de cette coloration, malgré les grosseurs des pierres, une grande dépréciation sur les premiers lots importés en Europe.

Evaluation des diamants. Les diamants se vendent toujours au poids, et l'on emploie pour cette évaluation une unité spéciale désignée par le nom de *carat*, qui se subdivise en 1/2, 1/4, 1/8, 1/16, 1/32 et 1/64 de carat. D'après Jacques Bruces, ce nom de *carat*, qui s'est écrit aussi *karat*, viendrait du nom d'une certaine semence, le kouara dont on se sert dans les Indes pour peser les diamants et les perles. La valeur du carat, en France, est de 0gr,205500, elle varie d'ailleurs très peu d'un pays à l'autre, ainsi que le montre le tableau suivant :

France	0g,205 500
Angleterre	0,205 309
Allemagne	0,205 400
Brésil	0,205 750
Hollande	0,205 393

Le diamant est toujours une matière excessivement chère; nous avons vu que la production moyenne du Brésil était de 7 kilogrammes environ, et les frais d'exploitation montent à plus de un million. Les pierres brutes, c'est-à-dire le diamant cristallisé, tel qu'il est livré de la mine, vaut entre 90 à 100 francs le carat pour les lots assortis de façon à ne pas renfermer de pierres pesant plus de 1 carat. Lorsqu'il s'agit de pierres dépassant ce poids, les prix s'élèvent dans une proportion beaucoup plus élevée. Tavernier et Jeffries avaient formulé autrefois à cet égard une règle qui, si elle n'est pas appliquée d'une façon absolue, peut servir au moins de guide pour estimer le prix de ces diamants. Voici cette règle : les prix de deux diamants sont dans le même rapport que les carrés des poids. Ainsi un diamant pesant 3 carats vaudrait 9 fois le prix d'un diamant de 1 carat. En réalité la proportion suivie est moindre.

Ce que nous venons de dire se rapporte au diamant brut, mais le diamant taillé revient beaucoup plus cher : on admet que par la taille la pierre a perdu la moitié de son poids, de telle sorte qu'un diamant taillé pesant 3 carats serait estimé 6×6 fois le prix du carat.

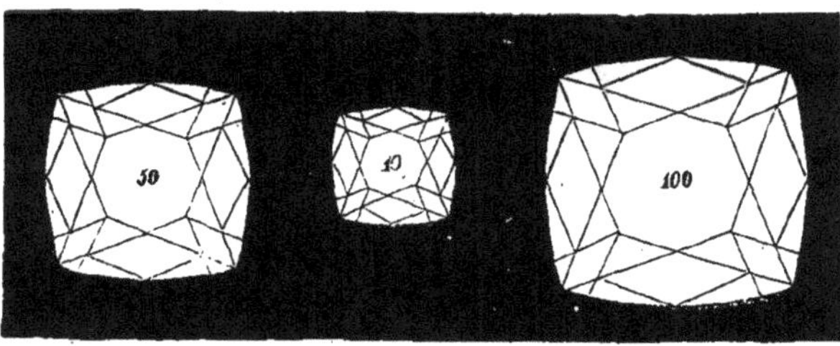

Fig. 60 à 67 — *Grandeurs des diamants de poids divers.*

Les fig. 60 à 67 montrent les dimensions, relatives aux poids les plus ordinaires, des pierres taillées du commerce. Les diamants de 1 à 3 carats sont les plus répandus. Ceux de 6 deviennent déjà de belles pierres, au-delà de 12 carats, ils forment les pierres rares.

Tous les diamants, sans parler de leur grosseur, sont loin de présenter les mêmes qualités. Il y a d'abord l'absence de tout défaut, tache, *crapaud*, comme on dit en joaillerie, qui sert à distinguer les diamants parfaits, puis ensuite parmi ceux-ci on distingue encore, d'après la blancheur, les diamants de première et de seconde eau. Il est inutile de dire que le prix du carat varie avec la qualité de la pierre, et diminue dès qu'on s'écarte des diamants sans défauts et de première eau.

Taille du diamant. Les cristaux constituant le diamant se trouvent généralement dans un état, où ils sont masqués et très imparfaits. D'autre part, la valeur des pierres précieuses et du diamant en particulier, résident dans ce que l'on appelle le *jeu de la lumière*, il est évident qu'à chaque nature de pierre, il y a une forme appropriée pour réaliser au mieux ces effets. La taille a pour but d'amener les pierres précieuses à cet état le plus convenable.

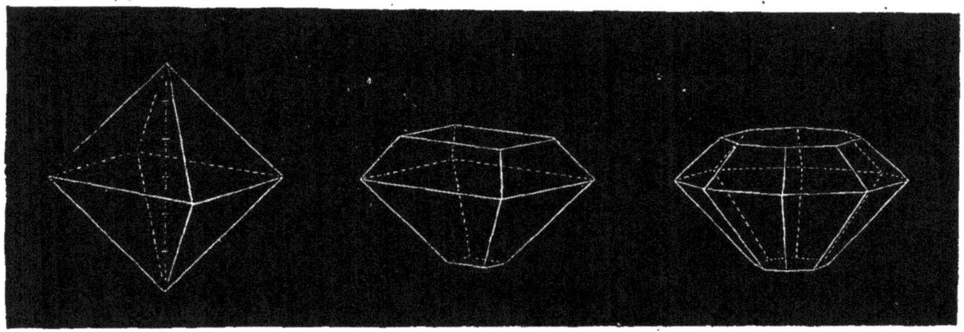
Fig. 68 à 70.

Il existe deux tailles principales pour le diamant, la taille en *brillant* et la taille en *rose*, dont le choix est subordonné à l'épaisseur de la pierre.

Brillant. Prenons un octaèdre simple (fig. 68), qui sert de point de départ pour cette taille, divisons une de ses diagonales en six parties égales, faisons passer par la deuxième division à partir du sommet supérieur, et par la première à partir du sommet inférieur, deux plans perpendiculaires à cette diagonale, nous aurons détaché deux pyramides et il restera un solide représenté par la figure 69, qui est en quelque sorte le noyau du brillant. La partie supérieure, la plus étendue, se nomme la *table*, la partie inférieure la *culasse*, la base commune aux deux pyramides tronquées formant le solide se nomme la *couronne*. On abat ensuite les huit arêtes du solide aboutissant à la table et à la culasse, de telle sorte que les deux carrés soient transformés en octogones réguliers, et le solide présente la forme que montre la figure 70. Enfin, on divise chacun des pans coupés allant de la couronne à la table ou à la culasse en quatre facettes, les premières sont les *biseaux*, les secondes le *pavillon*, et l'on est arrivé à produire ainsi soixante-quatre facettes, plus la table et la culasse. On a ainsi constitué la taille la plus parfaite, celle *du brillant double taille ou brillant recoupé*, que l'on voit dans les figures 71 et 72 en projection verticale et horizontale.

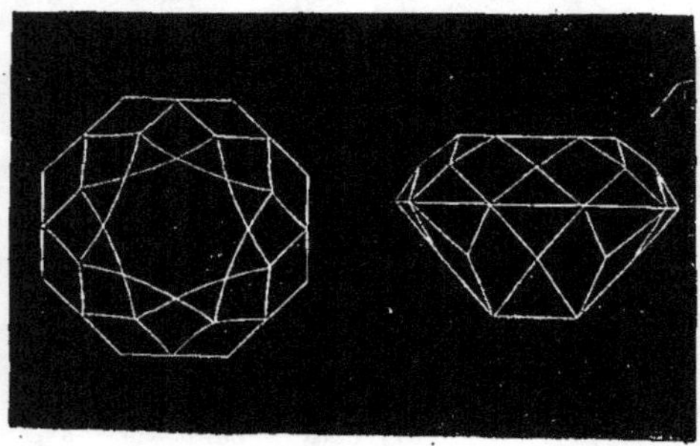

Fig. 71 et 72. — *Brillant.*

La taille en brillant offre deux autres variétés : celle du *brillant simple taille* ou *non recoupé*, dans laquelle les pans inclinés allant de la couronne à la table et à la culasse ne sont pas recoupés ; celle du *demi-brillant*, pour les pierres peu épaisses, où il n'y a pas de pavillon, la pierre est limitée en dessous par la couronne.

Rose. Ce nom vient, paraît-il, de ce que la forme donnée dans cette taille, semble se rapprocher de celle d'un bouton de rose avant l'épanouissement. La figure ainsi formée consiste en une pyramide aplatie et dont la pointe est produite par le sommet des six faces triangulaires qui forment une étoile, accompagnées de six autres triangles appliqués aux précédents, base à base, et dont les sommets se terminent sur le

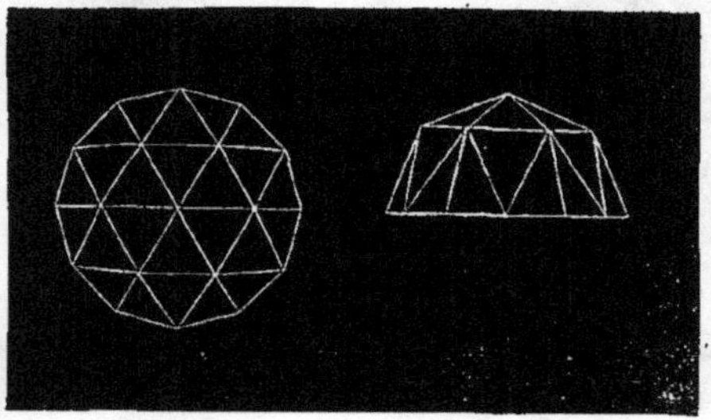

Fig. 73 et 74. — *Rose.*

contour de la base inférieure. La rose est donc pourvue de facettes sur toute sa surface. La rose que nous venons de décrire et vue en plan et en élévation dans les figures 73 et 74 a vingt-quatre facettes, c'est la *rose de Hollande*. La *demi-Hollande* n'a que dix-huit facettes ; si ce nombre diminue encore, c'est la *rose d'Anvers*.

Pour qu'une rose soit bien taillée, il faut que la hauteur de la pierre prise de la pointe ait la moitié de la largeur du diamètre de la base. La rose comporte une pointe, une couronne et une ceinture.

Ce mode de taille s'applique aux pierres ovales ou en poires dites *pendeloques*.

A côté de ces deux modes de taille, les plus usités, on peut encore citer la taille dite *Sancy* parce qu'elle a été employée pour la pierre célèbre connue sous ce nom. Ces pierres sont taillées en poires aplaties, presque rondes, ayant la forme dite *pendeloque* et facetée en dessus et en dessous, avec une très petite table en dessus. Babinet a fait remarquer que cette taille aurait pu être employée avantageusement pour quelques pierres remarquables, telles que l'Étoile du Sud, sans entraîner à une aussi grande perte de poids que le mode adopté. Enfin la *taille à étoile* due à Caire et à peu près abandonnée aujourd'hui. Elle présente au centre une table hexagone, dont le diamètre est environ égal au quart de la grandeur de la pierre. Des six côtés de l'hexagone partent autant de faces triangulaires inclinées vers les bords de la ceinture ; et ces triangles, par une longueur plus grande aux extrémités, forment des rayons divergents, une sorte d'étoile, au moyen de six faces planes, espèce de secteurs également recourbés, qui, de la ceinture, viennent aboutir aux angles de l'hexagone central. Le dessous de la pierre peut se diviser, soit par six pavillons aboutissant à une très petite culasse dont les arêtes se rencontrent au milieu des secteurs, ou à fermer une petite culasse hexagonale d'où partent six rayons, formant une figure correspondante à celle de dessus.

Opérations de la taille. Trois séries d'opérations sont nécessaires pour tailler un diamant. Le *clivage* ou *fendage*, la *taille* proprement dite, et le *polissage*. Le fendage a pour but de débarrasser la pierre brute des croûtes qui l'enveloppent, et en s'appuyant sur le clivage facile du diamant, de tirer du morceau plus ou moins déformé le plus gros solide géométrique régulier. Le matériel des tailleurs de diamant est d'ailleurs assez simple Des bâtons ou manches à renflement, armés d'une virole en cuivre qui dépasse le bois, une boîte appelée *égrisoir*, portant sur les bords deux chevilles contre lesquelles l'ouvrier appuie ses bâtons comme un rameur sur les chevilles de la barque, une lame mousse en acier trempé et une masse en fer ayant la forme de deux cônes réunis par le sommet. Tels sont, en dehors des tours dont nous parlerons tout à l'heure, le seul outillage nécessaire.

Ayant déterminé la face sur laquelle le travail de fendage doit porter, on fixe le diamant à l'extrémité de la virole à l'aide d'un mastic composé de résine et de brique pilée, qui se ramollit à la chaleur. A l'aide d'un second bâton armé d'un diamant à arêtes vives, le cliveur, appuyant ses deux bâtons contre les chevilles de l'égrisoir, leur imprime un mouvement de va-et-vient, de façon à déterminer sur le diamant à cliver une petite entaille en forme de V. Le bâton est alors fiché droit sur un bloc de plomb, et, à l'aide du tranchant et de la masse, par un coup sec, on fend le diamant suivant ses faces de clivage. Les morceaux ainsi obtenus sont classés par grosseur dans une petite boîte à compartiments.

Le tailleur, qui succède au cliveur, opère de la façon suivante. Ayant enchâssé deux diamants de même grosseur dans les bâtons, il les frotte l'un contre l'autre au-dessus de l'égrisoir, de façon à faire tomber toutes les parties croûteuses qui subsistent et à leur donner la forme qu'ils doivent recevoir définitivement, brillant ou rose déterminant la table, la couronne, la culasse quelquefois, mais cependant pas toujours, les facettes du collier et du pavillon, cette dernière partie du travail se faisant souvent lors de la dernière opération du polissage. Le tailleur doit être un ouvrier excessivement habile, car le poids définitif de la pierre, et par suite sa valeur dépendent dans une certaine mesure de la façon dont il conduit son travail.

Il n'est pas nécessaire d'insister beaucoup sur les conditions d'ordre et de propreté indispensables pour la tenue d'un atelier de taillerie de diamants, par suite de la valeur considérable des matières mises en œuvre, ainsi que des dimensions excessivement petites de la plupart des pierres maniées par les ouvriers.

Le polissage a pour but de donner au diamant l'éclat et la transparence qui forment son caractère propre, car en sortant des mains du tailleur, il est gris et terne, et enfin, dans certains cas, de produire le recoupement des faces primitives, pour les remplacer par un nombre plus ou moins grand de petites facettes. Avant de polir les diamants on les *sertit*; c'est-à-dire qu'on les enchâsse dans une petite coquille de cuivre, en forme de coupe de gland, à l'aide d'un alliage de plomb et d'étain qui enveloppe le diamant, dont la partie à polir émerge seule au sommet d'une sorte de cône en alliage. Il en résulte que chaque fois que l'ouvrier doit changer la face à polir, il faut faire fondre l'alliage, enlever le diamant et le replacer convenablement. Étant donné la petitesse des pierres ordinaires, on imagine combien ce travail est délicat, et cependant en regardant les ouvriers qui l'exécutent, on ne saurait en découvrir la difficulté, tant ils y mettent d'habileté. La pierre une fois sertie, on saisit la coquille par la queue dans une pince à mâchoires, réglées à l'aide d'une vis à écrou, et dont les branches portent deux appendices constituant avec la coquille une sorte de trépied, qui sert au polisseur à maintenir avec un seul bras la pierre sur la roue à polir, pendant que les deux pieds de la pince reposent sur la table de son établi. La meule est formée d'une roue d'acier non trempé, ou en fer, placée horizontalement, traversée par un axe qui tourne sur des morceaux de bois de gaïac, ayant environ quarante centimètres de diamètre, et à peine un centimètre d'épaisseur au bord. On la recouvre d'une pâte faite d'huile et de poudre de diamant, ou *égrisée*. Dans un atelier de polissage, toutes les meules reçoivent leur mouvement d'un grand disque horizontal placé au centre de la pièce, par l'intermédiaire de cordes à boyau ou autres. La différence de diamètre, entre ce disque et les meules, fait qu'elles marchent avec une vitesse de 2500 tours par minute. Le point capital que l'on doit bien observer dans la construction des charpentes où sont établies chacune des cases à polir, c'est que les meules conservent toujours une horizontalité absolue. La figure 75 montre l'installation des outils à polir.

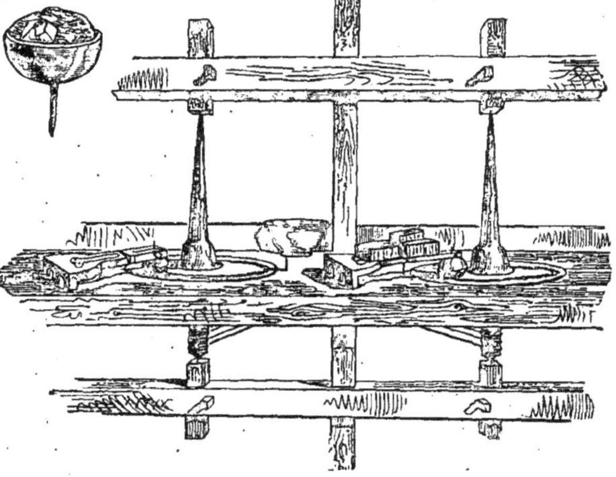

Fig. 75. — *Polissage du diamant.*

PRODUCTION ARTIFICIELLE DU DIAMANT. La nature du diamant une fois connue, les chimistes et les physiciens ont été naturellement conduits à rechercher la cristallisation du carbone. Bien que ces recherches n'aient pas donné de résultats susceptibles d'une application industrielle, ils offrent un intérêt scientifique tel qu'on ne saurait les passer sous silence.

Les premiers essais qui eurent quelque retentissement furent ceux de Gannal en 1828. Il mettait en présence le sulfure de carbone et le phosphore, espérant que le phosphore s'emparerait lentement du soufre, et que le carbone mis en liberté cristalliserait. Les résultats obtenus furent purement négatifs.

M. Despretz chercha ensuite la production du diamant par la fusion directe du carbone. Il employa, à cet effet, la chaleur fournie par la batterie de piles Bunsen la plus puissante qu'il ait pu former. Là encore les résultats furent négatifs. Il eut recours alors non plus à une action violente et de courte durée, mais à des courants d'induction, faibles, intermittents et de longue durée, en employant la bobine de Rhumkorff, et soumettant le charbon entre les deux pôles de ces courants au sein d'un œuf électrique. La pile comportait quatre éléments Daniell réunis deux à deux, la longueur de l'étincelle dans l'œuf était de cinq centimètres, l'expérience fut prolongée plus d'un mois. Les fils se trouvèrent recouverts d'une légère couche de charbon, où, à l'aide d'un microscope grossissant trente fois, on put discerner la présence d'octaèdres noirs et d'autres blancs. Dans une autre expérience, il avait fixé un cylindre de charbon pur au pôle positif d'une pile faible de Daniell, à l'autre un fil de platine, et plongé les deux pôles dans l'eau légèrement acidulée. Au bout de deux mois, le fil négatif s'est recouvert d'une poudre noire, où l'examen au microscope n'a rien pu découvrir, mais qui, mêlée avec un peu d'huile, permettait de polir le rubis. Il est donc certain que M. Despretz a obtenu artificiellement le diamant, mais on voit que l'intérêt de ces travaux est purement scientifique ; ils ont démontré que le diamant ne devait pas être d'origine ignée.

En terminant, nous relaterons l'opinion émise par le célèbre ingénieur des mines, M. de Chancourtois, qui, par analogie avec ce qui se passe dans les solfatares où, sous l'influence d'une oxydation humide et lente, l'hydrogène sulfuré se transforme lentement en eau et en soufre cristallisé, a pensé qu'en soumettant les hydrogènes carbonés à une action semblable, on pourrait peut-être obtenir la cristallisation du carbone. Aucune expérience ne permet de rejeter ou d'admettre cette opinion.

IMITATION DU DIAMANT. On peut chercher à imiter le diamant, soit à l'aide de pierres trouvées dans la nature et qui s'en rapprochent comme éclat et couleur, soit à l'aide de matériaux factices, de verres spéciaux.

La topaze et le saphir, dans leurs variétés incolores, peuvent assez facilement être pris pour du diamant. Leur dureté presque aussi grande, puisqu'elle est exprimée par le nombre 9, quand celle du diamant l'est par le nombre 10, leurs densités sensiblement égales favorisent la confusion, qui ouvre un large champ à la fraude, car on a recherché depuis longtemps, dans ce but, à décolorer les topazes et les saphirs, les premières en les chauffant, les seconds en les maintenant dans un bain d'or fondu, ou en les enveloppant de craie et les soumettant à une température énergique. Mais il est un élément qui permet facilement de distinguer ces matières entre elles, c'est leur indice de réfraction qui mesure 2,439 pour le diamant et seulement 1,768 pour le saphir blanc, et 1,610 pour la topaze.

La matière qui est la plus employée pour fabriquer les faux diamants, ou diamants d'imitation, c'est le *strass*, verre à base de plomb, déjà connu au XVIIe siècle, bien avant la fabrication même du cristal, et que l'on arrive à établir aujourd'hui, sous des noms commerciaux divers, avec une telle perfection de couleur et d'éclat qu'il est souvent difficile de distinguer à première vue, surtout dans les bijoux montés un vrai diamant d'un faux. D'après M. Dumas, la composition du strass serait :

Silice	38,2
Oxyde de plomb	53,0
Potasse	7,8
Alumine, borax, acide arsenieux	traces

La qualité sera d'autant plus belle que la fusion sera plus prolongée. Les alchimistes n'obtenaient le strass que par un moyen détourné, en partant d'un smalt ou émail, formé de verre et d'un oxyde métallique qui était l'oxyde de plomb, substance opaque qui était fondue de nouveau avec de la chaux et de l'oxyde de plomb. Ces opérations successives obligeaient à maintenir la matière en fusion pendant d'assez longues périodes, et c'est peut-être à ce fait qu'il faut attribuer les qualités que l'on rencontre dans quelques échantillons de strass ancien, si appréciés des amateurs.

Un métal, découvert en 1862 par M. Lamy, le *thallium*, permet, à l'aide de ses sels qui fournissent un cristal d'une grande pureté, d'obtenir par la taille de nouvelles imitations se rapprochant encore plus du diamant que le strass. Enfin, MM. Henri Sainte-Claire Deville et Wœhler, par la cristallisation du bore préparé en faisant réagir l'aluminium sur l'acide borique à une très haute température, ont obtenu sous forme de cristaux octaédriques une matière dite *bore adamantin* analogue au diamant. Une des causes qui s'est opposée au développement industriel de cette nouvelle matière, outre les difficultés de sa préparation, repose dans la petitesse des cristaux obtenus jusqu'ici. — R.

II. **DIAMANT.** 1° *T. techn.* Outil du vitrier et du miroitier qui sert à couper le verre, et qui consiste en une pointe de diamant fin fixée à un manche. || 2° On emploie également le diamant pour la taille et le polissage des pierres dures. || 3° *T. d'arch.* Ornement taillé à facettes et qui, dans l'architecture romano-byzantine particulièrement, décorait les archivoltes des portails et les moulures des corniches extérieures. || 4° Forme d'une pierre à bossages.

DIAMANTAIRE. *T. de mét.* Ouvrier lapidaire qui fait la taille du diamant.

* **DIAMANTIFÈRE.** *T. de minér.* Sable, terrain contenant du diamant.

DIAMÈTRE. **T.** *de géom.* Le diamètre, conjugué à une direction donnée par rapport à une courbe donnée, est le lieu des milieux des cordes de la courbe parallèles à la direction considérée. Pour une courbe quelconque de degré n, ce lieu est généralement une courbe de degré $\frac{n(n-1)}{2}$, qui peut se trouver abaissée au degré $\frac{n(n-1)}{2}-1$, dans le cas où on cherche le diamètre conjugué à une direction asymptotique à la courbe.

Analytiquement, ce diamètre peut se déterminer de la manière suivante :

Soit $f(x,y)=o$ l'équation de la courbe,

$$y=ax+b$$

l'équation d'une corde quelconque, dont la direction est donnée par le coefficient a, les points d'intersection de la corde et de la courbe sont donnés pour chaque valeur de b par l'équation

$$f(x, ax+b)=o\,;$$

on devra former une nouvelle équation

$$\varphi(x, a, b)=o$$

ayant pour racines les demi-sommes x_1 des racines de l'équation donnée prises deux à deux; et comme le point x_1 se trouve également sur la droite considérée, on éliminera b entre l'équation de la courbe et celle de la droite pour obtenir l'équation du diamètre.

Nous devons d'ailleurs nous attacher ici spécialement aux courbes du second degré dont les diamètres sont alors des lignes droites déterminées par l'équation $f'_x + a f'_y = o$.

L'ellipse a tous ses diamètres réels et rencontrant la courbe. Dans le cas général, ces diamètres sont obliques sur leurs directions conjuguées, la courbe possède seulement deux diamètres conjugués qui sont normaux entre eux et prennent le nom d'*axes*. Dans le cercle, cas particulier de l'ellipse, tous les diamètres sont des axes et sont tous égaux. Dans l'ellipse, deux diamètres conjugués seulement sont égaux entre eux. — V. CENTRE (fig. 317, tome II).

Dans la parabole, les diamètres sont tous parallèles à l'axe, quelle que soit la direction conjuguée. (V. fig. 320, tome II).

Dans l'hyperbole, les deux diamètres conjugués sont toujours compris dans un angle différent des asymptotes, et l'un seul des deux coupe réellement la courbe. (V. fig. 318, tome II).

Les diamètres conjugués des courbes du second degré jouissent de certaines propriétés que nous ne pouvons reproduire ici; rappelons seulement le théorème célèbre d'Apollonius : la somme des carrés des diamètres conjugués est constante dans l'ellipse, et dans l'hyperbole la différence de ces carrés est constante.

On considère également pour les surfaces du second degré les plans diamétraux conjugués à une direction donnée, et l'équation s'en obtient par le même procédé que le diamètre des courbes correspondantes; mais pour ne pas sortir des cadres de ce *Dictionnaire*, nous n'y insisterons pas ici en raison des détails que nous avons déjà donnés au mot CENTRE. — B.

***DIAMIDOBENZINE.** — V. l'art. suivant.

***DIAMINES.** *T. de chim.* On nomme *diamines* des bases dérivant des hydrocarbures par remplacement de deux atomes d'hydrogène par des groupes AzH^2 (amide). On distingue entre *diamines aromatiques* et *diamines de la série grasse*, suivant que le corps hydrocarboné dont elles dérivent appartient à l'une ou à l'autre de ces séries. Exemple :

$$C^6H^4 < \begin{matrix} AzH^2 \\ AzH^2 \end{matrix}$$

la phénylène-diamine, dérivant de la benzine C^6H^6, est une diamine aromatique, tandis que le corps

$$C^2H^4 < \begin{matrix} AzH^2 \\ AzH^2 \end{matrix}$$

éthylène-diamine, dérivant d'un hydrocarbure saturé C^2H^6 (éthane) est une diamine de la série grasse.

Les diamines aromatiques sont les seules qui aient reçu des applications industrielles. La *phénylène-diamine*, dont la préparation a été décrite à l'article COLORANTES (Matières) est la plus simple des diamines aromatiques. Elle sert à la fabrication du brun de phénylène ou brun Bismark. Les diamines jouent également un rôle important dans la fabrication des safranines. — V. COLORANTES (Matières).

***DIANE** (ARTÉMISE) répond à la lune comme Apollon répond au soleil. La ressemblance du croissant de la lune avec un arc d'or a fait donner à Diane les attributs d'une chasseresse. Déesse toujours vierge, elle n'a pourtant pas dans ses allures la gravité de Minerve. Vêtue de la courte chemise dorienne, les bras et les jambes nues, elle court dans les bois accompagnée de ses nymphes. Ses attributs ordinaires sont l'arc, le carquois et le flambeau. La forme de Diane a varié. Le temple d'Ephèse contenait une image de la déesse appartenant aux plus anciennes époques de l'art, et que nous ne connaissons que par les descriptions. Son corps avait la forme d'une gaîne et était couvert d'attributs divers. *C'était une idole dans l'antique acception du mot*, et son style asiatique n'avait rien de l'art grec, mais elle était extrêmement vénérée par les populations. Ce type grossier demeura longtemps en Asie comme la forme consacrée de la déesse; mais la Grèce demandait autre chose à l'art. On attribue aux sculpteurs Scopas et Praxitèle l'honneur d'avoir fixé le type de Diane. Elle se reconnaît au croissant qu'elle porte au-dessus du front, à son arc et quelquefois à son flambeau. « Douée de tous les attraits de son sexe, dit Winckelmann, Diane paraît ignorer qu'elle est belle; cependant, ses regards ne sont pas baissés comme ceux de Pallas; ses yeux brillants et pleins d'allégresse sont dirigés vers l'objet de ses plaisirs, la chasse. Ses cheveux sont relevés de tous côtés sur sa tête et forment par derrière sur le cou, un nœud à la manière des vierges: sa taille est plus légère et plus svelte que celle d'une Pallas ou d'une Junon. Le plus souvent, Diane n'a qu'un léger vêtement qui ne lui descend que jusqu'aux genoux. »

La plus belle statue que l'on connaisse de cette déesse est au Musée du Louvre : c'est la *Diane à la biche*. La déesse en habit de chasseresse tient l'arc dans sa main gauche abaissée, tandis que de la droite elle cherche une flèche dans le carquois suspendu sur son épaule par une courroie; ses jambes sont nues et elle est chaussée de riches sandales: près d'elle est une biche qui court et qu'elle protège. C'est la biche Cyrénée qui avait des cornes d'or et des pieds d'airain. Hercule, forcé par les destinées d'obéir à Eurysthée, avait reçu de son tyran l'ordre de lui apporter à Mycènes cet animal vivant. Après l'avoir poursuivi dans vingt contrées différentes, il avait fini par s'en emparer en Arcadie; mais à peine l'avait-il en sa possession que Diane vint lui enlever sa proie en le menaçant de ses traits; car la biche aux cornes d'or était consacrée à la déesse. Ainsi se trouve justifiée dans la statue la pose de Diane, qui, sans arrêter sa course, tourne un regard animé vers le héros qu'elle menace.

Le Musée du Louvre possède une autre statue antique très célèbre, intitulée *Diane de Gabie*; elle est également vêtue d'une chemise courte et tient d'une main l'agrafe de son manteau. L'attitude de cette figure est charmante et l'agencement des draperies est des plus gracieux. Elle n'a pas les attributs ordinaires de Diane, ce qui fait qu'Ottfried Muller pense qu'elle représente, non pas la déesse elle-même, mais une de ses nymphes.

Les représentations de Diane dans l'art moderne sont innombrables depuis la Renaissance. Une des plus célèbres est le fameux bas-relief de Benvenuto Cellini, représentant Diane chasseresse couchée, qui décorait la grande porte de la façade du château d'Anet appartenant à Diane de Poitiers, maîtresse de Henri II. Le pavillon central de cette façade est maintenant dans la cour de l'Ecole des Beaux-Arts à Paris; mais le bas-relief est au Louvre.

* **DIANÉMOMÈTRE.** *T. techn.* Instrument imaginé par M. Marcel Deprez, pour représenter tous les éléments d'une distribution. Cet appareil est un des plus simples qu'on puisse employer dans l'étude des distributions, car il donne immédiatement, par le simple déplacement d'une réglette, toutes les indications nécessaires; aussi croyons-nous devoir reproduire intégralement la notice publiée par M. Deprez qui donne le principe de l'appareil, et indique en même temps les positions à donner à la réglette pour tous les renseignements et les constructions dont on peut avoir besoin.

« *Théorie du dianémomètre.* L'équation générale du mouvement d'un tiroir conduit par un excentrique à bielle infinie est :

$$z = r \sin(\omega + \alpha) \quad (1).$$

r étant le rayon de l'excentrique,
ω l'angle dont a tourné la manivelle motrice,
α l'angle d'avance de l'excentrique,
z l'écart du tiroir de sa position moyenne.

On sait d'ailleurs (V. Distribution) que toute distribution, dont le mouvement est pris sur l'essieu moteur, donne pour le mouvement du tiroir une équation qui se ramène à l'équation (1), augmentée d'un terme de correction δ, dû à l'influence de l'obliquité des bielles. Dans les épures on néglige δ, mais avec le *dianémomètre*, on peut en tenir compte, et on a alors rigoureusement la valeur de z.

$$z = r \sin(\omega + \alpha) + \delta.$$

Si dans (1) on fait $\omega = o$, il vient :

$$x = r \sin \alpha.$$

Remarquons que cette quantité est constante pour toute distribution par coulisse à avance constante, car elle est précisément égale à l'écart du tiroir de sa position moyenne, lorsque la manivelle motrice passe par le point mort, cet écart étant constant pour tous les crans de détente et égal à la somme du recouvrement extérieur du tiroir et de l'avance linéaire à l'admission. Ceci établi, traçons une circonférence (fig. 76) dont le rayon soit précisément égal à $r \sin \alpha$, que nous connaissons tout de suite quand nous avons les dimensions du tiroir d'une machine. Prenons une

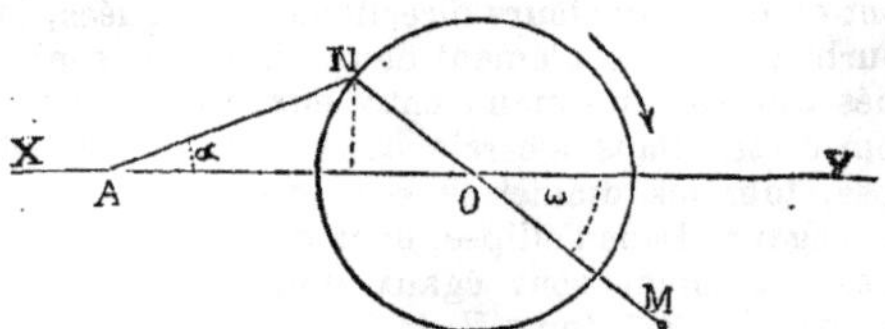

Fig. 76. — *Diagramme d'une distribution par tiroir.*

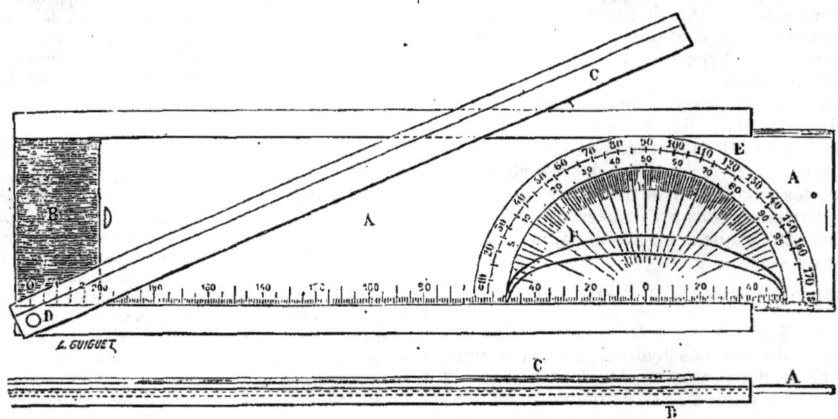

Fig. 77. — *Vue du dianémomètre.*

position quelconque OM de la manivelle motrice, et prolongeons celle-ci dans le sens ON jusqu'à sa rencontre en N avec la circonférence tracée. Projetons maintenant le point N sur l'axe XY (qui est celui de la tige du tiroir), par une ligne NA faisant avec XY un angle α précisément égal à l'angle de calage; la distance AO est précisément égale à l'écart du tiroir donné par la formule :

$$z = r \sin(\omega + \alpha)$$

Nous avons, en effet :

$$\frac{AO}{NO} = \frac{\sin[180 - (\alpha + \omega)]}{\sin \alpha} \quad \text{ou} \quad \frac{AO}{r \sin \alpha} = \frac{\sin(\omega + \alpha)}{\sin \alpha}$$

Enfin :

$$AO = z = r \sin(\omega + \alpha)$$

Tel est le principe sur lequel repose le dianémomètre au moyen duquel, étant donné le recouvrement extérieur d'un tiroir et l'avance linéaire à l'admission, on peut, comme on le verra, trouver toutes les phases d'une distribution. La ligne de projection NA y est représentée (fig. 76) par une tige qui permet de projeter les positions N avec tous les angles d'avance qui seraient compris entre 0° et 90° et auxquels correspondrait, soit un excentrique véritable, soit une position donnée d'un coulisseau dans sa coulisse.

Ainsi, d'une manière générale, pour un angle de projection α égal à l'angle d'avance, la projection NA vient toujours rencontrer, sur la direction suivant laquelle il se meut, le centre du tiroir, pendant que le point N représente *l'opposé* de la situation de la manivelle motrice, que l'on peut traduire en angle par le moyen d'un rapporteur placé sur la règle. D'autre part, il est évident que la position ultime du tiroir, à droite et à gauche de son centre d'oscillation O, correspond au cas où la projetante oblique AN devient tangente au cercle. En un mot, on voit qu'avec l'instrument, on a tout de suite la position du tiroir connaissant celle de la manivelle ou réciproquement.

Pour les coulisses à avance constante, les résultats de la marche d'une machine s'obtiennent tout de suite et avec une *rigoureuse exactitude*. Pour les coulisses à avance variable, $r \sin \alpha$, c'est-à-dire la somme du recouvrement et de l'avance linéaire, change avec chaque cran d'admission, et il faut pour chacun d'eux calculer la valeur nouvelle de l'avance; en ajoutant celle-ci au recouvrement extérieur on a le rayon $r \sin \alpha$ de la circonférence qui donnera toutes les phases de la distribution.

I. *Description de la règle*. Cet instrument se compose (fig. 77) :

1° D'une glissière A se mouvant dans une coulisse B;

2° D'une réglette C pouvant pivoter autour d'un point fixe D.

Sur la glissière, on voit :

1° Un demi-cercle extérieur E divisé en degrés;

2° Un demi-cercle intérieur F de 100 millimètres de diamètre divisé en 100 parties, qui sont les positions d'une manivelle à chaque centième de sa course, la bielle étant supposée infinie, le diamètre du demi-cercle F représentera donc la course du piston;

3° De deux demi-ellipses ayant même grand axe, et dont les petits axes sont : pour la première, la moitié du grand axe, et pour la seconde, le tiers.

II. *Etude d'une distribution*. On a supposé dans la construction de la règle, que le recouvrement extérieur du tiroir ajouté à l'avance linéaire, donnait une somme constante et égale à 50 millimètres. Dans le cas général, désignons par r le recouvrement extérieur supposé le même des deux côtés, par a l'avance linéaire, par k et k' les rapports $\frac{50}{r+a}$ et $\frac{r+a}{50}$. Toutes les quantités linéaires (exprimées en millimètres), telles que recouvrement, ouverture maxima des lumières, course du tiroir, mesurées sur la machine devront être transportées sur la règle après avoir été multipliées par $\frac{50}{r+a}$, et, au contraire, pour passer des longueurs lues sur l'échelle millimétrique de la règle aux quantités linéaires réelles qui se rapportent à la machine, il faudra les multiplier par $\frac{r+a}{50}$.

Pour fixer les idées, faisons :

$$r = 30 \text{ millimètres}; \; a = 5.$$

Nous aurons :

$$\frac{50}{35} = 1,43 = k, \text{ et } \frac{35}{50} = 0,7 = k'.$$

D'après ce que nous avons dit, les quantités qui sur la règle correspondent à r et à a seront :

$$r \times k \text{ et } a \times k \text{ ou } 30 \times 1,43 \text{ et } 5 \times 1,43$$

qui donnent respectivement sur la règle pour le recouvrement et l'avance 43 millimètres, et 7 millimètres.

III. *Orientation de la réglette* C. Pour connaître maintenant tous les résultats de la distribution de l'exemple choisi, et pour un cran quelconque, 60 0/0 d'admission, par exemple, plaçons l'ins-

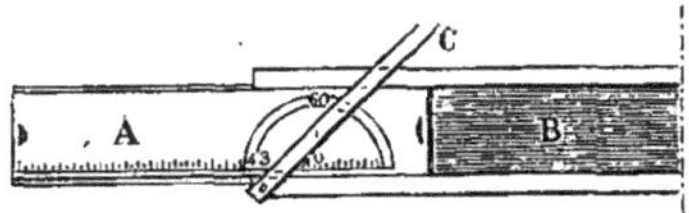

Fig. 78. — *Etude des positions à donner à la réglette du dianémomètre* (fig. 78 à 84).

trument dans la position de la figure 78, la réglette passant exactement par 43 millimètres $(= r \times k)$ à gauche du centre O et par la division 60 du demi-cercle intérieur; ceci fait, ne touchons plus à la réglette C, dont l'inclinaison va nous donner successivement toutes les conditions de la distribution.

IV. *Mesure de la course du tiroir*. Faisons courir la glissière A jusqu'à ce que la réglette C soit

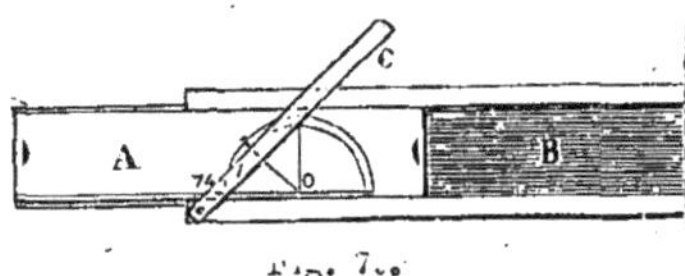

Fig. 79.

tangente au demi-cercle intérieur (fig. 79) et lisons sur la ligne horizontale, la distance du zéro au point où la réglette la coupe, nous trouvons 74 millimètres, c'est la demi-course; donc

$$74 \times 2 = 148 = \text{la course entière,}$$

donc $148 \times k'$, ou dans ce cas $148 \times 0,7 = 103,6$ millimètres = *la course demandée*.

V. *Mesure de l'ouverture maxima des lumières*. La même position de la réglette (fig. 79) nous donne la mesure de l'ouverture maxima des lumières; elle est égale à la demi-course, moins le recouvrement, c'est-à-dire à :

$$(74 - 43) k' = 31 \times 0,7 = 21,7 \text{ millimètres.}$$

On aurait encore l'ouverture maxima par la course que nous avons trouvée précédemment = 103,6 millimètres, en effet :

$$\frac{103,6}{r} - 30 = 21,8 \text{ l'ouverture maxima.}$$

VI. *Situation du piston quand l'ouverture maxima a lieu*. La règle étant toujours à la position de la figure 79, le chiffre qu'on lit au point de tangence du demi-cercle donne la situation exacte du piston; pour ce cas, c'est 17 0/0. Comme règle pratique, on peut contrôler cette lecture en faisant un peu courir la glissière A à gauche, et en regardant sur lequel des rayons la réglette C est perpendiculaire, ce rayon sera celui qui donne la position du piston.

Nous rappelons ici que *toutes les quantités lues sur les deux demi-cercles sont réelles*, sauf les influences de l'inclinaison de la bielle sur la manivelle que nous corrigerons plus tard. Les distances linéaires seules ont besoin d'être multipliées par k' pour être ramenées à la réalité.

VII. *Mesure de la compression.* Soient d'abord les recouvrements intérieurs nuls; amenez la glissière à la position de la figure 80; le biseau et la ré-

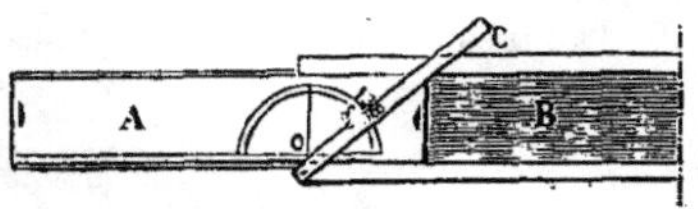

Fig. 80.

glette, passant par le centre, coupe le demi-cercle intérieur à la division 86 0/0 de la course: c'est en ce point que commence précisément la compression dont la durée sera, par conséquent, égale à : $100-86=14$ 0/0.

La compression est donc de 14 0/0.

2° S'il y avait un recouvrement intérieur de 3m/m,5, par exemple, il correspondrait sur la règle à $3{,}5 \times k = 3{,}5 \times 1{,}43 = 5$ millimètres; on mettrait la règle dans la position de la figure 81,

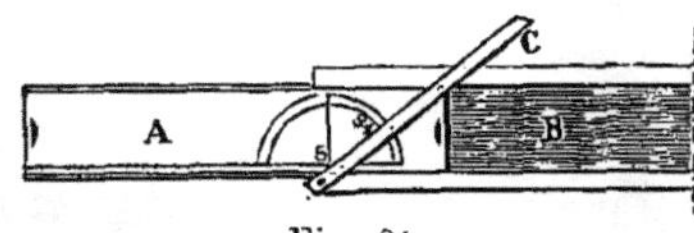

Fig. 81.

la réglette étant à 5 millimètres à gauche du zéro, le point où elle coupe le demi-cercle intérieur donne la nouvelle compression; elle le coupe à 84 0/0 de la course, donc elle est égale à

$$100-84=16 \text{ 0/0}$$

de la course.

3° Si le recouvrement intérieur était négatif de 3m/m,5, aussi, on placerait (figure 82) la réglette à

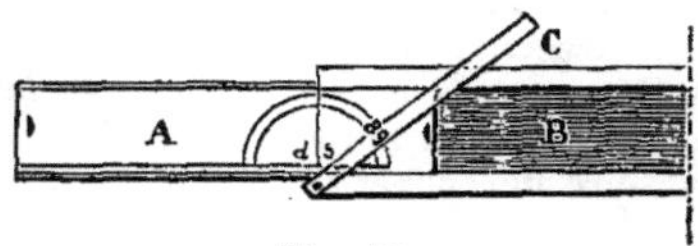

Fig. 82.

5 millimètres à droite du zéro et on lirait sur le demi-cercle intérieur la compression qui serait alors de : $100-89=11$ 0/0.

VIII. *Mesure de l'échappement anticipé.* Même méthode que pour la compression si les recouvrements intérieurs sont nuls (fig. 80). Si les recouvrements intérieurs sont positifs, il faudra placer la réglette à droite (fig. 82); si ces recouvrements sont négatifs, il faudra placer la réglette à gauche (fig. 81).

Exemple (mêmes recouvrements intérieurs que dans le paragraphe précédent) :

Avec recouvrement intérieur nul, échappement $=14$ 0/0;

Avec recouvrement positif de 3m/m,5, échappement $=11$ 0/0.

Avec recouvrement négatif de 3m/m,5, échappement $=16$ 0/0.

IX. *Mesure de l'admission anticipée ou à contre-vapeur.* Mettre dans la position de la figure 83 la

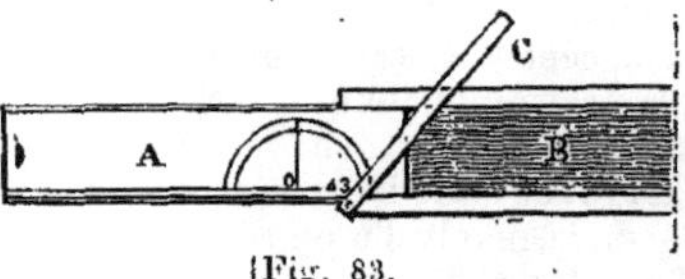

Fig. 83.

réglette à 43 millimètres du zéro, c'est-à-dire, à la distance du recouvrement extérieur

$$(30 \times k = 30 \times 1{,}43 = 43 \text{ millimètres})$$

nous lisons sur le demi-cercle intérieur 99,5 0/0 de la course, donc : $100-99{,}5=0{,}5$ 0/0.

L'admission anticipée a donc lieu pendant 0,5 0/0 ou 1/2 0/0 de la course du piston.

X. *Mesure du rayon et du calage de l'excentrique qui produirait la distribution précédente.* Le rayon nous est donné par la figure 79, qui sert à mesurer la course du tiroir, car le rayon cherché est égal à la demi-course que nous connaissons déjà.

Quant à l'angle d'avance de l'excentrique, il sera précisément égal à l'inclinaison de la réglette sur l'horizontale, et la figure 80 nous donnera cet angle qu'on lira sur le demi-cercle extérieur divisé en degrés $=42°$.

XI. *Influence de la bielle.* Les résultats que nous avons trouvés sont la moyenne des résultats de la pratique; mais il est facile avec la règle d'avoir la réalité, pour chaque longueur de bielle, et pour chaque demi-tour de manivelle; pour cela :

1° Multiplions 50 millimètres par le rapport de la bielle à la manivelle, soit 5 ce rapport, on a

$$50 \times 5 = 250.$$

2° Prenons une ouverture de compas égale à ce produit : 250 millimètres.

3° Plaçons la règle dans la position de la figure 84, de façon qu'il y ait plus de 250 millimètres

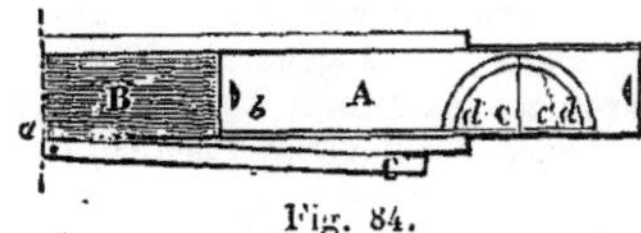

Fig. 84.

entre l'extrémité gauche de l'instrument, et l'extrémité gauche du demi-cercle intérieur.

XII. *Rectification de la position du piston quand a lieu l'ouverture maxima.* Nous avons vu figure 79 que le piston était à ce moment à 17 0/0. Plaçons notre compas à 17 0/0 et son autre pointe au point où elle rencontrera la ligne *a b* tracée sur la coulisse B (fig. 84), autour de ce dernier point comme centre; traçons un arc de cercle qui coupera le diamètre en *c*, le nombre de millimètres contenu dans *c d* représente, en centièmes de la course du piston, la position réelle de ce dernier avec une bielle égale à cinq fois la manivelle. Nous trouvons 19,5 0/0 de la course. Voilà pour un premier demi-tour de la manivelle.

Pour le second demi-tour, nous plaçons une

des pointes du compas sur le demi-cercle intérieur à $100-17=83$, l'autre pointe sur la ligne ab ; de ce point, traçons un autre demi-cercle qui coupe le diamètre en c' ; la longueur

$$c'd'=14 \text{ millimètres}=14\ 0/0$$

de la course du piston = la longueur cherchée.

Ainsi l'ouverture maxima a lieu à 19,5 0/0 de la course dans un demi-tour de la manivelle, et dans l'autre à 14 0/0 (moyenne 17 0/0).

XIII. *Rectification de la compression et de l'échappement anticipé.* Nous avons trouvé 14 0/0 de compression avec un tiroir sans recouvrement intérieur avec bielle infinie ; opérant comme ci-dessus sur le demi-cercle en mettant successivement notre pointe de compas à 14 0/0 en avant et en arrière de chacune des extrémités du diamètre, nous trouverons que, dans une demi-course, la compression commence à 15,5 0/0 de la course du piston, et dans l'autre à 11,5 0/0. Pour égaliser la compression sur les deux faces du piston, cherchons la valeur des recouvrements intérieurs à donner pour que cette égalité ait lieu. Pour cela, plaçons successivement nos pointes de compas sur 14 millimètres (valeur moyenne de la compression) à droite et à gauche des deux extrémités du diamètre dd'; et sur la ligne ab, figure 84, décrivons de ces derniers points deux arcs de cercle, ils couperont le demi-cercle intérieur aux points 12 0/0 et 82,5 0/0.

Ceci posé, plaçons la règle dans la position de la figure 78, et faisons coïncider successivement la réglette avec 12 0/0 et 82,5 ; nous lirons deux valeurs, l'une à droite, l'autre à gauche du zéro ; elles représenteront respectivement la valeur du recouvrement qu'il faudra mettre intérieurement au tiroir, pour que la compression et l'échappement anticipé commencent à 14 0/0 de chacune des courses du piston. Ces valeurs sont de 7 et 5 millimètres ; la première (à gauche du zéro) est un recouvrement intérieur positif de 7 millimètres, la seconde un recouvrement intérieur négatif de 5 millimètres ; n'oublions pas qu'il faudra multiplier ces deux recouvrements par le coefficient k' pour les ramener à la réalité d'une distribution.

XIV. *Rectification de l'admission pour la rendre égale sur chaque face du piston.* On procède exactement comme ci-dessus, sauf que les pointes de compas partent de 60 millimètres de chaque extrémité du diamètre dd' ; on recoupe le demi-cercle aux divisions 55 et $35=100-65$ 0/0 (60 millimètres sont pris pour le cas où la détente commence à 60 0/0).

On remet encore la règle dans la position de la figure 78 et l'on fait passer la réglette par les divisions 55 et 65 du demi-cercle intérieur ; on lit les deux longueurs qu'elle recoupe sur le diamètre à gauche du zéro ; c'est 37 et 49 millimètres. *Telles sont les longueurs* (multipliées par k') *qu'il faut donner aux deux recouvrements extérieurs pour couper la vapeur à* 60 0/0.

Quant à la position respective à donner aux recouvrements intérieurs et extérieurs que nous venons de trouver, on remarquera qu'ils doivent toujours être opposés, c'est-à-dire que le plus grand recouvrement extérieur est du même côté que le recouvrement intérieur négatif et réciproquement ; de plus, le recouvrement extérieur le plus long doit être toujours placé le plus éloigné de l'arbre moteur, quel que soit son sens de rotation.

Il résulte de ce fait et de ce que les recouvrements intérieurs et extérieurs doivent être corrigés sensiblement de la même quantité pour une même admission, qu'il suffira, si l'on a un tiroir symétrique, d'éloigner son centre de symétrie du milieu de la lumière d'échappement et à l'opposé de l'arbre moteur d'une longueur égale à la correction qu'il faut faire subir aux recouvrements. Dans l'exemple précédent, la moyenne des corrections des recouvrements intérieurs et extérieurs était de 6 millimètres ; il faudrait donc, *pour ce cran-là*, écarter le tiroir de 6 millimètres en l'éloignant de l'arbre moteur.

Lorsque le mécanicien sera habitué à notre règle et qu'il en comprendra bien l'esprit, il pourra résoudre plusieurs problèmes de distribution qu'il serait trop long de donner ici ; chercher, par exemple, les différentes valeurs à donner aux recouvrements intérieurs pour que la compression ou l'échappement anticipé commence à tel ou tel moment, etc. »

DIAPASON. *T. de phys.* Instrument destiné à donner, par ses vibrations, un son fixe sur lequel s'accordent tous les instruments sonores. Il est formé d'une tige d'acier rectangulaire, recourbée en U (ainsi que le montre la figure que nous avons donnée au mot ACOUSTIQUE), dont les extrémités sont assez rapprochées. Au milieu de la courbure est fixée une tige, queue ou support, qui sert soit à tenir l'instrument à la main, soit à le fixer sur une caisse résonnante qui en renforce le son. L'invention du diapason, sous la forme qu'il a aujourd'hui, remonte au premier quart du XVIIIe siècle. On connaît aussi le *sifflet-diapason* qui donne, par insufflation ou par aspiration un son fixe à la hauteur de celui du diapason à branches. Le mot *diapason* est encore employé pour signifier l'étendue de la voix. Enfin on donne ce nom à une échelle dont les fondeurs font usage pour déterminer les dimensions et le poids des cloches et, par suite, la hauteur des sons correspondants.

Il ne sera question, dans ce qui va suivre, que du diapason ordinaire à branches. Pour faire vibrer cet instrument et lui faire rendre un son pur et toujours le même, on passe, de force, entre ses branches, un petit cylindre en bois ou en métal dont l'épaisseur est un peu plus grande que l'intervalle des extrémités de ces branches. Les physiciens, pour exciter un diapason, frottent l'une des branches, sur la tranche, avec un archet. Si l'on attaque l'instrument vers le tiers supérieur, il rend le son simple *fondamental*, mais si le frottement a lieu vers la moitié inférieure, le diapason donne en même temps un ou plusieurs sons harmoniques plus ou moins élevés. La hauteur du son fondamental d'un diapason ne dépend pas seulement de la longueur de ses branches, mais du rapport des dimensions de l'instrument. En sorte que deux diapasons de longueurs différentes peuvent donner le même son fondamental. On construit, pour l'étude des phénomènes acoustiques, des diapasons donnant la série des diverses notes d'une même gamme (ut, ut dièze, ré, ré dièze, etc.) ou une même note des diverses gammes (ut_1, ut_2, ut_3, etc.).

Le *diapason normal, diapason officiel,* (fixé par un arrêté du ministre d'Etat, en date du 1er février 1859) qui donne le *la* (la_3) fait exactement 870 vibrations simples par seconde. Le prototype de cet étalon musical est déposé au Conservatoire de musique. L'usage du diapason normal est devenu obligatoire dans tous les théâtres subventionnés. — Avant l'établissement du diapason officiel, le diapason n'avait rien de fixe; chaque pays, chaque théâtre, chaque orchestre avait le sien, qui lui-même variait suivant le caprice des intéressés à son changement. En 1715, le diapason des orchestres de Paris correspondait à 810 vibrations; en 1808, il était déjà élevé à 853 vibrations et, en 1869, il était arrivé à 898 vibrations. A la même époque, il était de 890 vibrations en Allemagne et de 888 vibrations en Angleterre. Depuis Rousseau, le diapason s'était élevé d'un ton entier. Maintenant le diapason normal de 870 vibrations est universellement adopté. Les chanteurs n'ont pu que gagner à cette heureuse réforme, provoquée par Lissajous et réalisée par une Commission composée de notabilités scientifiques et musicales.

Usages du diapason. Indépendamment de l'usage continuel que l'on fait du diapason normal, pour régler les instruments de toute nature et la voix des chanteurs, on emploie les diapasons dans un grand nombre de phénomènes d'acoustique. Entre les mains de M. Lissajous, le diapason a servi à l'étude optique des sons (V. ACOUSTIQUE, t. I, p. 58, fig. 32 et 33), à leur manifestation et à leur comparaison optique. On l'emploie commodément au tracé graphique destiné à évaluer comparativement le nombre de vibrations correspondant à un son de hauteur donnée. C'est avec le diapason que l'on met facilement en évidence, d'après le procédé de Melde, les fuseaux dans lesquels se subdivise une corde vibrante et qu'on explique la production des sons harmoniques. C'est encore avec le diapason que l'on produit et que l'on constate facilement, par le phénomène des *battements*, les interférences de deux sons, etc. Enfin, le diapason peut même être appliqué à la télégraphie électrique. — C. D.

***DIAPHANORAMA.** *T. d'art.* Toile peinte représentant une ville, une contrée, et éclairée par derrière, de telle façon que la lumière traversant la toile produise l'illusion de la vue réelle.

DIAPHRAGME. *T. techn.* Cloison mince qui interrompt la communication entre deux parties d'un récipient. || Anneau placé au foyer commun des deux verres d'une lentille, afin d'intercepter les rayons trop éloignés de l'axe et qui ne concourraient pas exactement au foyer.

***DIAPRÉ, ÉE.** *Art hérald.* Se dit des pièces dont la surface est couverte de dessins de diverses couleurs.

***DIASPORE.** *T. de minér.* Variété d'alumine hydratée, contenant 85,12 0/0 d'alumine, assez dure pour se rapprocher du corindon; elle est translucide, d'éclat vitreux, grise, jaune ou rose, en masses fibreuses. On la trouve en Hongrie, dans l'Oural; elle sert pour l'extraction de l'alumine.

DIASTASE. *T. de chim.* Payen et Persoz ont donné le nom de *diastase* (du mot grec διάστασις, séparation ou désagrégation) à un corps azoté, voisin des matières albuminoïdes, qui jouit de la propriété de transformer l'amidon en dextrine et en sucre (maltose). C'est une sorte de ferment qui se développe dans les grains pendant leur germination, mais qui cependant, d'après Wittich, existerait déjà en petite quantité dans les grains non germés. De tous les grains, c'est l'orge qui produit le plus de diastase en germant, et c'est pour cela que cette céréale est généralement employée pour la préparation du *malt* (V. ce mot et BIÈRE). La diastase n'est pas uniformément répandue dans le grain en germination; d'après Payen, la plus grande quantité se trouve dans l'albumen, il y en a relativement moins, mais toujours une proportion assez grande dans la radicule, tandis que la plumule en serait complètement dépourvue. La production de la diastase est arrivé à son maximum lorsque la plumule a atteint la longueur des grains. Les pommes de terre en germant donnent également naissance à de la diastase. Ce ferment n'est pas le seul qui soit capable de transformer l'amidon en sucre; il existe, en effet, plusieurs principes animaux ou végétaux, qui jouissent de la même propriété et que pour cette raison on a groupé avec la diastase proprement dite sous le nom de ferments diastasiques; la ptyaline, qui existe dans la salive, un des ferments pancréatiques, le ferment inversif du foie, les ferments de certaines graines arrivées à maturité (vesces, lin, chanvre), appartiennent à ce groupe de corps.

Le meilleur procédé à suivre pour extraire la diastase de l'orge germée est celui qui a été indiqué par Wittich: On fait digérer pendant quelques jours, dans de la glycérine pure, une certaine quantité de malt concassé, on en exprime la masse, on filtre et on précipite le liquide filtré avec de l'alcool et un peu d'éther, qui séparent la diastase, en même temps que des matières albuminoïdes coagulées par l'alcool; pour éliminer celles-ci, il suffit maintenant de reprendre le précipité par un peu d'eau; la diastase se dissout et, en précipitant la solution avec de l'alcool éthéré, elle se sépare de nouveau sensiblement pure.

La diastase ainsi obtenue contient toujours une proportion assez forte de substances minérales, desquelles jusqu'à présent on n'a pu la débarrasser. Elle constitue, après dessiccation, une poudre blanche, sans odeur ni saveur, neutre, facilement soluble dans l'eau et précipitable par l'alcool.

C'est aux températures comprises entre 50 et 60° que la diastase agit le plus énergiquement sur l'amidon; au-dessus de 70°, son activité ne se perd pas complètement, mais elle est beaucoup diminuée, et à 100° elle est anéantie. L'action de la diastase est complètement détruite par la plupart des alcalis caustiques et des sels métalliques, ainsi que par le borax. Certaines substances favorisent au contraire la saccharification par la diastase; telles sont, par exemple, les principes extractifs de la farine de seigle, des pommes de terre et surtout l'acide carbonique (Basewitz). D'après Dubrunfaut, une partie de diastase peut produire la saccharification de dix mille parties de fécule sèche.

On admettait autrefois que dans l'action de la diastase sur l'amidon, la dextrine et le sucre se formaient successivement, mais Musculus a montré qu'il y a production simultanée de ces deux corps, de sorte que, indépendamment du sucre, il existe dans le produit final de la fermentation diastasique une certaine quantité de dextrine ; en outre, le sucre formé était considéré comme du glucose, tandis que, d'après les expériences effectuées récemment par Schulze, Musculus et O. Sullivan, le sucre résultant de l'action de la diastase offre un pouvoir réducteur différent de celui du glucose et, pour le distinguer de ce dernier, on lui a donné le nom de *maltose* (V. ce mot); toutefois ces chimistes admettent qu'il se produit aussi du glucose, mais seulement en quantité très faible. Il résulte de là que le produit de l'action de la diastase sur l'amidon se compose d'un mélange de maltose (70 0/0), de glucose (1 0/0) et de dextrine.

La diastase, sous forme de malt, joue un rôle important dans la fabrication de la *bière*, de l'*alcool*, du *sucre de fécule* ou *glucose* et de la *dextrine*. — V. ces mots. — Dr L. G.

Bibliographie : PAYEN et PERSOZ : *Annales de chimie et de physique*, t. LIII, p. 72; t. LVI, p. 237; t. LX, p. 441; t. LXI, p. 351; BOUCHARDET : *Ibid.*, t. XIV (3), p. 61; BASEWITZ : *Deutsch. chem. Gesellsch*, 1878 et 1879; SCHULZE : *Ibid.*, 1874; BROWN et HERON : *Ibid*, 1879; WITTICH : *Pflüger's Archiv.*, t. III, p. 339; O. SULLIVAN : *Moniteur scientifique*, 1874, et *Bulletin de la Société chimique*, t. XXXII, p. 493, 1879; MUSCULUS et GRUBER : *Zeitschrift für physiol. Chemie*, 1878; M. MAERKER : *Handbuch der Spiritusfabrikation*, 1880, p. 460.

DIASTYLE. *T. d'arch.* Ordonnance d'architecture selon laquelle l'entrecolonnement est de trois diamètres.

* **DIATHERMANÉITÉ.** *T. de phys.* Propriété que possèdent certains corps à des degrés divers, de se laisser traverser par la chaleur rayonnante, sans s'échauffer sensiblement. — V. CHALEUR RAYONNANTE, § *Corps diathermanes*.

* **DIATHERMANES** (Corps). *Le pouvoir diathermane* ou *diathermique* des corps se mesure à l'aide de l'appareil de Melloni (V. PILE THERMO-ÉLECTRIQUE). Le tableau, p. 501, tome II, donne l'ordre des pouvoirs diathermiques de diverses substances. — V. CHALEUR RAYONNANTE, § *Corps diathermanes*.

* **DIAZOÏQUE.** — V. COLORANTES (Matières).

* **DIAZORÉSORUFINE.** *T. de chim.* En traitant la résorcine en solution éthérée par le gaz nitreux, on obtient de la *diazorésocine* ; cette dernière, sous l'influence des acides concentrés (acide sulfurique ou chlorhydrique) perd trois molécules d'eau et se transforme en diazorésorufine. La diazorésorufine est une matière colorante rouge, caractérisée par une magnifique fluorescence, d'un rouge feu qui se communique aux tissus teints avec ce produit. Elle n'a pas d'emplois.

* **DICHROISME.** *T. de phys.* Propriété en vertu de laquelle certains corps solides ou liquides peuvent présenter des colorations différentes suivant la façon dont on les regarde. C'est ainsi que les solutions de chlorure de chrome, l'eau contenant du sang, lorsqu'on les place dans un tube étroit ou dans un verre conique, peuvent paraître vertes par réflexion et rouges par transparence; que les solutions de sulfate de quinine, l'infusion ou plutôt la décoction de marron d'inde, sont dans les mêmes conditions d'un jaune vert, si l'on regarde en dessus; bleuâtres, ou bien rougeâtres, quand on les regarde en dessous. La teinture de tournesol présente également un phénomène semblable.

Quelques cristaux peuvent offrir également le dichroïsme.

Dans les corps solides, ce phénomène est dû à la diversité des inclinaisons que peut prendre le rayon de lumière incidente par rapport aux plans de clivage du corps. Dans les liquides, au contraire, il est dû au changement d'épaisseur de la couche translucide. En général, les couleurs variées que présentent les corps dichroïques sont complémentaires les unes des autres; de même, tous les corps n'offrent une teinte particulière, que parce que celle-ci est la complémentaire de celle qui serait formée par tous les rayons, si ceux-ci étaient absorbés par le corps.

* **DICHROÏTE.** *T. de minér.* Syn. : *Saphir d'eau, cordiésite*. Silicate d'alumine ferrugineux, contenant de la magnésie, et des traces de manganèse et de chaux, que l'on emploie en bijouterie. Il cristallise en prisme rhomboïdal ; il est bleu, suivant l'axe principal du cristal, et gris-jaunâtre dans la direction perpendiculaire à l'axe. On le trouve en Bavière, en Finlande, au Brésil et surtout à Ceylan.

* **DIDOT** (Les). Célèbre famille qui occupe un rang distingué parmi les illustrations de notre pays, et à laquelle les arts de l'imprimerie et de la papeterie doivent des progrès importants.

Le premier qui met ce nom en évidence est *François* DIDOT, originaire de Lorraine, né en 1689 et mort en 1759; il a publié une remarquable édition des œuvres de son ami l'abbé Prévost, 20 volumes in-4°. Il eut onze enfants, dont deux contribuèrent surtout à l'éclat du nom.

* **DIDOT** (FRANÇOIS-AMBROISE), fils aîné du précédent, naquit à Paris en 1720 et mourut en 1804. Il s'occupa tout particulièrement de la fabrication des caractères typographiques, et détermina les bases rationnelles qui guidèrent désormais l'imprimerie. La base de son invention fut de prendre la section de la force du corps de la lettre, d'après le système des *points typographiques*, en divisant la ligne de pied de roi en six points, il établit ainsi

entre tous les caractères des diverses imprimeries des rapports qui n'existaient pas jusque-là. On put désormais supprimer une foule de dénominations bizarres, *cicéro*, *nonpareille*, *gros*, etc., etc., qui n'offraient aucun sens précis. Ce travail, entrepris avec le concours de Vaflard, fut achevé par l'un de ses fils *Firmin*, qui s'y distingua particulièrement (V. CARACTÈRES D'IMPRIMERIE). Les travaux de François-Ambroise Didot se portèrent ensuite sur la fabrication du papier ; c'est lui qui fit exécuter en France pour la première fois, en 1780, du *papier vélin*, et sur le perfectionnement du matériel d'imprimerie ; malgré les contestations d'Anisson Duperron, on doit lui attribuer l'invention de la presse à un coup. Il fut imprimeur du clergé, du comte d'Artois, et a laissé de nombreuses éditions estimées, entre autres, *Longus* en grec (2 vol., 1778), *La Gerusaleme liberata* du Tasse (2 vol.) et la traduction d'*Homère*, de Bitaubé (12 vol., 1788). Ses deux fils, *Pierre* et *Firmin*, continuèrent son œuvre.

***DIDOT** (PIERRE FRANÇOIS), frère du précédent, né en 1732, mort en 1793, s'occupa aussi de la fonte des caractères, ainsi que l'un de ses fils, *Henri* DIDOT, connu pour la gravure de ses caractères microscopiques, lesquels ont été considérés comme le dernier mot de cet art. Un autre de ses fils, *Saint-Léger* DIDOT, chargé spécialement de la direction de la papeterie d'Essonne, est célèbre par la conception de la machine à *papier continu*, qui cependant ne fut réalisée pratiquement qu'en Angleterre, mais dont la France a droit de réclamer le bénéfice de l'invention.

***DIDOT** (PIERRE), dit l'AINÉ, fils de *François-Ambroise*, né en 1761, succéda, en 1785, à son père, continua les perfectionnements apportés à l'imprimerie par la création des types de caractères, leur fonte, etc. L'un des plus beaux titres de gloire de Pierre Didot, fut sa noble ambition de relever en France la valeur des produits typographiques et de surpasser tout ce qui se faisait à l'étranger. Avec le concours de son frère *Firmin* pour la fonte des caractères, et des artistes les plus célèbres de son temps, Gérard, Girodet, Prudhon, etc., il entreprit la publication des éditions de nos classiques, dans le format in-folio, avec une magnificence et un luxe inconnus. Ces éditions justement appréciées sont encore considérées comme l'une des plus remarquables productions de l'art typographique, car à côté du soin matériel même de l'impression, rien ne fut négligé au point de vue de la pureté des textes, du collationnement avec les originaux, et du soin scrupuleux de la correction. Pierre Didot est mort en 1853 chevalier de la Légion d'honneur, hommage bien mérité que sut lui rendre un ministre, ami des arts et des lettres, M. de Salvandy.

***DIDOT** (FIRMIN), frère du précédent, est l'un des plus célèbres de la famille, et le prénom de *Firmin* est devenu aujourd'hui inséparable du nom de *Didot*, lorsqu'on veut parler de cette noble maison. Né en 1764, il avait, dès 1789, pris une large part aux travaux de son père, et dirigeait la fonderie de caractères, dont il connaissait merveilleusement tous les secrets. Le grand titre de gloire de Firmin Didot, est la création de la *stéréotypie*, art nouveau qui a rendu depuis de si grands services. Il fut conduit à cette remarquable invention, en publiant les tables de logarithmes de Callet, et en cherchant le moyen d'éviter tous les inconvénients inhérents à l'emploi des caractères mobiles ; on put alors éviter les erreurs nombreuses qui surviennent à chaque instant par suite du dérangement de ces caractères ; erreurs capitales, lorsqu'il s'agit d'un ouvrage de ce genre composé uniquement d'une suite considérable de nombres fixes et déterminés. Il employa le même procédé à l'édition des ouvrages classiques latins et français et forma une célèbre collection in-18, dont la vulgarisation rendit de grands services à l'instruction publique. Firmin Didot fut non seulement un grand imprimeur, mais un savant distingué ; il traduisit divers auteurs grecs et latins. La considération dont il était l'objet fut telle, qu'en 1830, ses concitoyens l'élurent député. La maison Didot, célèbre dans le monde entier, devint désormais le centre d'une rénovation dans les arts typographiques, et c'est à son école que se sont formés les principaux imprimeurs français et étrangers. Le buste en marbre de Firmin Didot orne l'une des salles de l'Imprimerie nationale.

***DIDOT** (AMBROISE-FIRMIN), fils du précédent, né à Paris, en 1790, mort en 1876, continua les brillantes traditions de sa famille, héritière de la gloire des maîtres du XVIe et du XVIIe siècles ; il fut aussi un savant distingué, et l'Académie française en l'appelant à siéger dans son sein, voulut non seulement consacrer son grand mérite, mais encore la gloire que ne cessait de jeter sur la France, les efforts persévérants des générations successives de cette famille. Helléniste distingué, il parcourut l'Orient, publia une traduction remarquable d'Anacréon et de Thucydide, puis reportant dans son art, son amour particulier de la langue grecque, il fit établir toute une série de caractères pour la réimpression de tous les classiques de la terre des Hellènes. Il monta enfin gratuitement une imprimerie à Hydra. C'est à Firmin Didot que l'on doit encore un autre type nouveau de caractère, l'*anglaise cursive*. Il serait impossible de citer la liste des ouvrages de tous genres, sortis de cette maison, dans laquelle on trouvait réunies toutes les branches dépendantes des lettres et des arts graphiques : librairie, imprimerie, gravure, fonte de caractères, stéréotypie, fabrication de papiers, d'encres, etc. Le développement de leurs travaux devenait tel, que les frères Didot se trouvèrent obligés de céder leur fonderie de caractères, afin d'apporter à la direction de ceux qu'ils conservaient leurs efforts et leurs soins. Firmin Didot a publié, entre autres ouvrages, un *Essai sur la typographie*, qui est considéré comme un chef-d'œuvre d'études sur cet art.

***DIDOT** (HYACINTHE-FIRMIN), frère du précédent, né en 1794, associé en 1827 avec *Ambroise-Firmin*, partagea tous ses travaux et lui succéda jusqu'en 1880 époque de sa mort.

Sous la raison sociale *Firmin Didot frères*, MM. Didot, *Paul-Firmin* et *Alfred-Firmin* maintiennent le renom et l'éclat de cetté maison presque deux fois séculaire.

— V. *Etudes biographiques sur la famille des Didot* (1864), par M. Edmond Werdet, brochure intéressante dans laquelle nous avons puisé la plupart des renseignements qui précèdent.

DIÈDRE. *T. de géom.* Angle formé par la rencontre de deux plans.

* **DIÉLECTRIQUE.** *T. d'élect.* Nom donné par Faraday aux substances isolantes, pour rappeler le rôle actif qu'elles jouent dans les phénomènes d'*induction électrostatique* autrement dits d'*influence*. C'est par l'intermédiaire de la décomposition moléculaire instantanée qui s'opère dans le milieu isolant, séparant un conducteur neutre d'un conducteur électrisé (par exemple, les deux armatures d'un condensateur), que s'exerce l'influence de ce dernier. Tandis que dans l'intérieur d'un conducteur en équilibre, la force électrique est nulle, elle peut exister et se propager à travers les diélectriques. L'effet produit par la présence d'un diélectrique interposé entre les deux armatures d'un condensateur dépend de la nature du diélectrique, et chaque substance isolante a une *capacité inductive spécifique* (V. cet article) qui lui est propre.

Au point de vue de la façon dont ils se comportent relativement aux courants électriques, les corps peuvent se diviser en trois catégories : les *conducteurs* qui se laissent simplement traverser en opposant une certaine résistance, laquelle augmente avec la température, comme les métaux ; les *électrolytes* (V. ce mot) qui sont décomposés par le courant ; enfin les diélectriques qui offrent au passage du courant une résistance si grande, que les appareils les plus délicats ne peuvent déceler ce passage. Cette dernière catégorie comprend un grand nombre de corps solides (gomme laque, verre, gutta-percha, caoutchouc, mica, soufre, etc.), quelques liquides (térébenthine, naphte, paraffine fondue, etc.), tous les gaz et toutes les vapeurs. Le carbone à l'état de diamant et le sélénium amorphes ont aussi des diélectriques. La résistance de ces corps diminue quand la température s'élève.

DIEU. *Iconogr.* Il est fort difficile à l'art de concevoir le type d'un Dieu unique. Les juifs ne l'ont jamais tenté et ce n'est qu'à une époque relativement très récente que les chrétiens ont essayé de représenter Dieu comme l'Ancien des jours sous la forme d'un vieillard à barbe blanche, conception très fausse au point vue religieux, puisque Dieu ne vieillit pas. Le Dieu unique, éternel, absolu, immuable, est une conception purement philosophique que l'art ne peut matérialiser qu'en abandonnant l'idée de beauté pour chercher une formule hiéroglyphique, comme dans les cultes de l'Orient où, pour exprimer l'idée de force, on met dix bras à une idole, plusieurs mamelles pour exprimer la fécondité, etc., etc. Il résulte de là un type suffisant pour le sacerdoce qui en donne l'explication aux fidèles, mais qui pour l'art ne saurait être qu'un monstre. Phidias disait que les artistes donnaient aux dieux la forme humaine, parce qu'ils n'en connaissaient pas de plus belle. Mais les premiers chrétiens ne pouvaient suivre cet exemple qui aurait fait ressembler leur Dieu à ceux des païens. Il fallait pourtant trouver un emblème. Dans l'origine on symbolisa Dieu le Père par une main sortant des nuages, ensuite on a risqué une tête et un buste ; mais ce n'est que très tard qu'on l'a représenté sous la forme d'une figure entière. La main divine est ordinairement caractérisée par le nimbe crucifère, mais dans les peintures des catacombes et dans les anciens sarcophages il n'y a pas de nimbe.

Quelquefois, Dieu le Père prend la forme de Jésus-Christ. « Dans ses rapports avec l'homme, Dieu le Père, dit l'abbé Oudin en son *Manuel d'archéologie*, s'est manifesté très souvent, et certains actes sont attribués à lui plus spécialement qu'aux deux autres personnes. Historiquement, c'est plus volontiers dans l'Ancien-Testament, dans la Bible proprement dite que le Père se manifeste, tandis que le Fils se révèle dans l'Evangile, et que le Saint-Esprit apparaît tantôt dans l'un, tantôt dans l'autre. Cependant, en iconographie, rien n'est plus fréquent, au moins jusqu'au xve siècle, que de voir le Fils prendre la place du Père et créant le monde à lui seul, commandant à Noé de construire l'arche, arrêtant la main d'Abraham, parlant à Moïse. Dans ces faits, il est facile de reconnaître le Fils à sa figure jeune, imberbe, ou bien à son nom écrit en entier, ou à son monogramme. C'est surtout au monogramme qu'il faut reconnaître le Fils (V. Christ). En effet, dans de nombreuses miniatures, et notamment dans le *Livre d'Heures* de Jean Fouquet, les trois personnes de la Trinité, sont représentées simultanément sous des traits identiques et ne se distinguent l'une de l'autre que par les monogrammes et attributs. Cependant, c'était une tradition parmi les chrétiens grecs de figurer le Christ pour exprimer même les faits de l'Ancien-Testament, et on lui adjoignait souvent la Vierge. Voici comment le manuscrit des Panselinos, cité par M. Didron, enseigne aux moines du mont Athos la manière dont ils doivent peindre Moïse devant le buisson ardent. « Moïse déliant sa chaussure ; autour de lui ses brebis. Devant Moïse est le buisson ardent ; au milieu et sur le sommet brillent la Vierge et son enfant. Près de Marie, un ange regarde du côté de Moïse. D'un autre côté du buisson, on voit encore Moïse debout ayant une main étendue et tenant de l'autre une baguette. » Dans les sculptures de nos églises, Dieu le Père paraît aussi très souvent sous la forme du Fils.

Dans le xve siècle, Dieu le Père est parfois montré sous une forme qui n'est plus celle du Fils, mais qui revêt une sorte de caractère politique. L'Italie le représente en pape, l'Allemagne en empereur, la France en roi. Il porte alors un globe ou un sceptre. Quelquefois aussi, il est représenté en Dieu des combats : il tient une grande épée ou même un carquois et ses flèches. Dans les miniatures italiennes, on le voit chassant Adam et Ève du Paradis et les poursuivant avec ses flèches, absolument comme Apollon. La grossièreté des mœurs au moyen âge a fait naître des représentations d'une étonnante trivialité. A Clermont, par exemple, dans un chapiteau de Notre-Dame-du-Port, « il est représenté, dit M. Didron, donnant des coups de poing au coupable Adam, tandis qu'un ange saisit notre pauvre premier père par la barbe qu'il lui arrache. »

Une miniature italienne du XIIIe siècle nous montre un ange confectionnant un homme d'après les indications de Dieu, qui se contente de diriger le travail. Une sculpture de la cathédrale de Chartres présente également le Créateur assisté par les anges. Philon, écrivain juif contemporain de Jésus-Christ, admet que les anges ont participé à la création et explique ainsi le pluriel dans la Genèse : Faisons l'homme, etc... Le moyen âge assimilait tout à ses mœurs et voyait partout le *maître de l'œuvre* dirigeant les praticiens. Mais il y a bien loin de cette conception à celle de la Renaissance. Le Créateur devient alors l'ancien des jours et se distingue par une figure vénérable et une grande barbe blanche. Il crée le monde à lui tout seul et sans se faire aider. Dans les loges de Raphaël, il y a une figure superbe de Dieu débrouillant le chaos. Mais dans cette magnifique inspiration, Dieu semble lutter contre les éléments dont il triomphe; il exprime donc la force, non la toute-puissance, qui n'a pas besoin de lutter parce qu'elle n'a qu'à vouloir. C'est cette toute-puissance calme que Raphaël s'est efforcé de rendre dans une autre loge représentant Dieu qui crée le soleil et la lune. Le Créateur est porté dans l'espace, et étendant les bras, il semble faire surgir sans effort les astres dans le ciel. Michel-Ange, dans la *Création de l'homme*, représente Dieu porté par des anges et tendant les bras vers Adam qui naît à la lumière. Cette figure de Michel-Ange est d'une tournure vraiment sublime. Le Créateur de Michel-Ange, comme celui de Raphaël est d'une beauté incomparable par le geste et la puissance du mouvement; mais est-ce Dieu? est-ce un type dont on puisse dire : Ce n'est pas un homme, c'est plus qu'un homme? Evidemment non, car quand il n'est plus porté en l'air, quand il est debout dans les tableaux des mêmes artistes, rien ne le distingue de Noé ou de tout autre patriarche à barbe blanche. Le sujet seul fait comprendre que c'est Dieu, et non pas le type. Les traits sont ceux d'un beau vieillard, mais rien de plus.

Tous les artistes qui sont venus après Raphaël et Michel-Ange ont représenté Dieu de la même façon. On peut donc dire que dans l'art chrétien, la première personne de la Trinité a pu inspirer des chefs-d'œuvre, mais non une forme particulière et déterminée qui la distingue. Elle paraît d'ailleurs très rarement seule, et dans l'art elle a un rôle tout à fait subalterne.

Ce Dieu immuable échappe absolument à toutes les combinaisons de l'art, parce qu'il n'est pas un caractère, une loi ou une force, mais l'absolu et l'infini. La majesté de Jupiter ne lui suffirait pas, il lui faudrait encore la force d'Hercule, la beauté d'Apollon, l'élégance de Bacchus, et comme il est impossible de représenter en un même type les grâces de la jeunesse et de l'enfance et la gravité de la vieillesse, il n'est pas étonnant que l'image du Père éternel n'ait pas encore trouvé sa formule. Dieu le Père n'est point comme le Jupiter antique qui pouvait, sans que l'idée symbolique en souffrît, revêtir la forme humaine. Les attributs du dieu chrétien le dérobent à tout essai d'anthropomorphisme. Représenter Dieu le Père sous les traits d'un vieillard, quelque majesté que l'art ajoute à cette représentation, c'est la limiter, l'amoindrir dans la durée des temps et dans l'étendue de l'espace, c'est-à-dire supprimer le caractère essentiellement et universellement spirituel de sa divinité.

En présence de cette difficulté insoluble, l'art religieux moderne est souvent revenu au symbole. Il n'est pas rare de rencontrer dans les églises au-dessus du maître autel d'immenses faisceaux de rayons dorés irradiant autour d'un delta signifiant la présence de Dieu.

*** DIFFAMÉ, ÉE.** *Art hérald.* On nomme *armes diffamées*, celles dont on a retranché ou ajouté quelque pièce, en punition d'une action déshonorante.

*** DIFFÉRENCIOMÈTRE.** *T. de mar.* Tube métallique, placé perpendiculairement à la quille sur l'avant et sur l'arrière du navire, dans lequel on établit facultativement une communication avec la mer. L'eau ainsi introduite soulève un flotteur dont les indications permettent de lire le tirant d'eau du navire à la mer, même par un gros temps.

I. DIFFÉRENTIEL (Calcul). — V. DIFFÉRENTIELLE.

II. DIFFÉRENTIEL (Mouvement). Combinaison d'engrenages employée en mécanique et principalement dans les bancs-à-broches de filature, au moyen de laquelle on transmet à une roue un mouvement composé soit de la somme, soit de la différence de deux autres : l'un, de l'arbre moteur à vitesse constante, et l'autre, d'une roue folle sur le même arbre et à vitesse variable. Le mouvement différentiel peut être réalisé au moyen de roues droites ou de roues coniques. La figure 85 représente cette seconde disposition. La roue A est calée sur l'arbre MN, la roue C est folle sur le même arbre, animée d'une vitesse variable transmise par des cônes, par exemple, et porte sur son plateau, évidé à cet effet, deux roues D, D folles sur leur axe, et engrenant avec la roue A et la roue B. La roue B est folle sur l'arbre MM et reçoit le mouvement résultant de celui des deux roues A et C.

En désignant par r, r', r'', les rayons ou nombre de dents des roues A, D, B, par m, le nombre de tours constant de la roue A et par n le nombre de tours variable de la roue C, le nombre de tours u transmis à la roue B sera composé :

1° Du nombre de tours transmis directement par A à B, par l'intermédiaire de D, comme si C n'existait pas dans le système, et qui est égal à

$$m\frac{r}{r'}\times\frac{r'}{r''}=m\frac{r}{r''};$$

2° Du nombre de tours transmis par C composé d'abord (en supposant A détaché du système) de celui que fait la roue C elle-même, entraînant avec elle les roues D et B, soit n; puis (si l'on suppose A engrenant avec D) du nombre de tours dû au roulement des roues D sur A et, par suite, à leur rotation sur leur axe qui est transmise à B,

$$n\frac{r}{r'}\times\frac{r'}{r''}=n\frac{r}{r''}$$

et en ajoutant :

$$n+n\frac{r}{r''}=n\left(1+\frac{r}{r''}\right)$$

L'inspection de la figure montre clairement que les deux roues A et C étant en mouvement, les mouvements qu'elles impriment séparément à la roue B seront de même sens, c'est-à-dire s'ajouteront lorsque ces deux roues tourneront en sens inverse ; si, au contraire, elles tournent dans le même sens, les mouvements qu'elles transmettent à la roue B se retrancheront; d'où la formule générale en ajoutant ou retranchant les valeurs trouvées 1° et 2° :

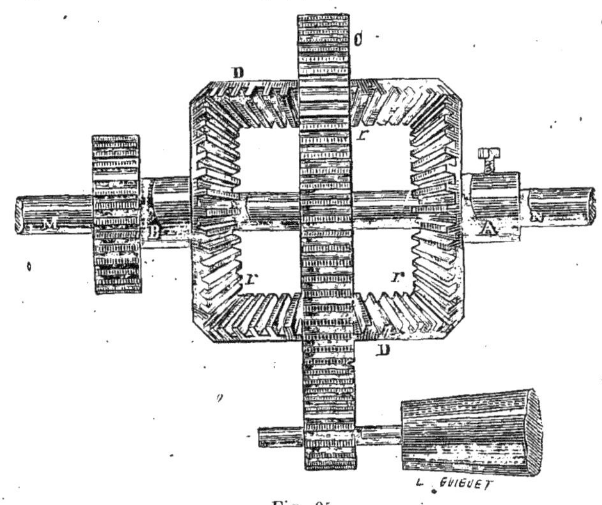

Fig. 85.

$$u=m\frac{r}{r''}\pm n\left(1+\frac{r}{r''}\right)$$

Dans les mouvements différentiels à roues droites, on fait généralement $r''=2r$ et la formule devient :

$$u=\frac{m}{2}\pm\frac{3n}{2}$$

Dans les mouvements à roues coniques, $r=r''$ et la formule devient $u=m\pm 2n$.

Dans les bancs-à-broches employés dans la filature du coton et du lin, la roue dite *différentielle* C est commandée par l'intermédiaire de deux cônes qui lui communiquent, à chaque nouvelle couche renvidée sur la bobine, un nombre de tours inversement proportionnel au diamètre de renvidage; la roue B transmet aux bobines leur mouvement variable exprimé par la relation :

$$U=M\pm\frac{l}{\pi d}$$

dans laquelle :

U est le nombre de tours total des bobines dans l'unité de temps, M est le nombre de tours total des broches dans l'unité de temps, l, la longueur de mèche fournie par les cylindres, à renvider, dans l'unité de temps et d, le diamètre de renvidage sur la bobine.

DIFFÉRENTIELLE. Depuis que Leibnitz a imaginé les méthodes si fécondes du calcul infinitésimal, les géomètres ont cherché à introduire dans les raisonnements de cette partie de l'analyse le même esprit de rigueur qui distinguait les parties élémentaires des mathématiques. Il faut avouer que ce ne fut pas sans peine qu'on parvint à dégager le calcul infinitésimal de certaines considérations métaphysiques sur les infiniment petits et les infiniment grands qui n'étaient propres qu'à obscurcir les idées et à jeter du doute sur la légitimité de l'introduction de ces sortes de quantités dans l'analyse et les raisonnements. C'est au point que Lagrange, dans sa célèbre *Théorie des fonctions*, ne voulut pas faire usage de la notation différentielle ; au lieu de considérer les accroissements infiniment petits des variables et des fonctions, il ne s'occupe jamais que de leurs rapports mutuels, ou plutôt des limites de ces rapports. Ses équations ne renferment ainsi que des quantités finies, et la rigueur de ses déductions devient évidente. Malheureusement, cette manière de traiter les questions de l'analyse mathématique, outre qu'elle oblige à allonger les raisonnements dans d'énormes proportions, a aussi l'inconvénient d'être, pour ainsi dire, contraire à la nature des choses. Il y a véritablement intérêt à introduire dans les équations les accroissements même des quantités variables; l'esprit suit mieux alors toutes les phases de la résolution du problème, sans jamais perdre de vue l'objet immédiat de ses recherches. La méthode est à la fois plus complète et plus rapide, et l'on s'explique ainsi les efforts des géomètres pour présenter la *méthode des infiniment petits* avec la même rigueur, et la même évidence que celle des *limites*.

C'est à Duhamel que l'on doit d'avoir le premier formulé nettement le principe qui forme la base du calcul infinitésimal et qui assure la légitimité de l'emploi des infiniment petits.

« Le but du calcul infinitésimal est généralement la détermination des limites de rapports ou de sommes de certaines variables auxiliaires, appelées *quantités infiniment petites*, et le plus souvent ce but ne peut être atteint qu'en remplaçant ces variables par d'autres quantités susceptibles d'une expression plus simple et conduisant au même résultat final. Le principe de Duhamel, que l'on peut nommer *le principe de substitution des infiniment petits*, consiste en ce que, dans les deux cas cités, on peut remplacer un infiniment petit par un autre infiniment petit dont le rapport au premier ait pour limite l'unité. »

Ce principe permet de n'établir aucune distinction entre la différentielle et l'accroissement infiniment petit d'une fonction, et d'éviter les subtilités auxquelles a donné lieu la définition de la différentielle. Nous croyons avec Houël et Duhamel que la meilleure manière de présenter cette définition est d'appeler différentielle d'une fonction $y=f(x)$ l'accroissement infiniment petit dy de cette fonction correspondant à l'accroissement infiniment petit dx de la variable indépendante. La *dérivée* (V. ce mot) de la fonction y est alors la limite du rapport $\frac{dy}{dx}$, d'où il suit que la différentielle dy et le produit de la dérivée par dx sont deux infiniment petits dont le rapport tend vers l'unité, et qui peuvent, par conséquent, se substituer l'un à l'autre d'après le principe de Duhamel. Dès lors, dans le calcul des différentielles, on se bornera à calculer le produit de la dérivée par dx qui est la partie principale de la différentielle, et la notation dy pourra représenter indifféremment, soit la différentielle complète, soit seulement sa partie principale. La dérivée elle-même pourra être représentée par ce rapport; ce qui revient à supprimer le mot *limite*. Les équations entre infiniment petits ne sont pas *rigoureusement vraies*; elles expriment seulement que les deux membres peuvent être substitués l'un à l'autre d'après le principe de Duhamel.

Différentielles des fonctions simples.

$$d(y+z)=dy+dz \qquad d.\,yz=ydz+zdy$$

$$d\frac{y}{z}=\frac{zdy-ydz}{z^2} \qquad d\,ax^p=apx^{p-1}dx$$

p étant une constante quelconque, positive ou négative, entière, fractionnaire ou incommensurable.

$$da^x=a^x\mathrm{L}a\,dx$$

$$d\log_a x=\frac{dx}{x\mathrm{L}a}$$

$$d\sin x=\cos x\,dx \qquad d.\,\arcsin x=\frac{dx}{\sqrt{1-x^2}}$$

$$d\cos x=-\sin x\,dx \qquad d.\,\arccos x=-\frac{dx}{\sqrt{1-x^2}}$$

$$d\,\mathrm{tg}\,x=\frac{dx}{\cos^2 x} \qquad d.\,\mathrm{arctg}\,x=\frac{dx}{1+x^2}$$

Différentielle de fonctions de plusieurs variables. Soit une fonction de plusieurs variables :

$$u=f(x,yz).$$

On appelle différentielle partielle de u par rapport à x, par exemple, l'accroissement infiniment petit du que reçoit la fonction u quand x reçoit l'accroissement infiniment petit dx, y et z restant constants. La limite du rapport $\frac{du}{dx}$ est la dérivée partielle de u par rapport à x; notation qui comporte, dans les équations, la suppression du mot limite, ainsi que le sens d'un quotient, comme dans le cas des dérivées ordinaires. Le symbole $\frac{du}{dx}$ est indécomposable.

La *différentielle totale du* est l'accroissement infiniment petit que reçoit u quand x, y et z reçoivent les accroissements infiniment petits dx, dy, dz. On démontre ce théorème exprimé par l'égalité :

$$du=\frac{du}{dx}dx+\frac{du}{dy}dy+\frac{du}{dz}dz.$$

La différentielle totale d'une fonction de plusieurs variables est égale à la somme des produits de chaque dérivée partielle par l'accroissement de la variable correspondante. — M. F.

DIFFRACTION. *T. de phys.* Modification qu'éprouve la lumière quand elle vient à raser la surface d'un corps opaque, soit les bords minces d'une lame de métal, soit ceux d'une ouverture très étroite ou ceux d'un fil. Dans ces circonstances, les rayons lumineux, au lieu de continuer leur route en ligne droite, sont déviés de cette direction et en quelque sorte *brisés* (d'où le mot de *diffraction* donné par Grimaldi qui, le premier, observa ces faits singuliers, en 1665); ils pénètrent dans l'ombre géométrique que devrait produire le corps opaque, ce qui donne lieu à des *franges* ou bandes parallèles intérieures ainsi qu'à des franges extérieures, alternativement brillantes et obscures avec la lumière simple, ou ayant les couleurs de l'arc-en-ciel si l'on emploie la lumière blanche. Le mot *diffraction* désigne la partie de l'optique qui traite de ces phénomènes.

Ces effets curieux dont Newton n'a pu rendre compte d'une manière satisfaisante avec sa théorie de l'émission, s'expliquent, au contraire, parfaitement dans le système des ondulations, d'après le principe des interférences dont nous allons parler. Grimaldi, en faisant arriver, par deux petites ouvertures voisines, de la lumière dans la chambre obscure, avait constaté ce fait remarquable « *que de la lumière ajoutée à de la lumière pouvait produire de l'obscurité.* » Young en avait donné une première explication dans le système des ondes, mais c'est à Fresnel, physicien français, qu'on doit la théorie complète, analytique et expérimentale du phénomène. Nous relaterons seulement l'expérience fondamentale de Fresnel : deux faisceaux lumineux émanés d'une même source sont réfléchis par deux miroirs très peu inclinés l'un sur l'autre: en faisant varier convenablement leur angle, on arrive à superposer sur un même écran la lumière réfléchie par chacun d'eux. Alors on voit sur l'écran une série de bandes parallèles, alternativement sombres et brillantes ou irisées, suivant qu'on opère avec la lumière simple (rouge, par exemple), ou avec la lumière blanche. Si l'on intercepte les rayons envoyés par l'un des miroirs, les franges disparaissent aussitôt et l'écran reste uniformément éclairé. Dans la théorie des ondes, où l'on admet que la lumière résulte d'un mouvement vibratoire de l'*éther*, on explique le phénomène de la manière suivante : si deux rayons d'égale intensité sont superposés et que l'un soit en retard sur l'autre d'une demi-ondulation, les atomes d'éther, au point de superposition, étant sollicités également et en sens contraire, resteront immobiles, on dit alors qu'ils interfèrent. Il doit donc y avoir en ce point obscurité complète. Il en sera encore de même pour deux rayons dont l'un serait en retard sur l'autre d'un nombre impair de demi-ondulation. Par suite, si les phases de vibrations de deux faisceaux lumineux d'égale intensité vont en se rapprochant ou en s'éloignant de la coïncidence, il en résultera des teintes plus ou moins accusées. Cette interprétation, développée par le calcul, rend compte de toutes les particularités du phénomène.

La coloration des lames minces, des bulles de savon, du verre soufflé, les teintes de l'acier recuit, celles des anneaux colorés optiques, électriques, thermiques et chimiques, les riches nuances changeantes de la nacre, celles des plumes d'oiseaux, des ailes de papillons, etc., sont dues à des effets de diffraction, d'interférences. Young a expliqué par le système des ondes le phénomène des anneaux colorés. Les couleurs sont produites par l'interférence des rayons réfléchis à la première et à la seconde surface de la lame mince, ou à celle des rayons transmis avec les rayons ayant éprouvé deux réflexions.

Divers météores dépendent aussi de la diffraction ; tels sont les *arcs-en-ciel secondaires* ou *surnuméraires*, les *couronnes solaires* ou *lunaires* (qu'on imite au moyen de poussière à grains réguliers comme le lycopode, qu'on jette sur une lame de verre, à travers laquelle on regarde une lumière ou le soleil), le *cercle d'Ulloa* ou *arc-en-ciel blanc*, les *anthélies*. — C. D.

***DIFFUSEUR.** *T. techn.* — V. DIFFUSION (II.).

I. DIFFUSION. *T. de phys. et de chim.* Appliqué à la *lumière*, ce mot indique l'effet produit par les rayons lumineux réfléchis irrégulièrement et renvoyés de tous côtés par les surfaces imparfaitement polies qu'ils rencontrent ; c'est en vertu de la diffusion de la lumière que les corps sont éclairés ; c'est dans le même sens que le mot *diffusion* est appliqué à la chaleur.

Diffusion des gaz. C'est le phénomène qui se produit lorsqu'on a superposé (dans un même vase ou dans des vases qui communiquent entre eux), plusieurs gaz par ordre de densité décroissante ; le mélange complet et permanent de ces fluides s'opère plus ou moins rapidement, selon leur différence de densité, par suite des mouvements moléculaires spontanés de ces gaz.

Diffusion des liquides. Lorsque plusieurs liquides de densités différentes, mais miscibles entre eux, sont superposés par ordre de densités décroissantes, leur mélange s'effectue, malgré cette disposition défavorable, et avec une vitesse qui dépend de leur nature, plus encore que de leurs densités respectives. Le physicien anglais Graham s'est beaucoup occupé de cette question ; il a énoncé différentes lois de diffusion des liquides et classé un grand nombre de corps par ordre de diffusibilité (acides, bases alcalines, sels, etc.).

Quand les deux liquides, entre lesquels doit s'opérer la diffusion, sont séparés par un diaphragme poreux (membrane, papier, plâtre, etc.), le phénomène prend le nom d'*osmose*. Lorsqu'on applique les effets de l'osmose à la *séparation* des matières au point de vue chimique ou dans un but industriel, l'opération porte le nom de *dialyse*.

Le terme *diffusion* s'emploie aussi pour indiquer la dissémination plus ou moins rare ou abondante des substances minérales, soit dans les couches du globe terrestre, soit dans les eaux des sources, des rivières, des fleuves ou des mers et même dans l'atmosphère.

II. *** DIFFUSION.** *T. de sucr.* Ce mot caractérise une méthode d'extraction du jus sucré de la betterave, basée sur le phénomène d'osmose qui se produit entre l'eau et le jus sucré, la cloison poreuse qui sépare ces deux liquides étant représentée par les cellules de la betterave découpée en cossettes. Dans ce procédé, le jus, au lieu de sortir avec toutes ses impuretés par voie de pression des cellules déchirées par la râpe, sort de cellules intactes ne contenant que les parties dialysables du jus qu'elles renferment.

Diffusion intermittente. Dans ce système de diffusion, les betteraves lavées sont élevées dans un *coupe-racines* où elles sont débitées en cossettes. Ces cossettes sont distribuées dans des récipients spéciaux appelés *diffuseurs*, communiquant entre eux, et sont épuisées méthodiquement par de l'eau venant d'un réservoir supérieur, et qui passe successivement dans chaque diffuseur, après avoir acquis une certaine température, soit par injection directe de vapeur, soit par sa circulation dans des appareils à vapeur à serpentin ou à tubes, appelés *calorisateurs*. L'eau s'enrichit méthodiquement des principes sucrés de la cossette et sort du dernier diffuseur à l'état de *jus* que l'on envoie à la carbonatation. Les cossettes épuisées sont pressées et constituent la *pulpe*.

Ce résumé sommaire de l'opération étant donné, nous croyons devoir diviser notre étude comme suit : 1° étude comparative des jus de diffusion et de presses ; 2° installation d'un système de diffusion ; 3° marche du travail.

Étude comparative des jus de diffusion et de presses. Nous ne saurions avoir un guide plus sûr, pour faire cette étude, que l'ouvrage de M. Pellet auquel nous empruntons les observations qui vont suivre.

Nous donnons plus loin deux tableaux, — l'un relatif à la diffusion, l'autre aux presses — indiquant la marche des différents éléments contenus dans le jus depuis la betterave jusqu'au jus carbonaté.

D'après les tableaux qui suivent, on voit que par la diffusion *on obtient une quantité de sucre plus considérable par* 100 *kilogrammes de betteraves*. Suivant la richesse des racines cette quantité, à l'état de jus brut, peut atteindre de 0,6 à 1,4.

DIFFUSION.

I. *Tableau résumant la migration des divers éléments organiques et minéraux depuis la betterave jusqu'au jus carbonaté.*

Composition	Sur 100 grammes de betteraves	Dans 42 grammes de pulpes	Dans 45 grammes de jus de pulpes	Dans 229 c. c. de jus	Dans les écumes 6.25 0/0 sèches 10 0/0 humides	Dans le jus carbonaté 124 c.c. à 1032,5	Perte dans la pulpe pressée	Perte dans le petit jus	Perte dans les écumes	Reste dans le jus carbonaté
Sucre	10.410	0.660	0.7030	9.160	traces	9.10	6.3	6.7	traces	88.0
Glucose	0.250			0.140		nul				56.0
Matières organiq. diverses non azotées.	5.392	3.6459	0.3291	0.895	0.597	0.300	67.6	6.1	11.00	16.6
— — azotées alcaloïdales.	0.223	0.0745	0.0255	0.300	traces	0.316	33.4	11.3	traces	134.5
— — — coagulables.	0.543	0.2250	0.0150	0.013	0.013	6.000	41.5	2.5	9.8	nul
Ammoniaque	0.017	0.0010	0.0020	0.016	traces	0.015	5.88	11.7	traces	94.1
Acide nitrique	0.020	0.0015	0.0005	0.017	traces	0.019	7.5	2.5	traces	85.0
— sulfurique	0.046			0.048	0.014	0.031				
— phosphorique	0.113			0.093	0.053	nul				
Chlore	0.053			0.036	nul	0.037				
Potasse	0.353			0.282	0.046	0.236				
Soude	0.067	0.1660		0.055	nul	0.064	20.1	10.9	23.2	46.30
Chaux	0.054			0.006	nul	0.006				
Magnésie	0.063			0.050	0.044	0.006				
Matières insolubles	0.076			0.003		0.002				
Azote alcaloïdal	0.048	0.0160		0.0650		0.0688	33.4	11.3	traces	134.5
— coagulable	0.087	0.0360		0.0623		0.0000	41.5	2.7	9.8	nul
— ammoniacal	0.014	0.0008		0.0131		0.0124	5.88	11.7	traces	94.1
— nitrique	0.005	0.0003		0.0046		0.0049	7.5	2.5	traces	85.0

PRESSES.

II. *Tableau résumant la migration des divers éléments organiques et minéraux depuis la betterave jusqu'au jus carbonaté.*

Composition	Sur 100 grammes de betteraves	Dans 26 grammes 5 de pulpes	Dans 111 c.c. de jus à 1040	Dans les écumes lavées 7 0/0 sèches 11,1 humides	Dans le jus carbonaté 107 c.c. de jus à 1032,5	Perte totale p. 100 dans la pulpe non repressée	Perte totale p. 100 dans les écumes	Reste dans le jus carbonaté	Total
Sucre	10.410	2.407	8.003	0.203	7.800	23.10	1.9	75.0	
Glucose	0.250	0.056	0.194	nul	nul	22.40	nul	détruit	
Matières organiques diverses non azotées	5.392	3.668	1.704	1.277	0.424	68.00	23.6	7.8	99.4
Matières organiques azotées solubles alcaloïdales	0.223	0.098	0.258	0.072	0.186	43.90	32.3	83.4	159.6
Matières organiques azotées coagulables	0.543	0.240	0.194	0.194	0.000	44.20	35.6	0.0	64.7
Ammoniaque	0.017	0.004	0.013	traces	0.007	23.60	traces	41.1	»
Acide nitrique	0.020	0.003	0.017	traces	0.015	15.00	traces	75.0	100.0
— sulfurique	0.046	0.019	0.027	0.003	0.024	41.40	6.5	52.1	
— phosphorique	0.113	0.020	0.093	0.092	0.0016	17 70	81.4	1.4	
Chlore	0.053	0.013	0.040	0.004	0.035	24.60	7.5	66.6	
Potasse	0.353	0.075	0.278	0.084	0.192	21.30	23.7	54.3	
Soude	0.067	0.016	0.051	traces	0.051	23.90	traces	76.1	100.0
Chaux	0.054	0.038	0.016	0.002	0.014	70.40	3.7	25.9	100.0
Magnésie	0.063	0.017	0.046	0.040	0.006	27.00	63.4	9.5	
Matières insolubles	0.076	0.074	0.002	nul	0.005	97.40	A augmenté par la chaux	A augmenté	
Azote alcaloïdal	0.048	0.0216	0.0555	0.015	0.0400	45.00	31.2	83.30	
— coagulable	0.087	0.0384	0.0310	0.031	0.0000	43.60	35.6	0.00	
— ammoniacal	0.014	0.0027	0.0411	traces	0.0061	19.30	nul	42.1	
— nitrique	0.005	0.0010	0.0044	traces	0.0037	20.00	nul	70.0	

En travaillant dans les meilleures conditions, on extrait, par presse hydraulique, de 100 kilogrammes de betteraves contenant 91 litres 5 de jus : 80 litres de jus, soit 86,8 0/0 du sucre initial; par presse continue, avec double pression, on extrait 84 litres de jus, soit 92 0/0 du sucre initial; enfin, par diffusion, on extrait 87 litres de jus, soit 94,5 0/0 du sucre initial (Vivien).

La quantité de matières azotées solubles est à peu près la même dans les jus bruts de diffusion et de presses. Les jus bruts de diffusion renferment près de deux fois moins de substances organiques diverses non azotées, et près de 16 fois moins de substances organiques azotées coagulables que les jus bruts de presse. Les deux jus diffèrent peu dans la quantité de cendres qu'ils fournissent, si, faisant abstraction de l'acide carbonique, on considère seulement les autres matières minérales pures qui y sont contenues. La double carbonatation doit donc agir plus énergiquement sur les jus bruts de presses que sur ceux de diffusion, mais néanmoins, et c'est le fait important, après la double carbonatation, on trouve dans les deux jus le même poids total de substances minérales pures.

Le jus de diffusion contient moins de matières organiques totales que le jus de presse, mais la nature de ces matières diffère dans les deux jus. D'ailleurs, la seule importance de ce fait réside dans la concentration d'une certaine proportion de matières azotées dans la pulpe. En résumé, le jus carbonaté de diffusion est plus pur que le jus carbonaté de presse, mais cette différence n'est pas considérable.

Normalement, les jus de diffusion sont plus alcalins que les jus de presse. Cette alcalinité paraît surtout être due à de la potasse, à de la soude, etc., et non à de la chaux. Le noir absorbe donc peu de ces alcalis qui peuvent rester dans le jus qui a subi la carbonatation aussi loin que possible. Les écumes de diffusion renferment près de 50 0/0 en moins d'azote que les écumes de presse.

Les pulpes de diffusion contiennent moins de substances sèches pour 100 de matière normale que les pulpes de presse, mais les substances organiques non azotées et azotées coagulables sont en plus grande quantité dans les premières. La quantité de substances minérales contenue dans les pulpes de diffusion et de presse est à peu près la même, sauf pour l'acide phosphorique qui se trouve en moindre quantité dans la matière sèche de la pulpe de diffusion. Il résulte de ces dernières observations que les pulpes de diffusion et de presse ont une valeur nutritive différente; mais la majorité des cultivateurs s'est prononcée en faveur des premières.

Installation d'un système de diffusion intermittente. Comme nous l'avons dit précédemment, l'extraction du jus contenu dans les cossettes se fait dans des vases spéciaux appelés *diffuseurs* et l'eau arrive dans chaque diffuseur après avoir été chauffée par son passage dans un appareil spécial appelé *calorisateur*. L'ensemble des diffuseurs, des calorisateurs, de tous les tuyaux et de toutes les soupapes où circulent le jus ou l'eau, constitue la *batterie*.

Diffuseur. Les premiers diffuseurs des Allemands étaient de forme cylindrique ou cylindro-conique, et avaient une capacité de 50 et même 60 hectolitres. Les diffuseurs autrichiens, au contraire, ont une capacité de 5 hectolitres et le travail y atteint le maximum de rapidité. Le diffuseur français se place entre ces deux extrêmes, sa capacité varie entre 15 et 25 hectolitres. Deux types se rencontrent dans les usines françaises, l'un cylindro-conique à forme élevée et à porte de vidange latérale ou inférieure; l'autre cylindrique à forme basse et à porte de vidange inférieure. Le diffuseur à porte de vidange latérale peut reposer directement sur la maçonnerie, celui à porte inférieure est suspendu au plancher par deux oreilles en fonte. Ces derniers nous paraissent les plus pratiques, car l'écoulement des cossettes épuisées, se faisant par une ouverture dont le diamètre est à peu près égal à celui du corps du diffuseur, est plus rapide et plus complet. Les diffuseurs à porte latérale se vident souvent mal, et la manœuvre de cette porte est incommode. Dans le diffuseur à porte inférieure, celle-ci est soumise à une pression considérable et le constructeur doit s'attacher à en soigner les moindres détails de construction et de montage. Il y a des exemples de portes qui se sont brisées au moment de la mise en route.

Calorisateur d'une batterie. Les calorisateurs sont des cylindres en tôle contenant, soit des tubes, soit des serpentins comme surface chauffante, au contact de laquelle le jus se chauffe, sans que la circulation soit interrompue. Les calorisateurs ont permis de supprimer les bacs réchauffeurs, dans lesquels on était obligé d'envoyer les jus faibles pour les faire circuler dans la batterie. Cette disposition nécessitait une installation très coûteuse sous le rapport de la hauteur à donner au bac à eau. Il devait être placé assez haut pour que la pression suffise à faire monter les petits jus dans les bacs réchauffeurs qui devaient se trouver eux-mêmes à une hauteur suffisante pour établir la circulation dans la batterie. L'installation des calorisateurs a permis de placer le bac à eau à la hauteur des anciens bacs réchauffeurs.

Batterie. Les batteries primitives de diffuseurs étaient construites en une seule ligne et les diffuseurs étaient remplis de cossettes au moyen de vagonnets circulant sur des rails. Chaque diffuseur communiquait par sa partie inférieure avec la partie supérieure du diffuseur qui le suit immédiatement. Plus tard, dans le but de ménager la place qu'occupait la batterie, on la construisit sur deux rangs parallèles et on fit passer les vagonnets entre les deux lignes de diffuseurs, en les déversant tantôt d'un côté, tantôt d'un autre. On remarqua que ce procédé de remplissage des diffuseurs donnait lieu à des tassements des cossettes et, par suite, à une mauvaise circulation dans la batterie. On remédia à cet inconvénient en installant entre les lignes de diffuseurs une courroie sans fin roulant sur des galets. Ce système entraînait les cossettes entre deux parois en tôle formant nochère, munies de portes s'ouvrant à l'intérieur et par lesquelles les cossettes tombaient dans le diffuseur en remplissage. On obtint, d'ailleurs, ainsi une économie de main-d'œuvre.

Disons en passant que le même ordre d'idées fit améliorer le coupe-racines à mouvement en dessous dont les bras brisaient les cossettes. On fit des coupe-racines à mouvement en dessus dans lesquels les cossettes tombaient directement sur la courroie sans fin. Mais l'entraînement des cossettes par le transporteur leur faisait encore subir des chocs et des frottements que l'on chercha à supprimer par l'installation des batteries circulaires, au centre desquelles se trouvait le coupe-racines. Celui-ci, placé à un étage supérieur (3,50 à 4 mètres au-dessus du plancher des diffuseurs), porte une nochère inclinée en tôle qui peut opérer une révolution entière, de telle sorte que sa partie inférieure se présente à volonté à l'ouverture de chaque diffuseur. La cossette tombe ainsi directement du coupe-racines dans le diffuseur en remplissage, sans subir de chocs et avec le minimum de frottements.

Dans les petites installations où l'on ne peut disposer que d'une hauteur insuffisante, c'est la batterie disposée en cercle qui est construite sur un châssis animé d'un mouvement de rotation (1 tour en 3/4 d'heure). Chaque diffuseur passe ainsi lentement sous le coupe-racines et reçoit les cossettes d'un entonnoir articulé de peu de hauteur. On comprend, du reste, que l'emplacement dont on dispose doit guider aussi pour l'installation des diffuseurs en cercle, en demi-cercle, sur une ou deux lignes, etc.

Nous avons examiné sommairement la constitution de la batterie, dans laquelle doit se faire l'extraction du jus, voyons maintenant quels sont les appareils accessoires mais indispensables qui amènent la betterave en cossettes dans les vases composant cette batterie et qui mènent au dehors les cossettes épuisées. Prenons pour type une batterie circulaire (fig. 86). Les betteraves sont élevées dans un premier laveur L qui les débarrasse de la plus grande partie de la terre qui les recouvre, et il est assez élevé pour que les betteraves tombent naturellement dans un second laveur L'. Ce second laveur sert surtout au rinçage; il porte à sa suite un épierreur E dans lequel se déposent les petits cailloux qui ont pu échapper aux deux laveurs.

Comme on le voit, les appareils de lavage sont nombreux, et nous devons dire que c'est absolument nécessaire, car les betteraves doivent, non pas être déchirées, mais coupées *aussi nettement que possible* par des couteaux qui seraient promptement détériorés, si la moindre pierre arrivait au *coupe-racines*. — V. ce mot.

Les bras de l'épierreur envoient les betteraves sur un plan incliné, formé de barreaux, où elles s'égouttent et qui les conduit à un élévateur A. Cet élévateur, composé de godets fixés à une chaîne, est généralement vertical; il doit être construit fort solidement en raison de la charge considérable qu'il a à supporter et de sa grande hauteur (10 à 12 mètres).

Chaque constructeur adopte un modèle de chaîne particulier (chaîne Galle, chaîne marine, etc.). Jusqu'à présent, nous ne croyons pas la question résolue. Tous ces systèmes de chaîne s'allongent et s'usent assez rapidement pour exiger quelquefois le remplacement en pleine campagne.

On a essayé des courroies en aloès sur lesquelles les godets sont maintenus par des boulons et des contre-plaques. La pratique en est trop récente pour que nous puissions indiquer des résultats certains, cependant nous devons constater qu'à l'usine de Liez (Aisne), ces résultats sont satisfaisants. De l'élévateur les betteraves sont amenées dans le coupe-racines C par un plan incliné. Le coupe-racines, placé dans l'axe de la batterie, doit être assez puissant pour l'alimenter largement, et assez élevé au-dessus des diffuseurs, pour que la cossette y tombe librement. Dans l'installation que nous donnons, la hauteur du coupe-racines au-dessus du plancher de la batterie est de 4 mètres pour un rayon de batterie de $3^m,10$. La nochère N se trouve ainsi suffisamment inclinée.

La batterie se compose de dix diffuseurs D, ayant chacun leur calorisateur et leur boîte à soupapes. Les calorisateurs R sont munis d'un robinet pour l'introduction de la vapeur et d'une soupape de retenue à l'échappement. Le couvercle supérieur porte un *thalpotasimètre* ou thermomètre qui plonge dans le jus et en indique à chaque instant la température. Chaque calorisateur communique librement avec son diffuseur par la partie inférieure et par sa partie supérieure avec deux soupapes : l'une dite de *communication* qui permet la circulation du jus du calorisateur dans un diffuseur suivant, l'autre dite *à jus* qui le fait communiquer avec la conduite de jus. On a aussi fait retourner les eaux des calorisateurs dans les diffuseurs, on récupère de la chaleur et souvent du sucre, car les calorisateurs laissent passer quelquefois du jus. Ils sont très sujets à se fendre. La tuyauterie dont nous abrégerons l'énumération se compose principalement de : 1° une prise générale de vapeur sur laquelle viennent se greffer toutes les prises des calorisateurs ; 2° une conduite générale d'eau qui communique avec la partie supérieure de chaque diffuseur par la soupape à eau et avec un réservoir d'eau B sous pression ; 3° une conduite générale de jus qui communique, comme nous l'avons dit, avec la partie supérieure des calorisateurs par la soupape à jus; et avec les bacs de réception du jus ou *bacs jaugeurs* par des soupapes spéciales; 4° une conduite générale d'air comprimé qui, par une pompe G, communique avec la partie supérieure de chaque diffuseur par une soupape à air comprimé et avec le réservoir F dans lequel l'air est refoulé sous pression par le compresseur G.

Les soupapes à eau, à jus, de communication, à air comprimé, de chaque diffuseur sont groupées de manière à centraliser les manipulations et à simplifier la tuyauterie qui, comme on le voit, est assez compliquée.

Cette réunion de soupapes constitue la *boîte à soupapes*. Le tuyau supérieur du calorisateur porte à son extrémité une bifurcation. Sur chacun des deux tuyaux vient s'appliquer une soupape, l'une la soupape à jus, l'autre la soupape de communication. La soupape à eau fait joint sur la soupape de communication, de manière à ce que l'eau puisse la traverser, qu'elle soit ouverte ou fermée. La soupape à air fait joint de la même façon sur la soupape à eau, et il n'y a que la soupape de communication qui soit reliée à la partie supérieure du diffuseur.

En résumé, la soupape de communication restant fermée, nous pouvons, à volonté, envoyer soit de l'eau, soit de l'air comprimé dans le diffuseur, et nous pouvons faire circuler le jus du calorisateur à la conduite des jus, en ouvrant la soupape à jus. Toutes les soupapes étant fermées, nous pouvons établir la communication entre un calorisateur — qui, avec son diffuseur, représente une seule capacité — et la partie supérieure du diffuseur suivant, en ouvrant la soupape de communication.

Le réservoir d'eau B est placé au niveau des diffuseurs ; le réservoir d'air comprimé F a sa place toute désignée, le plus près possible de la pompe de compression G et sur le sol du rez-de-chaussée qui constitue un appui solide sans complication de charpente. Sous les diffuseurs et dans

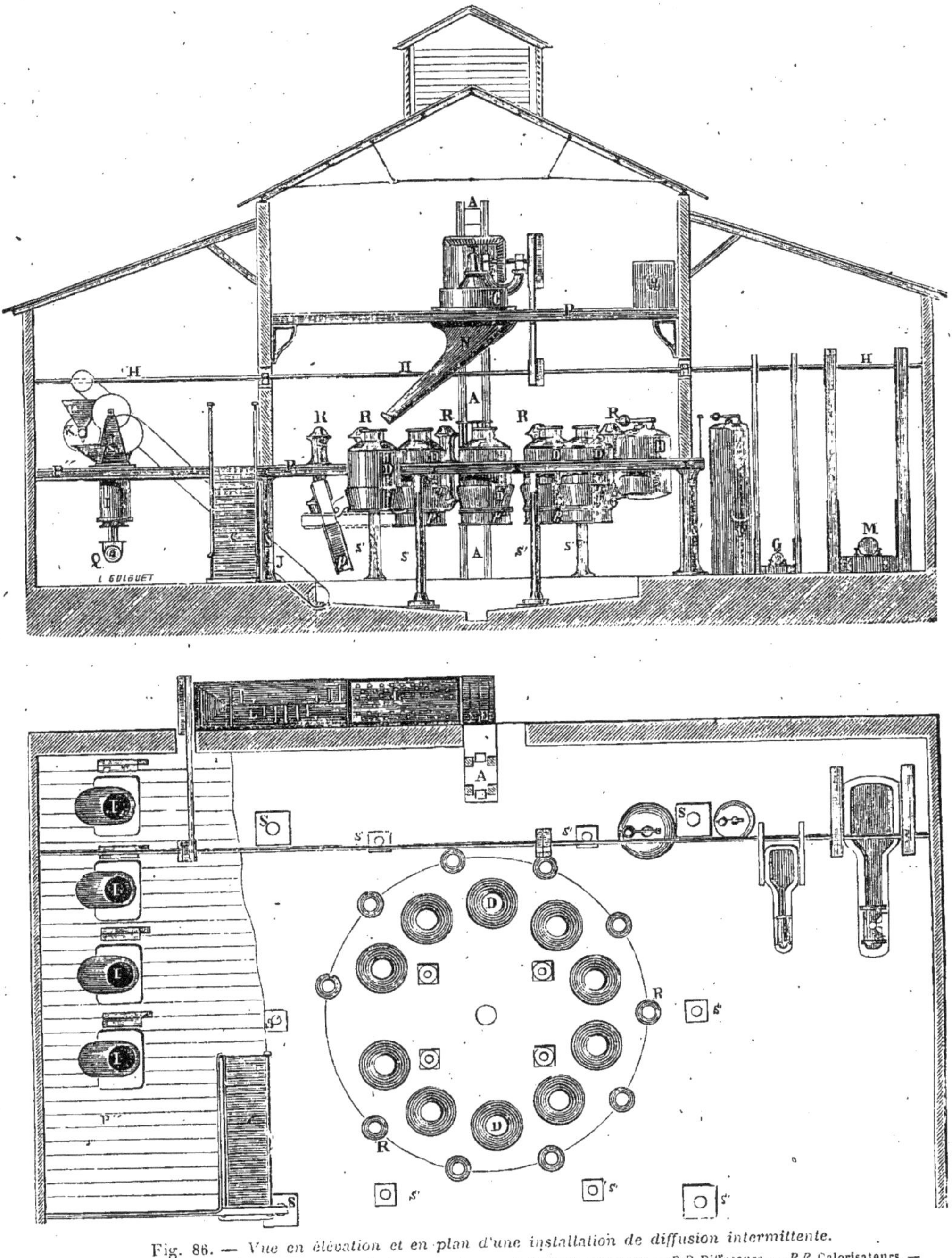

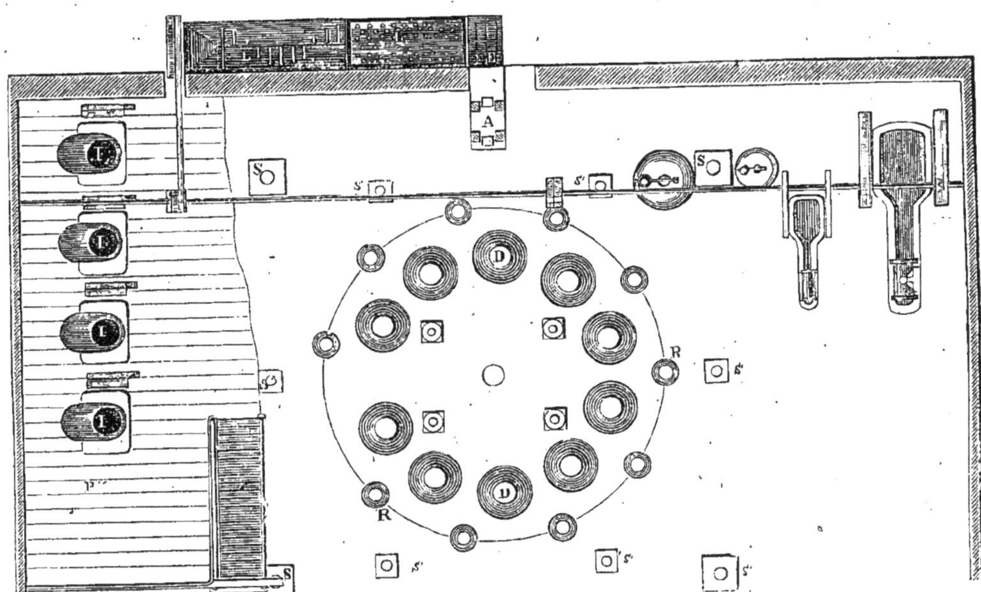

Fig. 86. — *Vue en élévation et en plan d'une installation de diffusion intermittente.*

L L' Laveurs. — *E* Epierreur. — *A A* Elévateur. — *C* Coupe-racines. — *N* Nochère tournante. — *D D* Diffuseurs. — *R R* Calorisateurs. — *pp'* Portes de vidange. — *B* Réservoir d'eau communiquant avec le réservoir d'air comprimé *F*. — *G* Compresseur à air. — *M* Moteur. — *H* Transmission générale. — *J* Drague à cossettes. — *K* Distributeur. — *I I* Presses Bergreen. — *Q* Entraîneur de pulpes.

la fosse, dont le fond est incliné vers le centre, se trouve une voie ferrée circulaire sur laquelle roule un vagonnet qui, venant se présenter sous l'ouverture de chaque diffuseur, reçoit les cossettes épuisées pour aller les jeter dans la trémie de la drague à cossettes J qui les déverse dans une bâche où se meut une hélice qui les distribue à chacune des presses Klusemann, Bergreen ou Selwig et Lange.

Les presses Klusemann, très simples, donnent une excellente pression à la condition de marcher lentement et d'être toujours bien pleines de cossettes.

Les presses Bergreen, peu différentes des précédentes, donnent une pression plus énergique, mais cisaillent et brisent les cossettes dont les morceaux passent dans l'eau expulsée. La presse Selwig et Lange donne aussi une pression très énergique, à la condition de fonctionner lentement et en pleine charge. Les cossettes pressées tombant des presses, constituent la pulpe qui est conduite au magasin à pulpe par un transporteur Q.

3° *Marche du travail.* Examinons maintenant comment fonctionne la batterie. A cet effet, supposons-la en pleine marche, c'est-à-dire qu'un diffuseur s'emplit de cossettes fraîches et qu'un autre est épuisé. Ce dernier reçoit la pression directe de l'eau, sa soupape à eau étant ouverte et celle de communication fermée; les suivants ont toutes leurs soupapes fermées, sauf la communication. Le courant s'établit donc du bac à eau au plus vieux diffuseur, que nous appellerons n° 1, par sa partie supérieure et de sa partie inférieure à la partie supérieure de 2, en passant par le calorisateur n° 1 et la soupape de communication n° 2 : il en est de même pour les diffuseurs 3, 4, 5, 6, 7, 8. Ce dernier communique, par son calorisateur 8 et la communication 9, avec la partie supérieure du diffuseur 9. Si nous supposons toutes les soupapes de 10 fermées, il n'y aura pas de circulation faute d'issue. Fermons la soupape à eau n° 1 et ouvrons la soupape à air n° 1, la pression initiale de l'eau est remplacée par la pression d'air. Si donc nous ouvrons la soupape du bac jaugeur après avoir ouvert la soupape à jus n° 10, le jus se précipitera par cette voie, ira remplir le bac de la quantité que l'on voudra. Ceci étant fait, on fermera la soupape à air 1 et la communication 2. La circulation est arrêtée, puisque nous supprimons la pression et isolons le diffuseur 1. Transportons la pression de 1 sur 2, en ouvrant la soupape à eau n° 2, la circulation se rétablit et permet d'extraire une nouvelle quantité de jus. Si l'on ferme maintenant la soupape du bac jaugeur, la circulation est de nouveau interceptée, puisqu'il n'y a pas d'issue sur la conduite de jus. Pendant ce temps, le diffuseur 10 s'est empli de cossettes fraîches; il faut procéder au *meichage*, c'est-à-dire introduire le jus par la partie inférieure, car l'emplissage par en haut produirait des tassements nuisibles à la bonne marche de la batterie. Ainsi donc, pour faire le meichage, il suffit d'ouvrir la soupape à jus n° 1, le jus pénètre par cette soupape dans le calorisateur 10, qui communique avec le diffuseur 10 par la partie inférieure. Pendant le meichage de 10, on ouvre un robinet d'écoulement d'eau à la partie inférieure de 1 pour expulser la quantité d'eau non chassée par l'air comprimé; on ouvre ensuite la porte inférieure et l'air comprimé, restant dans le diffuseur, chasse dans le vagon les cossettes épuisées. On lave le diffuseur en ouvrant la soupape à eau, on referme la porte inférieure et on remplit de cossettes fraîches.

Pendant ce temps, le liquide est arrivé au trou d'homme du diffuseur 10 que l'on ferme en laissant ouvert le robinet de purge d'air fixé sur le plateau de fermeture. Quand le liquide sort par ce robinet, on le ferme, on ferme la soupape à jus n° 10 et on ouvre la communication 10. Le courant, qui avait lieu de bas en haut, est maintenant *renversé* et a lieu de haut en bas. En ouvrant alors la soupape à jus du bac jaugeur, on extrait une nouvelle quantité de jus. On remplace la pression d'eau sur 2 par la pression d'air, comme nous l'avons fait sur 1 et les opérations se continuent ainsi sans interruption. Pour mettre la batterie en marche, on emplit d'eau un certain nombre de diffuseurs et on ouvre les robinets de vapeur des calorisateurs. Quand l'eau est arrivée à la température voulue, on emplit le diffuseur suivant de cossettes, et l'on agit comme si la batterie était en pleine marche, en ne soutirant du jus que lorsqu'il a le degré aréométrique voulu.

Nous avons omis avec intention — pour ne pas compliquer davantage ces explications — la manœuvre des robinets de vapeur des calorisateurs, indépendante d'ailleurs du reste de la circulation et intimement liée à la température que l'on estime la meilleure pour chaque diffuseur. A ce sujet, nous poserons en principe que l'on doit avoir une température élevée dans le diffuseur qui va devenir le plus ancien, pour obtenir un épuisement absolu et éviter les fermentations, ainsi que dans le plus nouveau, pour avoir un épuisement immédiat. La température ne doit pas cependant dépasser 75° à un point quelconque de la série des diffuseurs; il est même probable qu'il est bon de ne pas prolonger cette température trop longtemps, non seulement pour ne pas modifier la pureté du jus, mais encore pour ne pas modifier la texture de la pulpe, dont la pression devient trop difficile. M. Perret a remarqué que la quantité de pulpe pressée obtenue par 100 kilogrammes de betteraves peut varier de 30 à 50 0/0, suivant la température à laquelle s'est fait le travail. Cette température ne doit pas non plus descendre au-dessous de 50°.

Il nous reste à examiner une question fort importante : Y a-t-il intérêt ou économie à pousser à fond l'épuisement de la cossette?

Les auteurs sont très partagés sur cette question. Les uns trouvent que la pureté générale du jus augmente en même temps que l'épuisement; ils arrivent même à dire que la pulpe absorbe et retient les sels et qu'en la soumettant à un lavage on ne pourrait extraire qu'une partie de ces sels fixes amers, tandis qu'on retirerait la totalité du sucre. Notre collaborateur, M. Durin, a confirmé ces conclusions en s'appuyant sur les expériences de M. Champonnois, *en mai* 1868. Ces expériences consistaient à faire rentrer dans le pressin fraîchement râpé des mélasses épuisées que l'on avait épurées. Ces mélasses cristallisaient, la pulpe absorbant les sels qui étaient contenus. D'autres auteurs sont d'un avis contraire et prétendent que la pureté générale du jus décroît à mesure que l'épuisement augmente.

Les expériences de M. Vivien semblent confirmer la dernière opinion. Voici une première expérience faite sur une betterave contenant du jus à 0,754 de pureté Vivien et à 11,05 de coefficient salin.

(Allant à la carbonatation)	Pureté Vivien	Coefficient salin
Diffuseur n° 1.	0.760	10.20
— n° 2.	0.750	10.60
— n° 3. . . .	0.743	10.40
— n° 4.	0.738	10.20
— n° 5.	0.705	8.00
— n° 6.	0.690	5.10
— n° 7.	0.640	4.00
— n° 8.	0.560	3.00

soit donc du jus plus salin, à mesure que l'épuisement augmente. Le jus du diffuseur n° 1 est moins chargé de matières et de dérivés organiques que le jus de la betterave. D'autres expériences ont donné des chiffres anormaux et contradictoires dont l'explication est impossible. C'est une anomalie à écarter.

D'où vient cet excès de sels indiqué par la première expérience ? M. Vivien pense que l'on doit s'en prendre à la qualité de l'eau, qui, telle qu'elle nous est fournie par la nature, contient en moyenne 500 grammes de sels par mètre cube et que c'est parce qu'on a omis, jusqu'à ce jour, d'en tenir compte que l'on constate tant de divergence dans l'opinion des auteurs (1). La présence des sels contenus dans l'eau explique l'abaissement si considérable du coefficient salin, et même du degré de pureté constaté dans les diffuseurs de queue où l'épuisement est maximum. De ces observations, on doit conclure que l'augmentation saline serait nulle si on diffusait avec de l'eau distillée.

En résumé, d'après MM. H. Pellet et Vivien, on peut épuiser à fond ; la qualité générale des jus ne changera pas, étant admis que l'épuisement extrême sera obtenu rapidement et qu'on emploiera de l'eau pure, et notamment de l'eau distillée provenant des retours qu'on a en abondance en sucrerie. Il y a aussi économie à pousser l'épuisement à fond. Si, par exemple, on veut arriver à un épuisement de 0,5 par 100 kilogrammes de betteraves au lieu de 0,9, il faut compter adjoindre 3 diffuseurs avec leurs calorisateurs à la batterie, ce qui représente environ une dépense de 7,500 francs, y compris armature et plancher, soit un intérêt, amortissement et entretien d'environ 800 francs par an. Or, une différence d'extraction de 0k,400 de sucre en jus à 104° donne environ cinq litres de jus par 100 kilogrammes de betteraves travaillées, 10,000 hectolitres de jus pour une fabrication de 20 millions de kilogrammes. Cette quantité de jus rendra :

10,000 × 5,2 = 52,000k de sucre à 60 fr les 100k.	31.200
10,000 × 3.7 = 37.000k de mélasse à 12 f. les 100k.	4.440
	35.640

D'où l'on déduit environ 0 fr. 642 pour main-d'œuvre, extraction, travail des jus, chaux, coke, charbon, turbinage, etc.... Il reste donc 35,640 — 6,420 = 29,220 francs. En admettant l'amortissement de 800 francs, on voit donc que le bénéfice annuel est de 29,220 — 800 = 28,420 francs.

D'après ce que nous venons de voir, les différents produits de la diffusion sont : 1° le jus que l'on envoie aux bacs jaugeurs ; 2° un reste d'eau dans le diffuseur le plus ancien, ce qui amène une perte de 0,05 à 0,06 0/0 ; 3° les cossettes épuisées. La perte de sucre du fait des cossettes est de 0,30 à 0,40 0/0 des cossettes non pressées.

Comparaison des divers systèmes d'extraction employés :

En France, l'extraction du sucre de la betterave se fait :

Par les presses hydrauliques ;

Par les presses continues, à toile sans fin ou à surface métallique filtrante ;

Par la diffusion intermittente ;

Par la diffusion continue.

Au point de vue de la main-d'œuvre, la diffusion constitue un très grand progrès. L'entretien du matériel est à peu près nul ; les sacs en laine et les claies des presses hydrauliques n'existent plus ; les toiles sans fin, les surfaces filtrantes métalliques des presses continues sont supprimées.

Voyons maintenant quelle est la perte de sucre dans les résidus d'extraction par les différents systèmes.

Les cossettes de diffusion non pressées forment les 90 à 100 0/0 du poids de la betterave. Si elle contient 0,50 de sucre 0/0, nous avons pour 100 kilogrammes de betteraves une perte représentée par 0,475.

L'eau de vidange, en employant l'air comprimé forme 50 0/0 du poids de la betterave ; si elle contient 0,06 de sucre 0/0, nous aurons pour 100 kilogrammes de betteraves une perte de 0,030.

Soit, pour la diffusion :

Perte pour *100 kil.* de betteraves.	Dans les pulpes.	0.475
	Dans l'eau.	0.130
	Total..	0.505

Soit 0,5 0/0 environ.

En faisant le calcul pour les *presses hydrauliques*, si nous supposons 25 kilogr. de pulpe pour 100 kilogrammes de betteraves et une teneur en sucre de 6 0/0 de pulpes, on a une perte de 1,50 pour 100 kilogrammes de betteraves (minimum). Nous ne citons que pour mémoire la perte de sucre provenant du lavage des sacs, des éclaboussures, etc. Pour les *presses continues* avec lavage et répression, on peut obtenir des pulpes ne contenant que 3,75 à 4 0/0 de sucre. Si nous admettons 30 kilogrammes de pulpe pour 100 kilogrammes de betteraves, nous avons une perte en sucre re-

(1) Pour l'étude des eaux employées dans la diffusion, nous renvoyons à l'ouvrage de M. Pellet (*Etudes nouvelles sur les jus et pulpes de diffusion*, pages 140 et suivantes).

présentée par 1,125 0/0. Dans un travail soigné, on peut admettre que cette perte est réduite à 1 0/0. Ici encore nous ne citons, que pour mémoire, les projections de pulpe à travers l'atelier, l'altération qui se produit dans les presses à surface métallique filtrante. Nous admettons, en outre, ce qui n'a pas été prouvé d'une façon certaine, que tout le sucre contenu dans le jus de deuxième pression est récupéré. Nous voyons donc en résumé que les pertes en sucre sont représentées en moyenne :

Dans la diffusion, par.	0.50
Dans les presses hydrauliques	1.50
Dans les presses continues.	1.00

Ces chiffres nous paraissent assez éloquents pour que nous n'insistions pas. Nous terminerons cette étude en donnant un tableau comparatif du coût du sucre extrait par les différents procédés.

Tableau comparatif du coût du sucre dans le jus extrait par les divers systèmes d'extraction. Betteraves à 10.0/0 de sucre payées 22 francs les 100 kilogrammes. Travail de 2,000 hectolitres de jus par 24 heures (Durin).

Systèmes d'extraction	Coût d'installation	Sucre obtenu dans le jus par 1,000 k. betteraves à 10 0/0 de sucre	Prix de revient de ce sucre p. 100 k. après extraction du jus	Bénéfice sur les presses hydrauliques
	francs	kilogr.	francs	francs
Presses hydrauliques.	»	83.000	28.50	»
Procédé Gallois, d'après le jus recueilli.	»	85.500	27.66	0.84
Procédé Gallois, d'après les analyses de pulpe	»	89.000	26.57	1.93
Procédé Lallouette.. .	»	»	26.95	1.55
Presses continues (1er groupe) (1)	90.000	88.900	25.40	3.10
Presses continues (2e groupe) (2)	100.000	88.900	25.85	2.65
Diffusion ordinaire . .	100.000	95.000	23.70	4.80
Diffusion continue. . .	50.000	95.000	23.40	5.10

(1) Nous plaçons dans le 1er groupe les presses sans toiles (Champonnois, Collette, Dujardin, etc., etc.).

(2) Nous plaçons dans le 2e groupe les presses avec toiles (Poizot et Druelle, Manuel et Socin).

Statistique. Avant la campagne 1880-1881, il y avait en France 21 fabriques travaillant par la diffusion. Dans la campagne 1882-1883, il y avait 134 installations de diffusion (108 dans les usines, 26 dans les râperies). De nouveaux montages se font pour la campagne prochaine; nous pensons et nous espérons que ce mouvement est appelé à se continuer.

Diffusion continue. Dans toutes les industries, on doit chercher à obtenir une diminution de main-d'œuvre, et pour atteindre ce but, remplacer, autant que faire se peut, le travail intermittent par le travail continu. Dans l'industrie qui nous occupe, la substitution des presses continues aux presses hydrauliques et de la diffusion continue à la diffusion intermittente est un exemple de ce que nous avançons.

L'idée de la diffusion continue remonte à une époque assez éloignée. En 1836, Pelletan lança dans l'industrie sucrière un lévigateur à mouvement continu. Après lui, Robert, Possoz et Wilkinson combinèrent un ingénieux appareil dans le but d'extraire le jus sucré de la betterave, en faisant circuler d'une façon continue un courant d'eau sur de la râpure de betterave, entraînée en sens inverse. Les résultats pratiques ne furent pas très satisfaisants. Ce n'est qu'en 1879 que MM. Charles et Perret construisirent un appareil auquel ils donnèrent le nom de *diffuseur continu*, appareil qui, jusqu'à ce jour, est le seul ayant donné de bons résultats au point de vue de la régularité du fonctionnement et du bon épuisement des cossettes. Le diffuseur continu se compose essentiellement d'un cylindre en tôle perforée, muni intérieurement d'une hélice en tôle également perforée et faisant corps avec lui. Ce cylindre tourne dans une bâche en tôle cylindrique posée sur des supports en fonte placés directement sur le sol sans fondation. Ces supports portent à leur intérieur, évidé à cet effet, des galets traversant l'enveloppe extérieure et sur lesquels vient poser le cylindre perforé dont le mouvement de rotation est ainsi facilité. Le cylindre perforé est traversé d'axe en axe par un cylindre central perforé, plus petit, muni d'hélices et de diaphragmes. Des bandes de fer garnies de caoutchouc et placées en hélices, contredites sur le grand cylindre, obligent l'eau à rentrer à l'intérieur et à traverser de nouveau les cossettes. Le vase extérieur est surmonté d'une trémie dans laquelle tombent les cossettes débitées par le coupe-racines. Ces cossettes pénètrent dans le cylindre intérieur qui est mis en mouvement par deux couronnes dentées fixées sur son pourtour et engrenant avec deux roues extérieures, calées sur un même arbre mis en mouvement par une roue à dents hélicoïdales. Ces cossettes, disons-nous, pénètrent dans le cylindre et sont poussées vers l'autre extrémité de l'appareil par les hélices fixées à l'intérieur de ce cylindre. Elles arrivent dans une auge ouverte dans laquelle plongent des godets à claire-voie qui enlèvent les cossettes épuisées, les jettent par un plan incliné dans une hélice qui les distribue à deux presses, d'où elles sortent à l'état de pulpe. Pendant le trajet des cossettes dans le cylindre intérieur, un courant d'eau, réglé par un robinet placé dans l'auge où plonge la chaîne à godets, s'établit dans l'appareil en sens contraire du mouvement de translation des cossettes, baigne la masse de celles-ci et se charge progressivement des principes solubles contenus dans les cellules de la betterave. A l'extrémité du diffuseur correspondant au coupe-racines on soutire le liquide d'une façon continue.

Dans le premier tiers de la longueur se trouvent trois paires de serpentins ou *calorisateurs*, chauffés par la vapeur et logés dans l'espace annulaire libre qui existe entre le cylindre perforé et le cylindre extérieur. Trois éprouvettes sont fixées sur ce cylindre, chacune d'elle se trouvant à peu près au 1/3 de la longueur totale. Dans ces éprouvettes plongent un thermomètre et un densimètre qui indiquent constamment la température et la densité du jus. L'eau pure arrive à peu près à la température de 15°. A l'éprouvette de tête, près du coupe-racines la température varie entre 75-80°, l'éprouvette suivante marque 60-70°

et la dernière 35-45°. Le vase extérieur est muni en-dessous et sur toute sa longueur de tubulures de purge reliées à un tuyau collecteur qui se rend au bac à jus. Aux changements de poste, on ouvre les robinets de purge, et les débris de cossettes qui peuvent se trouver dans le fond du vase entre le cylindre perforé et l'auge sont envoyées aux écumes.

La mise en marche du système est très simple. L'appareil étant à moitié rempli d'eau, on admet la vapeur dans les calorisateurs et l'on chauffe jusqu'à ce que l'on soit parvenu aux températures que doivent indiquer les thermomètres dont nous avons parlé précédemment. On met en marche le cylindre intérieur ainsi que le coupe-racines. Lorsque les cossettes arrivent à l'extrémité de l'appareil, — ce qui, pour un appareil de 1m,30 de diamètre et de 11m,20 de longueur, exige à peu près une heure, — on met en mouvement la chaîne à godets et les presses. On règle le débit du coupe-racines, la vitesse de rotation du cylindre intérieur, l'introduction de vapeur et la sortie du jus, dont doit dépendre la vitesse d'arrivée de l'eau pure. Toutes ces opérations se font rapidement et on obtient bientôt une marche normale qu'un gamin au coupe-racines, un homme au diffuseur et un homme aux presses suffisent à entretenir.

Les résultats de la diffusion continue ne paraissent pas différer beaucoup de ceux obtenus par la diffusion intermittente; avec une densité en jus pur de 5°,2, la moyenne de la densité du jus envoyé à la carbonatation a été de 1,037 (3,7) pendant la campagne de 1881 et la richesse de la pulpe a été représentée par 0,39 du poids de la betterave. Le rendement en sucre a été de 6,17 dont 4,67 en blanc et 1,50 en sucre à 90°.

Mais où le diffuseur continu paraît présenter des avantages incontestables, c'est dans l'installation pour laquelle un emplacement de 7 mètres sur 14 est suffisant.

Un vase unique remplace à lui seul 10 ou 12 diffuseurs avec leurs nombreux accessoires de tuyaux, robinets, calorisateurs, pompes à eau, à air, demandant 12 à 1,400 manœuvres de robinets par 24 heures, manœuvres dans lesquelles la moindre erreur peut amener le désarroi dans la marche de la batterie. Enfin, le coût d'une installation complète de diffusion continue pour 2,000 hectolitres de jus, moteur, frais d'installation et de montage compris, peut atteindre en chiffres ronds 50,000 francs. Pour la même quantité de jus, l'installation d'une diffusion intermittente coûterait le double.

Disons encore que le diffuseur continu a été appliqué dans des distilleries où il a donné de bons résultats. Enfin, grâce au coupe-cannes inventé par M. Perret, l'appareil pourra être employé avec un très grand avantage, croyons-nous, à l'extraction du sucre de canne.

Des essais, dans ce sens, vont se faire en Espagne et dans la République Argentine. Nous devons en souhaiter l'entière réussite, car la canne qui pousse si bien dans plusieurs parties de notre colonie africaine, deviendrait une source de richesse pour nos colons. — CH. D.

Bibliographie : La diffusion au point de vue scientifique, industriel et agricole, par Jules CARTUYVELS et E. RENOTTE; *La diffusion*, par Jules ROBERT; *Manuel pratique de diffusion*, par Élie FLEURY et Ernest LEMAIRE; *Etudes nouvelles sur les jus et les pulpes de diffusion*, par H. PELLET; *Traité pratique de la diffusion*, par A. VIVIEN (juillet 1882); *Traité complet de fabrication du sucre*, par Paul HORSIN-DÉON, etc.

DIGESTEUR. 1° Première dénomination de la marmite de Papin. ‖ 2° On donne le nom de *digesteur* à une partie de l'appareil qui sert à extraire le parfum des fleurs par le sulfure de carbone : le digesteur est le récipient dans lequel se trouvent en contact les fleurs et le véhicule. ‖ 3°. On appelle également *digesteur* un appareil imaginé par Payen et qui est employé dans les laboratoires pour épuiser complètement, à froid et à l'aide d'une quantité de liquide relativement faible, les substances complexes dont on veut extraire les parties solubles (fig. 87). Il se compose d'un ballon A à deux tubulures, dans lequel on met le dissolvant volatil (eau, alcool, éther, etc.) et que l'on peut chauffer par un bain-marie M. Le ballon est surmonté d'une allonge B contenant la matière à épuiser, concassée ou pulvérisée. Au-dessus de cette allonge se trouve un serpentin entouré d'un réfrigérant R, et surmonté lui-même d'un deuxième ballon C à trois tubulures. La tubulure supérieure porte un tube de sûreté à boules T; la tubulure latérale du ballon supérieur est reliée par un tube coudé E, à la tubulure latérale du ballon inférieur. Le liquide étant porté à l'ébullition dans le ballon, les vapeurs, s'échappent par le

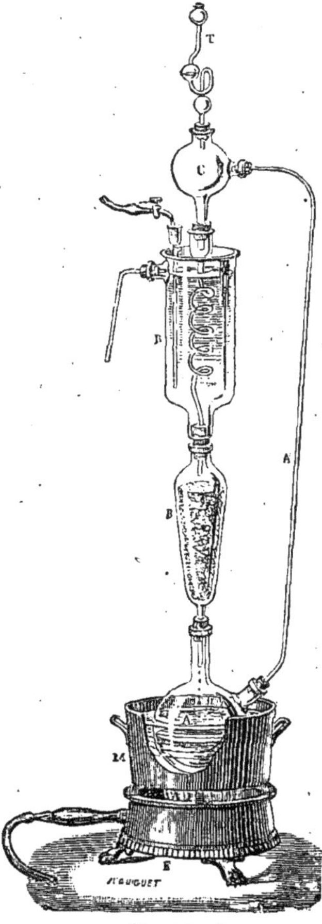

Fig. 87.

tube latéral, arrivent dans le ballon de sûreté, puis dans le serpentin où elles se condensent; le liquide condensé et froid s'écoule sur la matière contenue dans l'allonge, la traverse en se chargeant des principes solubles, et retombe enfin dans le ballon inférieur où il abandonne les principes dissous, pour se volatiliser de nouveau et parcourir le même chemin. Le liquide du ballon étant maintenu constamment à l'ébullition, on produit à travers l'appareil une circulation continue. Cet appareil est d'ailleurs susceptible de recevoir dans ses dispositions bien des modifications, tout en restant basé sur le même principe.

DIGESTION. *T. de chim. et de pharm.* Méthode de dissolution ou d'épuisement des substances complexes, qui consiste à maintenir pendant un temps plus ou moins long ces substances immergées dans le dissolvant porté à une température plus ou moins élevée. Les appareils de digestion se composent essentiellement d'un récipient en forme de ballon placé sur un foyer, et contenant la matière à épuiser et le dissolvant; le col du ballon communique par un tube avec un réfrigérant qui condense les vapeurs et les fait retomber à l'état liquide dans le ballon.

DIGITALINE. *T. de chim.* Substance très active retirée de la digitale (*digitalis purpurea*, Lin., scrophulariacées), qui cristallise en aiguilles brillantes, incolores, peu solubles dans l'eau, solubles dans l'alcool, surtout à chaud, dans le chloroforme, et insoluble dans la benzine ou l'éther. Elle est très amère. Elle se dissout dans les acides phosphorique et chlorhydrique concentrés, en donnant une teinte verte, qui passe au jaune, par l'addition d'eau, le chloral la dissout aussi, en donnant une nuance verdâtre qui, par la chaleur, tire au violet pour redevenir vert foncé. C'est un poison cardiaque très énergique, qui exerce une action sensible même à la dose de 0g,0002. Il est formé par l'union d'un glucose et d'un alcool, et dès lors considéré comme un glucoside.

On trouve dans le commerce diverses sortes de digitaline ayant des énergies très variables. Une amorphe (Homolle et Quevenne), une autre plus pure (Nativelle), qui semblent toutes deux cependant constituées par des mélanges de digitaline, avec la *digitaléine* et la *digitonine* pour la première; la *digitoxine* et la *paradigitogénine* pour la seconde.

Pour préparer la digitaline cristallisée, on épuise la poudre de feuilles par l'alcool à 60°; on distille, pour obtenir dans la cornue un résidu égal au poids de plante employée, puis on additionne de trois volumes d'eau. On filtre, laisse sécher la partie insoluble, et la reprend par l'alcool bouillant qui laisse déposer des cristaux par évaporation. Ceux-ci sont traités par le chloroforme qui les sépare de la *digitine*, laquelle reste insoluble. On ajoute à la liqueur chloroformique du noir animal, filtre et évapore. Si les cristaux obtenus ont besoin d'être purifiés, on les reprend par l'alcool (Nativelle). — J. C.

DIGUE. Les digues sont des ouvrages, généralement en terre ou en maçonnerie, que l'on oppose au mouvement des eaux, soit qu'on veuille se protéger contre elles, soit qu'on veuille les retenir pour les utiliser. Les digues de défense sont celles que l'on construit le long des rives d'un cours d'eau sujet aux inondations ou le long des côtes maritimes pour empêcher les hautes marées de recouvrir de grandes étendues de terre que l'on peut alors consacrer à la culture. Leur établissement constitue des opérations extrêmement importantes, comme les endiguements du Pô, du Rhin, de la Loire, ou bien comme les travaux de défense des polders, en Hollande et sur quelques points du littoral français. Nous ne considérons ici que la construction et l'entretien des digues elles-mêmes.

Il faut encore ranger parmi les digues de défense les ouvrages que l'on construit dans la mer pour protéger les rades et les ports contre l'action des vagues. Les jetées des ports de l'Océan, les môles de ceux de la Méditerranée sont des digues dont une extrémité est enracinée à la côte; l'extrémité opposée porte le nom de *musoir*.

Les digues établies en vue de l'utilisation des eaux sont celles des canaux et des barrages de réservoirs: on peut y ajouter celles qui sont construites à l'embouchure des fleuves, pour forcer les eaux à en approfondir le lit et entretenir le chenal navigable.

Digues de canaux. Indépendamment de la solidité indispensable pour résister à la pression de l'eau retenue, l'étanchéité est une des conditions principales d'une digue, non seulement à cause de la grande valeur de l'eau, comme dans les biefs des canaux à point de partage dont l'alimentation est toujours insuffisante, mais encore parce que les infiltrations entraînent presque toujours la destruction des ouvrages. Une autre condition non moins importante, c'est que les digues doivent être insubmersibles; une digue surmontée est une digue perdue. On a vu du reste pour les canaux et les barrages que cette dernière condition peut être remplie par l'établissement de déversoirs. Afin d'assurer l'étanchéité, il faut d'abord empêcher tous les mouvements de tassements et de dislocation qui peuvent entraîner le glissement des couches et la formation des fissures; on doit descendre la fondation jusqu'à ce que le terrain offre une résistance à la compression au moins égale à celle que possèdent les couches qu'il doit supporter; toutes les terres vaseuses et tourbeuses, les argiles compressibles doivent être enlevées avec soin; en outre, on creuse un fossé longitudinal que l'on remplit d'argile battue pour former ce que l'on nomme une clé; cette clé est même quelquefois maçonnée.

Le talus intérieur des digues de canaux est garni, dans la partie mouillée, d'un corroi en argile posé par gradins successifs et bien battu; le sommet, large de 3m,50 à 4 mètres, est incliné vers le talus extérieur avec une pente de 4 à 5 centimètres par mètre pour assurer l'écoulement des eaux pluviales, et porte une chaussée d'au moins 2 mètres pour le service du halage. On ménage quelquefois sur l'arête du talus intérieur un bourrelet de 25 à 30 centimètres, dont la crête est arasée à un mètre au-dessus de l'étiage. Les talus extérieurs sont à 3 de base pour 2 de hauteur et divisés en gradins de 3 mètres de hauteur, avec risbermes de 1 mètre de large. Ils doivent être gazonnés et bien entretenus. Un fossé creusé au pied du talus assure l'assèchement.

Digues d'inondations. Les digues d'inondation ou. *levées* sont dans des conditions plus difficiles; exécutées généralement avec les terres du voisinage où le sable domine, elles servent à une circulation assez active et ne fonctionnent qu'à de rares intervalles. S'il est presque impossible de les rendre absolument étanches, il faut au moins les établir de façon que les filtrations et les suintements n'entraînent pas leur destruction. Pour diminuer leur perméabilité, le talus intérieur doit être revêtu, depuis l'étiage jusqu'au niveau des crues ordinaires, d'un perré en pierres sèches appuyé sur le sol par l'intermédiaire d'une couche de gravier. On plante entre les pierres des boutures de saule que l'on maintient ensuite en buissons. Près des centres habités, on établit le perré en maçonnerie bien rejointoyée et couronnée par une assise en pierre taillée. La dépense varie de 4 à 6 francs le mètre pour les premiers et de 6 à 10 francs pour les seconds.

Pour ce qui est du talus extérieur, l'expérience a montré qu'une inclinaison suffisante pour le sable sec ne peut retenir le sable mouillé ; afin d'empêcher celui-ci de couler, il faut abaisser cette inclinaison à 4 et même 4,5 de base pour 1 de hauteur; comme cet abaissement entraînerait une largeur excessive du pied de la digue, on la coupe et on garnit le pied avec un mur en pierres sèches, précédé d'un remplissage en blocaille et en gravier de grosseurs décroissantes. On constitue ainsi un véritable filtre à travers lequel l'eau s'écoule sans vitesse et, par suite, sans causer de dommages. La plate-forme et le talus sont du reste réglés et gazonnés comme il a été dit précédemment, afin de protéger la digue contre les eaux pluviales. La

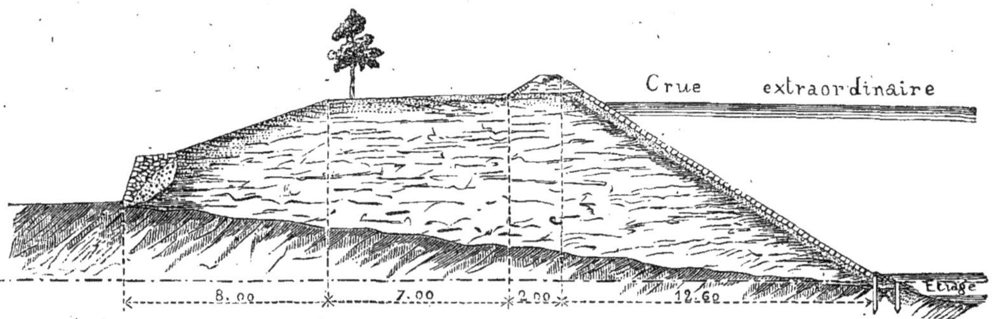

Fig. 88. — *Coupe en travers d'une digue de la Loire.*

figure 88 représente. en coupe une des levées de la Loire restaurée dans ces conditions.

Digues d'amélioration. Les digues d'amélioration, construites dans le lit des fleuves pour rassembler les eaux dans le chenal navigable, n'ont pas besoin d'être étanches; mais il faut qu'elles puissent résister à l'action des courants et des vagues, d'autant plus puissante que l'on se rapproche de l'embouchure. Ce sont en général des massifs, de forme trapézoïdale, composés d'enrochements que l'on immerge dans la direction arrêtée et jalonnée à l'avance ; lorsque la profondeur est faible, on enracine le noyau de 0m,50 à 1 mètre dans le fonds naturel du fleuve ; on le recharge successivement jusqu'à ce que les talus, au-dessous de l'eau, aient pris l'inclinaison qui assure leur équilibre ; au-dessus de l'eau, on range les blocs à la main en les enchevêtrant avec soin ; enfin on recouvre le talus du côté du courant avec de gros blocs. Dans les grandes profondeurs, on commence par former deux cordons d'enrochements dont l'intervalle est rempli de gravier ; on recouvre ensuite le noyau ainsi constitué comme pour les digues ordinaires. Les digues exposées à être recouvertes par les grandes eaux doivent être signalées aux navigateurs par des balises.

Les améliorations entreprises au moyen de digues ont donné d'excellents résultats dans la Seine maritime, du Hâvre à Rouen ; dans la Garonne, à l'aval de Bordeaux et dans la Meuse, à l'aval de Rotterdam. On a termiué récemment, en Amérique, la plus gigantesque opération d'endiguement qui ait été conçue, pour améliorer l'embouchure du Mississipi. — V. ENDIGUEMENT.

Digues-barrages. On désigne généralement sous le nom de barrages les digues construites dans le but d'emmagasiner les eaux courantes dans les vallées que l'on transforme ainsi en immenses réservoirs.

— Ce genre d'ouvrage est un des plus anciens de l'industrie humaine et les Anglais en ont trouvé, dans l'Inde et dans l'île de Ceylan, dont la construction remonte aux premiers temps de l'histoire des Indous et qui sont encore en activité ; ce sont des digues en terre, remarquables par leurs dimensions extraordinaires ; celle de Cauverypank, dans la province de Madras, a 6,037 mètres de long; celle de Weeranum dépasse 19 kilomètres.

La digue du réservoir de Cummun a 31 mètres de hauteur pour une retenue de 28 à 29 mètres; sa largeur en ouronne est de 23m,20; le talus d'amont est à trois pour un et pavé; celui d'aval est plus rapide, mais perreyé à l'aide de grosses pierres disposées en escalier. Les aqueducs d'écoulement sont solidement établis aux extrémités de la digue; mais le déversoir a été reporté à deux kilomètres et demi et formé par une tranchée creusée dans la colline.

C'est en Espagne que se trouvent les plus anciens barrages en maçonnerie; la plupart datent du XVIe siècle et fonctionnent encore aujourd'hui. Du reste, les deux modes de construction sont encore employés; on a construit en Angleterre et en Australie beaucoup de digues en terre pour créer des réservoirs d'alimentation urbaine. En France, on semble accorder la préférence aux digues maçonnées. Dans les deux cas, c'est moins le système adopté que le soin extrême apporté dans l'exécution, qui constitue une garantie de succès; les moindres négligences peuvent avoir, tôt ou tard, des conséquences terribles et il suffit de rappeler: la rupture de la digue de Puentés, en Espagne, construite en 1791 et emportée en 1802, entraînant la mort de 608 personnes et la ruine de 809 habitations; la rupture de la digue de Sheffield, en Angleterre (1864), qui fit périr 238 personnes et détruisit 798 maisons. Enfin, tout récemment (1881), la digue de l'Oued-Fergouy ou de l'Habra, en Algérie, emporta dans sa chute onze villages arabes et causa d'incalculables désastres.

La construction de ces ouvrages, indiquée déjà dans le *Dictionnaire* (V. BARRAGE, § *Barrage de réservoirs*), peut se résumer dans les deux types représentés par les figures 89 et 90. La figure 89 est

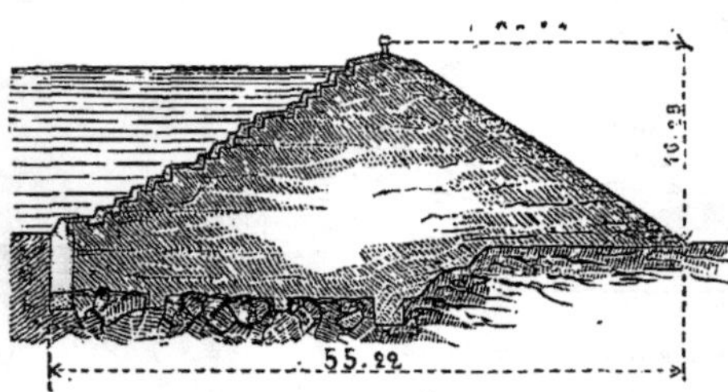

Fig. 89. — *Coupe transversale de la digue du réservoir de Montaubry.*

une coupe de la digue en terre du réservoir de Montaubry, qui alimente le bief de partage du canal du Centre; elle a 39 mètres de longueur et 16m,58 de hauteur au-dessus du fond de la vallée, non compris un parapet en maçonnerie de 1m,20; sa largeur est de 6 mètres en couronne et 55m,70 à la base. La figure 90 est une coupe du barrage en maçonnerie construit au Pas de Riot, afin d'emmagasiner les eaux du Furens pour l'alimentation de la ville de Saint-Etienne. Il est représenté en élévation par la figure 327 au mot BARRAGE. Il a été exécuté avec d'excellents moellons de granit, de la chaux hydraulique du Theil et du sable de carrières granitiques.

Digues à la mer. Les digues, jetées ou môles, destinées à protéger les rades et les ports et à en faciliter l'accès aux navires, peuvent être rangées parmi les travaux les plus difficiles de l'art de l'ingénieur. Après en avoir fixé la longueur et l'emplacement d'après la grandeur de la surface que l'on veut abriter, il faut, pour en déterminer la forme, la direction et le mode de construction, étudier attentivement le régime des vents et des courants, la marche des alluvions, la profondeur des eaux et la puissance des lames. Le choix et le groupement des matériaux ne sont pas moins importants pour des ouvrages appelés à supporter des pressions évaluées à 3,500 kilogrammes par mètre carré, dans les tempêtes ordinaires, et pouvant s'élever, exceptionnellement, à 30,000 kilogrammes. La quantité de force vive

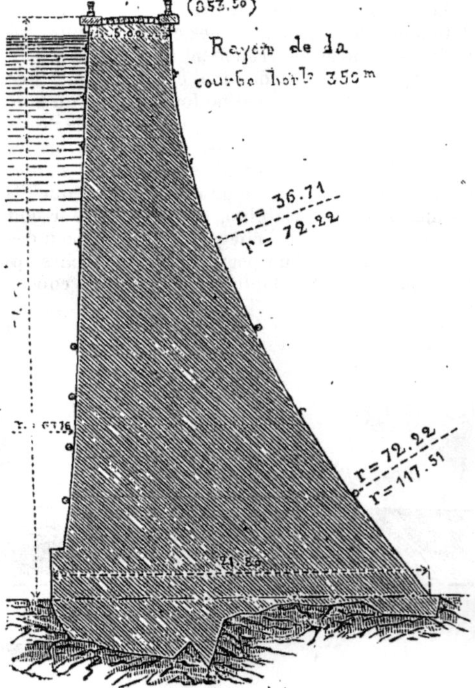

Fig. 90. — *Coupe de la digue du barrage de Pas de Riot.*

accumulée dans les vagues est énorme, et il n'est pas rare de voir, quand elles rencontrent un obstacle, le choc les redresser et les soulever à des hauteurs effrayantes, 25 mètres à la pointe de la Hague, 30 mètres au fort Boyard, à l'embouchure de la Charente, 40 mètres sur le parement nord de la digue de Cherbourg, et jusqu'à 50 mètres au phare d'Eddystone.

On a cherché à remédier aux effets destructeurs produits par des chocs aussi violents, en donnant aux digues un profil courbe; c'est ainsi que le revêtement en maçonnerie de la digue naturelle du Sillon, à Saint-Malo, est établi suivant un arc de parabole prolongé par un arc de cercle et surmonté par un élément de ligne droite avec pente de 1/5. Le profil adopté pour la digue de Socoa, dans la rade de Saint-Jean de Luz est également à parement extérieur courbe (fig. 91); mais si cette forme concave du parement diminue la violence des chocs, elle a l'inconvénient de produire une lame de retour qui entraîne les blocs de revêtement, et on a dû l'abandonner pour la digue de l'Artha qui complète la défense de cette rade.

Les conditions d'établissement de ces ouvrages sont tellement variables qu'il serait difficile d'établir une règle générale; la proximité des carrières et les difficultés du transport peuvent faire que tel système, avantageux pour une jetée reliée à la terre, doit être modifié pour une digue isolée en mer. Dans le premier cas, la facilité et l'économie qui résultent de l'emploi d'une voie ferrée,

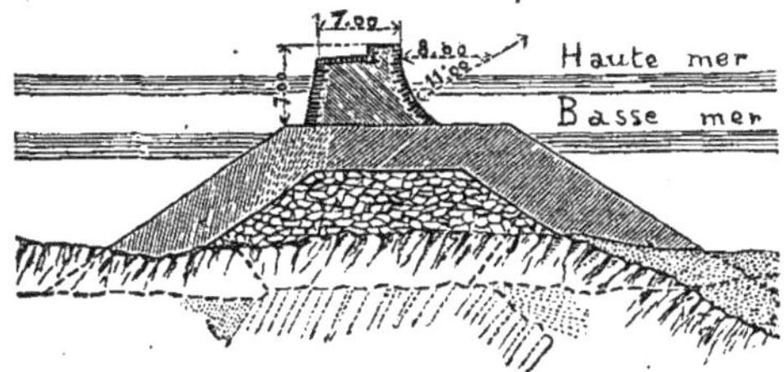

Fig. 91. — *Coupe en travers de la digue de Socoa.*

permettent de donner au massif de fondation des dimensions considérables; on peut se contenter de prendre pêle-mêle tous les blocs que fournit la carrière et de les immerger simultanément, en laissant à la mer le soin de les arranger et de donner aux talus l'inclinaison qui assure leur équilibre, inclinaison qui atteint jusqu'à dix de base pour un de hauteur.

C'est le procédé employé pour les jetées du port d'Holyhead, en Angleterre, notamment pour la grande jetée ou digue du nord, qui s'avance sur une longueur de 2,406 mètres, jusqu'à des fonds de 16 mètres au-dessous des plus basses marées. On est parvenu à jeter à la mer 1,600 mètres cubes de blocs par jour (4,500 tonnes) et le prix de revient, par mètre courant, n'a été que de de 15,830 francs, compris la muraille en maçonnerie qui surmonte la jetée et s'élève à 5^{m},86 au-dessus des plus hautes mers.

Dans le second cas, qui correspond presque toujours à une grande profondeur, on cherche, par économie et aussi par suite de la difficulté des transports, à donner aux talus des inclinaisons supérieures à celles que les matériaux prendraient naturellement sous l'action de la mer, et on se trouve obligé de les défendre par des enveloppes de blocs naturels ou artificiels des plus grandes dimensions possibles. Il est alors rationnel de faire occuper aux produits de la carrière des positions variant avec leurs dimensions; les plus petits servent à créer le noyau de la digue, et les plus gros à former des revêtements successifs jusqu'à 5 ou 6 mètres au-dessous des basses mers, profondeur à laquelle l'action des lames est trop faible pour les déplacer. Au-dessus de ce niveau on emploie les gros blocs de 4 à 5,000 kilogrammes rangés le plus régulièrement possible, et lorsque ceux-ci sont encore insuffisants, on a recours aux blocs artificiels.

Pour la digue du port de Marseille (fig. 92) les blocs, provenant des carrières de Frioul, étaient classés en quatre catégories : 1° ceux de 2 à 100 kilogrammes ; 2° ceux de 100 à 1,300 kilogrammes ;

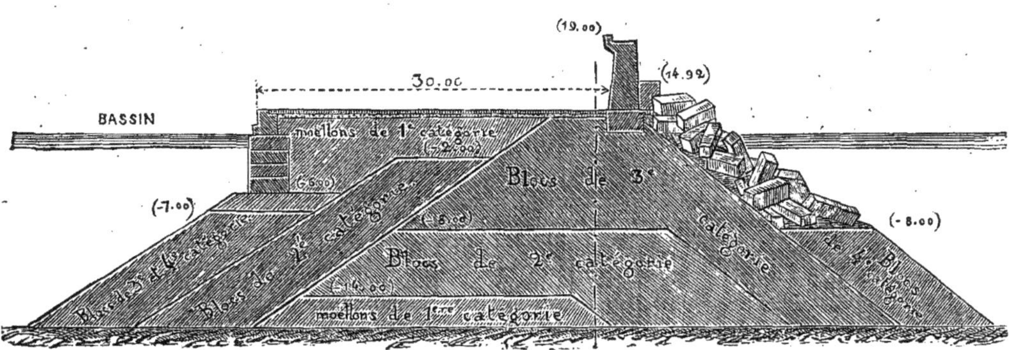

Fig. 92. — *Coupe transversale de la digue de Marseille.*

3° ceux de 1,300 à 3,900 kilogrammes ; 4° tous ceux au-dessus de 3,900 ; les éclats étaient utilisés pour la construction des blocs artificiels et pour l'arasement de la plate-forme des maçonneries. Les blocs des deux premières catégories étaient immergés au moyen des barques à clapets ; pour ceux de la troisième, on employait des chalands disposés pour lancer les blocs à la mer par un mouvement de bascule ; les gros blocs étaient mis en place au moyen d'une grue tournante installée sur un chaland ou d'un treuil roulant sur un échafaudage. La figure 92 montre comment ces blocs sont répartis dans le corps de la digue pour former successivement trois trapèzes enveloppés les uns dans les autres, mais avec un talus intérieur commun; leur largeur au sommet varie de 22^{m},60 pour le premier, à 23 mètres pour le second et 7 mètres pour le troisième ; les hauteurs sont de 3 mètres, 9 mètres et 19 mètres. Le revêtement du talus extérieur est formé avec des blocs naturels de 4e catégorie surmontés de blocs artificiels de 10 mètres cubes, volume suffisant pour ces parages. Le talus intérieur est en blocs de 2e catégorie, et enfin le tout est dressé au moyen de moellons surmontés par un mur intérieur formé de blocs artificiels superposés. Vient ensuite le remplissage de moellons sur lesquels sont construits le mur d'abri et la chaussée.

Les blocs artificiels ont été employés, pour la première fois, à la construction de la digue d'Alger, dont les carrières étaient inaccessibles aux bateaux et obligeaient à des transports par terre très coûteux. On a employé deux systèmes de blocs, les uns formés par des caisses sans fond de 150 à 200 mètres cubes, échouées à leur emplacement définitif et remplies ensuite de béton; les autres construits à terre, puis transportés et immergés après leur durcissement. Bien que ces derniers ne puissent atteindre un volume aussi considérable que les premiers, il est toujours possible de leur donner des dimensions suffisantes pour les soustraire à l'action des lames, puisque la pression qu'ils ont à subir est proportionnelle à leur surface, tandis que la résistance croît comme leur cube. Il ne faut pas oublier cependant qu'ils perdent dans l'eau une partie de leur poids, et on a constaté, à Cherbourg, que des blocs de 20 mètres cubes avaient été déplacés par les tempêtes : ceux d'Alger varient de 20 à 50 mètres cubes.

L'emploi de ces blocs est aujourd'hui presque général; on les construit à terre dans des caissons démontables et sur des chantiers inclinés qui permettent de les descendre dans la mer où des bateaux accouplés les soulèvent pour les conduire en place. Leur composition varie avec les matériaux dont on dispose et qu'il convient de choisir les plus denses possible. A Marseille on employait

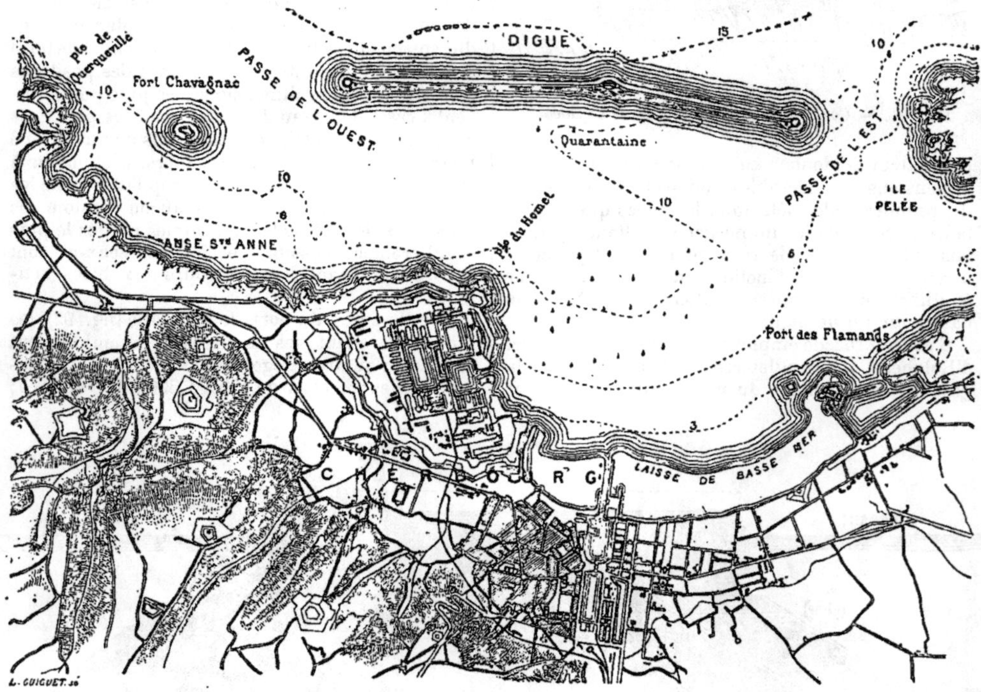

Fig. 93. — *Plan des ports, de la rade et de la digue de Cherbourg.*

5 parties de galets ou d'éclats de carrière et 3 parties d'un mortier composé avec un mètre cube de sable et 350 kilogrammes de chaux hydraulique du Theil, soit 204 kilogrammes de chaux en poudre par mètre cube de béton. A Saint-Jean-de-Luz, on emploie 2 parties de pierres cassées à 0,10 et 1 de mortier (1 de ciment de Portland pour 2 1/2 de sable). A Brest on s'est servi de moellons maçonnés avec un mortier composé de 4 de sable pour 1 de ciment de Portland. Enfin les blocs de la jetée de Port Saïd sont uniquement construits en mortier (1 mètre cube de sable et 325 kilogrammes de chaux du Theil); ce n'est là qu'une exception imposée par l'absence d'autres matériaux, mais désavantageuse au point de vue de l'économie et de la résistance.

C'est à la France que revient l'initiative du plus grandiose des ouvrages de ce genre; trois quarts de siècle et 67 millions de francs ont été consacrés à ce chef-d'œuvre d'audace et de persévérance que l'on nomme la digue de Cherbourg et qui abrite aujourd'hui une rade de 1,500 hectares de superficie. Véritable îlot artificiel créé de toutes pièces par des fonds de 12 à 13 mètres au-dessous des plus basses mers, elle s'étend, sur une longueur de 3,712 mètres, entre la pointe de Querqueville et l'île Pelée, laissant, à l'ouest, une passe d'un kilomètre et à l'est, une autre passe de 500 mètres de large (fig. 93).

D'après le projet primitif, la digue devait être formée avec 90 troncs de cône en charpente se touchant par leurs bases et reliés au sommet par des chaînes en fer; ces cônes avaient 19^{m},50 de hauteur, 48^{m},75 de diamètre à la base et 19^{m},50 au sommet. Construits sur le rivage voisin, ils étaient mis à flot, puis conduits et immergés pendant la haute mer; on les remplissait ensuite de blocailles jusqu'au niveau des plus basses mers de vive eau. Mais la dépense fut si grande qu'on finit par les éloigner les uns des autres à des distances de 200 et 300 mètres; on n'en exécuta qu'une vingtaine que la mer et les tarets détruisirent rapidement, et dont les moellons s'affaissèrent sur le fond. On reprit alors les enrochements à pierres perdues; mais ce ne fut qu'en 1831, après bien des tâtonnements et de nombreuses vicissitudes, que l'on exécuta le projet définitif (fig. 94) qui consistait à araser les enrochements avec une

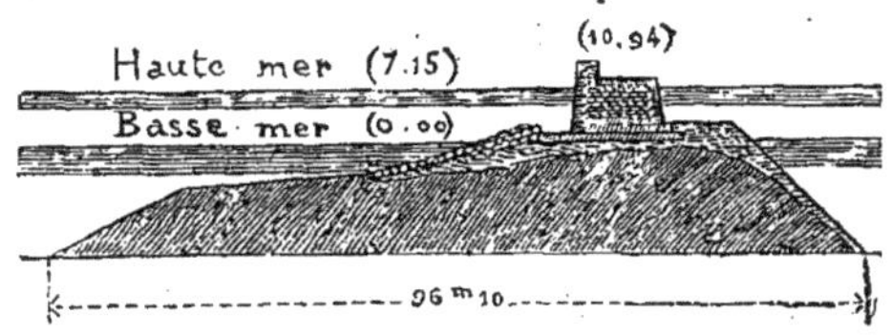

Fig. 94. — *Coupe transversale de la digue de Cherbourg.*

couche de maçonnerie en béton hydraulique contenue entre deux lignes de pierres de taille de granit, puis à construire sur cette plate-forme une muraille pleine de 10m,70 d'épaisseur à la base, et de 8m,93 au terre-plein, parementée en granit et s'élevant au niveau des plus hautes mers d'équinoxe. La pente du mur est de 0m,20 par mètre vers la mer et de 0m,05 du côté de la rade; le parapet a 2m,50 d'épaisseur et s'élève de 1m,80 audessus du terre-plein. Ce mur est protégé vers le large par une risberme de 7 mètres de largeur en blocs artificiels, construits sur place dans des caisses sans fond. Le talus du large et la risberme sont, en outre, recouverts de blocs naturels d'un demi-mètre cube. Les musoirs circulaires des extrémités sont formés par 6 et 8 anneaux en maçonnerie hydraulique de moellons granitiques parementés; l'intérieur est rempli de blocaille. Les talus des musoirs, du fort central et de la batterie intermédiaire sont protégés par des blocs artificiels de 20 mètres cubes. Sur les constructions élevées par les ingénieurs des ponts et chaussées jusqu'à 2 mètres au-dessus des plus hautes mers, le génie militaire a construit des ouvrages de défense.

Depuis son achèvement, cet immense monolithe, qui pèse plus de 200,000 kilogrammes par mètre courant, a résisté aux tempêtes les plus violentes. En 1866, de lourdes pièces d'artillerie ont été arrachées du sommet de la digue. D'énormes blocs du revêtement extérieur ont été soulevés par les vagues et lancés, par dessus le parapet, dans l'intérieur de la rade; la digue elle-même n'a pas été sérieusement entamée. Enfin, l'orientation de l'ouvrage et la grandeur des passes ont maintenu le régime naturel des courants; sans provoquer d'alluvions sensibles dans la rade.

De 1780 à 1853, les dépenses peuvent se répartir de la manière suivante:

Avant 1803	31.000.000 francs.
De 1803 à 1830.	7.829.000 —
De 1830 à 1853.	28.038.000 —
Total.	66.867.000 francs.

Le tableau suivant permet de comparer quelques-uns des principaux ouvrages construits en France, en Angleterre et en Amérique:

	Longueur	Profondeur moyenne au-dessous des plus basses mers	Hauteur totale	Dépense totale	Dépense par mètre courant	Dates de l'exécution
	mètres	mètres	mètres	millions	francs	
Digue de Cherbourg.	3.750	12.00	22.89	67	18.600	1784-1853
— d'Alger.	1.900	25.00	28.00	30	16.000	1842-1860
— de Marseille. Bassin de la Joliette.	3.000	11.50	25.50	15	5.500	1845-1852
— — — national. . .	2.000	17.00	31.00	19	10.100	1859-1865
— de Plymouth	1.600	10.00	16.22	40	25.000	1817-1851
Jetée de Portland	2.410	17.00	26.00	34	14.000	1850-1860
— d'Holyhead	2.250	15.00	23.94	37	16.500	1854-1865
Brise-lames de la Delaware.	1.092	10.00	14.00	8	7.470	1832-1869

En défalquant les sommes dépensées en essais, le mètre courant de la digue de Cherbourg ne coûterait que 13,500 francs.

On trouvera au mot Jetée l'étude des autres questions relatives à la direction et à la longueur des jetées, à leur influence sur le régime des courants et à l'emploi des jetées, ou môles à claire voie, destinées à faciliter l'entraînement des sables et des galets.

Digues de polders. A côté de ces ouvrages qui intéressent surtout la navigation, il existe une autre catégorie de digues, d'une importance considérable par leur développement et par l'étendue des pays qu'elles abritent contre l'invasion des flots. Une grande partie des provinces de la Hollande (137,814 hectares) consiste en terres endiguées ou *polders*, dont la surface se trouve de 1 à 5 mètres au-dessous du niveau des hautes mers et dont l'existence dépend absolument de la conservation des digues; or, celles-ci sont d'une construction tout à fait particulière. Dans ces contrées où la pierre manque presque absolument, on a dû recourir, pour soutenir le sable et l'argile, à des matériaux qui ne semblent guère, à première vue, répondre aux conditions de solidité et de durée indispensables; ce sont des branches d'arbres, des roseaux et même de la paille. Les bois employés sont: le saule, que l'on préfère à cause de sa facilité à reprendre racine, puis le chêne, le frêne, le bouleau et le noisetier; on en forme des fascines, des saucissons et des clayonnages qui sont ensuite reliés et enchevêtrés, suivant des règles précises qu'il serait trop long de décrire, et qui servent d'assises et de revêtement aux digues. Celles-ci sont divisées en trois catégories, sans délimitation bien précise, les ingénieurs ayant à tenir compte d'une foule de circonstances locales très variées.

Les digues de la première catégorie, baignées par la pleine mer et exposées aux vents violents, doivent avoir au moins 4 mètres de largeur en couronne. Par suite de la longueur et de l'inclinaison de l'estran, le talus extérieur doit être, contrairement à ce que l'on a vu pour les digues en eau profonde, réglé suivant une courbe convexe dont les pentes correspondent à 10 de base pour 1 de hauteur dans la partie supérieure, à partir du niveau des marées ordinaires, et à 6 pour 1, dans la partie inférieure qui est moins exposée et défendue, en outre, par un revêtement.

Les digues de la deuxième catégorie ont de 3m,00 à 3m,50 de largeur en couronne et un talus extérieur réglé à 5 ou à 6 pour un. Enfin, pour les petites digues, on réduit la largeur à 2 mètres et on ne donne aux talus extérieurs que 3 pour 1. Tous les talus intérieurs sont à 2 pour 1. Le revêtement est généralement fait avec du gazon. La crête des digues est en moyenne arasée de 1 à 2 mètres au-dessus des plus hautes eaux connues. On ménage, autant que possible, au pied du talus extérieur un franc-bord d'une vingtaine de mètres

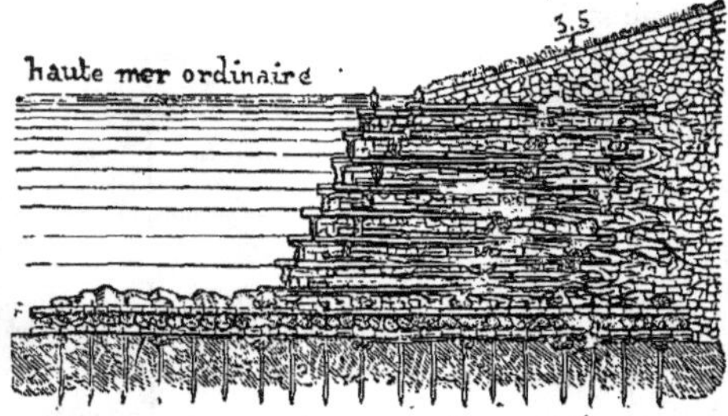

Fig. 95. — *Coupe au pied d'une digue en fascinage.*

et, au pied du talus intérieur, une berme de 7 mètres de large qui sert de chemin pour le transport des matériaux d'entretien et pour l'exploitation des polders; cette berme est bornée par un fossé d'assèchement ayant 2 mètres de largeur au plafond et 6 mètres en gueule. Le pied des talus repose sur des cordons en fascinages superposés avec une inclinaison de 2 pour 1; le cordon du talus extérieur s'élève jusqu'au niveau des hautes mers ordinaires et protège le noyau de la digue contre le clapotage des eaux et les chocs des lames et des glaçons. Lorsque le sol est compressible, ces fascinages de soutènement sont eux-mêmes établis sur des plates-formes de même matière, que l'on construit à sec sur la rive la plus voisine, de façon à pouvoir ensuite les mettre à flot et les conduire à leur point d'immersion, où on les échoue avec un lest suffisant. Ces plates-formes ont de 15 à 20 mètres de largeur et leur longueur atteint jusqu'à 150 mètres. La figure 95 indique ce mode de construction.

La confection de ces ouvrages spéciaux exige des soins minutieux et une grande expérience de ce genre de travaux; elle est cependant arrivée à une telle perfection que les Hollandais construisent en pleine mer des jetées et des barrages de ce système. Il suffit de rappeler les digues de West-kappel (3,800 mètres), celles du Helder (4,575 mètres) et, en dernier lieu, le barrage des Wadden (8,400 mètres) à travers le bras de mer qui sépare l'île d'Ameland de la côte Frisonne. Les travaux d'endiguement sont aujourd'hui dirigés par un corps d'ingénieurs de l'Etat qui portent le nom d'ingénieurs du Waterstaat (service des eaux) et qui sont recrutés, à la suite de concours, parmi les ingénieurs civils sortant de l'école de Delft.

Il existe également sur divers points du littoral français des entreprises d'endiguement, telles que les polders de la baie de Bourgneuf, ceux de la baie des Veys et du mont Saint-Michel. Ces travaux ont exigé un développement considérable de digues à la mer qui sont exécutées très simplement et très économiquement avec les matériaux dn pays; c'est ainsi qu'au mont Saint-Michel les digues sont uniquement formées avec le sable blanc et fin de la plage que l'on appelle la *tangue*, et auquel on parvient à donner la compacité nécessaire par une opération spéciale appelée le *lisage*. On trouvera au mot Polder la description de ces ouvrages, qui est inséparable de celle des polders eux-mêmes. — J. B.

DILATABILITÉ. *T. de phys.* Propriété que possèdent certains corps d'augmenter de volume sous l'influence d'une élévation de température. — V. l'article suivant.

DILATATION. *T. de phys.* Accroissement de longueur, de surface ou de volume qu'éprouvent les corps sous l'influence de la chaleur. Différents moyens de constater le fait de la dilatation des corps solides, liquides ou gazeux ont été décrits précédemment (V. Chaleur, § *Effets généraux*, 2° *Changement de volume*). Nous allons maintenant indiquer les moyens de *mesurer* cette dilatation, après avoir donné quelques définitions et notions théoriques indispensables.

On nomme *coefficient de dilatation linéaire* d'un corps, l'allongement qu'éprouve l'unité de longueur (1 mètre, par exemple) de ce corps pour un accroissement d'un degré dans sa température. Si l'on représente par d cet accroissement, par l_0 la longueur à 0°, d'une barre, par exemple, et par l sa longueur à $t°$, et si l'on admet que l'allongement est proportionnel à l'accroissement de température (ce qui est toujours exact pour une faible étendue de l'échelle thermométrique), on aura :

Allongement de 1m pour 1°		d
—	de 1m — $t°$	dt
—	de l_0 — $t°$	$l_0 dt$

Longueur totale à $t°$, $l_0 + l_0 dt$ ou $l = l_0 + l_0 dt$

ou $l = l_0(1 + dt)$ (1)

$$\text{d'où } l_0 = \frac{l}{1+dt} \quad (2) \quad \text{et } d = \frac{l - l_0}{l_0 t} \quad (3)$$

Au moyen de la formule (3), on détermine le coefficient de dilatation de la substance en expérience. Avec la formule (1), on peut calculer la longueur d'une barre à t^o quand on connaît sa longueur à 0° et son coefficient de dilatation. La formule (2) fera connaître la longueur à 0° quand on connaîtra sa longueur à t^o et son coefficient de dilatation.

Il est souvent utile de déterminer la longueur l' d'une barre à t' degrés quand on connaît seulement sa longueur à t^o (sans passer par sa longueur à 0°); la formule suivante donne cette longueur :

$$l'=l[1+d(t'-t)] \quad (4)$$

On démontre facilement que le coefficient de dilatation en surface (*dilatation superficielle*) est sensiblement double du coefficient de dilatation linéaire, c'est-à-dire $2\ d$, et que le coefficient de dilatation en volume (*dilatation cubique*) est triple de la dilatation linéaire ou égale à $K=3\ d$, ce coefficient étant l'accroissement de l'unité de volume d'un corps pour une élévation de 1° dans sa température. On aura donc pour les volumes des formules analogues aux précédentes :

$$V=V_0(1+kt) \text{ d'où } V_0=\frac{V}{1+kt}$$

$$\text{et } k=\frac{V-V_0}{V_0 t}, \text{ et } V'=V[1+k(t'-t)].$$

Passons maintenant à la détermination du coefficient de *dilatation linéaire* des corps. On emploie à cet effet plusieurs procédés.

Procédé de Lavoisier et Laplace. En 1782, ces illustres savants ont publié sur les dilatations linéaires des métaux un travail très important, dont les résultats ont été généralement admis. Quoique les barres dont ils mesuraient l'allongement eussent le plus souvent 1 toise (2 mètres) de long, les dilatations des solides sont si faibles que, malgré leurs grandes dimensions, ces barres s'allongeaient à peine de 4 à 5 millimètres, dans les circonstances les plus favorables. Pour arriver, nonobstant cette difficulté, à des estimations exactes, Lavoisier et Laplace avaient recours à un artifice semblable à celui qui a été employé dans le pyromètre à cadran (V. CHALEUR, § *Effets généraux*, fig. 433), pour multiplier l'effet de la dilatation. Leur appareil se composait d'une caisse en tôle placée entre quatre gros dés ou piliers solides en pierre de taille, reliés deux à deux par des tringles en fer scellées et formant un rectangle d'environ 2 mètres de longueur sur 0m,50 de largeur. Ce système est tel que la chaleur produite dans le cours d'une expérience n'y saurait amener de changements de volume sensibles.

La barre en expérience était placée dans cette caisse et sur des rouleaux; elle s'appuyait par l'extrémité A (fig. 96) contre une règle en verre fixée à des traverses de fer scellées dans la maçonnerie. L'autre bout B venait butter contre un levier S en verre, rattaché à un axe horizontal CD, auquel était adaptée la lunette L, dirigée vers une mire graduée placée à 100 ou 200 mètres de distance. On remplissait d'abord la caisse de glace fondante et on lisait, au moyen de la lunette, à quelle division de la mire correspondait cette première position. On remplaçait ensuite la glace par de l'eau ou de l'huile, dont on élevait graduellement la température. La dilatation, si faible qu'elle fût, faisait tourner un peu la lunette, qui accusait alors sur la mire, pour une température t, un nouveau nombre dont la différence avec le premier indiquait l'allongement amplifié. L'amplification était égale au rapport entre la longueur

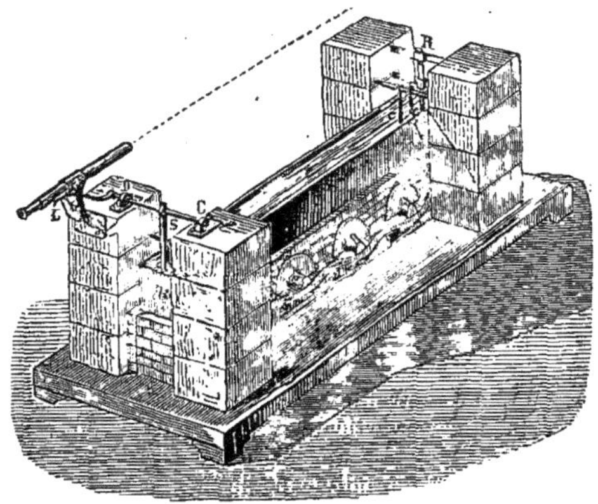

Fig. 96.

du levier S et la distance de la mire à l'axe; sa valeur numérique était de 1/744. Il suffisait donc, à chaque expérience, de multiplier par ce nombre la différence observée sur la mire, pour avoir l'allongement de la barre; enfin de diviser cet allongement par la longueur même de la barre pour avoir son coefficient de dilatation.

Ce procédé, simple en principe et d'une application assez facile, n'a pas donné cependant la précision qu'on pouvait attendre de l'amplification des effets de dilatation, par la raison qu'une faible erreur dans l'évaluation des longueurs des bras de leviers du système (et c'est là une difficulté) se traduit par des différences notables dans les résultats numériques définitifs. Néanmoins, les expériences de Lavoisier et Laplace mirent hors de doute le fait énoncé précédemment, à savoir : qu'entre 0° et 100° l'accroissement de longueur des barres métalliques est proportionnel à l'accroissement de température, mais qu'au-delà cet accroissement en longueur croît plus vite que celui de la température. En outre, les différents corps reprennent sensiblement leurs longueurs primitives, lorsqu'après avoir été chauffés, on les laisse revenir à leur état thermique initial. Mueller, pour rendre la dilatation apparente, a remplacé par un miroir la lunette de l'appareil precédent.

Pouillet a modifié le procédé de Lavoisier et Laplace afin de l'appliquer à de très hautes températures. A cet effet, il a séparé l'appareil de mesure de celui où s'opère la dilatation. La barre était placée dans un fourneau spécial où circulait de l'air fortement chauffé. Des écrans bien disposés empêchaient la chaleur rayonnante du foyer de produire des perturbations dans l'appareil de mesure.

Méthode différentielle de Borda appliquée par Dulong et Petit. L'appareil sert à déterminer la dilatation des métaux, par comparaison avec celle, déjà connue, d'un autre métal (du cuivre, par exemple). Dans une caisse métallique, on place horizontalement, l'une à côté de l'autre, les deux règles R et L (fig. 97), la règle type et celle dont on cherche la dilatation. Ces barres, posées sur des rouleaux, sont fortement reliées ensemble par

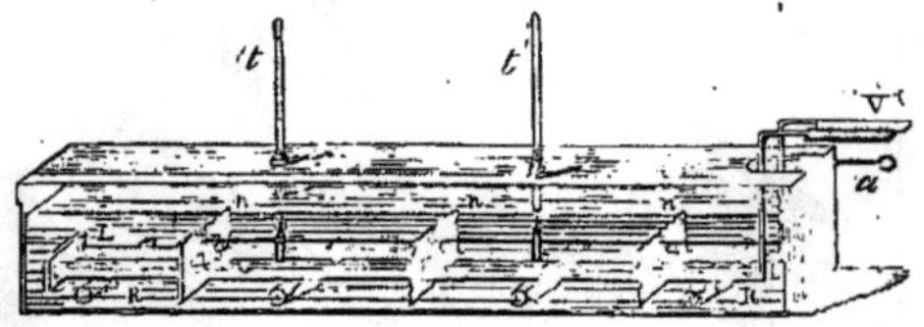

Fig. 97.

une de leurs extrémités, tandis que les bouts libres se relèvent verticalement, se recourbent et se terminent l'une par une règle divisée, l'autre par un vernier V, subdivisant le millimètre en 50 parties égales. De sorte que, par suite de la dilatation inégale des barres, les deux divisions, glissant l'une sur l'autre, permettent d'évaluer avec une grande approximation la différence de dilatation des deux règles et, par suite, de trouver le coefficient de l'une quand on connaît celui de l'autre. Dans la cuve plongent deux thermomètres t, t' donnant la température du bain d'huile qu'on agite avec une tringle à palettes *annn*, afin d'y répartir également la chaleur.

Procédé de Roy et Ramsden. L'opticien Ramsden a construit, sous la direction du général Roy, un appareil au moyen duquel on peut obtenir un point fixe comme origine de la barre dilatée. L'appareil se compose de trois règles à peu près égales, disposées horizontalement dans trois caisses rectangulaires parallèles (fig. 98). Les deux caisses extrêmes sont constamment remplies de glace fondante; celle du milieu, contenant la barre dont il s'agit de déterminer la dilatation, renferme d'abord de la glace fondante, puis de l'eau ou de l'huile qu'on porte à diverses températures. Chaque extrémité des barres porte une tige verticale. Pour simplifier l'explication, nous supposerons ces tiges terminées par des plaques percées chacune d'un petit trou. Les barres extrêmes restant en position fixe, il est facile d'amener les trois ouvertures de chaque extrémité en ligne droite, quand les trois barres sont entourées de glace. Si dans la caisse du milieu on remplace la glace par de l'eau ou de l'huile que l'on chauffe à une température déterminée, la barre en expérience s'allonge. On amène facilement l'une des extrémités à coïncider avec la ligne des deux ouvertures correspondantes. Mais alors l'autre extrémité ne coïncide plus, à cause de la dilatation. On rétablit cette coïncidence, au moyen d'une vis micrométrique dont est munie la tige qui porte l'ouverture mobile. La quantité, dont cette vis a été déplacée, donne, à 0,001 de millimètre, l'allongement de la barre. En réalité, les trous des tiges sont remplacés sur la barre AA' par des réticules éclairés par de petits miroirs, sur la barre médiane CC', ce sont des objectifs achromatiques dont l'un est fixe et l'autre mobile; enfin, les tiges de BB' portent des oculaires ayant des réticules à leurs foyers.

On connaît encore divers autres procédés imaginés par M. Billet, par M. Fineau, fondés sur des méthodes optiques.

Dans tout ce qui précède, nous avons supposé homogènes les corps qui se dilatent. Quand le corps est un cristal, sa dilatation n'est pas la même dans tous les sens; elle est en rapport avec ses axes de cristallisation. Dans les bois, la dilatation est plus grande perpendiculairement que parallèlement aux fibres.

Parmi les *applications* de la dilatation des corps solides, on peut citer :

Les *pendules compensateurs.* — V. BALANCIER et COMPENSATEUR.

Les *pyromètres métalliques* de Borda, de Wegwood, de Brongniart.

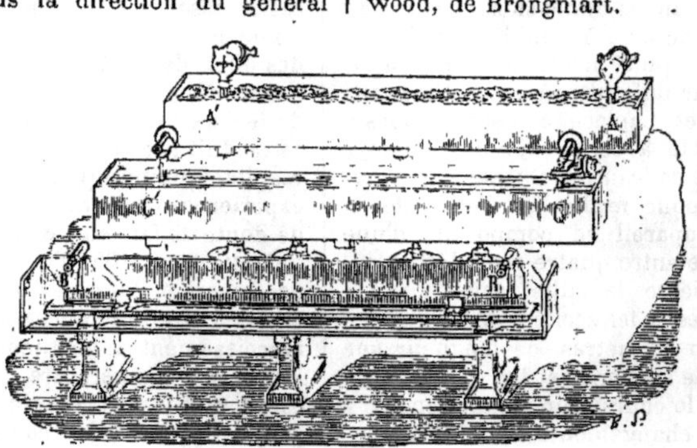

Fig. 98.

Pour les *effets* de la dilatation. — V. CHALEUR, § *Effets généraux.*

La connaissance des coefficients de dilatation linéaire des corps permet de résoudre un grand nombre de problèmes sur l'allongement des matériaux, des rails de chemins de fer, des fils télégraphiques, etc.

Coefficients de dilatation des solides (métaux et substances diverses).

Acier non trempé.	de 0.00001074	à 0.00001190
— trempé	de 0.00001225	à 0.00001386
— recuit.	de 0.00001240	à 0.00001369
Aluminium	de 0.00002180	à 0.00002235
Antimoine.	de 0.00001083	»

Argent	de 0.00001909	à 0.00002083
Bismuth.	de 0.00001392	»
Bronze.	de 0.00001816	à 0.00001908
Cuivre (rouge).	de 0.00001710	à 0.00001883
Etain.	de 0.00001938	à 0.00002173
Fer doux.	de 0.00001220	à 0.00001235
Fer en fil	de 0.00001256	à 0.00001404
Fonte de fer.	de 0.00000985	à 0.00001124
Laiton (cuivre jaune). . .	de 0.00001784	à 0.00002144
Or.	de 0.00001401	à 0.00001551
Platine.	de 0.00000857	à 0.00000884
Plomb.	de 0.00002785	à 0.00002882
Zinc.	de 0.00002942	à 0.00003406
Briques ordinaires.	de 0.00000550	»
— dures.	de 0.00000493	»
Charbon de bois (sapin). .	de 0.00001000	»
— (chêne).	de 0.00001200	»
Cristal.	de 0.00002101	à 0.00002602
Flint-glass.	de 0.00000812	à 0.00000872
Glace entre —20° et —7.	de 0.00005287	»
— — —27° et —1.	de 0.00005127	à 0.00005235
Granit.	de 0.00000789	à 0.00000897
Gypse	de 0.00001401	»
Marbre blanc	de 0.00000848	à 0.00001072
— noir.	de 0.00000418	à 0.00000568
Pierre à bâtir.	de 0.00000430	à 0.00000898
Verre blanc.	de 0.00000876	à 0.00000922

Coefficients de dilatation des bois (d'après Villari).

	Dans le sens perpendiculaire aux fibres	Dans le sens parallèle aux fibres	Rapport des deux coefficients
Buis	0.0000614	0.00000257	25 à 1
Châtaignier . .	0.0000325	0.00000649	5 à 1
Chêne.	0.0000544	0.00000492	12 à 1
Erable.	0.0000484	0.00000638	8 à 1
Sapin	0.0000584.	0.00000371	16 à 1

Le coefficient de dilatation *transversal* est supérieur, pour tous les bois, à celui des autres solides, et le coefficient de dilatation *longitudinal* est inférieur (en laissant de côté quelques cas exceptionnels où certains coefficients sont négatifs) ; en effet, le plus dilatable parmi les corps solides usuels est le *zinc* dont le coefficient est 0,000031 et le moins dilatable est le *verre* 0,000008.

Dilatation des liquides. Les liquides devant être renfermés dans des vases, il faut, pour évaluer leurs changements de volume, tenir compte généralement de la dilatation des enveloppes qui les contiennent. De là une distinction entre la *dilatation apparente*, celle qu'on observe sur les liquides renfermés dans des vases, et la *dilatation absolue* ou réelle qui porte uniquement sur le liquide. La marche la plus généralement suivie dans la recherche des dilatations des liquides est celle-ci : On détermine d'abord expérimentalement, par une méthode indépendante de la dilatation des vases, la dilatation absolue du mercure, puis on renferme le mercure dans une enveloppe (thermomètre à poids R, fig. 99) dont on détermine la dilatation à l'aide de celle du mercure ; enfin, connaissant la dilatation de l'enveloppe, on la remplit successivement des autres liquides dont on veut trouver les coefficients de dilatation.

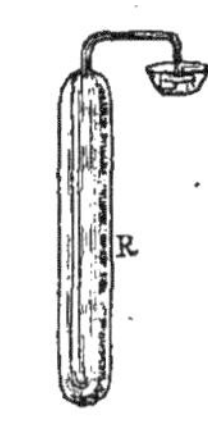

Fig. 99.

Procédé de Dulong et Petit, pour déterminer la dilatation absolue du mercure, d'après le principe des vases communiquants.

L'appareil se compose de deux tubes en verre de même diamètre (fig. 100) disposés verticalement et réunis inférieurement par un tube horizontal presque capillaire. Chaque tube est entouré d'un manchon, l'un contenant de la glace fondante, l'autre de l'eau ou de l'huile. Quand on chauffe celui-ci, la température du mercure s'y

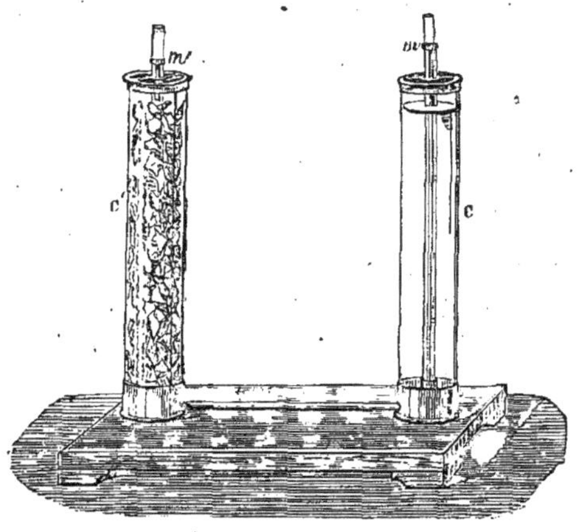

Fig. 100.

élève ; le liquide de cette branche devient moins dense, en sorte qu'il faut une colonne plus longue de ce liquide pour faire équilibre à celui de l'autre branche qui est toujours à 0°, le liquide chaud et le liquide froid ne pouvant se mêler à cause de la capillarité du tube de communication. Or, dans les vases communiquants, les hauteurs de deux liquides de densité différente sont en raison inverse des densités. En représentant par h, h', d, d', v, v' les hauteurs, les volumes et les densités respectives des deux liquides comparés, on a : $\frac{h}{h'}=\frac{d'}{d}$.

D'autre part, les densités d'un même liquide étant en raison inverse des volumes, on a

$$\frac{d'}{d}=\frac{v}{v'}=\frac{v}{v(1+ct)},$$

en représentant par c le coefficient de dilatation du mercure, d'où $c=\frac{h'-h}{ht}$.

Dulong et Petit ont trouvé pour le coefficient de dilatation absolue du mercure $c=\frac{1}{5550}$ entre 0° et 100°. Au delà cette dilatation augmente.

M. Regnault a beaucoup perfectionné ce procédé et en a fait une méthode très rigoureuse. — V. les *Traités de physique*, de Jamin, de Fernet, de Verdet, etc.

M. Isidore Pierre a employé pour la détermination du coefficient de dilatation des liquides le procédé des thermomètres comparés. Dulong et Petit, après avoir déterminé le coefficient de dilatation absolue du mercure et s'être servi de ce résultat pour trouver la dilatation d'une enveloppe, ont employé celle-ci pour déterminer le coefficient de dilatation de divers corps solides renfermés dans cette enveloppe.

Il y a, entre la dilatation absolue, la dilatation apparente et la dilatation de l'enveloppe, la relation suivante :

Dilat. abs. = dilat. app. + dilat. de l'enveloppe, ou $D = \Delta + K$.

S'il s'agit de la dilatation du mercure dans le verre, on a $\frac{1}{5550} = \frac{1}{6480} + \frac{1}{38670}$.

Coefficients de dilatation de quelques liquides (d'après Is. Pierre).

	A 0°	A l'ébullition
Alcool ordinaire.	0.001049	0.001195
Aldéhyde.	0.001654	0.001827
Brome.	0.001038	0.001168
Chloroforme.	0.001107	0.001320
Éther ordinaire.	0.001513	0.001647
Mercure.	0.000179	0.001966
Sulfure de carbone	0.001140	0.001249

Dilatation de l'eau. *Maximum de densité.* Diverses expériences démontrent que l'eau pure, en se refroidissant, à partir de 10°, par exemple, jusqu'à 0°, éprouve dans son retrait un temps d'arrêt : elle se contracte jusqu'à une certaine température que Despretz a définitivement fixée à +4° centigrades. Au-dessous de cette température, l'eau se dilate et, chose remarquable, son volume va croissant à mesure que sa température s'abaisse jusqu'à —20° et au-delà, quand (par des procédés particuliers. — V. CONGÉLATION), on maintient l'eau à l'état liquide à des températures inférieures à 0°. Elle se dilate même un peu plus en se refroidissant au-dessous de +4°, qu'en s'échauffant au-dessus de +4°, pour un même nombre de degrés.

	Volumes de l'eau	Densités
A 0°.	1.000127	0.999873
A +4°.	1.000000	1.000000
A +8°.	1.000122	1.999878

On nomme *maximum de densité* de l'eau l'état dans lequel se trouve une masse de ce liquide lorsqu'elle occupe le plus petit volume possible, c'est-à-dire quand ses molécules sont le plus serrées, ou que le liquide a acquis sa plus grande densité : état de volume qui a lieu à +4°. Diverses dissolutions *aqueuses* présentent également un maximum de densité, variable d'ailleurs, avec la nature de la substance en dissolution, et se montrant tantôt au-dessus, tantôt au-dessous de 0° ; ainsi l'eau de mer, qui gèle à — 1°,88 a son maximum de densité à —3°,67. La dissolution aqueuse de sel marin, contenant 1,5 0/0 de sel, a son maximum de densité à +1°,19 ; si elle contient 14 0/0 de sel, son maximum de densité n'a lieu qu'à — 16°.

C'est sur le maximum de densité de l'eau pure qu'est basé notre système décimal des poids : le gramme est, en effet, le poids d'un centimètre cube d'eau distillée, prise à son maximum de densité. Lefèvre Gineau a pris, pour déterminer le kilogramme, de l'eau à +4°,5' au lieu de +4° ; il en résulte que le poids de cette unité et, par suite, du gramme, est un peu trop faible, mais d'une très petite quantité.

Le maximum de densité de l'eau explique divers *phénomènes naturels*, par exemple, la fixité de température à +4° au fond des lacs, en hiver, l'eau étant plus lourde à cette température qu'à toute autre plus élevée ou plus basse. Des sondages multipliés ont appris que l'eau des mers, à partir d'une certaine profondeur, est à une température invariable, d'environ +4°. Cette profondeur est de 1,400 mètres en moyenne dans les régions polaires ; elle est de 2,200 mètres, au maximum, à l'équateur. Les lignes isothermes de +4° forment une démarcation entre les zones où la surface de l'eau de la mer est plus froide et celle où elle est plus chaude que la couche qui possède +4°. Le phénomène des puits de glace qu'on rencontre dans les Alpes s'explique anssi par le maximum de densité de l'eau.

Parmi les *applications* de la dilatation des liquides, en général, nous devons signaler celle qu'on en fait aux thermomètres à mercure, alcool, éther, sulfure de carbone, chlorure de méthyle, etc.

Dilatation des gaz. Les gaz sont extrêmement dilatables (V. CHALEUR, § *Effets généraux*). En représentant par c le coefficient de dilatation d'un gaz, c'est-à-dire l'accroissement qu'éprouve l'unité de volume de ce gaz, sous pression constante, pour une élévation de température de 1°, par V_0 et V les volumes d'une même masse de gaz à 0° et à t°, on a, comme pour les volumes, en général :

$$V = V_0(1+ct) \text{ d'ou } V_0 = \frac{V}{1+ct} \text{ et } c = \frac{V_0 - V_0}{V_0 t}.$$

Le coefficient c s'obtiendra donc en déterminant les volumes des gaz à 0° et à t°.

Appareil de Gay-Lussac (fig. 101). Il se compose d'une sorte de thermomètre à grosse boule, contenant du gaz bien sec, séparé de l'atmosphère par un petit index de mercure. La boule est placée dans une cuve B contenant de l'eau ou de l'huile dont on élève la température qui est indiquée par deux thermomètres fixés aux tubulures *m* et *l'*. Le gaz se dilate, déplace l'index le long de la tige graduée en parties d'égales capacités. On a déterminé, au préalable, le rapport entre le volume d'une division de la tige *t* et le volume du ballon jusqu'au zéro de l'échelle, lequel correspond à la position de la partie intérieure de l'index quand le gaz est à 0°. L'expérience fait connaître V_0, V et t, ce qui permet de calculer c d'après la formule précédente. La dilatation du verre est négligeable par rapport à celle du gaz. Nous omettons les détails relatifs au remplissage de la boule avec du gaz parfaitement sec, et à la détermination du volume exact du gaz à 0° et à t°. Gay-Lussac a pu conclure de ses expériences : 1° que tous les gaz simples, composés ou mélangés (sans action chimique les uns sur les autres) se

Fig. 101

dilatent également pour une même élévation de température ; 2° que le coefficient de dilatation commun à tous les gaz est :

$$c = 0{,}00367 \text{ ou } \frac{1}{272}$$

de leur volume, pour une élévation de température de 1°.

Cette égalité de dilatation de tous les gaz (résultat prévu par Laplace aux instigations duquel Gay-Lussac entreprit ses expériences), constitue l'une des plus belles lois de la physique. Il faut dire cependant que cette loi, comme d'ailleurs toutes les autres, n'a rien d'absolu, et que M. Regnault, ce démolisseur de lois générales, a trouvé des différences appréciables sous ce rapport entre les différents gaz.

Parmi les *applications* de la dilatation des gaz nous citerons : les thermomètres à gaz, les pyromètres à gaz, les héliomètres, les machines à gaz, les machines à air chaud, les calorifères à air chaud, les régulateurs du feu, les mouvements produits par la dilatation du gaz ingénieusement utilisés dans le tirage des cheminées.

Coefficients de dilatation de quelques gaz, à pression constante (d'après M. Regnault).

Acide carbonique	0.003710
Acide sulfureux	0.003903
Air atmosphérique	0.003670
Azote	0.003670
Cyanogène	0.003877
Hydrogène	0.003661
Oxyde de carbone	0.003669
Protoxyde d'azote	0.003719

C. D.

***DILATOMÈTRE.** *T. de phys.* Instrument inventé par Silberman, qui sert à déterminer le titre alcoométrique des boissons. Il est basé sur ce principe que, pour une même élévation de température, de 25° à 50°, par exemple, les mélanges d'eau et d'alcool se dilatent d'autant plus qu'ils sont plus alcooliques. L'appareil se compose d'une plaque métallique sur laquelle sont fixés : 1° un thermomètre portant seulement les degrés 25 et 50; 2° une pipette (réservoir à vin) en forme de thermomètre, et d'une capacité déterminée par un trait de jauge à la naissance du tube capillaire. La partie inférieure de la pipette se ferme à l'aide d'une soupape commandée par une vis de rappel ; l'extrémité supérieure du tube capillaire est évasée et porte un piston qui permet de remplir la pipette par aspiration jusqu'au trait de jauge. Pour graduer le dilatomètre, on remplit d'eau distillée à 25° la pipette jusqu'au trait de jauge ; on porte le tout dans un bain-marie ; quand le thermomètre indique 50°, on marque 0° au point d'affleurement de l'eau dilatée : puis on répète l'expérience avec des mélanges alcooliques contenant 1, 2, 3.... 30 0/0 d'alcool et on marque 1, 2, 3.... 30° aux points où s'arrêtent ces liquides portés à 50°. Pour titrer un vin, il suffit de remplir la pipette de vin à 25°, d'élever la température à 50° et de lire le degré auquel atteint le liquide dilaté.

Cet instrument a été simplifié par Delaunay ; ce constructeur ne conserve que la pipette, graduée d'ailleurs comme celle de Silberman, mais les degrés sont tracés sur le tube capillaire de la pipette ; le piston d'aspiration est supprimé et la soupape inférieure est remplacée par un robinet. Pour doser l'alcool d'un vin, on remplit la pipette de vin à 25° en aspirant avec la bouche. On ferme le robinet, on porte l'instrument dans un bain à 50° et on lit sur le tube de la pipette le degré atteint par le liquide dilaté.

DILIGENCE. Grande voiture à quatre roues, divisée en deux ou trois compartiments, et destinée à faire un service de voyages réguliers entre plusieurs villes ou endroits déterminés.

— La diligence, qui doit son nom à la célérité avec laquelle elle devait franchir les distances, n'est plus qu'un souvenir historique : le chemin de fer l'a tuée. Les premiers services de diligences publiques remontent à la fin du XVIe siècle, mais ce n'est qu'à dater de 1760 que l'on constate une organisation sérieuse. La diligence de Rennes partait de la rue Pavée et mettait quatre jours pour faire le voyage; celle de Strasbourg, partait de la rue de la Verrerie et mettait douze jours pour arriver à destination; il fallait quatre jours pour aller à Angers, six jours pour aller à Lyon, etc. Les diligences qui circulaient sur les routes royales, lors de la création des chemins de fer, contenaient 16 voyageurs répartis : 3 dans le *coupé*, places de luxes et sur le devant ; 6 dans l'*intérieur*, dont les portes s'ouvraient sur le côté; 4 dans la *rotonde*, où l'on entrait par le derrière de la voiture, et 3 sur la *banquette*, avec le conducteur. Une bâche de cuir couvrait les bagages empilés sur l'impériale. Ces voitures, dont le poids atteignait — voyageurs et bagages — jusqu'à 5,000 kilogr., parcouraient à l'origine moins d'une lieue à l'heure; en 1830, elles faisaient environ une lieue et demie et elles dépassaient deux lieues au moment où elles durent cesser leurs services. Le prix des places qui, à l'époque de la Révolution et de l'Empire, était de 0 fr. 75 par lieue, descendit à 0 fr. 45 après 1830.

DILUTION. *T. de chim.* 1° Opération qui a pour but d'obtenir, avec l'aide de l'eau, des poudres très fines de substances minérales insolubles et inattaquables par ce liquide.

Pour l'effectuer, on commence par pulvériser dans un mortier, ou sur un porphyre, la matière à diluer, puis on y ajoute de l'eau pour faire une pâte que l'on délaie ensuite dans une grande quantité du même liquide. On laisse reposer pour permettre aux parties les plus grossières de se déposer, on enlève le liquide trouble, et celui-ci abandonne alors, peu à peu, la poudre fine qu'il tenait en suspension. C'est ainsi que l'on obtient dans l'industrie certaines matières en masses de texture fine et serrée : telle est l'écume de mer, qui, brute, ne pourrait pas servir à confectionner les articles pour fumeurs. La pierre hématite, les sulfures d'antimoine, de mercure (vermillon) sont pulvérisés de la même manière.

|| 2° Le mot de *dilution* s'emploie encore dans un autre sens : on dilue une solution ou un liquide quelconque, quand on les étend d'eau.

* **DIMINUEUSE.** *T. techn.* On désigne sous ce nom les appareils employés sur les métiers à tricoter dans le but d'opérer les diminutions, c'est-à-dire de supprimer un nombre de mailles par rangée pour arriver progressivement à la forme voulue du vêtement. Longtemps les diminutions se sont faites au moyen du poinçon ordinaire à une aiguille. La maille des lisières se chargeait alors de la maille supprimée sur la largeur du tricot. Il en résultait une lisière irrégulière et une épaisseur dans la couture. C'est en 1834 qu'un sieur Delarothière appliqua aux métiers *droits* un organe nouveau pour éviter ces inconvénients : cet organe, connu sous le nom de *mécanique Delarothière* ou *appareil à diminuer* est aujourd'hui d'un usage universel dans la bonneterie. Ce n'est qu'en 1867, qu'après maints essais un appareil analogue fut présenté par M. Lebrun, pour être appliqué aux métiers *circulaires*. — V. Bonneterie.

* **DIMORPHISME.** *T. de chim.* Propriété que possèdent quelques corps de cristalliser dans deux systèmes différents. — V. Cristallographie, § *Dimorphisme*.

DINANDERIE. Chaudronnerie, c'est-à-dire le travail du cuivre repoussé, appliqué aux œuvres d'art aussi bien qu'aux ustensiles usuels, tels que des poêlons, des chaudrons, des plaques, des bassins, des plats, des chandeliers, des lustres, etc.

Historique. La chaudronnerie de cuivre rouge et jaune s'appelait autrefois *dinanderie* ou *dinanterie*, de la ville de Dinant, près Liège, en Belgique, « ville très riche, dit Commines, à cause d'une marchandise qu'ils faisoient de ces ouvrages de cuyvre qu'on appelle dynanderie. » On disait, pour cette raison, proverbialement : « Coivre (cuivre) de Dinant, » ou, comme le rapporte le *Dict des pays* (xvie siècle), « Les chauldronniers sont en Dinant. »

La chaudronnerie historiée ayant prospéré dans cette ville de très bonne heure, elle ne tarda pas à s'introduire en France. Dès le xiie siècle, les comptes font mention d'un nommé Lambert Patras, artiste en dinanderies et poteries d'étain, qui vivait vers 1112. Les belles pièces de cette époque sont fort rares.

Mais c'est au Trocadéro, en 1878, à l'exposition historique de l'art ancien, que les amateurs ont été à même d'apprécier à leur juste valeur les grandes œuvres de la dinanderie à cette époque. Parmi les magnifiques orfèvreries de cuivre, si l'on peut ainsi parler, exposées par la section belge, on remarquait surtout, comme spécimens du xiie siècle, un encensoir de cuivre, en forme d'église romane, orné d'ajours et d'imbrications gravées, et une croix d'autel avec Christ, aux pieds duquel se trouve le dragon.

Parmi les dinanderies remarquables du xiiie siècle, nous citerons un Christ de croix d'autel (la croix est perdue) en cuivre repoussé, appartenant à M. Wilmotte, orfèvre, à Liège, ainsi que deux mesures de jaugeage en laiton, conservées au Musée archéologique de Gand. Ces dernières portent une inscription en caractères gothiques, et leur pourtour est orné d'une bande avec fleurs de lys, lions, etc. Mais, dit notre éminent collaborateur M. Alfred Darcel, dans un remarquable article sur le *Bronze à l'Exposition de 1867*, ce n'est pas seulement chez nos voisins, « c'est jusqu'en Hongrie qu'il faut aller pour trouver des exemplaires de cette belle dinanderie du xiiie siècle, qui, transformant en vases les animaux et les monstres, et jusqu'à des chevaliers sur leur « courant destrier, » comme disent les chansons de geste, devait donner un aspect si étrangement pittoresque à l'âtre des grandes cheminées des anciens manoirs. »

Au commencement du xve siècle, nous apprennent les lettres de Charles VI, mars 1415, relatives aux balanciers de Rouen, la ville de Dinant était aussi célèbre en France que ses ustensiles de cuivre. Elle avait même acquis une supériorité tellement incontestable dans les travaux de cuivrerie, que le mot de *dinanderie* fut dès lors définitivement appliqué, dans toute l'Europe, à l'industrie dont nous parlons, la ville en question se distinguant entre toutes, comme on l'a vu, par ses travaux exquis en ce genre. Aussi, en 1450, lors des guerres du duc Philippe de Bourgogne, appelé *le Bon*, la ville de Dinant ayant été prise et ses habitants dispersés, nos chaudronniers de Normandie et d'Auvergne, qui étaient déjà artistes et bons imitateurs de Dinant, nous apprennent les Mémoires de Duclercq, se dirent *dinandiers de Dinant*. Et ils avaient raison.

Les dinandiers fabriquaient aussi les coqs de cuivre dont la mode gagnait de tous côtés, et qu'on plaçait sur le haut des clochers, pour indiquer le vent du bec et de la queue.

Un dinandier habile, avec la pointe du marteau, faisait au fond de ses plats, de ses bassins, des paysages, des personnages, des scènes, sortes de tableaux en relief que l'on argentait souvent et que quelquefois on dorait. Plusieurs amateurs conservent encore de ces anciens plats de cuivre ouvragé, dont le style et l'habillement des personnages annoncent qu'ils ont été faits au xve siècle.

Les orfèvres en cuivre fabriquaient même quelquefois, pour les rois économes, des couronnes de cette matière.

Du xve au xviie siècle, les artistes liégeois et dinantais se sont aussi spécialement adonnés à la fabrication de certaines pièces de mobilier ecclésiastique, telles que des candélabres, des lutrins, des lampes, des lustres, des grands chandeliers, des fonts baptismaux, tous objets que nos fondeurs de Paris fabriquaient encore, à la fin du xviie siècle, semblant avoir acclimaté chez nous les traditions de leurs prédécesseurs flamands, produits par les écoles de Dinant et de Tournay. L'église de Saint-Martin, à Chièvres (Belgique), possède, en ce genre, une pièce fort remarquable. C'est un lutrin-pélican, avec pied hexagone soutenu par trois lions ; du milieu s'élève un fût cylindrique orné d'anneaux, l'anneau inférieur richement bosselé. Le sommet du fût, crénelé, forme un bassin ; de son centre s'élève un globe tournant sur un pivot et sur lequel est posé un pélican se déchirant la poitrine et soutenant de ses ailes déployées l'arête destinée à retenir l'Antiphonaire. Sur la tige se trouve la marque du fondeur-repousseur et la date de 1484, et sur le pied une légende qui nous apprend que cette œuvre hors ligne a été fabriquée à Bruges.

L'Eglise de Saint-Vaast, à Gaurin (Belgique), possède également un chandelier pascal en laiton, de deux mètres de hauteur, à trois branches munies de pointes pied rond, tiges annelées. Citons encore un lustre en cuivre du xvie siècle, appartenant au Musée archéologique de la ville de Gand. Ce lustre est à douze branches figurant des pampres se rattachant, sur deux rangs, à une tige centrale terminée par une tête de dragon. L'amortissement est formé par une statuette de la Vierge, tenant l'Enfant Jésus.

Les villes de Nuremberg, Augsbourg, Brunswick, Erfürt, Leipzick, Magdebourg, Zwickkau et Mulhan, près Insprück, ont aussi produit une très grande quantité de ces objets, principalement, dit M. Demmin, des bassins plats d'offrandes pour les églises, et des bassins creux pour les saignées domestiques, alors autant en usage que les purgations l'étaient au xviiie siècle.

La pièce de dinanderie la plus remarquable du xvie siècle est sans contredit le grand fanal de galère aux armes de la République de Venise en cuivre rouge battu, repoussé et doré, avec figures et animaux en bronze doré, ouvrage vénitien que possède le Musée de Cluny (no 6259). Ce beau fanal, suivant la description de M. E. Du Sommerard, se compose d'une lanterne à six faces, séparées par des montants sur lesquels se dressent des branches détachées, chargées de feuilles découpées et de fleurons en émail de couleur. Ces montants sont eux-mêmes couronnés par des lions chimériques. Le fanal s'appuie sur une double base de forme sphérique, aux côtes repoussées et dorées. La partie principale de cette base porte, accolée à ses flancs, trois figures en bronze doré, d'un beau style, supportant la lanterne sur leurs épaules; ces figures alternent avec des chardons et des fleurons en haut-relief, rehaussés d'émail. La cloche qui surmonte la lanterne et l'élégant campanile qui domine l'édifice sont également en cuivre repoussé, découpé et doré, avec écussons d'armoiries détachées. Le campanile lui-même, orné d'un lambrequin repoussé et découpé, se termine par une sorte de girouette en forme d'étendard ou de flamme en cuivre également repoussé, portant le lion de Saint-Marc. Ce beau travail, rapporté de Venise par M. Signol, a été donné par lui au Musée en 1875. Il a été restauré et remonté en 1878. »

Dès le xve siècle, le belge Martin van Rode, repousseur sur cuivre, se rendit célèbre par sa statue de l'Hôtel de Ville de Bruxelles (1454). Quelques années plus tard, le hollandais Pierre Bladelin, fondeur-repousseur, établi à Middelbourg, vers 1467, était réputé par ses dinanderies. Au xvie siècle, on voit le belge F.-J. Byng signer, entre autres ouvrages, un étui en cuivre repoussé, daté de 1588, et conservé au Musée de la Porte-de-Hall, à Bruxelles. Un siècle après, le français Goutte, de Lyon, rivalise avec l'allemand G. Breutel, auteur d'un bocal en cuivre, daté de 1611 et exposé au Musée de Sigmaringen, tandis que J.-W. Damman, orfèvre-repousseur à Augsbourg, exécute cinq grands médaillons-portraits en cuivre, que l'on voit aujourd'hui dans le trésor de Dresde. A la même époque, les amateurs belges se plaisaient à recueillir des plats dans le genre de celui du Musée de la Porte-de-Hall, à Bruxelles, signé du nom de Dusart, à Dinant, et daté de 1668. De leur côté, les collectionneurs hollandais accablaient de commandes Paul van Vianen, d'Utrecht, le célèbre orfèvre-graveur, auquel on doit la *Sainte-Famille*, en cuivre repoussé, chef-d'œuvre daté de 1610 et qui est un des joyaux de la Bibliothèque de Weimar. Enfin, Louis Wiedemann, né à Nordlingen, en 1693, et mort en 1754, s'est fait une grande réputation comme chaudronnier-statuaire, à Dresde.

La dinanderie était encore très florissante au xviie siècle en Belgique. En France, où d'après le *Parfait économe* (1640), par Rosny, un bassin de cuivre jaune coûtait 17 sols la livre, et un bassin de cuivre rouge 20 sols la livre, il y avait à Aurillac beaucoup de chaudronniers. La Haute-Auvergne est, il est vrai, depuis longtemps le pays du cuivre et des ustensiles de cuivre.

Mais les plus habiles « ouvriers en cuivre » étaient encore les *maîtres et marchands chaudronniers, batteurs, dinandiers de la ville de Paris*, ainsi que les appelle une estampe de la collection de Leroux de Lincy. En effet, ils fabriquèrent non seulement la « grande marmite de cuivre rouge vallant la somme de huit livres tournois, citée dans l'*Inventaire des biens de Pierre Mignard*, le célèbre peintre (1660), » ainsi que le « grand chauderon pour couler la lessive, cuivre rouge, les trois seaux de différentes grandeurs, cuivre rouge, » et la « grande fontaine, cuivre rouge, tenant six voy d'eau, » du *Testament et Inventaire des biens de Claudine Bouzonnet Stella* (1693-1697), mais on peut parfaitement leur attribuer les deux grands bustes en cuivre repoussé d'Adrien et d'Antonin, décrits dans les Inventaires de Bellavoine et de Leroy, bourgeois de Paris, dressés en 1667.

A l'époque actuelle, dit avec raison M. Demmin, on a essayé et réussi de remplacer le repoussage au marteau du cuivre, toujours long et coûteux, par l'estampage mécanique qui donne des dessins plus réguliers que le travail individuel, mais, par contre, d'un aspect aussi manufacturier que celui des productions de ce genre en zinc. » C'est au moyen de parties d'abord modelées en plâtre et servant à produire les moules dans le sable, que l'on fait couler en fonte de fer les *creux* et les *reliefs* ou contre-parties avec lesquelles les différents morceaux sont estampés par la machine à vapeur et qui, soudés ensemble, ciselés, les creux mattés au pointillé et les reliefs polis, donnent des modèles fort beaux, mais trop réguliers et absolument pareils les uns aux autres. »

En un mot, la mécanique industrieuse a fait son œuvre; mais, dans cette œuvre, tout intéressante qu'elle soit, on sent qu'il manque quelque chose d'indéfinissable, que peuvent seuls produire la main et le génie de l'artiste. — S. B.

Bibliographie : Histoire de la dinanderie et de la sculpture du métal en Belgique, dans le *Bulletin des comm. roy. d'art et d'archéologie*, Bruxelles, 1874; Demmin : *Encyclopédie des arts plastiques*, p. 52, 1261, 1336; De Laborde : *Glossaire français du moyen âge*, vo *Dinanderie*; Ferd. Hucher : *Le poêle de la corporation des maîtres fondeurs de Paris*, dans le *Bulletin de la Société d'agriculture, sciences et arts de la Sarthe*, 1873, p. 70; René Ménard : *Histoire artistique du métal*, 1882.

DIOPTRIQUE. *T. de phys.* Partie de l'optique qui traite des phénomènes que produit la lumière en traversant des milieux de réfrangibilité différente. Elle comprend spécialement l'étude de la réfraction simple et de ses lois, la réfraction dans les solides et les liquides terminés par des faces planes, parallèles ou angulaires (prismes), ou par des faces courbes (lentilles), la réfraction atmosphérique et ses effets variés.

DIORAMA. Représentation de vues, sites, intérieurs d'édifices, à l'aide de tableaux à surface plane, disposés de manière à produire successivement des effets différents aux yeux des spectateurs placés dans l'obscurité.

Le diorama, imaginé par Daguerre et Bouton, donne, avec une exactitude étonnante, l'impression de la réalité. Les tableaux sont peints des deux côtés sur une toile de percaline ou de calicot, d'un tissu égal et de la plus grande largeur possible, afin d'éviter les coutures. L'application des couleurs sur la première face est effectuée de manière à garder à la toile toute sa transparence, quand elle vient à être éclairée par la face opposée. Cette application n'est, pour ainsi dire, que superficielle; les couleurs opaques n'y sont pas employées. Si les dessins de la face postérieure sont différents de ceux de l'autre face, leurs contours doivent se confondre avec les premiers ou être habilement dissimulés. Ainsi préparés, ces tableaux sont placés de manière à pouvoir être éclairés par devant, c'est-à-dire par réflexion; puis par derrière ou par réfraction. La lumière qui frappe de la première manière doit venir d'en haut, par une ouverture pratiquée dans le comble de l'édifice et celle de derrière, de croisées verticales. Quand le premier tableau doit être aperçu seul, c'est la lumière du devant qui vient l'éclairer; les fenêtres situées derrière sont alors bouchées complètement. Pour faire disparaître le premier effet, on cache progressivement les fenêtres qui le font apercevoir et l'on ouvre celles de derrière; on substitue, de la sorte, aux dessins de la face antérieure ceux de la face postérieure. Ajoutons que des verres ou transparents, diversement coloriés et mus par des cordages et des contrepoids, sont souvent interposés entre la toile et la lumière introduite par le comble, ce qui permet de changer la coloration du tableau. Les verres bleus servent pour le passage du jour à la nuit; les verres violets ou roses, pour celui de la nuit au matin. L'effet est rendu plus saisissant encore par la disposition des lieux : le tableau, vivement éclairé, est placé dans une salle qui simule la scène d'un théâtre, en face du spectateur, tenu lui-même à grande distance et plongé dans les ténèbres.

En résumé, ce système de peinture est basé sur les différences qu'éprouvent les couleurs lorsque la lumière qui les éclaire est transmise par réflexion ou par réfraction et que cette lumière est elle-même diversement coloriée. Le contraste des ténèbres et de la lumière, l'éloignement du tableau, dont on ne peut découvrir les limites, le manque d'objets naturels de comparaison sont les diverses causes qui rendent l'illusion si complète. Le *panorama* rappelle le premier effet du diorama par l'éclairage venu d'en haut et la position du spectateur placé dans une obscurité relative; mais il est peint sur toile cylindrique, tandis que le diorama présente une surface plane. — V. Panorama.

***DIPHÉNYLAMINE.** *T. de chim.* (V. Bleu). La préparation et les propriétés de cette substance ont été décrites à l'article Bleu. Nous n'y reviendrons pas.

DIPTYQUE. Etymologiquement, le mot signifie double tablette, et plusieurs écrivains l'écrivent au pluriel, comme *ciseaux*. Un diptyque, ou des diptyques, c'est l'assemblage de deux planchettes de bois ou de cuivre, mais plus généralement d'ivoire, sur lesquelles les anciens Romains inscrivaient les noms des consuls et des principaux magistrats.

— Au moyen âge, les abbés, les évêques, les chapitres des collégiales y gravaient les noms des saints, des dignitaires, des bienfaiteurs morts et vivants. Dans les trésors des églises et dans les bibliothèques monastiques, on employait les anciens diptyques à former la couverture des missels illustrés, des antiphonaires et autres manuscrits précieux qu'on désirait mettre à l'abri de toute détérioration. A Sens, par exemple, le fameux office de la *messe de l'âne*, a pour reliure un diptyque d'ivoire appartenant à l'époque païenne, et où sont représentés des sujets mythologiques. Enfin, on a donné le nom de diptyque à un tableau ou bas-relief sur bois, pierre ou métal, fermé d'un seul volet se repliant sur le sujet, afin d'en assurer la conservation. Quand le sujet occupe un plus large espace, et que deux volets sont nécessaires pour le couvrir, l'ensemble prend le nom de *triptyque*. C'est sous cette dernière forme qu'on rencontre le plus souvent les tableaux et les bas-reliefs décorant les retables des anciennes églises.

L'antiquité païenne a connu les diptyques; Ovide, Catulle, Tibulle, Properce et les poètes érotiques en général les mentionnent; c'étaient alors des messages amoureux. Quelques musées possèdent de rares exemplaires des diptyques officiels, sorte de calendriers à l'usage des fonctionnaires; quant aux diptyques ecclésiastiques, on les voit encore dans certaines églises sous la forme de tables de marbre. Le mot désigne plus particulièrement aujourd'hui les registres chrétiens, composés de deux ou plusieurs tablettes; dans ce dernier cas, on les appelle *polyptiques*. Le fameux *polyptique d'Irminon*, qui est un état général des propriétés de l'abbaye Saint-Germain-des-Prés, a dû primitivement se composer de plusieurs diptyques réunis les uns aux autres.

Parmi les diptyques servant de couverture aux manuscrits précieux, on distingue, outre celui de Sens que nous avons cité plus haut, ceux d'Autun, de Limoges et de Bourges. Le diptyque a reparu de nos jours pour la reliure des livres de piété; on voit, aux étalages des librairies religieuses, de fort jolis paroissiens encadrés dans de charmantes tablettes d'ivoire.

***DISCRASE.** *T. de minér.* Antimoniure d'argent, contenant de 64 à 77 0/0 d'argent et 36 à 23 0/0 d'antimoine. Il se trouve ordinairement en masses compactes ou grenues, dans le Hartz, en Espagne, etc.; il est très recherché comme minerai d'argent, pour l'extraction de ce métal.

***DISOMOSE.** *T. de minér.* Syn.: *Nickelglanz.* Arséniosulfure de nickel, cristallisant en cubes ou en octaèdres, de couleur gris de plomb et à éclat métallique. On le trouve dans le Hartz, en Styrie, etc. Avant la récente découverte de la garniésite, la diosmose était le minerai le plus employé pour l'extraction du nickel.

DISPERSION. *T. de phys.* Quand un rayon de lumière solaire a traversé un prisme, il est à la fois dévié et décomposé en diverses couleurs (V Couleur, § *Couleur par réfraction*), par suite de l'inégale réfrangibilité des rayons qui composent la lumière blanche. C'est ce phénomène de séparation, d'épanouissement, d'élongation du faisceau de rayons, qu'on nomme *dispersion*. Très marqué à l'égard de certains milieux, il est à peine visible dans d'autres.

La dispersion de la lumière blanche s'estime par l'angle plus ou moins grand que forment entre eux les rayons rouge et violet qui servent de limites au spectre solaire; ou bien c'est l'excès de la réfraction des rayons les plus réfrangibles sur celle des rayons les moins réfrangibles. Il est facile de s'assurer, par la longueur du spectre, que la dispersion dépend : 1° de l'*angle* du *prisme*, en opérant avec un prisme à angle variable, ou avec des prismes en verre dont les angles sont différents ; 2° de la *position* du prisme par rapport au rayon incident. Il y a, en effet, une position pour laquelle la déviation est *minima* : c'est celle pour laquelle les rayons d'entrée et de sortie du prisme sont également inclinés sur les faces respectives du prisme. C'est dans cette situation que les couleurs spectrales présentent le plus de netteté ; 3° de la *nature* du prisme, ce qu'on prouve avec le polyprisme formé de substances différentes juxtaposées, ayant ensemble la forme d'un prisme unique. La propriété réfringente ou dispersive plus ou moins grande des corps ne dépend pas, comme on l'a cru longtemps, de leur densité ni de leur combustibilité. Pour étudier le phénomène de la dispersion dans les différents milieux diaphanes, le moyen le plus simple est de mesurer dans chaque cas l'angle de réfraction de chaque rayon que sépare le prisme ; on y parvient en prenant pour points de repère, les différentes raies du spectre.

Les deux irrégularités suivantes rendent difficile l'étude de la dispersion : 1° La dispersion n'est pas proportionnelle à la réfraction, c'est-à-dire que les substances qui présentent une réfraction moyenne égale, ne dispersent pas également la lumière. Ainsi deux prismes, l'un d'huile de cassia et l'autre de verre, ajustés de manière que les rayons moyens (rayons verts) aient même réfraction, on verra que le spectre est deux fois plus long pour le premier prisme que pour le second ; 2° dans deux spectres produits par des substances différentes, les espaces occupés par les mêmes couleurs ne sont pas proportionnels aux longueurs de ces spectres. Cette propriété se nomme l'*irrationnalité* de la dispersion ou des espaces colorés du spectre solaire. Si l'on forme deux spectres, l'un au moyen d'huile de cassia et l'autre avec de l'acide sulfurique, si les deux spectres ont la même étendue, on trouvera que le rouge, l'orangé et le jaune occupent moins d'espace dans le premier que dans le second, et que l'inverse a lieu pour les rayons bleus, indigo et violets.

Les substances qui produisent la dispersion la plus forte sont : le chromate de plomb 0,770 ; le soufre en fusion 0,149 ; le diamant 0,056 ; celles qui dispersent le moins la lumière sont : l'acide sulfurique 0,014 ; l'eau 0,012 ; l'alcool 0,011. — C. D.

DISQUE. *T. de chem. de fer.* Plaque de forme circulaire ou carrée, montée à l'extrémité supérieure d'un mât autour duquel elle peut effectuer un quart de tour ou une révolution complète, afin de donner aux mécaniciens des indications spéciales pour leur marche. Le disque est l'élément essentiel du langage des signaux sur les chemins de fer, et on peut dire qu'il n'existe pas de voie ferrée exploitée d'une manière régulière, qui ne soit munie de disques pour garantir la sécurité de la circulation.

Sur le premier chemin de fer qui ait été ouvert, celui de Liverpool à Manchester, les signaux étaient faits au moyen de planches carrées ou circulaires fixées au sommet de mâts d'une hauteur suffisante pour qu'on puisse les apercevoir à distance. L'une des faces de la planche, peinte en rouge et portant l'inscription *danger*, commandait l'arrêt lorsqu'elle se présentait perpendiculairement à la voie, et donnait au contraire l'autorisation de passer, la voie étant libre, lorsqu'elle se présentait de profil parallèlement aux rails. Cette première forme des disques s'est conservée presque sans aucune modification, jusqu'à présent, et a été définitivement adoptée sur les chemins de fer français, tandis qu'au contraire les Anglais et plus tard les Allemands ont fini par donner, en général, la préférence aux *sémaphores* (V. ce mot), dont les bras se meuvent dans un plan vertical, et qui offrent une surface de résistance moins étendue aux efforts du vent. Aux États-Unis, l'emploi des disques paraît avoir prévalu, comme en France ; mais leur disposition n'est pas la même et l'on semble s'être davantage préoccupé de les mettre à l'abri des influences atmosphériques, soit en composant le voyant avec des lames de jalousie, soit en le faisant tourner à l'intérieur d'une boîte fermée et vitrée.

La forme et la couleur des disques varient non seulement suivant leur signification, mais aussi avec les compagnies de chemins de fer qui les emploient. Sans entrer dans l'énumération de toutes ces variétés, il suffira de faire remarquer que les disques sont de deux natures bien distinctes : 1° ceux que l'on peut dépasser, lorsqu'ils sont à l'arrêt et qui portent le nom de disques avancés ou *disques à distance ;* le mécanicien étant alors astreint à se rendre maître de la vitesse de son train par tous les moyens mis à sa disposition, de manière à être en mesure de s'arrêter en deçà de l'obstacle couvert par le disque ; 2° ceux que le mécanicien ne doit jamais dépasser lorsqu'ils sont à l'arrêt et auxquels on donne, en général, le nom de disques *d'arrêt absolu* ; cette interdiction étant souvent corroborée par l'existence d'un pétard détonant qui vient se placer sur la voie quand le signal est à l'arrêt, et que l'on écraserait si l'on transgressait la défense de passer.

En raison même de leur signification, les disques de la première catégorie, les disques à distance sont presque toujours très éloignés du point qu'ils sont destinés à protéger et d'où on les manœuvre pour les mettre à l'arrêt ou les effacer, le cas échéant. Cette distance peut être de 800 mètres, de 1000 mètres, de 1500 mètres et même de 2000 mètres, suivant les circonstances et selon les déclivités de la voie. Au-dessous de cette limite, on fait usage, sans difficulté, de fils de transmission pour obtenir à distance la rotation du signal autour de son axe ; mais au delà de 2000 mètres, surtout quand le même disque est manœuvré de plusieurs points à la fois, quand la voie est sinueuse, ou lorsque la température de l'air subit des variations brusques capables de produire de notables allongements ou raccourcissements dans la longueur du fil, les compensateurs ne suffisent plus pour assurer le fonctionnement régulier du signal et on a souvent recours soit à l'électricité, soit à un fluide, par exemple l'air comprimé. Il y a donc lieu d'examiner séparément les divers modes de transmissions des disques.

Disques à transmissions mécaniques. Un disque à transmission mécanique se compose de trois parties essentielles, le *mât* avec son voyant, la *transmission* proprement dite, le *levier* de manœuvre, et en outre de quelques accessoires, tels que les appareils électriques de *contrôle*, les *répétiteurs*, les *désengageurs*, les *verrous de sûreté*, les *porte-pétards*, les *mécanismes automoteurs*.

Construction du mât. Le mât du disque est une tige de fer verticale à l'extrémité supérieure de laquelle est assujetti un voyant, circulaire pour les disques à distance et carré pour les disques d'arrêt. Telle est du moins la forme qui paraît sur le point d'être adoptée par les compagnies françaises, à la suite de l'enquête administrative sur l'uniformisation des signaux de chemin de fer. A l'extrémité inférieure de cette tige est fixé le levier ou la poulie servant à produire la rotation du mât ; celle-ci est complétée par un contrepoids de rappel, quand la transmission n'a qu'un seul fil. Il y a plusieurs systèmes pour assujettir le mât dans une position parfaitement verticale et lui donner la force de résister à l'action du vent sur le voyant. Les plus employés sont les suivants :

Sur le réseau d'Orléans, où les disques ont souvent une grande hauteur (6, 8 et même 12 mètres), ce mât est soutenu par une forte nervure en tôle rivée servant de contrefort, et munie d'échelons qui permettent de monter jusqu'au voyant, pour l'entretien et pour la réparation des appareils. La fondation du mât est simplement faite en vieux rails. Les transmissions d'Orléans étant à 2 fils, il n'y a pas de contrepoids de rappel sur le signal.

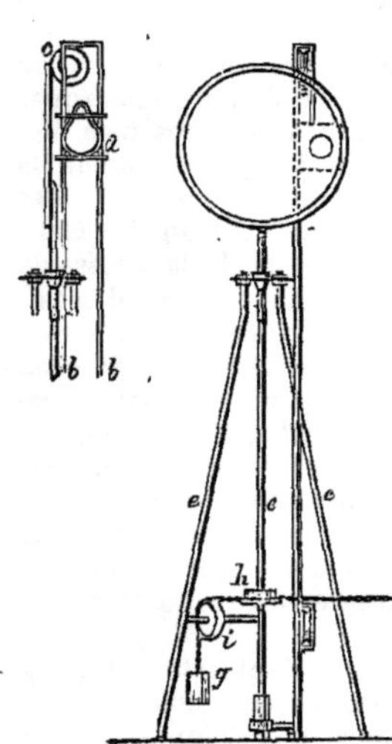

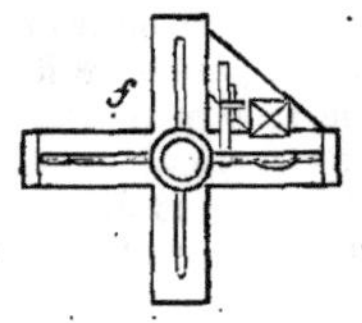

Fig. 102 à 104.

Disque du chemin de fer du Nord.

Les diques du réseau du Nord (nouveau modèle) sont, en général, beaucoup moins élevés que ceux dont il vient d'être question. Le mât est terminé par une fourche sur laquelle est rivé le voyant : cette disposition offre plus de garanties de solidité. La lanterne est fixe, elle est portée par un petit châssis mobile *a* (fig. 102 à 104) sur les montants *b*, que l'on élève avec la lanterne, vis-à-vis d'un trou percé sur le voyant ; le mouvement s'exécute au moyen d'une chaîne passant sur une poulie verticale *c* adaptée à la partie supérieure. Au lieu des échelles qui étaient accolées au disque de l'ancien modèle et se terminaient par une plate-forme perpendiculaire à la voie, sur laquelle l'agent pouvait monter pour accrocher la lanterne ou nettoyer la poulie, le disque est actuellement supporté par trois montants *e* solidement assujettis sur un bâti en charpente *f* qui pénètre à une certaine profondeur dans le sol. Grâce à ces précautions, le signal offre une grande résistance aux coups de vent. Le mât est muni, à son pied, de taquets qui servent à limiter son déplacement angulaire. Le contre-poids de rappel *g* est placé au-dessus du sol. Sa chaînette s'enroule sur une poulie *h* solidaire du mât et sur une seconde poulie *i* verticale tournant autour d'une traverse fixée à deux des montants *e*.

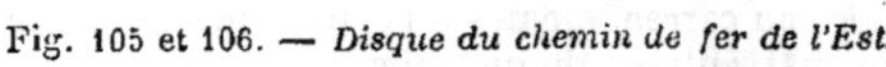

Fig. 105 et 106. — *Disque du chemin de fer de l'Est.*

Le mât du système de l'Est, qui a quelque ressemblance avec celui de P.L.M., se compose d'une colonne en fonte cannelée dans l'intérieur de laquelle pivote librement une tige métallique reposant sur un coussinet. Cette tige porte, à sa partie supérieure, une mire circulaire et vers sa base, une manivelle AB (fig. 105 et 106) à l'extrémité de laquelle s'attache le fil de transmission dont le prolongement se rend au contrepoids de rappel EMC. La lanterne est fixe et ne tourne pas avec le disque, ce qui a l'avantage de la soustraire aux chances d'extinction, résultant des secousses de la rotation ; elle se hisse latéralement à la colonne, sur deux montants en fer. La mire est percée d'une ouverture munie d'un verre rouge et elle porte, en outre, un écran perpendiculaire muni d'un verre bleu qui vient se placer, quand le disque est effacé derrière la lanterne, de manière à envoyer un feu bleu vers la gare ; lorsque le disque tourne et que le verre rouge vient se placer devant la lanterne, le verre bleu démasque l'arrière de cette lanterne qui envoie alors un feu blanc vers la gare. C'est un moyen de contrôle optique qui permet de se rendre compte à distance si le disque a bien obéi à la manœuvre du levier.

Aux Etats-Unis, la disposition des voyants s'écarte sensiblement de ces types ; on y trouve d'une part des disques à anneau fixe et à voyant central mobile, formé de lames de persiennes en fer; à l'encontre de ce qui se pratique en Europe, c'est quand ce voyant central est apparent, que le mécanicien doit considérer la voie comme libre, et, au contraire, lorsque le voyant effacé laisse apparaître le fond vert du paysage au centre, de l'anneau fixe qui est noir, cela signifie *arrêt*. Sur d'autres lignes américaines, on emploie fréquemment un signal à double disque ou à ailettes reproduit à la figure 107 et surmonté d'une lanterne qui sert à l'éclairer pendant la nuit.

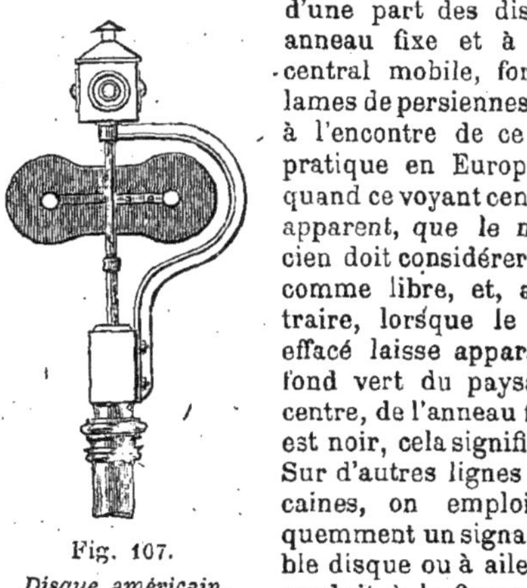

Fig. 107.
Disque américain.

Les signaux d'arrêt absolu ont, sur les réseaux français, sur ceux de la Belgique et de l'Italie, une forme distincte de celle des signaux avancés. C'est généralement au moyen de mires carrées, peintes entièrement en rouge, ou en damier rouge et blanc, que l'on signale aux mécaniciens le point de la voie qu'il leur est interdit de franchir, tant que le disque n'est pas effacé. La nuit, le disque d'arrêt absolu porte, tantôt un seul feu rouge, tantôt un double feu rouge pour le distinguer des disques à distance ; dans ce dernier cas, la mire porte deux ouvertures munies de verres rouges et la lanterne envoie des feux dans trois directions, l'un directement sur le premier verre rouge, l'autre sur un réflecteur placé à 45°, vis-à-vis le deuxième verre rouge, enfin le troisième en arrière vers l'agent qui manœuvre le disque : ce dernier feu est masqué par un verre bleu, quand le disque est effacé.

Quelques compagnies, notamment en France, celles de Lyon, de l'Ouest et les chemins de fer de l'Etat, font usage de disques d'une couleur jaune, semblables d'ailleurs pour la forme aux signaux décrits ci-dessus, et exclusivement destinés à commander l'arrêt aux mécaniciens circulant sur les voies accessoires en dehors des voies principales.

Il n'est pas toujours possible d'installer les disques à l'extrémité d'un mât vertical ; ces signaux étant, en général, placés à la gauche du mécanicien, dans le sens normal de la circulation, la place fait souvent défaut dans l'entrevoie, pour installer le mât. Dans ce cas, pour ramener le signal à être au-dessus, un peu à gauche de la voie à laquelle il s'adresse, de manière à éviter toute confusion, on le suspend, sur les réseaux de Lyon et du Nord, à une potence en fer à treillis qui surplombe les autres voies ; quelquefois même, s'il y a plusieurs disques à suspendre, on fait usage d'une poutrelle transversale qui va d'un accotement à l'autre. On en est quitte pour installer des retours d'équerre sur la transmission qui actionne le voyant et sur celle du contrepoids de rappel. La lanterne est placée sur la poutrelle même, et, pour qu'on puisse l'alimenter aisément, elle est montée sur un chariot qu'une chaîne à contrepoids permet d'amener jusqu'à l'une des extrémités de la poutrelle verticale, au haut de laquelle un escalier en fer donne accès.

A côté des disques proprement dits, qui sont des appareils mobiles, à révolution, viennent se placer des poteaux fixes, qui sont de simples mâts supportant une mire, constamment perpendiculaire aux voies et portant l'indication qu'il s'agit de donner aux mécaniciens, par exemple, *sifflez* ou *bifurcation* ou *arrêt des trains*. Ceux de ces poteaux qui précèdent les bifurcations ont parfois une mire peinte en damier vert et blanc et éclairée d'un feu vert, la nuit. Lorsqu'il existe moins de 800 mètres entre ces indicateurs et le disque d'arrêt de la bifurcation, la compagnie du Nord donne à la mire la forme d'un carré monté sur sa diagonale ; ces poteaux, qui étaient anciennement éclairés pendant la nuit, par la réflexion de la lumière d'une lanterne placée en avant de la mire, sont aujourd'hui éclairés par transparence.

Enfin on fait usage, dans beaucoup de gares, de petits disques de *correspondance* de forme circulaire, rectangulaire ou triangulaire (Ouest), qui n'ont aucune signification pour les mécaniciens, mais qui sont destinés à fournir aux agents les indications de demandes ou de réponses, inscrites, la plupart du temps, sur le voyant du disque. Dans certains cas spéciaux, notamment à la gare de Paris-Nord, on a été conduit, par suite des nécessités locales, à monter sur un même axe deux voyants à angle droit, portant chacun des inscriptions différentes. A peu d'exceptions près, ces disques de correspondance sont munis de sonnettes d'appel, destinées à attirer l'attention des agents auxquels ils s'adressent, dans le cas où leur service les éloignerait un peu de leur poste.

En résumé, il résulte de l'exposé qui précède que, même en se bornant à la comparaison des chemins de fer français entre eux, il existe une grande diversité dans la forme et la signification des voyants des disques. A une époque où l'on prétend tout égaliser et tout unifier, une anomalie aussi marquée s'appliquant à des appareils qui touchent de près à la sécurité des voyageurs, ne pouvait manquer de frapper l'esprit de ceux qu'intéresse cet ordre d'idées. Une circulaire ministérielle en date du 18 juin 1880 avait posé la question, notamment en ce qui concerne les disques des bifurcations dont l'organisation n'est complètement semblable sur aucun réseau. Le comité technique, formé d'un grand nombre d'hommes d'une compétence indiscutable, a répondu qu'il était impossible d'obliger les Compagnies à uniformiser ces systèmes de signaux. On estime, en effet, avec raison, qu'il importe moins de rendre tous les signaux pareils entre eux que d'uniformiser leur signification; or, ce but est, en réalité, atteint, puisque toutes les Compagnies françaises admettent les mêmes couleurs et les mêmes feux pour commander l'arrêt ou le ralentissement aux mécaniciens. Il y a donc là un minimum qui leur est commun à toutes; si quelques-unes d'entre elles ont été amenées, par suite des circonstances spéciales de leur exploitation, à adopter, en outre, d'autres disques supplémentaires, il serait aussi déraisonnable de les obliger à supprimer ces signaux locaux, que de contraindre les autres Compagnies à adopter les mêmes dispositions dans des cas qui n'ont pas la moindre analogie; ce serait exactement comme si on prétendait faire écrire le même livre par tous les hommes qui parlent la même langue.

(*b*) Transmission du disque et levier. Il est impossible de traiter séparément ce qui concerne la transmission et le levier du disque: car les appareils de compensation qui servent, soit à neutraliser les effets de la dilatation ou du raccourcissement du fil, soit à obtenir qu'il se mette automatiquement à l'arrêt, lorsque le fil vient à casser, sont, suivant les systèmes, placés soit sur la longueur de cette transmission, soit au levier lui-même. Au début, les fils de transmission avaient un diamètre de 5 millimètres. On a reconnu depuis que cette dimension était exagérée, qu'elle augmentait sans raison les frottements et les efforts de traction, et on a réduit leur grosseur à 4 millimètres. Sur le réseau du Nord, on n'emploie même qu'un diamètre de $2^{mm},5$ à 3 millimètres; le fil est en fer galvanisé et peut supporter, sans se rompre, une charge de 56 kilogrammes par millimètre carré de section. La transmission est posée, autant que possible, en ligne droite; lorsque la ligne est en courbe, la transmission suit un tracé polygonal dont les côtés ont de 25 à 100 mètres, suivant que la courbure des voies varie de 500 à 1,200 mètres. Tous les sommets de ce polygone sont munis de poulies de $0^{m},12$, placées dans un plan horizontal. Dans l'intervalle des sommets le fil doit être soutenu; on le supporte tous les 25 mètres environ, par un piquet muni, soit d'une poulie verticale soit d'un simple piton. L'espacement de ces supports qui était, dans l'origine, de 15 mètres à peine, a été augmenté; le fil prend seulement une flèche un peu plus forte par suite de son poids: on en est quitte pour accroître d'autant la course du levier de manœuvre afin d'assurer le redressement du fil et lui permettre de développer ensuite une action complète sur le mouvement du signal.

Pour le premier piquet, après le levier de manœuvre, ainsi qu'à tous les points où le fil doit subir une déviation dans le sens vertical, on fait usage de supports avec deux poulies verticales, entre les gorges desquelles passe le fil.

Dans le but de réduire les frottements, la Compagnie de P.-L.-M. a adopté, pour les supports de ses transmissions, des poulies universelles articulées dans une chape vissée sur le poteau (fig. 108 et 109). Dans les courbes, la poulie prend alors une inclinaison oblique résultant de son poids, du poids du fil et de l'effort horizontal, dû à la tension de la transmission. Les nouvelles transmissions de cette Compagnie, au lieu d'être au ras du sol, ou à $0^{m},40$ de hauteur, ont été rendues aériennes et les supports sont espacés de 30 mètres et même davantage, afin de faciliter le passage du fil audessus des voies dans l'intérieur des gares. L'entretien de ces transmissions à 5 mètres de hauteur est plus facile que celui des transmissions souterraines. Les poteaux sont alors formés de rails de rebut, et pour faire monter le fil à la hauteur convenable, on fait usage de plusieurs poteaux successifs de hauteur croissante, de manière à éviter un retour d'équerre dans le sens vertical. Le fil s'attache, dans ce cas, au moyen d'une ferrure spéciale ou d'une poulie de fonte, à l'extrémité supérieure du fût de la colonne du signal.

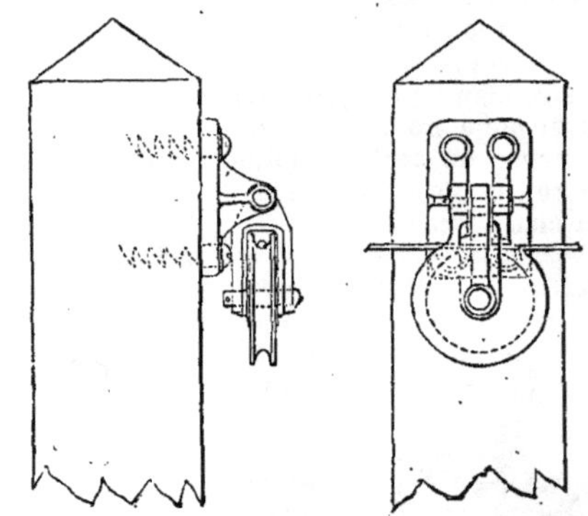

Fig. 108 et 109. — *Poulie universelle.*

Transmissions à deux fils. La tension perpétuelle de la transmission d'un signal est la condition essentielle de son bon fonctionnement; il est évident que, si le fil est relâché, un effort de traction exercé sur ce fil n'a aucun effet sur le signal. Dès le principe, on avait recherché la solution de cette difficulté dans l'emploi de transmissions à deux fils, attachés à un simple levier pivotant autour de l'axe du signal; la longueur de chacun des bras ce levier est alors de 0m,15. Suivant la position donnée aux butées qui limitent la course du levier, on peut réaliser pour les fils un mouvement longitu-

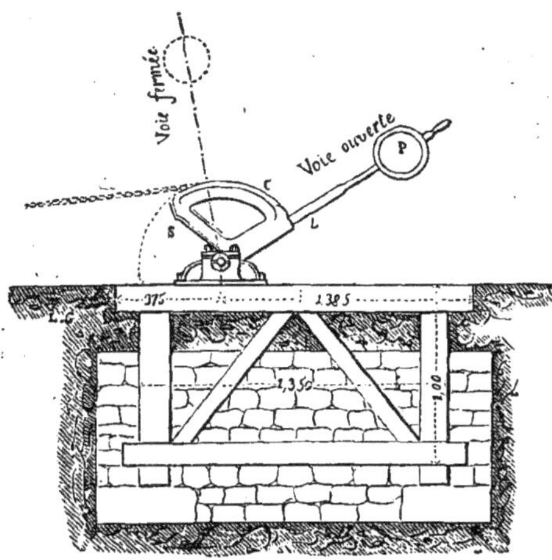

Fig. 110. — *Système de l'Ouest.*

dinal de 0m,25 ou même de 0m,40. Ce système est encore en usage sur le réseau d'Orléans. La tension des fils y est assurée au moyen de tendeurs à vis espacés de 200 mètres environ. Pour les mâts situés à longue portée, cette Compagnie substitue au croisillon d'attache des deux fils au pied du mât une poulie à gorge sur laquelle frotte une chaîne reliant l'extrémité des deux fils; la course du levier est toujours plus grande que l'allongement présumable des fils par la dilatation, de manière que la chaîne est forcée de glisser sur la poulie après la manœuvre complète du mât; il en résulte que tout mouvement incomplet de ce dernier est impossible. Lorsqu'une transmission à deux fils traverse un passage à niveau, les fils sont enfermés dans un tube en fonte de 0m,10 de diamètre. Lorsqu'elle doit passer obliquement sous les voies, on construit un conduit solide en maçonnerie recouvert de dalles.

Systèmes de tension pour un seul fil. Quand les transmissions n'ont qu'un seul fil, comme cela existe maintenant sur la plupart des réseaux, il faut nécessairement que ce fil soit tendu par un contrepoids et que des mesures spéciales soient prises pour *compenser* les effets de l'allongement ou du raccourcissement de ce fil. Les contrepoids sont placés, soit seulement auprès du signal, soit près du mât et, en outre, au levier de manœuvre; quant aux appareils compensateurs, ils peuvent être installés, soit auprès du levier, soit intercalés sur la longueur du fil de transmission.

Pour des transmissions qui ne dépassent pas 6 à 800 mètres, on peut se borner à admettre un simple contrepoids de rappel, en donnant toutefois la faculté de régler la longueur du fil selon les variations de la température. On peut citer comme exemple de cette disposition le système employé par la Compagnie de l'Ouest. L'appareil de manœuvre se compose d'un secteur en fonte c (fig. 110), muni d'un levier L à contrepoids P de 30 kilogrammes, et portant un crochet auquel s'agrafe la chaîne qui termine le fil de transmission. Le patin en fonte S du secteur limite la course du levier pour la position correspondant à la voie fermée. A la voie ouverte le contrepoids P tient, au contraire, le fil tendu. Il en résulte que, quand le disque est effacé, la position du levier varie un peu suivant l'allongement ou le raccourcissement du fil; on règle, d'ailleurs, la longueur de fil, de manière que, si la température vient à s'élever, le levier L ne touche jamais le sol. Près du mât se trouve un contrepoids de rappel de 20 kilogrammes qui est relevé quand le signal est effacé; il en résulte que, si le fil de transmission vient à se rompre, le contrepoids retombe et met le disque à l'arrêt.

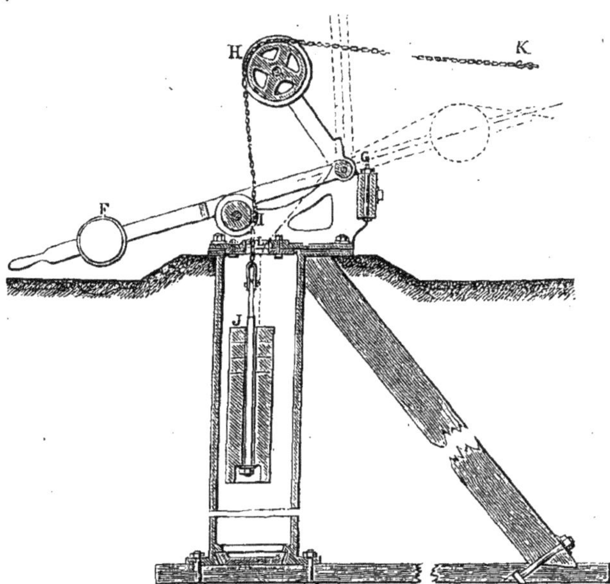

Fig. 111. — *Levier du système de l'Est.*

Quand les transmissions sont longues, le réglage des fils devient trop fréquent et s'applique à des différences de longueur trop grandes pour qu'il n'y ait pas lieu d'avoir recours à des dispositions spéciales.

Appareil à dilatation libre. La compensation des allongements et raccourcissements du fil se fait au levier de manœuvre. C'est le système de l'Est qui a été depuis appliqué sur le réseau du Nord.

L'appareil de manœuvre est formé d'un levier coudé FGH (fig. 111) mobile dans un plan vertical, muni à ses extrémités d'une lentille F et d'une poulie H, sur laquelle s'enroule la chaîne K de la transmission, portant, à son extrémité, le contrepoids J. La tension du fil est obtenue, d'une part, par ce contrepoids et, d'autre part, par un contrepoids de rappel situé près du mât du signal. Dans la position FGH du levier, où la voie est libre, la chaîne peut glisser sur une poulie de renvoi I; si le fil casse, le disque se met à l'arrêt sous l'action du contrepoids de rappel qui retombe; s'il s'allonge ou s'il se raccourcit, le contrepoids descend ou remonte à l'intérieur de la boîte où il peut se mouvoir verticalement. Pour mettre le disque à l'arrêt, on amène le levier à la position indiquée au pointillé; alors la chaîne s'engage par un maillon de champ dans la gorgé L du couvercle du tube et l'action du contrepoids J cesse de se faire sentir; le fil se détend sous l'action du contrepoids de rappel qui s'abaisse vers le sol.

La course du levier de manœuvre pouvant atteindre 0m,80, et celle du contrepoids de rappel étant limitée à 0m,255, on est assuré que la rotation du mât sera toujours complète. La dilatation de la transmission étant complètement libre et automatique, on n'a plus à toucher à la chaîne une fois qu'elle est réglée, quelles que soient les variations de longueur et de température.

La Compagnie de Lyon s'est longtemps servi d'un appareil analogue, mais qui différait de celui de l'Est par un point essentiel, c'est qu'en cas de rupture du fil de transmission, le disque ne se remettait pas de lui-même à l'arrêt. A cet effet, le levier de manœuvre portait un pince-maille qui arrêtait l'effet du contrepoids, quand le signal était à l'arrêt; de sorte que, pendant tout ce temps, le levier de rappel agissait seul sur le disque. C'est pour remédier à ces inconvénients que cette Compagnie a eu recours aux compensateurs Dujour dont il sera question plus loin.

Avant de terminer ce qui concerne les appareils à dilatation libre, il est bon de faire observer que les systèmes décrits ci-dessus et employés sur les chemins français ne sont pas les seuls en usage. En Angleterre, pour les signaux qui sont placés à une grande distance (7 à 800 yards), on se sert d'appareils Gaunt, fondés sur le même principe. Le fil, à l'extrémité duquel est suspendu un poids, passe sur trois poulies, dont l'une mobile dépend du levier de manœuvre du signal et les autres fixes servent de renvoi. Lorsqu'on renverse le levier, un sabot vient presser sur la poulie mobile et l'empêcher de tourner autour de son axe, de sorte que le fil est entraîné dans le mouvement du levier, et que le signal obéit à la manœuvre. Si le fil vient à casser, le signal se met à l'arrêt. Plusieurs de ces appareils ont été mis en service sur le North-Eastern et ont donné de bons résultats pour des transmissions de 800 à 1,100 yards, posées en courbe. Cette installation est faite au-dessous du levier qui est habituellement placé à une certaine hauteur au-dessus du sol dans une guérite ou *cabine* exhaussée.

Compensateurs. M. Robert, ancien chef de section au chemin de fer du Nord, a eu le premier l'idée de compenser les effets de la dilatation de la transmission en intercalant, au milieu de sa longueur, l'appareil simple et ingénieux qui porte son nom, qui a été longtemps en usage sur le réseau du Nord, qui est toujours employé sur l'Ouest et le Midi, et qui a été récemment modifié d'une manière très heureuse par M. Dujour, inspecteur principal de la voie de P.-L.-M. Le compensateur Robert se compose (fig. 112) d'un poids tendeur de 45 à 55 kilogrammes, suivant la longueur de la transmission, suspendu à un levier dont une extrémité s'attache à l'une des parties de la transmission et dont l'autre extrémité est réunie à l'autre partie, par l'intermédiaire d'un crochet. Ce poids étant supérieur au contrepoids de rappel situé près du mât, il suffit, pour mettre le disque à l'arrêt ou l'effacer, de faire remonter le poids tendeur ou de le laisser descendre et, par suite, de tirer sur la transmission ou de lâcher le fil, à l'aide du levier de manœuvre. Ce dernier est, en conséquence, formé d'une simple manette, mobile autour d'un axe fixé sur un poteau vertical et dont les positions extrêmes correspondent à l'arrêt ou à la voie libre. Un arc en fer guide le levier dans sa course, et deux crans le fixent à chaque extrémité de l'arc. Les deux parties de la transmission étant toujours également tendues, il en résulte que les contractions ou les dilatations du fil n'ont d'autre effet que de faire descendre ou remonter le poids tendeur; si le fil casse dans la première moitié de la transmission, le poids tendeur tombe à terre entraînant avec lui le bout de fil rompu, le levier se dégage de l'anneau auquel il s'accrochait et la seconde moitié de la transmission, n'étant plus sollicitée par le poids tendeur, le disque se met automatiquement à l'arrêt, sous l'action du contrepoids de rappel. Il en est de même, *a fortiori*, quand la rupture a lieu dans la seconde moitié.

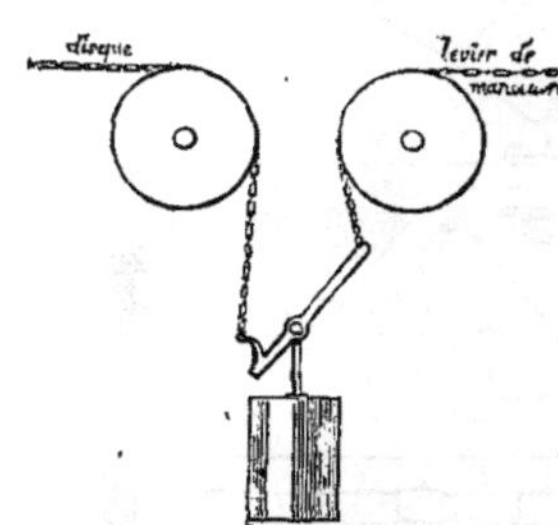

Fig. 112. — *Compensateur Robert.*

Ce système est d'un entretien assez coûteux, mais il présente de sérieux avantages; l'action du poids tendeur est permanente dans les deux positions du disque et ce poids est calculé de manière à vaincre seulement la résistance de la moitié de la transmission, il est donc plus léger. Toutefois, le fonctionnement de ce système devient peu certain, si la transmission dépasse une longueur de 1,800 mètres. Aussi, comme il se présente beaucoup de cas où l'on a besoin de placer un disque à 2,000, 2,400 et même quelquefois 3,000 mètres du point extrême d'où il est manœuvré (par exemple, dans le cas de disques manœuvrés de plusieurs points), on a dû chercher une solution plus complète; dans cette voie, M. Dujour a imaginé un système de compensation qui porte son nom et qui est appliqué sur le réseau de P.-L.-M. Le principe de ce système consiste à fractionner la longueur de la transmission, en intercalant un ou plusieurs contrepoids de relais, convenablement calculés. Ces appareils de relais portent des poulies à gorges de différents diamètres sur lesquels s'enroulent les allongements des fils, quand ceux-ci se dilatent; les diamètres de ces poulies sont, à cet effet, proportionnels aux longueurs des fils qui y aboutissent. Ainsi, quand l'appareil est placé aux deux tiers de la longueur de la transmission (c'est la cote habituelle), la poulie à gorge B (fig. 113 et 114) a un diamètre double de la poulie C; ces deux poulies sont folles sur leur axe; à la partie supérieure du bâti est une troisième poulie

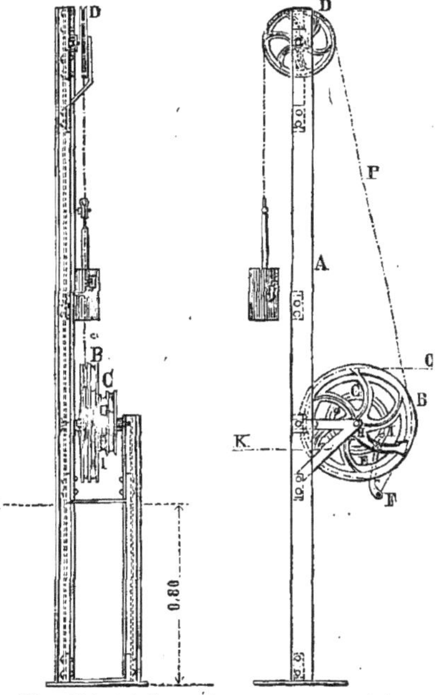

Fig. 113 et 114. — *Compensateur Dujour.*

D; les deux poulies B C sont rendues solidaires par un crochet E à l'extrémité duquel sont attachées séparément les chaînes C et P; l'autre extrémité H butte sur un talon I venu de fonte avec la poulie C. La chaîne C vient du levier de manœuvre et la chaîne P supporte le contrepoids J en passant sur la poulie D; la chaîne K qui va au signal est attachée à l'une des gorges de la poulie C. Les tensions des deux parties de la transmission tendent à faire tomber le système BCE dans un sens et le contrepoids J, en sens contraire. Si la transmission vient à se rompre entre le levier de manœuvre et le compensateur, le crochet E n'est plus soumis qu'à deux forces, le contrepoids J et la tension du fil K, le talon I se dégage, la poulie C devient folle et le contrepoids du levier de rappel situé près du signal, retombe en entraînant la transmission et en mettant le signal à l'arrêt.

Le poids d'un relais croît à mesure qu'il est plus rapproché du levier de manœuvre, car il équilibre la résistance du fil, outre celle du contrepoids de rappel du signal: par conséquent, en faisant agir le fil du levier de manœuvre sur une poulie d'un rayon plus grand que celui de la poulie, à laquelle est attaché le fil allant dans la direction du signal, on peut réduire l'effort initial, sans faire augmenter la course du levier de manœuvre dans la même proportion. C'est pour cela qu'on place l'appareil aux deux tiers de la longueur.

En Angleterre, où la distance d'un signal à son levier atteint quelquefois la limite de 1,600 yards, M. Edwards a imaginé un système automatique de compensation qui rappelle celui de M. Robert, décrit ci-dessus. Lorsqu'on renverse le levier du signal, le fil A (fig. 115) se relâche dans le sens de la flèche, la poulie C se met à tourner sous l'ac-

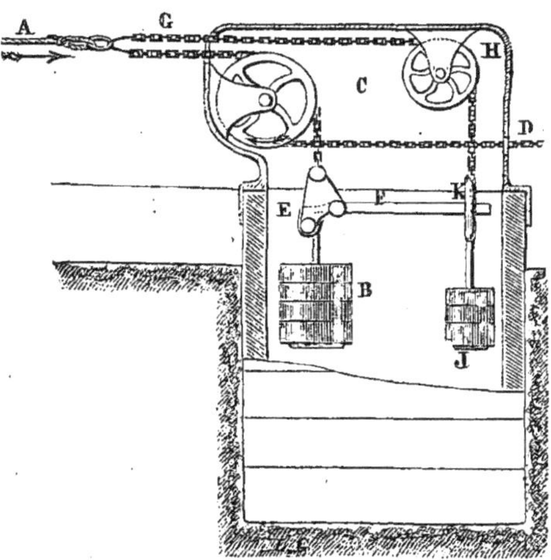

Fig. 115. — *Compensateur Edwards.*

tion du poids B qui descend et le fil D qui manœuvre le signal est entraîné par la rotation de cette poulie. Le signal se met alors à voie libre. Le poids B contribue, d'ailleurs, à maintenir la tension du fil, quelle que soit la température, il est accroché à un levier articulé EF; d'autre part, une chaînette G, accrochée au fil A et tendue par le poids J, porte un anneau K qui maintient horizontal le levier EF. Aussi les deux poids s'élèvent-ils et s'abaissent-ils ensemble, quand on manœuvre le levier du signal. Mais si le fil A vient à casser, le poids B descend jusqu'à ce qu'il soit arrêté par la course du fil D qui ne dépasse pas une certaine limite; alors le poids J tombe en entraînant le levier F qui déclenche E; le poids B tombe à terre et le signal se remet à l'arrêt après avoir été momentanément effacé. Cet appareil, qui est en service sur le Lancashire and Yorkshire R., se place au milieu de la longueur de la transmission. Il paraît avoir donné de bons résultats et vient d'être adopté par plusieurs lignes du Nord et du Midland County.

De ce qui précède, on peut conclure que la valeur des contrepoids employés pour maintenir la tension des fils de transmission des disques n'est pas toujours constante, notamment quand on fait usage des appareils compensateurs du système Robert. Pour échapper à cette difficulté et faciliter le réglage, les contrepoids sont souvent disposés de manière que l'on puisse enfiler dans la tige qui les supporte, des rondelles supplémentaires (de 10 en 10 kilogrammes, par exemple) et faire varier en conséquence le poids total. Les rondelles sont à cet effet fendues jusqu'à leur centre, et pour qu'elles ne puissent glisser, une fois qu'elles sont en place, elles portent, en un point de leur surface plane, un petit doigt et une douille, destinée à recevoir le doigt de la rondelle suivante.

(*c*) **Disques à plusieurs transmissions.** Les points de la voie que les disques sont destinés à protéger sont quelquefois assez éloignés les uns des autres. Pour éviter de multiplier les signaux, ce qui pourrait engendrer la confusion dans l'esprit des mécaniciens, on se sert du même disque pour couvrir plusieurs obstacles et on est ainsi arrivé à faire manœuvrer ce disque à l'aide de plusieurs leviers. Lorsque les transmissions sont à deux fils, il n'y a d'autre solution que de doubler, de tripler, etc. le nombre des fils; aussi n'y a-t-il pas d'exemple de disques à deux fils, manœuvrés de plusieurs points. Il n'y a donc à considérer que les disques à un seul fil. Le système le plus simple consiste à poser autant de transmissions distinctes qu'il y a de leviers et à les faire aboutir, près du signal, à un même nombre de leviers de rappel, munis de contrepoids et oscillant autour d'un même axe horizontal sur lequel est montée la manivelle qui commande directement le signal par l'intermédiaire d'une tringle rigide. Dès qu'on manœuvre l'un des leviers, le signal se met à l'arrêt; mais il faut que toutes les transmissions soient ramenées à la position correspondant à la voie libre, pour que le signal y revienne lui-même.

Pour les disques, munis de transmissions à compensateur Robert, la Compagnie du Nord emploie une autre disposition consistant à monter sur l'axe du mât du signal autant de poulies folles qu'il y a de transmissions. Chacune de ces poulies sur laquelle s'enroule le fil d'une transmission est munie, sur sa face supérieure, d'un taquet qui appuie sur un *vilebrequin* dépendant du mât et dont la rotation détermine celle du signal. Lorsqu'on manœuvre une des transmissions pour mettre le disque à l'arrêt ou si le fil vient à se casser, le contrepoids de rappel situé à l'extrémité de la transmission au delà de la poulie, descend en faisant tourner la poulie et, par suite, le vilebrequin; le signal se met à l'arrêt et il y reste jusqu'à ce que toutes les poulies soient revenues à leur position normale.

Lorsqu'on fait usage de compensateurs Dujour, on réalise, pour les disques à plusieurs leviers, une économie sensible; car on se borne à raccorder les transmissions entre elles près du levier de manœuvre le moins éloigné du disque et on n'emploie plus, au delà de ce levier, qu'un seul fil pour aller jusqu'au signal. L'appareil de raccordement se compose d'un balancier auquel s'attachent les divers fils de transmissions qui sont, d'ailleurs, tendus en ce point par des contrepoids de rappel. C'est à ce balancier que s'attache aussi l'unique fil qui se rend au signal, de sorte que celui-ci ne peut revenir à voie libre que si toutes les transmissions sont détendues.

(*d*) **Disques répétiteurs.** A l'inverse des disques qui sont manœuvrés de plusieurs points, il y a des cas où l'on a besoin de monter plusieurs disques sur la même transmission. Si la transmission est à deux fils, ou même si elle est à un

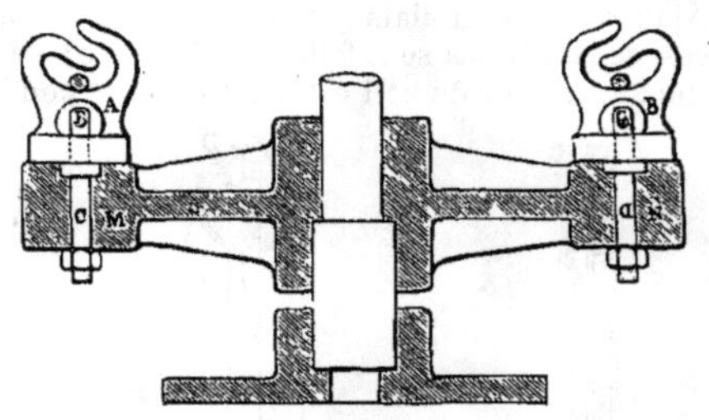

Fig. 116. — *Système Desgoffe et Jucqueau. Coupe.*

seul fil, le moyen le plus simple consiste à monter sur le mât du signal répétiteur exactement le même organe que sur le disque principal, soit une manivelle, soit une poulie, et à l'intercaler sur la transmission. La Compagnie de P.-L.-M. a adopté, pour des cas analogues, une solution un peu moins rudimentaire qui consiste à intercaler près du premier signal répétiteur un balancier avec compensateur qui permet de résoudre, en

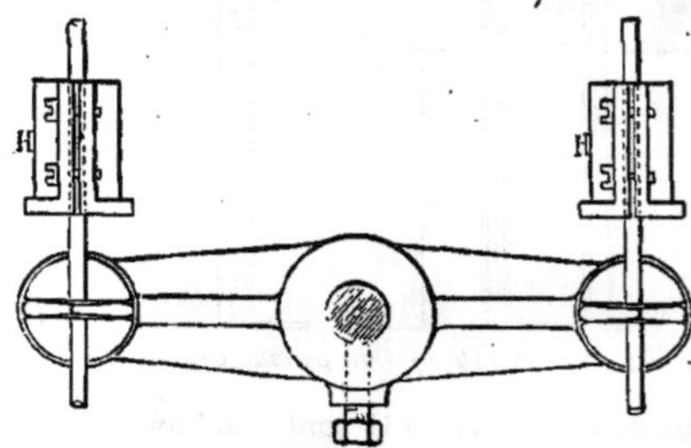

Fig. 117. — *Système Desgoffe et Jucqueau. Plan.*

même temps, plusieurs autres problèmes assez compliqués. Ainsi, étant donnés deux disques D_1, D_2 et trois postes A B C, grâce à cette disposition imaginée par M. Dujour, le disque D_1 peut être mis à l'arrêt, soit par A, soit par B et ne peut être remis définitivement à voie libre que si les postes ont tous deux ramené leur levier de manœuvre à la voie libre; il en est de même de D_2 par rapport aux postes A et C. Lorsque le poste A renverse son levier, il met donc à la fois à l'arrêt les deux disques D_1 D_2, si tous deux sont à voie libre, ou l'un quelconque des deux si l'autre a été fermé, soit par B, soit par C. Le détail de ces dispositions sort du cadre de ce *Dictionnaire*, d'autant plus qu'il s'agit de cas tout à fait spéciaux.

Les disques répétiteurs sont employés sur le réseau d'Orléans, sous le nom de *mâts de rappel*, comme moyen de contrôle du fonctionnement des disques. On fait encore, à cet effet, usage du système Desgoffe et Jucqueau, qui s'applique aux transmissions à deux fils. Le mât de rappel ne diffère des mâts ordinaires que par le mode d'attache des fils sur le croisillon fixé au pied du disque. Aux deux extrémités de ce croisillon MN (fig. 116 et 117) sont fixées deux boucles de bronze AB formant anneaux, dans lesquelles passent les fils de manœuvre et portant autour des tiges CD; sur chacun des fils est fixé, du côté du levier, un serre-fil H qui vient buter sur l'anneau correspondant, quand on manœuvre le signal, de sorte que la traction venant du levier n'a aucune action sur le mât de rappel; celui-ci ne se met en mouvement que par l'entraînement que lui communique le contact du serre-fil, placé sur le fil de retour, c'est-à-dire sur celui que la manœuvre a détendu. Par conséquent, si le fil a cassé, le mât de rappel ne fonctionne pas et l'on est immédiatement averti de l'avarie de la transmission.

(*e*) **Contrôle du fonctionnement des disques.** Dès le début de l'installation des disques, le peu de confiance que l'on croyait pouvoir accorder aù fonctionnement des transmissions d'une grande longueur a rendu nécessaire l'application d'appareils complémentaires destinés à apprendre à l'agent qui manœuvre un disque, si ce disque a bien fonctionné et si la lumière n'est pas éteinte. Dès 1857, le chemin de fer de Lyon a eu recours, à cet effet, à des sonneries électriques dites *trembleuses* dont l'emploi s'est rapidement généralisé. La sonnerie tinte pendant tout le temps que le disque est à l'arrêt : si l'on n'entend pas ce tintement lorsqu'on manœuvre le signal, on en conclut qu'il y a une irrégularité à laquelle il est urgent de remédier. On obtient ce résultat à l'aide d'un courant électrique qui est établi ou interrompu par un commutateur placé sur le signal, suivant que le disque est fermé ou ouvert. Il y a donc à examiner successivement le commutateur, la sonnerie et la source d'électricité.

Le *commutateur* fixé au disque se compose habituellement de deux bandes métalliques formant ressort, en communication respectivement l'une avec le fil de terre, l'autre avec le fil de ligne. Les deux bandes sont écartées quand le disque est ouvert; lorsqu'on le ferme, un doigt calé sur le mât, tourne avec lui et vient établir la communication entre les deux ressorts de contact de manière à fermer le circuit. Dans d'autres cas, il n'y a qu'une seule lame de ressort, terminée par un bouton en platine, contre lequel vient buter une tige, également terminée par une rondelle de platine et fixée sur l'arbre du disque. Pour les appareils à plusieurs transmissions, la Compagnie de Lyon installe les commutateurs sur un support spécial, placé au-dessus des leviers de rappel, de manière qu'ils sont mis en contact dans le mouvement de ces leviers. Ces systèmes sont en général assez délicats ; la Compagnie du Nord leur a, dès le début, substitué un solide commutateur à bascule, formé d'une pièce en fonte A (fig. 118) fixée sur le bâti du disque, portant un levier B avec ergot qui pivote sur un axe en cuivre et qui est muni d'un ressort de contact C dont on peut régler la position à volonté. Lorsque le disque est mis à l'arrêt, un doigt monté sur le mât, à la même hauteur que le commutateur soulève l'ergot, fait basculer le ressort de contact et l'amène dans la position où il établit le circuit électrique. Outre que cet appareil est très robuste, on peut le régler de manière que la sonnerie cesse de fonctionner, dès qu'il existe un écart de plus de 10° entre la position du disque et celle qu'il devrait occuper quand il est mis à l'arrêt. Cela permet de reconnaître si le fil de transmission s'est détendu.

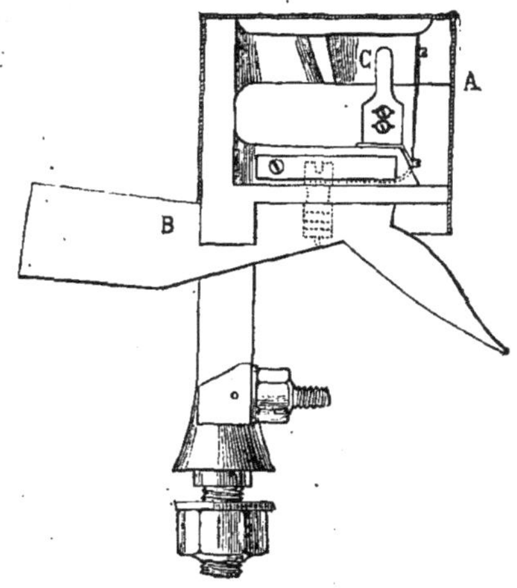

Fig. 118. — *Commutateur de disque.*

La *sonnerie* trembleuse est du type ordinaire (fig. 119) avec une paire de bobines agissant directement sur l'armature qui porte le battant du timbre. On la recouvre souvent d'un petit abri en tôle galvanisée, fixé soit au mur d'un bâtiment, soit à une guérite, soit même à un poteau télégraphique; la paroi extérieure de cet abri est disposée en lames de persiennes, pour ne pas étouffer le son. Enfin la *source d'électricité* est formée d'une pile de sept ou huit éléments Leclanché, qui, sur le réseau du Nord, est installée non pas dans la gare, mais au pied du disque dans un abri en ciment bien étanche et très frais. Cette disposition a été prise pour le cas où le fil électrique viendrait à se rompre : on reconnaît l'absence de contrôle électrique à ce que la sonnerie ne tinte pas, quand on met le signal à l'arrêt. Si on plaçait la pile dans la gare, la rupture du fil électrique fermerait le circuit, la sonnerie tinterait et l'on se croirait couvert par le disque, même si celui-ci ne fonctionnait pas.

Ce qui précède s'applique exclusivement aux disques à distance; mais à la suite de quelques cas de mauvais fonctionnement de disques d'arrêt, dont les transmissions sont cependant plus courtes, la compagnie du Nord s'est décidée à leur appliquer aussi des appareils électriques de contrôle quand ils ne seraient pas visibles du poste, et pour les distinguer des sonneries, elle a eu recours à des appareils optiques, dont la disposition a été étudiée par M. Eugène Sartiaux. L'appareil se compose d'une boîte fixée près du levier de manœuvre du disque, et portant un guichet derrière lequel apparaît un voyant rouge lorsque le disque est à l'arrêt, blanc lorsque le disque est effacé. Ce voyant est monté sur une aiguille aimantée, attirée par un aimant fixe et qui s'incline vers la droite sous l'action d'un courant de sens déterminé traversant deux hélices en zinc sur lesquelles est enroulé du fil de cuivre. L'appareil passe au blanc dès qu'on commence à effacer le disque et ne revient au rouge que quand le disque a été remis complètement à l'arrêt. Le commutateur monté sur le signal est, d'ailleurs, le même que celui en usage pour les signaux à distance.

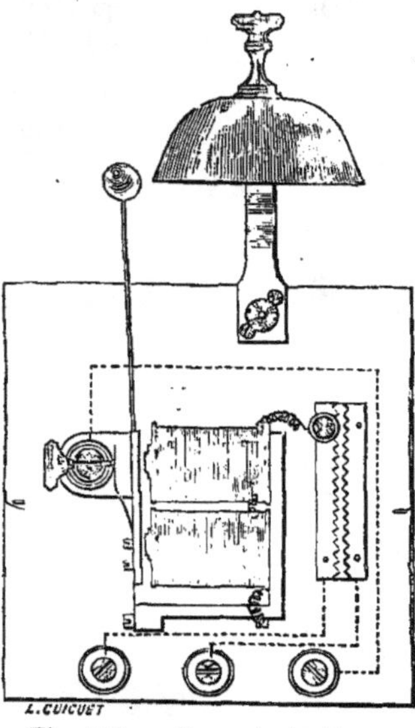

Fig. 119. — *Sonnerie de disque.*

Indépendamment de la manœuvre même du signal, on a souvent cherché à contrôler l'éclairage de ce signal, au moyen d'un appareil qui décelât l'extinction du feu de la lanterne pendant la nuit. L'ancien appareil *aphos-électrique* essayé par la compagnie de Lyon, a été abandonné parce qu'il ne fonctionnait pas régulièrement. Mais on a repris les essais sur un nouveau *photoscope* que cette Compagnie a exposée en 1881 et qui repose sur la dilatation d'une hélice suspendue au-dessus de la flamme de la lanterne. L'extrémité libre de cette hélice sort de la cheminée, en face d'un système de deux ressorts de contact électrique, dont elle est écartée à froid, et qu'elle met en contact, en fermant le circuit, lorsqu'elle se dilate sous l'action de la chaleur de la flamme. Pendant toute la journée, la lanterne ne se trouvant pas au sommet du disque, le photoscope est en dehors du circuit; mais quand la lanterne est remontée, le circuit de la sonnerie ne peut être fermé qu'autant que le commutateur établit parfaitement la terre. On a constaté qu'il suffisait de dix à vingt secondes pour produire l'interruption du circuit, après l'extinction du feu. L'emploi de ce photoscope se développe sur le réseau de P.L.M., où il a donné d'excellents résultats. On en munit tous les disques qui ne sont pas visibles du poste qui les manœuvre.

(*f*) **Appareils à pétard.** Les disques d'arrêt absolu que l'on ne doit jamais dépasser lorsqu'ils sont tournés à l'arrêt, sont, en général, munis de pétards qui viennent se placer sur l'un des rails, en face du disque, pendant tout le temps qu'il est à l'arrêt. Le pétard est invariablement monté à l'extrémité d'une tringle guidée qui est solidaire du mouvement du mât du signal; par conséquent, suivant le sens de la manœuvre, il se pose sur le rail ou s'en retire. L'application des pétards ne peut, d'ailleurs, être faite exclusiment qu'aux signaux placés sur des voies qui ne sont jamais parcourues que dans un sens; autrement, sur une voie unique, chaque fois que l'on prendrait le disque à revers on écraserait le pétard.

Sur le réseau d'Orléans, où les disques avancés font office de signal d'arrêt absolu, chacun d'eux est muni d'un double pétard. Cette Compagnie a même recherché le moyen de faire remplacer automatiquement ces paires de pétards qui ont été écrasés. A cet effet, les pétards sont montés aux extrémités d'un tige pouvant osciller autour de son axe et disposée de manière que le pétard non écrasé, qui est plus lourd que l'autre, vienne toujours se placer sur le rail. Cet appareil, assez ingénieux, figurait à l'Exposition philomathique de Bordeaux, en 1882; il a l'inconvénient de ne supprimer qu'une partie de la difficulté, puisqu'il faut remplacer les pétards une fois que les deux paires ont été écrasées. Pour répondre à ce reproche, M. Gressier a imaginé et exposé, en 1881, un appareil qui comporte un approvisionnement de pétards, en nombre aussi grand que l'on désire. Ces pétards sont fixés à égale distance les uns des autres, sur une courroie embrassant deux poulies horizontales et mise en mouvement par ces poulies; la rotation du mât du signal se transmet directement à ces poulies, de manière que chaque pétard se place sur le rail ou s'en retire suivant que le disque est mis à l'arrêt ou à voie libre. Dès qu'un pétard est écrasé par la roue d'une machine, une pédale atteinte au même moment par le bandage de cette roue s'abaisse et déclenche la poulie, de sorte que quand on efface le signal et qu'on le ramène ensuite à l'arrêt, c'est le pétard suivant qui se pose sur le rail. La sonnerie de contrôle du disque est, d'ailleurs, disposée de manière à avertir l'aiguilleur que le signal est à l'arrêt, qu'un pétard est sur le rail et qu'il vient d'être écrasé.

(*g*) **Verrous de sûreté.** A la suite de quelques cas de mauvais fonctionnement de disques d'arrêt situés à 100 ou 200 mètres à peine du point d'où on les manœuvrait, on a été amené à rechercher le moyen de les verrouiller de la même manière qu'on verrouille les aiguilles par le système Dujour, c'est-à-dire au moyen du même levier servant à la manœuvre du signal et en disposant les mécanismes, de manière que le premier tiers de la course du levier serve à déverrouiller le disque, le second tiers, à le faire tourner d'un quart de tour, et le troisième, à le reverrouiller dans sa nouvelle position ; on ne peut que se borner à citer, dans cet ordre d'idées, les appareils de M. Dujour et de M. Forest, qui sont encore à l'étude, et n'ont reçu aucune application jusqu'à présent.

(*h*) **Désengageurs.** Les appareils désengageurs qui font partie des installations de MM. Saxby et Farmer sont employés pour permettre à un poste d'empêcher à distance un autre poste d'effacer certains disques normalement tournés à l'arrêt. L'origine de ce mot vient de ce que le premier poste *désengage* ou, pour mieux dire, *coupe* la transmission du signal manœuvré par le deuxième poste. A cet effet, on intercale sur cette transmission un appareil qui en interrompt conditionnellement la continuité et qui est mis à la disposition du premier poste. Soit F_1 F_3 (fig. 120) le fil sur lequel le deuxième poste doit tirer pour effacer le signal ; le brin F_1 est en relation avec le brin F_3 au moyen de deux tringles TT' qui commandent mutuellement leur translation horizontale au moyen des taquets KK'. Pour désengager cette transmission le premier poste détend le fil F_2 normalement tendu ; ce fil se meut dans le sens de la flèche, cesse de maintenir relevé le contrepoids Q qui bascule et le doigt M élève aussitôt la barre T dont le taquet K cesse d'être en prise avec le taquet K' de la barre T'. Dans ces conditions, si le deuxième poste cherche à effacer le signal en tirant sur la transmission F_1, cette manœuvre n'a d'autre effet que de déplacer la barre T' et de remonter le poids P_1 ; les taquets n'étant plus en prise, la

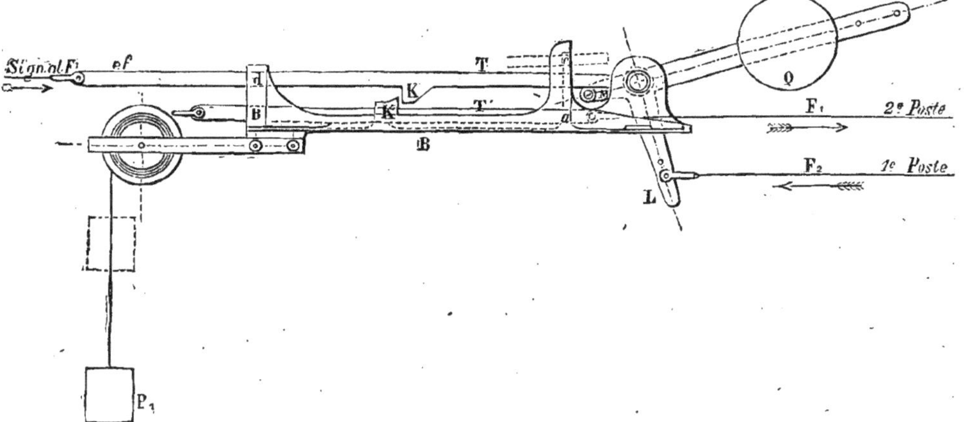

Fig. 120. — *Appareil désengageur de Saxby et Farmer.*

barre T reste immobile et le disque est maintenu à l'arrêt. Dans l'intervalle, si le premier poste n'a plus besoin de se couvrir par le disque, il tire sur le fil F_2, relève le contrepoids, laisse retomber la barre T, et quand le deuxième poste ramène à son tour son levier à la position normale, les deux crans KK' glissent l'un sur l'autre par leurs plans inclinés et l'appareil reprend sa position primitive pour fonctionner de nouveau.

La compagnie du Nord qui applique, sur son réseau, ce système répandu en Angleterre, l'a complété par une série de dispositions de contrôle électrique ayant pour but : 1° de renseigner le premier poste sur le fonctionnement de la transmission du désengageur, laquelle a souvent une longueur de 4 à 500 mètres; 2° d'informer le deuxième poste que la transmission est coupée par le premier, afin qu'il ne cherche pas au même moment à effacer le signal; 3° de prévenir le premier poste que le signal est effacé par le second pour la réception d'un train, afin qu'il ne coupe pas indûment la transmission du signal qui se refermerait pendant le passage du train.

(*i*) **Disques automoteurs.** L'idée de faire manœuvrer les disques par les trains eux-mêmes est fort ancienne. Dès 1858, on a songé à employer l'action produite par le passage des roues d'un train sur une pédale placée près de la voie, pour obtenir le mouvement de rotation du signal destiné à couvrir ce train à l'arrivée. La plupart des systèmes qui ont vu le jour ont été abandonnés après des essais plus ou moins prolongés. D'abord les pédales résistent mal aux chocs violents que leur communiquent les trains circulant avec une grande vitesse ; tel appareil qui fonctionne régulièrement à l'état de modèle, dans le laboratoire de l'inventeur, est mis en pièces dès qu'il est soumis à l'action d'un express. En outre, les premiers systèmes étaient complètement automatiques, quand il faudrait, au contraire, que les agents ne fussent pas dispensés de prendre les mesures ordinaires de sécurité prescrites par les règlements en usage. Aussi, les seuls appareils qui soient actuellement l'objet d'une application ou d'une expérience suivie, sont ceux dans lesquels le disque peut être et doit être manœuvré par une *transmission, tout comme s'il n'était pas automoteur*. Les systèmes répondant à cette condition sont ceux de Moreaux, de Guillaume et d'Aubine.

Système Moreaux. Appliqué pendant un certain temps sur le réseau du Nord, cet appareil a été abandonné pour des raisons qui sont étrangères à son fonctionnement; mais il a été repris par la compagnie de P.L.M. Sur le mât du disque qui a la forme habituelle, l'inventeur a adapté un organe interrupteur qui produit la mise à l'arrêt du signal, quand le train appuie sur une pédale placée contre la voie. La poulie à gorge sur laquelle s'enroule le fil de transmission porte, à sa partie supérieure, une encoche dans laquelle s'engage un verrou dépendant du mât du disque; suivant que le verrou est ou n'est pas dans cette encoche, le mât est ou n'est pas solidaire de la poulie et, par suite, de la transmission. C'est le passage du train sur la pédale qui, par un système de leviers dégage le verrou, rend le disque libre de tourner à l'arrêt s'il était effacé; lorsque ensuite l'agent met son disque à l'arrêt, l'encoche de la poulie vient se mettre d'elle-même sous le verrou qui reprend sa place et la solidarité du mât et de la transmission se trouve dès lors rétablie. La sonnerie de contrôle du disque se met à tinter dès qu'il a été mis automatiquement à l'arrêt; c'est un inconvénient plutôt qu'un avantage, car les agents de la manœuvre du disque pourraient compter sur l'automaticité et ne pas exécuter leur consigne. Il est préférable qu'ils ne sachent pas si le disque a fonctionné automatiquement et que la sonnerie ne tinte que quand la manœuvre du disque a été faite par la gare.

Système Guillaume. — Cet appareil diffère du précédent par un inconvénient, consistant en ce que la pédale reçoit successivement le choc de toutes les roues d'un train, et par un avantage consistant en ce que le signal ne se trouve mis à l'arrêt que quand la machine l'a dépassé de 50 mètres environ, ce qui évite toute erreur de la part du mécanicien. A cet effet, la pédale agit sur une sorte d'appareil désengageur à cliquet, intercalé sur la transmission, entre le levier et le signal; quand un train passe, la transmission est coupée et le disque se met de lui-même à l'arrêt s'il n'y était déjà. Pour effacer le disque, il faut, comme pour le système précédent, commencer par renverser le levier comme si on voulait le mettre à l'arrêt; dans ce mouvement, le cliquet vient accrocher un mentonnet et rétablit la continuité de la transmission. Après quelques tâtonnements, inévitables au début, pour bien régler le mécanisme, le disque a bien fonctionné sans rater, depuis le 1er juin 1880.

Système Aubine. Ce disque, déjà très ancien, a été récemment mis à l'essai par la compagnie de P.L.M., après avoir été un peu modifié. Comme dans les deux types précédents, l'action de la première roue du train fait mouvoir un déclenchement par l'effet duquel le signal se met à l'arrêt, en même temps que la pédale se trouve désormais soustraite à l'action des autres roues du train. L'appareil qui effectue ce déclenchement est simplement composé de deux manivelles folles sur le même axe, embrayées ensemble en temps normal, à l'une desquelles s'attache le fil venant du levier de manœuvre, tandis qu'à l'autre est attaché le fil allant au signal; le débrayage est produit, sous l'action de la pédale, par l'action d'un levier oscillant qui dégage la manivelle supérieure, et la rend indépendante, de sorte que le signal se met à l'arrêt. Après ce déclenchement, le signal ne peut être effacé que si la gare a renversé son levier, comme pour mettre le signal à l'arrêt, puis relevé le levier pour effacer le signal, pour remettre l'appareil sur sa position initiale et amener la pédale en saillie sur le rail. La sonnerie de contrôle de l'appareil est disposée de manière à ne tinter que quand la gare a manœuvré son levier comme si le disque n'était pas automatique; pour obtenir ce résultat, on s'est borné à installer, dans le circuit électrique de cette sonnerie, un deuxième commutateur placé sur la transmission en deça de l'appareil ci-dessus décrit, de manière que la sonnerie ne tinte que si les deux commutateurs sont en contact, c'est-à-dire que si, d'une part, le disque a bien fonctionné et si, d'autre part, la gare a pris soin de se couvrir en renversant son levier.

2° **Disques électriques.** Les difficultés que l'on rencontre lorsque l'on installe des transmissions d'une grande longueur pour la manœuvre des disques à distance ont naturellement conduit les ingénieurs à rechercher le moyen de substituer l'emploi de l'électricité à celui des fils pour obtenir ce résultat, d'une manière plus économique. La solution de ce problème intéressait surtout les chemins de fer situés dans des pays de montagne où le profil et les sinuosités de la ligne, les conditions d'un climat souvent rigoureux, avec des variations extrêmes de la température, sont autant de causes d'un fonctionnement très incertain des fils de disques; aussi, les premiers essais sérieux qui aient été faits pour cette application de l'électricité ont-ils été localisés dans les contrées accidentées de l'Autriche. On ne compte, en effet, pas moins de huit à dix systèmes pour ce seul pays. Indépendamment des raisons énoncées ci-dessus, comme motivant la recherche de cette solution, il en est d'autres qui ont amené les ingénieurs américains à faire également usage de disques électriques. En effet, le block-system est, comme on le sait, un mode de cantonnement des trains, d'après lequel la ligne est divisée en sections où deux trains ne doivent pas circuler à la fois dans le même sens; un disque, placé à l'entrée de chaque section doit être mis à l'arrêt quand le train y pénètre et doit être effacé lorsqu'il la quitte. La difficulté de recruter un personnel sûr et nombreux pour la manœuvre de ces signaux, la cherté de la main-d'œuvre aux Etats-Unis, telles sont les raisons qui ont amené les Américains à confier exclusivement la manœuvre de ces signaux aux trains eux-mêmes, et à recourir résolument à des disques automatiques, mus par l'envoi d'un courant électrique produit par le passage du train à certains points de la voie. Plusieurs systèmes de ce genre sont actuellement en usage sur les chemins de fer des Etats-Unis et on paraît satisfait de leur emploi.

Les disques électriques peuvent se classer en

deux catégories; dans la première, qui comprend la grande majorité des systèmes connus, l'électricité ne joue d'autre rôle que de déclencher un mouvement d'horlogerie, à poids ou à ressort, dont la force accumulée à l'avance, chaque fois qu'on le remonte, sert à faire tourner le mât du signal, au moyen d'une disposition cinématique quelconque; dans la seconde catégorie viennent se placer les rares appareils où l'électricité sert directement à faire mouvoir le signal optique. On s'expliquera que ces derniers soient en plus petit nombre, si l'on songe à la difficulté que l'on éprouve à mettre en mouvement, au moyen de forces aussi délicates que celles fournies par un courant électrique, des masses robustes et susceptibles de résister aux intempéries, comme les disques installés en pleine voie. Dans l'état actuel de la science, on n'y arriverait pas aisément, aussi a-t-il fallu tourner la difficulté en obtenant le mouvement en question à l'intérieur de boîtes vitrées et hermétiquement closes, ce qui a permis de réduire beaucoup l'importance de la masse à mettre en mouvement. Au contraire, les disques qui tournent sous l'action de la chute d'un poids déclenché à propos sont plus faciles à combiner et peuvent être beaucoup plus solides; mais ils présentent un inconvénient grave, résultant de l'obligation où l'on est de remonter périodiquement le poids ou le ressort moteurs.

Disque Teirich et Leopolder. Ce signal est actuellement le plus répandu en Autriche; on en fait usage sur le réseau de la Société I. R. P. des chemins de fer de l'Etat et sur la Südbahn. Il y en a plus de 200 en service sur le premier de ces chemins de fer et on les substitue peu à peu aux disques à transmissions mécaniques. L'appareil se compose d'un système de déclenchement à fourche, dont l'oscillation est commandée par l'attraction de l'armature d'un électro-aimant, d'un train d'engrenages dont la rotation est commandée par la chute d'un poids à l'intérieur de la colonne du disque et arrêtée par un taquet dépendant du déclenchement, enfin, d'un organe composé de deux manivelles réunies entre elles par une bielle et servant à transformer le mouvement de rotation continue de l'axe horizontal du tambour, autour duquel s'enroule la corde du poids moteur, en un mouvement alternatif du mât du disque. Dans cet ensemble, il est un détail qui mérite de fixer l'attention, c'est le système de déclenchement à fourche qui est particulier à un certain nombre des appareils construits par la maison Leopolder, à Vienne. Il est combiné de manière à échapper à l'influence de l'électricité atmosphérique. C'est une fourchette *rq* (fig. 121), dont la queue *r* est solidaire de l'armature des bobines E, tandis que les bras sont articulés et ramenés l'un vers l'autre par des lames de ressort, de manière à reprendre d'eux-mêmes la position indiquée à la figure, lorsqu'une cause quelconque les a écartés, en surmontant l'action du ressort. A l'extrémité de ces bras sont situés deux taquets, ou becs *ab*, à des hauteurs différentes. Dans la position normale, c'est-à-dire en l'absence du passage du courant dans les bobines, la palette *p* repose sur le bec *b* par une petite saillie située à son extrémité. Si l'on fait passer des courants d'induction dans la bobine, la fourchette oscille plusieurs fois de droite à gauche et l'extrémité de la palette tombe successivement de *b* sur *a* et enfin entre les bras de la fourchette; il en sera de même s'il y avait plus de deux becs *ab*, le déclenchement n'a lieu que quand la palette a atteint sa position finale, c'est-à-dire que quand elle a successivement échappé à chacun des becs, elle est remise en place par une came située sur le mouvement d'horlogerie et qui la fait glisser en remontant sur les plans inclinés des becs et en inclinant au besoin légèrement les ressorts. Il résulte de là que, si un courant atmosphérique traverse l'appareil, il sera tout au plus capable de faire descendre la palette d'une seule dent, mais qu'il ne provoquera pas le déclenchement de l'appareil. Le même résultat pourrait d'ailleurs être atteint au moyen d'ancres d'échappement analogues à celles dont la maison Siemens fait usage pour ses *électro-sémaphores*. — V. ce mot.

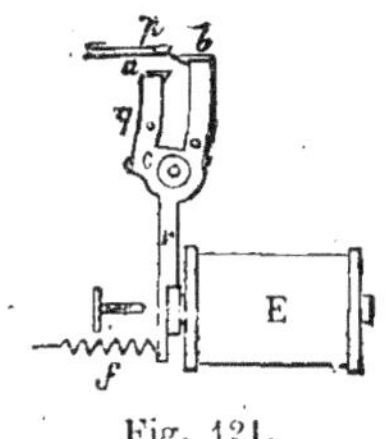

Fig. 121.
Déclenchement à fourche de Leopolder.

Système Schaeffler. Fondé sur le même principe que le système Teirich, le disque de M. Schaeffler s'en distingue par quelques détails : d'abord la manœuvre du disque est obtenue au moyen de l'envoi de courants de piles. Le constructeur a donc pris une disposition spéciale pour éviter que le disque ne se déclenchât sous l'action passagère de l'électricité atmosphérique; dans ce dernier cas, en effet, grâce à l'emploi d'un double levier de déclenchement, l'appareil fait, non plus un quart de tour, mais un demi-tour complet, c'est-à-dire qu'il reste dans la position où il était auparavant. M. Schaeffler a également imaginé plusieurs solutions pour la transformation du mouvement de rotation de la roue motrice en un mouvement alternatif; dans l'une de ces variantes, l'axe vertical du disque est placé dans le même plan que l'axe horizontal de la roue motrice; au point d'intersection des deux axes est calée à 45° sur ce dernier, une poulie à gorge qui conduit un doigt solidaire d'une manivelle montée sur l'axe du signal. Lorsque cette poulie fait un demi-tour, la manivelle fait seulement un quart de tour. Dans un système qui a précédé celui dont il s'agit, M. Langie obtenait le même résultat à l'aide d'une poulie à gorge rainurée par des chevrons qui guidaient un doigt dépendant de l'axe du signal.

Signal de l'Union Company. Aux Etats-Unis, parmi les disques électriques dont on fait usage pour réaliser le block-system automatique, l'un des plus récents est celui de Gassett, adopté par l'Union Company. Le voyant a la forme dont il a déjà été question au début, avec une partie mobile S à lames de persiennes (fig. 122) et un anneau fixe

R peint en noir, l'arrêt étant commandé par l'effacement du voyant mobile. Le mécanisme électrique est contenu dans la boîte K et le tout est monté à la partie supérieure d'une robuste colonne en fonte F. Le déclenchement du mécanisme moteur est obtenu, comme dans les systèmes précédents, par l'attraction d'une armature électrique et par l'oscillation d'un levier qui échappe un bras sur lequel sont montés des taquets servant d'arrêt à un moulinet fixé sur l'axe du signal. Lorsque l'appareil est à bout de course et qu'il a besoin d'être remonté, un crochet vient saisir l'un des bras du moulinet et arrête tout mouvement de rotation du disque au delà de la dernière position d'arrêt. Toutefois, ce ne sont pas là les traits les plus caractéristiques du système de l'Union Company. Son principal avantage consiste dans le mode de contact électrique qui réalise la manœuvre du signal. Celui-ci est agencé de manière que la rupture du courant qui circule en permanence sur les deux files de rails de la section de voie comprise entre deux disques successifs, produit la mise à l'arrêt du signal placé à l'entrée de cette section. Les sections sont isolées les unes des autres par des supports en caoutchouc interposés entre le patin, les éclisses, les traverses et les coussinets de la voie. Dès qu'un train ou un véhicule se meut à l'intérieur d'une section, les essieux ferment directement le circuit en mettant les rails en communication par un chemin plus court; aussitôt le disque se met à l'arrêt, et il y reste jusqu'à ce que le train ait quitté la section. Toute rupture de fil, tout accident de la voie produit le même résultat. Seule l'électricité atmosphérique serait capable de ramener ce signal à voie libre lorsqu'il est à l'arrêt. On peut dire que c'est l'unique lacune du système qui, dès l'instant qu'on ne recule pas devant l'automaticité, présente de sérieuses garanties de bon fonctionnement.

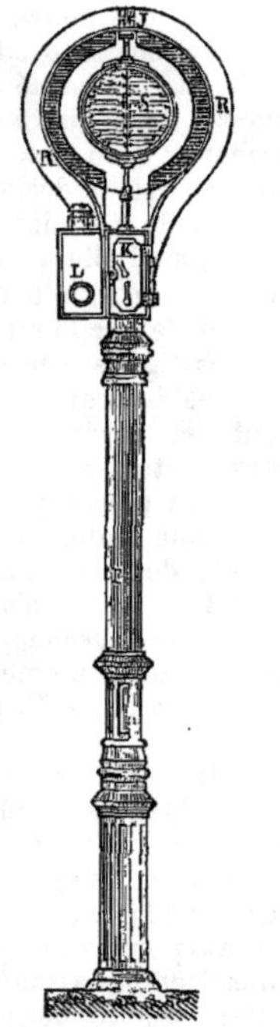

Fig. 122.
Disque de Gassett.

Signal de Hall. Parmi les signaux électriques appliqués d'une manière courante, ce disque est presque le seul qui n'ait pas de poids moteur ou de ressort et dans lequel l'électricité produise directement la mise à l'arrêt ou l'effacement du disque. Le disque a extérieurement une forme analogue à celle du signal Rousseau, reproduite à la figure; le signal mobile se meut à l'intérieur de cette boîte qui est vitrée en O (fig. 123) et il apparaît ou disparaît derrière cette fenêtre. Le mécanisme est contenu dans cette boîte G. L'oscillation du signal derrière la fenêtre s'exécute autour d'un axe commandé par une poulie à gorge sur laquelle s'enroule une chaînette commandée par un double système de leviers à contrepoids; deux paires de bobines qui entrent en jeu, suivant que le courant passe dans l'une ou dans l'autre, permettent de réaliser ce mouvement d'oscillation. La distribution des courants aux électro-aimants se fait automatiquement au moyen d'un commutateur à balancier, muni de 8 touches de contact et placé dans l'axe d'oscillation du signal. Quand le disque est à l'arrêt, le commutateur est préparé pour qu'à la prochaine émission de courant, le circuit passe dans l'électro-aimant qui a pour mission d'effacer le signal et *vice-versâ.* L'émission de ces courants est produite par le passage des trains sur des pédales à bascule qui font office de commutateurs électriques. Ce système est en usage sur plusieurs lignes de la Nouvelle Angleterre et on n'a guère à lui reprocher que la délicatesse de ses organes qui sont susceptibles de dérangement, bien qu'on ait pris le soin d'enfermer l'appareil à l'intérieur d'une boîte étanche.

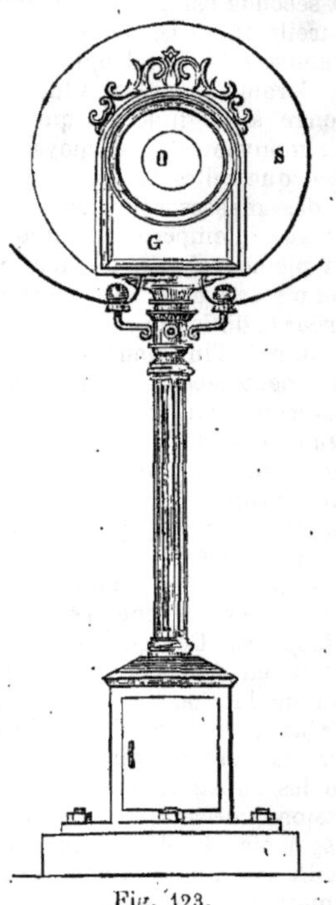

Fig. 123.
Disque de Hall.

En résumé, on voit, par ce qui précède, que les disques électriques sont surtout employés à l'étranger; en France, en Belgique et en Angleterre, on n'y a pas encore eu recours. Peut-être attend-on pour cela que l'on ait trouvé un moyen pratique de transmettre la force motrice à distance à l'aide de l'électricité. Il est certain que l'obligation de remonter périodiquement le mécanisme moteur est un inconvénient sérieux : le jour où il suffira de faire tourner une manivelle pour obtenir électriquement la rotation d'un signal à 1 ou 2 kilomètres de distance, le problème pourra être considéré comme résolu.

En dehors des transmissions mécaniques et électriques, on a fait usage aussi de l'air comprimé pour obtenir la manœuvre à distance des signaux (système Chambers); mais comme il s'agit non pas de disques, mais de *sémaphores*, c'est à ce dernier mot qu'il convient de se reporter. — M. C.

Bibliographie : Etude sur les signaux des chemins de fer français, par MM. Brame et Aguillon, 2e édit.,

Dunod, 1883; *Revue générale des chemins de fer* (nos d'octobre 1879 et de juillet 1880); *Disques électriques et enclenchements*, par M. COSSMANN; *Lumière électrique*, t. IX, 1883, n° 20; *Applications de l'électricité à la manœuvre des signaux*, par M. COSSMANN.

***DISS.** *T. de bot.* On désigne sous ce nom une plante textile, exportée d'Algérie pour la fabrication du papier, et qui n'est autre que l'*arundo festucoïdes* des naturalistes. Sur les Hauts-Plateaux de notre colonie, cette plante croît en grande abondance comme l'alfa, elle atteint de 3 à 5 mètres de hauteur et se présente sous forme de touffes épaisses et multipliées. On en fait deux récoltes, l'une en mai, l'autre d'août à septembre. Pour alimenter son usine des Ouled-Rahmoun, M. de Montebello a obtenu dernièrement de l'Etat le droit de récolter le diss, pendant une période de dix-huit ans, dans les forêts de Chettaba et de Guérioum, moyennant une redevance de 0 fr. 30 par hectare et par an. On sait que les terrains à alfa ont été mis aussi en amodiation d'une façon identique. Le diss contient plus de 80 0/0 de matières fibreuses. Quelquefois, on le fait entrer en Algérie dans la fabrication de la sparterie; parfois aussi on en fait une sorte de crin végétal qui sert aux mêmes usages que le crin ordinaire.

***DISSOCIATION.** *T. de chim.* Mot créé par H. Sainte-Claire-Deville pour désigner les résultats obtenus par lui dans des expériences justement célèbres; c'est la désassociation des molécules d'un corps, obtenue sous l'influence de la chaleur.

Lorsque l'on chauffe un corps, dès que la température est assez élevée pour vaincre la force de cohésion qui réunit les molécules, on peut le voir passer de l'état solide à l'état liquide, puis enfin se résoudre en vapeurs; mais, si la température est très élevée, le phénomène est différent, il peut y avoir séparation brusque des éléments constitutifs. Alors que dans le premier cas le corps reprend sa forme primitive par le refroidissement, dans le second, une certaine quantité des éléments du corps reste séparée.

C'est en 1863, que M. Deville s'occupa surtout des méthodes à employer pour obtenir la dissociation; il exposa ses idées dans deux leçons qu'il fit à la Société chimique de Paris, le 18 mars et le 1er avril de l'année suivante.

Bien que l'étude de la dissociation soit du domaine de la chimie pure, comme les expériences de M. Deville ont surtout porté sur des corps réputés indécomposables, il est intéressant de connaître ses théories, pour pouvoir se rendre compte de certains phénomènes.

La dissociation des gaz s'opère facilement, on obtient aussi celle des liquides et des solides.

1° Dissociation des gaz. Divers gaz, purs ou mélangés, ont été étudiés par MM. Sainte-Claire-Deville et Debray.

Oxyde de carbone. Pour étudier la décomposition de ce corps, Deville a constitué un appareil permettant à la fois d'obtenir une température très élevée, et en même temps de refroidir considérablement; c'est ce qu'il appelle le *système des tubes chauds et froids*. On prend un tube de laiton argenté de 8 millimètres de diamètre, et on le termine par des bouchons laissant pénétrer des petits tubes pour l'entrée et la sortie du gaz à expérimenter. On entoure le tube métallique d'un manchon en porcelaine vernissée, obturé de la même manière que le tube précédent, puis on chauffe sur un fourneau. Dès que la température du système est portée à 1100 ou 1300°, on fait arriver l'oxyde de carbone, puis on provoque un écoulement d'eau dans l'espace vide laissé entre le tube de métal et celui de porcelaine, assez rapidement pour que l'échauffement de cette eau ne soit pas sensible (13 à 14° environ). En recueillant les gaz qui se dégagent sur une cuve, et dans de longs tubes de 1 centimètre de diamètre mais de 1 mètre de hauteur, et contenant une solution de potasse, on voit que pendant l'expérience une partie de l'oxygène de l'oxyde de carbone s'est combinée à la portion restante, et qu'il s'est effectué un dépôt de charbon sur le tube de laiton.

Acide carbonique. La dissociation de ce gaz peut s'effectuer assez facilement; il suffit de le faire passer dans un tube de porcelaine étroit, rempli de morceaux de porcelaine et portés à la température de 1300° environ. Le gaz recueilli dans la cloche est un mélange d'oxygène, d'oxyde de carbone et d'azote. On voit donc que l'acide carbonique a perdu une partie de son oxygène pendant l'opération; théoriquement, la recombinaison devrait avoir lieu, et l'on ne devrait recueillir que de l'acide carbonique, les deux gaz en présence s'unissant à la température de l'expérience; mais, dans ce cas particulier, la combinaison n'a pas lieu par suite de la difficulté avec laquelle leur mélange s'enflamme lorsqu'il est disséminé dans un gaz inerte comme l'azote.

Acide sulfureux. La désassociation des éléments de ce gaz s'effectue dans le premier appareil que nous avons décrit, mais en recouvrant le tube métallique d'une couche épaisse d'argent pur. Après l'opération, on observe que l'argent est complètement noirci, par suite de la formation de sulfure, et qu'à la surface s'est déposée une couche très hygrométrique, d'un corps en petits cristaux blancs, solubles dans l'eau, et donnant un précipité avec le chlorure de baryum. C'était donc de l'anhydride sulfurique qui s'était formée par suite de la dissociation de l'acide sulfureux; l'oxygène libre s'était combiné avec la portion non décomposée du gaz sulfureux.

Acide chlorhydrique. Ce corps n'est pas facilement attaquable, et il n'est légèrement décomposé qu'à 1300°. Pour prouver sa dissociation, on amalgame le tube argenté; par l'action de la chaleur, il se forme un peu de chlorures de mercure et d'argent, dont on démontre la présence en mouillant le tube avec de l'ammoniaque. Celui-ci devient noir par suite de la présence du mercure, et le liquide dissout du chlorure d'argent. Ces réactions démontrent la présence du chlore : l'hydrogène est recueilli dans l'éprouvette, et peut être enflammé. On a donc ainsi retrouvé les deux corps constituant l'acide mis en expérience.

Mélanges gazeux. L'étude du gaz tonnant a permis à MM. Deville et Debray de faire connaître, à la fois, les phénomènes de dissociation et la composition des flammes. Si l'on enflamme un mélange d'oxygène et d'oxyde de carbone, au moyen d'un bec de chalumeau, on voit que toutes les parties de cette lumière n'offrent pas, ainsi d'ailleurs que toutes les flammes, un aspect identique. Il y a des portions plus éclairantes que d'autres ; en y plongeant un fil de platine, on voit celui-ci rougir également mieux suivant la partie de la flamme où il est placé, ce qui démontre que la chaleur varie aussi suivant les parties que l'on considère. Pour connaître la composition chimique des gaz à tous les points de la flamme, M. Deville a imaginé l'appareil représenté figure 124, qui est essen-

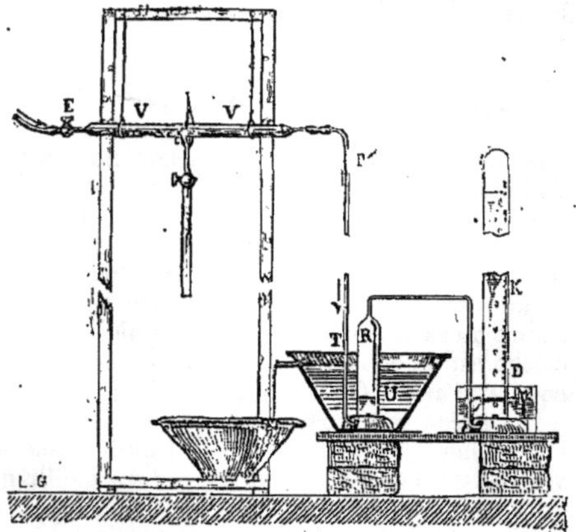

Fig. 124. — *Appareil de Sainte-Claire-Deville pour la dissociation des gaz.*

V V Manchon entourant le tube de passage des gaz. — *E* Robinet d'arrêt. — *TT'* Tube conduisant les gaz sur la cuve *U R*, et dans le tube à potasse *K D*.

tiellement constitué par un petit tube d'argent à parois minces, offrant un trou de 0,2 millimètres de diamètre. En même temps que l'on peut faire pénétrer ce tube dans toutes les portions de la flamme, on peut le faire parcourir par un courant d'eau froide. Le liquide, par son passage, aspire une partie de la flamme; les gaz échappent à la combustion, et restent, en vertu du refroidissement produit, dans l'état de combinaison où ils se trouvaient lorsqu'ils ont été recueillis. Si l'on fait l'analyse des gaz reçus dans l'éprouvette, on voit que ceux-ci sont constitués par de l'oxygène, de l'oxyde de carbone et de l'acide carbonique ; ce dernier s'étant produit par la combinaison de l'oxygène avec l'oxyde de carbone ; mais, cette analyse prouve aussi « que le rapport des gaz non combinés, aux gaz combinés, va croissant depuis l'extrémité supérieure du dard, où l'acide carbonique existe presque seul, jusqu'à la partie inférieure, où les deux tiers tout au plus, des gaz oxygène et oxyde de carbone sont unis entre eux. » (Deville). Ce résultat était facile à prévoir d'ailleurs, puisque c'est dans la partie la plus chaude de la flamme (sommet du cône intérieur, au plus bas de la flamme bleue) que l'on trouve la plus grande partie des gaz non combinés, et que l'on sait que vers 1200° l'acide carbonique se dédouble en oxygène et en oxyde de carbone.

Les expériences de M. G. Lemoine prouvent en plus, que, en général, la raréfaction d'une vapeur contribue à sa dissociation, et que la diminution de la pression agit d'une façon analogue à l'augmentation de la température.

Dissociation des liquides. I. *L'eau*, qui a été regardée longtemps comme indécomposable, a été dissociée dans un appareil à tubes chauds et froids, dans lequel, au lieu d'un tube en laiton, on met un tube en terre poreuse. Le système étant porté à la température voulue, on y fait arriver de la vapeur d'eau, alors que dans le tube vernissé circule un courant d'acide carbonique. En recueillant les gaz, dans une éprouvette contenant une solution de potasse, on voit qu'ils sont constitués par un mélange très explosif, formé d'hydrogène et d'oxygène, dans la proportion de 1 centigramme environ par gramme d'eau employée. L'hydrogène d'une partie de la vapeur d'eau a passé par endosmose au travers de la paroi poreuse, comme au travers d'un filtre, et l'oxygène reste dans le tube intérieur, mêlé à l'acide carbonique envoyé dans l'appareil. La recombinaison des éléments de l'eau n'a pas lieu dans ce cas, à cause de la présence d'un gaz inerte, comme lors de la dissociation de l'acide carbonique.

II. La décomposition de l'eau, en ses éléments, peut même avoir lieu sans l'intermédiaire d'un vase poreux, c'est ce que l'on prouve, en faisant passer la vapeur de ce liquide, mélangée d'acide carbonique, au travers d'un tube de porcelaine rempli de fragments de porcelaine rougie au feu. L'expérience est, cependant, moins facile à réaliser et l'on obtient moins de gaz constituants, parce qu'ils se recombinent plus facilement que dans l'expérience précédente. Le mélange gazeux recueilli contient environ, d'après M. Deville, 46,4 0/0 d'oxygène, 36,6 d'hydrogène, 11,5 d'oxyde de carbone et 2,5 d'azote.

III. Grave avait déjà depuis longtemps obtenu la dissociation apparente des éléments de l'eau, en projetant dans ce liquide du platine incandescent. La vapeur qui se produit autour du métal étant fortement échauffée, il y a une dissociation partielle. Un phénomène analogue peut être obtenu avec l'argent fondu (Regnault), mais avec rochage de l'argent (V. Essai de l'argent) et dégagement d'hydrogène, ou avec de la litharge (Deville). Dans ce dernier cas, on peut retrouver du plomb métallique : l'oxyde de plomb ayant été décomposé et le plomb s'étant trouvé réduit par l'hydrogène libre.

IV. Un autre procédé de dissociation de l'eau reste encore à signaler, il consiste à faire passer un courant voltaïque très intense au travers d'un fil de platine plongé dans de l'eau. Cette expérience prouve, comme les précédentes, que l'eau peut se séparer en ses éléments, à une température moindre que celle de sa formation, car l'eau, pour se former par la combustion de l'hydrogène dans l'air, a besoin d'une élévation de température de 2500° environ, tandis que la dissociation s'effectue, dans les expériences précitées, à moins de 1800 à 2000° environ, puisque c'est à ce degré que fond le platine.

3° **Dissociation des solides.** La dissociation de différents corps solides a été effectuée également, et a conduit aussi à comprendre certains phénomènes inexplicables autrement, tels que la préparation du potassium par le procédé de Gay-Lussac et Thénard, ou les réactions que Berthollet attribuait autrefois à une action de masse.

Ne pouvant étudier tous ces procédés, nous indiquerons seulement comment on a pu obtenir du silicium cristallisé, par dissociation. Dans un tube de porcelaine analogue à ceux employés pour ces expériences, et garni intérieurement d'alumine, on met une nacelle en platine, contenant du chlorure de magnésium. On porte à 1300°, puis on fait passer un courant d'hydrogène pur, bien desséché. L'appareil étant terminé par un tube en U, qui contient un peu d'eau, on trouve, après l'opération, que le liquide renferme de l'acide chlorhydrique et du chlorure qui ont distillé. Or, comme on ne peut admettre que l'acide a été formé aux dépens du chlore du chlorure, car alors celui-ci aurait été réduit, il faut croire que le sel s'est dissocié, que le chlore a attaqué les parois du tube, formé de la magnésie en empruntant de l'oxygène à la silice de la porcelaine, et laissé combiner le chlore à l'hydrogène envoyé dans l'appareil. Ce raisonnement est confirmé par les faits, car si l'on casse le tube de porcelaine et chauffe ses parois assez fortement, on y retrouve de petits grains de silicium en cristaux bien définis.

Comme on le voit, les expériences instituées par Sainte-Claire-Deville offrent le plus grand intérêt. En dehors des résultats qu'elles ont fourni, elles permettent d'expliquer certaines réactions, ainsi que nous l'avons indiqué; elles font connaître la température des flammes; elles ont enfin pu faire comprendre comment, par distillation en vase clos, à une certaine température, on pouvait obtenir du phosphore rouge avec le phosphore ordinaire (G. Lemoine), ou réciproquement. De plus, une étude approfondie de la tension de vapeur des sels hydratés, permettrait, d'après M. Debray (*Comptes-rendus de l'Académie des sciences du 27 janvier* 1868), de connaître les divers hydrates qu'un même sel est susceptible de former; ce qu'a confirmé du reste M. Isambert, dans ses travaux sur la dissociation des sels ammoniacaux (*Thèses de la Faculté des sciences de Paris*, 1868). — J. C.

DISSOLUTION. *T. de chim.* Mot qui désigne à la fois plusieurs choses bien différentes : une opération, et le liquide obtenu comme résultat de cette opération. La dissolution peut consister dans la désagrégation des molécules d'un corps; dans la disparition d'un corps solide dans un liquide, en donnant une masse homogène; et dans la liquéfaction d'un corps. La dissolution est souvent considérée comme une opération identique à la solution : on doit différentier ces deux termes dans quelques circonstances. Ainsi, on fait une solution lorsque l'on met du sucre, un sel, en contact avec de l'eau, parce que si l'on évapore le liquide, on retrouvera ces corps dans l'état où ils étaient avant l'opération; au contraire, on dissout du cuivre, lorsque l'on traite celui-ci par l'acide azotique — le produit évaporé donne dans ce cas de l'azotate de cuivre, le métal n'est donc plus retrouvé sous sa forme initiale. Dans cette nouvelle opération, on ne peut cependant établir une différence bien nette entre la dissolution et la combinaison. Il y a eu réaction des corps l'un sur l'autre, et, d'après Deville, il y a tous les intermédiaires possibles entre les phénomènes de combinaison et ceux de dissolution. On peut donc, ainsi que cela a lieu fréquemment, employer indifféremment les mots de *solution* ou de *dissolution*, pour indiquer ou l'acte effectué ou le liquide obtenu.

La dissolution peut s'opérer au moyen d'un grand nombre de liquides, suivant les corps que l'on traite; le nombre des dissolvants peut être grand, par rapport à un seul et même produit. L'eau est le dissolvant par excellence; elle dissout la plupart des sels, un certain nombre de liquides, presque tous les gaz; mais elle ne peut agir sur les corps gras, et en général, sur toutes les substances riches en hydrogène et en carbone.

Le phénomène de la dissolution amène divers changements dans l'état extérieur d'un corps. Ainsi, lorsqu'un solide est plongé dans l'eau, s'il y est soluble, il passe à l'état liquide, et ce passage est accompagné d'une absorption de chaleur. On sait, par exemple, qu'un kilogramme de glace a besoin, pour fondre, d'absorber 79 calories, aussi la dissolution provoque-t-elle un abaissement de température. Certains sels, lorsqu'on les mélange à de la glace pilée ou à de la neige, amènent un refroidissement si considérable, qu'ils constituent ce que l'on appelle des *mélanges réfrigérants*, lorsqu'on laisse la dissolution s'opérer.

Lorsqu'au contraire le corps à dissoudre est de telle nature qu'il peut exercer une action chimique sur le liquide, dans ce cas il y a élévation de température, et la chaleur dégagée peut être assez forte non seulement pour compenser le refroidissement, mais pour amener une production de chaleur considérable. C'est ce qui se passe lorsque l'on dissout dans l'eau, en proportions convenables, de l'acide sulfurique concentré.

La dissolution s'effectue suivant certaines lois, qui bien que mal connues encore, peuvent se formuler de la façon suivante :

Première loi : *un corps ne peut se dissoudre dans un liquide que dans une proportion limitée; cette proportion est toujours la même à une même température.* Deuxième loi : *lorsqu'un liquide est saturé par la dissolution d'un corps, il peut néanmoins en dissoudre un autre.* Troisième loi : *la solubilité d'un corps augmente avec la température.*

Cette dernière loi souffre cependant de nombreuses exceptions. Ainsi, la chaux, le citrate de baryte, le butyrate de même base, sont plus solubles à froid qu'à chaud — le chlorure de sodium se dissout à peu près en même quantité à toutes les températures — la solubilité du sulfate de soude augmente jusqu'à +33°, mais diminue au-dessus.

Quant aux gaz, leur dissolution est soumise à d'autres lois. Lorsqu'ils se dissolvent dans un liquide, ils passent de l'état gazeux à l'état liquide; ils abandonnent alors toute la chaleur que le liquide avait absorbée pour passer à l'état gazeux. Ils doivent donc, par leur dissolution, amener une élévation de température. On constate, en outre:

Première loi : *que les gaz se dissolvent proportionnellement à la pression qu'ils subissent, et en raison inverse de la température*. Ce qui amène à dire qu'il faut refroidir l'eau ou le liquide, pour avoir la plus grande dissolution possible de gaz; deuxième loi : *qu'un liquide en contact avec plusieurs gaz ne réagissant pas sur lui, dissout chacun d'eux, comme s'il était seul, avec la pression qu'il possède dans le mélange*.

Suivant la nature des corps que l'on veut dissoudre, ou des matières qui contiennent ces corps, la dissolution s'effectue à chaud ou à froid. Lorsque les corps sont facilement solubles, il suffit de les plonger dans le liquide dissolvant et d'agiter; parfois on place le corps soluble à la portion la plus élevée du liquide, de façon à ce que les couches inférieures ne soient pas de suite saturées.

La dissolution peut encore s'opérer à froid par *déplacement* ou *lixiviation*, ou par *macération*.

Les corps peu perméables doivent être convenablement divisés; on enlève les matières solubles qu'ils renferment, avec l'aide de la chaleur, soit au moyen d'*infusions* soit au moyen de *décoctions*.

Lorsque le corps qui sert à opérer la dissolution est volatil par sa nature (alcool, éther, carbures, aldéhydes, acides, etc.), on opère en vase clos (appareils à déplacement, digesteurs, etc.), alors qu'avec l'eau, les corps gras, etc., on peut agir en se servant de vases ouverts.

Lorsque la dissolution d'un corps est complète, on dit que le *liquide* est *saturé*, mais nous avons vu que, d'après la loi de dissolution, ce liquide peut encore dissoudre d'autres corps. C'est ainsi qu'une solution saturée d'azotate de potasse peut dissoudre une certaine quantité de chlorure de sodium, puis après cette nouvelle saturation, d'autres corps, et même acquérir la propriété de redissoudre le premier sel; c'est ce qui, en effet, a lieu dans ce cas, avec l'azotate de potasse.

Lorsqu'une dissolution saline, tout en restant liquide, contient plus de sel qu'elle n'en doit renfermer pour être saturée, on dit que cette solution est *sursaturée*. Ce phénomène, qui a été très bien étudié par MM. Violette et Gernez, peut se produire avec certaines précautions, comme l'absence de l'air et le repos. Lorsque l'on chauffe dans un ballon à long col, de l'eau avec dix fois le poids de sulfate de soude qu'il faut pour avoir la saturation, et que l'on effile et ferme le ballon dès que la solution est complète, on peut avoir une dissolution sursaturée qui ne se solidifie pas, même lorsqu'on agite le vase; mais, dès que l'on fait arriver l'air, en brisant la partie effilée, le liquide se prend instantanément en masse et dégage de la chaleur. On étudiera ce phénomène au mot SURSATURATION. — J. C.

DISSOLVANT. *T. de chim.* Liquide qui sert à dissoudre un corps solide, liquide ou gazeux. De tous les dissolvants, l'eau est celui qui a le plus d'emploi, car un très grand nombre de corps y sont solubles; viennent ensuite par ordre d'utilité, l'alcool, l'éther, les carbures d'hydrogène, les corps gras, etc. Pour épuiser un corps et lui enlever tous ses principes solubles, il faut souvent le traiter successivement par plusieurs véhicules, l'eau, l'alcool, l'éther, suivant les principes que l'on veut entraîner, et suivre les lois indiquées à l'article DISSOLUTION.

***DISTANCE.** *T. d'arpent.* La distance de deux points se mesure généralement sur le terrain au moyen de la *chaîne* ou du ruban d'arpenteur; mais il peut arriver que l'on ne puisse approcher d'un des deux points, ou même des deux. Dans ce cas, on a recours aux formules de la trigonométrie, qui permettent de calculer la distance inconnue dès qu'on a effectué certaines mesures convenables d'angles et de longueur. Supposons d'abord qu'un seul des deux points soit inaccessible. L'observateur, placé en A (fig. 125), veut obtenir la distance qui le sépare du point X, dont il ne peut approcher. Il fera choix, dans le terrain dont il dispose, d'un point B sur lequel il puisse installer un signal, et dont il puisse déterminer la distance à l'aide de la chaîne; nous désignerons par l cette longueur AB. Ensuite, en s'installant au point A, il mesurera l'angle XAB au moyen d'un graphomètre, ou mieux d'un théodolite. Enfin il se transportera au point B, et déterminera l'angle ABX. Le troisième angle X du triangle AXB sera dès lors égal au supplément de la somme A+B, et l'on aura, d'après une formule bien connue :

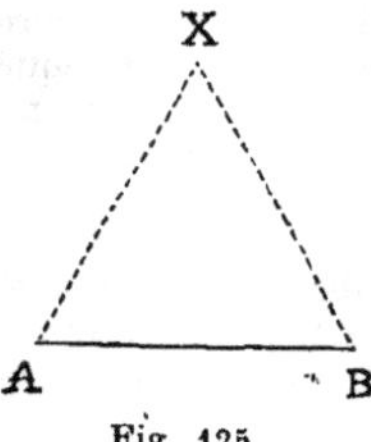

Fig. 125.

$$AX = \frac{l \sin B}{\sin(A+B)}$$

On doit choisir la base AB de manière que l'angle X ne soit ni trop aigu ni trop obtus, sans quoi la moindre erreur commise sur la mesure de cette base entraînerait une erreur considérable sur l'inconnue AX. Si, au contraire, la base AB se trouvait trop longue, la moindre erreur dans la mesure de l'angle B pourrait vicier le résultat d'une manière considérable. Le mieux est de faire en sorte, si cela est possible, que le triangle ABX soit à peu près équilatéral. Dans certains cas, le point inaccessible X se trouve très éloigné, et l'on ne dispose que d'un espace restreint pour le tracé de la base. Il faut alors effectuer les mesures avec une extrême précision, et placer la base AB à peu près perpendiculaire à la ligne AX.

Lorsque les deux points X et Y dont on veut déterminer la distance sont l'un et l'autre inaccessibles (fig. 126), on fera choix sur le terrain dont on dispose, de deux stations A et B, d'où l'on puisse facilement apercevoir les points X et Y, et l'on mesurera directement la base AB, dont nous désignerons la longueur par *l*. Puis, se transportant successivement aux points A et B, on mesurera les six angles XAY, YAB, XAB, XBA, XBY, YBA. Il est essentiel de mesurer directement les trois angles formés autour du point A, ainsi que les trois angles formés autour du point B : si l'on se contentait de faire la somme des deux angles XAY et YAB pour obtenir l'angle XAB, on s'exposerait à commettre une erreur grave, parce que à cause de la différence de hauteur des signaux, les trois droites AX, AY et AB ne sont généralement pas dans un même plan. Une fois toutes ces mesures effectuées, on calculera les longueurs XA, XB, YA et YB, au moyen des triangles XAB et YAB, qui fournissent les formules :

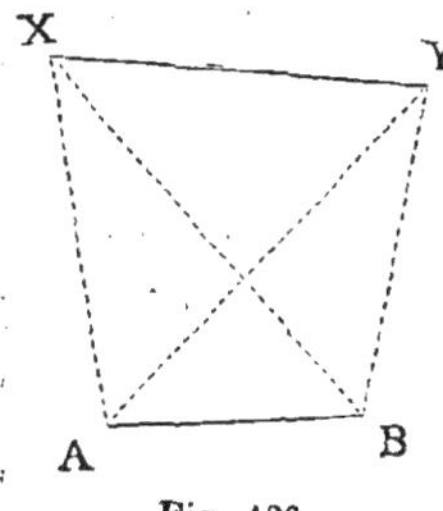

Fig. 126.

$$AX = \frac{l \sin XBA}{\sin(XAB + XBA)} \qquad BX = \frac{l \sin XAB}{\sin(XAB + XBA)}$$

$$AY = \frac{l \sin YBA}{\sin(YAB + YBA)} \qquad BY = \frac{l \sin YAB}{\sin(YAB + YBA)}$$

l'un ou l'autre des deux triangles XAY ou XBY fournira l'inconnue XY par les formules :

$$\overline{XY}^2 = \overline{AX}^2 + \overline{AY}^2 - 2AX.AY \cos XAY$$

$$\text{ou } \overline{XY}^2 = \overline{BX}^2 + \overline{BY}^2 - 2BX.BY \cos XBY.$$

On sait que le calcul logarithmique de ces formules revient à la résolution complète des deux triangles XAY ou XBY dans lesquels on connaît deux côtés et l'angle compris, problème dont la solution se trouve développée dans tous les traités de trigonométrie. On pourrait évidemment se contenter de résoudre l'un des deux triangles, par exemple XAY, et alors il suffirait de calculer d'abord les deux longueurs AX et AY; la mesure de l'angle XBY serait aussi inutile; mais il est préférable de faire les mesures et les calculs complets, tels que nous venons de les indiquer. On obtient ainsi pour l'inconnue deux valeurs qui permettent de juger, par leur accord, de la précision des mesures et de l'exactitude du calcul. C'est par des procédés analogues qu'on parvient à déterminer la hauteur d'une montagne, d'un édifice, d'un ballon, etc.

Lorsque les points dont on veut déterminer la distance sont considérablement éloignés l'un de l'autre, de manière qu'il soit impossible de les apercevoir d'une même station, l'opération n'est plus du ressort de l'arpentage et rentre dans celui de la *géodésie*. Les procédés à employer sont toujours les mêmes en principe; mais ils se compliquent d'une foule de précautions de détails nécessitées par la disproportion entre la distance à mesurer, et la longueur de la base dont on peut disposer. Il faut alors établir, sur tout le pays qui sépare les deux stations extrêmes, un nombre plus ou moins grand de stations intermédiaires qui formeront les sommets d'un réseau de triangles couvrant toute la contrée sur laquelle on opère. Tous ces triangles seront résolus de proche en proche, après qu'on aura mesuré leurs angles, ainsi que le côté *d'un seul* d'entre eux qui constitue ainsi la base de toute la *triangulation*. On pourra de la sorte déterminer la figure exacte de chacun des triangles du réseau, et par suite la distance des points extrêmes. La longueur de la base ne sera pas mesurée avec la chaîne qui ne permettrait pas une précision suffisante, mais bien avec des règles de platine ou de sapin que l'on place bout à bout sur des tréteaux, dans un alignement jalonné d'avance. Il faut s'attacher à bien placer les règles dans un même plan horizontal, et tenir compte des dilatations et contractions produites par les variations de température. L'ensemble des précautions à prendre est tellement considérable qu'il ne faut pas moins d'*un mois* pour mesurer la longueur d'une base de 10 à 12 kilomètres. Les angles des triangles doivent être déterminés avec le même soin, et projetés ensuite sur le plan horizontal, ce qui exige la résolution d'angles trièdres et l'emploi des formules de la trigonométrie sphérique. Enfin il est impossible de négliger la courbure de la terre dans l'étendue des triangles qui ont plusieurs kilomètres de côté; la somme des trois angles du triangle cesse d'être égale à 180°, ce qui introduit de nouvelles complications de calcul, et, de plus, comme la distance de deux verticales augmente à mesure qu'on s'élève au-dessus du sol, il faut rapporter les longueurs de tous les côtés au niveau de la mer, ce qui exige que toute l'opération soit accompagnée d'un gigantesque travail de nivellement.

Les mesures qui ont été faites à la fin du siècle dernier par la *Commission des poids et mesures* pour l'établissement du système métrique sont restées célèbres. On sait que le problème consistait à déterminer en toises la longueur de l'arc de méridien compris entre Dunkerque et Barcelone. Les opérations furent conduites avec un soin et un succès parfaits, comme on a pu le constater par la vérification suivante : la base avait été prise non loin de Melun, entre cette ville et le village de Lieusaint. Lorsqu'on arriva à l'extrémité du réseau, on voulut mesurer directement l'un des côtés d'un des derniers triangles, afin de juger de l'exactitude de toute l'opération. On choisit donc, dans les environs de Perpignan, une seconde base dont la longueur pouvait se déduire de la série de mesures précédemment effectuées, et l'on mesura directement cette base sur le terrain. La différence entre la longueur calculée, et la longueur mesurée ne dépassa pas *dix pouces*, et cette base avait plus de 12 kilomètres de longueur.

Ajoutons enfin que c'est aussi par des procédés semblables en principe, mais d'une exécution beaucoup plus compliquée, que les astronomes sont parvenus à déterminer les distances qui nous séparent des astres. Pour la lune, le soleil et les planètes, la base peut être prise à la surface de la terre, mais pour les étoiles fixes, les dimensions de notre globe sont trop petites, eu égard à leur éloignement considérable, et la méthode devient illusoire. Il faut alors prendre pour base le diamètre du cercle que la terre décrit en un an autour du soleil, et encore ne peut-on déterminer de cette façon que les distances d'une quinzaine d'étoiles, les plus rapprochées de nous. Les autres sont trop loin pour que cette base, qui a pourtant 72 millions de lieues de longueur, puisse utilement servir à déterminer leur éloignement. — M. F.

DISTILLATEUR. T. *de mét.* Le nom de *distillateur* s'applique à des industriels qui s'occupent de travaux fort différents. 1° Le *distillateur* proprement dit fabrique de l'alcool à l'aide de matières saccharines (betteraves, mélasses) ou à l'aide de matières saccharifiables (fécules, grains), qu'il fait fermenter après saccharification, et qu'il distille pour en retirer de l'alcool plus ou moins pur; cet alcool est livré ensuite aux nombreuses industries qui l'emploient comme matière première. Les procédés de cette industrie sont décrits à l'article Distillerie. — V. ce mot.

2° Le *distillateur-liquoriste* prépare toutes les liqueurs de table, soit exclusivement alcooliques, soit alcooliques et sucrées : il emploie l'alcool à divers degrés de concentration et le redistille quelquefois pour préparer certaines liqueurs, telles que l'absinthe, mais il n'en fabrique pas. L'alcool employé chez les distillateurs liquoristes provient, pour la presque totalité, des distilleries. C'est chez le distillateur que sont fabriqués la plus grande partie des eaux-de-vie, rhums, kirsch, livrés à la consommation. L'alcool d'industrie, préalablement étendu d'eau et ramené à 50 ou 55°, est additionné de substances aromatiques appropriées. L'industrie du distillateur-liquoriste augmente chaque jour d'importance en France : des usines considérables se disputent la clientèle des établissements publics et des négociants intermédiaires. — V. Liqueur.

DISTILLATION. La *distillation*, dans le sens absolu du mot, est la séparation d'un corps volatil par vaporisation d'abord, et, par condensation ensuite, d'autres corps non volatils ou moins volatils que le premier. Le mélange de plusieurs substances solides ou liquides, de points d'ébullition différents, peut être séparé par distillation en chacun de ses composants, par un fractionnement méthodique.

Les propriétés physiques d'un corps pur étant invariables, le point d'ébullition de ce corps sera constant; et, lorsqu'il s'agira de le séparer par distillation, d'un autre corps auquel il est mélangé, un thermomètre dont la panse sera plongée dans la vapeur formée, indiquera la température de cette vapeur et conséquemment le point d'ébullition du produit qui distille. Aussi longtemps que cette température sera constante, le corps qu'on veut séparer passera seul à la distillation; lorsque cette température s'élèvera, on sera certain que la nature du produit qui passe à la distillation est différente du premier. Il est bien entendu que les indications du thermomètre ne seront exactes, que si on opère à la tension atmosphérique ; les points d'ébullition normaux étant considérablement modifiés en plus ou en moins, par une pression ou une dépression artificielles.

Nous avons donné, dans toute sa simplicité apparente, la définition du mot *distillation* ; en réalité, les phénomènes qui se manifestent pendant cette opération sont bien plus complexes qu'ils ne le paraissent d'abord, et sont subordonnés à des lois physiques et chimiques d'ordres différents qui en troublent la simplicité. Il faut donc en tenir scrupuleusement compte, dans une analyse par distillation, d'un mélange de produits de points d'ébullition différents. Sans entrer dans l'énoncé et la discussion des lois qui régissent la formation des vapeurs, le mélange des vapeurs entre elles, le mélange des gaz et des vapeurs (ces lois sont étudiées à l'article Vapeurs), nous devons cependant, pour l'intelligence des résultats pratiques de la distillation, nous occuper un peu de l'influence de ces mélanges de vapeurs, sur la séparation par distillation, de corps diversement volatils, et pour cela rappeler quelques points théoriques : 1° On sait que la force élastique ou tension de la vapeur d'eau, presque nulle à 0 (mercure $0^m,0046$) augmente peu à peu et beaucoup plus rapidement que la température, si on élève la température de cette eau ; elle atteint son maximum de tension à l'air libre (mercure $0^m,760$ en moyenne), au moment où l'eau à 100° entre en ébullition. Afin d'éviter les explications, nous donnerons quelques chiffres d'après Regnault:

Température	Force élastique en millimètres de mercure	Tension en atmosphères
0°	4.60	0.0061
+ 10°	9.17	0.0120
+ 20°	17.39	0.0229
+ 30°	31.55	0.0415
+ 40°	54.91	0.0723
+ 50°	91.98	0.121
+ 60°	148.79	0.196
+ 70°	233.09	0.307
+ 80°	354.64	0.467
+ 90°	525.45	0.691
+ 100°	760.00	1.000

A l'examen de ce tableau, on voit que l'accroissement de la force élastique ou tension n'est pas proportionnel à l'élévation de la température, mais que la tension s'élève, comme nous l'avons dit ci-dessus, bien plus rapidement. Ainsi, pour 10° de température, de 0 à 10°, la tension ne s'est accrue que de 4 millimètres 57 centièmes de millimètres, tandis que pour 10° également, de 50° à 60°, elle a augmenté de 57 millimètres, et de 90 à 100° de 235 millimètres.

Cette observation est importante à retenir, et,

pour mieux fixer les idées, nous supposerons un mélange d'eau et d'alcool, en admettant un instant pour le raisonnement (ce qui n'est pas en réalité) que ces corps mélangés conservent chacun leur point d'ébullition propre. A 80° environ, l'alcool aussi complètement déshydraté qu'il peut l'être, sans moyens spéciaux, entrera en ébullition et la tension sera de 760 millimètres; mais à 80° l'eau elle-même aura déjà une tension élevée, 354 millimètres, et elle émettra des vapeurs qui se mélangeront avec la vapeur d'alcool. Si l'eau, au lieu d'entrer en ébullition à 100° ne bouillait qu'à 250 ou 300°, sa tension à 80° serait bien moindre, et les proportions du mélange seraient changées, l'alcool se volatiliserait presque seul. Lorsqu'il y a plusieurs corps volatils en mélange, ils agissent de la même façon les uns à l'égard des autres ; le plus volatil distille en majeure partie, mais les autres sont entraînés en quantité proportionnelle à la tension de leur vapeur, à la température à laquelle la distillation s'opère.

Ainsi, dans la distillation d'un mélange de corps volatils, le plus volatil distille d'abord, mais sa vapeur se sature des vapeurs émises par les corps moins volatils (on sait que les vapeurs ont les propriétés physiques du gaz), et le produit condensé est impur.

2° Des perturbations d'un ordre chimique peuvent aussi influencer la séparation régulière des mélanges de produits volatils par distillation. Pour donner un exemple, nous citerons les expériences si intéressantes d'Isidore Pierre ; d'après ses études, un mélange d'eau et d'alcool amylique bout à 96°, et distille à 96° aussi longtemps qu'il y a de l'alcool amylique dans l'appareil. Cependant l'eau pure bout à 100°, et l'alcool amylique à 132° ; le mélange de ces deux produits bout donc à une température inférieure au point d'ébullition de l'eau, le plus volatil des deux. Les alcools butylique et propylique présentent les mêmes phénomènes, et le point d'ébullition du mélange de l'eau et de l'un de ces alcools peut s'abaisser jusqu'à 88°. Il y a, dans ces cas, une action du même ordre que dans certains alliages, où le point de fusion de l'alliage est inférieur à celui du plus fusible des composants.

On voit donc que la distillation pure et simple d'un mélange de corps volatils, ne permet pas une séparation absolue de chacun des composants ; et que, ceux-ci, recueillis à part par des fractionnements aussi scrupuleux que possible, basés sur les indications du thermomètre, ne sont jamais et ne peuvent être complètement purs. Ils renferment toujours des proportions plus ou moins importantes des autres corps auxquels ils étaient primitivement mélangés, et il faut plusieurs opérations successives pour obtenir à un état de pureté, relatif encore seulement, une partie de chacun des composants. Nous verrons ultérieurement les moyens employés pour purifier la vapeur qui se dégage des produits mélangés mis en distillation.

Nous avons supposé plus haut *pour le raisonnement*, que les produits volatils mélangés conservaient chacun son point d'ébullition propre. Mais cette supposition n'est à peu près vraie que pour les produits qui ne se dissolvent pas les uns dans les autres, et elle est absolument erronée lorsque ces produits sont dissous les uns dans les autres, et même probablement combinés, comme les solutions d'alcool et d'eau. Le point d'ébullition des mélanges d'eau et d'alcool est en raison inverse de leur richesse, c'est-à-dire d'autant plus élevé qu'ils contiennent moins d'alcool. Cette perturbation dans les points d'ébullition normaux de chacun des composants, augmente encore les causes d'impureté dans le produit qui distille, et exagère en même temps les proportions de produits les moins volatils passant dans le produit le plus volatil qui se vaporise.

Nous répétons donc qu'une distillation pure et simple ne permet pas l'analyse des composants du mélange qu'on distille, et qu'elle ne donne de résultats absolus que lorsqu'il s'agit de séparer un corps volatil d'autres corps non volatils, par exemple de retirer de l'eau pure d'une solution plus ou moins saline. — V. à la fin de l'article le § *Résumé*.

Lorsqu'on distille un mélange de plusieurs produits volatils ayant chacun son point d'ébullition propre, le produit le plus volatil distille d'abord, mais sa vapeur contient des quantités de chacun des autres produits, proportionnelles à la tension ou force élastique de la vapeur de chacun de ces produits, à la température à laquelle s'opère la distillation. La distillation n'est donc pas un moyen d'analyse quantitative, mais elle peut permettre par une série de fractionnements, de distillations successives et d'analyse des vapeurs dégagées, d'obtenir à l'état de pureté une partie de chacun des composants du mélange, et d'en faire l'analyse qualitative.

Nous nous sommes occupé jusqu'ici de la distillation simple, qui consiste, sans autre opération, à vaporiser un ou plusieurs liquides mélangés, dans un vase clos, alambic ou ballon, à refroidir cette vapeur dans un réfrigérant où elle se condense, et à recueillir le liquide condensé. On a vu qu'on pouvait, à l'aide du thermomètre, suivre la marche de l'opération, et recueillir à part les fractions qui ont distillé à une température à peu près constante.

A l'article Alcool, on peut voir les appareils de laboratoire et quelques formes industrielles d'appareils de distillation.

Nous avons maintenant à étudier sommairement les méthodes diverses d'analyse des mélanges de vapeur, employées pour augmenter la pureté de cette vapeur en éliminant la plus grande partie des produits étrangers à celui qu'on veut recueillir. Si on met en ébullition un mélange d'alcool et d'eau contenant, par exemple, 50 0/0 d'alcool, aux premiers moments de la distillation, la vapeur produite aura une température de 81°,5 environ et contiendra 85 parties d'alcool et 15 parties d'eau. Elle sera donc beaucoup plus riche déjà que le liquide qui l'a produite, puisque celui-ci ne contenait que 50 parties d'alcool en volume. Nous avons vu que la température de cette vapeur était 81°,5 ; or, la température de la vapeur d'alcool anhydre est d'environ 78°,4 et celle de l'alcool contenant quatre à cinq pour cent d'eau, d'environ 76°,8 à 77° (inférieure à celle du plus volatil des corps mélangés) ; si donc on fait subir à cette vapeur à 81°,5 de température un refroidissement partiel, dans des proportions telles que la vapeur seule sortant du réfrigérant, n'ait plus que 77 à 78° de température ; une partie de cette vapeur se condensera, et la partie condensée sera évidemment composée surtout de la fraction la moins volatile du mélange, c'est-à-dire de l'eau ; et, après cette première condensation, la vapeur non condensée sera enrichie et son titre alcoolique pourra s'être élevé de 85 à 95°.

On fait donc subir à la vapeur une opération inverse de la première ; on avait provoqué par la chaleur une production de vapeur, et par un refroidissement ménagé on condense une partie de cette vapeur, et, le produit condensé, constitue une grande proportion des impuretés, tandis que la vapeur qui a résisté au refroidissement s'est enrichie et épurée ; on est arrivé par cet artifice à obtenir le résultat qu'on aurait eu, s'il avait été possible de ne volatiliser à peu près que l'alcool du mélange d'eau et d'alcool mis en distillation. La partie condensée, riche encore en alcool, retombe dans l'appareil de distillation, et la vapeur qui a résisté à ce refroidissement partiel, se condensant complètement dans un réfrigérant, donne de l'alcool à haut degré approchant de la pureté.

Nous ne donnons ici que la théorie de l'analyse et de l'enrichissement des vapeurs ; dans l'article DISTILLERIE, nous examinerons les appareils qui produisent cette analyse. Nous dirons cependant que, pour obtenir le résultat le plus complet possible, il faut condenser non seulement la vapeur d'eau ou du corps le moins volatil, mais condenser aussi une fraction importante du produit que l'on veut recueillir. On arrive seulement ainsi à approcher le plus possible de la température de vaporisation du produit pur à obtenir.

Dans les travaux de laboratoire, lorsqu'on a à isoler par distillation un corps volatil, on surmonte l'appareil d'une colonne plus ou moins haute, atteignant jusqu'à deux mètres de hauteur pour les séparations les plus délicates. Cette colonne (tube de Lebel) se compose de un ou plusieurs tubes, réunis ensemble par emboîtements rodés à l'émeri. Ces tubes sont formés par une série de renflements soufflés en ampoules, séparés l'un de l'autre par un étroit passage pour la vapeur. On obtient ainsi une surface de refroidissement très considérable relativement à la quantité de vapeur qui traverse ces tubes, et ce refroidissement est très doux et très ménagé, puisqu'il ne s'opère que par rayonnement dans l'air. La condensation retombe de boule en boule par un petit tube recourbé en siphon, jusqu'à l'appareil de distillation, et la vapeur qui a échappé à la condensation se rend par l'extrémité du tube de Lebel dans un réfrigérant.

Malgré ces condensations successives de boule en boule, la séparation de l'alcool de l'eau est encore bien incomplète ; il est difficile d'obtenir une déshydratation supérieure au titre de 93 0/0 d'alcool. Notre collaborateur, M. Durin, a construit un appareil de laboratoire, auquel il compte donner une extension industrielle, qui permet très facilement une séparation plus complète des produits volatils, et dont la simplicité est extrême. Sur le ballon dans lequel s'opère la volatilisation du mélange à distiller, on fixe un simple tube en verre de 0m,03 environ de diamètre intérieur et de 0m,80 à 1 mètre de hauteur. Ce tube est rempli soit de tournures métalliques fortement comprimées, soit de perles de feldspath ou de porcelaine de 0m,003 à 0m,004 de diamètre. La vapeur produite dans le ballon s'élève dans le tube et traverse lentement la colonne de perles. Pendant ce parcours, une condensation abondante se produit sous l'influence du refroidissement de la surface du tube, et surtout par suite du frottement ou travail mécanique de la vapeur, passant au travers des perles ; elles forment non seulement une série presque infinie de chicanes, mais encore elles ont ensemble une surface considérable. La condensation mouille cette énorme surface relative, et, comme elle est elle-même au point d'ébullition du liquide, elle émet des vapeurs abondantes d'une tension élevée, vapeurs d'évaporation et non de vaporisation, composées de la partie la plus volatile du mélange. Ces vapeurs sont lentement entraînées vers la sortie et sont dans un état de pureté très avancé. Le degré alcoolique s'élève de 96 à 97 0/0, et les séparations des divers composants d'un mélange de vapeurs, se font avec une extrême netteté.

Distillation sous vide. On peut avoir intérêt à distiller sous vide, pour plusieurs raisons : 1° parce que l'écart entre les points d'ébullition des composants d'un mélange à distiller, n'est pas toujours le même sous vide ou à la tension atmosphérique, et que la plus grande étendue de ces écarts peut faciliter les séparations ; 2° parce que la distillation s'opérant à plus basse température sous vide qu'à la tension atmosphérique, les réactions, que les divers produits qui existent dans le liquide à distiller, peuvent avoir les uns sur les autres, n'ont pas lieu ou sont atténuées ; 3° l'abaissement du point d'ébullition et par conséquent de distillation produit par le vide peut faciliter beaucoup l'opération et même permettre de distiller certains corps qui se décomposeraient sous l'influence d'une température élevée. Ainsi certaines résines qui ne sont pas volatiles à la tension atmosphérique, distillent sous vide ; d'autres corps, dérivés des goudrons, schistes, etc., paraffines, acides gras, huiles lourdes, ne distillent à la tension atmosphérique qu'en subissant des décompositions plus ou moins importantes, décompositions qui amènent des pertes, souvent très considérables.

La nature particulière des produits à distiller, leurs propriétés peuvent donc, dans certains cas, rendre utile et même nécessaire une distillation sous vide.

Distillation sous pression. Si le vide modifie les tensions relatives des composants d'un mélange à distiller, la pression les modifie aussi, et on peut en certaines circonstances avoir avantage à distiller sous pression. Si dans le mélange des produits à distiller, il en est un ou plusieurs acquérant avec une faible élévation de température, une tension considérable, on peut avoir avantage à la provoquer, car cette tension retarde le point d'ébullition des autres produits. Nous ne parlons de la distillation sous pression que pour le cas où elle conviendrait dans des conditions données qui, du reste, se présentent rarement.

Distillation avec courant de vapeur surchauffée ou non surchauffée. Certains produits, les acides gras notamment, ne distillent pas sous la tension atmosphérique, sans se décomposer plus ou moins profondément; mais si on les chauffe à une température voisine du point d'ébullition, et si on fait traverser la masse à distiller par un courant de vapeur surchauffée; ces acides gras sont entraînés par la vapeur d'eau et distillent sans altération (on a vu à l'article Bougie, les opérations de cette nature que subissaient les acides stéarique, margarique, etc.). Il est probable que dans ce cas, les acides gras à une température voisine de leur point d'ébullition, émettent des vapeurs d'une tension déjà considérable et que ces vapeurs se dissolvent dans la vapeur d'eau agissant comme un gaz (Chevreul, Dubrunfaut).

Dans d'autres cas, la vapeur d'eau agit par simple entraînement; certaines vapeurs ont une densité considérable, et dorment, pour ainsi dire, dans les appareils où on les distille. Ces vapeurs, surchauffées au contact des parois de l'appareil, se décomposent partiellement. Un courant de vapeur d'eau entraîne ces vapeurs et les fait ainsi échapper aux surchauffes et aux décompositions. Par un courant de vapeur surchauffée, on arrive donc à distiller des produits (corps goudronneux, bitumeux), qui ne distilleraient pas sans décomposition partielle ou même qui ne distilleraient absolument pas. Dans certains cas, la combinaison de la vapeur et du vide produit des résultats remarquables, une étude complète de ce mode de distillation a été faite par M. Durin pour l'extraction des composants des tourbes, des résidus de pétrole, etc.

Les corps qui peuvent distiller sont nombreux, ils ont chacun leur nature et leurs propriétés; les uns sont métalliques, d'autres solides non métalliques, d'autres liquides et même gazeux à la température ordinaire; les températures de distillation varient depuis la limite la plus basse voisine de 0° jusqu'aux températures les plus élevées; enfin, certains produits sont décomposables peu au-dessus de leur température de volatilisation. Il résulte de ces conditions variables sur une échelle aussi étendue, que les méthodes de distillation doivent être appropriées à la nature spéciale du produit qu'on doit distiller. Le chauffage des appareils se fera soit au bain-marie d'eau, d'huile, de paraffine et même au bain métallique d'étain, de plomb, etc.; il se fera à feu nu, dans un four ou par gazogène. Le chauffage se fera soit sur le fond de l'appareil, soit par serpentin de vapeur, soit autour de l'appareil (comme pour l'acide sulfurique), suivant les nécessités. Nous ne pouvons entrer dans les détails de chacun de ces procédés, ils trouveront leur place dans l'étude particulière des produits auxquels on les applique. Nous devons nous borner ici à exposer d'une façon générale les diverses conditions dans lesquelles s'opère la distillation.

Distillation sèche. Le terme de *distillation sèche* est impropre; dans ce genre de distillation il y a bien en réalité une production de vapeurs de compositions diverses, qui se condensent dans des réfrigérants de construction spéciale; mais ces vapeurs ne proviennent pas du changement d'état, de produits semblables préexistants dans le corps qu'on soumet à la distillation.

Les corps qu'on soumet à la distillation sèche subissent une calcination en vase clos qui dissocie leurs éléments, et ces éléments dissociés se combinent pour former des corps nouveaux qui ne préexistaient pas. Il y a donc dans cette opération assimilée à une distillation, tout un ordre nouveau de phénomènes absolument différents de ceux qui se passent dans la distillation ordinaire, c'est-à-dire dans la vaporisation d'un produit existant et dans sa condensation pure et simple.

Il est utile de donner quelques exemples qui feront mieux comprendre ce que nous avons dit à ce sujet :

Si on traite le bois non résineux, la houille, le sucre, l'amidon, etc., par le sulfure de carbone, la benzine, l'éther, en un mot par un dissolvant du goudron et des hydrocarbures; on n'en retirera ni goudron ni hydrocarbures; de même que par l'eau on n'en retirera ni acides ni ammoniaque, etc., donc il n'en préexiste pas.

Si on calcine en vase clos ces mêmes produits, la série des produits obtenus en distillation sera très variée : dans la cornue où se sera opérée la calcination, il ne restera que du coke ou carbone pur, ainsi que les sels fixes qui pouvaient se trouver dans la matière distillée, et les autres composants, l'hydrogène, l'oxygène, l'azote et une partie du carbone, se seront associés en diverses combinaisons; en gaz hydrogène carboné, en goudron, naphtaline, paraffine, benzine, en hydrures de la série grasse, en acide acétique, formique, en ammoniaque, en alcool méthylique, etc. Tous ces produits seront donc de formation nouvelle et résulteront d'une association différente des éléments de la matière calcinée dissociée par la chaleur.

Cette opération ne peut donc s'appeler *distillation* que parce qu'on recueille par condensation des produits qui sortent à l'état de vapeur de la cornue.

Tous ces produits ont été ou seront étudiés à leur place sous le nom d'*acide pyroligneux*, d'*alcool méthylique*, de *goudrons* et dérivés, etc., et nous n'avons pas à nous en occuper ici.

Résumé. La distillation, sous toutes ses formes, a été le point de départ de nombreuses industries; sous sa forme la plus simple, elle est constamment employée lorsqu'on veut obtenir de l'eau pure (eau distillée) pour toutes les opérations de laboratoire ou pour certains mélanges, dans lesquels les sels calcaires de l'eau ne se dissolvent pas et occasionnent un précipité ou un trouble.

La distillation de l'eau n'est pas limitée aux usages chimiques et industriels; elle a rendu et rend encore des services d'une grande importance, dans tous les cas où on ne peut se procurer une eau convenable à l'alimentation, notamment à bord des navires qui ont à faire de longues traversées. Autrefois, il fallait emporter des provisions d'eau considérables, et cette eau souvent se putréfiait et devenait impotable. Aujourd'hui, la plupart des grands navires sont installés pour distiller l'eau de mer et en retirer une eau pure, trop pure même pour l'alimentation. Cette eau, privée d'air, dépourvue de sels calcaires qui lui donnent certaines qualités, est fade, peu digestive, et il est utile de l'aérer et de lui donner une petite quantité de bicarbonates calcaires. — V. EAU, § *De l'eau au point de vue alimentaire.*

C'est par distillation qu'on obtient les essences si nombreuses employées dans la parfumerie, dans la fabrication des liqueurs; c'est par elle encore qu'on fabrique l'alcool, dont on consomme, en France seulement, 2,000,000 d'hectolitres par an. Les acides gras, les pétroles, tous les goudrons et leurs nombreux dérivés sont encore obtenus et purifiés par distillation. La fabrication des produits chimiques dont le champ est si étendu, l'emploie dans une foule de cas. Nous ne pouvons énumérer ici toutes ses applications, mais on peut dire que parmi les divers emprunts que l'industrie a faits aux sciences physiques et chimiques, il en est peu qui aient eu d'aussi nombreuses et d'aussi diverses applications.

DISTILLERIE. L'industrie de la distillation des alcools est tellement considérable que le nom générique de *distillerie,* signifie en fait, *fabrication de l'alcool*; bien qu'un certain nombre d'industries (distillation de pétrole, de goudron, etc., etc.) d'une très grande importance, soient aussi des *distilleries.* Nous ne nous occuperons donc dans cette note que de la distillation de l'alcool; les autres distilleries devant être étudiées à leur ordre alphabétique, aux articles GOUDRON, PÉTROLE, etc., etc. En dehors de la grande industrie, on est assez habitué à confondre la distillerie industrielle avec la fabrication des liqueurs; les fabricants de liqueurs prenant généralement la dénomination de *distillateurs.* Cette branche, dérivée de la fabrication principale des alcools, sera étudiée à l'article LIQUEURS.

On sait, qu'à proprement parler, la distillation est l'extraction d'un produit volatil déterminé, d'un liquide composé qui le contient. Mais les alcools ne préexistent pas dans les matières premières qui sont employées à le produire. Nous devons donc, en traitant de la distillerie, nous préoccuper de toutes les opérations préliminaires qui font naître l'alcool, avant qu'on ait à l'extraire par distillation. Ces opérations varient avec les matières premières employées, nous aurons à les examiner successivement, les principales au moins; car les matières alcoolisables sont trop nombreuses pour qu'on les dénomme toutes. En dehors des produits employés dans la grande industrie, il en est d'une importance capitale : les vins, qui produisent ces eaux-de-vie de Cognac, d'Armagnac, uniques au monde; les cerises qui produisent le kirsch, etc., etc. Ces alcools spéciaux seront étudiés en détail, soit aux articles EAUX-DE-VIE, soit aux LIQUEURS. D'autres matières premières font l'objet de préparations ménagères plutôt que d'industries spéciales; nous n'aurons qu'à les citer, eaux-de-vie de prunes, de cerises, etc., etc.

Les principales sources de production de l'alcool industriel sont : les *betteraves,* les *mélasses de betteraves* ou de *cannes,* les *grains,* le *vin,* la *canne à sucre,* le *sorgho,* les *topinambours* et un certain nombre de sèves et de fruits, spéciaux aux contrées qui les produisent, et dont nous ne nous occuperons que très sommairement.

Quelle que soit la source de production de l'alcool, la distillation et la rectification se faisant avec les mêmes appareils, ces opérations seront l'objet d'un chapitre général. Avant de nous en occuper, nous passerons en revue, les méthodes de travail qui s'appliquent à chacune des matières premières de la grande industrie pour les amener à l'état de vin, renfermant l'alcool à extraire par distillation.

L'étude générale de la distillation se composera de trois parties principales : 1° *préparation des moûts et des vins*; 2° *distillation et rectification*; 3° *utilisation des résidus.*

PRÉPARATION DES MOUTS ET FERMENTATION. Les matières premières employées pour la fabrication de l'alcool, se divisent en deux grandes classes, dans lesquelles rentrent tous les produits alcoolisables quelconques. Ceux que nous n'aurons pas dénommés spécialement, trouveront leur place dans une de ces deux classes, et devront se travailler suivant les méthodes convenant à la série à laquelle ils appartiendront.

Ces deux classes sont formées par :

1° Les matières premières dans lesquelles le sucre fermentescible préexiste, et dont le jus ou les dissolutions peuvent être mises en fermentation directement;

2° Les matières premières qui ne contiennent pas ou peu de sucre, mais des matières amylacées (amidon, fécule, inuline) ou de la cellulose. Il faut convertir ces matières en glucoses avant de leur faire subir la fermentation.

La première classe comprend : les betteraves, les mélasses, la canne à sucre, le sorgho, les fruits (raisins, cerises, prunes, caroubes), etc. La seconde classe comprend : les grains ou céréales de toutes natures, la pomme de terre, les bois; en un mot, les amidons, fécules et celluloses.

Certains tubercules sont difficiles à classer et appartiennent en même temps aux deux séries, le topinambour, s'approche très près de la première, la batate plutôt de la seconde. Ces deux sortes de tubercules, contiennent en même temps des sucres fermentescibles et des fécules.

MATIÈRES PREMIÈRES DANS LESQUELLES LE SUCRE, DIRECTEMENT FERMENTESCIBLE, PRÉEXISTE.

Betteraves (1). L'extraction des jus de betteraves s'opère par plusieurs procédés : 1° par râpage de la racine et pression du pressin dans des presses hydrauliques, ou des presses mécaniques continues; 2° par diffusion, ou déplacement par l'eau; 3° par diffusion ou macération par la vinasse (résidu de distillation), ce dernier procédé, dû à M. Champonnois, est surtout appliqué dans les industries agricoles; 4° enfin, on a fait fermenter des cossettes de betteraves entières, sans extraction préalable de jus (Leplay), mais la distillation de ces cossettes présentait des difficultés pratiques, et le procédé quoique excellent en lui-même ne s'est pas généralisé.

Quelque soit le mode d'extraction de jus adopté; avant toute autre opération, les betteraves doivent être lavées et complètement dépouillées de la terre et des pierres qui y restent attachées à la déplantation. A cet effet, elles sont transportées au pied d'un élévateur mécanique qui les envoie dans un laveur épierreur. Cet instrument, dont les formes et les conditions de fonctionnement sont diverses, produit dans tous les cas, une agitation violente de la betterave dans un courant d'eau continu; soit que ce laveur (cylindre à claire-voie, ou percé de trous) intérieurement terminé par une hélice, tourne dans une auge remplie d'eau; soit que, le laveur fixe lui-même, l'agitation se produise par un arbre garni de bras. A l'extrémité du laveur, les betteraves sont saisies par des bras et tombent dans la trémie des râpes ou coupe-racines. La terre et les pierres sont entraînées par le courant d'eau et se déposent dans un réservoir inférieur qu'on nettoie aux heures de repos. La terre est en partie emportée dans des bassins où elle est recueillie à la fin de la campagne, et comme elle est plus ou moins mélangée de détritus organiques, elle forme une excellente terre végétale.

Le transport des betteraves au pied de l'élévateur s'effectue généralement par une petite voie ferrée, mais récemment, un perfectionnement ingénieux a été appliqué par M. Vivien; on jette la betterave dans une rigole, où un courant d'eau rapide l'entraîne à l'élévateur; pendant le parcours, un lavage important s'opère naturellement.

Les betteraves lavées arrivent, comme nous l'avons dit, dans la trémie de la râpe ou des coupe-racines, où elles subissent leur premier traitement industriel.

Râpage et pression. Les betteraves sont râpées par un tambour garni de lames à dents de scie, ou mieux encore de lames ondulées Wackernie, qui, au lieu de donner un pressin irrégulier, forment des rubans d'une longueur indéterminée et d'une extrême finesse. Ce tambour de râpe tourne avec une vitesse généralement considérable, environ 800 tours à la minute, les betteraves sont lentement poussées par des pousseurs mécaniques, à mouvement alternatif, contre le tambour. La betterave râpée se détache du tambour par l'effet de la force centrifuge, et s'écoule dans un bac où elle est prise pour être pressée.

Le râpage des betteraves ayant pour but le déchirement du plus grand nombre possible des cellules qui renferment le jus, doit conséquemment remplir les conditions suivantes :

1° Produire un pressin d'une finesse telle que la plus grande partie des cellules soient déchirées, il ne doit pas renfermer de parties granuleuses, ni de parties non râpées (semelle);

2° Le pressin, tout en ayant une grande finesse, ne doit pas ressembler à une bouillie, sous peine de rendre la pression difficile;

3° La texture du pressin, produit par les lames à dents de scie, varie avec l'état d'usure plus ou moins avancé des lames. Lorsque celles-ci sont neuves, la pulpe râpée est granuleuse, se presse facilement, mais s'épuise mal; les lames usées produisent une pulpe fine s'épuisant bien, mais se pressant difficilement. On comprend que la nature physique de ce pressin varie continuellement depuis le moment où le tambour est monté avec des lames neuves, jusqu'au moment où elles sont usées complètement;

4° Les lames ondulées Wackernie, faisant des rubans d'une extrême finesse, réunissent les deux conditions utiles, la section des cellules, et la texture favorable à la pression;

5° La vitesse des pousseurs doit toujours être en relation directe, avec la vitesse du tambour; on comprend facilement que si le tambour tourne lentement et si les pousseurs se meuvent rapidement, la betterave sera écrasée plutôt que râpée. Si, au contraire, les pousseurs ont une progression lente, la râpe marchant à grande vitesse, la betterave sera usée contre les lames et donnera de la bouillie.

En résumé, les fragments du pressin doivent avoir des dimensions d'une certaine étendue, et cependant les cellules doivent être ouvertes.

Les betteraves contiennent en moyenne 94 à 95 0/0 de jus; il semblerait qu'après râpage, le pressin doit former une masse liquide, mais le jus est mélangé au tissu cellulaire extrêmement divisé, de plus le pressin est émulsionné par une quantité d'air considérable, entraîné par la rotation du tambour; ces deux circonstances concourent à donner à ce pressin une consistance pâteuse qui s'oppose à son écoulement rapide, et, il est généralement bon de faire couler sur la râpe un léger filet d'eau. Lorsqu'on destine les betteraves à la distillation, il est utile de saisir le pressin aussitôt formé, par une petite quantité d'acide sulfurique; et comme il serait dangereux, pour la conservation des lames, de faire couler cette eau acidulée, sur la râpe elle-même, on la fait arriver sous le tambour, au moment où le pressin arrive sur un tablier en cuivre formant large rigole, tablier qui le dirige vers le bac ré-

(1) Le cadre de cette étude sur la distillation, est trop restreint, pour qu'il soit possible de donner les dessins et les explications techniques, de chacun des appareils mécaniques qui constituent l'outillage industriel. Nous ne pouvons donc qu'indiquer leur usage et donner une description sommaire de leur fonctionnement, sans entrer dans les détails de leur construction. Nous n'entreprendrons cette étude détaillée des appareils, que lorsqu'elle sera nécessaire à l'intelligence des principes essentiels du travail ou pour éclairer un point théorique. Nous devrons nous borner aux appareils principaux, pour la betterave, le grain et les autres matières employées.

servoir. Nous verrons dans la suite du travail quelle est la quantité d'acide à employer et la manière la plus avantageuse de le mélanger au pressin.

Bien que la betterave contienne 94 à 95 0/0 de jus, par la pression pure et simple, quelqu'énergique qu'elle soit, on ne parviendrait qu'à en extraire 75 à 78 0/0. Il resterait donc dans la pulpe pressée 18 à 20 0/0 de jus, et le rendement alcoolique ne serait que les quatre cinquièmes environ du rendement représenté par la richesse de la racine. Le jus qui reste dans la pulpe n'est pas seulement interposé dans le tissu cellulaire, mais il est aussi en partie retenu dans les cellules non déchirées par la râpe. Le premier pourrait s'obtenir par un simple lavage, mais les cellules non déchirées ne cèdent le jus qu'elles renferment qu'à la suite d'une macération ou diffusion.

Pour simplifier les explications, nous exposerons sommairement la marche la meilleure à suivre industriellement, en faisant ressortir ensuite ses avantages. La betterave râpée s'est rendue, comme nous l'avons dit, dans un réservoir, il convient de donner à ce réservoir une contenance d'un mètre cube environ et de le munir d'un agitateur mécanique, qui donne à la masse une homogénéité parfaite, et qui répartit exactement l'eau acidulée dans le pressin. Comme le pressin séjourne un certain temps dans le réservoir, une diffusion partielle s'y opère, et l'eau acidulée, ajoutée au râpage (40 à 60 0/0), affaiblit la richesse du jus et conséquemment la perte occasionnée par la proportion de ce jus qui restera dans la pulpe pressée; de plus, les cellules non déchirées contenant un jus pur et riche, étant baignées dans un liquide plus pauvre, il s'établit un courant osmotique du jus des cellules vers la partie liquide, et un équilibre plus ou moins parfait de richesse se produit dans ces deux parties.

Le pressin ayant ainsi subi un commencement de diffusion est pressé une première fois, la pulpe pressée est délayée dans un macérateur horizontal, par un arbre à palettes, avec environ deux fois son poids d'eau chaude acidulée ou de vinasses. La diffusion ou macération se complète, on presse une seconde fois, et le jus de cette seconde pression, faible en densité et pauvre en sucre, est envoyé sous la râpe, et constitue l'apport d'eau acidulée nécessaire à l'opération du râpage et à la première macération dans le bac réservoir de la râpe.

Ainsi, au lieu de mettre de l'eau acidulée, préparée spécialement pour cet emploi, sous la râpe, pour saisir le pressin aussitôt sa formation, on se sert du jus faible provenant de la macération ou diffusion de la pulpe de première pression. Le jus qui s'écoule de la première pression est donc seul mis en fermentation. On arrive ainsi à obtenir un résultat complètement satisfaisant, sans affaiblir en excès la richesse du jus par deux additions successives d'eau. Dans ces conditions, au lieu de perdre dans la pulpe définitivement pressée le cinquième ou le sixième du sucre de la betterave, on n'en perd guère que un douzième au plus.

Les quantités d'eau ou de vinasse à employer varient avec la richesse de la betterave et avec l'épuisement final qu'on veut obtenir.

La quantité d'acide est déterminée par l'acidité libre que doit contenir le jus pour la fermentation. Mais ce n'est pas comme opération préparatoire à la fermentation qu'on acidifie le jus pendant la période d'extraction. Aussitôt que le jus de betteraves est en contact avec l'air, il s'oxyde, se colore et commence à s'altérer, l'acidité empêche ces réactions; de plus, la diffusion du sucre des cellules non déchirées, est beaucoup plus rapide dans un liquide acide que dans un liquide neutre; enfin, l'acide produit une certaine défécation ou coagulation des matières albumineuses et fluidifie le jus qui s'écoule plus facilement à la pression et enrichit en même temps la pulpe en matières nutritives.

Presses. Autrefois, on se servait presque uniquement de presses hydrauliques; le pressin était renfermé dans des sacs en tissu très clair, ces sacs étaient étagés sur le plateau de la presse et entre chacun d'eux on interposait une claie. La pression était énergique (deux à trois cents atmosphères sous le piston de la presse), mais la main-d'œuvre était considérable; aujourd'hui, elles sont presque partout abandonnées, du moins pour la distillerie, et on ne se sert plus que de presses continues. Celles-ci sont un peu moins énergiques, mais le travail est automatique, il ne faut plus de sacs, de claies, etc.; la main-d'œuvre est à peu près négligeable; la pression moindre est largement compensée par les facilités d'épuisement de la pulpe par la macération.

Presses continues. Il y a divers systèmes de presses continues; elles diffèrent entre elles, soit par la nature de la surface filtrante, soit par quelques détails mécaniques plus ou moins importants. Nous n'entrerons pas dans le détail de leur construction; mais elles produisent toutes le même résultat industriel, si elles n'ont pas toutes la même valeur économique. Le pressin est envoyé par une pompe foulante dans une caisse close, et il ne peut s'échapper qu'en passant entre deux ou plusieurs cylindres filtrants extrêmement rapprochés l'un de l'autre. Le jus traverse cette surface filtrante et sort par l'intérieur du cylindre; la pulpe pressée se lamine entre les deux cylindres et est dirigée, suivant les besoins, vers le macérateur avant la deuxième pression ou au dehors de l'usine. On a construit quelques presses continues d'un autre système, mais nous ne pouvons nous y arrêter.

Au sortir de la deuxième pression, une pulpe bien macérée ne doit pas contenir plus de 2 1/2 à 3 0/0 de sucre, et comme on en produit en moyenne 25 0/0 du poids de la betterave, on ne perd que 0,70 à 0,75 0/0 du sucre de la racine. Ces chiffres ne sont évidemment pas absolus, ils dépendent de la pression, de la perfection et du nombre de macérations qu'on fait subir à la pulpe, ainsi que du prix de vente de cette pulpe; on peut avoir intérêt à épuiser moins la pulpe et à en obtenir davantage, si sa valeur vénale est assez élevée pour compenser et au delà les dépenses d'un épuisement très avancé.

Un des défauts des presses continues, surtout si le râpage est défectueux, consiste dans la quantité assez importante de pulpe folle, ou fragments très ténus de tissu cellulaire, entraînée dans le jus. Avec les lames ondulées Wackernie, cette quantité est très faible; comme la présence de cette pulpe folle n'est pas sans inconvénients pour la suite du travail, on tamise le jus avant de l'envoyer aux cuves de fermentation. Le jus est aussi plus mousseux qu'avec les presses hydrauliques, l'air que contient le pressin après le râpage, l'air qui peut être aspiré par les pompes, émulsionne le jus d'une façon quelquefois gênante; mais si l'acidité est convenable, cette mousse s'éteint rapidement.

En résumé, les presses continues, sont des outils très industriels et donnent d'excellents résultats.

Extraction du jus par diffusion par l'eau. Nous ne parlerons que pour mémoire de cette méthode d'extraction, on n'en a guère fait usage que dans quelques cas isolés, et elle ne s'est pas encore étendue. On peut opérer cette diffusion avec de la vinasse, mais les appareils de diffusion employés en sucrerie (V. Diffusion) sont assez coûteux et de plus la diffusion en distillerie se faisant avec des liquides acides, il faut tenir compte de cette exigence dans la construction des appareils. Nous ne nous étendrons pas davantage sur ce procédé, ses résultats, sauf la modification du travail acide, sont absolument les mêmes que ceux qui ont été décrits à propos de la diffusion en sucrerie.

Macération par la vinasse. *Procédé Champonnois.* La betterave est découpée en cossettes par un coupe-racines centrifuge Champonnois, ces cossettes tombent dans un distributeur à pivot qui les distribue à volonté dans l'une des cuves de la batterie de macération. Les cuves qui composent la batterie sont disposées en cercle; à quelques centimètres au-dessus du fond de chaque cuve est établi un diaphragme en bois, percé de trous, destiné à supporter la masse des cossettes, et à 30 centimètres environ du haut de la cuve, un diaphragme semblable sera posé au-dessus des cossettes, pour les maintenir plongées dans le liquide macérant pendant l'opération.

Le passage du liquide d'une cuve dans la suivante, se fait par un gros tuyau prenant naissance au-dessous du diaphragme intérieur de cette cuve et débouchant au-dessus du diaphragme supérieur de la seconde. En ne considérant, pour le moment, que le passage du liquide, on voit que le jus qui aura traversé les cossettes de la cuve n° 1, passera du fond du n° 1 au-dessus du n° 2, du fond du n° 2 au-dessus du n° 3 et ainsi de suite.

Supposons maintenant toutes les cuves vides, on les remplit de cossettes fraîches en les imprégnant au fur et à mesure d'eau acidulée; lorsque les cuves sont pleines, on fixe les diaphragmes supérieurs. On fait couler la vinasse bouillante sur le n° 1, cette vinasse s'enrichit d'une partie du sucre de la cossette, arrive sur le n° 2 où elle s'enrichit encore et ainsi de suite, jusqu'à ce que les cossettes de la cuve n° 1 soient épuisées. On laisse écouler dans une rigole le liquide qu'elle contient, et on vide par un trou d'homme, pratiqué à la partie inférieure de la cuve, au-dessus du diaphragme, la pulpe macérée et épuisée qui sert directement à la nourriture des bestiaux; et on remplit cette cuve de cossettes fraîches.

Il arrive souvent que cet épuisement méthodique des cossettes, qui est le meilleur, devient impossible en pratique, par suite de la mauvaise disposition des tuyaux de passage d'une cuve dans l'autre, ou par suite encore de la trop faible hauteur de la partie de la cuve comprise entre le diaphragme supérieur et le haut de la cuve. Dans ce cas, la cuve n° 1, par exemple, peut déborder avant que le jus n'arrive sur le n° 2, et il faut renoncer à l'épuisement méthodique. Au lieu d'opérer, comme dans la diffusion, en faisant passer le jus d'une cuve dans l'autre; on épuise incomplètement chaque cuve isolément, on envoie à la fermentation, le jus fort qui a passé le premier, et on complète à peu près l'épuisement en reprenant le jus faible et en l'envoyant avec une pompe sur le macérateur suivant.

La macération des cossettes de betteraves par la vinasse chaude est un bon procédé en lui-même, mais il est souvent mal employé et l'épuisement du sucre est généralement bien incomplet. Les cossettes, qui ne devraient plus contenir que 0g,40 à 0g,50 de sucre pour 100 grammes de pulpe après macération, en contiennent souvent de 1,5 à 2,5, en moyenne au moins 2 0/0, ce qui représente à peu près 1k,250 à 1k,500 de sucre par 100 kilogrammes de betteraves, c'est-à-dire que le sixième ou le septième du sucre est perdu pour le rendement alcoolique.

On peut attribuer cet épuisement si incomplet à plusieurs causes : 1° défaut de méthodicité dans la macération; 2° tassement irrégulier des cossettes dans la cuve, à certains endroits, le liquide passe difficilement à travers les cossettes, et s'ouvre un canal, ou des canaux par lesquels la vinasse passe sans produire d'effet utile; 3° à la mauvaise coupe et à l'irrégularité des cossettes.

L'industrie agricole, dans laquelle la macération est presque exclusivement employée, ne comporte que de petites usines; l'agriculteur n'a pas le temps de s'y consacrer lui-même, et ne peut avoir un personnel dirigeant suffisamment expérimenté et assez technique, pour étudier les détails du travail; et cependant, aucun procédé ne demande plus de soins et plus de connaissances réelles du travail que le procédé Champonnois. M. Champonnois a rendu d'éminents services à toute l'agriculture française par son invention qui peut, tout en donnant un produit élevé à l'hectare de betteraves par la fabrication de l'alcool, laisser une nourriture abondante et excellente pour les bestiaux; il est donc désirable que l'application individuelle des agriculteurs réponde aux vues élevées de l'inventeur.

1° Il faut donc s'efforcer d'obtenir de la méthodicité dans l'épuisement;

2° Il faut que les cossettes tombent régulièrement et également dans toutes les parties de la cuve pour que le tassement soit le même partout. Pour cela on avait employé plusieurs moyens, soit chargement à la main, soit par appareils mécaniques; mais leur résultat assez général était défectueux, les cossettes étaient toujours plus élevées à certains points. M. Stéphen David paraît avoir obtenu de bons résultats par un système de chargement particulier employé déjà dans un certain nombre d'usines. Le coupe-racines, au lieu d'être fixe et à axe horizontal, est à axe vertical et mobile. On amène successivement le coupe-racines monté sur galets, au centre de chaque macérateur à charger. Il se meut sur un petit chemin de fer. Les cossettes sont projetées en rayonnant contre la paroi du macérateur, et s'étagent régulièrement en formant légèrement l'entonnoir. D'après l'inventeur, cette disposition est très favorable à l'épuisement; ainsi que le démontrerait le plus grand épuisement des pulpes avec une quantité de liquide ou vinasses moindre. Cet épuisement serait dû à l'action combinée d'un chargement régulier et d'un découpage plus parfait des cossettes; les pulpes ne contiendraient plus que 0,400 à 0,600 de sucre par 100 kilogrammes de betteraves.

On sait combien il est utile dans la diffusion employée en sucrerie, d'avoir des cossettes nettement coupées et aussi régulières que possible de forme. Dans la macération en distillerie, la nature des cossettes a tout autant d'importance. Il est difficile d'installer dans une distillerie agricole, des coupe-racines coûteux et demandant des soins particuliers, comme on le fait dans les grandes sucreries. Pour arriver à un résultat analogue, M. Stéphen David a modifié les coupe-racines ordinaires de distillerie, de la manière suivante :

Les lames des coupe-racines Champonnois présentent alternativement une dent coupante et un vide, M. Stéphen David, emboîte dans les lames ordinaires, une contre-lame qui remplit les vides et produit ainsi des cossettes dont la section devient très nette et d'une épaisseur variable à volonté, mais constante lorsqu'on les a réglées. C'est cette régularité de dimensions qui permet un épuisement égal dans toutes les cossettes dans le même temps.

Fermentation du jus de betteraves. Les indications théoriques et industrielles que nous donnerons sur la fermentation du jus de betteraves, devant s'appliquer, sauf quelques modifications de détail, à la fermentation de tous les liquides sucrés, nous leur consacrerons un chapitre assez étendu auquel on pourra se reporter lorsqu'il sera question du travail des autres matières premières. Nous ne ferons que de très sommaires incursions dans la partie théorique, celle-ci devant faire l'objet d'une étude spéciale à l'article Fermentation, et nous n'indiquerons que les points indispensables pour bien déterminer les caractères d'une bonne fermentation.

La formule de transformation du sucre en alcool, de Lavoisier, est:

$$\underset{\text{Sucre}}{C^{12}H^{11}O^{11}} + HO = \underset{\text{Glucose}}{C^{12}H^{12}O^{12}} = 2(\underset{\text{Alcool}}{C^4H^6O^2}) + 4(\underset{\text{Acide carbonique}}{CO^2})$$

en équivalents :

$$171 \quad + 9 = \quad 180 \quad = \quad 92 \quad + \quad 88$$

Ainsi, d'après Lavoisier, 171 grammes de sucre de canne, se transformant en 180 grammes de sucre interverti, devaient produire par la fermentation 92 grammes d'alcool et 88 grammes d'acide carbonique; d'où 100 grammes de sucre cristallisable donnaient 53gr,80 d'alcool absolu ou en volume $\frac{53,8 \times 100}{79,4}$ soit 67cc,75.

Le rendement théorique de 100 kilogrammes de sucre serait donc, suivant Lavoisier, de 67 litres 750cc d'alcool absolu. Mais les résultats théoriques réels, constatés par divers savants après Lavoisier, faisaient reconnaître une perte inexpliquée. Pasteur, dont les travaux si précis sont connus de tous, en donna le premier la raison; il reconnut, à la suite d'expériences délicates, que la formule de Lavoisier doit être modifiée, et que si le sucre *qui se transforme en alcool, se transforme bien suivant cette formule,* une certaine partie du sucre ne subit pas la fermentation alcoolique et entre dans diverses combinaisons.

Pasteur a démontré que les produits réels formés par la fermentation de la saccharose du sucre de canne étaient en centièmes et en poids.

Alcool	51.11
Acide carbonique	49.42
Acide succinique	0.67
Glycérine	3.16
Cellulose, graisse, matières extractives	1.00
	105.36

Donc 100 parties de sucre cristallisable donnent théoriquement 64,3 d'alcool en volume au lieu de 67,75, chiffre admis par Lavoisier (à 100°).

Mais cette formule elle-même est inexacte en pratique, car l'alcool qui se forme pendant la fermentation n'est jamais de l'alcool éthylique pur, dans toute fermentation, il est accompagné d'alcools supérieurs (dans la série des alcools), c'est-à-dire d'alcools propylique, butylique, amylique; des aldéhydes de chacun de ces produits, etc., etc. En opérant la fermentation avec de la levure pure et du sucre pur, avec toutes les précautions d'une analyse minutieuse, peut-être n'aurait-on pas de ces alcools étrangers. Ils sont peut-être dus à des réactions secondaires, parallèles à la fermentation; et, il n'est pas impossible, qu'au lieu d'être l'accompagnement nécessaire de la fermentation alcoolique, ils soient plutôt le résultat des impuretés du moût, des principes immédiats, autres que le sucre, qui préexistent dans les matières premières employées et, enfin, de l'impureté des levains. La fermentation industrielle ne peut pas se faire non plus dans les conditions de régularité de température, de préservation contre les germes étrangers, qu'on peut apporter dans une expérience théorique.

Il y a de plus des pertes matérielles à subir en

industrie, l'acide carbonique qui se dégage dissout des produits volatils, la distillation n'épuise pas absolument les vins, la rectification occasionne des déperditions, par les fuites insensibles des appareils; enfin, il y a de l'évaporation. Il faut compter aussi que la fermentation dans les limites pratiques de temps qui lui sont consacrées n'est pas absolument complète. Toutes ces causes réunies font qu'on n'arrive pas en pratique, à atteindre le résultat théorique, lorsqu'on fait fermenter le sucre de canne; à plus forte raison, ne l'obtiendrait-on pas quand le sucre ne préexiste pas et qu'il faut le former.

Dans un bon travail, on peut retirer 58 litres d'alcool rectifié à 100° pour 100 kilogrammes de sucre de canne mis en fermentation, au lieu de 64 litres indiqués par la théorie; Dubrunfaut avait admis un chiffre un peu inférieur, 56 litres. On admet généralement que la proportion de levure pressée nécessaire pour obtenir une fermentation complète, doit être de 2 1/2 à 3 0/0 du poids du sucre; si le moût ne contient pas lui-même de matières azotées assimilables et solubles, pouvant nourrir les globules de levure et provoquer leur multiplication. Dans le jus de betteraves, ces matières azotées existent abondamment, et la levure de nouvelle formation suffit pour entretenir, presque indéfiniment, la fermentation de tout le jus qui est ajouté sur un moût, dans lequel la fermentation est établie. Ce point économique important a été étudié et découvert par M. Dubrunfaut, le véritable créateur de la distillerie, et savant aussi éminent qu'industriel distingué; ce mode de fermentation est connu sous le nom de *fermentation continue*.

On sait que le sucre de canne (saccharose ou sucre cristallisable) ne fermente pas directement, et qu'il faut qu'il soit préalablement interverti ou converti en glucoses de la formule $C^{12}H^{12}O^{12}$. Dubrunfaut et Persoz avaient fait connaître que, si on fait passer plusieurs fois une solution de saccharose sur un filtre contenant de la levure de bière, une partie de la saccharose était intervertie. Berthelot a constaté que ce pouvoir inversif était dû à un ferment soluble existant dans les cellules de levure.

La levure a donc, à elle seule, le double pouvoir nécessaire à la fermentation du sucre cristallisable; celui de transformer le sucre en glucoses, et celui de convertir ces glucoses en alcool. Ces deux réactions ne sont pas tranchées, l'inversion commence immédiatement, mais comme, pour être complète, elle demande un temps assez long, les premières parties interverties commencent à se transformer en alcool, et les deux réactions marchent ensuite parallèlement. Il importe cependant que le milieu dans lequel réagit la levure soit le plus favorable à ces deux actions, car les sucres en solutions faibles, densité moyenne des jus en fermentation, s'altèrent avec une grande rapidité et subissent des fermentations variées. Nous ne sommes pas éloignés de croire que la plupart des accidents de fermentation qui se rencontrent en industrie, ont pour point de départ les défectuosités de ce milieu qui entravent ou affaiblissent le pouvoir inversif du levain et qui permettent une altération, insensible d'abord, du sucre de canne; nous avons constaté d'une façon indiscutable que le sucre de canne (cristallisable) subit des fermentations nuisibles que les glucoses ne peuvent subir.

L'influence du milieu est théoriquement prouvée; dans un milieu neutre ou légèrement alcalin, le ferment alcoolique ne vit pas ou vit péniblement, tandis que les ferments lactique, butyrique, y développent des fermentations lactique et butyrique; nous n'oserions même pas affirmer que dans un milieu alcalin la levure de bière pure ne déterminera pas une fermentation lactique. Mais nous ne voulons pas aborder cette question qui est trop délicate, et qu'il est difficile d'élucider complètement, car on n'est jamais certain qu'il ne se trouve pas de germes lactiques dans la levure supposée pure. Au contraire, dans un milieu d'une acidité déterminée, les ferments alcooliques se développent vigoureusement et les germes étrangers sont paralysés ou meurent. On aura une fermentation alcoolique d'autant plus parfaite qu'on se sera approché davantage de la limite d'acidité qui tue le ferment lactique en laissant toute sa vigueur au ferment alcoolique. On doit à Dubrunfaut la découverte de la nécessité d'acidifier le jus dans certaines proportions, on peut dire qu'avant ses travaux, le travail économique et pratique de la betterave était impossible.

Les quelques explications semi-théoriques que nous avons données, et que nous ne devons pas étendre davantage, suffiront pour permettre de comprendre les opérations pratiques que nous décrirons, et pour fixer l'attention sur les points à observer spécialement.

Préparation et conduite de la fermentation. Le jus de betteraves, quel que soit le procédé d'extraction, a une densité variant de 1,030 à 1,040 suivant la richesse de la betterave et suivant le degré d'épuisement de la pulpe par macération à l'eau ou à la vinasse. Cette densité correspond à une richesse en sucre de 6 à 8 0/0 du volume. Si le jus provient d'une macération à la vinasse, la richesse, à densité égale, est moindre, car la vinasse elle-même a une densité propre et variable.

On acidifie ce jus avec de l'acide sulfurique à l'extraction, comme nous l'avons dit, mais cette première acidification est arbitraire, et, il est impossible d'arriver de premier jet au dosage exact, qui convient pour constituer le milieu acide le plus favorable à une fermentation aussi parfaite que possible. Il faut donc compléter l'acidité par une addition d'acide déterminée. Le jus sortant des presses et tamisé, est envoyé dans deux cuves préparatoires, se vidant alternativement; on donne à ces cuves une contenance proportionnelle à l'importance du travail (de 25 à 50 hectolitres par exemple). Lorsqu'une de ces cuves est remplie, on dose l'acidité existante, à l'aide d'une liqueur titrée dont nous parlerons bientôt, et on ajoute la quantité nécessaire d'acide, pour que la proportion libre soit 2g,50 par litre de jus, en acide sulfurique à 66° (SO^3HO).

Cette opération se fait très facilement, on compose ou on fait composer une liqueur de soude caustique absolument équivalente, volume à volume, à une solution d'acide sulfurique déterminée (20 grammes d'acide à 66° par litre). Chaque centimètre cube de cette liqueur de soude neutralise donc exactement $0^g,02$ d'acide SO^3HO. On prend exactement 100 centimètres cubes du jus à titrer, et y verse peu à peu la liqueur de soude, avec une burette graduée, en essayant de temps en temps, si une goutte de jus ne fait pas virer au bleu le papier de tournesol rougi; il vaut mieux encore se servir de papier de tournesol bleu, et continuer à verser de la liqueur de soude, aussi longtemps que le papier bleu rougit au contact de la goutte. La dégradation de la teinte rouge indique l'approche de la neutralisation; bien entendu, on agite continuellement le jus avec une baguette de verre en versant la solution de soude. Aussitôt la neutralisation complète et exacte, qu'on peut contrôler alors avec un papier rougi qui doit à peine bleuir, on lit sur la burette le nombre de centimètres cubes de solution sodique employés à cette neutralisation. Supposons qu'on en ait versé 9 centimètres cubes, ces 9 centimètres cubes ont neutralisé

$$0,02 \times 9 = 0^g,18 SO^3HO,$$

donc il y avait dans les 100^{cc} de jus $0^g,18$ d'acide sulfurique et par litre $1^g,80$; comme il en faut $2^g,50$, on doit donc ajouter par litre $0^g,70$, soit par hectolitre 70 grammes et pour la cuve de 25 hectolitres $1^k,750$ ou $3^k,500$ pour les 50 hectolitres.

Donc, s'il avait fallu verser $12^{cc},5$ de liqueur sodique pour amener à complète neutralité les 100^{cc} de jus, le dosage eût été parfaitement convenable; mais chaque centimètre cube en moins indique la nécessité d'une addition de 20 grammes d'acide sulfurique à 66° par hectolitre de jus contenu dans la cuve préparatoire.

On utilise quelquefois dans l'industrie de l'acide sulfurique d'une densité inférieure à 66° Baumé, dans ce cas, il est évident qu'il faudra faire varier les poids que nous indiquons; il est nécessaire, pour établir l'équivalence de l'acide qu'on emploiera, en acide à 66°, ou, de le titrer directement par la liqueur sodique, ou d'en prendre le degré Baumé et de consulter les tables d'équivalence. *Il serait absolument faux* de déterminer cette équivalence par une simple proportion et de dire, par exemple, que l'acide à 60° Baumé représente les 60/66 de l'acide à 66°

La cuve préparatoire étant titrée et amenée à l'acidité nécessaire, on chauffe le jus à 25° environ et on le vide dans une des cuves destinées à la fermentation. Pendant toutes ces opérations, on remplit la seconde cuve préparatoire et ainsi de suite. Si on veut obtenir des résultats constants, il est indispensable de ne pas opérer par à peu près, mais de faire scrupuleusement le titrage indiqué à chaque cuve préparatoire.

Le contenu de la cuve préparatoire étant versé dans la cuve à fermenter, on y ajoute environ (3 kilogrammes de levure pressée 0/0 de sucre) 10 kilogrammes de levure pressée de bonne qualité, et aussitôt que la fermentation est vigoureusement établie, on remplit rapidement la cuve avec du jus nouveau, préparé exactement comme nous l'avons indiqué, sans chauffage toutefois (cette préparation est toujours constante). La fermentation qui s'était développée dans le pied de cuve se communique au jus nouveau, sans addition nouvelle de levure; et, après vingt à vingt-quatre heures, la fermentation est terminée et la densité initiale du jus étant 1,030 à 1,040, la densité du jus fermenté n'est plus que de 999 à 1,000 à 30° environ de température. Pendant la fermentation de cette première cuve, on prélève environ le quart de son contenu, pour le faire passer dans la cuve suivante; on remplit ces deux cuves de jus frais (toujours bien titré), cette seconde cuve sert de mère à la troisième et toujours ainsi sans addition nouvelle de levure. On voit donc que la première partie du jus seulement est mise en fermentation avec la levure de bière, et qu'ensuite la levure formée par les matières azotées suffit pour la fermentation du jus qu'on y ajoute; *c'est donc bien une fermentation continue.*

A la chute de la fermentation la densité de 1,000 à 30° n'est obtenue que si le jus naturel de la betterave a été additionné d'eau; mais si les macérations de la pulpe ont été faites avec de la vinasse, il est évident que la densité finale ne peut descendre au-dessous de la densité initiale de la vinasse.

Nous avons donné une esquisse rapide des opérations de fermentation du jus de betteraves, mais ces conditions générales doivent être modifiées en quelques points, par l'intelligence industrielle du distillateur, suivant l'importance de son travail, la dimension de ses cuves, et suivant la rapidité et la nature plus ou moins saine de la fermentation. Nous ne pouvons prévoir tous les cas et indiquer le *modus faciendi*, dans chacun de ces cas; nous nous bornerons à énumérer les conditions d'une fermentation bien normale, et les moyens de la maintenir dans cet état. Chaque industriel sait parfaitement comment il doit s'en servir.

1° Lorsqu'une fermentation a été provoquée par une levure d'excellente qualité et que l'acidité du jus a été scrupuleusement dosée à $2^g,50$ par litre; la fermentation terminée, cette acidité ne doit pas être notablement plus élevée, $2^g,800$ environ (il faut tenir compte de l'acide carbonique dissous qui a une réaction acide).

Si cette acidité est beaucoup plus forte et si elle s'élève à $3^g,50$, et même à 4 et 5 grammes, il est certain que la fermentation a été défectueuse, qu'une certaine quantité de sucre s'est transformée en acides divers, au détriment de la quantité et de la qualité de l'alcool. Il est alors très probable que le jus renferme des ferments autres que le ferment alcoolique et il faut bien se garder de faire, de cette cuve défectueuse, la mère d'autres cuves; il faut distiller tout le jus et faire une nouvelle fermentation avec de la levure de bière.

L'augmentation exagérée de l'acidité peut tenir à différentes causes :

A l'élévation de la température. Si la fermentation est très vigoureuse et si les cuves sont grandes, la température s'élève par la réaction, il ne faut pas la laisser dépasser 28 à 30°;

A la mauvaise qualité de la levure. Il faut alors recommencer un pied avec de la levure saine;

A l'empli trop lent de la cuve avec du jus nouveau. Le remède est indiqué par la cause;

A la température trop basse du jus. La fermentation est alors languissante et les altérations du sucre peuvent provoquer des fermentations secondaires. Le remède est également indiqué;

2° *Les cuves préparatoires, rigoles, cuves à fermenter,* en un mot, tous les appareils doivent être d'une scrupuleuse propreté, les moisissures engendrent des fermentations de mauvaise nature;

3° *Il est bon de renouveler fréquemment le ferment.* Quelque bonnes que soient les fermentations, les ferments de mauvaise nature peuvent insensiblement se former et se multiplier, si la continuité de la fermentation est trop prolongée. Il faut suivre attentivement ce qui se passe, et interrompre cette continuité en recommençant un pied avec de la levure, à intervalles plus ou moins rapprochés.

La fermentation terminée, il est bon de couvrir les cuves pour empêcher l'évaporation de l'alcool. Le rendement en alcool qu'on obtient des betteraves, varie nécessairement avec leur richesse en sucre, mais, en moyenne, il est à peu près limité entre les chiffres 4 et 6 0/0.

Procédé Leplay. Fermentation directe des cossettes. La betterave lavée était coupée par un coupe-racines, les cossettes mises dans des filets, étaient plongées dans une cuve de fermentation, contenant une quantité de jus fermenté ou en fermentation, suffisante pour les recouvrir complètement, lorsque la cuve en était à peu près remplie. Un diaphragme à claire-voie était placé au-dessus des filets pour les empêcher de remonter au-dessus du niveau du jus pendant la fermentation. Le jus qui baignait les cossettes réunissait, bien entendu, toutes les conditions de température et d'acidité utiles à une bonne fermentation.

Ce procédé avait paru extraordinaire au premier abord, il semblait que le sucre, contenu dans les cellules, fermentait dans l'intérieur même de ces cellules et s'y convertissait en alcool. A l'époque où M. Leplay avait vulgarisé son système; les connaissances générales sur la fermentation étaient bien moins répandues qu'aujourd'hui et, de plus, les brillants travaux de l'illustre Pasteur n'avaient pas encore établi les principes théoriques de la vie des ferments et de la fermentation. Sans oser dire que le sucre ne peut fermenter à l'intérieur des cellules (quelques circonstances peuvent faire croire à une fermentation interne, mais il est si difficile d'isoler les causes et les effets d'une fermentation à l'intérieur d'un fruit qu'on n'oserait lui assigner une origine bien déterminée), nous pensons que, dans la pratique industrielle, la fermentation n'avait pas lieu dans la cossette elle-même; et que, si ce sucre fermentait, il fallait qu'il fût d'abord diffusé dans le vin qui baignait les cossettes. Le jus de la betterave contenu dans les cellules était d'une densité relative élevée 1,050 en moyenne, le vin qui les baignait ayant 1,000 à 1,010, un courant osmotique devait se diriger des cellules dans le vin, et le sucre fermentait alors naturellement, en dehors des cellules, au contact des ferments organisés du vin. Ce courant de diffusion devait continuer aussi longtemps qu'il y avait du sucre dans les rubans de betteraves, et, la fermentation terminée, les cossettes étaient dans un équilibre parfait d'hydratation et de richesse alcoolique avec le vin dans lequel elles plongeaient; l'alcool qu'elles contenaient était de l'alcool produit dans le sein du liquide, et ce liquide avait remplacé tout simplement dans la betterave le jus primitif qu'elle renfermait

Nous pensons donc que, si les cossettes de betteraves paraissent fermenter, ce n'est qu'en passant par l'intermédiaire d'une diffusion, et que cette diffusion et la fermentation sont successives. Mais, nous le répétons encore, nous ne voudrions pas infirmer la possibilité théorique de fermentation interne, dans certains cas.

Quoiqu'il en soit, ce procédé était fort séduisant, les opérations d'extraction du jus étaient supprimées, et la betterave était, dès le coupe-racines, soustraite à toute altération. La partie la moins industrielle du procédé était l'extraction de l'alcool contenu dans les cossettes, l'appareil à distiller était simple, mais sa manœuvre et son chargement présentaient des difficultés pratiques sérieuses. Si à cette époque (1853) on avait connu certains appareils employés aujourd'hui, il est très possible que ce système, permettant une extraction complète du sucre à l'état d'alcool et supprimant l'extraction du jus, n'aurait pas été abandonné.

Fermentation des mélasses de betteraves. La mélasse de betteraves est, comme on le sait, le sirop de sucrerie qui ne peut plus cristalliser par concentration.

Sa composition moyenne à 40° Baumé (base de vente) est:

Sucre cristallisable.	44 à 46
Glucose. . , ...	traces
Sels.	11 à 12
Eau, matières organiques, etc.	

Nous n'indiquons que le sucre et les sels, les autres composants n'ont pas d'intérêt. Cette composition représente une mélasse moyenne normale, nous n'avons pas, pour le moment, à nous occuper des anomalies de composition et des défauts qu'elles peuvent présenter; nous en dirons un mot lorsque nous indiquerons les accidents de fermentation qui peuvent troubler le travail.

La préparation des mélasses avant la mise en fermentation est extrêmement simple, surtout lorsque les mélasses sont normales. Il suffit de les étendre d'eau pour les amener à la densité nécessaire (variant de 1,060 à 1,080 suivant les exigences de l'outillage ou suivant les préférences du distillateur); on opère ce mélange dans des cuves préparatoires semblables à celles que nous avons décrites pour le jus de betteraves. Dans les usines d'une certaine importance, le mélange de la mélasse et de l'eau se fait par un agitateur mécanique. On y ajoute une quantité d'acide sulfurique ou chlorhydrique suffisante pour que l'acidité libre du moût, avant la mise en fermentation, soit de 2 grammes à 2g,50 par litre (en acide sulfurique à 66° SO^3HO); on emploie les procédés de titrage que nous avons déjà décrits. On remarquera peut-être que nous restons un peu dans le vague, en indiquant la densité et l'acidité de la solution de mélasses; nous préférons l'acidité de 2g,50 à celle de 2 grammes, quant à la densité, nous n'émettons pas d'opinion. Le choix d'une densité et d'une acidité plus ou moins forte, est déterminé par chaque fabricant, suivant les exigences du travail des résidus potassiques. Plus la densité est forte, moins il y a d'évaporation de vinasses, et, plus l'acidité est forte, plus la perte en carbonate de potasse est considérable; notre opinion est qu'il y a toujours avantage à obtenir le rendement alcoolique le plus élevé, en sacrifiant un peu de la valeur des résidus.

La solution préparée, acidifiée et élevée à la température de 20 à 22° (25 à 28° pour les solutions destinées à faire un pied de fermentation) est coulée dans les cuves de fermentation.

Plusieurs procédés sont employés pour la mise en fermentation :

1° *Avec de la levure de bière seule.* Dans cette hypothèse, on peut d'abord faire couler dans la cuve de fermentation, le quart environ de sa contenance, de solution préparée, comme nous l'avons dit, chauffée de 26 à 28°; et, y ajouter la levure nécessaire à la fermentation de toute la cuve (3 0/0 du sucre ou 1 1/4 à 1 1/2 0/0 du poids de la mélasse à 40°). Lorsque la fermentation est vigoureusement établie dans ce pied, on complète la cuve assez rapidement avec des solutions de mélasse de 20 à 22° T, toujours préparées de même. La température des moûts doit varier avec la contenance des cuves, la rapidité de la fermentation, pour être limitée à la chute, à 28 à 30° dans la cuve. On peut aussi activer la fermentation du pied, en y mélangeant une certaine proportion de moût d'une autre cuve déjà en pleine fermentation.

On peut encore remplir la cuve complètement et y ajouter alors seulement la levure nécessaire.

2° *Avec des moûts de grains ou de betteraves, favorisant la formation de levure nouvelle.* Si on emploie du jus de betteraves, l'opération est toute simple. on met ce jus en fermentation avec une petite quantité de levure, et lorsqu'elle est établie, on remplit la cuve avec la solution de mélasses.

Si on se sert de moût de grains, on opère de la même façon, en considérant que 4 à 6 kilogrammes de grains équivalent à la quantité de levure de bière à employer pour 100 kilogrammes de mélasses.

Nous ne donnons pas d'indications sur les méthodes de préparation du moût de grains, on les trouvera dans la partie de cet article traitant des grains.

Observations générales. Dans la fermentation des mélasses, comme dans celle des betteraves, il faut que la température finale ne s'élève pas au-dessus de 28 à 30°; que l'acidité initiale n'augmente que peu, et pour cela il est nécessaire de toujours bien doser cette acidité. Il faut encore se garder très soigneusement de mélanger au pied de cuve, un moût en fermentation d'une nature douteuse.

La densité à la chute est en moyenne de 1,015 à 1,020 (à 30°) suivant la densité de mise en fermentation et suivant la richesse saline de la mélasse.

Accidents de fermentation. Lorsque la mélasse est de bonne qualité, et la levure bien saine, en prenant toutes les précautions indiquées dans le chapitre précédent; il n'y a pas d'accidents de fermentation. Mais il arrive que la mélasse est souvent défectueuse; elle peut être nitreuse, c'est-à-dire contenant des nitrites, les nitrates existent toujours et ne sont pas à craindre dans une *bonne fermentation*; elle peut aussi contenir des acides ou des sels de la série grasse (des formiates, butyrates, caproates, etc.); enfin, elle est souvent caramélisée, et dans ce cas les glucoses qu'elle contient ne fermentent que partiellement et les dérivés de glucose ne fermentent pas du tout.

Lorsque la mélasse est nitreuse, dès le début de la fermentation, les nitrites se décomposent et dégagent des vapeurs rouges d'acide hypoazotique (au contact de l'air) cet acide paralyse le ferment, et la fermentation s'arrête ou dégénère. On peut avoir un dégagement d'acide hypoazotique avec des mélasses ne contenant pas de *nitrites,* mais alors il provient de la réduction des nitrates, provoquée par une fermentation butyrique, ce n'est plus alors au défaut de la mélasse qu'il faut s'en prendre, mais aux fautes du distillateur.

Si la mélasse est caramélisée, le rendement est non seulement amoindri de toute la proportion du sucre altéré, mais encore souvent cette fermentation est mauvaise, et ne donne pas une quantité d'alcool proportionnelle à celle du sucre non altéré. La mélasse contient alors des produits secondaires, dérivés de l'altération, plus ou moins antiseptiques; il n'y a guère de remède à cet état de la mélasse, elle est de mauvaise qualité et doit être utilisée aussi bien que possible.

Quand elle contient des acides ou des sels de la série grasse, elle fermente souvent très mal, elle est quelquefois absolument infermentescible; dans ce cas, on réussit quelquefois à la faire fermenter plus ou moins bien, par le moyen employé pour les mélasses nitreuses, et que nous décrirons plus loin; mais ce moyen est dans d'autres cas absolument mauvais, et il n'y a guère possibilité d'en tirer parti, autrement qu'en traitant ces mélasses par un peu de chaux, qui peut former des sels gras insolubles, et ensuite de neutraliser *exactement l'excès de chaux,* pour permettre la fermentation sans remettre les acides gras en liberté. Une mélasse de ce genre est industriellement impropre au travail courant de la distillerie et doit être rejetée.

Procédé général à employer pour les mélasses nitreuses, ou réfractaires à la fermentation. On étend la mélasse d'une petite quantité d'eau contenant l'acide nécessaire à la fermentation de cette mélasse, et on porte le tout à l'ébullition ; les nitrites sont décomposés, et, en même temps, se volatilisent les acides volatils qui pourraient amoindrir ou arrêter l'action de la levure. Après quelques minutes d'ébullition, on fait refroidir la mélasse dans un réfrigérant; et on l'utilise comme les mélasses ordinaires.

Mélasses de cannes. Nous ne dirons que quelques mots de la fermentation des mélasses de cannes à sucre; l'alcool qu'on en retire n'est que rarement employé à l'état d'alcool rectifié, on lui conserve généralement ses produits essentiels qui constituent l'arome particulier au tafia, au rhum de qualité secondaire.

La préparation des solutions de mélasses de cannes ne diffère pas de celle que nous avons exposée pour les mélasses de betteraves; c'est une erreur de croire que l'acidité doit être modérée. Mais ces solutions de mélasses acidifiées, entrent spontanément en fermentation sans qu'il soit nécessaire d'y ajouter de la levure. Quelquefois, pour activer le départ de la fermentation, on y ajoute une certaine quantité de malt (orge germée) moulu, qui a été préalablement laissé pendant une heure environ en digestion dans de l'eau à 60°; mais ce malt n'est pas de la levure organisée; et nous le répétons, cette addition n'est pas indispensable.

Les mélasses de cannes à sucre, ayant subi à peu près les mêmes opérations en sucrerie que les mélasses de betteraves, fermentent donc spontanément, tandis que les mélasses de betteraves ne fermentent sainement qu'avec un levain organisé. Nous nous abstenons de faire des hypothèses qui ne seraient pas à leur place ici, mais ce fait nous paraît très intéressant au point de vue de l'histoire et de la théorie de la fermentation.

Fermentation des autres matières premières dans lesquelles le sucre fermentescible préexiste. Ces autres matières premières, faisant ou pouvant faire l'objet d'une extraction industrielle d'alcool, sont très nombreuses; nous ne pouvons entrer dans les détails de la fabrication, particulière à chacune d'elles, ni même les nommer toutes. Chaque plante ou fruit a une constitution physique spéciale, qui exige des méthodes d'extraction, du jus ou du sucre, appropriées à cette constitution, et, ce que nous avons dit déjà, permet de comprendre et même d'imaginer les procédés à appliquer.

Pour la canne à sucre et le sorgho, par exemple, l'extraction du jus s'opèrera : par *roulaison*, c'est-à-dire par le laminage des cannes, entre deux rouleaux qui les compriment violemment; par *diffusion*, ou par *fermentation directe des cannes coupées en morceaux* (procédé Leplay). Pour l'asphodèle, il faudra un râpage, comme pour la betterave ; pour le topinambour, une macération ou diffusion du système Champonnois, avec quelques modifications du domaine de l'industrie privée. Les fruits frais, contenant beaucoup de jus, seront écrasés, les fruits secs, caroubes, figues, raisins secs seront traités, soit par macération, après déchirement ou concassage, soit macérés à chaud. Quel que soit le mode d'extraction du sucre, la solution sucrée sera toujours mise en fermentation, suivant les procédés que nous avons indiqués, en en provoquant le départ *par un peu de levure autant que possible,* pour *déterminer une fermentation saine* (bien que la plupart de ces produits puissent fermenter spontanément), et en suivant ultérieurement la méthode de fermentation continue. Chacun des alcools provenant de ces diverses matières premières aura ses qualités ou ses défauts aromatiques particuliers; on sait que *le rhum de première qualité* s'obtient par la distillation directe *de la canne à sucre;* que le kirsch est produit par les cerises, etc., etc.

Distillation du vin. Avant 1852 environ, le vin était presque la seule source de tout l'alcool consommé en France, la distillation des betteraves n'existait pas, celle des mélasses n'avait qu'une importance bien faible. Les grains fournissaient peu d'alcool proprement dit, mais surtout des boissons alcooliques spéciales (genièvre). Aujourd'hui l'industrie de la distillation du vin a presque disparu, comme industrie productive d'alcool au moins, car la distillation des eaux-de-vie fines, de consommation de luxe, pour ainsi dire, est de plus en plus importante ; elle est malheureusement soumise aux accidents de la récolte et aux maladies nombreuses qui frappent la vigne. Nous n'avons pas à traiter ici de la fabrication de ces eaux-de-vie.

En 1850, l'apparition de l'oïdium a compromis dans d'énormes proportions la récolte des raisins, et l'alcool s'est élevé à un prix considérable, les années suivantes le déficit des récoltes s'est continué. La rareté de l'alcool et sa grande valeur ont fait surgir la distillation de la betterave, sous la puissante impulsion de M. Dubrunfaut, continuée ou suivie par MM. Champonnois, Leplay, etc., et ont donné une vie nouvelle à celle de la mélasse et des grains. Ces matières premières, négligées jusqu'alors, ont fait à l'alcool de vin une concurrence redoutable, et le phylloxera, qui a détruit la moitié de nos plantations, a achevé ce que l'oïdium avait commencé. Aujourd'hui la distillation agricole et industrielle a remplacé presque exclusivement celle du vin ; son importance en France et à l'étranger s'accroît tous les ans, et la distillation du vin lui a bien définitivement cédé sa place.

S'il faut vivement déplorer les causes qui l'ont amoindrie et presque anéantie, les résultats de la grande extension de ces nouvelles industries ont été une source de prospérité pour le pays; et, lorsque dans un avenir prochain, il faut l'espérer, la vigne aura partout repris possession de ses anciens terrains, les contrées vinicoles, au lieu de perdre une partie de leur vin, pour les convertir en alcool, livreront toute leur production à la consommation toujours croissante des vins de France. Une description détaillée des procédés de fabrication de l'alcool de vin n'aurait donc qu'un intérêt rétrospectif, nous donnerons seulement un court aperçu de la distillation des marcs, qui survit encore, bien qu'on fasse, pour ainsi dire indéfiniment, du vin plus ou moins généreux avec les marcs lavés et additionnés de matières sucrées.

Pour ne pas anticiper sur l'examen des appareils employés à la distillation ; nous dirons seulement, en ce moment, que l'alcool étant tout formé dans le marc de raisin, au lieu d'avoir à préparer le marc pour en faire un produit fermenté, il n'y a qu'à le distiller lui-même. Cependant, suivant qu'on distille le résidu solide constituant le marc, résidu dans lequel une certaine quantité de vin est interposée, ou qu'on distille seulement ce vin séparé des parties solides, le résultat est bien différent.

La distillation de la masse totale, rafles, pépins, enveloppes et vin interposé, donne un alcool bien plus chargé d'essences aromatiques, que la distillation seule du vin. Il y a lieu de croire que ces essences qui donnent à l'alcool de marc ce goût et cette odeur si persistants et si désagréables qui le caractérise, se dégagent surtout par la chaleur des parties solides du marc. Il y a avantage à déplacer par diffusion ou par macération tout le vin contenu dans le marc et à distiller seulement ce vin. Cette observation s'applique d'une manière générale à tous les fruits et matières premières quelconques ; nous pensons qu'il est utile de ne distiller, quand on le peut, que des moûts clairs.

La distillation des vins ne s'opère guère que par les *bouilleurs de crû, propriétaires récoltant, distillant leur propre récolte*, et par de petits industriels appelés *bouilleurs de profession*, soumis à la surveillance du fisc. Les appareils employés par les bouilleurs de profession et par une partie des bouilleurs de crû, sont fixes et se composent d'alambics simples ou des colonnes plus ou moins perfectionnées, que nous décrivons plus loin d'une manière générale. Les bouilleurs de crû, dont la production est faible, utilisent des appareils ambulants qui se transportent de village en village.

Préparation des matières premières dans lesquelles le sucre ne préexiste pas (amidon, fécule, cellulose).

Les matières amylacées, grains, pommes de terre, etc., la cellulose, doivent être transformées en glucose avant de pouvoir être soumises à la fermentation alcoolique. Deux moyens sont employés pour amener cette transformation : 1° l'action du malt ou orge germée sur l'empois d'amidon ; 2° une ébullition prolongée des matières amylacées dans de l'eau acidifiée par l'acide chlorhydrique ou sulfurique. Pour suivre l'ordre chronologique de l'emploi de ces deux procédés, nous nous occuperons d'abord de l'action du malt sur les matières amylacées.

Malt ou orge germée. La propriété que possède le malt de convertir les grains en boissons fermentées était connue dans l'antiquité la plus reculée ; mais le principe actif de cette transformation a été isolé par Payen et Persoz, sous le nom de *diastase.* Ce produit azoté soluble dans l'eau, insoluble dans l'alcool, a été étudié par un grand nombre de savants, notamment par Dubrunfaut, Biot, Musculus, O. Sullivan, etc. Il résulte de ces travaux qu'une partie de diastase peut transformer plus de deux à trois mille parties d'amidon en glucose.

La diastase de l'orge germée ne possède pas seule ce pouvoir, un certain nombre de ferments solubles, végétaux ou animaux, produisent la même action et transforment l'amidon en glucose; les sucs pancréatiques, la salive, l'émulsine, les matières organiques azotées en décomposition, etc., peuvent transformer l'amidon en glucose, mais chacun de ces ferments agit dans des conditions de température spéciales; d'une manière générale, on peut dire que les ferments végétaux perdent leur pouvoir un peu avant la température de coagulation de l'albumine (vers 70°) et les ferments animaux un peu au-dessus de la température normale du sang (vers 40°). Quelquefois les glucoses sont accompagnées d'essences et de produits divers, lorsque les ferments solubles ont une origine spéciale (l'émulsine des amandes amères, la myrosine de la graine de moutarde noire). Mais en industrie alcoolique, le seul ferment dont nous ayons à nous occuper est la diastase de l'orge germée.

Avant les derniers travaux de M. Dubrunfaut, on croyait que la diastase était un ferment unique, transformant les matières amylacées en glucose, en passant par la dextrine; M. Dubrunfaut a reconnu qu'en réalité, la diastase se composait de deux ferments spéciaux, l'un convertissant l'amidon en dextrine, le second la dextrine en glucose et que chacun de ces ferments agissait dans des conditions de température différentes. L'étude des propriétés de la diastase a fait faire un grand pas à l'industrie, on a pu augmenter notablement les rendements alcooliques par la régularisation des opérations.

Préparation du malt. La diastase se formant naturellement pendant la germination des grains, la germination ou maltage a donc une grande importance. Tous les grains peuvent être maltés, mais l'orge est celui qui donne les meilleurs résultats et qui germe le plus régulièrement, aussi est-elle presque uniquement utilisée. Le froment, le seigle, l'avoine, le maïs même, sont quelquefois mis en germination, mais ce sont des circonstances ou des préférences particulières qui les font adopter.

Il faut, pour obtenir de bon malt, une température régulièrement basse (11 à 12° centigrades), une lumière diffuse ou du moins régulière aussi, sur toute la surface du grain, afin que toutes les parties soient au même état de germination. Il faut enfin que les salles de germination soient aussi éloignées ou préservées que possible, de tout foyer de fermentation putride, les germes de ces fermentations développeraient des moisissures dans le grain; enfin les salles doivent être bien aérées. Pour pouvoir réunir toutes ces conditions, on comprend que le maltage doit s'opérer dans des caves où la température ne varie guère pendant toute l'année; ou bien la préparation du malt ne doit se faire que pendant la saison froide. Lorsqu'on a de grandes quantités de malt à préparer chaque jour, la surface des salles doit être très considérable et on rencontre de ce côté souvent des obstacles. Divers procédés de maltage mécanique (Marbeau, Galland, Saladin, etc.) ont été proposés pour éviter ces emplacements et pour obtenir, en toutes saisons, un malt à l'abri des germes atmosphériques, suffisamment froid et toujours aéré. La germination s'opère dans des cylindres animés d'un mouvement rotatif extrêmement lent, et un courant d'air, saturé d'humidité et refroidi par son passage à travers une colonne remplie de coke constamment imbibé d'eau, traverse sans discontinuité le grain en germination. Le malt ainsi fabriqué est de très bonne qualité.

Sans nous étendre davantage sur les divers systèmes, nous exposerons simplement le procédé ordinaire, le meilleur à suivre.

Le grain est trempé pendant un jour dans de l'eau à 15°, comme l'eau se charge assez rapidement de matières organiques, facilement putrescibles, on la renouvelle plusieurs fois pendant la durée des vingt-quatre heures. Après cette trempe, le grain s'est amolli au point de pouvoir facilement se couper à l'ongle; on le dépose sur la sole du germoir, en un tas élevé formant pyramide pour l'égouttage de l'eau. Après vingt-quatre heures de dépôt, on en forme des tas plats d'une hauteur de 0m,40 environ, qu'on remue tous les jours pour empêcher l'échauffement central, jusqu'à ce que les gemmules paraissent. A partir de ce moment, on remue les grains de trois heures en trois heures pour les aérer jusqu'à ce que la germination soit en pleine marche. Ils sont ensuite étendus en tas plats de 0m,08 à 0m,10 d'épaisseur, les radicelles s'enchevêtrent et tout le tas ne forme plus bientôt qu'un gâteau. On retourne alors le grain plusieurs fois par jour avec une large pelle en bois, mais exactement sans dessus-dessous, sans rompre les gâteaux partiels, jusqu'à germination complète; l'opération dure environ huit jours depuis le moment où le grain est mis au trempage jusqu'à la fin de la germination.

On a alors du *malt vert*, contenant environ 40 à 45 0/0 d'eau. Si on l'emploie immédiatement, on peut et on doit se dispenser de le faire dessécher à la touraille. Si, au contraire, on le prépare d'avance pour un usage ultérieur; il faut le faire dessécher à la température la moins élevée possible dans une touraille à air chaud.

Le malt vert possède une activité et une puissance de saccharification bien supérieure à celle du malt touraillé. On peut considérer que 100 kilogrammes de malt vert à 40 0/0 d'eau équivalent à 100 kilogrammes de malt touraillé absolument sec. On comprend que la dessiccation, quelque bien conduite qu'elle soit, détruise une partie notable de la diastase, produit si délicat et si facilement altérable. Le malt sec se conserve indéfiniment, il doit être friable, les grains cornés sont sans valeur.

De la perfection du maltage dépend le succès de la saccharification : pour 100 kilogrammes de maïs à saccharifier, on emploie environ 16 à 18 kilogrammes d'orge *maltée vert*, pour la pomme de terre 5 à 6 kilogrammes, à condition que le malt ait été parfaitement soigné. Pour s'en servir, il suffit de l'aplatir dans un moulin aplatisseur, le malt sec doit être moulu en farine fine. Mais l'amidon étant insoluble et en globules peu pénétrables, il est évident que pour que le malt ait sur lui une action rapide, il faut qu'il soit amené à l'état plus ou moins complet d'empois, il faut, en outre, que les proportions relatives de l'eau et de l'amidon soient à peu près déterminées; enfin, que la température soit réglée au point exact de la plus grande puissance de la diastase. Nous examinerons chacune de ces conditions avant d'entrer dans le détail des opérations industrielles.

La matière amylacée doit être très divisée et mieux encore complètement convertie en empois. On travaille rarement de l'amidon ou de la fécule pure, la main-d'œuvre et les opérations nécessaires, pour les isoler des autres produits qui les accompagnent, étant assez coûteuses. On traite directement le grain ou les pommes de terre pour en retirer de l'alcool; dans les grains notamment, l'amidon est emprisonné en partie dans le gluten; il faut donc augmenter les surfaces d'attaque par la mouture et ne soumettre au traitement qu'une farine impalpable. Cette mouture, exigeant un outillage considérable, est aujourd'hui généralement remplacée par la cuisson des grains et des pommes de terre, qui sont convertis ainsi en empois. Le travail des grains par le malt étant bien plus généralisé en Allemagne, en Autriche, etc., qu'en France, c'est d'Allemagne surtout que nous sont venus les procédés et les appareils les plus perfectionnés. Partout, dans ces contrées, on fait subir aux matières amylacées une cuisson sous pression, et les systèmes de cuiseurs sont assez divers, bien qu'ils reposent tous sur les mêmes principes et visent le même résultat. On remarque les cuiseurs Henze (un des plus employés), Bohm, Hollefreund, Kyll (modification heureuse du cuiseur simple Bohm), etc. Ces appareils fonctionnent, soit sans agitateurs intérieurs, soit avec agitateurs. Les matières amylacées sont introduites dans le cuiseur, on y ajoute environ deux fois leur poids d'eau, et on les soumet pendant trois ou quatre heures à une pression de trois atmosphères environ, c'est-à-dire à une température de 135°. Les grains s'amollissent, se désagrègent et finalement donnent de l'empois; nous ne décrirons avec quelques détails que les cuiseurs Kyll et Hollefreund, le premier, parce qu'il nous paraît réunir les meilleures conditions, le second, à cause des effets multiples qu'il produit.

Cuiseur Kyll. Il se compose d'un cylindre de forte tôle posé horizontalement sur des supports, d'une longueur et d'un diamètre correspondants à la quantité de grains à traiter. Un arbre, garni de bras solides, disposés en hélice, forme l'axe du cylindre; pendant l'opération de la cuisson on lui imprime un mouvement de rotation. Un trou d'homme établi sur la partie supérieure de l'appareil, permet l'introduction du grain et de l'eau nécessaires. Un tuyau de vapeur, parallèle à la génératrice du cylindre et de toute sa longueur, est placé extérieurement à 20 centimètres environ du fond; il porte un certain nombre de tubulures garnies de soupapes destinées à introduire en même temps la vapeur sur toute la longueur du cuiseur, et à échauffer et agiter toutes les parties du chargement. Sur le fond du cylindre se trouve un gros robinet de vidange, avec son tuyau devant conduire l'empois au réfrigérant à air. A côté du cylindre cuiseur, se place un second appareil spécial appelé *dépelleur*, l'adjonction de cet appareil constitue surtout le perfectionnement apporté par Kyll au cuiseur Bohm.

Le dépelleur se compose surtout d'une pompe centrifuge aspirant la masse gonflée du grain et la forçant à passer entre deux disques métalliliques formant meules, et pouvant être plus ou moins écartés l'un de l'autre. A la sortie de ces meules, la masse est refoulée par la pompe centrifuge dans le cylindre cuiseur. Tout le contenu du cuiseur est donc constamment refoulé entre les broyeurs pendant toute la durée de l'opération. On comprend que l'agitation par les bras du cuiseur peut, il est vrai, désagréger un peu les grains, mais que cette désagrégation ne sera que lente et incomplète; tandis que ce grain gonflé d'abord seulement, étant broyé constamment entre les disques qu'on rapproche peu à peu, se réduit rapidement en bouillie puis en empois. Les disques ne sont jamais rapprochés suffisamment pour attaquer les pellicules et les germes; de sorte que, l'opération terminée, l'amidon forme un empois liquide dans lequel nagent les pellicules et les germes; le nom de *dépelleur* est donc justifié. Grâce à ce broyage constant, la durée et la température de cuisson sont notablement diminuées; ce sont des avantages réels, non seulement au point de vue économique, mais aussi surtout en raison des conséquences fâcheuses qu'amènent une cuisson prolongée et une température élevée. Diverses études dirigées dans ce sens ont établi que, sous l'influence d'une température élevée, trop longtemps maintenue, l'amidon ou plutôt probablement les glucoses, préexistant naturellement dans le grain, éprouvent une altération qui diminue le rendement alcoolique, et, qu'en outre, les matières grasses des céréales, s'oxydant ou s'altérant, développent des principes qui nuisent à la pureté de goût et d'odeur des alcools.

Appareil Hollefreund. Ce cuiseur a des usages multiples, il est destiné à produire la cuisson d'abord des grains ou des pommes de terre; on y opère le refroidissement du moût cuit, par une pompe qui y fait le vide; lorsque la température de 55 à 60° est obtenue, on y ajoute le malt, et la saccharification s'accomplit; on refroidit enfin, en faisant de nouveau fonctionner la pompe à vide, jusqu'à la température nécessaire à la fermentation; 25° environ.

Toutes les opérations depuis la cuisson jusqu'à la saccharification et le refroidissement se font donc successivement dans le même appareil. Ce résultat est fort séduisant, mais en pratique, l'appareil Hollefreund paraît convenir mieux à la très petite industrie qu'aux grands établissements. Dans la grande industrie, les outils à plusieurs usages réussissent moins bien que des appareils multipliés complètement indépendants l'un de l'autre. En outre, le refroidissement par le vide parfait en théorie, réussit bien pour amener un refroidissement de 135° à 60°, mais une réfrigération plus avancée de 60° à 25° est fort lente.

En résumé, tous les cuiseurs, quel qu'en soit le système, produisent la désagrégation utile des matières amylacées, et demandent moins d'outillage qu'une mouture impalpable; si nous avons cité spécialement les cuiseurs Kyll et Hollefreund, ce n'est pas pour les recommander au détriment des autres, mais pour donner le type d'un cuiseur complet, et d'un appareil multiple.

Influence de la proportion relative de l'eau et de la matière amylacée sur la saccharification de l'amidon par le malt. Nous nous trouverons ici en présence d'opinions contradictoires en fait, mais qui peuvent se justifier cependant, si on se place au point de vue des savants et des industriels qui les ont émises. Il est évident qu'à côté de la vérité scientifique pure, se placent l'économie du travail industriel et les obligations fiscales pour certaines contrées. De là peuvent naître des circonstances qui expliqueront comment le meilleur travail, au point de vue scientifique, peut ne pas être le plus avantageux. M. Dubrunfaut a prouvé que, pour obtenir une conversion complète de l'amidon en glucose, la proportion d'eau devait être considérable; en cela il était d'accord avec ce qui se remarque à peu près généralement en physiologie végétale et dans les actions du même ordre: les ferments perdent de leur puissance, lorsque le produit nouveau qui s'est formé a atteint une certaine concentration; mais ils reprennent leur vigueur, lorsque ce produit nouveau concourt, de son côté, à d'autres réactions et disparaît. (Une grande dilution produit le même effet, puisqu'elle empêche un excès de concentration des glucoses.) En opérant la transformation de l'amidon en sucre dans une masse très diluée, et en faisant agir successivement les ferments qui produisent la dextrine (dextrase) et ceux qui forment la glucose (maltase) par une gradation de température convenable, M. Dubrunfaut a pu obtenir une conversion complète en glucose (maltose) sans mélange de dextrine. Il obtiendrait ainsi évidemment par la fermentation de cette maltose, un rendement alcoolique maximum.

Mais la grande dilution de la solution glucosique n'est pas avantageuse pratiquement en distillerie, le nombre des vaisseaux, la dimension des appareils, la consommation de charbon, seraient exagérés dans de fortes proportions; et cette méthode, parfaite théoriquement, peut être moins industrielle qu'un procédé imparfait,

En Allemagne, en Belgique, etc., etc., où pour des raisons spéciales, on travaille des moûts très concentrés, on a, au contraire, admis, que plus les moûts étaient épais (dans des limites pratiques) plus l'action de la diastase était énergique. L'explication ne manque pas de logique, car plus les moûts sont concentrés, plus les ferments diastasiques sont également concentrés, et ils agissent, par cette raison, plus activement. Néanmoins, il reste toujours de fortes proportions de dextrine après la saccharification; mais cette dextrine continue à se transformer, en partie, en glucoses pendant la fermentation, sous la double influence de la diastase et de la levure, et, finalement, le rendement alcoolique est relativement élevé.

Nous pensons donc qu'actuellement, dans les opérations pratiques de distillerie, il y a des raisons plausibles de travailler des moûts épais. Nous ne nous étendrons pas sur les théories émises par Musculus et d'autres savants, elles paraissent contraires aux conclusions de M. Dubrunfaut. Nous devons dire toutefois que le dosage chimique des glucoses produites par la diastase (maltose), ne peut s'effectuer par les méthodes ordinaires; la rotation à droite au polarimètre des maltoses est beaucoup plus considérable que celle des glucoses (glucose droit extrait des sucres de raisin, produit par les acides, etc.) leur pouvoir réducteur est également plus élevé; enfin, ces réactions se modifient elles-mêmes avec l'âge des maltoses; il n'y a guère que la fermentation qui puisse permettre une analyse.

Influence de la température sur le pouvoir de la diastase. Les données de Payen sur le mode de préparation de la diastase pure, et sur les températures auxquelles elle s'altère, n'ont pas été confirmées; les travaux de beaucoup de savants, de Dubrunfaut notamment, ont conduit à abaisser cette limite et à assigner à 50° environ, le point de sa plus grande énergie. La diastase agit sur l'amidon en empois dès la température moyenne ordinaire, mais lentement; elle prend de plus en plus de puissance, au fur et à mesure que la température s'élève, jusqu'à 50° centigrades; de 50 à 55°, son action est stationnaire, de 55 à 70° elle baisse rapidement. L'observation de ces températures a une grande importance; une température trop élevée diminue le rendement, ou oblige à l'emploi d'une trop grande quantité de malt.

Conduite de la saccharification. Nous avons exposé les propriétés de la diastase et la méthode usuelle de maltage, nous avons indiqué aussi l'état dans lequel devait se trouver l'amidon des matières amylacées pour pouvoir être avantageusement soumis à l'action du malt. Les proportions relatives d'eau et de grains, la température utile à la meilleure saccharification, ont été sommairement indiquées, nous n'avons plus qu'à parler des procédés industriels de saccharification. Les matières amylacées converties en empois par les cuiseurs, ou moulues finement et chauffées à 80 ou 100° avec deux fois leur poids d'eau; sont refroidies rapidement à la température de 60°. On y ajoute la proportion de malt nécessaire (15 à 18 0/0) et on agite vivement par agitation mécanique pendant environ un quart d'heure. Le malt peut être ajouté: simplement aplati, s'il est à l'état vert; ou en farine, s'il est sec; on peut aussi faire d'avance un lait de malt avec de l'eau à 50°. Si on ajoute le malt sec, il est bon d'augmenter proportionnellement la quantité d'eau. Après un quart d'heure d'agitation violente, on laisse la masse en repos pendant environ trois quarts d'heure; la saccharification se trouve alors terminée. Nous ne décrirons pas les appareils réfrigérants, ni les macérateurs de saccharification; ils sont nombreux, nous indiquerons seulement ceux qui sont les plus employés en Allemagne. Les réfrigérants et macérateurs Pausch, ceux de Kyll, remplissent parfaitement les conditions d'un travail à moûts épais; on trouvera leur description complète dans le traité allemand de Maerker. La réfrigération des moûts clairs se fera par tout réfrigérant (Lawrence, Duboc, etc., etc.).

La saccharification terminée, on refroidit le moût à la température nécessaire à la fermentation, l'intensité du refroidissement variera, avec la grandeur des cuves, et la densité des moûts; plus les cuves seront grandes et plus le moût sera dense, plus il faudra le refroidir.

En Allemagne, en Autriche, en Belgique, on met en fermentation des moûts très épais, contenant 16 à 18 0/0 de glucose, et donnant un vin renfermant en moyenne *dix pour cent* d'alcool. Cette richesse alcoolique peut paraître exagérée en France, mais il ne semble pas que les résultats soient moins bons, au contraire. Le rendement du maïs en alcool est dans les bonnes distilleries de 35 0/0 en flegmes à 100°, le malt considéré comme ayant le même rendement.

La fermentation se provoque, soit avec de la levure de bière, soit avec un levain artificiel fait avec grand soin. Ce levain se prépare avec du malt saccharifié qu'on laisse s'acidifier à une température relativement élevée, 45 à 50° centigrades. Lorsqu'il a atteint l'acidité nécessaire (elle n'est jamais trop forte), on refroidit rapidement, on met en fermentation et, après quelques heures, on peut employer le levain comme levure. L'explication théorique et pratique des différentes phases de la préparation du levain demanderait un chapitre d'une grande étendue; nous nous bornerons à dire que l'acide produit est de l'acide lactique qui favorise la conversion en peptone (matière azotée soluble et assimilable), des matières azotées non assimilables du grain; la levure peut donc ainsi se multiplier. Si on laissait le levain s'acidifier à une température inférieure à 35°, on aurait en partie de l'acide butyrique aussi dangereux que l'acide lactique est utile. Nous aurons occasion de revenir sommairement sur ces points, lorsque nous dirons quelques mots de la production de la levure.

Il n'est pas improbable que, dans la méthode allemande, l'acidité du levain ait son utilité pour tout le moût saccharifié mis en fermentation. Lorsqu'on travaille des moûts d'une faible densité, les drèches ou vinasses, obtenues après distillation, peuvent laisser déposer les parties solides, et le liquide clair, d'une certaine acidité qui surnage est mélangé en certaines proportions aux grains saccharifiés avant la fermentation. Le travail à moûts épais donne une drèche pâteuse qui ne laisse rien déposer.

Le rendement pratique, des maïs par exemple, est loin d'atteindre le rendement théorique; le maïs renferme en moyenne 60 à 62 0/0 d'amidon qui, théoriquement, devrait représenter 66 à 67 0/0 de glucose ou en alcool 40,5, en tenant compte de la réduction constatée par Pasteur. Or, en bon travail, il ne donne que 35 0/0; la saccharification est donc incomplète, une partie de l'amidon est restée à l'état de dextrine non fermentée, et une partie du sucre est converti en acides organiques.

Fermentation avec production de levure. Lorsque la levure de bière fait fermenter un liquide sucré, contenant des matières azotées qui peuvent le nourrir pendant la fermentation alcoolique, la levure elle-même se multiplie et, après la fermentation, on en retrouve des quantités bien supérieures à celles qu'on avait employées pour la provoquer. Les savants qui avaient étudié cette reproduction de levure, lui avaient assigné une limite (cinq fois le poids initial) que nous croyons arbitraire. Il est impossible de la déterminer, selon nous, les conditions de reproduction dépendant de trop de causes diverses. Il est évident que la levure se reproduit suivant une progression géométrique, que les globules nouveaux deviennent mères eux-mêmes et ainsi de suite. La limite de production ne dépend donc pas de la quantité initiale de levure, mais bien plutôt de la durée de l'opération, et de la quantité d'aliment assimilable qu'elle trouve dans la solution sucrée.

Il est établi maintenant par les travaux de Delbruch, Heinzelmann, que toutes les matières azotées, fussent-elles même solubles en réalité ou en apparence, ne sont pas propres à la nutrition des globules de levure, et, conséquemment, à favoriser leur reproduction. Il faut que ces matières azotées soient non seulement solubles, mais encore qu'elles puissent dialyser. Les matières azotées, introduites dans l'estomac des animaux, sont dissoutes par la pepsine des sucs gastriques, et cette pepsine elle-même n'agit qu'en présence des acides de ces sucs; alors seulement elles sont assimilées. Dans les céréales, on trouve un ferment analogue à la pepsine, appelé *peptase*, qui transforme en peptone, les matières azotées, végètales, et les rend ainsi diffusibles et assimilables par les globules de levure. La peptase, comme la pepsine, n'agit qu'en présence des acides, et la température de sa plus grande énergie est environ 50°. Ce sont ces travaux qui ont permis de régler avec certitude les opérations de la fabrication des levains, et ce sont aussi des raisons du même ordre, auxquelles on était arrivé empiriquement d'abord, qui ont fait adopter les méthodes actuelles de la fabrication de la levure dans la fermentation des grains.

Nous ne pouvons décrire les différentes méthodes de fabrication de levure (procédés hollandais, autrichiens), notre cadre est trop restreint, nous nous bornerons à donner une idée de la fabrication des levures en grande industrie. Comme la levure monte à la surface des cuves pendant la fermentation, il est évident qu'on ne peut travailler des moûts épais, les globules de levure y resteraient emprisonnés, la densité des moûts est généralement maintenue vers 1,040.

Le grain étant saccharifié par les procédés ordinaires, on le refroidit partiellement à l'air dans un réfrigérant, et on le laisse reposer en bacs plats, ventilés sur la surface, pour provoquer l'acidification et la peptonification des matières azotées; cette peptonification est toujours très incomplète. Cette opération terminée, on met le moût en fermentation, et, quelques heures avant la fin de la fermentation, lorsqu'elle est moins tumultueuse, on recueille en plusieurs fois la levure qui monte à la surface; on la lave rapidement et on la presse. Dans cette méthode de travail, si on recueille de la levure d'une valeur très importante (9 à 11 kilogrammes par 100 kilogrammes de grains), on diminue beaucoup le rendement alcoolique. Le trouble causé dans la fermentation par l'enlèvement de la levure, l'acidification forcée aux dépens du sucre, en sont les causes.

La levure pressée est fort humide encore, elle contient 65 à 70 0/0 d'humidité au moins; pour pouvoir la conserver plus longtemps, on la dessèche artificiellement souvent, en y ajoutant environ 20 0/0 de fécule; nous ne parlons pas des falsifications par le plâtre, car c'est un procédé illicite. La levure de distillerie est très recherchée pour la panification.

Saccharification par les acides. Lorsqu'on soumet les matières amylacées à une ébullition prolongée, dans de l'eau acidifiée par des acides minéraux énergiques (sulfurique, phosphorique, chlorhydrique), et par certains acides organiques (oxalique), elles se transforment rapidement en glucose et en dextrine, et la dextrine elle-même finit par être complètement convertie en glucose. La durée de l'opération et sa perfection dépendent de trois facteurs absolument inséparables, le temps, l'acidité et la chaleur. Plus on attribue de durée, moins il faut d'acide et de chaleur; plus l'acidité est forte, moins il faut de temps et de chaleur; enfin, plus la température à laquelle on opère est élevée, moins l'opération demande de temps et d'acide.

Deux procédés principaux sont employés: la *saccharification à air libre*, c'est-à-dire l'ébullition dans des cuves; la *saccharification à haute température en vases clos*. Nous ne reviendrons pas sur la préparation préalable des grains; pour que l'attaque ait lieu en même temps dans toutes les parties de la masse, il faut que la division des grains soit aussi complète que possible; on se servira, pour atteindre ce résultat, soit des meules, soit des cuiseurs déjà décrits.

Saccharification a air libre. Le grain, convenablement divisé ou en empois, est chargé dans une cuve contenant l'eau acidulée en ébullition, les proportions relatives d'eau, de grains et d'acide par hectolitre de masse, sont environ: 25 kilogrammes de grains, 1k,250 acide sulfurique ou 2k,500 acide chlorhydrique de préférence, le complément en eau. La durée de l'ébullition varie entre huit et douze heures, suivant certaines conditions particulières, et suivant aussi la manière de voir de chaque fabricant. Une longue ébullition transforme en glucose la totalité de la dextrine, mais détruit ou plutôt altère les glucoses dans une notable proportion. En effet, il semblerait qu'on dût obtenir un rendement alcoolique voisin de la théorie, si tout l'amidon est converti en glucose; mais il n'en est pas ainsi après la fermentation, on retrouve des dérivés de glucose non fermentés, et le rendement alcoolique des meilleures opérations ne dépasse pas celui qu'on obtient par le malt. Chaque fabricant doit donc étudier chez lui le point à atteindre suivant son outillage.

La saccharification terminée, on neutralise l'excès d'acide par du carbonate de chaux, et on met en fermentation par les procédés et avec les soins que nous avons indiqués pour le jus de betteraves. Il est bon de modérer le dosage acide des pieds de cuves, pour que la fermentation s'établisse rapidement.

Saccharification sous pression; *appareil Colani et Kruger*.

La capacité du saccharificateur est d'environ 15 hectolitres, on y verse d'abord 600 litres d'eau additionnée de 16 kilogrammes d'acide chlorhydrique, et on ouvre le robinet de vapeur, avant que la totalité de l'eau soit introduite dans l'appareil, on charge par le trou d'homme *b* 360 kilogrammes de maïs concassé. Lorsque la totalité du grain et de l'eau est renfermée dans l'appareil, on ferme le trou d'homme, et l'air étant chassé par la vapeur, on ferme le robinet de purge 3. La pression monte, on la maintient à trois atmosphères pendant 45 à 50 minutes. L'opération est alors terminée et on vide le saccharificateur dans la cuve G par simple pression de vapeur. Nous ne parlerons pas des avantages relatifs des deux méthodes, les avis sont très partagés à ce sujet (fig. 127).

Les opérations de neutralisation de l'excès d'acide (bien moindre que dans l'opération à air libre) et la mise en fermentation n'ont rien de particulier à signaler.

Méthode de saccharification par les acides, de fermentation à moûts clairs et de fabrication de levure, de M. F. Billet. La reproduction de la levure, dans les moûts saccharifiés par les acides, était évidente, puisque ces moûts fermentés pouvaient entretenir la fermentation dans les mélasses, et puisqu'on pouvait adopter, à leur égard, la méthode de fermentation continue. Mais cette levure ne montait pas à la surface des cuves et restait emprisonnée dans les matières en suspension; nous ignorons pourquoi il n'en est pas de même dans les moûts de grains saccharifiés par le malt. Peut-être les matières en suspension des saccharifications par le malt sont-elles moins nettement agglomérées, plus flottantes, etc., etc.; les obstacles, physiques évidemment, qui s'opposaient à la récolte de la levure formée, doivent se rencontrer accidentellement dans la fabrication de la levure par le malt, puisque quelquefois, sans cause connue, la levure ne monte pas et on n'en récolte que peu. Quoiqu'il en soit, on avait essayé de faire de la levure par le travail des grains par les acides, et on n'avait guère éprouvé que des échecs. M. F. Billet a réussi à en obtenir en travail industriel et d'une façon constante, en opérant de la manière suivante :

Les grains sont traités sous pression, avec 5 0/0 d'acide chlorhydrique et les proportions d'eau

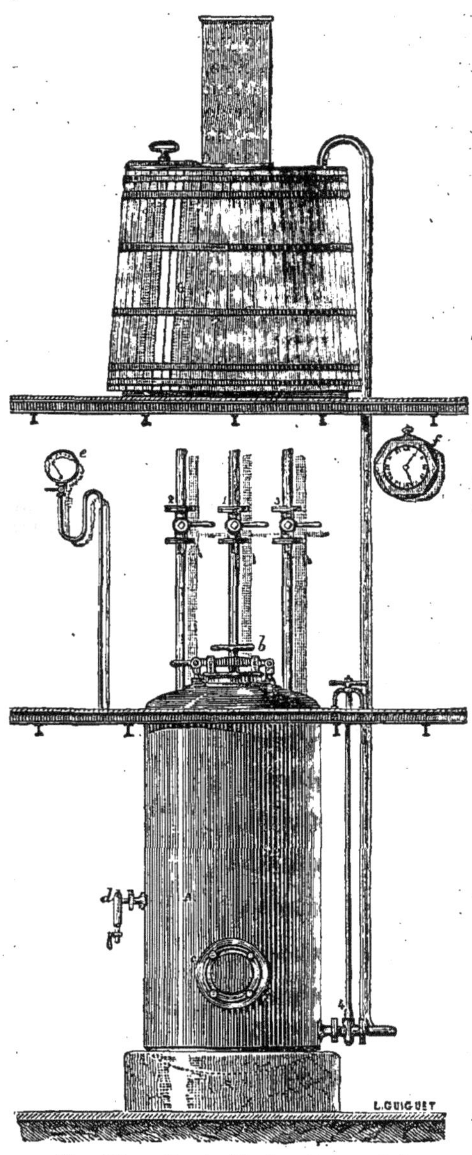

Fig. 127. — *Saccharification sous pression, appareil Colani et Kruger.*

A Cylindre en cuivre rouge contenant un double fond perforé. — *b* Trou d'homme de chargement des grains. — *c* Trou d'homme d'introduction du double fond. — *d* Eprouvette de prises d'air. — *e* Manomètre indicateur de pression. — *G* Cuve en bois recevant le contenu du saccharificateur, lorsque l'opération est terminée. — 1 Robinet d'arrivée d'eau acidulée. — 2 Robinet d'arrivée de vapeur. — 3 Robinet de purge d'air. — 4 Robinet de vidange.

ordinaires, pendant vingt à vingt-cinq minutes seulement. L'amidon est converti en dextrine et partiellement en glucose, la saccharification est complétée dans les cuves en bois à air libre sans addition nouvelle d'acide. L'excès d'acide est neutralisé par la chaux, le carbonate de chaux ou le carbonate de soude, et cette neutralisation partielle est opérée de façon à laisser exactement dans le moût épais 1g,90 d'acide (calculé en acide sulfurique SO^3HO) par litre, ce même moût étendu d'eau pour la fermentation à 1,040 de densité devant contenir 0g,75 d'acide. Ce dosage d'acide est important, non seulement au point de vue de la fermentation spéciale à obtenir, mais encore pour pouvoir séparer facilement par filtres-presses toutes les matières en suspension qui entravent la récolte de la levure formée.

Après cette neutralisation, les moûts troubles sont passés aux filtres-presses, les tourteaux qui en résultent sont lavés et repressés une ou deux fois pour en retirer les produits sucrés qu'ils contiennent; les eaux de lavage sont jointes aux moûts clairs de première pression, les tourteaux se trouvent en même temps dépouillés des sels de chaux et de l'acide qu'ils retenaient encore, et sont alors propres à la nourriture des animaux.

Le moût clair refroidi à la température de 15 à 25°, suivant la contenance des cuves, amené à une densité de 1,040 et à une acidité de 0g,75, est mis en fermentation avec de la levure sélectionnée, 3 kilogrammes de levure par 100 kilogrammes de maïs. Il est nécessaire de maintenir, par réfrigération des moûts dans la cuve, la température maxima de 25°. La fermentation marche sans effervescence tumultueuse (condition nécessaire), la levure monte au-dessus du liquide en fermentation et lorsque la couche a atteint une certaine épaisseur, on la récolte en plusieurs fois successivement. Ces levures hautes sont réunies, lavées et pressées; on obtient ainsi 10 à 11 kilogrammes de levure d'une grande activité, excellente pour la panification. Outre ces levures hautes, on peut recueillir au fond de la cuve de la levure basse moins énergique.

100 kilogrammes de maïs rendent par ce procédé 10 à 11 kilogrammes de levure haute pressée, 30 litres d'alcool à 100°.

Lorsque la fermentation n'est pas dirigée spécialement en vue de la production de la levure, le rendement alcoolique est plus considérable, on a obtenu 33 litres d'alcool à 100° et 6 kilogrammes de levure par 100 kilogrammes de maïs dans une usine du Nord. La quantité de levure vendue est inférieure à celle qu'on obtient, car une partie de cette levure (3 kilogrammes par 100 kilogrammes de grains) sert à la mise en fermentation des moûts. Pour éviter la dégénérescence, la levure à réemployer est délayée dans une certaine quantité d'eau, et on ne se sert pour les fermentations ultérieures, que de la levure dense qui a formé rapidement une couche consistante au fond du vase. Les levures légères qui sont restées en suspension sont rejetées. Nous ne parlons pas des tourteaux et de leur emploi, nous nous réservons de les faire entrer dans la partie générale des résidus.

Le matériel spécial à ce travail est peu important; pour la filtration et la première pression des moûts saccharifiés, un filtre-presse de 15 cadres suffit pour un travail de 6,000 kilogrammes de maïs; pour toutes les pressions trois filtres-presses répondent au travail de 10,000 kilogrammes. En outre, il faut un malaxeur pour délayer les tourteaux dans l'eau avant de les represser, enfin le petit matériel spécial au lavage et à la pression des levures. Les frais de fabrication ne sont guère différents de ceux du travail ordinaire, à part les dépenses de main-d'œuvre de la récolte et du lavage de la levure, et celles de l'emballage. En résumé, par ce procédé, on obtient un rendement en alcool peu différent du rendement moyen, et on a, en outre, environ 20 kilogrammes de levure, du prix moyen de 80 francs les 100 kilogrammes, à vendre par hectolitre d'alcool. N'ayant en aucun cas donné de prix de revient, nous ne ferons pas de compte comparatif de bénéfices.

Avant de terminer, nous avons à rendre compte de quelques appareils destinés à mesurer la puissance ou l'activité de la levure. Les uns (levuromètre Mehay, fermentomètre Champy) sont basés sur la dépression que l'acide carbonique, dégagé par la fermentation d'une liqueur sucrée provoquée par une quantité déterminée de levure, exerce pendant un temps connu sur une colonne liquide; un autre, le levuro-dynamomètre Billet, mesure cet acide carbonique par la perte de poids qu'il amène dans la masse en fermentation. La fermentation s'opère dans un aréomètre plongé dans l'eau, de sorte que l'indication de cette perte est automatique et se mesure par le relèvement de l'aréomètre.

Matières premières mixtes renfermant à la fois des matières amylacées et du sucre. Nous ne parlons que pour mémoire de ces matières, le topinambour, par exemple, qui contient un sucre spécial, la synanthrose de la formule $C^{12}H^{11}O^{11}$, et de l'inuline, se travaillent à peu près comme la betterave; la batate qui renferme du sucre cristallisable et de l'amidon devra probablement donner lieu à un traitement séparé du sucre dissous dans le jus, et de l'amidon insoluble; le premier se travaillera comme le jus de betteraves, le second comme les matières amylacées. Dans toute cette première partie de notre article sur la distillerie, nous nous sommes renfermés dans les données théoriques et pratiques générales, qui sont dans le domaine public, en les commentant quelquefois; mais nous avons tenu à respecter les procédés d'industrie privée qui sont la propriété exclusive des fabricants qui les emploient. Nous agirons de même dans la seconde partie, traitant spécialement des appareils de distillation et de rectification et des résidus de distillation.

Fabrication de l'alcool éthylique avec la cellulose (*bois, paille*). Cette fabrication n'est pas encore entrée dans le domaine public, bien qu'on sache par Braconnot que la cellulose peut se désagréger et se transformer en glucose par l'action prolongée des acides, comme l'amidon; on n'a pas cependant réussi par les moyens employés pour les matières amylacées. La cellulose est en fait désagrégée par les acides concentrés seulement, et, dans ce cas, l'opération est plutôt une curiosité industrielle qu'un procédé avantageux et pratique. Une nouvelle méthode fort ingénieuse est actuellement essayée, mais s'il est certain qu'on obtient par elle des quantités bien réelles d'alcool, on ne connaît pas encore les conditions économiques de sa fabrication, on la dit devoir être réellement avantageuse. Nous ne parlerons pas des appareils qu'on emploie pour opérer la transformation de la cellulose en glucose; nous n'en avons guère le droit, nous dirons seulement que la désagrégation préalable du bois est obtenue par le traitement de ce bois pendant un certain temps par de l'acide chlorhydrique gazeux, c'est-à-dire pur. Lorsque la désagrégation est suffisante, on extrait l'excès d'acide du bois et de la paille, et on opère alors la saccharification comme celle des grains par une ébullition plus ou moins prolongée avec de l'eau.

Procédés industriels de distillation et appareils. Lorsque les moûts des diverses origines ont subi la fermentation, ils contiennent des quantités variables d'alcool qu'il faut retirer. A l'article Distillation, nous avons expliqué que l'opération même de la distillation consistait à vaporiser dans un vase clos tous les produits volatils ou entraînables à une température déterminée, et à condenser ces vapeurs dans un réfrigérant, à la sortie duquel on recueille à l'état liquide ces produits vaporisés. Les moûts fermentés, qui portent le nom générique de *vin*, contiennent de l'alcool et tous les produits volatils secondaires ou dérivés dont nous avons parlé déjà (alcools amylique, butylique, propylique, des aldéhydes diverses, et même des produits aromatiques, alcools ou essences). Outre ces alcools, il s'y trouve de l'eau dans la proportion de 85 à 90 0/0 environ, plus toutes les matières organiques, salines, etc., particulières aux matières premières mises en œuvre. Toute la partie non volatile et la presque totalité de l'eau restent dans l'appareil et constituent la vinasse ou résidu de distillerie; tous les produits volatils à la température d'ébullition du vin, passent à la distillation et composent les flegmes ou alcool brut impur. Ces flegmes subiront une épuration profonde par la rectification, et les vinasses seront employées comme engrais par irrigation, si elles proviennent du travail des betteraves, des topinambours, des vins, etc. Elles seront évaporées et calcinées pour en retirer des salins ou potasses brutes, si elles résultent du travail des mélasses; on les donnera directement comme nourriture aux animaux, ou en les emploiera comme engrais, soit à l'état liquide, soit converties en tourteaux, si elles sont produites par la distillation des matières amylacées.

Nous avons donc à exposer aussi sommairement que possible, les opérations de la distillation, de la rectification; enfin le travail et l'emploi des résidus généraux résultant de toutes les opérations quelconques de la distillerie.

Distillation des vins (*moûts fermentés*). Si on veut épuiser complètement de l'alcool qu'il contient, un liquide d'une très faible richesse, comme les vins, il faut vaporiser des quantités considérables d'eau pour n'obtenir que des flegmes faibles, de là, opération fort imparfaite d'abord et dépenses de combustibles inutiles ensuite. On a donc cherché à enrichir les flegmes en dépensant le moins de combustible possible, c'est-à-dire en vaporisant peu d'eau. Un des premiers appareils industriels qui aient été employés a été l'appareil Laugier (V. Alcool, fig. 56). Mais tout en étant déjà un acheminement réel vers le progrès, il n'avait ni la puissance, ni la continuité complète, nécessaires pour répondre à l'extension de l'industrie et à la progression constante de production dans les usines. Les appareils à colonnes, dont les principes de détail ont été étudiés par Argand, Adam, Cellier-Blumenthal, Derosne et Dubrunfaut, ont réalisé d'importants perfectionnements, en permettant d'abord un travail absolument continu, et en produisant des flegmes d'un degré alcoolique élevé par l'enrichissement progressif des vapeurs alcooliques. Les appareils à colonnes, définitivement adoptés, ont été l'objet de nombreux perfectionnements, surtout de la part de M. Savalle dont les colonnes sont généralement employées en France.

Nous n'en suivrons pas les développements et nous donnerons, pour l'intelligence de la description, le dessin de la colonne Savalle la plus récemment créée par lui (fig. 128 à 130).

Détail de l'éprouvette-jauge (fig. 130). Les flegmes arrivent par les tuyaux BC et entrent dans l'éprouvette par un passage annulaire autour du tube gradué. Ce tube gradué, servant de trop plein en cas d'excès d'écoulement, porte à la partie inférieure sur la circonférence, un orifice dont on peut modifier la section; c'est par cet orifice que les flegmes se rendent dans le collecteur C. Il est évident que plus la hauteur des flegmes au-dessus de l'orifice F sera grande, plus le passage de ces flegmes sera rapide et l'écoulement considérable. Si on restreint, par expériences pratiques, cet écoulement à un chiffre déterminé par heure pour un niveau déterminé également dans l'éprouvette, dans des conditions identiques l'écoulement sera régulier. On proportionne donc la section de l'orifice à la puissance de l'appareil et on maintient dans l'éprouvette un niveau constant; on recueille alors par heure une quantité régulière de flegmes.

Avant d'entrer dans l'explication du fonctionnement de la colonne à distiller; nous donnerons, en quelques mots, la théorie du régulateur de vapeur et nous indiquerons le travail qui s'opère dans un plateau. Il est évident qu'à alimentation de vin égale, la quantité de vapeur qui se formera dans la colonne sera proportionnelle à l'intensité du chauffage, et plus on introduira dans la colonne de vapeur directe du générateur, plus on obtiendra, d'une part, de liquide alcoolique à l'éprouvette, mais plus la richesse alcoolique de ce liquide sera faible; mais aussi, d'autre part, plus la pression dans la colonne augmentera, puisque les orifices de passage de la vapeur ne changent pas. La pression et le volume de vapeur se produisant dans la colonne, sont donc en relations directes et dépendent l'un de l'autre. Si on diminue l'admission de la vapeur directe, la pression s'affaiblira et vice-versa ; M. Savalle a eu l'idée de régler l'admission de la vapeur par la pression elle-même, la richesse alcoolique des flegmes coulant à l'éprouvette, étant à volonté établie par l'introduction plus ou moins grande de vin dans la colonne.

La pression maxima dans la colonne existant à

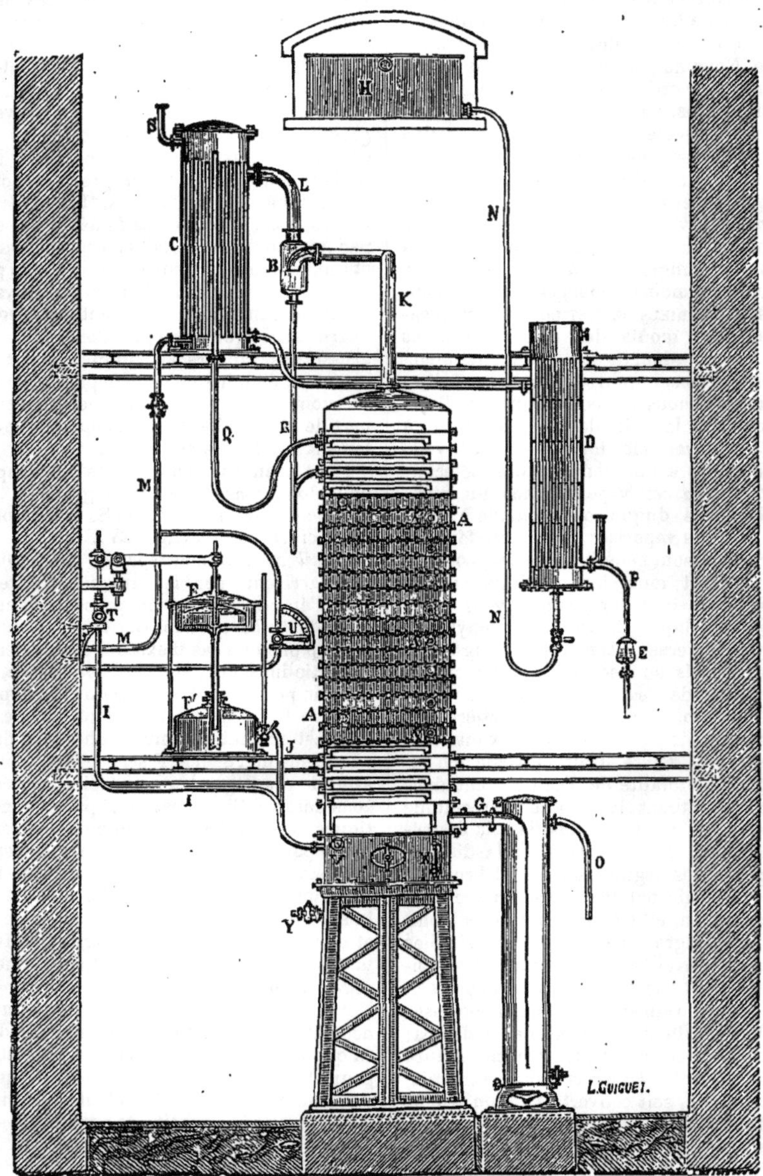

Fig. 128. — *Colonne Savalle.*

A Colonne distillatoire rectangulaire en cuivre, posée sur un soubassement en fonte, elle se compose de vingt-cinq tronçons, munis chacun d'un regard *A'* et réunis les uns aux autres par des pinces en fer. — *B* Brise-mousses renvoyant à la colonne *A* les mousses et matières entraînées par le courant de vapeur alcoolique. — *R* Tuyau de retour à la colonne des parties liquides retenues par le brise-mousses. — *KL* Arrivée de la vapeur alcoolique dans le chauffe-vin *C*. — *C* Chauffe-vin cylindrique tubulaire. — *S* Tube d'air sur le chauffe-vin *C*. — *Q* Tuyau amenant les vins chauffés dans le chauffe-vin *C* à la colonne *A*. — *M* Tuyau de refoulement de la pompe amenant le moût fermenté ou vin au chauffe-vin *C*, réglé par le robinet à cadran *U*. — *D* Réfrigérant cylindrique tubulaire avec diaphragmes intérieurs pointillés. — *P* Tuyau d'arrivée de l'alcool condensé arrivant à l'éprouvette jauge *E*. — *G* Tube de contre-pression pour la sortie des vinasses. — *O* Sortie des vinasses. — *X* Niveau d'eau sur la base de la colonne. — *Y* Robinet de vidange de la base de la colonne. — *V* Reniflard placé au bas de la colonne *A*. — *H* Réservoir d'eau froide pour la réfrigération du conducteur *C*, par le tuyau *N*. — *FF'* Régulateur de vapeur. — *J* Tuyau de pression du régulateur. — *T* Soupape du régulateur. — *I* Tuyau amenant la vapeur de l'appareil de chauffage ou générateur à la base de la colonne *A*, admission réglementée par la soupape *T*.

sa base, un tuyau F met cette partie en communication avec le réservoir A du régulateur, qui est ainsi en équilibre de pression; le liquide qu'elle contient s'élève dans le tuyau B proportionnellement à cette pression, et arrive dans le réservoir supérieur; le flotteur C est soulevé et monte avec la couche liquide; le levier D diminue l'ouverture de la soupape E et la vapeur entre en moindre volume dans la colonne. Si la pression était trop énergique, la soupape se fermerait complètement ou à peu près, de manière à faire instantanément diminuer la pression; aussitôt qu'elle atteint son point normal, le flotteur s'abaisse et la vapeur passe de nouveau. La hauteur du tuyau B est calculée pour donner une tension convenable (fig. 131).

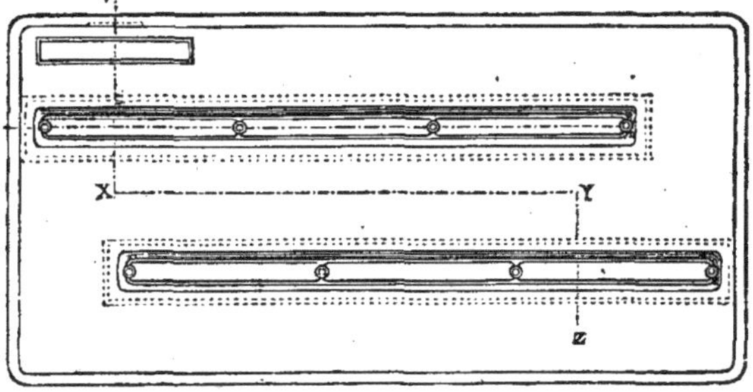

Fig. 129. — *Plan d'un plateau de colonne.*
VXYZ Circulation du vin dans le plateau.

Chaque plateau contient une certaine hauteur de vin, hauteur réglée par un trop plein plongeant

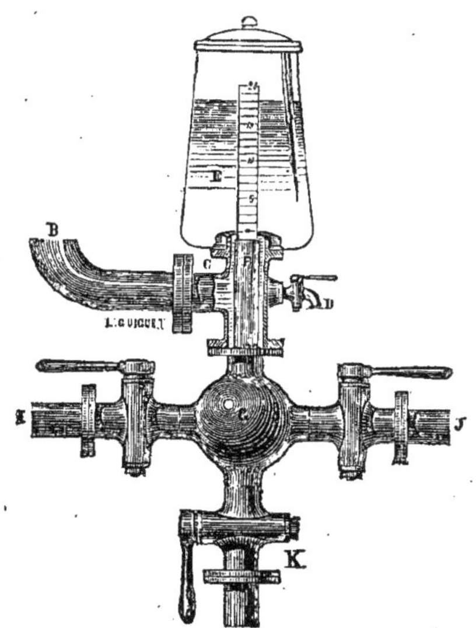

Fig. 130. — *Détails de l'éprouvette jauge.*
B Arrivée des flegmes du réfrigérant dans l'éprouvette en cristal *E*. — *F* Orifice d'écoulement sur le tuyau gradué. — *G* Réservoir d'alcool à diriger suivant la nature du fractionnement par les robinets *IJK*.

dans le liquide du plateau inférieur. La vapeur, plus ou moins alcoolique, qui se forme dans un tronçon de colonne, ne peut arriver au tronçon supérieur par le tuyau de trop plein, puisque l'extrémité inférieure de celui-ci plonge dans le liquide; mais elle s'échappe par des orifices longitudinaux, s'élevant un peu plus haut que le niveau du trop plein, orifices recouverts d'une rigole dont les bords plongent dans le liquide qui recouvre le plateau. La vapeur, avant de s'échapper, doit donc barbotter au travers du liquide, elle y entretient l'ébullition et s'enrichit un peu avant d'arriver au tronçon immédiatement supérieur et ainsi de suite.

Supposons maintenant la colonne pleine de vin, c'est-à-dire chaque plateau recouvert de vin jusqu'au niveau du trop plein; la vapeur arrive, en passant par la soupape régulatrice, dans le bas de la colonne. Cette vapeur met en ébullition le vin du tronçon inférieur, la vapeur alcoolique faible qui s'y forme passe dans le tronçon immédiatement supérieur, y provoque à son tour l'ébullition, s'enrichit de l'alcool du vin qu'il contient, et ainsi de suite, de plateau en plateau, jusqu'au haut de la colonne. La vapeur alcoolique sortant de la colonne passe dans le brise-mousses B, puis dans le chauffe-vin tubulaire C, dont les tubes sont baignés de vin, de là au réfrigérant D. Mais le vin contenu dans les tronçons de colonne

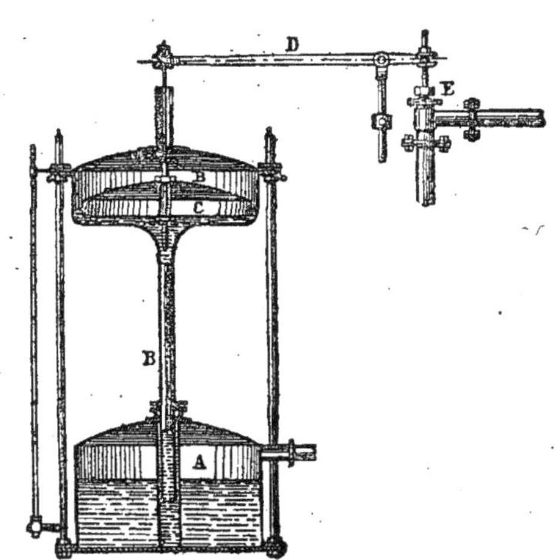

Fig. 131. — *Détails du régulateur.*

s'est épuisé successivement, le vin du tronçon de la base est complètement épuisé. Celui qui est renfermé dans le tronçon le plus élevé s'est appauvri. A ce moment, on fait fonctionner la pompe qui refoule du vin nouveau dans le chauffe-vin, on déplace celui qui s'y trouvait primitivement et qui s'est échauffé par le passage de la vapeur dans les tubes, et on l'envoie par le tuyau Q dans la colonne.

Ce vin descend de plateau en plateau par les tuyaux de trop plein, déplace le vin plus ou moins épuisé et force la vinasse épuisée du dernier tronçon à s'échapper en G. La vapeur alcoolique a donc un mouvement ascendant de plateau en plateau et traverse des vins de plus en plus riches, et le vin va, au contraire, en s'appauvrissant, en descendant de plateau en plateau. L'alimentation doit donc être réglée de telle façon que la quantité de vin introduite dans la colonne ne soit pas trop abondante, et que son passage dans la colonne soit assez lent pour permettre l'épuisement complet de la vinasse qui s'écoule au dehors. On sera guidé par l'épuisement des vinasses et par le

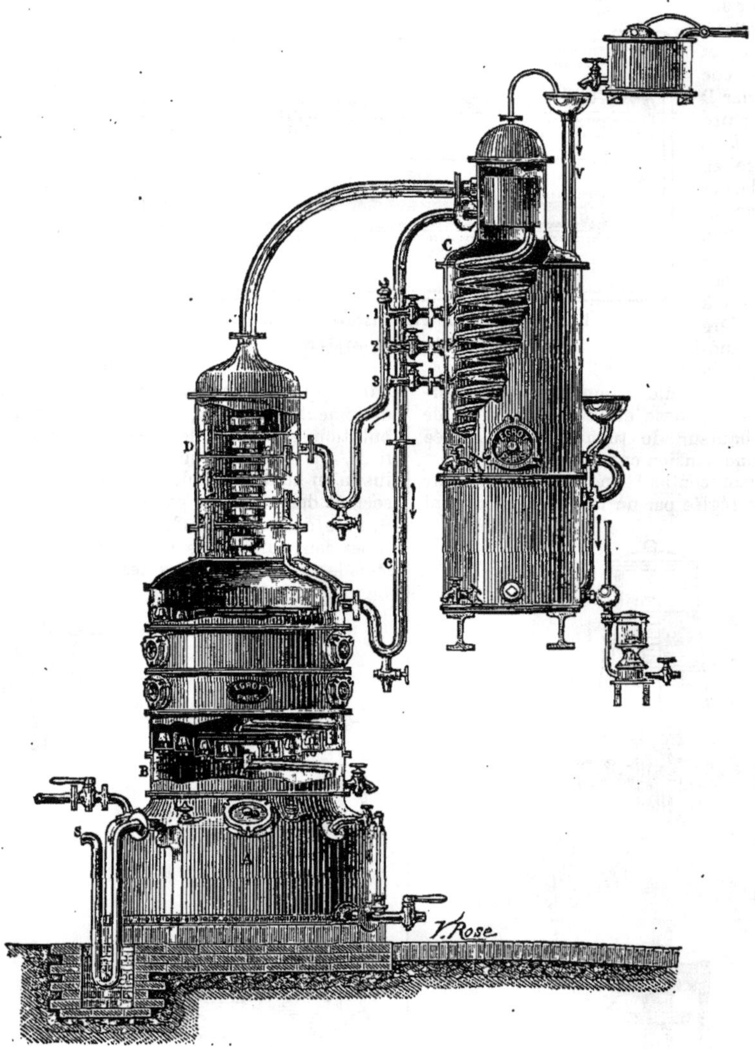

Fig. 132. — *Appareil Egrot.*

degré alcoolique des flegmes ; il serait bon d'avoir toujours, par un petit appareil spécial, l'indication du complet épuisement.

On voit donc que l'appareil étant réglé, l'alimentation du vin et la sortie de vinasses sont continues, l'écoulement des flegmes l'est également, c'est donc un appareil continu qui ne s'arrêtera que par les nécessités de nettoyage. Le chauffe-vin C n'a pas pour seul objet de réchauffer le vin avant son entrée dans la colonne et d'économiser ainsi un peu de combustible ; il fait encore fonction d'analyseur de vapeur, la partie la plus condensable de la vapeur alcoolique, c'est-à-dire l'eau et quelques produits peu volatils, se condensent partiellement et retournent à la colonne.

Ainsi avec une bonne régulation de la vapeur, avec des vins d'une richesse constante et une alimentation absolument régulière, on doit avoir constamment le même degré alcoolique à l'éprouvette et de la vinasse épuisée. Les conditions générales de l'industrie réalisent assez bien les deux premières conditions.

Le régulateur Savalle proportionne l'admission de vapeur ; la richesse des vins dans un bon travail est régulière, mais il est difficile d'assurer la même régularité à l'alimentation, le débit des pompes varie notablement suivant la vitesse du moteur, et surtout par l'engorgement accidentel et momentané des soupapes des pompes. M. F. Billet a eu l'idée de régulariser l'alimentation automatiquement en adoptant un principe du même ordre que celui du régulateur de vapeur. C'est la pression dans la colonne qui modifie l'ouverture d'une soupape d'alimentation. On comprendra facilement la relation qui existe entre la pression et l'intensité de l'alimentation, si on considère que toute arrivée dans la colonne d'un vin plus froid que celui qui s'y trouve, condense une certaine quantité de vapeur et diminue la pression.

Dans une bonne colonne ordinaire, avec des vins d'une richesse moyenne, le degré alcoolique des flegmes est d'environ 50 à 55° ; ce degré peut être augmenté par l'adjonction d'un nombre plus grand de plateaux, ou diminué par une alimentation moindre ; mais on ne peut obtenir de hauts degrés (93 à 95°) sans appareils spéciaux, appelés *déflegmateurs*. Il en existe de plusieurs systèmes : en Allemagne, où on a l'habitude, pour plusieurs raisons, de produire des flegmes à haut degré ; en France, M. Savalle en a également construit. Nous ne pouvons les décrire ici, il nous suffira de dire qu'ils reposent tous sur le principe unique d'une condensation partielle de la vapeur alcoolique, la partie la plus aqueuse retourne à la colonne et les parties les plus alcooliques seules arrivent au réfrigérant. Les flegmes à haut degré (93 à 95°) sont certainement plus purs et mieux débarrassés des entraînements du vin que les flegmes à bas degré ; de plus, en Allemagne, les flegmes sont rarement rectifiés dans les usines où on les produit ; et en les faisant à haut degré, on diminue les dépenses de logement et de transport.

Nous ne pouvons nous étendre suffisamment pour donner la description de tous les appareils distillatoires qui sont utilisés dans l'industrie des alcools. Comme appareils distillatoires français, nous indiquerons encore l'appareil Egrot, dont le dessin de la figure 132 montre le fonctionnement. La chaudière A est représentée comme devant être chauffée par un serpentin de vapeur. La vapeur, produite par l'ébullition du liquide contenu dans la chaudière, arrive au bas de la colonne B. Celle-ci est de très grand diamètre relativement à la chaudière et ne se compose que de cinq tronçons déflegmateurs et de cinq plateaux ; chacun d'eux, dont nous donnons la figure en plan, porte un grand nombre d'orifices, avec calottes de barbottage, de faible dimension KK. Le liquide arrivant d'un plateau supérieur (fig. 133 et 134) par le tuyau *a* parcourt dans le sens des flèches l'anneau extérieur *ab*, descend en *c* et parcourt en sens inverse l'anneau *cd* ; il suit de même les quatre anneaux concentriques disposés les uns au-dessous des autres comme le montre la coupe de l'appareil, enfin, arrivé au centre du plateau en *o*, ce liquide descend sur le plateau inférieur, où il recommence une circulation semblable.

Le vin arrive d'un réservoir supérieur par le tuyau V à la partie inférieure du chauffe-vin G, s'élève dans cet appareil, s'y échauffe en condensant partiellement la partie la plus aqueuse des vapeurs alcooliques qui circulent dans le serpentin, et arrive par le tuyau *c* sur le plateau supérieur de la colonne B. Après avoir parcouru les cinq plateaux de cette colonne, il s'écoule dans la chaudière et sort d'une façon continue par le siphon *ss*, complètement épuisé de son alcool. Les vapeurs alcooliques, sortant de la colonne B, traversent la colonne rectificatrice D, où elles s'enrichissent et arrivent au serpentin du chauffe-vin,

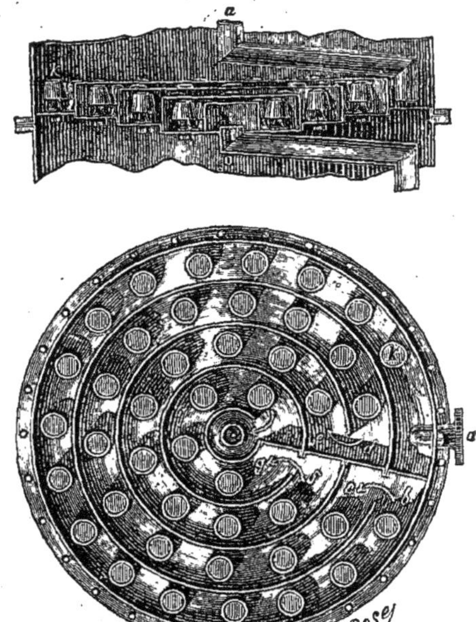

Fig. 133 et 134. — *Détail du plateau de l'appareil Egrot.*

où elles s'analysent en échauffant en même temps le vin. A l'aide des trois robinets 1, 2, 3, on peut graduer la rétrogradation dans la colonne et obtenir à volonté des vapeurs de richesse alcoolique plus ou moins grande. Enfin la vapeur alcoolique, au sortir du serpentin du chauffe-vin, se condense dans le réfrigérant placé au-dessous et arrive liquide à l'éprouvette.

Dans cet appareil, le vin parcourt très rapidement et avec une circulation très développée, un petit nombre de plateaux, pendant que la vapeur, se dégageant par un nombre considérable d'orifices barbotteurs, détermine son épuisement complet. Grâce à cette disposition, le vin reste beaucoup moins de temps en distillation que dans les appareils ordinaires et sous une faible pression (0^m,50 de hauteur d'eau). L'appareil Egrot, pouvant fonctionner soit à feu nu, soit à la vapeur, convient aux petites exploitations, donne de bons produits en tous cas et paraît destiné spécialement à la distillation des vins et des jus de cannes à sucre; représenté à l'échelle de 0^m,025 par mètre, il peut distiller par vingt-quatre heures 200 hectolitres de vin et produire à volonté de l'alcool à 50 ou à 90°.

Le principe de l'appareil ou colonne Champonnois, ne diffère guère de celui des colonnes Savalle; quelques modifications dans la disposition des calottes des plateaux, dans le mode de chauffage ont été apportées par M. Champonnois. En outre, ces colonnes sont surmontées d'un chauffe-vin tubulaire, faisant partie de la colonne et remplissant la fonction d'un déflegmateur de puissance modérée.

En Angleterre, on se sert surtout de l'appareil Coffey, composé de deux fortes colonnes en bois, dépendantes l'une de l'autre, la première faisant fonction de colonne distillatoire proprement dite, la seconde de rectificateur. Les deux colonnes remplissent le rôle d'une distillation et d'une rectification continues. Mais le mode de fractionnement des produits, dans cette rectification continue, est trop sommaire pour permettre d'obtenir des alcools très purs; ils ont un degré élevé (95°), mais ils ne sont complètement dépouillés ni des aldéhydes ni des huiles essentielles. Leur emploi convient aux matières premières (grains, malt) utilisées en Angleterre et surtout aux habitudes que la consommation a adoptées, laquelle s'est habituée à certaines qualités de spiritueux qui ne sont pas du goût français.

En Allemagne, les exigences des appareils à distiller sont un peu différentes de celles du travail français; l'épaisseur des moûts fermentés ne permettrait pas leur distillation dans nos colonnes. On y emploie des colonnes Savalle quelquefois, dans des conditions particulières, mais rarement; les systèmes d'appareils sont plus variés qu'en France, nous citerons : les appareils Schmidt, très fréquemment montés dans les petites usines; on pourrait les comparer, comme fonctionnement, aux appareils Laugier, réunis en un seul appareil à plusieurs compartiments et augmentés d'un déflegmateur.

Parmi les grands appareils industriels, on distingue ceux de Siemens, de Christophle (ce dernier, avec régulateur d'alimentation), l'appareil universel de distillation de Ilgès; on appelle ce dernier *universel* parce qu'il se prête également à la distillation des moûts épais et des moûts clairs. Nous en donnons, figure 135, le dessin avec la description, car il nous paraît réunir, aux qualités des appareils spécialement créés pour la distillation des moûts épais, les avantages de la régulation automatique de l'alimentation, de la vapeur, de la décharge des vinasses et du contrôle de l'épuisement du vin. Nous avons présenté, dans l'appareil Savalle, le type de la colonne française, nous donnerons, dans l'appareil Ilgès, un spécimen complet d'une colonne allemande créée pour le travail à moûts épais, mais à usages multiples, munie de tous les appareils de régulation et de contrôle. Comme nous l'avons dit déjà à propos des cuiseurs de grains, en donnant la description d'un appareil spécial, nous tenons à fournir un type aussi complet que possible; mais sans avoir la pensée de considérer comme plus imparfaits, d'autres appareils dont nous ne pouvons nous occuper à cause du peu d'étendue de notre cadre.

Appareil de distillation d'Ilgès (Kyll). Cet appareil, dit *universel*, parce qu'il se prête à la distillation de toutes les matières, soit fluides, soit pâteuses, repose sur un principe un peu différent de celui des colonnes ordinaires. La colonne n'a pas de plateaux et elle est absolument pleine de vin à distiller; on se rappelle que dans les colonnes à plateaux Savalle, il n'y a sur chacun des plateaux qu'une couche de vin de quelques centimètres de hauteur. L'enrichissement des vapeurs alcooliques, au fur et à mesure de leur ascension dans la colonne, a lieu méthodiquement comme dans les colonnes françaises, puisque le vin arrive au haut de la colonne et sort épuisé par le bas, mais cet épuisement se fait sans que les vins plus ou moins épuisés soient fractionnés dans les tronçons des colonnes. L'alimentation est constante et, comme la sortie de vinasse possède son régulateur spécial, la descente de vin a lieu par simple déplacement, et la hauteur du liquide dans la colonne est toujours la même.

En décrivant le fonctionnement, nous indiquerons l'usage des tuyaux et organes accessoires. Mais, pour simplifier la démonstration de ce fonctionnement, nous expliquerons auparavant le rôle des appareils régulateurs et de la colonne (fig. 135).

Colonne. Elle est, comme nous l'avons dit, un simple cylindre, mais à l'intérieur se trouvent quatorze calottes en fonte fixées sur un arbre vertical; chacune d'elles forme en quelque sorte le chapeau d'un pareil nombre de calottes fixées sur la circonférence intérieure de la colonne. Ces calottes et leur chapeau sont cannelés intérieurement, obliquement et en sens inverse; les cannelures sont destinées à livrer passage à la vapeur qui se trouve ainsi divisée extrêmement, le vin descendant par son propre poids par les interstices de la calotte et de son chapeau. La vapeur venant du bas de la colonne, passe par les cannelures du plateau, change de direction pour suivre les cannelures inversement disposées du chapeau et ainsi de suite; elle émulsionne, pour ainsi dire, le vin et atteint toutes ses parties, c'est le barbottage le plus complet qu'il soit possible d'obtenir.

Régulateur d'alimentation. Le réservoir B en fonte est hermétiquement fermé, il communique par un tuyau *ff* au manomètre d'eau H et par le tuyau *bb'* à l'entonnoir *d*. Un gros robinet à deux eaux met ce réservoir B en communication avec la cuve à vin A, le serpentin *d*, dans lequel passe la vapeur alcoolique, réchauffe un peu le vin contenu dans le réservoir. On le remplit de vin par le robinet *c*, l'air s'échappe en H; lorsque le réservoir est plein, on ferme le robinet *c* qui s'ouvre en même temps sur l'entonnoir *d*. Comme le vin contenu dans le réservoir ne peut couler sans admission d'air, l'eau du manomètre H s'élève dans le tube à la hauteur du liquide dans le réservoir. On ouvre alors le robinet d'air gradué *g* et l'air entre peu à peu dans le réservoir par les tuyaux *ff* et une quantité correspondante de vin entre dans la colonne. Comme il y a toujours

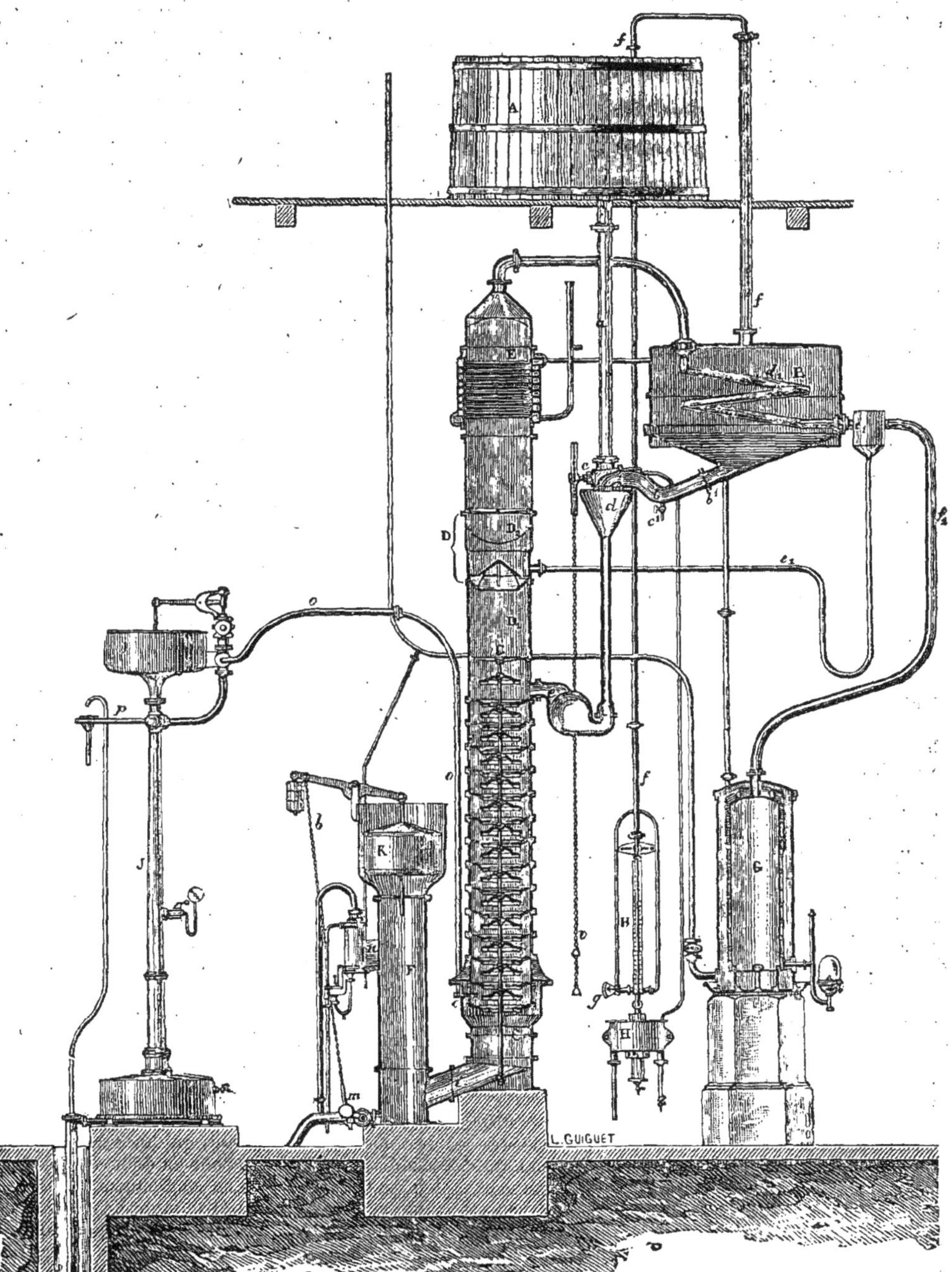

Fig. 135. — *Appareil de distillation d'Ilgès.*

équilibre exact de pression dans le réservoir B et dans le manomètre H, l'écoulement du vin est toujours constant, quelle que soit la hauteur du liquide dans B, et toujours proportionnel à la rentrée d'air.

Régulateur de sortie de vinasse. Le régulateur de

sortie de vinasse FK se compose d'une colonne en fonte dans laquelle se meut un flotteur. La colonne a une hauteur telle qu'elle équilibre le poids du vin émulsionné de vapeur contenu dans la colonne à distiller CC. Le flotteur règle l'ouverture du robinet *m*, sortie de vinasses, de telle façon que si le vin s'abaisse dans la colonne à distiller le robinet se ferme.

Régulateur de vapeur. La colonne marche avec de la vapeur détendue, retours, échappements de machines, etc. Mais comme elle peut manquer à un moment donné, le régulateur est construit de façon à suppléer par une admission de vapeur directe à la vapeur de retour qui ne suffit plus; cette admission se fait de telle façon, par un jeu de soupapes, que la pression ne dépasse jamais la tension ordinaire des retours, et qu'elle est toujours la même, un quart d'atmosphère, avec la vapeur directe ou de retour.

Contrôle d'épuisement. Si, pour contrôler l'épuisement de la vinasse, on prend le degré alcoolique de la vapeur qui se dégage du plateau inférieur, et si on trouve seulement une fraction de degré, on considère généralement que la vinasse est épuisée. Mais à cet endroit et à ce moment, la vapeur produite par la vinasse est mélangée de toute la vapeur de chauffage et considérablement affaiblie de ce chef. Les fractions de degré alcoolique constatées ne sont donc pas exactes et peuvent se transformer en des entiers, si on opère sur la vapeur des vinasses sans mélange de vapeurs de chauffage. C'est pour arriver à ce but que Ilgès prend la vapeur des vinasses en dehors de la colonne, comme le représente l'appareil N, placé à côté du régulateur de sortie des vinasses.

Marche de l'appareil. Le vin, soit moût épais fermenté, soit moût clair, remplissant le réservoir B, arrive en quantités régulières dans la colonne en *c* par l'entonnoir *d*; il descend en s'épuisant successivement jusqu'à *i*, tuyau de sortie des vinasses épuisées dans le régulateur de vidange F, l'épuisement du vin étant contrôlé par l'appareil N. Lorsque le réservoir chauffe-vin régulateur B est vide, on le remplit en un temps très court par le gros tuyau *a* et le robinet à deux eaux *c* et on recommence. L'alimentation, tout en étant régulière, a donc de très courtes intermittences. Lorsqu'on distille des matières fluides qui n'engorgent pas les tuyaux, on supprime le réservoir régulateur B. La vapeur détendue arrive en O par le régulateur J. Les vapeurs alcooliques, au sortir de la partie de la colonne remplie de vin, arrivent en D et passent au travers d'une colonne carrée D^2, remplie de boules de porcelaine de 0m,035 environ de diamètre, faisant l'office de diviseurs de vapeur et fournissant à la condensation du déflegmateur E une énorme surface d'écoulement et d'évaporation. Elle passe ensuite dans le compartiment déflegmateur E, entre de nombreux tuyaux dans lesquels circule de l'eau froide; les parties aqueuses de la vapeur alcoolique se condensent et retombent dans la colonne, et la vapeur alcoolique se rend dans le court serpentin d_1 faisant fonction de chauffe-vin. Les condensations de ce serpentin retournent à la colonne par e_1 et la vapeur alcoolique, qui a résisté à toutes ces condensations, arrive par f_1 au réfrigérant G et à l'éprouvette.

Le chauffage des colonnes à distiller, en général, se fait par injection directe de la vapeur en barbottage à la partie inférieure de la colonne; la chaleur de la vapeur est ainsi mieux utilisée que par un chauffage par surfaces. Mais cette vapeur se condense dans la vinasse et en augmente le volume; si cette dilution n'a pas d'inconvénients lorsqu'on distille des betteraves ou des grains, il n'en est pas de même pour la distillation des mélasses. Puisque pour retirer les sels de la vinasse de mélasses, il faut l'évaporer, il importe de ne pas l'étendre d'eau, ce serait un surcroît inutile de dépenses. Dans ce cas, la colonne qu'on emploie est supportée par une chaudière munie d'un fort serpentin de chauffage, dont l'eau condensée s'échappe à l'extérieur de la chaudière. La vinasse, épuisée au sortir de la colonne, tombe dans la chaudière, elle est maintenue en ébullition par l'admission de vapeur directe dans le serpentin, et la vapeur qui s'en dégage sert à la distillation. De cette façon, la vinasse, au lieu d'être diluée, éprouve un commencement d'évaporation.

On peut encore installer à côté de la colonne une chaudière contenant un faisceau tubulaire, autour duquel circule de la vapeur, et alimenter cette chaudière servant de générateur spécial à la colonne, avec la vinasse épuisée. C'est une simple disposition qui n'a pas d'importance par elle-même, elle produit le même effet que la chaudière formant le soubassement de la colonne, toutefois elle permet le nettoyage facile de cette partie de la chaudière qui s'incruste assez rapidement; ce nettoyage s'opère sans nécessiter le démontage de la colonne.

Rectification. Quel que soit le degré des flegmes obtenus à la distillation, et bien que les flegmes à 95° soient plus dépouillés d'alcools étrangers que les flegmes à 50°, ils sont néanmoins toujours impurs, et contiennent la somme des produits, volatils à la température à laquelle leur vapeur est arrivée au réfrigérant. Ils se composent d'aldéhydes diverses, d'éthers et de corps non déterminés, plus volatils que l'alcool éthylique, d'alcool pur et d'alcools amylique, propylique et butylique, moins volatils que l'alcool. Comme nous l'avons dit déjà à l'article Distillation, la séparation des divers produits volatils qui composent un mélange ne se fait pas exactement à la température d'ébullition de chacun d'eux, et les divers fractionnements renferment toujours une proportion importante du produit qui lui succède dans l'échelle des volatilités. Pour en donner un exemple : les flegmes à 100° ne contiennent probablement pas plus de 2 à 3 0/0 d'impuretés et cependant, dans une rectification simple, bien conduite, avec de bons appareils, on ne retire guère de premier jet que 50 0/0 d'alcool absolument pur. On voit donc qu'il a fallu que la séparation des impuretés ait entraîné en mélange 47 0/0 d'alcool pur. La rectification, quelque parfaite qu'elle soit, est donc insuffisante pour séparer de premier jet l'alcool pur des impuretés qui l'accompagnent; il faut soumettre les parties impures à plusieurs rectifications successives, pour obtenir la presque totalité de l'alcool renfermé dans les flegmes. On peut donc dire que par suite des propriétés physiques des produits volatils à séparer, une rectification, quelle qu'elle soit, ne suffit pas pour retirer industriellement tout l'alcool pur formé pendant la fermentation, et qu'au point de vue du rendement, la rectification n'est pas l'opération principale de la distillerie; il faut surtout s'attacher à obtenir de bons flegmes aussi purs que possible, par une bonne préparation des matières premières et par une bonne fermentation; il faut aussi chercher à enlever ou à transformer les produits, autres que l'alcool, avant la rectification.

Il ne faudrait pas conclure de ce qui précède, que les bons alcools d'industrie ne sont pas purs; ils le sont, au contraire, presque absolument; ils contiennent moins de produits essentiels que l'alcool de vin. Mais pour les obtenir, il faut en sacrifier une certaine proportion dans les opérations industrielles que nous décrirons. Notre critique théorique de la rectification s'applique donc, non à la qualité des alcools obtenus, mais à la quantité qu'on en obtient, nous insistons particulièrement sur ce point qui pourrait être commenté différemment.

La plus grande perfection des appareils à rectifier consiste donc à retirer de premier jet la plus grande quantité possible d'alcool pur, et avec le moins de dépenses. Au point de vue théorique, il faut soumettre les flegmes à une ébullition aussi douce que possible pour éviter d'exagérer les entraînements, faire subir aux vapeurs produites une série ménagée de refroidissements pour condenser les parties moins volatiles que celles qu'on veut recueillir, et fractionner soigneusement les diverses qualités de produits coulant à l'éprouvette. L'opération de la rectification ne peut donc être continue, on met en œuvre une certaine quantité de flegmes et on les épuise par fractionnements. Au commencement de l'opération, on fait condenser l'eau, les produits moins volatils que l'alcool, et en partie l'alcool lui-même pour ne recueillir que les produits plns volatils qui se composent d'aldéhydes, d'éthers dissous dans de l'alcool. On met à part ces premiers produits qui forment la tête; lorsque l'alcool coule pur à l'éprouvette, on ne condense plus que l'eau et les huiles essentielles (pour condenser toutes les huiles, il faut condenser en même temps beaucoup d'alcool), jusqu'au moment où ces huiles elles-mêmes commencent à influencer la pureté de l'alcool. Enfin, on retire et on met à part également l'alcool infecté de ces huiles, queue de rectification, jusqu'à épuisement complet.

Tout appareil à rectifier permettant ces condensations ménagées est bon, s'il remplit les conditions d'économie et de puissance de travail utiles. Avant les appareils Savalle, les rectificateurs avaient, comme maintenant, des colonnes à plateaux et à calottes, mais l'analyse des vapeurs s'opérait dans des condenseurs à serpentin d'une faible surface relative; dans les uns, à axe vertical, les condensations étaient séparées de la vapeur par quatre cylindres analyseurs, dans chacun desquels se rendaient la vapeur et la condensation du quart de la surface du serpentin. Dans d'autres à axe horizontal (condenseur Franck), chaque tour de serpentin avait sa décharge des condensations, et ces condensations, dans tous les cas, retournaient à la colonne. Ces appareils de rectification marchaient bien, mais nécessitaient une surveillance constante faute de régulateurs de vapeur. En outre, comme la surface de condensation était limitée, sous peine d'avoir des appareils d'un trop grand volume et d'un trop grand poids, leur puissance de production n'était pas considérable (20 à 25 hectolitres d'alcool au plus par vingt-quatre heures). Savalle, le premier, a construit des appareils de grande puissance pouvant produire par jour jusqu'à 200 hectolitres d'alcool, grâce à la grande surface de ses condenseurs tubulaires, et avec une parfaite régularité de marche par l'adjonction d'un régulateur de vapeur de chauffage.

La grande augmentation de puissance de ces appareils avait une double importance; le prix et la place qu'occupent les appareils diminuent relativement (c'est-à-dire par hectolitre de production) avec leur puissance; de plus, la quantité relative de bon goût est plus considérable dans les grands appareils que dans les petits. Si on considère en outre l'importance si grande de la régularité de chauffage dans l'opération de la rectification, dans laquelle la purification des vapeurs alcooliques est si méthodique, et que les moindres changements de marche influencent, le régulateur de vapeur était une amélioration considérable. Les appareils Savalle ont donc rendu des services signalés à l'industrie de la distillerie. Dès leur création, ils se sont généralement, presque universellement imposés, et des perfectionnements successifs de détails ont encore amélioré les conditions industrielles de ces appareils. Mais les propriétés physiques des mélanges alcooliques à rectifier limitent leur marche en avant, les composants des alcools bruts sont l'objet de nombreuses études; avec ces travaux, des combinaisons nouvelles surgissent, et chacun apporte ou apportera peu à peu de nouveaux éléments de progrès. Nous ne pouvons indiquer ces tentatives, qui n'ont pas encore fait leurs preuves publiques, et nous donnerons simplement le dessin et l'explication de l'appareil le plus perfectionné de M. Savalle.

Cet appareil (fig. 136) se compose d'une chaudière dont la contenance varie avec la puissance de production du rectificateur: depuis 25 hectolitres environ, produisant par vingt-quatre heures 5 hectolitres d'alcool, jusqu'à 750 hectolitres, produisant 200 hectolitres d'alcool, également par vingt-quatre heures. Tous les autres organes ont des dimensions évidemment proportionnelles à la contenance de la chaudière. Celle-ci est surmontée d'une colonne à plateaux perforés ou à calottes, dont le nombre a été récemment fortement augmenté par le constructeur qui l'a élevé à cinquante et plus. Les nouvelles colonnes sont rectangulaires, on leur a donné cette forme, afin de pouvoir établir sur chaque plateau, au moyen de cloisons longitudinales, une circulation de l'alcool condensé, représentant plusieurs fois la longueur du plateau, avant la descente de ces condensations sur le plateau inférieur.

La vapeur alcoolique sortant de la colonne, se rend dans un condenseur tubulaire, refroidi par

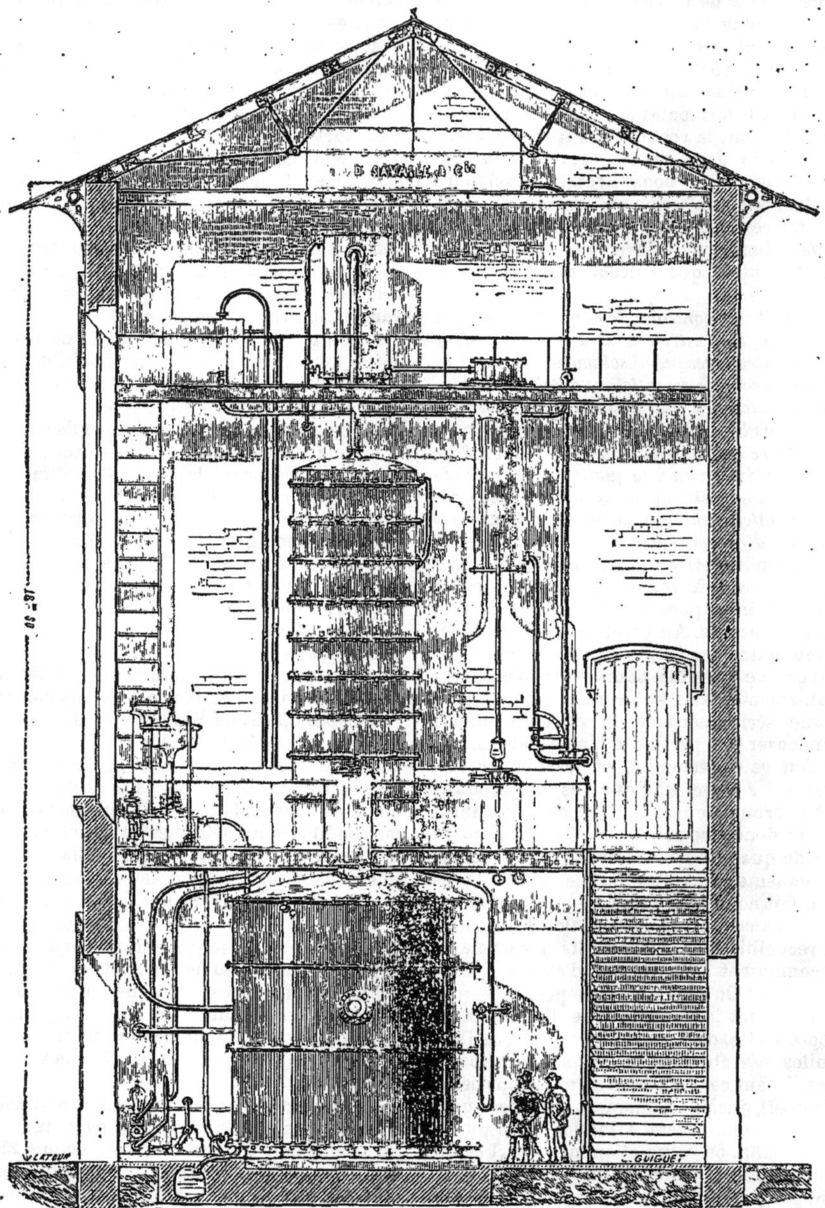

Fig. 136.

un courant d'eau constant, réglé par l'ouvrier suivant l'intensité d'écoulement qu'il veut obtenir à l'éprouvette; intensité qui est en raison inverse nécessairement du refroidissement du condenseur. Au sortir du condenseur, les condensations retournent à la colonne, et la vapeur se rend au réfrigérant tubulaire. L'alcool complètement refroidi s'écoule dans l'éprouvette-jauge dont nous avons déjà parlé à propos de l'appareil à distiller.

Le chauffage des flegmes dans la chaudière s'opère à l'aide des vapeurs détendues, provenant de l'échappement des machines de la distillerie; elles circulent dans un serpentin spécial E (fig. 137). Mais, comme cette vapeur d'échappement n'est constante ni comme volume, ni comme température, et que la rectification demande une parfaite régularité de chauffage; celui-ci est complété par une admission de vapeur directe, réglée par un régulateur semblable à celui que nous avons déjà décrit. Cette vapeur vierge circule dans un serpentin spécial B (fig. 137), elle est uniquement complémentaire, puisqu'elle ne peut entrer dans le serpentin que lorsque la pression de la vapeur alcoolique dans l'appareil est inférieure à celle à laquelle s'ouvre la valve du régulateur.

La chaudière est remplie de flegmes amenés au degré alcoolique de 45 à 50° et neutralisés avec du carbonate de potasse; on les chauffe à l'ébullition par les serpentins de vapeur. La vapeur alcoolique s'élève de plateau en plateau jusqu'à l'extrémité de la colonne. La fonction des plateaux est la même que dans les appareils à distiller, seulement le liquide qui les recouvre est uniquement composé des condensations qui s'opèrent dans la colonne elle-même et dans le condenseur. L'excès des condensations descend de plateau en plateau, par trop plein, dans la chaudière; la richesse alcoolique du contenu de chaque plateau augmentant au fur et à mesure de la base à l'extrémité de la colonne, il en résulte que la vapeur alcoolique s'enrichit proportionnellement. En un mot, les condensations se distillent dans la colonne, les parties pauvres retombent dans la chaudière, et les vapeurs enrichies vont au condenseur.

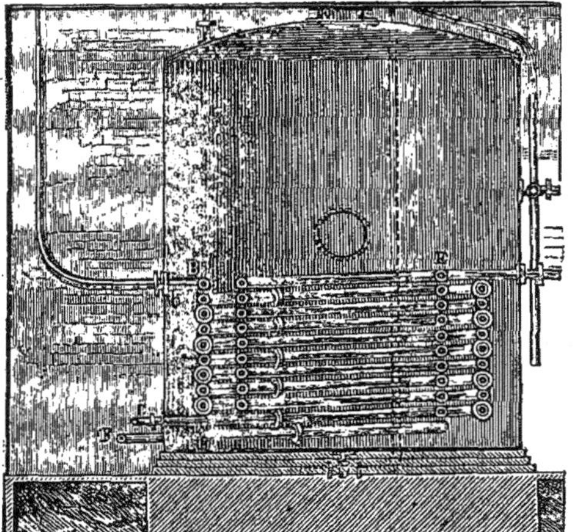

Fig. 137.

Ce condenseur, entretenu à une température suffisamment basse, variant de la base du condenseur où l'eau froide arrive, jusqu'à la sortie de l'eau chaude (76 à 78° environ), produit une analyse profonde des vapeurs alcooliques sortant de la colonne, en condense une grande partie, et celle qui a résisté arrive au réfrigéraut. On peut admettre qu'en moyenne 100 parties de flegmes à 100°, rendent 75 parties d'alcool, bon goût à 95°, dont cinquante environ absolument pures, et vingt-cinq un peu inférieures. Les mauvais goûts de tête et de queue sont rectifiés de nouveau.

La rectification est d'autant plus parfaite comme qualité des produits recueillis, que la marche aura été plus lente, et conséquemment les condensations plus abondantes.

Nous avons dit que la condensation partielle et l'analyse des vapeurs alcooliques se produisait dans un condenseur refroidi partiellement par un courant d'eau. Cette eau s'échauffant à 75 à 78° laisse déposer sur la surface intérieure des tubes du faisceau tubulaire, une croûte calcaire qui nuit à la transmission de la chaleur; quelquefois aussi l'eau nécessaire peut manquer; pour obvier à ces inconvénients, M. Savalle a conçu un appareil dans lequel l'eau nécessaire au refroidissement est remplacée par un courant d'air rapide.

Plusieurs tentatives ont été faites pour rendre la rectification continue (Maire, de Strasbourg, notamment), mais elles n'ont pas amené de résultats satisfaisants. M. Barbet, directeur des ateliers de M. Fontaine, à Lille, vient d'entrer de nouveau dans cette voie à l'aide de combinaisons nouvelles; son appareil se compose de deux parties pouvant fonctionner isolément. Dans la première, il élimine des flegmes, les produits plus volatils que l'alcool, et à l'exclusion de l'alcool. Dans la seconde, il distille les flegmes épurés et privés des produits de tête, pour en retirer l'alcool à l'état de pureté, et retenir, dans les résidus, tous les produits de queue (alcools amylique, etc., etc.).

Nous donnons le dessin et la légende des deux appareils, nous en expliquerons ensuite la théorie et le fonctionnement (fig. 138).

Explication du fonctionnement de l'appareil épurateur de flegmes. On peut considérer que les parties éthérées sont aux flegmes, ce que l'alcool est au vin. Or, les colonnes distillatoires enlèvent d'une façon continue, l'alcool du vin au degré que l'on veut obtenir, et les résidus appelés vinasses, sortent épuisés d'alcool. Dans l'appareil de M. Barbet, on recueille les éthers par distillation, et les résidus constituent les flegmes épurés. L'appareil se compose essentiellement :

Des tronçons épurateurs A ; au bas un barboteur de vapeur, l'entrée de vapeur est réglée par le régulateur N et le robinet à papillon *e*. Les flegmes épurés sortent du soubassement par la tubulure *c*, passant autour des tubes d'un appareil tubulaire D où ils réchauffent les flegmes à épurer. Une double enveloppe D' où circule de l'eau froide, achève le refroidissement des flegmes qui vont par le tuyau *d* à l'éprouvette F.

Les flegmes à épurer, contenus dans le bac T, descendent par le robinet *a*, entrent par la tubulure *f* dans le récupérateur de chaleur D. Ils en sortent chauds par le tuyau *b*, et entrent dans l'épurateur au-dessus des tronçons épurateurs A. Ils descendent de plateau en plateau en s'appauvrissant en éthers, et, arrivés au soubassement, ils doivent être complètement épurés. Les vapeurs éthérées sortant des tronçons A, montent à travers deux autres tronçons A', appelés *tronçons rectificateurs*, parce que les éthers s'y concentrent et s'y rectifient à la façon habituelle; un condensateur à eau B condense la majeure partie des vapeurs qui s'y rendent et les fractionne en deux portions : la partie condensée, moins riche en éthers, rétrograde dans les tronçons A', tandis que la vapeur non condensée, qui constitue l'éther très concentré descend au réfrigérant C puis à l'éprouvette E.

Pour composer ses tronçons, M. Barbet a imaginé des plateaux d'une nouvelle forme; sur ces plateaux on trace deux larges bandes parallèles, formant environ ensemble la moitié de la surface du plateau. Ces bandes sont perforées de trous rapprochés l'un de l'autre et de faible diamètre. Au-dessus de chaque bande est disposée une rigole renversée, en cuivre, et dont les bords sont dentelés. La vapeur passe par les trous, traverse le liquide qui recouvre les plateaux en produisant une vive émulsion, le mélange du liquide et de la vapeur vient se projeter sous la calotte ou rigole, et la vapeur s'échappe par les dentelures en affleurant la surface du liquide. De cette façon, on obtient l'avantage ordinaire des plateaux perforés, qui divisent fortement la vapeur, et rendent presque instantané l'équilibre de température du liquide et de la vapeur; mais on évite par les calottes ou rigoles les entraînements vésiculaires si considérables, produits par l'émulsion du liquide sur les plateaux perforés ordinaires. Ces plateaux, qui sont la combinaison des plateaux perforés et des plateaux à calottes, sont applicables à toutes colonnes à distiller ou à rectifier.

Par les moyens indiqués ci-dessus, M. Barbet produit un épuisement très avancé des parties éthérées des flegmes, et abrège beaucoup la durée des fractionnements de tête dans la rectification ultérieure des flegmes épurés; tout en améliorant très notablement les qualités ; l'union d'une distillation préalable des flegmes et d'une rectification ordinaire, remplissent à peu près l'objet d'une double rectification.

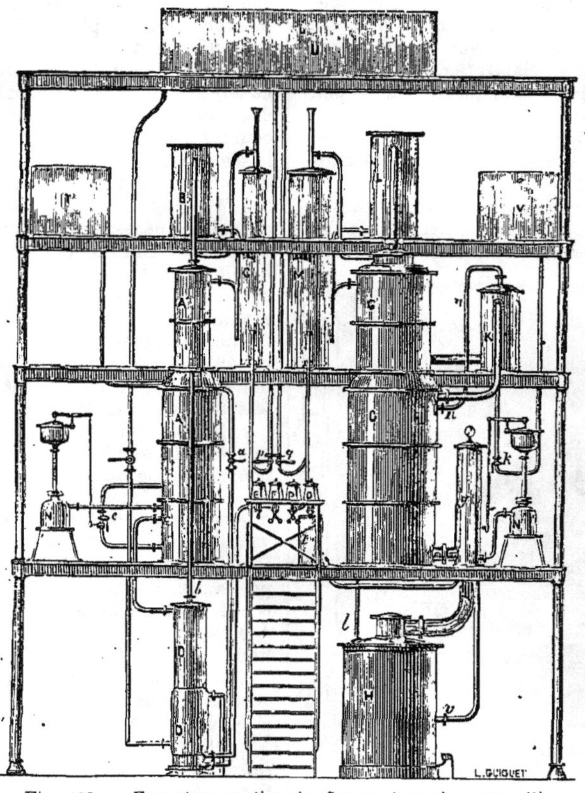

Fig. 138. — *Epurateur continu des flegmes (premier appareil).*

A Tronçons d'épuration. — *A'* Tronçons de rectification des éthers. — *B* Condenseur — *C* Réfrigérant des éthers. — *E* Eprouvette des éthers. — *T* Bac à flegmes à épurer. — *a* Robinet d'entrée des flegmes dans l'appareil. — *D* Récupérateur de chaleur, échauffant les flegmes à épurer au moyen des flegmes épurés bouillants. — *b* Sortie des flegmes bruts chauds vers l'épurateur. — c Sortie des flegmes épurés bouillants vers le récupérateur *D*. — *D'* Double enveloppe à circulation d'eau froide. — *F* Eprouvette des flegmes épurés refroidis. — *N* Régulateur de vapeur. — *e* Robinet de vapeur avec papillon de réglage. — *p* Robinet d'eau pour les refrigérant et condensateur. — *U* Bac à eau froide.

Rectificateur continu proprement dit (deuxième appareil).

V Bac à flegmes épurés. — *K* Robinet d'alimentation des flegmes. — *k* Chauffe flegmes. — *n* Tuyau conduisant les flegmes au rectificateur. — *G* Tronçons d'épuisement des flegmes. — *l* Descente des flegmes épuisés d'alcool dans la chaudière *H*. — *H* Chaudière munie d'un serpentin. — *v* Entrée de vapeur dans le serpentin. — *m* Sortie continue de vinasses épuisées. — *y* Robinet à trois eaux permettant de diriger les vinasses, soit dans la citerne à vin, soit à l'égout. — *g* Dôme épurateur arrêtant les huiles amyliques. — *t* Réfroidisseur des huiles condensées. — *Q* Eprouvette des huiles amyliques servant à l'épreuve de l'épuisement des vinasses. — *L* Condenseur à eau. — *M* Réfrigérant de l'alcool fin. — *P* Eprouvette de l'alcool fin. — *q* Robinet d'eau. — *N* Régulateur de vapeur.

Cet appareil d'épuration des flegmes fonctionne déjà et produit l'effet attendu par l'inventeur; la partie complémentaire devant faire un ensemble de rectification continue, n'a pas encore fait ses preuves industrielles; nous en donnons néanmoins la description.

Rectificateur continu proprement dit. Les flegmes épurés sont repris et refoulés dans un bac V; de ce bac, ils se rendent au-dessous du chauffe-flegmes K; un robinet *k* à la main du distillateur permet d'en régler le débit. Les flegmes échauffés par cet appareil tubulaire redescendent par le tuyau N pour alimenter les tronçons G. Ils descendent de plateau en plateau en s'appauvrissant méthodiquement, et arrivent par le tuyau à une chaudière H, munie d'un serpentin. Un régulateur N' règle le débit de vapeur utile au fonctionnement de l'appareil.

Le liquide de la chaudière H doit toujours être épuisé d'alcool; on s'en assure par la disposition suivante : la vapeur qui se dégage de cette chaudière passe au dôme de vapeur g, qui la dessèche. Les entraînements mécaniques et la condensation naturelle qui s'opère dans ce dôme se rendent au réfrigérant r, puis à l'éprouvette Q, où un alcoomètre sensible doit constamment marquer zéro. Dans le cas où cet alcoomètre accuserait accidentellement un peu d'alcool, ce qui a lieu à la mise en route ou à l'arrêt de l'appareil, au lieu de jeter les vinasses au dehors, on les dirigerait par le robinet à trois eaux y dans le réservoir des vins, et elles seraient redistillées avec eux. Au sortir des tronçons G, appelés *tronçons d'épuisement*, la vapeur alcoolique passe dans le chauffe-flegmes tubulaire k, où se condensent les vésicules entraînées mécaniquement ainsi que les parties les plus condensables de la vapeur. Cette rétrogradation commence l'épuration des vapeurs. *Dans les tronçons d'épuration* G', les vapeurs s'enrichissent et s'épurent par leur barbottage dans la rétrogradation du condenseur L. Enfin, la vapeur alcoolique épurée passe à l'éprouvette P après s'être condensée et refroidie dans le réfrigérant M.

Considérations générales sur la rectification. Les appareils à rectifier devant séparer l'alcool pur des aldéhydes, éthers et alcools divers qui l'accompagnent, et cette séparation étant d'autant plus facile que ces produits étrangers existent dans les flegmes en moindre quantité, il est évident que plus les opérations préparatoires et la fermentation en auront formé, moins le rendement en alcool pur sera élevé, et moindre sera sa qualité après la rectification.

Mais quelle que soit la perfection relative de ces opérations préliminaires, on cherche encore les moyens pratiques pour enlever ou détruire avant la rectification, les aldéhydes et les produits éthérés composés qui constituent les alcools de tête et qui influencent même le goût et surtout l'odeur des alcools à une période déjà avancée de la rectification.

Les acides sont facilement retenus par la neutralisation des flegmes, mais il est plus difficile de retenir, dans une combinaison quelconque, ou de transformer les éthers et aldéhydes. On sait que les aldéhydes sont le résultat d'une déshydrogénation de l'alcool par oxydation, et que cette oxydation est moins avancée que celle qui formerait les acides avec ces mêmes alcools; pour prendre un exemple sur l'alcool ordinaire : en l'oxydant faiblement, on obtiendra de l'aldéhyde éthylique; une oxydation plus avancée le transforme en acide acétique. Si on suroxyde les aldéhydes, on les convertit en acides, si on leur rend l'hydrogène, elles redeviennent l'alcool qui les a formées. On a fait de nombreuses tentatives pour oxyder les aldéhydes et les convertir en acides faciles ensuite à neutraliser : le chlore et les hypochlorites, le permanganate de potasse, le bichromate de potasse, les chlorates, l'acide azotique, l'ozone (procédé Eisenmann) ont été successivement employés pour produire cette oxydation, mais avec peu de succès. Cet insuccès relatif s'explique assez facilement, l'action des oxydants s'exerçait bien en réalité sur les aldéhydes, mais en même temps sur les alcools, et ils y formaient des aldéhydes nouvelles. Dans toute action chimique, il importe de ne pas former de nouveaux produits impurs, pendant la destruction de ceux qui préexistaient; M. Durin a réussi à détruire les aldéhydes et les éthers composés sans altérations nouvelles, et continue son étude pour la compléter. M. de Beaurepaire obtient de très bons résultats par un procédé qui lui est particulier, dans les détails duquel nous ne croyons pas devoir entrer. Mais aucun procédé chimique n'a jusqu'à ce jour réussi à purifier complètement les flegmes avant la rectification, soit des produits plus volatils que l'alcool, soit surtout des huiles de queue ou alcools amylique, butylique, etc.

Nous avons dit que par oxydation, on pouvait transformer les aldéhydes en leur acide correspondant, par réduction on peut les amener à leurs alcools. MM. Schneider et Naudin, en électrolysant les flegmes ont obtenu cet effet, l'hydrogène naissant dans les flegmes, réduisait les aldéhydes, mais il n'avait pas d'action sur les éthers, et l'amélioration n'est que partielle.

L'appareil de MM. Schneider et Naudin est cependant trop ingénieux pour que nous n'en disions pas quelques mots. La réduction des aldéhydes s'opère par le dégagement d'hydrogène naissant, produit par décomposition de l'eau des flegmes, et cette décomposition a lieu par l'action d'une pile particulière dont l'idée revient, croyons-nous, à M. Schutzenberger, et qui est à la fois très simple et très puissante. Les bacs contenant les flegmes à rectifier, sont remplis de grenaille de zinc bien décapée, on baigne cette grenaille dans une solution faible de sulfate de cuivre. Le cuivre métallique se dépose naturellement sur le zinc, et chaque fragment de zinc forme un couple. On comprend l'énormité des surfaces actives, et la puissance de cette pile; celle-ci, une fois formée, on remplit de flegmes le bac contenant la grenaille de zinc cuivrée et le dégagement d'hydrogène réducteur commence aussitôt dans toutes les parties du contenant. Pour obtenir un effet plus énergique encore, on a joint à l'action de cette pile celle d'une machine Siemens.

Le moyen de purification le plus employé, en Allemagne surtout, consiste dans la filtration des flegmes sur du charbon de bois concassé en petits fragments. Le pouvoir absorbant du charbon est assez rapidement épuisé, et le charbon doit être débarrassé de l'alcool qu'il retient et revivifié, soit dans des fours, soit à la vapeur surchauffée. Nous n'entrerons pas dans le détail de l'appareil de filtration, on peut se le figurer comme une batterie de diffusion dont les diffuseurs seraient remplis de fragments de charbon.

RÉSIDUS DE LA DISTILLATION, PULPES, DRÈCHES, VINASSES.

La distillation des betteraves laisse, comme résidus, des pulpes qui sont utilisées pour la nourriture des bestiaux, et des vinasses qui sont employées comme engrais en irrigation. La proportion de pulpe obtenue par 100 kilogrammes de betteraves pressées par *presses hydrauliques* est d'environ 22 kilogrammes, ayant une richesse en azote moyenne de 0,20 0/0. Par presses continues, de 25 à 27 kilogrammes contenant en azote 0,22 à 0,25. Par macération Champonnois, de 60 kilogrammes, azote 0,25 0/0. La richesse en azote de ces pulpes a été établie sur de nombreuses analyses par MM. Pagnoul et Pellet.

La distillation des matières amylacées par le procédé de maltage, laisse un résidu liquide connu sous le nom de *drèche*. Il est étudié d'une façon spéciale à l'article DRÈCHE, nous dirons seulement ici qu'on en obtient de 12 à 18 hectolitres par hectolitre d'alcool produit, suivant les procédés de fabrication, et que cette drèche a une grande valeur pour la nourriture des bestiaux.

VINASSES PAR LA DISTILLATION DU GRAIN PAR LES ACIDES. Quand on travaille les grains par les acides, les résidus de distillation, tels quels, ne sont pas des drèches pouvant convenir à la nourriture des bestiaux, mais de simples vinasses riches en azote et utilisables avantageusement comme engrais. On avait depuis longtemps déjà séparé par décantation les parties liquides des vinasses, et utilisé comme engrais les parties solides, soit à l'état pâteux, soit en tourteaux pressés. On savait aussi que le maïs, le riz, le dari, etc., contiennent de l'huile plus ou moins concrète, et on avait même extrait une partie de cette huile avant de traiter les grains en distillerie. Mais, MM. Porion et Mehay, ont reconnu les premiers que cette huile restait obstinément engagée dans la partie solide en suspension dans le moût, soit avant fermentation, soit après fermentation et après même distillation dans les vinasses. Ces études ont conduit les inventeurs à la création de toute une industrie accessoire basée sur la fabrication des tourteaux de résidus de grains, et sur l'extraction des matières qu'ils contiennent. Suivant l'expression des inventeurs, les résidus de grains par les acides, constituant une sorte de graine oléagineuse artificielle, ils leur font subir les opérations ordinaires d'un travail d'extraction d'huile des graines grasses, en adaptant ce travail à la matière première à traiter.

Nous décrirons rapidement les opérations industrielles que subit la vinasse et le rendement du maïs en produits divers.

Séparation des matières solides de la vinasse. Le tuyau de décharge des vinasses bouillantes, sort de la colonne à distiller, communique sans intermédiaire avec l'alimentation des filtres-presses, la partie liquide s'écoule et les matières solides se forment en gâteaux dans les cadres du filtre-presse. Si les tourteaux sont destinés au simple usage d'engrais, on les dessèche comme nous le disons plus loin; si on veut les employer à l'alimentation des bestiaux, il faut leur faire subir un lavage pour les débarrasser des sels de chaux et de l'acide qu'ils renferment. Pour cela, il suffit de les malaxer avec une fois leur poids d'eau, et de les represser dans une autre série de filtres-presses, après avoir porté le mélange à la température d'ébullition. Les gâteaux, lavés ou non lavés, sont desséchés jusqu'à concurrence de 10 0/0 d'humidité environ, dans des réservoirs cylindriques, dont le fond à double paroi est chauffé par une circulation de vapeur.

Une ou plusieurs lames de couteau inclinées, mises en mouvement par un arbre vertical, raclent constamment le fond, et renouvellent ainsi d'une façon continue, les parties de la matière en contact avec le fond chauffé. Lorsqu'elle ne contient plus que 10 0/0 d'humidité environ, elle est devenue pulvérulente; on la tamise, on brise les mottes qui ont pu s'agglomérer, et la matière se trouve prête au travail de l'huilerie.

L'huile s'extrait, soit par pression dans de puissantes presses hydrauliques, soit par un dissolvant, le sulfure de carbone par exemple. Les tourteaux résultant de la pression ont en moyenne la composition suivante :

Tourteaux non lavés pour engrais.

Azote	6.40
Acide phosphorique	1.15
Huile non extraite	12.20
Matières organiques	69.70
Cendres	3.40
Eau	7.15
	100.00

Tourteaux lavés pour nourriture des bestiaux.

Azote	7.10
Acide phosphorique	1.10
Huile restant	12.20
Matières organiques	69.75
Cendres	2.25
Eau	7.60
	100.00

Ces huiles servent généralement à la savonnerie. La quantité de l'huile extraite des résidus dépend un peu de la nature du maïs, mais principalement de la conservation du grain, de la fraîcheur des résidus, de la rapidité et des soins de toutes les opérations de pression et de dessiccation, car on sait que l'huile, très divisée surtout, est fort oxydable.

Dans la pratique industrielle, le rendement moyen en huile et en tourteaux, pour 100 kilogrammes de maïs distillé, est:

Huile	2 50 à 3 » kilogr.
Tourteaux	10 » à 11 » —

Dans une usine, travaillant en moyenne 20,000 kilogrammes de maïs par jour, on obtiendra :

Huile, 500 kilogr. à 60 fr.		300 »
Tourteaux, 2,000 kilogr. à 14 fr.		280 »
		580 »
Frais de fabrication, 90 fr.		90 »
Bénéfice par jour		490 »
Sur 300 jours de fabrication en chiffres ronds.		145.000 »
Si on amortit la première année, l'outillage industriel, 45,000 fr. à	50,000 »	
Et la prime totale de brevet	20,000 »	
		70.000 »
Le bénéfice de la première année est encore		75.000 »

Les années suivantes, il dépassera 125,000 francs, soit environ 2 francs par 100 kilogrammes de maïs. Ce nouveau perfectionnement aura donc abaissé le prix de revient de l'hectolitre d'alcool d'environ 6 francs.

L'extraction de l'huile par le sulfure de carbone en remplacement des presses, donne un rendement notablement plus élevé, surtout lorsque l'huile des résidus est concrète, comme les matières grasses du riz, du dari, etc., etc.

Vinasses de mélasses. Comme nous l'avons dit aux chapitres de la fermentation des mélasses et de leur distillation, les mélasses contiennent, outre le sucre qui se convertit en alcool, 10 à 12 0/0 de sels divers, les uns préexistants, d'autres formés pendant la préparation des mélasses pour la fermentation. Ces sels sont : sulfate de potasse, chlorure de potassium, nitrate de potasse, sels organiques de potasse et de soude; nous ne parlons que des sels principaux ayant une utilisation industrielle. Les vinasses, après distillation, tiennent tous ces sels en dissolution, et pour les isoler, il faut évaporer les vinasses, les calciner dans des fours, pour obtenir un salin brut qui est ensuite livré au raffinage. Nous indiquerons seulement les opérations qui s'effectuent dans toutes les distilleries de mélasses, comme corollaire obligé de la distillation, puisque la valeur des sels représente environ 6 à 7 francs par hectolitre d'alcool. Les distillateurs produisent le salin brut, les opérations spéciales de raffinage forment une industrie indépendante qui sera étudiée avec les industries de la potasse.

La composition des salins bruts, ne représente pas celle qu'avaient les vinasses avant leur évaporation et calcination; les nitrates et les sels organiques ont été convertis en carbonates par l'incinération en présence des matières organiques. On ne peut donner qu'une moyenne de composition des salins bruts, car la constitution des sels varie extrêmement suivant la nature des sols qui ont produit la betterave, et suivant les engrais employés.

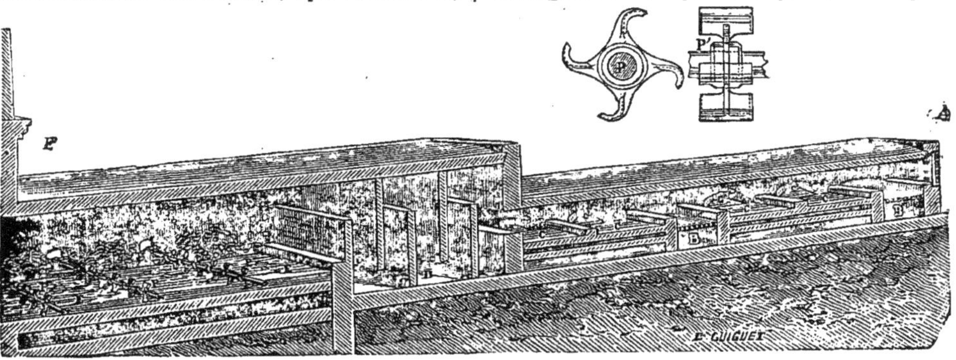

Fig. 139. — *Coupe perspective du four Porion avec le détail des palettes.*

A Entrée d'air pour la combustion. — *BB* Foyers des fours de calcination. — *CC* Fours de calcination. — *D* Chambre à chicanes retenant les cendres entraînées. — *EE* Chambre d'évaporation des vinasses. — *PPP* Arbres à palettes pour la projection des vinasses. — *PP'* Coupes des palettes.

On peut admettre qu'en moyenne 100 kilogr. de salins bruts contiennent :

Carbonate de potasse	30 à 32	kilogr.
Carbonate de soude	14 à 16	—
Chlorure de potassium	14 à 16	—
Sulfate de potasse	18 à 20	—
Charbon, sels insolubles, humidité.		

Au sortir de l'appareil à distiller, les vinasses sont donc évaporées; primitivement cette évaporation était opérée simplement dans des cuves en bois, à l'aide de serpentins de vapeur, mais elle était très dispendieuse. De nombreux appareils ont été créés en vue d'utiliser le mieux possible la chaleur des générateurs, la chaleur de combustion des vinasses. De grands industriels, MM. Robert de Massy notamment, etc., etc., ont fait de sérieuses tentatives dans ce sens. On comprend que la disposition des fours et le mode d'utilisation des chaleurs perdues peuvent varier à l'infini. Mais si l'économie de combustible est le but principal à atteindre, il faut aussi que l'instrument soit solide, qu'il n'entraîne pas d'arrêts, en un mot qu'il se prête complètement à un travail continu. Le four qui a rempli toutes les conditions du problème, est celui de M. E. Porion (fig. 139), il s'est, du reste, généralisé dans l'industrie de la distillation des mélasses; nous en donnerons une courte description.

Dans les différents procédés d'évaporation, lorsque la vinasse à évaporer se trouvait en contact avec une surface chauffée, soit à la vapeur, soit à feu nu, cette surface s'incrustait rapidement par les dépôts solides des vinasses, et devenait impropre à la transmission de la chaleur ; de plus si elle était chauffée par un foyer ardent, elle se détruisait rapidement. Dans le four Porion, les liquides à évaporer sont exposés directement au contact des gaz chauds, à un état de grande division, et sans interposition d'aucune surface chauffée.

Le système se compose sommairement, d'un ou plusieurs fours, dans lesquels s'opère la calcination des vinasses évaporées déjà à un degré avancé de concentration. Ce sont des fours à reverbère à voûtes surbaissées et peu élevées au-dessus de la sole. Ils sont chauffés directement par un foyer, la chaleur non utilisée ainsi que la chaleur de combustion des matières organiques des vinasses, se rendent dans un long carneau à sole étanche, dans lequel sont disposés un ou plusieurs arbres à palettes, perpendiculaires à l'axe du carneau. Un moteur mécanique quelconque imprime à ces arbres un mouvement rapide de rotation. Une couche de vinasses, dans laquelle plongent les palettes, recouvre la sole du carneau, et son niveau est entretenu par l'arrivée constante des vinasses sortant de l'appareil distillatoire. Le mouvement des palettes projette constamment le liquide à évaporer sur la voûte du carneau, le divise en pluie, et les gaz chauds, traversant cette masse de globules liquides, se mettent en équilibre de température avec eux, produisent une

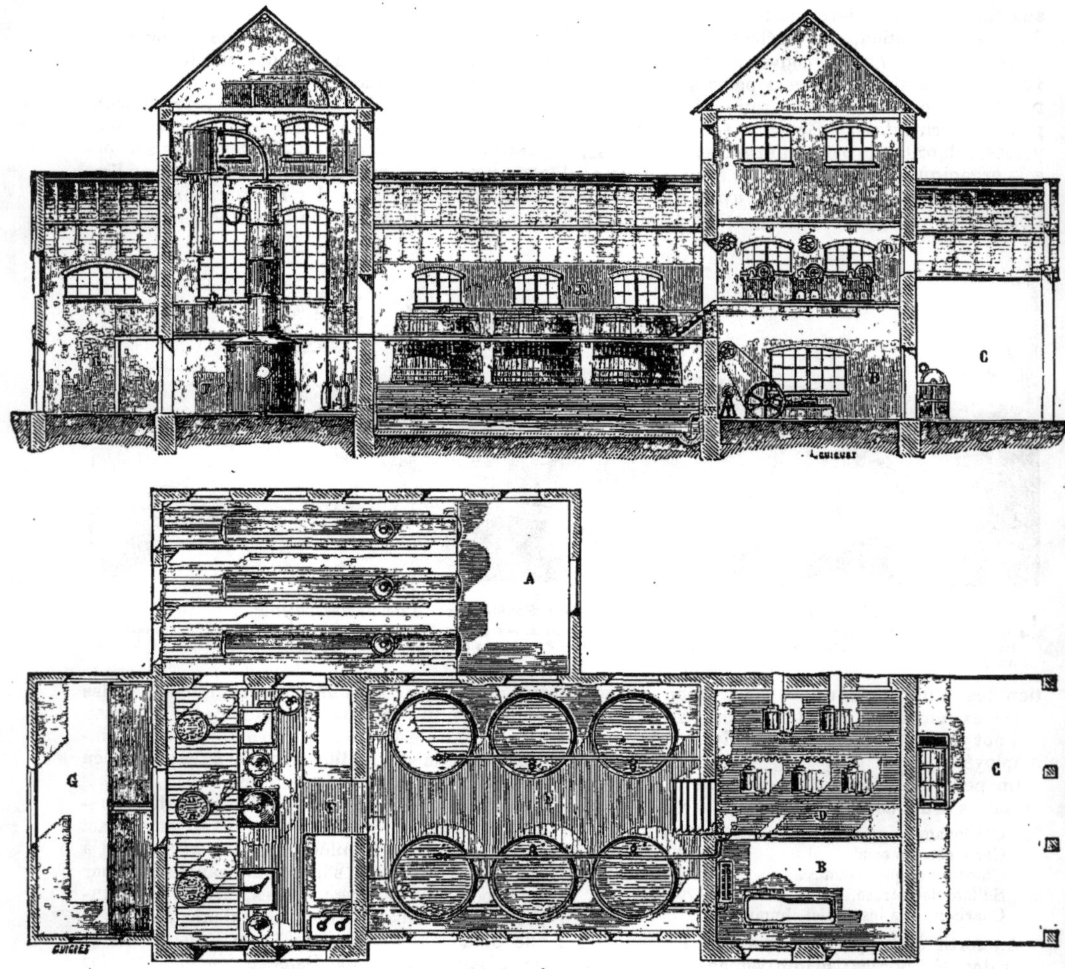

Fig. 140 et 141. — *Distillerie de betteraves travaillant par presses continues, plan et élévation.*

A Salle des générateurs. — *B* Local de la machine et des pompes. — *C* Magasin à betteraves et laveur. — *D* Presses continues. — *E* Cuverie pour la fermentation. — *F* Salle des appareils de distillation et de rectification. — *G* Magasin à alcool avec réservoirs en tôle.

évaporation considérable, et sortent à la température de l'ébullition de l'eau, c'est-à-dire après avoir cédé à la vinasse, le maximum de chaleur possible à la tension atmosphérique. On augmente encore de beaucoup l'économie de l'évaporation, si on fait passer dans le carneau évaporateur, les chaleurs perdues des générateurs. Les gaz et la vapeur d'eau, au sortir de l'évaporateur, se rendent dans une forte cheminée d'appel. La vinasse évaporée est dirigée ensuite dans l'un des fours de calcination.

Nous ne pouvons entrer dans les détails de construction du four Porion, la vue de la figure 139 et notre courte description suffiront pour donner l'idée de son fonctionnement.

Un autre système d'utilisation des vinasses a

été inventé et appliqué par M. Vincent. Il est évidemment incomparablement plus parfait, car non seulement en l'employant on tire parti des sels que contiennent les vinasses, mais encore des autres produits qui peuvent se former pendant la calcination. Au lieu de calciner les vinasses à évaporer dans des fonds ouverts, M. Vincent les soumet à une distillation sèche, les sels restent dans la cornue à l'état de salin brut, et on recueille tous les produits ordinaires de la distillation sèche plus ou moins modifiés par la nature des composants de la vinasse. On retire de cette distillatiou sèche de l'alcool méthylique, des ammoniaques composées, des gaz utilisables, etc., etc., des goudrons. Les méthylamines sont converties ensuite en chlorure de méthyle employé dans la fabrication des couleurs d'aniline composées, et pour remplacer l'acide sulfureux dans les machines à produire le froid ; et, en sulfate d'ammoniaque employé comme engrais.

Tous les détails de cette fabrication nouvelle sont du plus haut intérêt, mais ce serait entrer dans le domaine de l'industrie réservée en nous y arrêtant.

En terminant, nous donnerons une vue sommaire en plan et en élévation d'une distillerie de betteraves travaillant par presses continues (fig. 140 et 141).

A l'article Distillation, nous avons parlé sommairement de la distillation sèche en faisant remarquer que cette opération n'était pas une distillation dans l'acception exacte du mot, mais plutôt une opération purement chimique, dont la résultante amène des produits d'association nouvelle, qui ne préexistaient pas dans la substance mise en distillation. Ces produits sont fort complexes, et très divers, chacun d'eux est ou sera étudié à son ordre alphabétique : le résidu, coke ou charbon de bois, est traité à l'article Combustible; les produits passant à la distillation, soit goudrons contenant tous les corps dérivés des houilles, soit goudrons dérivés des bois, accompagnés d'acide pyroligneux, de produits méthyliques, etc., sont ou seront étudiés dans chacun de ces produits, lorsque leur utilisation dans l'industrie le demandera.

Cependant, comme la distillation sèche du bois se rattache indirectement par un des produits obtenus, l'alcool méthylique, à la distillerie, nous en donnerons un aperçu sommaire. L'alcool méthylique, au commencement du siècle, était considéré comme identique à l'alcool ordinaire ou esprit de vin; en 1812, Taylor lui reconnut une nature particulière, mais il ne la détermina pas ou du moins ne la détermina pas exactement. En 1835, MM. Dumas et Peligot, dans une étude remarquable, établirent définitivement et complètement les caractères de l'alcool obtenu par la carbonisation du bois, et lui donnèrent son nom d'*alcool méthylique*, ou d'*esprit de bois*. Ces savants ont prouvé que l'alcool méthylique est le premier terme de la série des alcools $C^2H^4O^2$ (ou CH^4O de la notation atomique) dont l'alcool éthylique $C^4H^5O^2$ (ou C^2H^6O) est le second terme. Lorsque l'alcool méthylique est totalement débarrassé des produits étrangers qui accompagnent sa formation, il est absolument inodore, et ses propriétés physiques le rapprochent assez de l'alcool éthylique ou alcool ordinaire pour qu'on les mélange quelquefois. Sa densité est un peu supérieure à celle de l'alcool, 0,813, et son point d'ébullition est inférieur 66°,5.

L'industrie de la *distillation du bois*, ne produisant qu'accessoirement de l'alcool méthylique, ne doit pas être considérée comme attachée directement à l'industrie des alcools et traitée en détail à cette place; nous en donnerons un aperçu, suffisant pour connaître l'origine de l'alcool méthylique, plutôt qu'une description motivée des appareils industriels. Les bois durs et non résineux sont introduits dans des cylindres de fonte disposés horizontalement dans un four à reverbère; les cornues sont chauffées progressivement de manière à obtenir les produits volatils à basse température relative, et, vers la fin de l'opération, on élève la température pour ne pas avoir de fumerons.

La quantité de charbon varie extrêmement, non seulement avec la température de carbonisation, mais encore à température égale avec la durée de l'opération.

Les différences produites tiennent à la puissance d'absorption des gaz par le charbon, gaz qui sont chassés en partie par une chaleur croissante, mais qui ne peuvent être expulsés complètement par la chaleur seule.

Les produits distillés se séparent en plusieurs couches : la couche inférieure se compose des goudrons contenant les produits créosotés; la couche intermédiaire est formée par de l'eau tenant en dissolution de l'acide pyroligneux, de l'alcool méthylique, des acétones, des éthers, des hydrures ; enfin, la couche supérieure est composée spécialement d'huiles légères.

La couche intermédiaire renfermant les acides, les acétones, l'esprit de bois dissous dans l'eau, est distillée dans un appareil à colonnes avec déflegmateur ; on sépare ainsi un alcool méthylique impur, mélange complexe d'eau, d'alcool méthylique, d'acide acétique, d'acétones, d'éthers, d'aldéhydes, de carbures tenus en dissolution par l'acide acétique, les éthers et l'alcool, etc., etc. Ces flegmes ne peuvent se purifier par une simple rectification, on les fait digérer pendant quelques heures sur de la chaux, dans l'appareil même où s'opèrera la rectification; un dégagement abondant d'ammoniaque et d'ammoniaques composées à radical de méthyle se manifeste, on recueille ces produits; l'acide acétique se combine à la chaux, les acétones se décomposent; les éthers composés se transforment en leur acide correspondant et en alcool méthylique, etc., etc. Les flegmes ainsi traités sont rectifiés et on obtient alors de l'alcool méthylique à 95 0/0.

Il n'est pas encore complètement purifié : si on tient à l'avoir absolument pur, et s'il ne renferme pas d'alcool éthylique, on le combine avec du chlorure de calcium; on chasse au bain-marie les produits volatils non combinés et on redistille la combinaison desséchée de chlorure de calcium et d'alcool méthylique, après l'avoir dissoute dans l'eau.

Pour avoir l'alcool méthylique chimiquement pur, même s'il est mélangé à l'alcool éthylique, on en forme un éther méthyloxalique qu'on fait cristalliser plusieurs fois pour le purifier, et qu'on décompose ensuite par une solution de potasse ou de soude caustique (Vincent). On obtient ainsi un oxalate de potasse ou de soude et de l'alcool méthylique par distillation. On le déshydrate par les procédés ordinaires. — E. D.

— V. *Carbonisation des bois en vase clos*, par VINCENT.

***DISTRIBUTEUR.** 1° *T. de mécan.* Dans certaines machines, c'est le nom d'un organe dont la fonclion s'explique facilement; dans les machines à vapeur notamment, on donne le nom de *distributeur* à l'organe qui opère la distribution de la vapeur dans les cylindres, organe qui est un tiroir dans la plupart des cas. Dans les nouveaux types de machines munies de soupapes et de robinets au lieu de tiroirs, ces organes reçoivent proprement le nom de *distributeurs*. — V. DISTRIBUTION DE VAPEUR, TIROIR.

DISTRIBUTION D'EAU. La distribution des eaux est l'ensemble des moyens qui concourent à rechercher et à appliquer l'eau, en vue de satisfaire aux divers besoins des centres de population et de l'agriculture. Ce ne sont pas seulement les administrations municipales des grandes villes, ce sont aussi celles des moindres communes qui se préoccupent maintenant d'assurer à leurs habitants un approvisionnement convenable d'eau destinée aux usages domestiques et industriels. Les villes reconnaissent que c'est une question d'intérêt général, de salubrité publique, et l'on voit chaque jour s'augmenter le nombre de celles qui n'hésitent pas à s'imposer de lourds sacrifices pour obtenir en quantité suffisante des eaux pures et potables.

— Les peuples de l'antiquité attachaient une si grande importance à la distribution des eaux, que partout où ils ont créé des cités populeuses, on retrouve d'intéressants vestiges des travaux hydrauliques, des gigantesques aqueducs qu'ils ont exécutés pour amener les eaux jusqu'au centre de leurs agglomérations. Les plaines de Palmyre, d'Athènes, de Rome, de Carthage; les environs de Nîmes, de Rodez, nous offrent des témoins éloquents de l'art qui présidait à ces admirables travaux, dans lesquels les Romains surtout paraissent avoir excellé.

Le développement de la civilisation, et surtout, à mesure qu'on s'approche de l'époque actuelle, les besoins croissants des populations, la recherche des meilleures conditions hygiéniques, et enfin l'extension des établissements industriels, ont fait de la distribution des eaux une des questions vitales de nos cités modernes.

Pour l'application aux besoins d'une ville, l'eau sert aux usages domestiques, au lavage des rues et des égouts, aux emplois industriels; comme moyen d'ornementation, elle se prête à l'installation de fontaines jaillissantes; et, sous le rapport de la sécurité publique, elle fournit un secours immédiat et puissant pour lutter contre les incendies. Au point de vue agricole, l'eau s'applique à de nombreux usages, et donne sous des formes très variées son bienfaisant concours aux exploitations rurales. Dans ce genre d'applications, suivant le but qu'on se propose d'atteindre, la distribution des eaux prend diverses dénominations, telles que *drainages, irrigations.* (V. ces mots.) Nous ne nous occuperons ici que de la distribution des eaux potables pour l'alimentation des villes, et nous allons en faire connaître sommairement les principes fondamentaux.

PRINCIPES ÉLÉMENTAIRES D'UNE DISTRIBUTION D'EAU. L'étude générale d'une distribution entraîne avec elle l'examen d'une série assez complexe de sujets, dont quelques-uns sont traités à leur place respective dans le *Dictionnaire*, avec tous les détails qu'ils comportent, nous y renverrons donc les lecteurs, en ne faisant que mentionner les points qui ont plus particulièrement trait au problème qui nous occupe.

1° *Qualités de l'eau.* La première condition à laquelle il faut satisfaire, c'est de ne livrer que des eaux potables, surtout lorsqu'il s'agit de l'alimentation publique. Or, on sait qu'une eau potable présente les caractères suivants : Elle doit être agréable à boire, propre à la préparation des aliments et des boissons; claire et limpide, sans odeur ni saveur, elle ne doit pas incruster les conduits ou les vases qui la contiennent. Il faut qu'elle soit suffisamment aérée, c'est-à-dire tienne en dissolution, 20 à 22 centimètres cubes d'azote, 9 à 10 d'oxygène et 20 à 25 d'acide carbonique par litre. Le degré hydrotimétrique ne doit pas dépasser 25°, il ne doit pas y avoir plus de 1 centigramme de nitrate, 10 à 15 centièmes de milligramme d'ammoniaque et des traces seulement de matières organiques. Quant aux procédés propres à reconnaître ces caractères, ils sont décrits au mot EAU. En résumé, les eaux se partagent en deux grandes catégories : les *eaux douces* et les *eaux dures ou crues*, les secondes impropres à une foule d'usages, notamment pour l'alimentation, la plupart des services industriels, et qui, dans une distribution, doivent être affectées uniquement aux services de voirie. La recherche de la dureté d'une eau donnée se fait par les procédés hydrotimétriques.

2° *Quantités d'eau à distribuer.* Pour assurer, dans une proportion convenable, la répartition de l'eau aux divers services publics et particuliers, il importe de déterminer préalablement les quantités que peut réclamer la consommation journalière.

On estime en général qu'une personne valide, dans des conditions moyennes, consomme par jour environ 2 litres d'eau. On évalue à 18 litres par personne et par jour la quantité d'eau nécessaire pour les soins de propreté, la cuisson des aliments, le lavage des ustensiles de cuisine, le lessivage du linge, etc. — Ainsi, chaque habitant est considéré comme employant 20 litres d'eau par jour. Nous ne comprenons pas, bien entendu, dans cette moyenne, la consommation des industries qui emploient de grandes quantités d'eau comme les teintureries, les bains et lavoirs publics, les brasseries, etc., etc. Nous n'y comprenons pas non plus l'alimentation des animaux domestiques, des chevaux surtout ; celles des machines à vapeur, l'arrosement des cours et jardins ; enfin les services publics, le lavage des ruisseaux, l'arrosage des rues et promenades, les jets d'eau et fontaines monumentales, etc. Ces diverses consommations sont toujours difficiles à évaluer, à moins de connaître en détail et à fond les habitudes et les besoins de la localité. Mais on peut dire qu'en les estimant à 50 litres par habitant, ce qui, avec les 20 litres déjà indiqués plus haut, forme un chiffre total de 70 litres par tête, on est en mesure d'assurer largement dans les petites villes tous les services publics et particuliers, et en portant ce chiffre à 100 litres par tête pour les villes de moyenne importance, on est certain encore d'établir l'alimentation publique dans de bonnes conditions. Pour les grandes villes seulement, cette limite est presque toujours dépassée, comme on le voit par les exemples suivants qui indiquent la quantité d'eau fournie par tête d'habitant.

Noms des villes	Quantité fournie par tête	Nature des eaux
	litres	
Agen.	21	Rivière.
Angoulême	40	—
Besançon..	246	Sources.
Bordeaux	170	—
Bruxelles	80	Rivière.
Carcassonne.	400	—
Castelnaudary.	120	Sources.
Cette.	106	Rivière.
Clermont.	55	Sources.
Dijon.	240	—
Edimbourg..	55	—
Gênes	120	—
Genève	74	Rivière.
Grenoble..	65	Sources.
Hambourg.	125	Rivière.
Hâvre (Le).	45	Sources.
Lille.	200	—
Londres	95	Rivière.
Manchester	84	—
Marseille..	186	—
Montpellier	60	Sources.
Munich.	80	Rivière.
Nantes.	60	Sources.
Narbonne.	60	—
New-York.	310	Rivière.
Paris.	175	Rivière et sources.
Philadelphie.	70	Rivière.
Richemond	180	—
Rome ancienne	1.084	
Rome moderne	1.105	Sources.
Toulouse.	78	Rivière.
Vienne (Isère).	65	Sources.

Ce tableau montre combien est variable la quantité d'eau distribuée dans les villes. Cela tient à des causes diverses, souvent à l'impossibilité de trouver, dans des conditions réalisables, un plus grand volume d'eau disponible. Voici quelles sont, à Paris, les bases adoptées pour l'estimation de la consommation journalière pour les abonnements :

1° Par jour, par personne.	30	litres.
Par jour, par cheval, bœuf ou vache. . .	75	—
Par jour, par voiture à 2 roues (nettoyage)	40	—
Par jour, par voiture de luxe, à 4 roues.	100	—
Par jour, par mètre carré d'allée, cour et jardin.	3	—
2° Par heure, par cheval-vapeur pour machine à haute pression.	35	—
Par heure, par cheval-vapeur pour machine à condensation.	600	—
Par heure, par cheval-vapeur pour machine à basse pression.	1.000	—
3° Par bain.	200	—
Par hectolitre de bière fabriquée.	200	—
Par mètre carré de rue pour chaque arrosage.	1	—

A côté de ces données résultant des besoins de première nécessité, il y a lieu encore de tenir compte des services de luxe, si développés chez les anciens, et qui expliquent les quantités énormes d'eau distribuée à Rome. Outre le service d'arosage proprement dit, exigeant 1 litre par mètre carré de rue, les bornes-fontaines qui débitent 20 mètres par vingt-quatre heures, les villes riches sont encore décorées de fontaines monumentales, dont le débit est très variable et n'offre de limites que celles apportées par les masses d'eau dont on dispose. Voici à cet égard quelques renseignements :

Gerbe du Palais-Royal	23 litres	par	seconde.
— de la place St-Georges. . .	1	—	—
— de la place de la Concorde	53	—	—
— du boulingrin à Toulouse..	16	—	—
— de la Trinité à Toulouse. .	1.5	—	—
— de la porte Saint-Pierre à Dijon.	9	—	—
— de la porte St-Guillaume à Dijon.	20	—	—

Les éléments qui précèdent permettent déjà de résoudre deux points importants dans l'étude de la distribution : 1° la nature des eaux qu'il faudra rechercher ; 2° les quantités à répartir pour les divers services à fournir. Il ne reste donc plus qu'à rechercher ces eaux, à évaluer les masses dont on dispose, puis à les conduire jusqu'aux lieux de destination. On pourra alors procéder à la distribution proprement dite dans les domiciles privés, ou appareils de service.

Recherche et emploi des eaux. Les sources naturelles donnent en général les eaux les plus convenables, sauf les cas où ces eaux traversent des terrains spéciaux où elles se chargent de substances qui les rendent impropres aux usages domestiques. La recherche des sources est basée aujourd'hui sur des procédés rationnels, tirés des connaissances géologiques, après être restée longtemps l'attribution des chercheurs empiriques. Nous admettrons que les sources dont on dispose ont été captées, et que les eaux qu'elles fournissent sont amenées à un réservoir commun, d'où part la conduite d'amenée qu'on désigne généralement sous le nom de *conduite d'adduction.*

Il faut, d'ailleurs, bien entendre que sous le nom général de *source*, on entend non seulement les sources naturelles jaillissantes librement à la surface du sol, mais encore les sources artificielles, obtenues en allant chercher au sein de la terre des nappes liquides qui remontent librement à la surface, tels sont les *puits artésiens*. — V. ce mot.

Si la source se trouve à une altitude suffisante pour que l'eau, par la seule pente naturelle du terrain, puisse arriver jusqu'au point de la ville où doit être l'origine de la distribution proprement dite, la conduite qui servira à les diriger en ce point et qu'on nomme *conduite d'adduction* sera : 1° un aqueduc découvert, ou un aqueduc couvert en maçonnerie ; 2° une conduite en tuyaux de poterie, de ciment, de béton aggloméré, de tôle bitumée, de plomb ou de fonte. C'est à cette dernière nature de tuyaux qu'on devra donner la préférence, surtout si la pression exercée par l'eau, en raison de l'altitude, atteint une certaine puissance. Nous n'avons pas à nous occuper ici de la construction des conduites d'eau. On a donné à l'article Aqueduc des indications générales sur ce genre de travaux.

Quant aux divers systèmes de tuyaux employés pour la conduite, nous aurons l'occasion d'y revenir tout à l'heure.

Si la source est à un niveau inférieur aux points à desservir, il faudra élever le niveau de l'eau, au moyen de *machines élévatoires*, de pompes aspirantes et foulantes, mues soit par des moteurs hydrauliques, roues ou turbines, soit par des moteurs à vapeur. Nous ne donnerons ici les détails d'aucun de ces appareils, on en trouvera la description à leur place respective.

La conduite qui amène l'eau jusqu'au point où doit être l'origine de la distribution en ville, c'est-à-dire en général jusqu'au réservoir d'où part ensuite la canalisation, se nomme dans ce cas *conduite de refoulement*. On l'établit généralement en fonte, les autres genres de tuyaux ne présentant pas assez de solidité pour résister aux pressions et aux chocs qui peuvent se produire durant le mouvement ascensionnel de l'eau refoulée par les pompes. Si l'on n'a pas à sa disposition des sources pouvant fournir l'eau dont on a besoin, on devra chercher à utiliser un cours d'eau, une rivière, ou un lac situé à proximité convenable de la ville. Alors, comme pour les sources, deux cas différents pourront se présenter : la prise d'eau sera faite à un niveau supérieur à celui des quartiers à desservir, et l'eau pourra être amenée par la pente naturelle du terrain ; ou bien, la prise d'eau sera placée à un niveau inférieur, et l'eau devra être élevée au moyen de pompes et de machines élévatoires.

Dans le premier cas, la conduite d'adduction sera encore un aqueduc, découvert ou fermé, ou bien une conduite en tuyaux des divers genres usités.

La prise d'eau s'appellera *dérivation*, si on détourne entièrement ou partiellement le cours d'eau auquel on emprunte le volume d'eau qu'on veut amener en ville. La prise est faite, dans ce cas, *à la superficie* de la nappe d'eau, tandis qu'on appelle *prises de fond* celles qui sont faites par aspiration au moyen de tuyaux placés à une certaine profondeur dans le lit de la rivière.

C'est au genre de prise par dérivation que se rapportent les beaux et grandioses travaux du projet de M. Belgrand, pour amener à Paris les eaux de la Dhuis, du Sourdon, de la Somme et de la Soude. Le jaugeage de ces cours d'eau, à leur source, donnait, au moment où on faisait les études du projet :

Pour la Somme et la Soude.	1,081	litres par seconde.
Pour la Dhuis.	315	» »
Pour le Sourdon	100	» »

Ces quantités étant susceptibles de variations, et ne paraissant pas encore suffisantes, on décida une série de travaux de captation et de recherches qui furent exécutés dans le bassin de la Vanne, qui a une superficie de 900 kilomètres carrés, et qui reçoit par année environ 540 millions de mètres cubes d'eau par les pluies ; ces cours d'eau rendent à peu près le quart de cette quantité. Le bassin de la Somme-Soude a 300 kilomètres carrés de superficie, et il reçoit annuellement environ 180 millions de mètres cubes d'eau de pluie, dont ses sources restituent environ un cinquième. Le bassin compris entre la vallée de l'Aisne et celle de l'Aube, que le projet faisait concourir à l'obtention des eaux à capter, présente une superficie de 5,300 kilomètres carrés et reçoit 3,180 millions de mètres cubes d'eau de pluie par année. Par conséquent le volume de 100,000 mètres cubes par jour, soit 1,160 litres par seconde, que le projet Belgrand empruntait aux bassins en question, représentant 36,500,000 mètres cubes par an, n'est que le 1/88 du volume d'eau tombée à la surface du sol, et un peu moins que le 1/4 du volume restitué par les sources. On voit donc qu'on peut être assuré de trouver toujours dans ces bassins une quantité d'eau suffisante pour fournir même beaucoup plus d'eau que le projet Belgrand proposait d'en amener à Paris.

Quand on veut prendre l'eau à un niveau supérieur à celui de la ville, on peut encore, avant l'origine de la dérivation, recourir à l'emploi des *barrages*, si l'on a besoin d'élever le niveau de l'eau à son point de départ. Un des plus beaux exemples de cette application est le *barrage-réservoir*, établi sur le cours du Furens, pour l'alimentation de la ville de St-Etienne. Dans le cas où la prise d'eau en rivière doit être faite à un niveau inférieur à celui des quartiers de la ville, les ouvrages à exécuter sont de nature diverse, suivant les circonstances locales.

Quand le cours de la rivière est régulier, que les eaux ne sont pas sujettes à être souvent troubles et limoneuses, on peut se contenter de placer simplement, pour la *prise de fond*, la crépine d'aspiration de la pompe dans le lit de la rivière. On prend, d'ailleurs, si on le juge nécessaire, la précaution de la protéger par un amas de pierres formant autour d'elle un enrochement. D'autres fois, on fait au bord de la rivière un puisard en maçonnerie communiquant avec le courant, soit librement, soit par une vanne, qu'on manœuvre à volonté.

Lorsque les eaux ne sont pas d'une limpidité convenable, ou que diverses circonstances accidentelles les rendent souvent plus ou moins troubles, on a recours au filtrage pour les purifier. Cette opération peut se pratiquer à l'origine même de la prise d'eau, ou aux bassins de réception, ou bien encore chez les consommateurs.

Nous ne ferons que signaler ici l'application du filtrage aux grandes masses d'eau à l'origine de la prise elle-même.

Quand on peut rencontrer à côté de la rivière une couche suffisamment perméable et sablonneuse, que l'eau traverse facilement, on établit, à une profondeur convenable, et parallèlement au lit du cours d'eau, une *galerie filtrante* dans laquelle l'eau s'introduit par infiltration naturelle et s'y rassemble continuellement, à mesure que la pompe la puise dans cette galerie. Lorsque les couches voisines de la rivière ne présentent pas une perméabilité suffisante, on établit artificiellement des galeries filtrantes, en creusant un bassin ou une tranchée longitudinale, qu'on garnit de sable et de gravier, pour imiter et remplacer l'action naturelle des couches sablonneuses. Parmi les exemples de filtres naturels formés au moyen du terrain lui-même, on peut citer les galeries filtrantes de la distribution des eaux de la Garonne à Toulouse, et celle des eaux du Rhône à Lyon. Nous donnons ici, comme spécimen de ce système, la coupe de la galerie filtrante de Lyon (fig. 142). Cette galerie, construite en béton de ciment, repose sur une couche naturelle de sable et de gravier qui constitue le radier perméable par lequel l'eau d'infiltration pénètre dans l'intérieur, d'où les pompes l'aspirent pour l'élever par refoulement dans les réservoirs placés aux points culminants de la ville.

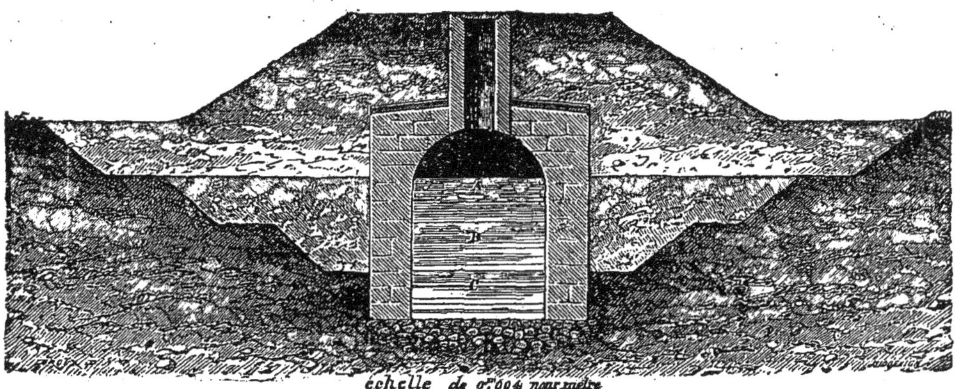

Fig. 142. — *Coupe de la galerie filtrante, à Lyon.*

Nous ne nous arrêterons pas plus longtemps sur les nombreux procédés, propres à la filtration des eaux, ces questions seront traitées amplement à l'article spécial FILTRATION.

Lorsque l'on a fait choix d'une origine quelconque, source naturelle, source artificielle ou puits artésien, rivière, lac, etc., pour former l'objet d'une distribution, il est indispensable de pouvoir évaluer les quantités d'eau dont on dispose. C'est là l'opération désignée sous le nom de *jaugeage* et pour laquelle nous ne ferons que résumer les données pratiques. Le jaugeage d'un cours d'eau s'obtient à l'aide de la formule : $Q=Sv$, S étant la section, v la vitesse, Q sera le volume d'eau débité par seconde, en supposant le mouvement uniforme et la vitesse constante. S s'établit en prenant une mesure moyenne, v s'obtient, soit expérimentalement, soit à l'aide de la formule :

$$v=56{,}86\sqrt{RI}-0{,}072;$$

due à Prony, dans laquelle R représente le rayon moyen, et I la pente par mètre. Pour jauger une source, on établit, dans le ruisseau qui forme l'écoulement, un barrage disposé de manière à forcer la totalité de l'eau à passer par une échancrure rectangulaire pratiquée au milieu de ce barrage, échancrure garnie sur la face antérieure d'une lame de zinc qui la limite nettement. Quand le courant a un régime constant, connaissant la hauteur H de la couche d'eau coulant sur l'arête du réservoir, la largeur L de l'entaille, le débit est donné par la formule : $Q=mLH\sqrt{2gH}$, m est un coefficient$=0{,}405$, et on peut écrire :

$$Q=0{,}405\,LH\sqrt{19{,}62\,H}.$$

PROBLÈMES RELATIFS AUX CONDUITES D'EAU. Nous avons vu que, pour amener les eaux jusqu'aux réservoirs d'où partira la canalisation, on établit généralement des conduites d'adduction ou de refoulement qui doivent, par conséquent, débiter par jour la totalité de l'eau qui doit alimenter la distribution. La détermination des proportions à donner à ces conduites comporte divers problèmes dont la solution constitue un des éléments essentiels d'un projet de distribution d'eau. Sans entrer ici dans tous les développements théoriques dont les traités d'hydraulique permettent de faire une étude approfondie, nous nous bornerons à exposer quelques données sommaires, pour aider à résoudre les questions qui peuvent se présenter dans la plupart des cas.

Ce que nous allons dire s'applique aussi bien aux tuyaux d'un réseau de canalisation qu'aux conduites principales d'adduction et de refoulement, qui doivent alimenter les réservoirs desservant ce réseau.

Vitesse d'écoulement. Le débit d'une conduite dans laquelle l'eau circule à plein tuyau, — ce qu'on appelle une *conduite d'eau forcée,* — a pour expression le volume écoulé pendant l'unité de temps, et pour facteurs la section de la conduite et la vitesse d'écoulement sous la charge correspondante à la différence de niveau entre le point de départ et le point où l'on veut connaître le débit. Cette vitesse d'écoulement est représentée par la formule ci-dessous, établie par de Prony, d'après les expériences de Du Buat et autres hydrauliciens.

En représentant les quantités par les lettres suivantes :

D diamètre intérieur de la conduite;

J pente par mètre, c'est-à-dire le quotient obtenu en divisant la différence de niveau entre les extrémités de la conduite par la longueur totale comprise entre ces deux extrémités;

v la vitesse moyenne de régime;

a un coefficient résultant des expériences et trouvé égal à 0,0000173, d'après de Prony;

b autre coefficient égal à 0,000348.

La formule indiquée par de Prony est :

$$\frac{DJ}{4} av + bv^2 = 0{,}0000173v + 0{,}000348v^2$$

d'où l'on tire

$$v = \sqrt{0{,}0062 + 2871{,}44\frac{DJ}{4}} - 0{,}025$$

et en effectuant les calculs on trouve à peu près

$$v = 53{,}58\sqrt{\frac{DJ}{4}} - 0{,}025$$

qu'on peut encore écrire

$$(1) \qquad v = 26{,}79\left(\sqrt{DJ} - 0{,}025\right)$$

et qui devient enfin, en remplaçant la valeur J par l'expression équivalente : la hauteur H divisée par la longueur L,

$$(2) \qquad v = 26{,}79\left(\sqrt{D\frac{H}{L}} - 0{,}025\right)$$

Supposons qu'on veuille, par exemple, connaître la vitesse de régime de l'eau dans une conduite ayant $0^m{,}25$ de diamètre et 1,500 mètres de longueur, le niveau de l'eau dans le réservoir supérieur étant à 20 mètres au-dessus de l'orifice où la vitesse d'écoulement doit être calculée. On trouve, en substituant les chiffres dans la formule (2) :

$$v = 26{,}79\left(\sqrt{\frac{0{,}25 \times 20}{1500}} - 0{,}025\right) = 0^m{,}868$$

Si l'eau tombait librement de la hauteur H, c'est-à-dire que, si elle n'était pas soumise à l'influence du frottement qui absorbe une grande partie de sa vitesse de chute, cette vitesse due à la hauteur H = 20 mètres serait théoriquement au moins dix fois plus grande. On voit quelle erreur on commettrait, si l'on ne tenait pas compte de la perte de vitesse due au frottement dans les tuyaux.

Cette influence du frottement s'augmente encore s'il y a des coudes, des variations de direction plus ou moins brusques, des diminutions de section. On ne peut éviter ces inconvénients dans l'établissement d'une canalisation de ville, mais on les atténue autant que possible, en employant des coudes à grand rayon, des changements de direction peu prononcés, et des prises à large section.

Dans la pratique, il convient de ne pas dépasser une vitesse de 3 mètres et même plutôt de 2 mètres par seconde, à moins qu'il n'existe une charge motrice considérable. Pour les petits diamètres il vaut mieux réduire cette vitesse à $0^m{,}50$ ou $0^m{,}75$, afin de rendre moins sensible l'influence du frottement. Ce frottement est, en effet, comme une force contraire, qui s'oppose à ce que la vitesse se maintienne constante, et qui tend à la ralentir à mesure que le parcours s'allonge. Il en résulte une diminution de pression initiale qu'on appelle la *perte de charge.* Si, au lieu de s'écouler sous sa propre charge, l'eau est, au contraire, refoulée par un moyen mécanique quelconque, pompe ou autre appareil propulseur, la vitesse devient alors entièrement dépendante de l'action du moteur, mais le frottement contre les parois n'en a pas moins d'influence sur la vitesse et nécessite, pour compenser la perte de charge, une somme équivalente de travail moteur, en outre, de celui qu'il faut dépenser pour élever l'eau au niveau supérieur.

La perte de charge est proportionnelle au développement des parois, qui sont la cause de cette résistance, et, par conséquent, elle est proportionnelle à la longueur et à la circonférence intérieure. Elle est aussi proportionnelle au carré de la vitesse, augmenté d'un certain coefficient correspondant à l'adhérence plus ou moins grande des molécules entre elles. Enfin, elle est inversement proportionnelle à la section de la conduite, car plus la section sera grande, c'est-à-dire plus il passera de liquide dans l'unité de temps, et plus la résistance répartie ainsi sur un nombre plus considérable de molécules aura une influence moins sensible sur la vitesse de translation de ces molécules.

Débit d'une conduite. Quand on a déterminé, comme nous venons de le voir, la vitesse v, il est facile de calculer le débit Q, qui est le produit de la section S par cette vitesse; c'est-à-dire que l'on a :

$$(3) \qquad Q = Sv = \frac{\pi D^2}{4} \times v$$

expression d'où, en mettant à la place de v sa valeur donnée par la formule (2), on arrive à celle-ci :

$$(4) \qquad Q = \frac{\pi D^2}{4} \times \left(26{,}79\left(\sqrt{\frac{DH}{L}} - 0{,}025\right)\right)$$

et en remplaçant toutes les lettres de cette formule

par leurs valeurs respectives, on obtient le débit cherché.

Diamètre d'une conduite. Connaissant le débit Q que doit fournir une conduite, supposons que le diamètre soit l'inconnue du problème et voyons comment on pourra le déterminer de manière qu'il satisfasse aux conditions de volume écoulé et de vitesse déjà déterminées.

De la formule (4) nous tirerons

$$D^5 = \frac{L}{H} \times \frac{Q^2 + 0{,}03926\,Q\,D^2 + 0{,}01154\,D^4}{441{,}7}$$

et, enfin, en négligeant les deux termes où D est à la deuxième et à la quatrième puissance, la formule devient

$$(5) \qquad D = \sqrt[5]{\frac{Q^2 L}{441{,}7\,H}}$$

expression qui permet de calculer le diamètre à donner à la conduite pour obtenir le débit voulu Q avec la vitesse v qu'on a déterminée. Pour abréger les calculs que nous avons indiqués ci-dessus, M. de Prony a dressé une table où sont représentées les diverses valeurs de $\frac{DJ}{4}$ correspondant à des vitesses moyennes variant depuis 0,01 jusqu'à 2^m,60. On la trouvera dans le recueil des ***Formules et renseignements usuels*** de M. Claudel. On y trouvera également une table donnant, pour les différents diamètres depuis 0^m,05 jusqu'à 0^m,60, les débits ou dépenses en litres par seconde, et les charges par mètre de longueur correspondant à des vitesses moyennes variant depuis 0^m,01 jusqu'à 3^m,00. L'usage de ces tables est très commode, il dispense de calculs et de tâtonnements assez longs. Nous ne pouvons ici que nous borner à signaler l'utilité de ces tables que notre cadre ne nous permet pas d'insérer dans le cours de cette étude sommaire. Nous croyons toutefois devoir donner ci-dessous une table résumée qui pourra, dans bien des cas, donner des indications suffisamment approximatives.

Diamètre des tuyaux	0^m,040	0^m,053	0^m,064	0^m,075	0^m,093	0^m,105	0^m,120	0^m,141	0^m,162	0^m,175	0^m,190	0^m,215	0^m,250
Capacité en litres par mètre de longueur	1.25	2 20	3.21	4 41	6.79	8.65	11.30	15.61	20.61	24.05	28.35	36.30	49.05
Charge ou pente par mètre	DÉBIT DES TUYAUX EN LITRES ET PAR SECONDE												
	lit.	lit.	lit.	lit.	lit.	lit.	lit.	lit.	lit.	lit	lit.	lit.	lit.
0.0001	0.037	0.088	0.128	0.220	0.407	0.606	0.791	1.248	1.648	2.164	2.835	3.993	5.398
0.0002	0.062	0.132	0.224	0.353	0.611	0.865	1.243	1.873	2.679	3.367	3.970	5.445	8.343
0.0003	0.088	0.176	0.289	0.441	0.814	1.125	1.582	2.341	3.299	4.088	5.103	6.897	10.30
0.0004	0.113	0.220	0.353	0.530	0.950	1.298	1.808	2.809	3.916	4.810	5.953	7.986	12.27
0.0005	0.125	0.242	0.417	0.618	1.086	1.472	2.034	3.122	4.534	5.291	6.804	9.075	13.74
0.0006	0.138	0.286	0.449	0.706	1.222	1.645	2.260	3.434	4.946	6.012	7.370	10.16	15.21
0.0007	0.150	0.308	0.481	0.750	1.290	4.858	2.486	3.746	5.358	6.493	7.938	11.25	16.19
0.0008	0.163	0.330	0.545	0.839	1.425	1.949	2.712	4.058	5.770	6.974	8.788	11.98	17.66
0.0009	0.176	0.352	0.577	0.883	1.493	1.991	2.825	4.370	6.183	7.455	9.355	12.70	18.65
0.001	0.187	0.374	0.609	0.927	1.561	2.164	3.051	4.684	6.595	7.936	9.992	13.43	19.63
0.002	0.275	0.550	0.898	1.325	2.308	3.117	4.407	6.714	9.477	11.54	14.17	19.24	27.97
0.003	0.337	0.704	1.123	1.678	2.851	3.896	5.424	8.275	11.74	14.19	17.29	23.95	34.84
0.004	0.400	0.814	1.284	1.833	3.327	4.502	6.441	9.524	13.60	16.35	20.18	27.58	40.24
0.005	0.450	0.902	1.444	2.020	3.734	5.108	7.119	10.77	15.25	18.52	22.68	30.85	45.15
0.006	0.487	1.012	1.605	2.375	4.142	5.628	7.910	11.96	16.69	20.20	24.94	31.12	49.57
0.007	0.537	1.078	1.733	2.606	4.481	6.061	8.588	12.80	18.13	21.88	26.93	36.66	53.49
0.008	0.575	1.166	1.861	2.782	4.821	6.494	9.153	13.74	19.27	23.33	28.91	39.56	57.42
0.009	0.612	1.232	1.990	2.959	5.092	6.987	9.718	14.52	20.61	25.01	30.61	41.64	61.35
0.010	0.650	1.298	2.086	3.136	5.432	7.333	10.28	15.30	21.64	26.21	32.32	44.28	64.29
0.015	0.787	1.606	2.568	3.887	6.654	9.005	12.54	18.89	26.79	32.46	40.07	54.45	79.51
0.020	0.912	1.870	2.985	4.461	7.672	10.39	14.57	21.86	30.91	37.52	46.21	62.80	91.78
0.025	1.037	2.090	3.338	5.025	8.623	11.69	16.27	24.51	34.62	41.84	50.99	70.42	102.00
0.030	1.137	2.288	3.691	5.521	9.438	12.82	17.85	26.86	37.92	46.17	56.70	77.32	112.00
0.035	1.225	2.486	3.980	5.830	9.574	13.85	19.32	29.04	41.01	51.95	61.23	83.49	121.00
0.040	1.290	2.662	4.269	6.250	10.93	14.84	20.68	31.07	43.90	55.55	65.48	89.29	130.00
0.045	1.387	2.816	4.526	6.758	11.61	15.82	21.82	33.10	47.17	58.82	69.45	94.74	139.00
0.050	1.462	2.992	4.782	7.155	12.22	16.65	23.16	34.66	49.11	60.12	73.08	98.82	145.00

Sans entrer dans de grands détails sur les divers problèmes que présente l'étude d'une distribution, nous croyons utile de revenir sur la formule (5) et d'indiquer à son sujet un certain nombre de remarques intéressantes. Cette formule établit, comme on voit, une relation entre le débit, la longueur de la conduite, la différence de niveau entre ses extrémités et le diamètre, qui sont les éléments intéressants dans la pratique. On voit que la vitesse n'intervient pas effectivement. A côté des tables publiées par M. Claudel, dont nous avons parlé, nous devons encore signaler celles dues à M. Dupuit, ingénieur en chef des ponts et chaussées, qui donne immédiatement les valeurs du terme $\left(\frac{Q}{20}\right)^2$ substitué à $\frac{Q^2}{441{,}7}$ en fonction de Q, débit par seconde ; celle de D^5, $\sqrt{D^5}$ et $\frac{1}{D^5}$ en fonction de D ; et qui permettent de résoudre aisément, à l'aide de la formule (5), toutes les questions qui peuvent se présenter : trouver le diamètre d'une conduite dont on connaît le débit, la longueur et la charge. Trouver la perte de charge d'une conduite de diamètre, de longueur, et de débit connu. Trouver le débit d'une conduite de diamètre, de longueur et de charge connue.

Il est assez intéressant de remarquer par l'examen de cette formule que si le diamètre, la longueur et la charge ne varient pas, le débit Q est indépendant de la grandeur de l'orifice. Si on modifie l'orifice à l'aide d'un robinet, tel, que le débit soit modifié, il y aura alors une nouvelle inconnue, ce sera la charge disponible sur le robinet. Les variations du débit sont environ moitié moindres pour de petites variations de la charge et de la longueur. Si le diamètre n'est pas constant, et qu'on cherche à trouver, tout en conservant le même débit et la même charge, les relations entre les diamètres et les longueurs de deux conduites, l'une uniforme, l'autre variée, on voit que les modifications de diamètre, reviennent à modifier la longueur en sens contraire, mais 35 fois plus. Par suite, on pourra également obtenir les variations du débit, lorsqu'on ne modifie à la fois qu'un seul des éléments. C'est ce qui explique comment un étranglement, sur une certaine longueur, abaisse le débit, pour ainsi dire, à celui qui résulterait de l'emploi unique du petit diamètre.

Une conséquence assez intéressante à noter, au point de vue économique : une conduite uniforme donnant le même résultat qu'une série de conduites variées réunies, revient toujours moins chère. Ainsi, en exprimant par 1 la dépense occasionnée par une conduite, si on la remplace par des conduites à diamètre variable donnant le même débit, la dépense sera :

Pour deux conduites.	1.52
Pour trois conduites.	1.93
Pour quatre conduites.	2.30

Les formules permettant ces substitutions de conduites, les unes aux autres, sont d'ailleurs très simples.

Ainsi, en appelant L la longueur d'une conduite de diamètre uniforme D, remplaçant une série de conduites successives *ld, l'd'*...., sans changer le débit, on a :

$$\frac{L}{D^5}=l\left(\frac{1}{d^5}\right)+l'\left(\frac{1}{d'^5}\right)+\ldots..$$

On peut, par l'emploi de cette formule, ramener au point de vue du calcul du débit total, le cas d'une ou plusieurs conduites variées, à celui d'une seule pour laquelle on appliquera la formule (5). De ce débit total on peut facilement déduire le débit d'une des conduites partielles.

Enfin, pour terminer ces notions succinctes, nous dirons un mot de la variation du débit à l'extrémité par une prise intermédiaire. Soit Q le débit primitif à l'extrémité, q la prise intermédiaire faite à une distance $\frac{1}{n}$ de la longueur totale, le nouveau débit Q'

$$Q'=Q-\frac{1}{n}q$$

Dernier cas intéressant à noter. Lorsqu'une conduite offre, en plus du débit extrême Q, un débit en route q, les calculs relatifs à la recherche des éléments se feront comme précédemment, en remplaçant dans la formule (5) le terme Q^2 par $Q+0,559$.

Installation d'une distribution. Nous avons dit que l'on amenait par des conduites d'adduction ou de refoulement, l'eau prise à son point d'origine, dans un *réservoir*, ou *château d'eau*, qui forme le point de départ véritable de la distribution, d'où part alors la conduite, dite *conduite maîtresse*, formant avec les *conduites secondaires* ou *branchements* le réseau de la distribution.

Dans certains cas, au lieu d'avoir une conduite de refoulement conduisant à un réservoir, d'où part la conduite maîtresse, on se borne à établir une conduite unique qui fonctionne simultanément comme tuyau d'ascension et comme tuyau de retour; les divers embranchements sont ramifiés sur le parcours de cette conduite pour diriger l'eau dans toutes les directions voulues. Cette méthode est économique, au point de vue de l'installation, mais en pratique elle peut donner lieu à divers inconvénients, surtout quand il s'agit de refouler l'eau à une grande altitude. Les chocs, les coups de bélier qui se produisent pendant le fonctionnement des pompes et qui se transmettent aux diverses branches du réseau; d'autre part, les deux courants de sens contraire qui tendent à s'établir dans la canalisation quand l'eau du réservoir exerce dans les tuyaux une pression pour descendre, tandis que l'eau refoulée par les pompes exerce une pression pour s'élever; les dérangements et accidents qui peuvent survenir dans le service, par suite de ces influences contraires ; toutes ces causes contribuent à rendre le fonctionnement du système en question moins sûr que celui des deux conduites distinctes. Néanmoins, l'économie que son installation procure le fait souvent adopter, et en prenant quelques précautions, pour assurer aux points d'intersection des embranchements une répartition aussi régulière que possible des pressions, on peut arriver à faire fonctionner une canalisation de ce genre dans de bonnes conditions.

Quant au choix à faire des tuyaux propres à une distribution, on a généralement recours aux tuyaux en métal, en fonte, ou en plomb. Dans les cas, d'ailleurs rares, où l'écoulement se fait, sans ou à très faible pression, on peut employer les tuyaux en ciment et en terre cuite.

La préférence donnée aux tuyaux en fonte a pour cause non seulement leur résistance et leur durée, mais encore les qualités particulières de leurs divers modes d'assemblage, qui présentent toute la sécurité voulue pour l'étanchéité et la solidité des joints. Mais il faut qu'ils soient fabriqués avec des épaisseurs convenables pour résister aux pressions auxquelles ils doivent être soumis. On peut calculer théoriquement cette épaisseur, en assimilant le tuyau à un cylindre dont les parois subissent une pression intérieure P, résultant de la charge totale due à la hauteur d'eau. Ainsi, en désignant par D le diamètre du tuyau, par K la résistance du métal à la charge normale de rupture, exprimée en kilogrammes, l'épaisseur *e* sera donnée par la formule :

$$e=\frac{PD}{2\frac{K}{10}}$$

et en exprimant la valeur $\frac{K}{10}$ par k la formule s'écrira plus simplement

$$e=\frac{PD}{2k}$$

dans laquelle il suffira de remplacer les lettres par les valeurs numériques correspondantes pour obtenir l'épaisseur théorique cherchée.

Mais comme la conduite, indépendamment des efforts constants de la pression interne, est exposée à des chocs accidentels, à des *coups de bélier*, que déterminent, par exemple, l'arrêt brusque du mouvement de l'eau, la fermeture instantanée d'un robinet — il faut toujours augmenter en pratique l'épaisseur donnée par le calcul. Il est évident, d'ailleurs, que la qualité du métal et le mode de fabrication influe sur la résistance et que l'épaisseur ne saurait être réduite au delà d'une certaine limite, même pour une conduite de gaz qui ne doit cependant éprouver qu'une pression relativement insignifiante par rapport à celle que supportent généralement les conduites d'eau. Depuis que les procédés de moulage ont été perfectionnés, depuis surtout qu'on a adopté le mode de coulée avec le moule *incliné*, et mieux encore le moule *debout*, les tuyaux sont plus sains, plus homogènes, plus réguliers; le noyau est mieux centré par rapport au moule, et l'épaisseur dont l'uniformité est plus certaine, a pu être réduite. On adopte maintenant, pour la déterminer, la formule:

$$e=0{,}016D+0^{m}{,}008.$$

C'est avec cette formule qu'on obtient les épaisseurs des tuyaux dits *série de Paris*, parce qu'ils ont été adoptés par le service hydraulique de la ville de Paris pour l'établissement des conduites d'eau; ces épaisseurs sont aussi celles adoptées maintenant généralement en France.

Réservoirs. La construction des réservoirs peut se faire de façons très différentes suivant les circonstances. Dans certains cas, on les fait simplement en terre, avec des talus comme ceux d'un canal; mais le plus souvent ils sont construits en maçonnerie. Ils sont alors à ciel ouvert, ou fermés par des voûtes : le premier système a l'inconvénient d'exposer l'eau à l'action du soleil, ce qui nuit à la fraîcheur ; et à l'influence de toutes les causes extérieures d'altération, ce qui nuit à la pureté. Les eaux exposées à ciel ouvert sont souvent le siège de végétations diverses et le réceptacle d'animaux aquatiques et des animalcules microscopiques, des microbes notamment, dont la présence altère plus ou moins la qualité de l'eau. Il est donc toujours avantageux de couvrir les réservoirs, soit avec des voûtes en maçonnerie, soit avec des toitures. L'emploi des voûtes est préférable pour conserver entièrement la fraîcheur et la pureté des eaux. L'épaisseur à donner aux murs des réservoirs se calcule par les formules qui servent à déterminer les dimensions des murs droits ou circulaires, d'après les règles ordinaires de la construction. Quand les réservoirs atteignent des dimensions un peu grandes, les voûtes qui les recouvrent sont généralement supportées par des rangées de piliers reliés entre eux au moyen d'arcades en plein cintre ou surbaissées. La capacité des réservoirs doit être calculée de manière à suffire aux besoins prévus, et, autant que possible, avec un excédent pour faire face aux éventualités qui peuvent se produire.

On construit des réservoirs en fonte et en tôle, auxquels on donne ordinairement la forme cylindrique pour assurer une résistance plus grande aux parois verticales. Ces réservoirs métalliques sont presque toujours élevés sur des supports, comme le sont, par exemple, les tourelles sur lesquelles on élève les réservoirs d'eau dans les gares de chemins de fer. Le fond de ces cuves métalliques est ordinairement plat, quand on peut le faire reposer sur des poutrelles, ou sur des murs suffisamment rapprochés pour lui servir de points d'appui ; mais souvent aussi on fait des réservoirs à fond sphérique, concave, devant résister, par la seule force des tôles et de la rivure à la charge de l'eau. Nous n'entrerons pas ici dans de plus amples détails sur l'installation des réservoirs ou châteaux d'eau destinés à emmagasiner les eaux qui doivent être distribuées en ville. Nous consacrerons plus tard une place spéciale à cette étude. — V. Réservoir.

Colonne ou *toc de partage.* Lorsque, pour des motifs quelconques de convenance locale ou d'économie, on ne veut pas construire de réservoir à l'origine d'une canalisation, ou bien lorsque la localité ne présente pas à proximité un endroit dont l'altitude soit suffisante pour obtenir la charge nécessaire à la distribution de l'eau dans le réseau des conduites, on peut y suppléer en élevant, sur un point convenable, une colonne ascensionnelle, au sommet de laquelle l'eau est amenée, soit par la pression due à un écoulement naturel, soit par le refoulement d'une pompe. On lui donne alors le nom de *toc* ou *colonne de partage,* et l'on fait souvent, dans ce cas, partir du sommet de cette colonne les diverses ramifications de la canalisation. De cette manière, on assure la répartition des débits, comme on le veut, dans chacune des branches du réseau.

La hauteur qu'on devra donner à cette colonne dépend, par conséquent, de la charge qu'on a besoin d'avoir dans les conduites pour distribuer l'eau sur tous les points voulus.

Ouvrages divers à exécuter sur le parcours d'une conduite. Il se présente, dans le parcours d'une conduite d'adduction ou de refoulement, diverses difficultés résultant soit de la nature, soit de la configuration du terrain. Nous allons examiner sommairement les principales, en indiquant les moyens employés pour les résoudre. Nous supposerons, par exemple, qu'il s'agisse d'établir une conduite de dérivation d'eau forcée, sur un parcours assez long pour y rencontrer tous les accidents de terrain qui peuvent se présenter. La figure 143 représente ce parcours théorique. La prise d'eau se fait dans une rivière, au point P, au niveau de l'eau; c'est, par conséquent, une *prise de superficie*, par opposition à celles qu'on appelle *prises de fond*, quand on va chercher l'eau, au moyen d'un tuyau d'aspiration de pompe, au fond du courant. Du point P au point C la conduite suit la déclivité naturelle du sol et présente une certaine pente, qui change en C et devient plus forte pour la portion CA. La vitesse de l'eau tendra, par conséquent, à s'accroître dans cette seconde portion, si le diamètre reste le même. La différence des niveaux des points P à C et de C à A, permettra de calculer la charge et le débit à chacun de ces points. La conduite devant traverser une vallée, dont le versant opposé est plus élevé que le point d'arrivée A sur le premier côté, il faudra établir de A en D un aqueduc en maçonnerie. L'importance de ce travail dépendra naturellement de la longueur et de la hauteur à franchir. Les beaux aqueducs de Roquefavour, pour les eaux de Marseille; celui d'Arcueil et ceux de la Dhuis, pour les eaux de Paris, peuvent être cités au nombre des spécimens les plus remarquables des constructions de ce genre. — V. AQUEDUC.

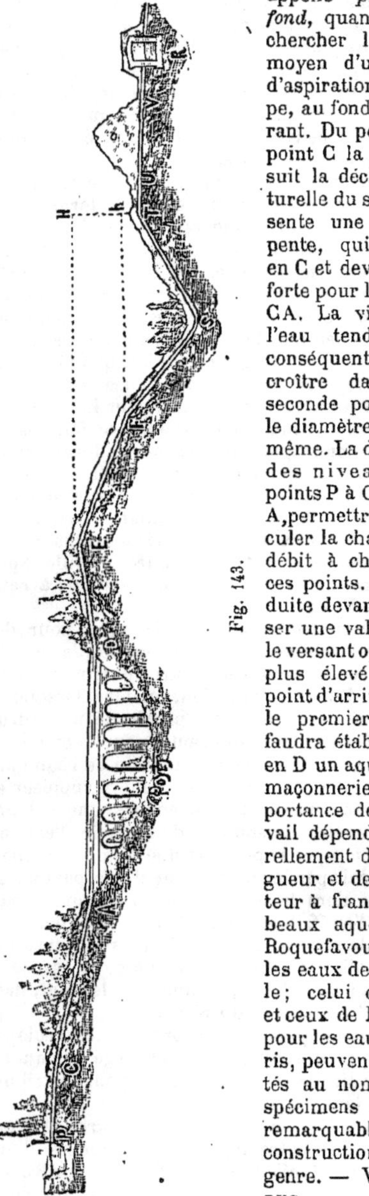

Fig. 143.

En arrivant au point D, le terrain présente une contre-pente, l'inclinaison se relève vers le point E qui constitue ce qu'on appelle le *sommet de pente* de cette portion de la conduite. Pour s'élever du point D au point E, l'eau va perdre une certaine partie de sa pression. La différence de niveau des deux points permettra de calculer la *perte de charge* due à cette différence, et cette perte de charge, ajoutée à celle que détermine le frottement dans la conduite nous servira à calculer le diamètre de manière que le débit au point E atteigne, dans tous les cas, la proportion voulue.

Lorsqu'on se trouve obligé de franchir ainsi un point plus élevé, il faut placer au sommet de pente un appareil permettant le dégagement de l'air qui viendrait se cantonner en cet endroit. En effet, la présence de l'air étant inévitable dans les conduites, celui-ci, plus léger que l'eau, tend à rester au point culminant, s'y comprime, diminue le débit, et pourrait même l'arrêter complètement si on ne prenait soin de faire évacuer cet air à mesure qu'il se dégage de l'eau. Pour cela, on emploie un tuyau d'évent ou une chambre en maçonnerie, quand il s'agit d'une conduite à écoulement libre; mais pour les conduites d'eau forcée, on établit généralement un appareil automatique nommé *ventouse*, composé d'un flotteur ou d'une soupape qui, lorsque la pression atteint une certaine limite, sous laquelle l'appareil doit remplir son office, fait évacuer l'air en excès sans pouvoir donner passage à l'eau, qui opère au contraire l'occlusion de l'orifice. On renferme généralement les ventouses dans un regard en maçonnerie.

Reprenons la marche de la conduite du point E au point F; elle suit de nouveau la déclivité du sol, avec des pentes qui peuvent être plus ou moins variables. Une nouvelle dépression du sol se présente : cette fois, le sommet du coteau opposé est moins élevé que le point de départ. On pourra franchir alors la vallée au moyen d'un *siphon* FST dans lequel l'eau, descendant par la première portion FS sous la charge due à la hauteur du point d'origine du siphon, remontera ensuite dans la seconde branche ST et arrivera au point T avec une vitesse et un débit dépendant des hauteurs T*h* par rapport au point F, ou TH si on considère comme origine du siphon le point E qui est le point culminant de ce parcours.

L'établissement d'un *siphon* est un des ouvrages les plus difficiles à exécuter dans l'installation d'une conduite d'eau, parce qu'il nécessite des précautions particulières pour assurer une résistance convenable à la pression de l'eau et surtout aux chocs, aux coups de bélier qui peuvent se produire dans le parcours. Quand la charge à supporter le permet, on établit des siphons en maçonnerie ou en béton comprimé; la dérivation des eaux de la Vanne en offre un remarquable exemple. Pour les grandes pressions, il vaut mieux employer des tuyaux en fonte, qui présentent plus de sécurité. Il est bon de placer au point le plus bas de courbe, au point S de la figure théorique ci-dessus, une tubulure de nettoyage au moyen de laquelle on peut purger la conduite des sables et autres corps plus lourds que l'eau qui viendraient se déposer en ce point. En sortant du siphon, au point T, nous avons supposé qu'il se présente une colline élevée qu'on ne saurait franchir en suivant les pentes du sol, sans s'exposer à une perte de charge trop considérable. Ce cas peut se présenter, et l'on peut être alors obligé de recourir au percement d'un tunnel ou galerie souterraine UV, pour le passage de la conduite. Enfin, on arrive à l'extrémité R, où se trouvera placé le réservoir ou château-d'eau, d'où vont partir les tuyaux alimentant la distribution dans la ville.

Cette esquisse sommaire des différents ouvrages qui peuvent être nécessaires dans le parcours d'une conduite d'eau ne saurait prévoir tous les détails accessoires que la nature du sol ou les accidents de terrain occasionneront. Le cadre de cette étude est trop restreint pour nous étendre davantage sur ce sujet; l'expérience pratique et les traités spéciaux sur les travaux de distribution d'eau fournissent des renseignements qu'on pourra consulter avec fruit.

Ouverture des tranchées. Nous allons voir maintenant comment on établit un réseau de canalisation pour distribuer l'eau dans les divers quartiers d'une ville. Lorsque les tuyaux n'excèdent pas le diamètre de $0^m,150$ à $0^m,200$, on peut se contenter d'ouvrir les tranchées sur une profondeur d'environ 1 mètre et une largeur de $0^m,70$ à $0^m,80$ au fond de la fouille. Pour les plus petits tuyaux même on peut réduire la profondeur et la largeur. Mais pour les tuyaux d'un grand diamètre on proportionne, suivant leurs dimensions, celles qu'il convient de donner aux tranchées. La profondeur doit, dans tous les cas, être suffisante pour mettre les tuyaux à l'abri de la gelée. On fixe préalablement par un nivellement la profondeur des fouilles suivant les pentes et les accidents du terrain. Quand on a ainsi fixé par des repères les deux points extrêmes d'une même pente, il est nécessaire de faire dresser régulièrement et, dans certains cas même de damer le fond de la tranchée, pour en régler le niveau convenablement. Ce règlement de pente se fait au moyen de trois nivelettes, dont les tiges sont d'une hauteur parfaitement égale, l'une peinte en rouge, l'autre peinte en blanc, qu'on place aux deux extrémités de la fouille, et une troisième peinte en noir, qu'on fait placer successivement de distance en distance, sur la longueur de la portion à niveler. Il est clair que si le rayon visuel, dirigé du bord supérieur de la première nivelette, vers le même bord de la troisième, coupe celle intermédiaire en un point quelconque de sa hauteur, ou si ce rayon passe au-dessus du bord de cette nivelette, c'est que le pied reposera sur un point trop haut ou trop bas, et qu'il faudra alors enlever de la terre ou en rapporter jusqu'à ce que le rayon visuel rencontre simultanément le bord des trois nivelettes.

Dans l'établissement d'une canalisation de ville, on est exposé à trouver d'anciens ouvrages souterrains, aqueducs ou égouts, qu'il faut ménager, quand il se peut, ou démolir et reconstruire après la pose des tuyaux. On est exposé aussi à trouver du roc plus ou moins difficile à enlever. Dans certains sols granitiques, par exemple, et, en général, toutes les fois qu'on a affaire à des roches dures et compactes, on peut se trouver obligé de recourir à l'emploi de la mine. On doit alors prendre de grandes précautions, ne pratiquer que des mines de peu de profondeur (ce qu'on appelle des *pétards*), et au-dessus des parties à faire sauter, placer une couche de fascines ou de fagots pour amortir les coups et empêcher la projection des éclats de pierre dans les rues de la ville.

Quand la fouille a été nivelée et que les tuyaux sont mis en place, on procède à leur épreuve comme nous l'expliquerons tout à l'heure; puis ensuite on effectue le remblai des terres, en commençant par celles qui ont été extraites du fond, et en évitant d'y laisser des pierres qui risqueraient de causer quelque avarie aux tuyaux pendant le pilonnage. Pour effectuer ce pilonnage on rejette d'abord des terres de chaque côté, et, si besoin est, au-dessous du tuyau, en les étendant par couches successives de $0^m,12$ à $0^m,15$, et les frappant avec des pilons ou *dames* en bois ou en fonte. Plus le damage est fait avec soin, plus l'entretien de la chaussée est facile. On réserve pour la couche supérieure les pierres qui formaient le macadam, afin de le rétablir le mieux possible, ou, quand ce sont des pavés qui forment la chaussée, on les remet en place par un simple blocage, puis on relève et on refait le pavage, après que le tassement des terres s'est suffisamment opéré.

L'observation des pentes fixées par le nivellement est une des premières conditions à observer. Quand il se présente des contre-pentes, on place aux sommets des *ventouses* ou des tuyaux d'évent qui peuvent être munis de robinets qu'on ouvre de temps en temps pour chasser l'air.

Influence de l'air, des coudes, des changements de direction. La présence de l'air dans les conduites d'une canalisation de ville est toujours nuisible, à cause de l'action qu'elle peut exercer sur le débit, à cause aussi des perturbations et des chocs qu'elle détermine. C'est l'action de l'air qui occasionne les intermittences qu'on remarque parfois dans l'écoulement des bornes-fontaines et qu'on désigne sous le nom caractéristique de *crachements*, lorsque le jet, momentanément interrompu, reprend tout à coup avec force et, pour ainsi dire, par saccades. Il en résulte des coups de bélier qui produisent parfois la rupture des tuyaux ou des branchements. Les coudes, qui se trouvent placés sur le parcours d'une canalisation, ont aussi une influence sensible sur l'écoulement, en augmentant la perte de charge, par le frottement des veines liquides. La pression de l'eau détermine sur le tuyau un effet de réaction en sens inverse du courant, par la même cause qui fait tourner les appareils de physique ou les jets d'eau dits *tourniquets hydrauliques*. Sans vouloir entrer dans l'examen théorique de cette question, disons seulement que les traités d'hydraulique indiquent le moyen de calculer la perte de charge due aux coudes; et, au point de vue de la pose des canalisations, signalons la nécessité de placer en arrière des coudes brusques une buttée, soit en pierres sèches, soit même en maçonnerie, pour résister à l'effet de recul que la réaction peut occasionner et qui, dans certains cas, amènerait un déboîtement ou une rupture des tuyaux.

Quand une conduite doit changer de direction, et surtout quand elle doit se diviser en plusieurs ramifications prenant des directions différentes, comme cela a lieu aux carrefours, par exemple, il faut employer des pièces spéciales de raccordement, et généralement, dans ce cas, il convient de recourir à l'emploi des *chambres de partage* ou *cuvettes de distribution*.

Lorsqu'il s'agit de conduites fonctionnant à écoulement libre sous l'effet de la seule déclivité du sol, les *chambres de partage* peuvent se faire en

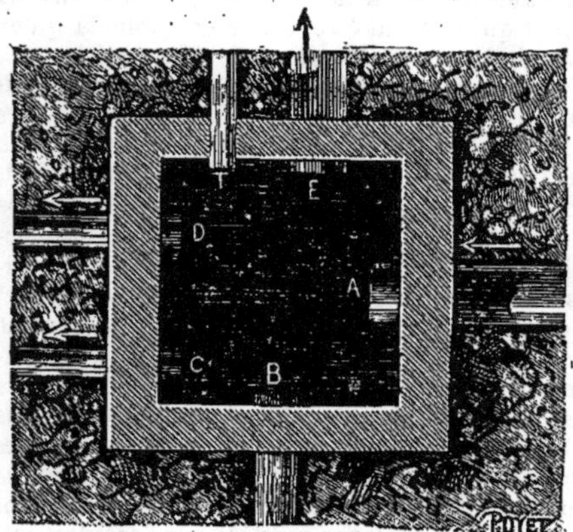

Fig. 144 et 145. — *Chambre de partage en maçonnerie.*

maçonnerie, suivant le type indiqué par les fig. 144 et 145. La conduite principale A amène l'eau dans le récipient, d'où les tuyaux B, C, D, E, de grosseurs différentes, proportionnées aux débits qu'on veut alimenter, la conduisent dans diverses directions ; T est une décharge pour le trop plein. Lorsque l'on fait une canalisation d'eau forcée, on emploie de préférence des cuvettes en fonte (fig. 146 et 147)) ayant également une tubulure A par laquelle l'eau arrive de la conduite principale, tandis que les tubulures B, C, D la dirigent dans trois embranchements différents, de grosseur correspondante aux débits à obtenir.

Détails sur la canalisation. Les tuyaux que livre le commerce sont toujours en tronçons de 2 mètres environ, il s'agit de les réunir de façon à ce que les joints soient parfaitement étanches. Le procédé le plus employé est le joint par emboîtement avec matage au plomb. Les deux extrémités du tuyau sont différentes, ainsi que le montre la figure 147. L'une d'elles est simplement formée

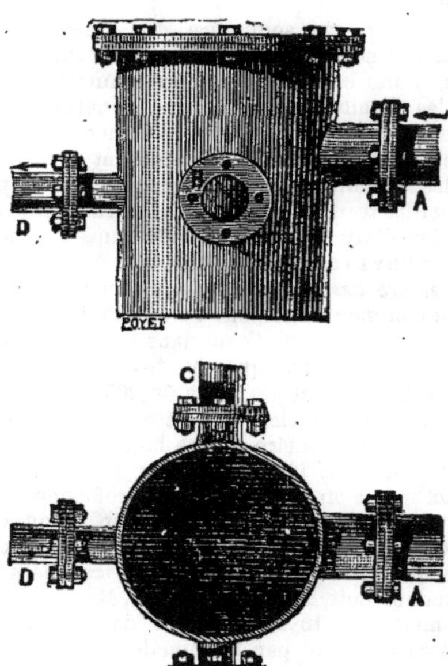

Fig. 146 et 147. — *Chambre de partage en fonte.*

par la partie cylindrique que termine un petit cordon; l'autre porte un renflement formant chambre d'emboîtement pour l'autre extrémité du second tronçon. Les deux tronçons étant emboîtés à fond, la direction de la conduite bien rectifiée, et de petites cuvettes ayant été pratiquées au fond de la tranchée, au droit de chaque joint, on introduit

Fig. 148. — *Joint maté au plomb*

avec force à l'aide d'un ciseau, dit *à matter*, une corde goudronnée dans le fond du joint jusqu'à 4 ou 5 centimètres environ de l'extrémité. On pose alors un boudin d'argile sur l'espace annulaire, en laissant un petit trou au sommet de cet anneau, par lequel on coule du plomb fondu bien chaud, qui vient remplir le vide laissé en avant de la chambre. Ce plomb une fois figé est fortement matté à son tour; une petite rainure ou cordon à l'intérieur de l'emboîtement femelle, où le plomb pénètre, empêche celui-ci de sortir du joint sous l'action de la pression. Au point de vue de la solidité, de l'étanchéité et de la durée, ce mode de joint est reconnu comme le meilleur. Son seul défaut est de ne pouvoir être facilement démonté, en cas de réparation sur la conduite; aussi emploie-t-on quelquefois de distance en distance des joints à brides, et ce dernier joint convient particulièrement pour les travaux provisoires et les raccords de tuyaux de diamètres différents. Dans les courbes de grands rayons, on se sert des mêmes tuyaux que pour les parties droites en exécutant un contour poly-

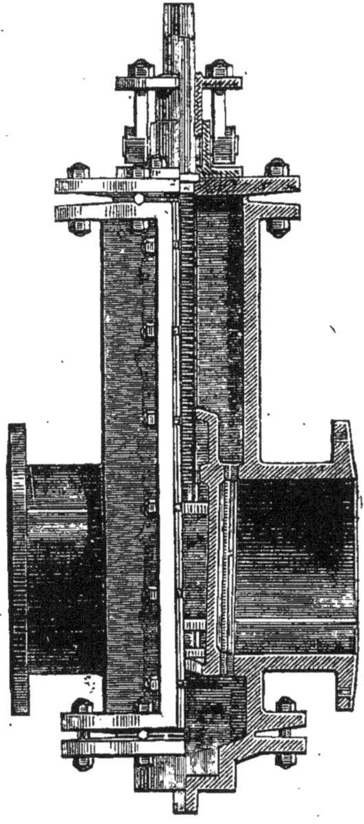

Fig. 149. — *Robinet-vanne.*

gonal, mais lorsque le rayon devient inférieur à $0^m,60$ on emploie des tuyaux courbes à joints à brides.

Nous avons dit que les conduites de distribution se disposaient généralement dans une tranchée, mais il peut arriver dans certaines villes que l'on doive disposer les conduites dans des galeries accessibles d'égout, par exemple, seulement on est obligé quelquefois, dans ce cas, de les disposer en l'air, et l'on emploie pour cette installation des consoles en fonte scellées dans les parois; afin de prévoir les altérations de la fonte par l'oxydation, on goudronne tous les tuyaux de conduite. Les embranchements se font à l'aide d'un tronçon spécial de tuyau, portant, venu avec lui de fonte, une tubulure qui sert de point de départ à la colonne secondaire. On interpose toujours en ce point un robinet permettant d'isoler à volonté le branchement de conduite maîtresse. Le même système se répètera à chacun des dédoublements de conduite. L'ensemble de toutes ces conduites constitue la canalisation souterraine parcourant les voies de la ville à fournir d'eau, et sur lesquelles seront ensuite repiquées toutes les prises d'abonnement.

Robinet. Ventouse. Avant de continuer la description du service de distribution, qui ne comporte plus maintenant que les branchements des abonnés, nous allons indiquer quelques organes inséparables de la canalisation proprement dite. Ce sont les robinets d'arrêt, de décharge, de jauge et de puisage. Les robinets d'arrêt, lorsque la conduite dépasse

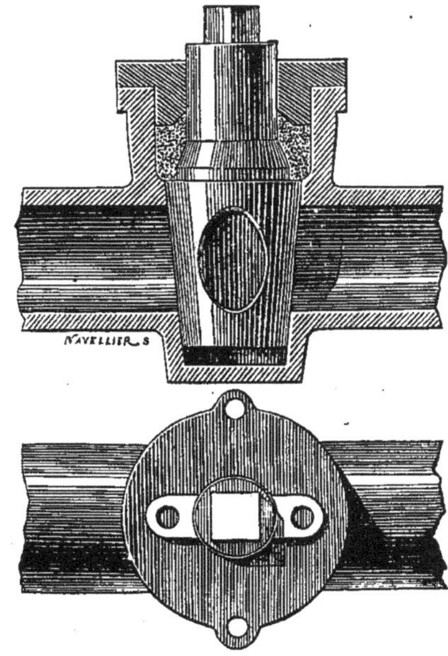

Fig. 150 et 151. — *Robinet d'arrêt.*

$0^m,06$, sont des *robinets vannes*; au-dessous, ce sont des robinets à boisseau ordinaire. La figure 149 montre le robinet vanne adopté par le service de la ville de Paris. Ces robinets sont placés dans des *regards* en maçonnerie. Au droit de chaque prise de branchement d'abonnement, on place un robinet d'arrêt et un robinet de décharge, le premier servant à ouvrir ou à fermer la communication du branchement et de la conduite maîtresse, le second servant à expulser au-dehors l'eau restée dans le branchement après sa séparation de la conduite maîtresse. Ils sont formés, dans ce cas, d'un double système de robinet à boisseau (fig. 150 et 151) raccordés au tuyau de plomb, soit par une soudure ou le joint à brides. Ces robinets sont renfermés dans une petite chambre en briques ou dans une sorte de fourreau en tôle goudronnée, fermé par une plaque mobile par laquelle le fontainier descend sa longue clef pour agir sur les robinets.

Enfin, la *ventouse* dont il a été déjà parlé, qui sert, soit à laisser évacuer l'air, soit à le laisser rentrer quand on vide la conduite. La figure 152 montre la disposition de ces ventouses, formées d'un vase cylindrique en fonte, qu'on boulonne sur le sommet de la conduite, fermé par une plaque en fonte portant au centre un siège où repose une soupape fixée à une tige dépendant d'un flotteur sphérique qui suit les mouvements de l'eau.

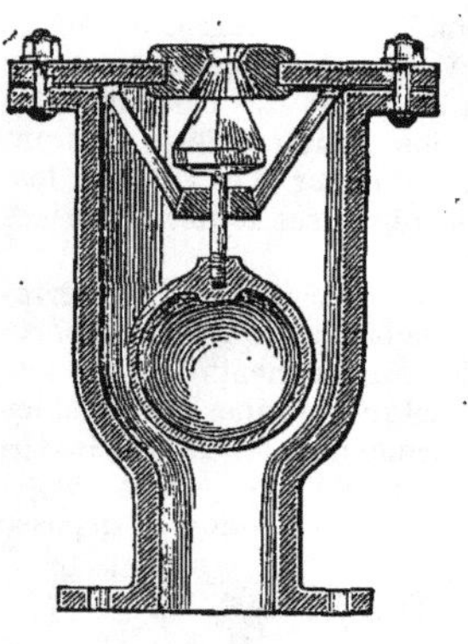
Fig. 152. — *Ventouse.*

Prises d'eau, branchements. On donne le nom de *branchements* aux tuyaux, généralement en plomb,

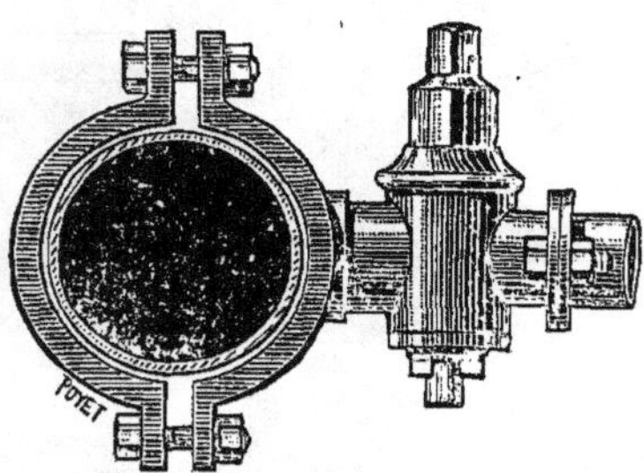
Fig. 153. — *Prise d'eau latérale.*

qui relient les conduites d'eau avec les fontaines publiques ou avec les habitations des abonnés. Les points où ces branchements sont raccordés avec une conduite se nomment *prises.* Ces prises se font soit au moyen de tubulures fondues sur le côté des tuyaux, soit au moyen d'un trou percé au bédane. On les raccorde avec la conduite en battant un collet au bout du branchement en plomb, puis interposant entre ce collet et la surface extérieure du tuyau une rondelle en cuir gras pour former le joint qu'on serre ensuite à l'aide d'un collier en fer, comme le montrent les figures 153 et 154, qui représentent deux dispositions de prises d'eau, une latérale avec collier en deux parties en fer méplat, l'autre sur le sommet du tuyau avec un collier articulé composé d'un sabot en fonte et de deux tiges de fer maintenues par un anneau qui se place en-dessous de la conduite. Quand les prises doivent être faites sur des tuyaux en fonction, l'eau qui s'échappe par le trou qu'on pratique dans la fonte rend souvent l'opération incommode et parfois même impossible lorsqu'il y a une faible pression dans les conduites. Dans ce cas, il faut isoler, au moyen de robinets d'arrêt la portion de canalisation sur laquelle on veut faire la prise. Mais il existe un appareil ingénieux au moyen duquel on peut découper dans le tuyau de fonte le trou qu'on a besoin de pratiquer, sans que l'orifice soit découvert pendant l'opération; l'outil servant à effectuer ainsi les *prises en charge*, évite toute perte d'eau et toute interruption du service.

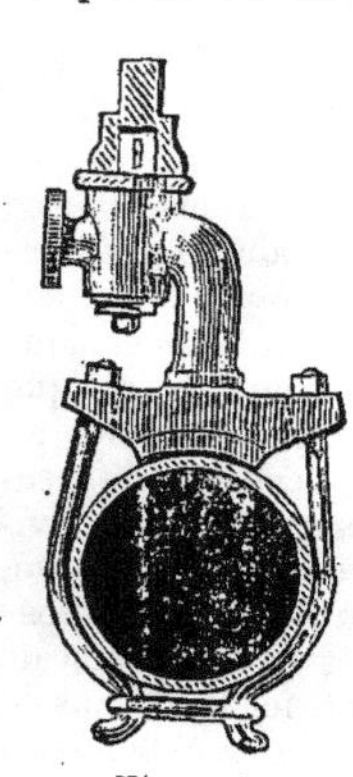
Fig. 154.

Bornes-fontaines et bouches de lavage. Les appareils employés pour desservir les voies publiques sont les *bornes-fontaines* et les *bouches de lavage*, dont nous représentons quelques types principaux. Les deux genres de bornes-fontaines ne diffèrent que par le mécanisme qui sert à ramener le piston dans la position où l'appareil est fermé. L'eau qui vient exercer sa pression sous ce piston l'applique sur son siège et rend l'occlusion d'autant plus parfaite que la pression est plus forte. Pour ouvrir le passage et déterminer par conséquent l'écoulement de l'eau, il suffit d'appuyer la main sur le bouton qui fait saillie au sommet de la borne-fontaine. Dans un autre type, le piston, dès qu'on cesse d'appuyer sur le bouton, est ramené à sa position de fermeture par un petit levier à l'extrémité duquel est suspendu un contrepoids. Dans le type de la figure 155, c'est un ressort à boudin logé dans une petite gaine placée au-dessus du piston, qui ramène le piston à sa position première. Il y a un certain nombre d'autres dispositions dans le détail desquelles nous ne

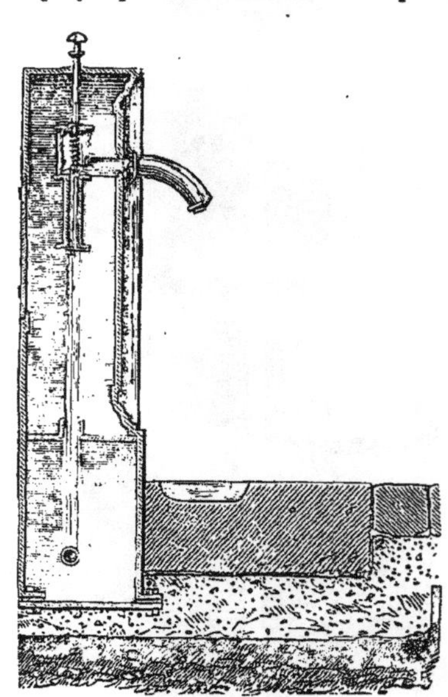
Fig. 155. — *Borne-fontaine.*

pouvons entrer ici, et qui ne présentent du reste que des différences de forme dans leurs organes, ou dans leur enveloppe extérieure, dont la figure 155 représente le type le plus ordinairement employé.

Les *bouches de lavage,* du genre de celles que montre la figure 156, se placent dans la bordure des trottoirs ; elles produisent deux jets d'eau qui s'échappent latéralement, à droite et à gauche

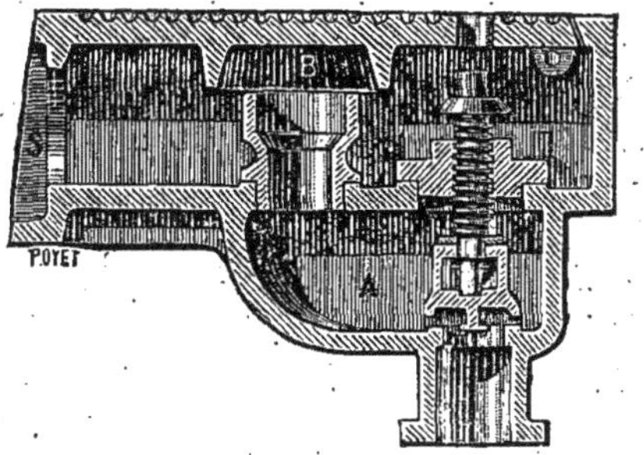

Fig. 156. — *Bouche sous trottoir pour lavage des ruisseaux.*

de l'appareil. On dispose généralement les pentes du pavage de manière à diriger également des deux côtés l'écoulement de l'eau pour effectuer le lavage des ruisseaux. Le mécanisme de l'appareil est des plus simples. En faisant tourner la tige filetée, au moyen d'une clef à douille, on élève le clapet pour laisser un libre passage à l'eau qui, arrivant dans la chambre A, vient frapper contre le chapeau B, et se répand alors dans la boîte en fonte S, d'où elle s'échappe par deux fentes latérales. On règle à volonté l'écoulement de l'eau en ouvrant plus ou moins le clapet. L'autre type de *bouche,* représenté par la figure 157, est plus spécialement destiné à l'*arrosage.* On peut cependant l'employer également au lavage des ruisseaux, en le plaçant au bord d'un trottoir, mais on peut aussi, en ouvrant le couvercle de la boîte en fonte, visser sur le raccord servant à la sortie de l'eau un tuyau d'arrosage comme ceux qu'on emploie généralement pour le service des voies publiques.

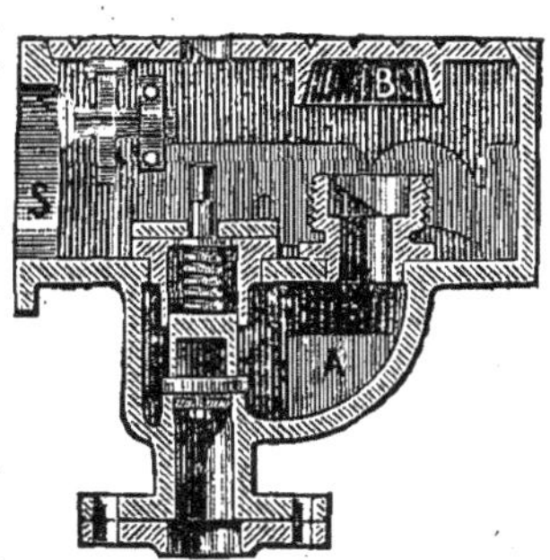

Fig. 157. — *Bouche sous trottoir pour arrosage.*

Bouches d'incendie. Les divers types d'appareils que nous venons de passer en revue sont souvent combinés de manière à permettre de prendre de l'eau facilement en cas d'incendie. A cet effet, le raccord en cuivre sur lequel se visse l'ajutage d'écoulement des bornes-fontaines (on désigne cet ajutage sous le nom de *nez*), est fileté au diamètre et au pas des raccords usités pour les tuyaux de pompe à incendie, de sorte qu'en enlevant le *nez* de la borne-fontaine on visse à sa place un raccord de tuyaux d'incendie pour prendre l'eau à volonté. Dans d'autres types d'appareils, il existe un raccord de prise d'incendie indépendant du jet de puisage de la forne-fontaine.

Dans les bouches de lavage, c'est sur le raccord en cuivre destiné à la sortie de l'eau que se fait directement la prise en cas d'incendie. Mais dans les grandes villes où l'emploi des pompes à vapeur commence à se multiplier, on a dû recourir à des appareils d'un plus grand débit pour

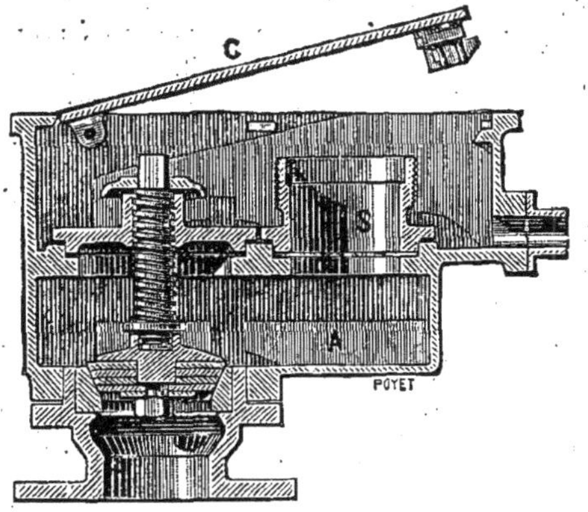

Fig. 158. — *Bouche d'incendie pour pompe à vapeur,*

obtenir l'alimentation directe de ces pompes. La figure 158 montre en coupe la *bouche d'incendie* employée par la ville de Paris. La boîte inférieure A, avec couvercle C, reçoit l'eau dès qu'on ouvre le clapet; l'orifice S est fileté au calibre des tuyaux d'alimentation des pompes, qui se montent sur cet ajutage au moyen d'un raccord à chapeau.

Colonnes montantes. La distribution de l'eau à domicile tend à se généraliser de plus en plus dans les villes où le service des eaux est en état de fournir en quantité suffisante l'approvisionnement que réclament les besoins industriels et domestiques. Pour alimenter les maisons à plusieurs étages, comme elles existent dans les grandes villes, on a adopté l'emploi de conduites qui s'élèvent depuis le sol de la rue, en suivant soit un mur de la cour intérieure, soit une cage d'escalier, jusqu'à l'étage supérieur, avec des branchements desservant à volonté chacun des étages et chacun des logements répartis à cet étage. On donne à ces conduites de distribution le nom de *colonnes montantes.* Leur usage aujourd'hui très répandu dans Paris, a permis aux propriétaires et aux locataires de jouir des avantages qu'offre l'abonnement aux eaux aussi facilement qu'on le faisait déjà pour le gaz. Le mode d'abonnement à l'estimation et à la jauge, tend de plus en plus à faire place à la vente de l'eau au compteur, comme nous l'avons déjà dit à l'article consacré à ce genre d'appareils. — V. COMPTEUR A EAU.

La distribution de l'eau à domicile se fait généralement au moyen de tuyaux en plomb, plutôt qu'en fer, bien que ce mode ait été quelquefois employé. On a souvent discuté la question de savoir si les tuyaux de plomb peuvent être, ou n'être pas, une cause d'altération des eaux. Nous n'entrerons pas dans l'examen de cette question encore aujourd'hui controversée ; nous ferons seulement remarquer qu'on ne doit pas l'envisager d'une manière absolue, attendu que s'il est vrai que certaines eaux, par leur nature chimique, sont capables de déterminer sur le plomb une action nuisible, on ne peut s'empêcher de reconnaître que la plupart des eaux sont exemptes de cet inconvénient, et ne présentent réellement pas de danger sérieux pour la santé publique.

Les appareils employés dans l'intérieur des habitations, la robinetterie, les filtres, etc., seront l'objet de mentions spéciales aux mots correspondants.

Nous terminerons ici cette étude sommaire des diverses questions qui se rattachent aux distributions d'eau, en faisant observer que si le cadre dans lequel nous devions nous renfermer ne nous a pas permis de donner à certains points de cette étude le développement qu'ils comportent, on retrouvera d'autre part, dans diverses parties du *Dictionnaire*, des détails complémentaires que le lecteur pourra consulter avec fruit. — G. J.

Bibliographie : *Nouvelle architecture hydraulique*, de PRONY ; *Hydraulique à l'usage des ingénieurs*, d'AUBUISSON ; *Traité théorique de la conduite et de la distribution des eaux*, par DUPUIT, Dunod ; *Hydraulique*, par G. DUMOND, Lacroix ; *Distribution d'eau à Berlin*, par DINCE, Lacroix ; *Distribution d'eau à Lille*, par MASQUELEZ, Baudry ; *Formules et renseignements usuels*, de CLAUDEL ; *Mécanicien fontainier*, par ROMAIN, Roret.

*** DISTRIBUTION DE L'ÉLECTRICITÉ.** Le problème que l'on se pose dans la distribution de l'électricité est le suivant : alimenter à l'aide d'une même source un certain nombre d'appareils électriques différents (lampes, moteurs, cuves à électrolyse, etc.), de façon que chacun d'eux reçoive toujours la quantité d'énergie qui lui est nécessaire et fonctionne indépendamment des autres, c'est-à-dire ne soit pas influencé par leur arrêt ou leur mise en marche. Il faut donc que la machine employée comme source soit munie d'un organe ou système régulateur susceptible de proportionner le débit à la demande et de fournir plus ou moins de courant, suivant le nombre d'appareils en marche.

Pour faire varier le courant produit par une machine, on peut employer plusieurs moyens : on peut, d'abord, faire varier sa vitesse, mais ce procédé est incommode et peu pratique ; on peut affaiblir ou augmenter le champ magnétique en éloignant ou approchant les inducteurs de l'armature, moyen encore moins pratique que le précédent ; on peut enfin modifier le champ magnétique, en faisant varier l'intensité du courant qui le produit et c'est à ce moyen que l'on a eu recours dans la plupart des essais de distribution qui ont été faits. Dans le système Edison, par exemple, qu'il applique plus spécialement à ses lampes, les aimants inducteurs sont excités indépendamment du circuit général, soit par une machine spéciale, soit par une dérivation prise sur le circuit principal. Le circuit des inducteurs contient une boîte de résistances à manivelle ; un surveillant, placé à côté de cette boîte, observe sur un électro-dynamomètre les variations du courant principal et maintient son intensité constante, en faisant varier la résistance du circuit excitateur et, par suite, agissant sur le champ magnétique de la machine principale. C'est là un procédé logique et simple, mais défectueux en ce sens qu'il exige l'intervention d'un employé et que l'appareil ne règle pas automatiquement sa production.

Le système imaginé par M. Maxim présentait déjà un progrès à ce point de vue. La machine principale avait, comme précédemment, ses inducteurs alimentés par une excitatrice séparée, mais sur cette excitatrice se trouvait un électro-aimant régulateur traversé par le courant principal. L'armature de cet électro-aimant oscillait entre deux butoirs, suivant l'augmentation ou l'affaiblissement de l'intensité du courant ; dans ses mouvements, elle abaissait ou soulevait un double cliquet mis en mouvement continuel de va-et-vient par la machine elle-même. Ce cliquet était placé entre deux roues dentées et, suivant sa position, faisait tourner l'une ou l'autre. Ce mouvement des roues était communiqué aux balais des collecteurs de la machine et les faisait avancer ou reculer, suivant la roue en prise. Comme la production de la machine varie suivant la position des balais, cette production se trouvait ainsi réglée par le courant lui-même. Mais ce procédé, bien qu'étant un progrès au point de vue de son automaticité, présente ce défaut que, quand les balais n'ont pas leur position normale, la machine fonctionne dans de mauvaises conditions. C'était encore une méthode peu pratique.

Nous citerons ensuite le système de M. Hospitalier dont le principe consiste à maintenir constante la différence de potentiel aux bornes de la source et à placer tous les appareils en dérivation sur ces bornes. De cette façon chaque appareil reçoit toujours la même quantité d'énergie, quel que soit l'état de repos ou de fonctionnement des autres. La source dans ce système est formée de plusieurs machines dont les armatures sont réunies en quantité et dont les inducteurs accouplés en tension sont alimentés par une excitatrice séparée. Sur les bornes de la source est placé un voltmètre dont l'aiguille oscille entre deux butoirs. A chaque contact elle fait relai, ferme le circuit d'une pile locale et met en marche un organe électro-magnétique qui fait varier la résistance du circuit des inducteurs. La différence de potentiel augmente-t-elle, l'aiguille vient toucher, par exemple, le butoir de gauche et l'organe électro-magnétique agit pour augmenter la résistance du circuit inducteur, de sorte que la différence de potentiel devient moindre. Si elle s'abaisse ensuite d'une certaine quantité, l'aiguille touche le butoir de droite et la résistance du circuit inducteur se trouve au contraire diminué. La différence de potentiel aux bornes de la source est ainsi maintenue, entre des limites très rapprochées et peut être considérée comme constante.

Les régulateurs mécaniques comme ceux que nous venons de citer ont pourtant d'une façon générale des inconvénients en ce sens qu'ils sont sujets à des dérangements d'une part, d'autre part qu'ils n'agissent pas d'une façon absolument continue et la véritable solution du problème consiste à régler la production des machines par les forces électriques elles-mêmes.

Un commencement de solution dans ce sens a été fourni par le système de M. Gravier. On sait que la difficulté du problème tient à ce que les machines génératrices ont une résistance intérieure. Si cette résistance disparaissait, on n'aurait qu'à mettre les appareils en dérivation sur la machine, la force électro-motrice étant constante, ils seraient tous desservis indépendamment. C'est de cette condition idéale que M. Gravier a cherché à se rapprocher autant que possible. Pour cela, il prend plusieurs machines, réunit en quantité leurs armatures et excite les inducteurs séparément. Il arrive ainsi à avoir une source de résistance très faible, mais non pas nulle, et se rapproche de la solution sans l'atteindre. Mais outre que la solution n'est atteinte que d'une façon approximative, M. Gravier ne peut appliquer son système qu'à une distance très restreinte, car pour transporter l'électricité à distance, il faut des machines de tension avec lesquelles on ne peut éviter une grande résistance intérieure.

La solution réelle du problème, le réglage de la production par le jeu même des forces électriques, a été trouvée par M. Marcel Deprez. Il est arrivé à ce résultat à l'aide de considérations que nous allons d'abord résumer et que l'on trouvera développées tout au long dans *La lumière électrique*, numéro du 3 décembre 1881.

En prenant comme abscisses les intensités d'une machine dynamo-électrique dont on faisait varier successivement la résistance extérieure, et comme ordonnées les forces électro-motrices, correspondant à chaque intensité, M. Deprez a obtenu une

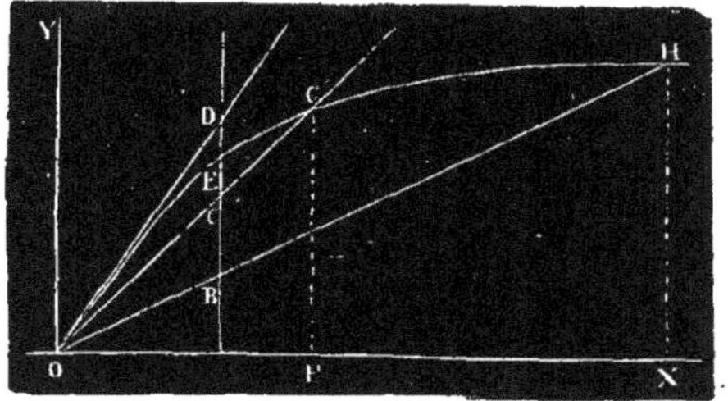

Fig. 159.

courbe (fig. 159) à laquelle il a donné le nom de *caractéristique* qui permet de connaître, pour la vitesse à laquelle la courbe a été relevée, la force électro-motrice, correspondant à une intensité quelconque et qui donne, en outre, la solution de toute une série de problèmes relatifs au fonctionnement de la machine.

On en conclut, par exemple, de suite la valeur de la résistance, car d'après la loi Ohm, $I = \frac{E}{R}$, on a $R = \frac{E}{I} = \frac{GF}{OF} = \text{tang}\, GOF$; la résistance totale est donc représentée par la tangente d'un angle.

La caractéristique d'une machine étant établie pour une vitesse V, si on veut avoir la caractéristique de la même machine pour une autre vitesse V', il suffira de multiplier les ordonnées par le rapport $\frac{V'}{V}$; car à une même intensité I correspond un même champ magnétique; les forces électromotrices, avec des vitesses différentes, sont alors proportionnelles aux vitesses respectives

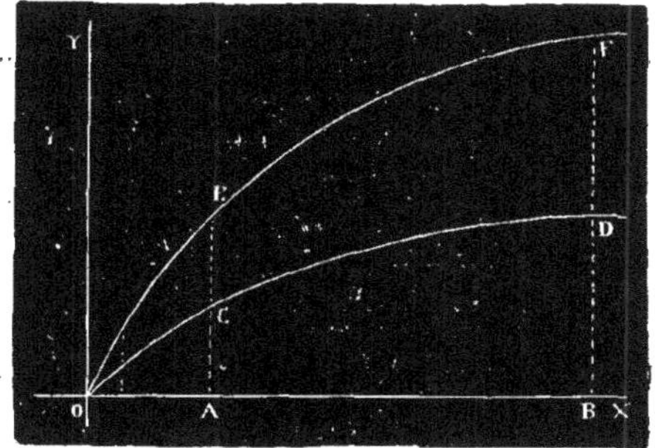

Fig. 160.

d'après les lois de l'induction. Cette construction donne une transformation de la courbe semblable à celle qui est représentée dans la figure 160.

On peut encore, à l'aide de la caractéristique, déterminer la différence de potentiel en deux points du circuit, comprenant entre eux une résistance donnée. Soit, par exemple, un circuit de résistance totale $r + x$ pour lequel on veut con-

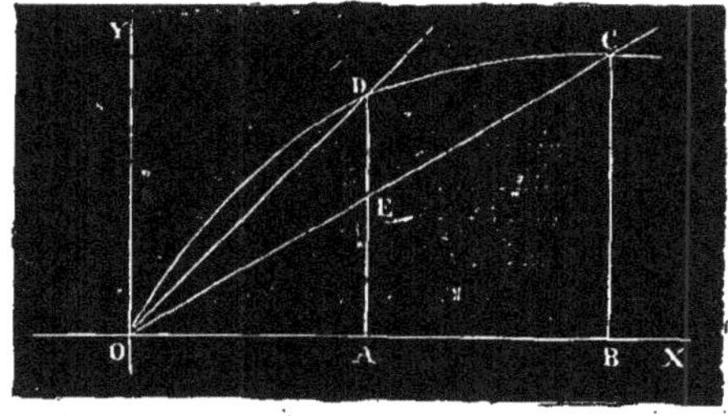

Fig. 161.

naître la différence de potentiel *e* entre deux points pris des deux côtés du générateur et comprenant entre eux la résistance *r*. Prenons, au-dessus de l'axe des x, l'angle DOX (fig. 161), tel que

$$\text{tang. } DOX = r + x$$

et l'angle COX, tel que tang. $COX = r$; ils représenteront, le premier la résistance totale, le second la résistance comprise entre les points donnés et on aura :

$$DA = OA \tang DOA = I(r+x)$$
$$EA = OA \tang COA = Ir$$
$$DA - EA = DE = Ix$$

Or Ix, d'après la loi de Ohm, est la différence de potentiel entre les deux extrémités du circuit de résistance x qui forme le complément du circuit de résistance r; c'est donc la différence de potentiel cherchée. Si, par exemple, r est la résistance intérieure de la machine, DE sera la différence de potentiel aux bornes.

Supposons maintenant que les inducteurs portent deux circuits distincts formés de fils enroulés ensemble côte à côte, de façon que les deux fils voisins soient sensiblement à la même distance du noyau de fer doux magnétisé; si deux courants distincts passent dans les deux fils, leurs actions s'ajouteront et l'excitation sera la même que s'il passait un seul courant égal à la somme des deux courants réels qui circulent. Cela posé, faisons passer dans un de ces circuits inducteurs un courant constant venant d'une source extérieure; la résistance de ce circuit ainsi séparé du circuit général n'aura point à compter dans la résistance totale; au contraire, le deuxième circuit inducteur entrera dans le circuit général et recevra le courant produit par la machine. Dans ces conditions nouvelles, que deviendra la caractéristique?

Soit O'FC (fig. 162) la caractéristique obtenue de la manière ordinaire. Supposons le circuit inducteur séparé parcouru par un courant d'intensité O'O, l'autre circuit ne fonctionnant pas encore,

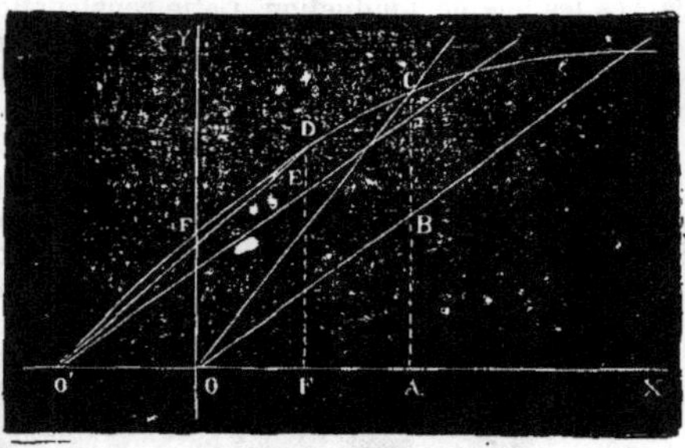

Fig. 162.

la force électro-motrice sera OF; F sera le point de départ de la nouvelle caractéristique; le circuit général entre alors en fonction et tout se passe comme si un courant égal à la somme de ces deux courants parcourait une seule hélice d'un volume égal à l'ensemble des deux hélices réelles. La caractéristique à partir de ce point conserve la forme qu'elle avait, la modification consiste seulement à reporter l'origine des coordonnées du point O' au point O, la caractéristique partant du point F: les résistances se compteront alors à partir du point O.

Une première conséquence de ce qui précède est la suivante : soit, lorsque la machine n'a pas de champ magnétique extérieur, EO'X, sa résistance intérieure. La différence de potentiel maximum, dont on pourra disposer, sera représentée par DE et correspondra à la résistance DO'X. Avec le champ magnétique initial, la résistance intérieure étant BOX=EO'X, la différence de potentiel disponible croîtra beaucoup, comme on le voit par la ligne CB qui n'est pas encore le maximum et qui est très supérieure à DE.

Si l'on examine une caractéristique, on remarque qu'elle commence par une portion dont la courbure est très faible jusqu'au moment où l'on s'approche du point de saturation des électro-aimants. Jusqu'à ce point, la caractéristique peut être très bien assimilée à une ligne droite et les machines expérimentées jusqu'à présent ont toutes une caractéristique assez rectiligne, pour que les raisonnements qui vont suivre s'appliquent très bien.

Si l'on relève, pour une vitesse donnée, la caractéristique d'une machine, on arrivera à tracer, d'après les considérations précédentes, une ligne droite d'une inclinaison déterminée; si on fait varier la vitesse, on devra, ainsi que cela a été dit plus haut, multiplier toutes les ordonnées par un nombre constant, ce qui revient à faire tourner la caractéristique droite d'un certain angle autour de son point de rencontre avec l'axe des x. Ceci posé, soit O'C (fig. 163) la caractéristique d'une machine; en lui adjoignant un champ magnétique exté-

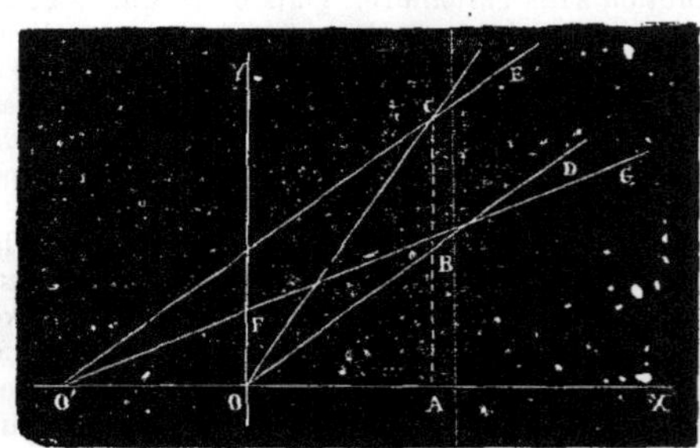

Fig. 163.

rieur constant, la caractéristique sera représentée par la portion FG de la ligne droite. Soit DOX la résistance intérieure de la machine, les lignes FG et OD se rencontrent généralement, en sorte que la portion des ordonnées comprise entre ces lignes, qui représente, comme on l'a vu, la différence de potentiels aux bornes, est variable. Mais on possède le moyen de la rendre constante. On peut, en effet, en modifiant la vitesse, faire tourner la droite O'G autour du point O'; il nous sera donc possible de l'amener à la position O'C parallèle à OD. Dans ces conditions, la ligne CB qui représente la différence de potentiels aux bornes est constante, quelle que soit la résistance COX que l'on donne au circuit.

Or, nous avons dit plus haut que, quand les appareils à alimenter sont en dérivation sur les bornes de la source, si la différence de potentiels à ces bornes est constante, les appareils se trouvent alimentés dans les conditions requises pour la distribution. L'emploi de deux circuits sur les inducteurs permet donc, en faisant tourner la machine à une vitesse convenable, d'effectuer la distribution par la constance du potentiel aux bornes. Le réglage n'est plus alors *mécanique*, mais purement électrique, et comme l'énergie totale dépensée reste toujours égale à la somme des énergies récupérées, la solution remplit toutes les conditions voulues.

M. Marcel Deprez avait installé ce système à l'Exposition d'électricité de 1881. Une machine à gaz de quatre chevaux faisait tourner une machine Gramme type d'atelier dont l'inducteur était à deux enroulements, l'un de ceux-ci étant alimenté d'une façon permanente par une petite excitatrice. Deux conducteurs principaux de 1,900 mètres de longuenr distribuaient le courant en dérivation à une vingtaine d'appareils électriques, lampes, cuves d'électrolyse, moteurs actionnant des machines à coudre, à plisser, à scier, et même une presse d'imprimerie système Marinoni. Cet essai a montré la parfaite praticabilité du système. Il va sans dire que le circuit permanent, au lieu d'être alimenté par une excitatrice, peut être mis en dérivation sur les bornes, car alors il peut être considéré comme un des appareils alimentés et est, par conséquent, parcouru par un courant constant.

Le procédé qui consiste à mettre en dérivation sur la machine tous les appareils à alimenter dans une distribution est certainement le plus pratique, mais on peut aussi les placer en série dans le circuit extérieur. Dans ce cas, ce n'est plus la différence de potentiel aux bornes, mais l'intensité du courant qu'il faut maintenir constante. Le système de M. Deprez se prête également à la solution de ce cas particulier et il y arrive, en produisant l'excitation des électro-aimants à l'aide d'un courant dérivé du courant principal, mais il est peu probable que ce mode de montage des appareils soit jamais employé dans la pratique, parce qu'une interruption du circuit dans l'un des appareils arrêterait immédiatement tous les autres. — A. G.

*** DISTRIBUTION DU GAZ.** On entend sous le nom général de *distribution du gaz*, l'opération par laquelle le gaz, pris dans les usines de fabrication, est amené par des tuyaux aux divers endroits de consommation. Elle comporte deux grandes subdivisions: la conduite, sous les voies publiques du gaz partant des gazomètres de l'usine à gaz, formant dans le lieu desservi un réseau de canalisation plus ou moins compliqué, et qui est généralement installé par la Compagnie fermière de l'éclairage; puis la distribution particulière du gaz dans les immeubles à l'aide d'une nouvelle canalisation, dont la branche maîtresse est directement branchée sur la canalisation souterraine, et qui est faite partie par la Compagnie fermière, partie par l'appareilleur à gaz choisi par le propriétaire pour installer son éclairage. Les détails étendus qui ont été donnés dans l'article relatif à la DISTRIBUTION DE L'EAU et à l'article CANALISATION (V. ces articles), nous permettront d'être un peu plus bref sur celle du gaz, à cause de l'étroit rapprochement qui lie ces deux questions.

1° *Distribution souterraine.* Pour répartir le gaz fabriqué à l'usine, sur les divers points de la consommation, on établit une canalisation souterraine, dans des tranchées, à l'aide de tuyaux emboîtés à joints étanches, comme pour la distribution de l'eau. Les tuyaux employés dans ce cas n'ont pas à résister à des pressions intérieures aussi élevées que lorsqu'il s'agit de l'eau, la tension du gaz d'éclairage étant au contraire très voisine de la pression atmosphérique; cette circonstance simplifie considérablement les conditions d'établissement à observer pour les pentes, la force de résistance à donner aux tuyaux et le mode de jointoiement. Les tuyaux les plus employés pour la distribution souterraine, sont les tuyaux en tôle bituminée, construits spécialement par l'usine Chameroy, et les tuyaux en fonte ou en fer étiré. Pour les derniers, le raccordement s'opère par les joints à vis, en garnissant de filasse et de céruse; mais les premiers sont de beaucoup les plus répandus. Ces tuyaux en tôle bien décapée, étamée au plomb, puis courbée dans un laminoir à trois cylindres d'où ils sortent avec la forme convenable, sont établis en métal d'épaisseur variable de 1 à 5 millimètres, suivant le diamètre adopté qui s'élève aujourd'hui jusqu'à 1 mètre. Les deux bords du tuyau qui se recouvrent sont fixés par des rivets étamés, puis on procède à un essai sous une pression de 10 atmosphères. On les enduit extérieurement d'une couche de bitume et de sable et intérieurement d'une couche de bitume plus fin. On a pu ainsi fabriquer des conduites d'une légèreté relative, très résistantes, beaucoup plus économiques que celles en fonte, moins susceptibles de se briser. Un tuyau de diamètre intérieur de 1 mètre, d'une épaisseur en tôle de 5 millimètres, pèse 210 kilogrammes au mètre courant. Mais ce qui constitue l'originalité de ce système, c'est le procédé employé pour le jointoiement des divers tronçons entre eux. L'une des extrémités du tuyau a reçu, au moyen de deux cylindres en fonte portant des cannelures inverses l'une de l'autre, une gorge évasée dans laquelle on coule, à l'aide d'un mandrin disposé dans le tuyau, un écrou en métal dur, inoxydable, analogue à l'alliage des caractères d'imprimerie, mais rendu un peu plus dur par une addition de cuivre. L'autre extrémité du tuyau est armée de la même façon d'un pas de vis qui viendra se visser sur l'écrou de l'autre tronçon. Ce mode d'ajustage est reconnu dans le cas actuel supérieur à tous ceux employés jusqu'ici. Le joint est encore favorisé lors de la pose, à l'aide d'un mastic de minium et d'huile. Enfin, dans les conduites à grande section, un manchon en plomb enfilé sur un des tronçons avant le raccordement est ramené au-dessus du joint, et soudé à l'étamage de la tôle, en enlevant sur les lignes de contact le bitume qui masquait l'étamage.

Le réseau de canalisation comprend une conduite maîtresse, avec des branchements de divers ordres; les raccords se faisant à l'aide de chambres en fonte à plusieurs tubulures. Au droit de la réunion des tubulures de la chambre, on visse des bagues sur les tuyaux de tôle, et on emploie alors le joint à brides. Les branchements d'ordre inférieur, pour l'alimentation des services d'éclairage divers, se font en piquant sur les conduites souterraines des tuyaux de plomb, en enlevant le bitume au droit de la rencontre, et soudant le plomb sur la tôle étamée. On ne place ainsi qu'un petit tronçon sur lequel le tuyau d'alimentation proprement dit est fixé par un joint à brides. Comme pour les conduites d'eau, on dispose des robinets vannes dans les tubulures des chambres de bifurcation, des conduites maîtresses et de ses subdivisions principales, afin de pouvoir isoler celles-ci à volonté de la conduite maîtresse.

Bien que ce qui va suivre ne fasse en quelque sorte pas partie de la distribution souterraine, proprement dite, et constitue la liaison entre cette distribution, et la distribution intérieure, comme ce travail est généralement exécuté par la Compagnie fermière chargée de l'éclairage et de la distribution du gaz dans la ville, nous le décrirons ici. Quelques mots suffiront pour l'expliquer. Lorsqu'il s'agit de conduire le gaz dans un immeuble quelconque, la Compagnie du gaz pratique une prise sur la conduite souterraine courant dans la rue en regard de l'immeuble, à l'aide d'un tuyau en plomb soudé sur la conduite, et disposé dans une tranchée où on le protège par une chemise de poterie. Ce tuyau a une grosseur calculée suivant la consommation qui sera faite du gaz, il se relève contre le mur de fondation dans une petite niche pratiquée dans ce mur et fermée par une planchette de bois, puis pénètre dans l'immeuble. Mais en ce point, la Compagnie interpose un robinet spécial dit *robinet d'arrêt*, qui sert à établir la communication entre la canalisation souterraine et l'installation particulière, et qui est en même temps un appareil de sûreté, puisqu'en cas de fuite ou d'incendie dans l'immeuble, on peut par sa fermeture arrêter l'arrivée du gaz.

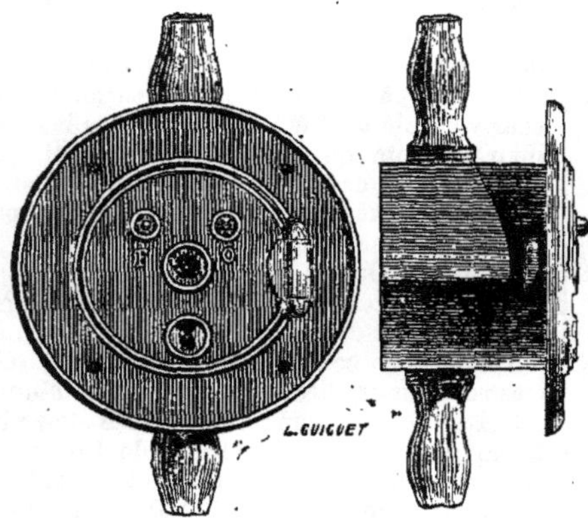
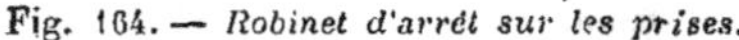

Fig. 164. — *Robinet d'arrêt sur les prises.*

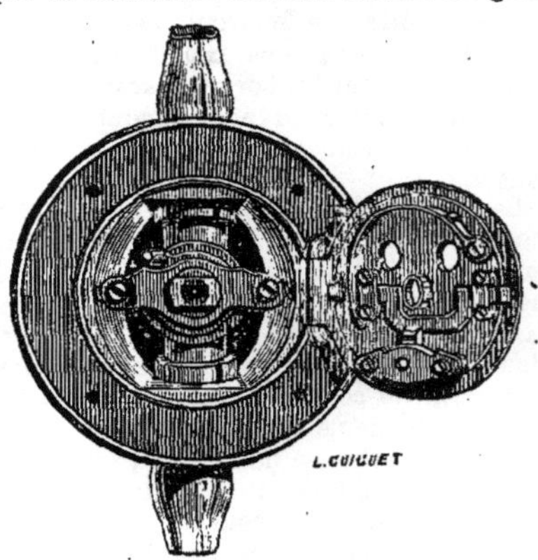

Fig 165. — *Vue intérieure de la boîte.*

Ce robinet a reçu une construction spéciale consacrée par l'usage et que nous croyons utile de reproduire ici. La figure 164 montre la boîte vue de face et de profil, la figure 165 montre la boîte ouverte et le robinet proprement dit. Il est à raccord, ce qui permet de l'enlever pour les nettoyages et graissage, sans avoir à démonter la boîte. Le couvercle porte quatre ouvertures, celle du bas dont la clef est entre les mains de la Compagnie, qui seule peut ainsi ouvrir la boîte, toucher au robinet, et déplacer un bouton intérieur sans le jeu duquel le consommateur ne peut avoir de gaz. Lorsque la Compagnie accorde le gaz, pour une installation préalablement examinée et reçue, ce bouton se met dans l'une des ouvertures supérieures, dont la seule inspection apprend si le robinet est ouvert O, ou fermé F. Enfin l'ouverture du milieu permet l'introduction d'une clef à tête carrée, pénétrant dans le boisseau du robinet et servant à manier celui-ci, mais cette introduction ne peut avoir lieu qu'autant que le bouton se trouve placé dans l'ouverture marquée *ouvert* O. Enfin, comme dernier détail de cette installation, il ne nous reste plus qu'à signaler la pose d'un siphon, au point où le branchement de plomb quitte l'horizontalité et se relève verticalement. Ce siphon, sorte de boîte cylindrique, muni d'un robinet, sert à recueillir les eaux entraînées par le gaz dans les conduites, eaux qui se condensent par les temps froids, avec certains produits provenant de la fabrication du gaz ; on évite ainsi que celui-ci ne les entraîne dans la distribution intérieure. C'est à cette cause qu'il faut rapporter les tressautements désagréables que présente parfois le gaz en brûlant.

2° *Distribution intérieure.* Nous allons examiner dans ce paragraphe les procédés à l'aide desquels on peut, en partant de l'origine du branchement pris sur la conduite souterraine de la rue et posé par la Compagnie, amener le gaz aux divers points où seront établis les appareils brûleurs. La nouvelle canalisation que nécessite cette distribution se fait en général à l'aide de tuyaux en plomb, à cause de la facilité qu'offrent ces tuyaux de se plier facilement aux sinuosités très compliquées qu'ils rencontrent dans leur parcours, et aussi de celle qu'offre, pour la confection des joints et branchements, la soudure de ces tuyaux les uns sur les autres. Toutefois on rencontre quelquefois aussi des tuyaux en fer, à emmanchements à vis, mais ceux-ci ne sont guère employés que dans les installations provisoires, pour des canalisations qu'on doit modifier fréquemment. C'est le cas de l'éclairage des grands bâtiments en construction, pendant le cours des travaux. Les avantages de ce système de tuyaux ressortent évidemment d'eux-mêmes, solidité, facilité pour faire et défaire les joints, conservation du matériel.

Une distribution intérieure offre en petit la reproduction des canalisations souterraines, et se compose d'abord d'une conduite maîtresse, dite *colonne montante*, partant du robinet d'arrêt, établies sur la prise dans la rue et montant jusqu'au sommet de l'immeuble. A Paris et dans beaucoup de villes, c'est la Compagnie du gaz qui place elle-même ces colonnes montantes.

Au point de départ de cette colonne se trouve le *compteur à gaz* (V. cet art.) permettant d'évaluer la consommation totale qui sera faite dans l'immeuble. Dans le cas où cette consommation est faite par une seule et même personne, il n'y a plus qu'à brancher sur cette colonne montante des tuyaux en plomb, courant contre les murs ou les plafonds et amenant le gaz aux points où il sera brûlé ; ces premiers tuyaux étant simples ou eux-mêmes à subdivisions. Lorsque, au contraire, la consommation du gaz est répartie entre plusieurs, comme le cas des immeubles à locataires, voici comment on opère. Au droit de chaque étage de la maison, on fait sur la colonne montante un branchement, on y place un robinet de fermeture comme celui de la rue, avec interposition à la suite d'un compteur servant à mesurer cette dépense particulière; et l'on continue ensuite comme nous venons de le dire. Les dimensions des tuyaux de plomb sont déterminées d'après les quantités de gaz consommées. Ainsi, pour les branchements et tuyaux intérieurs principaux, on prend des tuyaux de 0m,027, 0m,034, 0m,040, 0m,054, suivant que la consommation correspond à une marque de becs sur le compteur de 3 à 10, 10 à 20, 20 à 30, 30 à 50. Pour les distributions intérieures, le diamètre des tuyaux est choisi d'après le nombre de brûleurs qu'ils desservent.

Pour 1 brûleur	....	0m,0135
2 à 5 —	....	0m,018
6 à 15 —	....	0m,025
16 à 25 —	....	0m,031
26 à 40 —	....	0m,047
41 à 100 —	....	0m,050
101 à 150 —	....	0m,062
150 à 200 —	....	0m,075

Les tuyaux de plomb courent généralement dans les angles des murs, des corniches de plafond, avec des parties en prolongement, soit en un point de la muraille, soit au centre du plafond. On les fixe à l'aide de clous à crochet, comme ceux qu'emploient les couvreurs, en ayant soin, comme dans toute canalisation, d'éviter les coudes brusques, les étranglements, etc. Quelquefois, notamment dans les constructions riches, on ne veut pas laisser les tuyaux apparents et l'on cherche à les noyer dans la maçonnerie; dans ce cas, par suite de règlements de police, les tuyaux de plomb doivent être enfermés dans une chemise solide, généralement un tuyau en fer, de plus les deux extrémités de la partie noyée doivent offrir deux grillages dits *ventouses*, établissant une aération entre le tuyau de plomb et sa chemise, pour éviter, en cas de fuite, une accumulation de gaz dans les ouvrages, et permettre facilement de découvrir les fuites de cette nature. Une autre précaution indispensable, que ne doit jamais négliger un appareilleur, c'est de poser des *siphons* dans tous les endroits où la conduite présente un abaissement de niveau. On entend par siphon, un bout rectiligne de tuyau soudé sur la conduite se dirigeant vers le bas, et garni d'un robinet, ou mieux d'une douille à bouchon à vis. Ce siphon sert à recueillir les eaux de condensation qui se déposent toujours dans les tuyaux, et dont l'accumulation arrêterait la marche du gaz et l'éclairage; le bouchon permet facilement de les faire évacuer.

La canalisation poussée à ce point, l'appareilleur n'a plus qu'à en arrêter les extrémités aux points où seront fixés les appareils brûleurs. La disposition la plus simple est celle désignée sous le nom de *raccord patère*.

Il se compose d'une rondelle en bois scellée à demeure, d'une pièce en cuivre formée d'un disque avec un téton fileté percé intérieurement, qu'on soude sur le tuyau de plomb, comme le montre la figure 166. Ce disque est à son tour fixé sur la patère par trois vis, et le brûleur se visse sur le téton fileté. Lorsque la patère est placée sur un mur vertical, il faut prolonger le tuyau de plomb un peu au-dessous pour former siphon. Quand les appareils brûleurs suspendus au plafond sont lourds et portent un grand nombre de becs, ce mode d'installation serait défectueux, il manquerait de solidité, et n'offrirait pas un raccord de diamètre suffisant pour le débit. On a alors recours à ce que l'on appelle la *cuvette* (fig. 167). C'est une pièce en métal en forme de cloche, avec

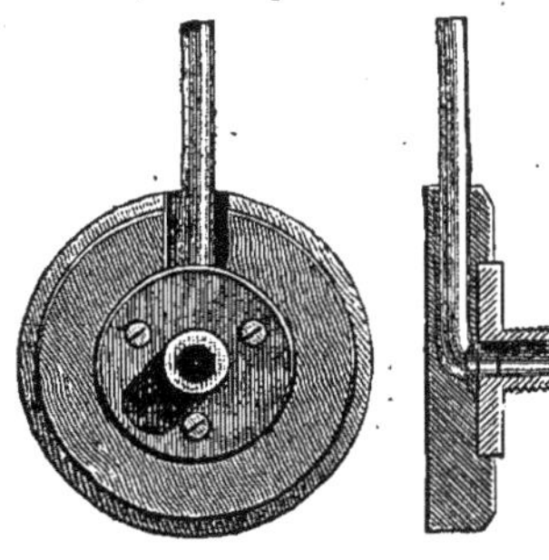

Fig. 166. — *Raccord à patère.*

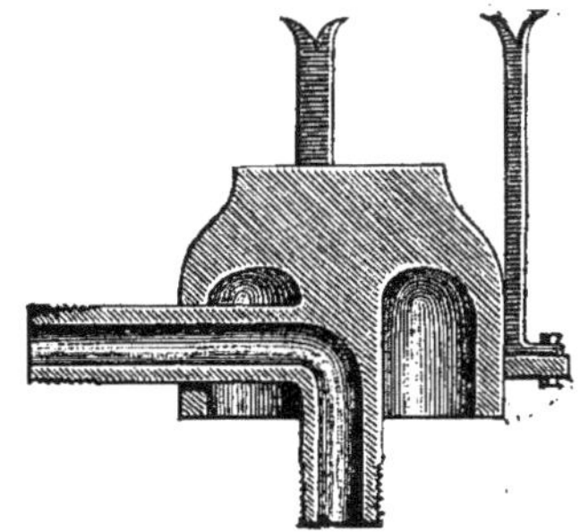

Fig. 167. — *Raccord à cuvette.*

trois crampons permettant d'exécuter un scellement solide et portant venue de fonte avec elle une tubulure recourbée à angle droit. La conduite se visse ou se soude sur la branche horizontale, l'appareil est suspendu à la branche verticale. Enfin quelquefois on emploie un troisième mode d'installation connu sous le nom d'*emmanchement à cône* spécialement réservé pour disposer les appareils sur les murs droits, quand ces appareils, un peu lourds et consommant beaucoup de gaz, ne seraient ni solidement assis sur le téton de la patère, ni suffisamment desservis par ce mince orifice. Le cône évite aussi, lorsqu'on vient placer l'appareil, de le faire tourner contre la paroi et de l'altérer, ce qu'il faut éviter avec des tentures riches. Cet ajustage se compose de deux pièces coniques entrant l'une dans l'autre à frottement doux et rodage, comme une clef de robinet dans son boisseau. La partie extérieure est soudée sur la conduite et scellée dans le mur qu'elle affleure, avant qu'on en ait fait le décor, l'autre fixée sur l'appareil s'introduit directement dans celle déjà fixée, il n'y a plus qu'à maintenir l'appareil sur le mur en quelques-uns de ses points d'appui. Il est inutile de mentionner que dans toute distribution, en chacun des points où s'arrête la canalisation, pour y ajuster un brûleur, il faut, soit sur le raccord, soit dans l'appareil, interposer un robinet permettant la libre circulation du gaz dans tout le réseau, sans en perdre par les appareils non allumés. — R.

DISTRIBUTION DE VAPEUR. *T. de mécan.* Dans la machine à vapeur, la distribution comprend l'ensemble des dispositions et des organes qui ont pour but d'assurer et de régler l'introduction et l'échappement de la vapeur motrice dans les cylindres. La distribution commande donc en quelque sorte la marche de la machine, elle doit la maintenir dans des conditions aussi économiques que possible, elle exerce une action prédominante sur le rendement, et on comprend par là quel rôle important elle joue dans l'étude, l'établissement et l'usage journalier des machines à vapeur. Une machine dont la distribution est bien établie et réglée doit consommer moins de charbon et avoir un meilleur rendement, car une dépense exagérée de combustible ne pourrait résulter, en ce qui concerne cette machine, que d'un vice d'établissement, d'une pression exagérée sur certaines pièces tournantes, d'un défaut de proportion des organes que les constructeurs un peu habitués évitent aujourd'hui sans difficulté, et qui se reconnaîtrait immédiatement pour ainsi dire.

THÉORIE DE LA DISTRIBUTION. *Distribution par tiroir unique.* Dans presque tous les types de machines, le piston moteur est animé d'un mouvement alternatif de va-et-vient, et la distribution s'opère, comme on sait, en admettant la vapeur dans le cylindre alternativement sur chaque face du piston qui devient alors motrice pendant la course correspondante; puis, après que la vapeur a produit son effet utile, elle est rejetée pendant la course en retour dans le condenseur ou l'atmosphère, suivant qu'il s'agit d'une machine avec ou sans condensation. L'entrée et la sortie de la vapeur s'opèrent par des canaux qui prennent le nom de *lumières* et dont l'orifice est ouvert ou fermé en temps convenable par le jeu des organes de distribution. Watt employait à cet effet un tiroir oscillant dont les parois pleines viennent obturer ou découvrir les lumières, et c'est encore l'organe distributeur le plus fréquemment employé; toutefois on rencontre aujourd'hui des distributions par robinets, soupapes, etc., dont l'usage paraît même appelé à se généraliser. Les organes extérieurs de distribution qui commandent le tiroir ou les soupapes, empruntent leur mouvement sur l'essieu moteur, ou plus rarement sur la bielle même du piston. Les distributions par tiroir sont celles qui se prêtent le mieux à l'étude théorique du travail de la vapeur dans les cylindres, et c'est surtout à celles-ci que nous nous attacherons dans la description qui va suivre.

La figure 168 donne la vue schématique des dispositions adoptées dans une distribution ordinaire par tiroir : LL sont les lumières d'admission de gauche et de droite, E est la lumière d'échappement; le tiroir T glisse, comme on le voit, sur la table du cylindre dans la boîte à vapeur, il peut ouvrir ou fermer l'admission de vapeur dans les lumières, et il isole sous lui un espace vide qui reste constamment en communication avec l'échappement. Cette condition exige que le tiroir supposé à cheval sur les deux lumières les masque toutes deux à la fois, afin qu'il ne puisse jamais les mettre en communication simultanément avec l'admission ou l'échappement. Le piston supposé à fond de course vers la gauche se déplace vers la droite sous l'action de la vapeur, dès que la lumière L, de gauche, est découverte : le tiroir doit donc se déplacer au même instant dans la même direction, et dans ce mouvement, il assure en outre l'évacuation dans l'atmosphère de la vapeur qui a rempli la chambre de droite du cylindre dans la course précédente, puisqu'il met la lumière de droite en communication avec l'échappement. Quant au piston, il conserve sa marche dans le même sens jusqu'au fond de course à droite, et arrivé là, il s'arrête nécessairement pour reprendre sa marche en sens inverse. Il faut donc que le tiroir se retrouve là encore dans la même position que tout à l'heure, à cheval sur les deux lumières, prêt à se déplacer vers la gauche pour démasquer cette fois la lumière de droite, et assurer l'échappement à gauche. Cette condition exige qu'il ait déjà interrompu pendant la

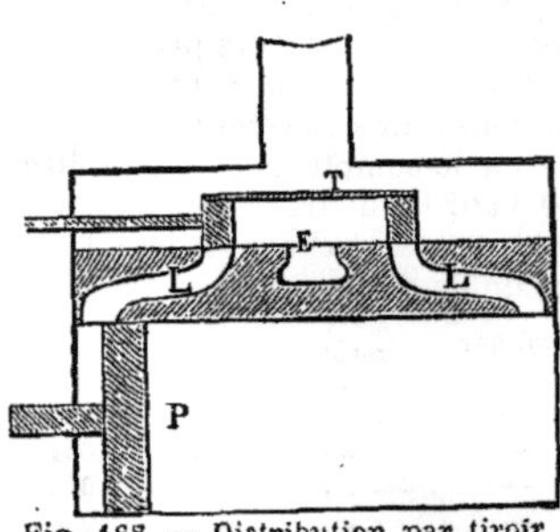

Fig. 168. — *Distribution par tiroir sans recouvrement.*

course du piston sa marche vers la droite pour revenir à gauche de la quantité dont il s'était avancé : comme il devait seulement découvrir entièrement les lumières, il a suffi qu'il se déplaçât en avant d'une longueur égale à la largeur de celles-ci. Dans la course en retour du piston du fond de course de droite vers celui de gauche, on reconnaîtra facilement que le tiroir doit effectuer un déplacement égal en sens inverse pour démasquer et recouvrir ensuite la lumière de droite. On voit par là que, les parois du tiroir étant supposées d'abord d'épaisseur égale à celle des lumières, il suffit de donner au tiroir un déplacement total égal au double de l'épaisseur des lumières, et que le tiroir doit se trouver au milieu de sa course à cheval sur les lumières toutes les fois que le piston arrive à fond de course à droite ou à gauche.

Nous avons dit que le tiroir emprunte son mouvement par l'intermédiaire d'une bielle à un excentrique calé sur l'essieu moteur : lorsque le piston est à fond de course, la manivelle motrice occupe, soit à gauche, soit à droite, la position horizontale représentée par la figure 169. On réalisera donc la condition demandée pour le tiroir, en supposant que la manivelle Om qui le guide soit alors verticale occupant sa position moyenne, le tiroir obturant à la fois les deux lumières.

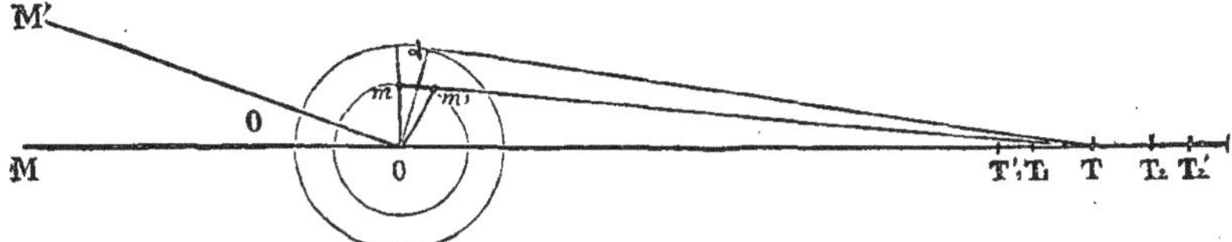

Fig. 169. — *Vue schématique de la manivelle conduisant le tiroir.*

On déterminera facilement le mouvement du tiroir en étudiant celui du bouton de cette bielle ; et si l'on néglige l'obliquité de la bielle, hypothèse qui n'entraîne pas ordinairement d'erreur sensible en pratique, on peut assimiler complètement ces deux mouvements, et on reconnaît alors que la manivelle doit avoir une longueur égale à l pour fournir une course totale égale à $2l$, et si on appelle z la distance variable du tiroir à partir de sa position moyenne, celle-ci se trouve déterminée à chaque instant, pour un angle de rotation θ de la manivelle motrice par la relation $z = l \sin\theta$, l étant l'épaisseur des lumières, et on a bien $z = o$ pour $\theta = o$ ou $180°$.

La distribution, telle que nous la considérons ici, suppose que la vapeur est admise continuellement dans le cylindre d'un fond de course à l'autre sur la face motrice du piston, puisque le tiroir n'obture l'admission qu'à l'instant précis où il arrive à cheval sur les deux lumières. Dans de pareilles conditions, on voit qu'à la course en retour suivante, la vapeur qui remplit le cylindre se trouverait rejetée dans l'échappement à la pression même qu'elle avait dans la chaudière, et en ne produisant ainsi qu'une faible partie du travail utile dont elle est susceptible. Il faut obliger la vapeur, au contraire, à développer toute sa force d'expansion en poussant le piston devant elle afin qu'elle arrive d'elle-même *en se détendant* à une pression presque égale à celle de l'échappement, car autrement on perdrait sans profit tout l'excès de la pression motrice sur l'échappement. On arrive à ce résultat par la détente, c'est-à-dire qu'on augmente l'épaisseur des parois du tiroir par un recouvrement extérieur r (fig. 170), de manière à isoler la vapeur sur la face motrice, en fermant toute communication avec la boîte à vapeur pendant que le tiroir avance de ce recouvrement. La vapeur, en se détendant dans un espace clos, occupe un volume de plus en plus considérable à mesure que le piston s'avance devant elle, et elle va ainsi en diminuant de pression.

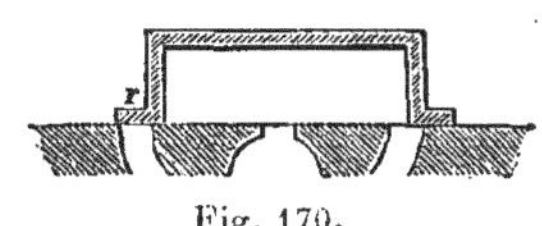

Fig. 170.
Tiroir à recouvrement extérieur.

On voit maintenant comment la distribution va s'opérer. Le piston étant à fond de course à gauche, le tiroir doit être repoussé déjà de sa position moyenne d'une quantité égale au recouvrement extérieur r afin d'être prêt à démasquer la lumière, il faut donc que le bouton de la manivelle du tiroir calé à 90° de celle du piston soit amené vers la droite (fig. 169) d'un angle α tel que $\sin\alpha = r$. C'est ce qu'on appelle l'*avance angulaire*. Le tiroir s'avance à droite, comme précédemment, jusqu'à ce qu'il ait démasqué complètement la lumière, il arrive ainsi à l'extrémité de sa course, sa manivelle motrice est alors horizontale ; puis il revient vers la gauche en fermant graduellement la lumière, celle-ci se trouve obturée complètement, dès que le bord du tiroir atteint le bord de gauche de la lumière jusqu'à ce qu'il ait avancé d'une quantité égale au recouvrement et que le tiroir soit revenu à sa position moyenne ; c'est la détente. Il faut remarquer toutefois que la course du tiroir ne peut pas être terminée là, car la lumière de droite n'est pas encore sur le point d'être démasquée pour la course en retour, il faut que le tiroir s'avance vers la gauche d'une quantité égale au recouvrement extérieur. Il résulte de là évidemment que, pendant cette dernière fraction de la course du tiroir, la lumière de gauche se trouve démasquée sous le tiroir et la face motrice communique avec l'échappement. C'est là une conséquence fâcheuse, mais inévitable, résultant nécessairement des dispositions prises pour amener la détente. En se reportant à la figure 169, on voit que lorsqu'il n'y a pas de recouvrement, l'élongation est limitée aux points T, T', dans le cas contraire aux points T_1, T'_1.

Si on considère, d'autre part, le chemin parcouru par le tiroir pendant une course du piston, on voit qu'au moment où il démasque complètement la lumière d'admission, son élongation totale de la position moyenne est égale à l'épaisseur de la lumière l, augmentée du recouvrement r, soit $l+r$, c'est donc là le nouveau rayon qu'il faut donner à la manivelle motrice pour tenir compte du recouvrement, et la formule donnant le déplacement du tiroir pour un angle θ, devient $z=(l+r)\sin(\alpha+\theta)$.

On remarquera en outre, en étudiant la distribution sur la face résistante du piston, qu'à partir du moment où le tiroir, dans sa course en retour vers la gauche, se retrouve exactement à cheval sur les deux lumières, il masque la communication de la lumière de droite avec l'échappement; la vapeur enfermée dans le cylindre devant le piston n'a donc plus aucune issue au dehors, et elle se trouve comprimée pendant toute la fin de la course jusqu'au moment où le tiroir, s'étant avancé d'une quantité égale au recouvrement, démasque la lumière de droite dans la boîte à vapeur pour assurer l'admission pour la course en retour. C'est là incontestablement un travail résistant qui tend à réduire d'autant l'effort moteur et qui est aussi fâcheux à ce point de vue; mais il présente, d'autre part, cet avantage d'entraîner un ralentissement graduel dans la course du piston. Autrement celui-ci serait projeté avec violence contre le fond du cylindre, et comme la vitesse s'annule nécessairement à fond de course, elle se trouverait absorbee uniquement par les réactions des pièces, et il en résulterait pour celles-ci une fatigue considérable qui pourrait déterminer des ruptures.

Il faut donc interposer, entre le piston et le fond du cylindre, une sorte de matelas fluide qui amortisse graduellement la vitesse du piston. Pour y réussir, on va même jusqu'à ouvrir l'admission de vapeur sur la face résistante avant que le piston ne soit arrivé à fond de course, comme nous le dirons plus loin.

Si nous résumons, dès à présent, les phases principales de la distribution ainsi établie, nous obtenons les résultats suivants :

Le piston part du fond de course à gauche.

Angle de rotation $\theta=o$. Le tiroir découvre la lumière de gauche, il a une élongation donnée par la formule $z_1=(l+r)\sin\alpha$, (θ est égal à o), d'où $z_1=r$.

La distance x_1 du piston comptée jusqu'au fond de course à gauche$=o$.

C'est la période d'admission qui commence.

L'élongation du tiroir est maxima quand toute la lumière est découverte, si on suppose que le tiroir ne peut pas s'écarter davantage de sa position moyenne; on a alors

$$z_2=(l+r)=(l+r)\sin(\alpha+\theta_2),$$

d'où $\theta_2=90°-\alpha$, et on en déduit la distance du piston jusqu'au fond de course à gauche

$$x_2=\frac{L}{2}(1-\cos\theta_2)=\frac{L}{2}\left(1-\frac{r}{l+r}\right),$$

L étant la course totale du piston.

La détente commence lorsque la lumière est recouverte, l'élongation est alors égale à r; on a :

$$z_3=r=(l+r)\sin(\alpha+\theta_3) \text{ d'où } \theta_3=180°-2\alpha,$$

et l'élongation du piston

$$x_3=\frac{L}{2}[1-\cos(180°-2\alpha)]=\frac{Ll}{(l+r)^2}(l+2r).$$

Le tiroir arrive ensuite à sa position moyenne, pour la dépasser en continuant son mouvement, c'est l'échappement anticipé qui commence,

$$z_4=o=(l+r)\sin(\alpha+\theta_4) \text{ d'où } \theta_4=180°-\alpha,$$

et l'élongation du piston

$$x_4=\frac{L}{r}[1-\cos(180°-\alpha)]$$

$$=\frac{L}{2(l+r)}\left(l+r+\sqrt{l(l+2r)}\right)$$

Et enfin le piston arrive à fond de course à droite, l'élongation du tiroir z_5 est alors égale à $-r$, et on a

$z_5=r=(l+r)\sin(\alpha+\theta_5)$, d'où $\theta_5=180°$,et $x_5=L$.

L'échappement anticipé persiste jusqu'à fond de course.

Pour la face résistante, nous trouvons des périodes commençant aux mêmes instants :

Pendant l'admission et la détente sur la face motrice, il y a échappement sur la face résistante. Dès que le tiroir arrive à sa position moyenne $z_4=o$, la lumière de droite est obturée et la compression commence, elle persiste jusqu'à ce que cette lumière soit découverte, soit jusqu'à fond de course.

Nous avons dit plus haut qu'on faisait souvent commencer l'admission sur la face résistante un peu avant que le piston ne soit arrivé à fond de course. Cette disposition, qui a pour but d'amortir plus régulièrement la vitesse du piston, prend le nom d'*avance à l'admission*, elle exige que le piston étant à fond de course le tiroir soit déjà écarté de sa position moyenne d'une quantité égale au recouvrement r, plus l'avance à l'admission d. Il faut, par suite, que la manivelle du tiroir soit encore reportée en avant d'un angle correspondant δ, de manière que

$$\sin(\alpha+\delta)=r+d.$$

On déterminera, d'ailleurs, facilement toutes les périodes que nous venons de considérer sur la face motrice en faisant cette substitution dans les calculs. On voit immédiatement que l'admission anticipée prolonge d'autant l'échappement anticipé sur la face motrice.

Parmi ces périodes, l'admission et la détente sur la face motrice, sont les seules qui collaborent au travail moteur; l'échappement anticipé au contraire est nuisible, et il y aurait intérêt à réduire cette période autant que possible, mais on voit qu'on ne peut pas la supprimer, puisqu'elle est déterminée comme la compression sur la face résistante, par le passage du recouvrement extérieur. On peut la réduire en disposant un recouvrement intérieur qui augmente la période de détente, et recule par là même l'échappement anticipé, mais on augmente pareillement la période de compression sur la face résistante, et on voit immédiatement, qu'il y a là une certaine limite qu'il serait dangereux de dépasser; aussi ne donne-t-on jamais beaucoup de recouvrement intérieur.

Les relations que nous venons de donner dans les formules précédentes, permettant de calculer les éléments inconnus d'une distribution en partant de ceux qui sont donnés; si on veut détendre pendant une certaine fraction de la course $\frac{1}{m}$, par exemple, on introduira cette condition dans les équations, en écrivant $\frac{x_3}{L} = \frac{1}{m}$ et on en déduira la valeur à donner au recouvrement extérieur, et à l'élongation du tiroir.

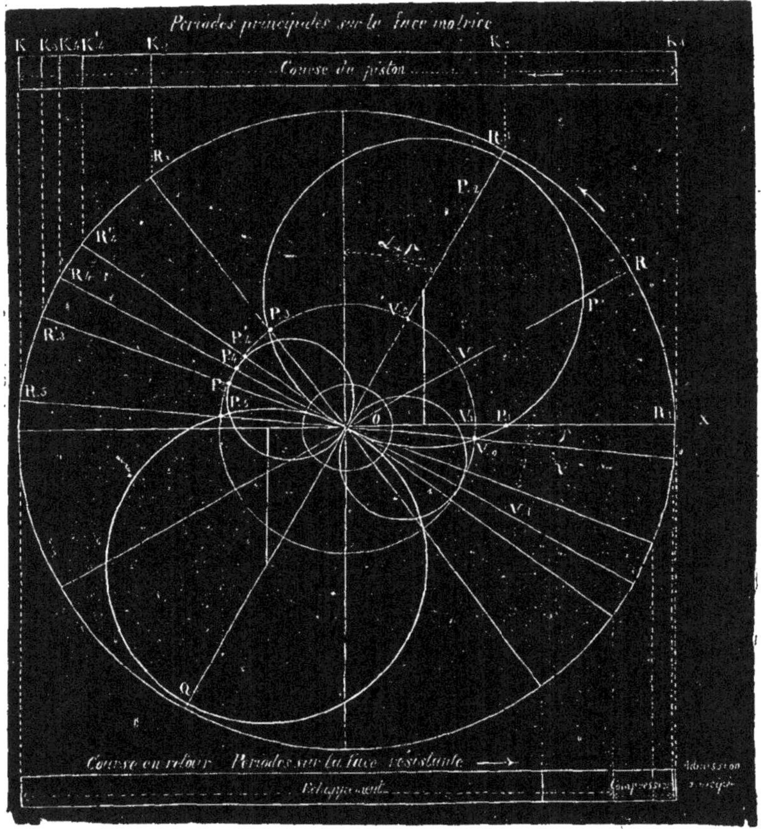

Fig. 171. — *Diagramme de Zeuner pour l'étude de la distribution par tiroir.*

OP_3 et OQ_3 Cercles polaires du diagramme de Zeuner. — OV_3 Cercle de rayon égal au recouvrement extérieur, le rayon de petit cercle intérieur est égal au recouvrement extérieur. — KK_1 Course du piston — K_2 Position du piston correspondant à l'élongation maxima V_2P_2 du tiroir. — K_3 Position du piston correspondant à l'origine de la détente. — K_4 Position du piston correspondant à l'origine de l'échappement anticipé sans recouvrement intérieur. — K'_4 Position du piston correspondant à l'origine de la compression avec recouvrement intérieur — K'_5 Position du piston correspondant à l'origine de l'échappement anticipé avec recouvrement intérieur. — K_5 Position du piston correspondant à l'origine de l'admission anticipée. — α Avance angulaire $= V'OV_0 = P_3OP'_4 = P_4OP_5$.

Représentation graphique de la distribution. On fait aussi plus fréquemment cette recherche par des procédés graphiques, on construit des courbes donnant l'élongation du tiroir pour chaque position du piston; on les établit dans différentes hypothèses en donnant aux recouvrements intérieur et extérieur des valeurs variables, et on étudie la distribution qui en résulte, la durée de l'admission, de la détente, de l'échappement, etc.

Parmi les différents diagrammes imaginés pour faciliter cette étude, nous citerons ceux qui permettent de déterminer le plus simplement tous les éléments d'une distribution dont les données sont connues, notamment le diagramme de Zeuner, ceux de M. Marcel Deprez, de Reuleaux, de Müller et le diagramme elliptique. Nous nous attacherons particulièrement, toutefois, à celui de M. Zeuner, le plus fréquemment employé aujourd'hui, au moyen duquel nous poursuivons l'étude de la distribution.

Diagramme de Zeuner. Si on reprend l'équation donnant l'élongation variable du tiroir avec un angle d'avance à l'admission égale à δ, et pour un angle de rotation θ :

$$z=(l+r)\sin(\alpha+\delta+\theta),$$

on remarquera qu'elle est l'équation en coordonnées polaires d'un cercle OP de diamètre $l+r$ rapporté à un centre polaire pris en un de ses points O, et à un axe polaire OX faisant avec la tangente en ce point un angle égal à l'avance angulaire $\delta+\alpha$; si on construit ce cercle, comme l'indique la figure 171, un rayon vecteur quelconque OP correspondant à un angle de rotation $XOP=\theta$ donne, par son intersection avec ce cercle, l'élongation z du tiroir ; on retrouve immédiatement sur la figure tous les éléments dont nous donnions la valeur plus haut par le calcul. Si on fait varier dans la formule l'angle de rotation θ depuis 180 jusqu'à 360°, on obtiendra des valeurs négatives correspondantes à un second cercle tangent au premier et dont le diamètre $OQ_2=l+r$ occupe le prolongement de OP_2. En étudiant ces deux cercles on retrouvera tous les éléments de la distribution sur les deux faces pour une double course du piston. Si on trace le cercle de rayon OX égal à la manivelle du piston, et qu'on prolonge les différents rayons vecteurs OP jusqu'à la rencontre de ce cercle, on aura les positions de la manivelle correspondante à l'élongation du tiroir déterminée par ce rayon vecteur, et enfin, en projetant les points $R_1 R_2$, etc., ainsi obtenus sur l'horizontale, on aura les positions correspondantes du piston dans sa course $K_1 K$.

La position moyenne du tiroir correspond évidemment à l'élongation nulle déterminée par le rayon vecteur tangent à la circonférence pour l'angle de rotation $180°-(\alpha+\delta)$. A partir de ce moment le tiroir va en s'écartant, comme on le voit sur la figure, mais l'admission ne commence toutefois que lorsque l'élongation est supérieure au recouvrement, en un point V_0 qu'on déterminera, en prenant le point de rencontre avec le cercle OP_2 du cercle V_0V décrit du point O comme centre avec un rayon égal au recouvrement r.

A partir de ce point, la quantité dont la lumière est découverte, est donnée par la partie VP du rayon vecteur comprise entre les deux cercles, et elle atteint son maximum au point P_2, où elle devient V_2P_2. Les calculs précédents ont été établis dans l'hypothèse de $V_2P_2=l$, mais il arrive parfois que l'excentricité du rayon de la manivelle du tiroir dépasse $l+r$, alors la lumière se trouve complètement découverte pendant un certain temps au lieu de l'être un instant seulement ; toutefois, cette circonstance ne modifie en rien les formules ni le graphique ; il faut seulement remplacer, dans les deux cas, $l+r$ par l'excentricité e.

On remarquera de même, pour l'échappement, qu'il peut commencer seulement lorsque l'élongation du tiroir est supérieure au recouvrement intérieur i en des positions déterminées par l'intersection du petit cercle intérieur de rayon égal au recouvrement intérieur avec le cercle polaire.

Partant de là, on retrouvera facilement sur le diagramme représenté qui a été établi d'après l'ouvrage de Zeuner (*Traité des distributions par tiroirs*), toutes les périodes indiquées plus haut par le calcul.

La manivelle est supposée tourner de droite à gauche dans le sens de la flèche.

Périodes sur la face motrice	Distance du piston du fond de course	Angle de rotation	Elongation du tiroir	Périodes sur la face résistante
Admission........	$x_1=o$			
	le piston est en K_1	$\theta_1=o$	$z_1=OP_1=(l+r)\sin(\alpha+\delta)$ lumière ouverte de V_1P_1	Echappement.
Elongation maxima...	$x_2=K_2K_1$	$\theta_2=90°-(\alpha+\delta)$	$z_2=OP_2=l+r$	—
Détente	$x_3=K_3K_1$	$\theta_3=180°-(2\alpha+\delta)$	$z_3=OP_3=r$	—
Echappement anticipé.	$x_4=K_4K_1$	$\theta_4=180°-(\alpha+\delta)$	$z_4=o$	Compression.

S'il y a un recouvrement intérieur i correspondant à un angle $\gamma=R_4OR'_4$ déterminé par la rotation

$$i=(l+r)\sin\gamma,$$

ces deux périodes, échappement anticipé sur la face motrice et compression sur la face résistante, ne commencent plus au même instant, ainsi qu'on peut s'en rendre compte en consultant la figure 171, et on a alors :

La détente continue...	$x'_4=K'_4K_1$	$\theta'_4=180°-(\alpha+\gamma+\delta)$	$z'_4=i$	Compression.
Echappement anticipé.	$x'_3=K'_3K_1$	$\theta'_3=180°-\alpha+\gamma-\delta$	$z'_3=-i$	—
— —	$x_5=K_5K_1$.	$\theta_5=180°-\delta$	$z_5=-r$	Admission antic.
Fond de course......	$x_6=KK_1$	$\theta_6=180°$	$z_6=r+d$	—

La considération de ce diagramme permet d'étudier complètement tous les phénomènes de la distribution et l'influence relative des diverses périodes dont elle se compose, puisqu'elle donne immédiatement les positions du tiroir pour chaque position du piston. Ajoutons enfin que le diagramme fournit aussi un autre élément dont l'influence est capitale sur la distribution ; nous voulons parler de la vitesse de marche du tiroir. Si on appelle ω la vitesse de rotation supposée constante de la manivelle du piston, et si on introduit la notion du temps dans les formules donnant l'élongation du tiroir, on posera $\theta=\omega t$, par suite la formule $z=(l+r)\sin(\alpha+\theta)$ devient, en développant et remplaçant θ par sa valeur :

$$z=(l+r)\sin\omega t\cos\alpha+\cos\omega t\sin\alpha,$$

et en dérivant par rapport à t, on a :

$$\frac{dz}{dt}=v=(l+r)\omega(\cos\alpha\cos\omega t-\sin\alpha\sin\omega t)$$

$$=(l+r)\omega\cos(\alpha+\theta)$$

et on reconnaît immédiatement qu'on a là l'équation polaire de deux cercles dont le diamètre commun est $(l+r)\omega$ et dont les centres sont sur une perpendiculaire à la ligne OP_2. Le rayon vecteur variable OR donne à chaque instant par son intersection avec ces deux cercles la valeur de la vitesse de marche du tiroir, vitesse qui est nulle, comme il était facile de le prévoir, lorsque l'élongation est maxima, et qui est maxima au contraire lorsque le tiroir occupe sa position moyenne.

Les formules qui ont servi de point de départ à ces calculs ont été établies, comme nous l'avons dit, en négligeant l'obliquité des bielles et en attribuant au tiroir le mouvement même du bouton d'excentrique. Si on voulait calculer exactement l'erreur ainsi commise, on reconnaîtrait qu'elle est représentée par le terme suivant qu'il convient d'ajouter au second membre de la formule donnant l'élongation du tiroir :

$$+\frac{(l+r)^2}{2L}\sin\theta\sin(2\alpha+\theta),$$

et on a ainsi

$$z=(l+r)\sin(\alpha+\theta)+\frac{(l+r)^2}{2L}\sin\theta\sin(2\alpha+\theta)$$

L représente la longueur de la bielle d'excentrique. On reconnaît immédiatement que cette quantité, ainsi ajoutée, est réellement négligeable, la longueur de la bielle ainsi ajoutée dépassant de beaucoup l'excentricité $e=l+r$, le coefficient $\frac{e^2}{2L}$ est très petit.

En poussant plus loin cette étude qui a été complètement élucidée par M. Zeuner, on reconnaît que le centre d'oscillation du tiroir n'est pas absolument fixe comme on l'avait supposé implicitement dans l'établissement de la première formule : nous l'avons déterminé, en effet, en prenant la moyenne des positions occupées par le tiroir lorsque le piston arrive aux deux fonds de courses (pour $\theta=o$, et $\theta=180°$), mais on ne trouverait pas absolument le même centre de symétrie si on prenait la moyenne des positions en partant d'une valeur quelconque de θ, et prenant la position symétrique du tiroir pour l'angle $(\theta+180°)$. Le centre d'oscillation ainsi défini varie, en effet, légèrement l'angle θ, et l'écart qu'il présente avec celui que nous avons trouvé pour les positions du tiroir correspondant aux fonds de course est exprimé justement par le terme de correction que nous avons reconnu très petit $\frac{e^2}{2L}\sin\theta\sin(2\alpha+\theta)$. On voit donc par là qu'on peut sans erreur sensible rapporter toutes les élongations au centre d'oscillation primitif. Il convient de remarquer, d'ailleurs, que les valeurs maxima de ce terme correspondent à quatre positions où la lumière se trouve entièrement découverte ou masquée par le tiroir, et une légère modification dans l'élongation ne saurait alors influer aucunement sur la période de distribution. On peut donc recourir au diagramme polaire dans les circonstances ordinaires sans crainte d'erreur; on s'en convaincrait, d'ailleurs facilement, en portant sur les rayons vecteurs la longueur indiquée par le terme de correction, car on ne déformerait pas sensiblement le cercle. Il faut ajouter, enfin, que l'hypothèse faite en plaçant le centre d'oscillation au milieu des deux positions occupées par le tiroir, lorsque le piston est à fond de course, correspond bien à la pratique des constructeurs qui règlent presque toujours leurs machines dans ces conditions, comme nous aurons occasion de le dire plus loin : ils déterminent, en effet, les deux positions du tiroir lorsque le piston est à fond de course, et ils règlent ensuite la longueur de la tige de manière à ce que ces deux positions soient bien symétriques par rapport aux lumières, en donnant la même avance dans les deux cas : le centre d'oscillation devient bien alors le centre de symétrie des lumières, comme le suppose le diagramme.

Diagramme elliptique. Dans ce mode de représentation qui était autrefois le seul employé, on prend une ligne d'abscisses représentant la course du piston, et on élève en chaque point de cette ligne une ordonnée représentant l'élongation du tiroir correspondant à cette position du piston. En portant de même au-dessous de la ligne des abscisses les ordonnées donnant l'élongation pour la course en retour, et réunissant tous ces points par une courbe, on obtient un tracé fermé qui fournit tous les éléments de la distribution.

Diagramme de Reuleaux. Voici le principe de ce diagramme. On construit un cercle de rayon égal à l'excentricité, on trace deux axes perpendiculaires, deux autres axes faisant respectivement avec les premiers un angle égal à l'angle d'avance. Si l'on considère un rayon vecteur se déplaçant par rapport à l'un des premiers axes d'angles égaux à la rotation de la bielle du piston, les droites abaissées de l'extrémité de ce rayon vecteur sur le second axe correspondant permettent de mesurer l'élongation. Les intersections de cette droite avec des parallèles à l'axe sur lequel elle est abaissée, menées à des distances de cet axe égales aux recouvrements, permettent d'évaluer les distances où commencent l'admission, la détente, etc. Ce diagramme est d'un usage aussi commode que celui de Zeuner, sauf pour les distributions par coulisse à avance variable.

Diagramme de Müller. M. Müller a cherché à établir un diagramme, sans l'hypothèse de bielles infinies cause d'erreurs, seulement il entraîne à des difficultés d'exécution pratique de l'épure, qui prend de grandes dimensions; d'autre part les points cherchés sont fournis par l'intersection de cercles se coupant sous des angles très aigus, nouvelles sources d'erreur compensant largement les premières, et qui font peu employer ce procédé. (V. l'*Etude*, déjà citée, de M. Zeuner).

Diagramme en sinusoïde. Dans l'étude des machines marines, on emploie habituellement des diagrammes sinusoïdaux, obtenus au moyen d'un tracé analogue à celui du diagramme elliptique, c'est-à-dire qu'on prend comme abscisses les positions successives du piston, et qu'on porte comme ordonnées les élongations correspondantes du tiroir. Toutes ces ordonnées sont portées du même côté de la ligne des abscisses pour la course en retour comme pour l'aller du piston, de manière qu'on obtient une courbe dont les ordonnées s'annulent toutes les fois que le tiroir arrive à sa position moyenne, et qui présente une ordonnée maxima correspondant à l'élongation maxima du tiroir. Cette courbe prend ainsi la forme d'une sinusoïde. Le diagramme ainsi établi donne immédiatement toutes les périodes de la distribution, comme on le comprend sans difficulté. L'emploi en a été généralisé par M. Reech, directeur de l'Ecole du génie maritime.

Diagramme de M. Marcel Deprez. M. Marcel Deprez est l'auteur d'un diagramme des plus ingénieux réalisé dans un appareil appelé *dianémomètre* qui permet de se représenter immédiatement, par le simple déplacement d'une réglette, tous les éléments d'une distribution. Nous en avons donné la description au mot DIANÉMOMÈTRE. — V. ce mot.

Diagrammagraphes. En dehors de ce tracé théorique des distributions, il est indispensable de faire aussi des relevés sur la machine elle-même une fois construite et mise en service afin de reconnaître si toutes les pièces sont bien réglées et si on réalise effectivement les conditions prévues; d'ailleurs l'usure même des pièces et notamment de la bande du tiroir pourrait à la longue fausser gravement une distribution bien réglée à l'origine. Pour faire ce relevé, on emploie des instruments appelés *diagrammagraphes*, qui donnent des tracés dans lesquels les élongations des tiroirs sont portées en ordonnées verticales, tandis que les déplacements du piston sont portés en abscisses, on obtient ainsi une courbe fermée toute semblable au diagramme elliptique dont nous avons parlé plus haut, cette courbe vraie s'écarte d'autant plus de l'ellipse que les tiges sont plus courtes, et elle se trouve modifiée, en outre, par l'usure des pièces. On déterminera les périodes de distribution, comme nous l'avons dit en étudiant le diagramme elliptique, et d'après cet examen qu'il est indispensable de répéter de temps à autre sur les machines, si on ne veut pas s'exposer à trouver quelquefois la distribution complètement inversée, on décide ce qu'il y a lieu de faire pour la régler.

Dans les principaux types de diagrammagraphes, la courbe représentative de la distribution est inscrite sur un tableau animé d'un mouvement identique à celui du piston, par un style qui reçoit un mouvement transversal égal à celui du tiroir, et la combinaison de ces deux mouvements reproduit une courbe en forme d'ellipse qui prend le nom de courbe en œuf. Nous représentons dans la figure 175 un spécimen de courbe en œuf tracée avec le diagrammagraphe de Wilkinson, l'un des plus simples de ses appareils, que l'on voit dans les figures 177 et 178, d'après la description publiée dans l'*Engineering* (13 mai 1876).

Cet instrument se compose d'un cylindre d'indicateur I, mis en mouvement par la tige du piston, et devant lequel se promène le crayon *c* relié à la bielle B mue par la tige du tiroir. Cet appareil s'attache simplement sur le stuffing box du tiroir.

Nous citerons comme spécimen de diagrammaphe celui de S. Hannah, qui est appliqué sur le *Stockton and Darlington railway*. Le lecteur retrouvera dans la figure 176, où il est représenté, tous les éléments d'une distribution par coulisse de Stephenson.

Le cadre à diagramme *k* reçoit de la bielle motrice *d* un mouvement proportionnel à celui du piston, et le crayon *c'* reçoit du cadran *b*, articulé à la tige du tiroir, un mouvement à angle droit du premier et proportionnel à celui du tiroir. Il en résulte que l'appareil trace sur le papier placé en *k* une courbe en œuf qui permet de relever la distribution, comme nous l'avons dit plus haut.

L'appareil est mis en mouvement par la manivelle P, munie d'une gâche à ressort, qui permet de la fixer aux points morts, dans les encoches *g*. Tous les éléments de l'appareil sont gradués, ce qui permet de les faire varier sans difficulté pour

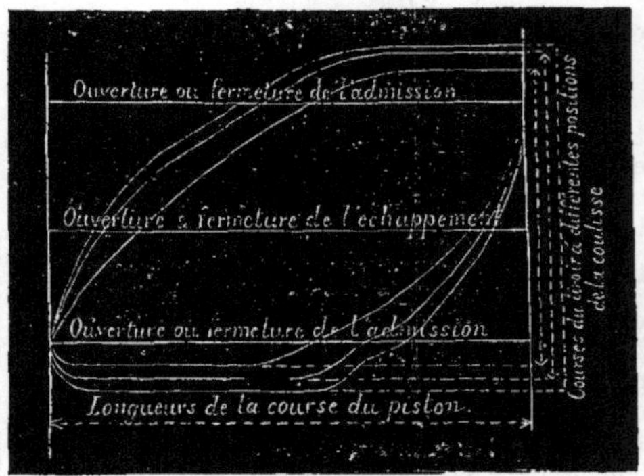

Fig. 175. — *Courbe en œuf tracée par le diagrammagraphe de Wilkinson.*

les adapter à la représentation d'un type donné, et on peut même s'en servir pour représenter les distributions par coulisses de Gooch ou d'Allan.

Outre ces deux diagrammagraphes, nous avons décrit également dans le *Manuel du mécanicien* (1) l'ingénieux diagrammagraphe disposé par M. Pichault, ingénieur à Seraing, et qui peut s'adapter sans difficulté à la représentation des types de distribution les plus variés. Nous ne saurions la reproduire ici en raison de la longueur que prendrait cette description.

ÉTUDE DE LA DISTRIBUTION. Nous avons dit plus haut que c'était par la détente qu'on pouvait réaliser une économie de vapeur dans la distribution, et qu'il convenait de laisser détendre la vapeur jusqu'à la pression de l'échappement, afin d'utiliser tout son effet utile. Il faut observer néanmoins que l'hypothèse sur laquelle on s'appuie pour établir cette règle n'est rigoureusement vraie que si la détente s'opère dans un milieu adiabatique, ce qui ne peut pas être le cas, en pratique, dans les machines à vapeur, puisqu'il y a perte de chaleur par les parois du cylindre; et il arrive, en effet, que celles-ci se refroidissent très fortement pendant la détente, et surtout pendant l'échappement, ce qui détermine une condensation considérable de vapeur pendant l'admission à la course suivante; il peut résulter de

(1) Un volume in-8, par MM. G. Richard et L. Baclé, chez Dunod. Paris, 1881.

là une réduction d'effet utile égale à l'avantage dû à la détente prolongée. Nous avons déjà insisté sur ce fait en parlant de la *détente* (V. ce mot).

Une détente trop prolongée serait irréalisable avec une distribution simple, par tiroir, car elle prolongerait en même temps la compression

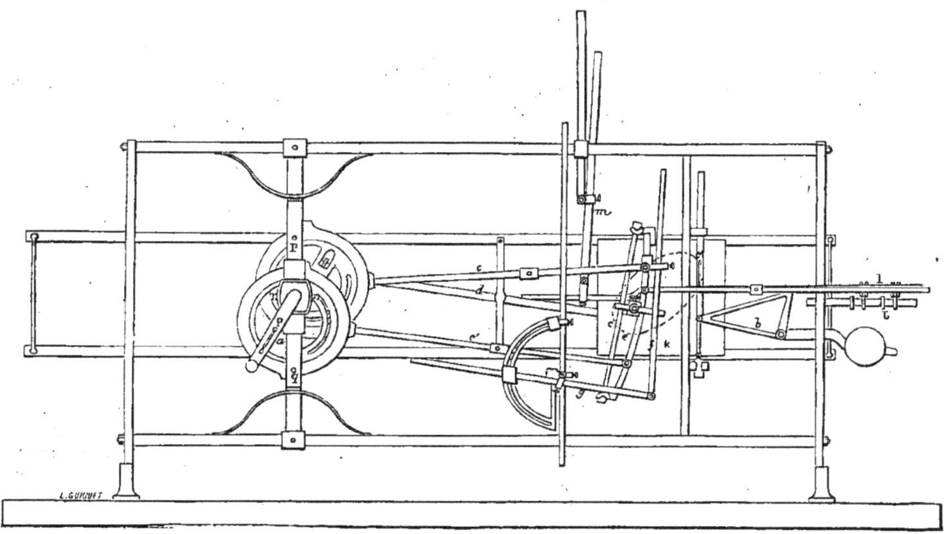

Fig. 176. — *Diagrammagraphe de S. Hannah.*

a Excentriques de calage et d'excentricités variables. — *c* Barres d'excentriques de longueurs variables. — *d* Bielle motrice. — *e* Coulisse. — *f* Tige de relevage. — *g* Levier de changement de marche. — *i* Tiroir. — *j* Représentation des lumières. — *m* Tige de suspension. — La manivelle de la bielle motrice est cachée derrière les excentriques.

sur la face résistante et l'échappement anticipé sur la face motrice. On obvie, il est vrai, à ce dernier inconvénient par le recouvrement intérieur, qui retarde l'échappement anticipé, comme nous l'avons dit plus haut. L'angle correspondant à la détente devient alors, comme on voit $\theta'_4 - \theta_3 = \alpha + \gamma$, tandis que l'angle d'échappement anticipé est seulement $\alpha - \gamma$ (fig. 171).

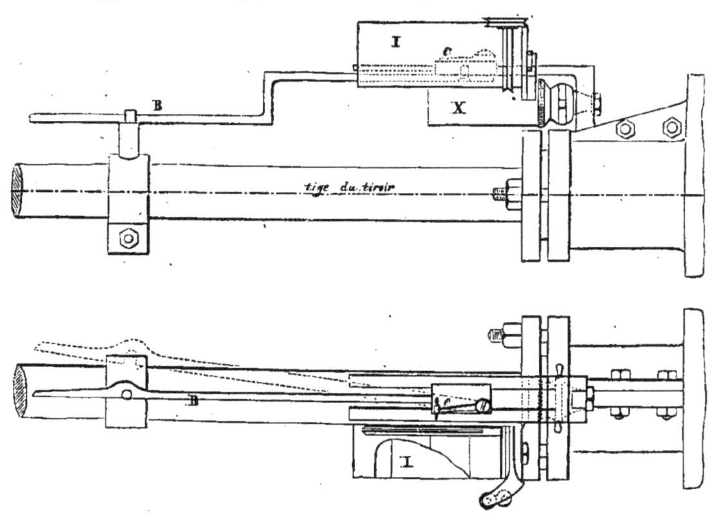

Fig. 177 et 178. — *Diagrammagraphe de J. Wilkinson.*

Le recouvrement intérieur prolonge, d'autre part, la compression, qui commence plus tôt que l'échappement anticipé et dure pendant un angle égal à $\alpha + \gamma$, au lieu de α, on voit immédiatement les dangers qui pourraient en résulter, car la contre-pression, qui est toujours fâcheuse en elle-même, ne doit atteindre, en aucun cas la pression motrice. L'admission anticipée assure, d'ailleurs, une partie des avantages de la contre-pression.

Les enduits protecteurs, en prévenant les pertes de chaleur par rayonnement, et surtout les chemises de vapeur, sont les deux dispositions les plus avantageuses en faveur du problème qui nous occupe. L'emploi de la vapeur surchauffée pourrait aussi être d'un plus fréquent usage si elle n'entraînait pas à trop de complications pratiques.

Enfin, on peut essayer de porter les pressions à un chiffre très élevé. On ne peut, à ce sujet, oublier de mentionner les essais faits par M. Loftus Parkins, qu'on trouvera décrits dans l'*Engineering* (1877). La pression a été maintenue à 27 atmosphères, pendant 100 jours de travail continu, la détente atteignait le chiffre de 32 volumes, et la dépense de combustible aurait été ramenée à $1^{k},7$ par cheval.

On reconnaît aussi qu'il y a avantage à ce que les tiroirs démasquent le plus rapidement possible les lumières aux admissions, pour éviter les laminages de vapeur, fâcheux surtout à la sortie. On arrive à ce résultat par la disposition de tiroirs à plusieurs orifices d'admission dont nous aurons l'occasion de parler plus loin.

Un dernier élément, dont il y a lieu de se préoccuper dans l'installation d'une distribution, c'est le volume de vapeur qui occupe les lumières et les fonds des cylindres et qui ne peut pas être balayé par la course du piston. Ce volume prend le nom d'*espace nuisible*, et il est rempli d'un stock qui ne collabore pas effectivement au travail moteur et qui trouble même, dans une certaine mesure, les phénomènes de détente, aussi cherche-t-on à le réduire autant que possible. On ne peut pas le supprimer absolument, car le piston ne peut pas aller tout à fait jusqu'à fond de course, il faut ménager un centimètre environ d'espace libre à chaque extrémité, mais on peut réduire un peu le volume occupé par les lumières en les reportant

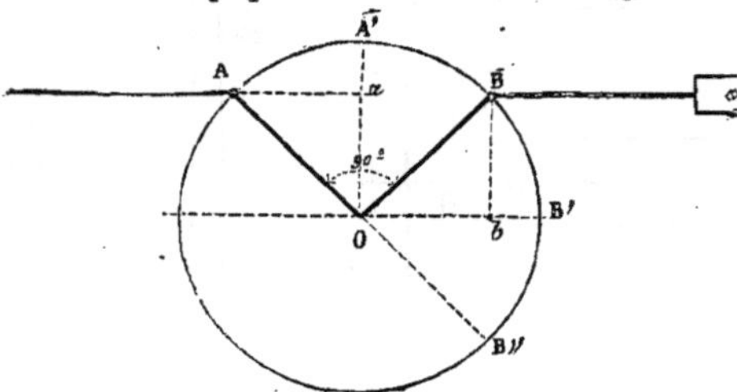

Fig. 179. — *Levier coudé, interposé sur la tige du tiroir.*

sur les fonds des cylindres et mettant deux demi-tiroirs au lieu d'un seul tiroir dont les dimensions seraient alors exagérées. Dans les distributions nouvelles, par cames ou soupapes, on ne néglige jamais d'installer ces cames aux extrémités des cylindres pour réduire la longueur des lumières.

On peut chercher aussi à réduire le travail considérable qu'absorbe le déplacement du tiroir sur la glace, en raison de la pression de vapeur qu'il supporte, en ramenant d'une part l'élongation au strict nécessaire. On a essayé d'y parvenir sans diminuer l'excentricité, pour ne pas réduire la vitesse, en interposant sur la bielle du tiroir un levier oscillant coudé à 90°, dont l'une des extrémités A est commandée par l'excentrique et l'autre B, commande le tiroir (fig. 179). Les bras du levier étant placés à 45° de l'horizontale et le tiroir étant supposé à fond de course, on voit que le bouton B va de B en B'', l'élongation maxima étant en B', le tiroir a avancé de *b* B', tandis que le point A, conduit par la tige d'excentrique, va en A' et la tige avance ainsi de A*a*. Le rapport de ces deux quantités :

$$\frac{Aa}{B'b}=\frac{\cos 45°}{1-\sin 45°}=\frac{\sqrt{2}}{2-\sqrt{2}}=2,41$$

On peut aussi réduire le travail en soulageant le tiroir de la pression qu'il supporte. On a recours à cet effet aux tiroirs équilibrés, ou on dirige l'admission de vapeur à l'intérieur du tiroir. On trouvera d'ailleurs des renseignements très précieux sur ce sujet dans l'étude de M. Haton de la Goupillère (*Annales des mines*, 1879, 7e série).

L'emploi de soupapes, au lieu de tiroirs, permet aussi d'ouvrir et de démasquer plus rapidement les lumières, et cet avantage, très appréciable, justifie en partie la grande vogue que ces organes ont pris dans ces derniers temps. Il faut ajouter, d'ailleurs, qu'avec les soupapes, comme avec les tiroirs en forme de robinets, manœuvrés par des cames et des déclics, on arrive à régler la distribution d'une manière absolument arbitraire en s'affranchissant de la dépendance nécessaire des diverses périodes dans la distribution par tiroir à course rectiligne. L'inconvénient principal des soupapes tient à ce qu'elles faussent leur siège par les chocs, mais, d'autre part, la visite et l'entretien en est souvent plus facile que pour les tiroirs ordinaires.

Distribution à mouvement elliptique. Dans l'étude que nous venons de faire de la distribution à tiroir, nous avons reconnu qu'elle se composait de phases diverses, les unes correspondant à un travail utile et les autres au travail résistant, et que toutes ces phases sont connexes entre elles, de sorte qu'on ne peut pas modifier l'une sans agir en même temps, d'une manière indirecte, sur les autres. En augmentant le recouvrement extérieur, par exemple, on prolonge bien la détente, mais on prolonge aussi la période d'échappement anticipé, etc.

M. Marcel Deprez est arrivé à s'affranchir, dans une certaine mesure de cette difficulté avec le type de distribution si ingénieuse, imaginée par lui sous le nom de *distribution elliptique*, et dont nous allons exposer brièvement le principe.

Concevons que le tiroir de la machine, qui est commandé, dans les types ordinaires, par une manivelle animée d'une vitesse de rotation constante, soit actionné, au contraire, par une autre manivelle dont la vitesse soit variable, et déterminons cette vitesse de telle sorte que l'angle de rotation φ de cette seconde manivelle soit donné à chaque instant par la relation $\text{tg.}\,\varphi = m\,\text{tg.}\,\theta$, θ étant l'angle de rotation proportionnel au temps de la première manivelle et m un rapport constant inférieur à 1.

On se trouve ainsi amené à un problème de cinématique dont le joint hollandais donnerait déjà une première solution ; mais il est facile de trouver une disposition plus simple et plus facilement réalisable en pratique. Considérons, en effet, la figure 180, où nous avons représenté un cercle et une ellipse dont le grand axe se confond avec le diamètre du cercle, et le petit axe de celle-ci b est donné par la relation $b = Rm$. D'après une propriété connue de l'ellipse, toutes les ordonnées verticales du cercle, parallèles au petit axe OB coupent la circonférence et l'ellipse respectivement en deux points M et N, tels que $\frac{PN}{PM} = m$; d'autre part, PN et PM sont entre eux comme les tangentes des angles NOP et MOP déterminée par les rayons vecteurs NO et MO, on a la relation

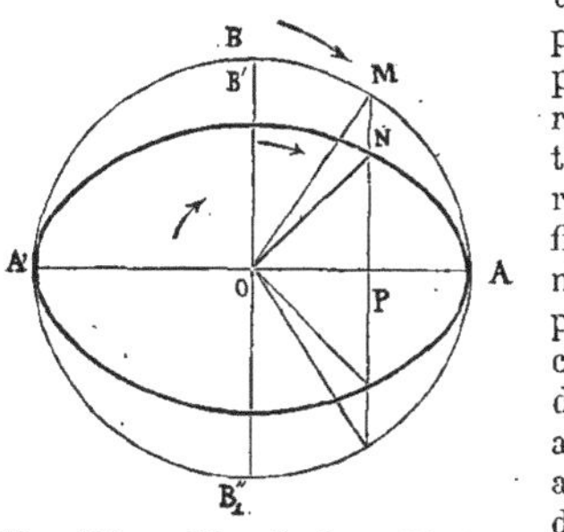

Fig. 180. — *Distribution elliptique de M. Deprez.*

$$\text{tg}\,A'ON = \text{tg}\,PON = m\,\text{tg}\,POM = m\,\text{tg}\,A'OM.$$

Si on pose maintenant $A'ON = \varphi$ et $A'OM = \theta$, on voit qu'on obtiendra une nouvelle solution du problème si la seconde manivelle, reliée au tiroir, avance en restant continuellement sur l'ellipse et coupant à chaque instant l'ordonnée verticale de la manivelle fictive qui tourne en décrivant la circonférence d'un mouvement uniforme.

On voit facilement que dans le quadrant de la circonférence allant de B en A, cette manivelle se tient toujours en avant ; son angle de rotation est supérieur à celui de la manivelle fictive, et, par conséquent, le tiroir qu'elle conduit s'élance d'un mouvement plus rapide. A ce moment, le piston, dont la manivelle est de 90° environ en arrière, décrit le premier quadrant, c'est la période d'admission ; les lumières sont démasquées rapidement ; dans le quadrant suivant, au contraire, l'angle θ dépasse l'angle φ, la manivelle fictive à mouvement uniforme se tient en avant ; c'est la période correspondante à la détente qui se trouve ainsi prolongée, et l'échappement anticipé est par là même retardé, ainsi que la compression qui commence également dans ce dernier quadrant. On voit par là que la distribution elliptique atteindra complètement le but proposé, puisqu'elle exagère tous les effets qu'on désire obtenir ; elle paraît appelée certainement à déterminer une économie considérable dans la dépense de vapeur.

On pourrait réaliser cette combinaison de mouvements, en dehors du joint hollandais, au moyen d'une disposition analogue à celle qui est représentée sur la figure 181 : OM manivelle fictive conduisant la bielle AM, A guidé en ligne droite, E maintenu dans une coulisse rectiligne sur un plateau tournant autour de O' sur la ligne OA.

On n'applique pas en pratique cette disposition qui entraînerait des frottements trop considérables sur la rainure du plateau, mais on arrive

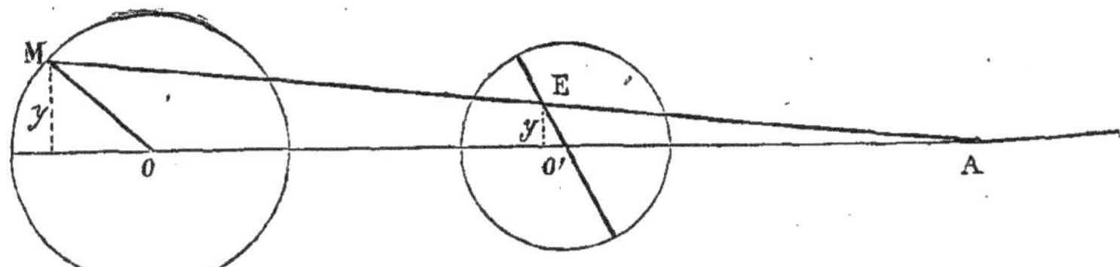

Fig. 181. — *Disposition permettant de réaliser la distribution elliptique.*

au même résultat en rattachant celui-ci à la bielle auxiliaire par l'intermédiaire d'une bielle d'entraînement articulée.

Les figures 182 et 183 représentent la disposition adoptée sur une machine qui a figuré à l'Exposition de Lyon en 1872, disposition qu'on retrouvait aussi d'ailleurs sur la locomotive munie de la distribution Deprez qui fut essayée au chemin de fer du Nord à cette même époque. Sur l'arbre moteur est calé un excentrique spécial C conduisant la bielle auxiliaire B, dont l'autre extrémité guidée en ligne droite, conduit le piston plongeur de la pompe alimentaire de la machine. Sur le point E de cette bielle est articulée la petite bielle d'entraînement D rattachée par son autre extrémité au plateau d'excentrique F calé sur l'arbre à mouvement irrégulier A qui conduit le tiroir par l'intermédiaire de la bielle G. La coulisse O ménagée autour du plateau d'excentrique, est indépendante de la distribution elliptique proprement dite, et elle sert simplement à faire varier la distribution, comme nous le dirons plus bas.

M. Combes a donné, dans ses savantes *Etudes sur la machine à vapeur* (*Distribution de la vapeur au moyen d'un tiroir unique*) un exposé complet de la distribution elliptique et des diverses solutions dont elle est susceptible.

La distribution elliptique a donné des résultats très satisfaisants dans les essais dont elle a été l'objet en France, elle offre une économie de combustible très appréciable. Néanmoins elle y a été peu appliquée. Elle a trouvé, au contraire, un accueil beaucoup plus favorable en Angleterre. Beaucoup de machines marines et même de machines locomotives, notamment de la ligne du *London and North Western railway*, dont M. Webb est l'éminent ingénieur en chef, sont pourvues en effet de cette distribution connue généralement dans le pays sous le nom de M. Joy. On en trouvera les descriptions dans les comptes rendus d'août 1880 de l'institution des *Mechanical Engineers*. Nous reproduisons dans la figure 184 la disposition adoptée pour une machine locomotive. En un point A pris vers le milieu de la bielle motrice B B' et qui décrit, comme nous savons, une courbe fermée très voisine de l'ellipse,

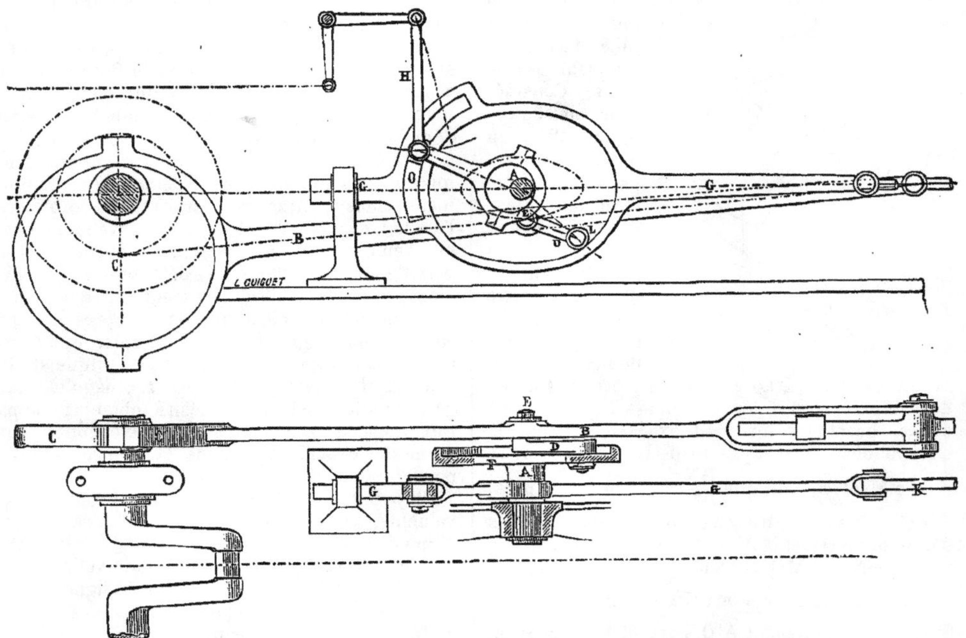

Fig. 182 et 183. — *Installation de la distribution elliptique.*

est articulée la tige AN, dont l'autre extrémité N décrit un arc de cercle en oscillant autour du point fixe M pris sur le bâti des cylindres de la machine. Au point D pris sur la tige AN est articulée la tige ED rattachée au point E à la bielle EL du tiroir T. Le point H pris sur la droite ED est assujetti d'autre part à se déplacer, suivant une rainure en arc de cercle d'un rayon égal à EL. La corde de l'arc de la rainure est égale au petit axe de l'ellipse décrite par le point A. Il est

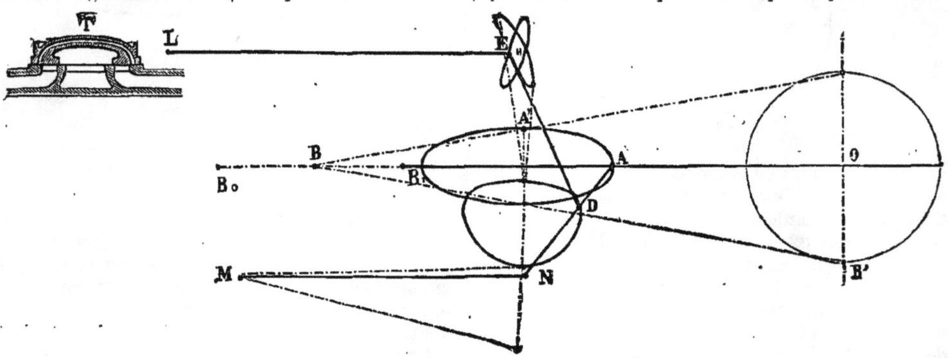

Fig. 184. — *Distribution elliptique de Joy.*

impossible de représenter exactement le mouvement du tiroir dans ces conditions, sans construire une épure complète, que nous ne pouvons faire ici ; on en trouvera d'ailleurs une étude géométrique détaillée, servant à déterminer les relations de longueur à donner aux différentes pièces dans le journal l'*Engineer*, numéros du 23 février, 30 mars et 27 avril 1883.

Distributions à détente variable. Nous avons toujours supposé jusqu'à présent que la distribution d'une machine en service avait été définitivement établie à l'avance, et déterminée d'après les dimensions données au tiroir, longueur du recouvrement, largeur des lumières, etc. Dans ces conditions, le régime de marche de la machine se trouverait ainsi fixé une fois pour toutes, et il n'y aurait plus moyen de le modifier pour augmenter l'admission, par exemple, si on voulait obtenir un travail plus considérable, ou la restreindre au contraire, si le travail demandé était plus faible. Certaines machines à vapeur travaillent, il est vrai, dans des conditions bien régulières; mais pour d'autres, au contraire, il n'en est pas de même, les locomotives par exemple ont à développer un travail qui varie à chaque instant avec une foule d'éléments, la charge du train, le profil de la voie, l'état de l'atmosphère, etc..., elles doivent marcher indifféremment dans un sens ou dans l'autre, et il est essentiel de pouvoir modifier pareillement la distribution pour l'accommoder aux efforts continuellement variables que la machine doit développer.

Nous pourrions citer également les machines d'extraction dans les mines, dont le travail varie graduellement dans des limites très étendues, pendant une simple course de la cage d'extraction.

Distribution par coulisses. A l'origine des chemins de fer, on s'était borné seulement à assurer le changement de marche, et on avait disposé à cet effet sur l'essieu moteur deux excentriques symétriques, calés avec la manivelle motrice avec des angles de $90^{\circ}+\alpha$ et $270^{\circ}+\alpha$, dont les barres conduisaient alternativement la tige du tiroir, selon que le mouvement devait s'opérer dans un sens ou dans l'autre.

Ces différents types de distribution (détente Sharp et Robert, disposition Cabry) sont abandonnés aujourd'hui, depuis qu'on connaît les distributions par coulisse, et il n'y a pas lieu d'y insister.

Coulisse de Stephenson. Stéphenson remplaça, comme on sait, ces dispositions compliquées dont la manœuvre était toujours difficile et un peu incertaine par la célèbre coulisse qui porte son nom et qui simplifie cette manœuvre dans une mesure énorme. Les extrémités des barres d'excentrique sont rattachées par une pièce percée d'une rainure en forme d'arc de cercle, dans laquelle glisse continuellement l'extrémité de la tige du tiroir formant coulisseau, et celle-ci n'est jamais abandonnée à elle-même. La coulisse est suspendue autour d'un point oscillant rattaché au bâti de la machine, et elle peut être commandée de la plate-forme du mécanicien. Quand celui-ci veut changer la marche, il lui suffit de relever ou d'abaisser la coulisse et il fait passer ainsi le coulisseau d'une extrémité à l'autre de la rainure, c'est-à-dire que le tiroir se trouve ainsi commandé par l'une ou l'autre barre d'excentrique. Aux articles COULISSE et CHANGEMENT DE MARCHE, nous donnons quelques détails sur ces appareils, mais nous nous bornons ici à les considérer au point de vue théorique dans leurs rapports avec la distribution.

L'emploi de la coulisse a eu en même temps cet avantage capital de permettre de modifier facilement le régime de marche de la machine, en faisant varier l'admission dans des limites très étendues qu'on n'aurait pu obtenir dans les anciennes dispositions. En effet, le coulisseau reste à peu près immobile en marche sur la coulisse au point qu'il y occupe, et le mouvement d'oscillation qu'il éprouve et transmet au tiroir, est d'autant plus prononcé qu'il est plus rapproché de l'extrémité de la coulisse.

On voit donc qu'on a ainsi un moyen de faire varier graduellement et d'une manière insensible, l'effort développé par la machine pour l'adapter toujours aux cas qui peuvent se présenter en pratique.

On s'en rendra compte en déterminant par le calcul ou en figurant graphiquement le mouvement du tiroir, et la distribution qui en résulte pour une position déterminée du coulisseau sur la coulisse.

Si on considère une coulisse à barres droites, comme on le voit (fig. 185); si on appelle δ l'angle d'avance ($\pi-2\delta$ est l'angle des deux manivelles d'excentriques), $2l$ la longueur de la coulisse, r le rayon de l'arc de coulisse, égal à la distance de la coulisse au point O, on démontre que le mouvement d'un point pris à une distance quelconque λ du milieu de la coulisse peut être confondu sans erreur appréciable avec son mouvement d'oscillation horizontale. On retrouve d'ailleurs les mêmes propriétés pour la coulisse à barres croisées représentée figure 186.

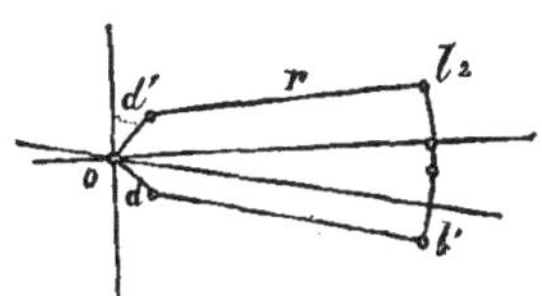

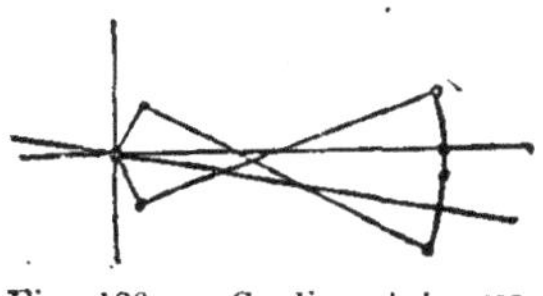

Fig. 185. — *Coulisse Stephenson à barres droites.*

o Arbre moteur. — ll_2 Coulisse. — od, od' Rayons d'excentrique. — r Barre d'excentrique.

Fig. 186. — *Coulisse à barres croisées.*

Le tiroir, guidé par un coulisseau animé seulement ainsi d'un mouvement d'oscillation horizontale, oscille alors autour de sa position moyenne dans les mêmes conditions que dans la distribution sans coulisse. Le point moyen d'oscillation du tiroir est déterminé par l'équation suivante qui donne la distance D à l'axe moteur

$$D=r+l_1-\frac{e^2}{2r}\cos^2\delta$$

où r représente la longueur de l'une des barres d'excentricité supposée égale au rayon de la coulisse, l_1 est la longueur de la tige du tiroir depuis le coulisseau jusqu'au milieu du tiroir, e est l'excentricité, δ l'angle d'avance égal pour les deux excentriques. Cette formule est établie pour une coulisse à barres droites, dont le point mort est sur la ligne comprenant le centre de rotation et le centre d'oscillation du tiroir.

L'élongation z du tiroir autour du point moyen, lorsque le coulisseau est à une distance λ du centre de la coulisse, est donnée à chaque instant pour un angle de rotation θ par la formule :

$$z=\frac{r}{l}(l\sin\delta\cos\theta+\lambda\cos\delta\sin\theta)$$

Celle-ci est de même forme $A \sin \theta + B \cos \theta$ que la formule obtenue plus haut dans l'étude d'une distribution sans coulisse.

Le tiroir se déplace donc comme s'il était guidé directement par un excentrique dont l'avance angulaire varierait avec la distance λ.

Au milieu de la coulisse, $\lambda = o$, et on obtient pour l'élongation du tiroir $z_0 = r \sin \delta \cos \theta$. On voit que le mouvement du tiroir n'est pas nul, comme on le croit souvent, lorsque le coulisseau occupe le milieu de la coulisse au point qu'on appelle le *point mort* et qui sert de transition entre la région de marche avant et celle de marche arrière. Il y a d'ailleurs habituellement encore admission au point mort, puisqu'on retrouve presque toujours une avance à l'admission dans toutes les machines bien réglées, comme le remarque si judicieusement M. Couche dans son grand traité *(Voie, matériel roulant et exploitation technique des chemins de fer)* : cette avance qui est constante pour la distribution de Gooch, est à peu près constante pour la distribution Allan, elle atteint même au point mort sa valeur maxima avec la coulisse Stephenson à barres droites, et elle est seulement minima avec la coulisse à barres croisées. C'est donc surtout pour les coulisses à barres croisées que l'admission pourrait alors être nulle ou même se charger en retard, non pas sur une face seulement, comme cela a lieu souvent avec les barres droites, mais sur toutes les deux.

Il est intéressant d'ailleurs de signaler qu'on a trouvé, dans toute la région voisine du point mort, ce fait d'une marche indifférente dans un sens ou dans l'autre pour une même position du coulisseau. Des expériences exécutées au chemin de fer d'Orléans ont montré que, sur certains types de machines, le mouvement une fois établi dans un sens déterminé, le sens avant, par exemple, pouvait se continuer, la machine continuant à développer toujours un certain effort moteur dans le même sens, bien que le coulisseau eût été amené à la marche arrière en un point peu écarté, il est vrai, du milieu de la coulisse. Ces faits si curieux sur lesquels il serait intéressant de revenir par des expériences nouvelles, montrent que dans la marche à contre-vapeur, il est important de reporter le coulisseau vers l'extrémité de la coulisse, pour se mettre sûrement en dehors de cette zone neutre, où le mouvement s'entretient indifféremment dans un sens ou dans l'autre.

Quoi qu'il en soit, on a vu par les explications précédentes, que l'emploi de la coulisse de Stephenson permet de faire varier à chaque instant la distribution de vapeur dans les cylindres, et de proportionner l'effort moteur à la résistance à vaincre. Combinée avec le changement de marche à vis qui en a rendu pour le mécanicien la manœuvre facile et sans danger, elle est devenue un élément essentiel de toutes les machines qui ont un effort variable à développer, et notamment des locomotives.

La théorie complète des mouvements de la coulisse et du coulisseau a été étudiée par M. Philipps, et nous ne pouvons que rappeler ici, en y renvoyant nos lecteurs, la savante étude de l'éminent ingénieur des mines. La position du point de suspension sur la coulisse, par rapport au levier qui sert à le déplacer, exerce une influence sensible sur la distribution. On démontre que, avec la coulisse de Stephenson à barres droites, l'avance à l'admission n'est pas constante pour toutes les positions du coulisseau, elle augmente même avec l'admission, les lumières n'étant complètement découvertes qu'aux crans extrêmes ; et, en outre, les deux moitiés de la coulisse correspondant l'une à la marche avant, l'autre à la marche arrière, ne donnent pas une distribution symétrique pour un même écartement du coulisseau. Cet écart est particulièrement accentué et d'autant plus défavorable au côté opposé, lorsque la coulisse est suspendue à l'une de ses extrémités, au lieu de l'être au milieu. Ce dernier parti est d'ailleurs celui qu'on adopte aujourd'hui le plus fréquemment, toutes les fois qu'il est possible de le faire, surtout avec les machines à grande vitesse qui n'ont qu'une faible admission, le coulisseau étant toujours maintenu à une faible distance du point mort. On pourrait bien rendre l'avance constante dans la marche en avant, en employant des angles d'excentriques inégaux, mais ce serait aux dépens de la marche arrière.

Pour atténuer les oscillations verticales de la coulisse, il convient de l'articuler à une tige de suspension très longue, et de forcer le centre de la coulisse à décrire un arc de cercle parallèle à la direction de la tige du tiroir. On peut en conclure qu'il serait avantageux de donner à la tige de suspension une longueur infinie en obligeant le centre de la coulisse à décrire une ligne droite. On y réussit au moyen de la suspension en parallélogramme due à M. Landsée et appliquée par M. Beugniot sur ses machines de montagnes. (V. *Comptes rendus de la Société industrielle de Mulhouse*).

L'étude complète de la coulisse exige qu'on établisse un diagramme spécial pour les principales positions que le coulisseau peut occuper sur la coulisse. On démontre que pour une coulisse de Stephenson, les centres des différents cercles polaires se trouvent tous sur une parabole dont l'arc diffère peu d'un cercle, ce qui facilite le tracé de l'épure.

Coulisse de Gooch. Ce type de coulisse obvie à l'inconvénient signalé plus haut pour la coulisse de Stephenson dont l'avance est variable ; il assure, en effet, une avance à l'admission rigoureusement constante. La courbure de la rainure est tournée à cet effet du côté du tiroir, au lieu de l'être vers l'essieu moteur, et la bielle rattachée au coulisseau qui conduit la tige du tiroir, a une longueur égale au rayon de l'arc de la coulisse. Cette bielle est commandée directement par le levier de relevage qui la fait glisser dans la rainure de la coulisse. L'articulation de la bielle du coulisseau avec la tige du tiroir coïncide avec le centre de la coulisse, quand le piston est à fond de course. Il en résulte que l'extrémité de la bielle, lors du glissement du coulisseau, reste immobile et que le tiroir conserve ainsi toujours sa même avance à l'admission, quelle que soit la position du coulisseau sur la coulisse. Cette disposition serait donc préférable à celle de Stephenson, si elle n'avait pas l'inconvénient d'augmenter le nombre des pièces et d'exiger plus de place pour l'installation; aussi n'est-elle guère appliquée que sur les locomotives où l'essieu moteur est assez écarté des cylindres, comme les machines à marchandises à quatre essieux accouplés. On étudiera la distribution de la coulisse de Gooch, au moyen des cercles polaires de Zeuner dans les mêmes conditions que pour la coulisse de Stephenson, le tracé s'en trouve même grandement facilité, car les centres des divers cercles polaires se trouvent tous sur une ligne droite, l'avance à l'admission étant constante. M. Herdner a publié à ce sujet, dans les *Annales des mines*, t. XII, 1877, un intéressant mémoire.

Les distributions de Stephenson et de Gooch sont restées les seules employées jusqu'en ces dernières années, mais il est facile de reconnaître qu'elles ne peuvent donner l'une et l'autre qu'une détente très limitée s'opérant dans des conditions très désavantageuses, dès qu'elle atteint un degré un peu élevé.

En dehors des distributions par coulisses de Gooch ou de Stephenson, on a disposé, surtout dans ces dernières années, un grand nombre d'autres distributions par coulisse, notamment la coulisse droite d'Allan (fig. 187). La coulisse C"C'

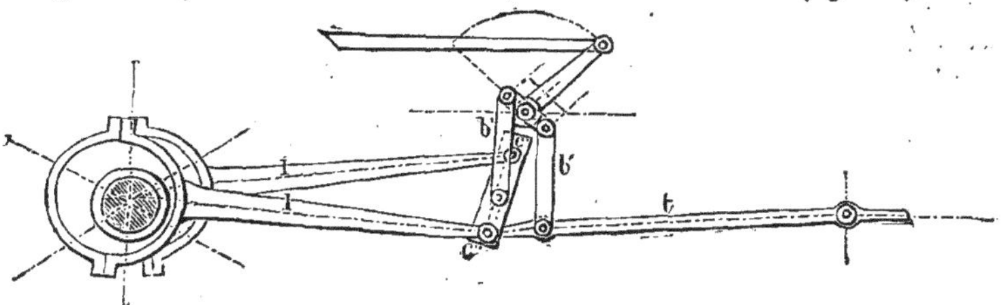

Fig. 187. — *Distribution par coulisse d'Allan.*

est reliée au tiroir par une bielle t suspendue au levier de relevage par la tige b', comme dans la coulisse de Gooch, et le point de suspension de la coulisse elle-même est mobile également, comme dans celle de Stephenson. Sous l'action des deux bielles de relevage $b'b'$, la coulisse se déplace en même temps que le coulisseau C", de là le nom de *distribution à double relevage*, sous laquelle on la caractérise souvent en France. Cette coulisse est de forme droite, ce qui en facilite la préparation. Cette distribution jouit des mêmes propriétés que celle de Gooch, pourvu que le rapport $\frac{b}{a}$ des leviers de l'arbre de relevage satisfasse à l'équation : $\frac{b}{a}=\frac{t}{l}\sqrt{1+\frac{l}{t+l_0}}$, l_0 étant la distance de C" à l'articulation de la tige b'. Nous pourrions citer aussi la coulisse Walshaert, celle de Pius Fink étudiée dans l'ouvrage de M. Zeuner, etc., mais on comprendra qu'il nous soit impossible de les décrire toutes ici; qu'il nous suffise de dire qu'en étudiant le mouvement du tiroir mû par une de ces coulisses, on peut toujours le représenter par une équation de la forme donnée plus haut, comme s'il était conduit par un excentrique fictif dont on peut toujours déterminer l'excentricité. M. Guinotte a démontré, en effet, le théorème suivant qui permet de déterminer le mouvement du tiroir conduit par une coulisse droite.

Si une coulisse droite AB est menée par des bielles infinies, son coulisseau M, dans une position quelconque, se meut comme s'il était actionné par un excentrique fictif qui aurait pour centre d'excentricité le point H, lequel occupe sur la corde DE des excentriques réels, la situation homologue du coulisseau sur la coulisse, c'est-à-dire qu'il partage cette corde dans le même rapport que le coulisseau partage la coulisse (fig. 188).

En partant de ce théorème, on peut arriver facilement à figurer le mouvement du tiroir, au moyen du tracé polaire de M. Zeuner, comme nous l'avons indiqué plus haut pour les coulisses de Stephenson et de Gooch.

Le diagramme de Zeuner apporte ainsi une simplification énorme dans l'étude des distribution, et on ne devra pas négliger d'y avoir recours toutes les fois qu'on pourra le faire sans trop d'inexactitude.

Si les bielles sont très courtes, pour corriger l'erreur due à l'hypothèse de bielles infinies, il devient alors préférable, pour obtenir une représentation exacte de construire un pantin en bois, dont toutes les pièces reproduisent en vraie longueur les organes correspondants de la machine, piston et tiroir, avec toutes les bielles de commande et de s'en servir pour étudier les mouvements respectifs du tiroir et du piston; pour les machines en service, il convient d'ailleurs de recourir aux diagrammagraphes, comme nous l'avons dit plus haut.

Pour faire l'étude complète des distributions à coulisse, on devra prendre une épure correspondante à chacun des crans de marche. On se borne habituellement à prendre sur la règle graduée du changement de marche des divisions équidistantes au nombre de quatre, par exemple, pour la marche avant et autant pour la marche arrière, de sorte que d'un cran à l'autre, on obtient des admissions d'une durée croissante, mais qui ne sont pas proportionnelles. Il semblerait préférable de déterminer au contraire les crans de marche correspondant à des admissions graduellement croissantes, puisque le cran de marche indiquerait déjà d'une manière résumée, en quelque sorte, l'épure de distribution ; c'est ainsi d'ailleurs qu'on opère au chemin de fer de Lyon par exemple.

Dans le réglage des distributions par coulisse, on s'attache généralement à obtenir une avance égale pour les deux courses, et comme il est impossible, surtout avec la coulisse de Stephenson, d'arriver à ce résultat pour tous les crans de marche à la fois, on doit faire choix d'une position particulière qui est généralement le deuxième ou le troisième cran de marche, celui où on se tient le plus souvent en service, et on opère le réglage pour ce cran. On vérifie alors au moyen des épures les distributions, sauf à modifier le réglage et adopter un autre cran de marche, s'il se présente des conditions trop anormales. Quelquefois aussi on cherche à rendre symétriques par rapport aux lumières les deux positions extrêmes du tiroir, et on obtient ainsi des ouvertures maxima égales sur les deux faces du piston.

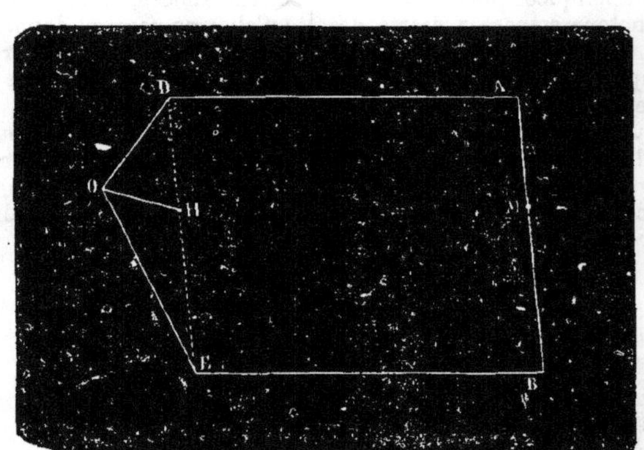

Fig. 188, — *Théorème de M. Guinotte.*

Au chemin de fer de Lyon, on règle la distribution de manière à obtenir une admission d'une durée égale sur les deux faces du piston.

Quel que soit d'ailleurs le procédé de réglage employé, il ne donne une symétrie exacte que pour un cran déterminé; comme nous venons de le dire, la symétrie ainsi obtenue n'est qu'approximative pour les autres crans, et l'écart sera d'autant plus sensible que la position correspondante de la coulisse diffère davantage de celle qui a été choisie pour le réglage.

Distributions par double tiroir. Les distributions par tiroir unique, même avec coulisse, présentent toujours les mêmes inconvénients que nous avons signalés plus haut, en parlant de la distribution simple par tiroir : il est impossible de prolonger la détente, sans modifier en même temps d'autres périodes corrélatives avec celle-ci et qui peuvent même devenir nuisibles, dans certains cas, comme la compression, l'échappement anticipé, etc.

On peut s'affranchir de ces difficultés dans une certaine mesure, en employant, par exemple, des distributions à deux tiroirs dont l'un règle l'admission, et l'autre, qui peut être commandé par des cames ou par une coulisse indépendante, règle seulement la détente.

Nous en signalerons quelques spécimens intéressants à des points de vue différents, comme les distributions de Farcot, de Meyer, Polonceau, etc.

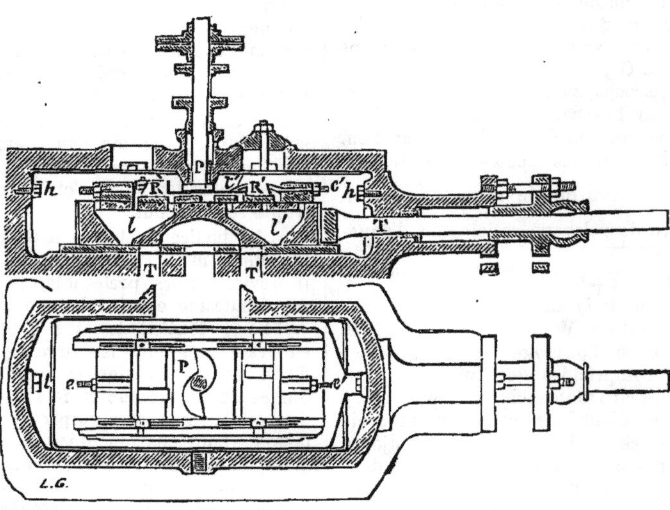

Fig. 189. — *Distribution Farcot.*

Distribution Farcot. Le tiroir qui est mû par un excentrique est muni (fig. 189) de deux orifices *ll'* dont la largeur est un peu plus faible que celle des deux lumières d'admission correspondantes *tt'*. Ceux-ci forment des canaux qui s'épanouissent, comme on voit, à l'intérieur du tiroir et se terminent chacun par les trois petits orifices dont la section totale égale à peu près celle des lumières. Au-dessus est disposé le tiroir de détente *t'* formé de deux taquets RR' percés chacun de deux ouvertures égales à celles du tiroir inférieur, il est rattaché à celui-ci par des ressorts de compression, et entraîné ainsi dans son mouvement. Entre les deux taquets formant tiroir de détente, est disposée, dans l'axe de la boîte, une came en forme de double virgule calée sur un pivot vertical P, et cette pièce, en butant contre les taquets dans leur mouvement de va-et-vient, les arrête ainsi en un point déterminé de leur course, suivant la position plus ou moins saillante qu'elle occupe. A l'extérieur, la course des taquets est limitée par des heurtoirs *hh'*, vissés sur la paroi de la boîte à vapeur. Quand le taquet vient buter contre le heurtoir, le tiroir étant à fond de course, il démasque la lumière du tiroir la plus avancée, mais il se tient néanmoins sur le bord prêt à la recouvrir; quant aux autres ouvertures, elles se trouvent placées en présence des deux canaux percés à travers les taquets. L'arbre vertical P, portant la came centrale, peut être commandé à volonté, soit à la main, soit par le régulateur de la machine, et on conçoit immédiatement que sa position angulaire exerce une influence capitale sur la distribution: la détente est d'autant plus prolongée que les orifices du tiroir sont masqués plus vite par les taquets supérieurs R, c'est-à-dire que la double came vient rencontrer ces taquets par ses parties les plus excentriques.

Après avoir indiqué le principe de la détente Farcot, nous n'en reproduirons pas ici l'étude complète, nous renverrons nos lecteurs au grand *Traité de mécanique générale* de M. Résal, où cette question est entièrement traitée. Rappelons seulement que cette distribution peut être figurée aussi dans le tracé de M. Zeuner en s'aidant d'un théorème que nous énoncerons plus loin. On démontre que la forme la plus convenable à donner aux cames est la spirale logarithmique également inclinée sur ses rayons vecteurs, avec une même inclinaison pour les deux taquets.

L'inconvénient principal de cette disposition, c'est qu'elle ne s'applique guère aux détentes faibles ; on comprend immédiatement, en effet, que si la lumière du tiroir n'est pas fermée au moment de son élongation maximum, elle restera ouverte continuellement. On peut ajouter aussi que cet appareil a l'inconvénient de procéder par chocs, qu'il oblige à disposer dans la boîte à vapeur des organes compliqués que le mécanicien ne peut pas surveiller.

Distribution Gonzenbach. Nous signalerons la distribution de Gonzenbach qui est fondée sur un principe analogue à celle de Farcot. Elle comprend également deux tiroirs, mais ceux-ci sont conduits chacun par une coulisse spéciale. Le tiroir principal de distribution est commandé par une coulisse de Stephenson, mais seulement pour la marche avant ou arrière, le coulisseau étant toujours placé à l'une des extrémités de la coulisse. Ce tiroir est renfermé dans une boîte spéciale dont la paroi est percée de deux lumières qui peuvent être masquées ou découvertes par le tiroir de détente. Les lumières de la boîte à vapeur ont une largeur un peu inférieure à celles de ce dernier tiroir qui, d'ailleurs, n'a pas de fond. La tige du tiroir de détente est commandée par une coulisse dont une extrémité est articulée en un point fixe et l'autre est rattachée par une bielle articulée à la barre d'excentrique de la marche arrière. Un système de relevage spécial permet de faire varier la position du coulisseau sur cette coulisse, et de modifier ainsi le mouvement du tiroir correspondant, suivant le degré de détente qu'on veut obtenir. Nous n'étudierons pas en détail les mouvements respectifs des deux tiroirs, mais on comprend immédiatement que le tiroir de détente perd toute utilité s'il ferme sa lumière après que le tiroir d'admission a déjà fermé les siennes: on ne peut donc pas faire varier l'admission au-dessus, ni la détente au-dessous des limites imposées par la coulisse conduisant le tiroir principal. Il se produit enfin dans la seconde boîte de distribution une détente partielle qui serait plus avantageuse dans le cylindre, et enfin l'intervention du tiroir de détente augmente d'autant les étranglements de vapeur.

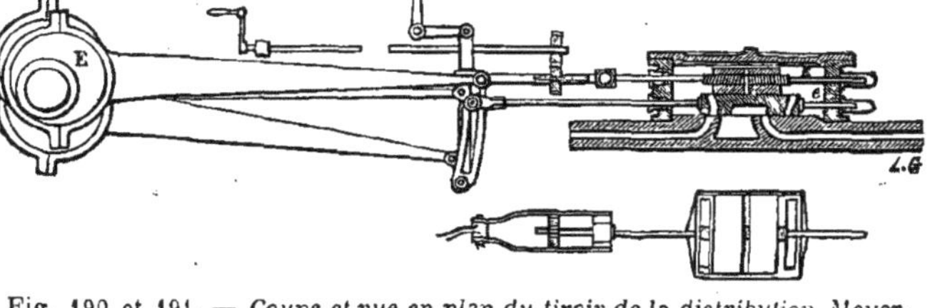

Fig. 190 et 191. — *Coupe et vue en plan du tiroir de la distribution Meyer.*

Distribution Meyer. La distribution Meyer que nous représentons ici (fig. 190 et 191) imite en partie les dispositions de celles de Farcot et de Gonzenbach, et elle obvie aux inconvénients de cette dernière. Le tiroir de distribution proprement dit est commandé par une coulisse de Stephenson qui ne sert aussi qu'à donner le sens de la marche. Il est percé, comme le tiroir Farcot, de deux canaux par où s'effectue l'introduction de la vapeur dans les lumières d'admission, et qui doivent se trouver fermés en temps opportun par deux taquets de détente glissant sur la surface supérieure du tiroir. La tige de ces taquets formant tiroir de détente est conduite par un excentrique spécial E, comme on le voit sur la figure, et on change la durée de la détente, comme on le comprend immédiatement, en modifiant les positions respectives des taquets sur la tige. Si on les rapproche, en effet, les canaux d'admission et, par suite, les lumières restent ouverts plus longtemps, et on prolonge l'admission, tandis qu'on la diminue si on les écarte. A cet effet, la tige conduisant les taquets forme une vis dont ils sont l'écrou, seulement les filets de vis sont tournés en sens contraire pour les deux taquets, *dextrorsum* pour l'un et *sinistrorsum* pour l'autre. Il en résulte qu'un mouvement de rotation de la tige déplace les taquets en sens contraire, et les rapproche ou les écarte. On obtient ce mouvement de rotation au moyen d'une roue dentée de même axe à laquelle la tige est rattachée par un prisonnier. La tige glisse à l'intérieur de la roue pendant la marche du tiroir, mais celle-ci peut être mise en mouvement à l'aide d'un pignon d'engrenages qu'on commande à la main, et elle entraîne la tige dans sa rotation. La détente Meyer sacrifie un peu la marche arrière, mais elle donne d'ailleurs les meilleurs résultats pour la marche avant.

L'étude de la distribution devient assez complexe dans les dispositions que nous venons de passer en revue, puisqu'il faut tenir compte à chaque instant des positions respectives du tiroir de distribution par rapport aux lumières du cylindre, et du tiroir de détente par rapport à celui de distribution; et on ne peut évidemment s'en faire une idée exacte que par des épures précises répétées dans chaque cas particulier. Toutefois, on peut simplifier grandement ces recherches par la remarque suivante qui permet d'avoir recours tout au moins avec une grande approximation, au tracé polaire de Zeuner. On démontre en effet que, en négligeant l'obliquité des bielles, on peut déterminer le mouvement relatif des deux tiroirs conduits chacun par un excentrique dont l'excentricité a une longueur et une inclinaison données, en substituant à ceux-ci un tiroir fictif ayant un excentrique dont l'excentricité serait déterminée en grandeur et en position par la résultante des deux excentricités réelles combinées suivant le parallélogramme des forces.

En partant de ce théorème, on peut déterminer sans difficulté l'excentricité à donner au tiroir supérieur pour obtenir une distribution demandée, puisqu'on connaît la marche du tiroir de distribution d'où on déduira, d'après les conditions connues, la marche de l'excentrique fictif et, par suite, en composant le parallélogramme d'une manière inverse, celle du second excentrique réel.

La distribution Meyer paraît une des meilleures qu'on puisse adopter pour les machines dont le sens de rotation est constant, car elle ne présenterait pas, comme nous l'avons dit plus haut, les mêmes avantages pour une marche en sens inverse, et on ne pourrait les lui assurer qu'en sacrifiant une partie des premiers. Différents inventeurs ont essayé cependant de résoudre ce problème qui présente un intérêt considérable pour les machines d'extraction, il importe, en effet, pour ces machines surtout, de pouvoir faire varier l'admission dans des limites très étendues, quel que soit le sens de la rotation.

M. Guinotte, en particulier, a indiqué une solution théorique qui n'est pas complètement applicable dans tous les cas, et qui consiste à choisir des excentricités déterminées par le calcul (V. *Annales de mines,* article déjà cité, de M. Herdner). M. Macher, ingénieur de la Société Cockerill à Seraing, a donné de son côté une autre disposition, publiée par M. Pichault dans les *Annales industrielles,* n° de janvier 1874, mais elle a l'inconvénient d'être un peu compliquée, et d'exiger trois tiges pénétrant dans la boîte à vapeur.

M. Rieder a signalé une autre solution beaucoup plus simple qui a été appliquée avec succès à Przybram, dit M. Herdner. Les lumières du tiroir distributeur $abef, a'b'e'f'$ sont inclinées, comme on le voit (fig. 192), sur les lumières de la glace $abcd$, $a'b'c'd'$. Le taquet présente, de son côté, une forme triangulaire dont la bande est toujours parallèle aux bandes obliques des lumières. On comprend immédiatement qu'en déplaçant le taquet perpendiculairement à l'axe du cylindre, on peut faire varier l'admission à volonté, puisque les lumières du tiroir se trouvent obturées plus ou moins rapidement. Si on supposait, par exemple, que le taquet soit assez reculé pour ne pas les obturer, la distribution s'opèrerait comme si le tiroir distributeur était seul, et l'admission aurait sa valeur maxima.

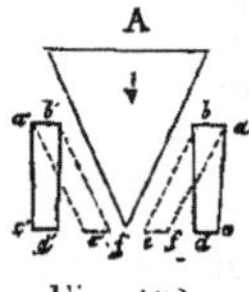

Fig. 192.
Distribution Rieder.

La détente Rieder est appliquée à la machine d'extraction du puits Przybram en Bohême, le plus profond du monde entier : l'extraction s'y fait, en effet, à 1,000 mètres de profondeur. Dans cette machine la surface supérieure du tiroir distributeur, au lieu d'être plane, est cylindrique, et les lumières deviennent alors des portions d'hélice, le taquet est coupé hélicoïdalement.

Dans les machines d'extraction, on règle la détente qui varie dans des limites très étendues, soit à la main soit au régulateur, ou même d'une manière complètement automatique. Comme exemple de cette première disposition, nous citerons les appareils d'Audemar et de Krafft, de Baushinge, etc. Ces appareils présentent toutefois cet inconvénient d'exiger une attention trop soutenue de la part du mécanicien et on préfère souvent commander la détente par le régulateur, comme on en trouve un grand nombre de types dans les différentes mines. On commence aussi à appliquer les distributions purement automatiques dans lesquelles on s'attache à proportionner le travail moteur aux variations de la résistance; telles sont, par exemple, la distribution Scohy ou celle de Bource, appliquées toutes deux en Belgique et qui conservent la détente constante, on peut même aussi faire varier automatiquement la détente comme dans l'appareil de M. Guinotte.

Distribution Guinotte. La distribution de M. Guinotte, assez compliquée, est cependant d'un entretien facile, car tous les organes sont extérieurs, elle est appliquée aujourd'hui sur un assez grand nombre de machines d'extraction de mines, et elle a entraîné une économie de combustible très sensible sur ces machines, grâce à une disposition qui proportionne toujours automatiquement l'admission et la détente dans le cylindre au travail utile à effectuer. On sait, en effet, que sur ces machines, le travail résistant pendant une course de la cage d'extraction varie continuellement dans des limites très étendues en raison de l'enroulement du câble qui supporte la cage, et il importait de proportionner exactement l'effort moteur, quel que soit le sens de la marche, à la résistance à vaincre. M. Guinotte y a réussi dans sa distribution dont la théorie, qui a été complètement élucidée par M. Herdner, est trop longue et délicate, pour que nous puissions la reproduire ici (*Annales des mines*, 4e livraison 1877). Celle-ci comporte une coulisse nommée le *sabre* dont le réglage s'opère par expérience et qui permet de proportionner exactement l'admission pour chaque tour de la machine à la résistance à vaincre, déterminée d'après la position de la cage dans le puits d'extraction.

Distribution à détente variable avec admission et échappement indépendants. Nous avons déjà signalé à diverses reprises les inconvénients des distributions par tiroirs, inconvénients qui tiennent, comme on sait, à la connexion nécessaire des diverses périodes utiles et résistantes, à la difficulté d'obtenir un démarrage rapide, de démasquer rapidement les lumières, au laminage de la vapeur, aux espaces nuisibles, etc. Depuis ces dernières années, on a cherché à y remédier en adoptant des types nouveaux de distribution dans lesquels les différentes périodes, admission et échappement, sont complètement indépendantes et peuvent être réglées à volonté, en même temps qu'on a remplacé les tiroirs par des soupapes ou des robinets d'une manœuvre plus facile ou plus prompte. En outre, on a apporté de nombreux perfectionnements de détail, les lumières d'admission sont reportées vers les fonds des cylindres, afin de réduire autant que possible les espaces nuisibles, on ajoute même des orifices spéciaux donnant issue à la vapeur d'échappement qui ne passe plus par les lumières d'admission, et on évite ainsi les refroidissements alternatifs qu'elle y produisait nécessairement à chaque course du piston. De plus, les soupapes ou les robinets d'admission sont disposés de manière à ouvrir les lumières immédiatement en grand, même pour un faible déplacement. Malgré l'avantage que semblerait posséder ce système, détente prolongée, réalisation des courbes théoriques du cycle de Carnot; d'autre part, la délicatesse des organes, les inconvénients de cette prolongation de la *détente* (V. ce mot), ces considérations et l'expérience semblent restreindre le mérite de ce système.

Quoi qu'il en soit, ces distributions à admission et échappement indépendants, sont aujourd'hui, dans certains pays, l'objet d'un engouement justifié à beaucoup d'égards, et il paraît d'autant plus intéressant de donner ici quelques détails à ce sujet, sans entrer cependant dans la description des machines elles-mêmes.

La distribution par soupapes a été appliquée pour la première fois par M. Sulzer, de Winterthür, et la distribution par robinets, qui repose, d'ailleurs, sur un principe identique, a été inventée à peu pres à la même époque par un Américain, M. Corliss.

Distribution Sulzer. Dans la distribution Sulzer, les orifices d'admission et d'échappement sont munis de soupapes spéciales, commandées par les cames de détente et même par le régulateur de la machine, pour les soupapes d'admission. Ces soupapes sont en fonte grise au bois pour éviter les effets du matage; elles sont maintenues sur leurs sièges par de petits ressorts à boudin et munies en même temps d'un petit piston à compression d'air, destiné à amortir les chocs lorsqu'elles retombent brusquement. Nous décrirons plus loin les pistons d'une disposition analogue, appliqués sur les machines Corliss; elles sont commandées, comme nous l'avons dit, par des cames spéciales qui viennent les soulever de leurs sièges en temps opportun. La tige des soupapes est articulée à cet effet, comme l'indique la figure 193, avec un levier coudé, dont l'autre extrémité est actionnée par une tige rattachée à l'arbre moteur. Pour les soupapes d'échappement, ce levier est commandé par une barre d'excentrique articulée à une manivelle mobile autour d'un axe parallèle et terminée au delà par un galet. Celui-

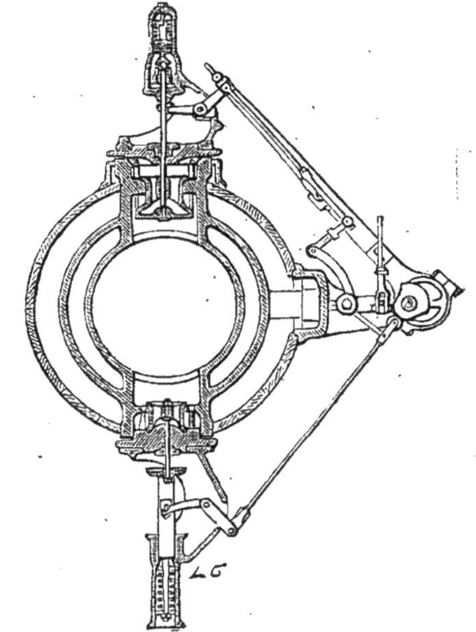

Fig. 193. — *Distribution Sulzer. Disposition des soupapes d'admission et d'échappement.*

ci reçoit l'action d'une came formée de deux parties cylindriques de rayons différents, la soupape reste soulevée tant que la partie de came de grand rayon agit sur le galet, mais aussitôt que celle-ci a cessé son action, elle retombe brusquement sur son siège. Le mouvement des soupapes d'admission est plus délicat, car il est placé en même temps sous l'action du régulateur, afin de maintenir bien uniforme le régime de marche de la machine. Le levier coudé qui supporte la soupape, est commandé, en effet, par un ensemble de tiges rattachées au manchon du régulateur. Des taquets disposés sur les tiges de transmission maintiennent la soupape soulevée tant qu'ils sont en prise avec le levier de celle-ci, et ils la laissent retomber immédiatement dès que le contact est interrompu; la durée de ce contact est déterminée elle-même par la position du manchon du regulateur, elle va en se réduisant quand le manchon se relève, et se prolonge, au contraire, quand il s'abaisse.

Distribution Corliss. Les traits caractéristiques de cette distribution peuvent être résumés de la manière suivante : elle s'opère, comme nous l'avons dit plus haut, au moyen de quatre tiroirs cylindriques, dont deux servent exclusivement pour l'admission et les deux autres pour l'échappement, ces tiroirs sont reportés aux extrémités des cylindres. Toute la distribution est entraînée par un seul excentrique commandant, d'une manière continue, les robinets d'échappement; quant aux robinets d'admission, ils sont entraînés par un mouvement de déclic emprunté à l'excentrique; ils sont fermés brusquement par un appareil de rappel, et la détente est rendue variable par le régulateur agissant d'une manière discontinue. Les cylindres ont une grande longueur et un faible diamètre, ils sont munis généralement d'enveloppes de vapeur.

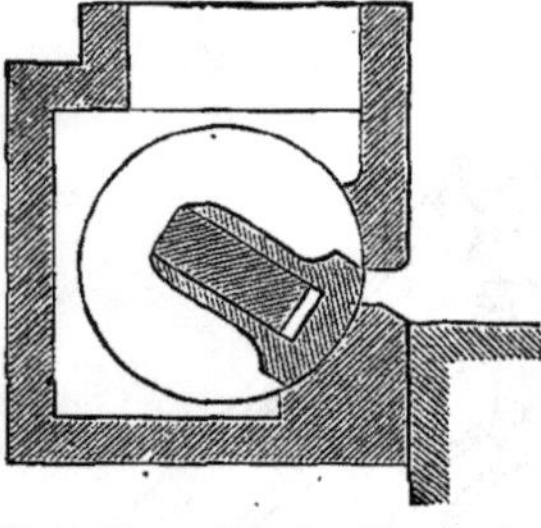

Fig. 194. — *Distribution Corliss. Section du robinet d'admission.*

Nous représentons un diagramme de cette distribution, dans les figures 194 et 195, empruntées au traité de M. Résal, avec quelques détails sur la disposition adoptée sur une machine Corliss, construite au Creusot, qui figurait à l'Exposition de Bordeaux de 1882.

La figure 194 donne la section des robinets distributeurs. Ceux d'admission comprennent une monture en fer de section carrée montée sur un axe perpendiculaire à la tige du piston de la machine. Cette monture porte une sorte de piston en forme de segment de cercle qui glisse à frottement doux sur la glace circulaire du cylindre. Ce piston est maintenu en contact avec la glace par de petits ressorts intérieurs de manière à compenser l'usure. La section de chaque orifice est d'environ 1/15 de celle du cylindre. Les distributeurs d'échappement sont disposés dans des conditions analogues, seulement ils ont une surface élargie, la section des lumières d'échappement est d'environ 1/9 de celle du cylindre, et la période d'ouverture des lumières est les 19/20 environ de la course du piston. Le mécanisme commandant le jeu des distributeurs est représenté en diagramme dans la figure 195 : OA manivelle motrice commandant la bielle AA' et la tige du piston P; OB excentrique calé sur l'arbre moteur commandant une barre BB' ayant à l'extrémité B' une encoche où s'engage le bouton B' d'une manivelle dont l'axe o' est parallèle à l'arbre moteur et peut même se commander à la main lors de la mise en marche. La manivelle o'B' est calée sur un plateau portant quatre manchons aa', cc', dont les deux derniers commandent, à l'aide de bielles, les axes des distributeurs d'échappement EE'. Les deux autres sont reliés, comme on le voit, par un losange articulé aux deux pièces élastiques mobiles autour de l'axe o'', et qui prennent le nom de porte-ressorts. Ces tiges sont reliées à l'aide d'une double bielle commandant les distributeurs DD' et elles portent, d'autre part, une pièce articulée formée, du côté du cylindre, d'une partie rectiligne gh et prolongée de l'autre côté par une partie courbe. C'est sur cette dernière partie que le régulateur de la machine exerce son action pour la soulever ou l'abaisser par l'intermédiaire du levier de détente jl. On remarquera que sur la tige du distributeur est interposé un piston à

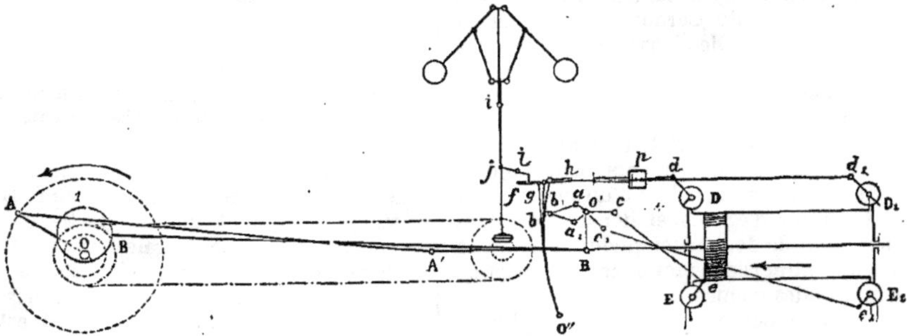

Fig. 195. — *Distribution Corliss.*

air p, qui se retrouve également dans la distribution Sulzer. Ce piston oscille dans un cylindre au fond duquel est placée une petite ouverture; il aspire ainsi l'air dans le mouvement direct par l'ouverture des robinets et, comme le mouvement de retour pour la fermeture sous l'influence des ressorts de rappel est trop rapide pour que tout l'air se trouve expulsé, il se forme ainsi un matelas élastique qui évite les chocs.

On comprend par cette description que dans le mouvement en avant, par exemple, la palette de déclic pousse la bielle du distributeur et celui-ci tourne rapidement en démasquant sa lumière; dans le mouvement inverse la bielle se trouverait aussi rapidement rappelée en suivant la loi du mouvement du porte-ressort; mais cet effet se trouve modifié profondément sous l'action du levier de détente jl. Celui-ci porte, en effet, à l'extrémité l des touches en acier qui viennent se placer au-dessus des parties courbes des palettes de déclic, et elles font basculer celles-ci autour de leur axe, lorsqu'elles viennent à les rencontrer dans leur mouvement oscillatoire. A ce moment, les palettes obéissent à l'action des ressorts et prennent un mouvement rétrograde qui s'effectue avec une grande rapidité. On comprend que la position du levier de détente et, par suite, la durée de l'admission et de la détente dépendent elles-mêmes de la position du régulateur plus ou moins relevé par l'écartement variable des boules. Une disposition spéciale du régulateur que nous n'avons pas à décrire ici, permet d'ailleurs aux touches de prendre immédiatement la position qui correspond à la nouvelle vitesse de régime.

Nous renvoyons pour tous les calculs au savant traité où M. Résal les a résumés, et nous nous bornerons à dire que dans certains cas, la distribution, moins la détente, peut se ramener à une distribution par un tiroir fictif, dont on peut calculer l'angle d'avance et l'excentricité.

Pour se rendre un compte exact de ces distributions, il faut faire des épures complètes dans chaque cas particulier. D'après M. Résal, les machines Corliss donneraient les résultats les plus satisfaisants.

Nous avons représenté dans la figure 196 le système de déclic adopté sur la machine Corliss

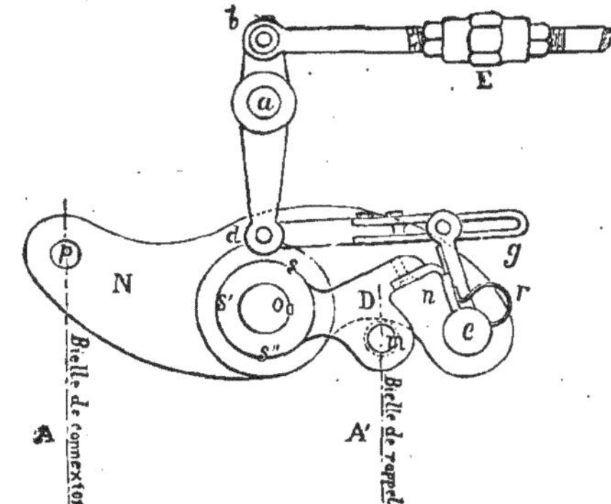

Fig. 196. — ***Système de déclic des tiroirs d'admission de la machine Corliss, construite au Creuzot.***

du Creusot, qui figurait à Bordeaux, et nous en reproduisons la distribution d'après une notice publiée dans le *Génie civil*.

Les mouvements des tiroirs d'admission sont commandés par la came à couteau D, calée sur l'arbre du distributeur d'admission ; celle-ci est constamment sollicitée de haut en bas, de manière à fermer l'admission par la bielle de rappel A'. Cette came porte à son extrémité un couteau D qui vient reposer sur une plaque d'acier *n*, calée sur le levier d'enclenchement *en* et maintenue au contact du couteau par un ressort *r*. Ce levier est articulé lui-même en *e* sur le balancier de commande à deux branches N fou sur le manchon *ss'* de l'arbre du distributeur d'admission et dont l'autre extrémité est commandée par la bielle de connexion A rattachée à l'excentrique moteur. Le balancier se trouve ainsi animé d'un mouvement oscillatoire qu'il transmet au levier d'enclenchement *en*, et, par suite, à la came D. Si on suppose, par exemple, que la bielle de connexion soit arrivée au point mort en haut,

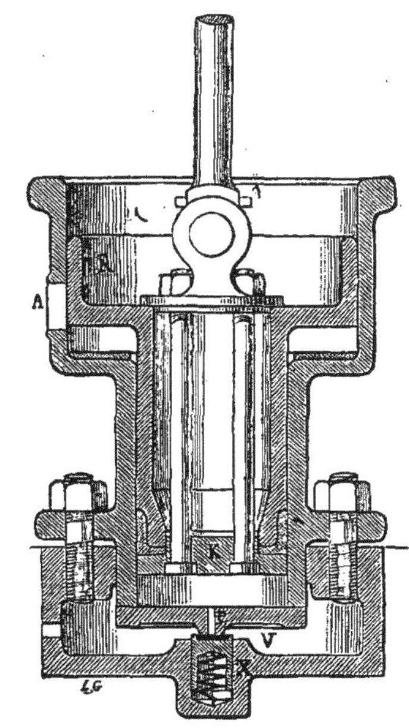

Fig. 197. — ***Distribution Corliss. Coupe du piston à air.***

elle prendra un mouvement descendant et entraînera le balancier dont l'extrémité opposée ira en montant ainsi que la came, l'admission commence dans cette situation et elle persisterait jusqu'à ce que le balancier reprenne son oscillation en retour, si le levier d'enclenchement ne venait pas interrompre à un moment donné le contact

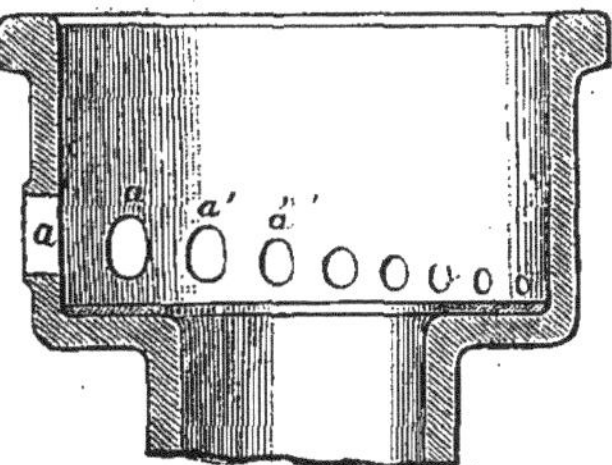

Fig. 198. — ***Distribution Corliss. Coupe du cylindre du piston à air.***

entre le couteau de la came et la plaque d'acier qui le supporte. Dès lors, le couteau abandonne la plaque et la came retombe brusquement sous l'influence de la bielle A' en fermant l'admission. Le levier d'enclenchement *en* est prolongé à cet effet par une fourchette dont le tourillon oscille dans la glissière de déclenchement articulée en *d* à l'extrémité du levier de régulation *d b*, mobile autour du point *a*, et commandé lui-même par la tige de détente E venant du régulateur. La glissière de déclenchement porte un arrêt contre lequel vient buter le tourillon du levier d'échappement, et c'est ce contact qui déclenche la came D en forçant la plaque d'acier à abandonner le couteau. Le balancier continue alors seul son mouvement et la came, rappelée par la bielle A', retombe en fermant l'admission. La fermeture des orifices d'admission se produit donc d'autant plus vite que le tourillon vient rencontrer plus tôt le butoir, et on conçoit que l'instant du contact se trouve déterminé par la position plus ou moins inclinée prise par le levier *db* sous l'action de la tige E commandée elle-même par le régulateur.

Nous avons dit plus haut que la bielle de rappel A' exerçait un effort continuellement dirigé vers le bas; cette pièce est rattachée à un piston à air dont on voit la coupe (fig. 197), et celui-ci a en même temps pour but d'adoucir le mouvement de descente de la came qui, autrement, serait trop brusque. Le piston est double, comme on le voit, et il oscille dans deux cylindres correspondants. Au moment où la bielle A' se soulève, entraînée par la came à couteau, le piston fait le vide dans le cylindre inférieur, pendant que l'air est admis, au contraire, sous le piston supérieur par les orifices latéraux *aa'a"*, disposés sur les parois suivant une hélice (fig. 198).

A l'instant du déclenchement, la pression atmosphérique fait retomber brusquement la bielle, mais le mouvement de descente est adouci par le refoulement de l'air enfermé sous le grand piston et qui doit s'échapper par des orifices rétrécis.

Si l'air rentrait accidentellement sous le piston inférieur, par suite du mauvais entretien de la garniture, il se trouverait expulsé par un petit canal pratiqué sur la paroi du cylindre et fermé habituellement par une petite soupape à ressort.

M. Farcot s'est attaché aussi, en France, à la construction des machines Corliss, et il a réussi également à simplifier beaucoup dans l'installation le type de distribution primitivement adopté par l'inventeur. La machine de M. Farcot, qui figurait à l'Exposition d'électricité de 1881, où elle actionnait différents générateurs d'électricité, se recommandait, en effet, par sa distribution particulièrement bien étudiée. Dans cette machine, comme dans celle du Creusot, le mouvement d'enclenchement des tiroirs est disposé sur l'axe même de ceux-ci, ce qui simplifie beaucoup l'installation en permettant de supprimer les bielles intermédiaires. Le mouvement d'oscillation continu de la barre d'excentrique est imprimé à un plateau central qui actionne à la fois les deux tiroirs d'admission et les deux d'échappement. Sur l'extrémité de l'axe D de chaque tiroir est disposé un levier formé de deux flasques entretoisées *d* folles sur cet axe, qui reçoit le mouvement d'oscillation communiqué par le plateau central, par l'intermédiaire de la bielle *c*. Ce levier porte à sa partie inférieure une pédale d'enclenchement *f*, munie d'un grain d'acier *j* par le moyen de laquelle il entraîne le tiroir pendant que ce grain reste en contact avec le grain *h* d'une manivelle *g*, calée sur l'axe du tiroir. L'entraînement s'arrête avec le contact des grains (fig. 199), le tiroir devenu libre est rappelé en arrière par un piston à vapeur analogue au piston à air dont nous avons parlé plus haut, il retombe en fermant l'admission. La pédale *f* du levier est constamment sollicitée par un ressort qui tend à maintenir les grains en contact, mais la séparation s'opère sous l'action de deux cames voisines en acier *hh'* commandées par le régulateur, qui viennent déclencher la pédale en agissant sur le doigt *m*. La durée de l'admission se trouve ainsi réglée automatiquement d'après la vitesse de mar-

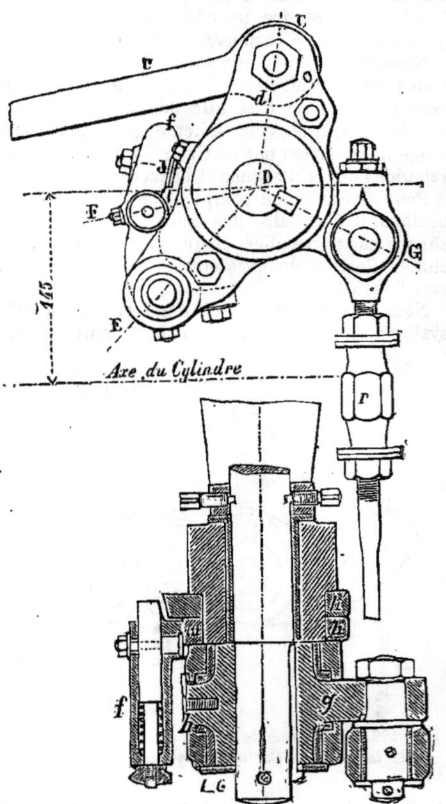

Fig. 199 et 200. — *Coupe et vue extérieure du déclic de la détente Corliss, système Farcot.*

che, une disposition particulière des cames prévient même tout emportement de la machine en fermant totalement l'admission dans le cas où les boules viendraient à retomber par suite d'une avarie au régulateur. Cette disposition est particulièrement précieuse sur les machines motrices des générateurs d'électricité, car tout excès de vitesse mettrait rapidement, comme on sait, les machines dynamo-électriques hors de service.

Le type de distribution, adopté par M. Farcot, paraît donner en service des résultats très satisfaisants, il ne comprend que des organes simples et robustes, d'un entretien facile et d'un fonctionnement certain. Les grains en acier forment les seules pièces qui s'usent, et le remplacement s'en opère sans difficulté.

Ajoutons enfin que cette distribution permet de faire varier l'admission dans des limites très étendues qu'on n'atteignait pas avec les premières machines Corliss, soit jusqu'aux 8/10 de la course du piston. L'organe de déclenchement qui fonctionne pour les grandes admissions n'est pas le même que pour les petites, l'une des deux cames *hh'* dont nous avons parlé plus haut sert, en effet, pour les admissions inférieures à 3/10, et l'autre pour les admissions supérieures. D'après les renseignements publiés par M. Fontaine dans la *Revue industrielle*, n° du 16 novembre 1881, cette machine présente une élasticité de puissance très remarquable : le type de 60 chevaux indiqués peut produire dans de bonnes conditions de marche jusqu'à 120 chevaux à une pression de 5 atmosphères, et 150 chevaux à 6. Le rendement serait également très satisfaisant : une machine de 40 chevaux ne dépenserait pas plus de 7 kilogrammes de vapeur par cheval indiqué et par heure, et cette consommation s'abaisserait à 5^{k},8 pour une machine de 330 chevaux, comme on l'aurait constaté à Saint-Maur à l'usine élévatoire de la ville de Paris, ce qui correspondrait à un rendement de 90 0/0 au moins. D'ailleurs, M. Corliss aurait imité lui-même dans une machine construite pour les eaux de Pawtucket les dispositions de M. Farcot, et il aurait réussi à abaisser la consommation de houille à 0^{k},760 par cheval indiqué, tandis qu'elle atteignait près de 1 kilogramme dans son type ordinaire de machine.

Distributions spéciales. *Distribution Compound.* La disposition Compound permet d'obtenir, dans les mêmes limites de distribution, une détente plus prolongée qu'avec les types ordinaires, tout en obviant à certains inconvénients que nous venons de signaler en parlant des machines Corlin. La détente s'opère en effet dans un cylindre spécial différent du cylindre d'admission proprement dit, qui se trouve ainsi maintenu à une température bien uniforme et soustrait aux alternatives de réchauffement et de refroidissement résultant de la détente.

Cette distribution à deux cylindres avait été appliquée déjà par Wolf en 1804, mais elle a été reprise plus tard en Amérique et elle est connue généralement aujourd'hui sous le nom de Compound. Nous ne décrirons pas ici la disposition des différents types de machines Compound, nous signalerons seulement les traits principaux de la distribution. La vapeur est admise à pleine pression dans un premier cylindre de faible diamètre, et elle est rejetée ensuite dans un second cylindre de grand volume, où elle se détend en agissant sur le piston, et elle produit ainsi un effet utile qui s'ajoute à celui qu'elle a développé déjà dans le petit cylindre. Généralement toute la course se continue à pleine pression dans le premier cylindre, mais quelquefois on y opère même un commencement de détente, avant de lancer la vapeur dans le grand cylindre, où elle arrive alors avec une pression déjà réduite. Les dispositions relatives de ces deux cylindres varient beaucoup suivant les types de machines et nous n'avons pas à les décrire ici, car le principe de la distribution reste toujours le même.

On conçoit immédiatement qu'en partant d'une distribution donnée, on obtient, avec la machine Compound, une détente beaucoup plus forte qu'avec les types ordinaires, puisque la détente se produit dans un volume beaucoup plus considérable que celui du cylindre d'admission. En dehors de cet avantage si important, on peut ajouter que les pièces sont généralement moins fatiguées avec la plupart des types de machines Compound, la pression étant reportée sur deux tiges au lieu d'une seule, l'effort moteur est plus régulier, le volant est moins nécessaire. L'inconvénient principal tient à la complication qu'entraînent les deux cylindres dont l'installation devient très difficile sur un espace restreint, surtout si on veut commencer la détente dans le petit cylindre. C'est cependant le parti auquel on s'arrête souvent aujourd'hui malgré la grande complication d'organes qu'entraîne la double distribution, car pour les machines conduisant les filatures par exemple, il est essentiel que la vitesse demeure bien uniforme, et que l'admission puisse varier dans les limites les plus étendues ; on ne pourrait pas obtenir ce résultat avec un cylindre marchant continuellement à pleine pression.

On rencontre même aujourd'hui certains types de machines Compound, dont le petit cylindre est muni d'une distribution à déclic analogue à celles que nous avons décrites plus haut. Nous citerons, par exemple, les machines construites par MM. Powell, de Rouen, pour les filatures de la région, et qui ont pu réaliser, sur la consommation de combustible, des économies assez importantes, grâce à l'application de la détente à déclic Correy, et nous en donnons la description résumée d'après une note présentée par M. Powell à l'Institut des ingénieurs mécaniciens de Londres (fig. 200).

La vapeur de la chaudière passe dans la chemise servant d'enveloppe aux deux cylindres, et elle arrive ensuite dans la boîte du petit cylindre. Cette distribution paraît d'ailleurs à éviter, ainsi que le remarque M. Haton, car elle fournit de la vapeur trop humide. L'admission est réglée par un tiroir oscillant percé de lumières intérieures, sur le dos duquel glissent deux taquets de détente qui peuvent interrompre l'admission en obturant les lumières mobiles du tiroir suivant une disposition analogue à celle de Meyer. Les tiges des pistons et des tiroirs sont verticales, et la tige A commandant les taquets tend à retomber, par son propre poids et par l'effort de la vapeur à son extrémité, quand elle n'est pas soulevée par le mécanisme de distribution ; et, dans cette position, elle obture les lumières du tiroir. Un piston à air disposé sur la tige, comme dans les machines Corliss, amortit le choc au moment de la chute. La tige A se termine comme l'indique la figure, par un manchon H qui emboîte une tige verticale G située dans son prolongement. Celle-ci est commandée par un excentrique calé sur l'essieu moteur, et elle est animée d'un mouvement de va-et-vient qu'elle transmet à la tige A des taquets du tiroir par l'intermédiaire du manchon, tant que celui-ci reste solidaire avec elle. A l'extrémité de la tige G est ménagé, à cet effet, l'épaulement I sur lequel vient s'appuyer le taquet J repoussé par le ressort qui assure ainsi l'entraînement. Le manchon porte, d'autre part, l'axe d'un levier coudé K dont une extrémité est articulée avec du jeu contre le taquet J, et l'autre extrémité supporte une vis terminée par une pointe N. Le levier K partage le mouvement oscillatoire du manchon H, et l'entraînement

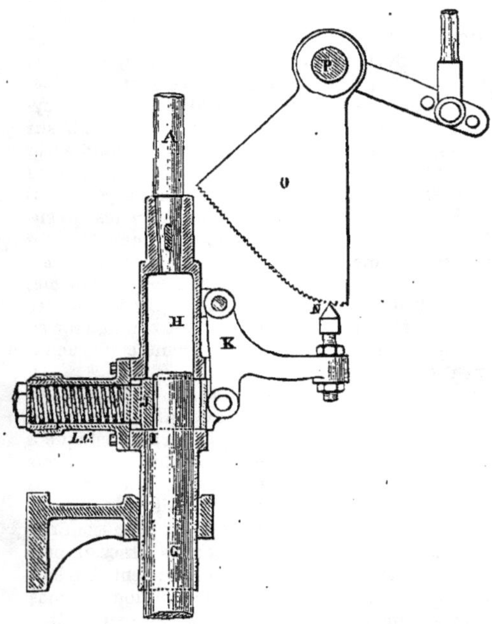

Fig 201. — *Distribution Compound à déclic, système Correy.*

s'arrête au moment où la pointe N vient buter contre une des dents de la came O commandée elle-même par le régulateur; dès lors, le levier K s'arrête, repousse le taquet J, la tige G continue seule son mouvement, tandis que la tige des taquets retombe, comme nous l'avons dit plus haut. On comprend par là qu'il est très facile de régler la détente dans les limites les plus étendues, depuis 0 jusqu'à 90 0/0 de la course, puisque la position de la came O est déterminée par le régulateur, et qu'on peut lui donner le profil le plus convenable. L'effort de déclenchement est d'ailleur très faible, et le déclic s'opère sans aucun temps d'arrêt.

La distribution Compound a même été appliquée jusque sur les locomotives où l'emplacement, dont on peut disposer pour l'installation du mécanisme, est si restreint cependant. M. Mallet a attaché, comme on sait, son nom à cette application si intéressante, et les locomotives disposées par lui font actuellement un service régulier sur la ligne de Bayonne à Biarritz. D'après les renseignements qu'il a fournis à la *Société des Ingénieurs civils*, cette distribution a été appliquée également en Russie par M. Borodine, et elle aurait donné d'excellents résultats, comme on l'aurait reconnu à la suite d'expériences comparatives très soignées, exécutées en 1881 sur la ligne de Kiew à Kazatine; on aurait obtenu en effet une économie de 10 à 14 0/0 sur la consommation moyenne des autres machines de même type. En Angleterre, M. Webb a tenté également une application qui paraît avoir été couronnée de succès.

On ne saurait méconnaître que la distribution Compound repose sur un principe qui paraît très fécond, et il y aurait grand intérêt à l'appliquer même sur les locomotives, s'il est réellement possible de le faire sans trop de complications. On trouvera sur ce sujet d'intéressants renseignements dans les *Comptes-rendus des Ingénieurs civils*, février 1882, et le *Bulletin de la Société d'encouragement*, tome IV.

Distribution des machines de Cornwall. Nous ne ferons que citer cette distribution. Les machines de Cornwall ont une marche intermittente; arrivé à fond de course en haut, le piston moteur reste arrêté pendant quelque temps et ne reprend sa course que lorsque la soupape d'admission est ouverte. Celle-ci est manœuvrée par un déclic commandé par un appareil spécial appelé *cataracte* sorte d'horloge à eau fournissant une interruption qu'on peut régler d'après la quantité d'eau à évacuer. Quant à la distribution, elle s'opère dans des conditions peu différentes des machines à double effet, l'admission et la détente peuvent être réglées à volonté, en agissant simplement sur la soupape d'admission; et enfin l'échappement anticipé est remplacé par une période où on établit la communication entre les deux extrémités du cylindre : la vapeur détendue qui presse sur la face motrice se répand alors sur la face résistante, pour amortir graduellement le mouvement et éviter les chocs à fond de course : pour le mouvement en retour, on établit simplement la communication avec le condenseur afin que le piston de la machine puisse se relever.

Distributions par machines oscillantes et rotatives. Nous terminerons cette revue des principaux types de distribution actuellement en usage sur les machines à vapeur, en disant quelques mots des distributions des machines oscillantes et de certaines distributions spéciales qui ne sont pas répandues dans la pratique, comme pour les machines rotatives, par exemple.

Les distributions par cylindre oscillant permettent de réduire le nombre des pièces en supprimant la bielle du piston; elles sont appliquées, comme on sait, dans les cas où l'emplacement fait défaut, et on en rencontre, en effet, quelques exemples sur certaines machines marines. Dans ce cas, l'admission de vapeur s'opère généralement par l'un des tourillons qui supportent le cylindre, et l'échappement, par l'autre. La distribution est installée, et la détente peut être réglée dans les mêmes conditions que pour une distribution par tiroir, dont on aurait enroulé l'épure sur le tourillon; on guide le bouton du tiroir dans une rainure formant coulisse de détente qu'on détermine graphiquement. On peut conserver, d'ailleurs, la distribution par tiroir marchant en ligne droite, en disposant un tiroir qui glisse longitudinalement sur une des génératrices du cylindre oscillant pour ouvrir ou fermer les lumières d'admission. Le tiroir est guidé par une bielle articulée à l'extrémité d'un levier oscillant autour d'un point fixe, et sur lequel on peut agir pour régler la détente.

Il convient également de citer la distribution des machines purement rotatives. Ce type de machines qui présente des avantages théoriques considérables n'a jamais pu fonctionner réellement en pratique, malgré tous les essais et perfectionnements dont il a été l'objet, à diverses reprises, depuis Watt jusqu'à nos jours. On en connaît plus de vingt types, Behrens, Bishop et Rennie, Boric, Braconnier, etc. On trouvera la description de quelques-uns dans la cinématique de Reuleaux. La plupart consomment plus de 5 à 6 kilogrammes de houille par cheval et par heure. En principe, cette distribution comporte un cylindre à vapeur autour de l'axe duquel tourne un piston réalisant sous une forme solide une demi-section diamétrale du cylindre. Ce piston occupe toute la hauteur du cylindre, avec une longueur égale à celle d'un rayon, il tourne en formant un assemblage étanche avec les parois frottantes du cylindre. Deux volets de longueur égale à celle du rayon, dirigés suivant un même diamètre, sont appliqués par des ressorts au contact de l'axe du piston et ils peuvent être repoussés dans deux logements radiaux pratiqués dans la paroi, pour livrer passage au piston, ils s'effacent seulement à l'instant où le piston passe par le rayon qu'ils occupent, et se développent ensuite à nouveau jusqu'au contact de l'axe. Dans cette situation, ils partagent la section du cylindre en deux demi-cercles dans lesquels le piston passe alternativement dans son mouvement de rotation. Ce piston partage continuellement en deux chambres le demi-cercle qu'il occupe, et la distribution s'opère dans ce demi-cercle, dans des conditions semblables à celles du mouvement de va-et-vient rectiligne: la chambre d'arrière est en communication avec la vapeur motrice par un canal pratiqué à travers l'axe du piston, et celle d'avant communique avec l'échappement par un second canal débouchant sur l'autre face du piston. Il en résulte que la vapeur motrice chasse le piston continuellement devant elle, en agissant comme sur la palette d'un arbre moteur: lorsque le piston arrive au contact d'un volet, il le repousse et pénètre dans l'autre demi-cercle du cylindre, la vapeur provenant de la demi-rotation précédente qui remplit cette chambre est évacuée graduellement dans l'échappement à mesure que le piston avance.

Bien que théoriquement ce système semble offrir toutes les perfections désirables, la pratique n'a pas encore pu justifier son emploi. Nous pouvons citer également un autre type de distribution, imaginé par M. Siemens et exposé par lui à Vienne (V. *Revue industrielle*, 4 février 1874), et dans lequel le célèbre ingénieur avait essayé de réaliser les conditions théoriques auxquelles ne peuvent satisfaire les machines ordinaires. C'est aussi une machine rotative dans laquelle la vapeur agit directement sur les palettes de l'arbre moteur pour le faire tourner, et de plus, elle utilise continuellement la même eau qui est condensée et reprise automatiquement à l'intérieur de la machine. Celle-ci présente la forme d'une espèce de bouteille fermée, portée sur un axe incliné qui se continue à l'intérieur en forme de vis d'Archimède. Extérieurement à la bouteille, et communiquant avec celle-ci à la partie supérieure, est disposé un serpentin en forme d'hélice dont le pas est inverse de celui de la vis intérieure. Tout cet ensemble forme un vase clos dans lequel on a enfermé une certaine quantité d'eau qui s'accumule vers le bas de la bouteille. En chauffant en ce point, la vapeur se dégage et s'élève en agissant sur la vis intérieure et elle détermine la rotation de l'arbre et celle de la bouteille entière. Arrivée au haut de la bouteille elle pénètre dans le serpentin extérieur et se condense; mais comme le pas du serpentin est disposé à l'inverse du sens du mouvement, il agit dans ce cas comme une véritable vis d'Archimède et relève les gouttelettes d'eau qu'il ramène dans la bouteille où elles sont vaporisées à nouveau; et le cycle ainsi déterminé se continue indifféremment tant qu'on chauffe le bas de la bouteille.

Cette distribution qui serait presque parfaite en théorie, n'a pas été non plus essayée en pratique.

Nous mentionnerons simplement le moteur proposé par M. Bourdon et fondé sur l'emploi de son tube aplati, l'appareil à réaction de M. Regge; mais nous ne reproduirons pas la description de ces appareils qui ne doivent être considérés, d'ailleurs, selon l'expression de M. Haton de la Goupilière, que comme des objets de pure curiosité, sans aucune portée industrielle. — B.

DIVAN. Grand siège dans lequel le bois n'est pas apparent, et qui se distingue du canapé en ce qu'il n'a point de bras et que le dossier est remplacé par des coussins.

*** DIVI-DIVI.** *T. de chim.* Matière astringente formée de gousses aplaties de 5 à 6 centimètres de long, contournées en S, brun-rouges, un peu rugueuses, portées par un arbuste de l'Amérique du Sud, le *cœsalpinia coriaria*. Ces gousses renferment un tannin, immédiatement au-dessous de l'épiderme.

*** DIVISER** (Machine à). Instrument qui sert à établir les échelles de précision sur les parties rectilignes ou curvilignes dans tous les instruments de mesure. Le principe de cette machine consiste à fixer la pièce à diviser sur un banc rectiligne ou sur un plateau, que l'on fait avancer successivement de grandeurs égales et déterminées, à l'aide d'une vis micrométrique, organe fondamental de ces machines. La manivelle qui met cette vis en mouvement se déplace devant un cercle qui permet d'évaluer exactement les fractions de tour opérées. Un chariot muni d'un burin sert à tracer les traits formant les divisions de l'échelle, après chacun des déplacements de la pièce à diviser. Des artifices de construction permettent de régler les avancements de la vis sur telle fraction de son pas que l'on désire, de même que les différences de longueur dans les traits tracés par le burin, ainsi qu'on le voit sur les mètres, pour les divisions marquant les dizaines de centimètres, les demi-dizaines, etc., sans que l'opérateur ait à se préoccuper des conditions dans lesquelles se présentent ces variations d'exécution.

***DIVISEUR** (Système). Procédé de vidange qui consiste dans la séparation des matières solides et des matières liquides, à l'aide d'un appareil spécial, et dans l'évacuation des liquides à l'égout de la rue, au moyen d'un branchement particulier. — V. VIDANGE.

DIVISIBILITÉ. *T. de chim. et de physiq.* On a admis, jusqu'au siècle actuel, que la matière était divisible à l'infini. Les découvertes des lois relatives aux combinaisons des corps : loi des proportions multiples, loi des équivalents chimiques, etc., ont prouvé que la divisibilité de la matière avait un terme, et l'on a nommé *atomes* les dernières particules *insécables* qui constituent les corps. Ces atomes, en se groupant 2 à 2, 3 à 3, etc., forment les *molécules* qui, à leur tour, se réunissent pour constituer les corps solides, liquides ou gazeux.

***DIX-EN-DIX.** *T. de tiss.* Cette formule s'applique à l'un des nombreux genres de papiers quadrillés, dont les dessinateurs industriels se servent pour mettre en carte les esquisses que la mécanique Jacquard devra permettre de reproduire sur étoffe. Elle signifie que, dans chacun des carrés *moyens* que comporte une feuille quadrillée, il y a autant de petites cases en travers qu'en hauteur, les cases en travers correspondant au nombre de fils, et celles en hauteur au nombre de duites. L'expression *dix-en-dix* se rapporte donc à un tissu dont la réduction générale est *carrée*, c'est-à-dire, dans lequel il doit y avoir autant de fils que de duites sur le plan d'un carré quelconque. C'est le *centimètre carré* que les fabricants ont adopté comme étalon de mesure, pour déterminer la réduction-chaîne et la réduction-trame des étoffes.

La formule se modifie lorsqu'il n'y a pas similitude ou concordance entre ces deux réductions (chaîne et trame). Exemples : *huit-en-dix* (8 fils, 10 duites); *dix-en-douze* (10 fils, 12 duites); *douze-en-dix* (12 fils, 10 duites); *huit-en-seize* (8 fils, 16 duites), etc., etc. Dans tous ces énoncés, le premier nombre désigne toujours la quantité de fils, et le second la quantité de duites, compris dans un carré moyen du papier quadrillé.

DOCIMASIE. Art de déterminer, par des procédés divers, la nature et la proportion relative des métaux contenus dans les minerais. Cette science spéciale, d'origine relativement récente, dont l'importance devient de plus en plus grande, depuis les progrès de l'industrie, comporte l'emploi simultané des procédés, proprement dits, d'essai et d'analyse, puisqu'il s'agit, étant donné un minerai, de reconnaître d'abord la nature des éléments qui le constituent, puis ensuite la proportion centésimale de tout ou partie de ces éléments. C'est à Berzélius, Thénard, Berthier et Rivot que l'on doit aujourd'hui la détermination des principes et procédés rationnels qui permettent à tous les mineurs et métallurgistes d'apprécier exactement les matériaux qu'ils travaillent. L'illustre ingénieur des mines Rivot a publié un traité de *docimasie*, où cette science, étudiée sous toutes ses faces, est un guide universellement adopté par tous les praticiens. Ainsi qu'il le dit dans son introduction, il faut bien toujours préciser le point de vue auquel on se trouve. S'agit-il de recherches scientifiques, ou bien faut-il déterminer la composition d'un échantillon minéralogique, d'eaux minérales, etc., il faut d'abord se préoccuper de l'exactitude des séparations et des dosages, sans regarder à la lenteur des opérations; au contraire, dans les usines, on n'a guère à considérer que l'évaluation exacte d'un ou de quelques-uns des éléments constitutifs du corps; dans ce cas, on peut et doit rechercher avant tout les méthodes rapides donnant, il est vrai, des résultats approximatifs, mais suffisants pour le contrôle des opérations métallurgiques. D'où, pour le praticien, un guide pour le choix des méthodes à employer dans les divers cas qu'il aura à traiter. Essais par la voie sèche pour les analyses rapides et approximatives, essais par la voie humide pour celles, au contraire, où le dosage des éléments doit être fait avec précision.

La docimasie n'est donc que l'une des branches de l'application des connaissances de la chimie. On trouvera, dans le cours du *Dictionnaire*, aux mots ANALYSE, CHALUMEAU, ESSAI, ainsi que dans les études consacrées aux divers minerais et produits métallurgiques, les procédés d'analyse et de dosage dont l'ensemble constitue la science de la docimasie.

Bibliographie : A. BARBA : *Docimasie* ou *Art de l'essayeur*, 1748; K.-E. GELLERT : *Anfangsgründe de Probirkunst*, Leipzig, 1755; O. GMELIN : *Chemische Gründraetze der Probir-und Schmelzkaust*, Halle, 1786; J.-A. CRAMER : *Anfangsgründe der Probickunst*, etc., Leipzig, 1794; VAUQUELIN : *Manuel de l'essayeur*, Paris, 1812; F. HOLLUNDER : *Versuch einer anleitung der mineralogischen Probirkunst*, Nuremberg, 1827; E. JOICE : *Praktische anleitung zur chemischen analytik und Probirkunst*, traduit de l'anglais, Vienne, 1827; GAY-LUSSAC : *Instruction sur l'essai des matières d'argent par la voie humide*, Paris, 1832; P. BERTHIER : *Traité des essais par la voie sèche*, Paris, 1834; C. HARTMANN : *Die Probiskunst*, Weimar, 1838; CHAUDET : *Art de l'essayeur;* Th. BODEMANN: *Anleitung zur berg-und hüttenmännischen Probirkunst*, Clausthal, 1857; E. RIVOT : *Docimasie, Traité d'analyse des substances minérales*, Paris, 1859; B. KERL : *Die metallurgische Probirkunst*, Leipzig, 1866; Id. : *Probirbuch*, Leipzig, 1880; C. BALLING : *Ma-*

nuel de l'art de l'essayeur, traduit de l'allemand, par L. Gautier, Paris, 1881 ; J. Port : *Traité d'analyse chimique appliquée aux essais industriels*, traduit de l'allemand, par L. Gautier, Paris 1883.

DOCK. On désigne sous le nom de *dock* (mot emprunté à la langue anglaise), non seulement le bassin à flot d'un port, mais encore ses hangars et abris (*sheds*), ses magasins (*warehouses*), les grues et engins de toute nature, employés pour la manutention et la conservation des marchandises, de sorte qu'en réalité, un dock constitue à lui seul et dans son ensemble un port complet.

— C'est en Angleterre que les docks ont pris naissance et c'est aussi presque exclusivement dans ce pays que l'on trouve aujourd'hui des Compagnies régulièrement constituées pour l'exploitation de docks maritimes ou fluviaux. Les plus anciens sont ceux du port de Hull, institués en 1774, par un acte du Parlement; les plus vastes et les mieux aménagés sont ceux de la Tamise, à Londres. Au lieu d'adopter l'ancienne disposition de *Saint-Katharine-Docks*, qui consistait à élever, sur le périmètre d'un bassin, d'immenses magasins à plusieurs étages, presque partout à l'aplomb des murs des quais, s'élevant au-dessus d'un rez-de-chaussée complètement libre et dégagé pour la circulation, le nouveau *Dock Victoria* qui a une longueur de 2 kilomètres, une largeur de 147 mètres et une profondeur de 8^m,10 au-dessous du niveau des hautes mers ordinaires, est bordé de quais de 80 mètres de largeur, partagés en deux parties à peu près égales. La moitié contiguë au bassin est recouverte d'abris séparés de l'arête du quai par une voie de *circulation*; l'autre moitié est réservée à l'établissement de voies ferrées, de magasins, etc.

En général, la marchandise est hissée, au moyen de grues ou d'ascenseurs hydrauliques. directement de la cale du navire dans un des cinq, six ou sept étages du magasin, où elle est reconnue, pesée, échantillonnée et emmagasinée. Il en résulte qu'au point de vue de la manutention, la surface disponible est beaucoup plus

Fig. 202. — *Dock flottant du vice-roi d'Egypte.*

grande que ne pourrait l'être celle des quais. Quelques-uns de ces magasins sont de véritables marchés et des locaux y sont même affectés aux courtiers qui se réunissent pour fixer le cours des marchandises.

Ce qui manque, en général, même en Angleterre, et surtout à Marseille, où les magasins de la Joliette sont de véritables docks, c'est un développement suffisant de voies ferrées, destinées à desservir les magasins avec ou sans étages. Le programme d'une installation complète, telle, par exemple, que celle qui est projetée pour desservir les hangars prévus sur les terres-pleins des nouveaux bassins de Dunkerque, est le suivant : le long de l'arête du quai, une voie pour la circulation des grues roulantes, et une voie de vagons en chargement, pour le transbordement direct des navires en chemin de fer; puis une voie charretière de 15 mètres de largeur, des hangars ou des magasins à étages, selon la nature des marchandises; de l'autre côté de ces magasins, un groupe de cinq à six voies, l'une pour le chargement de magasin en vagon, deux autres pour les vagons pleins et les vagons vides, une voie pour les trains à leur arrivée, une autre pour les trains au départ, et enfin une voie de dégagement et de circulation pour les machines. Toutes ces voies sont reliées entre elles par des plaques tournantes, des jonctions et des chariots transbordeurs, de manière que le passage de l'une à l'autre soit extrêmement facile et rapide. Une gare de triage, placée au point central où viennent converger les raccordements de tous les bassins des ports, sert à classer, pour les diverses directions, les vagons amenés sans ordre dès qu'ils ont été chargés. Ce projet a déjà reçu un commencement d'exécution, en même temps que l'ouverture de l'une des darses du nouveau bassin Freycinet.

Avec une installation de ce genre, on atteint tout ce que l'art de l'ingénieur peut réaliser pour la prospérité d'un port; le reste ne dépend plus que de la modicité des droits qui frappent les navires et grèvent la marchandise.

Docks flottants. Ce sont de simples formes de radoub qui servent à soulever les navires hors de l'eau et à les déposer sur des cales horizontales ou grils fixes, établis au bord de l'eau, d'où on les reprend par une manœuvre inverse pour les remettre à flot. Le fond du dock est formé de poutres isolées, reposant sur des pontons, rattachées à un caisson vertical et équilibrées de l'autre côté du caisson, par un chaland flotteur qui sert de contrepoids. Les pontons sont divisés en compartiments où l'on peut épuiser l'eau au moyen de pompes, de manière à provoquer l'émersion ou l'immersion du dock flottant et à soulever les navires pour les amener sur les cales ou les remettre à flot.

L'un des docks flottants les plus grands qui aient été construits est celui d'Alexandrie, destiné à recevoir le yacht du vice-roi d'Egypte; sa longueur est de 141 mètres et sa largeur extérieure de 30 mètres, son poids de 4,600 tonnes. Il a été construit en neuf mois aux chantiers de la Seyne, de 1866 à 1867, et il a été remorqué, en vingt-sept jours, jusqu'à Alexandrie, à l'aide de deux forts paquebots attelés en flèche. Nous donnons ci-dessus une vue perspective de cet important engin (fig. 202). Le dock flottant du port de Nikolaïeff, construit récemment par MM. Clark et Stanfield, est, grâce à la disposition spéciale de ses contrepoids, d'une manœuvre beaucoup plus facile.

On désigne également sous le nom de *docks flottants* des cuves métalliques servant à emmagasiner les liquides, tels que le pétrole, et flottant dans l'eau. Cette disposition, qui est en usage aux docks Saint-Ouen, sur la Seine, près de Paris, a l'inconvénient de rendre très difficiles la visite, l'entretien et les réparations des cuves, surtout si elles sont assemblées entre elles au moyen de rivets.

***DOCTEUR.** *T. techn.* Lame de métal parallèle au cylindre imprimeur et qui, selon l'écartement qu'on lui donne, règle la quantité de couleur que le cylindre entraîne avec lui.

DODÉCAÈDRE. *T. de géom. et de cristall.* Polyèdre à 12 faces. Il peut être régulier, symétrique ou irrégulier. Dans le premier cas, c'est un des cinq polyèdres géométriques réguliers; il est formé de 12 pentagones réguliers égaux. Le dodécaèdre rhomboïdal est limité par 12 losanges égaux; ces deux formes, en cristallographie, appartiennent au système cubique. — V. CRISTALLOGRAPHIE.

Le *didodécaèdre* symétrique est constitué par deux pyramides égales placées base à base et formées chacune de 12 triangles égaux qui, pour un angle déterminé, peuvent devenir réguliers.

DODÉCAGONE. *T. de géom.* Polygone de douze côtés. Il y a un dodécagone régulier convexe, et un dodécagone régulier étoilé qu'on obtient en joignant de 5 en 5 les sommets du dodécagone régulier convexe. Pour inscrire un dodécagone régulier convexe dans un cercle, on commence par partager la circonférence en six parties égales, en traçant des cordes égales au rayon, puis on partage chacun des six arcs en deux parties égales par les méthodes bien connues. La circonférence est ainsi divisée en douze arcs égaux et il ne reste plus qu'à joindre les points de division. Le côté du dodécagone régulier convexe, inscrit dans un cercle de rayon r, a pour longueur :

$$c=\frac{r}{2}\left(\sqrt{6}-\sqrt{2}\right).$$

et celui de dodécagone étoilé inscrit :

$$c'=\frac{r}{2}\left(\sqrt{6}+\sqrt{2}\right)$$

L'apothème de l'un des deux dodécagones réguliers est égal à la moitié du côté de l'autre, comme on le voit immédiatement en construisant la figure, d'où il suit que la surface du dodécagone régulier convexe inscrit est égale à $3cc'$, d'où l'on tire la formule : $S=3r^2$, c'est-à-dire que le dodécagone régulier convexe inscrit est équivalent au triple du carré construit sur le rayon.

***DOFFER.** *T. de filat.* On donne spécialement ce nom dans les machines de filature, à un rouleau couvert de garnitures de cardes qui, par sa rotation continue, enlève les déchets ou blousses qui s'accumulent dans les peigneuses sur les brosses de nettoyage. Ces déchets sont ensuite déchargés par un peigne animé d'un mouvement de va-et-vient, qui fait à sa surface office de couteau gratteur et auquel on a donné le nom de *doffing-knife*. Par extension, tous les rouleaux garnis de pointes qui, dans les *cardes* produisent le même effet, sont désignés du nom de *doffers*; les doffers sont toujours accompagnés d'un doffing-knife.

***DOG-CART.** *T. de carross.* Genre de voiture légère à deux roues élevées.

***DOIGT.** *T. d'horlog.* Pièce de l'appareil à répétition qui sert à faire sonner les quarts. || Pièce entrant sur l'arbre du barillet qui contient le ressort du petit rouage.

***DOLAGE.** *T. techn.* Action d'ébaucher les cornes, les baleines. — V. APLATISSAGE DES CORNES. || Opération qui a pour but d'amincir et de parer les peaux destinées à la ganterie. || Enlever les bavures du plomb adhérent à la lingotière.

***DOLEAU.** *T. techn.* Petite hache à l'usage des ardoisiers pour donner aux ardoises les dimensions nécessaires ; on écrit aussi *dolleau.*

***DOLLFUS** (Les). Bien que notre programme limite à la France la biographie des hommes célèbres ou simplement utiles, qui ont illustré notre pays, nous avons le patriotique devoir de ne point faire de distinction avec les manufacturiers, savants et artistes de l'Alsace-Lorraine, qui ont développé notre industrie. La force ne primera pas toujours le droit, la violence n'étouffera pas toujours les sentiments de nos frères et leurs cœurs battent trop bien à l'unisson des nôtres pour ne point espérer le triomphe de nos aspirations communes. Sachons, en attendant l'avenir, honorer la mémoire de ceux qui, là-bas, ont contribué à la grandeur et à la prospérité de notre patrie.

Depuis plus d'un siècle, le nom des Dollfus brille d'un vif éclat dans la vieille cité mulhousienne. *Jean-Henri* Dollfus, l'un des fondateurs de l'industrie des toiles peintes, était bourgmestre de Mulhouse et, en cette qualité, il fut chargé par le collège échevinal d'aller complimenter Louis XV, après la prise de Fribourg (1744). Les associés de Jean-Henri Dollfus s'étant séparés pour fonder chacun un établissement particulier, celui-ci resta seul à la tête de la maison primitivement créée, qui devait être plus tard connue du monde entier sous la raison sociale Dollfus-Mieg et Compagnie. « Dès 1786, disent MM. Rouxel, Mossmann et Larchey (1), on signale les grands progrès que leur maison fit faire à l'impression, par le perfectionnement des couleurs, de la gravure et du dessin. C'est elle qui introduisit la gravure en taille-douce ou à la planche pour l'impression des calicots. En 1815, c'est chez elle que se firent les premiers essais d'impression sur laine et de fixage des couleurs par la vapeur. »

Cette maison fut le berceau des grands industriels dont nous allons rapidement esquisser la vie laborieuse ; nous regrettons de ne pouvoir leur consacrer de longues pages, car de telles existences, vouées au bien et consacrées au progrès, rendent à la patrie et à l'humanité des services qu'on ne saurait trop honorer.

***DOLLFUS-AUSSET** (Daniel). Fils de *Daniel* Dollfus-Mieg, neveu de *Jean-Henri* Dollfus, né à Mulhouse en 1797. Il acheva son éducation première à l'école cantonale d'Aarau (Suisse), et pendant les années 1814-15 vint à Paris, où il étudia la chimie sous un grand maître, Chevreul, qui, à cette époque, faisait ses travaux sur les corps gras et préludait à ses magnifiques recherches sur les couleurs et la physique avec le professeur Trémery qu'il suppléa quelquefois. A dix-huit ans, Dollfus-Ausset dut prendre la direction technique de la maison de son père. Dès 1819, il entreprend une série de voyages en Angleterre, et à chacun de ses retours, il introduit dans son industrie un procédé nouveau. C'est ainsi qu'on lui doit l'emploi du lait dans le blanchiment des tissus de coton, du prussiate de potasse dans l'impression à l'aide de la vapeur, de la vapeur dans les opérations du lessivage et de la teinture, etc. En 1855, quoique retiré depuis longtemps des affaires, Dollfus établit un atelier de gravure, où à l'aide d'ingénieuses machines, il parvient à reporter sur le métal les dessins les plus compliqués. A la même époque, il fait venir d'Angleterre une machine à imprimer en douze couleurs, convaincu qu'elle devait rendre à nos fabriques de très grands services. Son espoir fut déçu, ou plutôt la tentative était prématurée ; car la machine, renvoyée en Angleterre, fut bientôt réintégrée en France à grands frais et utilisée avec succès par différentes maisons. La croix d'honneur vint récompenser Daniel Dollfus de ses belles recherches et des progrès qu'il avait fait faire à l'industrie des toiles peintes.

D'une activité pour ainsi dire croissante avec l'âge, Dollfus, attiré par l'étude des phénomènes naturels, explore un nouveau champ de recherches. Un récent ouvrage avait appelé l'attention des savants sur les phénomènes des glaciers, Dollfus se joint aux explorateurs, les aide de sa bourse, prend part à leurs travaux et à leurs fatigues et va camper aux glaciers de l'Aar. Il n'étudie pas seulement en Suisse la marche des glaciers, il explore les Vosges, les Basses-Pyrénées, en France ; la Sierra-Nevada, en Espagne.

Mais, terrassé par la fatigue, atteint d'une bronchite chronique, Dollfus-Ausset meurt à Mulhouse le 21 juillet 1870, n'ayant pas eu la suprême douleur de voir sa ville natale et sa demeure envahies par les Allemands.

On a de Dollfus-Ausset : *Matériaux pour la coloration des étoffes* (1865), et plusieurs ouvrages sur les glaciers et l'équitation.

***DOLLFUS** (Charles-Émile). Frère du précédent, naquit à Mulhouse le 10 avril 1805. Après avoir fait ses études, il vint à Paris (1821), où, pendant deux ans, il suivit assidument les cours du Conservatoire des Arts et Métiers. De retour à Mulhouse, il se livra tout entier à l'industrie de la filature et du tissage du coton, et, après une année passée dans les ateliers, il se rendit en Angleterre pour visiter les grands établissements manufacturiers et y terminer cette solide instruction scientifique et industrielle, qui, plus tard, devait être si féconde en résultats. Elu en 1834 président de la Société industrielle de Mulhouse, il consacra à cette savante compagnie tout le temps que lui laissaient les affaires de sa maison. Ardent au bien, infatigable au travail, il apportait dans le soin des grands intérêts de Mulhouse un zèle qu'aucune difficulté ne put amoindrir. Il avait prévu de bonne heure, avec ses collaborateurs, dit le *Bulletin de la Société* : « que l'application merveilleuse de la science aux progrès de la civilisation et au bien-être des peuples serait le cachet particulier du XIXe siècle dans l'histoire, même en présence des graves événements politiques et sociaux dont notre temps lèguera le souvenir mémorable à la postérité. » Arts chimiques, arts mécaniques, agriculture, statistique, com-

(1) *Biographie des grands hommes de la France*, Ducrocq, éd.

merce, sciences morales, aucune de ces grandes questions ne lui était étrangère et tous ses efforts tendaient à appliquer ses vastes connaissances aux progrès industriels de la cité mulhousienne, dont « il était l'âme », dit M. Joseph Kœchlin-Schlumberger, dans l'éloquente allocution qu'il prononça sur la tombe d'Emile Dollfus. Colonel de la garde nationale, maire, conseiller général, député du Haut-Rhin, Emile Dollfus s'est toujours montré digne de la confiance que ses concitoyens mettaient en lui. Il était à sa mort (1858) chevalier de la Légion d'honneur.

M. *Auguste* Dollfus, son fils, lui succéda à la présidence de la Société industrielle; il remplit ses fonctions sans interruption depuis cette époque. Fait digne de remarque et qui montre mieux que des pages entières, toutes les qualités des hommes dont nous parlons, et la sympathie générale dont ils sont entourés, la Société industrielle de Mulhouse, dans le renouvellement biennal de son bureau, n'a jamais remplacé son président; la mort seule les a dépossédés de leurs fonctions. M. Auguste Dollfus est l'auteur de nombreux travaux et rapports remarquables relatifs à la situation de l'industrie et à la statistique; il a pris l'initiative de bien des progrès qui ont été accomplis à Mulhouse, tant dans le domaine de l'enseignement industriel que dans celui de la bienfaisance, et c'est grâce à sa fermeté et à son énergie qu'un grand nombre de ces œuvres ont pu être menées à bonne fin. Nous ne citerons parmi ces diverses fondations que la plus récente, celle de la construction d'un édifice magnifique destiné à renfermer les nombreuses collections artistiques, historiques et industrielles de la Société. M. Aug. Dollfus est chevalier de la Légion d'honneur depuis 1871. Le 11 mai 1876, à l'occasion de la célébration du cinquantenaire de la Société industrielle, il fut, comme autrefois son père, l'objet d'une ovation caractéristique: au milieu d'une assemblée composée de membres de l'Institut, et de représentants des Sociétés savantes venues de toutes les parties de l'Europe, M. Engel-Dollfus, vice-président de la Société, lui offrit au nom de ses collègues, un vase en argent, en accompagnant cette remise de quelques paroles qui relataient tout ce dont la Société était redevable à son président.

On nous reprocherait de laisser cette étude incomplète, si nous passions sous silence le nom si connu et vénéré de M. *Jean* Dollfus, le patriotique représentant de la protestation de la ville de Mulhouse au parlement allemand.

***DOLLFUS** (Jean), frère de M. *Emile* Dollfus et de M. Dollfus-Ausset, est né en 1800; il prit la direction de la maison Dollfus-Mieg et Cie en 1826, et la conserva jusqu'en ces dernières années. Il fut, bien avant 1860, l'un des promoteurs de l'abolition des prohibitions commerciales. Ce fut lui qui, en 1851-1852, étudia la question des logements ouvriers d'où devaient sortir les *Cités ouvrières* que tout le monde connaît, en faisant élever à Dornach quatre types différents d'habitations, parmi lesquels après enquête, on en choisit deux qui semblaient mieux répondre aux exigences du programme posé. La Société des Cités ouvrières fut fondée au capital de 350,000 francs. En 1854, cent maisons étaient construites; en 1864, il y en avait 616; enfin, en 1877, leur nombre s'élevait à 948, ayant coûté 7,074,841 francs, sur lesquelles 945 étaient vendues et payées, à 755,051 francs près. C'est une somme de 3,319,790 francs que les ouvriers de Mulhouse avaient pu prélever sur leur salaire en 23 ans.

En 1859, M. Jean Dollfus fonda pour les passants un asile où ils trouvent gratis à coucher et à souper, et au besoin des vêtements. Enfin, avec l'aide et la collaboration de son gendre, M. Engel-Dollfus, ses études incessantes se portèrent vers la création d'œuvres destinées à améliorer le bien-être et le sort des ouvriers; il établit dans la maison qu'il dirigeait, des bains, des lavoirs, etc., fonda une association pour les femmes en couche, grâce à laquelle le chiffre de la mortalité chez les nouveaux-nés a sensiblement baissé, etc.

***DOLLFUS-ENGEL.** Né au mois d'avril 1818. Ce nom vient à deux reprises de se trouver sous notre plume; il est, en effet, difficile de séparer le nom de l'homme éminent que Mulhouse vient de perdre tout récemment, de celui des précédents, car il fut avec eux mêlé à la création de toutes les œuvres utiles à Mulhouse, quelquefois en collaborateur, mais le plus souvent en promoteur d'un nouveau progrès. M. Engel-Dollfus était, suivant l'expression exacte de M. H. Mossmann, l'*alter ego* de M. Jean Dollfus. Il organisa dans la maison Dollfus-Mieg et Cie les caisses de retraite et de secours en cas de maladie, une caisse d'épargne, créa des écoles et une salle d'asile, imagina le système des assurances collectives contre l'incendie pour parer aux effets de l'insouciance des ouvriers; il fonda entre les chefs des établissements industriels de l'Alsace et des Vosges une association pour prévenir les accidents de machines, dont les résultats statistiques ont montré les bons effets, et peu de temps après, une société semblable à Paris. M. Engel-Dollfus était président de la Société d'encouragement à l'épargne et de l'asile des vieillards, vice-président de la Société de protection des apprentis et enfants des manufactures à Paris; il fut le collaborateur de M. Jean Macé dans la fondation des bibliothèques communales du Haut-Rhin; il fit, à cet effet, construire à Dornach, à ses frais, un bâtiment spécial destiné à contenir une bibliothèque qui compte aujourd'hui plus de 3,000 volumes; ce fut le *premier* cercle édifié en France dans le but de fournir aux ouvriers des récréations intellectuelles et un centre de réunion aux Sociétés chorales, instrumentales et autres; — M. Engel-Dollfus, qui mourut le 16 septembre 1883, n'aura pas eu la suprême satisfaction d'assister à l'inauguration de sa dernière œuvre qui n'est pas la moins importante, ni la moins intéressante: le *Dispensaire* pour les enfants malades, élevé entièrement à ses frais.

Les créations et donations de M. Engel-Dollfus ne sont pas moindres dans le domaine des beaux-arts et des lettres, que dans celui de l'instruction et des institutions ouvrières ; il avait le sentiment artistique très étendu et très sûr ; une de ses grandes préoccupations qu'il a exprimée dans une de ses allocutions spirituelles qui lui étaient habituelles, à l'occasion de la solennité du cinquantenaire dont nous avons parlé, était sa crainte de voir l'absorption toujours plus grande de l'homme par les affaires et par les intérêts matériels ; il avait défini cette affection par le nom pittoresque de *gossypiana-morbus* (maladie du coton). C'est dans le but de parer aux envahissements de cette maladie que furent fondés : l'Ecole de dessin, le Musée de tableaux auquel M. Engel fit don de ses collections de tableaux et de gravures, la Société des arts par les soins de laquelle une exposition triennale est organisée et dont le succès grandit à chaque reprise, le Musée historique où sont groupés tous les objets d'art ou simplement curieux se rattachant à l'histoire du vieux Mulhouse. M. Engel-Dollfus fit également don à la Société industrielle de son musée archéologique de Dornach, d'une précieuse collection d'antiquités formée dans le pays même.

Il est l'auteur de nombreux travaux et mémoires spécialement sur la culture du coton qu'il chercha à propager en Algérie lors de la grande crise suscitée en Europe par la guerre de la Sécession (1862-1866) ; sur les questions économiques, les marques de fabriques, les caisses de secours, de retraite, etc., en faveur de l'impression dans la campagne du libre-échange. C'est à lui, en grande partie, que l'industrie des fils à coudre est redevable du développement considérable qu'elle a pris ; il la trouva, en 1843, à l'état d'embryon, et l'amena au degré de prospérité dont elle jouit aujourd'hui.

Tout récemment, la Société industrielle de Mulhouse, voulant chercher à témoigner sa gratitude et son admiration à l'auteur de tant de créations utiles et philanthropiques, à l'homme de bien pour qui les jouissances d'une fortune si noblement acquise, consistaient à venir en aide à ses concitoyens, lui décerna le titre de président d'honneur. Dans une entrevue très touchante, le président de la Société, à la tête de la députation qui venait lui faire part de ce témoignage unanime de reconnaissance, remit à M. Engel-Dollfus un album, œuvre artistique très remarquable, dont toutes les pages relataient les œuvres dues à son initiative ou à sa collaboration et qui sont autant de titres de M. Engel à la gratitude de ses concitoyens. Et les pages de l'album sont nombreuses.... ! C'est un précieux héritage pour les fils que laisse M. Engel-Dollfus, et qui sauront se montrer les dignes continuateurs de leur regretté père !

La lecture de ce qui précède nous fait sentir plus douloureusement encore quelle perte la France a faite en perdant l'Alsace ! De tels hommes, par leurs œuvres, activent plus sûrement la solution de la question sociale, que les théoriciens et les politiciens qui, par leurs discours, trompent le peuple et l'abusent.

DOLMAN. *T. du cost. milit.* Sorte de veste dessinant la taille qui était autrefois spéciale aux hussards et que l'on tend à donner aujourd'hui à l'infanterie comme à la cavalerie.

***DOLOIR.** *T. techn.* Couteau à doler à l'usage du gantier.

DOLOIRE. *T. techn.* Outil à lame très large, à l'usage du tonnelier pour travailler le bois. || Instrument de maçon qui sert à gâcher le sable et la chaux. || *Art hérald.* Hache sans manche.

DOLOMIE. *T. de minér.* Carbonate double de chaux et de magnésie, qui cristallise en rhomboèdres à faces souvent striées parallèlement, et offrant même en plus une surface ondulée, surtout lorsque le minéral contient du fer. La dolomie se trouve en masses grenues, saccharoïdes, cristallines ou compactes, de coloration blanc-jaunâtre, elle est infusible, ne fait pas effervescence à froid par l'acide chlorhydrique : sa densité est de 2,85. Elle est quelquefois colorée par des carbonates isomorphes de fer ou de manganèse. Elle contient en moyenne 54,21 de carbonate de chaux, et 45,79 de carbonate de magnésie : la variété dite *aukérite* renferme 17 0/0 d'oxyde ferreux. On en trouve de très beaux échantillons à Traversella (Piémont), dans le Tyrol.

La dolomie est employée très en grand dans certaines opérations industrielles. C'est par sa décomposition au moyen de l'acide sulfurique, que l'on obtient l'acide carbonique destiné à la préparation du bicarbonate de soude. Le mélange de sulfates obtenu comme résidu se séparant par le repos, la décantation permet d'obtenir un liquide donnant des cristaux de sulfate de magnésie par évaporation. Ces mêmes eaux mères traitées par le carbonate de soude fournissent du carbonate de magnésie, lequel desséché et calciné devient l'oxyde de magnésium ou magnésie blanche. La métallurgie fait, depuis quelques années, un emploi considérable de la dolomie. Transformée par la cuisson en un mélange de chaux et de magnésie, elle sert de matière réfractaire dans le *procédé basique* (V. Déphosphoration) et pourra même s'employer dans plusieurs autres industries. La *dolomie frittée*, mélangée à environ 10 0/0 de goudron constitue un pisé très économique et qui peut, dans la plupart des localités, coûter moins cher qu'aucune autre matière réfractaire ordinaire. Elle ne renferme que de faibles quantités de silice, ce qui peut être très avantageux dans certains cas. Le goudron, avant d'être mélangé à la dolomie frittée, doit avoir été privé d'eau, par une ébullition suffisamment prolongée. On comprend, en effet, qu'en mélangeant de l'eau avec la chaux, qui accompagne la magnésie dans la dolomie frittée, on aménerait facilement l'*extinction* de cette chaux et toute la matière tomberait en poussière.

***DOMBASLE** (Christophe-Joseph-Alexandre-Mathieu, de, 1777-1843), célèbre agronome, qui fut nommé avec juste raison le père de l'agriculture française au XIXe siècle. Mathieu de Dombasle naquit à Nancy, le 26 février 1777, il appartenait à une ancienne famille de cette ville, son grand-père Nicolas-Mathieu de Dombasle fut annobli en 1724 par le duc Léopold, qui régnait alors sur la Lorraine. Il était l'aîné de huit enfants, son père était seigneur du vicomté de Dombasle, situé dans le canton de Saint-Nicolas. Il fit ses études à Metz, au collège Saint-Symphorien. Lors de la Révolution, il prit son service dans l'armée du Rhin, où il entra comme comptable auxiliaire dans le train des équipages ; la délicatesse de sa santé, qui ne fut jamais vigoureuse, le détourna de la carrière militaire. A son retour de l'armée, où il séjourna peu de temps, il dirigea ses vues vers les applications des sciences à l'industrie. Frappé par le prix élevé du sucre, il créa en 1811 une sucrerie de betteraves à Montplaisir, dans la commune de Vandœuvre. Cette usine prospéra pendant quelque temps, mais cessa de fonctionner en 1815, quand le blocus continental fut terminé et lorsque les sucres coloniaux revinrent faire concurrence en 1816 sur les marchés français. Malgré cet insuccès, Mathieu de Dombasle resta convaincu de toute l'importance de la sucrerie indigène, et ne cessa de s'occuper de cette question durant sa longue carrière. En 1819, il publia une relation sur son usine et sur la culture de la betterave, à ce moment où matériel et procédés de fabrication étaient à créer ; — cette étude nous montre l'usine de Montplaisir fabricant en 1813, 80 milliers de sucre qu'il vendit de 4 à 5 francs le kilogramme ; en 1814 et 1815, il obtenait 120 milliers de sucre raffiné de première qualité, et il est certain que cette industrie eut rapporté de beaux bénéfices, si l'arrivée des sucres coloniaux n'avait pas fait baisser les prix à 1 fr. 50 et 1 fr. 20 le kilogramme. En 1819 et 1820, il publia des écrits sur la question sucrière qui lui valurent, de la part du roi Louis XVIII, une grande médaille d'or. En 1840, il reçut également une grande médaille d'or de la Société centrale d'agriculture de France pour son travail sur l'installation des petites sucreries dans les fermes, basé sur l'emploi des digesteurs et macérateurs, système qui aujourd'hui se répand de plus en plus sous le nom de *diffusion*.

Lorsque Mathieu de Dombasle se vit obligé de fermer sa sucrerie, il était endetté de 100,000 francs. Il renonça à l'industrie manufacturière, pour se consacrer à l'agriculture : dès 1812, il avait fait construire par Hoffmann père, la première machine à battre qui parut en Lorraine et en France. Il connaissait les langues anglaise, allemande et italienne, il était versé dans la botanique, la mécanique, la chimie, et jouissait dans cette dernière science d'une réputation justement méritée. Il publia, en 1821, un mémoire sur la *Culture comparée des plantes à huile*, puis un travail sur la *Nutrition des plantes*, son *Calendrier pour les cultivateurs*, et l'*Histoire des secrets de Benoit*. C'est également en 1821, lors de son entrée dans la vie agricole, qu'il traduisit l'un des principaux ouvrages de Thaër, *Traité sur les nouveaux instruments d'agriculture*. En 1826, la Société centrale d'agriculture de France lui décerna une médaille d'or pour sa traduction de l'*Agriculture pratique et raisonnée* de John Sinclair.

Mais depuis longtemps il songeait à la nécessité d'un enseignement agricole qui, à son avis, aurait pour but de chasser la routine et de permettre l'introduction des procédés basés sur le raisonnement et sur les faits scientifiques, ainsi qu'il nous l'expose dans son travail de l'*Education des cultivateurs* (1821). A ce moment, la France ne possédait pas une école d'agriculture, et le seul enseignement agricole se donnait d'une façon vague dans les écoles vétérinaires. On rencontrait bien quelques propriétaires éclairés, ayant appris, dans les livres, les voyages et surtout la fréquentation des écoles d'agriculture de l'Allemagne. Les concours et les comices n'existaient pas, et la presse agricole n'était pas encore fondée, ainsi dans la plus large acceptation du mot, tout était à faire. Mathieu de Dombasle entreprit cette lourde tâche, car il se sentait à la hauteur d'un pareil travail. C'est dans cet ordre d'idées, et malgré qu'il fut sans appui, sans capitaux et sans crédit, qu'il fonda l'*Ecole de Roville*. La Société d'agriculture de la Meurthe était fondée depuis 1820, et le célèbre agronome lorrain la présida de 1820 à 1825, mais comme il fut appelé à la fin de 1822, à Roville, par les soins à donner à la première ferme-école modèle dont il venait de doter notre pays, il ne prit une part très active aux travaux de la Société que dans les deux premières années de son institution.

Dès le début, Mathieu de Dombasle conduisit lui-même toutes les opérations de Roville : le travail des champs et de l'atelier, l'enseignement théorique et le travail de cabinet ; il commença la publication de ce célèbre recueil qui, de nos jours, est encore si souvent consulté : *les Annales de Roville* qu'il continua jusqu'en 1837. Les Annales de Roville constituent un répertoire de bons articles sur toutes sortes de sujets agricoles, elles tiennent la première place dans la bibliothèque du cultivateur. En 1824, Mathieu de Dombasle introduisit en France, pour la première fois, un usage fécond en bons résultats, et dont l'expérience avait de longue main démontré l'utilité : Roville a eu son concours de charrue. Aujourd'hui, chaque comice — il y en a près de 800 — a sa fête agricole annuelle, le plus souvent accompagnée d'un concours de charrue.

L'activité de ce grand homme était extraordinaire, ses remarquables travaux sont consignés dans une foule d'ouvrages. Il s'était révélé profond économiste dans ses critiques ; il ne voulait pas la protection dans toute sa rigueur, mais il repoussait la liberté illimitée du commerce. En 1843, il publia ses *Etudes sur le commerce international dans ses rapports avec la richesse des peuples*. Ses derniers écrits furent d'éloquents plaidoyers en faveur de la sucrerie indigène, Mathieu de Dombasle laissa à sa mort un *Traité d'agriculture* qu'il avait longtemps médité, et que son petit-fils, M. Ch. de Meixmoron de Dombasle, publia en 1861.

Le mouvement agricole que l'école de Roville fit naître en 1828, valut à Mathieu de Dombasle la croix de la Légion d'honneur, il était âgé de soixante-six ans, lorsqu'il fut promu au grade d'officier du même ordre. Il s'éteignit subitement à Nancy, le 27 décembre 1843, entouré de la plus grande considération publique qui ait jamais été accordée à un agronome. Sa mort fut un véritable deuil pour l'agriculture et pour sa ville natale, qui lui rendit les plus grands honneurs, le 31 décembre 1843. La reconnaissance publique lui a élevé une statue de bronze sur une des places de Nancy. Les frais de ce monument ont été couverts par une souscription, à laquelle a pris part toute la France agricole. La Société d'agriculture de la Meurthe, dans sa séance du 11 janvier 1844, décida que « cette statue, placée dans un lieu particulièrement fréquenté par les populations agricoles, offrirait à leurs yeux et transmettrait d'âge en âge, à la reconnaissance publique, le souvenir et l'image du père de l'agriculture française au XIXe siècle. » — M. R.

I. DÔME. *T. d'arch.* Le mot de *dôme*, « il duomo » en italien, selon le sens étymologique et l'usage en Italie, s'applique à un édifice entier, à la maison de Dieu, à la cathédrale, à l'église paroissiale, tel le dôme de Milan. Mais comme nombre de ces édifices, byzantins, romans, moyen âge, de la Renaissance, comportent généralement une ou plusieurs coupoles extérieures, sphériques ou polygonales, très apparentes et dominant la construction, on a, en France, pris la partie pour le tout, et donné à cette partie le nom de *dôme*. Ainsi en italien, dôme des invalides signifie l'église, alors qu'en français, il désigne la *coupole*. Ainsi, vulgairement, on entend par *dôme* une coupole vue de l'extérieur; mais pour le dôme, comme pour la coupole, la génération des formes, le système de construction où le choix des matériaux peuvent être les mêmes. On aura donc des dômes sur plan polygonal ou sur plan circulaire, la courbe génératrice des surfaces pourra être un arc de cercle, d'ellipse, de parabole; la construction sera en pierre ou brique, en fonte ou fer, en bois, etc. D'ailleurs, si dans certains édifices la coupole intérieure est distincte de la coupole extérieure ou dôme, dans d'autres édifices les deux choses se confondent, c'est-à-dire que la coupole forme dôme, et reçoit directement la couverture.

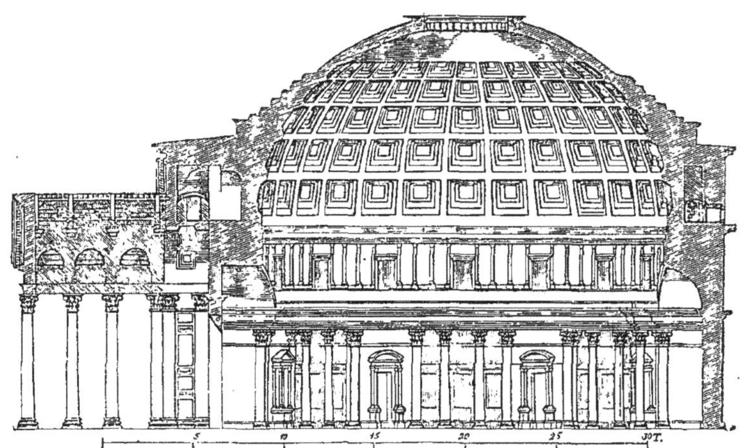

Fig. 203. — Coupe du dôme du Panthéon, à Rome. Construit 26 ans avant J.-C.

— En remontant dans l'antiquité, on suppose que les Assyriens auraient employé, dans leurs grandes constructions, le dôme formant coupole, ou le demi-dôme formant cul-de-four; les matériaux employés étant des briques mais il ne reste pas trace de ces dispositions. Chez les Grecs anciens, l'emploi du dôme est inconnu, il faut arriver aux Romains pour en trouver des applications nombreuses et remarquables; ce peuple qui tirait un si grand parti des systèmes voûtés cylindriques pour couvrir les espaces carrés ou rectangulaires, devait nécessairement chercher à voûter des espaces polygonaux (inscriptibles dans un cercle) ou des espaces circulaires.

Parmi les plus anciens exemples de dômes construits par les Romains, on peut citer : celui de l'édifice dit de la Minerva Médica, qui tout en étant demi-sphérique s'élève sur une construction établie sur un plan polygonal à dix côtés; les débris d'une voûte sphérique appartenant aux thermes d'Agrippa présentent aussi un exemple intéressant du système de construction adopté par les Romains. Ce système consiste en un certain nombre d'arcs en briques, groupés à faibles intervalles, reliés entre eux par des briques plates, de façon à former des alvéoles que l'on remplit d'un conglomérat de mortier et de cailloux, d'une sorte de béton; les groupes d'arcs ainsi constitués sont répartis sur le périmètre de la voûte, et les intervalles sont remplis du même conglomérat, arrasé de distance en distance et en hauteur, de la naissance jusqu'à la clef, par de minces lits de briques plates. Une construction massive en conglomérat, en apparence homogène, tasserait cependant inégalement, à cause des inégalités qu'il y a nécessairement dans la façon du travail; tandis que par le système décrit ci-dessus, qui exige plus de soin, il est vrai, les efforts sont mieux répartis, en même temps qu'ils sont réduits, en raison des épaisseurs moindres qu'on peut adopter.

C'est surtout dans le dôme-coupole du Panthéon d'Agrippa, à Rome, que les Romains ont montré leurs grandes qualités de constructeurs. Tout le système de construction de la voûte sphérique est combiné de façon à bien répartir les charges, au moyen d'arcs disposés dans les plans méridiens et d'autres arcs en décharge épousant la forme de la voûte (fig. 203).

Les dernières voûtes sphériques construites par les Romains, et où apparaissent les pendentifs, annoncent les transformations que ces voûtes subiront chez les byzantins.

De toutes les constructions élevées dans cette forme par les Byzantins, la plus fameuse est celle de Sainte-Sophie, à Constantinople, édifiée sous le règne de l'empereur Justinien. Le dôme est remarquable par son grand diamètre (31^{m},40) et par son épaisseur, relativement faible. Une série de fenêtres, percées en couronne à sa base, donne à ce dôme une apparence de légèreté extrême. — V. BYZANTIN.

A l'époque romane, le dôme, comme la coupole, a été l'objet d'un emploi fréquent, mais généralement avec de plus petites dimensions que pendant la période byzantine. Au moyen âge on n'a pas employé le dôme, mais on a appliqué aux constructions édifiées sur plan circulaire, les mêmes principes que dans les autres parties des constructions, c'est-à-dire que le système employé a été celui des arcs reportant les efforts sur des points déterminés, et supportant seulement le poids limité de remplissages de peu d'épaisseur.

Il faut arriver à l'époque de la Renaissance pour voir fleurir et se répandre la construction des dômes sous la forme qui est devenue familière à tous. Dans la période de la Renaissance, en Italie surtout, on a érigé un grand nombre de dômes; les plus célèbres sont le dôme de Sainte-Marie-des-Fleurs, à Florence, celui de Pise, enfin celui de Saint-Pierre de Rome (fig. 204). Cependant, il faut le dire, malgré ce qu'ont de remarquable, à certains points de vue, ces dômes qui subsistent par l'artifice des chainages, les voûtes sphériques des Romains, des Byzantins et de l'époque romane sont généralement mieux conçues, comme construction.

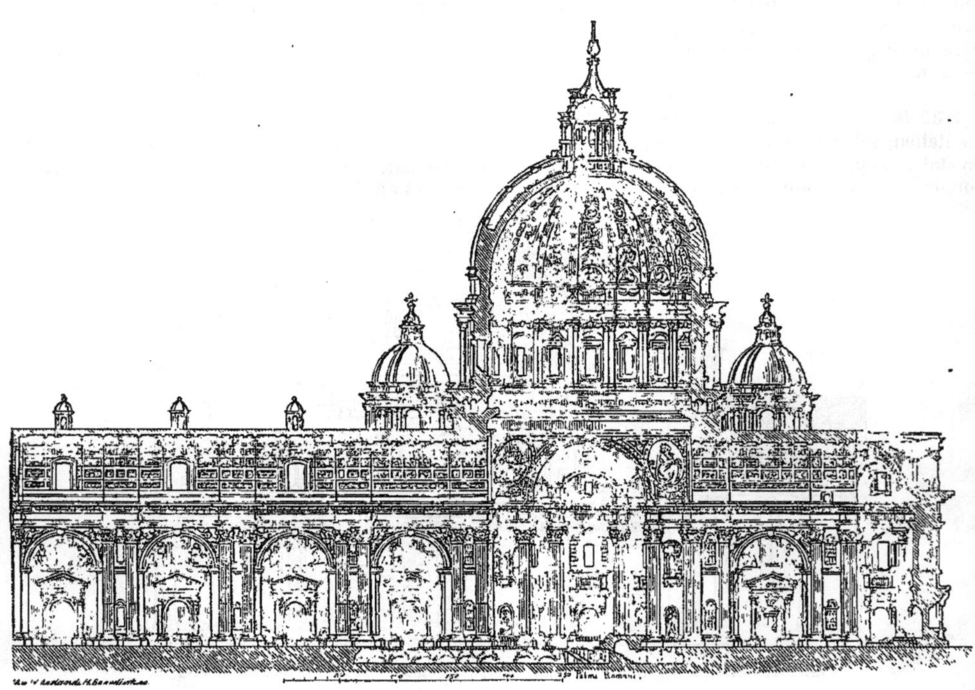

Fig. 204. — *Coupe du dôme de Saint-Pierre, de Rome.*

Néanmoins, ce sont les dômes construits en Italie, à l'époque de la Renaissance, qui ont trouvé le plus d'imitateurs en Europe; système de construction à part, on a édifié un certain nombre de dômes intéressants, parmi lesquels on peut citer : ceux des Invalides et du Val-de-Grâce (dôme en charpente, coupole en pierre), du Panthéon (dôme et double coupole en pierre), à Paris ; ceux de l'église Saint-Paul, à Londres et de Saint-Isaac à Saint-Pétersbourg. Dans les temps modernes, on a construit aussi un certain nombre de dômes, mais plus généralement en charpente de fer ; ainsi sont les dômes-coupoles de la Halle aux blés, de l'église Saint-Augustin, à Paris.

En Orient, vers l'époque du moyen âge, on a employé aussi le dôme et la coupole ; ainsi, en Perse, on construit des coupoles très légères en maçonnerie de briques, en forme ogivale, et maintenues par la charpente des dômes qui ont une forme généralement bulbeuse, telles sont la coupole et le dôme de la mosquée Mesdjid-i-chah, à Ispahan.

Dans le mausolée de Chah-Khoda-Bénde (à Soultanieh, ville en ruines), coupole et dôme ne font qu'un, la forme est ogivale, et le système de construction, très ingénieux, est alvéolaire ; c'est-à-dire que les deux voûtes sphériques minces qui forment l'une la coupole, l'autre le dôme, disposées à peu de distance l'une de l'autre, sont liées par des arcs méridiens en briques, reliés horizontalement, de manière à former des alvéoles, qui sont vides, à l'encontre du système romain où elles sont garnies d'un remplissage. On a ainsi une construction légère, homogène, gardant sa forme sans artifices, et n'exerçant que des poussées très limitées sur la construction qui lui sert de rapport.

V. VIOLLET-LE-DUC, *Dictionnaire raisonné de l'architecture*; au mot VOÛTE; CHOISY, *Art de bâtir chez les Romains.*

Quant au calcul des dômes, comme celui des coupoles, selon les dispositions ou le système de la construction, il dérive immédiatement de celui des voûtes sphériques et pour le cas des dômes sur plan polygonal du calcul des voûtes cylindriques, ou bien enfin de celui des fermes de charpente en arc, fonte, fer ou bois. — V. VOÛTE. — L. C.

II. * **DÔME.** *T. de mécan.* Chambre ménagée à la partie supérieure des chaudières à vapeur pour augmenter l'espace libre occupé par la vapeur. Le dôme présente aux yeux de certains ingénieurs, l'avantage d'assurer l'assèchement de la vapeur en lui offrant un dégagement plus facile, il réduirait en un mot le *primage* qui augmente toujours la consommation d'eau dans une proportion sensible, s'il n'entraîne pas d'autre part une dépense inutile de combustible. C'est presque toujours dans le dôme qu'on dispose la prise de vapeur du régulateur, dans l'espoir de l'obtenir plus sèche; mais on peut se demander cependant si la vapeur, qui se dégage avec tant de rapidité dans les chaudières de locomotives surtout, peut se dépouiller en effet en arrivant au dôme de toute l'eau qu'elle entraîne. A côté de ces avantages présumés, le dôme présente l'inconvénient incontesté d'affaiblir la résistance de la chaudière, en obligeant à y pratiquer une ouverture qu'il est ensuite très difficile de consolider d'une manière suffisante. En outre, il se produit souvent sur le collet des fuites de vapeur qui corrodent le métal et déterminent des criques et des érosions, et c'est dans cette région que s'accumulent les dépôts abandonnés par l'eau entraînée. Il faut éviter de placer le dôme au-dessus de la boîte à feu, la vapeur qui s'y dégage étant toujours chargée d'eau entraînée, il faut éviter également la région où s'opère l'alimentation en raison de la chute de pression qui s'y produit : la vraie position du dôme paraît être au milieu du corps cylindrique, mais on se trouve souvent obligé de le reporter ailleurs pour obtenir une meilleure répartition de la charge sur les essieux. Le dôme qui avait été abandonné il y a quelques années, paraît avoir reconquis la faveur des ingénieurs, et la plupart des types actuels de locomotives en sont munis.

DOMINO. Chacun des vingt-huit morceaux d'os ou d'ivoire de forme rectangulaire, blancs dessus, noirs dessous, et marqués de points, dont on se sert au jeu de dominos que l'on fait remonter à une haute antiquité. Les Hébreux, les Chinois et les Grecs semblent l'avoir connu. ‖ Papier spécial imprimé et colorié de façon à être utilisé pour certains jeux : jeu de l'oie, jeu de dames, etc. et aussi pour servir d'ornement à l'intérieur de coffres et de coffrets.

DOMINOTIER. *T. de mét.* Ouvrier qui travaille dans l'industrie de la *dominoterie*.

— Vers la fin du moyen âge, on donnait le nom de *dominotier* aux graveurs sur bois, et longtemps encore on donna le nom de *dominos* à des images aussi mal dessinées que grossièrement enluminées. Les graveurs ayant pris le titre de *tailleurs d'histoire*, le nom de *dominotiers* fut réservé aux *marbreurs, colorieurs de papier*.

DONJON. « Grosse tour crénelée ajoutée à un château qu'elle domine et servant de forteresse en cas de nécessité. » — Telle est la définition donnée par le dictionnaire de Littré qui, au point de vue étymologique, fait dériver le mot donjon du provençal *dornejo*, *dompnhon* provenant du bas-latin *dominem* « ce qui domine la terre maîtresse. » Viollet-le-Duc (*Dictionnaire d'architecture*) fait dériver *donjon* du vieux français *dongier* ou *doingier* qui signifie domination, puissance. D'autres étymologistes font venir *donjon* du latin *domus juncta* « maison jointe » interprétation qui s'accorde fort bien avec les origines des premiers donjons qui constituaient jadis la demeure exclusivement réservée au seigneur et à sa famille, au milieu de l'enceinte défensive de la ferme ou du château. — Voir au mot CHÂTEAU-FORT, la figure représentant la *tusque d'Ambarès*.

On peut résumer les diverses définitions en disant que le donjon est un édifice indépendant, élevé soit dans une cité, soit dans un château-fort, pour servir à la fois de demeure, de poste d'observations et de réduit défensif au prince ou au seigneur féodal, soit contre l'ennemi commun, soit contre les habitants révoltés.

— Bien que l'existence des donjons à partir du xe siècle semble être la conséquence de celle des places et des châteaux-forts, il faut cependant remarquer que l'on a construit fréquemment avant l'époque féodale, soit dans les villes, soit sur des hauteurs ou au passage de certains défilés, de véritables donjons isolés destinés à surveiller et maintenir les populations conquises. Ces *tours de garde ou de surveillance* dont l'origine remonte à la plus haute antiquité, ont été plus particulièrement désignées par les archéologues sous le nom de *donjons d'observations*.

L'idée de s'élever pour surveiller les abords d'une position ou pour dominer ses ennemis est aussi ancienne que l'humanité elle-même. On peut supposer que la fameuse tour de Babel fut un poste d'observation construit à force de bras pour servir de refuge à une colonie encore peu nombreuse. Les nombreux tumuli qu'on rencontre à chaque pas en Angleterre, en Danemark, en Sibérie, en Amérique, sur la côte d'Afrique, etc., ne sont-ils pas des donjons rudimentaires, c'est-à-dire des refuges défensifs créés par des agglomérations humaines pour surveiller le pays et résister à leurs ennemis? On a même été conduit à admettre que ces tumuli antiques, qui constituaient de véritables nécropoles, ont dû fréquemment servir de fondation à des constructions ou à des tours d'observation et de combat.

Les Lybiens, au temps de Diodore, avaient déjà l'habitude d'établir, de distance en distance, des tours pour renfermer leurs provisions et se garder de leurs ennemis.

Les monuments des îles Baléares, connus sous le nom d'*atalayats* ou *talayots*, sont extrêmement anciens. Voici la description que M. de Cambry donne d'un de ces atalayats : « Il est bâti sur une éminence et entouré d'une muraille de grosses pierres plates parfaitement bien liées à leur extrémité, et affecte un plan circulaire de 200 verges de diamètre ; au centre de cet enclos est une grosse masse de pierres brutes amoncelées les unes sur les autres sans aucun mortier. Elles forment un cône d'environ 30 verges de diamètre sur presque autant de hauteur. » Le mot atalayat est un composé berbère de At *At* : guet et *alayat* du haut, du sommet et signifie poste de surveillance placé dans une position dominante. Des vestiges de tours de garde, élevées par les peuples primitifs de la Méditerranée, se trouvent dans les Pyrénées, en Espagne et sur la côte septentrionale d'Afrique, depuis Mogador jusqu'à Tripoli et au delà. Elles sont généralement placées sur le littoral et en Algérie on en rencontre sur presque tous les caps et sur les hauteurs voisines de la mer. Dans la province de Constantine et en Tunisie on a remarqué qu'un grand nombre de ces tours avaient été édifiées sur d'anciennes assises carthaginoises ou romaines. Selon M. Féraud, les Berbères, puis les Arabes et les Turcs, ont utilisé ce système traditionnel de vigies pour signaler aux habitants des côtes l'arrivée des corsaires. C'est sur des tours ou donjons d'observation de ce genre que les guetteurs du Languedoc, de la Provence et des côtes d'Italie allumaient jadis de grands feux pour annoncer l'approche de l'ennemi.

Donjon féodal. Le donjon proprement dit appartient essentiellement à la féodalité. De même qu'aux XVIIe et XVIIIe siècles, il n'y avait pas de bonne place de guerre sans citadelle, de même au moyen âge il n'y avait pas de château-fort sans donjon. Le donjon était au château ce que celui-ci était à la ville : un réduit défensif. Les garnisons du moyen âge possédaient une défense de plus qu'à notre époque ; lorsqu'elles étaient chassées de leur cité, elles se retiraient dans le château, celui-ci pris, elles se réfugiaient dans le donjon; si le donjon était à son tour serré de trop près, il restait encore aux défenseurs aux abois la chance de s'échapper par quelque souterrain débouchant au loin dans la campagne. Pendant la féodalité, le système de la défense des places et châteaux, consistait surtout en une série de combinaisons et de chicanes accumulées par une défiance toujours en éveil et fertile en ressources.

On a remarqué que s'il existe dans certains châteaux des dispositions d'ensemble souvent semblables, les donjons offrent, au contraire, la plus grande variété dans les formes architecturales et dans les détails relatifs à la défense. Chaque seigneur se méfiant de ses voisins avec lesquels il pouvait être en guerre d'un instant à l'autre, s'ingéniait à combiner dans son château des défenses particulières dont il possédait seul le secret. C'est pourquoi lorsqu'un seigneur recevait chez lui ses égaux, fussent-ils ses amis, il prenait soin de les loger dans un bâtiment spécialement affecté aux hôtes, et il ne les admettait que très rarement dans son donjon. En temps de paix, ce donjon fermé à tous les regards, contenait les armes, les trésors, les archives de la famille, mais le seigneur n'y logeait point; il ne s'y retirait, avec sa femme et ses enfants, que lorsque le danger l'obligeait à appeler une garnison dans l'enceinte du château.

Fig. 205. — *Ruines du château d'Arques avec son donjon.*

Dans le courant du Xe siècle, lorsque les Normands firent leurs incursions périodiques sur le continent, les rois, les seigneurs, les monastères et les villes songèrent à protéger leurs domaines par des sortes de *blockhaus* en bois que l'on élevait sur des points déjà défendus par la nature. Ces réduits, dans lesquels les seigneurs ou les habitants apportaient à la hâte ce qu'ils possédaient de plus précieux, dominaient une enceinte de retranchements palissadés.

Sur beaucoup de points des bords de la Seine, de la Loire, de l'Eure et sur les côtes du Nord et de l'Ouest, on trouve des ruines de ces donjons primitifs. On suppose que les premiers donjons en maçonnerie, établis sur un plan carré à peu près uniforme, ont été élevés par les Normands après qu'ils se furent fixés définitivement sur les côtes de France. L'un de ces édifices les mieux conservés est le donjon du château d'Arques, construit par l'oncle de Guillaume-le-Bâtard, vers 1040 (V. fig. 204). On sait que c'est sous les murs de ce chateau, en 1589, que Henri IV remporta sur le duc de Mayence une brillante et décisive victoire.

Le château d'Arques (V. CHATEAU-FORT), admirablement situé, entouré de fossés larges et profonds, commandé par un donjon de cette importance devait être une place inexpugnable avant l'artillerie à feu. A peine construit, il fut assiégé par Guillaume-le-Conquérant et ne put être pris que par la famine après un long blocus. Après le donjon d'Arques, nous citerons, comme un des plus beaux spécimens, le fameux donjon de Loches, haut de 35 mètres, dont la construction a été attribuée à Foulques-Nerra, comte d'Anjou.

Depuis l'époque gallo-romaine jusqu'à la fin du XIIe siècle, les donjons furent généralement construits dans le style roman. Ce sont de vastes tours carrées ou rectangulaires; les murailles massives sont percées d'ouvertures carrées ou en plein cintre avec de rares moulures; des contreforts soutiennent l'édifice à l'extérieur; les trois ou quatre étages sont séparés par des planchers en charpente qui peu à peu furent remplacés par des voûtes lorsque, dans le courant du XIIe siècle, l'on commença à donner à la tour la forme polygonale ou circulaire. Ces édifices imposants sont de véritables forteresses contenant des celliers et des caves pour les provisions, une chapelle, des prisons, une salle d'armes, de grandes salles indépendantes et toujours au sommet, une plateforme et des hourds pour organiser facilement la défense supérieure. Tels sont les caractères communs que présentent les donjons de Beaugency, de Chambois, de Langeais, du Pin, de La Pommeraye, de Sainte-Suzanne, de Nogent-le-Rotrou, de Broue, de Pons, de Montbazon, de Montrichard, de Chamigny, de Blanzac, d'Huriel, en France, et ceux de Newcastle, de Douvres, de Rochester, de Cantorbéry, de Norwich, élevés par les Normands en Angleterre (1). Dès le milieu du XIIe siècle, on reconnut les défauts militaires du donjon normand et l'on changea de système, en abandonnant en principe la forme rectangulaire qui se prêtait mal au flanquement et offrait des saillants trop prononcés. Ce fut principalement sous les successeurs de Henri Ier, sous Henri II et sous Richard-Cœur-de-Lion que les changements se produisirent dans le donjon normand. Ils coïncident précisément avec la période pendant laquelle s'opéra la transition du plein-cintre à l'ogive, ce qui est une preuve de plus du besoin d'innover qui se faisait sentir à cette époque dans l'art des constructions.

Le château de Gisors, construit en 1097, par Robert de Bellême, est un intéressant exemple de ces transformations. Il se compose d'une enceinte munie de tours carrées, au centre de laquelle s'élève sur une motte de terre une seconde enceinte complètement circulaire, dont une portion se relie au donjon composé de deux tours accolées de forme polygonale; cette deuxième enceinte intérieure et dominante est une véritable citadelle.

Comme édifice de transition, nous citerons encore le donjon d'Étampes, construit de 1150 à 1170, au commencement du règne de Philippe-Auguste qui y fit plus tard enfermer sa femme Ingeburge, en 1199. C'est une tour quadrilobée dont le plan curviligne est un quadrifolium à base carrée. Les escaliers conduisant de la poterne aux caves et aux étages supérieurs étaient construits dans l'épaisseur des murailles. Au premier étage était une vaste salle d'armes ou de réunion, à pilier central; le deuxième étage était destiné à l'habitation du seigneur. L'escalier arrivait au niveau du troisième étage, crénelé et disposé pour la défense. Le comble était appareillé en pavillon carré avec pénétration de croupes coniques d'une charpenterie très savante. Du troisième étage, les défenseurs pouvaient constamment communiquer avec le commandant de la défense logé au second, par le moyen de tribunes établies à mi-hauteur de la salle d'habitation dans les rentrants correspondants aux quatre lobes de la tour, tribunes auxquelles on descendait par des échelles de meunier passant à travers le plancher du troisième. Parmi les donjons circulaires, qui marquent la fin du XIIe siècle, nous citerons les donjons de Conches, de la Roche-Guyon, de Château-Gaillard, véritables forteresses; les tours cylindriques de Châteaudun, de Néaufle, de Château-sur-Epte et surtout le beau donjon du château de Laval, si bien conservé et dont la partie supérieure offre un exemple complet d'un comble défensif du moyen âge avec sa galerie circulaire en encorbellement crénelée et garnie de ses *hourds*.

A partir du XIIIe siècle, la plupart des donjons affectent la disposition d'une tour isolée, plus haute que les autres tours de l'enceinte, construite sur plan circulaire et protégée par un fossé spécial muni d'un pont-levis. La distribution et l'architecture intérieure sont plus larges et plus soignées. Les salles de réunion et d'habitation sont voûtées, ornées de colonnes et d'arcs doubleaux avec moulures, les fenêtres et les portes, plus larges et plus nombreuses, offrent souvent les formes ogivales, qui s'adaptent heureusement avec la forme cylindrique de la tour.

A cette nouvelle architecture militaire appartiennent: La Tour-Blanche d'Issoudun à plan curviligne avec éperon, les donjons de Lillebonne, de Dourdan, de Villeneuve-le-Roi (Yonne), de Najac; la tour de Constance bâtie par saint Louis à Aigues-Mortes, la tour grise de Verneuil, la grosse tour massive de Tournebu dont les pierres sont appareillées avec un soin extrême, le donjon de Cosson, ruine près de Saint-Brieuc, la tour d'Alluye, le donjon de Chinon, et enfin, le plus colossal et le plus important de tous, le magnifique donjon de Coucy.

Nous devons remarquer que tous ces donjons cylindriques du XIIIe siècle appartiennent généralement à la féodalité française et à l'Ile de France. En Angleterre, et dans l'Est, sur les bords de la Moselle et du Rhin, dans la chaîne des Alpes et en Italie, on trouve encore à cette époque beaucoup plus de tours cylindriques.

En Alsace et dans la région du Rhin, la plupart des châteaux construits sur des montagnes escarpées, ont leurs assises à des niveaux différents, il en résulte que le donjon qui est une tour d'observation occupe toujours le point culminant, ce qui le rend à peu près inaccessible par l'extérieur. Parmi ces donjons carrés du XIIIe siècle, nous nous bornerons à citer les donjons d'Ortenbourg (Vosges), de Wineck, de Gutemberg (près de Wissembourg), de Scharfenberg (près de Landau), de Hagneneck (près de Colmar) et celui du beau château de Saint-Ulrich, à Ribeauvillé.

Après le XIVe siècle, lorsque les mœurs féodales se transforment et que les seigneurs châtelains éprouvent le besoin d'avoir des demeures moins fermées et moins tristes, le donjon cesse d'affecter la forme d'une tour isolée et farouche pour revêtir celle d'un logis organisé pour la défense, mais contenant en même temps tout ce qui peut rendre la vie et l'habitation plus confortables.

Louis d'Orléans, grand amateur d'arts, fut le premier qui sut allier les dispositions défensives adoptées à la fin du XIVe siècle dans les demeures féodales aux agréments d'une habitation seigneuriale. A cette renaissance de l'art se rattachent les donjons dont celui du château de Pierrefonds, si bien restauré par Viollet-le-Duc, offre le plus élégant et le plus parfait modèle. — V. CHATEAU, § *Château-fort*.

Au XVIIe siècle, les donjons n'ont plus aucune valeur défensive; cependant, la plupart des châteaux construits aux XVIe et XVIIe siècles, offrent encore au centre du corps de logis, un gros pavillon élevé, dernier souvenir de l'orgueilleux donjon du moyen âge. (V. notre figure représentant le donjon de Vincennes dans l'article CHATEAU-FORT). On retrouve encore ce corps de logis dominant dans les châteaux de Saint-Germain, de Chambord, des Tuileries, de Richelieu, de Vaux, de Coulommiers, etc.

Bibliographie : DELAIR : *Histoire des fortifications anciennes*, 1880; *Notes inédites*, de M. FÉRAUD, consul à

(1) De Caumont · *Architecture militaire.*

Tripoli; *Cours d'antiquités*, par de CAUMONT; DUMOULIN: *Histoire de Normandie;* CHATEAU: *Histoire de l'architecture en France;* VIOLLET-LE-DUC: *Dictionnaire d'architecture.*

DONJONNÉ, ÉE. *Art hérald.* Se dit d'un château, d'une tour dont le sommet porte une ou plusieurs tourelles.

***DORÉ** (GUSTAVE), peintre, dessinateur et sculpteur, né à Strasbourg en 1832, mort à Paris au mois de janvier 1883. L'avenir s'étonnera peut-être du bruit qui a été fait autour du nom de Gustave Doré. Producteur infatigable, l'artiste alsacien a multiplié les tableaux, les dessins, les aquarelles, il a modelé des statues, mais en exerçant dans des genres si divers sa prodigieuse activité, il a trop laissé voir l'inégalité de ses aptitudes. Sa verve s'éveilla de grand matin: à seize ans, et alors que ses études étaient des plus incomplètes, Gustave Doré débutait au Salon de 1848. Il exposait deux dessins à la plume, entre autres une *Scène d'ivrognes* où s'annonçait une imagination précoce. Depuis lors, et jusqu'en 1882, son nom a figuré au catalogue de presque toutes nos expositions. Doré y envoyait surtout des tableaux, parfois même des tableaux de proportions démesurées, car de tous temps il a rêvé la décoration de grandes surfaces et il se croyait peintre. Ce fut là l'erreur de sa vie. Les toiles de Doré ont eu un certain succès à Londres où l'artiste avait organisé une exposition permanente de ses œuvres, mais la critique française, éprise d'un autre idéal, restait froide ou ironique. Jamais le résultat ne répondit à l'audace de la tentative. Ni les *Deux mères* (1853), ni la *Bataille de l'Alma* (1855), ni celle d'*Inkermann*, aujourd'hui au musée de Versailles, ni *Dante et Virgile* (1861), ni le *Tapis vert* (1867), ni la gigantesque *Entrée de Jésus-Christ à Jérusalem* (1876), ni les scènes populaires empruntées à la vie anglaise, en un mot, aucun des tableaux de Doré ne parvint à faire illusion aux connaisseurs, à ceux du moins qui, tenant compte des exigences spéciales de l'art du peintre, font profession de croire à la couleur, à la lumière, à la belle manœuvre du pinceau.

Il y avait néanmoins dans quelques-uns de ces cadres certaines qualités d'invention et d'arrangement. Ce n'était pas l'idée qui manquait; mais la science, le goût, le respect de la nature, la sérénité du travail eussent été vainement cherchés dans ces compositions à la fois fastueuses et vides. Presque seul parmi les critiques, Théophile Gautier, le grand indulgent, a parlé avec sympathie des peintures de Doré. Il a visiblement forcé la note. A propos du tableau *Dante et Virgile rencontrant aux enfers Ugolin et Ruggieri*, sa plume amicale n'a pas craint d'écrire: « Dans les postures des damnés, Doré a déployé cette imagination de dessin, si rare aujourd'hui, qui fait penser à Michel-Ange retournant en tout sens le corps humain, comme un Titan ferait d'une marionnette. Les aspects les plus imprévus, les raccourcis les plus violents, les torsions les plus exagérées n'étonnent en rien l'audace du jeune artiste: il brouille et débrouille à son gré l'écheveau des muscles; il conduit comme il veut les contours, les ramasse, les élargit, les cerne, les fait ronfler, et, dans toutes les perspectives possibles, les force à rendre le mouvement dont il a besoin. »

Ces lignes du grand écrivain sont légèrement entachées de lyrisme; elles compromettent le divin Michel-Ange dans une aventure où il n'a que faire; elles transforment en qualités magistrales des défauts criants, et pourtant elles donnent, pour ceux qui savent lire, une idée du talent de Doré. A voir ces corps humains retournés comme des marionnettes, ces torsions exagérées, ces contours qui ronflent, ne devine-t-on pas que Gustave Doré est un maniériste et un décadent? En réalité, il ne fut jamais autre chose. Et malheureusement, sur la violence d'un dessin arbitraire, sur des formes boursoufflées, il mettait des colorations lourdes et sales, un clair-obscur qui ne devait rien à la vérité, une exécution à la fois aventureuse et pénible. Si Gustave Doré s'est fait l'honneur de se considérer comme un peintre, il s'est absolument mépris.

On doit reconnaître toutefois qu'il a été plus heureux dans la peinture à l'eau que dans la peinture à l'huile. On a vu de Doré de grandes aquarelles représentant les montagnes et les lacs de l'Ecosse et il a trouvé là de belles perspectives et des verdures courageuses. Mais ces rencontres sont assez rares: ordinairement l'aquarelliste n'a pas pour la nature la considération qui lui est due; il se plait aux lumières artificielles, il fait volontiers du paysage fantasmagorique.

Vers la fin de sa vie, Gustave Doré, qui n'a jamais connu les hésitations salutaires, découvrit en lui des dons nouveaux et s'improvisa sculpteur. Il a successivement exposé au Salon cinq groupes en plâtre, la *Parque et l'Amour* (1877), la *Gloire* (1878), l'*Effroi* (1879), la *Madone* (1880) et *Christianisme* (1881). L'année suivante, il envoyait aux Champs-Elysées un vase colossal en bronze, qu'il intitulait la *Vigne* et aux flans duquel s'enroulaient des pampres, des feuillages et des guirlandes d'enfants nus. La dernière œuvre de sculpture de Doré a été le monument d'Alexandre Dumas, inauguré le 4 novembre 1883 sur la place Malesherbes. Dans ces divers travaux, on a signalé de l'imagination, un caprice inventif quelquefois ingénieux, un curieux sentiment de la vignette, et aussi — défaut inévitable chez un improvisateur à qui l'étude manqua toujours — une grande inexpérience de la forme sculpturale. On ne badine pas plus avec le relief qu'avec l'amour; on ne triche point avec l'ébauchoir comme avec le crayon.

Doré fut aussi un grand illustrateur de livres, et à vrai dire, c'est là qu'il faut chercher son talent. La librairie de luxe avait voué un véritable culte à ce dessinateur toujours éveillé, à cet inépuisable inventeur de croquis qui mettait au service des littératures sacrées ou profanes une égale bonne humeur. L'œuvre de Doré est immense, car aucune majesté ne l'arrêta, aucune grandeur ne lui fit mesurer la petitesse de sa taille. Il traita les colosses de l'esprit comme d'aimables camarades. Après avoir publié une série de planches empruntées à la légende du *Juif errant* et où se rencontrent de beaux paysages alpestres, Doré a illustré Rabelais (1854), les *Contes drôlatiques* de Balzac (1856), le *Voyage aux Pyrénées* de Taine (1859), les *Contes* de Perrault (1861), la *Divine Comédie* (1861); *Don Quichotte* (1863), la *Bible* (1865-1866), les *Fables* de Lafontaine (1867), le *Voyage en Espagne* du baron Davillier, divers poèmes de de Tennyson, l'Arioste, le *Capitaine Fracasse*, et peut-être quelques autres livres encore.

Il y a bien des inutilités et bien des violences dans les illustrations de Doré. Quand l'artiste se trouve vis-à-vis d'un texte qui prête à la fantaisie et appelle le sourire — dans le *Rabelais*, par exemple — son crayon montre du caprice et du brio, quoique sa gaieté soit un peu grosse. Mais lorsqu'il est en présence d'une page sérieuse — et Doré s'est attaqué aux plus grands poètes, — le dessinateur est toujours à côté et au-dessous de l'écrivain qu'il commente, il le dénature, il le souligne d'un trait lourd, il le pousse presque à la charge. Il remplace le sentiment par l'enflure et la naïveté par le gongorisme. Perrault est méconnaissable dans les images à grand fracas que Doré a placées en regard de ses contes d'une simplicité si savante. A cette première imprudence l'artiste ajouta une seconde erreur qui lui a été sévèrement reprochée. Moins que tout autre, Doré, à qui la bonhomie manqua toujours, était en situation d'illustrer Lafontaine. Il l'a essayé pourtant, mais dans cette traduction, d'ailleurs superflue, il a fait voir plus de pesanteur que de finesse. Le poète pourrait se plaindre du commentateur qui le déguise trop et qui attache des souliers de plomb aux pieds légers de sa muse. Ainsi que l'a dit M. Jules Claretie dans son volume *Peintres et sculpteurs* (1873), « le fabuliste met à la portée de tous, dans quelques vers sans prétention, tout naturels et tout simples, les grandes vérités et les grands paysages : le dessinateur, au contraire, grossit, élargit, noircit outre mesure les petits objets pour en faire de grandes choses et néglige, en un mot, les hommes pour les accessoires. »

Pour juger les illustrations de Gustave Doré, il ne faut pas les comparer au texte qu'il interprète : elles sont trop inexactes, elles sont trop loin de la pensée des grands inventeurs, des grands convaincus dont elles compliquent et trahissent les intentions. Il faut prendre ces images en dehors des livres qu'elles surchargent, et les considérer isolément comme des caprices personnels. On y voit alors un peu de cette « imagination de dessin » dont Gautier a parlé avec une complaisance si fraternelle ; on y reconnaît la verve peu mesurée d'un crayon qui agite les formes et les contourne, à la façon des maîtres chers aux époques déchues ; on peut même y trouver des rencontres heureuses, particulièrement dans le fouillis de certains paysages hérissés de sapins formidables, dans la fantaisie carnavalesque des costumes, dans les impossibilités d'une architecture aux silhouettes bizarrement découpées et plaisamment féodales. Il y a dans tel de ces dessins des entassements de détails, des amalgames de lignes enivrées, des jeux vibrants d'ombre et de clair qui constituent pour la scène un décor fastueux, farouche, amusant. Mais les figures qui habitent ces perspectives imaginaires sont du style le plus contestable et du dessin le plus tourmenté : la représentation de l'être humain et de l'animal y prend la désinvolture d'une arabesque éclose sous un rayon fantasque et grandie au hasard loin des fortes écoles. Ces choses, si peu conformes à l'esprit de la tradition française, ont eu cependant un succès presque universel. Aucun triomphe n'a manqué à Gustave Doré, qui était d'ailleurs le plus galant homme du monde et qui — on l'a bien vu par son testament — a fait un noble emploi de la fortune qu'il avait acquise. Il a été adoré par les libraires, il a fourni le pain quotidien à une armée de graveurs sur bois. Son influence a-t-elle été heureuse ou fatale? On le saura plus tard. Le moment n'est pas encore venu de juger sans parti pris le grand travailleur à qui la renommée a prodigué tant de sourires. Laissons aux générations nouvelles le soin de mettre à la place qu'il mérite cet artiste inépuisable et douteux. — P. M.

DOREUR, EUSE. *T. de mét.* Celui, celle dont la profession est d'appliquer la dorure.

DORIQUE *(Ordre)*. Le plus ancien des trois ordres d'architecture inventés par les Grecs. Selon Vitruve, ce serait un roi d'Achaïe, nommé Dorus, qui aurait le premier employé cet ordre pour un temple qu'il fit élever à Junon dans la ville d'Argos. Quoi qu'il en soit de cette origine, l'ordre dorique est de tous les ordres grecs le plus conforme aux données de la construction ; c'est celui qui présente le plus de solidité pour un même espacement et dont la décoration est, à la fois, la plus simple et la plus rationnelle. Les Romains et les modernes l'ont modifié, en lui enlevant beaucoup de son énergie et de sa netteté. Il convient donc de distinguer l'ordre dorique *primitif* ou *grec* et l'ordre dorique *romain* ou *moderne*.

Dans l'ordre dorique grec, la colonne est de forme pyramidale; sa hauteur varie de 4 à 6 diamètres. Cette proportion est observée notamment aux temples de Pœstum, en Italie ; de Thésée, du Parthénon, à Athènes. Le fût est ordinairement couvert de larges cannelures séparées par une arête vive et peu profonde. Le chapiteau consiste en un plateau ou *tailloir* de forme carrée, que soutient une *échine*, sorte de moulure à profil en biseau arrondi. Au bas de l'échine sont placés de 3 à 5 filets prismatiques. A quelque distance au-dessous, plusieurs petites rainures complètent cette partie de la décoration (V. CHAPITEAU). La colonne n'a pour base qu'une simple plinthe, si elle pose sur le sol et n'en a même point, et si elle porte sur une marche, un emmarchement ou un stylobate quelconque. Dans l'entablement, l'architrave, à surface lisse, et la corniche, à profil très simple, enserrent une frise ornée de triglyphes et de métopes, sur lesquelles sont représentés des boucliers, des têtes de victimes, des attributs ou même des sujets sculptés. Le larmier de la corniche est supporté par des mutules. Tels sont les divers membres qui composent l'ordre dorique grec.

La forme pyramidale et légèrement trapue de la colonne, l'échine accentuée de son chapiteau, l'ampleur du tailloir, l'absence de base, le peu de largeur des entre-colonnements, la sévérité de l'entablement donnent à cet ordre un caractère mâle et fier, une robuste élégance résultant de la parfaite harmonie de ses proportions. L'application la plus célèbre en a été faite au Parthénon, cet admirable monument que l'on peut regarder comme la plus haute expression de l'art grec.

L'ordre dorique romain forme une sorte de transition entre le dorique grec, qu'il ne rappelle que de loin et l'ordre *toscan* (V. ce mot). La hauteur du fût de la colonne s'y trouve portée jusqu'à sept diamètres et demi. Les modernes, d'après les préceptes de Vignole, lui donnent près de 8 diamètres. Le dorique romain resta sans base jusqu'après le siècle d'Auguste. Ce membre fut ajouté aux colonnes du Colisée, commencé sous Vespasien. Les artistes de la Renaissance ont adopté cette addition comme une règle. La base moderne de l'ordre dorique est formée d'un gros tore couronné de deux filets. Le chapiteau fut modifié de même. Les Romains prirent le chapiteau toscan et l'ornèrent de deux ou trois filets sous le quart de rond qui remplace l'échine grecque et d'une petite moulure en talon au tailloir. Au-dessous de ces filets est le *gorgerin*, séparé du fût par un astragale, et qui demeure nu, même lorsque le fût est cannelé (V. Chapiteau). Les cannelures sont plus multipliées que sur le fût grec; mais se joignent également à vive arête. Des altérations se produisirent aussi sur les autres membres. L'architrave, à laquelle les Grecs donnaient à peu près le tiers de la hauteur totale de l'entablement fut réduite à près d'un quart. La corniche qui n'en avait guère que le tiers prit l'importance des 3/8 et s'orna d'une cimaise, d'un larmier, parfois même de denticules. Enfin, les entre-colonnements furent agrandis. Le théâtre de Marcellus, à Rome, présente, à son étage inférieur, un ordre que l'on considère, avec raison, comme le type le plus remarquable de l'ordonnance dorique chez les Latins.

DORMANT. *T. techn.* Châssis fixe qui porte les diverses pièces servant aux fonctions d'une porte ou d'une fenêtre. || Panneau à jour placé au-dessus d'une porte pour éclairer. || Nom des barreaux de fer qui constituent la grille fixe des fourneaux de verrerie. || *Art hérald.* Se dit de l'animal qui paraît dormir.

DORURE. Nom général, sous lequel sont compris les procédés propres à recouvrir d'or les surfaces des divers corps, métaux, porcelaines, verreries, bois, etc., auxquels ont recours un certain nombre d'industries, et en particulier celles qui ont pour but d'obtenir un effet décoratif plus ou moins riche. Nous étudierons successivement les divers procédés, en les rapportant aux diverses matières sur lesquelles on en fait l'application.

Dorure des métaux. Les procédés de dorure des métaux, sont assez nombreux, mais tous ne reçoivent pas des applications d'égale importance. On peut les ramener aux types suivants : la *dorure au mercure*, dite aussi *dorure au feu*, la plus anciennement connue, ainsi qu'on en retrouve les preuves dans les écrits de Pline le Jeune, susceptible d'une variation dans la manière de l'appliquer, d'où la dorure dite *au sauté*; la *dorure au trempé* ou par *immersion*; la *dorure à la feuille*; la *dorure à la pâte*, désignée plus souvent par des noms particuliers, suivant le procédé employé pour son exécution, *au bouchon, au pouce, au pinceau, à l'or en coquille*; la *dorure électro-chimique*, qui tend de plus en plus à se généraliser et à remplacer les autres procédés.

On établit quelquefois des distinctions dans la dorure, non plus basées sur les méthodes d'exécution, mais sur les résultats obtenus, comme la *dorure mat, demi-mat, brunie*; mais comme on peut rencontrer ces genres différents reproduits par des procédés différents, la première classification nous paraît plus rationnelle.

Préparation des métaux. Quel que soit le procédé que l'on choisira pour dorer une pièce métallique, celle-ci doit avant tout être soumise à une préparation préalable, qui a pour but d'en mettre la surface à nu, en n'y laissant aucune trace d'un corps étranger ou d'une altération de ce même métal. Cette condition est indispensable pour obtenir l'adhérence des deux couches métalliques. Cette préparation des métaux se divise en deux parties, l'une connue sous le *décapage*, déjà décrite (V. ce mot), et qui s'applique non seulement aux opérations de la dorure, mais encore toutes les fois qu'on veut recouvrir une surface en métal, d'un dépôt métallique quelconque; l'autre, qui est particulière à la dorure et qui se dédouble suivant que les objets traités doivent présenter une apparence mate, ou une apparence brillante et qu'on désigne par suite sous les noms de *passage aux acides à mater* ou *à brillanter*. Enfin, on y ajoute quelquefois une autre opération, mais qui n'est pas indispensable, c'est le *passé au nitrate de mercure*, dans le but d'augmenter l'adhérence, et d'arriver dans un temps plus court à obtenir une couche d'or plus épaisse.

Le passé aux acides à brillanter se fait à froid dans un bain composé de :

Acide nitrique.	100 parties.
Acide sulfurique	100 —
Sel de cuisine.	1 —

On ne doit y laisser séjourner les pièces que deux secondes, et le bain doit être conservé dans des flacons bouchés à l'abri de l'humidité; car autrement, il attaque les métaux, en particulier, le laiton. Dans ce cas, il faut remonter le bain avec des acides plus concentrés. M. Roseleur recommande vivement, surtout dans le cas où les pièces décapées sont devenues noires ou altérées, en général, par le passage aux acides, un bain qu'il nomme *eau forte à brillanter*, composé de :

Vieille eau forte presque épuisée. .	1 volume
Acide chlorhydrique	6 —
Eau	2 —

Les pièces sortant noires de ce bain, sont rincées et décapées de nouveau. Le même auteur indique également un autre bain à brillanter plus facile à conserver que le premier, composé de vieille eau forte, d'acide sulfurique, de sel marin et de suie grasse, en ayant soin de séparer le dépôt de sel de cuivre qui se forme. Lorsque les pièces devront rester mates, il faut corroder les surfaces, puis on rince les objets et les passe au bain à brillanter et on les rince de nouveau. Ce passage dans le bain à brillanter doit être très rapide, sous peine de détruire le grain obtenu. Les bains à mater sont assez nombreux.

Acide nitrique à 36°	200 parties.
— sulfurique à 66°	100 —
Sulfate de zinc	5 —
Sel marin	1 —

On le prépare en versant l'acide sulfurique dans l'acide azotique, sous une cheminée, ou en plein air, à cause des vapeurs qui se dégagent, laissant refroidir et mettant les sels à dissoudre.

Acide azotique	1.000
— sulfurique	500
— chlorhydrique	250
Azotate de cuivre	125
Eau	250

Enfin, un dernier qu'on emploie à chaud :

Azotate de potasse	40
Sel de cuisine	1
Sulfate de cuivre	1
Eau	3

Le passé à l'azotate de bioxyde de mercure est facultatif, comme nous l'avons dit, et s'exécute en plongeant une ou deux secondes dans la solution :

Azotate de bioxyde	10 grammes.
Acide sulfurique	20 —
Eau	10 kilogr.

La dose de sel mercuriel est d'ailleurs variable, suivant l'épaisseur de la couche d'or que l'on veut déposer.

Dorure au mercure. Ce procédé, le plus anciennement connu, est incontestablement celui qui donne les plus beaux résultats. C'est ainsi que furent dorés tous ces bronzes merveilleux des époques Louis XV, Louis XVI, conservés dans les collections artistiques, et dont l'aspect, malgré leur longue existence, l'emporte encore sur la plupart des dorures actuelles. Cela tient, entre autres causes, à ce que, par cette méthode, l'on est forcément conduit à déposer une couche d'or relativement épaisse, aussi ce procédé est-il coûteux, ce qui explique pourquoi il est moins employé aujourd'hui, mais il faut ajouter que son insalubrité n'a pas moins contribué à son abandon. Nous ne voulons pas par là prétendre que par les procédés électro-chimiqnes, généralement adoptés aujourd'hui, on ne pourrait arriver à des résultats aussi beaux, mais il est rare que l'on consente à la dépense qui en résulterait. Certains praticiens croient aussi, et non sans raison, que la nature même du bronze sur lequel la dorure est appliquée, joue un certain rôle, notamment sur la couleur de reflet de l'or, et reportent en partie à cette cause la belle nuance qu'offrent les objets anciens, au lieu du reflet toujours un peu rougeâtre de la plupart des dorures modernes. La dorure au mercure est le procédé le plus employé pour obtenir le mat.

Le principe de la dorure au mercure consiste à appliquer sur les objets décapés, un amalgame d'or, puis à chauffer pour faire évaporer le mercure et ne conserver que l'or adhérent auquel on laisse l'aspect mat ou que l'on brunit.

Ce travail comprend quatre opérations : le passé à l'azotate de mercure ; l'application de l'amalgame ; la passure au feu ; le finissage de la pièce. Le passé à l'azotate de mercure a déjà été décrit, il a pour objet de faire adhérer l'amalgame plus fortement. L'amalgame se prépare à l'aide d'or en poudre ou en feuilles, l'or vierge convient peu, on emploie de l'or à 960 millièmes, qu'on introduit dans un petit creuset porté au rouge faible. On ajoute le mercure en agitant avec une baguette de fer, et quelques instants après on verse dans une terrine d'eau pour laver soigneusement et exprimer l'excès du mercure, puis on passe à la peau de chamois. Le bon amalgame doit être assez pâteux pour conserver l'empreinte du doigt. Il se conserve sous l'eau, dans des flacons bouchés, mais ne doit jamais être trop ancien. Généralement on emploie 8 parties de mercure pour 1 d'or, et après le passage à la peau de chamois, l'amalgame qui reste dans la peau et dont on se sert est formé de : mercure, 1 ; or, 2.

Pour l'appliquer, on l'étend sur une pierre plate, dure, dite *pierre à dorer*, puis trempant un gratte-bosse dans une solution d'azotate de mercure pour le blanchir, on puise dans l'amalgame et on l'étend sur l'objet, jusqu'à ce qu'on ait obtenu une couche uniforme de l'épaisseur désirée. Cela fait, on rince la pièce à grande eau. Il reste alors à volatiliser le mercure, ce qu'on obtient en portant l'objet sur un feu de charbon en le tournant dans tous les sens, jusqu'à ce qu'une goutte d'eau, jetée dessus, *frise*, ainsi que disent les doreurs. On retire alors la pièce avec les pinces dites *moustaches*, puis saisissant la pièce de la main gauche qu'un gant matelassé garantit ; on la frappe en brossant avec une brosse à long manche, pour bien égaliser l'amalgame, opération qu'on répète cinq ou six fois si cela est nécessaire. On voit alors la pièce devenir d'un jaune paille, et d'après le bruit que fait une goutte d'eau projetée sur la pièce en s'évaporant, on juge que le mercure est entièrement volatilisé.

Ce travail est éminemment toxique pour ceux qui l'exercent : le contact permanent de préparations mercurielles et des vapeurs dégagées sur le feu causent des maladies terribles, en particulier, le tremblement mercuriel. Aussi le célèbre chimiste Darcet, a-t-il rendu un grand service à l'humanité, en établissant des instructions précises, tant pour la construction des ateliers, que pour les précautions à suivre, afin de soustraire presque complètement les ouvriers aux néfastes influences du mercure.

Le local destiné à servir d'atelier au doreur doit être vaste, bien éclairé et, par dessus tout, parfaitement aéré, de préférence exposé au Nord. Il doit être mis en communication avec le dehors au moyen d'une cheminée spéciale, dans laquelle on assure un bon tirage grâce à un petit fourneau, dit d'appel, établi sous la sole de la forge, servant à la fois pour chauffer le poêlon au mat, mais dont le principal but est d'envoyer de l'air chaud dans la grande cheminée, afin d'en assurer le tirage permanent et la ventilation de l'atelier d'autre part; comme l'ouverture de la forge, en regard de laquelle travaille l'opérateur, offrira un tirage d'autant plus énergique que cette même ouverture sera plus petite par rapport à la section du tuyau de cheminée, on garnit les diverses faces de la forge de rideaux mobiles en tôle qu'on laisse retomber du côté où l'on ne travaille pas.

La forge de doreur, telle que l'a conçue Darcet, est divisée en six cases, toutes sous le manteau de la hotte, et communiquant chacune avec la cheminée de ventilation. Presque toutes les opérations du travail peuvent s'y exécuter, sauf la pose de l'amalgame qu'on pratique en dehors de la forge sur une petite table surmontée d'une hotte communiquant également avec la cheminée générale. La figure 206 montre la vue d'ensemble d'un atelier de doreur, tel que l'a indiqué Darcet, et l'on voit facilement combien tout est combiné pour soustraire le plus possible les ouvriers à l'influence des vapeurs mercurielles. Dans beaucoup d'ateliers, on se contente de disposer simplement la forge proprement dite, où s'opère la volatilisation du mercure, sous une hotte dont toutes les ouvertures sont garnies d'un vitrage qui permet à l'ouvrier de suivre la marche du travail, tout en étant à l'abri des vapeurs délétères.

Fig. 206. — *Four et atelier de doreur.*

Lorsque le mercure a été volatilisé par l'action de la chaleur, la pièce a reçu, en terme de métier, *un buis*. On peut donner plusieurs buis suivant la richesse et l'aspect de la couleur qu'on veut obtenir. Mais il est rare, après le premier buis, que la pièce n'offre pas quelque manque, nécessitant des reprises que l'on fait immédiatement, en gratte-bossant les places non recouvertes avec une eau seconde à 15°, amalgamant et repassant au feu. Enfin, quand tout le mercure a disparu, la pièce est lavée, gratte-bossée dans de l'eau légèrement vinaigrée ou de l'eau de réglisse, puis rincée à l'eau pure et séchée dans la sciure.

Malgré les perfectionnements apportés dans les pratiques de la dorure au feu par Darcet, les ouviers sont encore astreints à des manipulations qui, pour être moins dangereuses que le contact avec les vapeurs mercurielles, doivent cependant être évitées le plus possible. C'est le but qu'ont poursuivi divers praticiens, MM. Christofle, Dufresne et Masselotte. L'amalgamation et le maniement des solutions mercurielles sont remplacés par des opérations de l'ordre électro-chimique, n'offrant plus aucun inconvénient d'insalubrité. On introduit les pièces à dorer dans un bain acide ou basique de mercure en les suspendant à l'un des électrodes, jusqu'à ce qu'ils soient complètement recouverts de ce métal, on les dore ensuite fortement par les méthodes électro-chimiques que nous allons décrire plus loin, on recouvre cette dorure d'une nouvelle couche de mercure, comme il a été fait en premier, et on porte sous la hotte pour volatiliser ce dernier.

Quand on a fait disparaître tout le mercure qui a servi à fixer l'or sur les pièces, on lave celles-ci, les gratte-bosse avec soin dans de l'eau vinaigrée ou de l'eau de réglisse, on les rince à l'eau chaude et on les fait sécher dans la sciure de bois. L'aspect que présentent alors les objets dorés est terne, en quelque sorte mat, leur surface n'est pas lisse et brillante. C'est alors qu'on termine le travail, soit pour obtenir de l'*or mat* ou de l'*or bruni*, lequel est encore susceptible de recevoir des colorations différentes, lesquelles varient suivant les modes adoptées à chaque époque.

L'*or mat* pourrait se produire directement en laissant les pièces telles qu'elles se présentent, après le travail que nous venons de décrire, mais l'on cherche généralement à obtenir un mat plus beau. Pour cela, on repasse la pièce au feu jusqu'à ce que l'on fasse bleuir les parties dorées; puis on les couvre d'un mélange appelé *mat*, qui a été fondu dans un poêlon de fonte émaillée et composé de :

Salpêtre	46 parties.
Alun de potasse	46 —
Sel marin	3 —
Eau	5 —

On applique plusieurs couches de cette mixture, en remettant chaque fois la pièce au feu, jusqu'à ce que la couche saline devienne presque transparente et entre en fusion. On retire alors du feu et plonge brusquement dans l'eau froide; la couche saline se détache d'elle-même et l'aspect de l'or mat apparaît subitement. On lave dans une eau seconde très faible, on rince à l'eau chaude et fait sécher dans une étuve. La dorure mat est très friable et l'on doit éviter tout contact, en particulier, celui des doigts humides ou graisseux qui forment des taches difficiles à faire disparaître.

L'*or bruni* s'obtient en polissant au brunissoir et à l'eau vinaigrée, la couche d'or provenant de la volatilisation du mercure. Ces opérations, identiques à celles qu'on exécute pour le travail de l'*argenture* (V. ce mot), ayant été décrites en détail, nous ne reviendrons pas sur leur description. Enfin, on peut allier les deux procédés de décor, en pratiquant ce qu'on nomme les *épargnes*, c'est-à-dire en réservant les parties à brunir à l'aide de l'application d'une bouillie de blanc d'Espagne, de sucre, de gomme et d'eau. On fait chauffer la pièce pour carboniser l'épargne, et on procède au matage ainsi qu'il vient d'être dit; l'épargne disparaît au lavage et l'on brunit ensuite les parties non matées. En dehors de l'or mat, de l'or bruni, il existe encore des variétés de décors, désignées sous les noms d'*or moulu*, d'*or rouge*, qui sont des mises en couleur particulières de l'or. L'*or moulu*, qui présente une teinte orangée particulière, s'obtient en gratte-bossant la pièce un peu moins que de coutume, après la volatilisation du mercure, en la faisant chauffer et la couvrant de la composition suivante en bouillie :

Alun	30 parties.
Salpêtre	30 —
Ocre rouge	30 —
Sulfate de zinc	8 —
— de fer	1 —
Sel marin	1 —

On chauffe de nouveau jusqu'à ce que la surface commence à noircir, et qu'une goutte d'eau projetée, siffle en se volatilisant, puis on frotte avec un pinceau imbibé de vinaigre ou d'eau seconde très faible. On rince et fait sécher à feu doux.

L'*or rouge*, qui a la teinte de l'alliage d'or, d'argent et de cuivre des bijoutiers, s'obtient en plongeant les pièces encore chaudes à la sortie du four de volatilisation du mercure, sans les gratte-bosser, dans la *composition dite cire à dorer*, mélange de cire, d'alun, d'ocre et de vert de gris, en proportion variable suivant la couleur que l'on veut obtenir. La pièce est exposée à un feu un peu vif, plongée dans l'eau froide, lavée, gratte-bossée, brunie et séchée.

Dorure au sauté. Ce procédé de dorure, qui porte une assez grande variété de noms, dorure *au sauté, au vif, à la grelette, à la terrine* et même *au pot de chambre*, n'est en réalité qu'un mode particulier d'opérer la dorure au mercure que nous venons de décrire, dans le cas où les objets à dorer sont de menues dimensions, comme en fournit l'horlogerie, la bijouterie, etc. Les objets, décapés et passés à l'azotate de mercure, sont mis dans une terrine avec l'amalgame et sautés pour produire l'amalgamation des pièces. Quand celle-ci est jugée suffisante, on fait écouler l'amalgame, on rince à l'eau fraîche, on verse les objets dans une passoire en cuivre rouge, et l'on fait évaporer le mercure au-dessus d'un feu doux en continuant à sauter.

Le restant du travail, la mise en couleur, se pratiquent comme dans le cas précédent.

Dorure au trempé. Ce procédé est fondé sur ce principe général de chimie, que toutes les fois qu'on plonge dans une dissolution saline un métal plus oxydable que celui qui a servi à faire la dissolution, une partie de ce métal se dissout, tandis qu'une portion de l'autre se précipite sur la lame plongée. Cette dorure, qui ne donne que des couches d'or assez faibles, s'emploie spécialement pour la bijouterie en faux, de cuivre et de ses alliages. On l'applique quelquefois aussi sur argent, mais ce métal doit être préalablement lui-même recouvert d'une couche de cuivre, il en est de même pour le fer et pour l'acier.

La dorure au trempé, bien que pratiquée depuis fort longtemps, n'est devenue susceptible d'un bon rendement industriel que depuis 1835 environ, grâce aux travaux d'Elkington qui substitua aux liqueurs acides employées jusque là, des liqueurs basiques, ce qui évite la corrosion des objets. Les formules de composition pour les bains d'or sont assez nombreuses. Il s'agit de dissoudre un sel double de protoxyde d'or. Elkington a proposé le bain au bicarbonate de potasse et au protochlorure d'or; un autre permettant des dorures tellement légères, que par gramme d'or employé on peut dorer 4 kilogrammes de mêmes objets, est composé ainsi :

Eau	10 litres.
Bicarbonate de potasse	220 grammes.
Potasse caustique	1.800
Cyanure de potassium	90
Or	10

Mais celui qui est le plus employe et que l'on

doit à M. A. Roseleur, est formé de la façon suivante :

Eau distillée	10 kilogr.
Pyrophosphate de potasse, ou mieux de soude.	800 grammes.
Acide cyanhydrique	8 —
Perchlorure d'or cristallisé. . .	20 —

On dissout le pyrophosphate dans 9 kilogrammes d'eau froide, on y ajoute la solution de perchlorure d'or, obtenue en traitant 10 grammes d'or par l'eau régale formée de 25 grammes d'acide chlorhydrique pur et 15 d'acide azotique pur, chauffant, laissant cristalliser, reprenant par l'eau et filtrant, et enfin l'on verse l'acide cyanhydrique, dont le rôle, sans être indispensable, offre ce grand avantage, comme l'a montré M. Roseleur, de retarder la décomposition du bain. Ce bain doit être parfaitement incolore, si l'aspect jaune qui doit disparaître virait au contraire au rouge, on devrait ajouter un peu d'acide cyanhydrique, mais en opérant avec de grands ménagements, pour ne pas en mettre en excès.

Les pièces décapées et passées au bain à brillanter ou à mater, sont plongées immédiatement avant l'immersion dans le bain d'*avivage*, pour lequel on peut employer le bain de décapage, ou mieux une liqueur acide formée avec

Acide sulfurique.	40
Acide nitrique.	40
Sel marin.	1

puis passées à l'azotate de mercure, opération qui n'est pas toutefois indispensable.

L'immersion dans le bain d'or se fait à chaud, pendant 20 ou 30 secondes, en agitant continuellement. On rince à l'eau froide et fait sécher, généralement on emploie plusieurs bains d'or, de richesse différente, et l'immersion, bien que durant le même temps, se fait dans trois bains. La mise en couleur, qui sert à corriger l'aspect inégal et terne que l'on rencontre quelquefois après l'immersion, s'exécute en trempant les pièces dans une solution à la température de 100° de parties égales de sulfates de fer, de zinc et d'alun ; puis en faisant fondre sur un fourneau la couche saline, comme pour l'or mat, et en les plongeant dans une liqueur très faible d'acide sulfurique. Les ors de couleurs sont très employés en bijouterie, et sont obtenus par des opérations diverses. L'or rouge, ainsi que nous l'avons déjà indiqué, l'or blanc et l'or vert directement par immersion, en ajoutant un peu d'azotate d'argent dans le bain d'or, ou bien en passant d'abord au bain d'or au pyrophosphate, à la solution mercurielle et dans un second bain au pyrophosphate additionné d'argent.

Dorure à la feuille. Ce procédé consiste à préparer le métal, de manière que des feuilles d'or déposées à sa surface y restent adhérentes, c'est une sorte de plaqué d'or. Pour cela, on peut plonger la pièce de métal, bien décapée, dans une solution mercurielle, déposer les feuilles d'or, chauffer pour volatiliser le mercure et brunir. On peut également employer, au lieu de la solution mercurielle, un vernis ou mixture qui happe l'or, composé d'ambre jaune, de mastic en larmes et de bitume, le tout dissous dans l'huile grasse, et éclairci d'essence. On ne pourrait brunir, mais afin de préserver l'or on le recouvre d'une couche de vernis; souvent ce vernis est séché à la température de 150°, d'où la variété de *dorure au four*. Enfin on peut plus simplement passer les pièces décapées dans l'eau seconde, les faire bleuir au feu, y appliquer dans cet état l'or en feuille et brunir. On peut, comme dans la damasquinure, hacher la surface métallique en tous sens avec un couteau à hacher, recouvrir d'or en feuilles et brunir fortement.

Dorure à la pâte. Sous ce nom général, on comprend une série de procédés divers, dans lesquels on prépare soit à l'état pâteux, soit à l'état pulvérulent, soit à l'état liquide des matières tenant de l'or très divisé en suspension qu'on applique sur les surfaces à dorer, le brunissage, la chaleur ou toute autre opération laissant l'or seul en évidence. On se sert des cendres de chiffons brûlés, après avoir baigné dans une solution régalienne d'or, de la solution d'or dans l'éther, ou plus simplement de l'or en coquille, poudre d'or unie à la gomme arabique. On les étend au pouce, au bouchon, au pinceau, etc., d'où quelquefois des noms particuliers donnés à ces procédés. Ils ne peuvent d'ailleurs servir que pour des usages limités, réparations d'accidents, ornements déliés sur étoffe, dessins, etc.

MM. Peyraud et Martin ont proposé un mode de dorure applicable à tous les métaux et autres substances. Les objets ayant été galvanisés, s'ils ne sont pas en cuivre, on transforme 10 grammes d'or en chlorure qu'on dissout dans 20 grammes d'eau, et on ajoute à cette solution 60 grammes de cyanure de potassium dans 80 grammes d'eau. Enfin on mêle 100 grammes de blanc d'Espagne sec et tamisé avec 5 grammes de crème de tartre pulvérisée, on délaye cette poudre dans la liqueur précédente, pour en former une bouillie qu'on applique au pinceau sur l'objet à dorer. Il suffit ensuite de laver l'objet ainsi recouvert, de le brosser et l'opération est terminée.

DORURE ÉLECTRO-CHIMIQUE

La dorure et l'argenture électro-chimiques sont intimement liées l'une à l'autre, tant au point de vue technique qu'au point de vue historique, les nombreux détails dans lesquels on est entré à propos de l'argenture, par ce procédé, nous permettront de passer un peu plus rapidement.

La dorure galvanique se pratique à chaud ou à froid. La première manière donne des résultats bien supérieurs à la seconde, mais la difficulté de chauffer les bains considérables que nécessitent les pièces de dimension un peu importante, fait dans ces circonstances recourir à la seconde. Comme pour l'argenture, la base des bains de dorure est le cyanure double d'or et de potassium, ou l'ammoniure d'or. Il est toujours sous-entendu que les pièces à dorer doivent être préalablement décapées, passées au bain de blanchiment, ou au bain à mater, opérations décrites précédemment et sur lesquelles nous ne reviendrons pas.

Dorure à froid. La préparation de tout bain de dorure doit d'abord être précédée de celle du chlorure d'or, qui se fait en traitant de l'or pur par l'eau régale composée de trois parties d'acide chlorhydrique pur, d'acide nitrique également pur et d'une partie d'eau; environ 30 grammes d'eau régale pour $3^{gr},5$ d'or, ce qui donnera environ 5 grammes de chlorure d'or. On chauffe jusqu'à évaporation des acides et le sel cristallise en une masse rouge sombre qu'on dissout de nouveau, et le protochlorure d'or se précipite en poudre d'un beau jaune. Pour obtenir l'ammoniure d'or, on dissout le sel obtenu par évaporation dans l'ammoniaque ; le cyanure s'obtient en versant du cyanure de potassium dans une solution concentrée de chlorure.

Les formules des bains, pour la dorure à froid, sont assez nombreuses :

1° Or réduit en chlorure	5 grammes.
Cyanure de potassium pur	25 —
Eau	1 litre.
2° Or réduit en ammoniure	5 grammes.
Cyanure de potassium pur	25 —
Eau	1 litre.
3° Or réduit en chlorure	5 grammes.
Cyanure jaune de potassium (prussiate jaune de potasse)	150 —
Eau	1 litre.

Tous ces bains se préparent en faisant fondre à l'ébullition les sels autres que le sel d'or, ajoutant le chlorure ou autre sel d'or et laissant refroidir pour l'usage. L'opération s'exécute au point de vue de la pratique, exactement comme pour le cas de l'*argenture* (V. ce mot) en employant un anode d'or. Nous croyons inutile de répéter de nouveau cette description.

Dorure à chaud. Les recettes pour la composition des bains sont les suivantes :

1° Or réduit en chlorure	5 grammes.
Cyanure de potassium	10 —
Bisulfite de soude	50 —
Phosphate de soude cristallisé	300 —
Eau	5 litres.

Ou bien :

2° Or réduit en chlorure	5 grammes.
Cyanure de potassium	5 —
Bisulfite de soude	50 —
Phosphate de soude	300 —
Eau	5 litres.

Le chlorure d'or est versé dans la solution froide de phosphate, et l'on ajoute ensuite les deux autres sels.

3° Or réduit en chlorure	5 grammes.
Cyanure jaune de potassium	75 —
Bicarbonate de potasse	25 —
Chlorhydrate d'ammoniaque	10 —
Eau	3 litres.

L'or est introduit dans la dissolution refroidie des autres sels. Le n° 1 convient surtout pour la dorure du cuivre et du laiton, le n° 2 pour l'acier et le fer. En général, pour bien dorer le zinc, l'étain et le plomb, il est préférable de les cuivrer prealablement. Dans la dorure à chaud, les bains sont tenus à une température moyenne de 50 à 80°. On remplace également dans ce cas l'anode soluble par une lame de platine, qui permet, à l'aide d'un même bain et d'une même batterie, d'obtenir l'or sous trois nuances différentes : pâle quand on plonge à peine, jaune si on l'introduit davantage, rouge si on l'immerge entièrement.

Quant au travail nécessaire pour le finissage des pièces, il est en tous points semblable à celui qui a été décrit pour l'argenture.

La dorure à la pile permet d'obtenir un certain nombre de colorations diverses, ainsi que celle au feu.

L'addition, dans les bains, de cyanure de potassium et d'argent, ou plus simplement d'azotate d'argent, donne une *dorure verte* et une *dorure blanche*. La *dorure rouge* s'obtient, soit en employant des bains anciens où ont été plongés de nombreux objets en cuivre, soit en ajoutant au bain un cyanure de potassium et de cuivre, soit en le passant à la cire de dorure, ainsi que nous l'avons dit plus haut. Enfin on fait un dernier genre de dorure dit *dorure rose* dans lequel la nuance tient à la fois du rouge, du jaune et du blanc d'ailleurs assez difficile à réussir. Il faut d'abord dorer au jaune à chaud, plonger la pièce dans l'eau au sortir du bain et sans la sécher, dorer au rouge, puis éteindre cette dernière coloration en plongeant dans un bain chaud composé d'un mélange de bains : de cuivre 15 parties, d'argent 1 partie, et d'or 25 parties. On préfère, après la dorure au jaune et le trempage passer à la liqueur mercurielle d'azotate de mercure, puis dorer au rouge.

Les procédés électro-chimiques de dorure trouvent dans l'industrie de nombreuses applications pour dorer des matières de toutes espèces. Il suffit, par un procédé quelconque, d'obtenir le cuivrage de ces substances, et on opère alors ensuite comme si l'on avait affaire à ce métal. L'étude de ces procédés se trouve à l'article DÉPÔTS MÉTALLIQUES.

Epargnes ou *réserves*. Lorsqu'on veut obtenir, sur une même pièce, des dorures de différentes couleurs, ou ne produire le dépôt d'or que sur certaines parties de la pièce, on a recours au procédé d'épargne ou de réserve, et à l'emploi de substances portant les mêmes noms, qui protègent les parties où l'on ne veut pas que le métal se dépose. Ces réserves sont des vernis rendus siccatifs par du chromate de plomb, qu'on peut colorer avec des oxydes ou sels colorés pour en faciliter l'emploi. Un procédé très simple et d'un emploi général s'obtient en fondant de la résine copal dans de l'huile de lin cuite, et en ajoutant du jaune de chrome ou de la benzine. Ces réserves se posent au pinceau. Une fois la dorure achevée, ces réserves s'enlèvent par des lavages à l'essence de térébenthine, à l'alcool et mieux par la benzine, qui évite un passage à la dissolution chaude de potasse caustique, nécessaire pour enlever le gras de l'essence de térébenthine. On emploie quelquefois des réserves solides, principalement dans la dorure des pignons d'acier des pièces d'horlogerie, ou pour réserver des grandes surfaces. On les compose avec de la résine colophane, de la cire, de l'oxyde rouge de fer. On ajoute également de la bétuline, résidu du traitement par l'eau et l'alcool de l'écorce de bouleau.

Dorure des pièces d'horlogerie. L'application des procédés de dorure électro-chimiques aux pièces d'horlogerie, a pris depuis un certain nombre d'années une grande extension. Il faut à ce sujet citer, pour la préparation des bains, le mode adopté à Besançon et que M. Roseleur a signalé pour ses bons résultats. On traite le chlorure d'or dissous dans l'eau distillée par l'ammoniaque, de façon à précipiter tout l'or à l'état d'azoture, matière très détonante si on la laissait sécher. Le liquide ayant été décanté, on reçoit le précipité sur du papier joseph, en lavant jusqu'à disparition de toute odeur ammoniacale, et on traite la matière sur le filtre par le cyanure pur qui ne dissout que l'or. Les pièces d'horlogerie ne sont pas polies, mais reçoivent un *grené* qu'on obtient en appliquant, avec une brosse à soies fines et serrées, une pâte claire faite de poudre d'or ou d'argent et de sel de tartre.

Dorure de la porcelaine et du verre. On peut appliquer l'or sur la porcelaine par des procédés identiques à ceux qui servent à pratiquer la peinture sur ces matières. Il suffit de mélanger de l'or finement broyé avec un fondant approprié, de poser au pinceau ce mélange suivant le dessin désiré, et de cuire au mouffle. Le fondant, dans ce cas, est du nitrate de bismuth précipité par l'eau de sa dissolution dans l'acide nitrique, auquel on ajoute 1 1/2 de borax. On emploie généralement 1/12 ou 1/15 de fondant pour 1 d'or. Pour la porcelaine tendre, on ajoute du borate de plomb. Il faut de plus employer une matière adhésive qui fixe sur la porcelaine le mélange d'or et de fondant. On broie la poudre d'or unie à son fondant, avec de l'essence de térébenthine épaissie à l'air. Dans certains cas, on peut, surtout au point de vue économique, chercher à rendre la surface conductrice sans recourir à l'emploi de l'or. A l'aide de vernis siccatif et de plombagine, on peut métalliser la surface ; il est d'ailleurs inutile d'insister beaucoup sur l'application de ces procédés qui rentrent dans la classe de ceux étudiés dans l'article relatif aux *dépôts métalliques*. La dorure sur porcelaine comprend un genre à part de décoration, dépendant de ceux connus sous le nom de *lustres métalliques* qui consiste à recouvrir entièrement une pièce céramique d'une mince couche d'or uniforme, sortant du four après la cuisson, avec tout son éclat et sans nécessiter l'intervention du brunissage.

La dorure sur le verre offre beaucoup d'analogie avec l'argenture sur la même matière. On peut classer en trois groupes les divers procédés en usage. La dorure à la feuille, à l'aide d'une mixture couchée sur le verre et qui détermine l'adhérenee. La dorure, par des procédés chimiques avec ou sans cuisson. Ceux-ci sont basés sur des préparations d'or en poudre appliqués avec un liquide siccatif et adhésif, et dans le cas de cuisson l'addition d'un fondant, puis enfin d'employer la dorure galvanique. — V. DÉPÔTS MÉTALLIQUES.

On peut voir dans l'article consacré à l'*argenture des glaces* (V. cet article) un certain nombre de procédés dus à MM. Petitjean, Bothe, etc., qui ont leurs correspondants relatifs à la dorure ; le principe ainsi que les manipulations étant les mêmes nous nous contenterons d'indiquer brièvement la composition des bains employés.

Voici la préparation de la solution aurique de M. Petitjean : on dissout 30 grammes de perchlorure d'or dans un litre et demi d'eau, on filtre. On fait un mélange à part de 19 grammes d'acide citrique dissous dans quatre ou cinq fois leur poids d'eau, avec 10 grammes d'ammoniaque liquide. Ce mélange est ajouté au moment de l'emploi, dans la dissolution de perchlorure prête alors pour la dorure, en opérant comme pour l'argenture.

Le docteur Bœttger opère de la façon suivante : on emploie trois solutions préparées à l'avance.

1° Solution de chlorure d'or, 1 gramme d'or dans 124 centimètres cubes. Il peut rester un peu d'acide libre, l'or doit être absolument pur.

2° Solution de soude à la densité de 1,06.

3° Solution réductrice : mêler 50 grammes acide sulfurique à 66°, 40 d'alcool et 35 d'eau, ajouter 50 grammes de peroxyde de manganèse, faire distiller au bain de sable et recueillir les vapeurs dans 50 grammes d'eau froide, en opérant jusqu'à ce que le volume ait doublé. Décomposer cette liqueur avec 100 centimètres cubes d'alcool, et 10 grammes de sucre de canne interverti par l'acide azotique, porter le mélange par addition d'eau à 500 centimètres cubes. (Le sucre interverti se prépare en faisant fondre 100 grammes de sucre dans 70 centimètres cubes d'eau, ajoutant 0,5 grammes d'acide azotique à 1,34 de densité et faisant bouillir un quart d'heure.) La dorure s'exécute ensuite à l'acide de 1 volume de la solution de soude, 4 de celle d'or et 1/35 à 1/40 de la solution réductrice. Le mélange verdit rapidement, on y plonge le verre pendant trois heures environ à 18° centigrades, et l'on obtient une belle couche uniforme. A côté de cette recette, en voici une autre du même auteur :

1° Solution aurique, la même que plus haut. 2° Solution de soude à raison de 6 grammes pour 100 centimètres cubes d'eau. 3° Solution réductrice : 2 grammes de sucre d'amidon, 24 centimètres cubes d'eau, 24 d'alcool à 80°, 24 d'aldéhyde du commerce à 0,870 de densité. Cette solution ne doit être préparée qu'au moment de l'emploi. — Employer 1 volume de solution de soude, 4 de solution aurique, et 1/16 de solution réductrice, à la température ordinaire.

DORURE DES MATIÈRES DIVERSES

Les métaux, les matières céramiques, le verre, ne sont pas les seules matières sur lesquelles on applique la dorure. Le plus souvent, la dorure consiste dans l'application de feuilles battues de ce métal, réduites à une épaisseur infiniment petite, que l'on fait adhérer sur les substances à l'aide d'un corps happant les feuilles et déterminant l'adhérence. Ce travail en lui-même serait très simple, mais il exige, pour donner des résultats satisfaisants, une préparation préliminaire plus ou moins complexe, rentrant dans les manipulations de la peinture proprement dite, dont le but est de former un premier enduit offrant une surface absolument lisse. Il y a là d'ailleurs, au point de vue de l'exécution, à côté des préceptes que nous pouvons indiquer, la nécessité de posséder une expérience pratique, qu'aucune description ne saurait enseigner, nous nous bornerons à exposer sommairement les divers procédés les plus généralement employés.

Dorure sur bois, carton, carton-pâte, etc. Ce cas correspond aux applications nombreuses de la dorure que fait le fabricant de meubles, le carrossier, l'encadreur, le décorateur, etc. On commence par coucher sur l'objet un enduit dit *impression*, formé de céruse broyée à l'huile lithargée, puis détrempée à l'huile grasse et à l'essence; dans certains cas on peut ajouter à la céruse des ocres qui donnent à l'impression une teinte plus ou moins foncée assortie à la matière que l'on recouvre. L'impression peut être également recouverte d'un nombre plus ou moins considérable de couches de teinte dure, formée de céruse calcinée broyée à l'huile grasse et à l'essence; susceptible de recevoir des ponçages à la pierre donnant des surfaces d'un beau poli, comme pour la peinture vernie polie. Dans les travaux moins soignés, on peut directement, sur l'impression, poser le *mordant*, mélange à parties égales d'huile cuite et d'*or couleur*, résidu qui se trouve au fond du vase, où les peintres nettoient leurs pinceaux qu'on appelle le *pincelier*; et, sur cette couche happante, on applique les feuilles d'or que l'on prend dans un petit cahier, où chaque feuillet contient une feuille d'or, à l'aide d'une brosse large en putois, sur laquelle il suffit de souffler, ou que les peintres passent sur la figure, afin de pouvoir faire adhérer légèrement l'or à la brosse. Lorsque l'on a couché en teinte dure, puis poncé, on dispose avant le mordant plusieurs couches de vernis à la laque qu'on polit également. Enfin on recouvre la dorure de vernis à l'esprit de vin, et de quelques couches de vernis gras qu'on ponce et lustre.

Dorure en détrempe. Le procédé de dorure connu sous ce nom particulier, et employé entre autres cas pour les meubles en bois doré, n'est qu'une application du principe précédent, mais avec un nombre considérable de subdivisions dans les opérations préparatoires, qui s'élèvent quelquefois à plus de trente. On pratique un premier encollage, à la colle de peau additionnée d'ail ou de plantes aromatiques, préservatrices contre les insectes. Cette couche adoucie et prélée, c'est-à-dire poncée avec la plante dite *prêle*, est suivie d'une douzaine d'autres couches au blanc de Meudon délayé à la colle, adoucies, prélées, et entre lesquelles on fait tous les rebouchages, afin d'obtenir une surface très lisse épousant exactement la forme du motif en bois. On pose ensuite une couche de colle et d'ocre, et enfin l'*assiette*, c'est-à-dire la couche qui recevra définitivement l'or en feuille. Cette assiette est formée par trois couches composées de : bol d'arménie, sanguine, mine de plomb et colle de peau. Sur les parties qui devront être brunies, il est bon de mettre cinq couches de cette assiette. L'on sait que les beaux bois dorés offrent toutes les variétés d'aspect ou de couleur d'or que nous avons déjà indiqués pour la dorure des métaux. Voici à l'aide de quels artifices ces effets sont obtenus. Pour l'or mat, on recouvre l'or d'une légère couche de colle pure. L'or vermeil, à l'aide d'un enduit de rocou, de gomme-gutte, de vermillon, de sang-dragon et de safran. L'or vert, en remplaçant dans la couche jaune qui précède l'assiette, l'ocre par le still de grain et le bleu de prusse. L'or citron, à l'aide du still de grain seul, etc. Enfin la dorure au sablé, dans laquelle la surface présente un aspect analogue au sable, s'obtient en couchant la céruse mélangée avec du sable excessivement fin, comme le sable de grès. On comprend aisément, ainsi que nous le disions en commençant, que la pratique seule peut apprendre à conduire et à bien exécuter ces opérations si multiples.

Dorure des livres. Les tranches des livres sont dorées en posant une couche d'albumine ou blanc d'œuf, mêlée à du bol d'arménie, du sucre et du blanc, qui reçoit l'or en feuille que l'on brunit ensuite. Sur les couvertures, on dispose les surfaces à former adhérence, avec l'or à l'aide d'une couche de colle; mais pour éviter la confection à la main des dessins variés, ou titres qui doivent être dorés, on emploie des *fers* qui produisent ces dessins à la presse, en polissant leur surface. Ces pratiques spéciales à l'art du *relieur* seront d'ailleurs exposées en détail dans l'étude qui lui sera consacrée. — V. Reliure.

Dorure des matières textiles. La dorure des fils de soie ou autres matières textiles, s'opère en exécutant d'abord la métallisation de la substance, et dorant ensuite sur cette surface métallique. Divers procédés ont été proposés pour atteindre ce résultat; ils reposent en général sur la variété étudiée dans l'article des Dépôts métalliques, sous le nom de méthode par réaction chimique, et consiste à imbiber les fils textiles d'un sel métallique, qui est ensuite réduit, donnant à la surface un dépôt de métal qui sert d'assise à l'or de la dorure. Parmi les sels que l'on peut employer à cet usage, l'un des plus avantageux est l'azotate d'argent, en dissolution rendue parfaitement limpide par une addition d'ammoniaque. L'immersion dure environ deux heures, puis on expose à la lumière pour réduire l'argent, ou mieux on plonge les fils dans un courant d'hydrogène sulfuré. Les fils ainsi métallisés sont ensuite dorés par les méthodes ordinairement en usage dans la dorure galvanique.

On peut d'ailleurs obtenir le même résultat, sans avoir à faire intervenir les actions électriques. On commence par broyer de l'or et à mélanger, avec une solution glutineuse, exactement comme lorsqu'il s'agit de préparer de l'or en coquille. La matière filamenteuse à dorer est mise à bouillir dans une solution de chlorure de zinc lavée à l'eau, puis mise de nouveau à bouillir dans de l'eau contenant en suspension la poudre d'or; on lave enfin à l'eau pure. La matière est alors recouverte d'une couche d'or dont on peut aviver l'éclat par les procédés ordinaires du polissage. — R.

***DORVAULT** (François-Laurent-Maurice), pharmacien, né à Saint-Etienne-de-Mont-Luc, en 1815, fut le fondateur de la Pharmacie centrale qui, sous son active direction, étendit au monde entier la vente de ses produits chimiques et pharmaceutiques. Il a laissé un certain nombre d'écrits, mais le plus important est son *Officine*, recueil complet de toutes les sciences dont la connaissance est indispensable au pharmacien : botanique, chimie, zoologie, etc. Dorvault est mort le 16 février 1879. Il était officier de la Légion d'honneur.

DOSAGE. *T. de chim.* Opération qui a pour but de permettre d'exprimer en poids, la quantité des éléments qui composent un corps. Comme il est impossible d'indiquer, même succinctement, dans une définition, les modes opératoires à employer pour séparer ces éléments, on devra pour chacun des corps se reporter au mot qui traite du corps dont on veut faire le dosage. On comprend, en effet, que si le dosage de certains corps, comme l'oxygène, l'hydrogène, l'azote, etc., peut s'obtenir au moyen de l'analyse organique élémentaire (V. Analyse organique), il en est d'autres qui ne peuvent se calculer ainsi ; le soufre, par exemple, se dose à l'état d'acide sulfurique, de sulfate ; le chlore, sous celui de chlorure ou d'acide chlorhydrique ; le phosphore à l'état d'acide phosphorique ; la chaux à l'état d'oxalate ; la magnésie à l'état de phosphate ammoniaco-magnésien, etc. En un mot, lorsque l'on veut faire un dosage, on fait entrer la plupart du temps le corps à l'état de combinaison, puis au moyen du poids atomique, ou des équivalents, on retrouve, par le calcul, la proportion de l'élément cherché, en partant de la formule qui représente la combinaison produite.

Les méthodes indiquées sous le nom d'*acidimétrie, alcalimétrie, chlorométrie, hydrotimétrie, iodométrie, sulfhydrométrie*, etc., sont des procédés de dosage.

La dessiccation est le procédé employé pour doser l'eau.

Nous donnons, toutes les fois que cela sera nécessaire, les procédés spéciaux à employer, pour effectuer le dosage d'un corps.

***DOSSE.** *T. techn.* Dans le sciage du bois, première ou dernière planche sciée d'un seul côté. || Planche qui maintient la paroi d'une tranchée et prévient un éboulement. || Chacune des planches qui constituent le plancher d'un échafaudage.

***DOSSERET.** *T. d'arch.* Pilastre ou saillie qui sert de pied-droit à un arc-doubleau, ou de jambage à une ouverture. || Partie d'un mur que l'on élève au-dessus d'un comble, et qui sert d'empâtement à une souche de cheminée. || Pièce de fer qui renforce le dos d'une scie.

DOSSIER. *T. techn.* Appui qui, dans un siège, une voiture, est disposé de façon à ce qu'on puisse se tenir assis et dans une attitude plus ou moins renversée.

***DOSSOYAGE.** *T. techn.* Opération qui a pour but, dans la fabrication du parchemin, de purger les peaux de l'eau qu'elles contiennent, en les râclant avec le dos du fer à écharner.

DOUANES. Nous diviserons cette étude en deux parties. La première comprendra une analyse, aussi succincte que possible, du régime légal et administratif des douanes, régime très compliqué, qui fait l'objet d'un code volumineux, mais dont la connaissance, au moins dans ses généralités, est indispensable à l'industriel et au commerçant. La seconde aura pour objet les traités de commerce de la France avec l'étranger, ainsi que le tarif général et conventionnel actuellement en vigueur dans notre pays.

Première partie. *Régime légal et administratif des douanes.*

I. Règles générales. Les marchandises étrangères qui entrent en France sont soumises à un régime différent, selon qu'elles sont destinées à y être consommées immédiatement, ou qu'elles sont, soit entreposées, soit expédiées en transit, réexportées ou transbordées, soit enfin importées temporairement pour recevoir un complément de main-d'œuvre. Dans le premier cas (consommation), elles acquittent les droits avant leur enlèvement ; dans le second, elles ne les acquittent qu'à leur sortie de l'entrepôt pour être consommées ; dans le troisième, elles sont affranchies des droits ; dans le quatrième, elles doivent être réexportées ou réintégrées en entrepôt dans des délais déterminés.

A l'exportation, il n'existe plus aujourd'hui de droits de sortie que pour les drilles et matières analogues pour la fabrication du papier, et sur les chiens de *forte race* sortant par la frontière de terre dans l'intérêt de la répression de la fraude. La morue de pêche française est le seul produit auquel il soit alloué une prime d'exportation. L'exportation des viandes et beurres salés donne lieu à un *drawback* ou remboursement de la taxe perçue sur le sel. Les marchandises passibles, à l'intérieur, de droits de consommation sont aussi déchargées de ces droits, lorsqu'elles sont exportées.

Etablissement des tarifs et pouvoirs du gouvernement. Bien que les droits de douane, comme tous les autres impôts, ne puissent être établis que par une loi, le chef de l'Etat peut cependant par décret — provisoirement et, en cas d'urgence, sauf confirmation, à bref délai, par les Chambres, si elles sont en session, dans le cas contraire, à leur plus prochaine réunion — prendre les mesures suivantes : 1° prohiber l'entrée des marchandises étrangères ou élever les droits qui les frappent ; 2° diminuer les droits sur les matières premières ; 3° permettre ou suspendre l'exportation des produits du sol et de l'industrie et déterminer les droits qui les frapperont ; 4° autoriser, sauf révocation en cas d'abus, l'admission temporaire des produits étrangers destinés à recevoir un complément de main-d'œuvre, sous condition de réexportation ou de rétablissement à l'entrepôt dans un délai maximum de six mois; 5° modifier les surtaxes des sucres étrangers et le classement des qualités inférieures de ces sucres (les décrets relatifs aux mesures numéros 4 et 5 ne sont pas soumis à la sanction législative); 6° déterminer les bureaux à ouvrir au transit ou à l'importation et à l'exportation de certaines marchandises; 7° modifier les tares légales des marchandises imposées sur le poids net; 8° autoriser, s'il y a lieu, des entrepôts réels dans les villes qui en font la demande; 9° déterminer, pour les produits admis au transit, les conditions et formalités relatives à cette admission, et régler les mesures destinées à concilier l'exploitation des chemins de fer avec l'application des lois et règlements relatifs aux douanes; 10° modifier les règlements relatifs à la circulation des marchandises dans le rayon des frontières et l'établissement des fabriques dans ce rayon; 11° modifier les méthodes de jaugeage. Les décrets relatifs aux matières 6 et 11 sont définitifs. Le ministre de la guerre peut autoriser l'importation, le transit et la réexportation des armes de guerre étrangères; mais des décrets seuls peuvent: 1° déterminer les entrepôts où elles peuvent être reçues; 2° interdire l'exportation des armes de guerre fabriquées en France par une frontière pour une destination et une durée déterminées.

II. Exécution des lois et décrets en matière de douane. Les droits de douane à percevoir sont ceux qui étaient en vigueur au moment du dépôt des déclarations par les redevables. Les produits en entrepôt étant considérés comme hors de France sont, pour l'application du tarif, dans la même condition que ceux qui arrivent du dehors. Ils sont soumis, à la sortie pour la consommation, aux taxes existantes à ce moment. Il en est de même lorsque, à l'expiration des délais d'entrepôt, les droits sur les produits sont liquidés d'office. Pour les produits *soustraits d'entrepôt*, les droits à percevoir sont ceux qui existaient au moment de la constatation de la soustraction; c'est le jour de la vente des produits saisis qui détermine les droits applicables. Il en est de même pour les produits provenant de prises maritimes, pour les épaves vendues à la demande de l'administration de la marine, pour les produits non retirés du dépôt ou abandonnés, vendus au profit de l'Etat.

III. Restrictions aux importations et exportations. (*a*) *Lieux de déclaration et d'acquittement des droits.* Tout produit entrant en France ou en sortant doit être déclaré au bureau des douanes pour y être visité, si les employés l'exigent, et soumis aux droits s'il y a lieu. Sur les frontières maritimes, les mêmes bureaux reçoivent les déclarations d'entrée et de sortie. Sur les frontières de terre, les produits importés doivent être conduits au bureau le plus voisin de l'étranger. A la sortie par les frontières de terre, les produits doivent être présentés au bureau le plus rapproché de l'intérieur, à moins qu'il ne soit plus éloigné du lieu de chargement que le bureau d'entrée. Dans aucun cas, les droits ne peuvent être perçus ailleurs que dans les bureaux de douane. Sont exceptés de ces règles, à l'*importation* : 1° *sur les frontières de terre,* les produits qui, d'après les ordres particuliers de l'administration et les modifications qu'elle apporte à la marche du service pour la facilité du commerce, sont affranchis, au bureau de première ligne (partout où il existe deux lignes de douane), d'une vérification détaillée et sont transportés, après simple reconnaissance sommaire, au second bureau; 2° *sur les frontières,* les produits importés sous le régime du transit international, ainsi que ceux dont l'expédition a lieu en vertu de dispositions spéciales, notamment les produits dirigés sur la douane de Paris. Sont également exceptées, *à la sortie,* des règles ci-dessus: 1° les expéditions par transit international; 2° les expéditions faites de quelques villes de l'intérieur où il a été établi des bureaux de douane pour la vérification des produits destinés à l'exportation. Ces villes sont: Paris, Lyon, Orléans et Toulouse.

(*b*) *Restrictions d'entrée.* Les produits des colonies et possessions françaises, *l'Algérie exceptée,* qui jouissent d'une modération de droits ou de la franchise en raison de cette origine, ne peuvent être importés que par les ports d'entrepôt. Ne peuvent également être importées, *par mer,* que par les ports d'entrepôt, certaines denrées coloniales dites de premier ordre. Les produits taxés à l'entrée à un droit de plus de 20 francs par 100 kilogrammes ne peuvent être importés que par les bureaux spécialement désignés à cet effet. Un assez grand nombre d'autres produits sont, en vertu de lois ou de décrets, soumis à des restrictions d'entrée particulières.

Il est pourvu par des mesures administratives, en ce qui concerne l'importation des matières premières, aux exceptions locales qu'exige la position des fabriques situées dans le rayon frontière. Les petites quantités de denrées coloniales ou d'autres produits non prohibés que les voyageurs apportent avec eux, soit comme provisions de route et de ménage, soit comme échantillons, et dont il est évident qu'il ne sera pas fait commerce, peuvent être admises aux droits dans tous les bureaux sur la simple autorisation des chefs locaux.

(c) *Restrictions de sortie.* A l'exception des armes de guerre et des pistolets de poche, les produits nationaux ou nationalisés pour lesquels il n'est réclamé ni prime ni décharge d'aucune sorte, et pour lesquels, d'ailleurs, il n'existe pas de prohibition, peuvent être expédiés par tous les bureaux de sortie. Sont assujettis à des restrictions de sortie, ou ne peuvent être exportés qu'après certaines formalités spéciales: 1° les tabacs en feuille dont l'exportation est permise par la régie, les tabacs fabriqués vendus à prix réduit, et la poudre à tirer pour laquelle il est dérogé à la prohibition de sortie; 2° les boissons et autres produits exportés avec exemption ou décharge des droits intérieurs perçus par les contributions indirectes. Les produits étrangers réexportés par transit sont soumis à des restrictions particulières; il en est de même pour les produits exportés à la décharge des admissions temporaires. Les viandes et beurres salés exportés avec drawbacks ne peuvent sortir que par les bureaux des ports.

(*d*) *Restrictions d'emballage*. Il est interdit de présenter comme unité, dans les manifestes ou déclarations, plusieurs caisses ou ballots réunis en un seul colis. Les outils, instruments aratoires, les fils ou la toile de lin ou de chanvre et la librairie sont soumis à des restrictions d'emballage particulières. Il en existe également pour l'importation, *sous les conditions des traités*, des fils et tissus de coton, des fils de laine, des fils d'alpaga, de Lama et de vigogne, ainsi que des fils de poils de chameau.

(*e*) *Restrictions de tonnage*. Il est notamment interdit d'importer ou de réexporter autrement que par navires d'un tonnage déterminé, les produits prohibés, ceux dont la prohibition a été fixée par des lois spéciales, enfin, divers produits dont la longue énumération ne saurait trouver place ici. Enfin, il existe aussi des restrictions de tonnage pour la réexportation des produits dont le droit d'entrée excède 10 0/0 de la valeur et pour l'exportation des sels d'origine française.

IV. Provenance et origine des produits. (*a*) *Dispositions générales*. Le régime de certains produits diffère suivant leur provenance ou leur origine. Le pays de provenance est celui d'où le produit a été importé en droiture. Le pays d'origine est celui où le produit a été récolté ou fabriqué. Pour l'application des droits établis d'après les provenances, on distingue entre les pays d'Europe et hors d'Europe. Par pays hors d'Europe on entend tous les pays situés hors des limites géographiques de cette partie du monde, par conséquent: les contrées de l'Asie et de l'Afrique, baignées par la Mer Noire et la Méditerranée, aussi bien que les contrées les plus lointaines, et, en outre, les pays européens du Levant, du cap Matapan au Caucase, mais seulement quand il s'agit de produits originaires de l'un de ces pays et qui en ont été directement importés. Les modérations de droits établies en raison des pays de provenance ou de production ne sont applicables que lorsqu'il est justifié que les produits ont été *importés en droiture* des pays de provenance ou de production et qu'ils y ont été *pris à terre*.

(*b*) *Transport direct*. 1° *Par mer*. On entend par ces mots le transport effectué *par un même navire*, depuis le lieu de départ jusqu'au lieu de destination, sans escale ou avec accomplissement des conditions auxquelles la faculté d'escale est accordée. Les capitaines sont tenus de justifier du chargement des produits au lieu de départ, ainsi que des circonstances de la navigation, par la représentation des connaissements, livres et autres papiers de bord, et, en outre, par un rapport de mer fait en douane dans les vingt-quatre heures de l'arrivée. Ce rapport est contrôlé immédiatement par les dépositions, et, au besoin, par l'interrogatoire des gens de l'équipage. Lorsque les produits ont été chargés, *au point de départ, sur le navire même* qui les apporte en France, le transport est considéré comme direct, même dans le cas où il s'agit de cargaisons flottantes, c'est-à-dire de cargaisons qui, au point de départ, n'avaient pas de destination déterminée et n'ont été dirigées sur la France qu'après escale du navire dans un port où il a pris des ordres. Sous *cette même condition du chargement au lieu de départ sur le navire par lequel se fait l'importation*, il n'y a pas à exiger que les *cargaisons flottantes* soient arrivées en France par la voie la plus courte.

On admet aussi que le transport direct par mer n'est pas interrompu par les escales faites en cours de route, dans un ou plusieurs ports étrangers, pour y opérer des chargements ou des déchargements, lorsque les produits ayant droit à un régime de faveur n'ont pas quitté le bord et qu'il n'en a pas été chargé de similaires dans les ports d'escale. Dans tous les cas d'escales suivies d'opérations de commerce, la justification du chargement au lieu de départ et les circonstances de la navigation s'établissent, comme nous venons de le dire, par les connaissements, les papiers de bord et le rapport de mer. Il doit, de plus, être produit: 1° un état général du chargement au lieu de départ, certifié par le consul de France; 2° des états, également certifiés par ce consul, des chargements et des déchargements effectués aux ports d'escale. Dispense des certificats consulaires peut être accordée, lorsqu'il s'agit de bateaux à vapeur partant à dates fixes, si la délivrance de ces certificats pouvait entraver le service. L'interdiction de charger, aux ports d'escale, des produits similaires peut être également levée pour les services réguliers de bateaux à vapeur. Les compagnies françaises qui exploitent, entre la France et l'étranger, une ligne principale de bateaux à vapeur, à laquelle se rattachent des lignes secondaires, sont autorisées à transborder sur les bateaux de la ligne principale les produits apportés par les bateaux des lignes secondaires. Même tolérance pour les services de navigation entre la France et l'étranger sous un pavillon étranger.

Les relâches forcées ne constituent, dans aucun cas, une interruption du transport direct. Si, par un fait de mer, un navire est devenu innavigable, les produits débarqués au lieu du sinistre, et réexpédiés en droiture par un autre navire, conservent leur droit au régime de faveur qui leur était applicable d'après la provenance primitive. Il est justifié d'un fait de mer de cette nature par des certificats consulaires ou soit des douanes, soit des autorités locales, ainsi que par des rapports de mer à la douane du port d'arrivée. Hors le cas de force majeure, tout produit transbordé en cours de transport par mer est réputé arriver du lieu où le transbordement a été effectué.

2° *Transport direct par terre*. Ne sont considérés comme importés en droiture par terre que les produits qui ont été conduits, sans emprunt de la mer, depuis le pays d'origine jusqu'en France, soit par les routes de terre et de fer, soit par les rivières et les canaux. Les lettres de voiture et les écritures de chemins de fer suffisent pour justifier des conditions du transport.

(*c*) *Produits soumis à des justifications d'origine.* Pour les produits importés des pays hors d'Europe, les modérations de droit sont en général acquises par le seul fait de la provenance, sans qu'il y ait à rechercher si ces marchandises sont originaires du pays d'où elles proviennent. Sont seuls soumis, en pareil cas, à la *double condition* du transport direct et de la justification d'origine: 1° les produits des colonies et autres établissements français (Algérie comprise), lorsque ces produits sont plus favorablement traités que ceux des autres pays extra-européens; 2° les produits pour lesquels la loi a limité l'application du droit modéré à l'importation directe du *lieu d'où le produit est originaire*.

La justification de l'origine n'est obligatoire pour les produits européens importés sous le régime du tarif général que dans le seul cas où ils sont de la catégorie de ceux auxquels la loi accorde des modérations de droit en raison de cette origine. Il faut alors, à la fois, que le produit soit du *cru* du pays européen d'où elle a été exportée et que cette importation ait eu lieu en droiture. Les stipulations des traités ne sont, en principe, applicables qu'aux produits originaires des pays contractants et importés en droiture de ces pays, sauf stipulations contraires.

L'origine des produits des colonies et possessions françaises doit être attestée : par des certificats des autorités coloniales, quand il s'agit des possessions autres que l'Algérie; par les expéditions des douanes algériennes, quand il s'agit de l'Algérie. L'origine des produits étrangers se trouve, en général, suffisamment établie par leur nature et par les conditions du transport. La douane a, d'ailleurs, la faculté de provoquer l'expertise légale, lorsque les caractères des produits lui paraissent infirmer l'exactitude des déclarations d'origine.

V. Déclarations et vérifications. (*a*) *Dispositions générales.* Les déclarations par les importateurs doivent contenir toutes les indications nécessaires pour l'application du tarif, et relatives notamment à la nature, l'espèce et la qualité des produits, à leur provenance ou destination, au poids, pour les produits taxés au poids, à la mesure ou au nombre, pour les produits taxés à la mesure ou au nombre, à la valeur, s'ils sont taxés à la valeur. Les déclarations doivent aussi indiquer : dans les ports, le nom du navire et du capitaine, et, à l'entrée par la frontière de terre, le nom, l'état ou profession et le domicile de la personne à laquelle ces produits sont adressés. La déclaration du poids et de la mesure n'est pas exigée pour les produits sujets à coulage, comme les liquides et fluides en *futailles* et les sucres bruts, lorsqu'ils sont en balles ou sacs.

La valeur à déclarer est celle que les produits ont dans le lieu et au moment où ils sont présentés à la douane. Elle comprend ainsi, outre le prix d'achat à l'étranger, les frais postérieurs à l'achat, tels que les droits de sortie acquittés aux douanes étrangères, le transport ou le fret, l'assurance, etc., etc., en un mot, tout ce qui contribue à former, à l'arrivée en France, le prix marchand de l'objet (droits d'entrée non compris). Les produits doivent être énoncés, dans les déclarations, sous les dénominations admises par le tarif. Elles sont obligatoires à la fois pour l'entrée et la sortie. Lorsque des produits d'espèces analogues sont réunis, dans le tarif, sous une dénomination commune (telle que *autres* ou *non dénommés*), les déclarations doivent indiquer, indépendamment de la classification du tarif, le nom sous lequel il est connu. Les produits exempts de droits doivent être déclarés d'après les spécifications et unités énoncées au tarif, sous peine de 100 francs d'amende à défaut de déclaration ou en cas de fausse déclaration. Toute déclaration doit être exacte et complète, sous distinction, à cet égard, à l'importation, entre les déclarations pour l'acquittement des droits et les déclarations pour l'entrepôt, le transit, l'admission temporaire ou la réexportation ni, à l'exportation, entre les produits tarifés.

Les propriétaires ou consignataires des produits importés peuvent être autorisés à les examiner avant la déclaration, à les décharger même et à prélever des échantillons afin d'en reconnaître l'espèce, la qualité ou la valeur, les employés de la douane restant étrangers à cet examen préalable. Si, dans le jour de la déclaration (jour de vingt-quatre heures), et avant la visite des objets, le déclarant reconnaît une erreur quant au poids, nombre, mesure et valeur, il peut la rectifier en représentant identiquement les mêmes colis et les mêmes produits. Ce délai expiré, toute demande en rectification doit être repoussée. Sont réputées fausses déclarations, en matière de tarif, toutes celles qui, si elles étaient admises de confiance, feraient percevoir un droit inférieur à celui qui est dû au Trésor ou auraient pour résultat de faire éluder une prohibition. Ceux qui ont déclaré les produits, sont dispensés d'en payer les droits, quand ils en font l'abandon par écrit. Tout produit importé par mer, pour lequel il n'a pas été fait de déclarations dans les trois jours de son arrivée, est retenu en dépôt dans les magasins de la douane pendant deux mois et devient, ce délai expiré, la propriété de l'Etat. A l'importation par terre, la déclaration en détail doit avoir lieu dès l'arrivée du produit sous l'application de la disposition qui précède. Toutefois, s'il s'agit de produits arrivés dans les gares de chemins de fer, sous le régime du transit international, il est accordé un délai de trois jours. A la sortie, les produits qui ont été conduits dans le magasin de la douane, doivent, s'ils ne sont pas immédiatement déclarés, être constitués en dépôt. Les employés ont le droit, soit de tenir les déclarations pour exactes, soit de procéder à la vérification des produits. La vérification peut être complète; elle peut aussi être faite par épreuves pour la quantité ou pour la qualité et même pour l'une et l'autre. Le commerce a toujours le droit de récuser les résultats des vérifications d'épreuves et de demander que la vérification soit complète.

Quand la douane juge que les produits taxés à la valeur ont été mésestimés, elle a le droit de les préempter, en payant au déclarant, au nom de l'Etat, dans les 15 jours de la notification du procès-verbal de retenue, une somme égale à la valeur déclarée avec un dixième en sus. La préemption doit être déclarée immédiatement, c'est-à-dire dès que la vérification des objets a eu lieu. Tous produits étrangers portant la marque ou le nom d'un fabricant résidant en France, soit l'indication du nom ou du lieu d'une fabrique française, sont prohibés à l'entrée, exclus du transit et de l'entrepôt et peuvent être saisis en tout lieu, à la diligence de la douane ou à la requête soit du ministère public, soit de la partie lésée.

Les contestations relatives à l'espèce, à la qualité ou à l'origine des produits doivent être déférées aux commissaires experts institués près du ministre du commerce. L'échantillon destiné à l'expertise est prélevé par le service en présence du déclarant. Ce prélèvement est constaté, soit dans l'acte conservatoire ou la soumission, soit par un acte spécial. Un deuxième échantillon identique est adressé à l'administration avec l'échantillon officiel, pour qu'elle puisse examiner le produit et lever d'office les difficultés, s'il y a lieu.

(*b*) ***Produits omis au tarif.*** A l'entrée, tout produit omis au tarif est assimilé à l'objet le plus analogue; à la sortie, les produits omis au tarif sont exempts de droit. Toute assimilation faite d'office, c'est-à-dire toute assimilation relative à un produit sur lequel l'administration n'a pas encore statué, n'est valable que pour le cas particulier auquel elle s'applique; quand il y a doute dans le service sur le point de savoir à quel objet tarifé il convient d'assimiler un nouveau produit et d'une quantité de quelque importance, il est sursis jusqu'à décision de l'administration. Ce qui constitue l'analogie et doit, par conséquent, déterminer l'assimilation, c'est l'état, le degré de préparation et la valeur du produit, et surtout l'emploi qu'il doit recevoir.

(*c*) ***Tares.*** Les produits tarifés au poids qui sont passibles d'un droit de plus de 10 francs par 100 kilogrammes acquittent ce droit sur le poids *net*, sauf un petit nombre d'exceptions. Les autres produits tarifés au poids acquittent les droits sur le poids *brut*. Le poids *brut* est celui qui résulte de la pesée cumulée du contenu et du contenant; toutefois, les doubles futailles et emballages se déduisent du poids total, ainsi que les contre-fonds des barriques de sucre. Le poids *net* est réel ou légal. Le poids net réel ou effectif est celui du produit moins ses emballages intérieurs ou extérieurs. Le poids net *légal* se calcule en déduisant du produit brut des colis la *tare légale*, c'est-à-dire la tare déterminée par la loi, selon le mode d'emballage ou l'espèce des marchandises. Lorsque des produits sont imposés à des droits différents, suivant leur provenance ou leur origine, la taxe qui sert de règle (taxe normale) est celle qui est applicable aux importations des pays hors d'Europe, quand ces importations sont directement tarifées, et, dans le cas contraire, la taxe applicable aux importations des pays de production. Les surtaxes de provenance ou d'origine sont perçues sur le net ou sur le brut, selon que la taxe normale est perçue sur l'une ou l'autre de ces bases.

Les déclarations relatives aux tares sont soumises aux mêmes règles que les autres déclarations de poids. Elles ne peuvent être modifiées que dans le jour (vingt-quatre heures), où elles ont été remises en douane et avant la visite. Lorsqu'un même colis renferme des produits d'espèces différentes, mais toutes taxées au brut, le poids de l'emballage se répartit proportionnellement sur chacun des produits que contient le colis. Lorsque des produits taxés au brut sont réunis à des produits taxés autrement, la taxe n'est perçue que sur les premiers et seulement en proportion de leur poids partiel; s'il s'agit de divers produits taxés au net, le poids net effectif de chaque espèce de produits doit être déclaré et vérifié. Mêmes déclaration et vérification du poids net effectif pour les produits taxés au net qui sont réunis à des produits imposés autrement qu'au poids.

(*d*) ***Emballages.*** Les emballages intérieurs et extérieurs, qui n'ont pas, par eux-mêmes, de valeur marchande, sont remis en franchise lorsqu'ils contiennent des produits exempts de droit ou taxés au net, à la valeur, au nombre ou à la mesure. Lorsque les produits qu'ils renferment sont taxés au brut, ils ne doivent pas être soumis à des droits indépendants de ceux qui portent sur les produits mêmes. Même règle pour les emballages ayant une valeur marchande, lorsqu'ils renferment des produits taxés au brut, à un poids peu inférieur à celui que les emballages acquitteraient séparément. Hors ce dernier cas, les emballages ayant une valeur marchande suivent séparément le régime qui leur est propre. Lorsque des emballages intérieurs, ayant une valeur marchande, ne doivent pas, pour la vente en détail, être séparés du produit qu'ils contiennent, et n'ont pas d'emploi après que celui-ci a été consommé, la douane peut, si le contenant et le contenu sont tarifés au poids, se borner à soumettre le tout au droit du contenu, lors même que le contenant serait passible séparément d'une taxe plus élevée. La tolérance s'applique à la fois aux objets taxés au brut et aux objets taxés au net.

VI. Application des droits. (*a*) ***Dispositions générales.*** Si les droits de douane sont applicables à tout article tarifé entrant en France, les agents diplomatiques jouissent d'immunités particulières pour les objets à leur usage ou à celui de leur famille. Cette exception n'existe pas pour les objets importés pour le compte du gouvernement. Tout produit importé de l'étranger est réputé étranger. Les produits sont le gage des droits, qui doivent être acquittés, consignés ou garantis avant l'enlèvement. La douane doit communiquer le tarif aux redevables toutes les fois qu'ils le demandent. Les employés donnent quittance et y énoncent le titre en vertu duquel ils ont opéré la perception; la quittance est détachée d'un registre à souche. Les droits sont perçus intégralement, même dans le cas où les produits ont été avariés par un événement de mer; si des denrées alimentaires ou des substances médicinales avariées sont déclarées, par l'autorité compétente, ne pouvoir être mises en consommation sans danger pour la santé publique, elles doivent être réexportées ou détruites. Les produits composés de matières ou substances diversement taxées, non spécialement tarifés, sont soumis, à l'entrée, au droit qui affecte la partie du mélange la plus fortement imposée, sauf une décision spéciale sur le cas où les diverses parties du mélange peuvent être facilement séparées, ou lorsqu'il ne s'agit que d'accessoires. En tarif conventionnel, les fils et les tissus mélangés, non tarifés en cet état, ainsi que les outils composés de métaux différents, suivent le régime de la partie dominant en poids.

(b) *Droits additionnels.* Il est perçu, à titre de subvention extraordinaire, deux décimes par franc, en sus des droits de douane et de navigation. Les droits résultant des traités de commerce ne sont pas assujettis au double décime. Les tarifs généraux ont aussi été établis décimes compris. Le double décime n'est applicable qu'aux droits non compris dans ces deux catégories. Les droits de douane sont, par conséquent, appliqués aujourd'hui, d'après le tarif officiel, double décime compris, toutes les fois qu'il est exigible. Il est ajouté aux impôts et produits déjà soumis aux décimes ou qui ont été établis décimes compris : 4 0/0 sur les droits d'entrée et de sortie et sur la taxe intérieure du sucre, et 5 0/0 sur les amendes et condamnations judiciaires. Sont exemptés du droit additionnel de 4 0/0 : 1° le droit de statistique; 2° les droits de timbre et les autres recettes accessoires; 3° les droits de quai et de permis et tous les autres droits de navigation, ainsi que les taxes sanitaires. L'addition des 4 0/0 porte sur les surtaxes d'entrepôt ou de provenance comme sur le droit principal, sauf lorsqu'il s'agit de surtaxes dont la quotité est déterminée par les traités.

(c) *Surtaxes.* Sont passibles d'une surtaxe d'entrepôt dans tous les cas d'importation d'un pays d'Europe : 1° les produits pour lesquels cette surtaxe a été spécialement établie par la loi. Dans ce cas, la surtaxe est applicable indistinctement aux produits d'origine européenne et extra-européenne ; 2° tout produit des pays hors d'Europe pour lequel il n'existe pas une surtaxe spéciale supérieure à 3 francs par 100 kilogrammes (décimes compris). La surtaxe d'entrepôt est alors uniformément de 3 francs par kilogramme, soit ou non que la loi ait tarifé le produit au poids ou qu'il soit exempt de droits. Les lois de douane frappent aussi de surtaxes certains produits lorsqu'ils n'arrivent d'ailleurs que du pays dont ils sont originaires. Cette disposition s'applique particulièrement aujourd'hui au transport indirect des produits d'origine européenne. Toutefois, elle est encore en vigueur pour quelques produits d'origine extra-européenne.

(d) *Taxes complémentaires et taxes intérieures.* Indépendamment des droits d'entrée, la soude et les autres dérivés du sel marin sont passibles, à l'importation pour la consommation dans les conditions du tarif conventionnel, de taxes complémentaires à titre de compensation des frais d'exercice auxquels les fabricants français sont soumis. Ces taxes sont perçues cumulativement avec les droits d'entrée. Sont de même applicables, indépendamment des droits de douane, aux produits etrangers déclarés pour la consommation, les taxes intérieures de fabrication, de circulation ou de consommation que supportent les produits similaires de l'industrie ou de l'agriculture françaises.

(e) *Mode d'acquittement des droits.* Les droits de douane sont dus au comptant, sans escompte. Toutefois, pour les droits d'entrée et la taxe de consommation des sels, un crédit de quatre mois peut être accordé moyennant le paiement d'un intérêt de retard et sous les conditions ci-après. Les redevables peuvent être admis à présenter des obligations dûment cautionnées, à quatre mois d'échéance, lorsque la somme à payer, d'après chaque décompte, s'élève à 300 francs au moins. Ces obligations donnent lieu : 1° à un intérêt de retard, dont le taux est aujourd'hui fixé à 3 0/0 par an ; 2° à une remise spéciale allouée au receveur qui concède le crédit. Les liquidations d'une même journée au nom du même redevable constituant un seul décompte, il est indispensable que ces liquidations donnent ensemble ouverture à une perception de 300 francs au moins. Les obligations doivent être souscrites par le redevable, à l'ordre du comptable et garanties par une ou plusieurs cautions s'engageant solidairement. Elles sont payables soit à Paris, soit, quand il s'agit des départements, au domicile ou dans le lieu de la résidence du trésorier payeur général ou du receveur des finances de l'arrondissement. Les receveurs sont tenus, sous leur responsabilité, de s'assurer de l'authenticité des signatures dont sont revêtus les effets de crédit et qui doivent être celles de deux personnes, au moins, habitant le lieu de la résidence du receveur. Pour couvrir leur responsabilité, en raison des crédits qu'ils accordent, les receveurs ont droit à une remise, aujourd'hui fixée à 1/3 0/0.

(f) *Prescription.* Nul n'est recevable à former contre l'administration des demandes en restitution de droits ou de produits deux ans après l'époque du payement de ces droits ou du dépôt de ces produits. De son côté, l'administration est non recevable à former aucune demande en paiement de droits *un an* après l'époque où ils auraient dû être payés; le tout, à moins qu'il n'y ait eu, avant lesdits termes, soit par l'administration, soit par les parties, contrainte décernée et signifiée, demande formée en justice.

VII. ENTREPÔTS. (a) *Entrepôt réel et fictif.* Les marchandises placées en entrepôt sont réputées hors de France; quand elles en sortent, elles sont traitées comme si elles arrivaient à ce moment du pays d'où elles ont été importées, et elles peuvent recevoir toutes les destinations que l'importateur voudrait leur donner. L'entrepôt est réel ou fictif. Le premier est établi dans un local gardé par la douane; les issues et magasins en sont fermés à deux clefs, dont l'une reste entre les mains des agents de l'administration. Le second est constitué dans les magasins du commerce. Tout importateur peut déclarer ses marchandises pour l'entrepôt réel. La déclaration d'entrepôt fictif doit être faite conjointement par l'importateur et par une caution solidaire. L'entrepôt réel peut être ouvert à la fois aux produits tarifés et aux produits prohibés; ces derniers sont alors l'objet d'une surveillance particulière. Quelques entrepôts réels, dits *spéciaux*, ne peuvent recevoir qu'un petit nombre de produits et pour des destinations déterminées. Il n'est admis en entrepôt fictif que des produits tarifés. Les entrepôts réels des principaux ports ont été établis par la loi; les frais de surveillance y sont à la charge de l'Etat. Des entrepôts de cette nature peuvent être établis, en vertu de décrets, sur la demande de l'autorité municipale, qui doit alors prendre à sa charge les frais de surveillance et remplir les autres conditions exigées par la loi. La Chambre de commerce peut, sur le refus de l'autorité municipale, satisfaire à ces obligations. Les produits atteints d'avarie sont exclus de l'entrepôt fictif. Aucun déballage, transvasement, division ou réunion de colis ne peut avoir lieu qu'avec l'autorisation de l'agent supérieur des douanes et qu'en présence des agents du service. Est interdite également, autrement qu'avec l'autorisation des chefs locaux, toute manipulation faite en vue de prévenir ou d'arrêter la détérioration des produits. Cette autorisation ne peut être accordée pour les opérations de triage ou de criblage qui auraient pour objet de réduire le poids reconnu à l'entrée. Une autorisation est également nécessaire pour les mélanges de produits de qualités différentes, les coupages et toutes les opérations analogues. Les entrepositaires qui ont cessé d'être propriétaires des produits, doivent, pour dégager leur responsabilité, déclarer le transfert de leur propriété au tiers acheteur et faire intervenir ce tiers, qui s'engage envers la douane, soit en son seul nom si le produit est en entrepôt réel, soit avec une caution s'il est en entrepôt fictif. Les produits placés dans un entrepôt peuvent être dirigés sur un autre, lorsqu'ils sont admissibles dans le dernier. Il n'y a d'exception que pour les armes, qui ne peuvent être reçues que dans les entrepôts de Marseille, Bordeaux, Nantes, Le Havre, Rouen, Boulogne, Paris, Lyon, Saint-Nazaire et Dunkerque. Les mutations d'entrepôt par mer sont, comme toutes les opérations de cabotage, réservées à la marine française. Les mutations d'entrepôt par terre s'effectuent sous les conditions générales du transit.

(*b*) *Renseignements divers*. Les déclarations et vérifications relatives aux produits entrant en entrepôt ou en sortant sont soumises aux dispositions générales qui viennent d'être rappelées. Les produits prohibés doivent être déclarés dans la forme prescrite pour le transit. Les produits, sortant de l'entrepôt fictif pour la consommation, sont soumis aux droits d'après les quantités reconnues à l'entrée. A l'égard des produits *taxés autrement qu'à la valeur*, qui sont retirés de l'entrepôt réel pour la consommation, on peut s'abstenir d'une nouvelle vérification, lorsque les intéressés demandent à acquitter les droits sur les résultats de la vérification d'entrée. Pour toutes les autres opérations de sortie d'entrepôts, les vérifications peuvent avoir lieu par épreuves. La durée de l'entrepôt est de trois ans pour l'entrepôt réel, de deux ans pour l'entrepôt fictif des grains, d'un an seulement pour l'entrepôt fictif des autres produits. Elle est également d'un an pour les produits d'entrepôt réel placés, par mesure exceptionnelle, dans des magasins non constitués selon le vœu de la loi ou placés dans les entrepôts spéciaux autorisés dans certains ports. Tout déficit constaté sur les produits placés en entrepôt fictif donne lieu au paiement intégral des droits. Mais, pour ceux qui sont placés dans un entrepôt réel régulièrement constitué, les directeurs peuvent autoriser l'allocation des déficits, lorsque ces produits ont été repesés à toutes les sorties et que les déficits proviennent manifestement du déchet naturel.

VIII. Transit et autres transports par terre. (*a*) *Dispositions générales*. Le transit est la faculté du transport en franchise, sur le territoire français, des produits passibles des droits de douane ou frappés de prohibition. Le régime du transit est appliqué : 1° aux produits qui entrent par une frontière de terre ou de mer pour ressortir directement, *sans emprunt de la mer*, par une autre frontière de terre ou de mer; 2° aux produits qui sont dirigés *par terre*, d'un bureau ou d'un entrepôt des frontières ou de l'intérieur, sur un autre bureau ou sur un autre entrepôt. C'est ainsi que les mutations d'entrepôt par terre sont soumises aux conditions du transit. Le transit se divise en transit ordinaire et en transit international. Le premier a lieu par toutes les voies indistinctement, l'*emprunt de la mer excepté*, sous la responsabilité des expéditeurs. Le second s'opère exclusivement par les chemins de fer, sous la responsabilité des Compagnies qui exploitent ces chemins. Qu'il s'agisse de l'un ou de l'autre, les opérations d'entrée et de sortie ne peuvent avoir lieu que par les bureaux expressément désignés à cet effet. Pour le transit ordinaire, certains bureaux sont ouverts à la fois au transit des produits tarifés et des produits prohibés; d'autres ne sont ouverts qu'au transit des premiers. Il existe, en outre, des restrictions spéciales pour le transit de la librairie et des armes. La distinction entre le transit du produit prohibé et celui du produit non prohibé n'existe pas pour le transit international. Les produits de toute nature peuvent être présentés, à l'entrée comme à la sortie, à tous les bureaux ouverts à ce transit, sauf quand il s'agit de la librairie et des armes, pour lesquels des restrictions spéciales, résultant des règlements, sont applicables au transit international comme au transit ordinaire, et sauf, en outre, les exclusions à titre absolu : 1° des contrefaçons en librairie, ainsi que des produits portant de fausses marques de fabrique ; 2° des armes et munitions de guerre, sauf autorisation spéciale du ministre de la guerre désignant, en outre, le bureau par lequel l'importation et la réexportation devront s'effectuer. Les produits exempts de droits d'entrée ne donnent pas lieu à des expéditions de transit, sauf pour celles que leur renvoi à l'étranger comme produits nationalisés rendrait passibles d'un droit de sortie. A leur arrivée au bureau par lequel le transit doit s'accomplir, les produits peuvent recevoir toutes les destinations qu'on eut été autorisé à leur donner, si elles avaient été directement importées par ce bureau.

(*b*) *Transit ordinaire*. Les dispositions générales relatives aux déclarations et vérifications sont entièrement applicables aux produits tarifés importés pour le transit. Quand il s'agit de produits prohibés, ils doivent avoir été portés sous leur véritable dénomination au manifeste ou à la déclaration sommaire et en outre il faut qu'ils soient déclarés en détail par espèce, qualité, nombre, mesure, poids brut et net et valeur. La vérification peut porter sur ces diverses indications, et si la valeur déclarée paraît être inexacte, elle est vérifiée d'office par le service, sauf recours à l'expertise légale. Le plombage des colis est obligatoire pour les produits expédiés en transit, à moins qu'ils ne puissent être emballés, ou qu'il s'agisse de produits exempts de droits d'entrée et tarifés seulement à la sortie. Les produits tarifés à l'entrée et les produits prohibés doivent être expédiés sous acquits-à-caution, lesquels indiquent le bureau de destination et limitent, suivant les distances, la durée du transport. Les produits exempts de droit d'entrée, mais dont les similaires sont passibles de droits à la sortie, ne sont assujettis qu'au passavant, sauf les boissons fermentées et distillées, pour lesquelles l'acquit-à-caution est toujours obligatoire. Le poids détaillé des colis doit, dans l'un et l'autre cas, être porté sur l'expédition ou sur une note y annexée. Les produits expédiés en transit sont réputés de qualité saine, si le propriétaire n'a pas déclaré à l'entrée qu'ils étaient avariés et n'a pas fait constater, dans l'acquit-à-caution, le degré de l'avarie. A défaut de cette formalité, les produits qui sont reconnus au bureau de sortie présentant une avarie de plus de 2 0/0 de la valeur, perdent la faculté du transit et sont soumis immédiatement au paiement des droits d'entrée. A l'arrivée au lieu de destination, l'acquit-à-caution est remis à la douane et déclaration doit être faite du régime qui sera définitivement applicable (passage à l'étranger, entrée à la consommation, en entrepôt, etc.). Le service vérifie l'état du plombage, s'assure ensuite de l'identité des produits en quantité et qualité, soit, selon les cas, par une vérification intégrale, soit au moyen de simples preuves. Le transit a lieu aux risques des soumissionnaires ; cependant, en cas de perte des produits par force majeure, dument constatée, ils peuvent être dispensés du paiement des droits d'entrée, ou de la valeur en cas de prohibition.

(*c*) *Transit international*. Hors le cas de soupçon d'abus, le transit a pour effet d'affranchir de la visite les bagages des voyageurs et les produits, au passage par la frontière, tant à l'entrée qu'à la sortie. En vertu des traités, un régime analogue est appliqué dans les pays voisins. Les produits et bagages qui arrivent de l'étranger sous le régime international, n'ont pas à rompre charge à leur entrée en France. Lorsque l'opération commence dans un bureau de la frontière française, la douane doit dénombrer les colis, après reconnaissance de leurs marques et numéros et en surveiller la mise en vagons. Dans les deux cas, la Compagnie du chemin de fer remet à la douane une feuille de route distincte par lieu de destination, à laquelle sont annexées des déclarations spéciales, lesquelles présentent, pour chaque colis, indépendamment de ses marques et numéros, le poids brut, la contenance, etc., si les produits sont taxés au poids, à la naissance ou sur une autre unité spéciale ; et à la fois le poids brut et la valeur s'il s'agit de produits taxés à la valeur ou prohibés. La Compagnie souscrit, en outre, la soumission de représenter les produits ou les bagages à la douane de destination. Il est fait une soumission distincte pour chaque destination. Quand il s'agit des expéditions de France à l'étranger, le bureau où l'opération de transit international prend son origine est substitué au bureau de sortie effective pour la déclaration et la vérification des produits, et aussi bien pour les opérations qui prennent naissance au bureau même que pour les opérations de transit, de primes, etc., qui ont déjà donné lieu, dans d'autres bureaux, à la délivrance d'acquits-à-caution ou de passavants. Lorsque ces formalités ont été remplies, les produits sont chargés sous la surveillance du service et la Compagnie les récapitule sur un relevé spécial où elles sont présentées séparément, d'après le régime qui leur est applicable. Lorsque des produits déjà placés dans un entrepôt en sont retirés, soit pour être réexpédiés au dehors, soit pour être dirigés sur un autre entrepôt, le compte primitif d'entrepôt doit d'abord être apuré suivant les règles générales. Ces produits peuvent ensuite être expédiés par transit international sons les conditions et formalités applicables aux produits arrivant directement de l'étranger. En pareil cas, les déclarations de sortie d'entrepôt, revêtus des certificats du service, doivent être annexées aux soumissions de la Compagnie. Tous les vagons, contenant des produits expédiés en transit international, doivent être plombés par la douane. S'ils l'ont déjà été à l'étranger, le plomb de la douane française est ajouté à celui de la douane étrangère. Ne sont acceptés par la douane française que des vagons en bon état, soit à coulisses, soit pourvus de bâches. Pour les colis pesant moins de 25 kilogrammes, les vagons à coulisses sont seuls admis. La douane est autorisée à faire escorter les convois soit à titre permanent, soit par intervalles. Les préposés d'escortes sont placés dans les voitures de 2e classe des convois mixtes ou dans les compartiments des gardes des convois de marchandises. A l'arrivée à destination des produits qui sortent par la frontière de terre, le service s'assure seulement du bon état du plombage et escorte le convoi jusqu'à l'étranger. Il suffit de même, lorsque, dans les ports, le chemin de fer est relié au quai et qu'un même navire doit recevoir la totalité des produits, que le convoi soit escorté jusqu'au navire et transbordé en présence des employés. Mais, le plus souvent, les produits composant un convoi doivent être chargés sur des navires différents. Il est fait alors, pour chaque lot, une déclaration spéciale indiquant le nom du navire ainsi que sa destination. Le transport des produits et leur embarquement ont lieu ensuite sans visite sous la surveillance des employés. Quand les produits expédiés en transit international sont destinés à rester à l'intérieur, soit pour la consommation, soit pour toute autre destination, ils doivent être déclarés en détail et vérifiés. Un délai de onze jours est accordé pour le dépôt en gare des produits arrivés par le transit international. Ce délai passé, les colis non réclamés sont transportés sous escorte à l'entrepôt réel, aux frais de la Compagnie. La douane est autorisée à considérer le transit comme n'ayant pas été accompli toutes les fois que les vagons ne sont pas présentés sous plombs intacts. Les acquits-à-caution ne sont, en pareil cas, déchargés que sous réserve. Des réserves sont également faites à l'égard des produits dirigés d'un entrepôt sur un autre, lorsqu'à l'arrivée à destination, il est constaté des manquants supérieurs aux proportions habituelles.

(*d*) *Transport d'un premier bureau sur un deuxième.* Sont exceptés, à l'importation par terre, de la déclaration en détail et d'une visite complète au premier bureau de la frontière, les produits dont la douane autorise le transport sur un deuxième bureau du rayon frontière, où ces formalités sont remplies. Il suffit, en pareil cas, qu'il soit fait déclaration au premier bureau du nombre de colis et qu'il soit produit, à l'appui de cette déclaration, des lettres de voiture en bonne forme indiquant l'espèce des produits et les marques, numéros et poids de chaque colis. Les produits sont expédiés par acquits-à-caution, et sous plomb, sur le bureau auquel la vérification en détail est attribuée. Si des différences sont reconnues sur le nombre, l'espèce ou le poids des colis déclarés, elles sont mentionnées dans l'acquit-à-caution. Les lettres de voiture sont réunies à cet acquit. La déclaration définitive en détail à fournir au deuxième bureau, doit être conforme aux lettres de voiture quant à l'espèce des produits; mais elle peut les rectifier pour la distinction des produits imposés à différents droits, suivant leur qualité. Le poids porté aux lettres de voiture peut également être rectifié par la déclaration définitive, sauf le cas où la vérification sommaire, faite au premier bureau, aurait donné lieu de constater un excédent de poids de plus du dixième pour les produits ordinaires et de plus du vingtième pour les métaux.

(*e*) *Expéditions exceptionnelles.* Peuvent être expédiés sans visite sur la douane de Paris : 1° les produits invendus à l'étranger; 2° l'argenterie et autres objets mobiliers des voyageurs rentrant en France ou venant y séjourner, ou s'y établir; 3° les objets adressés au président de la République ou aux ministres ; 4° les objets envoyés aux agents diplomatiques ; 5° les objets destinés aux établissements publics ; 6° les exemplaires des dessins, modèles et marques que les fabricants étrangers envoient au greffe du tribunal de commerce de la Seine. Les expéditions sur la douane de Paris n'ont lieu qu'en vertu d'une autorisation spéciale. Dans les bureaux ouverts au transit international, les expéditions sur la douane de Paris peuvent être faites sous les conditions de ce transit. A l'arrivée dans les gares de Paris, les colis sont conduits à la douane sous escorte. Lorsque le bureau d'entrée n'est pas ouvert au transit international, ou que les intéressés désirent un autre mode de transport, l'expédition a lieu sous double plomb ou par acquit-à-caution spécial. Les objets de la nature de ceux dont l'envoi sur la douane de Paris est autorisé sans visite, peuvent aussi, en vertu d'autorisations spéciales, être dirigés sans visite sur les autres douanes et sur les bureaux des frontières de terre ou de mer ouverts au transit. Ces expéditions ont lieu soit aux conditions du transit international, soit avec un acquit-à-caution spécial, avec double plombage.

IX. Émissions temporaires. (*a*) *Dispositions générales.* Les produits étrangers destinés à recevoir un complément de main-d'œuvre en France, ou à y être fabriqués, sont admis temporairement en franchise des droits, sous la condition qu'ils seront réexportés ou réintégrés en entrepôt dans un délai déterminé, lequel ne peut excéder six mois. Ce régime n'est applicable qu'aux produits pour lesquels il a été établi par des décrets spéciaux. L'entrée et la sortie des produits auxquels le régime de l'admission temporaire est appliqué, ne peuvent avoir lieu que par des bureaux désignés à cet effet. Les importations par mer peuvent avoir lieu par des navires de tout pavillon, sauf un très petit nombre d'exceptions. Il n'est fait également aucune distinction, tant pour les importations par mer que par terre, en raison de la provenance ou de l'origine des produits. Les déclarations relatives à l'admission temporaire sont soumises, à l'entrée et à la sortie, aux dispositions générales des règlements. Il en est de même pour les vérifications. Les déclarations doivent, en outre, présenter les indications spéciales exigées par les décrets qui ont permis l'application du régime de l'admission temporaire. Le rendement des produits admis temporairement est établi d'après le poids effectif de ces produits et des fabrications qui en proviennent. Toutefois, on n'exige, à titre général, la déclaration et la constatation du poids effectif que pour les produits présentés à la décharge des soumissions et l'admission temporaire n'a lieu que sous la garantie d'une soumission cautionnée. L'acquit-à-caution, délivré en vertu de cette soumission, est remis à l'importation. Il doit être représenté au moment de la réexportation ou de la constitution en entrepôt des produits fabriqués. Les produits compris dans un même acquit-à-caution peuvent faire l'objet de réexportations partielles. Dans ce cas, l'acquit-à-caution reste déposé au bureau, à la première sortie, et il y est annoté au fur et à mesure des réexportations. Si les intéressés demandent à effectuer le complément de leur expédition par un autre bureau compétent, les acquits-à-caution leur sont remis dûment revêtus de certificats constatant les opérations accomplies, et les réexportations subséquentes sont constatées par le nouveau bureau, ou même successivement par plusieurs bureaux. Celui de ces bureaux où les opérations finales ont lieu, fait le renvoi de l'acquit au bureau d'émission. Les mêmes dispositions sont applicables aux réintégrations partielles en entrepôt. Les acquits-à-caution d'admission temporaire et les passavants imputés sur les soumissions d'admission temporaire, doivent, lorsque les objets fabriqués sont réexportés par terre (et qu'ils sont, d'ailleurs, du nombre de ceux dont la circulation dans le rayon ne peut pas avoir lieu librement) être soumis au visa des bureaux de deuxième ligne, au moment où ces objets pénètrent dans le rayon frontière. Si la réexportation est faite partiellement, les conducteurs doivent, à partir du second envoi, se pourvoir, à l'entrée dans le rayon, des passavants de circulation nécessaires.

Lorsque les produits sont présentés à la décharge de plusieurs acquits-à-caution, le service exige que la déclaration détermine la proportion dans laquelle on entend opérer des imputations sur ces acquits, et il procède à l'apurement dans l'ordre indiqué par les intéressés. Les produits constitués en entrepôt après fabrication ou main-d'œuvre sous le régime de l'admission temporaire, se trouvent placés, pour les destinations qu'ils peuvent recevoir, dans la même condition que les autres produits entreposés. Lorsque, après la constitution en entrepôt, ces produits sont livrés à la consommation, ils n'acquittent que le droit applicable à la matière première importée et d'après le tarif en vigueur au moment de la sortie de l'entrepôt. Les directeurs peuvent laisser importer temporairement les objets en cours d'usage qui sont présentés isolément *et en petit nombre*, pour recevoir des réparations ou un complément de main-d'œuvre. L'admission a lieu moyennant la délivrance d'un acquit-à-caution descriptif et sous l'accomplissement des formalités nécessaires pour assurer la reconnaissance de l'identité des objets et leur réexportation dans un délai qui ne doit jamais dépasser six mois.

(b) Métaux désignés par le décret du 15 *février* 1862, *auxquels est applicable le régime de l'admission temporaire.* La fonte brute (d'affinage ou de moulage), la fonte matée, les ferrailles de fonte et de fer, les massiaux, le fer en barres régulières ou irrégulières, en cornières, en feuillards et en tôles, les aciers en barres, en feuillards et en tôles, les cuivres laminés purs ou alliés à d'autres métaux, peuvent être admis temporairement à charge de réexportation ou de réintégration en entrepôt. Les opérations ont lieu sans allocation de déchet, aux conditions générales résultant des lois et décrets. Peuvent seuls jouir de ce bénéfice; les maîtres de forge, constructeurs de machines et fabricants d'ouvrages en métaux, qui ont reçu des commandes de l'étranger ou qui se livrent à une fabrication courante d'ouvrages destinés à l'exportation. Les importations n'ont lieu qu'en vertu de décisions concertées entre le ministre du commerce et celui des finances, après avis du comité consultatif des arts et manufactures. Un délai de trois ans est accordé pour faire usage de ces décisions. A l'appui des demandes d'autorisation pour grosse fabrication, on doit produire: 1° les marchés ou lettres de commande; 2° un état détaillé des objets commandés avec indication, pour chacun d'eux, du poids des divers métaux ouvrés entrant dans leur composition; 3° un état détaillé des quantités de métaux bruts dont on réclame l'admission, lequel doit spécifier, pour les fontes, s'il s'agit de fontes d'affinage ou de fontes de moulage, et, pour les fers, s'ils ont été obtenus au coke ou au charbon de bois. Lorsqu'il s'agit d'objets de *fabrication courante*, les justifications de commandes spéciales ne sont pas obligatoires. Il suffit qu'il soit établi que les intéressés se livrent à cette fabrication. Mais ils ont à faire connaître la nature et le poids des divers objets qu'ils se proposent d'exporter et la quantité des divers métaux bruts qu'ils désirent importer. Les métaux, dont l'admission temporaire est autorisée, ne peuvent être importés et les fabrications à en provenir ne peuvent être exportées que par les ports d'entrepôt réel et par les bureaux ouverts soit au transit, soit aux produits taxés à plus de 20 francs par 100 kilogrammes. Ceux qui ont obtenu des autorisations ou décisions sont tenus de désigner les bureaux par lesquels ils entendent effectuer les importations, ainsi que la nature et la quantité des métaux à introduire par chaque bureau. Les déclarations à l'entrée doivent, comme les demandes d'autorisation, faire connaître la nature des fontes et le mode de fabrication des fers. Elles doivent, en outre, présenter, suivant qu'il y a lieu, les indications ci-après : 1° les dimensions transversales pour les fers de petite dimension et pour les aciers en barre de toute dimension; 2° les épaisseurs pour les feuillards, les tôles de fer ou d'acier et les cuivres laminés ; 3° la forme et le poids par mètre courant des barres pour les fers et aciers laminés de formes irrégulières. A l'exception des fontes et des métaux qui ont été énumérés ci-dessus, ils doivent être transportés dans les usines qui sont autorisées à les mettre en œuvre. Le transport est fait sous l'escorte de la douane, quand les usines sont établies dans les localités mêmes où se trouve le bureau d'importation. Si les usines sont situées sur d'autres points, l'escorte a lieu jusqu'à la gare du chemin de fer ou jusqu'au bateau par lequel doit s'effectuer le transport, et les intéressés s'engagent à justifier, dans un délai déterminé, de l'arrivée à destination, soit par un certificat du bureau de douane, s'il en existe dans la localité, soit, dans le cas contraire, par un certificat du

chef de gare du chemin de fer, ou par la représentation de la lettre de voiture du batelier, revêtue du visa du receveur du bureau de navigation. Les décisions ministérielles qui ont autorisé les importations, déterminent le délai dans lequel leur apurement doit avoir lieu. Pour la grosse fabrication, ce délai peut être de six mois, et de six mois quand il s'agit de fabrications courantes, devant provenir de métaux soumis à la justification du transport à l'usine. Mais il est, au plus, de trois mois pour la fabrication courante, provenant soit de fonte de moulage ou d'affinage, soit de ferraille de fonte. Dans tous les cas, le délai ne court qu'à partir de l'importation des métaux. Il est interdit de comprendre dans une même soumission des métaux dont la réexportation est soumise à des délais différents. Les soumissions mentionnent la date de l'autorisation ministérielle, le nom des soumissionnaires, l'espèce des métaux, leur poids net réel, l'emploi qui doit en être fait, l'usine où ils doivent être mis en œuvre et la destination des produits à fabriquer. Pour faciliter les vérifications à la sortie, il est délivré aux intéressés, suivant leur demande, un ou plusieurs extraits de la soumission, lesquels en reproduisent exactement les termes, portent la même date et le même numéro suivi d'une lettre indicative. A la sortie et à l'appui des demandes de décharge d'acquits-à-caution, il est présenté par le permissionnaire, certifié et signé par lui, des bordereaux détaillés des objets à exporter, attestant que ces objets proviennent de sa propre fabrication et indiquant, pour chacun d'eux, le poids des divers métaux entrant dans leur fabrication.

(c) *Sucres destinés au raffinage*. Les conditions de l'admission temporaire des sucres destinés au raffinage sont tout à fait distinctes de celles qui s'appliquent aux autres produits. Elle est régie par des lois différentes. Les sucres bruts, coloniaux ou étrangers, des types nº 18 ou au-dessous, *importés des pays hors d'Europe*, et les sucres bruts indigènes, des mêmes types, peuvent être admis temporairement en franchise des droits, avec faculté, pour les importateurs, de se libérer de leurs engagements dans un délai de deux mois : soit par l'exportation ou la constitution en entrepôt de quantités correspondantes de sucres raffinés en pains ou candis; soit par l'exportation directe de quantités correspondantes de vergeoises; soit par le paiement en numéraire du montant des droits sur les sucres soumissionnés. Le même régime est applicable aux sucres indigènes au-dessus du nº 18 et aux sucres de canne, des mêmes catégories, importés des pays hors d'Europe; mais l'apurement des obligations, autrement qu'en numéraire, ne peut alors avoir lieu que par des sucres raffinés *en pains*. Les autres catégories de sucre brut de toute origine et de toute provenance, ainsi que les poudres blanches, admissibles aux droits, peuvent aussi être déclarées pour l'admission temporaire, mais sous la condition du paiement obligatoire des droits, avec intérêt de retard, dans le délai de deux mois. Les sucres déclarés pour l'admission temporaire donnent lieu à des obligations cautionnées. Ces obligations ont, pour l'action ou les privilèges du Trésor et la responsabilité des comptables, tous les effets des traites souscrites pour le paiement des droits. Les receveurs ont droit, pour ces obligations, à la moitié de la remise qui leur est allouée pour la souscription des traites. Peuvent seuls être admis à la décharge des obligations souscrites pour les sucres des nºs 18 et au-dessous : 1º les sucres raffinés, candis et en pains; 2º les vergeoises des nºs 7 et au-dessus. Les sucres raffinés en pain doivent être présentés parfaitement épurés, durs et secs, à la vérification des employés. Après cette opération, ils peuvent être concassés ou pilés sous la surveillance non interrompue du service. Le pilage doit avoir lieu soit dans les magasins de la douane ou de l'entrepôt réel, soit dans un établissement spécial agréé et gardé par la douane. La déclaration d'exportation des sucres raffinés et des vergeoises ne peut avoir lieu que dans les bureaux spécialement destinés à cet effet, et l'exportation ne peut être constatée que par les bureaux auxquels cette attribution a été conférée. Cette déclaration, ainsi que la vérification, sont soumises aux règles générales. Le service s'assure que les sucres sont des qualités admissibles à la décharge des obligations et qu'ils satisfont aux conditions de fabrication exigées. Lorsque la sortie doit s'effectuer par un bureau autre que celui qui a reçu la déclaration, un passavant est délivré et les colis sont plombés séparément ou mis en vagons plombés, suivant que le transport a lieu librement ou qu'il s'effectue sous les conditions du transit international. De quelque façon que la sortie ait lieu, la déclaration ou le passavant dûment régularisés font retour au bureau où la déclaration a été primitivement faite. Les résultats de l'opération sont alors inscrits sur un registre spécial. Le service détache ensuite le *volant* de ce registre et il le remet à l'exportateur, qui en donne reçu. Ce volant ou certificat d'exportation sert de titre pour la décharge des obligations d'admission temporaire; il est transmissible par endossement. Si les sucres, au lieu d'être exportés, sont constitués en entrepôt, l'opération a lieu suivant les règles générales. Elle est ensuite inscrite sur le registre spécial dont il a été parlé et le volant ou certificat d'entrée en entrepôt est détaché de ce registre et remis au déclarant, qui en dispose comme des certificats d'exportation. Les vergeoises ne peuvent être reçues en entrepôt pour la décharge des obligations d'admission temporaire; elles doivent être exportées directement. Les sucres raffinés, qui, après avoir été placés en entrepôt dans les conditions prévues ci-dessus, en sont retirés pour la consommation, acquittent les droits afférents à la matière brute dont ils proviennent, et sur les quantités soumissionnées au moment de l'admission temporaire. Le délai de deux mois, fixé par la loi pour l'apurement des obligations, soit en numéraire, soit par la production de certificats d'exportation ou d'entrée en entrepôt, est rigoureusement obligatoire et ne peut, dans aucun cas, être prorogé. Si l'apurement n'a pas lieu dans ce délai, le Trésor poursuit, outre le recouvrement du droit d'entrée et de l'intérêt de retard, le paiement des intérêts à raison de 5 0/0 l'an, à partir de l'expiration de ce délai.

X. Réexportations et transbordements. La réexportation des produits qui ont donné lieu à des acquits-à-caution de transit, d'admission temporaire, etc., s'accomplit sous la garantie des engagements primitivement souscrits. Mais des engagements spéciaux sont nécessaires lorsque des produits placés, soit dans les entrepôts maritimes, soit dans les entrepôts des frontières de terre, doivent être directement réexportés, soit par mer, soit dans le pays limitrophe, ou lorsque, à un titre quelconque, il y a lieu de renvoyer directement à l'étranger des produits débarqués dans les ports ou arrivés dans les bureaux de la frontière de terre. Des engagements spéciaux doivent aussi être exigés pour les produits qui sont transbordés du navire importateur sur un autre navire allant soit à l'étranger, soit dans un autre port français. Pour ces opérations, comme pour les réexportations proprement dites, la déclaration et la vérification restent soumises aux règles générales. Toutefois, les chefs locaux peuvent tolérer que la qualité du produit ne soit pas spécifiée et accorder des facilités pour la vérification. La formalité du plombage à la réexportation par mer ne doit être imposée que lorsque la mise en mer n'est pas directement constatée par le service des ports. Sur les frontières de terre, on peut dispenser du plombage, lorsqu'il s'agit de transports faits sous escorte à de très courtes distances. Dans tout autre cas, on applique les conditions du transit. Les produits, qui, à l'entrée du navire, ont été déclarés devoir rester à bord et qui, en fait, ne sont pas débarqués, ne sont assujettis ni à la déclaration en détail, ni à la vérification. Il suffit que leur destination effective pour l'étranger ou pour un autre port de France, soit justifiée par les papiers de bord. Dans ce dernier cas, les produits doivent être reportés sur le manifeste de sortie du navire et si des justifications d'origine ou de provenance ont été produites, mention en est faite sur ce manifeste ; sont également dispensés de la déclaration en détail et de la visite, les produits qui sont mis temporairement à terre à la suite d'événements de force majeure. Ils sont transportés, sous la surveillance du service, dans le local destiné à cet effet et sont ultérieurement reconduits à bord sous escorte.

XI. Exportations avec drawbacks ou primes et a la décharge des taxes intérieures. Comme il a déjà été dit, il n'est alloué à l'exportation, aucune prime ou drawback pour droits de douane précédemment perçus. Il a également été dit que la morue de pêche française est le seul produit qui obtienne, à l'exportation, une prime effective, laquelle fait partie des encouragements accordés à la pêche lointaine; et la seule restitution de droits (drawback) autorisée aujourd'hui par la loi, est celle de la taxe de consommation perçue sur le sel employé à la préparation des beurres et des viandes salés qui sont envoyés à l'étranger. L'administration des contributions indirectes donne décharge des taxes intérieures à l'exportation des produits sur lesquels il existe des taxes de cette nature; ce sont : 1° les sucres sortant des fabriques exercées ou des entrepôts de la Régie; 2° les produits divers ci-après : acide stéarique, allumettes chimiques, boissons, bougies et chandelles-bougies, cartes à jouer, chicorée brûlée ou moulue, cire sortant des *fabriques exercées*, huiles de schiste, huiles végétales et graisses liquides, orfèvrerie et bijouterie, papier et ses applications, poudres à feu, savons, sucre, tabac en feuilles et tabac fabriqué, vinaigre et préparations au vinaigre. La circulation des boissons (la bière exceptée), des tabacs (en feuilles ou fabriqués), des poudres à feu, des cartes à jouer, de l'acide stéarique, des bougies, de la chicorée brûlée ou moulue, du vinaigre et des allumettes chimiques, ne peut avoir lieu qu'en vertu d'expéditions de la Régie ou sous bande de contrôle. Les sucres non raffinés et les autres matières sucrées ne peuvent non plus circuler, sans expéditions de la Régie, dans le rayon déterminé par l'article 15 de la loi du 31 mai 1846. Soit, ou non, que l'exportation de ces produits ait lieu à la décharge des taxes intérieures, la douane veille à ce que les dispositions relatives à la circulation aient été observées. Quant aux produits, passibles de taxes intérieures, dont la circulation n'est pas soumise à des restrictions générales ou spéciales, ils sortent librement lorsqu'ils ont été pris hors des établissements soumis à l'exercice.

XIV. Régimes spéciaux. (*a*) *Corse.* Sont admis en franchise, dans les ports de la France continentale ouverts à cet effet, et sous la condition que l'*origine en a été dûment reconnue* au départ : 1° les produits naturels de la Corse, tels qu'ils sont désignés par les lois des 21 avril 1818, 17 mai 1826, 26 juin 1835 et 6 mai 1841; 2° les produits de l'industrie ou des fabriques de la Corse, spécialement désignés par les lois et décrets. Ces produits ne peuvent être admis en franchise que par des ports spécialement désignés. Toutefois, lorsqu'il s'agit de produits, dont les similaires étrangers jouissent de la franchise d'après le tarif général, ils peuvent être admis dans tous les ports. Les produits français, restés invendus en Corse peuvent, sur l'autorisation des receveurs principaux, être réexpédiées sur les ports ouverts au commerce de la Corse, et ils y sont réadmis en franchise après reconnaissance de leur origine. Les produits français ou nationalisés en France par le paiement des droits, qui sont expédiés en Corse sous les conditions du cabotage sont admis en franchise de droits dans tous les bureaux de douane de l'île. Les produits étrangers réexpédiés, soit des entrepôts de la France continentale, soit après transit par la France ou transbordement dans les ports métropolitains, sont traités en Corse comme s'ils y arrivaient du lieu d'où ils ont été importés en France. Il n'existe pas d'entrepôt en Corse et le régime du transit n'y est pas appliqué. Le sucre et les autres denrées coloniales de consommation, le tabac en feuilles ou fabriqué, les tissus de lin ou de chanvre et les laines peignées ou teintes ne peuvent être importés en Corse que par des bureaux spécialement désignés. Les traités de commerce sont applicables en Corse comme sur le continent. En ce qui concerne les taxes intérieures, tous les règlements relatifs à l'impôt du sel en France sont applicables en Corse. Les droits sur les boissons n'y sont pas perçus. Les ouvrages d'or et d'argent et les cartes à jouer y sont également affranchis des droits de garantie et de fabrication et le tabac n'y est pas soumis au régime du monopole. Pour toutes les autres taxes intérieures, la Corse est assimilée à la France continentale.

(*b*) *Pays de Gex et Savoie neutralisée.* La ligne des douanes entre le canton de Genève et le département de l'Ain est placée à l'Ouest du Jura. Tout le pays de Gex se trouve ainsi hors de cette ligne. Les produits étrangers de toute espèce y entrent en franchise des droits de douane (*Traité de paix* du 30 novembre 1815). Le même régime exceptionnel est appliqué à la partie de la Savoie (*zone neutralisée*) qui est au-delà de la ligne des douanes établie conformément au décret du 12 juin 1860. L'impôt du sel et les taxes intérieures de toute nature sont perçus dans le pays de Gex et la zone neutralisée de la Savoie, aux mêmes taux et conditions que dans les autres parties du territoire. Le tabac et la poudre y sont soumis au monopole de l'Etat. Le ministre des finances arrête, chaque année, de concert avec le ministre du commerce, les quantités des produits naturels ou manufacturés du pays de Gex et de la Savoie neutralisée qui peuvent être admis, en exemption des droits de douane, dans la consommation française. Ne peuvent participer à ces admissions que les fabriques appartenant à des nationaux. Les propriétaires d'établissements ruraux ou industriels qui veulent introduire leurs produits en franchise sont soumis à la surveillance d'un service de douane établi dans les zones à cet effet. Ils doivent, chaque année, faire une déclaration préalable à ce service. Ils sont obligés de tenir, jour par jour, quand il s'agit d'objets manufacturés, le compte de leur fabrication, et ce compte est présenté à toute réquisition au service des douanes, qui peut, en outre, procéder à toute heure, sur simple réquisition, aux recensements et vérifications jugés nécessaires. Les métaux et matières employés dans les fabriques doivent être d'origine française ou, s'ils sont d'origine étrangère, avoir été soumis, en France, au paiement des droits. Toutefois, la justification d'origine n'est pas obligatoire pour les fournitures d'horlogerie, ainsi que pour la laine, le lin et les peaux employés dans les fabriques. Mais les machines des filatures de coton doivent être exclusivement tirées de France ou y avoir été nationalisées si elles sont d'origine étrangère. Sauf un très petit nombre d'exceptions, les produits du pays de Gex et de la Haute-Savoie ne peuvent être admis en franchise que par les bureaux de douane désignés à cet effet.

(*c*) *Iles du littoral.* Le régime général des douanes est appliqué dans les îles de Ré et d'Oléron. Il en est de même de l'île d'Aix, située à l'embouchure de la Charente, entre le continent et l'île de Ré, pour Groix, Belle-Ile, Noirmoutiers et l'île d'Yeu dans l'Océan, et Porquerolles dans la Méditerranée. Mais les denrées ou produits du crû ou de l'industrie locale, expédiés de ces îles sur le continent, ne sont admis en franchise qu'autant qu'il a été justifié de leur origine. Hors le cas de détresse ou de relâche forcée, les bâtiments étrangers et français, venant de l'étranger, ne sont pas admis dans les îles ou îlots où il n'existe pas de service de douane. Cette disposition est applicable à toutes les îles du littoral autres que celles qui viennent d'être dénommées et qui sont : les îles Chausey, l'île aux Moines, Ouessant, Molène, l'île de Seins, les îles de Glenau, dans l'Océan; Port-Eros et l'île du Levant, dans la Méditerranée. Les produits de ces îles sont admis en franchise sur le continent, lorsque l'origine en est régulièrement justifiée. Elles peuvent recevoir du continent, dans la proportion de leurs besoins justifiés, les objets destinés à la consommation locale, ainsi que les bois de chauffage et de construction.

(*d*) *Principauté de Monaco.* En vertu du traité d'union douanière entre la France et la principauté du 9 novembre 1865, elle est placée sous le régime des douanes françaises et leurs agents sont chargés des perceptions. Sont, par conséquent, applicables, dans la principauté, au même taux et aux mêmes conditions que dans les ports français, les droits de douane de toute nature, les droits de navigation (sauf le droit de francisation), les taxes de plombage et d'estampillage et l'impôt du sel.

(*d*) *Algérie.* Les produits naturels ou fabriqués, originaires de l'Algérie, importés en France en droiture, sont admis en franchise. Il en est de même des produits étrangers qui ont acquitté, en Algérie, l'intégralité des droits du tarif métropolitain. Ceux de ces produits qui y ont été imposés soit à des droits spéciaux, soit au tiers du tarif métropolitain, ne sont passibles, à leur entrée en France, que de la différence entre le tarif de l'Algérie et le tarif métropolitain. Les produits d'origine française naturels ou fabriqués (les sucres exceptés) et les produits étrangers naturalisés en France par le paiement des droits, sont admis en franchise à leur importation directe dans les ports de l'Algérie. Tous les produits étrangers non dénommés ci-après sont admis en Algérie en franchise, quelle qu'en soit l'origine et de quelque façon qu'ils soient importés. Y sont également admis en franchise, mais seulement lorsqu'ils sont importés par la frontière de terre, les produits naturels ou fabriqués, originaires de la régence de Tunis, de l'empire du Maroc ou du Sud de l'Algérie. Les produits de toute autre origine, importés par terre, suivent le régime des importations par mer. Les produits étrangers, soumis à leur importation en Algérie, aux conditions du tarif métropolitain, sont les suivants : morues, chocolat et cacao, bâtiments de mer et embarcations de toute sorte, tissus de toute sorte, effets à usage, boissons fermentées et distillées, armes et munitions de guerre (prohibées en Algérie comme dans la métropole); les contrefaçons. Sont passibles de droits spéciaux à leur importation par mer en Algérie, les produits étrangers ci-après : sucres (y compris ceux de la métropole), sucres raffinés de toute origine, cafés, poivre et piment en grains ou moulus, le girofle, la cannelle, les muscades, les macis, la vanille, les tabacs en feuille ou fabriqués.

Sont passibles, à leur entrée par mer en Algérie, du tiers des droits du tarif général ou conventionnel selon leur origine, les produits étrangers ci-après : fontes, fers en barres et rails, tôle, fils de fer, acier en barre, en bandes ou en tôle, cuivre pur ou allié *laminé*, plomb laminé, produits chimiques, poterie fine (porcelaine, grès fin, faïences fines, etc.), verres, autres que les verres à vitres et cristaux, papiers, machines et mécaniques de toute sorte, à vapeur ou autres, en appareils complets ou en pièces détachées, autres que les machines et mécaniques agricoles, les outils non aratoires, les armes de commerce, les ouvrages en métaux de toute sorte ne servant pas à l'agriculture. Les traités de commerce et de navigation ne sont exécutoires en Algérie qu'en vertu de dispositions expresses. Il existe en Algérie des entrepôts réels et fictifs. Les premiers sont ouverts à Alger et Oran; ils sont soumis au régime des entrepôts de la métropole. Les produits sont également reçus en entrepôt fictif dans les deux mêmes villes et aux mêmes conditions que dans la métropole. Les ports d'entrepôt réel d'Alger et d'Oran sont, à ce titre, ouverts au transit à l'entrée et à la sortie. Le tarif de sortie de la métropole est applicable aux produits exportés d'Algérie à destination de l'étranger. Le régime général des douanes de la métropole est applicable en Algérie, à moins qu'il n'y ait été dérogé par des dispositions expresses. Est notamment soumis aux règles applicables dans la métropole le cabotage entre les ports de la colonie. Toutefois, en vertu d'arrêtés du gouverneur général, les navires étrangers peuvent faire ce cabotage. La navigation entre la France et l'Algérie peut avoir lieu sous tous les pavillons. En dehors des droits de douane, une taxe spéciale est perçue en Algérie, sous le nom d'*octroi de mer*, sur les produits de toute origine importés, soit par terre, soit par mer.

(*e*) *Sénégal.* Le Sénégal et ses dépendances comprennent: le Sénégal proprement dit, savoir: l'île Saint-Louis et les ports militaires sur le fleuve du Sénégal, l'île de Gorée et ses dépendances, les établissements français de la Côte d'or et du Gabon (Assinie, Grand-Bassam et Gabon). Les gommes, les huiles de palme, de coco, les bois à construire, les bois d'ébénisterie de toute espèce, le sel marin, les mélasses destinées à la distillation, importés directement du Sénégal et de ses dépendances, sont admis en franchise; il en est de même du poisson salé provenant de pêche française au Sénégal. Les autres produits venant du Sénégal sont passibles des droits du tarif général. L'expédition au Sénégal des produits français a lieu en franchise. L'importation en France des produits du Sénégal et l'exportation de France au Sénégal des produits de toute nature peuvent avoir lieu sous tous les pavillons. Le régime des douanes du Sénégal est independant de celui de la métropole; il résulte de dispositions spéciales.

(*f*) *Autres colonies et établissements français.* Ces colonies et établissements sont les suivants: *aux Antilles*, la Martinique, la Guadeloupe et ses dépendances (Marie-Galante, la Désirade, les Saintes et la partie française de Saint-Martin); dans *le continent de l'Amérique du Sud*, la Guyane française; en *Afrique*, l'île de la Réunion (autrefois *île Bourbon*). Les établissements français hors d'Europe autres que les colonies proprement dites (Algérie et le Sénégal) sont: en *Amérique*, les îles Saint-Pierre et Miquelon; en *Afrique*, Sainte-Marie de Madagascar (sur la côte de cette île) et les îles de Mayotte et de Nossi-bé; en *Asie*, les établissements français de l'Inde et la Cochinchine; dans *l'Océanie*, Taïti et les autres îles de la Société, les Marquises, Noukahiva et la Nouvelle Calédonie. Les produits ci-après, du crû des colonies et autres établissements français, sont soumis, à l'importation en France, aux conditions du tarif général : amomes et cardamomes, cacao, café, cannelle, casse confite et autres fruits médicinaux, cassia lignea, confitures, fruits de table confits, girofle, macis, muscades, mélasses non destinées à la distillation, piment, poivre, sirops et bonbons, sucre, vanille. Tous les autres produits, naturels ou fabriqués, originaires des colonies ou établissements français (l'Algérie et le Sénégal exceptés) sont admis en franchise dans la métropole. Restent soumis à la prohibition : les tabacs importés autrement que pour la régie, les armes et munitions de guerre, les contrefaçons et les médicaments composés non dénommés restant soumis à la prohibition. Les conditions du tarif général sont applicables, à l'importation en France, aux produits *fabriqués* de toute espèce non originaires des colonies ou établissements français hors d'Europe. Il en est de même pour la généralité des produits naturels *non originaires* de ces colonies ou établissements. L'exportation aux mêmes destinations des produits français de toute nature a lieu en franchise. La navigation entre la France et ses colonies et autres possessions d'outre mer peut être faite par des navires de tout pavillon. Le régime des douanes dans ces mêmes colonies et possessions (à la seule exclusion de l'Algérie) est indépendant du même régime dans la métropole.

XIII. Marchandises de retour. (*a*) *Produits exportés sous réserves spéciales.* Les produits de fabrique française restés invendus à l'étranger ou dans les colonies et autres possessions françaises hors d'Europe peuvent être réadmis en franchise, lorsque la sortie antérieure en est dûment justifiée. Peuvent seuls profiter de ce bénéfice les fabricants et négociants pour le compte et au nom desquels les produits ont été exportés. Ces réadmissions n'ont lieu qu'en vertu d'une autorisation spéciale par les directeurs. Le délai pour les demandes de réadmission est de deux ans à partir de l'exportation, sauf exceptions admises par l'administration. La justification de la sortie antérieure s'établit, soit par les expéditions ou le certificat de la douane qui a constaté l'exportation, soit par un extrait, portant facture, du registre de vente et d'envoi à l'étranger, remis par l'expéditeur. Cet extrait doit être certifié conforme au registre par un magistrat ou officier public (président du tribunal de commerce, maire, commissaire de police) à qui le registre est représenté à cet effet. Le bénéfice de la réadmission est réservé aux produits *fabriqués* qui portent des marques de fabrique française, ou dont l'origine française peut être reconnue par des signes extérieurs ou inhérents à cette origine. Peuvent également être réadmis les produits fabriqués dont la nationalité peut être constatée par des hommes compétents, d'après le mode de fabrication. Mais, dans ce cas, les commissaires experts doivent être appelés à prononcer. A l'exception des fruits de la terre et autres produits naturels ou de consommation, les vins du crû de la Gironde peuvent être réadmis, lorsque l'origine en a été constatée par un jury spécial institué pour cet objet à Bordeaux. Sont également réadmissibles les vins de tout crû indigène : 1° lorsqu'ils sont rapportés de nos colonies des Antilles ou de la Réunion et que l'origine française en est constatée par les expéditions coloniales , 2° lorsque, rapportés de l'étranger, ils sont accompagnés de certificats de douanes étrangères, visés par nos consuls, constatant que, pendant leur séjour à l'étranger, ils n'ont été l'objet d'aucune manipulation. Les métaux ouvrés exportés à la décharge de matières admises temporairement ne peuvent être réimportés que sous le payement du droit applicable à ces matières. Hors le cas où il est régulièrement établi que l'expédition à l'étranger a eu lieu sous le régime de l'*exportation simple*, la même règle est applicable à toutes les réimportations d'ouvrages en métaux. Les produits étrangers nationalisés en France par le payement des droits ne peuvent pas être réadmis en franchise. La même exclusion s'applique à tout produit revêtu de marques étrangères. La librairie et les armes de guerre ne peuvent être réimportés qu'en vertu d'autorisations spéciales du département de l'intérieur (librairie) ou de la guerre (armes). Les vieux fers et les débris de machines, rapportés de nos colonies de la Réunion, des Antilles et de la Guyane, sont réadmis en franchise lorsque les douanes coloniales en ont attesté l'embarquement et que la réimportation est faite en droiture. Tout objet reconnu pouvoir être utilisé autrement que pour la refonte doit être brisé avant la sortie de la douane. Peuvent être réadmis, qu'elle qu'en soit la nature, qu'ils portent ou non des marques de fabrique, les produits français expédiés à l'étranger par erreur justifiée d'une manière certaine, avec une attestation de la douane étrangère que les produits sont restés sous sa main, depuis leur entrée sur le territoire étranger jusqu'à leur réexpédition en France. L'importateur de produits déclarés en retour peut être autorisé à les expédier sur un second bureau, où les justifications de sortie sont produites et où s'effectue la reconnaissance de l'origine du produit. En cas de doute sur la nationalité des produits réexportés, la douane provoque l'expertise légale.

(*b*) *Produits exportés avec réserve de retour*. Les produits de fabrique française pour lesquels il est fait, à la sortie, des réserves de retour, sont réadmis d'office par le service local, lorsqu'il ne s'élève aucun doute sur leur origine et qu'il a, d'ailleurs, été satisfait aux conditions imposées à leur égard. La douane délivre, au moment de l'exportation, un passavant descriptif, au vu duquel la vérification s'effectue au retour. La réimportation doit avoir lieu dans un délai d'un an, sauf pour les produits exportés à l'époque des foires. Les dispositions qui précèdent sont spécialement applicables aux soieries et autres tissus, dont la vente a paru incertaine et dont le commerce a voulu s'assurer la libre rentrée. Chaque pièce est à la sortie estampillée par la douane. La réimportation doit être faite par le bureau même qui a constaté l'exportation. Les échantillons destinés à être rapportés en France sont présentés, avant l'exportation, à un bureau principal de la frontière ou de l'intérieur avec une déclaration, en double expédition, indicative de l'espèce et du nombre. La douane délivre un passavant auquel elle annexe une des doubles déclarations. Ce passavant est valable pour une année.

XIV. Propriétés limitrophes. La zone pour laquelle le régime des propriétés limitrophes a été établi est de 5 kilomètres de chaque côté de la frontière. Les récoltes des biens-fonds que les Français possèdent à l'étranger dans cette zone, sont affranchies des droits de douane à l'entrée. Même disposition pour les étrangers. Par récolte il ne faut entendre que les produits *annuels* de la terre. Pour l'importation, le régime des propriétés limitrophes est exclusivement applicable aux biens-fonds qui étaient propriété française au moment de la délimitation du territoire ou ont été transmis aux Français propriétaires actuels par hérédité et en ligne directe. Pour l'exportation, il n'est pas exigé que la possession soit antérieure aux délimitations du territoire; il suffit qu'il s'agisse des récoltes de terres possédées actuellement par des étrangers. A chaque mutation de propriété, les nouveaux propriétaires ont à justifier de leurs droits par le dépôt des titres au bureau des douanes; ces titres sont rendus après qu'il en a été pris note. Chaque année, les possesseurs des terres limitrophes doivent remettre, dans la saison de la récolte, une déclaration indiquant le genre de culture appliqué à chaque portion de leurs propriétés et la quantité approximative de produits qu'ils se proposent de faire entrer ou sortir. Les blés et les autres produits de la terre doivent être importés ou exportés dans l'état où ils sont habituellement enlevés des champs. Tout produit qui a été engrangé ou qui a reçu une main-d'œuvre quelconque ne peut plus être admis à l'immunité. Le vin peut être importé ou exporté depuis la récolte jusqu'à la fin de décembre. L'importation des autres produits ne peut avoir lieu que du 1er juin au 15 novembre; mais l'exportation est autorisée depuis l'époque de la récolte jusqu'au 1er avril suivant. L'entrée et la sortie des récoltes doivent s'effectuer par la frontière ressortissant au bureau dans lequel les titres de propriété ont été vérifiés, sauf exception justifiée. Les engrais et semences, destinés aux biens-fonds limitrophes peuvent entrer et sortir librement. Les propriétaires limitrophes ont la faculté d'envoyer leurs bestiaux au pacage sur leurs biens-fonds et de faire consommer sur place leurs foins ou fourrages. En ce qui concerne l'Allemagne et la Suisse, la zone privilégiée a 10 kilomètres de largeur de chaque côté de la frontière.

XV. Avitaillement des navires. *(a) Définition de l'avitaillement*. Par objets d'avitaillement, on entend les vivres et provisions destinés à être consommés, soit par l'équipage et les passagers, soit pour le service du bord (denrées alimentaires, fourrages pour chevaux et bestiaux, houille pour navires à vapeur, etc., etc.). On entend par mobilier des navires (indépendamment des meubles proprement dits) les articles d'armement et de gréement, tels que les canots, chaloupes, etc., les machines à vapeur, les ancres, les chaînes et câbles en fer, les cordages de chanvre en pièces et les voiles de rechange, les machines et mécaniques pour la manœuvre, le lest en fonte et en ferrailles, etc.

(b) *Navires arrivant*. Les vivres et provisions de bord doivent être déclarés à l'arrivée des navires. L'inscription des vivres et provisions de bord au manifeste du navire tient lieu de cette déclaration. Les vivres et provisions de bord apportés de l'étranger peuvent être consommés à bord jusqu'à la fin du déchargement, s'il s'agit d'un navire français, et pendant toute la durée du séjour dans le port, s'il s'agit d'un navire étranger. Les tabacs étrangers apportés comme provisions de bord doivent être débarqués et déposés au bureau. Les capitaines reçoivent les quantités nécessaires à l'approvisionnement de l'équipage pendant une durée de huit jours, avec renouvellement s'il y a lieu dans la même proportion. Le surplus est remis aux capitaines étrangers à leur départ. Les vivres et provisions d'origine étrangère non consommés au moment où le déchargement des navires français est terminé, doivent être soumis aux droits ou être déclarés pour l'entrepôt, si le navire est désarmé ou ressort pour cabotage. Toutefois, dans ce dernier cas, les capitaines ont la faculté de les conserver à bord, mais à la condition de les représenter au port de destination. L'arrivée en est assurée par un acquit-à-caution. Si le navire doit repartir pour l'étranger ou pour les colonies, les restants de provisions d'origine étrangère peuvent être laissés ou réintégrés à bord, à charge par le capitaine de s'engager, dans la forme prescrite pour les réexportations, à les représenter intacts au moment de la sortie définitive du navire. Les restants de provisions d'origine française dont l'embarquement est justifié par un permis levé au départ et sur la nationalité desquels il ne s'élève pas de doute, sont déchargés en exécution des droits. Sont exceptés toutefois les beurres et viandes salés exportés avec allocation de drawback, lesquels doivent être soumis aux droits des salaisons étrangères, à moins qu'il ne s'agisse de provisions rapportées par les navires armés pour la grande pêche. En pareil cas, la réadmission de ces restants de provisions est autorisée moyennant la restitution du drawback, même quand les navires ont fait escale et s'il ne s'élève pas de doute sur l'origine française.

(c) *Navires en partance*. Il n'est dû aucun droit de sortie sur les vivres et provisions d'origine française embarqués sur les navires français, pour quelque destination que ce soit, en quantités n'excédant pas le nécessaire. Le nombre d'hommes d'équipage et celui des passagers doivent être déclarés par le capitaine ou l'armateur, avec l'indication des quantités à embarquer. L'embarquement ne peut avoir lieu qu'avec un permis de la douane. Si d'autres provisions sont chargées dans un port d'escale, elles doivent être portées sur le permis. Au retour du navire en France, ce permis sert de titre pour le débarquement en franchise des provisions non consommées. Les navires français expédiés pour toute autre destination que le cabotage ou la pêche côtière peuvent extraire des entrepôts, sous les formalités de la réexportation, les denrées et autres objets destinés à leur avitaillement. Cette faculté s'applique aux tabacs, comme aux produits de toute espèce. Tabacs et produits embarqués comme provisions ne peuvent être consommés qu'en mer et doivent, jusqu'au départ du navire, être représentés à toute réquisition. Les viandes et beurres salés embarqués comme provisions de bord sur les navires allant à l'étranger, à la grande pêche ou aux colonies et établissements français (Algérie comprise) donnent droit à la restitution de la taxe de consommation du sel. Même disposition pour les sucres raffinés et les vergeoises. L'administration de la marine est autorisée à retirer des entrepôts, en franchise de droits, les avitaillements dits de campagne dont elle a besoin pour toute destination en mer. Les approvisionnements journaliers destinés au service de port ou de rade sont exceptés de cette immunité et soumis aux droits d'entrée.

Les dispositions qui précèdent s'appliquent, comme nous l'avons dit, aux navires français. En ce qui concerne les navires étrangers, les vivres et provisions embarqués à leur port, bien que déclarés pour la consommation de l'équipage, acquittent les droits de sortie. Les immunités et dispositions relatives aux denrées et produits extraits des entrepôts de douane et de ceux de la régie pour l'approvisionnement des navires français sont de tous points applicables à celui des navires étrangers.

XVI. Objets divers admis a des conditions exceptionnelles. *(a) Effets des voyageurs et mobiliers*. Les effets des voyageurs ne sont soumis à aucun droit lorsqu'ils portent des traces d'usage et que les quantités sont en rapport avec la position sociale des propriétaires. Les vêtements neufs, le linge neuf, le tabac et les cigares, les petites pharmacies de voyage, compris dans les bagages des voyageurs, doivent être soumis aux droits. Il en est de même des denrées de consommation, à moins qu'il ne s'agisse de restants de provisions de route. Si les voyageurs ne font que traverser la France ou ne doivent y séjourner que peu de temps, on assure la réexportation des objets passibles de droits, soit par la consignation du montant de la taxe exigible, soit au moyen d'une soumission cautionnée, mais seulement dans les bureaux ouverts au transit. Les objets de toute nature composant le mobilier des étrangers qui viennent s'établir en France ou des Français qui rentrent dans leur patrie sont admissibles en franchise, quand, notoirement destinés à l'usage des importateurs et de leur famille, ils portent des traces de service, à la condition, par les intéressés, de produire, à l'appui de leur déclaration, un inventaire détaillé. L'immunité s'applique à tous les objets d'ameublement, tapis et tapisseries compris, aux habillements, au linge de corps, de lit, de table et de cuisine, à la verrerie, à la vaisselle, aux instruments de musique, à l'argenterie, (sauf à assurer, quand il y a lieu, la perception du droit de garantie), et aux ustensiles quelconques de ménage, provisions de ménage, voitures suspendues, chevaux et harnais non compris.

(*b*) *Autres objets mobiliers.* Dans les mêmes circonstances et sous les mêmes conditions, il y a lieu d'admettre également en franchise : les outils, les instruments d'arts libéraux ou mécaniques, les matériels et machines agricoles, les matériels industriels (machines non comprises), les outils des ouvriers venant exercer momentanément leur industrie en France, les trousseaux de mariages des personnes qui viennent habiter la France et les trousseaux des élèves étrangers envoyés en France ou y résidant, même dans le cas où il s'agit d'objets neufs, s'ils paraissent être en rapport avec la position des destinataires. Sont également admis en franchise les objets destinés aux établissements publics, les marques, modèles et dessins envoyés par les fabricants étrangers au greffe du tribunal de commerce de la Seine pour s'assurer le bénéfice des conventions internationales sur la propriété industrielle.

XVII. Échantillons. Ceux qui sont prélevés sur les denrées de consommation et autres produits analogues sont soumis aux conditions du tarif. Les échantillons de tissus sont admis en franchise lorsqu'ils ne peuvent être utilisés que comme modèles ou types. Les échantillons de prix sont admissibles temporairement, soit à charge de consignation du droit ou de la valeur, soit moyennant engagement cautionné de les réexporter dans un délai de six mois au plus.

XVIII. Courriers de cabinet, envois par la poste. Les paquets revêtus des cachets officiels des cabinets étrangers doivent être remis sans retard et en exemption de toute visite, lorsqu'ils sont transportés par des agents ou courriers diplomatiques. Il en est de même pour les paquets transportés dans les mêmes conditions sous le cachet des légations de France à l'étranger. Les objets prohibés ou passibles de droit ne peuvent pas être importés par la poste. Si des objets de cette nature arrivent dans un bureau de poste, le service des douanes ou des contributions indirectes et le destinataire en sont informés et ce dernier fait, en présence des agents, l'ouverture de la lettre ou paquet; s'il y est trouvé des objets prohibés ou imposables, la saisie en est effectuée.

XIX. Dépôts en douane. (*a*) *Dispositions générales.* Doivent être constitués en dépôt dans les magasins de la douane : 1° les produits dont on a fait abandon par écrit pour ne pas acquitter les droits; 2° les produits prohibés, entrés dans un port non ouvert à leur importation; 3° les produits laissés en douane dans tout autre cas. La douane les inscrit sur un registre spécial, dans la huitaine, au plus tard, du dépôt.

(*b*) *Produits non déclarés en détail à l'importation.* Les produits qui n'ont pas été déclarés en détail dans le délai légal sont constitués en dépôt, soit à la demande des capitaines ou voituriers, soit d'office. Dans les ports, la douane exige, avant la constitution du dépôt, l'ouverture des colis à bord du navire, pour le contrôle des énonciations du manifeste. Sur les frontières de terre, l'ouverture des colis ne peut avoir lieu qu'à la demande et en présence du voiturier. Les produits pour lesquels la déclaration en détail n'a pas été produite dans le délai de deux mois à dater de l'inscription au registre de dépôt, deviennent, à l'expiration de ce délai, la propriété de l'Etat, qui peut en effectuer la vente comme pour les produits saisis.

(*c*) *Produits dont l'abandon est fait par écrit.* Ces produits deviennent, dès l'abandon, la propriété de l'Etat, qui peut procéder à la vente immédiate.

(*d*) *Produits prohibés arrivés dans un port non ouvert à leur importation.* S'ils n'ont pas été exportés dans le délai légal, il en est disposé suivant ce qui est prescrit pour les produits non retirés de l'entrepôt réel.

(*e*) *Autres produits non réclamés.* Les produits restés en douane dans des cas autres que ceux prévus ci-dessus et non réclamés pendant un an, à partir de la constitution du dépôt, doivent être vendus, sur l'autorisation du juge de paix de la localité qui a procédé à l'inventaire préalable, assisté de son greffier. L'inventaire est affiché avec déclaration qu'en cas de non réclamation, la vente aura lieu dans le délai d'un mois et, ce délai expiré, elle n'est effectuée qu'après de nouvelles affiches. Le produit net de la vente est versé à la caisse des dépôts et consignations et y demeure pendant un an, pour être remis aux réclamants qui justifient de leur propriété et, à défaut, être versé au trésor.

(*f*) *Conditions de la vente ou de la destruction des produits.* Lorsqu'il est procédé à la vente, dans les conditions ci-dessus, des produits constitués en dépôt, elle est faite avec faculté pour l'adjudicataire d'en disposer pour toutes les destinations qu'elles pourraient recevoir à leur arrivée de l'étranger. Ainsi les produits tarifés peuvent, après la vente, être soumis aux droits, ou être réexportés, constitués en entrepôt ou expédiés en transit. Si les produits non prohibés n'ont pu être vendus sous la condition d'acquittement des droits ou de réexportation, la douane est autorisée à les adjuger *libres de droit* pour la consommation. Le produit de la vente est inscrit en recette pour tenir lieu des droits d'entrée. Si les produits sont sans valeur vénale, ils sont détruits en présence des préposés.

XX. Produits non retirés de l'entrepôt réel. A l'expiration des délais de l'entrepôt réel, sommation est faite d'acquitter les droits, s'il s'agit de produits tarifés ou de réexporter les produits prohibés. S'il n'est pas satisfait à cette sommation, les produits sont vendus, et le produit de la vente, déduction faite des frais de toute nature, est versé à la caisse des dépôts et consignations, pour être remis aux propriétaires, s'il est réclamé dans l'année de la vente, et, à défaut de réclamation dans ce délai, être acquis à l'Etat. Mêmes dispositions pour les produits prohibés mis en dépôt dans les bureaux non ouverts à leur importation.

XXI. Marchandises saisies et épaves. Les produits étrangers saisis par la douane et vendus au profit de l'Etat peuvent, comme les produits non déclarés, abandonnés, etc., être vendus pour toutes les destinations, en tant qu'ils ne sont pas prohibés. Les restrictions d'entrée ne leur sont pas applicables. Lorsqu'ils sont mis à la consommation, ils sont affranchis des surtaxes d'origine et de provenance. Ils n'ont, par conséquent, à acquitter que le minimum du droit exigible d'après leur qualité. Mais le bénéfice des tarifs conventionnels ne leur est appliqué que lorsqu'ils sont originaires d'un Etat contractant. Les produits originaires des colonies françaises peuvent seuls être admis au régime applicable en raison de cette origine. Les cargaisons de navires qui font naufrage sur les côtes de France ne peuvent être livrées à la consommation qu'aux conditions générales du tarif. Il en est de même des épaves portant des marques d'origine. Mais lorsque des produits dont l'origine est inconnue sont recueillis sur les côtes, ils sont (comme les produits saisis) affranchis, en cas de vente, des surtaxes d'entrepôt ou d'origine, et s'ils sont de la nature de ceux qui ont été compris dans les traités de commerce, ils sont admis aux droits des tarifs conventionnels.

XXII. Cabotage et emprunt du territoire étranger. (*a*) *Cabotage*. Le cabotage est le transport, en franchise de tous droits, des produits d'un port français à un autre port français. On le divise habituellement en deux classes, le grand et le petit. Le grand cabotage est celui qui se fait de l'Océan dans la Méditerranée et *vice versa*; le petit cabotage est celui qui se fait d'un port à un autre de la même mer. Le grand cabotage a une importance considérable par suite de la multiplicité et de la variété des produits que fournissent les diverses régions de la France. Ainsi, tandis que les ports de l'Océan envoient à ceux de la Méditerranée des grains, des farines, des pommes de terre, des légumes secs, des résines de pin, des bois communs, des fers, les ports de la Méditerranée expédient à ceux de l'ouest et du nord des vins, des sels, du savon, des huiles d'olive, des eaux-de-vie, etc. Cette navigation côtière fournit du travail non seulement aux marins des équipages, mais aussi aux populations riveraines par la construction des navires, la préparation des agrès, toiles à voiles, cordages, manutention, emballage des marchandises, etc. Elle mérite donc tous les encouragements de l'Etat, au même titre que la marine marchande dont elle est un des principaux éléments.

Le cabotage est réservé, en principe, par la loi du 21 septembre 1773 (art. 4) aux seuls navires français, sous réserve du droit accordé aux navires espagnols par le traité du 15 août 1761 (art. 24) dit *pacte de famille*. Les navires monégasques et les bateaux à vapeur italiens ont été admis à la même faveur, les premiers en vertu du traité d'union douanière du 9 novembre 1865 avec la principauté de Monaco, les seconds en exécution du traité du 13 juin 1862 (art. 12) avec l'Italie. Ce dernier traité ne s'applique, d'ailleurs, qu'aux ports français de la Méditerranée, y compris ceux de l'Algérie.

Les produits expédiés par cabotage doivent être préalablement déclarés par espèce, quantité et valeur. La déclaration remise au bureau de départ accompagne la marchandise jusqu'à destination. La douane peut procéder aux visites qu'elle juge nécessaires, tant au départ qu'à l'arrivée (Loi du 22 août 1791, titre III, art. 2 et 6; 8 floréal an XI, art. 74 à 76). Mais, dans la pratique, ces visites sont fort sommaires, à moins de graves présomptions de fraude. Les produits de toute nature, transportés par cabotage, sont affranchis du plombage. Le transport a lieu sous passavant, excepté pour ceux qui sont frappés de prohibition ou passibles de droits à la sortie, ainsi que pour l'acide arsénieux et le sel. Une soumission cautionnée est alors nécessaire. Le transport de boissons et autres produits donnant lieu à des formalités de circulation, ainsi que le transport d'armes de guerre ou de pistolets de poche, sont l'objet de règles et d'autorisations spéciales. Des changements de destination pour les produits arrivés par cabotage peuvent être autorisés par les inspecteurs sédentaires et par les receveurs principaux. Les navires français à destination des colonies ou de l'étranger qui doivent faire escale dans un port français peuvent prendre, au port d'armement, à la fois des produits en cabotage pour le port d'escale, et des produits de toute nature pour leur destination effective. Il est permis aux navires français, effectuant des transports par cabotage, par exemple de Dunkerque au Havre, de faire escale à l'étranger, par exemple en Angleterre, et d'y débarquer les produits de toute nature pris en France pour cette destination. Ils peuvent également embarquer dans les ports d'escale tous les produits qui ne sont pas similaires de ceux qui restent à bord. La restriction relative aux produits similaires ne s'applique ni aux bateaux à vapeur français ou italiens faisant la navigation d'escale dans les ports de la Méditerranée, ni aux navires ayant des compartiments distincts pour les produits de diverses origines. Dans ces deux cas, les navires peuvent embarquer à l'étranger des produits de toute nature. Toutes les fois que les navires caboteurs ont fait des opérations de chargement et de déchargement à l'étranger, il doit en être justifié par des certificats des consuls ou des autorités locales. Il est référé à l'administration des exceptions à cette règle qui peuvent être autorisées à l'égard des services réguliers de bateaux à vapeur. Les navires français venant de l'étranger avec une cargaison en partie pour un port français, peuvent, après déchargement dans le port d'arrivée, remplacer la partie déchargée par des marchandises de cabotage. La faveur accordée aux bateaux à vapeur italiens dans la Méditerranée et aux navires espagnols et monégasques dans les deux mers, n'est pas limitée aux opérations du cabotage proprement dit, c'est-à-dire au transport des produits français ou nationalisés par le payement des droits; elle s'étend au transport des produits étrangers, expédiés d'un port français sur un autre port français, par mutation d'entrepôt ou par transbordement.

(*b*) *Emprunt du territoire étranger.* Il s'agit ici d'un cas tout à fait exceptionnel, qui ne se présente que lorsqu'une marchandise ou denrée ne peut parvenir d'un point du territoire à un autre sans traverser celui d'un autre Etat. Le transport de produits par terre d'un lieu de France à un autre ne doit se faire en passant par le territoire étranger que lorsqu'il est impossible de suivre les chemins de l'intérieur. Les produits qui se trouvent dans ce cas ne sont passibles d'aucun droit d'entrée ou de sortie; mais ils sont soumis à certaines formalités. Ainsi ils sont déclarés et vérifiés au bureau de sortie; leur réintroduction ne peut se faire que par le bureau désigné dans l'expédition délivrée au bureau de sortie. On n'exige une soumission cautionnée que dans le cas où elle est obligatoire pour les transports par cabotage. A l'égard des autres produits un passavant suffit. Lorsque les demandes d'emprunt du territoire étranger sont faites dans des bureaux où elles n'ont pas encore été déjà autorisées, il doit en être référé à l'administration.

XXIII. Impôt du sel et pêches maritimes. La loi soumet le sel français à une taxe de consommation dont la perception est faite par le service des douanes sur les sels extraits des marais salants, des entrepôts des ports ou de l'intérieur et des fabriques situées dans les 15 kilomètres des côtes et dans les 20 kilomètres des frontières de terre. A l'extraction des autres mines ou fabriques, la taxe est perçue par le service des contributions indirectes. Les sels étrangers sont soumis à un droit de douane indépendamment de la taxe de consommation. Le concours du service des douanes est également requis en matière de pêches maritimes, soit pour l'allocation des primes, soit pour la déclaration des capitaines et l'admission des produits de la pêche, ou pour la perception des droits dont sont passibles les sels étrangers embarqués pour la pêche de la morue et, en général, pour le contrôle des quantités de sels destinés aux salaisons en mer et dans les ateliers.

XXIV. Droits accessoires perçus par la douane. (*a*) *Droits de navigation.* Tout navire français et toute embarcation française qui prennent la mer doivent avoir à bord leur acte de francisation, sauf les dispenses établies par la loi. Le droit de francisation est fixé d'après le tonnage des navires. Si l'acte de francisation est perdu, la délivrance d'un second donne lieu de nouveau au payement des droits. Les autres taxes perçues par le service des douanes sont: les droits de congé, de passeport, de quai, de permis et de certificat, les taxes sanitaires, le droit de péage, le droit d'hypothèque maritime.

(*b*) *Droit de statistique.* Pour subvenir aux frais de la statistique commerciale une loi du 22 janvier 1872 a établi (art. 3) un droit spécial sur les produits de toute nature importés de l'étranger, de l'Algérie et des autres possessions françaises hors d'Europe ou exportés à toute destination. Il est de 10 centimes par colis pour les produits en futailles, caisses, sacs ou autres emballages; de 10 centimes par 1,000 kilogrammes ou par mètre cube sur les produits en vrac, et de 10 centimes par tête pour les animaux, vivants ou abattus, des espèces chevaline, bovine, ovine, caprine et porcine. Il est affranchi de toute taxe additionnelle. Il n'est pas applicable aux objets expédiés par le cabotage, ni à ceux qui empruntent le territoire étranger. Plusieurs objets ou produits en sont exempts. Il est des cas où le droit, au lieu d'être perçu à l'entrée et à la sortie, n'est perçu qu'une fois. Enfin, des décisions spéciales sont intervenues en faveur d'un assez grand nombre de produits habituellement transportés en vrac, ainsi que pour les céréales et les engrais.

(*c*) *Droit de magasinage et de garde.* Il est dû un droit de magasinage de 1 0/0 de la valeur sur les produits constitués au dépôt en douane: 1° pour défaut de déclaration en détail dans le délai légal; 2° pour importation de produits prohibés dans un port qui n'est pas ouvert à ces opérations. Sont soumis à un droit de 1/2 0/0 de la valeur les produits provenant d'un navire entré en détresse et placés dans les magasins de la douane, à l'exception de ceux qui doivent être vendus comme périssables ou pour solder les frais de radoub. Les produits constitués au dépôt en douane autrement que dans les cas qui viennent d'être indiqués sont passibles, pour chaque jour de dépôt, d'un droit de garde de 1 centime 1/4 par colis seul pesant moins de 50 kilogrammes et par 50 kilogrammes, quel que soit le nombre des colis. Les droits ci-dessus de magasinage et de garde ne sont applicables qu'aux produits qui restent déposés dans les magasins de la douane. Lorsque, à défaut de place dans ces magasins, ils sont transportés, soit à l'entrepôt réel, soit dans d'autres établissements, les propriétaires des locaux perçoivent directement le prix du magasinage d'après leurs tarifs.

(*d*) *Prix des plombs, cachets et estampilles.* Ce prix, qui comprend, outre la fourniture de la matière première, celle des cordes et ficelles, ainsi que la main-d'œuvre, est tantôt de 50 centimes, tantôt de 85 centimes par plomb. Le prix des cachets et estampilles apposés comme moyen de reconnaissance de l'identité des produits, varie de 1/2 centime à 10 centimes.

(e) *Droit de timbre*. Les actes délivrés par les douanes portent un timbre particulier que l'administration fait elle-même apposer et dont le prix est ainsi réglé : pour les acquits-à-caution, les actes relatifs à la navigation et les commissions d'emploi, 0 fr. 75; pour les quittances de droits supérieurs à 10 francs, 0 fr. 25; pour toutes les autres expéditions, 0 fr. 05. Ce droit est affranchi des décimes et demi-décimes additionnels. Les actes judiciaires, dressés par les agents des douanes, sont assujettis au timbre de dimension ordinaire. Lorsque la douane délivre des certificats ou attestations pour les opérations à l'égard desquelles il n'existe pas de formule officielle, portant le timbre de l'administration, on doit employer du papier au timbre de dimension. Sont exempts du timbre : 1° tous les registres de douane ; 2° les manifestes des navires ; 3° les déclarations de toute nature ; 4° les expéditions délivrées pour le cabotage et pour la circulation des grains et farines. Outre le timbre de dimension et le timbre proportionnel, il existe des timbres spéciaux de quotité fixe, notamment en ce qui concerne les actes à l'égard desquels le concours des douanes est requis : 1° pour les récépissés relatifs aux transports par les chemins de fer ; 2° pour les connaissements ; 3° pour les titres libératoires de toute nature.

XXV. Tribunaux de répression. Les difficultés qui peuvent s'élever entre l'administration des douanes et le commerce relativement à l'espèce, à l'origine, à la qualité des produits ou à l'application des droits, sont soumises à une commission spéciale, instituée par la loi du 29 juillet 1862 (art. 19). Cette commission se compose de trois commissaires experts placés près du ministre du commerce, auxquels le ministre adjoint, pour chaque affaire et selon sa nature, au moins deux négociants ou fabricants qui ont voix consultative. Ces experts sont seuls compétents pour prononcer sur les questions qui leur sont soumises. Aucune contestation entre la douane et le commerce, en matière de tarif, ne peut être vidée par voie d'expertise locale. La cour de cassation a même décidé que les tribunaux, lorsqu'ils sont saisis d'une action pour contravention, délit ou crime en matière de douane, ne peuvent substituer leur appréciation à celle des experts pour tout ce qui se rapporte à l'application des tarifs et aux questions spécifiées ci-dessus. Toutes les fois que les employés ont des doutes sur la nature, l'espèce, la qualité ou l'origine d'une marchandise soumise à la visite, ils doivent en suspendre l'admission et provoquer l'expertise légale. Lorsque, au contraire, il ressort clairement de la vérification que la marchandise a été faussement déclarée, ils doivent procéder par voie de saisie et constater immédiatement le fait par procès-verbal, sans recourir à l'expertise légale, qu'il appartient, d'ailleurs, aux parties de réclamer, ou que le tribunal peut ordonner, s'il le juge nécessaire. Si les employés ne sont pas pleinement convaincus de l'inexactitude de la déclaration, ils peuvent se borner à retenir la marchandise, au moyen d'un simple acte conservatoire, sous toute réserve de saisie ultérieure et en provoquant aussitôt l'expertise légale. Si même la bonne foi des déclarants ne peut être suspectée, les employés de la douane peuvent se contenter d'un engagement signé par les déclarants de s'en rapporter, à tous égards, à ce qui sera décidé par l'administration. Dans quelques conditions que les marchandises aient été saisies ou retenues, il est enjoint aux receveurs d'offrir main-levée sous caution, à moins qu'il ne s'agisse d'objets prohibés. L'expertise légale réclamée par le commerce ne peut lui être refusée. Les décisions des experts ont force de chose jugée pour les affaires renvoyées à leur examen. Elles sont obligatoires, sous recours, pour l'administration comme pour le commerce. Toutes les fois qu'il peut s'élever ultérieurement des difficultés sur l'origine, l'espèce ou la qualité des marchandises laissées à la disposition des intéressés sous des conditions quelconques, il doit être prélevé, par le service, en présence de l'intéressé, des échantillons scellés du cachet de ce dernier. Il en est de même pour toute expertise relative à une question de tarif; deux échantillons pareils sont envoyés par les receveurs, en même temps qu'une copie de l'acte conservatoire. Si la décision des experts ne confirme pas les soupçons des agents, les frais de transport des échantillons sont supportés par l'administration. Quand l'expertise a été demandée par les déclarants, les frais de transport des échantillons, boîtes, etc., sont, *dans tous les cas*, à leur charge exclusive. Les avis des experts sont dispensés de la formalité de l'enregistrement.

Les fraudes en matière de douane et tous les faits délictueux qui s'y rapportent sont punis par les lois du 22 août 1791, du 28 avril 1816, (titre V, art. 41 à 46) et du 2 juin 1875 (art. 1 à 5). Il y a deux espèces de contraventions en matière de douane : les unes sont de la compétence des juges de paix ; les autres des tribunaux correctionnels. Les premières ne donnent lieu qu'à une action purement civile ; les autres provoquent en même temps l'action publique. L'action civile n'appartient qu'à l'administration des douanes ; quant à l'action publique, elle participe avec le ministère public, à son exercice. Ce droit lui est conféré par les lois qui règlent la procédure en cette matière, notamment par la loi du 15 août 1793, et il lui a été maintenu par plusieurs arrêts de la cour de cassation. La loi du 20 avril 1816 a retiré aux juges de paix, pour les soumettre aux tribunaux correctionnels « toute importation par terre d'objets prohibés, toute introduction frauduleuse d'objets tarifés dont le droit serait de 20 francs par quintal métrique et au-dessus, et la saisie des tissus prohibés comme étrangers. » De plus, les délits de contrebande avec attroupement de plus de trois hommes à cheval ou de plus de six hommes à pied, attribués par cette même loi aux cours prévôtales, rentrent aujourd'hui dans la juridiction correctionnelle. La loi du 21 avril 1818 a étendu cette juridiction, en lui attribuant la connaissance de toutes les importations frauduleuses tentées ou exécutées par les frontières de mer, autres que les ports de commerce. Enfin, la loi du 2 juin 1875 a confirmé, en la développant encore, la juridiction des tribunaux correctionnels. Les articles 1 et 2 enlèvent aux juges de paix la connaissance de plusieurs contraventions considérées antérieurement comme de simples contraventions. En outre, ces tribunaux connaissent du fait d'avoir participé, comme assureur ou comme intéressé, à un acte de contrebande. Quoiqu'il en soit, en matière de douane, le juge de paix est le juge ordinaire et le tribunal correctionnel n'est que le juge d'attribution ou d'exception, en sorte que sa compétence doit toujours être plutôt restreinte qu'étendue. Il a été reconnu, toutefois, que, lorsque deux contraventions sont connexes et indivisibles, si l'une d'elles est de la juridiction correctionnelle, elle entraîne l'autre devant ce tribunal.

L'administration des douanes est autorisée à transiger sur les procès relatifs aux contraventions aux lois qui régissent cette partie du revenu public, soit avant, soit après jugement. Les détails de cette matière sont réglés par une ordonnance royale du 30 janvier 1822 et les circulaires ministérielles du 11 octobre 1838 et janvier 1844, ainsi que par une décision administrative du 7 décembre 1842. Les projets de transaction sont préparés par les soins des receveurs, et l'accomplissement des conditions consenties par les délinquants est garanti, soit par une consignation en argent, soit par une soumission cautionnée. Les transactions sont délibérées en conseil d'administration. Elles ne deviennent définitives qu'après approbation, soit du directeur général, soit du ministre lui-même, suivant les cas. La circulaire précitée du 24 janvier 1844 a déterminé les limites du droit de transaction et réservé expressément au chef de l'Etat le droit de remettre ou de modérer, en cas de transaction après jugement, les peines corporelles prononcées contre les délinquants.

Le produit net des sommes provenant des ventes, confiscations et amendes encourues pour contraventions aux lois de douane était, avant 1848, partagé, déduction faite des 3/20 pour la caisse des retraites, entre les directeurs, inspecteurs, receveurs principaux et les employés saisissants. Depuis 1848, les fonctionnaires supérieurs ne sont plus admis au partage. Les sommes qui leur étaient attribuées à ce titre par l'arrêté du 16 frimaire an XI, forment un fonds commun, dont le directeur général prépare, chaque année, la répartition entre les divers agents du service de grade inférieur à ceux de sous-inspecteur et de receveur principal, qui ont le plus efficacement concouru à la répression de la contrebande et à la perception des droits. Une part est, d'ailleurs, assurée au dénonciateur dans le produit net des saisies, sous certaines conditions énoncées par un arrêté du 9 fructidor an V. Ce même arrêté règle également la répartition, dans certains cas spéciaux, notamment dans le cas d'amendes prononcées pour fait de rébellion et dans celui de contravention en matière d'acquit-à-caution.

XXVI. Organisation administrative. L'administration des douanes a été instituée par les lois des 1er mai et 24 août 1791, puis réorganisée par plusieurs ordonnances dont la plus importante est celle du 17 décembre 1844. En voici les dispositions principales.

(*a*) *Administration centrale*. Les douanes ont une administration centrale à Paris et un service administratif et actif dans les départements. L'administration centrale est placée dans les attributions du ministre des finances. Elle est dirigée, sous l'autorité du ministre, par un directeur général, nommé par le chef de l'Etat. Des administrateurs, placés chacun à la tête d'une division, forment, avec le directeur général et sous sa présidence, le conseil d'administration. Le directeur général travaille seul avec le ministre. Il correspond seul avec les autorités militaires, administratives et judiciaires, et avec le commerce.

(*b*) *Administration dans les départements*. Les agents des douanes dans les départements se divisent en agents du *service administratif et de perception*, et agents du *service actif*. Le service administratif et de perception comprend le personnel suivant : 26 directeurs, 79 inspecteurs, 72 sous-inspecteurs, 137 commis de direction, 643 receveurs principaux et subordonnés, 97 contrôleurs, 470 vérificateurs, et 779 commis de toutes classes. Le service actif ou de brigades comprend 230 capitaines, 449 lieutenants, 57 garde-magasins, 3,796 brigadiers et sous-brigadiers, 14,046 préposés de toutes classes, 375 patrons et sous-patrons, 1,237 matelots. Ce double personnel est réparti entre vingt-sept circonscriptions territoriales ou directions, à la tête de chacune desquelles est placé un directeur assisté par des inspecteurs et sous-inspecteurs et autres agents de surveillance et de contrôle. Les chefs-lieux des directions des douanes sont, par ordre alphabétique : Alger, Bastia, Bayonne, Besançon, Bordeaux, Boulogne, Brest, Caen, Chambéry, Charleville, Dunkerque, Epinal, La Rochelle, le Havre, Lille, Lyon, Marseille, Montpellier, Nancy, Nantes, Nice, Paris, Perpignan, Rouen, Saint-Brieuc, Valenciennes et Vannes. Le personnel actif (service des brigades) entre dans la composition des forces militaires nationales, suivant les lois du 27 juillet 1872 (art. 6) et du 26 juillet 1873 (art. 8). L'organisation militaire des douaniers est réglée par un décret du 2 avril 1875.

Le chef de l'Etat nomme, sur la proposition du ministre des finances, les directeurs es départements. Le ministre nomme, sur la proposition du directeur général, les inspecteurs, les receveurs principaux de 1re, 2e, 3e et 4e classe. Le directeur général nomme, par délégation du ministre, les titulaires de tous les emplois de moindre importance. Les directeurs de départements nomment, par délégation, aux emplois de préposé, sous-brigadier et brigadier, mousse, matelot, sous-patron et patron d'embarcation, concierge, peseur et emballeur. Les directeurs, inspecteurs, sous-inspecteurs et receveurs des douanes sont assujettis au cautionnement pour garantie de leur gestion. L'intérêt des cautionnements en numéraire est fixé à 3 0/0. Tous les employés des douanes prêtent le serment professionnel. Le changement de grade n'exige pas le renouvellement du serment. Les préposés des douanes sont sous la sauvegarde spéciale de la loi. Il est défendu de les injurier ou maltraiter et même de les troubler dans l'exercice de leurs fonctions à peine de 500 francs d'amende et de toute autre punition, suivant la gravité des cas. La force armée est tenue de leur prêter main forte à première réquisition. Lorsque, par suite d'attroupements, un agent des douanes, domicilié ou non sur une commune, y a été pillé, maltraité ou tué, tous les habitants sont tenus de lui payer, et, en cas de mort, à ses ayants-droit, des dommages-intérêts. Les receveurs des douanes, lorsqu'ils ont à effectuer des transports de fonds exigeant l'escorte de la gendarmerie, peuvent réclamer cette escorte de l'autorité administrative, qui fait les réquisitions nécessaires. Les préposés des douanes doivent toujours être munis de leurs commissions dans l'exercice de leurs fonctions, et ils sont tenus de les exhiber à première réquisition. Ils ne peuvent, soit par eux-mêmes, soit par leur femme, se livrer à aucun commerce.

Les employés des douanes, leurs veuves et leurs enfants ont droit à une pension de retraite. Cette pension est incessible et insaisissable. L'administration est responsable du fait de ses préposés dans l'exercice et pour raison de leurs fonctions, sauf son recours contre eux et leurs cautions.

XXVII. Recettes des douanes. (*a*) *Droits d'entrée.* Leur produit s'est accru de 1872 à 1881 (dix années) dans les proportions suivantes pour chacune des années de la période (en millions de francs): 145,8; 218,1; 189,1; 228,4; 249,4; 259,0; 276,5; 293,2; 331,2; 327,3. (*b*) *Droits de sortie.* Ils sont insignifiants (en milliers de francs): 466,7; 342,1; 397,4; 353,0; 273,9; 256,7; 225,6; 251,0; 517,8 et 98,9. (*c*) *Droits de statistique* (en millions de francs): 5,7; 3,5; 5,4; 5,8; 5,9; 5.9; 6,1; 6,3; 6,5; 6,6. (*d*) *Droits de navigation* (en millions de francs): 3,6; 4,4; 4,6; 4,7; 5,3; 5,2; 5,9; 7,0; 7,2 et 7,7. (*e*) *Droits et produits accessoires* (en millions de francs): 2,5; 2,8; 2,8; 4,0; 3,6; 3,4; 3,7; 3,6; 3,7 et 3,7. (*f*) *Recettes totales* (en millions de francs): 158,1; 231,3; 202,3; 243,3; 264,3; 273,8; 292,5; 310,4; 349,2 et 345,4. A ces chiffres il y a lieu de joindre le produit de la perception, pour la même période décennale, des droits sur les sels qui sont perçus par l'administration des douanes (en millions de francs): 23,5; 25,9; 20,3; 24,5; 25,3; 23,8; 21,2; 18,0; 18,3 et 19,7. Dans ces sommes n'est pas compris le montant de la perception des droits sur les sels par le service des contributions indirectes.

Deuxième Partie. — I. *Traités de commerce et tarifs.*

I. Historique des traités de commerce. (*a*) *France.* La pensée qui a présidé, tout d'abord, en France comme ailleurs, à l'établissement des tarifs et des traités de commerce a été une pensée purement fiscale. On lit, à ce sujet, dans un livre devenu aujourd'hui fort rare (*Mémoire sur les tarifs des droits de traites en général*, etc., Paris, 1762): « Les tarifs des droits d'entrée et de sortie ne furent d'abord, chez toutes les nations qui en adoptèrent l'usage, que des lois bursales. » Cette opinion a été confirmée, depuis, par les travaux récents de l'ancien directeur général des douanes, M. Amé. D'après M. Amé, les douanes existaient dans la Grèce et dans l'Empire romain et dans un état de perfection relative très remarquable, à ce point que les règlements de la douane romaine, par exemple, contenaient des dispositions qui ont été presque intégralement reproduites dans les codes de douane modernes. Mais, en France, le régime féodal fit de la douane une source de produits sous les formes les plus diverses, dont notre système actuel d'octroi donne une idée approximative, quoique imparfaite. Sous la première dynastie, les bureaux de douane et de péage étaient déjà si nombreux, que le peuple s'en plaignait, et qu'en 675, Clotaire II, sur les remontrances du Concile de Paris, défendit d'en établir de nouveaux, ainsi que d'élever des taxes et d'accroître le nombre des objets imposés.

Les historiens ne sont pas d'accord sur l'époque précise à laquelle les douanes, simples bureaux de recettes au profit des seigneurs, des communes ou du roi, commencèrent à être employées comme une mesure de protection de l'industrie nationale contre les produits étrangers. Aux XIIe et XIIIe siècles, on voit la République de Venise, l'Espagne, l'Angleterre et la France établir, dans des cas isolés et pour des produits spéciaux, un système de véritable protection. C'est ainsi que l'Angleterre défend tout d'abord ses tissus de laine contre la concurrence étrangère; la France ses vins et ses étoffes; l'Espagne ses métaux précieux. A partir du règne de François Ier, des luttes de tarifs se mêlent à toutes les querelles politiques des nations de l'Europe; c'est la grande période d'enfantement de l'industrie européenne, période dont la devise était: « chacun pour soi, chacun chez soi.» On cherchait autant, à cette époque, à empêcher l'industrie nationale d'émigrer au dehors qu'à se défendre contre l'invasion des produits étrangers.

C'est, en réalité, Colbert (V. ce nom) qui, systématiquement, a fait, du tarif des douanes, un des éléments des rapports internationaux. Dans ce but, le grand réformateur a dû supprimer d'abord les lignes de douanes intérieures, puis comprendre dans un cadre commun, sous des conditions de droits acceptables par les autres puissances, l'ensemble des industries nationales. Cette sorte de révolution économique a été l'objet de l'édit de 1664, qui avait pour double objet de supprimer les lignes de douanes intérieures, de régulariser les taxes perçues sur une même marchandise aux frontières de chaque province, d'en réduire un grand nombre, de simplifier les formes de la perception, enfin de mettre un terme aux exigences abusives des fermiers, des villes maritimes et de certaines corporations. Le tarif annexé à l'édit de 1664 était aussi libéral que le comportait l'état des lumières en matière de commerce. Il était surtout éminemment pratique, puisqu'il stimulait l'industrie nationale par la concurrence étrangère, en même temps qu'il la défendait sur ses points vulnérables. La France prenait ainsi, vis-à-vis de l'Europe, une position nette, précise, lui notifiant à quelles conditions elle lui céderait ses produits, moyennant quels droits elle achèterait les siens. Toutefois, comme il fallait s'y attendre, ce premier tarif général ne satisfit personne. Les industriels français déclarèrent qu'ils étaient ruinés, tandis que les pays étrangers se montrèrent plus que mécontents, irrités même de ce qu'ils considéraient comme un acte d'hostilité de la part de la France. Malgré sa ferme volonté et l'appui du roi, Colbert ne put, d'ailleurs, faire accepter par toute la France, l'uniformité du tarif douanier. Plusieurs provinces, jalouses de conserver leurs privilèges en matière fiscale, ou comprenant mal l'esprit de la réforme, refusèrent d'accepter l'unité douanière; ce qui obligea le gouvernement à partager la France, au point de vue commercial, en trois grandes divisions.

La première embrassait les provinces qui avaient accepté le tarif et qu'on désigna sous le nom de Provinces des Cinq grosses Fermes, savoir : la Normandie, la Picardie, le Bourbonnais, la Champagne, la Bourgogne, le Bugey, la Dombe, le Beaujolais, le Berri, le Poitou, l'Aunis, l'Anjou, le Maine et le Bourbonnais. La seconde se composait des provinces récalcitrantes, appelées Provinces Réputées Etrangères et qui étaient les suivantes : le Lyonnais et le Forez, le Dauphiné et la Provence (à l'exception de Marseille et de son territoire); le Languedoc, le comté de Foix, le Roussillon, la Guyenne, la Gascogne, la Saintonge, les îles de Ré et d'Oléron, les Flandres, la Bretagne et la Franche-Comté. Enfin la troisième division, dite des Provinces Effectivement Etrangères, comprenait : les Trois-Evéchés, la Lorraine et l'Alsace, dont la réunion à la France avait eu lieu, entre autres conditions, sous cette réserve que leurs relations commerciales avec l'étranger resteraient entièrement libres.

Par l'effet des guerres et à titre de représailles, peut-être aussi comme satisfaction aux réclamations des industries hors d'état de lutter — ou se disant telles — contre la concurrence étrangère, Colbert se vit obligé d'élever, à partir de 1667, et dans des proportions sensibles, les droits d'entrée sur les produits de divers pays. La Hollande, particulièrement visée par cette mesure, en fit autant pour les produits français; elle prohiba même nos vins et nos eaux-de-vie, et finalement nous déclara la guerre en 1672. Le sort des armes nous imposa, à partir de ce moment, tant vis-à-vis de l'Angleterre que de la Hollande, des tarifs plus ou moins onéreux en 1678, 1688, 1699 et 1713. La guerre devint ainsi, pendant un siècle environ, le moyen principal, et peut être unique, de régler temporairement les rapports commerciaux de la France avec les autres nations.

En 1783, se produisit un fait économique nouveau et d'une importance presque aussi grande que l'édit de 1664. Lasses de lutter sans résultat décisif, la France et l'Angleterre, la première à l'instigation de M. de Vergennes, et la seconde de lord Eden, résolurent « de travailler à de nouveaux arrangements de commerce sur le pied de la réciprocité et de la convenance mutuelle. » C'était la première fois que deux nations, renonçant à chercher, dans un traité de commerce, un avantage exclusif, négociaient sur les bases de concessions mutuelles, et adoptaient le principe d'un tarif général auquel il n'était dérogé qu'en vue d'intérêts équivalents sinon identiques. Les pourparlers de 1783 aboutirent au premier traité pacifique de commerce entre la France et l'Angleterre, le traité de 1786.

A 120 ans de distance, ce traité a été la continuation et l'achèvement de la réforme économique de Colbert. Il est évident, en effet, que les intentions de lord Eden et de M de Vergennes fussent restées stériles, si les douanes françaises étaient restées divisées en 1783 comme en 1664, et si les négociateurs ne s'étaient pas trouvés en présence d'un tarif général complet comme point de départ de la tarification conventionnelle à établir pour chaque article. Avant le traité, les lois anglaises interdisaient tout commerce avec la France, et le tarif français frappait de prohibition le plus grand nombre des articles anglais. Le traité, entre autres concessions mutuelles, substitua à la prohibition des cotonnades anglaises, un droit *ad valorem* de 10 à 12 0/0. Mais ce droit, déjà relativement minime, aboutit, en réalité, a une franchise presque complète par l'ignorance ou la corruption des agents de la douane, (dont les droits étaient perçus par les fermiers généraux), ces agents admettant avec la plus grande facilité des déclarations qu'ils ne pouvaient ou ne voulaient contrôler. L'industrie cotonnière française fut donc littéralement ruinée et une foule d'ouvriers, restés sans travail, fomentèrent, dans les provinces, des troubles qui n'ont pas été sans influence sur les agitations révolutionnaires dont elles devaient être le théâtre quelques années plus tard. L'anéantissement de cette industrie était d'autant plus inévitable, que le fabricant français se servait encore du rouet, quand l'Angleterre utilisait déjà la machine à carder et à filer; ce qui indique que le gouvernement français n'avait pas de notions exactes sur l'industrie qu'il sacrifiait en fait, croyant probablement se borner à lui faire sentir l'aiguillon de la concurrence étrangère. Le traité accordait, en retour, aux vins français l'assimilation, au point de vue des droits, avec les vins de Portugal. Il réduisait également les droits sur nos huiles, nos eaux-de-vie, notre tabletterie, nos modes, nos glaces, etc., tous articles que l'Angleterre ne produisait pas.

Quoique éminemment favorable à ce dernier pays, le traité de 1786 y souleva de véritables tempêtes. Il fut attaqué, au parlement, avec la plus grande violence par Burke, Fox, Grey et d'autres orateurs. En France, les plaintes des industriels ne pouvaient trouver qu'un faible écho au milieu des vives préoccupations politiques dont la nomination de l'Assemblée des notables et plus tard de l'Assemblée constituante devaient être l'objet.

Selon quelques auteurs, même à l'époque où M. de Vergennes signa, avec lord Eden, le traité de 1786, le tarif général des douanes n'aurait pas encore été obligatoire dans toute la France. Ce serait réellement de l'abolition complète des droits de traite dans l'intérieur du royaume, par la loi du 5 novembre 1790, que daterait l'uniformité du tarif général, et cette uniformité n'aurait été obtenue en fait que par la loi du 15 mars 1791. Le tarif général de 1791 fut rédigé sous l'inspiration d'une pensée très libérale, la Constituante s'étant rangée à l'opinion soutenue par M. de Boislandrie qu'un tarif prohibitif est un attentat contre le droit des gens, une sorte de déclaration de guerre qui expose à de funestes représailles. Cette pensée aurait été très probablement la base de la politique commerciale de la France sous la première République, si la paix avait pu être maintenue. Mais les événements en décidèrent autrement. La guerre ayant éclaté avec l'Angleterre, le premier acte d'hostilité de la part du gouvernement républicain fut le décret du 4 mars 1793, qui annula tous les traités d'alliance et de commerce passés entre la France et les puissances qui se coalisèrent contre elle. Une fois engagée sur cette pente, la Convention fut entraînée par la force des choses à prendre une série de mesures, toutes plus rigoureuses les unes que les autres, dans le double but de fermer l'entrée du pays aux produits étrangers, mesures qui furent suivies des plus sévères représailles.

Pendant les guerres de la République et de l'Empire, le tarif de 1791 servit aux besoins de la politique et devint l'instrument le plus puissant du système connu sous le nom de *blocus continental*. La paix signée, les idées libérales reprirent faveur dans les conseils du gouvernement. El, en effet, Louis XVIII était à peine remonté sur le trône de ses ancêtres que, le 23 avril 1814, le comte d'Artois s'empressait de signer, en qualité de lieutenant général du royaume, une ordonnance qui supprimait les formalités sans nombre dans lesquelles se trouvait en quelque sorte enlacé le commerce maritime, et remplaçait les taxes prohibitives du régime impérial par des droits modérés. Citons, parmi ces droits, celui de 60 francs sur les cafés et les sucres terrés; mentionnons encore un simple droit de balance sur les cotons en laine.

Sous la Restauration, le tarif général ne subit aucune modification sérieuse. Il en fut de même sous le gouvernement de Juillet, sauf une convention de peu d'importance avec la Belgique, en 1834. En 1845, le cabinet de M. Guizot, que préoccupaient, avec juste raison, les progrès continus du Zollverein, conçut la pensée d'une union douanière avec la Belgique. Mais la majorité ministérielle, sondée, dans les deux Chambres, sur les probabilités d'adoption d'un projet de cette nature, s'y montra tellement hostile, que le gouvernement dut mettre un terme aux négociations qu'il avait entamées, à ce sujet, avec la Belgique. Cette union eut, d'ailleurs, éveillé, à un très haut degré, les susceptibités de l'Angleterre et de l'Allemagne, qui auraient vu, dans la fusion douanière, un acheminement à la fusion politique.

La deuxième République ne toucha pas davantage au tarif. Mais le deuxième Empire devait accomplir, dans l'ordre des intérêts commerciaux, une nouvelle et véritable révolution économique. Nous voulons parler du traité de commerce avec l'Angleterre et, plus tard, avec les plus importants des autres Etats de l'Europe. L'historique de ce traité mérite une mention spéciale. Et, tout d'abord, le question se pose de savoir si l'Empereur, auquel appartient l'initiative de ce traité, obéit à une conviction fermement arrêtée sur les avantages du libre-échange, ou si, dans la persuasion que l'amitié de l'Angleterre devait contribuer à l'affermissement de sa dynastie, il crut devoir lui faire, en proclamant la liberté relative des échanges, d'importantes concessions. Ce qui est certain, c'est que l'Empereur, usant du droit que lui donnait la constitution de négocier des traités de commerce sans l'assentiment des chambres signait avec l'Angleterre, le 23 janvier 1860, un traité de cette nature sur la base d'un droit maximum de 30 0/0 de la valeur sur les produits anglais, maximum qui pouvait descendre à 25 0/0 à partir du 1er octobre 1864. La réserve de convertir les droits *ad valorem* en droits spécifiques y est, d'ailleurs, stipulée. Le traité signé, le conseil supérieur du commerce est convoqué à l'effet de procéder à une enquête ayant pour objet : 1° la constatation des prix moyens de vente des produits anglais admis à l'importation par le traité, d'après les bases fixées par les articles 4 et 13 ; 2° la conversion en droits spécifiques des droits *ad valorem* qui doivent être établis sur chaque article dans les limites ci-dessus. Le conseil se met immédiatement et consciencieusement à l'œuvre ; mais, sur les sollicitations pressantes de l'Angleterre qui aspire après une prompte solution, ses travaux restent sans résultat et la conversion du droit *ad valorem*, non plus de 30 0/0, mais d'après un engagement personnel de l'Empereur, de 10 0/0 seulement, en droit spécifique, est déterminée d'après le prix moyen de vente des filés anglais dans les six mois antérieurs au 23 janvier 1860. Il était évident que plus ce prix moyen serait faible, plus le droit *ad valorem* baisserait au-dessous de 10 0/0 dans la conversion en droits spécifiques. Or, ce prix, au lieu d'être établi contradictoirement entre les industriels anglais et français, est arrêté uniquement sur les déclarations des premiers. Le droit de 10 0/0, promis par l'Empereur à l'insu de ses ministres, est ainsi réduit, en réalité, à 7 ou 8 0/0. Or, ce droit constituait une concession véritablement énorme et qui, dans l'état d'infériorité manifeste de l'industrie nationale, rendait la lutte, sinon impossible, au moins extrêmement difficile.

Sans doute, le gouvernement promit aux industriels ainsi subitement, sans transition, profondément atteints, des voies de communication perfectionnées et la réduction ou la suppression des droits sur les cours d'eau naturels ou artificiels ; mais cette promesse, insuffisante d'ailleurs, ne pouvait se réaliser que lentement, tandis que la mise en vigueur du traité était presque immédiate.

Le traité du 23 janvier 1860 a été suivi de l'article additionnel du 25 février 1860, du deuxième article additionnel du 27 juin 1860, de la première convention complémentaire du 12 octobre 1860, de la deuxième du 16 novembre 1860, du traité de commerce et de navigation du 23 juillet 1873, de la convention supplémentaire du 22 janvier 1874, enfin de la déclaration du 24 janvier 1874.

Pour convaincre l'Europe que le traité avec l'Angleterre n'était que l'application, libre, indépendante, du principe du libre-échange, le gouverneur français ouvrit des négociations avec les autres Etats de l'Europe, auxquels il offrit les mêmes avantages, en retour de concessions analogues pour divers produits, naturels ou fabriqués, de notre pays. Ces négociations furent suivies d'un certain nombre de traités, parmi lesquels nous citerons les suivants : 1° traité avec la Suisse du 30 juin 1864, suivi de conventions de même date relatives : (*a*) au pays de Gex ; (*b*) à l'établissement des Français en Suisse, et des Suisses en France ; (*c*) à la propriété artistique et littéraire ; 2° le traité avec le Zollverein du 9 mai 1865 ; 3° le traité de commerce avec la Belgique du 1er mai 1861, la convention de navigation de même date, la convention additionnelle au traité et à la convention du 12 mai 1863 ; 4° les traités de commerce et de navigation du 7 juillet 1865 avec la Hollande ; 5° les traités de commerce et de navigation du 4 février 1865 avec les royaumes de Suède et de Norwège ; 6° les traités de commerce et de navigation du 11 juillet 1866 avec le Portugal.

La guerre désastreuse de 1870-71 eut pour premier effet d'annuler le traité de commerce avec l'Allemagne. Aux termes de l'article 11 du traité de Francfort de 1871, « les traités de commerce de la France avec les différentes nations de l'Allemagne ayant été annulés par la guerre, les gouvernements français et allemands prennent pour base de leurs relations commerciales le régime du traité réciproque sur le pied de la nation la plus favorisée. » En théorie, cette stipulation paraissait équitable ; en fait, elle ne l'était pas. L'Union douanière allemande, en effet, ne favorise et ne favorisera probablement jamais aucun pays, tandis que nous continuons et continuerons à en favoriser un certain nombre, en raison de notre politique à peu près forcément libre-échangiste. L'égalité n'existe donc pas entre les deux Etats, et, en fait, l'Allemagne paye à nos douanes des droits sensiblement inférieurs à ceux que nous payons aux douanes allemandes. La comparaison des deux tarifs pour les mêmes articles le prouve sans réplique.

Après la paix de Francfort, M. Thiers eut la pensée, pour procurer au Trésor des ressources nouvelles, d'imposer les matières premières; mais les chambres rejetèrent le projet qui leur fut soumis dans ce sens. Le 2 février 1872, l'Assemblée nationale adoptait le projet de loi ainsi conçu : « art. 1er. Le gouvernement est autorisé à dénoncer, en temps utile, les traités de commerce faits avec l'Angleterre et la Belgique; art. 2. Les tarifs conventionnels resteront en vigueur jusqu'au vote des tarifs nouveaux par l'Assemblée nationale. » De nos traités de commerce avec l'étranger, ceux que nous avions conclus avec ces deux pays étaient, en effet, les seuls qui eussent pris fin, le premier le 4 février 1873, le second le 27 mai 1871. L'activité industrielle et commerciale qui régna en France, comme dans le reste de l'Europe, à la suite de la paix de 1871, comme une conséquence en quelque sorte obligée de l'interruption presque générale des transactions internationales pendant la guerre franco-allemande, permit de conserver, par voie de tacite reconduction, les tarifs conventionnels. L'Assemblée nationale ne fut, en effet, saisie d'aucune proposition relative à la révision du tarif général. Mais, à partir de 1875, celles de nos industries que ces tarifs affectaient plus particulièrement, ayant dû réduire leur production par suite du progrès de l'importation étrangère et de la diminution graduelle de leurs débouchés, le gouvernement dut rechercher les modifications dont ils pouvaient être l'objet. Les conseils généraux de l'agriculture, du commerce et des manufactures, réunis en 1876, furent appelés à faire le même examen, et le 7 février 1877, le ministre du commerce déposait, sur le bureau de la chambre des députés, un projet de loi relatif à l'établissement d'un nouveau tarif général des douanes. La prorogation, puis la dissolution de la chambre au printemps de la même année, n'en permirent pas l'examen à cette époque. Le 14 décembre 1877, le ministre, reprenant son œuvre interrompue, apportait à la chambre, le 21 janvier 1878, un nouveau projet qui contenait plusieurs relèvements de droits par rapport à celui de 1877. Vers la fin de la même année, le gouvernement, en vertu de la loi précitée de février 1872, dénonçait les traités de commerce avec la Belgique et l'Angleterre. En juillet 1879, il saisissait les chambres, qui l'adoptaient, d'un projet de loi en deux articles ainsi conçus: « art. 1er. Le gouvernement est autorisé à proroger les traités et conventions de commerce actuellement existants; art. 2. La durée de cette prorogation ne pourra pas excéder six mois à partir de la promulgation du nouveau tarif général des douanes. » Le gouvernement voulait ainsi prévoir le cas où ce tarif général ne pourrait pas être promulgué avant l'expiration des traités qui finissaient au 31 décembre 1879.

La discussion du tarif général dans les deux chambres et leurs commissions a absorbé les années 1879, 1880 et les quatre premiers mois de 1881. Il a été promulgué le 7 mai 1881. Peu de temps après, le gouvernement, entamait avec les pays (l'Allemagne exceptée) dont les traités de commerce étaient expirés, des négociations ayant pour base le nouveau tarif, et, dans l'impossibilité d'arriver rapidement au terme de ces négociations, il faisait voter par les chambres la loi du 20 juillet 1881 qui l'autorisait à proroger, pour trois mois, à dater du 9 novembre 1881, les traités et conventions de commerce en vigueur à cette date. Usant de cette autorisation, il prorogeait pour trois mois les traités avec l'Angleterre, la Belgique, la Hollande, l'Espagne, l'Italie, la Suède et la Norwège, le Portugal et l'Autriche-Hongrie. Le 2 février 1882 était promulguée une seconde loi qui l'autorisait à proroger jusqu'au 1er mars tous les traités de commerce et de navigation en vigueur, cette prorogation pouvant s'étendre jusqu'au 15 mai pour les puissances ayant déjà signé ou devant signer d'ici au 1er mars, de nouveaux traités avec la France. En vertu de cette autorisation, il prorogeait au 1er mars 1882 les traités avec la Suisse, et au 15 mai les traités avec l'Autriche-Hongrie, la Belgique, l'Espagne, l'Italie, le Portugal, le royaume-uni de Suède et Norwège, la Hollande et l'Angleterre.

Nous arrivons aux nouveaux traités de commerce conclus, depuis, avec ces divers pays, sauf avec l'Angleterre qui, par suite de l'insuccès des négociations entre les deux gouvernements, a dû accepter la situation de la « nation la plus favorisée. »

Ces traités sont les suivants : traité conclu avec l'Italie le 3 novembre 1881, promulgué le 14 mai 1882; ce traité est exécutoire jusqu'au 1er février 1882, sauf le droit des parties contractantes d'en faire cesser l'effet au 1er janvier 1888, en le dénonçant douze mois à l'avance; — traité avec la Belgique du 3 mai 1882, exécutoire jusqu'au 1er février 1892; convention de navigation du 13 mai 1882 et convention du 31 octobre 1882, qui garantit, dans les deux pays, la propriété littéraire, artistique et industrielle; — traité de commerce et de navigation de même date avec l'Espagne; — traité de même nature et à la même date avec le royaume de Suède et de Norwège; — traité de commerce avec la Suisse, du 11 mai 1882, ainsi que les conventions du 3 février 1882; — le traité du 13 mai 1882 avec le Portugal; — la convention de commerce du 13 mai 1882 avec l'Autriche-Hongrie, expirée depuis le 10 mai 1883, les deux pays négociant, en ce moment, un véritable traité de commerce; — le traité d'amitié, de commerce et de navigation du 17 juillet 1883 avec le royaume de Serbie.

II. Nouveau et ancien tarif général, nouveau tarif conventionnel français.

Nous allons reproduire les droits édictés par ces trois tarifs. Dans l'énoncé de ces droits, nous donnerons d'abord ceux du nouveau tarif général, puis, à la suite, ceux du nouveau tarif *conventionnel* ou résultant des traités de commerce, et nous mettrons entre parenthèses, à titre de comparaison, les droits correspondants de l'ancien tarif général, qui a cessé d'être en vigueur.

(a) Matières animales.

1° *Animaux vivants* (par tête) : Chevaux, 30 francs, 30 francs (31 fr. 20); poulains, 18 francs, 18 francs (18 fr. 72); mules et mulets, 5 francs, 5 francs (18 fr. 72); ânes et ânesses, exempts aux trois tarifs. — Bestiaux : bœufs, 15 francs, 3 fr. 60 (3 fr. 74); vaches, 8 francs, 8 francs (1 fr. 25); taureaux, 8 francs, 8 francs (3 fr. 74); bouvillons, taurillons et génisses, 5 francs, (1 fr. 25); veaux, 1 fr. 50, 1 fr. 50 (0 fr. 31); béliers, brebis et moutons, 2 francs, 2 francs (0 fr. 31); agneaux, 0 fr. 50, 0 fr. 50 (0 fr. 12); boucs, chèvres et chevreaux, 0 fr. 50, 0 fr. 50 (exempts); porcs, 3 francs, 0 fr. 30 (0 fr. 31); cochons de lait, 0 fr. 50, 0 fr. 50 (0 fr. 12). — On voit que, pour les bestiaux, le droit du N. T. G. a été sensiblement élevé sur toutes les espèces, conformément à la demande de l'agriculture. Cette aggravation des droits n'a pas été sans influence sur l'enchérissement de la viande.

2° *Produits et dépouilles d'animaux* (les 100 k.). Viandes fraîches de boucherie, 3 fr., exempt (0 fr. 62); gibier, volailles et tortues, 20 fr., ex. (id.); viandes salées, 4 fr. 50, 4 fr. 60 (4 fr. 62) (les 100 kilogrammes); conserves en boîtes, 8 fr.; régime des viandes salées (id.); extraits de viandes en pains ou autres, 4 fr., ex. (ex.). Ainsi le relèvement des droits par le N. T. G porte sur toutes les viandes, sur pied ou abattues, fraîches ou salées. Ce relèvement est énorme sur le gibier, la volaille et les tortues. — Les peaux brutes, fraîches ou sèches et les pelleteries brutes sont exemptes aux trois tarifs, comme matières premières de l'industrie. — Laines en masse sans distinction de l'animal qui les a fournies et les déchets de laine sont ex. aux 3 tarifs comme matières premières de l'industrie; laines peignées, 25 fr., 25 fr. (84 fr.); laines teintes, 25 fr., 25 fr. (120 fr.); — crins bruts, préparés ou frisés, ex., ex. (ex.). — Poils : bruts, ex., ex. (ex.); peignés et de chèvre, 10 fr., 10 fr. (12 fr. 48); autres, mêmes tarifs; en bottes de longueurs assorties 10 fr., 10 fr. (12 fr. 48). — Plumes de parure, brutes ou apprêtées, ex., ex. (ex.); à écrire, brutes ou apprêtées (id.); à lit (duvet et autres), 20 fr., 3 fr. 50 (52 fr.). — Soies : en cocon, ex., ex. (ex.); grèges et moulinées, id.; teintes, à coudre, à broder ou autres, id.; bourre de soie en masse, ex., ex. (ex.); peignée, 10 fr., 10 fr. (10 fr. 40).— Cheveux non ouvrés, ex., ex., (ex.). — Byssus de pinnes-marines et poils de messines, ex., ex. (ex.). — Graisses animales autres que de poisson : suifs, ex., ex. (ex.); saindoux et autres (id.); dégras de peaux (id.). — Cire brute, jaune ou blanche, 10 fr., 1 fr. (1 fr. 04); résidu de cire, ex., ex. (ex.). — Œufs de volaille et de gibier, 10 fr., ex. (ex.); de vers à soie, ex., ex., (ex.). — Lait, id. — Fromages de pâte molle, 6 fr,, 3 fr. (7 fr. 49); de pâte dure, 8 fr., 4 fr. (7 fr. 49). — Beurre frais et fondu, 13 fr., ex. (ex.); salé, 15 fr., 2 fr. 50 (2 fr. 60). — Miel, 10 fr., ex. (ex.). — Engrais, ex., ex. (ex.). — Os calcinés à blanc, id.; noir d'os ou animal, id. — Oreillons, id. — Autres produits et dépouilles à l'état brut, id.

3° Pêches : Produits de la pêche française, id.; poissons frais de mer, 5 fr., 5 fr. 20 (5 fr. 20); d'eau douce, 5 fr., ex., (ex.); secs, salés ou fumés : morues, 48 fr., 12 fr. 48 (12 fr. 40); autres, 10 fr., 49 fr. 92 (49 fr. 92); poissons conservés au naturel, marinés ou autrement préparés, 10 fr., 10 fr. (31 fr. 20 et 49 fr. 92). — Huîtres fraîches, 1 fr. 50, 1 fr. 50 (1 fr. 87) le mille; marinées, 10 fr., 6 fr. (6 fr. 24) les 100 kil. — Homards et langoustes frais, 5 fr., ex. (ex.) les 100 kil. ; conservés au naturel ou préparés, 10 fr., 10 fr. (31 fr. 20 et 49 fr. 92).— Moules et autres coquillages pleins, ex., ex. (ex.). — Graisses de poisson, 6 fr., 6 fr. (6 fr. 24). — Blanc de baleine et de cachalot, brut, 5 fr., 2 fr. (2 fr.); pressé, 10 fr., 10 fr. (20 fr. 80); raffiné, 15 fr., 15 fr. (52 fr.). — Rogne de morue et de maquereau, 0 fr. 60, 0 fr. 60 (0 fr. 62). — Fanons de baleine, bruts, ex., ex. (ex.). — Peaux de chiens de mer et de phoques, brutes, id. — Corail brut. id. — Perles fines, id. — Vessies natatoires de poissons, brutes ou simplement desséchées, id.

4° Substances animales brutes, propres à la médecine ou à la parfumerie : éponges brutes, 35 fr., 50 fr. (52 fr.); éponges préparées, 65 fr., 50 fr. (52 fr.).

5° Matières brutes à tailler : dents d'éléphant, ex., ex. (ex.). — Écaille de tortue : carapace, onglons et caouannes, ex., ex. (ex.); rognures, id.; ivoire et écaille factices, 75 fr., 5 0/0 de la valeur (1) (prohibé). — Coquillage : nacre de perle, ex., ex. (ex.); habotides et autres propres à l'industrie, id. — os et sabots de bétail, bruts, id. — Cornes de bétail, brutes, id.; préparées ou débitées en feuilles, 3 fr., 3 fr. (3 fr. 12).

(*b*) Matières végétales (les 100 kil.).

1° Farineux alimentaires : froment, épeautre et méteil en grains, 0 fr. 60, 0 fr. 60 (0 fr. 62); en farines, 1 fr. 20, 1 fr. 20 (1 fr. 25); autres céréales en grains, exempts, exempts (exempts); en farines, id. — Pain et biscuit de mer, 1 fr. 20, 1 fr. 20 (1 fr. 25); gruaux, semoule, grains perlés et mondés, mêmes droits; semoules en pâte et pâtes d'Italie, 6 fr., 3 fr. (6 fr. 24); sagou, salep et fécules exotiques, 6 fr., 6 fr. (1 fr. 25); riz en grains d'origine européenne, ex., 0 fr. 50 (2 fr. 50); d'origine non européenne, ex., ex. (0 fr. 62); riz en paille d'origine européenne, ex., ex. (0 fr. 31); d'origine non européenne, mêmes droits; brisures de riz, ex., même droit que le riz (id.); légumes secs et leurs farines, marrons, châtaignes et leurs farines, alpiste et millet (droits de grains et farines), pommes de terre, ex., ex. (ex.).

2° Fruits et graines. Fruits frais : citrons, oranges et variétés, 4 fr. 50, 2 fr. (12 fr. 48); carobe ou carouge, 0 fr. 30, 0 fr. 30 (0 fr. 31); autres, ex., ex. (ex.) — Fruits secs ou tapés : figues, 6 fr., 0 fr. 30 (19 fr. 97); raisins, pommes et poires, 6 fr., 0 fr. 30 (0 fr. 31); amandes, noix, noisettes ou avelines, 6 fr., ex. (ex.); autres, 8 fr., 8 fr. (19 fr. 97);— fruits confits ou conservés : à l'eau-de-vie, 40 fr. (non compris la taxe intérieure de consommation), 40 fr. (122 fr. 30); au sucre ou au miel : des colonies françaises, régime de la loi du 19 juillet 1880, id. (40 fr., taxe de consommation non comprise); des pays étrangers, même droits; autres, 8 fr. 22 fr. et 8 fr. (52 fr. 50 et 12 fr. 48). — Fruits à distiller : anis vert, 2 fr., 2 fr. (2 fr. 08); baies de genièvre et de myrtille et figues de cactus, ex., ex. (ex.); fruits et graines oléagineux, ex., ex. (ex.); graines à ensemencer, id.

3° Denrées coloniales de consommation (les 100 k.). Sucres des colonies françaises : en poudre, d'après leur rendement présumé au raffinage, 40 fr. par 100 kil. net de sucre raffiné (id.); raffinés, autres que candis, par 100 kilogrammes net (poids effectif) (id.); candis, 43 fr., id. (43 fr., id.). — Sucres étrangers : en poudre, au rendement présumé de 98 0/0 au moins, 40 fr., plus 3 fr. par 100 kilogrammes net sur le poids effectif, 40 fr. par 100 kilogrammes net de sucre raffiné (droit du N. T. G.); au rendement de plus de 98 0/0, 52 fr. 50 par 100 kilogr. net de poids effectif, 48 fr., id. (52 fr. 50, id.); raffinés : autres que candis, mêmes droits; candis, 56 fr. 50 id., 51 fr. id. (56 fr. 50 id.). — Mélasses : pour la distillation, ex. aux 100 kil. brut, sans distinction de provenance, id. (id.); autres que pour la distillation ayant en richesse saccharine 50 0/0 ou moins, 12 fr. les 100 kil. net aux trois tarifs; plus de 50 0/0, 25 fr. 50, id. — Sirops et bonbons : des colonies françaises, ex., ex. (40 fr.); des pays étrangers, 52 fr. 50, 48 fr. (52 fr. 50). — Biscuits sucrés : des colonies françaises, ex., ex. (20 fr.); des pays étrangers, 30 fr., 24 fr. (26 fr. 25). — Confitures au sucre et au miel : des colonies françaises, ex., ex. (20 fr.); des pays étrangers, 26 fr. 25, 22 fr. (26 fr. 25); confitures sans sucre ni miel, 8 fr., 12 fr. 48 (8 fr.). — Café : en fèves et pellicules, 156 fr. aux trois tarifs; torréfiés et moulus, 208 fr., id. — Cacao en fèves et pellicules, 104 fr., id.; broyé, 155 fr., 121 fr. 52 (166 fr, 40). — Poivre et piment, 208 fr. aux trois tarifs. — Amomes et cardamomes, id. — Cannelle et cassia lignea, id. — Muscades en coques, id.; sans

(1) Quand le droit au T. C. sera *à la valeur*, c'est-à-dire en proportions centésimales, nous éliminerons, pour abréger, les mots *à la valeur*.

coques, 312 fr., id. — Macis, id. — Girofles, 208 fr., id. — Vanille, 416 fr., id. — Thé, 208 fr., id. — Tabacs en feuilles ou en côtes : exempts pour la Régie, prohibés pour compte particulier; fabriqués, ex. pour la Régie ; pour usage personnel, au maximum de 10 kil. par destinataire par an et avec interdiction de vente : cigares et cigarettes 3,600 fr.; autre mode de perception (id.); tabac à priser et à mâcher, 1,500 fr. et autre mode de perc. (id.); tabac à fumer du Levant, 2,500 fr. et autres modes de perc.; de toute autre provenance, 1,500 fr. et id.; autres tabacs fabriqués, prohibés aux trois tarifs.

4° Huiles et sucs végétaux (les 100 kil). Huiles fines pures : d'olive, 4 fr. 50, 3 fr. (3 fr. 12); de palme, de coco, de touloucouna et d'illipé, 1 fr., 1 fr. (1 fr. 04); autres, 6 fr., 6 fr. (6 fr. 04); aromatisées, 80 fr., 80 fr. (124 fr. 80). — Huiles volatiles ou essences : de rose et de bois de Rhodes, 4,000 fr., 100 fr. les 100 kil. pour l'essence de bois de Rhodes et 4,000 pour l'essence de rose (4,992 fr.); d'orange, de citron et de leurs variétés, 150 fr., 100 fr. (499 fr. 20); autres, 100 fr., 100 fr. (93 fr. 66). — Gommes, ex., ex. (ex.). — Résines et autres produits résineux, 2 fr., ex. (ex.). — Essence de térébenthine, 5 fr., ex. (ex.). Baumes, 10 fr.; autre mode de perception (id.). — Sucs d'espèces particulières : camphre brut, 2 fr., 2 fr. (ex.); raffiné, 4 fr., 2 fr. (2 fr. 08); caoutchouc et gutta-percha bruts ou refondus en masse, ex., ex. (ex.); glu, id.; manne, 8 fr., 8 fr. (99 fr. 84); aloès, 6 fr., 6 fr. (6 fr. 24); opium, 240 fr., 240 fr. (249 fr. 60); jus de réglisse, 10 fr., 4 fr. (59 fr. 90).

5° Espèces médicinales (les 100 kil.). Racines, herbes, feuilles, fleurs, écorces et lichens, 2 fr., autres modes de perception. — Fruits et graines : confits au sucre, des colonies françaises, régime de la loi du 19 juillet 1880 (40 fr. les 100 kil. net); des pays étrangers, id., 48 fr., et 22 fr. (52 fr. 50); autres, casse et tamarin, 2 fr., 2 fr. (ex.); non dénommés, 6 fr., 6 fr. (ex.).

6° Bois communs : à construire, de chêne, d'orme et de noyer, ex. les 100 kilogrammes exempts le stère (ex. le stère); mâts, matereaux, espars, figouilles, manches de gaffe, de fouine et de pinceau à goudron, avirons et rames, ex., ex. (ex.); merrains, ex., ex. (0 fr. 12 le mille); bois en éclisses, 0 fr. 10 le mille, 0 fr. 10 id. (0 fr. 12 1/2 id.); bois feuillard, ex., ex. (0 fr. 12 1/2 le mille); perches et échalas, 0 fr. 25. 0 fr. 25 (0 fr. 31) le mille; bois à brûler et charbons de bois ou de chènevottes, ex., ex. (ex.); autres bois communs, id. — Bois d'ébénisterie : en bûches ou sciés à plus de 2 décimètres d'épaisseur, en acajou, ex.; ex. (ex.); en buis, id.; autres, id. le mille; sciés à 2 décimètres d'épaisseur ou moins 1 fr., 1 fr. (1 fr. 25) les 100 kil.; bois odorants, de teinture en bûches et moulus, ex., ex. (ex.).

7° Filaments, tiges et fruits à ouvrer (les 100 kil.). Coton : en laine ou non égrené, ex. aux trois tarifs; ouate, 10 fr., 10 fr. (124 fr. 80); tous autres filaments, tiges et fruits à ouvrer, id.

8° Teintures et tannins (les 100 kil.). Tous produits de cette nature sont exempts aux trois tarifs.

9° Produits et déchets divers. Légumes verts, id.; salés ou confits, 3 fr., 3 fr. (3 fr. 12). — Truffes fraîches, sèches ou marinées, 200 fr., ex. (ex.). — Houblon, 15 fr., 12 fr. 50 (56 fr. 14). — Absinthe, 3 fr., ex. (ex.). — Betteraves, ex. aux trois tarifs — Racines de chicorée vertes, 0 fr. 25, 0 fr. 25 (0 fr. 26); sèches non torréfiées, 1 fr., 1 fr. (1 fr. 04). — Tous autres produits et déchets divers (fourrage, son, tourteaux oléagineux, drilles, tourbes, mottes à brûler, produits et déchets non dénommés), ex. aux trois tarifs.

(*d*) Matières minérales.

1° Pierres, terres et combustibles minéraux (les 100 k.). Marbres : blancs, statuaires, bruts, équarris ou simplement sciés, ex., ex. (1 fr. 04 et 1 fr. 56), ; bruts ou équarris, ex., ex. (1 fr. 04) ; sciés, ayant d'épaisseur 16 cent. au plus, id.; moins de 16 centimètres, 2 fr. 50, 1 fr. 50 (1 fr. 56); statues modernes, 10 fr., ex. (49 fr. 92); pendules, coupes, encriers, 15 fr., 15 fr. (18 fr. 72); autres, 6 fr., 1 fr. 50 (49 fr. 92); pierres calcaires à cristallisation confuse, brutes ou simplement taillées, ex., ex. (mêmes droits que sur les marbres); sciées, ayant 16 centimètres ou plus d'épaisseur, id.; ayant moins de 16 centimètres, 1 fr. 25, ex. (mêmes droits, etc., etc.); sculptées, polies ou autrement ouvrées : statues modernes, 10 fr., ex. (mêmes droits, etc.); autres, 4 fr., 0 fr. 50 (mêmes droits, etc.). — Albâtre brut ou équarri, ex., ex. (1 fr. 04); scié à 16 centimètres d'épaisseur et plus, id.; à moins de 16 cent., 2 fr. 50, 1 fr. 50 (1 fr. 56); sculpté ou autrement ouvré, statues modernes, 10 fr., ex. (18 fr. 72 0/0). — Pierres gemmes, brutes ou taillées, ex. aux trois tarifs — Agates ou autres pierres analogues brutes, id.; ouvrées, 15 fr., 10 fr. (10 fr. 40 0/0). — Cristal de roche : brut, ex. aux trois tarifs; ouvré, ex., ex. (prohibé). — Pierres ouvrées, y compris les pierres d'ardoises et de construction : taillées ou sciées, ex., ex. (18 fr., 72 0/0); sculptées ou polies, pierres lithographiques couvertes de dessins, gravures ou écritures, id.; statues modernes, 10 fr., ex. (18 fr. 72 0/0); étrusques, 15 fr., 15 fr. (12 fr. 48); ardoises nues ou encadrées, 3 fr. 75, 3 fr. 75 ou 5 0/0 (10 fr. 40); autres, 3 fr., 0 fr. 50 (18 fr., 72 0/0). — Meules, ex. aux trois tarifs. — Matériaux, ardoises pour construction, brutes, ex. aux trois tarifs; pour toitures, 4 fr., 4 fr. (4 fr. 16) le mille; carreaux, briques et tuiles, 1 fr., ex. (4 fr. 99, 12 fr. 48, 31 fr. 20) id.; briques en terre réfractaire, 1 fr., ex. (ex.) id.; pierres de construction brutes, pavés, chaux et plâtre, autres, marne, soufre non épuré (minerai et pyrites compris), soufre épuré ou sublimé (les 100 kil.), ex. aux trois tarifs. — Houille ou coke, 0 fr. 12, 0 fr. 12 (12 fr. 12); cendres de houille, 0 fr. 12, 0 fr. 13 (12 fr. 12) les 1,000 kil.; graphite ou plombagine, goudron minéral de houille, bitumes, juis, succins, ex. aux trois tarifs, les 100 kil. — Huiles minérales d'éclairage : brutes, 18 fr., droits de nature différente aux deux autres tarifs; raffinées et essences, 25 fr., droits de nature différente.

2° Métaux (les 100 k.). Or et platine en minerai, ex. aux trois tarifs; bruts en masses, lingots, barres, poudre, objets détruits, 10 fr., 10 fr. (10 fr. 40); or battu en feuilles, 2,500 fr., 2,500 fr. (2,600 fr.); tiré, laminé, filé, 500 fr., 500 fr. (520 fr.). — Argent : minerai, ex. aux trois tarifs; brut en masses, lingots, barres, poudres, objets détruits, 1 fr., 1 fr. (1 fr. 04); battu en feuilles, 2,000 fr., 2,000 fr. (2,080 fr.); tiré, laminé, filé, 500 fr., 500 fr. (520 fr.). — Aluminium, 500 fr., 10 0/0 (37 fr., 44 0/0). — Fer : minerai, ex. aux trois tarifs; fonte brute, massée et moulée pour lest de navire, 2 fr., 2 fr. et 2 fr. 75 (4 fr. 99 à 8 fr. 74 ou proh.); fer en massiaux ou prismes retenant encore des scories, 4 fr. 50, 4 fr. 50 (7 fr. 28 ou proh.); fer étiré en barres, fers d'angle et à T., rails de toutes formes el dimensions, 6 fr., 6 fr. (12 fr. 48 et 17 fr. 47); fer en feuillard d'un millimètre d'épaisseur, mêmes droits; d'un millimètre ou moins, 7 fr. 50, 7 fr. 50 (12 fr. 48 à 17 fr. 47); fer servant à la fabrication des fils de fer, 6 francs, 6 francs (12 fr. 48 à 17 fr. 47). — Tôles : laminées ou martelées, planes de plus d'un millimètre d'épaisseur, non découpées, 7 fr. 50, 7 fr. 50 (24 fr. 96); découpées d'une façon quelconque, 8 fr., 8 fr. 25 (24 fr. 96); minées et fers noirs en feuilles planes d'un millimètre d'épaisseur ou moins, non découpées, 10 fr., 10 fr. (24 fr. 96); découpées d'une façon quelconque, 11 fr., 11 fr. (24 fr. 96); fer étamé (ferblanc), cuivré, zingué ou plombé, 13 fr., 13 fr. (40 fr. 92); fils de fer, étamés, cuivrés ou zingués, ou non, de 5/10° de mill. de diamètre ou moins, 10 fr., 10 fr. (37 fr. 44); autres, 6 fr., 6 fr. (37 fr. 44). — Acier : en barres, rails, 6 fr., 9 fr. (37 fr. 44); autres et feuillards mêmes droits; en tôles ou en bandes brunes, laminées à chaud, ayant plus de 1/2 mill. d'épaisseur : non découpées, 9 fr., 11 fr. (62 fr. 40); découpées, mêmes droits; ayant 1/2 millimètre ou moins : non découpées, 15 fr., 15 fr. (93 fr. 50); découpées, 16 fr., 15 fr. (137 fr. 28); blanches, laminées à froid de toute épaisseur : non découpées, 15 fr., 15 fr. (93 fr. 60); découpées, 16 fr., 15 fr. (137 fr. 28); acier filé, même blanchi, pour cordes d'instruments, 20 fr., 20 fr. (87 fr. 36); limailles et pailles, ex. aux trois tarifs; ferrailles, 2 fr., 2 fr. et 2 fr. 75 (4 fr. 90 à 9 fr. 96); mâchefer et scories de forges, ex. aux trois tarifs. — Cuivre : minerai, ex.; pur ou allié de zinc ou d'étain : de première fusion, en masses, barres, saumons ou plaques, ex.; laminé ou battu, en barres ou en planches, 10 fr., 10 fr. (15 fr.); en fils, de toute dimension, polis ou non, autres que dorés ou argentés, 10 fr., 10 fr. (104 fr. et 124 fr. 80); doré ou argenté, en masses ou lingots, battu, tiré, laminé ou filé sur fils ou sur soie, 100 fr., 100 fr. (104 fr.); limailles et débris de vieux ouvrages, ex. — Plomb : minerai et scories, ex.; en masses brutes, saumons, barres ou plaques, ex.; allié d'antimoine (en masses), 3 fr., 3 fr. (32 fr. 45); battu ou laminé, 3 fr., 3 fr. (29 fr. 95); limailles et débris, ex. — Etain : minerai, ex.; en masses, brutes, saumons, barres ou plaques, ex.; allié d'antimoine, en lingots, 5 fr., 5 fr. (32 fr. 45); pur ou allié, battu ou laminé, 6 fr., 6 fr. (74 fr. 88); limailles et débris, ex. — Zinc : minerai cru ou grillé, pulvérisé ou non, en masses brutes, saumons, barres et plaques, ex.; laminé, 4 fr., 4 fr. (62 fr. 40); limailles et débris, ex. — Nickel : minerai et speiss, ex.; pur ou allié d'autres métaux, en lingots ou masses brutes, ex.; battu, laminé ou étiré, 10 fr., 10 fr. (124 fr. 80). — Mercure natif, ex., ex. (1 fr. 25). — Antimoine : minerai, ex.; sulfuré, fondu, ex., ex. (1 fr. 25); métallique ou régule, 6 fr., 6 fr. (32 fr. 45). — Arsenic : minerai et métallique, ex. — Cadmium brut, ex., ex. (2 fr. 50). — Bismuth (étain de glace) et manganèse : minerai, ex. — Cobalt vitrifié en masses ou en poudre, ex., ex. (349 fr. 60 et 374 fr. 40).

(*e*) Fabrication.

1° *Produits chimiques* (les 100 kilogr.). Brome et bromure de potassium, 100 fr., ex. (49 fr. 92). — Iode brut ou raffiné, 400 fr., ex. (624 fr.); iodure de potassium, 350 fr., ex. (624 fr.). — Phosphore blanc, 50 fr., 40 et 10 0/0 (proh.); id. rouge, 149 fr., 40 et 10 0/0 (proh.). — Acides : arsénieux, ex., ex. (1 fr. 25); benzoïque, 124 fr., ex. (ex.); borique, ex., ex. (0 fr. 31); chlorhydrique, 0 fr. 37, 0 fr. 37 (0 fr. 31); citrique (jus de citron naturel ou concentré jusqu'à 10°), ex.; de 10 à 35°, 6 fr., ex. (1 fr. 25); au-dessus de 35°, 15 fr., ex. (187 fr. 20); cristallisé, 50 fr., ex. (187 fr. 20); gallique, extrait de châtaignier et autres sucs tannins, liquides ou concrets, extraits des végétaux, 1 fr. 20, 1 fr. 20 (ex.); cristallisé, 93 fr., ex. (proh.); nitrique, 2 fr. 50, ex. (113 fr. 07); oléique, 5 fr., 5 fr. (ex.); oxalique, 12 fr. 50, 10 fr. 10 (87 fr. 36); phosphorique, 20 fr., 5 0/0 (51 fr. 17); stéarique, 10 fr., 5 0/0 (5,20 0/0). — Oxydes : sulfurique, ex., ex. (51 fr. 17); tartrique, 10 fr., ex. (87 fr. 36); de cobalt pur ou siliceux (safre), de cuivre, d'étain, de fer, ex.; de plomb : minium, 2 fr., ex. (ex.); litharge et autres, ex.; d'urane et de zinc, ex. — Potasse et carbonate de potasse ainsi que cendres végétales vives ou lessivées, ex. — Salin de betteraves, 0 fr. 13, 0 fr. 10 (33 fr. 07). — Soude de varech, 0 fr. 19, 0 fr. 10 (33 fr. 07). — Soude caustique, 8 fr., 6 fr. 40 (proh.); soude naturelle ou artificielle (carbonate de soude) : brute titrant au moins 30°, 2 fr. 30, 1 fr. 90 (33 fr. 07); id. moins de 30°, 7 fr. 25, 5 fr. 85 (33 fr. 07); raffinée : sel de soude titrant au moins 60°, 5 fr., 4 fr. 10 (33 fr. 07); moins de 60°, 17 fr., 14 fr. (33 fr. 07); cristallisée (cristaux de soude), 2 fr. 30, 1 fr. 90 (23 fr. 71). — Natron, même droit que les cristaux de soude, 1 fr. 90 (3 fr. 12). — Bicarbonate de soude, 5 fr. 20, 4 fr. 20 (proh.). — Sels de soude non dénommés, 4 fr. 35, 3 fr. 50 (proh.). — Sel marin, sel de saline et sel gemme (non compris les droits intérieurs de consommation) : bruts ou raffinés autres que blancs arrivant par terre (frontière de la Belgique et du Luxembourg) 3 fr., 3 fr. (2 fr. 50); par les autres frontières, 0 fr. 74, 0 fr. 74 (0 fr. 62); par mer : Manche et Océan, 2 fr. 60, 2 fr. 60 (2 fr. 18); Méditerranée, 0 fr. 74, 0 fr. 74 (0 fr. 62); raffinés blancs, par terre (Belgique et Luxembourg), 4 fr., 4 fr. (3 fr. 43); autres frontières, 0 fr. 74, 0 fr. 74 (0 fr. 62); par mer : Manche et Océan, 4 fr., 4 fr. (0 fr. 43); Méditerranée, 0 fr. 74, 0 fr. 74 (0 fr. 62). — Sels ammoniacaux : chlorhydrate (sel ammoniac), brut, 8 fr., 5 0/0, plus 3 fr. 52 par 100 kil. (62 fr. 40); id. raffiné, 12 fr., 5 0/0, plus 3 fr. 50 les 100 kil. (124 fr. 80); sulfate d'ammoniac, brut, ex., 5 0/0 (62 fr. 40); id. raffiné, 7 fr. 75, 5 0/0 (124 fr. 80); autres : bruts, 3 fr., 5 0/0 (62 fr. 40); raffinés, 7 fr. 75, 5 0/0 (124 fr. 80). — Sels de cobalt ex. — Sels d'argent, 930 fr., 5 0/0 (proh.). — Sel d'étain, 10 fr., 5 0/0, plus 30 c. les 100 kil. (proh.). — Acétates : de cuivre brut, 10 fr., 5 0/0 (16 fr. 22 et 38 fr. 69); raffiné, en poudre, 14 fr. 50, 5 0/0 (51 fr. 17); raffiné, en cristaux, 21 fr., 5 0/0 (51 fr. 17); de fer liquide, ex.; de fer concentré, 10 fr., 5 0/0 (49 fr. 92); de plomb, 5 fr. 50, 5 0/0 (87 fr. 36); de potasse, 22 fr., 5 0/0 (87 fr. 36); de soude anhydre, 5 fr., 4 fr. (87 fr. 36); cristallisé ou hydraté, 4 fr. 75, 3 fr. 80 (87 fr. 36). — Alcool : amylique, 6 fr. 25, 5 0/0 (93 fr. 60); méthylique, 9 fr. 25, 5 0/0 (2 fr. 08 l'hect. de liquide). — Aluminate de soude, 13 fr. 50, 10 0/0, plus 70 c. les 100 kil. (proh.). — Alun d'ammoniaque ou de potasse et sulfate d'alumine, 1 fr. 50, 5 0/0 (proh. et 31 fr. 20). — Ammoniaque (alcali volatil), 3 fr., 5 0/0 (proh.). — Arséniate de potasse, 5 fr. 75, 5 0/0 (87 fr. 36); de soude, 4 fr. 25, 3 fr. 50 (proh.). — Borax, brut natif ou artificiel, 8 fr. 75, ex. (droits divers); mi-raffiné ou raffiné, 10 fr., 5 0/0 (225 fr. 47 et 72 fr. 80). — Carbonates de magnésie, 6 fr. 25, ex. (249 fr. 60); de plomb, 2 fr., droits divers (ex.). — Citrates de chaux, 7 fr. 50, ex. (1 fr. 25). — Chlorate de potasse de soude, de baryte et autres, 32 fr., 32 fr. 35 (proh.). — Chlorures : d'aluminium, 200 fr., 10 0/0 (proh.); double d'aluminium et de sodium, 18 fr. 50, 5 0/0 (proh.); de chaux, 4 fr. 50, 3 fr. 55 (proh.); de magnésium, 0 fr. 50, 0 fr. 40 (proh.); de potassium, ex. — Chromates de potasse, 10 fr., 10 0/0 (187 fr. 20); de plomb, 16 fr., 10 0/0 (63 fr. 60). — Glycérine industrielle, 4 fr. 75, 5 0/0 (65 fr. 52); incolore et inodore, 7 fr. 50, 5 0/0 (65 fr. 50). — Kermès minéral, foie d'antimoine, crocus minéral et autres oxydes ou sels d'antimoine, à l'exeption de l'émétique, 25 fr., 2 fr. (2 fr. 08). — Lactate de fer, 43 fr., 5 0/0 (proh.). — Magnésie calcinée, 18 fr. 50, 5 0/0 (proh.). — Nitrates de potasse (salpêtre), ex.; de soude, ex. — Oxyde de potasse, 12 fr. 50, 10 fr. (87 fr. 36). — Silicicate de soude anhydre, 4 fr. 25, 4 fr. 20 (proh.); cristallisé, 3 fr. 75, 3 fr. 85 (proh.); hydraté, 2 fr. 10, 3 fr. 80 (proh.). — Sulfates de cuivre, 3 fr., 5 0/0 (38 fr. 69); de fer, 0 fr. 65, 5 0/0 (7 fr. 49); double de fer et de cuivre, 0 fr. 50, 5 0/0 (83 fr. 09); de magnésie, ex., ex. (87 fr. 36); de soude : pur anhydre contenant en nature 25 0/0 de sel ou moins, 2 fr. 20, 1 fr. 80 (1 fr. 87), plus de 25 0/0, 9 fr., 7 fr. 20 (7 fr. 49); cristallisé ou hydraté (sel de Glauber), 1 fr. 20, 0 fr. 95 (1 fr. 30); impur anhydre contenant en nature 25 0/0 ou moins, 2 fr. 20, 1 fr. 75 (1 fr. 82); plus de 25 0/0 8 fr. 25, 6 fr. 60 (6 fr. 86); cristallisé ou hydraté (sel de Glauber), 1 fr. 10, 0 fr. 90 (1 fr. 25); de zinc, 1 fr. 40, 5 0/0 (38 fr. 69). — Sulfite de soude, 2 fr. 20, 1 fr. 80 (proh.). — hyposulfite de soude, 4 fr. 75, 3 fr. 80 (proh.). — Sulfures d'arsenic, 5 0/0 de la valeur avec faculté de convertir en droits spécifiques, ex. (9 fr. 98); de mercure naturel (minerai de mercure), ex., 5 0/0 (190 fr. 32); de mercure artificiel en pierres, 31 fr., 5 0/0 (187 fr. 20); id. pulvérisé (vermillon), 62 fr., 5 0/0 (249 fr. 60). — Tartrates de potasse, y compris le tartrate double de potasse et de soude, ex. — Prussiate de potasse jaune, 20 fr., 20 fr. (262 fr. 08); rouge, 30 fr., 30 fr. (262 fr. 08). — Produits chimiques dérivés du goudron de houille : exsence de houille, benzine et autres huiles légères, ex., 5 0/0 (16 fr. 22); huiles lourdes, ex.; nitrobenzine et aniline pure ou mélangée de toluidine, ex., 5 0/0 (proh.); acide phénique, id.; naphtaline, id.: anthracène, id. — non dénommés, id. — Produits chimiques non dénommés (y compris les extraits de quinquina et la pâte phosphorée), 5 0/0 avec conversion facultative en droits spécifiques équivalents, id. (proh.).

2° *Teintures préparées* (les 100 k.). Cochenille et kermès animal, ex. — Laque en teinture, ex., ex. (6 fr. 24). — Indigo, ex. — Indigo-pastel, indigue, inde-plate et boules de bleu, ex. — Pâte de pastel grossière, cachou en masse, rocou préparé, ex. — Orseille préparée : humide (en pâte), 5 fr., 5 0/0 (124 fr. 80); sèche, 10 fr., 5 0/0 (249 fr. 60). — Maurelle, ex. — Extraits de bois de teinture et d'autres espèces tinctoriales : garancine et autres extraits de garance, ex., ex. (proh.); autres noires et violets, 20 fr., 20 fr. 01 (proh.); id. rouges et jaunes, 30 fr., 30 fr. (proh.). — Teintures dérivées du goudron de houille : sèches, 125 fr., ex. (ex.); en pâtes renfermant au moins 50 0/0 d'eau, 70 fr., ex. (ex.); acide picrique, 25 fr., ex. (ex.). — Alizarine artificielle, 5 0/0 avec conversion facultative en droits spécifiques, ex. (ex.).

3° *Couleurs* (les 100 k.). Outremer : naturel, 20 fr., 15 fr. (312 fr.); factice, id. — Bleu de prusse, 12 fr. 50, ex. (ex.). — Carmins : communs, 25 fr., ex. (ex.); fins, 200 fr., ex. (ex.). — Vernis : à l'alcool, 30 fr., 10 0/0 (102 fr. 34); à l'huile ou à l'essence et à l'huile mélangées, 40 fr., 10 0/0 (102 fr. 34). — Encre à écrire, à dessiner ou imprimer, 20 fr., 20 fr. (74 fr. 58 et 124 fr. 80). — Noirs : d'ivoire, 5 fr., 5 fr. (77 fr. 38); d'imprimeur en taille douce, 8 fr., 8 fr. (8 fr. 74); d'Espagne et de fumée, 1 fr. 20, 1 fr. 20 (1 fr. 25); minéral naturel, ex. — Crayons : simples en pierre, 1 fr., 1 fr. (12 fr. 48); communs, à gaîne de bois blanc, vernis ou non, crayons en gros bois pour charpentiers, 35 fr., 10 0/0 (124 fr. 80); fins, en bois teint ou bois de cèdre, ou à mines de couleur, 140 fr., 10 0/0 (249 fr. 60); pour carnets ou portefeuilles, avec ou sans tête en os; 240 fr., 10 0/0 (249 fr. 60). — Ocres broyées ou autrement préparées, pour la peinture, 0 fr. 25, ex. (ex.). — Terres de Cologne, de Cassel, d'Italie, de Sienne et d'ombre, 0 fr. 50, ex. (ex.). — Verts de Schweinfurth et vert métis, cendres bleues et vertes, 5 fr., ex. (ex.). — Verts de montagne, de Brunswick et autres verts résultant du mélange du chromate de plomb et du bleu de Prusse, 5 fr., ex. (ex.). — Talc pulvérisé, 0 fr. 25, ex. (ex.). — Couleurs broyées à l'huile, y compris le carbonate de plomb ayant reçu la même préparation, 4 fr., ex. (ex.). — Couleurs en pâte préparées à l'eau pour papiers peints, 7 fr. 50, ex. (ex.). — Couleurs non dénommées 5 0/0 avec conversion facultative, etc., ex. (ex.).

4° *Compositions diverses* (les 100 k.). Parfumeries : savons, 12 fr., 6 fr. (204 fr. 67); autres : alcooliques, 37 fr. 50 l'hect d'alcool pur, 15 fr., id. (36 fr. 40); non alcooliques, 12 fr. les 100 kil., 12 fr. (droits divers). — Savons autres que de parfumerie, 6 fr., 6 fr. 06 (proh.). — Parement au lichen, même régime que les savons, ex. (ex.). — Epices préparées : moutarde, 5 fr., 5 fr. (31 fr. 20); sauces et autres, 25 fr., 25 fr. (249 fr. 60). — Médicaments composés non dénommés : figurant dans une pharmacopée officielle, droits spécifiques à déterminer par l'Ecole de pharmacie, proh. (proh.); n'y figurant pas, proh. — Eaux distillées alcooliques (droits des eaux-de-vie), id. (36 fr. 40); id. non alcooliques, 10 fr., 10 fr. (124 fr. 80). — Chicorée brûlée ou moulue, 5 fr., 5 fr. (57 fr. 20). — Amidon, 6 fr., 1 fr. 50 (26 fr. 21). — Fécules indigènes, 6 fr., 1 fr. 20 (1 fr. 25). — Cires à cacheter, 30 fr., 30 fr. (124 fr. 80). — Bougies de toute sorte, 19 fr., 10 0/0 (10,40 0/0). — Cire et acide stéarique ouvrés autrement qu'en bougies, 19 fr., 4 fr. (4 fr. 16 les 100 kil. ou 5,20 0/0). — Chandelles : à mèche tassée, tressée ou moulinée, ayant subi une préparation chimique, 12 fr., 10 0/0 (10,40 0/0); autres, 6 fr., 10 0/0 (5 fr. 20). — Colle de poisson, 40 fr., 40 fr. (41 fr. 60). — Colle forte et gélatine, ex. — Albumine, ex. — Pain d'épices, 15 fr., 15 fr. (46 fr. 22). — Sucre de lait, ex., ex. (65 fr. 52). — Cirage, 4 fr., 4 fr. (153 fr. 50).

5° *Boissons* (l'hectol.). Vins de toute sorte de moins de 15° d'alcool, 4 fr. 50, 3 fr. 50 (5 fr. 20 et 20 fr. 80 pour les vins de liqueur, taxes intérieures non comprises). — Boissons fermentées : vinaigres autres que ceux de parfumerie, 4 fr. 50 (moins les taxes intérieures), 2 fr. (2 fr. 08); cidre, poiré et verjus, 1 fr., 0 fr. 25 pour le cidre seulement (2 fr. 50); bière, 7 fr. 75 (y compris la surtaxe représentant le droit de fabrication sur les bières françaises), 5 fr. 75 id. (7 fr. 49 id.); hydromel, 10 fr. (moins les taxes intérieures), 20 fr. (31 fr. 20); jus d'orange, mêmes droits que les vins, ex. (31 fr. 20). — Boissons distillées : alcools, eaux-de-vie en bouteille, 30 fr., 15 fr. (31 fr. 20); l'hectolitre de liquide, 15 fr., id. (31 fr. 20); autrement qu'en bouteilles, 30 fr., 15 fr. (31 fr. 20) l'hectolitre d'alcool pur (taxes intérieures non comprises); autres, 30 fr., 15 fr. (31 fr. 20) l'hectolitre d'alcool pur; liqueurs, 40 fr, 15 fr. (36 fr. 40) l'hectolitre de liquide. — Pommes et poires écrasées, ex. — Eaux minérales (cruchons compris), id.

6° *Poteries* (les 100 kil.). Cuites en dégourdi : cornues à gaz, ex., ex. (7 fr. 40); creusets de toute sorte, y compris ceux en plombagine ou en graphite, ex., ex. (7 fr. 40 et 12 fr. 48); tuyaux de drainage et autres, pipes de terre, ex., ex. (7 fr. 49); autres non vernissées, mêmes droits; vernissées sans décorations (poterie grossière), mêmes droits; avec décoration, 5 fr., 5 fr. (7 fr. 49); cuites en grès : ustensiles et appareils pour la fabrication des produits chimiques, ex., ex. (12 fr. 48); autres, communes, 4 fr., 4 fr. (18 fr. 72); fines, 8 fr., 15 0/0 (proh.). — Carreaux céramiques cuits en grès : avec ou sans ornementation, de couleur, pâte ou grain différent, 3 fr., 15 0/0 (proh.): sans ornementation, de même couleur, pâte et grain, 1 fr., 15 0/0 (proh.). — Faïences stannifères : à pâte colorée, couverte blanche ou colorée, avec reliefs, godrons, cannelures ou dentelures unicolores obtenus par moulage sans retouche, ex., ex. (61 fr. 15); à glaçure multicolore, avec dessins imprimés ou peinture à la main ou avec moulures en relief retouchées à la main, 15 fr., 15 0/0 (61 fr. 15). — Faïences fines : blanches ou couvertes d'un vernis de couleur uniforme, 10 fr., 15 0/0 (proh.); décorées, 15 fr., 15 0/0 (proh.) — Porcelaines : blanche, 12 fr., 15 0/0 (proh.); décorée, 25 fr., 10 0/0 (204 fr. 67 et 408 fr. 10, ce dernier droit applicable aux porcelaines fines autres que de la Chine et du Japon); décorée et d'épaisseur renforcée, 15 fr., 10 0/0 (204 fr. 67 et 408 fr. 10); porian et biscuit blanc ou coloré, 25 fr., 10 0/0 (204 fr. 67 et 408 fr. 10).

7° *Verres et cristaux*. Glaces de moins d'un 1/2 mètre carré, 25 fr., 20 fr. (12 fr. 48 à 20 fr. 50 les 100 kilogr.); d'un 1/2 mètre carré inclusivement à 1 mètre carré exclusivement, brutes, 1 fr. 20 le mètre carré, 10 0/0 (18 fr. 72 le mètre carré); polies ou étamées, 3 fr. 75, 10 0/0 le mètre carré (30 fr. 85); de 1 mètre carré ou plus, brutes, 1 fr. 90, 1 fr. 50 le m. c. (23 fr. 30); polies ou étamées, 5 fr., 4 fr. (82 fr. 37); verres à vitre, ordinaires, 4 fr. 25, 3 fr. 50 les 100 kil. (proh.); de couleur, gravés ou polis, 18 fr. 50, 10 0/0 (proh.); verres de montre, de lunettes et d'optique, bruts, 15 fr., 10 0/0 (42 fr. 48); taillés et polis, 149 fr., 10 0/0 (249 fr. 60); bouteilles pleines ou vides, 3 fr., 1 fr. 30 (bouteilles pleines, 0 fr. 187 le litre de contenance, bouteilles vides prohibées).

8° *Fils* (les 100 k.). Le droit sur les fils de lin ou de chanvre est gradué selon le nombre de mètres de long. au kil., depuis 16 fr., 15 fr. (47 fr. 42), les 2,000 mètres ou moins, jusqu'à 200 fr., 100 fr. (205 fr. 92), pour plus de 100,000 mètres s'ils sont écrus; depuis 20 fr. 80, 20 fr. (67 fr. 30) des 2,000 mètres ou moins, le kil., jusqu'à 200 fr., 133 fr. (204 fr. 58) s'ils sont blanchis ou teints; depuis 20 fr. 80,

19 fr. 50 (54 fr. 91) des 2,000 mètres ou moins à 260 fr., 130 fr. (280 fr. 80) s'ils sont retors écrus; de 27 fr. 04, 26 fr. (76 fr. 13) des 2,000 mètres ou moins, à 338 fr., 172 fr. (autre mode d'application du tarif). — Le droit sur les fils de jute pur mesurant moins de 1,400 mètres au kil., depuis 6 fr. 25, 5 fr. (74 fr. 88) jusqu'à 12 fr. 50 74 fr. 88) s'ils sont écrus; de 8 fr. 75, 7 à 17 fr. 50 et 14 fr. (depuis 99 fr. 84 à 101 fr. 09) s'ils sont blanchis ou teints. Les droits sur les fils de phormium tenax, d'abaca et d'autres végétaux filamenteux non dénommés, dans lesquels le phormium, l'abaca, etc. dominent en poids, paient les mêmes droits que les fils de jute.

Les droits sur les fils de coton varient entre 18 fr. 50, 15 fr. pour 20,500 mètres ou moins au 1/2 kil., et 372 et 300 fr. pour une longueur, au même poids, de 170,500 mètres (autre assiette du droit) s'ils sont simples écrus; s'ils sont simples blanchis, le droit s'élève, de 21 fr. 17 et 17 fr. 25, à 427 fr. 80 et 345 fr. pour 170,500 mètres (proh.); entre 24 fr. 05 et 19 fr. 50 pour 20,500 mètres, et 483 fr., 390 fr. pour 170,500 mètres (autre assiette du droit dans laquelle la prohibition joue le principal rôle); s'ils sont retors en deux ou trois bouts, en échevelées ordinaires et écrus; entre 27 fr. 65, 22 fr. 40 depuis 10,500 mètres, jusqu'à 556 fr. 14,448 fr. 50, si, retors en deux ou trois bouts en échevelées ordinaires, ils sont blanchis (proh.).

Les droits sur les fils de laine varient, entre 31 fr., 25 fr. si, fils purs et simples, ils mesurent au moins 30,500 mètres au kil. et 120 fr., 100 fr. pour 100,500 mètres si, blanchis ou non, ils sont peignés; s'ils sont cardés (blanchis ou non), ils paient, depuis 18 fr. au mesurage de 10,000 mètres au kil. ou moins, jusqu'à 56 fr. au mesurage de 30,500 mètres (proh.); s'ils sont teints, ils paient, peignés et mesurant 30,500 mètres ou moins au kil., depuis 62 fr. 50 jusqu'à 155 fr. pour 100,500 mètres; cardés et mesurant 10,000 mètres ou moins, ils paient depuis 50 fr. jusqu'à 87 fr. au mesurage de 30,500 mètres (proh.).

Les fils de laine, retors pour tissage, mesurant, en fils simples, 30,500 mètres ou moins au kil., qu'ils soient blanchis ou non, paient, s'ils sont peignés, depuis 40 fr., 32 fr. 50, jusqu'à 161 fr. et 130 fr. 10 au mesurage de 100,500 mètres (application différente des droits). S'ils sont cardés et mesurent 10,000 mètres ou moins (toujours blanchis ou non), ils paient depuis 28 fr. jusqu'à 60 fr. au mesurage de 30,500 mètres. Si, étant teints, ils sont peignés, depuis 74 fr., 57 fr. 50, jusqu'à 174 fr. (155 fr.) au mesurage de 100,500 mètres. Si — toujours teints — ils sont cardés, ils paient, depuis 52 fr. au mesurage de 10,000 mètres ou moins, jusqu'à 96 fr. au mesurage de 30,500 mètres.

Les fils de laine, pur retors, pour tapisserie, mesurant au kil. 30,500 mètres au moins, en fils simples, paient, blanchis ou non, depuis 46 fr., 50 fr. à ce mesurage, jusqu'à 186 fr., 200 fr. au mesurage de 100,500 mètres; s'ils sont teints, depuis 96 fr., 95 fr., jusqu'à 217 fr., 225 fr. pour 100,500 mètres (proh.).

Les fils de poils de chèvres, purs ou mélangés, le poil de chèvre dominant en poids, paient 30 fr., 24 fr. (24 fr. 96); *les autres sont exempts* (proh.).

Les fils de bourre de soie (fleuret) écrus, mesurant 80,500 mètres ou moins au kil., paient : simples, 93 fr., 75 fr. (78 fr.), et pour plus de 80,500 mètres, 149 fr., 120 fr. (124 fr. 80), et retors, 120 fr. 90, 75 fr. à ce mesurage (78 fr.), et 193 fr. 70, 120 fr. (124 fr. 80) pour plus de 80,500 mètres. Enfin, les fils de bourrette (fils de déchet de bourre de soie), paient : simples et de 30,000 mètres ou moins, 31 fr., 31 fr. (26 fr.); simples et de plus de 30,000 mètres, 31 fr., 31 fr. (autre application du droit); retors, 40 fr. 30, 40 fr. 30 (autre application du droit).

2° *Tissus* (les 100 kil.). Le tarif est encore plus compliqué, plus difficile à expliquer clairement que celui, déjà soumis à tant de divisions et subdivisions, des fils. Essayons, cependant, d'en donner une idée exacte.

Les tissus de lin ou de chanvre pur, unis ou ouvrés, présentant, en chaîne et en trame, dans l'espace de 5 millimètres carrés, après division du total par 2, le nombre de fils ci-après, paient : écrus, depuis 5 fils au plus (toiles d'emballage et autres), 28 fr., 5 fr. (74 fr. 88), jusqu'à plus de 23 fils, 460 fr., 300 fr. (582 fr. 82); blanchis, teints ou imprimés, depuis 6 fils au moins, 36 fr. 40, 38 fr. (112 fr. 32), jusqu'à plus de 23 fils, 598 fr., 400 fr. (autre application du droit). La toile cirée, quelque soit le nombre des fils en chaîne dans l'espace de 5 millimètres, ainsi que la toile cirée pour emballage, pour ameublement, tenture ou autres usages, paie un droit uniforme de 30 fr., 15 fr. Les toiles damassées pour literie et ameublement, paient, écrues, 112 fr.; crémées, blanchies ou mélangées de fils blancs ou teints, 145 fr. Le linge de table présentant, en chaîne, dans l'espace de 5 millimètres carrés, de 12 fils ou moins à plus de 23, paient, depuis 93 fr., 16 0/0 (399 fr. 80), jusqu'à 530 fr., 16 0/0 (699 fr. 38); si ce linge est damassé *écru*, s'il est chaîné, blanchi ou mélangé de fil blanchi ou teint, il paie, pour le même nombre de fils, depuis 120 fr., 16 0/0 (624 fr. 50), jusqu'à 689 fr. (1,223 fr. 53).

Les coutils paient : écrus, 120 fr., 16 0/0 (401 fr. 86); crémés, blancs ou mélangés de fils écrus et de fils blanchis ou teints, 156 fr., 16 0/0 (454 fr. 27); pour tenture ou literie, 156 fr., 16 0/0 (264 fr. 58). La passementerie et rubannerie paye : écrue, bise ou herbée. 149 fr., 15 0/0 (99 fr. 84); crémée, blanchie ou teinte, 174 fr., 15 0/0 (187 fr. 20).

La bonneterie, 124 fr., 15 0/0 (249 fr. 60). Les mouchoirs brodés et autres broderies sur tissus de lin, 496 fr., 10 0/0 (application différente du droit).

Les tissus de jute pur présentant, en chaîne et en trame, dans l'espace de 5 millimètres carrés, un nombre de fils déterminé, paient, s'ils sont écrus, depuis 16 fr. avec 3 fils au plus (96 fr. 10), jusqu'aux droits applicables aux tissus de lin ou de chanvre; à partir de 9 jusqu'à 13 fils et plus, et s'ils sont blanchis ou teints, depuis 18 fr. 50 avec 3 fils (133 fr. 54), jusqu'aux droits applicables aux tissus de chanvre et de lin à partir de 9 jusqu'à 13 fils. Les tapis ras ou à poils, 25 fr., 24 fr. (93 fr. 60).

Les tissus de coton unis, croisés et coutils, paient, s'ils sont écrus et s'ils présentent, en chaîne et en trame, dans l'espace de 5 millimètres carrés, un poids et un nombre de fils déterminés, les droits ci-après : tissus avec 30 fils au moins et du poids de 11 kil. et plus par 100 mètres carrés, 62 fr., 59 fr. (proh.); tissus, avec 44 fils ou plus, pesant de 3 à 5 kil. inclus, 625 fr (proh); tissus pesant moins de 3 kil. les 100 mètres carrés (c'est-à-dire les tissus les plus fins), 670 fr., 15 0/0 (proh., sauf quelques exceptions). Si ces tissus sont blanchis, ils paient, avec 30 fils ou moins et un poids de 11 kil. et plus les 100 m. c., 71 fr. 30, 57 fr. 30 (proh.); avec 44 fils ou plus d'un poids de 3 à 5 kil. inclus, 718 fr. 75, 345 fr. (proh.); tissus pesant moins de 3 kil. les 100 m. c., 770 fr. 50, 15 0/0 (proh.).

Les velours-coton, façon soie, paient : écrus, 143 fr., 85 fr. (proh.); teints ou imprimés, 174 fr., 110 fr. (proh.); les autres : écrus, 100 fr., 60 fr. (proh.); teints ou imprimés, 131 fr., 85 fr. (proh.).

Les couvertures, 68 fr., 15 0/0 (proh.); la bonneterie (coton et fil perse), 1,000 fr., 15 0/0 pour la ganterie (proh.); 125 fr., 15 0/0 (proh.) pour la bonneterie coupée et sans couture; si elle est proportionnée ou avec pied proportionné, 300 fr., 15 0/0 (proh.).

La passementerie paie 236 fr., 15 0/0 (proh.); la rubannerie, 124 fr., 15 0/0 (proh.); les tulles, gros bobins, 496 fr., 15 0/0 (proh.); bobins fins, 700 fr., 10 0/0 (proh.); les plumetis et gazes façonnés, 620 fr., 10 0/0 (proh.); les dentelles et blondes, 495 fr., 5 0/0 (6,24 0/0); rideaux de mousseline non encadrés, pesant moins de 10 kil.

au mètre carré, 300 fr., 15 0/0 (proh.); pesant 10 kil. et plus, 600 fr., 15 0/0; encadrés, sans distinction de poids, separés ou en pièces, 600 fr., 15 0/0 (proh.); rideaux de tulle, application de grenadine, de tulle brodé, 900 fr., 15 0/0 (proh.); mousselines brochées pour ameublement ou vêtements : écrues, 300 fr., 10 0/0 (proh.); blanchies, 414 fr., 10 0/0 (proh.); broderies, 800 fr., 10 0/0 (proh.); toiles cirées, depuis 8 fr., 5 0/0 (proh.), jusqu'à 30 fr., 15 0/0 (proh.), selon destination; tissus mélangés, le coton dominant en poids, depuis 372 fr., 15 0/0 (proh.), jusqu'à 372 fr., 15 0/0 (proh.), si le tissu est mélangé de soie.

Les tissus de laine sont l'objet de classifications non moins nombreuses. Les draps; casimir et autres tissus foulés et tissus ras non foulés de laine pure, les étoffes pour ameublement pesant plus de 400 gr. au mètre carré paient 124 fr., 10 fr. (proh.); moire, 75 fr., 10 0/0 (proh.); autres pesant 400 gr. au plus, 211 fr., 10 0/0 (proh,); pesant de 400 gr. exclusivement à 500 gr. inclusivement, 186 fr., 10 0/0 (proh.); plus de 550 gr., 161 fr., 10 0/0; moquette bouclée, 74 fr., 10 0/0 (312 fr.); veloutée, 99 fr., 10 0/0 (374 fr.); tapis : persans, 186 fr., 10 0/0 (15 0/0); à la jacquart, chenille, 124 fr., 10 0/0 (374 fr. 40); autres, 124 fr., 10 0/0 (624 fr.); — ganterie et vêtements non ajustés, 650 fr., 10 0/0 (proh.); autres, depuis 150 fr., 10 0/0 (proh.), jusqu'à 300 fr., 10 0/0 (proh.); — passementerie, rubannerie, 248 fr., 10 0/0 (proh.); tapisseries, 620 fr., 10 0/0 (proh.); — châles brochés ou façonnés (non de l'Inde), 397 fr., 10 0/0 (proh.); — dentelles, 372 fr., 10 0/0 (proh.); velours pour ameublement, 223 fr., 10 0/0 (proh.); — couverture, 87 fr., 10 0/0 (249 fr. 60).

Les tissus dont la tarification précède sont des tissus de laine pure; les droits ci-après s'appliquent à des tissus mélangés. Les draps casimirs et autres tissus foulés, chaîne coton, tissus ras non foulés, la laine dominant, paient un droit qui décroît en raison inverse du degré de finesse. Ainsi, les draps pesant, au mètre carré, 200 gr. au plus, sont soumis au droit de 211 fr., 10 0/0 (proh.); pesant plus de 700 gr., 50 fr.; si la chaîne est en bourre de soie (la laine toujours dominant), 297 fr., 10 0/0 (proh.). Les tissus d'alpaga, de lama, de vigogne, de yack ou de poils de chameau, paient les mêmes droits, purs ou mélangés, que les tissus de laine pure. Les tissus de poils de chèvre, purs ou mélangés, fabriqués hors d'Europe, paient les droits ci-après : châles de cachemire longs, 30 fr. la pièce et 5 0/0; carrés 20 fr., 5 0/0; écharpes, galeries, bordures, franges et tissus unis, 1,000 fr. les 100 kil., 5 0/0 (5 0/0); châles unis, brodés ou brochés, et tissus unis faits au métier, 1,000 fr., 10 0/0 (proh.), si ces divers tissus de laines ont été fabriqués en Europe, ils paient les droits des tissus de laine selon l'espèce. Les autres, de poils purs ou mélangés d'autres filaments, le poil dominant en poids, 37 fr., 37 fr. (proh.); — tissus de crins (passementerie et autres), purs ou mélangés, le crin dominant en poids, 496 fr., 10 0/0 (proh. en tout ou partie).

Les tissus de soie et de bourre de soie paient des droits sensiblement plus élevés. Une exception est faite, toutefois, pour les foulards, crêpes, tulle, bonneterie, passementerie et dentelles de soie pure, qui sont exempts aux deux tarifs (de 188 fr. à 1,747 fr. 20). La bonneterie et passementerie de bourre de soie pure, tissus écrus, blanchis, teints ou imprimés, 248 fr., 200 fr. (de 254 fr. 50 à 998 fr. 40); les tissus de bourrette pour ameublement pesant plus de 250 gr. au m. c., 186 fr., 200 fr. (de 254 fr. 50 à 998 fr. 40); les tissus de soie mélangée de bourre de soie, 248 fr., 200 fr. (de 254 fr. 50 à 998 fr. 50); les tissus de soie ou de bourre de soie mélangés d'autres textiles, la soie ou la bourre de soie dominant en poids, 372 fr., 300 fr. (de 1,622 fr. 40 à 2,121 fr. 60); les tissus passementerie et dentelles de soie ou de bourre de soie avec or ou argent fin, 1,488 fr., 1,200 fr. (de 1,248 à 2,121 fr. 60); les mêmes tissus mi-fins ou faux, 434 fr., 350 fr. (proh.); les rubans de soie ou de bourre de soie pure ou mélangés d'autres textiles, la soie ou la bourre de soie dominant en poids, velours, 620 fr., 500 fr. (998 fr. 40); id. autres, 496 fr., 400 fr. (998 fr. 40); les vêtements, pièces de lingerie ou autres articles en tissus confectionnés en tout ou partie, paient le droit du tissu le plus fortement imposé, augmenté de 10 0/0 (droits divers ou prohibition).

10° *Papier et ses applications* (les 100 k.). Papier dit de fantaisie, 25 fr., 8 fr. (99 fr. 84); les autres papiers, 11 fr., 8 fr. (de 187 fr. 20 à 249 fr. 60); carton en feuille, 11 fr., 8 fr. (de 187 fr. à 249 fr. 60); moulé, 11 fr., 8 fr. (de 187 fr. 20 à 249 fr. 60); coupé et assemblé : en boîtes, 36 fr., 10 0/0 (124 fr. 80); albums et cartonnages décorés, 70 fr., 10 0/0 (124 fr. 80); — livres, exempts aux deux tarifs (de 12 fr. 48 à 187 fr. 20); gravures, estampes, lithographies, photographies et dessins sur papier, ex. (374 fr. 40); cartes géographiques ou marines, ex. (374 fr. 40); musique gravée ou imprimée, ex. (374 fr. 40); étiquettes imprimées, gravées ou coloriées; 11 fr., ex. (374 fr. 40); cartes à jouer, prohibées, 15 0/0, plus 87 c. 1/2 par jeu (proh.).

11° *Peaux et pelleteries ouvrées* (les 100 k.). Peaux préparées : vernies ou maroquinées, 74 fr., 60 fr. (proh.); teintes, de mouton, 56 f., 45 f. (proh.); autres, 74 f., 60 f. (proh.); non teintes, de chèvre, de mouton et d'agneau, 10 fr. aux deux tarifs (droits divers); non dénommées, 50 fr., 10 fr. — Ouvrages en peau ou en cuir (la paire) : bottes, 2 fr., 10 0/0 (proh.); bottines pour hommes et pour femmes. 1 fr. 25, 10 0/0 (proh.); souliers, 0 fr. 75, 10 0/0 (proh.); — gants (la douzaine), 62 fr., 10 0/0 (proh.); — gants d'agneau ou de veau simplement cousus, 1 fr., 5 0/0 (proh.); piqués, 1 fr. 50, 5 0/0 (proh.); de chevreaux ou de chevrettes, cousus, 2 fr., 5 0/0 (proh.); piqués, 2 fr. 50, 5 0/0 (proh.). — Articles de sellerie fine (autres que selle), 200 fr., 10 0/0 (proh.); selles pour hommes, 10 fr. la pièce, pour femmes, 12 fr. 10 0/0 (proh.); articles de bourrellerie, 50 fr. les 100 kil., 10 0/0 (proh.); malles en bois ou en carton recouvertes de cuir, 74 fr., 10 0/0 (proh.); maroquinerie : souple, 200 fr., 10 0/0 (proh.); dure, 100 fr., 10 0/0 (proh.); pelleteries d'animaux autres que ceux ci-dessus dénommés, ex. aux deux tarifs (proh.); pelleteries préparées ou en morceaux, cousues, autres que celles de la dernière catégorie, 100 fr., ex. (ex.); pelleteries ouvrées, confectionnées, communes, 160 fr. aux deux tarifs (18,72 0/0); fines, 500 fr. aux deux tarifs (18,72 0/0).

12° *Ouvrages en métaux* (les 100 k.). Ouvrages en or, argent, aluminium, platine et autres métaux précieux, 500 fr. aux deux tarifs (520 fr.); ouvr. dorés ou argentés : bijouterie fausse, 500 fr. aux deux tarifs (proh.); autre, 100 fr. aux deux tarifs (proh.). — Horlogerie et ouvrages montés : boîtes seules en or, 1 fr. 20 la pièce (même droit que la bijouterie au T. de 1878 et au T. C.); en argent ou métal commun, 0 fr. 50 (id.); montres à boîte d'or, 4 fr. 50, 5 0/0 (de 1 fr. 37 à 7 fr. 49); de métal commun, 1 fr., 5 0/0 (de 1 fr. 37 à 7 fr. 49); mouvements sans boîte, dorés, nickelés ou finis, 2 fr., 5 0 0 (12,48 0/0); autres, ébauches comprises, 0 fr. 20, 5 0/0 (12,48 0/0); fournitures à l'état brut, 50 fr. les 100 kil. aux deux tarifs (6 fr. 24); horloges pour ameublement : en bois, 15 fr., soit 1 franc par pièce, 5 0/0 (de 1 fr. 50 à 2 francs par pièce); autres, 25 fr., 5 0/0 (12,48 0/0); pour édifices, 10 fr., 5 0/0 (12,48 0/0); mouvements d'horloges et de pendules, 50 fr., 5 0/0 ou 1 fr. la pièce (12,48 0/0); carillons à musique, 60 fr., 5 0/0 ou 1 fr. la pièce, 5 0/0 (654 fr. les 100 kil.). — Monnaies : d'or et d'argent, 1 fr. les 100 kil. aux deux tarifs (1 fr. 04); de cuivre et de billon ayant cours en France, 0 fr. 25 aux deux tarifs (24 fr. 96); hors de cours (proh.). — Machines et mécaniques (appareils complets) à vapeur : fixes, avec ou sans chaudières, avec ou sans volants, 6 fr. (les 100 kil.) aux deux tarifs (30 fr. 20); pour la navigation, avec ou sans chaudières, 12 fr. aux deux tarifs (43 fr. 68); locomotives et locomobiles, 10 fr. aux deux tarifs (49 fr. 92); autres qu'à vapeur : tenders de machines locomotives, 8 fr. aux deux tarifs (37 fr. 47 et 74 fr. 88); cardes non garnies, 10 fr. aux deux tarifs (36 fr. 44); à nettoyer et ouvrir les matières textiles, 6 fr. aux deux tarifs (droits selon le poids des machines); pour la filature, 10 fr. aux deux tarifs (49 fr. 92); pour le tissage, 6 fr. aux deux tarifs (18 fr. 72); métiers à tulle, 10 fr. aux deux tarifs (74 fr. 88); à fabriquer le papier, 6 fr. aux deux tarifs (37 fr. 44); à imprimer, 6 fr. aux deux tarifs (37 fr. 44); pour l'agriculture (moteurs non compris), 6 fr, aux deux tarifs (18 fr. 72). — Chaudières à vapeur : en tôle de fer, avec ou sans bouilleurs ou réchauffeurs, 8 fr. aux deux tarifs (37 fr. 44); tubulaires, en tôle de fer, à tubes en fer, cuivre ou laiton, étirés ou en tôle clouée, à foyers intérieurs et toutes autres chaudières de *forme non cylindrique ou sphérique*, simples, 12 fr. aux deux tarifs (37 fr. 44 et 74 fr. 88); en tôle d'acier, de toute forme, 25 fr. aux deux tarifs (proh.); — gazomètres, chaudières découvertes, poêles et calorifères en tôle ou en fonte et tôle, 8 fr. aux deux tarifs (77 fr. 44); appareils à sucre, à distiller, de chauffage, en cuivre, 10 fr. aux deux tarifs (74 fr. 88); machines à coudre, 6 fr. et régime des machines non dénommées aux *deux autres tarifs*; machines-outils et machines non dénommées contenant en fonte 75 0/0 et plus, 6 fr., 10 fr. (24 fr. 96 à 81 fr. 12 selon le poids), de 50 0/0 inclusivement à 75 0/0 exclusivement, 10 fr. aux deux tarifs (24 fr. 96 à 81 fr. 12 selon le poids); moins de 50 0/0, 15 fr. aux deux tarifs (24 fr. 96 à 81 fr. 12 selon le poids); — Machines et mécaniques, pièces détachées : plaques et rubans de cordes sur cuir, sur caoutchouc ou sur tissus purs et mélangés, boutés, 150 fr. aux deux tarifs (249 fr. 60); plaques et rubans de cuir, de caoutchouc et de tissus spécialement destinés pour cordes, non boutés, 20 fr. aux *deux tarifs* (autre *régime*); *dents de rôts en* fer ou en cuivre, rôts, ferrures et peignes à tisser, de fer ou de cuivre, 30 fr. aux deux tarifs (autre régime); — autres machines et mécaniques : en fontes polies, limées et ajustées, 6 fr. aux deux tarifs (18 fr. 72 à 99 fr. 84 selon le poids); en fer forgé, quelque soit leur poids (essieux, ressorts et bandages de roues compris), 10 fr. aux deux tarifs (74 fr. 88 à 124 fr. 80); en fer forgé : ressorts pour carrosserie, vagons et locomotives, 10 fr. aux deux tarifs (187 fr. 20); autres, polies, limées et ajustées ou non, pesant plus de 1 kil. (essieux et bandages de vagons et de locomotives compris), 10 fr., 15 fr. (187 fr. 20); pesant 1 kil. ou moins, 20 fr. aux deux tarifs (187 fr. 20); en cuivre pur ou allié de tous autres métaux, 20 fr. aux deux tarifs (249 fr. 60); — outils emmanchés ou non : en fer pur, 10 fr. aux deux tarifs (62 fr. 40); en fer rechargé d'acier, 15 fr. aux deux tarifs (156 fr.); en acier, 20 fr. aux deux tarifs (218 fr. 40); en cuivre, 20 fr. aux deux tarifs (187 fr. 20); — caractères d'imprimerie : neufs, 8 fr. aux deux tarifs (62 *fr. 40* à 240 *fr. 60*); vieux et hors d'usage, 3 fr. aux deux tarifs (6 fr. 24); clichés avec ou sans dessins (régime des caractères neufs); planches et coins gravés pour impression sur papier, ex. (18,72 0/0); — toiles métalliques : en fer ou en acier, 10 fr. aux deux tarifs (93 fr. 60 à 187 fr. 20); en cuivre ou en laiton, 20 fr. aux deux tarifs (187 fr. 20); grillages en fer ou en acier : à mailles de moins de 0^m,08 de côté, 10 fr., non dénommés aux deux autres tarifs; autres, 8 fr., id.; aiguilles à coudre, ayant de longueur : moins de 5 cent., 248 fr., 200 fr. (998 fr. 40); 5 cent. ou plus, 124 fr., 100 fr. (249 fr. 60 à 624 fr. 50); broches à tricoter, passe-lacets et analogues, en acier, fer ou cuivre, 15 fr., 14, 16 et 20 fr. (124 fr. 80 et 249 fr. 60); épingles, 50 fr. aux deux tarifs (124 fr. 80 et 249 fr. 60); hameçons, 50 fr. aux deux tarifs (249 fr. 60); plumes en métal autres que l'or et l'argent, 100 fr. aux deux tarifs (499 fr. 20); — Coutellerie : commune, couteaux de cuisine et autres, 125 fr., 15 0/0 (proh.); rasoirs communs, 250 fr., 15 0/0 (proh.); autres, 375 fr., 15 0/0 (proh.); cylindres en cuivre pour impression, gravés ou non, 15 fr. aux deux tarifs (18,72 0/0); — autres ouvrages en métaux : coussinets de chemin de fer, plaques on autres pièces coulées à découvert, 3 fr. aux deux tarifs (proh.); objets en fonte moulée, non tournés ni polis : tuyaux cylindriques droits, poutrelles et colonnes pleines ou creuses, cornues pour la fabrication du gaz, barreaux *pleins et leurs assemblages, grilles et plaques de foyers*, arbres de transmission, bâtis de machines et autres objets sans ornements ni ajustage, 3 fr. 75 aux deux tarifs (proh.); poteries et tous autres objets non désignés dans les deux classes ci-dessus, 4 fr. 50 aux deux tarifs (proh.); polis ou tournés, 6 fr. aux deux tarifs (proh.); étamés, émaillés ou vernissés, 10 fr. aux deux tarifs (proh.); objets en fer : objets bruts en fonte malléable, 8 fr. aux deux tarifs (proh.); ferronnerie, 8 fr. aux deux tarifs (proh.); serrurerie, 12 fr. aux deux tarifs (proh.); ancres, câbles et chaînes draguées dans les ports et rades de France, 1 fr. 25 aux deux tarifs; autres, 8 fr. aux deux tarifs (droits divers); clous forgés à la mécanique, 8 fr. aux deux tarifs (proh.); id. à la main, 12 fr. aux deux tarifs (droits divers); boulons et écrous, 8 fr. aux deux tarifs (proh.); vis à bois, pitons ou crochets, munis de pas-de-vis ayant 7 millimètres de diamètre et moins, 12 fr., 8 fr. (proh.); id., ayant plus de 7 mill., 8 fr. aux deux tarifs (proh.); tubes étirés, soudés par simple rapprochement *d'un diamètre intérieur de* 9 *millim. ou plus*, 11 fr. aux deux tarifs (43 fr. 68); id. de moins de 9 mill., 20 fr. aux deux tarifs (62 fr. 40); id. par recouvrement ou doublés et raccords de toute espèce, 20 fr. aux deux tarifs (62 fr. 40); articles de ménage et tous autres ouvrages non dénommés, en fer ou en tôle polis ou peints, 14 fr. aux deux tarifs (proh.); id. étamés, émaillés ou vernissés, polis ou peints, 16 fr. aux deux tarifs (proh.); — câbles en fil d'acier, 25 fr., 20 fr. (proh.); petits objets en acier (perles, coulants, broches, dés à coudre), 20 fr. aux deux tarifs (proh.); articles de ménage et autres ouvrages en acier pur, non dénommés, 20 fr. aux deux tarifs (proh.); — articles en fonte et fer non polis, le poids du fer étant inférieur à la moitié du poids total, 5 fr., 4 fr. 50 (proh.); id., égal ou supérieur à la moitié du poids total, 8 fr. aux deux tarifs (proh.); id. polis, émaillés ou vernissés, même avec ornements accessoires en fer, cuivre, laiton ou acier, 12 fr. aux deux tarifs (proh.); articles en cuivre pur ou alliés de zinc ou d'étain : chaudronnerie, 20 fr. aux deux tarifs (proh.); objets d'art et d'ornement et autres ouvrages, 20 fr aux deux tarifs (124 fr. 80 et 246 fr. 60 ou proh.); tuyaux et autres ouvrages en plomb de toute sorte, 3 fr. aux deux tarifs (29 fr. 95); poteries et autres ouvrages en étain pur ou allié d'antimoine, 30 fr. aux deux tarifs (124 fr. 80 et 246 fr. 60 ou proh.); ouvrages en zinc de toute espèce, 8 fr. aux deux tarifs (proh.); ouvrages en nickel, allie au cuivre ou au zinc, 100 *fr.* aux deux *tarifs (proh.)*; — Armes de guerre (proh.); armes de commerce, blanches, 40 fr. aux deux tarifs (499 fr. 20); à feu se chargeant par la bouche, 240 fr. aux deux tarifs (249 fr.); id. se chargeant par la culasse, 300 fr., 240 fr. (249 fr. 60); canons de fusils, bruts de forge, 60 fr., 28 fr. (249 fr. 50); poudre à tirer (proh.); capsules de poudre fulminante de guerre (proh.); id. de chasse, 60 fr. aux deux tarifs (10,40 0/0); cartouches de guerre (proh.): pour sociétés de tir 25 fr. (10,40 0/0); de chasse pleines (proh.); vides, 60 fr. (10,40 0/0); projectiles (proh.); mèches de mineurs ordinaires, 35 fr. aux deux tarifs (*10 0/0*); à rubans, 50 fr. aux deux tarifs (10 0/0); en gutta-percha, 80 fr. aux deux tarifs(10 0/0); artifices pour divertissements, 100 fr. aux deux tarifs (10 0/0).

13° *Meubles* (les 100 k.). En bois courbés, montés ou non montés, 7 f., 10 0/0 (18,72 0/0); autres qu'en bois courbés : sièges sans sculptures ni marqueterie, ni ornements de cuivre en bois commun, 7 fr., 10 0/0 (18,72 0/0); id. en bois *d'ébénisterie, mêmes droits aux trois tarifs*; sculptés, marquetés ou ornés de cuivre, de toute espèce de bois,

15 fr., 10 0/0 (10 0/0); — autres que sièges: plaqués sans sculpture, ni marqueteries, ni ornements de cuivre, 10 fr., 10 0/0 (18,72 0/0); sculptés, marquetés, ornés de cuivre, 25 fr., 10 0/0 (18,72 0/0); — massifs : en bois communs, 5 fr., 10 0/0 (18,72 0/0); en bois d'ébénisterie, avec ou sans moulures, mais non sculptés ni marquetés, ni ornés de cuivre, 10 fr., 10 0/0 (18,72 0/0); sculptés, marquetés ou ornés de cuivre, 18 fr., 10 0/0 (18,72 0/0); garnis et recouverts, de toute espèce, 15 0/0 en sus des droits ci-dessus, selon la catégorie, 10 0/0 (18,72 0/0); — cadres, baguettes en bois de toute nature et en bois doré, 15 fr., 10 0/0 (18,72 0/0).

14° *Ouvrages divers en bois* (les 100 k.). Futailles cerclées en bois, 2 f., ex. (ex.); en fer, 2 fr. 50, 10 0/0 (ex.); balais communs, ex.; pièces de charpente et de charronnage brutes, équarries ou sciées, ex. (régime des bois à construire selon l'espèce); façonnées, ex. (18,72 0/0); moules de boutons, 13 fr. aux deux tarifs (16 fr. 22); sabots communs, 12 fr. aux deux tarifs (14 fr. 98); peints, vernis ou garnis de fourrures, 25 fr. aux deux tarifs (31 fr. 20 et 124 fr. 80); boîtes de bois blanc, 2 fr., 10 0/0 (38 fr. 69); planches et frises ou lames de parquet, rabotées, rainées ou bouvetées, en chêne ou en bois dur, 2 fr., 10 0/0 (18,72 0/0); id. en sapin ou bois tendre, 1 fr., 10 0/0 (18,72 0/0); boissellerie grossière, 4 fr. aux deux tarifs (4 fr. 99); fine, 4 fr. aux deux tarifs (18,72 0/0); — autres ouvrages en bois, 7 fr., 10 0/0 (18,72 0/0).

15° *Instruments de musique* (la pièce). Pianos droits, 50 fr., 10 0/0 (374 fr.); à queue, 75 fr., 10 0/0 (499 fr. 20); harmoniums et harmoniflûtes avec ou sans pédaliers et harmonicors, pesant : moins de 60 kil., 10 fr., 10 0/0 (374 fr. 40); de 60 à 20 kil. exclusivement, 20 fr., 10 0/0 (22 fr. 40); 120 kil. et au-dessus, 30 fr., 10 0/0 (22 fr. 46);— orgues d'église, à tuyaux pesant : moins de 4,000 kil. (emballage compris), 100 fr , 10 0/0 (499 fr. 20); de 4,000 à 10,000 kil., 200 fr., 10 0/0 (499 fr. 20); de 10,000 à 20,000 kil., 400 fr., 10 0/0 (499 fr. 20); de 20,000 kil. et au-dessus, 500 fr., 10 0/0 (500 fr.);—orgues à manivelle, avec ou sans figures, à plusieurs jeux, 15 fr., 10 0/0 (22 fr. 46); serinettes ou petites orgues à manivelle, 2 fr., 10 0/0 (3 fr. 74 et 22 fr. 46), vielles, 3 fr., 10 0/0 (6 fr. 24 et 22 fr. 46); — harpes, 50 fr., 10 0/0 (44 fr. 93); — violons, altos, guitares, mandolines, violles d'amour, cithares et harpes éoliennes, 2 fr., 10 0/0 (1 fr. 87 et 3 fr. 74); violoncelles, 4 fr., 10 0/0 (9 fr. 36); contrebasses, 8 fr., 10 0/0 (9 fr. 36); petites flûtes, flageolets et musettes, 1 fr. 20, 10 0/0 (0 fr. 78) la douzaine; à plusieurs clefs, 1 fr., 10 0/0 (0 fr. 78) la pièce; flûtes à une clef, 0 fr. 20, 10 0/0 (0 fr. 94); à plusieurs clefs, 1 fr., 10 0/0 (0 fr. 94); — hautbois, clarinettes, cors anglais, cornemuses, 2 fr., 10 0/0 (4 fr. 99); — ophicléides, bombardons, hélicons, 4 fr., 10 0/0 (3 fr. 74) ; — bassons, saxophones et instruments de cuivre à 6 pistons, 12 fr. 50, 10 0/0 (3 fr. 24); clairons et trompettes d'ordonnance, 0 fr. 80, 10 0/0 (3 fr. 74) ; — cornes et cornets d'appel, en corne ou en cuivre, 0 fr. 30 (droits divers aux deux autres tarifs) ; — cors et trompes de chasse, 1 fr. 60, 10 0/0 (3 fr. 74) ; — cornets à trois pistons, cors à clefs et à pistons, néocors, trompettes d'harmonie, saxhorns, trombones, buxins, bugles, 3 fr. 50. 10 0/0 (3 fr. 74) ; — chapeaux chinois, grosses caisses, tambours, carillons, timballes, 2 fr. 50, 10 0/0 (9 fr. 36) ; — tambourins. tambours de basque, triangles, castagnettes (la paire), métallophones, 0 fr. 50, 10 0/0 (1 fr. 87) ; — cymbales, 1 fr. 50, la paire, 10 0/0 (1 fr. 87); — tamtams, gongs chinois, 3 fr. 60, la pièce, 10 0/0 (1 fr. 87) ; — accordéons, concertinos, de toute forme, 1 fr., 10 0/0 (3 fr. 74) ; — harmonicas à bouche en bois et en métal, guimbardes (régime de la bimbeloterie); — boîtes à musique (régime des mouvements d'horlogerie et de pendule) ; — accessoires et pièces détachées d'instruments de musique : métronomes, 1 fr. la pièce (régime des mouvements d'horlogerie et de pendule); appareils pour servir à jouer mécaniquement de l'harmonium et du piano, 40 fr., 10 0/0 (régime des ouv. en métaux, en bois, etc., etc., selon l'espèce) ; pédaliers, 40 fr., 10 0/0 (régime des ouv. en métaux, en bois, selon l'espèce) ; archets, garnis ou non, simples, 0 fr. 30, 10 0/0 (rég., etc., etc.), riches avec incrustations, 0 fr. 60, 10 0/0 (rég., etc., etc.) ; anches, embouchures et becs pour instruments à voix, 0 fr. 50 la douzaine (rég., etc., etc.).

16° *Ouvrages de sparterie, de vannerie et de corderie* (les 100 k.). Tresses ou nattes de sparte à 3 bouts pour fabric. des cordages, 0 fr. 50, 1 fr. (2 fr. 50); grossières : pour paillassons, 1 fr., aux deux tarifs (2 fr. 08), pour chapeaux, 10 fr., 1 fr. (5 fr.) pour tresses de sparte de toute sorte, 5 fr. (2 fr. 08) ; fines, 20 fr., 1 fr. et 5 fr. (5 fr. 20); — tapis en coco, en aloës ou en sparte, régime des tapis de jute, 10 0/0 (7 fr. 20 et 0 fr. 90) ; — nattes de chine (id., id., id.) ; — moelles de joncs, rotins, roseaux, de 3 mill. de dimension et plus, arrondies à la filière, 10 fr., ex. (ex.) ; id. de moins de 3 mill., 20 fr. aux deux tarifs (10 fr. 40) ; — joncs, rotins, roseaux préparés ou ouvrés, arrondis ou non, vernis ou non, rotins filés, 20 fr., aux deux tarifs (10 fr. 40) ; — vannerie : en végétaux bruts, 5 fr. 10 0/0 (7 fr. 49), en rubans de bois, 9 fr., 10 0/0 (14 fr. 98 et 24 fr. 26) ; fine, d'osier, de paille ou d'autres fibres, avec ou sans mélange de fils de divers textiles, 45 fr., 10 0/0 (tissus de vannerie nommément tarifés à raison de 57 cent. par mètre carré) ; — chapeaux de paille (cousus ou remmaillés, ni dressés, ni garnis) 250 fr., 10 fr. (10 fr. 40); d'écorce, de sparte et de fibres de palmier ou de toute autre matière, ni dressés, ni garnis : fins, 150 fr. aux deux tarifs (10 fr. 40) ; communs, 50 fr. aux deux tarifs (10 fr. 40), de l'une ou l'autre catégorie ci-dessus, garnis ou dressés, 300 fr. aux deux tarifs (tarif des ouvrages de mode) ; — cordages, fils polis et ficelles : de sparte, de tilleul et de jonc, 3 fr. 75, 1 fr. (6 fr. 24 et 2 fr. 50) ; autres mesurant, par kilom. de fil simple; 500 mètres et moins, 18 fr. 50, 15 fr. (31 fr. 20), de 500 à 2,000 mètres, 22 fr. 50, 15 fr. (31 fr. 20), plus de 2,000 mètres droits des fils retors, de lin ou de chanvre, 15 fr. (31 fr. 20) ; — filets de pêcherie, 20 fr. aux deux tarifs (31 fr. 20).

19°. *Ouvrages en matières diverses* (les 100 k.). Carrosserie. Voitures pour voies non ferrées : carrosserie proprement dite (*a*), voitures pesant 125 kil. ou plus, 50 fr., 10 0/0 (proh.) ; id., pesant moins de 125 kil., et vélocipèdes, 120 fr., 10 0/0 (proh.) ; (*b*) voitures de commerce, d'agriculture et de roulage suspendues, 12 fr., 10 0/0 (proh.) ; id. non suspendues, 6 fr., 10 0/0 (18 fr. 72 0/0); — voitures de voies ferrées : pour chemins à voies ordinaires (*a*), vagons de 1re classe, 16 fr., 10 0/0 (proh.) ; de 2e et 3e id., 11 fr., 10 0/0 (proh.) ; (*b*) vagons de marchandises, 9 fr., 10 0/0 (proh.) ; (*c*) voitures de tramways, 20 fr., 10 0/0 (proh.) ; — pour chemins à voies étroites : (*a*) vagons de voyageurs, 20 fr., 10 0/0 (proh.) ; (*b*) vagons de march., 10 fr., 10 0/0 (proh.) ; (*c*) vagons de tramways, 25 fr., 10 0/0 (proh.) ; — vagons de terrassement, 5 fr., 10 0/0 (24 fr. 96). — Embarcations en état de servir : (*a*) bâtiments de mer, en bois ou en fer, à voiles ou à vapeur, gréés et armés, 2 fr. le tonneau de jauge aux deux tarifs (41 fr. 60, 52 fr., 62 fr. 40) ; (*b*) coques de bâtiments de mer, en bois ou en fer, 2 fr. aux deux tarifs (31 fr, 20, 41 fr. 60, 52 fr.); (*c*) bateaux de rivière, de toutes dimensions : en bois, 10 fr. aux deux tarifs (24 fr. 96) ; en fer, 40 fr. aux deux tarifs (37 fr. 44); — Embarcations à dépecer : (*a*) en bois, 0 fr. 30 aux deux tarifs (0 fr. 31) ; (*b*) doublées en métal, 0 fr. 75 aux deux tarifs (0 fr. 75). — Agrès ou apparaux de navires non dénommés : (*a*) en métaux, régime des ouvrages en métaux suivant la nature du métal, 10 0/0 (12 fr. 48 0/0) ; (*b*) en bois, rég. des ouv. en bois et autres, 10 0/0 (12 fr. 48 0/0) ; (*c*) en peau ou en cuir, rég. des ouv. en peaux ou en cuirs et autres, 10 0/0 (12 fr. 48 0/0) ; (*d*) en tissus, rég. des ouv. en tissus suivant l'espèce, 10 0/0

(12 fr. 48 0/0). — Ouvrages en caoutchouc et en gutta-percha (les 100 k.) : (a) purs ou mélangés, 20 fr., aux deux tarifs (24 fr. 96 et 62 fr. 40) ; (b) appliqués sur tissus en pièces ou sur d'autres matières, 100 fr. aux deux tarifs (249 fr. 60) ; (c) en tissus élastiques, 200 fr. aux deux tarifs (249 fr. 60) ; (d) chaussures, 60 fr. aux deux tarifs (249 fr. 60) ; (e) vêtements confectionnés, 120 fr. aux deux tarifs (rég. des vêtements en tissus, selon l'espèce). — Feutres : (a) à doublage, 25 fr., 10 0/0 (184 fr. 80) ; (b) pour tapis et semelles de chapeaux, 35 fr. aux deux tarifs (499 fr. 20) ; (c) pour machines et pour pianos, 250 fr., 10 0/0 (499 fr. 20) ; (d) autres, 35 fr. aux deux tarifs (499 fr. 20) ; (e) de drap pour ameublement, chaussures et vêtements en laine pure, droits du tarif sur les draps, 10 0/0 (proh.). — Chapeaux : (a) de feutre, non garnis, 0 fr. 40, 10 0/0, la pièce (1 fr. 87). id. garnis, 0 fr. 75, 10 0/0 (1 fr. 87) ; (b) de laine, 0 fr. 35, 10 0/0 (proh.) ; (c) de soie, 1 fr. 20, 10 0/0 (1 fr. 87). — Corail taillé, non monté (les 100 kil.) exempt. — Ouvrages en écume de mer : en écume de mer véritable, 200 fr., 5 0/0 pour les ouvrages non garnis et 10 0/0 pour les ouvrages garnis (249 fr. 60) ; en écume de mer fausse, 100 fr., 5 ou 10 0/0 (249 fr. 60). — Fanons de baleine, coupés et apprêtés, 12 fr. aux deux tarifs (12 fr. 48). — Liège ouvré : (a) bouchons d'une longueur de 50 millim. et plus, 30 fr., 10 0/0 (10 fr. 40 0/0) ; id. d'une longueur inférieure, 20 fr., 10 0/0 (10 fr. 40 0/0) ; (b) autres, 5 fr., 10 0/0 (10 fr. 40). — Instruments et appareils scientifiques : (a) instrument d'optique, de calcul, d'observation et de précision, exempts aux deux tarifs (37 fr. 44 0/0) ; (b) id. de chirurgie, exempts (37 fr. 44 0/0) ; (c) id. de chimie, pour laboratoires, ex. aux deux tarifs (12 fr. 48 0/0). — Bésicles, lorgnons, loupes, lorgnettes et jumelles de théâtres, 150 fr., exempts (124 fr. 80 et 499 fr. 50). — Tabletterie : d'ivoire et de nacre (a) peignes 625 fr., 60 fr. ou 10 0/0 (499 fr. 20) ; (b) billes de billard, 625 fr., 60 fr. ou 10 0/0 (499 fr. 20) ; (c) touches de pianos, 625 fr., 60 ou 10 0/0 (proh.) ; (d) porte-cigares et autres objets, 1,250 fr., 60 fr. ou 10 0/0 (proh.) ; articles d'os, de corne, de bois, de caoutchouc durci, et d'ivoire ou d'écaille factices, 190 fr., 60 fr. ou 10 0/0 (proh.). — Eventails et écrans à la main : en ivoire, en nacre ou en écaille, 12 fr. 50, 10 0/0 (249 fr. 60) ; autres, 300 fr., 10 0/0 (124 fr. 80 et 249 fr. 60). — Brosserie : commune, montée sur bois (a) garnie de fibres végétales ou de fibres de baleines, 37 fr. 50, 10 0/0 (classée dans la tabletterie ou la mercerie, selon l'espèce) ; (b) garnie de poils ou de crins, 75 fr., 10 0/0 (classée dans la tabletterie ou la mercerie) ; fine, montée sur os, ivoire ou métaux, 125 fr., 10 0/0 (classée dans la tabletterie ou la mercerie.) — Boutons : (a) de porcelaine, de jais, de verre sans cercle, 20 fr. (1) ; (b) à trous pour pantalons, de métal, alliage ou os, de papier maché ou de fonte, 50 fr. (1) ; (c) de verre cerclé, de corne moulée, de corrozo, de bois, de buffalo, en métal doré, argenté, plaqué, oxydé ou nickelé, recouverts d'étoffes ou autres, 150 fr. (1) ; (d) de nacre, d'ivoire ou de coquillage, 350 fr. (1). — Bimbeloterie, 60 fr., 10 0/0 (99 fr. 84). — Allumettes chimiques (pour le compte de la Société du monopole) : en bois, 12 fr., 5 0/0 (proh.) ; autres, 20 fr., 5 0/0 (proh.) ; pour compte particulier (proh.). — Cheveux ouvrés (ex.). — Ouvrages de modes, exempts aux deux tarifs (14 fr. 98 0/0). — Fleurs artificielles, exemptes aux deux tarifs (14 fr. 98 0/0). Parapluies et parasol : en cotons, 0 fr. 25 la pièce, 10 0/0 (proh.) ; en alpaga, 0 fr. 50, 10 0/0 (proh.) ; en soie, 1 fr. 25, 10 0/0 (2 fr. 50 la pièce). — Objets de collection, hors de commerce (exempts aux trois tarifs). — Les produits composés de matières ou substances diversement taxées qui ne sont pas spécialement tarifées comme tels, payent le droit de la partie du mélange la plus fortement imposée, excepté lorsque les parties du mélange peuvent être facilement séparées ou lorsqu'il ne s'agit que d'accessoires.

(1) L'ancien tarif général distinguait entre les boutons de passementerie et les boutons autres ; les premiers payaient 124 fr. 80 et 149 fr. 60, selon qu'ils étaient façonnés ou unis ou acquittaient les droits de passementerie selon l'espèce ; les autres 180 fr. 80 ou 240 fr. 60, selon qu'ils étaient communs ou fins. En tarif conventionnel les boutons de passementerie en suivent le régime suivant l'espèce ; les autres paient le droit de 10 0/0 de la valeur

Grâce à l'analyse, très développée, qui précède, du nouveau tarif général, comparé à celui de 1878, et du nouveau tarif conventionnel (que, pour abréger, nous n'avons pas cru devoir comparer à l'ancien), nos lecteurs, les industriels et commerçants, pourront connaître les droits qu'ils auront à payer à l'importation des produits, naturels ou fabriqués, qui leur seront nécessaires. Malgré les éliminations, en très petit nombre et sans importance que nous en avons faites, le tarif général de 1881 leur paraîtra certainement d'une complication excessive, et en réalité, c'est un des plus détaillés, des plus minutieux, des plus *prévoyants* que nous connaissions. A ce sujet, il y a lieu de se demander si un certain nombre des objets dont il se compose ne pourraient pas être supprimés, sans préjudice pour l'industrie nationale et sans une diminution appréciable des recettes du Trésor. Ce tarif présente, en outre, deux inconvénients. Le premier est la difficulté, pour les agents de la douane, de l'appliquer promptement et sûrement, lors même qu'il existerait, au siège de chaque bureau de perception, — comme nous le croyons, — une sorte de véritable musée industriel, contenant un spécimen de tous les articles soumis aux droits. Le second est aussi la difficulté, pour l'importateur, de trouver, dans la longue énumération de ces articles, subdivisés en quelque sorte à l'infini, la taxe afférente à celui qu'il veut expédier. Par suite, il doit avoir de fréquents litiges avec la douane et il peut se décourager, à la longue, des obstacles que ces litiges lui suscitent. Il est certain qu'il lui faut une connaissance approfondie de notre langue, et surtout de notre langue industrielle, pour se reconnaître au milieu des dénominations si variées, si *locales* des objets imposés, objets dont le nombre s'accroît, en outre, avec chaque produit nouveau ou chaque amélioration d'un produit ancien, que crée notre industrie.

En présence de cette barrière qui lui ferme, dans une grande mesure, notre marché, on comprend facilement que le négociant étranger expédie de préférence dans les pays à tarifs moins compliqués, en Angleterre notamment, où le tarif est, comparativement au nôtre, un véritable modèle de simplicité et de clarté. A un autre point de vue, un tarif moins surchargé de divisions et subdivisions, permettrait de réduire cette armée de douaniers dont l'entretien pèse lourdement sur nos finances. Enfin, l'expérience a démontré que des droits, non pas seulement élevés, mais détaillés à l'excès, favorisent la contrebande.

Sous la réserve de ces observations, nous ferons remarquer : 1° que le tarif général de 1881, quoique encore trop élevé, est en progrès notable sur celui de 1878, les prohibitions notamment ayant presque disparu ; 2° sauf dans un petit nombre de cas, où ils ont été relevés, notamment pour les animaux de boucherie, dans un intérêt agricole, les droits ont été abaissés; 3° le tarif conventionnel est plus favorable à l'importation que le tarif général; seulement il a conservé très souvent le droit à la valeur, dont l'application rencontre plus de difficultés que le droit spécifique. Avec l'extension des traités de commerce, il remplacera probablement un jour le tarif général. Mais il ne faut pas se dissimuler que ces traités ont eu déjà et auront certainement, dans une mesure progressive, pour effet d'accroître nos importations. Il n'y aurait qu'à s'en féliciter, si le rehaussement presque général des tarifs étrangers, malgré nos traités de commerce, n'avait eu pour effet de réduire nos exportations. Dans ces traités, en effet, nous avons assez largement appliqué le principe de la liberté des échanges, avec une réciprocité relative de la part des autres parties contractantes. Ce qui est regrettable surtout et ce que n'expliquent pas les traités de commerce, c'est que nos exportations aient diminué (V. DÉBOUCHÉS et EXPORTATION) spécialement en ce qui concerne ceux de nos produits industriels qui jouissaient autrefois de la plus grande faveur à l'étranger, parce que le goût et l'art en étaient les qualités dominantes. Retrouverons-nous un jour cette faveur? c'est douteux, parce que nos frais de fabrication s'élèvent sans relâche, par suite surtout de la lutte ardente et continue des ouvriers contre les patrons, lutte qui va se généraliser, puis passer à l'état aigu par suite des facilités légales récemment accordées à la création des syndicats professionnels et à la fédération de ces syndicats, ainsi appelés à former une vaste association embrassant le pays tout entier. Nous avons mentionné ailleurs les autres causes qui aggravent les conditions du travail national (V. DÉBOUCHÉS). Ce sont les impôts généraux et locaux, véritablement énormes, dont il est grevé (1) et la tendance des capitaux à se porter sur celles des valeurs mobilières qui, comme les fonds publics, leur offrent un revenu peu élevé sans doute, mais une plus grande sécurité que les commandites industrielles, et facilitent, en outre, les jeux de bourse. Il faut enfin tenir compte des progrès des industries étrangères, favorisés surtout par une sécurité extérieure et intérieure, qui nous fait défaut. — A. L.

***DOUBLAGE.** *T. de filat.* Opération qui, dans les traitements préparatoires des textiles, coton, laine, lin, etc., consiste à réunir ensemble un certain nombre de rubans auquel on fait subir l'étirage. En opérant plusieurs fois ces doublages combinés à l'étirage, on arrive à obtenir un ruban suffisamment régulier et homogène, les défauts d'uniformité presque toujours inévitables aux premières transformations finissant par être atténués et disparaître complètement. En effet, un défaut de section de 1/2, par exemple, par rapport à la section normale, se présentant sur un ruban isolé, ne sera plus que de 1/16 si on réunit ce ruban irrégulier à 7 autres ayant une section normale; au doublage suivant, le défaut ne sera plus que de $\frac{1}{16 \times 8} = \frac{1}{108}$, etc. En décrivant les traitements employés pour la filature des différentes matières, nous donnons les chiffres relatifs aux doublages successifs à opérer, et au nombre de rubans que l'on réunit à chaque machine.

Dans la fabrication des retors et autres fils spéciaux destinés à la couture, à la broderie, etc., il est avantageux de réunir au préalable, sur une bobine unique, le nombre de fils simples déterminé pour former, par la torsion, un fil unique. Cette opération se désigne également sous le nom de *doublage* et les machines employées à cet effet, sous celui de *machines à doubler*, les fils dans lesquels il entre 6 ou 8 fils simples étant habituellement formés par 3 ou 4 groupes de 2 fils d'abord doublés et tordus.

Les fils de soie grège sont également formés de la réunion ou doublage d'un certain nombre de fils simples provenant du dévidage des cocons. || *T. de constr. nav.* Opération qui consiste à recouvrir la carène de plaques métalliques. — V. CUIRASSEMENT.

(1) Il est évident, par exemple, que les droits sur le papier, en élevant le prix de nos livres, exercent une influence préventive sur leur exportation; les droits sur les transports de marchandises par chemin de fer en élèvent également le prix; il en est de même des taxes d'octroi sur plusieurs matières premières de nos industries.

***DOUBLÉ.** *T. techn.* 1° Outre sa signification en *bijouterie* (V. ce mot, § *Bijouterie en doublé*) on désigne par *doublé* une matière composée de deux métaux rendus adhérents par la compression, comme pour les tuyaux de plomb doublés d'étain, ainsi que l'application des paillons métalliques de très minime épaisseur sur le papier et le carton. || 2° On nomme ainsi le verre ou le cristal obtenu en appliquant une couche très mince de verre coloré sur du verre incolore.

DOUBLEAU. *T. d'arch.* Arc portant sur deux piliers et formant saillie sur l'intrados d'une voûte.

— L'arc doubleau, fréquemment employé dans les constructions romaines élevées sous les empereurs, était d'un usage constant dans l'architecture du moyen âge. Les voûtes en berceau des édifices de l'époque romane sont notamment soulagées par des arcs doubleaux formés d'un ou plusieurs rangs de claveaux. Les voûtes d'arête, qui ont succédé aux voûtes en berceau vers le XIIe siècle, sont séparées par des arcs doubleaux simples ou moulurés. Enfin les tours, les flèches, fréquemment élevées à la croisée même de la nef et du transept dans les églises chrétiennes, reposent sur des arcs-doubleaux de très forte dimension.

***DOUBLE-CANON.** *T. d'impr.* Caractère d'imprimerie qui est placé comme dimension entre le gros canon et le triple canon.

***DOUBLET.** *Art hérald.* Se dit d'un insecte qui montre ses ailes doubles et posées de profil.

DOUBLEUR, EUSE. *T. de mét.* Celui, celle qui fait le doublage des fils sur les métiers. || *T. techn.* Appareil en usage dans les filatures d'étoupe. || Machine qui réunit les rubans fournis par la carde en gros pour être travaillés par la carde en fin.

***DOUBLOIR.** *T. de filat.* Broches disposées verticalement et sur lesquelles, dans un métier à filer, on enfile les fusées. || Instrument du blondier pour assembler les fils de soie en un seul brin; on le nomme aussi *doublet*.

DOUBLON. *T. de typogr.* Nom que les compositeurs donnent à la répétition vicieuse d'une lettre, d'un mot. || *T. techn.* Se dit d'une feuille de tôle ployée en deux.

DOUBLURE. *T. techn.* Généralement, étoffe ou objet qui sert à en doubler un autre. Soudure défectueuse qui résulte de ce que les pièces soudées, ne faisant pas corps entre elles, peuvent être facilement séparées. || Défaut que présentent les métaux précieux lorsqu'ils sont mal fondus. || *T. de tiss.* Duite de trame qui produit des brides à l'envers du tissu, afin d'obtenir une convexité à l'endroit. || *T. de carross.* Panneau de bois sur lequel on pose la matelassure d'une voiture.

DOUCEUR. *T. de métall.* On entend par là le contraire de la *dureté*. Le *fer doux* est le fer non *aciéreux*, c'est-à-dire où la proportion de carbone est aussi faible que possible, et qui n'est pas *aigri* par des substances étrangères, telles que le phosphore, par exemple. L'*acier doux* est un terme nouveau, par lequel il faut entendre le métal obtenu par fusion, au moyen des procédés de fabrication de l'acier, et qui est aussi peu carburé que possible. L'acier doux ne doit pas prendre la trempe, ce n'est donc pas à proprement parler de l'acier, dans le sens ancien du mot, c'est en réalité du *fer doux fondu* et c'est l'appellation logique que l'on devrait donner à ce produit.

Dans l'opération Bessemer, telle qu'elle était pratiquée dans les premiers temps, on obtenait difficilement des aciers doux : l'incorporation du manganèse à la fin de l'opération, se faisant au moyen du *spiegel* ou *fonte miroitante* de Prusse, qui renfermait 8 0/0 de manganèse pour 6 0/0 de carbone, on recarburait notablement tout en faisant disparaître l'oxydation. L'addition de 1 0/0 de manganèse métallique, étant nécessaire pour réduire l'oxygène en dissolution dans le bain et se faisant au moyen du spiegel ci-dessus, il est clair que *un pour cent de manganèse* était forcément accompagné de 6/8 0/0 ou environ 7 millièmes de carbone. En pratique, il y avait un peu de carbone de brûlé, comme le montre d'ailleurs la flamme blanche brillante, qui accompagne souvent l'addition du spiegel et la proportion restante se réduisait à *cinq millièmes*.

Pour avoir une plus grande douceur, car un acier semblable avait :

Allongement pour cent.	6
Charge de rupture par millim. carré. .	55 kil.

et prenait une certaine trempe, on employait les artifices suivants :

1° *Addition d'une moindre quantité de spiegel.* Il est certain que l'on diminuait le carbone, mais on arrivait à ne pas réduire assez complètement l'oxyde de fer du bain. Le métal se laminait assez mal, il était un peu *rouverain* et quoique, plus doux, ne résistait pas beaucoup au choc;

2° *Prolongement de l'affinage.* En augmentant la durée du soufflage et la prolongeant au delà du point de décarburation ordinaire, on fait naître dans le bain métallique une plus grande quantité d'oxyde de fer, qui brûle une grande partie du carbone du spiegel ajouté. Il en résulte que le métal produit est plus doux, mais la réaction est tumultueuse et se fait par explosion, pour ainsi dire. C'est dangereux et incertain.

Une méthode plus pratique, consiste à condenser le *manganèse métallique*, réducteur indispensable de l'oxyde de fer, dans un produit nouveau, de manière à ajouter moins de carbone. Le *ferro-manganèse*, qui renferme jusqu'à 85 0/0 de manganèse, tout en ayant la même proportion de carbone, de 6 0/0 environ, remplit parfaitement ce but. Si on ajoute au bain d'acier 1 0/0 de manganèse métallique on ajoutera, en même temps, une quantité de carbone qui sera seulement 6/85 0/0 ou 0,07, c'est-à-dire dix fois moindre qu'avec l'emploi du spiegel. C'est ainsi que l'on opère maintenant; on obtient des aciers doux par une méthode sûre et pratique. Ces aciers, que les anciens procédés de puddlage ou de fusion au creuset ne permettaient pas de produire, peuvent se replier à froid sur eux-mêmes (*double bending cold* des Anglais) et ne se trempent pas. Leur allongement 0/0 à la traction dépasse 20 et 25 0/0, tandis que leur charge de rupture varie de 30 à 45 kilogrammes par millimètre carré. — F. G.

* **DOUCI.** *T. de glac.* Nom que l'on donne à l'opération qui commence le polissage des glaces ou des verres d'optique ainsi qu'à l'atelier où elle se pratique. Elle comprend le dégrossissage, et le *douci* proprement dit, qui consiste à frotter sur une glace fixe, couverte de sable ou d'émeri, une autre glace mue par un mouvement circulaire alternatif. Cette opération a pour but de rendre les glaces bien planes et les deux faces bien parallèles. On dit aussi *doucissage*.

DOUCINE. 1° *T. d'arch.* Moulure à double courbure, moitié concave et moitié convexe. || 2° *T. techn.* Sorte de rabot qui sert, dans le travail du bois, à pousser des moulures dites *en doucine*.

* **DOUCISSEUR.** *T. de mét.* Ouvrier qui fait le douci des glaces.

DOUELLE. *T. de constr.* On désigne ainsi le parement intérieur d'un voussoir et, par extension, l'intrados d'une voûte. La normalité des joints des voussoirs par rapport à la douelle est un des principes fondamentaux de la construction des voûtes.

DOUILLE. *T. techn.* 1° Portion de tube servant à assembler deux pièces entre elles. Les douilles se divisent en *douilles cylindriques* et *douilles coniques*; les premières pour l'assemblage bout à bout de deux tiges, les secondes pour celui des parties rondes avec les parties plates. Pour rendre ensuite les pièces solidaires entre elles et avec la douille, on se sert de clavettes, de vis; quelquefois aussi l'emmanchement se produit par le vissage de la douille sur l'extrémité des pièces à réunir. || 2° Partie creuse cylindrique ou conique qui termine les divers outils et qui sert à y fixer le manche. Elle est *bouchée* ou *débouchée*, suivant qu'elle est placée à cheval ou sur le côté de la lame. || 3° *T. d'arm.* Tube placé à l'extrémité de la baïonnette ou dans la garde de la poignée du sabre pour les fixer sur le canon du fusil.

DOUVE. *T. de tonnell.* Petites planches, dressées, courbées, suivant un gabarit déterminé, destinées par leur assemblage à former le corps d'un tonneau, d'un seau, d'un baquet, etc. On distingue les *douves* proprement dites, placées dans le sens de la longueur; les *douves de fond* qui ferment les extrémités; les *douves à oreilles* plus longues que les autres, placées aux extrémités d'un même diamètre, percées chacune d'un trou pour y passer un bâton et faciliter leur transport. || *T. de tann.* Planche qui sert à ratisser les peaux de veaux pour en enlever les parcelles de tan qui y sont attachées. || *T. de mécan.* L'une des pièces de la machine à carder dite aussi *chapeau.*

DRAGAGE. Le *dragage* est un travail de creusement exécuté sous l'eau au moyen de machines spéciales ; il a généralement pour but l'enlèvement des hauts-fonds qui barrent le lit des rivières, l'approfondissement et le redressement des chenaux navigables, l'enlèvement des dépôts qui se forment dans les ports et dans les canaux. Les perfectionnements apportés aux engins de dragage, ont étendu leur emploi au creusement des fouilles de fondation dans les travaux hydrauliques, et à l'extraction des matériaux pour la construction des digues et des remblais. Le dragage comporte trois opérations inséparables ; l'extraction, le transport et le dépôt des matières. L'extraction se fait avec des engins appropriés, à la nature des déblais ; le sable, le gravier, l'argile sont enlevés par des dragues de différents systèmes (V. DRAGUE); la vase molle et liquide, au moyen de pompes. — V. DÉVASEMENT.

Le transport et le dépôt jouent un rôle très important dans les dragages, soit que l'on veuille simplement se débarrasser des déblais, soit que l'on veuille les utiliser. Dans les ports et à l'embouchure des fleuves, la solution est facile ; les matières extraites sont portées à la mer, dans des chalands munis de clapets de côté ou de fond qui permettent de les vider rapidement et presque sans frais. Dans quelques cas, c'est le même bateau qui exécute toutes les opérations.

Dans les canaux et les rivières, l'emplacement des dépôts est plus difficile à trouver et ne se rencontre, le plus souvent, qu'à une distance considérable; on s'est contenté pendant longtemps d'y conduire les chalands ou margotats que l'on déchargeait à la brouette; c'était long et coûteux et il fallait un matériel énorme pour éviter les interruptions dans l'extraction. Ces inconvénients ont conduit à imaginer des appareils de débarquement puissants et rapides, tels que les élévateurs, les longs couloirs et les conduites de refoulement, qui sont décrits avec les dragues dont ils sont le complément indispensable. Il suffit, pour faire apprécier l'importance des résultats auxquels on est parvenu, de rappeler le canal de Suez, le nouveau lit du Danube, auprès de Vienne, et tant d'autres travaux analogues à la tête desquels viendra se placer dans quelques années le canal de Panama.

Une des questions les plus importantes dans les opérations de dragage, c'est le mesurage du travail accompli pour en régler le payement. En eau calme, on peut comparer entre eux les profils relevés avec soin, avant et après l'opération, et en déduire le volume extrait. Dans les rivières et partout où le courant produit des dépôts incessants qui fausseraient les mesures, on se base sur le nombre des margotats, en veillant à ce qu'ils soient remplis d'une manière uniforme et en déterminant à l'avance le coefficient de réduction pour l'eau entraînée avec les déblais. Le procédé le plus certain consiste, quand c'est possible, à mesurer les dépôts mis en tas et convenablement égouttés ou séchés.

Pour les dragages à sec, on divise la surface à déblayer en plusieurs lots, dont le volume connu, ainsi que la distance du transport, permettent de fixer le prix et le mode de vérification, avant de commencer le travail. — J. B.

DRAGÉES. Les dragées sont des produits de la confiserie constitués par des amandes recouvertes d'une couche de sucre aromatisé, blanc ou coloré à la surface : on fait également depuis un certain nombre d'années des dragées dites *à liqueurs*, dans lesquelles l'amande est remplacée par une goutte de liqueur sucrée ou alcoolique; on fabrique également des dragées médicamenteuses qui contiennent certaines substances médicamenteuses, solides ou liquides. La couleur, le parfum, la saveur dépendent uniquement de la fantaisie ou du bon goût du confiseur, mais dans la mise en œuvre des matières premières, l'habileté de l'ouvrier, le tour de main jouent un grand rôle.

Dragées à amandes. FABRICATION A LA MAIN. Les matières premières nécessaires à la prépa ration des dragées sont d'une part, le sucre, la gomme, l'amidon et de l'eau parfumée; d'autre part, les amandes ou les semences d'un grand nombre de végétaux, et de toute grosseur, depuis celles dont il n'entre que 60 dans un kilogramme, jusqu'aux plus petites semences : amandes gros et petits flots, d'Espagne, d'Italie, grabeau, amandes Molière, noisettes, avelines, pistaches, épine-vinette, persicot, graines de potiron, amandes d'abricots, graines de coriandre, de fenouil, d'anis.

Le parfum et la saveur sont donnés par diverses substances naturelles : rose, citron, orange, vanille, café, chocolat, etc., mais on emploie aussi beaucoup les essences de fruits artificielles (V. CONFISERIE. § *Bouquets factices*). Pour la couleur, bien qu'il n'y ait évidemment aucune règle générale à ce sujet, il est d'usage d'assortir la nuance au parfum : les dragées au citron sont jaunes; celles au café brunes ; la nuance des dragées fines est toujours très tendre. Les couleurs dérivées de la houille tendent à se substituer à celles usitées en confiserie.

Suivant que l'on veut préparer des produits fins ou ordinaires, les proportions respectives d'aromates, de sucre et d'amidon varient, mais le mode opératoire est le même, et la fabrication passe par quatre phases distinctes qui sont les suivantes : grossissage, blanchissage, remplissage, lissage. Pour 100 kilogrammes d'amandes à transformer en dragées fines, on emploie environ 170 kilogrammes de sucre (dont 80 pour grossir, 50 pour blanchir, et 40 pour remplir et lisser) ; 10 kilogrammes de gomme ; 2 kilogrammes d'amidon, et 20 à 22 litres d'eau aromatisée.

Grossissage. On commence par monder les amandes, puis on les maintient pendant 2 jours à l'étuve à 30 ou 35°, enfin on les verse dans la bassine à dragées dite *branlante*. Cette bassine en forme de calotte sphérique évasée, ou de cylindre très bas, peut contenir 25 à 50 kilogrammes ; elle est suspendue, suivant un diamètre, au plafond de l'atelier par deux chaînes fixées en un même point, ou aux extrémités d'un fléau mobile, ou bien enfin à une poulie. Ces diverses dispositions ont pour but de permettre à l'ouvrier d'imprimer à la branlante différents mouvements d'oscillation et de rotation de manière à faire rouler toutes les dragées les unes sur les autres aussi régulièrement que possible sans avoir à soutenir toute la charge. Sous la bassine on place un foyer mobile (*terrasse* ou *terrasson*) dont on active ou modère le feu suivant les besoins. Les amandes étant dans la bassine, on y verse une partie de la gomme préalablement dissoute dans de l'eau parfumée (poids égaux de gomme et d'eau), et on la répartit également par une agitation régulière de la bassine. On chauffe doucement, de manière à faire évaporer l'eau de la solution gommeuse. Ceci fait on commence à verser par cuillerées de *charges* de sirop formé par du sucre à grossir dissous également dans l'eau parfumée : on met d'abord 1 cuillerée de gomme pour 4 à 5 de sirop, puis moitié gomme et moitié sucre, puis un quart gomme et trois quarts sucre, puis pur sucre, enfin de la gomme seulement après 4 charges de sucre, en chauffant toujours doucement et tournant bien régulièrement.

Blanchissage. Le sucre à blanchir est dissous dans le restant de l'eau parfumée ; on y ajoute l'amidon, on azure légèrement avec de l'indigo. Les dragées déjà grossies conservées à l'étuve sont remises à la bassine, humectées d'une charge de gomme : on sèche à la terrasse, puis une nouvelle charge de sucre que l'on sèche également et l'on continue les charges en agitant toujours et en séchant bien jusqu'à ce que la dragée commence a *poudrer*.

Remplissage. La bassine étant froide, on y met les dragées blanchies conservées à l'étuve ; sans chauffer on met deux charges de sirop préparé avec le sucre à remplir, on remue vivement et on essore légèrement. Lorsque la dragée commence à poudrer on met la terrasse pour réchauffer ; on répète 6 à 8 fois la même opération et on met à l'étuve.

Lissage. Les dragées sont réunies dans la bassine : on met d'abord 3 charges de sucre à lisser sans chauffer ; puis 3 autres charges ; on chauffe alors légèrement. On met de nouveau 5 à 6 charges à froid en agitant d'abord vivement, puis doucement quand la dragée commence à sécher. Quand par suite du frottement continu le lissage est obtenu on les remet à l'étuve.

Pour les dragées de couleur on délaye la teinte avec les dernières charges.

Dragées à la mécanique. Les diverses manipulations que nous venons d'indiquer exigent de la part de l'ouvrier une attention soutenue et une grande habileté : le travail est en outre très fatigant et surtout très malsain par suite des émanations du fourneau.

Dès 1846, M. Peysson inventait une machine destinée à remplacer la branlante. Grâce à cette machine chauffée et mue par la vapeur le travail se fait pour ainsi dire automatiquement ; l'ouvrier n'a qu'à introduire les charges de sirop ; les produits obtenus sont d'une régularité parfaite, et tout danger d'asphyxie est supprimé. Cette machine se compose d'une bassine en forme de tulipe, ou d'anemone non plus horizontale comme la branlante, mais inclinée de 20 à 25° sur l'horizon et fixée dans cette position par un axe central. Cet axe, commandé par un engrenage, est animé d'un mouvement de rotation qu'il communique à la bassine ; il donne passage à de la vapeur du générateur : cette vapeur circule dans un serpentin enroulé en spirale à l'extérieur de la bassine. La bassine présente son ouverture à l'ouvrier qui n'a qu'à introduire les dragées, et les charges de gomme ou de sirop déterminées à l'avance, et à ouvrir ou fermer les robinets de vapeur : le mouvement de rotation de la bassine entraîne les dragées qui n'occupent qu'une partie de la capacité, et elles glissent constamment les unes sur les autres en retombant à la partie intérieure de la bassine. Dans l'intérieur de la bassine, devant l'ouverture, débouche un tuyau communiquant avec un ventilateur, et qui amène soit de l'air chaud pour activer l'évaporation, soit de l'air froid pour refroidir l'appareil quand on a supprimé la vapeur.

Depuis l'invention de Peysson divers systèmes ont été imaginés pour remplir le même but : nous citerons sans les décrire les bassines Bertrand (1847), Rangod (1863), Carrias (1868), Couppé (1872).

Dragées à liqueurs et à médicaments liquides. Les dragées à noyau liquide sont obtenues à l'aide de l'artifice suivant : on commence par remplir d'amidon tamisé des casiers rectangulaires de quelques centimètres de hauteur, on tasse bien cet amidon et on dresse parfaitement la surface ; puis à l'aide de réglettes portant en relief le dessin d'une amande plusieurs fois répété et à égale distance, on imprime dans l'amidon des cavités figurant des amandes. On verse alors dans ces cavités la liqueur sucrée tiède, médicamenteuse ou aromatisée, à l'aide de poêlons à plusieurs becs,

Le sirop ne mouillant pas l'amidon les globules ainsi versés conservent leur forme ; on porte les casiers à l'étuve, et la liqueur se concentrant légèrement, il se forme à la surface de la goutte une pellicule que l'on renforce en la saupoudrant de sucre et de gomme. Lorsque la pellicule est devenue assez résistante pour que les gouttelettes puissent être maniées et roulées sans s'écraser, on commence à les grossir à la gomme et au sucre, et on continue le travail à la branlante ou à la machine comme pour les dragées à amandes. — P. G.

— V. Barbier-Duval : *L'art du confiseur moderne*, Paris, Audot, 1879 ; Turgan : *Les grandes usines*, établissements Jacquin.

DRAGEOIR. Espèce de coupe large et plate, faite de métal précieux, qui servait autrefois pour offrir au dessert des dragées ou autres friandises. || On a donné le même nom à des boites portatives destinées à renfermer des dragées ou autres bonbons. || Rainure ou filet pratiqué à l'intérieur ou à l'extérieur d'nn cercle.

* **DRAGG.** *T. de filat.* Nom donné à la corde à plomb qui sert de frein à la bobine dans le métier continu à filer le lin.

* **DRAGISTE.** *T. de mét.* Ouvrier, fabricant de dragées.

* **DRAGON.** *Ard hérald.* Meuble assez fréquemment employé et auquel les héraldistes donnent la figure d'un animal fabuleux représenté de profil, avec la tête et le corps d'un griffon et une langue en pointe de dard ; ses ailes étendues imitent celles des chauves-souris et son corps est terminé en queue de poisson tourné en volute.

DRAGONNE. *T. du cost. milit.* Cordon ou tresse d'or ou de soie, terminé par un gland, et dont on orne la poignée d'une épée ou d'un sabre.

* **DRAGONNÉ, ÉE.** *Ard hérald.* Se dit de l'animal dont le corps se termine en queue de dragon.

DRAGUE. On appelle *dragues* les engins employés pour creuser sous l'eau ; créés pour faciliter le curage et l'approfondissement des canaux et des rivières, les dragues et leurs accessoires

Fig. 207. — *Drague à cuiller sur vagon.*

ont reçu depuis une trentaine d'années des perfectionnements importants qui ont singulièrement étendu le champ de leurs applications et qui les placent au rang des machines les plus importantes de l'industrie moderne.

La *drague élémentaire* ou *drague à main* est une espèce de cuiller ou de poche en tôle, munie d'un long manche en bois qui permet à l'ouvrier de la tirer à lui en appuyant fortement pour faire mordre le bord antérieur, droit et tranchant ; les trois côtés de la poche sont percés de trous par lesquels l'eau s'écoule, au moins en partie. On ne peut guère travailler avec cette drague à plus de $1^{m},50$ sous l'eau. Le produit est d'environ 1 mètre cube de sable extrait en 10 heures. Si la profondeur est plus grande ou le terrain plus résistant, on relie les bords de la drague par un étrier mobile auquel s'attache une corde actionnée par un treuil ; en ajoutant une deuxième corde et un deuxième treuil pour sortir la drague hors de l'eau, on a pu augmenter encore ses dimensions, et enfin en faisant mouvoir les treuils au moyen d'une machine à vapeur, on est arrivé à un appareil très employé en Amérique, sous le nom de *drague à cuiller emmanchée.*

Drague à cuiller. La cuiller est solidement fixée à l'extrémité d'un manche de 10 à 12 mètres de long, qui s'appuie, à son milieu, sur un rouleau horizontal autour duquel il peut basculer; une chaîne fixée aux deux extrémités du manche, s'enroule de deux ou trois tours sur un arbre ayant le même axe que le tambour. En agissant sur cet arbre, on tend la chaîne dans un sens ou dans l'autre pour faire avancer ou reculer le manche. La cuiller est en outre suspendue à une potence par une seconde chaîne qui permet de compléter l'effort exercé par le manche. Pour vider la cuiller sans être obligé de la renverser, on a fendu le fond mobile et on le manœuvre au moyen d'une chaînette. La potence de suspension constitue en même temps une grue tournante qui permet de draguer circulairement autour du bateau et de vider directement la cuiller dans un chaland. La capacité de la cuiller est ordinairement de trois quarts de mètre cube; elle atteint quelquefois 2 mètres cubes. Cette machine peut travailler à des profondeurs variant de $1^{m},50$ à 10 mètres; elle élève les déblais jusqu'à 5 ou 6 mètres au-dessus du niveau de l'eau, et peut les déposer à des distances de 5 à 10 mètres. On extrait, par journée de 10 heures, 300 mètres cubes avec la cuiller de $0^{mc},75$ et 900 mètres cubes avec celle de $1^{mc},87$.

Dans ces conditions, l'appareil n'est plus seulement un outil de dragage proprement dit; il est devenu un puissant outil de terrassement que l'on ne tarda pas à faire travailler à sec en l'installant sur un vagon. La figure 207 représente un de ces terrassiers à vapeur très employés dans la construction des canaux et des chemins de fer, soit à creuser les tranchées, soit à extraire les matériaux de remblais. La disposition est semblable à celle des appareils flottants; les roues du vagon sont commandées par une chaîne sans fin qu'un mécanisme spécial permet de faire actionner par le même moteur que la drague. Lorsque le vagon est arrivé à la place où il doit travailler, quatre verrins à vis l'appuient fortement sur les rails et le rendent immobile; deux voies latérales sont installées pour amener les vagons de transport, de façon à éviter toute interruption dans le travail de la cuiller.

Drague à mâchoire. Dans quelques appareils du même genre, les Américains emploient, au lieu de la cuiller précédente, un système formé par deux cuillers demi-cylindriques qui s'ouvrent et se ferment comme des mâchoires et dont l'aspect rappelle les caisses à couler le béton (V. BÉTON, fig. 374). Les deux cuillers ont un axe commun de rotation fixé au bas d'un cadre en fer; leurs manches, très courts, sont reliés par une traverse qui se meut dans des coulisses ménagées à travers les côtés du cadre; cette traverse est actionnée par deux chaînes tirées de bas en haut à l'aide de treuils; la première agit directement pour relever la traverse et faire ouvrir les deux moitiés de la cuiller; la seconde est renvoyée sous un petit tambour, de sorte que le premier effet de la traction est de forcer la traverse à descendre et par suite d'obliger les mâchoires à se fermer en mordant le sol; quand la fermeture est complète, la chaîne, continuant à tirer, soulève les cuillers hors de l'eau avec la matière qui s'y trouve emprisonnée. Cet appareil est simplement suspendu par ses deux chaînes de manœuvre à un mât incliné qui sert de grue, pour enlever les déblais jusqu'à 9 mètres au besoin au-dessus de l'eau et les déposer à des distances de 4 à 5 mètres. Ce mode de suspension permet de travailler dans les ports où le roulis gênerait le fonctionnement des dragues ordinaires. Les dragues à mâchoires ont une capacité variant de 3 à 5 mètres cubes et peuvent atteindre des profondeurs de 15 à 20 mètres.

Dragues à chapelet et à marche continue. Les machines précédentes ne sont, en réalité, que des dragues à main transformées et actionnées par des machines puissantes; on emploie généralement, en Europe, des dragues d'un genre tout différent et qui répondent mieux à la destination primitive de ces appareils avec lesquels on se proposait d'enlever de faibles épaisseurs de matière sur des espaces étendus en longeur et en largeur. Au lieu d'une seule cuiller, on emploie une série de godets reliés par des barres articulées de façon à constituer une chaîne sans fin; cette chaîne est soutenue par un châssis métallique rigide ou *élinde*, composé de deux longrines réunies par des entretoises; l'élinde porte, à chacune de ses extrémités, un tambour polygonal autour duquel tourne la chaîne, de sorte que les godets marchent d'une façon continue à la suite les uns des autres. Chacun d'eux vient, tour à tour, mordre et s'emplir, au moins en partie, dans le sable ou le gravier; il monte et quand il arrive au sommet de l'élinde, il se vide sur un tablier en couloir qui conduit les déblais dans le chaland ou dans le vagon qui les attend; chaque godet vide se retourne et descend au bas de l'élinde pour recommencer. L'élinde est suspendue de façon à pouvoir s'incliner à volonté en tournant autour de l'axe du tambour supérieur, suivant que l'on agit sur la corde ou la chaîne qui soutient l'autre extrémité; cela permet de draguer à des profondeurs variables. C'est le tambour supérieur qui reçoit le mouvement de la machine à vapeur; un jeu d'engrenages ramène la vitesse du moteur à celle qui convient au travail des godets. L'embrayage est à frottement, pour éviter les ruptures du mécanisme, lorsque la chaîne est forcée de s'arrêter par un obstacle insurmontable.

Les tambours, généralement carrés, ont pour côté la longueur d'un des maillons de la chaîne; les quatre angles sont protégés contre l'usure par des cornières faciles à remplacer; deux plateaux latéraux servent de guides. La chaîne est de longueur invariable; la moitié composée des godets pleins s'appuie sur l'élinde au moyen de rouleaux mobiles; l'autre moitié pend librement en dessous de l'élinde. Les godets sont en tôle dont l'épaisseur varie suivant leur capacité; le bord tranchant est renforcé par une bande d'acier. Lorsque le terrain est difficile à entamer, on fixe sur les barres des maillons intermédiaires des espèces de pioches pour le désagréger, Les tabliers ordinaires sont en deux parties, dont l'une, mobile, se relève à l'aide d'un treuil pour faciliter le placement des chalands ou des vagons.

Les dragues à chapelet travaillent en creusant des sillons droits et parallèles. Le bateau est muni de treuils spéciaux qui permettent, en agissant sur les chaînes d'amarres, de le déplacer dans toutes les directions.

On construit des dragues à une et à deux élindes ; la première est simple et commode, parce qu'elle permet de vider les déblais alternativement à droite et à gauche, ce qui facilite la manœuvre des margotats. L'élinde est logée dans un canal ménagé au milieu de la coque, suivant l'axe du bateau ; la chaîne, mise en mouvement par une machine à vapeur de 8 chevaux, se compose de godets de 70 litres, en tôle de 5 millimètres d'épaisseur, avec un tranchant de 12 millimètres. La vitesse moyenne est de 10 tours par minute et de deux godets vidés par tour, soit 20 godets par minute; comme ils ne sont jamais complètement remplis, le produit ne dépasse guère 45 0/0 de leur capacité.

Dans les dragues doubles, il y a une élinde d'installée de chaque côté du bateau ; les godets contiennent 85 litres et la vitesse est de 11 tours. Le prix de cette drague est d'environ 60,000 fr. Lorsque l'on se propose seulement d'obtenir du remblai ou du ballast, la drague peut travailler plus longtemps à la même place et creuser à une plus grande profondeur. On emploie dans ce cas une élinde verticale ; les frottements sont beaucoup diminués et les godets peuvent atteindre jusqu'à 160 litres de capacité; le rendement est meilleur et s'élève à 55 et 60 0/0. Cette drague spéciale ne coûte que 45,000 francs, et le mètre cube de matière extraite revient à 40 centimes environ.

Excavateur à sec. A la suite des dragues flottantes dont les principaux perfectionnements sont dus à M. Castor, il convient de placer l'excavateur qui n'est en effet qu'une drague à sec,

Fig. 208. — *Excavateur employé au creusement du nouveau lit du Danube.*

montée sur un chariot roulant, mais dont M. Couvreux a fait, grâce à d'ingénieuses dispositions, un des outils les plus utiles des grands chantiers de terrassement (fig. 208). La chaîne de godets est soutenue par une élinde mobile, comme celle des dragues ; l'extrémité inférieure est suspendue par un palan à une chèvre dont les pieds sont articulés sur le chariot. Celui-ci repose sur trois essieux dont les roues sont espacées à la voie normale, 1^m,50. Afin d'assurer la stabilité du chariot pendant le travail des godets, on a prolongé les essieux extrêmes du côté de l'élinde, pour leur faire porter à chacun un balancier muni de deux roues plus petites qui reposent sur une troisième ligne de rails, placée à 50 centimètres de la voie principale. En outre la caisse à eau d'alimentation est fixée du côté opposé du châssis, en dessous du tablier, et forme contrepoids; pour transporter l'excavateur à de grandes distances, on enlève les roues auxiliaires et les balanciers. Le châssis est muni de crochets d'attelage et de tampons à ses deux extrémités, et peut être intercalé parmi les véhicules d'un train de chemin de fer.

Une machine à vapeur de 20 chevaux actionne les godets ; une autre petite machine de 4 chevaux, sert à faire circuler l'appareil sur la voie de travail, en agissant, à l'aide d'une vis sans fin et de chaînes de Gall sur l'essieu du milieu ; une seconde chaîne rend cet essieu solidaire de l'essieu d'arrière.

L'excavateur est principalement destiné à creuser à côté et en contre-bas de la voie qui le supporte. Les godets s'emplissent en montant au-dessous de l'élinde et se vident par un déplacement automatique du fond, que l'on a obtenu en rendant le godet et le fond solidaires des deux maillons différents de la chaîne (fig. 209). C'est le mouvement du tourteau supérieur qui les force à se séparer, laissant une ouverture par laquelle les déblais tombent dans le couloir ; la continuation du mouvement les oblige à se refermer exactement. Les godets cubent ordinairement 170 litres chacun ; la machine fait 80 tours par minute et produit 30 godets. Le cube théorique serait de 306 mètres par heure ou 3,672 mètres par journée de 12 heures. Par suite des interruptions, le maximum ne dépasse guère 2,400 mètres. La fouille peut atteindre 6 mètres de profondeur. Le poids de l'appareil est d'environ 45,000 kilogrammes.

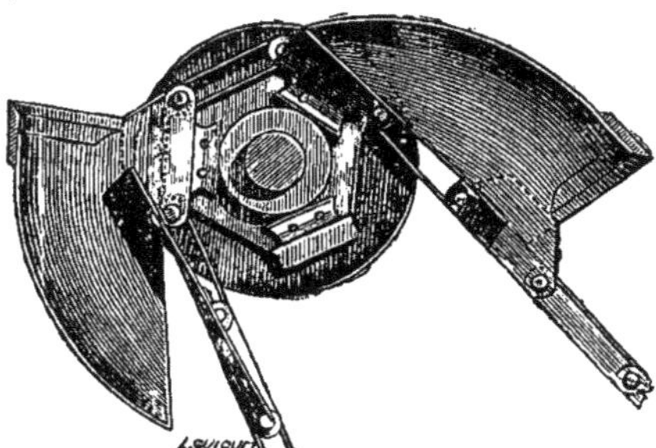

Fig. 209. — *Godet d'excavateur, à fond mobile automatique.*

A côté de la voie spéciale à trois rails sur laquelle circule l'excavateur, il faut une seconde voie pour le service des vagons de transports. L'écartement entre ces deux voies est réglé suivant l'inclinaison que la nature du terrain oblige à donner au couloir. L'excavateur peut également travailler à la façon des dragues flottantes; on emploie alors les godets ordinaires qui descendent vides au-dessous de l'élinde et remontent chargés au-dessus.

Dragues à long couloir. Les moyens employés pour l'enlèvement et le transport des déblais exercent une influence considérable sur la production des dragues et des excavateurs ainsi que sur le prix de revient des opérations; on peut même affirmer que c'est à leur perfectionnement qu'est dû le succès de ces entreprises colossales que l'on aurait à peine osé concevoir, il y a vingt ans. La rapidité avec laquelle on est parvenu à débarrasser les dragues de leurs produits a permis d'augmenter leur puissance; au canal de Suez, MM. Borel et Lavalley ont élevé la capacité des godets à 300 litres et la force de la machine à 90 chevaux. Le rendement atteignait 75 0/0, de sorte que chaque appareil enlevait 162 mètres cubes par heure; on est même parvenu, avec les dragues à long couloir, à 1,800 mètres cubes en dix heures. A la régularisation du Danube, MM. Couvreux et Hersent ont obtenu, avec des godets en tôle d'acier contenant 250 litres, une moyenne journalière d'environ 1,400 mètres cubes. La grande variété des conditions à remplir fait naître chaque jour de nouvelles solutions dont il est intéressant de suivre la marche progressive. La plus ancienne, encore employée quelquefois, consiste à recevoir les déblais dans des chalands que l'on conduit au lieu de débarquement et que l'on vide à l'aide de brouettes. Pour les travaux plus importants, on remplace les brouettes par des caisses que l'on charge dans le bateau; une grue tournante ou un élévateur, à plan incliné, installé soit à terre, soit sur un ponton, enlève les caisses et les vide sur le dépôt ou dans les vagons de transport. Pour supprimer la dépense de temps et d'argent absorbée par le chargement des caisses, on a dirigé les déblais directement dans autant de caisses que le bateau pouvait en contenir; on n'avait plus qu'à les élever et les décharger comme précédemment. Malheureusement, la manipulation est plus compliquée et les caisses absorbent une partie notable de la capacité des bateaux (40 à 50 0/0 environ) et de la force motrice employée au levage. C'est au canal de Suez que l'on fit les premières applications du déchargement direct en faisant déboucher le tablier dans un couloir dont l'extrémité, près de la drague, était assez élevée pour que les déblais, en partie délayés dans de l'eau, fussent entraînés par leur poids sur une pente de 6 à 8 0/0. Des pompes rotatives spéciales élevaient l'eau nécessaire au délayage. On avait bien à dépenser la force motrice pour élever à une hauteur assez grande (15 mètres environ au-dessus du niveau de la flottaison) les produits du dragage et environ une fois et demie leur volume d'eau, mais on obtenait la continuité absolue du travail et on remplaçait par un engin assez simple tout un matériel mobile encombrant et coûteux à entretenir. Le couloir, qui atteignait jusqu'à 70 mètres de longueur, avait la forme d'un demi-cylindre elliptique, avec une largeur de $1^{m},50$ et une profondeur de $0^{m},70$; il était maintenu rigide par une poutre en fer, à claire-voie, portée par un chaland distant de 20 mètres du bateau-dragueur, auquel il était assez fortement relié pour que leurs mouvements soient solidaires. Deux passerelles en encorbellement permettaient de circuler le long du couloir pour surveiller la marche des déblais, qui était encore assurée, lorsque la pente devenait insuffisante, par une chaîne sans fin armée de palettes verticales. Un modèle de ces appareils existe au musée de la marine, salle de Lesseps. Dans des circonstances favorables, une de ces dragues à long couloir a produit jusqu'à 2,500 mètres cubes en une journée.

Tabliers porteurs. Au Danube, l'entraînement des graviers dans un couloir aurait exigé d'énormes quantités d'eau. On a réalisé le déchargement direct au moyen d'un tablier porteur installé sur le côté de la drague; cet appareil se compose d'une poutre d'environ 14 mètres de longueur, servant de guide et de support à une chaîne sans fin, formée de plateaux en tôle, contigus, fixés sur des maillons en fer; cette chaîne roule sur des galets et reçoit son mouvement d'une machine à vapeur spéciale de 6 chevaux. La poutre repose par un bout sur le pont de la drague; l'autre bout est suspendu à une chèvre dont les pieds s'appuient sur un second bateau fortement relié avec le premier dont il partage tous les mouvements.

Roues élévatrices. L'usure de toutes les pièces étant assez rapide et entraînant une dépense d'entretien assez forte, on essaya de remplacer le tablier porteur par une grande roue à godets installée dans un plan perpendiculaire à celui de l'élinde, de façon qu'elle reprenait les matières et les versait latéralement dans un couloir fortement incliné. Cette roue avait 6 mètres de diamètre; les godets, fixés sur la circonférence, portaient chacun un petit bout de couloir pour guider les déblais. On a obtenu, avec la drague munie de cette roue élévatrice, un rendement de près d'un tiers plus considérable que celui des dragues avec tabliers porteurs.

Conduites fermées de refoulement. Le mélange des sables et des terres légères avec une quantité d'eau suffisante permet de les amener à une fluidité telle qu'il devient possible de les traiter,

Fig. 210. — *Débarquement flottant employé à la régularisation du Danube.*

comme l'eau ordinaire, au moyen de pompes puissantes. On est ainsi parvenu à transporter directement les produits de certains dragages à plusieurs centaines de mètres de distance et à les élever jusqu'à 8 mètres et plus de hauteur au-dessus de la flottaison du bateau dragueur. C'est, en quelque sorte, une extension des procédés employés pour le dévasement de certains ports. — V. Dévasement, Extracteur.

On en trouve une première application au creusement du canal d'Amsterdam à la mer du Nord. La vase, élevée par les godets, tombe dans un cylindre en fonte, de $4^m,70$ de hauteur et de $0^m,75$ de diamètre, fixé sur le côté de la drague, et vers la base duquel débouche horizontalement la conduite. Dans le bas de ce cylindre est logée une pompe centrifuge horizontale, à laquelle la machine motrice de la drague imprime une vitesse de rotation d'environ 230 tours par minute. Le fond du cylindre est ouvert et se trouve un peu au-dessous de la flottaison, de sorte que l'eau afflue librement à la pompe dont le travail se borne à refouler dans la conduite le mélange d'eau et de vase; une soupape conique permet de régler l'accès des matières à la pompe, de façon à maintenir la proportion de 50 à 40 0/0 de matière solide, vase, argile ou sable, et de 50 à 60 0/0 d'eau.

Au lieu d'être suspendue, la conduite est en partie flottante, en partie posée simplement sur le sol; elle se compose de tubes en bois dont les douves sont cerclées de fer; ces tronçons d'environ 15 mètres de longueur et $0^m,40$ de diamètre, sont reliés par des manches en cuir de différentes longueurs ($0^m,50$ à $1^m,45$), également cerclées. Cet assemblage flexible permet à la conduite de se plier en tous sens et de suivre les évolutions du bateau dragueur; à cet effet on la maintient flottante, en accolant de chaque côté des tubes un madrier de $0^m,50$. La distance horizontale du transport atteint 275 mètres et la hauteur du refoulement $1^m,50$. Une grande drague, munie de cet appareil, peut extraire en douze heures, avec 10 hommes d'équipage, 1,000 mètres cubes de matières, renfermant une partie de sable et deux parties d'argile. On conçoit que l'addition d'une ou de plusieurs pompes sur la longueur de la conduite permet d'augmenter, par la double influence de l'aspiration et du refoulement, la distance du transport et la hauteur de déversement. C'est ce que MM. Couvreux et Hersent ont réalisé au canal de Gand à Terneuzen. Une deuxième pompe, placée à 170 mètres de la drague, refoulait le mélange à 70 mètres plus loin et à 8m,50 de hauteur, ce qui permettait de le verser dans un couloir ouvert, dont la pente suffisait pour conduire encore les matières à 2 ou 300 mètres. Le travail de cette pompe auxiliaire exigeait 20 chevaux de force.

Débarquements fixes et flottants. Afin d'assurer d'une manière plus complète l'indépendance des bateaux dragueurs, M. Hersent a créé un mode de débarquement qu'il importe de signaler. Les matières chargées dans les margotats sont reprises par une chaîne à godets suspendue à un échafaudage installé près de la rive, et sont de là reversées sur le dépôt ou dans les vagons. L'opération comporte en fait deux dragages successifs, le premier pour extraire les déblais, le second pour les transborder. L'élinde de ces appareils se relève à volonté pour permettre d'amener les bateaux pleins sous la chaîne et de les sortir, une fois vidés. On emploie dans ce cas des bateaux spécialement construits à doubles parois étanches, l'une formant la coque du bateau, et l'autre, la caisse de chargement. Au Danube, il suffisait de 6 à 8 minutes pour décharger un bateau contenant environ 35 mètres cubes et de 2 minutes environ pour les accostages.

Afin de pouvoir changer au besoin le lieu du débarquement, on remplace l'appareil fixe précédent par un appareil flottant. La chaîne et son échafaudage sont alors installés sur deux pontons solidement reliés l'un à l'autre: on équilibre le mieux possible la charge de ces pontons par la position des chaudières, des machines et enfin par du lest convenablement réparti. Le déplacement est obtenu au moyen de treuils, comme pour le bateau dragueur.

Ces débarquements, fixes ou flottants, peuvent être munis, suivant les circonstances, de l'un des systèmes de transport précédemment décrits, tablier porteur, couloir ou conduite de refoulement. La figure 210 représente un des appareils flottants employés à la régularisation du Danube, et muni d'un tablier porteur. — J. B.

DRAGUEUR. *T. techn.* Bateau construit spécialement pour draguer. — V. l'article précédent. || *T. de mét.* Ouvrier qui drague à la main ou qui fait fonctionner les machines à draguer.

DRAIN. *T. d'agric.* Conduit qui sert à l'écoulement souterrain des eaux. — V. l'art. suivant.

DRAINAGE. Dans l'article Desséchement, nous avons montré que tout terrain, habituellement ou exceptionnellement, recouvert d'eau, peut être mis à sec par l'ouverture de canaux de desséchement capables de conduire à un fleuve ou à la mer, l'eau qui recouvrait ce terrain. La pente du sol suffit parfois pour que l'eau du marais s'écoule après le creusement du canal : en d'autres cas, il faut, avec des machines, élever d'abord l'eau nuisible pour la jeter dans un canal d'expulsion plus élevé que le *polder* à dessécher. Mais, dans tous les cas, l'enlèvement de l'eau superficielle est possible. Dès qu'un terrain est débarrassé de l'eau qui le recouvrait, et en faisait un marais ou une tourbière etc., on le dit *desséché*: mais il n'est pas alors toujours forcément *assaini* et propre à la culture des plantes utiles. Ces terrains et d'autres que l'eau ne recouvre jamais, peuvent renfermer *intérieurement* de l'eau *stagnante* ; soit en raison de leur position et de leur relief, soit par leur nature plus ou moins *retentive* ou celle du sous-sol sur lequel ils reposent. Le *drainage* (1) a pour but de débarrasser les terres humides (non noyées) de toute l'eau stagnante intérieure pouvant nuire à la végétation. En France, ce mot désigne seulement une méthode moderne de débarrasser les terres humides de l'eau qu'elles retiennent intérieurement en excès ; mais, en Angleterre, il s'applique à tous les moyens d'assécher les terres humides. Ainsi, le creusement de fossés superficiels pour égoutter les terres humides est appelé *drainage superficiel*: il peut suffire en certains cas et il doit être regardé comme le complément des travaux de desséchement des marais et tourbières. Le mode de labour adopté de temps immémorial pour les terres humides, c'est-à-dire la mise en billons bombés étroits séparés par des dérayures jouant le rôle de fossés d'égout, est aussi en réalité un drainage, puisqu'il a pour but d'assainir les terres, de les égoutter ou de les débarrasser de l'excès d'humidité intérieure qu'elles renferment. En France, le mot *drainage* est exclusivement appliqué aux conduits souterrains destinés à expulser d'un sol humide l'eau stagnante qui le rend impropre à la végétation.

Historique. De temps immémorial, en certains pays, en Ecosse et dans le nord de l'Angleterre, par exemple, on assainit les pâturages humides en y creusant des rigoles ouvertes placées dans le fond ou thalweg des dépressions. Partout, on laboure les champs humides en petits billons bombés séparés par des dérayures faisant fonction de drains ouverts et assez efficaces s'ils sont dirigés suivant la plus grande pente. Dans les terrains sourceux, on avait été conduit, depuis très longtemps, à l'exécution de profonds fossés coupant les sources; et comme ils ne pouvaient rester ouverts sans inconvénients, on les remblayait après les avoir garnis d'une certaine épaisseur de pierres cassées, de branchages ou de paille, comme le dit Columelle, laissant filtrer et couler l'eau intérieure. Là est la véritable origine du drainage actuel et voici les diverses étapes de l'invention. Au lieu de jeter sans ordre les pierres au fond de la tranchée, on crut devoir les ranger en forme de conduit pour faciliter l'écoulement de l'eau : et comme les pierres sont assez rares en quelques localités, on remplaça le conduit inférieur par une tuile creuse reposant sur ses bords ou sur une tuile plate, puis on employa deux tuiles creuses spécialement faites et formant une espèce de tuyau; parfois les deux tuiles creuses étaient séparées par une tuile plate; enfin, l'on comprit que ces tuiles

(1) Mot anglais, du verbe *to drain* qui signifie... *faire écouler*,... saigner... faire égoutter... assécher.

seraient avantageusement remplacées par des tuyaux en poterie. On les fit d'abord à la main, en roulant en cylindre une galette de terre glaise et soudant ses bords. Ce qui décida l'emploi des tuyaux ce fut l'invention de machines permettant de les mouler avec précision et économie. Cette invention date de 1842 environ. On ne fit pas tout d'abord les tuyaux cylindriques circulaires, on crut devoir, pour en faciliter la pose, leur faire une espèce de semelle plane, ce qui rendait coûteuse la fabrication et nécessitait un fond de tranchée plat et très régulier. Pour avoir un bon écoulement de l'eau, on fit même des tuyaux à section ovale, la pointe en bas, avec semelle plane. Enfin, comme on ne pouvait croire que les intervalles entre les tuyaux d'un pied de long suffisent à la filtration de l'eau, on imagina des tuyaux dont la moitié supérieure seulement était poreuse. C'était compliquer à plaisir, et on le vit bientôt, sans avantages, la fabrication de ces tuyaux. Aujourd'hui ils sont en bonne terre à tuile ordinaire et simplement cylindriques circulaires; ils sont de 3 à 4 centimètres de diamètre intérieur pour les petits drains, 5 ou 6 centimètres au moins pour les collecteurs les plus petits et jusqu'à 12 ou 13 pour les grands.

Pour faire comprendre la nécessité et les avantages du *drainage*, nous devons rappeler en quelques mots les conditions que doit remplir un sol pour permettre et favoriser la germination et la végétation. La plante à l'état de germe commence à vivre souterrainement et bientôt se développe en deux sens opposés : la partie *aérienne* s'élève sous forme de tiges, de feuilles et enfin de fleurs et de fruits, pendant que les racines et les radicelles s'enfoncent et s'épanouissent dans le sol. Pour que ce développement souterrain, qui entretient la partie aérienne de la plante, puisse se faire, il faut que la terre soit dans un certain état physique qu'il convient de définir exactement.

La terre est dite *sèche*, lorsque les intervalles ou vides compris entre les particules minérales qui la composent, sont remplis *d'air*; et cet air est plus riche en acide carbonique que l'air atmosphérique. A cet état de siccité absolue, la terre est impropre à la végétation. Il faut, pour que la plus faible plante y puisse végéter, que l'on y fasse pénétrer une certaine quantité d'eau. En arrosant avec soin et lenteur, chaque particule absorbe et retient *intérieurement* une certaine proportion d'eau, et *extérieurement* en est recouverte en vertu de l'adhérence, comme une baguette de verre trempée dans l'eau retient une pellicule d'eau qui se réunit en gouttelettes à la partie inférieure.

A cet état précis, la terre est dite *saine* : les vides restant entre les molécules terreuses, sont pleins d'*air* ; cet air est humide par son contact intime avec les surfaces humides de ces molécules; et celles-ci retiennent toute l'eau que leur affinité leur permet de retenir. Les radicelles des plantes peuvent vivre dans ce milieu : elles y trouvent de l'air et de l'humidité, des matières organiques et minérales, des gaz qui, par l'afflux de petites quantités d'eau de pluie, sont dissous et absorbés par les *spongioles*. Toutes les plantes utiles peuvent germer et végéter dans un sol de cette nature ; leur développement s'y fait en raison de la proportion des aliments ou engrais divers qu'y trouvent les radicelles, à condition que l'humidité nécessaire y soit entretenue par des arrosages bien réglés à défaut de pluies.

Si des pluies abondantes se succèdent sur un sol à particules très fines, l'humidité intérieure peut devenir excessive : il suffit pour cela que le sous-sol soit assez *rétentif* pour ne pas laisser filtrer en-dessous l'eau en excès. Un sous-sol argileux saturé d'eau n'en laisse plus passer ; cette eau s'accumule alors et envahit le sol. Dans cette condition de sous-sol imperméable, la terre d'un champ en pente faible peut être saturée d'humidité au point que, de tous les interstices moléculaires, *l'air* soit chassé par l'eau affluente qui les remplit successivement. Alors, cette terre est *humide* et impropre à la végétation. L'air manque aux radicelles qui cessent de végéter et bientôt se désorganisent.

Ainsi la terre peut se trouver physiquement à trois états très différents : 1° absolument *sèche*, elle est alors impropre à la végétation ; 2° *saine* c'est-à-dire en possession de la quantité d'humidité qu'elle peut retenir ; 3° absolument *humide* et impropre alors comme dans l'état opposé, à la végétation.

Les plantes ne peuvent germer et végéter que dans de la terre réellement saine ou à un état voisin intermédiaire entre les deux états extrêmes.

Lorsque la terre végétale repose sur un sous-sol perméable, elle ne peut jamais retenir que la quantité d'eau utile à la végétation ; celle qu'amènent les pluies traverse les interstices intermoléculaires, s'y dépouille, au profit des radicelles, de l'air et des gaz qu'elle a pris à l'atmosphère, et s'échappe dans les couches perméables du sous-sol. Le drainage des terres à sol ou sous-sol rétentifs a pour but de permettre cette filtration de l'eau en excès. Les avantages du drainage sont donc très nets et faciles à expliquer tout d'abord. Toutefois, il convient de donner une idée des procédés employés pour assurer l'égouttement des terrains humides.

Supposons un champ situé sur un plateau isolé horizontal ou très légèrement incliné. Ce champ ne peut recevoir d'eau que du ciel. Si donc il est humide, c'est que l'eau de pluie s'y accumule sur le sous-sol imperméable ; la pente superficielle étant trop faible pour que la pluie puisse s'écouler à la surface. C'est le cas d'un pot à fleurs que l'on arroserait indéfiniment ; mais ici le remède est facile et connu : c'est le percement d'un petit trou dans le fond du pot. Toute l'eau qui ne peut être retenue par l'adhérence des molécules terreuses et la capillarité des interstices moléculaires, s'écoule par ce trou. La terre du pot à fleurs reste toujours saine quelque soit l'excès d'eau que l'on y verse. Le champ plat que nous supposons ci-dessus est un vaste pot à fleurs dont le fond est une couche d'argile saturée d'eau et par suite imperméable. Pour expulser l'excès d'eau d'une telle étendue il ne suffit plus d'un seul trou, car l'eau aurait trop de chemin à faire pour y arriver de tous les côtés et s'y écouler. Il faut donc une multitude de trous percés à travers le sous-sol imperméable ou jusqu'à des conduits d'expulsion établis dans ce sous-sol. Le nombre des trous d'expulsion par hectare varie de 600 à 6.000 et ils sont ordinairement représentés par les très faibles intervalles que laissent entr'eux de courts tuyaux en poterie, formant des conduits rectilignes souterrains plus ou moins profondément enfouis et ayant une pente suffisante à l'écoulement de l'eau qui y pénètre.

Le drainage habituel se réduit donc à l'établissement de lignes de tuyaux à un certain écartement et à une certaine profondeur qu'il s'agit de déterminer afin de réduire les frais de l'opération au minimum.

Les tuyaux les plus employés ont un pied anglais de longueur (0^{m},3048) et environ trois centimètres de diamètre intérieur. Juxtaposés en lignes, droits et bien serrés, ils laissent forcément entr'eux un intervalle d'un millimètre au moins de largeur sur une projection horizontale de 40 millimètres au moins de longueur: soit une section d'écoulement vertical de 40 millimètres carrés, équivalant à un trou rond de plus de 7 millimètres de diamètre (7,136).

En admettant d'abord que les pentes des lignes de tuyaux suffisent toujours à l'expulsion de toute l'eau qui y pénètre, on peut se demander si les intervalles restant entre les tuyaux suffisent à l'égouttement de l'eau des plus fortes pluies. Si la pluie était également répartie entre tous les jours de l'année, la quantité à écouler par seconde serait à peu près insignifiante. Ce serait, en France, au maximum par hectare 0^{l},3717 (pour Bourg où la hauteur de pluie tombée est annuellement de 1^{m},172), soit pour chacun des 6,000 petits trous: 62 millimètres cubes ou 2 gouttes d'eau par seconde. Mais le nombre de jours de pluie doit être pris en considération. Si, entre deux pluies, il y a deux jours secs, il peut être admis que l'égouttement du sol est suffisant lorsque toute l'eau de pluie tombée s'écoule dans la journée de pluie et dans celle qui suit. Donc c'est supposer que la totalité de l'eau de pluie d'une année s'écoule dans les deux tiers des jours qu'elle présente, chaque trou doit donc alors débiter moitié plus que dans l'hypothèse d'un écoulement constant: c'est-à-dire 93 millimètres cubes par seconde au lieu de 62 : c'est 3 gouttes d'eau au lieu de 2. Enfin l'hypothèse la plus défavorable, c'est qu'en certaines saisons, en certains mois, plusieurs jours pluvieux se succèdent. Ainsi dans le climat Rhodanien, plus du tiers de l'eau tombe dans les trois mois d'automne : soit 0^{m},36 de hauteur d'eau tombée pour 90 jours ou par jour 4 millimètres de hauteur. C'est par hectare et par jour un volume de 40 mètres cubes ou de 6 litres deux tiers par seconde ; ce qui peut être évacué par les 6,000 trous dans le même temps à raison de 77 millimètres par seconde soit 2 et demie gouttes d'eau et dans l'hypothèse d'une pluie tous les trois jours, 116 millimètres ou moins de quatre gouttes d'eau. Ainsi dans les répartitions ordinaires des jours pluvieux, les 6,000 trous, que laissent entr'eux les tuyaux de drainage, suffisent largement à l'égouttement de toute la quantité de pluie qui tombe sur le sol : or on sait qu'une partie de la pluie est évaporée à la surface du sol et qu'une autre portion s'y écoule lorsque la pente est sensible. Les chiffres précédents suffiraient donc pour justifier l'affirmation que les intervalles qui restent forcément entre les tuyaux de drainage suffisent à l'égouttement du sol lorsque chaque tuyau ne doit assécher que cinq tiers de mètre carré : c'est-à-dire quand les lignes de drains sont espacées de cinq mètres. Si l'espacement est de 10 mètres, chaque orifice n'aurait à écouler que 8 gouttes d'eau par seconde dans l'hypothèse la plus défavorable, ce qui est encore à peu près insignifiant. Pour un espacement double, chaque trou devrait expulser 308 millimètres d'eau par seconde, ce qui pour une aire de passage de 40 millimètres carrés n'exige qu'une vitesse de moins de 8 millimètres par seconde (7,7).

On peut objecter aux raisonnements ci-dessus qu'en certaines années, une succession de fortes pluies peut se présenter et qu'alors la masse d'eau arrivant aux drains peut être beaucoup plus considérable. On cite des journées de pluie exceptionnelle qui aurait recouvert le sol d'une épaisseur d'eau de 0^{m}25 et plus. Il est impossible de baser des calculs sur de telles exceptions. Il faut admettre qu'alors le sol restera peut-être humide pendant quelques jours, ce qui ne peut nuire beaucoup aux plantes. Il suffit, croyons-nous, qu'en année moyenne l'égouttement du sol soit assuré lorsque les lignes de drains ont une pente suffisante pour écouler l'eau et qu'elles sont assez rapprochées pour qu'il y ait par hectare de 600 à 6,000 trous d'égouttement suivant la nature du sol.

Nous n'avons jusqu'ici fait aucune allusion à la profondeur à laquelle les tuyaux sont enfouis dans le sol. Or il est probable que cette profondeur n'est pas indifférente. A première vue, il semble que les tuyaux placés à une faible profondeur recevront plus vite l'eau de pluie, arrivant de la surface, que s'ils sont profondément enfouis. C'est une erreur que le raisonnement et l'expérience ont fait reconnaître comme nous allons le faire voir.

Supposons deux lignes de drains placées à la même profondeur (0^{m},914 par exemple) et écartés de 10 mètres. La terre dans laquelle sont les tuyaux est supposée d'abord à l'état sain : c'est-à-dire renfermant toute l'eau que les molécules terreuses peuvent retenir par attraction ou affinité, capillarité ou adhérence. Si, à ce moment, il tombe la moindre pluie, il y a un excès d'eau qui tend en raison de sa gravité à descendre verticalement. Celle des gouttes d'eau en excès qui se trouvent directement au-dessus des orifices existant entre deux tuyaux contigus tombent rapidement dans ces tuyaux et s'y écoulent les premières : dans la bande verticale de terrain contiguë à la précédente, l'eau en excès tend à s'échapper non plus verticalement mais suivant un chemin résultant de la gravité et du vide relatif que l'eau de pluie en s'écoulant laisse dans la première zone verticale. Pour s'écouler dans la première zone l'eau de la seconde doit vaincre la résistance de la terre de la première et son niveau baisse par suite moins vite : il en est de même de la troisième zone par rapport à la seconde et ainsi de suite. Ainsi, à chaque instant, le niveau de l'eau de pluie, pénétrant dans le sol pour atteindre les drains, s'abaisse avec une vitesse d'autant plus faible que le point considéré est plus éloigné des drains.

Supposons, en effet, que la couche d'eau intérieure s'abaisse en tous ses points, par suite de l'écoulement qui a lieu dans les drains. La quantité d'eau à débiter est à son maximum au-dessus du drain et elle va en diminuant au fur et à mesure que l'on s'éloigne des tuyaux. Il faut donc que la vitesse de passage de l'eau dans le sol suive la même loi ; et, par suite, que les charges par mètre qui engendrent ces vitesses aillent aussi en diminuant. L'écoulement de l'eau vers le drain ne pourrait se faire suivant une pente uniforme qu'autant que le volume à écouler serait le même partout; tandis qu'il croît lorsque l'on se rapproche du drain. On pourrait assimiler la nappe d'eau à une succession de petites cascades : celle qui avoisine le drain doit avoir la nappe déversante la plus épaisse, puisqu'elle doit débiter le plus grand volume d'eau (10 *v*, par exemple); celle qui vient ensuite doit être moins épaisse puisqu'elle n'a que 9 *v* à débiter et ainsi de suite. On en conclurait que les puissances trois-demies des dénivellations à la surface de la nappe d'eau sont proportionnelles aux distances qui séparent les points considérés de l'axe du tuyau vers lequel l'eau s'écoule. Ces nappes déversantes successives seraient, par exemple, proportionnelles aux nombres 1,282... 1,195... 1,1048... 1,01066... 0,91195... 0,80758... 0,69595... 0,57449... 0,43842... et 0,27619. Les dénivellations à partir du sommet de la nappe d'eau seraient alors proportionnelles aux nombres : 0,27619... 0,43842... 0,57449... 0,69595... 0,80758... 0,91195... 1,01066... 1,1048... 1,195... et 1,282. Au fur et à mesure que la nappe d'eau s'abaisse, la vitesse d'écoulement vers les drains diminue, mais la courbure de la surface supérieure de cette nappe reste soumise à la même loi; c'est-à-dire que les dénivellations successives sont des fractions de plus en plus petites des dénivellations au maximum d'élévation de la nappe.

Les expériences de M. Delacroix montrent des dénivellations décroissant plus vite que le raisonnement ne l'indique.

On peut en conclure que la distance de deux lignes de drains en sol silico-argileux et graveleux est en mètres, égale au quotient de la profondeur en millimètres par 4,5, ce quotient diminué de 94 mètres.

En sols silico-argileux moins perméables, le diviseur est 7,35 et le nombre à soustraire 81.

En argile compacte, le diviseur serait 92; et le nombre à soustraire, 7.

Nature des terres ou sous-sols traversés par l'eau	Ecartement de deux lignes de drains pour des profondeurs égales à									
	0m,70	0m,80	0m,90	1m,00	1m,10	1m,20	1m,30	1m,40	1m,50	1m,60
	mèt.	mèt.	mèt.	mèt.	mèt.	mèt.	mèt.	mèt.	mèt.	mèt.
Argile compacte. . . . . {	0.65	1.73	2.81	3.89	4.97	6.05	7.13	8.21	9.29	10.37
	2.70	3.78	4.86	5.94	7.02	8.10	9.18	10.26	11.34	12.42
Terrain silico-argileux.. . . . {	5.16	10.32	15.48	20.64	25.80	30.96	36.12	41.28	46.44	51.60
	18.58	23.74	28.90	34.06	39.22	44.38	49.54	54.70	59.86	65.02
Même terrain avec graviers, par lits, dans la masse.. . . {	21.47	42.94	64.41	85.88	107.35	128.82	150.29	171.76	193.23	214.70
	77.31	98.78	120.25	141.72	163.19	184.66	206.13	227.60	249.07	270.54

En regard des écartements que la pratique présente, nos chiffres pour l'argile plastique paraîtront très faibles et ceux des terrains silico-argileux beaucoup trop forts. C'est qu'on a pris l'habitude de considérer le sol à un état moyen idéal : de sorte que les argiles compactes sont insuffisamment drainées, tandis que, dans les autres sols, on fait une dépense inutile de tuyaux.

On a voulu déterminer l'écartement des lignes de drains d'après les largeurs données aux billons en pratique culturale dans les diverses terres. Les dérayures qui restent entre les billons sont, en effet, des drains de la moindre profondeur possible : la largeur des billons est donc l'écartement minimum des lignes de drains. En admettant que des drains de 0m,914 sont deux fois plus efficaces, leur écartement peut être le double de la largeur des billons et si les drains de 1m,219 sont trois fois plus énergiques, leur écartement peut être égal au triple de la largeur des billons. D'après ces hypothèses que rien ne vérifie, voici quels devraient être les écartements des drains en diverses terres :

Nature des terres	Largeur pratique des billons	Ecartement des drains ayant une profondeur de			
		3 pieds ou 0,914	3 pieds 1/2 ou 1,066	4 pieds ou 1,219	4 pieds 1/2 ou 1,371
	mèt.				
Argile tenace homogène.	2.286	4.572	5.715	6.858	8.001
Terre franche argileuse avec couches de sable alternant.. . . . . ,	4.877	9.754	12.192	14.631	17.069
Sols calcaires mêlés d'argile maigre avec sables et graviers alternés.	6.401	12.202	16.002	19.203	22.403
Terres argileuses semblables aux précédentes avec fréquentes intermittences de sables et graviers . .	7.315	14.630	18.287	21.945	25.602
Argile très maigre et sablonneuse.	9.144	18.288	22.860	27.432	32.004
Terres graveleuses.	10.058	20.116	25.145	30.174	35.203
Sols poreux, calcaires et siliceux.	10.973	21.946	27.432	32.919	38.405

On peut fondre ce tableau avec celui qui résulte de nos calculs théoriques sur les résultats des essais de M. Delacroix. La profondeur des drains qui décide de leur écartement, est presque toujours une *donnée*. Un certain maximum de profondeur ne peut pas être dépassé, par exemple, par suite du niveau habituel de l'eau dans le fossé, la rivière ou l'étang dans lequel le dernier drain doit se vider. En d'autres cas, il n'est pas possible de creuser au delà d'une certaine profondeur, où l'on rencontre des roches, un tuf, etc. Ainsi, en général, on n'est pas maître d'adopter une grande profondeur. D'autre part, la moindre profondeur doit dépasser la profondeur des façons culturales, soit 0m,50. Lorsque la profondeur est strictement donnée, l'écartement s'en déduit d'après ce que nous venons de dire, mais si la profondeur peut être comprise entre deux limites assez écartées, il y a lieu de résoudre le problème suivant. Quelle est la profondeur qui réduit les frais par hectare au minimum?

A première vue, il semble que le drainage sera d'autant moins coûteux que les drains seront plus espacés, c'est-à-dire que la profondeur sera la plus grande possible. Car pour une assez faible augmentation de profondeur, on peut écarter beaucoup plus les drains. Toutefois, il faut prendre en considération l'accroissement de prix dû à l'augmentation de profondeur. Si, pour creuser à 0m,914, les ouvriers tâcherons prennent 0 fr. 09 par mètre courant, ils demanderont probablement 0 fr. 125 pour creuser à 1m,066 et les prix du drainage s'établiront ainsi, par mètre courant et par hectare.

	Profondeur	
	0m,914	1m,066
	fr.	fr.
Ouverture des tranchées.	0.090	0.125
Pose des tuyaux { apport. . . . . 0c040 ; rangement. . . 0.015 ; pose. . . . . . 0.080 }	0.002	0.002
Remblayage simple des tranchées. .	0.020	0.024
Prix de trois 1/3 tuyaux à 30 fr. le mille.	0.094	0.094
	0.206	0.245

Les drains profonds de 0m,914, dans l'argile tenace, pourraient être écartés de 5 mètres et ceux de 1m,066 de profondeur de 6m,50. La longueur des drains par hectare serait dans le premier cas, de 2,000 et leur prix de 412 francs; tandis que dans le second cas, il n'y aurait que 1,538m,5 de drains coûtant 0 fr. 243 ou, ensemble, 376 fr. 93 seulement. Il convient donc d'adopter la plus grande profondeur possible pour les drains, dans toutes les circonstances.

Ayant ainsi fixé les écartements des lignes de drains, pour les diverses profondeurs, nous n'avons plus qu'à déterminer la direction à donner à ces lignes. Or, l'*appel* des drains sera d'autant plus énergique que l'eau qui s'y écoule sera plus rapidement expulsée en dehors du champ : il est donc évident que les lignes de drains doivent être placées suivant les lignes de plus grande pente du sol; c'est-à-dire normalement aux courbes horizontales qui en indiquent le relief. En plaçant, à une profondeur uniforme, une ligne de drains, les tuyaux auront la plus grande pente du sol. Celle-ci peut-être insuffisante pour un rapide écoulement : il faut alors, pour chaque ligne de drains, adopter une profondeur croissant uniformément de un ou deux millimètres par mètre à partir de l'amont du terrain, ce qui augmente d'autant la pente naturelle du sol pour les tuyaux. Voyons actuellement quelle longueur peut avoir une ligne de drains d'assèchement, lorsque le diamètre des tuyaux et la pente sont donnés, ainsi que l'écartement adopté. On la déduira aisément du tabeau suivant calculé par les formules connues.

Pentes en millimètres	Diamètres intérieurs des tuyaux en millimètres	Vitesse moyenne de l'eau dans le tuyau	Volume écoulé par seconde en litres	Volume écoulé par 24 heures en mèt. cub.	Surface que peut assécher le drain en ares
2	30	0.187	0..21	10.5	2.62 39
3	30	0.245	0.159	13.3	3.44 13
4	30	0.294	0.191	16.5	4.13 09
5	30	0.337	0.219	18.9	4.73 75
8	30	0.445	0.290	25.0	6.26 04
16	30	0.660	0.429	37.1	9.27 30
2	50	0.262	0.473	40.9	10.22 95
3	50	0.337	0.609	52.6	13.16 00
4	50	0.400	0.724	62.5	15.63 10
5	50	0.456	0.824	71.2	17.80 80
8	50	0.596	1.077	93.1	23.27 00
16	50	0.873	1.577	136.3	34.07 20
2	72	0.320	1.232	106.5	26.22 00
3	72	0.419	1.570	135.6	33.91 20
4	72	0.495	1.855	160.2	40.06 00
5	72	0.562	2.105	181.9	45.47 70
8	72	0.730	2.735	236.2	59.06 80
16	72	1.062	3.979	343.8	85.94 90
2	90	0.376	2.203	190.3	47.57 80
3	90	0.477	2.792	241.2	60.31 80
4	90	0.562	3.290	284.2	71.05 70
5	90	0.637	3.728	320.2	80.52 00
8	90	0.824	4.827	417.0	104.26 30
16	90	1.196	7.001	604.9	151.22 00
2	120	0.445	4.638	465.4	116.36
3	120	0.562	5.848	570.1	142.52
4	120	0.660	6.869	658.2	164.56
5	120	0.746	7.768	735.9	183.98
8	120	0.963	10.025	930.9	232.72
16	120	1.392	14.487	1316.4	329.11
2	200	0.596	17.237	1489.3	372.32
3	200	0.746	21.579	1864.4	466.10
4	200	0.873	25.239	2180.6	545.16
5	200	0.984	28.464	2459.3	614.82
8	200	1.264	36.556	3158.4	789.60
16	200	1.818	52.561	4541.2	1135.30

Ayant ainsi fixé les relations existant, pour les différents sols, entre la profondeur des lignes de drains et leur écartement, la direction à leur donner, leur longueur maxima, suivant leur diamètre et leur pente, nous pouvons essayer de faire comprendre les avantages du drainage.

Supposons une terre à sous-sol imperméable non drainée. A l'exception d'une courte période, chaque année, le sol, à une profondeur plus ou moins grande, est saturé d'humidité : s'il survient une pluie, la plus grande partie de l'eau qu'elle donne tend à filtrer jusqu'à la couche d'eau qui repose sur le fond imperméable et élève le niveau de cette couche ; si quelques pluies se succèdent, le niveau de l'eau peut s'élever jusqu'à quelques centimètres seulement au-dessous de la surface. La terre est alors humide, détrempée ; les voitures n'y peuvent pénétrer pas plus que les instruments de culture ; si le sol est de nature argileuse, il forme une pâte qu'aucun instrument de culture ne peut travailler utilement. Dans ces conditions, le champ n'est abordable qu'à de longs intervalles : la terre, insuffisamment ou mal préparée, ne peut donner de bons produits. En outre, l'eau qui séjourne à une faible distance de la surface ne permet pas aux racines de la plupart des plantes cultivées de s'enfoncer à la recherche des aliments ; les radicelles ne se développent pas ou pourrissent bientôt ; les betteraves, la luzerne, etc., ne peuvent venir dans les terres humides, et la plupart des autres plantes utiles n'y donnent que des récoltes insignifiantes.

La couche d'eau qui s'élève plus ou moins près de la surface provoque une évaporation presque continue qui enlève au sol une partie de sa chaleur propre : les terres humides sont donc *froides* ; c'est un troisième inconvénient qui, ajouté aux deux précédents, insuffisante préparation mécanique du sol et arrêt de développement des radicelles, a pour effet certain de réduire les produits d'une terre humide à un minimum plus ou moins bas suivant la nature du sol et du sous-sol.

Les hommes et les animaux vivant dans les pays de terres humides souffrent notablement de l'état de choses que nous venons d'indiquer.

Lorsqu'une terre est bien drainée, la nappe d'eau formée par l'accumulation de l'eau de pluie dans le sous-sol est maintenue au-dessous de la surface du sol à une distance minima de 0m,30 à 0m,50 suivant la profondeur des drains et les saisons. Il en résulte que les radicelles trouvent une profondeur suffisante de terre assainie dans laquelle elles se développent. L'eau filtrant de la surface jusqu'au dessous des radicelles, entraîne avec elle de l'air qui apporte à ces radicelles de l'oxygène, de l'acide carbonique, de l'ammoniaque ou de l'acide nitrique : l'eau, sans être en excès, est en quantité suffisante pour opérer toutes les dissolutions nécessaires à l'alimentation des radicelles : le développement de celles-ci et par suite celui de toute la plante atteint donc son maximum, pour l'état particulier de fertilité du sol. Ce développement est encore favorisé par une température plus élevée dans le sol, elle est due en premier lieu à une moindre évaporation ou à une moindre perte de sa chaleur propre ; en second lieu, à la chaleur que développent les combinaisons de l'oxygène, affluant avec l'eau, avec les divers corps disséminés dans les particules terreuses ; enfin aux phénomènes de fermentations diverses que permet l'absence d'eau stagnante dans la couche active du sol.

Dans une terre bien drainée, les voitures et les instruments de culture attelés, peuvent passer en tous temps. Les façons culturales peuvent donc être complètes et données en saisons favorables. La terre, quelle que soit sa plasticité, peut donc être amenée à l'état d'ameublissement ou de division nécessaire à la pénétration de l'air et au développement des radicelles. Il est donc bien certain que le drainage doit augmenter la production végétale et diminuer les frais de cultivation mécanique. A ces avantages si précieux s'ajoute l'assainissement des localités drainées ; c'est-à-dire la diminution des causes de mortalité pour les hommes et les animaux qui doivent y vivre.

Bien que les considérations précédentes ne puissent guère laisser de doute sur les avantages du drainage aux divers points de vue, nous ajouterons que les faits observés et les expériences directes ont confirmé les prévisions ci-dessus.

D'après des expériences directes de M. Parkes, il y aurait 3°,8 de plus dans la terre drainée que dans le sol non assaini. M. Moddent évalue même à 4°,4 cette différence. Ce plus grand échauffement des terres drainées fait comprendre leur grand produit. Dans de fortes argiles, en Ecosse, où les navets et raves ne pouvaient venir, et où manquaient souvent les récoltes de pommes de terre, le drainage a permis la culture des premiers et assuré un fort produit des dernières, alternant avec les céréales. Dans les terres fortes et marécageuses de l'Ecosse septentrionale, on renonçait même à la culture des céréales que la maladie connue sous le nom de *nielle* envahissait ; le drainage de ces terres a fait disparaître la maladie et les récoltes sont certaines et rémunératrices. Dans un champ ne donnant que 3,000 kilogrammes de raves ou navets, on en obtenait, après drainage, plus de 27,000.

Dans la ferme de Deanston, avant son drainage, les brouillards étaient fréquents et épais ; le drainage les a fait disparaître, du moins dans leur intensité locale particulière. A Birkenhead, un profond drainage a fait disparaître les brouillards et a quadruplé la valeur du terrain. Le drainage des prés et pâturages humides a fait disparaître les épidémies qui frappaient périodiquement les bêtes ovines et bovines qui y pâturaient. Enfin, dans nombre de localités, le drainage a réduit les cas de fièvres intermittentes au sixième de ce qu'ils étaient auparavant.

Bien convaincu de la nécessité et des avantages du drainage, et sachant quelle profondeur et écartement donner aux lignes de drain et la direction qu'elles doivent avoir, nous devons nous occuper de l'exécution même de ce mode particulier d'assèchement des terres. L'exécution, proprement dite, doit toujours être précédée d'une étude basée sur des sondages et des nivellements et se traduisant par un *plan coté* devant régler l'exécution dans toutes ses parties. Quelques praticiens sont souvent tentés d'exécuter un drainage sans faire de plan ; le relief du sol étant très simple, ils croient pouvoir se dispenser, sinon de tout nivellement, du moins de l'étude d'un tracé topographique sur le papier. C'est une grave erreur. Il est indispensable d'avoir un plan de drainage sur lequel le relief du sol soit exactement indiqué par des courbes horizontales aussi rapprochées que possible et dont les hauteurs relatives soient connues. Le travail, très facile, de nivellement, de dessin et de calcul, qui constitue l'étude du drainage sur plan à l'échelle et coté, a tant d'avantages qu'il est impossible de s'en dispenser. En premier lieu, l'étude du tracé sur ce plan permet toujours d'économiser une certaine longueur de drain, par des tâtonnements intelligents ; en second lieu, on conserve, pour le cas de *réparations*, un moyen certain de retrouver tous les drains.

Comme le meilleur mode de représentation du relief d'un terrain sur un plan à l'échelle, est la *méthode des horizontales équidistantes en hauteur*, bien connue, nous l'emploierons exclusivement. Le meilleur moyen de déterminer les horizontales équidistantes d'un terrain, c'est de faire, sur ce terrain, un *nivellement en long et en travers* bien conduit. Ceci bien entendu, nous allons donner des exemples de *tracés de drainage*, en passant des cas les plus simples aux plus compliqués. Soit un champ peu étendu, ayant exactement la forme d'un *plan incliné* sur l'horizon : ses limites étant supposées droites, perpendiculaires et parallèles aux lignes de niveau équidistantes, dites horizontales, la figure 212 est le plan coté de ce champ. Ses limites sont indiquées, comme dans tous les plans suivants, par des lignes de petites croix. Les lignes de niveau sont droites, parallèles et équidistantes en projections horizontales comme en projections verticales ; elles sont tracées en lignes de petits points ronds ; les drains de dessèchement sont en traits pleins minces ; les drains collecteurs en traits pleins plus gros et d'autant plus larges qu'ils doivent écouler plus d'eau ou assainir plus d'ares de terrain. On voit que ce champ en plan incliné a exactement et partout une plus grande pente uniforme de 5 millimètres par mètre, puisque, pour un écartement vertical de 100 millimètres des horizontales, il y a, en projection horizontale, ou sur le plan, un écartement de 20 mètres. Les sondages ont montré que le sol, sur toute l'étendue du champ, est une terre franche reposant sur une couche argileuse plane, presque horizontale. Dans ces conditions, on adopte une profondeur d'un mètre et un écartement d'environ neuf mètres. Comme il est inutile de drainer les champs voisins latéralement, le premier et le dernier drains doivent être mis exactement à un demi-écartement des limites du champ ou environ à $4^m,50$. En appelant d l'écartement vrai, on doit donc avoir, en appelant n le nombre de drains d'assèchement $nd = 240$ mètres. Si l'on adoptait 9 mètres comme écartement vrai, le nombre de drains serait de 26 2/3. Comme ce nombre doit être entier, on admettra 27 drains et, par suite, l'écartement pratique ne sera pas 9 mètres, mais $8^m,889$. ou, par économie, on peut adopter 26 drains seulement, avec un écartement uniforme de $9^m,23$. Cette économie, qui ne compromet nullement le succès du drainage est de 28 fr. 83, si le mètre de drain revient, tout compris, à 0 fr. 30 : soit près de 4 0/0 du tout.

Si la terre, située à l'amont du champ, est drainée, ou ne donne pas une quantité sensible

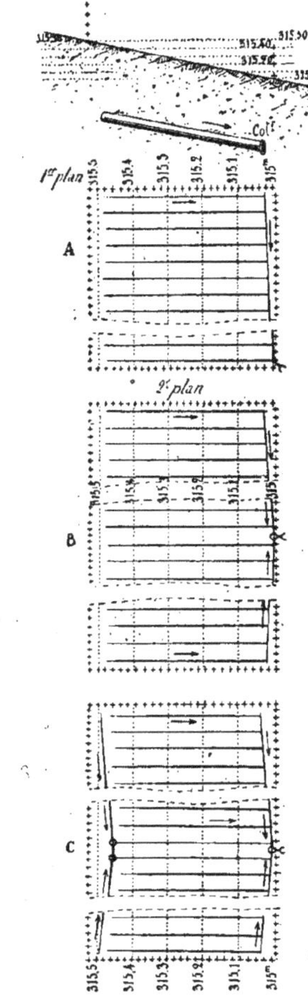

Fig. 211 à 214. — *Coupe suivant la plus grande pente d'un champ en plan incliné parfait.* — A *Plan coté de ce champ, avec le tracé du drainage, la bouche à l'une des extrémités.* — B *Second plan coté du même champ, avec drainage : la bouche est au milieu du côté d'aval du champ.* — C *Troisième plan du même champ : le drainage comme dans figure 214 ; mais avec un drain d'isolement en amont.*

d'eau, les drains commenceront à un demi-écartement ou à $4^m,615$ de la limite d'amont du champ ; ils se termineront à l'aval dans un drain collecteur, à tuyau de 60 millimètres de diamètre intérieur, dirigé parallèlement aux horizontales et placé à $4^m,615$ de la limite d'aval du champ. Dans ce cas, ce drain collecteur n'aurait pas de pente naturelle ; il faudrait lui donner une pente de 2 millimètres au moins, en le creusant à gauche, à son origine, à $0^m,765$ seulement et à $1^m,235$ à son extrémité de droite, où commence le drain d'expulsion, de plus grande pente, si cela est possible, placé en dehors du champ jusqu'à la rivière pouvant recevoir l'eau du drainage. Comme de raison, les divers petits drains à partir de la gauche seraient creusés de plus en plus profondément pour s'accorder avec le tuyau collecteur. Le premier drain à gauche serait creusé à $0^m,760$, le second à $0^m,760$, plus autant de fois 2 millimètres qu'il y a de mètres entre ces deux drains, soit à $0^m,760 + 0^m,009$, ou à 0,769 et ainsi de suite; le dernier petit drain, à droite, étant creusé à $1^m,221$. Cette grande différence de profondeur entre le premier et le dernier drain est fâcheuse. Pour la diminuer autant que possible, on trace le collecteur, obliquement aux horizontales, son débouché étant à l'angle de droite en aval et son origine à $4^m,615$ de la limite du champ, comptés sur le prolongement du premier petit drain de gauche. On a ainsi, pour ce collecteur, une pente naturelle de 23 millimètres, qui diminue d'autant la pente artificielle à donner qui, au lieu d'être de $0^m,47077$, ne sera plus que de $0^m,447$. On peut enfin réduire du double la pente artificielle, en mettant, si cela est possible, le débouché du collecteur au milieu du bord d'aval du champ. Alors, la différence de niveau naturelle étant (fig. 213) de 23 millimèt. pour $115^m,385$, la pente artificielle à donner sera égale à $0^m,23077$ moins $0^m,023$ ou à $0^m,20777$. Le drain central sera creusé à $1^m,103885$ et, à partir de ce point, en allant à droite ou à gauche, chaque drain sera creusé en moins de 16 millimètres, le dernier n'ayant qu'une profondeur de $0^m,891$ pour $0^m,896$ de profondeur au collecteur au point correspondant. La plus petite profondeur est ici les 81 centièmes de la plus grande, tandis que pour le débouché au coin du champ, elle était les 62 centièmes seulement.

Il faut indiquer sur le plan, à chaque drain, la profondeur qu'il doit avoir pour assurer une pente suffisante au drain collecteur. La pente minima de celui-ci est de 2 millimètres par mètre, comme nous l'avons admis dans nos calculs. Si la terre située à l'amont du champ à drainer est humide et peut amener une quantité notable d'humidité, il convient de l'isoler du champ par un drain d'*isolement*, tracé à peu près parallèlement à la limite supérieure du champ avec une pente artificielle, comme nous l'avons fait pour le collecteur. La figure 214 indique la meilleure manière de tracer ce drain d'isolement. Les drains d'asséchement ne commencent qu'à $4^m,615$ du drain d'isolement.

Si les limites du champ, en projection horizontale ou sur le plan, sont obliques ou horizontales, le tracé se fait suivant le même principe; les drains d'asséchement seront encore tracés normalement aux droites horizontales : alors il y aura des drains d'asséchement de longueurs diverses et peut-être sera-t-on forcé de faire un drain collecteur secondaire parallèlement à l'une des limites latérales du champ. On en verra plus loin des exemples.

La seconde forme élémentaire d'un champ, c'est la forme cylindrique à axe horizontal. Si nous supposons, pour plus de simplicité, que les limites du champ rectangulaire sont parallèles et normales aux droites horizontales, le tracé se fera comme précédemment. La différence (fig. 215 à 218) consiste dans le fait que la pente, normalement aux horizontales, va en croissant ou en décrois-

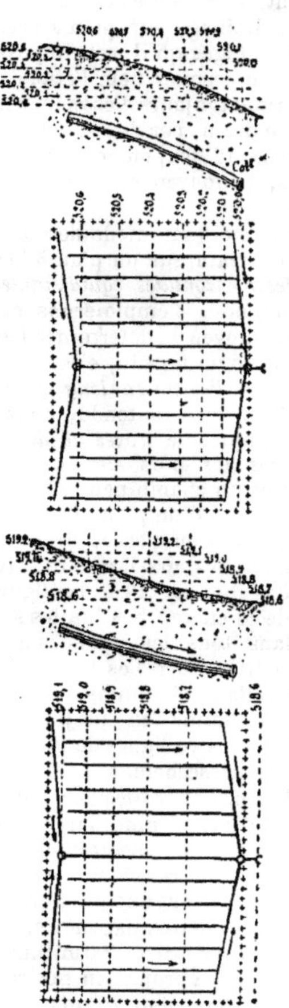

Fig. 215 à 218. — *Coupe d'un terrain cylindrique convexe; plan du drainage de ce terrain avec drain d'isolement. — Coupe d'un champ cylindrique concave; plan du drainage de ce champ avec drain d'isolement à l'amont.*

sant. Les tuyaux sont placés suivant des lignes convexes ou concaves; leur pente va en croissant ou en décroissant, de sorte que l'écoulement est un peu différent de ce qu'il est dans le cas précédent à drain suivant une droite; mais, pourvu que la pente minima dépasse 2°, il n'y a, à cette courbure de la ligne de drain, aucun inconvénient. Si, à l'amont ou à l'aval, la pente naturelle est trop faible, on y ajoute une pente artificielle comme précédemment.

Une troisième forme élémentaire est celle d'une

surface conique à génératrice droite (fig. 219 à 223). Elle peut être concave (fond de vallée ou combe) ou convexe (fin de contrefort). Pour être dirigés suivant la plus grande pente, les drains doivent être des génératrices du cône, normales aux cercles horizontaux équidistants. Tous les drains sont donc convergents ou divergents. Si la courbure des cercles horizontaux est assez faible, on peut assimiler la surface courbe conique à un certain nombre de faces de pyramides inscrites dans le cône. Alors, sur chacune de ces faces (fig. 220 à 223), il y a plusieurs drains parallèles aboutissant à un collecteur spécial communiquant avec les autres.

On peut admettre comme dernière forme élémentaire de terrain, une portion de sphère convexe (ballon) ou concave (cuvette). Mais il est plus simple de l'assimiler à une surface de révolution engendrée par un arc de cercle convexe ou concave. Et il est visible que, sur cette surface, les drains seront tracés absolument comme sur les cônes à génératrice droite : les drains seront alors en ligne courbe convexe ou concave. C'est, pour la troisième forme élémentaire, ce qu'est la seconde pour la première.

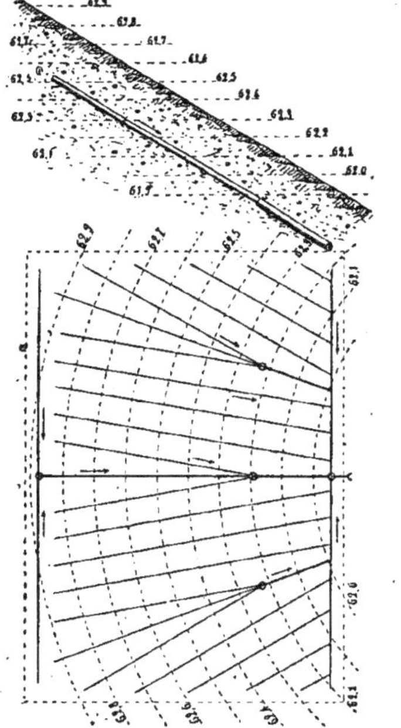

Fig. 219 et 220. — *Coupe d'un champ conique concave. Plan du drainage de ce champ conique concave.*

Le tracé du drainage sur ces différentes formes élémentaires, très caractérisées, ne présente, comme on le voit, aucune difficulté ; le choix de l'origine et du débouché des drains collecteurs et des drains d'isolement exige seulement des calculs de pente afin de limiter au minimum les différences de profondeur dans un même drain collecteur et la diversité de profondeur des drains d'asséchement d'une même série parallèle. Il est évident que le terrain naturel n'est jamais absolument une surface plane, cylindrique, conique ou sphérique ; le relief vrai s'approche plus ou moins de ces formes géométriques pures ; et dans les limites ordinaires, il est presque toujours possible de les remplacer, sur le plan, par des faces planes inclinées, d'autant plus nombreuses et étroites que les courbures des horizontales sont plus accusées. Lorsque l'on est habitué à lire le relief d'un terrain par ses courbes horizontales équidistantes, cette division de la surface non géométrique en une série de plans contigus est extrêmement facile. Cela fait, le tracé des drains, sur chacune des faces planes idéales, doit être exécuté d'après le mode décrit ci-dessus. Chacun de ces tracés partiels étant faits, il ne reste plus qu'à raccorder avec intelligence les collecteurs pour n'avoir qu'un débouché en dehors du champ s'il n'est pas trop étendu, ou le moindre nombre de débouchés, si la forme du terrain n'en permet pas un seul. Comme exemple, nous donnons le champ représenté figure 224. On voit que la portion ABC est assimilable à une surface conique convexe ; CDE, à un plan incliné ; EFG, à une surface conique concave, et HIG, à une surface conique convexe. Or, on voit dans la seconde partie de la figure que ABC peut être remplacé par trois faces planes de pyramide ; EFG par quatre faces et HGI par 2. Cette transformation faite, le tracé des drains fait, partiellement d'abord, et raccordé ensuite, donne le centre de la figure. On peut donc, comme règle générale du tracé d'un drainage sur un plan quand le relief est figuré par des horizontales équidistantes, donner la marche que voici :

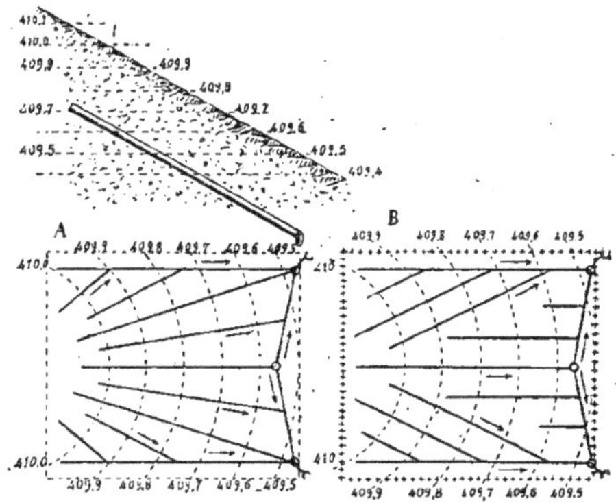

Fig. 221 à 223. — *Coupe d'un champ conique convexe. — Plan du drainage de ce champ conique convexe par drains divergents. — Drainage du même champ par trois séries divergentes de drains parallèles.*

1° Remplacer toutes les courbes horizontales par des droites s'approchant, autant que possible, de ces courbes.

2° Faire, avec un certain nombre de ces droites horizontales étagées, des séries ne s'éloignant pas beaucoup du parallélisme. Chacune de ces séries est une surface gauche s'éloignant peu d'un plan dont l'horizontale caractéristique serait la moyenne direction, facile à trouver, des diverses horizontales formant la série.

3° Chacune des séries planes, gauches, bien déterminées par son horizontale de moyenne direction, on trace, à l'écartement voulu, les drains normalement à cette direction moyenne.

4° On détermine la position des drains d'isolement sur celles des faces planes qui peuvent recevoir de l'eau des terrains d'amont.

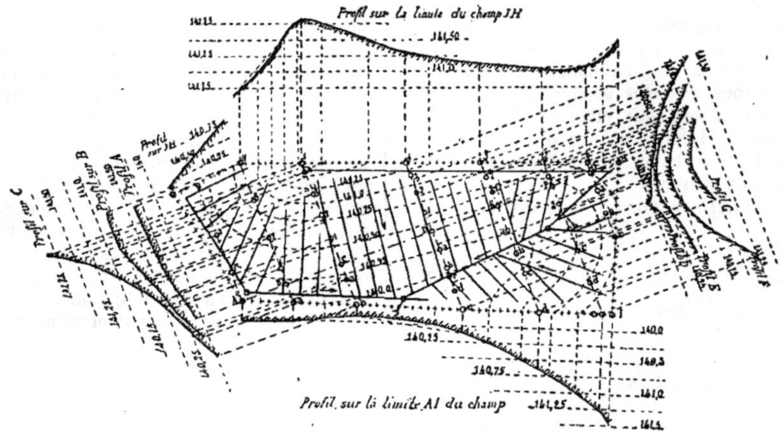

Fig. 224. — *Plan du drainage d'un champ à surface irrégulière avec les divers profils transversaux et latéraux.*

5° On étudie la position des drains collecteurs : il y en a nécessairement un dans chaque *thalweg* (1); les autres collecteurs sont à l'aval de chaque face plane. Si celle-ci est très longue, dans le sens de la plus grande pente, il est nécessaire, pour éviter de trop longs drains d'assèchement, de la diviser en 2 ou 3 parties étagées, ayant chacune à son aval un collecteur, dit de *reprise*, vidant son eau dans un collecteur de plus

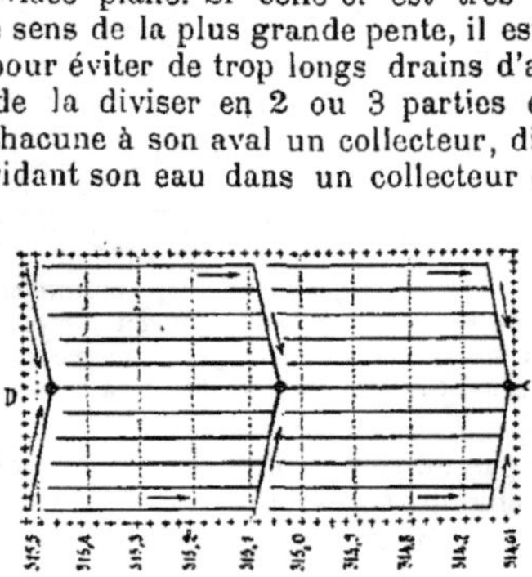

Fig. 225. — *Champ très long suivant la pente, nécessitant un drain collecteur intermédiaire*, **dit de reprise.**

grande pente qui la porte au collecteur général d'aval (fig. 225).

Bien que la marche que nous venons d'indiquer conduise à un tracé rationnel, en appliquant les règles particulières à chaque forme élémentaire géométrique du sol, il n'est pas inutile d'indiquer ici quelques détails du tracé.

1° Toutes les fois qu'une série de drains parallèles doit avoir une profondeur différente de la série voisine, il faut que les espacements des drains soient en rapport convenable avec ces profondeurs différentes; les drains les moins profonds devront être les plus rapprochés.

2° Si, dans une pièce de terre à drainer, quelques parties sont plus humides, on y doit serrer davantage les lignes de drains. Il en est de même si quelques parties sont en pente très faible ou presque horizontales.

3° On doit soigneusement tracer les lignes de partage des eaux dans toutes les parties du sol formant dos d'âne. Les drains ne doivent commencer qu'à une certaine distance de cette ligne, d'où les eaux tendent à s'éloigner ; c'est une économie de développement de drains qui ne peut avoir aucun inconvénient.

Tuyaux collecteurs. Avec la formule de Prony, il est facile de déterminer la quantité d'eau que peut écouler, dans une journée de vingt-quatre heures, un tuyau de diamètre donné et dont la pente est connue. On en conclura que ce tuyau peut évacuer en vingt-quatre heures l'eau d'une pluie d'épaisseur donnée sur une certaine surface. C'est ce que nous appellerons la capacité d'assainissement d'un tuyau. Nous avons supposé dans le tableau de la page 439, 2e colonne, que le drain collecteur doit enlever, en vingt-quatre heures, toute l'eau d'une pluie énorme (40 millimètres d'épaisseur). Nous supposons les tuyaux pleins jusqu'aux trois quarts de leur diamètre vertical.

Cette hypothèse conduit à des diamètres supérieurs à ceux qu'adopte la pratique habituelle. Une pluie de 40 millimètres d'épaisseur dans une journée est, il est vrai, tout à fait exceptionnelle, et la totalité de la pluie n'arrive jamais aux drains. Dans certaines saisons même, une pluie forte ne fait pas couler les drains, parce que la terre a soif. Une partie de l'eau est évaporée ou absorbée avant d'arriver aux drains. Si l'on tient compte

(1) Mot allemand qui peut être traduit par *chemin de la vallée*. C'est la ligne d'intersection de deux versants convergents supposés plans, et où toute l'eau tombée se réunit.

de tout cela, on peut admettre que les drains cités peuvent à la rigueur suffire à des surfaces doubles de celles indiquées dans la dernière colonne.

La pratique ne nous donne pas d'indications bien précises à ce sujet.

D'après M. Decauville, un tuyau de 30 millimètres avec 4 millimètres de pente peut assécher 18 ares, tandis que nous ne trouvons par le calcul que 4 ares 13.

D'après M. Leclerc, un tuyau de 50 millimètres sans désignation de pente suffit pour 150 ares. Le calcul ne nous donne que 10 à 34 ares.

D'après le même auteur, un tuyau de 60 millimètres suffirait pour 233 ares; celui de 80 millimètres pour 400 ares.

D'après M. Parkes, un tuyau de 127^{mm},4 de diamètre avec 20 millimètres de pente peut assainir 1,500 ares. Pour 120 millimètres de diamètre et 16 millimètres de pente, nous ne trouvons que 329 ares.

Il paraîtrait donc que nos chiffres de la dernière colonne seraient à peu près le cinquième de ce que l'ancienne pratique adoptait. Nous croyons fermement qu'en adoptant des tuyaux collecteurs d'un trop faible diamètre, on compromet le drainage au moment des pluies persistantes. La terre au fond de ces drains est détrempée et des tassements peuvent déranger les tuyaux. Nous recommandons de ne pas donner aux collecteurs une surface à assécher supérieure au double des chiffres de la dernière colonne, et de bien tenir compte de la pente des *tuyaux*.

Regards. Afin de surveiller le fonctionnement des drains, il est essentiel qu'aux points de rencontre de deux ou trois collecteurs, on établisse un puits étanche dans lequel les deux ou trois drains versent leur eau que reprend, à un niveau supérieur ou inférieur, suivant les cas, le drain collecteur qui fait suite aux précédents. Nous verrons plus tard comment ces regards peuvent être construits : sur le plan, on les représente par un petit cercle.

Bouches d'évacuation. Les drains principaux qui débouchent en rivière doivent avoir leur extrémité protégée contre les déprédations des hommes, les dégâts des animaux et l'action des courants. La petite construction nécessaire est représentée sur le plan par un demi-cercle. Nous donnons comme spécimen un plan complet de drainage établi suivant les conventions déjà indiquées. La pièce de terre est teintée en terre de sienne brûlée, en bistre clair ou en sépia colorée pâle si elle est à l'état habituel de labour: la teinte est vert végétal si c'est une prairie permanente; vert bleuâtre avec flaques d'eau, si le sol est à l'état de prairie marécageuse. Les lignes de drains sont tracées en *vermillon foncé*, ainsi que les regards et les bouches. Les cotes de hauteur des horizontales sont en noir; les profondeurs de drain en carmin foncé (fig. 424).

Ce plan doit être fait à une grande échelle : un millimètre par mètre pour les grandes pièces de terre et deux millimètres pour les petites. Le plan ou levé de la pièce de terre étant ainsi fait avec l'indication des lignes de profil en long et en travers on fait les profils à la même échelle que le plan pour les bases et à une échelle décuple pour les hauteurs. A travers tous ces profils on trace des horizontales équidistantes; ce qui donne en projection verticale les points de passage sur les divers profils des courbes horizontales. En rabattant sur le plan ces projections verticales, on a sur chaque ligne de profil les points de passage des diverses courbes horizontales que l'on trace par arcs de cercle bien étudiés et tangents l'un à l'autre. Les profils en long sur les limites de la pièce donnent les origines des courbes horizontales. Le tracé des horizontales est ainsi fait graphiquement avec le seul aide du carnet de nivellement sur les divers profils choisis. Il n'y a plus que le tracé des drains à faire en suivant les règles que nous avons données précédemment.

Exécution du drainage. *Préparations.* Le cultivateur qui veut drainer ses terres, ne doit commencer l'exécution qu'après être parfaitement fixé sur les travaux à faire par des nivellements exacts et un plan complet du drainage. Le travail doit se faire successivement sur les diverses pièces en commençant par celles dont l'altitude est la moindre, s'il y un drain général d'évacuation; s'il y en a plusieurs, on peut commencer par la pièce la plus à l'aval de l'un ou l'autre drain d'évacuation. Comme le nombre de jours de travail est limité chaque année, ainsi que le personnel, il faut *assoler* le drainage sur une période de plusieurs années. Il faut faire concorder cet assolement avec la rotation des cultures de façon à ne rien perdre des récoltes et à ne gêner en aucune façon le cours normal des cultures, les travaux de préparation du sol, de main-d'œuvre, de charrois de fumier, etc., etc. Il convient de n'entreprendre chaque année que la surface qui peut être drainée avec le nombre d'hommes dont on peut disposer: sinon, on s'expose à des retards préjudiciables dans les travaux de préparation des sols drainés, et à des exigences fâcheuses de la part des ouvriers.

Les tuyaux, manchons, etc., dont on peut avoir besoin doivent être achetés à l'avance et transportés au moment le plus favorable sur le terrain; et autant que possible avant l'ouverture des tranchées de drainage : il faut, en effet, éviter que les ouvriers *attendent* après les matériaux, et que les chariots ou charrettes circulent entre les tranchées.

Sole. Le champ à drainer doit être au moment des travaux facilement accessible aux voitures, et dans un état tel qu'il n'éprouve aucun dommage de la part des travailleurs. On attendra donc que ce champ soit à l'état de sole de pâturage, de vieux trèfle ou d'ancienne luzerne dans l'année où ils doivent être rompus. Dans une sole de cette espèce, le terrain est consistant sans être durci, s'il est argileux; il est stable et peu ébouleux puisqu'il n'a pas été remué depuis une ou plusieurs années; les tranchées pourront donc rester ouvertes sans danger d'éboulements tout le temps nécessaire au bon achèvement des travaux et malgré un temps défavorable.

Les transports se feront sans détériorer le terrain et sans surcroît de fatigue pour les attelages : on aura à sa disposition des gazons propres à certaines précautions destinées à assurer l'efficacité du drainage en quelques cas. Si l'on ne peut faire le drainage quand la terre est à cette période de la rotation des cultures, soit parce qu'il n'entre pas dans cette rotation une sole de prairie, soit parce qu'il faudrait attendre trop longtemps, on peut faire le drainage quand la terre est à l'état de chaume de grains. On fait les travaux avant le déchaumage et celui-ci doit suivre immédiatement le drainage afin de nettoyer à temps le sol. Il est alors avantageux de damer la terre remise dans les tranchées sur les tuyaux. On peut ensuite donner un bon labour avec une charrue ordinaire suivie d'une charrue sous-sol qui complète le drainage en accélérant l'égouttement du sous-sol.

Saison. Si la terre n'est ni *emblavée* ni chargée de récoltes pendantes par racines, si elle est inoccupée enfin, les travaux de drainage peuvent y être faits à toute époque de l'année qui convient le mieux au cultivateur, suivant la main-d'œuvre et les attelages disponibles : mais les travaux doivent être poussés avec assez de rapidité, pour qu'ils soient terminés dans un délai qui ne porte aucun préjudice aux façons diverses que la terre doit recevoir dans les intervalles compris entre l'enlèvement d'une récolte et l'ensemencement d'une autre. Une saison sèche présentera de très grands avantages, spécialement dans le cas de sols marécageux, ou de terres molles, poreuses, renfermant de nombreuses sources temporaires qui détrempent le sol. A la fin de l'été, ou au commencement de l'automne, l'ouverture de tranchées de drainage dans une argile compacte exigera certainement plus de travail et présentera des difficultés assez notables ; mais, en revanche, toutes les autres parties du travail seront plus aisément et plus convenablement exécutées. Les charrois se feront bien et sans couper les terres par de profondes ornières. Les éboulements des tranchées seront aussi moins à craindre en été qu'au printemps ou au commencement de l'hiver. Jusqu'ici pourtant le drainage s'est principalement fait en automne et en hiver. Cette époque présente certainement quelques avantages : la main-d'œuvre est en partie disponible ; la terre adoucie par les premières pluies d'automne se coupe bien, sans éclater ; et si le temps, ce qui est assez habituel, se soutient au *beau* pendant quelques semaines, on peut terminer le drainage de champs d'une étendue médiocre, avant que les grandes pluies et les alternatives de gel et de dégel ne viennent mettre en danger les tranchées fraîchement ouvertes et non encore garnies de leurs tuyaux. Mais si, à cette époque, une forte averse vient à tomber, il faut suspendre les travaux de drainage jusqu'à ce que la terre ait repris de nouveau quelque solidité et que le fond des tranchées soit assez peu mouillé, ou non délayé, et capable de recevoir les tuyaux d'une manière satisfaisante. Si la pose des tuyaux était faite sur un fond boueux, délayé, mouillé, ruisselant d'eau, ils ne seraient pas stablement placés. Les fortes gelées sont défavorables aussi, car les outils ont de la peine à couper nettement : les parois et le fond sont alors difficiles à régulariser. Il faut alors laisser les tranchées ouvertes jusqu'à ce que le dégel permette de nettoyer et régulariser leur fond, et donne assez de terre meuble pour recouvrir les tuyaux d'une couche de 0m.16 d'épaisseur. Ce recouvrement de précaution fait, on peut laisser venir sans crainte le dégel, en ayant soin toutefois d'en surveiller les effets et de régulariser son action de remplissage spontané des tranchées.

En hiver, la terre est saturée d'eau ; et les draineurs qui choisissent cette saison pour travailler prétendent qu'alors seulement on juge bien de la quantité d'eau à extraire et de sa position. Nous recommandons de faire seulement les sondages d'études en hiver pour avoir ces données avant l'époque des travaux proprement dits. Enfin, au printemps, dans la seconde quinzaine de mars et la première d'avril, la main-d'œuvre est presqu'entièrement disponible ; et ce laps de temps suffit pour achever le drainage de petites pièces, en se précautionnant contre les éboulements et en ménageant le temps nécessaire aux façons culturales du printemps. Il sera très difficile à cette époque de drainer la sole destinée aux plantes sarclées. La fin de l'été et le commencement de l'automne donnent donc la période la plus favorable pour l'exécution des travaux de drainage.

Si l'on draine au printemps ou en été des terres enherbées, on peut perdre de l'herbe ou l'on est forcé d'interrompre le pâturage : car les animaux gêneraient les travaux ou pourraient se blesser dans les tranchées. On peut éviter cette perte d'herbe, en accélérant le travail par l'embauchage d'un assez grand nombre d'ouvriers pour que le sol et l'herbe ne soient enterrés que pendant très peu de temps. Le gazon ne recevant alors qu'un léger piétinement ne souffre pas sensiblement : l'herbe repousse dès que les travaux sont achevés ; parfois même, elle devient plus douce et plus fournie que si sa croissance n'avait pas été entravée par le foulage et l'enterrage.

En résumé, le cultivateur intelligent, dont les plans de drainage sont prêts à l'avance et bien détaillés, et qui s'est approvisionné de tuyaux, pourra trouver au printemps, trois à quatre semaines ; à la fin de l'été et au commencement de l'automne six semaines et autant en hiver ; soit de 3 à 4 mois de drainage par année, ce qui permet d'achever les travaux sur une surface assez étendue pour peu que les ouvriers capables ne fassent pas défaut. Quant à fixer d'une manière générale, le *meilleur moment* de l'année pour effectuer le drainage, cela est impossible. Mais tout cultivateur qui tiendra compte des observations précédentes et aura bien préparé ses plans, ne peut être sérieusement embarrassé, pour arriver à drainer ses diverses pièces de terre en quelques années.

Exécution des tranchées. *Tracé sur le terrain d'après le plan.* Le drain collecteur le plus à l'aval devant être ouvert le premier, doit aussi être le premier tracé : pour cela, on le prolonge sur le papier jusqu'à la rencontre de deux des côtés du champ. On détermine ces points d'intersection sur ces côtés par le nombre de mètres qu'indique le plan à l'échelle. On porte en grandeur naturelle ces nombres de mètres sur le terrain, ce qui détermine deux points du drain droit. On peut alors le jalonner ou plutôt le *marquer* par un trait de charrue légère, ou d'une charrue à ouvrir les rigoles d'arrosage. On détermine de même un des drains de la série parallèle qui verse ses eaux dans ce collecteur. Sur cette direction, bien fixée par des jalons, on mène une perpendiculaire sur laquelle on marque les intervalles des drains, et en chacun de ces points, une nouvelle perpendiculaire sur la première donne les directions et places de tous les drains parallèles formant une série aboutissant au collecteur tracé. Suivant le nombre d'ouvriers dont on dispose, on entreprendra une seule série ou plusieurs : chaque petit drain dit d'asséchement est tracé par un trait de charrue ou par une suite de trous faits avec une bêche le long d'un cordeau tendu : les mottes rabattues exactement du même côté des trous qui les ont fournies.

Ouverture de la tranchée. Le chef-ouvrier de la brigade qui creuse un drain, enlève le premier fer de bêche en prenant pour guide un cordeau le long duquel il pratique une coupure verticale de 0m,20 de profondeur avec le fer de sa bêche plate ; d'abord sur la droite de la future tranchée, puis sur la gauche à 0m,325 de la première. Il enlève ensuite, en poussant horizontalement sa bêche, et partie par partie, la bande de terre qu'il a dégagée sur les deux longues faces et il dépose ces mottes de terre végétale, souvent enherbées, sur le côté gauche de la tranchée en regardant le débouché de celle-ci. Dès que ce travail est fait, comme nous venons de le dire, l'ouvrier chargé d'enlever le second fer de bêche peut commencer sa tâche ; mais ordinairement, le premier ouvrier pose préalablement un cordeau devant guider les autres ouvriers dans la profondeur à donner au travail. Ce cordeau est tendu entre deux piquets horizontaux enfoncés tous deux dans la paroi de la tranchée à 0m,15 de la surface, si le fond de la tranchée doit être parallèle au sol. C'est en dessous de ce cordeau que les ouvriers mesurent la profondeur qu'ils doivent atteindre ; et, pour les guider, on leur donne des baguettes de la longueur voulue, qu'ils n'ont qu'à présenter en dessous du cordeau pour s'assurer s'ils sont à la profondeur voulue. Si le drain doit avoir une pente artificielle de 2 millimètres par mètre, le premier piquet étant à 0m,15 du sol, le second situé à 15 mètres plus loin sera enfoncé à 0m,18 du sol, ce qui donne pour 15 mètres 30 millimètres de pente en plus de celle du sol, la pente naturelle.

On a voulu, dans les premiers temps du drainage, déterminer par des niveaux de pente, l'inclinaison uniforme du fond des drains. On créait ainsi inutilement une énorme difficulté. Nous avons déjà dit que si sur toute la longueur d'un drain la pente par mètre, régulière ou non, mais d'un seul sens, est d'au moins deux millimètres, le fond du drain doit être à une même profondeur partout au-dessous du sol, ou parallèle à la surface de ce sol. Si partout ou sur une partie de cette longueur, la pente naturelle est inférieure à 2 millimètres, on donne une pente artificielle par l'accroissement convenable de la profondeur, de l'amont à l'aval.

En général, un drain un peu long dont le fond est parallèle au sol suivant sa plus grande pente, n'est pas en ligne droite dans le plan vertical passant par son axe, il est convexe ou concave, ou mixte. L'écoulement de l'eau se fait donc avec des vitesses diverses aux divers points, mais il n'y a là aucun inconvénient, surtout si, comme nous le recommandons instamment, on ne fait jamais les drains d'asséchement trop longs.

Le principal avantage de l'uniformité de profondeur d'un drain, c'est la facilité de donner à tâche l'ouverture de la tranchée : en outre, 1° l'*asséchement* du sol, supposé de même nature sur toute la longueur du drain, sera le même en tous les points, et par suite suffisant partout si la profondeur a été fixée en rapport avec l'écartement ; 2° l'uniformité de profondeur correspond au minimum de travail, toutes choses égales d'ailleurs : par suite au minimum de prix de revient ; 3° la régularisation du fond, la vérification de sa pente se réduisent à l'emploi du cordeau et d'une *jauge* ou baguette pour *justifier* d'une égale profondeur sur toute la longueur ; 4° lorsque la profondeur d'un même drain varie notablement, les ouvriers ont la plus grande peine à s'accorder sur les changements de profondeur : les uns vont trop profondément ; et d'autres, creusant trop peu, laissent une tâche impossible à celui qui les suit.

Les personnes peu familiarisées avec le tracé des drains sur un plan à relief figuré craignent que dans un drain d'asséchement dont le fond est parallèle au sol, il puisse y avoir des pentes et des contre-pentes ; c'est impossible dans un bon tracé. Le tracé sur le terrain d'après le plan, et la préparation du cordeau-guide se fait pour les drains d'isolement et les collecteurs comme pour les drains d'asséchement ; sauf que le plus souvent ces drains exigent une pente artificielle : mais le chef-ouvrier, muni du plan sur lequel les profondeurs diverses sont inscrites, détermine aisément la place et l'inclinaison de son cordeau.

Creusement des tranchées. En principe, une tranchée de drainage doit, pour le moindre travail, avoir une section aussi petite que possible ; c'est-à-dire présenter, au fond et au niveau du sol, des largeurs minima. Une tranchée de drainage est creusée seulement pour y placer un tuyau cylindrique et doit être remblayée presqu'immédiatement après la pose de ce tuyau. Les parois de cette tranchée ne restent alors que trop peu de temps exposées à l'air pour qu'il y ait chance d'éboulement, à moins qu'un retard ou des circonstances particulières de friabilité, ou une forte pluie ne viennent provoquer la chute de la terre de ces parois. On peut donc creuser la tranchée avec des talus très raides et presque verticaux. La largeur au fond de la saignée doit être seulement suffisante pour y poser le tuyau ; toute largeur superflue, toute forme autre que la forme cylindrique du diamètre extérieur du tuyau est mauvaise, au point de vue du temps nécessaire au creusement et pour la pose des tuyaux. Les ouvriers, pour le creusement de ces tranchées,

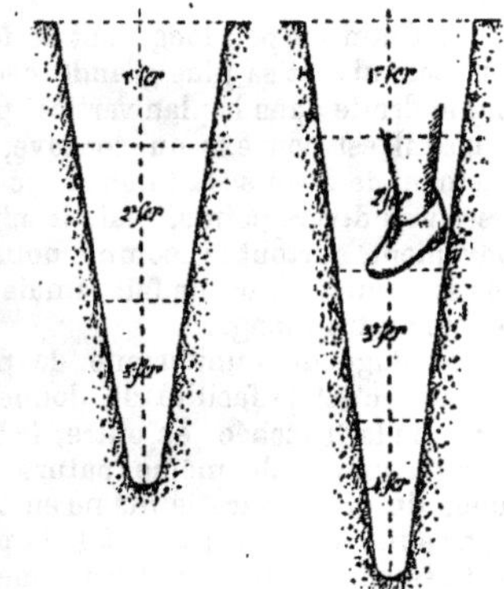

Fig. 226 et 227. — *Section ou profil d'une tranchée en terre non caillouteuse; même section pour une grande profondeur.*

doivent être munis d'outils spéciaux, leur permettant de creuser au-dessous de leurs pieds. Ils ne doivent pas être forcés de descendre au-dessous de 0m,50 et à ce niveau inférieur, leurs pieds doivent être placés dans le prolongement l'un de l'autre ; de sorte qu'à 0m,50 du sol, il suffise que la tranchée ait 0m,18 de largeur pour que les ouvriers y puissent travailler, D'après ces bases, la largeur d'une tranchée de drainage, à la surface du sol, pour tuyaux de 40 millimètres de diamètre extérieur, doit être de 0m,30 à 0m,33, suivant que les profondeurs sont de 0m,9 à 1m,10. Dans des terres meubles il serait prudent d'élargir un peu ces tranchées (fig. 226 et 227).

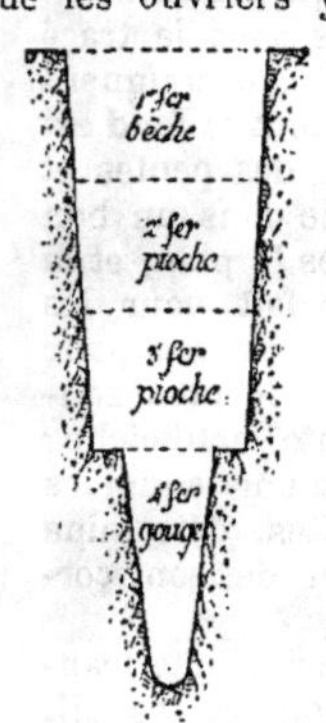

Fig. 228.
Section d'une tranchée de drainage en terre très caillouteuse.

Dans le cas de terrains pierreux sur une profondeur de 0m,6 à 0m,7 on est forcé souvent de faire des tranchées plus larges et au fond seulement si la terre ou le sous-sol sont argileux sans pierre, on fait une étroite tranchée pour poser le tuyau (fig. 228).

Outils. On comprend aisément que pour ouvrir des tranchées aussi étroites pour de grandes profondeurs, les ouvriers doivent être munis d'outils de terrassement tout à fait spéciaux. Ces instruments varient de formes et de dimensions suivant le travail à effectuer et suivant la nature du sol. On peut les ranger dans cinq genres : 1° outils propres à trancher la terre et à la diviser en mottes (bêches et fourches à dents plates) ; 2° instruments pénétrant par chocs pour ameublir la terre (pioches, pics et marteaux) ; 3° instruments de recueil et d'enlèvement de la terre meuble ou en fragments (pelles et dragues pour l'ouverture des tranchées ; rateaux et houes à dents plates pour le remblayage) ; 4° outils servant à *parer* ou *achever* les tranchées, le fond surtout (curettes) ; 5° enfin, les outils servant à consolider et régulariser le fond des tranchées (rabots, tasseurs, etc.).

Bêches. La largeur d'une tranchée de drainage allant toujours en diminuant de la surface au fond, il est visible qu'une bêche ordinaire large ne peut servir à faire tout le travail. L'exécution rationnelle d'une tranchée exige un *jeu* de trois bêches de largeurs décroissantes : leur fer mis hypothétiquement à la suite l'un de l'autre doit donner la forme de la section de la tranchée. Ainsi la bêche large aurait une lame trapézoïdale de 240 à 310 de largeur et 270 de longueur au plus ; la seconde bêche 240 et 152 de largeur pour 320 de long ; et la troisième dite gouge, 150 et 50 de largeur pour 360 de long. Souvent, les trois bêches ont des longueurs moindres pour les mêmes largeurs et une quatrième bêche très étroite sert à faire le dernier fer, lorsque la profondeur totale atteint 1 mètre au moins et, au plus, 1m,2 (fig. 229 et 230).

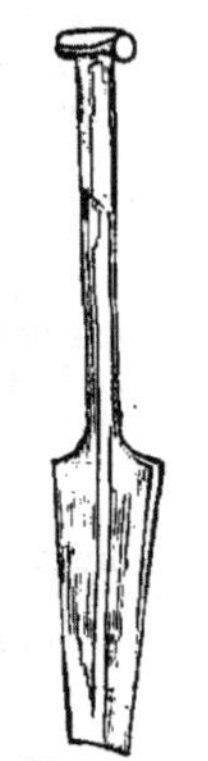

Fig. 229.
Bêche de drainage à béquille à lame légèrement concave.

Dans les terres qui se coupent bien, comme l'argile moite, et les terres franches un peu argileuses, les bêches sont d'un très bon emploi ; mais si la présence d'argile impalpable ou de calcaire fin rend les terres collantes, les fourches d'acier à 5 ou 4 dents plates sont de beaucoup préférables ; il en est de même en terrain gras graveleux.

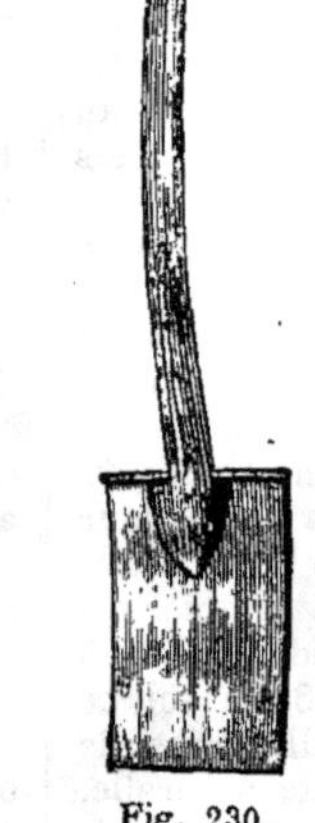

Fig. 230.
Bêche plate, dite de surface pour enlever le gazon.

Le caractère des bêches de drainage, formant un jeu de 3 ou 4, c'est que la largeur va en diminuant et la longueur en augmentant ; en même temps, la courbure transversale du fer, est d'autant plus accentuée que la bêche est plus étroite, ou doit travailler plus près du fond : la quatrième bêche a son fer en forme de gouge presqu'en demi-cercle ; de sorte que la motte coupée est un demi-cône qui reste sur la bêche que l'homme soulève verticalement pour l'extraire du fond et la jeter ensuite sur le sol dès qu'elle arrive à la hauteur de la main gauche qui saisit la bêche près du fer pour projeter la motte. La concavité dans toutes les bêches a le même bon effet et en outre donne de la raideur à la tôle de fer ou d'acier qui forme la lame. Le manche, aussi court que possible, doit être en bois très résistant quoique léger ; la lame doit se terminer en haut par deux languettes demi-cylindriques enveloppant presque le manche auquel elles sont fixées par trois rivets. La lame doit être tout en acier afin que l'instrument tout entier soit aussi léger que possible pour réduire la fatigue de l'ouvrier qui doit le soulever des milliers de fois dans la journée.

L'extrémité supérieure du manche se termine par une béquille ou mieux par un œil dans lequel les quatre doigts de la main droite peuvent pénétrer tout en entourant la poignée. Voici la manière dont on se sert de ces bêches.

L'ouvrier prend la poignée de la main droite, la gauche étant placée un peu plus bas : il pose le pied sur la partie épaisse supérieure de la lame ou sur une pédale arrêtée sur le manche à la hauteur voulue par un coin : il élève tout son corps en s'appuyant de ce seul pied sur la lame qui enfonce ; il renouvelle plusieurs fois cette élévation en faisant à chaque fois osciller le manche pour ouvrir la fente faite par la bêche. Quand tout le fer de la bêche est enfoui jusqu'à la pédale, l'ouvrier abat vivement le haut du manche pour détacher la motte, il soulève un peu sa bêche plus ou moins verticalement, puis il la saisit près du fer avec la main gauche et, des deux mains, élève la bêche et projette la motte sur le sol. Pour ménager sa chaussure et pour éviter l'impression douloureuse et fatigante que donne le bord de la lame ou de la pédale sous le pied, l'ouvrier qui emploie la bêche ou la fourche, doit mettre par dessous sa chaussure une semelle de fer ou de fonte maintenue par une simple courroie (fig. 231).

Fig. 231. — *Semelle en bois et fer.*

Lorsque les terres sont dures ou pierreuses, la bêche et la fourche sont d'un emploi difficile : on doit employer les pioches ou les pics ordinaires, lancés par les bras. Toutefois, le pic à pédale est de beaucoup préférable. C'est une espèce de lame en langue de chat dont les sections transversales sont lenticulaires : elle est emmanchée comme les bêches au bout d'un manche à œil sur lequel une pédale peut être fixée à toute hauteur, par un simple coin (fig. 232). On soulève ce pic pour le laisser retomber de tout son poids, sa pointe pénètre dans la terre ; l'ouvrier pose alors le pied sur la pédale, s'élève de tout son poids en s'y appuyant et renouvelle plusieurs fois cette manœuvre en faisant osciller à chaque fois le manche de son pic, pour agrandir l'ouverture faite, Quand tout le fer est enfoui, l'ouvrier abat rapidement le manche de son côté et détache ainsi une motte en fragments plus ou moins gros, qu'une drague peut enlever.

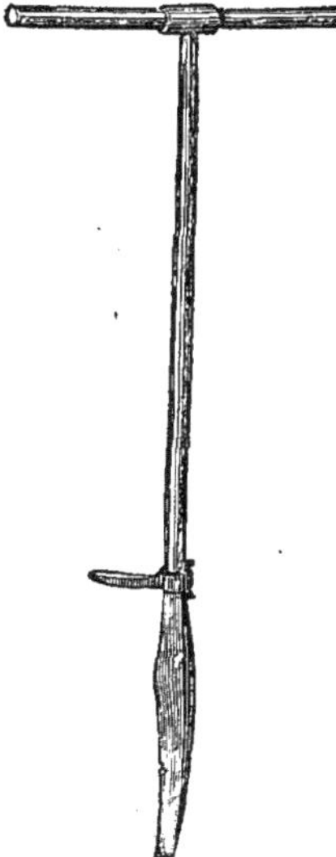

Fig. 232. — *Pic à pédale.*

Dragues. La drague (fig. 233) s'emplit de terre meuble, de fragments de terre durcie ou de pierres, lorsque l'ouvrier après avoir porté la lame en avant la ramène vers lui, glissant sur le fond de la tranchée. On la vide en la soulevant verticalement puis en élevant le fer et le projetant un peu en avant, le déblai tombe par inertie sur le sol.

Les dragues sont assez larges pour le deuxième fer de bêche ou de pic, et très étroites pour le troisième fer : elles sont alors creusées en gouttière rectangulaire.

Pelles. On peut enlever la terre ameublie par le pic à l'aide de pelles à long manche oblique à la lame et que l'on pousse devant soi : elles sont moins commodes et donnent plus de fatigue que les dragues.

Creusement d'une tranchée. L'ouverture d'une tranchée doit se faire en appliquant le principe de la division ou spécialisation du travail ; pour que chaque ouvrier ayant constamment la même manœuvre à faire, la fasse mieux, plus rapidement et avec moins de fatigue. Le travail se fait donc par une brigade de 3, 4 ou 5 ouvriers. On doit l'organiser de façon que jamais l'un des ouvriers ne soit forcé d'attendre au repos qu'un autre ait fait sa tâche ; ils ne doivent se gêner en aucune façon. L'un des ouvriers remplit le rôle de chef ; il est chargé du travail le moins fatigant, mais exigeant le plus d'habileté ou de soin. Le nombre d'ouvriers d'une brigade varie suivant la profondeur des drains, la nature du sol, etc.

Fig. 233. *Drague concave.*

Voici, d'après M. Leclerc, l'organisation d'une brigade de 5 ouvriers.

« Le chef de brigade enlève la terre végétale sur une épaisseur d'environ $0^{m},30$ en travaillant à reculons et en tenant la bêche des deux mains par la poignée supérieure, et non, comme les terrassiers français ou belges en ont souvent l'habitude, en posant une main sur la poignée et l'autre sur le manche : il enfonce complètement la bêche dans la terre en appuyant ou en frappant du pied sur l'arête supérieure du fer ; il incline ensuite le manche vers lui en imprimant quelques légères secousses qui détachent la terre ; il enlève celle-ci en saisissant d'une main la bêche par le bas du manche tandis que l'autre main reste à la poignée ; et il la dépose sur le côté de la rigole qui a reçu ou qui doit recevoir plus tard les matériaux nécessaires à la construction du conduit. Chaque tranche que l'ouvrier emporte de la sorte peut avoir de 0m,25 à 0m,28 de largeur. Lorsqu'il a déblayé le drain sur une petite longueur, un autre ouvrier suit travaillant la face vers le premier et enlevant avec la pelle la terre ameublie qui reste toujours au fond de la tranchée après chaque creusement à la bêche.

« Un troisième ouvrier fait une seconde levée : il marche à reculons et se sert d'une bêche plus étroite. Il est obligé de pratiquer d'abord une incision sur les côtés latéraux du fossé, ce qu'il fait de manière à donner aux talus une faible inclinaison. La nouvelle levée a, comme la première, environ 0m,30 de profondeur : quand elle est faite sur une petite étendue, le second ouvrier vient en nettoyer le fond avec sa pelle et arranger proprement les talus, afin qu'il s'en détache plus tard le moins de terre possible.

« La troisième levée de terre (faite par un quatrième ouvrier) est extraite à l'aide d'une bêche plus étroite et plus longue que la précédente. L'ouvrier la manie comme nous l'avons dit déjà et c'est surtout à mesure qu'il enlève des tranchées situées de plus en plus profondément qu'il doit avoir soin de travailler dans une position droite et de ne se baisser pour prendre son outil par le manche que quand il veut soulever et jeter hors du drain, la terre qu'il a détachée. Il reste de nouveau au fond du fossé une certaine quantité de terre que la bêche n'a pas enlevée et qu'il faut extraire avant de poursuivre le travail. Cette besogne est faite, dans ce cas, par l'ouvrier même qui bêche la terre, après qu'il a reculé de deux ou trois mètres. Il emploie à cet effet soit une pelle étroite, soit une drague carrée à long manche dont il se sert sans bouger de place. Ces deux instruments ont une largeur à peu près égale à celle du fossé qui, à cette profondeur, ne mesure plus que 0m,18 à 0m,20. En coupant la terre sur les côtés, l'ouvrier a encore soin de donner à sa bêche une légère inclinaison, de manière à continuer le talus commencé par l'ouvrier précédent. La profondeur de la troisième levée est, en général, de 0m,32 à 0m,35.

« Le déblai est achevé à l'aide d'une bêche creuse et très longue qui permet à un cinquième ouvrier d'atteindre avec facilité la profondeur voulue. On fait encore avec cette bêche deux incisions latérales avant que d'enlever la terre ; on règle l'inclinaison du manche de manière à n'avoir au fond qu'une largeur à peu près égale à celle des tuyaux qui doivent former le conduit du drain. Quand le dernier terrassier a mis la tranchée à fond sur une longueur de 2 à 3 mètres, il la nettoie lui-même sans changer de place, au moyen d'une drague cylindrique de largeur variable qui sert à la fois à enlever la terre ameublie et à donner au fond du drain une forme cylindrique égale au diamètre extérieur des tuyaux ou des manchons. »

Dans une terre franche argileuse, ou d'argile compacte homogène, quatre ouvriers peuvent se suivre en faisant chacun leur fer de bêche, car dans ce genre de sol, il n'y a pas de terre meuble.

La longueur de drain que peut ouvrir une brigade varie beaucoup suivant la nature et l'état de la terre à creuser, l'organisation des brigades, l'habileté des ouvriers, et le bon choix des outils. Voici quelques faits d'observations ou d'expériences : trois ouvriers dont un chef, tous habiles, travaillant dans un terrain argilo-siliceux friable reposant sur une couche de marne coupée par place de bancs d'argile et de sables ont, dans un concours de terrassiers en Angleterre, fait 43m,891 de tranchée de 1m,219 de profondeur en 3 h. 48 ; la moins habile des 8 brigades concourantes a mis 4 heures pour le même travail, la largeur de la tranchée à la surface du sol a varié entre 0m,30 et 0m,35 et a été en moyenne de 0m,325 : le fond étant en demi-cercle de cinq centimètres de diamètre. En 10 heures, les trois ouvriers hors ligne, auraient donc fait 115m,5 de tranchée de 1m,219 de profondeur ; c'est-à-dire découpé et jeté sur berge près de 10 mètres cubes de terre (9m,869). En estimant la journée à 3 fr. 50 pour les deux ouvriers et à 4 francs pour le chef, c'est 11 francs par 115m,5 ou par mètre (0 fr. 0952) près de dix centimes.

Une brigade de cinq ouvriers bien exercés fait de 130 à 160 mètres de tranchées à 1m,20 de profondeur dans une terre analogue non pierreuse ; en estimant les ouvriers au même prix, c'est 18 francs pour 130 à 160 mètres, ou par mètre de 11,25 à 13,85 centimes ou en moyenne 12,55 centimes. Si la terre est pierreuse, ils ne font plus que de 50 à 75 mètres ; soit par mètre de 24 à 36 centimes ou en moyenne 30 centimes.

Ordre des travaux d'ouverture des tranchées. Dans les terres réclamant impérieusement le drainage, l'eau suinte des flancs des tranchées dès que celles-ci atteignent une profondeur de 0m,7 à 0m,8. Cette eau, souvent boueuse, se réunirait au fond des tranchées si on ne lui ménageait pas un écoulement naturel et facile, elle gênerait beaucoup la fin des travaux. On doit donc, en principe, ouvrir d'abord les tranchées occupant l'aval du terrain. L'ouverture de la tranchée doit être faite en remontant la pente à partir du débouché dans la rivière. On achève d'abord ce collecteur d'expulsion placé souvent sur la terre de voisins du propriétaire qui fait drainer. Ce collecteur général peut être muni de son tuyau ou d'un aqueduc en pierres, puis rebouché afin d'éviter pendant les travaux toutes difficultés de voisinage. A l'amont de ce drain d'expulsion, sur la terre à drainer, on ménagera un large bassin bien cimenté, facile à nettoyer, dans lequel se feront les *dépôts* des drains supérieurs, pendant l'exécution même du drainage. A partir de ce bassin, en remontant, on ouvrira le collecteur principal, jusqu'au collecteur particulier à une première série de petits drains d'asséchement parallèles, on ouvrira le drain collecteur spécial de cette série, on le garnira de ses tuyaux et on le remblaiera. On laissera le collecteur ouvert jusqu'à ce que tous les petits drains qui y aboutissent aient été ouverts, tuyautés et remblayés. On maintiendra ouvert le collecteur principal en le continuant, en marchant vers l'amont, jusqu'à une nouvelle série de drains sur laquelle on opèrera de même. Si l'on craint que les parois de ce collecteur principal ne s'éboulent avant l'asséchement de tout le terrain, on maintient la terre par des planches étrésillonnées, ou bien on le tuyaute et on le remblaie à partir d'un grand *regard* à son amont. Si les travaux faits ensuite à l'amont amènent de la boue, elle se déposera dans ce regard et pourra en être extraite sans risque de boucher le collecteur à l'aval. En principe, les tuyaux dans chaque série de petits drains parallèles se posent à partir de l'amont du drain le plus à l'amont, et pour les collecteurs de même. Avec cette double précaution, l'ouverture des tranchées de l'aval à l'amont et la pose des tuyaux de l'amont à l'aval, on évite les obstructions si fâcheuses en toutes saisons et surtout lorsque l'on draine à la fin de l'automne, en hiver, ou au printemps.

Régularisation du fond des tranchées. Si l'ouverture des tranchées a été faite avec un cordeau guidant les ouvriers pour la profondeur, avec pente naturelle ou avec pente artificielle, il n'y a pas lieu de vérifier la pente du fond ; c'est une opération longue et délicate qu'il faut éviter par un plan bien fait et une surveillance continuelle. La vérification de la section peut être faite à l'aide d'un gabarit formé d'une pièce de bois verticale, à poignée supérieure, et au bas de laquelle est cloué horizontalement un demi-cylindre, représentant le plan du tuyau : à trois hauteurs, des lattes horizontales marquent les largeurs voulues.

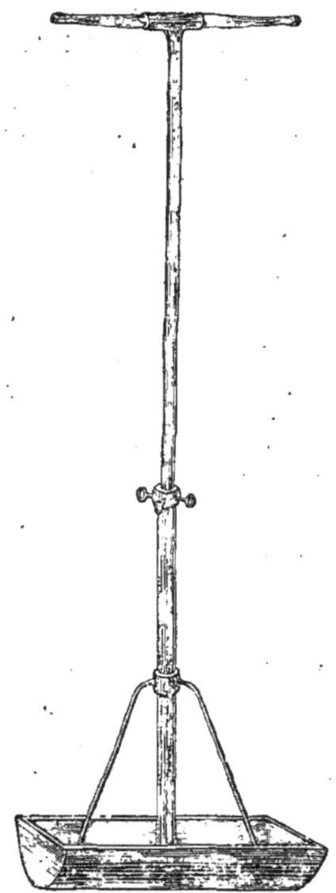
Fig. 234. — *Pilon pour régulariser et affermir le fond des tranchées.*

La régularisation du fond consiste dans le polissage et la compression de la terre de façon à préparer un lit solide aux tuyaux. On se sert parfois d'un pilon formé d'un demi-cylindre horizontal en fonte, de la largeur du tuyau à placer (fig. 234) : il a environ $0^{m},70$ de longueur et, en son milieu, s'élève un manche en fer maintenu par deux étais ou contrefiches, et terminé par une barre en bois, que l'ouvrier saisit pour le soulever. Ce pilon peut provoquer des éboulements ; il est d'un emploi difficile et ne donne pas un fond uni. Nous conseillons, de préférence, un manchon en fonte demi-cylindrique du diamètre du tuyau à placer. Ce manchon, long d'un demi-mètre environ, est coupé en bec de clarinette à ses deux extrémités de façon à former deux museaux ou fers de ciseau qui grattent la terre lorsqu'on donne à ce manchon un mouvement de va-et-vient en le laissant traîner au fond de la tranchée

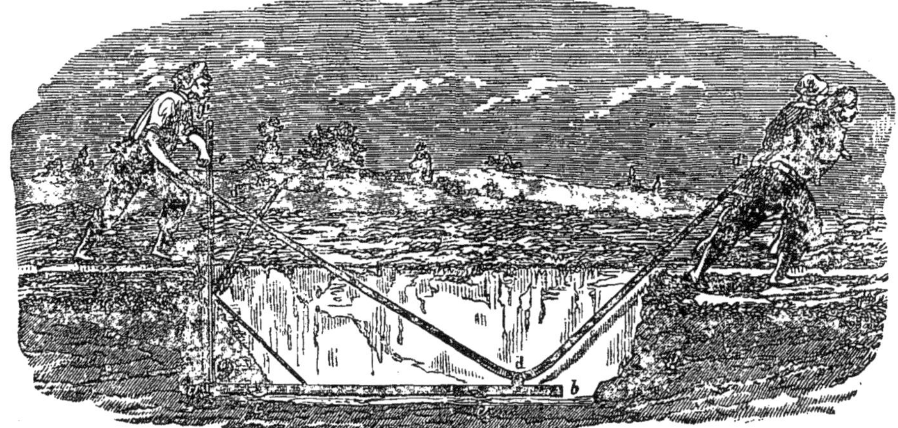

Fig. 235. — *Rabot régularisateur du fond des tranchées.*

par deux cordes que deux ouvriers tirent alternativement. On remplacerait avec avantage ce manchon raboteur par une dizaine de boules enfilées dans une corde et employées de même. Sur un fond d'argile ce travail de régularisation se fait bien s'il coule un petit filet d'eau (fig. 235).

Pose des tuyaux. Les tuyaux que nous conseillons sont ceux de 30 millimètres de diamètre intérieur. Si l'on ne craint pas une petite augmentation de prix, il vaut mieux encore adopter des tuyaux de 40 millimètres. Plus rarement pleins que les précédents, ils donnent une meilleure aération souterraine. Ces tuyaux seront employés nus, mis au bout l'un de l'autre soigneusement ; dans le cas seulement de sols ou sous-sols de silice fine, on recouvrira les joints par une éclisse demi-cylindrique de 75 millimètres de long et de 45 millimètres de diamètre intérieur pour des tuyaux de 30 millimètres intérieurement. En aucun cas, il ne faut employer les manchons libres ou les tuyaux à emboîtement.

Les tuyaux sont transportés à l'aide de brouettes au milieu de la longueur de chaque petit drain ; un enfant ou une femme dispose ces tuyaux, un à un, sur l'un des bords de la tranchée, normalement à sa direction. Il faut trois tuyaux par mètre. L'ouvrier chargé de la pose ne doit jamais être mis à tâche, car son travail doit être fait avec le plus grand soin, si l'on veut que le drainage soit efficace et durable. Il est armé d'un pose-tuyau ; c'est un long manche en bois au bout duquel est fixée normalement une tige de fer de $0^m,25$ de long environ, ayant, à $0^m,19$ de sa pointe, une rondelle pour arrêter le tuyau enfilé sur cette pointe. Pour poser les tuyaux, l'ouvrier se place à cheval sur la tranchée en regardant l'aval, il saisit avec son crochet un tuyau et, en retournant son crochet la pointe en l'air, il descend ce tuyau au fond de la tranchée et le place contre le tuyau précédent, bien jointif. Si le tuyau a été courbé pendant la cuisson, l'ouvrier, pour le poser, cherche la meilleure position et pour cela fait tourner le tuyau sur son crochet et le présente à chaque fois contre le tuyau posé jusqu'à ce qu'il ait trouvé une position où la jonction soit parfaite, il presse un peu le nouveau tuyau contre le précédent, dégage son crochet et vient à la surface saisir un nouveau tuyau et ainsi de suite. Si l'on veut placer des éclisses sur les joints, elles sont déposées sur le bord de la tranchée, une pour chaque tuyau. L'ouvrier les saisit et les place avec une longue pince en bois.

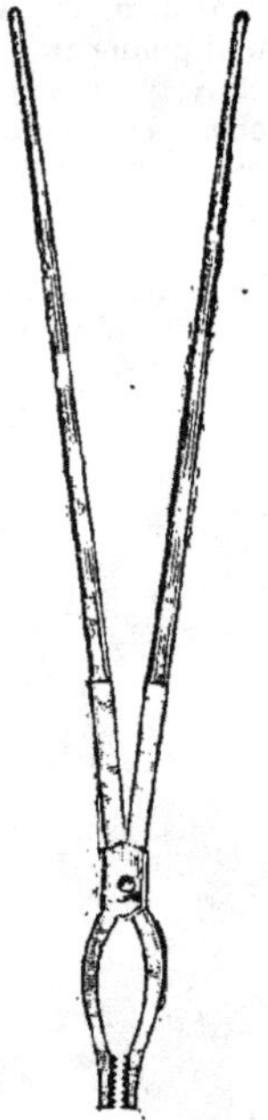

Fig. 236. — *Pince à poser les éclisses.*

Au lieu d'éclisse, on place parfois des galettes d'argile plastique (fig. 236).

Dans un concours, en Angleterre, entre poseurs de tuyaux, les plus habiles ont posé avec perfection 144 tuyaux dans 12 1/2 à 16 minutes dans les tranchées de $43^m,891$ de longueur, ouvertes par les terrassiers concurrents. C'est donc pour la pose des tuyaux par 100 mètres courants $0^h,4746$ à $0^h,6076$ ou en moyenne $0^h,541$, à 0 fr. 40 centimes l'heure c'est une dépense de 0 fr. 216 millièmes par 100 mètres, ou un peu plus d'un cinquième de centime par mètre (0 fr. 00216 millièmes). On peut poser les tuyaux plus rapidement, mais la perfection du travail en souffre. La plus grande rapidité correspond à 864 tuyaux par heure ; soit 14,4 par minute, c'est-à-dire que 4 secondes suffisent à poser un tuyau.

La pose des éclisses demande à très peu près le même temps que celle des tuyaux.

Raccordement des petits drains avec les collecteurs. Les tuyaux d'asséchement débouchent, comme nous l'avons dit, dans les tuyaux de drains collecteurs plus ou moins gros. Il convient d'indiquer les précautions à prendre pour que la vidange des petits tuyaux dans les grands se fasse de la meilleure façon possible. En premier lieu, le petit tuyau peut-il avoir une direction oblique au grand ? Oui, si cette obliquité n'est pas au-dessous de 45°. Si donc la direction du collecteur fait un angle de moins de 45° avec la direction des petits drains, il faut, à leur extrémité, dévier un peu ceux-ci pour avoir un angle de 45°. C'est le chef draineur qui dans son tracé prévoit cette déviation sur 2 mètres de longueur environ.

Le bout de tuyau collecteur qui doit recevoir le débouché d'un drain d'asséchement est percé d'un trou suffisant pour que le petit tuyau y pénètre. Le plus faible diamètre de tuyau collecteur pour drains d'asséchement de 30 millimètres est de 50 millimètres intérieurement, et il n'est même pas à conseiller : nous croyons qu'il ne faut pas prendre pour collecteur moins de 60 millimètres de diamètre. Lorsque le petit tuyau débouche normalement au grand, on perce dans celui-ci, le plus haut possible, un trou circulaire assez grand pour que le petit tuyau y pénètre à l'aise. On trace le contour de ce trou à coups de pointe d'une petite hachette (fig. 237) spéciale en tenant le petit tuyau sur le grand ; après avoir mouillé celui-ci, on limite par de nouveaux coups de pointe, la plaque à enlever jusqu'à ce qu'il suffise d'un coup sec sur le milieu de cette plaque pour la détacher. On agit de même si le petit tuyau débouche obliquement ; mais après l'avoir coupé en sifflet avec la hachette, afin de le présenter plus facilement contre le gros tuyau. On a conseillé pour la fin de chaque petit drain des tuyaux cou-

Fig. 237. — *Hachette à pointe pour percer les tuyaux collecteurs.*

dés débouchant sur le haut du drain collecteur. On a même fait des collecteurs à tubulure normale et oblique. Ces dispositions présentent des avantages, mais elles compliquent la fabrication des tuyaux.

Regards. Un drain collecteur débouchant dans un plus grand doit être placé comme nous venons de le dire pour les petits tuyaux débouchant dans un collecteur. Quand deux ou plusieurs drains collecteurs doivent, en des points très voisins, déboucher dans un collecteur principal, il est préférable de faire jeter leurs eaux dans une espèce de petit puits vertical appelé *regard.* S'il ne s'agit pas de gros collecteurs, le regard peut être fait en tuyaux de poterie à emboîtement dits *boisseaux* de 20 à 25 centimètres de diamètre. Au point désigné pour l'emplacement du regard, on creuse à $0^m,20$ en contrebas des collecteurs qui doivent y déboucher. On établit sur ce fond une dalle en pierre ou un lit de briques à plat bien cimentées. On pose alors sur cette dalle les tuyaux successifs s'emboîtant, jusqu'à $0^m,60$ centimètres au-dessous du sol, on ferme ce regard par une dalle ou une planche de chêne. Le boisseau qui reçoit les collecteurs est percé de trous à la hauteur voulue et les collecteurs à cette jonction sont garnis d'un joint en ciment hydraulique ou simplement en argile bien pétrie. Il en est de même des joints des boisseaux. Lorsque la dalle qui recouvre le regard est enlevée, on peut voir l'eau couler des deux ou trois collecteurs. Si après quelques années, l'un des collecteurs donne un moindre débit, il est à croire que la série de drains qu'il asséche a subi une détérioration, on doit alors la rechercher. Lorsque le regard s'arrête à $0^m,60$ au-dessous du sol, rien n'indique son emplacement. Le plan seul permet de le retrouver. On peut pousser le regard jusqu'au dessus du sol en le rendant visible pour que l'on puisse l'éviter dans les labours et autres travaux (fig. 238).

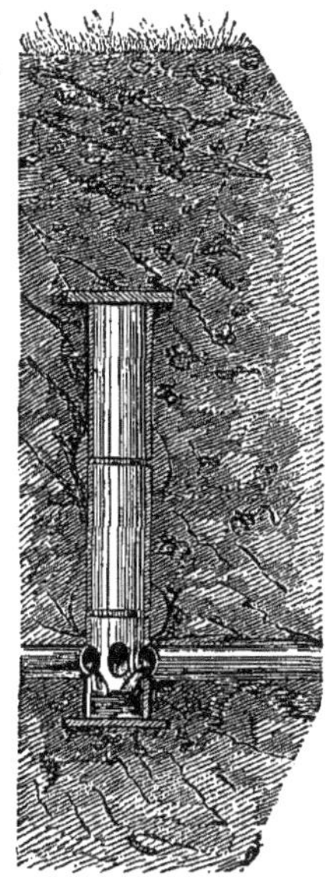

Fig. 238. — *Petit regard en poterie.*

Bouches d'évacuation. L'extrémité d'aval du collecteur général jette les eaux de tout le champ drainé dans un fossé de route, une rivière, un canal ou un étang. Cette extrémité du tuyau doit être disposée de façon à préserver le débouché de toute détérioration due à la malveillance, aux jeux des enfants, à la pénétration de petits animaux, rats, grenouilles, etc. On fait dans la berge de la rivière une petite construction en maçonnerie avec un orifice prolongeant le tuyau et limitée au bas par une saillie en forme de goulotte demi-cylindrique creusée dans une dalle. Cet orifice est fermé par une grille en fonte, scellée, empêchant d'atteindre le tuyau placé derrière. Ce tuyau peut être en fonte et fermé par un clapet laissant couler l'eau; mais se fermant spontanément dans les grandes crues de la rivière. Enfin, entre le tuyau de fonte et le véritable tuyau collecteur qu'il termine, on place un grillage formé par du fil de fer plié et replié en longs festons assez serrés pour empêcher les rats et les grenouilles d'y entrer.

Remblayage des tranchées de drainage. Dès que les tuyaux sont placés au fond de la tranchée, on peut procéder au remblayage. On commence par descendre, avec une pelle, un peu de terre meuble sur les tuyaux, pour les protéger contre les éboulements qui pourraient les casser ou les déplacer. Plus tard, lorsqu'il n'y a pas de travaux plus urgents, on achève le remblayage par couches successives, en remettant la terre comme elle était avant le creusement. On se sert pour cela d'une houe à deux dents plates avec laquelle on tire le déblai dans la tranchée. On peut aussi se servir d'un rateau à dents de fer (fig. 239). Pour éviter que le remblayage ne laisse une saillie au-dessus de la tranchée parce que le déblai a foisonné, on pilonne chaque couche de terre ramenée dans la tranchée. C'est, il est vrai, un travail coûteux, mais il convient de le faire lorsque le champ drainé doit promptement recevoir les instruments de préparation du sol.

On a imaginé des machines à ouvrir les tranchées à l'aide de la vapeur ou des chevaux, ainsi que des appareils de remblayage, mais ces appareils ne marchent bien que pour des profondeurs restreintes en terres non caillouteuses. L'avantage qu'ils présentent sur le travail à la main n'est pas assez grand pour les conseiller.

Le prix de revient du drainage en tuyaux de poterie varie tellement qu'il est impossible de le fixer à priori. Lorsque le plan du drainage est bien fait, on peut facilement déterminer la longueur exacte développée des petits drains dits d'asséchement ; puis le développement des collecteurs de divers diamètres, le nombre des regards et des bouches. On peut aussi établir le prix de revient du mètre linéaire de ces divers drains, d'un regard et d'une bouche, et alors on estime le prix probable du drainage de la pièce de terre à drainer.

On admet généralement, comme prix moyen, 300 francs par hectare. Mais comme nous l'avons nettement dit précédemment, il y a tellement de différences dans les drainages bien établis que ce prix est parfois le double de la vérité; mais en revanche il est souvent au-dessous. Nous avons vu, en effet, que suivant la nature du sol et du sous-sol l'écartement des drains peut varier de 6 à 24 mètres au moins ; la profondeur de $0^m,90$ à $1^m,20$ et le prix de 0 fr. 25 à 0 fr. 40 centimes par mètre courant. On pourra donc parfois drainer un champ à raison de 100 francs par hectare; dans les cas les plus défavorables, le prix ne peut dépasser 500 francs.

Bénéfices. Parfois le drainage fait passer un champ à peu près improductif dans la catégorie des bonnes terres : le bénéfice est alors très considérable. On admet comme moyen bénéfice 90 francs par hectare. Aussi peut-on s'expliquer par ce chiffre le fait de drainages exécutés par des fermiers, à leurs frais, avec une légère subvention du propriétaire. Dans les cas les plus défavorables, le fermier consent à payer 5 0/0 des frais faits par le propriétaire pour le drainage; soit en moyenne 15 francs d'accroissement du loyer; ce qui *suppose un bénéfice notablement* supérieur à 15 francs et probablement double.

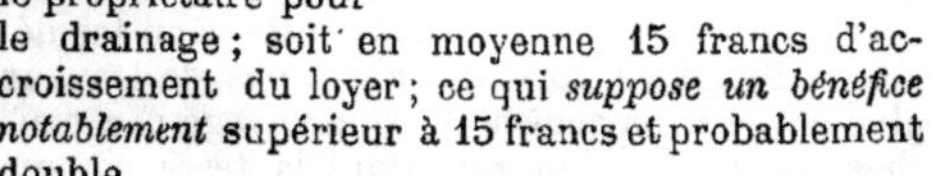

Fig. 239. — *Houe fourchue à dents plates pour ramener la terre dans la tranchée de drainage.*

Tout ce qui précède s'applique au drainage des terres arables avec des tuyaux en poterie. Mais, bien que ce cas soit de beaucoup le plus fréquent, nous ne pouvons passer sous silence le drainage des prés et des bois et le remplacement des tuyaux par des pierres cassées, dans quelques cas spéciaux.

Drainage des prés. La seule différence à signaler consiste en ce que les prés n'exigent pas un asséchement aussi rapide et aussi complet que les terres arables. On pourra donc écarter davantage les drains, en augmentant un peu leur profondeur ou les creuser moins profondément pour un même écartement. Si la prairie doit être irriguée, il faut drainer à la plus grande profondeur possible pour éviter que des courants de haut en bas de l'eau d'arrosage vers le drain n'amènent de la terre dans celui-ci.

Drainage des bois. Lorsqu'un drain passe à une faible distance de certains arbres ou arbustes, les racines de ceux-ci vont pour ainsi dire à la recherche de l'eau ; des radicelles peuvent alors s'introduire jusqu'à l'intérieur des tuyaux ; elles s'y développent rapidement en touffes d'un abondant chevelu qui s'étend au loin sous forme de *queue de renard* et bouche le tuyau. Il est difficile d'éviter cet inconvénient dans les terrains plantés. Tout ce que l'on peut recommander, c'est de ne jamais placer un drain collecteur le long d'une haie plantée, à portée de peupliers, de pommiers, etc. Si l'on est forcé de le faire, on emploie un tuyau enveloppé par un autre à joints croisés. Si, par exemple, le collecteur vrai est un tuyau de 70 millimètres de diamètre intérieur et 86 extérieur, on l'enveloppe d'un tuyau de 90 millimètres de diamètre intérieur ; pour atteindre le courant d'eau, les radicelles devraient alors passer par un des joints extérieurs et aller à 15 centimètres plus loin retrouver un joint intérieur. Pour plus de précautions, on trempe les tuyaux dans du goudron ou dans du *brai*; les radicelles se développent mal aux abords de tuyaux ainsi préparés. Enfin, on peut mastiquer les joints des collecteurs passant à portée des plantations.

Le drainage des bois à l'aide de lignes de tuyaux enfouis avec joints libres, ouverts, est donc impossible ou chanceux. M. Rérolle a imaginé, il y a plus de vingt-sept ans, un mode particulier de drainage qui, seul, peut réussir dans les terres plantées. Le principe de tout drainage est l'existence, dans le sous-sol retentif, de trous par lesquels l'eau en excès trouve son débouché jusqu'en dehors du champ. Dans le drainage ordinaire en tuyaux, ces trous de filtration sont les intervalles libres laissés entre ces tuyaux. Si le sous-sol retentif était peu épais, il suffirait d'y percer de nombreux trous dont on maintiendrait les parois par un tuyau recouvert d'un capuchon. C'est ce qu'on appelle le *drainage vertical*, très rarement praticable et moins efficace que le drainage ordinaire. Dans le drainage Rérolle, le sous-sol retentif n'est pas percé ; mais on y fait un certain nombre de puits verticaux, dans lesquels les eaux en excès s'accumulent ; elles en sont extraites par des lignes de tuyaux étanches formant siphon. Dans chaque trou, un branchement vertical de la ligne de tuyaux inclinée, suivant la pente du sol, vient aspirer l'eau qui s'écoule à la partie inférieure de ce siphon. Voici donc comment fonctionne ce drainage. L'eau s'accumule dans chaque puisard et son niveau s'élève dans le branchement vertical jusqu'à ce qu'il soit assez haut pour vaincre la résistance à l'écoulement dans la ligne de tuyaux en pente allant jusqu'au collecteur. Dès que le siphon s'est ainsi amorcé et fonctionne, le niveau de l'eau baisse dans le puisard; mais de nouvelle eau y parvient constamment en faisant baisser la surface de la couche d'eau du sous-sol, suivant une courbure analogue à celle des drainages ordinaires. Chaque puits assèche donc un cône de terre dont la base est à la surface du sol et dont la génératrice est une courbe à pente croissante de la surface au fond. La charge d'eau sur l'orifice inférieur d'un branchement vertical varie donc suivant que le sol reçoit plus ou moins d'eau de pluie. Les parois des puisards dans lesquels l'eau s'accumule sont en pierres sèches entourant et maintenant le branchement vertical d'extraction de l'eau. Les avantages de ce mode de drainage sont assez nombreux et parfois importants; 1° on reproche au drainage ordinaire en tuyaux de laisser libre l'introduction de la terre et du sable fin dans les drains qui se bouchent plus ou moins vite par le dépôt de ce limon dans les parties inférieures en pente faible. Dans le drainage Rérolle, les seuls orifices libres sont les extrémités inférieures des branchements verticaux aspirateurs. Or, *la vitesse ascensionnelle de l'eau ne peut jamais être assez grande pour entraîner la terre ou le sable fin.* D'autre part, on ne peut pas craindre que la terre en s'accumulant dans ces puits empêche l'ascension de l'eau, car si le sous-sol est perméable, on fera reposer le tuyau ascensionnel sur une couche de graviers ou de pierrailles entourant la bouche et recouverte de sable fin, puis de paille arrêtant la terre supérieure ;

2° *Les obstructions par les racines peuvent être évitées.* Parmi les arbres, on signale, comme produisant des queues de renard dans les tuyaux du drainage ordinaire, le saule, le peuplier, le pin, l'orme, le marronnier, etc. ; parmi les plantes herbacées, la renouée amphibie, le tussilage, la presle, le senneçon de Jacob, etc. En certaines terres, les arbres fruitiers peuvent aussi pousser des radicelles dans les tuyaux ; enfin le trèfle, la luzerne et le colza sont dans le même cas. Ces dernières plantes peuvent bien encombrer de leurs radicelles les tuyaux de drainage, mais dès que la récolte est enlevée, les queues de renard séparées de la plante mère meurent, se décomposent et sont bientôt entraînées par les eaux. Il n'en est pas de même des obstructions dues aux radicelles des arbres. Le drainage ordinaire est donc impossible dans les terres boisées et les terrains plantés. Les tuyaux du drainage Rérolle étant étanches les seuls points où les radicelles des arbres puissent atteindre l'eau sont les orifices inférieurs des branchements verticaux, or, il est à présumer que les radicelles ne dépasseront pas le niveau de l'eau stagnante au-dessus de chacun de ces orifices ; car elles trouvent là de la terre humide tout autour des pierrailles qui entourent le tuyau vertical ; elles se maintiendront donc en haut de ces puisards ;

3° *L'irrigation ne sera pas gênée.* Dans un pré drainé avec les tuyaux ordinaires, une irrigation superficielle abondante peut former des filtrations rapides jusqu'aux tuyaux dans lesquels de la terre fine peut être entraînée, et boucher peu à peu les tuyaux dans les parties en pente faible. Le drainage Rérolle supprime cet inconvénient ;

4° Ce drainage par tuyaux étanches permet de drainer les tourbières dans lesquelles le sol s'affaisse par l'assèchement et disjoint les lignes de tuyaux ordinaires de drainage. Le drainage Rérolle paraît devoir réussir aussi mieux que le drainage ordinaire dans les terres à sources, à sables coulants et à fondrières. Toutefois, dans de tels sols, il convient d'abord de faire des travaux capables de couper les sources et les filtrations supérieures ; ce sont ordinairement des *pierrées* ou *cloisons* dont nous parlerons plus loin ;

5° Le drainage Rérolle exige moins de pente que le drainage ordinaire parce que ses tuyaux étanches ne conduisent que de l'eau pure sans sable ni terre. L'exécution du drainage en tuyaux étanches n'exige de soins que dans le masticage des tuyaux posés d'un bloc au fond d'une tranchée de $0^m,6$ à $0^m,7$ de profondeur seulement. Les causes qui tendent à détruire le drainage ordinaire sont surtout les obstructions par entraînement des terres ou par dépôts salins et par les queues de renard ; or, nous avons vu que dans le drainage Rérolle, l'entraînement de la terre dans les tuyaux et la formation des queues de renard sont improbables. Quant aux dépôts salins on les évite en plaçant les collecteurs de façon que l'eau des petits drains y arrivent par dessous, et en faisant déboucher le tuyau dans le fossé ou la rivière par un tuyau vertical coudé au-dessus du bout du collecteur ; ces moyens empêchent l'air extérieur d'arriver dans les tuyaux, les dépôts salins ne peuvent s'y faire, leurs orifices inférieurs étant toujours sous l'eau. Dans les regards appelés *pneumatiques*, on fait de même ; le collecteur d'amont débouche sous l'eau parce que l'entrée du collecteur d'aval est à un décimètre ou deux plus haut que la sortie du premier.

Nous ne pouvons entrer dans le détail d'exécution du drainage Rérolle. Pouvant être fait avec des tuyaux de 25 à 30 millimètres de diamètre intérieur avec manchons fixés sur les joints par du ciment et établi à $0^m,70$ à $0^m,80$ de profondeur, il ne coûterait pas plus que le drainage ordinaire ; mais il exigerait un outillage spécial pour faire les joints des tuyaux et les poser. Ce mode de drainage pourrait être conseillé dans les terres portant des arbres et des arbrisseaux, dans les prés et les champs irrigués.

De tout temps pour rassembler les infiltrations souterraines en certains sols, on a fait des fossés plus ou moins profonds que l'on remplissait à moitié de pierres cassées et que l'on remblayait ensuite. Des fossés de ce genre, faits un peu au-dessus de l'affleurement d'une couche d'argile et le long de cet affleurement arrêtent les eaux qui précédemment filtraient à la surface après les fortes pluies. Ils agissent en apparence comme des *cloisons* empêchant l'eau de suinter ; mais en réalité, ils recueillent l'eau qui filtre des terrains supérieurs et qui s'arrête sur la couche imperméable ; ils emmagasinent cette eau et la conduisent dans le sens de leur pente jusqu'au point le plus bas où ils forment une source artificielle. Ces fossés empierrés, ou ces pierrées constituent un drainage d'une grande énergie dans quelques sols. Aussi, toutes les fois que sur un sol en pente, on peut observer des suintements plus ou moins marqués, des taches d'humidité, quand le terrain est *sourceux*, il faut par des sondages rationnels rechercher l'emplacement de la couche imperméable, l'inclinaison qu'elle affecte et alors tracer un drain d'isolement dont le fond entame un peu la couche imperméable et qui soit placé à l'amont du sol à drainer. Ce drain devra parfois avoir une profondeur de 2, 3 ou 4 mètres ; mais il arrêtera l'eau qui sans lui humecterait tout un champ. Si le sol par lui-même retient l'eau, ce drain d'isolement ne dispensera pas de faire le drainage ordinaire, mais il le simplifiera. Des terrains sourceux, pouvant être ainsi drainés, se trouvent parfois sur des versants de vallée en pente forte ou vers le fond d'autres vallées. Dans ce dernier cas, plusieurs couches imperméables peuvent donner lieu à des suintements ou à des sources et contenir entre elles des couches aquifères. On saigne ces couches par des drains profonds empierrés convenablement placés, c'est-à-dire à l'*amont* des parties humides à assécher.

Ce drainage des sources ou d'infiltrations souterraines est connu en Angleterre depuis cent ans sous le nom de *drainage d'Elkington*, du nom de l'auteur qui l'a décrit et pratiqué. En réalité ce procédé est plus ancien, car on retrouve dans quelques grandes propriétés à anciens châteaux des travaux de ce genre faits le plus souvent pour recueillir les eaux éparses dans le sol et les utiliser de diverses façons (fig. 240).

Fig. 240. — *Pierrée avec aqueduc pour réunir des infiltrations souterraines.*

Lorsque pour ces drains profonds on emploie les pierres cassées, la réussite dépend des précautions prises pour que la terre ne parvienne jamais au fond du drain. Pour cela, on met au fond de la tranchée une première couche de pierres d'assez grand volume, que l'on dispose parfois en voûte ou même en aqueduc si la forme des pierres s'y prête; sur cette première couche, on en place une seconde de pierres de la grosseur du poing, puis une troisième de pierres cassées comme pour les routes et bien lavées; on ajoute ensuite des couches de graviers et enfin du sable que l'on recouvre de gazons avant de rejeter la terre pour combler la tranchée. Non seulement on ne doit placer dans les tranchées que des pierres bien lavées ou exemptes de terre, mais il faut faire couler ces pierres par un canal en planche afin qu'elles arrivent au fond sans entraîner la terre des parois, ce qui arriverait si on les jetait à la pelle ou à la brouette. Dans ces grands drains, la couche de pierre forme un filtre qui permet à l'eau d'amont de s'accumuler rapidement sur le fond imperméable et d'y courir suivant le sens de la pente. Un seul gros tuyau au fond de ces tranchées ne serait pas aussi efficace; si on l'emploie pour faciliter l'écoulement, il est bon de le recouvrir d'une épaisseur de 0m,20 à 0m,30 de pierres cassées.

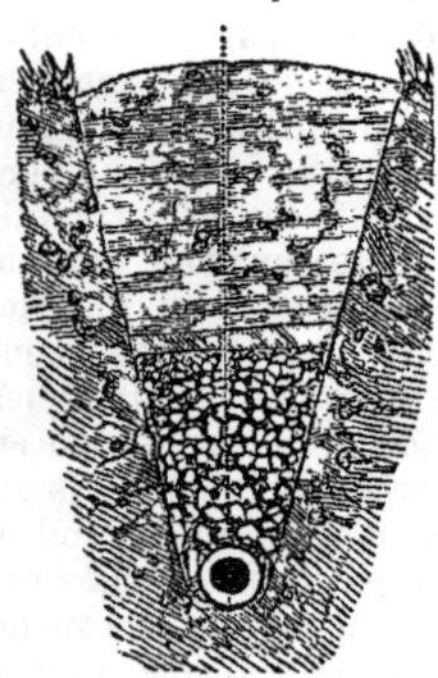

Fig. 241. — *Pierrée ou cloison avec tuyau conducteur pour terrains sourceux.*

On a proposé parfois pour les drains ordinaires de remplacer les petits tuyaux en poterie par une couche de pierrailles; cette substitution n'est pas économique et son efficacité est douteuse.

Ce n'est donc que dans des circonstances tout à fait exceptionnelles que les pierres cassées peuvent être employées dans les drains ordinaires au lieu de tuyaux de poterie: l'impossibilité de se procurer des tuyaux dans le voisinage et la facilité de trouver des pierres cassées sur place. Toutefois, dans les terrains sourceux, l'emploi de pierres cassées sur les tuyaux placés au fond de la tranchée, peut rendre de grands services en accélérant l'assèchement et en arrêtant la terre que les filets d'eau souterrains pourraient entraîner dans les tuyaux.

Volume d'eau enlevé par le drainage. S'il s'agit de terrains sourceux, il est impossible de déterminer la quantité d'eau que donnera le drain collecteur, car le champ peut recevoir par infiltration souterraine l'eau de milliers d'hectares situés à l'amont. C'est seulement dans le cas de champs ne recevant que l'eau du ciel tombant directement sur leur surface que l'on peut, dans une certaine mesure, prévoir le débit moyen.

La pluie qui tombe sur un champ drainé se partage en cinq parties : la première s'écoule superficiellement grâce à la pente du sol ; la deuxième s'évapore à la surface et revient dans l'atmosphère ; la troisième est absorbée par les plantes; la quatrième arrive dans les drains et s'écoule; enfin, une cinquième portion passe audessous du niveau des drains et se perd dans le sous-sol profond.

1° La portion d'eau de pluie qui s'écoule à la surface du sol varie beaucoup avec la nature du sol, avec sa pente et avec l'abondance de la pluie. Si la terre est imperméable, la pente très forte et les pluies torrentielles, la plus grande partie de l'eau de pluie s'écoule à la surface: si, au contraire, la terre est perméable, à pente insensible et si les pluies sont fréquentes et peu abondantes, il ne coule presque rien à la surface. Entre ces deux cas extrêmes, on trouve tous les intermédiaires imaginables.

2° La portion de la pluie tombée qui s'évapore à la surface dépend de l'état actuel de la surface, du degré de saturation de l'air, de la chaleur du sol et de l'air. D'après les expériences de Dickinson, on voit qu'en moyenne annuelle, moins des 42 centièmes de la pluie tombée filtre dans le sol; c'est donc le maximum de ce que les drains peuvent recevoir.

Si, dans chaque année, on recherche le rapport de l'eau filtrée à celle de la pluie, on voit qu'il y a de grandes différences suivant les mois. En février, d'après Dalton, sur 47 millimètres de pluie tombée, il en filtre dans le sous-sol les 72 centièmes. D'après Dickinson, dans le même mois, les 70 centièmes de la pluie passent dans le sous-sol.

En revanche, la filtration est presque nulle pendant les mois de juin, juillet, août et septembre : l'eau s'évapore alors presque complètement; les 945 millièmes de la pluie sont évaporés, le reste filtre dans le sol. D'après M. Charnock, qui a mesuré l'évaporation et la filtration séparément, en sol drainé, les 22 centièmes de la pluie sont évaporés et les 72 centièmes absorbés; tandis que, si le sol n'est pas drainé, l'évaporation est supérieure à la quantité de pluie qui tombe.

M. Milne a trouvé, que de juin 1848 à avril 1849, la quantité d'eau pénétrant dans les drains ne s'élevait qu'à 522^{m},28 mètres cubes par hectare ou de 7 à 8 0/0 environ de la pluie tombée. D'après M. Delacroix, en Sologne, ce serait 14 0/0 et 18 0/0 suivant les années. Ce rapport varie aussi suivant les pièces de terre. On voit quelles différences énormes on trouve suivant les années et les sols. En outre, l'eau arrive aux drains en certains mois et pas du tout dans d'autres. En certains mois, la presque totalité de la pluie tombée passe aux drains, parce que la terre est déjà saturée; tandis qu'en d'autres mois, une forte pluie ne donne pas une goutte d'eau dans les drains : la terre desséchée doit, en effet, d'abord s'imbiber complètement. Toutefois, les chiffres les plus probables sont de 7,5 à 15 0/0 de la pluie tombée dans l'année. Mais suivant les époques de l'année, la quantité d'eau qui parvient aux drains peut varier de 2 à 3 0/0 jusqu'à 80 ou 90. C'est pourquoi, dans le calcul de la quantité d'eau que peut porter un tuyau, nous avons admis que toute l'eau de pluie y pénétrait. — J. A. G.

Drainage des talus. La principale des causes destructives des talus des tranchées de chemins de fer est l'eau, soit qu'il s'agisse de sables aquifères, extrêmement difficiles à consolider, soit que le sol dans lequel est établi la tranchée contienne intercalées, des couches d'argile souvent très minces qui retiennent l'eau filtrant à travers les couches supérieures, et forment, par suite, une surface de glissement capable de produire les éboulements les plus sérieux. Dans le premier cas, où il ne s'agit que de sable, la végétation peut contribuer à consolider le talus, avec plus de succès qu'un revêtement en pierres sèches, et éviter des travaux coûteux d'assainissement. Mais lorsqu'on a affaire à des bancs argileux intercalés entre des bancs perméables, il est indispensable d'avoir recours à des procédés spéciaux, parmi lesquels le système de drainage de M. Sazilly est l'un des premiers usités. Il a pour objet de protéger la tranchée des lits argileux contre l'action de la chaleur et de l'eau et d'assurer la permanence de l'écoulement, même pendant la gelée. A cet effet, on dispose une rigole qui suit exactement les ondulations de chaque banc de suintement et que l'on revêt en briques posées à bain de mortier; sa paroi inférieure affleurant la surface supérieure du banc argileux, reçoit immédiatement les eaux qui s'en égouttent: ce caniveau est garni de pierres cassées, pour empêcher l'obstruction. Tout le talus reçoit une chemise en terre végétale pilonnée reliée par des redans au massif. A chaque point bas, le caniveau dégorge latéralement et les eaux sont dirigées sur le fossé par une cuvette suivant la ligne de plus grande pente du talus. A ce procédé on préfère souvent un véritable drainage, moins sujet aux dislocations que les rigoles. Les drains transversaux sont alors posés à une profondeur de 1 mètre, et espacés de 2 à 3 mètres. Les collecteurs débouchent dans le fossé par une courbe de 2 mètres de rayon environ. Toutefois, lorsque les eaux sont très abondantes, ce procédé est lui-même insuffisant et il faut pratiquer de profondes saignées pour chercher les eaux au sein même de la masse. Ce sont alors de véritables galeries transversales de 0^{m},80 de largeur et 1^{m},10 de hauteur, espacées de 10 mètres et pénétrant parfois à une profondeur de 10 mètres. De leur extrémité intérieure partent les amorces de galeries longitudinales, qui se rejoignent quand la masse est très aquifère.

Lorsqu'il y a peu d'eau, et que les couches argileuses, plongeant vers la tranchée sont très inclinées, on peut se borner à ouvrir, à l'amont, une tranchée ou galerie longitudinale, recevant les eaux et asséchant ainsi un massif suffisant pour fonctionner, en quelque sorte, comme culée et résister à la poussée des terres non asséchées. Ce moyen est très coûteux dès qu'il faut atteindre une profondeur un peu grande: mais, appliqué à temps, il est efficace et évite souvent une rupture de l'équilibre des masses argileuses contre lesquelles il serait plus tard impossible de lutter.

Il y a, d'ailleurs, des cas où le mouvement de glissement affecte une étendue telle qu'il vaut mieux avoir recours à une déviation complète du tracé de la voie. Tel est le cas de la ligne de Lyon à Genève, où un coteau, existant entre les stations de Chanzy et de la Plaine, se déplaçait lentement depuis de longues années, lorsqu'en 1882, l'éboulement s'est produit, en menaçant de barrer complètement le cours du Rhône. Ce qui précède s'applique aussi bien aux remblais qu'aux tranchées; on ne peut pas toujours éviter d'employer des terres argileuses pour la confection des remblais. Dans ce cas, il faut, pour que le remblai se maintienne, que l'argile ait été employée sèche et qu'on l'isole des actions atmosphériques par une chemise protectrice, munie de chéneaux en bois qui recueillent les eaux infiltrées. — M. C.

— V. Couche : *Voie et matériel roulant des chemins de fer.*

DRAP. Ce nom est généralement donné aux étoffes de laine cardée dont le tissu se trouve dissimulé sous une sorte de duvet plus ou moins épais produit par les opérations spéciales, différant en cela des autres étoffes de laine, cachemires, mérinos, etc., où la nature du tissu est apparente. Toutefois, il faut reconnaître que le caractère provenant de cette distinction n'est plus aussi absolu aujourd'hui qu'autrefois, l'industrie ayant trouvé le moyen de faire entrer dans la fabrication de matières analogues aux draps, de la laine peignée, soit seule, soit concurremment avec la laine cardée. En outre, beaucoup de draps ne sont plus établis exclusivement en laine, mais en laine et coton, ce qui favorise l'établissement de produits similaires et d'un prix moins élevé.

DRAP DE SOIE. On désigne sous ce nom un genre spécial de tissu auquel on a donné de multiples dénominations suivant les diverses combinaisons d'armures, bien que celles-ci, malgré leurs nombreuses modifications, tiennent du caractère du satin et de celui du sergé, mais beaucoup plus de ce dernier : le fond est toujours un effet de flotté de chaîne. Le nom de ces étoffes vient de leur consistance, qui les distingue même encore plus que toute combinaison d'armures, et qui est amenée par une forte réduction soit de la chaîne, soit de la trame. Elles sont supposées toujours tissées en noir, car les tissus de la même famille, tissés en couleur, reçoivent toujours une dénomination spéciale soit de fantaisie, soit relative à la couleur de la chaîne.

— Le drap de soie était autrefois l'étoffe que l'on employait de préférence pour la confection des culottes, alors que la mode n'avait pas encore remplacé ce vêtement par le pantalon moderne; aussi la fabrication de ce genre de tissu a-t-elle été très active sous les règnes de Louis XV et de Louis XVI. Elle est aujourd'hui excessivement restreinte. La petite quantité qui s'en fabrique aujourd'hui ne s'emploie guère que pour gilets.

DRAPEAU. Ecartons les sens multiples de ce mot pour en circonscrire la signification dans les termes suivants : « Pièce d'étoffe qu'on attache à une hampe, de manière à ce qu'elle puisse se déployer et flotter pour servir à donner un signal d'attaque ou de défense, à indiquer un point de ralliement, à distinguer le prince, le chef ou la nation qui l'arbore, à identifier avec ce signe l'idée de devoir et de patrie. » Négligeons également les acceptions figurées et métaphoriques du mot *drapeau* employé pour désigner le parti, la secte, la doctrine religieuse, politique, littéraire, scientifique qu'on veut avouer hautement ou dont on se fait le serviteur, et renfermons-nous dans l'histoire de ce signe tel que nous venons de le définir.

— Dans les temps les plus éloignés, il est fait mention d'un signe de ralliement, autour duquel se groupaient les combattants. C'étaient des effigies d'animaux chez les Egyptiens, les Israélites et les Grecs; une poignée d'herbe ou de feuillage chez les Romains et les Gaulois. La bande, la banderole de pourpre, le S. P. Q. R, au bout d'une pique, le *labarum*, ne viennent que beaucoup plus tard; les *vexilles*, ornés d'inscriptions religieuses, dérivent du labarum. Le régime féodal, en créant la suzeraineté et le vasselage, favorisa singulièrement la diffusion du drapeau ou signe militaire : les tenanciers arboraient les couleurs de leur baron; les milices communales, celles de leur ville; les compagnies levées dans les paroisses marchaient sous la bannière de leur patron. La chape de saint Martin, qui était bleue, et l'oriflamme, dont la couleur était le rouge écarlate, furent, en France, les premiers drapeaux nationaux, c'est-à-dire le signe de ralliement des troupes de tout le royaume. Plus tard, le démembrement du sol français en plusieurs grands fiefs, multiplia le nombre des étendards : Bourgogne, Flandre, Bretagne, Berry, Champagne, etc., eurent leurs signes distinctifs : à l'époque néfaste de la guerre de Cent ans, la croix blanche des Armagnacs était opposée à la croix rouge, dite de saint André, arborée par les Bourguignons.

C'est au XVIe siècle seulement, après la chute de tous les grands vassaux et la disparition des étendards particuliers, que se constitue le drapeau national proprement dit : d'abord simple écharpe de chevalerie, puis signe distinctif du grade de colonel-général, la cornette blanche — dont le plumet blanc rappelle aujourd'hui le souvenir — devient le drapeau blanc et, par extension, l'étendard royal, le roi étant considéré comme le colonel-général de toute son armée. Le drapeau de Louis XIV se rattache ainsi à celui de Philippe-Auguste, qui était blanc, semé de fleurs de lys d'or. L'ancienne autonomie provinciale se perpétua néanmoins sous une certaine forme, même après l'adoption du drapeau blanc comme étendard national : les régiments de Picardie, d'Auvergne, de Bretagne, de Bourgogne, de Navarre, de Suisse, de Piémont, etc., ajoutaient à la couleur blanche du drapeau français des emblèmes, des attributs et autres signes distinctifs empruntés à leur province respective. L'unité et la variété se trouvaient donc réunies dans l'étendard français.

On sait que la Révolution française fut, avant tout, unificatrice et centralisatrice : après avoir adopté, sur la proposition de Bailly, les couleurs mi-parties de la ville de Paris, c'est-à-dire le rouge et le bleu, elle y joignit, à titre de transaction, le blanc de la royauté; ce qui donna le drapeau tricolore, emblème de la monarchie constitutionnelle. La disposition des couleurs varia pendant quelque temps : on passa du sens horizontal au sens vertical : le rouge, qui passait pour représenter plus particulièrement la démocratie — tandis que le bleu symbolisait la bourgeoisie, et le blanc la noblesse et la royauté — fut, aux epoques agitées, la nuance favorite de la commune de Paris. Cependant les trois couleurs demeurèrent l'étendard de la Révolution, du Consulat et de l'Empire : l'addition des cravates, puis des aigles, à la hampe, marque la transition du régime de la République à celui de l'Empire.

La Restauration aurait pu conserver le drapeau tricolore, qui était, en réalité, celui des trois ordres, c'est-à-dire de la nation : elle préféra rétablir celui du roi, celui qui rappelait moins l'étendard fleurdelisé de Philippe-Auguste, que le panache blanc de Henri IV et la cornette blanche de Louis XIV. Par une réaction toute naturelle, le gouvernement de Juillet, interprète du sentiment public, exprimé par Béranger dans la fameuse chanson du *Vieux drapeau* :

> Qnand secouraі-je la poussière
> Qui ternit tes nobles couleurs?

revint au drapeau tricolore et l'arbora tout d'abord sur la colonne de la place Vendôme :

> Les trois couleurs sont revenues,
> Et la colonne avec fierté
> Fait briller, à travers les nues,
> L'arc-en-ciel de la liberté.

Seulement, on substitua aux cravates tricolores de la Révolution et aux aigles de l'Empire, le coq, emblème de la vigilance et traduction vivante du mot *gallus*, gaulois.

C'est dans cet état que la République de 1848 trouva le drapeau tricolore : elle le maintint, avec suppression du coq, après avoir hésité un instant entre les trois couleurs et le rouge seul. Le second Empire le maintint également en rétablissant les aigles; enfin, la troisième République reprit le type de 1789 avec la hampe surmontée d'une pique et les lettres R. F.

Depuis la Révolution, le drapeau français a porté diverses inscriptions que nous mentionnons brièvement : sous la première République : *Discipline et obéissance à la loi*; sous le premier Empire, en souvenir de la distribution des étendards, ces mots : *L'Empereur... à tel régiment*. Le Gouvernement de juillet et la seconde République eurent aussi leur formule; pour l'un : *Liberté, ordre public*; pour l'autre : *Liberté, égalité, fraternité*, avec le quatrième mot au centre : *Unité*. Le second Empire et la troisième République ont inscrit sur leurs drapeaux la devise de la Légion d'honneur : *Honneur et patrie*; puis, s'inspirant d'une pensée de la Révolution et de Napoléon Ier, ils ont rappelé, par des noms et par des dates, les grands faits d'armes auxquels a pris part le corps auquel tel ou tel étendard est confié.

La bénédiction et la remise des drapeaux ont toujours été des occasions de cérémonies religieuses et patriotiques, depuis l'oriflamme jusqu'à nos étendards modernes, et chaque gouvernement y a vu comme une nouvelle investiture donnée aux chefs et aux soldats. Raconter ces sortes de fêtes, ce serait écrire plusieurs pages de notre histoire nationale. Il en est de même de la suspension triomphale des drapeaux conquis : on les fixait autrefois aux voûtes de la basilique de Notre-Dame, et les grands généraux qui en fournissaient le plus, étaient plaisamment surnommés les *tapissiers* de cette église. Depuis la Révolution, c'est à la chapelle des Invalides qu'a été dévolu cet honneur. Mais le déploiement glorieux des drapeaux conquis a un douloureux pendant : c'est la destruction des étendards après une défaite, pour leur éviter un pareil sort en pays ennemi. La guerre de 1870-71 a plusieurs fois offert ce triste spectacle. Nous ne parlerons que pour mémoire de la décoration du drapeau considéré comme personne morale, c'est-à-dire comme représentation du régiment tout entier ; c'est un usage tout moderne. Nous n'accorderons également qu'une mention au drapeau noir, ancien étendard des forbans qui couraient les mers pour piller et tuer sans miséricorde ; ce n'est plus aujourd'hui qu'un signe de deuil aux lieux où sévit la peste, et un objet de douleur, soit dans le danger, soit dans la défaite. Paris a arboré le drapeau noir en 1871, au moment où les Allemands vainqueurs y ont pénétré. — L. M. T.

***DRAPELER.** *T. techn.* Action de défiler des chiffons destinés à la fabrication du papier.

DRAPER. *T. de fact. de mus.* Garnir de drap les sautereaux d'un piano ou d'un instrument analogue. || *T. de tapiss.* Disposer une étoffe, un tissu, de façon à former des plis pour l'ornementation d'un meuble, d'une pièce.

DRAPERIE. Industrie qui a pour objet la fabrication des étoffes de laine appelées *draps* et qu'exercent presque toutes les nations ; cependant l'Europe en est le siège principal et l'Angleterre et la France s'y distinguent particulièrement. Nous allons entrer dans quelques détails au sujet de la production de ces diverses contrées.

— Historique. L'emploi de la laine à la confection des étoffes destinées à revêtir l'homme date de la plus haute antiquité. Les plus vieux documents de l'histoire renferment tous la notion de la récolte de la laine de brebis pour la filer puis en tisser des étoffes. Mais le feutrage de ces étoffes, qui leur donne le caractère propre du drap, n'a été imaginé que longtemps après.

Il semble que les premiers draps aient été tissés à Reims. On les trouve mentionnés dans plusieurs manuscrits des XIIIe et XIVe siècles ; à cette époque, on les échangeait à la foire de Pâques contre des soieries et des étoffes brochées d'or de la Provence et de l'Italie. Par lettres-patentes du 26 octobre 1569, Charles IX créa le corps des *drapiers* et lui donna des statuts, augmentés par ordonnance de 1618. Ce règlement, de 59 articles, daté du 4 octobre 1666, détermina les conditions de fabrication des *draps* ; l'ordonnance du mois d'août 1669 fixa leur longueur et leur largeur.

Les premières *manufactures* de drap datent de Henri IV, mais ce fut seulement à partir du règne de Louis XIV que cette industrie accomplit des progrès marqués. Jusqu'alors les draps de Hollande, d'Espagne et d'Angleterre étaient importés chez nous en grandes quantités. La manufacture d'Abbeville nécessita de grandes dépenses, et ce ne fut qu'au prix de concessions énormes que Colbert détermina le flamand Josse Van Robais à venir se mettre à la tête de cet établissement, pour fabriquer les draps fins façon d'Espagne et de Hollande. Les enfants de Van Robais lui succédèrent dans la direction de la manufacture d'Abbeville et les produits de cette fabrique étaient souvent désignés *draps de Van Robais*. Antérieurement aux lettres patentes accordées à Van Robais (1661), Louis XIV avait accordé un privilège de vingt ans à MM. Nicolas Cadeau, Binet et Marseille, qui avaient fondé à Sedan une manufacture de draps fins, façon de Hollande, sous le nom de *draps de Sedan* (1646). Ce ne fut qu'après l'expiration de ce privilège qu'un règlement applicable à la manufacture de Sedan fut publié et mis en vigueur. En 1681, des lettres patentes étaient accordées à MM. Ricard, Langlais et Cie, fondateurs de la manufacture de Louviers. Depuis ce moment, Elbeuf, où l'on n'avait produit jusqu'alors que des étoffes de laine de qualité médiocre, entra dans une voie nouvelle, et de l'émulation qui naquit entre ces deux localités, résulta pour l'une et pour l'autre un rapide accroissement d'importance et de prospérité.

En Angleterre, les premières traces de la fabrication du drap remontent à Édouard II ; peu à peu les guerres de religion chassèrent de France et d'Angleterre, une foule d'artisan de tous genres, et en particulier ceux qui travaillaient le drap : de l'époque de leur installation en Angleterre date la suprématie de ce pays dans ce genre de fabrication, suprématie qu'elle a toujours conservée d'autant plus préjudiciable que Colbert, ainsi que nous venons de le dire, quelques années auparavant lui avait imprimé un vigoureux élan en France. L'invention de la vapeur, des machines de tous genres qui suivirent ensuite a révolutionné cette industrie comme presque toutes les autres. Depuis 1785, des progrès de tous genres ont été réalisés pour transformer la fabrication, de manuelle qu'elle était, en fabrication mécanique, et les progrès de celle-ci sont tels qu'il semble difficile d'atteindre de nouveaux perfectionnements.

Fabrication du drap. La fabrication du drap comprend toute une série d'opérations qui peuvent se diviser en quatre parties : 1° opérations qui ont pour but d'amener la laine à l'état de fil ; 2° filature et tissage ; 3° opérations qui suivent le tissage jusqu'au foulage inclusivement ; 4° opérations qui suivent le foulage et entrent dans la catégorie des apprêts. La troisième et la quatrième partie qui viennent après le tissage, constituent la fabrication propre du drap, et c'est par elles que cette étoffe de laine se distingue des autres étoffes de même matière. Notre intention dans cet article est de présenter sommairement l'enchaînement des opérations relatives à cette fabrication, chacune d'elles ayant fait ou devant faire dans le *Dictionnaire* l'objet d'articles séparés, où leur étude est donnée avec tous les détails qu'elle comporte.

1° Opérations qui ont pour but d'amener la laine a l'état de fil. En attendant que nous examinions plus en détail ces opérations au mot Laine, nous rappellerons que ce textile, avant d'être filé et tissé, doit subir un certain nombre de préparations, dont le but est de l'expurger des matières étrangères, de le priver de la graisse ou du suint qu'il emporte lors de la tonte, et enfin de diviser les brins qni en constituent les poils. On commence par opérer le *triage* des marchandises brutes, on en fait ensuite l'*épluchage* pour en enlever toutes les matières étrangères qui restent adhérentes à la toison des animaux, et enfin le *détrichage* ou classement des laines suivant leur qualité. Les laines brutes sont toujours plus ou moins imprégnées d'une matière grasse dite *suint*, que secrète la peau des moutons et dont on doit les débarrasser, on y arrive par l'opération du *dégraissage* ou *dessuintage* (V. ce mot). Le dessuintage est suivi du *lavage* et du *séchage* des laines et c'est généralement après que l'on procède à la *teinture* de la matière première. La teinture peut être appliquée à ce textile en différents états : si c'est immédiatement après le lavage, alors le drap sera dit *teint en laine*; si la laine reçoit les couleurs lorsqu'elle est filée, le drap sera dit *teint en fils*; enfin, on l'appellera *teint en pièces*, si l'application de la teinture n'a lieu que sur le tissu fabriqué.

2° Filature et tissage. Nous rappellerons ici que la première opération est le *battage* (V. ce mot), dont le but est de diviser la laine, de la rendre souple et de la débarrasser des corps étrangers que la teinture y a laissés; que la seconde est l'*épluchage*, qui complète le premier triage ou assortiment de toisons; la troisième, le *louvetage* qui est en quelque sorte un second battage, lequel est suivi de l'*ensimage* (V. ce mot) ou lubrification de la laine avec une dose d'huile, du *cardage* (V. ce mot) qui a pour but de disposer la laine de manière à exécuter ensuite la filature plus facilement, et du *filage* proprement dit. La laine filée est alors prête à être livrée au tisserand qui fabrique une étoffe qui n'est pas encore le drap proprement dit que nous sommes habitués à voir, mais qui diffère cependant des autres étoffes de laine et qu'on pourrait appeler le drap brut. Malgré l'importance considérable des opérations de la *filature* ou du *tissage*, nous ne nous y arrêterons pas ici, leur emploi à la fabrication du drap ne pouvant être séparé de l'étude générale qui sera faite de ces deux grandes industries.

3° Opérations qui suivent le tissage jusqu'au foulage inclusivement. C'est à partir du moment où l'on a produit le drap brut que la fabrication du drap offre quelques particularités spéciales, comportant les opérations suivantes :

1° L'*épincetage* (V. ce mot), dit aussi *noppage* qui consiste à enlever, à la main avec une pince, les nœuds provenant de la filature et du tissage; 2° Le *dégraissage* (V. Dégraissage des draps) qui a pour but d'enlever les corps gras dont on s'est servi pour ensimer la laine dessuintée; 3° le *dégorgeage*, pour débarrasser le tissu des éléments dégraisseurs; 4° l'*époutiage* (V. ce mot), supplément de l'épincetage; 5° le *rentrayage* qui a pour but de réparer à la main les avaries du tissu et les défauts rendus trop apparents; et 6° enfin le *foulage* (V. ce mot), l'opération la plus importante et la plus décisive dans ses résultats et que nous examinerons en détail dans un article spécial.

Après le foulage vient le *lavage*; les pièces sont passées en corde sans fin entre deux cylindres de bois, d'un gros diamètre, et reçoivent un jet continu d'eau au-dessus d'une cuve.

4° Opérations qui suivent le foulage et entrent dans la catégorie des apprêts. La première est le *ramage* (V. ce mot) qui a pour but de sécher le drap par la tension, en lui donnant en même temps une largeur déterminée et régulière sur toute sa longueur. Puis vient le *lainage* (V. ce mot), appelé encore *garnissage* (bien que ce terme convienne plutôt au tirage à poil des tissus de coton), qui a pour but de ramener à la surface de l'étoffe, en les couchant uniformément dans le même sens et en leur donnant une direction déterminée, les filaments mêlés en tous sens et pressés par le foulage: seulement l'opération du lainage ne se fait que progressivement, est répétée plusieurs fois et alternée avec le *tondage*, jusqu'à ce que l'étoffe soit parfaitement garnie d'un duvet doux et moelleux, qu'il ne serait plus possible de tondre sans courir risque de découvrir le croisement des fils. La cinquième répétition du lainage se nomme *gitage*. Durant le cours de ces opérations, nous devons aussi mentionner que des *brossages* particuliers sont effectués sur les draps, mais ce brossage qui se fait mécaniquement, doit nécessairement être renouvelé en grand après le dernier tondage. On soumet ensuite le drap au *pressage à chaud*, pour coucher et aplatir son poil et lui donner en même temps une apparence lisse éclatante; puis on procède au *décatissage* (V. ce mot) où l'on a pour but d'enlever au drap, au moyen de la vapeur, le lustre et le brillant produits par la presse à chaud. Mais comme le décatissage a pour effet de trop ramollir le drap et de lui enlever en quelque sorte son brillant, il est indispensable de lui rendre sa main et son lustre par un pressage à froid. En terminant, on procède encore, s'il en est besoin, à l'*épaillage* ou *égratteronnage* dont le but est de débarrasser le tissu des pailles ou gratterons qui s'y trouvent encore, mais cette opération, extrêmement importante, qui se pratique aussi sur la laine dessuintée dans certains cas, sera étudiée avec détail au mot Epaillage.

Quelques draps, dans le but d'être rendus plus souples et plus chauds, sont veloutés à l'envers, ce qui s'obtient à l'aide d'un passage entre une table et un cylindre à chardon métallique.

Il y a plusieurs genres de drap, suivant que l'on supprime quelqu'une des opérations de la fabrication. Si l'on fait de la draperie en laine peignée, le lainage est supprimé, si, au contraire, c'est de la draperie veloutée, on supprime la presse et le décatissage et l'on passe l'endroit de la pièce à la velouteuse.

Statistique. La France produit environ pour 250 millions de francs de draperie par an. L'industrie de la draperie est une de celles qui ont été le plus violemment atteintes par la révolution économique qui a suivi la mise en pratique des théories du libre-échange. Tout semble cependant démontrer que ce n'est pas à l'inertie des industriels que cette sorte de déchéance doit être attribuée, car ils ont redoublé d'efforts et ont cherché à appliquer dans leur fabrication tous les perfectionnements apportés par la science; mais les conditions de la production sont tellement différentes entre notre pays et quelques nations voisines, les moyens de production ont tellement augmenté et en disproportion de la consommation, que notre marché s'est vu déborder par le trop plein des industries voisines, jeté chez nous à vil prix et ne laissant plus un bénéfice rémunérateur à notre propre fabrication.

Quelques chiffres rendront évidents les changements survenus dans cette industrie :

Exportations françaises en étoffes de laine cardée :

1874	69.539.000	francs
1875	69.290.000	—
1876	58.454.000	—
1877	63.384.000	—
1878	58.171.000	—

Importations étrangères en France :

1874	10.307.000	francs
1875	14.826.000	—
1876	18.848.000	—
1877	17.868.000	—
1878	17.199.000	—

D'où il suit que les importations de l'étranger augmentent d'année en année, et que nos propres exportations sont en diminution progressive.

Elbeuf, Louviers, Sedan, Mazamet et Vienne, dans l'Isère, sont les principaux centres manufacturiers de la draperie en France; il faut y ajouter les fabrications moins importantes de Lavelanet, dans l'Ariège, de Vire et Lisieux, dans le Calvados, de Romorantin, Châteauroux, etc., et d'autres que nous indiquons plus loin.

Elbeuf tient toujours la première place. L'industrie drapière s'exerce dans tout le canton dont cette ville est le chef-lieu, notamment dans les localités de Caudebec, Saint-Pierre, etc. La production y est très variée : draps lisses, draps croisés, imperméables, zéphyrs, amazones, draps de fantaisie, unis ou à côtes, bleus, noirs, de toutes couleurs, soit unis, soit mélangés. Parmi les draps *unis*, les noirs sont ceux qui se fabriquent en plus grande quantité; viennent ensuite les draps pour meubles, pour voitures et livrées; le drap de billard pour lequel Elbeuf a une réputation ancienne et une supériorité incontestée; puis les draps propres à l'habillement des élèves des lycées, des officiers de l'armée, des employés de douane, etc. A l'égard des draps *nouveautés*, ils sont produits sous des formes si multiples, que nous renonçons à les indiquer; le fond, cependant, est un genre particulier, dit genre Elbeuf, dont le prix est très variable. La fabrique d'Elbeuf produit à elle seule plus du tiers de nos étoffes de laine cardée; toutefois, l'industrie drapière n'y lutte contre la concurrence étrangère qu'aux prix d'efforts et de sacrifices constants, causés en particulier par la cherté de la main-d'œuvre. Aussi les industriels se sont-ils tout particulièrement attachés au perfectionnement de l'outillage, pour produire plus et mieux. La ville d'Elbeuf, qui, en 1868, occupait plus de 25,000 ouvriers, n'en employait plus, en 1878, que 16,000 pour le même chiffre de production. L'emploi des métiers automatiques a aidé puissamment à ce résultat, tout en permettant en même temps d'obtenir avec des laines inférieures des finesses qu'on n'avait pu atteindre jusque là avec les mêmes matières. D'autre part, les quantités considérables de marchandises de qualités inférieures jetées sur le marché ont, petit à petit, grâce à leur bas prix et un aspect plus ou moins séduisant dans les dispositions et les couleurs, détourné le goût des consommateurs des produits foncièrement recommandables; ce dernier élément a pesé fortement sur les difficultés qu'Elbeuf doit vaincre sans cesse.

Louviers, voisine d'Elbeuf, offre également de grands rapprochements entre sa fabrication et la précédente, et ses produits se distinguent par les grands soins apportés à leur fabrication. Sa fabrication se compose de draps bleus, draps de diverses couleurs, et de quelques draps de fantaisie. On y trouve aussi des draps à bas prix. Les manufacturiers de cette ville se sont aussi en partie approprié la confection des étoffes dites *nouveautés* pour pantalons et des flanelles écossaises. Plusieurs petites localités de l'arrondissement de Louviers, telles que Acquigny, Amfreville-sur-Ston, Hondouville, Valtier, Les Planches, Anthouillet, Cailly-sur-Eure, Saint-Cyr-du-Vaudreuil, etc., possèdent des foulonneries en grand nombre pour la fabrication de la ville. C'est surtout sur l'établissement des tissus ordinaires et à bon marché que se portent les efforts des fabricants.

Lisieux est encore un lieu de production assez considérable, et qui a la spécialité des tissus feutrés imprimés, présentant assez de perfection pour reproduire avec une vérité frappante les effets obtenus par le tissage et le mélange des couleurs dans les étoffes tissées. Le bon marché relatif de ces draps en facilite considérablement l'écoulement; il est dû, non seulement à l'impression mais encore à l'emploi de matières diverses mélangées avec la laine. La plus grande partie des tisseurs de drap habite les villages voisins de Lisieux et y travaillent à façon.

Vire, dans le même département, fabrique des draps teints en laine, et les produits de ce genre, du moins pour les qualités ordinaires, ont soutenu parfois la comparaison avec ceux d'Elbeuf. L'importance de la fabrication de cette ville a cru sensiblement depuis ces dernières années par suite de l'établissement dans cette ville de manufactures venues de Bischwiller, qui ont apporté avec elles le drap bleu d'Alsace.

Sédan est la première fabrique et la plus anciennement renommée du monde pour la draperie noire unie, à laquelle vient s'adjoindre celle des façonnés et des nouveautés. Jusqu'en 1834, on ne fabriquait presque exclusivement à Sédan que des étoffes unies; c'est un manufacturier, M. Bonjean, qui y importa, à cette époque, la fabrication des nouveautés. Aujourd'hui, c'est Sédan qui fournit ces tissus ondulés, veloutés, ratinés, frisés, connus si longtemps sous le nom de *draps Montagnac*, dont on fait une si grande consommation pour la confection des pardessus d'hommes et de femmes.

La région du Midi présente trois grands centres de production : *Vienne*, *La Bastide* et *Mazamet* (Tarn), qui ont la spécialité de la fabrication des nouveautés à bas prix. C'est à Mazamet qu'on a su tirer parti, pour la première fois, des laines sur peaux de La Plata. Il nous faut encore citer *Castres*, dans le Tarn, à laquelle on doit la création et la vogue des draps cuir-laine, et *Carcassonne* (Aude), où l'on s'attache surtout à produire avec économie des articles d'une vente courante.

La fabrication des draps de troupe est à peu près localisée dans trois centres principaux : *Romorantin* (Loir-et-Cher), *Châteauroux* et *Lodève* (Hérault), à laquelle s'adjoint celle des draps pour livrées et voitures.

Reims, *Tourcoing* et *Roubaix* qui, pendant longtemps, ne s'étaient livrées qu'au travail de la laine peignée, et dont la production en tissus de laine ne pouvait être classée dans la draperie, mais bien dans les lainages (cachemires, mérinos, etc.), ont entrepris également depuis quelques années la fabrication des étoffes cardées, soit seule, soit unie avec de la laine peignée. Les nouveaux tissus ainsi établis, que l'on peut définir par l'expression de *tissus de laine légèrement foulée* ou *draperie légère*, sont rapidement arrivés à la perfection, leur débit est très considérable; ils ont ouvert de nouveaux débouchés au commerce dit *de la nouveauté*, pour ces étoffes légères et si variées dont on fait aujourd'hui tant de costumes et de confections pour dames.

Enfin, nous citerons encore parmi les villes drapières de France : *Chalabre* (Aude), où l'on fait des draps en couleurs unies ou mélangées, imitation Elbeuf; *Limoux* (Aude), dont le genre de fabrication est le même; *Bédarieux* (Hérault), qui a adopté le drap commun, et, dans le même département : *Saint-Pons*, *Saint-Chinian*, *Clermont-l'Hérault*; dans l'Ariège, *Lavelanet*, qui fabrique soit des draps lisses et catis, soit des castorines tirées à poil et cylindrées ; *Saint-Affrique* (Aveyron); *Dieu-le-Fit* (Drôme), etc.

Pour résumer en quelques mots la situation de l'industrie drapière en France, nous ne saurions mieux faire que d'emprunter les quelques lignes qui suivent au rapport fait par M. *Blin*, manufacturier d'Elbeuf, sur l'Exposition universelle de 1878 :

« Bien que cette Exposition ne montre pas de progrès éclatants, qui marquent le point de départ d'une ère nouvelle, l'industrie de la laine cardée est loin, cependant, d'être restée stationnaire. La fabrication de la nouveauté, dont les produits ne relèvent que du goût et de la fantaisie, a fait l'impossible pour obtenir des produits nouveaux. L'effort, dans ce sens, a été considérable et l'on est arrivé à de forts beaux résultats, par le judicieux mélange des fils peignés et des fils cardés. »

Toutefois la suprématie des produits français tend à perdre chaque jour de sa valeur, ou ne se maintient qu'aux prix d'efforts dont on peut redouter d'atteindre bientôt le terme. La cause de cette situation fâcheuse semble clairement ressortir de ce que dit en terminant M. Blin, dans son rapport :

« Le fait saillant, l'impression dominante, ce que nous pourrons appeler la caractéristique de l'Exposition de 1878, comparées aux Expositions antérieures, consiste dans une certaine uniformité, une certaine perfection générale, qui se manifestent dans les produits du monde entier.

« Autrefois les étoffes de chaque pays avaient leur cachet distinctif et portaient en elles-mêmes leur marque de fabrique.

« On chercherait vainement aujourd'hui, sauf quelques rares exceptions, un caractère spécial aux produits des diverses nations. Ce sont, à fort peu de choses près, les mêmes types que l'on rencontre partout. Suivant l'habileté ou la puissance industrielle de chacune d'elles, les échantillons exposés sont un peu mieux ou un peu moins bien fabriqués, un peu plus chers ou un peu meilleur marché, mais au fond ce sont les mêmes idées.

« Allez de la France à l'Angleterre, à la Belgique, à l'Autriche, à la Russie, à la Suisse, à la Suède, même au Portugal, vous trouverez les mêmes étoffes, les mêmes dispositions, les mêmes nuances.

« Cette constatation nous mène à la conclusion de notre travail; c'est en elle que consiste le véritable enseignement que nous fournit l'Exposition de 1878 : la production s'est développée outre mesure, et la demande ne répond plus à l'offre.

« Après la conclusion des traités de commerce, l'industrie prit un essor inaccoutumé et trouva un aliment à son activité dans la consommation des pays qui n'étaient pas outillés encore.

« Depuis, ces pays ont voulu produire eux-mêmes et s'affranchir de l'importation étrangère. Leur industrie a grandi à l'abri de droits protecteurs très élevés. Le marché s'est restreint. Une lutte terrible, la lutte pour l'existence, s'est engagée entre les fabriques des pays dont les produits s'échangent réciproquement, soit francs de droits, soit chargés de droits peu élevés. L'avenir restera à celles qui subissent le moins de charges, à celles qui auront la houille, la matière première, le crédit, au plus bas prix possible.

« En nous plaçant au point de vue purement français, chacun sait que l'industrie de la laine cardée ne réunit pas chez nous ces conditions. Elle sera forcément amenée, sinon à disparaître, du moins à diminuer d'importance, si des droits compensateurs ne viennent frapper les étoffes étrangères dans la mesure qui permet à certains pays de produire à meilleur marché. »

Industrie de la draperie dans les pays étrangers. *Angleterre.* L'industrie de la laine cardée et, par suite, de la draperie, occupe, en Angleterre, une place plus considérable qu'en aucun autre pays. On n'évalue pas à moins de 600 millions de francs de marchandises sa production totale. Les trois grands districts manufacturiers sont : le Glocestershire, le Yorkshire et l'Ecosse. Cette grande prospérité remonte, comme nous l'avons dit, aux funestes époques des persécutions religieuses, chassant de France ou des Flandres tant d'artisans divers, qui trouvèrent un asile bienveillant dans l'Angleterre protestante. Les spécialités lainières sont aujourd'hui localisées : Bradford travaille la laine peignée; Leeds, les tissus épais, les draps forts; Huddersfield, les draps légers pour costumes ; Stroud et le West of England, les draps noirs et de couleur; les grands centres industriels d'Écosse (et Glascow en particulier), ces fameuses nouveautés qui imposent encore la mode dans le monde entier. La draperie se trouve d'ailleurs favorisée par la production locale de laines d'une nature spéciale, longue, fine, souple, brillante et forte, tirées des comtés de Leicester et de Lincoln, avec lesquelles on établit ces tissus si appréciés par leurs qualités, et connus universellement sous le nom de *cheviot* (V. ce mot). A cette circonstance, il convient d'ajouter encore le bon marché extrême de la houille, l'âme de toutes les industries mécaniques, qui contribue puissamment à favoriser la fabrication de la draperie dans ces contrées. Les colonies anglaises semblent marcher dans la voie de la mère-patrie, et l'Australie, en particulier, trouve de grands avantages dans sa production immense de matières premières.

Belgique. Ce pays présente encore des conditions naturelles avantageuses, du même ordre que pour l'Angleterre et un grand port de commerce, Anvers, qui reçoit la matière première, la houille à bon marché ; aussi l'industrie des draps occupe une noble place, bien que localisée presque uniquement dans un seul centre, Verviers. Toutefois, la fabrication de la belle draperie noire, qui était autrefois une des spécialités de ces régions, tend à disparaître pour faire peu à peu place à l'étoffe nouveauté, et viser au bon marché. On y fait aussi largement emploi de la laine peignée, qui n'entrait pas autrefois dans les draps proprement dits, soit à l'état de fils employés exclusivement ou en les doublant de fils cardés. La moyenne de production annuelle de l'agglomération verviétoise est de 400,000 pièces de tissus, dont la moitié est destinée à l'exportation.

Autriche-Hongrie. L'Autriche tient une large place parmi les grands producteurs. Sa fabrication se fait surtout remarquer par la belle qualité de ses produits. Le centre principal de la production est Brünn, en Moravie, où la perfection de la fabrication de la laine cardée pour draps militaires est poussée à un très haut point; mais il y a encore, outre cela, des manufactures importantes à Braunau (Autriche), Biebitz et Iglau (Moravie), Troppau (Silésie autrichienne) et Reichemberg (Bohême).

Les autres contrées d'Europe ne sauraient être absolument passées sous silence à propos de l'industrie de la draperie, mais la production généralement limitée ne donne guère lieu qu'à une consommation intérieure. La Russie, qui est un des grands pays producteurs de la matière première, fait de grands efforts pour en développer l'utilisation à la fabrication des draps ; les plus importantes fabriques se trouvent à Moscou et environs, on peut encore citer celles de Kalisch (Pologne russe), Klintzau (gouvernement de Tchernigoff), etc. En Norwège, on imite très heureusement les draps anglais à chaine coton. Le grand-duché de Luxembourg lutte dans une certaine mesure avec Verviers. En Allemagne, la fabrication d'Aix-la-Chapelle se soutient avec peine. En Hollande, celle de Leyde diminue de jour en jour. L'Espagne produit en grande quantité des draps unis noirs ou de couleur sombre, dont on fait une grande consommation pour la confection des manteaux. L'Italie fait de grands efforts pour s'affranchir de l'importation étrangère.

DRAPIER. *T. de mét.* Celui qui fabrique ou vend de la draperie.

— Il est difficile de préciser l'origine de la corporation des drapiers, ce que l'on peut constater, c'est que Philippe-Auguste, en 1183, leur allouait, moyennant cent livres de cens, vingt-quatre maisons confisquées aux juifs, et leur accordait, en outre, plusieurs privilèges. Au xve siècle, ils se divisèrent en deux communautés, les *drapiers* proprement dits, et les *drapiers-chaussetiers*; mais, en 1648, par une transaction amiable, ils n'eurent plus qu'une église et une seule confrérie. Leur maison, rue des Déchargeurs, avait été reconstruite, en 1650, sur

Fig. 242. — *Le drapier au XVIe siècle, d'après une estampe du temps.*

les dessins de Bruant, le célèbre architecte qui bâtit les Invalides; démolie lors de la construction des Halles Centrales, on en conserva la très remarquable façade qui fut réédifiée dans la cour de l'hôtel Carnavalet. Dans les six corps de métiers, le premier rang leur fut souvent disputé, cependant, dans les cérémonies, on les voit toujours user d'un droit de préséance. Ils avaient pour armoiries un navire d'argent à la bannière de France flottante, au champ d'azur, un œil en chef avec la légende : *Pour conduire les autres*, ce qui semble indiquer qu'ils se considéraient comme les premiers des Six-Corps. — V. CORPORATIONS OUVRIÈRES.

DRAWBACK. Ce mot, d'origine anglaise, signifie restitution à l'exportation du droit de douane qui a été perçu à l'importation. Ainsi, à l'époque où la plupart des matières étaient frappées, à l'entrée, d'un droit au poids, à la mesure ou à la valeur, les produits fabriqués avec ces matières, recevaient, à la sortie, le remboursement de ce droit. Seulement ce remboursement rencontrait d'assez grandes difficultés pour certains produits, notamment pour les tissus. On ne pouvait, en effet, que déterminer approximativement la quantité de matières premières employées dans leur confection, puisqu'il fallait tenir compte, en outre, du déchet de fabrication. Pour d'autres produits, les sucres, par exemple, le montant du droit à restituer était aisément fixé ; car on partait de cette donnée que 100 kilogrammes donnaient 75 kilogrammes de raffiné; par conséquent la douane payait sur le pied de 100 kilogrammes.

Il est encore payé aujourd'hui un drawback sur les matières premières qui sortent à l'état de produits fabriqués. Ces matières sont soumises au régime des *admissions temporaires*.

Le drawback a été imaginé pour favoriser l'exportation de marchandises qui, sans son application, n'auraient pas trouvé de débouché au dehors. Il avait ainsi pour résultat d'enrichir un certain nombre de producteurs aux dépens des contribuables.

Avant la création des entrepôts, qui permet aujourd'hui aux produits étrangers d'entrer dans un pays sans acquitter de droits, à la condition de les payer au fur et à mesure de la mise en consommation, le drawback jouait un rôle considérable dans le régime douanier, le payement des droits étant exigé pour toutes les marchandises, lors même qu'elles ne faisaient que transiter, sauf remboursement à la sortie. Le simple transit exigeait donc l'avance d'un capital important, quant aux produits qui étaient réexportés faute d'avoir trouvé des consommateurs, le remboursement des droits était subordonné à de longues et minutieuses formalités préalables.

Par suite de la suppression des droits sur le plus grand nombre de toutes les matières premières, le drawback a presque entièrement disparu en France. Aujourd'hui il n'existe plus que pour les viandes et beurres *salés*, à titre de remboursements de la taxe de consommation perçue sur le sel. Le montant de ce drawback a été de 163,798 francs en 1880 et de 147,988 francs en 1879. Le drawback ne doit pas être confondu, comme on le fait généralement, avec la *prime*. Mais, comme la prime repose souvent sur un remboursement, réel ou prétendu, de droits de douane, nous en dirons quelques mots.

La prime d'exportation a pour objet, comme le drawback, de favoriser la vente au dehors de certains produits qui, par le taux élevé de leur prix de revient, ne pourraient pas lutter, sur les marchés extérieurs, contre les similaires de l'étranger. Elle est quelquefois justifiée par des intérêts supérieurs, comme la nécessité, pour les pays dont le pavillon ne joue qu'un rôle subordonné dans les transports, d'entretenir une pépinière de marins, qui, en cas de guerre, serviraient à bort des bâtiments de l'Etat.

Il existe deux primes de cette nature en France : l'une a la pêche de la morue pour objet, et l'autre le développement de notre marine marchande. Aux termes de la loi du 22 juillet 1851, il est accordé une prime; 1° de 50 francs par homme d'équipage, pour la pêche, avec sècherie, soit à la côte de Terre-Neuve, soit à Saint-Pierre et Miquelon, soit sur le grand ban de Terre-Neuve; 2° de 50 francs pour la pêche sans sècherie, dans la mer d'Islande; 3° de 30 francs pour la pêche sans sècherie sur le grand ban de Terre-Neuve; 4° de 15 francs pour la pèche au Dogger-Bank. Ces primes sont des primes dites d'armement. Il est, en outre, accordé des primes sur les produits de la pêche; mais l'énumération, un peu longue, de ces primes ne saurait trouver de place ici. Bornons-nous à dire que les *rogues* de morue reçoivent une prime de 20 francs pour 100 kilogrammes importés.

Le montant des primes à l'armement a sensiblement varié de 1867 à 1881. Le maximum a été payé en 1869; 672,345 francs pour 14,183 hommes embarqués à bord de 676 navires; le minimum en 1881: 463,535 francs pour 10,249 marins embarqués sur 920 bâtiments. On remarque que le nombre de ces marins a constamment diminué depuis 1879: 13,238; 11,007; 10,249. Le montant des primes pour importation des rogues de morue a aussi fortement oscillé de 1867 à 1881. Le maximum a porté sur 428,313 kilogrammes en 1880 ayant donné lieu au payement d'une prime totale de 85,663 francs; le minimum sur 258,386 kilogrammes et 51,667 francs de primes, en 1867.

Les primes à l'armement en général, qui intéressent, à un très haut degré, une industrie naguère florissante en France, et en décadence marquée depuis quelques années, celle des constructions maritimes, — ont été instituées par la loi du 30 janvier 1881. Ces primes sont motivées, au moins dans la forme, par un véritable drawback: *la compensation des charges que le tarif des douanes impose aux constructeurs de bâtiments de mer* (art. 1). Cette compensation est l'allocation suivante par tonneau de jauge brute: 60 francs pour les navires en fer ou en acier; 20 francs pour les navires en bois de 200 tonneaux et plus; 10 francs pour les mêmes navires d'un moindre tonnage; 40 francs pour les navires mixtes; 12 francs par 100 kilogrammes pour les machines motrices. Il est également attribué une prime de navigation aux navires à voiles ou à vapeur qui naviguent au long cours. Elle est de 0 fr. 075 pour les navires en bois et composites; de 0 fr. 05 pour les navires en fer. — A. L.

* **DRAYAGE.** *T. de corr.* Opération qui se pratique avec la *drayoire* pour égaliser l'épaisseur des peaux.

* **DRAYOIRE.** *T. techn.* Couteau à deux poignées, à l'usage des corroyeurs, pour enlever du côté de la chair tout ce qui est superflu. On dit aussi *couteau à revers*.

DRAYURE. *T. techn.* Déchets de peau qui résultent de l'opération du drayage.

DRÈCHE. *T. techn.* La *drèche* constitue, avec les déchets de malt ou les *touraillons*, le résidu le plus important de la fabrication de la bière; c'est le malt épuisé qui reste dans la cuve-matière, après qu'on en a soutiré le moût (V. BIÈRE et BRASSERIE). La fabrication de l'alcool par distillation des grains donne un résidu analogue, lorsqu'on opère sur des moûts clairs. — V. DISTILLERIE.

La drèche se compose de deux couches distinctes, l'une inférieure, ou *drèche* proprement dite, essentiellement formée des glumes et de la substance cellulaire de l'orge (et des autres grains employés en même temps), l'autre supérieure, ou *boue de malt*, que les brasseurs allemands appellent *boue superficielle* (Oberteig), pour la distinguer du dépôt qui se produit dans les bacs où l'on transvase le moût au sortir de la cuve-matière, pour le laisser reposer (*boue inférieure*, Unterteig). La boue superficielle ne forme qu'une faible portion de la totalité de la drèche; elle renferme des débris de cellules du malt, des grains d'amidon et de l'albumine coagulée, qui flottait dans le moût sous forme de flocons. Schlossberger, analysant une boue superficielle, y a trouvé 78 0/0 d'eau, 4 à 7 0/0 d'amidon, 3,9 à 4,8 0/0 d'azote et une forte proportion d'acide phosphorique. En Allemagne, ce résidu est quelquefois employé pour fabriquer de l'eau-de-vie et on s'en sert aussi parfois pour la préparation du pain, mais le plus ordinairement il est mélangé avec la drèche proprement dite et employé avec celle-ci.

100 kilogrammes de malt donnent en moyenne 133 kilogrammes de drèche humide, qui après dessiccation au degré du touraillage ne laissent plus que 33 kilogrammes de substance sèche. L'orge non maltée produit une plus grande quantité de drèche (150 0/0). Le liquide qui imprègne la drèche renferme encore une forte proportion d'extrait de malt.

Indépendamment des glumes et de la substance cellulaire de l'orge, la drèche renferme de l'amidon non décomposé, de la dextrine, du sucre (maltose), des matières grasses, des corps azotés (albuminoïdes) et des substances minérales. Voici les résultats des analyses effectuées par Corenwinder (*a*, drèche des brasseries du Nord), par Oudemans (*b*), par Dietrich et König (*c*, moyenne de quatre analyses) et par W. Mayer (*d* et *e*, drèche d'une brasserie de Münich):

	Drèches humides				Drèche séchée à 100°
	a	*b*	*c*	*d*	*e*
Eau	73.100	79.1	77.65	74.71	»
Matières azotées	4.400	4.7	4.62	6.26	24.71
— grasses	0.134	0.3	1.53	1.70	6.72
Amidon, sucre, dextrine, etc.	15.830	6.7	10.28	13.21	52.29
Cellulose	4.573	7.8	4.77	3.06	12.10
Cendres	1.963	1.3	1.15	1.06	4.18
	100.000	99.9	100.00	100.00	100.00

Les cendres de la drèche analysée par W. Mayer renfermaient pour 100 parties: Oxyde de fer, 4,43, chaux 11,93, magnésie 11,50, soude 0,51, potasse

3,92, acide phosphorique 40,51, acide silicique 25,33, acide sulfurique 1,51, et des traces de chlore.

La drèche constitue pour le bétail, et notamment pour les vaches laitières, un des aliments les plus précieux et de beaucoup supérieur à tous les autres fourrages. Son pouvoir nutritif est considérable, à cause de sa grande teneur en substances azotées et non azotées digestibles et par suite assimilables, teneur qui, dans la matière sèche, s'élève, comme le montrent les analyses précédentes, à près de 25 0/0 pour les premières substances, et à 50 0/0 au moins pour les secondes. Cette grande richesse en principes assimilables est due à la transformation qu'ont subie les éléments nutritifs de l'orge, d'où provient la drèche, sous l'influence de la germination. Si l'on compare la drèche, au point de vue de la teneur en matières nutritives, avec le foin et l'avoine par exemple, on trouve qu'elle renferme 7 0/0 de nourriture réelle de plus que le foin et 5 0/0 de plus que l'avoine. Dès lors, il n'est pas étonnant que ce résidu des brasseries soit très recherché des éleveurs et surtout des nourrisseurs, car il est éminemment propre à augmenter la production du lait, sans qu'il en résulte le moindre inconvénient pour les vaches et sans que la qualité du produit en soit influencée (V. *Journal des brasseurs*, 17 septembre 1883). On associe généralement la drèche à des fèves, du foin, de la paille, des tourteaux, des pommes de terre, des betteraves et quelquefois à la graine de lin.

Lorsque la drèche ne doit pas être consommée au fur et à mesure de sa production, on peut la conserver inaltérée pendant plusieurs mois en l'entassant, après l'avoir laissé bien égoutter, dans des tonneaux ou dans des fosses creusées dans le sol, dont les parois sont maçonnées avec du ciment. La conservation en tonneaux doit être préférée, parce que, si les fosses ne sont pas vidées promptement, les drèches se trouvent au bout de peu de temps exposées au contact de l'air et finissent par s'altérer. Mais il est facile de s'opposer à cette altération en mélangeant la matière avec du sel marin; ce dernier doit alors être distribué de telle sorte que les couches les plus basses n'en renferment que très peu ou même pas du tout, et à mesure qu'on remplit la fosse on augmente la quantité du sel. Celui-ci se dissout dans l'eau de la drèche et la solution qui en résulte arrive peu à peu au contact des couches inférieures. On peut employer 1 kilogramme de sel par 100 kilogrammes de drèche. Une fois la fosse pleine, on la couvre avec des planches, que l'on charge de pierres, par dessus lesquelles on met une couche de terre; on peut aussi, pour éviter la pénétration des eaux pluviales, établir au-dessus de la fosse un petit toit en paille. Les drèches conservées en tonneaux peuvent aussi être salées. Les animaux mangent les drèches salées avec plus d'avidité que celles qui ne le sont pas. — Dr L. G.

* **DRÉGER.** *T. techn.* Passer les tiges de lin brut dans un peigne appelé *drège* afin de les dépouiller de leurs capsules à graines. — V. ÉGRENAGE DU LIN.

***DRESSAGE.** *T. techn.* Travail qui se fait, dans un grand nombre de métiers, pour dégauchir, redresser, aplanir, donner une première façon.

* **DRESSANT.** *T. d'expl. de min.* Se dit des portions de couches renversées par suite d'un déplacement supérieur à 90°. — V. CHARBONNAGE, § *Gisement.*

DRESSOIR. Ce mot, qui est resté dans la langue, désignait, au moyen âge, un meuble en forme d'étagère, que l'on garnissait de nappes et sur lequel on rangeait divers ustensiles d'utilité ou de prix, pour l'usage quotidien ou pour la « montre ». On distinguait le dressoir de cuisine, le dressoir de salle à manger et le dressoir de chambre. Le premier, auquel ressemblent nos grands buffets modernes, ou armoires sans portes, était destiné à recevoir les mets à servir sur la table; on les y plaçait, dans l'ordre où ils devaient se succéder, et les officiers de bouche n'avaient qu'à les prendre au fur et à mesure de la préparation. Autant ce dressoir était simple, autant celui de la salle de festin étalait de somptuosité. Celui-ci était une haute et large *crédence* (V. ce mot) sur lequel les personnes autorisées par leur naissance, leur rang, leur qualité ou leurs fonctions, à posséder de la vaisselle d'or, de vermeil, d'argent ou d'étain poli, *dressaient* — c'est le mot propre — les nombreuses pièces de vaisselle qui témoignaient de leur fortune ou de leur dignité. Enfin le dressoir de chambre était, comme les étagères de notre temps, un petit meuble en bois précieux, supportant sur ses gradins les mille superfluités dont les personnes habituées au luxe aiment à s'entourer. Né d'une nécessité domestique et d'un besoin d'ostentation, le dressoir s'est perpétué dans les palais, les manoirs et les maisons de la riche bourgeoisie; on le retrouve, avec sa vaisselle d'étain, dans les vieux collèges, ainsi que dans les anciens hôpitaux; le luxe moderne l'a fait revivre comme un beau motif de décoration mobilière, et l'ébénisterie contemporaine y a trouvé la matière de plus d'un chef-d'œuvre.

— Dans une société organisée comme l'était celle du moyen âge, c'est-à-dire hiérarchisée de la base au sommet, tout était prétexte à distinction sociale. Les dressoirs n'échappèrent point à cette loi : le nombre de degrés que ces meubles devaient avoir était fixé par l'étiquette; telle personne noble pouvait avoir un dressoir à trois degrés; telle autre, à deux seulement; la rôture devait se contenter d'une seule tablette. Ce genre de dressoir, le plus modeste de tous, ne comportait qu'un gradin sur lequel reposaient les plats appuyés de champ contre un fond recouvert d'étoffe. Une petite armoire inférieure, servant de crédence, supportait les flacons et les aiguières. Le *dorsal*, dont le meuble était surmonté, le faisait ressembler à une haute *chaïère*, ou chaise.

Beaucoup plus splendide était le dressoir à plusieurs gradins, surmonté d'un dais sculpté, peint et doré, pour préserver de la poussière la riche vaisselle qui s'y étalait; sur la tablette inférieure, recouverte de riches étoffes, se voyait la *nef*, pièce principale de la vaisselle princière ou seigneuriale. C'était une sorte de galère, en or, en argent ou en vermeil, avec mâts, voiles et pavillons, dont le chargement se composait de petits vases, contenant les épices et condiments divers, destinés à assaisonner les mets. Elle était ordinairement entourée de pots et de drageoirs, où se trouvaient les confitures et autres préparations de fruits au miel. Sur le second degré était rangée la vaisselle proprement dite, plats et assiettes de diverses dimensions. Le troisième gradin supportait les flacons, coupes, aiguières, pots, tasses, soucoupes et autres vases à boire. De plus, à chaque étage de ce meuble luxueux, se plaçaient ce qu'on appelle de nos jours les petits bronzes et autres « bibelots. » Le dressoir servait donc avant tout à étaler le luxe et à flatter la vanité de son propriétaire; il se transmettait de génération en génération et constituait ainsi un meuble traditionnel. La chambre de parade, qui s'appelle aujourd'hui le salon, avait aussi son dressoir sur lequel on étalait, dans les circonstances solennelles, non plus seulement l'argenterie et les objets d'art, mais encore les étoffes les plus précieuses.

*** DRILLAGE.** *T. tech.* Opération qui consiste à polir et à terminer le trou d'une *aiguille*. — V. ce mot, § *Aiguilles à coudre*.

*** DRILLE.** *T. tech.* Outil du fabricant d'aiguilles || Instrument qui sert dans l'orfèvrerie et divers autres métiers, à mettre en mouvement les forets trop lourds pour l'archet ; il est composé d'une forte tige en fer mise en mouvement par une traverse en bois à laquelle elle est rattachée par une lanière de peau d'anguille.

*** DRINN.** On donne ce nom à une graminée (*aristida pungens*) qui croît en abondance dans les dunes et les terrains sableux de l'Algérie et dont la feuille étroite et jaunâtre est employée par les corderies et les papeteries de la colonie. Le drinn est l'alfa du Sahara ; le glanage se fait de mai à novembre par les Arabes qui les vendent 3 fr. 50 à 4 francs la charge de feuilles vertes de 80 kilogrammes. La graine de sa fleur (*loul*) sert de nourriture aux Chambâa.

DROGUE. Nom générique de certaines substances employées dans la pharmacie et dans la teinture. — V. Essai des drogues.

DROGUET. On donne ce nom à une sorte d'étoffe de laine, qui ne se fabrique presque plus aujourd'hui, mais qui, longtemps, a joui d'une grande vogue. Cette étoffe est croisée ou non croisée ; dans le premier cas, elle est tissée par l'armure sergé ; dans le second cas, par l'armure taffetas.

— On distinguait autrefois les *droguets de laine* et les *droguets de soie*. Les droguets de laine étaient faits, soit en laine pure, soit moitié laine et moitié fil ; leur fabrication était répandue sur plusieurs points de la France, elle avait une très grande importance dans les villes de Rouen, Reims et Amboise, et une importance moindre dans celles de Troyes, Chaumont, Langres, Niort, Darnetal, Bourg, Cluny, Dijon, Louhans, Châlons-sur-Marne et Bédarieux. Les droguets de soie ne se faisaient guère qu'à Lyon; il s'en fabriquait de façonnés dans cette ville dès le xviie siècle, Savary en parle dans la sixième édition de son *Dictionnaire du commerce*, qui date de 1650.

DROITE. *T. de géom.* On *définit* généralement la ligne droite comme étant le plus court chemin d'un point à un autre ; mais il serait peut-être plus conforme à la méthode géométrique de reconnaître que la notion de ligne droite répond à une de ces idées premières qu'on ne peut guère définir faute de pouvoir la ramener à une idée plus simple. La définition que nous venons de rappeler plus haut est plutôt, en réalité, une espèce de postulatum évident en quelque sorte, elle paraît supposer, en effet, qu'on a comparé la longueur d'une droite donnée avec celle de tous les autres chemins aboutissant aux mêmes extrémités pour choisir le plus court. La comparaison est possible avec les lignes brisées et il est facile de constater par superposition qu'elles forment un contour plus long que la droite, mais il n'en est pas de même avec les courbes, puisque, au point de vue géométrique, on ne peut pas les rectifier sans les altérer, on ne peut donc pas les étendre sur la droite pour voir combien de fois l'une contient l'autre, et on est obligé, pour en définir la longueur, de leur substituer des polygones ayant un nombre infiniment grand de côtés rectilignes, infiniment petits dont ces courbes forment la limite.

La considération de la ligne droite est la base fondamentale de la géométrie et on peut dire qu'elle forme la partie essentielle de toutes ses démonstrations. Les propriétés des lignes droites parallèles ou concourantes, normales ou obliques entre elles, sont étudiées à l'origine de la géométrie, mais elles sont d'ailleurs trop connues pour que nous ayons à les rappeler ici. Cette considération joue également un rôle important dans l'étude des courbes et surfaces : le nombre d'intersections avec une droite quelconque sert à déterminer le degré de ces figures ; l'étude des propriétés de certaines droites spéciales, corde, tangente, normale ou diamètre rectiligne, constitue la plus grande partie de la théorie des figures géométriques.

*** DROME.** *T. techn.* Grosse pièce de bois qui fait partie de la charpente du marteau d'une grosse forge.

*** DROMOMÈTRE.** *T. de chem. de fer.* Instrument de poche, servant à contrôler, au besoin, les indications du *dromoscope* (V. ce mot). Cet instrument, qui est mis à la disposition des conducteurs garde-freins, se compose d'un tube cylindrique en cristal, fermé à ses deux extrémités et rempli de benzine. A l'intérieur peut se mouvoir un curseur en argent, formé de deux disques légèrement bombés, réunis par une tige dont le centre de gravité n'est pas exactement au milieu. Une échelle en papier est collée au revers du tube, et une fenêtre longitudinale, ménagée dans l'enveloppe, permet de lire les indications données par l'appareil. L'instrument étant supposé horizontal et le curseur étant amené à l'origine, au moment où le train passe à un point connu de la voie, on retourne brusquement le dromomètre, de manière à le rendre vertical : le curseur se met à descendre. Au moment où le train passe en un point distant du premier de 50 mètres, on ramène l'instrument à l'horizontalité, et la division devant laquelle s'est arrêtée la face postérieure du curseur donne l'indication exacte de la vitesse avec laquelle ont été parcourus ces 50 mètres. Rien n'empêche de se servir, comme repère, de poteaux télégraphiques espacés de 50 mètres. Cet appareil, peu délicat et suffisamment exact, peut rendre de bons services, pour peu qu'on le manie avec dextérité.

* **DROMOSCOPE.** *T. de chem. de fer.* Signal tachymétrique, imaginé par M. le major Le Boulengé et en usage sur les chemins de fer de l'Etat belge, ainsi que sur le réseau de l'Ouest français. Le but de cet appareil est de donner, à distance, une mesure optique et même acoustique, de la vitesse des trains. Ce renseignement préventif peut avoir un intérêt réel et pratique dans les parties de lignes qui sont réputées dangereuses, telles que les ponts-tournants, les bifurcations, les traversées à niveau de deux chemins de fer. A tous les points pour le passage desquels on prescrit au mécanicien de ralentir, on peut installer un *dromoscope* et un *dromopétard.* Si le mécanicien aborde l'un de ces points avec une vitesse supérieure à celle qui est fixée par les règlements, la position d'un index sur le voyant du dromoscope et la détonation du pétard l'informent qu'il est en contravention et lui permettent de prendre de suite, alors qu'il en est temps encore, les mesures nécessaires pour ralentir la vitesse de son train.

A cet effet, sur la voie, sont installées deux pédales, distantes de 50 mètres; lorsque la roue d'avant de la machine passe sur la première de ces pédales, elle déclenche un disque qui est situé à 150 mètres plus loin, en deçà du point dangereux et qui se met à tourner autour d'un axe horizontal, sous l'action d'un poids moteur. En passant sur la deuxième pédale, la roue de la locomotive enclenche de nouveau le disque dont le mouvement de rotation cesse ; la grandeur de l'arc dont ce disque a tourné indique au mécanicien quelle est la vitesse avec laquelle a circulé son train dans l'intervalle des deux pédales ; si cette vitesse est trop considérable, le mécanicien a encore le temps de ralentir avant d'avoir atteint le point dangereux. Après le passage de chaque train, le garde doit venir remettre le signal en état. Quant au dromopétard, qui corrobore acoustiquement les indications du dromoscope, dans le cas où le mécanicien dépasserait la limite de vitesse réglementaire, c'est un pendule qui bat la seconde dans un plan perpendiculaire à la voie, et qui est déclenché par le passage du train sur une pédale. Au bout d'une seconde, le pendule achevant son oscillation, vient butter contre un levier qui déplace un pétard situé sur la voie, à une distance de la pédale telle que le train ne mette qu'une seconde à franchir l'intervalle, s'il circule à la vitesse réglementaire. Si donc le train marche trop vite et s'il met moins d'une seconde à franchir cet espace, le pétard est encore sur la voie et la première roue de la machine l'écrase à son passage. Les pédales des deux appareils sont disposées de manière à rester abaissées, dès que le déclenchement a eu lieu, et à être à l'abri des chocs répétés que leur causeraient successivement toutes les roues du train.

— V. *Revue générale des chemins de fer*, 1879, 1er sem., p. 289.

* **DROUSSAGE.** De nos jours, ce nom est quelquefois donné au cardage des laines à la main, mais il s'est appliqué longtemps à l'opération proprement dite du cardage des laines, alors qu'elle se faisait exclusivement avant 1810 sur des cardes dites *droussettes*, semblables aux cardeuses de nos matelassières. Ces cardes étant à grosse denture, on finissait le travail sur des cardes plus petites. L'ouvrier fixait toujours l'une des droussettes sur un chevalet dit *baudet* (V. ce mot), devant lequel il s'asseyait, et tirait à lui la laine au moyen de l'autre qu'il tenait à la main.

* **DROZ** (Jules-Antoine), sculpteur, fils de *Jean Pierre* Droz célèbre graveur en médailles, mort en 1823, est né à Paris en 1807 et mort dans la même ville le 26 janvier 1872. Parmi les nombreux travaux qu'il a exécutés, les principaux sont : l'*Hiver et l'été,* statues allégoriques en marbre que l'on voit dans la salle d'horticulture du Luxembourg, l'*Ange du martyre* pour l'église Saint-Sulpice, le fronton du château de Saverne, le *Génie du mal* qui figure au château de Compiègne, etc., et un grand nombre de bustes tels que ceux du Camoens et de don Enrique pour le palais royal de Lisbonne, de Conté pour la ville de Séez, de Chambiges pour les façades du nouveau Louvre, etc.

* **DUALISME.** *T. de chim.* Doctrine philosophique que l'on a voulu appliquer aux sciences exactes, et par suite de laquelle, par analogie avec le dualisme philosophique qui admet l'existence de deux principes immuables et antagonistes, celui du bien et celui du mal, il y aurait en chimie, dans tous les composés, quels qu'ils soient, une disposition moléculaire semblable à celle des sels, corps binaires composés de deux éléments : un acide et une base.

* **DUBAN** (Jacques-Félix), architecte, membre de l'Institut, né à Paris en 1797, mort à Bordeaux le 12 octobre 1870. Il remporta, en 1823, le grand prix d'architecture et, après avoir passé cinq années à Rome, il revint à Paris pour diriger l'atelier du célèbre architecte Blouet. En 1834, il édifia sur un plan nouveau le palais des Beaux-Arts dont les travaux avaient été d'abord confiés à Debret, son beau-frère et son professeur. Parmi les travaux qui ont illustré Duban, nous devons citer en première ligne la restauration du château de Blois à laquelle il a travaillé pendant vingt-cinq ans. On lui doit encore la restauration du château de Dompierre, l'achèvement de la façade de Henri IV, au Louvre, dont il devint l'architecte en 1848, puis la décoration de la galerie d'Apollon et celles du grand salon et de la salle des Sept-Cheminées. Il était à sa mort commandeur de la Légion d'honneur. Duban n'était pas seulement, dit A. Lance, dans son *Dictionnaire des architectes français,* « une des individualités les plus brillantes et les plus incontestées du monde des arts dans ce siècle-ci ; il a été plus que cela : c'était, dans le sens le plus élevé du mot, un honnête homme. »

***DUBBING.** Graisse employée dans l'armée française pour le graissage du harnachement. Elle est d'une couleur jaunâtre et composée, par parties égales, d'huile de pied de bœuf et de suif de mouton.

***DUBOIS** (EUGÈNE), graveur en médailles, né en 1795, à Paris, fut l'un des meilleurs artistes de la Restauration. Attaché à la monnaie des médailles, il se fit connaître par des travaux d'une souplesse de burin et d'une finesse d'exécution remarquables. Passionné pour son art, il travaillait avec un tel acharnement qu'il fut frappé de cécité à l'âge de 51 ans, dans toute la plénitude de son talent. Il mourut à Lignères-la-Doucelle (Mayenne) en 1863. Son fils *Alphée* DUBOIS, né en 1831, obtint le grand prix de Rome, dans la section de la gravure des médailles et en pierres fines.

***DUBRUNFAUT** (AUGUSTIN-PIERRE), chimiste industriel, né à Lille le 1er septembre 1797, mort à Paris le 7 octobre 1881. Il commença ses études dans sa ville natale et les acheva au collège Stanislas. A la suite d'un voyage qu'il eut l'occasion de faire en Belgique et en Hollande et au cours duquel il visita les distilleries de grains de ces pays, il s'adonna à la carrière industrielle et scientifique. Nommé professeur de chimie industrielle à l'Ecole de commerce, il publia en 1821, dans les *Annales de chimie et de physique*, un premier Mémoire *sur la fabrication des eaux-de-vie de grains*. Il présenta ensuite, en 1823, à la Société d'agriculture de Paris, un autre Mémoire sur la *saccharification des fécules*, mais ce ne fut qu'en 1824 qu'il publia son premier livre : *Traité complet de l'art de la distillation*, suivi bientôt, deux ans après, d'un autre non moins important : *l'art de fabriquer le sucre de betteraves*. Ce dernier consacra sa réputation.

En 1833, il voulut mettre en application quelques-unes de ses théories. Il venait de démontrer l'existence d'une proportion considérable de sels de potasse et de soude exploitables dans les mélasses : il monta alors à Valenciennes une grande usine pour la distillation des alcools de mélasse et des « salins de vinasses ». Cette usine prospéra à tel point qu'il créa deux ans après un semblable établissement à Bercy. Quelques années plus tard, ce savant fit connaître l'emploi de l'acide sulfurique qui, sous des doses convenables, rend possibles et régulières les fermentations des moûts de betteraves sans l'aide de ferment de bière; il publia ensuite ses recherches, dont les Allemands ont tiré un si grand parti, sur l'application des sucrates de baryte, de strontiane, de plomb pour l'extraction du sucre des mélasses; puis, à partir de 1854 et durant les années suivantes, il s'occupa spécialement du procédé d'épuisement des mélasses, basé sur sa « découverte de l'analyse osmotique ». On lui dut dans la suite un grand nombre de notes sur les *propriétés optiques des sucres*, sur les *fermentations alcoolique et lactique et leur application à l'étude des sucres*, sur *la saccharimétrie*, etc. En 1873, il résuma ses recherches sur l'osmose en un volume intitulé : *L'osmose et ses applications industrielles*; puis, en 1878, il publia son dernier ouvrage : *Le sucre dans ses rapports avec la science, l'agriculture, le commerce*, etc. Ses travaux lui valurent les grandes médailles d'or de la Société d'agriculture et de la Société d'encouragement. Nommé seulement, en 1861, chevalier de la Légion d'honneur, il fut promu officier en 1878. — A. R.

***DU BUAT** (PIERRE-LOUIS-GEORGES, comte de). Ingénieur militaire, né en 1734, mort à Vieux-Condé en 1809, est l'un des fondateurs de l'hydraulique française. Il fit ses études à Paris et fut reçu ingénieur à l'âge de seize ans. D'abord attaché au canal de la Lys à l'Aa, il passa quelque temps au port du Hâvre (1756), puis il fit sur les côtes de Bretagne et de Normandie, la campagne contre les Anglais. Nous le retrouvons, de 1763 à 1773, à la tête des travaux de fortification de Valenciennes, et ensuite ingénieur du canal du Jard. On lui doit aussi l'hôtel de ville de Condé, qui fut construit sur ses plans et sous sa direction. Ces divers travaux ne l'empêchaient point de se livrer aux études scientifiques qui furent la grande passion de sa vie; il a laissé un grand nombre de manuscrits sur la philosophie, l'astronomie, l'art militaire, etc.; mais son impérissable titre de gloire est d'avoir fixé les bases de la science hydraulique. Son premier Mémoire date de 1779, il est intitulé : *Principe d'hydraulique, ouvrage dans lequel on traite du mouvement de l'eau dans les rivières, les canaux et les tuyaux de conduite ; de l'origine des fleuves et de l'établissement de leur lit; de l'effet des écluses, des ponts et des réservoirs ; du choc de l'eau, et de la navigation tant sur les rivières que sur les canaux étroits*, 1 vol. in-8°; en 1786, Du Buat publia deux volumes in-8° ayant pour titre : *Principes d'hydraulique vérifiés par un grand nombre d'expériences faites par ordre du gouvernement*. Ce grand ouvrage a été traduit en plusieurs langues.

***DUC** (JOSEPH-LOUIS), architecte, né à Paris le 25 octobre 1802, mort dens la même ville le 22 janvier 1879. Elève de l'Ecole des beaux-arts, il en sortit avec le grand prix d'architecture et passa à la villa Médicis le temps règlementaire. On lui doit entre autres travaux très remarquables : la *colonne de Juillet* qu'il édifia en 1831, mais qui ne fut inaugurée qu'en 1840; l'agrandissement et l'isolement du *Palais de Justice* de Paris et la restauration de son horloge, de 1850 à 1854; la construction de la *cathédrale* de Marseille en 1856; la façade de la *Cour de cassation* de Paris en 1868, etc. Nommé membre de l'Institut en 1866, il fut désigné par ses collègues après 13 tours de scrutin, pour l'obtention du prix extraordinaire de 100,000 francs, institué par l'empereur Napoléon III. Il fut successivement dans l'ordre de la Légion d'honneur chevalier en 1840, officier en 1862, commandeur en 1870.

***DUCERCEAU** (les **ANDROUET**). Si le nom de l'auteur du précieux ouvrage sur *les plus Excellents bastimens de France*, jouit d'une célébrité universelle, on sait bien peu de chose sur la biographie de ce grand artiste. Il paraît avoir été confondu jusqu'à ces dernières années avec plusieurs personnages portant le même nom, appartenant à la même famille et ayant rempli des charges importantes à la cour des rois de France. On distingue aujourd'hui au moins quatre architectes du nom de *Ducerceau*. Nous allons les passer successivement en revue:

***DUCERCEAU** (JACQUES-ANDROUET), le plus célèbre des artistes de ce nom, l'auteur des *plus Excellents Bâtiments de France* et de nombreux recueils de gravures. On ignore la date de sa naissance et celle de sa mort. Longtemps la ville d'Orléans le revendiqua comme un de ses enfants; mais Lacroix du Maine, dans sa *Bibliothèque française* le dit Parisien. Il se fixa probablement jeune encore dans la ville qui passait pour lui avoir donné le jour; ses premiers livres sont datés d'Orléans. Il s'y était sans doute installé vers 1546, au retour d'un voyage en Italie où il avait suivi Georges d'Armagnac, ambassadeur de François Ier à Venise, son premier protecteur. Certains auteurs ont fait mourir Jacques Androuet Ducerceau, en 1614; il est prouvé maintenant que l'architecte mort en 1614 était un fils ou un neveu de celui qui nous occupe. En effet, il est peu admissible que notre Jacques-Androuet Ducerceau, qui se plaint de sa vieillesse en 1579, dans le tome II des plus excellents bâtiments de France, ait vécu encore trente-cinq ans après cette date. L'époque de sa mort doit être fixée entre 1585 et 1590. On ne possède aucun document qui permette de lui attribuer avec certitude une œuvre quelconque d'architecture. Quand même il ne serait pas l'auteur des édifices qu'on a mis sous son nom, comme certaines maisons d'Orléans, Jacques-Androuet Ducerceau n'en resterait pas moins un des artistes les plus considérables de la Renaissance française, en raison de l'influence qu'il a exercée sur ses contemporains par ses traités d'architecture. Si on manque d'éléments positifs sur sa biographie, on connaît mieux ses travaux de gravure. Nous allons en donner la liste succincte:

1° *Les plus excellents bâtiments de France* « auxquels sont dessinés les plans de trente bastimens et de leur contenu, ensemble les élévations et singularitez d'un chacun. » Deux volumes in-folio publiés à Paris, le premier en 1576; le second en 1579. C'est l'œuvre capitale de Ducerceau; celle qui lui assure une réputation impérissable. En effet, il est impossible d'étudier l'art de la Renaissance sans avoir recours à ces volumes où sont décrits et figurés quantité d'édifices admirables sur lesquels souvent on ne possède pas d'autres renseignements que les planches de cet ouvrage. Voici les noms des châteaux qui s'y trouvent reproduits:

Tome Ier. Le Louvre, Vincennes, Chambord, Boulogne dit Madrid, Creil, Coucy, Folembray dit le Pavillon, Montargis, St-Germain, La Muette, Vallery, Verneuil, Anssi-le-Franc, Gaillon, Manne. Tome II. Blois, Amboise, Fontainebleau, Villers-Cotterets, Charleval, les Tuileries, St-Maur, Chenonceau, Chantilly, Anet, Ecouen, Dampierre, Challuau, Beauregard, Bury. On voit que tous les châteaux célèbres de la Renaissance figurent dans cette galerie.

Mais là ne se borne pas l'œuvre de Ducerceau. La bibliothèque nationale qui possède un recueil fort complet de ses planches a de lui quatorze volumes formés de suites de gravures ou de planches détachées. En voici l'énumération, dans l'ordre de leur classement au cabinet des estampes: 1° sujets religieux et mythologiques: amours des dieux, allégories, combats de cavalerie, paysages, costumes; 2° petits, moyens et grands temples avec les petites habitations et les petites vues (publiés à Orléans, 1550); 3° traité des cinq ordres de colonnes (Paris 1583), premières études (publiées avant 1549), portes, parquets et mosaïques, médaillons (Orléans 1551), termes ou cariatides; 4° fleurons, cartouches, cadres, œils de bœuf, cheminées, meubles, bordures dites petites nielles; 5° trophées, émaux pour coupes, vases, orfèvrerie d'église, serrurerie, bijoux; 6° petites arabesques (1550), grandes arabesques (Turin 1586), grotesques; 7° le livre des arcs de triomphe (Orléans 1549); 8° livre contenant des fabriques anciennes et modernes (1560); 9° leçons de perspective positive (Paris 1576), ouvrage dédié à Catherine de Médicis; 10° le livre des édifices romains, contenant les ordonnances et dessins des plus signalés et principaux bâtiments qui se trouvaient à Rome du temps qu'elle était en sa plus grande fleur (1584); 11° livre d'architecture contenant les plans de plus de cinquante bâtiments pour ceux qui désirent bâtir, soit de petit, moyen ou grand état. Dédié au roi (Paris 1559); 12° livre d'architecture, auquel sont contenues diverses ordonnances de plans et élévations de bâtiments pour seigneurs, gentilshommes et autres qui voudront bâtir aux champs. Dédié au Roi avec préface en 38 chapitres (Paris 1582); 13° second livre d'architecture contenant plusieurs et diverses ordonnances de cheminées, portes, fontaines, puits et pavillons pour enrichir tant le dedans que le dehors de tous edifices, avec le dessin de dix sépultures toutes différentes (Paris 1561); 14° un livre de niellures (1563); motifs très variés de décoration pour broches, coffrets, éventails, culs de lampe. Enfin, un dernier volume contient les pièces douteuses comprenant les travaux d'Hercule, des vues de monuments antiques, des broches et des médaillons. Ne sont pas comprises dans cette énumération certaines pièces de dimension exceptionnelle, classées séparément: *David tuant Goliath;* le *Mariage de la Vierge;* les *Piérides et les Muses*, d'après Pierino del Vaga; le *Combat du chien de Montargis;* un *Plan à vol d'oiseau de Rome antique* en six planches (1578).

Cet œuvre immense appartient-il à un seul artiste, ou plusieurs des architectes qui ont porté au XVIe siècle le nom de Ducerceau ont-ils collaboré à ces grands travaux? La question est restée jusqu'ici sans réponse. On voit, par les titres que nous venons de donner, que Jacques Androuet Ducerceau paraît avoir passé sa jeunesse à Orléans, qu'il vint ensuite s'établir à Paris, qu'il habita longtemps Rome et le reste de l'Italie, qu'il ne fit paraître aucun ouvrage de 1560 à 1570, enfin que sa dernière publication porte la date de 1586.

*** DUCERCEAU** (JEAN-BAPTISTE-ANDROUET), a été longtemps regardé comme le fils du précédent. Un auteur récent, M. Berty, en fait un neveu du célèbre graveur; mais c'est pure hypothèse, et il ne serait pas impossible que Jean-Baptiste fût le frère de Jacques et eût eu une part dans ses grandes entreprises. En effet, jusqu'à ces derniers temps on le faisait vivre jusqu'en 1602, tandis qu'il résulte d'une pièce trouvée récemment que Jean-Baptiste Ducerceau était mort avant le 18 septembre 1590, époque à laquelle il fut remplacé par Pierre Biart dans la charge d'architecte et superintendant ordonnateur des bâtiments du roi. On ne confie pas des fonctions aussi graves à un jeune homme; il faut donc admettre que Baptiste Ducerceau avait atteint un certain âge quand il reçut ce titre du roi Henri III, qui le nomma aussi son valet de chambre et lui accorda une pension de 6,000 livres. Baptiste Ducerceau eut une part importante dans les premiers travaux du Pont-Neuf, commencé en 1578. Les plans du château de Charleval lui sont attribués. « C'étoit un homme excellent et singulier dans son art », dit l'Estoile; d'après le même auteur, il s'était construit « avec grand artifice et plaisir », à Paris, au Pré-aux-Clercs, une maison que sa veuve vendit, en 1602, au Jacques-Androuet Ducerceau dont il sera question ci-après. Que faut-il croire de la tradition qui rapporte que notre architecte sur la fin de ses jours fut persécuté et obligé de s'enfuir pour cause de religion et ne revint à Paris que sous Henri IV? Nous venons de dire qu'il était en grande faveur auprès de Henri III et qu'il mourut au plus tard en 1590, par conséquent avant l'avénement du premier des Bourbons. Appartenait-il à la religion réformée? On l'a supposé, mais l'hypothèse même ne repose sur aucun argument sérieux.

*** DUCERCEAU** (JACQUES-ANDROUET), deuxième du nom, architecte, prend la qualité de contrôleur des bâtiments de la Couronne dans l'acte de vente, en date de 1602, de la maison de Baptiste Ducerceau, au Pré-au-Clercs. C'est lui qui fut chargé par Henri IV de la continuation de la grande galerie du Louvre. Il mourut le 11 septembre 1614. Dans son acte de décès, publié par Jal, il a le titre d'architecte des bâtiments du Roi.

*** DUCERCEAU** (JEAN-ANDROUET), architecte, fils de *Jean-Baptiste*, fut nommé architecte du roi Louis XIII, le 30 septembre 1617, en remplacement d'Antoine Mestivier. Il commença le 19 septembre 1639, la reconstruction du pont au Change détruit, plusieurs années auparavant, par un incendie. Les travaux durèrent jusqu'en 1647. C'est l'œuvre de Ducerceau qui a disparu en 1859 quand il fallut déplacer le pont pour le mettre dans l'axe du boulevard de Sébastopol. Tous les édifices mis sous le nom des Ducerceau et d'une date postérieure à 1614, tels que l'hôtel de Bretonvilliers, qui existe encore à Paris, dans l'île Saint-Louis, doivent être attribués à Jean Ducerceau. La date de sa mort n'est pas connue.

On rencontre encore, jusqu'au milieu du XVIIe siècle, plusieurs autres membres de cette famille prenant la qualité d'architectes. Nous nous sommes attachés seulement à ceux qui avaient joui d'une certaine réputation.

*** DUCHESNE** (JEAN-BAPTISTE-JOSEPH), miniaturiste, né à Givors, en 1770, mort en 1856, s'est rendu célèbre par son beau portrait de la duchesse de Berry. On lui doit aussi entre autres œuvres remarquables les émaux du musée du Louvre, pour faire suite aux émaux de Petitot.

DUCTILITÉ. *T. de phys. et de mécan.* Considérée à un point de vue général, la ductilité est une des qualités de l'*élasticité* (V. ce mot). Elle consiste en ce que les molécules de certains corps, tels que les métaux, peuvent prendre, par diverses actions mécaniques, des positions d'équilibre stable en tournant les unes autour des autres sans se séparer. On la constate par l'action du marteau, par celle du laminoir, par le passage à la filière, par la flexion et la compression. La ductilité, proprement dite, est la propriété que possèdent certains corps, à des degrés divers, de pouvoir être étirés en fils plus ou moins fins sans se rompre. Les métaux les plus ductiles à la filière ne sont pas les plus tenaces, ni ceux qui s'étendent le mieux en feuilles minces sous le marteau. Voici l'ordre de ductilité à ce point de vue particulier : *Platine, argent, fer, cuivre, or, aluminium, nickel, cobalt, palladium, zinc, étain, plomb.* Le fil qui vient d'être étiré fortement a perdu de sa souplesse par l'écrouissage; il tend aussi à reprendre son volume en augmentant de diamètre. « C'est ainsi, dit Daguin, qu'un fil de fer qu'on a fait passer plusieurs fois par un même trou de filière résiste toujours quand on l'y fait passer de nouveau. Comme les corps n'ont pas tous la même élasticité, des fils de différents métaux n'ont pas la même grosseur en sortant de la même filière. » Le recuit les ramène sensiblement au même diamètre et leur rend leur souplesse.

La plupart des substances minérales non métalliques et même quelques métaux (antimoine, bismuth) ne sont pas ductiles; certains corps, tels que le verre, l'acide borique, le deviennent à des températures plus ou moins élevées. Le zinc ne peut se tréfiler qu'au delà de 100°. En un mot, on trouve dans la série des corps tous les degrés de ductilité, depuis le corps le plus cassant, jusqu'au platine qui peut être étiré en fils d'une extrême finesse, 100 fois plus fin qu'un fil de soie. *L'écoulement des solides* mis en évidence par les belles expériences de M. Tresca, se rattache à la ductilité.

*** DUDGEON.** *T. techn.* Appareil de mandrinage ainsi désigné du nom de son inventeur, et qui sert à assembler les tubes de chaudière sur les plaques tubulaires; il assure un assemblage bien étanche sans trop fatiguer le métal des tubes. Jusque dans ces dernières années, le mandrinage des tubes de petit diamètre employés dans les chaudières tubulaires s'opérait à l'aide de tampons coniques qu'on enfonçait à coups de marteau. En serrant ainsi brusquement le métal sur la plaque tubulaire, on s'exposait à déformer les trous, ce qui déterminait souvent des fuites nombreuses. M. Dudgeon a réussi à remédier à ce grave inconvénient au moyen d'un appareil simple et pratique. C'est une sorte de douille percée en son centre d'un trou dans lequel passe une broche cylindro-conique. Sur la circonférence extérieure de la douille sont ménagées trois petites cages avec des galets cylindriques en acier trempé qui s'écartent et se rapprochent du centre de la douille selon qu'on enfonce plus ou moins la broche. L'appareil étant mis en place dans le tube, on agit sur la broche en la faisant tourner à l'aide d'une manivelle. Celle-ci s'enfonce progressivement en repoussant les galets qui tournent au contact de la circonférence intérieure du tube et opèrent ainsi une sorte de laminage du métal qu'ils appliquent contre la plaque tubulaire. L'appareil Dudgeon proprement dit a été perfectionné ultérieurement par MM. Brisse et Lelarge. Nous y reviendrons d'ailleurs à l'article Tube.

***DUFLOS** (Claude) est l'un des maîtres de la gravure au commencement du XVIIIe siècle. On lui doit de beaux portraits d'après Herluyson, et parmi ses meilleures œuvres : *Sainte-Cécile*, d'après P. Mignard; l'*Amour piqué par une abeille*, d'après A. Coypel ; *Jésus à table entre les disciples d'Emmaüs*, d'après P. Véronèse, etc. Il est mort en 1747.

***DUFRÉNITE.** *T. de minér.* Variété de fer phosphaté, de coloration vert foncé et cristallisée en prisme rhomboïdal droit. Elle contient en centièmes : 28,53 d'acide phosphorique ; 54,40 d'oxyde de fer ; 4,50 d'alumine et 12,40 d'eau. Elle se trouve en masses fibreuses, globulaires ou botryoïdes, à Siegen, en Saxe. C'est un bon minerai de fer.

***DUFRÉNOY** (Pierre-Armand), géologue et minéralogiste, né à Sevran (Seine-et-Oise), en 1792, mort, à Paris, le 20 mars 1858. Fils d'une femme qui a laissé un nom dans la littérature, Dufrénoy entra en 1811 à l'Ecole polytechnique et se distingua de bonne heure dans la carrière scientifique. Dufrénoy doit la place qu'il occupe dans ce *Dictionnaire*, à ses importants travaux de géologie, et surtout à l'impulsion qu'il a imprimée en France aux études minéralogiques, par ses ouvrages et ses leçons à l'Ecole des mines dont il fut successivement professeur et directeur. Comme géologue, Dufrénoy a publié, principalement dans les *Comptes rendus de l'Académie des sciences* et les *Annales des ponts et chaussées* ou *des mines*, des Mémoires de haut mérite, mais trop nombreux pour que nous puissions même les énumérer ici. Il a donné en 1841, avec Elie de Beaumont, et après 13 ans d'explorations et d'études communes, la carte géologique de France, qui restera son titre scientifique le plus marquant. Comme minéralogiste, il a assis le premier la cristallographie sur des bases certaines et en quelque sorte géométriques. Outre son important *Traité de minéralogie*, on lui doit un ouvrage sur l'exploitation des mines métalliques qui est encore aujourd'hui consulté avec fruit par tous les ingénieurs. Dufrénoy avait été élu membre de l'Académie des sciences, en 1840.

***DUHAMEL** (Jean-Marie-Constant). Mathématicien, né à Saint-Malo, en 1797, mort à Paris, le 29 avril 1872. Sorti de l'Ecole polytechnique en 1816, il se fit recevoir agrégé en 1826, rentra dans cette même école comme répétiteur en 1844, y devint professeur en 1847, examinateur en 1849, et directeur des études en 1851. Il publia successivement un *Cours d'analyse* en 2 volumes, et un *Cours de mécanique* en 2 volumes, qui eurent plusieurs éditions, mais il dut sa notoriété surtout à un grand ouvrage, en 5 volumes in-8°, intitulé : *Des méthodes dans les sciences de raisonnement*. Il a publié en outre un grand nombre de Mémoires dans le *Journal de l'Ecole polytechnique*, et présenté diverses communications à l'Académie des sciences. Membre de l'Institut depuis 1840, il a été successivement nommé dans la Légion d'honneur, chevalier en 1841, officier en 1861, et commandeur en 1867.

***DUITAGE.** *T. de tiss.* Opération qui consiste à insérer les duites dans la chaîne. Ce mot s'applique également à la détermination de la réduction-trame, c'est-à-dire à la quantité de duites que l'on veut mettre dans un centimètre, par rapport à la quantité de fils compris dans ce même étalon de mesure.

***DUITE.** *T. de tiss.* Longueur de trame déroulée et insérée par la navette, depuis une lisière jusqu'à l'autre, dans l'angle d'ouverture de la chaîne.

DULCIFICATION. *T. de métall.* Premier affinage qu'on fait quelquefois subir au plomb avant de passer au pattinsonage. — V. Plomb.

***DULCITANE.** *T. de chim.* Transformation de la *dulcite* sous l'action de la chaleur (vers 250°), qui fait perdre à cette matière une molécule d'eau. On l'isole en la dissolvant dans l'alcool ; abandonnée à l'air libre, elle repasse à l'état de dulcite.

***DULCITE.** *T. de chim.* Alcool hexatomique ayant pour formule

$$C^{12}H^{14}O^{12} = C^{12}H^{2}(H^{2}O^{2})^{6} = \text{Ɣ}^{6}H^{2}(H^{2}\text{Ɵ})^{6}.$$

C'est un principe sucré contenant un excès d'hydrogène sur les éléments de l'eau. La dulcite a été découverte par Laurent, dans la manne de Madagascar ; sa fonction et sa formule furent déterminées par M. Berthelot. Elle cristallise en prismes rhomboïdaux obliques, inodores et incolores. Elle n'a pas de pouvoir rotatoire, est peu soluble dans l'eau froide, un peu plus à chaud, et est presque insoluble dans l'alcool. Elle fond à 188° centigrades, se sublime au-delà, donne à 250° de la *dulcitane*, et se détruit en se carbonisant vers 300°.

Elle ne fermente pas avec la levure et ne réduit pas les sels de cuivre. Oxydée par l'acide azotique elle donne de l'acide mucique

$$C^{12}H^{10}O^{16} = C^{6}H^{10}O^{8},$$

et un peu d'acide racémique $C^8H^6O^{12} \ldots C^4H^6O^6$. On l'obtient en épuisant par l'eau bouillante la manne de Madagascar, ou en traitant les feuilles du *Melampyrum nemerosum*, Lin.; ou celles du fusain (*Evonymus europœus*, Lin.). M. G. Bouchardat l'a préparée par synthèse, en traitant la galactose en dissolution, par l'amalgame de sodium. Il y a fixation d'hydrogène

$$C^{12}H^{12}O^{12} + H^2 = C^{12}H^{14}O^{12}.$$

***DULONG** (Pierre-Louis). Célèbre physicien et chimiste, né à Rouen, en 1785, et mort à Paris, en 1838. A sa sortie de l'Ecole polytechnique, où il était entré à seize ans, il étudia la médecine; puis, d'après les conseils de Berthollet, il se livra à l'étude des sciences physiques et entra comme préparateur dans le laboratoire de Thénard. Là, il fit de nombreuses et consciencieuses analyses. Ses recherches sur le chlore et l'ammoniaque le conduisirent, en 1812, à la découverte du *chlorure d'azote*, matière très dangereuse à manier et dont l'explosion le blessa deux fois, lui fit perdre un œil et un doigt. En 1816, dans ses études sur les composés oxygénés du chlore, il découvrit un acide moins oxygéné que l'acide chloreux; de là l'introduction du préfixe *hypo* dans la nomenclature. En 1820, il travailla avec Berzélius dans le laboratoire de Berthollet, reprit avec lui l'analyse de l'eau et détermina le poids de l'équivalent de l'hydrogène et les poids spécifiques d'un grand nombre de gaz. Il se livra ensuite à des recherches sur la chaleur animale. Comme physicien, Dulong se distingua par d'importants travaux relatifs à la chaleur, spécialement sur la dilatation, le refroidissement, les capacités calorifiques. C'est en collaboration avec Petit qu'il découvrit la relation remarquable qui existe entre les chaleurs spécifiques des corps simples et leurs poids atomiques, loi qui se résume ainsi : *le produit de la chaleur spécifique d'un corps simple par son poids atomique est un nombre constant*. En d'autres termes, il faut la même quantité de chaleur pour échauffer également un atome de tous les corps simples. Les expériences précises de M. Regnault sont venues corroborer cette loi, qui a été ensuite étendue aux corps composés ayant même formule et une constitution chimique semblable. Il entreprit avec Arago un long travail sur la détermination des forces élastiques de la vapeur d'eau à différentes températures. En 1823, il fut élu membre de l'Académie des sciences. Il fut successivement maître de conférence à l'Ecole normale, professeur de chimie à la faculté des sciences, directeur des études à l'Ecole polytechnique (1830), secrétaire perpétuel de l'Académie des sciences, où il succéda à Cuvier.

Les nombreux travaux de Dulong n'ont pas été recueillis en corps d'ouvrage. On en trouvera la liste fort longue, dans un *Eloge de Dulong*, par M. Laurens, couronné, en 1854, par la Société d'Emulation de Rouen, d'après un rapport de M. Girardin.

***DUMAS** (Jean-Baptiste-André). La biographie des contemporains n'entre pas dans notre programme. Néanmoins, nous avons cru devoir faire exception en faveur de quelques illustres savants, dont la réputation date déjà de plus d'un demi-siècle. C'est ainsi que nous avons donné la biographie de M. Chevreul, presque centenaire. M. Dumas, une des gloires de la chimie française, doit avoir aussi sa place dans notre *Dictionnaire*; il a parcouru toutes les positions scientifiques, depuis la plus humble fonction, jusqu'à celle de secrétaire perpétuel de l'Académie des sciences. Par ses vues nouvelles et ingénieuses, il a imprimé à la chimie une impulsion si grande que ce mouvement se continuera longtemps encore (1).

M. Dumas est né à Alais (Gard), le 14 juillet 1800. Il fut initié à l'étude du latin dans le collège de cette ville; et il allait tenter les examens pour entrer dans la marine lorsqu'arrivèrent les événements de 1814-1815 et les troubles ensanglantés du Gard. Sa famille résolut de lui donner une autre carrière. Il fut placé en apprentissage chez un pharmacien d'Alais, où il put commencer ses études pratiques. Mais les divisions politiques et religieuses, qui troublaient le pays, inspirèrent au jeune Dumas un violent désir de quitter sa ville natale. Au printemps de 1817, il se rendit à pied d'Alais à Genève, où il était recommandé à Th. de Saussure et à de Candolle par son parent Bérard (un ancien associé de Chaptal). Il y trouva tout ce qu'il fallait pour stimuler son émulation et pour le préparer à sa carrière future : cours de botanique, par de Candolle; de physique, par Pictet; de chimie, par G. de la Rive. Il reçut là de fortifiants encouragements de la part de ses maîtres. Le docteur Prevost se l'adjoignit pour des recherches physiologiques qui furent poursuivies pendant plusieurs années, notamment sur le sang, l'urée, la génération des batraciens (découverte de la segmentation de l'œuf). Indépendamment de ses travaux avec le docteur Prevost, M. Dumas faisait des recherches très importantes sur les éthers (1822).

A cette époque, il reçut la visite de l'illustre voyageur Alex. de Humboldt, qui le séduisit par les récits qu'il lui fit de la vie parisienne, de l'heureuse collaboration des hommes de sciences et des facilités que la capitale de la France offrait aux jeunes gens qui désirent s'adonner aux recherches scientifiques. Dès lors, la détermination du jeune Dumas fut prise ; il alla à Paris (1821), où il eut la bonne fortune de se lier avec trois jeunes gens à peu près de son âge : Victor Audouin, le zoologiste ; Ad. Brongniart, botaniste, et Milne Edwards, qui préparait sa thèse de médecine. Il fut pris en amitié par Laplace, et rencontra chez tous les savants : Berthollet, Vauquelin,

(1) Nous puiserons nos documents surtout dans la biographie si complète de M. Dumas, publiée par Hofmann dans *Nature*, traduite en français, par Ch. Baye et insérée dans le *Moniteur scientifique* (avril 1880), où, accompagnée d'un portrait (héliogravure) du savant chimiste, elle occupe 74 pages in-4°.

Gay-Lussac, Thénard, Brongniart, Cuvier, G. Saint-Hilaire, Arago, Ampère, Poisson, ce sentiment de bonne camaraderie envers les jeunes gens adonnés aux recherches scientifiques, Arago lui fit donner la place de répétiteur de chimie au cours de Thénard à l'Ecole polytechnique; Ampère obtint pour lui la chaire de chimie à l'Athénée. En 1824, M. Dumas fondait avec ses amis Audouin et Brongniart les *Annales des sciences naturelles*, et il commençait à recueillir les matériaux nécessaires à la publication de son grand *Traité de chimie appliquée aux arts*, dont le premier volume parut en 1828. C'est à cette époque qu'il épousa (1826) Mlle Brongniart, fille aînée de l'illustre géologue. Au début de ses travaux de chimie organique, M. Dumas rencontra un puissant rival en Allemagne, Liebig, qui s'occupait d'études analogues. Aussi se livrèrent-ils de rudes combats dans le champ de la science, tout en gardant l'un pour l'autre une grande estime, comme le témoigne leur entrevue chez un ami commun, M. Kuhlmann, de Lille. Un des premiers travaux qui attirèrent les regards du monde savant sur le jeune chimiste français, fut son mémoire, devenu classique : *Sur quelques points de la théorie atomique*, dans lequel l'auteur s'élève aux plus hauts sommets de la philosophie chimique, et montrant en germes nombre de conceptions réalisées depuis. Cet ouvrage parut dans les *Annales de chimie et de physique*, en 1826. La méthode simple et ingénieuse, imaginée par M. Dumas pour fixer les poids atomiques des corps par la détermination de leurs densités de vapeurs, méthode à laquelle les progrès de la science n'ont rien ajouté, fit le plus grand honneur au jeune savant et montra combien il était en avance sur ses contemporains par la hardiesse de ses conceptions. Il reprit et continua avec Boullay ses recherches sur les éthers. Ils soupçonnèrent la grande puissance de combinaison du gaz oléfiant, le comparèrent à l'ammoniaque et purent suivre dans la série des combinaisons de ces deux composés un parallélisme constant.

Les découvertes de l'oxamide et de l'oxaméthane, de l'éther chloro-carbonique et de l'uréthane par M. Dumas, furent les conséquences de ces études.

Les beaux mémoires sur l'esprit de bois et le blanc de baleine, publiés conjointement par MM. Dumas et Péligot contiennent beaucoup de faits nouveaux et importants. Un phénomène d'un autre ordre, la réaction du chlore sur les substances organiques, occupa ensuite M. Dumas pendant plusieurs années et le conduisit à l'une de ses plus belles conceptions : la *Théorie des substitutions*. C'est en 1834 qu'il publia, dans ses expériences sur le chloral, l'ensemble de ses vues sur ce sujet fécond qui lui valut de vives contradictions de la part de Berzélius et d'autres chimistes, lutte de laquelle M. Dumas sortit victorieux.

Parmi les nombreux travaux auxiliaires qui servirent à M. Dumas d'échafaudage pour édifier ses conceptions substitutionnelles et typiques, nous citerons l'action du chlore sur l'essence de canelle, sur l'acide cinnamique, l'alcool, l'acide acétique, l'acétone; l'action des alcalis sur les alcools et les éthers et particulièrement l'action de la potasse sur maints composés tels que : glycérines, aldéhydes, acétones et éthers composés. Les recherches sur les acides engendrés par l'oxydation des alcools ont conduit M. Dumas à la découverte d'une *série* de 17 acides gras, depuis l'acide formique CH^2O^2 jusqu'à l'acide margarique $C^{17}H^{34}O^2$. Ces acides (parmi lesquels plusieurs qui étaient inconnus ont été trouvés depuis), différant les uns des autres d'une quantité constante C^2H^2. Quant aux méthodes d'analyse des substances organiques, modes de dosage de l'azote, de l'hydrogène, de l'oxygène, de l'acide carbonique, par le *procédé volumétrique*, MM. Dumas et Liebig sont les deux chimistes à qui nous soyons le plus redevables sous ce rapport. Leurs noms restent associés aux procédés si exacts qu'ils ont introduits et qui sont journellement appliqués. La revision et la fixation définitive des poids atomiques du carbone, de l'hydrogène et de l'oxygène est une question de premier ordre que M. Dumas résolut avec le concours de M. Stass. Les nombres fondamentaux 1, 12 et 16 pour ces trois éléments furent désormais une acquisition inaliénable de la philosophie chimique. Cette vérification fut, pour M. Dumas, le point de départ de longues séries de recherches sur les poids atomiques des autres corps simples.

La plupart de ces recherches ont été publiées ultérieurement de 1858 à 1860 et elles occupent évidemment l'auteur aujourd'hui encore, comme le témoignent les récentes communications qu'il a faites à l'Académie des sciences, en 1880, sur l'occlusion de l'oxygène dans l'argent, et, en 1882, sur celle de l'hydrogène dans l'aluminium et le magnésium. Un chimiste anglais Prout avait fait remarquer que les poids atomiques de beaucoup de corps simples sont des multiples de celui de l'hydrogène. Cette loi séduisit M. Dumas, qui voit toujours le côté philosophique de la science. Aussi travailla-t-il à la vérifier à l'égard d'un assez grand nombre de corps et à constater cependant qu'elle ne s'applique pas à tous. Si cette loi était vraie, il en résulterait que les diverses espèces de substances, regardées comme simples, ne seraient que différentes phases de condensation d'une matière primordiale et seraient transformables les unes dans les autres (comme le sont les forces physiques), démontrant ainsi l'*unité de matière*.

Les déterminations analytiques, faites en 1843 par MM. Dumas et Cahours, conduisirent ces chimistes à des combinaisons intéressantes relativement à l'albumine, à la caséine, à la légumine. M. Dumas, dans des recherches physiologiques particulières, étudia la nature des corpuscules du sang, la formation de la graisse, celle de la cire par les abeilles, enfin la fermentation.

Pour bien juger de l'influence exercée dans diverses directions par ce maître sur les progrès de la philosophie chimique, il faut se reporter à l'ouvrage de Hermann Kopp : *Le développement de la chimie dans les temps modernes*. Tous les ouvrages de M. Dumas sont écrits avec le plus grand soin, dans un style à la fois clair et attrayant : « Les œuvres de M. Dumas présentent une variété considérable, tant sous le rapport des sujets traités que de la forme sous laquelle ils sont présentés. Il y a plusieurs traités développés et beaucoup d'opuscules. Ses notices académiques, ses documents officiels, ses rapports au conseil municipal de Paris, ses mémoires commémoratifs, ses discours funèbres, etc., sont innombrables : nous ne pouvons parler que de ses plus importants écrits. » L'œuvre capitale de M. Dumas est son *Traité de chimie appliquée aux arts*, en 8 volumes in-8°, dont le premier a paru en 1828, et le dernier en 1846 avec atlas in-4°. Ce traité a été traduit en plusieurs langues; il contient une quantité énorme de faits rangés dans un ordre lumineux. On y trouve les principes de classification qui, depuis, ont toujours été conservés dans la technologie chimique. On ne saurait maintenant s'occuper de chimie minérale sans tenir compte de cette *idée de série* introduite dans la science par M. Dumas.

Dans ses *Leçons sur la philosophie chimique* (onze conférences faites en 1836 au Collège de France où il remplaçait momentanément Thénard, leçons recueillies par M. Bineau et revues par l'auteur) M. Dumas a tracé le développement des doctrines chimiques, depuis l'antiquité la plus reculée jusqu'à l'ouverture de son cours. L'ouvrage a été traduit en différentes langues. Le texte original a été réimprimé sans changement en 1878. *L'essai de statique chimique* (1841), en collaboration avec M. Boussingault, a été publié après la brillante leçon de M. Dumas sur ce sujet, leçon qui a terminé son cours de chimie à l'Ecole de médecine de Paris (3e édition, 1844). Cet essai présente, sous une forme simple et saisissante, les principaux traits comparatifs de la vie des plantes et des animaux considérée au point de vue chimique. Il a été traduit dans presque toutes les langues vivantes. En résumant l'idée des auteurs, nous dirons : « tout ce que l'air donne aux plantes, les plantes le cèdent aux animaux ; et les animaux le rendent à l'air; cercle éternel dans lequel la vie s'agite et se manifeste, mais où la matière ne fait que changer de place. »

M. Dumas, qui avait un véritable culte pour Lavoisier, fut chargé par l'Académie des sciences de mettre en ordre et de publier les œuvres du célèbre fondateur de la chimie, tâche qu'il accomplit avec cœur et succès. Nous ne pouvons que citer les notices que M. Dumas consacra à maints amis et collègues défunts : le chirurgien Aug. Bérard (1846), Pelouze, Isid. Geoffroy St-Hilaire, A. Aug. de la Rive, Alex. et Adolphe Brongniart, A. G. Balard. C'est M. Dumas qui, le 17 juin 1869, inaugura cette série de lectures en prononçant un discours très éloquent dans la salle de l'Institut royal de Londres, sur Faraday et ses travaux. Il fit, selon l'usage, à la séance publique (du 1er juin 1876) de l'Académie française, dont il était membre, l'éloge de Guizot dont il occupait le fauteuil. Indépendamment des éloges historiques, M. Dumas eut occasion de prononcer de nombreux discours aux funérailles d'Elie de Beaumont (1874), de Leverrier (1877), de Claude Bernard (1878), de Victor Regnault (1881). Les *Comptes-rendus de l'Académie des sciences* contiennent un grand nombre de rapports de M. Dumas sur les sujets les plus divers; entre autres sur le procédé de fabrication de la soude artificielle par M. Leblanc.

Depuis plus de 40 ans, M. Dumas est rédacteur en chef des *Annales de chimie et de physique* et il y a plus d'un demi-siècle qu'il a commencé à y collaborer. Avec ses amis Olivier, Péclet et avec l'assistance de M. Martin Lavalée, il fonda, en 1829, l'*Ecole centrale des arts et manufactures* qui a donné et qui fournit encore chaque année tant de jeunes ingénieurs à notre industrie nationale. Il resta professeur à cette école jusqu'en 1852 ; il est encore président du conseil. On peut dire que M. Dumas était passé maître dans l'art de professer. Tous ceux qui ont assisté à ses leçons se rappellent toujours la clarté et la précision du raisonnement, les grâces du débit. C'est M. Dumas qui a introduit les premiers classements des métalloïdes en familles ; classements qui, malgré les progrès de la science, n'ont subi que des modifications insignifiantes. M. Dumas fut le premier en France à adopter le système efficace d'enseignement par le laboratoire. En vue d'expérimenter avec ses élèves, il fonda, dès 1832, un laboratoire de recherches à ses propres frais, qui fonctionna jusqu'en 1868, époque à laquelle le pays réclama du savant d'autres services.

Il fut élu député à l'Assemblée législative, ministre de l'agriculture et du commerce, sénateur, président du Conseil municipal de Paris, président de la monnaie. Dans ces diverses fonctions, il eut occasion de traiter un grand nombre de questions d'économie politique. On lui doit diverses institutions, telles que le crédit d'Etat pour les associations ouvrières, la caisse de retraite pour la vieillesse (1864). Dans le percement du puits de Passy (1861), l'ingénieur Kind fut appuyé par M. Dumas qui, d'un autre côté, contribua puissamment au succès du projet Belgrand d'amener à Paris l'eau de la Dhuis. La question des égouts, celle de l'éclairage, ont été traitées par M. Dumas avec une grande autorité devant le Conseil municipal de Paris.

Les plus récents travaux scientifiques de M. Dumas portent sur la fermentation de l'alcool (1872), sur la nature et la proportion des gaz *occlus* dans les métaux : argent (1878-1880), aluminium, magnésium (1882), sur l'acide carbonique normal de l'air atmosphérique (1882).

Parmi les discours de l'illustre savant, il faut encore citer celui qu'il prononça au congrès de l'association française, comme président, à l'inauguration de l'observatoire météorologique du Puy-de-Dôme; celui qu'il fit à la clôture du congrès des électriciens (1882) ; celui qu'il prononça à l'inauguration de la statue de A.-C. Becquerel (1882); celui qu'il fit à l'Académie des sciences à l'occasion de la remise de la médaille à M. Pasteur (1882) et, plus récemment, sa réponse au discours de M. Jamin lui offrant, de la part de ses collègues de l'Académie, une médaille d'or à l'occasion de son cinquantenaire académique.

Fonctions et distinctions honorifiques de M. Dumas. Répétiteur du cours de chimie de Thénard à l'Ecole polytechnique (1823); professeur de chimie à l'Athénée (1829); professeur de chimie à l'Ecole polytechnique, fonction qu'il résigna en faveur de Pelouze (1840); professeur de chimie à la Sorbonne, succédant à Gay-Lussac (1832), place qu'il conserva jusqu'en 1868 et qu'il céda à M. H. Ste-Claire Deville; professeur de chimie organique à l'Ecole de médecine de Paris (1839-1842); directeur de la monnaie à la mort de Pelouze (1868); député à l'Assemblée législative (1849); ministre de l'agriculture et du commerce du 31 octobre 1850 au 9 janvier 1851; après le coup d'Etat du 2 décembre, il fit partie de la commission consultative; membre du Conseil municipal de Paris (1854), vice-président (1855), président (1859 à 1870); vice-président du conseil supérieur de l'instruction publique (1861-1863); sénateur jusqu'en 1870; président de la société d'encouragement depuis 1845, réélu pendant 36 ans; président de la commission internationale du mètre (1870-1872), décida de l'adoption du mètre français; président de la commission du passage de Venus (1872-1883); président de la commission de phylloxéra, etc.; membre de l'Académie des sciences (1832), secrétaire perpétuel de cette Académie, succédant à Flourens (1868); membre de l'Académie française le 1er juin 1876; directeur (1880); membre de l'Académie de médecine depuis 1843; correspondant de l'Académie des sciences de Berlin (1836); membre étranger de la société royale de Londres (1840); membre honoraire des sociétés chimiques de France, d'Angleterre et d'Allemagne. En 1843, la société royale de Londres lui décerna la médaille Copley. Le premier, il obtint la médaille de Faraday, don de la société chimique de Londres.

Il a été successivement dans l'ordre de la Légion d'honneur chevalier, officier, puis commandeur (27 avril 1845), grand-officier (29 décembre 1855), grand-croix (14 août 1863); chevalier de l'ordre *pour le mérite*, le plus grand honneur que l'Allemagne puisse accorder; décoré de presque tous les ordres de la chrétienté. — C. D.

***DUMONT** (Les). Famille de sculpteurs distingués. Le premier, *Pierre*, était maître sculpteur de l'Académie de Saint-Luc; son fils François, mort en 1726, est l'auteur du *Titan foudroyé* qui fut son morceau de réception à l'Académie et que l'on voit au Louvre; on lui doit aussi les statues de *Saint-Pierre* et *Saint-Paul*, *Saint-Joseph*, et *Saint-Jean* de l'église Saint-Sulpice, à Paris; le troisième, *Edme*, fils de François (1720-1775), devint membre de l'Académie; son morceau de réception fut *Milon de Crotone essayant ses forces*; le dernier *Jacques-Edme*, né en 1761, remporta le premier grand prix en 1788. Parmi ses œuvres, on doit citer les statues de *Marceau* (Luxembourg), *Colbert* Palais-Bourbon), *Malesherbes* (Palais de justice); le bas-relief la *Clémence et la Valeur* à l'arc de triomphe, etc. Il est mort en 1844.

DUNETTE. *T. de mar.* Partie du pont à l'arrière du navire et qui, située au-dessus du logement du capitaine, est un peu plus élevée que le pont.

***DUPÉRON-ANISSON**, imprimeur. — V. Anisson-Dupéron.

***DUO.** *T. de métall.* Se dit de l'ensemble de deux cylindres à axes parallèles, concourant à un même laminage. On emploie surtout cette expression, par opposition à *trio*, qui désigne l'ensemble de trois cylindres à axes parallèles, concourant dans une même *cage* à des laminages successifs d'une même barre. Les duos demandent naturellement, quand ils ont fait subir un laminage à une barre, au travers d'une *cannelure* que cette barre repasse par dessus les cylindres pour revenir se présenter à la cannelure suivante. C'est une perte de chaleur et une augmentation de travail. Avec les trios, au contraire, la barre passe et repasse dans la série des cannelures sans fausses manœuvres, à condition de l'engager alternativement entre le cylindre supérieur et le cylindre du milieu, puis entre le cylindre du milieu et le cylindre inférieur. Les trios servent surtout aux *ébauchages* qu'ils accélèrent; les duos, plus exacts comme montage, sont réservés aux *finissages*.

DUPLICATION. *T. de géom.* Action de doubler. Ne se dit plus guère que de la *duplication du cube*, problème qui a beaucoup occupé les géomètres de l'antiquité, et qui consiste à construire le côté d'un cube équivalent au double d'un cube donné. Ce problème est impossible à résoudre par la règle et le compas, puisqu'il dépend du troisième degré et revient à construire la racine cubique de 2. Les solutions qu'en ont données les anciens géomètres reposaient le plus souvent sur l'emploi de certaines courbes du troisième ordre qu'ils avaient imaginées dans ce but.

***DUPONCHEL** (Charles-Edmond), né à Paris, en 1795, a sa place marquée dans notre partie biographique. Artiste habile autant qu'homme de goût, il exerça une réelle influence sur les progrès de l'orfèvrerie et de la joaillerie. Disons cependant qu'il fut plus connu comme directeur de l'Académie de musique, qu'il dirigea avec succès de 1837 à 1843 et de 1847 à 1849.

***DUPONT** (Paul-François), imprimeur, né à Périgueux en 1796, mort à Paris le 11 décembre 1879, fut l'un des premiers chefs d'industrie qui aient cherché la solution de la question sociale par l'association des ouvriers à ses bénéfices, la création des ateliers de femmes pour la composition et l'amélioration constante de la condition morale et matérielle de son personnel. On lui doit *Essais pratiques d'imprimerie*, *Histoire de l'imprimerie*, 2 vol. in-8°, le *Dictionnaire des formules*, etc.

***DURET** (Francisque). Statuaire, naquit en 1804 à Paris, où il mourut en 1865. Elève de Bozio, il obtenait le prix de Rome à dix-neuf ans (1823), une première médaille au salon de 1831, était décoré deux ans après, entrait à l'Institut, où il succédait à Cortot en 1843, recevait la croix d'officier de la Légion d'honneur en 1853, et finalement une grande médaille d'honneur à l'Exposition universelle de 1855. Voilà donc une carrière largement couronnée par le succès, et un succès légitime. Ce n'est pas que Duret fut un artiste de génie, il n'était qu'un homme de grand talent ayant un beau sentiment de la tournure des masses en sculpture, une claire intelligence qui le conduisait à rechercher de préférence les sujets expressifs dont il accentuait encore l'expression par l'habileté de la mimique, exagérée parfois jusqu'à l'emphase, jusqu'à une certaine pompe théâtrale dans les motifs nobles ou dramatiques. Duret eut l'heureuse inspiration de rompre fort jeune avec la banalité des sujets dits héroïques; son *Pêcheur napolitain dansant la tarentelle* (Salon de 1833) et son *Vendangeur improvisant sur un sujet comique*, souvenir de Naples (Salon de 1839), ont engendré cette longue lignée de figures purement pittoresques, qui ont réconcilié le grand public avec la statuaire moderne.

DURETÉ. 1° *T. de métall.* C'est la propriété caractéristique de l'acier, tel qu'on l'obtenait par les anciennes méthodes. Elle est due à la présence du carbone et se traduit par une difficulté de déformation sous l'effort, avec retour rapide à la forme primitive, par le jeu de l'*élasticité*. Quand le métal ne renferme pas d'autre matière que du fer et du carbone, la dureté est proportionnelle à la proportion de carbone; lorsque cette proportion dépasse 1 0/0, elle est accompagnée d'une certaine *fragilité*; au-dessous de cette proportion la dureté n'exclut pas la *résistance*. Depuis que de nouveaux procédés se sont introduits pour l'affinage de la fonte, on produit des aciers chargés de matières étrangères et la dureté tend à se confondre avec l'*aigreur*.

L'*aigreur* est une dureté qui est accompagnée de fragilité. Les études de l'influence du phosphore, du silicium et du manganèse sur la qualité des aciers ont permis de formuler des lois que nous allons résumer ici : *les éléments étrangers tels que le phosphore et le silicium, n'influent sur la dureté de l'acier qu'autant que celui-ci renferme une proportion notable de carbone*; lorsque le carbone est à une dose supérieure à quelques millièmes, le phosphore et le silicium sont un élément d'*aigreur*, c'est-à-dire que la dureté est accompagnée de *fragilité*, sans que l'acier soit plus apte à la trempe pour cela. Il n'en est pas de même du manganèse, il facilite la *trempe* et ne communique de la fragilité que lorsque sa proportion est élevée. En résumé, la dureté de l'acier doit être obtenue par le carbone seul ou accompagné d'un peu de manganèse. || 2° *T. de minér.* Ce mot exprime la résistance des corps à se laisser rayer par une pointe vive. Les minéraux se comparent toujours entre eux, une substance est plus ou moins dure qu'une autre suivant qu'elle la raye ou qu'elle est rayée par elle. Le plus dur de tous les corps est le diamant dont la dureté étant exprimée par 10 sert à exprimer à l'aide d'une échelle de comparaison celle des autres corps. On a établi par ce procédé la table suivante :

Diamant	10	Turquoise	6
Saphir, rubis	9	Chaux phosphatée	5
Topaze, Emeraude	8	Chaux fluatée	4
Grenat	7.5	Chaux carbonatée	3
Quartz hyalin	7	Gypse	2
Opale	6	Talc	1

Dans les cristaux la dureté peut ne pas être la même suivant les différentes faces, celles de clivage étant moins dures quelquefois, elle peut encore varier sur la même face suivant les directions parallèles aux axes. || 3° *T. de phys.* La dureté des corps correspond à leur degré de résistance lorsqu'on les soumet à des effets déterminés, choc, compression, etc., mais cette locution s'applique plus particulièrement lorsque l'on compare la résistance de fils métalliques de même diamètre pour le passage à travers un même trou de filière. Le terme de comparaison choisi est l'acier. On établit la table suivante :

Acier	déjà étiré	100	Cuivre	déjà étiré	58
	recuit	65		recuit	38
Fer	déjà étiré	88	Argent recuit	à 0,750	58
	recuit	42		à 0,875	54
Laiton	déjà étiré	77		fin	37
	recuit	46	Platine recuit		38
Or recuit	à 0,875	73	Zinc		34
	fin	37	Etain		11
			Plomb		4

* **DUSEIGNEUR** (Bernard-Jean). Sculpteur, né à Paris le 23 juin 1808, mourut dans la même ville le 6 mars 1866. Elève de Bosio et de Cortot, il se fit bientôt remarquer par des œuvres d'un caractère élevé; de ses travaux considérables, nous ne citerons que son *Roland enchaîné*, plein d'expression et de mouvement, son *Archange saint Michel, vainqueur de Satan*, groupe colossal d'une grande beauté. Comme écrivain, il s'est fait connaître par deux ouvrages importants : le *Moyen âge et la Renaissance* et une *Histoire de la sculpture du IVe au XVIe siècle* (1851).

* **DYNAMIE.** *T. de mécan.* Nom adopté pour désigner l'unité de travail, qui consiste dans celui effectué par l'unité de force quand son point d'application parcourt l'unité de longueur, soit donc le travail développé par la force égale à 1 kilogramme dont le point d'application a parcouru 1 mètre. Ce terme est synonyme de *kilogrammètre.* Dans cette représentation, la notion du temps n'intervient pas, afin de comparer entre elles les quantités de travail produites par deux machines différentes; on estime le nombre de dynamies ou de kilogrammètres relatif à chacune d'elle à l'unité de temps, la seconde.

DYNAMIQUE. La mécanique générale se divise en trois grandes branches qui sont les suivantes:

1° La *statique* ou étude des forces indépendamment des effets qu'elles produisent. — V. Statique.

2° La *cinématique,* étude des mouvements indépendamment des causes qui les déterminent. On conçoit que cette étude ait sa raison d'être en dehors des autres branches de la mécanique.

Ainsi, le mouvement d'un vagon monté sur des roues à bandages coniques et circulant sur une voie ferrée, aura toujours lieu dans un sens ou dans l'autre, quelles que soient les puissances des locomotives auxquelles on l'accroche, c'est-à-dire la force de traction à laquelle il est soumis, à la seule condition que cette force ne soit pas assez brutale pour briser les tendeurs d'attelage. Il en sera de même de la balle de plomb fixée à l'extrémité du fil inextensible d'un pendule et qui est toujours assujettie à se mouvoir sur la surface d'une sphère ayant pour centre le point d'attache du fil. Ces études purement géométriques du mouvement sont du domaine de la cinématique. Nous n'en parlerons pas ici, le sujet ayant été traité de main de maître par notre savant collaborateur, M. Maurice Lévy. — V: CINÉMATIQUE.

3° La *dynamique* qui a pour objet à la fois l'étude des forces et des mouvements qui en sont la conséquence. (Du mot grec Δυναμις force.) C'est ce dernier chapitre auquel nous nous proposons de consacrer quelques lignes.

— La *dynamique* est une science entièrement due aux modernes. Son véritable fondateur est Galilée qui le premier détermina les lois du mouvement curviligne des projectiles et de l'accélération des corps pesants. Huygens vint ensuite qui découvrit les lois du mouvement du pendule et de la force centrifuge, préparant ainsi la voie à Newton qui s'immortalisa surtout par la découverte de la gravitation universelle.

Enfin la mécanique reçut un secours considérable de l'invention du calcul infinitésimal qui permit aux géomètres de traduire les lois des mouvements des corps par des équations analytiques. Réciproquement, d'ailleurs, c'est aux recherches de la solution des principaux problèmes de mécanique que l'analyse doit ses plus belles découvertes.

Jusqu'à Euler, les méthodes purement géométriques étaient à peu près seules usitées pour trouver la solution des problèmes de dynamique. Newton n'a fait intervenir quelquefois le calcul analytique que sous la forme de l'emploi des séries; or, cette méthode, quoique pouvant être rapportée au même principe que le calcul différentiel, doit cependant en être distinguée d'une façon absolue dans la pratique. D'ailleurs, Euler lui-même a basé son grand ouvrage de mécanique, paru en 1736, sur l'emploi presque exclusif des anciennes méthodes consistant à rapporter l'effet d'une force produisant le mouvement d'un point sur une trajectoire quelconque, à la force tangentielle et à la force centripète dirigée suivant la normale.

Aujourd'hui ce système est à peu près abandonné et l'on rapporte le mouvement d'un corps et les forces qui le sollicitent à des directions fixes dans l'espace, généralement trois axes de coordonnées rectangulaires. Les variations des coordonnées représentent alors l'espace parcouru par le point dans la direction de chacun des axes fixes. D'après ce système il faut évidemment décomposer la force donnée elle-même en trois autres parallèles respectivement aux trois axes de coordonnées ; chacune de ces composantes détermine alors d'une manière indépendante le mouvement rectiligne de la projection correspondante ; le tout fournit les 3 équations suivantes :

$$\left\{\begin{array}{l} X = m\dfrac{d^2x}{dt^2} \\ Y = m\dfrac{d^2y}{dt^2} \\ Z = m\dfrac{d^2z}{dt^2} \end{array}\right.$$

Les phénomènes sont alors représentés par le groupe de ces trois équations simultanées du second ordre dont l'intégration est du domaine de l'analyse pure. Cette méthode si simple, aujourd'hui universellement adoptée, a été indiquée pour la première fois par Maclaurin dans son *Traité des fluxions*, 1742.

Mais les problèmes de mécanique, à l'inverse de ceux de géométrie, ne peuvent jamais admettre qu'une seule solution ; un corps placé dans des conditions déterminées ne peut avoir qu'un mouvement unique et bien précis.

Or, les formules précitées fournissent des intégrales contenant 6 constantes arbitraires ; l'algèbre dans sa généralité, nous donne en effet la solution de tous les problèmes qui diffèrent du problème proposé par la position initiale du point mobile, ainsi que par la grandeur et la direction de la vitesse initiale qui anime ce point à l'instant choisi comme origine des temps. Ces éléments devront être précisés dans chaque cas particulier; alors il ne restera plus rien d'arbitraire.

Si le mouvement a lieu dans un plan, il va sans dire que les équations précédentes se réduisent aux deux premières. Ces idées générales étant bien établies, nous ne pouvons, vu notre cadre restreint, entrer dans une étude détaillée et complète de la dynamique ; nous nous bornerons à en exposer les principes fondamentaux. Chacun des sujets particulièrement intéressants que peut comporter la matière, comme les centres de gravité, les moments d'inertie, etc., feront l'objet d'un chapitre spécial du *Dictionnaire*.

Lorsqu'aux idées de déplacement et de temps on joint l'idée de force et qu'on entre dans cette branche de la mécanique appelée *dynamique*, on ne peut plus faire abstraction de la matière dont les corps sont formés ; la quantité plus ou moins grande de matière qui constitue un corps tout entier, ou bien les diverses parties dans lesquelles on le divise par la pensée, doit nécessairement entrer en considération dans l'étude du mouvement que prend le corps sous l'action de certaines forces. Quand on parle du mouvement d'un corps, il arrive fréquemment que l'on néglige par la pensée les dimensions de ce corps et qu'on le suppose entièrement condensé en un point ; c'est ce qu'on entend quand on dit qu'un boulet décrit une parabole, que les planètes, que la terre décrivent des ellipses autour du soleil, etc. La petitesse des dimensions d'un corps n'est d'ailleurs nullement une chose indispensable à l'hypothèse de sa concentration en un point unique qu'on appelle *point matériel*.

En dynamique on commence par étudier les mouvements des corps sous l'action des forces qui leur sont appliquées, en supposant ces corps réduits à de simples points matériels ; la question ainsi simplifiée et ayant permis de tirer de grandes lois générales, on passe à l'étude analogue sur les corps avec leurs dimensions.

La suite des positions par lesquelles passe successivement un point mobile forme une ligne qu'on appelle *trajectoire*. Le point décrit cette ligne d'une manière continue, c'est-à-dire qu'il ne peut pas aller d'une position à une autre de cette trajectoire sans passer par toutes les positions intermédiaires. Le mouvement d'un point est dit *uniforme* lorsque ce point parcourt sur sa trajectoire des espaces égaux dans des temps égaux, ou en d'autres termes, lorsque l'espace parcouru en un temps quelconque est proportionnel au temps employé à le parcourir.

Les mouvements uniformes se distinguent les uns des autres par leur *vitesse* qui est l'espace parcouru pendant l'unité de temps.

Dans le mouvement *varié*, cette quantité n'est plus constante et varie en plus ou en moins, donnant un mouvement *accéléré* ou *retardé* par suite d'une modification positive ou négative de la vitesse qu'on nomme dans tous les cas l'*accélération*. Si cette accélération est constante, c'est-à-dire si la vitesse croît ou diminue de quantités égales dans des temps égaux, le mouvement est dit *uniformément varié*, soit *uniformément accéléré* ou *uniformément retardé*.

Cela posé, la dynamique est basée sur un certain nombre de principes ou vérités fondamentales dont la connaissance a été puisée dans l'observation des faits et qui sont pour ainsi dire les axiomes de cette science. Cependant, contrairement à ce qui arrive pour les axiomes de la géométrie, ces principes ne sont pas d'une évidence absolue *à priori* et il a fallu des hommes de génie pour les démêler dans les phénomènes qui se passent autour de nous dans l'Univers. Mais leur exactitude est rendue incontestable par celle des conséquences qu'on en déduit ensuite au moyen de raisonnements et de calculs absolument rigoureux.

Ainsi le principe fondamental de la dynamique en général est l'*inertie* : tout corps est *inerte*, c'est-à-dire indifférent à toute cause de mouvement. Quand plusieurs forces agissent à la fois sur un même point matériel, celui-ci cède à la fois et sans élection à toutes ces forces, sans qu'aucune d'elles gêne en rien le mouvement que les autres tendent à produire.

Si l'on suppose maintenant un corps obligé de suivre un chemin déterminé, ce qu'on appelle une *trajectoire* donnée, un corps qu'on tient à la main, par exemple, et auquel on communique sans le lâcher un certain mouvement, la main développe à chaque instant sur ce corps une certaine force ; d'après une loi due à Newton, le corps oppose à la main une réaction égale et contraire qu'on appelle la *réaction* ou *force d'inertie*. Ce terme est très heureusement trouvé, car cette réaction est bien la force qu'un corps exerce sur nous en vertu de son inertie quand nous cherchons à le faire sortir des lois naturelles qui régissent la matière, ainsi quand nous arrêtons ou retardons son mouvement rectiligne ou que nous le forçons à suivre une trajectoire courbe.

Cette indifférence des corps se traduit également par ce fait qu'un corps en mouvement ne peut avoir qu'un mouvement rectiligne et uniforme puisqu'il est incapable par lui-même de modifier son état de mouvement ; la dérogation à la ligne droite ou à la constance de la vitesse dénote immédiatement le résultat d'une action extérieure. Le corps oppose de lui-même une certaine résistance vaincue et cette force nous permet de constater l'inertie de la matière en mouvement comme l'effet exercé sur nos organes par un corps que nous empêchons de tomber nous donne la notion de la pesanteur et de la matière. Cette réaction du corps se rencontre d'ailleurs à chaque point de sa trajectoire, sous forme de *réaction tangentielle* et de réaction ou *force centrifuge* dirigées respectivement en sens inverse de la force tangentielle et de la force centripète.

Il faut bien remarquer, et c'est la cause de bien des erreurs, que la force d'inertie d'un point matériel en mouvement émane du point lui-même et s'exerce sur l'obstacle qui gêne son mouvement rectiligne et uniforme. Elle ne peut communiquer aucun mouvement au point matériel considéré et ne contribue en rien aux modifications de son mouvement.

Ainsi c'est une erreur grave de dire qu'en descendant d'une voiture en marche, dès que les pieds touchent terre, le haut du corps est porté en avant par la force d'inertie. S'il faut en effet une force pour donner du mouvement à un corps en repos, il n'est pas besoin de force pour conserver à un corps un mouvement déjà acquis. Au contraire, il faut une force pour détruire ce mouvement, et dans l'exemple précité, il faut un certain effort exercé soit par nous-mêmes, soit par quelqu'un, pour nous arrêter. Ce quelqu'un reçoit alors un effort opposé : cet effort est la force d'inertie.

Ces explications préliminaires étant bien comprises, voici comment s'énoncent aujourd'hui les quatre grands principes fondamentaux de la mécanique.

1° *Inertie de la matière : Un point matériel ne peut de lui-même modifier son état de repos ou de mouvement*. Un corps en mouvement aura donc, dans ces conditions, une vitesse constante en grandeur et en direction, son mouvement sera donc rectiligne et uniforme. Il s'ensuit que si un corps voit son état antérieur modifié, c'est-à-dire, si étant en repos il entre en mouvement, où, si ayant un mouvement rectiligne et uniforme, il entre en repos ou prend un mouvement curviligne ou varié, c'est qu'il est soumis à l'influence d'une action extérieure qu'on appelle une *force*.

Les forces se manifestent à nous, dans la nature sous mille formes diverses : la *pesanteur* observée dans la chute des corps, les *actions moléculaires* qui se manifestent dans la détente d'un ressort, les attractions *électriques*, *magnétiques*, les efforts exercés par nos muscles ou forces *musculaires*. Quand une force appliquée à un point matériel ne détermine pas le mouvement de ce dernier, on l'appelle *pression* ou *tension*. Telle est la pression de la vapeur dans une chaudière, la tension d'un fil auquel est suspendu un corps lourd. La force spéciale due à l'action de la pesanteur terrestre s'appelle le *poids*.

2° *Egalité de l'action et de la réaction : Toute force agissant sur un point matériel émane forcément d'un autre point matériel pris et soumis à son tour à une autre force émanant du premier point. Ces deux forces, appelées l'action et la réaction sont égales et dirigées en sens contraire suivant la droite qui relie les deux points.* Ces forces d'ailleurs peuvent tendre aussi bien à rapprocher les points qu'à les éloigner, c'est-à-dire qu'elles sont *attractives* ou *répulsives.*

3° *L'effet produit par une force sur un point matériel est indépendant de l'état antérieur du corps.* Il en résulte qu'une force constante produisant le même effet dans chaque unité de temps indépendamment du mouvement antérieur déjà acquis par le corps, doit communiquer à celui-ci un mouvement uniformément accéléré.

4° *Lorsque plusieurs forces agissent simultanément sur un même point matériel, chacune d'elles produit le même effet que si elle agissait seule.*

Pour avoir le mouvement final du corps il faudra donc composer suivant les procédés connus à cet effet, tous les mouvements élémentaires produits par chaque force comme si elle était seule à agir sur ce corps.

Des corps différents, même supposés réduits à des points matériels, n'opposeront pas la même résistance à une même force, cela tient à ce qu'on appelle la *masse* de chacun d'eux. Deux forces qui produisent la même accélération sur deux points matériels différents sont proportionnelles aux masses de ces points; et deux forces agissant sur des masses égales produisent des accélérations qui leur sont proportionnelles. Il résulte de ces deux proportions, que deux forces sont entre elles comme les produits des masses par les accélérations qu'elles leur communiquent. Et si l'on prend pour unité de masse, celle d'un corps qui, sous l'action d'une force égale à 1 prendrait une accélération égale à 1, une force quelconque est égale au produit de la masse sur laquelle elle agit par l'accélération résultante.

La masse est donc le quotient d'une force quelconque par l'accélération correspondante, ou, en particulier, du poids d'un corps divisé par l'accélération due à la pesanteur.

Cela posé, en se basant sur les principes précédents et se servant des méthodes modernes de l'analyse mathématique, on arrive à trouver des résultats fort curieux sur les effets des forces et des mouvements qu'elles produisent.

On s'explique ainsi, par exemple, que lorsqu'une bombe lancée par un mortier vient à faire explosion, le centre de gravité du projectile continue à rester le centre de gravité des différents débris et à décrire la trajectoire parabolique primitive.

Le théorème de l'égalité des *quantités de mouvements* (produits des masses par les vitesses) permet d'expliquer le recul des armes à feu, la pièce et le projectile ayant des vitesses inversement proportionnelles à leurs masses.

La *puissance vive* est le produit de la masse par le carré de la vitesse.

Le *travail* est le produit de la force par le chemin parcouru par le corps; il est égal à la moitié de l'accroissement de la puissance vive ou de la demi-puissance vive lorsque le corps part du repos.

L'*impulsion* d'une force est le produit de cette force par le temps de son action. Ce produit est égal à la quantité de mouvement si le corps part du repos, et à l'accroissement de quantité de mouvements s'il avait une vitesse initiale.

C'est dans la dynamique qu'on rencontre les nouvelles notions des *moments d'inertie* si utiles dans la résistance des matériaux et qui feront l'objet d'un chapitre spécial comme les *centres de gravité*, etc., c'est là également qu'on étudie les forces passives comme le *frottement*, etc., ces différents sujets sont traités à leurs places respectives. — A. M.

Bibliographie : GALILÉE : *Discorzi e demonstrazioni mathematiche intorno a due nuovo scienze*, 1638; HUYGENS : *Horologium oscillatorium*, 1673; NEWTON : *Principes mathématiques*, 1687; LAGRANGE : *Mécanique analytique;* EULER : *Traité de Mécanique*, 1736; MACLAURIN : *Traité des fluxions*, 1742; POISSON : *Traité de mécanique*, 1833; BELLANGER : *Traité de la dynamique d'un point matériel*, cours de l'Ecole centrale; BELLANGER : *Traité de la dynamique des systèmes matériels*, cours de l'Ecole centrale; DELAUNAY : *Traité de mécanique rationnelle;* RESAL : *Traité de mécanique générale;* PONCELET : *Introduction à la mécanique industrielle;* BOUR : *Cours de mécanique de l'Ecole polytechnique;* COLLIGNON : *Traité de mécanique.*

DYNAMITE. Nom, dérivé du mot grec Δυναμις, signifiant force ou puissance, sous lequel on désigne d'une façon générale les produits explosifs, obtenus par le mélange de la *nitroglycérine* ou *huile détonante* avec des matières solides assez poreuses pour retenir ce liquide, même sous l'action d'une certaine pression et sans que l'on ait à craindre son exsudation pendant le transport, la conservation ou l'usage. Les dynamites peuvent être à *base inerte* ou à *base active;* dans les premières, la matière absorbante sert simplement de support à la nitroglycérine, elle ne concourt en rien à la déflagration et subsiste, après l'explosion, comme résidu plus ou moins modifié. Dans les autres, au contraire, la déflagration de la matière absorbante s'ajoute à celle de la nitroglycérine.

Le terme général de *dynamite* s'applique plus habituellement aux dynamites à base inerte dans lesquelles l'absorbant est une terre siliceuse. Les dynamites siliceuses sont celles dont l'usage est actuellement le plus répandu. La force d'explosion de ces substances est bien supérieure à celle de la poudre, mais pour les faire détoner, il faut l'explosion d'une amorce de fulminate de mercure ou l'action d'un choc violent.

— La *nitroglycérine* ou *pyroglycérine*, découverte en France, en 1847, par A. Sobrero, dans le laboratoire de Pelouze, est un liquide d'apparence huileuse qui résulte de l'action de l'acide azotique concentré sur la glycérine; afin d'absorber l'eau qui se forme pendant la réaction, on ajoute de l'acide sulfurique. Ses propriétés explosives, bien que signalées dès le début, restèrent longtemps sans application. C'est seulement vers 1863 qu'un ingénieur suédois, A. Nobel, trouva un procédé pour la faire détoner en vase clos et réussit à en rendre possible l'utilisation dans les mines. Il installa alors la fabrication en grand de ce nouveau produit, qu'il fit breveter sous le nom d'*huile détonante* (*Nobel's Sprengöl*), à Stockholm d'abord, puis à Hambourg. L'emploi de la nitroglycérine se vulgarisa promptement en Suède, en Allemagne et en Amérique; mais les nombreux accidents qui se produisirent coup sur coup (explosion de la fabrique de Stockholm, catastrophes de Sidney, Aspinwal et San Francisco) jetèrent du discrédit sur ce nouvel explosif, dont l'emploi fut même proscrit dans certains pays.

Après une longue série d'essais, Nobel réussit, en 1867, en mélangeant la nitroglycérine, avec une terre siliceuse destinée à l'absorber, à obtenir, au lieu et place du liquide explosif dont le maniement était si dangereux, une substance solide qui, tout en possédant une force explosive presque égale à celle de la nitroglycérine liquide, présentait, au point de vue de la conservation, des transports et de l'emploi une sécurité au moins égale à celle des autres matières explosives alors connues; il lui donna le nom de *dynamite*.

L'emploi de la dynamite prit, dès lors, une rapide extension dans les contrées minières de l'Allemagne, particulièrement du Nord, en Suisse, en Belgique, en Suède, en Norvége, en Danemark, en Angleterre même où elle avait à lutter contre le coton-poudre, et en Californie. La nitroglycérine fut complètement laissée de côté, excepté toutefois dans l'Est des Etats-Unis où l'on a continué pendant quelque temps encore à en faire usage. On peut se faire une idée de l'importante consommation de dynamite qui se faisait dès 1870, en Allemagne, par ce fait qu'il existait déjà en Prusse à cette époque quatre fabriques de dynamite, une à Hambourg, une à Charlottenbourg et deux à Cologne.

Lorsqu'éclata la guerre franco-allemande, la dynamite était encore à peu près inconnue en France; seul M. Barbe, ancien officier d'artillerie, maître de forges à Liverdun, avait entrepris de vulgariser dans notre pays l'emploi de ce nouvel agent explosif. Le 2 décembre 1869, il avait adressé au ministre des finances une demande pour introduire en France un échantillon de 1,000 kilogrammes de dynamite, et le 28 mai 1870, il demandait l'autorisation d'établir à la Rochotte, près de Toul, une fabrique. Ces demandes furent refusées, mais, la guerre étant survenue, M. Barbe fut invité à installer la préparation en grand du nouvel explosif. Cet ordre ne put lui parvenir à temps et ce n'est qu'après le siège de Toul, pendant lequel M. Barbe commanda l'artillerie de la place comme chef d'escadron de la garde mobile, que fut signé le 31 octobre 1870, entre la délégation à Tours du Gouvernement de la Défense nationale et M. Barbe, un contrat en vertu duquel ce dernier fit construire en toute hâte l'usine de Paulilles, près Port-Vendres (Pyrénées-Orientales), sur le bord même de la mer. En décembre, cette usine était en mesure de satisfaire aux demandes du ministère, mais bien que la dynamite fabriquée par elle ait été livrée à plusieurs corps des armées de province, celles-ci qui battaient alors en retraite, n'eurent que fort rarement l'occasion d'en faire usage.

A Paris, sur la proposition de M. Brüll, ancien élève de l'école polytechnique, le Comité scientifique des moyens de défense chargea le Comité d'armement de prendre les mesures nécessaires pour organiser la fabrication de la dynamite. A la fin de novembre, deux fabriques étaient établies, l'une au bassin circulaire de La Villette, l'autre aux carrières d'Amérique; elles pouvaient livrer par jour, ensemble, 300 kilogrammes de dynamite de qualité assez satisfaisante.

A la paix, la fabrique de Paulilles continua, tout d'abord, à fonctionner pour les besoins de l'industrie privée, mais en vertu d'une décision du ministre des finances, en date du 11 août 1871, elle dut suspendre toute fabrication. Par arrêté du 14 mai 1872, la dynamite fut considérée comme faisant partie du monopole des poudres et salpêtres et la fabrication en fut confiée aux ingénieurs de l'Etat qui installèrent une dynamiterie à la poudrerie de Vonges (Côte-d'Or).

Il a fallu beaucoup d'énergie et de persévérance à M. Barbe, qui est l'introducteur de la dynamite, non seulement en France, mais encore en Espagne, au Portugal et en Italie, pour vaincre la résistance administrative et revendiquer en France la liberté de l'industrie de la dynamite qui existait dans tous les autres pays, à l'exception toutefois de la Russie.

Par une loi, en date du 8 mars 1875, l'Assemblée nationale a décidé que, par dérogation à la loi du 13 fructidor an V, la dynamite et les autres explosifs à base de nitroglycérine pourraient être fabriqués dans des établissements particuliers; en vertu de la même loi, des autorisations peuvent être également accordées, après avis du conseil supérieur des arts et manufactures, pour la fabrication de composés chimiques explosibles nouveaux.

Un décret du 24 août 1875, portant règlement d'administration publique, a fixé les conditions auxquelles cette fabrication serait soumise et décidé que la dynamite importée en France devrait, dans tous les cas, satisfaire aux mêmes conditions que la dynamite fabriquée à l'intérieur. Des décrets spéciaux sont nécessaires pour autoriser l'établissement de chaque fabrique et même de chaque dépôt. Ces derniers, assimilés aux établissements dangereux et insalubres de première, deuxième ou troisième catégorie, selon qu'ils sont destinés à recevoir plus de 50 kilogrammes de dynamite, de 5 à 50 kilogrammes, ou moins de 5 kilogrammes, sont régis par le décret du 15 octobre 1810 et l'ordonnance du 14 janvier 1815.

Il existe actuellement en France, en plus de la dynamiterie de la poudrerie de Vonges, dépendant du service des poudres et salpêtres, qui continue à fabriquer, non seulement pour le département de la guerre, mais encore pour l'industrie privée, deux fabriques de dynamite: celle de Paulilles qui a repris sa fabrication dès 1876 et appartient actuellement à la Société générale de fabrication de la dynamite, et celle de Saint-Sauveur, installée également en 1876, par M. Ibos, au plateau d'Ablon, près de la rivière de Saint-Sauveur, à 4 kilomètres de Honfleur (Calvados).

Les chemins de fer français se sont tout d'abord refusés à transporter la dynamite; un premier règlement du 20 août 1873 autorisa seulement le transport de celle provenant des manufactures de l'Etat. Le nouveau règlement, promulgué le 10 janvier 1879, impose aux Compagnies l'obligation de transporter également les dynamites provenant de l'industrie privée, pourvu qu'elles satisfassent à certaines conditions de fabrication et d'emballage. Les établissements privés, qui veulent être admis au transport par chemins de fer, doivent recevoir à leurs frais un agent du service des poudres et salpêtres et à son défaut un garde-mine ou conducteur des ponts et chaussées, chargé en permanence de surveiller la fabrication.

Afin de mettre le service des poudres et salpêtres en mesure de pouvoir mettre à la disposition des fabriques françaises ou étrangères qui alimentent les dépôts du pays des agents capables, le ministre de la guerre a approuvé, à la date du 20 juillet 1883, le programme des conditions que doivent remplir les candidats à cet emploi. En dehors des conditions d'instruction primaire, de conduite et de moralité qu'ils doivent présenter, les candidats aux emplois de surveillant de fabrique privée de dynamite doivent avoir au moins 25 ans d'âge et faire un stage d'un an à la dynamiterie de Vonges.

Le transport de la dynamite par voie de roulage (terre et eau) s'opère conformément aux règlements en vigueur, pour les poudres et munitions; l'escorte de la gendarmerie est obligatoire, quels que soient le poids et la provenance de la matière transportée (Circulaires du ministre de la guerre des 22 octobre et 2 novembre 1882).

Dynamites à base inerte. Les dynamites à base inerte sont définies par la proportion de nitroglycérine qu'elles contiennent et par la nature de la matière absorbante. On entend par dynamites à 50, 60, 70 0/0, des mélanges contenant 50, 60, 70 parties, en poids, de nitroglycérine pour 100 de dynamite; toutes les bases n'ont pas la même capacité absorbante, à chacune d'elle correspond un maximum qu'il n'est pas possible de dépasser.

La matière absorbante, employée dès l'origine, et recommandée encore aujourd'hui par M. Nobel, est la *Kieselguhr*, terre siliceuse d'un brun rouge qui se trouve à Oberlohe, près d'Unterlass (Hanovre); elle provient de la décomposition de certaines algues microscopiques (diatomées) et est formée d'une multitude de petits étuis siliceux à structure rayonnante.

A la poudrerie de Vonges, le principal absorbant employé est la *randanite*, matière blanche siliceuse, très friable et très légère, dont on trouve de nombreux gisements dans le Puy-de-Dôme, en particulier à Ceyssat, commune d'Allagnat. Comme la précédente, elle paraît être constituée par de petits corps organisés fossiles. La randanite, employée seule, donnerait une dynamite trop sèche ; pour avoir une matière pâteuse, on y ajoute une certaine quantité d'autres substances, telles que la silice de Vierzon et le sous-carbonate de magnésie. Pendant le siège de Paris, en 1870, on a employé, comme corps absorbant, principalement la cendre de charbon de Boghead, soigneusement nettoyée et pulvérisée. On a encore utilisé, dans certains cas, le tripoli, la silice ordinaire, l'alumine, la brique pilée, le sucre, la cendre de houille, les laitiers légers de forge, etc.

Les dynamites à base inerte que l'on trouve en France ont la composition suivante :

	Nitroglycérine	Absorbant		
Dynamite Nobel n° 1 ou normale	74 à 77 0/0	*Kiezelguhr*	26 à 23	
Dynamite de Vonges n° 1	75 0/0	Randanite	20.8	25
		Silice de Vierzon	3.8	
		Sous-carbonate de magnésie	0.4	
Dynamite de Saint-Sauveur n° 1	35.5 0/0	Randanite	23.5	

Jusque vers 1879, on a fabriqué à la poudrerie de Vonges, uniquement pour le commerce, des dynamites numéros 2 et 3 ne contenant respectivement que 50 et 30 0/0 de nitroglycérine ; mais on a dû y renoncer, leur force d'explosion était insuffisante, comparée à leur prix de vente. Les dynamites portant les numéros 0, 2 et 3, qui proviennent des usines Nobel, sont des dynamites à base active, il en sera question plus loin. La dynamite du siège, à la cendre de charbon de Boghead, contenait de 60 à 62 0/0 de nitroglycérine; celle au tripoli, dite *dynamite rouge*, en contient de 66 à 68 ; la *dynamite de Horsley*, à base d'alun ou de sulfate de magnésie, n'en renferme que 27 à 28.

Propriétés. L'aspect d'une dynamite varie avec la substance absorbante; celles à base inerte sont, en général, à grains fins, un peu grasses au toucher et forment une masse pâteuse. La dynamite à la *kieselguhr* est de couleur brune, celle à la randanite est grisâtre. La densité varie de 1,5 à 1,6. A l'air libre, mise en contact avec une flamme ou un corps en ignition, la dynamite brûle avec une flamme jaunâtre sans détoner; lorsque les gaz de la combustion ne peuvent se dégager librement, la tension qu'ils acquièrent peut déterminer l'explosion de la masse entière. Elle détone également si un point de la masse se trouve porté brusquement à une température de 180° centigrades environ. Lorsque la dynamite est en grande masse, il peut arriver que, par suite de la combustion, l'intérieur de la masse atteigne la température d'explosion avant que l'extérieur soit consumé, et que la détonation se produise. On a expliqué ainsi certaines explosions qui ont eu lieu lors de l'incendie d'usines ou de magasins de dynamite. Des accidents nombreux ont, du reste, montré que la combustion des dynamites n'est pas exempte de tout danger d'explosion, même à l'air libre et quand même les matières ne seraient pas accumulées en grandes masses. Aussi doit-on se garder de rester à proximité d'une cartouche enflammée, de déposer la dynamite dans le voisinage de locaux où la température est élevée et surtout de placer des cartouches sur un fourneau ou sur un foyer.

L'explosion de certaines poudres fulminantes, au contact de la dynamite, en provoque la détonation. La dynamite détone également sous l'action de chocs suffisamment violents, comme celui de la balle du fusil, surtout si elle est renfermée entre des parois résistantes. Il en est de même sous l'action de certains mouvements vibratoires (V Explosif); grâce à cette particularité, la détonation d'une charge de dynamite peut déterminer la détonation d'une autre charge placée, non au contact de la première, mais à une certaine distance. Dans certains cas, l'explosion se localise en un point de la charge; elle se propage, au contraire, dans toute la masse, si le moindre obstacle s'oppose au dégagement des gaz.

On peut obtenir la combustion ou la détonation de la dynamite sous l'eau dans les mêmes conditions et avec les mêmes phénomènes que dans l'air. Un contact prolongé avec l'eau finit par désagréger la dynamite : la nitroglycérine se sépare de la silice.

La dynamite pure est inodore et neutre, c'est-à-dire exempte de toute trace d'acides ; la présence des acides pourrait amener la décomposition spontanée de la nitroglycérine. La dynamite s'altère également si elle est soumise à une haute pression, à l'action prolongée de l'humidité ou à des alternatives de sécheresse et d'humidité;

dans ces différents cas, il se produit une *exsudation*, c'est-à-dire une séparation de la nitroglycérine qui vient suinter à la surface sous forme de gouttelettes que le moindre choc peut faire détoner.

L'action longtemps prolongée d'une température de 40° peut occasionner, soit une décomposition lente de la dynamite qui se transforme en matière visqueuse et donne lieu à un dégagement de vapeurs acides nitreuses, soit une décomposition plus rapide; la matière atteint quelquefois un état tellement instable qu'il suffit du moindre ébranlement pour en provoquer l'explosion. La lumière solaire n'a d'influence que par la chaleur dont elle est accompagnée. Des courants électriques, même assez intenses, sont généralement sans influence sur la dynamite, les étincelles d'induction l'enflamment.

Lorsque l'on s'aperçoit que la dynamite tache en rouge le papier tournesol ou répand une odeur prononcée de vapeurs nitreuses, il y a à craindre qu'elle ne soit altérée et on doit prendre les plus grandes précautions. Si elle est reconnue suffisamment avariée pour ne pas pouvoir être conservée sans danger, on doit la sortir avec les plus grandes précautions du magasin et la faire brûler ou détoner par quantités assez faibles.

La dynamite commence à se congeler, comme la nitroglycérine, à 8° au-dessous de 0, elle augmente alors de volume. La congélation peut provoquer l'exsudation de la nitroglycérine, qui est ensuite difficilement absorbée de nouveau; aussi le maniement de la dynamite gelée ou qui a été gelée puis dégelée est toujours dangereux : la catastrophe, arrivée en 1877 au fort de Larmont, près Pontarlier, en est un exemple. La dynamite gelée se transforme en une masse dure beaucoup plus sensible au choc; elle conserve ses propriétés explosives, mais détone moins facilement; pour déterminer l'explosion, il faut, ou faire dégeler la dynamite, sinon toute la charge, au moins la cartouche qui porte l'amorce, ou bien avoir recours à l'emploi d'amorces plus fortes.

La dynamite doit à la nitroglycérine qu'elle contient d'être un poison violent; la manipulation prolongée de cette substance, son contact avec les muqueuses du nez, de la bouche ou des yeux, suffisent pour occasionner des nausées et de violentes migraines, heureusement de courtes durées. Il faut éviter de la toucher quand on a des écorchures aux mains, parce qu'elle pourrait les envenimer; il est bon, pour la manipuler, de se couvrir les mains de gants de peaux ou de caoutchouc. En Autriche, on emploie comme antidote l'acétate de morphine mélangé avec du sucre.

Fabrication. La fabrication de la dynamite comprend la préparation de la nitroglycérine, son incorporation avec la matière absorbante et l'encartouchage. Dans les usines Nobel, pour obtenir la nitroglycérine, on mélange d'abord, au moment même du besoin, dans un vase en plomb placé dans une enveloppe en bois avec circulation d'eau froide, les acides sulfurique et nitrique, ce qui produit une petite quantité de chaleur. On introduit ensuite directement la glycérine dans le mélange acide; il se développe alors une grande quantité de chaleur qu'il faut absorber par une réfrigération énergique. On a recours dans ce but à l'emploi de l'air comprimé barbottant au sein des liquides mis en présence et l'eau froide courant dans des serpentins noyés dans la masse. Le mélange d'acides et la nitroglycérine sont ensuite séparés par décantation; cette dernière, plus légère, est déversée dans de grandes caisses où elle est lavée à l'eau froide, puis à la lessive de soude, qui la rend légèrement alcaline. Pour déshydrater la nitroglycérine et enlever, en même temps que les impuretés, toute trace d'acide, on la fait passer à travers un filtre composé d'une caisse en bois, doublée intérieurement de plomb, remplie de sel marin sec et recouverte à la partie supérieure d'un feutre épais.

A la poudrerie de Vonges, on emploie depuis 1872 un procédé qui est dû aux recherches de MM. Boutmy et Faucher, ingénieurs des poudres et salpêtres, et a permis d'éviter tout danger d'explosion et toute influence fâcheuse sur la santé des ouvriers. Ce procédé repose sur la préparation préalable de deux mélanges binaires, sulfoglycérique et sulfonitrique. La nitroglycérine se trouve ainsi engagée dans une combinaison qui n'est détruite que peu à peu, sans dégagement brusque de chaleur, ce qui permet de se passer de réfrigérant pendant la réaction, devenue tout à fait régulière; en outre, on fait dégager, avant l'opération, la chaleur qui résulte de la combinaison de l'acide sulfurique avec l'eau d'hydratation de l'acide nitrique et de la glycérine; enfin, on recueille la nitroglycérine sur le mélange acide lui-même, sans ajouter d'eau, de sorte que les acides de décantation peuvent être employés à d'autres usages industriels. La nitroglycérine est ensuite soumise à une série de 18 ou 20 lavages à l'eau pure, on évite le plus possible l'emploi de l'eau alcaline. Enfin, pour filtrer et déshydrater la nitroglycérine, on la fait passer sur des éponges placées au fond d'un cylindre en tôle percé de trous et soumises à une certaine pression. Ces éponges possèdent la propriété remarquable de séparer l'eau de la nitroglycérine par une sorte de sélection qu'elles exercent au sein du mélange pour celui des deux liquides qui est en moindre masse.

Avant l'incorporation, la matière absorbante est pulvérisée et tamisée, la randanite est en outre séchée de cinq à six heures dans un four à reverbère.

La nitroglycérine et la base sont ensuite introduites dans une terrine en ferblanc, où l'on fait un touillage grossier avec une spatule en bois; on étale le mélange (5 kilogrammes environ) sur une table recouverte d'une feuille de plomb, et on le triture à l'aide d'un mandrin en bois.

La dynamite est introduite et tassée à l'aide de mandrins en bois dans les cartouches préparées à l'avance; ces cartouches sont de deux sortes : celles fabriquées pour le commerce ont une enveloppe en papier, tandis que celles destinées aux usages militaires ont une enveloppe métallique qui a pour but d'éviter toute exsudation et de préserver la matière contre l'humidité; dans ces dernières cartouches, désignées plus généralement sous le nom de *pétards*, le logement de l'amorce est, en outre, préparé à l'avance, de façon qu'on puisse amorcer même lorsque la dynamite est gelée.

Les cartouches du commerce sont toutes cylindriques; celles provenant des usines Nobel contiennent 80 grammes environ de dynamite numéro 1, elles ont de 23 à 25 millimètres de diamètre, l'enveloppe est en papier parchemin ou huilé; celles qui sont fabriquées à Vonges renferment 100 grammes de dynamite numéro 1 et ont 29 à 30 millimètres de diamètre, l'enveloppe est formée d'un papier étamé composé d'une feuille de papier fort et d'une feuille d'étain soudées ensemble par un laminage énergique; la surface métallique est destinée à s'opposer à l'effet d'exosmose provenant de l'action de l'humidité. Ces cartouches sont livrées dans des boîtes étanches contenant chacune 25 cartouches; ces boîtes elles-mêmes sont placées dans des caisses en bois, qui contiennent 10 boîtes, soit 25 kilogrammes de dynamite. La poudrerie de Vonges fabrique spécialement pour le département de la guerre des pétards de 100 grammes et 25 grammes; l'enveloppe se compose d'un étui en ferblanc non soudé. Le pétard de 100 grammes est prismatique, celui de 25 grammes est cylindrique; sur chaque fond pour le premier, sur un seul pour le second, est fixé un tube en cuivre pénétrant à l'intérieur et destiné à ménager le logement de l'amorce, l'orifice est recouvert par un ruban de fil que l'on ne doit arracher qu'au moment même d'introduire l'amorce; le tout est recouvert de papier.

On peut avoir quelquefois besoin de connaître le dosage d'une dynamite ou sa force. Pour évaluer le titre, il suffit de traiter un poids déterminé de l'échantillon à étudier par l'alcool absolu, l'esprit de bois ou mieux l'éther, qui dissolvent la nitroglycérine; on pèse le résidu.

Pour connaître la force d'une dynamite, on peut avoir recours au procédé suivant: un bloc d'acier, percé à la partie supérieure d'un logement pour recevoir une petite charge déterminée de dynamite, porte à sa partie inférieure un couteau qui repose sur un cahier de papier dont les feuilles sont numérotées. Le bloc pouvant glisser entre des glissières verticales, l'explosion de la dynamite fait enfoncer le couteau dans le cahier et on mesure la force de la dynamite par le nombre de feuilles percées.

Dynamites à bases actives. Depuis la découverte de la dynamite Nobel on a imaginé un nombre considérable de dynamites à base active, que l'on peut grouper en trois catégories suivant que le corps absorbant est formé soit par du charbon, soit par les éléments constitutifs de la poudre noire ordinaire ou des poudres analogues (poudres chloratées, au nitrate de soude, de baryte ou d'ammoniaque), soit enfin par des pyroxyles.

On retrouve dans certaines de ces dynamites, en même temps que les propriétés brisantes de la nitroglycérine, les effets de détente qui caractérisent les poudres à combustion plus lente. On a cherché, en outre, le plus généralement à atténuer certains des défauts que l'on reproche à la dynamite ordinaire à base siliceuse tels que la décomposition spontanée, l'exsudation de la nitroglycérine, la trop grande sensibilité au choc des balles, l'altérabilité par l'eau, le point de congélation trop élevé. Enfin l'emploi des bases actives remédie à un inconvénient de la dynamite ordinaire, inhérent à l'emploi comme base d'un corps inerte, inconvénient qui consiste à départir 7 à 8 parties des 75 0/0 de nitroglycérine qu'elle contient à chauffer en pure perte l'absorbant qui ne sert que de récipient à l'huile explosive, et qui est cause, que lorsque la proportion de nitroglycérine est inférieure à une certaine limite, la dynamite n'a plus une force suffisante.

Nous allons passer successivement en revue les principales de ces substances qui ont été soit employées, soit simplement expérimentées:

Dynamite noire. Mélange de coke pulvérisé et de sable pouvant absorber environ 45 0/0 de nitroglycérine; elle est moins brisante que la dynamite siliceuse mais d'un maniement plus dangereux.

Dynamites au charbon. M. Nobel a fait breveter, sous ce nom, des dynamites contenant du charbon de bois, de la résine et du nitrate de baryte et pouvant absorber 20 0/0 de nitroglycérine. Le ternaire de poudre (salpêtre, soufre et charbon) en absorbe jusqu'à 33 0/0.

Sébastine. Inventée par M. Fahneljelm de Stockholm, l'absorbant est un charbon de bois très poreux; pour avoir la quantité suffisante d'oxygène nécessaire à la combustion de tout ce charbon on a dû ajouter du salpêtre au mélange. La proportion de nitroglycérine peut aller jusqu'à 78 0/0.

Dynamite Nobel, n° 3. Cette dynamite, que l'on fabrique actuellement dans les usines Nobel, notamment à Paulilles, est un mélange d'une poudre au nitrate de soude (60 nitrate de soude, 4 soufre, 10 charbon, 1 paraffine) avec 25 0/0 de nitroglycérine.

Poudre de Cologne. Poudre de mine de qualité inférieure, fabriquée à Cologne par les frères Wasserfuhr, qui est imprégnée de 30 à 35 0/0 de nitroglycérine.

Poudre d'Hercule. Analogue à la précédente.

Poudre de Vulcain. Mélange de 30 0/0 de nitroglycérine avec une poudre à base de nitrate de soude.

Dynamites grises de Paulilles. Mélanges semblables aux précédents, la proportion de nitroglycérine ne dépasse guère 20 0/0.

Dynamite à l'ammoniaque. Formée de 10 à 20 parties de nitroglycérine pour 80 de nitrate d'ammoniaque et 6 de charbon; c'est un explosif, plus puissant que la dynamite ordinaire mais trop hygrométrique.

Séranine. Dynamite au chlorate de potasse, est d'un maniement très dangereux.

Poudre de Horsley. Analogue à la précédente.

Lithofracteur. Explosif analogue aux dynamites siliceuses par ses propriétés et ses effets, mais généralement plus hygrométrique ; a été d'un usage assez répandu en Allemagne, en particulier pendant la guerre de 1870-71. Il se compose essentiellement d'un mélange de dynamite à base active et de dynamite à base inerte. Sa composition est assez variable, la proportion de nitroglycérine varie de 50 à 70 0/0. Le dosage indiqué dans l'aide-mémoire de l'artillerie prussienne est le suivant : 64,8 de nitroglycérine, 5,98 d'azotate de soude, 0,75 de soufre, 6,40 de charbon, 22,0 d'argile et sable ou silice.

Pantopollite. Mélange de 20 à 23 parties de kieselguhr, 2 à 3 de craie, 7 de sulfate de baryte et jusqu'à 70 d'une solution de naphtaline dans la nitroglycérine.

Fulminatine. Dynamite à base d'une substance organique combustible, peut-être du coton, proposée par J. Fuchs.

Dynamite blanche. Contient du carbonate de chaux (craie) et des produits nitrés dérivés du bois, résiste mieux que la dynamite ordinaire à l'action de l'eau.

Dynamite au coton-poudre. Trauzl a cherché dès 1867 a introduire dans la pratique un mélange de 73 0/0 de nitroglycérine, 25 de coton-poudre en pâte et 2 de charbon, lequel, imprégné de 15 0/0 d'eau, est d'un maniement facile et sans danger tout en restant susceptible de détoner par l'action d'une amorce fulminante.

Glyoxyline. Le chimiste Abel expérimenta vers 1877 et 1878, en Angleterre, un mélange de coton-poudre en pâte et de salpêtre saturé de nitroglycérine ; ce produit, très stable, conviendrait également bien pour les pétardements et pour le chargement des projectiles creux.

Dualines. Sous ce nom on désigne des mélanges de nitroglycérine avec de la sciure de bois pyroxylée (c'est-à-dire traitée par l'acide nitrique) ou avec d'autres pyroxyles analogues. La dualine fabriquée par Dittmar à Charlottenbourg, en 1869, se compose de 50 0/0 de nitroglycérine, 30 de sciure de bois et 20 de salpêtre.

Les dynamites n°s 2 et 3 que l'on fabriquait autrefois dans les usines Nobel étaient de véritables dualines à base de sciure de bois, mélangée d'une certaine proportion de kieselguhr.

On a fait également des dualines dans lesquelles la sciure de bois était remplacée par l'amidon, la mannite, etc.

Rhexit. Sous ce nom on désigne un mélange de nitroglycérine, carbonate de chaux et sciure de bois, imprégné d'azotate de soude, dont on fait surtout usage en Autriche. On y fabrique 5 numéros de rhexit dans lesquels les proportions des 3 composants sont les suivantes : 65, 55, 40, 28 et 16 de nitroglycérine, 2, 3, 4 et 4 de carbonate, 33, 42, 57, 68 et 78 de bois azoté.

Paléine ou *dynamite-paille.* On a fabriqué en 1880 à Vonges, sur la proposition de M. Lanfrey, lieutenant au train des équipages, des dynamites à base de paille nitrifiée ou fulmi-paille contenant jusqu'à 50 0/0 de nitroglycérine.

Dynamite-son. On a fabriqué également, à la même époque, dans la même poudrerie, des dynamites à base de fulmi-son contenant jusqu'à 40 0/0 de nitroglycérine. La force de ces deux dynamites est supérieure à celle de la dynamite ordinaire.

Dynamite à la cellulose ou *Nobel n° 0.* En Autriche, Trauzl a le premier fabriqué, sur les indications de Nobel, une dynamite dans laquelle la matière absorbante est de la cellulose ou matière cellulaire du bois bien pure. On emploie pour cette fabrication de la sciure de bois torréfiée, traitée d'une façon spéciale, qui se prépare en Norvège et s'expédie en Allemagne en grandes quantités pour la fabrication de la pâte à papier. Cette dynamite possède la propriété remarquable de pouvoir rester très longtemps en contact avec l'eau sans que la nitroglycérine se sépare ; imbibée de 15 à 20 0/0 d'eau, elle est insensible au choc des balles sans que ses propriétes explosives soient altérées, seulement elle laisse exsuder la nytroglycérine sous la moindre pression.

La dynamite n° 0, fabriquée dans les usines Nobel est une dynamite à la cellulose, contenant 74 0/0 de nitroglycérine et 25 de cellulose.

Dynamite Nobel n° 2. La dynamite fabriquée actuellement dans certaines usines Nobel, notamment à Paulilles, sous le n° 2, est un mélange de dynamite à la cellulose avec le mélange binaire soufre et charbon ; sa composition est la suivante : 48 0/0 de nitroglycérine, 13 de cellulose, 5 de soufre et 34 de salpêtre.

Dynamite-gomme ou *Gélatine explosive.* Ce nouvel explosif contient 93 0/0 de nitroglycérine et 6 à 7 parties de fulmi-coton. C'est en 1877 que Nobel a découvert qu'il existait une espèce particulière de fulmi-coton, analogue au collodion, qui se dissout entièrement dans la nitroglycérine. Le produit ainsi obtenu paraît être une véritable combinaison chimique et non pas un simple mélange ; aussi semble-t-il beaucoup moins sujet que les autres dynamites à l'exsudation et à peu près inaltérable à l'eau ; plongé dans l'eau il se recouvre, à la longue, simplement d'une mince pellicule blanche sans que ses propriétés explosives soient en rien modifiées. Il a l'aspect d'une gomme gélatineuse, jaune, légèrement translucide, il est facile à couper avec un couteau ou avec des ciseaux, enfin il est fort peu sensible aux chocs. M. Nobel a constaté, en outre, que, en ajoutant à la gélatine explosive une faible quantité de certaines substances riches en carbone et hydrogène et solubles dans la nitroglycérine, telles que le camphre, la benzine, ou encore la nitrobenzine, on diminuait encore sa sensibilité au choc et augmentait sa stabilité. Le meilleur corps à employer serait la nitrobenzine, mais il est plus facile et plus économique de se servir du camphre ; il suffit de 4 à 5 0/0 de camphre pour rendre la dynamite-gomme complètement insensible aux chocs ; l'expérience a prouvé du reste que, même dans les plus mauvaises conditions, la perte de camphre qui peut se produire par volatilisation n'est jamais assez importante pour diminuer sensiblement l'insensibilité de l'explosif.

Le principal inconvénient que présente la dynamite-gomme insensibilisée c'est de nécessiter pour déterminer son explosion l'emploi de cartouches-amorces spéciales, formées d'un mélange de 100 parties de nitroglycérine et de 40 de coton-poudre à l'hydrocellulose. Ce dernier produit est obtenu en nitrifiant la poudre très fine, dite *hydrocellulose* ou *cellulose friable*, que l'on prépare en traitant le coton par l'acide sulfurique en suivant un procédé imaginé par M. Aimé Girard. Ces cartouches-amorces sont elles-mêmes amorcées au moyen d'une capsule fulminante. Pas plus que la dynamite ordinaire la dynamite-gomme n'échappe à l'action du froid, et lorsqu'elle est durcie elle redevient beaucoup plus sensible aux chocs. Avec ou sans camphre elle résiste mieux cependant à la gelée et ne se congèle que vers 6° au-dessous de 0; de même elle dégèle plus facilement sans donner trace d'exsudation.

Dynamite à la gélatine. On emploie depuis trois ans environ en Autriche et depuis deux en France des dynamites nouvelles constituées par un mélange de gélatine explosive et d'une poudre salpêtrée dont l'explosion s'ajoute à celle de la gélatine. On en fabrique de trois sortes, ne différant entre elles que par la proportion de gélatine explosive qu'elles contiennent, la force du n° 1 est sensiblement équivalente à celle de la dynamite normale n° 1. Ce n° 1 comprend 60 à 70 0/0 de gélatine, 40 à 30 de poudre salpêtrée; le n° 2, 40 de gélatine, 60 de poudre; le n° 3 15 de gélatine, 85 de poudre.

Emploi des dynamites Les dynamites produisent des effets de rupture extrêmement puissants; ces effets sont très variables suivant l'espèce de dynamite et les conditions d'emploi. La dynamite normale n° 1 à 75 0/0 de nitroglycérine produit, à poids égal, un effet utile qui est environ le double de celui de la poudre ordinaire. Ce qui en rend surtout l'application avantageuse dans les mines et les opérations militaires, ce sont ses propriétés brisantes, qui sont telles que les effets produits sont pour ainsi dire localisés aux points en contact avec la charge et qu'il n'y a que fort peu de projections d'éclats, et l'extrême rapidité de sa détonation qui permet de supprimer tout bourrage; néanmoins, le moindre bourrage si imparfait qu'il soit, augmente considérablement l'effet de l'explosion.

La dynamite-gomme n'est pas aussi brisante que la dynamite normale n° 1; elle vaut moins qu'elle à l'air libre, à moins qu'on ait recours à une amorce puissante. Il faut, autant que possible qu'il y ait bourrage et, dans ces conditions elle aurait alors, d'après Nobel, sur la dynamite ordinaire la même supériorité que celle-ci sur la poudre.

Le plus généralement on emploie la dynamite sous forme de cartouches isolées; lorsque l'on veut former des charges plus fortes on place plusieurs cartouches bout à bout (*charge allongée*) ou juxtaposées (*charge concentrée*); ce n'est qu'exceptionnellement qu'on réunit la dynamite en grande quantité dans une caisse ou un récipient spécial, quand il s'agit de produire des effets considérables. Pourvu que les cartouches ne soient pas distantes les unes des autres de plus de 30 centimètres, il suffit d'amorcer une seule d'entre elles pour que toute la charge détone simultanément par influence.

Les cartouches ne doivent être amorcées qu'au moment même de les mettre en place, si on est forcé de les enlever, il faut retirer l'amorce.

L'amorce dont on se sert le plus ordinairement se compose d'une capsule fulminante fixée à l'extrémité d'un bout de mèche lente, dite *cordeau Bickford*, de $0^m,80$ de longueur environ; la mèche est enfoncée jusqu'à ce qu'elle touche le fulminate, on la fixe en pinçant le tube avec une pince spéciale. L'amorce ainsi préparée est introduite dans le logement préparé à l'avance et préalablement décoiffé s'il s'agit d'un pétard, en usage dans l'armée; s'il s'agit d'une cartouche du commerce on ouvre l'un des bouts et enfonce la capsule dans la dynamite, on replie ensuite le papier et le lie fortement à la mèche par un bout de fil.

Dans les travaux submergés il est indispensable de n'employer que de la mèche imperméable; en outre il faut avoir soin de luter avec de la cire, de la poix ou de la gutta-percha le joint du cordeau et de la capsule. Si la charge doit séjourner dans l'eau pendant quelque temps avant qu'on n'y mette le feu, il faut avoir soin de mettre les cartouches en papier dans une seconde enveloppe étanche.

Par les temps froids, lorsque la dynamite est gelée, il convient, avant de les employer, de faire dégeler les cartouches; le plus généralement il suffit de dégeler celles qui doivent recevoir une amorce. Pour faire dégeler les cartouches on les fait chauffer au bain-marie, le plus souvent même il suffit de les tenir quelque temps dans la poche, il faut surtout ne jamais les mettre sur une poêle ou un feu nu; c'est aux imprudences commises en pareil cas par les ouvriers qu'est dû le plus grand nombre des accidents occasionnés par l'emploi de de cette substance.

Les capsules que l'on trouve dans le commerce, qui renferment des charges de fulminate variant de $0^g,3$ à $0^g,5$, ne sont pas assez fortes pour assurer d'une façon certaine l'explosion d'une cartouche gelée. L'emploi de la cartouche *renforcée*, réglementaire à la guerre et à la marine, permet de faire détoner la dynamite même lorsqu'elle est gelée; on évite ainsi les dangers ou les lenteurs provenant de l'opération du dégel; seulement on ne peut, en pareil cas, enfoncer l'amorce dans la cartouche que si son logement a été préparé à l'avance.

La capsule renforcée fabriquée par la maison Gaupillat se compose d'un tube en cuivre de 6 millimètres de diametre extérieur et 45 de longueur renfermant $1^g,50$ de fulminate de mercure maintenu au fond au moyen d'un second petit tube renversé, introduit à frottement et formant bourrage; la calotte qui le termine est percée d'un trou central, une goutte de vernis déposée sur cet orifice assure la conservation du fulminate sans nuire en rien à l'explosion. Une couche de vernis noir recouvre le tube à l'extérieur, sur une hauteur égale à celle de la colonne de fulminate. Pour mettre le feu, après avoir rafraîchi l'extrémité de la mèche, on l'enflamme avec un morceau d'amadou, une mèche de fumeur ou tout autre moyen, puis on se retire aussitôt à 300 mètres de distance au moins, autant que possible dans une direction perpendiculaire à celle dans laquelle les éclats doivent être projetés en raison de la disposition des charges. Si l'on veut enflammer plusieurs charges à la fois, au lieu de mèche lente on a recours à l'emploi d'artifices de transmission du feu plus rapides que l'on réunit en faisceau à l'une de leurs extrémités à laquelle on met le feu par l'intermédiaire d'un bout de mèche lente.

En pareil cas il y avantage à avoir recours à la mise de feu électrique, qui offre en outre l'avantage d'offrir une plus grande sécurité, surtout dans le cas d'un raté, et d'être d'un emploi fort commode pour les opérations sous l'eau. Les amorces fulminantes électriques que l'on emploie en pareil cas s'introduisent dans la cartouche de la même manière que l'amorce ordinaire ; seulement leur emploi nécessite, pour la production de l'électricité, des appareils plus ou moins compliqués et délicats que l'on ne peut pas toujours avoir à sa disposition. On peut aussi faire usage d'un artifice spécial, dit *tube détonant*, qui se compose d'un tube en plomb ou étain, renfermant à l'intérieur une âme en coton poudre de nature spéciale et amené à ses dimensions définitives par étirage, on provoque la détonation au moyen d'une capsule fulminante ; cette détonation se transmet avec une vitesse qui atteint de 4 à 6,000 mètres par seconde et que dans la pratique on peut considérer comme instantanée.

Usages civils. La dynamite a trouvé jusqu'ici sa principale application industrielle dans l'exploitation des mines ; les avantages qui résultent de son emploi, comparé à celui de la poudre de mine, résultent non pas de l'économie que l'on peut faire sur le prix de l'explosif consommé, mais de celle qu'on réalise sur la main-d'œuvre et sur les frais généraux en augmentant la rapidité de la marche des travaux. Les trous de mine étant d'un plus petit diamètre et moins nombreux, le sautage avance plus vite, tout en exigeant moins de main-d'œuvre. Cette économie peut être évaluée de 20 à 40 0/0, elle est proportionnelle à la dureté de la roche ; elle permet de terminer les travaux dans un laps de temps que l'on estime plus court de 15 à 25 0/0.

Dans les roches tendres, ou quand on veut ménager les matériaux comme la pierre de taille, l'ardoise, le charbon de terre, on pratique un grand nombre de trous de mines étroits et profonds, que l'on charge à plusieurs reprises successives de petites quantités de dynamite ; dans les roches dures, au contraire, on se sert de trous peu profonds avec de très fortes charges.

Les cartouches que l'on introduit dans un trou de mine doivent être comprimées avec un bâton de façon à remplir exactement le trou, ce qui rend l'action de l'explosion beaucoup plus efficace, la cartouche amorcée placée par dessus ne doit pas être tassée ; on achève ensuite de remplir le trou avec du sable ou de l'argile, lorsque la position du trou de la mine le permet on peut même remplacer le bourrage ordinaire par de l'eau.

La dynamite est également fort employée depuis quelques années pour le percement des tunnels ; tandis que dans le percement du Mont-Cenis les ingénieurs ne voulurent même pas, malgré les sollicitations de M. Nobel, essayer la dynamite et firent exécuter tous les travaux de sautage à la poudre ordinaire, le tunnel du Saint-Gothard, au contraire, a été le grand chantier d'essai des nouveaux explosifs ; la *dynamite-gomme* y a été employée sur une assez grande échelle, elle s'y est montrée plus puissante que la dynamite, et a permis une exécution encore plus rapide des travaux.

On emploie aussi avec avantage la dynamite dans des travaux sous-marins et dans le chargement des mines-monstres destinées à abattre d'un seul coup d'énormes quantités de rochers obstruant certaines passes, comme celle d'Hell-Gate à l'une des entrées du port de New-York.

On utilise encore fréquemment les propriétés que possède la dynamite d'agir principalement sur son support : c'est ainsi qu'on l'emploie avec succès à la rupture de blocs de rochers, de masses métalliques (chabottes de marteau-pilon, matrices situées à la surface du sol), au déblayement des matériaux, au forage des puits, l'enfonçage de pilots, etc. On s'en est servi également, principalement pendant le grand hiver 1879-80, pour la rupture des grandes masses de glaces (embâcles de Lyon, de Tours, de Saumur).

On a même quelquefois recours à la dynamite pour l'abatage des bois, l'arrachage des souches et la mise en culture de terrains occupés anciennement par les forêts. Enfin, on en a fait l'application à la pêche, en mettant à profit la propriété que possède la dynamite, en faisant explosion sous l'eau, de produire une énergique pression qui agit à une distance de plusieurs mètres ; il suffit de faire détoner une cartouche dans un endroit poissonneux pour obtenir une récolte abondante.

Usages militaires. La dynamite est employée dans les armées concurremment avec le coton-poudre pour les opérations militaires à exécuter en campagne ; elle est seule réglementaire en France. La cavalerie, l'artillerie et le génie s'en servent pour la destruction des voies ferrées et de leur matériel, le renversement des poteaux télégraphiques, la rupture des ouvrages d'art, la démolition des constructions, le percement de brèches ou de créneaux, l'abatage des arbres pour la construction d'abatis, la destruction des palissades, grilles en fer, abatis et autres obstacles, la démolition du matériel de guerre pris à l'ennemi ou que l'on ne veut pas laisser tomber entre ses mains.

En temps de paix, l'artillerie l'utilise journellement pour la rupture des bouches à feu hors de service, et pour la démolition sur place des projectiles chargés qui ont été tirés dans les champs de tir et n'ont pas éclaté.

Le règlement général sur la dynamite, approuvé par le ministre de la guerre, le 29 novembre 1880, auquel sont annexées des instructions spéciales concernant chaque cas particulier, donne toutes les indications nécessaires relativement à l'emploi, à la réception, à l'emmagasinage, à la conservation et au transport de la dynamite. On trouve, du reste, dans les nombreux manuels d'art militaire, et en particulier dans les aide-mémoires à l'usage des officiers de l'artillerie ou du génie, tous les renseignements concernant l'emploi de la dynamite en temps de guerre.

Dans les marines allemande et autrichienne, on a employé la dynamite, à titre d'essai, au chargement des torpilles, mais le coton poudre comprimé humide est généralement préféré.

L'action brisante de la dynamite et l'encrassement qui résulterait de la présence de matières inertes ont empêché toute utilisation de la dynamite dans les armes à feu. On a essayé de l'employer pour le chargement des projectiles creux, mais dans tous les essais faits jusqu'ici, ou bien le projectile a éclaté dans l'âme par suite du choc au départ, ou bien n'a pas éclaté au point de chute par suite de la difficulté de trouver une fusée capable de faire détoner la charge intérieure du projectile.

Bibliographie : La dynamite, par P. Barbe, 1870; *Etudes pratiques sur la dynamite et ses diverses applications à l'art militaire*, par P. Barbe, 1873; *Manuel du mineur*, par P. Barbe, 1878; *Mémoire sur la dynamite-gomme*, par A. Moreau, 1881; *Traité sur la poudre, les corps explosifs et la pyrotechnie*, par Upmann et von Meyer, traduit par Désortiaux, ingénieur des poudres et salpêtres, 1878.

***DYNAMO.** Nom donné, par abréviation, aux machines destinées à la production de l'électricité dynamique, et qu'on devrait appeler *machines dynamo-électriques*.

DYNAMOMÈTRE. *T de mécan.* Instrument qui sert, comme son nom l'indique, à mesurer l'intensité des forces. Par extension, cette même dénomination est appliquée, comme nous le dirons plus loin, aux appareils donnant la mesure du travail effectué par les forces.

Dynamomètres des forces. Ces appareils se composent presque toujours essentiellement d'un ressort taré qu'on soumet à l'action de la force à mesurer, et on détermine l'intensité de celle-ci, en relevant la flèche prise par le ressort. Une graduation établie à l'avance, en opérant sur des forces d'intensités connues, donne immédiatement en effet la mesure de la force correspondant à la flèche observée. Cette évaluation reste exacte tant qu'on ne dépasse pas la limite d'élasticité du ressort employé, c'est-à-dire tant que ce ressort revient bien à son point de départ aussitôt qu'il se retrouve à l'état libre, et on peut même ajouter que dans ces limites, d'après les propriétés connues des ressorts, les flèches sont à peu à près proportionnelles à l'intensité des forces, propriété qui simplifie beaucoup la graduation des dynamomètres. Les ressorts employés peuvent affecter souvent des formes très diverses : le ressort du peson classique présente une forme de V dont les deux branches se rapprochent plus ou moins sous l'effort des forces mesurées ; on rencontre également des pesons avec ressort en hélice qui s'allonge ou se raccourcit. C'est là une disposition qui est employée souvent sur des dynamomètres n'ayant à mesurer que des efforts très faibles, comme des pèse-lettres, par exemple. On rencontre cependant aussi des dynamomètres à ressort en hélice employés pour la mesure d'efforts relativement considérables, comme pour les chaudières de locomotives. — V. Soupape.

Dans le commerce, dès qu'on a affaire à des efforts un peu élevés, voisins de 100 kilogrammes, on ne pourrait plus avoir recours au simple peson et on emploie alors un appareil plus puissant, qui est le dynamomètre de Regnier. Celui qui est représenté dans la figure 243, se compose essentiellement d'un ressort, à deux branches *ab*

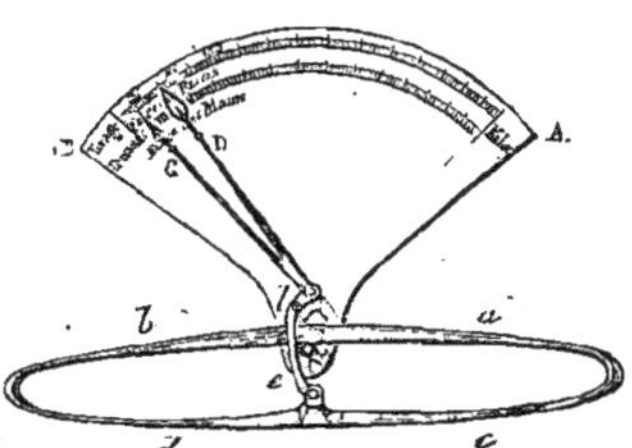

Fig. 243. — *Dynamomètre à ressort.*

et *cd* réunies par leurs extrémités. Quand on veut mesurer des efforts d'importance moyenne, on fixe la lame supérieure par le milieu, et on agit sur l'autre en la sollicitant au milieu par un effort dirigé dans le plan des deux lames. Celle-ci tend à s'écarter de la branche fixe, et la flèche ainsi obtenue sert à déterminer l'effort développé. Quand on veut mesurer des efforts plus considérables, comme la force musculaire d'un cheval, par exemple, on fixe au contraire l'une des extrémités du ressort, et on agit sur l'autre en tirant de manière à rapprocher les deux lames; la réduction de flèche fournit alors la mesure de l'effort. La flèche et, par suite, la valeur de l'effort est accusée par une aiguille double C ou D qui se déplace devant un cadran gradué à l'avance avec des poids tarés. Cette aiguille reçoit par l'intermédiaire d'un levier coudé *le* l'action d'une tige adoptée sur la lame inférieure, et elle se déplace en tournant à droite ou à gauche suivant que les lames s'écartent ou se rapprochent. Il suffit donc de graduer différemment chacune des sections correspondantes décrites par l'aiguille pour prévenir toute erreur dans l'appréciation des efforts.

Cette disposition a été beaucoup améliorée depuis par le général Poncelet qui a imaginé un type de dynamomètre dont le général Morin a fait usage dans ses recherches sur le frottement. Cet appareil se compose essentiellement de deux lames de ressorts égales et parallèles articulées à leurs extrémités. On fixe le milieu de l'une des lames C, et on applique l'effort à mesurer sur l'autre C', cet effort étant déterminé, comme dans le dynamomètre de Regnier par l'écart observé (fig. 244). On peut augmenter la sensibilité de l'instrument et doubler les flèches produites sous une charge donnée, en adoptant, comme l'a fait M. Morin, des lames de ressort de forme parabolique calculée pour obtenir des solides d'égale résistance. Les flexions observées restent proportionnelles aux efforts d'après les observations de M. Morin, tant qu'elles ne dépassent pas le 1/10 de la longueur des lames.

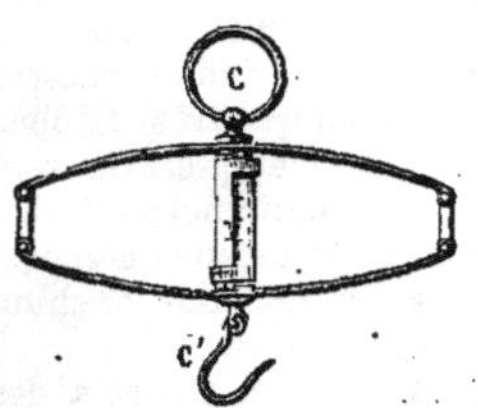

Fig. 244. — *Dynamomètre Poncelet.*

On a fréquemment aujourd'hui à développer des efforts considérables dont il importe d'obtenir la mesure précise, notamment dans les essais mécaniques des métaux, par exemple; on est arrivé, en effet, pour les fers, les aciers, et les tôles de tout genre, etc., à définir la qualité du métal par des essais à la traction pratiqués à froid dans lesquels on s'attache à déterminer la limite d'élasticité du métal, la charge maximum qu'il peut supporter et l'allongement au moment de la rupture. Les machines qui servent à effectuer ces essais constituent de véritables dynamomètres d'installation toute spéciale, sur lesquels nous reviendrons au mot Essais mécaniques.

On rencontre dans le commerce différents types de dynamomètres ou de balances donnant automatiquement l'indication de la charge qu'elles supportent. Les appareils destinés aux usages domestiques, pouvant peser des charges inférieures à 25 kilogrammes, par exemple, sont généralement des dynamomètres à ressort portant une tige munie d'une aiguille indicatrice dont les déplacements sont proportionnels aux flexions du ressort. Ces dynamomètres sont sujets à s'altérer et donnent généralement des indications moins précises que les appareils à contrepoids. Ces derniers sont munis également d'une aiguille indicatrice dont les déplacements sont déterminés par ceux d'un contrepoids qui s'écarte plus ou moins de la verticale du couteau de suspension, pour équilibrer l'effort exercé, le seul inconvénient qu'ils présentent tient à la construction qui en devient un peu compliquée si on veut maintenir les déplacements de l'aiguille proportionnels aux efforts exercés.

Comme exemple des dispositions à prendre pour assurer cette proportionnalité, nous citerons le dynamomètre système Chévefy. Cet appareil, destiné à l'essai des toiles à voiles, se compose d'un balancier ou levier double suspendu sur deux couteaux. Les deux branches du balancier sont réunies par un rouleau formant came sur lequel s'enroule une chaîne Galle portant à l'une de ses extrémités la mâchoire servant à amarrer les toiles à essayer; la traction s'exerce sur la partie inférieure de la bande au moyen d'une vis verticale actionnée par des pignons d'angle et un volant manivelle à 2 manettes permettant d'employer 2 vitesses de rotation. Les balanciers se relèvent alors en entraînant le levier dynamométrique pour équilibrer cette traction jusqu'à ce que la rupture ait lieu. Le levier se déplace devant le secteur gradué; au moment de la rupture, un cliquet l'arrête à la hauteur qu'il a atteinte, et il suffit de lire sur la graduation la charge correspondante. La vérification s'opère en accrochant sur l'extrémité de la chaîne Galle un plateau taré d'avance, sur lequel on peut ajouter des poids pour compléter la charge à vérifier. On détermine facilement, par un calcul que nous ne reproduisons pas ici, le tracé qu'il convient de donner à la came pour assurer la proportionnalité des déplacements de l'aiguille et des efforts exercés.

Nous citerons également la disposition adoptée sur la balance automatique de M. Dujour pour arriver à ce même résultat. L'effort à mesurer est appliqué à l'extrémité d'une bande d'acier H enroulée sur une came circulaire F mobile autour de son centre, le moment par rapport à l'axe de suspension est donc bien proportionnel à cette charge, le contrepoids M qui fait équilibre est suspendu lui-même à l'extrémité d'une bande d'acier enroulé sur le doigt K dont le tracé a été

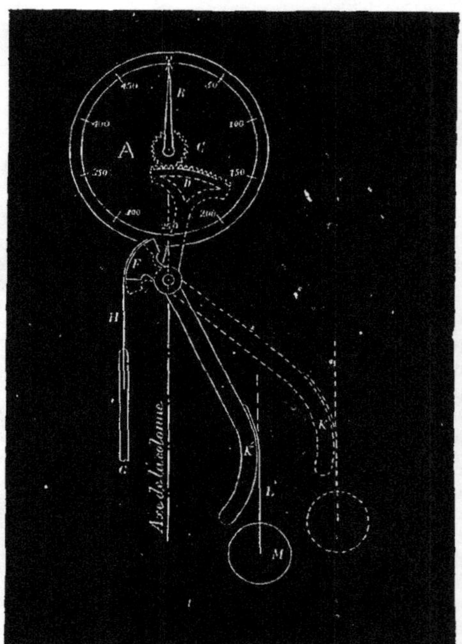

Fig. 245. — *Vue schématique de la balance automatique Dujour.*

déterminé de manière à fournir, par rapport à l'axe de suspension, un moment proportionnel à l'effort exercé. L'aiguille A est entraînée par le secteur denté D par l'intermédiaire de la roue dentée C dans le mouvement de ce doigt K, et elle prend ainsi des déplacements proportionnels à l'effort exercé. On démontre par le calcul que la courbe à donner au doigt K est la développante d'un cercle décrit autour du centre d'oscillation (fig. 245).

Dynamomètres enregistreurs des efforts et du travail. Le dynamomètre tel que nous l'avons considéré jusqu'à présent se borne simplement à fournir la mesure de l'effort développé à un instant donné. Toutefois, il arrive souvent qu'on désire connaître la série continue des valeurs par lesquelles a passé un effort variable pendant un certain temps, et on se trouve amené alors à munir les dynamomètres d'un appareil enregistreur dont le style éprouve des déplacements proportionnels à l'effort mesuré et laisse une trace continue au moyen de laquelle on puisse reconstituer la série des positions qu'il a occupées. Si on considère, par exemple, le dynamomètre à ressort, dont nous avons parlé en commençant, on peut s'en servir d'une manière très simple pour enregistrer les pressions en munissant le milieu de la lame du ressort d'un crayon indicateur. Les oscillations diverses de la lame seront enregistrées sur une feuille de papier, et pour que les indications ainsi obtenues ne se recouvrent pas, il devient nécessaire d'animer la feuille d'un mouvement de déplacement continu dans un sens perpendiculaire à celui des oscillations du crayon. Si ce déplacement est proportionnel au temps, par exemple, la feuille étant entraînée par un mouvement d'horlogerie, on pourra déterminer par une simple lecture quelle était à chaque instant de la durée, la flexion éprouvée par le ressort et, par suite, l'effort qu'il supportait.

Toutefois, il est possible d'utiliser ces appareils enregistreurs pour obtenir d'autres indications que la simple évaluation de l'effort exercé, nous voulons parler du travail développé par cet effort, et presque tous les dynamomètres enregistreurs qu'on construit maintenant donnent en effet cette indication. D'après sa définition mécanique, le travail est le produit de l'intensité de la force par la projection sur sa direction du chemin parcouru par son point d'application, et comme presque toujours dans les cas intéressant la pratique, le chemin parcouru par le point d'application est situé dans la direction même de la force, le travail devient dans ce cas le produit de ces deux facteurs : intensité de la force et chemin parcouru. Il convient donc de relever ces deux éléments sur le dynamomètre pour avoir la représentation complète du travail réellement développé. On y réussit au moyen de l'appareil enregistreur, comme nous venons de le dire, seulement les déplacements de la feuille de papier qui reçoit l'inscription, au lieu d'être proportionnels au temps, sont rendus proportionnels au déplacement même du point d'application de la force. Si on suppose que celle-ci demeure constante pour un parcours donné E, le style attaché à la lame du ressort fléchie sous l'effort exercé, laissera sur le papier une trace en ligne droite, dont la distance à la ligne d'effort nul, tracée par un second style immobile, donnera la mesure de la flèche du ressort et, par suite, la valeur de l'effort. La longueur même du trait ou la quantité dont le papier s'est déroulé représente proportionnellement le chemin parcouru et, par suite, le rectangle obtenu, en menant les deux ordonnées extrêmes correspondant au commencement et à la fin de cette expérience, représente bien le travail développé tel que nous venons de le définir.

Si l'effort demeure constant seulement pendant un temps très court, ou même infiniment petit, le rectangle élémentaire ayant pour hauteur l'effort développé et pour base le chemin infiniment petit parcouru pendant le temps considéré, n'en représentera pas moins toujours le travail dépensé. Et on voit par là que, si l'effort varie continuellement, et se trouve représenté par une courbe plus ou moins sinueuse, l'évaluation de la surface limitée par cette courbe et comprise entre les deux ordonnées extrêmes, donnera bien le travail, l'abscisse correspondante étant toujours supposée proportionnelle au chemin parcouru. Le dynamomètre fournit cette courbe, et on n'a plus qu'à en faire l'intégration pour avoir la mesure du travail, résultat qu'on obtient facilement, comme on sait, au moyen du *planimètre* (V. ce mot). Certains dynamomètres enregistreurs sont même munis d'un appareil totalisateur effectuant automatiquement ce travail d'intégration et donnant immédiatement en chiffres le travail développé pendant une période quelconque.

Ainsi disposé, le dynamomètre est appelé à rendre de très grands services à l'industrie, en permettant de contrôler à chaque instant le travail réellement fourni ou dépensé, et cet instrument deviendra certainement d'un usage courant à mesure que se développeront les transactions sur la force. Et, enfin, dans un atelier, il permettrait de reconnaître immédiatement le travail dépensé chaque jour, d'assigner par là même la cause des variations qu'il peut présenter, de réduire, sinon d'éviter tout à fait tous les travaux inutiles de frottement ou autres, etc.

On connaît aujourd'hui des types de dynamomètres les plus divers étudiés chacun en vue d'une application particulière; l'instrument doit s'adapter en un mot aux moteurs si différents que peut employer l'industrie, depuis les moteurs animaux jusqu'aux moteurs mécaniques les plus faibles ou les plus puissants, et on conçoit qu'il nous serait impossible d'étudier toutes ces dispositions, nous dirons seulement qu'elles peuvent se rattacher d'ailleurs à deux grandes classes distinguées suivant la nature du mouvement communiqué par ces moteurs : on a, en effet, les *dynamomètres de traction* destinés à mesurer les efforts de translation, travail d'un cheval, d'une locomotive remorquant une charge donnée, et les *dynamomètres de rotation* destinés à mesurer l'effort et le travail transmis dans un atelier, par exemple, par un arbre tournant commandant un certain nombre de machines réceptrices, etc. Nous étudierons simplement quelques dispositions de dynamomètres intéressantes dans chacune de ces deux classes. Nous rappellerons d'abord les conditions générales auxquelles doivent satisfaire les dynamomètres, telles qu'elles ont été formulées par M. Morin qui a attaché son nom en quelque sorte à ces appareils dont il a vulgarisé l'usage en réalisant en pratique les solutions indiquées par M. Poncelet:

1° La sensibilité des instruments doit être proportionnelle à l'intensité des efforts à mesurer, et ne doit pas pouvoir s'altérer par l'usage;

2° Les indications des flexions du ressort doivent être obtenues sans l'intervention de l'observateur, et, par conséquent, fournies par l'instrument lui-même au moyen de tracés ou de résultats matériels subsistant après l'expérience;

3° Il faut que l'on puisse obtenir l'effort exercé en chaque point de l'espace parcouru, ou dans certains cas, à chaque instant de la durée des observations;

4° Si l'expérience doit être, par sa nature, continuée longtemps, il faut que l'appareil permette de totaliser facilement la quantité d'action ou de travail dépensée par le moteur.

Dynamomètres de traction. Les conditions que nous venons de rappeler s'appliquent plus spécialement aux dynamomètres de traction, qui sont généralement formés de ressorts à lames; la première, en particulier, exige que les flexions soient toujours proportionnelles aux efforts exercés. Cette condition n'est remplie que d'une manière approximative, mais suffisante cependant pour les besoins de la pratique. M. Morin employait pour ses dynamomètres les ressorts à lames dont nous avons parlé plus haut. La section transversale de ces lames est formée d'un rectangle dont les angles sont arrondis, et la section longitudinale est ordinairement celle du solide d'égale résistance. Ces lames sont assemblées à leurs extrémités par deux petites barres articulées au moyen de boulons. Dès qu'on arrive à un chiffre un peu élevé, il est préférable d'employer des ressorts à plusieurs lames, car il est très difficile de tremper régulièrement les barres d'acier sous une épaisseur un peu forte. On est arrivé ainsi à construire dans les ateliers de chemin de fer des dynamomètres capables de mesurer la résistance d'un train de marchandises, atteignant par conséquent une valeur de 7 à 8,000 kilogr.

Dynamomètre du vagon d'expériences de la Compagnie de l'Est. Comme spécimen des dynamomètres de chemins de fer, nous allons donner ici quelques détails sur le dynamomètre construit par la Compagnie de l'Est pour son magnifique vagon d'expériences dont nous donnons la description au mot VAGON. Le dynamomètre proprement dit est représenté dans les figures 246 à 248, que nous empruntons à la notice publiée par la Compagnie, et reproduite dans la *Revue générale des chemins de fer*, numéro de novembre 1878. Il comprend, comme on le voit figure 246, deux groupes de ressorts de sept lames chacun, dont l'un est destiné à enregistrer les efforts de traction, et l'autre, les efforts de poussée transmis au vagon. La barre de traction T maintenue toujours dans l'axe du vagon par des séries de galets horizontaux et verticaux, s'adapte à la chape commune *b* des lames du premier groupe RR, qu'elle entraîne avec elle en la faisant rouler sur des galets et fléchissant les ressorts dès qu'elle est soumise à un effort de traction. D'autre part, les tiges des tampons PP du vagon, supportées également par des galets, viennent, au moyen d'un arc rigide en fer N (fig. 246 et 247), agir sur la chape du second groupe de ressorts R' et leur transmettent les efforts de poussée. Ceux-ci sont reliés aux premiers par les quatre tiges articulées *tt*. Entre ces deux groupes, un bloc cubique A solidement amarré à la membrure forme un point fixe, et il est disposé de manière à ce que les deux chapes se tiennent au contact de ses faces opposées *f* et *f'* lorsque le vagon n'est sollicité par aucun effort. Il en est résulté que, lorsqu'il y a traction sur le crochet d'attelage, la face *f'* forme appui et c'est la chape R qui avance; c'est, au contraire, la face *f* qui forme appui, pendant que la chape R' recule, lorsqu'il y a refoulement sur les tampons.

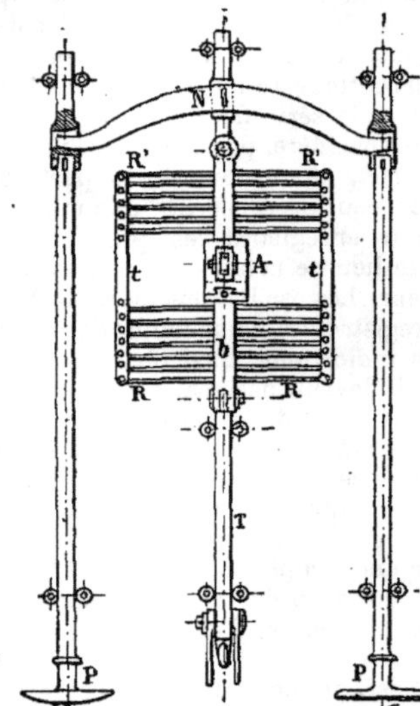

Fig. 246. — *Vue en plan du dynamomètre de la Compagnie de l'Est*

Les déplacements des chapes sont transmis jusqu'au crayon qui doit les enregistrer par l'intermédiaire des pièces représentées figure 247. Le bloc fixe est muni à la partie supérieure d'une tige *cd* articulée en *c* qui monte dans l'intérieur du vagon, en traversant la table d'expériences et est reliée au porte-crayon *i* par une bielle *id*. Vers le centre de la tige, une glissière *s* est sollicitée par deux autres bras articulés chacun à l'une des chapes des ressorts. On conçoit immédiatement que la tige *cd*, commandée par l'une ou l'autre de ces tiges, s'incline dans un sens ou dans l'autre aussitôt que le ressort correspondant se déplace, et elle entraîne avec elle le crayon qui s'écarte de la ligne d'effort nul d'une quantité correspondante à l'effort développé. Une disposition cinématique des plus ingénieuses, due à M. Marcel Deprez et sur laquelle nous ne pouvons pas insister ici, rectifie les déplacements du crayon de manière à les maintenir toujours rigoureusement proportionnels aux efforts, bien que les flèches elles-mêmes des ressorts ne présentent pas toujours exactement cette proportionnalité.

Les déplacements du crayon sont enregistrés sur une feuille de papier animée d'un mouvement de déplacement proportionnel à celui du vagon et, par suite, au chemin parcouru par le point d'application de la force. Ce mouvement est obtenu par une commande d'engrenages empruntée à l'un des essieux du vagon, la bande de papier enroulée sur un tambour spécial passe entre deux cylindres lamineurs qui l'entraînent par frottement, elle passe devant la table où s'opèrent les *inscriptions* diverses, d'efforts et autres, et elle s'enroule ensuite sur une seconde bobine, à l'extrémité de la table. La vitesse de rotation des cylindres lamineurs reste continuellement proportionnelle à celle de l'essieu du vagon, et il en est de même, par suite, de la vitesse d'entraînement de la bande. On comprend immédiatement que, si la commande venant de l'essieu agissait directement sur la bobine d'enroulement, celle-ci conserverait bien une vitesse angulaire proportionnelle à celle du vagon, mais le rayon de la bobine irait continuellement en augmentant à mesure de l'enroulement de la bande de papier, et il en serait de même pour la vitesse d'entraînement. Quand on a recours à cette disposition, comme on l'a fait dans certains types de dynamomètres industriels, il faut ajouter sur la bobine portant le papier une fusée de compensation par laquelle se fait l'entraînement. La corde venant de l'essieu moteur qui transmet le mouvement à la fusée est enroulée en effet suivant des diamètres variables qui vont en diminuant à mesure que le diamètre d'enroulement de la bande de papier va en augmentant, et la forme de la fusée est déterminée par expérience d'après l'épaisseur du papier de manière à établir une compensation complète. L'emploi des cylindres lamineurs appliqués sur le dynamomètre du chemin de fer de l'Est prévient, comme on le voit, toute difficulté à cet égard.

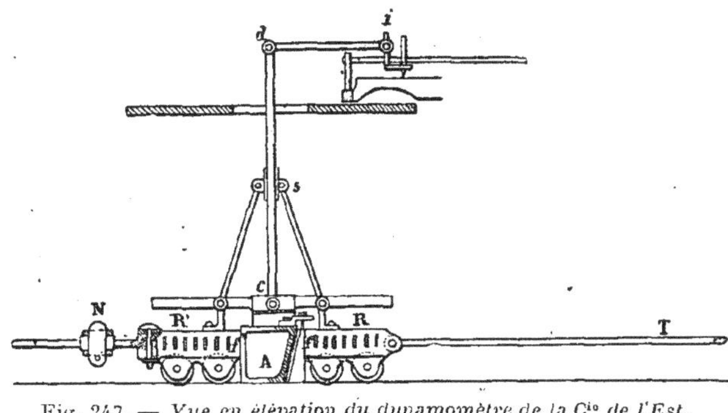

Fig. 247. — *Vue en élévation du dynamomètre de la Cie de l'Est.*

Une disposition spéciale d'encliquetages Dobo assure le développement du papier dans le même sens, lors même que le vagon va en reculant, dans le cas de refoulement par exemple. Ajoutons enfin que la bande de papier peut recevoir deux vitesses différentes, au gré de l'observateur, ce qui permet de dérouler plus ou moins le papier suivant les besoins et d'étudier en détail toutes les variations de l'effort de traction dans certains cas particulièrement intéressants ; aucune précaution n'a été négligée, en un mot, pour faciliter l'observation complète et précise des phénomènes qu'on voulait étudier.

Appareil totalisateur. L'intégration entre deux ordonnées déterminées de la courbe du travail inscrite sur le papier donne, par des calculs planimétriques, la valeur du travail développé pendant la période correspondante. Toutefois ces calculs ne sauraient être exécutés qu'après coup, et il est souvent important de connaître dans le cours même des expériences la valeur des travaux déjà développés, et dans le cas général, on peut dire certainement, comme le remarquait M. Morin, qu'un appareil totalisateur donnant immédiatement la valeur des résultats observés doit faire partie intégrante en quelque sorte d'un dynamomètre. Malheureusement, ces appareils, peut-être un peu délicats, sont encore peu répandus ; nous croyons par suite, intéressant de dire quelques mots de celui du chemin de fer de l'Est : nous en exposerons brièvement le principe, d'après la notice publiée par cette compagnie.

L'arbre qui entraîne la bande de papier du dynamomètre fait tourner rapidement un plateau circulaire *i*, de surface parfaitement plane. Il est facile de voir que si on appuie sur ce plateau une roulette R dont l'axe serait perpendiculaire à celui du plateau, et le contact, à une distance du centre égale à chaque instant au déplacement du crayon qui mesure l'effort de traction, cette roulette tournera en produisant un nombre de tours proportionnel au travail de traction. En effet, si dx est l'angle de rotation, infiniment petit, décrit par la roulette dont r est le diamètre, et y la distance du contact au centre du plateau, pendant que ce dernier tourne d'un angle $d\omega$, on a :

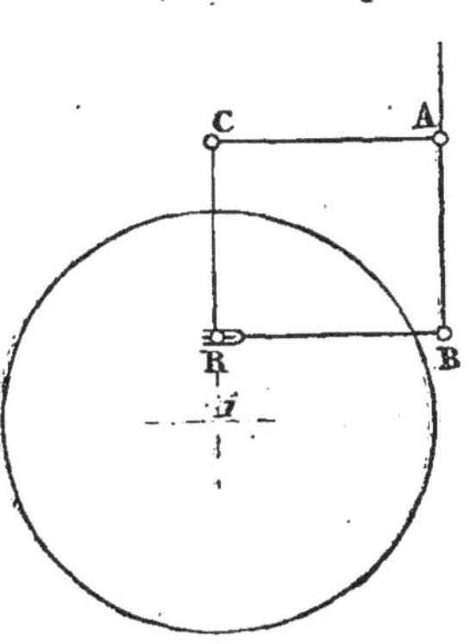

Fig. 248. — *Dynamomètre de l'Est, appareil totalisateur.*

R Roulette du totalisateur. — *ABCR* Parallélogramme commandant la roulette.

$$r\,dx = y\,d\omega,$$

ou, en intégrant dans un intervalle de temps $t - t_0$

$$r\int_{t_0}^{t} dx = \int_{t_0}^{t} y\,d\omega$$

d'où

$$r\left(x-x_0\right)=\int_{t_0}^{t} y\, d\omega$$

Le premier membre de cette équation n'est autre que le nombre de tours et fraction de tours exécutés dans l'intervalle de temps $t-t_0$, et dans le second membre, y représente par définition l'effort de traction ou la résistance du train, $d\omega$ est proportionnel à l'espace parcouru en translation, et par suite, $\int_{t_0}^{t} y\, d\omega$ représente le travail de résistance du train dans l'intervalle du temps $t-t_0$ ou en d'autres termes le travail de traction.

La liaison de la roulette au crayon rattaché aux ressorts de traction est obtenue de la manière suivante : comme on ne pouvait pas la placer dans le prolongement même des ordonnées tracées par le crayon des efforts suivant BA, on l'a reportée sur le côté en reliant la chape qui la supportait au crayon par l'intermédiaire d'un parallélogramme articulé RBCA, de telle sorte que le plan de la roulette suive la direction du côté RB. On constate par expérience que si le plateau est animé d'un mouvement rapide de rotation et si l'on cherche à mettre la roulette dans une position oblique en déplaçant la tige BA, la roulette est immédiatement ramenée à sa position normale, c'est-à-dire que le bras RB se place perpendiculairement à la tige BA. Une liaison rigide eût produit des résistances considérables au déplacement de la roulette.

La chape est surmontée d'un compteur de tours de la roulette, il suffit de lire les nombres inscrits au cadran lors du commencement et de la fin d'une expérience, et de multiplier la différence par une constante déterminée une fois pour toutes, pour avoir la valeur du travail résistant développé pendant cette expérience.

Dynamomètre Dudley. M. Dudley a construit, en Amérique, un appareil dynamométrique analogue dont il s'est servi en même

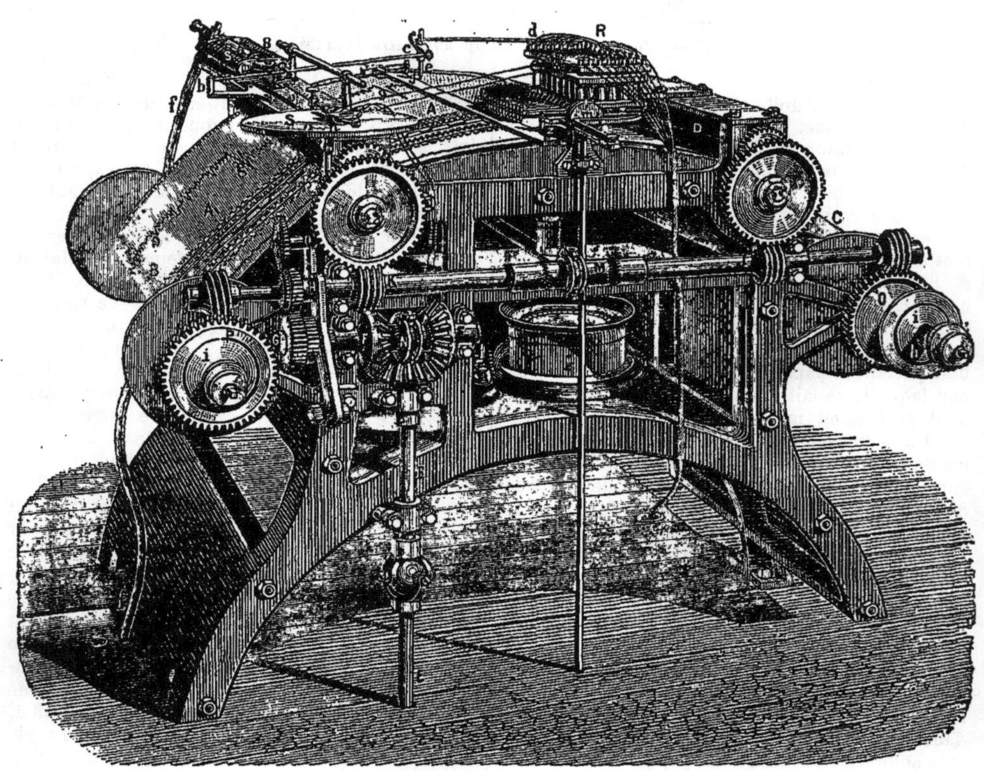

Fig. 249. — *Dynamomètre de M. Dudley.*

A Papier d'inscription des efforts. — *BC* Rouleaux enrouleur et dévideur du papier. — *E* Arbre articulé qui transmet le mouvement de l'essieu du fourgon à l'embrayage *NFF*. — *PO* Roues qui commandent les disques de friction *ii*. — *DD'* Rouleaux de conduite du papier auxquels on a recours suivant le sens de la marche du papier. Ils sont commandés par l'embrayage *M* — *e* Crayon enregistreur des efforts. — *j* Crayon fixe enregistrant les efforts nuls.

temps pour relever les principales caractéristiques de la marche des trains et même de la voie. On en trouvera la description complète dans la *Revue générale des chemins de fer* (nº d'octobre 1879, nous en donnons la vue extérieure figure 249). L'effort de traction ou de poussée exercé sur l'attelage du fourgon est transmis aux pistons d'un cylindre rempli d'huile, et l'effort exercé sur ce liquide est transmis par un tuyau au piston d'un petit cylindre dont la tige fait mouvoir le crayon inscripteur des efforts. Le mouvement du papier est emprunté également à l'essieu du fourgon, et l'entraînement est déterminé par des rouleaux de friction. Un appareil totalisateur à roulette enregistre le travail. Le dynamomètre de M. Dudley comprend également d'autres crayons inscripteurs commandés au besoin par des observateurs spéciaux par l'intermédiaire de courants électriques, qui donnent toutes les circonstances intéressantes de la marche : 1° la quantité d'eau prise au tender ; 2° les pelletées de charbon chargées dans le foyer ; 3° le temps pendant lequel la cheminée fume ; 4° les tours d'un anémomètre placé sur le fourgon ; 5° les tours des roues motrices ; 6° les poteaux kilométriques ; 7° l'alignement de la voie ; 8° les distances parcourues par le fourgon ; 9° les dénivellations de la voie relevées d'après les déplacements des ressorts de la locomotive.

Dynamomètre d'inertie de M. Desdouits. M. Desdouits, ingénieur des constructions navales, adjoint à l'ingénieur en chef des chemins de fer de l'Etat, a proposé en 1883 un dynanomètre très curieux d'une disposition tout à fait originale, et dont nous ne pouvons malheureusement donner ici que le principe. On en trouvera, d'ailleurs, la description complète dans l'étude publiée par l'auteur dans la *Revue générale des chemins de fer* (*n° d'octobre* 1883). M. Desdouits s'est servi de cet appareil pour mesurer les efforts moteur et résistant développés dans les trains de chemins de fer en marche, et il a publié les résultats de ses expériences dans la même revue (n° de janvier 1884).

Si on considère, dit M. Desdouits, dans un système en mouvement de masse M, un élément de masse m, on peut, suivant la règle de d'Alembert, poser les relations d'équilibre entre les forces réelles et fictives qui le sollicitent, savoir : les forces de liaison qui rattachent la masse considérée au reste du système, l'action de la pesanteur appliquée au centre de gravité et les forces d'inertie de ses différents points. Si les forces de liaison sont telles, qu'on puisse les déterminer en grandeur et en direction, l'action de la pesanteur étant également connue, les relations d'équilibre donneront la valeur des forces d'inertie, elles feront connaître l'accélération totale de la masse m. Dans le cas général, il faut et il suffit que les accélérations de trois éléments de masse m soient ainsi déterminées pour qu'on puisse en conclure l'état dynamique du système entier. Dans le cas particulier du mouvement d'un train de chemin de fer, par exemple, la question se simplifie beaucoup, car le mouvement d'ensemble peut être ramené à une simple translation dans un plan, ou même à une rotation suivant une courbe de grand rayon, et tous les éléments du système ont alors la même accélération. Il suffit alors, comme on le voit, de déterminer l'accélération w d'un élément quelconque pour en déduire celle du système tout entier et par suite sa force d'inertie égale à la résultante des forces extérieures qui lui sont appliquées. Il convient, d'ailleurs, d'observer que la grandeur absolue de cette masse est tout à fait arbitraire, et qu'elle peut être prise aussi petite qu'on voudra.

On peut disposer, par exemple, à l'intérieur d'un vagon en marche une petite masse formant pendule. Celle-ci s'écarte de la position verticale d'un angle α sous l'influence de la force d'inertie développée par le mouvement par la translation, et en appelant g l'accélération due à la pesanteur, on a la relation suivante qui exprime la condition d'équilibre de ce pendule :

$$\operatorname{tg}\alpha = \frac{w}{g},$$

d'où on déduira l'accélération à chaque instant, en connaissant α. On détermine cet angle en munissant la pointe du pendule d'un crayon constamment poussé par un ressort, et dont la pointe s'appuie sur la génératrice supérieure d'un tambour à axe horizontal disposé dans l'axe du train. Ce tambour est animé d'un mouvement de rotation autour de son axe, et il est recouvert d'une bande de papier sur laquelle le pendule en oscillant laisse un trait continu, permettant de déterminer à chaque instant l'angle de déviation.

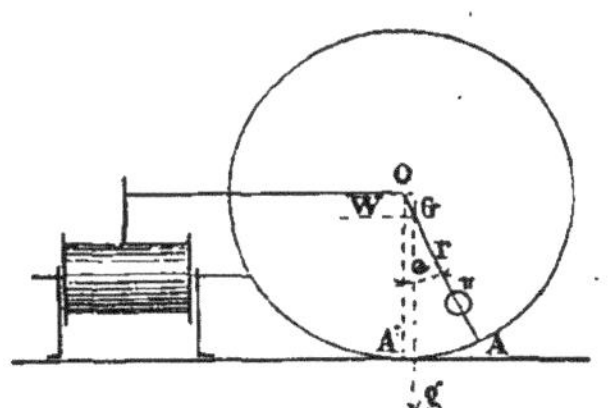

Fig. 250. — *Vue théorique du dynamomètre d'inertie de M. Desdouits.*

On reconnaît, d'ailleurs, que l'appareil ainsi disposé n'aurait qu'une sensibilité assez faible, et M. Desdouits a adopté la disposition de la figure 250 qui, tout en conservant le même principe, augmente beaucoup la sensibilité. Le dynamomètre devient alors un disque O à large jante reposant sur un chemin de roulement horizontal et orienté dans le sens du mouvement. Un poids mobile π qu'on peut écarter ou rapprocher du centre de figure, permet de faire venir à volonté la position du centre de gravité, et par suite la sensibilité de l'instrument. Lorsque le vagon est en marche, le rayon O A qui reçoit le poids π s'écarte de la verticale, et le disque se tient en équilibre sous l'action de la gravité d'une part, et de la force d'inertie de l'autre.

Si on pose :

$o\text{A} = r =$ le rayon du disque ;

$o\text{G} = d =$ la distance du centre de gravité au centre de figure o ;

$\alpha =$ l'écart angulaire correspondant ;

On a pour l'équation d'équilibre, en prenant les moments, par rapport au point de contact A' :

$$gd\sin\alpha = w(r - d\cos\alpha),$$

d'où

$$w = \frac{gd\sin\alpha}{r - d\cos\alpha},$$

Et en appelant y le déplacement linéaire du disque$=r\alpha$:

$$\frac{w}{y}=\frac{gd\sin\alpha}{r(r-d\cos\alpha)\alpha}.$$

Si on suppose α très petit, on peut poser :

$$\frac{\sin\alpha}{\alpha} \text{ et } \cos\alpha=1,$$

d'où

$$\frac{w}{y}=\frac{gd}{r(r-d)},$$

C'est-à-dire que l'*accélération w est alors mesurée par le déplacement linéaire du centre augmenté dans le rapport* $\frac{gd}{r(r-d)}$. Le déplacement du centre est transmis à un crayon enregistreur qui se déplace en appuyant sur la génératrice supérieure du tambour cylindrique horizontal dont nous parlions plus haut (fig. 250).

Ce tambour est commandé de préférence par un mouvement d'horlogerie, plutôt que par l'essieu du vagon, et par suite le diagramme qu'il fournit donne la loi des accélérations en fonction du temps, on a en effet :

$$\frac{dv}{dt}=w=f(t).$$

La quadrature effective par ordonnées successives donne les vitesses :

$$\int\frac{dv}{dt}dt=\int dv=v-v_0.$$

Si on traduisait cette relation par une courbe, on pourrait remonter aux valeurs des espaces par une nouvelle quadrature :

$$\int v\,dt=\int\frac{de}{dt}dt=\int de=e-e_0.$$

L'appareil peut donc servir à mesurer à la fois, comme on le voit, l'accélération, la vitesse et l'espace parcouru, et fonctionner en même temps comme dynamomètre, tachymètre et stadimètre.

Dynamomètres divers de traction. Il arrive quelquefois que la bande de papier ne peut pas être mise en mouvement par le véhicule lui-même, c'est ce qui a lieu, par exemple, avec certains types de dynamomètres, ou bien quand on doit mesurer les efforts de traction développés sur les charrues sans avant-train ou sur un bateau remorqué : dans ce cas, la bande de papier est commandée par un mouvement d'horlogerie et elle se développe alors proportionnellement au temps. Les indications du dynamomètre ne fournissent plus le travail de la force, mais bien son impulsion $\int F\,dx$, et en divisant le résultat ainsi observé par la durée totale de l'expérience, on obtient la valeur moyenne de l'effort. On peut d'ailleurs obtenir indirectement pour des périodes déterminées la valeur du travail correspondant de la manière suivante : on marquera sur le papier des points de repère correspondant au commencement et à la fin de ces périodes particulières, et on évaluera, comme il vient d'être dit, l'effort moyen correspondant, il suffira alors de multiplier le résultat ainsi obtenu par le chemin parcouru par le point d'application de la force pendant la durée de cette période.

Dynamomètres de rotation. On peut mesurer le travail moteur transmis par un arbre tournant, en opérant comme nous l'avons toujours supposé jusqu'à présent pour les efforts de traction, au moyen d'un dynamomètre de transmission interposé entre l'arbre moteur et la résistance qu'il doit surmonter ; mais on peut aussi mesurer ce travail moteur en procédant par absorption, c'est-à-dire au moyen d'un appareil qui crée par lui-même une résistance graduable qu'on peut substituer à l'effort résistant développé en service, et cela sans altérer le régime de marche du moteur. Ces dynamomètres d'absorption sont en quelque sorte des freins, et portent souvent le nom de *freins dynamométriques*, ils se rattachent presque tous au frein de Prony.

Dynamomètres de transmission. Ces appareils comprennent habituellement une poulie motrice qui transmet l'effort moteur et une poulie de résistance actionnée par un ressort, une courroie ou un système d'engrenage interposé de l'une à l'autre ; on évalue, au moyen de ces organes intermédiaires, l'effort tangentiel absorbé par la poulie résistante, en même temps que le nombre de tours développés pendant un temps donné.

On a réalisé, d'après ces principes, il y a quelques années, un grand nombre de dynamomètres de types divers, dynamomètres à flexion, à courroie, etc.; la plupart de ces appareils ont été étudiés par M. G. Richard dans la *Lumière électrique* (V. n^{os} du 17 juin 1882 et suivants). Nous en citerons ici quelques-uns des plus simples pour ne pas allonger trop cet article.

Dynamomètre à flexion. Nous citerons comme exemple le dynamomètre si remarquable de M. Mégy, construit par MM. Sautter et Lemonnier (fig. 251). La poulie motrice A calée sur l'arbre du dynamomètre conduit la poulie de résistance C folle sur celui-ci, par l'intermédiaire des ressorts E calés sur l'arbre A ainsi que le manchon F. La flexion de ces ressorts est transmise à l'aiguille indicatrice du dynamomètre c et à la roulette du totalisateur au moyen de la disposition suivante : dans son déplacement relatif la poulie C entraîne, par la tige K, le manchon HI fou sur l'arbre et qui tourne d'un mouvement relatif par rapport à F en faisant écrou sur lui, il se déplace donc longitudinalement en entraînant avec lui, d'un mouvement de translation égale, l'extrémité du levier LL, qui pivote autour du point M, en déplaçant son aiguille c d'une quantité proportionnelle à la flexion des ressorts E. On suit sur la figure la transmission du mouvement de rotation de l'arbre B au plateau R du totalisateur, dont on voit la roulette en Q, par les engrenages YXTS, et de celle du totalisateur au compteur b par les engrenages a et z, monté sur l'axe N de la roulette.

Nous ne pousserons pas plus loin cette description des dynamomètres de transmission dont on connaît cependant un nombre considérable de types divers ; rappelons seulement le dynamomètre de M. J. Morin, décrit dans la *Lumière électrique* du 15 août 1879, celui de Bourry, donné dans l'*Iron* du 16 juin 1882, celui de Darwin dans le *Spon Dictionnary* supplément, page 512. Tous ces appareils sont mentionnés dans la savante étude de M. G. Richard, de laquelle nous avons fait de nombreux extraits.

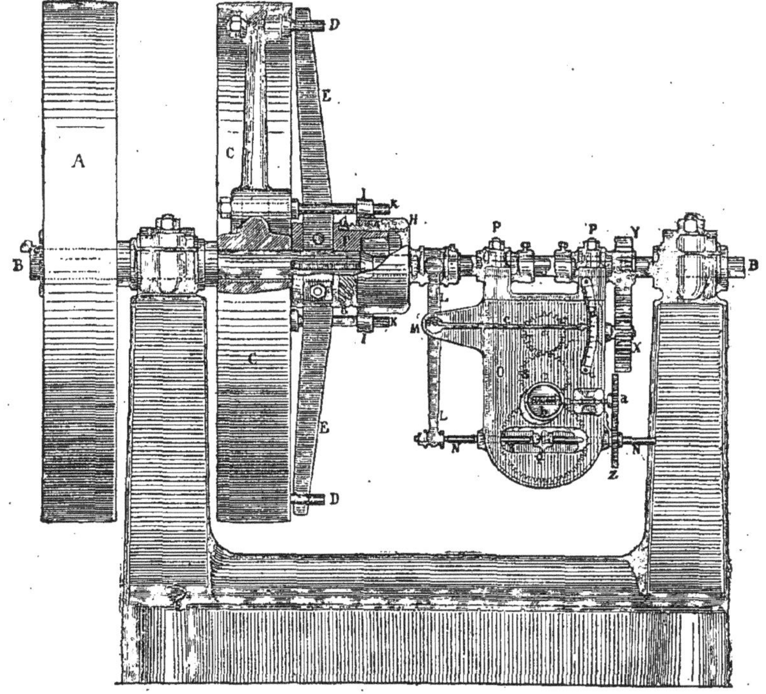

Fig. 251. — *Dynamomètre à flexion de M. Mégy.*

A Poulie motrice. — *C* Poulie de résistance. — *E* Ressorts intermédiaires. — *O* Appareil totalisateur. — *c* Aiguille indicatrice. *B* Arbre du dynamomètre. — *PP* Paliers.

Dynamomètres à courroie. Dans ce type d'appareils, la poulie dynamométrique est commandée par des courroies, et on mesure directement l'effort absorbé au moyen de poids qui équilibrent les tensions du brin moteur et du brin résistant et permettent d'en évaluer la différence.

Le dynamomètre de Parsons (fig. 252) offre un exemple particulièrement simple et intéressant de cette disposition. Une courroie sans fin va de la poulie motrice M à la poulie de résistance R. Les deux brins, moteur et résistant, sont rendus parallèles et verticaux en passant sur les deux poulies suspendues A et B. On accroche à la chape de ces poulies deux poids P et Q au moyen desquels on équilibre la tension des courroies de manière à maintenir ces deux poulies sensiblement au même niveau. L'effort exercé par le poids suspendu contrebalance les tensions des deux brins qui soutiennent la poulie correspondante, la tension de chaque brin se trouve ainsi déterminée par la moitié de la charge supportée, et on arrive par suite, en comparant les tensions T et T_1 des brins moteur et résistant, à la relation suivante, qui en donne la différence, soit l'effort absorbé par la résistance :

$$T - T_1 = \frac{P - Q}{2}$$

Dans le dynamomètre de M. Farcot, représenté figure 253, la tension des courroies $c'c''$ est équilibrée également au moyen de poids gradués. La courroie sans fin passe sur la poulie motrice M et arrive sur la poulie de résistance R en passant sur les galets *c* et *b* dont les axes sont fixés sur le milieu de fléaux mobiles autour des points *e* et *f*. On maintient ces deux fléaux horizontaux en suspendant à l'extrémité des poids convenables P, *p* et *p'*. On évalue alors la différence des tensions motrices par la différence de ces poids $P + p - p'$, en négligeant toutefois l'obliquité des courroies.

L'inconvénient de cet appareil tient à ses résistances propres qui ne sont pas négligeables, et il faut avoir soin de le tarer aux différentes vitesses. Nous n'insisterons pas davantage sur ce dynamomètre dont on trouvera d'ailleurs une description très détaillée due à M. Guéroult dans la *Lumière électrique* (nº du 14 septembre 1881). On trouvera également dans la même revue la description du dynamomètre de M. Hefner von Alteneck qui a figuré à l'Exposition d'électricité de 1881. Cet appareil est fondé sur un principe analogue, toutefois, il évalue, en quelque sorte, la rigidité au lieu de la tension des courroies. Cette disposition a été imitée dans les dynamomètres de Thomson et de Hopkinson.

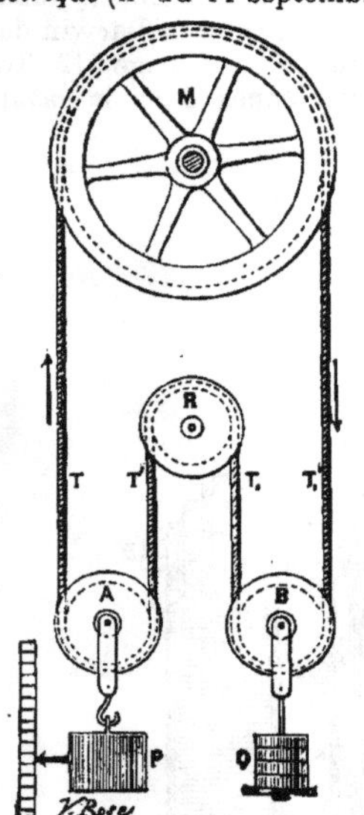

Fig. 252. — *Dynamomètre à courroie de Parsons.*

M Poulie motrice. — *R* Poulie de résistance. — *P Q* Poids destinés à équilibrer la différence des tensions des brins des courroies.

On peut arriver également à équilibrer la différence des tensions des courroies au moyen d'un ressort dont on relève la flexion. C'était d'ailleurs la disposition du dynamomètre de Froude dont le principe a été imité depuis dans une foule d'autres appareils. Nous pourrions citer, par exemple, celui de Tatham que nous avons représenté sous sa dernière forme figure 254. La poulie inférieure est motrice, les brins moteur et résistant *t* et t_1 viennent passer sur deux galets directeurs A et B dont les axes sont supportés par deux paliers EE suspendus, chacun par deux couteaux *cdc' d'*, les brins viennent ensuite se rejoindre sur la poulie de résistance R. Les couteaux *c* et *c'* sont fixés sur le bâti, les deux autres *d* et *d'* sont rattachés à un fléau de balance *l* par l'intermédiaire de tirants *f* et *f'*. Les brins *t* et t_1 passent

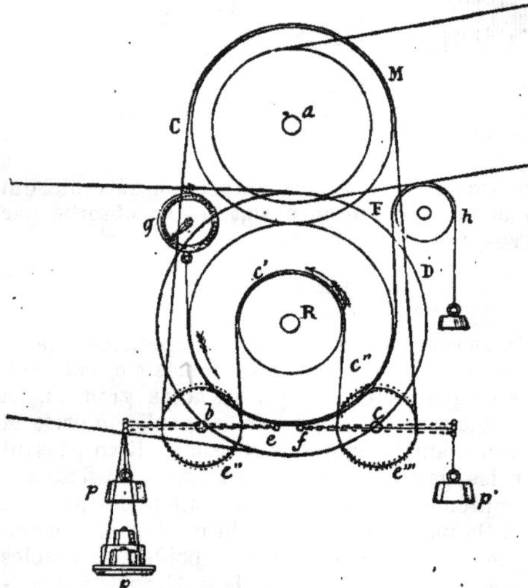

Fig. 253. — *Dynamomètre à courroie de Farcot.*

M Poulie motrice calée sur l'arbre de la poulie *a* conduite par la machine motrice par l'intermédiaire d'une courroie. — *R* Poulie de résistance calée sur l'arbre de la poulie *D* rattachée par une courroie à la résistance à mesurer. — *c' c''* Courroie sans fin du dynamomètre. — *p p'* Poids qu'il faut ajouter à l'extrémité des leviers *cb* et *fc* pour maintenir l'adhérence nécessaire à la marche de l'appareil. Ces poids sont pratiquement égaux. — *P* Poids supplémentaire qu'il faut ajouter pour maintenir les leviers horizontaux en équilibrant la tension de la courroie. — *h F g* Frein à ressort indépendant du dynamomètre proprement dit, et destiné à vérifier les résultats des expériences.

Fig. 254. — *Dynamomètre à courroie de Tatham.*

La poulie inférieure est motrice, la poulie supérieur *R* est résistante. — *t* t_1 est la courroie de transmission. — *A B* sont les galets directeurs, suspendus sur les paliers *E E'*.

sur la ligne des arêtes des couteaux *c* et *c'*, et ils n'exercent donc aucun effort sur le levier dynamométrique. Les tensions des brins *t'* et t_1 sont les seules qui agissent sur les paliers pour les faire pivoter autour de leurs couteaux, et la différence des tensions transmise au levier par les tirants est équilibrée par un poids gradué suspendu au fléau *l*. L'arbre de la poulie actionne un compteur et fait dérouler la feuille de papier sur laquelle s'inscrit la courbe du travail. Cet instrument donne des résultats très précis et indépendants des efforts de frottements, puisque les tensions des deux brins agissant sur la poulie de résistance sont seules en présence pour actionner le levier dynamométrique.

Dynamomètres à engrenages. Nous citerons comme exemple de dynamomètre à engrenages, celui de Raffard, décrit dans le *Bulletin des Arts et Métiers* de 1882, p. 110. La roue motrice M conduit la poulie de résistance R qui est une roue à denture intérieure par l'intermédiaire d'un pignon denté D de diamètre égal au rayon de R. L'arbre de D est relié au fléau L par le balancier

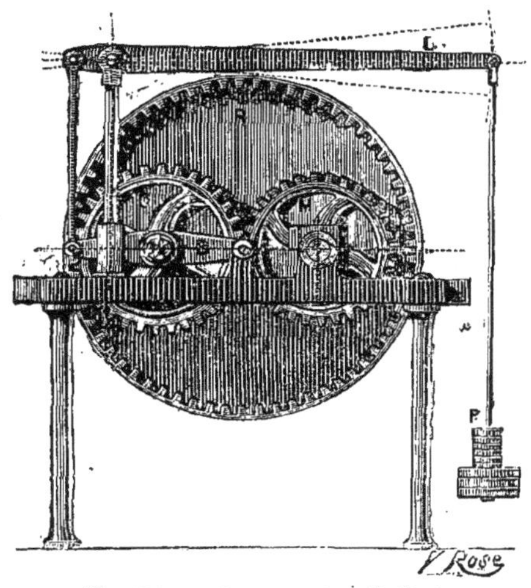

Fig 255 — *Dynamomètre Raffard*

B, mobile autour d'un axe situé dans le prolongement de celui de R et tangent par suite à la circonférence primitive de D. Il résulte de cette construction que les réactions des roues M et D n'exercent aucun effort de pivotement sur le balancier L, celui-ci est sollicité seulement par la réaction que transmet le pignon D à la roue R. Il est maintenu en équilibre, comme l'indique la figure 255, sous l'action d'un poids convenable P, suspendu à l'extrémité, et qui mesure ainsi la réaction transmise.

On doit toujours s'attacher à réduire les frottements sur les dynamomètres à engrenages pour ne pas introduire d'erreur dans l'appréciation des résultats. Dans plusieurs types d'appareils comme les dynamomètres Bourdon, par exemple, on emploie même à cet effet des engrenages hélicoïdaux. Nous citerons également le dynamomètre à engrenage différentiel de White, dans lequel l'effort de rotation est contrebalancé également par un poids suspendu à l'extrémité d'un fléau, le dynamomètre à engrenages coniques de Silver et Gay, cité par la *Lumière électrique*.

Dynamomètres directs. *Pandynamomètre de torsion de M. G. A. Hirn.* On comprend qu'il est possible d'apprécier l'effort transmis par un arbre moteur, d'après la torsion qu'il subit en allant de la poulie motrice à la poulie de résistance. L'appareil, disposé par M. Hirn sous le nom de *pandynamomètre*, est fondé sur ce principe. L'arbre A dont on veut mesurer la tension reçoit à ses deux extrémités deux pignons dentés M' et R', engrenant respectivement, l'un, d'une manière directe, l'autre, par l'intermédiaire d'un troisième pignon i, avec deux roues dentées m_0 et r_0 calées sur les deux arbres b_0 et b_1 d'un train différentiel $aa'd$ dont la tige t conduit la roulette R d'un totalisateur à plateau. Celui-ci tourne avec une vitesse proportionnelle à celle de l'arbre moteur, et, d'autre part, la roulette, guidée par la tige s_0, mobile autour de s, s'écarte elle-même du centre du plateau, en obéissant à l'action de la tige t, d'une quantité proportionnelle à la torsion de l'arbre, de sorte que le totalisateur indique bien le travail effectué, comme nous l'avons dit plus haut (fig. 256).

Nous signalerons seulement le dynamomètre de Taurines, dans lequel les efforts sont transmis par des ressorts agissant par traction et travaillant ainsi dans le sens longitudinal; ce qui assure une proportionnalité rigoureuse des déformations et des efforts transmis. Ce dynamomètre, dont l'installation est si remarquable, peut supporter des efforts considérables sans que l'élasticité des ressorts soit altérée, et il est fréquemment appliqué par la marine française. On en trouvera d'ailleurs la description dans la *Lumière électrique*, ainsi que celle d'un grand nombre d'autres types très ingénieux : dynamomètre de Neer, de Perry et Ayrton (nº du 11 juin 1881), de Latchinoff (nº du 25 juin 1881), de Valet (Armengaud, *Publication industrielle*, 1878, page 46), de Hamilton Ruddick (*American machinist*, 5 novembre 1881), celui d'Emerson (*Journal of Franklin institute*, septembre 1882).

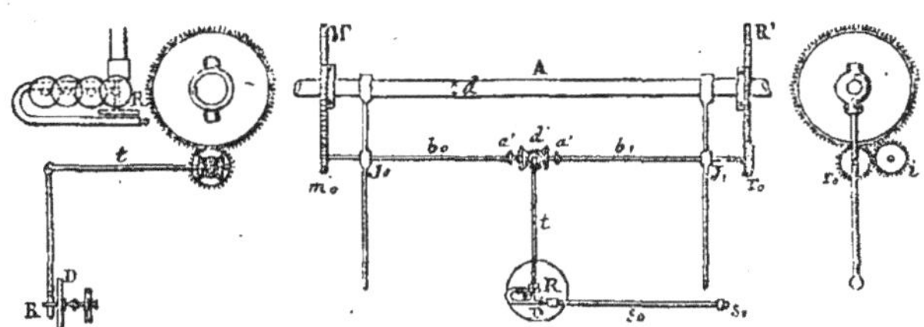

Fig 256. — *Pandynamomètre à torsion de M. Hirn.*

Nous pourrions citer également le curieux pandynamographe électrique, imaginé par le professeur Resio et décrit par lui dans la même Revue. Cet appareil fournit un tracé complet représentatif du travail effectué pendant une période de temps quelconque en donnant une courbe dont les ordonnées sont proportionnelles à l'effort appliqué à l'axe moteur, et les abscisses proportionnelles à la vitesse angulaire. La description de cet ingénieux appareil, qui enregistre aussi la tension de l'arbre moteur, serait malheureusement trop longue pour que nous puissions la reproduire ici.

Comme appareil totalisateur, nous signalerons simplement les curieuses dispositions d'appareils hydrauliques proposées par M. Deny dans le *Bulletin des anciens élèves des Écoles des Arts et*

Métiers (n° de mai-juin 1883), et qui fournissent l'indication du travail exercé d'après la quantité d'eau versée dans l'appareil. Nous étudions d'ailleurs ces appareils qui peuvent s'appliquer également à l'intégration des diagrammes au mot INDICATEUR.

Dynamomètres d'absorption. Nous réunissons sous ce titre tous les appareils, connus également sous le nom de *freins dynamométriques*, qui mesurent le travail en l'absorbant au lieu de le transmettre simplement à la poulie de résistance, comme font les dynamomètres que nous avons considérés jusqu'à présent.

Le plus simple des freins dynamométriques est l'appareil bien connu de Prony, dont nous rappellerons seulement la description d'une manière succincte. On substitue, comme nous l'avons dit, un travail de frottement au travail résistant que la machine effectue habituellement. A cet effet, on dispose autour de l'arbre, supposé horizontal, deux mâchoires creusées pour le recevoir et réunies par des boulons que l'on peut serrer au moyen d'écrous.

La mâchoire supérieure se termine par un levier à l'extrémité duquel on suspend un plateau qu'on peut charger de poids. On fait tourner l'arbre moteur en supprimant les communications avec la résistance, la vitesse s'accélère et le levier dynamométrique serait entraîné s'il n'était retenu par des cales. On serre graduellement les écrous, de manière à augmenter le travail de frottement jusqu'à ramener la vitesse de régime, l'arbre moteur se retrouve alors dans sa situation normale, le travail de résistance étant seulement remplacé par le travail de frottement qui s'exerce entre l'arbre et les mâchoires. Il suffit donc d'évaluer ce travail de frottement pour avoir la mesure du travail résistant. A cet effet, on enlève les cales qui immobilisaient le levier et on le maintient immobile en chargeant le plateau de poids convenables pour l'empêcher d'être entraîné. L'appareil se tient alors en équilibre sous l'influence des réactions de frottement, de son poids propre P et de la charge ainsi ajoutée Q; on a donc tous les éléments pour calculer les forces de frottement. La somme des moments par rapport à l'axe des différentes forces en présence est bien nulle, et on peut écrire l'équation suivante :

$$\Sigma fr - Qq - Pp = 0$$

dans laquelle q est le bras de levier de la charge Q, et p celui du poids P du levier supposé concentré au centre de gravité; r est le rayon de l'arbre moteur qui devient le bras de levier des réactions tangentielles élémentaires de frottement f; et quant aux réactions normales n, elles ne figurent pas dans l'équation, leur bras de levier étant nul, puisque leur direction passe par le centre.

On en déduit :

$$\Sigma fr = Pp + Qq$$

$2\pi\Sigma fr$ représente le travail de frottement développé par tour de roue, et si N est le nombre de tours par minute, $2\pi\frac{N}{60}\Sigma fr$ donne le travail développé par seconde T_f et on a :

$$T_f = 2\pi\frac{N}{60}\left(Pp + Qq\right) \quad (1).$$

On connaît Q et q, et il est facile de déterminer Pp par une expérience préalable en tarant le levier. On fait reposer, à cet effet, la mâchoire de frottement sur un couteau de balance et on maintient le levier horizontal en le soutenant à l'extrémité libre par un brin auquel on suspend un poids convenable P'. Le moment de ce poids P'q, par rapport à l'axe de suspension, est égal à Pp, et en introduisant cette valeur dans l'équation (1) on a :

$$T_f = 2\pi\frac{N}{60}\left(P' + Q\right)q \quad (2).$$

P' est alors la *charge permanente* qu'on détermine une fois pour toutes, et les éléments Q et N sont les seuls qui varient d'une expérience à l'autre. Cet appareil peut servir également, ainsi que l'a proposé le général Morin, à déterminer le travail moteur qu'une machine peut développer aux différentes vitesses. On fait tourner, à cet effet, la machine sans résistance et après avoir décalé le levier dynamométrique, on suspend, dans le plateau, un poids déterminé. On serre les écrous et on laisse tourner la machine jusqu'à ce que, la vitesse se ralentissant un peu, l'équilibre soit rétabli. On mesure cette vitesse et on connaît, par suite, le travail produit. On répète l'expérience avec des poids différents suspendus dans le plateau et on mesure à chaque fois la vitesse du régime. On arrive ainsi facilement à établir un tableau donnant le travail de la machine pour chaque vitesse de marche, ce qui permet de déterminer les conditions à observer pour obtenir le meilleur rendement. Dans la pratique, les mâchoires du frein dynamométrique ne frottent pas directement au contact de l'arbre moteur, mais on interpose toujours un anneau en bois ou en fonte.

Dans les types de freins les plus récents, on emploie même toujours pour le frottement une poulie d'un diamètre assez considérable, et le frein est formé souvent d'une bande entourant complètement la poulie, qu'on serre avec des écrous. La charge de serrage est alors appliquée à l'extrémité de cette bande sans levier interposé. Cette disposition, qu'on rencontre, par exemple, sur le frein de M. Kretz, permet de diminuer considérablement la pression de la bande par unité de surface et rend ainsi le frein plus précis et plus facile à monter. En outre, le centre de gravité du frein proprement dit est reporté sur l'axe même du tambour par la suppression du levier, et on démontre, en mécanique, que cette disposition est très avantageuse, car elle rend la sensibilité du frein indépendante de son poids.

Nous représentons, comme exemple, dans la figure 257, le type de frein Amos qui a été adopté par la Société royale d'agriculture de Londres.

La poulie O du frein est tournée extérieurement afin de recevoir le collier du frein; elle est, en outre, creusée intérieurement en forme de gouttière, afin de recevoir l'eau de refroidissement amenée par le tuyau N et évacuée en M. Le collier du frein est formé de pièces de bois maintenues par des bandes en fer C, qu'on peut serrer plus ou moins au moyen de l'écrou A. Il est maintenu en équilibre sur la poulie sous l'action d'un poids convenable P qu'on suspend sur la tige T, pour empêcher l'entraînement. Cette tige se termine en outre par un piston qui oscille dans un réservoir de même section R rempli d'eau et qui ralentit ainsi ses mouvements, d'où le nom de *ralentisseur* qui lui a été donné. Le frottement sur ce collier est rendu automatique dans une certaine mesure par l'intervention du levier compensateur B. Ce levier se compose d'une barre méplate recourbée en forme de chape dont les branches sont articulées autour de deux points fixes, comme l'indique les figures 257 à 259; elles portent, en outre, deux boulons sur lesquels sont articulés les cercles du collier. Ces deux boulons sont situés dans la position représentée à des distances inégales de l'axe de la roue et disposés de manière que, si la chape s'élève en tournant sur ses points fixes, ils éloignent les articulations des cercles du collier et, par conséquent, les desserrent, et qu'au contraire, lorsque la chape s'abaisse, ces articulations se rapprochent et augmentent le serrage du collier. On voit ainsi que, par suite de cette disposition, le collier se trouve desserré aussitôt qu'une augmentation de frottement tendrait à l'entraîner dans le sens de la rotation; il est serré, au contraire, dans le cas contraire, lorsque le frottement diminuant, c'est le poids P qui entraîne le collier.

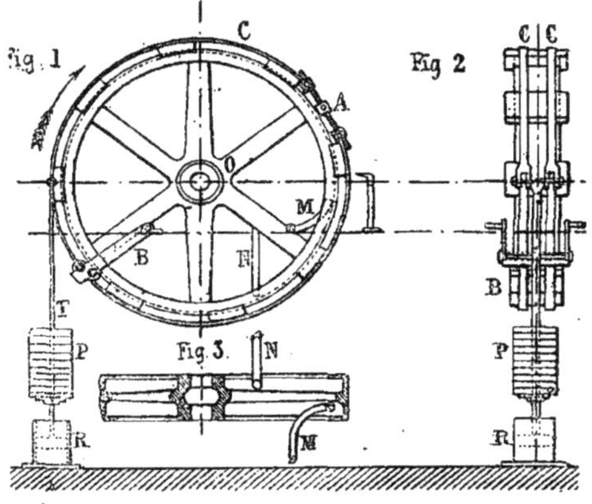

Fig. 257 à 259. — *Frein dynamométrique de la Société royale d'agriculture de Londres.*

C Collier de frein maintenu par la vis *A*. — *P* Poids suspendu à la tige *T* pour équilibrer le frottement. Celle-ci se termine par un piston plein qui plonge dans un cylindre *R* plein d'eau, où il est ajusté à frottement libre; il oppose une résistance au mouvement, très grande quand le mouvement est rapide. — *B* Levier compensateur.

Pour l'essai, le moteur étant en marche, l'ouvrier serre le collier du frein jusqu'à ce que le poids P, maintenu par le ralentisseur R, se tienne en équilibre, ce qu'il constate facilement au moyen d'un repère placé sur le collier en face de la pointe du guide.

Cette disposition permet d'éviter tout soubresaut dans la marche, et les petites différences qui surviennent dans le frottement sont corrigées immédiatement par le levier compensateur sans qu'on ait besoin de toucher à la vis du collier.

Nos lecteurs trouveront dans les études de M. Richard la description d'un grand nombre de types de freins d'absorption, notamment celle du frein de Easton et d'Anderson, dont la disposition fondamentale est analogue à celle du dynamomètre de M. Kretz, des freins Emery, Marcel Deprez, etc. Dans la plupart de ces dispositions, on maintient le frottement constant, en faisant varier les poids suspendus P et p. On peut arriver au même résultat en faisant varier l'angle d'enroulement de la bande du frein et conservant une charge constante, disposition qu'on rencontre dans les freins Imray, Carpentier, Raffard, Brauer. Nous citerons comme exemple le frein Carpentier qui se

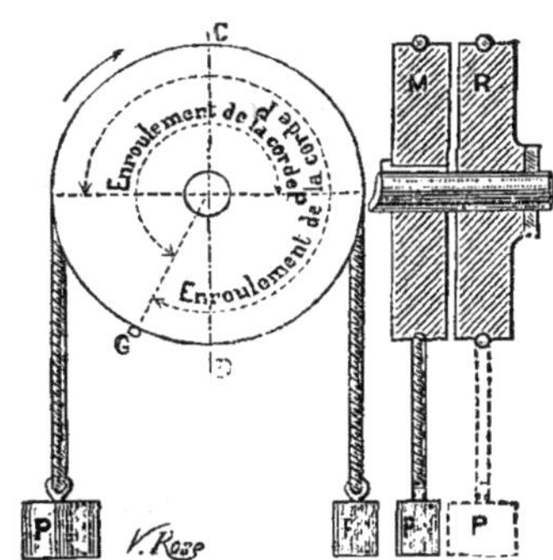

Fig. 260. — *Frein funiculaire Carpentier.*

recommande par sa grande simplicité d'installation. L'appareil (fig. 260) se compose de deux poulies M et R dont l'une M est calée sur l'arbre et l'autre R est folle. La poulie folle porte un crochet G auquel sont fixées deux cordes dont l'une passe dans la gorge de la poulie folle et supporte le poids P, la seconde passe dans la gorge de la poulie M et supporte le poids p inférieur à P. La poulie folle se tient constamment en équilibre sous l'action de la force $P-p$ qui tend à la faire tourner en sens contraire de la flèche et du frottement de la corde sur M. Le poids p s'élève ou s'abaisse suivant que le frottement augmente ou diminue, de manière à faire varier l'angle d'enroulement en sens inverse de la résistance du frein.

Il est important dans les freins dynamométriques de prévenir l'échauffement des bandes frottant au contact de la poulie motrice en mouvement; on a soin d'interposer, à cet effet, un courant d'eau destiné à rafraîchir les surfaces, mais il est indispensable de prendre des précautions spéciales, pour maintenir la valeur du coefficient de frottement bien constante en conservant une circulation d'eau régulière et évitant toute projection. Nous pourrions citer à ce point de vue le frein de M. Thiabaud avec lequel cet ingénieur est parvenu à mesurer des travaux variant de

20 à 250 chevaux, celui de MM. Weyher et Richmond, etc.

Pour terminer, nous signalerons seulement, sans la décrire, la disposition ingénieuse de frein dynamo-électrique appliquée par M. Marcel Deprez dans ses mesures du travail des machines dynamo-électriques : la réaction du champ magnétique agit dans cet appareil comme le feraient les mâchoires d'un frein invisible serré par les conducteurs. On en trouvera d'ailleurs la description dans les numéros déjà cités de *La lumière électrique*. — B.

DYNAMOMÈTRES POUR FILS

La force et l'élasticité des fils doivent être bien souvent vérifiées dans l'industrie, soit par le filateur lui-même, qui désire s'assurer de la qualité des produits qu'il fabrique, soit par le tisseur qui veut constater si le fil employé par lui est propre à la confection de certaines espèces de tissus, soit enfin par les employés des administrations publiques qui, dans les adjudications, se rendent compte par des essais comparatifs au dynamomètre, de la force des matières qui sont soumises à leur appréciation et dont un minimum a presque toujours été fixé d'avance. Nous allons indiquer quels sont les principaux appareils connus, tout en spécifiant que, si quelques-uns d'entre eux conviennent plus spécialement à l'essai de certains *fils* qu'à d'autres, les uns et les autres peuvent à la rigueur être employés pour constater la ténacité de toute espèce de fil.

Dynamomètres pour fils de lin. Ces dynamomètres sont de deux genres : les uns pour les fils fins, n'indiquant pas la force au delà de 1,000 grammes ; les autres, pour les gros fils, qui la donnent jusque 12 kilogrammes.

Le dynamomètre pour fils fins se compose d'un ressort à boudin armé d'un crochet disposé au sommet d'une boîte rectangulaire, le fil s'attache d'une part à ce crochet, de l'autre à une pince, portant un poids, disposée au bas de l'appareil. Ce poids est maintenu en suspension par une chaîne sans fin engrenant avec un pignon, à l'aide duquel on peut abandonner le poids qui tombe dans le vide, et déterminant l'allongement du fil, qui se rompt à un moment donné ; mais alors la chaîne retient le poids immobilisé, en même temps que le ressort supérieur revient à sa position primitive. La pince attenant au poids ainsi qu'un curseur dépendant du ressort et que celui-ci abandonne lors de sa détente, se déplacent devant des échelles graduées expérimentalement, et permettant par simple lecture d'évaluer l'allongement pour la longueur essayée. Quelquefois cet appareil est muni en outre d'un petit torsiomètre, mais généralement on emploie un instrument spécial.

Pour les gros fils, on emploie un appareil analogue dans lequel on remplace le ressort par un levier coudé dont une branche porte le fil, et l'autre un contre-poids. De plus, l'extrémité de cette branche porte un doigt à rochet glissant sur un arc denté, assurant la fixité de position de la branche lorsqu'elle a été écartée sous l'effort de traction imposé au fil et lorsque celui-ci vient à casser. L'allongement se mesure comme plus haut sur une échelle inférieure et une autre échelle disposée sur un cadran ou sur le secteur à dents donne le déplacement du contre-poids.

Dynamomètre pour fils de coton. Cet instrument, inventé par M. Naudin, de Rouen, donne l'allongement pour 50 mètres. Il se compose essentiellement de deux cylindres de même diamètre, placés en regard l'un de l'autre sur une tablette. Chacun d'eux peut tourner sur son axe au moyen d'une manivelle. L'axe du premier peut subir une charge mesurée exactement par un cadran divisé. Une sonnerie adaptée à chaque cylindre indique un dévidement ou un envidement de fil de 50 mètres. En principe, pour se servir d'un dynanomètre, on envide d'abord 50 mètres de fil à l'un des cylindres, puis on en charge l'axe par l'intermédiaire d'une romaine. Le bout du fil est ensuite pincé sur le second cylindre. Si on fait tourner lentement ce second cylindre, il y a appel de fil et enroulement avec traction sur toute la longueur. Lorsque la sonnerie indique un enroulement de 50 mètres, ce qui reste du fil sur le cylindre de dévidement représente l'allongement pour ce nombre de mètres. En multipliant par 2, on a celui pour 100 mètres. Un écran noir, placé entre les deux cylindres et au niveau du passage du fil, permet en outre, si l'on veut, d'en suivre de l'œil toutes les irrégularités.

Mais plusieurs précautions sont nécessaires dans la pratique. Tout d'abord, avant de placer le fil, on fait tourner successivement les deux cylindres, chacun dans le sens indiqué par la flèche (fig. 261), jusqu'à ce que chaque sonnerie se fasse entendre. Après chaque coup de timbre, il faut continuer à tourner jusqu'à ce que la manivelle se trouve placée comme la figure 261 l'indique, c'est-à-dire en bas et perpendiculairement. On place ensuite l'aiguille du cadran au zéro. Une bobine du fil à essayer est alors mise sur une tige G et le fil est passé dans les guides H et L, deux fois dans chacun d'eux. Puis le bout du fil est pincé sous le ressort L qui doit toujours se trouver en bas lorsque le cylindre A est bien au point de départ. Pour obtenir un enroulement de 50 mètres de fil, on fait tourner la manivelle de droite à gauche, comme l'indique la flèche du cylindre A. Au coup de timbre, on continue à tourner jusqu'à ce que la manivelle arrive en bas au point de départ. On casse le fil sous le cylindre à l'endroit correspondant au ressort. Les 50 mètres sont obtenus. Afin d'éviter la trop grande superposition du fil dans l'envidement, on fait mouvoir de la main gauche le va-et-vient K. Le cylindre B étant au point de départ, on prend le bout du fil que l'on vient de rompre et on le pince sous le ressort O, en l'enroulant deux fois autour de celui-ci. La manivelle étant en bas, le ressort O se trouve au-dessus sur la pente du cylindre B. Pour ne pas gêner le mouvement de rotation du cylindre A, il est absolument nécessaire d'enlever la manivelle de A fixée à l'axe par une vis de pression. L'aiguille du cadran indique le nombre de kilogrammes ou de grammes dont est chargé l'axe sous forme de traction perpendiculaire. Pendant l'expérience, l'aiguille ne bouge plus. Alors on fait tourner lentement, sans secousses, le cylindre B dans le sens indiqué par la flèche, c'est-à-dire de droite à gauche. Le fil s'enroule sur le cylindre B en faisant tourner le cylindre A. Pendant tout le temps que dure l'envidement en B, le fil subit un effort de traction constant dans toute sa longueur pour se dévider en A. Il est obligé, en effet, de faire tourner le cylindre dont l'axe est soumis à la pression marquée par le cadran; il s'ensuit qu'il *s'allonge*. Au moment où le timbre de B sonne, on tourne encore la manivelle de manière à la ramener au point de départ en bas. 50 mètres sont envidés en B, ce qui reste de fil en A représente l'*allongement total*. Pour connaître cet allongement, on continue à tourner B en comptant *un tour* chaque fois que la manivelle arrive en bas. Or, la circonférence de chacun des cylindres étant de $0^m,715$, pour avoir l'*allongement*, il suffit de multiplier 715 par le nombre de tours trouvé. Les fractions de tours sont marquées en centimètres sur l'une des rives du cylindre B. On a trouvé, par exemple, pour l'allongement d'un fil, 4 tours et $0^m,20$. Quel est l'allongement pour 100 mètres?

$$0^m,715 \times 4 = 2^m,860 + 0^m,20 = 3^m,06 \text{ pour } 50^m.$$
$$3^m,06 \times 2 = 6^m,12 \text{ pour 100 mètres.}$$

Si, dans le cours d'une expérience, le fil vient à casser, il suffit de le rattacher à l'un des ressorts placés sur le cylindre B et bout à bout avec le fil

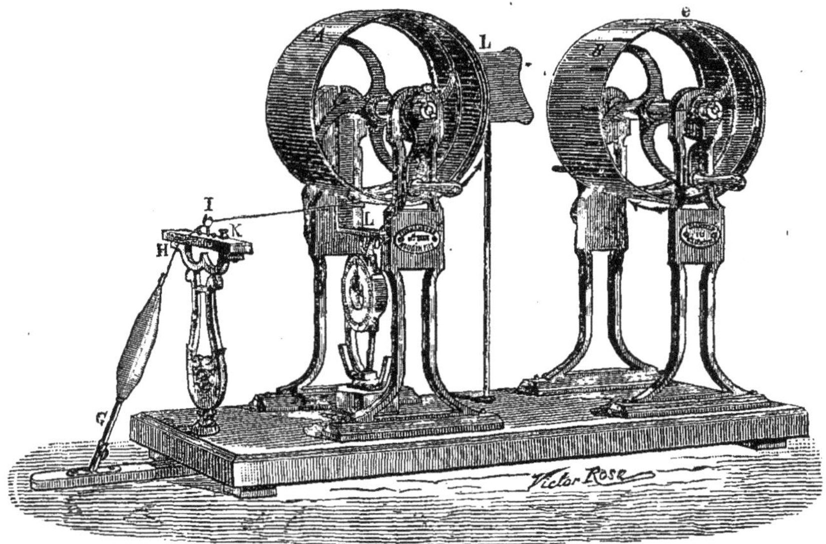

Fig. 261. — *Dynamomètre pour fils de coton prêt à fonctionner.*

cassé; s'il casse trop souvent, c'est l'indice d'une trop grande charge, il faut recommencer et diminuer la traction sur le cadran divisé.

On trouve encore dans le commerce un autre appareil construit d'après les indications de M. Alcan et connu sous le nom d'*appareil phrosodynamique*, dynamomètre spécial joint à un torsiomètre, qui permet d'étudier la résistance à la rupture par simple traction, et les modifications à cette résistance quand le fil est en plus soumis à un effet de torsion déterminé. L'appareil est disposé horizontalement, le fil pincé entre deux pinces indépendantes; l'une fixée à une tige reliée à un poids déterminant l'allongement et la rupture, dont la valeur est enregistrée par une aiguille tournant sur un cadran gradué, l'autre à l'extrémité d'un axe tournant à volonté sur lui-même dans les deux sens et dont le nombre de tours est également enregistré par un compteur spécial.

Sérimètre. On désigne sous ce nom un appareil destiné, dans les établissements de *condition* (V. ce mot), à mesurer la ténacité et l'élasticité des soies. Il en existe plusieurs de formes et de dispositions différentes, qui tous se construisent à Lyon et ressemblent à une petite armoire très allongée. Ils consistent, la plupart, en un système mécanique, permettant de fixer, faiblement tendue, une certaine longueur de fil à essayer, et d'opérer sur ce fil une traction progressive jusqu'à ce qu'il y ait rupture: un dynamomètre indique cette traction en grammes, tandis qu'une règle divisée fait connaître l'allongement du fil au moment où il est venu à se rompre. Le dynamomètre proprement dit se trouve à la partie supérieure de l'instrument, abrité dans le coffre, il est muni d'une aiguille qui permet de lire sur un cadran gradué le poids de rupture.

Dans les établissements de condition, une opération au sérimètre comprend dix épreuves successives. Les fils à essayer sont envidés à l'avance sur de petits cadres en cuivre appelés *mains*, portant cinq paires d'échancrures. On y dispose une certaine longueur de soie provenant de cinq matteaux différents de la même balle. La ténacité d'un fil étant indépendante de sa longueur, les résultats fournis par le dynamomètre doivent être recueillis directement. En ce qui concerne l'élasticité, comme l'on opère sur des longueurs de 50 centimètres, il faut doubler les résultats si on veut connaître l'allongement correspondant à 1 mètre. Les essais de ténacité et d'élasticité portent en général sur des grèges, et exceptionnellement sur des organsins ou des trames. Il est à remarquer, dans les épreuves faites sur une même soie, qu'il y a toujours moins d'écart entre les résultats de la ténacité qu'entre ceux de l'élasticité. « Du reste, dit à ce propos M. Robinet, les chiffres ne doivent pas différer entre eux de plus de 12 à 15 0/0 quant à la ténacité, ni de 30 0/0 quant à la ductilité. Lorsque les différences sont plus considérables, on peut considérer la soie comme mauvaise ou mal filée. Quant à la détermination absolue de la force et de la ductilité d'une soie, il faut nécessairement pour y parvenir, commencer par titrer cette soie très exactement. Il est évident, en effet, que la force est proportionnnelle à la grosseur du brin. Voici la force et l'allongement que doivent présenter des soies de bonne qualité suivant leurs titres :

Titres en milligrammes	Titres en deniers de 50 milligrammes	Ténacité en grammes	Ductilité en millimètres
400	8	24	100
450	9	26	130
500	10	30	140
550	11	37	145
600	12	42	145
650	13	44	148
700	14	46	150
750	15	49	155
800	16	50	160
850	17	52	170
900	18	55	180

Ces chiffres étant des moyennes, quand une soie présente un résultat inférieur, on doit la considérer comme défectueuse. Quand une soie offre des résultats supérieurs, c'est une preuve qu'elle est de très bonne qualité. » M. Robinet est lui-même l'inventeur d'un sérimètre avec lequel il a effectué ses nombreuses expériences. Dans cet instrument, qui est très allongé, les points d'attache du fil étant de 1 mètre de distance, le dynamomètre se trouve établi vers la partie inférieure. En haut se place une bobine sur laquelle on a envidé à l'avance quelques grammes de la soie à expérimenter. Du reste, la disposition des appareils de ce genre peut varier à l'infini. Pour s'en servir, on les suspend verticalement contre un mur, à la hauteur jugée la plus convenable pour leur maniement. — A. R.

DYNAMOMÈTRES POUR TISSUS ET CORDAGES

Les dynamomètres pour tissus sont de diverses sortes, nous allons citer le plus employé. La pièce principale est un rectangle en fonte dans lequel jouent deux coulisses propres à recevoir les systèmes d'attache du tissu à essayer. Ce rectangle repose sur deux pieds permettant de poser l'appareil où il plait. A une extrémité se trouve un cadran, placé au-dessus du ressort dynamométrique ; à l'autre extrémité est une longue vis terminée par une manivelle, par le jeu de laquelle on opère, à l'aide d'un écrou, l'éloignement ou le rapprochement d'une coulisse qui effectue la traction. Le long de l'appareil est une règle en cuivre graduée, destinée à indiquer l'élasticité proprement dite et l'extensibilité de l'étoffe. On découpe de celle-ci, dans le sens de la chaîne ou de la trame, une bande de quelques centimètres de large sur une longueur ne dépassant pas 40 centimètres. Le système d'attache est reçu dans une mortaise inclinée que portent chacune des deux coulisses ; il se compose de petites presses dont les surfaces sont ondulées pour mieux éviter les glissements dans la traction et qui se fixent à l'aide d'écrous à oreilles modérément serrées ; l'inclinaison de ces mortaises leur fait jouer le rôle de coins, et la solidité des attaches est proportionnelle à l'effort auquel on soumet l'étoffe. La disposition et le développement du cadran sont tels que les moindres variations intéressantes à constater peuvent être parfaitement saisies. Quelque brusque et considérable que soit l'action sous laquelle la rupture a lieu, l'aiguille s'arrête instantanément et garantit de cette manière l'exactitude de ses indications. Ce résultat est obtenu sur l'emploi ingénieux d'un volant qui se meut rapidement, poussé par un cliquet, lorsque la rupture se produit, et qui remplit parfaitement le rôle de modérateur : on peut ainsi emmagasiner, après rupture, les forces rétroactives du ressort, sans choc ni perturbation sur l'aiguille. La règle métrique qui permet d'enregistrer les allongements glisse sur le rectangle et est entraînée par la coulisse du ressort, de sorte que le zéro du système d'attache est toujours d'accord avec le zéro de cette échelle ; si elle était fixe, le ressort dynamométrique s'allongeant pendant la traction, les deux zéros seraient en désaccord et il faudrait déduire à chaque opération celui de la coulisse. Pour opérer avec méthode, on doit toujours tourner la vis de traction à un tour par seconde, en battant la mesure du pendule. La manivelle porte un petit boulon, qui sert à la faire tourner plus vite dans les cas où l'on ramène la coulisse à son point de départ. Il ne faut jamais essayer de ramener l'aiguille du cadran dynamométrique à son zéro, lorsque le tissu à essayer est déjà tendu, car le déplacement du ressort ayant fait marcher l'aiguille, on pourrait également forcer le mécanisme et forcer l'instrument : il est donc fort urgent de ramener cette aiguille à son zéro avant de fixer l'échantillon à essayer.

Les dimensions et les résultats obtenus étant différents entre les dynamomètres servant à l'essai des toiles et ceux servant à l'essai des draps, nous allons dire quelques mots des essais à faire avec ces deux genres d'étoffes.

Dynamomètre pour toiles. La force du dynamomètre pour toiles de chanvre, lin ou coton, doit être de 600 kilogrammes. Les expériences se font toujours sur des bandes d'étoffe de 40 centimètres de long sur 5 de large : ces bandes doivent être effilées pour avoir le fil droit des deux côtés. Dans ce genre de tissus, l'allongement est le point secondaire, la résistance est le point capital ; aussi, à tractions égales, les toiles qui allongent le plus avant la rupture sont supérieures à celles qui allongent le moins. Lorsque des toiles donnent au dynamomètre des écarts considérables, après avoir répété les mêmes expériences un certain nombre de fois, on doit en conclure que ces tissus, malgré leur bonne apparence, sont formés de matières très inférieures ou très défectueuses, le plus souvent mal filées et mal tissées à cause des ruptures fréquentes en fabrication : nous avons vu dans ce cas des écarts sur un même tissu de 20, 40, 80 à 140 kilogrammes. Nous n'avons pas besoin de faire remarquer que l'emploi d'un dynamomètre spécial est tout aussi utile dans l'industrie du tissage que dans celle de la filature ; les industriels ou les administrations publiques ont, en effet, souvent besoin de s'assurer si les réductions en usage, c'est-à-dire les rapports entre la quantité de chaîne et de trame par unité de surface, répondent toujours aux résultats qu'ils en attendent, si les étoffes présentent la même résistance et la même élasticité dans tous les sens, etc., quelles sont les altérations qui ont pu se produire dans le blanchiment ou bien en teinture, etc.

Dynamomètre pour draps. Contrairement à ce qui a lieu pour les toiles, la résistance des draps est un point secondaire, l'élasticité est un point capital. Ainsi, un échantillon de mérinos de 10 centimètres de long sur 5 de large allongera toujours, avant sa rupture de 8 à 10 centimètres et quelquefois plus, et ne supportera que 15, 20 ou 25 kilogrammes, suivant son épaisseur. Il résulte de diverses expériences que nous avons faites que, si les laines ont été altérées par la teinture ou le blanchiment, l'élasticité en disparaît en grande partie et la résistance diminue dans le même rapport ; que les laines qui renferment des corps textiles, étrangers, tels que lins et chanvres, qui en changent l'état de nature, offrent immédiatement une résistance de toile en proportion égale à la quantité de matière étrangère renfermée dans le tissu : l'élasticité, qui est la base des bonnes laines, étant détruite, on peut toujours conclure alors que l'étoffe est d'un usage contestable. Il résulte de ceci que plus les étoffes de laine sont pures, plus elles sont élastiques ; et que plus elles sont élastiques, moins elles sont conductrices de la chaleur et plus elles sont douces et chaudes. La force du dynamomètre pour draps ne dépasse jamais 60 kilogrammes et le développement sur le cadran étant alors dix fois plus sensible que pour ceux de 600 kilogrammes, la lecture peut se faire par grammes à partir de zéro et non plus par kilogrammes. — A. R.

Dynamomètre pour cordages. Lorsque les chefs d'administration ont à expérimenter la résistance des cordages de marine soumis aux adjudications publiques, ils se servent d'un dynamomètre pour toiles dont les points d'attache sont changés. Les cordages à essayer sont alors placés dans l'angle du bouton et s'enroulent sur la partie cylindrique formant la base de chaque pièce.

E

I. EAU. *T. de Chim.* $HO = H^2O^2 ... H^2O = H^2\Theta$, Un des quatre éléments des anciens. Ce corps est aujourd'hui regardé par les chimistes modernes comme étant du protoxyde d'hydrogène.

GÉNÉRALITÉS. L'eau est très abondamment répandue sur notre planète, puisqu'elle en recouvre les deux tiers, soit une surface de 3,700,000 myriamètres carrés; elle existe en plus grande quantité dans l'hémisphère austral que dans l'hémisphère boréal. Si elle était uniformément répandue sur le globe terrestre, elle y occuperait une épaisseur totale de 200 mètres, mais en vertu des inégalités de la surface, elle peut offrir par place des profondeurs considérables : ainsi, alors que l'épaisseur de la couche d'eau n'est que de 200 mètres dans la mer Baltique, on n'atteint le fond qu'avec une sonde de 4,000 mètres dans l'Océan Pacifique; et Walsh prétend qu'en certains points des Antilles, il y a 9,000 mètres d'eau.

L'eau habituellement liquide, prend parfois la forme solide ; c'est ainsi que sur le sommet des plus hautes montagnes, et vers les pôles, elle se présente sous la forme de *glace*, et qu'en beaucoup d'autres lieux, lorsque la température descend au dessous de zéro du thermomètre centigrade, l'eau se solidifie momentanément. L'atmosphère de notre planète contient également une grande quantité d'eau, à l'état de *vapeurs*, visibles ou non. Ordinairement cette vapeur constitue un gaz impalpable qui se forme continuellement dans l'atmosphère, par suite du contact de celle-ci avec la surface des mers; elle constitue environ 1/2 centième de la masse totale, et son utilité est des plus grandes. Elle absorbe par sa présence la chaleur que le rayonnement tend à faire perdre à la terre, et, alors, elle sert à réchauffer celle-ci, en l'entourant d'un véritable manteau qui la protège contre un froid qui détruirait les êtres vivants, tout en laissant filtrer la chaleur des rayons lumineux émanés du soleil.

Une surabondance d'humidité dans l'atmosphère, rend visible la vapeur d'eau. Elle amène la formation des *brouillards* qui se répandent à la surface du sol : lorsque la vapeur d'eau se réunit à une certaine hauteur, elle forme les *nuages*, lesquels peuvent être constitués par des vésicules de vapeur, comme les brouillards, ou même par de l'eau solidifiée et cristallisée en aiguilles. Si l'on met un mélange réfrigérant dans un vase placé au milieu d'une atmosphère un peu humide, on ne tarde pas à voir des gouttelettes d'eau se déposer à la surface de ce vase; le refroidissement subit d'un nuage amène des phénomènes analogues. Lorsque la température est un peu élevée, ce refroidissement se manifeste par la chute de *pluie*, ou de *rosée*, lorsque la condensation a lieu seulement à la surface du sol : si la température est très basse, l'eau se solidifie, et tombe sous forme de *neige*, ou se dépose sur le sol pour constituer le *givre* ou la *gelée blanche*. Ce dernier phénomène, dû au refroidissement des corps par rayonnement nocturne, est d'autant plus intense, que l'air est plus humide et le ciel plus pur. Lorsque le refroidissement a lieu dans l'atmosphère en présence de nuages électrisés, il y a formation et chute de *grêle*.

Propriétés physiques. L'eau est un liquide incolore, lorsqu'on la prend en petite quantité, mais qui a une teinte variable lorsqu'on la considère en grande masse. Les mers polaires ont une teinte azurée (Scoresby), la Méditerranée est d'un bleu céleste (Costaz). Sa transparence peut lui donner une teinte fictive, lorsqu'on la voit avec un fond limoneux ou sableux par exemple, peu éloigné de la surface. Parfois au contraire, sa coloration est due à la présence de corps étrangers; certaines algues ont souvent donné à l'Océan une teinte lactée; la mer Rouge a offert, les 15 et 16 juillet 1843, une teinte sanguinolente due à la présence de petits organismes microscopiques : en 1845, sur une largeur de 16 kilomètres carrés, l'Atlantique a montré une coloration analogue ; quelques fleuves de l'Amérique (Atapabo, Tenci, Tuamini, Guainio) ont souvent une teinte chocolat, due à la présence de carolinées et de mélastomes ; des myriades de méduses jaunes, mélangeant leur teinte à celle de l'eau, donnent parfois aux mers polaires une teinte verte spéciale ; enfin les eaux de l'Orénoque sont tellement colorées qu'elles teignent leurs rives en noir. Nous ne rappelons que pour mémoire, le limon et les sables qui, dans les crues des rivières, colorent l'eau de celles-ci.

L'eau est inodore, mais son passage dans le sein de la terre peut lui donner une odeur spéciale (eaux minérales sulfureuses), aussi bien que la présence des matières organiques en décomposition. L'eau est insipide lorsqu'elle est pure; sa saveur est fraîche, quand elle contient quelques sels en dissolution, en petite quantité; elle prend un goût particulier, quand elle renferme beaucoup d'éléments minéralisateurs ou de principes organiques.

La glace soumise à l'action de la chaleur fond, et passe à l'état d'eau ordinaire. Si l'on plonge un thermomètre sensible dans cette eau, on voit qu'elle est toujours à 0°, c'est cette raison qui a fait prendre ce point, comme une constante, pour l'échelle thermométrique adoptée en France. Ce phénomène est dû à ce que l'on appelle la *chaleur latente de fusion* de la glace. Cette chaleur est de 79 calories (on nomme *calorie* la quantité de chaleur nécessaire pour élever 1 kilogramme d'eau de 0 à 1°), c'est-à-dire qu'il faut, pour fondre 1 kilogramme de glace à 0°, et avoir 1 kilogramme d'eau également à 0°, autant de chaleur qu'il en faudrait pour élever à 79°, 1 kilogramme d'eau à 0°. Si maintenant l'on chauffe de l'eau jusqu'à ce qu'elle entre en ébullition, on remarquera qu'un thermomètre plongé dans la vapeur d'eau, monte jusqu'à ce qu'il indique 100°, puis après reste stationnaire. La chaleur alors est absorbée par le liquide, qui se transforme en vapeur. Cette *chaleur latente d'ébullition* est, pour l'eau, de 537 calories, c'est-à-dire, que pour convertir 1 kilogramme d'eau à 100°, en vapeur à la même température, il faut une quantité de chaleur qui suffirait pour élever de 0 à 1° 537 kilogrammes d'eau. Ce second point fixe de 100°, pour la température de la vapeur d'eau bouillante, est le deuxième terme de la graduation du thermomètre, dit centésimal, pour cette raison.

Pour que l'ébullition de l'eau se fasse à 100°, il faut tenir compte de certaines influences exercées par la nature des vases, agir à l'air libre, et sous la pression barométrique normale de 760 millimètres. Si les conditions changent, le point d'ébullition varie. On dit que la *tension de la vapeur* d'eau est de une atmosphère, à 100°, et avec 760 millimètres de pression. M. V. Regnault a indiqué quelles étaient les variations de la tension de la vapeur d'eau entre les températures de — 30° et + 100° centigrades, ainsi que le point d'ébullition de l'eau dans le voisinage de la température normale, nous les résumons dans les tableaux suivants:

Tension de la vapeur d'eau entre —30° centigrades et + 100° centigrades.

Température	Pression en millimètres de mercure	Température	Pression en millimètres de mercure	Température	Pression en millimètres de mercure	Température	Pression en millimètres de mercure	Température	Pression en millimètres de mercure
— 30	0.365	5	6.534	16	13.536	27	26.505	70	233.093
— 25	0.553	6	6.998	17	14.421	28	28.101	75	288.517
— 20	0.841	7	7.492	18	15.357	29	29.782	80	354.643
— 15	1.284	8	8.017	19	16.340	30	31.548	85	433.041
— 10	1.963	9	8.574	20	17.391	35	41.827	90	525.450
— 5	3.004	10	9.165	21	18.495	40	54.906	95	633.778
0	4.600	11	9.792	22	19.669	45	71.391	100	760.000
1	4.940	12	10.457	23	20.888	50	91.982		
2	5.302	13	11.162	24	22.184	55	117.478		
3	5.687	14	11.908	25	23.550	60	148.791		
4	6.097	15	12.699	26	24.988	65	186.945		

Tension de la vapeur d'eau depuis 100° centigrades jusqu'à 230°9 centigrades, exprimée en atmosphères (760 millimètres).

Température	Atmosphères	Température	Atmosphères	Température	Atmosphères
100°0 c.	1	184°5 c	11	215°5 c.	21
120.6	2	188.4	12	217.9	22
133.9	3	192.1	13	220.3	23
144.0	4	195.5	14	222.5	24
152.2	5	198.8	15	224.7	25
159.2	6	201.9	16	226.8	26
165.3	7	204.9	17	228.9	27
170.8	8	207.7	18	230.9	28
175.8	9	210.4	19		
180.3	10	213.0	20		

Point d'ébullition de l'eau dans le voisinage de la pression atmosphérique normale.

Point d'ébullition	Pression atmosphériq. en millimètres de mercure	Point d'ébullition	Dression atmosphériq. en millimètres de mercure	Point d'ébullition	Pression atmosphériq. en millimètres de mercure
95°0	633.78	97°5	694.56	100°0	760.00
95.5	645.57	98.0	707.26	100.5	773.71
96.0	657.54	98.5	720.15	101.0	787.63
96.5	669.69	99.0	733.21		
97.0	682.03	95.5	746.50		

En diminuant la pression, on abaisse considérablement le point d'ébullition de l'eau ; c'est ainsi que l'eau renfermée sous une cloche dans laquelle on fait le vide au moyen d'une machine pneumatique, bout à + 20°, parce qu'alors l'air n'oppose plus d'obstacles à la transformation de l'eau en vapeur. Le même phénomène s'observe encore, si l'on opère sur une montagne élevée, parce que la pression barométrique y est moindre; par l'un des tableaux précédents on voit que l'eau bout à 95°, quand la pression est de 633 millimètres.

Lorsque la pression augmente, au lieu de diminuer, l'effet inverse se remarque; c'est ce qui a lieu lorsque l'on chauffe l'eau dans des vases hermétiquement clos, comme la marmite de Papin, les chaudières à vapeur. L'eau avec une pression de une atmosphère, bout à 120°; avec 28 atmosphères, à 230°. On retarde aussi le point d'ébullition de l'eau en y ajoutant des sels : une solution saturée de chlorure de calcium ne bout qu'à 179°. Inversement à ce que nous venons d'indiquer, le froid fait passer l'eau de l'état gazeux à l'état liquide, et de celui-ci à l'état solide. Cette condensation est souvent provoquée lorsque l'on veut purifier l'eau, car celle-ci, en passant à l'état de vapeur, n'ayant pas entraîné les matières fixes qu'elle pouvait contenir, il en résulte que la liquéfaction nouvelle la donnera dans un plus grand état de pureté. Ce phénomène naturel se produit journellement, et il fait comprendre pourquoi les eaux météoriques sont plus pures que celles qui sont à la surface du globe, bien que les nuages se soient formés par l'évaporation de l'eau de mer; et, pour appliquer la propriété qu'a l'eau d'absorber une notable quantité de chaleur, pourquoi les îles ont une température plus douce que les continents; pourquoi les grands courants chauds, comme le Gulfstream, ont une température notablement élevée, même lorsqu'ils arrivent vers les pôles.

L'application de la chaleur sur l'eau permet de constater que plus la température s'élève, plus le volume du liquide augmente. Le volume occupé par la vapeur d'un poids donné d'eau, est considérablement plus grand que celui du liquide. Le phénomène inverse n'a pas lieu. On peut refroidir l'eau et la faire diminuer de volume, mais jusqu'à un certain point seulement; jusqu'à ce que la température soit de + 4°. Alors elle arrive à son minimum de volume, mais aussi à son *maximum de densité*; ce point a été choisi comme unité, pour la comparaison de toutes les densités. Si l'on

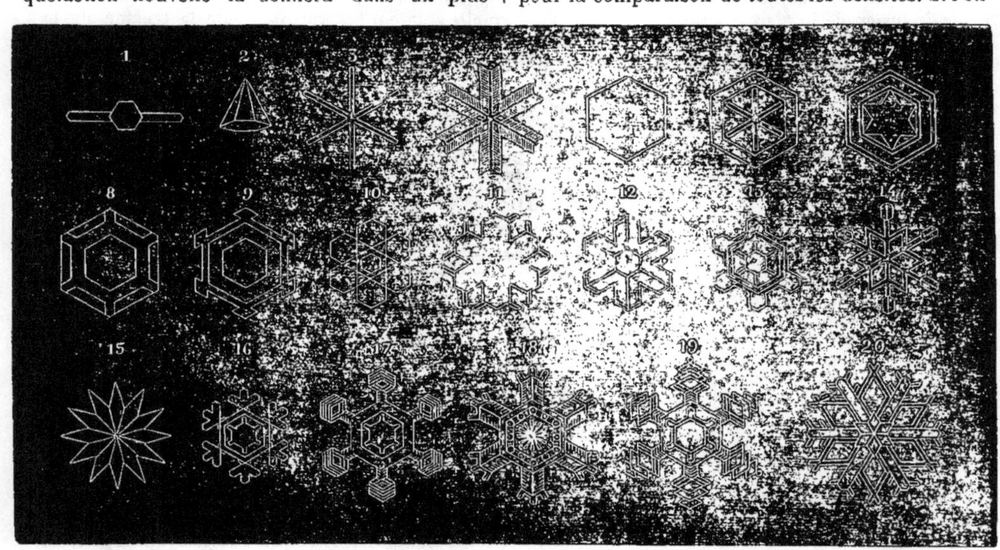

Fig. 262 à 281. — *Formes cristallines de la neige, vues à la loupe*

refroidit au-delà, l'eau devient plus légère; elle se dilate, puis finit par se solidifier en occupant un volume bien plus considérable que son volume primitif. Ce phénomène a été démontré par diverses expériences célèbres; il a des conséquences qu'il faut prévoir. On montre la dilatation de l'eau en remplissant une pièce de canon avec ce liquide, et fermant solidement la bouche au moyen d'un tampon de bois; lorsque la congélation a lieu, ce dernier est projeté au loin avec une très grande force (on l'a évaluée à 1,000 atmosphères), et l'eau vient former un épais bourrelet solide au dehors du canon. Cette dilatation explique pourquoi, pendant l'hiver, les pierres gélives ou poreuses, se brisent par la gelée; pourquoi les vases domestiques, les tuyaux qu'on oublie de vider, éclatent quand la glace se forme pendant la nuit; pourquoi les vaisseaux qui contiennent la sève des plantes, se déchirent lorsque ces sucs se solidifient, et pourquoi la vie du végétal ne peut plus se produire.

L'eau en se congelant cristallise, et prend des formes géométriques. Le phénomène est très facile à observer à la loupe, en recueillant des flocons de neige sur du drap noir. Les cristaux sont toujours hexagonaux, c'est-à-dire formés par un corps solide ayant six rayons, offrant entre eux un angle de 60°, et présentant la forme d'étoile (fig. 262 à 281), plus ou moins modifiée, mais ayant toujours des rayons secondaires inclinés avec le même angle. Le givre qui se dépose en hiver sur les vitres, offre des arborisations qui rentrent également dans le même système. La glace elle-même offre cette cristallisation ; si les cristaux sont parfois confus, on peut cependant pénétrer la structure d'un morceau de glace et démontrer la manière dont il est constitué. Lorsque l'on fait traverser un bloc de glace à faces parallèles par un rayon lumineux intense (lumière Drummond, lumière électrique de préférence) la glace absorbe une partie de la chaleur contenue dans ce rayon, finit par se fondre peu à peu, et si l'on rend visible le phénomène en recevant les rayons lumineux sur une lentille biconvexe, en projetant l'image sur un écran, on voit que la glace offre des étoiles hexagonales absolument semblables à celles de la neige. On trouve même parfois la glace en cristaux parfaitement définis ; sous le pont de Cambridge, le docteur Clarke en a observé en prismes hexagonaux, ou triangulaires, appartenant par conséquent, au système rhomboédrique, M. Nordenskiold a même ajouté avoir vu des cristaux appartenant au système rhomboïdal, ce qui prouverait le dimorphisme de la glace. Par exception, la structure des glaçons qui constituent la grêle n'est plus la même, étant dus à l'attraction et à la répulsion successives de petits fragments attirés par les nuages électrisés, les grêlons se constituent par des dépôts qui forment des couches concentriques disposées au-dessus d'un noyau central ; leur coupe montre bien la façon dont leur accroissement s'est produit (fig. 282 à 285).

Fig. 282 à 285. — *Coupe de grêlons*

Nous avons déjà vu que l'eau peut se présenter sous trois états parfaitement distincts, l'état solide, l'état liquide et l'état gazeux ; il en est un quatrième que l'on peut lui faire prendre en réalisant certaines conditions : c'est celui que l'on désigne sous le nom d'*état sphéroïdal*. Cette forme particulière a été signalée par Laurent, Leidenfort, Persoz, Klaproth et Baudrimont, mais surtout étudiée par Boutigny, d'Evreux. On donne le nom générique de *caléfaction* au phénomène spécial que peuvent présenter un certain nombre de liquides, lorsqu'ils prennent l'état sphéroïdal.

Lorsque l'on verse à la surface d'une lame métallique rougie à blanc, une petite quantité d'eau, teintée en noir, si l'on veut rendre l'expérience bien visible, on peut observer qu'en faisant tomber le liquide goutte à goutte, à l'aide d'une pipette, celui-ci ne se vaporise pas, mais prend la forme de petits globules qui restent isolés et s'agitent à la surface du métal, *sans lui toucher*. Si l'on cesse le feu, et que par refroidissement la lame arrive au rouge sombre, la vaporisation complète du liquide se fait instantanément à un moment donné (fig. 286).

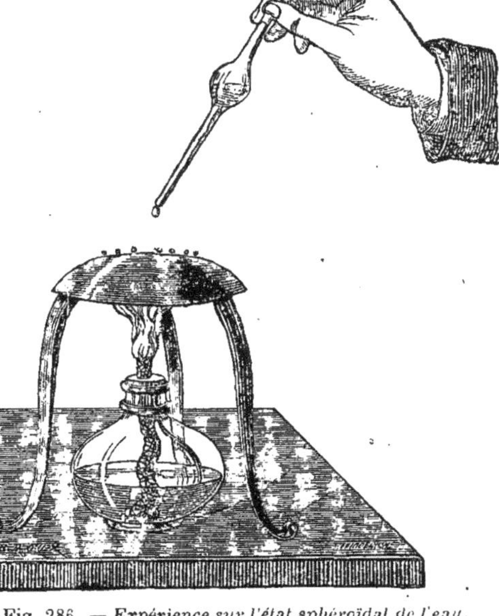

Fig. 286. — *Expérience sur l'état sphéroïdal de l'eau.*

Comme l'on a pu remarquer en examinant la surface du métal et les globules, en interposant un écran blanc derrière l'appareil, qu'il n'y avait pas contact, tant que le métal est au rouge blanc, on doit admettre que dans ce cas, l'eau présente une *propriété nouvelle*, celle de ne pas se vaporiser à une très haute température. Boutigny a admis, qu'il y avait alors répulsion entre le liquide et la surface du vase chauffé ; Daguin croit, au contraire, que ce phénomène dépend du rapport entre la cohésion propre du liquide et sa cohésion pour le corps sur lequel il s'appuie. La chaleur diminue la dernière, et quand elle est moindre que le double de la cohésion propre au liquide, il n'y a plus contact ; dès lors, la chaleur ne pénètre qu'en partie dans la masse, et il est prouvé que l'eau à l'état sphéroïdal n'est qu'à 96°5 centigrades seulement. En utilisant cette nouvelle forme de l'eau, Boutigny a pu instituer quelques expériences des plus curieuses. Si l'on verse, dans un vase de platine chauffé à blanc, de l'acide sulfureux liquide, comme celui-ci ne bout qu'à — 10° centigrades, lorsqu'il est à l'état sphéroïdal, on peut y verser de l'eau, laquelle, trouvant un corps froid, se congèle aussitôt. On retire donc un morceau de glace d'un vase que l'on avait porté à une très haute température. Le même auteur a rendu l'expérience encore plus extraordinaire, en fondant dans le vase de platine, de l'or ou de l'argent, qui forment alors un bain liquide, et déposant à la surface du métal fondu un peu de protoxyde d'azote liquéfié qui entre en ébullition, lui, à — 88° centigrades ; on peut y verser du mercure qui se congèlera, puisqu'il lui suffit d'un froid de — 40° pour prendre la forme solide. On obtiendra donc ainsi une lame solide de mercure que l'on pourra extraire d'un bain de métal en fusion.

Ces expériences ne seraient qu'intéressantes, si on ne pouvait en tirer quelques déductions applicables à l'industrie. Par la connaissance de la forme nouvelle que peut prendre l'eau, on explique comment il se fait que certaines explosions de machines à vapeur, ont lieu avec une si grande violence. Lorsque l'eau commence à manquer dans la chaudière et vient à toucher les parois rouges de feu, si la pompe alimentaire envoie brusquement de l'eau, l'état sphéroïdal qu'avait pu prendre celle-ci est forcément détruit, et il se produit alors une énorme quantité de vapeur, à une pression telle, que les parois des chaudières ne peuvent résister et volent en éclats. Cette évaporation partielle et superficielle qu'éprouve le corps porté à l'état sphéroïdal, l'empêche d'absorber la chaleur ; c'est ce qui explique pourquoi l'on peut, sans inconvénient, plonger la main dans un jet de fonte en fusion, dans un bain de plomb fondu, poser le pied ou la langue sur des lames de métaux rougis à blanc, soulever un fer rouge, ou manier sous l'eau du verre en fusion. La peau qui est toujours humide, surtout en été, ou que l'on peut d'ailleurs mouiller (l'éther est surtout à employer pour faire l'expérience) est protégée par le passage du liquide à l'état sphéroïdal ; le contact n'a pas lieu si l'on agit assez rapidement, et la peau est seulement échauffée, mais non brûlée.

L'eau conduit mal la chaleur et l'électricité. On peut démontrer la première proposition en faisant échauffer progressivement la surface d'une colonne liquide. Si l'on prend un cylindre de 1 mètre d'épaisseur sur 0m,40 de diamètre, par exemple, et que l'on maintienne toujours la surface à l'ébullition, on verra qu'il faut soixante heures pour que toute la masse arrive à 100°.

L'eau a des propriétés dissolvantes remarquables. Nous n'avons pas à revenir sur ce chapitre qui a été déjà étudié au mot Dissolution, nous n'ajouterons ici qu'un seul mot, c'est que si l'eau peut dissoudre certains corps quand elle est en quantité suffisante, elle a besoin cependant d'exister en eux dans bien des cas, pour donner à ces corps la forme qu'ils possèdent ordinairement. On dit alors que certaines substances possèdent de l'eau de cristallisation, de combinaison, d'interposition, de végétation, etc.

CONSTITUTION DE L'EAU.

Historique. L'eau a toujours été regardée, jusqu'à la fin du siècle dernier, comme un élément, et les travaux de Van Helmont qui prouvaient que l'eau se réduisait en terre, par l'évaporation, venaient corroborer cette opinion des anciens. En 1770, alors que la chimie commençait à peine à devenir une science, Lavoisier démontra que l'idée jusqu'alors admise n'était pas exacte ; six ans plus tard, il prouva que le gaz inflammable pouvait, en brûlant, produire un liquide, mais ce fut un savant anglais, Cavendish, qui réalisa complètement cette production de l'eau, par la combustion de l'hydrogène à l'air.

La formation de l'eau étant connue, les deux savants qui étudiaient toujours la question arrivèrent séparément, en 1781, à montrer que l'eau était en réalité formée d'hydrogène et d'oxygène ; mais Lavoisier donna en outre, approximativement, la composition de l'eau, en décomposant celle-ci au rouge par le fer, pesant l'augmentation de ce dernier, connaissant après condensation le poids de l'eau décomposée, et calculant d'après le volume d'hydrogène recueilli, le poids de ce dernier gaz. L'étude complète de l'eau était trop importante à faire pour que l'on ne comprit pas la valeur de ces travaux. Dès 1789, quelques membres de la Commission des poids et mesures furent chargés de reprendre ces analyses, et les travaux faits avec le concours de Monge, Lavoisier, Vauquelin, Fourcroy, etc., rectifièrent les chiffres qui avaient été précédemment indiqués. Plus tard, Gay-Lussac et Humbold firent connaître la composition de l'eau en volumes, au moyen d'expériences eudiométriques que nous relaterons. Puis la synthèse de l'eau fut enfin réalisée complètement par Berzélius et Dulong. Quelques inexactitudes ayant été relevées, par suite de modifications apportées aux chiffres représentant, en poids, la valeur des gaz constituant l'eau, en 1843, M. J.-B. Dumas reprit cette étude, et eût l'honneur de donner des résultats que le monde entier a contrôlés et admis.

Divers procédés permettent d'étudier la composition de l'eau. On peut la séparer en ses éléments, c'est-à-dire en faire l'*analyse*, ou bien prenant ces éléments, opérer la reconstitution de l'eau, ou faire sa *synthèse*. Nous allons successivement étudier ces procédés.

Analyse de l'eau. On peut réaliser cette opération de bien des manières :

(*a*) *Analyse par la pile.* En produisant de l'électricité au moyen de un ou deux éléments d'une pile Bunsen (fig. 287), on peut envoyer le courant dans un petit appareil appelé *voltamètre*, lequel a la forme d'un entonnoir coupé à sa partie effilée, et dont le fond, garni de résine, laisse passer deux fils de platine que l'on met en communication avec les pôles de la pile. Si l'on verse dans l'appareil de l'eau légèrement acidulée, et que l'on recouvre les fils par deux petites cloches remplies

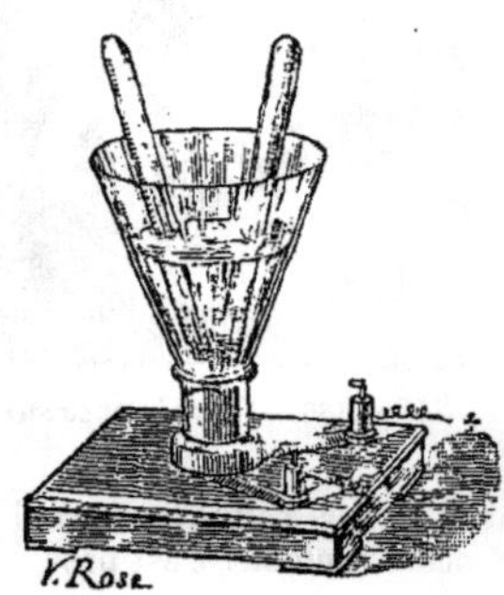

Fig. 287. — *Analyse de l'eau par la pile.*

également du liquide acide, dès que l'on fait passer le courant électrique, on voit des bulles se former sur le platine, puis un dégagement de gaz se produire régulièrement et se réunir dans les tubes. Au bout de peu de temps on peut remarquer que le gaz du pôle négatif occupe un volume double de celui condensé au pôle positif. Si l'on essaie alors ces gaz pour en reconnaître la nature, on constate que le gaz recueilli au pôle négatif brûle avec une flamme pâle, bleuâtre, en faisant entendre une petite explosion lorsqu'on l'allume, — c'est évidemment de l'hydrogène; le second ne brûle pas au contact d'un corps enflammé, mais si on lui présente un objet offrant seulement quelques points en ignition, il active la combustion de ce corps. C'est donc de l'oxygène. Le passage, d'un courant électrique, dans l'eau acidulée, a opéré ce qu'on appelle l'*électrolyse* de l'eau. Il est indispensable d'agir dans cette circonstance avec une eau rendue acide, car l'eau pure ne donne pas ces résultats, et les acides insolubles comme l'acide stéarique, l'acide silicique, etc., ne permettent pas une décomposition facile.

(b) Analyse au moyen des métalloïdes. Cette expérience peut se réaliser au moyen du chlore, de brome, etc. Si l'on fait passer au travers d'un tube en porcelaine rempli de fragments de pierre ponce et porté au rouge blanc, un courant de chlore que l'on a d'abord fait passer au travers d'eau portée à l'ébullition, on recueille à l'extrémité du tube de porcelaine un mélange gazeux que l'on peut recevoir dans des cloches pleines d'eau colorée par de la teinture de tournesol. On s'aperçoit que le liquide violacé devient rouge jaunâtre. C'est, qu'en effet, sous l'influence de la chaleur rouge, la vapeur d'eau produite s'est décomposée au contact du chlore. L'hydrogène s'est uni à ce dernier pour former de l'acide chlorhydrique qui se dissout dans l'eau, et l'oxygène seul reste dans la cloche.

$$Cl^2 + H^2O^2 = 2(HCl) + O^2 \ldots 2Cl + H^2\text{O̶} = 2(HCl) + \text{O̶}.$$

On peut vérifier les caractères de l'oxygène avec une allumette éteinte qui se rallume, et montrer la présence de l'acide dans l'eau, en y ajoutant un peu d'azotate d'argent; le précipité blanc caillebotté formé, est bien du chlorure d'argent reconnaissable à ses réactions spéciales.

(c) Analyse au moyen des métaux. I. Quelques métaux portés au rouge vif, et mis en présence de la vapeur d'eau, peuvent décomposer celle-ci. C'est la première expérience faite par Lavoisier, pour prouver la composition de l'eau. En pesant un poids exact d'eau, et réduisant celle-ci en vapeur, lorsqu'elle passe sur un poids également donné de fer très divisé, elle se décompose partiellement pour oxyder le fer et fournir de l'oxyde magnétique (fig. 288) :

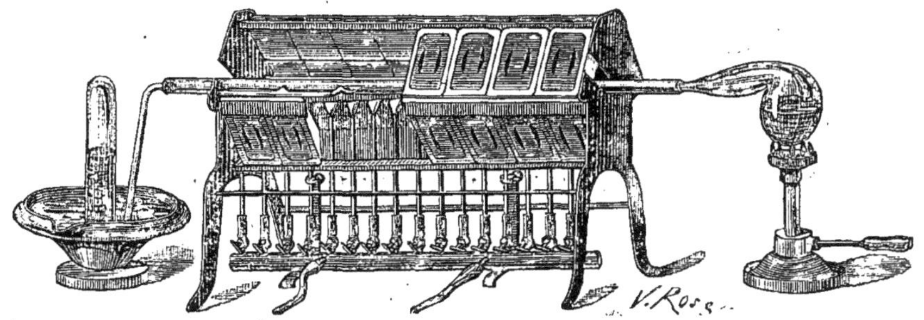

Fig. 288. — *Analyse de l'eau par les métaux.*

$$2Fe + H^2O^2 = (FeO)^2 + H^2 \ldots$$
$$Fe^2 + H^2\text{O̶} = Fe^2\text{O̶} + H^2$$

la partie de l'eau échappée à la décomposition, pouvant être recueillie et pesée après condensation, on en déduira facilement la quantité décomposée. L'augmentation du poids du fer ayant fait connaître la quantité d'oxygène fixée par le métal, on pourra savoir quel est le poids de l'hydrogène recueilli dans la cloche, en mesurant le volume du gaz et multipliant celui-ci par sa densité. On pourra dès lors contrôler les résultats, puisque l'on a directement les poids de l'oxygène et de l'hydrogène, et que d'un autre côté l'on sait combien l'on a décomposé d'eau.

II. On peut encore analyser l'eau, en traitant un métal par un acide. C'est ce que l'on fait lorsque l'on veut préparer de l'hydrogène. Si l'on met dans un flacon à deux tubulures du zinc ou du fer, avec de l'eau légèrement acidulée, on voit celle-ci se décomposer à froid: des bulles de gaz se dégagent, et en les recueillant sous une cloche pleine d'eau, on peut montrer que le gaz obtenu est de l'hydrogène, comme dans le cas précédent. En effet, sous l'influence du métal et d'un acide, l'eau s'est trouvée décomposée ; son oxygène a oxydé le métal, et l'oxyde, saturé par l'acide ajouté, a formé un sel, pendant que l'hydrogène mis en liberté se dégageait.

$$Zn + SO^3HO = ZnO, SO^3 + H \ldots$$
$$Zn + SH^2O^4 = ZnO^4S + H^2.$$

Comme on peut le remarquer, dans une des méthodes analytiques que nous avons indiquées, on a séparé isolément les deux gaz constituant l'eau, dans la seconde on a mis en liberté de l'oxygène, dans les autres, l'hydrogène.

Synthèse de l'eau. La synthèse de l'eau peut s'obtenir également par les procédés que l'on a vu employer pour faire l'analyse.

(*a*) Avec *l'eudiomètre et l'étincelle électrique*. Pour

reconstituer l'eau, on introduit du mercure dans une éprouvette en verre épais, graduée et portant des armatures métalliques, et l'on renverse l'appareil sur la cuve à mercure; si l'on a fait passer

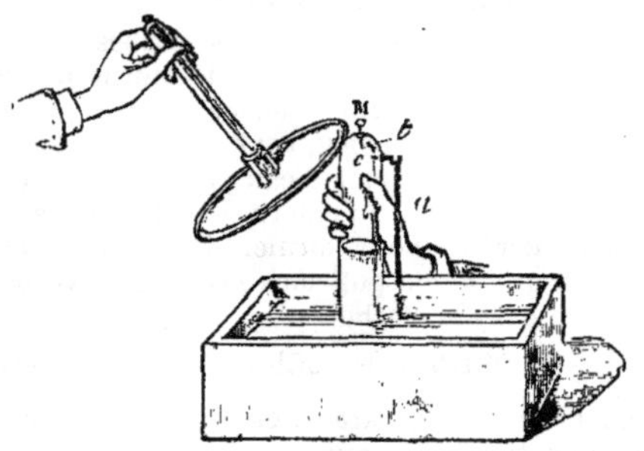

Fig. 289. — *Combustion dans l'eudiomètre par l'étincelle électrique d'un électrophone.*

M Moutnre en fer. — *c* Tige de fer. — *t* Autre tige — *a* Chaîne métallique.

dans cette cloche 2 volumes d'hydrogène sec, et 2 volumes d'oxygène également sec, en enflammant le mélange au moyen d'un électrophore (fig. 289), on trouve qu'après l'expérience il reste 1 volume de gaz, parce que l'eau formée détermine dans l'appareil un vide que le mercure a rempli. Ce gaz est de l'oxygène. Si l'on prend, pour faire l'expérience, le soin d'entourer l'eudiomètre, c'est-à-dire la cloche qui contenait les gaz, d'un manchon de verre dans lequel on fait circuler un courant d'alcool amylique, qui maintient la température à 110° environ, on voit qu'il y a eu exactement 2 volumes d'hydrogène qui se sont combinés à 1 volume d'oxygène et que, par conséquent, les 2 volumes de vapeur d'eau formés (le calcul permettant de ramener aux mêmes conditions de pression et de température) ou 1 molécule, sont constitués par l'union de 2 volumes (2 atomes) d'hydrogène, et 1 volume d'oxygène (1 atome), d'où la raison pour laquelle, dans la théorie atomique, on exprime la composition de l'eau par la formule H^2O.

(*b*) *Synthèse de l'eau par la combustion de l'hydrogène.* L'hydrogène, lors de sa combustion, a une flamme assez chaude, pour arriver à s'emparer de l'oxygène de l'air, et à produire de la vapeur d'eau. On réalise cette expérience, en décomposant l'eau dans un appareil producteur d'hydrogène (fig. 290) au moyen du zinc et de l'acide sulfurique dilué. Si l'on dessèche le gaz en le faisant passer au travers d'un tube contenant des fragments de chlorure de calcium, en enflammant l'hydrogène au-dessous d'une cloche en cristal, on ne tarde pas à voir l'intérieur du vase se remplir de vapeurs qui se condensent, et tombent le long des parois de la cloche. Le liquide recueilli est de l'eau parfaitement pure.

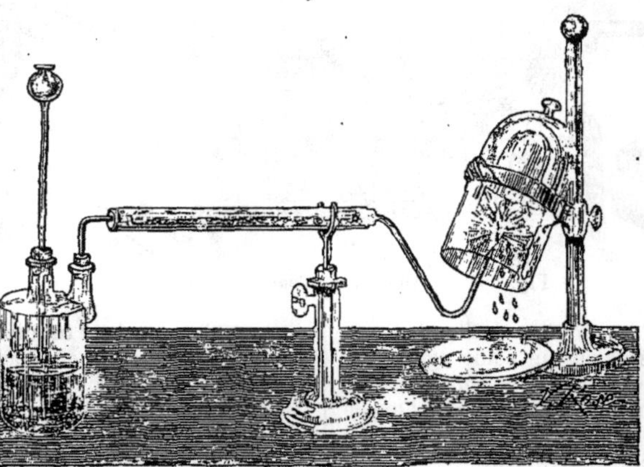

Fig. 290. — *Synthèse de l'eau par la combustion de l'hydrogène.*

(*c*) *Synthèse de l'eau par la décomposition de l'oxyde de cuivre au moyen de l'hydrogène.* Cette méthode qui avait été indiquée par Berzélius, a été reprise et perfectionnée par M. Dumas, en 1843, parce que les chiffres qui avaient été donnés pour exprimer en centièmes la composition de l'eau, avaient été reconnus inexacts. L'appareil tel que l'a conçu le savant chimiste français, se compose tout d'abord (fig. 291) d'un flacon producteur d'hydrogène, comme malgré l'emploi de zinc et d'acide purifiés, il arrive que le gaz obtenu n'a pas toujours une pureté absolue, on le débarrasse des corps étrangers qu'il a pu entraîner en le faisant passer dans une série de petits tubes en U dans lesquels on a placé des réactifs divers: une solution d'azotate de plomb pour absorber l'hydrogène sulfuré, du nitrate d'argent pour décomposer l'hydrogène phosphoré et l'hydrogène arsenié, s'il en existe; de la pierre ponce imbibée d'une solution de potasse pour fixer les carbures; de l'acide sulfurique concentré et du chlorure de calcium pour retenir l'eau entraînée par le gaz, et enfin un tube témoin, contenant de l'acide phosphorique, et qui, après l'expérience, n'a pas dû changer de poids. L'hydrogène rendu ainsi parfaitement pur, arrive dans la seconde partie de l'appareil, laquelle est constituée par un petit ballon, où l'on chauffe au rouge obscur, un poids donné d'oxyde de cuivre. Sous l'influence de la chaleur, l'oxyde de cuivre est réduit par l'hydrogène à l'état de cuivre métallique, et de l'eau se trouve engendrée. Celle-ci se recueille dans un ballon refroidi, en même temps que la vapeur entraînée est retenue dans une série de tubes en U contenant de la ponce imbibée d'acide sulfurique. Comme cette troisième partie de l'appareil, c'est-à-dire le ballon où se fait la condensation, et les tubes chargés de ponce, a été très rigoureusement pesée, on peut par l'augmentation de poids connaître la quantité d'eau formée, en même temps que la différence de poids trouvé entre le poids du ballon à oxyde de cuivre, et celui du même ballon après la réduction, permet de connaître la quantité d'oxygène combiné au gaz hydrogène. En ayant soin de ne faire les pesées qu'après avoir laissé refroidir l'appareil, en y faisant continuellement passer un courant d'hydrogène, Dumas est arrivé à trouver que l'eau est formée de

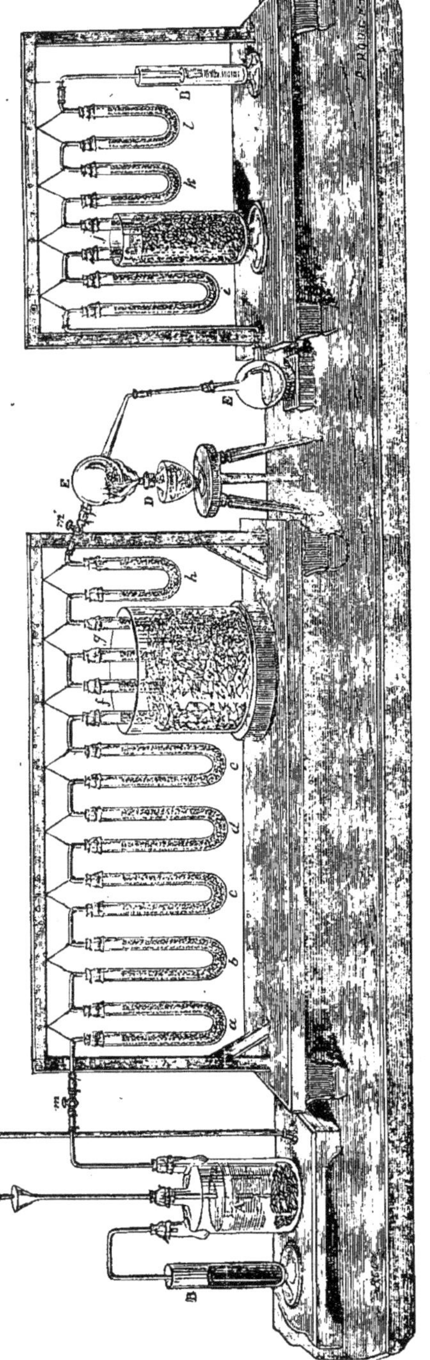

Fig. 291. — *Synthèse de l'eau par la décomposition de l'oxyde de cuivre par l'hydrogène.*

Première partie : *A* Flacon produisant le gaz hydrogène. — *a* Fragments de verre humectés d'une solution d'azotate de plomb. — *b* Fragments de verre humectés d'azotate d'argent. — *c* Pierre ponce imbibée d'une solution de potasse. — *d* et *e* Fragments de potasse. — *f* Pierre ponce imbibée d'acide sulfurique. — *g* Chlorure de calcium anhydre, en fragments grossiers, entourés d'un mélange réfrigérant. — *h* Tube témoin contenant de la pierre ponce et de l'acide phosphorique anhydre.

Deuxième partie : *E* Ballon contenant l'oxyde de cuivre à réduire, chauffé par la lampe à alcool *D* et terminé par un col effilé garni d'un robinet *m'* qui règle l'arrivée du gaz hydrogène. — En bas, deuxième ballon *E* où se condense l'eau formée. — *i, k, l* Tubes contenant de la potasse caustique, de l'acide phosphorique anhydre et de l'acide sulfurique pour terminer l'appareil

Hydrogène.	11.111
Oxygène.	88.889
	100.000

c'est-à-dire que 9 grammes d'eau contiennent 1 gramme d'hydrogène et 8 grammes d'oxygène, c'est-à-dire les poids qui représentent les équivalents de ces corps, d'où la formule HO donnée pour exprimer la composition de l'eau; mais, comme Gerhard et plusieurs autres chimistes ont montré que la quantité d'eau qui intervient dans les réactions, soit en combinaison, soit lors d'une décomposition, n'est jamais égale à 9, mais bien à 18 ou à un multiple de 9, on a dû doubler cette formule; aussi, maintenant, écrit-on H^2O^2; ce poids moléculaire de l'eau étant d'ailleurs celui qui se déduit de la densité de sa vapeur.

L'eau pure ne contient donc absolument que de l'hydrogène et de l'oxygène, mais il est rare dans la nature, à moins d'avoir purifié l'eau, de n'y pas rencontrer des corps étrangers qui ont été empruntés, soit à l'atmosphère, soit au sol. C'est la présence de ces corps qui va nous permettre d'établir des différences dans la nature et la qualité des eaux, et d'indiquer la façon dont on peut les grouper; mais avant d'étudier ce sujet, il faut connaître les propriétés chimiques de l'eau.

Propriétés chimiques. Nous avons indiqué déjà que divers agents et un grand nombre de corps peuvent réagir sur l'eau, et la décomposer. Nous n'avons pas besoin de rappeler les expériences faites avec le voltamètre ou avec la chaleur à 1200° (V. DISSOCIATION), pour prouver que l'électricité, et une haute température, peuvent séparer l'eau en ses éléments. Nous allons donc étudier l'action des agents chimiques, lesquels agissent avec non moins d'énergie que les fluides que nous avons rappelés. Divers métalloïdes, métaux ou anhydrides acides ou bien basiques peuvent décomposer l'eau.

I. Parmi les métalloïdes, il en est qui s'emparent de l'hydrogène pour mettre de l'oxygène en liberté. Nous avons cité déjà l'action du chlore, employé pour faire l'analyse de l'eau ; le brome agit de même. D'autres métalloïdes, comme le carbone, absorbent l'oxygène et isolent l'hydrogène. Si l'on fait passer un courant de vapeur d'eau sur du charbon porté au rouge dans un

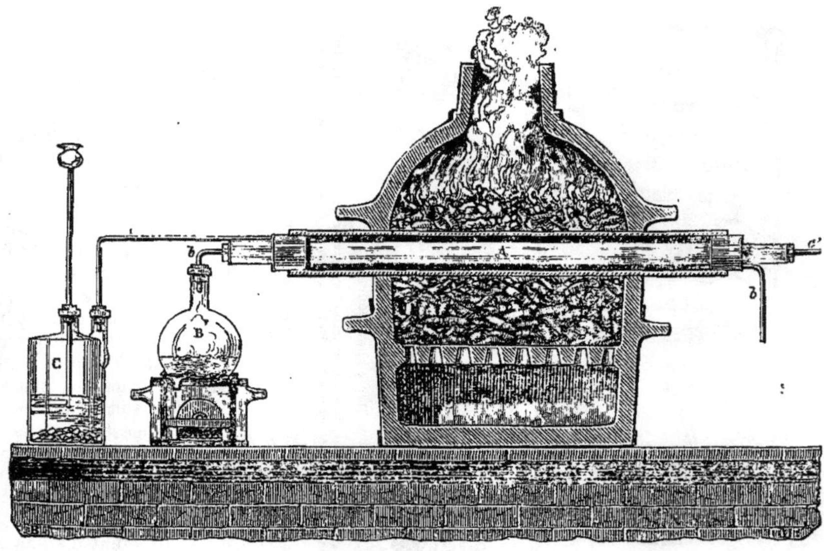

Fig. 292. — *Dissociation de l'eau.*

A Tube de porcelaine poreux entouré d'un tube de porcelaine vernie chauffé fortement et qui reçoit de la vapeur d'eau par le petit ballon *B*. — *a* Espace rempli de gaz acide carbonique produit par le flacon *C* qui contient du carbonate de chaux et un acide. — *bc'* Tubes de verre adoptés à l'un et à l'autre des tubes de porcelaine et propres à dégager par le tube intérieur *A* du gaz hydrogène et du gaz oxygène par le tube extérieur

tube en porcelaine, il peut se produire de l'anhydride carbonique et de l'hydrogène. On absorbera l'anhydride par une solution de potasse caustique :

$$2(H^2O^2)+C^2=C^2O^4+H^4\ldots$$
$$2(H^2O)+C=CO^2+2(H^2)$$

ou bien, suivant la façon dont l'opération a été conduite, on pourra obtenir de l'oxyde de carbone, par suite d'une réaction secondaire engendrée par la présence de l'anhydride carbonique et du carbone :

$$C^2O^4+2C=2(C^2O^2)\ldots CO^2+C=2(CO).$$

II. La plupart des métaux décomposent l'eau, et c'est même sur ce caractère qu'a été, en partie, basée la classification des métaux. Les uns, comme le potassium ou le sodium, et en général les métaux de la première famille, décomposent l'eau à froid ; d'autres n'amènent cette réaction que lorsqu'on les porte au rouge (2e et 3e famille) ; quelques-uns n'agissent qu'à une température très élevée (4e famille) ; les autres classes sont sans action sur l'eau. Nous avons déjà cité les expériences qui montrent comment on fait cette décomposition.

III. Les anhydrides acides, les anhydrides basiques peuvent également décomposer l'eau, en fixant ses éléments.

L'anhydride sulfurique est très avide d'eau, elle forme avec elle une ou plusieurs combinaisons, dont la plus stable est celle qui renferme trois équivalents d'eau, la première n'étant que transitoire, si on laisse l'anhydride à l'air :

$$SO^3+H^2O^2=SO^3,H^2O^2\ldots SO^3+H^2O=SHO^4,H$$

La baryte caustique forme un hydrate bien défini avec l'eau :

$$BaO+H^2O^2=BaO,H^2O^2\ldots BaO+H^2O=BaO^2,H^2$$

On pourrait multiplier ces exemples ; il suffira de rappeler que l'eau entre en combinaison moléculaire pour faire cristalliser certains sels (eau de cristallisation) et que cette eau peut parfois s'en aller au contact de l'air, comme cela a lieu avec les sels efflorescents (carbonate de soude) ; ou reparaître, si elle a été chassée par l'action de la chaleur, tels sont les sels déliquescents (chlorure de calcium), par exemple.

Les eaux doivent être tout d'abord subdivisées en deux grandes catégories : 1° les *eaux météoriques*, c'est-à-dire celles qui proviennent de la condensation de la vapeur contenue normalement dans l'atmosphère. Ces eaux sont les eaux de pluie, de fusion de la neige, de rosée, etc. Elles ne sont pas pures, elles ont forcément rencontré dans l'atmosphère des parties étrangères solides, ou des gaz, qui se sont dissous, et qui, dès lors, sont entraînés avec l'eau. Parmi les gaz il faut citer tout d'abord l'air atmosphérique, qui est indispensable pour donner à l'eau certaines qualités, puis l'oxygène, l'azote, l'acide carbonique, l'ammoniaque. Pour reconnaître dans l'eau la présence de ces gaz, on fait un petit appareil constitué par un ballon d'un litre de capacité, un tube deux fois recourbé et dont l'extrémité libre se rend sous une éprouvette placée sur la cuve à eau, tandis que l'autre extrémité, munie d'un bouchon, l'a porté sur le col du ballon, puis lorsque l'on a absolument rempli toutes les parties de l'appareil, ballon, tube et éprouvette, sans qu'il reste la plus petite bulle d'air, on porte l'eau à l'ébullition. Les gaz se réunissent dans l'éprouvette, et si celle-ci porte des divisions, connaissant le volume total obtenu, on enlèvera l'acide carbonique, en introduisant sous la cloche une solution de potasse; après agitation, on verra de combien de divisions le liquide a monté dans l'éprouvette, et on connaîtra ainsi le volume du gaz acide carbonique enlevé. Le précipité blanc qui se forme dans l'eau par l'addition d'eau de baryte, d'eau de chaux, ou par le sous-acétate de plomb, indique aussi la présence de cet acide. Pour enlever l'oxygène, on introduit dans l'éprouvette une solution d'acide pyrogallique, et l'on agite; la nouvelle ascension de liquide dans le vase indique le volume occupé par l'oxygène absorbé. Quant au gaz restant, c'est l'azote.

Pour l'ammoniaque on la reconnaît et la dose au moyen du réactif de Nessler. Ce réactif s'obtient en dissolvant jusqu'à saturation du bi-iodure de mercure dans une solution d'iodure de potassium (50 grammes environ pour 700 d'eau distillée, filtrant et y ajoutant une solution contenant 150 grammes de potasse caustique avec la quantité d'eau voulue pour compléter le volume total d'un litre). L'addition de ce réactif amène dans l'eau contenant de l'ammoniaque une coloration jaune, jaune-rougeâtre, rouge ou même un précipité rouge, suivant la proportion d'ammoniaque contenue dans l'eau.

Quant aux corps solides entraînés par l'eau, nous y reviendrons; il suffit d'avoir fait fondre de la neige et d'examiner cette eau, pour voir combien elle est chargée de matières résiduelles, provenant, de nos vêtements, des produits destinés à l'alimentation, des produits des combustions, etc.

Les matières solides peuvent avoir encore été entraînées mécaniquement lors de la vaporisation de l'eau; tel est le chlorure de sodium, que l'on retrouve dans l'air, à mesure que l'on se rapproche de la mer.

La seconde catégorie d'eaux comprend les *eaux telluriques*, c'est-à-dire celles que l'on rencontre à la surface du sol, constituant soit les mers ou les eaux dormantes, soit les cours d'eau qui proviennent de sources, formées elles-mêmes par les eaux météoriques ayant imprégné le sol et traversé des couches plus ou moins épaisses de terrains.

Il n'est pas facile d'indiquer d'une manière générale, quelle est la composition de ces eaux telluriques. Elles doivent varier dans leur composition, suivant la nature du sol traversé, et la température qu'elles ont pu acquérir dans les profondeurs de la terre. Ces eaux gardent en dissolution des gaz, comme l'acide sulfhydrique, l'acide carbonique : à leur sortie du sol elles se chargent d'air. Parmi les sels qu'on y rencontre, il faut surtout indiquer les combinaisons des acides azoteux, azotique, carbonique, chlorhydrique, phosphorique, sulfurique, etc., avec les métaux alcalins, l'ammonium, le calcium, le magnésium, l'aluminium, le fer, etc.; elles peuvent enfin être souillées par leur mélange avec des matières organiques en décomposition, avec des eaux résiduaires, comme les eaux vannes, le purin, les déchets de fabrique, etc.

Une autre manière de classer les eaux les a fait ranger en deux grands groupes:

Les *eaux potables*;

Les *eaux non potables*.

C'est ainsi que nous allons procéder maintenant à l'étude de l'eau, en l'envisageant au point de vue de l'alimentation ou de ses usages industriels, de ses applications à l'agriculture, à la thérapeutique, etc.

Eaux potables. Les eaux potables sont celles qui peuvent servir à l'alimentation. Elles doivent contenir les éléments minéralisateurs qui entrent dans la composition des liquides de l'économie ou que les aliments ne contiennent pas en quantité suffisante; car, des expériences de Chaussat, de Boussingault, il résulte que les substances salines existant dans l'eau sont facilement absorbées et assimilées, et que les eaux sont nuisibles s'il y a un excès de sels, ou si ces sels ne sont pas nécessaires à l'économie. Les eaux qui ne sont pas assez minéralisées sont également mauvaises. L'eau qui provient de la fonte des neiges produit chez les montagnards qui la boivent un arrêt de développement, et fréquemment, certaines maladies endémiques.

Les sels que doivent renfermer les eaux potables sont les bicarbonates de chaux et de magnésie, les fluorures, les chlorures, la silice; quant aux sulfates, ils sont inutiles ou même nuisibles. On reconnaît les carbonates à l'effervescence que produit un acide lorsqu'on le met en contact avec le résidu de l'évaporation d'une certaine quantité d'eau; les chlorures, au précipité blanc caillebotté, soluble dans l'ammoniaque, et insoluble dans l'acide azotique, que produit dans l'eau l'addition d'azotate d'argent; les sulfates, au précipité blanc, insoluble dans les acides, que forme le chlorure de baryum; la chaux, au précipité blanc, insoluble dans l'acide azotique, soluble dans les acides chlorhydrique et azotique, qu'y produit l'oxalate d'ammoniaque; la magnésie, au précipité blanc qui se forme dans le liquide, (excepté lorsqu'il existe des sels ammoniacaux dans la liqueur) avec la potasse, la soude ou le carbonate de soude.

Caractères d'une eau potable. L'eau potable satisfait aux conditions suivantes :

1° Elle doit être fraîche, limpide et sans odeur, sa température doit être comprise entre +8 et 15° centigrades. Elle ne doit pas être troublée par des matières organiques, ou autres; le résidu qui contiendrait, par litre, plus de 1 milligramme de matières organiques, prouverait que l'eau analysée est impropre à l'alimentation. Les eaux contenant des organismes vivants, doivent être rejetées.

2° L'eau doit offrir une saveur faible, ni fade, ni douceâtre, ni salée. Les eaux distillées, ou trop peu minéralisées, sont fades et désagréables au goût;

3° L'eau doit être aérée, sous peine d'être fade et indigeste. La moyenne des gaz contenus dans une bonne eau, est de 50 centimètres cubes par litre; ces gaz sont plus riches que l'air en acide carbonique, ils en contiennent de 8 à 10 0/0;

4° L'eau potable dissout le savon, sans faire de grumeaux, et cuit bien les légumes. Les inconvénients opposés sont l'indice d'un excès de sels calcaires. L'eau de bonne qualité donne par évaporation de 0g,15 à 0g,50 de résidu fixe par litre; une quantité plus forte rend l'eau indigeste, et impropre aux usages domestiques. Avec le savon, elle forme des oléates, stéarates et palmitates de chaux insolubles, qui se précipitent, et dès lors ne peuvent plus permettre d'utiliser le savon pour les usages auxquels on le destine; avec la légumine contenue dans les végétaux, elle forme un composé insoluble qui rend ceux-ci durs et coriaces, après la cuisson.

Les eaux potables se subdivisent en *eaux légères*, ce sont celles qui contiennent au moins 30 centimètres cubes de gaz en dissolution, et en eaux *lourdes* ou *crues*, qui renferment peu de gaz en dissolution, et une notable quantité de carbonates. Exceptionnellement, dans les pays où l'eau manque, on utilise des eaux offrant plus de 0g,50 de résidu, sans pouvoir atteindre en général 1 gramme, surtout si ces eaux sont séléniteuses (sulfatées) ou salées (chlorurées).

Les eaux potables les plus employées sont: les eaux de pluie, les eaux de rivières, les eaux de sources, et quelques eaux de puits.

Eaux de pluie. Les eaux de pluie sont en général peu minéralisées, lorsqu'on les recueille à l'air libre. Elles renferment, en outre, des gaz en dissolution, et des matériaux enlevés à l'air que la pluie a traversé en tombant, et dont la pureté varie avec l'endroit où l'échantillon a été recueilli: ville ou campagne. L'analyse suivante indiquera la composition de ce résidu au point de vue des matières minérales, elle a été faite en 1854 par E. Marchand, à Fécamp:

Bicarbonate d'ammoniaque......	0.00174
Azotate d'ammoniaque........	0.00189
Chlorure de sodium..........	0.01143
Sulfate de soude...........	0.01007
Sulfate de chaux...........	0.00087
Matières organiques.........	0.02486
Résidu par litre......	0.05086

Barral, dans de l'eau recueillie à Paris, n'a trouvé que 0g,03320 de résidu, formé de chlorure de sodium, sulfate de chaux et matières organiques.

Les gaz que contient l'eau de pluie sont l'azote, l'oxygène et l'acide carbonique. Baumert a reconnu que 100 centimètres cubes de ces gaz étaient formés de:

Azote........	64.46	et Péligot, à Paris:		32.17
Oxygène......	33.76	—	—	65.65
Acide carbonique..	1.78	—	—	2.18
	100.00			100.00

mais la quantité qu'en dissout l'eau peut naturellement varier; il y en a plus, quand la pression atmosphérique augmente, moins pendant les chaleurs de l'été. L'eau dissout environ, à la température moyenne de +10°, et à la pression normale de 760 millimètres, un vingt-cinquième (1/25) de son volume d'air.

Les sels ammoniacaux que l'on rencontre dans l'eau de pluie proviennent des combinaisons qui se sont effectuées dans l'air sous l'influence de l'étincelle électrique (Liebig), des combustions et des fermentations putrides qui se font à la surface du sol (Berzélius), et aussi, d'après quelques chimistes, de la combinaison qui s'effectue plus facilement en présence de l'ozone. Les quantités de sels ammoniacaux peuvent varier sensiblement; il y en a plus en été qu'en hiver (Bineau), plus au début d'une averse qu'à la fin. Mais quelque petite qu'en paraisse leur quantité, leur présence n'en a pas moins de grandes conséquences, au point de vue de l'agriculture. D'après Barral, la quantité d'azote total, fourni par un mètre cube d'eau de pluie, à Paris, pendant un an, a donné une moyenne mensuelle de 6g,36, de telle sorte qu'un hectare, en surface, a reçu:

En azote de l'acide azotique...	659	grammes.
En azote de l'ammoniaque...	551	—
	1210	

soit pendant ce temps de une année 1210 grammes.

Le chlorure de sodium retrouvé dans l'eau de pluie, a été évidemment entraîné pendant l'évaporation de l'eau de mer, car sa quantité diminue à mesure que l'on s'enfonce dans les continents, comme le montrent les chiffres suivants:

A Fécamp, E. Marchand en a trouvé..........	0,0000155	0/0 de résidu fixe.
A Paris, Barral en a trouvé..	0,0000035	—
A Lyon, Bineau — ..	0,0000010	—

Ce phénomène d'entraînement du sel marin explique, en outre, la présence des iodures et des bromures dans les eaux pluviales. Chatin a signalé l'existence de l'iode dans l'air et dans l'eau. Ces résultats, niés pendant quelque temps, sont aujourd'hui admis; Van Ankum en a retrouvé dans presque toutes les eaux pluviales de Hollande, E. Marchand dit qu'il y en a 0g,50 par mètre cube d'eau de pluie, tombant à Fécamp. Pour constater ce corps, il faut prendre certaines précautions sans lesquelles on s'expose à laisser volatiliser l'iode: on évapore 2 litres au moins d'eau de pluie, en y ajoutant environ 0g,10 de carbonate de potasse pur; le résidu fixe est repris par de l'alcool à 36°, puis on concentre cette liqueur au bain-marie, et termine l'opération en calcinant légèrement pour détruire les matières organiques. On traite à nouveau par l'alcool faible, filtre, évapore, et on ajoute au résidu un peu d'empois d'amidon nouvellement préparé, et une goutte d'eau. Après avoir étalé avec une baguette de verre, on voit apparaître la teinte bleue, due à la formation d'iodure d'amidon, si l'on touche le mélange avec une baguette imprégnée d'une trace d'acide azotique pur. Quant aux sulfates signalés dans l'analyse que nous avons donnée, ils proviennent de causes étrangères, et notamment des poussières de nos constructions. Marchand a trouvé qu'il y avait, par mètre cube d'eau de pluie, 10g,07 de sulfate de soude, et seulement 0g,87 de sulfate de chaux.

Des matières, qui offrent encore un grand intérêt, sont les substances organiques que l'eau peut enlever, à l'état de poussières très ténues, à l'air des cités ou des campagnes. Dans l'atmosphère des villes industrielles, on en trouve en quantité; un de nos naturalistes les plus célèbres, F. A. Pouchet, a construit un appareil spécial l'*æroscope*, qui permet de recueillir et d'examiner toutes ces poussières de l'air. Les premières gouttes d'eau qui tombent, dans une averse, peuvent contenir des éléments minéraux (fragments du sol, des murailles, fumées avec dépôt de charbon), des matières organiques provenant de nos vêtements (laine, coton, soie, chanvre, lin, etc.), de nos aliments (fécules, pain), des débris de poils, de plumes, etc. Ces matières sont tellement abondantes parfois, que certaines eaux pluviales peuvent être plus souillées que l'eau des rivières; pour en donner une preuve, il suffit de rappeler que, d'après Smith, mille mètres cubes d'air ont fourni, à Manchester, 10 grammes de matières organiques; que Marchand en a trouvé 24 grammes à Fécamp; et Chatin, 50 grammes à Paris.

N'oublions pas de dire, que parmi les matières organiques, il faut aussi compter un certain nombre d'organismes vivants qui foisonnent dans l'air. En 1882, des expériences faites à Paris, à l'observatoire de Montsouris, ont permis de poser les conclusions suivantes: par litre d'eau de pluie, on trouve dans le parc de Montsouris 160,000 bactéries, en moyenne, se répartissant ainsi:

48,800 appartenant au genre *micrococcus*;
100,800 appartenant au genre *bacillus*;
10,400 appartenant au genre *bactérium*;

tandis que l'expérience, faite avec l'air du parc, donnait des proportions différentes, relativement au nombre des espèces retrouvées: ainsi, sur 100, il y avait 73 *micrococcus*, 19 *bacillus*, et 8 *bactéries*.

Il résulte des travaux entrepris sur ce même sujet, que la quantité d'organismes que l'on retrouve de l'eau de pluie, varie avec les saisons; il y en a beaucoup en automne, très peu en hiver; beaucoup plus dans le centre de Paris que vers la périphérie. Aujourd'hui que la contamination de l'air et de l'eau, préoccupe si fort l'opinion publique, par rapport au développement des maladies épidémiques, ces chiffres ne sont pas sans intérêt.

Eaux de citerne. Ces eaux constituent une sorte d'annexe à l'histoire des eaux météoriqnes, puisque ce sont des eaux de pluies, emmagasinées après leur chute sur les toits de nos habitations. Elles sont naturellement moins pures que les premières puisqu'en dehors des corps qu'elles ont pu entraîner à l'air, elles ont enlevé toutes les poussières qui se trouvaient sur les toits, ou les parties qui ont pu se détacher des conduites, en même temps qu'elles ont pu enlever, par dissolution, certaines substances qui composaient les matériaux employés pour la confection des réservoirs que l'on nomme *citernes*. Dans quelques villes, on ne recueille pas les premières eaux qui tombent, ayant la possibilité, au moyen de robinets placés au dessus du réservoir, sur le tuyau de conduite, de perdre la première eau, celle qui a servi au lavage de la toiture; c'est une exception, ce devrait être une habitude.

L'eau de citerne, d'abord bien aérée, ne tarde pas à perdre en grande partie l'oxygène qu'elle contenait, si la citerne n'est pas absolument *protégée contre l'action de la lumière*, et *bien ventilée*. Dans le prêmier cas, l'eau se trouble par le développement de champignons et d'algues, qui absorbent l'oxygène dissous; l'eau devient désagréable à boire, odorante, indigeste. Si l'eau a été emmagasinée dans une citerne neuve, elle est dangereuse; il a pu y avoir dissolution de sels de chaux empruntés aux murailles, et si, lorsque le réservoir est plein, la quantité de sels existant par litre, n'est pas très grande, il n'en est plus de même lorsque le niveau de l'eau baisse dans ce réservoir; les liqueurs se concentrent, et la proportion des sels peut devenir extrême. Dans tous ces cas, il faut faire curer la citerne, pour avoir de l'eau capable de servir aux usages domestiques. On y remédie bien parfois au moyen de l'addition de *charbon animal* (V. ce mot), mais ce procédé n'est pas toujours suffisant.

Pour avoir de bonne eau de citerne, il faut avoir soin, lorsque l'on fait construire celle-ci, de réserver au-dessus de l'emplacement choisi, un petit espace que l'on remplit de sable. L'eau, forcée de traverser ce filtre, avant d'aller s'emmagasiner, se purifie en se débarrassant des corps étrangers qu'elle avait pu entraîner.

A la suite de ces eaux météoriques, il conviendrait de placer les suivantes, bien que le plus souvent, elles ne soient réellement pas potables. Nous voulons parler des:

Eaux de mares. Ces eaux, que l'on rencontre dans un très grand nombre d'exploitations agricoles, sont dues au séjour des eaux pluviales à la surface du sol, quand l'infiltration ne peut pas se faire, par suite de la présence d'une certaine épaisseur d'argile. Lorsque les mares sont bien soignées, fréquemment curées pour enlever les détritus organiques qui peuvent tomber dans l'eau, le liquide peut être bu sans inconvénients, quoique indigeste; il arrive fort souvent de voir dans les fermes les mares situées à proximité des étables, alors elles reçoivent des liquides putrides qui rendent leurs eaux absolument impropres à l'alimentation ou aux usages domestiques. Nous donnons à la page suivante l'analyse de deux eaux de mares, montrant les différences que l'on peut trouver dans la constitution de ces eaux.

Les eaux telluriques proviennent d'infiltrations des eaux météoriques au travers du sol. Parmi les eaux potables que nous avons à étudier, nous distinguerons: les *eaux de sources*, *fleuves* ou *rivières*, ou celles qui coulent naturellement à la surface du sol; les *eaux de puits*, qui sont dues à une

Eaux de mares	Bois Guillaume près Rouen	Epreville près Fécamp
Gaz.		
Oxygène, azote, acide carbonique . .	»	non dosés
Ammoniaque.	0gr,001	0.0035
Matières fixes.		
Carbonate de chaux.	0.539	0.975
Sulfate de chaux.	0.212	1.326
— de potasse.	0.067	0.026
Chlorure de calcium, sodium.	0.008	0.059
Carbonate de magnésie.	0.019	0.021
— de fer.	0.015	0.008
Azotate de potasse.	0.009	0.007
— de chaux.	»	traces
Silice.	0.026	0.006
Matières organiques.	0.099	0.800
	1.0050	1.4325

Analyses de M. J. Cloüet.

nappe souterraine, qu'il faut aller chercher à une certaine profondeur ; enfin, les *eaux artésiennes* qui jaillissent sur le sol, à une hauteur variable, mais qu'il a été nécessaire de trouver à une profondeur toujours considérable, au moyen de travaux fort longs et nécessairement fort coûteux.

Eaux de source. Ces eaux varient forcément avec la nature du terrain qu'elles ont traversé avant de sourdre à la surface du sol. Les plus pures viennent des terrains primitifs, d'où le nom d'*eaux de roche* qu'on leur donne fréquemment; celles provenant des terrains secondaires sont plus ou moins calcaires, mais les eaux qui traversent les couches à sulfate de chaux, ne sont plus potables, en général.

La température des eaux courantes est toujours en relation avec la température ambiante, lorsqu'on les considère à quelque distance de la source, mais constante au lieu d'émergence, et, en général toujours élevée de 1 ou 2 dixièmes de degré que celle de l'air avoisinant.

Pour la distribution des eaux qui servent dans les grandes villes, on a soin de choisir des eaux donnant moins de 0g,50 de résidu par litre. Voici quelques chiffres qui indiquent la quantité de résidus fournis par les eaux de sources captées dans certaines villes.

Sources de Rouen.	0g,222 à	1g,753
— de Fécamp.	0.269 à	0.378
— de Montivillers.		0.276
— de Bolbec.		0.291
— de Harfleur.		0.330
— du Havre.	0.368 à	0.925
— de Neufchâtel (Saint-Vincent). . .		0.324
— de Pont-Audemer.		0.420
— d'Arcueil.		0.527
— de Besançon.	0.279 à	0.283
— de Bordeaux.	0.245 à	0.523
— de la Dhuis.		0.293
— de Dijon.		0.260
— de Lyon.	0.230 à	0.265
— de Metz (Mouveaux). . . .	0.170 à	0.214

Eaux de fleuves et de rivières. Ces cours d'eau proviennent de la réunion des sources et des ruisseaux ; leur nature devra donc varier, avec la composition des terrains qu'ont traversé les premières sources, l'étendue du territoire parcouru, la vie animale et surtout végétale que ces eaux ont entretenue, enfin avec la quantité d'eau météorique qu'elles ont pu recevoir.

Les eaux courantes renferment naturellement bien plus de matières en dissolution, que les eaux météoriques, mais elles n'ont plus tout à fait la composition des eaux de sources, surtout lorsque l'on analyse celles-ci à leur point d'émergence. On conçoit en effet, que les bi-carbonates qui étaient dissous dans l'eau, grâce à la pression et à l'excès d'acide carbonique, se sont déposés à l'état insoluble en devenant carbonates; il en résulte donc que les eaux des fleuves doivent être moins riches en sels calcaires que les eaux des rivières, et celles-ci moins encore que les eaux de source : par contre, elles doivent contenir plus de limon ou de matières organiques que les dernières, et cela, en proportion variable avec la rapidité du cours d'eau, et les crues qui peuvent se produire. On peut trouver de grandes variations dans la composition de l'eau d'un fleuve, suivant la saison où l'on fait l'analyse, la place où l'on prélève l'échantillon, la rive du fleuve, le plus ou moins grand débit du cours d'eau. Nous allons en donner des exemples en prenant la composition de l'eau de la Seine à différentes époques et en divers endroits.

Dans toutes les analyses qui vont suivre, on n'a pas tenu compte, bien entendu, des matières en suspension que l'eau peut charrier avec elle, car il est des rivières où cette proportion de limon devient énorme. Ainsi, on a calculé que le Gange, pendant la saison des pluies, entraîne par seconde 2,743 kilogrammes de limon ; pendant l'hiver, 906 kilogrammes ; pendant l'été, 225 kilogrammes (Everest).

Le Nil, au Caire, contient parfois 1k,580 de matières en suspension, par litre, et roule alors 377,000 mètres de limon par jour. On pourra voir, en lisant les analyses 12 et 13 du tableau suivant, que la Seine, à Rouen, pendant une forte crue, charriait 0g,055 de sable par litre, et qu'aussitôt après la crue, il n'y en avait plus que 0g,002. La Loire dans ses crues entraîne fréquemment 225 à 250 grammes de sable par mètre cube.

Il en résulte donc, que si la chaux se dépose à mesure qu'on s'éloigne de la source, le limon charrié augmente, par la corrosion des rives.

Les matières tenues en dissolution dans les eaux courantes varient, avons-nous dit, sous certaines influences ; ainsi, dans les fortes crues, il y a plus d'eau (analyse 12) et moins de résidu fixe, que quand la crue a cessé (analyse 13). La proportion du gaz dissous peut varier, surtout par rapport à l'oxygène, parce que les matières organiques l'absorbent. En admettant comme normale, la proportion de 10 centilitres de gaz par litre d'eau, ce qu'on observe par exemple, pour la Seine, en amont de Paris, on voit la souillure du fleuve faire diminuer progressivement cette quantité; il faut descendre jusqu'à Rouen, pour retrouver

Composition, par litre, de l'eau de la Seine prise à différents endroits, et en diverses saisons.

Composition	1	2	3	4	5	6	7	8	9	10	11	12	13
	A Paris					A Rouen							
	A Bercy	Au pont d'Ivry	Au pont Notre-Dame	A la pompe du Gros-Caillou	A la pompe de Chaillot	A Lescure en Juillet	A Lescure en Janvier	A l'île du Petit-Gué (Juillet)	Au Pont-de-Pierre rive droite (Mars)	Devant la caserne rive gauche (Mars)	Au pont du Chemin de fer rive gauche	Pont-de-Pierre rive droite forte crue	Pont-de-Pierre rive gauche crue terminée
Gaz.	litres	litres	litres	litres	litres						centimètres cubes	grammes	grammes
Acide carbonique	0.0162	0.0130	0.0140	0.0140	0.0130	»	»	»	»	»	15.8	0.01988	0.01919
Oxygène	0.0039	0.0030	0.0030	0.0040	0.0030	»	»	»	»	»	3.7	0.00379	0.01262
Azote	0.0120					»	»	»	»	»	12.0	0.03772	0.05241
Ammoniaque	»	»	»	»	»	»	»	»	»	»	0g,000538	»	»
Matières fixes.	grammes	grammes	grammes	grammes	grammes						grammes		
Silice	0.0244					indéterminée	traces	traces	traces	traces	0.0236	0.0230	0.0249
Alumine	0.0005	0.0080	0.0140	0.0230	0.0240	»	»	»	»	»	0.0003	»	0.0006
Peroxyde de fer	0.0025					»	»	»	»	»	0.0020	traces	0.0028
Carbonate de chaux	0.1655	0.1320	0.1740	0.1740	0.2300	0.0830	0.0710	0.0810	0.0200	0.0750	0.1205	0.1153	0.1880
— de magnésie	0.0034	0.0600	0.0620	0.0750	0.0760	»	»	»	»	»	»	»	»
Sulfate de chaux	0.0269	0.0200	0.0390	0.0400	0.0400	0.0380	0.0330	0.0380	0.0390	0.0340	0.0990	0.1400	0.0985
— de potasse	0.0050	0.0400 (1)	0.0170 (1)	0.0270 (1)	0.0300 (1)	»	»	»	»	»	»	»	0.0040
Chlorure de sodium	0.0123					0.0210	0.0180	0.0310	0.0200	0.0170	0.0045	0.0307	0.0266
— de magnésium	»	0.0100	0.0250	0.0330	0.0320	0.0070	0.0120	0.0100	0.0070	0.0120	»	»	»
— de calcium	»					0.0150	0.0170	0.0160	0.0160	0.0170	»	»	»
Azotate de soude	0.0094	traces	traces	traces	traces	»	»	»	»	»	0.0029	0.0065	0.0080
— de magnésie	0.0052	»	»	»	»	»	»	»	»	»	»		traces
Matières organiques	traces	traces	traces	traces	traces	traces	quantité marquée	quantité plus forte	0.0060	»	0.0030	0.0225	0.0196
Total	0.2551	0.2400	0.3310	0.4260	0.4320	0.1640	0.1510	0.1760	0.1700	0.1580	0.256338	0.3350	0.3750
	Analyse de M. H. Sainte-Claire-Deville (1846)	Analyses de MM. Boutron et Henry (1848).				Analyses de MM. Girardin et Preisser (1842)					Analyses de M. J. Clouet (1879 et 1883).		

(1) Ces chiffres expriment en plus, de petites quantités de sulfates de magnésie et de soude, comptés comme sulfate de potasse.

cette proportion. MM. Boudet et Girardin, en 1874, en faisant ces dosages par le procédé à l'hyposulfite de soude ont trouvé : Eau de Seine, à Corbeil, 9 centilitres d'oxygène par litre d'eau; à Choisy, 7,5 ; à Ivry, 8; au Pont de la Tournelle, 8 ; à Auteuil, 6; à Billancourt, 5 ; à Sèvres, 5,4 ; à Saint-Cloud, 5,3; à Asnières, 4,6; à Saint-Ouen, 4; à Saint-Denis, 2; à La Briche, 1 ; à Epinay, 1 ; à Argenteuil, 1,4; à Poissy, 6; à Meulan, 8 ; à Verdon, 9,51 ; à Rouen, 10,5.

Quant à la moyenne normale, et totale, des gaz dissous, on a vu qu'elle représente 30 centimètres cubes environ ; les quantités les plus faibles trouvées par M. Peligot, dans l'eau de la Seine, ont été de 26 centimètres cubes (O=6, Az=13, C^2O^4=7), mais, par contre, en janvier et février 1855, il y en avait 54^{c3},1 ; en mars 41^{c3},9; en avril 43^{c3},3; en mai 40 centimètres cubes, et la moyenne de 12 mois (1852-53) a fourni à M. Poggiale 52^{c3},5; l'acide carbonique formant presque toujours la moitié du volume total.

A ces gaz viennent parfois se mêler de petites proportions d'acide sulfhydrique. C'est ce qui a lieu, dans les eaux mélangées de matières en décomposition, comme auprès d'Asnières, au débouché des égouts de Paris. Ces matières organiques, désoxydant les sulfates, les transforment en sulfures, et ceux-ci décomposés par l'acide carbonique de l'air, dégagent de l'acide sulfhydrique. En même temps apparaissent dans ces eaux des conferves, des champignons, des diatomées, des desmidiées, etc., et dans le règne animal, des cyclopes, des daphnia, des hydres, des éponges d'eau-douce, etc.

Les matières dissoutes peuvent varier même si l'on fait l'examen de l'eau d'une rive ou d'une autre, on n'a qu'à se reporter aux analyses 12 et 13, pour voir qu'à Rouen, la souillure de la rive droite est plus grande, relativement aux matières organiques, que sur la rive gauche ; c'est qu'en effet, sur ce côté se jettent deux rivières, Robec et l'Aubette sur lesquelles se trouvent divers établissement industriels, et qu'en outre, plusieurs usines sont à droite, et en amont du fleuve ; le mélange des eaux est assez long à s'effectuer. On peut encore déduire ce fait de l'analyse 2, puisqu'au pont d'Ivry, l'eau de la Seine n'est pas encore souillée par celle de la Marne.

La proportion de résidu fixe, varie, a-t-on vu, par suite de diverses causes, mais nous avons indiqué qu'une purification par dépôt de silice, de carbonate de chaux, ainsi que de détritus organiques, doit s'opérer pendant le parcours des rivières ; on peut, pour s'en convaincre, comparer les résultats obtenus avec l'eau de Paris (analyse 1 à 5) et celles de la Seine à Rouen. Un résultat tout opposé est dû à l'influence des marées, l'eau reste bien plus salée en aval de Rouen qu'en amont, et en remontant la Seine. A Londres, la Tamise renferme trois fois plus de chlorure de sodium après le flot, qu'avant l'arrivée de celui-ci. La présence des azotates suit la même loi de croissance ; ils sont plus abondants vers l'embouchure de la Seine qu'à Rouen et en plus forte quantité en cet endroit qu'à Paris ; et encore, faut-il ajouter, qu'en cette ville, Vauquelin et Bouchardat ne les ont trouvés que sur la rive gauche seulement, tandis que sur la rive droite ils observaient de plus grandes quantités de magnésie.

Dans les conditions normales la quantité de résidu fixe varie entre 0^g,10 environ, et 0^g,35 par litre, comme on peut le voir par les chiffres suivants :

Nom des cours d'eau	Poids du résidu par litre	Nom des cours d'eau	Poids du résidu par litre
	grammes		grammes
La Deule, avant Lille	0.308	La Marne, avant la Seine	0.180
Le Doubs, à Besançon	0.230	La Moselle, à Metz	0.116
La Doller, à Mulhouse	0.184	Le Rhin, à Strasbourg	0.232
L'Escaut, à Cambrai	0.294	Le Rhône, à Lyon	0.107
La Garonne, à Toulouse	0.137	La Saône, à Lyon	0.141
L'Isère, à Grenoble	0.188	La Seine, avant la Marne	0.178
La Loire, à Firminy	0.350	La Vesle, avant Reims	0.190
Le Maine, à Angers	0.147	La Vienne, à Troyes	0.198

Dans presque tous ces exemples, le dépôt est en grande partie constitué par du bicarbonate de chaux, ce sel constitue en effet :

Pour le Rhône	82 à 94 0/0	du poids total.
Pour la Seine. } Pour l'Aar }	75	—
Pour le Rhin	55 à 75	—
Pour la Loire	53	—
Pour la Meuse	48 à 62	—

Certains sels sont toujours en très minime quantité.

Il n'y a par litre que 0^g,05 de phosphates au maximum (le Don); pour les azotates, on en a trouvé de 0^g,5 à 5 grammes dans le Rhône, par mètre cube d'eau ; dans le Rhin, à Strasbourg, 3^g,8 ; dans le Doubs, à la Rivotte, 8 grammes ; dans le Rhône, à Genève, 8^g,5 ; dans la Seine jusqu'à 14^g,6; quant à l'ammoniaque, on n'en trouve également que fort peu : la Seine, à Ivry, en a offert par mètre cube 0^g,17, à Rouen, 0^g,50 ; le Rhin, à Lauterbourg, 0^g,48 ; la Vesle, à Saint-Brice, 1^g,80.

La température des eaux courantes est sensiblement la même que celle de l'air ambiant, mais, des expériences faites par Bertin, de 1850 à 1859, sur le Rhin ; de celles de Fournet, sur le Rhône et la Saône ; de Seeligmann, sur le Rhône; de Bernard, sur la Seine, etc., il résulte que la température de l'eau est toujours plus élevée que celle de l'air de un demi-degré environ.

Pour connaître la nature et la quantité des substances qui entrent dans la constitution de l'eau, deux méthodes peuvent être employées : l'une, qui donne simplement des résultats approximatifs, est désignée sous le nom d'*hydrotimétrie* (V. ce mot) ; l'autre est l'analyse chimique proprement dite.

On doit donc avoir recours au second procédé, toutes les fois qu'il est nécessaire d'avoir des renseignements complets sur la nature d'une eau quelconque.

Analyse des eaux potables. On commence par rechercher la quantité des gaz contenus dans l'eau, en opérant comme nous l'avons déjà indiqué en parlant des eaux météoriques, puis on dose ensuite la quantité de matières solides renfermées dans l'eau.

Détermination du résidu solide. On évapore dans une capsule rigoureusement pesée, 500^{c3} d'eau, en ayant soin d'éviter l'ébullition, pour ne pas projeter au dehors des gouttelettes, ce qui modifierait le poids du résidu. La dessiccation terminée à l'étuve, on laisse refroidir le vase sous le dessiccateur, et on en prend le poids. La différence entre ces deux poids donne la quantité du résidu laissé par ces 500^{c3} d'eau.

Détermination de la matière organique. En chauffant légèrement au rouge le résidu précédent, l'humectant, après refroidissement, avec une solution de carbonate d'ammoniaque et portant de nouveau au rouge, on a, par la différence de poids, la quantité de matières organiques contenues dans l'eau, celles-ci s'étant trouvées détruites par la calcination. Quant au dosage de ces matières organiques, il s'opère ainsi qu'il suit : on verse dans un ballon 100^{c3} d'eau et 5^{c3} d'acide sulfurique étendu (1 partie d'acide pour 3 parties d'eau), puis une quantité suffisante de solution de permanganate de potasse (0^{g},32 de sel cristallisé pour 1,000 grammes d'eau) pour que le mélange reste rouge, même après l'ébullition ; après une ébullition de quelques minutes, on ajoute 10^{c3} d'une solution normale d'acide oxalique (0^{g},63 d'acide 00/00), puis on décompose l'acide en excès en versant avec une burette graduée de la solution de permanganate. En retranchant du nombre total de centimètres cubes employés, celui des centimètres cubes nécessaires pour oxyder l'acide oxalique en présence, on en déduit la quantité d'oxygène nécessaire pour oxyder la matière organique. 1 centimètre cube de la solution de permanganate indiquée représente 0^{g},00008 d'oxygène.

Lorsque l'on veut simplement constater la présence de matières organiques dans une eau, il suffit de verser dans celle-ci une solution de permanganate, qui se décolore si ces principes existent, ou des solutions de chlorure d'or, de bichlorure de mercure, ou de sulfate de zinc, qui se décomposent dans les mêmes conditions, la première à froid, et après vingt-quatre ou quarante-huit heures, les secondes à l'ébullition.

I. Le résidu de l'évaporation de l'eau est alors examiné pour reconnaître sa constitution. On le traite par l'alcool concentré, on agite quelque temps, puis on filtre la liqueur en la jetant sur un petit filtre taré. Le poids de celui-ci, après une nouvelle dessiccation à l'étuve à eau, indique la proportion de sels enlevés par l'alcool. On évapore la liqueur alcoolique, on reprend le résidu par un peu d'eau distillée chaude, et on recherche les caractères de la solution. On a enlevé ainsi des chlorures et des composés azotés.

Dosage des chlorures. Le précipité blanc qui se forme avec l'azotate d'argent indique la présence de ces corps. On en détermine la proportion au moyen d'une solution d'azotate d'argent (17^{g},00/00), dont 1^{c3} représente 0^{g},00355 de chlore. Si l'on a fait avec le résidu alcoolique et de l'eau, un volume déterminé de solution, on prend un certain nombre de centimètres cubes de la liqueur, on y ajoute quelques gouttes de solution de chromate neutre de potasse, puis l'on verse avec une burette divisée en dixièmes de centimètres cubes, la solution argentique. Dès que la solution devient rougeâtre, c'est qu'il commence à se former du chromate d'argent, on lit le nombre de divisions employées, et calcule la quantité de chlore.

On recherche alors avec les réactifs appropriés la base unie au chlore dans les chlorures.

Dosage des composés azotés. On reconnaît aisément la présence des *azotates* dans le résidu, en prenant un peu de la liqueur obtenue après le traitement alcoolique, en la mettant avec un cristal de brucine, et ajoutant une gouttelette d'acide sulfurique pur. S'il y a des traces de nitrates, il se forme aussitôt une auréole rouge sang autour du cristal de brucine. On peut encore agir avec l'eau à analyser : on met 15^{c3} d'eau dans une capsule, avec un fragment d'or en feuille et quelques centimètres cubes d'acide chlorhydrique. On fait évaporer ensuite presqu'à siccité ; s'il y avait des nitrates, l'eau régale qui s'est formée a dissous un peu d'or, ce que l'on vérifie en ajoutant de l'eau à ce résidu, filtrant, et ajoutant du chlorure d'étain. La coloration pourpre qui se produit aussitôt indique bien la présence de l'or en dissolution. Lorsqu'il n'y a que des traces d'azotate, le dépôt rougeâtre ne se forme qu'après quelques jours.

Pour opérer le dosage des azotates on porte à l'ébullition, dans un ballon, un mélange de 25^{c3} d'eau à analyser, et de 50^{c3} d'acide sulfurique pur, puis on verse avec une burette une solution titrée de sulfate d'indigo, jusqu'à ce que la liqueur ait pris une teinte vert-bleuâtre ; on contrôle l'opération en versant dans un second essai, et d'une seule fois, le nombre trouvé de divisions d'indigo, puis obtenant la même nuance verte. Cette solution d'indigo est faite de telle sorte que 6 à 8 centimètres cubes correspondent à 1 milligramme d'acide azotique ; on l'obtient en dissolvant 1 partie d'indigo pulvérisé dans 6 parties d'acide sulfurique, ajoutant après 240 parties d'eau et filtrant. On la titre ensuite en l'étendant d'une quantité suffisante pour que 6 à 8 centimètres cubes de cette liqueur développent la teinte vert-bleuâtre dans un liquide contenant exactement 1 milligramme d'acide azotique pur.

Cette méthode de dosage donne des résultats un peu faibles. On dose les bases après.

Les *azotites* existent surtout dans les eaux météoriques. On en reconnaît la présence au moyen du permanganate de potasse qui, acidulé, est immédiatement décoloré en présence des azotites (Péan de Saint-Gilles); ou au moyen de l'empois à l'iodure de zinc, qui, mis dans une eau acidulée, prend de suite une teinte bleue, lorsque cette eau renferme des azotites. Leur dosage, relativement à l'emploi industriel des eaux, ne nous paraît pas indispensable à indiquer.

II. Le résidu insoluble dans l'alcool, et que l'on a recueilli sur le filtre taré, est alors repris par l'eau chaude, et complètement épuisé. On enlève ainsi les sulfates et les carbonates.

Dosage des sulfates. La présence de l'acide sulfurique dans les eaux est facilement indiquée par le chlorure de baryum, qui y fait un précipité blanc insoluble dans les acides. Quant au dosage de ce corps, il s'effectue par un procédé très exact indiqué par Wildenstein. On commence par faire bouillir dans un ballon 500^{c3} d'eau à analyser, en remplaçant l'eau qui s'évapore par de l'eau distillée, et après une demi-heure, reformant le volume primitif. On décompose ainsi les bicarbonates alcalins; on filtre après refroidissement, puis on prend 100^{c3} de cette eau et les additionne de 10^{c3} d'une solution de chlorure de baryum, contenant 12^{gr},2 de sel, pur et cristallisé, par litre. 1^{c3} de cette solution correspond à 0^{g},004 d'acide sulfurique. On porte à l'ébullition la liqueur contenue dans un ballon jaugé de 150^{c3}, puis on y verse une solution de chromate double de potasse et d'ammoniaque (7^{g},365 de bichromate pour 1,000 grammes d'eau, et assez d'ammoniaque pour faire virer la couleur au jaune), jusqu'à ce que la liqueur soit jaune, et après refroidissement on complète le volume de 150^{c3}. Pour déterminer la quantité de la solution de chromate nécessaire pour avoir la nuance jaune, on filtre et met 100^{c3} de cette liqueur dans une éprouvette de dimensions telles que sa hauteur soit de 15 à 20 centimètres. On prend une seconde éprouvette semblable, la remplit d'eau distillée, et on forme une teinte identique à la première avec la solution de bichromate. Le nombre de centimètres cubes de solution employés dans le second cas multiplié, par 3/2, est soustrait du nombre de centimètres de la dissolution de chromate ajoutée primitivement à l'eau. La différence entre le nombre restant et le nombre de centimètres cubes de la solution barytique, multipliée par 0,004 donne en milligrammes, le poids d'acide sulfurique contenu dans les 100 grammes d'eau essayés.

Dosage des carbonates. On fait bouillir 500^{c3} de l'eau à analyser avec une solution ammoniacale de chlorure de calcium bien limpide. Il se fait un précipité que l'on jette sur un filtre, et on lave à l'eau distillée bouillante, jusqu'à ce que le liquide filtré soit neutre. Alors, on met le filtre avec son contenu, dans un vase à précipiter, on y ajoute un peu de teinture de tournesol, et on verse en agitant une solution titrée d'acide azotique pur (54 grammes 00/00) neutralisant exactement une solution alcaline de soude à 31 grammes par litre, pour chasser complètement l'acide carbonique. Quand la liqueur s'est éclaircie, on y verse avec la burette graduée la solution alcaline titrée dont nous venons de parler, jusqu'à ce que la teinte rouge vire au bleu. Le volume de liqueur acide neutralisé par le précipité de carbonate de chaux formé, est ainsi connu, en le multipliant par 0^{g},022, on obtient le poids de l'acide carbonique contenu dans les 500^{c3} d'eau.

Si l'on veut maintenant connaître la quantité d'acide carbonique total, et celle de l'acide combiné, on évapore à siccité un même poids d'eau et on répète l'opération de décomposition par la liqueur acide; la différence entre ces deux chiffres exprime la proportion d'acide carbonique libre.

Supposons que 500^{c3} d'eau dans la première opération aient pris.	7^{c3}.36
Que le même poids dans la deuxième ait exigé 1^{c},2, ce qui fera 2,4, puisque les bases sont à l'état de bicarbonates	2.40
	4.96

on aura 4^{c3},96 d'acide libre et 2^{c3},40 d'acide combiné; son poids total sera 7,36×0,022, soit 0^{g},16192, et son volume $\frac{0,16192 \times 1,000}{1,977} = 55^{c3},5$.

III. Le résidu laissé sur le filtre après l'action de l'eau chaude contient les corps insolubles dans l'eau, comme la silice, certains sulfates, etc., on traite ce résidu dans une capsule par de l'acide chlorhydrique pur et étendu. On évapore à siccité à l'étuve à eau, puis on reprend par l'eau distillée aiguisée d'acide chlorhydrique.

Dosage de la silice. En filtrant la liqueur acide sur un filtre taré et séché, on garde sur le filtre, la silice, qui est insoluble; on en prend le poids, après dessiccation nouvelle du filtre.

Les bases ayant été recherchées après les traitements à l'alcool, à l'eau, on les dose aussi dans le résidu insoluble dans l'eau, mais repris par l'acide, et qui a permis d'isoler la silice. Ces bases, dans les eaux courantes, sont en général, l'alumine, le fer, la chaux, la magnésie. Nous allons indiquer comment on dose ces corps.

La liqueur acide est additionnée d'un grand excès d'ammoniaque. Il se produit aussitôt un abondant précipité blanc jaunâtre. On fait bouillir pour chasser complètement l'alcali. L'alumine et le fer se sont précipités, on jette la liqueur sur un filtre taré et séché, dont on prend le poids à nouveau, après dessiccation complète.

Dosage du fer. Pour connaître le poids du fer, on reprend le filtre par l'eau acidulée par l'acide sulfurique, on étend avec deux fois le volume d'eau, et on ramène le fer à l'état de protoxyde en plongeant dans la liqueur une lame de zinc; une fois la réaction opérée, on titre le fer avec une solution de permanganate de potasse, comme on l'a déjà indiqué. — V. Fer, § *Dosage*.

Dosage de l'alumine. Le poids de l'alumine s'obtient par différence. On a déjà le poids total du résidu laissé sur le filtre; l'opération précédente ayant permis d'obtenir celui du fer, on n'a qu'à soustraire l'un de l'autre pour connaître la quantité d'alumine.

Dosage de la chaux. Il s'opère sur la liqueur débarrassée d'alumine et de fer, en précipitant la chaux avec une liqueur d'oxalate d'ammoniaque, en présence d'un excès d'ammoniaque. On laisse le précipité se former pendant douze heures, on le recueille sur un filtre, le lave à l'eau chaude, puis le sèche et le calcine pour transformer l'oxalate en carbonate. La calcination terminée, on laisse refroidir, on verse sur le résidu du creuset un peu de carbonate d'ammoniaque pour carbonater la chaux vive qui a pu se faire, on calcine de nouveau légèrement, puis on pèse après refroidissement. Le poids du carbonate donne par le calcul celui de la chaux.

Dosage de la magnésie. Il s'effectue sur la liqueur primitive débarrassée de la chaux, en faisant passer le magnésium à l'état de phosphate ammoniaco-magnésien. On ajoute à la liqueur une solution de chlorhydrate d'ammoniaque, de l'ammoniaque, puis du phosphate de soude. On agite le liquide et abandonne vingt-quatre heures au repos. On recueille le précipité, le lave à l'eau ammoniacale à diverses reprises, dessèche, et calcine dans un creuset de platine couvert, en mettant le filtre avec le résidu. Ce dernier passe à l'état de pyrophosphate de magnésie, et son poids permet de calculer la quantité de base renfermée dans le sel.

Eaux de puits. Après les eaux courantes, on peut ranger parmi celles qui sont souvent potables les eaux de puits, en exceptant toutefois celles qui sont fournies par des puits creusés dans le gypse, comme on en voit, par exemple, aux environs de Paris. Il arrive fréquemment aussi, que, par suite de travaux faits dans le voisinage de certains puits, la nappe d'eau se trouve altérée ; nous allons en montrer des exemples, la souillure peut provenir soit du mélange des couches aquifères avec l'eau venant d'une région profonde, soit du moyen choisi pour élever l'eau à la surface du sol. Nous donnons ci-après les analyses d'un certain nombre d'eaux de puits, faites par nous depuis 1875 :

Composition	Rouen (Saint-Sever rue d'Elbeuf)	Rouen (r. Guillaume-l.-Conquérant)	Rouen (Enclave Grammont)	Sotteville (rue de Grammont)	Petit-Quevilly	Amfreville-sur-Iton (Eure)
Gaz.						
Oxygène, azote, acide carbonique	»	»	»	»	»	»
Acide sulfhydrique	»	»	0.04649	»	»	»
Matières fixes.						
Chlorure de sodium					»	»
— de magnésium	0.180	2.160	0.11600	0.695	0.180	0.0300
— de potassium					0.025	»
— de calcium	»	0.010	0.01100	0.027	0.036	0.1608
Azotate de potasse	0.011	0.003	traces	traces	0.019	»
Sulfate de chaux		2.580	0.65259	3.010	0.615	0.2380
— de potasse	0.712	0.040	»	»	0.040	»
— de magnésie		0.070	»	0.017	»	»
Carbonate de chaux	0.160	1.043	0.13000	0.219	0.031	0.1751
— de magnésie	0.029	0.026	0.01041	0.025	0.019	0.1496
Silice, alumine, fer	0.008	0.006	0.00900	0.010	0.008	traces
Matières organiques	traces	0.160	0.18100	0.009	traces	0.0055
Total	1.100	6.098	1.15649	4.112	0.973	0.7590

Analyses de M. J. Clouet (1875-1883)

Il arrive fréquemment que les puits mal soignés donnent au bout de quelque temps une eau désagréable, surtout lorsque cette eau contient normalement une certaine quantité de sulfates. C'est ce que l'on peut constater en examinant l'analyse n° 3, où l'eau renfermait 0gr,04649 d'acide sulfhydrique ; ce résultat était dû, à la présence de matières organiques tombées dans un puits non recouvert, et à l'usage d'une pompe en bois. Les sulfates désoxydés par la matière organique se transforment en sulfures, lesquels, décomposés par l'acide carbonique de l'air, dégagent l'acide sulfhydrique. On peut, du reste, vérifier cette diminution de sulfates correspondant à l'augmentation de l'acide sulfhydrique et la disparition de l'ammoniaque ; les chiffres du tableau suivant le démontrent :

Eau d'un puits (Rouen, enclave Grammont), quantités par litre.

	Eau recueillie dans un sondage fait contre le puits	Eau du puits — prise dans le corps de pompe	Eau du puits — prise en dehors du corps de pompe
Acide sulfhydrique	0.002058	0.046492	0.002964
Sulfate de chaux	1.021270	0.652590	1.015140
Ammoniaque	0.001214	disparu	0.001214

Lorsque les eaux de puits sont salées, c'est-à-dire qu'elles contiennent plus de 0gr,01 de chlorure de sodium par litre, elles cessent d'être employées pour l'alimentation.

Eaux de puits artésiens. Ces eaux ont des caractères encore plus variables que celles des eaux de puits ordinaires ; comme les précédentes, il y en a qui sont potables, d'autres qui ne le sont plus. Comme, en général, elles viennent d'une très grande profondeur, elles sont thermales ; et, alors qu'elles sont bonnes pour les usages ordinaires, elles ont besoin d'être refroidies pour pouvoir être employées. On peut admettre que la température de ces sortes d'eaux augmente de un degré par 33 mètres de profondeur du sol ; ainsi le puits artésien de Grenelle, qui a une profondeur de 747 mètres, donne de l'eau à +28° ; celui de Rochefort, qui est jusqu'à présent le plus profond que l'on ait creusé, a 825 mètres, donne de l'eau à +42°. Cette eau, en arrivant à la surface, jaillit souvent à une hauteur qui varie avec l'élévation des collines où les cours d'eau souterrains ont pu prendre naissance ; celle d'un puits artésien d'Elbeuf, s'élève à 32 mètres audessus du niveau du sol ; celle du puits de Grenelle à 38 mètres.

La constitution de l'eau varie non seulement avec la profondeur du puits, mais pour un même puits, la saturation de l'eau change avec la hauteur à laquelle on prélève un échantillon d'eau. Ainsi le puits artésien de la gare de Saint-Ouen renferme 0gr,73 de résidu fixe à 50 mètres, et 0gr,27 à 65 mètres ; ce qui tient assurément à l'arrivée à certains niveaux, de cours d'eau secondaires qui se joignent au principal.

En moyenne, les eaux des puits artésiens donnent environ 0gr,50 de résidu fixe par litre ; cette eau serait souvent très bonne pour l'alimentation, si elle était convenablement aérée ; c'est l'absence de gaz en solution qui la fait rejeter, comme cela a eu lieu pour l'eau des puits de Grenelle, ou de Passy, qui n'est utilisée que pour la voirie. Parfois l'eau est assez chargée de principes salins, pour être véritablement minéralisée ; c'est ce qui a lieu à Sotteville-lès-Rouen.

Nous allons donner la quantité de résidu fixe fournie par les puits les plus connus, ainsi que la composition de quelques-unes de ces eaux.

L'eau des puits artésiens	de Rouen, contient.	0g133	de résidu par litre.
	de Passy, —	0.141	
	de Grenelle, —	0.142	
	de Perpignan, —	0.230	
	de Tours, —	0.320	
	de Lille, — . .	0.394 à 0.711	
	de Roubaix, — . .	0.547 à 0.775	
	de Cambrai, —	0.605	
	d'Elbeuf, —	0.710	
	de Loudun, — . .	0.920 à 1.000	

On a trouvé la composition chimique ci-contre à l'eau des puits artésiens suivants :

Composition de l'eau 00/00	Puits artésien de Passy	Puits artésien de Grenelle	Puits artésien de Sotteville-lès-Rouen
	centimètres cubes	centimètres cubes	grammes
Gaz. — Azote	17.10	17.94	indéterminée
— Acide carbonique des carbonates.	7.00	5.06	0.103
— Acide sulfhydrique (avec traces de sulfures)	»	»	traces
— Ammoniaque.	»	»	traces
	grammes	grammes	
Matières fixes. — Carbonate de chaux.	0.0640	0.0579	0.136
— — de magnésie	0.0240	0.0163	0.038
— — de potasse.	0.0120	0.0204	traces
— — ferreux.	0.0010	0.0031	0.023
— Sulfate de soude.	0.0150	0.0160	traces
— — de chaux.	»	»	1.816
— — de magnésie.	»	»	0.290
— Azotate de chaux.	»	»	0.021
— Chlorure de sodium.	0.0090	0.0090	12.047
— — de magnésium.	»	»	0.628
— — de calcium.	»	»	0.035
— Iodures alcalins	traces	traces	0.006
— Bromures alcalins.	»	»	0.010
— Alumine	0.0010	0.0100	0.102
— Silice.	0.0100	»	
— Magnésie.	»	»	traces
— Manganèse.	0.0044	»	»
— Matières organiques.	traces	traces	traces
— Hyposulfite de soude.	»	traces	»
Poids du résidu fixe.	0.1410	0.1420	15.152
	Analyse de MM. Poggiale et Lambert.	Analyse de M. Peligot.	Analyse de MM. Boutan et Morin.

Nous avons, en étudiant les eaux potables, vu qu'un certain nombre d'entre elles, comme les eaux de mare, de puits, de puits artésiens, sont, dans certains cas, assez chargées de sels pour cesser de pouvoir être utilisées pour les besoins ordinaires de la vie ; c'est une transition naturelle qui nous conduit à faire l'histoire des eaux chargées de principes salins abondamment dissous par les eaux telluriques dans leur passage au travers du sol. — V. EAUX MINÉRALES.

DE L'EAU AU POINT DE VUE ALIMENTAIRE

Nous avons indiqué la nature et la composition des eaux *météoriques* et *telluriques* ; en faisant cette étude, on a dû remarquer qu'un bien petit nombre de ces eaux pouvait être réellement considéré comme *eaux potables*. Si l'homme n'avait su modifier la qualité de certaines eaux, il n'aurait pu s'en procurer assez pour suffire à ses besoins économiques, ou à son industrie. Nous allons voir maintenant comment, étant données certaines eaux, même très minéralisées, on peut s'en servir comme boisson, ou comment, par des moyens mécaniques ou des procédés chimiques, on peut les rendre aptes à servir pour tous les usages ordinaires et industriels.

Un premier procédé pour modifier la qualité des eaux est journellement employé, c'est la *distillation*. Toutes les fois qu'un navire marchand embarque un certain nombre de gens d'équipage, pour ne pas perdre une place plus précieusement occupée (?), il n'emporte qu'une minime proportion d'eau douce; lorsque celle-ci vient à manquer, on procède, dans ce que l'on appelle la *cuisine distillatoire* du navire, à la distillation de l'eau de mer. Cette cuisine consiste essentiellement en un alambic ordinaire installé sur un fourneau économique. Un serpentin entouré d'un réfrigérant permet de condenser l'eau qui distille, et si l'on a soin d'aérer un peu l'eau, en la laissant tomber d'une certaine hauteur en légers filets, on obtient ainsi un liquide débarrassé des matières salines et propre à l'alimentation. Il faut cependant remarquer ici, que lorsque les appareils ne sont pas parfaitement exécutés, il peut y avoir parfois de graves accidents qui se produisent. C'est ainsi, qu'en 1876, nous avons été conduits à rechercher la cause d'accidents qui avaient compromis la santé des hommes de l'équipage du *Caldera*, et que nous avons vite reconnu que la cause de ces accidents devait être attribuée à l'état de la cuisine distillatoire. Lorsqu'en effet, ces appareils ne sont pas étamés avec de l'étain absolument pur, il peut y avoir, par suite de l'altération des sels qui existent dans l'eau de mer, et notamment du chlorure de magnésium, décomposition d'une partie de ces produits, surtout si on laisse manquer l'appareil d'eau, ou si on ne le purge pas tous les jours pour enlever les résidus; il y aura forcément, dans ces cas, mise en liberté d'acide chlorhydrique, qui passera avec la vapeur d'eau, et séparation d'une certaine quantité d'oxyde de magnésium, lequel restera dans les résidus. La vapeur d'eau acide attaquera le plomb, si elle trouve un étamage à l'étain plombifère, et, dès lors, ce chlorure de plomb rendu soluble par l'excès d'acide chlorhydrique, sera ingéré continuellement et ne tardera pas à produire un empoisonnement saturnin. C'est pour cette raison, que ces cuisines distillatoires ne peuvent rendre de services qu'à la condition d'être parfaitement confectionnées. (V. *Recherches sur les étamages*, in *Bulletin de la Société industrielle de Rouen*, 1876).

Un autre procédé de purification des eaux par l'action de la chaleur, est l'emploi d'un courant de *vapeur surchauffée*, destiné à porter le liquide à une température telle que tous les germes organiques infectieux que peut contenir cette eau, se trouvent alors complètement détruits. On sait aujourd'hui parfaitement que l'eau est l'agent qui transmet la plupart des maladies parasitaires, que les organismes soient très petits ou qu'ils soient des microbes proprement dits. C'est donc par l'usage d'une eau contaminée que se gagnent un très grand nombre d'affections dont nous n'avons pas besoin de faire ici l'énumération; quelques exemples suffiront pour montrer l'importance qu'il y a, au point de vue de l'hygiène, à chauffer l'eau, lorsqu'on n'a pas d'autre liquide à sa disposition. Il est actuellement admis et démontré que l'emploi d'eau souillée par des matières organiques en putréfaction, peut occasionner des épidémies fort graves. C'est ainsi qu'à Winterton (Angleterre) 200 cas de typhus, sur 1,800 habitants, se déclarèrent une année; qu'à Guildfort, 264 individus furent atteints, sur 9,000 habitants, de la même affection, pour avoir bu de l'eau infectée par du liquide de fosses d'aisance; qu'à Dundée (1864), à Lochée, à Beg, à Bedford (1850), à Vienne (1850), à Mayence (1843), à Munich (1860, 1865), à Bishossestoke, près Southampton, des épidémies horribles se déclarèrent (Grimaux de Caux constata 1,000 décès en quinze jours à Vienne, et Gietl observa 6,000 cas à Munich, en 1865), à cause des infiltrations des fosses d'aisance, absence d'égouts, écoulement insuffisant des eaux de voirie: toutes raisons qui avaient contribué à souiller la nappe aquifère; que les cas de choléra signalés à la prison de Halle (1866), à Brachtstedt (1866), à Rotterdam, à Groningue, à Prague (1867-68), n'eurent pas d'autre origine.

Si la purification de l'eau par la chaleur est indispensable en temps d'épidémie, elle est quelquefois nécessaire aussi pour faire disparaître certaines affections, comme la dyssenterie, quelques maladies d'estomac, le goître, la scrofule: nous pourrions en citer des exemples frappants observés à Alais (Gard), à Beauvais, à Arcueil, etc.

Dans nos colonies, où l'état sanitaire laisse souvent à désirer, comme à la Guyane, à Mayotte, à Dakar, en Cochinchine, il serait à désirer que l'on ne délivrât aux troupes, ou que l'on ne bût, parmi la population indigène, que de l'eau portée à une température de 120° environ. On peut arriver très facilement à ce résultat, en se servant d'appareils signalés par M. Ch. Tellier et qui sont d'une assez grande simplicité. Ils sont constitués par un grand vase en tôle poinçonné à un certain nombre d'atmosphères, muni d'une soupape et rempli d'eau. En ouvrant un robinet inférieur, on peut faire arriver dans un petit serpentin de la vapeur surchauffée, ce qui amène le liquide à une température variable, de 120 à 150°, ou plus, suivant le besoin. L'eau restant dans le vase n'a pas perdu l'air qu'elle contenait, on la fait passer encore chaude dans un appareil voisin, qui la refroidit en la faisant traverser par des tubes contenant de l'eau à la température ordinaire. On peut, si l'on veut, entourer l'eau condensée d'un mélange réfrigérant pour être sûr d'obtenir une purification plus grande; pour cela, on la fait circuler dans un second serpentin; mais on ne l'utilise jamais qu'à la température de 10 ou 25°. Cette eau, ainsi purifiée, est bien préférable aux eaux soi-disant corrigées par les antiseptiques, tels que l'alcool ou les acides faibles, qui ne font que paralyser à peine les ferments, sans les détruire, tandis que l'action de la chaleur, combinée si cela est nécessaire à l'action du froid, en a débarrassé complètement l'eau destinée à l'alimentation. On peut faire encore mieux, en envoyant dans l'eau une certaine quantité d'air, au moyen d'une petite pompe, qui le fait passer d'abord dans un vase contenant un acide, et ensuite lavant cet air dans de l'eau déjà purifiée ; on est sûr, en employant ce procédé, d'avoir de l'eau parfaitement bonne pour l'alimentation, et digestive, grâce à son aération.

Cette même action de la chaleur a été appliquée dans l'industrie pour obtenir la purification des eaux destinées à l'alimentation des chaudières à vapeur. L'appareil, appelé *filtre-débourbeur* par M. Farinaux, de Lille, est, en effet, constitué par des cylindres juxtaposés, qui se placent entre la pompe alimentaire et les générateurs. Dans l'un d'eux, arrive, par la partie supérieure, l'eau qui tombe en gouttelettes, et qui rencontre aussitôt la vapeur amenée par un second tuyau en communication avec les générateurs. Cette vapeur porte immédiatement l'eau à 100°, ce qui amène la décomposition du bicarbonate de chaux qu'elle contient, et sa précipitation à l'état de carbonate insoluble, et, comme un diaphragme-dôme conduit le liquide dans une section annulaire réservée du côté de l'enveloppe extérieure de l'appareil, l'eau peut déposer au fond du cylindre ses matières en suspension ; elle repasse ensuite dans le second cylindre où elle est obligée de traverser un filtre avant de parvenir au tuyau d'alimentation qui la conduit dans la chaudière à vapeur.

DE L'EAU AU POINT DE VUE INDUSTRIEL

L'épuration des eaux est, aussi bien au point de vue de la *distribution* (V. DISTRIBUTION DE L'EAU) dans les grandes villes, qu'au point de vue de la qualité de l'eau qui doit servir à l'industrie, une question de la plus grande importance ; car, dans les deux cas, l'eau a besoin d'être aussi pure que possible. Parmi les différentes sortes d'eaux, nous avons vu que les seules pures étaient celles distillées ; mais elles ne sont nulle part assez abondantes pour que l'on ait songé à utiliser ces eaux de condensation. Les eaux de pluie pourraient également servir pour les deux usages que nous signalons, à la condition de remplir encore certaines conditions que nous avons signalées ; mais, suivant les régions, elles pourraient très fréquemment manquer, par suite des conditions climatologiques qui régissent la contrée ; pas plus que les premières, elles ne peuvent donc servir. Nous avons vu de plus, que les eaux de sources, de rivières ou de puits contiennent souvent des sels, en proportions trop fortes pour pouvoir être utilisées sans inconvénient. Sans vouloir revenir sur des chiffres, nous rappelons que l'on retrouve, surtout dans les eaux qui nous occupent, parmi les matières en solution : des carbonate, sulfate et chlorure de calcium ; des carbonate et sulfate de magnésium ; des sels de potasse, de soude, d'alumine et de fer ; de la silice ou des silicates ; des matières organiques ; il faut ajouter encore celles qui sont tenues en suspension (organiques et inorganiques).

Nous venons de voir un premier moyen employé pour l'épuration des eaux : c'est l'action de la chaleur, qui peut être appliquée de diverses manières, ou pour volatiliser l'eau et la séparer de ses sels, lorsque le liquide est trop minéralisé, ou pour détruire, par l'action d'une forte température, les germes organiques qui pouvaient altérer les qualités des liquides.

Ce procédé est surtout destiné à rendre potables les eaux minéralisées ou celles souillées par des microbes infectieux.

Nous allons maintenant passer en revue les diverses autres méthodes que l'on peut employer pour améliorer les eaux qui contiennent plus de 0g,50 de résidu fixe par litre. Elles s'appliquent à la fois aux eaux destinées à l'alimentation et aux eaux économiques, ainsi qu'à celles destinées à l'industrie ; le traitement diffère naturellement suivant la pureté des eaux.

A. Lorsque les eaux sont simplement salies par la présence de matières en suspension, qui rendent les liquides troubles, on a eu recours, pour ainsi dire de tous temps, à la filtration, telle qu'elle se fait au sein de la terre ; on dit que les Japonais emploient, depuis des siècles, des diaphragmes en grès, qu'ils placent dans les vases où doit se faire la filtration de l'eau ; l'on connaît, en plus, les deux fontaines où la grande majorité des Vénitiens vient s'approvisionner d'eau. La citerne, qui alimente ces fontaines, date du moyen âge, elle est recouverte par des couches assez épaisses de gravier et de sable, que l'eau est obligée de traverser avant d'entrer dans le réservoir.

B. Les eaux troubles sont parfois encore purifiées par un séjour d'un certain temps dans de grands réservoirs. Mais ce moyen, qui exige un temps assez long, est souvent abandonné pour la filtration véritable, au moyen de substances appropriées. Nous renvoyons pour plus de détails sur ce sujet, au mot FILTRATION, tout en disant qu'il faut choisir comme matières filtrantes des substances inertes, incapables de céder quoique ce soit au liquide ; telles sont le sable, le charbon, les éponges, les grès, les matières poreuses, la laine, la pâte à papier, etc. Tous ces procédés clarifient bien l'eau, mais ils ne font que lui enlever les matières tenues en suspension ; nous en excepterons toutefois le charbon, qui, s'il est suffisamment renouvelé, peut condenser dans ses pores une certaine quantité de sels.

C. La véritable et seule manière de purifier convenablement l'eau, est d'employer l'artifice de procédés chimiques qui permet d'enlever les matières nuisibles tenues en dissolution, par suite de la précipitation de ces matières. C'est ce que l'on appelle dans l'industrie, *faire la correction* ou l'*épuration de l'eau*. On peut obtenir ce résultat : 1° ou en faisant un sel insoluble de même base que le produit qui gênait; ou 2° par voie de double décomposition, en changeant la base, mais précipitant sous forme insoluble le ou les corps qui nuisaient à la qualité de l'eau.

Nous allons être obligés ici de distinguer les opérations que l'on fait subir à l'eau en deux grands groupes, suivant que l'on va utiliser l'eau pour les besoins industriels ou pour l'alimentation, tout en indiquant tout d'abord qu'il ne suffit pas d'être propriétaire d'un cours d'eau, pour avoir le droit d'en détourner ou prendre une certaine quantité, pas plus que l'on ne peut renvoyer à la rivière l'eau qui a servi, sans être astreint à certaines formalités. Différentes lois, arrêtés, règlements, ou ordonnances, que trop souvent les industriels ignorent, et qui leur font déclarer des contraventions, régissent la police des cours d'eau, ou réglementent la pêche.

— Parmi ces ordonnances, il en est qui, quoique très vieilles, sont encore en vigueur. Telles sont : (a) l'ordonnance d'août 1669 portant règlement général sur les eaux et forêts, qui dit au titre XXVII. « De la police et conservation des forêts, eaux, rivières » :

Art. 42. Nul, soit propriétaire ou engagiste, ne pourra faire moulins, bâtardeaux, écluses, gords, pertuis, murs, plans d'arbres, amas de pierres, de terre et de fascines, ni autres édifices ou empêchements nuisibles au cours de l'eau dans les fleuves et rivières navigables et flottables, *ni même y jeter aucunes ordures, immondices, ou les amasser sur les quais et rivages, à peine d'amende arbitraire.* Enjoignons à toutes personnes de les ôter dans trois mois, du jour de la publication des présentes.

(*b*) L'arrêté du 9 mars 1798 (19 ventôse au VI), confirmant l'ordonnance précédente, et en exigeant la stricte exécution.

(c) Les lois du 20 août 1790, du 6 octobre 1791 ; puis, parmi les plus nouvelles, pour la législation des cours d'eau proprement dits : la loi du 15 avril 1829, la circulaire ministérielle du 23 octobre 1851, le règlement de la police des cours d'eau, en date du 23 novembre 1878, — et, — (*d*) relativement à la pêche fluviale, le décret du 10 août 1875, dont le paragraphe 19 est ainsi conçu :

« Des arrêtés rendus sur l'avis des Conseils d'hygiène et des ingénieurs déterminent :

« 1° La durée du rouissage du lin et du chanvre dans les cours d'eau, l'emplacement qui peut avoir le moins d'inconvénient pour le poisson;

« 2° *Les mesures à observer pour l'évacuation dans les cours d'eau, des matières et résidus susceptibles de nuire au poisson, et provenant des fabriques et établissements industriels quelconques.* »

Sans parler des arrêtés préfectoraux qui régissent spécialement chaque cours d'eau.

Comme on le voit, bon nombre de dispositions sont à observer, lorsque l'on a obtenu l'arrêté préfectoral autorisant d'employer l'eau d'une rivière; mais, il est en plus nécessaire, et cela nous fait rentrer dans notre sujet, de corriger le plus souvent cette eau, pour l'approprier à des besoins spéciaux.

Nous ne pourrons entrer dans le détail de toutes les industries qui corrigent l'eau, mais un des points les plus essentiels, dans n'importe quelle industrie, est de se préoccuper de l'eau, au point de vue de l'alimentation des chaudières à vapeur. Quelques mots vont faire comprendre l'importance du sujet.

Correction de l'eau pour l'alimentation des chaudières a vapeur. Que l'on emploie des chaudières tubulaires, semi-tubulaires, ou à bouilleurs, une eau trop chargée de matières salines ne tardera pas à mettre l'appareil hors d'usage. En effet, l'eau en s'évaporant laisse déposer les sels ou matières qu'elle contient; or, un établissement qui consomme par jour 1,000 kilogrammes de charbon, évapore environ 8,000 kilogrammes d'eau; si cette eau est relativement bonne, et qu'elle ne fournisse que 1 gramme de résidu par litre, c'est 8 kilogrammes de matières laissées par jour dans la chaudière, ou par an, 2,880 kilogrammes environ. Ces résidus se déposent sur les parois de la chaudière en croûtes cristallines, souvent recouvertes d'une boue non encore agglomérée; ils sont cause de nombreux inconvénients dont les moins graves sont l'amoindrissement de la conductibilité calorifique, l'obstruction de certains tuyaux ou de certaines parties, jusque dans les organes de la machine, le plus souvent; l'usure, résultant du travail intérieur fait dans la chaudière pour détacher à coups de maillet ces dépôts souvent fort adhérents, etc.; puis, parmi les inconvénients plus graves, les coups de feu, et les dangers d'explosion, lorsque la croûte se crevassant permet à l'eau d'arriver directement sur de la tôle portée au rouge. Ces dépôts sont de nature et de coloration variables, suivant la qualité des eaux employées; ils sont en général constitués par des masses stratifiées, formées de carbonates de chaux et de magnésie, de sulfate de chaux, de silice, d'alumine, d'oxyde de fer, avec une certaine quantité de matières organiques, les silicates et aluminates solubles que renferment quelques eaux s'étant trouvés décomposés par la chaleur. L'épuration des eaux destinées à l'alimentation des chaudières à vapeur se fait souvent de façons différentes: 1° par l'emploi de *procédés physiques :* telle est la décantation après un certain temps de repos, ou la filtration, au moyen d'appareils spéciaux (V. Filtration). Nous avons déjà fait remarquer que ces procédés n'ont qu'une valeur très médiocre; 2° par l'emploi de *procédés mécaniques,* en ajoutant dans la chaudière à vapeur certains corps ayant pour but d'empêcher la formation des dépôts cristallins qui peuvent se fixer sur la tôle des chaudières. On donne le nom de *désincrustants* aux corps que l'on a préconisés dans ce but. — V. Désincrustant, Incrustation.

3° par l'emploi de *procédés chimiques.*

Ces produits sont nombreux, trop nombreux même, si l'on considère leur valeur; ils peuvent être classés de deux manières suivant leur action: les uns agissent mécaniquement, d'autres amènent des réactions chimiques ayant pour but de produire des décompositions qui suppriment l'adhérence.

Nécessité de l'épuration de l'eau dans certaines industries. Dans les *boulangeries* on conçoit aisément que l'eau employée soit débarrassée le plus possible des sels calcaires : le pain gardant après sa cuisson environ 25 0/0 d'eau, serait indigeste si l'eau ayant servi à sa fabrication était séléniteuse ou trop carbonatée. Dans la *brasserie,* on ne peut épuiser complètement l'orge et le houblon, que si l'eau est pure; il y a économie comme rendement et comme qualité, à éviter les eaux calcaires, d'autant mieux, que les bières obtenues étant indigestes, seraient consommées en moindre quantité. On redoute les eaux crues dans les *distilleries*, à cause du dépôt calcaire que forment les eaux sur les parois métalliques des condenseurs ou des réfrigérants au bout d'un certain temps. La rectification devant se faire à une température déterminée, il y a, par suite des incrustations, diminution de la conductibilité, augmentation dans la consommation d'eau des réfrigérants, et souvent modification dans la qualité des alcools recueillis.

Une autre raison fait que les *liquoristes* ne peuvent pour leurs coupages employer que de l'eau très pure, c'est l'insolubilité dans l'alcool d'un grand nombre de sels ; sans eau pure, ils n'obtiendraient que des eaux-de-vie troubles, et de saveur peu franche. Il en est encore ainsi chez les *fabricants de fécule* ou les *amidonniers*, parce que les sels calcaires, se déposant sur leurs produits, leur donneraient une saveur désagréable pour ceux destinés à l'alimentation, ou empêcheraient l'empois de bien cuire et de prendre tout son liant, lorsqu'on veut faire des épaississants pour l'impression. Dans l'établissement d'une *sucrerie* on recherche également la pureté de l'eau. La diffusion, en effet, s'opère d'autant mieux que l'eau est moins calcaire; puis, lorsque l'on évapore les sirops pour les faire cristalliser, s'il y a trop de sels, la cristallisation se fait mal, et les matières salines, restant dans la masse, diminuent le titre saccharimétrique du produit. L'eau pure est encore indispensable dans cette industrie pour le *lavage du noir* qui sert aux sirops. Si les pores du charbon sont remplis d'avance par les sels de chaux contenus dans l'eau qui sert à les laver, on comprend facilement que ces noirs sont vite épuisés, et presque de suite impropres à la décoloration.

L'industrie des tissus a également besoin d'eaux pures. Dans le *blanchiment*, par exemple, si l'eau est calcaire, on perd une grande partie du savon employé, par suite de la formation de savons à base de chaux ou de magnésie qui feraient user cinq à six fois plus de savon ordinaire qu'il n'en faut utiliser en corrigeant l'eau; de plus les savons insolubles formés altèrent les fibres textiles sur lesquelles ils se déposent, et sont parfois difficiles à enlever totalement par la suite. Dans le *teinture* ou l'*impression* des étoffes, on sait que les eaux calcaires ne peuvent être employées, sans s'exposer à voir virer la nuance que l'on voulait obtenir; il en est de même dans les établissements où l'on travaille la laine. Le *dégraissage* ne pourrait s'effectuer en effet avec des eaux calcaires, puisque le suint ne pourrait être saponifié et, par suite, enlevé, tandis qu'avec des eaux pures, lors du dessuintage, et lors du lavage qui se fait avant la teinture, on dissout tout le suint à l'aide de sel de potasse, pour ensuite calciner le résidu et l'utiliser. La laine lavée à l'eau pure reste luisante et souple, au lieu d'être raide et cassante, comme après l'emploi des eaux chargées de matières salines. — V. Dessuintage.

Il est à peine besoin d'indiquer l'importance du choix de l'eau dans les *fabriques de savon*, ce produit pouvant garder jusqu'à 30, 40 et 50 0/0 d'eau, quand il est à base de potasse ou de soude, alors que les savons calcaires se précipitent. La pâte à *porcelaine* n'a pas de liant et ne peut prendre toutes les formes qu'on veut lui donner, lorsqu'elle est faite avec des eaux calcaires; les *fabriques de papier* exigent également de l'eau pure, très limpide, pour conserver à la pâte sa blancheur, sa finesse, sa douceur de grain que les particules terreuses lui feraient perdre. Enfin, et pour n'en plus citer d'autres exemples, on comprend l'intérêt que la *mégisserie* et la *tannerie* ont à employer des eaux de bonne qualité, car, si elles font tomber les poils qui recouvrent les peaux, par l'action de la chaux caustique, on s'efforce d'enlever ensuite tout ce qui reste de celle-ci par une série de passages sous des compresseurs et au milieu de l'eau; or, si l'eau est bicarbonatée, il se fera un dépôt de carbonate de chaux dans les pores de la peau, et il sera impossible ensuite d'enlever le précipité, ce qui nuira pour toutes les autres opérations que l'on voudra faire subir ensuite aux cuirs, sans compter que, restant hygrométriques par la présence du sel de chaux, ils sont devenus bien plus difficiles à conserver.

ÉPURATION CHIMIQUE DES EAUX.

Les procédés de correction chimique des eaux varient naturellement avec la nature des principes dissous que l'on veut enlever; aussi, les corps à employer sont différents, suivant que les eaux sont bicarbonatées ou sulfatées calcaires, ou à la fois carbonatées et sulfatées, ou magnésiennes, ou chargées de matières organiques.

(*a*) *Correction des eaux bicarbonatées calcaires.* Diverses méthodes sont employées: 1° lorsque l'eau est destinée aux manipulations exigées dans la teinture ou l'impression des étoffes, on corrige l'eau, en ajoutant directement dans les bacs, 0g,20 par litre d'eau, d'*acide sulfurique* ou d'*acide oxalique*, ou tout au moins une quantité d'acide telle, que l'eau conserve toujours une réaction plutôt alcaline qu'acide. Cette addition forme des sels de chaux insolubles, qui n'ont plus, sur les autres matières colorantes, la même action que les sels solubles; 2° pour les eaux destinées aux savonnages, la correction se fait en général au moyen de la *soude* caustique. Dans les environs de Rouen, par exemple, on met 3 kilogrammes de soude caustique à 25° Baumé pour corriger 5,500 litres d'eau; le mélange s'effectue à l'avance dans de grands réservoirs. La soude caustique, en s'emparant d'une partie de l'acide carbonique des bicarbonates, forme avec ces derniers du carbonate insoluble qui se dépose peu à peu au fond du réservoir. On n'a plus qu'à décanter l'eau claire pour pouvoir s'en servir; 3° M. Liebmann emploie un procédé analogue au précédent avec la *chaux*, que l'on peut, pour ainsi dire, utiliser indéfiniment. On commence par faire arriver dans l'eau à purifier un courant d'acide carbonique, de façon à ce que le gaz traverse toute la couche d'eau de bas en haut; on chasse ainsi l'ammoniaque, l'hydrogène carboné ou l'hydrogène sulfuré que le liquide peut renfermer. On ajoute alors dans le bac un lait de chaux qui précipite l'acide carbonique libre et l'excès d'acide des bicarbonates. Après douze à seize heures de repos, on décante la couche claire dans un second réservoir placé en contre-bas, et on fait arriver un courant d'acide carbonique en quantité juste nécessaire pour précipiter la chaux restant dans l'eau (ce point de saturation se constate à l'aide d'un papier réactif au campêche). Alors, après un nouveau repos, le liquide clarifié est déversé dans un troisième réservoir d'où on le distribue ensuite. Cette méthode a pour but de précipiter en même temps que les sels de chaux, ceux de magnésie, de fer, ainsi que la matière organique; mais elle serait impossible à employer si l'on ne pouvait régénérer les produits qui servent à purifier l'eau. Ainsi, pour purifier 300,000 hectolitres d'eau, il ne faut pas moins de 3 millions de litres d'acide carbonique et 80 hectolitres de chaux vive au moins; mais, comme on peut se procurer ces deux corps par la calcination des résidus séchés, il suffit de monter des cornues dans ce but, et d'avoir un appareil soufflant qui produit l'oxygène nécessaire pour brûler la matière organique, pour être prêt à opérer une nouvelle opération de correction d'eau — 4°. M. Demailly a également proposé un système d'épuration méthodique des eaux qui repose aussi sur l'emploi de *la chaux*, mais offre en plus l'immense avantage de donner de l'eau pure avec une très grande rapidité. L'appareil de M. Demailly se compose essentiellement de deux parties: « l'eau arrive par le tuyau T, communique par la tubulure U avec le récipient R et par le tuyau T' avec le récipient R'. Le récipient R contient une quantité déterminée d'hydrate de chaux ou de lait de chaux, un filtre cylindrique F et un tube central C percé de trous pour l'écoulement (fig. 293). L'eau arrivant dans ce récipient par la tubulure U, se sature de chaux, la pression l'oblige à traverser le filtre F et elle arrive clarifiée dans le tube central C, cette eau de chaux clarifiée est mélangée à l'eau à épurer par le moulinet M et transforme à ce moment les bicarbonates solubles en carbonates de chaux insolubles. L'eau contenant ce précipité se rend dans le filtre R', traverse le cylindre filtrant L et s'écoule épurée par le robinet à trois ouvertures O pour ensuite être distribuée suivant les besoins. Les sulfates de chaux et autres sels sont éliminés avec les réactifs convenables suivant chaque cas. » Cet appareil, qui se nettoie très facilement, et en quelques instants, donne un très grand débit relativement à son volume restreint; ainsi, un appareil dont le diamètre du corps filtrant est de 15 centimètres, débite 350 litres d'eau pure à l'heure, et celui de 50 centimètres de diamètre 4,500 litres; 5° un procédé encore analogue a été adopté pour la correction des eaux destinées à desservir les fontaines d'une partie de la ville de Londres. M. Clark, ingénieur de la compagnie Plumstead Woolwich and Charlton, ne pouvant alimenter qu'avec de l'eau très calcaire venant d'un puits creusé dans l'étage crétacé, et, par conséquent, très chargée de carbonates, a eu recours à la purification au moyen d'un lait de chaux. A mesure que l'on pompe l'eau du puits, on fait arriver au moyen d'un gros cylindre et d'un piston, mû par la machine à vapeur, une quantité rigoureusement déterminée de lait de chaux contenant par litre environ 500 grammes de chaux éteinte, supposée sèche. L'eau et le lait de chaux mélangés intimement sont alors envoyés dans un réservoir de 27,258 litres, divisé en trois compartiments. Après seize heures, l'eau est devenue limpide, et a perdu plus des 9/10 du carbonate qu'elle contenait; on décante la partie claire dans un bassin de service d'où on la distribue immédiatement.

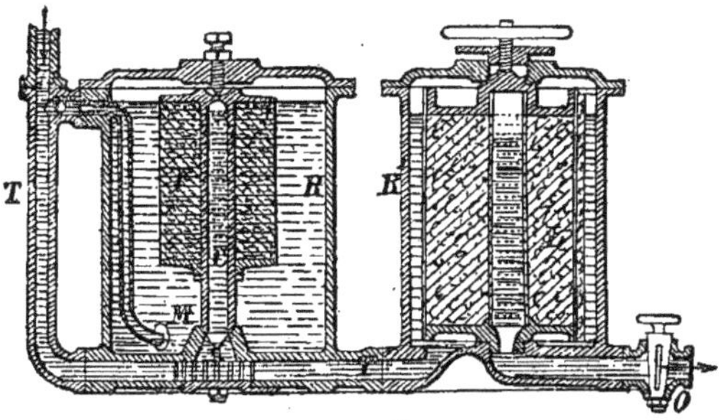

Fig. 293. — *Appareil de Demailly.*

(*b*) *Epuration des eaux sulfatées.* Il n'y a guère que deux moyens employés pour corriger spécialement les eaux séléniteuses : l'emploi de l'*acide oxalique* ou celui du *chlorure de baryum*. On commence par faire l'analyse exacte de l'eau au point de vue de la quantité de sulfates contenus, puis on calcule la quantité de réactif nécessaire pour précipiter complètement l'acide sulfurique. Pour les eaux destinées à la teinture, il faut surveiller considérablement l'action du chlorure de baryum, aussi la plupart du temps préfère-t-on employer l'acide oxalique ou un oxalate, d'autant plus que le chlorure de baryum enlève bien l'acide sulfurique, mais laisse la chaux à l'état de chlorure.

MM. Brüll et Langlois ont dernièrement (1883) cherché à démontrer que l'on pouvait, par la seule action de la chaleur, purifier les eaux sulfatées en les portant à 140 ou 150°, point auquel le sulfate de chaux devient presqu'absolument insoluble; mais cette opinion a soulevé tant de critiques de la part de nombreux ingénieurs, notamde MM. Dulac, Pellet et autres, que nous ne croyons pas que ce procédé puisse remplacer ceux que nous avons indiqués.

(*c*) *Epuration des eaux bicarbonatées et sulfatées.* 1° Les eaux qui renferment à la fois les deux sels de chaux en proportions trop fortes, sont ordinairement traitées simultanément par le chlorure de baryum et le lait de chaux; parfois, dans certains établissements, on se contente d'y ajouter de vieux bains de savon ou de soude caustique. Ces dernières opérations ne débarrassent pas complétement des sulfates, mais on a remarqué que cette addition hâte le dépôt des matières en suspension, de même que la présence d'un premier dépôt dans une cuve, facilite la formation d'un second ; 2° MM. Gaillet et Huet, de Lille, emploient l'*eau de chaux*, et la *soude*, comme moyen le plus simple, le plus économique et en même temps le plus parfait, de corriger les eaux mixtes. D'après eux, le lait de chaux est dangereux quand il est employé sans dosage, et avec un excès de chaux caustique ; il n'a jamais la même causticité, car la chaux suivant sa provenance et son degré de cuisson, peut renfermer de 60 à 90 0/0 d'alcali, et dès lors avec un même poids, dans un volume constant d'eau, on s'expose à obtenir des liquides d'alcalinité fort diverse. Il n'en est plus de même si l'on emploie comme ils le disent, l'eau de chaux, car l'eau ne peut jamais, lorsqu'elle est saturée, dissoudre, plus de 1g,25 de chaux par litre ; on peut dès lors, étant connues les quantités de bicarbonates de chaux et de magnésie contenues dans une eau, y ajouter la quantité d'eau de chaux nécessaire pour précipiter totalement la chaux et la magnésie. Quant à la soude, elle vaut mieux que le carbonate de cette base, lorsque l'on veut précipiter les sulfates de calcium et de magnésium, les chlorures de magnésium ou de calcium, parce que le carbonate de soude tout formé agit moins vite et moins bien que celui qu'on produit au sein du liquide. Il se formera dans la réaction du chlorure de sodium et du sulfate de soude qui pourront rester dans le liquide, étant complètement inoffensifs.

Malgré ces corrections, il peut arriver que les liquides ne se clarifient pas vite, c'est ce qui se produit quand l'eau renferme une certaine quantité de matière organique ; les précipités qui se sont formés restent spongieux et leur dépôt demanderait souvent plusieurs jours pour se faire d'une manière convenable ; il ne faut guère songer à filtrer le liquide, car ces résidus gélatineux obstruent de suite les pores du filtre et l'opération, ne marche plus ; c'est alors que MM. Gaillet et Huet préconisent l'addition d'une petite quantité d'un *sel de fer* ou d'*alumine* qui, par l'action de la chaux forment une laque abondante, laquelle en se précipitant, englobe les matières organiques insolubles, et clarifie l'eau par son dépôt. Les sels que l'on choisit de préférence sont, ou le sulfate d'alumine, ou bien le sulfate ferreux, ou encore le perchlorure de fer, mis en proportions voulues ; cela est indispensable avec les derniers sels, pour qu'il ne reste pas de fer en excès, surtout pour les eaux destinées aux lavages et au blanchiment, car l'hydrate de protoxyde de fer qui est soluble dans une eau alcaline, pourrait amener par sa présence de très graves inconvénients.

L'eau une fois corrigée chimiquement, doit être, dans le procédé de MM. Gaillet et Huet, épurée et clarifiée dans des appareils spéciaux, de leur invention. Dans leur appareil, le liquide possède successivement et alternativement, sans changement brusque, le mouvement de descente et le mouvement ascensionnel. De plus, il circule en nappes minces, bien que le développement de l'appareil soit tout en hauteur, et que, par suite, l'emplacement qu'il occupe soit fort restreint.

En principe, cet appareil est un réservoir rectangulaire divisé, suivant sa hauteur, par une série de diaphragmes inclinés à 45° et rivés alternativement sur deux faces opposées. Ces diaphragmes sont eux-mêmes formés de lames inclinées à 45°, de telle sorte que l'ensemble se compose d'une série de compartiments alternés, dont toutes les faces sont inclinées à 45°, sauf celles qui sont empruntées aux parois de l'appareil et qui sont verticales. De plus, d'après la disposition adoptée, les pentes convergent toutes vers la même face de l'appareil pour aboutir à une série de robinets d'évacuation.

Le liquide, chargé de particules solides, arrive au bas de l'appareil, prend d'abord un mouvement *ascensionnel* et glisse, si l'on peut s'exprimer ainsi, sur le premier diaphragme ; il passe ensuite dans le compartiment suivant et *descend* sur le second diaphragme, pour remonter sur le troisième, et ainsi de suite.

Dans cette marche contrariée, sans mouvement brusque, les particules solides, soumises à l'action de la pesanteur, et, d'autre part, retenues par les diaphragmes, tendront à se déposer, et se déposeront effectivement et rapidement si l'appareil est convenablement construit. On comprend dès lors que ces particules solides, glissant sur les parois inclinées, viendront se rassembler à la partie inférieure et angulaire des compartiments, d'où on pourra les évacuer facilement et rapidement en ouvrant des robinets.

Les nombreuses applications industrielles déjà faites de cet appareil, pour l'épuration chimique et la clarification des eaux, ont montré que la décantation s'y opérait très rapidement et avec une grande perfection. Grâce à l'inclinaison à 45°, le dépôt descend au fur et à mesure au bas des compartiments et échappe ainsi au courant d'eau ; c'est-à-dire qu'il se rassemble dans une portion de liquide située en dehors de la veine mobile, et que, une fois déposé, il ne peut plus être entraîné, Le nettoyage est facile et presque instantané.

Ce système d'épuration est combiné de manière à donner automatiquement et régulièrement de l'eau parfaitement épurée, claire et limpide. Cette eau sort à la partie supérieure de l'appareil, c'est-à-dire sans perte de charge sensible. L'installation occupe fort peu de place et peut, sans inconvénient, se faire en plein air. Elle est susceptible de traiter, à volonté, des eaux froides ou chaudes, c'est-à-dire des eaux provenant soit directement des forages ou des rivières, soit d'appareils de condensation. Dans ce dernier cas, la perte de chaleur occasionnée par la circulation dans l'épurateur est excessivement minime.

(*d*) *Epuration des eaux chargées de matières organiques*. Divers procédés ont été indiqués : 1° pour les eaux troubles, Darcet père et fils, ont conseillé déjà au commencement de notre siècle, l'emploi de l'*alun* à la dose de 0g,50 par litre, laquelle suffit pour clarifier l'eau instantanément, sans lui donner, même pour l'alimentation, des propriétés nuisibles; l'expérience en a été faite dans l'expédition d'Egypte, sous la première République française. M. Jenet, d'Alger, a dans ces derniers temps proposé le même moyen et avec les mêmes doses. Ce procédé introduit beaucoup de sulfates dans l'eau, mais comme ceux-ci sont solubles, les inconvénients n'existent plus ; 2° par l'emploi du *permanganate de potasse*, on débarrasse instantanément les eaux des matières organiques qu'elles peuvent contenir en dissolution ; 3° M. le docteur Gunning, d'Amsterdam, a préconisé dans le même but, l'addition du perchlorure de fer, aussi bien pour la correction des eaux alimentaires, que pour celle des eaux industrielles ; dès que la précipitation des matières organiques a eu lieu, après quelques heures d'attente, on enlève le fer au moyen de la soude, en se basant sur ce fait, que, d'après les équivalents, 0g,085 de carbonate de soude neutralisent complètement, et précipitent, 0g,032 de perchlorure de fer. Ce procédé a donné d'excellents résultats en Hollande, où il a été appliqué sur une grande échelle.

(e) Epuration des eaux magnésiennes. Ces eaux sont parfaitement purifiées par l'emploi simultané du *carbonate de soude* et du *silicate de même base*. Dès que l'on a fait l'analyse, ou simplement l'essai hydrotimétrique de l'eau, il suffit d'ajouter pour chaque gramme de magnésie contenue dans un hectolitre d'eau, 3 grammes de carbonate de soude desséché et 3g,40 de silicate de soude ; en brassant bien le tout, les sels de chaux et de magnésie rendus insolubles, se déposent, et après quelque temps on obtient de l'eau claire et pure, par simple décantation.

Epuration des eaux ayant servi a l'industrie. Nous venons de voir quels procédés l'on employait pour purifier l'eau destinée à l'alimentation et à l'industrie. Mais que devient cette eau, lorsqu'elle a servi, et dans ce cas, que doit-on en faire avant de la rejeter à la rivière, puisque nous avons vu que, d'après la loi, on ne peut rejeter ces résidus dans les cours d'eau sans s'exposer à des procès de la part de ceux que l'Etat a fort sagement préposés à la surveillance de ces rivières? Cette seconde partie de la question de l'utilisation des eaux, n'est pas sans embarrasser parfois l'industrie ; c'est ce qui fait que bon nombre d'établissements sont classés parmi les établissements incommodes, insalubres ou dangereux. De cette façon, on peut imposer légalement certaines opérations à effectuer, avant de rejeter les eaux résiduelles.

En principe les eaux doivent toujours être neutralisées avant d'être rejetées à la rivière ; elles ne doivent être ni alcalines, ni acides ; elles ne doivent pas, autant que possible, être colorées et troubler l'eau, mais cette condition est bien rarement exécutée dans les pays manufacturiers, où l'on s'occupe de teinture ou d'impression. Il y a souvent quelques vannes fermant mal, qui laissent aller à la rivière, en dehors des heures réglementaires, les liquides qui doivent être envoyés dans des bassins spéciaux et n'être rejetés que la nuit. Ces eaux ne doivent jamais contenir de chlore libre, de corps gras, qui pourraient être susceptibles de tuer instantanément le poisson, tout en gênant, bien entendu le voisinage, comme le plus souvent, tous les autres produits déversés à la rivière.

Pour se débarrasser des résidus, l'industrie n'a que deux moyens : ou perdre absolument tout ce qui a une fois servi, et cela sans distinction aucune entre les différentes matières, ou tâcher d'utiliser celles dont on pourrait encore tirer parti, pourvu que la manipulation à effectuer ne dépasse pas, comme prix de revient, la valeur du produit économisé.

Il y a encore quelques années, dans les fabriques d'indiennes, dans les ateliers de teinture, on faisait arriver tous les résidus liquides dans un trou en général profond d'un à deux mètres, et que l'on désignait sous le nom de *trou à garance*. De là, toutes les matières absorbées par le sol, se rendaient où elles pouvaient, à la condition que les couches de terrain fussent perméables. De semblables trous recevaient aussi les composés chlorés. Depuis quelques années, toutes les eaux industrielles sont en général dirigées vers des fosses assez profondes, et d'assez grandes dimensions, dans lesquelles, en vertu même de la variation des opérations effectuées dans les usines, il se fait souvent une véritable saturation soit aux dépens des matières résiduelles, soit aux dépens du sol, en même temps que parfois aussi des laques insolubles produites, amènent la précipitation des matières colorantes et la clarification de l'eau. Ces réservoirs peuvent communiquer à la rivière, pour vider les parties non absorbées par le sol, vers la fin de la journée Ces deux modes de recueillir les eaux résiduelles ne sont pas sans inconvénients. Si, en effet, la clarification peut avoir lieu ainsi, ce n'est pas toujours à la rivière voisine que se rendent les eaux qui filtrent au travers les couches du sol ; elles gagnent plutôt les parties profondes, et souillent les nappes aquifères souterraines. Pour éviter ces inconvénients l'administration impose la plupart du temps, actuellement, de diriger tous les liquides indistinctement, dans une fosse étanche en maçonnerie, d'une grandeur susceptible de contenir toute la quantité d'eau utilisée par jour, dans l'établissement ; là, ces liquides se saturent, naturellement, ou bien on les traite de façon à les rendre absolument neutres lorsqu'on les renverra à la rivière ; on prescrit même souvent de précipiter les matières qui peuvent être nuisibles, et de ne laisser écouler l'eau qu'après clarification. Les fosses sont vidées de temps à autre, sans que les boues solides puissent être, sous aucun prétexte, déversées à la rivière.

Il n'y a que quelques industries qui tâchent de recueillir partie des matières utiles entraînées avec les eaux de lavage, ce sont surtout celles dans lesquelles on emploie des corps gras.

Depuis longtemps, l'industrie utilise les eaux des établissements où l'on s'occupe de la fabrication des matières textiles qui renferment de l'huile, ou des matières grasses concrètes. On a imaginé une foule de méthodes qui remplissent plus ou moins complètement le but, et qui varient suivant la nature de ces eaux et l'emploi qu'on peut faire des matières grasses qu'on recueille. La nature des liquides résiduels qu'il s'agit d'utiliser, ou plutôt le mode de combinaison dans laquelle la matière grasse s'y trouve contenue, influe peut-être moins sur la méthode qu'il convient d'employer, que la qualité de cette matière grasse, ainsi que l'emploi ultérieur qu'on peut en faire, et qui règle l'adoption d'une méthode.

Sous le rapport de la qualité de ces eaux, parmi lesquelles nous ne comprenons pas les eaux de dessuintage des laines qui ont une utilisation toute spéciale (V. Dessuintage), on distingue assez généralement trois sortes de liquides différents : 1° les eaux de dégraissage des draps, auxquelles il convient de réunir les eaux de savon ménagères, et celles des grands établissements de blanchissage ; 2° les eaux de savon usées, du décreusage et de la cuite des soies ; 3° les liquides huileux provenant des établissements de teinture en rouge d'Andrinople.

En ce qui concerne les eaux de la première catégorie, leur contenu en combinaisons d'acides gras, liquides ou concrets, se compose en grande partie de savons proprement dits, d'huiles et de potasse. Ces liquides sont mélangés à de grandes quantités de substances étrangères boueuses et, par suite, les matières oléagineuses qu'on en retire sont colorées, d'odeur forte, et de qualité très inférieure. On en fait des savons très communs ou les vend aux usines à gaz d'éclairage, pour être brûlées. Les solutions savonneuses qui proviennent du savonnage et de la cuite des soies, renferment indépendamment des matières grasses liquides ou concrètes, de la gélatine (gommes), une matière colorante et une matière azotée (albumine de Mulder). Ces trois dernières matières qui proviennent de la soie, restent en grande partie en solution dans le liquide, une fois qu'on en a isolé les matières grasses. Quant à celles-ci, lorsqu'on les extrait des solutions savonneuses, comme le savon a dissous une matière cireuse et une matière grasse qui existaient dans la fibre textile, on en retrouve une quantité supérieure à celle qui était contenue dans le savon ; et comme la matière que renferment les liquides provient de l'huile d'olive, la matière grasse, extraite après l'opération, est peu colorée et assez pure ; on peut même, par plusieurs traitements, la purifier totalement, la décolorer et par conséquent l'écouler aisément dans les savonneries.

Les eaux de résidus de teinture en rouge d'Andrinople, renferment de l'huile d'olive (huile tournante), la plupart du temps à l'état d'émulsion et s'obtiennent des bains blancs et de dégraissage. L'huile extraite de ces bains a autant de valeur que celles des liquides provenant de la soie. Les solutions de savon ayant servi au premier avivage et aux nettoyages, fournissent une huile qui a moins de valeur ou une matière grasse concrète, qui ne peut servir qu'à la préparation des savons mous et à la fabrication du gaz. Cependant son extraction est encore rémunératrice.

Dans toutes ces eaux, les matières grasses, liquides ou concrètes, sont, pour la majeure partie, combinées à des alcalis, et par conséquent leur élimination semble indiquée par l'emploi d'un acide minéral puissant. En général, on emploie ce moyen à peu près partout où on utilise ces eaux.

Dans ces derniers temps, en raison des inconvénients de ce système, on a essayé d'autres moyens. Ces eaux grasses, en effet, indépendamment des composés alcalins, renferment toujours un savon de chaux qui s'est formé avec la chaux contenue dans l'eau employée. Quand on cherche à éliminer la matière grasse liquide ou concrète, par l'acide sulfurique ou l'acide chlorhydrique brut, la chaux se précipite également à l'état de sulfate, qui forme avec l'huile qui s'est séparée, un magma que l'on sépare difficilement de l'eau. Cet inconvénient rend difficile avec ces résidus, la fabrication du savon ou même du gaz.

On a essayé de tourner la difficulté en précipitant toutes les matières grasses à l'état de savon calcaire, en leur ajoutant soit de la chaux, soit des sels calcaires ; on obtient alors une masse pâteuse qui se sépare assez bien de la partie liquide, et que l'on peut dessécher, et expédier facilement aux fabriques qui s'occupent spécialement de l'extraction des huiles et des corps gras de ces sortes de composés. Mais on n'a toujours ainsi que des produits désagréables à travailler, en ce sens que lorsqu'on traite les savons calcaires par les acides qui doivent les décomposer, l'acide chlorhydrique notamment, comme ce dernier renferme toujours de l'acide sulfurique, il se forme un sulfate de chaux qui se sépare très difficilement du produit. En Allemagne, on obtient de meilleurs résultats en transformant les résidus gras en savons à base de magnésie ; ceux-ci sont denses, contiennent environ 60 0/0 de matières grasses, et ne redoutent pas la présence de l'acide sulfurique, quand on vient à les décomposer pour isoler à nouveau les corps gras.

Pour certaines industries qui emploient des quantités considérables d'eau et souillent, comme les féculeries, d'une manière absolue, il a fallu chercher d'autres procédés de purification ; d'après M. A. Gérardin, il n'y en a qu'un seul possible : « c'est de répandre les eaux très divisées sur un terrain préalablement drainé ». Cette opération a été conseillée pour la première fois par M. Dailly, pour les eaux industrielles bien entendu ; alors, elles peuvent agir comme engrais, mais pourvu que l'espace soit suffisant, sans cela les végétaux périssent ainsi que les arbres. Par ce moyen, les matières organiques s'oxydent, sans frais, automatiquement, et d'une façon indépendante de la négligence des ouvriers.

Nous venons de dire qu'il est indispensable d'avoir à sa disposition un terrain suffisant pour faire les drainages : nous allons montrer en effet quelle quantité d'eau on peut avoir à faire absorber par le sol. En prenant pour base la féculerie de Gonesse, près Saint-Denis, dans laquelle on traite journellement 28,000 kilogrammes de pommes de terre, pour obtenir 7,000 kilogrammes de fécule et de fleurage, et 21,000 kilogrammes de jus, il faut employer 130,000 litres d'eau, lesquels, ajoutés aux 21,000 kilogrammes de jus font 151,000 litres d'eaux résiduelles à jeter à la rivière ; or, comme on admet en moyenne que chaque mètre carré de terrain drainé peut absorber facilement 75 litres d'eau, c'est donc 2,013 mètres carrés de terrain qu'il faut avoir à sa disposition dans ce cas. La terre est ensuite livrée à la culture et elle est très féconde, surtout pour les plantes potagères, à la condition qu'on n'y ait pas rejeté d'eaux fermentées qui sont nuisibles pour toutes les plantes. Après avoir utilisé pendant quelque temps ce procédé du drainage, l'usine de Gonesse a abandonné ce système pour épurer maintenant ses eaux par les procédés chimiques de MM. Gaillet et Huet.

Certaines autres industries purifient également leurs eaux par le même procédé du drainage, ainsi, sans sortir des environs de Paris, nous pouvons citer : la fabrique de cartonnage d'Aubervilliers, l'établissement de lavage et de cuisson des têtes de mouton de Crèvecœur, etc.; dans le pays de Galles, la ville de Merthyr-Tydvil, qui ne compte pas moins de 100,000 âmes, se débarrasse avec succès de toutes ses eaux résiduelles par le même moyen.

Ce procédé pourrait, dans la grande majorité des cas, être adopté lorsque l'on aura beaucoup d'eaux à purifier et que l'on voudra, sans dé-

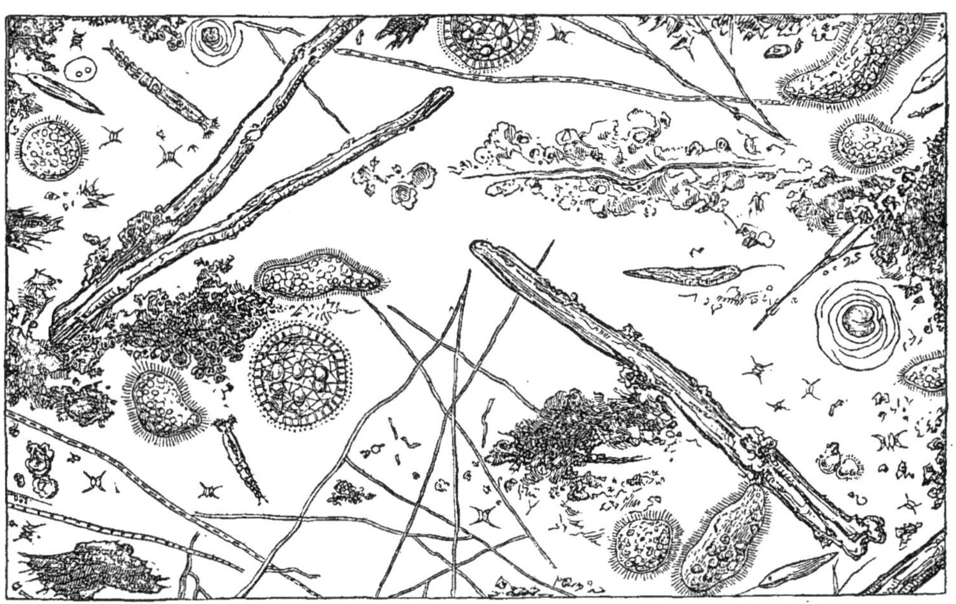

Fig. 294. — *Vue microscopique de l'eau de Seine au débouché de l'égout collecteur d'Asnières.*

pense journalière, être sûr que les eaux que l'on pourra renvoyer à la rivière, n'en altèreront pas le cours, mais les procédés d'épuration chimique sont certainement préférables.

Il est, d'ailleurs, un moyen de connaître à la seule inspection d'une rivière recevant des résidus d'usines, si son eau est bonne, ordinaire ou mauvaise. M. A. Gérardin a démontré qu'une eau est saine « lorsque les animaux et les végétaux, doués d'une organisation supérieure, peuvent y vivre ; elle est infectée, lorsqu'elle ne peut nourrir que des infusoires ou des cryptogames. » Ce même chimiste a, du reste, dressé la liste des plantes et des animaux vivant dans des eaux courantes, de qualités diverses. Nous la reproduisons dans le tableau de la page suivante.

L'examen microscopique des eaux souillées ou altérées donne des résultats aussi concluants que l'étude que l'on vient de faire. M. Gérardin a, en effet, montré que certains vibrioniens et quelques algues spéciales, peuvent se retrouver dans les eaux, et servir par leur présence à indiquer la qualité du liquide (fig. 294).

En général, ces algues contribuent puissamment à l'assainissement naturel des eaux altérées, surtout lorsque la souillure est due à des matières organiques en décomposition (résidus de cartonneries, boyauderies, féculeries, sucreries, tanneries, routoirs, débouillages d'os, fabriques de poudrettes, d'engrais, etc.).

Les *eaux mauvaises* renferment surtout, comme animaux : l'*euglena viridis*, Desj. ; l'*euglena sanguinea*, Desj., de la famille des Eugléniens de Desjardins; le *bacterium termo*, Desj., de la famille des Vibrioniens ; et parmi les algues, le *beggiatoa alba*, Rab., petite algue blanche s'agglomérant souvent pour former une crasse épaisse, et qui appartient à l'ordre des Nématogènes de la famille des Oscillariées (Rabenhorst. Flora europea algarum : 1868), et l'*oscillaria natans*, Rab., qui forme

Eaux excellentes		Eaux de bonne qualité		Eaux médiocres		Eaux très médiocres		Eaux infectes	
Animaux	Plantes	Animaux	Plantes	Animaux	Plantes	Animaux	Plantes	Animaux	Plantes
Poissons. Crevettes. Sangsues. Larves de libellules. . Physa fontinalis (L.). . Unio pictorum (L.). . Nerites. . Limnées.	Ranunculus sceleratus (L.). Iris fœtida (Link.). Juncus compressus (Jacq.). Polygonum amphibium (L.). Zanichellia palustris (L.). Myriophyllum spicatum (L.). Carex riparia (L.). Sparganium simplex (Hud.). Potamogeton natans (L.). Sisymbrium nasturtium (L.).	Larves d'éphémères (Vers rouges). Dytiques. . Valvata piscinalis (Müll.). . Ancylus lacustris (L.). . Paludina vivipara (Link.). . Planorbis albus (Müll.).	Epis d'eau. Véroniques. Phragmites communis (Trin.).	. Limnea ovata (Link.). . Limnea stagnalis (L.). . Planorbis submarginatus (L.). . Planorbis complanatus (L.).	Roseaux. Patiences. Ciguës. Menthes. Salicaires. Scirpes. Joncs. Nénuphars. Polygonum amphibium (L.), var. natans.	Sangsues noires. . Cyclas cornea (L.). . Bythinia impura (Stein.). . Planorbus corneus (L.).	Carets.	0 » » »	Arundo phragmites (L.).

(1) Tous les animaux précédés d'un point sont des mollusques.

à la surface de l'eau une écume noire, laquelle salit le linge et les tissus. Ces eaux ne contiennent plus d'oxygène en dissolution.

Les *eaux médiocres* renferment quelques rotifères, et on y voit apparaître des algues vertes, mais très simples, non ramifiées, filamenteuses ou globulaires, gélatiniformes souvent. On y trouve l'*oscillaria viridis*, Desj., qui annonce l'amélioration de la qualité de l'eau, et une *Palmella*. Parmi les gaz contenus dans l'eau, se trouve l'oxygène, mais en quantité moindre que la normale.

Les *eaux saines* enfin, montrent des algues vertes, volumineuses, à structure complexe, à articulations bien marquées, montrant souvent des cellules fructifères distinctes des cellules végétatives. Ces eaux contiennent une proportion normale d'oxygène.

De sorte, qu'en résumé, dit M. A. Gérardin (*Annales d'hygiène*, 1875, XLIII, p. 5 et suiv.) «en dosant la proportion d'oxygène dissous dans une eau mélangée à des eaux industrielles ou ménagères, on doit savoir la cote exacte des qualités hygiéniques de cette eau, et de l'influence bonne ou mauvaise qu'elle peut avoir sur les êtres vivants. » (Ce dosage doit s'effectuer sur place, au moyen du procédé indiqué par l'auteur et M. Schutzemberger, en se servant d'hydrosulfite de soude). — V. Gérardin, loc. cit.

DE L'EAU AU POINT DE VUE AGRICOLE

Toutes les eaux ne peuvent servir à féconder le sol et favoriser la végétation : quelques-unes même sont très nuisibles. De ce nombre sont les eaux stagnantes des marais ou des tourbières, qui renferment trop de matières organiques astringentes, arrêtent la végétation, et rendent les plantes malades ; nous avons vu que les eaux acides, comme celles qui viennent des féculeries, et ont fermenté, offrent les mêmes inconvénients ; il en est de même des eaux d'égout. Ainsi, les eaux des égouts de Paris, déversées dans la Seine peuvent agir comme engrais, mais à la condition que leur mélange à l'eau courante se fera dans certaines proportions : quand l'engrais est trop abondant, les plantes ne poussent pas ; si l'engrais s'atténue, on a le maximum de fertilité ; lorsque l'engrais s'épuise, l'abondance de la végétation diminue (A. Gérardin).

Lorsqu'une terre contient plus de 20 à 22 0/0 d'eau, elle devient froide et humide, la végétation est tardive et peu à peu remplacée par des plantes aquatiques ; on enlève cet excès d'eau en établissant des *rigoles d'assainissement* ou en construisant un *drainage* (V. ce mot). Si le sol est périodiquement recouvert d'eau, on y remédie par les *dessèchements* (V. ce mot). Lorsque la nappe d'eau souterraine ne peut pas s'abaisser, on obtient l'assainissement du sol par le *colmatage*, en le transformant en *polders*.

Les eaux très chargées de matières organiques ne pouvant pas être employées directement pour l'agriculture, et ne pouvant non plus être déversées dans les cours d'eau, on est souvent obligé, dans les grandes villes d'améliorer au moins ces eaux avant de les rejeter. C'est ce que l'on fait, par exemple, à Paris, où certaines eaux d'égout sont traitées par l'alun. En recueillant ces eaux dans de grands bassins, et en y ajoutant pour une valeur approximative de un centime d'alun, par mètre cube d'eau, on arrive à précipiter environ 3 kilogrammes de matières par mètre cube. On laisse déposer et l'on vend ensuite comme engrais ces résidus, qui ont une valeur réelle puisqu'ils contiennent tout l'acide phosphorique contenu dans les liquides et les 9/10 des matières organiques et azotées. Les eaux décantées sont suffisamment claires, mais cependant elles ne sont pas encore tout à fait purifiées et contiennent en dissolution une assez grande quantité de principes utiles, pour être douées de propriétés fertilisantes, aussi les emploie-t-on pour les irrigations dans les terrains mis en culture. On sait quels résultats ont été obtenus en suivant cette méthode, dans la presqu'île de Gennevilliers, près Paris; mais comme cette étude nous entraînerait dans des considérations qui seront mieux exposées en leur vraie place, dans le chapitre que nous réservons aux EAUX D'ÉGOUT, nous renvoyons immédiatement à cet article, pour voir toutes les applications que l'on peut faire de l'eau, relativement à son emploi agricole. — J. C.

* **EAU OXYGÉNÉE.** *T. de chim.* Synonyme *bioxyde* ou *peroxyde d'hydrogène.* Eq = 26; poids moléculaire = 34, symb. $H^2O^3 = H^2O^2$. Ce corps, découvert par Thénard en 1818, se forme spontanément dans un très grand nombre de circonstances. On le retrouve dans l'air, après les orages; il se produit pendant les oxydations lentes, surtout au sein de l'eau, et même dans l'organisme animal, puisque Schœnbein en a indiqué la présence (des traces) dans l'urine, ainsi que dans les produits de la respiration. Lorsque les matières organiques sont traitées par l'ozone, il se forme également du bioxyde d'hydrogène; c'est ainsi que l'éther, l'alcool, agités dans un flacon avec de l'ozone, donnent de l'aldéhyde, de l'acide acétique, ainsi que de l'eau oxygénée.

C'est un produit liquide, incolore, de consistance sirupeuse, de saveur métallique. Sa densité est de 1,452; soumis à un froid de — 30°, il ne se solidifie pas. Il est peu stable, il se dédouble déjà à + 20°; mais à l'ébullition, la réaction est instantanée $H^2O^3 = H^2O^2 + O$ ... $H^2O^2 = H^2O + O$. L'eau oxygénée est corrosive; elle attaque la peau et les muqueuses en y faisant naître des escharres blanches; c'est un oxydant très énergique, qui transforme l'acide arsénieux en acide arsénique, l'acide chromique en acide perchromique; le sulfure de plomb, la baryte, en sulfate de plomb et en bioxyde de baryum; elle détruit les couleurs végétales. Le carbone, l'argent, l'or, le platine, surtout quand ils sont divisés, décomposent l'eau oxygénée sans subir eux-mêmes d'altération; mais, par contre, l'oxyde d'argent est réduit par ce corps, quelques fois même en produisant une explosion

$$AgO + H^2O^3 = Ag + O^2 + H^2O^2 \ldots$$
$$Ag^2O + H^2O^2 = Ag^2 + O^2 + H^2O$$

Caractères spéciaux. On reconnaît la présence de l'eau oxygénée au moyen de diverses réactions : 1° lorsque l'on met de l'hydrate amylacé ioduré, additionné d'une trace de solution de sulfate de protoxyde de fer, en contact avec un liquide contenant de l'eau oxygénée, il y a immédiatement formation d'iodure bleu d'amidon (Schœnbein, sensibilité = 1/10000000); 2° le permanganate de potasse, dissous dans l'eau de façon à former une liqueur rosée, est décomposé par l'oxygénée en dégageant de l'oxygène et donnant un dépôt d'oxyde brun de manganèse; 3° l'eau oxygénée, agitée dans un flacon avec une solution au centième d'acide chromique et de l'éther, cède immédiatement à ce dernier, une magnifique teinte bleue, par suite de l'acide perchromique formé et de la dissolution de celui-ci dans l'éther (Barreswil, *Annales de chimie et de physique,* XX, p. 364).

PRÉPARATION. L'eau oxygénée pure est excessivement difficile à obtenir à cause de la décomposition immédiate qui a lieu, lorsque ce liquide se trouve en présence de certains corps, comme la silice, l'alumine, les oxydes de fer et de manganèse, que le bioxyde de baryum renferme presque toujours, malgré les précautions que l'on prend pour l'obtenir aussi pur que possible, connaissant les inconvénients qui se produisent lorsqu'on utilise le bioxyde du commerce. Il faut, pour préparer le liquide concentré et pur, suivre le procédé indiqué par Thénard, dans ses mémoires sur ce sujet (*Annales de chimie et de physique,* t. IX, X et XI), auxquels nous renvoyons.

Lorsque l'on désire simplement obtenir une dissolution d'eau oxygénée, sans se préoccuper de son degré de concentration, on peut faire arriver dans de l'eau distillée un courant d'acide carbonique desséché, et projeter dans le liquide du bioxyde de baryum finement pulvérisé

$$BaO^2 + H^2O^2 + B^2O^4 = BaO, C^2O^4 + H^2O^3 \ldots..$$
$$BaO^2 + H^2O + CO^2 = CO^3, Ba + H^2O^2$$

l'eau oxygénée reste en solution et le carbonate de baryte formé se précipite; ou bien projeter dans de l'acide sulfurique étendu du bioxyde de baryum éteint et délayé dans de l'eau

$$BaO^2 + SO^3, H^2O^2 = BaO, SO^3 + H^2O^3 \ldots..$$
$$BaO^2 + SO^4H^2 = SO^4Ba + H^2O^2$$

On peut aussi remplacer l'acide sulfurique par l'acide chlorhydrique, mais alors, dans ce cas, on est obligé de décomposer le chlorure de baryum formé par l'acide sulfurique pour rendre le sel de baryte insoluble. On décante le liquide clair pour utiliser l'eau oxygénée.

Depuis quelque temps, l'emploi de l'eau oxygénée étant devenu industriel, on fait sur une grande échelle le produit qui nous occupe. Plusieurs maisons d'Allemagne, notamment la maison Trommsdorff, d'Erfurt; de France, comme MM. Viol et Duflot, de Nogent-sur-Marne; Billault, de Billancourt-Paris, Bernard et Alexandre, de l'avenue de Suffren (Paris), livrent aujourd'hui l'eau oxygénée à 8, 10 et 12 volumes d'oxygène, à des prix qui varient entre 125 et 170 francs les 100 kilogrammes, ce qui permet de se servir industriellement du produit. Voici comment on opère dans ces maisons où l'on fabrique journellement plusieurs milliers de litres d'eau oxygénée destinée à la vente et au blanchissage des plumes. On commence par calciner le nitrate de baryte dans des cuvettes réfractaires placées dans un four à moufle, puis après refroidissement de la baryte obtenue, on concasse celle-ci en petits fragments que l'on introduit dans un tube de fonte d'un assez gros diamètre, lequel est chauffé sur une grille, en forçant un courant d'air appelé par une trompe, à passer sur la baryte portée au rouge. La péroxydation se fait, et la masse est alors poreuse et de couleur verte; on doit rejeter, lorsque l'on démonte l'appareil, toutes les parties non suffisamment oxydées et qui offrent une teinte plus ou moins grisâtre, ou les fragments qui ont subi la fusion. Ce bioxyde est alors finement pulvérisé, puis éteint par l'eau, en ajoutant assez de liquide pour constituer une bouillie épaisse, laquelle ne doit pas durcir par un repos de 24 heures, ou offrir des parties non éteintes. Cela fait, on passe la bouillie au tamis, puis on introduit dans un vase hémisphérique de plomb ou de terre, refroidi constamment à l'extérieur par un courant d'eau froide, et d'une contenance de 200 à 300 litres au plus, la quantité d'eau distillée nécessaire à l'opération, puis de l'acide fluorhydrique en proportion suffisante pour saturer la quantité de bioxyde à traiter, ou plutôt en rapport avec le titre que l'on veut obtenir. On emploie dans l'industrie l'acide fluorhydrique, au lieu de ceux que nous avons indiqués, parce que Pelouze a fait voir que le fluorure de baryum étant insoluble, il y a avantage à former ce sel, lequel se dépose de suite. On compte que 1 kilogramme de bioxyde sec doit donner 4 litres d'eau oxygénée à 12 volumes, et qu'il faut à peu près 300 grammes d'acide fluorhydrique ordinaire pour décomposer un kilogramme de bioxyde. L'acide fluorhydrique étant bien mélangé avec l'eau distillée, on y introduit lentement, par petites portions, et à l'aide d'une spatule en bois, la pâte de bioxyde préparée d'avance. Il faut avoir soin d'agiter constamment et d'éviter de laisser reposer la masse, car dès qu'un commencement de décomposition s'annonce par le dégagement de bulles gazeuses, il est bien difficile d'y remédier, surtout si le liquide est plus près de la saturation. On évite cette décomposition en ayant soin de vérifier fréquemment l'état du liquide qui doit toujours être alcalin, et versant même dans le produit, vers la fin de l'opération quelques grammes d'acide sulfurique. On décante et filtre alors rapidement au travers d'une toile.

On ajoute généralement par tourie la valeur de 1 kilogramme de phosphate de soude en solution, lequel détermine alors la formation d'un nouveau précipité. La solution devient parfaitement limpide; lorsque la saturation a été bien faite, la liqueur est absolument neutre.

Cette eau oxygénée, malgré sa neutralité et sa concentration (12 volumes d'oxygène en employant les chiffres cités), se conserve dans des vases ou des touries en verre et à l'abri de la chaleur.

En France, on emploie l'eau oxygénée à 8, 10 et 12 volumes; en Allemagne, le produit est généralement moins concentré.

Usages. Depuis les travaux de Thénard, l'eau oxygénée ne servait guère qu'au blanchiment des vieilles gravures ou au nettoyage des tableaux noircis, dans lesquels la peinture, altérée par la formation de sulfure de plomb, pouvait reprendre son aspect primitif, lorsque le sulfure se trouvait sulfaté par l'action de l'eau oxygénée. Tout le monde connaît l'exemple d'un tableau de Raphaël, ainsi restauré par Thénard.

Depuis quelques années, l'industrie s'est emparée de ce produit. Il s'emploie aujourd'hui à décolorer les cheveux, qui ont une valeur bien plus grande lorsqu'ils sont blancs, et que, d'ailleurs, on peut teindre suivant la nuance adoptée par la mode. L'eau oxygénée sert à blanchir les ivoires jaunis, mais surtout, et c'est là son grand emploi, à blanchir les plumes et, particulièrement, celles d'autruche. MM. Viol et Duflot consomment, pour ce seul emploi, presque toute leur production. La médecine a encore utilisé ce produit dans ses applications aux pansements des plaies de mauvaise nature; la parfumerie à faire des eaux dentifrices blanchissant très vite les dents, mais qu'il faut manier avec de grandes précautions, puisque la solution peut attaquer les muqueuses. Il est certain que le jour où l'eau oxygénée sera livrée encore à plus bas prix, elle recevra de plus nombreuses applications.

Dosage. Lorsque l'on veut connaître le degré de concentration d'une eau oxygénée, on peut y arriver facilement au moyen du procédé suivant: on prend une petite éprouvette graduée de 25 à 30 centimètres cubes de capacité et on la remplit de mercure jusqu'à un centimètre environ du bord, on verse alors dans cet espace vide un centimètre cube de l'eau oxygénée à essayer, puis fermant l'extrémité du tube avec le doigt mouillé de la même eau, on renverse sur la cuve à mercure. On note l'espace occupé par l'air, s'il y en a, puis on introduit par la partie inférieure du tube une petite boulette faite avec du bioxyde de manganèse pulvérisé et enveloppée dans un peu de papier fin. Au bout de quelques instants, la décomposition a lieu, l'oxygène se sépare, on n'a plus qu'à lire sur le tube, lorsque l'on voit que le mercure ne descend plus, le volume occupé par le gaz, et à en déduire le volume de l'air, s'il en existait, ainsi que le centimètre cube d'eau ajoutée. — J. C.

EAUX MINÉRALES ET THERMALES. « Les eaux minérales sont des breuvages à part, ayant leurs éléments propres et leur saveur spéciale, et non de simples solutions salines. » Telles sont les paroles qui servent à M. C. James à définir ces corps (C. James, *Guide pratique des eaux minérales*). Elles ont une constitution à part, qui se modifie avec la plus grande facilité, au bout de quelques instants après leur arrivée à la surface du sol; elles ne sont donc plus semblables à elles-mêmes lorsqu'on les étudie, ou les utilise en dehors de leur source; c'est ce qui a fait dire à Chaptal que quand on analyse des eaux minérales, on dissèque un cadavre.

On dit que les eaux sont *thermales*, quand elles possèdent, à leur source, une température supérieure à + 20°; elles sont *froides*, au dessous de ce degré. La température de l'eau est parfois très élevée, en raison de la grande quantité de sels qui retardent l'ébullition. L'eau du Grand Geyser (Islande) a 102° à la surface, et 127° à 30 mètres de profondeur; en-dessous nous pouvons citer celles de:

Chaudes-Aigues qui a.	81°,5
Olette.	78°,2
Aix (en Savoie).	75°,0
Plombières	70°,1
Dax.	60°,0
Bagnères.	59°,0
Cauterets.	55°,0
Bourbonne	57°,0
Balaruc.	47°,0
Mont-Dore.	44°,0

Les eaux minérales trop salines pour pouvoir être continuellement introduites sans danger dans l'économie, sont au contraire journellement utilisées comme médicaments par la thérapeutique, soit sous forme de boisson, à petites doses, soit pour l'usage externe, en bains, douches, inhalations, etc.

Les eaux minérales, thermales ou froides, contiennent toujours en dissolution: 1° des gaz; 2° des sels; 3° parfois seulement des matières organiques en quantité appréciable.

1° Les gaz sont peu nombreux, nous les connaissons déjà, ce sont l'oxygène, l'azote, l'acide carbonique, c'est-à-dire ceux qui sont retrouvés dans l'air, puis l'acide sulfhydrique.

2° Les sels varient à l'infini suivant la classe à laquelle appartient une eau minérale donnée, mais on peut cependant, au point de vue des éléments qui les constituent, les ranger en tenant compte des bases ou des acides que l'on rencontre très fréquemment, ou bien en les classant d'après la présence des sels plus rares qui n'existent qu'en quantités infinitésimales; dans ce cas, c'est la base seule qui est rare, les acides restant toujours les mêmes.

(*a*) On retrouve fréquemment: les sels de *soude* à l'état de bicarbonate, sulfate, sulfure ou sulfhydrate, chlorure, iodure, bromure; les sels de *potasse* sous des formes analogues, mais toujours en proportions moindres; les sels de *chaux*: carbonate, sulfate, chlorure, iodure, bromure; les sels de *magnésie*: chlorure, sulfate, carbonate, bromure; enfin les sels de *fer*: carbonate, sulfate, crénate et apocrénate.

Quant aux acides, nous pouvons remarquer que ce sont les acides sulfurique, carbonique, chlorhydrique, sulfhydrique, azotique et phosphorique, auxquels il faut joindre les acides crénique et apocrénique d'origine organique.

(*b*) Parmi les substances retrouvées plus rarement, il faut citer:

Les sels de *lithine* (Carlsbad, Vichy, Plombières); de *cœsium et de rubidium* (Vichy, Bourbonne, Mont-Dore); d'*ammonium* (Eaux bonnes, Enghien, Labasserre); d'*aluminium* (Auteuil, Passy); de *baryum* (Luxeuil); de *strontium* (Vichy, Sedlitz, Louesche); de *zinc* [Rouneby (Angleterre), Alexisbad (Hartz)]; de *cuivre* [Fahlun (Suède)]; d'*étain*, de *plomb*, d'*antimoine* [Rippoldsan (Forêt-Noire)]; de *manganèse* (Ems, Pullna, Carlsbad, Luxeuil); etc.

Et parmi les acides:

L'acide *sulfurique libre* (Java); l'acide *sulfurique* et *l'acide chlorhydrique libres* (Rio-Vinagre, lac Ontario, Parana de Ruiz); l'*acide silicique libre* (*Geysers* d'Islande); l'*acide borique libre* (lagoni de Toscane); l'*acide borique uni à la soude* (Thibet); l'*acide arsenique combiné* (Vichy, Baden, Orezza, Mont-Dore).

3° les matières organiques se retrouvent en fort petite quantité dans un très grand nombre d'eaux minérales, mais peu de ces matières ont été suffisamment étudiées, bien que bon nombre de spécialistes aient admis qu'on doit leur attribuer une grande importance, puisque, d'après eux, c'est dans ces matières que réside probablement une partie de l'activité des eaux minérales. Parmi ces matières, plusieurs sont acides et se retrouvent à l'état de combinaison avec les bases, tels sont les acides *crénique* et *apocrénique* des eaux de Forges, les acides *propionique* et *butyrique* des eaux de Brückenan (Bavière). Parmi les matières neutres, il faut citer la *barégine*, matière amorphe, azotée, la *glairine*, substance gélatineuse qui se développe dans les conduits ou bassins, ainsi que des conferves dn genre *sulfuraire* qui se forment dans les eaux sulfureuses ayant moins de 50° de température, des matières bitumineuses mal connues [Vichy (Hôpital), Mont-Dore], des matières azotées (Luxeuil), des matières résinoïdes vertes (Bapeaume-les-Rouen, Forges), etc.

Classification des eaux minérales. On peut ranger les eaux minérales de bien des manières suivant que l'on tient surtout compte de l'origine géologique, de la température, de la composition chimique ou de l'action thérapeutique.

M. Constantin James a essayé de réunir les eaux minérales, en tenant compte des éléments qui les constituent et de leur thermalité. Nous donnons la classification dans le tableau de la page suivante.

Nous diviserons les eaux minérales en cinq classes, en les rangeant d'après leurs éléments chimiques prédominants, ce sont:

Les *eaux acidules*;
Les *eaux alcalines*;
Les *eaux ferrugineuses*;
Les *eaux salines*;
Les *eaux sulfureuses*.

Eaux minérales acidules. Elles sont remarquables par la grande quantité d'acide carbonique qu'elles ont dissous, grâce à la pression (250 à 1,000 centimètres cubes, par litre), et sont toujours froides; leur température varie entre + 10 et 15°. Elles bouillonnent à l'air, en perdant leur acide carbonique, mais bien moins facilement que les eaux artificielles, parce que le gaz est gardé par les sels. Leur saveur est fraîche et acidule. Par le

CLASSIFICATION DES EAUX MINÉRALES, D'APRÈS LEUR ÉLÉMENT PRÉDOMINANT.

		Genres	Espèces	Thermalité	Régions	Exemples
Eaux	carbonatées	à base de soude		Thermales	Massif central	Vichy. Saint-Alban. Châteauneuf.
				Froides	Massif central	Vals. Pontgibault. Soultzbach
		à base terreuse	non ferrugineuses	Toutes froides	Plaines du Nord et du Midi et les massifs du N.-E. et du N.-O.	Chateldon. Saint-Pardons. Orezza (Corse).
			ferrugineuses			Foucaude.
	sulfurées et sulfatées	à base de soude	sulfureuses proprement dites	Toutes thermales	Pyrénées, Alpes, Corse.	Barèges. Cauterets.
			sulfatées, sulfureuses et dégénérées	Thermales	Pyrénées, Alpes, Corse.	Saint-Gervais en Savoie.
				Froides	Pyrénées, Alpes, Midi.	Miers. Préchac.
		à base de chaux	sulfatées simples	Thermales	Pyrénées, Alpes, Midi.	Bagnères-de-Bigorre. Sainte-Marie.
				Froides	Région des plaines et surtout celles du Midi.	Propiac. Bio (Lot).
			sulfatées et sulfurées	Thermales	Pyrénées, plaines du Midi.	Cambo. Castera-Verduzan.
				Froides	Plaines du Nord.	Enghien.
		à base de magnésie	sulfatées	Thermales	Rares en France.	Saint-Aimand. Louesch (Suisse).
				Froides	Rares en France.	Sedlitz. Pullna (Bohême).
		à base de fer	sulfatées	Toutes froides	Rares en France.	Cransac. Passy.
	chlorurées	toutes à base de soude	simples	Thermales	Vosges.	Forbach. Soultz-les-Bains.
				Froides	Jura, Haute-Saône.	Balaruc. Availles.
			iodurées	Thermales	Alpes, Pyrénées.	Tercis. Jouhe.
				Froides		Eau-de-mer.

1° *Eaux acidules.*

Composition par litre	Saint-Galmier	
	source Badoit	source Noël
Gaz.	grammes	grammes
Acide carbonique libre. . . .	0.620	1.200
Matières fixes.		
Bicarbonate de soude.	0.560	0.300
— de chaux.	1.020	0.670
— de magnésie. . .	0.420	0.365
— de strontiane. . .	traces	traces
— de fer.	traces	traces
— de potasse. . . .	0.020	»
Chlorure de sodium.	0.200	0.120
— de potassium	»	»
— de magnésium. . .	0.280	traces de manganèse
Phosphate de soude.	traces	»
Sulfate de soude.	0.200	»
— de chaux.	»	0.071
Crénate de chaux, de fer . .	traces	»
Azotate de magnésie.	0.055	»
Iodures et bromures alcalins.	»	»
Matières organiques.	traces	0.066
Silice et alumine	0.134	0.030
Total.	3.509	2.882
	Analyse de M. O. Henry (1846)	Analyse de M. J. Clouët (1879)

contact de l'air, elles laissent déposer des **carbonates** de chaux et de magnésie, qui forment des boues et des travertins, et deviennent alcalines. Lorsque ces eaux renferment une notable quantité de bicarbonates, ou de fer, on les range dans la 2e ou la 3e classe. — V. le tabl. ci-contre des *eaux acidules.*

Eaux alcalines. Ces eaux renferment des bicarbonates alcalins, qui, en perdant à l'air leur excès d'acide, deviennent franchement alcalines. Leur température à toutes est supérieure à 20°, et atteint parfois 70° [Plombières (Vosges)].

Leur alcalinité peut être due à la présence de silicates alcalins (Plombières); aux bicarbonates devenant carbonates à l'air [Nassau, Vichy (Allier), Vals (Ardèche), Royat (Puy-de-Dôme), Pougues (Nièvre)]; et aux carbonates neutres (lacs d'Egypte, mer Caspienne, mer Noire, sources de Hongrie, du Mexique). — V. le tableau de la page 537 sur les *eaux alcalines.*

Eaux ferrugineuses. Presque toutes les eaux, sans exception, contiennent du fer, mais celles que l'on range dans cette catégorie en renferment en notable quantité, et dès lors ce métal peut agir comme agent thérapeutique.

La température des eaux ferrugineuses est basse, presque toutes sont froides, cependant l'eau de Luxeuil a 35° à sa sortie de la source. Elles ont une saveur atramentaire caractéristique, et se trou-

2° *Eaux alcalines.*

Composition par litre	Vals	
	Vivaraise 1	Vivaraise 9
Gaz.	grammes	grammes
Acide carbonique libre	1.2848	1.4343
Matières fixes.		
Bicarbonate de soude	1.9760	7.2237
— de chaux	0.0676	0.2915
— de magnésie	0.0595	0.2584
— de fer / — de manganèse	0.0547	0.0220
— de potasse	»	0.2100
— de lithine	0.0106	0.0190
Sulfate de soude	0.2701	0.0344
— de potasse	0.2157	0.0422
Chlorure de sodium	0.0656	0.0910
— de potassium	»	0.1156
Silice	0.0700	0.1022
Total du résidu fixe	7.746	9.8449
	Analyses de M. Glénard.	

blent à l'air, en laissant déposer des flocons ocreux, par suite de la suroxydation du fer, qui y était contenu en dissolution.

Le fer se trouve dans ces eaux sous divers états, suivant le genre auquel appartiennent les eaux minérales. Ce métal est à l'état de *bicarbonate*, dans les eaux gazeuses et bicarbonatées; de *crénate* et d'*apocrénate*, dans les terrains tourbeux où l'on trouve des amas de limonite : le sesquioxyde de fer passant à l'état de protoxyde par suite de la réduction des matières organiques. Les eaux qui contiennent le fer à l'état de

3° *Eaux ferrugineuses.*

Composition par litre	Bapeaume (source de Jouvence)	Brochard près Mortagne
Gaz.	grammes	grammes
Oxygène et azote	»	0.0072
Acide carbonique libre	0.0087	0.0400
Matières fixes.		
Bicarbonate de chaux	0.0128	0.01997
— de fer	0.0780	0.0574
Chlorure de sodium	0.0085	0.0191
— de potassium	0.0600	traces
— de magnésium	0.0635	0.0140
Sulfate de potasse	0.0080	0.0080
— de chaux	0.0117	»
— d'alumine	»	0.0097
Azotate de potasse	0.0028	traces
Crénate et apocrénate de fer	0.0111	0.0830
Matière organique	résinoïde 0.0017	résinoïde 0.0039
Silice	0.0025	0.0027
Carbonate de lithine	traces	traces
Iodures alcalins et bromures	0.0010	»
Perte	0.0024	»
Total du résidu	0.2727	0.1900
	Analyse de M. J. Clouet (1875)	Analyse de M. J. Clouet (1879)

sulfate sont un peu plus rares, celles contenant du *sulfhydrate* encore plus rares. On a trouvé accidentellement du fer à l'état de *chlorure*, comme dans les eaux de Rennes-les-Bains. — V. le tableau des *eaux ferrugineuses*.

Eaux salines. On range dans cette catégorie des eaux souvent très chargées de sels, à base de chlorures, de sulfates, etc., et dont l'élément prédominant est généralement un métal alcalino-terreux Elles sont froides ou thermales, gazeuses ou non, purgatives en général, diurétiques parfois, comme l'eau d'Heudreville (Eure). Suivant la nature de leurs éléments, on les subdivise de la manière suivante :

(*a*) *Eaux chlorurées.* Ces eaux viennent en général de terrains secondaires et tertiaires dans lesquels existent fréquemment d'épais amas de sel gemme, ce qui, en dehors des chlorures, permet de retrouver également de petites quantités d'iodures et de bromures. Elles sont parfois gazeuses, parfois aussi thermales. On y retrouve accidentellement certains éléments étrangers, comme le cuivre, le fer, des sulfures.

On constate dans ces eaux de 3 à 15 grammes, par litre, de chlorures de sodium, potassium, calcium et magnésium.

(*b*) *Eaux chloro-carbonatées.* Il y a peu d'eaux chlorurées contenant une notable quantité de carbonates alcalins; cependant celles de Bourbon-l'Archambault (Allier) appartiennent à ce groupe.

(*c*) *Eaux chloro-sulfatées.* Les eaux chlorurées peuvent contenir de notables quantités de sulfates de soude, de magnésie ou de chaux; elles sont froides ou chaudes, et toutes employées comme purgatives.

Les eaux magnésiennes sont assez nombreuses. Elles se trouvent surtout à l'étranger.

Il faut ranger dans cette catégorie l'eau de mer, qui est à proprement parler une eau chloro-sulfatée sodico-magnésienne.

Eau de mer. L'eau de mer a une composition essentiellement variable, suivant qu'on la prend sur le rivage ou en pleine mer, à la surface ou au fond de l'eau, dans une région du globe ou une autre, dans le milieu d'un courant ou en dehors de celui-ci. L'évaporation plus grande à l'équateur, l'arrivée des fleuves, la présence de courants marins, sont les causes de ces différences.

La quantité de résidu fixe, contenue dans cette eau, est très différente, comme on peut le voir par les chiffres suivants :

Mer Caspienne	6g296 00/00
Mer d'Azof	11.900
Mer Noire (Crimée)	17.605
Mer Baltique	17.710
Méditerranée (Venise)	29.100
— (Marseille)	40.700
Manche (Le Havre)	32.700
Océan Atlantique (41° 18' N.)	38.400
Mer du Nord	34.400
Océan Pacifique	34.700
Mer Morte (surface)	27.078
— (à 300 mèt. de profond.)	278.135

Quant à la composition chimique de cette eau, à part les proportions des éléments qui constituent le résidu, on retrouve presque partout la même nature de sels. Il y a toujours des gaz dissous dans l'eau, de l'oxygène, de l'azote et de l'acide carbonique; il y en a plus, à une certaine profondeur, qu'à la surface, mais on n'en retrouve pas à 1,200 mètres. A la surface, on en rencontre dans des proportions qui varient entre 10 et 30 centimètres cubes par litre, *en moyenne*, formés d'azote 8 à 17 centimètres cubes; oxygène, 1 à 3 centimètres cubes; et 2 à 40 d'acide carbonique.

Quant aux sels, ceux qui prédominent sont: le chlorure de sodium, qui donne le goût salé, et le sulfate de magnésie, auquel est due l'amertume; il y a des sels de potasse (1 gramme à 1g,50 par litre), des bromures (0,4 à 0,6 0/0), des iodures; au total, environ trente et un corps simples d'après Forchhammer. L'eau de mer renferme aussi des traces de matières organiques.

Il faut souvent, pour retrouver un bon nombre des corps que l'on rencontre dans l'eau de mer, en évaporer une très grande quantité. Lorsque l'on fait l'analyse d'un litre d'eau, on la trouve plutôt constituée par les chiffres suivants, qui correspondent aux produits que l'on peut avoir à rechercher sur nos côtes:

Composition par litre d'eau	Océan Atlantique	Méditerranée
Gaz.	centimètres cubes	centimètres cubes
Azote	12.8	15.4
Oxygène	1.7	2.8
Acide carbonique	14.6	31.6
Matières fixes.	grammes	grammes
Chlorure de sodium	25.100	27.220
— de potassium	0.500	0.700
— de magnésium	3.500	6.140
Sulfate de magnésie	5.780	7.020
— de chaux	0.150	0.150
Carbonate de magnésie	0.180	0.190
— de chaux	0.020	0.010
— de potasse	0.223	0.210
Iodures et bromures alcalins	traces	traces
Matières organiques	traces	traces
Total des matières fixes	35.453	43.640

(*d*) *Eaux chloro-sodiques*. On désigne sous ce nom des eaux dans lesquelles, en dehors des chlorures qui figurent toujours en notable quantité, on trouve une forte proportion de sels de soude. Dans ce nombre figurent les eaux d'Aulus (Ariège), de Bagnolles-sur-l'Orne, de Balaruc-les-Bains (Hérault), de La Bourboule (Puy-de-Dôme), de Niederbronn (Bas-Rhin).

(*e*) *Eaux bromo-iodurées*. On retrouve le brome et l'iode, dans ces eaux, en proportions beaucoup plus grandes que dans les eaux chlorurées, aussi quelques-unes sont-elles capables de bleuir instantanément l'empois d'amidon, en présence d'un acide, et peuvent-elles être traitées pour l'extraction industrielle de ces deux corps. L'eau de la mer Morte contient à sa surface 4g,390 de bromure de magnésium, celle de Challes (Savoie) 0g,1925 de bromure de sodium et 0g,0138 d'iodure de potassium. Parmi les eaux bromo-iodurées les plus employées, il faut encore citer les eaux de Montmorot, Motte-les-Bains (Isère), Salins (Jura), en France et à l'étranger, celles de Kreuznack (Prusse), Nauheim (Hesse), Saxon (Valais).

(*f*) *Eaux nitratées*. Jusqu'à ces derniers temps nous étions obligés de demander à l'étranger les eaux chargées d'azotates alcalins. Il n'y en a qu'une, en France, dont la composition ait été complètement indiquée, c'est celle d'Heudreville (Eure), que nous avons étudiée en 1878. C'est un bon diurétique.

4° *Eaux salines.*

Composition par litre	Sedlitz	Püllna
Gaz.	grammes	grammes
Acide carbonique libre	0.450	0.8069
Matières fixes.		
Sulfate de magnésie	20.810	12.1209
— de soude	5.180	16.1200
— de potasse	0.570	0.6245
— de chaux	0.830	0.3385
— de strontiane	»	0.0028
— de lithine	»	0.0004
— de baryte	»	0.0001
Chlorure de magnésium	0.138	2.2606
Bicarbonate de magnésie	0.036	0.8339
— de chaux	0.760	0.1003
— de strontiane	0.008	»
— de fer	0.007	0.0229
— de manganèse	»	0.0026
Phosphate de potasse	»	0.0132
Total du résidu	28.780	33.2476
	Analyse de M. Steimann	Analyse de M. Struve.

Eaux sulfureuses. Les eaux minérales qui contiennent du soufre se divisent en deux groupes fort tranchés, aussi bien sous le rapport de l'origine, que sous celui de la composition chimique.

I. Les unes sont dites *naturelles*, elles sont thermales, viennent des terrains primitifs, sont isolées les unes des autres, peu salines, mais à *base de soude*; elles dégagent de l'azote libre, contiennent en dissolution une notable quantité de matières organiques, et un peu de sels de chaux, de magnésie, et du sulfure de sodium. Leur température varie beaucoup : à l'exception de celle de La Bassère qui n'a que +12°, toutes les autres sont assez chaudes, puisqu'il y en a qui ont jusqu'à 78°.

Le corps qui leur donne leur action est bien le sulfure de sodium, ainsi que l'a démontré Filhol, car un sulfate en précipite tout le soufre, ce qui n'aurait pas lieu s'il y avait un sulfhydrate en dissolution ; elles en renferment en moyenne 0g,07 par litre. Elles laissent dégager de l'acide sulfhydrique, soit par suite de la présence de l'acide carbonique de l'air, qui décompose le sulfure, soit par suite de la silice qu'elles contiennent, lequel amène la même altération; elles renferment parfois d'autres sulfures, comme ceux de fer, de magnésie; mais, en général il n'y a guère que 0g,50 d'éléments solides au plus.

Parmi les matières organiques qu'elles renferment, il y en a qui offrent un assez grand intérêt : la *barégine* est une substance amorphe, azotée, jaunâtre, lorsqu'elle vient d'être obtenue par évaporation ; elle précipite les sels de plomb et d'argent, et est en solution dans les eaux sulfureuses. La *glairine* est un principe gélatineux qui se forme à l'air, et probablement par suite de l'oxydation du principe précédent. Enfin, la *sulfuraire* est une conferve spéciale, qui se développe dans toutes les eaux dont la température est inférieure à +50°, son analyse a révélé une composition analogue à la glairine.

On a signalé en plus, comme une exception, la présence dans certaines eaux, d'oxysulfure de carbone, dans les eaux de Harkamy (Hongrie), par exemple. On ne retrouve pas facilement ce corps, qui s'altère vite au contact de l'eau, et se dédouble en acide carbonique et en acide sulfhydrique.

On a désigné sous le nom d'*eaux sulfureuses dégénérées* celles dans lesquelles il existait primitivement du sulfure de sodium, lequel, en présence de l'acide silicique, s'est dédoublé en hyposulfite et en sulfate, sans que la barégine ait disparu (Thau). L'eau d'Olette est dans ce cas.

II. La seconde catégorie d'eaux sulfureuses comprend celles qui sont dites *accidentelles*. Elles proviennent des terrains de transition ou des terrains modernes, sont froides, souvent réunies par groupes en un même point, et assez minéralisées ; elles dégagent de l'acide sulfhydrique et de l'acide carbonique, mais ne renferment que des traces d'azote, et fort peu de substances azotées. Elles contiennent du sulfure de calcium, des chlorures,

5° *Eaux sulfureuses.*

Composition par litre	Luchon (source Reine)
Gaz.	grammes
Acide sulfhydrique libre	traces
— carbonique	»
Azote	»
Matières fixes.	
Sulfure de sodium	0.0550
— de calcium	»
— de fer	0.0028
— de manganèse	0.0033
Sulfate de potasse	0.0087
— de soude	0.0222
— de chaux	0.0323
Chlorure de sodium	0.0674
Silice	traces
Silicate de soude	traces
— de chaux	0.0118
— de magnésie	0.0083
— d'alumine	0.0274
Iodure de sodium	traces
Alumine	traces
Phosphates alcalins	traces
Hyposulfite de soude	traces
Matières organiques	indéterminées
Total du résidu fixe	0.2392
	Analyse de M. Filhol.

des sels de magnésie et surtout des sels de chaux, aussi les désigne-t-on sous le nom d'*eaux sulfureuses calciques*.

La sulfuration de ces eaux provient d'une réaction chimique qui s'est produite dans le sol. Dans les terrains de transition, les terrains secondaires, on trouve souvent des amas de sel gemme ; le sulfate de soude qui accompagne ce chlorure a pu se décomposer, en présence des matières organiques qui constituent les amas de houille, fréquents dans ces terrains ; dès lors, le sulfate s'est trouvé désoxydé et transformé en monosulfure de sodium, de même dans les terrains calcaires c'est du sulfure de calcium qui s'est formé par suite de la réduction du gypse ou sulfate de chaux, en présence de ces mêmes matières organiques. Aussi, par l'action de l'acide carbonique de l'air aura-t-on des eaux qui dégageront de l'acide sulfhydrique, comme à Uriage, où l'eau renferme 10 centilitres d'acide libre par litre.

De ces causes dépendent les trois subdivisions établies dans les eaux sulfureuses accidentelles : les eaux renfermant de l'acide sulfhydrique libre, celles à base de sulfure de sodium, et celles à base de sulfure de calcium. — V. le tableau des *eaux sulfureuses*. — J. C.

Bibliographie : ANDOUARD : *Nouveaux éléments de pharmacie*, 1 vol. in-18, Paris, 1874, p. 90 et suiv. ; *Annales de physique et de chimie*, nombreux articles ; BAUMÉ : *Eléments de pharmacie théorique et pratique*, 1 vol. in-8°, Paris, 1795, p. 79 et suiv. ; BERTHELOT et JUNGFLEICH : *Traité élémentaire de chimie organique*, 2 vol. in-8°, Paris, 1881, t. I et II ; J.-J. BERZÉLIUS : *Traité de chimie*, 8 vol. in-8°, Paris, 1833, I, p. 397, 442 ; A. BOLLEY : *Recherches chimiques*, 1 vol. in-12, Paris, 1869, p. 87 et suiv. ; *Bulletin de la Société chimique de Paris* ; H. BUNEL : *Etablissements insalubres, incommodes ou dangereux*, 1 vol. in-8°, Paris, 1876 ; CHEVALLIER et BAUDRIMONT : *Dictionnaire des altérations et falsifications des matières alimentaires*, 1 vol. in-4°, Paris, 1881, art. *Eau ; Comptes-rendus de l'Académie des sciences*, nombreux articles ; DECHAMBRE : *Nouveau Dictionnaire encyclopédique de médecine*, Paris, 1867, art. *Eau* ; DESCHAMPS (d'Avallon) : *Manuel de pharmacie* 1 vol. in-12, Paris, 1856, p. 388 et suiv. ; DESCHAMPS (d'Avallon) : *Manuel pratique d'analyse chimique*, 1 v. in-8°, Paris, 1859, I, 299, II, 280 ; *Dictionnaire technologique des arts et métiers*, Paris, 1835, 22 vol. in-4° avec planches ; DRAGENDORFF, traduction RITTER : *Manuel de toxicologie*, 1 vol. in-8°, Paris, 1873, p. 167 et suiv. ; DURAND-CLAYE : *Situation de la question des eaux d'égout et de leur emploi en France et à l'étranger*, *Annales des ponts et chaussées*, V, 1873 ; DURAND-FARDEL et LEBRET : *Dictionnaire général des eaux minérales*, Paris, 1 vol. in-8° ; J.-B. DUMAS : *Traité de chimie appliquée aux arts*, 8 vol. in-8°, Paris, 1846 avec atlas, t. I ; ENGEL : *Chimie médicale*, 1 vol. p. in-8°, Paris ; A. FIGUIER : *Les merveilles de l'industrie*, 4 vol. gr. in-4°, t. III, p. 1 et suiv. ; J.-B. FONSSAGRIVES : *Traité d'hygiène navale*, 1 v., Paris, 1856 ; GAILLET et HUET : *Etudes sur les eaux industrielles et leur épuration*, Lille, 1883, 1 vol. in-12. A. GÉRARDIN : *Sur l'altération, la corruption et l'assainissement des rivières*, *Annales d'hygiène publique*, 1875, XLIII, p. 5 ; A. GÉRARDIN : *Comptes-rendus de l'Institut*, novembre 1869 ; Ch. GERHARD et G. CHANCEL : *Précis d'analyse chimique qualitative et quantitative*, 2 vol. in-12, Paris, 1864, I et II ; J. GIRARDIN : *Leçons de chimie élémentaire appliquée aux arts industriels*, 5 vol. in-8° avec supplément, Paris, 1875.

1880, t. I, II, III, V et suppl.; Guérard : *Choix et distribution das eaux dans une ville*, thèse, Paris, 1852; Guibourt : *Pharmacopée raisonnée*, 1 vol. in-8°, Paris, p. 340 et suiv.; Guibourt : *Histoire naturelle des drogues simples*, 4 vol. in-8°, Paris, 1850, I, p. 514 et suiv.; Ossian Henri père et fils : *Traité pratique d'analyse chimique des eaux minérales, potables et économiques*, 1 v. in-8°, Paris, 1858; Ferd. Hœffer : *Histoire de la chimie*, 2 vol. in-8°, Paris, 1843, vol. I et II; Jaccoud : *Dictionnaire encyclopédique de chirurgie et de médecine pratique*, art. *Eau*; Constantin James : *Guide pratique des eaux minérales*, Paris, 1 vol. in 8°; *Journal de pharmacie et de chimie*, nombreux articles; De Lapparent : *Traité de géologie*, 1 vol. in-8°, Paris 1883, p. 119 et suiv.; Lavoisier : *Opuscules physiques et chimiques*, 1 vol. in-8°, Paris, 1801; Le Canu : *Cours complet de pharmacie*, 2 vol. in-8°, Paris, 1842, II, p. 299 et suiv.; E. Marzy : *L'hydraulique*, 1 vol. in-18, Paris, 1871; Mitscherlich : *Eléments de chimie*, 3 vol in-8°, Bruxelles, 1835, I, p. 23; Motard : *Traité d'hygiène*, 2 vol. in-8°, Paris 1869, t. I et II; H. Napias : *Manuel d'hygiène industrielle*, 1 vol. in-8°, Paris, 1882; D'Orbigny : *Dictionnaire universel d'histoire naturelle*, 13 vol. in 8° avec planches, Paris, 1849, art. *Eau*; Orfila : *Eléments de chimie*, 2 vol. in-8°, Paris, 1843, I, p. 3; Pline, trad. Littré, *Histoire naturelle*, 2 vol. gr. in-4°, Paris, 1850, t. I et II; Poggiale : *Traité d'analyse chimique*, 1 vol. in-8°, Paris, 1858, p. 80; J. Post, trad. L. Gautier et Kieulen : *Traité d'analyse chimique*, 1 vol. in-8°, Paris, 1883, p. 1 et suiv.; Quesneville : *Moniteur scientifique*, nombreux articles; Rabenhorst : *Flora Europea algarum aquæ dulcis et sub-marinæ*, Lipsiæ, 1 vol., 1868, sect. II, p. 94; *Répertoire de pharmacie*, nombreux articles; A. Romain : *Manuel du mécanicien-fontainier*, collection Roret, 1 vol. in-16, Paris, 1882; H. Rose : *Traité pratique d'analyse chimique*, trad. Jourdan, 2 v. in-8°, Paris, 1832, I, p. 527; Soubeiran : *Nouveau traité de pharmacie*, 2 vol. in-8°, Paris, 1840, t. II, p. 624 et suiv.; Francis Sutton, trad. Ca. Méhu : *Manuel systématique d'analyse chimique volumétrique*, 1 vol. in-8°, Paris, 1883; Thénard : *Traité de chimie élémentaire théorique et pratique*, 5 vol. in-8°, Paris 1824, t. II, III et V; G. Tissandier : *L'eau*, 1 vol. in-18, Paris, 1867; Violette et Archambault : *Dictionnaire des analyses chimiques*, 2 vol. in-8°, Paris, 1851; J.-J. Virey : *Traité de pharmacie théorique et pratique*, 2 v. in-8°, Paris, 1811, II, p. 327 et suiv.; Wagner, trad. L. Gautier : *Nouveau traité de chimie industrielle*, 2 vol. in-8°, Paris, 1879, t. I et II; A. Wurtz : *Dictionnaire de chimie*, 3 vol. gr. in-8° avec supplément, Paris, 1869-1883, I, p. 1190 et suiv., suppl. p. 672; A. Wurtz : *Traité élémentaire de chimie médicale*, 2 vol. in-8°, Paris, 1865, t. I; A. Wurtz : *Traité de chimie biologique*, 1 vol. in-8°, Paris, 1875.

EAUX GAZEUSES ARTIFICIELLES. On comprend sous ce nom les eaux fabriquées de toutes pièces et destinées à imiter certaines eaux gazeuses, acidules, naturelles, célèbres par leurs vertus digestives dont le type le plus remarquable est l'*eau de Seltz*, qui tire son nom de Neider-Seltzers, village de l'ancien duché de Nassau. Entre ces eaux naturelles et artificielles l'analogie réside plus dans la similitude de nom, que dans celle de la composition, car les eaux de Neider-Seltzers sont des eaux minérales proprement dites, renfermant d'après Bischof, du sulfate de soude, du chlorure de sodium, des carbonates de soude, magnésie et chaux, de la silice, du fer, etc.; tandis que l'*eau de seltz artificielle* ne contient que l'acide carbonique, qui entre, mais encore en proportions différentes, dans la composition de ces deux eaux. Toutefois, l'eau de seltz a trouvé, dans l'économie domestique, un large emploi, que justifie l'opinion émise à son sujet par M. Bouchardat : « L'eau de seltz a une action spéciale sur l'estomac qu'elle fortifie, et dont elle calme l'état spasmodique. Elle est aussi excellente pour calmer la soif. » Aussi la fabrication de l'eau de seltz tient-elle une place assez grande dans l'industrie de toutes les grandes villes.

Historique. La fabrication des eaux gazeuzes remonte à une époque assez reculée, non point que l'eau de seltz actuelle ait été le premier but des recherches, mais bien l'imitation exacte des eaux minérales naturelles; toujours est-il que dès 1685, on retrouve la trace d'une patente accordée par Charles II, pour la fabrication des eaux ferrugineuses. Le soda Water ou eau de soude gazeuse des Anglais, fut trouvé en quelque sorte empiriquement, même avant la découverte de l'acide carbonique, que plusieurs chimistes et en particulier Hales, Hoffmann et Black, reconnurent exister dans les eaux minérales naturelles. Le premier perfectionnement important dans cette fabrication est dû à Venel (1750) qui indiqua nettèment le procédé pour les obtenir, et en particulier la séparation des matières effervescentes dans la bouteille, de façon que le mélange ne puisse s'opérer qu'après le bouchage. Vingt-cinq années s'écoulent pendant lesquelles de nombreux savants s'occupent de cette question, Schaw, Brownrigg, Bessley, Lane, Priestley, Bergmann, qui posèrent certainement les premières racines de la fabrication industrielle des eaux gazeuses; enfin, en 1775, paraît l'appareil de Nooth, le premier appareil portatif pour cette fabrication, auquel de nombreux inventeurs apportèrent des perfectionnements divers; puis, en 1800 environ, la fabrication de l'eau de seltz prend une certaine extension à Genève, grâce à un grand appareil intermittent imaginé par les pharmaciens Gosse et Paul, appareil connu d'ailleurs, sous le nom de *système de Genève*, et qui forme le type adopté jusque vers 1820, tout en tenant compte d'une série de modifications plus ou moins multiples apportées au premier modèle par les nombreux auteurs qui s'occupèrent de cette question. Le système, dit de Genève, consiste à produire l'acide carbonique par l'action de l'acide sulfurique sur la craie, le gaz ainsi produit traverse des tonneaux remplis d'eau où il se lave, se rend ensuite dans un gazomètre, d'où à l'aide d'une pompe on le fait passer dans un récipient renfermant la quantité d'eau qu'on veut saturer, laquelle est ensuite soutirée dans les bouteilles qui servent à livrer l'eau de seltz à la consommation.

La grande épidémie de choléra, en 1832 à Paris, fut cause d'un grand développement dans la consommation de l'eau de seltz et Barruel, préparateur à l'Ecole de pharmacie, modifia assez complètement l'appareil de Genève, pour créer un second type à citer dans ce rapide historique. Il supprima la pompe et mit directement en communication le récipient producteur du gaz avec celui où s'opère sa dissolution, la pression intérieure croissant d'elle-même et facilitant cette dissolution. L'appareil Barruel et Vernant fut à son tour perfectionné par Soubeiran et Savaresse.

Ce n'est guère qu'en 1832 que la fabrication de l'eau de seltz prend une extension assez grande, pour que cette industrie occupe une place particulière, et c'est à un ingénieur anglais, Bramah, qu'on doit le premier appareil à fabrication continue, qui seul pouvait répondre aux nécessités d'une exploitation industrielle un peu développée. Depuis cette époque, et à partir de 1855, de nombreux perfectionnements sont venus en aide au développement toujours croissant de cette fabrication. Le principe de l'appareil continu de Bramah a servi aux constructeurs modernes, Hermann Lachapelle, Boulot, Ozouf, Mondollot, à établir un matériel intéressant qui a rempli tous les *desiderata* que réclamait cette industrie.

Nous n'avons pas voulu interrompre l'exposé chronologique des méthodes inventées pour la fabrication en grand des eaux gazeuses, à l'aide d'appareils installés dans des usines créées spécialement dans ce but; mais pour ne pas être incomplet, si rapidement que soit présenté cet historique, il nous faut ajouter un mot sur une autre classe de procédés permettant aux consommateurs de fabriquer directement sur place les eaux gazeuses, suivant les besoins de leur consommation. Nooth, en 1775, préparait l'eau de seltz dans des vases de capacité restreinte, en introduisant des poudres convenables qui, en se dissolvant par leur réaction mutuelle, donnaient lieu à la production du gaz acide carbonique, qui, soit par sa propre compression, soit par l'agitation se dissolvait dans l'eau que contenait le récipient et fournissait ainsi le produit cherché. De 1835 à 1855, la sagacité des inventeurs s'est portée spécialement dans cette voie, tant pour la préparation des matières premières, que pour la construction d'appareils convenables à leur emploi, et parmi eux le nom de Briet ne saurait être omis, son appareil de ménage étant resté célèbre; non plus que Savaresse à qui est dû le système bien connu des bouteilles, dites *siphoïdes* ou *siphons*.

Fabrication des eaux gazeuses artificielles. Il y a lieu, lorsqu'on étudie cette question, de débuter par une première observation d'une certaine importance, à savoir qu'il faut distinguer dans ces eaux artificielles, celles qui sont faites en vue de reproduire des eaux plus ou moins identiques à celles que l'on rencontre dans la nature, et dans lesquelles, au caractère gazeux, s'ajoute le caractère minéral proprement dit, consistant, comme on sait, en la présence à l'état de dissolution de sels minéraux divers; et celles qui ne sont qu'une dissolution plus ou moins concentrée d'acide carbonique, sans aucune autre substance. La fabrication des premières ne diffère de celle des secondes, qu'en ce qu'au lieu de se servir d'eau pure pour dissoudre le gaz, on y a d'abord fait fondre les sels minéralisant. C'est donc la production de ce gaz acide carbonique qui constitue en lui-même le fond de la question.

Production de l'acide carbonique. L'on peut recourir à deux procédés distincts pour la production de l'acide carbonique destiné à la fabrication des eaux gazeuses ; soit que cet acide, engendré dans un récipient particulier, soit recueilli puis dissous dans l'eau formant la liqueur; soit que l'on mette directement en présence, dans cette eau des matières salines, qui, par un phénomène de double décomposition, donneront lieu à la production d'acide carbonique et d'un résidu soluble ou insoluble, qui devra être inoffensif sur l'économie. La production directe de l'acide gazeux, recueilli puis dissous dans le liquide, est le procédé le plus employé ; c'est celui que l'on rencontre dans toutes les usines d'eaux gazeuses, le second sert, au contraire, pour l'usage des appareils portatifs.

Quant à la production du gaz acide carbonique, elle peut être obtenue, comme on sait, soit par l'action de la chaleur sur certains sels, tels que les bicarbonates, soit par l'effervescence, en décomposant un carbonate par un acide plus énergique. C'est ce dernier procédé auquel on a ordinairement recours, en faisant agir l'acide sulfurique ou chlorhydrique sur le carbonate de chaux pris à l'état de marbre ou plus simplement de craie, ou en faisant agir l'acide tartrique sur le bicarbonate de soude. Nous n'avons pas à nous occuper ici de la préparation de chacune de ces matières, cette question ayant été étudiée dans les divers articles qui leur sont consacrés, nous résumerons brièvement les conditions qu'elles doivent remplir pour cette utilisation spéciale. La craie, qui, dans son état naturel, renferme du sable, quelquefois du silex, un peu de silice, d'oxyde de fer et de manganèse, peut être purifiée par un broyage et des lavages permettant de séparer ces diverses substances par suite des différences de leurs poids spécifiques. L'acide sulfurique usuel, concentré à 66°, est considéré comme d'un bon usage, lorsque 50 à 60 grammes d'acide évaporés dans une capsule de platine ne laissent qu'un résidu de 5 milligrammes. L'acide chlorhydrique du commerce, marquant 20 à 22° Baumé, est toujours relativement beaucoup plus impur que l'acide sulfurique. Aussi son emploi est-il proscrit par un grand nombre de praticiens. MM. Hermann-Lachapelle et Boulet, en particulier, font remarquer que bien que sa réaction sur le carbonate de chaux donne lieu à la formation de chlorure de calcium, résidu facile à évacuer, n'obstruant pas les appareils et d'une vente rémunératrice, ce que l'on n'obtient pas avec l'acide sulfurique donnant lieu à un sulfate insoluble, l'acide chlorhydrique néanmoins occasionne toujours des émanations malsaines, agissant sur les appareils, et l'eau de seltz est toujours chargée de chlorures métalliques. D'autre part, l'action de l'acide sulfurique est plus lente, plus régulière, en disposant un agitateur convenable, on peut être assuré de déterminer la réaction d'une façon complète et beaucoup plus avantageuse.

Nous donnerons, pour terminer, l'indication de la solubilité du gaz acide carbonique dans l'eau pure, entre 0° et 20° centigrades sous la pression atmosphérique, d'après M. Bunsen :

Température	Gaz absorbé	Température	Gaz absorbé
0°	1.7967	11°	1.1416
1	1.7207	12	1.1018
2	1.6485	13	1.0653
3	1.5787	14	1.0321
4	1.5126	15	1.0020
5	1.4497	16	0.9750
6	1.3901	17	0.9519
7	1.3339	18	0.9318
8	1.2809	19	0.9150
9	1.2311	20	0.9014
10	1.1847		

D'après les calculs de M. Maumené :

Température	Gaz absorbé	Température	Gaz absorbé
21°	0.8900	26°	0.8505
22	0.8800	27	0.8460
23	0.8710	28	0.8420
24	0.8630	29	0.8390
25	0.8560	30	0.8370

La conséquence qui ressort de l'inspection de ces chiffres, c'est la nécessité d'opérer à la température la plus basse possible.

Appareils portatifs. Le premier appareil de ce genre, construit en 1775 par Nooth, bien que primitif, n'en reste pas moins le type de tous ceux du même genre créés depuis. Il se composait de trois vases ou récipients en verre, disposés les uns au-dessus des autres, avec des jonctions rodées à l'émeri. Le récipient inférieur recevait les matières propres à la production du gaz acide carbonique; celui du milieu, fermé inférieurement par une soupape, l'eau qui doit être gazée; le supérieur sert à l'expulsion d'une partie de cette eau lorsque le gaz en s'accumulant exerce une pression au-dessus d'elle dans le réservoir médian, il communique avec celui-ci par un bec effilé descendant vers la moitié environ de la boule intermédiaire. Le jeu de l'appareil est assez simple pour qu'on n'ait pas besoin de beaucoup insister. Le gaz, en traversant les soupapes, se rend dans le réservoir médian, presse sur le liquide qui s'élève dans la partie supérieure; à un certain moment on agite pour produire la dissolution du gaz dans le liquide qui redescend alors en entier dans la capacité intermédiaire, et on répète cette opération autant de fois qu'il est nécessaire pour saturer suffisamment l'eau.

En 1837, M. Chaussenot se fit breveter pour une série d'appareils portatifs assez ingénieux, où le récipient producteur du gaz était non plus à la base du système, comme dans l'appareil Nooth, mais bien au sommet, le mérite de l'invention consistait dans l'interposition d'un robinet à double voie, placé dans la pièce de raccordement des deux récipients, permettant à volonté, soit le passage du gaz dans l'eau à gazéifier, soit l'expulsion de celle-ci au dehors, par l'intermédiaire de la pression du gaz accumulé au-dessus d'elle.

L'emploi des appareils portatifs prit une grande extension vers 1836, grâce aux efforts persévérants de Fèvre, qui substitua aux matières génératrices, craie et acide sulfurique, le bicarbonate de soude et l'acide tartrique, qu'il suffisait de mettre en présence dans un récipient plein d'eau, qu'on fermait ensuite. Toutefois, le tartrate de soude résidu de la réaction est soluble, et la liqueur ainsi obtenue est légèrement purgative. Aussi, M. Payen, dans son *Traité des substances alimentaires*, a-t-il proscrit en général l'emploi des eaux gazeuses obtenues par ce procédé. On se trouvait donc conduit à abandonner les vases élémentaires pour revenir aux appareils plus complexes, où l'eau à gazéifier est isolée des matières productrices. De tous ceux inventés, le *gazogène* de Briet, inventé en 1840, est le plus répandu.

La figure 295 montre cet appareil tout monté. Il se compose de deux boules ovoïdes en cristal, enveloppées dans un tissu à mailles en jonc, pour éviter la projection des éclats, au cas d'une explosion, garnies d'une douille métallique qui sert à les visser l'une sur l'autre. L'une de ces tubulures, celle de la boule inférieure, garnie de la base d'appui pour l'appareil, laisse un passage serré à frottement pour un tube intérieur qui établit la communication entre les deux parties de l'appareil et porte enfin un robinet extérieur pour la sortie de l'eau gazeuse. Ce tube intérieur constitue l'originalité de l'invention de Briet. La figure 296, qui le représente à part, permet d'en voir le détail et de suivre le jeu de l'appareil. Il se compose d'une tige creuse *a a*, emboîtée dans un cylindre *e e*, qui porte sur la plaque de joint des trous capillaires *b b*, et vers sa partie inférieure, des trous plus larges *o o'*. En indiquant la manière de se servir de cet appareil, son jeu se comprendra de lui-même. Ayant dévissé les deux boules et retiré le tube, on met dans le pied de l'appareil les poudres et l'on remplit l'autre boule d'eau; on replace le tube et visse les deux boules l'une sur l'autre. L'eau s'écoule par le tube *a* et par les trous *o'* sur les poudres, l'effervescence se produit, le gaz se dégage, passe par les trous *o* entre les deux tubes *e* et *a*, et comme la garniture d'eau à la base des tubes lui bouche le passage, il est obligé de filtrer par les trous capillaires *b* assez petits pour laisser passer le gaz divisé, mais non l'eau. Cette ingénieuse disposition fait que les poudres restent isolées de l'eau destinée à la boisson, que l'eau nécessaire à la réaction est mesurée et distribuée automatiquement, afin que le gaz pénètre dans l'eau à saturer dans un état extrême de division qui favorise cette action. Pour obtenir de l'eau de seltz, il suffit d'ouvrir le robinet, le gaz accumulé au sommet de l'appareil assure par sa compression la sortie de l'eau.

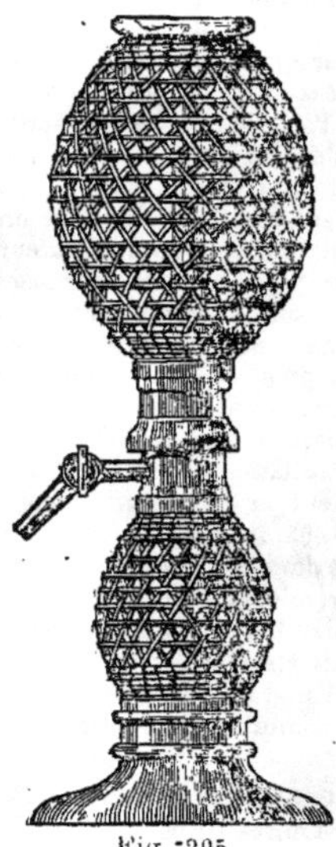

Fig. 295.

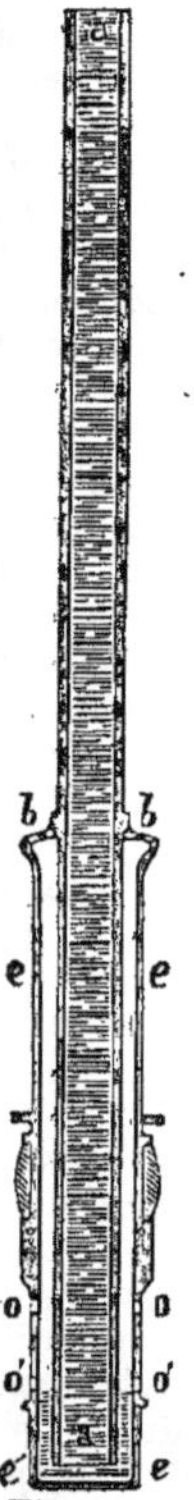

Fig. 296.

Il faut préparer l'appareil une demi-heure environ avant d'en faire usage. En ajoutant dans l'eau des sels minéralisants, on peut ainsi préparer une eau minérale quelconque. La capacité supérieure est d'environ 1l,3, l'inférieure de 0l,4, après l'opération, il reste dans le bas à peu près 1 litre d'eau saturée. On emploie 18 grammes de bicarbonate de soude pouvant produire 4 litres de gaz; mais, en réalité, l'eau ne renfermera guère plus de deux fois son volume en gaz. On pourrait, il est vrai, en augmentant les doses, augmenter la saturation, mais il serait peut-être imprudent de recourir à ce moyen, car les pressions élevées qui se développent risqueraient de briser l'appareil.

Appareils a fabrication continue. Parmi les nombreux appareils destinés à la fabrication industrielle de l'eau de seltz, les uns sont à marche intermittente, les autres à marche continue; ces derniers sont seuls employés aujourd'hui, nous allons en décrire quelques-uns des plus remarquables. L'origine de tous ces appareils est celui qu'inventa, en 1832, Bramah, ingénieur anglais, et dont l'originalité repose dans la disposition de la pompe permettant d'aspirer à volonté soit successivement, soit simultanément, l'eau et l'acide carbonique pour les refouler dans le vase où s'opère la saturation, et d'où on la soutire pour en remplir les bouteilles. La descente du piston détermine le vide dans le corps de pompe, la venue du gaz ou de l'eau séparément ou dans des proportions déterminées, puis cette quantité emmagasinée dans le corps de pompe et isolée est re-

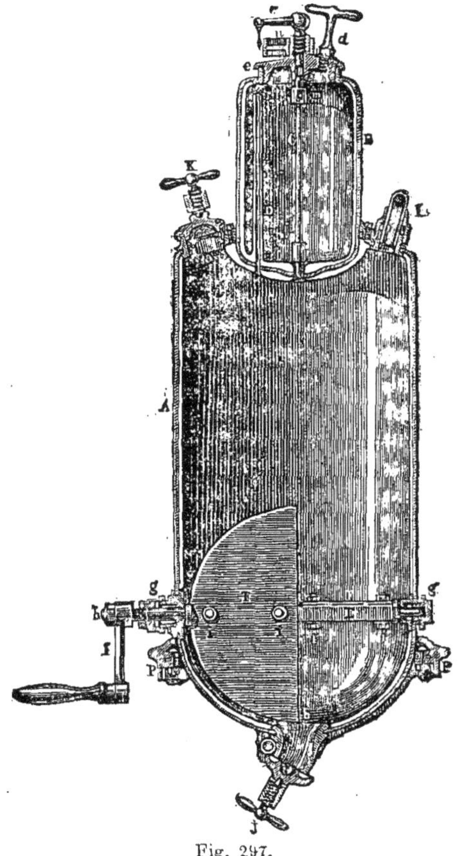

Fig. 297.

foulée daus le saturateur. Mais les constructeurs modernes ont notablement modifié les conditions d'établissement de ce système.

Appareil Hermann-Lachapelle. Il se compose du producteur du gaz, du laveur, du gazomètre et du récipient saturateur. Le producteur du gaz, que l'on voit en coupe dans la figure 297, est un vase en cuivre recouvert de plomb intérieurement, fixé par une couronne P sur un socle et portant trois ouvertures, deux *a b* munies de fermetures en bronze, servant, la première, à introduire le mélange d'eau et de craie; la seconde, à la vidange de l'appareil, enfin la troisième i, à l'expulsion du gaz produit. Un agitateur formé de deux demi-disques EF, montés à angle droit sur un arbre, est mis en mouvement par une manivelle extérieure.

Ce vase A est surmonté d'un autre plus petit B fermé par un couvercle vissé *e*, portant une ouverture *d* avec bouchon à vis pour l'introduction de l'acide. Cet acide s'écoule par une ouverture inférieure que ferme une coquille de platine formant soupape, et que porte une tige C, dont on apprécie exactement le mouvement et, par suite, le degré d'ouverture de la soupape ou d'écoulement de l'acide par l'inspection d'une petite aiguille C reliée à la tête et se déplaçant devant un arc gradué B. Un tube D sert à établir l'équilibre de pression entre les deux parties de l'appareil.

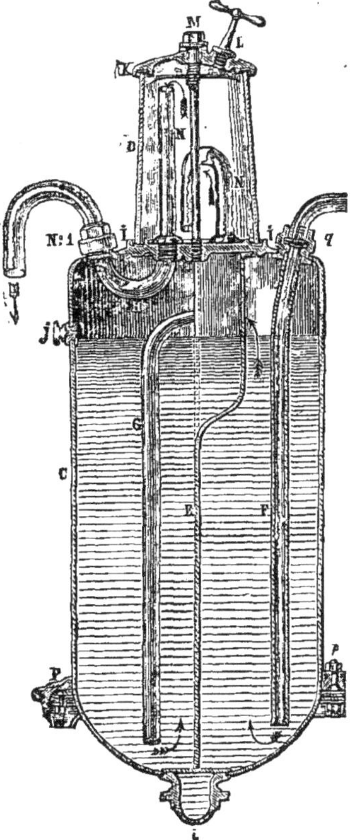

Fig. 298.

L'épurateur, vu en coupe, figure 298, est formé d'un cylindre clos, divisé en deux parties par un diaphragme vertical E. Le gaz arrive par F, traverse la masse d'eau pour remonter au sommet, redescendre par le tuyau G et traverser encore une fois le liquide, mais, avant de sortir de l'appareil par le tuyau H, il doit circuler dans la partie supérieure D, dont la paroi circulaire est en fort cristal, et où l'ouvrier peut suivre la continuité de marche du dégagement du gaz.

L'appareil porte un robinet de jauge *j* et un bouchon de vidange *i*. Le gazomètre n'offre rien de spécial comme construction; mais c'est un organe nécessaire pour obtenir une bonne fabrication; il a deux emplois distincts : 1° il sert à emmagasiner et à rafraîchir le gaz, ce qui permet la fabrication continue, sans aucune espèce d'arrêt, et à une pression déterminée, ce qui rend la saturation des liquides toujours égale; 2° il sert à épurer le gaz une quatrième fois, en le faisant traverser l'eau contenue dans la cuve et dans laquelle on peut, par précaution, placer une couche de charbon de bois ; ce n'est qu'avec de tels soins que l'on parvient à obtenir des eaux gazeuses bien pures et agréables au goût.

Le récipient saturateur est la partie la plus importante de l'appareil. On le voit en coupe figure 299 avec tous ses accessoires, pompe à bras ou actionné par une transmission mécanique, et appareils de sûreté. L'arbre principal porte, d'une part, le volant et un engrenage VX, qui actionne l'agitateur Z du récipient; de l'autre à l'aide d'une manivelle et d'une bielle T met en mouvement la pompe E. Le tuyau d'alimentation de la pompe porte un robinet à trois voies G, sur lequel aboutissent le conduit venant du gazomètre, et celui qui puise l'eau dans le bassin d'alimentation N, en cuivre étamé, où l'eau est maintenue à un niveau constant par un flotteur commandant l'introduction du liquide. Lorsque le piston descend, le robinet *b* étant ouvert, il y a aspiration d'eau et de gaz, qui soulèvent contre sa cage une bille placée dans la chambre d'aspiration, tandis qu'une autre bille placée dans la chambre de refoulement est maintenue sur son siège. Quand la chambre d'aspiration est pleine, que le piston, parvenu au bas de sa course, revient à sa première position, le jeu inverse se produit, l'arrivée de l'eau et du gaz est interrompue et leur expulsion rendue libre. Le récipient saturateur H, proprement dit, a la forme d'une sphère, qui se fixe sur le bâti par un bouchon autoclave muni de deux passages pour l'entrée et la sortie du mélange : il est garni d'un manomètre R, d'une soupape de sûreté à sifflet et d'un niveau d'eau L.

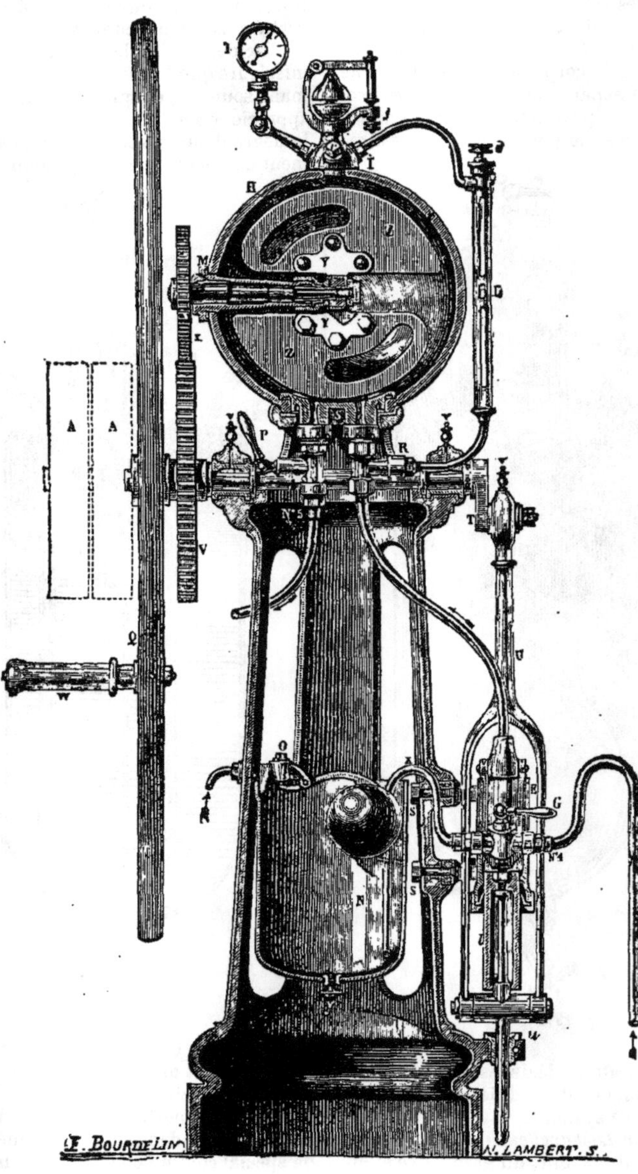

Fig. 299.

Le jeu de l'appareil est des plus simples : on commence par produire le dégagement d'acide carbonique qui s'accumule dans le gazomètre, jusqu'à ce que la cloche s'élève presqu'au sommet du bâti : amenant alors l'aiguille du robinet *b* sur le mot *eau*, et ouvrant la soupape de sûreté *j*, on remplit, par le jeu de la pompe, la sphère d'eau. On dispose ensuite l'aiguille du robinet au n° 5, la pompe n'aspire plus alors que du gaz et, au bout de quelques tours, on ferme la soupape *j* et ouvre le robinet P jusqu'à ce qu'il se soit écoulé environ la moitié de l'eau. On ferme alors le robinet P, et on continue à comprimer l'acide carbonique jusqu'à ce que le manomètre marque 7 à 8 atmosphères ou 12 à 13, suivant la nature de l'eau fabriquée ; on peut alors soutirer cette eau et, en mettant l'aiguille du robinet G en regard des numéros 3 ou 4, on fournira régulièrement au saturateur en raison du débit de l'appareil.

L'appareil Mondollot présente d'autres particularités : suppression du gazomètre, réglage automatique par le jeu de la pompe de la distribution de l'acide sulfurique; sa production proportionnelle aux besoins du fonctionnement de l'appareil, lequel se trouve ainsi bien simplifié et occupe bien moins de place.

Voici le principe sur lequel est basée cette nouvelle disposition. Le vase à acide sulfurique se trouve à un niveau plus élevé que le récipient contenant la craie et est mis en communication avec ce dernier par un tuyau. Le gaz produit sort de ce récipient pour traverser un laveur et de là s'engage dans le tuyau d'aspiration que commande la pompe. Si on laisse arriver l'acide sur la craie, il y a production du gaz, mais celui-ci exerce une pression sur le tuyau abducteur de l'acide, le refoule, et la production du gaz est ainsi suspendue. Le jeu de la pompe déterminant de nouveau l'aspiration du gaz, il y a diminution dans la pression, l'acide afflue sur la craie, le jeu de l'appareil se reproduit et se poursuit ainsi. On construit ainsi quatre types d'appareils pouvant fournir par jour :

Le n° 0,	300 siphons	ou	600 bouteilles.
— 1,	600	—	1.200	—
— 2,	1.200	—	2.400	—
— 3,	2.400	—	4.800	—

La dépense, dans les appareils 1, 2, 3, à acide et craie, est d'environ 2^{k},500 de chaque matière par 100 siphons ou 150 bouteilles. L'appareil n° 0 a été combiné pour l'emploi du bicarbonate

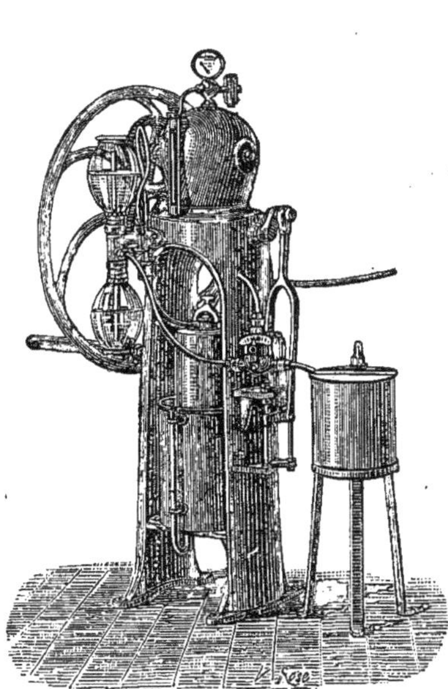

Fig. 300.

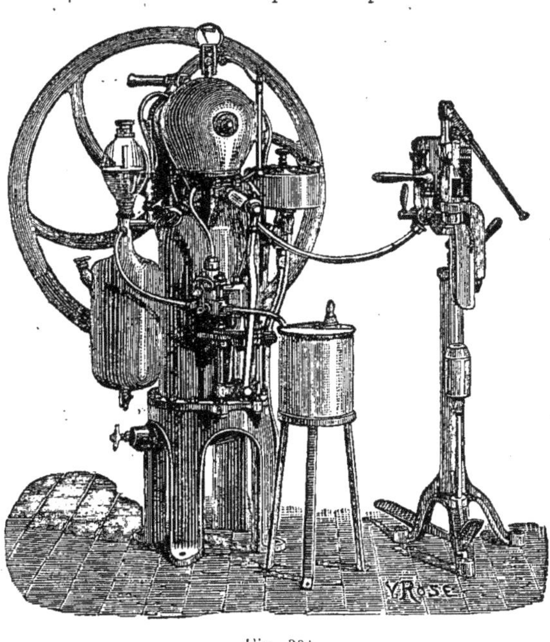

Fig. 301.

de soude au lieu de craie. Le type n° 3, que montre la figure 300, est disposé pour un fonctionnement mécanique, comporte un jeu de deux producteurs fonctionnant alternativement et isolés de l'appareil de façon à réaliser une marche continue, que l'on voit sur la gauche de la figure 301. L'acide est renfermé dans une petite capacité disposée latéralement et au-dessus du producteur contenant la craie, muni d'un agitateur commandé par un axe et une poulie. Le gaz est aspiré par la pompe à travers une tubulure et passe dans un laveur en deux pièces, dont la supérieure en cristal permet de suivre sa marche, et de là dans le saturateur sphérique, muni d'un agitateur que commande par engrenage l'arbre qui actionne la pompe. Dans les types 0, 1, 2 (fig. 302), toutes les parties de l'appareil sont groupées dans le même bâti. Le producteur du gaz est entre les jambes de la carcasse portant le saturateur et la pompe, un vase latéral sert de réservoir intermédiaire pour l'approvisionnement de l'eau. Dans l'appareil à bicarbonate, la construction du producteur est légèrement modifiée. Il se compose de deux vases en plomb, l'enveloppe extérieure est ouverte à l'air et sert à contenir l'eau et l'acide sulfurique. Le second vase, entièrement fermé, repose dans le premier et communique avec lui par une série de petits trous. Ce second vase est divisé en deux par une cloison, au-dessus de laquelle on dispose le bicarbonate. Enfin, un tube percé de trous traversant cette cloison, sert à établir la communication entre les deux compartiments du second vase. C'est par ce tube que se produit l'aspiration ou le refoulement de l'acide qui vient agir sur le bicarbonate, ou en est repoussé. Un bouchon à vis sert à charger le sel, un tuyau met ce récipient en communication avec la pompe.

Remplissage des bouteilles et des siphons. Pendant longtemps l'eau de seltz ne s'est débitée que dans des bouteilles ordinaires, dont la fermeture hermétique offrait un problème intéressant à résoudre et qui a exercé la sagacité des inventeurs. Aujourd'hui on fait universellement usage des appareils connus sous le nom de *siphons*, et l'ancien système n'est plus guère conservé que pour les limonades, sirops, et autres boissons gazeuses. Nous ne nous arrêterons pas longtemps sur le

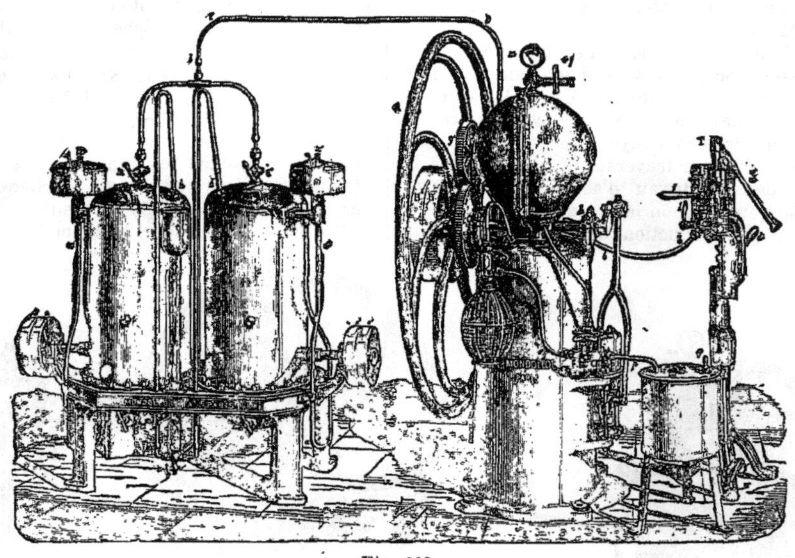

Fig. 302.

système primitif, et sur les dispositions de fermeture : bouchon de liège entré à force avec ficelage varié, goulot à portée intérieure avec bouchon en verre et garniture de liège ou de caoutchouc, bouchon à vis, etc, Lè siphon, comme nous le disions, a détrôné tous ces systèmes. Cet appareil consiste quelle sert à visser la tête du siphon A ; un entonnoir en étain K, à rebords, est soudé avec le tube en verre M qui, plongeant dans le vase, sert à amener le liquide sous l'action de la compression du gaz accumulé au sommet de l'appareil. Des rondelles de caoutchouc servent de point d'appui

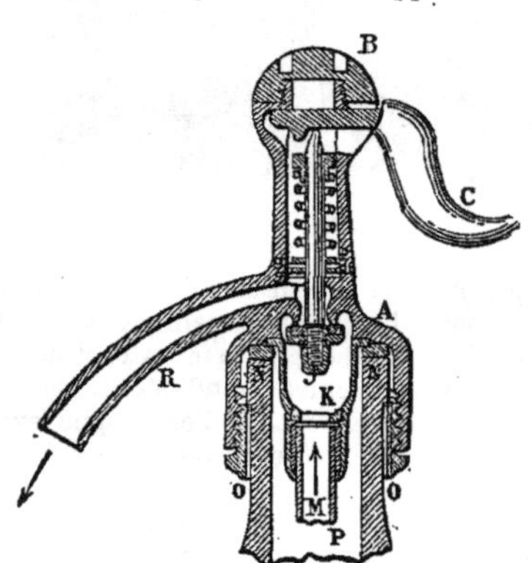

Fig. 303.

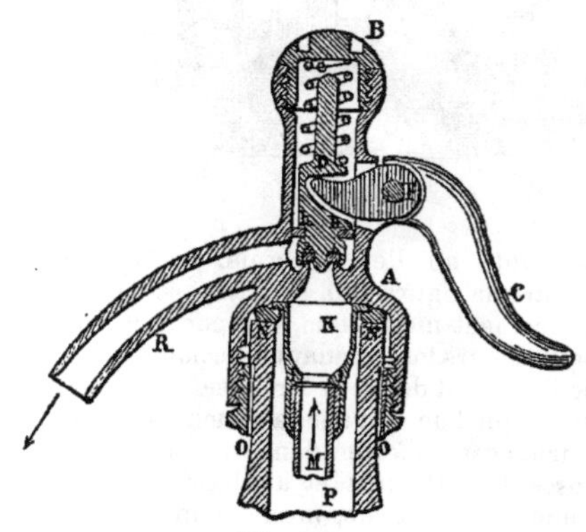

Fig. 304.

dans une disposition de mécanisme venant coiffer des bouteilles en verre, et permettant de se procurer l'eau de seltz en dégageant un obturateur qui ferme la sortie. Bien des systèmes ont été encore imaginés, ils se ramènent à peu près tous aux deux types représentés par les figures 303 et 304. Le col de la bouteille porte un renflement N qui retient une bague en étain O coulée sur lui, laquelle

pour les diverses pièces reposant les unes sur les autres. Une soupape D, maintenue par un système de ressort à boudin, et dont le jeu est commandé par un levier C, interrompt la communication entre l'entonnoir et le tuyau d'évacuation. La différence entre les deux types consiste comme on le voit par les dessins, en ce que dans un cas, le gaz tend à soulever la soupape que le ressort à boudin comprimé sur l'entonnoir, tandis que dans l'autre il appuie au contraire le piston sur son siège, le ressort devra agir pour le déplacement de ce piston.

De cette différence dans le mode d'action résulte des différences dans l'effort à exercer, aussi les deux leviers sont-ils inégaux et ces systèmes se distinguent quelquefois par les noms de systèmes à grand et petit levier. Un chapeau B serré au sommet permet le montage et la visite du mécanisme. Quelquefois la tige du piston traverse le chapeau dans un stuffing-box et est actionné directement de haut en bas par simple pression.

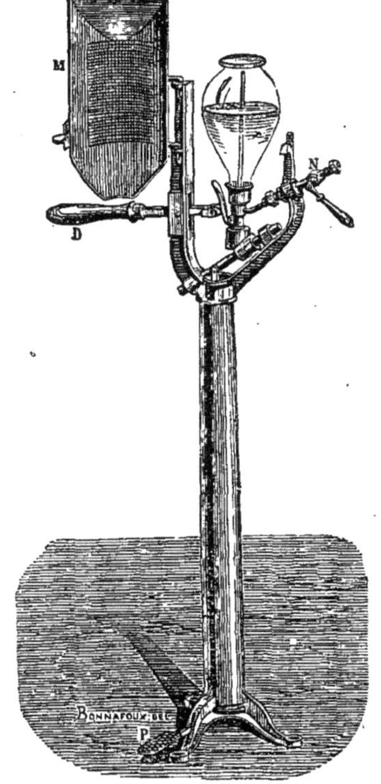

Fig. 305.

Quant au remplissage des siphons, il s'exécute de la façon suivante. On le dispose entre les fourches d'une colonnette, le bec se trouvant ainsi amené par le jeu d'une pédale P, dans une cavité conique que présente le robinet N, robinet à trois voies, en communication avec le tuyau de sortie ou saturateur de l'appareil de fabrication. Un levier D sert à agir sur le levier du siphon et à provoquer son ouverture. A l'aide du robinet N, on détermine l'introduction de l'eau de seltz qui comprime l'air renfermé dans le siphon, on interrompt alors la communication avec le saturateur, par un jeu du robinet N on expulse cet air et achève le remplissage qu'on arrête en lâchant le levier D. On abandonne la pédale et dégage le siphon. Une chemise en grillage se referme sur la bouteille pour protéger l'ouvrier en cas de rupture (fig. 305).

Observations sur l'usage des eaux gazeuses. Le chiffre des bouteilles d'eau de seltz consommées annuellement en France est considérable et s'élève à plus de cent millions, il suffirait à lui seul pour établir que l'usage de cette boisson est bienfaisant. Le rôle dans l'économie des eaux légèrement acidules est bien établi aujourd'hui, elles sont mêmes préconisées au point de vue médical dans une foule de cas, en particulier pour les affections nerveuses, les hémorrhagies passives, etc. Il est vrai que les eaux naturelles renferment des principes, que ne contient pas l'eau artificielle, mais en tout cas celle-ci ne saurait être nuisible, elle peut servir à étendre les vins fades, en procurant une boisson agréable moins alcoolique que le vin pur. Bien que le gaz y soit dissous à une pression assez élevée, il est certain que la plus grande partie de ce gaz s'échappe au moment où l'on débouche la bouteille, et que la quantité vraiment absorbée, se rapproche beaucoup des proportions des eaux naturelles.

On comprend souvent sous le nom général de *boissons gazeuses*, toute une série de préparations dans lesquelles l'eau est non seulement acidulée par l'acide carbonique, mais encore parfumée et sucrée à l'aide de sirops divers. Leur préparation est analogue à celle de l'eau de seltz artificielle ; seulement les siphons au lieu d'être chargés d'eau pure, le sont avec des dissolutions de sirops, d'alcoolats, d'esprits parfumés divers. Enfin l'addition dans l'eau de sels solubles permet de préparer ainsi des eaux minérales gazeuses, factices.

Eaux minérales artificielles. La fabrication de ces eaux n'est qu'une application de la fabrication générale des eaux gazeuses, en opérant non plus sur de l'eau pure, mais bien sur des dissolutions imitant autant que possible la composition des eaux naturelles. — R.

EAUX D'ÉGOUTS (PURIFICATION ET UTILISATION DES). L'importance considérable que, depuis le milieu du siècle, on a donné aux grandes questions d'hygiène, de salubrité et de développement de tous les services de voirie dans les grandes villes, a créé au problème de la purification et de l'utilisation des eaux d'égouts, une place de premier ordre dans les questions à l'étude. Si la solution de cette fonction importante de la vie matérielle n'est pas encore absolument atteinte, en pratique du moins, on peut néanmoins affirmer que le principe de cette solution est assez nettement posé, pour qu'il n'y ait plus qu'à se préoccuper des moyens matériels de la réalisation, et l'on peut espérer voir bientôt les cités dotées d'une installation avantageuse à tous les points de vue.

Il n'est pas besoin d'insister beaucoup pour établir l'importance de cette grande opération, débarrasser les centres peuplés des masses d'eau plus ou moins chargées d'impuretés qui se ramassent à la surface du sol, et qui atteignent jusqu'à 600 et 700 mille mètres cubes par jour à Londres par exemple, et 400,000 à Paris. Cet enlèvement doit être aussi prompt que possible et c'est à cela que servent les *égouts*. Mais que faire ensuite de cette masse d'impureté? L'envoyer dans une rivière voisine qui la conduira à la mer, semblerait au premier abord la solution la plus simple et la plus complète. L'infection de la Seine, de la Tamise, sont des faits trop connus de tous pour avoir besoin de réfuter cette solution. Substituer à cette rivière une canalisation spéciale, close, ayant la même destination? Ici interviennent des questions de dépenses telles, qu'on ne peut les omettre. Ainsi de Paris à la mer, outre les difficultés provenant de la faiblesse de pente, on évalue la dépense à 100 millions de francs. Et encore, comme le fait remarquer M. Durand Claye, qui peut nous garantir de ne pas rencontrer au débouché de ce canal les mêmes inconvénients qu'au débouché des collecteurs dans les rivières, inconvénients accrus encore par la différence entre le mouvement continu d'une rivière, et celui intermittent par le flux et le reflux de la mer. Qu'en faire, donc, pour s'en débarrasser, sans nuire aux autres?

Trois solutions se présentent: deux déjà anciennes, une plus récente qui prévaut aujourd'hui universellement, comme on le verra. On ne s'est tout d'abord préoccupé que de trouver le moyen de débarrasser ces eaux des principes malfaisants qu'elles contenaient, pour rendre aux cours d'eau naturels des eaux qui ne fussent plus nuisibles. De là deux méthodes, *la précipitation chimique* et la *précipitation mécanique*, toutes deux imparfaites et coûteuses. D'ailleurs, en opérant ainsi, on commettrait en quelque sorte un crime de lèse-nature, en n'utilisant pas les ressources qui se trouvent mises à notre disposition, en perdant les matières fertilisantes que contiennent ces eaux d'égouts, matières empruntées au sol, lequel s'appauvrirait rapidement si nous ne lui restituions pas des richesses dont nous ne tirons aucun profit pour notre existence. Telle a été la voie dans laquelle se sont bravement engagés d'illustres ingénieurs de nos jours, et malgré les difficultés de tous genres qu'ils ont rencontrées dans l'inertie qu'oppose la routine à toutes les nouveautés, ils ont vu cependant leurs idées triompher et l'on peut se réjouir des bienfaits dus à leurs magnifiques travaux.

Avant de passer à l'examen des divers procédés employés pour résoudre cette question, il est intéressant de montrer quelle est la richesse qu'offrent ces eaux si méprisées, pour mieux comprendre le mérite relatif de ces procédés entre eux. M. A. Durand-Claye, autorité si compétente dans ces questions, et à la bienveillance duquel nous devons une partie des renseignements que contient ce travail, fait remarquer combien sont considérables dans les centres de population, les quantités de matières diverses qui se transforment en détritus de tous genres. Ainsi à Paris, par exemple, il entre sous formes diverses, 9,147,000 kilogrammes d'azote, et il en sort 9,188,000 dont un quart environ dans les vidanges, un autre quart dans les ordures ménagères et la moitié dans les eaux d'égouts. Frankland, à Londres a montré que 100,000 parties d'eau d'égout laissent 112,5 parties de résidu solide, renfermant 12 parties de carbone, 2,5 d'azote, 4 d'ammoniaque, nitrates, etc. Ces chiffres montrent éloquemment quel intérêt immense il y a à tirer partie de ces richesses.

Trois procédés différents se présentent pour purifier les eaux d'égout.

La précipitation mécanique, en laissant le dépôt se faire lentement de lui-même, dans de vastes bassins, d'où l'écoulement s'obtient par décantation à l'aide de barrages.

La précipitation chimique, à l'aide d'une substance entraînant ou réagissant sur les résidus qu'on veut séparer. De nombreuses matières furent proposées dans ce but; le sulfate de peroxyde de fer, la chaux, le chlorure de magnésium, le sulfate d'alumine, le goudron, des lignites pulvérisés, etc. Tous ces essais tentés d'abord en Angleterre, et sur presque tout le continent, ne produisaient en réalité que la clarification, mais non l'épuration des eaux d'égout, car il a été bien prouvé que les eaux décantées, bien que pures à l'œil, renfermaient encore des quantités de germes organiques susceptibles d'entrer en fermentation et laissant par suite à l'eau toutes ses propriétés infectieuses. Les expériences intéressantes faites par MM. Frankland, en Angleterre, et Durand-Claye à Paris, ont clairement démontré que ces procédés laissent toujours dans les eaux clarifiées les 50 0/0 environ de l'azote organique que renfermaient les eaux noires primitives.

Il faut ajouter encore que tous ces procédés étaient très coûteux, que les résidus ainsi obtenus, bien qu'utilisables comme engrais, ne pouvaient être placés à des prix rémunérateurs. Ainsi pour une dépense de 19 francs de sulfate d'alumine, l'engrais obtenu était placé avec peine au prix de 14 francs.

Purification par l'action du sol. C'est alors qu'il fut entrepris une série d'expériences, sur le troisième mode d'utilisation de ces matières, expériences dans lesquelles on avait recours à l'action du sol naturellement ou artificiellement perméable, combinée avec la végétation pour obtenir un double résultat : 1° la purification absolue de ces eaux qui, prises à la sortie des égouts, sont employées à irriguer convenablement des emplacements particuliers, pour ressortir de ce filtre naturel complètement débarrassées de toutes leurs impuretés, et plus propres à la consommation que les eaux de la plupart des rivières ordinaires ; et 2° l'utilisation de toutes les matières retenues, pour déterminer la fertilité d'un sol pauvre, impropre auparavant à la culture, et devenu désormais un jardin maraicher de premier ordre. Voici quel est le principe de ce système.

Les eaux versées sur un terrain perméable se filtrent complètement dans leur passage à travers les couches superficielles, les matières organiques se divisent dans les couches du sous-sol, et là, sous l'influence de l'oxygène et des multitudes de microgènes, se nitrifient. Ces faits remarquables ont été établis par MM. Schlœsing et Muntz et l'on ne peut omettre de citer la belle expérience qu'il ont faite à ce sujet. Ils prennent un tube en verre, rempli de sable, de 2 mètres de longueur, que traverse l'eau d'égout; au bout de quelque temps la nitrification est complète, et si l'on avait disposé au bas du tube, une eau titrée, on y retrouve autant d'azote minéralisé et inoffensif, que les eaux impures en contenaient. Cette expérience de laboratoire se reproduit d'ailleurs sans cesse dans les grandes installations pratiques actuelles, ainsi un gramme d'eau d'égout, à l'état naturel, renferme 20,000 microgermes, un gramme d'eau de Seine pris à Bercy 1,400, à Clichy 3,200, un gramme d'eau de la Vanne 62, alors que ces mêmes eaux d'égout à leur sortie des drains de Gennevilliers n'en contiennent plus que 12. L'eau de Gennevilliers est donc plus pure que la belle eau potable de la Vanne que nous buvons à Paris.

M. Frankland après avoir donné l'analyse des eaux au sortir de l'égout, et que nous avons rapportée plus haut, a montré également ce que ces eaux renfermaient lorsqu'on les prend à la sortie de ce filtre épurateur; elles ne contiennent plus que 1 partie 3, de carbone, 0,25 matières organiques, 0,8 d'ammoniaque et 2,9 de nitrates, nitrites, etc.

Ces résultats si considérables, obtenus par la persévérance des ingénieurs chargés des questions municipales, tant en France qu'en Angleterre et en Allemagne, n'ont pourtant pas été acquis sans une lutte pénible contre les préjugés publics. Bien qu'il soit aisé à chacun de les vérifier à Gennevilliers, par exemple, nous nous rappelons la résistance rencontrée par ces mêmes ingénieurs, lorsqu'ils ont présenté un nouveau projet permettant d'appliquer aux terrains pris au bas de la forêt de Saint-Germain, ainsi qu'on l'a fait sur la partie utilisée à Gennevilliers, la masse des eaux d'égout de Paris. Tout le monde se plaint de l'infection de la Seine au-dessous de Clichy, qui va s'étendant jusqu'à Poissy. Là, il y a unanimité et avec raison, mais lorsqu'on parle de la nouvelle dérivation, le seul remède pour délivrer la Seine de son empoisonnement, et malgré qu'il ne s'agisse que de répéter ce qui est déjà fait, bien des voix se sont élevées contre ce projet. Quoi, transformer une plaine sèche en marais infect, y faire un vaste dépotoir empestant et empoisonnant Paris et tous ses environs? A cela que répondre? simplement de faire le petit voyage de Gennevilliers : là, aucune odeur, aucun miasme ; au lieu de terres naguère improductives, vous n'y verrez qu'un magnifique jardin produisant des légumes dont nous nous délectons tous les jours, et à l'extrémité duquel vous verrez sortir une eau pure, fraîche et limpide, que vous trouveriez meilleure que n'importe quelle eau de source, si vous n'étiez prévenu contre son *origine*. L'opinion, si prompte quelquefois et si lente dans d'autres circonstances, s'éclaire cependant chaque jour, et il y a lieu d'espérer que, bientôt, Paris sera doté de ce splendide service avec toute l'extension qu'il peut comporter.

Plus de 130 villes anglaises, Berlin, Dantzig, Breslau, Bruxelles et tant d'autres appliquent aujourd'hui ce système. Nous donnerons en terminant quelques détails sur l'installation faite dans la plaine de Gennevilliers. Les eaux prises dans le collecteur d'Asnières sont aspirées au débouché de cet égout par deux puissantes machines, qui les refoulent par des conduites fermées passant sur le pont de Clichy et gagnant la presqu'île; celles du collecteur de Saint-Ouen y descendent par la seule action de la pesanteur. Toutes ces eaux sont ensuite dirigées sur les divers points de la plaine par des conduites fermées en maçonnerie, munies de bouches d'arrosage, lesquelles versent l'eau dans des rigoles secondaires à ciel ouvert, qui suivent les chemins à un niveau un peu supérieur à celui des terres cultivées. Ces bouches d'arrosage sont au sommet d'un tuyau formant ventouse avec déversoir limitant la pression dans les conduites en maçonnerie en cas d'excès de débit ou de charge. Le tuyau ventouse porte un flotteur avec un petit drapeau indiquant de loin aux ouvriers chargés du service des irrigations les variations de charge et par suite de débit, pour les guider dans la conduite des manœuvres à exécuter. On fait ensuite circuler ces eaux dans des rigoles séparées les unes des autres par des *ados plus ou moins* larges, sur lesquels on cultive les végétaux. Le travail de confection des ados et des rigoles peut être fait à la charrue, ce qui le simplifie considérablement. Ces ados ont, en général, 1 mètre de base et 0m,30 à 0m,40 d'élévation au-dessus de la rigole; quelquefois, on ne se contente pas de plantes sur le sommet de l'ados, mais encore sur ses deux revers jusqu'aux bords baignés par les eaux. Quant aux rigoles secondaires, recevant directement les eaux des bouches de la canalisation souterraine, et qui sont plus élevées que les champs arrosés, elles sont mises en communication avec les dernières rigoles d'arrosage direct, tracées entre les ados, par de simples petites planchettes formant vanne, dont le maniement est des plus simples et des plus faciles. Par ce procédé, l'eau est fournie abondamment aux plantes par leurs racines sans être mise en contact avec le feuillage. Le remaniement fréquent du sol permet chaque fois qu'on retourne les ados et déplace les petites rigoles, d'incorporer dans le sol le dépôt qui s'est formé par le passage des eaux (fig. 306).

La nature de la culture est assez variable. Voici, sinon une règle absolue, au moins un usage assez suivi à Gennevilliers. Le choux est la plante qui réussit le mieux et cela plusieurs années de suite; cette plaine n'en fournit pas moins par an de un million de têtes pesant 5 kilogrammes en moyenne chacune; les carottes, les céleris, les artichauts s'adjoignent à la culture du choux. L'eau est distribuée sur un même emplacement, d'une façon intermittente, tous les trois ou quatre jours, à raison de 50,000 mètres cubes environ par an et par hectare ; il résulte de ce mode d'emploi que les terres sont humectées sans être détrempées, et que l'on peut y rentrer promptement à la suite de l'eau qui filtre vers les couches plus profondes, assurant ainsi près de la surface la combustion des matières organiques et la transformation en nitrates de l'azote, forme sous laquelle les plantes peuvent se l'assimiler et en profiter, sans qu'une trop grande partie de ces nitrates soient entraînés dans les eaux de drainage.

Avant d'adopter pour toute la masse des eaux d'égout de Paris le mode établi à Gennevilliers sur une portion seulement, l'administration a cru devoir s'entourer des conseils des savants de tous ordres : ingénieurs, hygiénistes, agronomes, économistes. De nombreuses commissions, nommées à cet effet, ont publié une série de rapports intéressants, qui ont jeté la plus grande clarté sur cette question. On y trouve encore des renseignements qui pourraient avantageusement servir de guide pour l'étude de projets analogues dans d'autres localités ; aussi croyons-nous devoir citer ici une partie de ces conclusions.

Une de ces commissions s'est préoccupée particulièrement de l'influence de l'emploi de ces eaux sur la culture. Elle conclut : 1° à l'abondance des produits obtenus par ce procédé, le rendement, comparé à ceux de la culture légumière faite en plein champ, s'élève du simple au triple et même au quintuple. Des terres, jadis stériles, deviennent au moins égales aux meilleurs maraichers où l'on employait l'eau et le fumier ; 2° la culture des arbres fruitiers et des pépinières offrent des résultats de même nature ; 3° l'industrie horticole a présenté un succès complet et indiscuté, principalement pour celle des plantes dont le produit consiste dans les feuilles et les

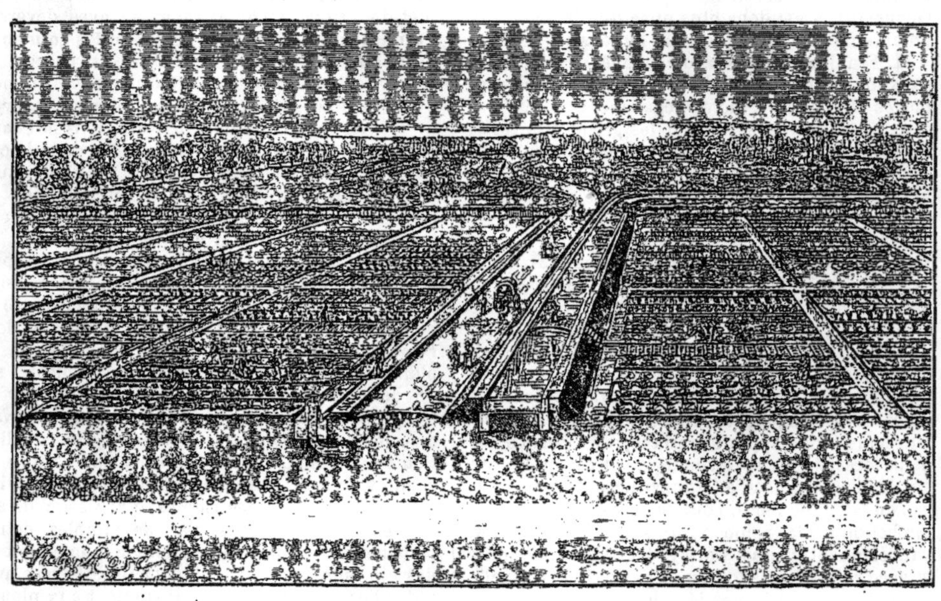

Fig. 306.

tiges ; 4° la qualité des produits égale celle de la culture ordinaire et lui devient même supérieure, ainsi qu'il résulte de nombreuses enquêtes ; 5° non seulement l'emploi des eaux d'égout exerce une heureuse influence sur le rendement de la culture, mais il a rendu possible ces cultures dans des terres absolument improductives autrefois, et a élevé le rendement et par suite la valeur de ces terres, au niveau de celui des terres restées jusqu'ici le centre de la production de même nature.

Passant ensuite à l'évaluation de la consommation utile et nécessaire de ces eaux, la commission a donné des chiffres précieux pour l'étude d'un avant-projet de ce genre. Si l'on rapproche le poids du produit obtenu, de la composition de cette substance, on peut en déduire la quantité d'eau nécessaire à cette culture, ayant établi les proportions relatives des éléments constitutifs de cet engrais. Or, il résulte d'une moyenne d'analyses faites pendant neuf années que les eaux à la sortie du collecteur renferment par mètre cube : azote, 0k,043 ; potasse, 0k,035 ; acide phosphorique, 0k,017.

S'agit-il de la culture du choux, le rendement annuel bien qu'élevé, mais non exagéré, étant de 75,000 kilogrammes par hectare, on sait par les tables de Wolff, qu'à cette masse, correspondent les proportions suivantes : azote, 180 kilogrammes ; potasse, 472k,500 ; acide phosphorique, 105 kilogrammes, qui seront fournis par 11,812 mètres cubes d'eau d'égout ; on trouve de même 4,355 mètres cubes pour 40,000 kilogrammes de pommes de terre ; 14,960 mètres cubes pour 132,000 kilogrammes de carottes ; 12,300 mètres cubes pour 120,000 kilogrammes de betteraves fourragères, et 22,050 mètres cubes pour la récolte exceptionnelle de 140,000 kil. de choux pommés.

Voici encore les résultats analogues pour quelques autres produits :

Produits		Azote (Az)	Acide phosphor. ($Ph O^5$)	Potasse (K O)	Cube d'eau d'égout à fournir
		kilogr.	kilogr.	kilogr.	mètres cubes
Pois	Par 100 kilogrammes	4.50	1.17	1.02	
	Pour un rendement de 10,000 kilogrammes	450	117	102	11.000 (Az)
Haricots	Par 100 kilogrammes	4	1.10	1.46	
	Pour un rendement de 8,000 kilogrammes	240	88	117	6.000 (Az)
Navets	Par 100 kilogrammes	0.37	0.16	0.46	
	Pour un rendement de 49,000 kilogrammes	181	78	225	7.000 (KO)
Cardes poirées	Par 100 kilogrammes	0.57	0.10	0.30	
	Pour un rendement de 33,000 kilogrammes	188	33	99	5.000 (Az)
Oseille	Par 100 kilogrammes	0.34	0.12	0.23	
	Pour un rendement de 46,000 kilogrammes	156	55	106	4.000 (Az)
Céleri	Par 100 kilogrammes	0.34	0.12	0.33	
	Pour un rendement de 160,000 kilogrammes	544	194	528	15.000 (KO)
Cardons	Par 100 kilogrammes	0.19	0.05	0.44	
	Pour un rendement de 76,000 kilogrammes	144	38	344	10.000 (KO)
Radis noirs	Par 100 kilogrammes	0.56	0.29	0.88	
	Pour un rendement de 21,000 kilogrammes	118	61	185	6.000 (KO)

Ces chiffres sont un maximum, car on ne tient pas compte de la proportion d'éléments apportés par les causes naturelles, pluies, décomposition lente du sol, etc. D'autre part, une partie des principes apportés par les eaux ne sont pas utilisés par la plante, et ici la perméabilité du sol joue un rôle propre. Ces données ne sont donc que des moyennes de renseignement, que le contrôle de l'expérience enseignera à modifier. Ainsi, à Gennevilliers, la dépense moyenne est de 50,000 mètres cubes par hectare. En Angleterre, elle a été portée quelquefois au double et plus encore.

La commission terminait son rapport par les indications suivantes : la distribution d'eau par les rigoles est le mode d'emploi préférable ; l'irrigation doit être modérée, intermittente et renouvelée fréquemment ; il faut éviter le contact des eaux avec le feuillage ou la tige des plantes ; l'emplacement des rigoles doit être souvent changé.

Ces documents laissent prévoir que l'emploi des eaux d'égout dans la presqu'île de Gennevilliers a dû être accueilli avec empressement par les cultivateurs, et prendre tous les jours une plus grande extension. Les chiffres qui suivent, relevé officiel des terrains irrigués, en sont une preuve évidente :

En 1870	on a irrigué	21 hect.	avec	640.000	m. c. d'eau
En 1872	—	51	—	1.765.000	—
En 1874	—	115	—	7.078.000	—
En 1876	—	295	—	10.660.000	—
En 1878	—	379	—	11.756.000	—
En 1880	—	422	—	15.000.000	—
En 1881	—	500	—	19.000.000	—

La valeur des terrains a augmenté en proportion du rendement ; au lieu d'un prix locatif de 100 francs l'hectare, il a atteint aujourd'hui 500 francs.

Comme nous l'avons déjà dit, presque toutes les grandes villes d'Europe ont adopté aujourd'hui ce mode d'épuration et d'utilisation des eaux d'égout. Si nous nous sommes étendu sur l'application qui en a été faite à Paris, c'est que ce cas nous intéresse tout particulièrement, qu'il nous offre le moyen de produire à l'appui de son efficacité de nombreuses preuves faciles à contrôler. Nous ajouterons rapidement quelques mots sur les travaux analogues entrepris à l'étranger.

A Berlin, la municipalité a fait l'acquisition de deux domaines présentant une superficie totale de 1,506 hectares. Pour l'un d'eux en pleine exploitation, celui d'Osdorff (824 hectares), on trouve un sol sablonneux et pauvre, la nappe souterraine voisine de la surface. La distribution des eaux se fait à l'aide d'une canalisation métallique avec robinets-vanne de distribution, et un système régulateur analogue à celui employé à Gennevilliers. Les terrains sont consacrés à la culture courante et au pâturage. Les conditions hygiéniques et les résultats agricoles observés rappellent en tous points ce que nous avons dit plus haut. Toutefois, le principal objectif, à Berlin, est moins cette utilisation agricole, qui vient comme accessoire, que l'épuration à l'aide de larges surfaces ou bassins de filtrage avec drainage en sous-sol, formant des terres amendées, livrées ultérieurement à la culture. A Dantzig, on rencontre à peu près les mêmes installations, qui sont l'objet d'une entreprise concédée pour 30 ans, délai au bout duquel les terres amendées feront retour à la ville. Il en est de même à Breslau.

L'Angleterre est le pays où l'on rencontre les plus nombreux exemples de cette méthode, surtout pour les pâturages de ray-grass. La dépense est de 10 à 30,000 mètres cubes d'eau par hectare. D'autre part, on trouve à Coventry un système d'épuration chimique très remarquable. Les eaux, à la sortie du collecteur, traversent une roue-grille qui retient les matières solides reçues dans un panier, reprises par une vis d'Archimède, et conduites à un filtre-presse où on les convertit en tourteaux d'engrais. Le courant, au sortir de la roue, passe devant des agitateurs et reçoit une solution d'alumine et de fer, puis un lait de chaux. La précipitation se fait dans de grands bassins, et les eaux, après filtration, sont rejetées à la rivière. Si, comme le fait remarquer l'ingénieur, M. Mille, ces eaux n'offrent plus alors d'inconvénient et sont redevenues potables, il n'en est pas moins vrai, qu'en tenant compte de la dépense élevée qu'occasionne ce procédé, et de la nature des localités où il est appliqué, on peut affirmer qu'il y aurait profit à revenir au système d'épuration par le sol même généralement employé.

D'ailleurs, on peut dire d'une façon à peu près absolue, que le procédé d'épuration chimique n'est qu'un procédé toujours incomplet par lui-même, que pour certaines eaux-vannes provenant d'exploitations industrielles spéciales, il peut être employé auxiliairement dans le but de retirer des eaux certaines substances utilisables, mais que les eaux ainsi purifiées contiennent encore souvent assez d'éléments pour être infectieuses, et qu'on ne saurait les rejeter dans les rivières qu'après avoir recouru au système d'épuration par un sol perméable. C'est ce que M. Gérardin a établi pour la purification des eaux d'usines rejetées dans la rivière du Croult à Gonesse, près Saint-Denis. — V. Eau, § *De l'eau au point de vue industriel.* — R.

Bibliographie : Enquête de la Commission d'assainissement de Paris, publiée par la préfecture de la Seine, chez Chaix; *Assainissement de Danzig*, Berlin, Breslau, par Durand-Claye, Masson; *Assainissement de Bruxelles*, par Durand-Claye, Dunod.

EAUX DE TEINTURE. Les teintures sont employées le plus souvent pour restituer une couleur uniforme aux cheveux ou à la barbe blanchis par l'âge, fréquemment aussi, et plus particulièrement par les femmes, pour modifier, suivant le caprice de la mode, la teinte naturelle des cheveux. Répandues dans le commerce sous des noms de fantaisie et annoncées comme préparées avec des substances végétales et inoffensives, toutes ces préparations contiennent des composés métalliques tels que le nitrate d'argent, le sulfate de cuivre, le plombite de soude, le permanganate de potasse, etc.; vénéneuses en cas d'ingestion accidentelle, leur emploi normal pour l'usage externe donne fréquemment lieu, entre les mains de personnes imprudentes, à des accidents sérieux; chute totale des cheveux, inflammation du cuir chevelu, ophthalmies, etc. Malgré ces inconvénients, le débit des teintures est considérable, surtout dans les grandes villes, et leur préparateon continuera à constituer une branche importante de la parfumerie, jusqu'au jour où la fabrication et la vente de ces produits, qui sont de véritables médicaments, sera réservée aux pharmaciens comme le demandent les hygiénistes.

La coloration artificielle des cheveux peut être produite soit à l'aide d'un seul réactif, soit à l'aide de deux réactifs différents (teinture à deux liquides): dans le premier cas, le réactif, sel d'argent, plombite alcalin, permanganate, se décompose au contact du cheveu ou par l'action de l'air, et donne naissance à un composé brun ou noir; dans le second cas, le cheveu imbibé d'abord de sel d'argent ou de plomb, est ensuite imprégné de sulfure alcalin, ou d'une solution d'acide gallique ou pyrogallique qui, réagissant sur le sel d'argent, donne naissance dans les pores du cheveu à un précipité brun ou noir. Quel que soit le système adopté, les cheveux doivent être bien dégraissés avant toute application, et l'on doit éviter de tacher l'épiderme. Certains parfumeurs vendent sous le nom d'*eau à détacher* une dissolution de cyanure de potassium qui est un poison violent.

Nous donnons ci-dessous le composition d'un certain nombre de teintures connues dans le commerce :

Teintures à un seul liquide. Les teintures connues sous les noms de *Eau armoricaine*, *Eau de Chine*, *Eau d'Egypte*, sont des dissolutions de nitrate d'argent dans l'eau de roses : la proportion de sel d'argent varie de 60 à 100 grammes par litre.

Eau de Castille. C'est une dissolution d'oxyde de plomb dans l'hyposulfite de soude. 100 grammes hyposulfite et 16 grammes acétate de plomb par litre.

Eau des fées. Oxyde de plomb, 21,3; hyposulfite, 54,5; glycérine, 13,5; ammoniaque, 4; eau, 92,5.

Eau de la renaissance. Acétate de plomb, 25 grammes, dissous dans 500 grammes d'eau; on ajoute 100 grammes hyposulfite, dissous dans 500 grammes d'eau de roses, puis 5 grammes de glycérine.

Eau charbonnier. Nitrate d'argent, 2 grammes; sulfate de cuivre, 0,9, dissous dans 900^{cc} d'eau; on ajoute ammoniaque, 10 grammes, et on complète un litre.

Eau de la Floride. Acétate de plomb, 2,8; fleur de soufre, 2,7; dans 94,5 d'eau. Autre formule : acétate de plomb, 5,0; fleur de soufre, 2,0; dans 100 d'eau.

Baffine. Teinture brune inventée par M. Condy de Betterser (Angleterre) : solution saturée de permanganate de potasse qui se décompose en produisant du sesquioxyde de manganèse brun.

Teintures en Blond doré, Eaux à blondir. Ces compositions, très employées au théâtre, ne sont pas, à proprement parler, des teintures, puisque leur action produit une décoloration du cheveu ; elles sont en général constituées par de l'eau oxygénée de concentration variable; le même résultat peut être obtenu à l'aide d'une dissolution d'acide pyrogallique au *1/10*°.

Teintures à deux liquides. *Teinture brune.* Premier flacon : nitrate d'argent, 28 grammes; eau de roses, 225 grammes. Deuxième flacon : sulfure de sodium, 28 grammes; eau, 170 grammes.

Teinture noire. Premier flacon : nitrate d'argent, 28 grammes; eau de roses, 170 grammes. Deuxième flacon comme ci-dessus.

Teinture inodore. Aux solutions de nitrate d'argent préparées comme ci-dessus, on ajoute assez d'ammoniaque pour redissoudre le précipité; le sulfure est remplacé par une infusion de 85 grammes de noix de galles dans 250^{cc} d'eau bouillante.

Teinture brune française. Premier flacon : solution saturée de sulfate de cuivre, à laquelle on ajoute assez d'ammoniaque pour redissoudre le précipité. Deuxième flacon : solution saturée de prussiate jaune de potasse.

Eau des roches. Premier flacon : nitrate d'argent, 3,84 0/0; sulfate de cuivre, 0,01 0/0; ammoniaque, 1,66 0/0. Deuxième flacon : sulfure de sodium, 7 0/0.

Eau des visites de la dame. Premier flacon : sulfate de cuivre, 2,10 0/0; nitrate d'argent, 6,15 0/0; ammoniaque, 4,30 0/0. Deuxième flacon : acide gallique, 7 0/0.

Eau juvénile. Premier flacon : acétate de plomb, 25 grammes; eau de roses, 1,000 grammes. Deuxième flacon : sulfure de sodium, 30 grammes; eau de roses, 1000 grammes.

EAUX DE TOILETTE. On comprend sous les noms d'*eaux* et de *vinaigres de toilette* une foule de préparations alcooliques parfumées, et destinées à être ajoutées en petite quantité à l'eau ordinaire employée aux soins de la toilette. L'alcool qui forme la base de ces préparations est à haut titre : 80 à 90° ; à défaut d'alcool de vin indiqué dans certaines formules, et réservé pour les produits chers, on emploie de l'alcool d'industrie bien rectifié. Les eaux de toilette mêlées à l'eau la rendent laiteuse par suite de la précipitation des essences. Le parfum, généralement complexe, est donné à l'alcool par macération et distillation en présence de substances aromatiques, ou plus simplement en y ajoutant des huiles essentielles et des infusions préparées d'avance. Ce dernier procédé est plus simple et plus économique, mais il donne des produits moins fins, et d'un parfum moins fondu, aussi combine-t-on souvent les deux modes opératoires, en mélangeant d'abord à l'alcool les essences et les infusions, puis en distillant le tout au bain-marie et en ajoutant au produit distillé les résines ou les teintures résineuses et les matières colorantes si la formule en comporte. Pour que les mélanges acquièrent tout leur arome, avant de les mettre définitivement en bouteilles, on les agite à plusieurs reprises pendant 8 à 15 jours, en débouchant chaque fois le récipient, qui ne doit pas être rempli entièrement.

Pour chaque espèce d'eau de toilette, il existe trois ou quatre formules différentes, produisant à peu près la même sensation à l'odorat, mais dont le prix de revient peut varier du simple au double : l'économie peut être réalisée d'abord en diminuant le titre de l'alcool, puis en réduisant la proportion des essences chères et en en remplaçant une partie par des mélanges d'autres essences bon marché. On a quelquefois constaté une fraude fort dangereuse qui consiste dans l'addition d'une certaine quantité de sous-acétate de plomb. Le sel de plomb, au contact de l'eau impure, précipite abondamment en blanc, de sorte que le consommateur croit posséder un produit très chargé en principes aromatiques dissous, huiles essentielles, résines, etc.

Le nombre des eaux de toilette est considérable et pour ainsi dire illimité, chaque fabricant pouvant chaque jour créer de nouvelles formules, ou modifier à l'infini celles déjà existantes. Nous donnons ci-dessous la formule de quelques eaux et vinaigres dont l'usage est le plus répandu.

Eau de Cologne. Formule de J.-M. Farina : à 11 litres d'alcool de Montpellier, on ajoute : essence de romarin, de petit grain, de lavande, de cédrat, de citron, 31 grammes de chaque ; essence de Portugal, 62gr,5 ; de bergamote, 13 grammes ; de néroli bigarade, 24 grammes ; eau de fleurs d'oranger, 600 grammes. On filtre au bout de vingt-quatre heures.

Formule S. Piesse, première qualité : alcool de vin, 27l,260 ; essence de neroli bigarade, 87 grammes ; de romarin, 56 grammes ; d'orange, 141 grammes ; de citron, 141 grammes ; de bergamote, 56 grammes. Deuxième qualité : alcool d'industrie, 27l,260 ; essence de neroli bigarade, 14 grammes ; de romarin, 56 grammes ; d'orange, 113 ; de citron, 113 ; de bergamote, 113 ; de petit grain, 56 ; on mêle les essences citrines à l'alcool, on distille au bain-marie la presque totalité, puis on ajoute le romarin et le néroli.

Formule du Codex : à 6 kilogrammes d'alcool à 85°, on ajoute : essence de bergamote, de citron, de limette, 60 grammes de chaque ; essence d'orange, de petit grain, de cédrat, de romarin, 30 grammes de chaque ; essence de lavande, de fleur d'oranger, 15 grammes de chaque ; essence de cannelle, 12 ; esprit de romarin, 250 ; eau de mélisse composée, 1k,500 ; on distille presque à siccité au bain-marie et on ajoute : eau de bouquet, 500.

Formule bon marché : à 1k,500 d'alcool à 90°, on ajoute 4 grammes de chacune des essences de romarin, cédrat, citron, bergamote, néroli.

Eau de Portugal. A 1 litre alcool à 85°, ajouter : essence d'oranger, 50 grammes ; de citron, 12 ; de bergamote, 12 ; de roses, 1,5.

Eau de lavande. A 1 litre alcool à 85°, ajouter 34 grammes essence de lavande anglaise et 80 grammes eau de roses. Pour l'eau de lavande ambrée, on ajoute 50 grammes teinture d'ambre.

Vinaigre de Bully. Eau, 7 litres ; alcool, 3l,500 ; ajouter : essence de bergamote et de citron, 30 grammes de chaque ; essence de Portugal, 2 grammes ; de romarin, 23 ; de lavande, 4 ; de néroli, 4 ; alcool de mélisse, 0l,500. Après 24 heures, ajouter infusion de benjoin, de tolu, de storax, de girofle, 60 grammes de chaque. Agiter et ajouter vinaigre distillé, 2 litres, filtrer au bout de douze heures et ajouter enfin vinaigre radical, 90 grammes.

Vinaigre de la Société hygiénique. A 10 litres alcool, ajouter : esprit de mélisse, 1l,5 ; de lavande, 1 litre ; de romarin, 1 litre ; essence de bergamote, 100 grammes ; de bigarade, 60 ; de citron, 40 ; d'orange, 35 ; de néroli, 20 ; de menthe, 15 ; de thym, 15 ; de girofle, 5 ; de cannelle, 2,5 ; de verveine, 15. Distiller au bain-marie, recueillir 12l,600 ; puis, dans le tiers de ces 12l,600, faire macérer pendant un mois : 1k,5 d'iris, 200 grammes baume de tolu ; filtrer et réunir au reste du produit distillé et ajouter 1k,5 d'acide acétique à 8° puis filtrer après vingt-quatre heures.

EAUX-DE-VIE. On désigne sous le nom d'*eau-de-vie* la liqueur alcoolique extraite du vin par distillation. Bien que toutes les régions tempérées possèdent des vignobles, la France seule produit des eaux-de-vie estimées dans le monde entier : cette supériorité des eaux-de-vie françaises doit être attribuée à la nature du sol ; le raisin cultivé dans certaines régions contient des principes spéciaux qui, modifiés par l'acte de la fermentation, sont entraînés avec l'alcool à la distillation et lui donnent un arome spécial.

— Jusqu'à l'année 1850 environ, le vin était la seule source d'alcool. Dans le sud-ouest de la France, plus de deux millions d'hectolitres de vins étaient annuellement brûlés, et on en retirait les eaux-de-vie depuis les plus fines jusqu'aux plus ordinaires. En outre, dans la plupart des pays vignobles, on récoltait une foule de vins à arome très grossier, peu agréables à consommer comme boisson, incapables également de fournir de bonnes eaux-de-vie ; ces vins, désignés sous le nom de *vins de chaudière*, étaient achetés par des industriels (*bouilleurs de profession*), qui les distillaient et en extrayaient des alcools à haut titre, qui étaient utilisés pour le vinage ou livrés aux diverses industries de la fabrication des liqueurs, de la parfumerie, de la pharmacie, etc. En un mot, l'alcool de vin suffisait à la fois à la consommation et à l'industrie.

Depuis l'invasion du phylloxera, la situation a bien changé : dans la Charente, par exemple, de 2 millions d'hectolitres de vin distillé, on est tombé à 325,000 hectolitres en 1878-79 et 48,000 et 50,000 hectolitres en 1879-80 et 1880-81.

Pour suffire aux demandes des diverses industries, on a dû tirer de l'alcool des diverses substances sucrées ou saccharifiables, betteraves, mélasses, fécules, grains, etc. La distillerie agricole a été créée et le distillateur a remplacé le bouilleur de profession. — V. DISTILLATEUR, DISTILLERIE.

Mais pendant la même période, la demande des eaux-de-vie ne diminuait pas : elle continuait, au contraire, à suivre une progression régulièrement croissante, tant à l'étranger qu'en France, par suite de l'accroissement du bien-être dans les classes inférieures. La distillation du vin, réduite à la préparation des eaux-de-vie est à son tour devenue insuffisante ; c'est encore l'alcool d'industrie qui a dû combler le déficit. Cet alcool à haut titre et bien rectifié, dédoublé par addition d'eau (*mouillage*) puis coloré et parfumé à l'aide de substances aromatiques est venu remplacer, dans la consommation, l'eau-de-vie vraie devenue trop rare et trop chère. Une industrie nouvelle, la fabrication des eaux-de-vie communes à l'aide des alcools d'industrie, s'est créée à côté de celle des eaux-de-vie vraies, qui subsiste encore, mais qui ne fournit plus que des produits de luxe. Nous étudierons donc séparément les procédés suivis dans ces deux industries.

Eaux-de-vie de vin. *Classification des eaux-de-vie.* Les eaux-de-vie peuvent être divisées en trois classes : 1° les *eaux-de-vie de Cognac*; 2° les *eaux-de-vie d'Armagnac*; 3° les *eaux-de-vie de Montpellier*.

Chacune de ces trois classes se divise en plusieurs variétés.

1° *Eaux-de-vie de Cognac.* Les eaux-de-vie de Cognac les plus parfaites, les plus estimées, sont exclusivement fabriquées dans les départements de la Charente et de la Charente-Inférieure; on en distingue plusieurs sortes différentes suivant les zones dont elles proviennent : 1° les *fine champagne* ou *grande champagne*; 2° les *petite champagne*; 3° les *borderies* ou *fins bois* ou *premiers bois*; 4° les *bois ordinaires*; 5° les *deuxièmes bois.* Le nom de *champagne* est donné dans l'Angoumois aux plaines dont le terrain rappelle le sol de la Champagne de l'Est de la France. Les eaux-de-vie de fine champagne *sont* récoltées dans l'arrondissement de Cognac. La petite champagne entoure le territoire de la grande champagne.

Les eaux-de-vie des borderies ou fins bois sont situées dans le canton de Cognac, communes de Saint-André, Cherves, Crouin, Javrezac, Louzac, Richemont et Saint-Sulpice. Enfin, les bois ordinaires et les deuxièmes bois sont récoltés sur l'emplacement d'anciens bois qui ont été successivement défrichés.

Les eaux-de-vie récoltées au-delà de Saint-Jean-d'Angély, à Surgères, à Mauze, à Aigrefeuille et à l'île d'Oléron, portent encore le nom de *cognacs de Saintonge*, mais leur arome un peu rude les sépare des cognacs et les fait classer après les armagnac.

2° *Eaux-de-vie d'Armagnac.* Bien que les armagnacs soient classés après les cognacs, ce sont encore des eaux-de-vie excellentes. Elles sont récoltées dans l'arrondissement de Condom (Gers) et dans quelques communes du Gers et des Landes. On en distingue trois variétés, qui sont, par ordre de mérite, les *bas armagnac*, les *Tenarèze* et les *haut armagnac*.

Les bas armagnac proviennent des cantons de Cazaubon et de Nogaro, dans le Gers, et d'une partie du canton de Gabaret. Les Tenarèze, des cantons d'Eauze et de Montréal, et d'une partie du département du Lot-et-Garonne.

Les haut-armagnac commencent à la partie Est du canton de Montréal, et s'étendent à Condom, Valence, Vic-Fezensac, Jegun et Montesquieu.

3° *Eaux-de-vie de Montpellier.* Le département de l'Hérault produisait autrefois des alcools de vin rectifiés et à haut titre (des 3/6 à 86°, des 3/5 à 78°). Les alcools dits *preuve de Hollande*, c'est-à-dire à 52°, constituent d'excellentes eaux-de-vie. Sans avoir complètement disparu comme celle des alcools de vin, l'industrie des eaux-de-vie a considérablement diminué d'importance dans la région.

4° *Eaux-de-vie de provenances diverses.* En dehors des grandes eaux-de-vie dont nous venons de parler et qui constituent des produits de luxe, les différents pays vignobles fournissent des eaux-de-vie plus ou moins estimées, qui sont généralement consommées sur place. En outre, dans les départements qui récoltent du cidre ou du poiré, on retire de ces boissons une eau-de-vie à saveur spéciale estimée de certains consommateurs. On fait aussi, dans tous les départements vignobles, de l'eau-de-vie à l'aide des marcs de vendanges. Le goût âpre de ces eaux-de-vie de marcs les fait repousser par les consommateurs délicats, mais est très estimé dans certains centres de population, et elles donnent lieu à un commerce intérieur assez important.

Quant aux boissons alcooliques provenant de la distillation des fruits ou des grains, et connues sous les noms de *kirsch*, d'*eau-de-vie de grain*, de *genièvre*, etc., comme elles ne proviennent pas de la vigne, nous renvoyons aux mots GENIÈVRE, KIRSCH, etc.

CÉPAGES A EAUX-DE-VIE. Contrairement à ce que l'on pourrait supposer, les vins qui fournissent à la distillation les eaux-de-vie les plus aromatiques et les plus fines ne sont que des vins très ordinaires, et peu agréables à la consommation; réciproquement des vins des grands crûs ne donnent que des produits inférieurs. Les cognacs proviennent uniquement de cépages blancs, le *colombar*, le *gros-blanc*, le *balzac* et la *folle-blanche*; le vin n'est jamais cuvé sur la grappe; la vendange est foulée et pressurée, mais le liquide seul est introduit dans les cuves à fermentation.

Dans l'Armagnac, le vin à eau-de-vie est encore du vin blanc, et il provient du pique-pout, variété de folle-blanche. Les vins de l'Armagnac ayant une saveur plus prononcée que ceux des Charentes, cette différence oblige à modifier le mode d'extraction.

Les alcools de Montpellier étaient indistinctement fabriqués avec des vins blancs ou rouges, mais les belles qualités d'eaux-de-vie étaient obtenues avec des vins blancs provenant du *terret-bouret* ou *picquoule*, n'ayant pas fermenté avec la grappe.

EXTRACTION DE L'EAU-DE-VIE. Les grandes eaux-de-vie de Cognac sont presque exclusivement fabriquées par les petits cultivateurs (*bouilleurs de crû*). Le mode opératoire suivi résulte d'une longue expérience; le vigneron y attache une grande importance. Le vin destiné à être brûlé est soigné comme s'il devait être consommé en nature ; toute altération ayant une influence nuisible à la qualité du produit. La distillation doit être faite dans l'hiver qui suit la récolte, car on a remarqué que les vins d'un an donnent des eaux-de-vie inférieures.

L'appareil distillatoire employé est le plus simple de tous: c'est un alambic de 300 à 500 litres chauffé à feu nu, muni d'un chauffe-vin; à la partie inférieure de la chaudière se trouve un robinet de vidange. L'alambic est noyé dans un massif en maçonnerie ; le tiers de la hauteur est seul léché par la flamme ; auprès de l'alambic se trouve une citerne en maçonnerie (*timbre*) qui reçoit le vin à distiller. On remplit l'alambic puis le chauffe-vin (3 hectolitres dans chacun), on chauffe, en recueille 120 litres. Ce liquide constitue le *premier brouillis*; on évacue la vinasse, que l'on remplace par le liquide déjà échauffé du chauffe-vin, on remplit de nouveau celui-ci de vin neuf, et on recueille de la même manière un deuxième, puis un troisième broullis. Après le *troisième brouillis* on remplit encore une fois l'alambic avec le liquide du chauffe-vin, mais au lieu de verser du vin neuf dans le chauffe-vin, on y introduit les trois premiers brouillis. On recueille alors un *quatrième brouillis*. A ce moment, on vide la chaudière, on y fait écouler les trois brouillis du chauffe-vin, et on distille après avoir rempli le chauffe-vin de vin frais. Les trois premiers litres qui passent à la distillation sont séparés et versés dans le brouillis à distiller plus tard. On continue la distillation tant que le liquide recueilli est à *la preuve*. La preuve, que le bouilleur charentais préfère à l'alcoomètre, consiste à remplir aux 2/3 avec le liquide à essayer une fiole longue et étroite à parois épaisses ; on agite d'un coup sec la fiole fermée avec le pouce, et suivant la grosseur, le nombre et la persistance des bulles (*bouclettes*), on juge la force de l'eau-de-vie.

Lorsque l'eau-de-vie recueillie est à la preuve, on la met à part, mais on continue la distillation jusqu'à ce qu'il ne passe plus que de l'eau ; le liquide faible ainsi recueilli est repris et traité plus tard comme brouillis. L'eau-de-vie ainsi produite marque 60 à 68° ; ce titre élevé permet aux négociants qui achèteront cette eau-de-vie de la laisser vieillir pendant plusieurs années, sans crainte de la voir baisser au-dessous de 52° ou 50° par l'évaporation dans les fûts. Nous avons insisté sur la description de la méthode des brouillis et sur la simplicité de l'appareil en usage, parce que c'est de ces deux conditions réunies que résulte la réussite des eaux-de-vie fines. Cette méthode, loin de purifier l'alcool, y concentre, au contraire, tous les produits étrangers et aromatiques du vin, et on s'explique que les appareils industriels qui épurent en partie l'alcool ont été avec raison repoussés par les praticiens. Mais, quand on s'écarte de la grande Champagne, l'arome des vins travaillés devenant plus grossier, il y a intérêt à épurer un peu les vapeurs. Aussi trouve-t-on dans ces régions des alambics munis d'une petite colonne et à retour de flegmes, qui donnent directement des eaux-de-vie à 69°. Il existe une foule de types d'appareils distillatoires : ils se rapprochent plus ou moins de ceux étudiés à l'article DISTILLERIE, nous ne les décrirons pas.

Dans l'Armagnac, la méthode charentaise est inconnue ; la nature des vins permet une distillation rapide semblable à celle des alcools d'industrie. Tous les cultivateurs ne pouvant faire les frais d'un de ces appareils coûteux, la fabrication est effectuée à façon par des brûleurs ambulants qui transportent avec eux un appareil mobile. Dans l'Hérault, on emploie presque exclusivement les appareils du type Derosne et Cail.

COMMERCE DES EAUX-DE-VIE. *Alcoomètre de Tessa*. La plus grande partie des eaux-de-vie est achetée par des négociants en gros qui les écoulent soit à l'intérieur, soit à l'étranger. C'est dans la ville de Cognac que s'est centralisé le commerce des eaux-de-vie. En 1873, Cognac a expédié en France 24,000 hectolitres d'alcool pur, et à l'étranger 175,000 hectolitres, ce qui représente en eau-de-vie environ 400,000 hectolitres.

A leur arrivée chez le négociant, chacune des pièces est classée suivant ses qualités. Par le mélange judicieux des différentes sortes, le négociant prépare des eaux-de-vie meilleures que chacun des composants : ces mélanges appelés *coupages* sont agités, filtrés, clarifiés si c'est nécessaire, et mis en foudres de 100 à 200 hect. chaque. Recevant des produits de tous les points de la région, le négociant peut préparer des quantités considérables d'eau-de-vie toujours semblable à elle-même ; enfin il constitue avec les produits reçus chaque année des réserves qu'il ne vend que longtemps après, et à des prix qui augmentent rapidement avec le nombre des années.

Le prix payé par le négociant au récoltant dépend d'une part de la qualité de l'eau-de-vie, d'autre part de sa richesse en alcool. Pour mesurer cette richesse, le bouilleur charentais répugne à employer l'alcoomètre de Gay-Lussac ; il préfère s'en rapporter aux indications d'un appareil appelé l'alcoomètre de Tessa ou simplement le *Tessa*.

La graduation du Tessa ne repose sur aucune base scientifique ; on ignore même à quelles densités réelles doivent correspondre ses degrés.

D'après la tradition : « le Tessa marque 0° dans les eaux-de-vie les plus vieilles et les plus faibles, quand il fait froid ; et 10° en été dans les fines-champagnes les plus fortes et récemment distillées ». L'intervalle est partagé en 10 parties égales et les divisions sont prolongées au-dessus et au-dessous. Dans ces conditions, il ne faut pas s'étonner s'il existe des différences de plusieurs degrés entre les indications de deux Tessa ; il existe même des Tessa pour vendeurs et des Tessa pour acheteurs. M. A. Bernard, qui a étudié la question, a à peu près démontré que pour un Tessa moyen, les richesses centésimales suivantes doivent correspondre aux différents degrés :

Notation du Tessa à 10° R.	Notation de l'alcoomèt. centésimal à 15° c.	Notation du Tessa à 10° R.	Notation de l'alcoomèt. centésimal à 15° C.	Notation du Tessa à 10° R.	Notation de l'alcoomèt. centésimal à 15° R.
— 1	40.14	4	59.90	9	74.41
0	44.87	5	63.03	10	76.90
+ 1	49.06	6	66.06	11	79.28
2	52.92	7	68.98	12	81.60
3	56.55	8	71.80	13	83.77

La base des transactions est l'eau-de-vie à 4° Tessa ; chaque degré en plus ou en moins augmente ou diminue le prix de l'unité de 5 0/0.

Conservation et amélioration des eaux-de-vie. Le

négociant ne livre pas au commerce les eaux-de-vie telles qu'il les reçoit : outre les coupages, il leur fait subir certaines manipulations destinées à les amener à l'état marchand. Les eaux-de-vie, achetées à 66° ou 69°, sont d'abord réduites par le mouillage, c'est-à-dire par addition d'eau.

Les eaux-de-vie fines sont mouillées avec de l'eau distillée. L'eau-de-vie, comme tout liquide distillé, est incolore au sortir du serpentin ; conservée dans des fûts en chêne, elle y acquiert une coloration ambrée, due à la dissolution de certains principes du bois. Pour donner aux eaux-de-vie jeunes la teinte à laquelle le consommateur est habitué, on emploie le caramel provenant de la torréfaction du sucre blanc de canne. Enfin, pour compléter la saveur, adoucir le goût, on ajoute à l'eau-de-vie 1 à 1,5 0/0 de rhum vrai, de kirsch, de sirop de raisin, etc. La dernière opération est la filtration qui s'effectue soit dans des poches en flanelle garnies de papier délayé, soit dans des filtres cylindriques dont la partie filtrante est constituée par un tambour sur lequel est tendue une étoffe de laine. Toutes ces manipulations sont décrites à propos des eaux-de-vie d'imitation (V. COGNAC), nous n'y reviendrons pas. Disons seulement pour terminer que, à part certaines maisons qui ont des marques spéciales vendues à des prix très élevés, on voit augmenter de jour en jour le nombre des industriels qui, sous le nom de *coupages*, additionnent les eaux-de-vie vraies avec des alcools d'industrie ; ce qui n'était que l'exception, et regardé même comme une fraude, est devenu la règle générale. D'autre part, le vigneron lui-même a acquis certaines connaissances qu'il met en pratique pour accroître son profit : il sait qu'il peut augmenter la richesse alcoolique du vin en ajoutant du sucre à la vendange, il sait aussi qu'en additionnant d'alcool le vin avant la distillation, il retirera beaucoup plus d'eau-de-vie, et qu'il sera difficile de distinguer cette eau-de-vie de celle qui aurait été produite sans mélange.

En somme, entre les grandes eaux-de-vie et les eaux-de-vie préparées exclusivement avec des alcools d'industrie, on trouve dans le commerce une série de produits intermédiaires qui contiennent des proportions variables d'eau-de-vie vraie. Si ces produits laissent à désirer à certains points de vue, il faut reconnaître qu'ils donnent satisfaction aux exigences de la majorité des consommateurs.

FABRICATION DES EAUX-DE-VIE COMMUNES AVEC LES ALCOOLS D'INDUSTRIE. La transformation de l'alcool à haut titre en eau-de-vie marchande comporte plusieurs opérations : préparation des substances aromatiques dites *bonifiantes* ou *améliorantes* destinées à fournir à l'alcool la saveur et l'odeur qu'il ne possède pas ; préparation du colorant ; épuration et préparation de l'eau qui doit servir au mouillage ; confection du mélange de tous les ingrédients ; enfin clarification et filtration de l'eau-de-vie

Choix des alcools. L'alcool chimiquement pur, qu'il provienne du vin ou de toute autre substance sucrée ou saccharifiée, est toujours semblable à lui-même et exempt de goût spécial. Mais cette pureté absolue n'est jamais obtenue dans l'industrie : certains alcools s'en rapprochent sensiblement, aucun ne l'atteint. Tous les alcools ne sont donc pas propres à la fabrication dont nous nous occupons. Les alcools mauvais goût ou demi-fins doivent être rejetés, non pas à cause de la proportion d'impuretés qu'ils contiennent, mais à cause de la nature de ces impuretés éminemment nuisibles à l'organisme. Les alcools fin-nord, type de Paris, remplissent le but ; on en vérifie la pureté à l'aide d'un procédé qui a été indiqué à l'article ALCOOL (t. I, p. 102), et aussi par la dégustation, d'abord à l'état pur, puis une fois étendus d'eau, et après plusieurs jours de contact.

Sous le nom d'*affinage*, on désigne dans l'industrie des eaux-de-vie une opération qui n'est autre chose qu'un coupage ou mélange d'alcools de différentes provenances qui se corrigent l'un l'autre.

Préparation de l'eau pour mouillage. Les eaux chargées de sels minéraux se troublent par l'addition d'alcool et la clarification en est très difficile, souvent impossible. Les matières organiques donnent un mauvais goût, et des colorations brunes ou noires ; le meilleur système consiste donc à distiller l'eau destinée aux coupages. A défaut d'eau distillée, on peut employer l'eau de pluie ; comme il ne pleut pas en toute saison, on est obligé dans certaines régions de purifier l'eau de rivière, l'eau de source ou de citerne que l'on possède. On met alors à profit les divers procédés indiqués à l'article EAU, § *Epuration*.

Préparation des petites eaux. L'eau distillée ou purifiée n'est pas employée telle que ; pour donner à l'eau-de-vie le goût de *rancio*, on a soin de faire macérer pendant plusieurs mois, quelques fois pendant plusieurs années, cette eau additionnée de 15 à 20 0/0 d'alcool, dans des fûts contenant des copeaux ou de la sciure de chêne du Limousin semblable à ceux employés pour les eaux-de-vie des Charentes. Certains praticiens, pour activer la dissolution des principes extractifs du bois, conseillent de chauffer l'eau à 35° puis de l'alcooliser à 30°. Ces petites eaux s'améliorent en vieillissant ; elles font l'objet d'un commerce et acquièrent un prix assez élevé.

Préparation des infusions. Les substances employées pour donner de la saveur, sont les infusions de thé noir, de capillaire du Canada ou de Montpellier, de fleurs de tilleul, de bois de réglisse, de bois de sassafras. Pour préparer ces infusions, on verse dans un fût défoncé d'un côté et placé debout, d'abord les plantes, puis on les couvre d'eau bouillante : au bout de deux heures on soutire et on exprime les plantes infusées. Si les infusions ne doivent pas être utilisées de suite, on les alcoolise à 15°. Pour 100 litres d'eau, on emploie généralement : thé en poudre, 200 grammes ; capillaire et feuilles de tilleul, 500 grammes de chaque ; bois de réglisse 1 kilogramme ; sassafras, 60 grammes.

Préparation des esprits de fruits sucrés. Les infusions aqueuses ne suffiraient pas pour communiquer à l'eau-de-vie fabriquée la franchise de goût qui doit rappeler de loin l'eau-de-vie de vin; pour donner ce complément de saveur, on emploie des infusions alcooliques de raisins secs de Malaga, de figues sèches et de pruneaux d'Agen. Les fruits, bien divisés, sont mis à macérer avec de l'alcool à 50°. Pour 100 litres d'eaux-de-vie à 50°, on met 5 kilogrammes de raisins secs, 5 kilogrammes de figues sèches et 5 kilogrammes de pruneaux. Au bout de 15 jours, on peut employer l'alcool ainsi préparé, dans la proportion de 5, 10 ou 15 litres par hectolitre d'eau-de-vie à fabriquer. Le sucrage ou *siropage* se fait soit à l'aide de sirop de raisin, soit à l'aide de sucre candi blanc, soit de sucre brut de canne, soit enfin à l'aide de mélasse de canne. La matière sucrée s'emploie à la dose de 1 à 1 1/2 0/0.

Coloration. On complète la coloration à l'aide du caramel bien pur; les caramels bon marché, produisent des eaux-de-vie troubles et souvent inclarifiables. Il convient de préparer ce colorant en chauffant à feu nu, dans une bassine de cuivre, du sucre de canne blanc; on suit les progrès de l'opération en jetant de temps à autre, sur du papier blanc, une goutte de matière fondue. Quand la couleur brune commence à virer au noir, on arrête le feu, on laisse refroidir et on additionne d'alcool, de manière à former un mélange contenant 50 0/0 de caramel; 200 à 250 grammes de caramel ainsi préparé suffisent pour un hectolitre.

Parfum. Le meilleur moyen de donner à l'eau-de-vie le parfum du cognac est d'y ajouter, en plus des ingrédients déjà indiqués, une certaine proportion d'eau-de-vie vraie. Mais on emploie aussi des produits artificiels appelés *essence de cognac, fleur de cognac,* dont 100 grammes suffisent pour parfumer un hectolitre; ce sont des éthers résultant de l'oxydation des matières grasses, éthers pélargonique et ruthique que l'on se procure aujourd'hui dans certaines maisons spéciales et chez les marchands de produits chimiques.

Confection de l'eau-de-vie. Suivant le degré de finesse que l'on veut obtenir, suivant le prix de revient que l'on s'est fixé, les proportions respectives d'alcool, d'infusion aqueuse, d'infusion alcoolique, etc., varient. L'alcool étant introduit dans un récipient de capacité convenable, on y incorpore successivement, et dans un ordre qui n'est pas indifférent, d'abord l'eau-de-vie vraie ou l'essence parfumée et 1 0/0 de tafia, de rhum, de kirsch, suivant le goût de la clientèle; puis les sirops délayés dans une petite quantité de liquide en préparation; puis les infusions dans lesquelles le caramel est dissous, enfin les petites eaux ou l'eau purifiée. On brasse énergiquement le mélange et on l'abandonne au repos. Certains spécialistes conseillent de chauffer à 40 ou 50° l'eau de mouillage, pour activer la fusion des aromes. Nous donnons ci-dessous, d'après M. Pezeyre, la formule de préparation de 100 litres d'eau-de-vie à 50°, de quatre qualités différentes.

	Eau-de-vie commune à bon marché	Eau-de-vie bonne ordinaire	Eau-de-vie demi-fine	Eau-de-vie supérieure
	lit.	lit.	lit.	lit.
Alcool fin nord à 95°	48	33	39	27
Infusion de réglisse	53	»	»	»
— de thé	»	»	»	5
— de capillaire	»	»	26	»
Petites eaux alcoolisées à 20°	»	60	15	40
Esprit de fruits sucrés	»	15	10	10
Eau-de-vie d'armagnac nouvelle	»	»	10	»
Eau-de-vie de cognac fine à 60°	»	»	»	20
Essence de cognac	»	100 g.	150 g.	150 g.
Mélasse de sucre de canne	150 g.	150	100	»
Sirop de sucre candi	»	»	300	300 g.
Rhum, kirsch, tafia (facultatif)	»	1 lit.	1 lit.	1 lit.
Caramel	100 g.	100 g.	100 g.	100 g.

Clarification et filtration. Pour clarifier rapidement les eaux-de-vie, on les colle à la colle de poisson, au blanc d'œuf, à la gélatine. Le dépôt est rapide. On pourrait simplement décanter, mais il est préférable de filtrer. Quand on opère sur de grandes quantités, on fait usage de filtres clos constitués par un cylindre vertical fermé par en bas, ouvert par le haut; à une certaine distance du bord supérieur est disposée une bague sur laquelle vient se poser un tambour garni d'étoffe filtrante. Le tambour entre à frottement dans le cylindre. L'eau-de-vie, venant d'un réservoir placé au-dessus du filtre, entre à la partie inférieure par un tube, remplit le cylindre, traverse l'étoffe et s'écoule par un trou situé près du bord supérieur de l'appareil. L'emmagasinage, la conservation des eaux-de-vie ainsi préparées sont les mêmes que ceux usités pour les eaux-de-vie de vin.

Falsifications des eaux-de-vie. La question importante à résoudre, quand on examine une eau-de-vie, est celle de savoir si elle contient seulement de l'alcool de vin, ou bien si elle contient de l'alcool d'industrie. Les indications les plus certaines à ce sujet sont données par la dégustation quand elle est pratiquée par une personne habile, qui opère comparativement avec des produits d'origine certaine. L'alcool d'industrie, une fois constaté, il est très difficile de déterminer l'origine de cet alcool : M. Chateau a indiqué une série de réactions destinées à différencier les divers alcools (*Moniteur scientifique,* 1862). Mais ces réactions sont souvent douteuses parce que les fabricants mélangent généralement des alcools différents.

Pour caractériser les *alcools de grains et de betteraves,* on introduit 60cc du liquide à essayer dans un flacon avec 2 ou 3 décigrammes de potasse en dissolution, on agite, on évapore. Quand il ne reste plus que 5 à 6 grammes, on les introduit dans un autre flacon avec 5 grammes d'acide sulfurique concentré : l'odeur d'origine se développe immédiatement (M. Molner). Pour les eaux-de-vie artificielles, les fabricants intermédiaires entre les grandes maisons et les détaillants, quelques fabricants de l'intérieur des villes, ne se contentent pas de faire usage des infusions aqueuses ou alcooliques dont nous avons parlé, et dont l'emploi est devenu normal ; ils les remplacent en partie par des infusions de poivre, de piment, de pyrèthre, de gingembre ; ce qui permet d'abaisser le titre alcoolique à 40° et même au-dessous. Ces falsifications se reconnaissent à l'aide de l'acide sulfurique concentré. On mélange volumes égaux d'eau-de-vie suspecte et d'acide, et on obtient une coloration brun-noirâtre foncé avec 1/600 d'extrait amer, et brun sale avec 1/2400. D'ailleurs l'eau-de-vie évaporée laisse un résidu à saveur amère caractéristique. Dans les mêmes conditions, l'eau-de-vie de vin donne un résidu très peu sapide, et par l'acide sulfurique, on n'obtient qu'une coloration blanchâtre.

L'*alun*, ajouté quelquefois pour corser la saveur, peut être caractérisé soit dans l'eau-de-vie elle-même, soit dans le résidu de l'évaporation, par le carbonate de potasse et par le chlorure de baryum.

Le *laurier-cerise*, destiné à masquer le goût désagréable de certains alcools, se reconnaît en saturant l'eau-de-vie par la potasse, puis en ajoutant un mélange de sulfates ferreux et ferrique, et acidulant par l'acide chlorhydrique : il se produit du bleu de Prusse.

Cachou, brou de noix, caramel. Par le collage énergique, le caramel est précipité : on ajoute à l'eau-de-vie à essayer 1/6 d'albumine et le liquide est décoloré s'il a été caramélisé. Le perchlorure de fer ne donne rien avec le caramel. Quand l'eau-de-vie contient du cachou, elle devient vert-brun par l'addition de perchlorure de fer. Comme le caramel peut être accompagné de tannin emprunté au bois du fût, on caractérise le caramel en évaporant l'eau-de-vie et calcinant le résidu qui donne alors l'odeur du sucre brûlé.

Pour développer et augmenter le bouquet, on ajoute quelquefois à l'eau-de-vie de l'*ammoniaque*, de l'*acide sulfurique*, de l'*acétate d'ammoniaque*, du *savon blanc*, du *mucilage de gomme adragante*, qui donnent en même temps au liquide la propriété de faire *la perle*, c'est-à-dire de produire des bulles persistantes quand on l'agite. Ces substances se retrouvent dans le résidu de l'évaporation après qu'on a eu soin de neutraliser l'eau-de-vie par un acide ou par un alcali, suivant qu'elle est alcaline ou acide.

Enfin, une fraude constatée quelquefois dans l'intérieur des villes, pour les eaux-de-vie très bon marché, consiste à employer des alcools régénérés provenant d'alcools dénaturés par du méthylène. Cette fraude se décèle par les méthodes de recherche de l'alcool méthylique décrites à l'article MÉTHYLÈNE. — V. ce mot.

EAUX-FORTES. — V. GRAVURE.

EAUX DIVERSES. On donne, dans la chimie, la pharmacie et la parfumerie, le nom d'*eaux* à une foule de composés de matières différentes, dont l'énumération serait interminable. Nous nous bornons à définir les plus connues ou celles qui ont des applications courantes. || *Eau blanche.* Solution de sous-acétate de plomb liquide pour compresses et lotions ; l'*eau de Goulard* contient en plus de l'alcool. || *Eau de chaux.* Dissolution d'une partie de chaux vive, éteinte dans environ 45 parties d'eau. || *Eau de cuivre.* Dissolution d'acide oxalique ou de sel d'oseille (acide oxalique, 10 grammes ; eau, 125 grammes), qu'on utilise pour le nettoyage des objets en cuivre. || *Eau distillée.* Outre l'eau obtenue par la distillation de l'eau ordinaire, on donne le nom d'*eaux distillées* ou *essentielles*, au produit de la distillation au bain-marie de certaines plantes, fleurs ou fruits, contenant des substances aromatiques ou autres principes actifs. Parmi les eaux distillées aromatiques, citons les *eaux de fleurs d'oranger*, de *menthe poivrée*, de *romarin*, etc. || *Eau dentifrice.* — V. DENTIFRICE. || *Eau forte.* Acide nitrique affaibli par un mélange d'eau. || *Eau de goudron.* Eau que l'on a fait macérer sur du goudron (1 partie pour 30 d'eau) pendant huit jours. || *Eau hémostatique.* Nom donné à certaines eaux qui contiennent des sels minéraux énergiques ou destinées à arrêter les hémorrhagies et des principes végétaux astringents ou résineux. || *Eau de Javel* ou de *Javelle.* Combinaison de chlore et de potasse (hypochlorite de potasse), qu'on emploie pour le blanchiment du linge. || *Eau de mélisse.* Médicament dont les Carmes ont longtemps gardé le secret, et qui est excitant et stimulant. Nous en donnons la composition, d'après la *Pharmacopée française* : « Mélisse fraîche en fleurs, 900 grammes ; zestes frais de citron, 150 grammes ; cannelle fine, 80 grammes ; girofle, 80 grammes ; muscade, 80 grammes ; coriandre, 80 grammes, racines d'angélique, 40 grammes ; alcool à 80°, 5,000 grammes. On divise convenablement les substances, on les fait macérer dans l'alcool pendant quatre jours, et on distille au bain-marie toute la partie spiritueuse. » || *Eaux-mères.* Eaux qui restent lorsque s'est opérée la cristallisation d'une substance. || *Eau régale.* Mélange d'acide nitrique et d'acide chlorhydrique, qui a la propriété de dissoudre l'or, le platine, le palladium, lesquels résistent à l'action des autres acides. || *Eau de roses.* Eau distillée sur les pétales frais de la rose. || *Eau seconde. Acide nitrique* étendu d'eau dans la proportion d'une partie d'eau forte et de deux parties d'eau. On donne le même nom à une lessive caustique de potasse ou de soude qui sert à nettoyer la peinture à l'huile.

ÉBARBER. *T. techn.* Oter les barbes ou *ébarbures*, les parties superflues. L'opération diffère suivant les métiers, mais le but est toujours le même. Dans la fonderie, par exemple, les pièces coulées présentent souvent des parties étrangères, sous forme de *bavures*, surtout dans les endroits où les différentes parties du moule se réunissent ; on doit alors *ébarber*. L'*ébarbage* a pour but d'enlever ces parties, généralement assez minces, afin de rétablir la forme exacte. Cette opération se fait à la main, au moyen d'un burin et d'un marteau. Dans le cas exceptionnel où la fonte est blanche et très difficile à attaquer au ciseau, on emploie la meule. || Dans la *grav.*, c'est enlever les bavures laissées au bord du trait. || Dans la *dor.*, c'est ôter les parties superflues du relief. || Rogner les feuilles d'un volume.

* **ÉBARBEUSE.** *T. d'agric.* Les grains d'orge sont terminés par un prolongement filiforme, raide et coriace, qui persiste après l'opération du battage. Afin de rendre le grain marchand, et de l'utiliser pour l'alimentation ou pour la préparation du malt des brasseries et des distilleries, on est obligé de l'ébarber. Cette opération se fait soit en soumettant l'orge à un nouveau battage, soit en le faisant passer dans une machine spécialement construite à cet effet. L'ébarbeuse se compose, en principe, d'un arbre horizontal ou légèrement incliné de 0m,80 de longueur, garni de lames d'acier disposées suivant une hélice. Cet arbre, mis en mouvement par un engrenage à manivelle, fait 150 tours environ par minute et tourne dans une enveloppe cannelée en fonte de 0m,15 de diamètre intérieur. Dans certaines ébarbeuses, l'arbre est vertical et l'enveloppe en fonte est remplacée par un cylindre en très forte tôle, percé de petits trous laissant passer la poussière qui se produit toujours dans ce travail. Le grain est jeté dans une trémie d'où il passe dans l'enveloppe et sort à une extrémité complètement ébarbé; un simple coup de tarare suffit pour le séparer des barbes. Le rendement de la machine précédente, mue par un manœuvre, est de 1,500 à 1,800 litres d'orge ébarbés par heure.

* **ÉBAUCHAGE.** 1° En *techn.* Action de donner une première façon à un objet. || 2° *T. de métall.* On nomme ainsi l'opération préliminaire du *laminage* quand on veut arriver à une forme profilée. L'ébauchage sert à transformer en barres plates, faciles à paqueter (tout en lui enlevant les scories dont il était accompagné) le fer puddlé obtenu dans l'affinage. Cette opération se fait au moyen d'une série de cannelures ogivales et rectangulaires. L'ébauchage, dans le laminage proprement dit, se fait surtout avec des cannelures carrées ou rectangulaires.

ÉBAUCHE. *T. d'art.* Ouvrage dont l'ensemble est terminé, mais dont les principales parties sont seulement indiquées. || Premier travail du burin pour préparer par masses la pièce à graver. || *T. d'horlog.* Mouvement de montre dégrossi.

ÉBAUCHOIR. *T. techn.* Grand peigne à fortes dents avec lequel on ébauche le chanvre. || Outil servant à ébaucher les mortaises. || Outil de bois ou d'ivoire dont les sculpteurs se servent pour modeler, pour ébaucher. || Outil à l'usage du charpentier, du charron, du potier.

* **ÉBELMEN** (Jacques-Joseph), chimiste, né à Beaume-les-Dames en 1814, mort en 1852. Enlevé prématurément à la science, il a su, néanmoins, marquer sa place d'une façon durable dans le domaine de la chimie théorique et industrielle. Notre regretté collaborateur, Salvétat, a recueilli ses nombreux Mémoires en deux volumes qui ont paru en 1855, sous le titre de : *Recueil des travaux scientifiques de M. Ebelmen.* Parmi ces travaux, nous mentionnerons plus spécialement les recherches sur la composition des gaz d'affinerie, sur la composition des gaz des hauts-fourneaux, sur la production et l'emploi des gaz combustibles dans les arts métallurgiques. Ces recherches ont eu des applications importantes pour l'industrie, et ont puissamment contribué à faire progresser la métallurgie du fer. Appelé par Brongniart à la manufacture de Sèvres en 1845, il en devint administrateur en 1847. Les quelques années qu'il y a passées lui ont suffi pour réaliser de sérieuses améliorations dans tous les services de cet établissement. Le premier, il a remplacé le bois par la houille dans la cuisson des pâtes, en même temps qu'il perfectionnait le mode de coulage jusqu'alors employé. On doit également à Ebelmen des travaux de synthèse minéralogique, et la reproduction par voie sèche de plusieurs pierres précieuses, telles que le corindon, le péridot, l'émeraude, etc. Il avait été, en 1845, nommé professeur titulaire de la chaire de docimasie à l'Ecole des mines, qu'il occupait, d'ailleurs, comme professeur-adjoint depuis 1841. Le gouvernement avait créé pour lui une chaire d'art céramique au Conservatoire des Arts et Métiers, et, le 8 mars 1852, un décret le nomma ingénieur en chef des mines.

ÉBÈNE. *T. de bot.* Nom donné au bois du Plaqueminier, arbre du genre *Diospyros*, qui sert de type à la famille des Ebénacées. Ce sont des arbres toujours verts, de taille assez élevée, à rameaux épars, dont le bois est constitué par un duramen complètement noir en général, avec aubier blanc.

Parmi les espèces les plus estimées, fournissant un bois de première qualité, il faut citer le *Diospyros Embryopteris*, Pers., syn. : *Diospyros glutinifera*, Roxb., qui croît à Ceylan, dans l'Inde, aux Moluques, au Bengale, à Siam, à Java; son bois est parfaitement noir, très pesant, d'un grain si fin, que l'on n'y découvre, lorsqu'il est poli, aucune trace de fibres; c'est un bois qui convient si bien à la confection des meubles de luxe, qu'il a servi à créer, dans l'origine, le mot *ébénisterie* pour désigner la profession qui, depuis le XVIe siècle, s'occupe de la fabrication des meubles et des travaux d'ameublement. Cette variété est souvent désignée dans le commerce sous le nom d'*ébène de Maurice*, qu'il ne faut pas confondre avec les bois des *Diospyros melanida*, Poiret, et D. *leucomelas*, Poiret, ainsi qu'avec le *Diospyros reticulata*, Willd., qui viennent également de l'île Maurice et de Madagascar, mais qui ont un bois noir, panaché de blanc.

Dans le commerce français, on donne le nom d'*ébène* à un certain nombre de bois qui n'ont que des rapports éloignés avec celui des *Diospyros*. L'un d'eux, cependant, appelé *ébène rouge du Brésil*, et tout à fait analogue au bois qu'à Londres on désigne sous le nom de *bois de Coromandel*, paraît provenir d'arbres du même genre; l'aubier en est gris, et le duramen noirâtre avec veines rubanées assez prononcées; il n'est pas susceptible d'un aussi beau poli que les espèces précédentes. Le bois, dit *ébène noire de Portugal*, n'est plus fourni par des arbres de la même famille; c'est probablement le *Melanoxylon brauna*, Schott, de la famille des Papillonnacées; il est d'un brun noir, à veines violacées, très fin de grain, compact et susceptible d'un beau poli.

Quant aux variétés dites *ébène verte soufrée* de Cayenne (*Bignonia lemoxylon*, Lin.), *ébène verte grise de Cayenne* (?), *ébène verte brune*, qui noircit à l'air (*Excœcaria glandulosa*, Herminier), et vient des Antilles, ce sont des arbres qui n'ont de commun avec le bois d'ébène que le nom, mais qui n'appartiennent plus à la même famille.

Usages. Les fruits servent dans le pays de production comme astringents contre la diarrhée et la dyssenterie chronique, et le bois pour l'ébénisterie; il sert à faire des meubles de luxe. — J. C.

ÉBÉNISTE. *T. de mét.* Artisan qui confectionne les meubles destinés à garnir ou orner les appartements.

— Lorsqu'à l'époque de la Renaissance, on employa l'ébène pour la fabrication de certains meubles de luxe, les artisans qui s'attachèrent à ce travail prirent le nom d'*ouvriers en ébène* ou *ébénistes* pour se distinguer de leurs confrères les *menuisiers*; longtemps ils firent partie de la même corporation sous l'appellation de *menuisiers de placage* ou *de marqueterie*, mais la menuiserie massive et l'ébénisterie, sœurs ennemies, durent se séparer après de longues luttes, et vers le milieu du XVIIe siècle, les maîtres ébénistes formèrent une communauté spéciale.

Ce nom d'*ébéniste* s'applique aujourd'hui, à tort, selon nous, aussi bien au menuisier en meubles qu'à l'ébéniste proprement dit; la distinction semble, cependant, bien indiquée, car les ouvrages du premier sont toujours cirés, tandis que ceux du second sont caractérisés par l'emploi des placages poncés ou vernis. Il y a chez l'un et l'autre une gradation d'exécution qui part du métier commun jusqu'à l'art élégant, et si grande est la distance qui sépare un placage quelconque sur bâti grossier, du meuble plaqué, rehaussé de ciselures et d'incrustations, elle n'est pas moindre entre le menuisier qui confectionne un buffet ciré comme il ferait un placard et celui qui, possédant la science du constructeur et le goût de l'artiste, continue la glorieuse tradition des maîtres dont il est question dans l'article suivant. Ce qui a dû amener la confusion que nous venons de signaler, c'est que, depuis longtemps, dans le meuble de luxe, la paix est faite entre l'ébénisterie et la menuiserie massive; aujourd'hui, le même artiste industriel qui compose et fait exécuter le meuble sculpté en plein bois sait aussi marier la richesse des essences à la splendeur du métal ciselé.

L'ébénisterie peut donc être considérée comme une menuiserie de luxe, nécessitant une architecture particulière, technique, et tous les divers métiers qui concourent à la fabrication du meuble : les menuisiers, les chaisiers, les menuisiers en fauteuils, les menuisiers en buffets, les ajusteurs pour tables et guéridons, auxquels viennent s'adjoindre les tourneurs, les sculpteurs, les mouluriers, découpeurs, marqueteurs et incrusteurs, appartenant à des professions bien spéciales, mais dont les travaux relèvent, dans la plupart des cas, de l'ébénisterie. — V. plus loin l'art. TECHNOLOGIQUE.

ÉBÉNISTERIE. Art de fabriquer les meubles de luxe et qui nécessite de la part de celui qui l'exerce des connaissances étendues.

HISTORIQUE. Pour faire l'historique de l'ébénisterie, il faut faire celui de la menuiserie jusqu'au jour où l'élégance et la perfection des meubles ont rendu la séparation nécessaire.

Au moyen âge, ce que nous nommons l'*ébénisterie*, n'était pas tout d'abord distinct de la menuiserie. Le menuisier travaillait le bois et le faisait servir à tous les usages, aussi bien qu'à la construction des grandes boiseries des portes, auvents, etc., qu'à la confection des sièges, lits, tables et coffrets. Les belles pièces avaient un caractère immobile et monumental, ayant été faites pour des palais, pour des couvents, pour des églises. Les essences employées alors présentaient peu de variété. Le chêne, très abondant dans la plus grande partie de l'Europe, en France, en Angleterre, en Allemagne, en Lombardie, était à peu près le seul bois en usage pour les meubles comme pour les boiseries; le noyer pouvait être tout aussi bien employé, et pourtant on en trouve peu d'exemples dans les spécimens qui nous sont restés. Quant aux meubles eux-mêmes, comme on le voit dans les miniatures des manuscrits, ils se réduisaient à un petit nombre de modèles auxquels l'artiste faisait subir les modifications que lui inspirait son génie; encore ces modifications étaient-elles presque toutes décoratives. Le lit, le bahut, la crédence, le *fauldesteuil*, la chaire, voilà à peu près au complet tout le mobilier du moyen âge. L'ornementation consistait d'abord en chanfreins, moulures et nervures, et en quelques rares fleurons très simples entaillés par le menuisier lui-même.

De tous les monuments de la vie privée à cette époque, les meubles à l'usage de l'habitation sont toujours les plus rares; à peine si quelques-uns ont survécu. On ne peut guère citer que les armoires des trésors d'Aubazine dans la Corrèze, de Bagneux et de Noyon (XIIIe siècle), qui sont encore en état de conservation et qui ont été publiées par Viollet-le-Duc; vient ensuite le beau bahut de la collection Gérente, qui a été acquis par le Musée de Cluny (n° 1324), bahut qui est regardé à bon droit comme le plus beau et le plus ancien spécimen du genre, soit qu'il appartienne aux dernières années du XIIIe siècle, soit qu'il date de l'an 1300 seulement.

Au XIIe siècle, les meubles affectaient les dispositions gracieuses de l'architecture romane secondaire; leur forme était massive. Au siècle suivant, on décora les plus riches avec des peintures qui se détachaient parfois sur fond d'or. Ce système d'ornementation, emprunté à l'Italie, se perpétua pendant longtemps. Ainsi les lits, les sièges et les grands coffres qui servaient à remplacer les vêtements et les objets précieux, étaient couverts d'armoiries peintes ou de sujets tirés de l'Ecriture Sainte, de l'histoire ou de la fable.

L'usage de décorer les ameublements plutôt par la peinture que par la sculpture se conserva pendant le XIIIe et le XIVe siècle; mais au commencement du siècle suivant, quand le style ogival de la nouvelle architecture exerça son influence sur les produits des autres arts, la peinture fut abandonnée et la sculpture, dorénavant distincte de la menuiserie, donna lieu à une profession nouvelle et spéciale, celle des *imagiers*, qui travaillaient également la pierre et le bois. Ceux-ci exécutaient les figures, animaux, fleurons fouillés qu'ils semaient à profusion sur toutes les faces des meubles avec une ravissante délicatesse et une surprenante habileté de détail;

tandis que les *menuisiers* se contentaient de sculpter les ornements les plus simples.

L'ameublement, dit *gothique*, qui a régné pendant trois siècles en Italie, en Suisse, en Allemagne et en Belgique, avait moins pénétré en France, où, à l'exception de la Normandie et de la Bretagne, elle a peu produit pour l'usage profane, et ne se trouve bien représentée que dans les églises dont les boiseries, particulièrement les stalles et les pupitres, surtout ceux de l'époque où régnait le *fleuri* et le *flamboyant*, montrent un goût exquis et une fantaisie féconde (fig. 307). En Hollande et particulièrement en Allemagne, le gothique s'était cependant répandu avec profusion dans l'intérieur des demeures; c'est le pays où abondent les bahuts à panneaux gothiques qui se rencontrent encore parfois dans les vieux châteaux jusque dans les fermes les plus humbles (fig. 308).

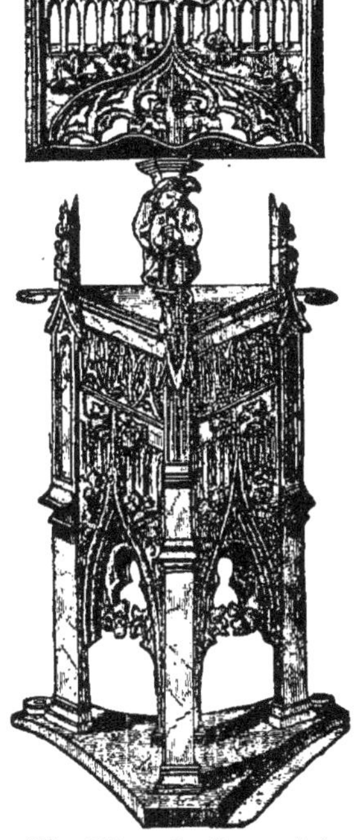

Fig. 307. — *Pupitre en bois sculpté (XVᵉ siècle).*

Dans les dernières années du XVᵉ siècle, les menuisiers en meubles se divisèrent en deux catégories, et firent une spécialité de la construction des sièges, et les ouvriers prirent le nom de *menuisiers en fauteuils*; jusqu'à cette époque, les sièges ne consistaient qu'en énormes fauteuils, escabeaux, tabourets et banquettes de bois indigènes et construits par des menuisiers. — V. CHAISE, FAUTEUIL.

Ajoutons que les menuisiers en fauteuils étaient aussi sculpteurs sur bois. Les comptes de dépense de la construction du château de Gaillon, publiés d'après les registres manuscrits des trésoriers du cardinal d'Amboise, par M. Deville, établissent que vingt-et-un menuisiers ou sculpteurs sur bois sont de Rouen, ce qui atteste combien l'école de Rouen était importante à cette époque. On conserve à Saint-Denis quelques-unes de ces boiseries. Les menuisiers de cette époque sont encore les auteurs des stalles de la cathédrale d'Amiens, sculptées de 1508 à 1522, par Antoine Avernier, Jean Trupin, Arnoul Boulin et Alex. Huet. Composées dans le style flamboyant, elles sont décorées de quatre cents bas-reliefs et des plus riches ornements dans le goût français.

En Italie, où le chêne était moins abondant que dans l'Europe septentrionale, mais où on possédait en revanche des essences qui joignaient à la solidité la finesse et la beauté de la couleur, telles que le citronnier, où enfin le commerce du Levant avait introduit des objets byzantins exécutés avec des bois précieux par leur dureté, leurs nuances, leur poli et même leur senteur, on confectionna des meubles dans lesquels ces bois de provenance orientale eurent une large place; on varia les couleurs à l'aide d'incrustations; on en vint même à incruster dans le bois de l'ivoire, de la nacre, des ornements en métal, et, plus tard, des faïences et des pierres dures (fig. 309). De tous les bois, l'ébène, en raison de sa dureté, de la beauté de son poli, jointes à sa couleur noire, qui tranchait vivement sur les tentures de tapisserie ou de cuir doré fut celui qui jouit de la plus grande faveur. On l'employa comme moulures; on s'en servit pour encadrer des panneaux de citronnier, et l'on construisit même avec cette essence des meubles tels que ces cabinets si curieux et si riches, sont ornés à l'extérieur d'incrustations d'ivoire ou de métal, et de peintures à l'intérieur, avec fermoirs d'argent à secret. Ce fut là la grande mode de la Renaissance.

C'est grâce au mariage de Catherine de Médicis, sous le règne de François Iᵉʳ, en 1533, que l'on doit l'importation en France de l'art de décorer les meubles, si florissant en Italie. A Jean de Vérone succédèrent Philippe

Fig. 308. — *Banc de stalle de château, de style ogival, fin du XVᵉ siècle.*

Brunelleschi et Benoît Maïano, auxquels succédèrent à leur tour le statuaire Jean Goujon et l'architecte Jacques Androuet, dit Du Cerceau. Le XVIᵉ siècle fit naître enfin le meuble français proprement dit, et c'est à ses chefs-d'œuvre que revient, par imitation, tout l'honneur du bel ameublement moderne. Nous n'avions véritablement rien encore qui fut nôtre et raisonnable. Nous vivions d'emprunts. Jean Goujon et sa pléiade ouvrirent sur ce siècle leurs mains pleines de merveilles, et ce qu'ils ont fait en ameublement, personne ne l'a dépassé (fig. 310). Dès lors les meubles reçoivent des bas-reliefs et même des figures de haut-relief et de ronde-bosse. Les dispositions architecturales qui servent d'encadrement à ces fines sculptures sont partout empruntées à l'art italien. Les lits sont à baldaquin soutenu par des colonnes ou des figures; le dossier, les corniches, la frise sont couverts d'ornements; les crédences sont décorées de pilastres à figures ou à chimères avec des bas-reliefs ou des arabesques sur les fonds ou sur les vantaux. Les armoires sont flanquées de colonnettes cannelées sur leurs angles, et surmontées de frontons coupés.

ou à jour. Les buffets, les bahuts, les coffres de mariage ou autres ont la même richesse d'ornementation, comme le montrent : 1° le magnifique meuble à deux corps, en noyer sculpté, de l'école bourguignonne du temps de Henri III et appartenant à M. Spitzer; 2° la petite armoire en noyer sculpté, avec incrustations de marbre et de bois de couleur, du règne de François Ier, et appartenant à M. Adolphe Moreau; 3° le buffet orné de sculptures représentant une Diane, Léda et le Cygne, Danaë et l'Aigle, Junon et le Paon, et les quatre Saisons. Ce beau meuble, également en bois de noyer avec incrustations de marbre, appartient à M. Baudoin, de Chartres, et provient du château d'Anet, où il faisait partie du mobilier de Diane de Poitiers.

La période comprise entre 1450 et 1589, et désignée sous la dénomination de *Renaissance*, a donc été une des plus heureuses pour l'ébénisterie. Les français Jean Goujon et Androuet Du Cerceau, l'allemand Jacob Guckeisen, né à Cologne vers 1545 et établi à Strasbourg, en 1596; l'architecte Wendel Dietterlin, de la même ville; le graveur hollandais Jean Vredaman de Jode; l'allemand Gabriel Krammer, le graveur hollandais

Fig. 309. — *Meuble cabinet italien, en ébène, incrusté de mosaïque de Florence (XVIe siècle). Collect. San Donato.*

Crispian Van de Passe, sont les auteurs d'estampes qui, pour la première fois, représentaient spécialement des modèles de meubles vraiment artistiques, et qui furent publiés vers la fin du XVIe siècle et le commencement du XVIIe (fig. 311). Les ébénistes de nos jours y puisent encore leurs inspirations et n'ont pu faire mieux. Ces auteurs, dit M. Demmin, ont exercé la plus grande influence sur les produits de l'industrie de l'ébénisterie, élevée quelquefois jusqu'à la hauteur du grand art. Les meubles français de cette époque se distinguent par le fini et le bon goût des sculptures en bas-relief des vantaux; les meubles allemands et hollandais par leur caractère architectural. L'ébéniste Sebald Beck, de Nurenberg, mort en 1546, sut allier avec goût le marbre et le bois pour produire des meubles d'un effet heureux et original, qui tranchent sur le style de l'époque où les artistes italiens, plus particulièrement à Florence, ont brillé par le fini et par les incrustations en ivoire finement gravées de sujets, genre que l'Italie a repris depuis quelque temps avec succès, et qu'elle exécute d'une manière telle que les anciens meubles de ce genre ont perdu une grande partie de leur valeur.

Avec l'usage des essences exotiques, des bois de couleur et des incrustations, vint la mode de la marqueterie en bois de rapport, nécessitant le placage (V. MARQUETERIE). Le meuble était d'abord construit de chêne, puis revêtu de plaques minces de bois différents, agencés suivant certains dessins et adroitement ajustés. Suivant les statuts des peigniers, tabletiers, etc., confirmés par lettres du roi Henri III, en juin 1578, les armoires, les secrétaires, ainsi que les autres meubles, étaient, en effet, plaqués en bois d'ébène, en bois de rose, et, comme le confirment les *Secrets de nature*, par Wecker (*Secrets des vendeurs de couleurs*, *Moyen de faire l'ébène*, etc.), en bois étrangers contrefaits par la coction des bois indigènes dans de l'huile combinée avec du vitriol et du soufre. D'après le même ouvrage, ch. *Belle façon pour teindre diversement les bois*, ces bois indigènes étaient teints dans des bains de couleurs combinées avec de l'alun. Plus tard, lorsqu'on cessa d'orner les meubles avec la marqueterie, et quand le bois de rose et l'acajou furent à la mode, on remplaça les petites plaques par une seule plaque de grande dimension, qui servit comme les précédentes à revêtir les surfaces extérieures. C'est là le placage.

Le meuble français, repris si vaillamment à l'abjuration d'Henri IV, préluda, sous Louis XIII, à l'aspect majestueux du règne suivant. De ce style si fleuri, si élégant, si coquet du château d'Anet à celui de la Place Royale, la distance est grande. Après les guerres de religion qui avaient ruiné la noblesse, tout ce beau luxe de sculpture et de marqueterie qui donnaient tant de prix aux meubles de la Renaissance fut abandonné; le style fut plus sobre, plus froid peut-être, mais aussi fier, aussi élégant et plus approprié.

Cette ébénisterie, il est vrai, est pesante et tourmentée. Cependant, il faut rendre cette justice au règne de Louis XIII, c'est que les meubles, sièges, boiseries, ont un aspect sévère et caractéristique qu'on ne rencontre nulle part; les hôtels étaient construits d'une manière large et princière, et quoi qu'on éprouve un certain malaise à regarder les meubles de ce temps, on ne peut se défendre d'être surpris de son cachet de grandeur et de force.

Fig. 310. — *Petite armoire à bijoux en bois sculpté, style Jean Goujon. (Collection Double.)*

L'ameublement français véritable, unissant les deux qualités suprêmes, le bon et le beau, ne fut donc positivement à son apogée que sous Louis XIV. Et c'est peut-être le cas de dire que les célèbres meubles *flamands*, lits, sièges, tables, si cher rachetés et dont on place la vogue à cette époque, étaient presque tous sortis de France. En les vendant aux autres, nous les avions dénaturalisés et probablement oubliés : ce qui explique notre admiration présente devant les copies qu'on nous en rapporte (fig. 312).

A partir du XVIIe siècle, l'ébène étant devenu d'un emploi plus fréquent dans la fabrication des meubles, ce bois servit à faire des armoires, des cabinets, des tables, etc., enrichis de sculptures. Les vantaux, les montants, les frises, sont décorés de figures allégoriques, de sujets tirés de la fable ou des romans de chevalerie. Les colonnes torses sont en usage dans la plupart des meubles de cette époque. Déjà, à l'imitation des Italiens, on fait des meubles plaqués d'écaille avec incrustations de nacre, d'ivoire, décorations de mosaïque et lapis-lazuli, et encadrements en cuivre doré, repoussé et à jour, dans le genre du cabinet d'ébène incrusté de lapis, d'ivoire et de nacre gravés, travail du XVIIe siècle, que possède M. le comte Stanislas de Blacas. — V. CABINET.

Bientôt les riches bois de l'Amérique furent employés massifs ou plaqués dans la confection des meubles et lambris d'appartements. C'est l'époque où se font remarquer les travaux de Jean Massé et de ses fils.

..... Jean Massé, de Blois,
Et Claude, Isac et Luc, ses enfants, font en bois
Tout ce qui s'y peut faire en son juste intervalle.

dit Michel de Marolles, dans son *Livre des peintres et des graveurs*. Jean Massé, le grand marqueteur, *pittore escultore a mosaico,* est désigné comme « menuisier et faiseur de cabinets et tableaux en marqueterie de bois, » suivant les lettres données en mars 1671, au profit des artisans qui vivaient au Louvre. Il y était logé dès 1644, en honneur de *longue et belle pratique de son art dans les Pays-Bas* Ce qui semblerait confirmer ce que nous avons avancé déjà, au sujet des pseudo meubles flamands, c'est-à-dire que parmi les maîtres flamands si vantés, plusieurs, et les meilleurs, étaient de France.

La lutte entre l'ébénisterie et la menuiserie du meuble dura jusque vers la seconde moitié du XVIIe siècle, lorsque le style français eut atteint toute sa majesté. Vers 1660, en effet, l'art de plaquer et de débiter les bois en plaques minces et sciées à la main, se généralisa et se perfectionna ; bientôt l'ébénisterie prit un caractère éminemment français qui depuis a donné le ton et l'essor à l'ébénisterie universelle. Ce progrès est dû en partie à Colbert, lequel établit dans l'hôtel des Gobelins la manufacture royale des meubles de France. Les meubles destinés aux châteaux royaux y furent modelés par Philippe Caffieri, grand père du célèbre sculpteur de ce nom, sur les dessins de Lebrun, sculptés en ébène et enrichis de bronzes dorés et d'incrustations par l'ébéniste du roi Domenico Cucci.

Fig. 311. — *Meuble cabinet sur crédence, en ébène, du XVIe siècle (Musée Hammer, à Stockholm).*

Mais. les lignes droites qu'on préférait, en 1696, pour la fabrication des meubles d'apparat, cessèrent d'être scrupuleusement gardées. On vit alors les bureaux, qui allaient bientôt se transformer en *commodes* pour les femmes, imposer à la table qui les surmontait, des contours ondulants et capricieux, tandis que les avant-corps renfermant les tiroirs affectaient des courbes et des renflements bizarres, et que les pieds se contournaient en manière d'S. Ces formes saillantes, bombées et tortueuses, n'avaient été jusque-là essayées que pour les sièges, dans l'intérêt des personnes, qui avaient à redouter, pour s'asseoir, la rencontre désagréable des angles droits (fig. 313).

Jean Goujon et Du Cerceau, avaient déjà prêté le concours de leur merveilleux talent pour embellir les meubles; mais ce fut André-Charles Boule, ébéniste du Roi-Soleil, qui porta l'ébénisterie française à son apogée. « Ce que Palissy avait fait au XVIe siècle pour la faïence modelée et peinte, dit M. Charles Louandre, Boule le fit au XVIIe siècle pour l'ébénisterie. Il créa la marqueterie de cuivre sur écaille, qui depuis a gardé son nom et l'a rendu célèbre, et ses meubles sont restés classiques comme les œuvres des grands écrivains de son temps. » Boule était doué d'un talent supérieur pour la composition, la fabrication et l'ornementation de ses chefs-d'œuvre. Il excellait en tout : dessin, ébénisterie, gravure, etc. (fig. 314 et 315). — V. BOULE.

L'art du meuble alla ensuite toujours de plus en plus s'efféminant et se mignardisant. La Régence de Louis XV s'attacha à faire des meubles moins massifs et à leur donner plus d'élégance comme décoration; mais leur forme, sous le rapport de l'ensemble, laisse beaucoup à désirer. L'ébénisterie se mit à faire du convexe et du creux. Cela s'appela *galbe* et *contour*. Une foule de meubles nouveaux, dus à l'*imagination* de Crescent, ébéniste du Régent, prirent place dans les boudoirs. Le lit fut alors recouvert de tapisseries et de passementeries coquettes, ou décoré de gracieuses peintures. Le secrétaire prit toutes les formes et devint indispensable pour serrer les bijoux, les papiers et la monnaie (fig. 316). Il servit

Fig. 312. — *Meuble hollandais en bois sculpté, du XVIIe siècle (Musée de Cluny).*

aussi de bureau pour la correspondance intime, la comptabilité de famille, et quelquefois aussi de mystérieuse cachette. M. le marquis de Gasville, à Meslay-le-Vidaure (Eure-et-Loir), possède un joli bureau en marqueterie, exposé en 1858 à Chartres, ayant appartenu à la Brinvilliers, et dans les tiroirs duquel la célèbre empoisonneuse serrait ses terribles poisons. Quant à l'armoire, elle tomba dans la décadence commune aux autres

Fig. 313. — *Table du XVIIe siècle (Mobilier national).*

meubles; mais ici, cependant, nous devons signaler une singulière exception qui prouve une fois de plus que le talent du sculpteur, uni au talent de l'ébéniste, produit parfois des miracles d'élégance et de légèreté. Il s'agit d'un meuble historique du XVIIIe siècle, appartenant à M. Vachot. « Cette armoire, à double corps, rapporte M. Desnoyers (*Revue de l'Exposition rétrospective d'Orléans, 1868*), a été sculptée pour Jean-Louis-Marie de Bourbon, duc de Penthièvre, grand veneur et grand amiral de France. Sur l'un des panneaux, on remarque les attributs de la chasse, sur l'autre, ceux de la marine; à chaque angle du corps inférieur sont sculptés deux vasques, deux chimères et des joncs. Ce meuble provient de l'hôtel du duc, actuellement à la Banque de France. Nous avons cessé d'être étonné par la richesse et la sobriété, la perfection et la hardiesse des sculptures de ce meuble, quand nous avons su qu'il était l'œuvre d'Antoine Vasse, célèbre sculpteur-ébéniste du roi, né à Toulon et mort à Paris en 1736. »

La fabrication des meubles ayant pris une grande importance, Louis XV fit donner, dans les nouveaux statuts accordés aux menuisiers, en 1744, le nom de *menuisiers-ébénistes* aux ouvriers qui les confectionnaient. A cette époque, en effet, le goût de l'ameublement se manifeste dans toutes les classes de la société. Dans les campagnes, en Bourgogne, en Bretagne et surtout en Normandie, les armoires se couvrent avec un véritable luxe de sculptures en relief et de brillantes ornementations (*Catalogue du Musée de Cluny*, nos 1479 à 1502). Dans les villes, la bourgeoisie commence sérieusement à s'affirmer, chacun veut avoir un chez soi et y briller. C'est le règne de l'entrain et de la fantaisie. Dès lors, la transformation des styles appliqués à l'ameublement continua de suivre son cours. Les styles, on le sait, ne sont que l'expression raffinée du goût, de la mode et des mœurs du temps. Au style sévère, grandiose et majestueux de Louis XIV, qui fut suivi d'un style de transition entre les deux règnes appelé par dérision style *rococo*. devait succéder le style fantaisiste et gracieux qui caractérise le siècle de Louis XV. Bientôt la marqueterie de cuivre et d'écaille, les bronzes et les bois dorés, les contours mouvementés et moelleux, les sculptures et les peintures légères devaient suivre le relâchement des mœurs et dégénérer plus tard en rocaille, qui devient le caractère particulier de ce style. Les fleurs, les feuillages, les guirlandes se mêlent à profusion dans l'ameublement; les amours se jouent dans les panneaux; on tombe parfois dans la mignardise et l'afféterie en recherchant l'élégance, mais c'est une mignardise charmante, séduisante comme la marquise, coquette comme l'abbé, spirituelle et sceptique comme le chevalier.

Fig. 314. — *Armoire (style Louis XIV) genre Boule. (Collection San Donato.)*

Le meuble lui-même se met en harmonie avec la toilette des femmes et la galanterie des mœurs; on recherche la grâce, la commodité personnelle plus que l'apparat; les sièges s'évasent et s'élargissent; les pieds tourmentés, les formes arrondies, les enroulements prodigués à l'infini, les moulures contournées, semblent brisées par la fatigue du plaisir; c'est un genre d'une coquetterie charmante, une grâce d'une forme toute féminine, qui ne ressemble à rien de tout ce qu'on fit jusqu'alors, que l'élégance, la grâce, le caprice, joints à l'esprit, ont seuls pu inventer; un genre tout français, tout national et qui trouvera toujours sa place dans nos habitations.

C'est alors que les ornements de bronze commencèrent à surcharger les meubles. « Mais, dit M. Paul Lacroix, avant de tout sacrifier à la monotonie du bronze ciselé et doré, on avait eu la sculpture en bois, qui se prêtait à contrefaire les plus audacieuses excentricités des cuivres contournés en chicorées. Les cadres des glaces, les consoles étaient en bois fouillé et sculpté avec un art inouï. On voyait partout des rocailles jetant des fleurs idéales, des rinceaux entortillés de branches et de feuillages, des végétations fantastiques enveloppant les chimères, les dragons, les serpents, le tout doré de différents ors. Les consoles, qui devinrent les accessoires indispensables de tout ameublement, étaient dorées ou peintes en couleur tendre; leur décoration, chargée d'abord de rocailles, de guirlandes, de vases et de figurines, se fit bientôt plus sobre et se contenta d'enroulements de perles, de rubans et de feuillages (fig. 317). »

La mode continua quelques années encore à brouiller les lignes, à rétrécir et abaisser les pièces; à chantourner les dessus de portes, les bordures des miroirs, jusqu'à la caisse des voitures, à mêler le droit et le tortu, le carré et le rond, à inventer des commodes aux ventres rebondis, surchargées de cuivres ciselés. Quelques détails charmants en sont restés, malgré des formes bizarres; l'art ne disparaît jamais tout entier. Nous citerons comme exemple une commode de Philippe Caffieri, ayant appartenu au marquis d'Hertfort, et devenue aujourd'hui la propriété de M. Richard Wallace. Ce meuble, au ventre rebondi, qu'enrichissent des cuivres d'une exécution libre et magistrale, porte à droite, sur un des cuivres qui la décorent, une précieuse inscription : *Fait par Caffieri*. Petit-fils de Philippe Caffieri, sculpteur-ébéniste de Louis XIV, et frère du sculpteur à qui nous devons les bustes si vivants de la Comédie-Française, ce Caffieri, né en 1714, mort en 1774, n'était pas ébéniste, mais il donnait les modèles et ciselait lui-même le bronze de ses meubles, qui étaient fort recherchés. Le *Catalogue de La Live de Juilly* (1769), sous la rubrique de Ph. Caffiery, décrit un corps d'armoire de 22 pieds de long, une grande table de bureau, une écritoire, un secrétaire et une pendule. « C'est, dit P. Remy, un tout ensemble de la plus grande conséquence, à l'imitation des ouvrages du fameux Boulle. Ce beau meuble est de Philippe Caffieri, cet artiste si célèbre (fig. 318). »

Enfin, grâce au concours éclairé de la marquise de Pompadour, les dernières années du règne de Louis XV se signalèrent par un mouvement très énergique de réaction contre le goût exagéré des rocailles qui étaient devenues ridicules et insupportables en passant par l'Allemagne. A cette nouvelle époque de transition, un double courant semble entraîner les artistes, tantôt vers l'étude des vieux maîtres français, tantôt vers une sorte d'interprétation des monuments de l'antiquité. C'est de ce double mouvement que sortit ce qu'on est convenu d'appeler le style Louis XVI (fig. 319).

La sobriété des ornements inaugure dès lors une manière plus calme et en même temps plus douce. Au lieu de ces silhouettes hérissées et tourmentées, les meubles présentent une décoration plus sage, jointe à la régularité et à la pureté de la forme grecque. La gracilité et la légèreté sont avant tout recherchées. Le mobilier moins opulent, est plus intime. L'ébénisterie fait alors de grands progrès; la construction des meubles devient sérieuse et solide; les queues d'aronde ornent et assurent la combinaison des assemblages et la solidité des tiroirs. Cependant, les meubles courants sont encore polis à la cire dure, et la serrurerie en est très grossière; ils sont à pans coupés, droits ou cintrés, ornés de colonnes cannelées, massives ou simulées par des filets de bois. En revanche, les ébénistes commencent à s'occuper sérieusement de l'intérieur des meubles qui avait été fort longtemps négligé, depuis Louis XIII surtout. Les plus beaux ouvrages d'ébénisterie des règnes de Louis XIV et de Louis XV témoignent tous de cette négligence et accusent une mauvaise construction. D'autre part, l'art du placage se perfectionne. Le bronze doré s'applique sous forme de guirlandes, de fleurs, de bouquets, de vases et autres ornements. Les médaillons de porcelaine s'enchâssent dans le bois de rose et s'encadrent dans le bronze. Plusieurs artistes de talent concourent, d'ailleurs, à cette heureuse rénovation. Joubert, ébéniste du roi, qui, selon l'*Almanach Dauphin* de 1776, exécuta cette même année des meubles très précieux pour la Dauphine et la comtesse de Provence, est bientôt secondé par David Roëntgen, de Neuwied (Allemagne), lequel prenait le titre d'*ébéniste méchanicien* de la reine. « Il eut l'honneur, dit La Blancherie, dans les Nouvelles de la *République des lettres et des arts* (1780), de présenter au roi « un secrétaire en marqueterie et bronze de son invention, et sa majesté voulut bien en faire l'acquisition au prix de 80,000 livres, et le placer dans son cabinet. » Enfin, un habile ébéniste, Riesner ou Riesener, qui avait donné un nouvel essor à la marqueterie de bois, disparue depuis le règne de Louis XIII, excella dans le quadrillage et le frisage des bois, dont il sut admirablement varier les tons et les couleurs dans ses *chiffonnières* et ses *bonheurs-du-jour*, accessoires indispensables du luxe féminin à cette époque. Il refit droits les pieds des meubles que la rocaille et le style appelé à tort *pompadour*, avaient fait tortus. A ces bahuts à bedaine, chancelants et titubants, il rendit l'aplomb, la solidité, l'élégance et la grâce. Mais, comme l'a si bien exprimé notre éminent collaborateur, M. Paul Mantz (*Gazette des Beaux-Arts*, 1865), « sous sa main, plus coquette que puissante, l'art s'efféminе un peu; Riesner est charmant, mais il est grêle. » Quoi qu'il en soit, sous l'influence de Riesner, l'ébéniste à la mode, dont les meubles élégants disent si bien quel fut l'idéal au temps de Marie-Antoinette, on sculpta, on dora les fauteuils, avec une patience qu'on y a mise rarement depuis : orfèvrerie délicieuse qui atteste l'habileté des coupeurs de bois d'alors, sièges charmants, dont les médaillons délicats étaient montés avec les bergeries de Florian en tapisserie de Beauvais, avec les damas et les brocatelles de Lyon; ameublements de grands seigneurs pour lesquels le prix n'était point considéré à la condition que rien n'y serait épargné. En un mot, Riesner fut le digne continuateur de Boule, qui lui-même avait imité des Italiens l'art de plaquer la marqueterie et de préparer l'écaille. On cite également, sous ce règne, Gouthière, dont le merveilleux talent donna un nouvel élan à l'ébénisterie en ornant les meubles de bronzes dorés et ciselés d'un fini admirable.

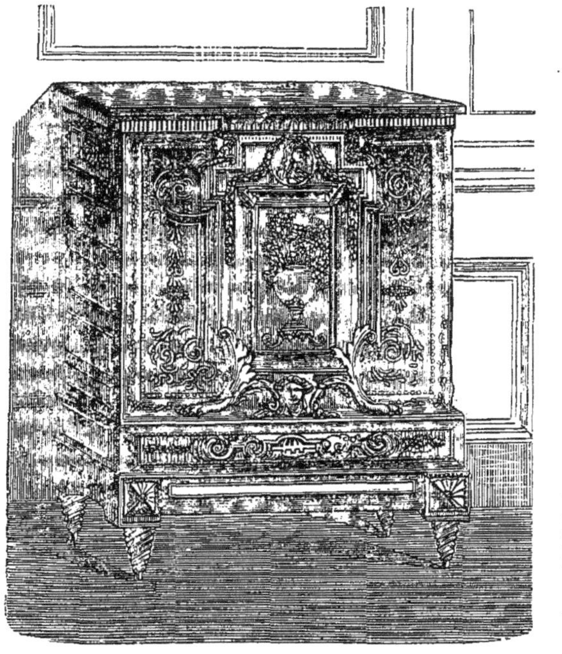

Fig. 315. — *Meuble à hauteur d'appui en ébène incrusté, par Charles Boule (Musée du Louvre).*

Lorsque la Révolution éclata, le bouleversement social entraîna avec lui tous les ornements; la marqueterie disparut, et l'ébénisterie tomba dans une voie de décadence déplorable. Mais on aurait tort de croire que les ébénistes demeurèrent sans travaux pendant cette longue et terrible période de notre histoire.

Après la prise de la Bastille (14 juillet 1789), la mode s'empara de ce grand événement, et l'ancienne forteresse fut représentée jusque sur les meubles. Dès lors, comme l'indique un écrit du temps intitulé : *Ann' Quin Bredouille*, « une représentation de la citadelle détruite remplaça le groupe de Léda; un autel sermentaire succéda à la gentille chiffonnière sur laquelle on signait des billets à La Châtre. » Ce témoignage est aujourd'hui confirmé par la superbe armoire du Musée Carnavalet (Collect. de Liesville). Ce meuble curieux autant que rare est en chêne délicatement sculpté en ronde bosse. La porte à deux vantaux, est surmontée d'un aigle aux ailes éployées et tenant entre son aile gauche une branche de chêne, symbole de force. Dans le haut de chaque vantail se trouve un trophée. Au milieu du vantail droit l'artiste a représenté la *Prise de la Bastille*, bas-relief qui fait pendant au *Serment de Louis XVI*, sculpté au milieu du vantail gauche. Néanmoins, si les emblèmes nouveaux, les sujets patriotiques et les insignes de la liberté remplaçaient dorénavant les compositions galantes et frivoles de la fin de la monarchie, le style général de l'ornementation des meubles était à peu près resté le même. Sur l'armoire républicaine du Musée Carnavalet les moulures rappellent, en effet, un temps qui proscrit la ligne droite; elles s'arrondissent, se contournent et forment des cadres gracieux sur les panneaux

La fête de la *Fédération* (14 juillet 1790) amena une révolution radicale dans le mobilier, où, comme on vient de le voir, se déroulaient encore les caprices dégénérés de la rocaille. Nous voulons parler du goût grec et romain, introduit déjà depuis quelques années. C'est alors que parut la mode des *lits à la Révolution*. Suivant un auteur contemporain, ces lits tenaient le milieu entre la forme des lits à la « polonaise et en chaire à prêcher, » et étaient ornés de « franges étrusques. » Peu à peu, sous l'influence de David, l'envahissement de la ligne droite chassa les contours arrondis de l'ancienne ornementation, et les meubles républicains, devenus romains et bourgeois, furent désormais plus commodément appropriés aux besoins modernes. C'est alors qu'on retira des murs les galantes boiseries ouvragées et que l'acajou commença à se vulgariser, préludant ainsi à la vogue dont

Fig. 316. — *Bureau à cylindre en marqueterie, époque Louis XV (Musée du Louvre).*

il deviendra l'objet sous la Restauration, lorsque le placage à la mécanique l'aura mis à la portée de toutes les fortunes.

Devenue spartiate, la classe riche se reposait sur des chaises étrusques en bois d'acajou, dont le dossier en forme de pelle était orné de camées peints en grisaille, ou bien composé de deux trompettes et d'un thyrse liés ensemble. Les fauteuils, affectant également la forme antique, avaient le bois et le dos de couleur bronze. Le *Journal de la mode et du goût* (juillet 1790), auquel nous empruntons ces renseignements, nous apprend encore que les *lits à la Révolution* ne tardèrent pas à être délaissés pour les *lits patriotiques*. « En place de plumets, ce sont des bonnets au bout de faisceaux de lances qui forment les colonnes du lit : ils représentent l'arc-de-triomphe élevé au Champ-de-Mars le jour de la confédération. »

Lorsque avec le Directoire la tranquillité se fut rétablie, le centre du luxe se fixa dans la chaussée d'Antin, où les femmes élégantes abandonnèrent définitivement l'ancien mobilier du XVIIIe siècle, tel que les « commodes en tombeaux ou en demi-tombeaux, » dont parlent les *Petites-Affiches* de messidor an III (1794), et remirent en vogue l'ébénisterie d'acajou. Les secrétaires, les consoles, les bibliothèques, les bureaux, les commodes furent de nouveau, comme au temps de Riesner, ornés de filets de cuivre doré et de galeries de cuivre à jour.

Les architectes Percier et Fontaine, à leur retour d'Italie, en 1793, ne furent pas étrangers à cette renaissance de l'ébénisterie. Chargés d'une ample moisson de dessins recueillis parmi les monuments les plus précieux de l'antiquité, et pénétrés du sentiment classique et pur qui s'en dégage, ils tentèrent d'appliquer les règles de l'art gréco-romain à la décoration de nos intérieurs, à leur ameublement, et portèrent dans les formes de nos meubles une élégance, une sévérité de style inconnue jusqu'alors.

Dans les premières années du Directoire, Percier et

son collaborateur eurent pour habiles metteurs en œuvre de leurs idées les célèbres ébénistes Lignereux et Jacob. Ceux-ci exécutèrent les meubles des deux novateurs avec luxe et avec une grande perfection de main-d'œuvre, qui leur assura dans toute l'Europe le plus grand succès. « Les meubles meublants de nos riches particuliers sont presque tous de forme antique, lit-on dans le *Tableau général du goût des modes et des costumes de Paris* (N° 2, brumaire, an VII). Ils contrastent singulièrement avec les appartements nouvellement décorés, où cette disparate qui blesse les yeux du connaisseur n'existe plus. Des fabricants de papier pour tentures se proposent de faire exécuter de nouveaux dessins pour rendre les décorations et les draperies des salons analogues à la forme des meubles que la mode, cette fois-ci d'intelligence avec le bon goût, vient de faire adopter. »

Fig. 317. — *Console d'applique, d'après Cuviliés (XVIIIe siècle).*

En résumé, sous le rapport du mobilier, si la Constituante avait été romaine et la Convention spartiate, le Directoire fut athénien. Mais après la prise du Caire par les Français, sous les ordres de Bonaparte, le 23 juillet 1798, l'ébénisterie, comme l'architecture, se voua au style égyptien.

Fig. 318. — *Commode en laque avec ornements en bronze attribuée à Caffieri (XVIIIe siècle). Cara reale de Gênes.*

L'ameublement du Consulat et de l'Empire est le mélange hybride de ces derniers germes. Le goût de cette époque, si l'on peut donner le nom de goût à une chose qui en était la négation, n'offrait partout que des lignes plates et heurtées; le style des ornements avait la prétention de rappeler l'art grec et romain; il n'en était que la caricature. Cette erreur, il faut l'avouer, était celle d'un grand artiste, David, qui avait entraîné après lui, par le prestige de son talent, l'opinion générale qui, sous le nom de mode, a tant de pouvoir sur l'esprit français. Tout en y sacrifiant beaucoup trop encore, Jacob Desmuller, ébéniste de l'Empire, honnête homme en meubles *dessous comme dessus*, selon ses propres expressions, et qui travailla pour les Tuileries, ramena l'art de l'ébénisterie à des règles plus sages, et, à ce seul point de vue, il peut être considéré comme ayant rendu un grand service aux ouvriers de notre temps.

Quoi qu'il en soit, les meubles de l'Empire sont solidement construits et richement décorés, mais généralement froids et peu gracieux de formes (fig. 320). Ils furent souvent ornés de cuivres dorés et ciselés par Thomire, le sculpteur-ciseleur de la cour. Néanmoins, les sculptures y sont rares. Elles consistent en têtes de sphinx, de lions, en griffes et en palmettes. C'est l'époque où l'art des Adam et des Lignereux mit en vogue les *lits en nacelle* revêtus de bronze antique, les chiffonnières égyptiennes, les athéniennes, les lustres de Ravrio, etc. C'est également à cette époque que Jacob Desmuller exécuta pour Napoléon Ier un bureau devenu historique et qui fut vendu 5,000 francs à l'hôtel Drouot, il y a une vingtaine d'années. « Les meubles de cet artiste ne brillent point par l'élégance de la forme, dit M. Philippe Burty (*Gazette des Beaux-Arts,* 1860), mais leur excellente fabrication est incontestable. Ce bureau contenait quarante-trois tiroirs de diverses grandeurs, trente-sept serrures de sûreté (serrurerie de Vavin, qui a laissé une excellente réputation), quatre secrets et deux caisses ; le tout s'ouvrant à l'aide de cinq clefs différentes. Deux secrétaires pouvaient travailler à chaque extrémité, et l'empereur pouvait occuper deux places sur le devant. On voit que c'était un véritable bureau diplomatique, et qu'il serait resté impitoyablement fermé au *Sézame ouvre-toi* des indiscrets et des voleurs. »

Fig. 319. — *Table de travail, style Louis XVI (Musée du Louvre).*

La liberté dans le travail et dans les transactions commerciales, entravée par des guerres continuelles, n'avait pas encore produit de résultats sensibles. Au retour de la paix, les émigrés, rentrés dans leurs propriétés et réintégrés dans une partie de leurs revenus, voulurent faire restaurer leurs châteaux délabrés ; les bourgeois eux-mêmes voulurent jouir de leur fortune et relever leur luxe intérieur. L'ébénisterie entra alors dans sa période la plus florissante.

Le mouvement romantique, qui s'accomplit dans les arts et la littérature pendant les dernières années de la Restauration, ramena le goût des meubles sculptés des

Fig. 320. — *Bureau ou secrétaire à cylindre, style empire, d'après Percier et Fontaine.*

XIVe et XVe siècles, admirablement réparés par les ébénistes Mombro, Senlis, Riballier aîné, etc. Dijon lui-même eut son Mombro, qui s'appelait Tagini. D'abord, on ne voulut que le très ancien, la mode du moyen âge en étant venue par ce beau roman de *Notre-Dame-de-Paris*. Quoique quelques coquettes récalcitrantes préférassent les meubles en *quinze-seize* citron, montés sur des bois blancs sculptés, exactement dessinés et exécutés par Vervelle, d'après les modèles Louis XV, la grande majorité des meubles d'alors était gothique. Comme nous le révèle le journal *La Mode* (août 1834), on ne jurait que par les « petits guéridons gothiques » et les « chaises de forme gothique » de l'ébéniste Chenavart. Plus tard, on s'engoua du style renaissance, et aux profils aigus des compagnons d'Albert Dürer, succédèrent les rondeurs fleuries de Jean Goujon.

Mais, vers le milieu du règne de Louis-Philippe, les meubles commencèrent à prendre un nouveau cachet d'élégance et d'originalité : bientôt le palissandre va remplacer l'acajou, l'érable et le citronnier, pour décorer les meubles riches. C'est alors que furent en grande vogue : l'armoire à glace, qui remplaça dans la chambre à coucher la psyché et même le secrétaire; le vide-poche, table de nuit à volets, à pieds tournés avec tiroirs et sac, qui remplaça les tables de nuit rondes, connues sous le nom de *piédestaux*; et enfin la toilette-commode, qui remplaça les lavabos.

Il y a quelques années, l'ébénisterie a repris avec succès le meuble en chêne sculpté de la Renaissance, particulièrement de l'époque de Henri II. A cette mode a succédé celle des meubles Louis XIII, des meubles Louis XV, jusqu'au jour où tous les styles reparurent et prirent place les uns à côté des autres. — S. B.

Par cette étude, nous venons de rappeler les belles œuvres des grandes époques de l'art, alors que les artistes, ne spécialisant point leur talent, marquaient de leur empreinte personnelle les productions de leur génie. Les temps sont bien changés, les conditions nouvelles de notre société démocratique ont développé le goût du luxe et favorisé la recherche du confortable et du bien-être; pour répondre à ces besoins nouveaux, l'art et l'industrie ont tenté et tentent encore la solution d'un problème presque insoluble : faire de l'art à bon marché. Le résultat a été ce qu'il devait être, une production effrénée de copies plus ou moins exactes des modèles anciens, et la création du *truquage* ou fabrication du vieux. C'est ainsi que l'on est arrivé à satisfaire cette envie de paraître qui envahit toutes les classes de la société, et, qu'en toutes choses, l'imitation et le faux se substituent au vrai.

Fig. 321. — *Cabinet Fourdinois (Exposition de 1878).*

L'art n'a rien à faire là dedans; est-ce à dire qu'il n'y a plus d'artistes et que nos arts sont en décadence? Non, certes, et nous combattons énergiquement cette opinion que nous entendons émettre trop souvent. L'art est resté aristocratique, quoiqu'on dise, et il ne consentira à se démocratiser que lorsque l'éducation du public sera faite, et que le sentiment du beau jusque dans l'utile se sera répandu dans les masses.

Comment ce bon public, dans son ignorance, pourrait-il choisir son ameublement suivant les lois de convenance, de destination et d'harmonie? Il s'en rapporte au fabricant qui n'a d'autre souci que d'écouler ses *styles*, sans se préoccuper de l'effet que produira un lit François Ier, par exemple, dans une chambre de 4 mètres carrés. Et il ne peut en être autrement. « Faire du goût sans y être sollicité par la demande, a dit le comte de Laborde, serait sublime, mais, industriellement parlant, ce serait d'un niais, et l'envie en a vite passé à ceux qui l'ont tenté. »

D'ailleurs, il faut bien le dire, l'éducation artistique du producteur est à faire également. Un bon ébéniste doit posséder des connaissances multiples et un savoir étendu, il doit être dessinateur, architecte, menuisier, sculpteur, graveur, ciseleur, chimiste et minéralogiste, savoir travailler l'ivoire, l'écaille, les pierres et les métaux précieux; ouvrier et artiste, il doit concevoir avec hardiesse, avoir le coup d'œil juste, se pénétrer de la destination du meuble et des lois de son service, afin qu'il ne fausse point l'harmonie générale de la pièce qui le contient.

C'est là le rôle du patron, de l'artiste doublé de l'industriel, et nous savons que plusieurs le remplissent avec honneur et gloire; les dernières expositions ont démontré que quelques artistes continuent noblement les traditions des vieux maîtres, et les spécimens que nous représentons figures 321 et 322 en sont un éclatant témoignage, mais c'est là une exception dont il faudrait faire une règle. Ce ne sont donc point les artistes qui manquent, mais les acheteurs. Autrefois, les grands seigneurs, les riches particuliers mettaient leur luxe — véritable celui-là — à posséder des meubles de prix. Aujourd'hui, il n'y a plus d'amateurs; Boule et Riesner mourraient de faim, ou désespérés par l'indifférence des riches, ils feraient des copies pour vivre. C'est triste et peu encourageant.

Il faut donc sans relâche travailler à l'éducation du consommateur et du producteur; celui-ci, disons-le, travaille énergiquement. L'exposition de 1867 avait révélé une supériorité marquée de toutes nos industries, mais hélas! l'aiguille s'arrêta net sur cette heure mémorable et, à de rares exceptions près, artistes et industriels ont perdu des années à savourer leurs triomphes. Le danger a été compris et l'on travaille à l'éviter. Nos ouvriers ont toujours possédé une habileté de main remarquable, aussi voit-on souvent encore une belle exécution d'un modèle mal conçu, mais nous espérons qu'avec la louable émulation qui se manifeste actuellement, la jeune génération nourrie, dès l'apprentissage, des sévères principes de l'art, saura donner à l'ébénisterie parisienne l'originalité qui lui fait défaut.

Il est une autre considération d'ordre économique, dont nous devons dire quelques mots: les grèves, l'élévation de la main-d'œuvre et les accroissements successifs des importations qui en résultent, ont porté de rudes coups à l'ébénisterie. Le mal est profond. Pour l'atténuer et le faire disparaître, nous voudrions que l'ouvrier se persuadât que les grèves lui sont fatales autant qu'aux patrons, qu'elles ne font que le jeu de l'étranger, et que les meneurs, ainsi que le renard de la Fable, vivent aux dépens de ceux qui les écoutent; que les patrons fussent moins hospitaliers et que l'ouvrier allemand et belge n'eût pas un si facile accès dans nos ateliers; qu'enfin, au lieu de chercher une rémunération légitime de son travail par une augmentation de main-d'œuvre qui rend au patron la lutte impossible avec l'industrie étrangère, l'ouvrier se rapprochât du patron et que celui-ci associât celui-là à ses bénéfices dans une certaine proportion. Cela se fait déjà et les résultats sont excellents. Ce n'est

Fig. 322. — *Lit de style moderne, exécuté sur les dessins et dans les ateliers de H. Fourdinois.*

donc point un rêve irréalisable, et c'est, à notre avis, la seule façon de détruire le sot antagonisme que les orateurs de clubs et de cabarets ont créé entre le capital et le travail.

Bibliographie : Monographie du château de Heidelberg, Paris, Morel; VIOLLET-LE-DUC : *Dictionnaire raisonné du mobilier français de l'époque carlovingienne à la Renaissance*, Paris, 1872; Exposition universelle de 1867 : *Rapport des délégations ouvrières*, ch. *Dessinateurs d'ameublements, Ebénistes*, Paris, Morel; Chambre de commerce : *Statistique de l'industrie à Paris en 1867*, ch. *Ebénistes;* Auguste LUCHET : *L'art industriel à l'Exposition de 1867*, ch. II, *Histoire du meuble;* Ed. BONAFFÉ : *L'art du bois*, dans le *Journal l'Art*, Paris, 1881; LORÉMY et GRISEY : *Du style dans la décoration intérieure des habitations*, Paris, 1844; Gustave HAVARD : *L'art dans la Maison*, Paris, Rouveyre, édit., 1883; R. PFNOR : *Le mobilier de la Couronne et des grandes collections, spécimens de l'art des meubles à ses meilleures époques*, etc., Paris, 2 vol. in-4°; Union centrale des arts décoratifs, Exposition rétrospective de 1882 : *Catalogue des objets appartenant au service du mobilier national; Catalogue des bois et des tissus.*

TECHNOLOGIE. Nous allons passer en revue les matières premières qu'emploie l'ébéniste et l'outillage dont il fait usage. Nous décrirons ensuite très brièvement les opérations indispensables de son industrie, c'est-à-dire la coloration artificielle des bois indigènes pour les transformer en faux-bois, le débitage et la mise en place des feuilles de placage, enfin les opérations qui terminent la fabrication du plaqué.

BOIS D'ÉBÉNISTERIE.

Nous avons dit que l'ébéniste emploie les bois indigènes et les bois exotiques. Avec les premiers, il fait l'intérieur de ses meubles, assez rarement l'extérieur. Quant aux seconds, il s'en sert exclusivement pour les extérieurs, en d'autres termes pour les placages. A quelque espèce qu'ils appartiennent, les bois indigènes doivent être légers, faciles à travailler au rabot, susceptibles d'un certain poli, enfin capables de supporter sans déformation les alternatives de la sécheresse et de l'humidité. Il est, en outre, indispensable qu'ils soient absolument secs et sains. Comme leur dessiccation parfaite exige un temps considérable, quand on l'abandonne à l'action des agents naturels, on a plusieurs fois essayé de la rendre plus rapide en recourant à des moyens artificiels, mais, jusqu'à présent, la pratique n'a pas été favorable à cette innovation.

Parmi les bois indigènes utilisés en ébénisterie, nous indiquerons seulement les suivants : l'alisier, l'amandier, l'aulne ou verne, le buis, le cerisier, le chêne, le cyprès, l'érable, le hêtre, le houx, l'if, le lentisque, le marronnier, le merisier, le noyer, l'olivier, l'orme, le peuplier, le platane, le pommier, le prunier, le sapin, le tilleul.

Les bois exotiques se font remarquer, on le sait, par la finesse et la compacité de leur grain, ce qui permet de leur donner un poli remarquable, ainsi que par la vivacité et la variété de leur coloration. Comme ils nous arrivaient anciennement par la voie des Antilles, les ouvriers les désignent tous ensemble sous le nom de *bois des îles*, bien que beaucoup, et des plus recherchés, viennent aujourd'hui de contrées continentales.

Le nombre des bois exotiques employés par l'ébénisterie est très considérable, et il augmente, pour ainsi dire, sans cesse par suite des nouvelles découvertes qui se font dans les lieux de production. Nous nous contenterons de citer : les divers acajous, l'amarante, l'amboine, l'angika, le caliatour, les bois de Cayenne, le courbaril, l'ébène, l'érable d'Amérique, le grenadille, le citronnier, le palissandre, les bois de rose, le santal, le thuya d'Algérie, qui n'est autre chose que le citre des Romains, etc.

COLORATION ARTIFICIELLE DES BOIS.

Colorer artificiellement un bois, c'est introduire dans ses pores une couleur étrangère, afin de modifier ou même de changer complètement sa teinte naturelle. Cette couleur doit être transparente ou, au moins, translucide, parce qu'il ne faut pas qu'elle empêche d'apercevoir les caprices du veinage ni les caractères propres à l'espèce à laquelle il appartient.

La coloration artificielle des bois est une véritable teinture qu'on n'applique ordinairement qu'aux bois indigènes, soit pour imiter les bois exotiques, soit pour procurer au marqueteur les nuances qu'il ne trouve pas dans les bois naturels, soit enfin pour aviver, exalter ou varier les teintes naturelles. Dans tous les cas, on opère de deux manières fort différentes, suivant le résultat particulier qu'on veut obtenir : 1° on teint uniformément la masse entière du bois; 2° on ne teint que certaines parties de la surface.

Première méthode. Elle consiste, vient-on de voir, à donner une teinte uniforme à la masse entière des bois; c'est par elle qu'on imite les bois exotiques, qu'on fait ce qu'on appelle les *faux-bois*. On a vu ailleurs (V. COLORATION ARTIFICIELLE DES BOIS) quelles sont les matières colorantes qu'on emploie, en quel état elles doivent être, à quelles sortes de bois s'appliquent plus facilement celles qui donnent les couleurs claires, etc. Nous n'y reviendrons pas ici et nous nous contenterons d'indiquer brièvement, à titre d'exemples, quelques-unes des formules très nombreuses qui servent à imiter l'acajou, le palissandre, l'ébène et la loupe d'érable d'Amérique.

Acajou. Il existe une centaine de recettes. Quatre suffiront : — 1° *Procédé à l'esprit de vin.* D'une part, on fait bouillir dans un litre d'eau, pendant une vingtaine de minutes, 60 grammes de rocou, 60 grammes de garance et 60 grammes de brésil. D'autre part, on fait dissoudre, dans 50 grammes d'eau bouillante, 100 grammes de carbonate de potasse. On passe les deux liqueurs à travers un linge, on les réunit, on filtre de nouveau leur mélange, on laisse refroidir, puis, après entier refroidissement, on ajoute 90 à 100 grammes d'alcool à 90°. Cette composition s'applique avec une éponge. Elle réussit très bien sur le tilleul, le peuplier et le merisier. Pour le chêne, il faut diminuer la quantité de rocou ; — 2° *Procédé à l'eau forte.* On commence par frotter le bois avec de l'acide azotique étendu d'eau, puis on le laisse bien sécher. Pendant qu'il sèche, on fait dissoudre, d'un côté, 75 grammes de sang-dragon et 15 grammes de carbonate de soude dans 90 centilitres d'alcool à 90°; d'un autre côté, 75 grammes de gomme-laque et 7 à 8 grammes de carbonate de soude dans 90 centilitres d'alcool à 90°. On étend ces deux dissolutions sur le bois dans l'ordre que nous venons de dire, mais en ne passant à la seconde que lorsque la première est bien sèche. Enfin, après dessiccation parfaite de la dernière, on la polit avec la pierre ponce et un morceau de hêtre qu'on a fait bouillir dans l'huile de lin. Ce procédé paraît convenir plus particulièrement au chêne ; — 3° *Procédé allemand.* Après avoir frotté le bois avec de l'eau forte affaiblie, comme ci-dessus, on le fait sécher, puis on y applique, au moyen d'une brosse de peintre ou d'une éponge, une teinture préparée avec 8 grammes de sang-dragon, 4 grammes de racine d'orcanette, 2 grammes d'aloes et 200 grammes d'alcool à 90°. Cette manière d'opérer paraît surtout avantageuse sur l'orme et l'érable ;— 4° *Procédé au titane.* On fait fondre de l'oxyde de titane avec une quantité dix fois plus grande de carbonate de potasse. On obtient pour résultat une masse verdâtre qui, délayée dans l'eau bouillante, donne un précipité pulvérulent de couleur légèrement rosée. Mise à sécher, puis jetée dans l'acide chlorhydrique, cette poudre ne tarde pas à se dissoudre. Si, alors, on fait bouillir le bois dans cette dissolution, et qu'ensuite on y applique une infusion de noix de galle dans l'alcool, il prend un rouge d'acajou inaltérable.

Palissandre. Le noyer teint avec une décoction de brésil, additionnée d'un peu de carbonate de potasse, imite assez bien le palissandre. On emploie aussi le hêtre, mais le résultat est moins beau. La matière tinctoriale appliquée, on laisse sécher le bois, puis on y fait le veinage en promenant dessus, une seule fois, un pinceau plat dont les poils, maintenus écartés par un peigne, ont été trempés dans une dissolution d'acétate de fer. On peut ensuite poncer, cirer ou vernir, comme à l'ordinaire.

Ebène. On obtient le faux ébène en teignant en noir un bois à tissu très serré et très fin, qui est généralement le poirier. Pour opérer, on commence par faire bouillir dans un litre et demi d'eau, pendant une heure environ, 175 grammes de noix de galle, 100 grammes de brésil, 30 grammes de couperose verte et 30 grammes de vert-de-gris. On filtre la liqueur et, quand elle est un peu plus que tiède, on l'étend sur le bois avec un pinceau. Cette opération terminée, on fait fondre sur un feu doux 200 grammes de limaille de fer dans un demi-litre de vinaigre très fort, on filtre la dissolution et on l'applique sur le bois comme ci-dessus. On donne ainsi alternativement plusieurs couches de chacune des deux compositions, en ayant soin de laisser sécher la précédente avant de passer à la suivante, et chaque fois on frotte avec du papier de verre très fin. Il ne reste plus alors qu'à passer sur le bois un peu de cire chaude. On obtient un plus beau noir, si, avant de se servir de la première préparation, on frotte légèrement le bois avec de l'acide azotique très affaibli.

Deuxième méthode. Comme on l'a vu, il ne s'agit pas dans cette méthode de communiquer aux bois une teinte uniforme, mais simplement de faire ressortir ou varier leurs couleurs naturelles en tirant parti des accidents de leur veinage. Certains bois s'y prêtent plus facilement que d'autres, mais on obtient toujours les plus beaux effets en opérant sur les racines, les loupes, et, en général, sur les points où il s'est produit, soit des épanchements de sève, soit des déviations dans la direction des fibres, à plus forte raison des entrelacements ou des contournements. Pour obtenir tous les effets voulus, on n'a besoin ni de couleurs, ni de chaudières, ni d'appareils compliqués; quelques flacons suffisent, parce que les substances nécessaires étant très actives, il n'en faut qu'une très petite quantité pour produire beaucoup d'effet. Ces substances sont : de l'acide azotique pour faire des dissolutions de cuivre, et de l'acide acétique, qu'on remplace ordinairement par du vinaigre très fort, pour faire des acétates de fer. Leur action repose (V. COLORATION ARTIFICIELLE DES BOIS) sur la propriété que possèdent les bois d'être très peu perméables quand ils présentent le fil, et de l'être, au contraire, beaucoup, en d'autres termes, d'être fort spongieux lorsqu'ils montrent leur bout. En conséquence, toutes les fois que, dans un bois quelconque, dressé au rabot ou autrement, il se trouve des surfaces où le fil soit alternativement uni et tranché, rien n'est plus simple que d'y produire des effets de couleur et de lumière au moyen d'une liqueur acide : il suffit de l'humecter avec cette liqueur. Cette liqueur pénètre seulement dans les endroits où le bois est tranché, c'est-à-dire dans le tissu spongieux qui sépare les couches dures concentriques, et elle en détruit ou change la couleur, tandis qu'elle n'attaque pas les parties unies ; elle ne fait que glisser sur celles-ci sans s'y fixer, et leur laisse leur teinte naturelle.

Il a été question plus haut des dissolutions de cuivre et des acétates de fer. Les premières se préparent en faisant dissoudre par petites pincées de la limaille de cuivre rouge dans l'acide azotique pur. La préparation des acétates de fer n'est guère plus compliquée. Elle a été ainsi décrite par un praticien en renom : on prend de la boue de meule fraîche, dont la couleur est un vert cendré, et on la laisse égoutter ; cela fait, on en met dans une terrine une quantité suffisante pour que le vase en soit plein jusqu'au tiers de sa capacité, puis on verse dessus du vinaigre fort, de manière qu'il y en ait une couche d'environ 2 millimètres de hauteur. On laisse alors reposer le tout sans agiter. Au bout d'un temps plus ou moins long, suivant la force du vinaigre, le mélange entre en ébullition et se couvre d'une écume verdâtre. On laisse l'effervescence suivre son cours, et quand l'écume est tombée, on décante avec soin la liqueur et on la conserve dans un flacon bouché à l'émeri. On verse encore sur la même boue une quantité de vinaigre égale à la précédente, on le laisse agir comme ci-dessus et, quand il a produit tout son effet, on recueille la liqueur et on l'embouteille. Cette deuxième opération terminée, on verse de nouveau du vinaigre sur la même boue, mais en y ajoutant un peu de sel marin et d'acide azotique ; on remue bien la boue de meule, et l'on abandonne le tout sur une fenêtre ou dans un grenier. Au bout de quelques jours, le mélange a perdu, par évaporation, presque toute sa partie liquide ; en même temps, il s'est formé sur les parois du vase des croûtes rougeâtres qu'on fait tomber dans la boue et l'on ajoute une quantité de vinaigre moins forte que les deux autres. Enfin, après un repos convenable, on décante une troisième liqueur. L'opération fournit donc trois dissolutions d'acétate de fer. La première, appelée acétate nº 1 ou acétate vert, sert à donner des teintes vertes. Avec la seconde, dite nº 2 ou acétate brun, on produit des teintes brunes. Enfin, avec la troisième, nommée acétate roux ou nº 3, on obtient des teintes d'un roux foncé. De plus, en les mélangeant en proportions convenables, ou bien en y ajoutant de l'eau ou du vinaigre on se procure un nombre presque infini de teintes variées. Elles s'emploient toujours à froid.

OUTILLAGE.

L'outillage spécial à l'ébéniste s'emploie exclusivement pour effectuer le placage ; en conséquence, nous ne nous en occuperons que lorsque nous parlerons de cette opération. Tout le reste se compose des mêmes outils et instruments dont se sert le menuisier en meubles, sauf que la fabrication en est ordinairement plus soignée. On trouve donc, dans les ateliers d'ébénisterie, indépendamment des outils destinés à maintenir le bois, tels que les établis, les serre-joints, les servantes, les châssis, les presses à coller, les familles plus ou moins nombreuses des outils à débiter (scies à refendre, à découper, à chantourner, etc.), à corroyer (varlope ordinaire, varlope à onglet, demi-varlope, rabots, mouchettes, etc.), à creuser (ciseaux, gouges, fermoirs, bédanes, becs de cane, etc.), à percer (vilebrequins, vrilles, tarières, tourets, etc.), à assembler (scies à tenon, à chevilles, à arraser, trusquin, guimbarde, bouvets divers, etc.), enfin, à moulurer, c'est-à-dire à profiler les moulures. Le nombre de ces derniers est très considérable, beaucoup plus que celui de tous les autres ensemble, et le goût ou le caprice des ouvriers l'augmente chaque jour. Quelques-uns seulement ont des noms particuliers, tous les autres portent des appellations de fantaisie. N'oublions pas les instruments à tracer et mesurer, tels que les divers compas, les équerres, les règles, les pistolets, les fils à plomb, les trusquins ordinaires, etc., dont l'usage est de tous les instants.

PLACAGE.

Définition et avantages du placage. On sait que le placage consiste à revêtir de feuilles très minces de quelque bois plus ou moins précieux des meubles faits avec des bois communs. De cette façon, on peut livrer à des prix modérés des ouvrages qui rendent les mêmes services que s'ils étaient fabriqués avec le bois plein dont ils ont l'apparence. On peut aussi, en disposant d'une manière convenable les feuilles tirées d'une même pièce de bois, produire des effets de veinage et autres qu'on ne rencontre pas dans le bois massif. On peut encore tirer parti, pour la confection des grands meubles, de certains bois dont il n'est possible d'obtenir que des masses de très faibles dimensions, et qui, sans cela, seraient exclusivement employés par la tabletterie.

Ce n'est pas tout, les meubles plaqués ont des avantages qui leur sont propres. Formés de plusieurs bois dont les morceaux sont placés en fil croisé, ils sont, par cela même, moins exposés à travailler, à se déformer. Aussi, abstraction faite de la valeur de la matière, en trouve-t-on très fréquemment qui valent mieux que s'ils étaient massifs. Enfin, les larves des insectes les attaquent, paraît-il, moins facilement et moins profondément, parce que, dit un ancien, chaque espèce de bois ayant son parasite, son ver, comme il dit, le ver du placage est arrêté par la colle et ne pénètre pas dans le bâti, et que les vers du bâti sont arrêtés également par la colle et n'attaquent pas le placage.

Débitage du placage. Presque tous les bois peuvent se débiter en feuilles de placage. Cette opération, qui se faisait anciennement avec une scie à main, s'effectue généralement aujourd'hui par le sciage mécanique, lequel emploie plusieurs sortes de scies, les unes à mouvement rectiligne alternatif, les autres à mouvement circulaire. Avec ces scies mécaniques, qui sont mises en mouvement par un moteur hydraulique ou par un moteur à vapeur, on a pu tirer 18, 20 et même 22 feuilles d'une planche épaisse de 0m,025, mais ces feuilles sont tellement minces que, sur trois, il arrive souvent qu'une seule est sans défaut, les deux autres étant déchirées ou trouées. En outre, elles sont très difficiles à mettre en œuvre. Pour éviter tous ces inconvénients, on préfère ne tirer qne 10 à 12 feuilles d'une planche de 0m,020 à 0m,025.

Les scies dont il vient d'être question ne sont pas les seuls outils qu'on emploie pour débiter le placage. On se sert aussi de plusieurs sortes de machines. Dans les unes, la pièce de bois à débiter est fixée sur une table en fonte que l'on peut élever à mesure que le travail avance, et une large lame tranchante, glissant parallèlement à la surface du bois, enlève d'un seul coup tout ce qui dépasse le niveau du plan que l'on veut obtenir. Dans les autres, c'est le fer tranchant qui est fixe et la pièce de bois qui vient à sa rencontre. De quelque façon qu'elles soient disposées, les unes et les autres exigent une grande puissance motrice. L'on a pu, avec l'une d'elles, tirer une cinquantaine de feuilles d'une épaisseur de 0m,30.

Des machines d'un autre système, spécialement propres aux bois compactes, flexibles et homogènes, permettent d'obtenir des feuilles d'une grande largeur et d'une longueur presque indéfinie. Dans ces appareils, qui ressemblent à un tour, la pièce de bois, fixée par les deux extrémités de son axe sur deux solides poupées, est animée d'un mouvement de rotation assez lent ; dans ce mouvement, elle rencontre l'arête d'une lame tranchante, parallèle à son axe, qui enlève sur sa circonférence un copeau continu et ne s'arrête que lorsque le diamètre de la pièce est réduit au minimum indiqué par la pratique. Avec une machine de cette espèce, on a pu obtenir en trois minutes une feuille de plus de 32 mètres de longueur.

Mise en œuvre du placage. Avant d'exposer comment on s'y prend pour mettre le placage en place, quelques mots sur les conditions que doivent présenter les meubles ou bâtis destinés à le recevoir, ne seront pas inutiles. Ces conditions peuvent se résumer ainsi.

Relativement au bois, il est de règle absolue qu'il soit parfaitement sec et qu'il ait produit tout son effet. Les bois durs, les fruitiers, sont d'un mauvais usage parce qu'ils ont l'inconvénient de travailler encore longtemps après leur dessiccation. Les bois noueux sont dans le même cas ; ils se fendent peu, mais, par suite d'un retrait inégal, il s'y produit des bosses et des enfoncements qui occasionnent la rupture du placage et la déformation des surfaces. Les meilleurs bâtis se font avec des bois blancs poreux, et ils sont d'autant plus solides qu'ils se composent d'un plus grand nombre de morceaux rapportés. Cependant, pour les meubles qui ont besoin d'une grande force, tels que les lits, les tables, les commodes, etc., il faut préférer les bois résistants, notamment le chêne, le hêtre, le châtaignier, pourvu qu'ils soient bien secs et sans défauts, surtout sans nœuds ni gerces.

En ce qui concerne les assemblages, s'ils sont à queues, il est indispensable que ces parties soient recouvertes, et il est de règle de ne jamais plaquer directement sur un assemblage à queue découverte ou chevillé, parce qu'il n'y aurait pas une solidité suffisante. En outre, on ne doit plaquer sur les assemblages que lorsqu'on ne peut faire autrement; il vaut mieux plaquer ses pièces séparément et les assembler après ce placage.

Quand les meubles sont d'un certain prix, on procède à une opération préliminaire qui a reçu le nom de *contre-placage*. Elle consiste à recouvrir le panneau de construction au moyen d'un placage posé à contre-fil et sur chacune des deux faces, puis à appliquer à l'extérieur le placage du bois des îles, et à l'intérieur un autre placage qui a pour but d'éviter le jeu du bois et de contrebalancer les effets du placage opposé.

La première opération qu'on fait subir aux feuilles de placage a pour objet de les aplanir pour détruire les courbures et les ondulations qui ont pu se produire pendant leur séjour au magasin. Il suffit pour cela de mouiller légèrement leurs parties creuses avec de l'eau. Sous l'action du liquide, ces parties se redressent promptement, et on les maintient dans leur nouvelle forme en les étendant sur un établi, puis posant dessus une planche bien dressée et fixée avec des poids, des valets ou des presses, jusqu'à dessiccation parfaite.

Quand le placage est parfaitement aplani, on le débite suivant la forme et les dimensions des différentes parties du meuble qu'il doit revêtir. Ce débitage exige d'autant plus de soin que le placage se fait ordinairement par morceaux qui doivent coïncider, en chacun des points de leurs bords, sans que leurs lignes de jonction apparaissent. Pour le préparer, on se sert des instruments à mesurer et à tracer, que l'on remplace par des calibres toutes les fois que la chose est possible, et on l'effectue matériellement, suivant le cas, soit avec une scie particulière dite *scie de placage*, soit avec un trusquin dont la pointe est plate et tranchante sur les côtés, soit encore une espèce de grattoir très tranchant qu'on appelle *couteau de taille*.

Après le débitage, les morceaux sont rangés sur un établi dans l'ordre qu'ils doivent occuper. On peut alors procéder au placage proprement dit. Toutefois, avant de mettre les feuilles sur les bâtis, on passe sur les surfaces à plaquer un rabot bretté, c'est-à-dire à dents, qui les prépare à recevoir la colle; on ne se dispense guère de cette opération que lorsque le bois est chanvreux et ne s'est pas montré luisant sous le tranchant de l'outil. La colle qu'on emploie est la colle de Flandre ordinaire; elle doit être claire et très chaude. Plusieurs ébénistes mouillent légèrement les feuilles du côté opposé à celui qui doit être encollé, afin de contrebalancer l'effet produit par l'humidité et la chaleur de la colle, qui tendent à les faire relever par les bouts, mais cette précaution ne semble pas bien nécessaire, puisqu'elle est négligée dans un grand nombre d'ateliers, sans qu'il paraisse en résulter aucun inconvénient fâcheux. Quoiqu'il en soit, il est des ouvriers qui n'encollent que les bâtis; d'autres, au contraire, encollent à la fois les bâtis et les feuilles. Dans tous les cas, il est indispensable d'agir avec promptitude, parce que la colle ne tarde pas à se refroidir et à se figer. Il faut aussi veiller, avant d'étendre la colle, soit sur les bâtis, soit sur le placage, qu'il ne s'y trouve aucun endroit sali par quelque corps gras ou par des frottements, car la colle ne prendrait point dans les endroits de cette sorte : s'il y en avait quelqu'un, on y passerait une râpe.

Les choses préparées ainsi qu'il vient d'être dit, on pose les feuilles de placage sur le bâti de manière qu'elles se touchent par leurs surfaces encollées, puis on s'occupe de les fixer, ce qui constitue le placage proprement dit.

Manières de plaquer. On distingue quatre manières ou méthodes de placage, au *marteau*, à la *cale*, au *sable*, aux *sangles*, et l'on se sert de l'une ou de l'autre, suivant que les surfaces à plaquer sont planes ou courbes. Nous allons les décrire, mais en nous en tenant aux généralités, car un très gros volume ne suffirait pas, s'il fallait entrer dans leurs détails.

(*a*) *Placage au marteau.* C'est le plus simple de tous, mais le moins sûr. On y a surtout recours pour les surfaces planes. Il exige l'emploi d'un marteau particulier appelé *marteau à plaquer*, qui ne diffère du marteau ordinaire de menuisier que par sa panne, laquelle est de travers, très large et a les arêtes arrondies. Après avoir encollé comme à l'ordinaire, on pose le placage, puis, sans perdre de temps, on saisit le marteau par le manche et l'on en promène la panne sur la feuille, en appuyant fortement afin de déterminer l'adhérence du placage et du bâti, et en poussant l'outil devant soi pour faire sortir l'excès de colle employée. Le marteau doit passer partout et chasser la colle superflue par celui des bords qui s'y prête le mieux, et, ce qui est préférable, par tous les bords à la fois, quand la chose est possible. Aussitôt qu'elle se montre, on l'enlève avec un chiffon ou avec le tranchant d'un ciseau, pour qu'elle ne puisse se figer et former ainsi une sorte de bourrelet qui empêcherait la sortie de la partie restante. Tout cela doit se faire avec une grande rapidité, mais en évitant de mal présenter la panne du marteau, qui pourrait produire des sillons ou même des déchirures dans le placage, si, glissant en long, elle appuyait plus d'un bout que de l'autre. Tant que dure l'opération, on maintient la feuille en place en la serrant contre le bâti, soit avec la main gauche, soit au moyen d'une petite presse, soit même à l'aide de deux ou trois pointes fines qu'on enfonce à moitié et qu'on arrache ensuite. De plus, si l'humidité de la colle fait voiler ou gondoler le placage, on le mouille extérieurement afin de combattre cette action. Enfin, si la colle ne prend pas en certains endroits parce qu'elle n'est plus assez coulante, on lui rend sa liquidité primitive en promenant lentement un fer chaud sur les points correspondants de la feuille; l'outil qu'on emploie à cet effet et qu'on appelle *fer à chauffer*, n'est autre chose qu'une masse de fer plate en dessous et munie d'un manche en dessus, comme le grand fer à repasser des tailleurs d'habits. En résumé, l'ouvrier doit s'attacher à ne laisser dans son placage que la colle strictement nécessaire pour remplir les pores de la feuille et les raies faites au bâti par le fer bretté; tout le surplus serait nuisible, il formerait des inégalités qui, se dilatant et se contractant par l'alternative de l'humidité et de la sécheresse, finiraient par décoller et soulever le placage. Enfin, et ceci regarde particulièrement les joints, comme les feuilles sont très sujettes à se soulever en ces endroits, on prévient ordinairement cet inconvénient en y collant des bandes de papier.

Nous avons dit que le placage au marteau s'emploie surtout pour les surfaces planes. On y a aussi quelquefois recours pour les pièces qui ont des creux, mais il est évident que, dans ce cas, il faut un marteau à panne arrondie pour étendre les feuilles dans le sens de la longueur, le marteau usuel, ou à panne droite, produisant le même effet dans le sens de la largeur.

(*b*) *Placage à la cale.* Il est plus simple, plus prompt et plus sûr que le précédent. Aussi, y a-t-on le plus souvent recours pour les surfaces planes, et c'est le seul qui soit possible pour les surfaces courbes. Il prend son nom de pièces de bois bien unies qu'on appelle *cales*, et que l'on fixe sur le placage au moyen de poids, de valets ou, ce qui vaut mieux, de *presses à plaquer*.

Avant d'aller plus loin, quelques mots sur ces presses ne seront pas inutiles. Ce sont des presses à main d'une construction fort économique et dont il faut toujours un grand assortiment. Les unes, dites *simples*, sont faites de trois pièces de bois, deux traverses et un montant, assemblées d'équerre, de manière à former une sorte de C carré majuscule. Sur la traverse du haut, à l'extrémité de sa partie libre, se trouve un trou taraudé dans lequel est placée une longue vis en bois dont le bout presse l'autre traverse. C'est dans le vide existant entre les deux traverses que se met l'objet à presser. Quant aux presses, dites *composées*, ce sont des cadres ou châssis de bois, en forme de carré long, dont les petits côtés ou montants dépassent un peu les grands côtés ou traverses. L'une des traverses est percée de trois à cinq trous taraudés, dans chacun desquels se meut une grande vis de bois semblable à la précédente, et dont l'extrémité touche la traverse opposée. Mais, que la presse soit simple ou composée, on conçoit que si, après avoir placé un objet quelconque entre le bout d'une des vis et la traverse inférieure qui lui fait face, on fait tourner cette vis dans un sens convenable, elle descendra forcément et son extrémité pressera l'objet contre la traverse.

Les cales se font en bois, mais les praticiens ne sont pas d'accord sur la nature de l'essence avec laquelle ils doivent les fabriquer. Néanmoins, le plus grand nombre semble préférer le sapin choisi de fil et sans nœuds. Elles s'emploient, avons-nous vu, pour les surfaces planes et pour les surfaces courbes, mais leur forme n'est pas la même.

Pour les surfaces planes, les cales sont des planches bien dressées, d'une épaisseur uniforme et assez grande pour ne pas fléchir sous l'action des vis; elles ont été mises d'équerre sur leurs champs, afin de pouvoir servir de tous les côtés, même dans les angles des feuillures. Après avoir encollé le bâti et le placage, on étend celui-ci à l'endroit qu'il doit occuper, puis on chauffe la cale à un feu doux, pour que la colle puisse se maintenir fluide plus longtemps et, quand elle est suffisamment chaude, on la pose sur le placage. Il n'y a plus alors qu'à serrer le tout avec des presses simples, que l'on rapproche de manière que la pression soit égale partout, et qu'on n'enlève qu'après dessiccation. On n'emploie les châssis que si la portée des presses ordinaires ne s'étend pas jusqu'au milieu de la largeur des pièces à plaquer. Quel que soit le genre de presse, l'action des vis rapproche le placage du bâti et fait sortir la colle en excès. Cependant, comme il pourrait arriver que la colle, en suintant à travers les pores de cette feuille, la fit adhérer à la cale, on prévient cet accident en frottant avec un morceau de savon, d'une part la face extérieure de cette même feuille aussitôt qu'on l'a étendue sur le bâti, d'autre part la face intérieure de la cale aussitôt qu'on l'a chauffée.

Les cales des surfaces courbes ont le plus souvent une forme inverse à celle du bâti. Supposons, à titre d'exemple, qu'il s'agisse de plaquer la moulure qu'on appelle une *gorge*. Après avoir tracé et découpé la feuille, on lui donne la courbure qu'elle doit avoir, soit au moyen du fer à chauffer, soit en la mouillant d'un côté et la chauffant de l'autre. Cela fait, on se procure un tore de chêne de fil formant la contre-partie de la gorge et destiné à servir de cale. Ces préparatifs terminés, on encolle le bâti, on pose le placage, puis, après avoir fait chauffer la cale arrondie, on la place sur la feuille et l'on serre le tout avec des presses simples. Ce procédé s'applique à toutes les moulures sans exception. Mais, pour éviter une grande perte de temps, les ébénistes ont presque toujours un assortiment de ceux de ces ornements dont ils se servent le plus ordinairement.

(*c*) *Placage au sable.* Quand les moulures ont une forme trop compliquée pour rendre possible ou du moins facile l'emploi des cales, on remplace celles-ci par des petits sacs de sable chaud, lesquels, en raison de la fluidité de leur contenu, remplissent toutes les cavités et cèdent à la résistance des parties saillantes. Ces sacs sont faits d'une toile pas trop rude. Le sable qui les garnit est tamisé avec soin; de plus, on le chauffe dans une bassine ou une poêle, mais, comme il garde la chaleur beaucoup plus longtemps que le bois, on a soin de ne lui donner que celle qui est strictement nécessaire pour conserver la fluidité de la colle. Enfin, pour que le placage épouse aisément les formes qu'il doit avoir, on l'amollit en l'exposant à la vapeur de l'eau bouillante ou plus simplement en le plongeant dans de l'eau très chaude. Ces préparatifs terminés, on encolle le bâti et le placage, on pose celui-ci sur celui-là, on met les sacs par dessus en les rapprochant le plus possible, on place sur chaque sac un morceau de bois carré ou rectangulaire, ce qu'on appelle une *cale ordinaire*, et l'on serre le tout avec un nombre convenable de presses à main.

(*d*) *Placage à la corde* ou *à la sangle*. Les sacs de sable servent aussi pour plaquer les moulures qui règnent autour des objets cylindriques, mais, comme on manquerait de points d'appui pour les presses, on supplée à celles-ci au moyen d'une forte corde ou d'une sangle, que l'on tourne à l'entour, en la serrant le plus possible au moyen d'un garrot, et en ayant soin de faire passer chaque tour contre le précédent; on augmente encore le serrage en mouillant la corde ou la sangle avec de l'eau. C'est cette méthode que l'on appelle *placage à la corde* ou *à la cale*. Elle n'est pas seulement applicable aux meubles ronds et aux parties de meubles qui ont cette forme ; moyennant certaines précautions, elle s'emploie également pour les meubles carrés à coins arrondis, et pour les objets concaves en dedans et convexes en dehors. Dans le premier cas, on soutient la sangle ou la corde en glissant dessous des cales plates; dans le second, on fait usage de *calibres*, c'est-à-dire de planches convenablement découpées. Du reste, en modifiant et combinant les différentes méthodes qui précèdent; il est toujours possible de plaquer les meubles de toutes les formes et de toutes les dimensions ; l'adresse et la patience des opérateurs finissent toujours par venir à bout de toutes les difficultés.

Opérations complémentaires. Quand une pièce a été plaquée et que sa colle a eu le temps de bien sécher, il faut faire ressortir les veines et les beautés du bois, ce qui s'effectue à l'aide du *replanissage*, suivi du *polissage*.

Le replanissage est un léger corroyage pour l'exécution duquel on emploie un rabot à lame brettée et fort peu saillante, afin d'éviter les éclats, et que, dans le même but, on a soin de mener obliquement aux joints et au fil du placage. A mesure que le travail avance, on rentre peu à peu le fer de l'outil ; il est même prudent d'avoir plusieurs rabots, dont les fers aient des dentures de plus en plus fines, et soient placées plus perpendiculairement, pour que les derniers ne soient, pour ainsi dire, que des espèces de racloirs.

Le polissage se fait en quatre fois : 1° on unit la surface avec le racloir ordinaire, en le passant d'abord dans tous les sens, puis terminant par un léger coup dans le sens du fil ; 2° on adoucit avec la prêle ou le papier de verre, en prenant successivement de celui-ci les numéros de plus en plus fins ; 3° on continue avec la pierre ponce et l'huile ; 4° on enlève les restes de corps gras en frottant avec un sachet rempli de tripoli en poudre impalpable.

Quand le polissage a été effectué avec tout le soin convenable, la couleur du bois est aussi vive, le veinage aussi apparent, le poli aussi brillant que si le vernis était déjà appliqué. En effet, contrairement à une erreur très répandue, ce dernier ne fait pas briller le bois, il sert uniquement à le conserver, à le rendre durable.

C'est ici que le *vernissage* pourrait avoir sa place, mais nous préférons ne nous en occuper qu'à son article spécial, où il sera possible de lui donner une étendue en rapport avec son importance.

Nous aurions encore à parler des ornements divers en bronze, écaille, ivoire, mosaïques en bois, mosaïques ordinaires, etc., dont on orne souvent les ouvrages d'ébénisterie ; mais ces ornements ne sont pas faits par l'ébéniste, qui les reçoit tout terminés et se borne même à les mettre en place. Il est, d'ailleurs, question de la plupart d'entre eux dans différentes parties de ce *Dictionnaire*. — M.

* **ÉBONITE.** On trouve dans le commerce sous ce nom, depuis 1832, une variété de caoutchouc durci, qui n'est qu'une variante du caoutchouc vulcanisé, et qui a été découverte par Goodyear. Elle est d'un noir brun, assez dure quoique pourvue d'une élasticité analogue à celle de la baleine ou de la corne ; elle peut contenir jusqu'à 60 0/0 de son poids de soufre pulvérisé, et est d'autant plus dure qu'elle renferme plus de soufre, mais son élasticité diminue d'autant. Lorsque l'ébonite n'est pas faite avec du caoutchouc neuf, elle est souvent cassante. Pour la préparation de ce produit, nous renvoyons à l'article CAOUTCHOUC.

* **ÉBOUAGE.** *T. de p. et chauss.* Opération qu consiste à enlever les boues de la voie publique. — V. BALAYAGE.

* **ÉBOURGEONNOIR.** *T. techn.* Outil formé d'une lame courbe emmanchée dans un long bâton pour couper les bourgeons que la main ne peut atteindre.

ÉBOUSINER. *T. techn.* Enlever de la pierre la croûte terreuse et friable qui l'entoure.

* **ÉBRANCHOIR.** *T. techn.* Outil qui sert à tailler les arbres, à les ébrancher ; on dit aussi *sécateur*.

ÉBRASEMENT. *T. de constr.* Action d'élargir en dedans une porte, une croisée, pour faciliter l'ouverture des vantaux ou l'introduction du jour ; on dit aussi *embrasement* et *embrasure*.

* **ÉBROUAGE ou ÉBROUISSAGE.** *T. de teint.* Les laines en écheveaux dessuintées et dégraissées se gardent sèches, mais, au moment de les teindre, il importe de les mouiller convenablement pour éviter le *mal uni*. Comme ce trempage n'est pas toujours suffisant, on procède à l'opération nommée *ébrouage* ou *ébrouissage*. Cette manipulation se fait de diverses manières : ou bien on passe les écheveaux dans un bain contenant une certaine quantité de son (il faut avoir soin de n'en pas trop mettre, sans quoi la laine se ternit), ou on emploie, et cela de préférence, un bain d'alun, dans la proportion de 100 grammes par kilo de laine et pour environ 40 litres d'eau ; les écheveaux sont plongés pendant deux à trois heures dans ce liquide tenu à 70° Réaumur, puis on rince bien. L'ébrouage n'est pas considéré comme un mordançage, car celui-ci se fait toujours au bouil-

lon; c'est une préparation au mordançage pour faciliter la teinture en uni.

***ÉBROUDAGE.** *T. techn.* Opération que fait l'*ébroudeur* lorsqu'il passe un fil métallique à travers la filière.

***ÉBULLIOSCOPE.** Instrument qui sert à déterminer la richesse alcoolique des boissons d'après leur point d'ébullition; on sait que, sous la pression normale, l'eau bout à 100°, l'alcool à 78°,4, et les mélanges alcooliques à des températures intermédiaires, d'autant plus voisines de 100° que ces mélanges sont moins riches en alcool. Parmi les divers appareils basés sur le même principe nous ne décrirons que celui de M. Maligand, qui est le plus récent et le plus fréquemment employé aujourd'hui dans les transactions commerciales pour les liquides de richesse comprise entre 0 et 25° alcoométriques.

Ebullioscope Malligand. L'appareil se compose d'une chaudière F conique (fig. 323) qui sert à chauffer le vin. Cette chaudière est fixée sur un pied en fonte, et porte un petit thermo-siphon chauffé par

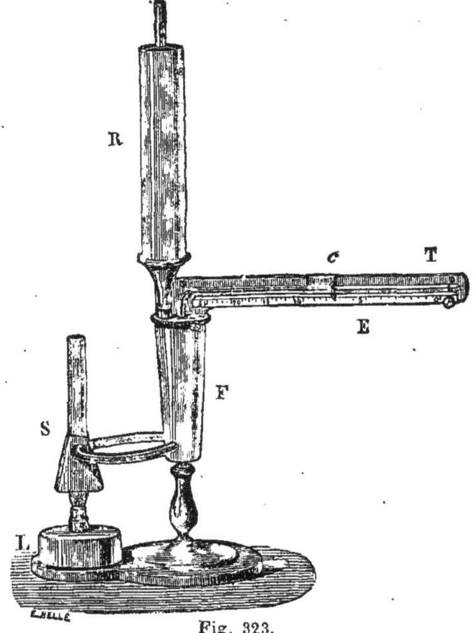

Fig. 323.

une lampe à alcool L. La chaudière est fermée par un bouchon à vis percé de deux trous; l'un de ces trous porte un réfrigérant R destiné à condenser les vapeurs, lorsque le liquide est porté à l'ébullition, et à faire retomber le liquide condensé dans la chaudière. Le second trou donne passage à un thermomètre à mercure, dont la tige est recourbée horizontalement à angle droit, et fixée le long d'une solide règle en laiton T qui fait corps avec le couvercle à vis. La graduation, de 0 à 25°, est inscrite sur une réglette métallique E parallèle à la tige du thermomètre, et appliquée à frottement contre la règle principale. Cette disposition permet de vérifier à chaque opération le point exact d'ébullition de l'eau sous la pression atmosphérique du moment. Un petit curseur *c* mobile sur la réglette peut être amené au point où le mercure s'arrête, et marque sur la réglette le degré alcoolique du liquide en ébullition. Pour titrer un vin, on verse de l'eau distillée dans la chaudière jusqu'à un trait de jauge marqué à l'intérieur; on visse le couvercle, on ajoute le réfrigérant, puis on allume la lampe. Quand l'eau est en ébullition, on fait glisser la réglette jusqu'à ce que son 0° coïncide avec le point où s'arrête le mercure. Ceci fait, on vide l'appareil et on répète l'opération avec le vin à essayer sans toucher à la réglette. Dès que le liquide bout, à l'aide du curseur, on lit le chiffre en face duquel s'est arrêté le mercure; ce chiffre indique en centièmes et en volume la richesse alcoolique du vin.

Cet appareil, présenté à l'Académie (MM. Dumas, Desains et J.-P. Thénard, commissaires), est employé dans les laboratoires conjointement avec l'alambic Salleron; il présente certains avantages: les opérations sont rapides et faciles, et les résultats successifs obtenus pour un même vin, par divers opérateurs employant des instruments différents, concordent généralement. Sous le rapport de la sensibilité, l'ébullioscope permet d'apprécier des fractions de degré.

ÉBULLITION. *T. de phys.* C'est le phénomène qui se produit quand un liquide, soumis à l'action d'un foyer de chaleur suffisamment intense, dégage dans sa masse des bulles de vapeur qui viennent tumultueusement crever à sa surface. La température à laquelle s'effectue l'ébullition d'un liquide se nomme son *point d'ébullition.* L'expérience a fait connaître à ce sujet les lois suivantes :

Première loi. *Pour un liquide de composition invariable, le point d'ébullition est fixe, les circonstances restant identiques.* Le tableau suivant donne les points d'ébullition des principaux liquides dans les conditions ordinaires, c'est-à-dire à la pression normale : 760 millimètres.

Protoxyde d'azote. .	—87°	Eau pure	100°
Acide carbonique. .	—79	Acide azotique ordinaire	126
Ammoniaque. . . .	—34	Essence de térébenthine	157
Acide sulfureux. . .	— 8	Acide sulfurique concentré.	325
Ether chlorhydrique	+11°	Huile de lin.	316
Ether sulfurique . .	32	Mercure.	350
Sulfure de carbone.	48	Soufre.	440
Chloroforme.	65	Cadmium.	860
Alcool anhydre. . .	79	Zinc.	1040
Benzine.	80		
Acide azotique concentré.	86		

V. pour plus de détails l'*Annuaire du bureau des longitudes.*

Pour déterminer le point d'ébullition d'un liquide, c'est-à-dire la température la plus basse à laquelle il peut bouillir dans les conditions normales, on plonge un thermomètre, non pas dans le liquide, mais dans l'espace saturé de sa vapeur; et on l'y laisse séjourner un temps suffisant pour que sa température soit fixe.

Deuxième loi. *Dès qu'un liquide commence à bouillir et pendant tout le temps de son ébullition sa température reste constante.* L'activité du foyer de chaleur ne fait qu'augmenter plus ou moins la rapidité de l'ébullition et la quantité de vapeur produite dans un temps donné.

Troisième loi. Comme conséquence de la loi précédente résulte celle-ci : *Dans le passage d'un liquide à l'état de vapeur, lors de son ébullition, il y a absorption plus ou moins considérable de chaleur,* selon la nature du liquide : ainsi, 1 kilogramme d'eau, pour passer de l'état liquide (à 100°) à l'état de vapeur (à 100°), absorbe 537 calories. C'est ce qu'on nomme la *chaleur de vaporisation* de l'eau.

Causes qui font varier le point d'ébullition. 1° *La pression :* au niveau de la mer et sous la pression normale 760 millimètres, l'eau bout à 100°; au sommet du Mont-Blanc (4,875 mètres), elle bout à 82°. Sous le récipient d'une machine pneumatique, on peut faire bouillir l'eau, pour ainsi dire à toute température inférieure à 100°, en raréfiant plus ou moins l'air confiné. Si, au lieu de diminuer la pression on l'augmente, on retardera le point d'ébullition ; ce qui a lieu avec *la marmite* ou *digesteur de Papin,* avec les *autoclaves,* vases à parois très résistantes, dans lesquelles on enferme le liquide dont on veut élever la température au-dessus de son point d'ébullition ordinaire. C'est la vapeur que le liquide dégage qui exerce sur lui une pression croissante avec la température et qu'on règle au moyen d'une soupape à levier.

Un liquide ne peut entrer en ébullition que quand la force élastique de la vapeur qu'il émet dans son sein fait équilibre à la pression que supporte sa surface. Il faut ajouter que cette force élastique doit vaincre aussi la cohésion du liquide et son adhérence aux parois du vase.

2° *Les matières en dissolution.* Pour donner une idée du retard que les matières salines produisent sur le point d'ébullition de l'eau qui en est *saturée,* nous citerons seulement les matières suivantes :

	Point d'ébullition		Point d'ébullition
Sel marin.	108°	Carbonate de potasse	135°
Carbonate de soude	114	Chlorure de calcium.	179

Notons, en passant, que le point d'ébullition d'un mélange de plusieurs liquides est toujours supérieur à celui du liquide le plus volatil.

3° Les *matières en suspension* dans un liquide n'ont qu'une faible influence sur son point d'ébullition. En général, elles provoquent l'ébullition par suite de l'air qu'elles apportent avec elles. On en verra plus loin la cause.

4° La *nature du vase* influe peu. On a pu constater néanmoins qu'un liquide bout à une température un peu plus basse (de 1 ou 2°) dans un vase en métal que dans un vase en verre.

5° La *présence de l'air au sein du liquide.* Tous les liquides contiennent de l'air dont il est presque impossible de les purger entièrement. Selon la quantité de gaz restant, l'ébullition se fera à une température plus ou moins élevée. Ces bulles d'air au sein du liquide, ou adhérentes aux parois du vase, sont autant de petites atmosphères à la faveur desquelles s'effectue la *vaporisation*; de sorte que l'ébullition n'est plus qu'un cas particulier de l'*évaporation* qui se fait à la surface libre d'un liquide exposé à l'air. A mesure qu'on parvient (par une ébullition prolongée et en employant diverses précautions pour s'opposer à la rentrée de l'air) à chasser l'air d'un liquide, le point d'ébullition s'élève de plus en plus.

Enfin, on est porté à croire que si l'on pouvait expulser complètement les gaz que renferme un liquide, son point d'ébullition serait indéfiniment reculé. Il résulte de là que toutes les circonstances qui favorisent l'introduction de l'air dans un liquide tendent aussi à en faciliter l'ébullition. C'est ainsi qu'agissent les corps poreux, les fils de platine, le verre pilé, les toiles métalliques, la sciure de bois, etc. La présence du coke ou du charbon de bois dans un liquide donne à l'ébullition une marche régulière et évite les soubresauts dangereux avec certains liquides visqueux.

On voit donc que si l'on ne tenait pas compte des causes modifiantes qui précèdent, les lois de l'ébullition seraient inexactes. Elles ne conviennent qu'au phénomène qui s'accomplit dans les conditions normales précitées.

Applications de l'ébullition. On fait des applications journalières de l'ébullition dans l'industrie; par exemple, dans la production de la vapeur par l'ébullition de l'eau à diverses pressions, pour utiliser sa force élastique de mille manières; dans la distillation des pétroles pour en extraire les diverses essences : ainsi, tant que le thermomètre reste stationnaire à 60° dans le liquide, c'est qu'il passe à la distillation une première essence; quand celle-ci est épuisée, le thermomètre monte à 80° et s'y arrête pendant tout le temps qu'une autre essence moins volatile passe à la distillation et ainsi de suite. La marmite de Papin et ses analogues sont employées pour extraire la gélatine des os ou dissoudre des substances solubles seulement au-dessus de 100°. Dans la fabrication du sucre de betteraves, on facilite la concentration des sirops en déterminant l'ébullition et, par conséquent, la vaporisation rapide à une température peu élevée (afin d'éviter la détérioration partielle de la matière organique) au moyen d'appareils pneumatiques. La fixité du point d'ébullition d'un liquide est un indice de sa pureté. Comme il existe des relations connues, d'une part, entre la pression et l'ébullition de l'eau, et d'autre part, entre la pression atmosphérique et la hauteur au-dessus du niveau de la mer, on a été amené à construire des *thermomètres hypsométriques* qui indiquent, par la température de l'ébullition de l'eau sur une montagne, la hauteur de celle-ci. M. Regnault a construit des tables à cet effet. — C. D.

* **ÉBURINE.** Produit industriel nouveau pour lequel on utilise les déchets d'os et d'ivoire, au moyen des procédés employés dans la fabrication

du *bois durci* (V. cet art.). La composition de l'os est de 33,30 d'osséine et de 66,70 de phosphate de chaux, de magnésie et de carbonate de chaux; celle de l'ivoire, avec les mêmes matières ne contient que 28,57 d'osséine. Dans la fabrication de l'éburine, l'osséine joue le même rôle que les matières résineuses contenues dans le bois durci, c'est-à-dire qu'en soumettant les déchets d'os et d'ivoire, réduits en poudre impalpable dans des moules fermés, à une température de 100 à 120°, l'osséine se ramollit, prend une autre texture en empâtant le phosphate et le carbonate de chaux, et donne, par le refroidissement, une matière très compacte et d'une grande solidité. Ces matières reçoivent les couleurs les plus variées et se prêtent à un grand nombre d'applications artistiques; par le mélange et la compression des diverses couleurs, on obtient les marbres et les pierres précieuses.

ÉCACHER. *T. techn.* Aplatissement du métal au laminoir. || Action de comprimer les feuilles de papier pour en expulser l'air. || Pétrir la cire pour la rendre molle dans toutes ses parties. || Dressage des faux et autres outils.

* **ÉCACHEUR.** *T. de mét.* Ouvrier qui fait l'écachement.

* **ÉCAILLAGE.** *T. de céram.* Défaut de la faïence, lorsque la glaçure se détache de la pâte en lamelles minces, et qu'on évite en rendant cette pâte assez calcaire pour qu'elle se combine avec la glaçure.

I. **ÉCAILLE.** D'une façon générale on désigne par ce mot les parties cornées, osseuses, quelquefois pierreuses, transparentes ou opaques, colorées ou nuancées de différentes manières, qui adhèrent à la peau des animaux d'une manière plus ou moins saillante, dans un but de protection. Mais dans l'industrie, le nom d'*écaille* est plus spécialement destiné à désigner la carapace de la tortue, matière qui trouve de nombreuses utilisations.

L'écaille présente dans sa composition beaucoup d'analogie avec la corne, mais elle contient peu de phosphate de chaux et n'a pas la même structure fibreuse, c'est plutôt une exsudation de matière albumineuse solidifiée; elle est moins souple et surtout beaucoup plus fragile.

On distingue dans le commerce plusieurs variétés d'écaille qui sont classées d'après leur provenance. La plus belle est celle qui nous arrive des mers de la Chine, et notamment des côtes de Manille; puis des îles de Seychelles, d'Egypte et enfin d'Amérique. L'espèce de tortue spécialement appelée *caret*, est celle qui fournit la plus belle écaille. Celle du dos est toujours plus homogène et se présente en plaques de plus grandes dimensions. Les écailles se classent en écaille blonde, noir clair et brun rougeâtre; les plus recherchées sont celles qui réunissent les deux extrêmes de cette échelle.

Travail de l'écaille. La façon dont on travaille l'écaille est à peu près identique à celle employée pour la corne, ce qui nous permettra de l'exposer très brièvement. Elle est basée sur ses propriétés de se ramollir au feu, et devenir assez souple pour être contournée dans tous les sens, et enfin de se souder à elle-même, à une très faible chaleur, et sans interposition de corps intermédiaire. Les feuilles d'écaille brute que livre le commerce aux industriels qui en font usage, ne sauraient généralement être employées sous cet état brut, à cause des déformations qu'elles présentent. Il faut d'abord les redresser, opération qui s'exécute soit par la voie humide, soit par la voie sèche, mais le premier procédé est bien préférable, l'écaille se brûlant facilement même à un feu modéré. On immerge donc les feuilles dans l'eau bouillante, puis on les soumet à l'action de la presse, entre des plaques de fer ou de cuivre. Elle se débite à la scie et s'achève au ciseau tranchant, à la lime ou sur le tour. Pour obtenir des objets de forme déterminée, il n'y a qu'à disposer des portions de plaque dans des moules en deux pièces réunies par des vis à écrou, et à amener par une immersion dans l'eau bouillante, le ramollissement puis la prise de la forme du moule. La facilité qu'offre l'écaille de se souder à elle-même, sous une faible chaleur, permet de réunir diverses pièces entre elles, ou d'utiliser les rognures et déchets à la confection d'objets quelconques à l'aide du moulage. Le polissage s'exécute ensuite comme pour la corne; d'ailleurs la similitude du travail pour ces deux matières est telle, qu'avec les détails déjà donnés à l'article Corne nous n'avons point à entrer dans de plus amples détails.

II. **ÉCAILLE.** 1° *T. de décor.* Ornement d'architecture ou autre en forme d'écailles de poisson; particulièrement, on l'applique au moyen d'ardoises arrondies par le bout, pour la couverture des édifices ou des maisons. || 2° *T. techn. Ecaille de mer.* Pierre très dure détachée de la roche, susceptible d'être polie et dont on se sert pour broyer les couleurs. || 3° Eclat de marbre qui se détache du bloc que l'on travaille. || 4° Plaque de cuivre à l'usage des émailleurs pour faire le bleu de Turquie. || 5° Croûte qui se produit sur le fer trop vivement chauffé.

ÉCAILLER. *T. techn.* Gratter le plomb jusqu'au vif, pour le mettre en état de recevoir la soudure. || Couvrir d'ornements ayant la forme d'écailles de poisson.

* **ÉCAILLON.** *T. de mét.* Ouvrier principal d'une ardoisière.

ÉCALE. *T. techn.* Dans la fabrication des blondes, fil de soie légèrement gommé. || Fragment de grès qui peut servir à des pavages communs.

* **ÉCANG.** *T. techn.* Instrument qui sert à l'*écangueur* pour tailler le chanvre et le lin. — V. Teillage.

ÉCARLATE. Couleur rouge très vive, obtenue en traitant la cochenille vraie par la crème de tartre et le chlorure d'étain : c'est *l'écarlate de Hollande*, ainsi nommé parce que le procédé fut découvert en Hollande, en 1630, par le physicien hollandais Cornélius van Drebbel, perfectionné par Kuffelar, son gendre, teinturier à Leyde, et importé en France, en 1655, par Jean Gluck ou Kloeck. On donna le nom d'*écarlate de Venise, de France* ou *des Gobelins* à l'écarlate obtenue par un mélange de kermès, d'alun et de crème de tartre. Imaginé à Venise, le procédé en fut, dit-on, trouvé à Paris, sous François Ier, par l'un des membres de la famille Gobelin, qui réussit à la mieux préparer que les autres teinturiers, tant français qu'étrangers, d'où la réputation de sa fabrique et les noms ci-dessus. L'*écarlate d'aniline* n'est que de la fuchsine impure qui renferme de la chrysaniline.

ÉCARTELÉ. *Art hérald.* Se dit de l'écu qui est divisé en quatre parties égales, soit par une ligne verticale (*parti*), et une ligne horizontale (*coupé*), soit par deux lignes obliques, l'une de l'angle droit à l'angle gauche (*tranché*), l'autre de l'angle gauche à l'angle droit (*taillé*). Il y a donc deux écartelés, mais celui qui résulte de l'union du parti et du coupé est le plus important et celui qu'on rencontre le plus souvent; il partage l'écu en quatre carrés. On l'appelle *écartelé en croix* ou *écartelé proprement dit*, et l'on donne le nom de *quartier, écart* ou *écartelure* à chacun de ces carrés. Le *premier quartier* est celui de l'angle droit du chef, le *second quartier* celui de l'angle gauche du chef, le *troisième quartier* celui de l'angle droit du bas, et le *quatrième quartier* celui de l'angle gauche du bas.

L'écartelé provenant de la combinaison du tranché et du taillé se nomme *écartelé en sautoir*. Il partage l'écu en quatre triangles que l'on appelle aussi *quartiers, écartelures, écarts*. Le *premier quartier* est alors celui du haut, le *second quartier* celui du bas, le *troisième quartier* celui du côté droit, le *quatrième quartier* celui du côté gauche.

Il arrive quelquefois que l'écu écartelé en croix a l'un ou plusieurs de ses quartiers divisés eux-mêmes en quatre parties égales, de forme carrée ou triangulaire. On spécifie cette subdivision en disant que les parties nouvelles, ou les *contre-écarts*, sont *contre-écartelées* et l'on indique si c'est *en croix* ou *en sautoir*.

La plupart des écartelés ont pour origine des conventions testamentaires, matrimoniales ou autres, aux termes desquelles une famille a pris les armes d'une autre. Dans ce cas, les armes primitives de la famille se placent dans le premier et le quatrième quartiers, à moins que les nouvelles armes n'occupent déjà les quatre quartiers: dans ce cas, celles de la famille se mettent dans un petit écu, qu'on appelle *sur le tout*, et qui occupe le centre de l'écu principal, au point où se croisent les deux lignes qui forment l'écartelé. Ce n'est pas tout. Pour augmenter le nombre des quartiers et, par suite, celui des armoiries qu'on était intéressé à joindre aux siennes propres, on a imaginé de multiplier les divisions verticales et horizontales de l'écu, afin d'en accroître les parties. Ces parties, de dimensions très variables entre les différents écus, sont toujours égales et en même nombre dans le même écu. Malgré ces différences et quoiqu'elles ne soient plus le quart de la surface de leurs écus respectifs, on continue de les appeler *quartiers*, et de donner le nom d'*écartelé* à la partition qui les produit. Ainsi, le *parti d'un* et le *coupé de deux* donne *six quartiers*, tandis que le *parti de trois* et le *coupé d'un* en donne *huit*, — le *parti de quatre* et le *coupé d'un* en donne *dix*, — le *parti de trois* et le *coupé de deux* en donne *douze*, — le *parti de trois* et le *coupé de trois* en donne *seize*, — le *parti de quatre* et le *coupé de trois* en donne *vingt*, — le *parti de sept* et le *coupé de trois* en donne *trente-deux*. Ce dernier nombre est généralement le plus grand dont se servent les généalogistes. Toutes ces partitions se lisent en suivant leur numéro d'ordre, de haut en bas et de droite à gauche.

Ecartelé se dit aussi de la croix, du sautoir, de la fasce, du lion et de quelques autres pièces, charges ou figures de l'écu, quand elles sont divisées en quatre parties égales dans le sens de l'un des deux écartelés ci-dessus, c'est-à-dire en croix ou en sautoir.

*** ÉCATOIR.** *T. techn.* Ciselet de fourbisseur pour faire le sertissage des pièces d'une garde-d'épée.

ÉCHAFAUDAGE. *T. de constr.* Ouvrage de charpente provisoirement établi pour faciliter la construction des bâtiments et destiné à élever les ouvriers, les matériaux, les outils et les machines. Les échafaudages se divisent en plusieurs catégories : les *échafauds ordinaires* ou de *maçons*, les *échafauds d'assemblage*, *volants*, *suspendus*, *mobiles*, etc.

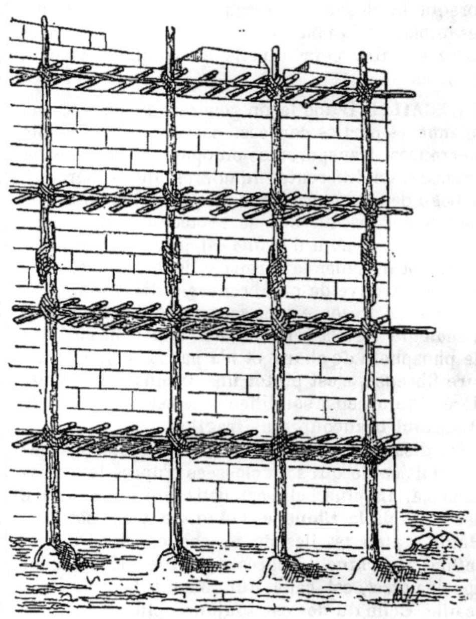

Fig. 324.

Les échafauds les plus simples, ceux qui sont établis par les maçons pour les constructions ordinaires, sont formés au moyen de grandes perches verticales nommées *échasses*, *écoperches* ou *baliveaux*, placées à 1 mètre ou 1^m,50 de distance des murs de construction, espacées entre elles de 2 mètres environ, et ayant leur pied enfoncé dans le sol ou scellé simplement au moyen de petits massifs en moellons et plâtre que l'on appelle *patins* (fig. 324). Ces perches sont reliées entre elles par des traverses horizontales fixées à l'aide de cordages. Ces traverses, espacées de 1^m,80 environ dans le sens de la hauteur, ont pour objet d'arrêter le mouvement du système et de porter d'autres pièces transversales, appelées *boulins*, de 0^m,10 à 0^m,15 de diamètre et qui, reliées par un bout aux perches avec des cordes, sont scellées, par l'autre bout, dans le mur que l'on construit. On établit ensuite sur ces traverses des madriers ou *plats-bords* pour former le plancher destiné à porter les ouvriers et les matériaux. Ces madriers doivent être *frettés* par les deux bouts, c'est-à-dire garnis de petites bandes de fer minces qui les empêchent de se fendre.

Lorsque les échasses ne sont pas assez longues pour atteindre le haut de la construction, on les prolonge par d'autres perches fixées avec des liens. Notons ici que dans certains pays étrangers, tels que l'Allemagne et la Russie, on fait un fréquent usage de ligatures métalliques (chaînettes et crochets) pour relier entre elles les différentes pièces des échafauds ordinaires. On rebouche les trous formés par les boulins, au fur et à mesure que l'on démonte l'échafaudage, en commençant par la partie supérieure. Il est des cas, dans les constructions en pierres de taille, par exemple, où l'on veut éviter de pratiquer des trous dans les murs. On fait alors reposer les boulins, soit sur les parties en saillie du mur, soit sur les appuis des fenêtres et on les retient à l'intérieur, en les fixant à d'autres boulins placés verticalement dans la hauteur des planchers.

Pour exécuter les plafonds et les corniches à l'intérieur des édifices ou faire les rejointoiements et enduits des voûtes, les maçons établissent aussi, à hauteur voulue, des planchers provisoires en madriers reposant sur des traverses reliées par leurs extrémités à des boulins posés verticalement au long des murs se faisant face. Des étrésillons, posés de distance en distance au-dessous des traverses, permettent à ces planchers de supporter la charge, qui est souvent considérable.

Les *échafauds d'assemblage* sont ceux qu'on emploie pour les édifices publics ou pour de vastes constructions particulières. Leur disposition diffère peu de celle que nous venons de décrire; mais les écoperches et les boulins y sont remplacés par des pièces de charpente plus fortes, équarries et consolidées par des croix de Saint-André et des moises, de façon à constituer de véritables pans de bois à jour, reliés au mur par les boulins ou solives qui doivent recevoir le plancher. Ces échafaudages peuvent avoir une importance considérable ; il faut qu'ils puissent durer pendant les années quelquefois assez nombreuses qu'exige la construction du monument. C'est alors que l'architecte doit déployer toute sa science et le charpentier toute son habileté, pour combiner et exécuter ces vastes systèmes qui, au milieu d'une véritable forêt de poutres, doivent porter ouvriers et matériaux jusqu'à de très grandes hauteurs, fournir pour tous les besoins des voies faciles de circulation, revêtir de toutes parts les murs et les colonnes qui ne sont encore qu'en projet et, cependant, n'offrir aucun obstacle ni au passage des hommes et des matériaux, ni à la construction elle-même.

Les échafaudages *volants* ou suspendus sont ceux dont le pied ne repose pas directement sur le sol, soit pour ne pas gêner la circulation sur la voie publique, soit pour laisser libre l'accès au rez-de-chaussée de la construction, soit encore pour exécuter des ragréements, peintures, nettoyages, etc. La corde à nœuds avec la sellette, à l'usage des badigeonneurs et des fumistes, est le plus rudimentaire des échafauds volants. On emploie encore fréquemment des passerelles volantes, que l'on peut faire soit avec des plates-formes garnies de montants et de traverses en bois formant garde-fou, soit avec une simple échelle placée horizontalement, portant une planche sur ses échelons et suspendue à ses extrémités par des palans qui servent à l'élever à la hauteur voulue et à la déplacer suivant les besoins du travail.

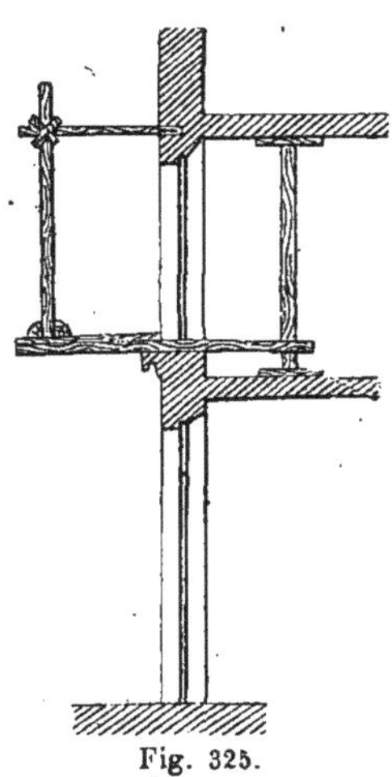
Fig. 325.

On a même appliqué le fer à ces planchers mobiles pour leur donner plus de légèreté et de solidité : plates-formes en tôle, garde-fous composés de tringles en métal, tels sont les éléments principaux qui les composent.

Pour des travaux de construction plus importants une disposition connue sous la désignation *d'échafaud en bascule* est fréquemment usitée : on scelle des boulins dans les murs et on les supporte par des espèces de liens ou pièces obliques appuyées inférieurement sur des saillies du mur ou dans des trous pratiqués à cet effet. L'extrémité supérieure de ces liens est rattachée aux boulins. Un procédé analogue était fréquemment appliqué dans les constructions du moyen âge, époque à laquelle les trous des boulins étaient laissés apparents après l'achèvement de l'édifice. D'ailleurs, la hauteur excessive de certains monuments gothiques, et, notamment, des tours d'églises surmontées de flèches en pierre était telle qu'on ne pouvait songer à élever ces constructions au moyen d'échafauds montant de fond.

Une autre manière d'établir des échafaudages

en bascule est celle-ci : placer horizontalement sur les appuis des fenêtres de fortes pièces de bois, qu'on maintient invariablement dans leur position en les faisant porter à l'intérieur sur un petit potelet dressé sur le plancher et serrer ces pièces avec un poteau vertical d'aplomb sur le potelet ; établir sur les parties qui font saillie à l'extérieur le premier plancher de l'échafaud ; puis, à une distance convenable du mur, sceller les pieds des écoperches avec de forts patins en plâtre (fig. 325).

Enfin, l'on emploie aussi des échafauds composés de pièces de charpente assemblées et qui, montés sur des roues à galets, peuvent se transporter soit parallèlement à eux-mêmes, en glissant sur des rails, soit en tournant autour d'un axe vertical, soit dans tous les sens indifféremment. Les combinaisons de ces engins peuvent varier à l'infini, selon la nature des réparations à faire, le poids des matériaux, le nombre des ouvriers et la disposition des localités.

Notons encore, comme se rattachant à la classe des échafaudages, les assemblages de charpente qui servent à la construction des arcs, des voûtes et à l'étaiement des parties d'édifices en réparation (V. CINTRE, ÉTAIEMENT), ainsi que les appareils de levage et de montage des matériaux.—V. CHÈVRE, GRUE, MONTE-CHARGE, SAPINIÈRE.—F. M.

ÉCHALAS. *T. techn.* Perche mince qui provient de la fente de quelques arbres : chêne, châtaignier, frêne, saule, tremble, peuplier, sapin, etc., et qui sert d'appui aux ceps de vigne, aux jeunes tiges, aux arbustes, ou à faire des clôtures, des treillages, etc. Il est nécessaire de les rendre imputrescibles avant de les enterrer. — V. CONSERVATION DES BOIS.

* **ÉCHANFREINER.** *T. tech.* Opération qui consiste à raccourcir les dents d'une roue d'engrenage, ce qui revient dans la pratique à couper les dents de la roue à échanfreiner par une circonférence concentrique à cette roue. Le rayon de cette circonférence se détermine par une épure de l'engrenage, tracée de façon que deux dents successives soient toujours en prise. Les distances du point de contact initial des deux dents suivantes au centre des deux roues donne pour chacune de ces roues le rayon du cercle de coupage. — V. ENGRENAGE.

ÉCHANGE (LIBRE). — V. LIBRE-ÉCHANGE.

* **ÉCHANGEAGE.** *T. de pap.* Dans la fabrication du papier à la main, on presse le papier au moins une fois ou deux après le collage. Après avoir subi la première pression, les feuilles de papier sont enlevées de la pile et replacées dans un ordre différent pour former une nouvelle pile qui est pressée à son tour. C'est ce changement de position des feuilles qui s'appelle l'*échangeage*.

Pour certains papiers soignés, on répète cet échangeage jusqu'à trois et quatre fois. L'échangeage augmente l'apprêt du papier et facilite la répartition plus égale de la colle à la surface de la feuille. On a également l'occasion pendant ce travail de défaire les plis qui peuvent se former, de remettre à plat les coins recourbés des feuilles, enfin de faire disparaître quelques autres légers défauts. Chaque fois qu'on remet les feuilles de papier à la presse, on augmente la durée de la pression. Cette durée varie de un quart d'heure pour la première fois jusqu'à quatre heures pour la dernière.

* **ÉCHANTIGNOLLE.** *T. de charp.* — V. CHANTIGNOLLE.

ÉCHANTILLON. *T. techn.* Partie d'un objet pour faire apprécier la valeur et la qualité du tout. ‖ Formes et dimensions déterminées pour certains matériaux, afin que le constructeur puisse toujours se procurer les mêmes types. ‖ Outil de charpentier et de menuisier, pour donner aux pièces l'épaisseur voulue. ‖ Outil d'horloger, pour égaliser les roues de rencontre.

I. * **ÉCHANTILLONNAGE.** *T. tech.* Opération qui consiste à déterminer le *numéro*, c'est-à-dire la grosseur relative des fils produits avec les différentes matières textiles. On en prélève, à cet effet, une longueur connue et variant avec la nature et la grosseur des fils, au moyen d'un nombre donné de tours de dévidoirs spéciaux. (V. DÉVIDOIR). L'écheveau ainsi formé est pesé soit à une balance ordinaire, soit de préférence à une *romaine* spéciale, dont les divisions indiquent au lieu de poids le numéro du fil échantillonné pour une longueur donnée.

II. * **ÉCHANTILLONNAGE.** *T. de tiss.* Ce mot ne désigne pas seulement l'opération qui consiste à détacher de petites portions d'une étoffe, pour en faire mieux apprécier la qualité, le mode de contexture et la valeur ; le plus souvent il s'applique au travail d'essai qu'on réalise, sur une ou diverses chaînes, à l'effet d'obtenir une série de combinaisons conçues en vue d'un type ayant un caractère spécial comme grain, comme aspect ou comme genre de fabrication artistique. Lorsque ces créations sont réussies, elles peuvent constituer un article de haute nouveauté, surtout si elles satisfont aux caprices de la mode du jour.

* **ÉCHANVROIR.** *T. techn.* Sorte de peigne avec lequel on sépare la filasse du chanvre et du lin.

I. **ÉCHAPPEMENT.** *T. de mécan.* Période de la distribution dans les machines à vapeur, pendant laquelle la vapeur, ayant rempli son rôle actif dans les cylindres, se dégage dans l'atmosphère. Nous avons étudié cette période au mot DISTRIBUTION, au point de vue du travail de la vapeur ; mais nous devons insister ici sur le rôle considérable que l'échappement joue dans l'économie de la locomotive, par l'action prépondérante qu'il exerce sur le tirage. La hauteur de la cheminée de ces machines est beaucoup trop faible, en effet, pour déterminer un appel d'air suffisant dans le foyer ; le tirage est dû uniquement à l'entraînement par la vapeur dégagée dans l'atmosphère, et cette disposition, qui constitue un des caractères essentiels des locomotives, explique seule la vaporisation énorme de ces chaudières comparée à leur faible volume.

L'action d'entraînement exercée par la vapeur était connue depuis l'origine des locomotives, puisque, au célèbre concours de Liverpool en 1829, on trouve déjà deux machines munies d'un appel d'air obtenu en dégageant dans la cheminée la vapeur de la chaudière. Hackworth, en construisant le *Royal George*, en 1817, avait même eu recours à la vapeur d'échappement pour activer le tirage, mais cet essai était resté inaperçu et c'est l'ingénieur français Séguin qui eut l'honneur de reconnaître le premier toute l'importance de cette disposition, laquelle assure le tirage d'une manière gratuite, pour ainsi dire; et, en effet, la vapeur, en se dégageant après avoir rempli son travail utile, conserve encore néanmoins une pression légèrement supérieure à celle de l'atmosphère, et elle prend ainsi une vitesse suffisante pour assurer l'appel d'air sans qu'il soit besoin d'augmenter la contre-pression d'une manière sensible.

Le courant de vapeur agit à la fois par déplacement et par frottement, c'est-à-dire qu'il entraîne l'air à la fois, en faisant le vide dans la cheminée comme un piston gazeux dans un corps de pompe, et en le frottant comme l'eau d'une rivière sur son lit. Cette dernière action paraît de beaucoup la plus puissante et explique les essais entrepris par de nombreux inventeurs pour augmenter le tirage en multipliant les surfaces de contact de l'air et de la vapeur.

La théorie de l'échappement est particulièrement compliquée et nous ne la reproduirons pas ici, on en trouvera d'ailleurs l'exposé complet dans l'ouvrage de M. Couche (*Voie, matériel roulant et exploitation technique des chemins de fer*, tome III, chapitre III); rappelons seulement qu'elle a été constituée en quelque sorte par les recherches de M. Zeuner (*Das Locomotive-Blasrohr*, in-8°, 1863, Meyer et Zeller, à Zurich). Ce savant ingénieur a démontré, en se basant sur les données de la théorie mécanique de la chaleur, et vérifié ensuite par l'expérience, que le poids d'air a aspiré par un poids de vapeur v, est indépendant de la pression sous laquelle cette vapeur sort du tuyau d'échappement; ce poids est donné à peu près par l'équation :

$$a = v\sqrt{\frac{\frac{c}{e}-1}{\frac{\Delta}{\Delta'}\left(\frac{1+x}{2}\right)\frac{c^2}{t'^2}+1}}$$

dans laquelle :

t' est la section d'écoulement des gaz à travers la chaudière.

c la section minima de la cheminée.

e la section minima de la tuyère d'échappement.

$\Delta'\Delta$ les poids spécifiques de l'air dans l'atmosphère et du mélange dans la boîte à fumée.

x est un coefficient empirique, variable d'une machine à l'autre et dans les conditions ordinaires, on peut admettre qu'il est défini par la formule suivante :

$$\frac{1+x}{2} = 1{,}3.$$

Le rapport $\frac{a}{v}$ ne dépasse pas, en moyenne, 0,8, c'est-à-dire que le mélange de gaz et de vapeur qui sort d'une cheminée de locomotive renferme à peu près 65 0/0 de son poids de vapeur.

On voit, par la formule, que si l'on diminue la section de la tuyère e, la vitesse de tirage va en augmentant. C'est là le principe de l'échappement variable dont l'action est bien connue des mécaniciens; en serrant l'échappement, en effet, ils activent le feu, et ils ne négligent pas d'y avoir recours toutes les fois qu'ils ont laissé tomber la pression pour une cause quelconque. L'utilité de cette disposition est généralement admise par presque tous les ingénieurs, surtout avec des combustibles de qualité médiocre et sur les lignes à profil accidenté, telles qu'on les construit maintenant. Il faut reconnaître cependant que l'échappement variable est peu employé en Angleterre mais à tort probablement, et d'ailleurs, le combustible employé dans ce pays est excellent. On avait essayé, au contraire, en Angleterre, de faire varier le tirage en agissant sur la section libre des tubes; la formule montre, en effet, que v diminue lorsque t' augmente. On était arrivé ainsi à disposer des espèces de jalousies pour masquer en partie la section des tubes, mais cette complication a été abandonnée; l'échappement variable est une solution beaucoup plus simple et plus pratique.

En Amérique, on dispose souvent à l'avant, dans la porte de la boîte à fumée, une sorte de papillon permettant l'introduction de l'air froid quand on veut diminuer le tirage.

On a essayé également d'agir sur l'appel d'air en augmentant, comme nous l'avons dit plus haut, les surfaces de contact entre le courant d'air et le courant de vapeur d'échappement. On a divisé, par exemple, le jet de vapeur, ou on lui a donné la forme annulaire, disposition qui a été adoptée, par exemple, dans les appareils Brown, Mallet ou Friedman (V. *Revue générale des chemins de fer*, n° de septembre 1880, notes de M. Richard). On a essayé également d'assurer la continuité de l'échappement en interposant des réservoirs intermédiaires de vapeur, mais c'est au prix de dispositions qui paraissent bien compliquées pour arriver à un résultat peu appréciable en pratique, car sur une machine lancée à toute vitesse, on peut considérer en quelque sorte l'échappement comme pratiquement continu. Il faut ajouter enfin, que les appareils destinés à augmenter le tirage en augmentant les surfaces de contact de l'air et de la vapeur, perdent tout avantage dès que la contre-pression qui en résulte dans les cylindres devient assez forte pour contrebalancer les économies pouvant résulter de leur emploi. Il y a donc là une question de limite assez difficile à préciser, mais qu'il ne faut pas franchir

L'installation pratique du tuyau d'échappement exerce aussi une grande influence sur le tirage; ce tuyau débouche, en général, au bas de la cheminée, il faut s'attacher à ce qu'il soit toujours placé bien exactement dans l'axe de la cheminée pour que le jet n'aille pas heurter les parois et perdre ainsi inutilement sa force vive. En Amérique, on emploie un tuyau double ouvert au bas de la boîte à feu et enveloppant le tuyau principal. Ce tuyau est connu sous le nom de *petticoat* ou jupon, car sa disposition rappelle, en effet, celle de ce vêtement, il a l'avantage de régulariser l'appel qui s'opère à la fois dans les tubes du bas, comme dans ceux du haut de la boîte à feu. Toutefois cet appareil n'est guère appliqué en Europe. — B.

II. ÉCHAPPEMENT. *T. d'horlog.* L'échappement est cette partie des mécanismes horaires intermédiaire entre la force motrice (transmise par le rouage) et le régulateur (pendule ou balancier annulaire). Sa fonction est double : 1° modérer le déroulement du rouage moteur; 2° transmettre au régulateur, à chaque retour d'oscillation, une fraction de la puissance motrice lui restituant la force qu'il a perdue après chaque oscillation accomplie. Les systèmes d'échappement sont extrêmement nombreux en horlogerie, mais de cette multitude, une douzaine, environ, ont été conservés. Leur description détaillée et raisonnée forme naturellement une part importante de l'article HORLOGERIE; nous devons donc renvoyer à ce mot.

***ÉCHARDONNAGE.** *T. techn.* On donne plus particulièrement ce nom à l'opération *mécanique*, qui a pour but de retirer des laines et tissus de laine les matières végétales qui y sont mélangées, cette opération portant plutôt le nom d'*épaillage* lorsqu'on la pratique au moyen d'agents chimiques. — V. EPAILLAGE.

Dès le principe, l'échardonnage se pratiqua entièrement à la main, par des femmes. Chaque ouvrière devait chercher des yeux et des doigts le *gratteron* ou *chardon* roulé dans la laine étendue sur une claie devant elle, elle prenait cette laine mèche à mèche, pinçait entre les doigts d'une main le gratteron trouvé, et tirait les fibres avec l'autre main; elle jettait tous les gratterons ainsi retirés dans un petit panier d'osier, dit *boutillon*, ainsi nommé parce qu'il était placé *au bout* de la claie, et elle mettait à part la laine épurée. Lorsque la première machine à échardonner fut inventée, il y eut grand émoi parmi les *trieuses* (nom donné à ces ouvrières), chaque machine pouvant suppléer au travail de trente femmes, aussi ne fut-ce seulement qu'à la longue que l'industrie lainière pût en faire emploi.

L'échardonnage mécanique est plus particulièrement usité aujourd'hui pour le traitement des laines à peigner peu chargées de gratterons. La machine la plus employée, à cet effet, dans les établissements de cardage et de peignage, est la

Fig. 326. — *Echardonneuse.*

carde dite *échardonneuse* (fig. 326). Dans ces appareils, la laine, préalablement dessuintée, étalée sur une toile sans fin en couche régulière plus ou moins épaisse, est amenée sur des cylindres alimentaires, sur lesquels la pression ne doit jamais être assez considérable pour produire l'écrasement des gratterons. Elle est ensuite reçue par un cylindre, dit *batteur*, alternativement muni de dents en forme de lames de couteau et de battes rectangulaires en fonte : là les brins sont désagrégés par les dents et secoués par les battes, ce qui fait que tout ce qui est un peu adhérent à la laine tombe d'abord sous la machine. Le textile passe ensuite entre un rouleau muni de brossettes et un cylindre hérisson garni de dents de cardes : la brosse aide à l'alimentation du hérisson, ce dernier ayant pour mission d'ouvrir la laine et de la fournir en nappe mince à un cylindre peigneur qui le suit, animé d'un mouvement de rotation continue. La laine est enlevée par ce cylindre peigneur et elle est dépouillée de ces chardons par deux rouleaux à côtes dits *échardonneurs*, tournant en sens inverse, qui en détachent les ordures par une succession de coups. Les gratterons sont reçus dans une boîte munie d'un grillage qui leur permet d'y pénétrer sans retomber dans la machine : un ouvrier vide cette boîte toutes les fois qu'elle lui semble remplie. La laine qui n'a pu être échardonnée est rejetée naturellement au-dessus de la machine par le dernier cylindre échardonneur, elle est recueillie pour repasser à nouveau dans la carde. Les mèches nettoyées par les échardonneurs sont, au contraire, retirées du cylindre peigneur par une brosse, qui les projette sur un plan incliné derrière la machine. Un ventilateur débarrasse celle-ci des petites poussières, et les envoie dans une cheminée d'appel.

On fait subir de nouveaux passages à l'échardonneuse, non seulement aux mèches non échardonnées qui ont été rejetées au-dessus de la machine par l'un des cylindres échardonneurs, comme nous venons de le voir, mais encore aux gratterons plus ou moins riches en laine, ainsi qu'aux criblures de poussière préalablement battues, auxquelles on joint les parties de laine courte extraites des déchets.

Lorsque la laine contient trop de gratterons, le traitement par l'échardonneuse mécanique donne un trop grand déchet; dans certains cas, il est même pratiquement impossible. On a alors recours à l'épaillage chimique. — V. Epaillage.

On a proposé récemment, comme système mécanique d'échardonnage, de faire sécher la laine avant le dessuintage et d'en briser les gratterons lorsqu'elle est bien sèche. La laine serait soumise ensuite aux manipulations ordinaires, c'est-à-dire qu'on dessuinterait, carderait, peignerait, etc. Le but serait alors de donner au textile un traitement dans lequel il ne subît pas le contact d'une substance chimique capable de l'altérer; mais ce système n'est encore qu'à l'état d'essai. — A. R.

* **ÉCHARDONNEUSE.** Sorte de carde utilisée pour l'échardonnage des laines. — V. l'article précédent.

* **ÉCHARNAGE.** *T. techn.* Opération qui consiste, au moyen d'un couteau nommé *écharnoir*, à retrancher des peaux les fragments de chair, ainsi que la queue, les oreilles, les mamelles.

* **ÉCHARPAGE.** *T. techn.* Action de diviser les brins des matières textiles.

ÉCHARPE. 1° Large bande d'étoffe mise en ceinture ou en sautoir qui, suivant les temps et les contrées, a été et est encore un insigne ou un ornement des officiers civils et militaires.

— Au temps de la chevalerie, l'écharpe était ordinairement de la couleur préférée par la dame des pensées du chevalier, ou blanche, couleur de l'innocence, lorsqu'elle était revêtue par les chevaliers néophytes. Elle servait encore, selon sa couleur et sa disposition, à distinguer les divers ordres et les différents partis politiques ou guerriers. A l'époque de la Révolution, l'écharpe tricolore devint le signe distinctif des officiers municipaux et des chefs de l'armée, ceux-ci la portaient en ceinture, ceux-là en sautoir. Aujourd'hui encore, les officiers généraux, les commandants de place, les magistrats de l'état-civil, les commissaires de police, etc., portent l'écharpe tricolore en ceinture et nouée sur le côté gauche.

|| 2° *T. de constr.* Pièce de bois au bout de laquelle est attachée une poulie, et qui remplit à peu près l'office d'une chèvre. || 3° Cordage qui sert dans un bâtiment en construction à guider une pierre ou tout autre fardeau jusqu'au lieu de pose. || 4° Pièce de bois placée diagonalement derrière d'autres pièces de bois pour les maintenir. || 5° *T. d'arch.* Petite moulure qui semble serrer le coussinet de la volute contre le chapiteau ionique. || 6° *T. de p. et chauss.* Petite digue ou exhaussement qu'on établit sur la surface d'une route et suivant la ligne de la plus grande pente, pour forcer les eaux pluviales à s'écouler dans le fossé.

ÉCHASSE. *T. de constr.* Règle en bois mince, à l'usage des appareilleurs, pour mesurer la dimension des pierres à tailler. || *Échasses d'échafaud.* Longues perches qui servent de supports verticaux dans l'établissement des *échafaudages.* — V. ce mot.

ÉCHAUDER. *T. techn.* Appliquer plusieurs couches de chaux éteinte sur un vieux plafond, avant de le mettre en blanc. Cet *échaudage* ne se fait plus que pour les plafonds de cuisines ou de pièces communes.

ÉCHAUDOIR. *T. techn.* Dans un abattoir, endroit où les bouchers abattent les animaux et préparent la viande pour la vente en gros. || Dans certaines professions, l'emplacement des chaudières où l'on fait cuire et nettoie les matières nécessaires.

* **ÉCHAUFFE.** I. *T. de tann.* Travail que subissent certaines peaux et qui consiste à les soumettre à la chaleur d'une étuve appelée *échauffe* également, pour que les corps gras dont elles sont imprégnées puissent les bien pénétrer.

ÉCHAUFFEMENT. Effet produit sur les corps par la *chaleur.* — V. ce mot.

ÉCHAUGUETTE. *T. de fort. anc.* Ce mot désigne les petites guérites de pierre que l'on retrouve placées en encorbellement dans les donjons et dans un grand nombre de constructions du moyen âge. Elles étaient destinées à abriter une ou plusieurs sentinelles chargées d'avertir de l'approche de l'ennemi, des incendies ou de tout autre événement intéressant le château, l'église ou le village. Les échauguettes ont complètement disparu de la fortification moderne.

ÉCHECS. Jeu qui se joue à deux personnes, sur un damier de soixante-quatre cases, appelé *échiquier*, avec huit pièces et huit pions de chaque côté. La locution *échec et mat*, qui signifie en persan: *El schah mat* « Le roi est pris, » a donné le nom au jeu et aux pièces du jeu.

Historique. On admet généralement que les échecs ont été introduits en Europe par les Arabes, dans le courant du viiie siècle, et qu'ils pénétrèrent en France sous le patronage de Charlemagne, dont le génie devait apprécier l'heureuse stratégie, les calculs profonds, la tactique savante du plus remarquable des jeux. Tous les rimeurs du moyen âge, notamment les auteurs de *Garin de Montglave*, de *Renaud de Montauban* et du *Roman d'Alexandre*, nous montrent la cour carlovingienne passionnée pour les échecs; et, ce qui semble confirmer leurs récits, c'est que l'échiquier impérial faisait partie des reliques conservées à l'abbaye de Saint-Denis. « L'empereur et roi de France, sainct Charlemagne, écrivait, en 1625, le bénédictin Jacques Doublet, a donné au thrésor de Sainct-Denys, un jeu d'eschets, avec le tablier, le tout d'yvoire, iceux eschets hauts d'une paulme, fort estimez. Ledit tablier et une partie des eschets ont été perdus par la succession des temps, et est bien vraysemblable qu'ils ont esté apportez de l'Orient, et sous les gros eschets, il y a des caractères arabesques. »

Cependant il n'est nullement prouvé que Charlemagne ait étudié la guerre avec des pions avant de la pratiquer avec des hommes. Quant aux échecs, jadis conservés à Saint-Denis et envoyés en 1793 à la Bibliothèque Nationale (cabinet des médailles), ils sont actuellement, au rapport de Dumersan, au nombre de treize : deux rois, deux reines, trois chars à quatre chevaux, correspondant à nos tours; trois éléphants, les fous du jeu moderne; deux cavaliers et un pion. Les rois sont assis sur un trône, le sceptre en main, flanqués de deux valets, qui soulèvent des rideaux. L'un est sous un pavillon, l'autre sous un édifice crénelé. Les reines ont un entourage analogue. Sous l'un des éléphants est gravée, en caractères *coufiques*, l'inscription suivante : *Men Hamel Ioussouf el Bahaili* : « ouvrage de Joseph, de la tribu de Bahaïli. » Cette pièce est la seule qui pourrait, à la rigueur, dater du temps de Charlemagne, la forme des caractères tracés par l'ouvrier arabe accusant l'époque du calife Haroun-al-Raschid; quand aux autres, elles ont évidemment été fabriquées vers le milieu du XIe siècle, et leur costume offre une parfaite identité avec celui des guerriers normands de la tapisserie de Bayeux. C'est, en effet, au XIe siècle que l'on voit les échecs s'introduire et se propager dans toute l'Europe.

Les échecs faisaient fureur en France aux XIIe et XIIIe siècles et, comme nous l'avons vu, il n'est guère de *chanson de gestes* où ils ne soient mentionnés. Les échiquiers, qu'on appelait aussi *tabliers*, étaient de métal, avec des cases blanches et noires, jaunes ou rouges, et quelquefois d'or et d'argent, comme celui mentionné dans le *Roman de la guerre de Troie*. Les pièces étaient ordinairement en ivoire. Le Musée de Cluny possède un élégant échiquier du XIIIe siècle, en cristal de roche hyalin.

On fabrique actuellement en Chine des jeux d'échecs dont la valeur s'élève jusqu'à 150 piastres (822 francs); ce sont des morceaux d'ivoire de choix, de 15 à 20 centimètres de hauteur, et dont la finesse de sculpture est vraiment admirable. Les personnages que les Chinois reproduisent presque toujours dans leurs jeux d'échecs sont empruntés à leur théâtre ou aux temps anciens de leur histoire. Très souvent, le roi et la reine de la couleur blanche portent le costume royal français, et les autres pièces représentent des dignitaires et des dames de la cour revêtus du costume chinois moderne. Les pions sont ordinairement des fantassins ou des cavaliers armés de piques. Napoléon, en uniforme de général de sa garde et coiffé du petit chapeau, se trouve dans un grand nombre de jeux d'échecs, où il est le roi de l'armée blanche; cette statuette est, en général, mal exécutée, ce qui ne l'empêche pas d'être très recherchée et de servir surtout de poignée à beaucoup de cachets. Enfin, dans les jeux d'échecs de très haut prix, les figures sont de vrais objets d'art dont les sujets sont variés au gré de l'étranger qui les commande; on choisit ordinairement les personnages les plus originaux des *Sing-songs* et de l'*Olympe bouddhiste*. — S. B.

Bibliographie : Dissertations sur les échecs dans : A. Reinganum : *Ben-oni* ou *La défense du coup de Gambit aux échecs*, Francfort, 1825 (en allemand); Twiss : *Collections on the game*, Londres, 1787-89; Fred. Madden : *De l'origine des échecs*, dans l'*Archeologia*, t. XXIV, p. 209; Otto Jahn : *Palamèdes, Dissertatio philologica*, 1836; Philidor : *L'analyse des échecs*, Londres, 1749; Fréret : *Origine des échecs*, dans ses œuvres, 1792, t. III; Sarrasin : *Origine du nom des échecs*, dans ses œuvres, 1686; La Bédollière : *Vie privée des Français*, t. III.

***ÉCHELIER.** *T. de constr.* Longue pièce de bois traversée par des chevilles appelées *ranches* et qui servent d'échelons.

I. ÉCHELLE. *T. de constr.* Sorte d'escalier mobile que l'on peut considérer comme le plus simple des *échafaudages* (V. ce mot) et qui est essentiellement formé de deux montants à section circulaire ou rectangulaire, réunis entre eux par une série de barres transversales placées à égale distance les unes des autres et qu'on appelle *échelons*. Ces engins sont d'un emploi constant dans les travaux de bâtiment. Les maçons se servent d'échelles simples à montants cylindriques pour établir la communication soit entre les divers planchers d'un échafaudage; soit, avant la pose de l'escalier, entre les différents étages d'une construction en cours d'exécution. Les couvreurs emploient aussi, pour leurs travaux, des échelles simples, plus légères que celles des maçons. Les toitures sont fréquemment munies de crochets à demeure qui permettent de fixer ces échelles pour les réparations nécessaires. Les peintres font usage d'échelles simples et doubles. Ces dernières sont avec ou sans roues. Dans le premier cas, elles sont formées de deux échelles inclinées en sens inverse et maintenues l'une contre l'autre par une cheville en fer qui traverse l'extrémité supérieure des quatre montants. Pour assurer la stabilité du système, les montants ne sont pas parallèles, de sorte que les échelons vont en diminuant de la base au sommet, et, de plus, une corde relie deux échelons de même niveau des deux branches inclinées. Les échelles pourvues de roues sont de grande dimension et servent, à l'intérieur des édifices, aux travaux des salles plafonnées ou voûtées d'une hauteur considérable.

Des modifications récentes apportées par divers constructeurs à la disposition des échelles simples rendent ces engins d'un usage plus commode et plus sûr : montants à coulisses, poulies accompagnées de cordes de manœuvre, boutons formant échelons avec écrous de serrage, telles sont les additions diverses qui permettent d'allonger ces engins ou de les raccourcir à volonté et de les adapter aux dispositions de points d'appui les plus variées. On distingue l'*échelle ordinaire à coulisses*, l'*échelle double à coulisses et à roulettes*, l'*échelle simple à coulisses et à crochets* par le haut, l'*échelle simple à coulisses*, dont l'un des montants peut être muni d'une rallonge, de manière que le système puisse reposer sur deux marches contiguës d'escalier. Enfin, l'on a appliqué le fer à ces engins et on a construit ainsi des échelles très légères, diversement combinées, qui peuvent être employées dans les conditions les plus diverses et aux usages les plus variés.

Nous citerons encore les échelles utilisées dans les librairies, et les bibliothèques pour atteindre les livres aux rayons les plus élevés. Ces échelles peuvent se transporter parallèlement au mur au moyen d'un étrier en fer qui se termine par une chape munie d'une poulie roulant sur une lame de fer portée par des consoles.

Des échelles fixes, composées d'échelons en fer

rond ayant la forme d'étriers scellés dans la maçonnerie sont souvent disposés sur les murs auxquels sont adossés des tuyaux de cheminée pour faciliter les réparations à faire à ces conduits.

On appelle enfin *échelle de meunier* un escalier droit qui sert généralement à monter dans un grenier — V. ESCALIER ; *échelle de corde*, la *corde à nœuds* employée par les badigeonneurs.

II. **ÉCHELLE.** Tout dessin exact (V. DESSIN INDUSTRIEL OU GÉOMÉTRIQUE) qui ne représente pas les objets en grandeur naturelle, et malgré les nombreuses cotes dont il peut être accompagné, doit porter une *échelle* graduée avec l'indication du rapport de la longueur de l'unité réduite au mètre pris pour base. Ce soin évite au lecteur la perte de temps et l'ennui de déterminer l'échelle choisie, et lui facilite la mesure des dimensions qu'il voudrait prendre. L'échelle doit présenter une longueur suffisante pour qu'on y puisse mesurer la plus grande dimension que présente le dessin, d'une seule ouverture de compas ; elle doit en outre être disposée de telle sorte qu'on en distingue très nettement les divisions et subdivisions importantes ; enfin l'unité représentant le mètre devra toujours être divisée en dix parties égales, donnant les décimètres, et on ajoutera sur la gauche, à partir du zéro, un de ces décimètres réduit, que l'on divisera en dix parties égales, ce qui permettra, sans embrouiller le reste de l'échelle, de mesurer une cote en centimètres.

Le titre de l'échelle doit être écrit immédiatement au-dessus et les divisions doivent être numérotées en chiffres petits mais très lisibles.

Il y a généralement un certain choix à faire dans le rapport des échelles avec le système décimal, pour la commodité de ceux qui exécutent ou qui doivent lire le dessin et qui pourraient sans cela commettre des erreurs. Il faut donc de préférence choisir pour ce rapport un multiple ou sous-multiple de 2 ou de 5 toutes les fois que ce sera possible. Cela permettra, pour l'évaluation des dimensions, de se servir simplement du double décimètre en y faisant directement la transformation des cotes en longueurs et réciproquement. Cela ne dispense bien entendu, dans aucun cas, de la construction des échelles, mais la lecture et le dessin en sont souvent très simplifiés.

* **ÉCHENAL.** *T. de fond.* Rigole qui conduit au moule le métal en fusion. ‖ Sorte de gouttière.

ÉCHEVEAU. Les fils produits avec les différentes matières textiles, sont souvent dévidés en écheveaux, pour faciliter la teinture, ou encore l'emballage et le transport (V. DÉVIDOIR). Pour le coton, les écheveaux sont de 1,000 mètres formés de 10 *échevettes* de 100 mètres chacune, et divisés généralement en 5 parties de 200 mètres. Les paquets sont de 2k,500 pour les numéros fins et de 5 kilogrammes pour les numéros gros. [Pour la vente en Allemagne, les écheveaux sont de 768 mètres, et les paquets de dix livres anglaises (4k,550)].

Le poids de l'écheveau de numéro n étant $\frac{500}{n}$, le nombre d'écheveaux entrant dans la composition d'un paquet sera $5n$ pour les paquets de 2k,500 et $10\ n$ pour les paquets de 5 kilogrammes. Pour former les paquets, on réunit un certain nombre d'écheveaux que l'on tord ensemble ; cette réunion d'écheveaux se nomme une *torque* ou *torche*. Le nombre d'écheveaux à la torche varie de 4 à 20 suivant la grosseur du fil.

Pour la laine, comme pour le coton, le poids des paquets est uniforme et toujours de 5 kilogrammes. Les écheveaux sont composés soit de 10 échevettes de 100 mètres, soit de 20 échevettes de 50 mètres, pour le numérotage métrique *légal* à base de 1,000 mètres. Mais si le numérotage du coton est uniforme en France, il n'en est pas de même pour la laine ; les anciens usages ont prévalu presque partout, et comme la base du numérotage varie d'une région à l'autre, la longueur des écheveaux varie également dans les mêmes proportions. — V. NUMÉROTAGE.

Pour le lin, au contraire, la longueur de fil composant les paquets est constante. L'écheveau est composé de 12 échevettes de 300 yards chacune, soit 3,600 yards et le paquet comprend 100 écheveaux soit 360,000 yards ou 329,000 mètres (la yard étant de 0m,914). On divise quelquefois le paquet en six bottes qui sont plus facilement transportables. — V. COTON, LAINE, LIN, etc.

* **ÉCHEVETTE.** Petit écheveau. L'écheveau de 1,000 mètres, par exemple, est formé de 10 échevettes de 100 mètres chacune.

* **ÉCHIFFRE.** *T. de constr.* Mur dont la partie supérieure est rampante et qui porte l'extrémité des marches d'un escalier. L'échiffre ou *mur d'échiffre* peut être plein ou évidé. Il est aujourd'hui remplacé, dans presque toutes les constructions, soit par un noyau seul ou par plusieurs noyaux montant de fond et supportant des *limons*, soit par un limon à crémaillère. Il ne subsiste qu'au rez-de-chaussée, sous la première volée de l'escalier et limite ordinairement la descente de cave. L'échiffre peut être en bois et formé d'un assemblage triangulaire de plusieurs pièces ; l'une horizontale, dite *patin* ; l'autre verticale, appelée *potelet* et la troisième inclinée, qui est le *limon*.

* **ÉCHIGNOLE.** *T. techn.* Bobine à l'usage du passementier pour dévider et disposer les soies.

ÉCHINE. *T. d'arch.* Moulure principale qui est sous le tailloir du chapiteau dorique, et que l'on nomme aussi *ove*.

ÉCHIQUETÉ, ÉE. *Art hérald.* Se dit de l'écu lorsqu'il est divisé en carrés égaux de métal et de couleur alternés.

ÉCHIQUIER. Surface plane, formant damier par sa division en soixante-quatre carrés, dont trente-deux blancs et trente-deux noirs et qui sert au jeu d'*échecs*. — V. ce mot. ‖ *Art hérald. Ecu en échiquier.* Ecu divisé en carrés contigus dont les uns sont de métal et les autres de couleur. ‖ *T. de vitr.* Sorte de patron à l'usage des vitriers pour composer un panneau de vitrail

* **ÉCHOMÉTRIE.** *T. d'arch.* Art de construire les salles de façon à produire et à combiner les échos ; c'est aussi l'art de se servir de l'*échomètre*, instrument qui permet de mesurer les sons et de déterminer leurs intervalles et leurs rapports.

ÉCHOPPE, *T. techn.* Ciseau avec lequel le serrurier fait sur le fer des gravures grossières. || Pointe d'acier à l'usage du graveur à l'eau-forte pour *échopper*.

* **ÉCIMÉ, ÉE,** *Art hérald.* Se dit du chevron dont la pointe est supprimée.

ÉCLAIRAGE. On appelle *éclairage* l'utilisation de la lumière ; l'*éclairage naturel* est celui qui utilise la lumière du jour et l'*éclairage artificiel*, celui que l'on se procure, à défaut du premier, par l'incandescence et la combustion de certaines matières. L'éclairage est une des conditions les plus indispensables de l'existence, et la perfection des moyens employés pour la satisfaire peut être considérée comme un indice du degré de civilisation.

Éclairage naturel. Les peuples anciens, qui passaient presque toute leur existence en plein air, ne se sont guère préoccupés de l'éclairage ; la porte et quelques ouvertures, destinées au renouvellement de l'air, laissaient pénétrer assez de lumière dans des habitations où l'on travaillait peu pendant la journée. Du reste, ceux dont les mœurs nous sont le mieux connues habitaient des contrées où la lumière est tellement vive que l'on cherchait plutôt à l'éviter ou à l'atténuer le plus possible. Cependant, l'influence de l'éclairage était déjà connue et utilisée dans la construction des temples et des palais, de façon à augmenter l'impression de crainte et de respect dont on voulait frapper ceux qui étaient admis à y pénétrer.

L'éclairage des habitations se développa lentement avec les besoins de la vie d'intérieur ; aux portes, on ajouta des fenêtres, qu'il fallut, pour se mettre à l'abri des intempéries, fermer avec des lames minces de pierres transparentes ; comme ces lames étaient fragiles, on les enchâssait dans des panneaux de bois ou de plâtre artistement découpés. On a même trouvé à Herculanum un châssis en bronze garni de vitres, qui prouve que le verre était connu des Romains, mais réservé sans doute aux maisons de luxe.

Ces fenêtres ont été pendant longtemps percées seulement sur les cours intérieures ; ce n'est qu'au XIIe siècle que l'extension donnée au commerce et au confort des habitations, conduisit à ouvrir sur les voies publiques de grandes baies vitrées dont la forme et les dimensions ont été modifiées de bien des façons, suivant les mœurs de l'époque et les progrès accomplis dans l'art de construire. L'éclairage naturel des maisons modernes est en général suffisant, partout où l'on applique les prescriptions établissant le rapport entre la hauteur des édifices, la largeur des rues et les dimensions des cours intérieures.

L'éclairage le plus répandu est unilatéral, c'est-à-dire fourni par des fenêtres percées dans une seule des parois ; il oblige à limiter la profondeur des pièces d'après la hauteur, surtout de celles où l'on se livre à des travaux fatigants pour la vue, lecture, écriture, dessin, couture, etc. On ne peut guère considérer comme utilement éclairés que les points dont la distance à la fenêtre ne dépasse pas beaucoup la hauteur des linteaux au-dessus du sol. Le surplus doit être consacré au mobilier et à la circulation.

On cherche quelquefois à se procurer une lumière abondante par des fenêtres percées dans deux parois contigues, à angle droit ; mais cette lumière est fort mal distribuée et ne donne qu'un éclairage défectueux. Il vaut mieux sacrifier un peu de terrain et remplacer l'angle par un pan coupé ou par un arc de cercle, avec deux ou trois fenêtres très rapprochées. C'est aussi la forme que l'on préfère aujourd'hui pour les maisons placées à l'encoignure des rues. L'éclairage bi-latéral, c'est-à-dire pénétrant à travers 2 parois opposées, serait insupportable pour des pièces d'habitation ; mais c'est une ressource précieuse pour les larges salles de réunion et les ateliers, surtout si l'on peut maintenir le bas des fenêtres à deux mètres environ au-dessus du sol ; autrement il faut avoir soin d'en garnir la partie inférieure avec des verres fortement dépolis ; avec ce genre d'éclairage, il convient d'orienter autant que possible, l'axe du bâtiment du nord au sud, en inclinant plutôt vers le nord-est. Pour éclairer d'une façon abondante et uniforme les amphithéâtres et les salles de séance des assemblées nombreuses, il est préférable de faire venir la lumière verticalement à travers un plafond en verre dépoli, plafond qui est lui-même éclairé par des ouvertures vitrées percées dans la toiture. Dans les grandes bibliothèques, cet éclairage laisse les murs disponibles pour installer les rayons ; mais dans les musées, il donnerait une lumière trop vive et produirait des ombres et des reflets ; on se contente de percer dans les plafonds et la toiture un certain nombre d'ouvertures garnies de vitres.

Si la nécessité d'une lumière abondante est évidente, sa répartition uniforme n'est pas moins indispensable, surtout dans les locaux où le travail se fait sans déplacement et sans interruptions, pendant des journées entières. On conçoit combien cette dernière condition est importante pour les enfants dont les yeux sont encore si sensibles aux influences de la lumière ; aussi le meilleur mode d'éclairage naturel des écoles a-t-il été, entre les médecins et les architectes, le sujet de nombreuses discussions qu'il était facile de terminer par une entente commune, en adoptant l'éclairage bilatéral pour avoir plus de lumière, mais en prenant plus de jour sur l'un des côtés, afin de lui donner les qualités de l'éclairage uni-latéral dont l'adoption exclusive augmente les dépenses de la construction. — V. ÉCOLE PRIMAIRE, § *Classe*.

Certains éclairages présentent des exigences particulières. La lumière directe du soleil est beaucoup trop vive et sujette à d'énormes variations ; un éclairage aussi irrégulier rendrait impossible tous les travaux artistiques ; aussi doit-on rechercher l'exposition au nord pour les galeries de tableaux, les ateliers d'artistes peintres, graveurs, dessinateurs, etc : il est intéressant de remarquer que si cette orientation convient à notre hémisphère, c'est au contraire l'orientation au sud qu'il faudrait rechercher dans l'hémisphère austral.

On ne se fait pas toujours une idée bien exacte de la puissance de la lumière naturelle, même diffuse, et cependant il suffit de remarquer combien est insignifiant l'éclat d'un bec de gaz, voire même celui d'une lumière électrique, brûlant en plein jour. C'est grâce à cette puissance que dans un des palais financiers les plus importants de Paris, l'architecte a réussi à éclairer pendant le jour et d'une façon très suffisante, à travers des planchers en dalles de verre, le sous-sol d'abord et en dessous du sous-sol, des caves consacrées à un service important.

La répartition de la lumière est puissamment aidée par la réflexion; mais on ne doit employer que la réflexion diffuse; la réflexion sur les surfaces polies et brillantes, ou réflexion spéculaire, ne peut être utilisée que si les yeux ne sont pas exposés à être éblouis par la lumière réfléchie. La couleur des parois réfléchissantes n'est pas indifférente; le blanc est fatigant et ne convient qu'aux plafonds; pour les parois verticales, il vaut mieux les teinter légèrement de jaune ou de vert. En tous cas les murs noircis par la poussière et la fumée font perdre une grande partie de l'éclairage naturel et sont en outre ruineux pour l'éclairage artificiel, puisqu'ils obligent à produire une plus grande quantité de lumière.

Éclairage artificiel. L'éclairage artificiel est celui dans lequel la lumière du jour est remplacée par celle que produisent certains corps fortement échauffés. Ces corps sont alors à l'état d'incandescence; la lumière qu'ils émettent est d'autant plus vive que la température est plus élevée; elle atteint son maximum lorsque l'incandescence arrive à la fusion ou à la combustion. Vers 500°, cette lumière est faible et d'une couleur rouge sombre; mais à mesure que la chaleur augmente, l'intensité de la lumière croît très rapidement et sa teinte devient de plus en plus blanche, ce qui revient à dire qu'elle se compose de rayons de plus en plus réfrangibles. D'après les expériences de M. E. Becquerel, la lumière émise par un corps solide incandescent est 50,000 fois plus intense à la température de 1200° qu'à celle de 600°.

On voit que, parmi les métaux, ce sont ceux dont la température de fusion est la plus élevée, comme le platine, qui donneront le plus de lumière par incandescence; quelques matières très réfractaires, comme la chaux et la magnésie, possèdent la même propriété; il en est de même encore pour les corps combustibles, en tête desquels se place le carbone qui peut atteindre une température énorme avant et pendant sa combustion. La lumière des flammes utilisées pour l'éclairage est produite par l'incandescence des particules de carbone qu'elles renferment; leur intensité lumineuse dépend donc à la fois de leur richesse en carbone et de la température à laquelle s'effectue la combustion. La flamme de l'hydrogène pur est très chaude, mais peu éclairante; il suffit de faire passer ce même gaz à travers un carbure d'hydrogène très volatil, comme la benzine, pour lui faire produire une flamme très brillante.

Il est important de remarquer que la combustion proprement dite du carbone produit surtout de la chaleur; c'est l'incandescence qui précède cette combustion qui fournit la lumière. Lorsque tout le carbone qui arrive au foyer brûle à la fois, le dégagement de chaleur est considérable, mais la flamme devient bleue et cesse d'être éclairante; c'est le cas des becs de laboratoire dans lesquels le gaz est mélangé, avant la combustion, avec un excès d'oxygène ou simplement d'air.

L'élévation de température est réglée par l'activité de la combustion et celle-ci par l'afflux d'air sur le foyer; s'il n'arrive pas en quantité suffisante, l'hydrogène, qui est plus combustible, est seul brûlé; la flamme se refroidit, et le carbone s'échappe sous cette forme de particules impalpables qui constituent le noir de fumée.

La température qui correspond au maximum d'utilisation de la matière éclairante n'est pas toujours réalisée dans les foyers de faible intensité, de sorte que l'on voit quelquefois la consommation, par unité de lumière, diminuer à mesure que la puissance du foyer augmente. Tandis qu'il faut brûler dans la lampe carcel type, 42 grammes d'huile de colza par heure et par bec unité, la même quantité de lumière est obtenue, dans les puissantes lampes de phares, avec 37, 35 et même 33 grammes, pour des foyers de 3, 5 et 23 carcels. Une réduction analogue est observée avec le gaz d'éclairage et les 105 litres, dépensés dans le bec Bengel type pour produire la lumière d'un carcel, ont pu être réduits dans certains becs intensifs, à 85 litres (bec Gautier), à 65 litres (bec Coze), à 54 litres (bec Sugg), et même 35 litres (brûleur Siemens).

Les huiles minérales font exception et la consommation augmente avec l'intensité du foyer, ce qui paraît indiquer que la chaleur développée atteint déjà son maximum dans les petites lampes.

En résumé, la lumière nécessaire pour l'éclairage artificiel est obtenue, soit par l'incandescence avec combustion de la matière employée, soit par l'incandescence produite par une source de chaleur créée en dehors du corps éclairant. Le second mode est celui qui répond le mieux aux conditions hygiéniques d'un bon éclairage; mais il n'a pas été réalisé d'une façon vraiment industrielle jusqu'au jour où l'électricité est venue lui apporter un concours qui pouvait, seul, le remettre au premier rang. En attendant, c'est le premier mode de production de la lumière qui est le plus universellement répandu, malgré ses inconvénients bien connus, chaleur développée et air vicié par la combustion.

Les matières employées sont solides, liquides ou gazeuses; mais c'est dans ce dernier état qu'elles fournissent la flamme; les liquides y sont amenés par la distillation; pour les solides, celle-ci est précédée par la liquéfaction; ces changements d'état sont produits : tantôt dans le foyer lumineux lui-même, comme pour les chandelles, les bougies et les lampes; tantôt dans des usines spéciales, comme pour le gaz d'éclairage. Les propriétés de ces matières et les appareils adoptés pour leur emploi sont décrits dans le *Dictionnaire* à la place que leur assigne leur dénomination (V. Bec, Bougie, Chandelle, Gaz d'éclairage, Huile, Lampe, etc). Nous n'avons ici qu'à examiner les résultats et leurs applications à l'éclairage.

Sous le rapport de la production de la lumière, ces résultats sont très variés ; il a fallu, pour exprimer leur valeur, les mesurer par comparaisou avec un étalon déterminé qui représente l'unité de lumière ; l'exécution de ces mesures constitue une branche importante de la physique, appelée *photométrie* (V. ce mot). Il nous suffira de rappeler que ces mesures sont basées sur les lois relatives à l'intensité de la lumière : 1° pour une lumière reçue normalement par la surface éclairée, l'intensité varie en raison inverse du carré de la distance entre cette surface et la source ; c'est-à-dire que, par suite de la divergence des rayons lumineux, l'éclairement de la surface sera quatre fois plus faible quand la source sera deux fois plus éloignée, neuf fois plus faible si la distance est triplée, et ainsi de suite. Pour ramener l'éclairement à sa valeur primitive, il faudrait que le source émette une lumière quatre fois ou neuf fois plus intense ; 2° si la lumière frappe obliquement sur la surface, l'intensité est, en plus de la loi précédente, proportionnelle au cosinus de l'angle que font les rayons lumineux avec la normale à la surface éclairée. La même loi s'applique à l'obliquité des rayons par rapport avec la surface d'émission.

Malheureusement, sous le prétexte qu'il n'existe pas encore d'étalon assez précis pour satisfaire aux exigences des études scientifiques, on n'a pas pu se mettre d'accord ; chaque pays a conservé le sien et cette diversité dans les mesures entraîne une confusion des plus regrettables.

L'unité de lumière, recommandée par le congrès des électriciens de 1881, est le bec carcel, c'est-à-dire la quantité de lumière émise par la flamme d'une lampe carcel dont la mèche a 23m/m,5 de diamètre, et qui brûle, par heure, et dans des conditions rigoureusement déterminées, 42 grammes d'huile de colza épurée. La bougie stéarique, dite de l'Etoile, employée primitivement en France comme étalon lumineux, serait abandonnée ; on pourrait cependant, comme l'a proposé M. Giroud, continuer de s'en servir avec avantage pour les intensités inférieures à celle du bec carcel ; il serait plus facile d'apprécier une lumière exprimée en bougies qu'en fractions de carcel ; il suffirait de fixer le rapport des deux étalons en admettant que le bec carcel vaut 7 1/2 bougies, chiffre peu différent de celui des unités anglaise et allemande. En Allemagne, l'unité de lumière est la bougie de paraffine, de 20 millimètres de diamètre, brûlant avec une flamme de 50 millimètres de hauteur ; le bec carcel vaut environ 7,6 de ces bougies. L'unité anglaise ou *candle*, est une bougie de blanc de baleine (spermaceti), de 6 à la livre, qui brûle 8,26 grammes de matière à l'heure avec une flamme de 45 millimètres. Un bec carcel vaut 7,4 candles.

Il ne suffit pas de connaître, en becs carcels, la puissance des différents appareils d'éclairage, il faut encore mesurer la dépense de matière nécessaire pour produire cette intensité. Le tableau ci-dessous, établi d'après les résultats obtenus par de nombreux savants, notamment par M. Becquerel et M. Giroud, permet de se rendre compte du prix de l'éclairage avec les sources lumineuses les plus employées ; les intensités sont ramenées à celles du bec carcel-type et de la bougie conventionnelle indiquée plus haut. Les prix sont ceux de Paris, de sorte que les dépenses horaires pourraient être bien différentes dans d'autres localités. Nous devons faire remarquer qu'il y a une différence de prix du pétrole à Paris et à New-York ;

Nature de la source lumineuse	Quantité brûlée par heure	Lumière obtenue		Dépense par heur.		Prix de la matière
		en carcels	en bougies à 7.5	par foyer	par bec carcel	
	gr.			fr. c.	fr. c.	
Chandelle de suif	8.60	0.108	0.81	0.01 46	0.13 52	1 fr. 70 le kilogramme.
Bougie stéarique	10.23	0.133	1.00	0.02 66	0.20 00	2 fr. 60 —
Bougie de cire	7.60	0.123	0.92	0.03 80	0.30 90	5 fr. 00 —
Huile de colza épurée.						1 fr. 65 —
Lampe à mèche de 7 lignes 15m/m8	17.66	0.470	3.53	0.03 31	0.07 00	plus 0,004 pour mèche et entretien.
— — 9 — 20.3	21.31	0.576	4.32	0.03 92	0.06 80	
— — 11 — 24.8	29.33	0.764	5.73	0.05 24	0.06 86	
— — 13 — 29.3	37.02	0.948	7.11	0.06 51	0.06 86	
— étalon, mèche de 23.55	42.00	1.000	7.50	0.07 33	0.07 33	
Huile de pétrole.						1 fr. 80 le kilogramme.
Lampe à mèche cylindrique	49.00	1.780	13.35	0.09 22	0.05 18	
— à mèche plate	39.70	1.260	9.50	0.07 15	0.05 70	
Huile de schiste	45.81	1.230	9.23	0.06 36	0.05 01	1 fr. 30 le kilogramme.
Gaz, état ordinaire.	litres					0 fr. 30 le mètre cube.
Bec circulaire à 30 trous	125	1.525	11.44	0.03 75	0.02 45	Maxima possibles: 14.20 bougies avec 153 litres.
Bec à 20 trous	200	2.080	15.60	0.06 00	0.02 90	25.60 — 256 —
Bouton fendu en fonte n° 4	120	1.124	7.87	0.03 60	0.03 20	11.28 — 175 —
— — n° 5	125	1.288	9.66	0.03 75	0.02 91	26.00 — 337 —
— — n° 6	200	2.365	17.74	0.06 00	0.02 53	30.04 — 344 —
— — n° 3	110	0.870	6.52	0.03 30	0.03 80	10.75 — 194 —
Manchester en fonte n° 9	250	2.605	19.54	0.07 50	0.02 87	26.30 — 350 —

il en est un peu de même pour le gaz qui ne coûte à Londres que de 15 à 16 centimes le mètre cube, avec le même pouvoir éclairant. Ce résultat n'est pas dû seulement au bon marché de la matière première, il a été obtenu en accordant des concessions indéfinies, sans partage de bénéfices ni prix de faveur pour les villes ; mais en même temps en exigeant que les augmentations de bénéfices, au-delà d'un revenu de 10 0/0, fussent partagées entre le capital-action et les consommateurs, ces derniers en bénéficiant sous la forme d'une réduction progressive dans le prix de vente. Si quelque crise venait à faire descendre les bénéfices au-dessous des 10 0/0 assurés au capital, les Compagnies sont autorisées à relever temporairement leurs tarifs.

Ce sont là (V. le tableau de la page 592) les principales, mais non pas, comme on le verra plus loin, les seules ressources dont nous disposons actuellement, il est intéressant de remarquer qu'elles sont presque toutes de création moderne et l'on reste surpris quand on voit combien de siècles il a fallu pour arriver à cet éclairage artificiel, dont l'absence nous serait aujourd'hui insupportable. C'est ce que nous montre, en effet, un coup d'œil rapide jeté sur son histoire, d'abord comme éclairage limité aux besoins de la vie privée, puis comme une des nécessités de la vie en commun.

ÉCLAIRAGE PRIVÉ.

Historique. Sans remonter au tison de bois résineux avec lequel s'éclairaient les premiers hommes, on ne trouve chez les nations les plus civilisées de l'antiquité que la lampe fumeuse constituée par une grosse mèche de matière fibreuse trempée dans la graisse ou dans l'huile, mèche que l'on faisait avancer, à l'aide d'un crochet, au fur et à mesure de sa combustion ; il est vrai que cet éclairage insuffisant était puissamment aidé par la flamme de la cheminée et, dans les grandes circonstances, par la lumière des torches que l'on faisait tenir par des esclaves. Nos musées renferment de nombreux spécimens de cette lampe, les uns grossiers, en terre cuite (fig. 327); les autres, plus élégants, en bronze ou en métaux précieux (fig. 328). Elle existe, du reste, encore chez les Es-

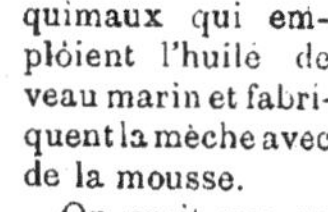
quimaux qui emploient l'huile de veau marin et fabriquent la mèche avec de la mousse.

Fig. 327. — *Lampe antique.*

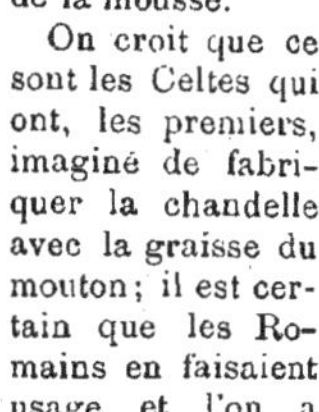
On croit que ce sont les Celtes qui ont, les premiers, imaginé de fabriquer la chandelle avec la graisse du mouton ; il est certain que les Romains en faisaient usage et l'on a trouvé à Pompéi des chandeliers en bronze; le Musée de Saint-Germain contient quelques spécimens de chandeliers en fer forgé. Cependant, bien que plus commode et plus éclairante que l'ancienne lampe, la chandelle resta longtemps un éclairage de luxe et les palais de Louis XIV n'en connurent pas d'autre ; on y ajoutait seulement, aux jours de fêtes, des torches de cire tenues par des valets de pied. Avec quelques perfectionnements dans la fabrication, ces torches sont devenues les cierges réservés aux cérémonies religieuses.

La découverte de la composition des corps gras, par M. Chevreul, en 1811, donna naissance à la bougie-stéarique. Toutefois, le premier brevet ne date que de 1825 et l'exploitation réelle ne commença qu'en 1831. Plus solide et plus propre que la chandelle, pourvue d'une mèche qu'on n'a plus besoin de moucher parce qu'elle se consume, brûlant sans fumée et sans odeur désagréable, la bougie éclaire, en outre, davantage; aussi son emploi s'est-il rapidement généralisé, quoique la dépense soit un peu plus grande. Nous remarquerons, en passant, que les bougies de luxe, diaphanes et quelquefois parfumées,

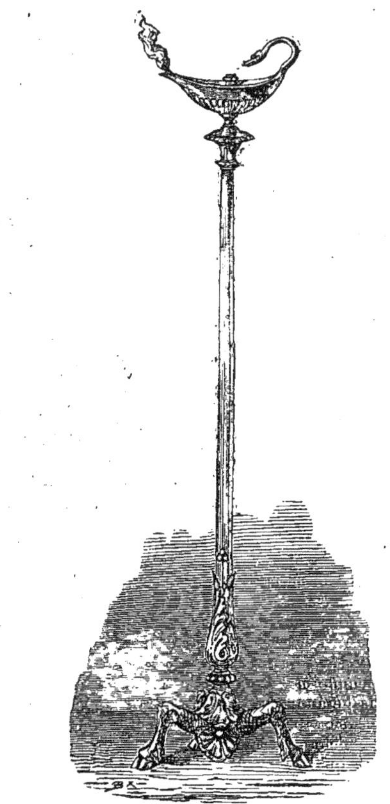

Fig. 328. — *Candélabre romain avec sa lampe.*

sont faites avec un mélange de cire blanche et de *blanc de baleine* (V. cet art.). On en fabrique également avec la paraffine, que l'on obtient, soit par la distillation des huiles lourdes de goudron et de schiste, soit par celle de l'ozokérite ou cire fossile qui s'exploite sur les bords de la mer Caspienne.

D'autres inventions avaient surgi dans cet intervalle ; à la mèche grossière de l'ancienne lampe, on avait substitué une mèche plate, tressée, enfermée dans un bec de même forme; une petite roue dentée et un bouton permettaient d'élever ou d'abaisser la mèche. La nouvelle lampe était bien encore un peu fumeuse, mais si simple et si bon marché que nous la trouvons encore aujourd'hui appliquée à un grand nombre d'usages, principalement dans les lanternes.

En 1784, Ami Argand, de Lyon, inventa le bec qui porte son nom et qui fut une véritable révolution dans l'éclairage. La mèche plate reçut la forme d'un tube cylindrique au milieu duquel l'air pouvait pénétrer; il fallut pour cela reporter le réservoir d'huile à une certaine distance du bec et le placer un peu en contre haut pour que l'huile parvînt jusqu'à la mèche. En 1785, Quinquet compléta la lampe d'Argand en y ajoutant la cheminée de verre qui active le tirage, et assure une combustion parfaite en amenant, sur les deux surfaces, intérieure et extérieure de la flamme, une quantité d'air suffisante. C'est à Lange qu'est due l'idée de rétrécir le verre au-dessus de la mèche, pour rejeter l'air sur la flamme et augmenter l'éclat de la lumière. Ruhmford et Careau apportèrent encore quelques perfectionnements à la lampe; mais toute la gloire fut pour Quinquet dont le nom devint populaire. En 1807, Carcel, horloger à Paris, perfectionna le quinquet en faisant monter l'huile à la mèche au moyen de petites pompes actionnées par un mouvement d'horlogerie, ce qui lui permit de placer le réservoir dans le pied de la lampe. Grâce aux moyens de réglage de la mèche et du verre, on parvint à faire produire par la flamme cette lumière éclatante que l'on désigne en disant que la lampe brûle à blanc. La lampe de Carcel avait atteint le dernier degré de perfectionnement et les inventeurs qui l'ont suivi, ont simplement substitué aux pompes l'action d'un piston pressé par un ressort. C'est la lampe actuelle, dite à *modérateur*.

Au moment où la lampe à l'huile prenait sa forme définitive, elle avait déjà un rival qui devait la remplacer rapidement pour la plupart des applications; c'est l'éclairage au gaz. Nous avons vu qu'en réalité tous les éclairages par combustion sont produits par les gaz; mais on est convenu de désigner sous le nom d'*éclairage au gaz* celui qui s'obtient au moyen de gaz préparés d'avance.

La première idée est due à Philippe Lebon, ingénieur des ponts et chaussées, qui, dès 1785, proposa d'établir, dans chaque maison, un appareil appelé par lui *thermolampe* produisant, par la distillation du bois en vase clos, du charbon de bois, du calorique pour le chauffage de l'habitation et enfin du gaz pour l'éclairage. Lebon insista aussi sur la possibilité de remplacer le bois par la houille. Il ne réussit pas cependant à faire accepter son invention en France, et mourut à Paris en 1805, à l'âge de 36 ans, pauvre et presque inconnu, au moment où l'ingénieur anglais Murdoch introduisait l'éclairage au gaz dans les ateliers du célèbre Watt, près de Soho et dans quelques filatures de Manchester. Un autre ingénieur anglais, Winsor, le réimporta en France, en 1815; mais son emploi ne fut généralisé à Paris qu'en 1829.

L'éclairage au gaz règne en maître aujourd'hui dans tous les pays civilisés; la lumière électrique pourra lui faire une concurrence redoutable; elle ne le fera pas plus disparaître qu'il n'a réussi lui-même à supprimer les autres modes d'éclairage. Le gaz avait, du reste, supporté une attaque non moins sérieuse lors de l'apparition du pétrole. Ce dernier apportait, à bien meilleur marché, une lumière tout aussi belle que ses concurrents et trouvait toute prête, la lampe qui convenait à son emploi; elle avait été créée, en 1832, par M. Selligues, pour brûler l'huile de schiste; celle-ci n'étant pas assez abondante, on lui avait substitué, en 1847, les huiles extraites par distillation du bog-head et du cannel-coal, dont l'usage était déjà très répandu lorsqu'on eut, en 1859, l'idée d'appliquer à l'éclairage le pétrole, connu seulement par quelques savants et par les Indiens de l'Amérique du Nord qui s'en servaient comme médicament.

L'économie considérable que cette application a permis de réaliser dans l'éclairage privé n'est guère appréciable en France, à cause des droits élevés qui frappent le pétrole à son entrée; elle est bien plus sensible en Angleterre et en Allemagne où il ne coûte que 20 centimes le litre. A New-York, il coûte à peine 2 centimes; cependant, l'industrie du gaz y est des plus prospères et la lumière électrique y fait plus de progrès que chez nous.

Il ne nous reste à signaler que quelques systèmes spéciaux d'éclairage étudiés surtout en vue de l'économie. Les uns ont utilisé, pour suppléer à l'absence du gaz, la carburation de l'air par son contact avec la vapeur des hydrocarbures légers ou essences qui sont un des premiers produits de la distillation des goudrons et des huiles lourdes. — V. CARBURATION.

Les autres ont cherché, par un procédé analogue, l'augmentation du pouvoir éclairant du gaz; l'agent de carburation le plus employé est la naphtaline, provenant de la fabrication de ce même gaz, et désignée souvent, à cause de sa blancheur, sous le nom d'*albocarbon*. Après l'avoir purifiée, on la divise en fragments que l'on enferme dans un petit réservoir supporté par le brûleur, dont la chaleur vaporise la naphtaline. Le gaz traverse ce réservoir et s'enrichit en passant d'une quantité de vapeur suffisante pour rendre la flamme plus blanche et plus éclairante. La consommation est d'environ 6 grammes par heure et par bec. La lampe à éponge, si populaire aujourd'hui, repose également sur l'emploi de l'air carburé par son mélange avec l'essence de pétrole. Enfin, on emploie, sous le nom de *gaz artificiel*, la vapeur même de ces essences obtenue directement par la chaleur de leur propre combustion.

D'autres inventeurs ont ouvert une voie nouvelle en composant, de toutes pièces, un produit nouveau qu'ils ont appelé la *soléine* et qui donne un très bon éclairage; c'est un mélange, en proportions variables, de tous les produits résineux liquides, dont le point d'ébullition est compris entre 150 et 160°, et dont la densité moyenne est de 0,860. On les purifie soigneusement de toutes les matières étrangères, solides ou gazeuses, qu'ils peuvent contenir en dissolution, et on obtient un liquide inexplosible, très riche en carbone (90 0/0) qui brûle avec une très belle flamme blanche, mais dont la combustion parfaite exige un tirage très actif et un ajustement très exact des pièces qui composent le bec à double courant d'air. Il faut ajouter que ce liquide ne tache pas, ne se congèle pas et n'émet aucune odeur.

L'éclairage privé est entré tout récemment en possession d'une ressource inespérée; la *lumière électrique*, qui semblait réservée pour les foyers à grande intensité, a fait un pas immense, et vient mettre à sa disposition ces petites lampes gracieuses à incandescence, qui éclairent si bien sans chauffer ni vicier l'air de nos appartements et qui se prêtent, aussi facilement que le gaz, à toutes les graduations possibles, depuis la lueur d'une simple veilleuse jusqu'à l'éclat de nos meilleures lampes. On les avait bien admirées à l'exposition de 1881; seulement, la dépense semblait excessive et paraissait devoir pendant longtemps encore en restreindre l'usage. Mais, en fait d'éclairage, la dépense n'est pas un obstacle absolu; la difficulté repose plutôt, comme on le verra plus loin, dans les conditions de la production, et ces conditions sont aujourd'hui remplies. Depuis le 4 septembre 1882, la première des grandes usines de lumière Edison fonctionne à New-York; six énormes machines dynamo-électriques, de 1,200 lampes chacune, distribuent déjà l'électricité à tout un quartier; à travers un réseau de conducteurs de 23 kilomètres de développement, établi en prévision de 14,000 lampes, de 16 bougies chacune. Six autres machines semblables viendront bientôt compléter cette installation grandiose et porteront à près de 1,500 chevaux vapeur la force mécanique transformée en courants électriques. Le succès a été des plus complets et on a constaté que des lampes, distantes de 800 mètres de l'usine, avaient la même intensité lumineuse que celles qui brûlaient à côté des machines. Le prix payé par les consommateurs représente la même dépense que l'éclairage au gaz.

D'autres usines, moins importantes, fonctionnent en grand nombre en Amérique, en Angleterre, un peu partout et nous en verrons sans doute bientôt une ressusciter, à Paris, les splendeurs de cet éclairage électrique dont il avait eu la primeur et qui semble pour le moment bien près de s'y éteindre tout à fait.

ÉCLAIRAGE PUBLIC.

Historique. C'est l'éclairage de toutes les voies et places publiques des centres de population un peu importants; il comprend aussi, de nos jours, l'éclairage des halles et marchés, ainsi que celui des quais consacrés au chargement et déchargement des marchandises. S'il est indispensable à la circulation, c'est en même temps le meilleur moyen d'assurer l'ordre et la sécurité dans les villes; son importance est telle que l'on reste étonné en constatant combien son emploi est de date récente.

Fig. 329. — *Les premières lanternes allumées dans les rues de Paris, en 1558.*

L'éclairage public était, en effet, absolument inconnu avant le XIVe siècle; nos aïeux devaient rentrer chez eux sur l'invitation du couvre-feu, et pour circuler la nuit dans les rues, il fallait se munir de torches ou de falots. En 1318, il n'existait à Paris, pour tout éclairage public, que l'unique chandelle entretenue pendant la nuit auprès de la porte du Châtelet, par l'ordre de Philippe V

En 1524, les incendies et les attaques nocturnes étaient tellement multipliés que l'on prescrivit aux habitants d'allumer des lanternes à leurs fenêtres; en 1558, on commença à installer, aux angles des rues, des lanternes qui excitèrent l'enthousiasme de la population (fig. 329). Ces premiers essais d'éclairage public furent mis à la charge des particuliers et l'ordonnance de police du 30 septembre 1594, obligea les habitants à entretenir à leurs frais l'éclairage de leur quartier, depuis le 1er novembre jusqu'à la fin de février; en 1603, une ordonnance du roi Henri IV en exempta les médecins. Un arrêté du 23 mai 1671 étendit la durée de l'éclairage du 20 octobre au 31 mars. Ce n'est qu'en 1704 que ce service fut mis à la charge du trésor. Il était, du reste, tellement insuffisant que l'on fut obligé, à plusieurs reprises, de prescrire aux bourgeois d'illuminer leurs fenêtres avec des chandelles.

Les premiers réverbères à l'huile (fig. 330) furent établis à Paris, en 1769, sous l'administration de M. de

Fig. 330. — *Réverbère à l'huile pour l'éclairage des rues, en 1769.*

Sartines, lieutenant de police, sur les indications formulées par l'illustre Lavoisier, à la suite d'un concours ouvert pour établir les conditions d'un bon éclairage. Les progrès de cet éclairage perfectionné furent assez lents. En 1774, on ne comptait à Paris que 8,000 lanternes, et en 1780, que 1,200 réverbères. L'emploi du gaz pour l'éclairage des rues, commencé à Paris, en 1818, sous l'administration de M. de Chabrol, a progressé plus rapidement; il était arrivé, en 1878, à 37,064 becs, auxquels s'ajoutaient quelques centaines de lampes à l'huile et au pétrole, pour les rues excentriques encore dépourvues de canalisation. Ce chiffre se décomposait, en 33,450 becs ou lampes de service permanent, c'est-à-dire allumés pendant toute la nuit; 3,450, en service variable, allumés seulement pendant la première partie de la nuit et environ 200 becs en service temporaire.

Le prix du gaz, fourni par la Compagnie parisienne, est fixé, pour la ville de Paris, à 15 centimes le mètre cube; mais, comme il serait impossible de mesurer au compteur la consommation des lanternes de la voie publique, c'est à l'heure que se paie l'éclairage. On emploie trois séries de brûleurs, dont la puissance lumineuse et le prix sont ainsi fixés :

Chaque brûleur de la première série est payé 0 fr. 015 par heure; il consomme 100 litres de gaz et donne 0,77 de carcel.

Pour la deuxième série, le prix est de 0 fr. 021; la consommation de 140 litres et la lumière équivaut à 1,10 de carcel. Pour la troisième série, le prix est de 0 fr. 030 ; la consommation de 200 litres et la lumière équivaut à 1,72 de carcel.

Le nombre d'heures d'éclairage par an est de 3,749 3/4 ainsi réparties :

Mois	Heures		Minutes	
Janvier	433	heures	25	minutes.
Février	366	—	10	—
Mars	339	—	30	—
Avril	268	—	10	—
Mai	212	—	10	—
Juin	169	—	15	—
Juillet	190	—	40	—
Août	242	—	15	—
Septembre	300	—	05	—
Octobre	374	—	25	—
Novembre	407	—	20	—
Décembre	446	—	20	—

La plus longue durée est de 14 heures 30 minutes (du 23 au 30 décembre, de 4 heures 45 minutes à 7 heures 15 minutes); la plus courte est de 5 heures 25 minutes (du 15 au 20 juin, de 9 heures 5 minutes à 2 heures 30 minutes).

L'élévation des becs au-dessus du sol varie de 2m,50 à 3 mètres et leur écartement, de 25 à 32 mètres. Le contrôle de l'éclairage est basé : 1° sur la vérification journalière du pouvoir éclairant du gaz, qui doit donner, pour 105 litres brûlés dans un bec bengel de 30 trous, une lumière équivalente à celle d'une lampe carcel brûlant par heure 42 grammes d'huile de colza (V. Bec et Photométrie); 2° sur la dimension des flammes dont la surveillance incessante est confiée à des inspecteurs spéciaux; cette dernière mesure est bien incertaine, surtout avec les variations importantes que subit la pression dans les conduites ; c'est le côté faible de cette situation difficile qui expose la ville à un éclairage insuffisant ou la Compagnie du gaz à une dépense supérieure aux prix perçus.

Il convient de rappeler que le chiffre de 105 litres ne représente pas le maximum de pouvoir éclairant que peut fournir le gaz de houille, puisque la même quantité de lumière peut être obtenue avec 63 litres de gaz riche provenant de la distillation du cannel coal et avec 32 litres seulement du gaz de Boghead ou gaz portatif. Ce chiffre a été fixé en rapport avec la richesse moyenne des houilles, dont les usines de Paris peuvent s'approvisionner et surtout en tenant compte des fuites, inévitables dans un réseau de 1,800 kilomètres, fuites dont la valeur augmente en proportion de la richesse du gaz.

Malgré l'emploi de candélabres à trois et à cinq lanternes pour les places et les avenues, l'éclairage était insuffisant dans beaucoup d'endroits où la circulation sur la chaussée atteint jusqu'à 600 voitures par heure, et l'on fit quelques tentatives pour obtenir des foyers plus puissants. On essaya d'abord l'emploi d'un réseau cylindrique de fil de platine porté à l'incandescence par la combustion d'un jet de gaz hydrogène ; quelques rues de la ville de Narbonne ont été éclairées en 1859 avec ce système imaginé par M. Gillard. C'était malheureusement trop coûteux.

En 1867, on fit des expériences sur les places de l'Hôtel-de-Ville et du Carrousel avec la lumière Drummond, perfectionnée par M. Tessié du Motay. Cette lumière est fournie par l'incandescence d'un crayon de chaux ou de magnésie, échauffé par la combustion d'un jet de gaz composé de deux volumes d'hydrogène et d'un volume d'oxygène ; on pouvait obtenir une intensité de 20 carcels avec une consommation de 200 litres de gaz. Mais, il fallait une canalisation double ; les fuites, plus difficiles à éviter, par suite de la moindre densité des gaz, étaient presque impossibles à découvrir et pouvaient occasionner de graves dangers. Les essais n'eurent pas de suite.

M. Clamond a cherché à rendre la lumière Drummond plus pratique par la double substitution : de l'air atmosphérique à l'oxygène, et d'une mèche en magnésie filée au crayon de zircone ou de magnésie. L'air est envoyé aux becs par une soufflerie et une canalisation spéciale avec une pression de 35 millimèt. d'eau ; il s'échauffe à 1,000° environ au contact d'un petit tuyau en terre réfractaire léché par les produits de la combustion, et se mélange intimement au gaz en sortant à travers une espèce de pomme d'arrosoir percée de trous très fins. Un bec Clamond, du petit modèle, brûlant 180 litres de gaz à l'heure, a fourni 4,15 carcels de lumière, ce qui revient à une consommation de 43 litres par carcel ; le grand modèle, brûlant 500 litres, a donné 18 carcels, soit 27,7 litres de gaz par carcel. Le panier en magnésie dure de 40 à 60 heures et coûte environ 3 centimes. Enfin M. Clamond serait parvenu tout récemment à supprimer l'inconvénient de la compression et de la canalisation de l'air, grâce à un appel énergique obtenu par la disposition de la cheminée.

Les véritables perfectionnements ont commencé avec la concurrence de l'éclairage électrique, qui suggéra l'idée de créer des becs intensifs aussi puissants que les bougies Jablochkoff (V. Bec); nous avons vu que l'on était parvenu, en même temps, par une conséquence naturelle de l'élévation de température de ces foyers, à réaliser une économie considérable sur la quantité de gaz brûlé. Les becs solaires, à flammes concentriques et à cheminée de verre, que l'ingénieur anglais, M. Sugg, avait exposés à Paris en 1878, étaient déjà parvenus à produire un bec carcel avec 55 et même 53 litres de gaz. Ils sont employés pour l'éclairage des voies publiques, à Londres, et dans quelques grandes villes de l'Angleterre.

Enfin, M. Frédéric Siemens, de Dresde, réalisa en 1881 un brûleur encore plus économique, puisque la dépense de gaz, par heure et par carcel, est descendue jusqu'à 35 litres, tout en permettant d'arriver à des intensités variant de 20 à 48 carcels. Ce magnifique résultat est obtenu en utilisant la chaleur dégagée par le bec lui-même pour échauffer à l'avance le gaz et l'air avant leur arrivée à l'orifice du brûleur. Le régénérateur qui utilise cette chaleur perdue est placé au-dessous du brûleur et une cheminée d'appel L (fig. 334) force les produits de la combustion à descendre par un tube central C (fig. 331 à 333), dont la paroi, échauffée à près de 600°, est léchée par l'air appelé dans la chambre annulaire extérieure AA. Quant au gaz, il est amené d'abord dans une petite chambre BB, où il se détend de façon à n'avoir presque plus de pression ; il en sort par une couronne de petits tubes $t\,t$, qui sont également chauffés par les produits de la combustion. La flamme forme une belle nappe lumineuse d'une fixité absolue, mais très sensible aux variations du tirage de la cheminée d'appel. La figure 334, qui montre l'ensemble de cet appareil, fait voir que son installation dans les lanternes est assez difficile, par suite de la présence de la cheminée latérale, indispensable pour produire le tirage énergique qu'exige le renversement de la flamme.

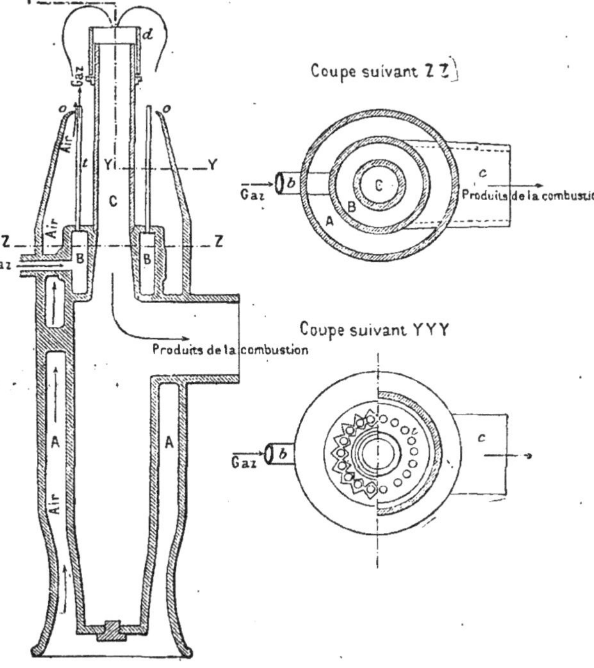

Fig. 331 à 333. — *Coupes verticale et horizontales du brûleur intensif de M. F. Siemens.*

Quatre de ces brûleurs ont été essayés pendant quelque temps sur les refuges de la place du Palais-Royal ; ils donnaient chacun, avec une consommation de 2,000 litres de gaz, une intensité de 38 à 40 becs carcels, soit environ 50 litres par carcel ; les foyers étaient placés à 4 mètres de hauteur.

De tous ces types perfectionnés, on n'a conservé pour l'éclairage de Paris, que les becs intensifs de la Compagnie parisienne, le bec à 6 brûleurs (V. Bec, fig. 362), inauguré en 1879 dans la rue du 4-Septembre, et un bec du même système, mais à 4 brûleurs seulement, qui donne une lumière de 9 carcels avec 875 litres de gaz. Ces appareils se multiplient peu à peu sur les points où la circulation est très active ; on les éteint après minuit, pour ne laisser brûler que le bec central qui est alors suffisant.

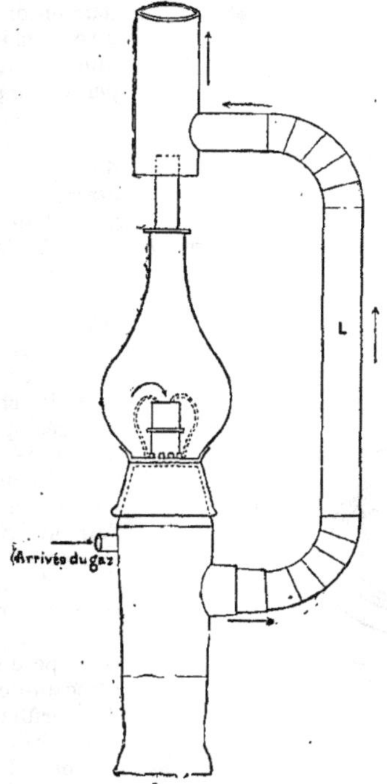

Fig. 334. — *Vue extérieure du brûleur intensif de M. F. Siemens.*

En même temps que l'intensité de la lumière était plus que décuplée, la forme des appareils s'améliorait progressivement ; il y a loin de nos lanternes élégantes (fig. 335 et 336), avec leurs candélabres bronzés, au vieux réverbère de 1769, et l'éclairage actuel de Paris peut être considéré comme parvenu à la perfection compatible avec l'emploi du gaz. Il faut convenir, cependant, que c'est à la lumière électrique que l'on doit son amélioration, et si elle ne semble pas encore en état de le remplacer partout, c'est à elle qu'il faut avoir recours dans bien des circonstances où le gaz reste impuissant ; nous en avons la preuve avec les quais du Hâvre et la place du Carrousel, sans parler des nombreuses applications qui se multiplient de tous côtés à l'étranger, où l'on sait si bien mettre à profit les progrès dont nous avons eu l'initiative.

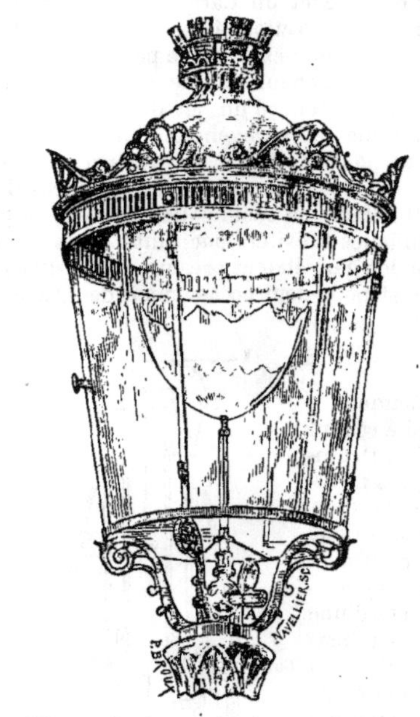
Fig. 335. — *Lanterne avec bec de gaz ordinaire pour l'éclairage des rues de Paris en 1878.*

Fig. 336. — *Lanterne avec bec de gaz intensif pour l'éclairage des rues de Paris en 1878.*

Il y avait, du reste, bien longtemps que l'on cherchait à faire profiter l'éclairage public de cette magnifique lumière ; dès l'année 1841, M. Deleuil avait fait, au quai Conti, à Paris, quelques expériences publiques, bientôt suivies par celles de M. Archereau, en 1844, à la place de la Concorde. Pendant que Staite renouvelait ces essais en Angleterre, de 1847 à 1852, Lacassagne et Thiers éclairaient successivement les Champs-Elysées, à Paris en 1856, la rue Impériale à Lyon, et le port de Toulon, en 1857. Toutes ces tentatives devaient échouer, par suite de la difficulté de la production des courants au moyen de piles et pendant longtemps, on ne fit plus que des

Fig. 337. — *Eclairage de la place du Carrousel, à Paris, par la lumière électrique.*

éclairages de travaux publics et de chantiers, grâce à l'invention du régulateur de M. Serrin. Les premières applications des machines de l'Alliance et de M. Gramme furent dirigées vers les éclairages de phares, d'usines et de navigation maritime. L'éclairage électrique ne devait reparaître sur la voie publique que le jour où le conseil municipal décida, pour l'exposition universelle de 1878, l'installation des bougies Jablochkoff, sur l'avenue de l'Opéra. Les bougies sont aujourd'hui éteintes et l'éclairage électrique n'est plus représenté à Paris que par celui de la place du Carrousel, dont la figure 337 montre la disposition absolument rationnelle pour les grands espaces.

Comparaison des éclairages. On a vu, dans le tableau précédent, ce que l'on peut obtenir de lumière, pour une dépense déterminée, avec les principales matières qui sont actuellement en usage; il reste à examiner les avantages et les inconvénients de leur emploi. La chandelle ne donne, quelque soin que l'on mette à la moucher, qu'une lumière faible et fumeuse; elle cesse d'être maniable aussitôt que l'atmosphère s'échauffe, et serait depuis longtemps abandonnée si les droits qui pèsent sur la stéarinerie n'étaient pas aussi exagérés. La bougie donne, en effet, une excellente lumière, mais encore assez faible, de sorte qu'il faut, pour s'éclairer convenablement, en employer au moins deux, avec un réflecteur; c'est donc un éclairage coûteux, que l'on n'emploie que temporairement, à cause de la facilité avec laquelle on peut le déplacer : mais c'est une ressource précieuse pour l'éclairage des salons, parce que le grand nombre des foyers contribue à la répartition de la lumière et surtout à l'effet décoratif. C'est dans ce but qu'on l'associe, dans les lustres, aux lampes qui suffisent à l'éclairage ordinaire.

Une bonne lampe à l'huile, bien entretenue et bien réglée, donne un éclairage parfait qui coûte trois fois moins cher que la bougie; on ne peut lui comparer que la soléïne, dont le seul inconvénient est la difficulté de renouveler sa provision d'un liquide spécial que l'on ne trouve pas partout comme l'huile à brûler.

Le pétrole fournit, encore à meilleur marché, une lumière éclatante; on abuse même souvent de la modicité de son prix pour l'exagérer, de sorte que sa réflexion sur le papier blanc fatigue la vue; c'est, du reste, un fait assez remarquable qu'en présence d'un perfectionnement qui permet : soit d'économiser sur la dépense, soit d'obtenir, pour le même prix, plus de lumière, c'est ce dernier parti que l'on adopte presque toujours. Il est assez difficile, malgré la précaution prise de refroidir le brûleur des lampes à pétrole par le courant d'air qu'appelle la combustion d'éviter complètement la fumée et les vapeurs dont l'odeur est désagréable; si l'on ajoute que cette combustion dégage une quantité de chaleur considérable, environ 10 calories pour un gramme de liquide, on comprend qu'il est préférable de n'employer cet éclairage que dans les pièces dont la ventilation est largement assurée; on doit surtout recommander les lampes dans lesquelles le porte-mèche est disposé de façon à empêcher, d'une façon absolue, les vapeurs de venir s'enflammer au contact de la flamme et de faire explosion; enfin, la facilité avec laquelle ce liquide transsude à travers les métaux, oblige à n'employer que des récipients en verre ou en porcelaine, dont la fragilité augmente les causes de danger.

Tous les appareils imaginés pour brûler les essences légères, au moyen d'un courant d'air naturel ou forcé, devraient être proscrits en raison des dangers inséparables de leur emploi, principalement ceux qui sont échauffés directement ou indirectement. Il est à remarquer que la plus grande partie de ces essences est fournie précisément par les raffineries de pétrole, de sorte que c'est encore l'élévation des droits sur le pétrole raffiné qui substitue à ce dernier ces détestables produits que l'on cherche à utiliser pour l'éclairage, à cause de leur bas prix. Il ne faut, en effet, pour un bec carcel, que 37 grammes d'essence minérale par heure, soit à raison de 0 fr. 90 le litre de 740 grammes ou 1 fr. 22 le kilo, 0 fr. 045 par carcel et par heure.

L'éclairage au gaz a été pendant longtemps réservé à l'usage de l'industrie et du commerce; mais il est tellement économique qu'il a fini par se faire accepter pour l'éclairage domestique, au point qu'en 1878, sur 125,000 abonnés, on en comptait plus de 30,000 branchés sur les conduites montantes des maisons. Il diffère surtout des systèmes précédents par l'immobilité des foyers, ce qui oblige à une étude préalable de chaque installation; il faut déterminer le genre de becs le plus convenable, leur intensité, leur nombre et leur emplacement, enfin choisir un appareillage en harmonie avec l'ensemble de la décoration. Ainsi, pour l'éclairement des surfaces, comme les tables de lecture, les établis, etc., il convient d'employer des foyers nombreux et de faible intensité, tandis que pour éclairer de grands espaces, il vaut mieux diminuer le nombre des foyers et augmenter leur puissance, à condition de pouvoir les éloigner en proportion pour éviter l'éblouissement; il faut également éviter les contrastes exagérés entre les éclairages voisins, parce que l'augmentation d'un éclairage entraîne, dans une certaine mesure, celle de tous les autres. On tient compte de la nature et de l'état des surfaces qui reçoivent la lumière; ainsi, les plafonds et les parois de couleurs claires concourent, par la réflexion, à la diffusion de la lumière, tandis que les grandes fenêtres et les toitures vitrées la laissent perdre complètement, si on n'y remédie à l'aide de rideaux et de réflecteurs.

On peut se guider, pour le choix des brûleurs, sur les relations indiquées plus haut entre la puissance lumineuse et la dépense en gaz et en argent : mais il faut tenir compte de leurs qualités respectives et des conditions de leur emploi qui sont indiquées dans un autre article de ce *Dictionnaire*. — V. Bec a gaz.

C'est principalement au point de vue de la ventilation qu'il faut étudier, à l'avance, les installations d'éclairage; la combustion des matières éclairantes échauffe et vicie d'importantes quantités d'air dont il est indispensable de prévoir le renouvellement. La chaleur dégagée par les trois principaux types de foyers lumineux est évaluée à :

106 calories, pour une bougie de l'étoile brûlant 11 grammes par heure;

390 calories, pour une lampe carcel brûlant 42 grammes d'huile;

750 calories, pour un bec de gaz consommant en moyenne 125 litres.

Ce qui correspond à une élévation, de 10°, de la température de 35, 126 et 243 mètres cubes d'air. Les chiffres admis dans la pratique sont un peu moins forts, et consistent à évaluer une bougie pour une personne; une lampe pour trois personnes et un bec de gaz pour six personnes, à raison de 120 calories par personne (V. Ventilation). Pour un éclairage qui comprend plusieurs types de becs différents, on peut se baser sur la consommation horaire totale ; un mètre cube de gaz exige, pour sa combustion, 1,6 mètre cube d'oxygène ou 7,50 mètres cubes d'air ; mais comme la consommation réelle dépasse toujours, par suite des variations de la pression, la quantité prévue pour chaque bec, il vaut mieux compter sur 9 à 10 mètres cubes d'air par mètre cube de gaz d'éclairage. C'est encore un argument en faveur de l'emploi des régulateurs de pression qui, tout en assurant le minimum de consommation pour une lumière déterminée, rendent cette consommation invariable et, par conséquent, la ventilation plus facile et moins onéreuse.

Plusieurs auteurs, et notamment le général Morin, ont proposé de faire concourir les appareils d'éclairage eux-mêmes à la ventilation, par des dispositions faciles à concevoir, soit pour les lustres, soit pour les appliques; on a même créé, dans ce but, des brûleurs spéciaux, dits *becs solaires*, que l'on applique sous les plafonds, et dont l'usage est assez répandu à l'étranger. Cette idée, absolument juste, n'a guère reçu d'applications que dans les théâtres et quelques grandes salles de réunion ; elle mériterait, cependant, l'attention des architectes qui se préoccupent des questions d'hygiène dans leurs constructions.

Ce grave inconvénient de nos meilleurs systèmes d'éclairage (90 0/0 de chaleur pour 10 de lumière) augmente rapidement avec la quantité de lumière dont on a besoin, quantité qui s'élève à 0,50 carcel par mètre carré de plancher pour un salon bien éclairé. Ce chiffre dépend, du reste, de la hauteur à laquelle on doit installer les foyers, et pour une salle de fête dont le plafond était très élevé, on était arrivé 0,75 carcel, dont les trois quarts étaient réalisés avec des bougies. Si on ajoute à cet inconvénient, l'odeur et la fumée, on conçoit l'enthousiasme qu'excite l'éclairage électrique qui les supprime tous.

ÉCLAIRAGE ÉLECTRIQUE.

On comprend sous l'expression générale d'*éclairage électrique*, tous les modes de production et d'emploi de la lumière électrique. L'origine de cette lumière est la même dans tous les cas ; elle est due à l'incandescence d'un conducteur parcouru par un courant électrique puissant au passage duquel il oppose une grande résistance. L'intensité de la lumière émise est naturellement proportionnée à l'élévation de température que le conducteur est capable de supporter ; c'est pourquoi on le constitue avec du charbon de cornue ou mieux encore avec un charbon artificiel préparé d'une façon spéciale. — V. CHARBON POUR LA LUMIÈRE ÉLECTRIQUE.

La résistance électrique du conducteur est la plus grande possible, lorsqu'il présente une solution de continuité et que les extrémités du circuit disjoint sont maintenues écartées l'une de l'autre; c'est dans ces conditions que se produit l'*arc voltaïque* (V. cet art.), accompagné de l'éblouissante lumière qui a donné naissance au premier système d'éclairage électrique.

Lorsque les extrémités du circuit sont maintenues au contact, l'arc disparaît; mais la résistance est encore considérable et l'incandescence suffisante pour constituer un autre système d'éclairage que l'on a désigné sous le nom d'*incandescence à l'air libre*. Lorsque le conducteur n'offre pas de solution de continuité, c'est en diminuant ses dimensions que l'on obtient la résistance nécessaire ; mais il est alors tellement réduit qu'il a fallu, pour le préserver d'une destruction rapide, l'enfermer dans un vase en verre, privé d'air ou rempli d'un gaz impropre à la combustion; c'est le système des lampes à incandescence.

On comprend aussi dans les éclairages électriques un quatrième système dans lequel l'arc voltaïque est employé pour porter à l'incandescence un bloc de matière réfractaire qui devient alors la véritable source lumineuse. La couleur de la lumière ainsi obtenue a fait donner aux appareils le nom de *lampe soleil* que nous conserverons pour désigner ce système.

Éclairage par l'arc voltaïque. Par suite de l'énorme augmentation de résistance que l'écartement des charbons polaires oppose au passage des courants; l'arc voltaïque est la source la plus puissante de chaleur et de lumière que l'on connaisse; sa température est évaluée à 4,800°, et l'on réalise déjà, sans difficulté, des foyers dont l'intensité lumineuse équivaut à 2,500 becs carcels. C'est une ressource précieuse pour la navigation maritime et pour les opérations de guerre ; nous examinerons plus loin son emploi dans les éclairages public et privé.

Les véritables sources du rayonnement lumineux sont les pointes de charbon et surtout les points où se concentre le passage de l'électricité. Leur lumière est blanche et se rapproche presque complètement de celle du soleil; l'arc lui-même est peu éclairant et sa lumière est d'un bleu très violacé qui donne à ce genre d'éclairage la teinte blafarde qu'on lui a toujours reprochée; on y remédie en diminuant la longueur de l'arc et en limitant l'écart des pointes à une longueur bien inférieure au maximum correspondant à l'intensité du courant. Mais en diminuant la longueur de l'arc, on diminue sa résistance ; la température s'abaisse et la lumière diminue en même temps; on serait ainsi conduit, soit à augmenter l'intensité du courant, ce qui coûte plus cher, soit à réduire la section des charbons dont l'usure est alors beaucoup plus rapide. Il faut donc maintenir, entre ces diverses influences, un rapport déterminé pour avoir le maximum de lumière avec le minimum de dépense. Dans la pratique, on admet pour la distance entre les pointes la moitié au plus de celle qui entraîne la rupture de l'arc. En diminuant la longueur de l'arc, on atténue aussi le sifflement désagréable qui l'accompagne fort souvent et qui devient très bruyant avec des courants intenses, principalement avec les courants alternatifs.

Les charbons polaires s'usent à la fois parce qu'ils brûlent et parce que le passage du courant les désagrège et transporte leur matière d'un pôle à l'autre; l'écart entre les pointes augmente peu à peu; il arriverait bientôt à la limite qui entraîne la rupture de l'arc et l'extinction de la lumière, si on n'avait un moyen de rapprocher les charbons continuellement, de façon à compenser leur usure: ce rapprochement exige l'emploi d'un mécanisme que l'on appelle *régulateur* ou *lampe électrique*. Ce mécanisme doit fonctionner avec précision, et la légèreté qu'il faut conserver aux appareils les rend assez délicats; en un mot, quoiqu'on les ait beaucoup simplifiés, leur prix est assez élevé et leur maniement ne peut pas être confié au premier venu; c'était un des principaux obstacles qui s'opposait à la généralisation de l'éclairage électrique, et c'est pour s'en dispenser que M. Jablochkoff avait eu l'ingénieuse idée de placer les charbons côte à côte, de façon qu'en s'usant ensemble, ils conservent toujours le même écartement. Son brûleur et tous ceux que l'on a créés, après lui, sur le même principe, ont reçu le nom de *bougies électriques*. — V. cet article.

Pour entretenir une lumière fixe et régulière, un régulateur électrique doit remplir les conditions suivantes; 1° pour l'allumage, au commencement de l'éclairage, et aussi pour le rallumage automatique en cas d'extinction accidentelle, rapprocher les charbons jusqu'au contact, afin d'établir le passage du courant; 2° aussitôt le contact obtenu, arrêter le mouvement de progression et, en même temps, écarter les pointes des charbons pour faire jaillir l'arc voltaïque; 3° maintenir l'écart à une limite constante, fixée d'avance en rapport avec la puissance du foyer lumineux et par conséquent avec l'intensité des courants. Pour que la distance entre les pointes n'éprouve pas de variations sensibles qui réagiraient sur la lumière, ce rapprochement doit se faire d'une manière lente et presque continue. En cas de rupture des charbons, amenant entre eux un écart considérable, le mouvement doit pouvoir s'accélérer, afin de diminuer la durée de l'extinction.

Nous examinerons d'abord d'une façon sommaire comment ces conditions peuvent être remplies.

Les charbons sont en général soutenus par des supports ou *porte-charbons* mobiles, qui étaient actionnés, au début, par un mouvement d'horlogerie; on est bientôt revenu à un moyen plus simple, en donnant à l'un des porte-charbons un poids suffisant pour servir de moteur. Deux crémaillères et quelques roues dentées ou bien deux petites chaînes enroulées sur des poulies rendent les deux porte-charbons solidaires l'un de l'autre et permettent de tenir compte de la différence d'usure aux deux pôles, différence minime lorsque l'on emploie les courants alternatifs, mais très importante avec les courants continus, puisque le charbon positif s'use à peu près deux fois autant que l'autre, lorsqu'ils ont la même section.

Le mouvement simultané des deux charbons est nécessaire pour maintenir le foyer lumineux fixe dans l'espace; c'ést une condition indispensable pour les appareils qui doivent fonctionner au foyer d'un appareil optique, comme dans les phares, ou d'un réflecteur parabolique, comme dans les projecteurs de la guerre et de la marine: cette fixité n'est pas nécessaire dans les éclairages ordinaires; le déplacement du foyer lumineux, limité à la longueur pratique de l'un des charbons, n'a pas d'importance avec des appareils généralement suspendus à une hauteur considérable; on a donc pu, sans inconvénient, ne conserver qu'un porte-charbon mobile qui descend par son propre poids.

C'est Foucault qui eut le premier l'idée d'utiliser, pour régler la marche du mécanisme, les variations d'intensité que font subir au courant les changements de résistance de l'arc. Le courant, avant d'arriver aux charbons, parcourt les spires d'un électro-aimant dont l'armature gouverne une petite étoile d'encliquetage, fixée sur l'un des mobiles du mécanisme; la force attractive de cet électro-aimant varie avec l'intensité du courant et l'armature est tour à tour attirée, puis abandonnée à l'action d'un ressort antagoniste, et cela aux moments précis où son intervention est nécessaire. En cas d'extinction, les charbons sont ramenés jusqu'au contact et le mouvement de rappel de l'armature est utilisé pour produire le recul indispensable au rétablissement de l'arc.

Nous n'entrerons pas ici dans les détails de construction de ces appareils (V. LAMPE ÉLECTRIQUE); nous indiquerons seulement les dispositions adoptées dans l'un des plus anciens et des meilleurs types de lampes, celle de M. Serrin qui est employée depuis vingt ans par la direction des phares (fig. 338).

Le charbon supérieur B est fixé par une vis de pression dans une douille articulée sur le haut de la tige du A porte-charbon; deux boutons permettent de règler sa direction, dans deux plans perpendiculaires, et de l'ajuster dans le prolongement du charbon inférieur. Cette tige A, dont le poids fournit la force nécessaire pour déterminer le rapprochement des charbons, glisse dans un tube fixe C, qui lui sert de guide. Le bas de cette tige est muni d'une crémaillère qui engrène avec une roue dentée; l'axe de cette roue porte une poulie sur laquelle s'enroule une petite chaîne de Gall, dont l'autre extrémité est reliée à la tige D du porte-charbon inférieur par l'intermédiaire d'une console F; le tube E qui sert de guide à ce porte-charbon, est fendu dans sa partie inférieure pour le passage de cette console. Le tube E est soutenu par les bras I et L, d'un parallélogramme oscillant qui lui permet de se mouvoir: soit de haut en bas, sous l'influence d'une armature en fer H, qui est attirée par un électro-aimant G; soit de bas en haut, lorsque l'électro-aimant, devenu inactif, permet au ressort spirale K de la faire remonter. On aperçoit, derrière le montant intermédiaire, la série des mobiles qui transmettent le mouvement à une étoile d'encliquetage, et la palette inclinée qui monte et descend avec le système oscillant, de façon à laisser libre ou à suspendre le défilement des rouages.

La ligne pointillée représente la cage en métal de l'appareil, traversée en arrière par une vis à l'aide de laquelle on règle la tension du ressort K, pour l'équilibrer avec l'attraction exercée par l'électro-aimant G sur son armature H, et par conséquent avec l'intensité du courant qui parcourt le fil de cet électro-aimant. Une lame métallique ondulée amène le courant électrique au bas du tube E, tout en offrant la flexibilité nécessaire à ses mouvements. Lorsque le courant ne circule pas, l'électro-aimant est inactif; le système oscillant est soulevé, et la palette dégagée des dents de l'étoile d'encliquetage; les rouages défilent librement, et la tige A descend, forçant par son poids la tige D à remonter en même temps; les charbons se mettent au contact, afin de permettre au courant de passer, lorsqu'il est introduit dans l'appareil; mais aussitôt que ce passage du courant est établi, l'électro-aimant G, devenu actif, attire son armature et tout le système oscillant s'abaisse; le charbon inférieur descend; comme au même instant la palette s'engage entre les dents de l'étoile, les rouages sont arrêtés et le charbon supérieur ne peut se mouvoir; il y a donc séparation des charbons et formation de l'arc.

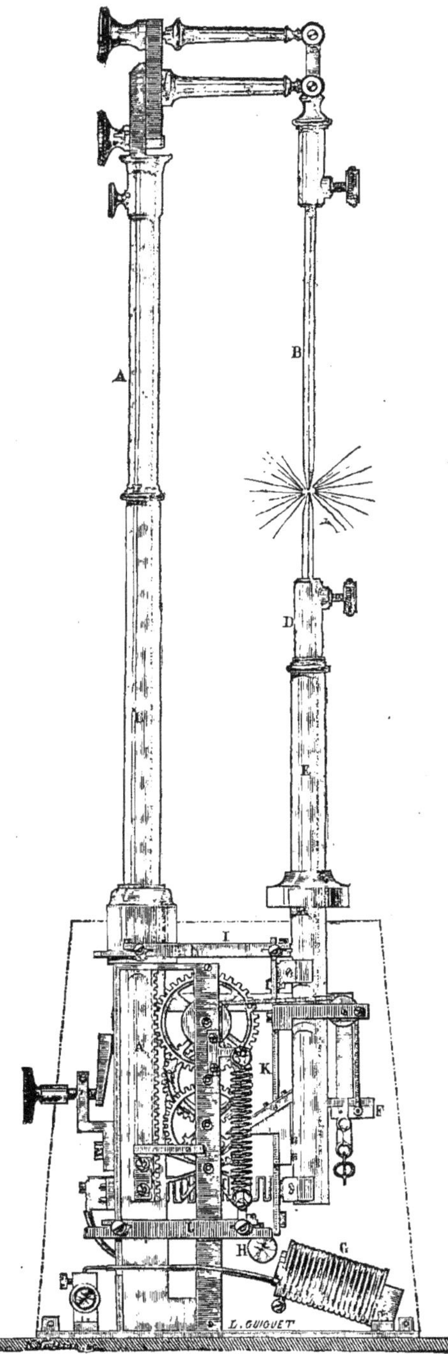

Fig. 338. — *Lampe électrique ou régulateur de M. V. Serrin.*

La combustion des charbons augmente leur écartement; l'arc s'allonge et sa résistance augmente; l'intensité du courant diminue, et avec elle la force attractive de l'électro-aimant; il arrive un moment où elle n'est plus assez forte pour vaincre l'action du ressort; c'est alors que le système oscillant remonte, dégageant de nouveau l'encliquetage, et permettant aux charbons de se rapprocher d'une fraction de millimètre; par suite de ce rapprochement, l'électro-aimant recouvre son énergie, et force le système oscillant à redescendre: les charbons sont arrêtés de nouveau jusqu'à ce qu'une nouvelle usure provoque un nouveau rapprochement, et ainsi de suite.

Ce mode de réglage, excellent pour un seul régulateur, devint précisément le principal obstacle à l'emploi de plusieurs lampes sur un même courant; chaque changement dans l'un des arcs entraînait le fonctionnement de tous les électro-aimants à la fois, et comme il est impossible que l'usure des charbons soit absolument égale dans toutes les lampes, pendant que la marche de l'une d'elles se rétablissait, les charbons de l'autre arrivaient au contact ou s'écartaient démesurément en les éteignant toutes.

Il fallut près de trente ans pour trouver la solution de ce qu'on avait appelé la *divisibilité* de la lumière électrique. On y est parvenu en faisant agir sur l'électro-aimant de réglage, au lieu de la totalité du courant, une dérivation de ce courant. Pour cela, on l'oblige à parcourir, pour arriver aux charbons, deux circuits à la fois, l'un direct et peu résistant, l'autre, dérivé, à travers l'hélice de l'électro-aimant qui est alors faite avec du fil beaucoup plus fin et suffisamment résistant pour qu'il n'y passe qu'une très faible partie du courant, tant que l'arc présente la résistance normale; mais aussitôt que cette résistance augmente, le courant dérivé augmente d'intensité et l'électro-aimant fonctionne; il faut remarquer qu'il fonctionne alors en sens inverse du système précédent; en effet, l'affaiblissement du courant principal faisait abandonner l'armature, tandis qu'avec la dérivation, le même affaiblissement provoque l'attraction. Avec cette distribution du courant, le réglage des lampes s'effectue d'une façon indépendante, parce qu'il passe toujours, d'une lampe à l'autre, la même quantité d'électricité, quelle que soit la manière dont s'effectue ce passage.

Le réglage par dérivation exige encore l'emploi, dans chaque lampe, d'un ressort antagoniste pour éloigner l'armature de l'électro-aimant, et ce ressort doit être lui-même réglé d'après l'intensité du courant; c'est une des sujétions les plus délicates de ce genre d'appareils et, pour s'en affranchir, on a eu l'idée de remplacer le ressort par un second électro-aimant activé par le courant principal; les deux électro-aimants agissent simultanément dans des directions opposées et c'est la différence entre leurs effets qui détermine les mouvements de l'armature et par suite règle la marche des charbons. On a donné aux lampes ainsi disposées le nom de *lampes différentielles*.

Dans ces appareils, les électro-aimants ordinaires sont souvent remplacés par deux solénoïdes placés dans le prolongement l'un de l'autre et enroulés en sens inverse, l'un avec un gros fil, peu résistant; l'autre, avec un fil fin et long dont la résistance est à peu près cent fois plus grande. A l'intérieur se meut un tube en fer doux, sur lequel est articulé le lévier qui commande la marche des charbons; ce même levier actionne le piston d'une petite pompe à air qui sert de modérateur. Quelquefois les solénoïdes sont réunis en un seul, sur lequel les deux fils sont enroulés en couches superposées et en sens inverse.

Dans les appareils simplifiés, le porte-charbon mobile est réduit à une simple tige, lisse ou filetée à pas rapide, dont la descente est réglée par une bague, une vis ou un écrou qui agit à la manière d'un frein, toujours sous l'influence d'un réglage électro-magnétique.

Comme le fil fin des circuits de dérivation pourrait s'échauffer et même brûler, s'il était traversé par un courant intense, dans le cas, par exemple, où la rupture de l'arc durerait trop longtemps, chaque lampe est munie d'un appareil de sûreté automatique qui fait, au besoin, passer le courant principal dans un circuit complémentaire dont la résistance est calculée de façon à ne troubler ni la marche des autres lampes, ni même le rapprochement des charbons de la lampe éteinte. Il faut naturellement que la grosseur des charbons soit proportionnée à l'intensité du courant; s'ils sont trop fins ils rougissent sur une grande longueur et se consument en pure perte au contact de l'air. On peut, il est vrai, atténuer en partie cette usure grâce au procédé de métallisation imaginé par M. Reynier, procédé qui consiste à les recouvrir d'un léger dépôt galvano-plastique de cuivre, ou mieux de nickel, qui supprime le contact de l'air; cela permet, soit d'augmenter leur durée, soit d'employer des charbons plus fins, donnant, pour la même durée, une lumière plus intense.

Néanmoins, les charbons s'usent encore assez vite, en moyenne huit à dix centimètres par heure et par lampe; pour les éclairages de longue durée, comme les éclairages publics, il fallait les renouveler, ce qui est d'autant plus gênant que les appareils sont en général peu accessibles; on possédait bien des baguettes de longueur suffisante, mais comme elles ne sont tenues que par une extrémité, il fallait limiter cette longueur parce qu'elles devenaient trop fragiles et trop difficiles à diriger exactement. Diverses dispositions ont été imaginées pour remédier à cet inconvénient; tantôt les charbons sont conduits l'un vers l'autre pressés entre des galets; ceux-ci sont logés dans des porte-charbons fixes et actionnés par un mouvement d'horlogerie; tantôt les mêmes charbons sont logés dans des espèces de gouttières et glissent sous l'action d'une chaînette et d'un poids; ces systèmes permettent de placer les charbons horizontalement et d'éviter l'ombre portée par le pied de la lampe. On emploie également des lampes disposées pour contenir deux ou trois paires de charbons qui sont appelés à brûler successivement par le jeu même du mécanisme.

On a fait quelques tentatives pour réaliser des lampes à arc voltaïque sans mécanisme. M. de Baillehache avait disposé, vis-à-vis l'un de l'autre, deux charbons poussés par des ressorts, mais retenus à la distance nécessaire pour le maintien de l'arc au moyen de bagues coniques en magnésie calcinée dans lesquelles les pointes avançaient par suite de leur usure progressive; malheureusement la magnésie ne résistait pas à l'énorme chaleur à laquelle elle était exposée. Plus tard M. de Solignac imagina un moyen original d'arrêter, à la distance convenable, deux charbons horizontaux, entraînés l'un vers l'autre par une chaîne et un poids; chacun d'eux est muni, en dessous, d'une baguette de verre, dont l'extrémité, recourbée, s'appuie contre un butoir métallique. Dans l'état normal la distance de la pointe incandescente au butoir est telle que le verre reste assez solide pour résister à l'action du poids. Mais lorsque, par suite de l'usure, l'incandescence de la pointe se rapproche du butoir, la baguette de verre se ramollit par l'échauffement; elle cède à la pression en se courbant davantage et laisse avancer le charbon jusqu'à ce que la distance ramène le refroidissement et la solidification du verre. On peut remarquer qu'ici le réglage est demandé à l'échauffement des charbons; le courant électrique n'intervient pas et rien n'empêche de placer plusieurs lampes sur un même circuit.

Parmi les nombreux appareils qui ont été imaginés depuis que l'invention de la bougie a prouvé que l'on pouvait se passer de mécanisme, nous citerons encore les brûleurs de MM. Rapieff et Gérard; un modèle récent de M. de Solignac qui présente une combinaison ingénieuse des systèmes Archereau et de Baillehache, enfin la lampe soleil qui, si elle rentre dans le même ordre d'idée, diffère totalement de toutes les autres par le mode d'emploi de l'arc voltaïque.

Lampe soleil. Les deux charbons polaires, de section demi-cylindrique, sont inclinés l'un vers l'autre d'environ 15°, enserrant entre eux un petit bloc de marbre blanc ou de magnésie; ils sont guidés extérieurement par deux autres blocs en marbre ou simplement en pierre calcaire, présentant deux saillies sur lesquelles reposent les pointes des charbons; lorsque l'arc voltaïque jaillit entre les pointes, il lèche la face inférieure du bloc central et l'amène à un état d'incandescence comparable à celle des pointes elles-mêmes. Une enveloppe en métal contient tout le système et sert pour suspendre la lampe; les charbons descendent par leur propre poids. La lumière, dans l'émission de laquelle n'interviennent plus directement, ni l'arc voltaïque, ni les pointes des charbons qui sont cachées presque entièrement, est d'une fixité remarquable, et présente une teinte légèrement dorée qui lui a valu son nom; on pourrait aussi bien la nommer lampe Drummond électrique. On conçoit, du reste, que la température élevée du bloc éclairant ne varie pas aussi brusquement que celle de l'arc lui-même; la quantité de chaleur emmagasinée régularise en quelque sorte l'émission de la lumière.

Pour permettre au courant de passer d'une pointe à l'autre afin d'allumer la lampe, celles-ci étaient reliées par un filet de plombagine préalablement appliqué sur la face inférieure du bloc central; mais une fois éteinte, la lampe primitive ne pouvait être rallumée qu'à la main. Depuis les inventeurs l'ont munie d'un système de rallumage automatique; il ne reste plus qu'à supprimer l'emploi des courants alternatifs dont le ronflement serait bien gênant dans beaucoup des applications auxquelles cette lampe convient mieux que les autres par les qualités de sa lumière.

On emploie souvent, pour les lampes à arc, la classification suivante : on appelle *monophotes*, celles qui ne permettent d'obtenir qu'un seul foyer avec le même courant, et *polyphotes*, celles qui permettent au courant de produire plusieurs foyers; les lampes à dérivation et les lampes différentielles sont polyphotes, et à plus forte raison, les brûleurs électriques, dans lesquels le courant n'intervient pas pour le réglage, comme la lampe Solignac, la lampe soleil et la bougie Jablochkoff.

Dans les éclairages par l'arc voltaïque, on emploie tantôt les courants continus, tantôt les courants alternatifs. Ces derniers assurent une usure égale des deux charbons, ce qui est précieux dans certaines applications, où le foyer lumineux doit être bien dégagé; on les emploie surtout à cause de la facilité avec laquelle on obtient, sur les machines à courants alternatifs, plusieurs courants distincts; nous avons vu déjà que leur emploi est indispensable avec les bougies.

Incandescence à l'air libre. Dans ce système, l'arc voltaïque est supprimé, et la lumière produite uniquement par l'incandescence des charbons; l'usure des pointes est très réduite, mais existe toujours suffisamment pour nécessiter un rapprochement incessant. M. Reynier, en France, et quelque temps après, M. Werdermann, en Angleterre, eurent l'idée de concentrer la production de la lumière, et en même temps l'usure, dans un seul des charbons. Le charbon négatif fut remplacé par un bloc de même matière, assez gros pour que l'échauffement fut insignifiant; le charbon positif, formé d'une baguette mince de charbon, appuyée par un bout sur le bloc, était porté à l'incandescence sur une petite partie de sa longueur, limitée par le contact d'un manchon ou d'un charbon, qui servait en même temps de frein pour régler son mouvement de progression, M. Reynier avait donné au charbon négatif la forme d'un disque mobile sur son axe; la baguette positive s'appuyait sur la tranche de ce disque un peu en avant de la verticale passant par le centre, de façon qu'en descendant, à mesure qu'elle s'usait, elle faisait tourner le disque lentement, mais suffisamment pour renouveler le contact et empêcher la cendre de s'y accumuler.

Dans le système de M. Werdermann, la marche se faisait en sens inverse; le bloc négatif était en haut; le charbon positif au-dessous et remonté incessamment par un contrepoids agissant sur deux chaînettes passant sur des poulies de renvoi. On conçoit qu'avec ces dispositions l'allumage est automatique et les extinctions sont presque impossibles ou du moins fort rares, puisqu'elles ne se produisent que par la rupture du charbon. Dans un dernier modèle, beaucoup plus simple, M. Reynier obtenait un foyer de 8 à 12 becs carcels avec une baguette de charbon de deux millimètres et demi; sa longueur était d'un mètre et sa durée de six heures. Une de ces lampes, alimentée avec le courant de huit éléments Bunsen, produisait une lumière de quatre becs carcels; c'est une ressource précieuse pour les laboratoires, d'autant plus qu'il est facile d'employer des éléments moins désagréables que les Bunsen, comme, par exemple, les éléments récemment inventés (zinc et oxyde de cuivre), par MM. de Lalande et Chaperon.

La lumière fournie par ce genre de lampes est plus fixe et d'une coloration plus agréable que celle des lampes à arc; mais la diminution de la résistance au passage du courant entraîne une diminution de chaleur qui abaisse l'intensité lumineuse; chaque foyer ne dépasse guère 15 à 20 becs carcels, chiffres qu'atteignent facilement les becs à gaz intensifs; c'est sans doute ce qui empêche leur adoption, malgré le succès de cet éclairage à l'Exposition de 1881 et aux expériences de l'Opéra.

Incandescence dans le vide. L'incandescence dans le vide diffère absolument des systèmes précédents, en ce que le corps éclairant ne présente plus, entre les pôles, de solution de continuité; c'est du reste l'application à l'éclairage de l'expérience classique qui consiste à rougir un fil métallique par le passage d'un courant électrique. Les premiers essais ont été faits, dès l'année 1844, par l'ingénieur anglais de Moleyns, avec un fil de platine roulé en spirale et enfermé dans un globe en cristal; ils avaient été repris, en 1847, par Petrie, et, en 1858, par M. de Changy; enfin M. Edison avait suivi la même voie dans ses premiers travaux. Malheureusement, on n'obtenait une belle lumière qu'à une température tellement voisine de la fusion que l'on ne parvint jamais à l'éviter, malgré l'emploi des métaux les plus réfractaires. D'autre part, King et Starr avaient, en 1845, essayé sans succès l'emploi de baguettes minces de charbon de cornue. Celles-ci étaient bien infusibles, mais elles ne résistaient pas à la désagrégation et à la combustion. Quelques physiciens russes, Lodiguyne, Koslow, Kohn et Bouliguine, produisirent, de 1873 à 1876, différents modèles de lampes à incandescence de charbon en vase clos ; c'était un acheminement vers la solution qui ne devait être réalisée que par l'invention d'un charbon spécial capable de supporter une température beaucoup plus forte que le charbon de cornue, bien que réduit à n'être plus qu'un fil extrêmement fin. Le succès est dû principalement à la découverte faite par M. Edison, pendant ses recherches sur le platine, des modifications physiques qu'éprouvent les corps que l'on porte à l'incandescence en même temps que l'on produit un vide énergique dans le vase qui les contient. Les gaz, enfermés entre leurs molécules, s'échappent, le platine devient beaucoup plus dur et plus élastique ; les fibres végétales carbonisées, soumises au même traitement, acquièrent les mêmes propriétés.

Il a fallu cependant vaincre bien d'autres difficultés : obtenir industriellement le vide presque parfait, qui n'avait encore été réalisé que difficilement, même dans les laboratoires les mieux outillés; relier les deux bouts du filament de charbon aux extrémités du circuit, de façon à empêcher l'échauffement exagéré et la rupture des jonctions; enfin fermer la lampe d'une façon hermétique, en évitant les rentrées d'air qui pouvaient résulter des dilatations et des contractions successives des fils qui traversent la fermeture. L'Exposition d'électricité de Paris, en 1881, et les nombreuses applications faites depuis, ont montré avec quel succès ces difficultés ont été surmontées; le problème de l'éclairage privé par la lumière électrique, est bien près d'être résolu et n'attend plus que la distribution de l'électricité à domicile; il s'impose même déjà partout où l'on veut obtenir une grande quantité de lumière très divisée, sans l'énorme production de chaleur inséparable des autres systèmes d'éclairage ; c'est déjà le seul qui ait rendu possible l'éclairage intérieur des navires modernes.

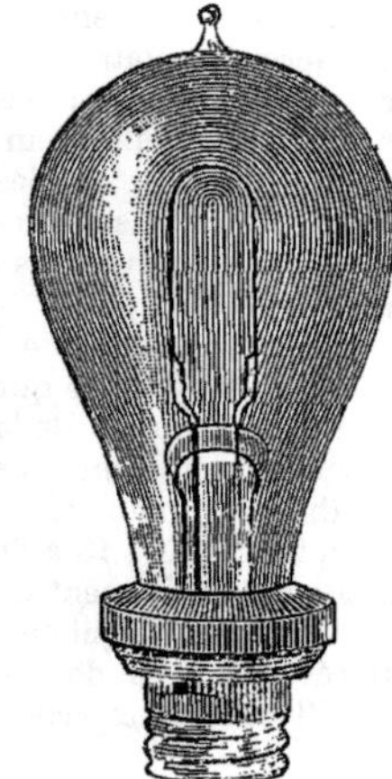

Fig. 339.
Lampe à incandescence d'Edison.

Les principales lampes à incandescence employées aujourd'hui diffèrent surtout par la nature du filament de charbon.

Dans les lampes Edison (fig. 339), c'est un filament de bambou carbonisé, dont la section, d'abord carrée, est aujourd'hui rectangulaire, avec une largeur de trois dixièmes de millimètre et une épaisseur d'un dixième; sa longueur développée, dans le type de 16 bougies (candles), est de 124 millimètres. Quelques mots sur sa fabrication feront connaître la marche généralement suivie pour les autres lampes. Le bambou, apporté du Japon, est coupé en tronçons de la longeur nécessaire, et refendu en lames que l'on réduit à l'épaisseur d'une feuille de papier. On divise ces lames en filaments, parfaitement calibrés, élargis aux extrémités, en forme de palettes, pour former les jonctions avec le circuit. Ces filaments sont recourbés en fer à cheval pour les placer dans des moules bien fermés que l'on réunit ensuite dans des caisses de graphite hermétique-

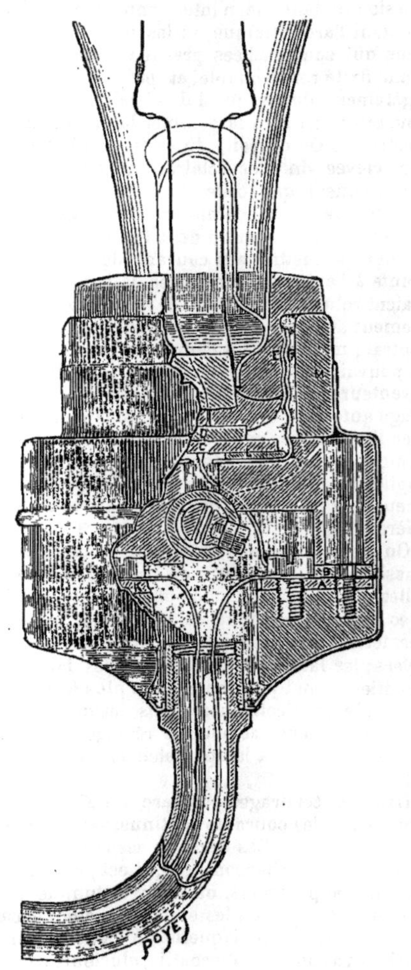

Fig. 340.

ment closes. Ces caisses sont introduites dans un four chauffé à une très haute température, dans lesquels s'effectue la carbonisation.

Le petit charbon, ainsi préparé, est soudé à deux fils de platine enfermés, à chaud, dans de petits tubes de verre ; ces fils de platine sont terminés par deux petites lames, en forme de pinces, entre lesquelles on introduit les bouts évasés du charbon, la soudure est faite d'une façon indissoluble par un dépôt galvanique de cuivre.

Les ampoules de verre sont l'objet d'une fabrication spéciale et recuites avec soin ; après y avoir introduit le charbon, on y fait le vide à plusieurs reprises en portant chaque fois le filament de charbon à un plus haut degré d'incandescence par le passage d'un courant ; on les scelle ensuite dans un tampon de plâtre, qui forme le

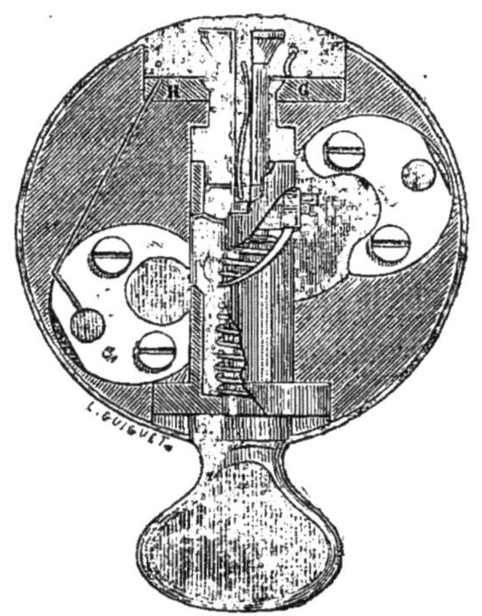

Fig. 341.

socle de la lampe ; les bouts libres des fils de platine sont soudés à deux lames de cuivre dont l'une, E, forme un pas de vis (fig. 340 et 341) et l'autre, D, recouvre le dessous du tampon. Les douilles, qui reçoivent les lampes, reproduisent, en creux, cette disposition, par une pièce de cuivre, F, formant écrou et par une autre pièce, C, qui garnit le fond de la douille. C'est à ces deux pièces, isolées électriquement, que s'attachent les fils de cuivre, qui amènent le courant. Quand on place une lampe dans la douille, le contact s'établit, d'une part, entre la vis E et l'écrou F ; d'autre part, entre les deux lames C et D.

Les douilles sont munies d'un petit dispositif ingénieux qui permet d'allumer ou d'éteindre chaque lampe par un mouvement analogue à celui d'un robinet. A cet effet, l'un des fils est interrompu au milieu et les bouts sont soudés à deux plaques, G et H, isolées l'une de l'autre ; ces plaques sont creusées, sur leur bord intérieur, en forme de cuvette dans laquelle peut s'engager une tige fendue, terminée par un renflement conique, capable de remplir la cuvette. Un ressort plat, logé dans la tige, assure la perfection des contacts. La tige est munie d'une vis dont la tête coulisse dans une rainure hélicoïdale, de sorte qu'en la tournant comme un robinet, elle prend un mouvement de va-et-vient qui force le cône à entrer dans la cuvette ou à en sortir, reliant entre elles les plaques ou les isolant l'une de l'autre. M est un manchon isolant ; A et K sont les plaquettes de raccordement des fils extérieurs du circuit et des fils intérieurs de la douille ; celle-ci se visse à demeure aux extrémités de bras d'applique et de lustre, ou de toute autre pièce d'appareillage. Les lampes terminées sont classées en déterminant au galvanomètre leur résistance électrique et au photomètre leur intensité lumineuse.

Le charbon des lampes Swann est de section circulaire ; on le fabrique avec des tresses de coton, parcheminées à l'acide sulfurique étendu d'un quart d'eau ; elles sont ensuite rougies dans du poussier de charbon et la carbonisation est terminée dans le vide. Dans les lampes Lane-Fox, le charbon est fait avec des fibres végétales, celles du chiendent entre autres, vulcanisées et imprégnées d'oxychlorure de zinc. La section est circulaire avec un diamètre d'environ trois dixièmes de millimètre. La longueur développée est de 86 millimètres.

Dans les lampes Maxim, le filament est découpé dans un carton de papier bristol, roussi d'abord entre deux plaques de fonte ; le charbon est ensuite plongé dans une atmosphère d'hydrogène fortement carburé et porté lentement à l'incandescence. Le dépôt qui se forme sur toute sa surface bouche les pores et augmente la conductibilité électrique. La forme adoptée est celle d'un M de 24 millimètres de hauteur sur 16 de largeur ; sa longueur développée est de 113 millimètres ; la section de charbon est rectangulaire, avec 5 dixièmes de millimètre en largeur sur un dixième d'épaisseur.

Le charbon de la lampe Nothomb est fabriqué avec de la cellulose carbonisée dans une atmosphère fortement carburée ; il a un millimètre de largeur et 4 dixièmes de millimètre d'épaisseur. On lui donne une longueur proportionnée à l'intensité lumineuse que l'on veut obtenir. L'ampoule de verre qui le renferme est remplie d'azote, ou de tout autre gaz impropre à la combustion.

M. Cruto a introduit dans ses lampes une modification très judicieuse ; son charbon est tubulaire, afin de présenter, à section égale, une plus grande surface d'émission lumineuse ; pour le fabriquer, il prend un fil de platine enroulé en spirale et le plonge dans un carbure d'hydrogène gazeux ; le fil, chauffé à blanc, par le passage d'un courant électrique, est recouvert, peu à peu, d'un dépôt du charbon résultant de la dissociation du carbure ; lorsque ce dépôt est assez épais, on augmente l'intensité du courant ; le platine est volatilisé et il reste un tube de charbon très résistant et très élastique.

M. Bernstein a construit également une lampe à charbon tubulaire, très remarquable par la grande intensité de courant qu'elle peut supporter ; nous reviendrons, en parlant de la distribution, sur cette lampe qui a beaucoup attiré l'attention à l'exposition d'électricité de Vienne, sous le nom de lampe de Boston.

C'est, du reste, vers le perfectionnement du charbon que sont, aujourd'hui, dirigées les recherches des inventeurs ; il faudrait qu'il put supporter une température encore plus élevée (la température actuelle est évaluée à 950°), tout en conservant, en augmentant même sa résistance électrique spécifique. Il faut surtout lui donner, d'une façon absolue, sur toute sa longueur, une section et une densité uniformes, pour assurer sa durée. Les intensités lumineuses que l'on peut obtenir avec ces lampes varient avec les dimensions et la température du charbon ; comme la section est limitée par la nécessité de conserver une solidité suffisante et la résistance électrique indispensable, on augmente plutôt la longueur et, au besoin, on enferme plusieurs filaments dans la même lampe, en se réservant la facilité de les accoupler en un seul circuit ou en dérivation, d'après l'intensité du courant disponible. En général, l'intensité lumineuse est maintenue bien au-dessous du maximum dont la lampe est capable, et cela afin, comme on dit en Angleterre, de la faire vivre plus longtemps ; elle varie entre 7, 8, 10, 16 et 20 bougies ; on a même pu obtenir jusqu'à 35 bougies d'une lampe Swann et jusqu'à 660 bougies d'une lampe Maxim ; mais, alors, elle n'a duré que quelques minutes. M. Edison emploie plusieurs types variant de 2 à 100 bougies. Les lampes Nothomb sont fabriquées sur 4 types, à un ou plusieurs charbons, donnant respectivement 30, 50, 100 et même 300 bougies. Il va de soi que la dépense totale de courant augmente avec le nombre de bougies ; mais la dépense par bougie diminue, autrement dit le rendement est meilleur. D'après M. Jamieson, la dépense d'énergie électrique, à égalité de puissance lumineuse, est, pour les lampes de 8 bougies, neuf fois plus grande que pour l'arc voltaïque ; avec les lampes de 22 bougies, le rapport descend à six fois et demie et dans le cas cité plus haut d'une lampe à 660 bougies, le rendement est presque égal à celui d'un arc voltaïque dans des conditions moyennes.

Distribution de l'électricité aux lampes. Avec les lampes à dérivation ou différentielles, avec les bougies et les lampes à incandescence, le nombre des foyers intercalés sur un même circuit n'est plus limité que par des considérations pratiques sur l'intensité et le potentiel du courant, ces deux conditions variant, en effet, avec la disposition employée pour alimenter les lampes ; c'est une partie de la question connue sous le nom de *distribution de l'électricité* ; c'est, en effet, pour l'éclairage, la distribution de l'énergie calorique qu'elle représente.

Il n'y a que deux manières d'opérer cette distribution : l'une, qui consiste à placer les lampes à la suite les unes des autres sur un même circuit ; c'est la distribution en série ou en tension ; l'autre, qui consiste à greffer sur le circuit principal autant de circuits dérivés qu'il y a de lampes ; c'est la distribution en dérivation. On peut encore former avec ces deux modes de distribution un système mixte, qui consiste à grouper un certain nombre de lampes en série et à greffer ces groupes en dérivation sur un circuit général ou sur les bornes de la source d'électricité. Dans le premier cas, le courant électrique passe tout entier et successivement dans toutes les lampes pour y produire le dégagement de chaleur nécessaire ; celles-ci sont établies pour fonctionner avec la même intensité qui reste à peu près invariable ; mais, en même temps, les résistances partielles de chaque appareil s'ajoutent les unes aux autres, de sorte que la résistance totale augmente ou diminue avec le nombre des foyers en activité ; il faut donc que la force électro-motrice de la source varie en même temps pour conserver au courant la différence du potentiel ou la tension correspondante ; c'est une conséquence évidente de la valeur de l'intensité $I = \frac{E}{R}$ (V. Courant électrique). Ce mode de distribution présente les avantages suivants : on n'a besoin que d'un seul circuit et, par conséquent, la longueur des conducteurs est réduite au minimum, ce qui diminue leur résistance ; l'intensité du courant n'est pas très grande, puisqu'elle n'a pas besoin de dépasser la valeur correspondant à un seul foyer. Les causes d'échauffement sont ainsi très réduites ; les conducteurs n'ont pas besoin d'être aussi gros et coûtent moins cher à établir.

D'autre part, on y trouve l'inconvénient que les appareils dépendent les uns des autres, de sorte qu'il faut multiplier les précautions pour empêcher que l'arrêt de l'un d'entre eux n'entraîne pas celui des autres ; la disposition la plus générale consiste à substituer à chaque lampe éteinte une résistance équivalente. Un autre inconvénient plus grave, c'est le danger que présente la haute tension du courant, danger d'autant plus à redouter qu'il n'y a rien qui puisse le signaler et rappeler à la prudence. On doit surtout éviter de se mettre en contact avec les deux branches d'un circuit ou les deux bornes d'une lampe en activité, et il serait à désirer que toutes les pièces du circuit et des lampes, accessibles à la main, fussent soigneusement garnies de matière isolante.

La distribution en tension, qui permet de franchir de longues distances, a été poussée très loin par M. Brush ; c'est ainsi que, pendant l'exposition de 1881, on a vu les 36 foyers, employés à l'Opéra pour les essais d'éclairage, alimentés par le courant d'une machine installée au palais des Champs-Elysées. Dans une autre expérience, le nombre des foyers s'est élevé à 40 et la longueur du circuit à 7 kilomètres ; mais, alors, le potentiel atteignait 2,000 volts ; à lumière égale, la dépense du travail est plus grande, parce qu'il est employé surtout à élever le potentiel du courant, tandis que c'est l'intensité qui contribue à la production de la chaleur.

En général, on adopte pour le nombre des foyers en tension sur un même courant un chiffre bien inférieur, variant de 5 (Siemens, Gramme), à 10 (Weston); il est de 5 également pour les bougies. Si l'éclairage exige un plus grand nombre de foyers, on emploie les machines à courants multiples, dont l'invention est due à M. Lontin. Ce système, qui n'est pratiquement réalisable qu'avec les courants alternatifs, permet d'obtenir, d'une seule machine puissante, autant de courants distincts qu'il est nécessaire; quatre à cinq ordinairement, ce qui, à raison de 5 foyers par circuit, donne de 20 à 25 foyers; mais, avec les machines dynamo-électriques de ce genre, on est obligé d'ajouter une petite machine spéciale, à courant continu, pour exciter les inducteurs, ce qui complique un peu l'installation, et conduit souvent à préférer les machines magnéto-électriques. La multiplicité des circuits entraîne aussi une plus grande longueur de conducteurs.

Dans le second système de distribution, chacun des courants dérivés doit avoir l'intensité nécessaire à la lampe qu'il dessert, de sorte qu'il faut donner au courant principal une intensité un peu supérieure à la somme des intensités partielles; on voit déjà qu'il y a intérêt, pour que cette somme n'atteigne pas une valeur exagérée, à construire les lampes pour marcher avec la plus faible intensité possible, et, par suite, à leur donner une très grande résistance. C'est, en effet, ce qu'indique le tableau ci-dessous :

	Intensité du courant en ampères	Résistance en ohms à chaud	Intensité lumineuse en bougies normales
Edison	0.651	137.40	1.62
Swan A	1.471	32.78	1.75
Swan B	1.758	31.75	3.50
Lane Fox A	1.593	27.40	1.72
Lane Fox B	1.815	26.59	3.44
Maxim A	1.380	41.11	1.57
Maxim B	1.570	39.60	3.26
Siemens et Halske	0.915	104.72	1.45
Siemens et Halske (1883)	0.410	244.00	1.26
Siemens et Halske (1883)	0.550	182.00	1.70
Siemens et Halske (1883)	0.800	125.00	2.63

Avec ce système, la résistance totale du circuit diminue ou augmente à mesure que l'on introduit ou que l'on retranche de nouvelles dérivations, et les variations de la résistance devraient suffire pour régler automatiquement l'intensité, si la résistance intérieure de la source d'électricité était nulle: comme c'est matériellement impossible à réaliser, la régulation de la force électro-motrice est encore nécessaire; mais elle est d'autant plus facile que la résistance intérieure de la source est plus faible.

Dans le système si bien étudié de M. Edison, la résistance intérieure de la machine dynamo-électrique est seulement de 0ohm,003, bien que la force électro-motrice soit de 125 volts.

Cette distribution a le grand avantage d'assurer la complète indépendance des lampes; mais elle exige des courants puissants et une grande longueur de conducteurs, ce qui oblige à donner à ces derniers une section considérable pour éviter la perte du travail due à leur échauffement. C'est, en effet, le phénomène lui-même que l'on exploite pour produire la lumière qui devient le principal obstacle à l'économie de transport. Dans la pratique, on consacre à cette perte inévitable environ un dixième de l'intensité totale du courant.

On diminue, autant que possible, la dépense d'établissement des conducteurs en leur donnant des sections décroissantes à mesure que l'on s'éloigne de la source. Lorsque le nombre des lampes est considérable, la longueur exagérée d'un seul circuit principal entraîne une chute de potentiel très sensible de l'origine du circuit à la dernière lampe; on y obvie en divisant l'éclairage par groupes de lampes alimentés par des dérivations principales; on réussit encore mieux en mettant en opposition les deux branches du circuit principal, de telle sorte que la dérivation qui se trouve à l'extrémité de l'une des branches soit reliée à l'origine de l'autre branche; cette disposition a été employée par M. Werdermann avec ses lampes à incandescence à l'air libre et par M. Gulcher, avec des lampes à arc, installées en dérivation.

La distribution mixte n'est guère employée; on lui reproche de supprimer l'indépendance absolue de tous les foyers; elle permettrait, cependant, de réaliser une économie assez importante, si l'on profitait de ce que, très souvent, l'éclairage peut être divisé en groupes dont les foyers s'allument et s'éteignent tous en même temps. Cette considération et celle de la diminution du rendement avec la division de la lumière ont conduit M. Bernstein, de Boston, à une construction de lampes à incandescence spéciales pour ce mode de distribution, et dont le pouvoir éclairant est assez élevé pour permettre de diminuer le nombre des foyers. Il a créé un type de lampe, à charbon tubulaire, capable de fournir depuis 10 jusqu'à 195 bougies (candles), mais dont la marche normale est de 60 bougies, avec 50 volts et 3 ampères. Ces lampes peuvent être facilement groupées en tension dans chaque courant dérivé et fournir, avec la même dépense d'énergie, une plus grande quantité de lumière. Cela permet encore d'augmenter la tension du courant et, par suite, de diminuer la section des conducteurs. Les économies réalisées sur la production du courant, l'amortissement du matériel et le renouvellement des lampes paraissent devoir réduire de près de moitié les frais de l'éclairage.

Lorsque le nombre des lampes que l'on peut ainsi grouper est considérable, comme dans les éclairages publics, où l'allumage et l'extinction simultanée de tous les foyers seraient un progrès, le même type de 60 bougies est établi pour fonctionner avec 25 volts et 6 ampères; il est alors indispensable de munir chaque lampe d'un petit appareil de sûreté qui obvie au danger des extinctions totales.

Conducteurs. Les lampes électriques ne sont en définitive que des appareils intercalés sur le passage d'un courant, et un courant ne peut exister que dans un circuit fermé, reliant les deux pôles de la source entre lesquels une action chimique, calorique ou mécanique, entretient la différence de potentiel qui détermine son mouvement, augmentation de potentiel à l'un des pôles, diminution à l'autre. Ces deux effets sont, du reste, simultanés et d'égale valeur; ils représentent, l'un, une espèce de refoulement, l'autre, une espèce d'aspiration, qui se propagent, en sens inverse, dans chacune des parties correspondantes du circuit, pour se rencontrer au milieu de sa longueur (le circuit étant supposé homogène et partant d'égale résistance). Mais, sous ces influences, le sens du courant reste le même dans toute la longueur du circuit, comme le mouvement qui se produirait dans un tuyau aux extrémités duquel fonctionneraient simultanément deux pompes d'égale puissance, l'une foulante, l'autre aspirante. C'est la partie du circuit soumise au refoulement que l'on considère comme chargée positivement, et l'autre, comme chargée négativement. On les désigne aussi sous les termes de fil d'aller et de fil de retour du courant. Avec les machines à courants alternatifs, les changements de sens des courants successifs sont si nombreux et si rapides que l'on abandonne ces désignations. — V. CIRCUIT ÉLECTRIQUE et COURANT ÉLECTRIQUE.

Pour établir les circuits des courants intenses employés dans l'éclairage électrique, on emploie des fils métalliques; c'est le cuivre qui est le plus généralement employé, parce qu'il est le meilleur marché de tous les métaux qui conduisent bien l'électricité (V. CONDUCTIBILITÉ). Le fer coûterait moins cher, mais sa résistance électrique étant six fois plus grande que celle du cuivre, on arriverait à des dimensions et à un poids impraticables. Pour les longs circuits aériens, on remplace avantageusement le cuivre par le bronze siliceux dont la conductibilité est presque la même (0,96) et dont la résistance à la rupture est beaucoup plus grande (1,6).

La section des conducteurs augmente rapidement avec l'intensité du courant; les lois de Joule établissent, en effet, que la quantité de chaleur dégagée dans l'unité de temps, par le passage d'un courant électrique dans un conducteur, est proportionnelle au carré de l'intensité du courant et à la résistance du conducteur. $Q=RI^2$. Q, chaleur en calories; R, résistance en ohms; I, intensité en ampères. Quant à la résistance, elle varie en raison directe de la longueur du conducteur et en raison inverse de sa section et de la conductibilité du métal employé. $R=\frac{L}{KS}$. L, longueur; K, coefficient de conductibilité; S, section.

Comme généralement la section est circulaire, cette expression devient $R=\frac{4L}{K\pi d^2}$ et montre que la résistance est en raison inverse du carré du diamètre du conducteur.

L'augmentation de section des conducteurs peut, en fin de compte, coûter plus cher que l'échauffement, de sorte qu'il convient de comparer, d'une part, l'intérêt et l'amortissement des frais d'établissement des conducteurs; d'autre part, le prix de l'électricité transformée en chaleur inutile, en tenant compte de ce que cette dernière dépense n'a lieu que pendant la marche. On pourra ainsi déterminer, pour la section des conducteurs, une valeur telle que les deux dépenses soient égales et qui sera par conséquent un minimum. On peut consulter, pour ce travail, les tables publiées par M. R. Sabine, dans l'*Electrical review*, et reproduites dans la *Lumière électrique* (t. VIII, p. 119). On y trouve en horse power (76 kilogrammètres) le travail perdu sous forme de chaleur, dans des fils de différents diamètres, à différentes intensités de courant, et l'élévation de température produite dans ces fils, supposés nus. D'autre part, les expériences ont montré que le rendement des machines dynamo-électriques varie de 0,70 à 0,95; on peut donc, sans crainte d'erreur, adopter 0.80.

Les câbles à un seul fil doivent être enfermés dans un tube de caoutchouc; lorsque la section est un peu forte, on doit employer de préférence un câble formé d'un nombre suffisant de fils fins, réunis et légèrement tordus. On les entoure avec un guipage formé d'une ou de plusieurs bandes de coton imprégné de goudron. Lorsqu'ils doivent être enterrés ou traverser des endroits humides, des caves ou des égouts, on enferme les fils ainsi garnis dans un tube de plomb.

Toutes les jonctions et les attaches doivent être faites sur des fils mis à nu, bien nettoyés et soudés avec beaucoup de soin; on les recouvre ensuite à nouveau de matière isolante.

On a essayé de faire servir la charpente des bâtiments en fer, pour le fil de retour; ce procédé économique, applicable à quelques lampes en série, ne serait pas sans danger avec des courants de grande tension et ne convient pas aux distributions en dérivation.

Pour une distribution aussi importante que celle de l'éclairage Edison, à New-York, il a fallu étudier avec soin toutes les questions que soulève la canalisation, isolement parfait des conducteurs, facilité de pose et de contrôle, facilité d'établir au besoin tous les branchements nécessités par l'extension de l'éclairage, précautions contre les chances d'interruption ou d'incendie, etc. Nous rappellerons sommairement les dispositions adoptées, dispositions dont les éléments figuraient à l'Exposition de 1881.

Les conducteurs sont formés de barres de cuivre demi-cylindriques, qui sont introduites, deux par deux, dans des tuyaux en fer, où elles sont empâtées dans une composition spéciale, coulée à l'état liquide, puis solidifiée. Les tubes sont soudés à recouvrement et revêtus de ruban goudronné pour les préserver de l'oxydation. On leur donne des dimensions décroissantes à mesure que l'on s'éloigne de l'usine et que le nombre des lampes à desservir diminue; le nombre des types adoptés est de dix, établis de la façon suivante. — V. le tableau de la page 611.

Pour les conducteurs plus petits que le numéro 7, à l'intérieur des bâtiments, on se sert de

Types	Section de chaque barre de cuivre en millimètres carrés	Diamètre extérieur du tube de fer en millimètres
1	830	82
1 1/2	598	76
2	444	70
2 1/2	340	63
2 3/4	244	57
3	133	51
4	92	48
5	54	34
6	33	32
7	16	26.5

simples fils de cuivre, enveloppés d'une matière isolante et absolument ininflammable.

Les tronçons de conduite sont réunis, dans des boîtes de jonction en fonte, au moyen de ponts en cuivre dont les branches sont creusées pour recevoir les extrémités des barres de cuivre que l'on fixe au moyen de vis de pression. Pour embrancher une conduite d'immeuble sur la conduite principale, on intercale sur le parcours de celle-ci une boîte de jonction du même genre (fig. 341); les conducteurs, mis à nu, sont introduits dans cette boîte et réunis comme précédemment; seulement les deux ponts sont munis d'appendices auxquels se fixent, de la même façon, les deux conducteurs de la conduite dérivée; ces boîtes sont ensuite remplies de la même matière isolante que les tubes. Toute cette partie de la canalisation est établie en tranchée, avec beaucoup plus de facilité que les grosses conduites du gaz.

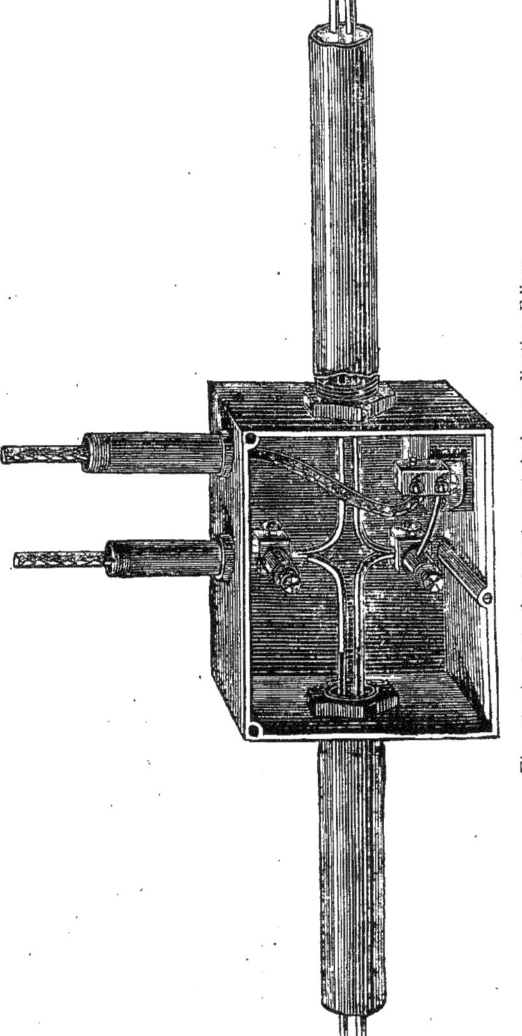

Fig. 342. — Boîte d'embranchement de la canalisation Edison.

Les boîtes de jonction, à l'intérieur des maisons, sont analogues aux précédentes; mais elles ne sont pas remplies de matière isolante et l'on se contente, après les avoir fermées hermétiquement, de les recouvrir d'un enduit isolant; elles sont, en outre, munies d'un coupe-circuit (cut-off.).

Coupe-circuit. On appelle ainsi une espèce d'interrupteur automatique, intercalé dans le circuit, et constitué avec un fil ou une feuille mince de métal fusible (plomb ou mieux alliage de plomb et d'étain), dont la résistance électrique est calculée de façon qu'il fond et interrompt le passage du courant aussitôt qu'une augmentation fortuite de l'intensité peut compromettre les lampes et exposer le circuit à un échauffement dangereux; on s'en sert également pour les machines excitées en circuit afin d'empêcher les bobines de brûler.

Les coupe-circuits sont établis pour fonctionner avec une intensité de courant une fois et demie ou deux fois plus grande que celle du courant de régime; en pratique, on admet un maximum de 8 ampères par millimètre carré de fil de plomb. On emploie souvent le même diamètre de fil pour toute l'installation et on modifie seulement la longueur. Un fil de 2 millimètres de diamètre aurait 80 millimètres de longueur pour un courant de 40 ampères, et 40 millimètres, pour 50 ampères. Dans le système Edison, on intercale des coupe-circuits à chaque ramification de la conduite et même pour chaque groupe de lampes. Quand un de ces appareils a fonctionné, c'est un employé de la compagnie qui visite et répare la conduite avant de remettre en place un nouveau fil.

Lorsque les lampes ont besoin d'une certaine mobilité, on les fixe sur des supports à genouillères, analogues à ceux de l'éclairage au gaz et dont les figures 343 à 345 montrent l'ingénieuse disposition. Chaque articulation se compose d'un cylindre en matière dure et isolante, mobile autour de son axe, et portant deux anneaux de cuivre auxquels aboutissent intérieurement les fils du bras mobile. Sur le contour extérieur de ces anneaux frottent deux languettes de cuivre qui forment les extrémités des conducteurs du bras fixe et qui établissent le passage du courant. L'articulation d'entrée est, en outre, munie d'un interrupteur à vis qui se manœuvre comme un simple robinet, et d'un coupe-circuit pour protéger la lampe. On peut également avoir des lampes portatives, munies d'un conducteur souple, à deux fils, d'une certaine longueur; ce conducteur est terminé, à l'extrémité opposée à la lampe, par un raccord fileté que l'on visse dans les douilles installées d'avance aux endroits convenables. On a ainsi, avec plus de sécurité, toutes les commodités des lampes portatives à gaz avec leur tuyau de caoutchouc. Toutes les fois qu'on peut grouper un certain nombre de lampes, comme celles d'un lustre ou d'un atelier, on installe, pour faciliter l'allumage et l'extinction, un commutateur semblable à ceux des douilles de lampes; mais comme le courant à interrompre est plus intense, on atténue les inconvénients de l'étincelle de rupture en plaçant, dans ce commutateur, deux ou trois cônes qui se manœuvrent simultanément à la main, et qui interrompent le courant en autant de points à la fois.

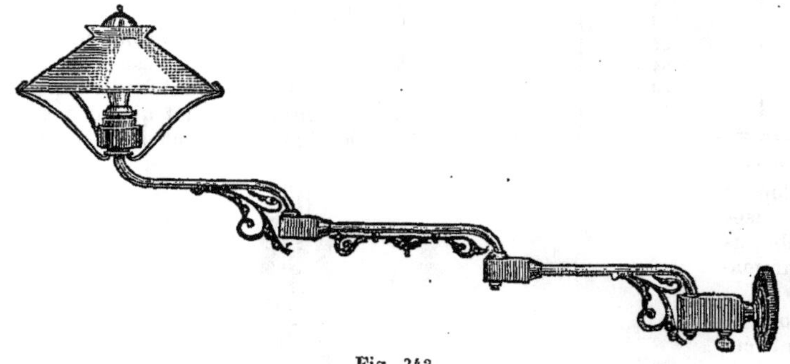

Fig. 343.

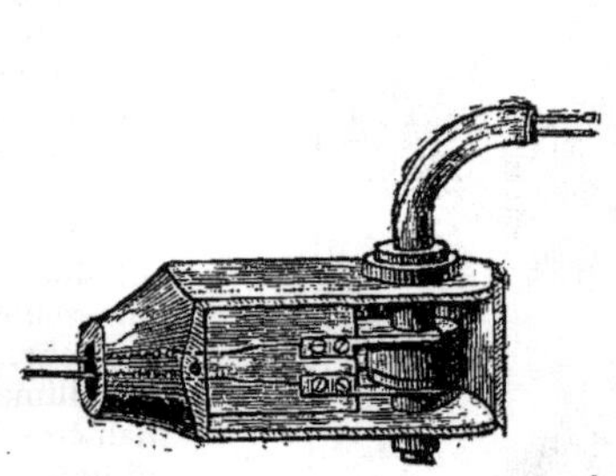

Fig. 344. — *Articulation ordinaire.*

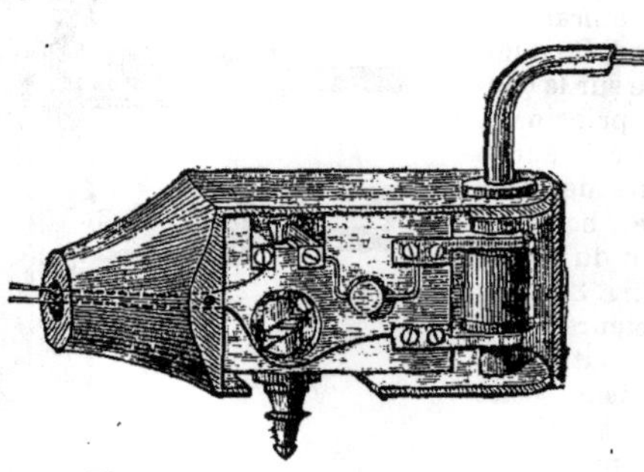

Fig. 345. — *Articulation avec robinet.*

Compteur. Dans une distribution où les abonnés disposent à leur gré de l'éclairage, tant sous le rapport du nombre des foyers en activité que sous celui de la quantité de lumière qu'ils leur font produire, il fallait pouvoir mesurer la quantité d'électricité dépensée par chacun d'eux d'une façon simple, automatique, facile à contrôler et surtout inaccessible à toute cause d'erreur, accidentelle ou volontaire. Dans la distribution en dérivation d'Edison, où la différence de potentiel est maintenue constante, il suffit de mesurer l'intensité du courant, et le compteur d'Edison est simplement établi sous la forme d'un voltamètre à décomposition de sulfate de zinc (V. COMPTEUR D'ÉLECTRICITÉ). La figure 346 montre la forme donnée à cet instrument, qui se trouve placé à l'entrée de chaque immeuble; le tube de fer de la conduite extérieure pénètre dans ce compteur, de façon à rendre impossible la prise d'une dérivation frauduleuse avant l'appareil. Des deux flacons que traverse la dérivation du courant, l'un sert à établir la somme à toucher chaque mois par la Compagnie; l'autre sert de contrôle pour la vérification annuelle.

Conditions générales des installations. L'éclairage électrique, qui se développe si lentement en France, a reçu déjà en Amérique une telle extension que les compagnies d'assurances se sont préoccupées des dangers d'incendie qui peuvent en résulter et ont résolu d'imposer aux assurés des conditions qui semblent un peu exagérées, mais qu'il est utile de connaître, parce qu'elles donnent la mesure des précautions à prendre :

1° les conducteurs devraient avoir un pouvoir conducteur double de celui qui est nécessaire pour le nombre de foyers à alimenter ;

2° les fils doivent être complètement isolés, et recouverts d'une double enveloppe d'une matière approuvée par les Compagnies ;

3° la distance entre les fils, arrêtée à 62 millimètres au moins pour les lampes à incandescence, à 10 centimètres pour les lampes à arc, doit être encore de 10 centimètres entre les fils et les corps conducteurs les plus voisins. A la traverse des cloisons et des planchers, des dispositions spéciales seront prises pour parfaire encore l'isolement. Tous les circuits devront être faciles à visiter par les inspecteurs des Compagnies ;

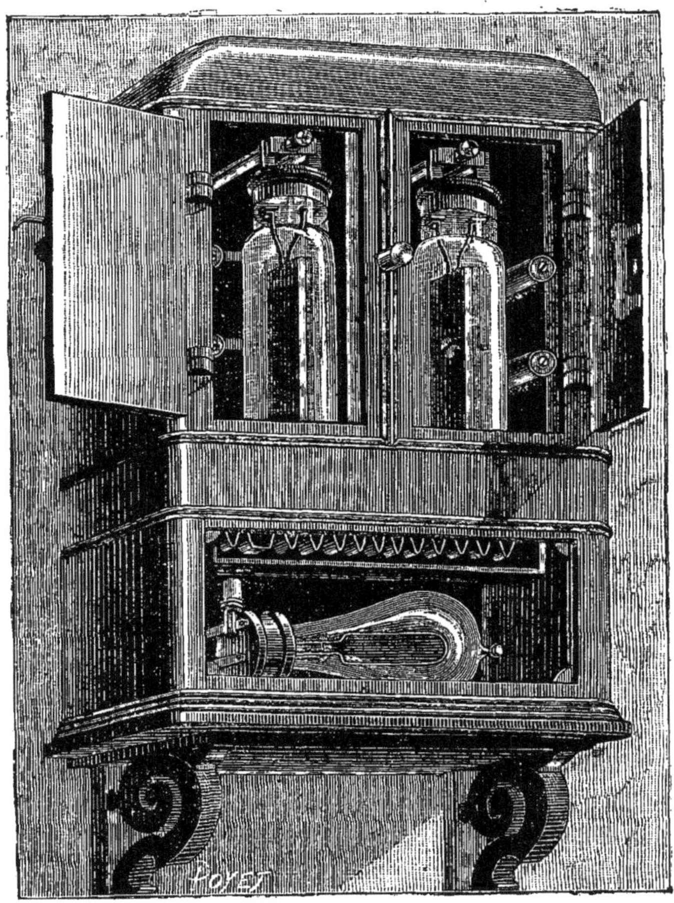

Fig. 346. — *Compteur d'électricité d'Edison.*

4° les lampes à arc devront être munies de globes de verre fermés par le bas pour prévenir la chute des particules de carbone incandescent ; partout où il y aura des matières inflammables, on devra ajouter dans le haut du globe une grille pour arrêter les étincelles. Les lumières nues seront absolument interdites. Les parties conductrices des supports des crayons seront isolées et recouvertes de la même manière que les fils ;

5° si l'électricité est amenée du dehors, un interrupteur sera placé au point où le conducteur pénètre dans l'édifice, pour arrêter le courant tant que l'éclairage ne fonctionnera pas.

6° les demandes d'autorisation pour l'éclairage électrique devront être accompagnées de l'indication du nombre et du système des foyers ; d'une estimation, en unités connues, de la quantité d'électricité nécessaire, d'un échantillon du conducteur, d'un mètre de longueur au moins, avec le certificat émanant d'un électricien et indiquant la capacité conductrice de ce conducteur.

Production et réglage des courants pour l'éclairage. Nous avons vu qu'il fallait pour produire la lumière électrique des courants très puissants ; à l'époque où se firent les premiers essais de ce genre d'éclairage, on ne connaissait que les piles avec tous leurs inconvénients; encombrement, manipulations dangereuses et fréquemment renouvelées ; dégagement de vapeurs et de gaz nuisibles et insupportables ; prix de revient excessif et affaiblissement progressif des courants (V. PILES). Aussi, les applications furent restreintes aux cas assez rares où le service rendu rachetait tous ces défauts, comme les grands chantiers (fig. 347), dont les travaux devaient marcher jour et nuit. Les théâtres qui voulaient utiliser sur la scène les merveilleux effets de cette lumière n'avaient pas d'autres ressources, et le grand Opéra de Paris possède encore son installation de piles Bunsen.

Ce sont les machines qui ont permis d'obtenir des courants permanents, réguliers, avec toutes les conditions d'intensité et de tension possibles, et leur fonctionnement réalise la plus merveilleuse série de transformations que l'industrie humaine ait pu concevoir : énergie chimique en énergie calorique (combustion de la houille), énergie calorique en énergie mécanique (production et emploi de la vapeur comme force motrice), énergie mécanique en énergie électrique (trans-

Fig. 347. — *Eclairage d'un chantier à la lumière électrique,*

formation du travail des machines en courants électriques). Il faut remarquer que cette dernière ne peut jamais être utilisée directement, mais, en la ramenant à l'une des trois formes de l'énergie dont elle dérive, chimique (galvanoplastie, etc.), mécanique (télégraphie, transmission de la force), calorique (éclairage). On ne saurait trop rappeler les noms de tous les savants dont les travaux désintéressés ont ouvert le chemin aux inventeurs, et permis à l'homme d'asservir ainsi les forces de la nature. Malheureusement, la liste complète serait trop longue et nous ne pouvons citer que les principaux : Volta, Davy, Ampère, Faraday, Arago, Ohm, Weber, Mayer, Rankine, Joule, A. Becquerel, W. Thomson, Tyndall, Wheatstone.

Grâce aux inventions de Pixii, Clarke, Nollet, Paccinotti, Gramme, Lontin, Siemens, de Méritens et tant d'autres à leur suite, les générateurs mécaniques de courants sont aujourd'hui dans la pratique industrielle; on trouvera, à leur place, les descriptions de ces machines dont nous nous bornerons à expliquer les appellations que doivent connaître ceux qui les emploient à l'éclairage. On les divise en machines magnéto-électriques et machines dynamo - électriques ; les premières sont celles dont les inducteurs sont formés par des aimants permanents (Pixii , Clarke, Nollet ou Alliance, Holmes, de Méritens). Les autres sont celles dont les inducteurs sont formés par des électro-aimants. Celles-ci se divivent en : dynamos à courants alternatifs (Lontin, Gramme, Siemens, etc.) ; dynamos à courants redressés ou continus ; ce sont les plus nombreuses et les plus intéressantes ; les principales sont celles de Gramme, Siemens, Lontin, etc. Cette division n'a rien d'absolu, puisqu'il suffit de changer la nature des inducteurs pour faire passer une machine d'une catégorie dans l'autre.

- Les électro-aimants inducteurs des dynamos peuvent être excités de diverses façons : 1° l'excitation directe, dans laquelle les inducteurs sont traversés par *la totalité du courant fourni par la machine* ; 2° l'excitation en dérivation ; le courant se divise entre les inducteurs et le circuit extérieur ; 3° l'excitation distincte qui est produite par un courant spécial recueilli séparément sur la machine elle-même ou fourni par une machine auxiliaire dite *excitatrice* ; 4° l'excitation double dans laquelle on fait agir parallèlement sur les inducteurs le courant total de la machine et un courant spécial emprunté soit à la machine elle-même, soit à une excitatrice.

L'importance du mode d'excitation des dynamos s'explique parce que c'est grâce à son influence que l'on est parvenu à un mode de réglage rationnel autant qu'économique, qui proportionne la production à la consommation ; il ne faut pas oublier, en effet, qu'un courant, une fois produit, ne peut disparaître que par l'une des transformations précédemment indiquées, et que si le réglage par intercalation de résistance dans le circuit peut rendre le dégagement de chaleur inoffensif pour le système, ce n'en est pas moins un expédient ruineux, puisque l'on continue à produire de l'électricité pour la détruire sans utilité. — V. DISTRIBUTION DE L'ÉLECTRICITÉ.

Si parfait que soit le procédé de régulation, comme celui que M. Marcel Deprez a trouvé dans le dernier mode d'excitation indiqué plus haut, il n'arrive pas à supprimer complètement la dépendance entre la production et la consommation de l'électricité, ni l'influence qu'exercent sur l'éclairage les variations presque inévitables de la vitesse des machines. On sait quelle impression désagréable font éprouver les changements inattendus d'intensité lumineuse et combien l'œil est exigeant pour la fixité de la lumière. Enfin, une autre conséquence de ce mode de production des courants, c'est la nécessité d'avoir, pour les éclairages importants, des machines de réserve, afin de parer à toutes les éventualités ; mais, cette réserve est sujette aux mêmes défaillances, et il était important d'imaginer quelque disposition capable d'assurer et de régler l'alimentation des lampes, comme le font les gazomètres pour l'éclairage au gaz. D'autre part, la force motrice excédente, dont on peut disposer dans les usines, n'est pas toujours disponible aux heures d'éclairage et ne pouvait être utilisée, pour cet usage, qu'à l'aide d'un procédé de transformation et d'emmagasinement de l'énergie capable de la restituer, au moment voulu, sous la forme de courant électrique ; c'est le rôle que semblent appelés à jouer les accumulateurs.

Accumulateurs ou *piles secondaires*. Les accumulateurs sont de véritables piles dans lesquelles le courant est produit par une action chimique ; leur avantage particulier, c'est qu'il n'est pas nécessaire, pour les recharger, de renouveler les matières épuisées comme dans les piles ordinaires ; c'est avec l'électricité que l'on produit, dans chaque élément, l'action chimique inverse qui remet les mêmes matières en état de fournir à nouveau un courant électrique, que l'on appelle *courant secondaire*, par opposition au courant primaire qui a servi à préparer les matières ou, comme on dit, à charger la pile. Ce n'est donc pas de l'électricité que l'on accumule, ce qui est impossible, puisque le courant de charge représente de l'électricité dynamique, c'est-à-dire en mouvement. Il n'y a que l'électricité statique que l'on puisse accumuler, dans certaines limites, sur les *condensateurs électriques* (V. cet art.). Il aurait mieux valu conserver à ces appareils le nom de *piles secondaires*, donné avec raison par leur véritable inventeur, M. Planté. En tout cas, leur désignation nouvelle ne signifie pas accumulateurs d'électricité, mais bien accumulateurs d'énergie chimique obtenue par l'électricité et reversible.

Les électrodes de la pile Planté sont formées par deux lames de plomb enroulées en spirale, parallèlement l'une à l'autre, et maintenues à une très petite distance par deux bandes de caoutchouc que l'on enroule en même temps. On obtient ainsi, sous un petit volume, une très grande surface et une très faible résistance, parce que la couche de liquide est très mince. Les deux lames sont plongées entièrement dans un vase rempli avec une solution d'acide sulfurique au dixième. Pour charger la pile, on met ces lames en communication avec les deux pôles d'une source d'électricité assez puissante, piles Bunsen ou Daniell, ou machine à courant continu ; le passage du courant décompose l'eau ; l'oxygène est transporté sur la lame qui est reliée avec le pôle positif de la source et transforme une partie du plomb en péroxyde ; l'hydrogène se rend sur la seconde lame, celle qui est reliée avec le pôle négatif ; il amène le plomb à l'état d'hydrure chargé d'hydrogène condensé. On reconnaît que la pile est chargée quand on voit s'échapper du liquide des bulles de gaz oxygène. On a proposé également de profiter de ce que la densité de la solution augmente pendant la charge, pour suivre la marche de l'opération avec un flotteur ou densimètre.

Sur le plomb à l'état ordinaire, à surface lisse, le dégagement du gaz apparaît assez vite et la charge est faible ; on est parvenu à fixer de bien plus grandes quantités de gaz, en observant que les oxydes de plomb réduits laissent le métal dans un état de porosité très favorable à une nouvelle oxydation et à la condensation de l'hydrogène. Il suffit, pour amener les électrodes à cet état, de faire passer le courant primaire un grand nombre de fois, en renversant chaque fois sa direction, c'est ce que l'on appelle former la pile.

Les accumulateurs peuvent être mis en service bien avant que leur formation soit complète, et pendant assez longtemps, ils s'améliorent par l'usage ; la capacité d'emmagasinement constatée après 500 heures de formation devient près de cinq fois plus grande au bout de 3,500 heures. Il y a, cependant, une limite passée laquelle cette capacité diminue progressivement par suite de l'altération lente de l'électrode positive sous l'influence des actions locales qui se produisent dans la pile ; la formation des piles Planté exige un temps assez long, souvent quelques mois; c'est pour l'abréger que M. Faure a imaginé de constituer en partie les électrodes avec des oxydes de plomb tout préparés. Le dernier modèle de ce système est formé par deux plaques de plomb, coulées sous forme de grilles ajourées ; dans la plaque positive, les vides de ce grillage sont remplis avec du minium, et dans la plaque négative, avec de la litharge.

Lorsqu'un accumulateur est chargé, si on supprime les communications avec la source et si on réunit les électrodes, il se produit dans le conducteur un courant, dit *secondaire*, de sens inverse au courant primaire; en effet, l'hydrogène de l'électrode négative se recombine avec l'oxygène de l'eau voisine et, d'après la théorie de Grothus, à l'autre extrémité de la chaîne des molécules d'eau décomposées, l'hydrogène, fourni par l'eau, s'unit à l'oxygène de l'électrode positive, en ramenant le péroxyde à l'état métallique. L'accumulateur fonctionne alors isolément comme une pile ordinaire; mais on peut aussi le maintenir accouplé avec la source en maintenant celle-ci en activité. Si les communications n'ont pas été changées, comme la pile secondaire et la source étaient montées en opposition pendant la charge, elles se trouveront, pendant la décharge, accouplées en quantité; on obtiendra en même temps l'accroissement et la régularisation de l'intensité du courant.

On peut aussi réunir la pile primaire et la pile secondaire en tension, en modifiant l'accouplement après la charge ; on obtient alors une augmentation de force électro-motrice qui permet quelquefois de diminuer le nombre des accumulateurs. Comme tous les appareils de transformation, les accumulateurs ne restituent qu'une partie de l'énergie qui leur est fournie. On a constaté, par expérience, que la quantité d'électricité (Coulombs), restituée à la décharge est d'environ 90 0/0 de la charge; cela tient, sans doute, à ce que les gaz dégagés ne sont pas entièrement fixés et à la perte de travail qu'exige la réduction du sulfate de plomb. Quant à la force électro-motrice du courant de décharge, elle est, en moyenne, de 70 0/0 de celle du courant de charge; son affaiblissement est progressif et coïncide avec l'augmentation de la résistance intérieure, augmentation qui paraît due aux variations de conductibilité du plomb, à ses différents degrés d'oxydation.

L'énergie disponible à la décharge n'est donc que $0,70 \times 0,90 = 0,63$ en moyenne de l'énergie fournie par la charge ; si l'on admet 0,70 pour le rendement moyen des machines dynamo-électriques, on voit que l'accumulateur ne rend, en énergie disponible à la décharge, que

$$0,63 \times 0,70 = 0,441$$

du travail mécanique fourni par le moteur. En effet, toute l'énergie électrique, fournie à la pile, n'est pas transformée en énergie chimique ; une partie est perdue, sous forme d'énergie calorique, par suite de la résistance intérieure de la pile; une perte analogue se reproduit encore pendant la décharge ; cette dernière est même proportionnelle à l'intensité du courant de décharge, ce qui explique pourquoi il est plus avantageux d'opérer cette décharge sur une résistance extérieure assez grande. Dans les expériences faites tout récemment par MM. Fichat, Hospitalier et L. Jousselin sur les accumulateurs Faure, Sellon, Volckmar, on a obtenu, avec un régime de décharge correspondant à :

13 ampères au début, 15,6 chevaux-heures électriques ; avec 24 ampères au début, 12,5 chevaux-heures électriques ; avec 44 ampères au début, 11,5 chevaux-heures électriques.

M. Morton a fait, en Angleterre, quelques expériences sur des accumulateurs du même système, contenant 16 lames de plomb qui pesaient ensemble 22 kilogrammes. Leur forme était celle d'un parallélipipède de 0,32 de hauteur ; 0,24 de longueur et 0,15 d'épaisseur. Le poids total, compris la caisse doublée de plomb et remplie de liquide, atteignait environ 36 kilogrammes. Il a obtenu, avec un de ces éléments, un courant de 32,5 ampères au commencement, et de 31,2 ampères à la fin d'une décharge continue durant 9 heures, soit 286,5 ampères-heures ou 1,031,400 Coulombs. 50 éléments semblables, associés en tension, pourraient donc alimenter 44 lampes Edison pendant 9 heures de suite ; si l'éclairage était interrompu, à raison de 5 heures seulement par soirée, la même batterie pourrait alimenter 11 lampes pendant une semaine. Il faudrait donc compter sur $4^k,60$ d'accumulateurs par lampe-heure d'éclairage du type Edison à 16 bougies (candles).

Le rendement indiqué plus haut montre qu'un cheval-heure d'énergie électrique, disponible, à la décharge des accumulateurs, exige 2,27 chevaux sur la machine motrice ; avec une installation puissante et perfectionnée, on peut estimer le prix de revient de la force motrice à 0 fr. 06 par cheval et par heure, de sorte que le cheval d'énergie électrique disponible coûterait, avec leur intermédiaire, $0,06 \times 2,27 = 0$ fr. 1362 ou 14 centimes en chiffre rond, non compris les frais d'établissement, d'entretien et d'amortissement des accumulateurs et de toute l'installation de l'éclairage.

Capacité. La capacité d'un accumulateur est mesurée par le travail total qu'il pourrait restituer après avoir été chargé complètement; mais on ne peut pas le décharger entièrement, parce que, vers la fin de l'opération, l'énergie fournie devient trop faible pour être utilisée. Il faut donc considérer la capacité pratique, c'est-à-dire mesurée par le travail utilisable que l'on peut obtenir avant d'être obligé de recharger; celle-ci n'est que d'un cheval-heure pour 70 kilogrammes de matière utile. Dans le type préparé pour l'éclairage, le poids brut est d'environ 60 kilogrammes, dont 40 kilogrammes de matière utile; ce qui donne au moins 105 kilogrammes de poids brut par cheval-heure disponible. En pratique, on compte sur un emmagasinement de 3,000 kilogrammètres par kilogramme de plomb.

Un accumulateur chargé perd une partie de sa

charge avec le temps ; M. Morton a constaté 7 0/0 de perte après 15 jours ; cependant, un repos prolongé, pendant la décharge, détruit en partie les effets de la polarisation et rend à la force électro-motrice une partie de sa puissance primitive.

Durée. On n'a pas de chiffres précis sur la durée des accumulateurs : elle dépend de l'activité du service qu'on leur demande. La plaque négative ne s'use pas sensiblement ; c'est la plaque positive qui est détruite le plus rapidement, et on estime son usure à 250 grammes de plomb par cheval-heure fourni par l'accumulateur. Aussi, donne-t-on, à cette plaque, une épaisseur beaucoup plus grande, 4 à 5 fois, qu'à la plaque positive.

On a cherché, naturellement, d'autres combinaisons que celle de M. Planté ; ainsi, on a formé des accumulateurs avec une plaque négative en plomb et deux plaques positives en cuivre ; on emploie, comme liquide, une solution de sulfate de cuivre, et il est indispensable que le plomb soit amalgamé pour qu'il puisse être attaqué. Pendant la charge, le plomb s'oxyde et du cuivre se dépose sur les plaques de cuivre ; pendant la décharge, le sulfate de cuivre se recompose. La force électro-motrice est un peu moindre que celle du type Planté, 1,7 volts en moyenne ; l'intensité du courant de décharge varie de 5 à 7 ampères ; celle du courant de charge ne doit pas dépasser 3 ampères en moyenne, plutôt moins, parce qu'avec une forte intensité, le cuivre déposé adhère mal et tombe au fond du vase.

On a fait également des accumulateurs plomb, zinc, sulfate de zinc ; la force électro-motrice est un peu plus élevée (2,37 volts environ), mais les actions locales diminuent beaucoup le rendement et la charge se perd rapidement.

Disjoncteur. Lorsque l'on charge des accumulateurs avec une machine dynamo-électrique, il faut prévoir que, si la machine s'arrête, ou ralentit sa marche, les accumulateurs pourraient se décharger, en pure perte, à travers la machine, et risqueraient de brûler les bobines ; on évite cet accident en intercalant dans le circuit du conducteur qui amène le courant de la machine un petit appareil électro-magnétique ou disjoncteur qui maintient ce circuit fermé, tant que le courant conserve l'intensité convenable, mais le rompt aussitôt que cette intensité s'affaiblit et avant que le courant n'ait eu le temps de changer de sens ; on y ajoute une sonnerie pour prévenir le mécanicien, qui règle à nouveau la marche de la machine et rétablit la fermeture du circuit à la main. On évite ainsi les pertes de temps.

En résumé, l'éclairage électrique possède, dès à présent, les ressources nécessaires pour satisfaire à tous les programmes d'éclairages. On peut prendre, pour les grands espaces, chantiers, usines, halles de chemins de fer, places publiques, quais, etc., les lampes à arc de 30 à 300 carcels ; les bougies électriques de 20 à 50 carcels ; les lampes à incandescence à l'air de 5 à 20 carcels ; le nombre et l'intensité de ces foyers peuvent être variés à l'infini, suivant les exigences de la répartition. Pour les éclairages d'intérieur, pièces d'habitation, bureaux, boutiques, etc., on emploiera les lampes à incandescence dans le vide qui peuvent donner depuis un demi-carcel jusqu'à 5 carcels (la moyenne pratique actuelle est de 1 à 2 carcels).

Les avantages que présente la lumière électrique sur les autres modes d'éclairage, notamment sur le gaz, sont aujourd'hui assez bien établis, pour qu'il soit inutile de répéter tout ce qui a été dit sur ce sujet. Si son emploi ne s'est pas encore généralisé, cela tient autant à son prix de revient qu'aux difficultés actuelles de sa production. Celle-ci exige des machines et de la force motrice ; elle exige également des ouvriers pour la surveillance et l'entretien des appareils ; ces conditions sont irréalisables pour la grande majorité des consommateurs qu'il faut pouvoir satisfaire comme ils le sont avec le gaz, où l'on n'a pas à se préoccuper de la fabrication et du transport. L'éclairage électrique n'existera réellement que lorsque des usines puissantes distribueront l'électricité à domicile, comme Edison l'a si bien réalisé à New-York.

Autrement, il faut que l'éclairage présente, par le nombre des foyers et le nombre d'heures d'activité, une importance suffisante pour justifier une dépense de premier établissement assez élevée, dépense dont l'intérêt et l'amortissement entre quelquefois pour près de moitié dans les prix de revient. Aussi est-ce dans les établissements qui possèdent déjà la force motrice ou qui peuvent se la procurer facilement que l'on trouve le plus grand nombre d'applications.

Il est impossible de fixer de règle sur la quantité de lumière à fournir pour un éclairage ; cela dépend de la nature des travaux que l'on veut éclairer, de la disposition des locaux, de la facilité que l'on peut trouver à utiliser la réflexion de la lumière sur les plafonds et les parois ; des obstacles à la distribution de cette lumière, métiers, cloisons, tables surmontées de casiers, etc. C'est ainsi que l'éclairage d'une halle à voyageurs diffère absolument de celui d'une halle à marchandises ; dans l'une, il suffit de faciliter les mouvements des voyageurs et des agents, soit sur les trottoirs, soit entre les lignes de voitures ; il faut de puissants foyers, suffisamment élevés ; dans l'autre, on doit pouvoir lire les étiquettes des colis déposés sur le sol, étiquettes souvent écrites à la main en petits caractères ; il convient de multiplier les foyers et de les placer beaucoup plus bas.

Il est aussi difficile de fournir les éléments d'un devis ; les prix varient d'un système à l'autre ; ils ont cependant baissé rapidement depuis quelques années. L'installation d'un éclairage, tout compris, sauf le moteur, coûtait, en 1878, 2,400 francs par foyer ; on trouve aujourd'hui des systèmes où cette dépense est réduite à 500 ou 600 francs. Avec les accumulateurs, la dépense varie suivant le rôle qu'ils sont appelés à jouer, réservoirs d'emmagasinement complet ou simplement régulateurs de production.

Nous ne pouvons que donner, pour terminer ce travail, les chiffres extraits des expériences de

1881 et quelques-uns des résultats qui ont été publiés.

Expériences de la Commission de l'Exposition d'électricité de 1881.

I.	Intensité lumineuse moyenne par foyer en carc.	Travail moteur total chevaux vapeur	Carcels par cheval vapeur
Courants alternatifs.			
Machine magnéto-électrique de Méritens, 1 circuit et 1 lampe Serrin	931	11.70	79.6
Machine magnéto-électrique de Méritens, 5 circuits et 1 lampe Berjot dans chaque circuit, soit 5 lampes.	135	12.28	59.7
Machine dynamo-électrique à courants alternatifs de Siemens, 3 circuits et 4 lampes dans chaque circuit, soit 12 lampes.	39	16.39	33.3
Machine magnéto-électrique de Méritens, 5 circuits et 5 bougies Jablochkoff dans chaque circuit, soit 25 bougies.	23.7	6.95	34.8
Machine dynamo de Gramme à courants alternatifs, 4 circuits et 5 bougies par circuit, soit 20 bougies.	20.2	12.89	31.3
Courants continus.			
Machine de Gramme et 1 lampe, charbons de 20m/m.	966	16.13	60.00
Machine de Gramme et 3 lampes, charbons de 14m/m.	167	8.11	61.80
Machine de Gramme et 5 lampes, charbons de 12m/m.	102	8.00	63.80
Machine de Siemens et 2 lampes, charbons de 14m/m.	205	5.31	77.20
Machine de Siemens et 5 lampes, charbons de 10m/m.	52	5.05	51.50
Machine de Weston et 10 lampes, charbons de 9 et 10m/m. .	85	13.01	65.30
Machine de Brush et 16 lampes, charbons de 11m/m.	38	13.30	45.40
Machine de Brush et 40 lampes, charbons de 11m/m.	39	29.96	52.10

Pour ces dernières, les données électriques sont (tableau II) :

II.	Intensité du courant en ampères	Chute de potentiel à la lampe, en volts	Force électro-motr. moyenne en volts
Machine Gramme, 1 lampe. .	109.20	53.0	102
— — 3 — . . .	19.00	53.0	193
— — 5 — . . .	15.30	49.8	328
— Siemens, 2 — . . .	26.20	44.5	136
— — 5 — . . .	10.00	47.4	353
— Weston, 10 — . . .	23.00	32.0	398
— Brush, 16 — . . .	10.00	44.3	840
— — 40 — . . .	9.50	44.3	2009

On déduit des tableaux I et III que l'on peut obtenir par cheval de travail mécanique, une moyenne de :

60 carcels, avec les lampes à courants alternatifs;

56 carcels, avec les lampes à courants continus;

28 carcels, avec les bougies électriques ;

10 carcels, avec les lampes à incandescence dans le vide.

La compagnie Edison publie, de son côté, les chiffres suivants qui peuvent servir de guide.

Type de la machine	Nombre de lampes qu'il peut alimenter	Force en chevaux absorbée	Force électro-motrice en volts	Intensité du courant en ampères
[illegible]	17	2	110	13
Z	60	8	110	45
L	150	20	110	115
K	250	30	110	190
R	500	60	110	375
C	1200	150	110	900

Les lampes, dont il s'agit, sont du type A, à 16 bougies; mais on peut remplacer une lampe A par deux lampes du type B, de 8 bougies. Ainsi

Essais de la sous-commission de l'Exposition de 1881.

III. Lampes à incandescence	Edison	Edison	Swann	Swann	Maxim	Maxim	Lane-Fox	Lane-Fox
Intensité lumineuse en bougies (à 9,5 par carcels). . . .	15.38	31.11	16.61	33.21	16.90	31.96	16.36	32.71
Intensité moyenne sphérique, en carcels.	1.061	2.147	1.229	2.418	1.085	2.171	1.211	2.421
Résistance d'une lampe en ohms (à chaud).	137.40	130.03	32.78	31.75	41.11	39.60	27.40	26.39
Chute de potentiel, en volts.	89.11	98.39	47.30	54.21	56.49	62.27	43.63	48.22
Intensité du courant en ampères	0.651	0.759	1.471	1.758	1.380	1.578	1.593	1.815
Travail d'une lampe en kilogrammètres.	5.91	7.60	7.06	9.67	7.94	10.03	7.09	8.94

la machine Z peut faire à volonté 60 lampes A, ou 120 lampes B, ou 40 lampes A et 40 lampes B.

Il ne faut pas oublier que toutes les intensités lumineuses désignées dans ces tableaux ont été mesurées à nu, excepté pour les lampes à incandescence qui sont mesurées, naturellement, à travers l'ampoule de verre qui les renferme. Pour les autres foyers, on devra souvent tenir compte de la nécessité d'employer des globes en verre dépoli ou autres ; il en résulte une absorption considérable de la lumière, que l'on peut évaluer, en moyenne, à :

10 à 15 0/0, avec les globes en verre blanc;

15 à 20 0/0, avec les globes en verre dépoli ;

20 à 30 0/0, avec les globes en verre opalin ;

30 à 60 0/0, avec les verres laiteux.

Nous emprunterons à l'intéressante brochure de M. Vivarez, la description de l'éclairage électrique installé par MM. Sautter-Lemonnier dans l'usine fondée par M. L. Weiller, à Angoulême, pour la fabrication des fils de bronze siliceux, dont nous avons parlé plus haut. Cet éclairage comprend :

Pour la fonderie, les laminoirs et la tréfilerie : 5 lampes à arc de M. Gramme, de 100 carcels chaque ; le courant, de 16 ampères, est fourni par une machine Gramme, type F, à électro-aimants plats qui tourne à 1,300 tours et prend environ 7 chevaux sur le moteur général de l'usine ;

Pour la salle des machines et les bureaux : 15 lampes à incandescence de Swann, de 1 carcel chaque, avec un courant de 32 ampères, fourni par une petite machine Gramme qui tourne à 2,000 tours et prend environ un cheval et demi.

Les frais d'établissement se sont élevés à 7,315 francs, ainsi répartis :

Machine Gramme F	2.200 fr.
5 lampes régulateurs, à 300 francs	1.500
5 suspensions, avec réflecteur et contrepoids	150
5 interrupteurs	250
90 mètres de câble, à 2 francs	180
Balais de rechange, lunettes, bornes, serre-fils, etc.	100
1 compte-secondes	80
1 compte-tours	45
1 ampère-mètres	160
Total pour l'éclairage par régulateur	4.765 fr.
Une petite machine Gramme	500 fr.
15 lampes, avec supports nickelés et réflecteurs en opale, à 58 francs chaque	570
600 mètres de câble à 80 centimes	480
Total pour l'éclairage à l'incandescence.	1.550 fr.
Transmissions et installation environ	1.000

Dépense par heure.

Force motrice, 8,5 chevaux sur un moteur qui consomme par heure et par cheval 900 grammes de houille à 30 francs la tonne.	0 f. 23
Graissage	0 10
Crayons des régulateurs, $0^m,355$ par heure, à 1 fr. 60 le mètre	0 57
Remplacement des lampes Swann, à 10 fr. l'une et pour une durée annoncée de 1,000 heures par lampe	0 15
Surveillance de l'éclairage ; partie du salaire d'un ouvrier employé à un autre service.	0 20
Intérêt et amortissement, 15 0/0 répartis sur 1,800 heures d'éclairage	0 60
Total pour 515 carcels en 20 foyers	1 85

Un éclairage équivalent en gaz à 0 fr. 30 le mètre cube coûterait 2 fr. 30. Il est vrai que des éclairages de 1,800 heures par an sont rares ; pour les éclairages de 500 heures seulement, les frais d'établissement pèseraient plus lourdement sur le prix de revient qui s'élèverait à 3 fr. 44 par heure.

On peut cependant citer, comme exemple de l'économie que l'on peut trouver à fabriquer son éclairage, les magasins du Louvre, à Paris, qui ont commencé à se servir de la lumière électrique en 1877, et qui emploient actuellement :

150 bougies Jablochkoff dont la dépense, par heure et par foyer, est de 0 fr. 393 ;

4 lampes à arc voltaïque dont la dépense, par heure et par foyer, est de 1 fr. 842 ;

58 lampes à incandescence d'Edison, dont la dépense, par heure et par foyer, est de 0 fr. 0533.

Dans les magasins du Printemps, récemment reconstruits, on fait usage de la bougie Jablochkoff et la dépense, par heure et par foyer, est de 0 fr. 312, compris l'intérêt à 5 0/0 et un amortissement à 10 0/0. Chaque bougie remplace 10 becs de gaz à 140 litres qui coûteraient 0 fr. 42.

On a bien songé aussi à se servir de piles pour de petits éclairages avec les lampes à incandescence ; ce n'est guère pratique, bien que l'on puisse alimenter 6 lampes Swan, de 16 bougies avec 2 batteries de 6 éléments au bichromate, en tension ; mais l'éclairage ne dure que 5 à 6 heures et la dépense, par lampe et par heure, s'élève à 30 centimes tout compris. On a fait, cependant, une application considérable de piles au bichromate de soude (type Grenet) pour l'éclairage électrique des bureaux du Comptoir d'Escompte à Paris, avec des lampes à arc et à incandescence. L'installation se compose de 60 batteries de 48 éléments chacune ; la constance du courant est assurée par une insufflation d'air pour atténuer la polarisation et par une circulation du liquide, qui offre, en outre, l'avantage de permettre son épuisement complet, en le faisant servir deux ou trois fois. Nous n'avons pas de chiffre sur le prix de revient ; l'énergie électrique fournie par la pile était évaluée à 71 chevaux-vapeur.

Quant à l'éclairage au moyen d'accumulateurs transportés tout chargés chez les particuliers, avec des lampes à incandescence de 6, 12 et 20 bougies il est offert à des prix qui sont, il est vrai, plus de deux fois supérieurs à ceux de l'éclairage au gaz ; mais, sans compter la suppression d'inconvénients qui ne peuvent se chiffrer en argent, la différence pourrait bien compenser les dépenses accessoires de toute nature qu'entraîne l'emploi de ce dernier mode d'éclairage. — J. B.

Bibliographie : Robert d'Hurcourt : *De l'éclairage au gaz*, 1863, Dunod ; H. Giroud : *De la pression du gaz d'éclairage et des moyens à employer pour la régulariser*, 1867-1871, Giroud ; Th. Du Moncel : *Exposé des applications de l'électricité*, Gauthier-Villars ; H. Fontaine : *L'éclairage à l'électricité*, Baudry ; Th. Du Moncel : *L'éclairage électrique*, Hachette ; E. Alglave et J. Boulard : *La lumière électrique, son histoire, sa production et son emploi*, Firmin-Didot ; Niaudet : *Machines électriques à courants continus*, Baudry ; R.-V. Picou : *Les lampes électriques à l'Exposition d'électricité de Paris*, Bureaux du Génie civil ; J. Boulard : *Machines magnéto et dynamo-électriques à l'Exposition d'électricité de Paris*, Génie civil ; *La lumière électrique*, journal hebdomadaire universel d'électricité. *L'électricien*, revue générale d'électricité, bi-mensuelle, Masson ; H. de Parville : *L'électricité et ses applications*, Masson ; E. Hospitalier : *Formulaire pratique de l'électricien*, Masson.

ÉCLAIRAGE DES SIGNAUX.

L'éclairage des signaux de chemins de fer a une grande importance au point de vue de la sécurité. Il importe que les feux blancs ou de couleur s'aperçoivent de loin et que la flamme ne s'éteigne pas, même par les tempêtes les plus violentes. Il existe du reste, des appareils de contrôle, appelés *photoscopes* (V. ce mot) et destinés à avertir les agents dans le cas d'extinction de la lanterne du disque. Le choix de la couleur rouge pour les feux qui doivent signifier l'arrêt, et qu'il importe, par conséquent, de faire apercevoir d'aussi loin que possible, a été dicté par cette considération que, à distance égale, un verre rouge, coloré par l'argent et même par le cuivre, absorbe beaucoup moins de lumière qu'un verre vert et surtout qu'un verre bleu. A une distance de 500 mètres, une lumière blanche peut cesser d'être visible, tandis qu'un feu rouge de même intensité conserve encore un certain éclat.

La matière employée pour alimenter la flamme était, au début, de l'huile végétale, qui donne quand on allume le bec, une lumière plus intense qu'un bec à pétrole de mêmes dimensions; mais

Fig. 348. — *Lanterne Ridsdale.*

cette supériorité ne tarde pas à disparaître. La décroissance de l'intensité lumineuse d'un bec à l'huile, suit, à cause de la carbonisation progressive de la mèche, une courbe extrêmement inclinée, tandis que le bec à pétrole conserve une allure à peu près constante et donne une lumière moyenne plus élevée. C'est ce qui explique la substitution générale du pétrole à l'huile végétale pour l'éclairage des signaux situés en plein air, qui n'ont pas à redouter les inconvénients résultant de la facile volatilisation des huiles minérales.

La construction des lanternes de signaux est particulièrement soignée en Angleterre, au point de vue de la ventilation et de la combustion. Nous donnons le croquis d'un modèle de lampe construit pas MM. Ridsdale et employé sur le réseau du *Great Western* (fig. 348). Le réservoir A est muni d'une annexe supérieure B séparée par un espace libre D où circule l'air venant du dehors par les trous inférieurs de la lanterne. De cette façon, la masse du pétrole est à l'abri d'un échauffement dangereux et il n'y a qu'une petite quantité d'huile au voisinage de la flamme. La cheminée E et le réflecteur conique F sont d'une seule pièce : la circulation de l'air et des produits de la combustion est indiquée par des flèches. L'arrivée de l'air frais au bec est *chicanée* de manière à éviter que le vent ne souffle directement sur la flamme. C'est dans le même ordre d'idées, qu'ont été disposés les trous d'arrivée d'air, à la base des parois des lanternes employées pour éclairer les signaux sur le réseau du Nord. Nous en donnons ci-joint la coupe (fig. 349).

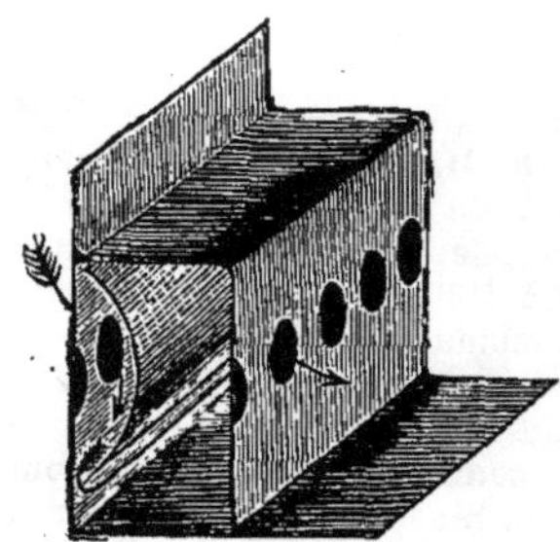
Fig. 349. — *Trous d'arrivée pour l'air dans les lanternes du Nord.*

Les lanternes de signaux peuvent fournir des feux, dans une, dans deux ou trois, et même dans les quatre directions. En tous cas, la porte est toujours placée sur la face opposée à celle qui sert à l'accrochage de la lanterne. Les lanternes se hissent au haut du signal, au moyen de chaînes et de poulies ; dans tous les nouveaux systèmes on les laisse fixes et c'est le disque qui vient appliquer un verre coloré devant leur face. Quand on a besoin d'un deuxième feu, un miroir placé à 45° réfléchit devant un autre verre coloré, la lumière émanant d'une des faces latérales de la lanterne. — M. C.

ÉCLAIRAGE DES TRAINS.

La locomotive et la dernière voiture de chaque train portent, la nuit, un feu muni d'un puissant réflecteur et blanc ou rouge suivant les cas. Les lampes (*ou falots*) employées à cet éclairage sont munies de verres et alimentées à l'huile végétale ou au pétrole. On a essayé récemment de substituer la lumière électrique à ce mode d'éclairage. Le système Sedlazcek et Wikulill (fig. 350 et 351), dont le brevet a été repris par MM. Piette et Krizik, est l'un de ceux qui ont donné les meilleurs résultats dans les expériences qui ont été faites. C'est un régulateur dont les charbons AB sont solidaires chacun d'un piston P qui peut se mouvoir à l'intérieur d'un tube T renfermant un liquide; les deux tubes communiquent entre eux par un mince orifice O que l'on peut masquer ou démasquer au moyen d'une sorte de tiroir cylindrique *t* relié à l'armature *a* d'un électro-aimant E. Avant l'allumage, les deux pistons sont en équilibre et les charbons sont en contact ; dès que le courant passe, le tiroir se déplace et règle l'écartement des charbons, en établissant ou enfermant la communication entre les deux tubes.

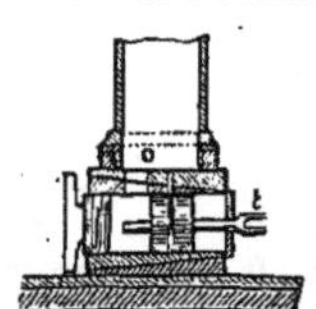
Fig. 350.

Dans les expériences qui ont eu lieu entre Paris et Dammartin, la source d'électricité était une machine d'induction auto-excitatrice, à courant continu mise elle-même en mouvement par un

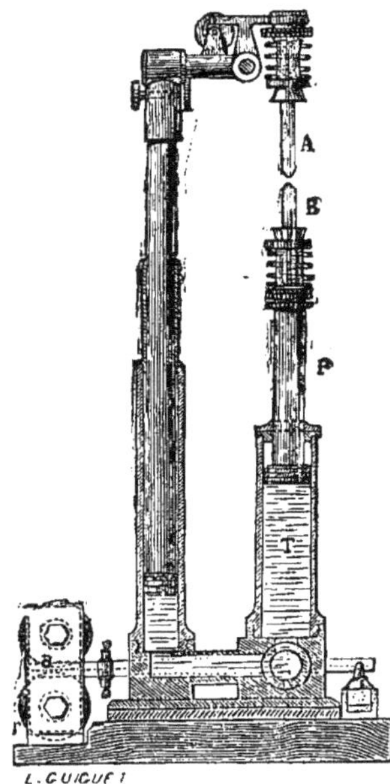

Fig. 351. — *Lampe Sedlazeck et Wikulill.*

petit moteur Brotherood empruntant sa vapeur à la chaudière de sa locomotive. La lumière ainsi obtenue est visible à 1,800 mètres environ et éclaire parfaitement à l'avant de la machine, les moindres dénivellations de la voie.

ÉCLAIRAGE DES VOITURES A VOYAGEURS.

Bien que cette partie du service d'un chemin de fer paraisse, au premier abord, accessoire et peu importante, il n'est pas sans intérêt de faire remarquer que le budget des dépenses engagées à cet effet par les compagnies de chemins de fer varie entre 0 fr, 01 et 0 fr. 015 par kilomètre de train et par an, et qu'il est en moyenne de 0 fr.012. ce qui représente, pour près de 30,000 kilomètres, actuellement ouverts à l'exploitation et pour un total de 170,000,000 de trains-kilomètres, une dépense annuelle de 2,000,000 de francs environ. En présence d'un pareil budget, dont l'augmentation dans les dernières années, est due à l'amélioration que l'on ne cesse d'apporter pour accroître le bien-être des voyageurs, on conçoit qu'il y a lieu de se préoccuper de rechercher les systèmes qui donnent le meilleur rendement, c'est-à-dire l'éclairage le plus satisfaisant, avec un prix de revient aussi bas que possible. Les divers systèmes employés ou essayés sont l'éclairage à la bougie, à l'huile végétale, au pétrole, au gaz et à l'électricité.

Éclairage à la bougie. Ce mode d'éclairage n'est guère employé que dans l'Est de la Prusse et en Russie où l'intensité du froid a fait rechercher une matière qui ne fût pas susceptible de se congeler. Les bougies sont introduites dans des étuis terminés par des lanternes que l'on place dans la cloison de séparation des compartiments. Un ressort, fixé au fond de l'étui, presse continuellement la bougie contre l'orifice de cet étui et l'oblige à s'élever au fur et à mesure que se fait la combustion. Le prix élevé de ce système d'éclairage est un obstacle à la généralisation de son emploi : sur le chemin de fer de l'Est prussien, on a, en effet, constaté qu'il revient à 40 0/0 plus cher que l'huile, et qu'en outre, des voyageurs peu scrupuleux soustrayaient fréquemment les bougies employées à l'éclairage des compartiments.

Éclairage à l'huile. L'emploi de l'huile végétale est le plus répandu pour l'éclairage des compartiments des voitures de chemins de fer. Les motifs de cette préférence sont : l'absence de tout danger dans son emploi, la possibilité d'en faire un usage avantageux dans des becs d'intensité réduite, le prix peu élevé des installations qu'elle nécessite. L'emploi de l'huile de colza, qui ne gèle qu'à 3° au-dessous de zéro, dont la combustion est lente et qui donne, à poids égal, une lumière de grande intensité, est encore justifié par ce fait que le colza est une graine dont la culture est très répandue et très aisée. Jusqu'à ces dernières années, les lampes à l'huile employées

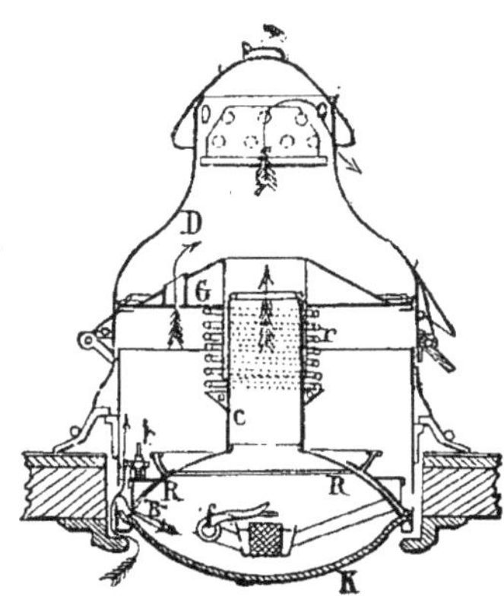

Fig. 352. — *Coupe de la lampe à bec plat de la Compagnie d'Orléans.*

pour l'éclairage des voitures de chemins de fer, étaient des lampes à bec plat et à niveau mort, soit un simple godet avec ou sans réservoir supérieur, et dans lequel plongeait directement la mèche. Quelques Compagnies de chemins de fer, l'Orléans, le P. L. M. et le Midi, ont muni le tube qui amène l'huile du réservoir au godet, d'un petit robinet *f* (fig. 352) dont la clef joue le rôle d'un éteignoir, lorsqu'on la ferme. Le remplissage de la lampe se fait en versant l'huile dans un trou fermé par un bouchon à vis *b*. Le réflecteur R a la forme d'un paraboloïde ; il réfléchit, par conséquent, les rayons verticalement et ne contribue à éclairer que le centre du compartiment. Il est maintenu par un ressort *r* prenant son point d'appui, d'une part sur la cheminée C, d'autre part sur la grille G qui a la forme d'un tronc de cône monté sur le chapiteau D au moyen d'un emmanchement à baïonnette, de sorte que, quand on ouvre la lanterne, la lampe est à découvert. Le chemin suivi par les produits de la combustion est indiqué par des flèches à l'intérieur du compartiment, la lampe est protégée par une coupe en verre K, La lampe à mèche plate a plusieurs inconvénients qui compensent largement les avantages résultant de sa simplicité ; d'abord

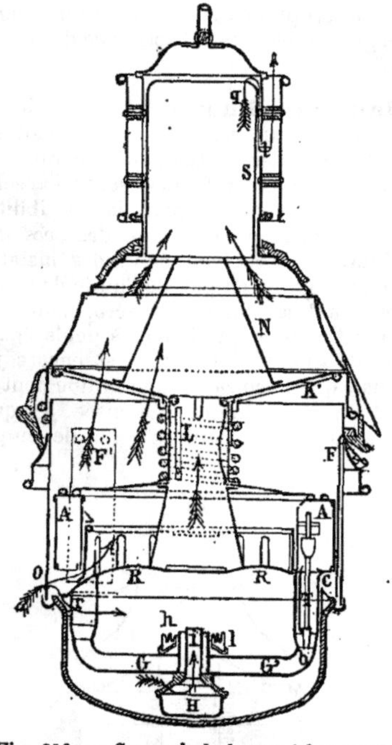

Fig. 353. — *Coupe de la lampe à bec rond de la Compagnie du Nord.*

l'intensité lumineuse du bec est très faible, et ne donne guère que 0carcel,22, de sorte qu'il est impossible aux voyageurs de lire ; l'air n'arrivant pas suffisamment au centre de la mèche, la lueur obtenue est rougeâtre ; l'huile dégorge souvent du bec et tombe dans la coupe où elle séjourne en obscurcissant encore les rayons lumineux ; la mèche se carbonise rapidement et doit être changée toutes les deux ou trois heures. Ces inconvénients ont amené la Compagnie du Nord à chercher un autre type applicable surtout aux voitures de première classe ; on a eu recours à un bec rond *h* (fig. 353) comportant l'emploi d'un verre de lampe ; de plus, on a maintenu constant le niveau de l'huile, et régularisé son arrivée au bec, en installant, dans le réservoir A, une soupape *b* qui laisse rentrer l'air dans le réservoir à mesure que le niveau baisse dans le tube T : aussitôt la pression augmente dans le réservoir et fait écouler quelques gouttes d'huile qui submergent de nouveau l'embouchure dans le tube T, et ainsi de suite, l'alimentation se faisant automatiquement. Le réflecteur R a été l'objet d'une étude toute particulière ; c'est un tore engendré par la rotation d'une ellipse, dont le grand axe est légèrement incliné, autour d'un axe vertical passant par l'un de ses foyers. On obtient ainsi une surface qui réfléchit la lumière dans tous les points du compartiment en superposant son action éclairante à celle de la lumière directe du bec. Le godet H reçoit les égouttures d'huile de manière à garantir la coupe. Le chapiteau N et la lanterne S sont disposés de façon à assurer la stabilité de la flamme ; des gaines F' ont été ménagées pour l'arrivée de l'air extérieur, de sorte que la lampe est à l'abri des soubresauts que pourrait lui communiqner l'ouverture de la fermeture des glaces et des portières, à l'intérieur du compartiment.

Les résultats obtenus avec une lampe à bec rond sont excellents : elle donne une lumière qui permet aisément de lire dans tous les coins du compartiment ; sa consommation d'huile n'est que de 43 grammes par carcel et par heure, au lieu de 63 grammes que consomme une bonne lampe à bec plat. En outre, la lampe allumée peut brûler sans qu'on ait à y toucher, pendant un laps de temps de 13 à 18 heures. Ces avantages sont assez importants pour que l'on passe sur quelques inconvénients que comporte l'emploi d'un verre, au point de vue de l'allumage, du nettoyage et de la casse.

Les lampes sont généralement placées au plafond des voitures, en un point où la lueur de la flamme ne puisse gêner les yeux des voyageurs ; on ne les place sur les parois latérales que quand les voitures sont munies d'impériales fermées, comme sur le chemin de fer deVincennes.

Eclairage au gaz. L'emploi du gaz pour l'éclairage des voitures a fait de sérieux progrès depuis quelques années et paraît être entré dans une période pratique. Les premiers essais ont été faits, il y a plus de vingt ans, d'après le procédé Hugon, qui a été repris en 1878 par la Compagnie d'Orléans. L'Etat belge fait usage, depuis 1869, d'un procédé dû à M. Cambrelin et qui consiste à placer dans chaque train un réservoir unique, alimentant chaque voiture au moyen d'une conduite générale. Le système Pintsch, très répandu à l'étranger, et que la Compagnie de l'Ouest a récemment adopté est, au contraire, de même que le procédé Hugon, fondé sur l'emploi d'un réservoir isolé pour chaque voiture, disposition qui a l'avantage de ne pas compliquer les attelages des voitures entr'elles. Le gaz Cambrelin, en usage sur les chemins de fer de Belgique, est formé du mélange de trois gaz, l'un produit par la distillation du *boghead*, le second, par la distillation des résidus de pétrole, et le troisième par la dissolution des huiles de parafine ; le gaz, ainsi obtenu, est aspiré et refoulé par des pompes qui le compriment à la pression de 10 atmosphères, dans de grands réservoirs en tôle, d'où on l'extrait pour le faire passer dans les fourgons. Ceux-ci contiennent 2 réservoirs de 20 mètres cubes à 8 atmosphères, ce qui, à raison de 25 becs de 30 litres par train, permet de faire durer l'éclairage pendant vingt-cinq heures. Un régulateur de pression règle l'écoulement dans la conduite générale munie de raccords en caoutchouc. Les becs de chaque voiture sont alimentés par un branchement de $0^m,007$ en cuivre rouge, muni d'un régulateur limitant la pression à $0^m,015$ de mercure. Pour éviter que les lampes ne s'éteignent quand on découple le train, pour ajouter et retirer une voiture, le fourgon de queue contient un second réservoir de 60 litres qui peut alimenter le train pendant dix minutes. Néanmoins, tous les inconvénients de la continuité de la conduite, les fuites, la faiblesse du pouvoir éclairant, ont empêché le système de se répandre.

Le système Pintsch consiste à fabriquer un gaz riche, provenant de la distillation du pétrole et à l'emmagasiner dans des réservoirs en tôle placés au-dessous de chaque voiture. Les pompes aspirantes et foulantes sont disposées en cascade, de manière à porter la pression d'abord à 4 puis à 12 atmosphères. Un régulateur, intercalé entre le réservoir et chaque bec, limite la pression du gaz à $0^m,04$ de mercure. La lanterne diffère de celle des lampes à l'huile par la suppression de toute communication avec l'intérieur de la voiture, afin d'éviter les fuites de gaz et de rendre la flamme plus stable. Un robinet, mis à la disposition des voyageurs, permet de baisser la flamme à volonté. Pour remplir les réservoirs, on établit le long des quais d'embarquement des voyageurs, un tuyau souterrain en plomb, sur lequel, à des distances correspondant à la longueur d'une voiture, sont situées des bouches de chargement formées de colonnes verticales en fonte, terminées par un robinet à vis, recouvert d'une calotte.

En Amérique, le *Philadelphia and Reading RR* fait usage du système Forster qui est très voisin du système Pintsch. La compression du gaz est faite graduellement au moyen d'une pompe à double effet, qui porte la pression d'abord à 5, puis à 12 atmosphères.

Le système Sugg, dont il n'a été fait que des essais, en Angleterre, consiste à enrichir le gaz ordinaire par des hydrocarbures, provenant de la volatilisation directe des huiles. Ce produit, ainsi obtenu, fait moins de dépôt dans les conduites et s'appauvrit moins avec le temps. En outre, on évite, de cette façon, la construction coûteuse d'usines spéciales pour la fabrication des gaz riches.

Un défaut commun à tous les systèmes, c'est l'emploi obligatoire de réflecteurs en porcelaine ou en tôle émaillée, bien inférieurs, comme pouvoir réfléchissant, aux réflecteurs métalliques, qui noirciraient sous l'action du gaz. On perd ainsi une bonne partie de la lumière produite. Quant aux réservoirs, ils constituent un surcroit de charge très notable pour chaque voiture, un danger en cas de fuites, et une dépense d'installation considérable. C'est ce qui fait que l'on hésite encore à substituer, d'une manière générale, l'emploi du gaz à celui de l'huile.

Éclairage électrique. L'emploi de l'électricité pour l'éclairage des voitures, n'est encore qu'à l'état d'essai et les systèmes, mis en expérience, n'ont jusqu'ici donné que des résultats médiocres, tant au point de vue du prix de revient que pour d'autres considérations. Au chemin de fer de l'Est, M. Tommasi a installé des lampes à incandescence, alimentées par une machine Gramme, qui empruntait son mouvement à un essieu du train. Pour éviter que les lampes ne s'éteignent ou ne s'obscurcissent chaque fois que le train s'arrête ou ralentit sa marche, M. Tommasi intercalait des accumulateurs entre la machine et les lampes, et pour que ceux-ci ne restituent pas leur charge au générateur, il disposait un interrupteur automatique dont le fonctionnement est tel que, quand la vitesse du train descend au-dessous de sa limite normale, l'appareil interrompt toute communication entre la machine et les accumulateurs; cette communication se rétablit d'elle-même, quand la limite de vitesse est de nouveau atteinte. Les accumulateurs, qui n'ont à fournir d'électricité qu'au-dessous de cette limite, sont moins encombrants que s'ils devaient avoir une capacité suffisante pour alimenter le train entier pendant tout le voyage. Les lanternes des voitures contiennent chacune une lampe de Swan, de la valeur de 20 bougies, maintenue immobile et munie d'un réflecteur.

M. Philippart a proposé, dans le même but, l'emploi des accumulateurs Faure-Sellon-Volkmar, placés sous les banquettes des compartiments; chaque voiture comprendrait 4 lampes de 10 bougies, et un poids de 150 kilogrammes occupant un volume de $0^{mc},1$. Il n'a pas été fait d'essai sur la base de ces propositions. — M. C.

— V. *Revue générale des chemins de fer*, numéros de octobre 1879 et février 1882.

ÉCLAIRAGE DES NAVIRES.

L'éclairage des navires est complexe et comprend: 1° l'*éclairage intérieur* des divers compartiments, tels que salons, cabines, batteries, chambres de machines, chaufferies, soutes, etc.; 2° les *feux de côté* ou *feux de route* servant à indiquer aux autres bâtiments la présence, l'orientation et par suite la route suivie; 3° les *feux spéciaux* indiquant le mode de propulsion et la situation spéciale du navire; 4° les *feux de signaux* qui servent à correspondre à l'aide d'alphabets conventionnels; 5° les *feux d'investigation*, foyers puissants servant à projeter dans diverses directions un faisceau lumineux rendant visibles soit d'autres navires, soit des côtes, des récifs, etc.

En général, l'éclairage intérieur est obtenu à l'aide de lampes à huile ou de bougies et ne présente aucune particularité intéressante. Les plus grandes précautions doivent être prises, bien entendu, pour écarter les chances d'incendie, fléau plus redoutable à bord que partout ailleurs, et les explosions des matières dangereuses telles que munitions de guerre, artifices pour signaux de nuit, etc. Les compartiments renfermant ces matières, *soutes aux poudres*, *soutes aux pro-*

jectiles; soutes à fulmi-coton, etc., sont éclairés à l'aide de lampes renfermées dans des guérites, auxquelles on n'accède que de l'extérieur, et munies de lucarnes vitrées. En général, les lampes ou les porte-bougies sont suspendus à *la cardan,* de manière à conserver autant que possible une position verticale lorsque le navire est à la bande sous l'action du vent et à ne subir que des oscillations de faible amplitude dans les mouvements de tangage et de roulis.

Les *feux de côté* sont obligatoires pour tout bâtiment qui navigue; ces feux sont installés de chaque bord à l'extérieur du bâtiment, soit dans les porte-haubans, soit sur les bancs de quart, soit aux extrémités des passerelles. Le feu de tribord est coloré en vert, celui de babord en rouge; les fanaux sont munis d'écrans disposés de telle façon que les deux feux puissent être aperçus simultanément à une faible distance à l'avant du navire et leur angle d'action est limité à 112°,30' (fig. 354).

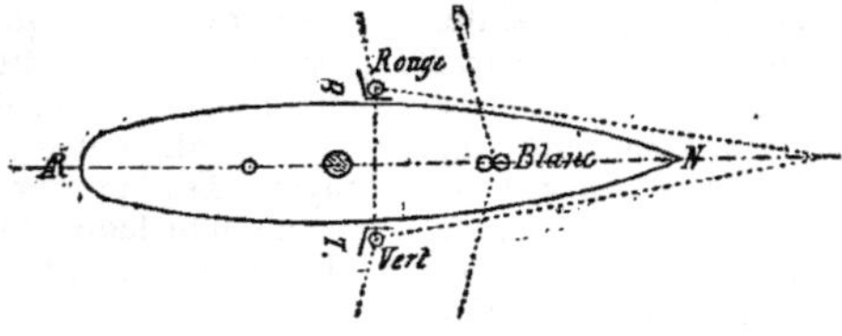

Fig. 354.

Les navires qui naviguent à la voile ne possèdent que les feux de côté, les navires qui marchent à la vapeur doivent porter au mât de misaine, un peu au-dessous de la hune, un fanal spécial non coloré, dit *feu blanc de misaine,* et suspendu, en général, à l'étai de misaine. Son angle d'action est de 225°.

Dans certaines circonstances, on complète cet éclairage; par exemple, un bâtiment qui en remorque un autre doit porter deux feux blancs superposés. Les escadres font un fréquent usage de *fanaux de signaux,* pour établir une correspondance de nuit entre les divers bâtiments et transmettre les ordres du commandant en chef.

En général, les fanaux de côté, de misaine et de signaux, comportent des lampes à huile plus ou moins puissantes ou de simples bougies. Il y a toujours grand intérêt à augmenter l'intensité du foyer lumineux, afin d'accroître l'efficacité du fanal; aussi, tout en faisant usage de bonnes lampes à huile pour les feux de côté et de fortes bougies pour les autres, on entoure le foyer d'*optiques,* c'est-à-dire de verres convenablement taillés à l'instar des appareils des phares, et ayant pour effet de réduire la dispersion des rayons lumineux en dessus et en dessous de l'horizon et de miroirs pour les concentrer dans les directions utiles.

Dans ces dernières années, on a réussi à appliquer à bord de plusieurs navires de guerre et de commerce des lampes électriques, tant pour l'éclairage intérieur que pour les fanaux dont il vient d'être question. Dans les divers compartiments dont les dimensions sont toujours assez restreintes, les foyers lumineux n'ont pas besoin d'être très intenses (un ou deux becs carcels au plus), leur multiplicité est plus utile que l'accroissement de leur intensité. Aussi, les foyers électriques, qui s'imposent naturellement, sont les lampes à incandescence dont les effets sont si séduisants, et qui présentent, en outre, l'immense avantage de supprimer presque complètement les chances d'incendie et d'explosion. Dans les chambres de machines et les chaufferies, on peut trouver avantage à les réunir par groupes sous forme de lustres ou d'appliques, comme on le fait avec les lampes ordinaires. Exceptionnellement, on installe, dans ces chambres, des foyers plus puissants, tels que des lampes à arc ou des bougies électriques, dont l'emploi dans les autres compartiments serait un non-sens.

Les feux de côté sont avantageusement pourvus de foyers électriques, soit de fortes lampes à incandescence d'une dizaine de becs carcels, et réalisant déjà un progrès considérable sur les lampes à huile, soit même de lampes à arc d'une trentaine de becs carcels. La première disposition présente plus de garanties, de fixité et de régularité, réduit les chances d'extinction momentanée, que l'emploi des foyers à arc n'exclut jamais complètement. Pour les feux de misaine, l'expérience n'a pas encore été absolument concluante: l'emploi de feux très puissants a l'inconvénient de créer à l'avant du navire une lueur parfois dangereuse, parce qu'elle peut éblouir la vue de l'officier de quart et des hommes de vigie; mais, entre cet excès et l'état actuel, il y a une grande marge et il est probable qu'on pourra remplacer d'ici peu les fanaux à bougie, ne valant pas un bec carcel, par des lampes à incandescence d'une dizaine de becs, sans gêner la vue du personnel et en augmentant singulièrement l'efficacité de cet engin si précieux pour prévenir les abordages. Des applications heureuses de lampes à incandescence ont été réalisées dans ces derniers temps à bord de plusieurs navires de guerre pour les feux de signaux.

L'alimentation des divers foyers électriques, dont nous venons de parler, peut être obtenue, soit à l'aide de *courants alternatifs,* soit avec des *courants continus.* Au point de vue purement électrique ou industriel, il est difficile de se prononcer encore d'une manière absolue sur le choix à faire entre ces deux systèmes; mais les considérations qui militent à terre pour l'emploi des courants continus sont plus impérieuses à bord des navires. Les canalisations à haute tension présentent trop d'inconvénients, tant au point de vue du personnel que des dangers d'inflammation. Il est préférable d'adopter les sources à courant continu, qui se prêtent aussi bien que les machines à courants alternatifs à la subdivision de l'éclairage par incandescence.

Le poids et l'encombrement des engins auxiliaires devant être aussi limités que possible à bord des navires, on est amené à faire usage de sources électriques légères et puissantes sous un faible volume, par suite de machines dynamo-électriques à allure rapide. En général, on ne s'éloigne guère d'une vitesse de 600 tours à la minute, ce qui conduit le plus souvent à intercaler une transmission multipliant l'allure entre le moteur à vapeur et la source électrique ; néanmoins, on a réussi dans certaines installations à conduire directement la machine dynamo-électrique à une allure de plus de 500 tours et cela d'une manière continue. Dans tous les cas, le moteur à vapeur doit être muni d'un régulateur de vitesse et, si faire se peut, d'un volant ; il doit être alimenté par une chaudière spéciale indépendante des grandes chaudières de la machine principale, et cependant, il est avantageux qu'il puisse, au besoin, fonctionner avec la vapeur de ces dernières. Une objection grave est faite à l'application étendue de la lumière électrique à l'éclairage intérieur des navires, c'est le danger considérable qui résulterait d'une défaillance, même de courte durée, du moteur ou de la source, privant tout à coup de lumière les divers compartiments. Aussi on ne doit jamais hésiter à disposer en double les divers organes, afin de remédier rapidement à un semblable accident et de réduire la durée des interruptions à quelques secondes, bien que cela revienne à doubler presque la dépense première. On a aussi, à plusieurs reprises, appliqué des batteries d'accumulateurs toujours chargées, pour venir en aide aux sources électriques pendant la cessation de leur fonctionnement, ou même pour jouer à leur égard et d'une façon permanente le rôle de volant : malheureusement, le succès a souvent été douteux, et la plupart des installations actuelles en sont dépourvues.

Depuis une dizaine d'années, on a muni les navires de guerre et quelquefois aussi quelques grands paquebots de foyers électriques intenses, renfermés dans une sorte de lanterne de phare, munie de puissants miroirs et d'appareils lenticulaires, et permettant de produire un faisceau lumineux d'une grande portée, répandant une vive lumière sur les objets éloignés. Aujourd'hui, la presque totalité des navires de guerre possède un matériel spécial (analogue à celui que le service de la guerre emploie à terre pour la défense et l'attaque des places fortes), composé d'une ou de plusieurs machines dynamo-électriques très puissantes, conduites directement par des moteurs rapides, dont le Brotherhood est le type le plus répandu. Ces sources alimentent des lampes à arc munies de régulateurs automatiques ou même manœuvrées à la main ; les lanternes, appelées *projecteurs* dans la marine militaire, sont installées de manière à pouvoir être aisément orientées dans toutes les directions et quelquefois déplacées rapidement d'un côté à l'autre du navire.

Les navires de guerre tirent également un excellent parti des faisceaux lumineux, produits par des appareils électriques de petites dimensions, portés par leurs embarcations à vapeur.

***ÉCLAIRCISSAGE.** *T. techn.* Action de doucir des verres de montre, de polir des métaux, des armes, de lustrer des peaux, de décrasser les fils de laiton.

***ÉCLAIREMENT.** L'éclairement est un des effets produits sur les corps par la lumière, comme l'échauffement est un de ceux produits par la chaleur. L'éclairement est à l'éclairage ce que l'échauffement est au chauffage ; on trouve l'analogie encore plus complète si l'on observe que, de même que l'échauffement transforme les corps en sources de chaleur, qui émettent encore des radiations calorifiques après que le chauffage a cessé, l'éclairement des surfaces les transforme en sources lumineuses secondaires, devenues non seulement visibles par la réflexion de la lumière reçue, mais capables quelquefois d'émettre des radiations lumineuses, après la cessation de l'éclairage. — V. Phosphorescence.

L'éclairement, communiqué à une surface, est proportionnel à la quantité de lumière qu'elle reçoit ; aussi est-ce en comparant les éclairements produits, sur une même surface, par les diverses sources de lumière que l'on mesure leurs intensités lumineuses. Malheureusement, tandis que l'on a pu trouver, dans les effets physiques de la chaleur, un moyen de mesurer l'échauffement, indépendant de la sensation sur nos organes (V. Calorimétrie), aucun des effets calorifiques, chimiques ou électriques, produits par la lumière n'a pu être utilisé pour mesurer l'éclairement, et dans l'état actuel, les évaluations de la photométrie sont loin d'avoir la précision des autres mesures scientifiques. — J. B.

***ÉCLATÉ, ÉE.** *Art hérald.* Se dit de l'écu dont les divisions sont tracées en zigzags, comme s'il avait été rompu. || Se dit des bâtons et des chevrons brisés.

***ÉCLIMÈTRE.** — V. Nivellement.

ÉCLISSE. 1° *T. de chem. de fer.* Plaque en fer laminé. La réunion de deux plaques semblables, formant moises, sert à établir la solidarité entre les abouts de deux rails consécutifs faisant partie d'une voie ferrée. Les éclisses épousent la forme des parties latérales des rails sur lesquels elles s'appliquent. Leur longueur est d'environ 45 centimètres ; elles sont serrées contre les rails par des boulons, le plus souvent au nombre de quatre. Les trous percés dans les éclisses sont circulaires et d'un diamètre égal à celui des boulons qui les traversent; ceux percés dans le rail présentent un diamètre plus considérable et donnent ainsi un certain jeu permettant les effets de dilatation, occasionnés par les changements de température, que peuvent subir les rails.

L'épaisseur des plaques formant éclisses est limitée, au moins vers l'intérieur de la voie, de telle sorte que ces pièces ne présentent pas obstacle au passage des *boudins* (V. ce mot) des roues de machines ou voitures. On ne peut ainsi leur donner toute la force suffisante pour compenser absolument la diminution de résistance qui a lieu au joint des rails ; elles suffisent toutefois pour empêcher toute dénivellation et rendre les deux abouts solidaires en répartissant, sur chacun d'eux, la pression d'une roue qui arrive près du joint.

Les éclisses, dans certains cas, peuvent affecter des formes spéciales. Quelquefois, elles se recourbent sous le patin du rail, et portent à l'extérieur des oreilles qui servent à les fixer sur les traverses; ce sont les coussinets éclisses. D'autre fois, les éclisses portent des saillies qui viennent buter sur les traverses et s'opposent ainsi au déplacement longitudinal de la voie.

|| 2° *T. techn.* Ce mot désigne des petits morceaux de bois ou de tôle destinés à relier les parties d'une pièce fracturée. || 3° Planches minces et courbées, destinées à faire les côtes des violons, basses et autres instruments du même genre. || 4° Planchette rigide, ou bande de carton résistant, employée pour les appareils de réduction des fractures. || 5° Osier ou bois flexible fendu, et servant à confectionner certains ustensiles de vannerie.

ÉCLUSE. Le mot *Écluse* (du latin *Exclusa aqua*) a d'abord été employé pour désigner les barrages mobiles qui constituent les retenues d'usines sur les rivières ; on l'a depuis étendu aux passages établis entre deux bassins voisins, et munis de portes pour retenir l'eau enfermée dans l'un d'eux pendant que le niveau de l'autre s'abaisse plus ou moins. On ne peut ouvrir ces portes que lorsque les deux niveaux sont rétablis à la même hauteur, ce qui n'a lieu naturellement que dans les ports où la mer monte et descend alternativement. Dans les rivières et les canaux, il faut employer deux écluses simples, séparées par une chambre intermédiaire que l'on appelle *sas* et qui sert, en même temps, à contenir les bateaux qui passent d'un bief à l'autre. — V. Canal.

Écluses à la mer. Dans les ports de l'Océan, le niveau de la mer éprouve des oscillations considérables; à marée basse, le port reste à peu près à sec et pour éviter l'échouage des navires, on a dû créer des bassins fermés dans lesquels l'eau, qui est entrée avec la haute mer, reste enfermée pendant la marée descendante; les navires y sont donc continuellement à flot et, comme le niveau reste à peu près invariable, ils peuvent être chargés ou déchargés sans difficulté ni interruption. C'est au moyen d'écluses que les bassins à flot communiquent, soit entre eux, soit avec l'avant-port. Si le mouvement des navires est peu important, l'écluse est simple, à un seul pertuis; sa fermeture se fait au moyen d'une paire de portes busquées tournées du côté du bassin ; on les appelle porte d'*ebbe* ou de marée descendante. Lorsque la mer est remontée au niveau du bassin, elle entr'ouvre les portes d'elle-même ; on achève de les ouvrir et les navires entrent et sortent librement, aussi longtemps que dure l'*étale* de pleine mer. Lorsque l'eau commence à baisser, un courant d'écoulement s'établit du bassin vers le port; on doit fermer les portes avant que ce courant n'ait pris une trop grande force, qui pourrait occasionner des accidents. Comme la rupture de ces portes ferait courir de grands dangers aux navires contenus dans le bassin, on emploie souvent deux paires de portes d'ebbe, ce qui permet, en outre, de répartir entre elles la charge d'eau, en maintenant dans l'intervalle qui les sépare un niveau intermédiaire entre celui du bassin et celui de la basse mer. Lorsque l'étale est de courte durée, on agrandit l'espace entre les portes, de façon qu'il puisse contenir au moins un navire, c'est-à-dire que l'on revient à l'écluse à sas ordinaire.

Dans quelques cas, on place en avant des portes d'ebbe une paire de portes, dites *de flot*, dont le busc est tourné vers l'avant-port ; elles ont pour but de protéger les portes d'ebbe contre l'action violente des lames et le bassin contre les hautes mers extraordinaires. Avec des portes de flot, on peut assécher le sas et le transformer, provisoirement, en un bassin de réparations ou de radoub ; on peut aussi maintenir à sec le bassin à flot lui-même, pour y exécuter les travaux nécessaires. Pour faire communiquer entre eux plusieurs bassins à flot, on emploie des écluses simples, mais avec deux portes de sens opposé, afin de maintenir indépendants les niveaux de ces bassins.

Lorsque la fréquentation d'un port est considérable, on donne au sas des dimensions beaucoup plus grandes et il devient ce qu'on appelle un *bassin de mi-marée*. Dans ce cas, les portes d'amont étant fermées un peu après la fin de l'étale, les portes d'aval peuvent rester ouvertes et les navires entrent dans le sas tant que la mer n'est pas descendue à un niveau déterminé ; à ce moment, on ferme les portes d'aval, on remplit le sas au niveau du bassin et les navires peuvent y pénétrer. A la marée montante, les manœuvres s'exécutent en sens inverse, ce qui permet aux navires de quitter le port bien avant le plein. C'est ainsi qu'au Havre la durée de la marée est prolongée jusqu'à 7 et 8 heures pour l'écluse du bassin de la citadelle, tandis qu'elle est limitée à 3 heures pour les autres.

L'ensemble des manœuvres nécessaires pour l'entrée et la sortie des navires s'appelle *sassée*. Une sassée est double, lorsqu'elle peut être utilisée pour des navires entrants et sortants; elle est simple, lorsqu'il n'y a de navires que dans un sens.

A Dunkerque, on peut faire, avec l'écluse du bassin du commerce, dite *écluse de la citadelle*, deux sassées doubles de 16 navires avant l'étale, et deux après l'étale; cela fait 32 navires auxquels s'ajoutent les 18 navires qui peuvent passer pendant l'étale, soit 50 navires en une marée. Le bassin du commerce ayant, en outre, une écluse simple, dite *écluse du barrage*, qui permet de faire passer 20 navires pendant l'étale, on voit que le passage est assuré pour 70 navires à chaque marée ; le tonnage correspondant à cette circulation est d'environ 7,000 tonnes.

Il convient de rappeler qu'on pourrait éviter les écluses, en creusant des bassins assez profonds pour que les navires y trouvent toujours le tirant d'eau nécessaire ; c'est ainsi qu'au port militaire de Cherbourg, les vaisseaux de guerre peuvent entrer et sortir à toute heure de marée. Les exigences de la navigation moderne obligeront, sans doute, à chercher une solution analogue pour les ports dont les bassins à flot intérieurs et les écluses ne suffisent plus à l'augmentation sans cesse croissante du tonnage et de la circulation des navires.

Les dimensions des écluses à la mer dépendent de celles des navires qu'elles sont appelées à recevoir; l'emploi des bateaux à roues a, pendant quelque temps, conduit à leur donner une largeur considérable, plus de 30 mètres à Liverpool et au Havre; l'adoption de l'hélice a permis de réduire cette largeur à 14 ou 15 mètres; il faut au moins 20 mètres pour les vaisseaux de guerre; le jeu intérieur doit toujours être d'au moins 30 centimètres de chaque côté, pour ne pas rendre les mouvements trop difficiles. La profondeur dépend du tirant d'eau des navires et celui-ci est limité par la hauteur d'eau dans le chenal et l'avant-port; lorsque les navires de fort tonnage sont peu nombreux dans un port, on peut réserver leurs mouvements pour la pleine mer, ce qui permet de donner aux écluses moins de profondeur; c'est une question importante, car on a constaté que la dépense de construction augmente comme le carré de la profondeur. En tout cas, c'est la hauteur de l'eau sur le busc de l'écluse qui limite la profondeur utile du bassin à flot.

Les sas de grande longueur sont souvent coupés, au milieu, par une paire de portes intérieures, formant au besoin deux sas consécutifs de plus petites dimensions, plus favorables au mouvement rapide des navires et à l'économie de l'eau, très importante dans les ports où il faut recourir à des bassins spéciaux, quelquefois même à des machines élévatoires, afin de maintenir le niveau des bassins à flot. Dans les ports importants, on emploie de préférence deux écluses à sas accolées, une grande et une petite.

On donne, généralement, au radier la forme d'une anse de panier, aplatie au sommet; les faces intérieures des bajoyers doivent être verticales, parce que la largeur doit rester invariable pour toutes les hauteurs de l'eau; quant à l'épaisseur, elle est calculée en les considérant comme soumis : 1° du côté des terres à une pression au moins double de celle d'une masse d'eau équivalente, non seulement pour prévoir les effets d'infiltration derrière les maçonneries, mais aussi pour tenir compte des charges accidentelles résultant des dépôts de matières sur le terre-plein; 2° du côté du sas, à la poussée de l'eau agissant comme si les remblais n'existaient pas. La compression sur l'arête de renversement doit rester au-dessous de la limite d'écrasement des matériaux, calculée avec un coefficient de sécurité égal au dixième de la résistance constatée aux essais. On admet, généralement, comme point de départ des calculs, une largeur de $1^m,30$ au niveau de la retenue d'amont.

Fondations. Les écluses, et notamment les écluses à sas, doivent être établies sur des fondations inébranlables, dont l'exécution est presque toujours très difficile, à cause de la nature des terrains que l'on rencontre pour leur emplacement. Il faut, le plus souvent, creuser une fouille assez profonde, circonscrite dans une enceinte de pieux et palplanches, et couler une couche de béton hydraulique pour former un radier général destiné à recevoir toutes les maçonneries; il faut même, lorsque le terrain est perméable et compressible, draguer cette enceinte jusqu'au terrain solide, et la remplir de gravier ou de moellons jusqu'au niveau inférieur assigné au radier, afin d'asseoir le béton sur ce remblai.

Si la profondeur à laquelle se trouve cette couche solide dépasse 10 à 12 mètres, on bat des pieux qui vont s'y appuyer et qui devront porter les maçonneries; on consolide ces pieux, au besoin, par des enrochements jusqu'à un mètre ou $1^m,50$ de hauteur au-dessous de la face inférieure du radier, et on coule par dessus la couche du béton qui enchâsse et coiffe tous les pieux; toute la masse est ainsi rendue solidaire et plus apte à résister aux déplacements horizontaux que pourrait produire la différence des niveaux de l'amont à l'aval. Le nombre de ces pieux est quelquefois considérable; pour les fondations des trois écluses accolées du canal d'Amsterdam à la mer du Nord, on a battu 8,896 pieux en chêne, enfoncés de $13^m,50$ dans le sol, et reliés par un grillage en sapin.

Dans les terrains vaseux de grande profondeur, où l'on ne pourrait ouvrir des fouilles, on commence par établir l'enceinte au moyen de blocs en maçonnerie, évidés intérieurement par un ou plusieurs puits verticaux, qui permettent d'obtenir leur enfoncement par le déblaiement du terrain à l'intérieur des puits. On ajoute de nouvelle maçonnerie sur les blocs, à mesure qu'ils descendent, jusqu'à ce qu'ils aient atteint le terrain solide; une drague verticale et une pompe d'épuisement enlèvent, au besoin, les déblais et les eaux d'infiltration (fig. 355). Après le fonçage des blocs, les puits sont remplis en béton pour la partie sous l'eau, et en maçonnerie pour la partie su

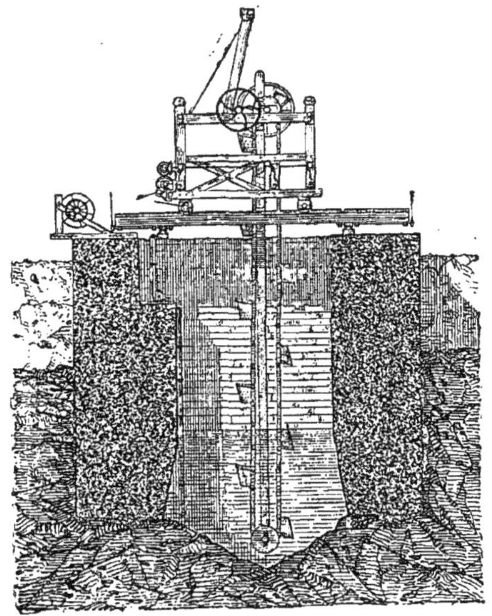

Fig. 355. — *Fondation par bloc évidé.*

périeure. Les blocs sont aussi rapprochés que possible les uns des autres et l'intervalle qui les sépare est ensuite bouché par des maçonneries, de façon que l'ensemble constitue une enceinte que l'on peut épuiser pour exécuter la fouille et le radier général. Ce mode de fondation a été employé, en 1856 à Saint-Nazaire, en 1862 à Lorient et en 1867 à Bordeaux; on s'en est servi également avec succès à Hambourg en 1868.

Enfin, dans les cas exceptionnels, on a recours aux caissons métalliques foncés au moyen de l'air comprimé. — V. FONÇAGE et FONDATION.

Portes d'écluses. On a vu, au mot CANAL, que les écluses sont fermées au moyen de portes à deux ventaux, busqués en chevron ; les portes d'écluses à la mer ne diffèrent des autres que par leurs dimensions beaucoup plus grandes ; leur poids peut s'élever à 150 tonnes et la charge d'eau qu'elles supportent dépasse souvent 500 tonnes. On les construit en bois ou en fer ; le métal est préféré pour les portes de grande largeur, à cause de la difficulté que l'on éprouve à se procurer des bois sains de dimensions suffisantes ; on en a quelquefois profité pour donner aux portes la forme d'un arc de cercle ; les vantaux, en s'arcboutant, fonctionnent alors comme une voûte verticale.

Le mode de construction des portes est conforme aux règles d'emploi de ces matériaux; mais on doit, cependant, l'étudier pour satisfaire aux principales conditions suivantes.

Les portes doivent être étanches, non seulement à leur surface, mais sur tous les joints du pourtour, joints du bas des ventaux avec le busc, joints entre les poteaux tourillons et les *chardonnets* (V. ce mot), jonction des vantaux entre les poteaux busqués. Des fourrures en bois sur toutes les surfaces de contact des portes permettent d'obtenir l'ajustement nécessaire pour remplir cette condition très importante pour les grandes portes sur lesquelles les eaux d'amont exercent, lorsque l'écluse est fermée, une sous-pression dont la valeur est souvent considérable, puisqu'elle est égale au produit de la surface inférieure de l'entretoise par la différence des hauteurs d'eau à l'amont et à l'aval. Cette poussée est combattue par le poids de la porte, mais surtout par les frottements sur le busc et sur le chardonnet. On a vu des portes mal ajustées ou déformées, être soulevées et rejetées dans l'écluse.

La facilité et la rapidité de manœuvre des portes s'obtiennent par les soins donnés aux organes de rotation, notamment par la verticalité absolue du tourillon supérieur sur le pivot. Le pivot, en saillie sur le radier, se termine en demi-sphère, et sa base, encastrée et scellée dans la bourdonnière, doit être assez grande pour l'empêcher de tourner et pour bien répartir le poids sur la pierre, qui le répartit elle-même sur les maçonneries de fondation. La crapaudine est creusée en forme de segment sphérique dont le diamètre est un peu plus grand que celui de la demi-sphère du pivot; son assemblage avec la base du *poteau-tourillon* doit être très solide; les surfaces de frottement doivent être très dures et parfaitement polies. Les colliers des tourillons et leurs attaches doivent être reportés au sommet des bajoyers, pour en faciliter la visite et l'entretien.

Pour diminuer la traction sur le collier, on soutient les grandes portes, près du poteau busqué, par des galets verticaux placés sous l'entretoise inférieure. Ces galets roulent sur un chemin circulaire en fonte ; leur jante est conique, pour les empêcher de pivoter. Il faut leur donner un diamètre proportionné à la charge qu'ils supportent, ce qui oblige à entailler l'entretoise pour les loger. Aux portes de l'écluse de Liverpool, ces galets ont $1^m,07$ de diamètre et $0^m,30$ de surface de roulement; les axes n'ont pas moins de 30 centimètres de diamètre.

La complication et les difficultés d'entretien des galets ont conduit à les remplacer par des chambres à air ménagées dans l'épaisseur des portes, afin d'alléger leur poids et de les rendre presque flottantes. On ne conserve que l'excès de pesanteur nécessaire à la stabilité.

Pour les portes en bois, on constitue ces chambres à air au moyen de caisses métalliques étanches logées dans l'intervalle des entretoises ; il est vrai que les portes en bois, neuves, flottent d'elles-mêmes, au point que l'on est obligé de les lester pendant un certain temps. Mais les bois augmentent de poids par leur séjour dans l'eau ; M. l'ingénieur Poirée a trouvé les résultats suivants :

	Chêne noueux	Chêne sans nœuds	Sapin du Nord
	kilogr.	kilogr.	kilogr.
Poids en magasin.	755	673	500
Poids après dessèchement à l'étuve.	644	576	483
Poids après dix ans d'immersion	1.298	1.234	1.077

Le chêne noueux était allé à fond au bout d'un an, le chêne sans nœuds au bout de 18 mois et le sapin du Nord au bout de deux ans. Il faut donc, à la longue, diminuer le lest, puis le supprimer et revenir aux moyens de soulagement précédents.

La rigidité des portes d'écluse, dans le sens vertical, est obtenue par la liaison triangulaire, au moyen des bracons et des écharpes ; on peut encore l'augmenter en disposant le bordage en bois obliquement, parallèlement au bracon et en l'encastrant dans des rainures qui le font travailler à la compression. La façon oblique dont le bracon transmet la pression aux pièces de bois sur lesquelles il s'appuie, l'affaiblissement qu'entraîne son ajustage sur les entretoises en limitent l'emploi aux portes de dimensions moyennes; pour les grandes portes, on préfère l'écharpe que l'on double, au besoin, en en plaçant une sur chaque face des vantaux.

Pour résister à la pression transversale qui résulte de la butée des poteaux busqués l'un sur l'autre, il convient d'appuyer le poteau-tourillon contre la maçonnerie à l'aide de disques intermédiaires et de butoirs en fonte, qui ne sont au contact que lorsque les portes sont en charge.

L'épaisseur des portes doit être calculée pour leur donner une roideur suffisante contre les déformations que tendent à produire les efforts, de sens opposés, exercés pendant leur manœuvre, sur les entretoises extrêmes; on complète cette roideur par le renforcement des poteaux busqués, par les liaisons verticales des entretoises et par l'augmentation d'épaisseur du bordage. La roideur est un des principaux avantages des portes métalliques.

On assure la durée des portes et on facilite leur entretien en employant le fer pour la carcasse et le bois pour les garnitures; en diminuant le nombre des assemblages par l'augmentation de section des pièces et en faisant surtout travailler l'entretoise supérieure, la plus facile à réparer. On doit aussi préparer des points d'attache convenablement renforcés pour faciliter l'enlèvement des vantaux sans les exposer à des déformations. Dans les portes en fer, il est bon d'employer des pièces d'épaisseurs égales, pour que leur usure soit simultanée. Les portes d'écluses doivent être peintes avec soin et tous les assemblages des bois garnis de coaltar avant le montage.

Pour la résistance à la pression de l'eau, les

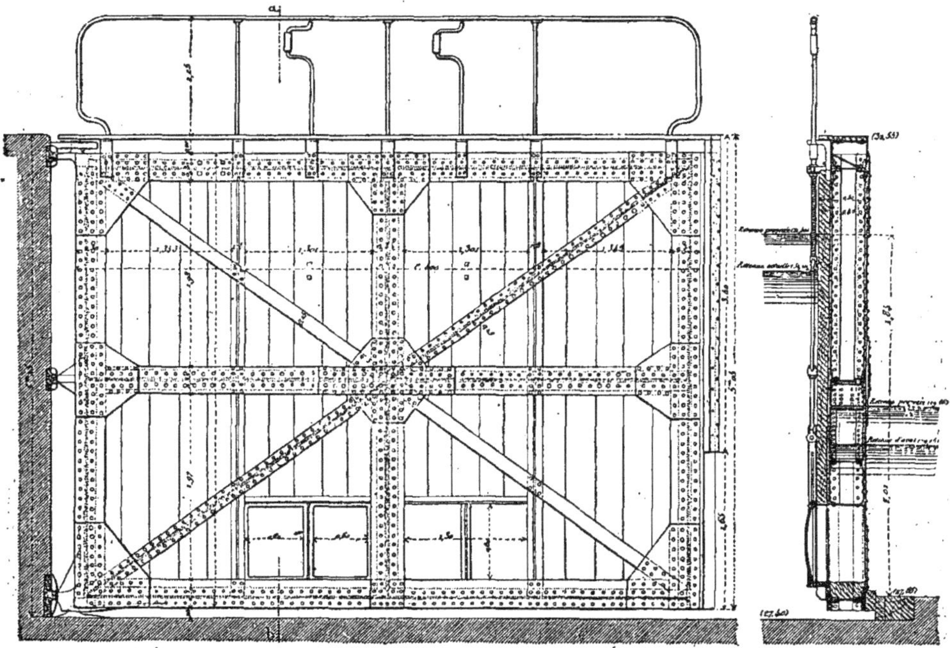

Nota : Dans la Fig. 1, le bordage du poteau tourillon et de l'entretoise inférieure est supposé enlevé.

Fig. 356. — *Élévation d'aval d'un vantail de porte d'écluse.*

Fig. 357. — *Coupe ab.*

travaux de MM. Chevallier, Lavoinne et Guillemain ont conduit à des règles très simples; on donne à l'entretoise supérieure des dimensions telles qu'elle puisse supporter, uniformément répartie, une pression égale au tiers de la pression totale qui s'exerce sur le vantail. On fait supporter à l'entretoise du milieu un autre tiers de la charge; si le vantail est haut et large, on place cette entretoise horizontalement; si le vantail est large et bas, on emploie une poutre verticale; pour un vantail carré, on emploie deux pièces égales, l'une verticale et l'autre horizontale. La porte est ainsi découpée en panneaux que l'on traite comme le vantail tout entier, et l'on poursuit cette division successivement jusqu'au moment où le bordage peut suffire seul à supporter la pression qui correspond à sa portée, en ayant soin de prendre une épaisseur assez grande pour réduire le plus possible le nombre de ces divisions. Les figures 356 et 357 représentent l'élévation et la coupe de l'un des vantaux d'une porte de ce système, construite pour l'écluse d'Ablon en 1880.

Appareils de manœuvre. Les appareils de manœuvre des portes ont dû naturellement se modifier au fur et à mesure de l'augmentation des dimensions et du poids des vantaux; sur les anciens canaux, les portes, étroites et légères, étaient simplement manœuvrées au moyen d'un balancier prolongeant l'entretoise supérieure au-dessus du terre-plein; ce balancier, qui équilibrait en partie le poids de la porte, était, à la fois, simple et commode; mais il gênait la circulation aux abords de l'écluse et on fut conduit à lui substituer des béquilles s'accrochant à un anneau fixé à l'entretoise supérieure; la poignée était en bois et l'éclusier ouvrait la porte en tirant la béquille avec ses deux mains. En agrandissant les portes, il fallut trouver des engins plus énergiques et l'on eut recours à une crémaillère circulaire en fonte, dont le centre coïncide avec celui du poteau-tourillon sur lequel elle est fixée ; cette crémaillère engrène avec un pignon mû par une roue dentée, actionnée elle-même par un second pignon que commande une clef verticale, remplacée plus tard par un treuil à manivelles. Toutes ces roues sont placées horizontalement dans une chambre ménagée à la partie supérieure du bajoyer et recouverte avec des madriers ou des plaques de fonte. Pour les grandes portes des écluses en rivière et à la mer, on emploie des chaînes en fer, deux par vantail ; ces chaînes accrochées au poteau busqué, sont renvoyées par des poulies et des rouleaux de friction, à travers des puits verticaux ménagés dans la maçonnerie ; elles s'enroulent sur des treuils puissants fixés sur les terre-pleins. Quelquefois un même treuil sert à embraquer deux chaînes à la fois, celle d'ouverture du vantail attenant au bajoyer sur lequel il est fixé et celle de fermeture du vantail opposé ; le tambour est alors établi sur deux diamètres différents, parce que la chaîne de fermeture est plus longue que l'autre, afin qu'elle puisse, quand la porte est ouverte, descendre se reposer sur le radier et laisser le passage libre. Enfin, comme la manœuvre des treuils est lente et exige un grand nombre de bras, on les a remplacés, dans quelques ports, par des appareils à pression hydraulique agissant directement sur les chaînes.

Remplissage et vidange des sas. On a vu que le remplissage et la vidange des sas s'effectuent, au moins pour les grandes écluses modernes, par des aqueducs prolongés sur toute la longueur des bajoyers ; il convient de les faire déboucher par plusieurs ouvertures réparties sur la longueur du sas ; on y trouve, outre la diminution de l'agitation de l'eau, un avantage précieux au moment du remplissage. L'eau contenue dans l'aqueduc continue, quand le sas est plein, à y pénétrer en vertu de la vitesse acquise, y surélève le niveau et entr'ouvre d'elle-même les portes d'amont dont on n'a plus qu'à terminer la manœuvre. Ces aqueducs sont fermés par des vannes métalliques que l'on manœuvre de la partie supérieure des bajoyers, et qui, étant toujours noyées, exigent une construction très soignée. — V. VANNE.

Pour les écluses des ports à marée, les conditions d'établissement des aqueducs sont bien différentes de celles des canaux ; dans ces derniers, les niveaux d'amont et d'aval ne changent pas, tandis que dans les ports, le niveau d'amont ou de bassin reste seul à peu près constant, et celui d'aval ou de l'avant-port est essentiellement variable. Il en résulte que si l'on veut faire plusieurs sassements, les vannes de remplissage et de vidange doivent avoir un débit suffisant pour faire monter et surtout descendre l'eau dans le sas plus vite que la mer ne monte ou ne descend au dehors, sans quoi on ne pourrait pas manœuvrer les portes et les navires sortants seraient exposés à ne plus trouver dans l'avant-port la hauteur d'eau nécessaire. Il faut donc connaître, pour le port considéré, la plus grande ascension et le plus grand abaissement de la marée par seconde, afin de calculer en conséquence les dimensions des aqueducs et des vannes.

Les accessoires des écluses sont : les escaliers ou les échelles en fer dans les bajoyers, les organeaux scellés dans les parois du sas et les bornes d'amarrage en fonte sur les terre-pleins. Les échelles et les organeaux sont, généralement, logés dans des refouillements, pour ne pas créer d'obstacles saillants ; les tirants des organeaux, noyés dans la maçonnerie, sont terminés par un œil que traverse une tige de fer verticale, afin que l'effort d'arrachement s'exerce sur un massif suffisant.

Écluses de chasse. On donne aussi le nom d'*écluses de chasse* aux pertuis par lesquels le flot des réservoirs de chasse s'écoule dans l'avant-port et qui sont fermés au moyen de portes tournantes dont l'axe est vertical. — V. CHASSE. — J. B.

ÉCLUSÉE. *T. de p. et chaus.* On appelle éclusée le volume d'eau qui s'écoule par une écluse pendant qu'elle est ouverte ; pour les écluses à sas, une éclusée est le volume d'eau que l'on tire du bief supérieur pour remplir le sas ; il est égal à la section horizontale de l'écluse multipliée par la hauteur de chute. On a employé pendant longtemps le régime des éclusées pour constituer sur la rivière d'Yonne un système de navigation spécial, qui consistait à accumuler l'eau au-dessus des pertuis et des barrages, pour la lâcher à un moment donné ; on obtenait ainsi une espèce de crue artificielle qui descendait la rivière, entraînant avec elle les trains et les bateaux. Le flot d'une éclusée était composé de la réunion de plusieurs flots élémentaires empruntés aux réservoirs établis sur le cours d'eau principal et sur ses affluents ; on ouvrait les retenues dans un ordre déterminé pour obtenir une concordance utile ; ce soin était confié à des agents, appelés *meneurs d'eau*, qui conduisaient l'éclusée. L'effet utile était d'environ de quatre heures.

Ce système avait deux inconvénients ; le flot qui favorisait la descente des bateaux gênait la remonte ; en outre, par suite de la fermeture des pertuis après le passage du flot, il se produisait une dépression des eaux qui laissait les bateaux montants et souvent même les derniers bateaux descendants échoués sur le sable jusqu'à l'éclusée suivante. C'était ce que l'on appelait une affameur. La navigation par éclusée à cependant rendu de grands services et contribué puissamment, pendant plusieurs siècles, à l'approvisionnement de Paris, principalement pour le transport économique des bois du Nivernais et de la Bourgogne. Elle est aujourd'hui abandonnée et remplacée, depuis le 1er septembre 1871, par la navigation continue, obtenue au moyen de 17 barrages mobiles sur l'Yonne, de deux dérivations latérales à cette rivière et de 12 barrages mobiles sur la Seine. Les bateaux peuvent circuler maintenant en toute sécurité, dans les deux sens, avec un tirant d'eau de $1^m,50$; les travaux ont duré 10 ans et la dépense s'est élevée à près de 32 millions de francs. — J. B.

ÉCOBUAGE. *T. d'agric.* Opération qui consiste à enlever la couche superficielle d'un sol couvert de plantes, que l'on fait brûler pour répandre ensuite sur le champ. — V. CHARRUE.

ÉCOINÇON. *T. de constr.* Partie de maçonnerie pleine entre le piédroit d'une fenêtre ou d'une porte et la cloison ou le mur le plus proche.

I. **ÉCOLE.** Dans son acception générale, ce mot désigne un établissement public d'enseignement, mais plus particulièrement d'enseignement primaire. Lorsqu'il s'agit d'un enseignement spécial le mot est suivi d'un nom qui caractérise l'école. Nous ne pouvons ici que passer rapidement en revue les écoles dans leurs rapports avec les carrières industrielles, ainsi que celles des Beaux-Arts appliqués à l'Industrie, sans cependant entrer dans l'examen comparé des méthodes suivies. Nous prendrons l'enfant à sa sortie de l'école primaire, et nous verrons quels moyens lui sont offerts pour aborder les diverses carrières dont l'étude forme le programme du *Dictionnaire.*

Lorsque l'on examine les applications des facultés de l'homme au développement de l'industrie, en prenant ce mot dans le sens le plus général, on voit que ceux qui se consacrent aux travaux industriels peuvent aisément se classer en deux grands groupes, chacun d'eux comprenant encore un certain nombre de subdivisions. D'un côté ceux qui exercent les professions manuelles proprement dites, de l'autre ceux qui ont pour mission la conduite des premiers, et plus particulièrement, par l'emploi de leurs connaissances tant pratiques que théoriques, le devoir de concourir au développement des sciences appliquées. Si l'on veut donc étudier le classement des écoles au point de vue où nous nous sommes placés, il en résulte qu'elles peuvent toutes se rapporter à trois genres. *Les Ecoles d'apprentissage et les Ecoles professionnelles* destinées à produire des ouvriers de toutes les classes, depuis l'ouvrier proprement dit jusqu'au contremaître déjà pourvu d'une somme assez grande de connaissances. *Les Ecoles d'études élevées,* dont le but principal est de donner l'enseignement théorique que nécessite la pratique des carrières d'ingénieurs, d'artistes industriels, etc.; enfin les *Ecoles d'application* destinées à donner l'enseignement complémentaire théorique, en même temps que la pratique qui permet aux hommes d'appliquer leur savoir.

Il ne faudrait pourtant pas assigner à cette classification des limites par trop absolues, et n'admettre en retour comme classement des artisans de tous genres que celui qui résulte de l'enseignement dont ils sont issus; il est bien évident que la part de l'initiative individuelle est, dans cet immense domaine, bien plus grande que partout ailleurs; dans le personnel de ceux qui n'ont pu profiter, par suite des hasards de la vie, que des éléments de l'éducation professionnelle, il se rencontre des sujets qui sont venus d'eux-mêmes prendre une place remarquable dans les rangs des favorisés qui ont pu jouir des bénéfices d'un enseignement beaucoup plus élevé. Mais c'est ici le cas de dire que l'exception confirme la règle, et ces exemples servent à témoigner que par les moyens de s'instruire qui sont mis à leur disposition, les hommes d'étude et d'énergie peuvent acquérir des situations exceptionnelles dues à leurs travaux et à leur initiative personnelle.

Ecoles d'apprentissage et professionnelles. Nous réunissons à la fois dans un même examen ces deux genres d'écoles, qui tantôt sont distinguées, tantôt sont confondues par les divers auteurs qui ont étudié ces questions. En réalité, il n'y a pas de ligne de démarcation absolue entre elles, et sans parler de la confusion faite souvent dans l'emploi des titres, ce qui les distingue n'est qu'une question de mesure, de degré, difficile à bien définir, et qui correspond aux subdivisions que présentent chacun des deux grands groupes de l'universalité des artisans, dont nous parlons plus haut. Lorsque l'on veut en effet définir le rôle de l'ouvrier, on éprouve une grande peine à marquer la limite où commence, par exemple, le contre-maître, ouvrier d'un ordre plus élevé chargé de la direction de ses compagnons, tout en restant lui-même encore soumis à une direction supérieure. Ces considérations pourraient peut-être aider à une classification des écoles d'apprentissage et des écoles professionnelles entre elles, avec cette restriction semblable à celle que nous avons déjà faite, que beaucoup de contre-maîtres, ne sont passés que par l'école d'apprentissage, alors que bien des sujets issus des écoles professionnelles n'ont jamais pu dépasser le niveau de simple ouvrier. Il est d'ailleurs superflu de s'étendre longtemps sur le rôle et la nécessité de plus en plus urgente des écoles de cette nature. Les formes nouvelles que l'industrie présente tous les jours, la disparition des petits ateliers, des anciennes maîtrises et corporations, les nécessités et les moyens de production, sont autant d'obstacles à la formation des apprentis et par suite des ouvriers. Autrefois chaque atelier était une école, aujourd'hui le compagnon ne peut plus dresser son élève ainsi qu'il le faisait (V. APPRENTISSAGE). Aussi dans presque toutes les industries se plaint-on de la difficulté de trouver des mains pour le travail, et maintenant que les causes de cet état de choses sont bien établies, nous assistons tous les jours aux efforts faits par chaque groupe industriel pour y remédier par la création de nombreuses écoles spéciales. On ne peut qu'applaudir à ce mouvement et chercher à favoriser son développement. Sans pouvoir ici donner la nomenclature de toutes les institutions de ce genre, nous chercherons à citer particulièrement celles qui ont servi de type, afin d'offrir aux esprits désireux de trouver une voie défrichée pour y faire entrer leurs enfants, ou à ceux qui voudront doter leurs industries d'institutions semblables, des éléments qui leur facilitent la solution de ces recherches.

Ecole d'apprentissage de la Ville de Paris. Bien

que cette école ne soit pas une des premières fondées dans ce but, puisqu'elle ne date que de 1875, elle est un exemple remarquable des résultats que porduira cette nouvelle institution, en même temps qu'elle témoigne du haut intérêt de l'Administration par la part qu'elle a cru devoir y prendre. Le but de cette école est d'une part le développement de l'instruction élémentaire que l'enfant reçoit à l'école primaire, l'acquisition de connaissances générales sur les sciences dans leurs rapports avec l'industrie, et enfin l'enseignement technologique. Etude des outils, des matières premières, des produits, des procédés, en un mot de tout ce qui est matérialisé dans la pratique des ateliers. Le travail du bois, du fer, du cuivre, forme la base de l'enseignement; l'apprenti, avant d'exécuter un ouvrage, doit en faire l'épure, la raisonner, la discuter. Cette école fournit à l'industrie des ajusteurs, des tourneurs, des forgerons, des modeleurs, etc. On ne peut que souhaiter d'en voir accroître l'importance, ou plutôt de voir augmenter les ressources budgétaires qui lui sont attribuées, afin de fournir à la population ouvrière parisienne le moyen d'élever ses enfants et d'en faire des hommes pour l'avenir.

Ecole de la Martinière (Lyon). Fondée en 1826, en exécution d'une des clauses du testament de Claude Martin, fils d'un tonnelier de Lyon, parti aux Indes avec le comte Lally et qui sut s'y créer une haute position, cette école, l'une des premières de ce genre, était dans la pensée de son fondateur, destinée à instruire des enfants d'ouvriers appelés eux-mêmes à devenir des ouvriers. Elle fournit des conducteurs de machines, de bons teinturiers, des commis instruits, des contremaîtres, etc. Son organisation remarquable pourra être consultée avec avantage par tous ceux qui voudront fonder des institutions analogues.

Ecoles d'horlogerie. L'industrie de l'horlogerie s'est préoccupée depuis quarante ans de pourvoir à l'instruction des ouvriers qu'elle emploie, pour les mettre à même de posséder l'instruction et l'habileté dont ils doivent faire preuve. Actuellement il en existe six en France, dont trois, celles de Cluses (Savoie), Besançon et Paris sont d'une grande importance. La plus ancienne, celle de Cluses, fut fondée en 1848 par Charles Albert, roi de Sardaigne; celle de Besançon par la municipalité en 1860; celle de Paris créée par l'initiative privée semble devoir prendre un grand développement. Ce qui, jusqu'ici, causait l'infériorité des ouvriers, était la spécialisation du travail à laquelle ils se consacrent dès leur sortie de l'apprentissage; la nouvelle école d'horlogerie, en donnant à ses élèves l'instruction théorique et pratique, leur enseigne tous les secrets de cette belle industrie et les conduit à leur faire exécuter avec une extrême précision la pièce la plus insignifiante; c'est ainsi que l'on formera des ouvriers repasseurs qui posséderont l'habileté bien reconnue de ceux de Genève. Et malgré ces efforts, les autorités compétentes en cette matière, comme notre collaborateur M. C. Saunier, rapporteur du jury de l'Exposition de 1878, demande qu'on les redouble et qu'on les développe, tant les besoins se font sentir chaque jour plus impérieux.

Ecole professionnelle des typographes. Elle fut fondée en 1862 par Napoléon Chaix; son fondateur voulut adjoindre à côté de l'éducation manuelle qu'offrait aux enfants la présence à l'atelier, cette instruction de l'esprit si nécessaire pour former de bons ouvriers dans cette industrie si complexe. Cette école est l'un des types les plus remarquables de ce genre de créations dues à l'initiative privée; il en existe aujourd'hui d'autres exemples dont la nomenclature serait longue. Disons cependant que l'on constate encore bien des lacunes, qu'il est désirable de voir combler dans l'intérêt de l'industrie française. De nombreuses publications ont été faites sur leur organisation intérieure, mais notre cadre ne nous permet pas d'en faire des extraits, et nous ne pouvons qu'engager le lecteur curieux d'étudier ces questions à se reporter à ces ouvrages spéciaux.

Ecole professionnelle de la bijouterie, joaillerie et orfèvrerie de Paris. Fondée en 1868 au Conservatoir des Arts et Métiers par la Chambre syndicale de ces industries, avec le bienveillant concours de l'administration de cet établissement, cette école a pour but de former des ouvriers habiles, en les initiant de bonne heure à la connaissance du dessin et du modelage. Créée d'abord en faveur des apprentis, l'école fut ouverte plus tard aux adultes qui, devenus ouvriers, y furent admis à continuer leurs études. L'enseignement comprend le dessin linéaire, les éléments de géométrie et de perspective, le dessin d'imitation d'après le modèle graphique et plâtre, enfin l'étude d'après la plante vivante. Le modelage est enseigné d'après le modèle en plâtre et dessins choisis dans les meilleurs types de l'art ancien et moderne.

Indépendamment de son école de dessin et comme supplément *inséparable* de l'œuvre d'enseignement professionnel qu'elle a créé, la Chambre syndicale a institué des concours pratiques d'exécution, d'objets de bijouterie, joaillerie, orfèvrerie, gravure et ciselure, auxquels prennent part les apprentis et les ouvriers de ces industries. Ils peuvent y obtenir des récompenses consistant en primes d'encouragement pour les apprentis et des prix de la valeur de 400 francs pour les ouvriers.

De l'action combinée de ces deux institutions, bien distinctes l'une de l'autre, mais convergeant vers le même but, il résulte que dès son entrée en apprentissage jusqu'au moment où il devient un ouvrier habile en son art, l'élève reçoit l'enseignement artistique à l'école, en même temps que l'instruction professionnelle chez son maître, stimulé d'autre part, par les concours d'atelier. Il semble que la question si agitée aujourd'hui sous la formule de « Enseignement technique et professionnel » reçoive ainsi la solution la plus complète et la plus satisfaisante.

Ecoles de filature et de tissage. L'industrie des textiles qui tient une si grande place dans les applications de la science, ne pouvait manquer d'entrer largement dans la voie de la fondation des écoles professionnelles. En Alsace, les familles illustres des Kœcklin, des Dollfus ont fondé une école remarquable qui, grâce aux dons généreux qu'elle a reçus, peut se suffire par ses propres ressources. Outre l'école de Mulhouse, il faut citer celles de Lille, de Rouen, de Reims, d'Amiens, etc.

Ecoles commerciales. Sous cette dénomination générale nous comprenons les nombreux établissements créés à Paris et dans d'autres villes sous le patronage des chambres de commerce, avec ou sans le concours des municipalités, dans le but de donner aux jeunes gens une éducation particulièrement appropriée aux besoins du commerce en général ; à Paris, elles sont connues sous les noms d'*Ecoles de la chambre de commerce* ; *Ecoles Turgot, J.-B. Say, Lavoisier, Colbert* ; *Ecole des Hautes Etudes*.

On ne saurait les isoler des écoles industrielles, car le commerce et l'industrie sont étroitement unis. Il ne s'agit pas seulement de produire et de produire bien, il faut encore placer les produits, et là encore les agents chargés de cette importante fonction ont besoin de beaucoup apprendre.

Ecoles de dessin et des arts décoratifs. Il n'est pas d'industrie dans laquelle le dessin ne joue un rôle considérable, et il faut le dire c'est dans l'exécution et la lecture des dessins que les ouvriers se montrent généralement au-dessous de leur tâche, bien que ce soit en quelque sorte la clef du métier. Mais l'importance du dessin devient encore bien plus grande lorsqu'il s'agit de professions ayant trait plus particulièrement à l'application des beaux-arts à l'industrie, comme celles qui ont pour but la confection d'objets artistiques, en bois, en métal, en pierres, en marbre, etc. Aussi dans toutes les industries la grande préoccupation a-t-elle toujours été de développer, par la fondation d'écoles spéciales, cette instruction impossible à acquérir dans l'atelier. L'Etat lui-même a songé à pourvoir à ces nécessités en adjoignant à l'enseignement primaire celui du dessin ; la ville de Paris de son côté a créé des *Ecoles municipales de dessin*. Les fondations particulières de MM. Mathieu, Brizard, Dantan jeune, ont permis de créer des prix spéciaux pour un concours de fin d'année entre tous les élèves. Ces écoles existent en dehors de l'enseignement obligatoire du dessin dans les écoles primaires, ainsi que dans les établissements à tous les degrés régis par l'administration municipale ou par l'Etat.

Les écoles professionnelles d'art décoratif rentrent dans cette catégorie. Outre celles dues à l'initiative des chambres de commerce, pour le dessin, le modelage, la sculpture, etc., on peut encore citer l'*école des Gobelins, de la rue Tournefort*, l'*école de la bijouterie* et *de la joaillerie*, etc. Enfin, l'*école nationale des arts décoratifs* rue de l'Ecole de Médecine, fondée en 1767 par Bachelier, qui fournit des artisans et des artistes à toutes les industries d'art.

Si l'on veut songer un instant à la situation difficile que notre société fait aux jeunes filles d'employés, fonctionnaires voués aux maigres appointements, on comprendra combien l'institution de l'*école gratuite de dessin pour les jeunes filles* est une œuvre vraiment digne d'encouragement et de sympathie. L'enseignement qu'on y professe met aux mains des élèves un instrument de travail qui leur ouvre bien des carrières où elles trouveront la dignité de la vie et l'indépendance. Le cercle des études que les élèves peuvent parcourir est intéressant à donner, car il peut servir de guide pour les écoles du même genre. Ce sont le dessin élémentaire, le dessin d'après la bosse, d'après nature, le dessin linéaire, la géométrie, le lavis, l'aquarelle, puis des compositions pour l'industrie : dentelles, bijoux, tapisseries, broderies, éventails, la décoration, le modelage, la peinture sur verre, sur porcelaine, la gravure sur cuivre et sur bois, etc. Cet exposé suffit pour montrer qu'un tel enseignement est un bienfait pour les jeunes filles.

Écoles nationales d'arts et métiers, connues aussi sous le nom d'*Ecoles d'Aix*, de *Châlon* et d'*Angers*, l'une des premières fondations de l'Etat dans ce genre que nous ne ferons que mentionner ici, leur étude détaillée ayant été donnée à l'article ARTS ET MÉTIERS.

École des mineurs de Saint-Étienne qui, par rapport à l'industrie minière spéciale, présente le même but et les mêmes résultats que les écoles d'arts et métiers dans les arts mécaniques.

École de pyrotechnie. Créée en 1824, elle fut dans l'origine installée à Metz, puis transportée à Bourges au mois de juillet 1871. Elle reçoit, chaque année, des sous-officiers et soldats détachés des corps de troupes de l'artillerie et destinés à reporter dans les corps ou établissements de l'artillerie, un mode d'enseignement et des méthodes uniformes en ce qui concerne la confection et l'emploi des munitions et artifices de guerre. L'école comprend, en outre, des ateliers permanents de fabrication où sont fabriqués les artifices nécessaires soit pour les approvisionnements de l'armée, soit pour les travaux d'expériences et de recherches.

Écoles d'études élevées. Ainsi que nous le disions, ces écoles ont principalement pour but de donner l'instruction théorique supérieure, que doivent recevoir tous ceux qui se destinent aux carrières d'ingénieur, d'architecte ; instruction indispensable pour aborder et résoudre les problèmes complexes que présente à chaque instant l'industrie sous quelque face qu'on la considère, et qui sont du domaine des sciences exactes, de la physique, de la chimie, etc., etc. L'énoncé détaillé du programme des matières enseignées dans ces écoles ne saurait trouver une place dans cet exposé rapide, d'ailleurs il est généralement connu de tous, et embrasse les mathématiques, la géométrie, l'algèbre, le calcul infinitésimal et intégral, ainsi que leurs applications à l'arpentage, à la géodésie, à la topographie, à la coupe des bois et pierres ou stéréotomie, etc. ; la mécanique théorique et appliquée à la construction des machines, la physique, la chimie, etc.

Dans quelques-unes de ces écoles, certaines parties du programme précédent sont plus restreintes, mais, en revanche, les études spéciales aux beaux-arts reçoivent un plus grand développement, que le titre seul de l'école justifie amplement. Dans toutes ces écoles, l'entrée et la sortie des candidats a lieu au concours, le travail journalier, pendant le séjour, étant lui-même soumis au même mode d'appréciation, par suite d'examens constants dont les notes multipliées par des coefficients propres à la matière, donnent lieu à des totaux de points établissant le rang de chaque élève.

École centrale, sur laquelle l'article ARTS ET MANUFACTURES fournit d'amples détails que nous ne répéterons pas ici, et qui est destinée à fournir tous les ans aux industries mécaniques, chimiques, aux administrations des chemins de fer, à la construction industrielle, le nombreux personnel dont ils ont besoin.

École polytechnique, fondée par l'Etat en 1794, réorganisée plusieurs fois et régie aujourd'hui sous l'empire des décrets du 25 novembre 1852; spécialement créée pour fournir à l'Etat le personnel de ses corps d'ingénieurs des mines, des ponts et chaussées, du génie maritime, des manufactures nationales, des télégraphes, et enfin une partie du corps d'officiers des armes de l'artillerie et du génie. Les plus grands savants y ont professé, et s'il fallait citer les nombreuses illustrations dans toutes les branches de la science, enfants de cette école, plusieurs pages ne nous suffiraient pas pour cetts énumération. Bien qu'essentiellement école d'Etat, beaucoup d'anciens polytechniciens abandonnent la carrière administrative, pour se consacrer exclusivement à l'industrie privée qui a trouvé, par leur concours, de puissants auxiliaires pour son développement.

École nationale et spéciale des beaux arts qui forme des artistes peintres, sculpteurs, graveurs, et des architectes; leurs travaux se rattachent à l'ordre des matières du *Dictionnaire*, nous ne pouvions, dans cette nomenclature, omettre l'école des beaux arts.

École spéciale d'architecture. Elle fut fondée en 1865 par M. Trélat, reconnue d'utilité publique en 1870, œuvre d'une société libre, dans le but de suppléer par une instruction spéciale à toutes les exigences que les progrès de la science imposent aux architectes, quand ceux-ci, sans abandonner le côté de l'art pur, tel que le comprend l'enseignement de l'école précédente, veulent mettre leurs connaissances plus spécialement au service de l'industrie. — R.

Écoles d'application. Ces écoles, établies et dirigées par l'Etat, sont destinées à compléter les études scientifiques qu'ont suivies les élèves sortis de l'école polytechnique, et qui, par leur rang de classement à la sortie, se trouvent conduits à entrer dans les carrières d'ingénieurs pour les services publics. Outre cette catégorie d'élèves, les écoles d'application reçoivent encore des élèves libres français et étrangers, qui, à la suite de concours et en nombre déterminé par le ministre dont l'école ressort, sont admis à suivre les mêmes cours et exercices que les élèves ingénieurs de l'Etat. Ceux qui ont justifié lors des examens de sortie de connaissances suffisantes, reçoivent des diplômes ou certificats d'étude, et prennent alors les titres d'*ingénieurs civils.* Les études que l'on suit dans les écoles d'application ont, à la fois, le côté théorique et pratique, développement des connaissances scientifiques, dont quelques-unes n'ont pas encore été abordées par les élèves et qui se rapportent plus spécialement aux carrières qu'ils devront suivre ; application de ces connaissances aux essais analyses de matériaux, à la confection de projets d'établissement de travaux divers. Enfin, les voyages tiennent une large part dans les études et les élèves doivent en rapporter des journaux, rapports dont les plus remarquables forment l'objet de publications faites par l'administration.

Écoles des mines. L'école des mines, créée en 1778, puis rétablie à Paris en 1816, est destinée à former les ingénieurs que réclame le service confié par l'Etat au corps des mines; elle est placée dans les attributions du ministre des travaux publics. L'enseignement embrasse trois années d'études et comprend, outre les leçons orales, des exercices pratiques et des voyages d'instruction. Les cours oraux sont répartis de la façon suivante :

Exploitation et machines, métallurgie, minéralogie, docimasie, géologie, paléontologie, topographie superficielle et souterraine, opérations géodésiques, constructions industrielles et chemins de fer, législation des mines, droit administratif, économie industrielle, agriculture, drainage et irrigation, fortification (cours spécial pour les élèves ingénieurs de l'Etat).

Le cours de docimasie est complété par des exercices d'analyses auxquels prennent part tous les élèves ; le cours de minéralogie est complété par des conférences dans lesquelles les élèves sont formés à la reconnaissance des minéraux, à la pratique du chalumeau et au maniement des instruments, tels que goniomètre, microscopes polarisants, etc.

Dans les conférences géologiques, les élèves sont exercés à déterminer les échantillons de roches et de dépôts ; cette instruction pratique est complétée par des courses géologiques aux environs de Paris, et par des voyages aux points les plus intéressants du territoire. L'Ecole des mines reçoit, outre les élèves ingénieurs destinés au service de l'Etat, des élèves externes, des élèves étrangers et des élèves libres. Les élèves externes sont ceux qui se destinent aux travaux industriels; leur admission a lieu à la suite d'un concours dont sont exceptés seulement les élèves de l'Ecole polytechnique porteurs d'un certificat de capacité et les licenciés ès-sciences mathématiques.

Les examens de fin d'année sont facultatifs pour les élèves étrangers; les élèves libres n'y sont pas admis. Les élèves externes, qui ont subi ces examens d'une façon satisfaisante, reçoivent un brevet spécial; les élèves étrangers ne reçoivent qu'un certificat d'études. Pour faciliter l'admission aux places d'élèves externes, des cours préparatoires sont institués dans l'école même depuis 1845; leur durée est d'une année.

L'Ecole des mines possède des laboratoires créés en 1845 et réinstallés en 1866, pour les analyses des substances minérales naturelles ou artificielles, minerais, combustibles, métaux, argiles, calcaires, marnes, phosphates; eaux minérales, eaux potables, eaux industrielles, etc. Les particuliers sont admis à demander sur ces matières des essais qui sont faits gratuitement.

L'Ecole des mines est dirigée par un inspecteur général des mines de 1re classe.

Ecole des ponts et chaussées. Cette école est appelée à former les ingénieurs destinés au service de l'Etat et composant le corps national des ponts et chaussées; sa création remonte à l'année 1747. Son organisation définitive a été réglée par une loi spéciale en 1795, étendue et complétée par un décret du 12 octobre 1851. La durée des études est de trois années, divisées chacune en deux périodes : la première, du 1er novembre au 30 avril, est consacrée à l'audition des cours et conférences, à la rédaction des projets et des concours, et aux examens. La seconde est consacrée à former les élèves à la pratique de l'art de l'ingénieur; à cet effet, ils sont envoyés, de juin à octobre, en mission dans les départements et attachés aux travaux de l'Etat en cours d'exécution.

L'enseignement comprend : la construction des routes, des ponts, des chemins de fer, des canaux, des ports maritimes; l'amélioration des rivières; l'architecture civile; la mécanique appliquée (résistance des matériaux et hydraulique); les machines à vapeur; l'hydraulique agricole; les connaissances géologiques et minéralogiques nécessaires aux ingénieurs; le droit administratif et l'économie politique. Un cours spécial de fortification est fait aux élèves ingénieurs de l'Etat appelés, par la loi militaire, à faire partie, comme officiers, de la réserve et de l'armée territoriale.

Les conférences portent sur l'exploitation des chemins de fer, la télégraphie électrique, la photographie, la pisciculture, le service vicinal, l'assainissement des villes, etc.

Les élèves exécutent, chaque année, des projets sur les matières qui leur sont enseignées, des manipulations chimiques, des essais de matériaux au laboratoire, et des travaux graphiques. Ils doivent exécuter sur le terrain un certain nombre d'opérations, qui comprennent l'emploi de presque tous les instruments de nivellement et de géodésie, des levers à vue et des courses géologiques et agronomiques. Pendant leurs missions dans les départements, les élèves doivent consigner, dans un rapport ou journal de mission, les renseignements qu'ils ont recueillis, les opérations auxquelles ils ont pris part et leurs propres observations.

L'Ecole des ponts et chaussées reçoit, depuis 1851, des élèves externes, Français et étrangers, qui sont admis, après examen, à suivre les cours et à participer aux travaux des élèves ingénieurs de l'Etat. En outre, des auditeurs libres peuvent être admis, sur l'autorisation du directeur, à suivre les cours oraux. Enfin, pour faciliter aux candidats à l'externat les épreuves de l'examen d'admission, on a institué, dans l'école même, des cours préparatoires, dont la durée est d'une année. L'enseignement est gratuit pour les élèves externes et pour ceux des cours préparatoires. L'Ecole des ponts et chaussées possède une bibliothèque d'environ 40,000 volumes et une collection très importante de dessins et de modèles. Il y existe également, depuis 1845, un laboratoire chargé exclusivement des recherches, analytiques ou pratiques, relatives aux matériaux de construction, aux eaux potables ou d'irrigations, aux terres arables, aux engrais et aux amendements. Les particuliers sont admis à présenter des demandes d'essais dont les résultats sont transmis gratuitement. L'Ecole possède, en outre, un atelier et un laboratoire d'essais au Trocadéro.

L'Ecole des ponts et chaussées est dirigée par un inspecteur général des ponts et chaussées de 1re classe. Elle est placée dans les attributions du ministre des travaux publics.

École du génie maritime, destinée à former les ingénieurs du génie maritime, chargés de la construction des navires et machines de la flotte.

École des manufactures nationales, où l'Etat forme les ingénieurs dirigeant la fabrication des tabacs, des poudres et salpêtres, etc.

École supérieure de télégraphie, dont le nom suffit seul à définir le but.

Il est inutile d'insister longtemps pour faire ressortir l'importance de ces écoles. Le corps des ingénieurs de l'Etat, en France, est universellement célèbre et a fourni, soit parmi les savants techniques, soit parmi les praticiens, un grand nombre d'illustrations. Beaucoup d'entre eux sont passés à la postérité, mais il serait injuste de ne point reconnaître les immenses services rendus à leur pays, par une foule d'ingénieurs dont les noms sont restés dans l'ombre.

II. **ÉCOLE.** On donne le nom d'*école* à la suite des artistes célèbres nés dans un pays ou qui, sans y être nés, y ont longuement résidé en travaillant dans le goût de ce pays. Les mots d'*école française* désignent donc les œuvres produites par l'ensemble des artistes français. On dit de même l'*école italienne*, l'*école anglaise*, l'*école hollandaise*, l'*école espagnole*, l'*école allemande*. Dans ce sens, le mot *école* s'entend plus spécialement de la peinture. Autrement on spécifie en disant *école de sculpture* ou de *gravure florentine*, par exemple. On dit aussi qu'un tableau est de l'école d'un maître pour indiquer qu'il est exécuté dans le même genre que les tableaux de ce maître, qu'il est dû à ses élèves ou à des artistes, vivant à une époque plus voisine de la nôtre, qui tendent à se rapprocher de sa manière, à retrouver son style.

Ecole allemande. Au premier rang et du plus vif éclat brillent aux XVe et XVIe siècles les noms des peintres, graveurs Martin Shongauer, Albrecht Dürer, Lucas Cranach et Hans Holbein, maîtres d'une imagination puissante, s'exprimant par des moyens d'une réalité prodigieuse.

Ecole anglaise. Elle ne date que du XVIIIe siècle et s'illustra avec Hogarth le satirique, les portraitistes Reynolds et Gainsborough. Au XIXe siècle, elle se développe dans les genres les plus divers : portrait, sir Thomas Hawonce; paysage, J. Constable, J. Crôme. R.-P. Bonington, J.-M.-W. Turner, le peintre du soleil; genre anecdotique, David Wilkie, W. Mulready; animaux, sir Edwin Landseer; histoire, Daniel Maclise.

Ecole espagnole. Les peintres les plus célèbres de cette école de réalistes coloristes sont, au XVIe siècle, Alonso Berruguette, Luis de Moralès, Alonzo Sanchez Coello, Jose Ribera; aux XVIe et XVIIe siècles, F. de Herrera, Francisco Zurbaran, Diego Velazquez, Alonzo Cano, Murillo; au XVIIIe siècle, Goya.

Ecole flamande. Elle est justement célèbre par la richesse de son coloris. Elle compte près de quatre grands siècles d'art, XIVe et XVe : les frères Van Eyck (Jan et Hubert), Memling; XVIe : B. van Orley, Jan de Mabuse et Porbus; XVIIe : Pierre-Paul Rubens, Van Dyck, Franz Hals, F. Snyders, David Téniers le jeune.

Ecole française. Le génie de l'école française est la clarté et l'intelligence des compositions. Si l'on prend pour point de départ les miniatures de Jean Foucquet, XVe siècle, et les portraits à l'huile de Clouet dit Janet, l'école française se développant sous l'influence de l'école de Fontainebleau — où François Ier avait réuni Léonard de Vinci, André del Sarte, le Primatice et Benvenuto Cellini — ne produisit, pendant une assez longue période, que des pastiches des maîtres italiens, Jean Cousin *(1500-1560) qui fut à la fois peintre, sculpteur et architecte*, l'émailleur Bernard Limousin et Bernard Palissy, l'auteur et l'inventeur des « rustiques figulines » doivent aussi occuper une place dans l'histoire de l'art français. Après eux viennent Quentin Varin, le maître de Poussin, Simon Vouet, Pierre Mignard, Valentin, L. de la Hire, S. Bourdon, J. Callot, les frères Le Nain, Le Bourguignon, Le Sueur, N. Poussin, Stella, Claude Lorrain, Ch. Le Brun, Jean Jouvenet, J.-B. Monnoyer, qui emplissent le XVIIe siècle; au XVIIIe, N. Largillière, H. Rigaud, Desportes, les Coypel, de Troy, Le Moyne, Restout, Van Loo, Subleyras, Tournières, Nattier, Tocqué, Natoire, Oudry, Watteau, Lancret, Pater, F. Boucher, Fragonard, Vien, Greuze, Chardin, J. Vernet. La fin du XVIIIe siècle voit s'accomplir la réforme de Louis David dont l'école enjambe sur le XIXe siècle, où nous citerons Girodet, Gérard, Gros, Prud'hon, C. Vernet, Géricault, Léopold Robert, Paul Delaroche, Ary Scheffer, Decamps, Ingres, Delacroix, Marilhat, H. Vernet, Charlet, Raffet, H. Bellangé, Paul Huet, Corot, Couture, Fromentin, Courbet, Regnault, pour ne nommer que les artistes disparus.

En sculpture, et à partir de la Renaissance, car les noms des tailleurs d'images du moyen âge nous sont pour la plupart demeurés inconnus, il faut citer Jean Bologne, Girardon, Coysevox, Puget, les Coustou, Bouchardon, Falconet, Piron, Caffieri, Chaudet, Cartelier, Pradier, David d'Angers, Rude, Jouffroy, Perraud, Dantan, Barye, Carpeaux et Clésinger.

Enfin, parmi les graveurs célèbres, rappelons les noms de Callot, des Audran, de A. Bosse, Edelinck, Nanteuil, Tardieu, Cochin, Berwic et de Boucher-Desnoyers.

Ecole hollandaise. Elle est l'expression la plus complète de l'art de la réforme. XVIe siècle : Lucas de Leyde; XVIIe : Rembrandt, Gérard Dow, Ruysdaël, Paul Potter, A. Cuyp, A. van Ostade, Terburg, Metzu, Van den Velde, Wouwermans, Van der Ner de Delft.

Ecoles italiennes. La renaissance de l'art en Italie date du XVIIIe siècle. L'histoire de la peinture italienne, qui est une des plus illustres manifestations du génie humain, se subdivise en un certain nombre d'écoles que nous énumérerons à leur ordre alphabétique en nommant leurs plus illustres représentants.

Ecole bolonaise. La science et le sentiment de la peinture décorative la conduisent à l'art académique. XVe et XVIe siècles : Le Francia, Le Primatice; XVIe et XVIIe : les Carrache (Louis, Augustin, et le plus célèbre Annibal), Le Dominiquin, Le Guide, L'Albane, Le Guerchin.

Ecole de Crémone — V. ECOLE LOMBARDE

Ecole Ferraraise. Se rattache à l'école bolonaise. XVe et XVIe siècles : Lorenzo Costa.

Ecole florentine. Berceau de la Renaissance. Elle se développe pendant trois siècles réunissant à la fois l'élégance cherchée du dessin et le don de la couleur. XIIIe siècle : Cimabue; XIVe : Giotto, Orcagna; XVe : Masaccio, Filippo Lippi, Sandro Botticelli; XVIe : Luca Signorelli, Léonard de Vinci, Michel-Ange, Andrea del Sarte, Le Sodoma, Bronzino. — Dans la classification du Louvre, l'école de Sienne est fondue avec l'école florentine.

Ecole génoise. Elle se rattache à l'école milanaise. XVIe siècle : Gaudenzio Ferrari; XVIIe : Pierre de Cortone. — Dans la classification du Louvre, l'école piémontaise est fondue avec l'école génoise.

Ecole lombarde. Elle est formée des écoles de Mantoue, Modène, Parme, Crémone et Milan. XVe et XVIe siècles : Andrea Solario, Bernardino Luini, Le Corrège, Le Parmesan, Le Caravage.

Ecole de Mantoue. — V. ECOLE LOMBARDE.

Ecole de Milan. — V. ECOLE LOMBARDE.

Ecole de Modène. — V. ECOLE LOMBARDE.

Ecole napolitaine. Elle n'a pas de caractère propre et ne se compose, jusqu'au XVIIe siècle, que de peintres étrangers. Cependant, il faut citer au XVe siècle, Antonello de Messine qui apprit de Jean van Eyck le procédé de la peinture à l'huile, retourna à Messine et finalement vint s'établir à Venise. XVIIIe siècle : Aniello Falcone, Salvator Rosa, Le Calabrese, Luca Giordano.

Ecole ombrienne. Cette école a engendré l'école romaine. Sentiment religieux, recherche du dessin. XVe siècle : Gentile de Fabriano; XVe et XVIe : Le Pérugin, maître de Raphaël.

Ecole de Parme. — V. ECOLE LOMBARDE.

Ecole piémontaise. — V. ECOLE GÉNOISE.

Ecole romaine. Issue de l'école ombrienne, célèbre au XVIe siècle par la science de la composition et la perfection du dessin : Raphaël Sanzio, Jules Romain; XVIIe : Sassoferrato, Carlo Marratte.

Ecole de Sienne. — V. ECOLE FLORENTINE.

Ecole vénitienne. Célèbre par la richesse et la puissance du coloris. XVe siècle : les Bellin (Giovanni et Gentile), Mantegna, Carpaccio, Le Giorgione; XVIe : Le Titien, Le Tintoret, Paul Véronèse; XVIIIe : Tiepolo, Canaletti, Guardi.

Ecole italienne. En sculpture, après les noms de Jean de Pise, de Michel-Ange, de Lorenzo Ghiberti, de Donatello et de Lucca della Robbia, il faut encore citer ceux de Andrea Verocchio, de Bernin et de Canova. Parmi les architectes italiens brillent au premier rang les noms d'Arnolfo di Lapo, de Brunelleschi, de Bramante et encore celui de Michel-Ange. L'école italienne compte de nombreux artistes qui furent à la fois peintres, sculpteurs et architectes. Parmi les graveurs italiens, quelques-uns, tels que Baccio Baldini, Mantegna, Marc-Antoine Raimondi exécutent des gravures au burin, d'un style grandiose et superbe, et Hugo de Carpi essaie, le premier, des gravures en couleur à l'aide de plusieurs planches gravées. Enfin, si on ajoute à ces gravures les eaux-fortes spirituelles de Tiepolo et les splendides planches de monuments de Piranèse, l'histoire de la gravure tient une large place en Italie où naquit la gravure en taille-douce par la découverte de Maso Finiguerra qui, en 1452, gravant une « paix, » eut l'idée d'appliquer une feuille de papier humide sur cette gravure en creux, ou nielle, dont les tailles avaient été remplies de noir de fumée. Telle fut l'origine des épreuves de gravure en taille-douce.

III. **ÉCOLE PRIMAIRE** (Construction d'une). Nous venons de voir que le nom d'*école* s'applique à des établissements d'importance et de nature fort diverses. La construction et l'aménagement des locaux affectés à ces établissements, devant satisfaire à des conditions différentes, nécessitent l'application de procédés industriels très variés. Traiter ici un sujet aussi vaste avec tous les développements qu'il comporte, tel n'est pas notre but. Nous bornerons cette étude à l'examen des conditions dans lesquelles doivent être installées les écoles consacrées à l'*instruction primaire*. D'ailleurs, ces établissements occupent le premier rang par leur nombre même et par celui des élèves qui les fréquentent (1). En outre, la plupart des principes que nous allons exposer peuvent être appliqués, dans une large mesure, aux agglomérations de tous genres formées pour l'instruction, à quelque degré que ce soit.

On distingue : *les écoles primaires élémentaires* et les *écoles primaires supérieures*, dites aussi *écoles normales primaires*. Le premier groupe est le seul dont nous nous occuperons ici : ce sont les *écoles primaires* proprement dites, appelées encore *maisons d'école*.

Ces établissements peuvent se diviser en : *écoles de hameaux*, mixtes dans les groupes d'habitations de ce genre ne renfermant pas plus de 500 habitants, ce qui est le cas général ; *écoles de chef-lieu de commune*, mixtes ou distinctes pour chaque sexe, suivant que la population de la commune est inférieure ou supérieure à 500 habitants ; *écoles de garçons* distinctes ; *écoles de filles* distinctes ; *groupes scolaires*, comprenant une école de garçons, une école de filles et souvent une salle d'asile, aujourd'hui désignée sous le nom d'*école maternelle*.

— Un arrêté ministériel, en date du 17 juin 1880, rend obligatoires, pour ces divers types d'écoles, des dispositions qui ont été élaborées par une commission spéciale, dite *Comité des bâtiments scolaires*. Ce règlement même n'est pas définitif ; l'administration est toujours à la recherche des progrès réalisables dans cette intéressante question : une exposition de projets et modèles d'établissements scolaires a eu lieu en juin 1882, sous les auspices du Ministre de l'instruction publique. A l'heure même où paraîtront ces lignes, seront livrés à la publicité les rapports d'une commission spéciale, dite de l'*Hygiène scolaire*, proposant les modifications qu'il serait convenable de faire subir aux instructions actuelles.

Voici tout d'abord ce que, d'après l'arrêté ministériel cité plus haut, doit comprendre une école primaire élémentaire : 1° un *vestiaire* distinct ou un *vestibule* pouvant servir de vestiaire ; 2° une ou plusieurs *classes* ; 3° un *préau couvert* avec *gymnase* et, s'il y a lieu, un petit *atelier* pour le travail manuel élémentaire ; 4° une *cour de récréation* et un *jardin*, partout où il sera possible ; 5° des *privés* et des *urinoirs* ; 6° un *logement* pour l'instituteur ou l'institutrice et, s'il y a lieu, des logements pour les adjoints ou pour les adjointes ; en outre, pour les écoles de plus de trois classes : 1° un *logement de concierge* ; 2° une *pièce d'attente* pour les parents ; 3° un *cabinet* pour l'instituteur ou l'institutrice ; 4° une pièce pour les adjoints ou les adjointes ; 5° une *salle de dessin* avec un cabinet pour dépôt de modèles : 6° un *atelier* pour le travail manuel dans les écoles de garçons ou une *salle de couture et de coupe* dans les écoles de filles ; 7° un *gymnase*. — Dans les écoles doubles, la salle de dessin et de gymnase pourront être communs. Tel est le programme actuellement en vigueur. Voyons comment il peut être appliqué ou modifié.

Conditions générales. La première question à résoudre est le choix de l'emplacement que doit recevoir la maison d'école. Le règlement spécifie « que le terrain choisi doit être central, bien aéré, d'un accès facile et sûr, éloigné de tout établissement bruyant, malsain ou dangereux, à 100 mètres au moins des cimetières. » Il est certain que les villages et les petites villes qui n'ont qu'une seule école doivent lui donner une position à peu près centrale et que, dans les grandes villes, il convient de répartir ces établissements entre les principaux quartiers. Il n'en est pas de même pour les écoles rurales desservant plusieurs groupes d'habitations. Ici, la position la plus centrale, n'est pas toujours celle qui se trouve à égale distance de tous les villages, mais plutôt celle à laquelle aboutissent les meilleurs chemins, propres à assurer à l'école un accès facile en toute saison. Enfin, dans les grandes agglomérations, il est souvent difficile de donner pleine satisfaction aux prescriptions de l'hygiène, et le choix de l'emplacement se trouve compris entre certaines limites. Nous adopterons donc, à cet égard, cette conclusion, présentée par M. Emile Trélat, dans son rapport sur l'hygiène scolaire au Congrès international de Bruxelles : « qu'au milieu des obstacles locaux, il faudra rechercher le plus grand dégagement d'air, de lumière et d'insolation dans l'emplacement affecté à une école. »

Ce problème résolu, l'instruction actuelle recommande « l'assainissement du terrain par le drainage. » M. le docteur Napias, membre de la commission de l'Hygiène scolaire et rapporteur de la première sous-commission, faisant observer qu'il faut aussi tenir compte des eaux de la surface, susceptibles de déterminer une cause d'insalubrité que le drainage proprement dit serait impuissant à combattre, propose pour les instructions prochaines une rédaction plus précise : « le sol sera convenablement disposé pour l'écoulement des eaux de la surface, et, s'il était humide, assaini par un drainage. » A ces précautions il convient d'ajouter l'exhaussement du plancher du rez-de-chaussée par trois ou quatre marches de 0m,15 au-dessus du niveau extérieur. Notons de suite ici, à titre de simple indication, que la disposition en étages est inférieure à celle qui ne compte que des rez-de-chaussée.

Quelle que soit, d'ailleurs, la population d'une école, *l'étendue superficielle* du terrain doit être, aux termes du règlement, évaluée à raison de 10 mètres au moins par élève ; elle ne peut être en aucun cas, inférieure à 500 mètres. La Commission de l'Hygiène scolaire modifie cet article ainsi qu'il suit : « la superficie du terrain sera évaluée à raison de 10 mètres au moins par élève dans les écoles à rez-de-chaussée ; elle ne pourra toutefois avoir moins de 500 mètres. » Quant à l'importance même de la *population*, l'instruction de 1880 en fixe le chiffre pour les groupes scolaires à 750, savoir : 300 garçons, 300 filles, 150 enfants pour l'école maternelle et

(1) Les états de situations pour 1880-1881 indiquent, pour notre pays, l'existence de 74,441 écoles affectées à l'enseignement primaire, nombre qui ne fait que s'accroître, depuis le vote récent de l'instruction primaire obligatoire.

ce, à la condition que : 1° les bâtiments affectés aux diverses écoles soient indépendants les uns des autres et possèdent des entrées distinctes ; 2° l'école maternelle ne soit pas placée entre l'école de garçons et l'école de filles. Ces prescriptions sont satisfaisantes ; nous ferons seulement observer que, toutes les fois que les circonstances économiques ne s'y opposeront pas, le mieux serait d'avoir des écoles de garçons, de filles et des asiles séparés, dont les populations respectives n'excéderaient pas 250 enfants. Notons, de plus, que dans tout groupe scolaire, il est utile que l'école primaire soit garantie du bruit de l'école maternelle.

La disposition même des bâtiments doit être déterminée, suivant le climat de la région, en tenant compte des conditions hygiéniques, de l'exposition, de la configuration et des dispositions de l'emplacement, des ouvertures libres sur le ciel et de la distance des constructions voisines. Dans les communes où un même bâtiment renferme l'école et la mairie, il ne faut entre ces deux services aucune communication directe. Le règlement exige, en outre, une *enceinte* formant clôture (palissade en bois ou mur en maçonnerie) autour de l'école et de ses annexes.

Quant aux prescriptions relatives à la construction proprement dite, elles peuvent se résumer ainsi ; une épaisseur de murs égale au moins ou supérieure à $0^m,45$, si ces murs sont construits en moellons ; à $0^m,35$, s'ils sont en briques ; rejet des matériaux trop perméables, tels que les grès tendres, les mollasses, les briques mal cuites, etc. ; emploi de la tuile pour la couverture, de préférence à l'ardoise et surtout au métal ; dans le cas où le plancher du rez-de-chaussée ne peut être établi sur caves, isolement du sol de la classe soit par des espaces vides obtenus au moyen de voûtains reposant sur des fers à T ou de petits murs en maçonnerie (fig. 358), soit par une plate-forme ou couche de matériaux imperméables; enduits lisses sur les parements intérieurs, avec fréquents lavages, qui pourraient, dans certains cas, et de l'avis de la première sous-commission de l'Hygiène scolaire, être remplacés par de fréquents chaulages.

Classe. La classe étant l'élément constitutif de l'école, il importe d'en préciser avec soin la forme, la superficie, les modes d'éclairage, de chauffage et de ventilation. Disons de suite qu'une classe bien appropriée à l'enseignement doit être rectangulaire, le petit côté étant parallèle à la table du maître, lequel peut ainsi embrasser d'un coup d'œil l'ensemble des élèves et faire parvenir sa voix, de la façon la plus directe possible, à tous les points de la salle en même temps.

Le règlement actuel fixe à 50 le nombre maximum de places par classe. Ce chiffre peut convenir dans les écoles à une classe ; il vaut mieux s'en tenir à 40 élèves dans les écoles à plusieurs classes. La superficie est calculée à raison de $1^m,25$ et la capacité, de 5 mètres cubes au moins par enfant. Cette dernière condition s'obtient avec une hauteur sous plafond de 4 mètres, le chiffre de $4^m,50$ étant imposé comme maximum, en raison de la fatigue que le maître éprouve à se faire entendre dans une salle trop haute.

Les parements des murs doivent être parfaitement plans et les angles formés par la rencontre de ces murs, soit entre eux, soit avec les cloisons, sont arrondis. Quant aux revêtements intérieurs, les meilleurs seraient constitués avec des bois durs ; mais ils sont très coûteux. Les enduits polis ont l'inconvénient de condenser très promptement l'humidité. Ce qui semble le plus convenable dans les applications courantes, ce sont les enduits de plâtre peints à l'huile d'un ton neutre clair. Dans les écoles de campagne, un simple enduit à la chaux donne un résultat très satisfaisant. Les plafonds, comme les murs, doivent être plans et unis ; ils peuvent rester blancs ou recevoir une teinte très légère. Le sol des classes, dans les écoles rurales, est le plus souvent carrelé en dalles de pierre ou en carreaux de terre cuite, ce qui permet de fréquents lavages. Dans les villes, le dallage fait place à un parquet en frises de chêne scellées, autant que possible, sur bitume ou en bois de sapin passé à l'huile de lin bouillante. Une excellente précaution, qui augmente la durée des bois et qui assourdit le bruit des pas, consiste à enduire le parquet d'une préparation à base de caoutchouc.

Fig. 358.

Les portes à un vantail de $0^m,90$ de largeur sont préférables aux portes à deux vantaux, dont on n'ouvre jamais qu'un seul, ce qui ne laisse que $0^m,65$ à $0^m,70$ de passage. Ici, se place l'importante question de *l'éclairage*, qui a pris naissance à la Société de médecine publique, où elle a été discutée par MM. E. Trélat, Javal, Gariel, etc., à la suite d'une communication de M. E. Trélat. Sans parler de l'éclairage par les plafonds vitrés, qui sont rapidement souillés et obscurcis par les poussières ou qui peuvent être voilés par la neige, deux systèmes sont en présence : l'éclairage *unilatéral* et l'éclairage *bilatéral*. La commission d'Hygiène de la vue dans les écoles, instituée par arrêté ministériel du 1er juin 1881, sans se prononcer pour l'un ou l'autre de ces deux systèmes, a pensé que l'éclairage d'une classe devait être considéré comme résolu quand il fait suffisamment clair à l'endroit le plus sombre. Elle a décidé qu'un œil placé à la hauteur de la table, à la place la moins favorisée de toute la classe, doit voir le ciel dans une étendue verticale d'au moins $0^m,30$, mesurés sous le linteau de la fenêtre.

M. le docteur H. Napias, au nom de la première sous-commission de l'Hygiène scolaire, adopte cette conclusion. D'ailleurs, les prescriptions du règlement actuel à cet égard se résument ainsi : « L'éclairage sera unilatéral (fig. 359), le jour venant de la gauche des élèves, quand on pourra réunir les conditions suivantes : 1° possibilité de disposer d'un jour suffisant ; 2° proportion convenable entre la hauteur des fenêtres A et la largeur des classes (celle-ci étant, au maximum, d'une fois et demie la hauteur de la salle) ; 3° établissement de baies percées sur la face B opposée à celle de l'éclairage, fermées par des volets pleins pendant les classes et destinées à servir à l'aération et à l'introduction du soleil pendant l'absence des élèves. On fera l'éclairage bilatéral (fig. 360) lorsque les conditions qui précèdent ne pourront être réalisées ; toutefois, l'éclairage sera plus intense à la gauche qu'à la droite (1). » Les dispositions de détail sont les suivantes : dimensions des baies calculées de façon que la lumière éclaire toutes les tables (fig. 361) ; largeur des trumeaux aussi réduite que possible ; fenêtres rectangulaires ou légèrement cintrées ; le dessous du linteau des baies à $0^{m},20$ au moins du niveau du plafond ; appuis taillés en glacis sur les deux faces et élevé d'au moins $1^{m},20$ au-dessus du sol ; châssis divisés, dans le sens de la hauteur, en deux parties s'ouvrant séparément pour la ventilation. Sont, en outre, interdites les baies d'éclairage percées dans le mur qui fait face à la table du maître ou dans celui qui fait face aux élèves. Enfin, une distance d'au moins 8 mètres doit être observée entre la face ou les faces d'éclairage et les constructions voisines.

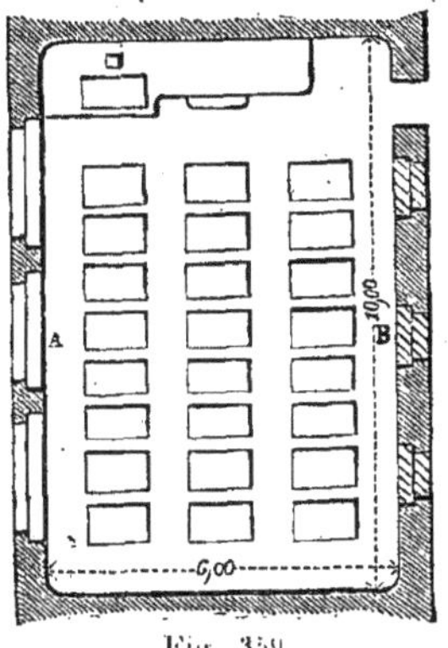

Fig. 359.

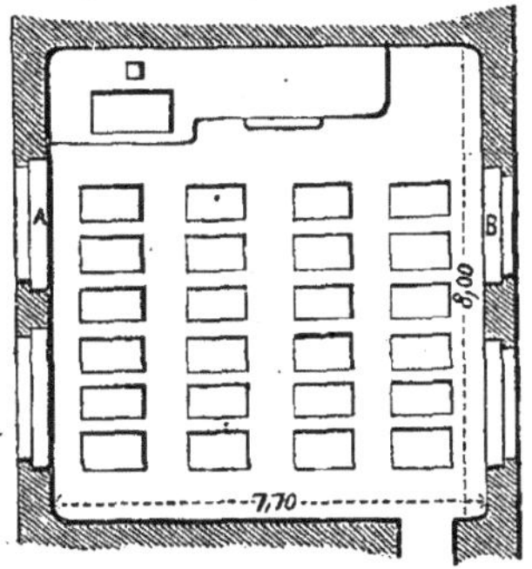

Fig. 360.

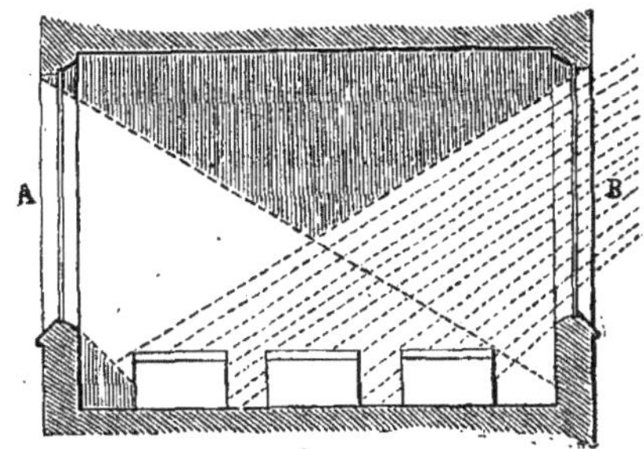

Fig. 361.

(1) V. *Bulletin de la Société de médecine publique*, t. II, 1879, *Revue d'hygiène*, t. I; *Rapport sur l'hygiène scolaire*, de M. E. Trélat, au Congrès international de Bruxelles, 1880; *Mémoire de M. le docteur Bertin Sans sur le problème de la myopie scolaire, dans les annales d'hygiène*, 1882.

Quant à l'*exposition* des fenêtres, dans le cas de l'éclairage unilatéral, le règlement est muet à cet égard. M. E. Trélat conseille le nord, orientation qui réserve à la classe le jour le plus stable qu'il soit possible d'obtenir. Mais cette exposition n'est pas toujours possible ; de plus, il est rare que, dans la pratique, les volets d'insolation soient manœuvrés scrupuleusement. M. P. Planat, dans son *Cours de construction civile*, indique une orientation qui paraît convenir au climat de Paris : « dans le cas d'éclairage unilatéral, on devra préférer pour la face d'éclairage les expositions variant du nord-est au sud-est d'une part et de l'ouest au nord-ouest d'autre part. »

Dans le cas de l'éclairage bilatéral, l'axe de la classe, c'est-à-dire la ligne horizontale perpendiculaire au milieu des bancs, ne devra pas trop s'écarter de la direction nord-sud, s'inclinant légèrement vers le nord-est, de façon que les baies opposées s'ouvrent les unes entre l'ouest et le nord-ouest, les autres entre l'est et le sud-est.

Notons aussi que l'éclairage au nord évite l'emploi des rideaux ou des stores, installations insuffisantes, difficiles à manier, onéreuses à entretenir et communément malpropres. Cependant, il est souvent nécessaire d'utiliser ces engins, qui sont de divers systèmes : persiennes fixes et extérieures, volets fixes et intérieurs, rideaux mobiles, soit disposés à l'extérieur en bannes ou en stores, soit glissant à l'intérieur sur des tringles. Nous citerons seulement ici les rideaux employés dans un grand nombre d'écoles suisses et autrichiennes, où les fenêtres sont d'ailleurs à appuis bas, et qui, à l'aide de rouleaux et chaînettes convenablement disposés, montent du sol au plafond, au lieu de descendre du plafond au sol, comme cela se pratique ordinairement.

L'éclairage de nuit a lieu au moyen d'appareils placés au-dessus de la tête des enfants et en face du maître. A ce sujet, la commission d'Hygiène sur la vue a exprimé le vœu que chaque enfant eût sa lampe et profitât, par surcroît, de l'éclairage général de la salle.

Le *chauffage* et la *ventilation* des classes sont encore deux questions très importantes. De l'avis de tous les hygiénistes, l'aération naturelle est préférable à la ventilation artificielle ; mais cette aération n'est possible que l'été ; l'hiver, il faut recourir à la ventilation artificielle, en mettant à profit le système de chauffage. Nous avons dit plus haut que dans une classe de 40 élèves, chacun de ceux-ci dispose, selon le règlement, de

5 ou 6 mètres cubes. Cette quantité d'air ne suffit pas pour maintenir à l'intérieur un état atmosphérique satisfaisant. Il faut donner à chaque enfant de 15 à 20 mètres cubes neufs par heure et, par conséquent, pourvoir à un renouvellement d'air égal à trois ou quatre fois la capacité cubique de la salle.

Les appareils de chauffage peuvent être appropriés à ce service pendant l'hiver, et particulièrement les poêles Péclet, à double enveloppe, à la condition de substituer la terre cuite au métal. On les dispose, en outre, de telle sorte que, pendant la récréation, alors que les baies sont ouvertes, l'air de la ventilation ne les traverse pas et que toute la chaleur de ventilation soit employée à chauffer la terre cuite. Quelques minutes avant la rentrée des élèves, on ferme les baies de la classe et l'on rouvre la circulation d'air dans le poêle. Celui-ci répand alors, dans la classe, la chaleur accumulée dans les terres cuites et, quand la température normale est rétablie, reprend sa marche régulière. Ajoutons que ces appareils doivent être placés près des murs extérieurs et s'alimenter par des prises d'air très voisines.

D'autres systèmes de chauffage et de ventilation peuvent être appliqués ; voici seulement les conclusions adoptées par la première sous-commission d'Hygiène scolaire, après examen des idées proposées par M. E. Trélat, et des opinions émises par un éminent praticien, M. Herscher : 1° l'aération naturelle sera toujours préférée à la ventilation artificielle ; 2° dans tous les cas où cela sera possible, on devra employer plutôt, pour le chauffage des écoles, un appareil général à des appareils particuliers ; les appareils à vapeur ou à eau chaude sont préférables aux appareils à air chaud. Toutefois, si l'on est contraint d'appliquer le chauffage à air chaud, certaines précautions doivent être prises, notamment en ce qui concerne l'humidification de l'air. Le chauffage devrait s'effectuer par des émissions d'air à température modérée, 40° au maximum ; 3° on évitera les calorifères en métal ; 5° les bouches d'émission seront placées près des fenêtres. Les orifices d'évacuation seront situés à l'opposite, au bas de la paroi, avec orifices supplémentaires en haut, pour le temps où l'on fera usage de la lumière artificielle. Les gaînes d'évacuation mesureront au moins 1 décimètre carré pour 2 élèves.

Quant aux écoles rurales, pour lesquelles la ventilation artificielle est trop coûteuse, le système suivant, préconisé par M. Félix Narjoux (1) leur est applicable. Des prises d'air extérieures alimentent l'appareil de chauffage et introduisent dans la salle la quantité d'air chaud nécessaire. Des orifices d'évacuation ménagés à chaque angle de la classe s'ouvrent dans des canaux occupant l'épaisseur du plancher. Ces canaux horizontaux aboutissent à une cheminée d'appel, dont on détermine et on augmente, au besoin, à l'aide d'un appareil giratoire, la force d'aspiration nécessaire.

Services généraux. Lorsque l'école a un *concierge*, ce qui est surtout le cas pour les écoles urbaines, le *logement* de cet agent doit être établi au rez-de-chaussée et comprendre : une loge, une cuisine, une ou deux pièces, des privés et une cave. Dans les groupes scolaires, la loge du concierge doit être placée de manière à permettre la surveillance sur les trois entrées de l'école des filles, de l'école des garçons et de l'école maternelle. Le logement doit donc *communiquer* avec les *vestibules* qui précèdent les principaux services de l'école, les isolent et les séparent de l'entrée extérieure. Il est bon que ces vestibules, qu'il ne faut pas confondre avec les vestiaires et les préaux, soient garnis de bancs placés au pourtour des murs et qu'ils soient chauffés. Notons ici que, dans la plupart des écoles françaises, le *préau* sert, à la fois, de vestibule, de vestiaire, de salle de toilette, de réfectoire, de salle de récréation en temps de pluie et de salle de réunion. Le règlement exige, en effet, que toute école soit pourvue d'un *préau couvert* ou d'un *abri*, dont la surface libre est calculée à raison de 1^{m},25 environ par élève pour les préaux ; qu'il peut y être installé des lavabos ainsi que des tables mobiles pour les repas des élèves ; qu'un fourneau peut être établi à proximité du préau pour préparer ou réchauffer les aliments des enfants. Il est difficile qu'une même salle puisse se prêter à ces destinations multiples, auxquelles il vaut mieux affecter des locaux distincts. Toutefois, dans le cas où le manque d'espace oblige à suivre ces prescriptions, il est bon que les préaux aient la forme rectangulaire, que ces vaisseaux, constitués par des parois opaques, empêchant le libre accès de l'air et de la lumière, soient pourvus de baies d'aérage et d'éclairage sur les deux longues faces opposées et que ces baies, largement ouvertes, montent jusqu'au plafond de la salle et descendent, au moins sur un côté, jusqu'à un mètre du sol intérieur. Celui-ci est fréquemment recouvert en asphalte. Une disposition excellente, usitée dans le nord de la France, et que M. Pennequin, architecte à Lille, a indiquée dans le projet exposé par lui en 1882, au Trocadéro, est la suivante : les préaux, ainsi que les cours, sont dallés avec un béton composé de scories de houille et de goudron de gaz.

Ce genre de dallage forme une aire bien lisser suffisamment dure et ne coûte que de 1 fr. 25 à 1 fr. 50 le mètre carré. Les services laissés distincts du préau exigent des aménagements particuliers. Le règlement porte que, dans les écoles urbaines, chaque classe doit avoir, autant que possible, un *vestiaire* ; que, toutefois, le même vestiaire peut servir à deux ou plusieurs classes contiguës ; qu'enfin, dans les écoles rurales, le vestibule pourra être affecté à ce service. Installé dans de bonnes conditions, le vestiaire doit être placé près de l'entrée, éclairé par de larges fenêtres et garni de porte-manteaux, ainsi que de rayons pour les paniers. C'est dans cette pièce que peuvent être établis les *lavabos*, fréquemment placés dans le préau. Huit à dix lavabos suffisent même pour une école comptant un personnel assez nombreux. Les cuvettes, qui constituent

(1) *Écoles primaires et salles d'asile*, 1879.

la partie essentielle de ces meubles, sont surmontées de robinets alimentés soit par un réservoir situé au-dessus, soit par une canalisation spéciale. Il est bon de remplacer le parquet, autour de ces cuvettes, sur une longueur d'un mètre environ, par un dallage en pierre, en carreaux de terre cuite ou en ciment.

Une pièce particulière, *parloir* ou *bureau*, sert aux rapports du maître avec le public et avec les élèves. Elle doit être pourvue d'un accès facile de l'extérieur et permettre la surveillance à l'intérieur. La *cuisine*, destinée seulement à faire chauffer les aliments apportés du dehors par les élèves ou à préparer le repas que ceux-ci prennent à midi, consiste en une salle très éclairée et très aérée, avec fourneau de fonte et tables pour le service. Son emplacement est naturellement indiqué près du *réfectoire*. Les dimensions de cette dernière pièce n'étant pas prévues par le règlement sur les écoles primaires, nous ferons seulement observer ici que le nombre des enfants étant connu, on compte suivant leur âge, 0m,30 ou 0m,40 par enfant assis à table ; que ces tables ne doivent pas avoir plus de 3 ou 4 mètres de long et qu'il faut tenir compte des passages nécessaires à la circulation et à la surveillance des maîtres. Le sol doit être dallé ou carrelé, et la partie, qui se trouve sous la table, garnie d'une natte ou d'un plancher mobile. En outre, le réfectoire est chauffé. Quant à la nécessité de ventiler artificiellement, elle n'est pas absolue pour le cas présent ; les enfants ne séjournent que peu de temps au réfectoire ; l'ouverture des fenêtres, pendant les intervalles du repas, suffit donc à l'aération. Pour le revêtement des murs, le stuc ou la faïence peuvent être employés avec avantage. A leur défaut, une épaisse couche de peinture à l'huile, à base de zinc et soigneusement vernie, est un moyen souvent suffisant. Il en est de même pour les plafonds.

Les *couloirs* ou *galeries* desservant les classes ont une largeur prescrite par le règlement, soit 1m,50 au minimum.

Les classes installées aux étages doivent être desservies, selon les termes de l'instruction actuelle, par des *escaliers droits*, sans parties circulaires, avec des volées de 13 à 16 marches, séparées par un palier de repos. Ces marches ont, au minimum, 1m,35 de largeur, 0m,28 à 0m,30 de foulée et, au maximum, 0m,16 de hauteur. Les dispositions de détail sont les suivantes : rampe de 1m,30 au-dessus des marches, barreaux espacés de 0m,13 d'axe en axe, main-courante à hauteur d'appui disposée le long des murs, boutons saillants placés à environ 1 mètre d'intervalle du côté du jour. Nous ajouterons avec M. F. Narjoux (1), qu'il serait préférable de supprimer le vide entre deux volées consécutives, l'escalier n'ayant en largeur que la largeur même de deux rangs de marches. Dans les écoles anglaises, le noyau central est formé par une maçonnerie pleine ; en Belgique, le mur d'échiffre monte à toute hauteur et se trouve percé, de distance en distance, d'ouvertures par lesquelles le maître peut surveiller le mouvement des élèves. Quant aux marches mêmes, la meilleure matière à employer est le bois de chêne.

Nous ne discuterons pas sur l'utilité des *salles de dessin*, qui ne peuvent être fréquentées par les élèves des écoles primaires que pendant un laps de temps très court ; le dessin fait plus particulièrement partie du programme des écoles professionnelles, mais nous nous bornons ici à l'école primaire. Toutefois, le règlement impose, dans les écoles de quatre classes et plus, une salle de dessin présentant une superficie de 2 mètres au minimum par élève, avec cabinet pour le dépôt des modèles comme annexe.

Nous ferons seulement observer qu'une salle de dessin, établie dans de bonnes conditions, doit être divisée en deux parties : l'une, éclairée d'en haut, et dans laquelle les élèves dessinent d'après la bosse ou d'après le modèle vivant ; l'autre, séparée de la première par une épaisse cloison, et qui comprend des sièges et des tables pour les élèves copiant un modèle, faisant un lavis ou traçant des dessins géométriques.

Les écoles de filles possèdent aussi des salles de dessin. Ici, plus encore que pour les écoles de garçons, le doute est permis sur l'utilité de cet enseignement à l'école primaire. Ne serait-il pas préférable de rétablir pour les deux sexes les *classes de musique*, auxquelles est affectée une salle spéciale dans toutes les écoles allemandes? Les *salles de couture* pour les filles, de *travail professionnel* pour les garçons, sont, au contraire, d'une importance incontestée. Les instructions actuelles demandent, en effet, dans les écoles de filles de plus de trois classes, une *salle* aménagée pour les travaux de *couture* et de *coupe*, et dans toutes les écoles de garçons un *atelier pour le travail manuel élémentaire*. Les premières de ces salles sont de grandes pièces dont le milieu est occupé par de longues tables ; de simples chaises faciles à mouvoir constituent les sièges. Les *salles de travail manuel* contiennent les instruments de travail de divers métiers, tels que : horlogers, bijoutiers, menuisiers, serruriers, etc. L'élève fréquente ces salles dans les dernières années qu'il passe à l'école et y reçoit les premières notions du métier qu'il désire embrasser. C'est surtout pendant cette période que des leçons de dessin peuvent être utilement données.

A tous ces services, il conviendrait d'ajouter, dans toute école confortablement installée et suivant l'exemple que nous donnent les pays voisins : des *salles de maîtres* avec vestiaire et salle à manger ; des *bibliothèques* ouvertes aux élèves, au maître et même au public ; des *musées scolaires* affectés, les uns au maître, et contenant les modèles de toutes sortes utiles à l'enseignement ; les autres, affectés aux élèves et renfermant les objets collectionnés par ceux-ci dans les promenades faites sous la direction de leurs maîtres, les modèles provenant du travail des classes professionnelles, etc. ; des salles d'*examen* ou d'*exercices généraux*, des salles de fêtes auxquelles donneraient accès des escaliers d'honneur et qui pourraient offrir un luxe de décoration tout particulier.

(1) *Écoles primaires et salles d'asile*, 1879.

Services extérieurs. Outre les préaux couverts, il faut à une école des lieux de récréation découverts pour le beau temps. Dégagement de l'espace, accession de la lumière et du soleil; présence, si c'est possible, de quelques arbres qui ne gênent pas les jeux ; pente suffisante du sol pour assurer l'écoulement des eaux, telles sont ici les conditions nécessaires ou désirables sous le rapport de l'hygiène. Aux termes du règlement, le sol doit être sablé; le bitume, le pavage ou le ciment ne sont employés que pour les passages et les trottoirs. L'étendue superficielle est de 5 mètres au moins par élève et ne doit jamais être inférieure à 200 mètres. La forme rectangulaire est la meilleure. Des bancs fixes, en petit nombre, établis au pourtour de la cour, suffisent pour le repos des élèves souffrants ou fatigués. Dans les écoles mixtes, la cour de récréation est divisée par une clôture à claire-voie. Comme annexe à ce service, il faut citer les cours couvertes, c'est-à-dire les abris couverts mais non clos, simples hangars le plus souvent, sous lesquels les enfants peuvent jouer, en restant exposés au grand air. Cet objet peut être rempli par les galeries de communication qui relient les divers bâtiments de l'école. C'est aussi dans les abris ou cours couvertes que l'on peut installer, pour l'enseignement de la gymnastique, un *portique* muni des engins nécessaires. Mieux vaudrait, comme cela a lieu en Suisse, en Allemagne et en Hollande, une salle spéciale avec un développement proportionné à l'importance de ces exercices. Le règlement autorise aussi le portique, dressé dans la cour de récréation. Celle-ci doit également contenir une *fontaine*, qui peut être disposée de manière à concourir à la décoration générale.

Il est enfin d'usage d'y placer les *cabinets d'aisances,* dont l'aménagement doit être l'objet de soins tout particuliers. L'exposition au midi est la meilleure, les rayons solaires ayant pour effet de déterminer un puissant aérage. Quant aux dispositions spéciales, elles sont détaillées par l'instruction actuelle. Le nombre des cabinets est fixé à deux par classe dans les écoles de filles. Les *urinoirs*, dans les premiers de ces établissements, doivent être en nombre égal à celui des privés. Les sièges en pierre, ciment ou fonte sont interdits. Ces sièges doivent être en bois verni, avec tablette à lunette ou anneau de forme ovale de 5 à 6 centimètres de largeur, les enfants devant s'asseoir et ne jamais monter sur le siège. Sont encore recommandés, partout où cela sera possible : l'application du système diviseur, l'emploi de cuvettes en faïence ou en fonte émaillée, à parois verticales dans la partie postérieure, et d'appareils automoteurs hermétiques; l'adaptation d'un siphon au tuyau de chute. Ces prescriptions sont excellentes; toutefois, les plus médiocres installations, soigneusement lavées, deviennent très bonnes, sous le rapport de l'hygiène, avec l'exposition au midi, et, de plus, un bon système de ventilation peut suffire même avec des sièges établis dans des conditions prescrites par le règlement. Ainsi, à l'école de garçons construite avenue Duquesne à Paris, les sièges des latrines sont en ciment; mais l'architecte, M. Leroux, a installé un système de ventilation qui empêche tout dégagement dans l'atmosphère de la cour; l'air extérieur est, au contraire, appelé par l'orifice de ces sièges au moyen d'une cheminée de ventilation, à l'intérieur de laquelle brûle incessamment une couronne de becs de gaz. La vidange se fait par l'égout public au moyen d'une galerie allant de la chambre des tinettes jusqu'à l'égout. Dans les cas où l'application du système diviseur est irréalisable, on construit des fosses fixes de petite dimension, mais n'ayant pas moins de 2 mètres en tous sens. Ces fosses sont voûtées et enduites de ciment. Le fond est disposé en forme de cuvette et les angles sont arrondis sur un rayon de 0m,25. Enfin, les privés doivent avoir 0m,70 de large sur moins de 1 mètre de longueur et leurs parois devraient toujours être revêtues de carreaux de faïence ou de terre cuite émaillée, à défaut de quoi, on y suppléera par un enduit en ciment.

Services annexes. Dans les écoles rurales, l'instituteur doit être logé dans l'école même, dont il est le gardien. Dans les écoles urbaines, cette obligation peut paraître moins rigoureuse, la tâche du maître et de ses adjoints commençant seulement le matin, au moment de l'arrivée des élèves et prenant fin le soir, lors de la fermeture de l'école. Cependant, les instructions actuelles sont très précises à cet égard : « le logement de l'instituteur se composera d'une salle à manger, de deux ou trois pièces à feu, d'une cuisine, de privés intérieurs et d'une cave. La superficie totale sera de 70 mètres au moins. Le cabinet de l'instituteur sera situé au rez-de-chaussée et, autant que possible, à proximité des classes et du parloir. Aucune communication directe ne devra exister entre les classes et le logement de l'instituteur. Le logement des maîtres adjoints comprendra une chambre et un cabinet. Un même escalier pourra desservir plusieurs logements. Dans les écoles de 4 classes et plus, une pièce située au rez-de-chaussée servira de vestiaire et de réfectoire pour les maîtres adjoints. » Le règlement ajoute qu'un *petit jardin* peut être annexé à la cour de récréation. Cette condition est facile à remplir à la campagne. Cultivé, d'ailleurs, par le maître et les élèves, ce jardin sert aux leçons de petite culture et, de plus, renferme les dépendances nécessaires à l'existence matérielle du maître.

Dans les communes rurales, la maison d'école contient fréquemment les services municipaux, comprenant surtout : la salle de réunion du conseil municipal et une pièce destinée aux archives; puis, suivant l'importance de la commune, le cabinet du maire ou du secrétaire qui contient le dépôt des actes de l'état-civil; enfin, la bibliothèque communale. Il importe que ces divers services et ceux de l'école n'aient entre eux aucune communication directe.

Mobilier. L'ancien mobilier scolaire, en ce qui concerne les tables et les bancs des classes, offre comme principaux inconvénients pour chaque table unie au banc : une trop grande longueur, une distance exagérée entre le siège et le pupitre, l'uniformité de hauteur imposée à des enfants de tailles différentes, l'absence de dossier, l'insuffisance de largeur des sièges. De nombreuses combinaisons, dans lesquelles le bois se trouve employé seul ou combiné avec la fonte, ont été imaginées, tant en France qu'à l'étranger, pour remédier à ces défauts. Nous citerons seulement les modèles français Lenoir, Gréart, Lereculeur, Lemel, etc., et nous résumerons les prescriptions édictées par le règlement, en tenant compte des modifications actuellement proposées par les membres de la commission de l'hygiène scolaire faisant partie de la sous-commission du mobilier.

Les tables-bancs, seront à une ou deux places, mais, de préférence, à une place. Quatre types seront établis pour les écoles des communes, dans lesquelles il n'existe pas de salle d'asile (écoles à classe unique) : le type 1, pour les enfants dont la taille varie de 1 mètre à 1^{m},10; le type 2, pour ceux de 1^{m},11 à 1^{m},20; le type 3, pour ceux de 1^{m},21 à 1^{m},35; le type 4, pour ceux de 1^{m},36 à 1^{m},50. Trois types seulement, les types 2, 3 et 4, seront adoptés dans les écoles qui ne reçoivent les enfants qu'à 6 ans, c'est-à-dire au sortir de la salle d'asile (écoles à plusieurs classes). Un cinquième type pourra être établi pour les enfants dont la taille excéderait 1^{m},50. On inscrira sur chaque table-banc le numéro du type auquel elle appartient, avec indication de la taille correspondante. Pour la hauteur de la tablette à écrire au-dessus du plancher, tablette inclinée de 15° à 18°, ainsi que pour le banc, fixe et légèrement incliné en arrière, pour le dossier des bancs à une ou deux places, traverse de 0^{m},10, l'instruction indique des mesures correspondantes aux types énumérés ci-dessus. La sous-commission du mobilier modifie ainsi ces prescriptions : les tables-bancs seront à une seule place. Le siège, prenant la forme du siège de l'escabeau, sera constitué par une tablette en bois soutenue par un pied en fonte cylindrique, et fixé à l'aide d'un large cercle au plancher. Le dossier, relié au siège par un montant métallique, devra être formé de deux traverses en bois et devra avoir une hauteur proportionnée aux types adoptés, suivant les tailles des élèves. La tablette à écrire, qui peut être mobile ou fixe d'après l'instruction, est demandée fixe par la sous-commission, et la distance entre le banc et cette tablette sera nulle, c'est-à-dire que la verticale, tombant du bord de la table, rencontrera le bord du banc. Des deux parts, sont adoptés : le casier pour les livres ménagé sous la tablette et l'encrier mobile, de verre ou de porcelaine, à orifice étroit, adapté à la table et placé à la droite de chaque élève. La sous-commission remplace es traverses ou les barres d'appui pour les pieds par un plan incliné à 15°, mobile ou articulé.

Outre les tables-bancs occupées par les élèves, le mobilier de la classe comprend encore : une table avec tiroirs posée sur une estrade de 0^{m},30 à 0^{m},32 et devant servir de *bureau* pour le maître ; des *rouleaux à cartes* fixés au mur pour la conservation et le maniement des cartes dont la confection est soignée. Les autres services exigent : des tables appropriées à l'usage du *dessin graphique* dans les écoles où l'on pourra disposer d'une salle spéciale pour le dessin ; des sièges et des supports dans la partie de ces mêmes salles, réservée pour le dessin d'après relief, bas-relief et ronde-bosse ; des tables de grande dimension pour les salles de couture et de travail professionnel; enfin, des *tables de réfectoire*. Ces derniers meubles ont été l'objet d'études particulières de la part de la commission de l'hygiène scolaire ; la décision prise est la suivante : les tables en bois doivent être absolument condamnées, parce qu'elles sont parfaitement imprégnables par les matières organiques, et ne tardent pas à communiquer à l'atmosphère une odeur fade, *sui generis*. D'autre part, la toile vernie s'écaille facilement, et ces écailles, d'un vernis généralement plombifère, peuvent occasionner des coliques et des accidents d'intoxication saturnine. La commission a donc pensé qu'il conviendrait de spécifier dans les instructions futures : « que le dessus des tables sera en marbre, en verre ou en pierre dure et polie (schiste, etc...). Les pieds seront en fonte sans moulures. » Signalons, toutefois, la disposition adoptée dans l'école de l'avenue Duquesne, que nous avons citée plus haut. Le préau couvert est garni pour les repas de tables volantes, couvertes d'une mince feuille de zinc, qui les rend d'un entretien facile. Ces tables sont légères, susceptibles de pouvoir être démontées, déplacées aisément et rangées soit dans le vestibule d'entrée, soit dans un petit hangar spécial.

Forme extérieure des bâtiments. L'aspect général que doit offrir la façade d'une école primaire doit être simple, tout en présentant une certaine élégance ; il est fâcheux, comme cela arrive trop fréquemment, de donner à l'école l'apparence d'une fabrique ou d'une prison, et nous ne saurions mieux terminer cet article que par une citation empruntée au savant traité d'architecture de M. Léonce Reynaud : « Il ne faut pas faire vivre dans le laid, dans le désordonné ou dans le mesquin, la jeunesse à laquelle on veut inculquer l'amour du beau, l'habitude de l'ordre et les sentiments élevés. Les édifices ont leurs enseignements, qui, incessamment répétés, exercent une puissante action sur nos esprits, bien que nous n'en ayons pas toujours conscience. Que l'aspect de nos écoles prévienne donc en leur faveur, qu'il annonce le bien-être et la sérénité et ne vienne pas justifier, en quelque sorte, la répulsion qu'elles inspirent à nos enfants. » — F. M.

***ÉCOLLAGE.** *T. techn.* Action d'écharner les peaux pour fournir les débris utilisés par la fabrication de la colle-forte.

***ÉCOLLETER.** *T. techn.* Elargir sur la bigorne avec le marteau le bord supérieur d'une pièce d'orfèvrerie.

***ÉCOPERCHE.** *T. de constr.* Pièce de bois posée verticalement et à l'extrémité de laquelle est fixée une poulie pour élever des fardeaux. || Grande perche, appelée aussi *échasse*, qui sert de support dans un échafaudage.

ÉCORÇAGE ou **ÉCORCEMENT**. Opération qui consiste à détacher des arbres, et surtout des chênes, les écorces qu'on utilise dans l'industrie. On commence par pratiquer vers la partie inférieure du tronc une incision circulaire assez profonde pour pénétrer jusqu'à l'aubier, puis on fait des incisions verticales tout autour du tronc; alors, avec une sorte de spatule recourbée, en fer ou en bois dur, on détache l'écorce au niveau de l'incision circulaire, et l'on arrache des lanières d'une longueur variable. L'opération se fait aussi en sens contraire, c'est-à-dire en commençant par en haut, mais on comprend qu'elle est moins commode, et que l'incision du pied devient, dans ce cas, encore plus nécessaire; si la souche, en effet, est altérée, elle donnera, après l'abatage de l'arbre, beaucoup moins de rejets. Dès que les arbres écorcés ou *pelards* ont fourni toute l'écorce que l'on peut enlever facilement, on les abat, dans le but de décortiquer plus aisément la partie supérieure du tronc et des branches, puis, parce que le bois passe pour être de moins bonne qualité, lorsque les pelards restent longtemps sur pied.

L'écorce du chêne, celle la plus employée en France, est ensuite desséchée au soleil, puis mise en bottes, et conservée à l'abri de l'humidité. Celle qui est la plus recherchée, est fournie par les jeunes bois taillis plantés dans des terrains secs. Pour l'emploi industriel, on la broie sous des meules. Le produit est livré au commerce sous le nom de *tan*. Chaque quintal d'écorce de chêne donne 90 kil. de tan, revenant à 12 fr. 50, dont 10 fr. 09 représentent le prix d'achat, et 2 fr. 41, la manutention. Comme il faut 222 kilogrammes de tan pour transformer 100 kilogrammes de peaux en cuir, on voit quelle grande consommation on fait en France de ce produit.

Écorcement artificiel par la chaleur. La première chose qui frappe un observateur attentif, dans une forêt en exploitation, est l'immense quantité de brins rebutés par les bûcherons pendant l'écorçage, quantité qui atteint souvent un quart de la coupe attaquée. La cause unique de ce déchet, qui se traduit par des pertes si considérables pour l'exploitant, provient des brusques variations atmosphériques et de l'influence pernicieuse qu'elles exercent sur la sève. Jusqu'à présent, en effet, l'écorçage ne s'est pratiqué que durant la courte période pendant laquelle s'effectue le mouvement annuel de la sève, c'est-à-dire en mai et juin. A cette époque, en fendant longitudinalement l'écorce avec une serpe et introduisant dans la fente un instrument en os ou en bois garni de fer à l'une de ses extrémités et appelé *peloir* ou *pelou*, on parvient, à l'aide d'une légère pression, à enlever complètement cette écorce d'une seule pièce, dans les circonstances ordinaires. Mais, si le temps est pluvieux, froid, ou même s'il y a un brouillard un peu épais, la sève s'arrête instantanément, l'écorce se soude, pour ainsi dire, à l'aubier, et ne se laisse plus arracher que par lanières. Le produit obtenu est alors de mauvaise qualité, se vend très difficilement, car il est sujet à moisir très vite; de plus, le bois pelard, qui en provient, est également de mauvaise qualité, et donne souvent à la carbonisation des rendements médiocres.

Il importait donc de remédier à cet état de choses désastreux, et, depuis longtemps, on cherchait un procédé de décortication artificielle pour opérer à n'importe quel moment de l'année. Il fallait, en effet, s'affranchir tout à la fois et des caprices de l'atmosphère et des prétentions des ouvriers qui, au moment de l'écorçage en sève, deviennent d'autant plus exagérées que le travail abonde dans les campagnes et que les bras font défaut.

M. Maitre a fait connaître, en 1867, un procédé qui consiste à faire pénétrer, entre le bois et l'écorce, de la vapeur qui agit comme une sève et sépare les deux parties du bois. M. de Nomaison a, de son côté, imaginé un appareil transportable pour écorcer en toute saison. Son procédé repose sur ce principe, qu'en portant rapidement du bois encore vert à une température élevée « les liquides qu'il contient entrent en ébullition et s'en échappent; de sorte, que le bois s'écorce avec une grande facilité. »

Le caractère distinctif de cette méthode consiste donc en ceci : qu'au lieu d'employer, comme dans les autres applications industrielles, la vapeur avec sa pression, c'est-à-dire comme agent mécanique, dont la force s'acquiert aux dépens de la température (ce qui nécessite des générateurs lourds et relativement compliqués), l'inventeur ne considère la vapeur que comme un agent calorifique.

L'appareil est une chaudière tubulaire, verticale, cylindrique, à foyer intérieur. Un réservoir d'eau entoure la boîte à fumée, ce qui permet d'alimenter avec de l'eau chaude. L'eau descend jusqu'au fond du générateur et entoure complètement le foyer. Subissant l'action directe des gaz du foyer, les tubes chauffent et sèchent la vapeur qui vient les lécher sur toute leur surface. La vapeur arrive ainsi à la partie supérieure, dans un surchauffeur (boîte en cuivre rouge), et de là sort à la température d'environ 170°. Un tube de niveau en verre, placé à l'extérieur, permet de voir la hauteur de l'eau dans la chaudière. On alimente à l'aide d'une pompe qui prend l'eau du réservoir supérieur et la refoule dans le bas de la machine. Celle-ci est munie de deux tourillons, permettant de la soulever et de la suspendre sur un système de chariot à deux roues, de sorte qu'il est facile de la transporter d'un point à l'autre en forêt. La simplicité de l'appareil, son poids relativement faible, en rendent le déplacement rapide et aisé.

Les bois à écorcer sont placés dans des cuves ou récipients en bois (il y en a quatre en général), disposés symétriquement autour de la chaudière; la vapeur pénètre à la partie inférieure de chaque cuve au moyen d'un tuyau partant du surchauffeur de la machine. Ce tuyau porte un boisseau, muni d'une clef, qui permet de régler l'admission de la vapeur (fig. 362).

Ces cuves cylindriques varient de dimensions avec la longueur du bois à écorcer ; ainsi on peut leur donner depuis 1^m,20 jusqu'à 4 ou 5 mètres, et même plus, de longueur. Seulement, il faut alors réduire la circonférence, de manière à ce

Fig. 362.

que la capacité soit toujours la même et ne dépasse pas un mètre cube ou 1^m,250.

Ces cuves sont disposées sur de petits chevalets avec une légère inclinaison, pour laisser s'écouler, par un petit trou, les jus ou les liquides qui s'échappent du bois sous l'action du calorique.

Au moment où la vapeur est introduite pour la première fois dans chaque cuve, au commencement de la journée, elle est absorbée par le bois, de telle sorte qu'il s'écoule environ 2 heures avant que l'écorçage puisse se pratiquer facilement. Mais, lorsqu'on fait l'opération la seconde fois, il suffit que le bois soit soumis une heure et demie à la vapeur pour que l'opération puisse se faire. Cela tient à ce que les cuves étant déjà échauffées, il y a bien moins de refroidissement et la vapeur conserve toute son action. Du reste, cet intervalle varie sensiblement suivant la dimension des bois et surtout le temps depuis lequel ils sont abattus. Plus les bois sont gros, plus on s'éloigne de l'époque de l'abatage, plus il faut de temps. La durée de l'opération varie aussi avec le combustible que l'on emploie. Du reste, pour s'assurer du moment où l'on peut commencer l'opération, il suffit de retirer une bûche et de l'essayer.

On a reconnu aussi que le bois commence à être à point dès qu'il s'écoule du jus et que la vapeur tend à s'échapper par les joints. Quand on retire le bois, après le temps voulu, l'écorce se détache aisément sous forme de fourreaux complets, lisses à l'intérieur, sans lanières ni déchirures.

Dès qu'une caisse est vidée, on la remplit de bois nouveau, et on passe à la suivante qui se trouve être prête, puis à la troisième et ainsi de suite. Il s'établit, par suite, un roulement continu, de façon qu'il n'y a jamais de temps perdu pour les ouvriers.

M. de Wavrechin a pris, en 1876, un brevet pour l'écorcement des bois par l'action de la vapeur surchauffée sous pression. Voici en quoi consiste ce procédé qui, bien qu'employant comme les deux précédents, la vapeur comme agent de décortication, en diffère toutefois essentiellement.

Le bois est placé dans un récipient clos, dans lequel on introduit un courant de vapeur énergique, qui en expulse l'air atmosphérique et les gaz qui circulent autour ou à l'intérieur de chaque bûche. Le vide relatif qui en résulte, ainsi que l'élévation de température, concourent à dilater les pores du bois.

On arrête alors le courant de vapeur, et on introduit dans l'appareil de la vapeur sèche sous pression. Celle-ci, en pénétrant dans le bois, facilite la séparation de l'écorce et de l'aubier. Cet appareil, comme les précédents, permet l'écorcement en toutes saisons et donne de bons résultats.

ÉCORCE. *T. de bot.* Partie superficielle de la tige ou des branches d'un végétal, qui protège celui-ci contre les influences extérieures, et permet son accroissement continu, si c'est une plante vivace. Par extension, on donne encore dans le commerce, le nom d'*écorces* à la partie superficielle de certains fruits, comme les grenades, les oranges.

L'écorce peut être d'épaisseur variable ; réduite à une couche assez mince, de quelques millimètres au maximum dans les plantes herbacées, souvent elle a depuis quelques millimètres jusqu'à un centimètre d'épaisseur, mais elle acquiert chez certains arbres une épaisseur très grande, dépassant parfois trente centimètres, comme dans l'*abies douglasii*, par exemple.

L'industrie utilise un certain nombre d'écorces, que l'on peut subdiviser en catégories, de la manière suivante :

Écorces aromatiques. Les principales sont les suivantes : la cannelle, comprenant la cannelle de Ceylan (*cinnamomum zeylanicum*, Breyne), dont les écorces sont enroulées les unes dans les autres ; la cannelle de Chine, fournie par le *cinnamomum aromaticum*, Nees., syn. : *cinnamomum cassia*, Bl., et l'écorce de cassia (*laurus cassia*, L.). L'écorce de Gayac (*guajacum officinale*, L.), qui donne une dissolution alcoolique à odeur de vanille. Les écorces d'oranges amères (*citrus aurantium, var. α amara*, L. ; syn. : *citrus bigaradia*, Duham.). Nous rappelons que ce ne sont pas là de véritables écorces, mais bien la partie que l'on désigne dans les fruits sous le nom d'épicarpe et de mésocarpe.

Écorces médicamenteuses. Certaines écorces employées en médecine donnent lieu à un trafic assez considérable. Parmi celles qui sont à citer en première ligne, comme toniques ou fébrifuges, sont les écorces, dites du Pérou, ou, pour mieux dire, les *écorces de quinquina*. Nous ne pouvons indiquer toutes les sortes qui nous arrivent dans le commerce ; nous nous contenterons de signaler, comme étant les plus usitées, le quinquina calisaya (*cinchona calisaya*, Wedd), qui vient du Pérou et de la Bolivie, auquel on substitue parfois les écorces du quinquina rouge de Cuzco (*cinchona scrobiculata*, Wedd), qui, au lieu de donner de 20 à 30 jusqu'à 60 grammes et plus, de sulfate de quinine comme le premier, n'en donne que 4 grammes environ. Les quinquinas de la Nouvelle-Grenade : quinquina jaune orangé de Mutis, quinquina jaune orangé de Colombie, quinquina de Carthagène, fournis par le *cinchona lancifolia*, Mutis ; le quinquina pitayo, provenant du *cinchona pitayensis*, Wedd, et le quinquina maracaïbo *cinchona cordifolia*, Wedd ; les premiers donnent de 12 à 20 grammes de sulfate de quinine, le pitayo de 25 à 40 grammes, et le maracaïbo de 2 à 3 grammes seulement. Le quinquina rouge provient du *cinchona succirubra*, Pavon, qui croît dans la province de Quito ; il donne 35 grammes environ de sulfate de quinine et 10 à 12 grammes de sulfate de cinchonine. Parmi les sortes, dites quinquinas gris, on cite les quinquinas de Loxa (*cinchona officinalis*, L.), qui ont de 20 à 30 grammes d'alcaloïdes représentés surtout par de la cinchonine; les quinquinas huanuco, expédiés du Pérou par le port de Lima, attribués aux *cinchona nitida*, Ruiz et Pav, *cinchona micrantha*, Ruiz et Pav, et *cinchona peruviana*, How, contenant de 10 à 30 0/0 d'alcaloïdes, où prédomine toujours la cinchonine ; le quinquina de Jaën, pâle (*cinchona pubescens*, Wahl), riche de 20 0/0, et, enfin, les quinquinas huamalies *cinchona purpurea*, Ruiz et Pav, du Pérou, qui ne dépassent pas 10 grammes d'alcaloïdes par kilogramme. Comme écorces fébrifuges, nous citerons encore celle du saule (*salix alba*, L.), qui renferme de la salicine ; et parmi les écorces amères et toniques, celles de cascarille (*croton eluteria*, Bennett) ; de simarouba (*simaruba officinalis*, D. C.) ; de Winter (*drimys winteri*, Forster) ; de fausse augusture (*strychnos nux vomica*, L.) ; de Guarana ou Monésia (*chrysophyllum glycyphlœnun*, Casar. Quelques écorces sont recherchées comme vermifuges : comme le mousséna d'Arabie (*albizzia anthelmintica*, A. Roger), et l'écorce de racine de grenadier (*punica granatum*, L.) ; les écorces d'orme, *ulmus campestris*, Smith, et surtout d'*ulmus fulva* (Mich) d'Amérique, contiennent des principes mucilagineux qui les font rechercher comme émollientes ; enfin, les écorces de garou (*daphne gnidium*, L.), sont employées comme épispactiques.

Écorces employées dans l'économie domestique. La principale est celle dite *écorce de Panama* (*quillaja smegmadermos*, D. C.), qui provient du Chili, et dont l'écorce donne, lorsqu'on la fait bouillir avec l'eau, une grande quantité de saponine, qui permet d'utiliser le produit en guise de savon et qui nettoie très bien les étoffes. — J. C.

Écorces tannantes. On spécifie, sous le nom générique d'écorces *tannantes* ou *astringentes*, celles qui contiennent un principe particulier, découvert par Séguin en 1795, isolé par Proust en 1798, et désigné sous le nom de *tannin* ou *acide tannique* (V. ces mots). Ces écorces servent, en général, à durcir les peaux des animaux, à les rendre imperméables à l'humidité, en un mot, à les convertir en *cuir*. Ce principe a la propriété de précipiter en noir les dissolutions de sels de peroxyde de fer, et si l'on ajoute à une décoction de ces écorces, une solution de colle-forte ou d'albumine, il se produit un précipité volumineux, blanchâtre, qui, par la dessiccation devient très dur et imputrescible.

Les écorces tannantes sont excessivement répandues dans le règne végétal, mais elles ne contiennent pas toutes au même degré, le principe actif, le tannin ; celles qui en contiennent le plus, sont les écorces de chêne, d'aulne, d'acacia, de grenade, etc., qui en renferment jusqu'à 30 0/0 et même plus. Celles qui n'en contiennent que 4 à 5 0/0 sont encore utilisables, mais au-dessous la teneur en tannin est trop faible pour être utilisée avantageusement.

On connaît environ 300 écorces diverses contenant du tannin en proportions convenables pour l'exploitation (1). Nous n'indiquons ici que les principales avec leur rendement en 0/0 de tannin. L'écorce de sapin (*abies excelsa*, Poiret), usitée en Suisse, en Savoie ; l'écorce de pruche (*abies canadensis*, Mich.), usitée aux Etats-Unis, 14 0/0 ; l'écorce d'aulne (*alnus glutinosa*, Willd), utilisée en Russie, contient jusqu'à 24 0/0 ; l'écorce de hêtre (*fagus sylvatica*, L.), de châtaignier (*castanea pumila*, Willd), 6 0/0 ; de bouleau blanc (*betula alba*, L.), employée en Ecosse, Laponie, Italie, Russie ; c'est son huile essentielle qui produit l'odeur caractéristique du cuir de Russie. L'écorce de chêne ordinaire (*quercus robur*, Willd), qui contient jusqu'à 20 0/0. L'Angleterre en consomme près de 350,000 tonneaux par an.

Les ulmacées fournissent toutes des écorces tannantes, il y en a plus de 40 espèces, dont la teneur varie de 3 à 6 0/0. L'écorce de saule (*salix acutifolia*, Willd), 14 0/0 ; il s'en importe annuellement à Saint-Pétersbourg pour plus de 400,000 francs. L'écorce du peuplier-tremble (*populus tremula*, L.), qui est aussi bonne que celle du saule. Les écorces de frêne (*fraxinus excelsior*, L.), 6 0/0, employée en Russie. L'écorce de quebracho (*aspidospermum quebracho*, Spach.), contient jusqu'à 16 0/0. L'écorce de statice corroyère (*statice coriaria* ?) que l'on trouve dans le sud de la Russie ; les Kalmouks s'en servent, concurremment avec le lait aigri, pour corroyer les peaux de moutons dont ils font leurs vêtements. L'écorce de myrtille (*vaccinium myrtillus*, L.), employée au Piémont, contient environ 10 0/0. L'écorce de cornouillier mâle (*cornus mascula*, Lin.), 8 à 9 0/0. L'écorce d'une sorte de mourellier (*malphigia punicifolia*, L.), employée au Nicaragua, contient jusqu'à 29 0/0. Les écorces du palétuvier (*rhizophora mangle*, Lin.), usitées dans les Indes, le Brésil, la côte occidentale de l'Afrique, à la Havane, contiennent de 20 à 30 0/0. L'écorce du *fuchsia excorticata* (?), de la Nouvelle-

(1) *Classification de 350 matières tannantes*, par Bernardin, Gand, 1880.

Zélande, est une des plus riches en tannin, elle en contient jusqu'à 50 0/0 (?). Les écorces d'*eucalyptus* : l'*eucalyptus longifolia* (?), 8 0/0 ; l'*eucalyptus stuartiana* (?) 5 0/0 ; l'*eucalyptus sp.* (?) contient jusqu'à 20 0/0. L'écorce de jamblonnier *(syzigium jambolanum*, ?) 15 0/0, est employée dans l'Inde pour la préparation de l'indigo. Les écorces de grenade (*punica granatum*, L.), également employées comme matière colorante, en renferment jusqu'à 45 0/0, mais sont beaucoup trop chères pour être employées dans le tannage. L'écorce de l'*acacia mimosa* (?), 18 à 30 0/0. Le *bignonia* à cinq feuilles (*tecoma pentaphylla*, Juss.), du Vénézuela, en contient 27 0/0. Le badanier ailé (*terminalia alata*, Kœnig), est usité au Pimjab pour tanner les peaux de chèvres. Le *fuchsia macrostemma* (?), dont l'écorce est employée au Chili, en renferme jusqu'à 24 0/0.

La fabrication des cuirs consomme la plus grande quantité des écorces tannantes; on s'en sert encore pour la préparation des encres, dans la fabrication de la bière, pour la préparation de certains articles de parfumerie et dans les ateliers d'impression et de teinture.

La base de toutes ces écorces n'est pas identique; dans chaque genre botanique, les plantes paraissent avoir un tannin qui, tout en rappelant les propriétés fondamentales du principe, offre certains caractères spéciaux. Ces caractères ont été spécifiés par Berzélius. — V. ACIDE GALLIQUE, ACIDE TANNIQUE. — J. D.

— La France consomme annuellement plus de cinq cent millions de kilogrammes d'écorces pour sa fabrication de cuirs. L'Angleterre à peu près autant. Ces seuls chiffres indiquent de quelle importance est la production des écorces tannantes.

Écorces tinctoriales. Quelles que répandues que soient les matières colorantes dans le règne végétal, on ne les trouve que rarement dans les écorces; il n'y a que quelques plantes desquelles l'industrie ait pu utiliser les écorces dans ce but, et peu à peu, on les abandonne, pour n'employer que les couleurs dérivées de la houille qui sont plus régulières, étant aussi solides et souvent économiques.

Les principales écorces tinctoriales sont : l'écorce de *grenadier*, aujourd'hui presque abandonnée; on s'en servait pour produire des gris extrêmement brillants ; l'écorce de *grenade*, qui donne une matière colorante jaune: on l'utilise encore pour chamoiser certains genres de meubles ; elle était très usitée, dans les teintures faites avec de la garancine, pour donner du ton aux couleurs.

L'écorce de *châtaignier* a servi longtemps, comme bruniture sur laine, et aussi pour produire certains gris et des noirs. La décoction de l'écorce de châtaignier, que l'on trouve dans le commerce sous le nom d'*extrait de châtaignier*, est encore à Lyon l'objet d'un débit considérable, elle produit pour la teinture des soieries, un noir d'une belle nuance et d'une grande solidité. L'extrait sec servait à frauder les garancines.

L'écorce d'*aulne*, également employée dans la teinture des laines. En Allemagne, les teinturiers s'en servaient pour remplacer la noix de galle. Au Kamschatka, on s'en sert pour teindre en jaune orange, pour tanner et teindre les peaux en rouge.

L'écorce du fruit du *mapé* (*inocarpus edulis*, Forskal), qui donne une matière colorante rouge, l'inocarpine et une matière colorante jaune, la xanthinocarpine ; l'écorce du *clavelier* des Antilles, qui produit un jaune vif; l'écorce de la racine d'une liane de l'Inde : cette écorce, appelée *souroul-puttay*, donne par décoction un bain aussi coloré que celui de *campêche*. Ce principe est soluble dans l'alcool, on s'en sert à Java pour teindre la soie, la laine et le coton en violet, en brunitures rouges et en noir.

L'écorce des *nerpruns* (*rhamnus utilis* et *rhamnus chlorophorus*), employée par les teinturiers chinois pour donner à la soie et au coton des nuances vertes ; on les appelle *lo-chou*. C'est avec ces écorces que l'on fait la matière colorante dite *vert de Chine* ou *lo-kao*.

Enfin, l'écorce du *quercitron* ou chêne jaune (*quercus tinctoria*, Mich.): c'est la plus importante de toutes les écorces tinctoriales. Il y en a plusieurs variétés : le quercitron de Philadelphie, le quercitron de New-York et le quercitron de Baltimore; le premier est le plus estimé, il contient un principe colorant rouge, un principe brun et une matière jaune soluble dans l'eau.

Les produits colorants, dérivés du quercitron, sont la quercitrine et la flavine. — V. CHÊNE. — J. D.

***ÉCORCHÉ, ÉE.** *Art hérald.* Se dit des animaux qui, dans l'écu, sont de gueules ou couleur rouge.

***ÉCÔTAGE.** *T. techn.* Opération que l'on fait subir au fil de fer, en le faisant passer dans une seconde filière, pour lui enlever les côtes que la première lui a imprimées. ‖ Suppression des côtes des feuilles, dans les manufactures de tabacs.

***ÉCOTÉ, ÉE.** *Art hérald.* Se dit des troncs et des branches d'arbre dont les menus rameaux sont coupés.

***ÉCOUAILLES.** Nom donné à toutes les laines provenant d'animaux abattus, de quelque provenance qu'elles soient.

***ÉCOUANE.** *T. techn.* Espèce de lime plate qui sert pour le bois, la corne et autres corps durs, et qui diffère des autres outils du même genre, en ce qu'elle est formée de larges sillons parallèles entre eux et perpendiculaires à la longueur de la lime; on dit aussi *écouenne*.

***ÉCOULAGE.** *T. techn.* Opération que l'on fait subir aux peaux, en les râclant avec le couteau à écharner pour en faire tomber l'eau de chaux; on dit aussi *dossoyage*.

ÉCOULEMENT. *T. d'hydraul.*, applicable spécialement aux fluides.

Écoulement des liquides. (*a*) *Par les orifices.* Quand on pratique une ouverture dans la paroi latérale d'un vase contenant un liquide, celui-ci s'en écoule par un jet parabolique, comme on le vérifie expérimentalement. De plus, dans l'écoulement, il y a réaction du liquide, en vertu de la pression qu'il exerce de dedans en dehors, suivant la projection horizontale de l'orifice, sur la paroi opposée à cette ouverture. Le *char à réaction*, le *tourniquet hydraulique*, les turbines sont fondés sur cette réaction. Quant à la vitesse d'écoulement, elle est donnee par la formule de Torricelli :

$$v=\sqrt{2gH} \quad \text{(V. DÉPENSE.)}$$

On peut mesurer directement la vitesse d'écoulement au moyen de la *dépense* au bout d'un temps donné t, quand l'écoulement est uniforme et l'orifice de section connue s. Si p est le poids du liquide recueilli, on a

$$v=\frac{p}{tsd},$$

d étant la densité du liquide.

L'*uniformité d'écoulement* se réalise au moyen de l'appareil à *niveau constant*, du *trop plein*, du *flotteur de Prony*, du *siphon flotteur*, ou du *vase de Mariotte*, etc.

Les appareils que nous venons de citer, et pour la description desquels nous renvoyons aux traités de physique et d'hydraulique, permettent de vérifier la loi suivante : *les vitesses d'écoulement, par un orifice en minces parois, sont entr'elles comme les racines carrées des charges*, c'est-à-dire des hauteurs du liquide au-dessus de l'orifice d'écoulement. Il suffit pour cela de comparer les poids du liquide écoulé pendant le même temps sous différentes charges. Mais, eu égard à plusieurs causes, aux frottements, à la contraction de la veine liquide, la *vitesse effective* n'est que les 2/3 de la *vitesse réelle*.

Au lieu de

$v=\sqrt{2gH}$ ou $4{,}429\sqrt{H}$ on trouve $v=2{,}952\sqrt{H}$

et la dépense est

$$D=0{,}62.S\sqrt{2gH} \text{ ou } 2{,}75.S\sqrt{H}.$$

(*b*) Pour l'*écoulement par les ajutages*, ou l'*écoulement par les tuyaux de conduite* ou par un *cours d'eau*. — V. DÉPENSE.

(*c*) Les lois de l'*écoulement par les tubes capillaires*, bien que présentant de l'intérêt au point de vue de la physiologie animale ou végétale, ne trouvent pas d'applications directes à l'industrie et aux arts.

L'*écoulement intermittent* s'obtient, soit au moyen d'appareils siphoïdes analogues aux *vases*, dits *de Tantale*, soit avec la *fontaine intermittente*.

Écoulement des solides. En soumettant à de très fortes pressions des solides de diverses natures : matières plastiques, telles que les pâtes céramiques; matières pulvérulentes comme les grès; matières grenues, telles que le plomb de chasse ; matières plus ou moins compactes, comme le plomb, le fer, l'acier; M. Tresca est arrivé à constater pour les solides forcés par la pression à passer à travers des ouvertures pratiquées dans une enveloppe rigide, des lois d'*écoulement* pareilles à celles qui régissent l'écoulement des liquides. Il a même observé dans les solides les phénomènes de torsion et de contraction de la veine, tels qu'on les remarque dans l'écoulement des liquides. L'auteur a tiré de ses expériences des conséquences remarquables concernant les phénomènes géologiques : il en a déduit aussi des applications intéressantes relativement aux métaux étirés sous le laminoir ou étendus sous le marteau (V. *Comptes rendus de l'Académie des sciences*, 1861, etc.).

Écoulement des gaz. Il s'effectue suivant les mêmes lois que l'écoulement des liquides (V. DÉPENSE, § *Gaz*). On obtient pour les gaz un écoulement constant, soit au moyen de l'écoulement constant d'un liquide, soit à l'aide de cloche à gaz ou gazomètre que l'on charge de poids convenables. Les machines soufflantes, les ventilateurs sont des applications de l'écoulement des gaz.

Écoulement de l'électricité. Lorsqu'on présente à une machine électrique chargée une pointe métallique qu'on tient à la main et près des conducteurs, la machine perd rapidement son électricité; on dit alors que celle-ci s'est *écoulée* dans le sol. Toutefois, les choses ne se passent pas aussi simplement que cette expression semble l'indiquer : car il y a d'abord décomposition par influence de l'électricité neutre du sol, de la main et de la pointe métallique, attraction à l'extrémité de celle-ci, de l'électricité contraire à celle de la machine, puis étincelle ou aigrette, neutralisation partielle et successive de l'électricité de l'appareil aux dépens de celle du sol. C'est dans le même sens que l'on dit que la foudre s'écoule dans le sol à la faveur des paratonnerres.

Dans le télégraphe électrique, un des pôles de la pile est mis en rapport avec le fil de la ligne, traverse les appareils de correspondance et va s'*écouler* dans le sol, par le fil de terre, en même temps que l'électricité de l'autre pôle, mis directement en communication avec la terre, s'*écoule* dans le *réservoir commun*. — C. D.

ÉCOUTILLE. *T. de mar.* Ouverture carrée pratiquée au milieu des ponts d'un navire, pour donner accès dans l'intérieur, faciliter les chargements et les déchargements.

ÉCOUVILLON. *T. d'artill.* Instrument composé d'une tige forte, terminée, à l'une de ses extrémités, par une brosse cylindrique pour nettoyer l'âme du canon, et à l'autre par un refouloir du calibre de la pièce pour aider à bourrer la charge. Il ne sert que pour les pièces se chargeant par la bouche.

ÉCRAN. 1° Petit meuble d'appartement qui a pour fonction de garantir la figure de l'action directe du feu, et auquel on donne une grande variété de formes et d'ornements. || 2° Clôture à jour qui sépare le chœur ou une chapelle des autres parties de l'église. || 3° Plaque de tôle suspendue devant une forge pour garantir les ouvriers de l'ardeur du feu. || Pour le même objet, on donne ce nom à un cercle de bois couvert d'une toile, dont les verriers s'entourent la tête. || 4° *T. de chem. de fer.* Plaque de tôle formant auvent et percée d'ouvertures munies de verres, établie sur la locomotive pour garantir le mécanicien contre le vent et la pluie et lui permettre de voir la voie; on lui donne aussi le nom de *lunette.* || 5° Plaque de tôle servant à boucher le cendrier d'une machine à vapeur lorsqu'on laisse tomber le feu.

***ÉCRASEMENT.** — V. Résistance.

***ÉCRÉMAGE.** *T. techn.* Outre l'action d'ôter la crème du lait, on donne ce nom en *verr.*, à l'opération qui consiste à enlever les scories que l'ébullition fait monter à la surface d'un bain de verre.

***ÉCRÉMEUSE.** 1° *T. de mécan. agr.* Le lait, dont la densité varie de 1029 à 1033, contient 96 0/0 de petit lait (densité 1036) et 4 0/0 de crème (densité 640,66). Par les procédés ordinaires, le crémage du lait, c'est-à-dire la séparation des globules butyreux du reste de la masse du liquide, se fait dans des vases en terre cuite ou en métal et demande environ vingt-quatre heures; on n'extrait que 3 à 3,5 0/0 de crème, le petit lait s'acidifie assez rapidement et perd une partie de sa valeur, à moins d'avoir recours au procédé Schwartz qui exige l'emploi d'une notable quantité de glace. La laiterie, qui prend aujourd'hui un véritable caractère industriel, a dû chercher à écrémer le lait avec plus de rapidité en employant des machines dont la plus ancienne paraît remonter à 1850. Le crémage mécanique du lait repose sur le principe suivant de la force centrifuge : soient R le rayon d'une turbine animée d'une vitesse v, P le poids d'un corps qui s'y trouve placé, g étant l'accélération 9,808; la force centrifuge F dont la formule générale est

$$F=\frac{Pv^2}{gR}$$

s'exerce toutes choses égales d'ailleurs avec d'autant plus d'intensité que le poids P du corps est plus grand. Mais si, dans la turbine, il se trouve un mélange de 2 liquides de poids spécifiques respectifs p' et p'', dont les forces centrifuges correspondantes qu'ils développent sont F' et F'', et si

$$p' > p''$$

le liquide p' étant soumis à une force F' correspondante plus grande s'étendra contre les parois, l'autre p' se réunira dans la partie la plus voisine du centre et on obtiendra ainsi la séparation mécanique des 2 liquides.

De sorte que, si l'on met une certaine quantité de lait dans un récipient circulaire, soumis à un rapide mouvement de rotation, il subira l'action de la force centrifuge qui l'étendra en une couche cylindro-annulaire appliquée contre les parois, et ne pouvant s'échapper, il se séparera en couches concentriques de densités croissantes. Lorsque l'équilibre est établi, on remarque d'abord un anneau de crème, puis de lait écrémé et enfin contre la paroi une couche de coloration brune formée par les impuretés que le tamisage n'a pu retenir.

Dans l'écrémeuse centrifuge, Laval-Pilter (machine danoise), qui paraît la plus perfectionnée, le mouvement est transmis par un intermédiaire qui fait 600 tours par minute; il est muni d'un débrayage à ressort et placé à une distance de 3 mètres à 3m,50 de l'écrémeuse. La turbine tourne avec une vitesse de 6,000 tours par minute, écrème 250 litres de lait par heure et exige une force de 1 à 3/4 de cheval-vapeur. La marche est continue, on règle l'écoulement du lait par le robinet d'arrivée; le nettoyage se fait avec facilité, enfin l'emplacement occupé par la machine est très restreint et permet de supprimer les vastes caves-laiteries que l'on employait autrefois. L'écrémage peut se faire immédiatement après la traite, le lait doit être à une température moyenne de 20° centigrades. Le lait écrémé peut être livré à la consommation, employé à la fabrication des fromages maigres ou à l'élevage des veaux et à l'engraissement des porcs.

Par les anciens procédés de crémage, il faut 28 à 30 litres de lait pour produire 1 kilogramme de beurre. Des essais prolongés faits à Gisors par M. A. Baquet, ont montré qu'il ne fallait que 24 à 25 litres de lait en employant l'écrémeuse centrifuge; son usage permet donc de retirer 3 kilogrammes de beurre de plus par 1000 litres de lait que par les procédés ordinaires — M. R.

|| 2° Outil plat et recourbé qui sert à écrémer le verre fondu.

***ÉCRÉNAGE.** — V. Crénage.

***ÉCRÉNOIR.** *T. techn.* Outil d'acier qui sert à *créner* ou *écréner* les caractères typographiques.

***ÉCRÉVISSE.** Nom d'un instrument destiné à saisir des fardeaux ou à retirer du fond de l'eau des matériaux, des canons ou autres objets. On donne également ce nom dans les forges à un outil qui a pour fonction de porter du foyer à l'enclume les pièces de fer rougies au feu. Les dimensions de l'écrévisse varient suivant les usages spéciaux auxquels elle est destinée. Dans son état le plus général, elle a la forme de grandes tenailles, composées de deux branches articulées en leur milieu sur un axe commun et figurant assez bien un compas d'épaisseur.

ÉCRIN. Petit coffret de luxe destiné à renfermer des pierreries et des bijoux, et que l'on fait généralement en maroquinerie, avec intérieur en velours ou satin.

— Au moyen âge, les *écriniers* confectionnaient des caisses, des étuis, des coffres, ornés d'émaux et de peintures, et l'écrin était alors une sorte de nécessaire de voyage contenant les joyaux et tous les ustensiles de toilette.

ÉCROU. *T. de mécan.* Pièce en métal portant intérieurement un trou taraudé à la demande du filetage de la vis ou du boulon sur lequel elle doit être montée. Extérieurement, l'écrou est limité par des pans ou faces planes au nombre de quatre ou de six, par exemple, en forme de carré ou d'hexagone régulier, qui permettent de le saisir dans les mâchoires d'une clef quand on veut le tourner pour le serrer.

Les écrous reçoivent des dénominations diverses suivant leur mode de construction; nous signalerons particulièrement : l'*écrou carré* destiné, dans la construction, le charronnage, la carrosserie, etc., au serrage des boulons nécessaires à l'assemblage des bois entre eux ou avec le fer; l'*écrou à six pans* utilisé dans la construction métallique et en mécanique, au serrage des boulons; l'*écrou à chapeau*, qui porte à l'une de ses bases une sorte de rondelle, formant chapeau, obtenue à la forge et servant à limiter le jeu latéral des boulons d'articulation; l'*écrou d'essieu* qui se fait carré et particulièrement à six pans, il offre cette particularité que l'écrou de la fusée de droite est taraudé à droite, et celui de gauche, taraudé à gauche, afin que les coins tournant dans le sens de l'avancement ne puissent desserrer cet écrou employé spécialement pour les grosses voitures de transport; l'*écrou borgne*, dont le trou taraudé est arrêté à l'intérieur de la pièce et n'est pas débouché; ces écrous, fondus souvent en laiton, sont employés dans les milieux oxydants qui corrodent les filets, comme, par exemple, dans les boîtes à fumée des locomotives pour fixer la colonne d'échappement; l'*écrou à oreilles* qui porte deux petits appendices en forme d'oreilles, destinés à faciliter le serrage à la main; l'*écrou rond à encoches*; l'*écrou* appelé *triangulaire*, bien qu'il ait la forme d'un trapèze; il se découpe dans une barre de fer de largeur déterminée suivant le diamètre du boulon, et son trou est débouché à la machine; son emploi est considérable pour toutes les jonctions à brides de conduites de distribution. Dans l'industrie des pompes, le boulon et son écrou se font en bronze, l'écrou présente une forme courbe de manière à lui faire exactement épouser la forme du tuyau sur lequel il doit être fixé.

Écrous différentiels. Ces écrous comprennent deux pièces, dont l'une est un écrou ordinaire vissé sur la partie extérieure d'un second écrou vissé lui-même sur un boulon taraudé. On trouve, dans la figure 363, un exemple de cette disposition qui peut recevoir d'ailleurs des formes très diverses suivant le résultat qu'on veut obtenir. On peut arriver, en effet, en tournant l'un des écrous à communiquer au second un déplacement qui soit égal à la somme ou à la différence des pas des deux écrous, suivant qu'ils sont ou non de même sens. Cette combinaison de mouvement, appliquée sur certains appareils de précision et notamment sur les machines à diviser, se présente d'ailleurs plus fréquemment avec des vis plutôt qu'avec de simples écrous, et nous y reviendrons au mot Vis.

Appliquée aux écrous, elle a surtout pour but d'en prévenir le desserrage lorsqu'ils sont placés sur des pièces animées de mouvements rapides et exposées à subir des chocs comme les tiges de piston ou des tiroirs de locomotives, par exemple. M. Monnier, ex-mécanicien de la marine, a signalé le premier les avantages de cette application ingénieuse, qui paraît appelée à donner de bons résultats, et l'écrou différentiel est connu souvent sous son nom. On trouvera dans le *Bulletin des Arts et Métiers*, n° d'avril 1879, une étude complète des différents mouvements qu'on peut obtenir par une combinaison convenable d'écrous différentiels. La disposition donnée par la figure 363 prévient bien le desserrage, pourvu que les pas des deux écrous C et E soient de même sens, celui de l'écrou extérieur C étant seulement plus grand que l'autre. On serre d'abord l'écrou E au contact de la pièce K, puis on agit sur C qu'on serre à son tour. On voit que dans ces conditions l'écrou E est bien immobilisé puisqu'il ne pourrait reculer en se desserrant qu'à la condition de repousser, au contact de la pièce K, l'écrou C d'une quantité supérieure à celle dont il aurait reculé lui-même, le pas de celui-ci étant supérieur au sien. Il faut donc que l'écrou C soit desserré au préalable pour que E puisse l'être à son tour.

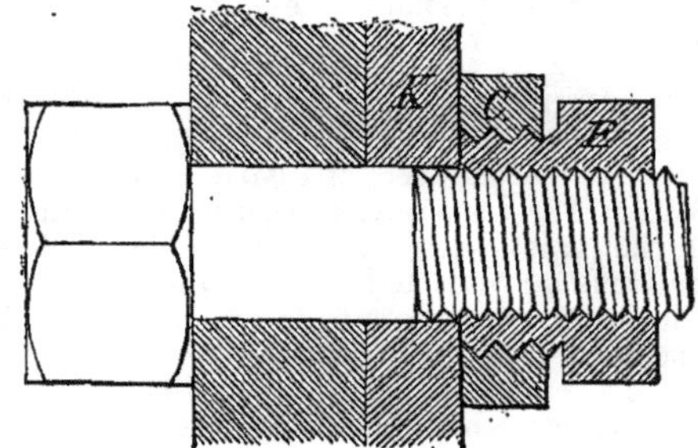

Fig. 363. — *Ecrou différentiel, système Monnier*

Cette disposition très ingénieuse ne donne, en pratique, les résultats qu'on en attend que si les surfaces de contact des deux écrous restent toujours bien nettes de manière à ce qu'ils puissent tourner librement par rapport à l'autre. Il arrive trop souvent que ces écrous adhèrent complètement ensemble sous l'influence de la rouille et de la poussière au bout de quelque temps d'usage, et on perd alors les avantages de cette disposition.

On a fait de nombreuses tentatives pour réaliser des types d'écrous qui ne se desserrent pas en service, lorsqu'ils sont placés sur des pièces animées de mouvements rapides de va-et-vient; mais malgré toutes ces recherches, la question ne paraît pas encore avoir reçu de solution définitive. En dehors de l'écrou différentiel Monnier, nous pouvons citer l'écrou Wiles, dont la disposition est également fort ingénieuse, mais dont le prix de revient est très élevé. Cet écrou porte, une coupure horizontale obtenue par un trait de scie, et il est muni d'une vis auxiliaire permettant de rapprocher les deux bords de cette coupure. En serrant cette vis, on exerce une pression sur les pas de vis de l'écrou et du boulon dans la section correspondante à la coupure, on modifie ainsi ce pas de vis et on détermine par là un arrêt absolu.

M. Charles Bouchacourt, dont le nom est en quelque sorte resté attaché à la fabrication des boulons à laquelle il avait apporté de nombreux perfectionnements, avait imaginé une disposition de boulons qui est appliquée avec succès sur un grand nombre de lignes de chemin de fer pour

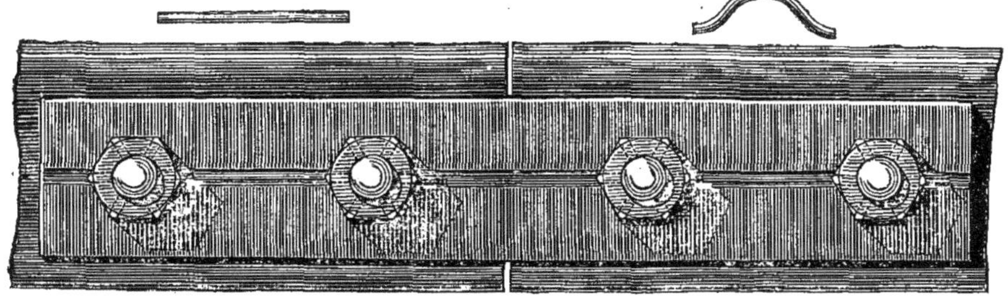

Fig. 364. — *Mode de fixation des éclisses par une disposition d'écrous empêchant le desserrage, système Bouchacourt (Élévation).*

empêcher le desserrage des éclisses. Ainsi que le représentent les figures 364 à 366, les éclisses

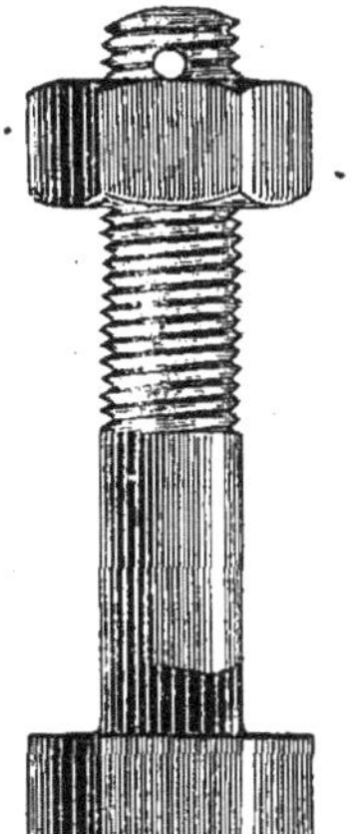

Fig. 365. — *Boulon et écrou.*

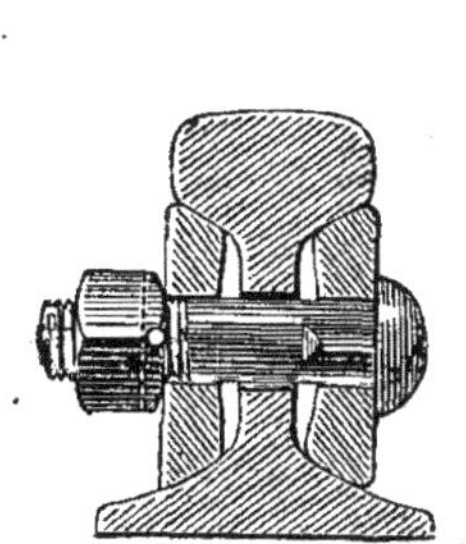

Fig. 366. — *Coupe de la figure 364.*

portent une rainure longitudinale passant par le centre des trous, les écrous présentent sur la face de serrage des rainures rayonnantes. Le boulon étant en place, on fait coïncider deux rainures de chacun des deux écrous contigus avec la rainure de l'éclisse, et on introduit la goupille en broche dans les trous cylindriques ainsi formés par la superposition de deux rainures, l'assemblage devient par suite absolument fixe.

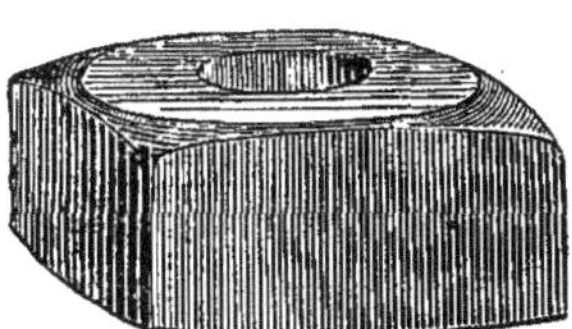

Fig. 367. — *Écrou à quatre pans.*

Fig. 368. — *Écrou à six pans.*

Fabrication des écrous. Les écrous qu'on rencontre dans l'industrie sont de deux formes, comme nous l'avons dit plus haut, et ils ont leurs dimensions généralement déterminées par celles des boulons correspondants :

Les écrous carrés dont la hauteur est égale au diamètre du boulon correspondant, et la largeur du côté du carré égale à deux fois la hauteur (fig. 367).

Les écrous à six pans en forme d'hexagone régulier, dont la hauteur est égale au diamètre du boulon, le diamètre du cercle circonscrit à l'hexagone est égal à deux fois la hauteur (fig. 368).

Les formes et les proportions des filets sont également déterminées en fonction des diamètres des boulons, d'après certaines règles qui varient toutefois avec les constructeurs. Nous reproduisons ici avec leurs formules, le tableau et un dessin général (fig. 369) donnant les dimensions adoptées par M. Bouchacourt :

Tableau donnant les hauteurs des pas et les profondeurs des filets pour les différents diamètres d'écrous.

Diamètre	Pas	Profondeur du filet	Diamètre	Pas	Profondeur du filet	Diamètre	Pas	Profondeur du filet
mill.	mill.	mill.	mill.	mill.	mill.	mill.	mill.	mill.
5	1.00	0.75	21	2.50	2.00	36	3.50	2.75
6	1.25	1.00	22	2.50	2.00	37	4.00	3.00
7	1.25	1.00	23	2.50	2.00	38	4.00	3.00
8	1.50	1.25	24	3.00	2.25	39	4.00	3.00
9	1.50	1.25	25	3.00	2.25	40	4.00	3.00
10	1.50	1.25	26	3.00	2.25	41	4.00	3.00
11	1.75	1.25	27	3.00	2.25	42	4.00	3.00
12	1.75	1.25	28	3.00	2.25	43	4.00	3.00
13	1.75	1.25	29	3.00	2.25	44	5.00	3.75
14	2.00	1.50	30	3.50	2.75	45	5.00	3.75
15	2.00	1.50	31	3.50	2.75	46	5.00	3.75
16	2.00	1.50	32	3.50	2.75	47	5.00	3.75
17	2.00	1.50	33	3.50	2.75	48	5.00	3.75
18	2.50	2.00	34	3.50	2.75	49	5.00	3.75
19	2.50	2.00	35	3.50	2.75	50	5.00	3.75
20	2.50	2.00						

Angle : 55°; p pas; h profondeur du filet; r rayon de l'arrondi du filet.

$$h' = \frac{1}{2} \cot \frac{55}{2} \times p = 0{,}9605 p.$$

$$h = \frac{3}{4} p = 0{,}75 p.$$

$$h'' = \frac{h' - h}{2} p = 0{,}1052\,p.$$

$$r = \frac{h''}{2\sqrt{\frac{1}{4} + h'^2 - 1}} \times p = 0{,}0907\,p.$$

L'extension toujours croissante qu'a prise dans ces dernières années l'emploi des boulons et des écrous a amené dans la fabrication de ces pièces une transformation analogue à celle qui s'est opérée dans l'industrie tout entière et que nous avons eu déjà souvent l'occasion de signaler. On a disposé, en effet, des machines spéciales qui permettent de les fabriquer mécaniquement d'une

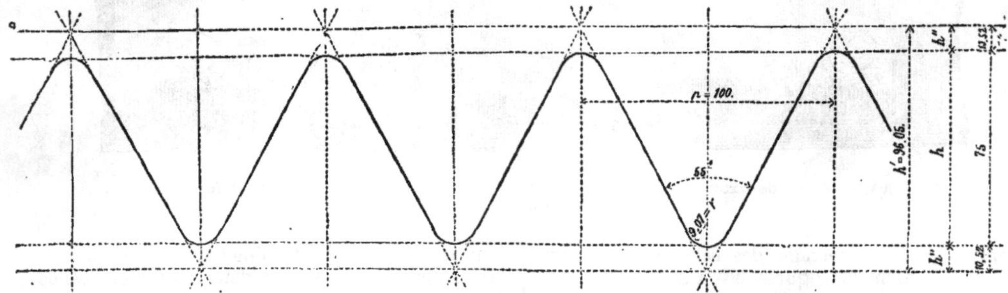

Fig. 369. — *Dessin général donnant la forme des filets des écrous.*

manière bien plus économique et plus rapide que par le travail à la main tel qu'il était employé autrefois.

Nous allons décrire rapidement les deux modes de fabrication afin qu'on puisse apprécier les progrès considérables réalisés récemment dans cette branche de l'industrie.

Pour forger, par exemple, une série d'écrous

Fig. 370. — *Machine à forger les écrous de M. Sayn.*

du même type dans le travail à la main, l'ouvrier prend une barre de fer de section rectangulaire, dont la largeur fournira la hauteur de l'écrou et l'épaisseur donnera la quantité de métal nécessaire pour former l'écrou par enroulement de la tige.

La barre, chauffée sur l'une des extrémités, est enroulée autour d'un axe, dont le diamètre représente le trou de taraudage de l'écrou, puis coupée et soudée. Lorsque le soudage est suffisant, le forgeron comprime la rondelle ainsi obtenue dans une matrice présentant trois côtés de l'hexagone de l'écrou, il obtient ainsi deux pans, fait faire un sixième de tour environ, refoule le métal dans la matrice, obtient ainsi les deux pans suivants, et enfin les deux derniers par une troisième et semblable opération. Il pare ensuite son écrou et vérifie s'il est bien au calibre demandé. La barre, pendant ce travail, est réchauffée pour procéder à un nouveau forgeage.

On voit par là que cette opération exige de la part de l'ouvrier une assez grande habileté et une attention continue. En outre, la production est nécessairement très limitée.

La machine à forger les écrous remplace avantageusement le forgeage à la main tant au point de vue de la bonne exécution que de la rapidité de fabrication. Nous citerons, comme exemple, la curieuse machine que nous représentons figure 370, et nous en exposerons brièvement le fonctionnement, sans entrer toutefois dans les détails de construction qui sont d'ailleurs très compliqués et qui sortiraient, en outre, des limites de cet article (V. *Publication industrielle*, d'Armengaud, 27e vol., 1883).

Cette machine comprend une sorte de cisaille verticale, servant de matrice, placée à l'avant du bâti et qui est destinée à ébaucher la forme de l'écrou à l'extrémité de la barre chauffée que l'ouvrier présente perpendiculairement au bâti dans un logement spécial destiné à la recevoir. La cisaille est commandée par une came calée sur l'arbre moteur, elle exécute un va-et-vient pour chaque tour de rotation de cet arbre, et dans son mouvement descendant, elle vient appuyer sur l'extrémité de la barre en la refoulant dans la matrice et lui donne la forme d'un écrou plein retenu à la barre par un seul pan.

L'ébauche ainsi formée est détachée par deux poinçons horizontaux placés en avant du bâti de part et d'autre de la cisaille et commandés eux-mêmes par des cames calées sur des arbres tournants, qui viennent les refouler sur l'écrou en temps convenable. Chacun de ces poinçons, de forme hexagonale, est traversé lui-même par un poinçon central de forme ronde, destiné à enlever la débouchure de l'écrou. Ce second poinçon, indépendant des premiers, est commandé, lui-même, par une came spéciale calée sur le même arbre. Les trois arbres moteurs, portant les cames, sont rattachés entre eux par des roues d'engrenages, qui conservent ainsi la dépendance nécessaire de leurs mouvements. Le poinçon hexagonal de droite saisit le premier l'ébauche une fois formée, il la détache de la barre et la fait pénétrer dans la matrice du porte-outil, tandis que le poinçon rond qui était en retraite à l'intérieur est repoussé lui-même par sa came directrice et vient refouler le métal de l'écrou. Il s'arrête lorsqu'il fait une saillie de 5 millimètres environ sur le poinçon hexagonal, et le poinçon rond de gauche avance lui-même à une distance de 5 millimètres de celui de droite.

Le poinçon hexagonal de gauche qui n'a pas encore été actionné par sa came est repoussé par le refoulement du métal jusqu'à faire équilibre à un système de ressorts formé de couples de rondelles Belleville, dont la tige, articulée sur un levier, oscille autour de l'une de ses extrémités, tandis que la buttée se produit sur une vis placée sur l'autre extrémité de ce levier.

Lorsque les deux poinçons ronds sont à 5 centimètres l'un de l'autre, celui de droite, dont le coulisseau est dégagé de sa came, est repoussé par celui de gauche, qui avance en découpant la débouchure comprise entre les deux poinçons et

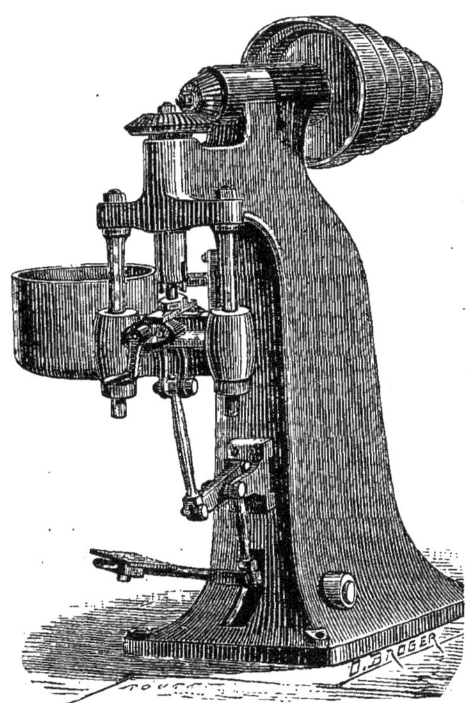

Fig. 371. — *Machine à ébarber les écrous bruts forgés mécaniquement.*

la loge dans le poinçon hexagonal de gauche qui est resté un instant stationnaire.

Celui-ci recule alors sous l'action de sa came en entraînant le poinçon rond par suite de la présence de la débouchure.

Pendant ce mouvement, le poinçon hexagonal de gauche pousse l'écrou terminé en dehors de la matrice et en avant de la cisaille où un chasseur commandé par un bossage fixé latéralement sur la roue du milieu vient le rejeter définitivement. Un ressort à boudin ramène le chasseur à sa place pour fonctionner au tour de roue suivant.

Lorsque cet écrou est tombé, la came qui commande le poinçon rond de droite chasse la débouchure placée dans le poinçon hexagonal du même côté et une came de ramenage ramène ce poinçon à sa position initiale pour une nouvelle opération.

Cette machine qui fait environ 45 tours par minute permet d'obtenir 20 écrous à la minute, soit en tenant compte des pertes de temps 8,000 écrous par jour.

Les écrous, en sortant de la machine à forger, ont des faces planes avec des arêtes vives qu'il faut abattre en les ébarbant. M. Sayn a disposé pour ce travail une machine spéciale très simple. Un arbre vertical actionné par une roue d'angle, comme on le voit figure 371, supporte une sorte de poinçon terminé par l'outil qui doit abattre les arêtes. L'écrou est serré dans une sorte d'étau pouvant glisser sur des guides verticaux lorsqu'on appuie sur une pédale ainsi que le montre la figure. On engage ainsi le poinçon dans le trou de l'écrou, tandis que la lance abat l'arête des bases. Il ne reste plus à faire que le taraudage ; celui-ci s'opère à l'aide de machines spéciales que nous décrirons au mot TARAUDAGE.

Les écrous, sortant de la machine à tarauder, sont livrés bruts à l'industrie, c'est-à-dire que les faces, tout en étant bien calibrées, ne sont pas dressées et polies. Ce travail s'opère, d'ailleurs, également aujourd'hui à la machine, et on rencontre chez les constructeurs différents types de machines à fraiser appropriées à cette application, lesquelles permettent d'opérer ce travail avec autant de rapidité que de fini d'exécution.

***ÉCROUISSAGE.** *T. de métall.* Lorsqu'on soumet un métal à des opérations qui dépassent sa limite d'élasticité, par un étirage, un laminage ou une compression à froid, on lui communique une *aigreur* spéciale qui porte le nom d'*écrouissage.* Pour détruire l'effet de l'écrouissage sur les métaux, on emploie le *recuit* ou réchauffage à une température modérée.

Lorsqu'on étire à froid le fil de fer, celui-ci devient aigre, s'écrouit et pourrait se briser ; on rétablit l'équilibre moléculaire par un recuit en vase clos, à l'abri du contact de l'air. Le fer reprend alors toute sa douceur et on peut le soumettre à un nouvel étirage.

ÉCRU. *T. techn.* Ce mot a une signification différente, suivant qu'on l'applique à la soie ou à d'autres textiles. La soie *crue* ou *écrue* est celle qui a été tordue par le moulinage sans avoir passé par aucun bain chaud ; on lui donne ce nom par opposition à la soie *décreusée,* qui a subi la préparation à la teinture appelée *décreusage,* consistant en bains bouillants et savonneux, et à la soie *cuite* qui a été bouillie pour en retirer la partie gommeuse (V. DÉCREUSAGE). Quant aux autres textiles, on les qualifie d'*écrus* lorsqu'ils n'ont subi aucune opération de crémage ou de blanchiment, et qu'ils restent, soit à l'état de fils, soit à l'état de tissus, avec leur couleur naturelle.

ÉCU. *T. de blas.* L'*écu* ou *écusson* représente le bouclier des anciens chevaliers ; c'est le champ ou fond sur lequel se peignent les armoiries. Sa forme a varié plusieurs fois.

Autrefois, l'écu était triangulaire et se posait incliné sur le côté, ce qu'on voit encore sur plusieurs sceaux. Notre première figure représente un genre d'*écu ancien* ou *écu angulaire (*fig. 372).

L'écu qu'on emploie aujourd'hui et qu'on désigne généralement sous le nom d'*écu français* (fig. 374) est carré, arrondi aux deux angles inférieurs et terminé en pointe au milieu de sa base.

Fig. 372 à 374.

Quelques familles se servent encore de l'*écu en bannière* ou *écu carré* (fig. 373), qui est complètement carré comme était celui des chevaliers bannerets.

L'*écu en losange* est celui que portent les filles.

L'*écu des veuves* est formé de la réunion de celui de leur mari, à droite, et de celui de leur propre famille, à gauche.

Chez les autres peuples, la forme de l'écu diffère plus ou moins de celle du nôtre. Les Espagnols le font comme celui qui se porte en France, mais en l'arrondissant tout à fait par le bas.

Les Anglais adoptent aussi l'écu français, mais ils en évasent très souvent les deux angles supérieurs. Sans adopter une forme bien exclusive, les Allemands font presque toujours, sur l'un ou les deux côtés de l'écu, une ou plusieurs échancrures, afin de rappeler les coupures qui servaient anciennement à supporter la lance. Enfin,

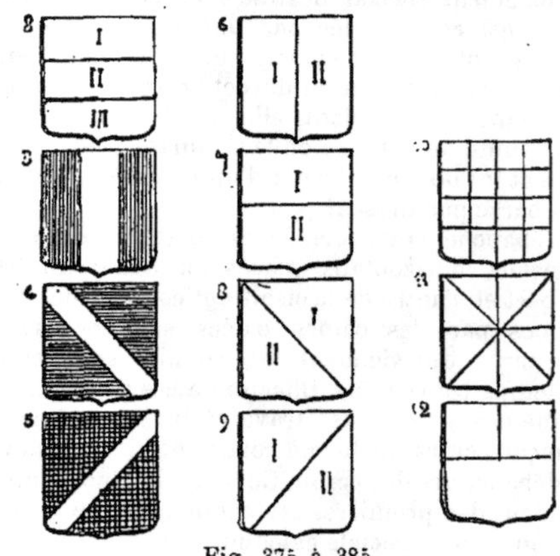

Fig. 375 à 385.

les Italiens ont une prédilection particulière pour les écus ovales.

Les autres formes d'écus sont de pure fantaisie ; imaginées par le caprice des dessinateurs d'armoiries, elles peuvent être en nombre infini.

Expliquons maintenant ce qu'on entend par la *dextre* et la *senestre* de l'écu, c'est-à-dire sa droite et sa gauche. Ces expressions sont relatives à la position de l'écu par rapport au chevalier qui, anciennement, le portait au bras gauche. Pour ce chevalier, le côté dextre de son écu était réellement à sa droite, tandis que c'était l'inverse pour la personne qui le regardait. C'est dans le premier sens que se prennent toujours les mots dextre et senestre.

Nos figures de 375 à 385 donnent les divisions, partitions et répartitions de l'écu : 2, I, chef; II, face; III, champagne ou plaine. — 3, pal. — 4, bande (descendant de droite à gauche). — 5, barre (descendant de gauche à droite). — 6, I, II, partie. — 7, I, II, coupé. — 8, I, II, tranché (descendant de droite à gauche). — 9, I, II, taillé (descendant de gauche à droite). — 10, écartelé. — 11, gironné. — 12, coupé, mi-partie.

Quelques mots, en terminant, sur les *positions* de l'écu : on appelle ainsi les places que les figures, pièces ou meubles peuvent occuper (fig. 386). On en compte neuf, savoir :

15

B	A	C
E	D	F
H	G	I

Fig. 386.

D, le *point du milieu*, appelé aussi le *centre*, le *cœur* ou l'*abîme ;*

A, le *point du chef;*
G, le *point de la pointe ;*
B, le *canton dextre du chef ;*
C, le *canton senestre du chef ;*
E, le *flanc dextre;*
F, le *flanc senestre ;*
H, le *canton dextre de la pointe ;*
I, le *canton senestre de la pointe.*

***ÉCUANTEUR.** Inclinaison des raies sur le moyeu d'une *roue.*

ÉCUBIER. *T. de mar.* Ouverture pratiquée à l'avant du navire pour y faire passer les câbles-chaînes.

ÉCUME DE MER. *T. de minér.* Cette substance, qui sert à fabriquer des pipes très goûtées des fumeurs, n'a nullement la provenance que pourrait faire supposer son nom. L'écume de mer, désignée par les minéralogistes sous le nom de *magnésite*, est un hydrosilicate de magnésie qui répond à la formule $3SiO^2,2MgO$, et retient de deux à quatre équivalents d'eau, quelquefois aussi des traces de fer et d'alumine. Elle se trouve à l'état de rognons dans les terrains secondaires ou tertiaires, où elle est souvent accompagnée de silex et de giobertite. Ses principaux gisements sont en Crimée, dans l'île de Négrepont, près de Madrid ; on la rencontre également en Hongrie et dans quelques points du terrain tertiaire européen; mais c'est surtout dans l'Asie-Mineure, aux environs de Brousse, que sont les principaux gisements de magnésite, et c'est de là que viennent les produits les plus estimés du commerce.

L'écume de mer s'exploite, comme la houille, au moyen de puits et de galeries. Les puits que l'on rencontre en Anatolie ont une profondeur variable de 15 à 20 mètres pour la plupart, et avant d'atteindre les bancs d'écume, traversent des couches d'argile successives de diverses natures. A sa sortie de la mine, l'écume est en blocs de petite grosseur, et qui dépassent très rarement 30 centimètres cubes. Les morceaux de cette mesure sont, surtout quand leur forme est régulière, considérés comme particulièrement beaux et payés en conséquence. La plupart des rognons retirés des puits ont, en effet, des dimensions beaucoup moindres, et un grand nombre ne dépasse pas la grosseur d'une noix.

Une fois le minerai ramené à la surface, on commence par le débarrasser de l'argile rouge et grasse qui constitue sa gangue. Cette opération découvre une pierre molle, terreuse, et qui se raie facilement au canif. On la fait sécher, au soleil durant l'été; dans des chambres progressivement chauffées, en hiver. Le durcissement est complet au bout de 8 à 10 jours. La substance est alors d'un blanc mat, parfois un peu jaunâtre, sèche au toucher, happant à la langue, douée d'une ductilité relative et susceptible d'acquérir, par le frottement, un éclat remarquable. On lui fait subir un deuxième nettoyage, et on lui communique avec de la cire un certain vernis. C'est dans cet état que l'écume est exportée, mais, avant d'être livrée au commerce européen, elle est triée sur place, de façon à séparer les diverses qualités et mise en petites caisses.

Cette dernière opération ne laisse pas que d'être assez délicate et demande beaucoup de soins, car il importe d'éviter tout choc entre les pierres en cours de transport. On y parvient en remplissant complètement les boîtes et en les tapissant, au besoin, avec du coton. Les caisses, suivant la qualité et la grosseur des pierres qu'elles contiennent, ont un poids variable de 30 à 40 kilogrammes environ. M. Edmond Dutemple, qui, dans son livre intitulé : « En Turquie d'Asie », a fourni des renseignements très intéressants sur les gisements de magnésite d'Eski-Cheir et le commerce de ce produit dans l'Asie-Mineure, estime qu'il est exporté annuellement de 8 à 10,000 de ces caisses. Elles sont principalement dirigées sur Vienne et Paris, et atteignent actuellement un cours moyen de 1,000 francs sur les lieux de production. C'est, comme on voit, un prix fort élevé. Il s'explique par toutes les manipulations par lesquelles doit passer l'écume avant d'être livrée au commerce et le déchet considérable qui en résulte. Il se justifie également par les impôts énormes dont l'administration turque a frappé cette substance, et qui dépassent 25 0/0 du prix de vente des marchandises exportées.

Écume artificielle. Il n'y a donc pas lieu de s'étonner que l'industrie ait cherché à remplacer l'écume de mer par quelque produit artificiel d'apparence similaire. On y a réussi dans une certaine mesure. On rencontre, en effet, dans le commerce deux variétés d'écume connues, la première sous le nom d'*écume d'Autriche*, la seconde sous celui d'*écume artificielle de Wagner*. L'écume d'Autriche n'est qu'un amalgame des débris de la véritable écume de mer. L'écume de Wagner s'obtient en mélangeant de la caséine avec des proportions déterminées de magnésie et d'oxyde de zinc; en desséchant la pâte ainsi préparée, on parvient à former un produit qui, par son éclat et sa dureté, imite admirablement la magnésite naturelle.

L'écume de mer a reçu encore une autre application industrielle dans un ordre d'idées tout différent. On trouve dans le commerce sous le nom de *salinelles* une poudre qui sert à dégraisser les étoffes de soie ou de laines, et qui n'est autre que de la magnésite pulvérisée.

ÉCUMOIRE. *T. techn.* Outre l'ustensile de cuisine bien connu, on donne ce nom à une plaque de métal percée de trous qui, placée à l'orifice d'une conduite, est destinée à arrêter les gros débris ; on dit aussi *crépine.* || Sorte de cuiller pour enlever la crasse des métaux fondus.

ÉCURIE. Bâtiment servant à loger les animaux solipèdes, chevaux, ânes et mulets. Les dimensions principales des écuries, ainsi que les détails de construction, tels que : les portes, fenêtres, séparations, mangeoires et rateliers, ont été étudiés à l'article CONSTRUCTION RURALE, auquel nous renvoyons le lecteur. Afin de ne pas faire double emploi, nous n'aurons à parler ici que de quelques écuries dont la destination spéciale exige des dispositions toutes particulières, comme les jumenteries, écuries d'élevage et d'entraînement, les écuries industrielles et agricoles, enfin les écuries de chevaux de luxe.

Écuries d'élevage. *Jumenteries.* Les jeunes chevaux qui ne sont pas encore soumis au travail doivent être placés dans des conditions telles qu'ils puissent se développer. Il faut pour chaque poulain une boxe communiquant directement par une porte sur un paddock ou cour engazonnée. Les boxes doivent être bien aérées, bien éclairées, et d'assez grande dimension pour que l'animal puisse prendre naturellement de l'exercice. A proximité de l'écurie, se trouve un manège couvert qui permet de continuer le dressage durant les mauvais temps. Ces écuries diffèrent peu des jumenteries, sauf les dimensions des boxes qui doivent loger facilement, à un moment donné, la jument et son poulain ; en général, on admet qu'une boxe de jumenterie a près du double de la surface d'une boxe ordinaire.

Écuries d'entraînement. Elles diffèrent peu des précédentes, les boxes sont plus petites et tenues plus chaudes (de 18 à 20° de température). Les fenêtres sont pourvues de stores ou de paillassons, afin d'assombrir le local ; un hippodrome est voisin de l'écurie.

Écuries agricoles. En agriculture, le nombre de chevaux exigé par une exploitation est relativement restreint et, le plus souvent, l'écurie ne forme pas un bâtiment isolé. Les chevaux sont quelquefois en commun, mais il vaut mieux les séparer par des bat-flancs ou par des stalles fixes ; les harnais s'accrochent au mur, derrière chaque animal, ou se serrent dans une sellerie située à une extrémité de l'écurie, et dans laquelle se trouve le coffre à avoine et une armoire pour les médicaments. La partie supérieure de l'écurie est utilisée comme grenier ou fenil.

Écuries industrielles. Dans ces écuries, où on cherche l'économie de la place, les chevaux sont séparés par des bat-flancs ; quelquefois, lorsqu'ils travaillent 2 par 2, on les réunit ensemble dans une stalle de dimensions suffisantes. En général, les chevaux ont la tête au mur, et les 2 rangs sont séparés par un couloir de 4 à 5 mètres de largeur. Les étages supérieurs sont utilisés comme magasins à fourrage et à grains et communiquent par des trappes avec les couloirs de service.

D'autres fois, au-dessus de l'écurie du rez-de-chaussée, on en élève une seconde. C'est cette disposition qui a été employée avec succès par la Compagnie générale des Omnibus de Paris, à son dépôt de la Bastille. Les écuries supérieures débouchent sur un balcon de 3 mètres de largeur, placé en porte à faux et soutenu par des consoles en fer forgé. Les chevaux accèdent au premier étage par un plan incliné. C'est une disposition très bonne à employer lorsque l'espace est restreint et que le terrain coûte cher. A ces écuries, se trouve adjointe une plus petite servant d'infirmerie, une sellerie, et, depuis peu de temps, une chambre de pansage dans laquelle se trouve une machine à brosser les chevaux.

Écuries de cavalerie. Ces écuries qui contiennent jusqu'à 3 et 400 chevaux ont la même disposition générale que les écuries industrielles ; mais le cube d'air donné à chaque animal est plus grand, il n'y a pas de plancher supérieur, les fourrages et grains sont renfermés dans des magasins séparés. Comme le service est fait par un nombreux personnel, les couloirs sont très larges (6 et 8 mètres), et les portes sont de grandes dimensions, afin d'empêcher tout encombrement au moment de la sortie et de la rentrée des chevaux. Les figures 296, 297 et 298 données dans le tome II à l'article CASERNE, représentent en plan, coupe et élévation, une écurie-dock. A cet article, on trouvera de plus amples renseignements sur les écuries de cavalerie.

Écuries de luxe. On ne peut donner aucune règle précise relative aux écuries des chevaux de luxe, dont quelques-unes ressemblent à de véritables palais. La construction doit rester en rapport avec le grand prix qu'atteignent certains coursiers. Ils sont logés dans des stalles ou des boxes élevées dans une grande pièce commune bien aérée et bien éclairée. A cause du grand cube d'air, et aussi de la délicatesse de ces animaux, une chaudière est installée dans une chambre voisine ou mieux dans le sous-sol et sert à réchauffer l'atmosphère de l'écurie, et à la maintenir à une température voisine de 15 à 18°. Un manège couvert est annexé à l'écurie ; au premier étage, se trouve un magasin à provisions et même quelquefois la remise aux voitures que l'on y monte à l'aide d'un ascenseur. — M. R.

ÉCUSSON. 1° *Art hérald.* Petit écu qui, comme meuble accessoire, en vient charger un plus grand ; il figure en abîme quand il est seul au milieu du champ de l'écu, et en bordure quand il est en nombre. — V. Ecu. || 2° *T. d'arch.* Ornement qui a la forme de l'écu d'armoiries ou du bouclier, et sur lequel on représente des pièces héraldiques, des inscriptions, etc. || 3° *T. de serrur.* Petite pièce de fer qui orne les entrées de serrure et qui a la forme de l'écu.

ÉCUYER. *T. de constr.* Main-courante fixée le long du mur d'un escalier pour servir d'appui.

***EDELINCK** (Gérard), né à Anvers en 1649, mort à Paris en 1707, fut un des plus éminents graveurs de son temps. Il vint de bonne heure en France, appelé par Colbert, et se perfectionna dans son art à l'école de Poilly. On possède de lui un nombre considérable de burins, dont pas un n'est médiocre, et dont plusieurs sont des chefs-d'œuvre. Au premier rang de ceux-ci, on cite sa reproduction du tableau *la Sainte-Famille*, de Raphaël. Il a laissé également un grand nombre de portraits très remarquables, notamment ceux de *Philippe de Champagne*, de *Louis XIV*, de *Colbert*, de *Lebrun*, de *Santeuil*, etc.

Edelinck fut nommé graveur du roi, et, en 1677, il entra à l'Académie de peinture. Il avait deux frères (*Jean* et *Gaspard*) et un fils, *Nicolas*, son élève. Tous trois ont manié le burin et fait des gravures estimées des amateurs; mais tous sont restés à une grande distance du maître qui fait l'objet de cette notice.

***ÉDICULE.** *T. d'arch.* Petit édifice. Ouvrage de sculpture ou de peinture représentant un édifice comme on en voit, par exemple, dans la main des personnages qui décorent les portails ou les piliers des églises.

ÉDIFICE. *T. d'arch.* Bâtiment en général, mais plus spécialement construction remarquable par son étendue, son élégance, son caractère artistique.

ÉDREDON. *T. d'ameubl.* Duvet chaud et léger qui couvre l'estomac de l'*eider* (canard habitant les mers glaciales) et avec lequel on remplit un grand sac de tissu de soie ou de coton pour servir de couvre-pied; par extension, on a donné le nom d'*édredon* à cet objet de literie. Cette plume est d'un prix élevé, aussi n'entre-t-elle qu'en petites quantités dans la fabrication des édredons; on la mélange avec des plumes d'oie ou de canard et, le plus souvent, ces dernières seules sont employées, mais elles n'ont pas la qualité des plumes de l'eider.

***EFFAROUCHÉ, ÉE.** Se dit des animaux, surtout du chat, quand ils sont dressés sur leurs pattes de derrière.

EFFERVESCENCE. *T. de chim.* Lorsqu'on verse un acide (acide sulfurique ou même du vinaigre) sur de la craie, du marbre, sur un coquillage ou dans une dissolution aqueuse d'un carbonate quelconque, il se produit un dégagement abondant et rapide de gaz acide carbonique qui, entraînant avec lui une partie du liquide versé, détermine une mousse volumineuse qui va jusqu'à déborder le vase où se fait la réaction. C'est à ce phénomène qu'on donne le nom d'*effervescence*. L'effervescence se produit aussi par dégagement d'autres acides gazeux, tels que l'acide sulfureux, l'acide sulfhydrique; mais, alors, on y remarque une odeur très forte, caractéristique de ces gaz, tandis que le dégagement de l'acide carbonique n'a pas d'odeur sensible.

L'effervescence se manifeste encore au contact de l'acide azotique ordinaire ou de l'acide sulfurique avec le zinc, le fer, etc., par suite du dégagement de l'hydrogène provenant de la décomposition de l'eau qui s'effectue en cette circonstance.

***EFFEUILLÉ, ÉE.** *Art hérald.* Se dit des arbres ou des plantes dépouillés de leurs feuilles.

***EFFILÉS.** *T. de tiss.* Lorsqu'on veut encadrer un linge ou un tissu quelconque d'une espèce de frange, on détisse d'abord les duites, une à une, sur une certaine étendue, puis les fils, également un à un, sur une étendue équivalente. Dans la première opération, on obtient des effilés par chaîne, puisque la trame a été enlevée. Dans le second cas, on a des effilés par trame, puisqu'il n'y a plus de fils. Ces effilés, sur les quatre côtés, se confectionnent plus simplement et bien plus vite sur le métier qui sert à fabriquer l'étoffe, et pendant l'opération même du tissage. Pour cela, on laisse de grands vides de séparation entre les diverses pièces qu'on exécute simultanément. Les intervalles, en travers, sont commandés par le peigne; ceux en hauteur, par absence de duitage. Le découpage ultérieur, dans les parties non entre-croisées, doit être parfaitement rectiligne. || *T. de passem.* Sorte de passementerie garnie d'une frange.

***EFFILOCHAGE.** *T. techn.* Ce mot a une double signification; ou bien il désigne l'opération qui a pour but de défibrer les vieux draps et chiffons, pour en faire de la nouvelle laine à filer dite *renaissance;* ou bien il désigne l'acte par lequel on sépare les unes des autres, dans les étoffes laine et coton, les fibres animales des fibres végétales. Dans le premier cas, il s'agit d'une industrie fort répandue qui prend le nom d'*effilochage mécanique*, et qui se pratique en soumettant les morceaux d'étoffe à défibrer à l'action d'une espèce de carde dite *effilocheuse*. On soumet ensuite la laine obtenue aux diverses opérations de la filature de la laine cardée en la mélangeant avec de la laine neuve. Dans le second cas, il n'est question que d'une industrie de circonstance, à laquelle on donne le nom d'*effilochage chimique*. Les industriels procèdent alors de deux façons. Les uns soumettent les chiffons laine et coton à l'action d'un courant d'acide chlorhydrique gazeux, qui détruit le coton et laisse la laine intacte, en observant les précautions indiquées au mot Épaillage (par les acides gazeux). Les autres renferment les mêmes chiffons dans des chaudières autoclaves, les soumettent à l'action de la vapeur sous une pression considérable, et amènent ainsi la laine à un état de fusion qui donne par refroidissement un corps fortement azoté très utilisable comme engrais, tout en laissant intactes les parties végétales qui peuvent servir pour la fabrication du papier. || En *T. de pap.*, syn. de *défilage*. — V. ce mot.

*** EFFILOCHEUR, EUSE.** *T. de mét.* Ouvrier, ouvrière, qui fait l'effilochage des chiffons ou des tissus.

*** EFFILOCHEUSE.** *T. de filat.* Les effilocheuses sont des briseuses destinées à réduire les chiffons de laine en filaments, propres à être filés à nouveau pour produire les fils et les tissus grossiers connus sous le nom de *renaissance*.

Ces machines se composent, en principe, de cylindres alimentaires semblables à ceux que l'on retrouve dans toutes celles du même genre, et qui, en tournant lentement, présentent les chiffons à un tambour animé d'un mouvement de rotation rapide, et armé sur toute sa surface latérale de fortes aiguilles ou d'une garniture en dents de scie. Ces dents déchirent la matière et arrachent les uns après les autres les filaments qui la composent, pour les rejeter hors de la machine, soit librement, soit par l'intermédiaire d'un ventilateur, comme dans les machines à battre le coton. Des *hérissons* (V. CARDE), munis de fortes garnitures en dents de scie, peuvent rendre plus énergique l'action de ces machines, qui sont quelquefois établies doubles, c'est-à-dire composées de deux machines complètes disposées l'une à la suite de l'autre sur les mêmes bâtis.

*** EFFLEURAGE.** *T. de cham.* Opération qui consiste à détacher de la peau, du côté du poil, les parties qui l'empêchent d'être douce.

EFFLORESCENCE. *T. de chim.* Sorte de poussière blanche ou jaunâtre, formée de petits groupes disposés en chou-fleur, qu'on rencontre tantôt sur le sol ou sur les murs salpêtrés, tantôt sur certains sels qu'on nomme, pour cette raison, *sels efflorescents* (carbonate de soude, sulfate de fer, etc.). Cet effet est dû à l'évaporation d'une partie ou de la totalité de l'eau de cristallisation de ces sels. Par suite de ce phénomène, la matière du sel diminue de poids, perd sa transparence, se désagrège et tombe en poussière plus ou moins lentement. Pour empêcher un sel de cette nature de *s'effleurir*, il suffit de le placer dans un milieu saturé d'humidité, dans un vase fermé contenant un peu d'eau. || On donne aussi le nom d'*efflorescence* au phénomène lui-même du passage d'un corps solide à l'état pulvérulent, par suite d'un dégagement de son eau de cristallisation.

L'efflorescence est l'inverse de la *déliquescence*. — V. ce mot.

EFFORT. Nous ne nous occuperons ici que des efforts produits par les moteurs animés, réservant pour plus tard à l'article TRAVAIL, ce qui est relatif aux machines.

Ces efforts sont excessivement variables selon la longueur du temps pendant lequel on les produit ; les animaux peuvent, en effet, donner momentanément ce qu'on appelle un *coup de collier*, c'est-à-dire un travail exceptionnel qu'il leur serait impossible de fournir régulièrement pendant une journée entière. Ainsi, ce coup de collier, pour les chevaux attelés, peut atteindre 500 kilogrammes, tandis que l'effort journalier, sur lequel on peut compter, en moyenne, pendant dix heures consécutives et pouvant se reproduire les jours suivants, n'est qu'environ le 1/10e de ce chiffre, 50 à 60 kilogrammes. De même, un homme, agissant sur une manivelle, par exemple, peut produire, à un moment donné, un effort de 30 kilogrammes, tandis que l'effort quotidien, obtenu avec le même outil, est de 8 kilogrammes seulement, et ainsi de suite.

Un homme peut porter, momentanément, un fardeau de 100 à 150 kilogrammes. Un manœuvre, poussant et tirant horizontalement, peut produire un effort de 50 à 60 kilogrammes. Mais il leur serait impossible de continuer tout un jour à produire ces efforts. Le tableau suivant donne un résumé de ces efforts maxima que l'homme peut produire pendant quelques instants en agissant sur les outils énumérés dans la première colonne :

Un homme de force moyenne agissant sur	Effort en kilogrammes
Un tournevis manié à la main.	6
Un vilebrequin.	7
Une scie à main	16
Un étau à main.	20
Un rabot	23
Une tenaille ou une pince	27
Une manivelle	30
Un étau ordinaire, l'effort sur la clef. . . .	33
Un ciseau ou un foret, verticalement. . .	33
Une clef d'écrou	38
Uue plane, avec les deux mains.	45
Une tarière, avec les deux mains.	45

Mais, on comprend facilement que ces efforts exceptionnels, et qui ne peuvent être que rarement demandés, sont moins intéressants à connaître que ceux que peuvent produire les moteurs animés régulièrement dans une journée de travail ; en un mot, l'effort continuel sur lequel on peut compter, et qui se reproduira le lendemain et les jours suivants sans fatigue anormale pour l'être animé qui le développe.

Les poids des engins servant au transport ne sont pas compris dans les résultats fournis par le premier des tableaux suivants, qui donnent, dans diverses circonstances, les efforts journaliers produits par les hommes et les animaux. En outre, on a supposé pour les autres tableaux des chaussées de viabilité ordinaire. — V. les trois premiers tableaux de la page 659.

Voilà pour ce qui concerne l'homme ; voyons maintenant les efforts produits par les animaux. V. le 4e tableau de la page 659.

Pour terminer ce sujet, nous donnerons, pour le cheval en particulier, certains renseignements complémentaires qu'il peut être utile d'avoir sous la main.

Un cheval, comme nous l'avons déjà dit plus haut, peut produire pendant un temps très court un effort maximum de 500 kilogrammes. Mais on n'évalue guère qu'à 50 ou 60 kilogrammes, c'est-

I. Travail des hommes. — 1° *Transport horizontal des fardeaux.*

Mode de travail	Effort exercé en kilogrammes	Vitesse par seconde en mètres	Durée de la journée de travail en heures	Travail par jour en kilogrammètres
Un voyageur sans fardeau, ne faisant mouvoir que son propre poids :				
1° Sur une route en parfait état.	65	1.50	10	3510000
2° Sur une route ordinaire.	65	1.20	10	2808000
Transport à dos à grande distance	40	0.75	7	756000
— à petite distance, retour à vide.	65	0.50	6	702000
— sur civière, retour à vide.	50	0.33	10	594000
Transport en brouette, petite distance, retour à vide, route ordinaire.	60	0.50	10	1080000
Transport en camion, retour à vide.	100	0.50	10	180000
Un terrassier jetant la terre à la pelle à 4 mètres de distance horizontale.	2.7	0.68	10	27720000

2° *Elévation verticale des fardeaux.*

Mode de travail	Effort exercé en kilogrammes	Vitesse par seconde en mètres	Durée de la journée de travail en heures	Travail par jour en kilogrammètres
Un homme montant une rampe douce ou un escalier ordinaire.	65	0.15	8	280000
Un manœuvre élevant des poids avec corde et poulie, descente à vide.	18	0.20	6	77760
Un homme élevant des poids à la main	20	0.17	6	73440
Un homme montant une rampe ou un escalier en portant un fardeau sur son dos, retour à vide.	65	0.04	6	56160
Un manœuvre montant une rampe à 1/12 en poussant une brouette, retour à vide.	60	0.02	10	43200
Un terrassier elevant des terres à la pelle à une hauteur de 1m,60.	2.7	0.40	10	38880

3° *Action sur les machines.*

Mode de travail	Effort exercé en kilogrammes	Vitesse par seconde en mètres	Durée de la journée de travail en heures	Travail par jour en kilogrammètres
Un homme agissant sur une manivelle	8	0.75	8	172800
Un manœuvre agissant sur un cabestan, c'est-à-dire tirant ou poussant horizontalement..	12	0.60	8	207360
Un homme agissant sur une roue à cheville au niveau de l'axe	60	0.15	8	259200
Un homme agissant au bas de la roue vers 25°.	12	0.70	8	251120

II. Travail des animaux. — *Efforts divers.*

Mode de travail	Effort exercé	Vitesse en mètres par seconde	Durée de la journée de travail en heures, haltes non comprises	Travail produit en kilogrammèt.	Nombre d'animaux remplaçant un cheval-vapeur
Un bon cheval attelé à une voiture et marchant au pas.	70	0.90	8	1814400	3.6
Un cheval moyen attelé à une voiture et marchant au pas..	60	0.85	10	1836000	3.5
Un cheval attelé à une voiture et allant au trot. . . .	44	2.20	4.5	1568160	4.2
Un cheval attelé à un manège, au pas.	45	0.90	8	1166400	5.5
— — au pas allongé. . . .	30	1.40	6 à 7	1000000	6.5
— — au petit trot	30	2.00	4.5	972000	6.7
Un bœuf attelé à un manège, allant au pas.	65	0.60	8	1123200	5 2/3
Un mulet attelé à un manège, allant au pas	30	0.90	8	777600	8 1/3
Un âne attelé à un manège, allant au pas.	14	0.80	8	322560	20
N. B. Un cheval-vapeur.	75	1.00	24	6480000	1

à-dire environ le 1/10e, l'effort moyen pendant une journée de 9 à 10 heures. L'allure moyenne du cheval au pas varie de $0^m,90$ à $1^m,10$ par seconde et on peut prendre en moyenne $1^m,10$ ou 3,600 mètres dans une heure, vitesse un peu plus faible que celle de l'homme qui fait environ 5 kilomètres à l'heure. Le cheval fait donc au pas environ 36 kilomètres par jour et sur les chantiers 30 seulement à cause des haltes. Il est sous-entendu que tous ces efforts peuvent se renouveler les jours suivants.

Un cheval, qui n'a qu'à se porter lui-même, peut faire dans un jour 70 kilomètres ; il n'en fait que 40 s'il doit développer un effort de tirage de 45 kilogrammes, 20 si cet effort est de 90 kilogrammes, et, enfin, un cheval, appliqué à une résistance de 400 à 500 kilogrammes, ne peut travailler que quelques secondes, le temps de donner son coup de collier.

En général, dans les meilleures conditions, on n'utilise guère que les 4/5e du travail de l'animal, le dernier 1/5e étant consommé pour les besoins de sa propre locomotion. Au trot, on n'utilise que les 3/5e et, au galop, la 1/2 du travail total. Les vitesses correspondantes sont : trot, 2 à $2^m,20$ par seconde ; trot allongé, $3^m,50$ à 4 mètres par seconde ; galop prolongé, 10 mètres par seconde ; galop très court (courses), 14 à 15 mètres par seconde.

Enfin, il est indispensable de remarquer que les moteurs animés ne peuvent avoir des journées de plus de 18 heures de présence au chantier, même si on ne leur fait faire aucun travail. — A. M.

***EFFORT TRANCHANT.** Somme des projections sur un axe mené dans le plan de flexion perpendiculairement à la fibre moyenne, de toutes les forces extérieures qui sollicitent un prisme solide, depuis une section normale déterminée jusqu'à son extrémité. Cette somme est égale et contraire à celle des projections, sur le même axe, des forces élastiques qui s'exercent, dans la section considérée, de la part de la portion du prisme située en deçà de cette section, sur la portion située au delà. (SONNET : *Dictionnaire des mathématiques appliquées.*)

***ÉGALIR.** *T. d'horlog. Égalir une roue.* Rendre égales les roues entre elles, ainsi que les vides qui les séparent. || *Egalir une fusée au ressort.* Mettre tous les points de l'hélice qui couvre toute la surface de la fusée, dans un tel rapport avec le ressort contenu dans le barillet, que ce ressort ne tire pas avec une force plus grande, quelle que soit sa tension.

***ÉGALISAGE.** *T. de tiss.* Opération qui a pour but de nouer tous les maillons d'un corps pour les fixer à la même hauteur.

ÉGLISE. Etymologiquement, le mot *église* veut dire *assemblée*, ἐκκλησία, et s'emploie pour désigner, soit la réunion générale des fidèles soumis à leurs pasteurs, soit la personnification iconographique du christianisme, en opposition avec la synagogue, soit, enfin, le lieu où les chrétiens vont prier en commun, écouter la parole de Dieu et assister à la célébration du Saint-Sacrifice.

— La première église a été le cénacle où les apôtres étaient assis autour du Christ, et où ils se trouvaient encore assemblés, après la mort de leur maître, lorsque le Saint-Esprit descendit sur eux. Pendant la période apostolique, l'assemblée des fidèles se tenait dans la maison où était descendu le prédicateur de la bonne nouvelle ; les épîtres de saint Paul nous apprennent qu'on se réunissait chez un disciple sûr, qu'on y faisait la cène, qu'on y célébrait les saints mystères et qu'on y écoutait le récit des conquêtes de l'Evangile. Durant la persécution, les fidèles furent obligés de cacher le lieu de leurs réunions ; à Rome, ils trouvèrent un asile dans ces vastes excavations creusées dans le sol et appelées *catacombes*. On a souvent décrit ces galeries souterraines qui étaient avant tout des lieux de sépulture, et qui devinrent des lieux de réunions pieuses, parce que la tradition chrétienne a toujours placé l'autel sur le tombeau des martyrs. Les fresques, les bas-reliefs, les dessins en creux, qu'on y a trouvés, les *columbaria*, ou casiers funéraires, qu'on y voit encore et, en général, le creusement ainsi que la décoration de ces cryptes, appartiennent à l'histoire tumulaire de Rome et non à l'archéologie chrétienne proprement dite ; nous n'y insisterons donc point. Pour nous, l'église apparaît seulement le jour où elle sort des entrailles de la terre et profile à l'œil les lignes de son architecture ; il ne pouvait, en effet, y avoir un style et un art bien caractérisés dans des galeries obscures ouvertes à travers la craie, la pierre ou le tuf.

Lorsque l'église quitta les catacombes, emportant le souvenir des salles basses et étroites qui avaient si longtemps abrité ses réunions, elle ne trouva au dehors que deux sortes d'édifices où elle pût convoquer les fidèles : le *fanum* ou temple païen, entouré du *temenos* ou *lucus*, sorte de jardin ou bosquet, dans lequel se tenait le *profanum vulgus*, tandis que les initiés seuls pénétraient dans l'enceinte sacrée ; et la *basilique* ou palais de justice, lieu où siégeaient les tribunaux. Les théâtres, les cirques et autres endroits souillés par des représentations obscènes ou rougis du sang des chrétiens, ne pouvaient décemment convenir aux réunions des fidèles, ou servir de modèle aux constructions nouvelles ; le temple, lui-même, autant par les souvenirs idolâtriques attachés à ses murailles, que par l'exiguité de ses proportions, ne s'y prêtait guère plus.

C'est cependant de ces trois types que dérivent les églises primitives : élevées sur le tombeau d'un martyr et pourvues d'une crypte, elles procèdent des catacombes ; entourées d'un cimetière ou d'un cloître, elles rappellent le *fanum* antique ; pourvues d'une sorte d'abside en cul-de-four, servant de sanctuaire, et d'une sorte de nef, construite avec des *matériaux légers*, pour abriter les fidèles, elles ont été bâties sur le modèle de la basilique romaine, où le juge se tenait dans l'hémicycle, tandis que les plaideurs remplissaient le vaisseau rectangulaire accolé à ce demi-cercle.

Les églises chrétiennes ont été, à partir du IVe siècle, c'est-à-dire, après la cessation complète des persécutions, *cathédrales*, *paroissiales*, *conventuelles* ou *collégiales*, selon qu'elles avaient pour chefs un évêque, un simple pasteur, des religieux ou des chanoines. Ces diverses affectations ont amené des différences caractéristiques dans leur construction (V. les articles CATHÉDRALE et CHŒUR). La nef principale, les basses nefs, le chœur, le sanctuaire, les chapelles absidales et collatérales ont varié de dimensions, suivant que l'édifice était destiné à recevoir un prélat entouré de son clergé, des moines, des religieuses ou un simple prêtre.

Cependant la marche ordinaire de la construction a été celle-ci : le sanctuaire d'abord, partie la plus solidement bâtie, la plus ornée et la plus essentielle, parce que le sacrifice de la messe devait y être célébré quotidiennement; le chœur ensuite, quand le clergé était nombreux; puis la nef, sorte de hangar grossièrement couvert, comme on en voit encore dans nos campagnes. Avec le développement de la population et l'accroissement des ressources, une ou deux nefs secondaires venaient s'ajouter à la nef principale, et un porche, ou *narthex*, souvent fort spacieux, — au point de constituer, comme à la basilique de Cluny, une sorte d'avant-église, — précédait ordinairement l'édifice.

Les régimes féodal et corporatif contribuèrent à doter les églises de nouveaux appendices : pour avoir une enceinte religieuse à elles, pour posséder une petite église dans la grande, les seigneuries et les confréries, forme religieuse des corporations, accolèrent des chapelles a la grande nef ainsi qu'aux nefs collatérales, dont elles percèrent le mur pour les faire communiquer avec l'édifice principal. C'est ainsi que les églises, petites d'abord, s'agrandirent peu à peu et devinrent de véritables monuments.

Dans les premiers âges de la période romane ou romano-byzantine, un édicule était généralement détaché de l'église et en avait quelquefois les dimensions : nous voulons parler du *baptistère* qu'on nommait ordinairement *Saint-Jean-le-Rond*, parce qu'il était placé sous l'invocation de saint Jean-Baptiste et qu'il affectait la forme ronde, tant en plan qu'en coupole. L'Italie et le midi de la France ont eu de nombreux baptistères distincts des églises : Notre-Dame de Paris avait le sien placé à gauche du grand portail et à l'entrée du cloître.

Le culte de la Vierge, qui s'est généralisé au moyen âge, n'a pas moins contribué que le développement des seigneuries et des confréries, à entourer les églises de saillies monumentales qui en ont doublé les dimensions; quand on ne construisait pas, comme à Saint-Germain-des-Prés, un édifice spécial en l'honneur de la Mère de Dieu, on plaçait la chapelle derrière l'abside, et l'église, déjà agrandie par un porche aux spacieuses voussures, décorées de peintures à fresques, s'allongeait encore au delà du sanctuaire.

Mais ce ne sont pas là les seules extensions des églises : ces édifices complexes comprenaient encore, au dedans et au dehors, des organes distincts, ainsi que de nombreuses annexes qui faisaient corps avec elles et dont chacune comporterait un article distinct; nous les énumérons sommairement. Au dehors, se voyaient les contreforts ou arcs-boutants, les clochetons ou pinacles, les dais ou acrotères, les socles ou culs-de-lampe, les chaires extérieures adossées à un pilier butant, pour permettre la prédication en plein air; les tours, flèches et clochers accolés à l'édifice et le surmontant, ou en étant complètement détachés, comme les fameuses tours penchées de Pise et la tour Pey-Berland, à Bordeaux; les cellules de reclûs et de recluses, qui se cachaient entre deux contreforts; les revestiaires ou sacristies, qui occupaient à peu près la même position, et jusqu'aux échoppes d'artisans, qu'une regrettable tolérance avait laissé s'établir dans une situation identique. Au dedans, on distinguait le sanctuaire, le chœur et l'avant-chœur, le jubé, le transsept, la maîtresse nef et les nefs collatérales, les chapelles de l'abside, du jubé, du transsept et des nefs, les cuves baptismales de la chapelle des fonts, les stalles, le siège épiscopal, abbatial, décanal ou curial, le maître-autel et les autels secondaires, les vitraux, les bas-reliefs, les peintures à fresques, les sujets symboliques des chapiteaux, les orgues et les lutrins, les bancs et les chaises. Chacun de ces détails intérieurs et extérieurs exigerait une monographie distincte que les limites de ce *Dictionnaire* nous interdisent. L'église est la majestueuse synthèse de toute cette analyse.

Comment se construisait-elle autrefois? De quelles ressources disposaient les architectes? A quelles influences artistiques étaient-ils soumis? Quelles écoles se sont formées autour d'eux et quelle a été leur action sur l'architecture civile? Et, de nos jours, comment bâtit-on les églises? A l'aide de quels moyens, sous quel régime, dans quel style les construit et les décore-t-on? Autant de questions qui ont leur intérêt et auxquelles nous allons répondre très sommairement.

Nous avons dit, à l'article CATHÉDRALE, à quelle époque et sous l'influence de quelles idées les grandes églises épiscopales ont été construites; elles furent une réaction contre la puissance des abbayes et une double affirmation du pouvoir des évêques, ainsi que de l'indépendance des communes. Les revenus accumulés des biens de la mense épiscopale, les subventions des villes, le produit des quêtes, l'argent fourni par les seigneurs, les bourgeois et les corporations ouvrières, les prestations en nature auxquelles se soumettaient ceux qui ne pouvaient contribuer autrement aux frais de la construction, tels étaient les moyens mis à la disposition des architectes qui ont bâti les cathédrales. C'est avec tout ou partie des mêmes ressources qu'ont été construites les églises conventuelles, collégiales et paroissiales. Les revenus des abbayes, des prieurés et des chapitres, la participation financière et matérielle des populations à l'œuvre commune, le désintéressement des architectes et de tous ceux qui concourraient à l'édification de l'église, tout cela rendit possibles ces innombrables constructions qui couvrent encore l'Europe chrétienne. Il se forma, en outre, des confréries *bâtisseuses*, les *logeurs du bon Dieu* notamment, qui se donnèrent pour mission d'élever des églises dans toute la chrétienté.

Ces corporations contribuèrent beaucoup à uniformiser les constructions religieuses, en portant partout les mêmes idées architectoniques plus ou moins modifiées par les influences locales, par la configuration du pays et la nature des matériaux qu'on y rencontrait. On s'explique de cette façon les importations d'un style dans une contrée qui ne le connaissait point encore, ainsi que les avances et les retards que les archéologues constatent aujourd'hui dans la succession des styles en une même région. Ce fait n'a cependant pas mis obstacle à la formation et au rayonnement des écoles architectoniques. Pour la France seulement, Viollet-le-Duc en distingue huit auxquelles il donne les qualificatifs suivants : *française, franco-champenoise, champenoise, bourguignonne, auvergnate, poitevine, périgourdine* et *normande*. Il n'entre point dans notre dessein de faire l'histoire de chacune de ces écoles et moins encore d'énumérer les églises conçues dans le style propre à chacune d'elles. Qu'il nous suffise de faire remarquer qu'elles procèdent toutes du style roman, ou romano-byzantin, et du style dit ogival ou gothique. Dans le midi de la France, au pied des Alpes et des Pyrénées, les influences italiennes et espagnoles se font sentir; sur les bords de la Seine et du Rhin, au contraire, l'architecture du Nord exerce une action plus ou moins marquée. Partout les monuments de l'époque romaine sont imités dans leur ensemble et dans leurs détails : Arles, Nîmes, Narbonne, Orange, Lyon, Autun, Trèves fournissent aux architectes des types que ceux-ci imitent plus ou moins librement. Le rayonnement de l'art romain s'exerce selon une ligne plus ou moins étendue; pour n'en citer qu'un exemple, on trouve à Cluny, à Tournus, à Beaune, à Saulieu, c'est-à-dire dans un rayon de trente à quarante lieues, des imitations évidentes des arcs de triomphe d'Autun connus sous le nom de portes d'Arroux et Saint-André.

Lorsque la Renaissance vient supplanter l'art ogival, comme celui-ci s'était substitué à l'art roman, les mêmes avances et les mêmes retards se produisent : certaines contrées en sont encore au gothique flamboyant dans la première moitié du XVIIe siècle, tandis que cent cinquante ans plus tôt, à la fin du XVe siècle et au commencement du XVIe, d'autres bâtissaient déjà dans le style néo-grec et néo-latin. La seule inspection d'une église ne suffit donc pas pour assigner une date précise à sa construction : la plupart, d'ailleurs, parmi les plus importantes, ont été édifiées par parties, le sanctuaire d'abord, puis le chœur; sont venus ensuite le transsept, les nefs, les chapelles, les tours, flèches et clochers. Il est des églises qui constituent à elles seules un cours complet d'architecture, et dans l'étude détaillée desquelles on trouve toutes les modifications apportées successivement à l'art de bâtir.

De nos jours, la construction des églises a radicalement changé : paroissiales pour la plupart, elles sont la propriété des communes ou des fabriques, qui les font bâtir, agrandir ou restaurer avec leurs ressources, auxquelles s'ajoutent parfois une subvention de l'Etat ou du département. Le style en est extrêmement varié : dans les localités importantes, on fait généralement des pastiches plus ou moins réussis de l'art roman ou ogival; au village, la fantaisie domine; on se rapproche davantage de la Renaissance, en simplifiant les détails. C'est donc l'éclectisme qui préside à l'édification des églises modernes, et il ne saurait en être autrement, à une époque neutre comme la nôtre, qui n'a pas de style à elle, surtout en matière de construction religieuse, mais qui les a beaucoup étudiés et qui les imite tous. Lorsque la patine du temps aura bruni les églises modernes, Sainte-Clotilde et Saint-Ambroise à Paris, par exemple, les archéologues de l'avenir auront peine à les distinguer de leurs aînées.

— A l'époque où les édifices civils n'existaient pas, où l'on ne voyait, dans les cités les plus importantes, d'autres salles spacieuses que celles des palais, des monastères et des résidences épiscopales, les maisons communes et les parloirs aux bourgeois n'étant pas encore construits, les églises ont servi à de nombreux usages qui nous sembleraient profanes aujourd'hui. On y a tenu non seulement les conciles et les synodes, mais encore les chapitres des ordres de chevalerie et les réunions pour la nomination des députés aux Etats-Généraux. On y a célébré la messe de l'âne et la fête des fous; le porche et quelquefois la nef, ainsi que le jubé, ont servi à la représentation des mystères, des moralités et même des sotties.

Enfin, en 1789, les églises se sont ouvertes aux assemblées électorales : à Paris notamment, les districts et les sections, qui en avaient fait leur lieu de réunion, en ont emprunté le nom, le sceau et les emblêmes; témoignage irrécusable de la part considérable que la religion prenait autrefois à la vie civile des peuples. Les clubs y ont succédé plus tard aux réunions électorales; mais c'était la simple continuation de l'ancien état de choses. En 1848 et en 1871, les hommes des partis avancés ont voulu renouer sur ce point la tradition révolutionnaire; les gouvernements réguliers ne l'ont pas permis. Ce n'eut plus été, en effet, qu'une profanation gratuite, les édifices civils étant aujourd'hui plus que suffisants pour donner asile aux clubistes.

Au moyen âge, les églises étaient encore des musées, des galeries et des cabinets d'histoire naturelle; sans compter les innombrables objets d'art religieux qui les décoraient, on admirait dans les *revestiaires* et dans les *trésors*, quantité de joyaux et de curiosités de tout ordre. A Notre-Dame de Paris, la statue équestre de Philippe-le-Bel — d'autres disent Philippe de Valois — était érigée sous l'une des arcades joignant la grande nef à la nef collatérale du sud. A la Sainte-Chapelle, on voyait, outre les richesses artistiques léguées par saint Louis, un crocodile empaillé, suspendu à la voûte. C'est Astesan, descripteur du xve siècle, qui l'affirme *de visu*.

On sait, enfin, que les confréries de peintres et de sculpteurs, l'Académie de saint Luc, entre autres, enrichissaient chaque année certaines églises de nouveaux chefs-d'œuvre : les *mai* de Notre-Dame sont célèbres.

Dans un autre ordre d'idées, les églises rendaient des services signalés aux populations : elles servaient de vigies, ou postes d'observation. Les villes du Nord surtout avaient des veilleurs de nuit, postés dans les clochers et dans les tours, pour annoncer les heures, signaler les incendies et l'approche de l'ennemi ou des coureurs de grand chemin. Dans plusieurs contrées exposées aux incursions, les églises étaient entourées d'ouvrages défensifs : elles constituaient donc de véritables forteresses.

Arrivés au terme de cette étude très sommaire et forcément incomplète, nous omettrions un double détail fort important, si nous négligions de mentionner l'école et l'hôpital, annexes naturelles de l'église. Pour n'en citer qu'un seul exemple, Notre-Dame de Paris abritait jadis à ses pieds le vieil Hôtel-Dieu, fondé par saint Landri, les grandes écoles du Cloître, dont le directeur était l'un des deux chanceliers de l'Université, tandis que les petites écoles, ou écoles primaires, étaient placées sous l'autorité du *précenteur*, ou grand chantre.

L'église, à ne la considérer que comme édifice, a donc un passé considérable et tient une grande place dans l'histoire de la civilisation. L'école, le théâtre, le musée et autres accessoires plus ou moins profanes s'en sont détachés; mais, réduite à sa spécialité religieuse, devenue un simple lieu de prières de moins en moins fréquenté, elle est encore, pour les populations urbaines et rurales, un légitime sujet d'orgueil. Nos grandes cités aiment à montrer leurs cathédrales; nos petites villes, nos bourgs et nos villages sont fiers de la hauteur et de l'élégance de leur clocher, de la sonorité de leur bourdon ou de leur orgue, de la richesse de leurs vitraux, enfin de tout ce qui constitue la beauté de leur église. Cet édifice qui, dans des siècles croyants, avait été l'affirmation de leur foi et le témoignage matériel de leur indépendance, représente et personnifie donc encore aujourd'hui, au moins dans une certaine mesure, ces groupes de familles qui forment la commune et sont l'élément constitutif de la patrie. — L. M. T.

* **ÉGORGETAGE.** *T. de corr.* Opération qui consiste à écharner jusqu'au vif les peaux de veaux, dits d'alun, pour que le côté de la chair soit à peu près le même que celui de la fleur.

ÉGOUT. L'opinion publique s'est, depuis quelques années et à juste titre, tout particulièrement préoccupée des questions relatives à l'assainissement des villes, parmi lesquelles la question des égouts joue un rôle considérable. Tout le monde conçoit aisément combien, dans les villes qui renferment jusqu'à 4,000,000 d'habitants comme à Londres, 2,250,000 comme à Paris, il est indispensable d'enlever rapidement les résidus de tous genres provenant de semblables agglomérations. Ces résidus se présentent sous trois formes principales :

1° Résidus solides; ordures ménagères des maisons, poussières et boues des voies publiques;

2° Eaux ménagères diverses, provenant soit des maisons, soit de la pluie après avoir circulé sur les toits et les chaussées, soit des services d'arrosage, etc.;

3° Vidanges solides et liquides.

De ces trois natures de résidus, la première donne lieu à un enlèvement direct, par l'entremise de concessionnaires chargés de cette entreprise, qui utilisent ces matières comme engrais; des deux autres, la plus grande partie doit trouver son écoulement naturel par une canalisation souterraine, formant un système de voies rayonnant sous toutes les rues d'une ville, et en menant au loin et le plus rapidement possible ces eaux chargées d'impuretés de toutes sortes. C'est ce système de voies qui constituent les égouts; nous allons chercher à établir quels sont les principes qui président à leur établissement, ainsi que le rôle qu'on est en droit de leur assigner. Nous serons ainsi conduits à préciser quelle est dans la troisième classe de détritus la portion qui va à l'égout, et également si la solution *du tout à l'égout*, qui y rejette entièrement cette troisième classe de détritus, peut s'accorder avec les conditions fondamentales du problème à résoudre.

Le développement incessant des grandes villes, les exigences d'une population nombreuse, habituée même dans les classes inférieures à un bien-être inconnu jusqu'ici, tout a concouru à donner au service et aux travaux des égouts, une importance considérable. Paris, en trente ans, a vu quintupler la longueur de son réseau souterrain, et toutes les villes de l'ancien et du nouveau monde ont entrepris des travaux analogues. Nous allons d'abord décrire comment ce service est établi à Paris, et nous ajouterons quelques renseignements de comparaison sur les modes adoptés dans les autres grandes capitales.

Principes d'établissement des égouts. On pourrait aisément définir un système d'égout en prenant le contrepied de ce qui sert à expliquer ce qu'est un système de *distribution d'eau* dans une ville. Celui-ci comprend une première conduite d'adduction, qui amène les eaux de leur prise d'origine dans la ville à pourvoir de ce système, puis qui se divise en une série de conduites maîtresses, rayonnant dans chacun des grands quartiers, sur lesquelles sont établies des branchements secondaires, tertiaires, circulant dans les rues intermédiaires, et enfin les prises particulières établies sur les branchements au droit de chaque immeuble ou des appareils de service public, et y menant l'eau jusqu'au sommet, grâce à la pression suivant laquelle elle circule dans toute la distribution. En suivant ce même trajet, mais en prenant le point d'arrivée pour point de départ, on retrouve à peu près les mêmes circonstances, tuyaux d'évacuation des eaux provenant soit des maisons, soit des bouches de ruisseaux, qui tombent dans des branchements tertiaires, secondaires, venant affluer dans des égouts de premier ordre, lesquels aboutissent à leur tour à un canal dit *collecteur*, chargé d'emmener loin de la cité toutes les impuretés jetées dans les égouts. La circulation se faisant dans les égouts en vertu de la pesanteur seule, il en résulte que tout le système doit présenter une pente continue, appropriée en chaque partie à l'importance du débit, sauf à y remédier par l'emploi, en quelques points, de machines élévatoires pour franchir des différences de niveau, ce qui peut se présenter au débouché des collecteurs, lorsqu'il s'agit de se débarrasser définitivement de ces matières ou de les appliquer à un service utile, ainsi que nous l'avons expliqué à l'article EAUX D'ÉGOUT. L'origine de la canalisation des grandes villes, se trouve dans la nature même. Les eaux pluviales, ou qui s'écoulaient des maisons bâties sur les bords des rues, se rendaient dans les thalwegs des petites vallées naturelles qui existaient dans le périmètre de la cité. Les ruisseaux ainsi formés furent les premiers égouts à ciel ouvert; plus tard on les transforma en conduits fermés et on conduisit ces eaux aux rivières les plus proches.

CONSTRUCTION DES ÉGOUTS. Presque partout en Europe, les égouts sont formés par des tubes en maçonnerie de section ovoïde; pour ceux qui atteignent une plus grande importance, on les fait soit circulaires, soit divisés en deux, la partie inférieure formant cunette pour le débit journalier constant, la partie supérieure permettant le débit pour les grands afflux précipités, comme en cas de pluie. Cette seconde partie est en plus utilisée pour l'installation de tous les services de canalisation d'eau, d'air comprimé, de réseaux télégraphiques, etc., sauf la distribution du gaz prudemment isolée à part.

Les divers types adoptés, à Paris, sont classés par numéros suivant la grandeur, et le débit dont ils sont susceptibles. Ils forment actuellement un développement total de 900,000 mètres environ, qui doit être porté à 1,200,000.

Voici le classement par rapport à la section et au périmètre :

Type	Section	Périmètre
	mètres	mètres
N° 1	18.67	16.60
2	16.59	16.71
3	11.81	13.37
5	8.66	11.61
6	6.31	9.75
6 *bis*	6.93	10.49
8	5.02	8.14
9	4.23	7.93
10	3.24	6.56
12	2.36	5.94
13	2.15	5.53
13 *bis*	1.65	5.05
14	1.44	4.92

La profondeur de la cunette varie suivant le mode adopté pour le nettoyage. Dans les égouts de petite section, ce nettoyage se fait au rabot, dans ceux à plus grande section et où le débit est plus considérable, on a recours aux chasses d'eau, aux vagons et aux bateaux-vannes; procédé ingénieux conçu par M. Belgrand, et dont voici le principe : il consiste à immerger dans la cunette des égouts une vanne souterraine, portée par un bateau flotteur sur les eaux mêmes de l'égout, ou par un vagon dont les roues s'appuient sur les bords de la cunette munis de rails. Lorsque cette vanne est immergée, l'eau s'accumule derrière elle, se met en charge, passe avec une grande vitesse sous la vanne et produit un courant d'une grande intensité, qui chasse les détritus de toute espèce accumulés sur le radier. Une partie de la charge sert à faire avancer l'engin porte-vanne, et le curage est automatique. Ce mode de curage sert à distinguer les égouts entre eux, et leurs éléments sont alors :

	Cunette	Pente
Egouts nettoyés avec les bateaux vannes types 1 et 3.. . . .	$1^m,00$ minima	$0^m,30$ à $0^m,50$ p. k.
Egouts nettoyés par les vagons vannes, 2, 5, 6*bis*, 7. . . .	$0^m,80$ —	$0^m,50$ jusqu'à 5^m —
Dans les égouts nettoyés au rabot. . .	$0^m,40$ —	$2^m,00$ à 50^m —

Quant aux longueurs que l'on peut donner à chaque type de galerie, voici les règles adoptées : lorsque l'on ne peut avoir recours aux bateaux ou aux vagons-vannes pour le nettoyage, la longueur n'est limitée que par cette condition de pouvoir conduire dans les autres types les détritus et sables accumulés, sans avoir à procéder à une extraction intermédiaire, ce qui détermine des longueurs de 300 à 1,000 mètres, suivant la pente et la nature des chaussées qui les recouvrent, voie très fréquentée, empierrée ou pavée, etc.

Tous les égouts sont faits en meulière et mortier, et, de préférence, en mortier de ciment. L'emplacement d'un égout arrêté, on exécute une tranchée qu'on étrésillonne jusqu'à 1 mètre au-dessus du fond ; la disposition des plats-bords est telle qu'il y a moitié plein moitié vide; les formes sont espacées de 2 mètres. Le sol au fond ayant été réglé de pente, on élève les pieds droits, puis avec des cintres préparés sur les gabarits types, on achève la voûte. Les blocs de meulière doivent être disposés non par arases horizontales comme dans la maçonnerie ordinaire, mais normalement à la paroi intérieure, les blocs formant le radier sont par suite mis sur *champ* et non à *plat*, ainsi que la dernière arase des banquettes. Les maçonneries sont enduites sur toute leur surface intérieure. On procède d'abord à un rocaillage complet si la maçonnerie est en mortier de chaux, ou seulement partiel si elle est en mortier de ciment, afin que l'enduit ne porte jamais sur un mortier de chaux. Le rocaillage se fait avec un mortier de deux parties de ciment contre cinq de sable. L'enduit avec un mortier à parties égales de ciment et sable, posé à la taloche, est terminé à la brosse. On comprend toute l'importance à apporter à ce travail, car de lui dépend l'étanchéité de l'égout, et les infiltrations, outre les accidents d'infection qu'elles entraînent, sont, en outre, bien difficiles, pour ne pas dire impossibles, à combattre. Les voûtes sont antérieurement recouvertes d'une chappe en mortier de $0^m,02$ d'épaisseur. Les enduits intérieurs ont $0^m,01$ d'épaisseur sur l'ensemble de la voûte, et $0^m,03$ dans les parties qui forment le canal proprement dit d'écoulement.

Les figures 387 à 389 représentent en coupe les épures pour la construction des trois grands types d'égout à Paris.

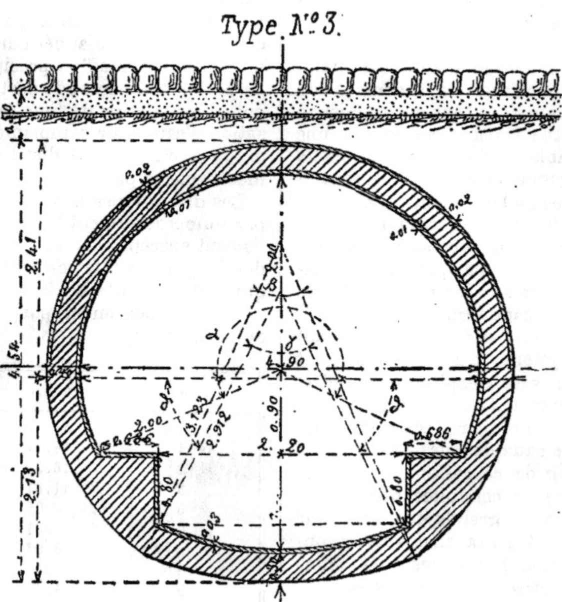

Fig. 387.

Les cotes et indications portées sur les figures et résumées dans le tableau ci-joint nous permettront de ne pas nous étendre sur ce sujet.—V. le tableau de la page 665.

Dans les égouts à bateaux-vannes, la facilité de circulation limite seule le rayon des courbes. Voici, du reste, les valeurs minima adoptées pour ces rayons :

60 mètres pour égouts à bateaux ;

25 à 30 mètres pour égouts à vagons ; quand cette longueur de rayon ne peut être atteinte, on emploie des plaques tournantes comme moyen de raccordement.

La jonction des égouts se fait autant que possible par des gradins, avec un plan incliné en tête. La profondeur des tranchées doit être telle, que le remblai ait au minimum 1 mètre au-dessus de l'extrados. On admet quelquefois, par exception, $0^m,40$ sous chaussée et $0^m,12$ sous trottoirs, mais toujours sur de petites longueurs.

Les travaux accessoires comportent trois classes : les bouches d'égout, les regards et les branchements particuliers. On ne saurait trop apporter de soins dans l'établissement de ces derniers ; car, il est bien prouvé que, dans la saison chaude, lorsque l'on constate des exhalaisons fades aux bouches d'égout, celles-ci proviennent presque

Type	Hauteur sous clef	Largeur aux naissances	Largeur du radier	Flèche du radier	Profondeur normale de la fouille	Valeurs des angles α	β	γ	δ	Observations
	mèt.	mèt.	mèt.	mèt.	mèt.					
N° 3	3.90	4.00	2.20	0.20	5.04	233° 29′ 20″	41° 18′ 10″	49° 21′ 50″	65° 16′ 58″	Égout où le curage peut être fait avec des bateaux vannes. Les banquettes permettent une circulation facile, ainsi que la pose en hauteur sur consoles des tuyauteries diverses, pour eaux, air comprimé, etc.
N° 5	3.80	3.00	1.20	0.10	4.91	22° 37′ 11″	37° 18′ 37″	37° 50′ 57″		Le curage se fait à l'aide de vagons vannes, dont les roues glissent sur des rails, garnissant les arêtes de la cunette. L'inégalité de largeur des banquettes favorise l'installation des tuyaux divers.
N° 10	2.40	1.75	0.80	0.19	3.34	39° 10′ 17″	37° 58′ 23″	101° 39′ 26″	104° 3′ 14″	Le curage se fait au rabot, avec ou sans chasse. Ce type, le plus répandu, est susceptible de recevoir des modifications homologues pour construire des canaux à plus petite section. La ville de Paris adopte maintenant les cunettes raccordées, sans angle vif limitant le radier.

toujours des branchements et non de l'égout lui-même ; ce qui peut s'expliquer dans une certaine mesure, ce dernier étant toujours à courant d'eau, et le branchement restant plus ou moins à sec, avec un écoulement seulement intermittent.

Type N° 5.

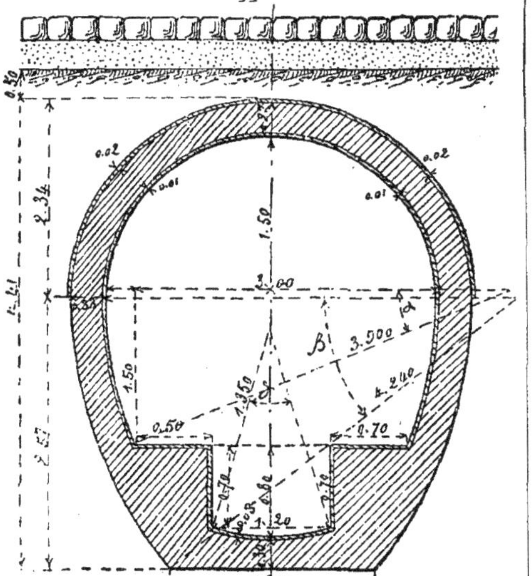

Fig. 388.

Les galeries conduisant aux bouches d'égout doivent être facilement accessibles, les cheminées construites suivant une section circulaire de 0m,60 de diamètre. Il peut être bon d'arrondir l'angle d'aval à la jonction avec l'égout, pour obvier au croisement à angle droit des deux courants. Quant aux détails de construction pour la maçonnerie, les enduits, etc., ils sont les mêmes que pour les égouts proprement dits.

Les petits branchements conduisant aux regards sur trottoirs, donnant accès aux ouvriers, doivent être particulièrement multipliés dans les galeries susceptibles d'être brusquement envahies par un afflux d'eau, et pourvues d'échelles pour faciliter la sortie rapide des égouttiers.

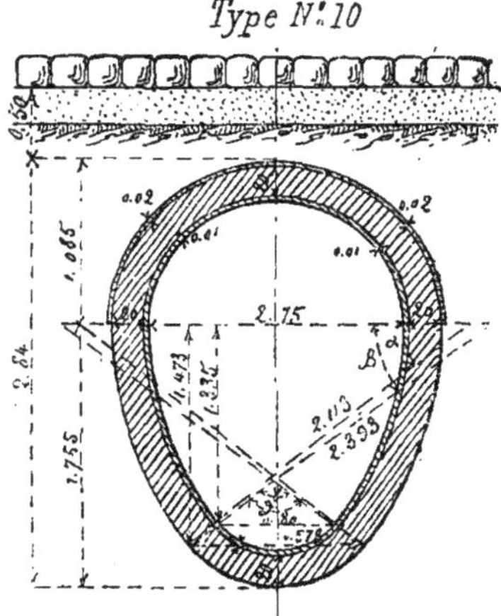

Fig. 389.

Quant aux *branchements particuliers*, reliant les maisons aux égouts pour y conduire directement les eaux pluviales et ménagères, ils sont visés par l'article 6 du décret du 26 mars 1852, ainsi conçu : « toute construction nouvelle dans une rue pourvue d'égout devra être disposée de manière à y conduire les eaux pluviales et ménagères. La même disposition sera prise pour toute maison ancienne, en cas de grosses réparations. et, en tous cas, dans dix ans. » Les prescriptions relatives à ces travaux sont les suivantes :

	Hauteur sous clef	Largeur aux naissances	Largeur au radier
Branchements de 6 mètres de longueur et au-dessus. .	1.80	0.90	0.60
Branchements de 2 à 6 mètres	1.40	0.60	0.40
Branchements de 2 mètres et au-dessous.	1.00	0.60	0.40

Enfin, pour certains cas, on autorise le drainage des eaux au moyen de tuyaux en fonte ou grès, de 0m,30 de diamètre au minimum et 0m,075 de pente par mètre. La conduite des eaux ménagères doit être posée dans le branchement d'égout, aussi, en cas de grande différence de niveau entre le radier du branchement et celui de l'égout public, il convient de faire un raccordement par gradins. Ces branchements particuliers peuvent être prolongés sous les immeubles mêmes, pour faciliter les services, et, en particulier, celui des tinettes filtrantes. Les tuyaux d'écoulement des

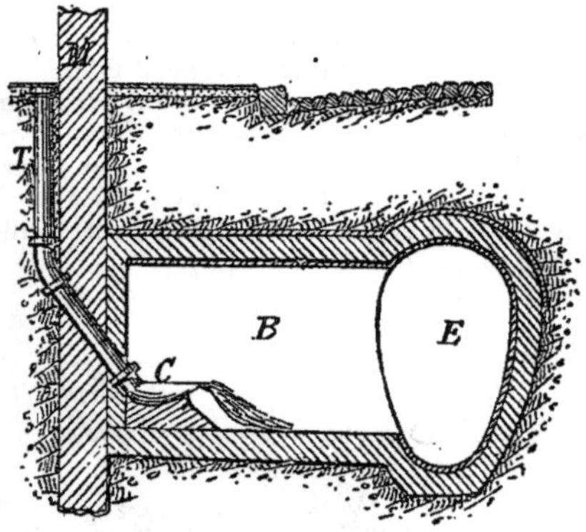

Fig. 390. — *Ecoulement à l'égout des eaux ménagères.*

M Mur de façade. — E Egout public. — B Branchement particulier. — T Tuyau d'eau ménagère. — C Cuvette formant fermeture hydraulique.

eaux ménagères doivent aboutir dans le branchement au-dessus d'un glacis et dans une cuvette, toujours en fonte; aujourd'hui, d'une largeur n'excédant pas le diamètre du tuyau et d'une longueur, au plus égale, en double de la largeur. La figure 390 montre cette disposition. Il ne doit y avoir aucune arrivée dans ce tuyau entre le sol de la cour et le radier de l'égout. Enfin, on adopte souvent à la tête de ce tuyau, sous la porte cochère, une cuvette-siphon, pour arrêter toutes les émanations provenant du retour de l'égout. Pour compléter ce qui est relatif à ces branchements particuliers, nous donnons (fig. 391) le croquis d'une installation de branchement particulier avec le service des appareils filtrants destinés à remplacer les fosses d'aisance.

Il arrive fréquemment, pour ne pas dire toujours, qu'un réseau d'égouts dans une ville se trouve partagé en deux ou plusieurs parties par les cours d'eau qui le traversent. On peut, quelquefois, les établir indépendantes en établissant pour chacune d'elles un collecteur; d'autres fois, la nature du terrain oblige à les relier toutes au même collecteur. On emploie alors dans ce cas des *siphons* établis en tubes métalliques. C'est le cas de la ville de Paris, par exemple, où les égouts de la rive gauche viennent déboucher dans le collecteur unique d'Asnières, à l'aide d'un siphon disposé sous la Seine à la hauteur du pont de l'Alma. Bien que nous nous proposions de traiter tout à l'heure la question du curage des égouts, nous dirons tout de suite ce qui a trait plus spécialement à celui du siphon, qui, par sa nature, ne peut se prêter aux procédés généralement adoptés. A Paris, voici l'artifice ingénieux qui l'assure. Une sphère en bois de diamètre à peu près égal à celui des tuyaux et armée de pointes métalliques, est engagée dans le siphon et forme ainsi un obstacle à l'écoulement de l'eau qui la chasse, en même temps que le système de pointes exerce sur les parois une action analogue à celle d'un rateau s'opposant à tout dépôt adhérent. Il faut toujours munir la tête du siphon d'un appareil de décharge (à Paris, c'est un écoulement direct à la Seine), pour prévoir, en cas d'afflux extraordinaire et momentané, l'invasion des eaux dans la partie des égouts que ce siphon commande, pour lequel son débit pourrait être insuffisant.

Service des égouts. Le service des égouts, considéré au point de vue de l'entretien, du nettoyage ou curage des travaux accessoires de raccordement, dépend dans tous les pays de l'autorité administrative, et est l'objet de règlements spéciaux dont il n'y a pas lieu de s'occuper ici. A Paris, en particulier, ce service est sous la dépendance du service général des travaux de la ville, et des ingénieurs des ponts et chaussées y sont affectés spécialement. Nous n'entrerons pas dans le détail de ces règlements, nous bornant seulement à résumer quelques renseignements intéressants sur la question du curage qui tient une si grande importance dans les éléments dont on doit tenir compte, lorsque l'on veut définir le rôle des égouts au point de vue sanitaire, et, en particulier, discuter les arguments pour ou contre le système du *tout à l'égout.* Pour ce qui est relatif à la ville de Paris, on trouvera sur cette question un rapport spécial de l'ingénieur Hudelot, inséré dans le gros travail de la commission technique de l'assainissement de Paris, qui donne des renseignements précieux dont nous ne pouvons présenter ici qu'un court résumé.

Le curage se fait, ainsi que nous l'avons déjà dit, d'une façon appropriée au type de l'égout considéré, par les bateaux-vannes, les vagons-vannes ou à la main. L'on emploie ou non des chasses d'eau, suivant les pentes, et surtout suivant la possibilité de disposer de ce liquide. Disons tout de suite en passant, que, malgré les qualités incontestables du système de nos égouts, il est bien établi que la ville de Paris ne dispose pas encore des quantités d'eau nécessaires, mais que, d'ailleurs, ce desideratum ne sera pas long à être rempli. Des travaux sont poussés activement pour atteindre ce but, et, en particulier, pour disposer des chasses qui faciliteront beaucoup le curage.

D'après le rapport de M. Hudelot, on peut classer ainsi les égouts à la date du 1er janvier 1883.

Longueur des égouts, y compris la Bièvre	728.815 mètres.
Branchements de bouches	45.202 —
— des regards	29.227 —
Branchements des particuliers (abonnés au curage)	218.215 —
Total	1.021.460 mètres.

Ce chiffre seul fait ressortir les difficultés de toutes sortes qu'occasionnent l'entretien et, en particulier, le curage; celui-ci n'a pas coûté moins de 2 millions de francs en 1882. D'après les relevés officiels, le développement de la longueur curée, par suite des retours périodiques aux mêmes points, s'élève à 7 fois le chiffre total qui précède.

Le curage par bateau-vanne s'opère sur les égouts dont la cunette a 3m,50 de large et dont le développement atteint 5,698m,02, et 2m,20 de large et dont le développement atteint 11,777m,45.

Le curage par vagon : voie, 1m,20 de largeur, 32,750m,02 de développement; voie, 0m,80 de largeur, 7,461m,15 de développement.

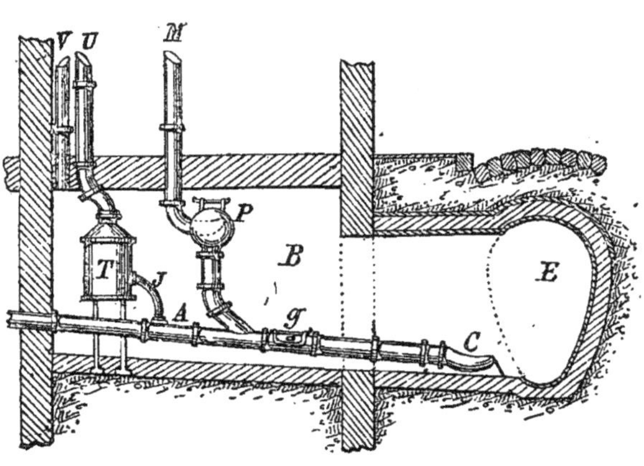

Fig. 391. — *Branchement particulier avec service pour la vidange.*

E Égout public. — *B* Branchement particulier. — *A* Conduite principale conduisant toutes les eaux à l'égout par la cuvette hydraulique *C*. — *T* Tinette filtrante raccordée avec la conduite *A* par l'ajutage *J*. — *V* Tuyau ventilateur. — *U* Tuyau de chute. — *M* Arrivée des eaux ménagères avec siphon coupe air *P*. — *g* Regard d'observation.

Tous les autres sont curés à la pelle ou au rabot, avec ou sans emmagasinage d'eau formant des chasses.

Ce service présente des difficultés d'ordres différents; les difficultés normales provenant de la lenteur, de l'insuffisance d'eau, et les difficultés anormales se manifestant lors des crues, des grandes pluies, et, en particulier, par les afflux de sable. Ces sables sont, en effet, un des grands obstacles au curage; non seulement les chasses d'eau les entraînent difficilement, mais encore elles les roulent et les réunissent en un tas compact qu'il faut forcément enlever à la main. On a cherché à remédier à ces inconvénients par une disposition qu'il serait désirable de voir appliquée plus généralement, et qui consiste en des récipients à sable disposés aux bouches, et qui ont procuré une grande économie dans le curage. On peut citer également, à propos du même sujet, les récipients à ordures disposés principalement dans le quartier des Halles, où forcément une grande quantité de ces matières se trouvaient entraînées dans les égouts. Cette question de la présence des sables est une des plus importantes, ainsi que le fait observer M. l'ingénieur Couche, non pas que le cube annuel en soit très élevé, 100,000 mètres cubes environ par an, mais parce qu'ils sont inégalement répartis, se présentent toujours par afflux brusques, et sont un des principaux obstacles à la régularité de l'écoulement dans les égouts. Ces sables, souvent mis à sec, peuvent retenir les germes infectieux et devenir l'origine de fermentations malsaines. Ils nécessitent donc une organisation spéciale du service du curage, des modes d'enlèvements spéciaux, difficiles et coûteux. Ces enlèvements sont, d'ailleurs, beaucoup facilités par l'emploi de bateaux-vannes ou de vagons, ainsi que par l'expulsion directe par des voies de branchement aboutissant à la Seine, par exemple, où de grands bateaux les reçoivent et les portent au loin. Aussi, M. Couche recommande-t-il particulièrement l'emploi d'appareils d'arrêt aux bouches.

Il est superflu de s'étendre longuement sur l'importance de cette question du curage des égouts, tant cette importance ressort d'elle-même. Sans entrer ici dans les considérations développées par quelques hygiénistes, en s'appuyant sur les théories du savant M. Pasteur, à propos des actions contagieuses dues aux microbes, actions dont le rôle dans les égouts ne semble pas bien défini, il est bien évident qu'une des premières conditions à remplir par un service de ce genre, c'est l'écoulement rapide et complet de toutes les matières envoyées à l'égout sans que jamais, en aucun point, il puisse se former de dépôts stagnants, sans que surtout ces dépôts puissent être plus ou moins mis à sec. Nous disions que la sphère d'action des germes transportés dans les égouts ne paraît pas encore bien définie : certains hygiénistes soutiennent, en effet, que le milieu même des égouts est beaucoup moins propre à leur développement que l'air confiné des appartements. Il semble, toutefois, bien acquis aujourd'hui que le développement des égouts dans les grandes villes, l'entraînement de toutes les matières par cette voie, à la condition expresse que l'on dispose d'eau en quantité suffisante pour un lavage et un écoulement réguliers et permanents, correspondent à la diminution des maladies épidémiques.

Si cette opinion, que le milieu des appartements

favorise davantage le développement des germes contagieux que celui des égouts, est fondée, il en ressort immédiatement cette conséquence : qu'il est indispensable de disposer des appareils (se rapportant tous au type de siphons hydrauliques), interceptant absolument toute communication entre le réseau des égouts et tout débouché extérieur de ce réseau, surtout pour tous ceux qui servent à la vidange. C'est incontestablement là un des perfectionnements les plus désirables, dont la généralisation s'impose avec cette condition auxiliaire qu'un service d'eau assure toujours la présence d'eau pure dans le siphon après le passage des matières qui le traversent. En Angleterre, notamment, où l'on s'est tout spécialement occupé de ces graves questions, il s'est formé diverses sociétés, dites de *salubrité*, assurant, moyennant un faible abonnement, l'examen constant de tous les appareils d'écoulement, leur entretien, les avis sur les modifications à y apporter, etc. A Paris, nous sommes sur ce point en arrière, et nous croyons utile de reproduire les règles énoncées à ce sujet par M. Rawlinson, et qui servent de base au fonctionnement de ces sociétés anglaises :

1° Toutes les conduites de la maison à l'égout doivent être faites en matériaux émaillés à l'intérieur ;

2° Ces conduites ne doivent contenir aucun élément courbe dans leur direction. Elles doivent être composées de sections rectilignes séparées par un regard communiquant avec l'atmosphère, et, autant que possible, cette communication joindra les parties hautes de la construction. Quand elles se branchent les unes sur les autres, la jonction doit se faire par de larges arrondissements au droit des regards et jamais à angle droit ;

3° Dans la traversée des regards, les tuyaux sont ouverts, c'est-à-dire que la demi-section du conduit est supprimée. Celui-ci devient un ruisseau découvert facile à nettoyer en cas d'engorgement ;

4° Tout lieu de déjection intérieure doit être mis en communication directe avec l'égout et par le plus court chemin ;

5° Le drain accédant à l'égout doit être isolé par un siphon ;

6° Tout appareil de déjection intérieure doit être isolé par un siphon ;

7° Entre deux siphons qui se font suite sur une même conduite, celle-ci doit toujours être mise en communication avec l'atmosphère, au moins par une grille, et, autant que possible, par un tuyau gagnant la partie haute de la construction ;

8° Dans les water-closets, il doit y avoir une réserve d'eau de 10 litres qui se dépense sous forme de chasse chaque fois que l'appareil fonctionne.

Utilisation des égouts. Dans le principe, les égouts ne furent destinés qu'à évacuer les eaux pluviales, les eaux d'arrosage et les eaux ménagères. Bientôt, leur utilisation devint plus générale, lorsque l'on crut pouvoir se servir de cette voie d'écoulement pour les vidanges. De là, est née une discussion aujourd'hui célèbre, et dont l'objet a été caractérisé par une appellation bien connue, celle du *tout à l'égout*. Il nous serait impossible, dans le cadre de ce travail, d'aborder avec tous les détails nécessaires à son examen complet, cette question si controversée, et dont la solution ne paraît pas encore posée d'une façon assez absolue pour que toutes les opinions ne puissent être encore soutenues. Toutefois, il nous semble résulter de ce qui a été dit jusqu'ici, en particulier, des documents précieux que contient le *Rapport de la commission technique de l'assainissement de Paris*, que le principe théorique tend à se dégager assez clairement, et que la partie de la question qui resterait à élucider serait plutôt celle de la réalisation des voies et moyens.

Nous croyons d'abord être en droit d'émettre au sujet des égouts une opinion assez absolue, et qui, pour nous, prime toutes les autres : à savoir, que quelque soit le rôle des égouts, à quelque service qu'ils soient destinés, il ne faut pas oublier que les matières de toute nature qu'ils entraînent, ne doivent, sous aucun prétexte, être rejetées dans l'état où elles ont été prises. Que l'écoulement des eaux d'égout dans un fleuve est une hérésie ; que si on purge une ville pour empoisonner tous les riverains en aval, il y a là un dommage impossible à supporter pour ceux-ci. Nous n'avons pas à revenir ici sur la question de l'*épuration* et l'*utilisation des eaux d'égouts* qui a été traitée plus haut (V. EAU D'ÉGOUT), mais il est bien évident que quelque soit le mode employé, les égouts ne sont complètement efficaces que si, après avoir purgé la ville, on y ajoute cette condition de ne rendre aux voisins qu'une eau purifiée. Il est incontestable, pour Paris par exemple, que cette question doit être tranchée radicalement avant toute autre, et qu'avant d'adopter le tout à l'égout dans sa plus large acception, il faut s'être procuré les moyens de remplir cette condition. Nous allons essayer de résumer brièvement ce qui a été dit sur cette question, et d'en faire ressortir les conséquences intéressantes pour la pratique. Le *tout à l'égout* est incontestablement inséparable de l'examen de la question des vidanges. Nous ne pouvons ici étudier les procédés mêmes de ces opérations, nous n'avons, d'ailleurs, qu'à les indiquer pour le sujet qui nous occupe plus particulièrement. Les vidanges peuvent se faire : 1° par les fosses fixes ; 2° par les systèmes diviseurs avec écoulement d'une partie des matières (théoriquement les matières liquides seules) à l'égout ; 3° à l'aide d'un écoulement par une canalisation speciale.

Les fosses fixes semblent généralement condamnées aujourd'hui par toutes les autorités compétentes. D'une part, les émanations dans les maisons, dans l'air, les infiltrations dans le sol, sont reconnues être des sources infectieuses de premier ordre ; de l'autre, les seuls moyens possibles pour la vidange même, la nécessité de dépôts voisins des villes pour traiter les matières ne sont-ils pas préjudiciables à l'hygiène publique. Le second système nous semble, quant à nous, un système bâtard, une sorte de tout à l'égout mal dissimulé, offrant une partie des inconvénients des fosses fixes, à cause des débordements fréquents des tinettes filtrantes ; plus graves même comme source de miasmes que les fosses fixes ; et présentant de plus ce désavantage de conduire à l'égout non seulement les liquides, mais une bonne partie des matières solides, diluées par les afflux d'eau et entraînées avec les premières. Reste donc deux solutions réellement pratiques, l'écoulement par canalisation spéciale fermée, et le tout à l'égout. La première, théoriquement, ne présente que peu d'objections, mais, malgré de nombreux essais, il ne semble pas encore que la pratique ait consacré jusqu'ici aucun des systèmes proposés ; il y a encore la question de dépense dont on ne saurait négliger de tenir compte, et qui peut conduire à trouver une autre voie aussi avantageuse et moins coûteuse.

De ce qui précède, il semble résulter que le *tout à l'égout* s'impose, et, en effet, il faut l'avouer, cette solution semble celle dont il y a à chercher l'exécution. Au point de vue économique, aucun doute qu'elle ne reçoive la préférence ; au point de vue sanitaire, il n'y a résoudre qu'une question d'installation qui assure son bon fonctionnement, et qu'on peut résumer ainsi : le tout à l'égout comporte : un lavage suffisant pour assurer l'enlèvement rapide et complet des matières sans qu'elles y séjournent ; la disposition d'appareils empêchant toute communication directe entre les égouts et les lieux habités, sauf à établir une ventilation spéciale pour les galeries souterraines. Sans avoir la prétention d'apporter au sujet de cette ventilation, une solution complète du système, il nous semble qu'on pourrait peut-être songer à employer des cheminées d'appel avec foyer à la base, foyers qui brûlent tous les gaz qui passent sur le combustible, ainsi qu'on le pratique dans des bâtiments considérables ; le système comporte avec lui une dépense d'établissement et d'entretien qui n'est peut-être pas à négliger, mais il offrirait en retour des avantages qui pourraient conduire à son adoption.

Ou bien les égouts auront été conçus sur un plan général, comportant avec lui le tout à l'égout, réalisant exactement les conditions énoncées tout à l'heure, ce qui a été fait dans quelques villes étrangères ; ou bien il s'agit d'examiner comment, étant donné un système d'égouts conçu en dehors de ces conditions, on pourra par des travaux accessoires y satisfaire ; tel est, par exemple, le cas de la ville de Paris.

Il n'est pas inutile de dire que les expériences faites à Bruxelles, Londres, Berlin, semblent bien établir que le tout à l'égout convenablement pratiqué, loin d'être une source de contagion, a, au contraire, été partout accompagné d'une décroissance sensible dans les maladies épidémiques. A Paris, où, depuis quelques années, on s'est tant préoccupé des mauvaises odeurs, on sait aujourd'hui que leur source est non dans les égouts, mais dans le voisinage d'établissements industriels divers, et, en particulier, des nombreux dépotoirs de vidange. Si nous nous reportons au travail de M. Hudelot déjà cité, et qui a particulièrement étudié l'état actuel des égouts, au point de vue de l'adoption du tout à l'égout, on trouve que la plus grande partie des égouts actuels permettrait d'employer ce système en augmentant seulement le service des eaux pour le lavage ; que, quant aux anciens travaux établis dans des conditions trop défectueuses, on pourrait y suppléer à l'aide de canalisations fermées, disposées en tronçons locaux, et conduisant directement les matières des régions desservies dans celles où les égouts plus récents sont appropriés. Quant à la dépense, elle n'est pas aussi élevée qu'on pourrait le croire, 12 millions environ, sur lesquels les 2/3 sont indispensables à l'amélioration de ces anciens égouts, lors même que le « tout à l'égout » ne serait pas adopté.

En résumé, il est bien établi aujourd'hui que les fosses fixes sont condamnées à tous les points de vue, et que l'on doit même poursuivre le plus rapidement possible leur suppression partout où il en subsiste ; que les systèmes filtrants ne sont qu'un procédé bâtard ne résolvant nullement la question, et ne faisant qu'en dissimuler les côtés délicats ; que deux solutions restent donc seules en présence et s'imposent avec une nécessité absolue. Le tout à l'égout ou l'écoulement par canalisation spéciale. Si, d'une part, pour l'écoulement par canalisation spéciale, on considère le manque de procédé consacré par la pratique, et les frais considérables qu'entraînerait son adoption ; si, d'autre part, pour le « tout à l'égout », on tient compte des expérences faites à l'étranger, expériences qui ont prouvé que le tout à l'égout, en l'appliquant d'une façon convenable, n'entraînait aucun inconvénient sanitaire *sui generis* ; il nous semble permis de conclure que cette solution est jusqu'ici celle qui se présente comme satisfaisant le mieux aux données de la question, et, qu'au point de vue de Paris, il n'y a qu'à souhaiter de voir réaliser, dans le plus bref délai, les travaux accessoires nécessaires pour en permettre l'application générale.

Toutefois, et bien que le système du « tout à l'égout » semble être la solution appelée à prévaloir dans nos grands centres de population, nous devons à l'impartialité que nous professons dans le *Dictionnaire*, d'indiquer ici succinctement les objections qui y ont été faites par ses adversaires ; de mettre en présence les arguments des deux partis ; de marquer les inconvénients qui peuvent résulter de son application, après avoir montré ses avantages ; d'étudier enfin, au point de vue spécial de Paris, les deux faces de la question, puisqu'aussi bien c'est dans cette ville qu'une solution quelconque paraît s'imposer de la façon la plus urgente.

Il ne faut pas oublier, en effet, que le « tout à l'égout » suppose une quantité d'eau considérable constamment disponible, quantité que jusqu'à ce jour Paris ne possède pas. En tenant même pour résolu le problème à la fois technique et financier qu'imposerait à ce point de vue la généralisation actuelle du système, il est permis de se demander si Paris trouverait à proximité des terrains en quantité convenable pour l'extension du mode d'utilisation des eaux vannes usité à Gennevilliers.

La réponse à cette question reste jusqu'ici douteuse. Si l'expérience venait à la résoudre négativement, l'excédent des eaux-vannes, envoyé à la Seine, pourrait devenir pour les riverains une cause de contamination sérieuse, et qui mérite d'attirer l'attention sur cette face de la question. On doit se domander également, dans cette hypothèse, s'il serait sage de perdre les quantités considérables d'ammoniaque et de matières fertilisantes envoyées ainsi directement à l'égout, sans profit pour l'agriculture et l'industrie.

C'est de cette préoccupation qu'est née la pensée du traitement des vidanges, tel qu'il a été expérimenté par plusieurs des grands établissements parisiens. Nous ne nous étendrons pas ici sur les procédés employés; c'est un sujet qui a été en partie traité à l'article DÉSINFECTION et qui trouvera place au mot VIDANGE avec tous les développements qu'il comporte. Nous dirons deux mots toutefois de la méthode générale, à laquelle se rapportent les divers brevets pris par les industriels qui se sont occupés de cette question.

Dans ses lignes essentielles, elle consiste à traiter les eaux-vannes par des sulfates, pour transformer les sulfhydrates en sulfures métalliques; à séparer la matière liquide de la matière solide désinfectée; à mélanger la bourbasse avec des engrais divers; à distiller les liquides séparés pour en retirer de l'ammoniaque; à n'envoyer, en un mot, à l'égout que des liquides épuisés en principes organiques, tant par le traitement chimique que par la distillation.

Rationnellement cette manière de faire paraît très admissible, toute abstraction faite du côté économique de l'opération, que certains ont contesté; mais au point de vue de l'hygiène, ce système ne répond pas à tous les desidérata, puisqu'il comporte forcément le passage à travers Paris des calebasses de vidange, et dans une certaine mesure, le maintien des fosses fixes.

Des essais intéressants ont été tentés récemment à Lyon et à Paris pour supprimer cet inconvénient. L'idée maîtresse du système est d'aspirer, au moyen du vide fait dans les conduites, les matières à leur sortie des tinettes filtrantes, et de les conduire à l'usine par une canalisation strictement fermée, et sans leur laisser une minute, dans leur parcours, le contact de l'air.

Il paraît tout au moins prématuré de se prononcer jusqu'ici sur la valeur de ce procédé ingénieux; mais nous devions le signaler; car sa réussite, ou celle d'un système analogue, peut rétablir, en somme, l'équilibre entre les deux systèmes en présence, et jeter dans les plateaux de la balance un argument d'un poids très sérieux.

Aperçu sur les égouts à l'étranger. L'un des ensembles les plus remarquables que l'on puisse citer dans les travaux d'égout après ceux de Paris, c'est ce qui a été fait à Bruxelles. Il existait autrefois une petite rivière dans le bas de la ville, que recouvre aujourd'hui le magnifique boulevard rejoignant les deux gares du Nord et du Midi; cette rivière formait le réceptacle de toutes les immondices de la ville. Un projet conçu par M. Suys, accepté par le conseil communal et exécuté par une compagnie anglaise, comprenait le voûtement de la Senne, la construction de deux grands collecteurs parallèles, se terminant en aval de Velvorde à une usine de décantation. Les collecteurs latéraux envoient dans la ville basse des branches, sur lesquelles viennent déboucher les égouts secondaires, dont la municipalité poursuit sans cesse le développement.

Les collecteurs, aussi bien que les égouts secondaires, offrent dans l'ensemble aussi bien que dans les détails de grandes analogies avec ce qui a été fait à Paris; les conduits ont généralement comme section la forme ovoïde, et la brique y remplace le plus souvent la meulière employée à Paris. Les grandes pentes qu'offrent une partie des rues de Bruxelles favorisent singulièrement le curage. Dans les parties plates, on établit une pente minima de 0m,003. Nous ne pouvons reprendre en détail la description de ces travaux sur lesquels M. A. Durand-Claye a publié un intéressant Mémoire qu'on pourra consulter avec fruit.

A Londres, les types d'égout sont très multiples au point de vue de la forme; pendant longtemps, ils ont été établis en briques, depuis on a employé avec succès le béton au ciment de Portland, garni intérieurement soit avec une mince rangée de briques, soit avec un léger enduit de ciment.

Les services pour les eaux, la télégraphie, etc., ne sont pas admis comme chez nous dans les égouts, mais quelquefois dans des galeries spéciales. Des obturateurs hydrauliques sont placés sur les tuyaux amenant aux égouts les eaux de la rue. Le curage se fait à la main, mais dans beaucoup de cas le courant de sewage est suffisant pour un nettoyage, en quelque sorte, automatique. Notons en passant que l'écoulement total à l'égout est très répandu à Londres; il existe dans toute la métropole et sur une grande partie de la cité.

Des travaux analogues ont été exécutés dans les grandes villes d'Allemagne, Berlin, Dantzig, Breslau; l'esprit qui a présidé est analogue à celui suivant lesquels ont été conçus et exécutés les travaux à Paris. Collecteurs ovoïdes, construits en briques, avec pente de 0m,667 par kilomètre, et 0m,417 dans les parties difficiles; la cunette est circulaire, condition qui semble particulièrement avantageuse pour le curage. Les égouts secondaires sont établis à Dantzig, en poteries de diamètres variant entre 0m,235 et 0m,520 avec pente de 1/100 à 1/600. Le curage se fait par des chasses. En général, dans tous ces travaux, on a prévu le système du tout à l'égout, et l'attention s'est spécialement portée sur les procédés de fermeture entre l'égout et toutes ses communications avec l'extérieur. Nous donnons dans la figure 392 les dispositions de communication de l'égout avec une bouche sur la voie publique et un branchement particulier. La bouche est au-dessus d'un puisard qui sert à arrêter les corps solides et à diminuer par suite les soins du curage ; un tuyau en poterie avec clapet laissant une ouverture normale de 0m,06 le fait communiquer avec l'égout. Les branchements particuliers sont en poterie de 0m,16 de diamètre et pente de 1/33 à

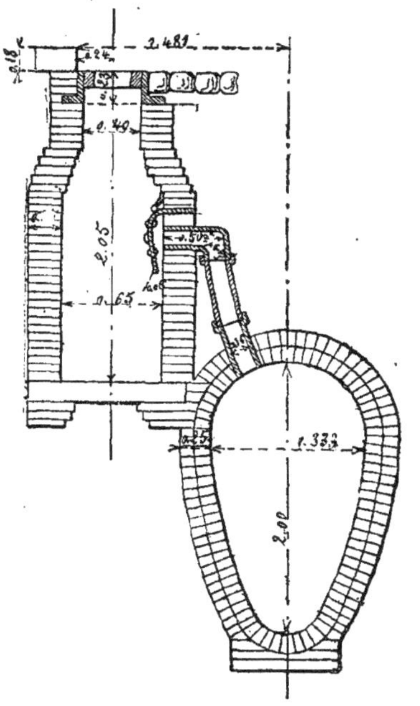

Fig. 392.

1/35 pouvant descendre à 1/50. Ils sont tous munis du siphon représenté figure 393, et assurant une fermeture hydraulique de 0m,08 d'immersion. En dehors du siphon et sous le sol des caves, se trouve un clapet métallique, s'ouvrant du dedans au dehors, facile à visiter par un trou d'homme,

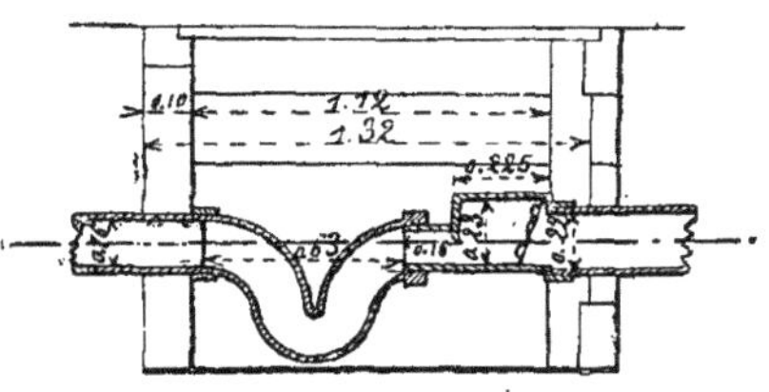

Fig. 393.

qui arrête les corps solides volumineux. Les règlements municipaux, à Berlin, en particulier, au sujet des égouts, pour les travaux de raccordement avec les immeubles, etc., sont d'une sévérité très grande qui assurent ce service important. Le cadre de ce travail nous empêche d'entrer dans des détails plus étendus, malgré le grand intérêt qui s'y attache, mais le lecteur pourra facilement étudier ces questions à fond dans les Mémoires publiés par M. A. Durand-Claye. — R.

* **ÉGOUTTEUR.** *T. de pap.* Nom d'un rouleau que l'on applique sur le papier au moment où il prend de la consistance, pour enlever à la pâte l'eau qu'elle contient encore.

* **ÉGRAMINAGE.** *T. techn.* Opération qui consiste à enlever à une peau les chairs superflues pour l'adoucir.

* **ÉGRATIGNOIR.** *T. techn.* Outil de fer pointu qui sert à *égratigner*, à découper les peaux, les étoffes, pour leur donner une certaine façon.

* **ÉGRATTERONNAGE.** *T. techn.* Cette opération a pour but de priver les laines et les tissus de laine des matières végétales ou *gratterons* qu'elles renferment. Nous la décrivons sous les noms plus répandus d'*épaillage* ou d'*échardonnage*. — V. ces mots.

ÉGRENAGE. *T. de filat.* Opération appliquée à quelques matières d'origine végétale et qui a pour objet de les débarrasser des graines qui y sont plus ou moins adhérentes. Primitivement pratiquée à la main, elle est aujourd'hui, et depuis longtemps, réalisée au moyen de machines.

* **ÉGRENEUSE.** *T. de méc. agr. et de filat.* Machine servant à l'égrenage des plantes à graines. Nous allons passer en revue les différents appareils ou machines successivement employés pour l'égrenage du coton, du lin, du maïs, etc.

Égreneuses à coton. Le *Roller-Gin* est l'appareil égreneur primitif; il se compose de deux rouleaux en bois de 30 et de 50 millimètres de diamètre et de 30 centimètres de longueur environ. Devant ces cylindres qui forment laminoir, se trouve une table à étaler composée de tringles en fer ou en bois entre lesquelles tombe déjà une partie des sables et débris dont le coton est chargé ; entre cette table et les rouleaux est ménagé un espace vide de 3 centimètres environ par lequel passent les graines. L'ouvrier est à cheval

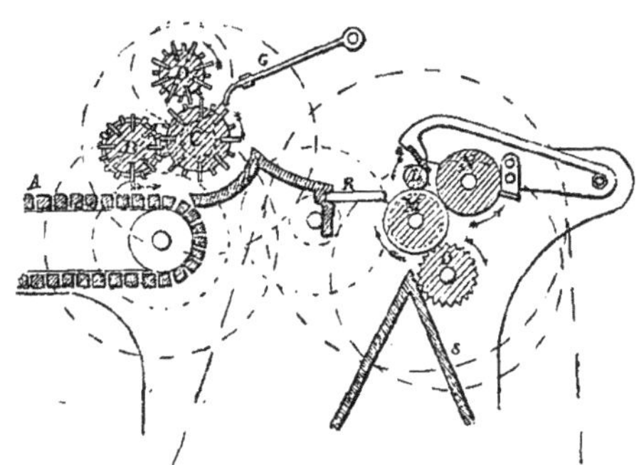

Fig. 394. — Egrenage du coton au roller-gin perfectionné par MM. Platt frères.

sur un petit tertre en terre en avant de la machine ; il présente de sa main gauche le coton garni de sa graine aux deux cylindres. De la main droite, il imprime au moyen d'une manivelle un mouvement de rotation à l'un des cylindres et il fait mouvoir l'autre cylindre avec le pied, par l'intermédiaire d'une pédale et d'une bielle. Le coton passe égrené de l'autre côté des cylindres.

Cet appareil, excessivement simple, produit un bon travail, mais sa production est très minime.

MM. Platt frères ont sensiblement perfectionné le Roller-Gin. Le coton à égrener est placé sur une table sans fin A marchant (fig. 394) dans le sens de la flèche. Il passe entre les 3 cylindres D, C, D, en laiton garnis de pointes en acier et disposés de telle sorte que D prend le coton et le livre à C qui l'étire et facilite l'expulsion des graines. Ce coton ainsi démêlé est attiré par le cylindre D qui le cède au peigne alimentaire G animé d'un mouvement circulaire alternatif; il passe de là sur un grillage R pour se rendre aux deux cylindres égreneurs L et M qui constituent l'élément du Roller-Gin. Un couteau *a* empêche le coton brut de passer au-dessus du rouleau L. Le coton égrené est pressé par le cylindre N en fonte et un débourreur O enlève les fibres qui tombent sur le plan incliné S, et celles qui restent attachées au rouleau N sont enlevées par un couteau P. Cette machine varie de largeur suivant qu'elle doit être mue à la main ou au moteur. Sur 0m,60 de largeur, elle peut produire 75 à 80 kilogrammes de coton égrené par jour.

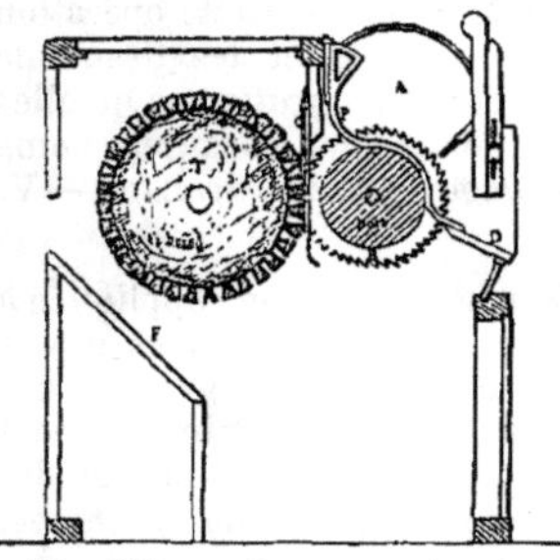

Fig. 395. — *Égreneuse à coton, dite saw-gin.*

La construction du *Saw-Gin* dont nous avons parlé à notre article Coton est restée à quelques détails près la même, depuis l'époque de son invention. Le Saw-Gin se compose (fig. 395) : 1° d'un certain nombre de disques B d'un diamètre de 30 centimètres environ, dentelés en scie à la circonférence et fixés parallèlement entre eux sur un cylindre en bois monté sur un axe en fer ; l'espace entre les disques est réglé de façon à être moindre que la moitié de l'épaisseur d'une graine de coton; 2° d'une grille courbe dont les barreaux P viennent occuper une partie de l'intervalle des disques. Le coton est jeté dans une trémie A. Les dents de scie B qui font saillie entre les barreaux de grille accrochent par leur rotation les filaments qui sont ensuite enlevés par un 2e cylindre T garni de brosses et jetés sur une table inclinée F, d'où ils retombent au fond de la machine, tandis que les graines séparées des fibres passent de la trémie sur un plan incliné D et sont ainsi expulsées au dehors. Cette machine présente l'inconvénient grave pour l'égrenage des cotons un peu longs, que les fibres peuvent être coupées et sciées, aussi la réserve-t-on pour les cotons courts. Elle peut égrener par jour 2,000 à 2,500 kilogrammes de coton brut, soit 600 à 800 kilogrammes de coton égrené.

Le principe d'action du *Mac Carthy Gin* diffère complètement de celui des deux précédents systèmes. En effet, dans le Mac Carthy (du nom de son inventeur), le coton est maintenu en place et la graine battue au dehors, tandis que, précédemment la graine était maintenue immobile pendant l'arrachage du coton. L'organe principal de cette machine est un rouleau de bois de 75 centimètres de longueur sur 10 centimètres de diamètre, re-

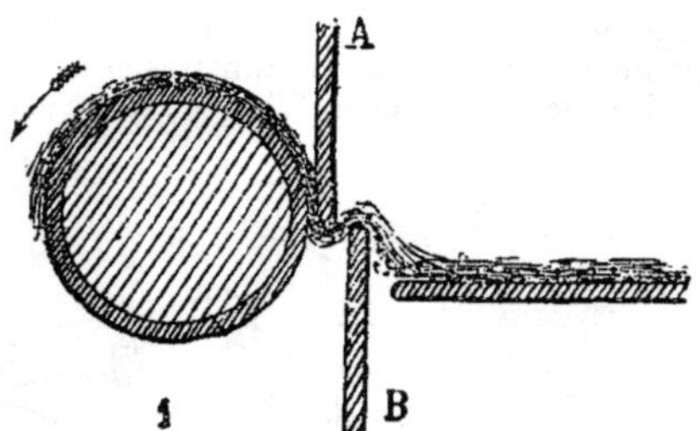

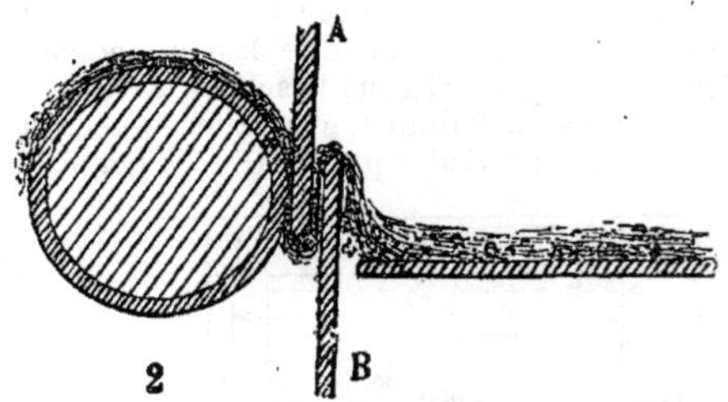

Fig. 396 et 397. — *Principe de l'égreneuse à coton du système Mac-Carthy.*

couvert d'une bande de peau de buffle tannée, très dure, roulée en hélice. Devant ce rouleau, sont placées verticalement deux règles en fer ou en acier, de même longueur que le rouleau et distantes de 3 millimètres environ l'une de l'autre. Le sommet de ces règles est arrondi et poli de manière à ne présenter au coton aucune partie tranchante. La règle supérieure A est placée contre le rouleau (fig. 396 et 397), et immobile pendant que la règle inférieure B a un mouvement de va-et-vient très rapide entre les positions extrêmes 1 et 2, et que le rouleau tourne dans le sens de la flèche avec une vitesse beaucoup moindre, entraînant le coton lorsqu'il est complètement dégagé des graines. Dans la position 1, le bout des brins se trouve saisi par le cuir du rouleau et la graine se rapproche de la règle A. Mais, avant qu'elle ne puisse suivre la mèche dans l'espace laissé libre, la plaque B s'élève rapidement et la bat vivement deux ou trois coups ; la graine est détachée et lancée hors du coton et celui-ci, se trouvant libre, suit le mouvement du rouleau et vient tomber de l'autre côté.

Les égreneuses, dont nous venons de donner la description, sont les types primitifs et principaux des différentes machines de ce genre : celles qui ont été imaginées depuis en sont des perfectionnements plus ou moins complets. Parmi ces dernières, nous ne citerons que l'égreneuse Dobson et Barlow remarquée à l'exposition de 1878, dans laquelle sont réunies les modifications les plus heureuses au principe d'action des anciennes égreneuses. Elle est constituée essentiellement par un cylindre formé de disques de peau de morse juxtaposés et fortement comprimés, devant lequel tourne, d'un mouvement continu et assez rapide, un arbre armé de lames obliques, assez semblables au cylindre des machines à tondre; les graines sont obligées par l'obliquité des lames d'aller et venir le long du cylindre ; lorsqu'elles sont dépouillées, elles tombent dans un récipient *ad hoc*, et le coton est détaché de l'autre côté du rouleau en cuir.

Egreneuses à lin. Il y a en France, pour l'égrenage des capsules du lin, deux systèmes classiques très connus, le *peigne* et le *battoir*.

1° Dans le premier cas, le *peigne*, en fer, à un seul rang de dents, est fixé sur un chevalet à l'aide de boulons. Il a environ 0m,30 de largeur et comprend ordinairement 24 grandes dents carrées d'un centimètre et demi de diamètre, assez espacées pour que le lin puisse s'y mouvoir, assez rapprochées pour que les capsules se détachent facilement. Ce peigne est placé au milieu du chevalet.

L'opération d'enlever les capsules de la tige est très facile. Deux ouvriers se placent sur les deux extrémités du chevalet et s'y assoient solidement en l'enfourchant; ils prennent au fur et à mesure,

Fig. 398. — *Ouvriers égrenant le lin au peigne.*

les poignées par le pied et passent la tête du lin sur le peigne en retirant la botte à eux (fig. 398). Les capsules qui ne peuvent passer entre les dents, se détachent et tombent : trois ou quatre coups suffisent pour cela.

Souvent on étend au-dessous du chevalet une grosse toile où s'amoncellent les capsules détachées. Celles-ci sont ensuite exposées au soleil pour être séchées. On les remue souvent, pendant qu'elles sèchent, afin d'éviter toute fermentation, puis on les bat au fléau pour les séparer des graines et on finit par vanner ces dernières pour les débarrasser de la poussière et des semences adventices.

Les *balles* ou enveloppes qui forment la capsule sont utilisées pour la nourriture des bestiaux.

Lorsqu'on veut conserver la graine pour les semailles, on ne bat les capsules qu'au printemps.

1° Dans le second cas les tiges de lin sont étendues sur une toile ou sur l'aire d'une grange bien nettoyée, puis frappées à la tête avec un morceau de bois rectangulaire de 2 à 3 décimètres de longueur, sur 1 à 2 décimètres de largeur, auquel est adapté un manche recourbé et qui porte le nom de *masse*, *batte* ou *battoir*. On complète l'opération, pour les tiges encore munies de leurs capsules, en en brisant l'extrémité sur un billot, ou en les frappant sur le bord d'un tonneau. Toutes les capsules sont ensuite battues à nouveau, puis vannées.

En Irlande, nous avons vu employer dans quelques exploitations un petit instrument, dit *crushing-machine*, pour le même objet. Cet appareil consistait principalement en deux cylindres creux en fonte, d'environ 30 centimètres de diamètre. Le cylindre supérieur roulait sur coussinets mobiles, le cylindre inférieur était animé d'un mouvement de rotation au moyen d'une poulie à courroie, montée sur son axe. Nous avons vu ceux qui se servaient de cette machine, introduire le lin par les racines entre les deux rouleaux, et l'y faire passer deux ou trois fois; les capsules s'ouvraient alors et la graine tombait au pied de la machine. Deux personnes étaient occupées à la manœuvre, l'une qui faisait passer le lin entre les cylindres, l'autre qui déliait les bottes et étalait le plus possible l'extrémité des poignées à égrener. Une fois les tiges débarrassées de leurs capsules, on les achevait sur le bord d'un tonneau.

Ces trois méthodes ont leurs inconvénients.

Le système du peigne est très long, fatigue beaucoup trop les ouvriers, et ne peut par suite être mis en pratique que dans les très petites exploitations.

La méthode du battoir, aussi très fatigante, ne peut être conduite que par des ouvriers très habiles. Si ceux-ci ne frappent pas juste, non seulement ils brisent la matière textile et détruisent le parallélisme des fibres, mais encore ils laissent un grand nombre de capsules intactes.

La machine irlandaise est aussi très imparfaite, non seulement parceque sa manœuvre fatigue beaucoup les ouvriers, mais aussi parcequ'elle force ces derniers à diviser le lin en capsules par petites poignées : or, chacun sait que les lins en capsules sont très enchevêtrés.

Ces inconvénients ont fait songer à l'emploi de machines spéciales, dites *égreneuses*. Ces machines sont peu employées, d'abord parceque l'égrenage du lin est une opération quasi-secondaire et qu'on ne peut songer à se servir de machines pour cette opération que dans les très grandes exploitations, qu'on ne rencontre en France que rarement, ensuite parcequ'elles coûtent cher et que leur emploi présente certains inconvénients que l'on comprendra très rapidement lorsque nous les aurons décrites.

Nous avons en France deux types principaux de machines à égrener qui datent déjà de quelques années : l'une, fondée sur le principe des rouleaux irlandais, construite par M. Arquembourg, l'autre où l'on emploie surtout le battoir, est de l'invention de M. Ernest Legris, ancien teilleur à façon, à Pontrieux (Côtes-du-Nord).

L'égreneuse Arquembourg présente les mêmes inconvénients que la machine irlandaise. Elle se compose d'une table sur laquelle on étale les bottes, de deux cylindres BB' (fig. 399) qui roulent au-dessus d'un troisième R d'un diamètre beaucoup plus fort, et d'une claie C (fig. 400) supportée par un chevalet en fer F, à coulisse qui peut prendre par suite une inclinaison plus ou moins forte. Une poulie D, mue par une courroie que conduit une machine à vapeur ou un manège, donne le mouvement à l'appareil; un pignon calé sur l'axe de cette poulie, entraîne d'un côté un autre pignon monté sur l'axe du deuxième cylindre, et d'un autre côté fait tourner la roue E, qui fait mouvoir le troisième: la vitesse de ce dernier rouleau est toujours inférieure à celle des deux autres.

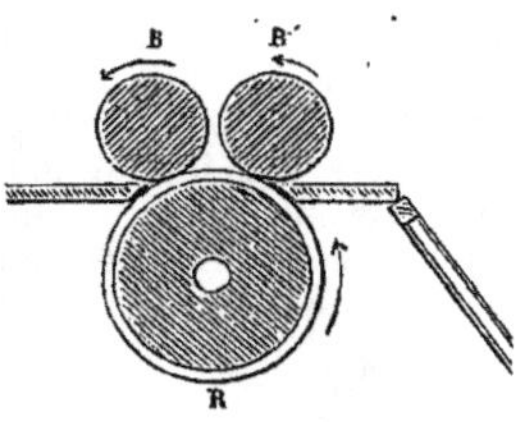

Fig. 399.

Principe de l'égreneuse Arquembourg.

La manœuvre de cet appareil ne nécessite pas moins de *sept* personnes; tout d'abord, deux ouvriers, dont l'un avance les tiges et l'autre les étale, un troisième qui saisit les tiges par paquets d'un demi-kilogramme environ et les passe rapidement et à plusieurs reprises sous les rouleaux, un quatrième qui débarrasse complètement les tiges en les frappant sur la claie (sous laquelle est toujours étendue une toile pour recevoir les graines extraites des capsules) et trois autres occupés à relever ces tiges qui glissent devant le chevalet et à en faire des bottes.

Il est incontestable que cette machine (qui coûte 500 francs) ne présente guère d'économie sur le système à la main, car elle emploie trop de personnes. Elle peut égrener environ 550 bottes de 8 à 10 kilogrammes par jour, soit 27 fr. 50 pour le battage à bras à 5 francs des 100 bottes, contre 21 francs pour sept ouvriers à 3 francs; si donc on peut lui accorder qu'elle est simple, on peut dire aussi qu'elle l'est trop, car elle laisse tout faire à ceux qui la manœuvrent et les force en outre à respirer la poussière malsaine que répand chaque poignée secouée sur la claie. Notre avis est que l'égreneuse Arquembourg, sauf le peu d'économie qu'elle permet de réaliser, ne perfectionne guère le travail manuel et n'évite aux ouvriers rien de ce qu'il y a de pénible dans les travaux de l'agriculture.

Fig. 400. — *Egreneuse à lin du système Arquembourg.*

Les égreneuses de M. Legris sont plus compliquées, mais présentent moins d'inconvénients. Elles comprennent deux types, dont l'un est le plus répandu parce qu'il est le plus ancien, l'autre perfectionné et plus nouveau.

Dans la première machine, nous voyons d'abord une table en bois T (fig. 401) divisée au moyen de cloisons G en un certain nombre de compartiments, où l'on étale les bottes entières du lin à égrener. Au-dessus de ces casiers sont des battes F, de 40 à 50 centimètres de longueur sur 25 à 30 de largeur, boulonnées à des leviers qui reçoivent leur mouvement de cames B, mues à l'aide de manivelles ou de poulies (chaque machine a en effet son volant E, deux poulies C et une manivelle pour la faire fonctionner à bras à volonté). Le nombre des battes varie de deux à six; elles sont soulevées à environ 50 centimètres au-dessus de la table, puis, abandonnées, à leur propre poids, elles retombent avec précision sur les capsules, de manière à les détacher complètement. La développante des cames est calculée de telle sorte que, pendant la levée d'une batte, il est facile de retirer les bottes égrenées ou de les retourner pour rendre le travail plus complet, chaque pilon frappe 42 à 45 coups par minute.

La manœuvre de l'appareil n'exige plus ici que *trois* personnes, dont un ouvrier et deux aides. Les deux aides ont le soin d'alimenter, de délier et relier les bottes au fur et à mesure du travail effectué. L'ouvrier étale les tiges, les retourne et les enlève; dans ce dernier cas, il imprime toujours à la botte un mouvement en avant pour repousser dans la trémie qui suit les graines restées sur l'établi.

Dans la seconde machine, les tiges de lin sont étendues sur l'extrémité de la table ; les capsules tournées du côté des pilons une fois placées, il suffit de les pousser un peu, et une chaîne sans fin, munie d'aspérités sur son parcours, les entraîne d'un mouvement lent et régulier sous les coups des battes. Toutes les tiges reçoivent alors successivement la percussion des trois maillets, et arrivent complètement égrenées au bout de la machine où elles glissent le long d'une claie pour s'empiler régulièrement au bas. Il se trouve vers la fin des secoueurs élastiques qui agissent au moment où les battes se lèvent, de manière à imiter jusqu'au bout les secousses qu'on leur donnerait après le battage à la main. Les graines tombent dans une trémie disposée sous le bâti et s'accumulent dans une corbeille disposée pour les recevoir. Ajoutons que, comme dans l'autre machine de même système, les battes reçoivent leur mouvement de cames excentriques, mais que l'inventeur y a ajouté des leviers formant ressort pour activer la chute des pilons.

La manœuvre de cette machine exige, comme l'autre, *trois* personnes, qui peuvent être une femme et deux enfants, un enfant apportant les bottes sur la table, un autre les étendant et les poussant sous la chaîne, une femme relevant les tiges qui descendent au pied de la claie et les remettant en bottes.

La première coûte de 500 à 1000 francs suivant le nombre de pilons, la seconde 750 francs. Dans le premier cas, une machine à six pilons peut battre en moyenne 70 kilogrammes de lin par heure, soit sept bottes de 10 kilogrammes maximum par pilon, ou 5.000 kilogrammes au total ; le prix de façon compté à 6 fr. 50 pour les trois manœuvres et 5 francs pour les frais de la locomobile et intérêt, donne un total de 11 fr. 50, soit environ trois centimes par botte de 10 kilogrammes. Dans le second cas, une machine à trois pilons peut battre 6.000 kilogrammes, soit 700 gerbes de 8 à 10 kilogrammes, les battes frappant 70 coups à la minute.

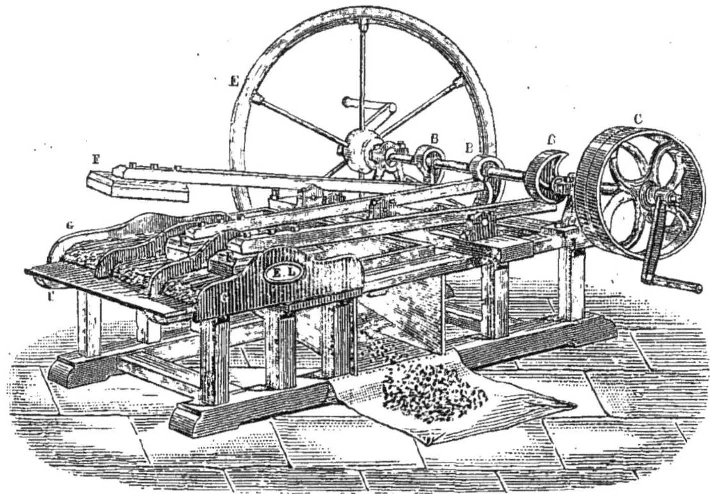

Fig. 401. — *Egreneuse à lin du système Legris.*

Il y a évidemment avantage sur le battage à la main qui coûterait 7 à 8 centimes par botte avec moins de travail.

La dernière machine n'a qu'un tort, celui de convenir à une culture toute spéciale et d'être en même temps très chère, mais elle nous paraît avoir résolu la question pratique du battage mécanique de la graine de lin, car au travail intermittent du battage à la main, elle a substitué une percussion réglée et uniforme. Elle est surtout remarquable en ce sens qu'elle ne permet pas d'attaquer la partie grainée du lin, de façon à laisser les tiges intactes et parallèles.

Dans quelques grandes fermes de Bretagne et de Belgique, les machines à égrener sont employées comme les machines à battre les céréales, c'est-à-dire qu'elles sont montées sur des roues, de façon à être facilement transportables de l'une à l'autre ferme. Quelques-unes sont aussi munies d'un système de nettoyage mis en mouvement par l'appareil lui-même, et qui permet de vanner immédiatement la graine pour la livrer de suite au commerce. — A. R.

Egreneuse à maïs. *T. d'agr.* Pour séparer les grains de maïs de la partie centrale de l'épi (râfle) à laquelle ils sont adhérents, on commence à faire usage de machines spéciales imaginées par les Américains qui sont les grands cultivateurs de maïs. L'égreneuse se compose d'un ou deux disques en fonte dont la surface est couverte de petites aspérités ; les épis sont engagés dans une sorte de goulotte en fer dont la partie inférieure est fortement pressée contre le disque par un ressort d'acier que l'on règle à volonté au moyen d'une vis. L'épi se trouve donc comprimé sur le disque, et en même temps, par leur mouvement de rotation, les aspérités détachent les grains de maïs qui tombent avec les râfles sur un plan incliné et passent dans un petit tarare qui leur fait subir un premier nettoyage. On se sert encore d'une machine composée d'un cylindre, dont la surface est garnie de petites dents, qui tourne à l'intérieur d'un autre cylindre en fonte. Ce cylindre-enveloppe placé excentriquement par rapport au premier est également muni de dents venues de fonte, 0m.010 à 0m.015 de longueur. En traversant la machine, les épis subissent une sorte de froissement qui a pour effet de séparer les grains de la râfle qui sortent à une extrémité sur un crible dont les mailles sont suffisamment larges pour laisser passer les grains seuls.

Dans les petites machines à bras, les épis de maïs arrivent par une longue trémie tangente au cylindre; dans les autres plus importantes, à plus grand rendement mues par la vapeur, la trémie se trouve à l'une des extrémités de l'enveloppe. — M. R.

ÉGRISAGE. *T. techn.* Opération qui a pour but d'user certains corps par le frottement; chez les marbriers on l'exécute avant le polissage pour faire disparaître au moyen du grès, les traces que le ciseau et la scie ont laissé sur la surface du marbre. || Les lapidaires appellent ainsi l'action de frotter deux diamants l'un contre l'autre, pour les ébaucher et former leurs facettes.

ÉGRISÉ ou **ÉGRISÉE.** *T. techn.* Poudre de diamant qu'on obtient en frottant l'un contre l'autre deux diamants bruts; on s'en sert pour la taille du diamant et pour le polissage des autres pierres précieuses. — V. DIAMANT.

ÉGRISOIR. *T. techn.* Boîte où l'on recueille la poudre à égriser, et au-dessus de laquelle travaille le tailleur de diamant.

***ÉGYPTE** (1). Quoiqu'il fasse politiquement partie de l'empire de Turquie, le royaume d'Egypte est en possession de son autonomie. Le lien qui unit le suzerain au souverain, le khédive au sultan est purement fiscal et se traduit par un tribut annuel de 18 millions. La superficie totale du royaume est de 2,251,600 kilomètres carrés; sa population, en y comprenant les deux Nubies, le Darfour et autres territoires, est de 16,952,000 habitants, qui se composent, pour les neuf-dixièmes, d'Egyptiens musulmans: Fellahs, Cophtes, Bédouins. Le reste de la population est fournie de Nubiens, de Nègres, de Juifs, de Grecs schismatiques, d'Arméniens et d'un groupe flottant d'Européens très important malgré leur petit nombre et attirés par les nécessités du commerce. On y compte 34,000 Grecs, 17,000 Français, 14,000 Italiens, 6,300 Autrichiens, 7,000 Anglais, 2,100 Allemands, 1,300 autres étrangers, en tout, environ 80,000. — Le principal impôt est celui de la terre qui sert de garantie aux emprunts faits sur les places financières de l'étranger. L'agriculture, le bétail, les arbres sur pied, les moulins, machines à vapeur, les commerçants et artisans sont taxés ainsi que les immeubles et jusqu'à la navigation sur le Nil. — L'agriculture n'occupe qu'un vingtième de la superficie du royaume, un peu plus de 2 millions d'hect. Le produit moyen du sol est d'environ 170 francs par hectare. On y cultive toutes les céréales de l'Europe: blé, orge, riz, fèves, lentilles. Au lieu de froment, c'est une sorte de maïs qui sert à l'alimentation des fellahs ou agriculteurs. Au nombre des productions industrielles, le coton occupe le premier rang; on en exporte chaque année plus de 2 millions de quintaux: puis vient le lin. Parmi les produits d'importation récente qui se sont acclimatés en Egypte, il faut nommer la garance, l'indigo, le chanvre, la canne à sucre. Quant à l'opium de la Thébaïde, son renom date des temps anciens. Le dattier, l'oranger, le citronnier, l'olivier et même la vigne sont répandus dans le pays, ainsi que le mûrier qui permet l'élevage des vers à soie et dans la haute et la moyenne Egypte le palmier et le dattier. — Ne possédant ni bois, ni houille, l'Egypte manque d'industrie manufacturière, La seule fabrication prospère est celle du sucre de canne. Quoique le sol renferme des mines de granit, porphyre, albâtre, émeraudes, les carrières sont peu exploitées.

(1) V. la note, p. 117, t. I.

La valeur des marchandises importées en Egypte, pendant les neuf premiers mois de l'année 1883, s'est élevée à 535,530,503 piastres turques, et la valeur des marchandises exportées à 653,464,236 piastres. Les droits perçus se sont élevés à 37,186,582 piastres pour les importations et à 7,501,650 piastres pour les exportations.

Pendant la période correspondante de l'année 1882, les importations étaient de 369,493,852, soit une augmentation de 166,036,651 piastres en faveur de 1883, et les exportations de 644,649,093 piastres, soit une plus-value de 8,815,143 en faveur de 1883.

En prenant le commerce total, importations et exportations réunies, on constate un accroissement de 174,851,794 piastres pour l'année 1883, les chiffres étant de 1,188,994,739 piastres en 1883 et de 1,014,142,945 en 1882.

Le tableau suivant indique les pays qui ont entretenu les relations commerciales les plus suivies avec l'Egypte pendant les trois premiers trimestres de l'année 1883.

	Importation	Exportation
Angleterre	291.009.655	157.048.804
Amérique	6.704.678	2.154.179
Autriche-Hongrie	67.929.292	24.802.604
France	83.350.190	54.913.044
Grèce	1.700.763	5.397.357
Indes et Extrême-Orient	34.994.636	155.067
Italie	20.760.731	47.472.633
Russie	10.153.802	24.345.272
Turquie	7.728.885	25.151.650
Autres pays	11 198.071	10.132.626
Total	535.530.503	645.464.236

Les exportations de l'Egypte pour la France sont de 55 à 60 millions de francs; les importations venant de Marseille sont de 55 à 80 millions environ en outils, ouvrages en métaux, plomb, peaux, vins et eaux-de-vie, liqueurs, sucre raffiné, bougies, huiles, conserves alimentaires, savons et parfumerie. — Outre les bois de construction et le charbon (1,760,000 quintaux), les principaux articles d'importations étrangères sont le fer, le cuivre, les tabacs, les cigares, les soieries et les feutres. L'ouverture du canal de Suez a considérablement réduit le commerce de transit de l'Egypte. Tout le transit se fait aujourd'hui par Suez. En 1870, année où le canal fut ouvert, il y passa 491 vaisseaux de 436,618 tonnes; en 1883, 3,307 vaisseaux de 8,051,307 tonnes. — Depuis quelques années, l'instruction tend à se répandre en Egypte: 90,000 enfants du sexe masculin fréquentent les écoles; on n'en comptait pas plus de 4,000, il y a vingt ans. La marine marchande emploie 600 bâtiments de 62,000 tonneaux, dont 38 vapeurs.

L'Egypte a pris part à notre Exposition universelle de 1878. Sans industrie, elle ne pouvait se mêler au concours du Champ-de-Mars, c'est au Trocadéro qu'elle s'est installée, dans le palais et dans le parc. Dans une galerie du palais elle a réuni tout ce qui peut nous renseigner sur l'Egypte des Pharaons, l'Egypte arabe et ottomane et une partie de l'Egypte moderne. Dans cette dernière partie était représentée l'Egypte équatoriale au point de vue ethnographique : armes, ustensiles, meubles, vêtements, des peuples de l'Afrique centrale récemment annexés; et l'Egypte proprement dite par des objets choisis révélant l'industrie de ses habitants. Le pavillon ne comprenait que des produits modernes, nous l'étudierons tout à l'heure, mais en faisant appel aux souvenirs du lecteur, nous commencerons par :

La galerie. Au centre de la première travée se dressait le buste du khédive, dans un petit temple formé par quatre colonnes, et contemplant de son immobilité de bronze les peintures représentant les mœurs des égyptiens il y a 4, 5 et 6,000 ans. Ces peintures, copiées d'après celles des nécropoles de Saggarah et des Pyramides à Memphis, sont du plus grand intérêt pour l'histoire de l'humanité. Elles représentaient les scènes les plus diverses : l'engraissement des oies, canards, tourterelles, demoiselles de Numidie; des montreurs de bêtes féroces, des saltimbanques, des joutes sur l'eau, des nains, des bossus, des danseuses, des chanteurs, des joueurs de harpe et de flûte simple ou double, des chasses au bœuf sauvage, à l'antilope, à la gazelle, au lièvre, au renard, au lion, à l'hippopotame, au crocodile, aux oiseaux; des pêches sur le Nil, des travaux de charpente et de menuiserie exécutés avec des outils très voisins des nôtres; des scènes de la vie des champs, pâturages, moissons, labourage; des travaux d'art accomplis par des sculpteurs aidés de leurs praticiens: des scènes de navigation à la voile et à la rame; des sacrifices, des funérailles; des scènes de bazar et de marché public. C'était bien le plus curieux spectacle qu'on puisse imaginer, il témoignait de la persistance du type humain dans la vallée du Nil et de l'identité des coutumes dans l'humanité. Ces peintures étaient suspendues aux parois de la galerie toute garnie de vitrines et de socles où étaient exposés des objets originaux et non plus des copies : des statues que le savant Mariette-bey a fait remonter à six mille ans, traitées avec un sentiment profond de la réalité et une rare souplesse de main; des divinités hybrides, des stèles funéraires peintes, des modèles gradués de sculpture, des monuments religieux, civils, historiques, en bois, en pierre, en bronze, en faïence émaillée; des bijoux d'or : chaînes, bracelets, colliers, ornements de poitrine, bagues, diadèmes; de magnifiques vases d'argent massif chargés d'ornements; modèles d'animaux : grenouilles, poissons, tortues, hippopotames, crocodiles, éperviers, oies, scarabées, gazelles, singes; ustensiles de toute sorte et toute forme : marteaux, outils, miroirs, tabourets dont les pieds sont travaillés en forme de jambes de quadrupèdes, coffrets; arcs, flèches, poignards, haches, sabres, masses d'armes, bâtons de jet, papyrus couverts d'écriture, silex taillés de main d'homme, collection de poids, amulettes, damiers, boucles de ceinture, etc., témoignages infiniment précieux, les plus anciens et les plus vénérables d'un peuple qui était déjà debout et constitué en royaume quarante siècles avant l'ère chrétienne et qui conserva sa civilisation, son culte, sa foi en l'immortalité de l'âme au milieu des effroyables bouleversements qu'il eut à subir pendant le cours de sa longue histoire.

Le pavillon. Une enceinte rectangulaire flanquée de deux tours carrées composait uniquement ce pavillon. Le toit plat, non incliné, formait terrasse. Les murailles étaient percées de rares meurtrières placées à une certaine élévation. On y pénétrait par une porte unique ouvrant sur un vestibule qui donnait accès à deux galeries latérales. Le centre de l'édifice était occupé par une cour bordée d'un promenoir. C'est aux mines d'Abydes qu'avait été emprunté le modèle de ce pavillon et ce modèle serait d'un millier d'années antérieur au temps de Joseph, le ministre de Pharaon. Le vestibule était divisé en trois salles consacrées aux produits du sol, à l'industrie, aux écoles, aux manufactures de l'Etat, à tout ce qui tend à montrer le degré de civilisation de l'Egypte actuelle. Nous avons dit plus haut quel rapide développement avait pris, en ces derniers temps, la culture du coton et de la canne à sucre. Ces deux fabrications ont donné naissance à de grands établissements industriels, de nettoyage pour la première et de manipulation pour la seconde. On ne compte pas moins de dix-neuf usines sucrières, et dont l'établissement a coûté 150 millions de francs. Des échantillons de soufre, de natron, de marbre, de grès et granit rose, représentaient la richesse souterraine de l'Egypte. Le marbre qui vient des carrières d'Assouan est magnifique. — Des tissus de laine et de soie rayés de colorations diverses et d'or, ainsi que des meubles incrustés de nacre, une porte de harem, une fenêtre grillée ou *moucharabi*, des chaises et des gargoulettes revêtues de peintures monochromes à teintes plates représentaient l'industrie manufacturière. Quelques vues photographiques intéressantes comme tout ce qui est document authentique, un tableau représentant une caravane surprise par le simoun dans le désert étaient tout ce qui a quelque rapport avec l'art. — De l'instruction publique, il y avait peu de chose à dire. Le bisaïeul du khédive actuel, le célèbre Méhémet-Ali créa plusieurs écoles d'application à l'art militaire, à la mécanique, à l'agriculture. Mais ce ne fut qu'un feu de paille. A sa mort, Abbas-Pacha ferma toutes les écoles qui ont reçu depuis peu une vie nouvelle et une active impulsion, secondée par un budget spécial d'environ 1,400,000 francs qui alimente 4,817 écoles fréquentées par 141,000 élèves. Ce chiffre représente 3 ou 4 0/0 de la population.

La salle située à droite de la cour était occupée par l'exposition du canal de Suez. On y voyait figurer un plan en relief et à vol d'oiseau du canal. Ce plan large de 3 mètres et long de 9 est en réalité une carte de l'Egypte, de ce quadrilatère borné au nord par la Méditerranée, à l'est par le canal et la mer Rouge, au sud par la première cataracte, à l'ouest par le désert Libyen. La vue panoramique s'étend de Rosette et de Port-Saïd, en passant par Tanis le lac Menzaleh, Kantarah, le lac Bellah, Elbinzr, Ismaïlia, le lac Timsah, Zagarig, le Serapeum, les lacs Amers, le Caire, les Pyramides, Chalouf jusqu'à Suez et la mer Rouge. On éprouvait un légitime sentiment d'orgueil national en présence de cette image d'une des grandes routes du monde ouverte par l'énergique volonté et le génie de l'illustre Ferdinand de Lesseps. Il nous sera permis de rappeler, avec quelque fierté, que cette œuvre colossale qui raccourcit de 7,440 kil. la distance entre l'Inde et l'Angleterre, a rencontré les plus redoutables obstacles de la part du premier ministre de la Grande-Bretagne, lord Palmerston.— Dans la salle située à gauche de la cour était installée l'exposition de « l'Association internationale africaine, » présidée par S. M. le roi des Belges et patronnée par tous les souverains du monde civilisé. L'objet de la Société est d'ouvrir à la civilisation la seule partie du monde où elle n'ait pas encore pénétré, en facilitant les explorations des voyageurs, en perçant les ténèbres qui enveloppent ces populations, en étudiant les ressources immenses de son sol, en donnant aux produits européens de nouveaux débouchés. Elle combat énergiquement la traite des noirs. On pouvait voir dans cette salle les tableaux représentant de longues files de nègres emmenés en esclavage et jalonnant de cadavres leur route à travers le désert; la casquette et le revolver de Livingstone, une grande carte de l'Afrique indiquant l'itinéraire de tous les voyageurs, les portraits de Livingstone, Cameron, Stanley, puis tout un musée africain : instruments aratoires, instruments de musique. chapeaux bambaros, oreillers semalis, un sac ayant appartenu au roi de Dahomey, des boucliers de Darfour, des carquois et des colliers pahonius, etc.; enfin des échantillons des principales productions de l'Afrique entière, avec l'indication de la valeur annuelle des exportations.

Telles étaient les grandes lignes qui donnaient à l'exposition égyptienne de 1878 sa très particulière physionomie.

***ÉGYPTIEN** (Art). Nous devons éviter dans cette esquisse historique d'assigner aucune date aux événements. L'incertitude des calculs établis sur la chronologie des anciennes dynasties égyptiennes est telle qu'il serait inutile d'enregistrer des chiffres qui ne reposent pas sur des bases solides et il suffira de dire que les égyptologues ont adopté, pour point de départ de leurs interprétations, le système de l'historien national Manéthon, qui a divisé en *dynasties* la longue série des successeurs de Ménès, le premier roi. Ce terme vague, « dynasties, » convient à merveille pour désigner des époques dont la chronologie est à ce point incertaine. Quelques rapprochemeunts diront tout ce qu'il importe d'en savoir au point de vue qui nous occupe. La vingt-sixième dynastie est la dernière avant l'invasion de Cambyse qui correspond à l'an 527 avant Jésus-Christ; dans la vingt-cinquième, la première année du règne de Psammetik Ier répond à l'an 654; la prise de Jérusalem, par Scheschonk Ier, en 962, a lieu sous la vingt-deuxième; la vingtième remonterait au XIIIe siècle avant J.-C.; Moïse est le contemporain de l'illustre Ramsès II, de la dix-neuvième dynastie; la dix-huitième, à 200 ans près, date de 2,000 ans avant notre ère. Les dix-septième, seizième et quinzième marquent la durée de la terrible occupation de l'Egypte par les pasteurs asiatiques. Au delà, s'enfoncent dans le temps les quatorze dynasties du premier empire si grand, si puissant. Sous la douzième, la vallée du Nil se couvre de temples. La vallée de Fayoum voit s'élever le Labyrinthe, une des merveilles du monde antique; et de nouvelles pyramides, plus petites que les premières, prolongent sur la limite du désert la majestueuse rangée des tombes royales. C'est à la quatrième dynastie, en effet, qu'appartiennent les rois Cheops, Chephren, dont nous reproduisons l'effigie (fig. 402), et Menkérès qui firent construire les premières et colossales pyramides de Ghiseh, dont on ne saurait mesurer l'âge avec exactitude. En cette succession de siècles, l'histoire de l'art égyptien se divise en cinq grandes époques que nous devrons déterminer.

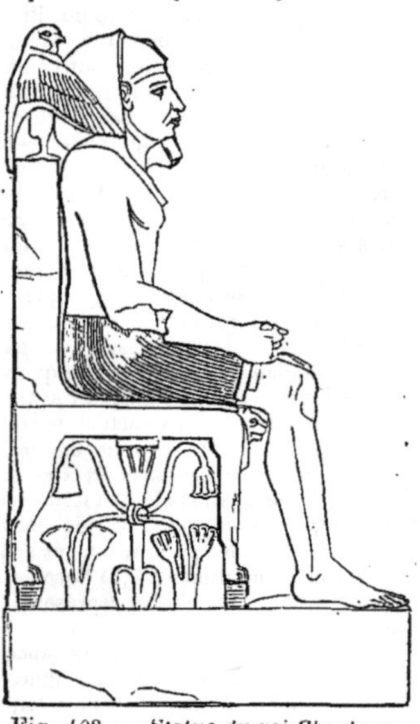

Fig. 402. — *Statue du roi Chephren.*

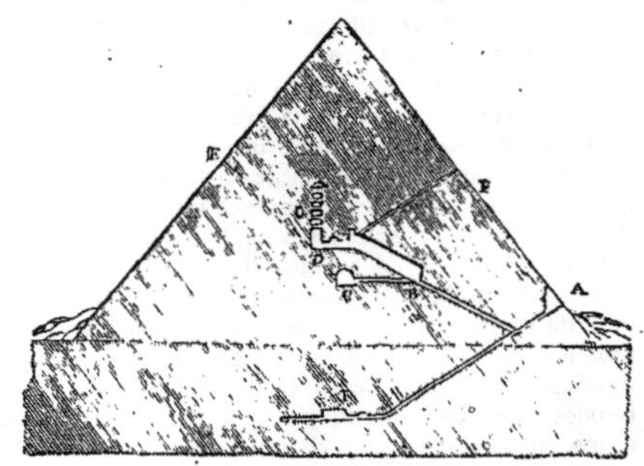

Fig. 404. — *Coupe de la grande pyramide de Memphis.*

A Entrée. — *B* Grand passage. — *C* Chambre dite de la reine. — *D* Chambre dite du roi ou sarcophage. — *EF* Canaux de ventilation. — *I* Chambre sanctuaire. — *O* Chambres de décharge. — Elle a 229 mètres de hauteur.

Ces longues générations, dont nous ne pouvons pas préciser les dates, ont vu s'accomplir diverses phases de l'art égyptien. Nos musées contiennent des échantillons suffisants pour en suivre les principales transformations. Nous ne connaissons pas les commencements de cet art; nous le trouvons dès les monuments de la quatrième dynastie, les premiers auxquels nous puissions assigner un rang certain extrêmement avancé sous divers rapports. L'architecture montre déjà une perfection inconcevable, quant à la taille et à la pose des blocs de grande dimension, les couloirs de la grande pyramide restent un modèle d'appareillage qui n'a jamais été surpassé. Les grandes pyramides (fig. 403 et 404) sont situées aux environs du Caire, à six kilomètres du village de Ghiseh. Celle de Chéops est la plus célèbre. Celles de Chephren, de Menkérès sont tout à côté, ainsi qu'une multitude de petits

Fig. 403. — *Pyramides de Ghiseh et le grand Sphinx.*

monuments de forme pyramidale qui entourent la grande pyramide. La grande pyramide de Chéops forme un carré de 248 mètres environ ; sa hauteur perpendiculaire est de 133 mètres, c'est-à-dire de 8 mètres de plus que la coupole de Saint-Pierre de Rome. Il y a 206 rangées de marches en pierre, dont la hauteur moyenne est de deux à trois pieds. Les angles correspondent aux quatre points cardinaux. L'entrée est du côté du nord. Des passages étroits conduisent aux chambres intérieures dont les principales sont celles du roi et de la reine. Ces édifices sont des tombeaux. Mais on doit supposer, qu'outre leur destination sépulcrale, ils en avaient une autre, soit comme observatoires astronomiques, soit comme autels religieux. Les pyramides sont les monuments les plus gigantesques qui aient été bâtis par les peuples de l'antiquité. Elles avaient leurs faces revêtues extérieurement de dalles polies.

Nous sommes obligés, on le conçoit, de deviner le style extérieur des temples de cette première époque, et de le restaurer d'après les bas-reliefs des tombeaux ou la décoration des sarcophages. Ce style était simple et noble au plus haut degré, la ligne droite et le jeu des divers plans faisaient tous les frais de la décoration; un seul motif d'ornement varie ces dispositions, il se composait de lotus affrontées (fig. 405).

Fig. 405. — *Fleurs de lotus.*

Le style des figures, tant dans les statues que dans les bas-reliefs des premiers temps, se distingue par un aspect plus large et plus trapu, comme on a pu le voir à l'Exposition universelle de 1867, par l'admirable statue de bois du musée de Boulack au Caire. Il semble que dans la suite des siècles la race se soit amaigrie et élancée sous l'action du climat. Dans les monuments primitifs on a cherché l'imitation de la nature avec plus de simplicité et, en gardant toute proportion quant au mérite relatif des divers morceaux; les muscles y sont toujours mieux placés et plus fortement indiqués.

Les figures conservent ce caractère jusque vers la fin de la douzième dynastie, c'est à cette époque qu'elles apparaissent de formes plus grêles et plus allongées. L'architecture avait fait alors de grands progrès quant à l'ornementation : on trouve à la douzième dynastie les premières colonnes conservées jusqu'à nos jours en Egypte : épaisses, cannelées et recouvertes d'un simple dé, elles ressemblent d'une manière frappante aux premières colonnes doriques.

Les bas-reliefs dénués de toute perspective sont souvent dans le premier empire d'une extrême finesse; ils étaient toujours coloriés avec soin. On en connaît où la liberté des attitudes et la vérité des mouvements semblent promettre à l'art égyptien des destinées bien différentes de celles qui lui furent réservées dans les siècles suivants. Les statues de pierre calcaire étaient souvent peintes en entier, les figures de granit étaient coloriées dans quelques-unes de leurs parties comme les yeux, les cheveux et les vêtements. Le chef-d'œuvre de l'art du premier empire est une jambe colossale en granit noir provenant d'une statue du roi *Sésourtasen Ier*; elle appartient au Musée de Berlin. Ce fragment suffit pour prouver que la première école égyptienne était dans une meilleure voie que celle du second empire.

La gravure des inscriptions ne laisse rien à désirer dans ces premiers monuments égyptiens. Elle est en général exécutée en relief jusqu'à la cinquième dynastie. Les gravures en creux de la douzième n'ont été surpassées à aucune époque. Les obélisques d'Héliopolis et du Fayoum autorisent à supposer aussi des temples d'une grandeur et d'une magnificence en rapport avec ces beaux débris de la douzième dynastie. L'on sait, en effet, qu'une des merveilles du monde, le Labyrinthe de Fayoum, avait été construit par un de ses rois.

L'invasion des peuples nomades détruisit tous les temples et tous les palais; nous ne jugeons plus actuellement l'art primitif d'Egypte que par les tombeaux. L'abaissement des Egyptiens, pendant cette époque, dut nécessairement amener une décadence, quoique les artistes réfugiés dans la Thébaïde et la Nubie eussent conservé les traditions anciennes. Amosis, le restaurateur de l'empire, n'eut pas le loisir de faire des constructions et l'on remarque sur quelques monuments d'Aménophis Ier, son successeur, une hésitation et une médiocrité qui s'expliquent facilement. Mais la victoire et la prospérité eurent bientôt donné à l'art égyptien un essor nouveau, et le beau style de la dix-huitième dynastie se remarque dès Toutmès Ier L'architecture développe toute sa grandeur, l'ornementation s'enrichit et Syène fournit les obélisques de granit que le ciseau couvre des plus belles gravures. La sculpture se distingue particulièrement dans l'imitation de la figure humaine, l'étude de la nature est bien moins parfaite dans le modelé des membres, et les statues royales du Musée de Turin, les plus belles que l'on connaisse, n'atteignent pas sous ce rapport certaines figures de l'époque primitive.

Fig. 406. — *Bas-relief en pierre calcaire. Tombeau de Séti Ier, 19e dynastie, 1600 ans av. J.-C.*

L'art se soutint à peu près à la même hauteur sous le règne de Séti Ier qui commença la dix-neuvième dynastie (fig. 406). Il suffit de citer à l'honneur de ce roi, la salle hypostyle de Karnak, mais on commence à trouver bien du mélange dans les œuvres très nombreuses exécutées sous Ramsès II. Cette décadence se marque d'une manière beaucoup plus sensible dans les monuments des particuliers, et elle devient générale sous Ménéphtah, son successeur. Le style égyptien conserve bien alors un certain caractère de grandeur, mais il est empreint trop souvent d'une rudesse et d'une laideur inouïe sous les derniers rois de cette famille. Entre cette époque et celle de Psammétik, on trouve çà et là quelques ouvrages estimables et néanmoins on peut dire que l'art ne se releva réellement que sous la dynastie saïte. Si l'on examine, par exemple, la statuette du roi éthiopien Schévek, que renferme la villa Albani, c'est un magnifique morceau de pierre d'émeraude, mais la sculpture est mauvaise. Les bons artistes manquaient sans doute, dans un temps où l'on confiait une aussi admirable matière à des mains aussi malhabiles. Les grands tableaux de bataille du roi Schéschonk sont d'ailleurs, comme exécution, déjà bien inférieurs à ceux de Ramsès II.

La domination des Saïtes donna une physionomie toute spéciale à l'art égyptien. La gravure des hiéroglyphes prend à cette époque une finesse admirable, les belles statues se multiplient; on emploie avec préférence le basalte noir ou vert, cette roche d'un grain si fin et dont le sculpteur tire un merveilleux parti, lorsque le ciseau triomphe complètement de sa dureté. Sans sortir du type égyptien, les membres des statues acquièrent plus de souplesse et de vérité. Maintenant que nous connaissons mieux les modèles que les Égyptiens purent étudier à Babylone et à Ninive, dans les relations multipliées qui s'établirent à cette époque entre eux et les Assyriens, il nous est peut-être permis de supposer que ces relations eurent quelque part aux nombreux progrès de l'art des Saïtes; mais, par compensation, nous reconnaissons bien plus visiblement l'influence égyptienne dans les productions des Phéniciens.

Les monuments égyptiens, sous la domination persane, ne montrent aucune décadence et le style saïte se continue jusqu'aux Ptolémées, mais à cette époque, le type grec fut, par sa beauté même, funeste à l'art égyptien : loin de l'améliorer, il ne fit qu'introduire dans les formes une rondeur mal entendue qui ne fut ordinairement que

Fig. 407. — *Les sculpteurs. Peinture tirée des tombeaux de l'Assassif, à Thèbes.*

de la mollesse. On reprit l'usage général de la gravure en relief, mais les formes des caractères devinrent de plus en plus négligées et ces défauts allèrent en empirant sous la domination romaine; une seule partie de l'art égyptien conserve son caractère au milieu de cette décadence. Les architectes d'Esné, d'Ombas et de Dendérah ne se laissèrent pas séduire par les lignes merveilleuses des édifices de Corinthe ou d'Athènes, et ils continuèrent à élever des temples dans un ordre purement pharaonique, aussi longtemps qu'ils travaillèrent en l'honneur de leurs dieux nationaux.

Les caractères généraux propres aux cinq époques de l'art égyptien se reconnaissent particulièrement sur les figures de ronde bosse. Dans le premier style memphitique, les statues et les figurines représentent, comme nous l'avons remarqué, une race musculeuse et trapue : l'attitude est raide, les pieds sont courts, le nez est droit, quelquefois gros et rond par le bout. La coiffure ordinaire se compose de cheveux coupés courts et rendus par de petits carrés.

Sous la douzième dynastie, les saillies musculeuses, des jambes sont encore vigoureusement indiquées; mais cette deuxième époque se caractérise par un nouveau canon des proportions du corps humain qui donne aux figures un aspect plus élancé.

L'école de la dix-huitième dynastie perfectionna la sculpture des têtes ; les profils sont d'une grande pureté et les lèvres mieux dessinées sourient gracieusement; les jambes trop rondes ont habituellement perdu leur vigueur; on voit apparaître les riches coiffures à petits tuyaux et le ciseau reproduit quelquefois les longues robes d'étoffes transparentes. Les beaux sphynx et les colosses sculptés sous la dix-neuvième n'empêchent pas d'attribuer à cette époque le commencement d'une prompte décadence de l'art égyptien, qui se remarque surtout dans les monuments consacrés par les particuliers (fig. 407).

Les statues de l'école saïte ont, au contraire, reconquis la finesse et le naturel, la coiffure assez volumineuse, se compose ordinairement d'une étoffe qui enveloppe complètement les cheveux. — Sous les Ptolémées, les belles figures de style égyptien deviennent très rares. On conserve au Vatican deux colosses en granit de Ptolémée et d'Arsinoë Philadephes; leur style est encore purement égyptien, ils se rapprochent des Saïtes sans les égaler. Le Louvre possède une admirable tête royale bien franchement egyptienne par sa manière et sa coiffure, mais dont le modelé rappelle au contraire les artistes grecs.— Passons maintenant à l'examen des stèles, des inscriptions et d'autres monuments.

Les inscriptions en Egypte s'appliquaient à toutes sortes de sujets. Les stèles sont plus habituellement destinées à rappeler la mémoire d'un parent défunt. Le sommet des stèles est presque toujours occupé par le disque

Fig. 408. — *Emblème du soleil.*

ailé. Ce symbole représente le soleil, considéré comme la divinité suprême (fig. 408). Dans sa course céleste, dirigée d'Orient en Occident, l'astre est soutenu par deux ailes, dont l'une désigne le ciel du nord et l'autre le ciel du midi. Cette orientation est souvent reproduite par les deux chacals qui portent le nom de « guides des chemins célestes du nord et du midi. » Les autres symboles qui complètent ordinairement cette scène sont l'anneau, symbole des périodes du temps; l'eau ou l'éther céleste, sur lequel étaient censés voguer tous les astres, et le vase, symbole de l'étendue. Les sarcophages des premières dynasties étaient taillés dans la forme d'un édifice. Ils n'étaient décorés que de simples lignes droites et brisées dont l'agencement produisait un excellent effet. Les deux feuilles de lotus variaient seules cette sévère ornementation. Ceux du second empire sont de divers granits rose, gris, noir, très souvent de forme humaine, parfois en forme de cuve; ils sont souvent couverts de scènes sculptées et leur richesse alla toujours croissant jusqu'aux dernières époques de l'art égyptien. L'idée principale qui régit toute la décoration de ces beaux monuments est l'immortalité de l'âme humaine, doctrine nationale au plus haut degré chez les Égyptiens.

Ordinairement la déesse de l'enfer, qui s'appelait *Amenti*, est gravée au fond du sarcophage; la momie reposait sur elle. Au-dessus s'étendait la déesse du ciel. Les déesses Isis et Nephthys veillaient à la tête et aux pieds du défunt. Les scènes gravées sur les parois intérieures et extérieures se rapportent toutes aux diverses régions du ciel infernal, que les âmes étaient censées parcourir à la suite du soleil. Le zèle, pour les funérailles des taureaux sacrés adorés sous le nom d'Apis semble avoir augmenté à mesure que l'on s'approche des derniers temps. Les premiers tombeaux étaient très simples; sous les derniers Saïtes et sous les Ptolémées, au contraire, les taureaux furent ensevelis dans de magnifiques sarcophages de granit et les auteurs nous parlent des prodigalités excessives, employées souvent pour ces funérailles. La tombe d'Apis est nommée par les Grecs *Sérapéum* ou temple de Sérapis.

On a réuni dans une petite salle, au Louvre, les figures et les bas-reliefs qui appartiennent à la première manière des artistes égyptiens, à l'école de Memphis, qui se continue jusque vers la douzième dynastie. Malgré la gaucherie inséparable des débuts de l'art, elle se caractérise par une recherche plus exacte de la nature. La convention a moins de part dans les compositions, et l'ensemble des personnages présente un type plus vigoureux. Certaines statues paraissent les plus anciens morceaux de sculpture de nos musées ; ils remontent à la quatrième et peut-être à la troisième dynastie. Au milieu de leur rudesse on remarque déjà la justesse de certaines parties, et surtout des genoux. La bande verte peinte sous les yeux est aussi un caractère d'extrême antiquité.

Fig. 409.
Pilier Médined-Abou.

Le Louvre est riche en bijoux égyptiens présentant un intérêt historique. Nous en citerons quelques-uns. Une coupe d'or porte le cartouche de Thoutmès III, dix-huitième dynastie. Les bijoux trouvés dans la tombe d'Apis ont été dédiés par le prince Scha-em-Tam comme *ex-voto* dans les chambres qu'il avait fait construire en l'honneur d'Apis. Les grands personnages du même temps ont aussi dédié quelques bijoux analogues. Une plaque, découpée à jour, est une sorte de pectoral. Un urœus et un vautour, les ailes étendues, représentent les déesses du ciel du Nord et du Midi. Un épervier à tête de bélier est une des formes du soleil. Il est surmonté du cartouche de Ramsès II, qui nous donne la date précise de ces bijoux. Celui-ci est en or incrusté de pâtes de verre dont le temps a altéré les couleurs.

Un épervier, les ailes étendues, porte également une tête de bélier. Cette tête est un chef-d'œuvre de ciselure. Tout le corps de l'épervier est couvert de petites plumes en lapis, cornaline ou feldspath vert incrustées dans de petites cloisons d'or. Le gros scarabée en lapis, monté sur un pectoral d'or, provient de la même trouvaille; à droite et à gauche, les déesses Isis et Nephthys sont représentées en adoration; l'émail a disparu de ces figures.

Une plaque de serpentine verte revêtue d'or a été dédiée par Psar, un des principaux officiers de Ramsès II, qui avait aussi dédié la petite colonne en feldspath vert garnie d'or et le gros scarabée, également de feldspath vert. Les cornalines rouges de diverses formes portent les noms du prince Scha-em-Tam et du même Psar.

Tels sont les bijoux que savaient faire les contemporains de Moïse. On voit que l'art de ciseler l'or, d'y incruster les pierres fines et de graver les matières les plus dures était porté au plus haut degré de perfection au moment où les Israélites habitèrent l'Egypte.

Dans une salle du Louvre consacrée aux monuments de la vie privée des Egyptiens, une tête de statue en pierre calcaire, peinte en rouge, attire les regards et saisit par le profond caractère de vérité qui est empreint sur les traits un peu vulgaires de l'Egyptien qu'elle représente. La parfaite simplicité de ce morceau engage à l'attribuer au premier art égyptien, aux artistes antérieurs aux pasteurs. La figure du scribe accroupi placée au milieu de la salle appartient à la cinquième ou à la sixième dynastie. Elle est, pour ainsi dire, parlante; ce regard qui étonne a été obtenu par une combinaison très habile. Dans un morceau de quartz blanc opaque est incrustée une prunelle de cristal de roche bien transparent, au centre de laquelle est planté un petit bouton métallique. Tout l'œil est enchassé dans une feuille de bronze qui remplace les paupières et les cils. Les sables avaient très heureusement conservé la couleur de toutes les figures de ce tombeau. Le mouvement des genoux et le dessin des reins sont surtout remarquables par leur justesse ; tous les traits de la figure sont fortement empreints d'individualité; il est visible que cette statuette était un portrait.

Si nous étudions l'aspect du mobilier égyptien, nous voyons que les formes généralement adoptées pour les pieds de lit, tables et fauteuils étaient les pieds de lions, de taureaux et de gazelles. Les têtes d'oies du Nil, de gazelles ou de bouquetins décoraient les bras des fauteuils ou des pliants. On a trouvé des fragments de meubles qui ont dû être extrêmement riches ; un bâton orné alternativement de cylindres en faïence bleue et en bois doré est également un fragment de meuble. Le meuble le plus curieux du musée est un fauteuil orné d'incrustations en couleur. Il avait un fond tressé dont on possède encore les débris. Un petit modèle de lit fort simple ne donne pas une idée des lits bien plus riches que l'on voit souvent figurés dans les peintures. Que de révélations encore sur la vie intime de l'antique Egypte contiennent les vitrines de notre Louvre !

Une charmante figurine en bois représente une femme vêtue de la longue robe collante. Une figure très curieuse paraît être en bois de cèdre ; c'est la statuette d'un homme qui porte dans la main gauche un panier. Son socle est antique, les inscriptions, ainsi que le style de la figure montrent que c'est un produit de l'art du premier empire égyptien. Les yeux sont en émail et incrustés avec beaucoup de soin : la tête est rase, mais elle a pu être complétée par une perruque. Une sorte de tunique teinte en pourpre et une autre teinte en jaune sont des échantillons très rares des belles teintures antiques. D'autres beaux fragments sont de nuance rouge ou orange; toutes ces couleurs sont teintes sur laine. Les galons et les broderies présentent des rapprochements curieux avec ceux qui sont encore en usage en Orient. Les étoffes transparentes, sorte de mousseline grossière, servaient aux premiers vêtements des hommes et des femmes, comme nous l'enseignent les peintures. Le lin est, sans exception, la matière de ces étoffes, ainsi que celle des belles toiles de momies. On n'en a pas encore trouvé en coton.

Parmi les ustensiles, on remarque une lampe qui a la forme d'une gazelle renversée sur le dos. Parmi les faïences vertes et bleues, la palme appartient à un fragment de rhython en pâte bleue qui rappelle le style assyrien. Un lion, la gueule béante, tient entre ses pattes de devant un petit quadrupède, dont la tête est brisée. Les yeux sont en pâte de verre avec une feuille de métal; des petits trous dans les gencives montrent qu'on y avait aussi rapporté des dents d'une autre matière. Les faïences couvertes d'émail bleu présentent des nuances vives et variées; deux longues fioles sont d'une pâte particulièrement fine. L'une, gros bleu, est cassée et le vernis s'est soulevé, l'autre vert céladon s'est admirablement conservée. Les bouteilles, en forme de gourdes plates, sont analogues aux eulogies chrétiennes; leur goulot est formé d'une fleur de lotus, et leurs petites anses de deux singes cynocéphales. C'étaient peut-être des cadeaux de nouvel an, car les inscriptions portent toutes un souhait de bonne année.

Parmi les objets en verre, il faut revendiquer pour l'Egypte la première fabrication des verres ornés d'ondulations de diverses couleurs quoiqu'on en trouve de semblables dans les tombeaux grecs et romains. En effet, on remarque dans les peintures de l'ancien empire une foule de modèles de ces jolis vases avec les couleurs les plus variées. L'art du vannier était exercé avec une grande habileté chez les Egyptiens. Divers joncs, des fibres de papyrus (fig. 410) et des feuilles de palmiers forment les matériaux de ces ouvrages. Une boîte destinée à renfermer des vases de toilette peut donner une idée de l'habileté de leurs ébénistes. De petits coffrets analogues sont dans le corps de l'armoire qui est, en général, consacrée aux objets de toilette. Les Egyptiens faisaient un grand usage de bois précieux; ils avaient soin d'en imposer une certaine quantité comme redevance aux peuples tributaires. Le peigne, orné d'un bouquetin qui met un genou en terre

Fig. 410. — *Papyrus.*

représente un sujet familier aux Egyptiens. Les petits pots et étuis de diverses formes en bois ou en terre émaillée servaient à mettre les ingrédients nécessaires à la toilette égyptienne. Le principal était le noir d'antimoine destiné aux yeux; les aiguilles de bois, de pierre ou d'ivoire terminées en massue avaient la forme convenable pour ne pas blesser les paupières dans cette délicate opération. Les petits pots ont tantôt la forme d'une colonne, tantôt celle d'un nœud de roseau qu'on imitait en terre émaillée. Le serpent monstrueux, nommé *Bès* qui, à ce qu'il paraît, présidait malgré sa laideur à la toilette des dames, forme aussi très habituellement le principal motif de la décoration de ces petits ustensiles. Un charmant petit vase en terre émaillée verte est orné de lions qui alternent avec le dieu Bès, lequel est représenté dansant.

Le nom des ingrédients que devaient contenir les petits vases y est quelquefois écrit. Sur une boîte à quatre compartiments, outre le stibium, on trouve les indications suivantes : *pour arrêter le sang; pour ôter la douleur.*

Les perruques et les fausses tresses étaient très usitées dans ce pays où la chaleur engage naturellement à se raser la tête. On voit au Louvre un échantillon de ces tresses : notre musée ne possède pas de perruques entières. Il y a des brodequins et des sandales en peau très forte pour les hommes et des brodequins très légers en maroquin blanc destinés à un pied féminin. Les sandales offrent une grande variété; plusieurs paires fraîches et élégantes sont tressées avec du papyrus mélangé avec des matériaux de diverses couleurs. Les unes, toutes plates, d'autres ont un petit rebord qui ne cachait pas les doigts du pied. Une paire de pantoufles en maroquin rouge est décorée de dorures; une découpure d'un joli dessin s'étendait sur le dessus du pied. On voit aussi des chaussures d'enfant; ce sont des brodequins ou de légères sandales. — V. CHAUSSURE.

Les peintures sur enduit, enlevées d'un tombeau de Thèbes, représentent des scènes agricoles. Dans le bas on voit le labour exécuté par une charrue tirée par quatre esclaves (*plus habituellement, on voit un attelage de bœufs*). D'autres hommes fouillent la terre avec le hoyau. Au-dessus, on a peint la moisson et une femme qui apporte des vivres aux ouvriers. Le registre supérieur montre les bœufs qui foulent les grains : des hommes apportent les gerbes dans de grands filets suspendus à des perches. Dans le second tableau, on charge un grand bateau avec les grains pour les conduire aux greniers. Le tableau supérieur représente une suite de serviteurs qui apportent au maître les produits de ses champs.

Fig. 411. — *Colonne de Thèbes.*

Des mains et des bras appareillés, de bois ou d'ivoire, semblent destinés, comme les castagnettes, à marquer la mesure en accompagnant de chant. Une grande paire en ivoire est ornée de la tête de la déesse Hathor. Les instruments de musique sont des cornes, des cymbales et une trompette en bronze; un tambour et un petit tambour de basque; des luths et des harpes (fig. 412). L'une d'elles a conservé sa couverture en beau maroquin vert. On sait, par les peintures des tombeaux, que ces harpes étaient en usage dès l'époque de Moïse. L'étui à flûtes est un objet extrêmement rare, il est garni de deux flûtes en roseau; sa peinture montre la musicienne jouant de deux flûtes à la fois.

Parmi les statuettes et figures, on peut remarquer particulièrement une figurine en ivoire du plus ancien style; elle représente un enfant nu. Un beau masque de femme en granit rose appartient à l'école des Saïtes suivant toute apparence, ainsi qu'une tête en basalte vert, qui est certainement un portrait. La figurine de femme nue en bois présente une exception assez peu commune, car les femmes sont toujours vêtues d'une longue robe collante qui laisse voir leurs formes. Une autre figurine de jeune fille nue tenant sur son bras gauche un chat, et se peignant de la main droite, était un manche de miroir.

L'industrie des faïences, des émaux et des verres égyptiens était extrêmement variée dans ses produits. Les boules creuses et les boîtes en faïence bleue sont de véritables tours de force du métier. On remarque à la tête d'une série de pions de jeu deux petits esclaves à genoux, les mains liées derrière le dos, dont l'un présente le type des nègres et l'autre la physionomie asiatique. Ces pions faisaient peut-être partie de quelque jeu de combat. Les échantillons de verre coloré dans la masse montrent un travail très avancé dans cette partie de l'art. On savait dessiner dans l'épaisseur des fleurs et autres objets à l'aide de filets d'émail. Une série de têtes grotesques en verre jaune et bleu appartient à une autre fabrication. Les portions de corps humain en pâte de verre de diverses couleurs, ont été taillées pour servir à composer des bas-reliefs polychromes. Dans une collection de pendants d'oreille et d'anneaux brisés en toutes sortes de matière, on distingue encore le beau quartz rouge opaque et ses imitations en pâte de verre.

Les petits objets en bois sculpté sont presque tous des objets de toilette. Les aiguilles de tête sont souvent ornées d'un singe assis. Le petit prisonnier nègre, les mains passées dans les menottes, paraît avoir été un ornement. Les boites de toilette présentent également les formes les plus variées. Le plus joli motif se compose d'une jeune femme nue, allongée comme en nageant et tenant dans ses mains une oie du Nil. Le corps de l'oiseau forme la boîte qui se ferme par ces deux ailes. Une autre boîte se forme d'une gazelle qui a les pieds liés.

Les cuillers de toilette étaient destinées à délayer un ingrédient dans un peu d'eau. Leurs manches sont très variés : tantôt c'est un eunuque portant une cruche, tantôt c'est une jeune fille qui joue du luth au milieu des lotus où les oiseaux se reposent. Un esclave amène un veau; une jeune Egyptienne coupe des lotus, une autre porte de gros bouquets et des oiseaux d'eau, ou bien encore, c'est un chien allongé qui tient une coquille dans sa gueule.

Les petits objets en os et en ivoire sont des pions, des petits seaux travaillés dans une dent et puis encore des objets de toilette. Une boîte ornée d'une belle tête de gazelle est toute en ivoire, sauf les cornes. Les cuillers de toilette se retrouvent ici avec diverses variétés. Toute une série de ces cuillers de forme carrée a le manche formé par une femme nue : elle diffère assez notablement du pur style égyptien. Ces objets peuvent venir de la Syrie. Sur quelques-uns on remarque la rosace qui est un ornement assyrien.

Une grande partie des objets d'or appartenant aux galeries égyptiennes a disparu du Louvre en juillet 1830, mais il en reste encore suffisamment pour se faire quelque idée des bijoux usuels des Egyptiens. Les chaînes d'or travaillées en lacet sont aussi souples que celles que peuvent faire nos meilleurs ouvriers d'Europe. Les colliers étaient souvent à plusieurs rangs ; ils étaient composés d'objets symboliques, comme les poissons sacrés, les lézards, l'œil d'Osiris, les fleurs de lotus. Les fermoirs sont formés d'un petit verrou qui tient très solidement. La tête d'épervier servait souvent à décorer les extrémités des colliers destinés à être attachés sur les épaules. Un charmant motif de chaîne pour de petites pendeloques, se compose d'une série de vipères sacrées qui relèvent la tête : la pendeloque se termine par une tête de la déesse *Hathor*. Une sorte de travail à grains, qui s'est perpétué longtemps en Asie, apparaît dans quelques objets et surtout dans une pendeloque d'or qui représente un épervier les ailes étendues.

Fig. 412. — *Harpiste, peinture des grottes de Béni-Hassan. Epoque de la 6e dynastie.*

Les objets d'argent sont rares; une petite égide de ce métal à tête de lionne couronnée est d'un beau travail. On peut aussi citer un collier composé d'yeux symboliques en argent avec des grains du même métal entremêlés d'objets en terre émaillée. Un petit épervier à tête humaine, représentant une âme, peut être cité comme un exemple de l'émail cloisonné à base d'or.

Les pierres dures étaient taillées avec une grande habileté; des colliers entiers sont composés de pendeloques d'un quartz rouge opaque, qui imite le corail, et ne lui cède en rien pour l'éclat et pour la couleur. Une collection de pendeloques en forme d'égides ornées de la tête de la déesse *Maut* en cornalines blanche et rouge, provient des fouilles du Sérapéum, ainsi que le petit Horus coiffé d'un grand diadème divin, taillé dans une superbe sardoine. Des pendeloques et des grains de colliers de toutes matières montrent quelle variété de ressources possédaient les bijoutiers égyptiens. — V. aussi l'art. BIJOUTERIE.

Les bracelets en or incrustés d'émaux ne sont pas, à proprement parler, des émaux, ce sont des pâtes de verre taillées à l'avance et ajustées dans des cloisons d'or, comme des pierres fines.

Parmi les débris d'émail qui subsistent, plusieurs imitent le lapis à s'y méprendre. Le dessin de ces beaux bracelets consiste en un lion et un griffon entre des bouquets de lotus. Le style est celui de la dix-huitième dynastie, autant qu'on en peut juger sur de simples ornements. Deux autres bracelets se composent de grains de lapis et de grains d'or montés sur des fils d'or très flexibles. Dans un troisième bracelet semblable, le quartz rouge s'ajoute à ces deux matières. La série des colliers en verre et en terre émaillée présente une variété inconcevable de formes et de couleurs, on y suspendait aussi des amulettes de toute nature et souvent des rangs entiers de scarabées ornés de légendes. Les colliers formés d'une infinité de petits disques de terre émaillée bleue, sont une imitation des colliers composés d'un petit disque qui provient d'un mollusque du pays. Ces colliers sont encore en usage dans les régions du Haut-Nil.

Les grands sceaux de bronze de faïence et même de bois auraient été, suivant l'opinion de Champollion, destinés à marquer les victimes approuvées pour l'autel. Les bagues à chaton gravé ou portant un scarabée de pierre dure gravée au revers, ont servi de cachet, comme chez nous : on trouve des empreintes de ces cachets en terre sigillaire. La bague d'or la plus finement gravée représente une dame nommée Isinofre devant le dieu Osiris. Les bagues en terre émaillée prouvent de nouveau l'habileté des ouvriers dans cette partie de l'art. Elles devaient être bien fragiles, si toutefois on les portait réellement; on en trouve plusieurs de cette espèce qui sont décorées du buste de la déesse Isis sortant tout à fait de la direction de l'anneau et se relevant suivant une tangente, ce qui produit une bague d'un aspect singulier et gracieux. La monture ordinaire des scarabées se composait d'un fil d'or qui s'amincissait aux extrémités et s'enroulait de chaque côté sur l'anneau. Ce modèle très simple est en même temps très commode pour monter un chaton tournant destiné à servir de cachet. Des pendants d'oreille très rares sont en argent avec pendeloques.

La série des instruments de bronze contient des poignards et un petit modèle de la *chopesch*, sorte de cimeterre royal. Parmi les petits objets, le canif a conservé son tranchant ainsi que la petite hachette qui coupe comme de l'acier. Le rasoir est très curieux par son galbe qui, sauf sa longueur, est exactement celui des rasoirs anglais. C'est un des exemples les plus singuliers de la persistance de certains types dans les fabrications. Son tranchant est également bien conservé; cette sorte de bronze paraît avoir été peu sujette à l'oxydation.

L'ornementation des manches de miroirs se rapporte ordinairement aux deux types suivants : l'un se compose d'une jeune fille nue; elle se coiffe de la main droite, son bras gauche soutient un chat, qui semble ici un emblème de la toilette. Le type des autres manches est le dieu monstrueux *Bès* que nous avons déjà trouvé plusieurs fois en rapport avec la toilette.

Les palettes d'écrivain sont ordinairement en bois dur; un trou de forme carrée servait à insérer les calames ou roseaux taillés pour l'écriture. Plusieurs trous ronds contenaient des pains d'encre rouge et noire que l'écrivain délayait avec un peu d'eau contenue dans un petit vase rond qui complétait son bagage. Les palettes sont souvent ornées d'inscriptions très finement gravées; ce sont des prières adressées à divers dieux par le possesseur de la palette. Une palette d'une forme singulière est surmontée de la tête de chacal, emblème des hiérogrammates.

Des petits vases de diverses formes ont servi d'encriers : il faut remarquer ceux en forme de hérisson, qui étaient consacrés à cet usage. La grenouille en terre émaillée incrustée de pâtes de verre paraît aussi avoir été un écritoire.

Outre les encres rouges et noires, les enluminures des vignettes exigeaient d'autres couleurs dont on voit des échantillons ainsi qu'une pierre de porphyre encore imprégnée du bleu qu'elle a servi à broyer La beauté de ce bleu égyptien a été depuis longtemps remarquée.

On trouve souvent dans les manuscrits égyptiens des vignettes où plusieurs parties sont dorées par l'application d'une feuille d'or battu pareille à celle que contient le livret de doreur, conservé au Louvre : elles ne diffèrent des nôtres que parce qu'elles sont plus épaisses. Cet or a très bien tenu sur les manuscrits où il a été appliqué. Pour la dorure sur bois et même sur bronze, les Egyptiens ont employé habituellement un enduit préalable, ils ne paraissent pas avoir doré directement les métaux, si ce n'est pour certaines damasquinures; dans ce cas, l'or se trouve incrusté dans les gravures.

Fig. 413. — *Temple de Khousu à Karnac (première cour), construit par Khamsès III.*

Les tablettes enduites de cire sont de l'époque grecque et romaine.

Les vases, que l'on s'est habitué à nommer *canopes*, servaient à renfermer le cerveau, le cœur, le foie et les autres viscères, que l'on embaumait séparément. Quatre génies, fils d'Osiris et nommés *Amset*, *Hapi*, *Tioumantew*, et *Kevah-Senouw*, se chargeaient de protéger ces parties essentielles de l'homme. Quatre déesses : *Isis*, *Nephthys*, *Neith* et *Selk*, leur adressaient ordinairement des formules de bénédiction dans les inscriptions gravées sur la panse des vases. Quelquefois, les couvercles des canopes sont ornés d'une tête humaine; souvent, au contraire, on les trouve couverts par les têtes symboliques des quatre génies : la tête d'homme, la tête du singe (cynocéphale), la tête d'épervier et celle du chacal.

Suivant la prescription du chapitre XXX du rituel, un gros scarabée de jaspe vert ou d'une pierre de couleur analogue devait être placé dans l'intérieur de la momie. Il porte gravé au revers une invocation du défunt, qui demande un jugement favorable. Quelques-uns de ces scarabées ont de plus quelques ornements gravés sur leurs élytres.

On en trouve assez souvent en faïence bleue, ceux de feldspath vert clair sont les plus rares. La prescription du rituel ordonnait de les enchâsser d'or, elle est quelquefois exécutée.

M. Mariette, dans sa savante histoire d'Egypte, résume ainsi la fin de la civilisation antique en Egypte. L'an 381 après J.-C., dit-il, régnait à Constantinople l'empereur Théodose. C'est lui qui promulgua le fameux édit par lequel la religion chrétienne était déclarée désormais la religion de l'Egypte; c'est lui qui ordonna la fermeture de tous les temples et la destruction de tous les dieux que la piété des Egyptiens y vénérait encore. L'anéantissement de l'Egypte païenne y fut ainsi consommé. Quarante mille statues, dit-on, périrent dans ce désastre; les temples furent profanés, mutilés, détruits, et de toute cette brillante civilisation il ne resta rien que des ruines plus ou moins bouleversées et les monuments dont les musées recueillent aujourd'hui les restes (fig. 413).

***ÉJECTEUR.** *T. de méc.* Appareil destiné à assurer l'évacuation d'un courant d'air ou d'eau par l'entraînement dû à un courant de vapeur dégagé dans l'atmosphère.

Le premier appareil connu sous ce nom est un véritable injecteur débouchant dans l'atmosphère; il est appliqué comme pompe d'épuisement dans les condenseurs de certaines machines à vapeur qui en sont pourvues (éjecteur Morton). Il rejette extérieurement l'eau chaude des condenseurs, en utilisant la condensation de la vapeur à sa sortie des cylindres. Cet éjecteur fonctionne toutefois assez difficilement, car l'eau aspirée est déjà portée à une température un peu élevée et elle est toujours mélangée d'air, ce qui gêne la condensation de la vapeur motrice.

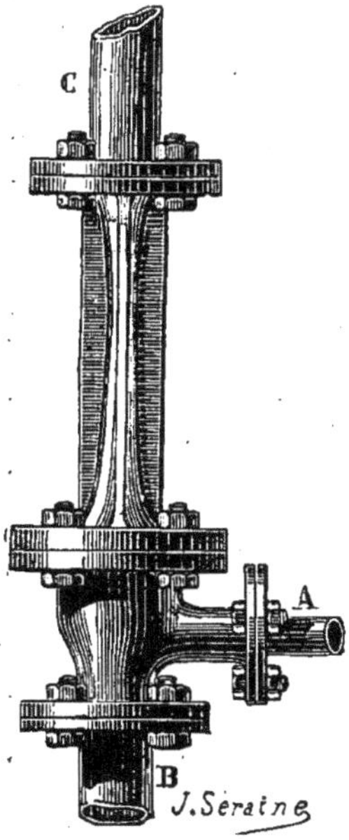

Fig. 414.

On a disposé également sous ce nom des appareils qui sont plutôt des élévateurs d'eau chaude disposés toutefois sur un type analogue à celui des *injecteurs* (V. ce mot). Ils sont appliqués, en effet, pour refouler l'eau à un niveau plus élevé en l'aspirant sous l'action d'un courant de vapeur sèche. Le jet, sortant de la chaudière, se condense dans la chambre de l'éjecteur au contact de l'eau froide et le courant mixte qui en résulte acquiert par là une vitesse suffisante pour remonter d'une certaine hauteur. Ces appareils, dont on voit un exemple dans la figure 414 sont appliqués avantageusement dans toutes les industries qui ont besoin d'eau chaude ou qui disposent même d'un certain excédant de vapeur; nous citerons, par exemple, les teintureries, les établissements de bains, etc. On peut y avoir recours aussi pour l'alimentation des réservoirs, l'épuisement des cales de navires, des égouts, etc., pour toutes les applications, en un mot, où, sans rechercher de l'eau chaude, on veut éviter l'emploi de pompes ayant des organes actionnés mécaniquement. L'appareil représenté dans les figures 414 et 415 est construit par M. Guyenet,

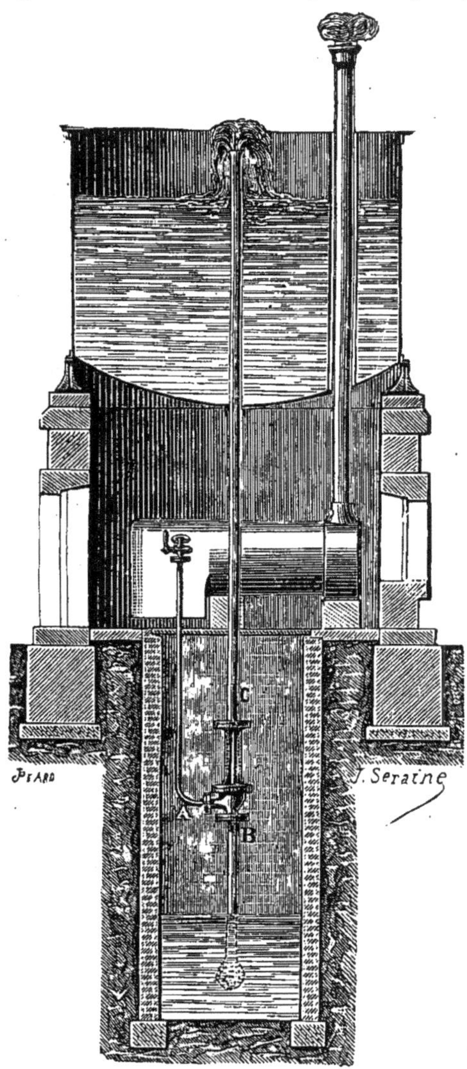

Fig. 415.

d'après le système Bohler, il est d'une manœuvre particulièrement simple et facile, il suffit d'ouvrir, en effet, le robinet d'arrivée de vapeur posé sur le tuyau A pour déterminer la mise en marche. L'eau est aspirée par le tuyau B, elle se mélange avec la vapeur dans l'éjecteur et elle est refoulée en C jusqu'à la nappe supérieure.

Un autre appareil, connu actuellement sous le nom d'*éjecteur*, est destiné exclusivement à assurer l'appel d'air, il présente toujours une disposition analogue à celle de l'injecteur, mais l'entraînement s'opère toutefois d'une manière purement mécanique par le mélange intime des molécules d'air et de vapeur. Le courant de vapeur débouche à l'orifice du tuyau d'appel et y produit un certain vide qui assure l'entraînement de l'air, le courant mixte ainsi déterminé est ensuite évacué dans l'atmosphère.

Cet appareil tout récent est entré, depuis quelques années seulement, dans la pratique de certaines compagnies de chemins de fer ; il fait partie, comme on sait, de l'installation sur la locomotive du type de frein continu fonctionnant par le vide (V. FREIN), il évite ainsi tous les organes mobiles de la pompe à air à laquelle il faudrait avoir recours autrement, il présente en un mot sur ces pompes les mêmes avantages qu'avait l'injecteur sur les anciennes pompes alimentaires.

On arrive actuellement, avec ces appareils, à produire un vide atteignant 64°, quelle que soit la pression dans la chaudière. Le degré de vide obtenu tient beaucoup, d'ailleurs, à la bonne disposition de l'appareil aux dimensions et aux dispositions respectives des différents organes, qui doivent assurer le mélange intime et le libre écoulement du courant mixte d'air et de vapeur. Nous représentons dans la figure 416 la coupe de l'éjecteur adopté actuellement par la Compagnie du Nord qui applique, comme on sait, le frein continu à vide. Cet appareil, étudié par M. Pascal, est un de ceux qui ont donné les meilleurs résultats, ainsi qu'on le verra par le compte rendu des expériences comparatives publié dans la *Revue générale des chemins de fer* (nº de septembre 1878).

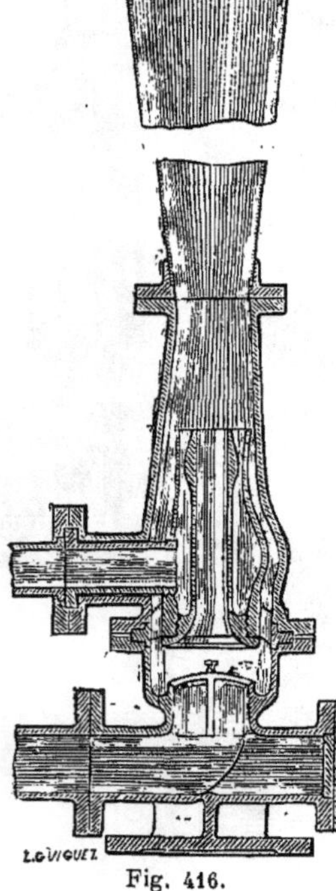
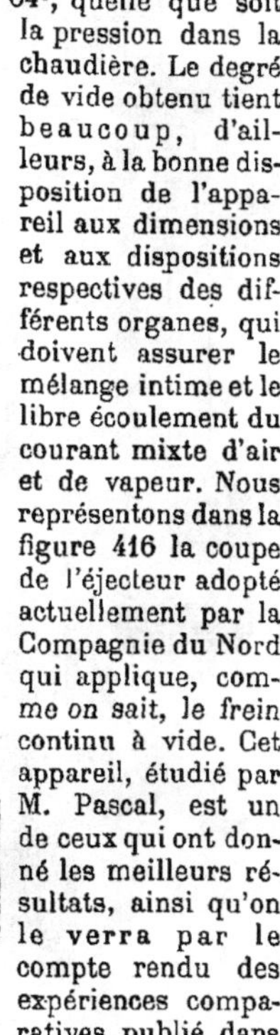

Fig. 416.

L'air, arrivant du conduit inférieur, débouche dans la tuyère de mélange par une double conduite, une au centre formant jet unique et une extérieure de forme annulaire : le courant de vapeur débouche dans la conduite annulaire du milieu, et on voit, d'après la forme donnée aux parois de la tuyère, que le jet va en divergeant vers les parois de l'éjecteur, et il atteint en même temps un point central sur l'axe même de la tuyère, il traverse ainsi le courant d'air et se mélange intimement avec lui, ce qui assure un effet utile aussi complet que possible. Ajoutons que tous ces appareils sont munis d'une soupape placée à l'orifice du tuyau d'appel d'air, pour empêcher toute rentrée dès qu'on supprime le courant de vapeur.

Les éjecteurs, actuellement appliqués à la Compagnie du Nord, sont quelquefois doubles, mais leur construction ne diffère en rien de celle des appareils ordinaires : ce sont deux éjecteurs simples accolés communiquant chacun avec une conduite différente régnant sur toute la longueur du train, et desservis par la même prise de vapeur. Cette disposition est destinée à amener la transmission du vide en cas de rupture d'une des deux conduites. — B.

***ÉJOU.** Nom d'un textile fourni par l'*arenga saccharifera* (*saguerus rumphii*), de la famille des palmiers, qui croît surtout dans l'archipel Indien. A l'état naturel, c'est une espèce de bourre noire, de l'aspect du crin, qu'on retire de la partie en gaînante des feuilles ; chaque arbre donne environ 2 kilogrammes de fibres. Ce textile est d'autant plus élastique et plus tenace qu'il est mouillé, il flotte à la surface de l'eau et ne pourrit jamais, ce qui fait qu'on peut l'emmagasiner mouillé sans inconvénients. Aussi, est-il fort employé dans la marine chinoise pour la fabrication des câbles, et des fabriques spéciales en ont été établies aux environs de Ningpo ; l'extrême sécheresse lui fait perdre de sa ténacité. Forbes Royles a fait macérer 116 jours dans l'eau stagnante des cordes de même grosseur et de 1^m,20 de long en chanvre et en éjou, celles de chanvre ayant une force de 47 kilogrammes étaient pourries, celles d'éjou ayant une force de 43 kilogrammes rendaient encore 42. L'éjou entre aussi dans la fabrication des brosses, tapis, etc., que l'on envoie par petites quantités en Amérique et en Europe. Les cordages ne se trouvent qu'à bord des jonques chinoises, des praos malais et des barques de Siam.

On retire encore de l'*arenga saccharifera* une substance féculente qui est utilisée aux Indes, et un liquide sucré (qui a donné son nom à la plante) qu'on obtient en faisant des incisions dans les spathes des fleurs, et que l'on connaît sous les différentes dénominations de ***vin de palmier, toddy***, en Europe, et dans les pays de production ***tuba*** (colon. espagn.), ***toeak*** (Malaisie), ***juro*** (Macassar), ***sagwir*** (div. col.), et ***lagen*** (Java). — A. R.

***ÉLAIOMÈTRE.** *T. de phys.* Instrument qui sert à évaluer la densité des huiles. On dit aussi *élæmètre, oléomètre.*

***ÉLAIS.** *T. de bot.* L'*élaïs guineensis* est un palmier qui croît spontanément et en très grande abondance dans toute la partie tropicale de l'Afrique et qui fournit à l'industrie deux produits spéciaux : 1° une huile, dite *huile de palme* (V. ce mot), usitée dans la fabrication des savons ; 2° des filaments d'un genre particulier. Ces filaments, dits *fibres d'élaïs*, sont contenus dans ses feuilles, composées de bandes étroites et allongées ; ils sont susceptibles d'une grande finesse et d'une grande force, particulièrement lorsque ces feuilles sont récoltées un peu jeunes, c'est-à-dire avant d'avoir acquis la couleur vert foncé, et lorsqu'elles se tiennent encore fermes. Pour l'extraction des fibres, il suffit de soumettre les feuilles au rouissage après enlèvement de la côte principale; les moins longues peuvent être employées pour la pâte à papier. Les fibres d'élaïs sont ordinairement de couleur jaune clair et assez courtes.

* **ÉLARGISSEUR.** Appareil employé dans la fabrication et l'apprêt des tissus et des toiles peintes, soit pour ramener les tissus à leur largeur primitive, soit pour enlever les plis qui se sont formés pendant la manipulation. Il existe un grand nombre de systèmes : le plus simple se compose d'une barre, soit métallique, soit en bois, sur laquelle on a pratiqué des entailles en biais, lesquelles sont à arêtes vives; le sommet de l'angle formé par les biais se trouve du côté de l'*arrivée* de la pièce. Par la pression exercée par la pièce elle-même, les plis suivent le sens des entailles et tendent à aller vers les points extrêmes de la barre.

Au lieu d'une simple barre, on emploie fréquemment une roulette sur laquelle les entailles forment un pas de vis; le milieu de cette roulette ou petit rouleau est le point de départ de deux spirales dont l'une va à droite et l'autre à gauche. Un système assez usité est celui dit *coyot*

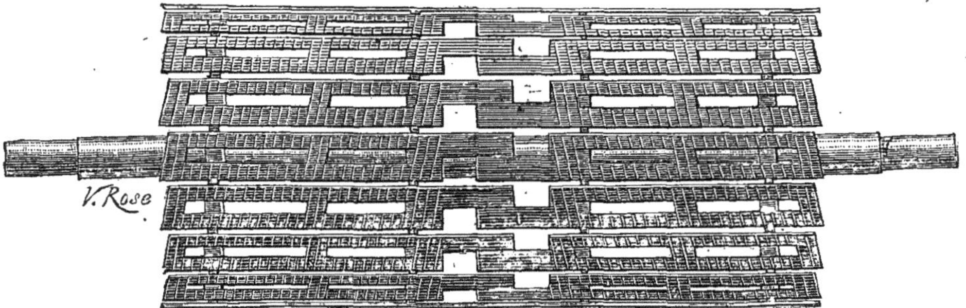

Fig. 417.

(V. ce mot); ce sont deux cylindres cannelés faisant entre eux un certain angle dont le sommet se trouve du côté de la *sortie* de la pièce.

Un système plus compliqué, mais plus efficace est celui dû à M. Ducommun de Mulhouse. Il se compose de fragments de cercles mobiles garnis d'entailles, un excentrique fixé sur l'arbre de l'appareil déplace ces cercles lesquels sont au maximum de rapprochement quand la pièce s'y engage et au maximum d'écart quant celle-ci sort de l'appareil.

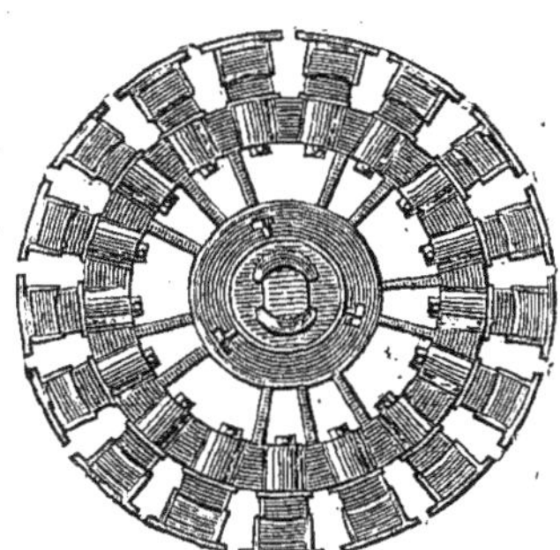
Fig. 418.

Il n'y a évidemment que la moitié du cercle d'utilisé, puisque les bandes doivent être ramenées à leur minimum d'écart (fig. 417 et 418).

Les appareils de Jones, de Hersford, sont construits dans le même ordre d'idées.

Birch a construit nn élargisseur basé sur un autre principe. Un rouleau garni de spirales développe la pièce qui arrive en boyau; elle est ensuite tendue pour passer dans un autre appareil, soit séchoir ou autre : devant la pièce et perpendiculairement à sa surface, sont disposées quatre roues sur lesquelles se meuvent deux chaînes sans fin garnies de pièces entaillées, allant l'une du milieu de la pièce vers la gauche et l'autre du milieu de la pièce vers la droite, les deux chaînes par leur frottement sur l'étoffe font sortir tous les plis et provoquent ainsi l'élargissement.

L'américain Palmer a construit un système n'agissant que sur les lisières. Le tissu passe sur des disques garnis de caoutchouc. Il est entraîné par des sortes de crochets qui l'amènent à la largeur voulue. Une chaîne sans fin circule excentriquement près de l'entrée de la pièce; c'est sur cette chaîne que sont fixés les crochets. Un élargisseur analogue est celui de Lacassaigne. Gebauer a construit un élargisseur mobile, permettant d'opérer sur toutes espèces de largeurs de tissu. L'appareil se compose de deux cercles d'environ $1^{m},20$ de diamètre placés excentriquement sur un axe, les cercles sont fixes et sur ceux-ci glisse une chaîne garnie de pinces fonctionnant automatiquement. Poole a construit un appareil se composant de deux roues placées obliquement l'une vis-à-vis de l'autre, la pièce est engagée à la partie où les deux roues sont le plus rapprochées et est amenée à suivre le biais que font ces deux roues, par le moyen de petites entailles situées sur les bords de chaque roue. Il existe encore d'autres systèmes similaires dus à Keim (brevet n° 3,684), Boshardt, Marcadier, Devilder, Luther, Mather. Une des meilleures machines de ce genre est celle due à M, Paul Heilmann, de Mulhouse. Elle sert aujourd'hui à plusieurs fins, à élargir et à briser les apprêts. Cet appareil peut produire un élargissement de 10 0/0, on pourrait même aller au-delà, mais on risquerait des déchirures. Elle se compose de deux rouleaux cannelés pouvant s'emboîter l'un dans l'autre. Chacun de ces rouleaux est recouvert d'un manchon en caoutchouc fixé sur les extrémités. Le tissu passe entre les deux rouleaux. Par la pression que l'on donne au moyen d'une vis, les caoutchoucs qui étaient droits forment une série de lignes ondulées, la pièce passant entre eux est nécessairement amenée à remplir les intervalles libres entre chaque cannelure et est ainsi élargie. — J. D.

Bibliographie : Bulletin de la Société industrielle de Mulhouse, 1878; *Bulletin de la Société industrielle de Rouen*, 1877; *Impression et teinture à l'Exposition de 1878*, Lacroix, Paris; *Apprêt des tissus*, par Kaeppelin, 1878, Lacroix, Paris; *Die Machinen für Appretur und Druckerei*, par Meissner, Leipzick, 1876; *Appretur der Gewebe*, J. Springer, Berlin, 1882; *Textil manufacturer*, Manchester, 1879 à 1882.

ÉLASMOSE. *T. de minér.* Syn : *Nagyagite.* Tellure natif auro-plombifère, cristallisé d'ordinaire en prismes à base carrée, très fréquemment en masses laminaires et parfois en cristaux aplatis. Il est opaque, d'une teinte gris de plomb, flexible s'il est en lames assez minces, d'une densité moyenne de 7,1. Il fond facilement sur les charbons, en donnant des fumées épaisses d'acide tellureux et laissant un résidu où l'oxyde de plomb paraît surtout. Dissous dans l'acide azotique, il laisse l'or qu'il contient. Klaproth a trouvé la composition suivante à l'élasmose de Nagyag :

Plomb, 54 0/0; or, 9,0; argent, 0,5; cuivre, 1,3; tellure, 32,2; soupe, 3,0. C'est un minerai assez rare.

ÉLASTICITÉ. *T. de phys. et de méc.* Propriété moléculaire des corps en vertu de laquelle ces corps, après avoir été soumis à une action mécanique (pression, traction, etc.), qui diminue leur volume ou change leurs formes, tendent à reprendre leur état primitif, dès que cette action a cessé d'agir sur eux. Un corps sera dit parfaitement ou imparfaitement élastique, suivant qu'il reviendra complètement ou incomplètement à sa forme première quand l'action aura cessé. On donne le nom de *force élastique* ou de *ressort* à l'effort nécessaire pour maintenir dans leurs positions relatives forcées les molécules d'un corps. Cet effort peut servir à mesurer l'*élasticité*. On a coutume d'appliquer le mot d'*élasticité* spécialement aux corps solides qui peuvent, comme le caoutchouc, subir de grandes déformations sans cesser de pouvoir revenir ensuite à leur état primitif; cependant, cette propriété, dans le sens physique qu'on doit lui attribuer, n'est réellement parfaite que dans les fluides. Nous allons donc distinguer l'élasticité des solides, des liquides et des gaz.

Élasticité des solides. Tant que l'action mécanique exercée sur un corps solide n'a lieu que dans des limites peu étendues, celui-ci reprend exactement son volume initial dès que cette action a cessé d'agir sur lui. Dans le cas contraire, c'est-à-dire quand le corps conserve encore, après l'action mécanique, des traces de déformation, c'est qu'on a dépassé la *limite de son élasticité*, limite variable, d'ailleurs, avec la nature de la substance. Nous supposerons, dans tout ce qui va suivre, que l'on reste toujours en deçà de cette limite.

Dans les constructions et dans les machines, il importe, avant tout, que les pièces qui les composent ne prennent pas de *déformations permanentes*; il faut donc connaître la limite d'élasticité des corps, et pour cela déterminer les lois de leur élasticité dans les diverses conditions auxquelles ils peuvent être soumis.

On emploie, à l'égard des solides, les moyens suivants, pour mettre en jeu leur élasticité : la *traction* ou *tension*, la *compression*, la *flexion*, la *torsion*.

I. Élasticité par tension ou traction. Quand on soumet un corps, une barre, par exemple, à des efforts exercés dans le sens de sa longueur, l'expérience conduit aux lois suivantes : 1° l'allongement l d'une barre élastique est proportionnel à la charge, c'est-à-dire au poids P qui la tend; 2° Il est proportionnel à la longueur L de la barre; 3° il est en raison inverse de l'aire A de la section droite; 4° il est proportionnel à un *coefficient* $\frac{1}{E}$ propre à chaque substance. Ce qui donne la formule :

$$l=\frac{1}{E}\cdot\frac{PL}{A},$$

dans laquelle on est convenu de prendre le mètre pour unité de longueur, le kilogramme pour unité de poids et le millimètre carré pour unité de section.

Si, dans la relation ci-dessus, nous supposons :

$$A=1 \text{ mètre carré};$$
$$L=1 \text{ mètre};$$
$$l=1 \text{ mètre}.$$

Il vient E=P, c'est-à-dire que le coefficient d'élasticité est égal à l'effort qu'il faudrait exercer sur une barre d'une matière quelconque, d'une section égale à l'unité de surface, pour l'allonger d'une quantité égale à elle-même. En pratique, un aussi grand allongement n'est pas possible; la rupture arrive bien avant.

Voici, d'après Wertheim, les coefficients d'élasticité des métaux recuits :

Plomb	1727
Cuivre	10519
Fer.	20794
Acier fondu	19561

Le coefficient d'élasticité n'est pas employé, en pratique, mais il joue un grand rôle dans les équations de la *théorie de la résistance des matériaux*.

On avait cru, pendant longtemps, faute de mesures suffisamment exactes, que le fer, la fonte, l'acier, avaient des coefficients d'élasticité notablement différents. Actuellement, on n'admet pas de différences bien sensibles entre ces nombres.

La *limite d'élasticité* est d'une considération fort utile en pratique, quoiqu'elle ait de la peine à s'introduire dans les calculs, puisque c'est une limite entre la déformation élastique et la déformation permanente, qui ont chacune leurs lois distinctes.

II. **Élasticité de compression.** Les lois sont les mêmes que pour l'élasticité de traction. Elles ont été vérifiées par Wertheim sur des cubes de verre, par un procédé optique (emprunté à la polarisation). On donne le nom de *coefficient d'élasticité* à l'allongement d'une tige de longueur égale à l'unité, sous une charge égale à son poids. On a trouvé pour les coefficients d'élasticité du fer, de l'acier, du laiton, du zinc et du cuivre, les nombres 4,08; 4,03; 8,95; 6,30; 7,07 exprimés en centièmes de millimètre. Wertheim a montré qu'on peut rendre compte de tous les résultats d'expériences relatives à l'élasticité de traction et de compression, en admettant que la *force moléculaire* décroît en raison inverse de la 14e puissance de la distance.

Malgré les recherches des savants, il règne encore de l'incertitude sur la véritable valeur du rapport entre l'allongement et la variation de diamètre d'une barre. On admet tacitement qu'il est le même pour tous les corps, ce qui, d'après l'expérience, ne semble pas toujours exact.

III. **Élasticité de flexion.** Une barre à section rectangulaire est fixée solidement par une de ses extrémités dans une position horizontale, tandis que sur l'autre extrémité agit normalement une force, un poids, qui lui imprime une légère flexion. Quand la force cesse d'agir, la barre se redresse et reprend, après un certain nombre d'oscillations, sa position primitive. Les lois de l'élasticité de flexion sont contenues dans la formule suivante :

$$f = \frac{P L^3}{\delta l e^3} \quad \text{ou} \quad P = \delta \frac{f l e^3}{L^3}.$$

dans laquelle on représente par : f la flèche de flexion, P la force appliquée à l'extrémité de la barre, l sa largeur, e son épaisseur, L sa longueur et δ une constante qui dépend de la substance de la barre.

On fait le plus fréquent usage de l'élasticité de flexion : les ressorts de montres, de pendules, de dynamomètres, de serrures, ceux des sommiers (dits *élastiques*) et d'une multitude d'appareils, d'outils et de machines, sont élastiques par flexion. C'est encore l'élasticité de flexion qui est utilisée dans les manomètres à tubes métalliques, ainsi que dans les baromètres anéroïdes ou leurs analogues.

IV. **Élasticité de torsion.** Si un fil de métal est fixé à l'une de ses extrémités et que, par un effort exercé à l'autre bout, on torde ce fil, puis qu'on l'abandonne ensuite à lui-même, il reviendra au premier état, après diverses oscillations. Voici les lois d'élasticité de torsion trouvées par Coulomb :

1° La force de torsion est proportionnelle à l'angle de torsion ; 2° elle reste la même, quelle que soit la tension du fil ; 3° le coefficient de torsion (qui dépend de la substance, du diamètre et de la longueur du fil) est en raison inverse de la longueur du fil ; 4° il est proportionnel à la 4e puissance du diamètre du fil.

Limite de l'élasticité. Wertheim a mesuré la limite d'élasticité de tension pour plusieurs métaux, en prenant pour cette limite la charge capable de produire un allongement permanent de 0,00005 sur l'unité de longueur. « Il a trouvé que cette charge diminue notablement quand la *température* augmente. Ainsi, le cuivre recuit donne les limites 3, 2, 1 et le platine 14,5; 13; 11,2 aux températures 15°, 100°, 200°. Le *recuit* abaisse aussi la limite de l'élasticité... Si l'effort capable de produire un allongement permanent agit pendant longtemps, il arrive souvent que la barre continue à filer... Des lames minces de verre ou d'acier, assez longues pour fléchir sous leur propre poids et appuyées obliquement, finissent par contracter une courbure permanente. Les ressorts les plus parfaits se fatiguent à la longue, c'est-à-dire qu'ils finissent par conserver un changement de forme, sous l'influence d'une charge prolongée. » (*Physique de Daguin.*)

C'est en vertu de l'élasticité que se produisent les effets sonores, tous dus à des mouvements vibratoires des corps solides, liquides ou gazeux, transmis à notre organe auditif par des corps solides, liquides ou gazeux. Lorsqu'étant dans une chambre fermée de toutes parts, nous entendons des sons, des voix, des bruits du dehors, c'est par suite de l'élasticité des vitres, des planchers, des murs, du sol même qui vibrent et transmettent à notre oreille, par l'intermédiaire de l'air, ces diverses vibrations. Le sol des chemins de fer, les pavés des rues, les ponts, les phares élevés, les hautes flèches des églises, sont élastiques puisqu'ils tremblent et vibrent au passage des trains ou des voitures, ou sous l'impulsion du vent. On peut donc dire que tous les corps, entre certaines limites, sont *élastiques*, puisqu'ils peuvent vibrer et nous transmettre des sons ou des bruits. C'est par son élasticité que la lame vibrante du téléphone nous transmet la parole à grande distance. C'est par leur élasticité que les instruments de musique vibrent et nous font entendre des sons.

Élasticité des liquides. Nous avons dit, plus haut, que l'élasticité parfaite ne se rencontre que dans les fluides. En effet, si les liquides sont très peu compressibles (V. COMPRESSIBILITÉ), et supportent, sans diminuer sensiblement de volume, des pressions considérables, ils reviennent immédiatement et complètement à leur volume primitif dès que la compression a cessé. On peut donc dire qu'ils sont parfaitement élastiques. Cette élasticité et cette faible compressibilité des liquides sont utilisées dans la presse hydraulique et dans les pompes foulantes.

Élasticité des gaz. Les gaz sont extrêmement compressibles et éminemment élastiques (V. COMPRESSIBILITÉ DES GAZ). On peut les réduire à un volume très petit sans qu'ils perdent la propriété de revenir à leur volume primitif. On avait cru pendant longtemps que certains gaz, dits *permanents*, pouvaient conserver leur élasticité parfaite sur toutes les pressions. Les expériences récentes de MM. Pictet et Cailletet, sur la liquéfaction de l'oxygène, de l'azote et de l'hydrogène, ont prouvé qu'il n'y a pas de gaz permanents, c'est-à-dire qu'à une certaine limite de compression, l'élasticité des gaz est vaincue, les molécules prennent des positions stables et passent à l'état liquide. Pour les lois de l'élasticité des gaz, V. COMPRESSIBILITÉ DES GAZ.

Les manomètres à air sont une des applications les plus usuelles de l'élasticité des gaz, ainsi que les machines pneumatiques et de compression, la distribution du gaz d'éclairage, les aérostats, etc.

Ajoutons, enfin, que le fluide élastique, par excellence, est l'éther universel qui transmet les ondes lumineuses, calorifiques et probablement électriques et attractives. — C. D.

***ÉLASTIQUE.** *T. de tiss.* Petit ressort en spirale, qu'on loge dans chaque alvéole de l'étui placé derrière la mécanique Jacquard. L'élastique est en cuivre ; on lui donne une longueur et une énergie suffisante pour remplir le rôle d'antagoniste contre le talon de l'aiguille Jacquard, lorsque celle-ci, repoussée par un *plein* du carton Jacquard, vient refouler ledit ressort dans sa cavité. Aussitôt que le plein cesse d'agir, le ressort, par suite de sa force expansive, repousse alors et à son tour le talon de l'aiguille ; cette dernière se remet en place, et le crochet Jacquard reprend sa position verticale (position initiale de repos).

ÉLATÉRITE. Bitume élastique. — V. CAOUTCHOUC MINÉRAL.

***ÉLATÉROMÈTRE.** *T. de phys.* Appareil qu'on adapte aux moteurs mécaniques et qui sert à déterminer l'élasticité des vapeurs.

ÉLECTRICITÉ. I. EXPOSÉ HISTORIQUE DE L'ÉLECTRICITÉ ET DE SES APPLICATIONS. 1re *époque.* Le fait que l'ambre jaune acquiert par le frottement la propriété d'attirer les corps légers, était connu de l'Ecole de Thalès de Milet (600 ans avant J.-C.), et le mot *électricité* vient du nom grec de cette substance (ἤλεκτρον). Là se borne à peu près l'état des connaissances électriques jusque vers la fin du XVIe siècle, époque à laquelle le médecin anglais Gilbert retrouve la vertu de l'ambre jaune dans une série d'autres corps, dont il donne la liste dans son célèbre ouvrage, *De Magnete*, publié en 1600. En 1670 apparaît la première machine donnant des étincelles, c'est le globe de soufre d'Otto de Guericke, le bourgmestre de Magdebourg ; le globe était monté sur un axe qui permettait de lui imprimer un mouvement rapide de rotation, et le frottement était exercé avec la main sèche. Hawkesbee (1709) substitue le verre au soufre. Dès 1675, Newton avait observé que l'attraction électrique se transmet à travers le verre ; Boyle fit aussi quelques recherches dans le même sens.

Fig. 419. — *Expérience de Watson (XVIIIe siècle).*

2e *époque.* L'ÉLECTRICITÉ STATIQUE. Le XVIIIe siècle fonde l'électricité statique. En 1727, les physiciens anglais Grey et Wheeler découvrent que l'électricité se transmet le long de certains corps et classent les corps en *conducteurs* et *isolants.*

C'est en 1733 que l'académicien français Dufay, après avoir démontré que tous les corps peuvent être rendus électriques si on a soin de les isoler, distingue les *deux espèces* d'électrisation, auxquelles il donne les noms de *vitrée* et *résineuse*, et établit la règle de leurs actions : répulsion des similaires, attraction des dissemblables. Il ne reconnut pas cependant qu'elles se produisaient simultanément par le frottement, fait mis plus tard en évidence notamment par Symmer.

En 1741, la machine électrique est perfectionnée par les allemands Bozo et Winkler ; le premier installe les conducteurs isolés, le second les frottoirs, et la machine arrive peu à peu à la forme à plateau que l'on attribue à Ramsden.

Vers la même époque, le goût des expériences électriques commence à se répandre, ainsi qu'on le voit dans les mémoires du docteur Watson (1745). La figure 419 représente quelques-unes des expériences décrites dans ces mémoires : un abbé tourne la roue qui met en rotation un globe de verre qu'une dame frotte avec la main ; l'électricité passe dans le corps d'un jeune homme suspendu par des cordes qui l'isolent, et de sa main droite va dans le corps d'une demoiselle debout sur un bloc isolant de résine; celle-ci attire avec sa main droite des fragments de feuilles d'or.

Dans une autre figure un homme posé sur un tabouret isolant enflamme avec la pointe d'une épée une cuiller pleine d'esprit-de-vin.

La bouteille de Leyde fait son apparition en 1746 (Cuneus et Musschenbrœk); ses effets physiologiques, popularisés par l'abbé Nollet, attirent beaucoup l'attention.

Franklin entreprend de démontrer l'identité de la foudre et de l'étincelle électrique, identité déjà entrevue par Newton, en 1716. Le 10 mai 1752, à Marly-la-Ville, le français Dalibard réussit à soutirer, à l'aide de barres de fer isolées, l'électricité d'un nuage orageux, et au mois de juin de la même année, *Franklin* lance, à Philadelphie, son cerf-volant dans les nuages dont l'électricité lui arrive par la corde humide. En 1760, Franklin construit le premier paratonnerre. C'est lui qui, aux dénominations génériques d'électricité vitrée et résineuse, substitue *celles algébriques de positive et négative*, lesquelles rappellent sans cesse à l'esprit le fait capital de la production simultanée et en quantités équivalentes des deux électrisations contraires.

Les phénomènes d'influence et de condensation sont étudiés par Canton, Æpinus, Wilke, l'inventeur de l'électrophore (1762), Beccaria et Volta, Henley, Lane, Bennett, Cavallo imaginent diverses formes d'électromètres; Volta, l'électromètre condensateur.

En 1784, la Société de Teyler, à Haarlem, fait construire, sous la direction de Van Marum, la grande machine électrique à deux plateaux (fig. 420), à l'aide de laquelle Deimann et Paets, à Amsterdam, auraient réussi, dès 1789, à décomposer l'eau.

De 1788, date le *duplicateur* de Nicholson, qui donne sans frottement les deux espèces d'électrisation et *multiplie* par l'*induction* une petite charge donnée. C'est la première application de la transformation directe du travail mécanique en énergie électrique, principe fécond auquel on doit depuis les machines dynamo-électriques.

Les machines statiques modernes de Holtz (1865), Bertsch, Carré, Tœpler, etc. sont aussi fondées sur ce principe.

Æpinus applique le premier, en 1759, les mathématiques à l'étude de la condensation électrique et de la distribution du magnétisme. De 1771 à 1781, Cavendish, après avoir prouvé que l'électricité se porte toute entière à la surface des corps, en déduit mathématiquement que les actions électriques suivent la grande loi de la nature, la loi de l'inverse carré des distances. Mais les travaux de Cavendish *ont été exhumés seulement* en 1879 par les

Fig. 420. — *Machine de Van Marum.*

soins de Maxwell; bien avant Faraday, Cavendish avait aussi découvert que la charge des condensateurs dépend de la nature de l'isolant et déterminé pour certains isolants ce que Faraday (1837) a appelé le pouvoir inducteur spécifique.

C'est à Coulomb que revient l'honneur d'avoir établi, par des mesures exactes, la loi des actions électriques (balance de torsion, 1787), fondement de la théorie mathématique de l'électricité statique, développée depuis par les travaux de Poisson (1811), Green (1828), Gauss, de MM. Kirchoff, Clausius, Helmholtz, de sir William Thomson et de Maxwell. La notion du *potentiel*, dont la *conception*, due à Laplace, fut appliquée par Poisson à l'électricité, fait la base du mémoire que Green publia, en 1828, sous le titre : *Essai sur les applications de l'analyse mathématique à la théorie de l'électricité et du magnétisme.*

3e *Époque.* La pile. La fin du xviiie siècle a vu naître le *galvanisme*. Une expérience de physiologie, faite par le médecin Galvani, conduisit Volta à la découverte de la pile, cet instrument merveilleux, qui non seulement produit l'électricité, mais qui, la renouvelant continuellement dès qu'elle s'est écoulée par un fil métallique, engendre ainsi un courant électrique permanent. On connaît l'histoire des convulsions des grenouilles que Galvani avait suspendues à un balcon en fer par des crochets de cuivre (1786) et la célèbre controverse dont cette expérience fut l'objet entre Galvani et Volta (1797), Galvani attribuant les contractions des grenouilles à l'électricité propre des nerfs et des muscles, Volta au *contact* de métaux différents. La controverse durait encore lorsque Volta inventa la *pile à colonne* (1799).

Dès 1781, Laplace et Lavoisier avaient reconnu la présence de l'électricité dans des actions chimiques, et tiré des étincelles d'un condensateur de Volta, mis en communication avec un vase dans lequel de l'acide sulfurique dilué agissait sur du fer ou de la craie.

Aussi en 1792, Fabroni, de Florence, put-il émettre l'idée que l'*action chimique* jouait un rôle dans l'expérience de Galvani; idée reprise par Davy (1800), Wollaston (1801) et que Faraday devait plus tard (1840) soutenir avec tant d'énergie.

Il est reconnu aujourd'hui que la vérité se trouve à la fois et dans l'explication électro-physiologique de Galvani, et dans la théorie du contact de Volta, et dans celle de l'action chimique de Faraday. D'une part l'électricité animale excite; d'autre part, le contact de deux métaux détermine une force électro-motrice, comme l'a prouvé directement sir William Thomson, et comme le démontre le développement de l'électricité dans les piles thermo-électriques; mais le contact seul serait impuissant à renouveler l'électricité, et comme rien ne se crée de rien, il faut l'action chimique ou toute autre source d'énergie pour alimenter le courant de la pile.

En 1800 apparaît la *pile à couronne* de tasses de Volta, suivie d'un essai de *pile à auge* en verre. La pile à auge est perfectionnée par Cruiksand (1802) et peu après par Wollaston : la disposition de Cruiksand fut adoptée pour la grande pile que Napoléon donna à l'école Polytechnique et qui servit à Gay-Lussac et Thénard.

Vinrent ensuite la pile à hélice, dont les couples secondaires de M. Planté rappellent aujourd'hui la forme, et divers modèles de piles moins encombrantes et plus portatives.

Le dégagement de l'électricité dans les actions chimiques prend le caractère d'un fait général.

Volta l'avait constaté dans la combustion du charbon. A.-C. Becquerel montra qu'il se manifeste toujours dans la combustion des solides et des gaz, pourvu que les corps considérés soient suffisamment conducteurs. Oerstedt avait prouvé que l'action d'un acide sur un métal dégage de l'électricité, Becquerel montra qu'il en est de même dans les combinaisons des acides et des bases et dans une foule d'autres réactions chimiques. Tous ces faits et ceux recueillis encore par de la Rive, Avogrado, Matteucci et Nobili sont enfin englobés par Becquerel dans une même loi générale.

Quand une pile est mise en action, son courant éprouve bientôt une diminution rapide. Becquerel (1829) trouve l'explication de ce phénomène, et le moyen de rendre la pile constante. Il indique l'emploi dans ce but du sulfate de cuivre, et sa découverte de la pile à deux liquides devient le point de départ des perfectionnements les plus importants apportés à ce générateur d'électricité. Daniell construisit sa pile à sulfate de cuivre en 1836; Grove, en 1839, sa pile à acide nitrique, dans laquelle Cooper proposa de remplacer le platine par le charbon en 1848. La pile de Smée date de la même année, et la pile de Bunsen de 1843. — V. PILE.

4. *Le courant électrique.* Sachant produire le courant électrique, on pouvait étudier ses effets (A), sa mesure et ses lois (B).

(A). Les effets du courant électrique peuvent être classés en trois catégories. Ce sont, en suivant l'ordre chronologique de leur découverte : les effets *physiologiques* (A), *chimiques* (B) et *physiques* (C).

5. (A) *Effets physiologiques.* Comme nous l'avons vu, c'est à un effet physiologique même du courant qu'est due la découverte de la pile. Après Galvani, l'existence du courant musculaire fut mise hors de doute par les expériences de Nobili, Matteucci et de M. Dubois-Reymond; ce dernier découvrit également l'existence du courant nerveux, et les variations de l'excitabilité, quand le nerf est parcouru par un courant électrique. L'électro-physiologie a conduit à l'électro-thérapie, à laquelle se rattachent les travaux des docteurs Becquerel, Tripier, Duchesne de Boulogne et enfin du docteur Charcot.

6. (B) *Effets chimiques.* La découverte des propriétés chimiques du courant suivit immédiatement celle de la pile qui fut rendue publique par la lettre de Volta à Sir Joseph Banks (1800). Quelques semaines après Carlisle et Nicholson décomposaient l'eau, et un peu plus tard, un certain nombre de sels. Dans sa célèbre *Bakerian lecture* de 1806 Humphry Davy énumère les principaux caractères des décompositions chimiques et, l'année suivante, il décompose les alcalis et les terres pour en retirer les métaux. Faraday (1833-34) donne le nom de *voltamètres* aux appareils à décompositions chimiques et formule les lois de ces phénomènes.

7. *Piles secondaires.* Si le passage du courant électrique décompose les solutions chimiques, réciproquement les décompositions chimiques engendrent un courant électrique. On verra que cette loi de réciprocité est générale : toute action chimique, mécanique ou calorifique, produite par le courant électrique, peut à son tour engendrer un courant électrique et constitue donc un phénomène réversible. La polarisation des électrodes dans l'électrolyse est la conséquence de cette loi; les courants inverses dus à cette polarisation sont la cause des *effets secondaires* signalés par Gautherot en 1801, étudiés ensuite par Ritter (1803), Becquerel, Matteucci, etc. Becquerel trouve le moyen de les éliminer pour obtenir une pile constante, tandis qu'ils sont utilisés dans la pile à gaz de Grove, puis dans les batteries secondaires de M. Gaston Planté, qui, sous le nom d'*accumulateurs* d'électricité, commencent à être employées sur une grande échelle dans les applications industrielles de l'électricité.

8. *Galvanoplastie.* Les actions chimiques produites par les courants électriques sont elles-mêmes l'objet de nombreuses applications aux arts et à l'industrie. En 1836, A.-C. Becquerel les applique au traitement des minerais d'argent; en 1838, Jacobi invente la *galvanoplastie*; en 1840, de la Rive réalise le dépôt de l'or sur les métaux, et résout ainsi d'une façon simple le problème de la dorure, déjà tenté par Brugnatelli en 1805; puis en 1842, Elkington et Ruolz font connaître les procédés aujourd'hui en usage. — V. ARGENTURE, DORURE.

(C) Les propriétés *physiques* du courant comprennent des phénomènes *mécaniques* (*a*), *calorifiques* (*b*) et *lumineux* (*c*).

(*a*) *Phénomènes mécaniques.*

9. *Electro-magnétisme* et *Electro-dynamique*. Le premier phénomène mécanique observé fut l'action du courant sur l'aiguille aimantée. Le physicien italien, Romagnosi, suivant quelques auteurs, aurait remarqué que l'aiguille aimantée est déviée dans le voisinage d'un courant; son observation publiée d'abord dans un article *sur le galvanisme*, inséré dans la *Gazette de Trente* du 3 août 1802, serait reproduite dans l'*Essai théorique et expérimental sur le galvanisme* qu'Aldini publia à Paris en 1804, et dans le *Manuel du galvanisme* d'Yzarn, professeur à Paris (1805). L'attention du monde savant ne fut toutefois appelée sur ce point important que par l'expérience capitale d'Oerstedt (1820).

Immédiatement après en avoir eu connaissance, Ampère commençait une série de recherches expérimentales et théoriques de la plus haute importance, bases de l'*électro-dynamique* et de l'*électro-magnétisme*, et Arago observait l'attraction qu'un courant électrique exerce sur la limaille de fer. Ampère eut l'idée de donner au fil conducteur du courant la forme d'une hélice entourant une aiguille de fer ou d'acier, afin d'obtenir une aimantation plus forte : il vérifia le fait conjointement avec Arago. De là le solénoïde, l'électro-aimant, et l'explication par Ampère des phénomènes magnétiques par l'assimilation des aimants aux solénoïdes.

Presqu'à la même époque (1821), Schweigger construit le *multiplicateur*, devenu le *galvanomètre*.

A l'électro-magnétisme se rattache le *diamagnétisme* (V. ce mot), dont la première observation remonte à 1778 (Brugmans, répulsion du bismuth par l'aimant), mais dont l'étude ne fut entreprise qu'en 1845, par Faraday.

11. *Télégraphie électrique*. Les effets mécaniques des courants ont trouvé leur application la plus remarquable dans la *télégraphie électrique*. Sauf les télégraphes électro-chimiques, tous les appareils télégraphiques utilisent la déviation d'une aiguille aimantée ou l'aimantation temporaire du fer sous l'action du courant électrique. L'idée de transmettre des signaux à distance à l'aide de l'électricité remonte au XVIIIe siècle, et on cite des tentatives de ce genre par l'électricité statique, qui datent de 1753 (Ch. Marshall). L'emploi des courants la rendit pratique. En 1811 Sœmmering imagina un télégraphe électro-chimique, fondé sur la décomposition de l'eau par la pile. Puis en 1820, Ampère indiqua l'action du courant sur l'aiguille aimantée, comme moyen de correspondance télégraphique, mais n'alla pas plus loin.

Gauss et Weber (1834) utilisèrent ce moyen pour mettre en communication le cabinet de physique et l'observatoire de Gœttingue. Steinheil (1837) construisit à Munich un télégraphe électrique reliant deux points distants de 5 kilomètres, et se servit de la terre pour compléter le circuit. La même année, Wheatstone, à Londres, imaginait un télégraphe à aiguilles, et une sonnerie dont le mouvement d'horlogerie était déclanché par un électro-aimant. Enfin, en 1838, l'américain Morse brevetait son télégraphe électro-magnétique, dont l'invention, selon lui, remontait à 1832.

De tous les inventeurs de la télégraphie électrique, c'est Wheatstone, sans contredit, qui contribua le plus à ses rapides progrès. C'est lui qui, avec Cooke, fit construire la première ligne électrique en vue d'une exploitation sérieuse. Elle fonctionna en 1839 sur le Great-Eastern Railway.

En Amérique, une ligne fut construite en 1843, de Washington à Baltimore.

En France, M. Alphonse Foy prit, en 1844, l'initiative de la ligne de Paris à Rouen, à laquelle collaborèrent Gounelle et Bréguet.

L'Electric Telegraph Company, pour l'exploitation de la télégraphie, s'organisa en Angleterre en 1846, sous la direction de MM. Latimer Clark, Varley, etc., et dans les deux années suivantes on construisait en France les lignes de Paris à Orléans, et de Paris à Lille.

Enfin, le 13 novembre 1851, MM. Brett et Crampton établissaient entre Douvres et Calais le premier télégraphe sous-marin.

On doit rapprocher de la télégraphie les nombreux appareils indicateurs tels que les horloges électriques, les avertisseurs, les enregistreurs, etc., qui sont fondés sur le même principe.

12. *Induction*. Après la découverte de la pile (1800) et celle de l'électro-magnétisme (1820) la découverte qui a agi le plus puissamment sur le développement de l'électricité est celle de l'*induction* par Faraday en 1831. Faraday pensa que si l'électricité peut produire du magnétisme (électro-aimant), inversement le magnétisme doit pouvoir produire de l'électricité, et il réussit à engendrer des courants par le mouvement relatif d'un aimant et d'un circuit fermé (induction magnéto-électrique). Il découvrait en même temps (1831) l'induction par l'action de la terre, et l'induction par le mouvement relatif de deux circuits, dont l'un est traversé par un courant (induction voltaïque).

Les phénomènes d'induction sont liés aux phénomènes électro-magnétiques ou électro-dynamiques par une réciprocité de cause à effet, ou d'action et de réaction; si l'action mutuelle d'un courant et d'un aimant, ou de deux courants produit un travail mécanique, réciproquement un travail mécanique convenablement appliqué à l'un des deux systèmes en présence engendrera un courant électrique. Le sens du courant engendré est défini par la loi de Lenz.

13. Faraday explique par les courants induits le phénomène du *magnétisme de rotation* découvert par Arago en 1824, étudié ensuite par Babbage et Herschell. La première forme de machine magnéto-électrique (Faraday, 1831) donnait un courant continu induit par un aimant en fer à cheval dans un disque métallique tournant entre ses branches. Le disque de Faraday n'est autre que la roue de Barlow (1828) dont les dents sont supprimées. La roue de Barlow et le disque de Faraday constituent un exemple frappant de l'application du

principe de la réversibilité à la transformation réciproque des moteurs électriques en générateurs électriques.

14. *Bobines d'induction.* En 1832, l'Américain Henry observe le phénomène de *quasi-inertie* de l'électricité, ou *extra-courant*, que Faraday (1834) explique par l'induction du fil sur lui-même. Sturgeon (1837) augmente l'effet des appareils d'induction en substituant un faisceau de fils de fer au noyau de fer doux placé dans l'intérieur de la bobine; Henry (1841) étudie les courants induits de divers ordres; Masson et Bréguet (1842) construisent la première *bobine d'induction*. Vers 1850, Ruhmkorff perfectionne ces bobines, que M. Fizeau complète en 1853 par l'addition du condensateur.

De nombreuses variétés de petites bobines d'induction sont employées dans l'électro-physiologie et l'électro-thérapie. Parmi les grandes bobines pour la production de l'électricité à haute tension, il faut citer les bobines de Ruhmkorff, de Siemens et de Apps. De ces dernières, la plus remarquable est la grande bobine de Spottiswoode, qui peut donner des étincelles de un mètre.

15. *Machines magnéto-électriques.* Sur la génération de l'électricité par les effets d'induction sont fondées les machines magnéto et dynamo-électrique. Toute machine de ce genre se compose de deux parties : l'*inducteur*, qui est le système d'aimants, ou d'électro-aimants, qui produit le champ magnétique; et l'*induit* ou *armature* qui est le système de circuits qui recueille les courants engendrés. On donne plus spécialement le nom de *machines dynamo-électriques* à celles dans lesquelles le champ magnétique est produit par des électro-aimants.

Comme il ne s'agit que d'un mouvement relatif, tantôt c'est l'induit qui est fixe et l'inducteur mobile, tantôt c'est l'inverse. Les courants obtenus sont *alternatifs*, mais on peut les diriger tous dans le même sens à l'aide de *commutateurs*.

Les premières machines magnéto-électriques à courants alternatifs sont celles de Pixii (1832), Saxton (1833) et Clarke (1835). Puis sont venues les machines industrielles, telles que celle de l'*Alliance*, imaginée par Nollet (1854) et perfectionnée par Van Malderen, qui a éclairé le phare de la Hève (1863); celle de Holmes (1857), qui a éclairé les phares de South-Foreland; la machine de Siemens et Halske, dont la bobine ou armature longitudinale, imaginée en 1854, a été appliquée depuis à un grand nombre d'appareils; enfin la machine de Méritens, adoptée aujourd'hui pour le service anglais des phares, et appliquée en France au phare de Planier, près Marseille.

On a vu que le disque de Faraday constituait une machine à *courant continu*; mais c'est M. Gramme (1870), qui construisit la première machine à courant continu, susceptible d'applications industrielles. Le *collecteur* de cette machine a été un grand perfectionnement sur les anciens commutateurs employés pour redresser les courants alternatifs.

16. *Machines dynamo-électriques.* M. Wilde, en 1867, eut l'idée d'employer le courant induit par des aimants permanents à *exciter* un électro-aimant, induisant des courants susceptibles d'exciter un autre électro-aimant encore plus puissant et ainsi de suite. De là, les machines *dynamo-électriques*. Or, tout fer doux renferme toujours une trace de magnétisme rémanent, suffisante pour engendrer de petits courants induits; ces courants, envoyés dans la bobine entourant le fer doux, accroîtront ce magnétisme; il en résultera des courants induits plus forts, lesquels augmenteront encore le magnétisme, en sorte qu'un électro-aimant peut devenir un aimant puissant par l'accroissement graduel des courants qu'il engendre lui-même. Ce principe, que l'on retrouve dans un brevet pris par M. S.-A. Varley, en 1866, fut communiqué à l'Académie de Berlin, en janvier 1867, par M. Verner Siemens. Enfin, le 14 février 1867, deux mémoires étaient lus à la Société royale de Londres, l'un par William Siemens : *Sur la conversion de la force dynamique en force electrique*; l'autre, par Wheatstone : *Sur l'accroissement de la puissance d'un aimant par la réaction qu'exercent sur cet aimant les courants qu'il induit lui-même.*

Par application de ce principe, l'*excitation* initiale peut se faire naturellement et la transformation du travail mécanique en énergie électrique s'opère, dans les machines dynamo-électriques, simplement par la rotation de pièces métalliques devant d'autres pièces métalliques.

Dans les machines dynamo à courant continu, l'excitation des inducteurs est produite tantôt en les *intercalant* dans le circuit principal, composé de l'induit et du circuit extérieur, tantôt en les mettant en *dérivation* sur le circuit principal; tantôt enfin par un générateur indépendant, comme dans les machines de Ladds (1873).

Dans les machines à courants alternatifs, le courant continu nécessaire pour l'excitation est fourni, soit par une machine indépendante, soit par une fraction du courant redressée dans ce but par un commutateur.

Le courant continu est indispensable pour la galvanoplastie; il est employé de préférence au courant alternatif dans certaines lampes électriques, et sert à exciter les machines à courants alternatifs.

Parmi les machines dynamo à courants continus, il faut citer celles de Gramme (1872), de Siemens-Alteneck (1873), Brush (1876), la grande machine d'Edison, etc.

Pour l'éclairage électrique, il est souvent inutile de redresser les courants, et, en particulier, pour les bougies électriques, les courants alternatifs sont nécessaires; mais dans les machines dynamo, les inducteurs doivent être aimantés par un courant continu. Ce dernier est fourni par une excitatrice séparée dans les *machines à division* qui alimentent plusieurs circuits (Lontin, Gramme, Siemens, etc.); par une excitatrice montée sur le même axe que la machine principale, ou par une partie du courant induit, redressée à cet effet, dans les machines *auto-excitatrices* (Wilde, Gramme).

17. *Moteurs électriques et transport de la force.* Le mouvement relatif, qui est indispensable à la production du courant dans les machines magnéto et dynamo-électriques, est donné par un moteur mécanique. On peut donc dire que ces machines transforment l'*énergie mécanique en énergie électrique.*

Inversement, on peut *transformer l'énergie électrique en énergie mécanique*, ou animer des moteurs par le courant électrique. C'est l'objet des *machines électro-magnétiques* ou *moteurs électriques.*

En 1837, Jacobi inventa un moteur avec lequel il essaya de faire marcher un bateau sur la Néva, et, en 1846, Lippens construisait une petite locomotive électrique. Le moteur d'Ælias n'a éte connu que par l'Exposition d'électricité de 1881. De 1844 à 1848, Froment imagina une série de moteurs électriques; on peut citer encore les moteurs de Page (1846), Wheatstone, Marié-Davy, et la machine de M. Larmenjat, qui figurait à l'Exposition de 1855. Mais les plus forts de ces moteurs ne donnaient pas plus de deux kilogrammètres, et la pile coûtant plus cher que la vapeur, on avait renoncé à se servir de l'électricité comme moteur.

M. Pacinotti construisit, en 1860, un moteur électrique, dont la description parut dans le *Nuovo Cimento* de juin 1864. Ce moteur présente un électro-aimant circulaire, qui donne à l'appareil une analogie remarquable avec la machine de Gramme. M. Pacinotti reconnut la réversibilité de son appareil et la possibilité d'en faire une machine électrique. Mais c'est seulement la machine de Gramme (1870) qui appela l'attention sur cette réversibilité qui permettait de résoudre le problème du *transport de la force* et de l'utilisation des forces naturelles par la transformation, à l'aide des machines dynamo-électriques, du travail mécanique en électricité susceptible d'être transportée à distance le long d'un fil télégraphique, et par la transformation inverse à l'aide de moteurs électriques de l'énergie électrique en énergie mécanique. Toutes les machines à courant continu, étant reversibles, peuvent servir, et comme *génératrices* et comme *réceptrices*. La première expérience de ce genre fut faite à l'Exposition de Vienne de 1873, par M. Fontaine, ingénieur de la maison Gramme; en 1878, MM. Chrétien et Félix utilisaient les machines Gramme à des chargements de vagons. La première expérience publique de labourage électrique fut faite à Sermaize en 1879. La même année, une locomotive électrique figurait à l'Exposition de Berlin, et, en 1881, la maison Siemens et Halske établissait à Berlin le chemin de fer électrique que l'on a revu à l'Exposition d'électricité de Paris. A cette dernière exposition, M. Marcel Deprez présentait un spécimen de distribution de la force à l'aide de ses petits moteurs électriques. Les expériences faites par le même ingénieur à l'Exposition de Munich (1882) au sujet du transport de la force à distance, vont être reprises en 1884 sur une grande échelle entre Creil et Paris. Le but que l'on se propose est de transmettre entre ces deux villes une force de cent chevaux par un fil de 5 millimètres de diamètre, en bronze siliceux ou phosphoreux, dont la conductibilité atteint presque celle du cuivre.

Le transport de l'énergie électrique se présente aujourd'hui sous deux aspects que l'on peut comparer au gaz portatif et au gaz canalisé. La première solution est donnée par les accumulateurs amenés sur les lieux où l'énergie doit être dépensée, ou portés par les locomotives qu'ils doivent actionner (tramways électriques); la seconde, par l'accouplement de la machine génératrice avec la réceptrice par l'intermédiaire d'un fil conducteur.

18. *Téléphonie.* La plus récente des applications de l'induction est le transport à distance de la parole par le téléphone. C'est en 1876 que M. Graham Bell inventa son téléphone magnétique, appareil réversible, qui agit comme transmetteur et comme récepteur. Cette invention est bientôt suivie de celle du téléphone à courant de pile d'Edison et du microphone de Hughes. On sait les progrès inouïs qui ont été réalisés de nos jours dans cette application.

19. (*b*) *Effets calorifiques.* Le courant électrique échauffe les fils qu'il traverse. Le fait avait été reconnu, dès 1801, par Thénard et Hachette, et Davy avait étudié la fusion et la combustion des métaux par l'action du courant. Mais la formule, qui permet d'évaluer en calories l'échauffement produit par un courant, et par suite d'estimer, dans le transport de la force, la perte d'énergie par l'échauffement des conducteurs, a été établie par Lenz en 1843 et Joule en 1844.

20. *Piles thermo-électriques.* Seebeck, en 1821, observa que, dans un circuit de deux métaux différents, l'échauffement ou le refroidissement de l'une des soudures donnait naissance à un courant. En 1823, A.-C. Becquerel donna les lois de ces phénomènes qui ont conduit aux piles thermo-électriques et aux thermomètres électriques, à l'aide desquels on peut déterminer la température dans des conditions où les thermomètres ordinaires ne peuvent être employés.

Les premières piles thermo-électriques ont été construites par Oerstedt et Fourier; Nobili (1834) et Melloni les ont perfectionnées et s'en sont servi dans l'étude de la chaleur rayonnante. Grâce à leur constance et à leur faible résistance, elles ont permis à Pouillet de retrouver expérimentalement les lois des intensités des courants constants. MM. J. Regnault, Ed. Becquerel et Gaugain s'en sont servi comme étalons de force électromotrice.

On a utilisé quelque temps dans l'industrie, et notamment dans la galvanoplastie, des piles thermo-électriques formées d'alliages (piles de Marcus, Clamond, Noë, etc.); mais elles ont été, en général, remplacées depuis par les machines dynamo-électriques.

En 1834, Peltier montra que les phénomènes thermo-électriques étaient aussi réversibles, c'est-à-dire que des changements de température étaient produits à la soudure de deux métaux par le passage du courant.

Le curieux phénomène de l'inversion du courant dans certains circuits, quand on élève la température de l'une des soudures au-dessus d'un certain point, fut signalé par Cumming, en 1823. M. Tait détermina ce point neutre pour un grand nombre de métaux.

Sir William Thomson a tiré de ces phénomènes des conséquences intéressantes en leur appliquant la théorie mécanique de la chaleur.

21. (c) *Phénomènes lumineux. Eclairage électrique.* C'est en 1813 que Davy découvrit la lumière électrique en faisant jaillir l'arc voltaïque entre deux pointes de charbon de bois, reliées aux pôles de la pile colossale de l'Institution royale de Londres. Les conditions de production de l'arc voltaïque furent étudiées par Despretz; MM. Fizeau et Foucault mesurèrent son intensité lumineuse. C'est Foucault qui substitua le charbon de cornue au charbon de bois; les charbons artificiels de M. Carré et autres vinrent plus tard.

D'autre part, le courant électrique porte à l'incandescence les fils fins de platine et les fibres de charbon qu'il traverse.

De là deux modes d'éclairage électrique : l'*arc voltaïque* et l'*incandescence.* Pendant longtemps la pile fut le seul générateur électrique employé pour l'éclairage : aujourd'hui elle est remplacée, soit par les machines magnéto et dynamo, qui ont permis d'aborder le problème de l'éclairage électrique des phares et des rues, soit par les accumulateurs, qui sont devenus, avec les machines, les sources industrielles d'électricité.

Les foyers à arc voltaïque se divisent en deux catégories : 1° les régulateurs ou lampes dans lesquels les électrodes de charbon sont placés bout à bout et dont les plus anciens sont le régulateur Foucault (1848), perfectionné par M. Duboscq, et le régulateur Archereau (1850) ; 2° les bougies, dans lesquelles les charbons sont placés parallèlement, et dont l'invention est due à M. Jablochkoff.

Les lampes à incandescence (Edison, Swan. Maxime) datent de nos jours. — V. ECLAIRAGE, § *Eclairage électrique.*

22. *Décharges dans le vide.* Les trois sources les plus puissantes d'électricité que l'on connaisse aujourd'hui sont : la pile à chlorure d'argent de M. Warren de la Rue, qui atteint 25,000 éléments ; les batteries secondaires de M. Planté, et la grande bobine d'induction de M. Spottiswoode. Elles ont servi à de très curieuses expériences sur l'arc voltaïque et les décharges électriques dans l'air et les gaz raréfiés, et dans les vides extrêmes. C'est aussi la bobine d'induction qui a servi à M. Crookes dans ses belles expériences sur la *matière radiante* (1877).

La décharge dans l'air raréfié fut étudiée en 1834 par sir Snow Harris, puis par Masson. Les expériences de sir William Thomson (1860) sur l'étincelle électrique sont aujourd'hui classiques. Le phénomène de la *stratification*, signalé par M. Abria, en 1843, fut observé ensuite par Grove (1852) et Gassiott (1859); leurs recherches furent poursuivies par MM. de la Rue et Müller, Spottiswoode et Moulton.

23. *Electro-optique.* Le phénomène de la polarisation rotatoire magnétique, qui constitue le premier lien observé entre l'électricité, le magnétisme et la *lumière fut découvert par* Faraday, en 1845. Il fut ensuite étudié, notamment par M. Ed. Becquerel (1846) et Verdet (1852).

En 1875, le docteur Kerr, de Glascow, découvrit que le verre et d'autres diélectriques traversés par l'étincelle d'induction, devenaient biréfringents; et, en 1877, il observa la rotation du plan de polarisation de la lumière réfléchie par le pôle d'un aimant.

M. Willoughby Smith avait remarqué, en 1873, que la résistance électrique du sélénium était plus faible à la lumière que dans l'obscurité ; l'étude de ce phénomène par MM. Adams et Day (1876) a conduit M. Bell, l'inventeur du téléphone, à la découverte du *photophone*, généralisé depuis sous le nom de *radiophone.*

La relation que ces faits établissent entre les phénomènes électriques, magnétiques et lumineux, est corroborée par l'identité inattendue entre la vitesse de la lumière et la vitesse qui exprime le rapport des grandeurs des unités électromagnétique et électro-statique de quantité électrique, identité sur laquelle l'attention a été appelée par les travaux sur les unités électriques entrepris par l'Association Britannique pour l'avancement des sciences (1861-1869). La détermination de ce rapport, déjà faite par M. Weber (1856) et sir William Thomson (1860), a été reprise par divers expérimentateurs, et les nombres trouvés ne diffèrent pas plus de ceux obtenus pour la vitesse de la lumière par M. Fizeau (1849), Foucault (1862) et M. Cornu (1874), que ces derniers ne diffèrent entre eux.

24. (B) *Mesure et lois.* Trois catégories d'instruments servent à la mesure des courants : le *galvanomètre* (Schweigger, 1821), le *voltamètre* (Faraday, 1833), et l'*électro-dynamomètre* (Weber, 1846).

Nobili étudie les moyens de sensibiliser les galnanomètres et imagine, en 1826, le galvanomètre à *aiguilles astatiques*, tandis que Becquerel (1826) invente le galvanomètre *différentiel.* Peltier, Nobili, Melloni, Becquerel, Poggendorff se préoccupent de rendre les galvanomètres comparables; mais leurs procédés sont abandonnés depuis l'invention de la *boussole des sinus* (1824), par de la Rive et Pouillet, et celle de la *boussole des tangentes*, par Pouillet (1828). Gangain perfectionne la boussole des tangentes; Weber invente la *suspension bifilaire*, applique aux galvanomètres la méthode d'observation de Gauss et Poggendorff pour les petites déviations des magnétomètres (lunette et miroir), et rend les instruments apériodiques par l'introduction d'une masse de cuivre rouge autour de l'aiguille. Enfin, sir William Thomson donne aux galvanomètres à miroir la forme en usage aujourd'hui.

Les premières recherches sur la conductibilité des métaux remontent à Davy (1821) ; il reconnut qu'elle diminue lorsque la température s'élève; Becquerel, en 1826, publia une table des pouvoirs conducteurs, déterminés à l'aide de son galvanomètre différentiel. Mais l'idée de *résistance électrique* ne devint précise que lorsque Ohm (1827) fit paraître son traité *de la théorie mathématique de la chaîne galvanique,* dans lequel sont énoncées les lois qui régissent les courants électriques. Ohm arriva à ces lois par l'application au mouvement de l'électricité des formules trouvées par Fourier pour la propagation de la chaleur. Les travaux de Ohm restèrent dans l'obscurité pendant quelques années, malgré les vérifications expérimentales de Fechner (1831). De 1835 à 1837, Pouillet retrouva ces lois par l'expérience, et c'est à lui qu'on doit leur vulgarisation. Pouillet eut aussi le premier l'idée de rapporter la résistance des divers corps à celle du mercure, en adoptant pour unité une colonne de 1 mètre de hauteur et de 1 millimètre de diamètre. En 1838, Lenz se servit, dans ses expériences, d'une certaine longueur de fil de cuivre comme unité de résistance. En 1843, Wheatstone proposa un fil de cuivre d'un poids déterminé, et imagina les rhéostats et bobines de résistance. Son célèbre mémoire de 1844 fait époque dans l'histoire de la mesure électrique. Poggendorff, Jacobi, Kirchhoff, Buff, etc., le suivirent dans cette voie, et Jacobi, en 1848, pour rendre comparables les expériences, envoya à divers savants un certain fil de cuivre, connu depuis sous le nom d'*étalon de Jacobi*, en les invitant à en prendre des copies.

Jusqu'en 1850, on ne s'était occupé de la mesure électrique que dans les laboratoires; mais les premiers essais de télégraphie souterraine, qui datent de cette époque, et surtout ceux de télégraphie sous-marine, firent comprendre aux ingénieurs l'importance des services que pourrait rendre à la pratique la connaissance des lois de l'électricité. M. Varley (1847), M. Werner Siemens (1850), sir Charles Bright (1852) publient des méthodes pour la détermination des défauts sur les lignes. Aux étalons du laboratoire, on substitue l'unité de longueur du fil télégraphique, qui est remplacée, en 1860, par l'unité mercurielle de M. Siemens (colonne de mercure de 1 mètre de long et de 1 millimètre carré de section à 0° centigrade).

Wheatstone, dès 1834, s'était préoccupé de déterminer la vitesse de l'étincelle électrique par la méthode du *miroir tournant*.

Quand les lignes télégraphiques commencèrent à fonctionner, on songea à les utiliser pour la détermination des longitudes, et, en 1849, M. Walker, puis MM. O'Mitchell et Gould, en Amérique, essayèrent de mesurer le temps qu'emploie l'électricité à franchir une distance déterminée. MM. Fizeau et Gounelle, en France (1850), étudièrent, de leur côté, la vitesse de l'électricité par une méthode tout à fait différente, sur les fils télégraphiques de Paris à Amiens et de Paris à Rouen. Lorsque le premier câble sous-marin eut été posé entre Calais et Douvres, on reconnut que la transmission des signaux était beaucoup plus lente que sur les fils aériens, et l'idée vint immédiatement que ces conducteurs devaient se comporter comme des bouteilles de Leyde: l'étude de cette question, entreprise par Faraday, en 1853, sur des âmes de câble sous-marin, jeta un jour nouveau sur la théorie de la propagation de l'électricité.

C'est au développement des entreprises de télégraphie sous-marine que la mesure électrique doit principalement les grands progrès qu'elle a faits depuis une vingtaine d'années. Le double échec du câble Atlantique, en 1857 et 1858; l'échec du télégraphe de la mer Rouge, en 1859, avaient jeté une grande défaveur sur ces entreprises. Aussi le gouvernement anglais institua-t-il un comité chargé de faire une enquête sur la construction des câbles sous-marins, sur les causes des échecs des entreprises antérieures et sur les chances de réussite des entreprises à venir. Dans son rapport, déposé en 1861, le comité insiste sur la nécessité de soumettre les câbles à un système régulier et scientifique d'essais, et sur l'importance d'un étalon bien défini de résistance électrique.

La même année (1861), sur la proposition de M. William Thomson, l'Association britannique pour l'avancement des sciences chargeait une commission de déterminer la meilleure unité de résistance électrique. Dans son premier rapport (1862), la commission reconnut que l'unité de résistance devait faire partie d'un système cohérent et complet d'unités pour toutes les grandeurs électriques et proposa l'adoption du système absolu de M. Weber, en le rattachant à l'unité de travail « qui est le lien commun de toutes les sciences physiques ». — V. ÉLECTROMÉTRIE et ÉNERGIE.

Les travaux de l'Association britannique se poursuivirent jusqu'en 1869; mais, dès 1864, la commission faisait déposer à l'observatoire de Kew, diverses copies de l'étalon de résistance connu sous le nom de « Unité B. A. » (Bristish Association).

Le nom de *ohm* fut donné à cet étalon en 1873; cette dénomination avait été proposée par M. Latimer Clark, en même temps que celles de Volt, Weber et Farad pour les unités pratiques de force électro-motrice, d'intensité et de capacité. Les nouvelles unités furent adoptées immédiatement par les praticiens anglais. Aussi, en 1873, M. Jenkin, dans la préface de son traité *Electricity and Magnetism*, s'exprimait-il ainsi : « Il y a en ce moment deux sciences de l'électricité : celle des ouvrages généraux de physique, et celle, plus ou moins connue, des électriciens. Ces deux sciences parlent un langage différent et, c'est un fait digne de remarque que la science des hommes pratiques est, en quelque sorte, plus scientifique que celle des traités. » Spéciale d'abord aux électriciens voués à la télégraphie sous-marine, cette science pratique s'est imposée bientôt à tous ceux s'occupant de télégraphie et elle s'est vulgarisée, grâce au besoin de mesures électriques, provoqué par les inventions récentes relatives à l'éclairage et au transport de la force par l'électricité. Ses appareils, ses méthodes et son langage ont pénétré dans l'enseignement, et la distinction dont parlait M. Jenkin était déjà en voie de disparaître, lorsque la question est venue devant le congrès international des électriciens, de 1881, qui, dans sa séance du 22 septembre, a sanctionné les principes posés par l'Association britannique et fixé la valeur et les noms des unités électriques à employer dans la pratique. Le congrès a confié à une Conférence internationale le soin de faire une détermination définitive à 1/1000e près de la valeur du ohm. Cette conférence, dans sa réunion d'octobre 1882, a discuté les méthodes à recommander et s'est ajournée au mois d'avril 1884 pour la discussion des expériences.

25. L'unification des mesures électriques peut donc être regardée aujourd'hui comme un fait accompli. Il est à peine nécessaire d'insister sur l'importance d'un pareil résultat : en rapportant toutes les observations à un système commun d'unités, on rend les valeurs numériques des quantités physiques indépendantes des instruments particuliers qui ont servi à les mesurer, et on donne à l'échange des idées et des découvertes, aussi bien dans le domaine de la science pure que dans celui de ses applications industrielles, des facilités du même ordre que celles introduites dans les transactions commerciales par l'adoption d'un système uniforme de mesures et de monnaies.

II. Exposé des principes de la science électrique. 26. L'étude de l'électricité comporte deux grandes divisions : L'électricité *au repos* et l'électricité *en mouvement*. Entre les deux se place le *magnétisme*, qui ne se sépare pas de l'électricité depuis les travaux d'Ampère.

Au point de vue didactique, comme au point de vue chronologique, l'électricité au repos ou *statique* (électro-statique) doit précéder l'étude de l'électricité en mouvement ou *cinétique* (électro-cinétique, galvanisme ou électricité voltaïque).

ÉLECTRO-STATIQUE

27. *Électrisation*. Dans l'ignorance où nous sommes de sa nature intime, on ne peut songer à définir l'électricité autrement que par les propriétés des corps électrisés.

Un corps est dit *électrisé* ou *chargé d'électricité* quand il a la propriété d'attirer les corps légers placés dans son voisinage (barbes de plumes, morceaux de papier, etc.) On reconnaît cet effet d'attraction en présentant le corps à un *électroscope* ou *pendule électrique* (balle de sureau ou feuille d'or suspendue par un fil de soie). Le terme *électrisation* signifie tantôt l'état d'un corps électrisé, tantôt la manière d'électriser un corps.

C'est dans ce dernier sens que l'on dit qu'il y a *plusieurs modes d'électrisation*. Nous allons les passer en revue :

28. *Électrisation directe*. L'électrisation par le frottement est le mode le plus ancien. Prenons un morceau de verre et un morceau de résine, tous les deux insensibles au pendule : frottons-les l'un contre l'autre et laissons au contact les surfaces frottées; les deux corps continuent à ne manifester aucune action particulière. Si on les sépare, chacun attire le pendule avec la même force.

Suspendons-les l'un près de l'autre, à l'aide de fils de soie, ils s'attirent mutuellement.

Frottons de même un second morceau de verre et un second morceau de résine, séparons-les et suspendons-les dans le voisinage des premiers. On constate que les deux verres se repoussent, que chaque verre attire la résine, que les deux résines se repoussent.

L'étude de l'électrisation du verre et de la résine par le frottement conduit donc à la distinction de *deux espèces d'électrisation*. Quel que soit le corps étudié, quel que soit le mode d'électrisation directe employé (frottement, choc, pression, clivage, actions chimiques, etc.) le corps électrisé se comporte toujours comme le verre frotté ou la résine frottée : d'où les noms d'électricité *vitrée* et *résineuse*; d'où la loi de l'attraction des électrisations de noms contraires, et de la répulsion des électrisations de mêmes noms.

On constate ensuite que ces deux électrisations se produisent toujours *simultanément* et *en quantités équivalentes*, car elles se neutralisent. L'algèbre affectant des signes *plus* (+) et *moins* (—) deux quantités dont la somme est nulle, les noms d'électricité *positive* et *négative* ont été substitués par Franklin à ceux d'électricité vitrée et résineuse. En réalité, l'électricité par frottement n'est qu'un cas particulier d'un fait plus général découvert par Volta. Il suffit de mettre en contact deux corps de natures différentes pour qu'ils prennent des électrisations égales et contraires, qui se manifestent dès qu'on vient à les séparer. L'électricité de contact est le principe des piles électriques. Le frottement n'est qu'un moyen de multiplier les points de contact.

29. *Électrisation par influence ou par induction électro-statique*. Frottons l'un contre l'autre un

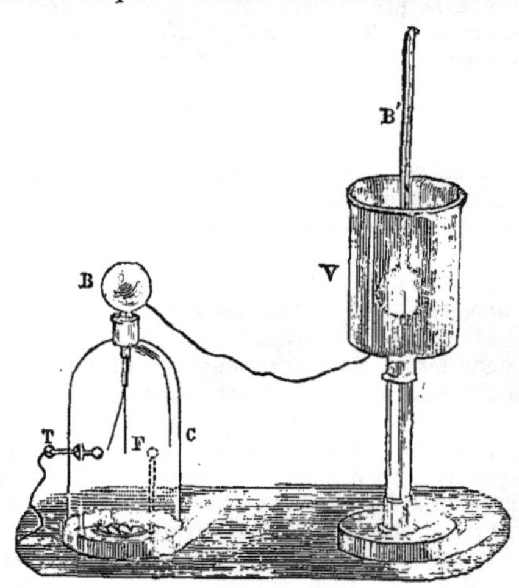

Fig. 421.

morceau de verre et un morceau de résine, et séparons-les : on a deux corps possédant des électrisations égales et contraires. Suspendons-les par des fils de soie ou fixons-les à des tiges de verre B' : prenons un vase métallique creux V, suspendu aussi par des fils de soie ou reposant sur une tige de verre, et par une ouverture du vase, introduisons dans l'intérieur le morceau de verre, par exemple, sans lui faire toucher les parois du vase (fig. 421). On constate avec l'électroscope que la surface extérieure du vase est électrisée comme le verre. En retirant le verre, sans toucher le vase, l'électrisation du vase disparaît et le verre conserve la sienne. L'électrisation du vase, qui est subordonnée à la présence du verre dans son intérieur, s'appelle électrisation par *influence* ou par *induction*.

On peut donc reconnaître qu'un corps est électrisé en l'entourant d'une enveloppe métallique et examinant s'il se manifeste de l'électrisation à la surface de celle-ci.

Si la même enveloppe métallique entoure à la fois le morceau de verre et le morceau de résine préalablement frottés, on ne constate plus d'électrisation sur l'enveloppe. D'où un moyen de reconnaître si deux corps possèdent des charges égales et contraires, sans modifier l'électrisation de chacun d'eux. En introduisant à l'intérieur d'un même vase métallique un certain nombre de corps électrisés de manières diverses, l'électrisation possédée par l'extérieur du vase est la somme *algébrique* de toutes les électrisations induites. On peut ainsi pratiquement ajouter les charges électriques de divers corps, sans altérer leurs charges individuelles.

Si le corps électrisé est placé à l'extérieur du vase métallique, on trouve une électrisation de signe contraire dans la partie du vase la plus rapprochée du corps, et une électrisation de même signe dans la partie la plus éloignée. Ces deux électrisations sont égales, car elles se neutralisent dès qu'on éloigne le corps.

30. *Électrisation par conduction*. Prenons un vase métallique creux électrisé par induction, c'est-à-dire avec un verre électrisé suspendu à son intérieur ; plaçons à côté un autre vase analogue suspendu par des fils de soie ; ensuite prenons un fil métallique et le tenant aussi par des fils de soie, laissons-lui toucher simultanément les deux vases, puis éloignons-le. On trouve que le second vase a pris de l'électrisation positive et que celle du premier vase a diminué. Une partie de l'électrisation du premier a donc passé dans le second par l'intermédiaire du fil. Le fil est dit *conducteur* de l'électricité, et le second corps est dit électrisé par *conduction*.

L'*électrisation totale reste la même*, car si les deux corps sont entourés d'une même enveloppe métallique, avant et après la mise en communication, on n'observe aucun changement à la surface de cette enveloppe, donc l'un gagne ce que l'autre perd. Si au lieu d'un fil métallique pour établir la communication, on eût employé une tige de verre, un fil de soie ou de gutta-percha, il n'y aurait pas eu transport de l'électricité. D'où le nom de *non-conducteurs* donné à ces corps. On les emploie pour supporter les corps électrisés, sans laisser écouler leur électricité, d'où le nom d'*isolants*.

Les métaux sont conducteurs ; l'air et les gaz (sauf l'hydrogène, qui est considéré comme un métal), le verre, la résine, le soufre, la gomme-laque, la gutta-percha, le caoutchouc, l'ébonite, la paraffine, etc., sont de bons isolants ; mais toutes les substances laissent plus ou moins passer l'électricité et résistent plus ou moins à son passage.

Le sol est bon conducteur ; un corps mis en communication avec le sol perd toute son électricité, qui se répand dans la masse de la terre sans produire d'effet sensible ; d'où le nom de *réservoir commun* donné au sol.

On *décharge* un corps, en le mettant en communication avec le sol ; si le corps est bon conducteur, il suffit de toucher un de ses points ; pour un corps isolant il faut toucher tous ses points successivement.

31. *Mode composé d'électrisation par induction et par conduction*. Le verre électrisé étant suspendu dans un vase métallique creux, touchons ce vase avec le doigt pour le mettre en communication avec le sol, l'électrisation positive du vase disparaît. Otons le doigt, puis éloignons le verre, on trouve à la surface extérieure du vase l'électrisation négative qui était maintenue auparavant sur la surface intérieure par la présence du verre électrisé. Si alors on place ensemble le verre et le vase dans une même enveloppe métallique, on ne trouve aucune trace d'électrisation à la surface de cette dernière. Donc l'électrisation négative du vase est égale à l'électrisation positive du verre.

32. *Conséquences :* 1° Tout corps électrisé, placé dans une enceinte conductrice fermée, induit sur les parois intérieures de cette enceinte une quantité d'électricité égale et opposée à celle qu'il possède.

Si l'enceinte est mise en communication avec le sol, l'ensemble constitue un *condensateur* : tant que le verre électrisé est dans l'enceinte, l'électrisation de celle-ci est maintenue à la surface interne, elle n'agit pas sur les corps extérieurs, car elle est *dissimulée* par celle du verre ; dès qu'on l'éloigne du verre, elle devient libre, se répand sur la surface externe et agit sur les corps extérieurs.

2° On a le moyen de charger un vase A d'une quantité d'électricité égale et opposée à celle d'un corps électrisé, sans altérer l'électrisation de ce dernier ; puisqu'il suffit de placer un verre électrisé à l'intérieur du vase, de toucher ce dernier avec le doigt, et d'éloigner le verre qui conserve son électrisation, tandis que le vase a acquis une électrisation égale et opposée.

33. Prenons maintenant ce vase A chargé d'une certaine quantité d'électricité que nous supposerons égale à l'unité, et introduisons-le dans un vase métallique B plus grand. Une électrisation se manifeste à la surface de ce dernier. Faisons toucher les deux vases, pas de changement dans le vase extérieur B ; mais éloignons l'autre vase A à une distance suffisante, on trouve que A est complètement déchargé, sa charge s'est transportée sur B.

D'où encore deux conséquences : 1° *L'électrisation réside à la surface des corps* ; car si on introduit à nouveau A, ainsi déchargé, dans l'intérieur de B, qu'on les fasse toucher et qu'on retire A, on ne peut découvrir dans A aucune trace d'électricité, même avec l'instrument le plus sensible. Cette propriété de l'électricité de se porter à la surface des corps se vérifie d'une foule d'autres manières, en particulier par l'expérience célèbre de la *cage de Faraday*, que l'on peut reproduire simplement avec un cylindre ouvert isolé à pendules extérieurs et intérieurs. Les pendules extérieurs seuls divergent, quand le cylindre est électrisé (fig. 422).

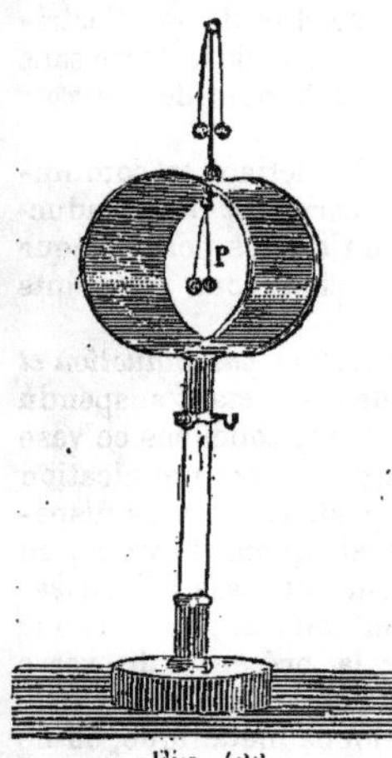

Fig. 422.

2° *On peut accumuler sur un vase un nombre donné d'unités d'électricité.* En replaçant dans A le verre électrisé, on peut charger ce vase d'une nouvelle unité d'électricité, qu'on fera passer comme précédemment sur B; et en continuant de même, on ajoutera à chaque fois une unité d'électricité sur B, quelle que soit la charge antérieure de B.

Chaque unité d'électricité a son *équivalent mécanique* dans le travail dépensé à chaque fois pour vaincre l'attraction des électrisations contraires en présence, quand on retire le verre du vase A électrisé négativement et qu'on l'éloigne assez pour rendre libre l'électricité de A; c'est donc une *transformation* de travail ou *énergie mécanique* en *énergie électrique*. — V. ÉNERGIE.

34. *Conclusions* : 1° *L'électrisation d'un corps est une véritable quantité physique susceptible de mesure.* Car l'électrisation d'un corps reste invariable, à moins qu'il ne reçoive de l'électricité d'autres corps ou qu'il ne leur en cède, et alors la quantité totale est encore invariable. De plus, on peut sans altération ajouter les unes aux autres des quantités égales d'électricité de façon à former des *multiples* de l'unité choisie : c'est le principe des *multiplicateurs d'électricité statique*, ou des appareils ayant pour but de transformer directement l'énergie mécanique en énergie électrique.

2° *Les forces électriques varient en raison inverse du carré de la distance.* Cette loi qui sert de fondement à la théorie mathématique de l'électricité a été vérifiée directement par Coulomb; mais on peut la déduire analytiquement de ce fait que l'électrisation réside toute entière à la surface des corps. Cette dernière démonstration est même plus rigoureuse que la vérification de Coulomb, à cause de la sensibilité des moyens que l'on a pour vérifier qu'un corps ne renferme pas de trace d'électrisation. — V. ÉLECTROMÉTRIE.

Cavendish (1771-1781), dont les recherches ont été publiées seulement en 1879 par Maxwell, avait de cette façon découvert la loi de l'inverse carré avant les expériences directes de Coulomb (1787).

35. *Loi de la force électrique.* La force exercée entre 2 quantités d'électricité q et q' placées à la distance r, est exprimée par $f = k\frac{qq'}{r^2}$ (formule de Coulomb).

k est un coefficient qui dépend des unités employées. Si l'on prend pour unité de quantité d'électricité celle qui exerce l'unité de force sur une quantité égale placée à l'unité de distance, le coefficient k devient égal à 1, et la formule devient $f = \frac{qq'}{r^2}$.

Cette loi s'énonce ainsi :

« *Les attractions et répulsions électriques sont proportionnelles au produit des quantités d'électricité en présence et varient en raison inverse du carré de la distance* ».

Coulomb l'a vérifiée par des expériences directes à l'aide de la *balance de torsion* (fig. 423) et par la *méthode des oscillations*.

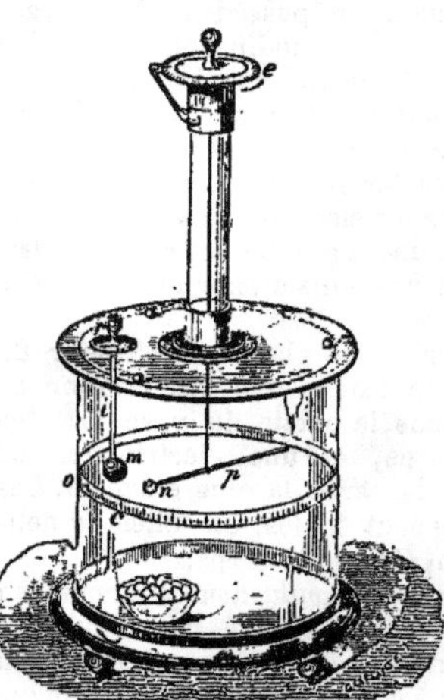

Fig. 423.

On en déduit par le calcul que l'électricité doit se porter à la surface des corps et que l'action exercée par un corps électrisé sur un point intérieur doit être nulle : c'est la condition de l'*équilibre électrique*.

Réciproquement, comme on vient de le voir, de ce que l'électricité se porte à la surface on conclut aussi par le calcul la loi de l'inverse carré.

36. *Distribution de l'électricité.* En partant de la loi de la force électrique, on peut traiter *mathématiquement* la question de la distribution de l'électricité à la surface des conducteurs; par les procédés de mesure de Coulomb, on peut résoudre la même question *expérimentalement*. Nous avons esquissé cette étude expérimentale à l'art. DENSITÉ ÉLECTRIQUE. Elle conduit à ce résultat que la densité électrique en un point d'une surface varie avec la courbure de la surface en ce point : ainsi sur un ellipsoïde, elle va en croissant de l'extrémité du petit axe à celle du grand axe. L'électricité, repoussée en quelque sorte contre la surface, y est maintenue par la pression de l'air ou son pouvoir isolant; elle exerce contre la surface une pression ou *tension* du dedans au dehors qui diminue d'autant la pression de l'air.

Une pointe est un ellipsoïde très allongé; la tension à la pointe étant supérieure à la pression de l'air, l'électricité doit s'échapper : d'où le *pouvoir des pointes* et l'explication du *moulinet électrique*; le mouvement des corps électrisés s'explique d'une façon analogue. Mais il est certains faits dont ces notions ne peuvent rendre compte.

Ainsi on a vu à l'article DENSITÉ ÉLECTRIQUE que le plan d'épreuve aux divers points d'un ellipsoïde constate des densités variables aux différents points. Mais au lieu de transporter le plan d'épreuve dans la balance électrique, chaque fois que l'on a touché un point, laissons le plan d'épreuve fixe dans la balance, éloignons l'ellipsoïde à une grande distance; mettons le plan d'épreuve en communication avec l'ellipsoïde par l'intermédiaire d'un fil métallique long et mince : on constate que la déviation, mesurant la quantité d'électricité communiquée au plan d'épreuve, reste la même quel que soit le point touché, tandis que la densité électrique varie avec ce point. Ce n'est donc pas la *densité* qui détermine le passage de l'électricité d'un corps à un autre, de l'ellipsoïde au plan d'épreuve ; ce n'est pas non plus la *tension*, ou cette force dirigée vers l'extérieur, qui n'est autre que la pression exercée contre la surface; car elle est proportionnelle au carré de la densité.

37. *Potentiel électrique*. L'état d'équilibre de l'électricité sur un conducteur, ou le passage de l'électricité d'un point à l'autre de ce conducteur; la loi de partage entre deux conducteurs, ou le transport de l'électricité de l'un à l'autre, dépendent d'un nouvel élément, fonction à la fois des masses électriques et des distances. Ce nouvel élément, le *potentiel*, a été introduit par la théorie mathématique des actions à distance s'exerçant suivant la loi de la gravitation universelle (proportionnalité des forces aux masses et à l'inverse carré des distances) : elle s'applique également à la matière pondérable, à l'électricité et au magnétisme.

La portion de l'espace, dans laquelle se fait sentir l'action d'une force, est ce qu'on appelle un *champ de force*. Un *champ électrique* (V. cet art.) est l'espace dans lequel sont sensibles les actions d'un système quelconque de corps électrisés. Théoriquement le champ électrique d'un système est en général un espace indéfini ; mais, dans la pratique, il suffit de considérer les régions peu éloignées du système que l'on étudie. Dans certains cas, le champ est même réellement limité; quand on fait, par exemple, des expériences dans l'intérieur d'une salle fermée à parois conductrices, aucune action n'est sensible au dehors de la salle et le champ est limité par les parois.

Si l'on suppose qu'une masse d'électricité positive égale à l'unité soit placée dans un champ électrique, elle subira une action dont la grandeur et la direction sont déterminées en chaque point : c'est la *force du champ*. Une masse égale d'électricité négative subirait la même action dans une direction opposée.

Si l'on veut amener d'une distance très grande, jusqu'au point considéré ou inversement, suivant que l'action du champ est répulsive ou attractive, une masse égale à l'unité, il faut dépenser un certain travail pour résister aux actions que le champ exerce sur la masse tout le long du chemin parcouru. Ce travail définit le *potentiel* ou le *niveau électrique* du point considéré, de même que le travail nécessaire pour élever un kilogramme à une certaine hauteur a pour mesure la hauteur elle-même.

« Le potentiel, en un point d'un champ électrique répulsif, est la quantité de travail nécessaire pour faire mouvoir l'unité d'électricité positive depuis une distance infinie (la limite du champ) jusqu'à ce point, en supposant que la présence de cette unité d'électricité n'altère pas la distribution des masses électriques du champ. »

Ou encore « le travail nécessaire pour déplacer une masse positive égale à l'unité, d'un point à un autre en sens contraire de l'action du champ, est égal à l'excès du potentiel du second point sur le potentiel du premier. »

Ces deux définitions sont identiques; car, si le premier point est à l'infini, son potentiel est zéro.

Quand un point se déplace dans la direction de la force, le travail est le produit de la force par le chemin parcouru : si l'on considère deux points voisins sur la direction de la force, la grandeur de la force sera donc représentée par le quotient de la différence de potentiel par la distance des deux points, et par la différence de potentiel elle-même, si la distance est égale à l'unité.

Le potentiel en un point d'un champ s'exprime numériquement par la somme $\left(\frac{m}{r}+\frac{m'}{r'}+\frac{m''}{r''} \text{ etc.}\right)$ des quotients des masses électriques (m, m', m'', etc.), qui constituent le champ, par leurs distances (r, r', r'', etc.) au point considéré.

Le potentiel joue dans l'électricité le même rôle que le *niveau* dans la pesanteur : il correspond à la force élastique des gaz, à la pression hydrostatique des liquides, à la température des corps dans la théorie de la chaleur. De même qu'un corps tend à *tomber*, c'est-à-dire à passer d'un niveau plus élevé à un niveau plus bas, qu'un gaz ou un liquide tend se à mouvoir d'un point où la pression est plus grande à un autre où elle est plus faible, que la chaleur tend à passer d'un point à une certaine température à un point où la température a une valeur moindre, de même une masse électrique est sollicitée à se mouvoir d'un point où le potentiel a une certaine valeur à un point où il a une valeur inférieure. Du moment qu'il y a une différence de potentiel entre deux points, il s'exerce entre ces deux points une force qui a reçu le nom de *force électro-motrice*.

Dans un corps conducteur, une masse électrique est libre de se mouvoir et d'obéir à la force qui la sollicite. L'équilibre ne pourra donc exister que si le potentiel a la même valeur en tous les points de l'intérieur et de la surface du corps : aussi dit-on le *potentiel du conducteur*.

Son expression, pour une sphère isolée dans l'espace, se calculera facilement, en cherchant le potentiel au centre. Toutes les masses répandues sur la surface étant à la même distance R de ce point, Q étant la quantité totale d'électricité sur la sphère de rayon R, on aura pour le potentiel V :

$$V = \frac{Q}{R}.$$

La terre étant une sphère de rayon infini, son potentiel serait toujours nul, si elle était parfaitement conductrice. En fait, le potentiel du sol n'a pas la même valeur en tous les points ; mais on prend, comme *zéro* de l'échelle des potentiels, la valeur du potentiel de la terre au point où l'on se trouve, de même que l'on prend comme zéro de l'échelle des altitudes le niveau moyen de la mer ; le potentiel d'un corps est alors positif ou négatif suivant qu'il est supérieur ou inférieur à celui de la terre, au lieu de l'observation.

Le potentiel en un point peut alors être défini comme le travail nécessaire pour amener en ce point une masse d'électricité positive, égale à l'unité, prise sur le sol.

38. *Capacité électrique*. La *capacité électrique* (V. ce mot) est le rapport $C = \frac{Q}{V}$ de la quantité d'électricité que renferme un corps au potentiel de ce corps. On a vu que le potentiel d'une sphère isolée dans l'espace était représenté par le quotient $\frac{Q}{R}$, R étant le rayon de la sphère. Il en résulte que la capacité d'une sphère isolée dans l'espace est mesurée par son rayon.

La manière la plus simple de se figurer l'état d'un corps renfermant une certaine quantité d'électricité à un certain potentiel est de le comparer à un vase à parois inextensibles, renfermant une certaine quantité de gaz à une certaine pression. Le potentiel croît quand on augmente la charge électrique d'un corps, comme la pression du gaz croît quand on augmente la quantité de gaz renfermée dans le même volume. En désignant par C la quantité de gaz contenue dans le vase sous la pression 1, cette quantité deviendra $Q = CV$ sous la pression V.

39. *Équilibre électrique*. Entre corps isolés placés à des distances mutuelles assez grandes, pour qu'on puisse ne pas tenir compte de leur influence réciproque, et mis en communication par des fils conducteurs de capacité négligeable, l'équilibre électrique s'obtient par l'égalisation des potentiels de tous ces conducteurs, de même que l'équilibre calorifique s'obtient par l'égalisation des températures, l'équilibre des liquides dans les vases communiquants par l'égalisation des niveaux, et l'équilibre entre récipients remplis d'air comprimé par l'égalisation des pressions. C, C', C'', etc., étant les capacités des conducteurs, V, V', V'', etc., les potentiels primitifs de ces conducteurs, le potentiel commun x se déduit de la relation dite de l'*équilibre électrique*

$$CV + C'V' + C''V'' = x(C + C' + C'').$$

Si l'on considère, en particulier, deux conducteurs aux potentiels V' et V'', et si $V' > V''$, le potentiel x sera intermédiaire entre V' et V'' ; une partie de l'électricité du premier corps passera donc dans le second pour établir l'égalité des potentiels.

40. *Condensation*. La capacité d'un conducteur dépend des conditions dans lesquelles il est placé. Si une sphère est électrisée au potentiel V, et entourée d'une enveloppe sphérique conductrice reliée au sol, son potentiel sera plus faible que si elle était isolée au milieu d'un grand espace. Car, la surface intérieure de l'enveloppe se chargeant par influence d'une quantité d'électricité égale et contraire à celle de la sphère intérieure, le potentiel au centre devient

$$V_1 = \frac{Q}{r} - \frac{Q}{R} = Q\frac{R-r}{Rr}$$

Q étant la charge de la sphère intérieure, r et R les rayons des deux sphères. Il en résulte, d'après la définition de la capacité, que la capacité C_1 de l'ensemble du système est

$$C_1 = \frac{Q}{V_1} = \frac{Rr}{R-r}.$$

La capacité de la sphère était primitivement

$$C = \frac{Q}{V} = R.$$

La capacité a donc augmenté, puisque le potentiel a diminué sans que la charge Q ait changé.

Si on met la sphère intérieure encore en communication avec une source au potentiel V, elle prendra donc une nouvelle charge ; en d'autres termes, il faudra, pour l'élever au même potentiel V, une charge électrique plus grande que lorsqu'elle était isolée dans l'espace.

Ainsi, la présence d'une enveloppe en communication avec la terre a pour effet d'accumuler ou de *condenser* de l'électricité sur le corps intérieur, quand ce corps est mis en communication avec une source à potentiel constant. D'où le nom de *condensateurs* (V. ce mot) donné aux systèmes de ce genre, qui, comme on l'a vu § 32, n'exercent pas de forces extérieures, et l'on appelle *force condensante* le rapport de la capacité du nouveau système à celle du corps avant qu'il fût entouré de son enveloppe.

Un condensateur, en général, se compose d'un conducteur que l'on électrise (*collecteur*), d'un conducteur voisin qui se charge par influence (*condenseur*) et d'un milieu *isolant* interposé. Les deux conducteurs s'appellent aussi les deux *armatures* du condensateur. Ainsi, dans la *bouteille de Leyde*, les armatures sont formées par des feuilles métalliques collées sur les surfaces interne et externe du verre qui constitue l'isolant.

Si l'armature externe, au lieu d'être mise au sol, était au potentiel V', la charge de l'autre armature mise en communication avec une source au potentiel V serait donnée par la relation

$$Q = C(V - V'),$$

C étant la capacité du système qui peut alors être définie comme la charge nécessaire pour établir entre les deux armatures une différence de potentiel égale à l'unité.

41. *Condensateurs absolus*. Pour un certain nombre de condensateurs, dits *absolus*, la capacité peut être calculée d'après leurs dimensions. Mais les formules ne sont rigoureuses que quand les

surfaces sont fermées, c'est-à-dire pour la sphère ($c=r$) et deux sphères concentriques

$$\left(C=\frac{Rr}{R-r}\right).$$

Pour les condensateurs cylindriques et plans, il faut supposer que l'on considère des portions suffisamment éloignées des bords pour que la densité électrique puisse être regardée comme y étant constante.

Dans ces conditions, la capacité d'un condensateur cylindrique, comme un câble sous-marin, est donnée par la formule

$$C=\frac{1}{2}\frac{l}{\text{Logarithme népérien }\frac{D}{d}},$$

l étant la longueur, D et d les diamètres des cylindres externe et interne; celle d'une bouteille de Leyde ou d'un condensateur formé de deux plaques parallèles (condensateur plan) par

$$C=\frac{S}{4\pi d},$$

S étant la surface de l'une des armatures, d l'épaisseur de l'isolant ou la distance des deux plaques. Il suffit de faire varier d'une manière continue la distance des deux armatures d'un condensateur plan, pour faire varier sa capacité d'une manière continue. La capacité d'un condensateur, composé d'une plaque mise en communication avec une source, et placée entre deux plaques équidistantes mises à la terre, est donnée par

$$C=\frac{S}{2\pi d}.$$

42. *Des diélectriques.* On appelle *diélectriques* les substances dont le pouvoir isolant est tel que, lorsqu'on les interpose entre deux conducteurs à des potentiels différents, la force électro-motrice qui agit entr'eux ne peut parvenir à égaliser leurs potentiels.

Les expériences de Cavendish et de Faraday ont montré que la capacité d'un condensateur dépend de la nature du diélectrique qui sépare les armatures. Le rapport de la capacité d'un condensateur formé avec un diélectrique déterminé à celle du condensateur à air de mêmes formes et dimensions, est ce que l'on appelle la *capacité inductive spécifique* du *diélectrique*. — V. ces mots.

Pour tous les diélectriques solides et liquides, ce rapport est plus grand que l'unité, et pour avoir la capacité de ces condensateurs, il faut multiplier par ce rapport les formules précédentes qui sont applicables aux condensateurs à air. Par exemple, pour les condensateurs formés de feuilles superposées d'étain séparées par du papier paraffiné, toutes les lames paires formant l'armature reliée à la source, et les lames impaires formant l'armature reliée à la terre, la capacité sera donnée par la formule

$$C=\frac{S\gamma}{2\pi d},$$

γ étant la valeur du rapport pour le papier paraffiné.

Faraday croyait que l'air et les gaz à toute pression et à toute température avaient la même capacité spécifique. Des expériences modernes ont montré qu'il en était pas ainsi, et que la capacité inductive spécifique des gaz pouvait être représentée, suivant les vues théoriques de Maxwell, par le carré de leur indice de réfraction.

Les condensateurs à diélectrique solide présentent le phénomène connu sous le nom de *charge résiduelle*, phénomène qui offre une grande analogie avec celui du magnétisme résiduel, et avec celui de la déformation résiduelle qu'éprouvent les corps imparfaitement élastiques, quand les forces qui ont produit la déformation cessent d'agir.

43. *Batteries.* Les effets de plusieurs condensateurs peuvent être ajoutés en réunissant métalliquement, d'une part, toutes leurs armatures internes, et, d'autre part, toutes leurs armatures externes. Si a, b, c, etc., sont les capacités individuelles, la capacité de l'ensemble est égale à la somme $a+b+c+$etc. C'est ce que l'on appelle un *assemblage en surface.*

On peut aussi assembler en *cascade*, c'est-à-dire réunir l'armature externe du premier condensateur à l'armature interne du second, l'armature externe de celui-ci à l'armature interne du troisième, et ainsi de suite. On charge en reliant la première armature interne à la source, et la dernière armature externe au sol. La capacité du système est alors représentée par

$$\frac{1}{\frac{1}{a}+\frac{1}{b}+\frac{1}{c}+\text{etc.}}$$

44. *Energie électrique.* Le travail dépensé pour électriser un conducteur reste emmagasiné dans le conducteur sous forme d'*énergie potentielle* (V. ENERGIE). Quand on décharge le conducteur en le reliant au sol, ce travail a son équivalent dans les phénomèmes qui se produisent pendant la décharge (étincelle, échauffement du fil métallique qui le relie au sol, etc.). Soit un vase cylindrique dont le fond est au niveau du sol, et rempli d'eau jusqu'au niveau H; si on laisse le vase se vider par un trou pratiqué dans la paroi au niveau du fond, le travail produit par l'écoulement du liquide sera mesuré par $\frac{1}{2}$PH, P étant le poids de l'eau; car le niveau diminuant de H à zéro, le travail est le même que si, pendant l'écoulement, on avait maintenu un niveau constant égal au niveau moyen $\frac{H}{2}$.

De même l'énergie électrique du condensateur, qui est l'équivalent du travail d'électrisation ou du travail de décharge, est représentée par la moitié du produit de la quantité Q d'électricite par son potentiel V, ou $\frac{1}{2}QV$, ou, comme $Q=CV$, par $\frac{1}{2}CV^2$, ou par $\frac{1}{2}\frac{Q^2}{C}$.

On voit que, tandis que la *chaleur* est une forme de l'énergie, puisqu'une certaine quantité de chaleur équivaut à une certaine quantité de travail, l'*électricité* ne représente qu'un *facteur* de l'énergie, puisqu'il faut multiplier la quantité d'électricité par son potentiel pour avoir un travail. L'électricité se comporte comme une masse pesante qu'on fait passer d'un niveau à un autre, ou comme un gaz dont on fait varier la pression. Par l'électrisation, on emmagasine la force vive comme lorsqu'on élève un poids, ou qu'on comprime un gaz ; dans la décharge, cette force vive est restituée, comme lorsque le poids tombe, ou que le gaz revient, en se dilatant, à sa pression normale.

45. *Décharges électriques.* On produit la décharge en reliant un conducteur électrisé au sol, ou en réunissant métalliquement les deux armatures d'un condensateur. L'énergie disponible du système électrisé est dépensée dans les phénomènes variés que produit la décharge, et dont les principaux sont l'*étincelle* et l'échauffement des conducteurs traversés par la décharge. Quand les deux armatures d'un condensateur sont reliées par un fil long et fin, l'étincelle est très faible, et presque toute l'énergie est employée à échauffer le fil ; cet échauffement peut servir alors de mesure à l'énergie électrique, comme dans le *thermomètre de Riess*.

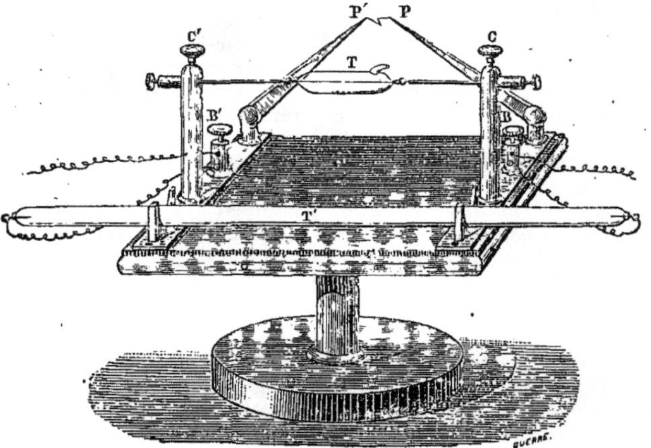

Fig. 424.

Les métaux peuvent être fondus et même volatilisés (*portrait de Franklin*) ; si la volatilisation a lieu dans un liquide, l'expansion brusque de la vapeur produit des effets de rupture très violents.

La distance explosive, c'est-à-dire la distance à laquelle l'étincelle peut éclater dans l'air entre deux surfaces de forme donnée (planes, sphériques ou en forme de pointes) croît avec la différence de potentiel établie entre les deux surfaces, et dépend de la nature du milieu qu'elle traverse. M. Thomson a reconnu, par exemple, que, dans l'air et entre deux surfaces planes une différence de potentiel de 5,000 éléments de pile Daniell donnait une étincelle de 1/8 de centimètre de longueur. En raréfiant le gaz dans lequel éclate l'étincelle, on diminue beaucoup la résistance au passage, et la distance explosive augmente dans de grandes proportions. En même temps, la lumière prend les formes les plus variées (tubes de Geissler, stratifications, etc.). Cependant, au-dessous d'une certaine pression, la résistance augmente et l'étincelle ne passe plus dans le vide parfait (tubes d'Alvergniat).

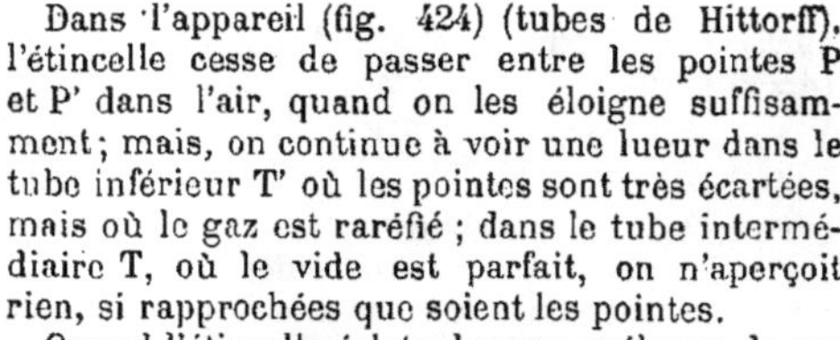
Dans l'appareil (fig. 424) (tubes de Hittorff), l'étincelle cesse de passer entre les pointes P et P' dans l'air, quand on les éloigne suffisamment ; mais, on continue à voir une lueur dans le tube inférieur T' où les pointes sont très écartées, mais où le gaz est raréfié ; dans le tube intermédiaire T, où le vide est parfait, on n'aperçoit rien, si rapprochées que soient les pointes.

Quand l'étincelle éclate dans un mélange de gaz détonants, elle détermine leur combinaison (pistolet de Volta, eudiomètres).

Les liquides et les solides, qui isolent le mieux les conducteurs traversés par les courants ordinaires, laissent passer l'électricité statique. Aussi un corps électrisé conserve-t-il très difficilement sa charge. La figure 425 représente les carafes à acide sulfurique, dont M. Mascart se sert comme isoloirs pour empêcher la déperdition. L'acide empêche l'humidité de se déposer sur les parois du verre, et le corps électrisé placé sur le plateau peut garder longtemps sa charge. L'alcool laisse passer facilement l'électricité à haut potentiel ; la décharge peut traverser les diélectriques solides même sous une certaine épaisseur (perce-carte, perce-verre).

Cependant, Faraday a démontré que l'étincelle traverse plus facilement une mince couche d'air, ou même une feuille mince de caoutchouc, de gutta-percha ou de papier qu'une certaine longueur de fil métallique. C'est le principe d'une partie des paratonnerres employés dans la télégraphie pour préserver de l'électricité atmosphérique les appareils de réception.

Enfin, les décharges peuvent provoquer dans les liquides et les gaz des réactions chimiques ; nous mentionnerons seulement leurs effets physiologiques.

46. *Mesures électro-statiques.* La mesure des grandeurs électro-statiques (quantité, potentiel, capacité) se ramène à la détermination des potentiels. Les instruments employés dans ce but sont les *électromètres* (V. ce mot). Si la capacité de l'électromètre est négligeable, il suffit de relier le corps électrisé par un fil long et mince à l'électromètre placé à distance, pour avoir le potentiel du corps. Car, V étant le potentiel du corps, C sa capacité, C' celle de l'électromètre, x le potentiel commun

$$VC = x(C + C') \text{ d'où } V = x\left(1 + \frac{C'}{C}\right).$$

Si C' n'est pas négligeable, on ramène l'électromètre à zéro en le déchargeant, et on recommence : on a alors, en désignant par y le nouveau potentiel commun :

$$x=y\left(1+\frac{C'}{C}\right),\quad \text{d'où } V=\frac{x^2}{y}.$$

La même expérience donne le rapport des capacités, $\frac{C'}{C}=\frac{x-y}{y}$.

Si le conducteur est creux, on obtiendra son potentiel en mesurant le potentiel de l'air en un point à l'intérieur du corps. On introduira dans l'intérieur une sphère métallique de petit rayon r, qui sera reliée au sol; puis on coupera la communication avec le sol, on retirera la sphère, et on mesurera avec la balance de Coulomb, par exemple, la quantité q d'électricité qu'elle renferme; le rapport $\frac{q}{r}$ fera connaître le potentiel du corps.

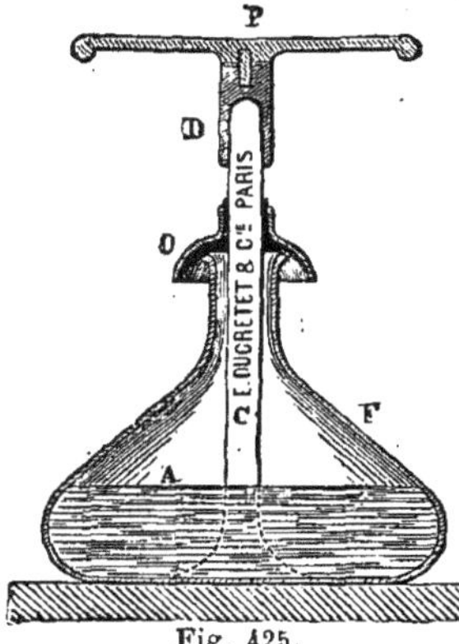

Fig. 425.

On mesure de la même manière le potentiel en un point de l'air dans un champ électrique : par exemple, le potentiel de l'électricité atmosphérique.

Si une succession de petits corps conducteurs (gouttes d'eau, limailles métalliques, grenaille de plomb) se détachent de l'extrémité d'un fil relié à un électromètre, l'instrument prendra bientôt le potentiel de l'air au point où ces petits corps se séparent. C'est le principe du collecteur à gouttes d'eau, employé dans les observatoires pour l'étude de l'électricité atmosphérique. L'électromètre est relié à un vase isolé plein d'eau, et l'eau est amenée par un tube, de façon à se briser en gouttes au point dont on veut mesurer le potentiel.

Les gaz chauds produits par une flamme, ou le vent électrique produit par une pointe, déterminent un courant de molécules gazeuses dont l'effet à la longue est le même que celui des gouttes d'eau : d'où l'emploi de tiges terminées par une mèche enflammée ou simplement par une pointe, et reliées d'autre part à un électromètre.

Les capacités électriques peuvent se mesurer aussi par comparaison avec des capacités connues. De là, l'usage des condensateurs-étalons et des condensateurs gradués.

Les électromètres et les condensateurs remplacent dans la mesure électro-statique les galvanomètres et rhéostats en usage dans la mesure des courants.

47. *Machines électro-statiques.* Pour la production de l'électricité statique, on se sert le plus souvent du frottement et de l'influence (induction).

On utilise l'influence en approchant d'un corps électrisé un conducteur en communication avec le sol : ce conducteur se charge d'électricité en signe contraire ; on supprime la communication avec le sol et on éloigne le conducteur qui reste alors électrisé. On peut répéter l'opération, de sorte qu'avec une même quantité d'électricité primitive, on en produira une quantité indéfinie. Tel est le cas de l'*électrophore* (V. ce mot), qu'on peut facilement disposer de manière à avoir à volonté l'une ou l'autre électricité.

Les machines électriques ont pour but d'accumuler sur un conducteur toute l'électricité produite par une série d'opérations successives de frottement ou d'influence. Toute machine comprend trois organes : 1° un *producteur* d'électricité; 2° un *transmetteur* qui la porte au point où on veut l'accumuler ; 3° un *collecteur* qui la reçoit.

Le plus souvent, le transmetteur est un corps isolant (verre ou ébonite), qui n'abandonne pas son électricité par un simple contact. On utilise le pouvoir des pointes, en introduisant le transmetteur électrisé dans l'intérieur d'une mâchoire munie de pointes, qui font l'office d'une communication conductrice et le ramènent à l'état neutre.

Dans les anciennes machines à frottement (Ramsden, Nairne, Van Marum) (fig. 420) le producteur est formé par des coussins, entre lesquels tourne un plateau ou un cylindre de verre ; le transmetteur est la pièce de verre dont les différentes parties viennent successivement en face des dents d'un peigne après voir passé sous les coussins ; le collecteur se compose habituellement de cylindres de métal portés par des pieds de verre.

Quelquefois, comme dans la machine de Nairne, le frotteur est isolé et relié aussi à un collecteur auquel il communique l'électricité qu'il a prise dans le frottement. On obtient alors les deux électrisations contraires.

Dans ces machines, le travail dépensé à vaincre le frottement est beaucoup plus grand que celui qui correspond à l'électrisation produite. De là l'importance des dispositions qui produisent l'électrisation uniquement par le travail mécanique nécessaire pour surmonter les forces électriques. C'est le but des machines à réaction, ou *multiplicateurs d'induction* dont le type le plus ancien est le *duplicateur de Nicholson* (1788), dont les types les plus connus sont les machines de Holtz, Carré, Tœpler, etc., et les types les plus parfaits au point de vue théorique sont le *replenisher*, le *mouse-mill*, l'appareil à écoulement ou *collecteur à gouttes d'eau* de Sir W. Thomson. Dans les machines de ce genre, l'électrisation a lieu non par frottement, mais par influence. Elles comprennent en principe deux inducteurs, deux transmetteurs et deux collecteurs, et on utilise la charge acquise par l'un des collecteurs, pour augmenter l'électrisation de l'inducteur qui correspond à l'autre, de sorte que, par cette double réaction, la différence de potentiel des deux collecteurs augmente très rapidement. Ces machines ne peuvent en général s'amorcer d'elles-mêmes, et il faut provoquer la mise en train par un corps électrisé étranger; mais dans quelques-unes, il suffit d'une quantité initiale infiniment petite, telle que le contact de deux métaux différents, pour que l'électricité s'accumule continuellement jusqu'à ce que les pertes par l'air et les supports, et les étincelles jaillissant entre les diverses pièces de l'appareil limitent la production.

Le travail nécessaire pour amener le transmetteur depuis le producteur ou l'inducteur jusqu'au collecteur, malgré les actions électriques qui tendraient à le faire marcher en sens contraire, a son équivalent dans l'énergie électrique disponible. Dans le *collecteur à gouttes d'eau*, l'énergie électrique est empruntée au travail de la pesanteur sur les gouttes d'eau qui tombent.

La figure 426 représente une machine de Holtz dont les collecteurs P et N sont munis de bouteilles de Leyde LL' pour obtenir des étincelles nourries. Elle est amorcée par la petite machine à frottement M.

48. *Électricité atmosphérique*. Les méthodes en usage pour les observations relatives à l'électricité atmosphérique ont été indiquées § 46. On enregistre le potentiel de l'air d'une manière continue à l'aide d'*enregistreurs photographiques*. — V. ENREGISTREURS.

Le potentiel de l'air est en *général* positif, il est plus uniforme et plus élevé pendant la nuit que pendant le jour, et présente souvent un maximum

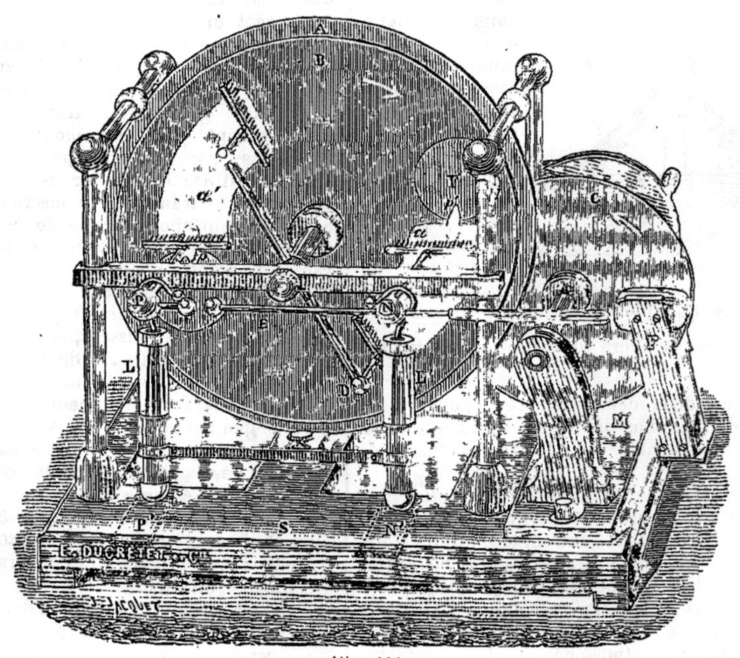

Fig. 426.

vers 9 ou 10 heures du soir et un minimum vers 3 heures du soir. Par les temps couverts les courbes deviennent plus agitées; la pluie donne presque toujours de grandes déviations négatives.

49. *Paratonnerres des édifices*. Les *paratonnerres* (V. ce mot) destinés à la préservation des édifices contre la foudre ont été longtemps fondés uniquement sur l'emploi de grandes tiges de fer protégeant une zone déterminée et reliées à la terre par autant de conducteurs à grosse section.

Les règles suivies pour leur établissement sont tracées par les instructions de Poisson, Gay-Lussac, etc., adoptées par l'Académie des sciences en 1823. Des règles plus complètes et plus détaillées ont été publiées récemment par une commission nommée par la Ville de Paris.

Un autre système imaginé par M. Melsens, et dont une application importante a été faite à l'Hôtel de Ville de Bruxelles, prend un grand développement, notamment en Belgique. Il est fondé sur l'emploi de tiges courtes et multipliées, reliées à la terre par des conducteurs à section relativement faible, mais très nombreux, enfermant ainsi l'édifice dans une sorte de cage de Faraday, ou d'armure en fer, à l'intérieur de laquelle ne peut s'exercer aucune force électrique.

ÉLECTRO-CINÉTIQUE

50. *Courant électrique* (V. ce mot). Si deux corps électrisés A et B à des potentiels différents sont réunis par un fil métallique, et si le potentiel de A est supérieur à celui de B, une partie de la charge de A passe dans B de manière à égaliser les potentiels. En calculant l'énergie du système avant et après la mise en communication, on re-

connaît la disparition d'une certaine quantité d'énergie : la différence doit se retrouver dans les phénomènes qui se passent dans le fil de communication pendant le *transport d'électricité* de A à B. On a donné à ce transport le nom de *courant électrique*, et on peut admettre qu'il y a eu un conrant d'électricité *positive* de A vers B, ou un courant d'électricité *négative* de B vers A, ou simultanément un courant d'électricité positive et un courant égal et contraire d'électricité négative. Le langage ordinaire est adapté à la première hypothèse.

Dans le cas étudié, le transport s'effectue sous forme de *décharge instantanée*. Ce transport peut être réalisé sous forme plus lente, en mettant un petit conducteur isolé alternativement en contact avec les deux corps : c'est la décharge par *convection*,

Le courant ainsi produit est *passager* et cesse par l'égalisation des potentiels ; si on rétablit la différence de potentiel primitive, ou aura un nouveau courant passager ; et en opérant rapidement, on pourra avoir une série de courants *successifs* à intervalles assez rapprochés pour que l'effet soit celui d'un courant *continu*.

Enfin, si par une cause quelconque on maintient constante la différence de potentiel entre les deux corps, le fil sera parcouru par un *courant continu et constant*.

51. *La pile Voltaïque*. Dans un vase contenant de l'eau acidulée, mettons une lame de zinc et une lame de cuivre, soudons un fil de cuivre à chacune des lames, on a un élément de pile. Mettons les fils en relation avec un électromètre, on constate que le potentiel de la lame de cuivre surpasse celui de la lame de zinc d'une certaine quantité. Cette différence de potentiel s'appelle la *force électro-motrice* de l'élément.

Si les deux lames sont reliées par un fil métallique non interrompu, l'élément maintient encore entre les deux lames une différence de potentiel constante, qui donne lieu à un courant permanent; mais cette différence est inférieure à la force électro-motrice, parce qu'une partie de cette force sert à entretenir le courant à travers l'élément luimême.

En disposant un certain nombre d'éléments en série, c'est-à-dire en reliant métalliquement le zinc du premier élément au cuivre du second et ainsi de suite, on a une *pile voltaïque*. La force électro-motrice de cette pile est la somme des forces électro-motrices des éléments qui la composent.

L'ensemble de la pile et du fil qui relie ses deux lames extrêmes ou *pôles* constitue un *circuit fermé*, le courant marchant du pôle cuivre au pôle zinc dans le conducteur interpolaire et du zinc au cuivre dans la pile elle-même. Le passage du courant dans le fil interpolaire se manifeste par divers phénomènes (échauffement du fil, action sur une aiguille aimantée placée dans le voisinage, décomposition des liquides qu'il traverse, etc.) prouvant que le courant produit un certain travail.

52. *Force électro-motrice*. Le courant développant du travail, la force électro-motrice, qui produit ce courant, doit résulter de la transformation d'un travail équivalent à celui qu'elle engendre. Son origine doit être placée dans la partie du circuit où il y a consommation de matière, et comme dans la pile, il y a consommation de zinc, l'hypothèse la plus rationnelle semblait être de placer le siège de la force électro-motrice, au contact du liquide et du zinc : d'une façon générale, quand on a 2 métaux plongés dans un liquide qui les attaque inégalement, on est conduit à attribuer cette force à la différence d'affinité chimique du liquide pour les deux métaux.

L'expérience prouve en effet que lorsque deux corps quelconques, pourvus qu'ils soient conducteurs, réagissent chimiquement l'un sur l'autre pour se combiner, celui qui joue le rôle de base s'électrise négativement et celui qui joue le rôle d'acide positivement. Inversement, si un composé subit une décomposition chimique, le corps qui joue le rôle d'acide s'électrise négativement, et celui qui joue le rôle de base positivement.

Volta plaçait le siège de la force électromotrice au contact du zinc et du cuivre, et des expériences directes prouvent en effet que le contact, en *présence de l'air*, de deux métaux hétérogènes produit une différence de potentiel. Mais si l'on forme une chaîne fermée avec divers métaux tous à la même température, on ne constate aucun courant, Volta en concluait que si A, B, C... M, N, A représentent les métaux constituant une chaîne fermée, et AB, BC, etc. les forces électromotrices au contact des métaux successifs, on a

$$AB+BC+\ldots+MN+NA=0$$

d'où l'on tire

$$AB+BC+\ldots+MN=-NA=AN,$$

c'est-à-dire qne si deux métaux A et N sont reliés par une série d'autres métaux, la différence de potentiel aux deux extrémités de la chaîne ouverte est indépendante des métaux intermédiaires et la même que si les métaux extrêmes étaient en contact immédiat. Volta reconnut que pour avoir une force électro-motrice dans un circuit conducteur formé d'éléments hétérogènes, il fallait la présence de liquides dans la chaîne ; mais il supposait que ces liquides n'avaient d'autre rôle que d'égaliser les potentiels des métaux qu'ils mettaient en communication. Aujourd'hui qu'il est démontré que les liquides ont aussi un rôle actif, on admet que la force électro-motrice E d'un *élément* ou *couple* est la somme des différences de potentiel au contact de tous les corps entrant dans la chaîne, c'est-à-dire que

$$AB+BC+\ldots+MN+NA=E;$$

mais il est indispensable qu'il entre, dans la composition de la chaîne, des liquides dont l'action sur les métaux fournisse l'énergie nécessaire à l'entretien du courant. Il résulte de ce qui précède que la différence de potentiel qui s'établit à chaque contact est indépendante de la charge électrique générale que possède le circuit, d'où ce principe, connu sous le nom de principe de Volta, que nous énoncerons ainsi :

« Aux points du circuit où réside la force électro-motrice, elle établit des deux côtés de la surface de contact une différence de potentiel qui reste constante, *quel que soit l'état général du circuit.* »

On en tire, pour les piles, la conséquence suivante :

Soit une pile de n éléments ayant chacun une force électro-motrice e, si l'on met le premier zinc au sol, de manière à réduire son potentiel à o, le potentiel du dernier cuivre, ou la force électromotrice de la pile sera $+ne$; si l'on met au contraire le pôle cuivre au sol, le potentiel du pôle zinc sera $-ne$; si les deux pôles sont isolés, leurs potentiels respectifs seront

$$\pm\frac{ne}{2}.$$

53. *Lois des courants* (V. aussi au mot COURANT ÉLECTRIQUE). *Ohm*, assimilant la propagation de l'électricité à celle de la chaleur, a appliqué les formules de Fourier pour la chaleur à la recherche des lois des courants. Le *principe de Ohm*, précisé par Kirchhoff, qui a rectifié l'erreur commise par Ohm en prenant la *tension*, au lieu du *potentiel*, comme l'analogue de la température, s'énonce aujourd'hui ainsi :

« Quant un mouvement électrique se manifeste dans un conducteur par suite de la différence de potentiel entre deux points voisins, il passe dans l'unité de temps une quantité d'électricité qui est proportionnelle à la différence $V-V'$ des potentiels de ces deux points, à un coefficient c dépendant de la nature du conducteur *(conductibilité)*, à la section s du conducteur, et en raison inverse de la distance d de ces deux points. »

$$i=cs\frac{V-V'}{d}.$$

La quantité i qui passe dans l'unité de temps s'appelle l'*intensité* du courant, et cette intensité doit avoir la même valeur en tous les points du conducteur pour que l'électricité ne s'accumule pas indéfiniment dans une section du circuit.

L'électricité n'a pas d'*inertie* ; autrement dit, son mouvement n'a pas de vitesse acquise, il est uniforme, car le courant cesse instantanément dès qu'on ouvre le circuit. La quantité q d'électricité qui traverse une section du conducteur dans le temps t est donc donnée par $q=it$.

Si on a un circuit homogène défini par sa longueur l, sa section s et sa conductibilité c, et qu'en un point on établisse une force électro-motrice e, l'intensité sera donnée par la relation

$$i=e\times\frac{cs}{l}.$$

Si on remplace le conducteur défini par c, s, l par un autre conducteur c', s', l' tel que

$$\frac{cs}{l}=\frac{c's'}{l'},$$

sans changer e, l'intensité aura la même valeur. Les deux conducteurs sont dits alors *équivalents*. Soit r la longueur du conducteur équivalent de section égale à l'unité, et dont la conductibilité serait prise pour unité. On a $r=\frac{l}{cs}$, r est la *résistance* ou la *longueur réduite* du conducteur défini par c, s, l. — V. CONDUCTIBILITÉ, RÉSISTANCE.

Si $l=1$ et $s=1$, et qu'on pose $\rho=\frac{1}{c}$, ρ est la *résistance spécifique*. C'est la résistance au passage de l'électricité d'un cube de la substance considérée, dont le côté serait égal à 1, ou d'un cylindre dont la longueur serait égale à l'unité de longueur et la section à l'unité d'aire.

La résistance spécifique est donc l'inverse de la conductibilité. La résistance R d'un fil de longueur l et de section s, sera exprimée alors par $R=\frac{\rho l}{s}$.

A cause de la difficulté de mesurer la section d'un petit fil, on préfère la déduire de la longueur l, du poids p et du poids spécifique δ d'un échantillon du fil.

On a alors $p=sl\delta$, d'où $R=\frac{l^2\delta}{p}\rho$.

On appelle *résistance spécifique rapportée à l'unité de poids*, celle d'un fil de l'unité de longueur pesant l'unité de poids, par exemple la résistance de 1 mètre du fil considéré dont la section serait telle qu'il pèse 1 gramme. Faisant dans la dernière formule $l=1$, $p=1$, on a pour la résistance spécifique rapportée à l'unité de poids $r=\delta\rho$ et par suite $R=\frac{l^2 r}{p}$.

Considérons maintenant une portion de circuit formée de conducteurs représentés par leurs résistances, et dans laquelle des forces électro-motrices sont intercalées : regardons ces forces comme positives quand elles élèvent le potentiel au point où elles sont placées, la différence de potentiel entre 2 points du circuit séparés par une résistance r (égale à la somme des résistances individuelles des conducteurs interposés entre les deux points) sera donné par

$$V-V'=ir-e$$

e étant la somme algébrique des forces électromotrices comprises entre les deux points.

Si le circuit est fermé, $V=V'$; alors, R étant la résistance totale du circuit, E la somme des forces électro-motrices qu'il renferme, on a

$$i=\frac{E}{R}.$$

Si le circuit est composé d'une pile et d'un circuit interpolaire, la résistance R se composera de la résistance p de la pile, plus de la résistance r du circuit extérieur, et on écrira

$$i=\frac{E}{p+r},$$

E étant la force électro-motrice de la pile.

54. *Courants dérivés.* Supposons que 2 points M et N d'un circuit soient reliés par plusieurs conducteurs de résistance a, b, c, disposés parallèlement sans se toucher, et offrant par suite plusieurs chemins au passage du courant. Si A, B, C désignent les intensités du courant dans les trois branches, et I l'intensité totale, c'est-à-dire l'intensité en avant de M et au delà de N, on a d'abord

$$I=A+B+C.$$

D'autre part, V et V' étant les potentiels aux points M et N, on a

$$V-V'=Aa=Bb=Cc$$

d'où

$$\frac{A}{\frac{1}{a}}=\frac{B}{\frac{1}{b}}=\frac{C}{\frac{1}{c}}=\frac{A+B+C}{\frac{1}{a}+\frac{1}{b}+\frac{1}{c}}=\frac{I}{\frac{1}{x}}$$

en désignant par x la résistance du fil unique qui pourrait remplacer les trois conducteurs *dérivés* sans changer l'intensité dans le reste du circuit. Cette résistance x est donc donnée par la relation

$$\frac{1}{x}=\frac{1}{a}+\frac{1}{b}+\frac{1}{c}.$$

D'ailleurs,

$$A=I\frac{x}{a},\ B=I\frac{x}{b},\ C=I\frac{x}{c}.$$

Théorèmes de Kirchhoff. Ces théorèmes, fort utiles pour le calcul de la résistance d'un système quelconque de conducteurs linéaires, et celui des intensités dans les différentes branches, s'énoncent ainsi :

1° Pour tout point de concours de plusieurs conducteurs, la somme des intensités des courants qui y passent est nulle, en considérant comme positifs les courants qui se dirigent vers ce point, et comme négatifs ceux qui s'en éloignent;

2° Pour toute figure fermée du système, la somme des produits des intensités par les résistances est égale à la somme des forces électromotrices.

55. *Mesures électriques*. Trois catégories d'instruments permettent de mesurer l'intensité des courants permanents. Ce sont les *galvanomètres*, les *électro-dynamomètres* et les *voltamètres*—V. ces mots.

Sachant mesurer les intensités, on peut facilement mesurer les résistances et les forces électromotrices.

Soient i l'intensité fournie par une force électromotrice E dans un circuit de résistance R; i' celle donnée par la même force dans un circuit de résistance R', on aura $iR=i'R'$.

La résistance du circuit se compose de la résistance de la pile p, de celle de l'appareil de mesure g et de celle du circuit extérieur.

On a donc en désignant par r et r' les résistances à comparer

$$i(p+g+r)=i'(p+g+r').$$

Si la résistance p de la pile n'est pas connue, on la déterminera en mesurant l'intensité i'' quand le circuit se compose seulement de la pile et du galvanomètre. On a, en effet :

$$i(p+g+r)=i'(p+g+r')=i''(p+g).$$

D'où mesurant i, i', i'' et connaissant g et r, on déduira r et p.

On comparera les forces électro-motrices par les intensités i et i' des courants qu'elles produisent dans un même circuit de résistance totale R. Car $\frac{i}{i'}=\frac{E}{E'}$.

La pratique emploie pour ces mesures des méthodes très variées, fondées sur les lois des courants dérivés et dont les principales seront indiquées au mot RÉSISTANCE ÉLECTRIQUE.

La quantité d'électricité fournie par un courant i dans le temps t est donnée par la relation $Q=it$.

Enfin, la capacité s'obtient par la relation

$$C=\frac{Q}{E}.$$

56. *Unités électriques pratiques*. Les unités électriques adoptées pour la pratique par le Congrès international des électriciens de 1881 sont les suivantes :

Unité de résistance : le *ohm*, qui équivaut à la résistance d'une colonne de mercure à 0° centigrade de 1 millimètre carré de section et d'une longueur de 106 centimètres environ. Théoriquement, un ohm vaut 10^9 unités absolues C. G. S. — V. ELECTROMÉTRIE.

Unité de force électro-motrice : le *volt*, qui équivaut à très peu près à la force électro-motrice d'un élément Daniell. Théoriquement un volt vaut 10^8 unités absolues C. G. S.

Unité d'intensité : l'*ampère*, ou le courant fourni par un volt dans une résistance de un ohm, soit 10^{-1} en unités C. G. S.

Unité de quantité : le *coulomb*, qui est la quantité d'électricité fournie par un courant de un ampère dans une seconde, soit 10^{-1} unité C. G. S.

Unité de capacité : le *farad*, ou la capacité du condensateur tel qu'une charge de un coulomb prenne un potentiel de un volt, soit 10^{-9} en unités C. G. S.

57. *Courants instantanés*. Un courant de très courte durée, comme la décharge d'un condensateur, traversant un galvanomètre, imprime à l'aiguille une déviation brusque et passagère, dont la grandeur est proportionnelle à la quantité d'électricité qui s'est écoulée. On compare donc la grandeur des décharges par celle des arcs d'*impulsion*.

Si un même condensateur est chargé successivement avec 2 sources de forces électro-motrices E et E', et à chaque fois déchargé dans le même galvanomètre, le rapport des arcs d'impulsion fera connaître celui des forces électro-motrices. On emploie pour ces expériences les *galvanomètres balistiques* — V. ce mot.

On peut ramener la mesure de la quantité d'électricité d'un condensateur à celle d'un courant permanent, en chargeant et déchargeant très rapidement le condensateur, et faisant passer, soit la charge, soit la décharge, à travers un galvanomètre, qui prend alors une déviation permanente. Si i est l'intensité qui correspond à cette déviation, et n le nombre de charges ou de décharges par seconde, la quantité d'électricité mise en jeu à chaque fois, est donnée par $q=\frac{i}{n}$.

58. *Energie du courant*. L'énergie du courant se mesure par le travail qu'il est capable de produire. Or, une quantité d'électricité q passant d'un point dont le potentiel est V à un point où le potentiel a une valeur inférieure V', produit un travail

égal à $q(V-V')$. Il en résulte que le travail w produit par une quantité d'électricité q entre deux points d'un conducteur, dont la différence de potentiel ou la force électro-motrice est e, est exprimé par $w=qe$.

Or, $q=it$ (loi de Faraday), $e=ir$ (loi de Ohm), il en résulte qu'un courant i circulant pendant un temps t entre deux points d'un conducteur séparés par une résistance r donne un travail exprimé par

$$w=qe=eit=i^2rt.$$

Si R est la résistance totale du circuit et E la force électro-motrice totale, on a

$$E=Ri, \text{ et } w=\frac{E^2}{R^2}rt.$$

Le travail engendré dans la totalité du circuit sera

$$W=Eit=i^2Rt \text{ (loi de Joule).}$$

Si p est la résistance de la pile et r celle du circuit extérieur, on a aussi

$$Eit=i^2(p+r)t=i^2pt+i^2rt.$$

59. *Thermo-électricité.* La *thermo-électricité* a pour objet l'étude des relations de l'électricité et de la chaleur, et par suite celle des actions calorifiques des courants.

Le passage du courant échauffe les fils conducteurs, et si entre deux points séparés par une résistance r, le courant ne produit pas d'autre travail, la chaleur dégagée H (calories) est l'équivalent du travail i^2rt accompli entre ces deux points. J étant l'équivalent mécanique de la chaleur, on doit donc avoir $JH=i^2rt$.

S'il n'y a pas d'autre travail produit que l'échauffement du circuit, la chaleur totale développée par un courant i dans un circuit de résistance totale R par une pile de force électro-motrice E sera donnée par

$$W=JH=i^2Rt=i^2pt+i^2rt.$$

Une partie échauffera la pile (i^2pt), l'autre le circuit extérieur (i^2rt).

Le siège de l'énergie étant dans la partie du circuit où il y a consommation de matière, c'est-à-dire dans la pile, l'énergie sera fournie par l'action chimique de la pile et la quantité de chaleur, qui correspond à cette action chimique, devra se retrouver dans l'échauffement de la pile et celui du circuit extérieur.

Mais si le courant fait, en outre, marcher une machine ou décompose des liquides, l'énergie Eit aura pour équivalent la somme de l'énergie dépensée dans l'échauffement du circuit et de l'énergie dépensée pour effectuer les autres travaux; en d'autres termes, la chaleur développée par l'action chimique de la pile, devra se retrouver dans l'échauffement du circuit et la chaleur absorbée par les autres travaux. L'échauffement du circuit devra donc être moindre que dans le premier cas. Mais si R reste le même dans les deux cas, i^2Rt ne peut diminuer que parce que i diminue. Comme i ne dépend que de E et R, il faut que la force électro-motrice totale diminue, et, par suite, qu'il y ait production d'une force nouvelle, contraire à celle de la pile : d'où la nécessité de forces de *polarisation* dans les décompositions chimiques et des forces d'*induction* dans les moteurs électriques.

La résistance électrique des métaux augmente par l'échauffement du circuit, et la résistance d'un fil métallique à t^0 est donnée par la relation

$$R_t=R_0(1+\alpha t),$$

R_0 étant la température à 0°, α un coefficient égal 0,004 environ pour le cuivre. De là le moyen de mesurer les températures par l'accroissement de résistance d'un conducteur (*pyromètres électriques*).

Les expériences relatives à la mesure des quantités de chaleur dégagées par le courant sont faites dans des calorimètres qui enlèvent la chaleur au fur et à mesure que l'échauffement se manifeste, d'où il résulte que la température du circuit et, par suite, sa résistance R, restent invariables.

60. *Phénomènes thermo-électriques.* Ces phénomènes sont au nombre de quatre :

1° Phénomène de *Seebeck*.

Si l'on soude par leurs extrémités un barreau de bismuth et un barreau d'antimoine, de manière à former un circuit, et que l'on chauffe une des soudures, l'autre restant à la température ambiante, on constate, en approchant une aiguille aimantée, l'existence d'un courant allant du bismuth à l'antimoine à travers la soudure chaude.

La force électro-motrice de ce courant dépend des métaux soudés, de la différence de température des soudures et de la moyenne de leurs températures. C'est le principe de la construction des *piles thermo-électriques* (V. PILE), des *pinces* thermo-électriques et thermomètres électriques, servant à la mesure des températures (*pince de Peltier, pile de Melloni, thermomètres de Becquerel*).

Le *pouvoir thermo-électrique* de deux métaux est la grandeur de la force électro-motrice pour une différence de température de 1° centigrade entre les soudures. Becquerel a vérifié que, si dans une chaîne de métaux différents, on chauffe la soudure entre deux métaux successifs A et B, les autres soudures étant maintenues à la température ordinaire, la force électro-motrice est la même que si les deux métaux A et B étaient réunis directement. C'est une conséquence du principe de Volta, qu'il n'y a pas de courant dans une chaîne formée de métaux à la même température (§ 52). Il en résulte que, si on a trois métaux ABC et que AB, BC et AC soient les pouvoirs thermo-électriques des couples A et B, B et C, A et C, on a $AC=AB+BC$.

D'où $AB=AC-BC$, c'est-à-dire que le pouvoir thermo-électrique d'un couple AB est la différence des pouvoirs thermo-électriques des couples AC et BC formés par l'un des métaux AB, et un troisième métal C, pris pour terme de comparaison. Les tables des pouvoirs thermo-électriques donnent, en général, ces pouvoirs pour des couples dont le plomb forme l'un des éléments. La formule précédente permet d'en tirer le pouvoir de deux quelconques des métaux de la table.

Les phénomènes thermo-électriques prouvent l'existence d'une force électro-motrice au simple contact de deux métaux.

2° *Phénomène d'inversion de Cumming.* Cumming a reconnu que, si on prend un circuit cuivre et fer, et qu'on chauffe progressivement une des soudures, l'autre étant à 0°, par exemple, le courant va du cuivre au fer à travers la soudure chaude, et la force va en croissant jusqu'à une température d'environ 275°; au delà, la force diminue, devient nulle et finalement change de sens. La température du maximum s'appelle la température *neutre* T.

On observe plus facilement le phénomène en portant l'une des soudures à cette température T : le courant va toujours du cuivre au fer à travers la soudure à T°, et par conséquent du cuivre au fer ou du fer au cuivre à travers la soudure chaude, suivant que l'autre soudure est à une température inférieure ou supérieure à T.

M. Tait a trouvé que la force électro-motrice d'un couple est représentée par la formule suivante :

$$E=a\left(t_1-t_2\right)\left[T-\frac{1}{2}\left(t_1+t_2\right)\right]$$

a étant un coefficient dépendant de la nature des métaux, t_1, t_2, les températures des deux soudures, T la température neutre.

3° *Phénomène de Peltier.* Peltier a découvert que l'effet thermo-électrique est *réversible*, en ce sens que, lorsqu'un courant traverse la soudure de deux métaux, il échauffe cette soudure s'il a une direction inverse du courant que l'on obtiendrait en chauffant cette soudure; il la refroidit, s'il a la même direction que ce courant.

Cet effet se distingue de l'effet d'échauffement général du conducteur produit par le passage du courant, en ce que ce dernier étant proportionnel au carré de l'intensité, ne change pas avec le sens du courant, tandis que l'effet de Peltier, étant proportionnel à l'intensité simple, est réversible.

On tire de là un moyen de mesurer la force au contact de deux métaux; cette force est l'équivalent mécanique de la chaleur absorbée ou dégagée par la soudure, quand elle est traversée par un courant égal à l'unité, pendant l'unité de temps. Cette force est beaucoup plus petite que la force au contact de Volta (§ 52), dont la plus grande partie doit résider, non pas dans la jonction des deux métaux, mais sur les surfaces qui séparent les métaux de l'air ou de l'autre milieu qui forme le troisième élément du circuit.

4° *Phénomène de Thomson* ou *transport électrique de la chaleur.* Il résulte du phénomène de Peltier que, dans un circuit thermo-électrique, le courant tend à refroidir la soudure chaude et à échauffer la soudure froide; d'où la nécessité de deux sources constantes, l'une chaude, l'autre froide, pour entretenir le courant. Le phénomène pouvant être considéré comme réversible, quand l'intensité est assez faible pour que l'échauffement général du circuit soit négligeable, M. Thomson a eu l'idée d'y appliquer le principe de *Carnot* (V. CHALEUR et ÉNERGIE) : il en résulterait que la force thermo-électrique devrait être proportionnelle à la différence des températures des deux soudures. Le phénomène d'inversion de Cumming montre qu'il n'en est pas toujours ainsi. En cherchant à expliquer ce résultat, M. Thomson a découvert le *transport électrique de la chaleur*, qui consiste en ceci : soit une barre de fer AB, par exemple, dont le milieu C est chauffé à 100° et les extrémités A et B à 0°, les températures décroissent régulièrement et symétriquement à partir de C; mais si la barre est traversée par un courant, cette symétrie est détruite, et les points de l'une des moitiés ont une température supérieure à celle des points symétriques de l'autre moitié.

61. *Electrolyse.* Si un composé chimique à l'état liquide est traversé par un courant électrique, il est, en général, décomposé en deux éléments constituants dont l'un apparaît sur la plaque polaire, par laquelle le courant entre dans le liquide (*électrode* positive), et l'autre sur la plaque polaire par laquelle le courant sort du liquide (électrode négative).

Faraday a donné le nom d'*électrolyse* à l'opération qui consiste à séparer un corps composé en deux éléments différents sous l'action d'un courant électrique. Le corps composé prend alors le nom d'*électrolyte*. Les éléments que le passage de l'électricité a mis en liberté apparaissent aux deux surfaces pôlaires, ou *électrodes*; les éléments analogues à l'oxygène ou aux acides se rendent à l'électrode positive; les éléments analogues à l'hydrogène, aux métaux ou aux alcalis se rendent à l'électrode négative. Assimilant ce phénomène à une attraction des électricités contraires qu'on suppose accumulées aux pôles, on dit que les éléments du premier groupe sont *électro-négatifs* et ceux du deuxième *électro-positifs*.

Pour compléter la nomenclature de Faraday, ajoutons qu'il appelle *anode* l'électrode positive, *cathode* l'électrode négative, *ions* les éléments séparés par l'électrolyse, *anions* ceux qui se rendent à l'électrode positive, *cathions* ceux qui se rendent à l'électrode négative, et enfin *voltamètres* les appareils de décomposition disposés de façon à recueillir les produits de l'électrolyse.

D'une façon générale, un corps n'est susceptible d'être électrolysé que s'il est à l'état liquide, s'il est conducteur, et s'il appartient à la catégorie des composés chimiques désignés sous le nom de *sels* et qu'on caractérise en disant que leurs actions réciproques sont réglées par les *lois de Berthollet*. Cette définition implique l'extension du nom de sel aux *sels haloïdes* (chlorures, bromures, etc.), aux acides hydratés (ou sels de protoxyde d'hydrogène), aux oxydes métalliques basiques, et en particulier à l'eau.

C'est par l'électrolyse des bases alcalines et alcalino-terreuses que Davy a réussi à séparer les métaux correspondants.

L'électrolyse doit s'effectuer avec des électrodes inattaquables par les liquides et par les produits de la décomposition, en général avec des lames de platine. Mais il peut y avoir des réactions secondaires par l'action des éléments décomposés sur le liquide.

Si l'on emploie des électrodes formées du métal qui existe dans la dissolution; par exemple, des électrodes de cuivre avec une dissolution de sulfate de cuivre, ou des électrodes d'argent avec une dissolution d'azotate d'argent; le métal se dépose à l'électrode négative qui augmente de poids, et l'électrode positive se dissout en quantité égale, maintenant ainsi la dissolution au même degré de saturation (principe de la galvanoplastie). Par la mesure de l'augmentation du poids de l'électrode négative ou de la diminution de poids de l'autre électrode, on trouve ainsi qu'un courant de un ampère dans une seconde, ou le passage d'une quantité d'électricité égale à un coulomb, électrolyse un poids d'argent de 0,0011363 gramme (Kohlrausch). Si on électrolyse de l'eau acidulée avec une électrode de platine et une électrode d'aluminium, et que cette dernière soit l'électrode positive, elle se couvre

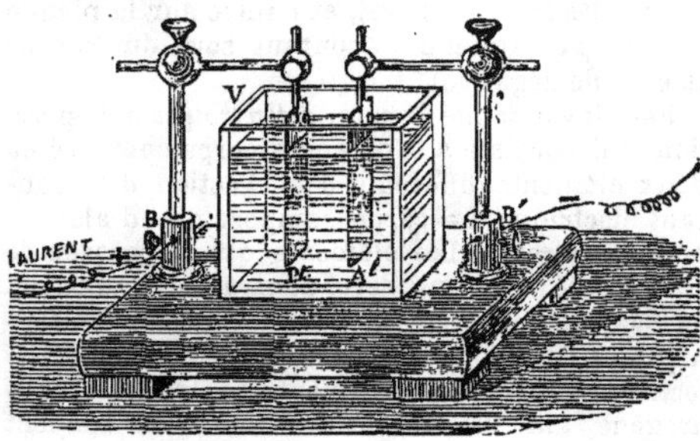

Fig. 427.

d'un dépôt d'alumine insoluble qui arrête le passage du courant; il en résulte que le courant passe ou ne passe pas, suivant que la plaque d'alumine forme l'électrode négative ou positive; d'où le nom de *rhéotôme à direction constante* donné au voltamètre ainsi constitué (fig. 427).

62. *Lois de l'électrolyse.* Les lois des phénomènes électrolytiques ont été énoncées par Faraday :

1° *Identité de l'action chimique dans tous les points du circuit.* Lorsqu'on place à la suite les uns des autres, en divers points d'un même circuit, des voltamètres de formes et de dimensions différentes, mais contenant le même électrolyte, les quantités d'électrolyte décomposées en un même temps dans les divers appareils sont les mêmes.

2° *Proportionnalité de la quantité d'électrolyte décomposée en un temps donné et de l'intensité du courant.* Les intensités des courants étant mesurées, soit par des appareils électro-magnétiques, soit par des appareils électro-dynamiques, ce résultat peut s'énoncer en disant que l'*intensité* électro-chimique est proportionnelle à l'intensité électro-magnétique ou électro-dynamique.

3° *Lois des équivalents électro-chimiques.* Si, dans un même circuit, on place à la suite les uns des autres des voltamètres contenant des électrolytes différents, les quantités de ces divers électrolytes, décomposées en un même temps, sont proportionnelles à leurs équivalents chimiques.

Par exemple, si les voltamètres contiennent de l'eau, du sulfate de cuivre, de l'azotate d'argent, s'il y a un gramme d'hydrogène mis en liberté dans le premier, il y aura 31^{gr},75 de cuivre déposés dans le second et 108 grammes d'argent dans le troisième.

Si les sels décomposés sont formés de multiples ou de sous-multiples des équivalents des corps simples, il se dépose au pôle positif des quantités chimiquement équivalentes de l'élément qui joue le rôle d'acide, tandis qu'au pôle négatif, il se dépose la quantité de base ou de métal qui, pour chaque corps, correspond à la quantité de l'élément déposé au pôle positif (Ed. Becquerel).

63. *Equivalents électro-chimiques.* L'*équivalent électro-chimique* d'une substance est la quantité de cette substance qui est électrolysée par le passage, pendant l'unité de temps, de l'unité de courant, c'est-à-dire par le passage d'une unité d'électricité. Il est donc proportionnel à l'équivalent chimique. La loi fondamentale de l'électrolyse peut alors s'énoncer ainsi : « le nombre des équivalents électro-chimiques d'un électrolyte qui sont décomposés par le passage d'un courant électrique, pendant un temps donné, est égal au nombre d'unités d'électricité que le courant transporte dans le même temps. »

Si un *coulomb* dépose 0^{g},0011363 d'argent, ce nombre sera (en unités pratiques) l'équivalent électro-chimique de l'argent.

Sachant que l'équivalent chimique de l'argent, par rapport à l'hydrogène, est 108, on obtiendra facilement les équivalents électro-chimiques des autres corps, connaissant leurs équivalents chimiques.

Dans un voltamètre à eau acidulée, un coulomb dégagerait 0,0000105 gramme d'hydrogène.

En d'autres termes, *il faudrait* 95000 *coulombs* pour décomposer un équivalent chimique d'un électrolyte simple.

Un *voltamètre* (V. ce mot) à eau acidulée, ou à dissolution saline, permet donc de mesurer la quantité d'électricité qui traverse un circuit pendant un temps donné, que l'intensité du courant soit constante ou variable. Si p est le poids de la substance électrolysée en t secondes, et a l'équivalent électro-chimique de la substance $\frac{p}{a}$ donnera, en coulombs, la quantité d'électricité qui a passé, et $\frac{p}{at}$ l'intensité moyenne en ampères.

64. *Actions chimiques dans la pile.* Considérons un élément de pile, zinc et platine, dans l'eau acidulée ($SO^4.H$) : dès que le circuit est fermé, il se forme du sulfate de zinc qui se dissout, et de l'hydrogène qui se dégage sur le platine où on peut le recueillir. Si on met en série (fig. 428) plusieurs éléments et un voltamètre, on remarque que la même quantité d'hydrogène est dégagée dans le voltamètre et dans chaque élément de pile; enfin, dans chaque élément, il se dissout autant d'équivalents de zinc qu'il y a d'équivalents d'hydrogène dégagés.

L'électrolyse se fait donc dans tous les liquides comme si le courant traversait le circuit extérieur du pôle positif au pôle négatif, et la pile du pôle négatif au pôle positif; et quand une unité d'électricité a traversé le circuit total, il y a un équivalent de liquide décomposé dans le voltamètre et dans chaque élément de la pile. L'hydrogène se

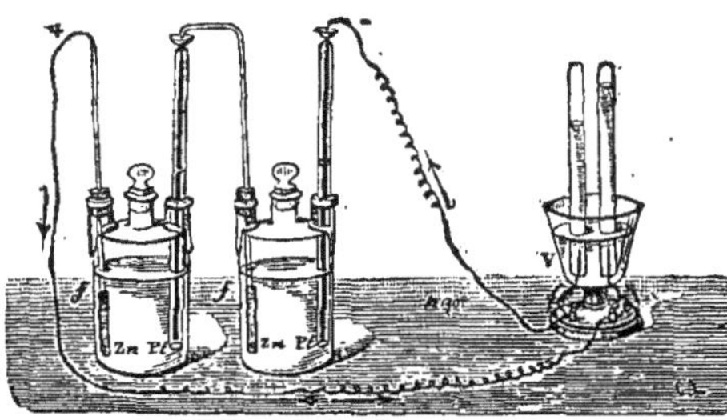

Fig. 428.

dégage toujours au point où le courant quitte le liquide, c'est-à-dire à l'électrode *négative*. Le pôle positif d'une pile se comporte donc comme l'électrode négative d'un voltamètre, et le pôle négatif comme une électrode positive.

65. *Polarisation des électrodes*. Quand on fait passer un courant à travers un voltamètre, l'intensité diminue au début avant de prendre une valeur fixe; si ensuite, on remplace la pile par un galvanomètre, on observe un courant inverse, dit de *polarisation* ou courant secondaire, qui provient du dépôt formé sur les électrodes par les éléments de l'électrolyte séparés par le passage du courant, et qui dure jusqu'à l'épuisement du dépôt.

Les *piles secondaires* (V. ce mot), telles que la pile à gaz de Grove et les accumulateurs, sont fondées sur ce principe.

Pour que la décomposition se manifeste dans un voltamètre, il faut donc que la force électromotrice de la pile soit supérieure à celle du courant de polarisation.

Mais, alors même que cette condition n'est pas remplie, il se produit, à la surface de contact de chaque électrode et du liquide dans le voltamètre, un changement qui se traduit par une différence de potentiel entre l'électrode et le liquide en contact. C'est l'explication de l'*électromètre de Lippmann*. — V. ÉLECTROMÈTRE.

La polarisation n'a pas lieu lorsque le dépôt est détruit à mesure qu'il se forme, ou lorsque le dépôt est de même nature que l'électrode sur laquelle il se forme (électrodes de cuivre dans une dissolution de sulfate de cuivre, par exemple).

66. *Piles constantes*. Le dégagement de l'hydrogène au pôle positif dans la pile voltaïque fait naître une force inverse de polarisation qui affaiblit le courant; on a cherché les moyens d'atténuer ou de supprimer cet effet. On parvient à le diminuer par des moyens mécaniques, en donnant au pôle positif une grande surface (en l'entourant, par exemple, de charbon concassé), ou agitant le liquide par un courant d'air, ou par l'emploi d'électrodes platinées, c'est-à-dire recouvertes par la galvanoplastie de platine pulvérulent, d'où les bulles se détachent facilement (pile de Smée).

L'emploi de moyens chimiques est plus efficace (piles à deux liquides). Dans les piles de Grove et Bunsen, le pôle positif (platine ou charbon) plonge dans un liquide riche en oxygène, l'acide azotique. On emploie aussi comme dépolarisateur l'acide chromique. Dans la pile Daniell, ce pôle est constitué par une lame de cuivre plongeant dans une dissolution de sulfate de cuivre, et un dépôt de cuivre se substitue au dépôt d'hydrogène (Becquerel). C'est ainsi que s'explique également la constance des piles à oxyde de cuivre.

Généralement, le pôle négatif est formé par du zinc; le liquide excitateur est de l'eau acidulée ou une dissolution alcaline.

67. *Conservation de l'énergie dans l'électrolyse*. On a vu (§ 58 et 59) que l'énergie développée dans le circuit était empruntée à l'action chimique de la pile.

Appelons θ la quantité de chaleur produite par la dissolution de 1 gramme de zinc dans un élément de la pile, a l'équivalent électro-chimique du zinc, i l'intensité du courant, J l'équivalent mécanique de la chaleur : le poids de zinc dissous dans le temps t sera ait, et la chaleur correspondante $H = \theta ait$. Le travail mécanique équivalent sera $J\theta ait$ et s'il y a n éléments, $J \times n\theta ait$. S'il n'y a pas d'autres liquides que ceux de la pile, on aura en désignant par R la résistance totale du circuit et par $E = ne$ la force électro-motrice totale,

$$J \times n\theta ait = i^2 Rt = Eit = neit.$$

D'où

$$e = J.\theta a.$$

« La force électro-motrice d'un élément de pile est donc l'équivalent mécanique de la chaleur produite par la dissolution d'un équivalent électro-chimique de zinc, ou de l'action chimique qui correspond au passage de l'unité d'électricité. »

Plaçons dans le circuit un électrolyte, et soient a' son équivalent électro-chimique, et θ' la chaleur nécessaire pour décomposer 1 gramme de l'électrolyte, la chaleur de combinaison de la pile devant se retrouver dans l'échauffement du circuit et dans la chaleur absorbée par la décomposition de l'électrolyte, on aura

$$nJ\theta ait = i^2 Rt + J\theta' a' it.$$

ou

$$i = \frac{J.n\theta a - J\theta' a'}{R}.$$

Donc la présence de l'électrolyte diminue l'intensité autrement que par sa résistance qui est comprise dans R; elle diminue donc la force électro-motrice, ce qui revient à dire qu'il y a production d'une force inverse ou force de polarisation, $E' = J\theta' a'$, qui est l'équivalent mécanique de la décomposition d'un équivalent électro-chimique de l'électrolyte. On a donc

$$Eit = i^2 Rt + E'it$$

ou

$$i = \frac{E - E'}{R}.$$

On voit que la décomposition n'aura lieu que si $E > E'$.

Si, en même temps que le liquide se décompose, il se régénère par l'action d'un des éléments de la dissolution sur l'électrode correspondante, la somme des actions chimiques dans l'appareil de décomposition est nulle : par exemple, dans le cas du sulfate de cuivre décomposé avec des électrodes de cuivre. On sait, en effet, qu'il n'y a pas alors de polarisation.

68. Connaissant le nombre de calories-grammes dégagées ou absorbées dans une réaction chimique, la formule $E = J\theta a$ permettra de calculer la force électro-motrice. A étant l'équivalent chimique rapporté à l'hydrogène, on sait (§ 63) que $a = A \times 105 \times 10^{-7} \left(\text{ou } a = \frac{A}{95000}\right)$. D'autre part l'équivalent mécanique de l'énergie électrique en unités pratiques (V. ENERGIE, § 17) est $J = 4,2$. On a donc $E = J\theta a = 4,4 \times 10^{-5} \times \theta A$ pour expression de la force électro-motrice en volts.

S'il y a dans le circuit une série d'actions chimiques, les unes dégageant, les autres absorbant de la chaleur, on affecte le nombre de calories correspondant du signe $+$ ou $-$, et la somme algébrique donne la valeur de θA qui correspond à la force électro-motrice totale.

Ainsi, dans la pile Daniell, la formation de un équivalent chimique de sulfate de zinc dégage 54874 calories-grammes ; la décomposition d'un équivalent de sulfate de cuivre en absorbe 29372, la différence $25502 = \theta A$.

On a donc :

$$E = 4,4 \times 10^{-5} \times 25502 = 1,12 \text{ volts.}$$

La décomposition de l'eau exige 34462 calories, c'est-à-dire une chaleur supérieure à l'action chimique d'un élément Daniell. Un seul élément Daniell ne peut donc pas décomposer l'eau.

ÉLECTRO-MAGNÉTISME.

69. L'électro-magnétisme traite des relations de l'électricité et du magnétisme. Il comprend l'action des courants sur les aimants et celle des aimants sur les courants.

70. *Action des courants sur les aimants.* Oersted (1820) a reconnu que si on approche d'une aiguille

Fig. 429.

aimantée un conducteur rectiligne traversé par un courant, l'aiguille est, en général, déviée de sa position d'équilibre. Pour définir dans chaque cas les effets qui se manifestent suivant les positions respectives de l'aimant et du courant, Ampère a donné la règle suivante : qu'on suppose un observateur couché dans le fil, de manière que le courant entre par les pieds et sorte par la tête ; l'observateur, tournant la face vers l'aiguille, voit toujours le pôle Nord se porter à sa gauche, que l'on peut appeler dès lors la *gauche du courant* (fig. 429).

Si l'aiguille était soustraite à l'action de la terre et à toute autre action que celle du courant, elle se mettrait en croix avec lui.

71. *Champ magnétique.* Le fait essentiel, qui ressort de l'expérience d'Oerstedt, est qu'un courant électrique crée autour de lui un véritable *champ magnétique* (V. ce mot), c'est-à-dire un champ de force analogue à celui qui est produit par des aimants. On sait que la force en un point est la force qui serait exercée sur l'unité de magnétisme positif (Nord) supposée placée en ce point.

Un champ de force est défini quand on connaît en chaque point la direction et la grandeur de la force qui passe par ce point. Faraday appelle ligne de force, une ligne dont la direction en chaque point coïncide toujours avec la direction de la force en ce point. En traçant dans le champ un nombre suffisant de ces lignes, on aura la direction de la force dans les diverses régions du champ. De plus, en les traçant suivant une certaine loi, ces lignes représenteront la force en grandeur comme en direction. En effet, on démontre que si, autour d'un point du champ, on décrit une petite aire égale à l'unité, et si on trace à travers cette aire des lignes de force espacées de telle sorte que leur nombre représente la composante de la force suivant la normale à cette aire, le nombre de lignes de force passant à travers l'unité d'aire décrite autour de tout autre point du champ représentera l'intensité de la composante normale de la force en cet autre point.

Si les aires décrites autour du point considéré font partie de la surface équipotentielle passant par ce point, le nombre de lignes de force contenues dans l'unité d'aire représentera l'intensité de la force elle-même.

Les propriétés des lignes de force ont été définies par Faraday, comme il suit : 1° une ligne de force tend toujours à se raccourcir ; 2° deux lignes de force, placées côte à côte, tendent à se repousser, ce qui les empêche de prendre la position rectiligne qu'elles auraient en vertu de la première propriété ; celle-ci doit les faire considérer comme des fils élastiques ayant leurs points d'attache aux points des corps d'où elles émanent ou qu'elles rencontrent, ce qui permet de prévoir les mouvements de ces corps quand les lignes de force sont tracées.

Si on sème de la limaille de fer sur un carton placé dans un champ magnétique, les grains de limaille se dirigent, comme de petites aiguilles aimantées, suivant les lignes de force. En faisant passer un courant vertical à travers un carton horizontal, on voit les grains de limaille se disposer suivant des circonférences concentriques ; les lignes de force de ce courant sont donc des circonférences ayant leur plan normal au courant et leur centre sur le conducteur.

72. *Loi de Laplace.* Biot et Savart ont étudié expérimentalement l'action d'un courant rectiligne sur un pôle d'aimant, et, de leurs expériences, Laplace a conclu la formule qui régit l'action d'un élément de courant sur un pôle d'aimant; c'est la formule fondamentale de l'électromagnétisme.

Soient ds la longueur d'un élément de courant d'intensité i, μ la quantité de magnétisme concentrée au pôle considéré, r la longueur de la droite joignant ce pôle au centre de l'élément, α l'angle de cette droite avec l'élément, la direction de la force que l'élément exerce sur le pôle est donnée par la règle d'Ampère et son intensité par la formule

$$f=\frac{\mu i ds \sin\alpha}{r^2}.$$

Cette formule permet de calculer l'action d'un courant fermé sur un pôle en fonction des coordonnées du courant et de son intensité.

73. *Aimant équivalent.* Considérons un courant infiniment petit fermé et plan (*courant élémentaire*), et un petit aimant planté normalement au centre de ce courant, de manière que son pôle Nord soit à la gauche du courant. Soient i l'intensité du courant et a son aire, $M=\lambda\mu$ (produit de la distance des pôles par le magnétisme qu'ils renferment) le moment magnétique de l'aimant, on trouve que l'action du courant est identique à celle de l'aimant si on a la relation $ia=\lambda\mu$.

L'aimant qui remplit ces conditions est dit *équivalent* au courant élémentaire, et peut le remplacer.

Ampère a étendu cette propriété des courants élémentaires aux courants de grandeur finie de la façon suivante : « soit un circuit plan quelconque; partageons sa surface en éléments infiniment petits par des droites parallèles coupées par un second système de parallèles faisant un angle droit avec les premières, et imaginons autour de ces aires infiniment petites des courants dirigés dans le même sens que le courant primitif. Toutes les parties des courants qui se trouveront suivant ces lignes droites seront détruites et il ne restera que les parties curvilignes de ces courants qui formeront le circuit total. » Au centre de chacune de ces petites aires, qu'on peut supposer égales à l'unité, plantons un petit aimant normal; l'ensemble de ces aimants normaux constituera un *feuillet magnétique*, c'est-à-dire deux surfaces parallèles infiniment voisines, aimantées en sens contraire et limitées au courant. Ce feuillet magnétique sera *équivalent* au courant si sa *puissance*, c'est-à-dire le produit $\lambda\sigma$ de sa densité (quantité de magnétisme par unité d'aire) par son épaisseur (distance des pôles du petit aimant) est égale à l'intensité du courant.

74. *Solénoïdes.* Soit une série de courants élémentaires de mêmes sens égaux entre eux, normaux à une même courbe (*directrice*) passant par leurs centres de gravité, et enfin équidistants. Ampère donne à cet assemblage le nom de *solénoïde*, d'un mot grec voulant dire « qui a la forme d'un canal. » a étant la surface de chaque courant, λ leur distance mutuelle, chaque courant élémentaire peut être remplacé par son aimant équivalent, tel que $\lambda\mu=ai$. Ces aimants se joignant bout à bout par leurs pôles contraires, constituent un filet magnétique de longueur l égale à celle du solénoïde, et les pôles successifs de noms contraires s'annulant mutuellement, il ne restera que les pôles extrêmes, dont le magnétisme sera égal à $\frac{ai}{\lambda}$. Le moment de l'aimant équivalent au solénoïde sera

$$\frac{ai}{\lambda}l=i.\mathrm{N}a=i\mathrm{S}$$

N étant le nombre total de courants élémentaires, $\mathrm{S}=\mathrm{N}a$ la somme de leurs aires.

Si n est le nombre de courants élémentaires par unité de longueur, le magnétisme polaire de l'aimant équivalent sera égal à $i.na$.

Ainsi, un solénoïde droit de longueur l, est équivalent à un aimant de moment $i.nal$; un solénoïde indéfini dans un seul sens est équivalent à un pôle magnétique $i.na$ situé à l'extrémité ou pôle du solénoïde. S'il y a plusieurs couches superposées (bobines et hélices), les formules subsistent, n étant le nombre total de tours par unité de longueur.

Dans les figures 431, 435, 437 et 438 sont représentés des solenoïdes, bobines ou hélices magnétiques servant aux expériences : chacune des spires qui les composent peut être remplacée par un feuillet magnétique et leur ensemble constitue un aimant. On peut vérifier ainsi que les solénoïdes se comportent entre eux et vis-à-vis des aimants, comme de véritables aimants, leurs pôles agissant comme un pôle nord ou sud suivant qu'ils sont à la gauche ou à la droite du courant.

Un solénoïde dont l'axe est une courbe fermée, et dont par suite les pôles se rejoignent, est *neutre*, c'est-à-dire sans action sur les points extérieurs, de même qu'un aimant en forme de tore.

75. *Aimants de Gauss.* Soit un petit aimant suspendu ns; plaçons un aimant fixe, à une grande

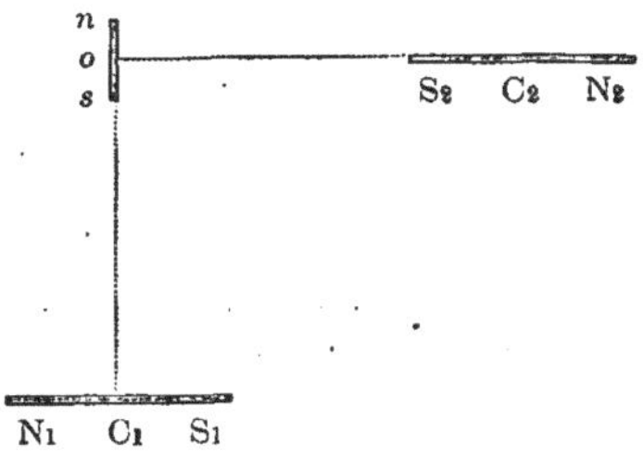

Fig. 430.

distance, en N_1S_1, perpendiculairement à ns, dont le prolongement passe par le centre C_1 de cet aimant (première position des aimants de Gauss) (fig. 430).

m et M étant les moments des deux aimants,

D la distance oC_1, le couple exercé par l'aimant *déviant* $N_1 S_1$ a pour expression $\frac{mM}{D_3}$.

Sous l'action de ce couple et celle du magnétisme terrestre, l'aimant ns prend une déviation δ_1 telle que

$$\operatorname{tang} \delta_1 = \frac{1}{D^3} \frac{M}{H},$$

H étant la composante horizontale du magnétisme terrestre.

Plaçons l'aimant déviant en $N_2 S_2$ (deuxième position des aimants de Gauss), toujours normal à ns, mais son prolongement passant par le centre o de ns, le couple exercé par l'aimant déviant est $\frac{2mM}{D^3}$, et la déviation δ_2 est telle que

$$\operatorname{tang} \delta_2 = \frac{2}{D^3} \frac{M}{H}, \text{ ou } \delta_2 = 2\delta_1,$$

si les déviations sont faibles.

L'expérience réussit également bien en remplaçant l'aimant déviant par un solénoïde, et la déviation est la même si la somme des aires du solénoïde a une valeur S telle que $iS = M$.

Cette expérience suffit à prouver l'équivalence des aimants et des solénoïdes.

76. *Galvanomètres des tangentes.* La position n° 2 correspond à l'action d'une bobine éloignée, dont l'axe est normal au méridien magnétique, sur une aiguille aimantée.

Si l'on a une bobine circulaire à cadre vertical et dans le méridien magnétique, agissant à distance finie sur une aiguille aimantée suspendue (magnétomètre), dont le centre est sur l'axe de la bobine, à la distance D du centre de cette dernière, l'action du couple est donnée par l'expression

$$\frac{2miS}{\left(D^2+R^2\right)^{\frac{3}{2}}},$$

R étant le rayon de la bobine.

Si, sous cette action et celle du magnétisme terrestre, l'aiguille prend une déviation θ, l'intensité i est donnée par la formule

$$i = \frac{\left(D^2+R^2\right)^{\frac{3}{2}} H}{2S} \operatorname{tang} \theta,$$

ce qui permet de calculer i.

Dans cet appareil, la proportionnalité de l'intensité à la tangente de la déviation n'est qu'approchée, et le calcul suppose que l'aiguille mobile est très petite. On obtient une proportionnalité plus rigoureuse en donnant au cadre une forme tronconique, et plaçant l'aiguille au sommet du cône, dont la hauteur est la moitié du rayon moyen du cadre (*boussole de Gaugain*).

On peut se contenter d'un cadre cylindrique dont le rayon est double de la distance du centre de l'aiguille au centre du cadre, et on double l'action en disposant symétriquement deux cadres identiques de chaque côté de l'aiguille.

Dans les galvanomètres ordinaires, l'aiguille est au centre d'un cadre vertical, placé dans le méridien magnétique et dont le rayon est très grand par rapport aux dimensions de l'aiguille. Il faut faire alors $D = o$ dans les formules précédentes, et on a

$$i = \frac{R^3 H}{2S} \operatorname{tang} \theta.$$

Dans la boussole de *Obach* (ou boussole des *cosinus*), le cadre au lieu de rester vertical peut tourner autour de la direction nord-sud et faire un angle variable v avec la verticale. L'intensité est alors donnée par la formule

$$i = \frac{R^3}{2S} H \frac{\operatorname{tang} \theta}{\cos v}.$$

Pour une même valeur de i, la déviation θ est d'autant plus petite que l'angle v du cadre avec la verticale est plus grand. Cet instrument, à sensibilité variable, est employé à la mesure des courants intenses fournis par les machines dynamo-électriques (V. GALVANOMÈTRE). Les grandeurs entrant dans toutes ces formules sont exprimées en *unités absolues*. — V. ELECTROMÉTRIE.

77. *Aimantation par les courants.* Le passage du courant à travers une hélice développe dans l'intérieur un champ magnétique intense; ce champ est sensiblement constant, sauf tout à fait aux extrémités, quand la bobine est longue et étroite, et la grandeur de la force est exprimée par $4\pi in$, n étant le nombre de tours par unité de longueur.

Dans le voisinage des extrémités seulement, cette force F tombe à $2\pi in$. L'intensité d'aimantation (moment magnétique par unité de volume) s'obtient en multipliant la valeur de F par le *coefficient* K d'*aimantation induite*. Mais ce coefficient n'est pas constant, et diminue au-delà d'une certaine valeur de la force aimantante F, car il y a une limite à l'aimantation (*saturation*), limite que l'on ne peut dépasser en augmentant indéfiniment i et n. On peut admettre approximativement que cette limite, exprimée en unités absolues CGS (V. ELECTROMÉTRIE), est de 1400, qu'elle est atteinte quand la force aimantante est de 140, et que le coefficient K est alors égal à 10. Comme terme de comparaison, rappelons que, dans ces unités, la force totale du magnétisme terrestre est 0,465, et sa composante horizontale 0,192.

Mais si la force aimantante ne dépasse pas 12, on peut prendre $K = 32$, nombre donné par Thalen, et le regarder comme constant.

Un noyau de fer doux remplissant le vide de la bobine s'aimantera et ses pôles seront disposés comme ceux de l'aimant équivalent au solénoïde; mais le champ magnétique extérieur du noyau aimanté sera environ 32 fois plus intense que celui du solénoïde; l'action extérieure sera la somme des actions du solénoïde et du noyau aimanté; en d'autres termes, le nombre de lignes de force, émanant des pôles de l'*électro-aimant*, sera 33 fois plus grand que le nombre des lignes de force émanant des pôles du solénoïde.

L'aimantation du fer doux est *temporaire*, elle cesse dès que le fer n'est plus sous l'influence du champ, mais l'acier acquiert une aimantation *permanente*, c'est-à-dire qui subsiste après que la force aimantante a cessé d'agir.

Une aiguille d'acier de longueur l, de section b, placée au milieu et dans l'axe d'une bobine de longueur L, acquiert un moment magnétique exprimé par $4\pi in \times Klb$, tandis que le moment de l'aimant équivalent au solénoïde est inaL.

D'après Kohlrausch, le maximum de magnétisme permanent que peuvent prendre des aiguilles d'acier serait de 100 par gramme d'acier. La densité de l'acier étant 7,85, cela mettrait l'intensité d'aimantation à 785.

Indépendamment de l'aimantation *permanente* qu'il conserve, l'acier prend sous l'influence d'un champ magnétique une aimantation temporaire sensiblement égale à celle du fer doux.

Les *électro-aimants* (V. ce mot) et leur emploi dans la *télégraphie* reposent sur le principe de l'aimantation temporaire du fer doux sous l'influence du courant électrique.

78. *Action des aimants sur les courants.* Si les courants agissent sur les aimants mobiles, les aimants fixes doivent réagir sur les courants mobiles, en vertu du principe de l'égalité entre l'action et la réaction. Les courants se comportent toujours comme leurs aimants ou feuillets magnétiques équivalents. C'est ce qu'on vérifie, par exemple, avec le flotteur de de la Rive, consistant en un courant rectangulaire, circulaire ou solénoïdal, fixé par un bloc de liège sous lequel se trouve un couple zinc-charbon plongeant dans une dissolution de bichromate de potasse (fig. 431). Ce flotteur se comporte comme un petit aimant normal au plan du courant sous l'action de la terre et celle des aimants.

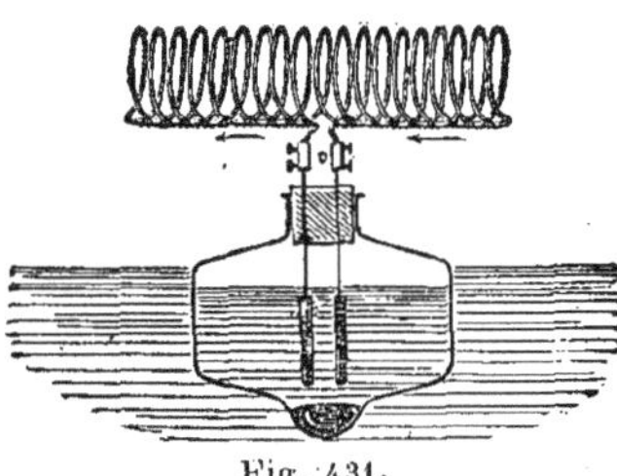

Fig. 431.

Un solénoïde suspendu se dirige sous l'action de la terre comme une aiguille d'inclinaison ou de déclinaison.

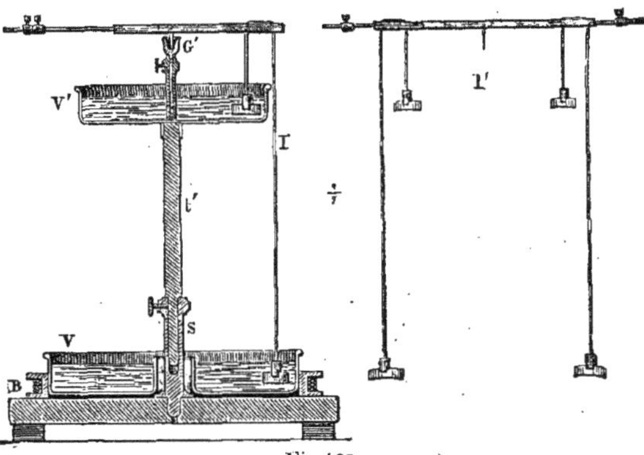

Fi. 432.

De même, dans l'expérience des aimants de Gauss (§ 75), on peut conserver l'aimant déviant et substituer à l'aimant mobile un solénoïde ou une *bobine à suspension bifilaire*, dont les fils de suspension amènent le courant dans la bobine ; et une pareille bobine suspendue entre les pôles d'un aimant fixe fournit aussi un galvanomètre des tangentes (§ 76, V. aussi GALVANOMÈTRE). Ainsi, les courants produisent un champ magnétique identique à celui de l'aimant équivalent, et inversement ils se conduisent dans un champ magnétique comme l'aimant équivalent. Mais on doit remarquer que, dans les expériences relatives à l'action d'un circuit fixe sur un aimant mobile, c'est toujours la totalité du circuit qui agit, puisque le courant ne peut passer que si le circuit est fermé. On ne peut donc pas expérimentalement limiter l'action à une partie du circuit choisie *à volonté* et certaines dispositions spéciales doivent être employées pour faire tourner un aimant sous l'action d'une portion de circuit. Au contraire, dans les expériences relatives à l'action d'un aimant fixe sur un circuit, on peut rendre fixes certaines parties du circuit et, par suite, étudier l'action du champ sur les parties mobiles.

La figure 432 représente l'appareil dont on se sert dans les cours de physique pour étudier, sur des portions verticales ou horizontales de circuits rendus mobiles, l'action du champ magnétique produit par un pôle d'aimant introduit dans la colonne qui réunit les deux cuves à liquide.

79. La *roue de Barlow* offre un exemple intéressant de la rotation continue d'un courant sous l'action d'un aimant. Une roue dentée en cuivre, mobile autour d'un axe horizontal, est placée entre les branches d'un aimant en fer à cheval. Le courant, arrivé à l'axe de rotation, descend par la dent située sur la verticale, et dont la pointe touche la surface d'un bain de mercure dans une auge entre les branches de l'aimant, de là il retourne à la pile. L'action des pôles sur ce courant vertical détermine une rotation dont le sens change avec le sens du courant.

La roue dentée peut être remplacée par un disque plein (*disque de Faraday*), ainsi que le représente la figure 433. Le courant suit le rayon vertical en contact avec le mercure.

La roue de Barlow et le disque de Faraday sont des *moteurs électro-magnétiques* ; ces appareils sont *réversibles*, car en imprimant à la roue ou au disque un mouvement de rotation, on recueille un courant mis en évidence en remplaçant dans le circuit la pile par un galvanomètre ; par *réversibilité*, ces appareils deviennent donc des *générateurs magnéto-électriques*.

80. La force qu'un pôle d'aimant exerce sur un élément de courant est appliquée à l'élément du courant et lui est perpendiculaire. Son expression sera donnée comme celle de l'action d'un élément de courant sur un pôle par la formule de Laplace (§ 72). Il en résulte que l'action d'un pôle sur un élément de courant et la réaction de l'élément

sur le pôle sont des forces égales, contraires, mais non directement opposées, puisque l'une est appliquée à l'élément et l'autre au pôle. Mais, si

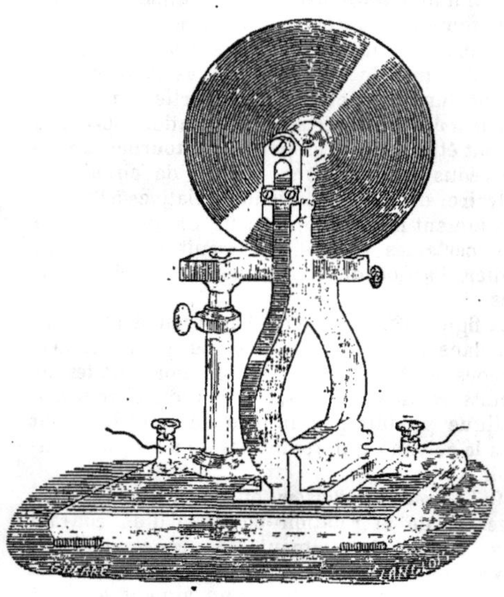

Fig. 433.

on passe à l'action d'un pôle sur un circuit fermé, on reconnaît que la résultante passe par ce pôle, bien que toutes les composantes soient appliquées aux éléments du circuit.

L'application de la formule de Laplace à l'action d'un pôle d'aimant sur un circuit fermé mobile autour d'un axe passant par ce pôle, montre aussi que le moment de rotation autour de l'axe est nul. Mais si une partie seulement du circuit est mobile autour de l'axe de l'aimant, il pourra y avoir rotation. L'appareil (fig. 434) est disposé en vue de cette expérience : les parties mobiles du courant sont limitées à deux points situés sensiblement sur l'axe (le godet de mercure supérieur et la cuve de mercure en M); l'aimant AB peut glisser le long de l'axe : il n'y a pas de rotation si les deux pôles A et B sont tous les deux au-dessus ou au-dessous de M; mais l'équipage se met à tourner rapidement dès que l'un des pôles est au-dessus de M et l'autre au-dessous. L'aimant peut être remplacé par un solénoïde (fig. 435).

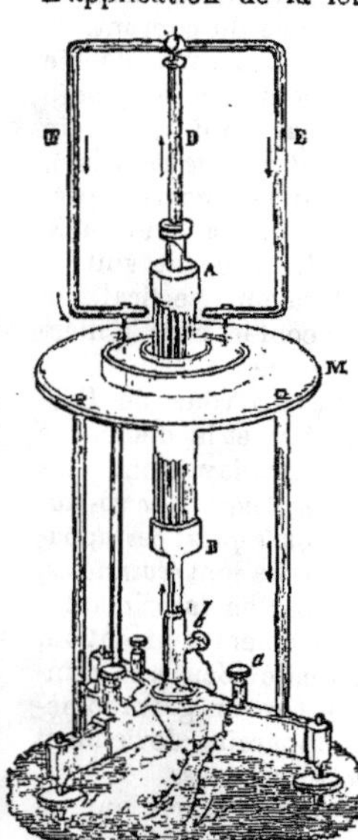

Fig. 434.

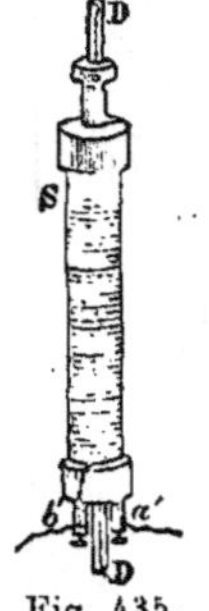

Fig. 435.

81. L'étude de l'action d'un champ magnétique sur un élément de courant montre que la résultante (ou la *force électro-magnétique*) est normale à la fois à l'élément de courant et à la force du champ au point où se trouve l'élément, et qu'elle est représentée en grandeur par

$$f = iF\,ds \sin\beta$$

F étant la force du champ, β l'angle que sa direction fait avec ds. $F\,ds\sin\beta$ étant le parallélogramme construit sur F et ds, *l'action est normale* à ce parallélogramme et dirigée vers la gauche de l'observateur placé dans le sens du courant et regardant dans la direction de la force du champ.

Chaque élément du conducteur traversé par un courant étant actionné par une force ainsi définie, on en conclut facilement que le travail engendré par son déplacement est égal au produit de l'intensité du courant par le nombre de lignes de force qu'il coupe dans son mouvement.

D'où la règle suivante pour exprimer l'action mécanique exercée, sur un courant fermé, par un champ magnétique :

Tracez les lignes de force du champ et comptez le nombre de ces lignes traversant l'aire limitée par le contour du courant. Ce nombre augmentera lorsque le circuit se déplacera sous l'action du champ, et le travail développé pendant son déplacement sera le produit de l'intensité du courant par le nombre de lignes ainsi ajoutées (ou par la différence entre le nombre de lignes de force comprises dans le circuit après et avant son déplacement).

Cette expression offre un grand intérêt dans l'étude des phénomènes d'induction, pour le calcul de la force électro-motrice engendrée par le mouvement d'un circuit dans un champ magnétique.

82. *Champ magnétique de la terre.* Ces principes s'appliquent immédiatement au champ magnétique de la terre, qui est un champ uniforme, puisqu'en tous les points la force est constante en grandeur et en direction. L'expérience vérifie les conséquences que l'on en tire pour l'action de la terre sur les parties horizontales et verticales des courants, ainsi que sur les courants fermés de forme quelconque et sur les solénoïdes. Avec les courants fermés, l'action est simplement directrice : un courant fermé mobile autour d'un axe vertical se met en équilibre dans la position où il est traversé par le plus grand nombre possible de lignes de force, c'est-à-dire perpendiculairement au méridien magnétique. Les figures 431, 432, 436, 437 et 438 représentent les appareils et équipages mobiles servant à ces expériences.

83. *Courants astatiques.* Pour étudier les effets d'un champ magnétique artificiel sur un circuit mobile, il est souvent utile de donner au circuit une forme telle que la terre soit sans action sur

lui. Un pareil circuit est dit *astatique*. Le conducteur complexe H' représenté dans la figure 437 comprend deux courants fermés de surface égale, équivalents à deux feuillets magnétiques identiques, mais orientés en sens contraire. Un pareil système est donc astatique.

ÉLECTRO-DYNAMIQUE

84. L'électro-dynamique traite de l'action des courants sur les courants.

Actions réciproques des courants fermés. Ces actions peuvent se ramener à celles des aimants, en remplaçant les circuits fermés par leurs aimants ou feuillets équivalents. Ainsi deux solénoïdes se comportent l'un vis-à-vis de l'autre comme deux aimants; de même dans l'expérience des aimants de Gauss (§ 75), on peut remplacer l'aimant déviant par un solénoïde fixe, et l'aimant suspendu par une bobine à ***suspension bifilaire*** (§ 78). Si le courant est envoyé seulement dans cette dernière bobine, son axe se placera dans le méridien magnétique, comme une aiguille aimantée. On commencera par disposer la suspension, de telle sorte que, dans cette position, la suspension bifilaire n'éprouve pas de torsion; puis on fera passer le courant dans la solénoïde fixe. On vérifiera alors que dans la position n° 2 la déviation est encore le double de celle obtenue dans la position n° 1, et que dans les deux cas, l'action est en raison inverse du cube de la distance. Il suffira de remplacer dans les formules les moments magnétiques M et m des deux aimants, par leurs équivalents iS et i'S' (§ 74) dans les solénoïdes : le couple exercé sera donc proportionnel au produit ii' des intensités des deux courants, et si les deux courants ont même intensité, ou si le même courant traverse les deux solénoïdes dans le même sens, au carré i^2 de cette intensité.

85. *Electro-dynamomètre.* En remplaçant, dans la position n° 2, l'aimant déviant par le solénoïde équivalent, on a obtenu un galvanomètre des tangentes par l'action à distance d'une bobine sur une aiguille aimantée; et en faisant rentrer l'aiguille aimantée dans l'intérieur de ce solénoïde, de façon à mettre le centre de l'aiguille en coïncidence avec le centre de la bobine, on a obtenu le galvanomètre ordinaire des tangentes (§ 76). De même on obtient un *électro-dynamomètre* (V. ce mot), en complétant la substitution par celle de la bobine bifilaire à l'aiguille aimantée, et disposant cette bobine bifilaire soit à distance, soit à l'intérieur de la bobine fixe et concentriquement avec elle. Le même courant parcourant les deux bobines qui, à l'état de repos, ont leurs axes perpendiculaires, l'axe de la bobine bifilaire étant dans le méridien magnétique, la tangente de la déviation est proportionnelle au carré de l'intensité, et par conséquent la déviation ne change pas de sens, quand le courant change de sens : d'où l'usage de cet instrument pour la mesure des courants alternatifs.

86. ***Action d'un courant sur un élément de circuit.*** L'action doit pouvoir se ramener à celle des aimants sur les courants, si le champ magnétique produit par des courants est identique à celui produit par des aimants. L'action exercée sera appliquée à l'élément et perpendiculaire à la fois à l'élément et à la force du champ. En remplaçant un circuit fermé par le feuillet magnétique équivalent, on explique facilement les rotations des courants horizontaux ou verticaux, par l'action des bobines. De même, sachant que, dans le champ d'un courant rectiligne indéfini, les lignes de force sont des circonférences dont le plan est normal au courant, on verra facilement dans quelles conditions un élément de courant parallèle au courant indéfini, ou faisant un angle avec lui, est attiré ou repoussé, etc., et on voit que si cet élément peut tourner autour d'une de ses extrémités, il prendra une rotation continue. Ces conclusions étant vérifiées par l'expérience, l'identité du champ magnétique des courants avec celui des aimants est bien établie.

Ceci posé, on pourra facilement calculer les composantes, suivant trois axes rectangulaires, de l'action d'un circuit fermé sur un élément de courant. On sait, en effet (§ 81), que l'action d'un champ magnétique sur un élément de courant (i, ds) est $f = i\mathrm{F}\,ds \sin\beta$, F étant la force du champ. Or cette force F est la force exercée par un courant fermé sur l'unité de magnétisme placée au milieu de ds, force que l'on sait calculer (§ 72) en fonction de l'intensité i' et des coordonnées du courant fixe.

87. *Formule d'Ampère.* En prenant les différentielles des composantes de l'action d'un courant fermé sur un élément de courant, on aura l'expression des composantes de l'action mutuelle de deux éléments de courant. A ces expressions on peut ajouter des différentielles exactes; car lorsqu'on fait l'intégration par rapport au circuit entier, les intégrales correspondantes à ces dernières différentielles deviennent nulles, et l'on retombe toujours sur l'expression de l'action d'un circuit fermé sur un élément de courant. En choisissant convenablement ces différentielles, on peut faire en sorte que la nouvelle expression représente une force dirigée suivant la droite qui joint les deux éléments, et on arrive ainsi à la formule élémentaire suivante :

$$f = \frac{ii'\,ds\,ds'}{r^2}(2\cos\varepsilon - 3\cos\theta\cos\theta')$$

r étant la distance des centres des deux éléments (i, ds), $(i'\,ds')$, ε l'angle de leurs directions, θ et θ' leurs angles avec la droite qui joint leurs centres, et suivant laquelle est dirigée l'action.

88. *Théorie d'Ampère.* Ce n'est pas ainsi que procède Ampère dans sa théorie des phénomènes électro-dynamiques. Il admet que l'action de deux courants a lieu élément par élément, mais c'est de l'expérience qu'il cherche à déduire l'action mutuelle de deux éléments, en partant de cette hypothèse fondamentale que l'action est une force attractive, ou répulsive, dirigée suivant la droite qui joint les éléments, proportionnelle au produit des intensités des courants et fonction de leur distance.

Puis il s'appuie sur les deux faits expérimentaux suivants :

1° La force change de signe quand on change le sens d'un des courants ;

2° L'action d'un courant sinueux est identique à celle d'un courant rectiligne aboutissant aux mêmes extrémites (le courant sinueux s'écartant peu du courant rectiligne et ne tournant pas autour de ce dernier) ; d'où la possibilité de remplacer un élément de courant par ses projections sur trois axes rectangulaires.

En faisant cette substitution pour les deux éléments de courant et admettant, par raison de symétrie, que l'action de deux éléments, dont l'un est situé dans le plan perpendiculaire à l'autre en son milieu, est nulle, on voit que l'action de deux éléments quelconques se réduit à celle de deux éléments dirigés suivant la même ligne droite, et de deux éléments parallèles entr'eux et normaux à la droite qui joint leurs milieux. D'où la formule

$$f = ii'\,ds\,ds'\left[\cos\theta\cos\theta'\left(F(r)-\varphi(r)\right)+\cos\varepsilon\,\varphi(r)\right]$$

Pour trouver les fonctions $F(r)$ et $\varphi(r)$, Ampère s'adresse encore à l'expérience : il prend des courants de forme et de position déterminées, de telle sorte qu'ils se fassent équilibre, c'est-à-dire que l'expérience prouve que leur résultante est nulle; or, en intégrant la formule précédente, on a une expression de la résultante qui renferme $F(r)$ et $\varphi(r)$; en exprimant qu'elle est nulle, on a une relation entre ces deux fonctions. Le cas d'équilibre choisi par Ampère est le suivant : le même courant parcourt trois circuits semblables A, B, C dont les dimensions homologues sont en progression géométrique, c'est-à-dire comme 1, n, et n^2; A et C sont semblablement placés de part et d'autre de B, mais de telle sorte que la distance de C à B soit n fois plus grande que celle de A à B (en d'autres termes les trois circuits sont homothétiques) ; les courants extrêmes A et C exercent sur le courant intermédiaire B des actions égales et contraires, et ce dernier reste en équilibre, quelles que soient les formes et les distances des trois circuits, du moment que les relations précédentes sont satisfaites. On en conclut que les deux fonctions sont en raison inverse du carré de la distance, et si $F(r)$ est de la forme $\frac{h}{r^2}$, $\varphi(r)$ sera de la forme $\frac{Kh}{r^2}$.

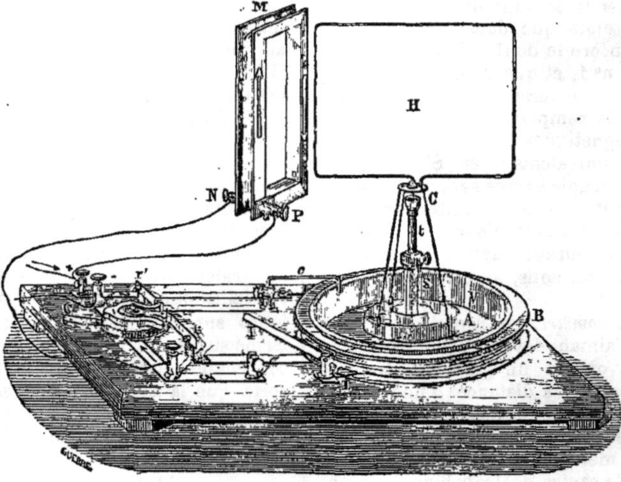

Fig. 436.

Le rapport K des deux fonctions se détermine par le fait expérimental que « l'action d'un courant fermé sur un élément de courant est normale à cet élément, » ou que sa composante tangentielle est nulle. On en tire $K=-\frac{1}{2}$, et la formule devient

$$f = h\frac{ii'\,ds\,ds'}{r^2}\left(\cos\varepsilon-\frac{3}{2}\cos\theta\cos\theta'\right),$$

et, en faisant $h=2$, on retombe sur la formule du § 87, déduite de l'électro-magnétisme.

Passant à l'action d'un courant fermé sur un élément de courant, Ampère démontre que la résultante est normale à une certaine droite qu'il appelle la *directrice* de l'action, et qui n'est autre que ce que nous avons appelé la force du champ au point où est situé l'élément (§ 86) ; il appelle *plan directeur*, le plan passant par l'élément et la directrice, plan auquel la résultante est perpendiculaire.

Puis il calcule l'action d'un solénoïde indéfini dans un seul sens sur un élément de courant, et trouve une formule qui devient identique à celle trouvée par Laplace (§ 72) pour l'action réciproque d'un élément de courant et d'un pôle magnétique, lequel serait situé à l'extrémité du solénoïde : d'où il conclut le principe de l'équivalence des aimants et des courants (§ 73).

89. *Balance astatique.* Pour comparer les effets du courant électrique suivant la forme des fils qu'il traverse, Ampère réunit tous les fils en un même circuit comprenant un fil suspendu en forme d'équipage mobile, de telle sorte que le même courant passe dans tous les conducteurs : les forces exercées par deux portions fixes du circuit sur l'équipage mobile se feront équilibre, s'il reste en repos soit qu'on fasse passer le courant, soit qu'on l'interrompe. L'équipage mobile est suspendu de façon à pouvoir tourner autour d'un axe vertical. Dans les expériences où il importe de soustraire cet équipage à l'action du magnétisme terrestre, on lui donne une forme *astatique* (§ 83) : c'est la *balance astatique* (fig. 437, H').

90. *Table d'Ampère.* Un excellent constructeur, M. Ducretet, à qui nous devons la plupart des dessins de cette étude, a donné la disposition de la figure 436 à l'appareil connu sous le nom de *table d'Ampère*, servant à reproduire à l'aide des équipages mobiles dessinés dans

les figures 432, 437 et 438, toutes les expériences de l'électro-dynamique et de l'action de la terre sur les courants. Les équipages sont mobiles sur une seule pointe; ils sont munis d'un contrepoids plongeant dans une cuve à liquide; un cadre multiplicateur entoure cette cuve pour les expériences de rotation des courants par les courants. Les pôles de la pile sont attachés aux bornes + et —, et un commutateur C permet de changer la direction des courants.

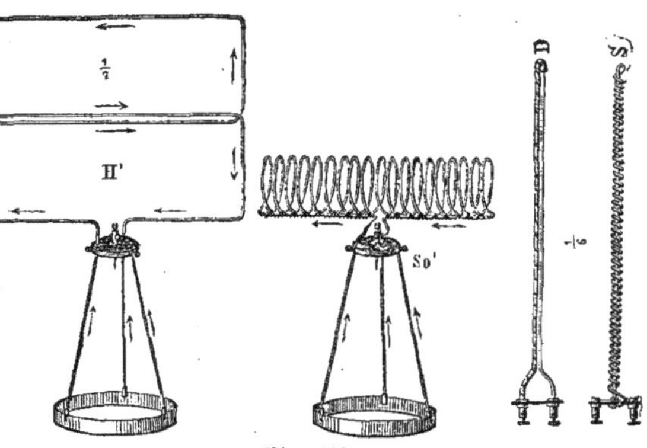

Fig. 437.

A l'aide de l'appareil tel qu'il est disposé (fig. 436), c'est-à-dire avec un cadre rectangulaire à main, et l'équipage rectangulaire H, on vérifiera que deux courants parallèles s'attirent ou se repoussent suivant qu'ils sont de mêmes sens ou de sens contraires, que deux courants angulaires s'attirent ou se repoussent suivant qu'ils sont dirigés tous deux vers le sommet de l'angle (ou de la perpendiculaire commune, s'ils ne sont pas dans le même plan), ou que l'un s'en rapproche et l'autre s'en éloigne.

L'équipage H sera remplacé par l'équipage asta-

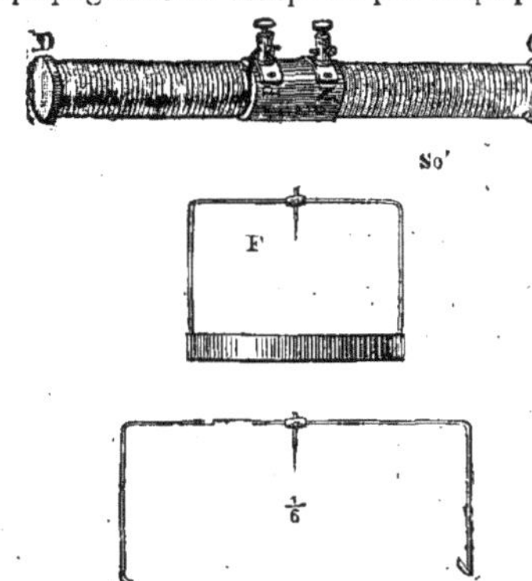

Fig. 438.

tique H' (fig. 437) quand on voudra éliminer l'action de la terre, et par le solénoïde *So'* quand on voudra la mettre en évidence; au cadre à main M (fig. 436), on substituera le circuit D (fig. 437) pour vérifier les effets de deux courants égaux et de sens contraires se détruisant, ou le circuit S (fig. 437) pour vérifier le principe du courant sinueux, etc.

L'attraction des courants parallèles se vérifie d'une façon très élégante avec l'appareil de M. Roget (fig. 439). Dès qu'un courant passe dans l'hélice F, les spires en s'attirant se soulèvent et rompent le contact de l'extrémité inférieure avec le mercure du godet G. Les spires retombent, alors le contact se rétablit et le mouvement de va-et-vient continue indéfiniment.

91. *Loi générale de l'action mécanique entre courants et entre courants et aimants.* Puisque un circuit fixe C d'intensité i produit un champ magnétique, le travail développé par un circuit C' d'intensité i' se déplaçant en présence de C s'obtiendra par la règle du § 81, en traçant les lignes de force du champ engendré par C, et faisant la somme algébrique du nombre de lignes coupées par C' dans son déplacement, ou prenant la différence N' — N du nombre de lignes de force embrassées par C' dans sa position finale et sa position initiale. Le produit i' (N' — N) exprimera ce travail. Si M et M' représentent ces nombres, lorsque l'intensité du circuit C est réduite à 1, le travail sera exprimé par ii' (M' — M). M représente le *coefficient d'induction mutuelle* des deux circuits: c'est le travail qu'il faut dépenser pour amener, depuis l'infini jusqu'à sa position actuelle, le circuit C', malgré la force qu'exerce sur lui le circuit C, les deux circuits étant parcourus par un courant égal à l'unité; ou encore l'énergie potentielle relative des deux circuits est $-ii'$M. D'où la règle suivante : Tracez les lignes de force engendrées par tous les courants et aimants qui se trouvent dans le champ, en supposant que l'intensité de chaque courant ou la puissance de

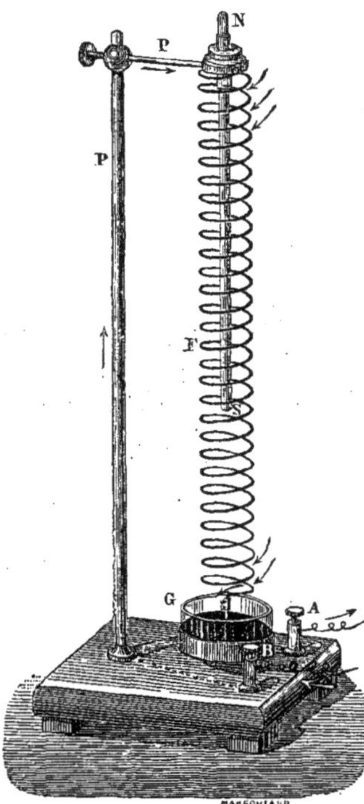

Fig. 439.

chaque aimant (§ 73) soit réduite à l'unité. Suivez les lignes de force émanant d'un circuit ou d'un aimant et comptez le nombre de celles qui traversent un autre circuit : ce nombre sera le coefficient d'induction mutuelle des deux circuits ou de l'aimant et du circuit considéré. Ce nombre sera regardé comme positif, lorsque les lignes de force traversant le circuit auront la même direction que les lignes émanant de ce circuit, et comme négatif si elles ont la direction opposée. Si on détermine la variation qu'éprouve ce coefficient par suite d'un déplacement, cette variation multipliée par le produit des intensités (ou puissances) des courants ou aimants exprimera le travail développé par l'action mutuelle de ces deux corps pendant le déplacement.

92. *Action d'un circuit sur lui-même.* Quand on étudie l'action d'un circuit fermé sur les parties mobiles d'un circuit, il importe peu que les courants qui traversent les deux circuits aient des intensités différentes (i, i'), ou que ce soit le même courant ($i = i'$). C'est ce qu'on a vérifié § 85, à propos des électro-dynamomètres.

L'appareil (fig. 440), offre un exemple de l'action d'un circuit sur lui-même : Les deux pôles d'une pile sont mis en communication avec deux auges de mercure séparées par une cloison isolante, un fil de fer est contourné de manière à former deux branches horizontales parallèles reposant sur le mercure, et une partie transversale F en forme de pont relie ces deux branches. Dès que le courant passe, le fil glisse sur le mercure et s'éloigne des points par lesquels arrive le courant. Ampère croyait prouver ainsi que les parties contiguës d'un même courant se repoussent, mais l'expérience prouve simplement que l'action est normale à l'élément de courant F en forme de pont; car l'expérience réussit en retournant le fil de façon que le courant soit fermé par le pont sans passer par les branches horizontales.

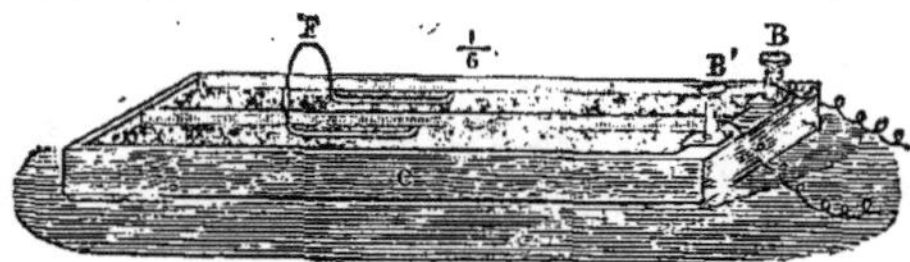

Fig. 440.

La spirale de Roget (fig. 439) offre aussi un exemple de l'action d'un circuit sur lui-même.

Quand on déforme un circuit, les forces électro-dynamiques produisent un travail. Si on appelle *coefficient d'induction du circuit sur lui-même* (ou coefficient de *self-induction*) le nombre de lignes de force qu'il embrasse, et auquel il donne naissance, quand il est parcouru par un courant d'intensité 1, la variation de ce coefficient L permettra de calculer le travail produit par la déformation. *L'énergie potentielle d'un circuit sur lui-même,* ou le travail que développerait le courant si son intensité diminuait jusqu'à zéro, sera exprimée par

$$\frac{1}{2}Li^2.$$

93. *Hypothèse sur le magnétisme.* On sait que si on brise une aiguille aimantée, chaque fragment, si petit qu'il soit, jouit des propriétés d'un aimant : de là l'idée de regarder toute masse aimantée comme composée d'aimants infiniment petits que l'on appelle des *molécules* magnétiques. L'expérience d'Oerstedt donnait à penser que les phénomènes magnétiques sont produits par des courants électriques ; l'identité des propriétés des solénoïdes et des aimants a conduit Ampère à considérer chaque molécule magnétique comme un petit solénoïde, et à substituer les forces électro-dynamiques aux forces magnétiques et électro-magnétiques.

Par là se trouvent ramenés à une origine commune trois ordres d'actions en apparence distinctes et régies par des lois différentes : les actions magnétiques régies par la loi de Coulomb, les actions électro-magnétiques régies par la loi de Laplace et les actions électro-dynamiques régies par la loi d'Ampère.

De cette identité de propriétés il résulte que quand on constate un certain effet sur une aiguille aimantée ou sur un courant électrique, il est impossible de savoir *à priori* s'il est produit par un système d'aimants ou par un système de courants. Ainsi l'action de la terre sur une aiguille aimantée est aussi bien représentée par l'hypothèse d'un aimant central ou d'une masse régulièrement aimantée, que par celle de courants, parallèles à l'équateur magnétique, traversant chaque élément de méridien en marchant de l'Est à l'Ouest.

94. *Moteurs électriques.* Les *moteurs électriques* sont fondés sur l'action réciproque entre courants et aimants ou courants, dont les uns sont fixes et les autres mobiles (§ 79). Au lieu d'aimants permanents, on emploie des électro-aimants pour obtenir des effets plus puissants.

INDUCTION.

95. *Phénomènes d'induction.* On a vu (§ 29) que lorsqu'un corps conducteur est placé dans le champ formé par des corps électrisés situés dans son voisinage, il manifeste des phénomènes électriques auxquels on donne le nom de phénomènes d'*induction* ou d'influence : on dit que le champ agit par induction sur le conducteur, on appelle *inducteurs* les corps qui forment le champ, et électricité *induite* celle qui se développe dans le conducteur considéré. Ces phénomènes sont *temporaires :* ils se manifestent seulement quand on introduit le conducteur dans le champ, quand on le retire, quand on fait naître le champ ou quand on le supprime, dans tout déplacement relatif du conducteur et des corps qui forment le champ, ou quand le champ subit une variation quelconque. Ils durent tout le temps que dure le déplacement ou la variation, et cessent dès que le conducteur a pris un état d'équilibre en rapport avec sa position finale ou les conditions nouvelles du champ.

De même on appelle *courants d'induction* ou *courants induits* les courants temporaires qui sont développés dans un circuit par l'effet des aimants (champ *magnétique*) ou des courants (champ *galvanique*) situés dans le voisinage.

Quand c'est un champ magnétique, on dit qu'il y a *induction magnéto-électrique ou faradique*; quand c'est un champ électrique, on dit qu'il y a induction électro-dynamique ou voltaïque.

On donne l'épithète d'*inducteurs* aux aimants ou courants qui forment le champ : un courant inducteur s'appelle aussi *courant primaire*, et le courant induit s'appelle alors *courant secondaire*.

96. *Expériences fondamentales :*

1° On prend une bobine creuse, et on relie les extrémités du fil par un galvanomètre : on place un aimant dans la direction de son axe, et on approche le pôle nord : on observe un courant qui cesse si on suspend le mouvement de l'aimant, qui change de sens si on éloigne le pôle, ou si on présente le pôle sud. En enfonçant l'aimant dans la bobine, les courants conservent la même direction, jusqu'à ce que l'aimant soit au milieu de la bobine; ils changent de sens, si on continue le mouvement au delà, de manière à faire sortir l'aimant. Mêmes phénomènes si on remplace l'aimant par un électro-aimant.

2° On a une bobine fixe reliée à un galvanomètre : on approche une bobine parcourue par un courant, et qui peut rentrer dans le creux de la première. Tout se passe comme précédemment, c'est-à-dire comme si la bobine inductrice était remplacée par l'aimant équivalent.

3° La bobine fixe est composée de deux fils AB, A'B' juxtaposés (fig. 441); les bornes A', B' sont reliées à un galvanomètre; au moment où le courant passe dans AB, on observe dans A'B' un courant induit de même sens que lorsqu'on approche la bobine mobile dans l'expérience précédente; si on interrompt le courant inducteur, il y a production d'un courant induit inverse du précédent. De même une variation d'intensité dans le courant AB, produit dans A'B' un courant de même sens que celui produit par l'approche ou l'éloignement d'une bobine, suivant que l'intensité augmente ou diminue.

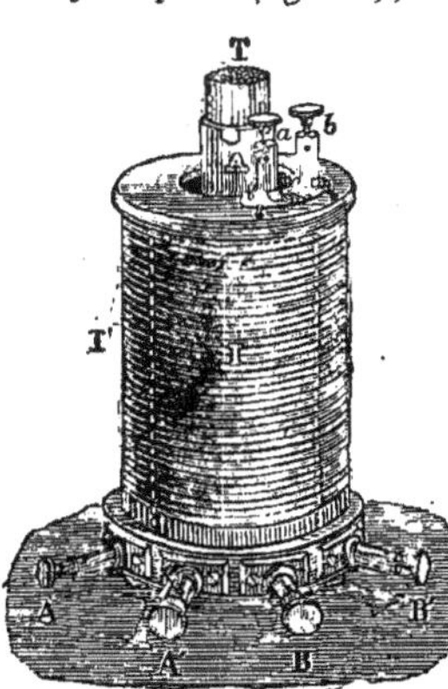

Fig. 441.

Les effets sont augmentés si l'on met un noyau de fer doux, ou un faisceau de fils de fer dans la bobine inductrice, l'aimantation et la désaimantation agissant comme l'approche ou l'éloignement d'un aimant. Ces expériences se font à l'aide de la bobine double de la figure 441.

La bobine fixe est à deux fils juxtaposés AB, A'B'; la bobine mobile a ses extrémités en *a*, *b*, et peut recevoir un faisceau de fils de fer T.

97. *Loi de Lenz.* Elle détermine la direction des courants induits. « Le courant induit est de sens contraire à celui qui, passant dans le même circuit, communiquerait à l'inducteur le mouvement qui lui a été donné; ou encore, de sens tel que, par sa réaction sur l'inducteur, il tende à s'opposer au mouvement imprimé. »

Même règle, si l'inducteur est fixe et l'induit mobile. Le courant induit ne dépend que du déplacement relatif.

Cette règle s'applique à tous les cas : l'établissement ou la cessation d'un courant, l'augmentation ou la diminution d'intensité, l'aimantation ou la désaimantation du fer doux, l'augmentation ou la diminution de l'aimantation, produisant les mêmes effets que l'approche (courant induit *inverse*) ou l'éloignement d'un courant ou d'un aimant (courant induit *direct*).

98. *Générateurs et bobines d'induction.* D'une façon générale, toute expérience électro-magnétique ou électro-dynamique est corrélative d'un phénomène d'induction. Si dans l'un des circuits on remplace la pile par un galvanomètre, et qu'on produise artificiellement le mouvement qui aurait eu lieu dans l'expérience considérée, il y a production d'un courant induit de sens contraire au sens du courant qui eût été capable de produire ce mouvement.

Ainsi, par *réversibilité*, tout moteur électrique devient un générateur électrique (§ 79 et 94), et fournit une *machine magnéto-électrique* ou *dynamo-électrique* suivant que le champ est constitué par des aimants ou des électro-aimants.

La terre se comportant comme un aimant ou un courant, il suffira de donner à un circuit fermé un déplacement qui pourrait être produit par l'action de la terre si le circuit était parcouru par un courant de sens convenable, pour obtenir un courant de sens contraire (cerceau de Delezenne).

L'induction par l'établissement ou la rupture d'un courant inducteur est utilisée dans les *bobines d'induction* (V. INDUCTION). En introduisant un faisceau de fils de fer doux dans l'axe de la bobine, les effets inducteurs de l'aimantation et de la désaimantation s'ajoutent à ceux de la bobine inductrice.

99. *Force électro-motrice d'induction.* Soit i, l'intensité du courant fourni par la force électromotrice d'induction e agissant sur un circuit de résistance R, se mouvant dans un champ magnétique, de telle sorte que le nombre de lignes de force magnétique traversant son aire augmente de N dans le temps t : le travail que les forces électro-magnétiques exerceront sur lui pendant son déplacement sera mesuré par iN (§ 81). Il aura passé dans le circuit une quantité d'électricité $Q = it$: l'énergie fournie par ce courant sera donc eQ ou iet (§ 58). En vertu du principe de la conservation de l'énergie, cette énergie doit être l'équivalent du travail engendré par les forces électromagnétiques : on doit donc avoir:

$$iN + iet = o \text{ d'où } e = -\frac{N}{t}.$$

Si donc le déplacement est tel que le nombre

de lignes de force traversant l'aire du circuit augmente, il y aura production dans le circuit d'une force électro-motrice négative mesurée par le nombre de lignes de force qui s'ajoute par seconde, ou par le nombre de ces lignes que le circuit coupe dans l'unité de temps.

On a, d'ailleurs, d'après la loi de Ohm :

$$N = -et = -Rit = -RQ.$$

La relation $e = -\frac{N}{t}$ montre que la force électromotrice d'induction est proportionnelle à la vitesse de déplacement (loi de Newmann).

100. *Induction dans les circuits ouverts.* Quand un circuit ouvert se déplace dans un champ, l'induction se manifeste par une différence de potentiel aux deux extrémités du circuit, laquelle s'exprime aussi par le nombre de lignes de force que le circuit mobile coupe dans l'unité de temps. C'est cette différence de potentiel que l'on constate en reliant à un électromètre les deux bornes d'une machine d'induction. Si on ferme le circuit par une résistance extérieure R, *r* étant la résistance intérieure de la machine, E la différence de potentiel à circuit ouvert, on a $e = E\frac{R}{R+r}$ pour la différence de potentiel *e* aux deux bornes quand le circuit est fermé.

101. *Induction du courant sur lui-même.* Lorsqu'on ouvre un circuit traversé par un courant, on observe une petite étincelle, dite de *rupture*, qui est renforcée s'il y a une bobine dans le circuit et devient encore plus forte si un noyau de fer doux est introduit dans la bobine.

Ce phénomène est dû à l'induction du circuit sur lui-même : les effets d'induction qui se produisent entre un conducteur dans lequel un courant naît, cesse ou varie d'intensité, et un conducteur voisin, se produisent aussi entre chaque élément d'un circuit et les autres éléments voisins; ces courants induits se superposent au courant principal, d'où diminution de celui-ci au moment où l'on ferme le circuit, accroissement au moment où on l'ouvre.

Ces courants sont surtout sensibles dans les bobines et d'autant plus intenses que les spires sont plus serrées et que le fil est plus long : l'effet du fer doux est évident, car par son aimantation et sa désaimantation, il développe des courants induits qui s'ajoutent aux précédents.

Ces courants peuvent être rendus apparents dans un fil placé en dérivation sur la bobine : d'où le nom d'*extra-courants*.

De même, un changement de forme dans un circuit développe dans ce circuit un courant induit, et, d'une façon générale, l'induction d'un courant sur lui-même est liée aux actions électrodynamiques qu'il exerce sur lui-même (§ 92) comme l'induction mutuelle de deux circuits est reliée à leurs actions mutuelles.

102. *Quasi-inertie électrique.* Les effets d'extra-courant sont analogues à ceux que produit l'*inertie* dans le flux matériel d'un liquide, inertie en vertu de laquelle la colonne liquide résiste au mouvement quand elle sort du repos, et au repos lorsqu'elle sort du mouvement : l'extra-courant direct ou d'ouverture rappelle le phénomène du coup de bélier dans les tuyaux de conduite et de ressaut dans les barrages.

Toutefois, l'inertie d'un liquide dans un tube ne dépend que de la quantité de liquide qui s'écoule à travers le tube, de la longueur et de la section du tube, mais ne dépend nullement des actions extérieures, ni de la forme du tube, lequel peut être contourné en spirales, pourvu que sa longueur ne change pas.

Il n'en est pas de même dans le cas d'un fil transmis par un courant : l'effet, très petit, quand un long fil est replié en double sur lui-même, devient très grand quand il est enroulé en hélice, surtout si un noyau de fer doux est placé à l'intérieur de l'hélice. Ainsi le même courant passant dans le même fil, l'effet dépend de la forme du fil et de certaines causes extérieures, telles que la présence du fer doux.

Il n'y a donc pas identité entre les deux phénomènes, d'où le nom de *quasi-inertie* donné au phénomène électrique.

103. *Energie intrinsèque du courant.* Considérons un circuit traversé par un courant *i*, et, à un moment donné, supprimons la pile en la remplaçant par une résistance égale. L'intensité tombant de *i* à *o*, il y aura développement d'un extra-courant direct, qui engendrera une certaine quantité de chaleur ou un travail exprimé par $\frac{1}{2}Li^2$, L étant le coefficient d'induction du courant sur lui-même. La pile étant supprimée, cette énergie ne peut être empruntée qu'au courant lui-même. Par le fait de la présence seule du courant, il y a donc une certaine quantité, $\frac{1}{2}Li^2$, d'énergie emmagasinée. Cette énergie a été emmagasinée au moment de la création du courant, elle est restituée au moment de sa cessation.

104. *Etablissement et cessation du courant.* L'extra-courant inverse, qui se produit au moment où l'on ferme le circuit, empêche le courant de prendre immédiatement son intensité définitive : de là un *état variable*, dont la durée, théoriquement infinie, est pratiquement assez courte; car le courant atteint rapidement une valeur très voisine de sa valeur définitive.

Pendant cette période de croissance graduelle, la pile fournit une énergie plus grande que celle qui correspond à la chaleur dégagée dans le circuit et l'excès reste emmagasiné dans le circuit ou le milieu environnant, sous une forme inconnue.

Si on ouvre le circuit, au moment où les extrémités du fil sont séparées, à la force électro-motrice de la pile s'ajoute celle de l'extra-courant direct; de là entre les 2 bouts du fil une différence de potentiel suffisante pour franchir, sous forme d'étincelle, le petit intervalle qui les sépare, et le courant continue à passer sous cette forme jusqu'à ce que la force électro-motrice de l'extra-courant soit devenue inférieure à la différence de potentiel nécessaire pour franchir l'intervalle.

105. *Énergie d'un système de deux circuits.* Il en

résulte que si l'on a en présence deux circuits i et i' invariables de forme et de position, l'énergie fournie par la pile se retrouve dans la chaleur développée dans les circuits et dans l'énergie emmagasinée par les deux circuits : l'expression de cette dernière est $\frac{1}{2}Li^2+Mii'+\frac{1}{2}L'i'^2$, L et L' étant les coefficients d'induction des circuits sur eux-mêmes et M leur coefficient d'induction mutuelle. Si les circuits sont variables de forme et de position, il faut ajouter à la chaleur des circuits et à leur énergie potentielle un terme exprimant le travail des forces électro-dynamiques.

106. *Courants induits inverse et direct.* Les courants induits étant variables et de très courte durée se mesurent par la quantité d'électricité qu'ils mettent en mouvement. Cette quantité d'électricité est la même pour le courant inverse (induction commençante, extra-courant de fermeture),

Fig. 442.

et pour le courant direct (induction finissante, extra-courant d'ouverture). En d'autres termes, si l'on construit pour les deux courants une courbe en portant en abscisses les temps écoulés depuis la fermeture ou l'ouverture du circuit, et en ordonnées les intensités correspondantes des courants induits (ou les variations d'intensité du courant total dans le circuit), les deux courbes ont la même aire; mais le courant induit direct a une ordonnée maximum plus grande que le courant induit inverse. Il en résulte que le courant direct a une durée plus courte que le courant inverse.

Fig. 443.

Cette ordonnée maximum s'appelle quelquefois la *tension* du courant induit. Le courant direct et le courant inverse auront donc le même effet sur les instruments dont les indications dépendent de la quantité (galvanomètres et voltamètres); si les deux courants se succèdent alternativement à intervalles courts, ces instruments ne fourniront aucune indication. Il faut alors les mesurer à l'aide d'instruments dont les indications soient proportionnelles au carré de l'intensité (électro-dynamomètres ou méthodes calorimétriques). Enfin le courant direct ayant plus de tension agira plus énergiquement que le courant inverse quand le courant a de grandes résistances à vaincre, comme la résistance de l'air (étincelle), celle du corps humain (commotion), ou la force coercitive de l'acier (aimantation).

107. *Induction dans les masses conductrices.* D'une façon générale, les courants induits se développent toujours dans une masse conductrice qui se déplace dans un champ magnétique.

Lorsqu'une aiguille aimantée oscille au-dessus d'une plaque de cuivre, ses oscillations s'amortissent très rapidement; Arago en conclut qu'un disque de cuivre en mouvement devait avoir pour effet d'imprimer une rotation de même sens à une aiguille aimantée placée au-dessus de lui. C'est ce qu'on vérifie avec l'appareil, figure 442. Une poulie A permet de donner un mouvement de rotation rapide à un disque de cuivre rouge M; l'aiguille aimantée ab repose par un pivot sur une feuille mince de mica, pour empêcher l'entraînement de l'aiguille par le mouvement de l'air. La rotation de l'aiguille s'explique par la réaction des courants induits dans le disque en mouvement dans le champ magnétique de l'aiguille; d'après la loi de Lenz, l'action de l'aimant sur ces courants doit s'opposer au mouvement du disque, et par réaction le disque entraîne l'aimant.

Ce phénomène est connu aussi sous le nom de *magnétisme en mouvement.* Le phénomène cesse, si les courants induits ne peuvent plus se développer par exemple, si la masse est mauvaise conductrice, ou si elle a des solutions de continuité, ou encore, si on remplace le disque de cuivre rouge par un disque de verre, ou le disque de cuivre plein par un disque scié suivant plusieurs rayons jusqu'à une petite distance du centre. De même l'induction est nulle sur un tube fendu que l'on introduit dans une bobine.

C'est pour empêcher ces courants parasites qui absorbent de l'énergie en pure perte, que l'on substitue des faisceaux de fils de fer aux noyaux et tores de fer doux dans les bobines et générateurs d'induction.

Le développement de ces courants est par contre utilisé pour amortir rapidement les oscillations de l'aiguille aimantée dans les *galvanomètres* (V. ce mot). Il suffit pour cela d'entourer l'aiguille d'une grosse masse de cuivre aussi voisine d'elle que possible : on a ainsi un instrument *apériodique*.

108. ***Disque de Foucault***. Foucault a mis en évidence l'existence de ces courants dans une expérience célèbre (fig. 443). Un train d'engrenages permet d'imprimer une rotation très rapide à un disque de cuivre placé entre les pôles d'un électro-aimant. Le disque ayant une vitesse acquise considérable s'arrête brusquement dès qu'on fait passer le courant dans les bobines, par l'effet de la réaction des courants d'induction. Si on veut continuer le mouvement en agissant sur la manivelle, on constate qu'il faut exercer un travail considérable tant que l'aimantation persiste, afin de vaincre la réaction de ces courants; le disque s'échauffe par le passage de ces courants, et la chaleur développée correspond au travail anéanti. Cette expérience a été utilisée pour la détermination de l'équivalent mécanique de la chaleur.

109. *Téléphones magnétiques*. Une membrane de fer doux, en s'approchant ou s'éloignant du pôle d'un barreau aimanté entouré d'une hélice, modifie le champ magnétique, et engendre par suite dans l'hélice des courants induits. En recevant ces courants à distance dans une hélice identique entourant également un barreau aimanté, les variations dans l'aimantation de ce barreau détermineront dans une membrane de fer doux, placée en regard d'un de ses pôles, des mouvements identiques à ceux de la première membrane. Si les mouvements de celle-ci sont dus à l'air mis en vibration par la voix, les mouvements de la seconde détermineront des vibrations identiques qui, reçues par l'oreille, reproduiront la voix. C'est le ***téléphone magnétique de Bell***. — V. TÉLÉPHONE.

110. PRINCIPES DU TRANSPORT ÉLECTRIQUE DE L'ÉNERGIE. ***Moteur***. Considérons un moteur électrique, c'est-à-dire un conducteur traversé par le courant d'une pile, $i=\frac{E}{R}$, et se mouvant dans un champ magnétique sous l'influence des forces électromagnétiques. Il se développera dans ce conducteur un courant inverse de celui qui produit le mouvement, ou du courant de la pile, dont l'intensité prendra une valeur moindre i'.

Supposons que le moteur traversé par le courant 1 fasse n tours par seconde, et que le travail exercé par les forces électro-magnétiques dans un tour soit représenté par τ : le travail exercé dans l'unité de temps par le courant i' sera $ni'\tau$, et d'après le principe de la conservation de l'énergie (§ 59, 67), on devra avoir

$$Ei'=i'^2R+ni'\tau, \text{ ou } E=i'R+n\tau \quad (1)$$

d'où

$$i'=\frac{E-n\tau}{R}.$$

Le moteur engendre donc une force d'induction, $e=n\tau$, contraire à celle de la pile : l'intensité du courant diminuera d'autant plus que la machine tournera plus vite, mais la quantité de zinc dissoute dans la pile et la chaleur dégagée diminueront également. Si le moteur tourne à vide, le courant ira en diminuant jusqu'à ce que le travail électro-magnétique soit égal à l'énergie absorbée par le frottement. Si le frottement était négligeable, le mouvement s'accélérerait toujours, et l'intensité deviendrait nulle à la limite; le *rendement* ou rapport du travail utile ei' au travail moteur Ei', serait égal à 1; car le courant étant nul, la pile ne consomme plus, mais le travail produit serait nul.

Supposons que la machine doive développer par tour un travail utile T_u constant; on aura, quand le mouvement sera devenu uniforme

$$i'\tau=T_u,$$

et i' sera indépendant de E.

Le nombre de tours

$$n=\frac{E-Ri'}{\tau}=\frac{E}{\tau}-\frac{RT_u}{\tau^2}$$

diminuera quand T_u augmentera.

111. ***Réversibilité***. Si à l'aide d'une force extérieure, on fait tourner la machine plus vite que sous l'action de la pile seule, e qui est proportionnel à n augmentera, i' diminuera, deviendra nul, puis changera de sens ; i' deviendra négatif, la relation (1) subsistant. Le travail dépensé doit alors échauffer le circuit et produire dans la pile une action chimique inverse de l'action normale, dissoudre le cuivre et précipiter le zinc dans une pile Daniell.

Faisons tourner la machine en sens contraire du mouvement communiqué par la pile, n devient négatif, la relation (1) devient $n\tau=i'R-E$, et i' augmente.

Supprimons la pile E, la machine en mouvement par des forces extérieures se comportera comme une pile dont la force électro-motrice, $n\tau$, change de sens avec le sens du mouvement et le moteur deviendra générateur d'électricité. Cette ***réversibilité*** est indépendante de la construction de la machine, et tout moteur électro-dynamique peut devenir un générateur électrique (§ 98).

112. ***Transport***. Substituons à la pile une *machine génératrice* définie par n et τ, et soient n' et τ' les quantités analogues pour le moteur ou la *machine réceptrice*, R étant la résistance *totale* du circuit (y compris celle des deux machines); la génératrice agira comme une pile $E=n\tau$, la réceptrice comme une pile inverse $e=n'\tau'$, et l'on aura la relation $n\tau=n'\tau'+Ri$ ou $E-e=Ri$.

Le travail électrique fourni par la génératrice

étant Ei, celui développé par la réceptrice ei, le *rendement électrique* sera $\frac{e}{E}$.

Si T_m est le travail moteur dépensé sur la génératrice, T_u le travail utile recueilli par la réceptrice, le *rendement dynamométrique* est $\frac{T_u}{T_m}$.

Ces deux rendements devraient être identiques, si une partie du travail moteur ne servait pas à alimenter les courants parasites, tels que extra-courants et courants induits dans les masses en mouvement, qui se développent en même temps que le courant principal. En fait, il y a dans chaque machine une perte d'énergie, correspondant à la transformation de l'énergie mécanique en énergie électrique et à la transformation inverse. En désignant par H le coefficient pratique de transformation de la génératrice, par h celui de la réceptrice, on a $Ei = HT_m$, $hei = T_u$, d'où

$$\frac{T_u}{T_m} = Hh\frac{e}{E}.$$

Le rendement dynamométrique doit donc être toujours moindre que le rendement électrique.— V. Energie électrique. — J. R.

L'ÉLECTRICITÉ DANS SES RAPPORTS AVEC LES BEAUX-ARTS

Ne semble-t-il pas au premier abord qu'il n'y ait ni conciliation ni même de rapprochement possible entre les deux ordres d'idées et de faits que représentent ces mots l'*art* et l'*électricité?* Que peut-il, en effet, se rencontrer de commun entre le monde de l'imagination et du rêve, entre tous les concepts de beauté créés par ce qu'il y a de plus immatériel dans l'homme, entre les félicités purement intellectuelles dont l'art est le sujet en même temps que l'objet, et cette force extraordinaire, à peine connue, si mal réglée encore, excessive et démesurée, mais qui a pour objet précisément de substituer l'action mécanique à la libre action de l'individu : l'une inflexible, infaillible, uniforme; l'autre variée à l'infini par la variété du génie humain, qui se renouvelle incessamment à travers les siècles, inégale et faillible sans doute, mais si attrayante par son inégalité même et si touchante jusqu'en ses erreurs?

Cependant, fermement convaincu qu'il ne saurait se produire dans notre civilisation un phénomène nouveau qui n'apporte au peintre, au statuaire, à l'architecte, au graveur même — au moins dans le matériel de l'art — de nouveaux éléments d'observation et d'action, nous avons étudié à ce point de vue l'Exposition d'électricité ouverte en 1881 au palais des Champs-Elysées.

Le problème de l'éclairage des peintures par la lumière électrique est-il résolu? Dans le concours des nombreux systèmes mis en présence, la question était de celles qui sollicitaient le plus vivement notre curiosité. — Eh bien, il faut répondre nettement : Non, le problème de l'éclairage des peintures par la lumière électrique n'est pas encore résolu.

Quelles que soient la variété, la valeur et la supériorité relative des combinaisons par lesquelles on règle l'arc voltaïque, nous donnerons une idée suffisante du genre de lumière qu'elles procurent en prenant pour type la lampe Jablochkoff, que les expériences de l'avenue de l'Opéra ont rendue familière à chacun. C'est une lumière brutale, froide, où abondent les rayons violets. Elle décompose sensiblement les rayons jaunes et dénature d'une façon absolue l'aspect des tableaux, en particulier des paysages où domine la couleur verte. — Ajoutons, en outre, que, dans les différentes installations tentées au Palais de l'industrie pour éclairer des galeries de tableaux, on n'avait tenu aucun compte de l'éblouissement causé par le foyer lumineux. Ou il faut absolument le dissimuler par un écran opaque qui servirait en même temps de réflecteur — et rien ne serait plus facile à disposer, une simple bande d'étoffe épaisse, courant à une certaine hauteur autour de la galerie, y suffirait; — ou bien il faudrait que les lampes fussent accrochées à une très grande élévation au-dessus des tableaux, ce qui n'est praticable que par exception, étant donnée la dimension moyenne des salons. Peut-être encore serait-il possible de recourir à l'emploi de plafonds lumineux ou d'un cordon d'œils-de-bœuf inclinés, régnant à la hauteur des corniches, et projetant la lumière sur les parois opposées. On a obtenu des résultats intéressants et satisfaisants en dissimulant les appareils dans une sorte de seau et en renvoyant la lumière à l'aide d'immenses réflecteurs *circulaires et placés horizontalement*. Mais, les enveloppes de l'appareil font dans l'espace éclairé d'énormes taches noires d'un effet désagréable, à ce point que ce mode d'éclairage, acceptable à la rigueur dans certains ateliers de peinture et même provisoirement dans les galeries publiques, est absolument inadmissible dans les salons et appartements où les particuliers disposent leurs collections.

Dans l'éclairage par incandescence la lumière reste fixe, douce, même au maximum d'intensité, et les rayons jaunes l'emportent en nombre et en puissance sur les rayons violets. Malheureusement, les peintures éclairées par ce système paraissaient en général charbonnées; quelques tableaux, il est vrai, n'étaient pas trop sensiblement altérés dans leur coloration; mais ce résultat était dû à un choix plus habile de peintures exécutées dans les *gammes de tons monochromes*, variant du blanc au noir, avec quelques rehauts de tons vifs.

Dans l'essai d'application de la lumière électrique à la scène, l'éclairage à l'aide de globes lumineux, en petit nombre et de grandes dimensions, n'est point très heureux. Il projette sur la toile de fond de vastes circonférences de rayons clairs d'un effet déplorable. Depuis l'Exposition de 1881, des expériences d'éclairage par l'électricité, d'ailleurs très confuses et très incomplètes, ont été tentées à l'Opéra. Elles ont prouvé une fois de plus que la lumière de l'arc voltaïque applicable avec succès à l'éclairage des vastes espaces ne convient en aucune façon aux peintures. Celles-ci exigent impérieusement la lumière par incandescence.

La solution du problème qui nous occupe n'est

pas encore trouvée. Incontestablement on la trouvera. Mais, dès aujourd'hui, il est possible de conclure, des expériences déjà faites, que les peintres et les architectes, chargés de décorer des pièces d'apparat destinées aux réceptions du soir, devront maintenir leurs peintures dans les gammes les plus légères des tons clairs et employer de préférence un procédé mat, comme la cire, par exemple, qui échappe à l'inconvénient des reflets. Ce sont là des lois qui ne sont pas nouvelles sans doute; mais, outre qu'elles ont été dans tous les temps (rappelez-vous les peintures de Le Brun, à Versailles) l'objet de constantes infractions, il devient essentiel de les rappeler au moment où, l'éclairage électrique d'un jour à l'autre devenant d'un usage général, il faudra bien compter avec ses inconvénients et y remédier le mieux possible, la somme de ceux-ci étant moindre au total que celle de ses avantages.

Nous devons enfin constater les très grands services que la lumière électrique rend chaque jour, ou pour mieux dire chaque nuit, en permettant d'obtenir des clichés photographiques et même de tirer des épreuves de ces clichés sans le concours de la lumière solaire. Nous dirons même qu'il est plus aisé et plus sûr de procéder avec cette lumière artificielle, mais constante et facile à régler, qu'avec celle du soleil si variable en nos climats. La photographie à l'éclairage électrique est d'un usage précieux, notamment pour les reproductions des dessins d'artiste destinés à être gravés en relief par les procédés dits de *gillottage.*

L'art est redevable à l'électro-chimie de moyens de décoration et d'exécution absolument nouveaux. Tel est le nouveau procédé de gravure par la machine électro-magnétique et qui reproduit directement la composition originale du dessinateur. L'ornementation acquiert ainsi une apparence de liberté d'une valeur esthétique très supérieure à la perfection rigide, en quelque sorte géométrique du graveur. En outre, par le même procédé, le type d'ornement adopté peut être reproduit sur les diverses pièces d'un même service, malgré les différences de leurs formes et de leurs dimensions.

Les dépôts électro-chimiques à la pile permettent aussi de fabriquer des pièces de polychromie métallique qui engagent la décoration du métal dans une voie absolument renouvelée sinon nouvelle. Aux oppositions de l'or et de l'argent, du mat et du bruni, des ors de différents tons, du niellé noir et de l'argent, s'ajoute désormais la palette très variée des patines électriques dont on recouvre le bronze. Les alliages fournissent des juxtapositions de tons d'une douceur et d'une harmonie exquises, jouant sur le fond feuille-morte ou brun-violet du métal. Dans l'application de ces procédés, les industriels s'inspirent trop fréquemment de l'ornementation de style japonais, qui s'y prête d'une façon charmante, mais ils devront aussi demander à nos artistes des compositions personnelles.

Une des plus curieuses applications de la galvanoplastie est assurément la reproduction authentique, identique, absolue, intégrale en quelque sorte, de l'œuvre du statuaire, au moyen de moules en gutta-percha, où le métal se dépose molécule par molécule. Ces pièces, généralement fort minces, qui présenteraient peu de résistance, sont fourrées intérieurement de grenaille de cuivre. On a donc de la sorte, l'œuvre même de l'artiste avec toutes les vibrations et les accents nerveux de la « folie du pouce, » aussi sûrement que par la fonte à cire perdue, procédé excellent mais si rarement employé, parce qu'il ne peut fournir qu'une seule épreuve.

On sait que la galvanoplastie se prête également à la grande décoration monumentale, — à la vulgarisation infiniment précieuse des anciens chefs-d'œuvre en métal, — à la décoration du meuble, et la galvanoplastie massive, employée, à cet effet, réunit tous les caractères du bronze fondu et ciselé, — enfin à la décoration par incrustation de l'or et de l'argent.

Il y a là les éléments d'un art absolument nouveau qu'il appartient à nos artistes d'utiliser. Et cette recommandation ne s'adresse pas seulement aux dessinateurs de modèles pour l'orfèvrerie, mais à nos statuaires qui doivent y trouver des effets de plastique polychrome dont leur goût doit déterminer la mesure.

Dans un ordre d'idées plus humble, mais d'une grande utilité pratique, nous signalerons les dépôts de nickel sur les moules galvanoplastiques à toute épaisseur, et l'application du procédé à la fabrication des clichés typographiques.

On sait que pour la chromotypographie il faut aciérer les clichés de cuivre que les couleurs mettraient rapidement hors de service, s'ils n'étaient défendus par une couche protectrice. Dès l'apparition du nickelage, on substitua le nickel à l'acier, pour cette opération; mais ce dépôt, sur le cliché, d'une couche préservatrice un peu épaisse, l'empâtait et lui faisait perdre de sa finesse. Le remède était à côté du mal, il suffisait de faire directement des clichés de nickel. La taille-douce emploie également le nickel pour transformer une planche de cuivre en une planche de nickel d'une dureté égale à celle de l'acier. On peut aussi épaissir le premier dépôt de nickel par une couche de cuivre, au lieu de nickeler le cuivre comme on le faisait jusqu'ici, ce qui enlève toujours de la finesse aux reproductions.

Il appartenait à notre époque investigatrice et critique de chercher à formuler définitivement, scientifiquement, les lois de l'expression. Elle y a réussi au moins en grande partie et, désormais, elle a tous les éléments nécessaires pour conduire à son terme l'œuvre si heureusement commencée. C'est encore à l'électricité que nous sommes redevables de cette nouvelle conquête. Par le mot *expression*, nous entendons l'expression morale des sentiments, des sensations, des émotions et des passions de l'homme se traduisant au regard par le jeu mobile de la physionomie.

Bien des progrès, depuis Cabanis, ont été réalisés dans la connaissance des principes physiologiques qui président aux mouvements expressifs du visage humain. Mais le docteur Duchenne, de Boulogne, aura l'éternel honneur d'avoir fait passer cette étude du domaine de l'observation conjecturale dans celui de la certitude scientifique, par l'emploi de nouveaux moyens d'analyse et d'expérimentation. — Les recherches électro-physiologiques de M. Duchenne sont célèbres dans le monde savant. Parmi ses expériences, nous nous arrêterons seulement à celles qui intéressent les artistes, à celles qui ont pour objet exclusif l'expression.

L'expression réside principalement dans le jeu des muscles de la face, elle se complète par l'attitude et le geste. Partant de ce principe, M. Duchenne s'est plus spécialement occupé de l'action musculaire du visage, où il a cru trouver la raison d'être des lignes, des rides et des plis de la face en mouvement, de ces divers signes qui par leurs combinaisons variées servent à l'expression de la physionomie. Pour connaître et juger le degré d'influence exercé sur l'expression, M. Duchenne, armé d'instruments spéciaux qui portent le nom de *rhéophores*, a provoqué la contraction de ces muscles, à l'aide de courants électriques, au moment où la physionomie était au repos et annonçait le calme intérieur. Il a d'abord mis chacun des muscles partiellement en action, tantôt d'un seul côté, tantôt des deux côtés à la fois; puis, allant du simple au composé, il a essayé de combiner ces contractions musculaires partielles, en les variant autant que possible, c'est-à-dire en faisant contracter les muscles de noms différents deux par deux, et trois par trois.

Ces expériences ont produit des faits généraux que nous exposerons sommairement, mais qu'il est indispensable d'indiquer. Nous les rangeons sous deux grandes divisions : 1° les contractions partielles — résultant de l'action de l'électricité sur un muscle ou sur un seul faisceau de muscles,— et qui peuvent être complètement expressives, incomplètement expressives, expressives complémentaires, complètement inexpressives; 2° les contractions combinées, qui s'obtiennent en excitant simultanément plusieurs muscles de noms différents, d'un côté ou des deux côtés à la fois. Ces contractions combinées sont : expressives, inexpressives, expressives discordantes.

Pour montrer le grand parti que l'artiste aurait à tirer de l'ouvrage de M. le docteur Duchenne, il faudrait s'arrêter notamment à cette classe si intéressante des contractions partielles complètement expressives. Avant les expériences électro-musculaires du savant physiologiste, on professait que toute expression exige le concours, autrement dit la synergie de plusieurs muscles. L'assertion de M. Duchenne vient détruire cette illusion.

Quel exemple prouverait d'une manière plus éclatante l'importance et la nécessité du secours que la science doit apporter à l'observation de l'artiste! Nous le signalons entre bien d'autres du même genre, tant il nous paraît péremptoire et de poids, et parce qu'il nous faudra, comme conclusion tout indiquée sur ce point, entrer dans l'examen d'une question toujours pendante dans cette vieille querelle qui divise les artistes, d'une part, et, d'autre part, les anatomistes et les physiologistes.

L'auteur n'aspire à rien moins qu'à nous donner en ce livre l'orthographe de la physionomie en mouvement, à rien moins qu'à enseigner « l'art de peindre correctement les lignes expressives de la face humaine. »

Nous n'aurions pas insisté, comme nous l'avons fait sur la partie scientifique des recherches de M. le docteur Duchenne, si nous ne considérions comme devant être de la plus grande utilité dans la pratique des arts du dessin le résultat de son analyse anatomique et électro-physiologique relative aux différents modes d'expression de la face, si nous ne considérions comme absolument essentiel désormais que tout artiste se familiarisât avec cette étude sur la physionomie, étude qui nous fait connaître la raison d'être et la rigoureuse nécessité de l'accord expressif des lignes, des rides, des saillies et des creux du visage.

Cependant, que le lecteur ne s'exagère point la somme de connaissances nouvelles que nous proposons à l'artiste d'acquérir. Si l'étude expérimentale du mécanisme de la physionomie en mouvement exige des notions anatomiques précises sur la musculation et l'innervation de la face, ces notions spéciales ne sont pas indispensables au peintre ni au statuaire; il lui suffira pour la pratique de posséder exactement les lois des mouvements expressifs telles que les expose l'important ouvrage de M. Duchenne. C'est là aussi l'opinion de l'auteur, et elle s'appuie sur cette excellente raison que, à peu d'exceptions près, les muscles du visage en contraction ne font aucun relief sous la peau. Il dissuade donc très justement de l'étude de l'anatomie morte pour conseiller de préférence l'étude des formes extérieures en mouvement. Nous nous rangeons complètement à cet avis en ce qui concerne la face; mais nous ne pouvons avec la même facilité abandonner l'anatomie morte en ce qui concerne l'ensemble du corps humain.

La grande utilité du travail de M. le docteur Duchenne découle de ce fait qu'il est impossible d'étudier les mouvements expressifs de la face de la même manière que les mouvements volontaires des membres. En effet, ceux-ci sont essentiellement soumis à l'influence de la volonté, le modèle peut les poser. Il n'en est pas de même des autres, que l'âme seule peut reproduire.

Les mouvements expressifs de la face ne pouvant se manifester par la seule influence de la volonté et exigeant la coopération de l'âme sont essentiellement fugaces. Les artistes le savent bien lorsqu'ils essayent de faire prendre une expression déterminée à leur modèle. Mais ils accusent trop souvent l'intelligence du modèle lorsque c'est de son impuissance commune à tous les hommes qu'ils devraient se plaindre. On comprend donc quels services est appelé à rendre un ouvrage qui donne avec toute la précision scientifique les règles des lignes expressives de la face en mouvement, ce que l'auteur appelle « l'orthographe de la physionomie. »

ÉLECTRISATION. — V. ÉLECTRICITÉ, §§ 27 et suivants.

ÉLECTRO-AIMANT. *T. de phys.* Ce mot composé désigne un aimant développé par l'action électrique et qui ne conserve ses propriétés magnétiques que tant que dure cette action, ce qui fait qu'on le désigne quelquefois sous le nom d'*aimant temporaire*. Cet important organe électro-magnétique, qui est la base de toutes les applications mécaniques de l'électricité, a été découvert par MM. Arago et Ampère, en 1820, le premier, en montrant qu'un conducteur parcouru par un courant se charge de limaille de fer comme le ferait un aimant, et que cette limaille ne se trouve ainsi attirée et magnétisée que tant que dure l'action du courant électrique; le second, en multipliant cette action par l'enroulement d'un conducteur de courant autour d'un morceau de fer. On comprend facilement l'importance d'un pareil organe, quand on réfléchit que, par suite de cette propriété qu'il a de s'aimanter et de se désaimanter sous l'influence du passage d'un courant électrique, on se trouve être en possession d'un moyen de produire ou de faire cesser, à distance, des mouvements mécaniques qui peuvent être, dès lors, combinés de mille façons différentes, pour produire une foule d'efforts différents, dont les principaux sont : la production de signaux télégraphiques, le transport de la force motrice, les enregistrations et le développement de forces relativement grandes sous l'influence de causes très faibles.

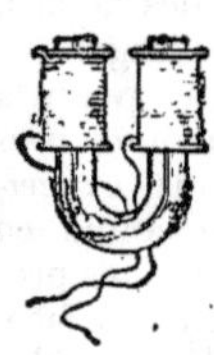
Fig. 444.

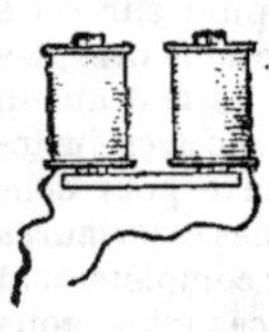
Fig. 445.

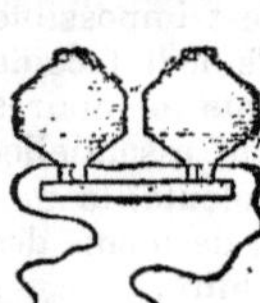
Fig. 446.

Un électro-aimant n'est, à proprement parler, qu'une barre de fer entourée d'une hélice de fil isolé, enroulé sur elle par couches successives et constituant une sorte de bobine à laquelle on a donné le nom de *bobine magnétisante*. Cette barre étant droite, comme dans la figure 444, constitue un *électro-aimant droit*, et étant recourbée, comme dans la figure 445, elle constitue un électro-aimant dit *en fer à cheval*. Mais on peut obtenir ces derniers électro-aimants plus pratiquement en les composant de deux barres de fer d'égale longueur réunies par une traverse de fer à laquelle on a donné le nom de *culasse*, comme on le voit figures 446 et 447. Les barres de fer en constituent alors les *branches*, et la bobine magnétisante, au lieu de recouvrir entièrement le système magnétique, est divisée en deux de manière à n'envelopper que les deux branches. Le plus souvent on donne le nom de *noyau magnétique* aux parties enveloppées par ces bobines. Quelquefois, on ne recouvre qu'une seule des deux branches d'une bobine, comme dans les figures 448 et 449, et l'électro-aimant est alors appelé *électro-aimant boiteux*. D'autres fois, on place sur une même culasse plusieurs branches, comme dans les figures 450 et 451, et l'on obtient alors des électro-aimants *à pôles multiples* ou *à pôles conséquents*. Dans ce cas, les pôles sont alternativement de noms contraires. On a aussi donné à ces électro-aimants le nom d'*électro-aimants trifurqués*. Dans d'autres dispositions d'électro-aimants à deux pôles, on fait la surface circulaire et on adapte sur son pourtour un cylindre de fer qui enveloppe de cette manière la branche où est enroulée l'hélice magnétisante, comme dans la figure 452, et l'électro-aimant porte alors le nom d'électro-aimant tubulaire. L'un des deux pôles forme alors un rebord circulaire au centre duquel est l'autre pôle et entre eux deux se trouve l'hélice magnétisante. Ces électro-aimants, ainsi que les autres, peuvent être cylindriques ou oblongs, comme on le voit figure 453, et aujourd'hui ce sont ces derniers qui sont les plus employés. On les désigne ordinairement sous le nom d'électro-aimants à *branches aplaties*. D'autres fois encore, comme dans la figure 454, la chemise cylindrique de l'électro-aimant précédent s'arrête à mi-hauteur de la branche enroulée, et une autre chemise cylindrique exactement semblable étant adaptée à l'autre extrémité de la branche, forme du tout une boîte cylindrique de fer soutenue au centre par le noyau de fer et renfermant à son intérieur l'hélice magnétisante. L'électro-aimant est alors appelé *circulaire* et ses pôles sont constitués par les deux cylindres de fer fixés aux deux extrémités du noyau. Ils doivent, en conséquence, être séparés par un intervalle de quelques millimètres dans la partie du milieu du barrage. Dans ces conditions, l'électro-aimant peut rouler sur son armature en agissant toujours sur celle-ci par ses deux pôles, ce qui est quelquefois très utile. Cette disposition a été imaginée par M. Nicklès. Si les deux chemises de l'électro-aimant précédent sont retirées et qu'on ne conserve que les deux rondelles de fer où elles sont rivées, il est dit *électro-aimant circulaire à rondelles de fer*, et peut souvent être appliquée dans les mêmes cas que le précédent, si l'armature est assez large pour réunir les deux rondelles. Quelquefois, au lieu de deux rondelles, il y en a trois, comme on le voit figure

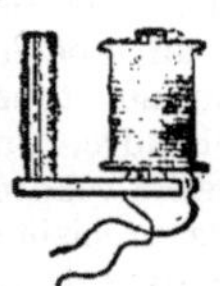
Fig. 447.

Fig. 448.

Fig. 449.

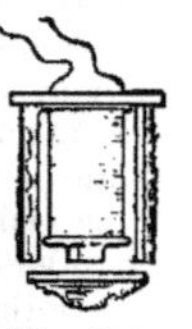
Fig. 450.

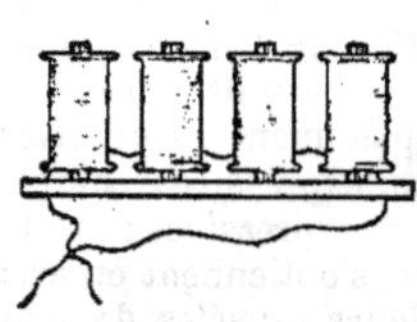
Fig. 451.

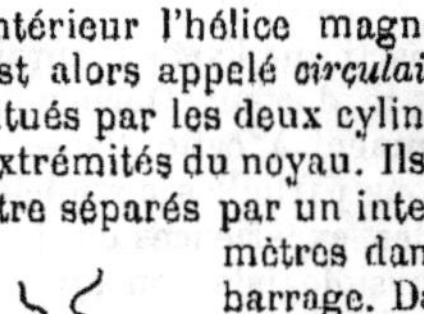

Fig. 452.

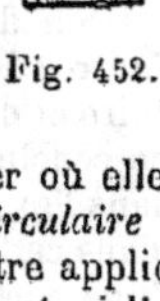

455. On a encore employé ce système électro-magnétique avec avantage comme électro-aimant en fer à cheval, mais alors les rondelles n'agissent plus que comme semelles de fer adaptées aux pôles électro-magnétiques. La figure 456 est un électro-aimant de ce genre. Il existe encore beaucoup d'autres dispositions d'électro-aimants telles que celles des figures 457 et 458, au moyen desquelles on magnétise des plaques roulées circulairement comme dans la figure 457. Mais comme ces électro-aimants sont peu employés nous n'en parlerons pas davantage ici; nous dirons seulement que tous ces électro-aimants peuvent avoir leurs pôles prolongés ou garnis de semelles de fer et on les appelle alors *électro-aimants à pôles épanouis*.

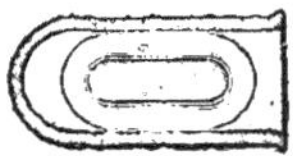
Fig. 453.

Fig. 454.

Nous devons dire maintenant quelques mots de la manière dont les armatures de ces organes ont été disposées.

L'armature d'un électro-aimant est la pièce de fer destinée à être attirée et, par conséquent, mise en mouvement temporaire par l'électro-aimant. Elle peut être disposée *parallèlement* ou *angulairement* par rapport à la ligne réunissant ses pôles. Dans le premier cas, elle est soutenue par des tiges ou leviers, qui la font mouvoir parallèlement à cette ligne. Dans le second, elle est articulée à l'une de ses extrémités, de manière à être près de l'un des pôles et à distance de l'autre pôle. Elle peut même alors être articulée sur le pôle le plus rapproché ou constituer un épanouissement de ce pôle. Les effets électro-magnétiques sont infiniment plus énergiques quand l'électro-aimant agit sur l'armature par ses deux pôles que lorsqu'il agit par un seul, et c'est pourquoi on préfère généralement employer des électro-aimants en fer à cheval. Mais on peut obtenir les mêmes avantages d'un électro-aimant droit en recourbant l'armature et en la disposant de manière à pouvoir se mouvoir devant les deux pôles magnétiques. On peut obtenir une attraction du même genre avec une armature droite et un électro-aimant droit muni, à ses deux pôles, de semelles de fer. Enfin, on peut encore obtenir une action attractive par les deux pôles d'un électro-aimant sur une armature placée entre ses pôles, en faisant en sorte que la ligne des pôles et l'axe de l'armature articulée en son point milieu forment les deux branches d'un X.

Fig. 455.

Fig. 456.

Fig. 457.

Mais l'une des dispositions d'armatures les plus employées est celle qui est fondée sur la force directrice des axes magnétiques, qui fait qu'une armature se mouvant parallèlement ou tangentiellement aux pôles d'un électro-aimant se trouve attirée jusqu'à ce que la ligne axiale de ses pôles (celle qui joint le centre des deux pôles) coïncide avec l'axe de l'armature ; la course attractive est alors plus grande, mais l'action est moins énergique.

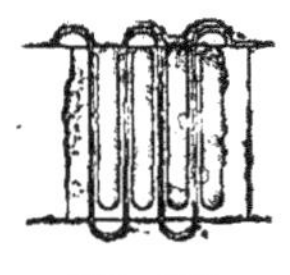
Fig. 458.

Souvent on emploie des armatures polarisées et, comme elles pourraient aisément se désaimanter si elles étaient constituées par des barreaux d'acier aimanté et comme d'un autre côté l'action attractive est plus énergique sur le fer que sur l'acier, on les polarise en les mettant en contact par un bout avec un fort aimant permanent. Le R. P. Cecchi et MM. Siemens, De La Follye, d'Arlincourt, ont combiné à cet effet des électro-aimants très ingénieusement disposés qui sont très souvent employés. Nous en dirons autant des *électro-aimants Hughes*, dans lesquels les noyaux magnétiques de fer, étant fixés sur les pôles d'un aimant permanent très puissant, sont polarisés d'une manière constante et ne fonctionnent que sous l'influence de désaimantations temporaires, déterminées par les bobines qui les recouvrent, action qui est d'une très grande sensibilité et peut déterminer des effets puissants, parce qu'elle s'exerce au contact des deux pièces magnétiques. On a pu obtenir encore la polarisation des armatures en faisant de celles-ci des électro-aimants droits, comme dans la figure 459, mais on n'a guère employé ce moyen qu'en télégraphie et assez rarement.

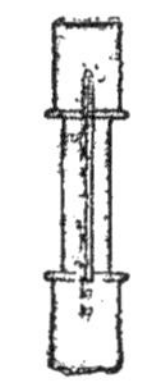
Fig. 459.

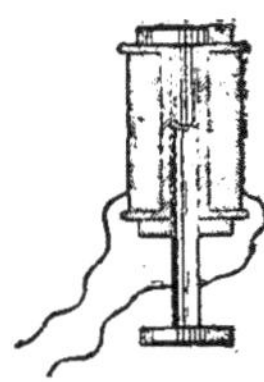
Fig. 460.

Les mouvements à distance peuvent encore être produits par suite de réactions échangées de courants à courants ; mais, de tous les organes employés dans ces conditions, ceux qui ont fourni les meilleurs résultats et qui sont aujourd'hui souvent employés concurremment avec les électro-aimants, ce sont les bobines appelées *électro-solenoïdes*. L'effet produit dans ces organes est l'attraction exercée par la bobine sur une tige de fer que l'on enfonce légèrement à son intérieur. Sous l'influence du courant magnétique qui se développe dans cette tige par son aimantation, il se produit entre les spires de l'hélice magnétique, ainsi constituée, et les spires du solenoïde ou de la bobine, une attraction de courants parallèles, qui tend à enfoncer la tige à travers la bobine et qui se ma-

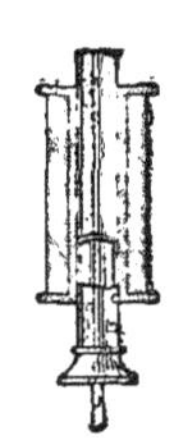
Fig. 461.

nifeste jusqu'à ce que les deux extrémités de la tige se trouvent symétriquement placées par rapport à celles de la bobine elle-même. Par ce moyen, on obtient une course attractive considérable qui peut même être augmentée en cloisonnant comme l'ont fait MM. Page et Deprez, la bobine, et en effectuant plusieurs actions successives ; cette réaction peut encore être augmentée en terminant les deux bouts de la bobine par des rondelles de fer comme on le voit figure 460, parce qu'il s'ajoute alors à la réaction des courants parallèles, l'attraction exercée sur les rondelles. En remplissant la moitié de la bobine avec un noyau de fer comme on le voit figure 461, on en fait un électro-aimant, et son action, en s'ajoutant à l'attraction du solénoïde dans la première moitié de l'hélice augmente l'effet définitif.

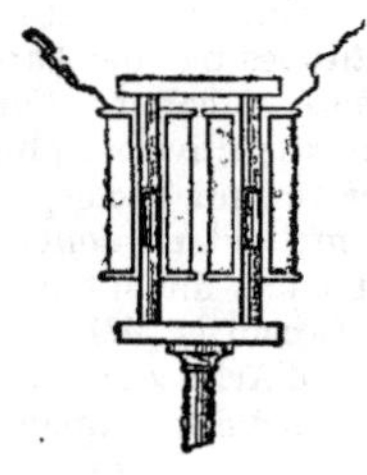

Fig. 462.

Naturellement, ce système peut être constitué par deux bobines juxtaposées, comme on le voit figure 462, et le système devient en fer à cheval, ce qui rend l'action plus forte.

Pendant longtemps, on avait cru que les hélices magnétisantes des électro-aimants devaient être construites avec du fil de cuivre isolé avec du coton ou de la soie, mais M. Carlier, en 1863, a montré qu'on pouvait en construire de tout aussi bonnes avec du fil de cuivre même bien décapé, et dépourvu de toute couverture isolante ; il fallait seulement avoir soin que les différentes rangées de spires fussent séparées par des feuilles de papier. Dans ces conditions, on obtient de bons électro-aimants qui sont aussi énergiques que les autres quand la tension des courants employés n'est pas très considérable, mais qui ont le grand avantage de ne pas fournir d'*extra-courants* très appréciables. Ces électro-aimants sont toutefois assez délicats à construire. A l'Exposition de 1881, un inventeur américain, M. de Dion, avait montré des électro-aimants de ce genre, construits avec des rubans de cuivre simplement oxydés ou vernis, qui avaient une puissance remarquable.

En dehors des combinaisons d'électro-aimants, dont nous venons de parler, on a cherché à augmenter leur puissance et leur promptitude d'action par des dispositions particulières de leur noyau magnétique et de leurs armatures. Parmi ces dispositions, nous mentionnerons celle qui consiste à composer le noyau magnétique de plusieurs tubes de fer cylindriques introduits les uns dans les autres et enveloppés chacun d'une hélice magnétisante plus ou moins épaisse dont les bouts sont réunis d'une hélice à l'autre. Ces électro-aimants sont dits alors à *noyaux multiples* et ont été combinés de plusieurs manières par MM. Camacho et Cance qui en ont obtenu de bons résultats.

Dans le système de M. Camacho, les noyaux cylindriques sont constitués par des tubes de fer rivés sur la culasse de l'électro et sont au nombre de 4 ou 5, plus un noyau central, qui est en fer massif. Les hélices, enroulées sur ces tubes, sont généralement peu épaisses, sauf la dernière, qui est extérieure et qui contient à elle seule plus de spires que toutes les autres ensemble. Elles sont généralement réunies en tension, c'est-à-dire de manière que le courant les parcoure successivement. Dans le système de Cance, ces noyaux cylindriques sont constitués par la juxtaposition d'un grand nombre de fils de fer rangés circulairement au-dessus et au travers de chaque hélice et qu'on serre le plus possible contre la culasse, afin d'établir entre elle et ces sortes de chemins de fer un contact métallique.

L'avantage de ces dispositions, au point de vue physique, est de diminuer le magnétisme rémanent par la division de la masse de fer en une infinité de petits aimants individuels qui s'aimantent et se désaimantent beaucoup plus rapidement que s'ils ne faisaient qu'une seule et même masse. Ils ont aussi une force supérieure par suite des réactions réciproques des tubes les uns sur les autres. Ces mêmes avantages se retrouvent et pour les mêmes raisons avec les armatures composées de lames minces de fer et que l'on a appelées *armatures multiples*. Elles ont, de plus, l'avantage, dans les machines d'induction, d'atténuer beaucoup les courants, dits *de Foucault*, qui tendent à s'y développer.

Les lois des électro-aimants ont été étudiées par divers physiciens, et l'on est arrivé à les résumer de la manière suivante :

1° La force propre d'un électro-aimant ou son moment magnétique est proportionnelle, pour une disposition et une résistance donnée du circuit, à l'intensité du courant et pour une même intensité électrique, au nombre des tours de spire de son hélice magnétisante. Enfin, quand l'intensité électrique et le nombre des tours de spire reste constants et que les dimensions de l'électro-aimant varient seules, cette force est proportionnelle à la racine carrée du diamètre du noyau de fer et à la racine quatrième de sa longueur ; de sorte que, quand toutes ces quantités varient en même temps, le moment magnétique F d'un électro-aimant a pour expression les valeurs de tous ces éléments multipliées les unes par les autres.

2° La force attractive exercée entre un électro-aimant et son armature, en raison de la réaction réciproque exercée par les deux pièces l'une sur l'autre, est proportionnelle aux carrés de toutes les quantités, dont il a été question précédemment.

Si on discute mathématiquement les formules qui représentent ces valeurs, on reconnaît facilement qu'elles sont susceptibles de maxima et les conditions auxquelles on doit satisfaire pour les obtenir peuvent être établies : 1° par rapport à la résistance à donner à l'hélice magnétisante ; 2° eu égard au rapport qui doit exister entre l'épaisseur de l'hélice magnétisante et le diamètre du noyau de fer ; 3° par rapport à la longueur du noyau de fer, et les conditions de maximum peuvent être posées de la manière suivante :

1° Pour des électro-aimants de mêmes dimensions, ayant des bobines de même diamètre, la grosseur du fil de l'hélice la plus convenable à enrouler sur eux est celle qui *rendra sa résistance égale à celle du circuit extérieur*, du moins si l'on ne prend en considération que le fil métallique dépourvu de sa couverture isolante.

2° Si l'on tient compte de l'épaisseur de cette couverture, l'hélice la plus convenable est *celle dont la résistance sera à la résistance du circuit extérieur, comme le diamètre du fil nu est à celui du même fil revêtu de sa couverture isolante.*

3° Entre plusieurs hélices électro-magnétiques enroulées avec le même fil, mais ayant un nombre différent de tours de spire, celle qui fournira les meilleurs résultats sur un circuit de résistance donnée sera la bobine dont la résistance *sera à la résistance du circuit extérieur comme l'épaisseur de son hélice augmentée du diamètre du noyau magnétique est à la simple épaisseur de l'hélice.*

4° L'épaisseur de l'hélice magnétisante la plus convenable, pour un nombre donné de tours de spire, est *celle qui représente le diamètre du noyau magnétique.*

5° La longueur la plus favorable d'un noyau magnétique est celle qui correspond à *onze fois son diamètre*, ce qui veut dire pratiquement que chacune des branches de l'électro-aimant doit avoir six fois son diamètre.

6° Si le circuit comporte des dérivations, la résistance d'un électro-aimant interposé sur l'une de ces dérivations, devra être égale à la résistance totale du circuit extérieur, y compris les autres dérivations, mais en la supposant *prise en sens inverse*, c'est-à-dire comme si l'électro-aimant était substitué à la pile et réciproquement.

Les calculs que l'on peut déduire de ces différentes lois et des formules qui y conduisent permettent d'établir les lois suivantes, qui sont d'une grande importance dans les applications électriques.

1re loi. *Pour des résistances de circuit égales, les diamètres d'un électro-aimant établi dans ces conditions de maximum doivent être proportionnels aux forces électro-motrices des piles employées.*

2e loi. *Pour des forces électro-motrices égales, ces diamètres doivent être en raison inverse de la racine carrée de la résistance du circuit, y compris la résistance de la pile.*

3e loi. *Pour des diamètres égaux, les forces électro-motrices doivent être proportionnelles aux racines carrées des résistances des circuits.*

4e loi. *Pour une force électro-magnétique donnée, et avec des électro-aimants placés dans leurs conditions de maximum, les forces électro-motrices des piles qui doivent les animer, doivent être proportionnelles aux racines carrées des résistances du circuit.*

Ces différentes lois ont été démontrées et développées dans un petit volume publié sous le titre de *Détermination des éléments de construction des électro-aimants* par M. Th. du Moncel. Elles ne sont toutefois vraies que pour les électro-aimants qui peuvent atteindre une saturation magnétique convenable; quand ils ne le peuvent pas, soit par suite de leur trop grande grosseur, soit par suite de la brièveté du temps pendant lequel ils sont impressionnés par le courant, il n'en est plus de même, et *les hélices magnétisantes doivent toujours être alors moins résistantes que le circuit extérieur, et cela d'autant plus que le courant agit moins longtemps.*

Pour appliquer ces différentes lois à la construction d'un électro-aimant, on commence d'abord par déterminer le diamètre c de son noyau magnétique, au moyen de la formule :

$$c = \frac{E}{\sqrt{R}} . 0{,}015957$$

dans laquelle E représente la force électro-motrice en *volts* de la pile qui doit animer l'électro-aimant, R la résistance du circuit extérieur en *ohms*, et le chiffre que l'on obtient est une fraction décimale du mètre. Connaissant c, on a immédiatement la longueur de chacune des branches qui est 6 c, soit 12 c, pour les deux, puis on détermine le diamètre g du fil de l'hélice au moyen de la formule :

$$g = \sqrt{f \sqrt{\frac{c^3}{R}} \times 0{,}0000020106}$$

dans laquelle f est un coefficient qui varie de 1,4 à 1,6. suivant la grosseur des électro-aimants, et qui exprime le rapport existant entre le diamètre g du fil recouvert et le diamètre $\frac{g}{f}$ du même fil dépourvu de sa couverture isolante. La longueur H de ce fil sera ensuite donnée par la formule $\frac{75{,}4\,c^3}{g^2}$ et le nombre total des spires par la formule $\frac{12\,c^2}{g^2}$. Tous les nombres ainsi fournis exprimeront toujours comme précédemment des mètres ou des fractions décimales du mètre, sauf celui qui se rapporte au nombre des tours de spires, qui est un nombre abstrait.

Il existe encore un grand nombre de données sur les conditions de bonne construction des électro-aimants, qui ont été énumérées dans plusieurs ouvrages, entr'autres dans l'ouvrage de M. du Moncel déjà cité, dans l'*Etude du magnétisme au point de vue des applications électriques*, du même auteur ; dans l'ouvrage de M. Nicklès sur les électro-aimants; dans le journal *la Lumière électrique* (année 1880), etc., ouvrages auxquels nous renvoyons le lecteur. — T. DE M.

ÉLECTRO-CHIMIE. Branche de la science électrique qui traite des rapports de l'électricité avec la chimie. Les actions chimiques dégagent de l'électricité, et réciproquement l'électricité produit des actions chimiques.

1° Dégagement de l'électricité dans les actions chimiques ou sources chimiques de l'électricité. Cette étude a été faite au mot ÉLECTRICITÉ, §§ 3, 7 et § 51, 52, 59, 64-68.

On verra en outre à l'art. PILE ÉLECTRIQUE de

nombreux exemples du dégagement d'électricité qui accompagne les actions chimiques.

2° Actions chimiques produites par l'électricité. L'action du courant électrique sur les liquides conducteurs de l'électricité constitue l'*électrolyse*. — V. ÉLECTRICITÉ, § 6 et §§ 61-68.

Les effets chimiques des courants électriques ont été l'objet de nombreuses applications industrielles — V. ÉLECTRICITÉ, § 8.

L'application la plus importante est la *galvanoplastie* (V. ce mot), industrie qui comprend non seulement les dépôts métalliques en couches assez épaisses pour qu'ils puissent se séparer du moule en conservant la forme de ce dernier, et qui servent à la statuaire, l'orfèvrerie, l'ornementation, la typographie (électro-typie, etc.), la gravure etc.; mais encore les dépôts en couches minces qui constituent la dorure, l'argenture, le cuivrage, l'aciérage, le nickelage et la galvanisation en général. — V. DÉPÔT MÉTALLIQUE.

Les méthodes électro-chimiques permettent de recouvrir les métaux d'une couche mince d'un oxyde métallique, tel que le peroxyde de plomb ou le peroxyde de fer. Les dépôts peuvent être assez minces pour produire les couleurs des anneaux colorés. Nobili, qui le premier remarqua ces couleurs, leur donna le nom d'*apparences électro-chimiques*. L'acétate de plomb lui fournit des couleurs irisées très vives, et il obtint de fort belles colorations avec les dissolutions organiques. Becquerel reprit cette étude et parvint à modifier à volonté l'épaisseur du dépôt de manière à obtenir la nuance que l'on désire. On se sert de ces dépôts minces soit comme ornementation *(métallo-chrômie)*, soit pour couvrir les corps d'une enveloppe inaltérable à l'air *(galvanisation)*.

Un des progrès les plus récents a été le dépôt galvanique des alliages qui a ouvert un vaste champ au développement de l'ornementation; on obtient aisément le dépôt du laiton et de l'or rouge (alliage de cuivre et d'or), de l'or vert (alliage d'argent et d'or), et en variant légèrement la composition de ces alliages, on varie la coloration. Dans ces diverses industries, le courant électrique était fourni d'abord par des piles hydro-électriques, puis par des piles thermo-électriques; les piles sont remplacées aujourd'hui par les machines dynamo-électriques.

Les procédés électro-chimiques permettent encore de retirer les métaux précieux entrant dans la composition de quelques alliages complexes (affinage électrique, traitement des minerais d'argent).

L'électrolyse a été appliquée dans la teinture et l'impression pour former des matières colorantes organiques, les fixer sur les tissus, ronger les colorants, etc. (procédés de M. Goppelsrœder).

On s'en sert aussi pour désinfecter les alcools de mauvais goût en les hydrogénant sous l'influence d'un couple zinc-cuivre.

3° L'électricité peut aussi agir chimiquement sous forme de décharges. Lorsque des décharges électriques traversent un gaz composé ou un mélange de gaz pouvant se combiner mutuellement, elles donnent lieu à des combinaisons et à des décompositions chimiques. Ainsi quand des étincelles électriques éclatent dans l'air, elles déterminent la combinaison de l'oxygène et de l'azote; il se forme des composés nitreux qui, en présence de l'eau, se transforment en acide azotique (Cavendish).

L'étude des phénomènes produits par les *effluves électriques*, ou décharges silencieuses sous forme d'*aigrettes*, est particulièrement intéressante. — V. DÉCHARGE.

L'oxygène pur, soumis à l'influence des étincelles ou des effluves électriques, jouit alors de propriétés oxydantes très énergiques et acquiert une odeur caractéristique qui lui a fait donner le nom d'*ozone*. — V. ce mot.

L'industrie commence à l'employer comme agent d'oxydation. Ainsi on rectifie les alcools par insufflation d'un courant d'air ozonisé dans le liquide déjà purifié par la distillation ordinaire.

Enfin, l'électricité, quand elle se dégage lentement pendant un temps très long, produit des effets de décomposition même sur les corps les moins solubles, et de cette façon, Becquerel est parvenu à obtenir, par voie électro-chimique, un grand nombre de minéraux cristallisés analogues à ceux que l'on trouve dans la nature. — J. R.

*** ÉLECTRO-CINÉTIQUE.** Branche de la science électrique qui traite des phénomènes de l'électricité en mouvement, ou phénomènes de courant, tandis que l'*électro-statique* s'occupe des phénomènes de l'électricité au repos ou en équilibre. — V. ÉLECTRICITÉ, § *Electro-statique*.

L'électro-cinétique comprend : les lois de la propagation des *courants*, la *thermo-électricité*, l'*électrolyse*, l'*électro-magnétisme* (action réciproque des aimants et des courants) dans laquelle on fait rentrer aujourd'hui l'*électro-dynamique* (action des courants sur les courants), enfin l'*induction électro-dynamique* comprenant elle-même l'induction par les aimants, ou magnéto-électrique et l'induction par les courants, ou volta-électrique. — V. ÉLECTRICITÉ, § 3-26, § 50 et suivants.

*** ÉLECTRODES.** — Dans les appareils destinés à être traversés par un courant électrique, on donne le nom d'*électrodes* aux points par lesquels le courant entre ou sort. Les générateurs d'électricité étant eux-mêmes traversés par le courant qu'ils produisent, le mot *électrode* devient synonime de celui de *pôle*, mais il faut remarquer que l'électrode positive étant le point par lequel entre le courant, et l'électrode négative celui par lequel il sort, l'électrode positive correspond au pôle négatif et l'électrode négative au pôle positif. — V. ÉLECTRICITÉ, § 64.

ÉLECTRO-DYNAMIQUE. Branche de la science électrique, qui traite de l'action des courants sur les courants (V. ÉLECTRICITÉ, § 84-94). C'est une subdivision de l'*électro-cinétique*. — V. ce mot.

*** ÉLECTRO-DYNAMOMÈTRE.** Appareil de mesure électrique, fondé sur l'action réciproque des courants électriques (V. ÉLECTRICITÉ, § 85). Dans l'électro-dynamomètre de Weber représenté par la figure 463, un fil métallique recouvert de soie est enroulé autour d'une bobine de bois, et les deux extrémités de ce fil, libres sur une longueur de quelques décimètres, sont fixées à deux pièces métalliques servant à la fois à soutenir le système et à le mettre en rapport avec une pile. C'est ce qui constitue la *bobine bifilaire*. Elle est entourée par une bobine fixe, concentrique avec elle, et dont les spires sont à angles droits avec les siennes : en d'autres termes, les axes des deux bobines sont perpendiculaires. Les déviations sont marquées soit par un index fixé à la bobine mobile, soit par le déplacement d'un rayon lumineux réfléchi par un miroir solidaire de la bobine mobile, ou celui d'une échelle divisée vue par réflexion dans ce miroir. Si on fait passer le même courant dans les deux bobines de l'instrument à la fois, la tangente de la déviation est proportionnelle au *carré* de l'intensité. En changeant le sens du courant dans les deux bobines, l'action ne changera donc pas de signe. Il en résulte que si l'on fait passer à travers l'appareil une succession rapide de courants égaux et alternativement de sens contraire, comme ceux des machines à courants *alternatifs*, on observera une déviation permanente, alors qu'un galvanomètre et un voltamètre ne donneraient aucune indication. — V. ÉLECTRICITÉ, § 106.

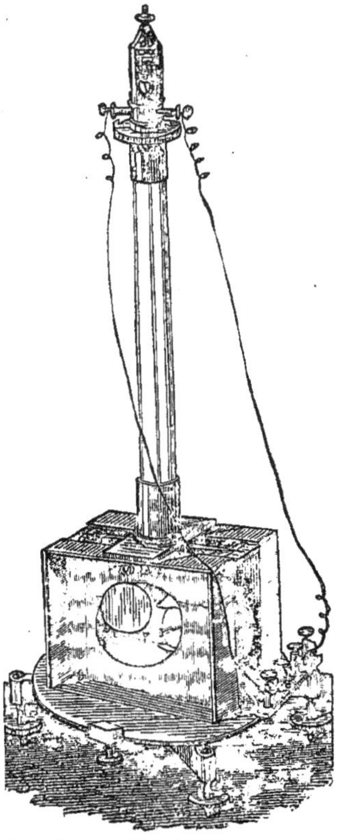

Fig. 463. — *Electro-dynamomètre de Weber.*

L'électro-dynamomètre est donc particulièrement propre à la mesure des courants alternatifs; c'est en quelque sorte un galvanomètre dont les indications ne dépendent que de l'intensité et non du sens du courant.

Dans *l'électro-dynamomètre à poids ou balance électro-dynamique*, la bobine mobile est placée à l'extrémité d'un fléau de balance, et on mesure l'attraction de la bobine fixe, placée parallèlement à la première et au-dessous d'elle, par le poids qui lui fait équilibre à l'autre bout du fléau.

Dans d'autres appareils, la bobine mobile est suspendue à l'un des bras d'une balance de torsion, entre deux bobines parallèles fixes, dont l'un l'attire et l'autre la repousse de façon que les actions s'ajoutent. En répétant cette disposition sur l'autre bras, on double l'action, et l'effet de magnétisme terrestre est détruit si les bobines suspendues sont traversées par le courant dans des directions opposées.

Les électro-dynamomètres sont employés dans la pratique pour la mesure des courants alternatifs des machines dynamo-électriques. MM. Siemens et Halske ont construit à cet effet un *électro-dynamomètre de torsion* qui mesure les intensités, tandis que leur *galvanomètre de torsion* mesure les différences de potentiel. — J. R.

* **ÉLECTROGRAPHIE.** Bien que ce mot soit de création nouvelle, son introduction dans la langue se trouve amplement justifiée, car il définit parfaitement toute une classe d'applications électriques consacrées aujourd'hui par la pratique, et dont le but est la reproduction par l'électricité du dessin, ce mot étant pris dans le sens général, qu'il désigne l'écriture courante telle qu'on la pratique à la main, ou le dessin lui-même dont la reproduction n'était obtenue jusqu'ici que par la gravure. Pendant longtemps il n'a pas été fait de distinction entre l'*électrographie* et l'*électrotypie* (V. ce mot), mais il est bien évident, à la seule lecture de la définition de ces deux classes de procédés, qu'il y a lieu de les distinguer, les résultats qu'ils fournissent étant absolument différents, l'électrotypie procure un objet matériel destiné à produire l'impression, l'électrographie la reproduction d'un dessin ou d'écriture sur des matières différentes. C'est ainsi qu'il convient de faire rentrer dans l'électrographie tous les divers procédés permettant de produire directement la gravure sur une planche de cuivre, d'acier, de zinc, etc. L'exposition de ces procédés ne saurait être séparée de celle de ceux qui ont précédé, aussi renverrons-nous cette partie à l'article général GRAVURE.

Quant à la reproduction de l'écriture, permettant de transmettre à distance, ou de répéter un nombre considérable de fois la copie d'un même texte, les applications les plus célèbres de l'électrographie sont tous les télégraphes dits *autographiques*, Caselli, Meyer, Lenoir et Cowper, la plume Edison et le crayon Hallez d'Aros. Nous exposerons rapidement en quelques mots le principe des dernières inventions, renvoyant pour les premières au mot TÉLÉGRAPHIE.

Dans le télégraphe Cowper l'expédition de la dépêche se fait à l'aide d'une plume qui se meut constamment en présence de deux conducteurs distincts perpendiculaires, les éléments du mouvement qu'exécute la plume sont décomposés suivant ces axes de coordonnées et transmis au poste récepteur sur un papier préparé chimiquement, où ces courants laissent des traces visibles.

Les courants traversent la plume qui produit ainsi les ouvertures ou les fermetures de circuit, de plus les fils sont reliés à la plume à l'aide de barres en équerre dont l'une est en rapport avec le pôle de la pile, l'autre avec la terre, l'extrémité libre de la barre glisse dans un guide où le contact se fait à l'aide de feuilles d'étain séparées par un isolant, de façon à déterminer des résistances proportionnelles aux variations d'intensité dues à l'amplitude du mouvement. Un galvanomètre intercalé dans le circuit joue le même rôle au poste receveur.

Les deux inventions de la plume Edison et du crayon Hallez d'Aros ont pour but la confection d'un poncif à l'aide duquel on peut recopier à la presse un grand nombre de fois un modèle d'écriture. Ce poncif n'est autre qu'une feuille de papier sur laquelle les traits à l'encre sont remplacés par une série de traits composés de trous juxtaposés, exactement comme les poncifs piqués des dessinateurs en broderies et autres. Dans la plume d'Edison ces trous sont obtenus à l'aide d'une petite pointe logée dans un porte-plume, reliée par un excentrique à un petit moteur disposé au sommet que le passage d'un courant actionne, en lui faisant faire jusqu'à 2,000 tours par minute. La pointe reçoit ainsi un mouvement de va-et-vient grâce auquel elle perfore le papier. Dans le crayon Hallez d'Aros les perforations sont obtenues par le passage d'une étincelle entre la pointe et une plaque métallique sur laquelle est posée la feuille, comme dans les expériences du portrait de Volta bien connues dans tous les cours de physyque. — R.

***ÉLECTROLYSE.** *T. d'électr.* Séparation d'un composé chimique en deux éléments constituants par le passage d'un courant électrique à travers ce composé à l'état liquide. — V. ÉLECTRICITÉ, § 6 et 61-68.

ÉLECTRO-MAGNÉTISME. Branche de la science électrique qui traite des relations de l'électricité et du magnétisme (V. ÉLECTRICITÉ § 69-83). C'est une subdivision de l'*électro-cinétique* (V. ce mot). Elle comprend : l'action des courants sur les aimants et l'action des aimants sur les courants.

* **ÉLECTRO-MÉTALLURGIE.** Cette branche des applications de l'électricité n'est qu'une des subdivisions de la science désignée plus généralement sous le nom d'*électro-chimie* (V. ce mot), mais non seulement ce mot composé *électro-métallurgie* a été l'un des premiers employés, il a reçu encore une signification particulière : précipitation d'un métal à l'aide de l'électricité; nous devions donc lui consacrer une place spéciale. Les diverses applications de l'électro-métallurgie sont nombreuses : les *dépôts métalliques*, la *dorure*, l'*argenture*, la *galvanoplastie*, etc., font l'objet de travaux artistiques et industriels qui ne pouvaient échapper à nos études et dont le lecteur trouvera l'exposé dans l'ordre alphabétique. Notre intention n'est donc pas d'entrer ici dans le détail pratique de toutes les opérations électro-métallurgiques, mais de préciser les lois qui président et forment la base de toutes ces opérations pratiques.

L'idée de l'électro-métallurgie est incontestablement née avec la pile de Daniell, car il y a la réduction d'un sel à base de cuivre et dépôt de ce métal. En général, quand on soumet une dissolution métallique quelconque à l'action d'un courant dynamique, le métal de cette dissolution est réduit, mais cette réduction ne s'effectue pas toujours de la même manière, et ce sont ces conditions qu'il est utile de bien connaître au point de vue des applications de l'électro-métallurgie. Ainsi si on fait traverser par un même courant une dissolution de sulfate de cuivre, d'abord très concentrée, puis étendue, et enfin très diluée, on constatera que les dépôts de cuivre se présentent sous les formes suivantes : cristallisé, à l'état métallique ordinaire, en poudre noire. L'expérience inverse, c'est-à-dire, la dissolution restant constante mais l'intensité du courant variant conduit à des constatations analogues. D'où cette série de lois ;

1° Les métaux sont toujours précipités à l'état de poudre noire, si l'hydrogène se dégage librement sur l'anode du pôle négatif de la cellule à décomposition ;

2° Tout métal est précipité sous forme de cristaux, quand le pôle négatif ne produit pas un dégagement d'hydrogène, ou une tendance à ce dégagement;

3° Les métaux se précipitent à l'état métallique, pourvus de ductilité et de malléabilité, condition recherchée dans la pratique, si le rapport entre l'intensité du courant et la force de la dissolution est tel qu'il n'y ait pas de dégagement d'hydrogène sur le pôle positif de l'auge à décomposition, mais cependant que l'on soit voisin du point où a lieu ce dégagement.

L'art de régler le courant et l'état de saturation de la dissolution à décomposer, forme la clef des opérations électro-métallurgiques ; ajoutons que les influences de la température, le degré d'acidité de la dissolution, sa conductibilité, son uniformité, les grandeurs des pôles, la formation de nouveaux sels dans la liqueur, la facilité pour leur enlèvement, etc., sont autant de conditions qui interviennent à leur tour, et compliquent sensiblement la question.

Régler l'intensité du courant sur la force de la dissolution, telle est la base qui peut servir de point de départ. Le courant pouvant être facilement rendu constant, on devra donc s'appliquer par un artifice à maintenir également constant le degré de saturation de la liqueur, en y déposant des éléments susceptibles de la régénérer au fur et à mesure de son épuisement. L'état de la température, le degré d'acidité de la liqueur qui détermine son degré de conductibilité, son uniformité de composition afin que l'action soit la même en tous les points, les valeurs des résistances à vaincre par suite de l'interposition de diaphragmes, par exemple, séparant les diverses parties du bain, sont des éléments à déterminer et dont on devra également assurer la constance. Une autre considération très importante dans la pratique, c'est la relation à observer entre l'anode et le cathode. L'anode, théoriquement du moins, doit fournir par la dissolution la régénération de la liqueur, par suite il doit perdre autant de métal qu'il s'en dépose sur le cathode, nous disons théoriquement, car si on s'en tenait à cette condition absolue, on ne tarderait pas à voir souvent la liqueur s'épuiser rapidement, et il est nécessaire de pourvoir à son entretien, soit en y tenant des cristaux, du sel à décomposer qui se dissolvent au fur et à mesure, pour le cas des liqueurs saturées, soit en y ajoutant de temps en temps une nouvelle quantité de ces sels dissous, pour les liqueurs moins riches; mais les précautions relatives à l'anode, ne sont pas moins indispensables. D'autre part, il est essentiel que la distance mutuelle entre les divers points de l'anode et du cathode soit autant que possible constante, d'où la disposition d'anodes de formes spéciales dans des cas particuliers où la pièce formant le cathode offre des contours très tourmentés. La distance entre l'anode et le cathode doit encore être une des préoccupations de l'opérateur, les lames doivent être à des distances d'autant plus grandes que le bain est plus conducteur, sauf à les rapprocher un peu lorsque la pile a jeté son premier feu.

Ces considérations relatives à la pratique des opérations métallurgiques s'expliquent d'ailleurs aisément, si l'on veut bien se rappeler qu'en somme les faits qui se produisent dans ces circonstances sont analogues à ceux que présentent les piles, quand on examine ce qui se produit dans leur sein. L'on peut en effet produire des dépôts métalliques à l'aide de deux appareils différents, l'un dit la cellule simple, qui n'est en réalité qu'une pile proprement dite, ou une auge à décomposition traversée par le courant provenant d'une batterie indépendante. Mais dans les deux cas les conditions sont semblables, et les circonstances provenant de la surface des anodes, de leur distance, de la composition des liqueurs électrolysées, etc., sont les mêmes que celles que l'on trouve exposées dans la théorie des piles.

ÉLECTROMÈTRE, ÉLECTROSCOPE. Nom des instruments de mesure électrique servant à l'observation des phénomènes électro-statiques. — V. Électricité, § 27-49.

Les électromètres permettent d'évaluer numériquement les charges électriques ou les différences de potentiel; les électroscopes constatent simplement leur existence; mais avec un électroscope sensible, on obtiendra des mesures indirectes par l'emploi des méthodes de réduction à zéro. Une lame d'or délicatement suspendue entre deux corps possédant des charges électriques contraires, comme les deux pôles A et B d'une pile dans les *électroscopes de Bohnenberger* et de *Hankel* (fig. 464) constitue un instrument capable de déceler les moindres traces d'électricité : la lame s'incline du côté du corps qui possède une électrisation contraire à la sienne, et la répulsion de l'autre corps s'ajoute à l'attraction de celui-ci. Ce petit appareil permet d'établir rigoureusement les lois fondamentales de l'électricité : développement simultané et en quantités équivalentes des deux espèces d'électrisation; absence absolue d'électrisation à l'intérieur d'un conducteur creux, d'où l'on peut conclure mathématiquement que les forces électriques suivent la loi de l'inverse carré des distances.

Ajoutons que le principe de cet électroscope a été appliqué par M. Thomson à son *électromètre à quadrants* et au *siphon recorder*, employé comme récepteur de télégraphie sous-marine; il est aussi utilisé dans le galvanomètre à bobine suspendue et dans quelques électrodynamomètres.

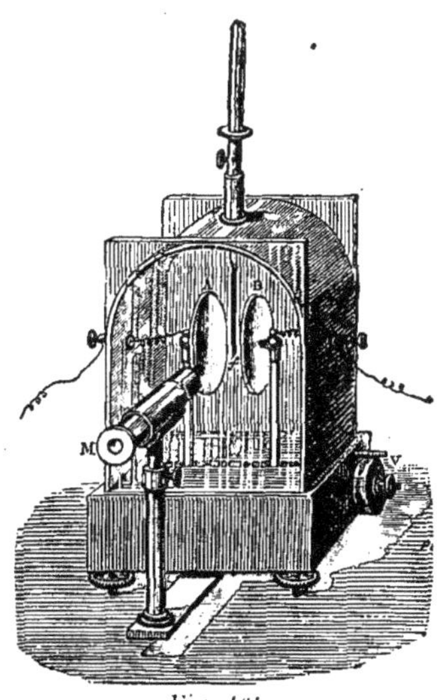

Fig. 464.

L'égalité de deux charges contraires se reconnaît en constatant qu'il n'y a plus d'électrisation quand on les réunit: d'où l'application de l'électroscope à la mesure des capacités (Cavendish).

La *balance de torsion*, dont Coulomb (V. Électricité, § 35) s'est si bien servi pour poser les fondements de la science électrique, est un instrument absolu; car la torsion qui fait équilibre à l'action électrique peut se mesurer en unités absolues. Dans cet instrument, comme d'ailleurs dans tous les appareils électrométriques, il importe d'être garanti contre l'induction des corps extérieurs et surtout contre l'électrisation irrégulière des parois de la cage de verre. Faraday a donné le moyen pratique d'y arriver par l'emploi d'un *écran électrique*, c'est-à-dire d'une cage de métal, ou en fil ou feuille de métal, qu'on interpose entre la cage de verre et les parties essentielles de l'instrument et qu'on met en communication avec la terre, ou, dans certaines expériences, avec une source à potentiel constant. La balance de torsion mesure directement la charge de la boule fixe; mais si l'on met celle-ci en communication, par un fil métallique long et fin, avec un corps électrisé situé à distance, l'instrument donne les mêmes indications, quel que soit le point du corps touché avec le fil, et mesure alors la différence de potentiel entre ce corps et la cage de l'appareil.

L'*électromètre de Peltier* est un instrument à graduation arbitraire, dans lequel la force électrique est équilibrée par l'action de la terre sur une aiguille aimantée solidaire du conducteur mobile. Sir William Thomson a construit une série d'électromètres dont l'ensemble permet de mesurer les différences de potentiel depuis $\frac{1}{400}$ d'élément Daniell jusqu'à 80 ou 100,000 de ces éléments, c'est-à-dire jusqu'aux potentiels les plus élevés des machines de frottement. Le plus sensible de tous, l'*électromètre à réflexion* ou *électromètre à quadrants*, dérive de l'électroscope de Bohnenberger. Une aiguille d'aluminium, en

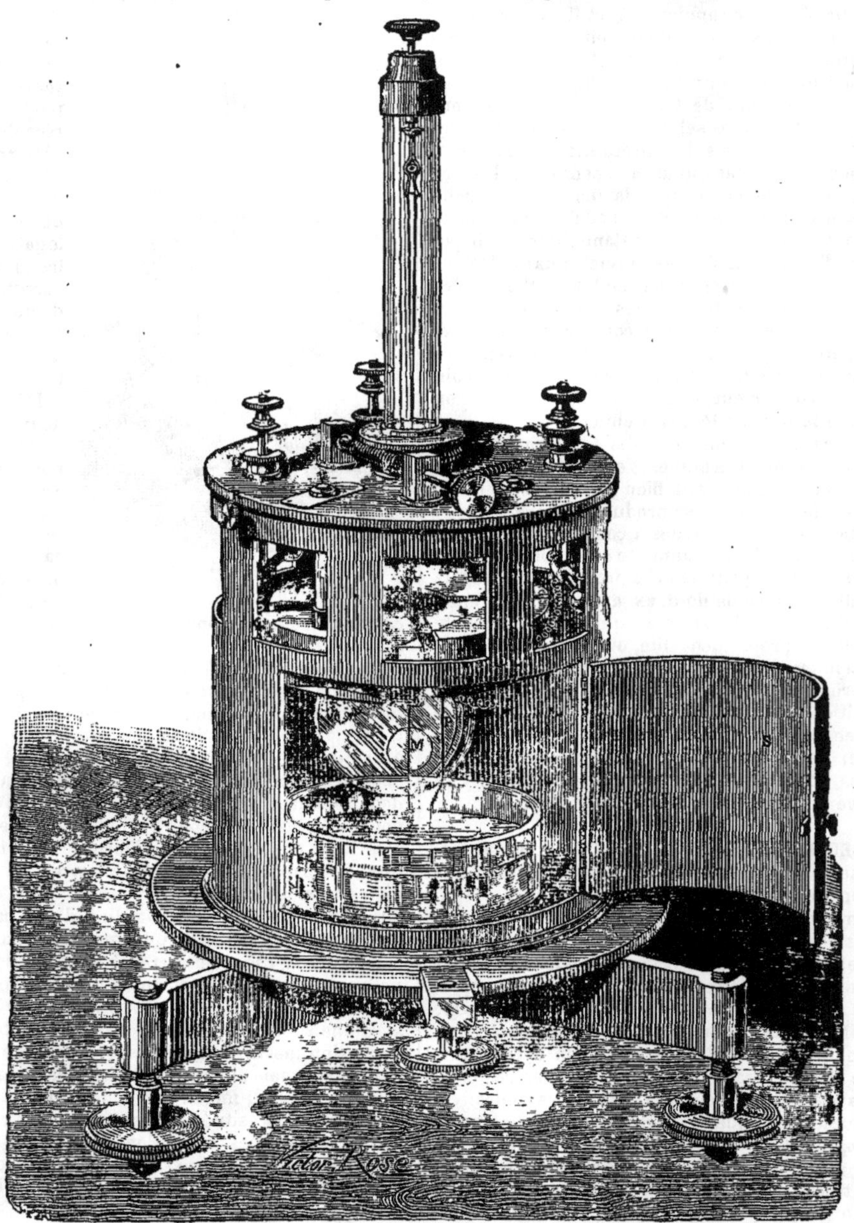

Fig. 465. — *Electromètre symétrique de M. Mascart, construit par M. Carpentier.*

forme de deux secteurs de cercle opposés par le sommet, est suspendue au centre d'une boîte en métal ronde et plate, coupée en quatre quarts ou *quadrants* ne se touchant point, mais reliés électriquement deux à deux et en croix. On fait communiquer chacune de ces deux paires de quadrants avec l'un des corps dont on veut mesurer la différence de potentiel ; à l'aide d'un petit multiplicateur d'induction statique, ou *rechargeur (replenisher)*, on donne à l'aiguille une charge d'un potentiel très élevé : une *jauge électrométrique* contrôle la constance de cette charge. Pour éviter que des pertes accidentelles ne diminuent beaucoup le potentiel de l'aiguille, celle-ci est reliée à une bouteille de Leyde à grande surface, dont la cage de verre de l'instrument est le diélectrique, et qui constitue un grand réservoir d'électricité dont le niveau ne baisse pas sensiblement s'il n'y a que de petites fuites, et peut d'ailleurs toujours être rétabli par le rechargeur. Un vase à acide sulfurique dessèche d'ailleurs l'air à l'intérieur de l'instrument. Pour de *petites déviations*, la force qui s'exerce entre l'aiguille et les deux paires de quadrants, est proportionnelle au potentiel de l'aiguille et à la différence de potentiel des corps reliés aux quadrants. Cette force est équilibrée par la torsion de la suspension (à fil simple ou bifilaire), qui, dans ces conditions, est proportionnelle à l'angle de déviation. Les indications sont enfin amplifiées par la méthode de réflexion (miroir, lampe et échelle) : l'effet est le même que si l'aiguille était prolongée par un style sans poids dont l'extrémité parcourrait les divisions d'un cercle de rayon double de la distance du miroir à l'échelle.

On a essayé de simplifier cet instrument en remplaçant la boîte des quadrants par un plateau, en supprimant le rechargeur et la jauge; mais alors la proportionnalité des différences de potentiel aux déviations n'est plus vraie que dans des limites très étroites.

M étant le moment du couple qui fait tourner l'aiguille, A et B les potentiels respectifs des deux paires de quadrants, C le potentiel de l'aiguille, K une constante caractéristique de la sensibilité de l'instrument, on a

$$M = K(A-B)\left[C-\frac{1}{2}(A+B)\right]$$

L'électromètre à quadrants n'est *symétrique*, c'est-à-dire ne donne des déviations égales et contraires pour des différences de potentiels égales et de signes contraires, qu'autant que les potentiels dont on mesure la différence sont eux-mêmes égaux et de signes contraires. Cette condition est remplie quand on mesure la force électro-motrice d'une pile. Mais si l'une des paires de quadrants est reliée à la terre, l'autre étant toujours en communication avec le corps électrisé, les déviations pour des valeurs égales du potentiel sont plus grandes quand il est négatif que quand il est positif, en supposant l'aiguille électrisée positivement : ce qui est un inconvénient dans les appareils à enregistrement photographique, tels que ceux employés dans l'étude de l'électricité atmosphérique. M. Mascart a rendu l'appareil toujours symétrique dans ses indications, en mettant l'aiguille en communication avec le corps dont on cherche le potentiel, et les quadrants avec les pôles opposés d'une pile fournissant l'électrisation auxiliaire (fig. 465 et 466).

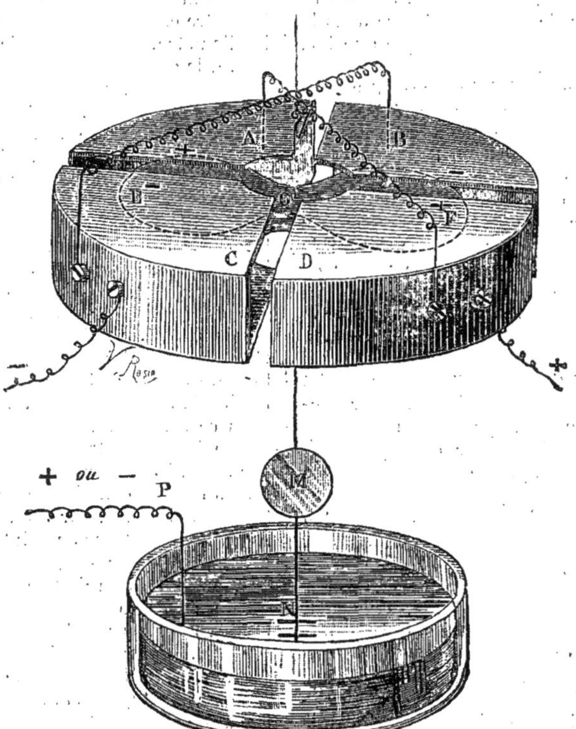

Fig. 466. — *Electromètre symétrique (quadrants, aiguille, miroir, vase à acide sulfurique).*

L'*électromètre absolu* de M. Thomson et ses autres électromètres (*portatif, à longue échelle*) dérivent de l'*électromètre à disques de Harris* : dans ce dernier, l'action électrique entre deux disques parallèles et très voisins, dont l'un suspendu au plateau d'une balance et l'autre placé au-dessous, était équilibrée par des poids dans l'autre plateau. Dans les instruments de M. Thomson, l'action électrique est équilibrée par la force *constante* d'un poids ou d'un ressort, et le potentiel se déduit de cette force et de la distance, mesurée par une vis micrométrique, qui sépare les disques quand l'équilibre est atteint. Il faut signaler, dans l'électromètre absolu, l'*anneau de garde* qui entoure de très près le disque mobile, lequel devient ainsi la partie centrale d'un grand disque composé du disque mobile et de l'anneau : avec cette disposition, les irrégularités que les bords amènent dans la distribution électrique se produisent sur l'anneau fixe et non sur la partie mobile, et l'on rentre dans les conditions de la théorie.

Une colonne de mercure dont le ménisque terminal est en contact avec de l'eau acidulée se déplace brusquement sous l'influence d'un courant électrique assez faible pour ne pas décomposer l'eau ; par l'effet de la polarisation proprement dite (V. Electricité, § 65) le ménisque se déforme et de cette déformation résulte le mouvement de la colonne de mercure. Sur ce principe, M. Lippmann a construit l'*électromètre capillaire*, qui, en raison de son extrême sensibilité, convient très bien aux méthodes de réduction à zéro (V. Electrométrie). Un tube de verre vertical se termine inférieurement par une pointe capillaire plongeant dans de l'acide sulfurique étendu, contenu dans un vase dont le fond renferme du mercure. On verse, dans le tube, du mercure, jusqu'à ce que, par sa pression, le mercure pénètre dans la pointe capillaire et forme un ménisque que l'on vise avec un microscope.

Le mercure du tube et celui du vase sont mis en communication avec deux bornes électriques isolées α et β. α étant relié, par exemple, au pôle — d'un élément de pile et β au pôle +, le ménisque se soulève. En tournant une manivelle, on comprime l'air d'un récipient, jusqu'à ce que la pression communiquée par un tube de caoutchouc au haut du tube, ramène le ménisque devant le microscope : un manomètre donne la valeur de cette pression qui fait équilibre à la force électromotrice. Cet appareil est sensible à 1/10000 de la force électro-motrice d'un élément Daniell. — J. R.

* **ÉLECTROMÉTRIE.** L'*électrométrie* a pour objet la mesure des grandeurs électriques. Pour mesurer, il faut des unités. Quelques remarques générales sont nécessaires pour comprendre le système d'unités électriques que la pratique a aujourd'hui adopté.

On mesure une grandeur en la comparant à une grandeur de même espèce prise pour unité. L'*étalon* est la représentation matérielle de l'unité ; il doit être construit et conservé dans des conditions qui assurent son invariabilité. Cela fait, on laisse de côté les considérations qui ont fixé le choix de l'unité, que l'on définit alors par sa représentation matérielle. Ainsi, le mètre n'est plus la dix-millionnième partie du quart du méridien terrestre ; ce qui était vrai, d'après les calculs de Delambre, ne l'est plus depuis que le méridien a été mesuré avec plus de précision. Le mètre, c'est la longueur que possède, à la température de la glace fondante, une certaine règle soigneusement conservée et dont on fait des copies.

Comme on ne peut comparer que des grandeurs de même nature, chaque espèce distincte de grandeur doit avoir son unité propre; mais, s'il existe des relations mathématiques entre des grandeurs diverses, la mesure de certaines d'entre elles pourra s'exprimer à l'aide d'unités définies par leurs relations avec d'autres unités acceptées comme *fondamentales*. Ces unités sont dites *dérivées*.

Un système composé d'unités fondamentales et d'unités dérivées est dit *absolu*. Ainsi, la longueur, la surface et le volume sont des grandeurs distinctes; mais comme la mesure de la surface et celle du volume peuvent se déduire de la mesure de la longueur, on simplifie le calcul des aires et des capacités, en prenant pour unités le carré et le cube dont les côtés ont l'unité de longueur. Le mètre est une unité fondamentale ; le mètre carré et le mètre cube sont des unités dérivées. On a encore l'avantage de réduire ainsi le nombre d'étalons fondamentaux types auxquels il faut toujours composer les étalons dérivés construits pour les besoins de la pratique (par exemple, le litre dans les mesures de capacité).

Pour avoir des unités appropriées à la grandeur des quantités à mesurer, on emploie aussi des unités *secondaires*, déduites de l'unité *primaire* par voie de multiplication ou de subdivision décimale. Le mètre est une unité primaire ; le myriamètre, le kilomètre, l'hectomètre, le décamètre, le décimètre, le centimètre, le millimètre sont des unités secondaires.

Unités mécaniques. Toutes les quantités mécaniques peuvent être mesurées à l'aide de trois unités fondamentales, dont deux sont introduites par l'étude du mouvement : ce sont les unités de *longueur* et de *temps*; elles ont pour étalons le mètre et la seconde du temps solaire moyen. La troisième résulte de l'étude des forces : l'unité habituelle de force est le *gramme*, c'est-à-dire, théoriquement, le poids à Paris d'un centimètre cube d'eau distillée à son maximum de densité ; pratiquement, la millième partie du kilogramme-étalon conservé à Paris. La masse étant le quotient du poids par l'accélération de la pesanteur, l'unité de masse est alors une unité dérivée. Mais, dans ce système, l'unité de force et l'unité de masse dépendent toutes deux de la pesanteur et, par suite, les mesures dans lesquelles entrent ces unités ne sont complètes que si l'on connaît l'intensité de la pesanteur au lieu de l'observation. Aussi, quand Gauss voulut établir un système uniforme d'observations magnétiques dans des régions où l'action de la pesanteur n'était pas la même, il prit la masse comme unité fondamentale, et rendit par là les valeurs numériques de l'intensité magnétique indépendantes de la pesanteur. L'unité fondamentale de masse, dans le système absolu, est la masse qui pèse un gramme à Paris.

L'unité de force devient une unité dérivée : c'est la force qui, agissant sur l'unité de masse, lui imprime l'unité d'accélération. En adoptant, comme unités fondamentales, le mètre pour la longueur et le gramme pour la masse, la densité de l'eau serait représentée par un million de fois son poids spécifique. En prenant le centimètre au lieu du mètre, la densité de l'eau devient égale à un, et les densités sont égales aux poids spécifiques. De là le système *centimètre-gramme-seconde*, ou par abréviation système C. G. S. Dans ce système, l'unité dérivée de force s'appelle la *dyne*; celle de travail, le *erg*.

Ces unités étant très petites, on fait aussi usage d'unités un million de fois plus grandes, la *megadyne* et le *megerg*.

En prenant pour valeur de l'accélération de la pesanteur, $g = 981$ centimètres, on a entre les unités ordinaires et les unités C. G. S. les relations suivantes :

Poids de 1 gramme $= 981$ dynes.
Poids de 1 kilogramme $= 9{,}81 \times 10^5$ dynes.
1 gramme-centimètre $= 9{,}81 \times 10^2$ ergs.
1 kilogrammètre $= 9{,}81 \times 10^7$ ergs.
1 cheval-vapeur $= 7{,}36 \times 10^9$ ergs par seconde.

L'équivalent mécanique de la chaleur (429) est alors représenté par 42 millions. Ainsi 1 calorie gramme-degré centigrade vaut $4{,}2 \times 10^7$ ergs.

Unités électriques. Les grandeurs électriques dont on a surtout à s'occuper sont au nombre de cinq : la *quantité* Q, la *force électro-motrice* ou *différence de potentiel* E, la *capacité* C, l'*intensité* I et la *résistance* R. Les unités correspondantes pourront être dérivées des trois unités fondamentales de la mécanique et s'obtiendront par simple définition, s'il existe entre les grandeurs électriques et les grandeurs mécaniques cinq relations distinctes. Or, entre les grandeurs électriques, nous avons trois relations simples qui font dépendre trois d'entre elles des deux autres : elles résultent de la loi de Ohm $\left(I = \frac{E}{R}\right)$, de la définition de l'intensité $(Q = It)$ et de celle de la capacité $(Q = CE)$. En prenant, pour étalons de force électro-motrice et de résistance, la force électromotrice d'un élément Daniell et la résistance à zéro d'une colonne de mercure d'un mètre de long et un millimètre carré de section (unité mercurielle de Pouillet et Siemens), on pourra exprimer les autres unités en fonctions de celles-ci.

Ces trois équations définissent un système dans lequel entrent deux unités arbitraires (R et E).

Le travail, qui est le terme de comparaison universel pour tous les phénomènes naturels, s'introduit par la loi de Joule, exprimant le travail W d'un courant constant

$$(W = I^2Rt = EIt = QE).$$

Avec ces quatre relations, on pourra définir toutes les unités électriques en fonction de l'une d'entre elles et de l'unité de travail.

Comme cinquième relation, nous avons, soit la loi fondamentale de l'électro-statique (formule de Coulomb), exprimant la force qui s'exerce entre deux quantités d'électricité; soit l'une des conséquences de la loi fondamentale de l'électro-dynamique (formule d'Ampère), exprimant la force qui s'exerce entre deux courants ; soit l'une des conséquences de la loi fondamentale de l'électro-magnétisme (formule de Laplace), exprimant la force qui s'exerce entre un courant et un aimant. De là trois systèmes absolus d'unités électriques, mais qui se réduisent en définitive à deux systèmes distincts; car, en multipliant par 2 la formule d'Ampère, telle qu'on l'écrit habituellement en France, et remplaçant les courants par leurs aimants équivalents, le système électro-dynamique devient identique au système électro-magnétique.

Le système électro-statique est commode pour la mesure des phénomènes d'électricité au repos; mais le système électro-magnétique est préférable pour la mesure des phénomènes d'électricité en mouvement, qui se déduit en général d'observations faites avec des aimants. Par exemple, un galvanomètre ordinaire des tangentes, donne facilement la valeur de l'intensité d'un courant en unités absolues électro-magnétiques en fonction de la déviation, de la longueur du fil, du rayon du cadre et de la composante horizontale du magnétisme terrestre. Les unités électro-magnétiques dépendent évidemment des unités magnétiques, et les considérations qui ont conduit Gauss à préférer, comme unité fondamentale dans un système absolu de mesures magnétiques, la masse de l'unité habituelle de poids au poids lui-même, s'imposent aussi dans la mesure absolue des grandeurs électriques.

La première idée d'un système absolu d'unités électriques est due à Weber ; elle a été complétée par les travaux de l'*Association britannique pour l'avancement des sciences*, publiés en 1862, 1863 et 1864. L'*Association britannique* avait d'abord adopté le système électro-magnétique absolu reposant sur le mètre, le gramme et la seconde. Mais, en 1875, la préférence fut donnée au système C. G. S.

Les unités absolues électro-magnétiques de résistance et de force électro-motrice, dans le système C. G. S., sont extrêmement petites ; pour avoir des unités plus appropriées aux usages pratiques, on a multiplié les premières par des puissances de dix, choisies de façon à avoir une unité de résistance voisine de l'unité mercurielle et une unité de force électro-motrice voisine de l'élément Daniell. L'unité pratique de résistance a reçu le nom de *ohm* ou unité BA (British Association); l'unité pratique de force électro-motrice a reçu celui de *volt*. Les autres unités pratiques se déduisent du ohm et du volt par les relations

$$I = \frac{E}{R}, \quad Q = It \text{ et } Q = CE.$$

Dans sa séance du 22 septembre 1881, le Congrès international des électriciens a adopté le système C. G. S., et confirmé les définitions du *Ohm* (10^9 unités magnétiques C. G. S.) et du *Volt* (10^8). Il a donné les noms d'*Ampère* (10^{-1}) à l'unité pratique d'intensité, de *Coulomb* (10^{-1}) à l'unité pratique de quantité et de *Farad* (10^{-9}) à l'unité pratique de capacité.

Les noms de ces unités précédés des préfixes *mega* ou *micro* désignent des unités un million de fois plus grandes ou plus petites. Ainsi, les grandes résistances s'expriment en *megohms*, et les capacités qu'on mesure le plus souvent s'expriment en *microfarads*. La télégraphie emploie le milli-ampère, ou millième d'ampère, pour la mesure de l'intensité des faibles courants dont elle fait usage.

Mesure absolue des grandeurs électriques. Parmi les grandeurs électriques, les unes, comme l'intensité, peuvent toujours être mesurées en unités absolues *directement* et d'une *façon indépendante*. Les autres ne peuvent être mesurées qu'*indirectement*, soit par leurs *relations* avec les grandeurs qui précèdent, soit par *comparaison* avec des grandeurs de même espèce qu'elles et dont on connaît la valeur numérique en unités absolues.

La détermination directe par l'expérience de la valeur absolue des grandeurs de la première catégorie est toujours une opération délicate. Elle exige l'emploi d'*instruments absolus*, c'est-à-dire construits de manière à renfermer tout ce qui est nécessaire pour effectuer la détermination d'une façon indépendante. Ces instruments sont coûteux, peu portatifs et difficiles à manier. On ne s'en sert que pour *étalonner* des instruments plus simples, *enregistrant* seulement le phénomène sur une *graduation arbitraire*; et que l'on peut alors utiliser sans qu'il soit nécessaire de connaître exactement la relation qui lie leurs indications à la quantité à mesurer. Il suffit pour cela de dresser une table à deux colonnes, où l'on inscrit en regard les lectures fournies par l'instrument simplifié et par l'instrument absolu dans l'observation du même phénomène : c'est ce qu'on appelle prendre les *constantes* de l'instrument arbitraire. Quand on a cette table pour toutes les divisions de son échelle, un simple enregistreur remplace, pour les usages pratiques, un appareil absolu. Enfin, si l'on dispose d'un enregistreur tel que les lectures de l'échelle soient proportionnelles aux quantités à mesurer ou à une fonction connue de ces quantités, une comparaison faite une fois pour toutes avec un instrument absolu donnera la *constante*, c'est-à-dire le coefficient unique par lequel il faut multiplier les lectures de l'échelle arbitraire pour avoir en unités absolues la mesure de la grandeur inconnue.

Une grandeur, appartenant à la seconde catégorie, se déduira de ses relations avec une de celles de la première par l'observation d'un phénomène dans lequel elles interviennent toutes deux. Cette méthode détournée peut donner d'excellents résultats dans le laboratoire, mais elle ne saurait convenir à des mesures usuelles. Aussi pour les grandeurs qui, comme la résistance et la capacité, ne sont pas susceptibles de mesure directe par les instruments étalonnés, on s'est préoccupé d'établir un *étalon matériel*, afin de ramener leur mesure à une simple comparaison entre grandeurs de même espèce.

La détermination de ces étalons doit être faite avec un soin extrême; car s'ils s'écartaient trop de la valeur de l'unité, ils constitueraient par le fait une unité arbitraire, et l'on perdrait les avantages du système absolu.

La résistance est évidemment la grandeur électrique qui se prête le mieux à une représentation matérielle, remplissant les conditions de permanence que doit avoir un étalon, et à la formation de multiples et de sous-multiples de l'unité. Le Comité de l'Association britannique a mesuré la valeur en unités absolues électro-magnétiques de certaines bobines en fil de maillechort (argent allemand), alliage qui présente des qualités remarquables de permanence. Cela fait, les méthodes ordinaires de comparaison ont permis de construire des étalons-types de l'unité BA. Le *ohm* actuel doit alors être défini comme la résistance, à une température donnée, d'une certaine bobine-étalon conservée à Kew et dont des copies sont livrées au commerce.

Le Congrès des électriciens de 1881 a décidé que l'ohm serait représenté par une colonne de mercure de 1 millimètre carré de section, à la température de 0° centigrade. Des expériences faites par divers observateurs et notamment par lord Rayleigh, il résulte que la longueur de cette colonne est d'environ 106 centimètres; mais les nombres fournis par des méthodes différentes, différant de plus de 1 0/0, la Commission internationale de 1882 a demandé de nouvelles déterminations, qui seront discutées à la réunion d'avril 1884.

Au moyen de résistances connues et d'un instrument étalonné pour la mesure de l'intensité, on peut obtenir la capacité en mesure absolue magnétique : c'est ainsi, en effet, que l'on détermine la capacité d'un certain condensateur en unités absolues, et que l'on obtient ensuite par comparaison un condensateur d'une capacité égale à l'unité. Les condensateurs-étalons ont une capacité de un microfarad.

La force électro-motrice s'obtient facilement en mesure magnétique connaissant l'intensité et la résistance : en mesure statique, elle a son instrument absolu. Néanmoins, il est commode d'avoir un étalon de cette grandeur. On emploie généralement à cet effet l'élément Daniell, qui diffère peu du volt, et l'on détermine avec précision sa valeur exacte avec des liquides de composition donnée. M. Clark a proposé comme étalon un élément zinc-mercure, dont la force se maintient sensiblement constante dans un circuit ouvert, ou fermé très peu de temps. Avec une pile donnée et une série de résistances égales, on réalise une échelle décroissante de potentiels.

Une fois en possession de ces étalons matériels, il est clair qu'on a un étalon d'intensité par l'intensité du courant produit par l'élément étalon dans un circuit de l'unité de résistance, et un étalon de quantité par la charge que l'élément étalon communique au condensateur étalon.

Toutes les grandeurs électriques ayant ainsi leur étalon, leur mesure absolue pour toutes se réduit dans la pratique à une comparaison de grandeurs de même espèce.

Pour comparer des grandeurs de même espèce, on a trois manières de procéder :

1° On *oppose* la grandeur inconnue à une grandeur connue de façon que leurs effets se contrarient, on constate la *différence*, et l'on voit quelle est la plus grande des deux. On prend alors une grandeur connue plus petite ou plus grande que la première, et l'on arrive par tâtonnements à *réduire à zéro* ou à *compenser* l'effet de la grandeur inconnue, à obtenir l'*équilibre* ou la *balance* : de l'égalité des effets, on conclut à l'égalité des grandeurs. D'où les noms de méthodes d'*opposition, différentielles*, de *réduction à zéro*, de *compensation*, d'*équilibre*, de *balance*. Le type, c'est la pesée ordinaire. Comme la chose à observer est la non-existence d'un phénomène, l'instrument d'observation n'a pas besoin d'échelle, il suffit qu'il soit très sensible; mais on a besoin d'un étalon susceptible d'une variation continue ou d'une série d'étalons gradués. Si l'un des bras d'une balance est n fois plus long que l'autre, un poids peut être équilibré par un poids n fois plus petit. Ce principe est appliqué dans les mesures électriques, par exemple, quand on se sert du *galvanomètre différentiel à circuits inégaux* (V. GALVANOMÈTRE) ou du *pont de Wheatstone* à branches de proportion. — V. RÉSISTANCE ÉLECTRIQUE.

2° Une grandeur inconnue produit un certain effet, on lui substitue une grandeur connue produisant le même effet. C'est la méthode de *substitution*. Le type, c'est la double pesée. Les instruments d'observation doivent avoir une échelle divisée, pour noter l'effet ; mais l'échelle peut être arbitraire. Il faudra encore un étalon variable ou des étalons gradués. On peut aussi réduire l'un des effets ou les deux effets dans une proportion connue, pour ramener les indications de l'instrument dans les limites de l'échelle : c'est l'objet des *dérivations* dans les mesures électriques.

3° On mesure séparément l'effet de la grandeur inconnue et celui d'une grandeur *fixe* connue : du rapport des effets, on déduit celui des grandeurs. C'est la méthode de *comparaison* proprement dite. Le type c'est la pesée par les balances romaines, les pesons, les bascules, etc. On n'a besoin que d'un étalon fixe, mais l'instrument d'observation doit être *gradué*.

Pour mesurer les phénomènes électriques, il faut donc des instruments d'observation, des étalons fixes ou gradués et enfin certains instruments accessoires pour la commodité des expériences.

Instruments d'observation. Les instruments d'observation des phénomènes *électro-statiques* sont les *électromètres*. — V. ce mot.

L'étude des phénomènes de *courant* fournit plusieurs catégories d'instruments de mesure correspondant aux divisions de cette étude : l'observation des phénomènes *mécaniques* a donné naissance aux *galvanomètres* et aux *électro-dynamomètres* (V. ces mots). La *balance électro-magnétique* permet de comparer deux courants par la force attractive qu'exerce sur une armature un électro-aimant placé dans un circuit. Enfin le *téléphone*, en raison de sa sensibilité, peut être employé dans les méthodes de réduction à zéro, en ayant soin de rendre les courants *vibratoires* par l'intercalation d'un trembleur ou d'un diapason électrique.

La quantité et l'intensité se mesurent par les phénomènes *chimiques* à l'aide des *voltamètres*. — V. ce mot.

Enfin les phénomènes *calorifiques* permettent de mesurer l'énergie d'un courant par les méthodes calorimétriques.

Etalons fixes et gradués. L'étalon de résistance est constitué par une *bobine de résistance*, c'est-à-dire un fil métallique de résistance connue, qu'on peut facilement introduire ou supprimer dans un circuit.

Le fil est recouvert de soie et enroulé en *double*, c'est-à-dire en commençant par le milieu, pour éviter l'induction du fil sur lui-même et l'action de la bobine sur les appareils de mesure. Dans les copies du ohm, on se sert d'alliages qui présentent une grande résistance, peu influencée par la température (maillechort, platine-iridium).

Les séries d'étalons gradués constituent les *boîtes de résistance* (V. RÉSISTANCE ÉLECTRIQUE) ou *rhéostats* (V. ce mot). L'étalon de capacité est un condensateur composé de feuilles d'étain superposées et séparées par des lames de mica. Sa capacité est de 1 microfarad, subdivisée quelquefois en dixièmes. On emploie beaucoup, dans la télégraphie sous-marine, des étalons de 1/3 de microfarad, parce que c'est à peu près la capacité d'un mille marin de câble ordinaire en gutta-percha. Pour les condensateurs destinés à des mesures moins précises, comme dans la télégraphie double, on remplace le mica par du papier paraffiné. Les séries de condensateurs gradués s'obtiennent par l'assemblage en *surface* ou en *cascade*. — V. CAPACITÉ ÉLECTRIQUE, CONDENSATION ÉLECTRIQUE, ELECTRICITÉ, § 40-43.

On a parlé plus haut de l'élément étalon de force électro-motrice. L'assemblage des éléments en série donne des forces électro-motrices graduées, et avec une pile et des rhéostats on forme des échelles de potentiel.

Instruments accessoires. Ce sont les *commutateurs* (V. ce mot), interrupteurs et inverseurs, et les *clefs électriques* (V. ce mot), clefs de court circuit, de contact (manipulateurs), d'inversion, de décharge. — J. R.

***ÉLECTRO-MOTEUR.** Dénomination générale applicable à tous les générateurs d'électricité statique ou cinétique. — V. ELECTRICITÉ, §§ 2, 3, 14-16, 47, 51, 66, 98 ; INDUCTION, § *Bobines d'induction* ; MACHINES MAGNÉTO ET DYNAMO-ÉLECTRIQUES, PILES.

***ÉLECTRO-MOTOGRAPHE.** Cet appareil, imaginé par M. Edison, permet d'obtenir sous l'influence d'une force électrique très faible des effets mécaniques sans l'intervention d'aucun organe électro-magnétique. Voici son principe : si une feuille de papier, un peu rugueuse, trempée dans certaines solutions, telles que de la potasse, est appliquée sur une plaque métallique platinée, reliée au pôle positif d'une pile, et qu'on fasse glisser à sa surface une lame métallique soit en platine, soit de préférence en plomb, reliée au pôle négatif, il se produit, au moment du passage du courant, un certain *lissage de la surface* du papier, qui rend le frottement beaucoup plus faible que quand le courant ne passe pas. Supposons la feuille de papier enroulée sur un cylindre horizontal tournant, et la tige métallique qui sert de frotteur maintenue dans une position déterminée par un ressort qui fait équilibre au frottement, quand le courant ne passe pas. Dès que le courant passe, le frottement diminue et la tige métallique, obéissant au ressort, peut déterminer la fermeture d'un circuit local contenant un appareil télégraphique. En interrompant le courant, la tige se déplace dans le sens du mouvement du cylindre, jusqu'à ce que la tension du ressort fasse de nouveau équilibre au frottement, et le circuit local est ouvert. Si la tige est reliée à une membrane de mica montée sur une caisse de résonnance, et qu'on interpose le système dans le circuit d'un téléphone à pile, les sons du téléphone seront reproduits par les vibrations de la membrane. On a ainsi un récepteur téléphonique très sensible, sans organe magnétique.

ÉLECTROPHORE. Instrument imaginé par Volta pour la production de l'électricité statique (V. Electricité, § 47). Il se compose d'un gâteau de résine qu'on électrise par frottement avec une peau de chat et d'un plateau conducteur (disque de bois recouvert d'une feuille d'étain) tenu par un manche isolant. On pose le plateau sur la résine électrisée et on le touche avec le doigt. Retirant le doigt et éloignant le plateau, le plateau est électrisé positivement et on peut communiquer par étincelle sa charge à un conducteur. On replace le plateau sur la résine et, recommençant la même opération, on tire une nouvelle étincelle et ainsi de suite tant que la résine conserve son électrisation.

En adaptant au gâteau un socle métallique à rebords et une chaîne conductrice allant au sol, laquelle touche à chaque fois le plateau conducteur, on est dispensé de la manœuvre du doigt (fig. 467).

On construit aujourd'hui de petits électrophores pouvant donner à la fois les deux électricités. Le gâteau de résine est remplacé par un plateau composé d'un petit disque d'ébonite appliqué sur une plaque de cuivre, et le plateau conducteur par un simple disque de cuivre de même diamètre. Un manche isolant peut être vissé à volonté derrière le disque ou derrière la plaque du plateau composé. L'ébonite est traversée par une goupille de cuivre qui établit une communication avec les deux disques de cuivre, quand le plateau conducteur est posé sur l'ébonite.

Fig. 467

L'ébonite étant électrisée négativement par le frottement, on pose sur elle le plateau conducteur tenu à la main par le manche isolant; si on sépare ensuite les deux plateaux, le plateau conducteur est électrisé positivement, et la plaque de cuivre appliquée sous le disque d'ébonite est électrisée négativement.

Pour charger un condensateur avec cet instrument, un des plateaux, qui reste fixe, est relié à l'armature externe en communication avec le sol; le second plateau est alternativement posé sur le premier, puis éloigné et mis en communication avec l'armature interne.

Si le plateau fixe est le plateau composé, le condensateur sera chargé positivement; si c'est le plateau simple de cuivre, le condensateur sera chargé négativement. — J. R.

***ÉLECTRO-OPTIQUE.** Branche de la science électrique qui traite des relations de l'électricité et du magnétisme avec la lumière. — V. Electricité, § 23.

***ÉLECTRO-PHYSIOLOGIE.** Branche de la science électrique qui traite des effets de l'électricité sur les êtres organisés. — V. Electricité, §§ 3 et 5.

ÉLECTROSCOPE. — V. Electromètre.

***ÉLECTRO-SÉMAPHORE.** Sémaphore ou signal optique, employé sur les chemins de fer, pour obtenir la sécurité de la circulation des trains. Cette appellation est à peu près exclusivement réservée à la désignation de certains signaux du *block-system* (V. ce mot), se distinguant des autres appareils par la solidarité qu'ils comportent entre les signaux à vue, s'adressant aux mécaniciens, et les signaux électriques, échangés d'un poste à l'autre, par les gardes de ces postes. Les électro-sémaphores joignent donc à la qualité d'être des signaux robustes et s'apercevant de loin, celle de mettre les agents à l'abri des erreurs qu'ils pourraient commettre, en ne répétant pas à l'aide d'un disque ou d'un sémaphore ordinaire, les indications qu'ils reçoivent des postes correspondants, relativement à la présence d'un train sur la voie, ou en supprimant indûment des garanties de protection, par l'effacement d'un signal d'arrêt.

Les électro-sémaphores les plus usités sont ceux de Siemens et Halske, de Tesse et Lartigue, de Hodgson et de Flamache. Le cadre de ce *Dictionnaire* ne comporte pas la description détaillée de tous ces systèmes; mais nous nous bornerons à en faire ressortir les caractères les plus saillants.

Électro-sémaphores (*Siemens et Halske*). Inventés en 1872, ces appareils se sont peu à peu répandus en Allemagne et y sont employés aujourd'hui à l'exclusion de tout autre système, pour la réalisation du *block-system* (V. ce mot). La ligne étant, comme toujours, divisée en un certain nombre de sections sur lesquelles il ne doit jamais circuler qu'un seul train dans le même sens, chacun des postes placés aux extrémités de ces sections, est muni d'un sémaphore du modèle ordinaire dont les ailes sont manœuvrées à distance à l'aide d'une transmission à double fil FF_1; la manivelle de manœuvre M (fig. 468) est enclenchée électriquement avec un appareil renfermé à l'intérieur de la boîte B. La source d'électricité est une petite machine d'induction dont la manivelle *m* sort de la boîte, et la manœuvre de l'appareil consiste à tourner cette manivelle en appuyant sur l'un des boutons bb_1. La voie étant libre, supposons qu'un train se présente à ce poste, en se dirigeant dans le sens de la flèche. Le signaleur annonce ce train au poste suivant, en appuyant sur un commutateur spécial et en tournant la manivelle *m* de l'inducteur; puis il met à l'arrêt son sémaphore en faisant faire un demi-tour à la manivelle M pour l'amener en M'. Ce n'est qu'après avoir pris cette précaution qu'il peut appuyer sur le bouton b_1, de manière à permettre au poste précédent d'effacer l'aile de son sémaphore. Dès que cette opération est faite, il est impossible de déplacer la manivelle du point M' et d'effacer le signal d'arrêt : la voie reste bloquée jusqu'à ce que le poste suivant opère de la même façon, et ainsi de suite, le signal d'arrêt de chaque poste couvrant le train, à mesure qu'il s'avance sur la voie. La sécurité est donc matériellement garantie et l'agent est mis dans l'impossibilité de commettre aucune erreur. On remarquera que, dans ce système, la dépendance des sections successives de la ligne de block est complètement réalisée, c'est-à-dire qu'il est impossible de débloquer une section sans avoir préalablement bloqué la section suivante (V. DÉBLOCAGE). Dans les gares et les stations où certains trains peuvent en dépasser d'autres, l'indépendance des sections est obtenue, avec les appareils Siemens, de deux manières différentes. S'il s'agit d'une gare importante, dans laquelle le garage des trains ait lieu normalement, chaque jour, à des heures prévues par leur itinéraire, la ligne de block est coupée à chaque extrémité de la gare, où l'on installe des postes appelés *couverture de gare*, et dépendant eux-mêmes d'un poste central qui refuse ou autorise, selon le cas, l'entrée de la gare. C'est de ce poste central que dépend la sécurité de la circulation du train dans l'intérieur de la gare, et les postes de couverture de gare ne peuvent débloquer les sections avoisinant la gare, qu'après qu'ils se sont fait accorder l'entrée de la gare et qu'ils ont remis, derrière le train, leurs signaux à l'arrêt.

Cette organisation compliquée et coûteuse de personnel, n'étant pas applicable aux stations moins importantes, où le garage des trains est éventuel, on dispose, sur la boîte du poste de la station, des clapets scellés et cachetés fermant les ouvertures par lesquelles on peut introduire la main dans l'appareil et faire osciller les ancres d'échappement de manière à remplir le même rôle qu'un poste central. Cette opération ne peut être faite que par le chef de gare qui tient note du bris des scellés. Le principal avantage des électro-sémaphores Siemens réside dans l'emploi de courants d'induction qui mettent l'appareil à l'abri de l'influence de l'électricité atmosphérique. Le déclenchement ne pouvant avoir lieu qu'après une série d'oscillations d'un ancre entre les pôles de noms contraires d'un électro-aimant, il en résulte que le passage d'un courant intempestif aura pour effet de faire osciller l'ancre une seule fois et le déclenchement sera incomplet. En dehors de cet avantage, l'appareil est assez délicat, exige cinq manœuvres à chaque passage d'un train à un poste intermédiaire et, ainsi qu'on l'a vu, il est ou compliqué ou défectueux dans les gares et les stations.

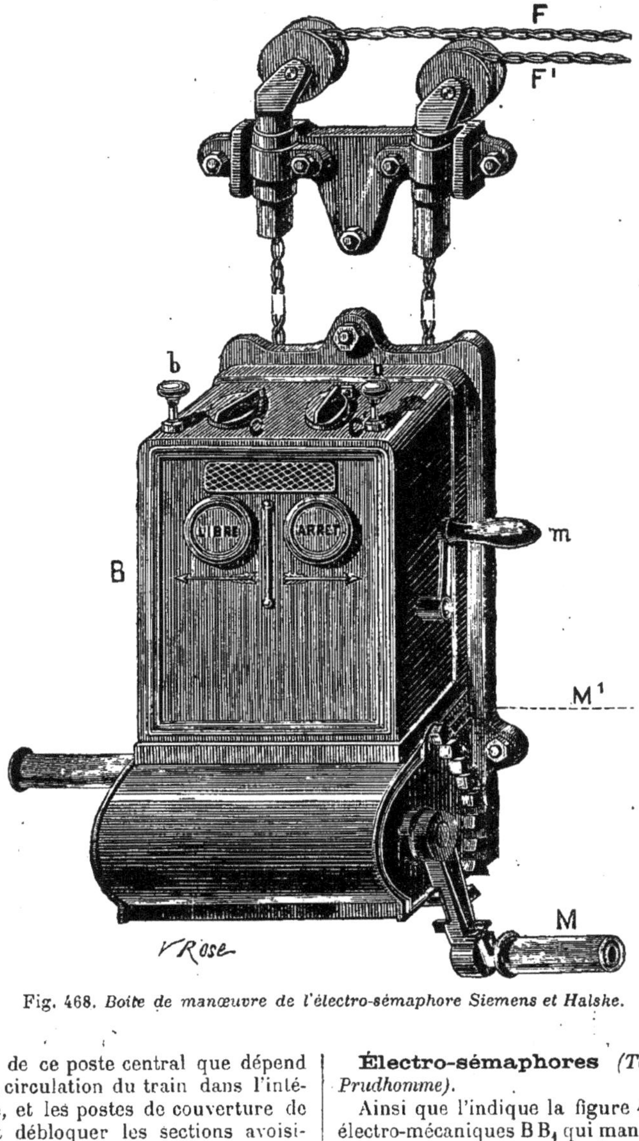

Fig. 468. *Boîte de manœuvre de l'électro-sémaphore Siemens et Halske.*

Électro-sémaphores *(Tesse, Lartigue et Prudhomme).*

Ainsi que l'indique la figure 469, les appareils électro-mécaniques BB_1 qui manœuvrent les grandes ailes AA_1, s'adressant aux mécaniciens et les petites ailes aa_1 s'adressant à l'agent du poste, sont situés sur le mât lui-même; les manivelles mm_1, qui servent à mettre les grandes ailes dans la position horizontale d'arrêt ou à effacer les petites, sont en même temps montées sur l'axe des organes électriques, ce qui simplifie l'usage de l'appareil, puisque chaque fois qu'un train passe, on n'a qu'à faire faire une portion de tour à chacune des manivelles, soit en tout seulement deux mouvements. Le principal caractère de l'électro-sémaphore Lartigue, c'est que le garde peut toujours mettre son signal à l'arrêt, en faisant faire à la manivelle une rotation de 210°, mais qu'il ne

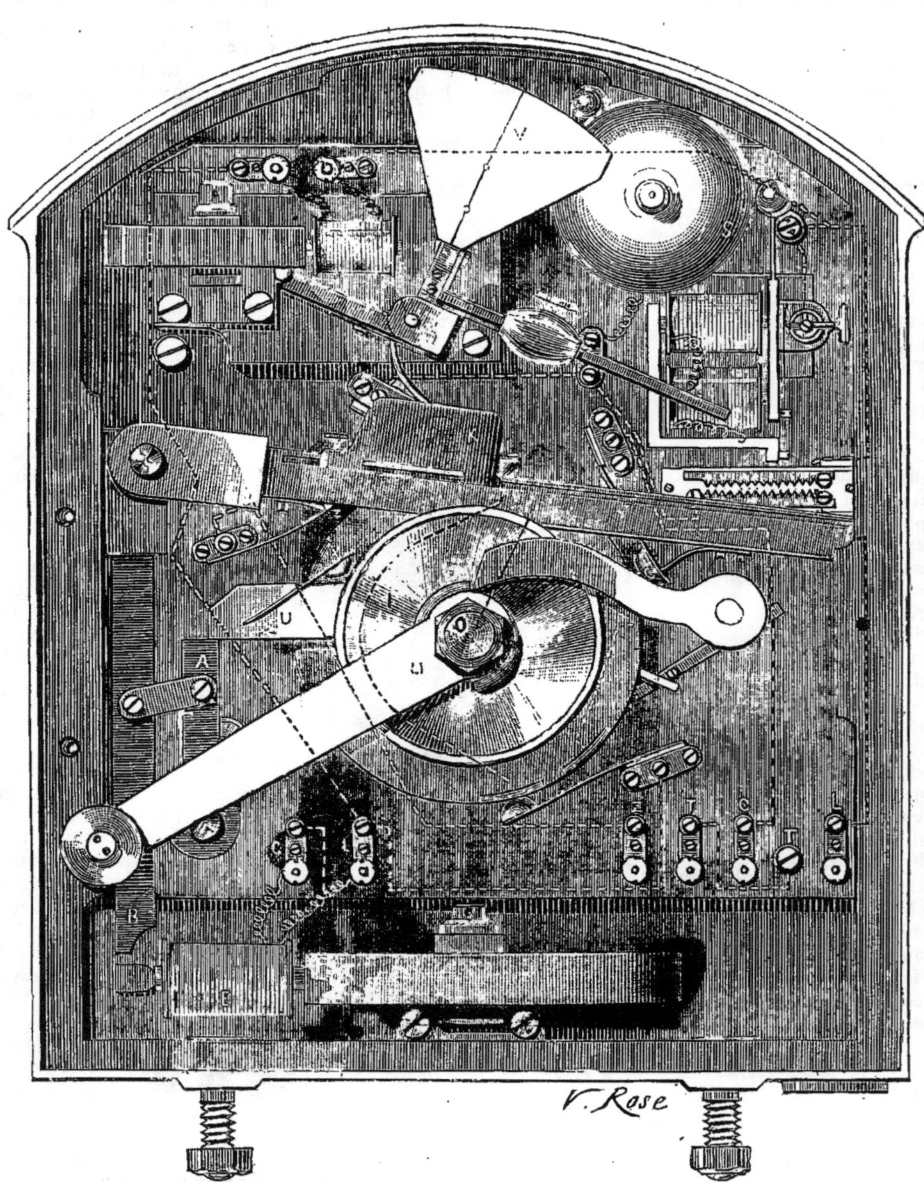

Fig. 469. — *Coupe de la boîte de sémaphore.*

peut l'effacer. Car, ainsi que l'indique la figure ci-jointe donnant la vue intérieure de l'une des boîtes de manœuvre, lorsque l'aile du sémaphore est horizontale, un taquet U, monté sur le même axe O que la manivelle motrice M, vient butter contre l'arrêt A, solidaire de l'armature B d'un électro-aimant Hughes E. Quand le train que l'on a couvert en donnant à l'appareil la position indiquée à la figure 469, est arrivé au poste suivant, l'agent de ce poste peut seul débloquer la section en envoyant un courant électrique qui désarme l'électro-aimant E. L'armature B, entraînée par le contrepoids K s'écarte des pôles de l'aimant et l'arrêt A laisse, par suite, le taquet U libre d'achever sa rotation : l'aile A (fig. 470) tombe d'elle-même et le signal est effacé pour indiquer que la voie est rendue libre. Toutes les interversions de courants que comporte le fonctionnement de l'appareil sont obtenues, du même coup que la manœuvre du signal, par la rotation d'un commutateur formé d'un disque en ébonite I, sur la circonférence métallique duquel frottent cinq contacts LL_1CZX, en relation avec les bornes du même nom. Une sonnerie trembleuse S pour les communications que les postes successifs ont à échanger entre eux et un voyant V qui, en venant apparaître devant un guichet de la boîte, donne l'accusé de réception des signaux transmis au poste correspondant, complètent l'appareil. Nous n'insisterons pas sur les détails accessoires : il suffira d'indiquer que l'on a tout récemment ajouté un enclenchement électrique entre les deux boîtes qui servent l'une à bloquer en avant, l'autre à débloquer en arrière, de telle sorte que les sections successives soient dépendantes. Dans ces conditions, l'appareil donne les mêmes garanties de sécurité que celui de M. Siemens et il est plus simple. Dans les stations où les trains ont à se garer, un commutateur électrique installé près du point où a lieu le garage permet de rompre cette dépendance, chaque fois qu'un train se gare ; cette opération se fait en dehors de l'intervention du garde du sémaphore, ce qui est une garantie contre l'abus qu'il pourrait en faire; une fois qu'elle est terminée, les appareils se remettent d'eux-mêmes en position pour fonctionner de nouveau comme à l'ordinaire.

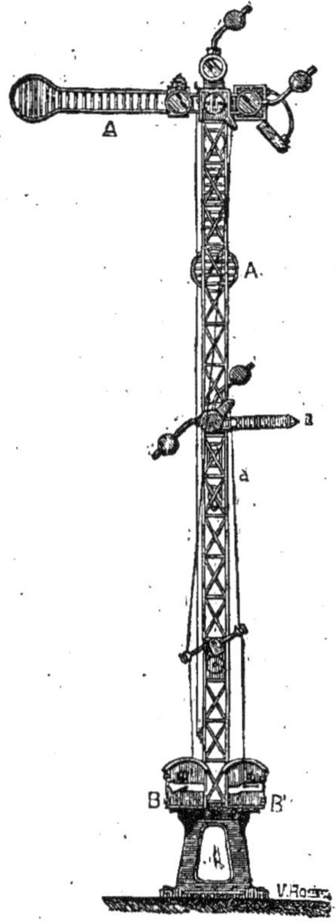

Fig. 470. — *Electro-sémaphore Tesse et Lartigue.*

Ces électro-sémaphores sont employés en France sur les réseaux du Nord, de l'Est et d'Orléans ; à l'étranger, sur les lignes des grandes sociétés des chemins de fer russes.

Appareil Hodgson (fig. 471). Ce système, appliqué en Angleterre et en Belgique, est la propriété de la maison Saxby et Farmer et représente un perfectionnement de l'*Interlocking and block system.* Les appareils d'un poste intermédiaire se composent de deux boîtes d'organes électriques BB_1, mis en relation avec les appareils d'enclenchement, par l'intermédiaire des poignées H. Les curseurs FF_1 sont munis de boutons plongeurs CC_1 permettant, soit d'échanger avec les postes correspondants les communications nécessaires à la

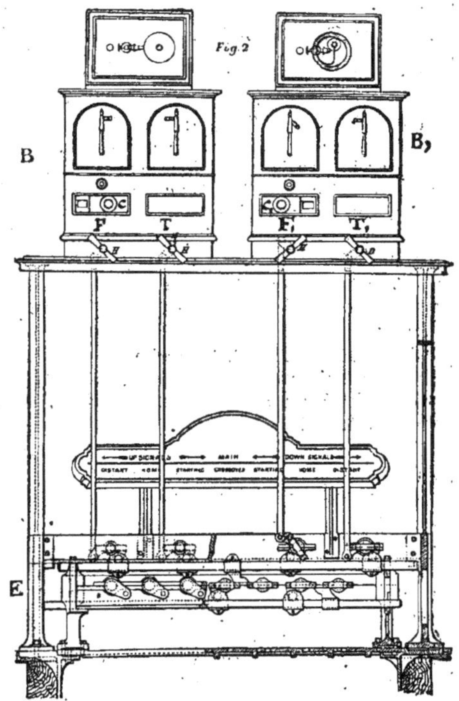

Fig. 471. — *Appareil Hodgson.*

demande de la voie (qui est normalement fermée) et à l'annonce des trains, soit d'envoyer les courants électriques qui débloquent ces postes. Les curseurs et les poignées sont enclenchés ensemble de manière qu'on ne puisse faire passer le curseur de droite à gauche pour donner la voie libre, sans avoir préalablement tourné de gauche à droite la poignée, ce qui ne peut se faire que quand les signaux et les aiguilles occupent la position convenable. Réciproquement, lorsque le curseur, dégagé par la rotation de la poignée, a été amené de droite à gauche pour donner la voie libre, on ne peut plus ramener la poignée de gauche à droite tant que le curseur n'est pas revenu à sa position initiale de droite, correspondant à la voie fermée. Une pédale est placée près du poste, sur chaque voie, et reliée à ces appareils, de sorte que, quand on a donné la voie libre et amené le curseur en avant pour le ramener ensuite en arrière, on ne peut plus le déplacer de nouveau pour admettre un second train, tant que le premier n'a pas franchi la pédale et dégagé la section. Comme on le voit sur la figure, le sémaphore manœuvré par un levier ordinaire n'est plus qu'en relation indirecte avec les appareils d'enclenchement électrique. Il résulte de là et aussi de ce que la voie est normalement fermée, que chaque passage de train ne nécessite pas moins de dix manœuvres. En outre, l'application de la pédale dans les gares et stations entraîne des complications de service incompatibles avec l'exploitation d'une ligne un peu chargée de trafic.

Appareil Flamache. Ce système tout récent et essayé seulement en Belgique, n'est qu'une variante simplifiée de l'appareil précédent. Il en diffère par ce détail que le courant passe en permanence dans le fil de ligne; par suite, le passage d'un train sur la pédale a pour effet de déclencher les appareils par l'interruption de ce circuit. C'est un gage contre les effets des courants atmosphériques. Enfin l'appareil est applicable aux lignes exploitées d'après le principe de la voie normalement ouverte. — M. C.

— V. *La lumière électrique*, numéro du 28 avril 1883; *Etudes sur l'Exposition de 1878*, premier volume, Lacroix, éd.

* **ÉLECTRO-STATIQUE.** Branche de la science électrique qui traite des phénomènes et des lois de l'électricité au repos ou en équilibre. — V. ÉLECTRICITÉ. §§ 1-2, et 27 à 49.

* **ÉLECTROTYPIE.** Nom général sous lequel on désigne les applications de l'électricité à la reproduction du matériel de l'imprimerie, soit que l'on ne considère que les caractères d'impression, proprement dits, déjà disposés suivant une composition déterminée, ce qui forme la *stéréotypie*, soit que l'on considère les types servant à la production des dessins quelconques, tirés à la presse comme les caractères formant le texte ordinaire, types qui portent indifféremment les noms de *clichés*, ou de *galvanos*. La copie électrotypie d'une page formée de caractères mobiles, ou d'un dessin gravé en relief, n'est d'ailleurs qu'une simple opération de galvanoplastie, facilitée encore quelquefois, par un moulage préalable en alliage fusible, préservé de toute altération ultérieure par un dépôt de cuivre métallique à sa surface. Les détails qui ont déjà été donnés aux articles CLICHAGE, CLICHÉ, ainsi que ceux que l'on trouvera au mot GALVANOPLASTIE, nous dispensent d'entrer sur ce sujet dans de plus amples détails.

* **ÉLÉMENT.** 1° *T. de chim.* Se dit des corps simples ou indécomposables, du moins par les moyens que la science possède aujourd'hui.

— Les anciens ne connaissaient que *quatre éléments* : la terre, l'eau, l'air et le feu, qui ne sont plus de véritables éléments pour les chimistes modernes; car les trois premiers sont décomposables et le quatrième n'est que le lieu d'une combinaison plus ou moins complexe. Il faut dire toutefois que les anciens n'attachaient pas au mot *élément* la signification que nous lui donnons actuellement. Pour eux, ces quatre éléments étaient les *principes* qui servaient à constituer tous les corps. D'ailleurs, les trois premiers signifiaient les solides, les liquides, les corps aériformes; le feu désignait plus spécialement la chaleur qui réunit ou dissout les corps.

On connaît aujourd'hui 67 corps simples ou éléments, qui par leurs combinaisons 2 à 2, 3 à 3, etc., peuvent former tous les corps de la nature ou ceux que la science sait produire artificiellement. Le nombre de ces éléments va sans cesse en augmentant avec les progrès de la science. Il serait possible néanmoins qu'il diminuât. D'autre part, des chimistes éminents sont portés à croire que tous les corps regardés aujourd'hui comme simples, ne seraient que des composés d'un seul et unique *élément*. C'est en cela que consiste le principe de l'*unité de matière*.

|| 2° *T. de phys.* On appelle *éléments d'une pile* les couples de plaques zinc et cuivre qui servent à constituer les piles voltaïques (V. PILE). Par extension, ce mot s'applique à l'ensemble des pièces qui constituent un appareil simple capable de produire un courant électrique. C'est la réunion de plusieurs de ces éléments qui constitue une pile ou batterie électrique. La pile thermo-électrique est aussi composée d'*éléments* métalliques.

* **ÉLÉVATEUR.** *T. techn.* Ce mot désigne, d'une manière générale, toute machine à élever les corps. Il y a un grand nombre d'élévateurs différents; toutefois, on peut ramener à deux grandes classes les différentes formes de cet engin. Nous distinguerons, en conséquence :

1° Les élévateurs qui servent à élever les corps solides. Ils comprennent les *monte-charges* (V. ce mot) et par extension les ascenseurs employés à faire monter aux personnes et sans fatigue les étages des maisons (V. ASCENSEUR). On peut ranger dans cette catégorie les élévateurs qui, dans les canaux, servent à racheter les différences de niveaux, ainsi que le montre l'élévateur Anderton dont nous donnons une figure à l'article CANAL. Nous devons signaler aussi les ascenseurs employés à l'élévation des trains. — V. CHEMINS DE FER, § *Chemins de fer spéciaux*.

2° Les élévateurs qui servent à monter les liquides. Nous renvoyons, pour ces derniers, aux mots POMPE et ELÉVATION D'EAU et nous ne retenons ici que les élévateurs spécialement employés par l'industrie agricole. Ces machines ont pour but d'élever certains produits, tels que la paille, les fourrages, les grains, les racines et les tubercules.

Élévateurs de paille. Ils sont ordinairement placés au débouché de la batteuse, et servent à mettre la paille en meules ou en greniers. La paille tombe dans une grande trémie en bois ou en tôle située à la partie inférieure d'un plan incliné formé par un couloir en bois de $0^m,80$ à $1^m,30$ de large, dans lequel se meuvent 2 chaînes sans fin garnies de râteaux espacés de $0^m,75$, qui entraînent la paille. Les chaînes sont mises en mouvement par un arbre sur lequel est calé une poulie de commande. Le fond de la trémie est occupé par un crible à larges mailles. Les élévateurs sont ordinairement montés sur un chariot à 4 roues et munis d'un treuil réglant même pendant la marche la hauteur d'élévation qui atteint 6 et 8 mètres. Pour les *fourrages*, on emploie un élévateur ou traîneur formé de 2 chaînes espacées de 0m,40 réunies par des linteaux de bois de 0m,06 × 0m,03, écartés de 0m,40 qui se meuvent dans un couloir en bois incliné à 35°.

Élévateurs de grains. Ordinairement placés à l'intérieur des bâtiments; ils sont formés d'une chaîne ou courroie inclinée garnie de godets en tôle. Dans les greniers, magasins et les minoteries, on emploie depuis peu de temps l'élévateur pneumatique : cet élévateur se compose d'un tube vertical en fonte, de 0m,10 de diamètre, dont l'ouverture inférieure, formée par une vanne mobile se trouve à 0m,02 ou 0m,03 de la surface du grain placé dans une trémie. A la partie supérieure, le tube se recourbe et débouche dans une chambre en tôle de 1,000 litres de capacité environ, terminée en bas par une goulotte de sortie du grain et qui est mis en communication par le haut avec un ventilateur aspirateur. Si on fait le vide au moyen de ce dernier appareil, une aspiration d'air s'établit; l'air animé d'une grande vitesse dans le tube (à cause de sa faible section) entraîne les grains, tandis que dans la chambre supérieure, la section étant plus grande, la vitesse du courant d'air diminue et les grains étant abandonnés à eux-mêmes tombent et s'échappent par la goulotte de sortie.

Élévateurs de racines et de tubercules. Ces machines, très employées dans les sucreries, distilleries, féculeries, etc., se composent d'une courroie sans fin en gutta-percha de 0m,30 de large, garnie, tous les 0m,35, 0m,40, de tasseaux ou planchettes en bois de 0m,12 × 0m,04 d'équarrissage, implantés perpendiculairement à sa surface. Les racines et les tubercules sont jetés dans une trémie inférieure. La courroie marchant d'une manière continue dans un couloir en bois, chaque planchette entraîne en passant et monte avec elle une ou plusieurs racines pour les déverser à la partie supérieure. — M. R.

ÉLÉVATION. *T. de dess.* Représentation d'une des faces d'un corps sur un plan vertical parallèle à cette face; autrement dit, représentation d'une des faces d'un corps, en lignes géométriques, abstraction faite de la profondeur de ce corps.

On emploie ce mode de représentation à tous les corps susceptibles d'une représentation géométrique, comme les constructions, les machines, etc. Désire-t-on donner l'idée absolument nette d'un bâtiment, par exemple, on le représentera *en plan*, *en coupe* (V. ces mots), et on complètera ces renseignements par une ou plusieurs élévations, suivant que le bâtiment aura ou non plusieurs façades dissemblables.

ÉLÉVATION DE L'EAU. L'élévation de l'eau est un des plus anciens problèmes imposés à l'humanité, l'un de ceux pour lesquels on a fait le plus d'efforts dans le but de substituer au travail de l'homme celui des animaux et des forces naturelles. C'est pour élever l'eau nécessaire à l'arrosage des cultures, qu'ont été imaginées les plus anciennes machines, comme le seau à bascule, la chaîne de pots ou noria des Égyptiens, la roue chinoise, etc.

Après avoir utilisé l'eau comme auxiliaire, on entreprit de lutter contre elle et de reconquérir les terrains qu'elle avait inondés; les dessèchements de la Hollande, avec leurs roues à augets ou à aubes planes, leurs vis d'Archimède actionnées par des moulins à vent, marquent une étape considérable dans l'élévation de l'eau. Enfin, c'est l'importance de l'épuisement des mines qui a le plus contribué à la naissance et au développement de la machine à vapeur. Les derniers progrès accomplis permettent aujourd'hui d'élever l'eau avec une telle économie, que l'on a pu recourir aux moyens mécaniques pour l'alimentation des canaux navigables. On pourrait classer les élévations d'eau de la façon suivante, sans cependant leur assigner de délimitation absolue, puisque les deux facteurs du travail, la quantité d'eau à élever et la hauteur d'élévation, varient à l'infini et peuvent être les mêmes pour deux applications différentes : *les arrosages et les irrigations; les épuisements à faible profondeur pour les dessèchements; les épuisements à grande profondeur pour l'exploitation des mines; l'alimentation des canaux navigables; l'alimentation des villes pour les services privé et public; le relèvement des eaux d'égouts pour les usages agricoles.*

A ces opérations d'un caractère permanent, il convient d'ajouter celles qui ne sont que temporaires, comme la *submersion des vignes;* intermittentes, comme l'*épuisement des formes de radoub;* accidentelles, comme l'*épuisement des cales de navires*, et enfin celles qui ont un caractère spécial, comme l'*extinction des incendies.*

Nous rappellerons seulement, en suivant le même ordre de classement, les principaux appareils en usage :

Les seaux employés pour improviser des épuisements rapides ou dans les incendies; on les fait aussi légers que possible, en osier garni de cuir ou en toile imperméable. On peut évaluer le travail à 5 ou 6 mètres cubes élevés à 1 mètre, par heure et par homme et pendant huit heures; on arrive même, avec un effort exceptionnel, à 10 et 11 mètres cubes par heure.

L'écope à main, espèce de pelle creuse en bois est moins favorable. Le produit ne dépasse pas 6 mètres cubes en travail ordinaire et 7 1/2 mètres cubes avec un effort exceptionnel.

L'écope hollandaise, suspendue à trois perches; elle permet à un homme d'élever par heure environ 15 mètres cubes d'eau à 1 mètre.

Le seau à bascule, suspendu par une perche, à un grand levier avec contrepoids: un homme, travaillant sur un puits ordinaire, peut élever par heure de 9 à 10 mètres cubes à 1 mètre.

Le seau à bascule, suspendu à une corde passant sur une poulie; avec deux seaux équilibrés et un treuil, on peut, sur un puits profond, obtenir un travail équivalent à 20 mètres cubes élevés à 1 mètre, par homme et par heure.

Le chapelet vertical, espèce de chaîne formée de plaques avec rondelles en cuir ou en toile, et mobile dans un tuyau. Un homme agissant sur une manivelle peut élever 115 mètres d'eau à 1 mètre avec cet appareil; avec des chevaux attelés à un manège, on obtient 675 mètres cubes par heure et par cheval.

La noria ou chaîne de pots, avec laquelle un cheval peut élever par heure 6,000 litres d'eau à 8 mètres de hauteur.

La roue chinoise, dans laquelle des pots ou des augets sont fixés extérieurement à la circonférence d'une grande roue en bois.

La roue à tympan, décrite par Vitruve, et qui, bien construite, peut donner un produit de 24 mètres cubes élevés à 1 mètre, par homme et par heure.

Les roues à augets, et les roues à aubes planes, très employées en Hollande.

La vis d'Archimède, décrite également par Vitruve. Les Hollandais l'ont notablement perfectionnée; au polder du prince Alexandre, près de Rotterdam, deux vis de ce genre élèvent 75 mètres cubes d'eau par minute à 4^m,50 de hauteur; elles sont coniques, avec un diamètre de 1^m,50 dans le bas et de 1^m,70 en haut; les vis sont à pas triple, de 1^m,70 chacun et l'inclinaison est de 30°; elles sont construites en fer et font de 17 a 18 révolutions par minute.

La pompe spirale, constituée simplement par un tuyau enroulé sur un cylindre, en forme de spires hélicoïdales. Cette machine, si facile à établir, est peu employée. Cependant le général Morin a constaté qu'elle pourrait donner, en eau élevée à 1 mètre, 13 à 14 mètres cubes par homme et par heure; la hauteur d'ascension augmente avec le nombre des spires.

Les pompes rotatives, déjà connues au XVIIe siècle sous le nom de *pompes de Pappenheim*, et dont quelques types intéressants figuraient à l'Exposition de 1878, entre autres les pompes Erémac et Greindl.

Les pompes centrifuges, Appold, Gwinne, Girard, Cognard, Neut et Dumont. Ce sont des machines précieuses pour élever de grandes quantités d'eau à des hauteurs modérées; elles sont faciles à transporter et à monter, et laissent passer sans inconvénients les eaux chargées de sables et de matières en suspension; on est arrivé à leur donner des dimensions considérables et celles de l'usine élévatoire des eaux d'égouts de Paris ont 1^m,60 et 2 mètres de diamètre.

Les pompes à piston oscillant, dont quelques modèles peuvent rendre des services dans les usages agricoles.

Les pompes à piston animé d'un mouvement alternatif, aspirantes ou foulantes, à simple et à double effet, qui s'appliquent à toutes les élévations d'eau; on ne doit pas oublier que c'est aux travaux si remarquables du regretté Girard, sur l'hydraulique, que l'on doit les progrès les plus importants dans la construction de ces machines.

Le bélier hydraulique, inventé par Mongolfier au siècle dernier, mais dont l'usage n'a commencé à se répandre que grâce aux perfectionne-

Désignation des usines	Volume moyen monté par jour	Hauteur moyenne réduite d'ascension	Dépense par 1,000 m. c montés à 1 m. effectif	Composition des usines
Usines hydrauliques.	m. cub.	mètres	fr. c.	
Saint-Maur (ville de Paris).	42850	66.72	0.062	3 turbines Fourneyron de 100 chevaux, 4 turbines Girard de 120 chevaux.
Isles-les-Meldeuses —	11600	12.19	0.194	2 turbines Girard de 40 chevaux.
Trilbardou —	12350	15.14	0.227	1 roue de côté de 30 chevaux et 1 roue Sagebien de 60 chevaux.
Chygy —	8600	15.10	0.286	Roue Sagebien de 30 chevaux.
La Forge —	10450	19.58	0.224	1 turb. de Noé de 15 ch., 1 turb. de Theil de 45 ch.
Malay-le-Roy —	9550	19.25	0.208	Roue Sagebien de 60 chevaux.
Condé-sur-Marne (canal de l'Aisne)..	50450	20.21	0.103	5 turbines Kœchlin d'environ 160 chevaux.
Pierre-la-Treiche et Valcourt (canal de l'Est).	47750	40.98	0.040	4 turbines Girard de 120 chevaux.
Usines à vapeur.				
Austerlitz (ville de Paris)	11350	68.66	0.314	2 machines de 220 chevaux en eau montée.
Auteuil —	650	55.39	2.162	2 machines de 60 chevaux en eau montée.
Chaillot —	13900	51.32	0.602	2 machines de 300 chevaux en eau montée.
Montmartre —	900	47.25	1.055	2 petites machines.
Maisons-Alfort —	3700	66.88	0.521	Machine verticale 50 chev., horizontale 60 chev.
Ménilmontant —	3350	30.65	1.453	2 machines de 25 chevaux.
Saint-Ouen —	3800	75.39	0.458	2 machines de 50 chevaux.
Port-à-l'Anglais —	1900	74.32	0.585	2 machines de 80 chevaux effectifs.
Saint-Maur —	7200	77.87	0.201	2 machines Corliss de 150 chevaux.
Ourcq (ville de Paris).	3978	47.28	0.482	Machine de 55 chevaux effectifs.
Landrecies (canal de la Sambre à l'Oise).	20438	1.85	1.150	Machine de 20 chevaux et vis d'archimède.
Ors (canal de la Sambre et l'Oise) . .	23785	2.62	1.020	Machine de 30 chevaux et vis d'archimède.
Abbaye — — — . .	24756	2.98	0.810	Machine de 35 chevaux et vis d'archimède.
Vacon (canal de l'Est).	43200	37.05	0.195	2 machines à 4 distributeurs de 150 chevaux.

ments de M. Bollée. Ces appareils sont très employés en Amérique pour l'alimentation des maisons de campagne et des fermes isolées.

La machine à colonne d'eau de Bélidor, qui utilise directement l'action d'une chute d'eau pour élever une partie de l'eau dépensée. Ce genre de machines a été appliqué avec succès à l'épuisement des mines par MM. Reichenbach et Jupcker.

La curieuse machine élévatoire de M. de Caligny, sans piston ni soupapes, appartient à la même catégorie.

Le pulsomètre de l'ingénieur américain Henry Hall, qui a ressuscité la machine de Savery, perfectionnée par l'addition d'une distribution automatique de la plus grande simplicité; cet appareil n'est pas très économique, mais il rachète ce défaut par sa puissance, son faible volume et sa facilité d'installation et de transport.

Le pulsateur de M. Bretonnière, du même genre que le précédent, mais pourvu d'un diaphragme élastique interposé entre la vapeur et le liquide à élever.

Les éjecteurs dérivés de l'injecteur Giffard et plus spécialement appliqués comme appareils de détresse pour l'épuisement des navires. Ils sont aussi avantageux lorsque l'eau élevée doit être chauffée.

On trouvera dans le *Dictionnaire*, à leurs places respectives, les renseignements sur la construction et le rendement de ces divers appareils. Nous avons seulement résumé, dans le tableau de la page précédente, les résultats obtenus dans quelques élévations d'eau importantes, soit pour l'alimentation des canaux, soit pour celle de la ville de Paris. Ces chiffres suffiront pour donner une idée des progrès accomplis et des ressources que l'on peut en tirer.

La dépense indiquée pour les usines de la ville de Paris correspond au travail effectué en 1879, travail inférieur à leur puissance de production. Celle des usines du canal de l'Est répond au contraire au travail maximum, pour 330 jours de marche. Si les usines ne fonctionnaient que 100 jours par an, les prix seraient plus élevés, 0 fr. 110 pour les usines hydrauliques et 0 fr. 27 pour les usines à vapeur. Ces chiffres sont empruntés à l'excellent travail de M. l'Ingénieur en chef Picard.

Ces prix ne comprennent pas l'intérêt et l'amortissement des frais d'établissement qu'il convient de compter à raison de 60 ans pour les bâtiments, 30 ans pour les machines, 15 ans pour les chaudières ordinaires et 10 ans pour les chaudières tubulaires.

Il est intéressant de rapprocher des dépenses du tableau précédent le prix de l'eau recueillie dans les grands réservoirs ou amenée à l'aide d'aqueducs.

Pour l'alimentation du canal de Bourgogne, le mètre cube d'eau versée dans le bief de partage, revient à 0 fr. 025 (réservoir de Grosbois), 0 fr. 017 (réservoir de Chazilly) et 0 fr. 007 (réservoir de Cercey).

Pour l'alimentation de la ville de Paris, le mètre cube d'eau de la Vanne, amené à 80 mètres d'altitude, revient à 0 fr. 0607; celui de la Dhuis, amené à 108 mètres, coûte 0 fr. 13. Le mètre cube d'eau de la Seine élevé par les machines de l'usine d'Austerlitz à 69 mètres environ ne coûte que 0 fr. 039. — J. B.

***ÉLÉVATOIRE** (Machine). On désigne par ce terme générique les machines qui servent à élever l'eau, pour la déverser ensuite dans un réservoir ou la refouler dans une canalisation quelconque. Les machines élévatoires affectent diverses formes (pompe, roue, turbine). Elles empruntent leur force à divers moteurs suivant les circonstances (air, vapeur, chute d'eau). — V. ÉLÉVATION DE L'EAU, POMPE.

***ÉLIE DE BEAUMONT** (JEAN-BAPTISTE-ARMAND-LOUIS-LÉONCE), ingénieur des mines, professeur de géologie à l'Ecole des mines et au Collège de France, né à Canon (Calvados), le 25 décembre 1798. Peu de savants ont laissé dans le domaine de la science une trace plus lumineuse que lui. Ses premiers travaux eurent trait à l'étude de la métallurgie. Encore sur les bancs de l'Ecole des mines, il publiait, en 1822, son premier Mémoire dans les Annales des mines. Chargé, en 1823, de concert avec Dufresnoy (V. ce nom), d'une mission scientifique en Angleterre, il fit connaître, dans de remarquables articles réunis en volume en 1827, les résultats de leurs observations communes. A dater de 1825, Elie de Beaumont se voua tout entier à la géologie et commença, avec Dufresnoy, son ami et son collaborateur dévoué, les nombreux voyages d'exploration qui préludèrent à la publication de cette admirable carte géologique de la France, qui suffirait à elle seule à les illustrer à jamais. L'œuvre d'Elie de Beaumont est si importante, les Mémoires qu'il a laissés sont si nombreux, que nous ne pouvons songer à les énumérer dans le cours de cette courte notice biographique. Il nous est toutefois impossible de passer sous silence deux de ces mémoires : *Recherches sur quelques-unes des révolutions du globe* (1829-1830) et sur les *Systèmes de montagne* (1849-1852). Ces mémoires ont eu, en effet, une influence décisive sur l'orientation des doctrines géologiques actuelles. Ils font ressortir, d'une façon absolument neuve et avec une précision qui supporte le contrôle du calcul mathématique, les lois générales qui président au soulèvement des montagnes et à la détermination de leurs âges relatifs. Ils ont montré que les chaînes de montagne d'une même époque sont généralement parallèles à la surface du globe, signalé en Europe douze systèmes de soulèvement correspondant à douze des intervalles des terrains de la série stratifiée, appelé l'attention sur l'importance des actions sédimentaires dans l'orographie du globe, assigné en un mot les soulèvements des montagnes comme cause, et non plus comme effet des révolutions géologiques. Les travaux de Lyell, ceux accomplis dans ces dernières années, n'ont fait que prouver la grande justesse de ces vues et l'importance des travaux du grand géologue français. Elie de Beaumont avait, en 1853, succédé à François Arago dans les fonctions de secrétaire perpétuel de l'Académie des sciences. Il est mort en 1874.

ÉLIXIR. 1° *T. de pharm.* Le nom d'*élixir* désigne un certain nombre de médicaments liquides fort différents. La plupart des élixirs sont constitués par des teintures composées, et contiennent les principes solubles, résineux ou essentiels, de divers végétaux : ils résultent de l'action de l'alcool ou de l'éther sur les feuilles, fleurs, graines, bois des végétaux, et sur les résines, baumes, etc. C'est ainsi que sont préparés les élixirs employés pour les soins de la bouche (V. DENTIFRICE). On appelle aussi *élixirs*, en pharmacie, certains composés qui ne contiennent ni alcool ni éther.

Les élixirs, amers, stomachiques ou purgatifs, étaient au siècle dernier en grande faveur : le public en faisait usage à titre hygiénique ou préventif, au moins autant qu'à titre médicamenteux. Parmi les élixirs les plus connus, nous citerons :

Elixir de longue vie. Il s'obtient en faisant macérer dans 2,000 d'alcool à 60° : aloès, 40 grammes; agaric blanc, 5 grammes; racine de gentiane, 5 grammes; rhubarbe de chine, 5 grammes; safran, 5 grammes; zédoaire, 5 grammes; thériaque, 5 grammes. On filtre après quelques jours de macération.

Elixir de Garus. Aloès, 5 grammes; myrrhe, 2 grammes; safran, 5 grammes; canelle, 20 grammes; girofle, 5 grammes; noix muscade, 10 grammes. On fait macérer pendant quatre jours dans 5 litres d'alcool à 80°; on filtre, on ajoute 16 litres d'eau, on distille au bain-marie. Puis on prend 1,000 du précédent distillé avec vanille, 1 gramme; safran, 0g,5; capillaire, 20 grammes, et eau bouillante, 500 grammes. Après une demi-heure d'infusion on exprime, et on ajoute enfin : eau de fleurs d'oranger, 200 grammes, et sucre, 1,000 grammes, dont on fait un sirop que l'on mêle à la macération de safran, après quoi on filtre.

Elixir de pepsine de Mialhe. Cet élixir, connu depuis quelques années, jouit d'une grande réputation comme digestif : pepsine anglaise, 6 grammes; eau, 24 grammes; vin de Lunel, 54 grammes; sucre, 30 grammes; eau-de-vie, 12 grammes. On mêle et on filtre.

2° *T. de liq.* Les fabricants de liqueurs préparent, sous le nom d'*élixirs*, quelques liqueurs alcooliques sucrées ; ce sont tantôt des compositions de fantaisie, tantôt d'anciennes formules d'élixirs médicamenteux plus ou moins modifiées ; ainsi il existe plusieurs variantes de la formule de l'élixir de Garus.

Elixir végétal de la grande chartreuse. Très répandu dans le midi de la France, cet élixir jouit de la réputation d'une véritable panacée. On peut le reproduire en faisant macérer 640 grammes mélisse fraîche; 640 grammes hysope; 320 grammes angélique; 160 grammes canelle; 40 grammes safran et 40 grammes de macis dans 10 litres d'alcool préalablement distillé sur des plantes aromatiques fraîches. — V. CHARTREUSE.

Pour plus de détails sur la composition des divers élixirs, consulter SOUBEYRAN et REGNAULT, *Traité de pharmacie*, Paris, G. Masson.

ELLIPSE. *T. de géom.* Courbe plane du second degré dont tous les points sont à distance finie, par opposition à la parabole et l'hyperbole qui ont toutes deux des branches infinies. On exprime analytiquement cette propriété, en remarquant que l'équation générale des courbes du second degré dont la forme générale est la suivante :

$$ax^2+2bxy+cy^2+2dx+2cy+f=o$$

représente une ellipse si la condition $b^2-ac<o$ est remplie. Cette définition de l'ellipse rappelle la propriété la plus sensible de cette courbe, mais il ne faut pas oublier d'ailleurs que les propriétés essentielles des courbes du second degré varient très peu d'un type à l'autre.

On peut encore définir l'ellipse par un grand nombre d'autres propriétés : elle est par exemple la projection orthogonale d'un cercle dont le diamètre, confondu avec son grand axe, est égal à celui-ci, et dont le plan a tourné autour du grand axe d'un angle dont le cosinus est égal au rapport du petit au grand axe. On déduit facilement de là que toute section oblique d'un cylindre droit à base circulaire est une ellipse. Cette courbe résulte également de la section d'un cône droit à base circulaire par un plan coupant à la fois toutes les génératrices d'une même nappe du cône. On la définit plus généralement comme une courbe fermée lieu des points dont la somme des distances à deux points fixes intérieurs appelés *foyers* est constante. On démontre que cette courbe a un centre unique, tous ses diamètres sont réels, et conjugués deux à deux. Deux seuls de ces diamètres sont perpendiculaires entre eux et prennent le nom d'*axes*. L'équation de l'ellipse rapportée à son centre comme origine, et à ses axes comme coordonnées ; les demi-longueurs respectives de ceux-ci étant a suivant l'axe des x et b suivant celui des y, prend la forme qui suit :

$$\frac{x^2}{a^2}+\frac{y^2}{b^2}=1.$$

Le cercle est une ellipse dont tous les diamètres conjugués sont égaux et perpendiculaires entre eux, les foyers se confondent alors au centre.

Les diamètres conjugués de l'ellipse jouissent de propriétés importantes dont l'énoncé constitue les théorèmes d'Apollonius et que nous rappellerons seulement ici : les parallélogrammes construits sur deux diamètres conjugués quelconques ont une surface constante, la somme des carrés de ces diamètres est constante, et le produit de leurs coefficients angulaires est égal à $-\frac{b^2}{a^2}$.

La tangente en un point quelconque forme deux angles égaux avec les rayons vecteurs partant des deux foyers et venant aboutir au point de contact. Le point de concours de deux tangentes quelconques est toujours situé sur le diamètre qui partage en deux parties égales la corde aboutissant aux points de contact, etc.

La longueur de l'ellipse est donnée par l'expression $\pi\,(a+b)$, et la surface, par l'expression $\pi\,ab$.

La considération de l'ellipse présente une importance considérable en mécanique et surtout en astronomie : on sait en effet que les trajectoires des différentes planètes du système solaire sont des ellipses dont le soleil occupe un des foyers.

Newton a montré que ce fait résultait directement de la loi de gravitation universelle : un mobile m animé d'une vitesse initiale et soumis à l'action d'une force passant par un point fixe de masse M, proportionnelle aux masses et inversement proportionnelle aux carrés des distances, décrit une section conique.

* **ELLIPSOGRAPHE.** Instrument qui sert à tracer l'ellipse d'un mouvement continu.

ELLIPSOÏDE. *T. de géom.* Surface du second degré dont tous les points sont à distance finie. Les détails que nous venons de donner à propos de l'ellipse, nous dispensent d'entrer ici dans de longs développements et nous rappellerons seulement les principales propriétés caractéristiques de l'ellipsoïde. Cette surface rapportée à son centre comme origine, et à ses trois axes comme coordonnées, les demi-longueurs respectives de ceux-ci étant a sur l'axe des x, b sur l'axe des y, et c sur l'axe des z, est représentée en géométrie analytique par l'équation suivante :

$$\frac{x^2}{a^2}+\frac{y^2}{b^2}+\frac{z^2}{c^2}=1.$$

Toutes les sections planes de l'ellipsoïde sont des ellipses. Le lieu des milieux des cordes parallèles à une direction donnée est un plan qui est dit conjugué à cette direction. L'ellipsoïde a un centre unique, tous ses diamètres sont réels, et se partagent par groupes de trois diamètres qui sont conjugués deux à deux. Les diamètres conjugués normaux entre eux sont des axes. Les plans qui contiennent deux de ces axes sont appelés plans principaux, ils sont au nombre de trois et forment les trois plans coordonnés dans l'équation rappelée plus haut.

Dans le cas général, les axes sont de longueurs différentes ; si deux d'entre eux sont égaux, on a alors un ellipsoïde de révolution. Ces ellipsoïdes sont obtenus, comme on voit, en faisant tourner une ellipse d'une révolution complète autour d'un de ses axes ; le second axe décrit alors un cercle dans un plan perpendiculaire au premier ; toutes les sections planes perpendiculaires à l'axe de rotation sont aussi circulaires, et toutes les sections méridiennes sont des ellipses égales, ayant pour axe commun l'axe de rotation, et pour second axe, le rayon du cercle passant par le centre de l'ellipsoïde. La sphère est un cas particulier dans lequel l'axe de rotation est lui-même égal aux deux autres.

Les diamètres conjugués de l'ellipsoïde possèdent différentes propriétés indiquées par les théorèmes d'Apollonius : la somme des carrés de trois diamètres conjugués quelconques est constante, le volume du parallélipipède construit sur trois diamètres conjugués quelconques est constant, etc.

L'ellipsoïde est une surface qui joue un rôle considérable dans les études de dynamique, on la rencontre notamment dans la recherche des moments d'inertie, où M. Poinsot a montré tout le parti qu'on en pouvait tirer pour la représentation du mouvement d'un corps ayant un point fixe. On le retrouve également comme on sait en astronomie, car les planètes présentent généralement comme la terre la forme d'ellipsoïdes de révolutions plus ou moins déformés, par l'aplatissement auprès des pôles.

ELZÉVIR. *T. de libr.* Nom d'un caractère d'imprimerie qui rappelle celui qu'employaient aux XVIe et XVIIe siècles les Elzévir ou Elzévier, célèbres imprimeurs hollandais, pour leurs collections d'ouvrages en petits formats. Nous donnons ci-dessous un type de ce caractère.

Une collection elzévirienne.

UNE COLLECTION ELZÉVIRIENNE.

I. **ÉMAIL.** Le mot *émail* a été pris par les archéologues dans plusieurs significations souvent fort différentes ; on a même porté la confusion, et les gens du monde le font encore ainsi, jusqu'à donner ce nom à tout enduit brillant appliqué sur un excipient quelconque. Pour nous, nous appellerons ainsi, car c'est l'unique signification de ce mot, des verres très fusibles, tantôt transparents ou opaques, tantôt incolores ou diversement colorés, qu'on étend sur les métaux, les laves, les ardoises, les grès, les vitraux, les briques, les faïences et certains autres produits de la céramique, soit pour leur donner un aspect plus agréable, soit pour les enrichir d'ornements tranchant sur le fond, soit même tout simplement, pour les rendre plus durables en les soustrayant à l'action de l'air, de la lumière et des substances corrosives. Ils adhèrent aux corps sur lesquels on les applique, et qu'on appelle, d'une manière générale, des *excipients*, au moyen de la fusion. On conçoit dès lors que pour que cette adhérence soit suffisante et même possible, il est indispensable que les excipients puissent résister sans brûler, fendre ou éclater, à la chaleur nécessaire pour liquéfier les émaux ; il ne l'est pas moins que ces derniers, à leur tour, soient en rapport de dilatation et de contraction avec ces mêmes excipients.

II. **ÉMAIL.** *T. de blas.* On appelle *émail* toute couleur employée en armoirie. Ce nom vient de ce qu'autrefois on peignait généralement les armoiries sur les écus métalliques et les pièces d'orfèvrerie avec les matières vitreuses qu'on nomme *émaux*. Sur les meubles ou autres objets de bois, on se servait des procédés ordinaires de la peinture. Enfin, sur les étoffes, on avait recours aux artifices de la broderie.

On compte onze émaux, que l'on divise en trois groupes, savoir : deux *métaux*, qui sont : l'*or*, ou le *jaune*, et le *blanc*, ou l'*argent* ; cinq *couleurs*, qui sont : le *gueules*, ou le *rouge* ; l'*azur*, ou le *bleu* ; le *sinople*, ou le *vert* ; le *sable*, ou le *noir* ; et le *pourpre*, ou le *violet* ; quatre *fourrures*, appelées aussi *pannes*, qui sont : l'*hermine*, ou le blanc moucheté de noir ; le *contre-hermine*, ou le noir moucheté de blanc ; le *vair*, qui est formé de clochettes alternativement blanches ou bleues rangées de manière que la base d'une clochette blanche touche celle d'une clochette bleue, le *contre-vair*, qui est également composé de clochettes les unes blanches, les autres bleues, mais disposées de telle sorte que les clochettes bleues touchent par la base les clochettes bleues et ainsi de même des clochettes blanches. A propos des fourrures, il ne faut pas oublier que, dans l'hermine, il doit y avoir au moins quatre mouchetures dans la largeur de l'écu et trois dans la hauteur; si elles étaient en nombre moindre, elles n'indiqueraient pas un émail, mais des pièces de l'écu. Relativement au vair, il est bon de savoir que chaque rang de clochettes porte le nom de *tire*, et qu'il doit y avoir trois clochettes bleues, deux clochettes et deux demi-clochettes blanches aux tires 1 et 3, et l'inverse aux tires 2 et 4. En outre, la fourrure s'appelle *menu-vair*, quand le nombre des tires est plus grand que quatre, et *beffroi*, quand il est moindre. Enfin, n'oublions pas que l'hermine et le vair sont quelquefois d'autres couleurs que celles qui leur sont propres, c'est-à-dire le noir et le blanc pour l'hermine, le bleu et le blanc pour le vair. Dans ce cas, on dit que l'écu est *herminé* ou *vairé* de tel ou tel émail.

En outre des émaux qui viennent d'être énumérés, les armoiries en emploient encore deux autres, qui sont : la *carnation*, pour les figures humaines et la *couleur naturelle*, pour les animaux, les fleurs, les fruits et autres parties de plantes. Enfin, les héraldistes anglais ont adopté une autre couleur, qui est l'*orange*, et à laquelle ils donnent son nom ordinaire.

Rien n'est plus simple que de figurer les émaux par la peinture, mais il a fallu avoir recours à des signes particuliers quand on n'a eu à sa disposition que les ressources du crayon, de l'écriture

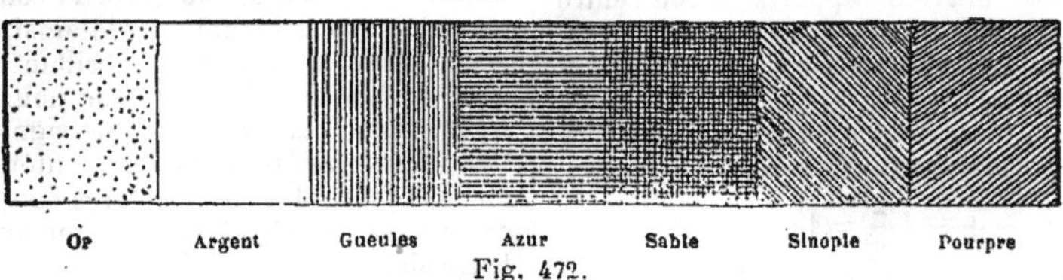

Fig. 472.

ou de la gravure. On y a pourvu, vers le commencement du XVIIe siècle, à l'aide de points et de lignes qui ne peuvent permettre aucune confusion, et que les artistes de tous les pays ont adoptés (fig. 472). D'après ce système, l'*or* se représente par un pointillé, l'*argent*, par un fond tout à fait uni, le *gueules*, par des hachures verticales, l'*azur*, par des hachures horizontales, le *vert*, par des hachures diagonales de droite à gauche, le *pourpre*, par des hachures diagonales de gauche à droite, le *sable*, par des hachures verticales et des hachures horizontales qui se coupent à angle droit, l'*orange* des Anglais, par des hachures verticales croisant perpendiculairement des hachures diagonales de gauche à droite. La *carnation* et la *couleur naturelle* se font suffisamment connaître toutes seules pour qu'il ait paru nécessaire de leur attribuer des signes particuliers. Il en est de même des *fourrures*.

Quelques mots, en terminant, sur l'emploi des couleurs. L'une des règles fondamentales du blason veut que l'on ne mette jamais un métal sur un métal ou une couleur sur une couleur. Les cas exceptionnels sont très rares, et les armoiries où ils se trouvent sont dites *à enquerre*, parce que, comme elles sont contraires aux lois héraldiques, elles fournissent l'occasion de rechercher pour quel motif on les a ainsi faites. Dans un écu dont le champ est de couleur, les figures, s'il y en a, doivent donc être de métal, et réciproquement. De même, dans un écu qui a des partitions, si un quartier est de couleur, le quartier adjacent doit être aussi de métal. Les fourrures seules se mettent indistinctement sur les métaux et les couleurs, mais on ne peut pas mettre fourrure sur fourrure. On ne s'écarte de la règle ci-dessus que pour les animaux dont le bec, les griffes, les ongles et la langue sont d'un autre émail que le corps.

ÉMAILLERIE. *T. d'art et d'indust.* Art de fabriquer et d'appliquer les *émaux*. Leur emploi se nomme particulièrement *émaillage*. Ainsi qu'on l'a vu ci-dessus, il y a l'*émaillerie sur métal*, *sur lave*, *sur briques*, *sur ardoises*, *sur faïence*, etc. Chacune de ces applications est l'objet d'un art particulier, d'une industrie spéciale, dont la distinction repose surtout sur la composition et le mode de cuisson des émaux dont elle fait usage. Nous ne nous occuperons ci-après que de l'émaillerie sur métal, qui est la branche la plus importante et celle dont on veut parler quand on prononce le mot *émaillerie*. Il sera question des autres branches aux articles FAÏENCE, LAVE, PEINTURE SUR VERRE, etc.

Émaux. On entend spécialement par ce mot les produits de l'émaillerie sur métal. Un *émail* est donc, dans le langage usuel, un objet métallique émaillé. Nous diviserons ce qui va suivre en deux parties : les *émaux artistiques* et les *émaux communs*.

ÉMAUX ARTISTIQUES.

Ils sont exclusivement destinés à l'ornementation des habitations, des meubles précieux, des articles de bijouterie ou d'orfèvrerie. L'origine de l'art qui les produit a été et est encore l'objet de vives discussions. Toutefois, il semble aujourd'hui admis que si cet art a été pratiqué de très bonne heure par les nations de l'extrême Orient, il a été inconnu des Egyptiens, des Grecs et des Romains et que les objets qu'on a pris pour des émaux provenant de ces derniers peuples ne sont que des verroteries ou même de simples mastics enchâssés dans des garnitures de métal, expédient ingénieux qui, dans leurs mains, remplaçait la véritable émaillerie. Nous verrons plus loin, en parlant des différentes manières d'émailler les métaux, à qui chacune d'elles est ou peut être attribuée.

COMPOSITION DES ÉMAUX. Il existe un nombre très considérable d'émaux, et chacun peut-être préparé de plusieurs manières d'après des formules qui varient plus ou moins, suivant la nature des matières employées ou les dosages. Le plus simple est l'émail incolore. Comme il sert de base à tous les autres, on l'appelle *fondant*. Pour l'obtenir, on procède souvent ainsi qu'il suit:

Après avoir mêlé 15 à 50 parties d'étain et 100 de plomb, on calcine le mélange dans un vase ouvert. Les matières ne tardent pas à s'oxyder et leur surface se couvre d'une poudre jaunâtre, qui est un stannate d'étain, et qu'on enlève à mesure qu'elle se forme. On la porphyrise, puis on la délaye dans l'eau et l'on recueille, par décantation, les parties les plus fines. La poudre qui résulte de ces opérations porte le nom de *calcine*. On en prend 200 parties, on y ajoute 100 parties de sable siliceux et 80 parties de carbonate de potasse purifié, puis l'on chauffe le tout assez fortement pour le *fritter*, c'est-à-dire lui faire éprouver un commencement de fusion. C'est la *fritte* ainsi obtenue qui constitue le fondant. On voit par là que le fondant est tout simplement un verre à base de potasse contenant un stannate de plomb. Quand on veut l'avoir bien blanc, on mêle la fritte avec une quantité de peroxyde de manganèse, déterminée par tâtonnements, et l'on fond dans un creuset à un feu exempt de fumée. Dans tous les cas, on coule la matière fondue et on la pulvérise. On peut répéter plusieurs fois, dans le même ordre, ces diverses opérations.

Le fondant, avons-nous dit, est incolore. Pour l'avoir coloré, il suffit de le réduire en une poudre très fine qu'on fait ensuite fondre avec une très faible proportion d'un oxyde métallique approprié. Ainsi, par exemple, on obtient un *émail noir* avec un mélange d'oxydes de fer, de manganèse et de cobalt; un *émail bleu* avec l'azur ou l'oxyde de cobalt; un *émail bleu céleste* avec le bioxyde de cuivre ; un *émail violet* avec un mélange d'oxyde de cuivre et d'oxyde de manganèse; un *émail vert* avec l'oxyde de chrome et le deutoxyde de cuivre ; un *émail jaune* avec le sesquioxyde d'uranium, ou un mélange d'oxysulfure d'antimoine et de pourpre de Cassius, ou encore de peroxyde de fer ou de peroxyde de manganèse ; un *émail rouge* avec le sesquioxyde de fer ; un *émail carmin, pourpre* ou *rose* avec de l'or très divisé ou le pourpre de Cassius ; un *émail orangé* avec un mélange d'oxyde d'antimoine et de sesquioxyde de fer; un *émail blanc* avec l'oxyde d'étain. Au reste, chaque couleur a plusieurs nuances; on se procure celles-ci soit en variant les proportions des oxydes, soit en ajoutant d'autres oxydes à ceux qui viennent d'être nommés.

Les émaux se fabriquent généralement dans des ateliers spéciaux. Quand, après le mélange des matières, ils sont fondus, on les coule dans l'eau, puis on les pulvérise, et c'est sous forme de poudre très fine qu'on les livre au commerce. Quelquefois cependant, pour certains usages, on les vend en masses, en tubes, ou en baguettes de différentes dimensions.

Mode d'emploi des émaux. Avant d'être appliqués aux métaux, les émaux sont donc des poudres cristallines. On les applique sur les métaux de plusieurs manières. Tantôt on les emploie à l'état sec et on les tamise sur les objets, préalablement revêtus d'une substance agglutinante. Tantôt, on les délaye avec une huile essentielle et on les étend au pinceau. Tantôt encore, s'ils doivent former des épaisseurs, l'on en fait avec de l'eau une pâte qu'on pose là où elle doit être avec une petite spatule de fer, de cuivre ou d'acier.

De quelque façon qu'elle ait été produite, la couche d'émail adhère au métal par le seul fait de son humidité, mais, en la soumettant à la chaleur dans un de ces fours qu'on nomme *moufles*, elle fond et fait corps avec son excipient. Cette couche est extrêmement mince ; si elle n'a pas l'épaisseur voulue, on la lui donne en posant par-dessus une seconde couche, puis une troisième, une quatrième, et ainsi de suite. Ces couches nouvelles se mettent en place et se chauffent l'une après l'autre ; mais, au lieu d'amener chacune d'elles à une fusion complète, on se borne à l'amollir pour qu'elle puisse adhérer à celle qui l'a précédée. On comprend ainsi comment l'artiste peut combiner son opération, distribuer ses émaux, et obtenir des effets et des épaisseurs, sans mêler les phases successives de son travail. On s'explique également comment on peut fondre en même temps les émaux d'un objet sur deux plans opposés, à l'intérieur et à l'extérieur. Une ouverture pratiquée dans la porte du four permet de surveiller cette opération de la cuisson et « une foule de ressources ingénieuses, enseignées par la pratique, font de l'émaillerie en métal un travail d'inspiration et de goût, où l'adresse de la main, la fécondité d'un esprit inventif, l'instinct du talent et la puissance du génie sont à la fois en jeu pour créer des moyens nouveaux et des effets inattendus. »

La plupart des applications de l'émail se font sur des objets ou de simples plaques en cuivre rouge ou en or, d'une épaisseur et de dimensions très variables, qui sont généralement exécutées ou simplement préparées par les bijoutiers et les orfèvres, et que l'on émaille, tantôt dans toute leur étendue, tantôt seulement dans quelques parties déterminées par un dessin que l'émail doit former. On émaille rarement l'argent, parce qu'il a le défaut de se voiler facilement. On n'émaille guère le cuivre jaune et le bronze, parce qu'ils présentent, dit-on, à la cuisson, des inconvénients difficiles à éviter. Ces inconvénients n'ont cependant pas arrêté les artistes japonais, chinois, persans et indiens, lesquels, comme on sait, se sont acquis, pour les émaux exécutés sur ces métaux, une réputation universelle. A plusieurs époques, on a aussi émaillé le fer, mais cette application n'a pris de l'importance qu'à notre époque et pour des usages où la question artistique est généralement étrangère.

Quand les plaques à émailler sont très minces et, de plus, ont une grande étendue, on est obligé de les *contre-émailler*, c'est-à-dire de les couvrir d'une couche d'émail sur le verso après qu'on en a émaillé le recto. Sans cette précaution, elles se déformeraient pendant le refroidissement et deviendraient concaves, du côté où le métal serait à nu, par suite de l'inégalité de contraction qui existe entre l'émail et le métal.

Différentes espèces d'émaux. On a vu que les émaux se mettent en place suivant plusieurs procédés. Selon qu'on adopte l'un ou l'autre, les émaux, et ce mot signifie ici les objets émaillés, se divisent en deux grandes classes, en *émaux incrustés* et en *émaux peints*, chacune comprenant plusieurs divisions. Les premiers constituent les *émaux des orfèvres* et les seconds les *émaux des peintres.*

Émaux incrustés. Ce qui caractérise les émaux de cette classe, c'est que l'émail est contenu dans une ou plusieurs cavités creusées dans le métal à l'aide d'un outil tranchant. Le nom d'*émaux des orfèvres* vient de ce que, pendant le moyen âge et une partie des temps modernes, ils ont été exécutés presque toujours, souvent même exclusivement par les orfèvres, lesquels, comme on sait, étaient alors des artistes universels. Ils se divisent en quatre groupes principaux qu'on appelle *émaux champlevés* ou *en taille d'épargne*, *émaux de niellure*, *émaux cloisonnés* ou *à cloisons*, et *émaux de basse taille*, dits *translucides.*

A. *Émaux champlevés.* Pour faire un émail de ce genre, l'artiste dessine ou décalque sur sa plaque le dessin qu'il veut produire, puis, à l'aide du burin, du ciselet et des échoppes, évide tout ce qui n'est pas le contour du dessin. Il obtient ainsi une véritable gravure en relief, ou en taille d'épargne, comme on disait autrefois, dont les parties respectées, noircies au tampon, donneraient sous la presse une impression exacte sur papier. Les espaces vides entre ces parties forment des bassins plus ou moins petits qu'on remplit d'émaux en pâte ou en poudre, exigés par les couleurs de l'original. Ces émaux n'ont aucune liaison entre eux, mais ils fondent à la haute température du fourneau et s'affaissent au niveau des contours du dessin en s'unissant à la plaque métallique, de manière à ne présenter qu'une surface plane dans laquelle brillent les traits formés par ces mêmes contours. On peut modifier le procédé en donnant plus ou moins d'importance au métal. Ainsi, tantôt les contours du dessin seulement sont épargnés en relief, et les figures sont rendues par l'émail en se détachant sur le fond uni du métal. Tantôt, au contraire, ce sont les silhouettes entières des personnages qu'on réserve dans le métal, et elles se détachent sur le fond de l'émail. Ces modifications dépendent du goût et du talent de l'ouvrier. Est-il à la fois dessinateur fécond et graveur habile, il donne plus au métal et rend les détails avec ses outils ; se fie-t-il moins à son habileté, il donne plus de place à l'émail.

— Les émaux champlevés paraissent avoir été imaginés les premiers, mais leur origine est des plus obscures. Les uns croient que les anciennes nations de l'antiquité les ont connus de tout temps, mais cette opinion ne repose sur aucune preuve positive. Les autres, adoptant comme l'expression de la vérité le récit de Philostrate, rhéteur du IIIe siècle de notre ère, en attribuent l'invention aux Gaulois. D'après ces derniers, les Romains en ayant trouvé le procédé en pratique usuelle dans les contrées occidentales et septentrionales de leur empire, l'auraient adopté, non sans doute, sans y apporter des perfectionnements, et introduit en Italie, à Byzance et ailleurs. Dans tous les cas, les preuves matérielles certaines ne commencent à devenir abondantes qu'à partir du Xe siècle. Elles apprennent qu'à cette époque, on émaillait par champlevage dans une grande partie de l'Europe, mais que Limoges, ancienne colonie romaine, s'occupa avec tant de succès de leur production qu'elle en acquit comme le monopole et leur donna son nom. Les orfèvres de cette ville appliquèrent surtout, on peut presque dire exclusivement, l'émail à la confection d'objets religieux en cuivre rouge, en laiton ou en cuivre doré. Les musées publics et les collections privées abondent en émaux provenant de ces artistes. Ce sont des reliquaires, des calices, des ciboires, des crosses d'évêque, des agrafes de chape, des plaques ayant servi à la reliure des livres d'église, des croix processionnelles, etc., dont l'exécution paraît avoir eu lieu du XIIe au XVIe siècle.

B. *Émaux cloisonnés.* Dans les émaux de ce genre, un trait de métal forme également les lignes principales des figures. Mais, au lieu d'être pris dans la plaque elle-même comme dans les champlevés, ce trait est fait à part et rapporté sur le fond. Voici comment on procède : on prend une plaque d'or ou d'argent doré sur laquelle, au moyen d'une pointe très fine, on trace ou l'on décalque le dessin. Cela fait, on découpe une plaque semblable en rubans ou filigranes d'une extrême minceur, d'une largeur proportionnée à la hauteur de l'objet qu'on veut produire, et qui est de 1 à 4 millimètres, puis on fait suivre à ces rubans, placés de champ, tous les contours du dessin, en ayant soin de les arrêter de distance en distance à l'aide d'un peu de cire. Le dessin se trouve ainsi reproduit par tous ces rubans, que l'on soude alors à la plaque. Ce travail terminé, la plaque se trouve ce qu'on appelle *cloisonnée*, c'est-à-dire couverte d'autant de godets ou bassins qu'en exigent les différentes couleurs du modèle. Il ne reste plus qu'à distribuer dans chaque godet la poudre ou la pâte d'émail qui lui est destinée, après quoi on passe la plaque au four pour faire fondre les émaux dont elle a été chargée. La fusion effectuée, on retire du feu, on laisse refroidir, puis on polit le tout comme une glace, dans laquelle les cloisons viennent affleurer en traits effilés et brillants, de façon à tracer les limites des émaux, en même temps que les contours du dessin.

— Le cloisonnage est universellement considéré comme une invention orientale, dont plusieurs auteurs font même honneur aux Japonais qui, dans tous les cas, l'ont appliqué au bronze et au cuivre jaune avec une habileté incomparable, et souvent à des objets d'une grande dimension. Le fait est qu'il a été pratiqué de fort bonne heure au Japon, en Chine, dans l'Inde, en Perse, à Byzance, d'où il pénétra ensuite en Russie, et, vers le Xe siècle, à Venise. Ses produits, dans lesquels les métaux précieux jouent généralement un rôle important, sont très souvent classés dans l'orfèvrerie et la bijouterie fines. Les Orientaux seuls les ont fabriqués sur une certaine échelle. En Europe, surtout en France, où, jusqu'au XIVe siècle, on a presque exclusivement pratiqué le champlevage, on en a fait très peu, leur confection étant plus difficile et plus coûteuse que celle des champlevés. Ceux qui proviennent de ces temps reculés sont très rares, parce qu'on les a presque tous détruits pour en retirer l'or, quand les changements du goût leur en ont fait préférer d'une nouvelle espèce.

Indépendamment des cloisonnés ordinaires, on a fait quelquefois et l'on fait peut-être encore des *cloisonnés à jour*, qui diffèrent des cloisonnés complets en ce que les émaux n'adhèrent aux bandelettes de métal que par les contours.

Le cloisonnage n'est pas seulement appliqué aux métaux; il peut l'être aussi aux produits de la céramique, porcelaine dure, porcelaine tendre, faïence, poterie commune. Ici encore, les Orientaux, principalement les Japonais et les Chinois, nous ont précédés. On trouve, en effet, parmi les productions de ces peuples, des porcelaines ornées de filigranes noyés dans la glaçure et dont les vides remplis d'émaux opaques de différentes couleurs rappellent, à s'y méprendre, les véritables bronzes à émaux cloisonnés. Le procédé n'offre pas de difficulté sérieuse. Il a été plusieurs fois expérimenté à la manufacture de Sèvres, avec un succès complet, par les soins et sous la direction d'Alexandre Brongniart, qui en avait trouvé les détails dans les ouvrages chinois. Notons, en passant, qu'il faut se garder de confondre les poteries cloisonnées des Orientaux avec les faïences artistiques auxquelles notre compatriote Collinot a donné très improprement le même nom. — V. Faïence.

C. *Émaux de basse taille* ou *émaux translucides sur relief*. Ces émaux, qui semblent résulter d'un mélange de la ciselure avec la peinture, peuvent s'exécuter de plusieurs manières, toutes demandant le concours d'artistes d'une grande habileté. Voici d'après Benvenuto Cellini, qui en fit de fort beaux, comment on peut procéder: « sur une plaque d'or ou d'argent, souvent très mince, on circonscrit avec le compas la partie que doit remplir l'émail, puis on abaisse toute cette partie de la plaque juste d'une quantité égale à l'épaisseur qu'on veut donner à l'émail. Ce travail préparatoire achevé, on grave le sujet avec des outils très fins, en donnant un très léger relief aux parties saillantes des carnations et des vêtements. On procède alors à l'application des émaux, lesquels ne sont jamais opaques et doivent avoir été pulvérisés dans l'eau et parfaitement desséchés. A cet effet, on les prend l'un après l'autre avec une petite spatule de cuivre, de fer ou d'acier, et on les étend sur la gravure en couches successives très minces, et les distribuant suivant leurs couleurs et de manière que celles-ci ne se mêlent pas. La première couche, en termes techniques, la première *peau*, étant posée, on place la plaque métallique sur une tablette de fer, et on la porte au fourneau en ayant la précaution de ne l'approcher du feu que graduellement. On la retire aussitôt qu'on s'aperçoit que la matière vitreuse commence à fondre, et on la laisse refroidir avant d'y étendre une seconde couche, que l'on fait cuire comme on a fait de la première, et l'on continue ainsi jusqu'à ce que l'émail ait l'épaisseur voulue. Il n'y a plus alors qu'à unir celui-ci et à le rendre transparent par le polissage. »

On vient de voir que les émaux opaques ne sont pas employés pour les émaux de basse taille. Comme la couleur de chair a pour base l'émail blanc, qui lui donne l'opacité, les carnations, dans ce genre d'émaux, sont rendues par le fond même du métal, lequel est couvert à leur endroit d'un émail incolore ou d'un émail légèrement violacé.

— Les émaux de basse taille paraissent avoir pris naissance en Italie, vers le commencement du XIVe siècle. C'est, en effet, dans ce pays que furent exécutés les premiers, mais le goût s'en répandit promptement en France et dans les Flandres. On n'en fit plus au bout d'une centaine d'années.

D. *Émaux de niellure*. Ce sont des bijoux ou des plaques d'or ou d'argent doré qui ont été gravés en creux et émaillés de noir, en d'autres termes, une simple variété d'émaux en taille d'épargne, ce qu'on appelle communément des *nielles*. Il en sera plus amplement question à ce dernier mot. Disons seulement ici que c'est en tirant une épreuve sur papier d'une plaque d'argent gravée et émaillée de cette façon que l'orfèvre florentin Thomas Finiguerra fut amené à inventer la gravure en taille-douce.

Émaux peints. Ce sont les produits de la vraie *peinture en émail*, et ils diffèrent complètement de tous ceux dont il a été question jusqu'à présent. Ici, en effet, l'artiste n'a pas besoin de graver le métal pour exprimer les traits du sujet ou de figurer ces mêmes traits au moyen de bandelettes rapportées. La plaque métallique est complètement cachée sous la matière vitreuse et joue le même rôle que la toile dans la peinture ordinaire; l'émail seul rend tout à la fois le trait et le coloris, et les couleurs, réduites en poudre impalpable, et broyées dans un véhicule approprié, qui est généralement l'essence de lavande très pure, s'appliquent au pinceau. Il est de règle, dans ce genre de peinture, de toujours opérer par une succession de légères ébauches et de ne jamais chercher à obtenir l'effet final d'un seul coup, par l'application des diverses couleurs qui forment la teinte voulue. De plus, le blanc s'emploie aussi rarement que possible et on le réserve pour les rehauts lumineux. En outre, dans les parties ombrées et vigoureuses, on peut empâter un peu comme dans la peinture à l'huile, mais les parties claires veulent toujours être traitées légèrement. Enfin, pour les chairs, on commence par un fond de teintes mélangées de jaune et de pourpre, qui donne au feu un ton rougeâtre sur lequel on modèle par d'autres teintes variées, dans les cuissons successives.

— Les émaux de basse taille ayant été abandonnés au commencement du XVe siècle, les émailleurs limousins qui, jusqu'alors, avaient fait principalement des émaux champlevés, tombés également en désuétude, imaginèrent de relever la fabrication française en créant la peinture en émail. Cet art tout nouveau, qui permet d'employer toutes les ressources dont dispose la peinture ordinaire, fut portée par eux à un admirable degré de perfection, qui se maintint jusqu'aux premières années du XVIIe siècle. A cette époque, l'école limousine était en pleine décadence et ne comptait plus de véritables artistes.

Deux procédés principaux sont employés par les peintres émailleurs. L'un produit les émaux *genre limousin* et l'autre les émaux *genre Toutin* et *Petitot*.

Le premier est le plus ancien. Comme son nom l'indique, il a été créé par les émailleurs limousins du XVIe siècle et adopté par eux après de longs tâtonnements et de nombreux essais. Il consiste à recouvrir une plaque métallique, qui est le plus souvent de cuivre, d'une couche épaisse d'émail noir, bleu très foncé ou de teinte sombre. Quant aux dessins, ils sont exécutés sur ce fond avec un émail blanc opaque de façon à produire une grisaille dont on obtient les ombres, soit en ménageant plus ou moins l'émail noir, soit en le faisant reparaître par le grattage avant la cuisson. On peut revenir sur la grisaille avec des émaux colorés translucides, qui permettent d'obtenir une grande richesse d'effets. Inutile d'ajouter que, tout en adoptant la base du procédé, rien n'empêche les artistes de le modifier plus ou moins dans la pratique.

Les émaux *genre Toutin* et *Petitot* se font sur or. Pour les exécuter on émaille l'excipient en blanc, puis on peint sur ce fond comme un miniaturiste peint sur ivoire ou sur vélin, avec des couleurs opaques, et sans recourir à l'émail noir pour obtenir les ombres.

— Ce procédé a été d'abord employé par Léonard Limousin, l'un des derniers émailleurs en renom de l'école limousine, puis abandonné par lui parce qu'il s'aperçut qu'il ne pouvait suffire aux exigences de la grande peinture d'émail. Il fut mis à la mode par Jean Toutin, de Châteaudun, au XVIIe siècle. Toutefois, cet artiste, et il en fut de même de tous ceux qui se groupèrent autour de lui, furent des portraitistes plutôt que des émailleurs proprement dits. Le plus renommé de tous, Jean Petitot, de Genève, a laissé des portraits d'une beauté incomparable, dont quelques-uns, à peine de la grandeur d'une pièce de cinquante centimes, sont de véritables tours de force et, malgré leur extrême exiguïté, conservent dans toute son intégrité le caractère intime des personnages, ainsi que leur tempérament.

ÉMAUX COMMUNS

Les émaux communs sont généralement destinés à recouvrir des objets de fonte, ou de tôle de fer, afin de les préserver de l'oxydation, et de l'action des acides et des alcalis. Ils sont presque toujours opaques et d'une couleur blanche, bleue, grise ou granitée. Le nombre des articles auxquels on les applique est très considérable ; on y trouve les plaques à inscriptions pour les routes, les noms des rues, les monuments de toute espèce, celles pour le numérotage des maisons, les chaises, bancs, tables et autres meubles de jardin, les tuyaux pour la distribution de l'eau et du gaz, enfin presque tous les vases et ustensiles de cuisine et de chimie que l'on faisait anciennement en fer étamé, expression remplacée aujourd'hui par celle de *fer émaillé*. Ils entrent également dans la fabrication des cadrans de montre, de pendule et d'horloge.

L'émaillage des objets en question est, en somme, peu compliqué, mais il exige des précautions minutieuses pour que la couche vitriforme de l'enduit présente une solidité satisfaisante. Ces précautions sont surtout indispensables quand il s'agit de vases et d'ustensiles de ménage, s'il entre dans la composition de l'émail une grande quantité de plomb. Il comprend deux opérations principales : le décapage et la pose de l'enduit.

Le décapage a pour objet de nettoyer la surface à émailler de toute trace d'oxyde, c'est donc par lui que commence le travail. S'il était supprimé, ou même simplement négligé, l'émail ne tiendrait pas. Il consiste à frotter les pièces avec de l'acide sulfurique ou de l'acide chlorhydrique, l'un et l'autre convenablement étendus. On a reconnu qu'on pouvait économiser la quantité d'acide et surtout empêcher l'altération du métal, qui avait une tendance à s'altérer aux angles, quand on se sert d'acides purs étendus, en faisant usage de l'acide sulfurique étendu, provenant de l'épuration des huiles, ou en additionnant cet acide de glycérine, de naphtaline, de tannin brut ou de quelque autre substance analogue, dont l'action est de faciliter la séparation de l'oxyde tout en protégeant le métal. Dans tous les cas, le décapage étant effectué, on écure au grès, on lave à l'eau froide, puis à l'eau bouillante, on sèche et l'on procède à l'application de l'enduit.

Dans cette opération, on applique successivement deux couches d'émail. La première couche, ou le *fond*, appelée communément *assiette*, se compose de silex calciné, et de borax, le tout finement pulvérisé. Après calcination, on ajoute à la masse un vingtième d'argile à potier, puis on la délaye dans de l'eau de manière à avoir une bouillie suffisamment épaisse. On plonge alors les objets dans cette bouillie et, en les retirant, on a soin qu'elles en retiennent une épaisseur d'environ un millimètre et demi. Enfin, après dessiccation, on passe à la deuxième couche. Cette couche qu'on nomme *couverte*, parce qu'elle recouvre la précédente, est un mélange de verre blanc, plombeux pour les articles ordinaires, non plombeux pour les ustensiles culinaires, de borax et de soude, le tout fritté, mis à refroidir, puis démêlé dans l'eau chaude avec une nouvelle quantité de soude, et enfin évaporé à sec et finement broyé. La poudre ainsi obtenue est tamisée sur les objets en facilitant le dépôt par l'application préalable d'une matière agglutinante, qui est souvent une dissolution de gomme. On peut également, et c'est ce qui a lieu quand il est nécessaire de former des épaisseurs sur certains points, la mettre en pâte au moyen de l'eau et la poser avec la spatule de l'émailleur.

L'émaillage terminé, les pièces sont mises à sécher dans un fourneau particulier, d'où on les transporte dans un moufle pour parfondre la couverte. Nous n'avons pas besoin d'ajouter que la composition des émaux employés peut varier à l'infini aussi bien sous le rapport des matières que sous celui des dosages. Nous ajouterons cependant que lorsqu'il s'agit de vases et ustensiles de cuisine, on cherche autant que possible, à réduire la quantité des sels de plomb ; même à supprimer complètement ces sels, progrès que plusieurs fabricants sont déjà parvenus à réaliser.

ÉMAILLEUR A LAMPE. *T. de mét.* Les objets trop petits pour être confectionnés au feu ordinaire du verrier sont faits par un ouvrier spécial au moyen d'une lampe à huile activée par un courant d'air. Cet ouvrier s'appelle *souffleur à la lampe*, mais comme il emploie très souvent, pour matière première, des émaux diversement colorés, on lui donne aussi le nom d'*émailleur*, bien que son industrie n'ait réellement aucun rapport avec l'émaillerie proprement dite.

Parmi les produits de l'art du souffleur, nous citerons d'abord les tubes qui servent à la confection des instruments de physique et de chimie, lesquels arrivent bruts de chez le verrier et à qui il faut donner les formes tantôt simples, tantôt compliquées, qu'exige leur emploi. Les yeux artificiels à l'usage des naturalistes préparateurs, ceux des poupées, les grains de chapelet, les perles artificielles, les aigrettes de verre, etc., occupent le second rang. Viennent ensuite ces mille et un objets de toute forme et de toute couleur, chiens, chats, lions, oiseaux, fleurs, feuillages, arbres, maisons, lampes, lustres, garnitures d'autel, bateaux, navires, etc., que l'on met quelquefois sur les meubles ou qui servent de jouets aux enfants.

A l'exception de quelques instruments scientifiques, les produits de l'art du souffleur ont des dimensions fort restreintes. En outre, pour qu'ils puissent avoir une apparence satisfaisante, il est nécessaire de joindre beaucoup de goût et de patience à une pratique et à une légèreté de main incomparable. Quant au travail qui les fait naître, c'est une de ces choses dont la description détaillée

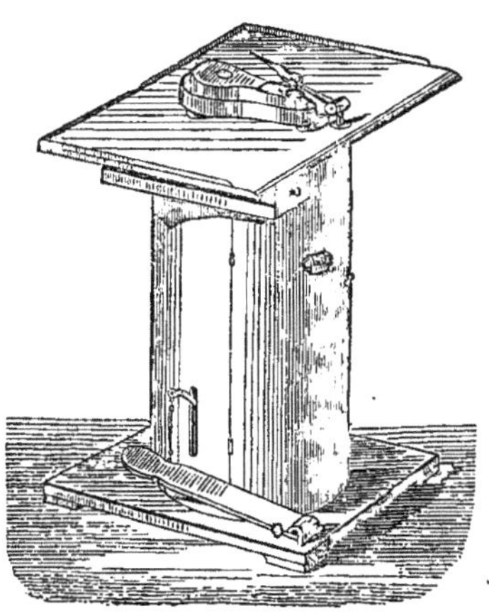

Fig. 473.

ne saurait être possible ; tout ce qu'on peut faire, c'est de donner une idée des principales opérations qu'exige leur confection. Quelques mots d'abord sur les matières premières et l'outillage.

Les matières premières se composent d'un assortiment de tubes et de baguettes de verre ou de cristal, de tout diamètre et de toute couleur, d'une grosseur bien égale d'une étendue à l'autre, d'une transparence parfaite ou d'une opacité complète. Pour outils, on a des limes triangulaires, ou tiers-points, pour couper le verre, une espèce de règle de fer pour le refouler, des ciseaux, des pinces de plusieurs sortes, des petites tiges de fer, quelques morceaux de pierre à fusil et enfin une lampe particulière dite d'*émailleur* (fig. 473). Cette lampe consiste en un réservoir de ferblanc posé sur une petite table de bois, et où brûle, plongée dans de l'huile de colza, une mèche formée d'un faisceau de fils de coton non tordus. Sous la table se trouve, ajusté à une traverse, un soufflet à double vent qui est mis en jeu par une pédale. Quand le pied de l'ouvrier agit sur la pédale, l'air du soufflet est refoulé dans le bec d'un chalumeau installé sur la table, et d'où, si les choses sont bien disposées, un jet de flamme se précipite dans la direction de ce même bec. C'est au milieu de ce jet, la flamme étant modérément longue, qu'on expose la pièce à travailler.

Les opérations essentielles du souffleur à la lampe sont très nombreuses. L'ouvrier les exécute pour la plupart, assis devant la table de la lampe.

Une des plus fréquentes consiste à *couper* un tube. Elle peut se faire de plusieurs manières Si le tube n'a qu'un très petit diamètre, on fait un trait léger avec un tiers-point ou une pierre à fusil, puis, appuyant à faux sur le point où l'on a pratiqué le trait, on détermine facilement la rupture. Si le tube est plus gros, on prolonge le trait de lime sur une partie de la circonférence, puis on le touche avec un charbon incandescent ou un anneau rougi au feu et, aussitôt après, l'on jette quelques gouttes d'eau froide sur la partie touchée. Si le tube est très gros et très épais, on en fait une fois le tour avec un fil fin de cuivre ou d'acier, on met sur ce fil un peu d'huile et d'émeri et, avec un archet, on lui imprime un mouvement rapide de rotation. Le tube étant coupé, s'il a le bord de son extrémité libre à angles obtus, on adoucit ce bord en le présentant à la chaleur de la lampe, qui le fond légèrement : c'est ce qu'on appelle *border*. Si cette même extrémité doit être plus large que le corps du tube, on la ramollit également au chalumeau, après quoi en y introduit une petite tige de fer qu'on tourne en appuyant de manière à produire une pression de dedans en dehors sur les parois, qui prennent alors la forme d'un entonnoir. Cette opération se nomme *évaser*.

Il y a plusieurs manières de *fermer* un tube, de le *sceller*, comme on dit. Quand il est d'un très faible diamètre, il suffit de présenter son bout à la lampe pour que les bords ramollis se soudent. Quand il est assez gros, on commence par l'*étrangler*, pourvu cependant qu'il soit assez long. A cet effet, on le saisit par les deux extrémités, avec le pouce et l'index de chaque main, et l'on présente sa partie moyenne au chalumeau, en ayant soin de lui imprimer avec les doigts un mouvement régulier de rotation. Quand il est suffisamment échauffé, on écarte les deux mains et le tube, cédant à la traction qui lui est imprimée, s'allonge dans son milieu et diminue de diamètre. On coupe alors cette partie amincie aussi près que possible de la section, et chaque tronçon présenté à la flamme par son extrémité détachée, se soude sans peine. Quand le tube qu'on veut fermer n'est pas assez long pour qu'on puisse agir comme il vient d'être dit, l'on en chauffe le bout et l'on rapproche ses bords graduellement, en appuyant dessus avec une tige de fer jusqu'à ce qu'ils se touchent.

Les boules ou globes s'obtiennent par le *soufflage*, mais le procédé n'est pas toujours le même. Si la boule doit être placée à l'extrémité d'un tube, on prend un tube fermé par un bout, l'on en ramollit convenablement la scellure, puis après l'avoir retiré de la flamme, on y comprime fortement de l'air en soufflant avec la bouche par le bout ouvert; la scellure donne alors naissance à une ampoule, qui est sphérique si le ramollissement est égal dans tous les points, et si le tube, maintenu horizontalement, est tourné avec intelligence pendant toute la durée de l'insufflation. On réussit avec autant de facilité à souffler une boule au milieu d'un tube. Le soufflage fournit également le moyen de *percer* un tube. Il suffit pour cela de donner au souffle une grande énergie; les parois ramollies cèdent brusquement, et il s'y produit une rupture.

Deux cas principaux peuvent se présenter pour *souder* le verre. Si les deux morceaux sont pleins, on ramollit en même temps les parties à unir, puis on les rapproche et on les maintient en contact jusqu'à ce qu'elles fassent corps. S'il s'agit de deux tubes, l'opération est un peu plus compliquée. Il faut avant tout qu'ils aient le même diamètre. Après avoir ramolli leurs extrémités, on les applique comme ci-dessus, puis, quand les parties en contact adhèrent bien, comme l'action du feu a fait changer le diamètre et l'épaisseur, on comprime de l'air dans l'intérieur pour développer la soudure et l'on étire autant que possible afin qu'elle ne soit pas apparente. Pour cela, on ferme le bout de l'un des tubes et l'on souffle par le bout de l'autre, en exerçant en même temps une légère traction dans le sens de la longueur. Si la soudure doit être latérale, on perce l'un des tubes d'une ouverture égale en diamètre à celui qu'on y veut souder, et l'on continue comme il vient d'être dit. Enfin, quand les tubes n'ont pas le même diamètre, on évase le plus petit et l'on étire le plus gros, et ce n'est qu'après ces opérations qu'on s'occupe de la soudure proprement dite.

Ce n'est le plus souvent qu'après les autres opérations qu'on s'occupe de *courber* les tubes. S'ils sont très petits, au-dessous de 6 millimètres par exemple, on les chauffe au rouge sombre, sur une certaine longueur, puis on les plie facilement suivant la direction voulue, et sans qu'ils se déforment. S'ils sont un peu plus forts, de 6 à 10 millimètres, on les scelle par un bout et on les souffle par l'autre pendant qu'on les courbe; sans cette précaution, ils s'aplatiraient un peu dans les coudes. Enfin, s'ils sont très gros, on les courbe également en s'aidant du soufflage; en outre, on les chauffe sur un fourneau rempli de charbons incandescents.

On voit par ce qui précède qu'un tube de verre, manipulé avec adresse et intelligence devant le feu, peut recevoir les formes les plus variées, et, de fait, c'est précisément en cela que consiste l'art de l'émailleur ou souffleur à la lampe. — M.

* **ÉMANATEUR.** *T. techn.* Appareil qui a pour but de faciliter, sous un petit volume, la plus grande vaporisation possible d'un produit volatil.

* **ÉMANCHÉ, ÉE.** *Art hérald.* Se dit de l'écu quand il est couvert d'*émanches*, ou pointes mourantes des bords et d'émaux alternés.

EMBALLAGE. Industrie qui s'exerce d'une façon presque exclusive dans les grandes villes, et qui a fait de grands progrès dans ces dernières années. On arrive aujourd'hui à expédier au-delà des mers, sans casse ni avarie, les objets les plus fragiles, les plus sujets à être détériorés par le choc ou l'humidité. Les formes, les dimensions, l'épaisseur à donner aux caisses d'emballage, la manière d'y placer les marchandises, les précautions à prendre pour éviter leur détérioration, varient naturellement selon les circonstances. Quand on emballe des substances fragiles, on emploie généralement le foin, la paille, le papier, la sciure, voir même la laine pour amortir les chocs et remplir les interstices vides des caisses. Pour les matières qui redoutent l'humidité, on double la caisse de bois d'une seconde caisse à fermeture hermétique en zinc ou en ferblanc. Parfois aussi, on se borne à tendre à l'intérieur de la caisse de bois des toiles fortement goudronnées. Pour les objets pesants, on renforce extérieurement les caisses par des cadres en bois et on les cercle en fer.

— On compte à Paris 350 établissements produisant annuellement un chiffre d'affaires de 26 millions de francs, dont 23 millions pour l'exportation. Le nombre des ouvriers emballeurs parisiens est estimé à 2,300 environ.

Les bois blancs proviennent de la Bourgogne, de la Champagne, de la Brie et de la Picardie, les sapins de la Lorraine, de l'Alsace et de l'Autriche; les ferblancs et les zincs, servant aux caisses métalliques, viennent des forges de Commentry et de Montataire; les toiles d'emballage, les toiles goudronnées en jute et en phormium tenax sont fournies, moitié par l'Angleterre et moitié par le département du Nord. Le Doubs, les Ardennes et l'Orne fournissent les pointes dites de Paris, puis encore les ficelles et étoupes du Nord, les feuillards de la Seine, le varech de la Manche, le papier, la paille, les foins, etc.

EMBALLEUR. *T. de mét.* Ouvrier dont le métier consiste à emballer les marchandises ou les objets que les négociants ou les particuliers veulent faire transporter par terre ou par mer. On écrivait autrefois *amballeur*.

EMBARCADÈRE. Ainsi que nous l'avons fait remarquer au mot DÉBARCADÈRE, ces mots s'appliquent improprement au même lieu de chargement et de déchargement des marchandises et des voyageurs; ils sont d'ailleurs à peu près abandonnés. — V. GARE.

EMBARCATION. Les embarcations que prennent les navires de guerre ou de commerce, qu'ils *embarquent*, selon le terme consacré, pour assurer leur service de batelage, porter des amarres, sauver l'équipage en cas d'abandon du navire, assurer aux navires de guerre les moyens de tenter un débarquement, les embarcations qui servent au service des ports, à la pêche, etc., sont mues soit à l'aide des voiles ou des avirons, soit à l'aide de la vapeur. Ces embarcations se placent sur le pont d'un navire ou sont suspendues sur des potences extérieures, les *bossoirs* d'embarcation ; à l'ancre, elles sont suspendues à de fortes pièces de bois, les *porte manteaux* ; il suffit de les amener pour les faire flotter ; elles sont encore amarrées à deux longues pièces de bois, les *tangons*, que l'on place en saillie à l'avant du navire, une de chaque bord.

Les embarcations prennent des noms différents suivant leurs formes et leurs dimensions. Les *chaloupes* sont les plus grandes : quelques-unes même (mais celles-là servent uniquement au service des ports et à la navigation côtière) sont pontées ; elles sont généralement installées de manière à pouvoir porter une ancre au point où on veut la placer, la mouiller ou la relever. Les *canots* sont de moindres dimensions et sont surtout construits beaucoup moins solidement ; les canots les plus petits prennent le nom de *youyous*. Ces embarcations sont généralement assez larges par rapport à leur longueur ; elles sont destinées à naviguer à la voile et présentent par suite une grande stabilité. Quand on recherche surtout une belle vitesse, on se sert d'embarcations beaucoup plus longues, plus étroites. Les *yoles* et les *baleinières* diffèrent les unes des autres en ce que les premières ont un arrière coupé carrément en forme de tableau, tandis que les secondes sont pointues des deux extrémités.

Les grandes embarcations des navires de guerre sont installées de manière à porter de l'artillerie ; elles ont à l'avant une petite plate-forme sur laquelle l'affût prend son point d'appui.

La voilure est très variable selon les types d'embarcations et même selon les ports qui les installent ; en général les grandes embarcations portent deux mâts reposant sur la carlingue et un troisième mât dit le *tape-cul*, tout à fait à l'arrière. On commence à employer beaucoup les mâtures en *houari*, dans lesquelles la vergue glissant le long du mât entraîne avec elle l'extrémité d'une voile triangulaire.

Les *avirons* sont en hêtre ou en frêne ; ils se composent d'une partie arrondie, le manche, terminé d'un côté par la poignée, de l'autre par la pelle ; ils transmettent leur effort à l'embarcation soit à l'aide de petits montants en fer, les *tolets*, auxquels ils sont attachés, soit par l'intermédiaire des *dames*, ouvertures circulaires pratiquées dans le platbord de l'embarcation et dans lesquelles tournent les avirons.

Depuis quelques années les embarcations à vapeur ont pris dans la marine une importance considérable ; tous les grands navires de guerre ont des canots à hélice, pouvant remorquer les autres embarcations, des chalands chargés de charbon, de vivres, etc., assurant le batelage du navire sans fatigue pour l'équipage. En outre, dans tous les ports, les embarcations à vapeur sont employées pour le service courant ; enfin l'emploi par les flottes de guerre des torpilles a encore étendu le champ d'action des embarcations à vapeur chargées soit de porter ce nouvel engin contre le flanc d'un adversaire, soit de surveiller l'entrée d'une rade, ou d'aller la débarrasser des mines sous-marines qui la défendent. A ce dernier échelon de l'échelle des navires, la vitesse devient très difficile à réaliser ; pourtant, dans ces dernières années, un ingénieur anglais, M. Thomeycroft, est parvenu à atteindre des vitesses égales et même supérieures à celles des grands navires ; sur un yacht de 27 mètres de longueur appartenant à madame de Rothschild et naviguant sur le lac de Genève, *la Gitana*, la vitesse réalisée a été de 21 nœuds (39 kilomètres à l'heure). Ce résultat a été spécialement atteint, d'une part en descendant l'arc de l'hélice à la hauteur de la quille, ce qui en faisant déborder cette hélice au-dessous, permet de lui donner plus de diamètre, partant une meilleure utilisation ; d'autre part, en fermant la chambre des chaudières et en y amenant de l'air à une pression plus élevée que celle de l'atmosphère, ce qui permet, pour une même chaudière, de brûler plus de charbon. Ce dernier procédé tend d'ailleurs à se répandre sur les navires où l'on recherche une vitesse considérable.

La vitesse de la *Gitana* est certainement une exception, mais on fait actuellement de nombreux canots à vapeur ayant une vitesse de 30 kilomètres ; la plupart des embarcations font en service courant 20 kilomètres à l'heure. — V. CANOT, SAUVETAGE.

Bibliographie : Embarcations des navires de guerre et de commerce, par M. d'ETROYAT, Mallet, Bachelier ; *L'art de voiler les embarcations*, par M. CONSOLIN, Gauthier-Villars.

* **EMBARILLAGE.** *T. techn.* Opération qui a pour but de mettre en baril des sardines, de la poudre. Les barils de poudre sont en outre enfermés dans des chapes ou barils de bois très durs et très sains.

* **EMBASE.** *T. techn.* Nom du renflement que l'on donne aux pièces tournantes des machines près de l'axe de rotation, dans le but d'augmenter leur solidité et d'anéantir le frottement des tourillons sur leurs coussinets. || *T. d'arch.* Base ou partie inférieure plus ou moins large sur laquelle repose une construction, qui assure, par sa largeur, la stabilité de l'ensemble. || *T. d'horlog.* Renflement ménagé sur l'axe d'une roue d'horlogerie pour lui servir d'appui. || *T. de serrur.* Petite moulure située sous l'anneau d'une clef. || *T. techn.* En général, renfort ménagé à la base d'une pièce de bois ou de métal et plus large que cette pièce.

* **EMBATOIR.** *T. techn.* Fosse longue et étroite dans laquelle on met debout les roues des voitures que l'on veut ferrer ; on écrit aussi *embattoir*.

EMBATTAGE ou **EMBATAGE.** *T. de mécan.* Opération qui consiste à poser, après l'avoir dilatée en l'échauffant, une pièce creuse en forme d'anneau autour d'un bloc plein d'un diamètre plus grand que le sien. L'anneau ainsi posé se contracte en se refroidissant de manière à faire complètement corps avec le bloc qu'il entoure. Cette expression s'applique plus spécialement à la pose des bandages sur les roues de machines et de vagons, dans les ateliers de chemins de fer où l'embattage est universellement pratiqué. Le serrage dû à l'embattage suffit pour maintenir le bandage en service, mais ce serait là néanmoins un mode de fixation incomplet si on l'appliquait seul, car il ne prévient pas la projection des morceaux en cas de rupture du bandage. On emploie, en outre, habituellement des vis ou des rivets posés de distance en distance sur la circonférence de la jante et traversant tout ou partie de l'épaisseur du bandage. Cette disposition elle-même est loin d'être satisfaisante à tous égards, et on a essayé pour la remplacer un grand nombre de modes d'attache, dont nous ne nous occuperons pas ici, car aucune n'est encore entrée complètement dans la pratique.

L'embattage se pratique également dans le charronnage pour la pose de la bande de fer autour de la roue en bois; mais il est très remarquable que cette opération n'est entrée dans la pratique courante que depuis trente années à peine; on employait autrefois plusieurs bandes successives légèrement courbées en forme d'arc de cercle qu'on juxtaposait sur le pourtour de la jante, et on les fixait sur celle-ci à l'aide de rivets.

Dans l'opération ordinaire de l'embattage, telle qu'elle se pratique dans les ateliers de chemins de fer, le bandage à poser est tourné intérieurement à un diamètre inférieur de 1/1000 environ à celui de la jante; il doit être chauffé bien uniformément pour éviter toute tension intérieure qui serait dangereuse avec les bandages d'acier; il est posé sur la jante après avoir été amené à une température un peu inférieure à celle du rouge sombre. On le refroidit ensuite par une immersion dans l'eau froide. La plupart des ateliers emploient habituellement pour l'embattage des fours à sole circulaire chauffés à la houille, mais comme ces appareils ne peuvent pas donner une température bien constante, on les remplace avantageusement aujourd'hui par des fours chauffés à l'aide d'un jet annulaire de gaz brûlant directement sous le bandage. Ce procédé est appliqué avec succès en Allemagne, à Tempelhof, dans les ateliers de la Compagnie du chemin de fer de Berlin à Anhalt; on le rencontre également à l'usine Krupp, à Essen, et à Mulhouse à l'usine de la Société alsacienne de constructions mécaniques. On trouvera la description de l'installation de ce procédé dans une notice intéressante publiée par M. Cohen dans la *Revue générale des chemins de fer* (n° de décembre 1880).

Nous ne la reproduirons pas ici, nous rappellerons seulement les avantages principaux que présente l'embattage au gaz sur l'ancien procédé. Le bandage n'a pas besoin d'être chauffé aussi fortement, la chaleur étant distribuée d'une manière plus uniforme et en évitant ainsi toute tension dangereuse. Les joues intérieures du bandage sont nettes de toute couche d'oxyde et s'appliquent exactement sur la jante de la roue. On peut enfin mesurer à chaque instant l'accroissement du diamètre du bandage et, par suite, ne pas dépasser la dilatation nécessaire à l'embattage. L'installation en est moins encombrante que celle du four ordinaire à embattre, elle est en même temps moins dispendieuse, ainsi qu'on le verra par les prix de revient reproduits dans la note citée. Il y a lieu de penser que, dans ces conditions, le procédé d'embattage au gaz est appelé à se généraliser dans les ateliers de chemins de fer.

EMBAUCHOIR. Outre l'instrument de bois en forme de jambe qui sert à élargir les bottes ou à empêcher qu'elles ne se rétrécissent, on donne ce nom dans l'artillerie aux appareils qui servent à prendre des empreintes de l'âme des bouches à feu à la gutta-percha, en des points où l'on a constaté des défauts reconnus graves.

Ce sont deux portions d'un cylindre de diamètre un peu plus faible que celui de l'âme, entre lesquelles on introduit un coin en fer, glissant dans des rainures ménagées sur la face inférieure. Chacun des deux embauchoirs est pourvu d'une hampe pour en faciliter le maniement, de même le coin est prolongé par une tige dont l'extrémité forme talon.

Lorsqu'on veut prendre une empreinte, on commence par ramollir la gutta-percha, concassée en petits morceaux, dans un bain d'eau bouillante; on la malaxe ensuite en évitant d'emprisonner de l'air ou de l'eau, on l'essuie et l'étend sur une surface bien unie, de manière à constituer une lame d'épaisseur convenable. On place cette lame, après l'avoir recouverte de plombagine ou de savon gras pour éviter l'adhérence, sur l'un des embauchoirs, qui a été préalablement garni d'une petite feuille de zinc maintenue par des clous.

Après avoir ajusté ensemble les différentes parties de l'appareil, on le conduit dans l'âme au point voulu. On comprime alors la gutta-percha contre les parois de l'âme en frappant sur l'extrémité de la tige du coin à coups de masse ou de marteau. Une fois le coin forcé, on laisse à la gutta-percha le temps de se durcir, dix minutes environ; on retire ensuite le coin en frappant sur le talon de la tige, puis les embauchoirs en ayant soin de dégager d'abord celui qui ne porte pas l'empreinte.

EMBAUMEMENT. *T. de méd.* Méthode de conservation des cadavres. Ce mot, en réalité, s'applique au procédé employé jadis par divers peuples, et dans lequel on préservait les corps de la putréfaction au moyen des baumes et des résines, en garantissant le plus possible du contact de l'air. Actuellement, ce terme a perdu sa signification première et est pris dans un sens bien plus large; il indique surtout un procédé d'imprégnation des corps au moyen de substances qui en assurent la conservation indéfinie (?), à l'air, et dans un état aussi analogue que possible, à celui qu'offraient ces corps au moment de la mort.

L'embaumement peut avoir pour but une conservation définitive, ou simplement un arrêt plus ou moins long des phénomènes de la décomposition putride. Ce second point de la question peut permettre la conservation des cadavres, lorsque l'inhumation doit être retardée, ou la conservation au point de vue de la détermination de l'identité des sujets, ou encore la conservation pour les études anatomiques.

Historique. La conservation des corps s'est effectuée depuis les temps les plus reculés, chez diverses nations, quand on voulait préserver de grands personnages de la destruction fatale qui suit l'arrêt de la vie; mais, chez deux nations, l'embaumement fût élevé à la hauteur d'une institution publique, et non seulement elle était pratiquée sur les corps humains, mais aussi sur ceux des animaux. Il est probable que les Egyptiens et les Guanches l'avaient adoptée par mesure hygiénique; cette pratique était d'autant plus facile à réaliser dans leurs pays, que la température seule favorisait la dessiccation, et permettait la conservation sans précautions aucunes. C'est ce qui explique le bon état des corps retrouvés dans les sables de Lydie et sur lesquels on n'avait fait aucune pratique destinée à éviter la putréfaction.

L'embaumement se faisait chez les anciens, et nous ne voulons pas ici parler seulement des Egyptiens, en débarrassant le corps des parties viscérales, le garnissant d'aromates, et le déposant ensuite dans un milieu qui protégeait du contact de l'air. C'est ainsi qu'Alexandre-le-Grand fût conservé dans le miel; que l'on employait la cire, ou la saumure pour le même usage.

Chez les Guanches, au contraire, où tous les corps, sans exception, étaient momifiés, des corporations spéciales étaient chargées des pratiques de l'embaumement; les corps étaient ouverts, privés des organes intérieurs que l'on remplaçait par des aromates, puis alors soumis à une dessiccation complète, au soleil, quand la température le permettait, ou à l'étuve; puis les morts étaient alors rendus à la famille, laquelle avant la cérémonie des funérailles, cousait le corps dans plusieurs peaux de chèvre, de façon à faire une série d'enveloppes protectrices. Les corps étaient conservés dans des galeries souterraines, dont la température ne s'abaissait pas au-dessous de 18 à 20°.

Chez les anciens Egyptiens l'embaumement était variable; suivant le rang qu'occupait le défunt, on pratiquait des opérations plus ou moins coûteuses, qui employaient toujours un temps assez long cependant. Les viscères enlevés et mis à part, le cerveau extrait en vidant la boîte cranienne par le nez, on remplissait le corps de poudres faites avec des plantes aromatiques, des résines, parfums, etc., puis après avoir recousu toutes les ouvertures, on faisait macérer le corps dans un bain de sesquicarbonate de soude (natron) pendant soixante-dix jours. Après cette opération, le cadavre était imprégné d'asphalte ou bitume, puis on le recouvrait de bandelettes de coton ou de lin, que l'on imbibait également de matière bitumineuse; une seconde enveloppe était faite au moyen de bandelettes que l'on faisait adhérer entre elles en les imbibant de gomme, enfin on déposait le corps dans des coffres faits aux dimensions du mort et fermant hermétiquement. Ce procédé de conservation nous a permis de retrouver des corps dans un état relativement assez bon de conservation, après vingt siècles; mais, s'il répond bien à la définition première que nous avons donnée du mot embaumement, il ne satisfait plus à la seconde. C'est cependant cette même méthode qui a servi pour conserver les corps jusqu'à nos jours pour ainsi dire, puisque la description des procédés qui ont été suivis pour l'embaumement de Louis XVIII, par exemple, est encore la même, à l'exception du bitume et des bandelettes, et que les ouvrages de médecine, datés de 1835, ne donnent pas d'autres procédés.

Embaumement moderne. La méthode employée de nos jours est basée sur l'imprégnation des corps au moyen de dissolutions salines, qui, introduites dans l'appareil circulatoire, gagnent toutes les portions du sujet et préservent ainsi de l'altération ultérieure. C'est à Chaussier qu'il faut attribuer cette idée; il se servait de bichlorure de mercure, et conserva ainsi un grand nombre de sujets divers; après lui, on proposa l'acide arsénieux ou les composés arsenicaux, qui eux aussi, avaient une action des plus efficaces; mais on ne tarda pas à reconnaître l'inconvénient qu'il y avait au point de vue médico-légal, d'introduire dans un corps des agents toxiques qui, dès lors, par leur présence, entravaient ou même annihilaient toutes poursuites judiciaires, dans le cas de suspicion d'empoisonnement. Une ordonnance du 24 octobre 1846 interdit l'emploi des solutions arsenicales, et plus tard, en 1848, sur l'avis du Conseil de salubrité, on étendit cette proscription à toutes les substances toxiques. Gannal, à cette époque, expérimentait en grand le procédé d'embaumement auquel il a laissé son nom, et qu'il avait signalé dès 1837. Il se servit d'abord d'une solution d'acétate d'alumine, puis ensuite d'un mélange de sulfate et de chlorure d'aluminium à parties égales, et dissous dans l'eau, de manière à former une solution ayant une densité de 1,30 (34° Baumé); mais Sucquet ne tarda pas à accuser les solutions alumineuses de dissoudre les os, et à préconiser l'emploi du chlorure de zinc en dissolution au cinquième (D=1,38 ou 40° Baumé). L'académie de médecine reconnut en 1847 la supériorité de cette dernière méthode, laquelle, après quatorze mois d'inhumation, avait permis de retrouver des corps tels qu'on les avait placés dans la terre, alors que les sels d'alumine *seuls*, et *sans arsenic, n'ont pas de valeur réelle.*

Plus tard, Strauss-Durckheim (1842) vanta l'emploi du sulfate de zinc en solution saturée (14 parties de sulfate pour 10 parties d'eau); et Filhol, puis Falconi (1853) recommandèrent l'usage de cette solution *concentrée seulement* (1 partie de sulfate pour 2 parties d'eau); ces derniers affirmant, sans preuves bien précises à l'appui, que le chlorure du même métal agissait moins sûrement.

Quel que soit le liquide choisi, on n'opère plus aujourd'hui comme le faisait Gannal au début, en renfermant la solution dans un réservoir gradué, muni d'un manomètre, puis transmettant la pression au liquide, au moyen d'une pompe, et forçant ainsi la solution à passer dans la carotide au moyen d'un long tube que l'on fixait à l'artère. Actuellement, on se contente d'injecter par les carotides 3 à 4 litres de la solution saline, en ouvrant les veines jugulaires, et poussant le liquide par les bouts inférieurs et supérieurs de chaque côté. On arrête l'injection quand le liquide, ayant chassé devant lui le sang, sort incolore par les veines jugulaires. Cette opération a besoin d'être faite lentement en introduisant la liqueur peu à peu, pour assurer une circulation complète dans tout l'arbre vasculaire; on conçoit, en effet, que si un caillot sanguin venait à arrêter la pénétration du préservatif, un membre pourrait rester sans imbibition et subir alors la putréfaction.

En 1867, M. Brunetti a indiqué une méthode qui consiste : 1° à laver (par injection carotidienne) les vaisseaux avec de l'eau froide ; 2° à laver ensuite à l'alcool, pour déshydrater le corps ; 3° à injecter de l'éther hydrique, pour enlever l'alcool et dégraisser le cadavre : 4° à introduire une solution concentrée et tiède de tannin (à 20 0/0), l'agent préservatif. On opère alors la dessiccation du sujet au moyen de l'air sec et chaud, et on introduit dans les vaisseaux, au moyen d'une pompe, de l'air séché sur du chlorure de calcium et porté à 50°. Les sujets ainsi préparés sont légers, inaltérables, ils ont conservé leur volume et leur aspect normal, mais leur teinte est grise.

MM. Brissaud et Lukowski ont indiqué un autre procédé donnant des pièces inaltérables au moins depuis qu'on les possède (musée Orfila, à Paris). Il consiste dans la macération des corps dans de la glycérine phéniquée à 1/500°. Lorsque les corps sont restés un temps suffisant dans le liquide, on les laisse à l'air pour reprendre leur mollesse, on les ressuie, puis on les vernit (1870).

Conservation momentanée des corps. Cette préparation s'effectue lorsque l'on a pour but de rendre les corps transportables pour en faire l'inhumation postérieure, ou pour permettre les travaux anatomiques. — J. C.

*** EMBITÉ, ÉE.** *T. techn.* Se dit du verre qui s'est refroidi et n'a plus la liquidité nécessaire pour être soufflé.

EMBLÈME. Dans l'art, c'est une figure qui conduit, par la représentation d'un objet connu, à la connaissance d'une autre chose ; qui exprime une pensée morale, religieuse ou politique.

EMBOITER. *T. de charp. et de men.* Pièce de bois dans laquelle est pratiquée une rainure sur l'une de ses faces, pour recevoir une autre pièce qui s'y adapte exactement. || *T. de plomb.* Action d'ajouter deux tuyaux de descente ou de conduite et de terminer leur jonction par une soudure.

EMBOUCHURE. *Instr. de mus.* Partie de l'instrument à vent que l'on met contre les lèvres ou dans la bouche pour en tirer des sons. || *T. techn.* Dans une filière, on donne ce nom à l'ouverture la plus large par laquelle on fait entrer le lingot ou le fil métallique.

*** EMBOUCLÉ, ÉE.** *Art hérald.* Garni d'une boucle.

*** EMBOUT.** *T. techn.* Garniture de métal ou autre matière qui termine un objet, et principalement une canne, un parapluie.

*** EMBOUTIR** (On trouve quelquefois *Amboutir*). *T. de mécan.* L'*emboutissage* est l'opération qui consiste à transformer une feuille plane de métal en une surface courbe non développable. Ainsi, avec un disque plat de tôle, on peut faire une calotte sphérique, et, en poussant encore plus loin la déformation, on arrive à une sorte de tube, quand le métal est très malléable. *Rétreindre* est l'opération inverse de l'emboutissage. Dans l'emboutissage, le changement de forme est accompagné d'une *diminution d'épaisseur ;* quand on *rétreint* un métal dans une partie, on augmente, au contraire, l'épaisseur en cette partie.

On a fréquemment besoin, dans les arts, d'emboutir ou de rétreindre les métaux. Pour que ces opérations réussissent bien, sans rupture du métal, il faut, quelles que soient les précautions prises, que sa qualité soit très bonne et son homogénéité très grande.

Certains métaux, tels que le cuivre rouge et l'acier doux, peuvent être emboutis ou rétreints *à froid*, mais plus généralement on opère à chaud. Les machines à emboutir sont aussi variées que nombreuses ; on en trouvera un exemple à l'article Chaudronnerie.

EMBRANCHEMENT. *T. de chem. de fer.* Ce terme s'applique à l'ensemble des dispositions appliquées aux points où une voie se détache d'une autre voie.

Toute aiguille, tout changement de voie est en réalité un embranchement ; mais on réserve plutôt ce terme aux *bifurcations* (V. ce mot) où une ligne ferrée prend naissance sur une autre ligne.

— Aux termes de l'article 61 du cahier des charges commun à toutes les Compagnies françaises, le gouvernement se réserve expressément le droit d'accorder de nouvelles concessions de chemins de fer s'*embranchant* sur un chemin existant. La Compagnie ne pourra mettre aucun obstacle à ces embranchements, ni réclamer, à l'occasion de leur établissement, aucune indemnité quelconque, *pourvu qu'il n'en résulte aucun obstacle à la circulation*, ni aucuns frais particuliers pour la Compagnie. Les Compagnies concessionnaires de chemins d'embranchements, ont la faculté, moyennant des tarifs de péage déterminés par le cahier des charges, et moyennant l'observation des règlements de police et des services établis ou à établir, de faire circuler leurs voitures, vagons ou machines sur le tronc commun. Dans le cas où diverses Compagnies ne pourraient s'entendre sur l'exercice de cette faculté, le gouvernement statuerait sur les difficultés qui s'élèveraient entre elles à cet égard.

Le droit à l'embranchement est donc formellement inscrit dans les cahiers de charges des chemins de fer français. Toutefois, par application des réserves inscrites ci-dessus en italiques, on recherche généralement, les moyens d'éviter de brancher de nouvelles lignes en pleine voie, sur des lignes anciennes, importantes et chargées de trafic. Il résulterait, en effet, de la création de nouvelles bifurcations sur de telles lignes, non seulement une cause de ralentissement et de gêne pour la circulation des trains de la grande ligne, mais encore une réduction de la capacité utile de cette ligne. En effet, il faut conserver, entre les trains circulant sur la grande ligne, qui peut avoir quelques centaines de kilomètres, un espacement suffisant pour qu'ils puissent s'intercaler entre les trains de la ligne nouvelle, sur un tronc commun de quelques kilomètres, entre la bifurcation et la gare la plus voisine, et on est obligé de leur faire conserver cet espacement qui est inutile dans le reste de la grande ligne. D'ailleurs l'existence de ces troncs communs à plusieurs lignes est préjudiciable à l'établissement d'un bon service de voyageurs, car les trains qui devraient être en correspondance entre eux à la gare prochaine ne peuvent y arriver simultanément sur la même voie, et sont obligés de s'y attendre les uns les autres, au détriment des voyageurs qui n'ont pas à changer de train. C'est pour éviter tous ces inconvénients que l'on préfère aujourd'hui faire aboutir les différentes lignes, par des voies différentes, jusqu'aux gares principales où elles se croisent, et qu'on dédouble même la plupart des troncs communs qui existaient primitivement sur de grandes lignes, aux abords de ces gares.

Embranchement particulier. On désigne plus spécialement sous ce nom les voies ferrées qui raccordent avec le chemin de fer une usine, une carrière, ou un établissement industriel d'une nature quelconque.

— Aux termes de l'article 62 de leur cahier des charges, les Compagnies françaises sont tenues de s'entendre avec tout propriétaire de mines ou d'usines qui, offrant de se soumettre aux conditions prescrites ci-après, demande un embranchement particulier; à défaut d'accord, le gouvernement statue sur la demande, la Compagnie entendue. Les embranchements seront construits aux frais des propriétaires de mines et d'usines et de manière qu'il ne résulte de leur établissement *aucune entrave à la circulation générale, aucune cause d'avarie pour le matériel, ni aucuns frais particuliers pour la Compagnie*..... La Compagnie sera tenue d'envoyer ses vagons sur tous les embranchements destinés à faire communiquer des établissements de mines ou d'usines avec la ligne principale du chemin de fer. La Compagnie amènera ses vagons à l'entrée des embranchements..... Le temps pendant lequel les vagons séjourneront sur les embranchements particuliers ne pourra excéder six heures lorsque l'embranchement n'aura pas plus d'un kilomètre. Ce temps sera augmenté d'une demi-heure par kilomètre en sus du premier..... Dans le cas où les limites de temps seraient dépassées nonobstant l'avertissement spécial donné par la Compagnie, elle pourra exiger une indemnité égale à la valeur du droit de loyer des vagons, pour chaque période de retard après l'avertissement..... Pour indemniser la Compagnie de la *fourniture et de l'envoi* de son matériel sur les embranchemements, elle est autorisée à percevoir un prix fixe de 0 fr. 12 par tonne pour le premier kilomètre et, en outre, 0 fr. 04 par tonne et par kilomètre en sus du premier, lorsque la longueur de l'embranchement excédera un kilomètre.....

On voit, d'après ce qui précède, que le droit à l'embranchement particulier est tout d'abord subordonné à l'approbation de l'administration supérieure; qu'en tout cas, la Compagnie peut refuser l'exécution d'un raccordement dont les dispositions seraient gênantes pour son service ou onéreuses pour elle; qu'enfin les manœuvres tout à fait spéciales qu'elle doit faire pour séparer les vagons de l'embranché de ceux destinés au public, et pour amener ou pour prendre ces vagons à l'entrée de l'embranchement, sont rémunérées par une taxe qui représente, pour l'industriel, beaucoup moins que l'équivalent des frais de transbordement et de camionnage qu'il économise en faisant venir ces vagons jusque dans l'intérieur de son établissement. Les embranchements particuliers de peu d'importance, dont le mouvement ne dépasse pas 2 ou 3 vagons par jour en moyenne, peuvent, sans grave inconvénient, être simplement formés par une simple voie de raccordement aboutissant à une plaque tournante; un taquet d'arrêt et une barrière fermant à clef, sont placés en travers de cette voie, au point où elle franchit la clôture du chemin de fer. Dès que le trafic de l'établissement raccordé doit avoir une certaine activité, il est préférable de faire un embranchement aboutissant, par une aiguille, aux voies de garage de la station, afin que la fourniture et l'enlèvement des vagons puissent se faire, en une seule fois, à l'aide d'une locomotive. De grandes industries, des fosses houillères, par exemple, obtiennent quelquefois l'autorisation de se raccorder avec le chemin de fer, en pleine voie, entre deux stations. Mais ce sont là des exceptions que l'on doit rendre aussi peu fréquentes que possible, tant à cause des inconvénients qu'elles présentent au point de vue de la sécurité de la circulation, que pour les arrêts trop multipliés qu'elles nécessiteraient dans la marche des trains de marchandises.

Sont souvent assimilés aux embranchements particuliers les raccordements de lignes à voies de largeur différente, les locations de chantiers ou de magasins, faites dans les gares à des particuliers, enfin toutes les installations obligeant celui qui exploite un chemin de fer à spécialiser certaines voies et à exécuter certaines manœuvres supplémentaires qui n'auraient pas lieu, si le destinataire venait, comme les autres, prendre simplement livraison de ses marchandises en un point quelconque de la cour ouverte au service public.

|| Conduite de distribution d'eau, de gaz, rattachée, par un nœud de soudure, à une branche principale. — M. C.

EMBRASURE. *T. de constr.* Baie, ouverture pratiquée dans un mur d'une maison, pour y placer les portes et fenêtres. || Biais qu'on donne à l'épaisseur des murs à l'endroit des fenêtres. || *T. de fortif.* Partie évasée d'une baie meurtrière, dont la largeur est calculée pour la manœuvre du canon et le tir sur plusieurs lignes divergentes.

*** EMBRAYAGE.** *T. de mécan.* Opération qui consiste à rattacher temporairement une pièce de machine, généralement un arbre tournant, au mouvement d'un arbre moteur. On désigne aussi sous ce nom l'organe ou le mécanisme même qui sert à opérer l'embrayage.

Lorsque les deux arbres à réunir sont situés dans le prolongement l'un de l'autre, on se contente ordinairement de les rendre solidaires en les rattachant par un simple manchon qu'on fait glisser longitudinalement de manière à ce qu'il embrasse à la fois les extrémités voisines des deux arbres. Ce manchon est constitué par un prisme creux presque toujours en fonte, dont le vide intérieur reproduit la section pleine des deux arbres en bout. Cette section est quelquefois carrée, et présente plus souvent une forme de trèfle qui assure la solidarité des pièces par ses parties saillantes. Cette disposition en trèfle paraît d'ailleurs préférable, car elle ne présente pas d'arêtes vives qui entaillent toujours à la longue la surface intérieure du manchon. Ce mode d'embrayage par manchon s'applique toujours aux cylindres de laminoirs par exemple.

Lorsqu'on veut éviter absolument tout jeu relatif des deux arbres, on tourne exactement les bouts à assembler, on alèse le manchon lui-même sur une section bien égale, et on le fixe au besoin par une clavette, ce qui constitue en quelque sorte un véritable assemblage. Pour éviter les accidents qui atteignent trop souvent les ouvriers chargés du graissage des transmissions, on doit s'attacher à fixer le manchon par un boulon ou une clavette dont la tête soit noyée dans l'épaisseur même de la fonte.

Lorsque le mouvement de l'arbre ainsi conduit doit être interrompu d'une manière instantanée, on emploie un embrayage formé de deux manchons à crans dont l'un est calé à demeure et l'autre peut glisser à volonté le long du second arbre pour venir engrener avec le premier manchon. Le manchon mobile est commandé par un levier placé à la main de l'ouvrier qui peut embrayer ou désembrayer à volonté en agissant sur ce levier. Pour éviter un embrayage trop brusque qui pourrait entraîner dans certains cas la rupture des pièces, on emploie aussi fréquemment des *cônes de friction* comprenant un manchon plein de forme conique qui vient s'emboîter dans un autre manchon creux alésé intérieurement aux mêmes dimensions; l'entraînement s'opère alors par le frottement et d'une manière bien graduée.

Lorsque les deux arbres à réunir sont simplement parallèles, sans être situés dans le prolongement l'un de l'autre, on emploie presque toujours l'embrayage par courroie sans fin. Dans la disposition la plus fréquemment appliquée, et qu'on retrouve par exemple dans les ateliers de construction pour rattacher les machines outils à l'arbre de transmission, l'arbre conduit reçoit deux poulies dont l'une est calée et l'autre est folle. La courroie qui le rattache à l'arbre moteur est commandée par une fourche d'embrayage qui permet de la faire passer de la poulie fixe sur la poulie folle selon qu'on veut embrayer ou désembrayer. Quelquefois on emploie une courroie qui présente assez de jeu pour ne pas déterminer l'entraînement, et on opère l'embrayage en tendant la courroie au moyen d'un rouleau de tension commandé également par un levier à la main de l'ouvrier. Lorsqu'on veut désembrayer, il suffit de desserrer le galet pour arrêter la transmission.

On rencontre aussi quelques autres types d'embrayage sur lesquels nous n'insisterons pas ici, car ils sont peu employés, tel est par exemple l'embrayage par simple friction entre deux rouleaux, ou entre un rouleau et une tige guidée, comme celui qui est appliqué parfois dans les forges pour la manœuvre des marteaux-pilons.

Il n'y a peut-être pas de dispositions mécaniques pour lesquelles il ait été pris autant de brevets que pour les embrayages, mais on ne paraît pas toutefois avoir réussi, jusqu'à présent, à créer un appareil qui ne conserve pas quelque inconvénient à côté de l'avantage poursuivi par l'inventeur.

Un bon embrayage doit réunir, en effet, de nombreuses qualités distinctes; il doit être d'une installation commode, d'une manœuvre facile qui n'exige pas trop d'efforts pour la mise en marche et ne soit pas dangereuse. Il convient, en outre, qu'il soit automatique, c'est-à-dire qu'il arrête de lui-même le mouvement aussitôt que l'arbre conduit rencontre une résistance trop forte. Cette propriété très précieuse, prévient les ruptures fréquentes d'organes qui se produisaient autrement, dans les machines-outils, par exemple, lorsque l'outil arrive en présence d'un obstacle qui arrête le mouvement. On la réalise ordinairement en employant des embrayages à friction : l'entraînement s'opère alors simplement par le frottement des surfaces en contact, et s'arrête par suite dès que la résistance à vaincre est supérieure à la limite du frottement.

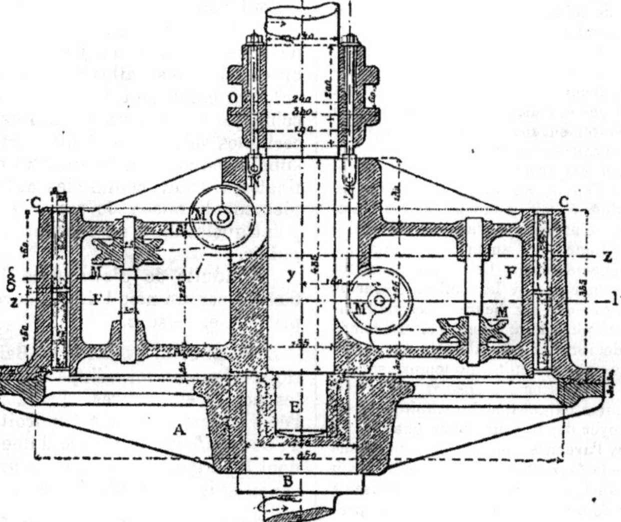

Fig. 474. — *Embrayage à friction de Mégy, coupe suivant l'axe de la poulie.*

Nous citerons, comme exemple, l'embrayage à friction système Mégy. Cet embrayage est représenté dans les figures 474 et 475; nous en donnons la description d'après la notice publiée dans le *Portefeuille des machines*, n° de juin 1883.

L'arbre moteur B porte une roue calée A à nervures et croisillons sur laquelle est fixée une couronne en fonte C alésée intérieurement.

L'arbre conduit E situé dans le prolongement de B, vient se terminer par une portée engagée dans une bague en bronze emmanchée dans l'arbre B ; il porte un manchon calé F placé à l'in-

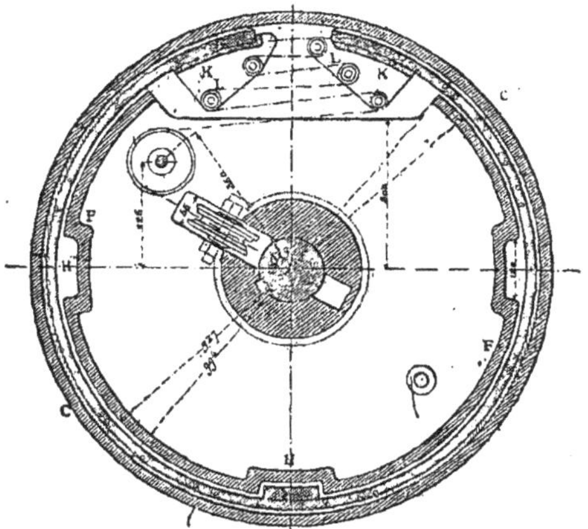

Fig. 475. — *Embrayage à friction de M. Mégy, coupe plane de la poulie suivant g z.*

térieur de la couronne C, comme l'indique la figure 475. Ce manchon est tourné au diamètre de 0,927, le diamètre intérieur de la couronne étant de 0,994.

Entre le manchon et la couronne sont interposés deux ressorts G en acier garnis à leur périphérie d'une bande de cuir et destinés à assurer l'entraînement. Ces ressorts portent chacun un taquet Z maintenu dans un des logements H venus de fonte sur le manchon F, ce qui empêche tout glissement autour du manchon.

La courbure donnée aux ressorts est déterminée par le calcul de manière à ce que, une fois mis en place, ils exercent sur toute la surface interne de la couronne C une pression uniforme donnant l'effort tangentiel demandé.

Les extrémités des ressorts sont munies de chapes K dont l'une reçoit deux petites poulies L et l'autre trois. Une chaîne de Galle fixée à l'une des chapes passe autour des poulies, elle se prolonge ensuite par une chaîne à maillons ordinaires qui passe sur les galets M et s'attache aux chapes N des deux boulons fixés dans un manchon de manœuvre ordinaire O. On comprend immédiatement qu'en agissant sur ce manchon pour l'écarter de F, on tend les chaînes, et écarte les ressorts de la couronne C, on interrompt donc ainsi la transmission. L'effort à exercer dans ces conditions est d'ailleurs très faible et n'atteint guère, grâce à la disposition des poulies L, que le cinquième de l'effort appliquant les ressorts sur la couronne.

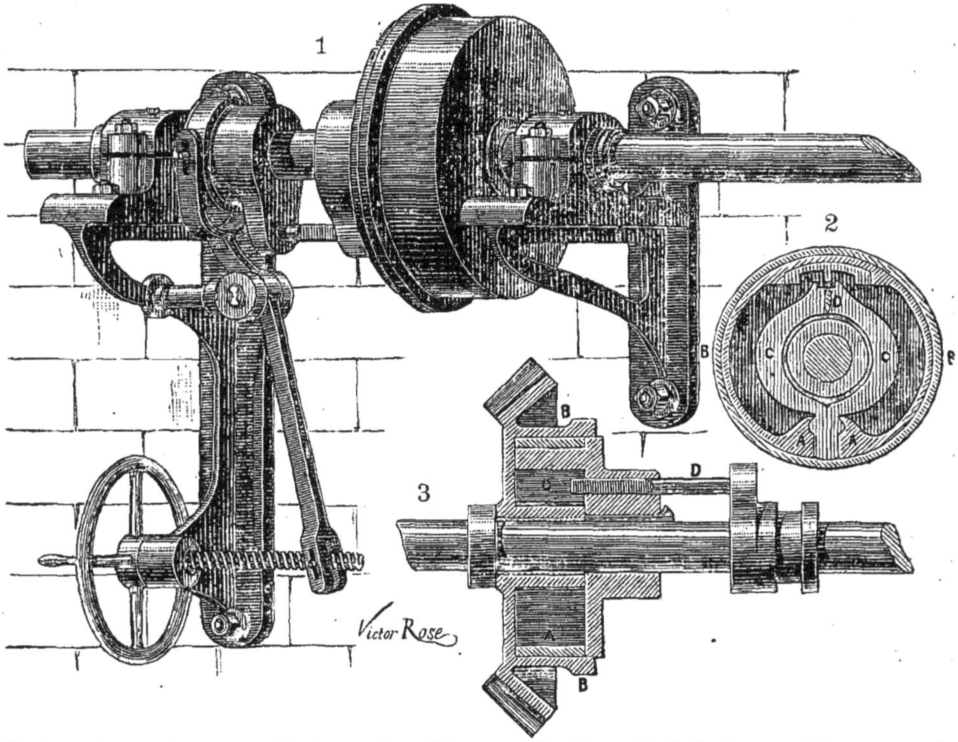

Fig. 476 à 478. — *Embrayage à friction, système Addyman. 1 Vue d'ensemble de l'embrayage et de sa commande. 2 Course de l'embrayage. 3 Application de l'embrayage sur une roue dentée.*

Nous avons représenté dans les figures 476 à 478 une disposition particulièrement simple d'embrayage analogue fondé sur le même principe. C'est l'embrayage Addyman, d'invention américaine, construit en Angleterre par M. Bagshaw. On en trouvera la description dans les *Glaser's Annalen fur Gewerbe und Bauesen*, nº du 1er juin 1881 et dans le nº de la *Revue industrielle* du 29 novembre 1882.

L'entraînement s'opère par l'intermédiaire d'un anneau de friction A placé à l'intérieur de la couronne B formant la joue d'une poulie creuse calée sur l'arbre à conduire. On dilate l'anneau A pour l'appliquer sur la couronne B au moyen des leviers recourbés C; on force, en effet, ceux-ci à s'écarter en agissant sur la tige D en forme de coin qu'on enferme plus ou moins entre les deux leviers.

La figure 478 montre l'application de ce type d'embrayage pour la commande d'une roue dentée déjà existante, et la figure 476 donne une vue complète de l'installation sur un arbre horizontal reposant sur ces deux paliers. Nous avons représenté également le levier de manœuvre servant à entraîner la tige d'embrayage D, on voit qu'il est commandé par une roue à manette à vis permettant d'exercer un effort bien régulier. Cette disposition très simple, comme on le voit, permet de supprimer une poulie puisque celle de transmission fonctionne à la fois comme poulie motrice et comme poulie folle; on a observé d'ailleurs qu'il pouvait fonctionner avec des surfaces lubrifiées, ce qui diminue considérablement l'usure des pièces.

M. Durracq a disposé de son côté un embrayage à friction que nous croyons devoir signaler, car il réalise l'automaticité à un autre point de vue: cet embrayage cité également dans le *Portefeuille des machines d'Oppermann*, année 1882, est commandé par un régulateur à boules, il entre de lui-même en mouvement dès que l'arbre moteur atteint une certaine vitesse, sans qu'on ait à intervenir pour le mettre en marche; mais nous croyons que l'automaticité ainsi appliquée présente plus d'inconvénients que d'avantages, car l'embrayage a précisément pour but d'assurer l'indépendance des deux mouvements.

* **EMBRENAGE.** *T. techn.* Opération qui consiste à passer les peaux dans un confit de son.

* **EMBREVAGE.** *T. de tiss.* Dans le montage, à *lève et baisse*, des métiers à lames (tissage à bras), il y a, sous le remisse, trois groupes de leviers ayant chacun une fonction spéciale, savoir: 1º les marchettes placées sous les lames et parallèlement à elles; 2º les contre-marches placées sous les marchettes, dans le même plan que ces dernières, et 3º enfin les marches ou pédales disposées sous les contre-marches, mais dans un plan perpendiculaire à celui des deux groupes précédents.

Les marchettes commandées par les pédales que pressent ou *foulent* les pieds de l'ouvrier, déterminent le *rabat* des lames. Les contre-marches, également commandées par les pédales foulées, président à la *levée* des lames.

Pour réaliser simultanément ces effets de lève et baisse des lames comprises dans un remisse quelconque:

1º On relie les contre-marches aux pédales au moyen de bouts de corde qu'on appelle *Petits*, mot dont l'initiale *P* est précisément celle du mot *Pris*. C'est là une coïncidence utile en tant que procédé mnémotechnique, puisque tout fil indiqué comme *pris* sur l'échiquier de l'armure, ne peut l'être pratiquement dans le métier, que si on dispose un *petit* cordon entre la marche et la contre-marche.

2º On relie les marchettes aux mêmes pédales à l'aide de bouts de cordes qu'on appelle *Longs*, et qui sont destinés à tirer sur ces marchettes pour faire baisser les lames et rabattre ainsi les fils qui doivent être *Laissés* (encore deux heureuses initiales *L* mnémotechniques).

On appelle *embrevage* l'opération qui consiste à disposer les *petits* et les *longs* cordons entre les trois groupes de leviers placés sous les lames.

* **EMBRÈVEMENT.** 1º *T. de charp.* Lorsque deux pièces de bois se rencontrent obliquement, on abat l'angle aigu du tenon pour éviter les difficultés que présenterait le refouillement de la mortaise et la pose de la charpente. Le tenon ainsi disposé s'appelle un *tenon en about*. Cet assemblage a presque toujours lieu avec *embrèvement* A (fig. 479 et 480), c'est-à-dire que la face de la pièce qui le reçoit est entaillée, afin que le tenon n'ait pas à supporter seul la pression qui tend à faire glisser les deux pièces l'une sur l'autre. Quand la pièce qui est mortaisée est plus épaisse que l'autre dans une assez forte proportion, l'embrèvement n'a lieu habituellement que sur l'épaisseur de cette dernière; il y a *encastrement*. Si l'angle que forment les pièces est très aigu, il convient de multiplier les entailles de l'embrèvement, comme on le voit en B, afin d'offrir un appui plus efficace à la pièce embrevée. || 2º *T. de men.* On donne ce nom à l'assemblage à rainure et languette d'un cadre, panneau ou battant avec une autre pièce. L'embrèvement est *simple* s'il n'y a qu'une languette, il est double s'il y en a deux. Souvent une planche, au lieu de porter une languette reçue dans une rainure, entre de toute son épaisseur dans un cadre ou dans un bâti; on dit alors que l'embrèvement est *à vif*. || On donne aussi le nom d'*embrèvement* à l'outil, sorte de rabot, qui sert à traîner les languettes formant ces assemblages.

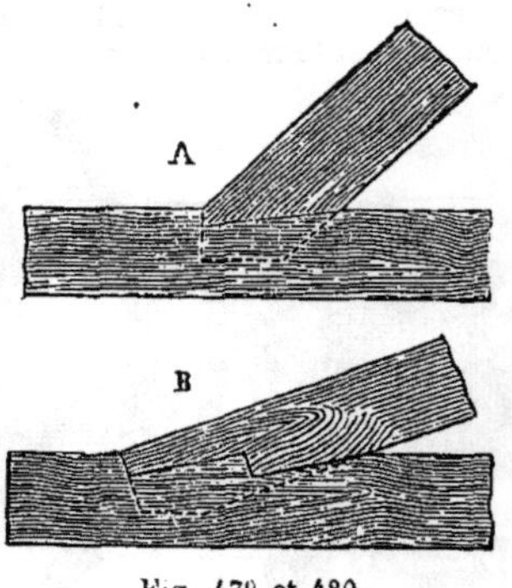

Fig. 479 et 480.

* **EMBRONCHER.** *T. de constr.* Placer des tuiles ou des ardoises convexes de façon qu'elles s'emboîtent les unes dans les autres.

* **EMBUVAGE.** *T. de tiss.* Pendant l'opération du

tissage, les fils de chaîne, bien que tendus, ont à subir des ondulations d'autant plus accentuées qu'ils s'entre-croisent avec des duites plus grosses, ou d'autant plus sinueuses qu'ils escaladent des fers plus gros ou plus élevés, pour devenir ultérieurement soit des boucles, soit des houppes de velours. Cette absorption des fils se fait aux dépens de leur longueur primitive, et c'est elle qu'on désigne sous le nom d'*embuvage*.

ÉMERAUDE. *T. de minér.* Pierre fine fort recherchée comme ornement, et qui est constituée par un silicate double d'alumine et de glucine, avec un peu d'oxyde de chrome. Elle cristallise en prisme hexagonal régulier, souvent modifié sur les arêtes verticales, les arêtes horizontales, et sur les angles; sa cassure est conchoïdale et inégale. Elle est transparente ou translucide; les plus belles pierres sont d'un vert spécial pur, parfois à reflets chatoyants, mais leur nuance peut se modifier et offrir des teintes vertes variables; il en existe même de bleues, de jaunes et d'incolores. L'émeraude est très dure; sa densité moyenne est de 2,71; elle offre une double réfraction faible, à un axe négatif; elle est absolument inattaquable par les acides: elle fond par la chaleur, en donnant un émail blanc boursoufflé. Elle renferme : silice, 66,81; alumine, 19,12; glucine, 14,07.

On distingue les émeraudes en deux sortes : celles qui sont employées en bijouterie, et celles communes, qui n'ont guère d'emploi.

Dans le premier groupe se rangent: l'*émeraude orientale*, d'un vert pur, que l'on trouve dans les terrains d'éruption et dans les terrains sédimentaires. On en rencontre en effet dans les granits et les gneiss du Pérou, dans les micaschistes d'Egypte, mais M. Lewy en a observé en plus dans le calcaire bituminé néocomien de Muso (Nouvelle Grenade), et, depuis cette époque, MM. Nicaize et Montigny en ont signalé également dans le terrain crétacé, à 15 kilomètres de Blidah (province de Constantine).

On a donné les noms de *davidsonite* et de *goshéisite*, à des variétés très voisines de l'émeraude orientale. Cette gemme a une très grande valeur: elle était déjà fort estimée du temps de Pline, et se vend jusqu'à 400 francs le karat, lorsqu'elle est bien pure et en cristaux assez volumineux; ceux que l'on trouve dans les granits de Bretagne, de Vendée, et d'Auvergne ne sont guère utilisés.

On ne connaît presque pas d'émeraudes anciennes gravées; la pâte sèche et cassante de cette pierre se prête peu à la gravure. On en possède cependant une du moyen âge qui représente l'*âme entraînée par le plaisir*. Il est certain que les descriptions d'émeraudes longues de plusieurs coudées, que l'on trouve dans la Bible et dans Théophraste, ne se rapportent pas à la pierre fine qui nous occupe.

Comme seconde variété d'émeraude employée en bijouterie, il faut citer l'*aigue-marine* qui, quoique moins estimée, a parfois aussi une grande valeur; elle est de couleur vert d'eau, et ne contient pas d'oxyde de chrome, mais bien de l'oxyde de fer. Comme bijou, c'est une gemme remarquable en ce sens qu'elle ne perd rien de son reflet ou de sa tonalité à l'éclat des lumières. L'aigue-marine venait autrefois de la Daourie (Chine), mais actuellement elle nous est surtout envoyée du Brésil. Elle arrive toute taillée, et se vend de 400 à 500 francs l'once, lorsqu'elle est en gros cristaux, 25 francs lorsqu'elle est en petits; on en trouve également en Sibérie, dans les monts Ourals, les monts Altaï. Quelques aigues-marines sont célèbres, notamment celle qui ornait la tiare du pape Jules II. En 1827, on en a trouvé une à Mouzinskaïa (Russie), qui vaudrait, dit-on, 600,000 francs. On a de nombreuses gravures antiques sur aigue-marine; une des plus célèbres est celle que l'on peut voir à la Bibliothèque Nationale, et qui représente Julie, fille de Titus. Elle est signée Evodus et vient du reliquaire de Charlemagne, qui fut longtemps conservé dans la basilique de St-Denis. Une troisième variété est le *béryl*; il a la même composition chimique que l'aigue-marine, mais offre une teinte bleue pâle. On le trouve dans les Indes, en Arabie, à Bérésof (Russie) et dans les micaschistes qui avoisinent le lac Bolchoï. On connaît surtout deux échantillons remarquables de béryl: celui qui appartient à M. Hope, et qui pèse 184 grammes : il vient de Cuagayum (Indes Orientales) et vaut 12,500 francs, et celui qui orne actuellement la couronne de la reine d'Angleterre.

Les émeraudes communes sont parfois en gros cristaux, d'un poids considérable. On les trouve abondamment près de Limoges, et aux Etats-Unis; elles sont opaques et d'un vert-bleuâtre clair.

Depuis quelques années on a cherché à reproduire synthétiquement les pierres fines, en réunissant les éléments qui les composent, et en les soumettant à divers traitements. Jusqu'à présent on n'a pas reproduit parfaitement l'émeraude noble, mais dès 1826, M. Berthier était arrivé à faire du péridot, c'est-à-dire une pierre verte, un peu plus foncée que l'émeraude, en chauffant dans un creuset fermé, à l'aide du chalumeau oxyhydrique, le mélange pulvérulent représentant la composition chimique de la gemme en question.

On réussit par contre très bien à faire, en pierres fausses, l'émeraude, l'aigue-marine, ou le béryl. Pour la première pierre on fond ensemble 1,000 grammes de strass, avec 8 grammes d'oxyde de cuivre et 0g,20 d'oxyde de chrome; pour faire le péridot on ajoute un peu de sesquioxyde de fer; pour obtenir l'aigue-marine ou le béryl, qui diffèrent d'aspect (ce que l'on produit par un tour de main), 1,000 grammes de strass, 7,0 de verre d'antimoine et 0,4 d'oxyde de cobalt. — J. C.

ÉMERI. Minéral composé principalement d'alumine, avec des traces d'oxyde de fer et une proportion de péroxyde de fer variable, mais qui atteint souvent de 30 à 33 0/0. C'est une variété granulaire du corindon. On le trouve en Perse, au cap Emeri, dans l'île de Naxos, en Pologne, à Jersey, à Guernesey, en Suède, en Saxe, etc. Les expéditions les plus importantes proviennent de Naxos, de Smyrne et de Thyro. L'émeri se présente en masses informes, et mêlé à d'autres minéraux. Sa densité moyenne est de 4 environ ; sa cassure est inégale, à grain très serré. Sa dureté considérable le fait employer dans l'industrie pour user et polir.

Pour pouvoir se servir de l'émeri, on commence par le réduire en une poudre dont la grosseur varie depuis celle d'un grain passé au tamis nº 12 jusqu'à celle de la poudre la plus impalpable. La pulvérisation s'opère de diverses manières, généralement au moyen de marteaux pilons ou de moulins broyeurs en acier. Le produit de cette opération est ensuite passé dans les bluteries, où s'effectue la séparation des numéros. Les numéros fins, ne présentant plus de grains, sont repris et lavés dans un tonneau par agitation. On laisse alors couler le liquide qui entraîne avec lui la poudre d'émeri que l'on recueille à part, de minute en minute. On obtient ainsi des numéros de plus en plus fins. L'émeri recueilli après 120 minutes de coulage représente une poudre extrêmement ténue et presque impalpable. Les numéros de la poudre d'émeri sont donnés par le moment du coulage ; ainsi l'émeri obtenu après une minute de coulage représente le nº 1 ; celui obtenu après deux minutes, le nº 2, et ainsi de suite jusqu'au nº 120.

L'émeri s'emploie de différentes manières. Au moyen de la colle, on le fixe sur le papier ou la toile, et il constitue en cet état le *papier-émeri* qui sert au polissage des métaux. Ceux-ci sont généralement et au préalable imbibés d'huile pour cette opération. En grains assez gros, il sert à la confection des meules artificielles ; en poudre fine, il est employé au polissage des glaces et des verres d'optique.

C'est en 1842 que Malbec, ingénieur civil, eut l'idée d'employer l'émeri pulvérisé pour confectionner des meules, en le mélangeant avec la composition agglomérante dont il était l'inventeur. De là est venu le terme généralement employé aujourd'hui de *meules d'émeri*.

ÉMERILLON. *T. techn.* Outil de cordier composé d'un bois creux muni d'un crochet mobile dans un tube en laiton, et qui sert à câbler la corde et la ficelle. || Crochet du rouet servant à filer la corde à boyau. || Croc de poulie ou de palan qui se prête à la rotation de la manœuvre pour éviter les coques du cordage. || *Emerillon d'affourche.* Pièce tournante destinée à empêcher la chaîne d'un navire de former des coques. Nous en donnons la figure à l'art. CÂBLE-CHAÎNE.

* **ÉMISSION.** *T. de mécan.* Nom donné aux organes qui servent à l'évacuation de la vapeur d'un cylindre, après avoir exercé son effet de poussée sur l'une ou l'autre des faces du piston. C'est ainsi que l'on dit : orifice ou lumière d'émission, tiroir, soupape, tuyau d'émission. Dans les machines munies d'un tiroir en D, en coquille, circulaire ou cylindrique, le même orifice sert à la fois pour l'admission et pour l'émission ; la première de ces opérations se fait par les arêtes extérieures du tiroir, et la seconde par les arêtes intérieures, ou inversement. Dans les machines où les tiroirs se composent de simples plaques ajustées sur les glaces des cylindres, dans celles où l'on emploie la distribution Corliss ou celles à soupapes, les organes d'émission sont distincts de ceux d'admission.

Le but recherché par ces dispositions, plus compliquées que celles en usage pour la conduite d'un tiroir unique, c'est d'abord l'amoindrissement des *espaces neutres* (V. cet art.), la diminution du travail mécanique nécessaire pour la motion du tiroir ; dans le cas des soupapes, la fermeture plus brusque des orifices et la faculté de pouvoir modifier la détente dans l'un ou l'autre des cylindres, sans autre mécanisme que celui nécessaire pour changer la position des cames qui soulèvent les soupapes, sur les arbres porteurs de ces cames.

L'émission de la vapeur commence toujours avant la fin de la course du piston, ce que l'on exprime en langage technique par les mots d'avance à l'évacuation ou à la condensation. Cette avance vaut en moyenne 1/10 de la course, lorsque l'introduction est comprise entre 6 et 7/10 de la même course. Elle croît avec l'introduction et avec la pression de régime. Les raisons pour lesquelles on règle ainsi la distribution sont : 1º il faut un certain temps physique pour que cette opération puisse s'accomplir ; 2º la manivelle n'a plus qu'une fraction de rotation à parcourir pour se trouver en ligne droite avec la bielle, l'effort de poussée n'a donc plus besoin d'être aussi considérable ; 3º la vitesse du piston doit être amoindrie, puisqu'elle va changer de sens, pour modérer son inertie, sous peine d'éprouver des chocs ; 4º diminuer la contre-pression sur la face du piston opposée à l'admission qui va se produire.

EMMANCHÉ, ÉE. *Art hérald.* Se dit d'un outil à manche lorsque celui-ci est d'un émail particulier.

* **EMMANCHEMENT.** *T. techn.* Les règles qui président, ou plutôt qui devraient présider à l'emmanchement des outils, sont peu étudiées et peu connues encore et, en tous cas, trop souvent négligées ou appliquées d'une façon irrationnelle. Cependant les dimensions, la forme du manche des outils employés journellement par les différents corps de métiers, ont une influence considérable sur l'effort nécessité de la part de l'ouvrier et sur la régularité du travail, influence qui va jusqu'à se traduire par des déformations corporelles, comme on le constate souvent chez les vieillards dans les pays vignobles. La routine oppose malheureusement de grands obstacles à toute modification des errements suivis dans maints cas, en dépit des données de l'expérience et de la science. Nous n'en citerons qu'un exemple : celui des pelles employées dans la plupart de nos chantiers de terrassement. Il est certain que le manche qui occasionne le moins de fatigue à l'ouvrier est celui qui présente deux fortes courbures en sens inverse, une concave et très prononcée près de la douille, l'autre moins forte et convexe au-dessous de la place de la main droite. Or, on sait quelle peine on a à l'acclimater chez les ouvriers qui n'en ont pas fait usage encore, et même chez certains entrepreneurs.

***EMMARCHEMENT.** *T. de constr.* Entaille faite dans les limons pour recevoir une marche d'escalier. || Dans cette marche, on donne ce nom à la longueur comprise entre le limon du côté de son assemblage et l'intérieur de la cage. || La ligne de *foulée* est aussi désignée sous le nom de *ligne d'emmarchement.*

***EMMERY DE SEPT-FONTAINES** (Henri-Charles). Ingénieur distingué, né à Calais en 1789, mort en 1842. Entré à seize ans à l'Ecole polytechnique, il en sortit dans le service des ponts et chaussées et fut attaché à la construction du canal Saint-Maur. Cette œuvre terminée, il fut chargé, comme ingénieur en chef, de l'ouverture de la route d'Ivry à Maisons-Alfort, et à cette occasion eut à construire le pont d'Ivry. Il fut plus tard nommé chef du service municipal de Paris, où, en huit années, il fit 80,000 mètres d'égout, d'importants travaux de canalisation pour la conduite des eaux, et dirigea le forage du puits de Grenelle.

A la création des *Annales des ponts et chaussées*, Emmery en fut nommé secrétaire et ne cessa d'y coopérer activement. Il a laissé de nombreux Mémoires, se rapportant pour la plupart aux travaux qu'il a dirigés. Lors de sa nomination comme inspecteur général des ponts et chaussées, Emmery dut quitter le service de la ville de Paris, et le conseil municipal lui fit don à cette occasion d'un vase en argent avec cette inscription : *La ville de Paris à Henri-Charles Emmery.*

***EMMOUFLEMENT.** *T. de céram.* Opération qui consiste à mettre au moufle uue pièce de porcelaine décorée, pour la cuisson des ornements décoratifs seulement et non de la pâte de la pièce ; on dit aussi *emmouflage.*

***ÉMOUCHETAGE.** *T. de filat.* Opération qui consiste à faire disparaître, avec un peigne à main, les extrémités chargées de paille du lin qui doit être ensuite peigné à fond.

***ÉMOUCHURES.** *T. de filat.* Etoupes grossières que l'*émoucheteur* retire du pied et de la tête du lin, par une sorte de peignage préliminaire à la main; on dit aussi *émouchetage.*

***ÉMOULAGE.** *T. techn.* Action d'aiguiser, de donner le tranchant aux instruments de fer ou d'acier, au moyen d'une meule arrosée d'eau.

***ÉMOULERIE.** *T. techn.* Action de blanchir une lame métallique au moyen d'une lime préalablement mise en mouvement.

ÉMOULEUR. *T. de mét.* Celui qui façonne sur les meules le tranchant ou la pointe des instruments. — V. Coutellerie.

EMPAILLAGE. L'empaillage des animaux, appelé aussi quelquefois du nom de *taxidermie*, est un art dont les procédés ont fait des progrès sensibles dans ces dernières années. Il exige de l'ouvrier, pour être pratiqué avec succès, non seulement la connaissance des procédés matériels de conservation, mais encore le talent de reproduire d'une façon exacte et naturelle les poses et les allures variées des divers animaux. Pour les oiseaux, l'ouvrier commence d'abord par dépouiller et vider le corps, en ayant soin d'en saupoudrer abondamment toutes les parties de plâtre, de façon à éviter leur souillure par les produits de cette opération. Il bourre ensuite l'intérieur du squelette avec du coton ou de l'étoupe, après avoir préalablement fait usage d'une poudre insecticide, variable dans sa composition, mais presque toujours à base d'arsenic et de camphre. Il place et maintient chacune des parties dans la position la plus voisine possible de l'état de nature au moyen de fils de fer, qui assurent en même temps la solidité de l'assemblage.

Pour les animaux de grande taille, on moule les parties les plus caractéristiques du corps, et on établit ensuite, au moyen de cire, de carton, de plâtre, de cadres en bois, un squelette creux artificiel sur lequel l'ouvrier applique la peau préalablement tannée à l'alun et amincie à l'intérieur.

Cette partie de l'opération est d'autant plus difficile que le squelette est plus grand; elle exige de l'ouvrier un véritable travail de modelage pour éviter les creux et arriver à une tension uniforme de la peau. Les yeux sont formés au moyen de boules d'émail; la bouche au moyen d'étoupes ou de mastic.

EMPAILLEUR, EUSE. *T. de mét.* Celui, celle qui empaille les sièges; par corruption, on dit *rempailleur.* || Naturaliste qui empaille les animaux pour les conserver dans leur forme naturelle. L'empailleur se nomme aussi *naturaliste.*

***EMPANON** ou **EMPANNON.** *T. de charp.* Nom que l'on donne dans un comble avec croupe, aux chevrons des faces triangulaires de la croupe et des longs pans qui diminuent de longueur à mesure qu'ils se rapprochent des angles de l'édifice. Ces pièces de bois posent sur la sablière, comme les autres chevrons, et sont assemblés, à leur extrémité supérieure, dans les chevrons arêtiers. — V. Croupe. || *T. de carross.* Nom des deux pièces de bois qui partent de la flèche et vont passer sous l'essieu.

***EMPÂTAGE.** *T. de savon.* Première opération de la fabrication du savon. Dans le procédé marseillais, elle a pour but d'émulsionner le corps gras par une lessive de soude à 10°, avec ébullition prolongée. Il est indispensable que l'émulsion soit complète, et il faut se bien garder d'arrêter l'opération avant que la pâte soit parfaitement homogène et suffisamment serrée pour ne laisser paraître aucun indice de corps gras non amalgamé. On opère sur 7,500 kilogrammes de corps gras à la fois, soit dans la même chaudière, soit en deux. De la réussite de cette première opération dépend la bonne marche de la cuite et de son rendement.

EMPÂTER. *T. de grav.* Imiter, par l'emploi de tailles et de points, un effet analogue aux empâtements de la peinture.

EMPÂTEMENT ou **EMPATTEMENT.** *T. de constr.* Saillie ou plus grande épaisseur des fondations sur le plan vertical d'un mur, afin d'en augmenter la solidité. || *T. de serrur.* Partie plus large d'une pièce, ayant pour but d'offrir plus de résistance ou de recevoir un boulon, une vis, etc. || Pièces de bois qui servent de support ou de base à une grue.

***EMPÂTURE** ou **EMPATTURE**. *T. techn.* Assemblage bout à bout de deux pièces de bois ou de métal au moyen de pattes et de tenons.

***EMPAUME**. *T. de constr.* Saillie qu'on ménage pendant la taille sur le parement d'une assise ou d'un tambour de colonne, pour en faciliter la pose.

EMPEIGNE. *T. de cordon.* Cuir ou étoffe qui forme le dessus de la chaussure depuis le cou-de-pied jusqu'à la pointe.

***EMPÊNAGE**. *T. de serr.* Mortaise qui reçoit le pène d'une fermeture.

***EMPENNÉ, ÉE**. *Art hérald.* Se dit d'une flèche, d'un dard, qui a ses ailerons ou pennes d'un émail particulier.

***EMPENOIR**. *T. techn.* Ciseau recourbé à ses deux extrémités également tranchantes, à l'usage des serruriers et des menuisiers pour faire les entailles et poser les serrures.

***EMPERCHEUR**. *T. de mét.* Ouvrier chargé des soins du séchoir d'une filature de lin au mouillé.

EMPESAGE. *T. techn.* Action d'empeser du linge au moyen de l'empois.

EMPIERREMENT. *T. de p. et chauss.* On appelle *empierrement* le mode de construction des chaussées qui consiste dans l'emploi de pierres cassées ou de cailloux répandus pêle-mêle les uns sur les autres et fortement comprimés par le battage ou mieux encore par le passage de rouleaux très pesants. On a cru longtemps qu'il était indispensable d'établir au fond de l'encaissement une espèce de fondation avec de grosses pierres rangées à la main ; c'est l'ingénieur anglais Mac Adam qui a prouvé que cette précaution était inutile ; sa méthode, fort simple, appliquée pour la première fois en 1820 aux environs de Bristol, a si bien réussi que l'on ne désigne plus les matériaux d'empierrement que sous le nom de *macadam* et que l'on a créé pour ce mode de construction des chaussées le verbe *macadamiser*.

Nous avons déjà parlé des empierrements au mot CHAUSSÉE; nous n'avons que peu de choses à y ajouter, principalement sur la préparation et l'essai des matériaux. Dans les campagnes on peut se procurer quelquefois ces matériaux à bon compte en épierrant les terres voisines ou en retirant les galets et les gros graviers de quelques cours d'eau ; mais, en général, on est obligé d'exploiter les roches reconnues les plus propres à ce service ; on évalue alors le mètre cube de roche à extraire en tenant compte des déchets (en moyenne 10 0/0) et des vides de l'emmétrage (0,45 environ); on admet qu'un mètre cube de roche compacte peut fournir 1^{m3},35 de pierres cassées. Les gros blocs sont d'abord brisés avec des masses de 4 à 5 kilogrammes, puis réduits à la grosseur réglementaire avec une massette d'un kilogramme munie d'un manche long et très flexible. Le cassage à la machine coûte moins cher de main-d'œuvre, mais il occasionne beaucoup de déchets ; il est cependant très employé en Belgique où les pierres cassées sont l'objet d'un commerce d'exportation assez important. — V. CASSE-PIERRES.

Les pierres cassées sont livrées en cordon disposé au milieu de l'encaissement et réglé avec un gabarit de façon à représenter un mètre cube par mètre courant. Après avoir vérifié si la fourniture répond aux conditions requises, grosseur, propreté, absence de détritus, on étale la pierre à la pelle en donnant à la chaussée le bombement voulu et on procède au cylindrage en commençant par les côtés pour finir par le milieu (V. ROULEAU COMPRESSEUR). Par les temps secs, il convient de faciliter cette opération au moyen d'arrosages. Vers la fin de l'opération, on répand sur la chaussée une matière plus fine destinée à remplir les vides, soit du sable siliceux pour les pierres calcaires, soit de la marne pour les cailloux siliceux; les détritus qui proviennent de l'usure des chaussées fournissent souvent une excellente matière d'agrégation.

Dans les villes où la circulation est considérable et comporte des voitures lourdement chargées, l'usure des chaussées empierrées est tellement rapide qu'à Paris la dépense annuelle pour les matériaux s'élève à 1,400,000 francs ; on conçoit de quelle importance il était d'avoir un moyen d'apprécier ces matières tant au point de vue de leur résistance à l'usure qu'à celui de la cohésion qu'elles peuvent acquérir par le cylindrage. M. Deval, conducteur des Ponts et Chaussées, a imaginé une machine d'essai qui permet d'établir des mesures comparatives en soumettant les pierres cassées à un roulement prolongé dans des cylindres dont l'axe de figure est oblique par rapport à l'axe de rotation ; chaque cylindre reçoit 5 kilogrammes de pierres et une machine à vapeur leur fait faire 10,000 tours en 5 heures ; les frottements et les chocs qui en résultent produisent des effets à peu près analogues à ceux des roues de voitures et aux actions réciproques des pierres les unes sur les autres. La perte de poids des matériaux soumis à l'essai sert de coefficient d'usure ; les détritus recueillis et mouillés en forme de pâte sont essayés avec l'aiguille Vicat pour reconnaître le temps qu'ils exigent pour faire prise. C'est ainsi qu'on a trouvé, en prenant pour type le porphyre de Voutré (Mayenne) les chiffres suivants : porphyre de Voutré (Mayenne) 1,00; porphyre de la Loire (rouge) 1,056 ; grès siliceux de Han (Belgique) 1,120; porphyre de la Loire (bleu) 1,193 : meulière de choix 1,430 ; grès de Truttenhausen (Allemagne) 1,446 ; grès de Wisches, 1,755 ; meulière courante, 1,838 ; poudingue belge 3,557. (Ce dernier échantillon a été rejeté.) On a reconnu en outre que les détritus de la meulière exigent, pour faire prise, une fois et demie plus de temps que ceux du porphyre de Voutré ou du grès de Han.

Les chaussées empierrées sont celles qui coûtent le moins cher d'établissement ; leur surface unie, dure et un peu élastique, est très favorable au roulement ; le pied des chevaux est bien assuré et les chutes peu fréquentes ; elles évitent les cahots et les trépidations et rendent la circulation beaucoup moins bruyante ; aussi sont-elles universellement employées pour la construction des routes et leur longueur, en France seulement, était en 1881 de 34,770 kilomètres.

Malheureusement, elles donnent beaucoup de boue et de poussière dont l'enlèvement est difficile sur les voies très fréquentées ; elles résistent mal au passage des voitures pesantes et l'on est souvent obligé, dans les villes, de revenir au pavage ou tout au moins, lorsque la voie est assez large, à l'emploi de chaussées mixtes, empierrées au milieu et pavées sur les côtés ; l'établissement des lignes de tramways oblige également à paver tout l'espace compris entre les rails et extérieurement une bande de 32 centimètres au moins de chaque côté — J. B.

***EMPIRE** (Style). Dans l'histoire du mobilier français, certain artiste occupe une place importante. Son nom marque une date caractéristique, son œuvre un règne, son talent un style : l'artiste, c'est Percier ; la date, 1804 ; le règne, celui de Napoléon Ier ; le style, celui de l'Empire. Nous prenons ici le génie de Charles Percier à son apogée, à l'heure de son parfait développement, dégagé des premières entraves, ayant vaincu les difficultés du début, maître de sa main, libre de ses œuvres, mis en pleine possession de ses moyens d'action, non seulement par ses propres acquisitions antérieures, mais aussi par la faveur légitime qui l'accompagne, par la confiance du souverain, de sa cour, des fortunes nouvelles entraînant la confiance de l'opinion publique et la faveur de la mode. Si l'on étudie la marche et les progrès de cette action que, du fond de son cabinet de travail, il exerça toute puissante sur le goût de son temps, on y remarque aussitôt une singulière anomalie. Il s'y révèle une transposition que nous croyons unique dans l'enchaînement habituel des faits du même ordre. Alors que les formes du mobilier, suivant la logique des choses, procèdent toujours des formes architecturales antécédentes, prises comme modèles, considérées comme types générateurs, nous assistons, dans l'œuvre de Percier, au phénomène absolument inverse, au moins en apparence. Avant de construire ou de restaurer des palais dans ce style néo-grec qu'il allait bientôt imposer avec une si grande autorité à l'école d'architecture contemporaine et à toutes les industries de luxe en Europe, il en avait appliqué le principe, essayé et fait accepter les premières formules dans ces industries mêmes ; il avait dessiné des modèles pour les fabricants de meubles, de bronze, d'orfèvrerie, de cristaux, de porcelaine, de tapis, d'étoffes et de papiers peints ; avant d'entrer à l'Institut, il avait traversé les ateliers industriels et son talent, loin d'y rien perdre et de s'en trouver diminué, acquit au contraire, en ce contact avec les exigences de l'utile, une abondance, une logique, une précision d'autant plus grandes. A ce titre, le nom illustre de Percier appartient à l'art décoratif et malgré l'éclat dont il brille, peut-être même à cause de cet éclat, il faut lui faire une place très haute parmi les noms de tant d'autres artistes ornemanistes, demeurés obscurs pour n'avoir jamais produit en dehors de ces ateliers. Quant à l'anomalie que nous avons signalée, quant à cette exception qui nous montre les arts décoratifs prenant l'avance sur l'architecture et répandant les premières manifestations d'un style déterminé, comme elle tient aux circonstances mêmes de la vie de Percier, nous aurons un double intérêt à retracer à sa lettre alphabétique la biographie de ce maître. Elle est fort belle, d'ailleurs, cette vie, très méritoire et d'un noble exemple, fortifiant et suggestif. Ici nous n'en dirons que l'essentiel à notre sujet. Il obtint le prix de Rome, en 1786, et retrouva au palais de France, son ami Fontaine, le lauréat de 1785, qui dit dans ses Mémoires : « Nous fîmes, Percier et moi, sans bruit, sans éclat, un pacte d'amitié, fondé sur l'estime et la confiance. Nous concertâmes un plan d'études qui plus tard nous a été très utile. » Ce plan d'études concerté entre deux jeunes gens dont le plus âgé avait à peine vingt-quatre ans, et c'était Fontaine, était remarquable par la nouveauté qu'il présentait. Les deux amis, dans leur ardeur intelligente, avaient été frappés par une révélation subite ; un éclair de génie venait de leur montrer qu'il y avait deux Romes dans Rome. Ils furent comme éblouis de l'éclat que répandaient les richesses merveilleuses jetées à profusion sur ce sol généreux et que les architectes, leurs devanciers, fermant les yeux à la lumière, n'avaient pas aperçues ou, pour mieux dire, n'avaient pas voulu voir. Pour eux, leurs regards embrassèrent tout ce vaste horizon. A côté des temples en ruine, ils virent les églises et les basiliques debout. A côté des palais couchés dans la poussière, près des thermes écroulés, ils virent les palais pleins de vie des seigneurs romains. Sur les voies antiques ils admiraient ces *villas*, ces jardins que l'art de la Renaissance avait semés au milieu de tant de débris. En présence de ces beautés, ils firent deux parts de leur vie : l'une, consacrée aux devoirs imposés aux pensionnaires, appartenant à la Rome des Césars ; l'autre, que de vaines distractions auraient pu emporter, fut consacrée à la cité moderne. Fontaine rend ainsi compte de ces doubles travaux : « Dès le grand matin, nous allions chaque jour explorer, dessiner, mesurer tous les édifices dans lesquels nous trouvions des traces du bon goût qui, pendant le XVe et le XVIe siècle règne en Italie. Nous rentrions ensuite chacun chez nous pour mettre au net les fruits de la récolte de chaque jour. Ainsi nous passions le temps, ne négligeant en aucun point le règlement du pensionnat. »

C'est de ce mouvement, guidé par Drouais, soutenu par Fontaine qu'est sorti le style néo-grec de l'Empire, réaction déclarée contre les charmantes fantaisies et les jolis caprices de l'époque précédente. Pour être juste, il faut dire que déjà de toutes parts on pouvait remarquer les signes précurseurs de cette révolution du goût ; tous les regards alors se tournaient vers l'art antique. David Leroy venait de publier les *Ruines des plus beaux monuments de la Grèce* ; Delagardette, les *Temples de Pœstum* ; Antoine venait de construire la Monnaie ; Louis, le Théâtre-Français, le théâtre de l'Opéra (place Louvois, à Paris) et le Grand-Théâtre de Bordeaux ; Gondouin, l'Ecole de médecine ; Soufflot, l'église de Sainte-Geneviève, depuis, le Panthéon. Si David Leroy, inspiré par Winkelman, n'avait pas vu très exactement les monuments antiques et avait le plus souvent travesti l'art grec d'une façon singulière ; si ses élèves et ses successeurs Peyre, de Wailly, Desprez, Pâris lui-même, le principal collaborateur du *Voyage des Deux-Siciles*, n'avaient qu'une médiocre intelligence du génie hellénique, du moins en étaient-ils vivement préoccupés. Ce qui n'a pas peu contribué à maintenir dans l'école de Percier et parmi ses contemporains le goût de ce que l'on considérait alors comme le pur style grec (ne regardait-on pas Percier comme le descendant direct et le continuateur d'Ictinus et d'Apollodore !), c'est, à la suite des victoires des armées françaises, l'arrivée à Paris d'admirables statues enlevées aux musées d'Italie.

Pour faire comprendre l'enthousiasme produit par l'exposition des œuvres grecques et romaines, il faut rappeler quelle était à ce point de vue l'indigence du Paris d'alors (1789). Il n'y avait pas une seule collection de peinture et de sculpture qui fût ouverte au public. Les artistes qui n'avaient pas fait le voyage d'Italie, ne connaissaient de l'art grec que les traductions infidèles du parc de Versailles et les à peu près plus infidèles encore des reproductions gravées dans les publications que j'ai nommées. Quatre belles statues authentiques, le *Jason*, la *Vénus d'Arles*, le *Germanicus* et la *Diane*, dite *de Versailles*, conservées dans la galerie de Versailles interdite à l'étude, inconnues elles-mêmes de leur possesseur et du public, étaient en fait d'antiquités, la seule richesse de la France; la galerie de peinture du Palais-Royal, de plus facile accès, et la collection très pauvre des plâtres moulés appartenant à l'Académie et servant à l'instruction des élèves : à ces seuls et maigres éléments se réduisaient les moyens d'étude des jeunes artistes et des travailleurs. Au néant, tout à coup succéda l'abondance; le Musée national s'enrichit aussitôt des plus rares, des plus parfaites productions de l'art statuaire, du plus beau choix fait parmi les plus belles œuvres antiques. Comment s'étonner de l'universelle admiration provoquée par cette révélation subite et de l'engouement déréglé qui en fut la conséquence? Une autre circonstance encore contribua pour une part à prolonger le mouvement du goût en ce sens; nous parlons de la grande entreprise du *Musée Robillard*, vaste et précieux inventaire de nos richesses d'art avant 1815. Les directeurs de cette importante publication durent faire dessiner toute la collection nouvellement formée des statues, groupes, bas-reliefs, bustes, candélabres, trépieds, etc., avant et afin de les livrer à la gravure. Ce n'était pas chose facile : tout talent n'a pas la souplesse et la finesse suffisante pour interpréter facilement le caractère essentiellement délicat, presque insaisissable de la beauté propre à de telles œuvres. Toute la jeune école y fit son éducation et notamment, nous le signalons en passant, M. Ingres.

C'est Louis David (V. ce nom) qui le premier donna l'exemple de la transformation du mobilier dans le sens de l'antique.

Jusqu'à cette époque, les meubles des maisons, même les plus opulentes de Paris, étaient encore fabriqués sur les modèles du temps de Louis XV ou de Marie-Antoinette, tandis que ceux de l'atelier du peintre des *Horaces* avaient un tout autre caractère. Les chaises courantes en bois d'acajou, sombres et couvertes de coussins en laine rouge avec des palmettes noires près des coutures, avaient été copiées sur celles dont la représentation est si fréquente au flanc des vases dits étrusques. Au lieu des deux *bergères* d'usage on voyait d'un côté une *chaise curule* en bronze, dont les extrémités en forme d'X se terminaient, en haut et en bas, par des têtes et des pieds d'animaux, et de l'autre un grand siège à dossier en acajou massif, orné de bronzes dorés, et garni d'un coussin et de draperies rouges et noires; le tout avait été fidèlement imité de l'antique et exécuté par le plus habile ébéniste de ce temps, Jacob, d'après les dessins de David et de Moreau. Enfin, le complément de ce meuble était un lit également à l'antique, mais qu'habituellement on reléguait pour gagner de la place dans un grand espace obscur peuplé de mannequins et plein de poussière. Au surplus, tous ces objets, exécutés d'après le goût et sur les ordres de David étaient, à proprement parler, des *meubles d'atelier*, puisqu'en effet ce peintre les a copiés dans ses ouvrages. C'est ce dont on pourra s'assurer en comparant la description qui précède avec les meubles qui se trouvent dans les tableaux de *Socrate*, de *Brutus*, d'*Hélène et Pâris* et dans le portrait ébauché de Mme Récamier.

Il est à propos de ne pas oublier que tout ce meuble était exécuté déjà depuis sept ans, lorsque en 1796, dans le public ce goût commençait seulement à se répandre. On citait comme une nouveauté les meubles de Jacob d'après l'antique. Quinquet était peut-être moins fier de l'invention de ses lampes, que des ornements étrusques dont les élèves de David ornaient leurs montures, et l'on surprenait souvent les coiffeurs, dans le fond de leur boutique, réfléchissant sérieusement devant une tête à perruque pour imiter la coiffure des sœurs des Horaces, ou de la femme et des filles de Brutus, des tableaux de David. Mais revenons à la décoration de l'atelier. La face opposée à celle où s'ouvrait la grande et unique fenêtre était divisée en trois portions. Celle du centre, la plus large, se terminait en haut par une archivolte au milieu de laquelle on avait pratiqué un grand œil-de-bœuf vitré. Des petites portes formaient les divisions latérales de cette face et elles étaient remarquables par leur décoration qui consistait en toiles vertes retroussées par des clous d'or, absolument de la même manière que le sont celles de la grande tenture qui garnit le fond sur lequel se détachent la femme et les filles de Brutus, dans le tableau de ce nom (V. les *Souvenirs* de E.-J. Delécluze sur L. David).

Quoi qu'il dessinât lui-même et non sans goût, Jacob, qui avait obtenu la fourniture du mobilier de la Convention, en demanda les modèles à Percier et à Fontaine. Ils y appliquèrent leurs études antérieures, y introduisirent les formes renouvelées du mobilier antique. Le succès fut tel qu'il leur valut de nombreuses commandes du même genre pour toutes les industries de luxe. Ils dessinèrent des étoffes, des meubles, des tapis, des papiers peints, firent des modèles pour les bronzes, les cristaux et l'orfèvrerie. Ils furent appelés à restaurer les riches habitations naguère désertées, furent présentés à Joséphine, alors Mme Bonaparte, puis au premier Consul, exécutèrent les travaux de la Malmaison et finalement devinrent les architectes du Louvre et des Tuileries. Bien que l'initiative du retour vers l'étude de l'antiquité n'appartienne pas à Percier, puisqu'on en voit la première manifestation dans l'œuvre du peintre Louis David, il n'en est pas moins vrai que c'est l'architecte et non pas le peintre qui trouva la formule définitive du style de son époque et par son influence et son mode d'action réussit à l'imposer. Si l'influence de Percier fut à ce point considérable, cela tient à ce qu'il ne limita pas son effort aux travaux d'architecture. Bien loin, comme Fontaine qui en abhorrait le souvenir, de dédaigner les modestes besognes de ses débuts, il en comprit toujours la grande importance, il mit constamment à profit et en pratique l'expérience spéciale qu'il avait acquise dans ses travaux pour les industries décoratives.

L'esprit d'ensemble d'unité est en toutes choses un des caractères du temps. Percier le maintint dans son art. Il apportait une sollicitude extrême à faire concorder les plus petits détails avec les formes générales, la même intelligence soigneuse à trouver pour les moindres accessoires du mobilier un style en harmonie avec la décoration intérieure de l'édifice. Il n'hésitait point à dessiner de sa main non seulement les meubles essentiels, mais aussi ceux dont la destination est la plus intime, toutes les pièces d'un cabinet de toilette, par exemple, d'une table jardinière, des lampes, des vases, de l'argenterie de table. Quoi qu'on en ait dit, il considérait si peu de tels travaux comme indignes de lui, qu'en 1812, au moment le plus brillant de sa carrière, il publie un ouvrage de 72 planches gravées d'après ses dessins et, loin d'en renier le côté pratique, il le signale délibérément à l'attention des spécialistes, dès le titre que voici dans toute son étendue si formellement explicite : *Recueil de décorations intérieures comprenant tout ce qui a rapport à l'ameublement, comme vases, trépieds, candélabres, cassolettes, lustres, girandoles, lampes, chandeliers, cheminées, feux, poêles, pendules, tables, secrétaires, lits, canapés, fauteuils, chaises, tabourets, miroirs, écrans*, etc., etc. Dans sa préface, il déclare que la théorie du goût ne saurait séparer « les plus légers produits de l'art de ses plus vastes ouvrages. » — « Un nœud commun les rassemble, dit-il. Une active et réciproque influence s'exerce entre eux. Quelle que soit la manière d'imiter et de faire qui domine dans un temps ou dans un pays, l'œil éclairé du connaisseur en distingue, en suit l'effet et les conséquences dans les plus grandes entreprises de l'art de peindre, de sculpter et de bâtir, comme dans les moindres œuvres des arts industriels, qui se mêlent à tous les besoins et à toutes les jouissances de l'état social. » Parmi ces planches, il en est beaucoup dont les motifs sont empruntés à la Malmaison. C'est de la Malmaison, en effet, que sortit le plus pur style empire. Sous l'aiguillon des idées nouvelles qui, de fond en comble, avaient renouvelé la société française, il fallait, dans l'art comme dans chacune des parties du domaine intellectuel, tout refaire, changer la forme de toutes choses, en prendre le contre-pied. On passe d'un extrême à l'autre. La fin du XVIIIe siècle répudiant ses origines, condamne sans réserve le style mixtiligne de Louis XV, ses boiseries dorées, ses glaces contournées, le chantourné capricieux de ses dessus de portes, de ses voitures, le maniérisme de ses compositions, en déclare le goût mesquin, faux, insignifiant. Il est inutile de dire que, depuis, on est bien revenu de telles sévérités. Déjà de récentes investigations sur les monuments antiques avaient mis à la mode l'architecture de style dorique, sans base, et l'ordre le plus sévère, celui que les anciens avaient affecté à la majesté des temples, était devenu l'ordre des boutiques, des corps de garde, de tout ce qu'il y a de plus vulgaire parmi les édifices civils. C'est précisément cet abus constant que l'inconstance de l'opinion fait de toute forme récemment adoptée, qui l'avilit si rapidement et, d'autre part cependant, constitue le triomphe de la mode.

Percier ne pouvait avoir la prétention que ses modèles échappassent à jamais au discrédit, à la défaveur, puis à l'oubli réservé aux compositions qui, par leur succès même, ont été répétées à satiété. Cependant, il tenta de leur assurer la plus longue durée possible en sacrifiant de propos délibéré l'imagination à la raison, les caprices de l'invention aux calculs de la logique. Ce qui le ramène à l'antique, c'est qu'il croit y avoir découvert bien moins la puissance du talent que le pouvoir de cette raison qu'il considère comme remplissant dans les arts décoratifs, architecture, ornement, ameublement, le rôle de la nature dans les arts d'imitation. Suivre la nature dans cette multitude d'objets que l'on comprend sous le nom d'ameublement, pense-t-il, c'est savoir suivre « les ordres du besoin ; » c'est faire que le nécessaire ne soit jamais sacrifié à l'agréable, qu'il devienne même agréable sans qu'on aperçoive la prétention à le devenir. « La nature, c'est-à-dire le vrai modèle de chaque objet, de chaque meuble, de chaque ustensile, est pour l'artiste cette raison d'utilité, de commodité qu'enseigne son emploi. » Entre toutes les façons d'un siège, par exemple, il en est qui sont dictées par la forme de notre corps, par des rapports de nécessité ou de commodité, tellement sensibles, que l'instinct seul nous les ferait trouver. Réprouvant le désir de plaire qui mène à l'anarchie du caprice, qui confond tous les principes, comme de remplacer un membre d'architecture par l'ornement qui devait seulement le décorer, comme de substituer des rinceaux au corps dont ils étaient l'accessoire et de leur faire supporter, contre toute vraisemblance, ce qui devrait être supporté par des parties solides, Percier limite l'action de l'art à épurer les formes dictées par les convenances, à les combiner avec les contours les plus simples, à faire naître de ces données naturelles des motifs d'ornement qui s'adapteront à la forme essentielle sans jamais déguiser son type ni dénaturer le principe qui leur donne naissance.

En cherchant à conformer ces compositions au goût et au style de l'antiquité, Percier ne cède donc pas à un sentiment d'aveugle admiration ; c'est qu'il y a découvert « ces lois générales du vrai, du simple, du beau qui devraient régir éternellement toutes les productions du règne de l'imitation. » C'est que la manière des anciens dans tous leurs ouvrages, depuis les plus grands jusqu'aux plus petits, depuis le temple jusqu'au vase d'argile, « consiste à conserver dans tout objet ce qui en est le type originaire, le principe ou la raison nécessaire, et à varier sans blesser le fond, les formes accessoires, les détails, les circonstances, de manière que l'essentiel soit invariable et que l'accidentel seul change. » Certes, la théorie est parfaite en tous points. Un artiste éminent, Viollet-le-Duc, l'a reprise depuis et professée avec autorité ; mais, dans l'application, Percier n'a pas assez compté avec le besoin de variété qui est un des éléments les plus féconds de notre activité d'esprit, encore moins avec les mœurs de nos sociétés modernes, où la vie en commun dans les salons, les promenades et les théâtres, entretient l'inconstance du goût par le désir de se distinguer.

Il a poussé la raison jusqu'à l'abstraction, la simplicité de lignes jusqu'à l'indigence, la pureté des contours jusqu'à la sécheresse, la pureté des formes jusqu'à l'aridité. Et malgré cela, malgré cette absence de variété, ce manque de souplesse et de fantaisie ; malgré la pauvreté de l'imagination, malgré l'abus des tracés géométriques élémentaires : le cercle parfait, l'angle droit ; malgré la constante répétition des mêmes motifs : — Termes trop courts ou trop longs, rarement en proportions ; Figures ailées d'une rigidité rebutante ; Monstres mal conçus, pieds de Chimères singuliers ; — malgré l'inélégance de certaines formes et leur lourdeur et le peu de souci du bien-être, du confortable dont elles témoignent ; malgré la monotonie d'un parallélisme invariable et de l'absolue symétrie, il faut bien reconnaître qu'il y a là non seulement un style, mais du style : du style par le caractère logique, nettement accusé de la forme, concordant avec sa destination et par la parfaite harmonie des détails et de l'ensemble ; un style, c'est-à-dire une simple date, mais une date durable par la solidité des matériaux employés et le soin scrupuleux apporté à leur mise en œuvre ; une date qu'en dépit des anathèmes fulminés contre elle par le romantisme triomphant, les amateurs et les artistes ont quelque plaisir à réhabiliter aujourd'hui, comme pour protester contre le capitonnage voluptueux et l'aimable chiffonnage de l'ameublement contemporain, art de modiste et de tapissier, art charmant, mais sans lendemain et sans style d'aucune sorte, qui n'autorise pas tant de sévérité contre le *style Empire*. — E. CH.

* **EMPLECTITE.** *T. de minér.* Nom donné à une variété de bismuth sulfuré-cuprifère, qui cristallise en longues aiguilles d'un blanc grisâtre, à reflets métalliques. On l'a trouvée en Saxe, à Schwarzenberg. Elle contient environ 81 0/0 de bismuth.

Il existe deux autres minerais de bismuth ayant une composition analogue, la *wittichénite*, trouvée à Wittichen, en Souabe, et la *klaprotholite*.

Ces espèces sont toutes des minerais de bismuth très estimés pour leur richesse en métal.

* **EMPLI.** *T. de raffin. de sucre.* Endroit où l'on place les formes vides. || Opération qui consiste à puiser le sirop pour le verser dans les bassines avant de le porter aux formes.

* **EMPLURE.** *T. techn.* Feuille de vélin que le batteur d'or place en dessous des outils pour amortir la violence des coups sur les premiers quartiers.

* **EMPOINTAGE.** *T. techn.* Action de faire la pointe des aiguilles et des épingles ; le lieu où se fait cette opération se nomme *empointerie.* || Action

de retenir, au moyen d'aiguillées de fil, les plis d'une pièce d'étoffe.

* **EMPOINTEUR.** *T. de mét.* Ouvrier qui fabrique la pointe des épingles ou des aiguilles. || Ouvrier qui empointe les pièces de tissus.

EMPOIS. *T. techn.* Sorte de colle faite avec de l'amidon et dont on se sert pour donner de la fermeté au linge.

* **EMPOISE.** *T. de métall.* Les *cylindres* servant au laminage sont terminés par des tourillons parfaitement cylindriques, qui reposent entre les montants des *cages.* Ces tourillons frottent sur des coussinets en bronze formés de portions de cylindre emboîtées dans des pièces de fonte nommées *empoises.* Il y a, par cage, deux empoises par chaque tourillon : l'empoise supérieure est maintenue par une vis qui traverse la tête de la cage et qui empêche, qu'à chaque passage des barres, les cylindres quittent leur position horizontale.

EMPOISONNEMENT PROFESSIONNEL. L'empoisonnement est une maladie provoquée, par l'introduction dans l'organisme de matières dangereuses. Suivant la nature de ces substances, l'intoxication peut se faire de trois manières : par les voies respiratoires, par l'absorption directe dans le tube digestif, par le contact avec l'épiderme ou les muqueuses.

Nous ne voulons parler ici, ni de l'empoisonnement criminel ou de celui provoqué dans un but de suicide; mais, comme dans les travaux industriels, il arrive fréquemment d'avoir à manier des corps qui sont ou dangereux par eux-mêmes, ou par les produits secondaires qu'ils fournissent, nous avons voulu réunir sous ce titre, les différentes sortes d'empoisonnements professionnels que l'on peut être à même de rencontrer, pour montrer combien il est souvent important, pour ne pas dire absolument indispensable, d'exécuter rigoureusement les diverses prescriptions qui sont imposées à l'industrie, lorsque l'on veut créer un établissement insalubre, incommode ou dangereux.

Nous ne pouvons, dans la limite de place accordée à cet article, songer à indiquer les moyens propres à éviter ces différents accidents, ou les traitements qui seraient à appliquer lorsqu'un premier symptôme d'empoisonnement se produit; nous voulons simplement, en signalant les corps les plus dangereux à manier, montrer qu'elles sont les principales industries qui peuvent avoir à redouter des accidents, souvent assez graves pour se terminer par une mort fatale.

Les poisons gazeux qui peuvent réagir sur les voies respiratoires sont :

(*a*) l'*acide sulfureux*, que l'on fabrique surtout pour blanchir la soie, la laine, les plumes, la paille destinée à la confection des chapeaux, etc. (on commence à employer maintenant l'eau oxygénée dans le même but). Des émanations du même genre, peuvent encore suffoquer les ouvriers qui travaillent, dans les fabriques d'acide sulfurique, à la réparation ou au nettoyage des chambres de plomb; ceux qui font les allumettes soufrées, ou destinées à recevoir la pâte à base de phosphore; ceux qui font les mèches soufrées;

(*b*) l'*acide hypoazotique*, qui se dégage lors de l'affinage ou de la purification de l'or et des métaux précieux; lors de la quartation; lors de la préparation des azotates de fer ou de cuivre, que l'on peut employer dans la teinture, celle des draps en particulier.

(*c*) l'*ammoniaque* ou le *sulfure d'ammonium*, que rencontrent si souvent les puisatiers, les égouttiers, les vidangeurs, lorsqu'ils entrent dans le puits, la fosse ou l'égout, sans avoir essayé, par la descente d'un corps allumé, la nature de l'atmosphère où ils vont pénétrer.

(*d*) le *chlore*, dans les fabriques d'hypochlorites alcalins, les établissements de blanchiment.

Nous ne parlons pas, bien entendu, dans cette étude, des accidents qui peuvent survenir dans une fabrique quelconque, par suite de causes imprévues, de rupture d'appareil, de défaut de surveillance, etc., nous n'envisageons que les accidents qui sont inhérents au genre de travail effectué dans une usine.

A la suite des poisons qui agissent toujours sous forme gazeuse, il convient de ranger ceux qui, solides à la température ordinaire, émettent, lors des opérations qu'on leur fait subir, des émanations dangereuses, et peuvent en plus, provoquer l'empoisonnement par leur introduction dans les voies digestives.

Nous rangerons dans ce groupe :

(*a*) le *phosphore*, dont la préparation occasionne l'intoxication à la longue, en amenant des dégénérescences graisseuses, des caries, provoquant la mort dans la proportion de 3,2 0/0 chez les ouvriers qui s'y livrent. La fabrication des allumettes ordinaires est d'autant plus dangereuse qu'il vient se joindre aux vapeurs de phosphore celles de l'acide sulfureux.

(*b*) le *mercure* : qui à l'état de vapeurs ou de poussières, amène dans les mines une intoxication portant sur 12 0/0 des ouvriers utilisés à ces travaux; qui fait que presque tous les doreurs au feu sont malades après deux ans de séjour dans les ateliers; qui réagit sur la santé des ouvriers miroitiers, et sur ceux qui fabriquent les fulminates pour capsules. L'emploi du nitrate de mercure, pour la confection des chapeaux de soie; du bichlorure pour la conservation des bois; de divers sels de mercure, pour le damassage des canons de fusil; la préparation de l'aniline, l'impression des draps, etc., augmentent encore le nombre des cas d'intoxication qu'il faut rapporter à l'emploi de ce métal.

(*c*) l'*arsenic* : ce métalloïde à l'état de liberté n'agit guère que sur les ouvriers employés dans les mines à son extraction; mais à l'état de combinaison, il provoque souvent des accidents fort graves. La préparation de la couleur bleue appelée *smalt*, du speiss, qui sert à la fabrication du cobalt, et qui sont tous deux obtenus avec le cobalt arsenical, dégage souvent des quantités d'acide arsénieux qui produisent des désordres; il en est de même des poussières qui se détachent des peaux de lapin, de lièvre ou des autres fourrures, conservées à l'aide de savons ou de liqueurs à base d'acide arsénieux. Les arsenites, les arseniates (verts de Schèele, de Schweinfurt, etc.), qui sont encore parfois employés, malgré les arrêtés de proscription, pour la préparation de certaines nuances, en teinture et en impression sur étoffes; pour la confection de papiers peints, et surtout des papiers veloutés; pour la fabrication des fleurs et des feuillages artificiels, etc., ont amené de très nombreux accidents.

(*d*) l'*étain*: ce métal, inoffensif par lui-même, ne produit, lors de son extraction, que des accidents attribuables aux corps étrangers qu'il renferme, notamment l'arsenic.

(*e*) le *zinc* à l'état de vapeur, produit un oxyde impur dans lequel se trouvent également des corps toxiques ; les accidents que l'on a pu constater ne sont donc pas attribuables à ce corps, mais à ceux qui lui sont unis.

(*f*) l'*aniline et ses dérivés*, peuvent être rangés à la suite des métaux qui agissent à la fois par les vapeurs émises et par l'action de contact. L'aniline réagit surtout lorsque l'on pénètre dans une atmosphère où ses vapeurs sont très abondantes; c'est ce qui arrive notamment, lors du nettoyage des cornues ayant servi à la préparation. Un de ses dérivés, la *rosaniline*, a également provoqué de nombreux empoisonnements, surtout lorsque l'oxydation de l'aniline est obtenue au moyen de l'acide arsenique ; dans ces cas, il faut, d'après les statistiques publiées, notamment d'après celle de M. Dr L. Hirt (*Die Krankheiten den Arbeiter*, Leipzig, 1873) rapporter 15 0/0 seulement des accidents à l'aniline, et 60 0/0 au moins, à l'arsenic. L'*acide phénique*, un produit également fabriqué avec les dérivés des goudrons de houille, peut aussi produire des accidents lors de sa préparation en grand.

Parmi les corps qui agissent plutôt par les poussières qu'ils émettent, lors de leurs manipulations et qui agissent alors, aussi bien, par absorption par les voies digestives, que par leur contact avec la peau et les muqueuses, nous placerons :

(*a*) le *plomb*, un des corps les plus répandus et les plus redoutables que l'on connaisse, car ses sels, dépourvus de goût spécial susceptible d'en révéler l'existence, sont ingérés pendant longtemps, avant de manifester les désordres qui les caractérisent. Les ouvriers mineurs employés à l'extraction du plomb, ceux qui se livrent à son épuration, sont non seulement atteints de saturnisme, mais sujets à des désordres que l'oxyde de carbone et l'acide carbonique mélangés peuvent provoquer ; ceux qui extraient les minerais, pratiquent l'affinage de l'argent, fabriquent la litharge (oxyde de plomb) sont tous malades après quelques années de travail ; la statistique donne 95 0/0 d'intoxiqués. Les ouvriers fabriquant la céruse (carbonate de plomb), les peintres ou ouvriers qui broient ce même produit, donnent également, après cinq ans, un chiffre de 75 0/0 de malades. En général, tous ceux qui manient les préparations à base de plomb ne peuvent échapper à l'action nocive de ce métal : il nous suffira de rappeler les professions suivantes : les peintres, les vernisseurs, émailleurs, controxydeurs de métaux ; les fabricants de verrerie, tailleurs de cristaux, polisseurs de camées, fabricants d'instruments de musique en cuivre ; les étameurs, les fondeurs de caractères d'imprimerie, les potiers, les orfèvres et les sertisseurs, les fabricants de cartes, de cosmétiques; les ouvriers faisant les sels de plomb dans les fabriques de produits chimiques (surtout les acétates), les fabricants de gants, les dentellières, les couturières (par suite de la surcharge des tissus, de la soie), les ouvrières en mèches pour briquets de fumeurs ; etc.

(*b*) les hommes employés dans les mines d'*antimoine*, de *cuivre*, offrent souvent des symptômes d'intoxication que l'on peut attribuer à la présence de ces métaux ou de corps étrangers; mais, ceux qui se livrent à des travaux exigeant l'emploi des sels de cuivre, et surtout de l'acétate, présentent fréquemment des accidents graves, car, bien qu'on en dise, l'immunité absolue de ce métal, et de ses préparations surtout, est loin d'être acceptée par tous les chimistes.

A côté de ces exemples d'empoisonnements véritablement industriels, il faut peut-être rapprocher ceux professionnels, que l'on voit se produire chez les individus exerçant des industries diverses exigeant le contact journalier avec des animaux vivants ou morts. Dans la première catégorie on peut placer les désordres qui se montrent lorsqu'un individu est mordu ou contaminé par les chevaux atteints de la *morve* ; dans la seconde ceux qui s'observent par suite de piqûres ou d'érosions faites, soit par des animaux ayant séjourné sur des corps en décomposition, soit par des crins, chiffons, etc., ayant appartenu ou touché à des bêtes atteintes de la maladie appelée *charbon*. Les accidents qui surviennent alors sont susceptibles de rappeler complètement les symptômes et la marche d'un empoisonnement véritable, et les désordres qui sont occasionnés portent souvent, comme lorsque certains gaz, l'acide hypoazotique par exemple, agissent sur l'organisme, sur les globules sanguins. Mais, comme nous ne pouvons entrer dans plus de détails, nous nous contenterons de signaler cette analogie, disant pour terminer, que dans tous les cas où une industrie est dangereuse, la première précaution à prendre est de veiller à l'hygiène de l'atelier. Par une aération convenable et continue, en absorbant les poussières métalliques, les vapeurs dangereuses, au moyen d'un tirage suffisant; en tenant aux soins de propreté, forçant le personnel à ne pas manger dans les ateliers, à changer de vêtements à chaque sortie, etc., etc., on arrive à diminuer considérablement les chances d'intoxication professionnelle. — J. C.

EMPORTE-PIÈCE. *T. techn.* Instrument qui est une des formes de l'outil qu'on désigne sous le nom général de *découpoir*. Il sert à découper les matières suivant une forme déterminée. Ce qui le distingue du *couteau*, c'est qu'il s'emploie toujours pour découper au corps même de la matière, en d'autres termes pour enlever des parties entourées par d'autres parties ; le couteau au contraire n'enlève que des *rognures*. Les formes de l'emporte-pièce, les noms qu'on lui donne, la manière de s'en servir, varient suivant les usages auxquels il est destiné. Quand il s'agit par exemple de percer un trou dans une pièce de cuir, on se sert du marteau pour faire pénétrer l'outil qui affecte alors la forme d'un poinçon. Faut-il au contraire découper une feuille de tôle ou de cuivre, on emploie les presses ou vis à balancier. Dans ce cas l'emporte-pièce prend le nom d'*étampe* ou de *piston*. Il se compose alors d'une vis , à laquelle une traverse horizontale munie de deux boules de plomb à ses extrémités, permet d'imprimer un mouvement de descente très brusque. En s'abaissant, la vis entraîne une tige qui en est le prolongement et qui porte à son extrémité inférieure un piston en acier. Sur la face interne de ce piston, se trouve exactement en relief le dessin qu'il s'agit d'obtenir. La contre-étampe est semblable à l'étampe, mais elle est fixe et porte en creux le dessin que l'étampe porte en relief. On peut aussi employer un piston mobile. Celui-ci entre dans ce cas exactement dans une lunette placée en dessous, et sur laquelle on applique la feuille de métal à découper. La lunette est prolongée inférieurement ; la pièce emportée par le piston passe au travers et tombe dessous. On emploie ce genre d'emporte-pièce pour les travaux de grosse chaudronnerie, notamment pour percer des trous dans les feuilles de tôle destinées aux générateurs de vapeur, ou pour façonner les pans des écrous.

Les couteaux et les emporte-pièces se font en acier; la partie coupante est trempée dure, et est généralement à double biseau ; en tous cas le côté le plus incliné du biseau doit se trouver du côté où l'on rejette la matière.

***EMPOUTAGE.** *T. de tiss.* Opération qui consiste à passer, une à une, dans les milliers de petits trous d'une planche en noyer bien sec, les ficelles très solides, quoique fines, qu'on appelle *arcades*. Cette planche est dite *planche d'arcades*. Lorsque le passage est effectué d'après un calcul préalablement établi, et suivant des dimensions imposées, l'ensemble des arcades constitue la *tire*. Celle-ci est mise en communication avec les crochets de la mécanique Jacquard. On procède pour cela de la manière suivante : on suspend dans un ordre voulu, les boucles supérieures des arcades aux petits porte-mousquetons ou *collets*, dont chacun est, à son tour, suspendu à un crochet de la mécanique. C'est la tire qui, à une hauteur convenable, tient en suspension, sous la planche d'arcades, tous les maillons à travers l'œillet desquels passeront les fils de la chaîne. Toute arcade, tirée par un crochet soulevé lors du fonctionnement de la Jacquard, enlève son maillon et conséquemment détermine ce qu'on appelle un fil *pris*. Par contre, à toute arcade laissée immobile correspond un fil *laissé*. La navette passe *sous* le premier et *sur* le second.

L'empoutage le plus simple est celui qu'on nomme *suivi*. Voici dans quel cas on en fait usage. Etant donnée, par exemple, une esquisse large de 10 centimètres, on veut, avec ce dessin, fabriquer un tissu façonné ayant un mètre de laize, la réduction-chaîne devra, par supposition , être de 40 fils au centimètre. L'esquisse ayant 10 centimètres, exigera nécessairement 400 fils pour sa reproduction sur étoffe. Une mécanique de 400 crochets suffira conséquemment. Mais les 400 fils ne fourniront, comme base du dessin, que le dixième de la laize de l'étoffe, puisque cette largeur est de un mètre et que la chaîne doit contenir 4,000 fils (400×10). — E. G.

Il importe donc de multiplier l'empoutage de manière à avoir 10 fois le rentrage de 400 arcades dans les trous de la planche. De cette sorte chacun des 400 crochets pourra agir sur 10 arcades à la fois. Mais il faut que cet empoutage soit identiquement le même dans chaque répétition ; il faut en un mot que la même marche soit *suivie* comme direction de rentrage successif des arcades, toutes les premières étant passées chacune dans le premier trou des 10 *chemins*, et toutes les autres en suivant. Dans ces conditions le dessin se montre comme forme et comme sens, exactement semblable dans toutes les répétitions.

Les empoutages qui font suite au précédent et qu'on emploie pour les grandes compositions artistiques utilisées surtout dans les articles d'ameublement, sont les suivants : *empoutage à pointe* ; *empoutage à pointe et retour ; empoutage sur plusieurs corps* ; *empoutage bâtard* ; *empoutage bâtard à ailes ; empoutage bâtard à pointe; empoutage sauté sur plusieurs corps ; empoutage agrandisseur* (tire et lames) ; *empoutage à planche brisée ; empoutage à tour anglais ;* etc., etc. — E. G.

EMPREINTE. Quand on applique deux corps l'un sur l'autre avec une certaine pression, si les deux corps sont d'inégale dureté, le plus dur laissera son image, sa figure, sur le plus mou. Les images ainsi obtenues sont des *empreintes*. L'industrie tire chaque jour parti de ce moyen si simple de se procurer les traits sensibles des objets. Le naturaliste et l'archéologue en font autant, ainsi qu'on aura mille occasions de le voir dans presque tous les volumes de cet ouvrage. Pour le moment, nous ne parlerons que des services que la confection des empreintes rend à cette partie de l'art de l'imprimeur qui a reçu le nom de *clichage* (V. ce mot).

On a vu ailleurs que le clichage consiste à convertir en une forme solide, en une espèce de planche métallique, les formes typographiques, composées, comme on sait, en caractères mobiles. On peut ainsi démonter immédiatement ces formes, après le tirage, pour en employer les caractères à la composition de nouvelles formes, par conséquent à la fabrication d'autres ouvrages, et c'est sur les plaques métalliques ainsi obtenues qu'on effectue les réimpressions ultérieures du premier ouvrage.

Il existe actuellement deux sortes de clichages, le *clichage au papier* et le *clichage galvanique*, tous les deux nécessitant, comme opération préalable, la confection d'empreintes. Voyons comment les choses se passent dans chaque procédé.

Clichage au papier. Vingt-quatre heures d'avance,

on prépare une colle de pâte bien cuite à laquelle on ajoute une quantité égale de blanc d'Espagne pulvérisé et passé dans un tamis de laiton. On bat le tout avec une spatule et, quand la masse est parfaitement homogène, on ne tarde pas à l'employer, car elle ne peut se conserver plus de trois jours. On fait alors ce qu'on appelle les *flans*, c'est-à-dire des espèces de cartons obtenus en appliquant l'une sur l'autre, au moyen de la colle, quelques feuilles de papier mince non collé. Voici comment on obtient les cartons : après avoir coupé une feuille de papier collé de la grandeur de la page qu'on veut clicher, on étend, avec un pinceau, une couche de la pâte ci-dessus, laquelle couche ne doit pas être plus épaisse que la feuille de papier elle-même. On prend ensuite une autre feuille de papier, mais celui-ci sans colle et de la qualité qu'on nomme *pelure*, on l'étale sur la précédente, légèrement avec la main, et l'on étend par dessus une autre couche de pâte, puis une autre feuille de papier pelure. On continue ainsi, jusqu'à ce qu'on ait employé cinq feuilles de pelure, ce qui, avec la première feuille de papier collé, fait six feuilles. C'est cet assemblage de six feuilles et de cinq couches de colle qui constitue un flan, et l'on fait autant de flans semblables qu'on suppose en avoir besoin. Les cartons ainsi obtenus sont posés les uns sur les autres entre deux plaques de métal, et abandonnés jusqu'au lendemain.

Alors a lieu la confection des empreintes proprement dites. On peut en faire une seule pour toute une forme, mais ordinairement on en fait autant qu'on a de pages. L'opération est la même dans les deux cas, mais plus simple et plus commode dans le second. Supposons qu'il s'agisse d'une page isolée. Cette page, en caractères mobiles, est d'abord placée, sur une table solide, dans un cadre de fer approprié, qu'on appelle *ramette à mouler*, puis *taquée*, expression expliquée plus bas, pour qu'aucun des caractères ne dépasse le niveau des autres, et enfin assujettie avec soin. Après s'être assuré qu'elle est bien propre, on la graisse légèrement avec une petite brosse. Ces préliminaires terminés, on prend un flan, on le pose sur la table l'œil en dessous, c'est-à-dire du côté pelure, et l'on passe dessus à plusieurs reprises un petit rouleau mobile de bois ou de fonte, afin d'abattre les plis qui ont pu s'y produire et de le glacer. Aussitôt après, on le pose sur la page et, avec une brosse à longs poils, dite *brosse à mouler*, on frappe dessus modérément, de manière que les coups tombent d'aplomb. Quand on s'aperçoit qu'il va se percer, on y étend une couche de colle de pâte, on met par dessus une feuille de papier collé, on frappe de nouveau avec la brosse et, lorsqu'on reconnaît que l'œil de la lettre a pénétré assez profondément dans le flan, on promène dessus un *taquoir* de bois dur pour en niveler toutes les parties. On sait qu'on appelle *taquoir* un morceau de bois, de forme rectangulaire, que l'on tient de la main gauche, tandis que de la main droite on le frappe avec un marteau. Ce taquage effectué, on étend une nouvelle couche de colle, puis une nouvelle feuille de papier collé, après quoi on taque légèrement, uniquement pour faire adhérer. Il n'y a plus alors qu'à poser deux morceaux de molleton sur le tout et à mettre en presse pour faire sécher. Quand elle est sèche, l'empreinte est prête à servir. Elle passe alors à l'atelier de la fonte, où elle sert de moule pour convertir en un bloc unique les caractères mobiles dont la page est formée.

Le clichage au papier sert également à prendre les empreintes des gravures sur bois, et on les prend ordinairement en même temps que celles du texte. Quand on opère à part, les flans sont moins épais et les opérations un peu différentes.

Clichage galvanique. Il fournit des empreintes plus coûteuses que celle du clichage au papier, mais d'un effet plus remarquable. A cause de la forte dépense qu'il occasionne, on y a plus rarement recours pour le texte que pour les dessins gravés sur bois. Plusieurs procédés sont employés pour prendre l'empreinte de ces derniers. Peu de mots feront connaître comment on opère dans les deux plus simples. Une plaquette de gutta-percha étant coupée à la dimension de la gravure, on la fait tremper dans de l'eau chauffée à 40° pour qu'elle se ramollisse, puis, quand elle est assez molle pour fléchir sous la pression des doigts, on l'étend sur le bois gravé, on pose pardessus une feuille de zinc mouillée, et l'on pousse le tout sous une presse à main ; un bon coup de cette presse suffit pour transporter sur la gutta-percha tous les détails de la gravure, qu'on laisse quelques minutes sous pression afin de donner à l'empreinte le temps de se refroidir. Le refroidissement donne toujours lieu à un léger retrait. C'est, dit-on, pour prévenir cet inconvénient qu'a été imaginé l'autre procédé. Ici on ne se sert ni de gutta-percha, ni de la chaleur. Dans un cadre de la grandeur du bois gravé, qui est posé sur une table à rebords d'une horizontalité parfaite, on coule un mélange en fusion de cire, de colophane et de térébenthine. A cause de son état liquide, ce mélange prend une surface parfaitement plane et unie, et il durcit en se solidifiant. Quand il est tout à fait froid, on y applique le côté gravé du bois et l'on porte le tout à la presse.

Quel que soit celui des procédés qu'on emploie, les empreintes sont ensuite métallisées, puis exposées dans le bain.

Ainsi que nous l'avons dit ci-dessus, une foule d'industries ont besoin de prendre des empreintes. Chacune d'elles a recours pour cela à des moyens souvent fort différents et dont la description nous entraînerait trop loin. Aussi croyons-nous devoir n'en rien dire ici et, afin d'éviter des longueurs et des répétitions inutiles, nous renvoyons aux articles où il est traité de chacune d'elles.

* **EMULSINE.** *T. de chim.* Sorte de ferment azoté contenu dans les amandes douces et amères. Ce produit, dont la composition est complexe, puisqu'en dehors des éléments ordinaires il renferme du soufre, n'a pas encore de formule bien exacte. Il se présente sous forme d'une poudre blanche, hygrométrique, soluble dans l'eau et déviant alors à gauche. Il fournit plus du quart de son poids de cendres dans lesquelles se trouvent des phos-

phates, mais peut être porté à 100° sans subir de décomposition. Par la fermentation, il donne de l'acide lactique.

Les solutions aqueuses d'émulsine précipitent par l'azotate d'argent, les chlorures de fer et de mercure. La propriété principale de l'émulsine est de dédoubler certains corps, sous l'influence de l'eau; ainsi, en présence de l'émulsine, l'amygdaline donne de l'essence d'amandes amères, de l'acide cyanhydrique et du glucose; la salicine, de la saligénine et du glucose ; la coniférine, de l'alcool coniférylique et du glucose, etc.

Pour l'obtenir, on délaie le tourteau d'amandes douces qui a servi à obtenir l'huile, dans trois fois son poids d'eau tiède, puis on laisse macérer trois jours, à la température ordinaire. Au bout de ce temps on filtre la liqueur claire, et on additionne d'alcool, pour précipiter l'émulsine. On reprend le précipité par un peu d'eau, on y ajoute une faible quantité d'acide acétique, et on fait passer dans la liqueur un courant d'acide carbonique, jusqu'à ce que le liquide ne précipite plus par l'addition de ferrocyanure de potassium et d'acide acétique. On précipite à nouveau l'émulsine par l'alcool, on reprend par l'eau et évapore dans le vide.

ENCÂBLURE. *T. de mar.* Unité de longueur qui équivaut à 120 brasses ou 200 mètres.

ENCADREMENT. Bordure moulurée, sculptée ou peinte, qui forme cadre autour d'un panneau, d'une porte, d'un motif quelconque ; c'est aussi l'action d'entourer, d'encadrer une glace pour l'orner ou la fixer, et un tableau, un dessin, une estampe, une tapisserie, dont le cadre a pour fonction de rehausser le caractère artistique de l'œuvre.

— L'encadrement, en tant qu'industrie spéciale, est de date récente. Chez les Grecs et les Romains, en effet, comme chez tous les peuples anciens, et jusqu'après le moyen âge, la peinture n'était qu'une auxiliaire de l'architecture et de la sculpture; son but était seulement décoratif; elle ornait les monuments, les temples, les églises; elle était exclusivement murale. Les encadrements qui entouraient les fresques d'alors ne relevaient donc que de l'art du sculpteur sur bois ou sur pierre. Avec la Renaissance, le tableau prend son caractère exclusivement mural pour prendre de la mobilité; c'est l'époque d'une prodigieuse floraison dans toutes les branches de l'art; l'encadrement se crée, s'applique d'abord aux glaces et aux tableaux, puis gagne les dessins, les estampes; de nos jours, l'encadrement s'est appliqué avec succès aux photographies. Nous allons examiner succinctement les procédés employés actuellement pour ces divers encadrements.

Encadrement des glaces. Les glaces ont d'abord reçu des cadres chargés d'ornements de la même matière que les glaces elles-mêmes. De là ces admirables miroirs de Venise, pour la fabrication desquels les Italiens ont conservé jusqu'à notre époque toute leur supériorité passée. Mais ce genre d'encadrement était aussi coûteux que beau. Aussi parurent bientôt les cadres en bois sculptés, puis ceux en bois peint ou doré, si en usage de nos jours.

Pour placer une glace donnée dans un cadre de bois, on a soin de ménager dans ce cadre une rainure destinée à la recevoir. On double la glace d'un châssis en bois, reposant sur des voliges, et on la pousse avec précaution dans la rainure du cadre, en assurant l'assemblage par quelques petites pointes poussées derrière.

Encadrement des tableaux. L'encadrement des tableaux s'effectue d'une manière plus simple encore. On tend la toile sur un simple châssis, et on la place dans la rainure ou dans l'intérieur du cadre, en assurant la fixité du châssis, comme il vient d'être indiqué pour les glaces.

Encadrement des dessins. Tous autres sont les procédés employés pour l'encadrement des dessins, estampes ou photographies. On commence par coller sur une feuille de fort papier à dessin ou de bristol l'image que l'on veut encadrer; puis on découpe carrément une feuille de carton de la grandeur du dessin, augmentée de la largeur des marges que l'on entend conserver. On place le dessin sur le carton et on découpe une feuille de beau verre de la dimension du carton. On relie le verre et le carton au moyen de bandes de toile collées à la face interne du carton et à la face externe du pourtour du verre. Sur la partie externe de la bande de toile, on place, si le dessin n'est pas destiné à être mis dans un cadre, une large bande de bristol ornée d'un liseré, et désignée sous le nom de *passe-partout*. Le carton humecté par la colle a une tendance à se déformer et peut amener la rupture du verre. On y remédie en soumettant l'encadrement à une pression proportionnée à la force du verre et à celle du carton. Si le dessin doit être placé dans un cadre, on opère également comme il vient d'être dit ci-dessus ; toutefois, on applique entre le verre et la marge du dessin une feuille de carton, découpée en son milieu, de façon à laisser apparaître le dessin en un rectangle. Les mêmes précautions sont à prendre que ci-dessus pour éviter la rupture du verre.

ENCADREUR. *T. de mét.* Celui qui fabrique et pose des cadres.

ENCAISSEMENT. *T. de p. et chauss.* Ce mot désigne généralement des enceintes en charpente employées pour la fondation et l'élévation des piles de pont. || On appelle également ainsi les digues artificielles qu'on établit le long des rives d'un cours d'eau pour le redresser, l'approfondir et le régulariser. Dans ce cas le mot est synonyme d'*endiguement*. — V. ce mot. || Les tranchées que l'on creuse dans les routes pour les empierrer reçoivent aussi le nom d'*encaissement*.

***ENCARTAGE.** 1° *T. d'imp. et de lib.* Action de placer un *encart*, ou carton, portion de feuilles qu'on insère dans la partie du cahier ou de la feuille pliée suivant un format déterminé. || 2° *T. de tiss.* Carte divisée en petits carrés qui figurent les fils de chaîne et de trame et représentent les dessins des étoffes brochées. || 3° Action d'intercaler des cartons entre les plis des étoffes.

*** ENCASSURE** ou **ENCASTURE.** *T. de charron.* Entaille faite au lisoir de derrière et à la sellette de devant, pour y placer l'essieu d'une voiture.

*** ENCASTAGE.** *T. de céram.* Quand la pâte des poteries ne peut pas être ramollie par la température du four de cuisson, on les *enfourne en charge*, c'est-à-dire qu'on les met à nu sur la sole, les unes dans les autres ou les unes sur les autres, mais sans porter cet entassement au point que les inférieures puissent être déformées par le poids des supérieures. On procède ainsi pour les poteries communes non vernissées, qui sont assez épaisses pour que les inférieures ne soient pas écrasées par les supérieures. Mais lorsque les poteries sont d'une pâte telle que la chaleur du four est assez forte pour la ramollir, force est d'opérer d'une autre manière : on enfourne alors par *encastage*, c'est-à-dire de telle façon qu'elles ne puissent éprouver ni déformation, ni altération, du fait de la chaleur, ce qui oblige, tantôt à les placer sur des supports appropriés, tantôt à les enfermer dans des caisses ou boîtes particulières, tantôt à prendre les deux précautions à la fois.

L'encastage n'est donc qu'un mode d'enfournement, de disposer les poteries dans le four. Il y en a de deux sortes : l'*encastage en échappade* et l'*encastage en cazettes*, et l'on emploie l'un ou l'autre suivant la nature des pièces. L'*encastage en échappade*, dit aussi *encastage en chapelle*, se fait en divisant l'intérieur du four en plusieurs étages par des plaques octogones de terre cuite que supportent des piliers de même matière, et qui sont échancrées aux angles afin de livrer passage à la flamme venant du foyer. Les pièces se mettent à nu sur ces plaques. C'est le cas des poteries grossières qui ne doivent recevoir aucune glaçure, et qui ne sont pas assez solides pour pouvoir se soutenir. C'est également celui des grès non vernissés, des diverses porcelaines et des biscuits des différentes faïences. L'*encastage en cazettes* consiste à renfermer les pièces dans des boîtes ou étuis en terre cuite qui sont hermétiquement clos. Ces étuis sont ronds, ovales, cubiques ou rectangulaires, et on les appelle *cazettes*, par corruption *gazettes*, du mot latin *capsa*, boîte. On en attribue généralement l'invention à Bernard Palissy, mais ils sont tellement indispensables qu'il est bien difficile d'admettre qu'ils n'aient pas été connus des potiers antérieurs. Quoiqu'il en soit, ils n'ont d'autre objet que de garantir les poteries précieuses de l'action trop immédiate de la flamme, de la fumée et de la cendre qui pourrait en salir la surface. C'est pourquoi ils sont d'un usage constant pour toutes les poteries délicates et, en général, pour les poteries revêtues d'une glaçure.

Mais, pour encaster les poteries, il ne suffit pas de les disposer sur les plaques de l'échappade ou dans les cazettes, il faut encore les placer avec certaines précautions. 1° Sont-elles recouvertes d'un enduit destiné à se vitrifier par l'action du feu ? il est nécessaire qu'elles ne se touchent pas, et si l'on est obligé de leur donner des supports, elles ne doivent être en contact avec eux que par le plus petit nombre de points possible. Les supports employés, à cet effet, sont des prismes de terre cuite à arêtes très vives qu'on appelle *pernettes*, *pattes de coq*, *colifichets*, suivant leur forme. 2° La pâte est-elle ramollissable par la chaleur ? les pièces doivent être soutenues par une surface assez grande ou par des points assez nombreux pour qu'il n'y ait presque point de porte-à-faux ni de parties en saillie, qui, en s'affaissant par le fait du ramollissement, produiraient une déformation. Ici encore, on distingue les poteries sans glaçure et les poteries avec glaçure. Les premières s'encastent sans support si leur forme est assez roide pour qu'il n'y ait à craindre aucun affaissement ; dans le cas contraire, en d'autres termes, quand elles ont des parties très saillantes, des porte-à-faux très étendus, on les place sur des supports spéciaux en terre cuite, appelés *renversoirs*, espèces de moules dont les creux ou les saillies correspondent exactement aux saillies et aux creux des pièces. Les secondes exigent un encastage compliqué et très dispendieux, pour l'exécution duquel on se sert de supports d'une infinie variété, et très souvent il faut autant de cazettes qu'on a de poteries à faire cuire.

*** ENCASTEUR.** *T. de mét.* Ouvrier chargé plus spécialement de l'encastage des poteries.

ENCASTREMENT. *T. techn.* Généralement état d'un objet engagé dans un autre, et en *charp.*, nom de l'assemblage rectangulaire de deux pièces dans lequel celle des deux qui porte la mortaise a plus de largeur que l'autre.

ENCAUSTIQUE. *T. techn.* Dans l'industrie des papiers peints, on appelle *encaustique* une espèce de vernis gras, formé d'huile de lin lithargirée, broyée avec du blanc de céruse, et qui sert de mordant pour faire adhérer la tontisse des papiers veloutés et les feuilles d'or et d'argent des papiers dorés et argentés. On donne encore ce nom à diverses préparations, dans la composition desquelles il entre de la cire, et dont les unes sont employées pour exécuter un genre de peinture, appelé *peinture à l'encaustique* ou *peinture en encaustique*, tandis que les autres servent à donner aux meubles, aux parquets, aux carreaux et aux gros cuirs, un aspect brillant. Nous parlerons des premières au mot PEINTURE, et nous ne nous occuperons ici que des secondes.

Encaustiques pour meubles. Elles sont en très grand nombre. Il nous suffira de donner la composition de celles qui passent pour les meilleures.

Encaustique à l'essence. Cire jaune 50 grammes ; essence de térébenthine 100 grammes. La cire étant coupée en petits morceaux, on la fait fondre à un feu doux, dans un vase de cuivre, puis, quand la fusion est complète, on la laisse tiédir ; on ajoute alors la térébenthine et l'on agite le mélange avec une baguette pour qu'il soit bien homogène. Ce résultat obtenu, on retire du feu, on verse la composition dans un vase de faïence, et l'on continue à remuer jusqu'à complet refroidissement. On peut l'employer tout de suite ; dans le cas contraire, il faut la conserver dans une bouteille bien bouchée.

Pour s'en servir, on en prend une petite quantité avec un chiffon de laine pour l'étendre sur le meuble, et quand elle est sèche, on frotte la partie enduite avec un second chiffon de laine ou un tampon de taffetas. Par la chaleur que développe le frottement, l'huile essentielle se volatilise complètement, et il ne reste plus que la cire, laquelle se trouve répartie d'une manière égale. Cette composition étant incolore, c'est celle qu'il convient d'employer de préférence pour les meubles dont la coloration naturelle du bois ne doit pas être masquée, pour ceux d'acajou ou de noyer, par exemple.

Encaustique à la litharge. Cire jaune 125 grammes; essence de térébenthine 250 grammes; litharge 30 grammes. On fait toujours fondre la cire à un feu doux, dans un vase de cuivre, puis on y ajoute la litharge préalablement réduite en poudre fine, et l'on tient sur le feu pendant quinze à vingt minutes, en remuant toujours. On retire alors du feu et on laisse refroidir plusieurs heures. Le lendemain, si l'on opère dans la soirée, ce qui est généralement l'ordinaire, on retranche le dépôt formé par la litharge, on remet sur le feu ce qui reste de la composition et l'on y verse peu à peu la térébenthine. L'on continue ensuite comme ci-dessus. Cette préparation s'emploie de la même manière que la précédente, mais elle est moins bonne.

Encaustique à la potasse. Cire blanche 60 grammes; potasse 100 grammes. La potasse étant placée dans un vase de cuivre, avec un quart de litre d'eau, on la fait fondre à une douce chaleur. Quand elle est fondue, on jette la cire, coupée en petits morceaux, dans la lessive, et l'on fait bouillir le tout pendant une demi-heure. Au bout de ce temps, il n'y a plus qu'à retirer du feu et à conserver pour l'emploi. Broyée avec de l'eau, cette composition donne un liquide blanchâtre qu'on appelle communément *lait de cire encaustique*, et qui s'applique de la même manière que les autres encaustiques.

Encaustique rouge. Elle ne diffère des encaustiques ordinaires à l'essence qu'en ce qu'elle renferme de l'orcanette. Voici qu'elle en est la formule : Cire jaune 60 grammes; essence de térébenthine 60 grammes ; orcanette 15 grammes. Après avoir fait fondre la cire à un feu doux, on y ajoute l'orcanette, puis on passe le mélange à travers une toile et l'on y incorpore l'essence. Les opérations suivantes sont les mêmes que ci-dessus. Cette encaustique est généralement employée pour les meubles en merisier.

Encaustique jaune. Même composition que l'encaustique rouge, sauf que l'orcanette est remplacée par une quantité égale de quercitron. Elle sert le plus souvent à donner une teinte jaune aux meubles de bois blanc.

Encaustique au pétrole. Cire blanche 10 grammes; huile de pétrole 80 grammes. Après avoir fait fondre la cire dans un vase de terre, sur un feu doux, on y ajoute peu à peu le pétrole, en remuant toujours. Cette composition s'emploie à chaud, c'est-à-dire guère plus que tiède. On en étend une mince couche sur le bois, puis, quand elle est devenue sèche, on frotte légèrement avec un morceau de drap.

Encaustiques pour parquets et carreaux. Comme pour les meubles, il nous suffira de donner quelques-unes des recettes les plus estimées. Cire jaune 400 grammes ; carbonate de potasse 50 grammes; eau 1 litre. Après avoir fait fondre la potasse dans l'eau, on chauffe, on ajoute la cire divisée en petits morceaux et l'on entretient l'ébullition pendant une vingtaine de minutes, en remuant sans cesse. L'opération est alors terminée, et il n'y a plus qu'à laisser refroidir le mélange, mais il faut avoir soin de l'agiter de temps en temps, tant que dure le refroidissement, pour que les différentes matières ne puissent se séparer, parce qu'elles n'ont pas toutes la même densité. La préparation ainsi obtenue a la consistance d'un miel fluide. On l'étend sur les parquets ou sur les carreaux au moyen d'un gros pinceau de peintre ou mieux d'un chiffon attaché au bout d'un bâton, parce qu'elle attaque le crin. On lui donne le poli en frottant avec une brosse ordinaire à frotter.

Dans une autre recette, on emploie : cire jaune 500 grammes ; savon blanc 125 grammes ; carbonate de potasse 60 grammes ; eau 5 litres. Après avoir fait dissoudre le savon dans l'eau, on ajoute à la dissolution la cire divisée en menus morceaux, on met sur le feu pour faire fondre cette dernière et quand elle est bien fondue, on introduit la potasse. Le reste comme ci-dessus.

Une autre encaustique se prépare de la manière que voici : cire jaune 500 grammes ; carbonate de potasse 250 grammes; rocou 40 grammes ; eau 2 litres et demi. On commence par faire fondre la cire dans l'eau, puis l'on ajoute la potasse et l'on entretient l'ébullition pendant quelques minutes. On retire le mélange du feu et on le broie avec un bâton jusqu'à ce qu'il soit refroidi. On y incorpore alors le rocou, qui a été préalablement délayé dans un peu d'eau, et l'on agite de nouveau pour le diviser uniformément dans la masse. On peut le remplacer par une autre matière colorante, surtout par l'ocre rouge ou la terre d'ombre. Pour se servir de cette composition, on en applique une légère couche sur le parquet ou les carreaux avec un gros pinceau de chiffon, on laisse sécher, puis on frotte avec un morceau de liège, une brosse un peu rude ou un tampon de linge.

Encaustique à l'œuf. Cire jaune 120 grammes; essence de térébenthine 120 grammes ; jaunes d'œufs 8 ; eau chaude 2 litres. On fait fondre la cire avec la térébenthine dans un vase en cuivre. Quand la fusion est complète, on verse le tout dans un mortier, qu'on a échauffé avec de l'eau bouillante, on triture un instant, on ajoute les jaunes d'œufs, en triturant de nouveau, et, lorsque, par l'action du pilon, la masse est devenue homogène, on la délaye dans l'eau chaude, en ayant soin de toujours l'agiter. On applique cette composition avec une brosse ou un pinceau, sur les parquets ou les carreaux, préalablement peints à la détrempe, et, lorsqu'elle est devenue sèche, on la frotte avec une brosse un peu rude.

Encaustiques pour cuirs. Ces encaustiques sont destinées à l'entretien des harnais, des articles de carrosserie et de certaines pièces d'équipement militaire, notamment des gibernes. Il y en a de solides et de liquides. Elles consistent en des mélanges de colophane, d'essence de térébenthine, de cire jaune et de noir animal, dans lesquels la colophane est souvent remplacée par la litharge. — M.

ENCEINTE MURALE. *T. d'arch. milit.* Etym. du latin *incingere*, entourer. Circuit défensif formé d'un mur, d'un fossé, d'un rempart ou d'une palissade pour interdire à l'ennemi l'accès d'une ville ou d'un camp.

— Les premières enceintes élevées par les hommes pour se mettre à l'abri des animaux ou des tribus ennemies semblent avoir été formées de haies, d'arbres entrelacés, de clayonnages, de pieux ou de palissades. Ces clôtures défensives sont d'ailleurs encore en usage de nos jours chez les peuples sauvages de l'Amérique du Sud, de l'Afrique et de l'Océanie. Les peuples nomades originaires de l'Asie avaient l'habitude de s'enfermer dans des enceintes mobiles formées avec leurs chariots. C'est derrière des retranchements de ce genre que les Cimbres, les Gaulois et les Helvètes attendaient leurs ennemis.

Aux simples palissades succédèrent les murailles en bois. Hérodote rapporte que Darius, après avoir passé le Danube et le Don et pénétré dans le pays des Budins, rencontra et détruisit une ville du nom de Gélone, dont les maisons, les temples et le *mur d'enceinte* étaient construits exclusivement en bois.

M. de Beulé pense qu'à l'origine d'Athènes, en 1580 av. J.-C., la première enceinte de l'Acropole, établie sur des rochers escarpés, se réduisait à une sorte de palissadement formé par des pieux mêlés à des oliviers sauvages.

D'après Denys-d'Halicarnasse, les premiers établissements de Romulus dans le Latium, furent entourés de palissades et de fossés. Cette disposition conservée et perfectionnée par le peuple romain, sous la République, prit le nom de *vallum*; le vallum était un retranchement formé de pieux plantés au sommet d'un remblai en terre (agger) que précédait un fossé. Tout camp romain était abrité derrière une enceinte de ce genre; les valli ou pieux formant la palissade étaient transportés par les légionnaires.

La facilité avec laquelle les retranchements en bois étaient escaladés ou détruits par le feu donna naissance aux enceintes formées de murs en pierre ou maçonnerie. Comme nous l'avons déjà rappelé dans l'article Chateau-fort, les premières enceintes défensives en pierre, élevées dans le bassin de la Méditerranée, remontent à l'époque Pélasgique et ont été construites avec de gros blocs cyclopéens. Peu à peu, les procédés de la construction en pierre se perfectionnant avec les progrès de l'industrie et le développement des villes, celles-ci s'entourèrent de murs élevés et composés d'assises régulières à joints horizontaux et verticaux : telles furent les enceintes étrusques de Vétulonia, de Fiésole, de Volaterre. La plus belle enceinte construite en Grèce fut celle de Messène créée par Epaminondas, en 371 av. J.-C.

Fig. 481. — *Mur fortifié de construction romaine.*

Les Sémites, peuples pasteurs, établirent généralement dans les vallées fertiles leurs villes qu'ils divisaient par quartiers entourés d'enceintes séparées. Il arrivait souvent qu'une portion de l'enceinte d'un quartier ou de la ville était formée par les murs même des maisons les plus extérieures. La plupart des villes asiatiques importantes possédaient plusieurs enceintes concentriques assez vastes, pour que pendant la durée d'un siège, l'on put se livrer aux travaux agricoles et élever des bestiaux dans les larges zones de terrain ainsi ménagées. Persépolis avait trois enceintes de granit munies de portes d'airain; le mur le plus élevé atteignait 27 mètres de hauteur. Suivant Hérodote, la capitale des Mèdes, Ecbatam, fondée par Déjocès au huitième siècle av. J.-C., possédait sept enceintes successives disposées de telle sorte que chacune d'elles dépassait la précédente de la hauteur de ses créneaux. La première enceinte était blanche, la seconde noire, la troisième pourpre, la quatrième bleue, la cinquième rouge clair, la sixième argentée et la septième dorée.

La grande enceinte de Babylone terminée par Nabuchodonosor était formée d'un mur épais en briques et de terrasses; elle devait embrasser une surface d'environ 500 kilomètres carrés, c'est-à-dire sept fois plus étendue que celle de Paris. D'après Hérodote, la maçonnerie était faite en employant comme ciment du bitume en ébullition. L'enceinte de Ninive était également en briques cuites et devait avoir près de 30 mètres de hauteur.

Carthage était défendue par une triple enceinte composée de deux murailles derrière lesquelles s'élevait un parapet en terre. La première muraille placée du côté de la ville formait l'enceinte principale; elle avait 14 mètres de hauteur et était garnie de nombreuses tours flanquantes hautes de 19 mètres. Dans l'épaisseur même de ce mur étaient ménagés deux étages de casemates dans lesquelles on pouvait loger 300 éléphants, 4,000 chevaux et 24,000 soldats.

La seconde muraille était plus faible et la troisième enceinte, placée à l'extérieur, consistait en un parapet en terre, palissadé et précédé d'un fossé.

Parmi les enceintes primitives célèbres, nous citerons encore la *muraille de la Chine*, qui fut construite de 255 à 220 av. J.-C. par l'empereur Tsin-Chi-Houng-ti, pour séparer son empire du pays des Tartares et le protéger contre leurs invasions. Cette immense enceinte compte 5,380 kilomètres (plus de 1,300 lieues) de développement. Le soubassement est construit en blocs de pierre de taille et la partie supérieure en grosses briques cuites; elle a 8m,16 de hauteur et 4 mètres d'épaisseur en haut; elle est garnie de tours flanquantes espacées de 75 mètres.

C'est surtout chez les Romains que se manifesta la transformation des enceintes primitives en enceintes fortifiées composées d'un mur flanqué de tours. D'après Végèce, l'enceinte d'une ville de guerre devait se composer de deux murs distants de 20 pieds, entre lesquels on battait et on foulait la terre extraite des fossés; on formait ainsi un rempart épais qui devait résister au choc du bélier et qui présentait au sommet une plate-forme pour la circulation des défenseurs. Cette enceinte était renforcée et protégée de distance en distance par des tours faisant saillie sur les murs (fig. 481). L'*enceinte aurélienne à Rome* fut construite d'après ces principes.

Fig. 482. — *Remparts d'Aigues-Mortes.*

Pendant la guerre des Gaules, César eut à faire le siège d'Avaric (Bourges), dont l'enceinte fortifiée se développait sur un mamelon entièrement entouré de marais et occupant une superficie de 35 hectares. Le rempart, haut de 13 mètres, était formé de couches successives de poutres entrecroisées dont les vides étaient remplis de pierres et de terre argileuse corroyée. César ne dit pas que cette enceinte remarquable fut précédée d'un fossé.

Du ve au xie siècle, on créa fort peu d'enceintes nouvelles en Gaule, mais les villes qui avaient été fortifiées sous la domination romaine furent maintenues dans un bon état de défense et elles furent même munies de portes très solides fermées à l'aide de fortes serrures, car on redoutait alors les surprises ou les actes de brigandages plus que les sièges réguliers.

Dans l'empire d'Orient, pendant le vie siècle, l'empereur Justinien améliora les enceintes d'un grand nombre de villes et de forteresses. Les murs furent exhaussés et garnis de tours et de créneaux; dans certaines places on établit un chemin couvert à l'intérieur des murailles; dans d'autres, des galeries voûtées furent pratiquées dans l'épaisseur même des maçonneries.

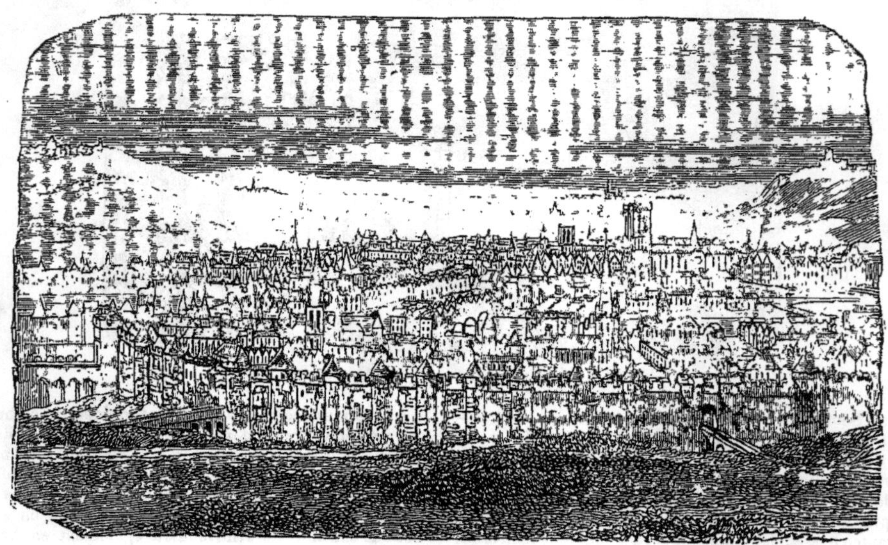

Fig. 483. — *Enceinte de Paris, sous Philippe-Auguste.*

La ville de Dara, près de Nisibis, offrait deux enceintes entre lesquelles une zone de cinquante pas d'intervalle était réservée pour loger et nourrir le bétail des assiégés. Le mur intérieur de 60 pieds de haut était garni de tours élevées de 100 pieds au-dessus du sol.

Au xiie et au xiiie siècle, la construction des enceintes urbaines prit un grand développement par le seul fait du mouvement communal qui signala cette période du moyen âge.

Il n'y eut pas une ville érigée en commune qui, après s'être organisée et développée, ne voulut s'entourer de murs, agrandir son enceinte et la fortifier à nouveau; les rois eux-mêmes, construisirent autour des cités de leur domaine, des murailles flanquées de tours et souvent dominées par un château-fort, véritable citadelle destinée à défendre la ville.

Au commencement du xiie siècle, saint Louis fit remplacer les vieilles fortifications visigothes de Carcassonne par une nouvelle enceinte qui est restée le type le plus remarquable et le mieux conservé des constructions militaires du moyen-âge. Les travaux commencés vers 1130 ne furent complètement terminés que sous Philippe-le-Hardi. L'enceinte était formée d'une double muraille que dominait un magnifique château-fort défendu par une tour énorme appelée la Barbacane.

L'enceinte fortifiée d'Aigues-Mortes (fig. 482), également construite par Philippe-le-Hardi, présente dans son ensemble la forme d'un parallélogramme dont un des angles est coupé et défendu par une forte tour. La muraille, haute de 10 mètres, était surmontée d'un couronnement crénelé disposé de façon à pouvoir être garni de hours. Un chemin de ronde faisait le tour du mur à l'intérieur; on y accédait par des escaliers en pierre ménagés de distance en distance. Cette muraille crénelée était flanquée par quinze tours demi-cylindriques à l'extérieur et carrées à l'intérieur. Les portes principales, pratiquées entre deux tours, se fermaient chacune par deux herses, laissant entre elles une sorte de vestibule que l'on pouvait surveiller et défendre par des mâchicoulis et des trous pratiqués dans le plancher de l'étage supérieur.

La deuxième enceinte complètement fortifiée de Paris fut terminée par Philippe-Auguste. Elle se composait d'une épaisse muraille formée d'un blocage compris entre deux parements de pierre de taille, surmontée de créneaux, soutenue intérieurement par un talus en terre, et flanquée d'un grand nombre de tours cylindriques (fig. 483). Elle était particulièrement défendue sur les bords de la Seine par quatre grosses tours : la tour de Nesle et celle du Louvre en aval; la tour de la Tournelle et la tour Barbette en amont. Vingt-quatre portes ou poternes, protégées chacune par deux tours, donnaient entrée dans la ville; les principales étaient : les portes Saint-Honoré, Coquillière, Montmartre, Saint-Denis, Braque, Barbette, Baudoyer, et Barbelle sur le quai des Célestins, pour l'enceinte de la rive droite dite enceinte septentrionale. L'enceinte méridionale commençait à la porte de Nesle, sur la rive gauche, suivait la direction des rues Mazarine et Contrescarpe où se trouvait la porte Buci, plus loin s'ouvraient les portes des Cordeliers, de Saint-Michel, de Saint-Jacques, puis l'enceinte suivait la rue des Fossés-Saint-Victor jusqu'à la porte Saint-Victor, d'où elle se dirigeait en ligne droite sur la rive de la Seine où elle se terminait par la porte de la Tournelle.

Cette belle enceinte de Philippe-Auguste formait,

Fig. 484. — *Plan et coupe des remparts d'Avignon.*

avec le Louvre comme citadelle, et les points fortifiés extérieurs une défense redoutable contre les incursions des Normands.

En Palestine, les croisés rencontrèrent au XIe siècle, un certain nombre de villes entourées de puissantes enceintes, telles que Nicée, Antioche, Edesse, Jérusalem. Nicée fondée par Antigone, fortifiée par les Romains, était entourée d'une double enceinte précédée d'un fossé plein d'eau et défendue par 370 tours de brique et de pierre. Antioche, surnommée la Reine de l'Orient, avait 360 tours.

Un des exemples le plus remarquables que nous ayons en France, d'une enceinte du XIVe siècle, est celle d'Avignon qui fut construite en 1349, par le pape Clément VI (fig. 484).

Du XIIIe au XVe siècle les enceintes du moyen âge reçurent peu de modifications, mais elles devinrent bientôt impuissantes à résister aux attaques de l'artillerie. L'expédition de Charles VIII en Italie démontra d'une façon éclatante la faiblesse des simples murailles garnies de terre, et bientôt les ingénieurs italiens imaginèrent de nouveaux systèmes de fortification plus rationnels qui furent ensuite imités dans toute l'Europe. Alors apparurent les enceintes bastionnées composées d'un parapet en terre soutenu par un mur d'escarpe en avant duquel se trouvait un fossé limité par un mur de contrescarpe (V. FORTIFICATION, § *Système bastionné*). Ce genre d'enceinte perfectionné ou transformé par Vauban, Cœhorn, Cormontaigne resta en usage en France jusqu'à l'époque actuelle. En Allemagne, au contraire, on adopta de bonne heure les enceintes polygonales à longs côtés rectilignes

Enceinte de Paris. L'enceinte bastionnée la plus considérable qui ait été construite autour d'une capitale est celle de Paris. Elle est tracée dans le système de Cormontaigne, simple sans dehors, et forme un corps de place continu comprenant 90 fronts bastionnés dont le côté extérieur est d'environ 385 mètres en ligne droite. Cette enceinte très bien tracée a environ 35 kilomètres de développement, elle offre peu de saillants et donne très peu de prise au tir à ricochet. Le profil est très puissant : le mur d'escarpe a 9m,40 de hauteur, le fossé a 6 mètres de profondeur et 25 mètres de largeur en haut, la contrescarpe est un talus en terre gazonnée. Les fortifications de Paris exécutées de 1842 à 1848 sous l'habile direction du maréchal Dode de la Brunerie ont entraîné une dépense totale de 200 millions, mais elles ont sauvé, en 1870, la capitale et l'honneur de la France, en permettant aux armées de Chanzy et de Faidherbe de prolonger glorieusement la résistance en province.

Après la guerre d'Italie, l'emploi de l'artillerie rayée à longue portée démontrait suffisamment la nécessité de protéger à grande distance les enceintes bastionnées par des forts éloignés dominants et puissamment armés. Cependant il fallut encore un assez grand nombre d'années et de douloureuses expériences pour que l'on comprît en France la supériorité des forts éloignés sur les enceintes continues.

Enceintes discontinues. Aujourd'hui la plupart des ingénieurs militaires distingués de l'Europe ont compris la valeur et l'importance du système de défense extérieur, qui consiste à faire de la place le centre d'action d'un échiquier stratégique composé de petites places et de forts très avancés. Si l'on veut protéger une grande ville populeuse contre l'invasion, et en faire un des centres de résistance de la nation, il faut l'entourer de deux enceintes discontinues : la première que l'on a appelé *Enceinte de préservation* se compose d'une ligne de forts séparés par des intervalles de 3 à 4 kilomètres et placés à 5 ou 6,000 mètres en avant des faubourgs de la ville; elle est destinée à préserver la cité contre une attaque de vive force et contre un bombardement désastreux ; elle doit également servir à soutenir l'effort de la lutte suprême quand l'adversaire est enfin parvenu à vaincre la résistance éloignée. La deuxième ligne que l'on pourrait nommer l'*enceinte stratégique*, est constituée par quelques places fortes ou par des groupes de forts interceptant à 15 ou 20 kilomètres de la ville les grandes vallées, les fleuves, les chemins de fer, de manière à permettre à l'armée de défense ou à l'armée de secours de retarder ou de briser l'investissement et de faire lever le siège. C'est ainsi qu'à Paris la ceinture des forts les plus rapprochés tels que Châtillon, Montrouge, le Mont-Valérien, St-Denis, Aubervilliers, Noisy, Rosny, etc., constitue une enceinte de préservation suffisante pour empêcher le bombardement, tandis que les forts éloignés de Saint-Cyr, Palaiseau, Villeneuve-Saint-Georges, Vaujours, Ecouen, Montlignon, Domont, forment une sorte d'enceinte stratégique qui ne sera tout à fait solide que lorsqu'on aura occupé par deux places fortes les belles positions de l'Hautie et du plateau de Corbeil sur la basse et la haute Seine, qui sont les clefs de la défense de Paris.

Dans ce nouveau système de défense, les enceintes continues terrassées à fort profil ne sont plus nécessaires ; il suffit d'entourer la ville d'un mur crénelé, à flanquement de mousqueterie, protégé de distance en distance par quelques batteries avancées enfilant les routes principales. Telle est la disposition que certains ingénieurs proposent d'appliquer dès maintenant à la Ville de Paris, et qui sera probablement réalisée dans un avenir peu éloigné.

Bibliographie : DIODORE; HÉRODOTE; De SAULCY; Général TRIPIER; De ZASTROW; Général de VILLENOISY, 1869; DELAIR : *Fortifications anciennes*, 1881; Commandant HENRY: *Défense de Paris*, 1873; BRIALMONT: *Camps retranchés*.

ENCENS. Nom des substances résineuses ou gommo-résineuses dont il existe plusieurs espèces d'origines fort différentes : 1° l'*encens mâle* ou oliban, qui paraît provenir d'un arbre de la famille des térébenthacées, le boswellia serrata; cette résine nous vient de Calcutta; elle se présente en larmes irrégulières, en petites boules sèches et dures, lisses, blanchâtres et poudreuses à l'intérieur. L'encens mâle est souvent falsifié par de la sandaraque ou de la résine mastic; 2° l'*encens femelle* ou en sorte, ou encens d'Arabie, a une origine assez incertaine; on admet qu'on le tire du genévrier (*juniperus lycia*); 3° l'*encens de Thuringe* est une sorte de résine que l'on trouve enfouie dans des fourmilières : on lui attribuait autrefois une origine surnaturelle; 4° le *gros encens* est le nom que l'on donne quelquefois au *galipot*.

— Dans l'antiquité on brûlait de l'encens devant les autels des dieux; à l'origine du christianisme, les chrétiens persécutés étaient obligés de se réunir secrètement dans les catacombes ou dans des cavernes; ils brûlaient également de l'encens, mais cette pratique était exclusivement hygiénique et destinée à purifier l'atmosphère. Ce n'est que plus tard que l'usage de l'encens est devenu une pratique du culte.

L'*encens d'église* se compose de : oliban 250; benjoin 125; storax 60; sucre 50; nitre 75; cannelle 30 : on pulvérise toutes ces substances et on les mélange. Quelques grammes de cette poudre déposés sur des charbons ardents dégagent une grande quantité de vapeurs odoriférantes.

Encens de Berlin. Composition pulvérulente analogue aux pastilles du sérail, employée pour parfumer les appartements. Elle se compose de : clous de girofle 190; roses de Provins 125; baume de tolu 125; benjoin 100; iris 125; cascarille 125; cannelle de Chine 125; bois d'aloës 125; bois de Rhodes 125; fleurs de lavande 125; les diverses substances étant pulvérisées séparément puis intimement mélangées, on y incorpore 4 de teinture de baume de tolu; 1 de teinture de musc, et on mélange de nouveau. Pour l'usage, on verse une pincée du mélange sur une pelle rougie ou sur un brasero.

ENCENSOIR. Traduction française du latin *thuribulum*; le mot *encensoir* porte avec lui son étymologie : c'est un vase à encens, mais un vase d'une forme particulière, ne ressemblant ni à la cassolette ni au narghilé et autres récipients fixes, destinés à la diffusion des parfums. Viollet-le-Duc définit l'encensoir : « un ustensile composé d'une capsule inférieure de métal, dans laquelle on dépose de la braise incandescente; d'une capsule formant couvercle, ajourée, glissant sur trois ou quatre chaînes fixées au bord de la capsule inférieure; d'une chaîne centrale tenant à la partie supérieure du couvercle et servant à l'enlever; d'une platine que le thuriféraire tient à la main, qui sert à retenir les trois ou quatre chaînes, et qui est munie d'un anneau à travers lequel passe la chaîne centrale ». Cette définition s'applique à l'encensoir-type ; il en a été fait plusieurs variétés qui l'ont simplifié ou compliqué, selon les styles et les époques.

— Bien que l'encens ait fumé sur tous les autels, il ne nous est pas resté d'encensoirs qui aient appartenu aux cultes antiques. Les historiens nous apprennent qu'on en a fait usage dans tous les temples de l'Orient; la mythologie asiatique, importée en Grèce d'abord, puis à Rome, y a certainement naturalisé l'encensoir; mais nous ne savons si c'est sous la forme fixe ou mobile; les bas-reliefs, les peintures à fresque et les inscriptions ne nous fournissant aucun renseignement à cet égard. On faisait un fréquent usage de l'encensoir dans le temple de Jérusalem; l'historien Josèphe assure que Salomon fit fabriquer vingt mille encensoirs d'or « servant à offrir les parfums, » c'est-à-dire fixés dans certaines parties de l'édifice, comme le sont nos porte-lampes et nos bras à cierges, et cinquante mille autres « servant à porter le feu, » ce qui indique qu'ils étaient mobiles. Les premiers recevaient l'encens offert par les Israélites, comme nos ifs lumineux reçoivent, dans les églises, les cierges que les fidèles font brûler; les seconds balançaient devant le « saint des saints » la gomme enflammée de Saba. Le mahométisme a conservé l'antique usage de la fumée odoriférante; les pastilles du sérail ne sont pas autre chose qu'une réminiscence de l'antique encens.

Il semble donc tout naturel, et il est confirmé par l'histoire, que l'Eglise grecque a devancé l'Eglise latine dans l'usage de l'encensoir. Les plus anciennes peintures des églises grecques représentent les prêtres tenant de la main droite un encensoir muni de chaînes, et de la main gauche le livre des Evangiles. Dans le tympan de certaines portes des églises bâties dans le style romano-byzantin, on remarque, aux angles et autour de la figure du Christ, des anges balançant l'encensoir. Les Croisades, qui ont puissamment contribué à l'importation des choses orientales en Occident, y ont certainement généralisé l'usage de la thurification et développé la fabrication des encensoirs.

Cette fabrication est décrite dans un curieux traité du XIIe siècle : c'est l'*Essai sur divers arts (Diversarum artium schedula)*, du moine Théophile. On faisait alors des encensoirs en métal repoussé — c'étaient les plus communs — et des encensoirs en métal fondu sur cire perdue — c'étaient les plus chers et les plus précieux. — Théophile donne la description d'un encensoir en fer battu, couvert de détails gravés et d'ajours très délicats; sous la main de l'orfèvre qui fabriquait cet ustensile liturgique, les motifs les plus gracieux et les plus variés se multipliaient; il n'est pas jusqu'à la platine de main, nommée *lys* par Théophile, qui ne soit décorée de fleurs et d'oiseaux. Les encensoirs battus ou repoussés n'avaient que trois chaînes; ils figuraient généralement un vase de forme cylindrique, évasé par le haut et par le bas, de manière à laisser passer la fumée. Les encensoirs fondus et dorés représentaient des châteaux, des palais, des églises, le temple de Jérusalem, la cité sainte et autres sujets symboliques : celui que l'on conserve à la cathédrale de Trèves appartient à cette catégorie.

La fabrication et l'ornementation de l'encensoir ont tout naturellement suivi les diverses phases de l'art de l'orfèvre et du ferronnier, artisans qui suivaient eux-mêmes la marche de l'architecte, du peintre, du tailleur d'images et du sculpteur de bas-reliefs. Mais, malgré les variétés du goût, la forme et les ornements ont toujours été combinés de manière à laisser passer les nuages odorants de l'encens, sans que les jours et les pleins nuisent au dessin d'ensemble. La Renaissance a beaucoup simplifié les encensoirs (V. celui que nous représentons au mot CISELURE); le XVIIe siècle les a fait lourds, le XVIIIe coquets et maniérés Aujourd'hui, par un heureux éclectisme, on revient aux belles formes du moyen âge, et l'on en reproduit les types les plus remarquables. L'encensoir n'est, au fond, qu'un petit brûle-parfum; mais on peut y mettre beaucoup de goût et y déployer beaucoup d'art. — L. M. T.

ENCHÂSSURE. *T. techn.* Se dit de l'objet dans lequel on a encastré, enchâssé quelque chose, une pierre précieuse, par exemple.

***ENCHATONNEMENT.** *T. de joaill.* Action de fixer dans un chaton, d'enchatonner.

***ENCHAUSSAGE.** *T. de tiss.* Opération à laquelle le coupeur de velours de coton soumet toute pièce trop molle qu'il reçoit pour être coupée. Pour cela, il l'étend librement, sans tension, sur une table ordinaire, et il l'imbibe avec du lait de chaux clair au moyen d'une brosse. Il remet ensuite la pièce dans ses plis, et la laisse sécher pour ne la couper que le lendemain.

***ENCHAUSSÉ, ÉE.** *Art hérald.* Se dit d'un écu, lorsqu'il est taillé obliquement depuis le milieu d'un côté jusqu'à la pointe du côté opposé.

***ENCHAUSSENAGE.** *T. techn.* Opération qui consiste à tremper les peaux dans un bain de chaux pour en détacher facilement le poil.

***ENCHAUSSENOIR** ou **ENCHAUX.** *T. techn.* Fosse où l'on met les peaux en chaux pour l'opération de l'enchaussenage.

***ENCHEVALEMENT.** *T. de constr.* Travail que l'on fait pour étayer une construction qu'on veut reprendre en sous-œuvre.

ENCHEVÊTRURE. *T. de charp.* Assemblage des pièces de bois disposées dans un plancher, de manière à laisser entre elles le vide nécessaire pour la pose d'un âtre de cheminée, ou pour le passage d'un tuyau.

***ENCLENCHEMENT.** *T. de mécan.* Ce mot désigne non seulement certains organes d'une serrure, mais encore et surtout des appareils de sécurité appliqués sur les chemins de fer; c'est de ces derniers seulement que nous nous occuperons avec quelques détails.

L'enclenchement, en matière de chemin de fer, permet de réaliser une dépendance matérielle entre des signaux, des aiguilles ou d'autres appareils de la voie, de sorte que les uns ne puissent occuper une certaine position que si les autres ont une situation donnée. Les seuls enclenchements dont il s'agisse ici sont ceux réalisés au moyen de pièces mécaniques; ceux qui sont réalisés au moyen de l'électricité ont des applications spéciales telles que le *Block system* et les *disques électriques*, et nous renvoyons à ces mots pour de plus amples détails.

— L'origine des enclenchements remonte à l'année 1854, où M. Vignier, alors chef de section à la Compagnie de l'Ouest, imagina de relier les leviers des aiguilles de bifurcation avec ceux des disques d'arrêt de manière à éviter le croisement ou la convergence de deux trains de directions différentes. A l'Exposition de 1867, ce système valut à son auteur la décoration et l'un des grands prix. Depuis 1872, la Compagnie de l'Ouest, celle de P.-L.-M. et d'Orléans ont adopté un type modifié par M. Bouissou, ingénieur du matériel, et se prêtant mieux à la réalisation de combinaisons plus compliquées. Pendant que ces applications se poursuivaient en France, MM. Saxby et Farmer, en Angleterre, faisaient breveter, vers 1866, un système qui n'était que le rudiment de celui qu'ils adoptèrent en 1867 et qui fût appliqué en France à Villeneuve-Saint-Georges; une série de perfectionnements, brevetés en 1871 et en 1874, les conduisit à l'appareil actuellement appliqué en Angleterre, sur les réseaux français du Nord, de l'Est, de P.-L.-M. et en maint autre endroit où on a pu apprécier le degré de sa perfection. En Allemagne, depuis quelques années s'est répandu un autre système d'enclenchements, construits par MM. Schnabel et Henning, et formant en quelque sorte l'intermédiaire entre les appareils Vignier et les appareils Saxby.

Avant d'examiner sommairement les principaux caractères de ces systèmes, il convient de dire quelques mots de la théorie des enclenchements. Qu'il s'agisse d'un signal, d'une aiguille ou de tout autre appareil, l'objet en question se réduit au levier qui sert à le manœuvrer et qui peut occuper deux positions, l'une *normale*, l'autre *renversée*. Un levier étant donné, il peut, dans l'une ou l'autre de ses deux positions, *enclencher*, c'est-à-dire empêcher de manœuvrer d'autres leviers. D'après la notation communément adoptée, une lettre α ou un numéro 1 désignant un levier, on indique par αN et αR ou 1N et 1R, chacune des deux positions normale ou renversée du levier. Pour indiquer que le levier α dans une de ses positions normales, par exemple, enclenche le levier β dans une de ses positions, renversée, par exemple, on écrit $\frac{\alpha N}{\beta R}$, le levier enclencheur étant en numérateur et le levier enclenché étant en dénominateur. Suivant le nombre des leviers qui entrent dans une combinaison, on dit que l'enclenchement est *binaire*, *ternaire*, *quaternaire*, etc. Chacune de ces sortes de combinaisons peut être *simple*, *double* ou *spéciale*. Dans l'enclenchement simple, qui est le plus fréquent, le levier enclencheur n'enclenche le levier enclenché que dans l'une *ou* l'autre de ses positions, par exemple, le type $\frac{\alpha N}{\beta R}$. Dans l'enclenchement double, l'enclenchement a lieu dans l'une *et* l'autre des positions et peut s'écrire, par exemple, $\frac{\beta N \text{ et } \beta R}{\alpha N}$.

Les enclenchements, dits spéciaux, sont précisément ceux qui échappent à toute classification; les combinaisons sont aussi variées que le réclament les besoins locaux et nous ne pouvons en donner que quelques exemples pris au hasard : $\frac{\alpha R}{\beta N \text{ après avoir été R}}$, ou encore $\frac{\alpha N \text{ ou R}}{\beta N}$. Les enclenchements *ternaires*, *quaternaires*, c'est-à-dire entre plusieurs leviers, sont généralement désignés sous le nom d'*enclenchements conditionnels*, et peuvent être eux-mêmes simples, doubles et spéciaux. Ils répondent à ce caractère, que les combinaisons entre deux ou plusieurs leviers, dans certaines positions déterminées pour chacun d'eux, ne doivent avoir lieu que si un ou plusieurs autres leviers occupent à leur tour une position donnée. Exemples : si γN, $\frac{\alpha N}{\beta N}$; ou si γR, $\frac{\gamma N \text{ et } \delta N}{\beta N}$, ou encore $\frac{\beta N \text{ ou } \gamma N}{\alpha N}$. Les enclenchements simples et binaires sont toujours *réciproques*, c'est-à-dire que si un levier, dans une de ses positions, enclenche un second levier, dans une position donnée, la position inverse de ce second levier enclenchera le premier dans la position inverse à celle qu'il avait dans la première situation; en d'autres termes, si l'on a $\frac{\alpha R}{\beta N}$, on aura réciproquement $\frac{\beta R}{\alpha N}$. Cela résulte de ce que les combinaisons sont obtenues au moyen de pièces rigides animées de mouvements alternatifs. Telle est, en quelques mots, la base de toute la théorie des enclenchements ; il nous reste à examiner les dispositions prises pour la réalisation de ces combinaisons.

Système Vignier. Le système primitif de M. Vignier, tel qu'il a été longtemps appliqué sur le réseau de l'Ouest comportait simplement sur chaque levier d'aiguille, une tringle manœuvrée par un retour d'équerre et percée de trous qui, pour certaines positions du levier, venaient se mettre vis-à-vis de verrous montés sur d'autres tringles transversales. Mais comme ce système occupait trop de place, il a été modifié par M. Bouissou, ingénieur du matériel. Dans cette nouvelle disposition, les verrous et leurs barres de commande sont verticaux, les arbres sur lesquels ils sont calés, horizontaux, et situés dans un plan parallèle à celui des glissières percées de trous; tous les leviers sont montés deux à deux sur des supports fixés à côté et à $0^m,20$ d'axe en axe l'un de l'autre, ils sont disposés sur un châssis en bois encastré dans le sol et se meuvent parallèlement dans les plans verticaux perpendiculaires à leur axe de rotation. Chaque levier met en mouvement une barre d'enclenchement, supportée par des guides. En avant des leviers, dans un plan horizontal supérieur à celui des barres d'enclenchement, sont disposés, à angle droit avec ces barres, des arbres mis en mouvement par les barres au moyen de manivelles, de manière à imprimer un mouvement de va-et-vient aux verrous. Dans les postes d'enclenchement surélevés, la table d'enclenchement, au lieu d'être horizontale, est simplement placée dans un plan vertical, de manière que la largeur de la cabine reste toujours la même, quel que soit le nombre des leviers qu'elle contient.

Système Saxby et Farmer. Avant d'arriver au type actuel, qui est largement répandu dans le monde entier, puisque l'on compte 3,000 postes de ce système sur tous les chemins de fer du globe, les appareils de MM. Saxby et Farmer ont passé par diverses modifications qui n'ont plus aujourd'hui qu'un intérêt historique. Nous ne décrirons donc que le dernier système avec tous ses perfectionnements, tels qu'ils sont actuellement appliqués.

Le levier L (fig. 485) porte à sa poignée un loquet à ressort L_1 qui commande la tige l_2 en oscillant autour de l'axe *i*. Quand on renverse le levier L, il décrit un arc autour d'un axe R commun à tous les leviers, et est guidé par un taquet T qui glisse sur la rainure *r* du balancier B mobile autour de l'axe O. Mais ce mouvement ne peut avoir lieu que si l'on a pris soin d'appuyer avec la main sur le loquet L_1, de manière à dégager le crochet *d* de l'encoche *b*, et à le faire glisser dans la coulisse du balancier B. Dans ce mouvement d'oscillation du balancier B, son extrémité B_1 se relève et communique, au moyen de la bielle D et de la

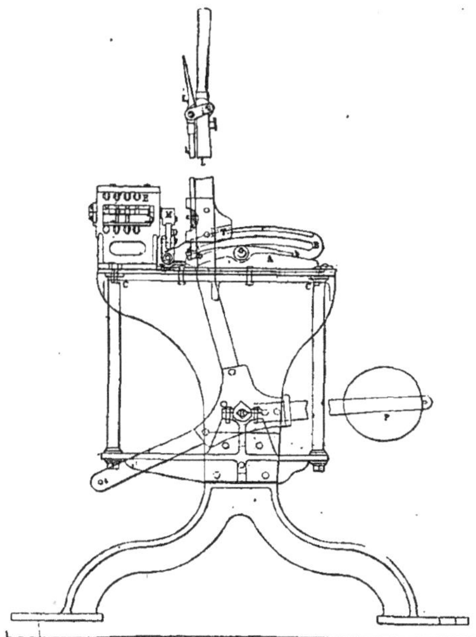

Fig. 485. — *Coupe de l'appareil d'enclenchement Saxby et Farmer.*

manivelle M un mouvement de rotation à l'axe G d'un gril faisant partie de la table d'enclenchement. Ainsi, chaque fois qu'on manœuvre un levier, on fait tourner un gril.

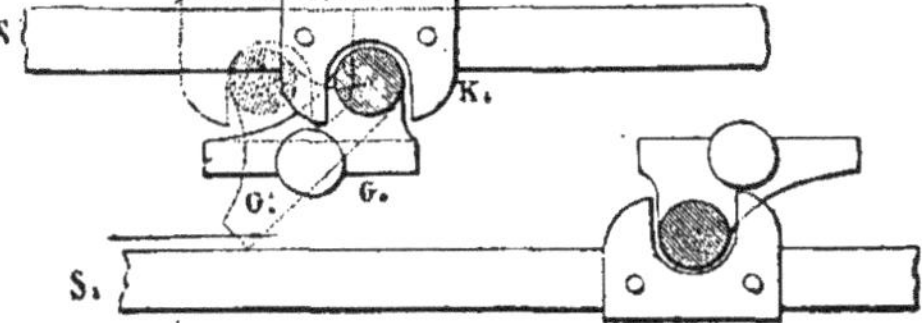

Fig. 486. — *Gril commandant une tringle.*

C'est la rotation de ces grils et leur buttée contre des taquets animés d'un mouvement de translation qui constitue l'enclenchement proprement dit. A cet effet, au-dessus des grils G qui sont normalement à plat sont alignées des tringles E qui peuvent se déplacer horizontalement de manière à amener les taquets K dont elles sont armées vis-à-vis de la partie pleine ou de la partie évidée de chaque gril. Ceux des grils qui commandent une tringle ont la forme G_4 (fig. 486 et 487); ils portent, vis-à-vis de la tringle qu'ils doivent mettre en mouvement, un petit prolongement terminé par un bouton saillant *u* qui conduit le manchon K_4 vissé sur la tringle T. Si donc on considère une tringle T armée de taquets $K K_1 K_2 K_3$ (fig. 489), on voit que, dans la position indiquée à la figure en traits pleins, les grils $G G_3$ sont libres de tourner, mais que les grils $G_1 G_2$ sont arrêtés ou *enclenchés* par les taquets $K_1 K_2$. Si l'on déplace la tringle T dans le sens de la flèche, K enclenche G, mais $G_1 G_2 G_3$ sont libres de tourner et d'occuper les positions pointillées $G_1' G_2' G_3'$, ce qui a pour effet d'empêcher la tringle de revenir en arrière, c'est-à-dire d'enclencher le levier qui la conduit, sauf pour le taquet K_2 qui a une forme spéciale grâce à laquelle il peut revenir en arrière et enclencher le gril G_2'.

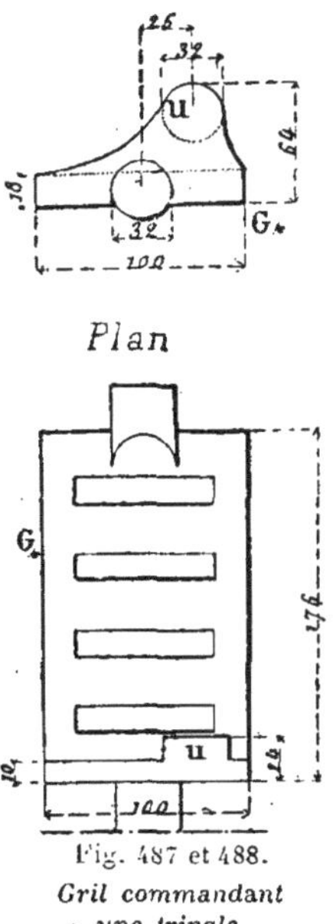

Fig. 487 et 488. *Gril commandant une tringle.*

En résumé, on se rend compte que toutes les combinaisons ordinaires d'enclenchement indiquées plus haut, et même quelques combinaisons spéciales entre deux leviers peuvent être obtenues par l'emploi de taquets ayant les formes représentées à la figure.

Comme exemple d'une combinaison conditionnelle entre trois leviers nous citerons l'exemple suivant (fig. 490 à 492) : la tringle A enclenche le gril D au moyen du taquet mobile *a*, si le butoir *b*

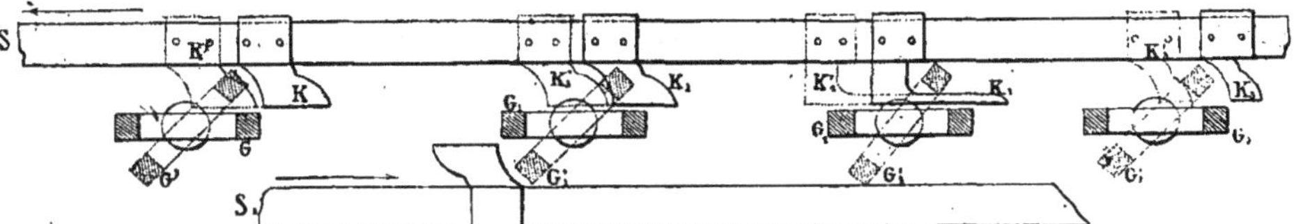

Fig. 489. — *Enclenchement entre les tringles et les grils Saxby.*

monté sur la tringle C, est dans sa position normale ; au contraire, lorsque l'on déplace la tringle C et que *b* vient en *b'*, l'enclenchement n'a plus lieu. On pourrait multiplier ces exemples ; grâce aux derniers perfectionnements, apportés à ces appareils par M. Dujour, on peut dire qu'actuellement il n'existe pas de combinaisons, quelle que soit sa complication et quel que soit le nombre des leviers qui y entrent en jeu, qu'il ne soit possible de réaliser au moyen des grils et des taquets ou des cames. L'enclenchement a d'ailleurs lieu dès qu'on saisit la poignée à ressort du levier et les appareils ne sont dégagés que quand le levier est rigoureusement amené à fin de course; cette extrême précision est obtenue par les poignées à ressort qui agissent directement sur les grils, et les forcent à tourner un peu avant que l'on ait même commencé à renverser

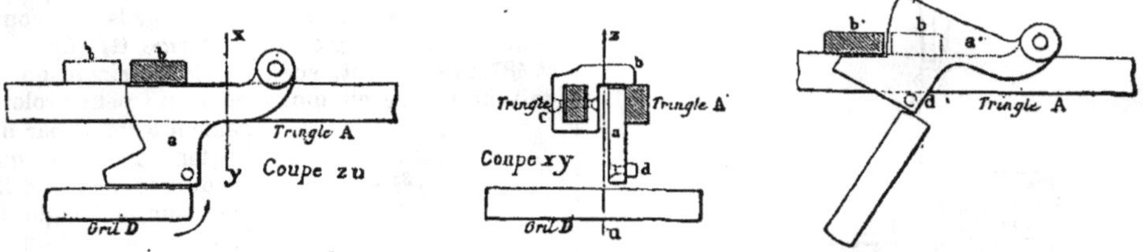

Fig. 490 à 492. — *Enclenchement conditionnel.*

le levier. Les pièces de la table d'enclenchement appartiennent toutes à un petit nombre de types que l'on peut monter ou démonter très rapidement sur les tringles; ainsi, pas de trous à découper dans les barres, d'après des galarits préparés à l'avance pour chaque poste, pas d'encoche à découper, pas de renvois d'équerre à installer, dans toutes les directions; une fois l'installation faite

Fig. 493. — *Cabine Saxby (gravure extraite des* Voies ferrées, *de Bâclé, Masson, éditeur).*

les additions et suppressions sont très simples, si l'on a sous la main des pièces de rechange.

Nous donnons à la figure 493 un croquis représentant l'ensemble de la vue intérieure d'une cabine Saxby de la gare de La Chapelle. Cette vue fera comprendre, mieux que toutes les explications, quelle amélioration a été apportée à la situation des aiguilleurs par l'installation de ces maisonnettes où ils sont à l'abri, chaudement, dispensés de traverser les voies où circulent les trains, et surtout mis dans l'impossibilité de commettre aucune erreur funeste pour la sécurité. On a dit, en effet, que si un aveugle entrait dans une cabine Saxby et se mêlait de toucher aux leviers, cela ne pourrait avoir aucune conséquence fatale; tout au plus amènerait-il un retard dans la marche des trains en les faisant attendre au disque. Ainsi tombent à plat les récriminations, plus théoriques que sérieuses, par lesquelles on se plaît, à la tribune, à dépeindre comme misérable la situation des aiguilleurs.

Système Schnabel-Henning. Les appareils construits à Bruchsal (grand-duché de Bade) sont assez répandus en Allemagne et en Suisse; comme levier, ils procèdent du système Saxby, le même résultat est obtenu par des procédés un peu différents, quoique plus compliqués; comme table d'enclenchement, ils se rapprochent du principe de l'appareil de M. Vignier. Ce sont des barres situées dans deux plans parallèles et formant entre elles une sorte de quadrillage, elles sont armées de blocs qui viennent butter les uns contre les autres et qui ne permettent de réaliser que les plus simples combinaisons. En définitive, depuis la poignée du levier jusqu'au taquet d'enclenchement, il y a 9 pièces mobiles et 13 axes de rotation tandis que dans le système Saxby, il y a 8 pièces mobiles et 8 axes; la différence est assez sensible et justifie la préférence généralement accordée à ce dernier système. — M. C.

— V. *Revue générale des chemins de fer*, juillet 1880 et mars 1881, *Etude sur les enclenchements*, par M. Cossmann; Brame et Aguillon : *Etude sur les signaux des chemins de fer français*, Dunod, 1882.

* **ENCLIQUETAGE.** *T. de mécan.* Dispositif ayant pour but de transformer un mouvement circulaire alternatif en un mouvement circulaire discontinu, mais dirigé constamment dans le même sens. Les encliquetages employés dans les ateliers sont généralement de deux sortes : à *rochet* ou à *frottement*.

Les encliquetages à rochet qu'on emploie surtout pour la transmission des efforts de faible importance sont trop connus pour que nous ayons à y insister ici; rappelons seulement que l'arbre conduit porte une roue dentée, comme celle de la figure 494, dont les dents formant un angle aigu, ont une face dirigée dans le prolongement du rayon, tandis que l'autre est oblique sur celle-ci et forme une sorte de plan incliné par rapport à elle. Un levier articulé sur l'arbre et qui peut se mouvoir indépendamment de celui-ci, porte une branche articulée formant cliquet à rochet dont la pointe recourbée vient s'intercaler dans l'un des espaces vides laissés entre les dents successives de la roue, et elle est maintenue dans cette position par un ressort fixé au levier. Lorsqu'on fait mouvoir le levier dans un sens déterminé, il entraîne la roue par le rochet qui s'appuie sur la face radiale de la dent correspondante, mais lorsqu'on relève le levier en le faisant tourner en sens contraire, l'entraînement s'arrête, la dent du rochet glisse en effet sur le plan incliné formé par la face oblique de la dent de roue, jusqu'à ce qu'elle aille retomber dans le vide suivant: la roue reste immobile, et elle est entraînée à nouveau seulement lorsque le levier reprend son mouvement dans le sens initial. Comme l'arbre à entraîner est ordinairement sollicité par une force contraire qui le ramènerait en arrière pendant les temps d'arrêt, la roue est retenue par un cliquet à ressort qui s'engage aussi dans les creux des dents en s'opposant au mouvement en sens inverse.

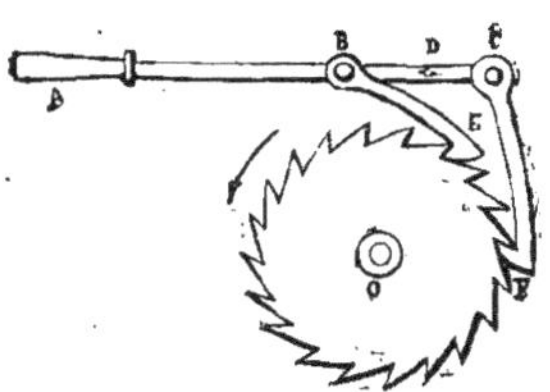

Fig. 494. — *Encliquetage à levier de La Garousse.*

Le mouvement ainsi déterminé est assez lent car la roue ne tourne que pendant une demi-oscillation du levier, mais on peut arriver néanmoins à utiliser l'oscillation complète comme on le fait, par exemple, au moyen du levier de La Garousse que nous avons représenté figure 494. Celui-ci est articulé autour d'un axe D simplement parallèle à celui de l'arbre à conduire O, et il porte deux cliquets à rochet E et F, situés de part et d'autre du centre d'oscillation D. Ces cliquets viennent engrener chacun dans un des creux de la roue dentée, comme c'était le cas dans la disposition précédente, mais quel que soit le sens de la rotation du levier, l'entraînement de la roue s'opère toujours, car l'un des rochets vient engrener au moment où l'autre se dégage, et il y en a continuellement un en prise. Lorsqu'on abaisse l'extrémité A, le crochet CF reste en prise pour entraîner la roue, le second crochet BE étant alors dégagé; et lorsqu'on relève au contraire A, le crochet BE rentre en prise à son tour, CF étant dégagé. La roue ne reste plus immobile qu'un temps très court, pendant qu'on change le sens de rotation du levier, mais il faut conserver, néanmoins, comme dans l'encliquetage ordinaire, le cliquet à ressort empêchant le mouvement inverse.

On s'est attaché aussi à diminuer le bruit assourdissant qu'entraînent généralement ces encliquetages en raison des chocs continuels que subit le rochet en retombant dans les creux de la roue. On rattache à cet effet le rochet au levier par une bielle articulée, disposée de manière à ce que le rochet se dégage automatiquement pour passer d'une dent à l'autre lorsqu'on relève le levier.

Dans les encliquetages à frottement, la disposition des organes en contact assure l'entraînement par frottement dans un sens déterminé de rotation, tandis que dans le sens opposé, certaines pièces se trouvent coincées par le mouvement même, et opposent ainsi une résistance absolue à l'entraînement.

On peut citer comme exemple de cette disposition, l'encliquetage imaginé par M. Saladin, de Mulhouse, celui qui est appliqué par M. Chameroy pour l'assemblage des tuyaux de conduite, et enfin l'encliquetage Dobo représenté figures 495 et 496 et dont nous allons donner brièvement la description.

La roue qui reçoit directement, soit à la main, soit par une transmission, l'effort moteur est disposée en forme d'anneau A entourant à frottement doux un disque B calé sur l'arbre à conduire O. Ce disque porte quatre ailettes ou leviers en formes de cames, articulés sur quatre axes c et terminés du côté de l'anneau par des arcs de cercle de rayon un peu moindre que le sien. Des petits ressorts r fixés au disque viennent appuyer sur ces cames en forçant la pointe angulaire à s'appliquer contre la face intérieure de l'anneau. Le centre d'oscillation c de la came est déterminé de manière à ce que les deux rayons venant des centres c et O et aboutissant au point de contact de la came, fassent entre eux un angle de 9° seulement inférieur à l'angle de frottement. Lorsqu'on fait tourner celui-ci dans le sens opposé à l'action des ressorts, soit dans le sens opposé à la flèche, il rabat les cames en faisant fléchir les ressorts, et il avance ainsi sans entraîner le disque. Lors-

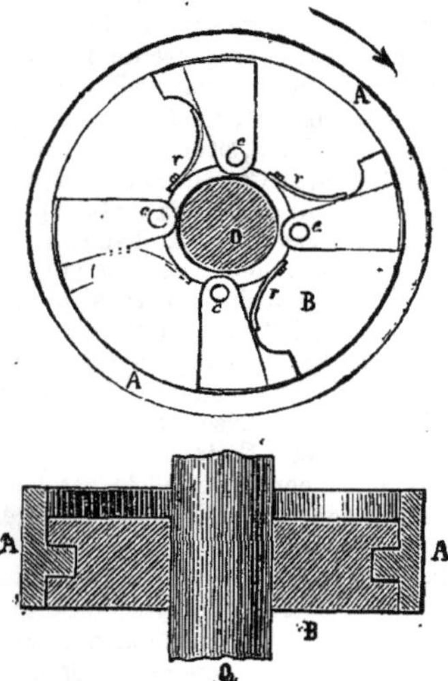

Fig. 495 et 496. — *Vue et coupe de l'encliquetage Dobo.*

que l'anneau tourne au contraire en sens inverse, les parties circulaires des cames sollicitées par les ressorts viennent s'appuyer au contact, et comme l'angle de 9° donné aux deux rayons est inférieur à l'angle de frottement des matières en contact, les cames ne peuvent glisser d'un mouvement relatif sur l'anneau, elles tournent avec l'anneau en entraînant l'arbre, dont la rotation s'opère toujours ainsi dans un sens unique. Cette disposition présente sur l'encliquetage ordinaire, cet avantage que l'amplitude des mouvements communiqués à l'anneau peut prendre une valeur quelconque sans être limitée aux oscillations d'un levier.

Nous citerons également une disposition très ingénieuse d'encliquetage, appliquée sur les machines à coudre, pour prévenir le mouvement en sens inverse qui serait particulièrement dangereux sur ces machines, car il entraînerait la rupture des fils de couture. La machine Wheeler et Wilson par exemple, est munie d'un coursier circulaire creux disposé devant la jante du volant et qui va en se rapprochant continuellement de celle-ci. Entre la jante et le coursier est logée une balle en caoutchouc qui tend à descendre le long du coursier sous l'action de la pesanteur, et ne

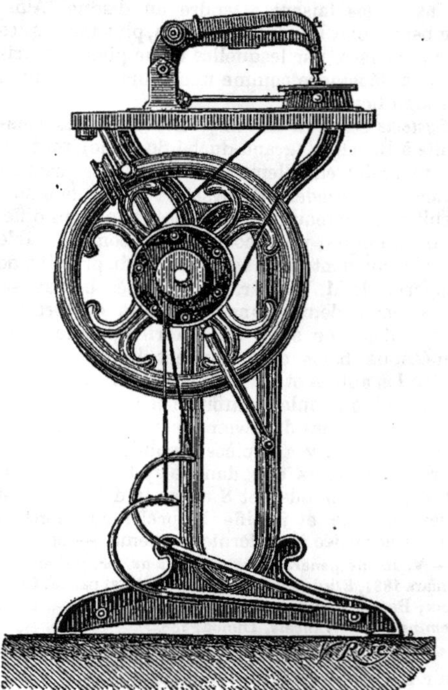

Fig. 497. — *Application de l'encliquetage Bourdin à une machine à coudre.*

peut en sortir à cause du rapprochement de la jante. Le volant peut tourner seulement dans le sens où il tend à relever la balle, qui redescend continuellement ; mais une rotation dans le sens

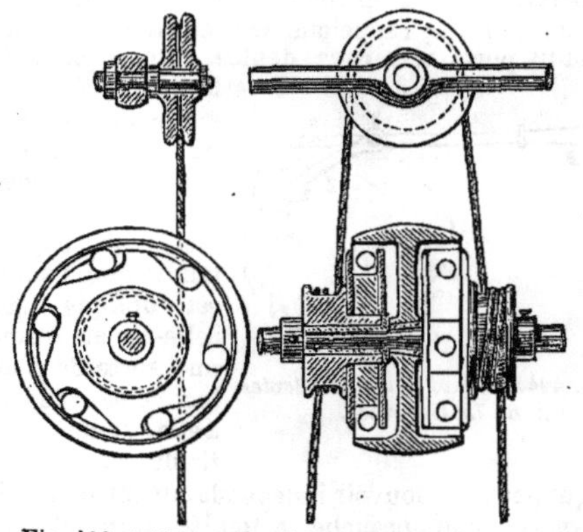

Fig. 498 et 499. — *Encliquetage Bourdin. Vue extérieure et coupe.*

inverse de la flèche mettrait la balle en prise, et le mouvement s'arrêterait immédiatement.

M. Bourdin a appliqué également un encliquetage avec balles de caoutchouc dans le curieux appareil de transmission auquel il a donné le nom de *pédale magique.* Cet encliquetage que nous représentons dans les figures 497 à 499 peut être appliqué avantageusement à la conduite des machines à coudre et des tours de précision de toutes sortes. Il présente en effet sur les transmissions ordinaires par bielles et manivelles, l'avantage d'éviter les points morts, il supprime tout bruit et tout mouvement brusque et empêche absolument la rotation en sens inverse; l'encliquetage une fois construit permet seulement la rotation dans un sens unique. L'encliquetage comprend deux manchons fous sur l'arbre moteur, qui est horizontal; ils sont munis chacun d'un disque en forme de roue à dents inclinées présentant six espaces vides dans lesquels sont logées autant de balles en caoutchouc. Ces disques viennent s'emboîter sur les deux faces d'une poulie centrale calée sur l'arbre moteur et les balles en caoutchouc sont retenues par les rebords saillants de cette poulie. Autour des douilles prolongeant les manchons est enroulée une courroie en cuir passant sur une poulie de renvoi, et accrochée à ses deux extrémités à deux pédales sur lesquelles appuient les pieds de l'ouvrier. Ces pédales prennent un mouvement alternatif de montée et de descente qu'elles transmettent à la courroie, et celle-ci entraîne avec elle les deux manchons qui reçoivent ainsi eux-mêmes tour à tour un mouvement de rotation alternatif allant tantôt dans un sens et tantôt dans l'autre; mais les mouvements simultanés des deux manchons restent toujours de sens contraires. C'est ce mouvement de rotation alternatif qu'il s'agit de transformer en un mouvement de rotation de sens unique et presque continu, transmis à la poulie centrale actionnant elle-même le reste de la transmission par l'intermédiaire d'une courroie passant sur sa jante. En examinant les figures 498 et 499, on remarquera en effet que, lorsque la roue dentée intérieure tourne de gauche à droite, pendant l'oscillation descendante de la pédale motrice, les balles en caoutchouc glissent sur les faces inclinées des dents, et viennent se mettre en prise entre les bords saillants de la poulie centrale et les dents de la roue; la poulie centrale et l'arbre moteur se trouvent ainsi entraînés dans le mouvement de rotation du manchon, tandis que l'entraînement ne peut pas avoir lieu dans le sens contraire. Lorsque le manchon vient à tourner de droite à gauche pendant l'oscillation montante de la pédale, les balles en caoutchouc viennent se loger dans les creux des dents de la roue, et ne sont plus au contact des rebords de la poulie centrale; le manchon tourne seul sans produire l'entraînement qui s'opère alors sous l'action du second manchon tournant en sens inverse, et la rotation de la poulie centrale reste continue.

ENCLUME. *T. de mécan.* Masse en fer ou en fonte sur laquelle on forge les métaux à froid ou à chaud. L'enclume employée dans les grosses forges est souvent en fonte bien que ce métal soit plus cassant, mais il présente l'avantage qu'on peut en repasser les morceaux dans les feux d'affinerie. Les enclumes ordinaires sont en fer aciéré, et elles sont fabriquées d'après différents types appropriés au travail qu'on veut exécuter. La surface de l'enclume doit être dure et lisse, elle présente au milieu une partie plane en forme de parallélogramme qu'on appelle la *table* avec un trou carré destiné à recevoir un tranchet pour couper le fer. Les deux extrémités portent le nom de *bigornes*, et sont généralement terminées en pointe, l'une ronde et l'autre quadrangulaire, afin de permettre à l'ouvrier d'ébaucher des objets en métal de formes diverses, ronds ou à angles vifs.

La fabrication des enclumes est assez compliquée, car elle exige l'emploi simultané de fers et d'aciers de natures très diverses. La surface doit être en acier trempé à toute sa force. Aussi est-elle fabriquée avec des bouts d'acier assemblés par un lien en fer qui sont soudés sur le paquet en fer formant le corps de l'enclume, et comme la haute température nécessaire pour la soudure dénature l'acier, on est obligé de cémenter la surface en faisant chauffer l'enclume dans une boîte de cément, et on la trempe en la maintenant sous l'action d'un courant continu d'eau froide.

Le soudage de l'acier constitue la partie la plus délicate de cette fabrication, et c'est au procédé employé que les enclumes des Ardennes doivent leur supériorité reconnue. Des lames d'acier ayant 10 millimètres d'épaisseur sont découpées en petits morceaux carrés de 50 millimètres de côté, ceux-ci sont ensuite réunis dans un châssis sous forme de mosaïque et soudés *en bout* sur la table de l'enclume. Dans le bassin de la Loire, on se contente d'employer des morceaux d'acier ayant la largeur de la table de l'enclume et on les soude à plat.

***ENCOCHE.** Généralement petite entaille; en *serrur.*, entaille pratiquée sur le pène ou sur la gâchette d'une serrure, pour former arrêt.

ENCOLLAGE. *T. de tiss.* Opération qui a pour but d'imprégner et de pénétrer les fils de chaîne destinés à être tissés, en coton, ou en laine, etc., d'une substance agglutinante qui en couche les duvets, en rend la surface lisse et polie et qui leur donne en même temps la consistance voulue pour supporter le frottement du peigne pendant le travail du tissage. Cette substance s'appelle *colle* (V. ce mot). Si simple qu'elle paraisse, cette opération est une des plus importantes du tissage, et c'est en grande partie de la manière plus ou moins parfaite dont elle a été exécutée et des soins qu'on y a apportés que dépend la bonne marche du métier à tisser et par suite la bonne qualité du produit et le chiffre de la production : une chaîne insuffisamment encollée s'use rapidement par le frottement des mailles des lisses et des dents du peigne ; lorsqu'elle l'est trop, elle est raide et cassante et occasionne de fréquents arrêts du métier. Primitivement, les échevettes de chaîne étaient cuites dans un bain de colle ou d'apprêt, puis dévidées sur des bobines avec lesquelles on ourdissait les chaînes. Pour les chaînes fines et les tissus forts, le tisserand à bras encollait la chaîne au fur et à mesure de son déroulement sur le métier en y appliquant l'apprêt au moyen de brosses à main. Ensuite les chaînes ont été encollées en boudins, séchées sur des machines à plusieurs tambours et montées sur rouleaux. C'est de là qu'on a été conduit aux machines actuellement employées pour l'encollage, dont nous donnons la description (V. ENCOLLEUSE). Cette opération de l'encollage de chaînes a été pendant longtemps remplacée et l'est encore pour certains fils fins par celle du *parage* qui a le même but; la construction des machines employées, la préparation de la colle ou du *parement*, son application, et enfin la quantité de production et par suite le prix de revient différencient surtout les deux opérations. Dans le parage, le parement ou pâte épaisse forme un enduit sur les fils ; ceux-ci sont soumis à l'action de deux brosses qui les lissent et couchent parfaitement le duvet, le séchage se fait lentement, à l'air chaud et au moyen de ventilateurs. Pour l'encollage, la colle est plus liquide et pénètre le fil en laissant à sa surface une forte proportion de duvet (c'est ce qui empêche de l'appliquer encore à tous les genres de tissus); le séchage est effectué rapidement et généralement par le contact des fils avec des tambours. Le parage a été presque exclusivement employé jusque vers 1840 et l'est encore pour le lin; en présence de la production excessivement restreinte des machines et malgré la bonne qualité du produit, on songea à modifier les procédés employés jusqu'alors, et à cette époque, l'encolleuse, venue d'Angleterre, fut essayée par diverses maisons et adoptées par quelques-unes. Néanmoins, malgré les avantages incontestables d'économie, d'emplacement, d'entretien et de main-d'œuvre résultant d'une production près de dix fois supérieure, les machines à encoller ont été longtemps à se généraliser dans l'industrie ; ce n'est guère que depuis les perfectionnements apportés depuis quelques années à leur construction qu'elles sont employées couramment.

Il peut paraître intéressant de rapprocher de ces données sur les procédés actuels de l'industrie du tissage, la description des moyens employés de nos jours encore par les Indiens pour l'encollage de leurs chaînes et qui doivent rappeler ceux des tisserands primitifs. Les fils dévidés en écheveaux, puis mis en paquets sont immergés dans un mélange d'eau et de bouse de vache et foulés au pied jusqu'à ce que le liquide ait suffisamment imprégné toutes les parties du fil ; les fils séchés, dévidés et ourdis sont une seconde fois trempés dix à douze heures dans un bassin rempli d'eau. La colle destinée à l'encollage se compose d'une espèce de bouillie cuite et faite avec de la farine d'*eleusine coracana*. On introduit cette bouillie dans un petit sac de toile peu serrée, de manière à livrer passage à la partie mucilagineuse, tout en retenant à l'intérieur les pelures et autres corps étrangers qui pourraient s'y trouver mêlés. La chaîne retirée du bassin est étendue horizontalement sur des traverses, puis deux hommes saisissant chacun par un bout le sac rempli de bouillie, le promènent d'un bout de la chaîne à l'autre, remplaçant la bouillie dans le sac au fur et à mesure qu'elle s'épuise. Lorsque la chaîne a été ainsi encollée d'un côté, elle est retournée de l'autre d'un seul coup et imprégnée de colle de la même façon ; après quoi, on la laisse reposer et sécher pendant quelque temps ; puis les deux hommes l'enduisent, au moyen d'une grande brosse, d'une légère couche d'huile de sésame ; cette opération a pour but de coucher le duvet dans un même sens, d'enlever les vrilles et d'égaliser la couche de colle ; l'huile sert à en adoucir le frottement et à augmenter l'élasticité des fils. La chaîne ainsi parée et séchée est enroulée et portée au métier à tisser.

Nous avons parlé à notre article COLLE, de la composition et de la préparation de la substance employée pour l'encollage des différentes matières textiles, nous n'y reviendrons donc pas; ajoutons seulement, que de temps immémorial, on employait à cet usage de la colle forte, puis de la fleur de farine ou de l'amidon ; c'est vers 1828 qu'on eut l'heureuse idée d'y substituer la fécule de pomme de terre ; cette précieuse innovation réalisa un progrès très important dans l'industrie du tissage du coton. — P. D.

Encollage. Dans la *peint. en bât.*, c'est l'application d'une ou plusieurs couches de colle que l'on étend sur une surface, avant la dorure ou la peinture. || L'opération de l'encollage se fait également dans le cartonnage, les estampes, la peinture, etc.

*** ENCOLLEUR.** *T. de mét.* Ouvrier dont le métier consiste à faire l'encollage

*** ENCOLLEUSE.** *T. de tiss.* Machine à encoller, employée dans le tissage de la laine et du coton. Nous avons énuméré succinctement au mot *encollage* les procédés successivement employés pour réaliser cette opération importante du tissage. Le système d'encollage des chaînes en boudins, séchées sur plusieurs tambours dont nous avons parlé, fut remplacé par une machine sur laquelle la chaîne était encollée au large et les fils mieux séparés ; ce fut l'origine des encolleuses actuelles. Le travail de l'encolleuse présentant une grande économie de façon sur celui de la *machine à parer* (V. PARAGE), on a cherché à la perfectionner pour l'appliquer à tous les genres de chaînes, et actuellement elle tend de plus en plus à remplacer la machine à parer dite *écossaise.*

Deux genres de machine à encoller se partagent aujourd'hui la faveur des industriels, ce sont : 1° les encolleuses à tambours, dans lesquelles le séchage des fils a lieu par contact avec des surfaces chauffées, et 2° les encolleuses dites *à air chaud*, où les fils sont isolés des surfaces destinées à les sécher.

Encolleuse à tambour. L'encolleuse à tambour est le type le plus ancien. Elle se compose : 1° de la bâche à colle ; 2° des tambours ; 3° du système d'enroulement ou compteur.

Voyons d'abord la bâche à colle. Une cheminée en hotte, dont la fonction est d'aspirer la vapeur produite par la cuisson de la colle et le séchage de la chaîne, se trouve placée au-dessus de la bâche à colle et des organes sécheurs. Cette bâche construite en bois, est garnie intérieurement de feuilles de cuivre et munie dans le fond d'un serpentin en cuivre ou en fonte, percé de trous, par lequel arrive la vapeur destinée à cuire la colle. Les tambours sont en cuivre, au nombre de deux, et comme tous les récipients destinés à contenir de la vapeur, ils sont construits de manière à supporter une pression pouvant s'élever à deux ou trois atmosphères. Ils sont de diamètres différents; celui qui est le plus près de la bâche à colle est le petit tambour et a un diamètre de $1^m,50$ environ ; le grand tambour placé immédiatement à la suite a un diamètre de 2 mètres à $2^m,50$ suivant les machines. Les rouleaux d'ourdissage sont placés sur deux bâtis en fonte indépendants de la machine, à environ 1 mètre de la bâche ; le déroulage de ces rouleaux est réglé au moyen de freins formés de courroies entourant les axes et munies de poids. Les fils de chaîne réunis en une seule nappe formée de la réunion des fils de cinq ou six rouleaux sont amenés dans la bâche après avoir passé sur un rouleau de tension et un rouleau guide et sont plongés dans la colle en ébullition par un rouleau en cuivre, mobile au moyen de deux crémaillères, qui les fait pénétrer plus ou moins dans la colle. Deux paires de rouleaux, l'un en cuivre qui baigne en partie dans la colle, l'autre garni de flanelle, expriment l'excédent de colle entraînée par les fils. La nappe de fils imprégnée de colle passe sur le grand tambour, en fait le tour et revient sur le petit tambour pour repasser sous le grand tambour et sous un ventilateur placé derrière celui-ci. On la ramène ensuite sur la table d'envergure et enfin, après avoir passé dans le peigne extensible, dont nous expliquerons le fonctionnement plus loin, elle entoure un rouleau placé à l'avant de la machine et qui reçoit son mouvement de la transmission. Une ensouple commandée par une friction enroule les fils au sortir de ce rouleau d'appel et les fait avancer sur la machine. Une forte tension des fils est nécessaire pour obtenir une chaîne bien serrée sur l'ensouple. Pour les gros numéros de chaîne, coton n°s 5 à 20, par exemple, la tension est maxima; pour les n°s 20 à 30/32, la friction est moins serrée ; pour les n°s 30 à 40, elle est encore plus faible.

Pour les chaînes n°s 45 à 70, la friction est des plus minimes, la résistance à l'entraînement des tambours sécheurs étant suffisante pour maintenir les fils bien tendus.

Afin d'enlever l'excès de colle et de lisser le duvet du fil, on adapte souvent à la suite de la bâche à colle et au-dessus du petit tambour, trois lattes plates en bois recouvertes de panne ou de grosse flanelle. Le fil frotte sur la première de ces tringles, sous la deuxième et sur la troisième, puis de là arrive sur le grand tambour. On applique aussi entre ces lattes deux tringles en fer qui envergent les fils et les séparent pour les empêcher de se coller entre eux. A la dernière latte, on fixe sur les côtés, deux petits peignes destinés à séparer l'un de l'autre les fils des lisières. Nous avons déjà indiqué diverses recettes de *colle* (V. ce mot), nous n'y reviendrons pas.

La description précédente suffira pour donner une idée exacte de l'encolleuse à tambour, de la *sizing* comme on l'appelle (en France comme en Angleterre) et de son fonctionnement; nous n'ajouterons, pour compléter notre description, que quelques mots sur certaines parties qui demandent à être citées plus particulièrement : le compteur, le peigne extensible et les cônes, ainsi que sur les défauts qui peuvent se présenter dans le travail de l'encollage.

1° Le *compteur* a pour but de marquer mécaniquement la chaîne à la fin de chaque pièce.

2° La commande de l'ensouple sur laquelle s'enroule la nappe de fil a lieu par l'intermédiaire de deux *cônes* alternes pour que la vitesse circonférentielle ou d'enroulement reste constante malgré l'accroissement du diamètre. La courroie motrice chemine le long de ces cônes au fur et à mesure de l'avancement de la chaîne ; un cliquet actionné par un excentrique agit sur un rochet qui produit la rotation intermittente d'une vis sur laquelle est montée la fourche guide courroie.

3° Le *peigne extensible* entre chaque dent duquel passe un certain nombre de fils, doit pouvoir varier de dimensions suivant la largeur ou *laize* du tissu à produire. Le meilleur système de peigne extensible est celui à charnières dit à *extension mathématique;* on en fait dont les dents sont fixées dans un ruban élastique ou entre les spires de petit ressorts à boudins ; ces derniers peignes ne sont pas exacts et se détériorent rapidement.

Les encolleuses les plus courantes sont construites pour encoller des laizes de 2 mètres au maximum. Disons encore deux mots des défauts qui se présentent à l'encollage. Parmi ces défauts on peut citer en première ligne le *mauvais séchage* des fils qui se produit quand les tambours ne sont pas chauffés suffisamment ou que la vitesse de la machine est trop grande; la chaîne devient alors laineuse, ce qui est un défaut capital. Les *chaînes molles* proviennent d'une mauvaise tension et d'une pression mal réglée. Quand la *colle est mal cuite,* que tous les ingrédients qui la composent ne sont pas suffisamment mélangés, il se produit dans la chaîne des places faiblement encollées qui naturellement marcheront mal sur le métier. Quand des *fils cassent* pendant la marche, qu'ils s'enroulent autour des cylindres de colle, autour des baguettes, ou qu'ils s'accrochent au peigne, l'encolleur et son aide doivent les enlever immédiatement et les rattacher. Enfin, à l'arrêt, on arrose avec de l'eau fraîche les cylindres de pression préalablement soulevés hors de la bâche à colle et placés dans leurs supports *ad hoc*; le drap qui les recouvre doit être remplacé dès qu'il est devenu trop dur ou qu'il est brûlé, et il faut éviter de laisser la colle dans la bâche en cas d'arrêt prolongé pour éviter la moisissure ou les croûtes qui rendent cette colle impropre au travail.

Les encolleuses fonctionnaient depuis longtemps en Angleterre et donnaient d'excellents résultats qu'on était tenté, en France, de taxer leur emploi d'impossible et cela faute d'ouvriers expérimentés; il en a été et en est encore ainsi malheureusement pour un grand nombre d'autres machines.

Une encolleuse peut produire en onze heures de travail en moyenne 7,500 mètres et exceptionnellement 9,000 mètres. Elle remplace donc à peu près 10 machines à parer. Très bonne pour l'encollage des numéros courants, elle n'est pas encore néanmoins applicable au traitement des fils fins (nº 70 et au delà), car le séchage rapide des fils par leur contact avec des surfaces métalliques chauffées n'est pas sans inconvénient; un fil séché au tambour sera en effet aplati et formera des angles dont les faces seront garnies de colle séchée faisant en plan l'effet d'une lame de scie et un tel fil usera beaucoup les harnais au tissage.

Encolleuse à air chaud. C'est dans le but d'éviter ces inconvénients et d'étendre l'application de l'encollage à tous les genres de fils, qu'un grand nombre de constructeurs et d'industriels ont créé les encolleuses dites *à air chaud.* Dans ces différents systèmes de machines, les principales parties que nous avons décrites ci-dessus restent sensiblement les mêmes; le système de séchage seul diffère. Le principe adopté consiste à faire faire aux fils un parcours d'une assez grande étendue à l'intérieur de hottes, caisses ou compartiments uniques ou placés l'un à la suite de l'autre et chauffés au moyen de plaques, ou de tuyaux nus ou à ailettes, de cylindres à tubes intérieurs, de serpentins, etc., à circulation de vapeur, avec adjonction de ventilateurs pour l'entrée et la sortie de l'air nécessaire au séchage. Ce système justement en faveur aujourd'hui, et mis à l'essai un peu partout est préférable au premier, car il a l'avantage de fournir des chaînes moins rudes et plus uniformes dans l'encollage. En l'absence de renseignements exacts de la part des industriels qui emploient ces machines, et des assurances toujours optimistes des constructeurs, il est difficile de se prononcer en parfaite connaissance de cause sur le meilleur système à adopter. Une commission instituée par la Société industrielle de Mulhouse, pour l'étude de cette question si importante de l'encollage n'a pas voulu présenter de conclusions dans ce sens.

L'une des principales encolleuses à air chaud a été construite par MM. Tulpin frères, à Rouen. La bâche à colle a reçu les deux applications suivantes : 1º un agitateur composé de deux arbres, portant des palettes, à plans inclinés inversement dans chacun d'eux et s'engrenant entre elles, qui rend le mélange d'une homogénéité parfaite; 2º un compartiment spécial pour la cuisson de la colle qui se fait d'une manière continue et suivant l'exigence de la dépense produite par l'encollage.

La chambre de séchage est formée dans sa hauteur de sept compartiments égaux communiquant successivement de l'un à l'autre et dans lesquels circulent continuellement l'air chaud et les fils à sécher. Les cloisons de ces compartiments sont formées, pour deux d'entre elles à la partie supérieure, et pour trois à la partie inférieure, de plaques creuses chauffées par la vapeur. L'air appelé par un ventilateur circule en sens contraire de la marche des fils qui sont ainsi séchés progressivement sous l'action de cet air, lequel enlève en même temps les vapeurs dégagées par le séchage. Le système d'enroulage de la chaîne est semblable à celui que nous avons décrit pour l'encolleuse à tambours.

Le type de la machine pouvant encoller des chaînes nºˢ 10 à 120 (coton) et remplacer ainsi la machine à parer dite *écossaise* reste toutefois encore à créer : ce serait celui qui permettrait de sécher rapidement le fil après en avoir couché le duvet et enlevé le trop plein de colle au moyen de brosses. Tous les organes de la machine devraient être mis en mouvement mécaniquement de manière à ce que les fils n'aient rien à tirer; enfin la production devrait être suffisante pour qu'une seule machine put alimenter 500 à 600 métiers, quels que soient les genres de tissus à faire. Les encolleuses dont nous venons de parler sont celles employées pour le coton. Les machines employées pour l'encollage de la laine sont beaucoup plus simples, elles sont toutes à air chaud. Généralement au sortir de la bâche à colle, la chaîne fait un long parcours à plusieurs circuits, soit horizontalement, soit verticalement, à l'air libre, dans l'atelier dont la température est suffisante pour opérer un séchage lent et progressif des fils; la bassine est à double fond et chauffée à la vapeur ou au bain-marie. Ce sont là les seules différences que nous ayons à signaler. — P. D.

ENCORBELLEMENT. *T. de constr.* Partie de construction en pierre, bois ou fer, établie en surplomb ou porte à faux sur le nu d'un mur. Un balcon, une corniche saillante, une tourelle occupant l'angle d'une habitation au-dessus du rez-de-chaussée sont *en encorbellement.* Cette disposition est obtenue à l'aide de consoles, de modillons, de corbeaux ou d'assises superposées formant saillie les unes au-dessus des autres.

— C'est ce dernier système qui a été appliqué par les habitants primitifs de la Grèce pour former la partie supérieure des baies. L'évidement de ces pierres saillantes, suivant un tracé courbe, semble même avoir été l'origine de l'*arc.* Mais c'est surtout au moyen âge que l'usage de la construction en encorbellement était en vigueur. L'architecture militaire de cette époque nous offre de nombreuses applications de ce système : tels sont les *mâchicoulis* qui couronnaient les portes militaires, les *échauguettes* qui flanquaient les courtines, les donjons, et qui servaient, tout à la fois, à la surveillance et à la défense des enceintes fortifiées. Les témoignages fournis par les constructions civiles sont encore plus frappants. La plupart des rues étaient bordées de maisons dont les étages se superposaient en saillie les uns au-dessus des autres, empiétant sur la largeur de la voie publique, de manière à intercepter souvent le passage de la lumière. A cet effet, les solives des planchers dépassant le nu du rez-de-chaussée avaient leurs extrémités reposant sur une poutre transversale supportée elle-même par des consoles en bois ou en pierre. Cette coutume, si contraire aux lois de l'hygiène et de la bonne construction, est aujourd'hui formellement prohibée. En dehors des saillies de peu d'importance, telles que celles présentées par les balcons, corniches, etc., on ne dispose plus en encorbellement que des ouvrages provisoires, tels que certains échafauds destinés à des travaux de construction ou de réparation. — V. ECHAFAUD.

*** ENCORDAGE.** *T de tiss.* Disposer les cordes et ficelles nécessaires au montage d'un métier.

*** ENCRAGE.** *T. de typogr.* Action de charger d'encre les rouleaux de la presse.

ENCRE. Matière liquide ou demi-liquide destinée à écrire ou à tracer des caractères ou dessins d'une couleur différente de celle du papier, parchemin, carton, etc., sur laquelle l'inscription est faite; c'est le plus souvent un tanno-gallate de protoxyde de fer additionné de gomme, d'indigo ou de sucre pour lui donner du brillant, mais sa composition varie suivant le but que l'on se propose d'obtenir et l'emploi que l'on en veut faire; c'est ainsi qu'il y a des encres à écrire avec la plume, des encres d'imprimerie, des encres typographiques, lithographiques, des encres à marquer le linge, etc.

Encres à écrire. L'encre était connue et employée plusieurs siècles avant l'ère chrétienne. Dès la plus haute antiquité on connaissait l'encre puisqu'il en est fait mention dans le Pentateuque de Moïse, sous le nom de *dego*; elle était préparée avec du noir de fumée ou du charbon très divisé délayé dans une eau gommée. On lit encore dans Jérémie (chap. XXXVI. v. 18) « il me dictait de sa bouche toutes ces paroles comme s'il les avait lues, et moi je les écrivais dans ce livre. »

Les anciens écrivaient avec un léger pinceau, ce qui exigeait une encre un peu coulante; les Athéniens Polygnote et Mycon ont, les premiers, préparé l'encre de marc de raisin ou lie de vin (*tryginum*). Les empereurs écrivaient avec une encre pourprée composée de coquilles pulvérisées et de sang tiré de la pourpre; enfin les anciens faisaient encore de l'encre avec le sang de certains poissons.

ENCRE NOIRE. L'encre noire est un liquide coloré en noir bleuâtre; il résulte de l'action du vitriol vert ou sulfate de protoxyde de fer sur l'acide tannique ou gallique dans la décoction ou infusion de noix de galle; elle se compose donc essentiellement de tannate ou gallate de fer en suspension dans l'eau, puis on ajoute ensuite quelques autres substances, notamment de la gomme, afin d'empêcher la précipitation du sel de fer. La couleur de l'encre fabriquée avec la couperose ou sulfate de fer et de la noix de galle, a quelque chose de terne; on lui donne du brillant par l'addition d'un peu de sucre et de sulfate de cuivre, mais ce dernier sel altère rapidement les plumes d'acier, les rend mauvaises et cassantes; si le sulfate de fer employé dans la fabrication est trop acide, l'encre jaunit rapidement; dans ce cas il importe de saturer l'acide sulfurique en ajoutant 60 grammes d'ammoniaque liquide par 500 grammes de couperose. Souvent on remplace la noix de galle par d'autres matières contenant de l'acide tannique et moins chères, telles que le sumac, le bois de campêche, les écorces de chêne, de châtaignier et d'aulne. On prépare aussi des encres noires sans noix de galle et sans couperose avec du campêche, de l'alun, de la gomme arabique et du sucre.

En résumé les encres à écrire se composent : 1° d'un principe colorant qui en forme la base; 2° d'un véhicule liquide dans lequel le principe colorant est dissous ou tenu en suspension. Souvent enfin on introduit des corps destinés à préserver le liquide des altérations dues à la formation des microphytes ou microzoaires; ces corps sont l'acide phénique, le sublimé corrosif ou une huile essentielle.

Une encre, inventée récemment, s'obtient au moyen de l'acide pyrogallique et de substances colorantes d'origine végétale et, depuis quelques années, on en fabrique avec le violet de Perkin, couleur dérivée de l'aniline. On trouve enfin dans le commerce, où on les vend sous forme de pastilles renfermées dans des boîtes en ferblanc des *encres solides*. Pour s'en servir, il faut faire dissoudre le produit pendant douze heures dans l'eau chaude.

Une bonne encre doit satisfaire aux conditions suivantes : 1° les caractères formés avec elle doivent être suffisamment foncés; 2° ils doivent être d'une franche couleur noir bleuté; 3° la matière colorante doit pénétrer à une certaine profondeur dans le papier; 4° laisser aux traits une grande netteté; 5° ne pas s'enlever par un lavage à l'eau; 6° ne pas s'altérer à l'air trop rapidement; 7° le liquide doit adhérer à la plume et ne couler que par l'apposition de celle-ci sur le papier; enfin, 8° elle ne doit pas s'altérer dans l'encrier. Voici quelques formules d'encre noire de bonne qualité :

1° Noix de galle concassée	1 kilogr.
2° Sulfate de fer ou couperose verte	500 gr.
3° Gomme arabique	500 gr.
4° Eau	16 litres.

Cette composition donne l'encre double de commerce; l'encre simple s'obtient avec les mêmes matières dans le double d'eau.

On obtient des encres plus économiques par les formules suivantes :

	Lewis	Ribeaucourt	Robinson
Noix	96 gr.	86 gr.	96 gr.
Bois de campêche, copeaux	24	32	32
Couperose verte	32	32	32
Sulfate de cuivre ou vitriol bleu	32	10.7	»
Gomme arabique	32	32	64
Sucre	»	10.7	»
Eau	2 lit.	2 lit.	2 lit.

Autres formules :

	Kilogr.	Kilogr.
Noix de galle d'Alys	10	6
Gomme du Sénégal	2.500	2.500
Sulfate de fer	2.300	2.500
Eau	225	45

On ajoute quelques gouttes d'acide phénique pour empêcher les moisissures.

L'encre alizarique se compose de :

Noix de galle	42	42
Garance	3	3
Solution d'indigo	1.50	1.20
Couperose verte	5.25	5.2
Acétate de pyrolignite de fer	2	2

Les encres au sel de fer ont le défaut d'attaquer les plumes d'acier. Runge a signalé une encre trouvée par Leykauf et perfectionnée par Erdmann; elle était composée au chromate de potasse et son principe colorant était une combinaison d'hématéine et d'oxyde de chrome. Elle se distingue par sa beauté, sa solidité et son bas prix. Elle se compose de 1000 parties de décoction de bois de campêche (1 partie de bois pour 8 parties d'eau) et de 1 partie de chromate jaune de potasse, additionnée d'une petite quantité de chlorure de mercure.

Encre vanadique. L'encre vanadique de Berzélius est un liquide noir foncé qui résiste à l'action des acides et des alcalis; on l'obtient par la réaction de la noix de galle sur le vanadate d'ammoniaque; elle est indélébile.

Encres de couleur. Pour certains usages, on emploie des encres bleues, rouges, vertes, jaunes dont nous allons donner les compositions.

Encre bleue dite de *Rouen.* Elle est formée de 750 grammes de bois de campêche, 35 grammes d'alun, 31 grammes de gomme arabique dans 5 à 6 litres d'eau. La couleur s'obtient par la dissolution du bleu de Prusse dans l'acide oxalique ou dans l'eau, ou en dissolvant l'indigo dans l'acide sulfurique étendu d'eau gommée.

Encre rouge. On l'obtient en dissolvant le carmin de cochenille ammoniacal, ou en faisant une décoction du bois du Brésil additionnée d'acide acétique et d'alun.

Encre pourpre. On la prépare en ajoutant à une décoction de 12 parties de bois de campêche dans 120 parties d'eau, 1 partie de sous-acétate de cuivre, 14 parties d'alun et 4 de gomme arabique.

Encre verte. On la fait avec 10 grammes d'acétate de cuivre, 50 grammes de crême de tartre et 400 grammes d'eau, ou encore en ajoutant de la gomme-gutte à l'encre bleue.

Encre jaune. On la fabrique en délayant de la gomme-gutte dans l'eau, ou en faisant une décoction de 125 grammes de graines d'Avignon ou de Perse dans 500 grammes d'eau contenant 15 grammes d'alun et 1 gramme de gomme-gutte.

Encres pour marquer le linge. Elles sont généralement à base d'argent, l'oxyde est réduit à l'état métallique sur le tissu même, ce qui détermine une coloration moins persistante. Pour s'en servir on prépare la place où l'on veut écrire avec une solution aqueuse de carbonate de soude (8 parties d'eau et 1 partie de carbonate) et l'on écrit avec une solution de nitrate d'argent épaissie à la gomme et colorée avec du vert de vessie (6 parties de nitrate d'argent, 7 de gomme, 1,2 de vert de vessie et 29 d'eau). On marque aussi le linge au moyen d'une dissolution de noir d'aniline.

Encres à copier ou **de transport.** Ces encres possèdent la propriété de transporter sur une feuille de papier mouillé les caractères tracés sur une feuille originale sans les effacer. Cette application se fait au moyen d'une pression quelconque. C'est une encre ordinaire concentrée et contenant une plus grande quantité de gomme et de sucre; on l'obtient en faisant dissoudre 1 partie de sucre candi gommé dans 3 parties d'encre ordinaire.

Bovy de Prégny a donné la formule suivante comme représentant la composition de son encre communicative.

Noix de galle......	500	grammes dans	3	litres d'eau.
Bois de campêche....	125	—	1	—
Racine de guimauve..	75	—	1	—
Sulfate de fer calciné..	500	—	} 1	—
Sulfate de cuivre....	225	—		
Gomme arabique....	250	—	} 1	—
Sucre brut........	250	—		
Total..........			7	litres d'eau.

Encres indélébiles. Ces encres doivent résister aux agents chimiques capables de décolorer l'encre ordinaire, elles doivent faire assez corps avec le papier pour ne pouvoir être entraînées par lavage ou grattage et ne doit disparaître qu'avec le papier qui l'a reçue. Les diverses formules reposent sur l'emploi de charbon très divisé délayé dans des liquides aqueux. L'encre de Chine est une encre indélébile solide. Le chlore, les chlorures, les hypochlorites, les vapeurs acides, les solutions alcalines caustiques, l'acide oxalique, les oxalates alcalinés, le cyanure de potassium, etc., décolorent ou altèrent le principe colorant des encres ordinaires, en sorte que les caractères tracés disparaissent. Depuis que Lewis, en 1764, fit paraître un traité sur les encres et les procédés pour les rendre indélébiles, il a été publié une foule de travaux sur ce sujet. Ces encres ont les défauts suivants : 1° elles sont très épaisses, s'écoulent avec difficulté de la plume, donnent des dépôts considérables, et pénètrent difficilement dans le papier.

En 1831 et en 1837, l'Académie des sciences, consultée par le ministre de la justice sur les moyens d'empêcher la falsification des écritures, a fait connaître que la meilleure encre indélébile est l'encre de Chine délayée dans l'acide chlorhydrique, dans l'acétate acide de manganèse ou dans l'eau rendue alcaline par la soude caustique. M. Cré, de Lyon, a découvert une encre indélébile dite *encre diplomatique,* inaltérable par les acides, les alcalis, les sels, le chlore et les chlorures, ineffaçable par le grattage et le lavage. Elle est à base d'un charbon particulier, et préparée de façon qu'elle soit bien constante et pénètre facilement le papier. Quelques gouttes d'une solution de cyanoferrure jaune de potassium donnent une encre indestructible car il devient impossible d'altérer l'écriture qui, par un réactif quelconque, vire au bleu par la formation immédiate de bleu de Prusse.

Dans ces derniers temps, on a expérimenté une encre dont la base est une matière vitrifiable réduite en poudre impalpable et en suspension dans un liquide ou une pâte quelconque (eau gommée, vernis, corps gras, etc.). Cette encre est destinée à être employée sur du papier d'amiante et doit offrir tous les avantages de l'indestructibilité. Nous avions à mentionner ce procédé nouveau; mais nous devons ajouter que la pratique ne l'a point encore adopté.

Encres sympathiques. Elles ont la propriété, après dessiccation, de ne laisser aucune trace sensible sur le papier, mais la chaleur ou les agents chimiques les font reparaître et rendent de nouveau l'écriture visible. Les liquides qui donnent des encres sympathiques reparaissant sous l'action de la chaleur sont très nombreux; tous les sucs végétaux, mucilagineux, albuminoïdes et sucrés peuvent donner de bons produits à cet égard. En raison de leur emploi avantageux sous le rapport du prix, nous citerons plus particulièrement les jus d'oignon, de navet, de citron, de pomme, de poire, etc.

L'explication des phénomènes présentés par les encres sympathiques de cette catégorie est des plus simples, ceux-ci étant dus à la carbonisation soit des sucs, soit du papier. Dans le premier cas, les caractères apparaissent en noir sur un fond blanc; dans le second cas, en blanc sur un fond noir.

Parmi les encres sympathiques qui demandent, pour devenir à nouveau visibles, l'action des agents chimiques, nous signalerons en première ligne la dissolution aqueuse du chlorure de cobalt, qui, en se concentrant à chaud, passe du rose le plus pâle au bleu intense. Nous citerons aussi le chlorure de nickel qui verdit; l'acétate de plomb qui noircit sous l'action de l'hydrogène sulfuré; les sels de fer qui bleuissent par le prussiate de potasse: les sels de cuivre qui font de même sous l'action de l'ammoniaque, etc.

Encres de Chine. Elles sont à base de charbon; on les prépare en Chine au moyen de décoctions de diverses plantes, de colle de peau d'âne et de noir de fumée. Les chinois obtiennent le noir de fumée par la combustion incomplète de certaines huiles, telle que l'huile de sésame, ou par la combustion du camphre, ou le noir d'ivoire réduit en poudre impalpable. La matière colorante noire est délayée dans l'eau de gomme épaisse ou dans des sucs végétaux; la pâte est aromatisée avec du musc et du camphre, et puis façonnée et débitée en prismes rectangulaires portant des figures ou caractères dont la plupart sont dorés. En France, on est arrivé par d'autres procédés à produire une excellente encre de Chine et à des prix bien inférieurs. Voici une recette, entre autres, qui donne d'excellents résultats : noir de fumée provenant de la combustion des corps gras 1; suc de réglisse 1; colle de poisson 6; eau 12.

Encres d'imprimerie. On distingue dans ces encres, les encres noires et les encres de couleur.

Encres noires. L'encre d'imprimerie ordinaire est essentiellement composée d'une matière colorante noire fortement carbonée et d'un véhicule gras. La matière colorante est généralement formée de matériaux riches en carbone; ordinairement on emploie le noir de fumée obtenu par la combustion du goudron, du naphte, de la résine, etc.; dans certains cas, on ajoute diverses espèces de charbons finement pulvérisés; le véhicule est ordinairement l'huile de lin convenablement préparée; on l'épure d'abord à l'acide sulfurique, puis on la fait bouillir dans des chaudières en fonte et de préférence en cuivre jusqu'au moment où elle laisse dégager des vapeurs combustibles que l'on enflamme et qu'on laisse brûler pendant quelques minutes, pour obtenir ce qu'on nomme le *vernis à la flamme*, puis on éteint en appliquant un couvercle sur la chaudière; dans quelques fabriques, les vapeurs ne sont pas enflammées, mais le chauffage s'effectue dans une chaudière à chapiteau jusqu'à ce que l'huile atteigne la consistance voulue; l'huile est devenue, par ce traitement, épaisse et visqueuse, elle pénètre moins le papier et sèche plus vite que l'huile ordinaire. On augmente sa viscosité en y dissolvant une certaine quantité de poix noire ou de colophane. La cuisson de l'huile exige de grands soins et une grande pratique, sans lesquels on peut obtenir, au lieu de vernis, un produit caoutchouté qui ne peut être employé. C'est une des opérations les plus délicates de la fabrication.

L'encre d'imprimerie n'est donc qu'un vernis d'huile très consistant et rapidement siccatif, qui a été mélangé avec du noir de fumée ou du charbon finement divisé, on l'additionne quelquefois de diverses substances qui lui donnent plus de mordant et de brillant.

La fabrication comprend trois opérations : 1° préparation du noir; 2° préparation de l'huile cuite ou vernis; 3° mélange et broyage du vernis avec le noir. Les matières employées à la préparation du noir sont des huiles lourdes, riches en carbone, qu'on décompose par la chaleur dans des cornues. Les gaz produits par cette décomposition sont enflammés à leur sortie sous une vaste cloche en tôle où se produit le noir. Un courant d'air parcourt cette cloche et entraîne le noir dans de grandes chambres où il se dépose. Dans certaines usines, la capacité de ces chambres atteint jusqu'à 3,000 mètres cubes. Le noir le plus lourd, au lieu de s'attacher aux parois, tombe le premier et n'est pas employé pour l'imprimerie; le noir léger est ramassé avec soin pour la fabrication des encres.

On peut encore brûler l'huile dans des lampes spéciales, au lieu de la décomposer en cornue. Les noirs obtenus par ce dernier procédé sont plus spécialement employés à la fabrication des encres fines.

Quel que soit le mode suivant lequel le noir ait été produit, il faut, avant de l'employer, lui faire subir une épuration destinée à le séparer des matières grasses ou des goudrons qu'il a pu retenir. On y parvient en le soumettant en vase clos, dans des fours à reverbère, à une ou plusieurs calcinations. On le mélange alors avec le vernis.

Les vernis sont de deux sortes :

Les uns proviennent de la cuisson des huiles siccatives, et plus particulièrement de l'huile de lin; pour les autres, destinés à la confection des encres qui, comme les encres à journaux, exigent un siccatif rapide, on emploie des huiles résineuses ou de la résine solide. Les huiles sont d'abord épurées méthodiquement par décantation, puis cuites dans de grandes chaudières, de façon à leur donner la consistance voulue.

Cette opération, dans les détails de laquelle

nous ne pouvons entrer ici, est particulièrement délicate et nécessite de grands soins et une grande pratique.

Le mélange et broyage du vernis et du noir s'effectue dans des broyeuses à trois cylindres de granit, dues à M. Hermann, dont nous donnons un spécimen figure 500. On emploie le granit de préférence à la fonte, à cause de sa dureté, et aussi parce qu'il joint à cette qualité d'être mauvais conducteur de la chaleur. L'expérience a démontré, en effet, que, dès que les cylindres s'échauffent par le broyage, le vernis se décompose et que l'encre qui en résulte est de qualité très inférieure. Le mélange tombe dans une bassine d'où on le retire pour recommencer l'opération si elle est nécessaire, c'est une des phases les plus importantes de la fabrication des encres d'imprimerie. Suivant, en effet, l'usage auquel doit servir l'encre, les proportions relatives du noir et de l'huile, la rapidité et la finesse du broyage, varient dans une mesure très large.

Pour les encres à journaux, il faut le bas prix du produit et un séchage presque instantané. Les encres à labeurs, employées pour l'impression des livres, tout en demandant un séchage rapide, exigent en même temps un produit d'un noir plus intense et, par conséquent, une quantité plus grande de noir et un broyage plus fin.

Fig. 500. — *Broyeuse à trois cylindres en granit, pour couleurs et encres d'imprimerie.*

Enfin, les encres à vignettes ont besoin d'un noir tout à fait divisé, très fin, et broyé, par conséquent, très lentement. Pour donner une idée de l'importance de cette opération, il nous suffira de dire que le noir, qui entre dans la composition des encres employées aux belles publications de l'Imprimerie nationale, n'a pas passé par moins de 11 triturations ou broyages successifs.

Encres de couleur. La fabrication des encres de couleur nécessite les mêmes opérations, elle ne diffère que dans le mélange du vernis avec les matières colorantes, les couleurs d'aniline, le cinabre, le bleu de Prusse ou de Paris, l'indigo, etc. Ces matières colorantes sont d'abord broyées selon leur composition avec un vernis composé.

L'encre d'imprimerie doit être d'un beau noir ou d'une couleur très franche, uniforme dans sa composition, assez résistante au toucher, susceptible d'adhérer facilement et uniformément aux rouleaux, aux caractères et au papier, sans cependant pénétrer celui-ci ; elle ne doit former aucune arête autour des caractères, sécher promptement et rester insoluble et indestructible par le lavage à l'eau, par l'humidité ou la chaleur et par les agents chimiques.

Pour l'imprimerie en taille-douce, on se sert d'une encre grasse spéciale ; l'huile qui sert à la préparation du vernis ne doit pas être soumise à une ébullition prolongée capable de lui faire acquérir la propriété d'adhérer ; le noir est, dans ce cas, formé de noir d'os et de noir de lie de vin brûlée.

Encre lithographique, encre autographique. L'encre lithographique est aussi une encre grasse, composée comme l'encre typographique. La matière colorante noire est le noir de fumée privé de ses parties huileuses, résineuses et salines au moyen d'une forte calcination dans de petits cylindres en tôle. Pour le mélange et le broyage, on se sert des mêmes appareils que ceux employés pour les encres typographiques, seulement, en raison de la plus grande résistance qu'offrent au broyage les matières nécessaires, on ajoute au broyeur un deuxième jeu d'engrenages qui ralentit le mouvement et augmente la puissance du broyage. Les lithographes emploient deux espèces d'encre : l'encre pour écriture et l'encre pour dessin. On la prépare avec le vernis vieux et léger et du noir très fin.

Voici la composition de diverses encres lithographiques qui se délayent à chaud et à froid, et qu'on emploie à la plume et au pinceau :

	1	2	3
Savon	93 gr.	72 gr.	34 gr.
Mastic en larmes	»	10	»
Cire vierge	125	40	32
Suif de mouton	62	»	4
Gomme laque blonde	93	28	»
Quantité suffisante de noir de fumée calciné	»	9	7
Sel de nitre	»	»	1

*** ENCRÈCHEMENT.** *T. de p. et chauss.* Enceinte de pieux que l'on forme pour protéger une fondation hydraulique.

ENCRIER. Petit vase destiné à recevoir l'encre à écrire, que l'on fait en différentes matières, et qui se prête à toutes sortes de sujets décoratifs.

*** ENCROIX.** *T. de tiss.* Synonyme d'*envergeure*. Disposition régulière de croisement entre les fils impairs et les fils pairs d'une chaîne. Cet encroix se fait sur deux baguettes. Tous les fils impairs passent sur la première et sous la seconde. Tous les fils pairs passent sous la première et sur la seconde. On appelle *point d'envergeure* l'endroit où ces fils s'entrecroisent entre les deux bâtons d'encroix. L'encroix n'est autre qu'une armure toile. On s'en sert dans l'ourdissage des chaînes, dans le nouage, dans le remettage et dans la lecture (au semple) des mises en carte.

*** ENCUVAGE.** 1° *T. de blanch. et de teint.* Opération par laquelle on dépose les pièces dans les chaudières à blanchir ou à aviver. Il y a certaines règles à observer pour l'encuvage, surtout dans le blanchiment. Il importe de donner à la marchandise, en boyau, une inclinaison de 45° environ, dans un sens pour la 1re couche, et la même inclinaison dans le sens opposé pour la 2e couche et ainsi de suite ; le liquide pénètre plus facilement et plus régulièrement. En entassant les pièces, comme elles sortent des clapots ou des skizers, sans observer cet agencement, on a de grandes inégalités dues à la circulation imparfaite du bain dans les tissus. || 2° *T. de hong.* Opération que les hongroyeurs font subir aux peaux dans les cuves d'alunage, en les faisant passer plusieurs fois successivement d'une extrémité à l'autre de la cuve.

*** ENCUVEMENT.** *T. de constr.* Conduite en maçonnerie établie dans le sol des voies publiques, pour recevoir les conduites d'eau ou de gaz. Ces canaux souterrains dont il n'a encore été fait qu'un usage très restreint, ont pour objet de remédier notamment aux inconvénients nombreux que présentent les conduites de gaz placées dans des tranchées faites au milieu des rues. Chaque fois qu'une fuite se produit ou qu'il faut établir un branchement, de nouvelles tranchées deviennent nécessaires, entravant la circulation et nuisant à la salubrité publique. L'encuvement, maçonné et recouvert de dalles faciles à enlever, simplifierait le problème. Nous pouvons citer une application qui a été faite de ce système au Palais-Royal, à Paris, sous la direction de M. Chabrol.

*** ENDENTÉ, ÉE.** *Art hérald.* Se dit des pièces de triangles alternés d'émaux différents.

ENDIGUEMENT. On appelle *endiguements* les opérations qui consistent à régler l'écoulement des eaux au moyen de digues, dans le but de mettre les terrains submersibles à l'abri des inondations et de procurer aux bateaux un tirant d'eau plus profond et un chenal plus favorable. Ces deux résultats varient du reste d'importance, suivant les localités, et c'est tantôt l'un, tantôt l'autre qui est le but principal de l'opération. L'emploi des *digues* ou *levées* le long des rivières remonte à une époque très reculée ; malheureusement la valeur des terrains que l'on voulait protéger a souvent conduit à une exagération fâcheuse dans le resserrement du lit des cours d'eau ; la section d'écoulement s'est trouvée insuffisante pour le débit des plus grandes crues, dont le niveau, surélevé par les digues, les a surmontées et rompues, de sorte que le remède devenait pire que le mal. Les désastres qui en sont résultés ont donné lieu, depuis une trentaine d'années, à des études approfondies, non seulement sur les règles à suivre pour les endiguements, mais aussi sur les moyens complémentaires de prévenir les inondations et d'en atténuer les dangers, ce qui revient, puisque le volume d'eau est inévitable, à en ralentir l'écoulement de façon que la vitesse cesse d'être dangereuse ; ces moyens sont : 1° le reboisement et le gazonnement des montagnes ; ces opérations diminuent la vitesse d'écoulement des eaux superficielles et empêchent la formation des torrents ; les crues des affluents sont alors moins rapides et trouvent plus facilement le temps de s'écouler sans causer de dommages. C'est ce que démontrent les résultats obtenus par les applications des lois du 28 juillet 1860 et du 28 juin 1864 ; 2° la création de réservoirs dans les régions montagneuses des bassins imperméables ; on y trouve le double avantage d'atténuer la hauteur des crues et d'emmagasiner d'importants volumes d'eau pour l'agriculture, l'industrie et la navigation. Malheureusement il faut, pour qu'ils exercent une influence modératrice sur les crues, leur donner des dimensions considérables. Le barrage de Pinay, sur la Haute-Loire, qui peut retenir 113 millions de mètres cubes, n'a diminué que de 1 mètre la hauteur des eaux à Roanne, en 1846, et de $0^m,60$ en 1856. M. l'ingénieur Jollois a calculé, d'après les expériences faites sur cette dernière crue, que pour la rendre inoffensive, il aurait fallu pouvoir emmagasiner, dans le haut du fleuve, plus de 240 millions de mètres cubes d'eau en cinquante heures. Si l'on ajoute la difficulté de trouver des emplacements qui permettent de retenir un volume d'eau énorme sur une faible surface, et la dépense considérable qu'entraîne la construction des barrages de grandes dimensions, on voit qu'il ne faut pas compter supprimer les inondations avec ce système, qui conduirait bien vite à dépasser l'évaluation la plus considérable que l'on puisse attribuer aux désastres. Aussi l'endiguement est-il encore considéré comme un des moyens de défense les plus efficaces, lorsqu'il est conçu sur des bases suffisantes, exécuté et entretenu avec la perfection que comporte l'importance de pareils ouvrages. C'est ce que prouvent, du reste, les résultats obtenus en Italie avec l'endiguement du Pô.

L'écartement des digues doit être assez grand pour constituer entre elles un lit majeur capable de contenir les eaux des plus grandes crues connues et leur hauteur doit les rendre absolument insubmersibles, en tenant compte de l'augmentation de débit qui résulte de l'endiguement; mais comme les terres riveraines ont presque toujours une grande valeur, il est utile de les protéger contre les crues moyennes par des digues submersibles; le fleuve se trouve ainsi aménagé : dans son lit naturel pour les eaux d'étiage, dans un lit mineur pour les crues moyennes et dans le lit majeur pour les crues extraordinaires. Les digues doivent se retourner à la rencontre des affluents et en remonter les rives jusqu'aux points où les débordements ne sont plus à craindre; dans tous les cas, il convient de combattre la tendance à les trop resserrer pour gagner du terrain, parce que les crues s'élèvent beaucoup plus haut contre les ouvrages dont il faut augmenter les dimensions et qu'il faut même prolonger en amont pour protéger des vallées qui étaient auparavant à l'abri des inondations. C'est la faute qui a été commise sur la Loire dont la largeur moyenne a été réduite, entre le bec d'Allier et Nantes, de 3,100 mètres à 1,090 mètres; elle s'abaisse même à 790 mètres de Briare à l'embouchure du Cher, à 250 mètres vers Blois, et à 230 mètres en amont de Fargeau. Aussi, quoique les digues s'élèvent à 7 mètres au-dessus de l'étiage et qu'elles atteignent 8 et même $8^m,50$ en quelques endroits, elles ne constituent pas un lit majeur suffisant pour contenir les grandes crues; et celles de 1846, 1856 et 1866 les ont toutes rompues sur ce parcours. Il est impossible de les détruire; car leur longueur entre le bec d'Allier et la mer, atteint 235 kilomètres sur la rive droite et 249 sur la rive gauche; on ne peut guère les exhausser davantage parce qu'on augmenterait la hauteur des crues d'une façon effrayante, et l'on n'a pu trouver à cette situation désastreuse que des palliatifs, comme l'emmagasinement des eaux dans les réservoirs, ce qui conduit à regretter les dessèchements trop multipliés des étangs qu'il eut mieux valu conserver en les améliorant pour les empêcher d'être insalubres, et en augmentant plutôt leur action régulatrice sur l'écoulement.

On a proposé en outre l'établissement, dans les levées, de déversoirs qui ne fonctionneraient que pour une hauteur de crue déterminée, (5 mètres au-dessus de l'étiage) et qui seraient assez longs, 5 à 600 mètres environ, pour introduire l'eau sans vitesse dans les vallées; ces déversoirs produiraient d'une façon régulière et inoffensive les atténuations qui accompagnent l'écoulement violent par les brèches.

On pourrait ajouter aux moyens proposés la fixation des rives, ce qui diminuerait le volume des matières charriées par les rivières et par suite les dépôts de sable et de graviers, si gênants pour la navigation.

L'endiguement du Pô a été mieux conçu, ce qui a permis de le perfectionner et d'en obtenir d'excellents résultats. Il est formé par deux lignes de digues dont le développement atteint 514 kilomètres, et qui laissent entre elles un lit majeur de 2,180 mètres de largeur moyenne. Le lit majeur des principaux affluents est établi dans les mêmes proportions, 840 mètres pour le Taro et l'Enza, 600 mètres pour la Trebbia, 500 mètres pour la Sézia; grâce à ces grands écartements, on a pu maintenir les crues des affluents à des hauteurs très faibles et les digues ont à peine 2^m de hauteur au-dessus du sol. Dans le lit majeur du fleuve, on a construit des digues submersibles dont la crête est arasée à $1^m,50$ au-dessous de celle des digues principales et qui protègent contre les crues moyennes les plaines intermédiaires appelées Golènes, si réputées pour leur fertilité. La superficie totale des terres protégées par les endiguements du Pô et de ses affluents est de 3,245 kilomètres carrés, soit en moyenne 630 hectares par kilomètre de digue.

Pour la Loire, le chiffre correspondant n'est que de 197 hectares. Le lit majeur du Pô (2,180 mètres) débite les eaux d'un bassin de 69,465 kilomètres carrés, tandis que celui de la Loire (1,900 mètres) dessert un bassin de 110,121 kilomètres carrés. Le débit maximum du Pô à l'aval du Tessin s'élève à peu près à 5,200 mètres cubes; le débit maximum de la Loire a été, en 1856, de 9,000 mètres cubes par seconde au bec d'Allier; il s'atténue en descendant et n'est plus que de 8,865 mètres à Briare, 7,280 mètres à l'issue du val d'Orléans, et 6,770 à Tours. On peut encore citer parmi les opérations d'endiguement bien conduites, celle de la Theiss, en Hongrie; c'est un des principaux affluents du Danube, remarquable par l'extrême lenteur de son cours et par les sinuosités de son lit, qu'il avait d'abord fallu régulariser au moyen de nombreuses coupures; ces travaux, effectués par l'Etat, l'avaient ramené de 1,180 à 710 kilomètres; en même temps les riverains, réunis en syndicats, ont construit plus de 1,500 kilomètres de digues et protégé contre les inondations annuelles environ 800,000 hectares de marécages qui sont devenus des terres excellentes; le lit majeur présente une largeur minimum de 400 mètres.

On emploie quelquefois, au lieu de digues longitudinales continues, des digues transversales enracinées à des points insubmersibles des vallées et terminées, à leur extrémité libre, par deux amorces de digues longitudinales dirigées, l'une vers l'aval, l'autre vers l'amont; l'expérience a conduit à donner à la branche d'amont une longueur à peu près double de celle d'aval; lorsqu'on les établit sur les deux rives d'un cours d'eau, elles doivent se trouver en face les unes des autres. Les eaux s'étalent tranquillement entre les digues transversales et les terrains s'exhaussent par le colmatage. Ces digues à T sont en usage sur la Durance depuis un temps immémorial.

Endiguement de la partie maritime et de l'embouchure des fleuves. Les digues longitudinales et les jetées sont encore employées pour rétrécir et redresser le lit des fleuves à leur embouchure; elles permettent de concentrer toute la puissance des eaux dans le chenal et de leur faire entraîner les dépôts de vase ou de sable qui forment les hauts fonds et les bancs qui entravent la navigation. L'établissement de ces digues constitue un des problèmes les plus difficiles du régime des eaux courantes, et les améliorations cherchées ne sont pas toujours réalisables. Toutes les tentatives d'endiguement du Rhône ont échoué et il a fallu se résoudre à un canal latéral; il en sera de même pour la Loire maritime, tandis que l'endiguement de l'un des bras du Danube semble avoir réussi; par suite de la construction des digues du bras de Sulina, la barre s'est abaissée de 3 à 6 mètres, sans se déplacer ni se reformer plus loin. Les exemples d'endiguement les plus intéressants sont ceux de la Seine maritime et de l'embouchure du Mississipi.

L'endiguement de la Seine maritime avait pour but d'améliorer la section comprise entre La Mailleraye et la mer, en aval de Honfleur, sur une longueur de 60 kilomètres, soit à peu près la moitié de la distance entre Rouen et l'embouchure du fleuve. La largeur du lit atteignait 1,000 mètres entre La Mailleraye et Villequier, 1,500 mètres à La Vacquerie, 3,200 mètres à Quillebeuf, 4,800 mètres au marais Vernier, 7,000 mètres en aval de La Roque et 10,000 en amont d'Honfleur. Cette vaste étendue était remplie de bancs de sable, mobiles et très dangereux, comme le banc du Flac, la Traverse, la roche Brindel, le banc des Meules, etc.; on n'y trouvait que 4^{m},55 dans les grandes vives eaux et 2^{m},76 dans les mortes eaux. Des navires de 200 tonneaux au plus pouvaient remonter le fleuve et il leur fallait 4 jours pour le trajet de la mer à Rouen. L'endiguement, commencé en 1846, se compose de digues longitudinales dont l'écartement, fixé à 300 mètres entre Villequier et Quillebeuf, atteint 500 mètres entre La Roque et La Risle; ces digues se terminent actuellement au droit de l'embouchure de la Risle, à 17 kilomètres en amont du seuil de la baie, à 43 kilomètres en aval de La Mailleraye, leur point d'origine; elles sont construites à pierres perdues, avec des blocs de craie extraits des falaises voisines (V. DIGUE). Jusqu'à Tancarville sur la rive droite, et La Roque, sur la rive gauche, on a employé des digues hautes dont la crête dépasse de 1^{m},34 les basses mers moyennes de morte eau; la digue de droite est de 0^{m},45 plus élevée que celle de gauche. Ces digues sont protégées contre l'action du mascaret par des risbernes perreyées, défendues elles-mêmes par des lignes de pieux et de palplanches. Au delà de Tancarville et jusqu'à leur extrémité, les digues ont été faites submersibles afin de moins troubler le régime général des marées; ces digues basses ne sont pas soumises aux mascarets; mais elles sont recouvertes de 4 mètres dans les mers moyennes de vive eau et on a dû les perreyer pour empêcher les dégâts produits par la violence des courants qui les traversent.

L'endiguement a modifié profondément le lit du fleuve et le régime des chenaux à l'embouchure; le lit s'est approfondi de 7 mètres à la traverse de Villequier, de 9 mètres en aval de Quillebeuf, de 5 mètres à La Roque; mais il a fallu recourir aux dragages pour abaisser le banc des Meules de 3 mètres; c'est encore le haut fond le plus élevé du fleuve. Dans l'estuaire, en aval des digues, le chenal est à peu près fixé depuis 1872. Les progrès de la navigation ont suivi l'amélioration du lit; le tirant d'eau des navires qui remontent à Rouen s'est élevé successivement à 4^{m},30 en 1867, à 5^{m},20 en 1873, et est arrivé à 6^{m},40 en juillet 1877. Le prix du fret entre Rouen et le Hâvre a diminué de moitié et le trajet se fait, à la remonte, en huit ou dix heures, à la descente en une ou deux marées au plus. Les ports intermédiaires, Duclair, La Mailleraye, Caudebec, ont largement profité de ces améliorations.

En arrière des digues, les sables mobiles sont remplacés par des prairies d'alluvions dont la superficie atteignait, en 1878, 8,365 hectares; l'Etat a remis 2,602 hectares aux riverains, moyennant une plus-value de 1,381,626 francs; le surplus est resté dans le domaine public; on peut estimer la valeur de ces prairies à 4,000 francs l'hectare. Les dépenses se sont élevées, de 1846 à 1876, à près de 17 millions de francs; mais la valeur des terrains déjà formés, ou en voie de formation par les alluvions, est évaluée à plus de 33 millions de francs.

L'endiguement du Mississipi est remarquable par la simplicité des moyens employés, par l'importance des résultats et par l'audacieuse confiance de ses promoteurs, qui l'ont entrepris à leurs risques et périls, ne demandant au gouvernement américain que le remboursement, en cas de succès, de la valeur des ouvrages (26,500,000 francs) et une somme annuelle de 500,000 francs pour l'entretien pendant vingt ans, contre l'engagement de réaliser, en trente mois, une profondeur d'eau de 20 pieds (6^{m},10) au-dessous du niveau moyen de la haute mer quand le fleuve est à l'étiage, et un approfondissement additionnel, dans les trois années suivantes, devant porter la profondeur totale à 26 pieds (7^{m},93). L'entretien ne commence à être payé qu'à partir du jour où on aurait obtenu une profondeur de 30 pieds (9^{m},15). Avant le commencement des travaux, la passe du sud-ouest, la plus fréquentée par les navires, ne présentait, malgré des dragages incessants, qu'une profondeur de 5^{m},50; cependant c'est la passe du sud que l'on a résolu de déboucher, quoiqu'elle fut la moins large et la moins profonde des trois.

L'endiguement se compose de deux digues parallèles, rectilignes et espacées de 270 mètres; elles partent du point de la partie régulière du fleuve où la profondeur est de 9 mètres, et se prolongent au delà de la barre, jusqu'à ce que l'on retrouve la même profondeur. La digue de l'Est a 3,642 mètres de longueur, celle de l'ouest environ 2,500. Elles sont construites sur le modèle des digues hollandaises; mais on a employé, au lieu de fascines, des espèces de claies ou de matelas formés avec des branches de saule, reliées par des traverses qui leur laissent la flexibilité nécessaire; ces claies ont de 24 à 30 mètres de long sur 15 de large et 0^{m},75 d'épaisseur; on les échoue les unes sur les autres ou à la suite les unes des autres, en n'employant que la quantité de pierre strictement nécessaire, et en les appuyant sur une file de pieux espacés de 5 à 6 mètres: le massif ainsi constitué présente des gradins du côté du chenal et un parement vertical du côté opposé, le long de la ligne de pieux; d'autres pieux ont été battus entre les claies pour les fixer. La largeur de ces digues est de 6 à 8 mètres au sommet, et de 10 à 15 mètres à la base; on a doublé ces dimensions vers l'extrémité d'aval. Pour activer l'approfondissement du chenal, on a, en quelques endroits, construit des épis qui réduisent le débouché à 200 mètres. Ces épis sont également formés par des claies échouées presque verticalement contre des lignes de 15 à 20 pieux; elles sont maintenues par le courant et on a seulement chargé de pierres le bord d'amont pour faciliter l'échouage.

Le succès a justifié les prévisions de M. Eads, l'auteur de ce grand projet; ses offres avaient été acceptées par le Congrès le 3 mars 1875, et les travaux commençaient le 2 juin suivant; un an après, on avait réalisé la profondeur de 20 pieds (6^{m},10); aujourd'hui les plus grands navires de l'Océan remontent à la Nouvelle-Orléans, et le 14 octobre 1883, le *Silver Town*, de 4,395 tonneaux et de 34 pieds et demi de tirant d'eau (10^{m},52) venait mouiller devant les quais. Il ne reste plus, pour achever l'œuvre, que des travaux de consolidation et d'entretien dont on ne peut cependant méconnaître l'importance, si l'on songe que les bois employés sont exposés aux ravages du taret, très abondant dans le golfe du Mexique. — J. B.

ENDOSMOSE. *T. de phys. et de physiol.* Phénomène par lequel deux liquides se mélangent réciproquement en traversant une cloison poreuse, et par laquelle ils ne pourraient filtrer isolément. Si, par exemple, une vessie contenant de l'eau gommée est mise dans un vase d'eau pure, on pourra constater, au bout de quelques instants, qu'une certaine quantité d'eau sera venue se mêler à la dissolution gommeuse et en même temps que la gomme aura passé dans l'eau du vase extérieur. Si l'expérience est faite dans des conditions qui permettent de mesurer comparativement les hauteurs de niveau des liquides dans leurs compartiments respectifs, on s'assurera qu'ils transpirent avec des vitesses inégales; et qu'en général, un liquide moins dense passe plus vite qu'un liquide plus dense à travers la cloison séparatrice. Toutefois l'alcool et l'éther font exception, et se comportent, à l'égard de l'eau, comme des liquides plus denses qu'elle. Il résulte de là, qu'il se produit, en ces circonstances, deux courants inégaux, parallèles et de sens inverse, à travers les pores de la cloison, l'un plus fort, allant de dehors en *dedans*, c'est-à-dire du liquide moins dense au liquide plus dense, l'autre plus faible, de dedans en *dehors*, c'est-à-dire du liquide plus dense au liquide moins dense.

Dutrochet qui découvrit, dès 1826, ces phénomènes curieux, donna le nom d'*endosmose* (impulsion en dedans) au passage du courant le plus fort et celui d'*exosmose* (impulsion au dehors) au courant le plus faible. Plus tard, le nom d'*osmose* fut appliqué au double phénomène tout entier. Plus récemment, le chimiste anglais Graham s'est livré à des recherches nombreuses à ce sujet, d'où sont sortis ses résultats intéressants sur la *diffusion*. L'endosmose n'est, en effet, qu'un cas particulier de la diffusion, car dans le premier, le mélange se fait à travers une cloison poreuse, et dans le second, sans diaphragme d'aucune sorte.

Pour mesurer avec quelque précision les effets comparatifs de l'endosmose à l'égard des différents liquides osmogènes (dissolutions salines, acides, sucrées, etc.), on se sert de l'*endosmomètre* de Dutrochet.

Cet instrument se compose d'un flacon ou vase ayant pour fond une membrane (vessie ou baudruche). On le remplit du liquide osmogène; on le ferme avec un bouchon traversé par un long tube de verre, en faisant en sorte que le liquide monte en partie dans ce tube disposé contre une planchette verticale portant une échelle millimétrique. Dans le vase extérieur on verse l'autre liquide, ordinairement de l'eau qui traverse plus facilement la cloison poreuse. Dès que ces dispositions sont prises, on voit le niveau s'élever progressivement dans le tube, avec une vitesse qui dépend de la nature des liquides en expérience. On obtient ainsi, sur l'échelle, des nombres qui servent à mesurer les vitesses et les hauteurs des liquides comparés.

Sans nous arrêter aux différentes théories physico-chimiques imaginées (par Dutrochet, Poisson, Magnus, Liebig, Graham, etc.) pour expliquer le phénomène de l'endosmose (explication pour laquelle nous renvoyons à l'ouvrage de M. Becquerel : *Des forces physico-chimiques*, p. 148), nous allons en résumer les conditions et les lois principales. Pour que l'endosmose ait lieu entre deux liquides, il faut : 1° qu'ils soient de nature et de densité différentes; 2° qu'ils soient miscibles l'un à l'autre, comme l'eau et l'alcool (l'eau et l'huile ne le sont pas); 3° qu'ils *mouillent* la cloison séparatrice.

Le sens du courant le plus fort dépend, non seulement de la nature des liquides et de leur degré de concentration, mais encore de la nature et de l'épaisseur de la cloison poreuse. On peut dire à cet égard que les substances végétales et animales sont toutes perméables; que les substances inorganiques, comme la porcelaine dégourdie (vase de pile), le grès, l'ardoise, sont d'autant moins poreuses qu'elles contiennent plus de silice. Les membranes organiques (vessie, baudruche) ont l'inconvénient de se putréfier dans les expériences de quelque durée, tandis que les matières inorganiques, quoique moins facilement perméables, peuvent fonctionner indéfiniment. La vitesse de diffusion endosmotique varie avec la nature des liquides. Parmi les substances végétales, le sucre est celle qui a le plus grand pouvoir endosmotique; parmi les substances animales, c'est l'albumine, tandis que la gélatine a un pouvoir très faible.

L'endosmose explique : 1° l'absorption de l'eau du sol par les spongioles des racines des plantes; 2° l'ascension de la sève à travers les tissus poreux; mouvement qui, dans certains cas, s'effectue avec une force équivalente au poids de quatre atmosphères et demie; 3° le gonflement suivi de rupture d'enveloppe de certains fruits, après des pluies de longue durée. Dntrochet est parvenu à reproduire, par les phénomènes d'endosmose et d'exosmose, les deux actes fondamentaux de la vie végétative, l'exhalation et l'absorption (V. pour les détails à ce sujet, la *Physique moléculaire*, de l'abbé Moigno, p. 42).

Parmi les applications industrielles de l'endosmose nous citerons les suivantes :

On est redevable à M. Dubrunfaut, d'un procédé d'épuration des mélasses de betteraves à l'aide duquel on opère, par endosmose, à travers une membrane de parchemin végétal, l'élimination de plusieurs sels organiques et minéraux qu'elles contiennent; ce qui permet alors au sucre pur de cristalliser. D'autre part, on utilise les propriétés endosmotiques très développées de certains sels, pour les séparer d'autres matières avec lesquelles ils se trouvent mêlés dans une dissolution. Enfin, on a reconnu depuis longtemps que l'alcool conservé dans des vessies, dans des vases poreux, s'y concentre (jusqu'à 95 à 98° centésimaux). Ce fait s'explique par un phénomène d'endosmose : l'eau qu'elle tient renfermée, passe plus facilement que l'alcool lui-même à travers les membranes.

L'endosmose se produit également entre les gaz et suit des lois analogues à celles qui ont été trouvées pour les liquides : ainsi l'hydrogène, le plus léger des gaz, passe à travers les cloisons poreuses bien plus facilement que l'acide carbonique beaucoup plus dense. — C. D.

* **ENDOSMOMÈTRE.** *T. de phys. et de physiol.* Instrument qui sert à constater et à mesurer comparativement les effets d'endosmose entre deux liquides, ou deux gaz. L'endosmomètre de Dutrochet est employé pour les liquides (V. ENDOSMOSE). Les endosmomètres de Béclard, de Graham, de Bunsen, moins usités que le précédent, sont relatifs aux gaz.

* **ENDOSSURE.** *T. de rel.* Opération par laquelle le relieur prépare le dos d'un livre par l'application de plusieurs couches de colle de pâte ou de colle forte, avant de procéder au façonnage; on dit aussi *endossage* et *endossement*.

ENDUIT. D'une manière générale, on appelle *enduit* toute préparation molle, pâteuse ou liquide, qu'on étend sur un corps pour lui donner une plus belle apparence ou le mettre à l'abri de certains inconvénients. Le nombre de ces préparations est très considérable, et elles trouvent leur emploi dans beaucoup d'industries. Néanmoins, c'est dans l'art de bâtir que l'usage en est le plus répandu. Aussi allons-nous entrer dans quelques détails à ce sujet.

En architecture, les enduits sont des couches de plâtre, de chaux ou de ciment dont on revêt les murs pour obtenir des surfaces unies propres, une fois sèches, à recevoir des peintures à la chaux (badigeon), à l'huile ou à la colle. Ils ne doivent pas seulement rendre les constructions agréables à l'œil, il faut aussi qu'ils concourent à la solidité et à la conservation des bâtiments. On ne les emploie pas extérieurement pour la maçonnerie en pierre de taille ou en meulière, parce qu'on taille généralement ces sortes de pierres à faces aussi lisses que possible. On n'enduit pas non plus la maçonnerie de brique, parce que cette maçonnerie n'est pas désagréable à la vue et que son parement étant lisse, quoique composé de petits matériaux, n'est pas exposé à être détruit par les phénomènes atmosphériques. Au contraire, on recouvre d'enduits les travaux exécutés en moellons ou en pierres de très petites dimensions qui exigent des joints d'une certaine largeur et, en général, toute maçonnerie dont les parois, n'étant pas unies, présentent des aspérités et des anfractuosités produites par la nature des matériaux employés.

On n'enduit pas toujours les faces extérieures des édifices. Dans ce cas, on les nettoie avec soin quand la construction a eu le temps de s'asseoir, et l'on procède au jointoiement. A cet effet, on gratte légèrement les joints, puis on les remplit d'un mortier ayant à peu près la même couleur. Si les faces sont de brique ou de meulière, on fait les joints en mortier de chaux aussi blanc qu'on peut se le procurer, et l'on confie ce travail à des ouvriers habiles dont c'est la spécialité. C'est également par des ouvriers semblables que s'exécutent ces imitations de pierre de taille que l'on fait quelquefois sur les enduits qui recouvrent les constructions en brique ou en moellon, afin de leur donner, du moins en apparence, un plus grand caractère de solidité. On commence par appliquer un enduit général; ensuite on y trace les joints, qu'on entaille avec un instrument tranchant; enfin, on introduit dans ces joints du plâtre ou du mortier de chaux, et l'on donne à ces substances la forme voulue par des procédés qui varient suivant les pays.

On distingue les enduits en *enduits ordinaires* et *enduits hydrofuges*. Occupons-nous d'abord des premiers.

Enduits ordinaires. Ils se font en plâtre, en mortier de chaux ou en blanc en bourre.

Enduits en plâtre. Il y en a deux sortes : les *enduits simples* et les *enduits sur crépis*, mais ils exigent tous une condition essentielle, qui est d'adhérer à la maçonnerie le plus parfaitement possible, ce qu'on ne peut obtenir qu'en observant des soins particuliers dont la pratique n'est possible qu'aux ouvriers intelligents et expérimentés. || Les *enduits simples* sont ceux qu'on applique immédiatement sur les maçonneries qui réclament plus de solidité que de fini d'exécution. Tel est, par exemple, le cas des murs de clôture, des murs dossiers, de l'intérieur des tuyaux de cheminée, des souches au-dessus des combles, et autres ouvrages analogues. On les fait avec le plâtre au sas ou avec le plâtre au panier, et on leur donne une épaisseur de 10 à 14 millimètres. Si le mur est neuf on se contente de le mouiller ; s'il est vieux, on commence par le nettoyer et en boucher les trous, après quoi on le mouille. Ces précautions prises, le maçon gâche le plâtre qui lui est nécessaire, en ayant soin qu'il ne soit pas trop serré, puis le jette à la truelle sur la maçonnerie, de manière qu'il s'y distribue régulièrement et sans qu'il en tombe trop à terre, et il termine en promenant dessus le plat de son outil afin qu'il s'applique bien. Si la surface doit être apparente, il y étend avec la taloche le plâtre qui reste et quand celui-ci a fait prise il le dresse avec la truelle. || Les *enduits sur crépis* sont d'une exécution plus longue et plus soignée que les précédents. Leur nom vient de ce qu'ils s'appliquent sur une surface particulière destinée à les recevoir, et qui porte le nom de *crépi*. On leur donne ordinairement une épaisseur de 7 à 10 millimètres, et l'on s'attache à ce qu'ils présentent une surface aussi unie et aussi propre que possible, et pouvant, au besoin, recevoir, par les procédés de la peinture, la décoration la plus variée. On commence toujours par nettoyer et mouiller la surface sur laquelle on veut opérer, comme s'il s'agissait d'un enduit simple. Cela fait on passe au *gobetage*. L'opération ainsi appelée consiste à prendre du plâtre au panier, gâché un peu clair et à le jeter avec un balai sur le mur à enduire. Quand ce plâtre a pris corps, on applique dessus le crépi. Celui-ci est également fait avec du plâtre au panier, mais gâché plus serré. Le plâtre est jeté à la main ou avec la truelle, puis étendu avec le tranchant de cette dernière pour que l'enduit proprement dit puisse mieux s'y accrocher. Enfin, on procède à la confection de ce dernier, lequel constitue, comme on voit, une troisième couche; on le fait avec du plâtre fin passé au tamis de crin. Ce plâtre étant gâché au degré convenable, le maçon en jette quelques truellées sur le crépi, puis il en garnit sa taloche et l'applique sur le crépi en promenant son outil dans tous les sens. Il continue de la même manière jusqu'à ce que le plâtre qu'il a préparé soit presque épuisé, après quoi il passe la taloche à sec sur toute la surface de l'enduit pour en commencer le dressage, qu'il termine ensuite avec les côtés de la truelle brettée. || *Enduits colorés.* Les enduits en plâtre sont ordinairement blancs. Quelquefois cependant, on leur donne différentes couleurs. Pour faire un enduit coloré, on prend tout simplement du plâtre au sas et l'on y ajoute, lors du gâchage, la quantité de matière colorante qui est nécessaire pour obtenir la teinte voulue. On emploie, par exemple, l'ocre rouge pour les enduits destinés à simuler la brique, et le noir de charbon pour ceux qui doivent imiter les ardoises. Dans tous les cas, par des essais exécutés quelques jours à l'avance, on s'assure de la proportion de matière colorante qu'il faut mélanger avec le plâtre, afin d'approcher le plus possible du ton des matériaux de la construction. Cette précaution est surtout indispensable quand il s'agit d'imiter la brique, pour que sa couleur ne puisse faire disparate avec celle qui est en usage dans la localité, ce qui est toujours d'un mauvais effet.

Enduits en chaux. Il y en a, en *mortier de chaux ordinaire*, en *mortier de chaux hydraulique*, en *mortier bâtard*, en *mortier de ciment* et en *blanc en bourre*. Comme ceux en plâtre, il est indispensable qu'ils adhèrent le plus complètement possible aux maçonneries. On obtient ce résultat en préparant d'une certaine manière les surfaces destinées à les recevoir. Cette préparation consiste à dégrader les surfaces pour y ménager des points d'appui, puis à les brosser énergiquement pour en détacher la poussière et enfin à les laver, ou mieux à les arroser avec une pompe. La pose de l'enduit vient ensuite ; sauf quelques détails, elle se fait partout à peu près de la même manière. Elle consiste à jeter le mortier truellée par truellée, et de bas en haut si l'on opère sur un parement vertical. On couvre ainsi une partie du mur d'une couche grossièrement dressée, en évitant de jeter plusieurs truellées les unes sur les autres, ce qui les ferait détacher et rendrait très difficile l'adhérence d'autre mortier aux endroits qu'elles couvraient. Une première partie étant couverte, on laisse durcir un peu le mortier en couvrant une partie voisine. Enfin, quand cette dernière a acquis une consistance convenable, on applique sur toute la surface une deuxième couche d'un mortier généralement plus fin, que l'on dresse avec le plat de la truelle, ou mieux, si l'on veut obtenir un enduit sans gerce, avec de petites taloches. Les *enduits en mortier ordinaire* sont ceux qu'on applique sur les maçonneries exposées à l'air libre et qui n'ont rien à craindre de l'humidité ni des infiltrations de l'eau. Les *enduits en mortier hydraulique* ou *en ciment* sont, au contraire, ceux dont on recouvre l'extrados des voûtes et les murs de soubassement, afin de les préserver de l'humidité et, en général, tous les murs des constructions destinées à contenir de l'eau, par conséquent ceux des réservoirs, des bassins, des citernes, des fosses, des acqueducs, etc. Ceux de ciment sont les meilleurs à cause de leur très prompte solidification à l'air et dans l'eau, de leur grande imperméabilité, et surtout de leur résistance considérable à la pression des liquides. Comme les enduits hydrauliques font prise très promptement, on doit les exécuter assez vite pour avoir le temps d'employer la quantité qu'on a préparée avant qu'elle commence à durcir. Cette précaution est surtout absolue pour ceux de ciment. Il faut encore, pour ces derniers, les mouiller souvent à mesure de l'exécution, et tenir dans un état complet d'humidité les surfaces sur lesquelles on les applique. Les *enduits de mortier bâtard* sont faits avec des mélanges de mortier de chaux ordinaire et de ciment. On les emploie, dans certaines circonstances, sur les maçonneries exposées à l'humidité, parce qu'ils se solidifient beaucoup plus rapidement que ceux en mortier ordinaire et qu'ils coûtent moins que ceux en ciment ou en mortier hydraulique. Leur exécution ne donne lieu à aucune observation particulière. Quelques mots maintenant sur les *enduits de blanc en bourre*. Ils se font dans les pays où le plâtre manque. Le produit qui leur donne son nom n'est autre chose qu'un mélange de bourre, de mortier de chaux ordinaire et de sable, ou de mortier de chaux et d'argile douce. Pour obtenir de bons enduits de ce genre, qui prennent un beau poli, il faut que la chaux employée soit éteinte depuis plusieurs mois, afin qu'on soit assuré qu'aucune de ses particules n'a échappé à l'extinction. D'un autre côté, le choix de la bourre n'est pas indifférent. Les meilleures sont celles de veau et celles qui proviennent de la tonte des draps ; elles ont plus d'élasticité que les autres et se mettent moins en flocons. Il faut toujours les battre avec des baguettes, avant de les ajouter au mortier. La fabrication de ce dernier est fort simple. Après avoir mis dans un récipient la chaux éteinte, l'eau et la quantité de sable fin qu'on juge à propos, on remue le tout avec un bâton afin d'obtenir un mélange homogène, dans lequel on jette ensuite, à plusieurs reprises, la bourre qu'on a choisie, et l'on continue de brasser jusqu'à ce que la masse ait une certaine consistance, signe auquel on reconnaît que l'opération est terminée. Au lieu de sable, on se sert quelquefois, comme il vient d'être dit, d'argile pure et douce, mais alors le blanc en bourre est d'une qualité inférieure.

Le blanc en bourre se pose à la truelle et en deux ou trois couches. On donne le plus ordinairement deux couches aux enduits, mais, pour obtenir d'excellents résultats, il vaut mieux en donner trois. Quand il n'y en a que deux, la première doit avoir de 18 à 20 millimètres d'épaisseur, et la seconde, qui s'applique quand la première est à moitié sèche, de 2 à 4 millimètres. Quand il y en a trois, la première doit toujours avoir de 18 à 20 millimètres, la seconde 7 millimètres et la troisième de 2 à 4 millimètres. Dans tous les cas, la dernière doit être faite avec de la chaux très pure et de la bourre blanche, le tout gâché très clair. Lorsque les enduits doivent recevoir des peintures, il est d'usage de ne faire celles-ci qu'une année environ après qu'ils ont été terminés et autant que possible pendant la belle saison.

Enduits hydrofuges. L'humidité des habitations exerçant des effets très nuisibles sur la santé des habitants, ainsi que sur la conservation des maçonneries elles-mêmes, on parvient assez souvent à en combattre les effets en appliquant sur les murs une couche plus ou moins épaisse d'un enduit spécial. C'est aux préparations de ce genre qu'on donne le nom d'*enduits hydrofuges*. La composition peut en être très variée, mais il faut qu'elle ait toujours pour base soit des matières résineuses ou bitumineuses, soit des corps gras plus ou moins siccatifs. On en connaît un très grand nombre d'espèces, on en fait même chaque jour de nouvelles. Aussi n'en indiquerons-nous que quelques-unes pour servir d'exemples.

Enduits de Thénard et de Darcet. On en compte deux. Le plus ancien se compose de 1 partie de cire fondue dans 5 parties d'huile de lin cuite avec un dixième de litharge. Le second, moins coûteux, est fait avec 2 ou 3 parties de résine fondue dans une partie d'huile de lin cuite avec un dixième de litharge. Pour les employer, on gratte vivement la surface qu'on veut enduire, on la chauffe fortement avec un réchaud de doreur, puis, à l'aide d'une large brosse, on étend une couche de l'enduit qu'on a choisi. Quand cette première couche est absorbée par la pierre ou par le plâtre, on en applique une deuxième, une troisième, etc., et l'on continue jusqu'à ce que la maçonnerie refuse d'absorber de la composition. Enfin, par dessus l'enduit on étend une couche de céruse à l'huile. Le premier des deux enduits a été employé, en 1813, par les auteurs eux-mêmes pour préparer la coupole du Panthéon, à Paris, à recevoir les peintures du baron Gros. Le second, un peu moins ancien, a été d'abord utilisé pour assainir deux grandes salles de la Faculté des sciences, toujours à Paris, dont les murs étaient très salpêtrés. Il a donné au plâtre une telle dureté que l'ongle a de la peine à le rayer.

Enduit de Ruolz. Sa composition, très complexe, et où les éléments métalliques dominent, comprend, dosés en grammes, les corps suivants : oxyde de zinc, 366 ; oxyde de fer, 273 ; carbonate de zinc, 223 ; acide silicique, 70 ; charbon, 47 ; zinc métallique, 14 ; argile, 10. Après avoir été très finement pulvérisées, ces matières sont mêlées intimement, puis broyées avec un mélange de 2 parties d'huile de lin et 7 parties d'huile d'œillette. Cet enduit s'applique au pinceau comme la peinture ordinaire et, pour l'employer, on délaie la quantité nécessaire dans 7 0/0 du mélange huileux ci-dessus additionné de 1 0/0 d'essence de térébenthine. On donne deux couches au moins, trois au plus, et l'on obtient sur le plâtre, la pierre, le bois, les métaux, absolument les mêmes effets, adhérence parfaite, solidité inaltérable, imperméabilité absolue.

Enduit Dondeine. Sa composition est encore plus complexe que celle du précédent. Elle comprend, en effet, les matières ci-après, dosées en kilogrammes : huile de lin, 15; galipot, colophane ou autre substance résineuse, 15; suif, 15; blanc de zinc ou de plomb, 12; minium, 10; oxyde de fer, 8; chaux hydratée, 6; ciment, 6; résidus de couleurs, 4; litharge, 2; gutta-percha, gomme ou colle forte, 2. Tous ces corps étant bien mélangés sont mis à cuire jusqu'à réduction d'un dixième. Cet enduit s'emploie à chaud ou à froid, au moyen d'un pinceau, à l'extérieur aussi bien qu'à l'intérieur des habitations et, au bout de quelques jours, il acquiert la dureté du fer. Pour l'employer à chaud, il suffit de le chauffer jusqu'à ce qu'il devienne liquide. Pour s'en servir à froid, on l'étend avec de l'essence de térébenthine ou de l'huile de lin cuite et lithargirée.

Enduit Machabée. Cet enduit, qu'on appelle aussi *mastic Machabée*, présente la composition suivante, en grammes : poix grasse de Bordeaux, 60; bitume de Bastennes, 19; chaux hydraulique fusée à l'air, 6; ciment romain, 6; cire vierge, 4; suif de Russie, 3; gallipot, 2. Après avoir fait fondre les matières résineuses, on y incorpore les corps gras, le bitume et enfin la chaux et le ciment. L'opération est terminée, quand le mélange, bien brassé, forme un tout homogène et très modérément fluide. Cette composition est considérée comme un excellent antidote contre l'humidité. On l'emploie, avec un égal succès, sur le bois, le plâtre, la pierre et, en général, sur toutes les constructions, tant anciennes que modernes.

Enduit Charton. C'est la préparation qu'on appelle communément *bitume artificiel de Judée.* Il est liquide et s'applique dans les mêmes circonstances que le précédent, dont il ne diffère qu'en ce qu'il ne renferme ni matière grasse ni matière résineuse. Il se compose, en effet, des éléments qui suivent, toujours en grammes : coke en poudre impalpable, 29; asphalte de Seyssel, 25; bitume de Judée naturel, 25; bitume de Bastennes, 20; cire vierge, 1.

Enduits divers. Parmi la multitude d'enduits qui n'ont point de nom particulier, nous nous bornerons à indiquer les suivants : 1° faire fondre 100 grammes de cire jaune dans 300 grammes d'huile de lin cuite avec 30 grammes de litharge; 2° faire fondre 100 grammes d'acide oléique et y incorporer 8 grammes de chaux hydratée; 3° faire cuire 100 grammes d'huile de lin avec 10 grammes de litharge et y ajouter 100 grammes de résine; 4° faire cuire 100 grammes d'huile de lin avec 10 grammes de litharge et y introduire 25 grammes de savon, de suif et de chaux.

Les *goudrons de gaz*, les dissolutions de *gutta-percha* et de *caoutchouc* entrent aussi dans la composition de plusieurs enduits hydrofuges. Il en est de même de la *paraffine*, à l'emploi de laquelle, dans ces dernières années, l'architecte Caudrelier a donné, sous ce rapport, une certaine importance. — M.

***ENDYMION.** *Myth.* Fils de Jupiter, ou selon une autre version, berger ou roi de Carie. Ayant eu la témérité d'exprimer son amour à Junon, Jupiter le condamna à un sommeil éternel, ou, selon d'autres, de trente ans seulement. Diane qui l'aima n'osant le voir le jour, venait le visiter la nuit, sous les traits de Phœbé et en eut, malgré sa *chasteté*, cinquante filles. Le sommeil d'Endymion a été l'objet de nombreuses représentations.

***ÉNÉE.** *Myth.* Prince troyen et fils d'Anchise et de Vénus. Il soutint vaillamment le combat dans Troie assiégée par les Grecs, et se voyant accablé par le nombre, il prit son père Anchise, le chargea sur son dos, et tenant son fils Ascagne par la main, il se retira sur le mont Ida avec le plus grand nombre de Troyens qu'il put réunir. Cet épisode a été figuré sur plusieurs monuments de l'antiquité, et a inspiré un grand nombre de peintres et de sculpteurs. Dans le groupe d'Enée et d'Anchise de Lepautre, et qui se trouve dans la grande allée des Tuileries, à Paris, l'artiste a coiffé Anchise, porté par Enée, du bonnet phrygien qui annonce son origine troyenne; son bras droit retombe derrière l'épaule de son fils et sa main est tenue par le jeune Iule ou Ascagne cherchant des yeux sa mère qu'il ne doit plus revoir. L'exécution de ce groupe est admirable.

***ENERGIE.** 1. *T. de mécan.* Introduit dans la science par M. Macquorn Rankine et signifiant la *capacité d'effectuer du travail.* L'énergie d'un corps est donc sa capacité de produire du travail. Pour comprendre l'importance de cette notion il faut remonter aux principes de la mécanique.

La *mécanique* est la science du mouvement et des forces.

L'idée de mouvement, et l'idée de repos qui est la négation du mouvement, sont résultées de la possibilité pour un corps d'occuper successivement diverses positions dans l'espace.

Comme la matière est *inerte*, en ce sens qu'elle ne peut changer d'elle-même l'état de repos ou de mouvement dans lequel elle se trouve, et comme, d'autre part, il n'y a pas d'effets sans cause, on a appelé *force* toute cause de production ou de modification du mouvement.

Les forces naturelles et le travail. La première force dont nous avons conscience est la puissance musculaire de l'homme et des animaux (V. EFFORT). Elle sert à faire du *travail*, c'est-à-dire à déplacer dans une certaine direction des masses qui résistent au mouvement qu'on veut leur imprimer. Le travail effectué est d'autant plus grand que la masse à déplacer est plus considérable et qu'on lui fait parcourir un chemin plus grand dans la direction qu'on lui imprime. On a pris pour terme de comparaison, ou pour unité de travail, le travail correspondant à l'élévation d'un kilogramme à la hauteur d'un mètre, le *kilogrammètre*.

Mais la puissance musculaire ne peut pas toujours être appliquée directement à la résistance à vaincre : de là les *machines* qui servent d'intermédiaires entre la puissance et la résistance. D'autre part, la nature nous offre des causes de mouvement qui peuvent être appliquées aux machines et remplacer les moteurs animés : de là l'idée de comparer les forces naturelles aux moteurs animés et entre elles par le travail qu'elles sont capables de produire, idée rappelée par l'expression de *cheval-vapeur* (75 kilogrammètres par seconde) employée dans la pratique pour exprimer la puissance des divers moteurs. Parmi les forces naturelles, les unes sont des causes directes de mouvement. Ce sont les forces *mécaniques* proprement dites : la pesanteur, ou plus généralement l'attraction universelle dont la pesanteur n'est qu'un cas particulier, l'air et l'eau en mouvement, l'*élasticité*. Les autres peuvent devenir des causes de mouvement : telles sont la chaleur, l'électricité, le magnétisme, la lumière, l'affinité chimique. Ainsi, dans la machine à vapeur, c'est la force expansive de la vapeur d'eau qui met le mécanisme en mouvement, c'est la chaleur qui produit la vapeur d'eau, et c'est la combustion du charbon, c'est-à-dire une action chimique qui produit la chaleur. De même l'électricité décompose l'eau en ses deux éléments, l'hydrogène et l'oxygène ; la recombinaison de ces éléments engendre de la chaleur, que l'on peut appliquer à une machine et employer à effectuer un travail.

Toutes les forces naturelles pouvant, en définitive, produire du mouvement ou actionner une machine, il en résulte qu'on peut toujours comparer leurs effets en comparant entre eux les travaux effectués sous leur influence. Le travail est donc le terme de comparaison universel pour toutes les forces de la nature.

D'autre part, s'il est vrai que la machine à vapeur développe du travail mécanique, il est également vrai que le travail mécanique peut engendrer de la chaleur ; tout choc, tout frottement est une source de chaleur. Dans toutes les actions naturelles, les effets mécaniques se mêlent aux effets calorifiques, électriques, chimiques, etc. ; de la coexistence des effets et de la simultanéité des causes, on arrive à l'idée générale de la transformation de ces causes et de l'équivalence de leurs effets exprimés en travail. — V. CHALEUR.

Force vive. L'expérience journalière montre que les effets des masses en mouvement dépendent de leurs vitesses. Le travail qu'elles sont capables de produire doit donc être lié à cette vitesse. Ainsi l'effet d'une chute d'eau sur une roue hydraulique peut être considéré comme résultant, soit de la chute d'une masse d'eau tombant d'une certaine hauteur, soit de la vitesse des molécules d'eau au moment où elles frappent la roue.

La *force vive* d'un corps est le produit de la masse de ce corps par le carré de sa vitesse. Si un corps tombe d'une certaine hauteur, le travail produit est égal à la moitié de la force vive que possède le corps à la fin de sa course.

Si un poids P tombe d'une hauteur H, le travail produit est PH ; mais un corps tombant d'une hauteur H acquiert une vitesse exprimée par

$$V = \sqrt{2gH},$$

g étant l'accélération due à la pesanteur ; d'autre part, la masse ou quantité de matière renfermée dans le poids P s'exprime numériquement par $\frac{P}{g}$, on a donc la relation

$$\frac{1}{2} m V^2 = \frac{1}{2} \frac{P}{g} \left(2gH\right) = PH.$$

Ainsi la moitié de la force vive du corps est l'équivalent du travail qui a engendré cette force vive. Mais si le corps est lancé de bas en haut avec une vitesse égale à celle qu'il a acquise à la fin de sa chute, il remonte à la même hauteur et reproduit un travail égal à celui qui a engendré la force vive. Il y a donc équivalence entre le travail et la moitié de la force vive.

Energie actuelle ou **cinétique.** Young a proposé d'appeler *énergie* la moitié de la force vive ; M. Rankine, ayant appelé *énergie* la capacité d'effectuer du travail, a ajouté l'épithète d'*actuelle*, quand il s'agit du travail des masses en mouvement. Cette épithète signifie qu'il s'agit d'un corps en mouvement *actuellement*, c'est-à-dire au moment où on le considère. M. Thomson a proposé celle de *cinétique*, qui indique bien qu'il s'agit de masses en mouvement.

L'énergie *actuelle* ou *cinétique* est donc l'énergie d'un corps en mouvement : elle s'exprime par la moitié du produit de la masse par le carré de sa vitesse ; ou ce qui revient au même, par le travail que peut effectuer à un moment donné le corps doué de cette énergie.

Voici quelques exemples d'énergies actuelles :

Un corps qui tombe, un courant d'eau ou d'air (énergie mécanique) ;

Un ressort qui se détend, l'air en vibration dans le son (énergie élastique) ;

Un corps chaud (énergie calorifique) ;

Un courant électrique (énergie électrique) ;

La poudre en combustion, les combinaisons chimiques en général (énergie chimique) ;

Enfin l'éther vibrant auquel on attribue la cause de la lumière et de la chaleur rayonnante, ramenant ainsi ces formes d'énergie à de l'énergie élastique.

On est, en effet, obligé de rapporter ces derniers phénomènes à un mouvement d'une substance impondérable, l'éther, parce que c'est le seul moyen d'expliquer les interférences lumineuses et calorifiques, c'est-à-dire comment de la lumière ajoutée à de la lumière peut produire de l'obscurité, et de la chaleur ajoutée à de la chaleur peut produire un froid relatif. On comprend très bien que deux mouvements qui se produisent en sens inverses se détruisent par le contact des mobiles qui en sont animés, tandis qu'on ne peut pas comprendre que deux substances matérielles puissent s'annuler. On est aussi conduit à regarder l'électricité comme un phénomène de mouvement, puisque les deux espèces d'électrisation peuvent se neutraliser dans un même corps. Dans tous les phénomènes vibratoires, qu'il s'agisse de molécules pondérables comme dans le son, ou des molécules impondérables de l'éther comme dans la lumière et la chaleur rayonnante, l'*intensité* du phénomène est représentée par le travail moyen accompli dans une période du mouvement vibratoire ou par le carré de la vitesse des molécules vibrantes.

Un même corps peut avoir des énergies diverses suivant les forces auxquelles on le regarde comme soumis. Ainsi une même masse de fer en mouvement sous l'action de la pesanteur, de l'électricité, du magnétisme, etc., déploie tour à tour des énergies pesante, électrique, magnétique, etc.

Ces énergies actuelles, d'origines en apparence si diverses, peuvent se transformer les unes dans les autres. Considérons, par exemple, une roue hydraulique actionnant un marteau pilon. Le travail apparaît d'abord sous forme de chute d'une masse d'eau ou d'énergie actuelle de la masse d'eau arrivant sur la roue; le marteau soulevé accomplit un certain travail, lequel reparaît sous forme d'énergie actuelle quand il retombe sur la barre qu'il doit forger. Là, il se transforme en travail correspondant au rapprochement des molécules de la barre et en mouvement vibratoire imprimé à ces molécules, lequel se communique aux supports, à l'air, à l'éther (énergie sonore, calorifique, etc.)

De même, dans la machine à vapeur, l'énergie chimique de la combustion du charbon se transforme en énergie calorifique, puis en énergie élastique dans la vapeur d'eau comprimée et enfin en énergie mécanique des masses qu'elle met en mouvement.

Un courant électrique dans son passage échauffe le conducteur qu'il traverse, décompose les substances chimiques, agit sur les aimants et courants voisins, etc.

Énergie potentielle. Mais la capacité que possède un corps d'effectuer un certain travail, ne tient pas essentiellement à son état de mouvement. Ainsi un poids placé à une certaine hauteur au-dessus du sol, un ressort bandé, de l'air comprimé, un corps chargé d'électricité, deux corps, comme l'oxygène et l'hydrogène, susceptibles de se combiner, du charbon, de la poudre, etc., sont à l'état de repos; et cependant dans cet état, ils possèdent la capacité d'effectuer du travail dans l'avenir. Il suffit en effet, pour qu'ils développent du travail, de laisser tomber le corps, de lâcher le ressort, d'ouvrir le récipient d'air comprimé, de décharger le corps électrisé à travers un fil conducteur, de déterminer la combinaison, de brûler le charbon, d'enflammer la poudre.

On appelle *énergie potentielle*, cette énergie en quelque sorte *latente*, *disponible*, que peut posséder un corps qui est en repos relatif par suite d'obstacles qui l'empêchent d'obéir à l'action des forces qui le sollicitent. Cette énergie potentielle se transforme en énergie actuelle, dès qu'on supprime ces obstacles : elle se mesure par la somme de travail que le corps est capable de produire.

Énergie totale. Un corps peut posséder à la fois de l'énergie potentielle et de l'énergie actuelle. La somme de ses énergies potentielle et actuelle est dite l'*énergie totale*.

Soit un poids P placé à une hauteur H au-dessus du sol : son énergie actuelle est nulle puisqu'il est au repos; son énergie totale est tout entière potentielle, et s'exprime par la somme de travail PH qu'il est capable de produire dans sa chute. Considérons le poids à un point de sa chute situé à une distance h du sol, il possède à la fois une énergie actuelle correspondant à la vitesse v due à la hauteur de chute $(H-h)$, et une énergie potentielle Ph correspondant au chemin qu'il peut encore parcourir. L'énergie totale ou la somme de ces deux énergies est encore PH.

On a, en effet, $v=\sqrt{2g(H-h)}$; donc l'énergie actuelle $\frac{1}{2}mv^2$, ou $\frac{1}{2}\frac{P}{g}v^2=P(H-h)$. Or

$$P(H-h)+Ph=PH.$$

A la fin de sa course, son énergie totale est tout entière actuelle.

Alors $v=\sqrt{2gH}$ et $\frac{1}{2}mv^2=PH$.

On a là un exemple simple de transformation continuelle d'énergie potentielle en énergie actuelle, et on voit qu'à chaque instant la somme des deux énergies est constante, ce qui conduit au principe de la *conservation de l'énergie*.

Conservation de l'énergie. Pour élever le poids, pour tendre le ressort, comprimer l'air, charger le corps d'électricité (en tournant une machine électrique par exemple), pour extraire de l'eau l'oxygène et l'hydrogène, afin de les mettre en présence, etc., il a fallu produire un certain travail, dépenser une certaine énergie mécanique ou calorifique. Cette énergie, emmagasinée sous forme potentielle dans les corps au repos, peut ensuite être dépensée à volonté et répartie sur un temps plus ou moins long par les machines auxquelles on l'applique; mais le travail que ces machines développent n'est que l'équivalent du travail originairement dépensé pour emmagasiner cette énergie sous forme potentielle.

D'où cette conséquence : « Les machines ne créent jamais l'énergie, elles restituent sous une forme nouvelle le travail des forces de la nature qui leur a été communiqué sous forme d'énergie musculaire des animaux, de chute d'eau, d'air en mouvement, etc. »

Autrement dit, *les machines sont de simples engins de transformation et de distribution de l'énergie*. La mécanique démontre rigoureusement cette conclusion pour toutes les forces qui sont des causes directes de mouvement, et il en résulte immédiatement *l'impossibilité du mouvement perpétuel*, au moins en tant qu'il s'agit des forces mécaniques proprement dites.

Quand une machine en effet atteint son régime permanent, sa vitesse devient uniforme ou périodiquement uniforme. On en conclut que le travail *moteur* doit être égal au travail *résistant*, ou que le travail *moteur* doit se retrouver tout entier dans le travail *utile* et le travail des *résistances passives* (frottement des appuis, vibrations, etc.). Ce dernier étant du travail perdu pour le but que l'on se propose, le travail utile est toujours plus petit que le travail moteur.

C'est une conséquence du principe connu sous le nom de *principe de forces vives*. Si v désigne la vitesse actuelle des masses de la machine, v_0 leur vitesse initiale, l'accroissement d'énergie

$$\Sigma\frac{1}{2}mv^2-\Sigma\frac{1}{2}mv_0^2$$

est égal au travail exécuté dans l'intervalle, lequel s'exprime par la différence T_m-T_r entre le travail moteur et le travail résistant. Si $v = v_0$, cette différence devient nulle; donc chaque fois que la machine reprend la vitesse v_0, on a pour l'intervalle correspondant $T_m = T_r$. Mais le travail résistant se compose du travail *utile* T_u et du travail perdu T_p; donc $T_m = T_u + T_p$, ou $T_u < T_m$.

Mais, dans ce travail considéré comme perdu, se trouvent le frottement, les mouvements vibratoires imprimés aux supports, etc. Le frottement produit de la chaleur, cette chaleur à son tour peut engendrer du travail mécanique et être employée comme force motrice. Si cette force était capable d'entretenir le mouvement de la machine, le mouvement perpétuel serait trouvé.

Avec une machine dynamo-électrique, on décompose l'eau; les gaz provenant de cette décomposition développent par leur combustion de la chaleur et de la lumière; si cette chaleur appliquée à une machine à vapeur pouvait entretenir le mouvement de la machine électrique, le problème serait résolu.

Ainsi, « s'il existait un procédé quelconque pouvant, au moyen de la force mécanique, faire naître des actions chimiques, électriques ou d'autres actions naturelles, et s'il était possible, sans rien changer aux masses toujours actives du mécanisme, de refaire, par un détour quelconque, de l'énergie mécanique en plus grande quantité qu'il n'en a été dépensé d'abord, il est évident *qu'une partie du travail ainsi gagné pourrait être employée à entretenir le mouvement de la machine et le reste à d'autres usages. Ce serait le mouvement perpétuel.* » (Helmholtz).

Mais partant *du principe de l'impossibilité de créer quelque chose avec rien*, au lieu de chercher à utiliser les relations connues et inconnues entre les forces naturelles pour édifier le mouvement perpétuel, quelques grands esprits se proposèrent au contraire de chercher *quelles doivent être les relations entre les forces naturelles* pour que cet axiôme soit vérifié; autrement dit pour que le mouvement perpétuel soit impossible.

Sadi-Carnot, en 1824, dirigea le premier ses études dans cette voie, et les publia dans ses « *Réflexions sur la puissance motrice du feu.* » Vers 1842, la même idée vint à plusieurs savants, Mayer (de Heilbronn) en Allemagne, Colding en Danemark, Joule en Angleterre. M. Helmholtz (Allemagne), publia en 1847 son mémoire sur la *Conservation de la force.*

Parmi les savants dont les travaux ont ensuite le plus contribué au développement des conséquences de cette nouvelle conception nous citerons: MM. Hirn et Regnault en France; Joule, Rankine, Thomson et Maxwell en Angleterre; Clausius en Allemagne, etc.

Quoique toutes les déductions de cette manière de voir ne soient pas encore confirmées, le nombre des vérifications est aujourd'hui suffisant pour pouvoir conclure que : *il n'existe, dans toute la série des actions naturelles, aucun procédé qui permette d'engendrer de la force, ou mieux de l'énergie mécanique, sans une dépense correspondante,* et par suite, d'une façon absolue, le mouvement perpétuel est impossible. Nous avons vu que toute action naturelle pouvant être appliquée à une machine, le travail est un terme de comparaison universel pour toutes les forces naturelles. Mais « si la quantité d'énergie mécanique ne s'augmente jamais sans une dépense équivalente; réciproquement, cette quantité ne peut diminuer et ne se perd jamais. Elle peut bien être perdue pour l'usage spécial que nous en faisons, mais pour l'univers, elle ne s'anéantit point.

« On croyait autrefois que le choc et le frottement de deux corps anéantissaient tout simplement de la force vive; mais le choc et le frottement sont des sources de chaleur. Joule a démontré que chaque kilogrammètre de travail qui disparaît est remplacé par une certaine quantité de chaleur, et que la chaleur étant une source de travail, chaque kilogrammètre de travail produit remplace une certaine quantité de chaleur qui disparaît.

« Il en résulte que la chaleur n'est pas une substance impondérable, mais bien, comme la lumière et le son, une forme particulière de vibration moléculaire. Ainsi, dans le choc et le frottement, le mouvement sensible qui disparaît se transforme en mouvement de molécules; la création de force motrice par la chaleur n'est autre chose que le mouvement des molécules qui se transforme en mouvement de toute la masse.

« Les combinaisons chimiques fournissent une quantité de chaleur généralement très grande : ainsi un kilogramme de charbon donne en brûlant assez de chaleur pour élever d'un degré la température de 8,000 kilogrammes d'eau, soit un travail capable d'élever 1,000 kilogrammes à 3 kilomètres 1/2 de hauteur.

« Malheureusement nos machines ne transmettent qu'une faible fraction de cet énorme travail (18 0/0 dans les meilleures machines à détente); la différence se disperse sous forme de chaleur dans les organes et dans l'air ambiant, sans utilité immédiate pour la fonction même de l'appareil.

« En observant toutes les autres actions connues, tant physiques que chimiques, on voit que l'Univers possède une provision de force disponible qui ne peut croître ni décroître.

« *La quantité de force capable d'agir, qui existe dans la nature inorganique, est éternelle et invariable, tout aussi bien que la matière.* » (Helmholtz).

Tel est la loi générale que M. Helmholtz (*Exposé élémentaire de la transformation des forces naturelles*) énonça, en 1847, sous le nom de *principe de la conservation de la force.*

En substituant la dénomination d'*énergie* à celle de *force capable d'agir*, nous arrivons à l'énoncé suivant :

Si l'on considère l'ensemble des énergies actuelles et potentielles que possèdent tous les corps de la nature, ces énergies peuvent se transformer incessamment les unes dans les autres; mais leur somme reste invariable, comme la matière qui les possède.

Définitions nouvelles de la chimie et de la physique. Deux grandes lois régissent en définitive le monde physique : la conservation de la matière, la conservation de l'énergie. Le monde physique se compose de *corps*, dont l'existence se révèle à nos sens par des manifestations qu'on appelle *phénomènes*. Comme il n'y a pas d'effets sans causes, on appelle *agents* les causes des phénomènes. La *matière* est la substance inconnue qui forme les corps : c'est ce qui persiste encore quand un corps a perdu toutes les propriétés qui le constituaient comme corps.

La physique et la chimie s'occupent à la fois des corps et des agents; mais, dans la physique, le corps est l'instrument d'étude, et l'agent est l'objet de l'étude; dans la chimie, c'est l'inverse.

L'étude de la matière appartient à la chimie : elle a reconnu que, quelles que soient les transformations physiques ou passagères, chimiques ou permanentes que subit un corps, le poids reste invariable (Lavoisier). On en a conclu que la quantité de matière qui existe dans un corps est proportionnelle au poids,

La matière se *conserve* donc : première conséquence de ce principe que *dans la nature rien ne se crée, rien ne se perd*, principe bien ancien, car c'est l'axiôme fondamental de la philosophie d'Epicure, développé par Lucrèce (*de rerum Nat.*, lib. 1, vers 150, 206), et rappelé par Perse,

> ..... *gigni*
> *De nihilo nihil, in nihilum nil posse reverti.*
> (Perse, Sat. III, vers 73, 84.)

Lavoisier en a fait un principe expérimental.

D'où cette définition de la chimie : l'étude de la matière et de ses transformations.

La physique, pour expliquer les effets, a imaginé d'abord autant d'agents *proprii generis* que d'effets distincts. Mais un examen plus approfondi a bientôt permis de reconnaître que cette conception d'agents distincts n'a au fond qu'une seule et unique raison : c'est que la perception des divers ordres de phénomènes s'opère, en général, par des organes différents et qu'en s'adressant plus spécialement à chacun de nos sens, ils excitent nécessairement des sensations spéciales ; en sorte que la diversité apparente pourrait bien être moins dans la nature même de l'agent physique que dans les fonctions de l'instrument physiologique qui en recueille les effets et les transforme en sensations. Alors à la conception de ces agents *proprii generis*, on a substitué celle de manifestations différentes du grand pouvoir d'activité de la nature.

En sorte que, rien ne pouvant se créer ni s'anéantir, ce qui disparaît sous une forme doit pouvoir se retrouver sous une autre forme ; en d'autres termes, ce qui échappe à l'un de nos sens doit pouvoir devenir perceptible à un autre ; l'effet mécanique, comme chaleur, électricité, ou lumière et réciproquement : il n'y a plus à déterminer que les équivalences. Pour exprimer ces équivalences, à la notion du *travail* qui suppose le fait accompli, à celle de *force vive* qui est spéciale aux masses en mouvement, on ajoute la notion d'*énergie*, qui est la capacité d'effectuer du travail et qui s'applique indistinctement à toutes les forces naturelles, même à l'état de repos.

Le principe de la conservation de la matière se trouve ainsi complété par celui de la conservation de l'énergie, et la physique devient l'étude de l'énergie et de ses transformations.

Énergie calorifique. L'étude de l'énergie calorifique forme l'objet de la *thermo-dynamique* ou théorie mécanique de la chaleur. — V. CHALEUR, § *Equivalent mécanique de la chaleur*.

Cette science repose sur deux principes :

Le premier est celui de l'*équivalence de la chaleur et du travail mécanique*.

La *calorie* ou quantité de chaleur nécessaire pour élever d'un degré centigrade la température d'un kilogramme d'eau est équivalente au travail mesuré par un certain nombre E de kilogrammètres. Ce nombre E, dont la valeur est d'environ 425 ou 430, est l'équivalent mécanique de la chaleur. Entre une quantité de chaleur exprimée par Q calories, et un travail mécanique exprimé par T, on a la relation $EQ = T$. Nous avons vu qu'on en avait conclu que la chaleur n'est pas une substance impondérable, mais une forme particulière de vibration moléculaire, puisqu'elle équivaut à du travail mécanique ou à de la force vive. L'interférence des rayons calorifiques, dans l'étude de la chaleur rayonnante, oblige d'ailleurs à admettre, comme pour la lumière, la théorie des ondulations. Lorsqu'un corps s'échauffe en absorbant des rayons de chaleur, la force vive du mouvement vibratoire qui constitue ces rayons paraît s'anéantir, il faut donc que le corps soit le siège de phénomènes mécaniques équivalents à cette force vive anéantie, ou que l'énergie de ce mouvement ait passé dans le corps sous la triple forme de force vive moléculaire, de travail intérieur des molécules, si leurs distances mutuelles changent, et de travail extérieur si le point d'application des forces extérieures est changé.

Les premières idées précises sur la nature mécanique de la chaleur ont été exposées par Lavoisier (Lavoisier et Laplace, *Mémoire sur la chaleur*, dans les *Mémoires de l'Académie pour* 1780, et *Œuvres de Lavoisier*, t. II). Après avoir exposé l'hypothèse de la matérialité du calorique, Lavoisier ajoute : « Plusieurs physiciens pensent que la chaleur n'est que le résultat des mouvements insensibles des molécules de la matière..... Dans cette hypothèse, la chaleur est la force vive qui résulte des mouvements insensibles des molécules des corps..... En général on fera rentrer la première hypothèse (celle de la matérialité du calorique) dans la seconde, en changeant les mots de *chaleur libre*, *chaleur combinée*, *chaleur dégagée*, dans ceux de *force vive*, *perte de force vive*, et *augmentation de force vive* ».

Le principe de l'équivalence est le développement de l'idée de Lavoisier, retrouvée et précisée plus tard par Mayer (*Remarques sur les forces de la nature inanimée*, *Annales de Liebig*, t. XLII, 1842); Joule (*Sur les effets caloriques de l'électricité et du magnétisme et sur l'équivalent mécanique de la chaleur*, *Philosophical magazine*, 3e série, t. XXIII, 1843); Helmholtz (*Sur la conservation de la force*, 1847); Colding (*Recherches sur les rapports des forces de la nature*, 1851). Voir d'ailleurs la bibliographie complète que donne Verdet, à la fin du t. II de sa *Théorie mécanique de la chaleur.*

L'application de ce principe à l'étude des gaz conduit à des relations entre l'équivalent mécanique de la chaleur et les données numériques caractéristiques des gaz qui se sont trouvées vérifiées par les déterminations de Regnault.

La découverte du *second principe* ou *principe de Carnot*, a précédé celle de l'équivalence. Sadi Carnot l'énonça en 1824 dans ses *Réflexions sur la puissance motrice du feu*, sous la forme suivante : « La puissance motrice de la chaleur est indépendante des agents mis en œuvre pour la réaliser; sa quantité est fixée uniquement par la température des corps entre lesquels se fait en dernier résultat le transport du calorique ».

Carnot admettait la matérialité du calorique (combattue cependant déjà par Rumford, Cavendish et Davy) et comparait la puissance motrice de la chaleur à celle d'une chute d'eau : son raisonnement reposait sur l'impossibilité du mouvement perpétuel.

Clapeyron (*Journal de l'Ecole Polytechnique*, 1834) développa le principe de Carnot, et imagina, dans ses *Commentaires aux idées de Carnot*, de représenter symboliquement l'état d'un corps par la position sur un plan d'un point ayant pour coordonnées la pression et le volume.

Enfin, Clausius (*Annales de Poggendorff*, 1855) mit le principe de Carnot en harmonie avec celui de l'équivalence.

Considérons une machine thermique, c'est-à-dire ayant pour objet la conversion de la chaleur en travail mécanique, et supposons que le corps qui sert à opérer cette conversion parcoure un *cycle fermé*, c'est-à-dire qu'il passe par une série de transformations telles que l'état final soit identique à l'état initial.

Dans ce cycle, le corps n'est en contact qu'avec deux sources de chaleur à températures constantes T, T' : la source chaude T lui communique une quantité de chaleur Q, il restitue à la source froide T' une quantité de chaleur Q', et dans l'intervalle le corps n'emprunte ni ne cède de la chaleur. D'après le principe de l'équivalence, le travail produit est proportionnel à $Q - Q'$.

$\frac{Q-Q'}{Q}$ est le *coefficient économique* ou le *rendement* de la machine.

Le second principe consiste en ce que l'on a la relation

$$\frac{Q-Q'}{Q}=\frac{T-T'}{T},$$

T et T' étant les températures *absolues* de deux sources, c'est-à-dire les températures comptées à partir du *zéro absolu* (— 273° du thermomètre à air).

La démonstration suppose non seulement que la machine fait un cycle continu, c'est-à-dire qu'elle ramène le corps à l'état initial; mais encore qu'elle est *réversible*, ou que le cycle peut être parcouru indifféremment dans le sens *direct* ou le sens *rétrograde*, en d'autres termes que si la machine transforme de la chalenr en travail, elle puisse aussi convertir du travail en chaleur, en passant, dans les deux cas, par les mêmes intermédiaires.

Enfin, la démonstration de ce second principe repose sur le *postulatum de Clausius*, à savoir que « la chaleur ne peut d'elle-même passer d'un corps froid sur un corps chaud. »

Le principe de Carnot peut encore s'énoncer en disant que le *Rendement est indépendant de la nature des corps qui servent à opérer la conversion de la chaleur en travail*, puisqu'il ne dépend que des températures extrêmes.

Le rendement $\frac{T-T'}{T}$ est le rendement *maximum*. En d'autres termes, dans tout cycle fermé, réversible ou non, le coefficient économique $\frac{Q-Q'}{Q}$ est inférieur ou au plus égal au rendement $\frac{T-T'}{T}$ correspondant aux températures extrêmes entre lesquelles le cycle est compris.

L'application du principe de Carnot aux machines à vapeur a conduit à des conséquences importantes. En calculant, d'après les déterminations calorimétriques de Regnault, la chaleur que l'eau emprunte à la chaudière et celle que la vapeur restitue au condenseur, on trouvait, pour une machine fonctionnant entre des températures *ordinaires* de 150° et de 50°, un coefficient économique $\frac{Q-Q'}{Q}=\frac{1}{20}$ seulement, tandis que d'après la formule $\frac{Q-Q'}{Q}=\frac{T-T'}{T}$, on aurait dû trouver $\frac{100}{273+150}$ ou un peu moins de 1/4, soit 1/5 ou 1/6, la machine n'étant pas parfaite.

On a été ainsi conduit à étudier ce qui se passe dans la détente, et on a reconnu que la détente amenait une condensation partielle. C'est ce que Hirn a vérifié expérimentalement. La quantité de chaleur restituée au condenseur est diminuée de la chaleur latente abandonnée par la vapeur qui, pendant la détente, repasse à l'état liquide. Si l'on tient compte de ce phénomène, on trouve comme rendement, dans l'exemple précédent, environ 18 0/0.

En résumé, comme règle générale, dans toutes les machines à feu, le rendement est toujours limité au coefficient économique de Carnot

$$\frac{T-T'}{T},$$

T et T' étant les valeurs absolues de la plus haute et de la plus basse des températures qui soient réalisées dans la machine.

Énergie chimique. La quantité de chaleur dégagée par les actions chimiques est indépendante de la durée et de la marche qu'elles ont pu suivre, *pourvu qu'elles ne donnent lieu à aucun travail extérieur.*

Si deux corps A et B se combinent, la température s'élève : *la chaleur de combinaison* est la chaleur qu'il faut enlever pour ramener l'ensemble à la température initiale. D'après la conservation de l'énergie, l'énergie avant la combinaison doit être égale à l'énergie après la combinaison.

Si U est l'énergie du composé, si u_1 et u_2 sont les énergies des composants, Q la chaleur de combinaison, on doit avoir $U = u_1 + u_2 - EQ$.

Ainsi 1 équivalent de charbon (6 grammes) et 2 d'oxygène (16 grammes) donnent 1 équivalent d'acide carbonique CO^2 (22 grammes). La combustion dégage 47 calories-kilogramme, c'est-à-dire que l'oxygène et le carbone pris à 0° dégagent 47 calories pour donner de l'acide carbonique à 0°.

Si on combine du carbone et de l'oxygène de façon à avoir de l'oxyde de carbone CO, le dégagement est de 34,5 calories ; si l'on combine cet oxyde CO avec de l'oxygène pour avoir de l'acide carbonique, on dégage encore 12,5 calories, $34{,}5 + 12{,}5 = 47$.

L'énergie de 6 grammes de carbone et de 16 grammes d'oxygène dépasse celle de 22 grammes d'acide carbonique de 47×430 kilogrammètres.

Mais si l'action chimique donne lieu en même temps à un travail extérieur, la chaleur dégagée doit diminuer. Ainsi la poudre qui lance un projectile et fait reculer l'arme, dégage moins de chaleur que la poudre qui brûlerait dans un vase clos, capable de résister à l'expansion des gaz.

Energie électrique. L'énergie potentielle d'un corps électrisé est l'équivalent du travail développé par les forces électriques quand on décharge le corps. Ce travail est égal à

$$\frac{1}{2} VQ.$$

Q étant la quantité d'électricité que renferme le corps et V son potentiel. L'énergie potentielle du corps sera donc exprimée par $W = \frac{1}{2} VQ$. Inversement pour électriser le corps avec une machine électrique, il faudra dépenser une quantité de travail moteur au moins égale à l'énergie W que l'on veut emmagasiner dans le corps.

Si on décharge le conducteur en le reliant au sol par un fil métallique, cette énergie aura son équivalent dans l'échauffement du fil par le courant de décharge.

Pendant la décharge, le potentiel du corps électrisé tombe de V à O, et tout se passe comme si, pendant ce temps, le potentiel était maintenu constant et égal à $\frac{V}{2}$. De là le coefficient $\frac{1}{2}$ dans l'expression précédente; mais si une source électrique maintient le potentiel constant et égal à V, au lieu d'un courant passager, on aura dans le fil un courant permanent, et pour chaque quantité Q d'électricité qui aura traversé le fil, l'énergie développée sera QV.

Le travail produit par un courant constant entre deux points, dont la différence de potentiel est E, est exprimé par $W = QE = Eit = i^2rt$, Q étant la quantité d'électricité qui circule dans le temps t, i l'intensité du courant, r la résistance qui sépare les deux points.

L'expression QV ou QE montre que la quantité d'électricité Q n'est qu'un *facteur* de l'énergie, puisque l'énergie est le produit de Q par le potentiel : au contraire la chaleur est une forme de l'énergie, puisqu'une certaine quantité de chaleur représente à elle seule du travail. L'électricité se comporte comme une masse pesante descendant d'un niveau supérieur à un niveau inférieur, qui développe un travail égal au produit de la masse par la différence de niveau, ou comme un gaz comprimé ou dilaté qui revient à sa pression normale. — V. ÉLECTRICITÉ, §§ 44 et 58.

Dans la pratique Q est mesuré en *coulombs*, E ou V en *volts*, i en *ampères*, r en *ohms* — V. ÉLECTRICITÉ § 56 et ÉLECTROMÈTRIE.

Or, un coulomb ou un ampère vaut 10^{-1}, un volt vaut 10^8 et un ohm vaut 10^9 unités absolues C.G.S.

Il en résulte que l'énergie développée par le passage d'un coulomb entre deux points dont la différence de potentiel est de 1 volt, ou du courant de 1 ampère pendant une seconde entre ces deux points, ou du même courant pendant une seconde entre deux points séparés par une résistance de un ohm, vaut 10^7 ergs. Cette énergie s'appelle quelquefois un *watt*.

Or 1 kilogrammètre vaut $10^7 \times g$ ergs, g étant l'accélération de la pesanteur en mètres, ou $g = 9{,}81$. Il résulte qu'en divisant la valeur de W ainsi mesurée par g, l'énergie sera exprimée en kilogrammètres.

L'énergie par seconde s'obtiendra en chevaux-vapeurs en divisant la valeur

$$W = Ei = i^2r,$$

dans laquelle E, i, r sont mesurés en unités pratiques, par $75g = 736$.

En d'autres termes, un cheval-vapeur de 75 kilogrammètres par seconde vaut 736 watts par seconde.

Ainsi, si on constate entre les deux bornes d'une lampe à arc voltaïque, une différence de potentiel E de 50 volts avec un courant de 9 ampères, le travail absorbé par la lampe sera de $\frac{50 \times 9}{736}$, soit près de 3/5 de cheval-vapeur.

Une lampe à incandescence d'Edison donne une différence de potentiel de 105 volts avec un courant de 0,7 d'ampère; il faudra pour alimenter cette lampe $\frac{73{,}5}{736}$, soit 1/10 de cheval-vapeur.

Dans l'exploitation pratique, il faut tenir compte des pertes de force (échauffement de la machine et des fils de transmission) : aussi on compte 1 cheval-vapeur dans le premier cas, 1/7 dans le second.

On aura la résistance en ohms du circuit compris entre les bornes par la formule $E = ir$. Dans l'exemple précédent, elle serait de

$$\frac{50}{9} = 5{,}55 \text{ ohms}$$

pour la lampe à arc et de

$$\frac{105}{0{,}7} = 150 \text{ ohms}$$

pour la lampe d'Edison. — V. ECLAIRAGE ÉLECTRIQUE.

On aura en calories l'énergie correspondant à la valeur de W en watts, sachant que une *calorie-kilogramme* vaut 430 kilogrammètres, soit

$$4,2 \times 10^{10} \text{ ergs :}$$

une calorie-gramme vaut alors $4,2 \times 10^7$ ergs.

Il faudra donc diviser la valeur de W en watts, par 4,2 pour avoir la chaleur en calories-gramme. H étant ce nombre, on a $H = \frac{W}{4,2}$.

Dans notre exposé de principes de l'électricité (V. ÉLECTRICITÉ, §§ 44, 52, 58, 59, 67 et suivants) le principe de la conservation de l'énergie a été continuellement appliqué, et en s'y reportant, on trouvera à chaque instant des exemples de transformation de l'énergie mécanique ou chimique en énergie calorifique et *vice versâ*, par l'intermédiaire de l'électricité.

L'expérience suivante fondée sur la réversibilité des moteurs électriques (ÉLECTRICITÉ, §§ 79, 98, 111) est une application intéressante du principe de la conservation et de la transformation de l'énergie. Dans le circuit d'une machine Gramme que l'on fait tourner à la main, on intercale un fil fin de platine et une seconde machine Gramme semblable : celle-ci se met à tourner par l'effet du courant et le fil s'échauffe peu ; mais si on empêche la seconde machine de tourner, le fil rougit aussitôt et finit par fondre. Au moment où le circuit est rompu par la fusion du fil, l'effort pour mettre en mouvement la première machine diminue brusquement.

Le disque de Foucault (ÉLECTRICITÉ, § 108) a été utilisé pour la détermination de l'équivalent mécanique de la chaleur.

Dans la transformation de l'énergie, l'électricité, quand elle se développe, n'est qu'un intermédiaire et n'a d'autre rôle que d'emmagasiner l'énergie sous forme potentielle, puisqu'elle restitue toujours, sous forme de travail mécanique ou de chaleur, l'énergie qui lui a été communiquée sous l'une de ces deux formes, l'énergie chimique s'exprimant d'ailleurs en énergie calorifique. Mais, à l'état électrique, l'énergie peut se transporter à distance, et de là l'importance de cet intermédiaire pour l'utilisation des forces naturelles qui, sur place, resteraient sans emploi : sans doute, l'échauffement des fils conducteurs, les résistances passives et les réactions des engins de transformation absorbent une partie de l'énergie initiale, mais l'excédent devient disponible.

Les principes du transport de l'énergie ont été exposés au mot ÉLECTRICITÉ (§ 110).

On a vu que E et e étant les forces électro-motrices de la machine génératrice et de la machine réceptrice, i l'intensité du courant, R la résistance totale du circuit, on a la relation fondamentale

$$Ei = ei + Ri^2$$

Ri^2 est le travail correspondant à l'échauffement du circuit ou le travail perdu ; Ei le travail moteur, ei le travail utile.

On a donc

$$T_m = Ei = \frac{E(E-e)}{R} \quad (1)$$

$$T_u = ei = \frac{e(E-e)}{R} \quad (2)$$

et pour le *rendement*

$$K = \frac{T_u}{T_m} = \frac{e}{E} \quad (3).$$

A l'aide de dynamomètres, on peut mesurer le travail T_m transmis à l'arbre de la génératrice et le travail T_u recueilli sur l'arbre de la réceptrice. On a ainsi le *rendement dynamométrique* $\frac{T_u}{T_m}$.

Par des mesures électriques directes, on détermine les résistances propres M et m des deux machines, celle L de la ligne télégraphique, les différences de potentiel U et u aux bornes des machines en circuit, et l'intensité i du courant. On a alors les forces électro-motrices E et e des deux machines par les relations

$$E = U + Mi$$
$$e = u - mi.$$

L'expression $\frac{U-u}{i}$ fournit la résistance effective de la ligne télégraphique au moment de l'expérience, et on peut la comparer à la résistance L mesurée directement. Car

$$E - e = iR = i(M + m + L)$$
$$\text{ou } Li = (E - Mi) - (e + mi) = U - u.$$

L'expérience vérifie la proportionnalité des forces électro-motrices à la vitesse, l'intensité étant constante. On trouve, en effet, que N et n étant les nombres de tours par minute de la génératrice et de la réceptrice, les quotients

$$\frac{E}{N} \text{ et } \frac{e}{n},$$

dans les expériences où l'on fait varier la vitesse, restent constants.

L'expérience montre encore que le rendement dynamométrique $\frac{T_u}{T_m}$ est plus faible que le rendement électrique $\frac{e}{E}$, ce qui prouve qu'il doit y avoir une perte d'énergie dans chacun des engins de transformation d'énergie par le fait seul de la transformation d'énergie mécanique en énergie électrique ou de la transformation inverse.

L'énergie électrique créée dans la génératrice étant en chevaux-vapeurs $\frac{Ei}{75g}$ ($g = 9,81$), on peut la comparer au travail mécanique dépensé, dont la valeur accusée par le dynamomètre est T_m ; le rapport de ces deux nombres fera connaître le coefficient pratique de transformation H pour la génératrice.

De même le rapport de T_u à $\frac{ei}{75g}$ ou le rapport du travail mécanique créé par la réceptrice à l'énergie électrique qui lui a été communiquée, fera connaître le coefficient pratique de transformation h pour la réceptrice, d'où

$$\frac{T_u}{T_m} = Hh\frac{e}{E}.$$

Les coefficients H et h dépendent de la construction des machines et de leur vitesse ; l'expérience semble montrer que le produit Hh, voisin de l'unité pour de faibles vitesses, diminue rapidement avec les grandes vitesses, en sorte que le rendement théorique $\frac{e}{E}$ s'écarte d'autant plus du rendement $\frac{T_u}{T_m}$ que les vitesses des machines sont plus grandes. (M. Cornu, *Comptes-rendus de l'Académie*, 9 avril 1883.)

Si l'on s'en tient au rendement théorique, les formules (1) et (2) donnent

$$e^2 = RT_u \frac{K}{1-K},\ E^2 = RT_u \frac{1}{K(1-K)} \quad (4)$$

d'où il résulte que si l'on donne le travail à transmettre T_u, la résistance du circuit R et le rendement à obtenir K, les forces électro-motrices des deux machines sont déterminées et proportionnelles à la racine carrée de la résistance du circuit et du travail à transmettre. Si, par exemple, on veut transmettre 3,6 chevaux-vapeurs à travers un circuit total R=300 ohms, on fera

$$T_u = 3{,}6 \times 75g,$$

et prenant par approximation $g = 10^m$, on aura

$$e = 900\sqrt{\frac{K}{1-K}} \text{ volts},\ E = 900\sqrt{\frac{1}{K(1-K)}} \text{ volts}$$

soit 900 et 1,800 volts si K=0,50

1,800 et 2,250 volts si K=0,80, etc.

On pourra donc toujours transmettre un travail déterminé à travers une résistance donnée et avoir un bon rendement, si la génératrice et la réceptrice peuvent fournir des forces électro-motrices E et e ayant les valeurs ci-dessus.

Mais ces forces électro-motrices sont limitées par des considérations pratiques ; car la vitesse d'une machine ne peut pas dépasser une certaine valeur, et, d'autre part, en augmentant le nombre de tours de fil des bobines, on augmente la résistance du circuit : on devra donc s'attacher surtout à donner aux machines un champ magnétique très intense. Enfin la grandeur de la force électromotrice réalisable est encore limitée par la condition qu'elle ne détruise pas l'isolement du circuit, et que les machines engendrent des courants et non pas des étincelles.

Soit E_0 la force électro-motrice maximum que l'on peut atteindre pratiquement ou celle de la machine dont on dispose. L'équation (4), résolue par rapport à K, donne

$$K = \frac{1}{2} \pm \sqrt{\frac{1}{4} - \frac{RT_u}{E_0^2}}.$$

Le produit RT_u ne peut donc pas dépasser la limite $\frac{1}{4}E_0^2$. Par exemple, si E_0=2,000 volts et si R=300 ohms, T_u ne pourra pas dépasser 4,44 chevaux-vapeurs et l'on devra se contenter du rendement théorique 1/2 et vraisemblablement d'un rendement pratique inférieur. (M. Potier, *Journal de physique*, 1883.) On ne pourra augmenter la limite de T_u qu'en diminuant la résistance R du circuit.

La condition $RT_u < \frac{1}{4}E^2$ étant remplie, on a deux valeurs de K, et par suite deux valeurs KE pour e. La plus grande donnera le rendement le plus fort et l'intensité du courant la plus faible, ce qui est évident, d'ailleurs ; car, le travail perdu i^2R étant proportionnel à i^2, et le travail transmis ainsi que le travail dépensé étant proportionnels à i, la relation $Ei - ei = i^2R$, montre que le rapport du travail perdu au travail utile ei diminue avec le rapport $\frac{i}{e}$; il y a donc intérêt à avoir de grandes forces électro-motrices et de faibles courants.

E_0 étant déterminé, on ne peut plus agir que sur la résistance du circuit ; il faudra alors diminuer la résistance de la ligne par l'emploi de conducteurs appropriés, et si la résistance des machines est trop considérable, on n'aura plus que la ressource d'en accoupler un certain nombre parallèlement (en dérivation), c'est-à-dire en les réunissant par leurs pôles de même nom, afin de diminuer leur résistance intérieure. — J. R.

ENFAÎTEMENT. — V. FAÎTAGE.

ENFANTS (TRAVAIL DES). Le travail des enfants dans les manufactures est une question de premier ordre, que nous étudions avec l'importance qu'elle comporte au mot TRAVAIL.

***ENFILÉ, ÉE.** *Art hérald.* Se dit des pièces rondes et ouvertes passées dans des barres, bandes, etc.

***ENFLEURAGE.** *T. de parf.* Opération par laquelle on imprègne les corps gras d'odeurs différentes.

***ENFOURCHEMENT.** 1° *T. de constr.* Nom que l'on donne à l'angle formé par la rencontre des *douelles* ou surfaces de deux voûtes. Les voussoirs placés sur l'arête d'intersection ont deux branches présentant l'aspect d'une fourche. ‖ 2° *T. de charp.* On désigne ainsi l'un des modes d'assemblage employés pour *enter*, c'est-à-dire pour relier bout à bout, dans le sens vertical, deux pièces de charpente en bois. Il y a plusieurs sortes d'*enfourchements* ; le plus usité est le *double enfourchement carré*, formé de quatre mortaises, une sur chaque face du poteau et de quatre tenons épaulés. Ces divers assemblages exigent une armature en frettes de fer au droit des joints.

***ENFOURNEMENT.** *T. techn.* Action ou méthode d'enfourner les poteries, les briques, les matières fusibles, etc. ; on dit aussi *enfournage*.

***ENFOURNEUR.** *T. de mét.* Celui qui est chargé de l'enfournement.

***ENFUMAGE.** Outre l'action d'enfumer un objet quelconque ; on donne ce nom, en *céram.*, à l'action de la fumée sur la porcelaine pendant la cuisson de celle-ci, ce qui lui communique un ton jaunâtre plus ou moins vif.

***ENGALLAGE.** *T. de teint.* L'engallage a pour but de déposer sur le tissu une certaine quantité de tannin. Cette opération contribue à donner de la solidité aux rouges turcs; aujourd'hui où les rouges andrinoples se font à l'alizarine artificielle, on a en partie supprimé l'engallage. Cependant quelques fabricants l'emploient tout en teignant en alizarine artificielle. Diverses méthodes d'engallage ont été employées : après l'huilage et le passage en potasse pour dégraisser, on traitait les pièces par un bain contenant 80 grammes de noix de galle, 120 grammes de savon dissous dans 4 à 5 litres d'eau, quantité reconnue nécessaire pour 1 kilogramme de tissu ; l'engallage se fait à chaud et précède l'alunage.

On a aussi employé le sumac à 6° mêlé à une décoction de divi-divi à 6° dans la proportion de 1 sumac sur 2 de divi-divi. On foulardait alors les pièces 6 à 8 fois, afin qu'elles s'imprègnent bien de la matière astringente. — J. D.

***ENGEL-DOLLFUS.** — V. Dollfus.

***ENGELMANN** (Godefroy), né à Mulhouse en 1788, a été, non pas l'inventeur de la lithographie, mais son initiateur, son introducteur en France. Ses parents étaient riches et le destinaient aux affaires. Il passa quelques années dans une maison de commerce de la Rochelle, mais son grand penchant pour le dessin, penchant que sa famille favorisa d'ailleurs, le ramena à la carrière artistique. Il entra à l'atelier du peintre Régnault, y resta quelque temps, puis revint à Mulhouse où il fut attaché à une fabrique d'indiennes comme chef de dessin. En 1814, il fit un voyage à Munich et y étudia avec soin les divers procédés lithographiques inventés dans cette ville. Il fonda à Mulhouse d'abord, puis à Paris, en 1816, les premiers établissements d'imprimerie lithographique en France. On lui doit l'impression lithographique d'une foule de chefs-d'œuvre de Carle et d'Horace Vernet, de Géricault, de Bonington, de Delacroix, de Decamps, etc. De concert avec son fils, Jean Engelmann, il trouva l'impression lithographique en couleurs à laquelle il donna le nom de *chromolithographie*, procédé qui lui valut le prix de 2,000 francs de la *Société d'encouragement*. Engelmann venait de finir un ouvrage important sur l'art auquel il avait voué sa vie, le *Traité théorique et pratique de la lithographie*, lorsque la mort l'emporta en 1839.

***ENGHIEN.** — V. Eaux minérales.

ENGIN. Nom générique sous lequel on désignait à l'origine toutes les machines, et qui a donné naissance au mot d'*ingénieur*, par corruption du mot *enginieur* qui est d'ailleurs employé textuellement encore dans certaines langues étrangères. Ainsi les Anglais traduisent le mot machine par *engine* et les ingénieurs ou hommes qui s'occupent de l'étude, de la construction et de la surveillance de ces machines, des *engineers*. De là, le titre d'ingénieur s'est répandu à toutes les branches de l'industrie, même à celles qui ne traitent pas spécialement des machines, mais il ne provient pas le moins du monde, comme beaucoup le pensent, très vraisemblablement d'ailleurs, du verbe *s'ingénier*, inventer, travailler du cerveau, etc.

Le mot *engin* est donc en principe synonyme du mot *machine*, *appareil*, etc. Néanmoins l'usage a aujourd'hui plus spécialement consacré cette dénomination aux objets de destruction comme le matériel d'artillerie, etc. On entendra rarement dire, en effet, quoique cela soit correct, qu'un canon est une *machine*; mais personne n'hésitera à l'appeler un *engin de guerre*.

Inversement, le mot *machine* est plus spécialement consacré aux objets destinés à la production d'un travail utile tels que les machines à vapeur, machines à percer, à cisailler, à raboter, etc. Cependant, nous le répétons, il n'y a dans tout cela que des questions de nuances adoptées par l'usage et qui ne présentent rien d'absolu.

Enfin, on appelle spécialement *appareils* les machines ou parties de machines plus finies, plus parachevées, destinées à produire un travail plus délicat ou à servir aux expériences de laboratoire. Ainsi tous les engins employés pour les études ou les démonstrations dans un cabinet de physique s'appellent des *appareils*; les aiguillages, les croisements, les traversées d'un chemin de fer, qui demandent un soin particulier dans la construction, ont des destinations spéciales, et dont la moindre négligence peut entraîner de graves accidents, s'appellent les *appareils de la voie*. Une machine à vapeur est une *machine*; son tiroir et ses organes de distribution et de détente constituent des *appareils*.

***ENGOBAGE.** *T. de céram.* On entend par *engobes* des enduits terreux, blancs ou colorés, mais toujours opaques, qu'on emploie, en couche mince, pour masquer ou changer la teinte désagréable des pâtes céramiques, quand on ne veut pas, pour obtenir le même effet, recourir aux moyens ordinaires. On s'en sert aussi, dans la fabrication des faïences communes, pour économiser une partie de l'étain qui entre dans la composition de leur glaçure. Leur application se nomme *engobage*.

— On assure que l'usage des engobes a pris naissance en Italie vers la fin du XIIIe siècle ou le commencement du XIVe. Cependant, on possède, dans les musées publics, les preuves matérielles qu'il n'a pas été inconnu des anciens. Tels sont, entre autres, nombre de vases grecs recouverts d'engobes blancs, violâtres ou jaunâtres. Telles encore des poteries égyptiennes sur lesquelles on remarque un engobe blanc placé entre la pâte colorée en jaune et une glaçure bleu-turquoise. Dans tous les cas, c'est en Angleterre que l'engobage paraît avoir reçu, dans les temps modernes, le développement le plus remarquable.

Les engobes sont essentiellement composés d'une base terreuse, de nature argileuse, qui tantôt est naturellement colorée par des ocres, et tantôt artificiellement par des oxydes métalliques. Dans le premier cas, on n'y ajoute aucune matière vitreuse; on les met en œuvre tels qu'on les trouve dans le sol, en se bornant à les laver avec soin et à les réduire en poudre très fine. Dans le second, au contraire, on y introduit une matière alcaline, afin d'exalter leur couleur et de leur donner la propriété d'adhérer plus fortement à la pâte qui doit les recevoir. On commence donc par mêler le sable, l'alcali et l'oxyde, puis on les calcine dans un creuset, et c'est la fritte provenant de cette calcination qu'on ajoute à l'argile blanche, base de l'engobe, après l'avoir réduite en poudre très fine. Les formules qui suivent feront connaître la composition de quelques-uns des deux sortes d'engobes :

1° *Engobes simplement terreux* : *engobe rouge*, produit par l'ocre jaune calcinée; *engobe brun*, produit par la terre de Sienne ou par la terre d'Ombre; *engobe noir*, produit par un mélange de manganèse calciné et broyé, et d'argile blanche, 96 0/0 du premier et 1 0/0 de la seconde; *engobe blanc*, produit par un mélange de kaolin argileux et d'oxyde d'étain, 96 0/0 du premier et 4 0/0 du second.

2° *Engobes avec frittes* : *engobe jaune :* 1 de fritte, 2 d'argile blanche; pour la fritte, 25 de sable, 25 de jaune de Naples, 50 de carbonate de potasse; *engobe violet :* 2 de fritte, 2 d'argile blanche; pour la fritte, 32 de sable, 66 de carbonate de potasse, 2 de manganèse; *engobe bleu* (on ne fritte pas) : 32 d'azur de cobalt, 3 de minium, 65 d'argile blanche; *engobe vert :* 40 de fritte bleue, 40 de fritte jaune, 20 d'argile blanche.

Les engobes s'appliquent quelquefois sur les pièces crues, mais le plus souvent c'est sur les pièces en biscuit. Enfin, tantôt on les laisse sans glaçure et tantôt on pose la glaçure dessus. Pour les employer, on commence toujours par les broyer finement, après quoi on les délaye dans l'eau pour les réduire en une bouillie claire. C'est dans cet état qu'on les applique sur les poteries. On effectue cette application de différentes manières, suivant la nature des pièces ou celle des engobes, suivant aussi l'effet particulier qu'on veut obtenir. Ces compositions ne sont pas, en effet, uniquement destinées à produire des surfaces unies, elles servent aussi à former des ornements qu'on peut varier à l'infini. Le posage des engobes une fois terminé, les pièces sont passées au four de biscuit, puis, s'il le faut, mises en glaçure et soumises à la cuisson définitive.

***ENGOMMAGE.** *T. de céram.* Il a été question ailleurs de l'*encastage* (V. ce mot) des poteries en général. Pour les porcelaines, particulièrement pour les pièces ouvertes et creuses, telles que les assiettes, les jattes, les coupes, les saladiers, les compotiers, cette opération exige des précautions particulières afin que les pièces restent rondes et ne s'affaissent pas par le ramollissement de leur pâte. On obtient ce double résultat en les faisant soutenir, dans les cazettes, par des supports de différentes sortes, dont les plus importants, appelés les uns *cerces*, les autres *rondeaux*, sont de imples anneaux ou des disques un peu convexes, fabriqués avec une terre qui doit avoir exactement la même retraite que celle de la pâte dont les pièces sont faites. Ces supports sont placés de différentes manières autour de ces pièces, ou sous les pièces ou sur les bords de leur ouverture, après avoir enlevé la glaçure sur tous les points de contact, ce qui oblige à prendre certaines précautions pour que la pâte de porcelaine, toujours ramollissable, ne puisse, pendant la cuisson, adhérer en ces points. Ces précautions, toujours fort délicates, constituent ce qu'on nomme l'*engommage* ou le *terrage*. Elles consistent à recouvrir la partie des pièces qui est dénuée de glaçure d'un peu de pâte de kaolin argileux, ou bien à la saupoudrer avec du sable quartzeux très pur, rendu adhérent par un peu de gomme arabique ou d'argile plastique délayée avec de l'eau.

ENGRAIS. Est-ce parce que certaines terres fertiles forment, lorsqu'elles sont humides, une pâte liante qui s'attache aux objets et rappelle l'aspect physique de la graisse ou du beurre, ou parce que le fumier de ferme, qui est le prototype des engrais, offre l'aspect, lorsqu'il est arrivé à son maximum de décomposition, d'une pâte analogue, à laquelle on donne le nom caractéristique de *beurre noir?* Est-ce tout simplement par une sorte de comparaison de la terre fertile avec l'état florissant de l'animal gras? Toujours est-il que l'usage a donné le nom d'*engrais* à toute substance d'origine animale ou végétale employée par les agriculteurs pour augmenter la fertilité du sol arable.

Les produits d'origine minérale tels que la marne et la chaux, employés également depuis fort longtemps pour améliorer les terres, avaient reçu le nom d'*amendements*. Pour les anciens cultivateurs la distinction entre les engrais et les amendements était profonde. Amender une terre c'était surtout en modifier l'état physique, diminuer ou augmenter sa ténacité, sa perméabilité, par un mélange d'une autre terre de propriétés différentes. L'opération faisait toujours intervenir de grandes masses de matières. Les sables siliceux ou calcaires servaient à amender les terres trop argileuses, trop *fortes*, c'est-à-dire présentant une résistance excessive à la charrue. Les argiles servaient à amender les terres sableuses, trop *légères*, ne présentant qu'une faible résistance aux instruments de travail, se laissant même emporter par le vent et se desséchant trop facilement.

La *marne*, calcaire plus ou moins argileux, était l'amendement par excellence, car il servait également à amender les deux classes de sols, diminuant la résistance des terres fortes et augmentant celle des terres légères. La chaux, lorsque ses propriétés fertilisantes furent connues, bien qu'on l'employât en quantité beaucoup moindre que la marne, fut classée parmi ces amendements. Elle ressemblait trop à la marne pour qu'il en fut autrement. Le plâtre enfin qui ressemble aussi beaucoup à la chaux, mais qui s'emploie en quantités encore plus faibles, fait aussi partie des amendements pour les anciens auteurs. Les *engrais*, au contraire, étaient pour eux les substances qui, employées en quantités trop faibles pour qu'on pût attribuer un rôle important à leurs propriétés physiques, produisaient néanmoins sur la végétation des effets tellement accentués, que les agriculteurs reconnaissaient l'impossibilité pratique de cultiver fructueusement le sol sans leur intervention. Parmi les substances qui jouissaient, à juste titre, de la confiance des cultivateurs, à cet égard, il faut citer au premier rang le fumier de ferme, mélange plus ou moins fermenté et décomposé de matières végétales (litières) et de déjections animales. Par extension et par analogie, les cultivateurs recherchaient tous les débris animaux et végétaux pour le même usage et se procuraient à prix d'argent les tourteaux de graines oléagineuses, les débris d'abattoirs et d'équarrissage et les résidus de certaines industries travaillant les matières d'origine animale, telles que les os, la corne, le poil, la laine, la plume, etc.

Jusque vers 1840, le commerce des engrais n'eut pas d'autre objectif. Quant à la fabrication, elle se bornait à diviser les matières par des moyens divers et le plus souvent, par des mélanges de terre, de tourbe et autres substances inertes qui en atténuaient plus ou moins l'efficacité. On obtenait ainsi des *poudres végétatives* qui n'avaient pas grand crédit auprès des cultivateurs, car, le plus souvent, elles trompaient leur attente. A cette époque, une importante découverte vint donner au commerce des engrais une extension inattendue.

Le guano du Pérou, immense amas de déjections d'oiseaux accumulées sur certains îlots de la côte de l'océan Pacifique, devint rapidement l'objet d'un trafic important et il prouva que le fumier de ferme n'était pas toujours indispensable et que, dans certains cas, il pouvait être avantageusement remplacé.

D'ailleurs, tout n'était qu'empirisme dans les pratiques agricoles en ce qui concernait l'emploi des engrais. On achetait du guano parce qu'un voisin plus audacieux en avait fait usage l'année précédente et s'en était bien trouvé. On l'employait à tort ou à raison, sur toutes sortes de terres ou de cultures, et à doses de plus en plus fortes sans même soupçonner les conséquences que l'abus de ce produit pourrait amener. Chaque cultivateur, chaque jardinier avait ses formules d'engrais qu'il considérait comme infaillibles, sans pouvoir donner aucune explication de leur utilité et alors même que leur emploi donnât lieu à de fréquents mécomptes.

Cependant la science était à l'œuvre. La physiologie et la chimie découvraient peu à peu les lois de la composition et de la formation des végétaux. Théod. de Saussure posait les bases de cette grande étude, dont le célèbre potier, Bernard de Palissy, avait déjà pressenti le sens et la portée. Les travaux du prince Salm-Hortsmar, de M. Boussingault, le véritable fondateur de la chimie agronomique moderne, des Payen, des Kulhmann, des Malagutti, des Liebig, etc., avaient largement préparé le terrain à l'école actuelle qui a définitivement tracé les grandes lignes de la question des engrais, et, par conséquent, indiqué à l'agriculture et à l'industrie la voie qu'elles doivent suivre à l'avenir en se prêtant un mutuel appui.

Les limites nécessairement fort restreintes de cet article ne permettent évidemment pas un exposé méthodique des principes qui dirigent aujourd'hui l'art de fertiliser le sol par l'emploi des engrais, il faudrait, pour cela des volumes. Cependant, comme il est impossible de se rendre aucun compte des immenses progrès qui ont été réalisés dans cette voie depuis une trentaine d'années, sans remonter aux idées philosophiques qui ont présidé à cette transformation de la plus importante de nos industries, nous essaierons de présenter rapidement les résultats acquis, en laissant de côté tous les points qui ne sont pas définitivement fixés et qui appellent encore les recherches des savants et des praticiens.

La vie végétale. Tout végétal naît d'une semence, graine ou spore, provenant d'un végétal semblable à lui. La semence est formée d'un germe ou embryon, qui n'est autre chose que la plante même réduite à de très petites dimensions et d'une provision de matière, préparée par la plante-mère, pour la nourriture de l'embryon, pendant ses premiers développements. Cette période initiale de la vie végétale qui a reçu le nom de *germination*, ne réclame du monde extérieur que de l'oxygène, de la chaleur et de l'humidité. En lieu sec, la graine se conserve indéfiniment. Au-dessous et au-dessus d'une certaine température, lorsqu'elle est imprégnée de l'humidité nécessaire, elle se décompose, pourrit, mais ne germe pas. Elle ne germe pas davantage en l'absence de l'oxygène de l'air.

Le résultat de la germination, est la formation d'une racine qui fuit la lumière et plonge dans le sol et d'une tige qui se développe dans l'atmosphère et donne naissance à des feuilles. Jusque-là, la masse de matière sèche qui constituait la graine n'a pas augmenté. Si on dessèche la jeune plante et si on la pèse, on lui trouve, au contraire, un poids un peu inférieur à celui de la graine d'où elle est sortie. Des réactions chimiques se sont produites entre les diverses substances qui composaient la graine. La majeure partie de la matière n'a subi que de simples transformations sans déperdition, mais l'oxygène de l'air est intervenu et s'est combiné à une faible portion du carbone qu'il a dissipée dans l'atmosphère à l'état d'acide carbonique.

Aussitôt que les premières racines et les premières feuilles sont formées aux dépens de la graine, commence une série de phénomènes fort différents des premiers. La plante se développe et grandit. Elle réunit en elle des matériaux empruntés au sol par ses racines et à l'atmosphère par ses feuilles, elle les élabore et en forme tous les produits qui doivent composer successivement chacun de ses organes. C'est la période de grande activité de la vie végétale, les botanistes l'ont appelée *période foliacée* ou *foliaison*, parce qu'elle correspond au développement des feuilles et se termine par la floraison. Elle s'accomplit, en général, pendant la première partie de la belle saison, alors que le sol est encore chargé des eaux de l'hiver et que des pluies fréquentes contribuent à maintenir l'humidité nécessaire à l'absorption des matériaux du sol dont l'eau est le véhicule indispensable.

Lorsqu'arrivent les chaleurs de l'été, les pluies devenant rares, tandis que l'évaporation de l'eau à la surface du sol prend une grande activité et dessèche la terre, l'absorption par les racines s'atténue peu à peu, l'activité végétale fortement réduite s'applique exclusivement à la formation du fruit et de la semence qui doit conserver et reproduire l'espèce. Le travail qui se produit pendant cette troisième période, celle de la *fructification*, ressemble beaucoup à celui de la germination. Les matériaux accumulés dans les divers organes de la plante au cours de la période précédente, sont partiellement résorbés au profit du fruit qui vit aux dépens des parties antérieurement formées comme celles-ci ont vécu aux dépens des milieux ambiants. Toutes les réactions et transformations chimiques qui s'accomplissent sont en quelque sorte intérieures. La plante ne tire plus rien de l'extérieur. Sa masse a cessé de s'accroître, elle subit même une certaine diminution comme pendant la germination.

Tout le travail annuel se résume dans ces trois périodes : *germination, foliaison* ou période *foliacée* et *fructification*, que la plante soit annuelle comme le froment ou perenne comme les arbrisseaux et les arbres. Pour ces derniers, l'évolution des bourgeons remplace la germination et s'accomplit de la même manière, au point de vue qui nous occupe, c'est-à-dire aux dépens des matériaux accumulés l'année ou les années précédentes dans les parties antérieurement formées.

La composition des plantes. On vient de voir que pendant la foliaison ou période foliacée, la plante tire, des milieux ambiants, c'est-à-dire du sol et de l'atmosphère, tous les matériaux nécessaires à son développement. Mais quels sont ces matériaux? La chimie nous apprend que toutes matières connues à la surface du globe peuvent être ramenées, par voie de décomposition, à un petit nombre de corps qu'elle considère comme *simples* n'ayant pu, jusqu'ici, les décomposer. Ces corps simples sont aussi appelés *éléments*, parce qu'ils forment, par leurs groupements variés, tous les autres corps, qui en sont, par conséquent, composés.

Les éléments connus sont au nombre de 64.

Les végétaux ne peuvent faire exception à la règle et doivent, forcément, être composés de quelques-uns des éléments découverts et décrits par les chimistes. Le moyen de connaître leurs composants était évidemment de les soumettre à l'analyse chimique. C'est ce qui a été fait. Or, il résulte des multitudes d'analyses auxquelles les chimistes se sont livrés, depuis le commencement du siècle, sur les végétaux et sur leurs divers organes que tous, sans exception, depuis la moisissure microscopique jusqu'à l'arbre le plus gigantesque, se composent de 14 éléments, toujours les mêmes et toujours tous réunis, de telle sorte que, au point de vue chimique, les végétaux entiers ou leurs parties sont des assemblages à proportions diverses de ces 14 éléments, qui sont :

Eléments organiques.	1° Le carbone.	(C)
	2° L'hydrogène.	(H)
	3° L'oxygène.	(O)
	4° L'azote.	(Az)
Eléments minéraux.	5° Le phosphore.	(Ph)
	6° Le soufre	(S)
	7° Le chlore.	(Cl)
	8° Le silicium.	(Si)
	9° Le fer	(Fe)
	10° Le manganèse.	(Mn)
	11° Le calcium.	(Ca)
	12° Le magnésium.	(Mg)
	13° Le sodium	(Na)
	14° Le potassium	(K)

Tous les végétaux, lorsqu'ils sont convenablement desséchés, brûlent à l'air et laissent, comme résidu de leur combustion, une petite quantité de cendres, variant de 1 à 15 0/0 environ de la matière sèche. La partie que la combustion fait disparaître se volatilise dans l'atmosphère à l'état de gaz ou de vapeurs dans lesquels on retrouve les quatre premiers éléments, le *carbone*, l'*hydrogène*, l'*oxygène* et l'*azote*, qui composaient, par conséquent, la majeure partie de la masse végétale. Aussi les désigne-t-on sous la dénomination d'*éléments organiques* pour rappeler que les organes des végétaux en sont principalement formés. Les dix autres qui se retrouvent dans les cendres sont appelés *éléments minéraux* de la végétation, parce qu'ils semblent être l'accessoire dans la constitution des plantes, tandis qu'on les trouve, au contraire, en très fortes proportions dans un grand nombre de matières minérales.

Ces divers éléments n'existent point dans les végétaux à l'état d'isolement élémentaire ni de simple mélange. Ils sont, au contraire, combinés entre eux pour former des produits divers dont les uns, comme la cellulose et les matières albuminoïdes solides forment la masse résistante du végétal, son squelette, en quelque sorte, et servent de réceptacle aux autres, tels que l'albumine, les fécules, les sucres, les huiles, les gommes, les résines, les essences ou parfums, les poisons les plus violents aussi bien que les aliments les plus succulents et les plus précieux.

Origine des éléments de la végétation. Parmi les éléments organiques, les deux premiers, l'oxygène et l'hydrogène, sont les éléments de l'eau qui les apporte au végétal. L'oxygène lui est aussi fourni par l'atmosphère qui en contient les 21 centièmes de son volume.

Le carbone provient exclusivement de l'atmosphère où les feuilles l'absorbent à l'état d'acide carbonique, qu'elles décomposent sous l'influence de la lumière, retenant le carbone et rejetant l'oxygène. L'air contient environ 4 millièmes d'acide carbonique qui suffisent à tous les besoins de la végétation à cet égard, bien que le carbone forme à lui seul environ la moitié de la masse sèche des végétaux. Pour le quatrième, l'*azote*, les savants discutent encore la question de savoir si les plantes peuvent ou non le tirer de l'air qui en contient les 79 centièmes de son volume, à l'état élémentaire. Presque tous affirment que cet azote n'intervient pas dans la végétation qui ne pourrait absorber et utiliser que de l'azote combiné. Quelques-uns assurent, au contraire, que l'absorption de l'azote combiné ne suffit pas à expliquer la formation des végétaux et certaines expériences semblent leur donner raison. Toutefois, il faut reconnaître que, de part et d'autre, les démonstrations laissent encore à désirer et que cette importante question réclame de nouvelles études.

Ce qui ne laisse de place à aucun doute, c'est que la plupart des plantes que nous cultivons ne prospèrent qu'à la condition de trouver dans le sol, au moins dans leur jeunesse, une certaine quantité d'azote combiné absorbable par leurs racines, de là, la nécessité de tenir grand compte des exigences en azote de chaque culture et des moyens d'y pourvoir. Les éléments minéraux n'existant pas dans l'atmosphère ne peuvent être fournis que par le sol.

Pour être fertile, le sol doit donc contenir de l'azote et les dix éléments minéraux énumérés ci-dessus.

Après l'analyse, la synthèse. On peut certainement se demander si les données que nous venons d'exposer et qui sont entièrement dues aux analyses des chimistes sont bien complètes et si rien n'a échappé à leur sagacité; si, en un mot, il n'existe pas quelque inconnu qui pourrait tout remettre en question. Le seul moyen de lever ce dernier doute était de reconstituer le végétal de toutes pièces au moyen des éléments dont la chimie le déclare composé ou, autrement dit, d'en faire la synthèse.

Cette démonstration suprême n'a pas manqué à la théorie minérale de la nutrition des végétaux. Les physiologistes sont parvenus, à la suite de nombreuses expériences, à déterminer exactement les conditions dans lesquelles il faut placer une graine pour qu'elle germe et prospère dans un sol parfaitement stérile, et au moyen d'aliments exclusivement formés de certaines combinaisons chimiques des éléments que nous avons cités. Le sol stérile employé dans ces expériences est le sable quartzeux lavé à l'acide chlorhydrique et calciné placé dans un pot en verre ou en porcelaine et arrosé à l'eau distillée pure. Une graine déposée dans ce sol artificiel germe parfaitement, mais la plante ainsi produite cesse de se développer aussitôt que les aliments contenus dans la graine sont épuisés. On ne peut produire dans ces conditions qu'une *plante-limite*, c'est-à-dire qu'elle ne dépasse pas la période de la germination.

L'engrais complet. Le sol ainsi obtenu est donc absolument stérile pour la végétation. Pour le rendre fertile, il suffit de lui ajouter, en proportion convenable, un mélange salin ainsi composé : nitrate de soude, sulfate de potasse, sulfate de magnésie, sulfate de chaux, sulfate de fer, sulfate de manganèse, phosphate de chaux, chlorure de sodium.

La plante, alors, franchit heureusement toutes les phases de la végétation. Elle fleurit et fructifie, et donne une récolte égale à celle que l'on obtient en pleine terre dans les meilleures conditions de la culture pratique (1).

Il est donc permis de conclure de cette expérience cent fois répétée et qui réussit toujours lorsque rien n'a été omis dans le dispositif nécessaire : 1° que les plantes se nourrissent exclusivement de matières salines et minérales et n'ont aucunement besoin d'aliments tirés des êtres vivants ou ayant vécu, comme on le croyait autrefois.

2° Que les aliments que la plante veut trouver dans le sol sont bien les sels que nous venons d'énumérer et dont le mélange constitue, par conséquent, l'engrais par excellence, l'*engrais complet*. Nous y trouvons, en effet, tous les éléments de la végétation à part le carbone qui est fourni par l'atmosphère, ainsi qu'on l'a vu plus haut.

Le nitrate de soude contient de l'*azote* combiné à l'oxygène et à la soude composée elle-même de *sodium* et d'oxygène.

Le sulfate de potasse apporte du *soufre* et du *potassium*, le sulfate de magnésie du soufre et du *magnésium*, le sulfate de chaux du soufre et du *calcium*, le sulfate de fer du soufre et du *fer*, le sulfate de manganèse du soufre et du *manganèse*, le phosphate de chaux du *phosphore* et du calcium, et enfin le *chlore* est fourni par le chlorure de sodium. Il ne manque dans cet engrais que le *silicium*, qui est fourni par le sable quartzeux ou silice qui compose la masse du sol.

On voit que tous les éléments qui entrent dans la composition de l'engrais complet, sont tout d'abord combinés à l'oxygène pour former des acides et des oxydes ou bases combinés ensuite entre eux pour former des sels, à part le chlore qui y est à l'état de chlorure de sodium ou sel marin, sa forme saline la plus commune.

Le mode de groupement que nous avons indiqué pour l'engrais complet ne présente pas d'ailleurs une nécessité absolue.

Le nitrate de soude peut être remplacé par tout autre nitrate et même par des sels ammoniacaux, tels que le sulfate ou le chlorhydrate d'ammoniaque, qui contiennent également de l'azote salin. On peut même remplacer les sels azotés par des matières organiques, telles que l'albumine, la fibrine, la gélatine, etc. Mais alors il faut que ces matières soient facilement altérables et décomposables et puissent fournir, dans le sol, des nitrates ou des sels ammoniacaux, comme produits de leur décomposition. En un mot, les nitrates et les sels ammoniacaux sont les seuls aliments azotés de la végétation et, par conséquent, les engrais azotés par excellence. Tous autres produits azotés ne peuvent être utilisés comme engrais qu'à la condition de pouvoir les reproduire dans le sol. Ainsi s'expliquent les bons effets des diverses matières animales employées comme engrais.

Les divers sulfates qui entrent dans la composition de l'engrais complet peuvent aussi être

(1) La plante qui se prête le mieux à ce genre d'expérience est le sarrazin. Il est bien entendu que l'essai doit être fait dans une serre à l'abri de la pluie.

remplacés par d'autres sels des mêmes bases et notamment par des carbonates, pourvu qu'un sulfate quelconque apporte la quantité de soufre indispensable.

Le phosphate de chaux peut aussi être remplacé par d'autres phosphates, ceux d'ammoniaque, de potasse et de magnésie, par exemple, sans que, pour cela, la végétation refuse de prospérer.

La seule condition importante est donc, en définitive, que l'azote et les dix éléments minéraux soient fournis à la végétation sous des formes salines absorbables par les racines et *assimilables* par la plante, c'est-à-dire capables de subir, dans son intérieur, les réactions chimiques nécessaires pour former tous les produits qui doivent la constituer.

La terre végétale. A la lumière des données qui précèdent, nous pouvons maintenant dire en quoi consiste la fertilité des terres et, lorsqu'elles sont stériles, dégager les causes de leur stérilité.

La terre végétale est formée par des débris de roches quelconques réduits par l'action de l'eau, de la gelée et par toutes les influences naturelles en poudre plus ou moins fine, plus ou moins grossière.

La finesse du grain, la nature de la roche et la profondeur de la couche ont une grande influence sur les propriétés chimiques et physiques du sol.

Au point de vue physique, il faut, pour que la terre soit cultivable, qu'elle remplisse certaines conditions de perméabilité à l'eau et aux gaz, qu'elle possède un degré convenable de cohésion, etc., propriétés sur lesquelles nous n'avons pas à insister, puisqu'elles ne peuvent être modifiées par l'emploi des engrais. Au point de vue chimique, la terre, pour être fertile, doit évidemment contenir tous les éléments nécessaires à la formation des végétaux et de plus les leur présenter sous des formes *assimilables*.

A coup sûr, un sol sera stérile si l'analyse chimique démontre qu'il lui manque l'un quelconque des onze éléments dont nous avons composé l'engrais complet. Mais alors même que tous se trouveront réunis, la stérilité pourra encore résulter du défaut d'assimilabilité d'un ou de plusieurs de ces éléments.

Il ne suffit donc pas de connaître la composition qualitative et même quantitative du sol pour pouvoir affirmer qu'il est fertile ou stérile. Pour avoir la mesure de sa puissance productive, il faudrait, en outre, savoir sous quelles formes salines s'y trouvent les divers éléments dont l'analyse a reconnu la présence et la quantité.

Malheureusement, dans l'état actuel de nos connaissances, la puissance de l'analyse ne va pas toujours jusque-là. Les quantités d'éléments assimilables nécessaires sont tellement minimes que, dans beaucoup de cas, elles échappent aux recherches de la chimie qui doit se borner au dosage total de chaque élément, abstraction faite des diverses formes sous lesquelles il se trouve.

L'analyse des terres n'en a pas moins une grande utilité pour l'agriculteur puisqu'elle précise les causes de stérilité en indiquant l'absence des éléments qui font défaut, et autorise des présomptions de fertilité partout où elle constate l'abondance des éléments utiles. L'étude chimique des terres a permis de constater que toutes contiennent en abondance et sous des formes suffisamment assimilables, quelques-uns de ces éléments dont la pratique agricole n'a, par conséquent, pas à se préoccuper. Ce sont : le *soufre*, le *chlore*, le *silicium*, le *sodium*, le *fer* et le *manganèse*. Les autres éléments de l'engrais complet, l'*azote*, le *phosphore*, le *potassium*, le *calcium* et le *magnésium*, bien que très répandus dans la nature, manquent souvent dans certaines terres ou, s'ils y existent, ne s'y trouvent pas en quantités suffisantes ou sous des formes assez assimilables pour faire face aux exigences d'une culture productive. Il n'y a donc, au point de vue pratique, que cinq éléments dont l'agriculture ait à se préoccuper.

Toute la science des engrais se réduit à l'étude de ces cinq éléments et de leurs diverses combinaisons assimilables.

Toute l'industrie rationnelle des engrais consiste dans la recherche de ces cinq éléments, dans leur emprunt à toutes les sources qui peuvent les livrer économiquement, et dans les manipulations nécessaires pour mettre les produits naturels sous des formes assimilables.

Sources industrielles des éléments des engrais. L'*azote* est fourni aux engrais par le nitrate de soude, le nitrate de potasse, le sulfate d'ammoniaque et les matières organiques azotées. Le nitrate de soude s'extrait au Pérou par le lavage de certains sables marins imprégnés de ce sel. C'est un produit naturel de la mer qui n'a à subir que des raffinages, par voie de dissolution et cristallisation, pour arriver à l'état de presque pureté auquel il nous est livré par les navires qui l'apportent de l'Amérique du Sud. Depuis que ses propriétés fertilisantes sont connues, il s'en fait un commerce considérable qui va grandissant chaque année.

Le nitrate de soude nous arrive avec une richesse de 95 à 96 0/0 de nitrate pur, correspondant à 15,5 0/0 d'azote environ.

Le nitrate de potasse ou salpêtre est fabriqué en Europe, pour les besoins de la guerre et de l'agriculture, par double décomposition du nitrate de soude et du chlorure de potassium. Il contient 13 à 13,50 0/0 d'azote et 44 à 45 0/0 de potasse.

Le sulfate d'ammoniaque est extrait des eaux de lavage du gaz de l'éclairage. Ces eaux contiennent de l'ammoniaque provenant de la distillation de la houille. On les redistille dans des appareils disposés à cet effet et les vapeurs ammoniacales, recueillies dans de l'acide sulfurique, donnent naissance à du sulfate d'ammoniaque presque pur et qui contient 20 0/0 d'azote assimilable.

Les matières organiques azotées les plus riches et, par conséquent, les plus recherchées sont : le sang, la viande, la corne, la laine, le poil, la plume, etc. Le sang des abattoirs est traité par des réactifs qui le coagulent et permettent de le dessécher et de le réduire en poudre. En cet état, il contient 10 à 14 0/0 d'azote.

Les résidus de viandes d'équarrissage cuits dans l'eau, pour en séparer la graisse, sont également desséchés et même torréfiés, et fournissent des poudres de viande contenant 10 à 12 0/0 d'azote.

La corne torréfiée et réduite en poudre contient 13 à 14 0/0 d'azote.

Les débris de laine, de poil et de plume, qui ne sont plus utilisables par d'autres industries, sont livrés au commerce des engrais. Ils contiennent de 5 à 12 0/0 d'azote.

Le commerce des engrais utilise encore les vieux cuirs, les débris des fabriques de colle, les tourteaux de graines oléagineuses et tous les résidus d'industrie qui contiennent de l'azote.

Il est évident que toutes ces matières ne peuvent avoir la même valeur pour l'agriculture, ni même une valeur proportionnelle à la quantité d'azote qu'elles renferment. L'azote des nitrates et du sulfate d'ammoniaque est immédiatement et directement assimilable par les plantes ainsi que nous l'avons dit plus haut. Mais l'azote des matières organiques ne peut être utilisé qu'après décomposition de la matière et transformation en nitrate ou en ammoniaque. Or, cette décomposition est plus ou moins facile, suivant la matière organique à laquelle l'azote est emprunté, suivant le milieu où elle s'opère et, en tous cas, elle ne se fait pas sans perte. La valeur agricole de l'azote fourni par les matières organiques est donc toujours inférieure à celle qu'il possède dans les sels Elle se gradue d'ailleurs pour les diverses matières organiques, suivant leurs facilités de décomposition et les diverses manipulations, auxquelles l'industrie soumet ces matières, ont toutes pour but de rendre leur décomposition plus facile, en les divisant soit mécaniquement soit chimiquement.

Le *phosphore* est emprunté aux phosphates de chaux naturels qui forment des gisements considérables dans divers pays. C'est une des richesses minières les plus importantes de la France, qui en possède sur beaucoup de points : dans les Ardennes, dans le Boulonnais, dans la Haute-Saône, en Bourgogne, dans le Cher, la Nièvre, la Drôme, l'Ardèche, le Vaucluse, l'Hérault, le Lot, l'Aveyron, etc. Ces phosphates se présentent sous des aspects très variés, en roches compactes, en nodules, en poudingues, à l'état de coquillages et de bois fossilisés, etc.

Leurs richesses sont aussi très variées. Ceux que que l'on exploite contiennent de 30 à 70 0/0 de phosphate de chaux pur et leur valeur commerciale dépend évidemment de leur titre. Les extracteurs de phosphates les livrent à l'agriculture et au commerce à l'état de poudres fines obtenues au moyen de moulins à farine.

Les phosphates naturels sont plus ou moins agrégés et, même réduits en farines impalpables, certains phosphates sont peu assimilables et restent longtemps dans le sol sans se dissoudre et sans produire aucun effet sur la végétation. D'autres, au contraire, sont facilement attaqués par les réactifs contenus dans les terres arables et peuvent être employés directement par l'agriculture, surtout dans les terres chargées de matières organiques en décomposition toujours plus ou moins acides.

Les os des animaux fournissent aussi au commerce et à l'industrie des engrais de grandes quantités de phosphates. Avant la découverte des phosphates minéraux ils étaient la seule source connue de phosphate de chaux. Ils sont livrés, suivant le travail auquel ils ont été soumis, sous forme de poudres d'os verts, de poudres d'os dégélatinés, de noirs de sucrerie et de raffinerie et enfin de cendres d'os.

Les poudres d'os verts sont les os d'abattoirs ou de ménages, simplement divisés et réduits en poudre grossière par des moyens mécaniques. Ils contiennent 20 à 24 0/0 d'acide phosphorique et 4 à 4,50 0/0 d'azote organique. Les os dégélatinés sont les résidus de la fabrication de la gélatine. Ils ne contiennent plus que 0,50 à 1,50 0/0 d'azote organique mais l'acide phosphorique monte de 28 à 30 0/0.

Les noirs de sucrerie et de raffinerie sont les os calcinés en vases clos et ayant servi à la décoloration des sirops, soit dans les sucreries, soit dans les raffineries. Leur richesse en azote varie de 0,25 à 3 0/0, et leur richesse en acide phosphorique de 15 à 32 0/0. Enfin les cendres d'os sont les os calcinés à l'air et complètement brûlés. Ils ne contiennent plus d'azote mais leur richesse en acide phosphorique s'élève jusqu'à 37 à 38 0/0, correspondant de 80 à 84 de phosphate de chaux.

Les phosphates d'os sont en général plus facilement assimilables que les phosphates minéraux et livrent plus rapidement leur acide phosphorique à la végétation.

Les phosphates qui ne sont pas suffisamment assimilables directement sont transformés par l'industrie en superphosphates ou en phosphates précipités.

Les superphosphates s'obtiennent en mélangeant les phosphates, réduits en poudre, avec de l'acide sulfurique, en proportion convenable, suivant leur richesse en acide phosphorique et en chaux.

La masse qui devient tout d'abord liquide comme de la boue coulante, fait prise au bout de quelques heures et se dessèche suffisamment pour qu'on puisse la briser et la réduire en poudre grossière. L'acide sulfurique s'est combiné à la chaux pour faire du sulfate de chaux et l'acide phosphorique est passé en partie à l'état de phosphate acide de chaux, et en partie à l'état de liberté. Sous ces deux formes il est immédiatement soluble dans l'eau. Mais si la quantité d'acide sulfurique employée est insuffisante ou si le phosphate contient de l'alumine ou de l'oxyde de fer, ce qui est très fréquent, il se produit des réactions secondaires qui diminuent la solubilité de l'acide phosphorique, le font *rétrograder*, parce qu'il se forme une certaine proportion de phosphate neutre de chaux (bi-calcique) et de phosphates de fer et d'alumine qui sont insolubles ou fort peu solubles dans l'eau. Il est néanmoins toujours possible au chimiste de reconnaître dans quelle mesure le phosphate primitif a été attaqué par l'acide sulfurique, car tous les phosphates produits par la réaction immédiatement ou avec le temps, restent entièrement ou presque entièrement solubles dans une dissolution convenablement préparée de citrate d'ammoniaque, tandis que les phosphates naturels non attaqués ne s'y dissolvent pas. Qu'ils soient solubles dans l'eau ou seulement dans le citrate d'ammoniaque, les phosphates ont subi par le traitement sulfurique une désagrégation chimique complète qui les rend très facilement absorbables et assimilables par les plantes. Aussi les superphosphates sont-ils d'une efficacité beaucoup plus générale que les phosphates.

Pour obtenir les phosphates précipités, on dissout les phosphates dans de l'acide chlorhydrique étendu d'eau, et on précipite la dissolution claire par un lait de chaux. Lorsque l'opération est bien conduite on obtient ainsi du phosphate bi-calcique à peu près pur, cristallin, facile à laver et entièrement soluble dans le citrate d'ammoniaque. Si le lait de chaux est introduit trop concentré ou en trop grande quantité, il se forme une proportion plus ou moins forte de phosphate tricalcique gélatineux qui rend le lavage difficile, et le phosphate précipité obtenu ne se dissout plus que partiellement dans le citrate d'ammoniaque. Quoi qu'il en soit, l'opération, bien ou mal réussie, donne un produit qui a été entièrement divisé chimiquement et dont l'assimilabilité est égale à celle des superphosphates.

Les phosphates précipités contiennent de 30 à 45 0/0 d'acide phosphorique correspondant à 65 à 98 0/0 de phosphate tribasique de chaux.

Les superphosphates ont des richesses très variées suivant le phosphate et suivant les proportions d'acide sulfurique employés à les produire. Les richesses courantes, dans le commerce, vont de 8 à 20 0/0 d'acide phosphorique soluble dans le citrate d'ammoniaque et 1 à 4 0/0 insoluble.

Il est évident que, dans les superphosphates et dans les phosphates précipités, l'unité d'acide phosphorique revient à un prix beaucoup plus élevé que dans les phosphates. On ne doit donc y recourir que dans les conditions où les phosphates ne produisent pas des effets suffisants.

Le *potassium* est pris pour les besoins agricoles dans les sels de potasse du commerce qui les tire lui-même de trois sources principales :

1° Les mines de Stassfurt (Allemagne) ;

2° Les salins de betteraves ;

3° L'exploitation des eaux-mères des marais salants.

Les mines de Stassfurt fournissent à l'industrie du chlorure de potassium, du sulfate de potasse, du sulfate double de potasse et de magnésie et un sel résidu nommé *kaïnite* qui est un mélange de sulfates et de chlorures de potassium, de sodium et de magnésium.

Les salins de betteraves sont le résidu de la distillation des mélasses de sucrerie. Ils contiennent la plus grande partie de la potasse extraite du sol par la betterave. Leur traitement industriel se fait dans de grandes usines qui en extraient, comme produit principal, du carbonate de potasse, dont le prix est trop élevé pour les usages agricoles, et, comme produits secondaires, du chlorure de potassium et du sulfate de potasse, très convenables pour l'industrie des engrais.

Les eaux-mères des marais salants, évaporées par le soleil de l'été laissent déposer un sel mixte, nommé *sel d'été*, qui contient, comme la kaïnite des mines de Stassfurt, des sulfates et chlorures de potassium, sodium et magnésium.

On en extrait, par un traitement convenable, du chlorure de potassium et du sulfate de potasse.

En somme, quelle que soit leur origine, les sels de potasse employés comme engrais ou pour la fabrication des engrais sont : le nitrate de potasse dont nous avons déjà parlé plus haut, et qui contient 44 à 45 0/0 de potasse ; le sulfate de potasse qui contient 40 à 45 0/0 de la même base ; et le chlorure de potassium qui en contient 50 à 60 0/0.

Le calcium est fourni à la végétation par le carbonate de chaux ou calcaire que renferment un grand nombre de terres, pour lesquelles il est inutile, par conséquent, d'en apporter par les engrais.

Pour les terres non calcaires, la chaux est fournie :

1° Par la marne et la chaux employées comme amendements et qui fonctionnent également comme engrais calcaires ;

2° Par le plâtre ou sulfate de chaux qui est l'engrais calcaire par excellence, grâce à sa solubilité dans l'eau qui le rend actif à doses très faibles ;

3° Par la chaux combinée à l'acide phosphorique dans les phosphates, les superphosphates et les phosphates précipités.

La chaux se trouve d'ailleurs dans presque tous les engrais du commerce dans lesquels, elle est généralement introduite sous forme de plâtre, dans le but de dessécher les matières et de les rendre facilement pulvérisables.

Magnésium. Comme la chaux, la magnésie (oxyde de magnésium) existe, en quantité suffisante, dans le plus grand nombre des terres et même dans celles où la chaux fait presque défaut. Cependant il n'est pas possible de la négliger, au point de vue des engrais, car il existe des terres qui en sont complètement dépourvues et dans lesquelles les produits magnésiens agissent, par conséquent, d'une façon très prononcée.

Les sources où l'industrie puise la magnésie nécessaire aux engrais ont été en partie déjà citées plus haut.

Ce sont la kaïnite et le sulfate double de potasse et de magnésie de Stassfurt, les sels d'été des marais salants, auxquels il faut ajouter le sulfate de magnésie ou sel d'Epsom.

Les engrais chimiques. Les divers produits que nous venons d'énumérer pris isolément ou réunis suivant certaines formules ont été désignés, dans la pratique, sous le nom d'*engrais chimiques*, autant pour rappeler la part que la chimie a prise à la découverte de leurs propriétés fertilisantes que pour indiquer son intervention dans leur fabrication. Grâce à eux la fertilité devient transportable à de grandes distances comme le sont la chaleur, la lumière et le mouvement par l'intermédiaire de la houille.

Les engrais chimiques et leur théorie ont éclairé d'un jour nouveau les pratiques agricoles. Avant leur intervention, la question la plus vitale de l'agriculture, celle de l'alimentation même des plantes, restait dans la plus profonde obscurité et le hasard gouvernait en maître les succès et les insuccès des entreprises agricoles.

Le fumier de ferme. Le fumier de ferme donnait sans doute de bonnes récoltes mais, pour les obtenir, il fallait avoir du fumier et par conséquent, du fourrage pour nourrir le bétail qui devait le produire. L'agriculture était donc fatalement condamnée à une situation précaire sur tous les sols qui n'étaient pas favorables à la production fourragère. Il est d'ailleurs facile maintenant, à la lumière des données que nous venons de résumer à grands traits, de se rendre compte des propriétés fertilisantes du fumier de ferme.

L'analyse chimique montre qu'il contient tous les éléments dont nous avons constaté la nécessité. On y trouve, en moyenne, par 1,000 kilos :

Azote	5.0
Acide phosphorique	3.2
Potasse	6.8
Chaux	6.8
Magnésie	1.7
Total	23.5

En tout 23k,5 d'éléments utiles aux plantes soit 2,35 0/0. Le reste est formé par de l'eau, environ 80 0/0 que l'on transporte et manipule en pure perte et des matières hydrocarbonées (environ 15 0/0) qui sont sans aucune utilité pour la nutrition des plantes, mais qui peuvent, dans beaucoup de cas, modifier heureusement les propriétés physiques du sol et lui permettre de mieux retenir les véritables engrais.

La composition du fumier est, du reste, fort variable suivant les terres d'où il provient. Elle présente de grands écarts autour de la moyenne que nous venons de donner, de telle sorte que le cultivateur qui l'emploie ne sait jamais exactement ce qu'il fait. Aussi, dans la culture rationnelle, est-il considéré comme une simple restitution à la terre d'une portion des éléments qu'elle avait fournis aux récoltes, restitution qui ne dispense pas de l'importation des engrais spéciaux nécessaires au sol que l'on cultive eu égard aux récoltes à obtenir. Le fumier n'est, en somme, que la fertilité naturelle du sol retournant de l'étable à la terre, comme elle était venue de la terre à l'étable sous forme de fourrages et nourritures diverses. Mais ce retour ne peut se faire sans déperdition. La culture par le fumier seul conduit donc fatalement à la stérilité. C'est pourquoi on rencontre aujourd'hui tant de terres, fertiles autrefois et tombées, maintenant, dans la plus profonde misère.

Le guano du Pérou. Beaucoup de ces terres ont eu un regain de fertilité lorsque les cultivateurs se sont mis à employer le guano du Pérou comme supplément de fumure. C'est que le guano contient de l'azote, de l'acide phosphorique et de la chaux et restitue, par conséquent, au sol trois éléments essentiels de la production végétale.

Partout où existent en abondance la potasse et la magnésie, le guano devait produire les meilleurs résultats, aussi faisait-il rapidement renaître la prospérité sur les terres épuisées d'azote ou d'acide phosphorique.

Mais le guano était incomplet et n'était d'ailleurs pas inépuisable. Les premiers gisements exploités aux îles Chinchas avaient donné un guano dont la richesse était très élevée : 12 à 15 0/0 d'azote ; 13 à 16 0/0 d'acide phosphorique.

Lorsque ces gisements furent épuisés on en attaqua d'autres dont la richesse était très inférieure. On trouva des guanos beaucoup plus riches en acide phosphorique mais presque privés d'azote. On en trouva qui contenaient à la fois fort peu d'azote et fort peu d'acide phosphorique et tous furent longtemps vendus aux mêmes prix, tant les cultivateurs avaient pris confiance à tout ce qui portait à tort ou à raison le nom de *guano*.

Aujourd'hui ces abus ne sont plus possibles qu'auprès des ignorants. Les agriculteurs instruits, grâce à la théorie des engrais chimiques, savent que le guano n'est qu'une source d'acide phosphorique et d'azote et ne consentent plus à le payer, comme tous autres engrais offerts par le commerce, que suivant sa richesse indiquée par l'analyse chimique.

Vidange des villes, poudrette. Un autre engrais, qui a eu autrefois aussi une grande vogue, est la *poudrette*, que l'on obtenait en laissant dessécher à l'air et au soleil, dans de vastes bassins en terre, les matières fécales extraites des fosses d'aisance des villes.

On sait aujourd'hui que ce mode barbare de fabrication fait perdre dans l'atmosphère, sous forme d'émanations pestilentielles et fort dangereuses pour le voisinage, la partie la plus fertilisante de la vidange et que la poudrette, résidu de cette infecte évaporation, n'est qu'un engrais de très faible valeur. Elle ne contient, en effet, lorsqu'elle est pure que : 1,5 à 2,5 0/0 d'azote; 4 à 5 0/0 d'acide phosphorique; 1 à 2,5 0/0 de potasse, de 5 à 7 0/0 de chaux ; 2 à 3 0/0 de magnésie.

Mais elle est, le plus souvent, additionnée de tourbe et mélangée de terre qui en abaissent encore la richesse, de telle sorte qu'elle ne peut subir le moindre transport sans que son prix de revient s'élève beaucoup au-dessus de sa valeur agricole.

La science a aujourd'hui transformé l'exploitation de la vidange. Dans les établissements perfectionnés, on distille en vases clos la partie liquide et on en extrait du sulfate d'ammoniaque en même temps qu'on la désinfecte suffisamment pour que les eaux résiduaires sortent des appareils, à peu près sans odeur.

Les parties solides ou boues, séparées dans des bassins de décantation, sont additionnées de chaux et passées dans des filtres-presses qui donnent immédiatement des tourteaux que l'on peut faire sécher et pulvériser. La poudrette qui en résulte est plus abondante et plus riche que le produit de l'ancienne fabrication.

Les entreprises agricoles. La théorie des engrais chimiques a donc profondément modifié les pratiques de l'industrie des engrais, elle a moralisé le commerce en introduisant partout l'analyse chimique comme base des transactions, mais là ne s'arrêtent pas encore les immenses progrès qu'elle a permis de réaliser.

Elle a donné en outre aux opérations agricoles une base solide et une sécurité inconnue autrefois. Lorsqu'on défrichait un bois ou une lande, rien n'indiquait d'avance si l'opération devait être bonne ou mauvaise et, lorsqu'elle tournait mal, par suite de l'impossibilité de produire la nourriture d'un bétail suffisant, on n'avait aucun moyen de rétablir l'équilibre nécessaire. Aujourd'hui l'analyse du sol fait connaître avec une grande précision les richesses qu'il possède en *azote, acide phosphorique, potasse, chaux* et *magnésie*. On peut donc prévoir les résultats agricoles qui pourront être obtenus, à la condition de faire les travaux nécessaires pour amener le sol à l'état physique convenable et d'importer, par les engrais, les éléments qui peuvent faire défaut.

Autrefois, lorsque le cultivateur avait trouvé à la suite de longs et coûteux tâtonnements une succession de cultures, *un assolement*, qui réussissait à peu près, il était forcé de s'y tenir sous peine des mécomptes les plus désastreux. Aujourd'hui de vastes études, qui se continuent chaque jour, ont été faites par les chimistes sur la consommation spéciale de chaque plante en éléments de fertilité. Lorsque, toutes les conditions physiques étant convenablement remplies, une culture déterminée refuse de prospérer il n'y a pas à chercher loin la cause de cet insuccès. Elle se trouve certainement dans l'insuffisance de richesse du sol à l'égard de l'élément ou des éléments que cette culture préfère et consomme en quantités prépondérantes. Il est dès lors facile de la faire réussir en demandant aux engrais les éléments qui font défaut. Avec la science des engrais, l'agriculture a donc acquis la liberté de l'assolement et peut toujours faire réussir la récolte qui lui paraît la plus avantageuse eu égard à l'état du marché. Il y a plus encore. Pour beaucoup de cultures industrielles, il importe de produire des récoltes non seulement abondantes mais encore riches de certains produits. Pour la sucrerie et la distillerie, par exemple, il faut de la betterave riche en sucre, pour la féculerie, de la pomme de terre riche en fécule, etc., etc. L'emploi judicieux des engrais permet encore de modifier les allures de la végétation et de forcer, dans une certaine mesure, la formation de l'un des produits que doit contenir la récolte.

Par suite de toutes ces découvertes, il existe maintenant tout un art de formuler les engrais, c'est-à-dire de grouper leurs éléments suivant les résultats à obtenir, en tenant compte de la composition du sol et des exigences spéciales de la culture à faire prospérer. L'engrais est donc essentiellement variable suivant les conditions dans lesquelles se trouve l'exploitation agricole et doit être formé des éléments qui manquent au sol, par rapport aux besoins spéciaux des récoltes. C'est pourquoi M. Chevreul a pu dire avec raison, que l'engrais devait être *complémentaire* de la composition du sol. Mais cette formule, aussi juste pratiquement que philosophiquement, serait longtemps restée stérile sans les travaux de l'école actuelle, qui ont permis de préciser les éléments existants ou manquants dans les terres, ceux que réclament particulièrement chaque culture et, par conséquent, le sens dans lequel le sol doit être complété. — H. J.

ENGRÊLÉ, ÉE. *Art hérald.* Se dit des pièces honorables de l'écu bordées de dents fines.

ENGRENAGE. *T. de mécan.* Système de roues dentées qui est employé pour transmettre le mouvement de rotation d'un axe à un autre. On a recours aux engrenages principalement lorsque les vitesses de rotation de ces deux arbres doivent rester entre elles dans un rapport constant ; mais on peut les employer aussi néanmoins, comme nous le dirons plus loin, pour transmettre certains mouvements dont le rapport des vitesses varie suivant une loi donnée.

Nous n'exposerons pas ici la théorie détaillée du tracé des engrenages qu'on trouvera dans tous les traités de cinématique, nous nous bornerons à rappeler sommairement les principales méthodes qu'on déduit de cette étude.

Transmission de mouvement entre deux axes dont les vitesses sont entre elles dans un rapport constant. Axes parallèles. Etant donné deux axes parallèles

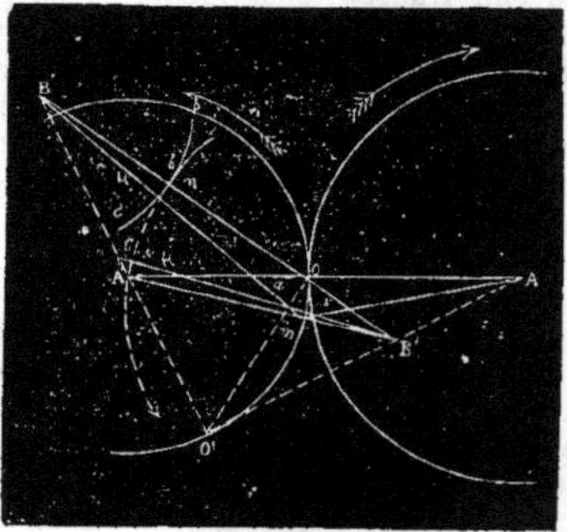

Fig. 501. — *Détermination du centre de courbure du profil conjugué d'un profil donné.*

A et A' (fig. 501) auxquels on veut communiquer des vitesses de rotation de sens inverse ω et ω' qui soient entre elles dans un rapport donné $\frac{a}{a'}$; on partage la distance AA' par un point O, tel que ses distances respectives aux deux axes A et A', soient entre elles dans le rapport inverse de celui des vitesses, c'est-à-dire qu'on ait $\frac{OA}{A'O}=\frac{a'}{a}$. On trace des points A et A' les deux circonférences de rayon OA et A'O tangentes en O, et on démontre facilement qu'on obtiendra le mouvement demandé en faisant rouler au contact, sans glissement, les deux circonférences ainsi déterminées qui prennent le nom de *circonférences primitives*.

On pourrait réaliser pratiquement cette disposition par des cylindres de friction : on établirait sur chaque arbre un cylindre dont il serait l'axe et dont la base serait formée par la circonférence primitive correspondante, on obligerait enfin les deux cylindres à rouler l'un sur l'autre sans glisser par une pression suffisamment énergique. Cette combinaison entraînerait évidemment des frottements considérables, et on préfère assurer l'entraînement en munissant les cylindres de parties saillantes et rentrantes nommées *dents*, dont le profil est déterminé par la condition que le mouvement s'opère par leur intermédiaire comme si les deux circonférences primitives roulaient l'une sur l'autre sans glisser. Cette condition permet de tracer le profil d'une dent dès qu'on a donné le profil de la dent qui la conduit : on reconnaît en effet, par la méthode dite des *enveloppes*, que le profil de la dent conduite est l'enveloppe des positions successives occupées par la courbe formant profil de la dent conductrice, lorsqu'on fait rouler la circonférence primitive correspondante sur la circonférence conjuguée supposée fixe, lorsqu'on étudie, en un mot, le mouvement relatif de la première circonférence par rapport à celle-ci.

Il faut remarquer enfin que ces deux profils roulent au contact sans glisser comme les circonférences primitives, ils doivent donc toujours se trouver tangents en un point quelconque, et comme la rotation élémentaire s'opère continuellement autour du point de contact des circonférences primitives, on en déduit facilement que la normale commune aux deux profils passe toujours en ce point qui est le centre instantané de rotation, d'après une propriété connue du déplacement élémentaire des figures planes. Cette remarque permet de tracer le profil conjugué d'un profil donné, puisqu'on connaît ainsi la normale en chaque point.

On tracera en effet quelques-unes des positions de la courbe donnée supposée entraînée avec la circonférence correspondante dans son mouvement relatif autour de la circonférence fixe : on abaissera, du point de contact des deux circonférences, une normale sur la courbe mobile dans sa position correspondante, cette ligne sera en même temps normale à la courbe conjuguée, et son pied sur la courbe mobile fournira un point de celle-ci. On obtiendra ainsi autant de points qu'on voudra de la courbe cherchée, ce qui permettra de la tracer. On peut remarquer d'ailleurs qu'il suffira de mener, en chaque point de la circonférence fixe, des normales respectivement égales à celles qu'on mènera, des points correspondants de la circonférence mobile, jusqu'au profil donné, et on déterminera complètement ces normales en leur donnant une inclinaison égale sur la circonférence, puisqu'elles doivent se confondre avec les premières dans la rotation. On pourra ainsi tracer la courbe par points. Plus simplement on décrira, en chaque point de la circonférence fixe pris comme centre, un arc de cercle de rayon égal à la normale correspondante. L'enveloppe de ces arcs de cercle sera le profil cherché.

Un théorème dû à Savary établit une relation entre les rayons R et R' des circonférences primitives, les rayons de courbure ρ et ρ' des profils conjugués cn et bb et la longueur p de la normale commune On comptée à partir du point de contact des circonférences primitives jusqu'à son pied sur les profils considérés (fig. 501). Ce théorème se résume en effet par l'équation suivante :

$$\left(\frac{1}{\rho-p}+\frac{1}{\rho'+p}\right)\cos\alpha=\frac{1}{R}+\frac{1}{R'}.$$

Cette relation permet de déterminer le rayon de courbure ρ' du profil cherché et de tracer par suite le cercle osculateur. On y arrive facilement en pratique en s'appuyant sur le corollaire suivant du théorème de Savary : B et B' étant les centres de courbure des deux courbes cn et bb, si on mène les droites AB' et BA' réunissant les centres des circonférences aux centres de courbure des profils correspondants, celles-ci se coupent en un point O' situé sur la droite menée par le point de contact O perpendiculairement à BB'. On déduit de là en effet une construction géométrique très simple pour déterminer $B'n=\rho'$, connaissant $Bn=\rho$ et les rayons R et R' qui sont AO et A'O : il suffit de joindre BA', puis on prend le point de rencontre O' avec la perpendiculaire élevée en O à la normale commune On et l'on joint ce point au point A, le point B' de rencontre avec On est le centre de courbure du profil cn en n. Le théorème de Savary s'applique même au cas où les circonférences primitives, sont remplacées par des courbes quelconques et on pourrait y avoir recours également pour le tracé des engrenages correspondants, mais c'est un cas qui se présente rarement en pratique.

On a ainsi la possibilité, comme on voit, de donner aux engrenages un profil quelconque, mais il pourrait arriver souvent que ce profil, s'il était choisi absolument au hasard, ne soit plus acceptable au point de vue mécanique. En fait, on n'applique guère en pratique que trois types différents de profils qui fournissent les *engrenages à flancs rectilignes*, *à développante de cercle* et *à lanterne*.

Engrenages à flancs rectilignes. La forme la plus simple qu'on puisse donner à la courbe servant de point de départ, est une ligne droite radiale, et on démontre alors que la courbe conjuguée est une *épicycloïde*, qu'on peut tracer sans difficulté d'après les procédés indiqués plus haut. M. Poncelet a donné d'ailleurs un tracé approximatif de cette courbe que nous ne reproduirons pas ici, car en pratique on le simplifie encore en remplaçant la courbe par une circonférence dont le centre est à la naissance de la dent suivante. Il paraîtrait d'ailleurs préférable de prendre le cercle osculateur au point milieu de la courbe.

Bien qu'une seule dent suffise au point de vue géométrique pour assurer l'entraînement, on comprend qu'il n'en est pas de même au point de vue pratique, et on se heurterait à des impossibilités d'exécution si on ne voulait conserver qu'une seule dent. D'autre part, pour diminuer les frottements, il convient d'adopter des dents à faibles saillies qui se trouvent alors en assez grand nombre sur les circonférences primitives. On donne généralement à chaque dent un profil symétrique, pour assurer la marche dans les deux sens et on s'attache à disposer les dents de chaque roue de manière qu'elles puissent l'une ou l'autre conduire le mouvement. Dans le cas de l'engrenage épicycloïdal, chaque dent reçoit un profil en forme d'épicycloïde O*b* (fig. 502) à partir de la circonférence primitive en O pour la roue OA, et ce profil se prolonge à l'intérieur par une droite radiale OI qui porte le nom de flanc. L'enveloppe du flanc est donnée

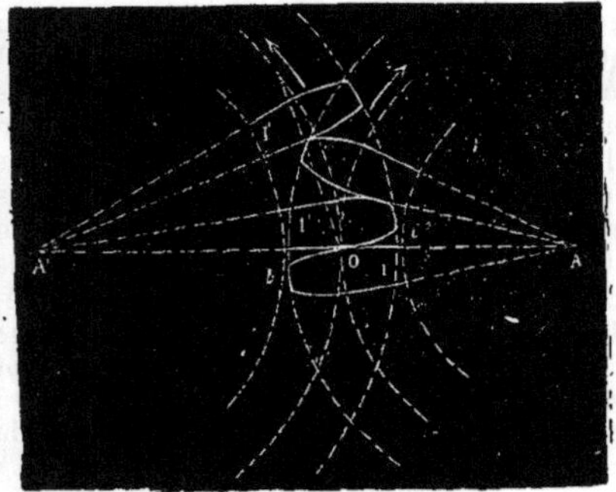

Fig. 502. — *Tracé des engrenages à flanc rectiligne.*

par l'épicycloïde O*i* de la dent de la seconde roue OA', et le flanc OI' de celle-ci se développe à son tour sur l'épicycloïde O*b* de la première, de sorte que l'engrenage est bien réciproque, chaque roue pouvant devenir conductrice à son tour. L'inconvénient de ce type d'engrenages tient à ce que les roues qui en sont munies ne peuvent engrener qu'avec les roues conjuguées établies d'après ce tracé, elles n'admettent pas de roues de diamètre différent de celui pour lequel elles ont été construites ; le tracé de l'épicycloïde varie en effet avec le diamètre de la circonférence primitive.

Nous ajouterons ici sur la construction des dents quelques détails qui s'appliquent, d'ailleurs, à tous les types d'engrenages. On laisse entre deux dents successives un vide suffisant pour insérer la dent conjuguée ; on y ajoute même habituellement un certain jeu variable de 1/15 à 1/30 environ. La distance comptée sur la circonférence primitive qui sépare la naissance des épicycloïdes de deux dents successives porte le nom de *pas de l'engrenage*, elle est égale à la somme des épaisseurs de deux dents conjuguées augmentée du jeu ; le pas est le même pour les deux roues, et doit se retrouver compris un nombre exact de fois dans les circonférences primitives de chacune de ces roues. Il suit de là que le rapport des diamètres et par suite de celui des vitesses, est exprimé nécessairement par le rapport de deux nombres entiers. L'épaisseur des dents est déterminée par des calculs de résistance des matériaux en tenant compte des efforts qu'elles doivent transmettre. Si ces dents sont de même nature dans les deux roues, elles reçoivent une même épaisseur égale à la moitié du pas diminué du jeu, mais autrement on leur donne des épaisseurs en raison inverse de la résistance de la matière qui les constitue ; on adopte par exemple le rapport de 4 à 3 pour des dents en bois engrenant avec des dents en fonte.

On doit s'attacher à ce qu'il y ait continuellement deux dents en prise pour éviter, dans la marche de l'engrenage, toute interruption brusque capable d'amener la rupture des dents, il faut donc assurer le contact des dents un pas avant, et le faire terminer seulement un pas après la ligne des centres. Cette condition oblige à tronquer l'extrémité des dents qui est interrompue avant l'intersection des deux épicycloïdes servant de faces latérales, les dents d'une même roue sont tronquées à la même hauteur par une circonférence concentrique à la circonférence primitive, et on ne néglige jamais de prendre cette disposition quel que soit d'ailleurs le profil adopté. On en trouve un exemple dans le tracé représenté figure 502, les dents de la roue A sont tronquées par la circonférence A*b* et celles de la roue A' par la circonférence A'*i*. A l'intérieur des circonférences primitives, les flancs rectilignes des dents sont limitées également par des circonférences concentriques AI et A'I' laissant un jeu suffisant pour le passage des dents de la roue conjuguée.

Les dents d'engrenages s'exécutent en métal, en fer ou fonte, ou en bois. Les dents en fer sont taillées à la circonférence d'un disque plein ; celles en fonte sont coulées avec la roue puis définitivement ajustées. Celles en bois sont taillées dans des coins et enfoncées solidement dans des trous pratiqués à cet effet sur une jante de poulie en fonte. Les dents d'engrenages d'horlogerie et des instruments de précision se font en cuivre, en laiton ou en bronze.

La largeur des dents d'engrenages est généralement quadruple de leur épaisseur ; on la détermine quelquefois aussi par la formule suivante :

$$l = e\left(4 + 0{,}075\frac{N}{V}\right)$$

e étant l'épaisseur mesurée par la circonférence primitive, N la force de la machine en chevaux, et V la vitesse de la roue.

Engrenages à développante de cercle. Par le point de contact des circonférences primitives, on mène une droite sécante OO qui pourrait être quelconque, mais à laquelle on donne habituellement une inclinaison de 75° sur la ligne des centres. Des centres L et L' on mène deux circonférences tangentes en V et en V' à la droite ainsi tracée ; on construit ensuite pour chacune de ces circonférences la développante correspondante : *afb* pour celle de centre L, et *b'fa'* pour celle de centre L'. Les développantes ainsi tracées coupent la droite OO en un point *f*, elles sont tangentes en ce point puisqu'elle ont la même normale OO (fig. 503), et il est facile de démontrer qu'elles le resteront toujours lorsque les deux circonférences primitives rouleront l'une sur l'autre sans glisser ; d'après la génération de la développante, la droite fixe restera constamment normale à cette courbe et par suite à la courbe conjuguée qui sera elle-même la développante tangente à la première en chaque point de cette droite. Cette courbe peut donc servir de profil, elle est prolongée jusqu'à la circonférence intérieure LV, ce qui dispense d'établir des flancs en

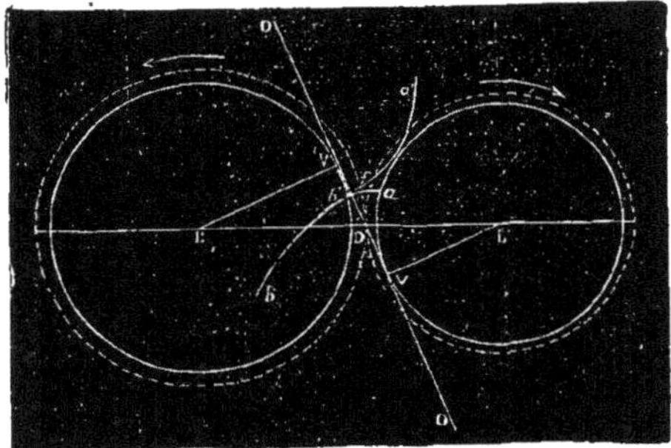

Fig. 503. — *Train de l'engrenage à développante de cercle.*

ligne droite ; les dents reçoivent comme toujours deux profils symétriques qui sont deux arcs de développante, et on voit immédiatement que le contact persiste avant et après le contact sur la ligne des centres ; par suite chaque roue peut conduire l'autre dans les deux sens. Ce type d'engrenage présente, en outre, les avantages suivants qui lui sont particuliers :

1° On peut éloigner les deux centres de rotation sans avoir à changer les dents, car la forme des dents de chaque roue ne dépend aucunement du rayon de l'autre roue ;

2° On peut aussi pour la même raison faire engrener une même roue avec une série de roues de différents diamètres, munies d'engrenages à développante ;

3° La pression mutuelle des dents en prise s'exerce à peu près normalement aux profils en contact, et le contact a toujours lieu, comme nous l'avons dit, sur une même droite qui est la droite fixe ayant servi au tracé de la développante. Il en résulte que la pression reste sensiblement constante, et par suite, l'usure des profils est égale en tous points ; comme les développantes d'un même cercle sont des courbes parallèles, la forme des profils ne change pas par l'usure. Cette pression qui s'exerce suivant la droite OO a par suite une direction oblique par rapport à la normale, à la ligne des centres, ce qui est une condition mauvaise au point de vue dynamique, on doit donc éviter les obliquités trop fortes, ce qui oblige à ne pas donner à la droite OO une inclinaison supérieure à 70 à 80° ; comme nous l'avons dit plus haut.

Engrenages à lanterne. Nous citerons seulement pour mémoire ce type d'engrenages auquel on a renoncé généralement, et qu'on ne rencontre plus que sur d'anciens appareils. La courbe mobile est un cercle dont le centre est sur la circonférence primitive, et la courbe conjuguée est une développante d'épicycloïde dont on trouvera le tracé indiqué dans le *Traité de mécanique* de M. Bélanger. Ces dents prennent le nom d'*alluchons*, la roue à dents circulaires reçoit le nom de *lanterne*. Cette disposition présente cet inconvénient grave que les alluchons ne peuvent conduire la lanterne qu'au delà de la ligne des centres, et réciproquement, la lanterne ne peut les conduire à son tour qu'en deçà de cette ligne : comme le frottement est toujours beaucoup plus grand dans le second cas, il est préférable de faire conduire la lanterne par l'autre roue. D'ailleurs cet engrenage n'est appliqué que sur des machines n'ayant pas besoin d'une grande précision, et on ne le rencontre guère aujourd'hui.

Méthode des roulettes pour la détermination des engrenages. Nous ne ferons que signaler la méthode dite des *roulettes*, car on n'y a presque jamais recours en pratique dans le tracé des engrenages. On prend une courbe quelconque qu'on fait rouler successivement sur chacune des deux circonférences primitives, on considère la courbe décrite par un point quelconque dans chacun de ces deux cas ; on démontre que les deux trajectoires ainsi obtenues sont susceptibles de former deux courbes conjuguées, et peuvent être adoptées comme profils des dents.

Engrenages intérieurs. Nous avons supposé jusqu'à présent que les deux axes en présence devaient tourner en sens contraire, et nous avons adopté en conséquence les *engrenages extérieurs*, mais si les deux rotations devaient avoir lieu dans le même sens, il faudrait adopter les engrenages intérieurs, c'est-à-dire qu'on placerait l'une des roues dentées à l'intérieur de l'autre qui l'embrasse alors comme un anneau. Le tracé des dents s'opère dans les mêmes conditions que pour les engrenages extérieurs, mais il se trouve soumis toutefois à certaines restrictions particulières en raison de la disposition de ces engrenages : on reconnaît ainsi que, avec le profil épicycloïdal, on ne peut pas donner de flancs rectilignes aux dents de la grande roue ; on peut les conserver néanmoins sur les dents de la petite roue, mais alors la conduite n'est possible que sur un côté de la ligne des centres. Pour que l'engrenage puisse marcher dans les deux sens indifféremment, il faut remplacer le flanc rectiligne par une épicycloïde concave d'un tracé spécial.

Les tracés à développante de cercle s'appliquent également aux engrenages intérieurs et permettent la conduite dans les deux sens. La dent de la grande roue présente alors une section concave embrassant la dent de la petite roue ; elle a donc une épaisseur qui va en diminuant en se rapprochant de la jante, ce serait même là un inconvénient assez grave, mais la différence d'épaisseur est presque insensible lorsque les dents sont nombreuses.

Engrenages de Hooke et de White. Dans tous les tracés que nous venons d'étudier, le contact des deux dents en prise a lieu sur toute l'épaisseur de la dent, c'est-à-dire suivant toute la hauteur de la génératrice d'un cylindre dont le profil de la dent serait la section droite. Cette disposition, intéressant à la fois toute la dent au travail qu'elle doit supporter, permet de transmettre ainsi des efforts considérables, mais elle entraîne d'autre part des frottements assez importants, d'autant plus que par la construction même, le contact des dents en prise doit s'opérer, comme nous l'avons dit plus haut, un pas avant, et se poursuivre un pas après la ligne des centres. Il y aurait donc intérêt de diminuer le pas, et on

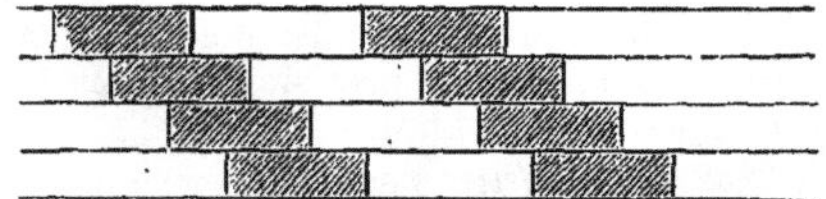

Fig. 504. — *Tracé théorique de l'engrenage de Hooke et White.*

démontre en effet que les frottements sont d'autant moindres que les dents sont moins écartées de la ligne des centres. On réussit à maintenir continuellement le point de contact sur la ligne même des centres au moyen de l'artifice suivant indiqué par Hooke en 1666 et repris plus tard par White en 1808. Cette disposition, qui concentre la pression en un point unique, ne peut s'appliquer d'ailleurs que pour la transmission d'efforts très faibles. Supposons d'abord qu'on ait plusieurs roues identiques juxtaposées sur le même axe, et placées en retrait les unes par rapport aux autres ainsi que l'indique la figure 504. S'il y a n roues, le retrait d'une roue à l'autre, est égal à une fraction du pas de $\frac{1}{n}$ et il y a toujours ainsi une dent en prise, chacune l'étant seulement pendant $\frac{1}{n}$ de pas. La dent supérieure rentre en prise au moment où le contact cesse sur la dent inférieure. Supposons que n grandisse indéfiniment, pendant qu'en même temps l'épaisseur des roues accolées tend vers zéro, nous aurons à la limite une dent hélicoïdale pour laquelle le con-

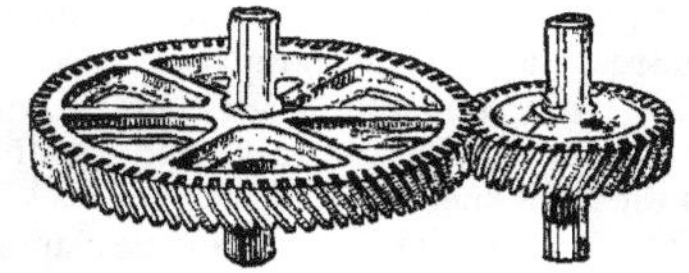

Fig. 505. — *Engrenage de Hooke et White.*

tact aura toujours lieu sur le plan des axes, ce qui annulera le glissement mutuel. On en trouve un exemple dans l'engrenage représenté figure 505.

L'effort transmis par ce contact donne une composante parallèle à l'axe qui pourrait fatiguer les pivots; on peut annuler cette composante en employant un engrenage à deux hélices enroulées en sens contraire sur le même cylindre, on détermine ainsi deux forces égales et de sens contraire qui s'annulent. Cette disposition a été employée avec succès pour les engrenages de précision, notamment par M. Bréguet.

Axes concourants. Soient MB et MB' les deux axes considérés qui doivent être animés de mouvements de rotation de sens contraire avec des vitesses ω et ω' (fig. 506). On démontre facilement que le mouvement instantané dû au déplacement relatif d'un des axes par rapport à l'autre est une

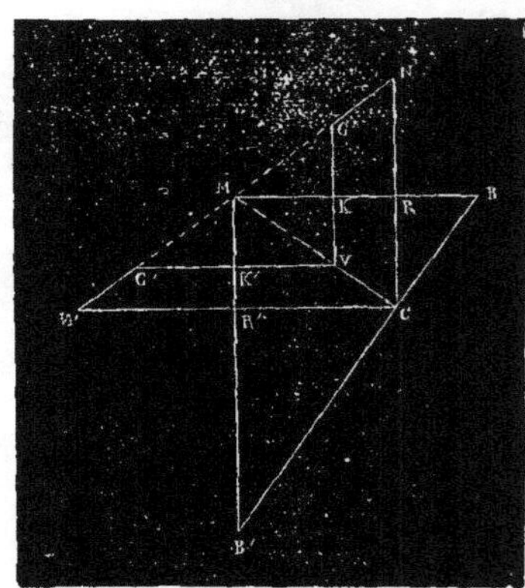

Fig. 506. — *Tracé théorique des engrenages coniques.*

rotation autour d'une droite située dans le plan des deux axes et passant par leur point de concours : on se trouve ramené ainsi à une solution analogue à celle que nous avons rappelée plus haut pour les axes parallèles, on partage l'angle BMB' en deux angles α et α' tels que

$$\frac{\sin'}{\sin\alpha}=\frac{R'C}{RC}=\frac{\omega}{\omega'},$$

et on considère deux cônes de friction ayant pour sommet commun le point M et pour axes MB' et MB. On démontre alors que le mouvement déterminé par l'entraînement de ces cônes tournant au contact le long de la génératrice commune MC répond à la condition demandée. On a donc là une solution du problème, toutefois on n'y a pas recours en pratique, non plus qu'aux cylindres de friction pour l'entraînement des arbres parallèles, et on remplace également ces cônes par des profils dentés.

Le tracé de dents conjuguées s'obtiendrait aussi pas des méthodes analogues; il y aurait à chercher par exemple la courbe enveloppe d'un profil donné dans le mouvement relatif des deux cônes; mais c'est là une question de géométrie sphérique assez délicate qu'on ne cherche pas à résoudre en pratique, et on se contente habituellement d'appliquer un tracé approximatif dû à Tredgold.

Menons par le point C la normale à la génératrice commune prolongée jusqu'à la rencontre des deux axes en B et B'. Les points ainsi déterminés peuvent être considérés comme les sommets de deux cônes dont les axes se confondent avec les axes donnés. Dans le mouvement de rotation des deux cônes primitifs, les génératrices du cône B et celles du cône B' viennent successivement se confondre avec la normale BB', tracé du plan tangent commun. Au moment où s'opère le contact, les éléments infiniment petits de surface qui sont en présence au point C tournent l'un sur l'autre sans glisser, comme s'ils appartenaient à des circonférences de rayon BC et B'C contenues dans ce plan tangent commun. L'approximation consiste à supposer qu'ils s'y maintiennent pendant tout le temps du contact, bien qu'en réalité, ils s'en éloignent d'un infiniment petit puisqu'ils sont solidaires avec le cône. On détermine dès lors le profil des dents en opérant comme nous l'avons fait plus haut pour les engrenages cylindriques. On déroulera la surface de ces cônes sur les plans tangents et on obtiendra ainsi des secteurs de cercle de rayons BC et B'C, on aura soin toute fois de prendre pour pas de l'engrenage des parties aliquot de ces secteurs. Chaque secteur armé de ses dents deviendra ainsi un patron qu'on appliquera sur la surface des cônes. On prend ensuite pour dents des roues des surfaces coniques ayant le point M pour sommet, et ces profils pour directrices. On les termine à une sphère arbitraire ayant le point M pour centre.

On trouve un exemple de cette disposition dans la figure 507 représentant un engrenage conique, dit de *roues d'angle*, servant à assurer la transmission de mouvement entre deux axes rectangulaires, c'est d'ailleurs le cas le plus fréquent dans la pratique.

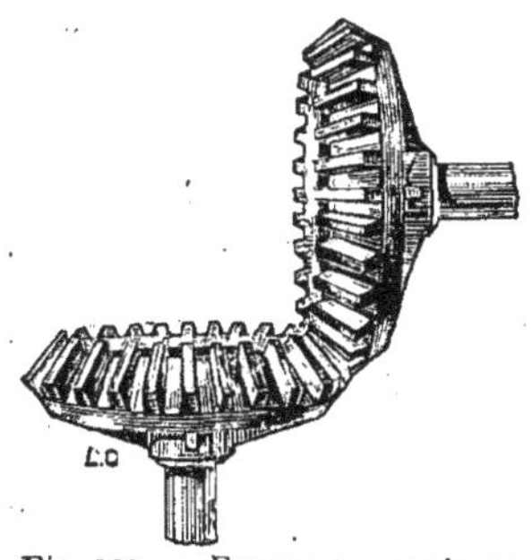

Fig. 507. — *Engrenages coniques pour roues d'angle.*

White a appliqué également dans ce cas, le type d'engrenages de précision dont nous avons parlé plus haut pour les engrenages cylindriques. En partant du même principe, on peut tracer, en effet, des dents suivant une courbe établie sur les cônes de friction de manière à ce que les dents conjuguées

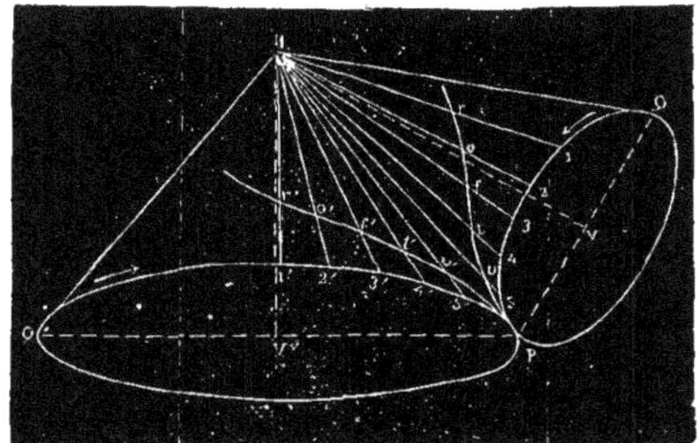

Fig. 508. — *Tracé des dents des roues coniques pour engrenages de précision de White.*

se tiennent toujours en contact suivant un point unique se déplaçant uniformément suivant la génératrice commune. La figure 508 donne un exemple du tracé de cette courbe en forme de spirale. On prend sur les deux circonférences, formant les sections droites des cônes, une série d'arcs égaux à partir du point de contact P, et on détermine ainsi les points équidistants 5, 4, 3, 2, 1, auxquels correspondent respectivement 5', 4', 3', 2', 1', et on porte sur les deux génératrices voisines du point de contact N5 et N5' une longueur arbitraire $5u = 5'u'$, puis on prend sur N4 et N4' les longueurs $4t = 4't' = 2$ fois $5u$, puis $3f = 3'f' = 3$ fois $5u$, etc. ; $1, r = 1', r' = 5$ fois $5u$, on détermine ainsi des points P, u, t, f, o, r et P, u', t', f', o', r' qu'on réunit par une courbe qui est la spirale demandée.

Axes non concourants. On est obligé presque toujours pour assurer la transmission de mouvement entre deux axes non concourants, de faire usage d'un axe auxiliaire qui rencontre les deux premiers. Certains géomètres sont arrivés cependant à donner une solution directe de ce problème difficile, mais comme c'est là une question de géométrie pure peu susceptible d'applications pratiques, nous ne ferons que la mentionner sans nous y arrêter. On ne rencontre guère en effet ces engrenages tout spéciaux que sur certains types de machines et particulièrement dans les filatures. On démontre que, dans le cas des axes non concourants, les surfaces primitives de rotation qui jouent le rôle des circonférences primitives sont des hyperboloïdes de révolution à une nappe sur lesquels doivent être fixées les surfaces formant les dents de l'engrenage. Le tracé de ces hyperboloïdes est assez difficile, Willis avait déjà indiqué un tracé approximatif, M. Belanger a repris ce sujet et a donné à son tour des règles plus exactes. M. Olivier, enfin, a montré l'application des deux méthodes générales des enveloppes et des roulettes au tracé de ces engrenages.

Transmission du mouvement entre deux axes non-concourant, mais perpendiculaires entre eux. On reconnaît qu'on peut appliquer dans ce cas l'engrenage de la vis sans fin à filets carrés conduisant la roue dentée. La vis sans fin est constituée par une surface hélicoïdable, et le profil conjugué de la dent de la roue est alors une développante de cercle ; comme cette dent doit être tangente en outre au point de contact à la surface de l'hélicoïde réglé, on reconnaît facilement que la surface de la dent doit être formée elle-même par un hélicoïde développable.

Dans la plupart des cas, cet engrenage n'est pas réciproque, et la vis conduit la roue, sans que celle-ci puisse la conduire à son tour. Pour qu'il en soit autrement, il faudrait que l'inclinaison de l'hélice sur le plan de contact fut plus grande que l'angle de frottement, et on se trouverait ainsi conduit à *dépasser l'angle de* 45°, ce qu'on ne peut guère faire en pratique.

D'ailleurs cette propriété est souvent appliquée pour prévenir certains mouvements en retour qui pourraient être dangereux. Par exemple, dans la transmission des fardeaux, on peut être sûr que les poids soulevés ne pourront pas redescendre d'eux-mêmes à cause de l'impossibilité d'entraîner la vis en agissant sur le pignon.

Transformation du mouvement circulaire en mouvement rectiligne.

Engrenage à crémaillère. On donne un axe tournant o animé d'une vitesse angulaire ω et un corps animé d'un mouvement de translation rectiligne, dans une direction LL' perpendiculaire à cet axe et avec une vitesse v. Si on trace du point o comme centre la circonférence de rayon égal à $\frac{v}{\omega}$, il est aisé de voir que les deux corps se meuvent respectivement avec les vitesses indiquées si la circonférence et la droite tangente LL' roulent l'une sur l'autre sans glisser. Ces deux lignes deviennent en quelque sorte les circonférences primitives des engrenages cylindriques, et il serait d'ailleurs facile de faire rentrer ce cas dans celui de deux mouvements circulaires, en considérant la droite comme une circonférence dont le centre est reporté à l'infini dans la direction du rayon normal passant au point de contact. On voit par là que les tracés d'engrenages indiqués plus haut sont encore applicables dans ce cas. Si on prend par exemple le rayon même de la circonférence pour profil de la dent de la roue, on trouvera un arc de cycloïde pour profil conjugué de la dent de la crémaillère, et si on prend également un rayon pour le flanc de celle-ci, on trouvera un arc de développante pour le profil correspondant de la dent du pignon. Ces profils sont reproduits symétriquement de chaque côté de la dent, et on voit immédiatement que dans ces conditions l'engrenage est bien réciproque : les pignons et la crémaillère pouvant se conduire mutuellement dans les deux sens.

Ce tracé présente toutefois un inconvénient tenant à ce que le contact a toujours lieu au même point des dents de la crémaillère, et celles-ci s'usant alors seulement dans cette région, il est préférable d'opérer par la méthode des roulettes en prenant pour profils conjugués les deux courbes engendrées par un point d'une circonférence arbitraire roulant sans glisser sur la droite, puis sur la circonférence du pignon.

Trains différentiels. Nous ne décrirons pas ce type d'engrenages qui fait l'objet d'un article spécial dans le *Dictionnaire* [V. DIFFÉRENTIEL (Mouvement)]. Rappelons seulement que ces engrenages, qui sont une application des trains épicycloïdaux, permettent d'établir un rapport absolument quelconque entre la vitesse de la roue conductrice et celle de la roue conduite, condition indispensable dans l'établissement des engrenages d'horlogerie astronomique par exemple. Avec les engrenages ordinaires, les limites de vitesse entre lesquelles il faut se tenir sont nécessairement très restreintes, car on ne peut guère donner moins de 8 dents à une roue dentée, ni plus de 120 à 150.

Engrenages servant à la transmission du mouvement entre des axes dont la vitesse varie avec le temps, le sens de la transmission restant constant. Les transmissions de mouvement à vitesses variables s'opèrent en général par contact au moyen de profils curvilignes, calculés à l'avance en vue de réaliser les variations de vitesses demandées. Les transmissions par engrenages exigent des courbes primitives de forme elliptique pour lesquelles on trace le profil des dents en appliquant l'une des deux méthodes indiquées plus haut pour les engrenages cylindriques ; le rapport des vitesses de rotation des deux arbres ainsi rattachés varie à chaque instant comme le rapport des longueurs des rayons vecteurs passant au point de contact.

Si le rapport de la vitesse angulaire de l'arbre conduit à celle de l'arbre conducteur passe par un maximum et un minimum uniques dans un tour de révolution, on résoud la question en employant deux ellipses égales pour courbes primitives. On dispose les deux ellipses au contact à l'une des extrémités des grandes axes placés eux-mêmes en prolongement, et on prend les centres de rotation en deux foyers opposés dont la distance est alors égale à $2a$, soit à la longueur du grand axe de chacune d'elles, et d'après les propriétés connues de l'ellipse, on reconnaît facilement que la somme des rayons vecteurs, partant des deux centres de rotation et aboutissant à un point de contact quelconque, est toujours constante et égale à $2a$. Le maximum et le minimum du rapport des vitesses angulaires correspondent au moment où le contact s'opère aux extrémités des grands axes.

S'il y avait plusieurs maxima ou minima dans une révolution entière, il faudrait employer pour la transmission du mouvement des courbes analogues à l'ellipse et portant un nombre de saillies égal à celui des maxima ; c'est d'ailleurs un cas d'une étude assez difficile mais qui se présente rarement en pratique. On a essayé également d'employer des roues comprenant des secteurs circulaires de différents rayons ; mais le passage d'un secteur à l'autre présente toujours de grandes difficultés, les dents des différents secteurs qui arrivent successivement en prise étant animées de vitesses tout à fait différentes.

Roues de Rœmer. Ce type d'engrenages, imaginé par l'astronome Rœmer pour représenter les mouvements planétaires, permet de faire tourner deux axes fixes en faisant varier à chaque instant le rapport des vitesses angulaires suivant une loi quelconque.

Un des axes parallèles est muni d'un engrenage conique et l'autre porte un cône de friction dont le sommet est disposé à l'opposé du premier, mais qui reste constamment en contact avec celui-ci par une génératrice commune. L'entraînement de ce cône s'opère par l'intermédiaire de chevilles en forme de dents, disposées sur la surface tronconique suivant une courbe que l'on peut déterminer facilement en vue de satisfaire à la loi proposée. Il faut remarquer en effet que le rapport des vitesses des deux arbres est donné à chaque instant par le rapport des distances de la dent qui opère le contact à ces deux axes, et, en rapprochant cette dent plus ou moins du sommet, on peut obtenir tous les rapports de vitesse que l'on désire.

L'application la plus intéressante en pratique de variations instantanées du rapport des vitesses, est celle qui correspond au cas où la roue conduite doit rester immobile pendant une certaine période de la révolution de la roue qui la mène. On réalise facilement ce cas, en supprimant un certain nombre de dents sur la roue conductrice qui laisse ainsi la seconde roue immobile pendant la rotation correspondante. L'inconvénient de cette disposition tient à ce que le mouvement de la roue conduite ne s'arrête pas instantanément, et par suite les dents conjuguées ne se retrouvent pas toujours bien en présence au moment de la reprise du contact.

Nous ne nous occupons pas ici de la transmission des mouvements de sens variable, car elle ne s'opère guère au moyen d'engrenages. On emploie presque toujours en effet des courbes à profil lisse comme des cônes ou des *excentriques* (V. ce mot) ou des transmissions par lien rigide comme des bielles.

Nous rappellerons en terminant, sans la démontrer, la formule habituellement employée pour calculer le frottement des engrenages :

$$T_f = fN\pi a\left(\frac{1}{n}+\frac{1}{n'}\right)$$

Ou T_f représente le travail de frottement pour une rotation égale au pas de l'engrenage;

f est le coefficient de frottement;

N la pression normale exercée au point de contact;

a le pas de l'engrenage;

n et n' le nombre des dents des deux roues en présence.

Dans la pratique il y a toujours deux couples de dents en prise, mais N est réduit de moitié pour chacune, de sorte que l'expression de T_f reste la même.

On voit par cette formule que le frottement est d'autant moindre que le pas est plus petit, et le nombre des dents plus élevé.

La formule a été établie pour les engrenages extérieurs, mais dans le cas des engrenages intérieurs, le terme $\frac{1}{n'}$ ou n' exprime le nombre des dents de la grande circonférence devient négatif, et la formule est alors :

$$T_f = fN \; a\left(\frac{1}{n}-\frac{1}{n'}\right).$$

Le travail de frottement est sensiblement réduit, comme on voit, pour les engrenages intérieurs. La formule peut être appliquée également au calcul du travail de frottement des engrenages coniques, mais il faut la modifier en faisant apparaître, au lieu du nombre de dents, les rayons r et r' des circonférences primitives, et on obtient alors l'expression suivante :

$$T_f = \frac{1}{2} \; N a^2\left(\frac{1}{r}+\frac{1}{r'}\right),$$

on remplace r et r' par les rayons primitifs des secteurs circulaires qui ont servi de patrons pour tailler l'engrenage : ces rayons sont donnés, comme nous l'avons dit plus haut, par les longueurs des normales à la génératrice commune, menées, à partir du point de contact des dents jusqu'aux axes des deux cônes primitifs.

Le travail moteur total transmis par la roue motrice est donné, pour une rotation égale à un pas, par l'expression suivante :

$$T_m = N a + T_f$$

Na qui est le produit de la pression normale N par le chemin parcouru, a représente le travail utile transmis, et T^f est le travail absorbé par le frottement des deux dents en prise, comme nous venons de le dire. On a donc

$$T_m = N a\left[1 + f\pi\left(\frac{1}{n}+\frac{1}{n'}\right)\right].$$

*** ENGUICHAGE** ou **ENCUICHAGE.** *T. de tiss.* Concrétion qui résulte de l'ensimage des laines avec de mauvaises huiles et qui forme une espèce de dépôt ou mastic, lequel fait adhérer les préparations et les fils, les échauffe, les énerve, et fait virer les couleurs lorsque les fibres sont teintes. — V. Ensimage.

ENJANTAGE. *T. techn.* Opération du *charronnage.* — V. ce mot.

*** ENLAÇAGE.** *T. de tiss.* Opération qui consiste à placer d'abord les cartons Jacquard, les uns à la suite des autres, sur un long cadre rectangulaire qu'on appelle *table à enlacer* ; puis à les maintenir ainsi juxtaposés à l'aide d'une couture faite, soit avec des lacets, soit avec des cordes de chanvre ou de coton. Ces cordes sont passées dans des trous spéciaux qui ont été percés au centre et aux extrémités de chaque carton. La couture exige deux cordes pour chacune des places où elle s'opère. Les deux cordes doivent faire *spire,* non seulement entre deux cartons voisins, mais encore entre deux trous d'enlaçage consécutifs d'un même carton. Les spires exécutées ainsi pour chacune des coutures, fournissent une charnière d'une grande souplesse entre deux bandes successives, et elles maintiennent toujours les cartons bien également distants les uns des autres.

*** ENLAÇURE.** *T. de charp.* Trou rond pratiqué sur les joues et le tenon d'un assemblage, au moyen d'un outil spécial appelé *lasceret.* Ce trou est destiné à recevoir une cheville de bois d'un diamètre un peu plus fort que l'enlaçure et qui permet de serrer l'assemblage ; on écrit aussi *enlassure.*

*** ENLEVAGE.** *T. d'impr. s. ét.* Opération par laquelle on produit du blanc ou une autre couleur sur un tissu préalablement teint en uni. Ainsi en imprimant une couleur à base de sel d'étain sur du bistre au manganèse, ce dernier est dissous, *enlevé,* et l'étoffe redevient blanche aux endroits imprimés ; on fait ainsi des enlevages sur bleu d'indigo, sur fonds de garancine, sur rouge d'alizarine, sur noir campêche, sur fonds rouillé, etc. ; la plupart des couleurs se prêtent au genre enlevage ; cependant, il en est quelques-unes, telles que le bleu méthylène, que l'on n'a encore pu *ronger* convenablement. On dit aussi *ronger* pour enlever. Quand la couleur qui ronge, au lieu de donner du blanc, donne une autre couleur, on la désigne sous le nom d'*enlevage coloré.*

ENLIER. *T. de maçonn.* Engager les matériaux de construction les uns dans les autres, de façon à former liaison avec le remplissage.

* **ENLUMINAGE.** *T. d'impr. s. ét.* Dans le principe, la toile peinte ne pouvait être faite, comme aujourd'hui, en une seule opération ; on imprimait et terminait d'abord les couleurs solides, qui formaient le contour, le gros rouge, le fond, etc., puis on rentrait (d'abord, au moyen des pinceauteuses, plus tard, par les planches à la main) les autres couleurs; ces dernières, généralement des couleurs-vapeur, étaient moins solides que celles appliquées les premières ; on leur donnait le nom de *couleurs d'enluminage.* On emploie encore cette expression, mais dans une autre acception; l'enluminage, tel qu'on l'entend aujourd'hui, représente les couleurs qui sont en moindre quantité sur l'étoffe et dont le rôle tout en paraissant secondaire est cependant très important, car c'est de l'harmonie des couleurs d'enluminage que dépend souvent le succès d'un dessin; comme on est arrivé à pouvoir imprimer jusqu'à 16 et même 22 couleurs à la fois, on comprendra facilement quelles sont les difficultés à surmonter pour produire un bon enluminage. — J. D.

ENLUMINURE. Ce mot, qui se traduisait, au moyen âge, par *illuminatio* et qui répond, dans une certaine mesure, à notre expression moderne d'*illustration*, désigne le travail décoratif qui accompagnait généralement la transcription de luxe et en faisait une œuvre à la fois picturale et graphique. Les copistes, uniquement occupés de la *lettre*, étaient des artisans plus ou moins habiles; les enlumineurs chargés d'encadrer, d'ornementer, d'*historier* — c'est le terme archaïque — les pages du manuscrit, étaient des artistes. Les guirlandes, les rinceaux, les banderoles et autres arabesques dont ils les entouraient, les figures qu'ils y semaient, les scènes diverses dont ils savaient les égayer, mettaient réellement le texte en lumière, ils l'*enluminaient* de toutes les couleurs du prisme et l'*illuminaient*, comme le soleil, de tout l'éclat de l'or répandu à profusion. De là, deux variétés dans l'art des enlumineurs : la *miniature* et la *chrysographie.*

— L'une et l'autre étaient un héritage de l'antiquité; le christianisme, qui a tant emprunté à l'art païen, vit immédiatement le parti qu'il pouvait tirer, pour la décoration des livres d'église et de piété, de l'habileté de main déployée par les artistes grecs et romains dans l'ornementation des *diptyques* et des *triptyques* (V. ces mots). Après s'être approprié la peinture à fresque, la statuaire polychrôme, la mosaïque et autres formes de l'art antique, il s'assimila également la chrysographie et la miniature, telles qu'on les pratiquait pour enrichir les rouleaux, *volumina*, les cahiers *codices*, les tablettes et les feuilles, *tabulæ, pugillares, membrana*, placés entre les lames d'ivoire ou de bois précieux qui constituaient les diptyques.

Il ne paraît pas que les enlumineurs grecs et romains aient fait naître, par la pratique de la miniature, ce qu'on appelle de nos jours le petit tableau de genre et la petite peinture de chevalet; les œuvres d'art n'avaient point chez eux la mobilité qu'elles ont chez nous; elles étaient en quelque sorte, eu égard à leur dimension, à leur nature et à leur forme, immeubles par destination. Les enlumineurs chrétiens, au contraire, en multipliant les missels, les pontificaux, les livres d'heure et autres ouvrages de dévotion, ont amené le petit tableau de piété, tandis que, à côté d'eux, les miniaturistes profanes occupés à décorer les manuscrits contenant les œuvres des prosateurs et des poètes anciens, préparaient par degrés l'avènement des peintres de genre et d'histoire, alors que la fresque, le retable et les « ymaiges, » ou bas-reliefs régnaient à peu près sans partage.

Comme l'architecture, la sculpture et la peinture proprement dite, l'enluminure a eu son époque byzantine et romane : on a d'abord copié plus ou moins servilement les procédés des artistes de l'Italie et du Bas-Empire; puis sous l'influence des dogmes chrétiens, avec la flore, le *bestiaire* et les légendes du moyen âge, on a créé un art qui a son originalité, qui a produit des milliers de petits chefs-d'œuvre et amené graduellement le magnifique développement pictural du XVIe siècle; Fra Angelico de Fiésole, Cimabuë, Giotto, qui en sont les précurseurs, donnent la main aux chrysographes et aux miniaturistes du XIIIe siècle.

Pour nous renfermer dans l'enluminure proprement dite, nous devons faire remarquer tout d'abord que le progrès de cet art se mesure au développement que prit successivement la lettre initiale : tracée primitivement au niveau des autres et sans plus d'ornement, elle fut ensuite coloriée en cinabre, pour la distinguer des lettres ordinaires; c'est la *rubrique.* Au VIe siècle, on la voit s'agrandir et recevoir quelques menues décorations; au VIIe, elle envahit les marges, étale des découpures en treillis, des entrelacs de mailles, des tresses de chaînettes, auxquelles succèdent, dans l'âge suivant, des arabesques historiées qui déroulent de toutes parts leurs gracieuses volutes. Mais l'abus est bien près de l'usage : du XIIe au XIVe siècle, les enlumineurs, donnant libre carrière à leur fantaisie, arrivent à produire des bizarreries que le goût réprouve. Au XVe, cette exubérance de détails se tempère; la Renaissance, qui s'annonce déjà au delà des monts, ramène les chrysographes et les miniaturistes au goût des lignes simples; les filigranes luxuriants de l'âge précédent, revenant sur eux-mêmes, ne servent plus qu'à encadrer des vignettes d'où jaillissent des fruits et des fleurs.

C'est alors que les peintures, rattachées autrefois aux lettres par toutes sortes de liens, s'en détachent tout à fait et forment des ornements isolés. Les figures s'animent, se dégagent des fonds hiératiques ou héraldiques et prennent de la réalité; leurs groupes se dramatisent et grandissent jusqu'aux proportions d'un petit tableau, autour duquel serpente une légère bordure. De ce moment, la grande enluminure est née; c'est, nous le répétons, l'aïeule de la peinture de religion, de genre et d'histoire.

Il faut cependant faire ici une importante réserve : les miniaturistes du moyen âge n'avaient nul souci de la couleur historique et locale : ils composaient une localité de fantaisie, ou plaçaient la scène, si ancienne qu'elle fut, dans la ville qu'ils habitaient; l'enlumineur de Jean de Courcy, ayant à représenter le siège de Jérusalem par Titus, dessinait les murs de Paris, et faisait monter à l'assaut des archers et des arbalétriers de son temps; Jean Fouquet, voulant représenter Job sur son fumier, donnait pour perspective à son dessin le donjon de Vincennes; l'artiste auquel on doit les splendides miniatures du regrettable missel de Juvénal des Ursins, place les bergers de Bethléem dans le vallon de la Bièvre, avec Paris dans le lointain. Condamnable sous le rapport de l'art, ces erreurs de localisation ont leur avantage au point de vue historique; elles nous ont valu des vues de cités et des aspects de monuments à une époque où les documents figurés font généralement défaut.

Peu scrupuleux sur la représentation exacte des lieux, l'enlumineur l'était moins encore sur le costume de ses personnages : il leur donnait les vêtements de son temps et de son pays, ceux qu'il portait lui-même, ou qu'il voyait porter par les gens de distinction. Cet anachronisme, plus choquant que le premier, s'étendait à toutes les pièces de l'habillement et de l'armement, à tous les accessoires du mobilier et de la vie ordinaire; il est vrai que les peintres les plus éminents des écoles italiennes et flamandes l'ont commis sans le moindre scrupule et jusqu'au milieu du XVIIe siècle.

Disons aussi que la perspective et la succession des plans laissent beaucoup à désirer dans les miniatures du moyen âge; comme les artistes de l'extrême Orient, qui n'ont nulle idée du lointain et de la relativité des objets, les enlumineurs primitifs ne savaient espacer ni leurs personnages, ni leur décor; par la suite ils en sentirent la nécessité, et leurs petites scènes s'agencèrent de façon à donner l'idée du monde réel.

Il importe de distinguer entre l'enluminure d'église qui apparut tout d'abord et la miniature profane qui vint ensuite : tout se fit d'abord dans les cloîtres; le *scriptorium* monastique était la salle commune des copistes et des enlumineurs; mais les Ordres mendiants ne tardèrent point à réprouver le luxe de la miniature et s'en tinrent à la copie, laissant aux rois et aux princes les ornements polychromes et chrysographiques. C'est alors que l'art de l'enlumineur se sécularise; les Universités, les couvents se bornent à faire transcrire, tandis que les riches personnages commandent des livres historiés, tant sacrés que profanes, les placent sur leurs crédences, en garnissent leurs dressoirs et en remplissent leurs « librairies » et leurs chapelles. Charles V et le duc Jean de Berry, son frère — pour ne citer que ces deux célèbres bibliophiles — ont, au XIVe siècle, prodigieusement fait travailler les enlumineurs parisiens. Le Cabinet des manuscrits, à la Bibliothèque nationale, s'est enrichie des livres historiés qu'ils leur ont commandés.

L'imprimerie, qui tua le métier de copiste, porta tout naturellement un rude coup aux miniaturistes et aux chrysographes; déjà la xylographie, ou gravure sur bois, qui précéda la typographie, avait substitué l'image en noir au dessin polychrome et doré. On ne sait pas assez et il importe de répéter que les essais des premiers imprimeurs tendaient précisément à remplacer l'or et la polychromie par le noir, c'est-à-dire à faire de l'enluminure à bon marché : les lignes et les contours étant fournis par le bois gravé, l'enlumineur n'aurait plus été qu'un coloriste. Heureusement l'art typographique naissant n'en resta pas là; l'invention des lettres mobiles amena la suppression de la copie, comme l'empreinte des bois gravés avait considérablement amoindri l'importance du travail des miniaturistes.

On fait encore de la chrysographie et de l'enluminure au XVIe siècle, mais exceptionnellement pour les princes et les grands seigneurs : le célèbre livre d'heures d'Anne de Bretagne, qui est de cette époque, compte parmi les derniers chefs-d'œuvre de l'art chrysographique et polychrome. Au XVIIe siècle, il n'en est plus question : l'eau forte, la gravure à la pointe et au burin donnent des planches magnifiques et reproduisent les chefs-d'œuvre de la grande peinture sur toile et sur bois; la petite peinture sur vélin a fait son temps. Au XVIIIe, la miniature du moyen âge semble revivre dans cette multitude de petits sujets gracieux et galants produits par la chromogravure; on ne fait plus de missels et de livres d'heure, mais on multiplie les petites scènes de genre et d'intérieur.

Au XIXe siècle, âge essentiellement éclectique, on a tenté de s'approprier industriellement les chefs-d'œuvre de la chrysographie et de l'enluminure, et l'on y a presque complètement réussi. La *lithochromie* ou *chromolithographie* est parvenue, par un ingénieux système de tirages successifs et de repérages d'une extrême précision, à reproduire les miniatures les plus variées et les compositions multicolores. Nous avons fait exécuter, pour la collection historique de la ville de Paris, des planches lithochromiques, où l'on compte jusqu'à trente-cinq couleurs et qui ont, par conséquent, exigé trente-cinq pierres ayant chacune sa nuance.

Nous n'avons point à décrire la technique de ces divers procédés : l'enlumineur et le chrysographe avaient, au moyen âge, un atelier fort semblable à celui de l'aquarelliste, de l'héraldiste et du coloriste contemporain; les couleurs leur venaient d'Italie et d'Orient; quant à leur or, ils l'employaient, soit en poudre, soit en feuille, et ils en appliquaient une couche assez épaisse pour qu'il conservât toujours son éclat. C'est là qu'est l'infériorité de la lithochromie contemporaine; ses ors, trop économiquement obtenus, sont mats et ternes; ils pâlissent devant ceux des manuscrits historiés qui ont cependant plusieurs siècles de date.

Si l'on nous demande maintenant ce que sont devenues la miniature et la chrysographie manuelles, nous répondrons qu'elles n'ont pas complètement péri. Les héraldistes peignent et dorent encore sur vélin des blasons plus ou moins authentiques; les calligraphes, qui cultivent en même temps la miniature, exécutent, de loin en loin, des livres de mariage, splendides cadeaux du marié, qui se placent dans la corbeille et constituent un joyau de noces, au même titre que les diamants. A certains baptêmes princiers, on renouvelle ces coûteuses et artistiques fantaisies. Quant à l'enluminure religieuse, elle est tombée dans l'imagerie et dans la chromolithographie; c'est dire qu'elle tend à s'industrialiser chaque jour davantage. Arts de luxe religieux et profane, la chrysographie et la miniature manuelles n'ont plus de place dans nos sociétés démocratiques; les procédés dérivés de la photographie les tueront en les vulgarisant. — L. M. T.

ÉNOUER. *T. de vitr.* Séparer, avant de les faire fondre, les nœuds de vieilles soudures de plomb qui retiennent les branches des panneaux de vitrages. || *T. de drap.* Eplucher, débarrasser le drap des corps étrangers avant l'apprêtage.

ENQUERRE. *Art hérald.* On nomme *armes* à enquerre ou à enquérir, celles qui sont blasonnées contre les règles ordinaires.

ENRAYAGE. *T. techn.* Opération du *charronnage.* — V. ce mot.

***ENRAYURE.** *T. de charp.* Assemblage de pièces de bois ou de fer placées horizontalement, pour supporter la charpente d'un comble et notamment d'une *croupe.* — V. ce mot.

***ENREGISTREUR.** Dénomination générale applicable à tout instrument qui fournit des traces *écrites* de ses indications. Les appareils enregistreurs ont l'avantage de pouvoir fonctionner hors de la présence de l'observateur et leurs indications peuvent être lues à une époque quelconque. En faisant marquer automatiquement les signaux sur un récepteur chargé de mesurer les temps, on rend ces appareils aptes à la mesure des phénomènes qui sont fonctions du temps. Ils peuvent alors faire connaître, soit les instants précis où un phénomène commence et finit, ou bien ceux où les quantités à mesurer atteignent une valeur déterminée, et ils constituent alors les *chronographes* (V. ce mot), employés, par exemple, dans les mesures de la vitesse des projectiles, du son, de la lumière, etc.; soit les valeurs successives de la quantité à mesurer, pour des intervalles périodiques ou d'une façon continue, et ils forment alors la série extrêmement nombreuse des *enregistreurs*, dont l'usage se répand de plus en plus dans les laboratoires scientifiques, surtout dans les observatoires météorologiques et même dans les établissements industriels.

Historique. Les premières recherches qui aient eu pour objet d'assujettir un instrument à tracer automatiquement sa marche, remontent en 1734 : dès cette époque, un certain marquis d'Ons en Bray, décrivit un anémographe qui enregistrait la direction du vent sur une feuille de papier enroulée sur un cylindre; en 1782, Magellan publiait un mémoire sur un météorographe enregistreur, et en 1794, Rutherford donnait la description d'un thermographe. Mais la première application vraiment pratique des appareils enregistreurs fut, en 1806, l'invention de l'indicateur de Watt qui est encore en usage aujourd'hui; vers la même époque, un physicien allemand, Eytelweins, étudiait graphiquement le mouvement d'une soupape de bélier hydraulique. La première application des appareils enregistreurs à la détermination des lois de la physique fut faite par Poncelet et Morin, au moyen d'une modification bien connue de la machine d'Atwood; les applications à la physiologie sont plus récentes encore et n'ont guère commencé qu'avec la seconde moitié de ce siècle. Ludwig réussit à enregistrer les oscillations d'un manomètre adapté aux artères d'un animal; Helmholtz créa le myographe et l'appliqua à la mesure de la vitesse de la transmission nerveuse; Vierordt imagina le sphygmographe qui enregistre les mouvements des artères. Tous ces appareils, naguère inconnus en France, y ont été vulgarisés par M. Marey. Enfin, nous citerons, comme se rapportant indirectement à la question, les recherches faites par Yvon Villarceau, par les docteurs Noël et Gustave Le Bon pour obtenir des régulateurs applicables aux appareils enregistreurs, afin de rendre constante la puissance variable du poids ou de ressort qui met le mécanisme en mouvement.

L'enregistrement est applicable à tous les appareils d'observation ou de correspondance (appareils télégraphiques, par exemple), dont les indications ou signaux consistent dans le déplacement rectiligne ou angulaire d'un objet mobile (index, aiguille, style, etc.); et tous ces appareils peuvent se distinguer en appareils à signaux fugitifs et appareils enregistreurs.

Or ces déplacements peuvent être inscrits automatiquement, soit sur une bande de papier se déroulant d'un mouvement uniforme, soit sur un cylindre tournant aussi d'un mouvement uniforme. Cette inscription s'obtient par l'intermédiaire d'organes mécaniques ou électriques qui, au moment voulu, appuyent un crayon, une plume ou un style sec sur du papier blanc ou enfumé, de manière à produire une trace colorée, un gaufrage, une trace blanche. Enfin ces déplacements peuvent aussi être photographiés.

Il y a donc trois modes d'enregistrement : *mécanique, électrique, photographique*.

L'enregistrement mécanique est possible lorsque la force qui produit le déplacemeut de l'objet mobile est suffisante pour actionner les transmissions de mouvement qui relient cet objet au style enregistreur, ou pour faire déclancher un moteur (ressort ou poids) agissant sur le style. Par l'enregistrement électrique on obtient une sensibilité plus grande et partant plus de précision.

On peut, en effet, obtenir l'établissement d'un courant électrique par le plus léger contact de deux petites pièces métalliques, placées dans le circuit, et en produire la rupture par un écartement excessivement faible des deux mêmes pièces. Un déplacement, même inférieur à 1/500e de millimètre, et par suite trop faible pour être perceptible à l'œil, suffit ainsi à provoquer à distance, ou bien le fonctionnement d'un électro-aimant agissant sur le style enregistreur, comme dans les chronographes électro-magnétiques, ou bien la production d'étincelles d'induction laissant des traces visibles sur le papier, comme dans les chronographes à étincelles.

Comme l'électricité peut transporter les signaux à distance, elle rend possible les observations délicates que la présence de l'observateur pourrait troubler; elle donne aussi aux instruments placés dans les lieux d'accès difficile et éloignés de toute habitation, le moyen de télégraphier automatiquement leurs indications.

Enfin l'enregistrement photographique est indispensable lorsque les vibrations du milieu sont le seul intermédiaire entre l'objet mobile et l'observateur, comme dans les phénomènes d'astronomie et d'optique et dans les appareils de mesure où les déviations à observer sont celles d'un rayon lumineux réfléchi par un miroir mobile.

Nous énumérerons rapidement les divers appareils enregistreurs actuellement connus, en renvoyant le lecteur, pour la plupart d'entre eux, aux termes spéciaux par lesquels on les désigne.

Enregistreur de la chute des corps. — V. l'art. Chute des corps, où est décrite la machine de Morin.

Balance enregistrante. Il peut être fort utile d'enregistrer les variations du poids des corps, telles par exemple que celles d'un liquide qui s'évapore, d'une plante qui croît, etc. C'est à ce *desideratum* que répond la balance à équilibre constant de M. Rédier. C'est une bascule très sensible dont le fléau porte un vase à moitié plein d'eau, dans lequel s'enfonce plus ou moins un cylindre plongeur, lorsqu'un corps quelconque est posé sur la bascule : le fil auquel est suspendu ce plongeur s'enroule sur une poulie placée vis-à-vis le cylindre enregistreur commandé par un rouage différentiel. Cette poulie se met en mouvement quand le plateau qui porte le vase d'eau éprouve une augmentation ou une diminution de poids.

A l'observatoire de Montsouris, on emploie un *atmographe* qui enregistre l'évaporation de la terre et des végétaux; ce n'est autre chose qu'une balance dont le fléau enregistre directement les variations de poids subi par les objets posés sur la bascule; l'équilibre est constamment rétabli, comme dans l'appareil précédent, par une tige de verre assujettie à un support indépendant de l'appareil, et plongeant dans une cuvette de mercure fixée à un anneau qui entoure le levier enregistreur.

Enregistreur du niveau des liquides. Les appareils employés pour enregistrer la quantité de pluie tombée dans un temps donné, sont plutôt connus sous le nom d'*udomètres*. — V. ce mot.

Lorsqu'il s'agit d'enregistrer les changements de niveau des fleuves ou des marées, on emploie des flotteurs munis de leviers enregistreurs. — V. Maréographe.

Enregistrement des variations de température. — V. Thermomètre.

Enregistrement des variations de pression. — V. les mots Barométrographe et Manomètre enregistreur.

Enregistreur des mouvements du vent. — V. les mots Anémographe et Météorographe.

Enregistreur des variations électriques et magnétiques. Les oscillations des aiguilles aimantées sont trop légères pour qu'on puisse enregistrer directement des mouvements d'une aussi faible amplitude; on a tourné la difficulté en plaçant sur l'aiguille un petit miroir qui réfléchit des rayons lumineux sur une bande de papier photographique au gélatino-bromure d'argent: en déroulant cette bande, on peut obtenir les déplacements de l'aiguille sous la forme de traits noirs.

L'électromètre enregistreur de Lippmann est fondé sur les variations de niveau d'une colonne mercurielle, dans un tube capillaire, sous l'action de l'électricité; les variations sont enregistrées par la photographie, la colonne faisant l'office d'écran devant une bande de papier photographique qui se déroule horizontalement.

Enregistreur de vibrations. — V. les mots Acoustique et Phonographe.

Enregistrement des variations d'intensité de la lumière. L'intensité des rayons solaires s'enregistre au moyen d'*actinomètres* composés de deux thermomètres, dont l'un a le réservoir noirci et l'autre argenté, scellés dans des tubes où on a fait le vide: dans l'obscurité ils marquent la même température; à la lumière solaire, celui qui a la boule noircie marque une température plus élevée et la différence est enregistrée, comme pour les thermomètres ordinaires, par des tubes torses. — V. Thermomètre.

Enregistreur du temps. (V. le mot Chronographe). Pour marquer le temps à la surface d'un cylindre enregistreur, dans des opérations qui demandent à être évaluées en secondes ou en demi-secondes, MM. Noël et Le Bon ont imaginé un métronome pneumatique et électrique formé d'un pendule dont la lentille touche, à chaque oscillation, une membrane en caoutchouc recouvrant un petit réservoir d'air; l'air est comprimé et le choc est inscrit sur le cylindre enregistreur, on peut aussi produire un contact électrique quand le pendule passe par la verticale.

Enregistrement du travail et de la force (V. Dynamomètre, Indicateur). C'est dans cette catégorie d'appareils, qu'il convient de classer les ingénieux instruments imaginés par M. Marcel Déprez et montés dans le vagon d'expériences de la Compagnie des chemins de fer de l'Est. Leur but est de mesurer simultanément et comparativement, avec la plus grande précision, les efforts de traction développés par les machines et les résistances opposées par les trains remorqués. La première de ces mesures est obtenue au moyen d'un ressort dynamométrique à quatorze lames d'acier, dont l'une des chapes s'adapte à la barre de traction, et l'autre à un arc solidaire des deux tiges des tampons. L'enregistrement se fait sur une table située au-dessus du plan du ressort, à l'aide d'un crayon dont les déplacements reproduisent les flexions de ce ressort sur une bande de papier qui se déroule avec une vitesse proportionnelle à celle du vagon. La courbe obtenue limite une aire dont la surface est calculée à l'aide d'un totalisateur automatique à plateau et à roulette. La mesure du travail de la vapeur par les quatre faces des pistons de la machine est faite, dans le vagon, sur des tableaux animés d'un mouvement alternatif identique à celui des pistons; la coïncidence exacte entre ces deux mouvements est réalisée à l'aide de l'artifice suivant: chaque fois que la manivelle motrice de la machine passe à un point déterminé de sa course, un simple toc électrique détermine la rupture d'un courant et la chute d'un écran masquant une lampe placée vis-à-vis d'une lunette qui occupe l'axe de la manivelle d'un des tableaux mobiles. S'il y a synchronisme absolu entre le mouvement de ces tableaux et celui des pistons de la machine, le point lumineux, démasqué à chaque chute de l'écran, est aperçu toujours à la même place dans l'espace. On règle donc la vitesse angulaire des arbres moteurs des tableaux, jusqu'à ce que le résultat soit obtenu. Chaque point de la courbe des pressions est obtenu par le passage d'un courant électrique dans un enregistreur relié au ressort d'un indicateur manométrique: on règle la pression à volonté sur l'une des faces du piston du manomètre; l'autre face reçoit directement la pression de la vapeur dans les cylindres de la machine. Quand il y a équilibre, le courant passe et l'enregistreur accuse à ce moment la pression du manomètre.

Enregistreur des perturbations des machines. — V. Séismographe.

Enregistreur de la force explosive de la poudre. La méthode de Rodman, imaginée en 1857, aux Etats-Unis, consiste à placer sur la tête d'un piston, engagé dans un canal percé normalement à la paroi de la bouche à feu, un poinçon d'acier de forme pyramidale, en contact avec un disque de cuivre maintenu contre une enclume d'acier. De la grandeur de l'empreinte, produite par la pression du piston, sous l'action du gaz, on déduit, d'après une production expérimentale, la pression produite. On peut encore produire, de la même manière, l'écrasement d'un cylindre de cuivre, sous l'action d'un piston d'acier.

M. Déprez a imaginé récemment un appareil nommé *accélérographe* qui permet d'enregistrer, d'un seul coup, la loi de succession des pressions développées pendant le tir, dans l'âme de la pièce. Il est composé d'un piston pouvant glisser librement dans un canal communiquant avec l'âme de la pièce. Ce piston porte un cadre dans lequel s'introduit une plaque métallique recouverte de noir de fumée. Devant cette plaque se meut, perpendiculairement à l'axe du piston, un style d'acier porté par un chariot guidé entre deux coulisses et sollicité à se mouvoir par un ressort de caoutchouc tendu, que le départ du projectile rend libre. Quand la poudre s'enflamme, le piston et le chariot partent en même temps, et la combinaison de leurs mouvements fait tracer au style, sur le noir de fumée, une courbe dont la forme permet de déterminer la loi des espaces parcourus par le piston, en fonction du temps. M. le colonel Sébert a aussi imaginé un *vélocimètre* pour mesurer la loi du mouvement de recul d'une bouche à feu. C'est une lame d'acier pouvant glisser dans une coulisse horizontale placée sur un support indépendant du canon; cette lame est reliée à la pièce par un fil d'acier; elle est recouverte de noir de fumée; au-dessous d'elle est un diapason électrique avec son style inscripteur. Quand la lame est entraînée par le recul, les traits produits par le diapason, qui se superposaient au repos, s'écartent en formant un tracé sinusoïdal, dont l'écartement mesuré, sur la ligne médiane, fait connaître le recul du canon pour des intervalles de temps indiqués par le nombre de vibrations du diapason.

Enregistreurs employés dans la balistique. — V. Chronographe.

Enregistreurs employés en physiologie. Ces appareils n'ont qu'un rapport très indirect avec les matières traitées dans ce *Dictionnaire*. Quelques mots nous suffiront donc pour indiquer ce que sont ces enregistreurs, pour lesquels il n'y a pas lieu de renvoyer aux termes spéciaux.

L'*hémodromographe* enregistre la vitesse de circulation du sang dans les artères des gros animaux;

Le *sphygmographe*, que l'on applique sur le pouls, au poignet, fait connaître les variations de la pression du sang;

Le *pneumographe* trace graphiquement les variations produites pendant les mouvements respiratoires;

Le *myographe* de Marey permet d'enregistrer, sur un cylindre, les contractions musculaires, en fonction du temps qui s'écoule entre ces contractions et l'excitation nerveuse qui les a produites;

On est arrivé à enregistrer tous les mouvements des membres de l'homme ou des animaux, même la durée des battements de l'aile des insectes, en obligeant l'aile à frotter un cylindre enregistreur recouvert de noir de fumée, sur lequel un diapason battant 100 fois par seconde enregistre en même temps ses vibrations; ainsi on compte 330 battements par seconde pour une mouche. La méthode photographique a été mise en œuvre par M. Muybridge pour obtenir la reproduction des divers mouvements d'un cheval en marche.

En résumé, on voit que la méthode graphique, appliquée automatiquement au moyen des appareils enregistreurs est, pour le savant ou l'ingénieur, un puissant agent d'investigation, et qu'avec les progrès récemment effectués dans la construction des instruments de précision, dans la science électrique et dans les procédés de photographie, le champ qne l'on a devant soi, dans cette voie, est presque illimité. — J. R. et M. C.

Bibliographie : La méthode graphique, par le docteur Gustave Le Bon, études sur l'Exposition de 1878, Lacroix, éditeur.

* **ENROBAGE.** *T. tech.* Opération qui consiste à renfermer certains médicaments pour en faciliter l'administration. || Action d'ajouter de la mélasse au café que l'on brûle, pour lui donner de la couleur et augmenter son poids.

ENROULEMENT. *T. d'arch.* Forme décorative tenant de la spirale et fréquemment appliquée en architecture. La pierre et le bois peuvent être sculptés; les métaux, contournés *en enroulement.*

On trouve des exemples très remarquables de ce genre d'ornementation dans les volutes des chapiteaux ionique et corinthien, dans les rinceaux qui décorent les frises des monuments anciens et modernes. Les grilles formant la clôture du chœur, dans un grand nombre d'églises du moyen âge, étaient formées d'enroulements. Il en est fréquemment de même pour les balcons, les portes-grilles, les consoles en fer, etc., utilisés de nos jours.

* **ENROULOIR.** *T. d'imp. s. ét.* Appareil destiné à mettre le tissu, au large, sur des petits rouleaux appelés *bobines*. L'enrouloir sert à diverses fins; d'abord à faire sortir les plis qui peuvent se trouver dans la marchandise, les couches concentriques du tissu exerçant une certaine pression les unes sur les autres, aplatissent la fibre et égalisent l'étoffe; l'enroulage sert encore à faciliter la conduite du tissu, lequel à l'état flottant, entre irrégulièrement dans les appareils à imprimer ou autres, tandis qu'enroulé il est contraint de suivre une voie donnée, et est très facile à guider. L'enrouloir seul n'est que peu usité; il est presque toujours muni d'un appareil accessoire, de façon à exécuter plusieurs opérations en un seul passage, ainsi on emploie les enrouloirs avec *élargisseur*, avec *brosses*, avec *humecteuse*, avec baguettes ou enrouloirs à battre, etc.

L'enrouloir par lui-même constitue un appareil défini, mais le plus souvent il est le terme final d'autres machines et facilite alors la manipulation. Dans les fabriques organisées à la « continue » les machines à imprimer, les machines à oxyder, tambours, etc., sont munis d'enrouloirs. — J. D.

ENSEIGNE. Tableau figuratif qui, à l'entrée d'un établissement industriel ou commercial, indique le genre de commerce ou d'industrie qui est le sujet d'exploitation de cet établissement.

— Ce serait un sujet de bien curieuses études, d'enseignements bien intéressants, que de suivre à travers les âges, depuis le moment de leur première apparition, les caractères, les modes et les transformations des enseignes. C'est malheureusement une histoire qu'il nous est impossible de retracer. Les documents que nous possédons sont trop incomplets, en effet, ils se rapportent à un trop petit nombre d'époques, pour qu'il nous soit permis d'espérer, avec leur aide, reconstituer par la pensée la chaîne brisée dont trop d'anneaux nous manquent. Malgré les recherches de plusieurs érudits ou curieux, nous ignorons absolument chez quels peuples l'enseigne a pris naissance, sous quelle forme elle s'y est montrée tout d'abord. Nous pouvons affirmer seulement que l'usage de l'enseigne remonte à une haute antiquité, et qu'il était en honneur chez les Grecs et chez les Romains. Les ruines d'Herculanum et de Pompéï nous ont valu, pour ces derniers, de très curieuses révélations sur ce côté de l'histoire des anciens, — côté anecdotique, mais qui autant, sinon plus que tout autre, serait en état de nous bien faire pénétrer, s'il était mieux connu, dans l'intimité des peuples de l'antiquité.

Les boutiquiers de Rome, et ils étaient nombreux, étaient généralement groupés par quartiers, et les industries similaires étaient fort rapprochées les unes des autres. La concurrence régnait déjà chez les négociants d'autrefois, et chacun faisait dès lors son possible pour attirer le client aux dépens de son voisin. Aux abords du Forum et des théâtres surtout, on rencontrait une foule de marchands de vin, de débitants d'aliments cuits, et les rivalités étaient grandes. C'était à qui attirerait les regards du passant. De là, d'immenses enseignes peintes à la cire rouge sur lesquelles s'étalaient des animaux plus ou moins fantastiques, des réclames bizarres, parfois aussi la représentation même des denrées qu'on vendait dans la boutique. Il y avait, d'ailleurs, entre ces peintures et le grand art, la différence qui existe entre les pancartes de nos théâtres forains et les œuvres des maîtres.

Nous donnons ici (fig. 509) une enseigne de marchand de vin retrouvée à Pompéi; pour bien indiquer la nature de son commerce, le propriétaire avait, comme on le voit sur le dessin, représenté deux hommes portant une amphore suspendue à un long bâton reposant sur leurs épaules. Une autre enseigne, celle d'un crémier, se recommandait à l'attention du public par une chèvre d'un tracé primitif. Mais le tableau le plus curieux en ce genre nous paraît encore être celui qu'un maître d'école avait placé à sa porte. Il y était représenté donnant le fouet à un écolier. Nous doutons que, de nos jours, ce tableau eût constitué une excellente réclame pour notre magister.

Fig. 509.

Les enseignes ne se bornèrent pas à Rome à des représentations en peinture. Certaines classes de boutiquiers avaient recours à des réclames en nature. Les bouchers, d'alors, suspendaient des morceaux de viande à l'étal de leur boutique; la chèvre, qui était une viande tout particulièrement recherchée des Romains, était parée de petits rameaux de myrte. Ceci devait allécher les clients en leur faisant croire que la bête, nourrie de cette plante, devait avoir une chair particulièrement tendre et succulente. Les marchands de comestibles allaient plus loin, et usaient d'un subterfuge que nous signalons à leurs confrères du temps présent. Ils plaçaient à leur étalage des morceaux de truie, des foies, des œufs, dans des vases de cristal remplis d'eau, ce qui, par un effet d'optique facile à comprendre, les faisaient paraître beaucoup plus gros qu'ils n'étaient en réalité.

Le moyen âge est sans contredit l'époque du plein épanouissement de l'enseigne; il nous faut toutefois remonter jusqu'en 1272, sous le règne de Philippe-le-Bel, pour retrouver les premiers documents qui nous soient parvenus sur ce sujet. L'enseigne a joué à cette époque un rôle d'une importance capitale, et on peut dire qu'elle était en quelque sorte d'utilité publique absolue. Il ne faut pas oublier, en effet, que l'usage des numéros aux maisons remonte à une époque toute récente, et qu'il y a moins d'un siècle, Paris n'en possédait pas. S'imagine-t-on l'embarras qu'un bon provincial, frais débarqué à Paris, devait avoir dans ces conditions pour retrouver un parent ou un ami, dans le dédale des rues de la Cité? C'est par les enseignes que se trouvaient les chemins; elles constituaient de véritables points de ralliement, des indices topographiques de premier ordre. Les plus remarquables d'entre elles servaient à désigner les rues où elles se trouvaient, et nombre de ces noms leur sont restés. Nous nous bornerons à rappeler, à Paris seulement, les rues du Croissant, de la Lune, de la Harpe, de la Licorne, et bien d'autres encore.

L'enseigne n'était que facultative; Henri III, par l'article 6 de l'édit de 1577, la rendit obligatoire pour les aubergistes. Cette ordonnance leur prescrit de placer des enseignes aux lieux les plus apparents de leurs maisons, « afin que personne n'en prétende cause d'ignorance, même les illettrés. » Les autres corps de métiers ne se laissèrent pas distancer par les aubergistes, et une véritable rivalité s'établit entre les diverses corporations en général, et entre les membres de chaque corporation en particulier. C'est à qui forcerait l'attention du passant; à qui imaginerait les sujets les plus singuliers, les inscriptions les plus bizarres. La sculpture rivalise avec la peinture, l'œuvre d'art cotoie la réclame commerciale la plus grossière. Ici, à la porte d'une auberge, un cheval et un page, taillés dans la pierre d'une fière allure, et d'un splendide modelé; là, une botte énorme ou un gant démesuré qui se balance au-dessus de la tête des passants. Les enseignes prirent même de telles proportions, qu'un édit de 1666 dût intervenir pour en régler les dimensions et la pose. Il y en avait de bien drôles, de ces enseignes, et l'esprit gaulois, la verve inventive et endiablée de nos ancêtres, s'en donnait souvent à cœur joie. Rappellerons-nous « le Chat noir, » ressuscité de nos jours; la Pomme de Pin, les Trois Maillots, le Petit Diable, l'Arbre d'Or, l'Eléphant; la Truie qui file, curieuse sculpture dont nous donnons ici (fig. 510) la reproduction, et à laquelle, si nous en croyons la légende, se rattache un tragique sou-

Fig. 510.

venir. D'après M. Amédée de Ponthieu, en effet, « la Truie qui file, » si fort en honneur comme sujet d'enseigne chez nos pères, aurait été une réalité. En 1466, la « Truie qui file » servait de gagne pain à un brave homme qui l'avait dressée à force de patience, et donnait tous les jours en place de Grève deux représentations qui avaient le don d'attirer et de passionner la foule, beaucoup trop même, car elles firent accuser de sorcellerie la truie et son maître qui furent brûlés tous deux, par décision des juges d'alors, et pour la plus grande gloire de Dieu.

Nous en passons, et des meilleures. Plus d'une fois, les enseignes servirent à des petites vengeances personnelles; nous n'en voulons pour preuve que cet amusant récit que nous devons à Tallemant des Réaux. C'est l'histoire d'un cabaretier qui, pour se venger d'un commis borgne des accises qui avait exigé de lui des droits qu'il ne devait pas, l'avait représenté en voleur sur l'enseigne

Fig. 511.

de son auberge, avec cette légende « au Borgne qui prend. » Furieux, le commis restitua l'argent perçu en trop, contre la promesse du cabaretier qu'il modifierait son enseigne. Ce dernier tint parole; il effaça la lettre *p* du mot *prend*, et l'inscription devint ainsi « au Borgne qui rend. »

Les saints étaient aussi fort en honneur, et plus d'un bourgeois plaçait son commerce sous leur patronage, ou sous la protection du « Cygne ou du signe de la Croix ».

Fig. 512.

Il nous serait impossible de décrire ou même de citer seulement toutes les enseignes curieuses qui sont parvenues jusqu'à nous. Nous ne pouvons mieux faire, d'ailleurs, pour donner au lecteur une idée des compositions imaginées dans les deux derniers siècles que de le renvoyer aux trois figures que nous donnons ici, et qui nous ont semblé tout particulièrement curieuses en des genres différents : le *Phénix* (fig. 511) qui date du règne de Henri II ; le singulier rebus « du *Bœuf et de la Bouche* » (fig. 512) qui décore encore un vieil hôtel anglais; enfin le *Point du Jour* (fig. 513), primitive conception qui indiquait sans doute l'emplacement d'une auberge.

Sous Louis XIV, l'enseigne cessa d'être obligatoire pour devenir facultative. Une ordonnance de 1693 donna aux hôteliers toute liberté quant à la composition de leurs pancartes. Enfin, en 1761, une ordonnance du lieutenant de police vint interdire les enseignes suspendues. De tels tableaux, il faut en convenir, quand le vent soufflait avec quelque violence, devaient faire une singulière musique, et constituer souvent un danger sérieux pour les passants.

Le XIXe siècle a vu la décadence de l'enseigne. La

Fig. 513.

vulgaire raison sociale s'étale aujourd'hui sur les boutiques; les hardies sculptures, les coquets tableaux d'autrefois, ont disparu pour la plupart devant la démolition des anciens quartiers et la disparition des vieilles maisons, et n'ont pas été remplacés.

ENSEIGNEMENT. Art, méthode d'enseigner, et, au point de vue spécial de cet ouvrage, manière de développer l'intelligence des jeunes gens et d'en faire d'habiles ouvriers, d'excellents artistes, de savants ingénieurs.

Enseignement des beaux-arts appliqués à l'industrie. Dès le XVIIe siècle, en France, on était déjà préoccupé d'organiser un enseignement théorique et professionnel des arts appliqués à l'industrie. Colbert obéissait à cette idée lorsque, par l'édit de 1667, il créait la manufacture royale des meubles de la couronne. Les Gobelins réunirent alors sous la direction de Le Brun tous les éléments d'une école où les diverses branches de l'industrie d'art de cette époque étaient étudiées. Un intéressant travail de notre collaborateur M. Paul Mantz nous apprend que soixante enfants composaient le personnel de cette école. Après un apprentissage de deux années, ceux qui ne restaient pas à l'établissement pouvaient à Paris, ou dans toute autre ville du royaume, ouvrir atelier, ou boutique. L'industrie, il n'est pas inutile de le rappeler, était soumise au régime de la maîtrise. Aussi, les jeunes gens des Gobelins étaient-ils dispensés des frais et du chef-d'œuvre obligatoire ; ils devenaient maîtres par le seul fait de leur séjour à la manufacture royale. Mais il est clair qu'on ne visait à former que des praticiens adroits. Dirigé dans le sens de l'art décoratif aussi longtemps que Le Brun vécut, l'enseignement aux Gobelins fut modifié après la mort de cet artiste ; et sous Mignard, sous Leclère, l'étude de la figure humaine y prit une importance beaucoup plus grande que celle des études d'ornementation décorative. Le principe fondé par Colbert et par Le Brun fut dès lors sacrifié. N'avait-il donc pas produit les résultats féconds qu'il promettait? Au XVIIIe siècle à Paris et aussi dans quelques villes de province, notamment à

Reims, à Beauvais, à Lyon, à Dijon et à Tours, s'ouvrirent des écoles de dessin destinées à former des artistes spéciaux, capables de seconder les efforts des industries locales. L'une de ces écoles fondée par Jean-Jacques Bachelier, peintre de fleurs et peintre d'histoire attaché à la manufacture de Sèvres, existe encore aujourd'hui, c'est l'Ecole de dessin de la rue de l'Ecole-de-médecine devenue l'Ecole des arts décoratifs.

On sait qu'aux derniers jours de l'année 1881, une commission fut instituée pour étudier la situation des ouvriers et des industries d'art. Cette commission a recueilli les dépositions d'un grand nombre d'industriels de Paris et de la province; elle a pu ausculter ainsi notre industrie nationale, recueillir les avis des intéressés sur le remède à apporter au mal dont elle souffre. Le rapport, quoique rédigé dans une forme assez concise, est en quelque sorte le reflet de cette vaste consultation. Il en traduit l'esprit, il exprime les désirs qui y ont été formulés, il fait mieux encore : il aboutit à des résolutions fermes pouvant faire l'objet de propositions de loi.

En analysant ce document officiel publié en 1883, nous y trouverons les informations les plus précises sur la question qui nous intéresse ici sur l'état actuel de l'enseignement des arts industriels.

— La première partie du rapport rappelle la constitution de la commission d'enquête en décembre 1881, ainsi que les efforts faits jusqu'à cette époque, depuis la fin du siècle dernier, en faveur des industries d'art. On y rappelle aussi les rapports de Grégoire à la Convention, les Mémoires de Chaptal sur l'état de l'industrie française, les projets présentés par Monge, Lakanal, Guyton de Morveau, etc.; les encouragements donnés aux cours spéciaux destinés à enseigner les procédés du tissage, les éléments de la mécanique. Le rapporteur en tire cette conclusion que la Révolution s'est rendu un compte exact des dangers que pouvait présenter la suppression des corporations, et de la nécessité pour l'Etat de suppléer à l'enseignement particulier et d'ailleurs étroit qui disparaissait avec elles, par l'organisation d'un enseignement général conçu dans des proportions plus larges. L'œuvre de la Révolution fut seulement commencée, puis elle dévia de son but et fut bientôt abandonnée. En 1806, en 1814, en 1819, on se préoccupa d'encourager l'enseignement professionnel sans obtenir aucun résultat. Après 1830, une commission fut nommée pour rechercher les moyens de venir en aide à nos industries d'art; elle conclut à l'enseignement obligatoire du dessin, mais aucune décision n'intervint. En 1845, une nouvelle commission demanda la création de musées d'art industriel et d'écoles professionnelles; en 1850, une proposition fut faite à l'Assemblée nationale de créer un conseil de perfectionnement industriel, elle fut repoussée. En 1852, en 1855, en 1867, à la suite des Expositions, les rapports signalant le développement des arts à l'étranger se succèdent. Le premier qui ait fait faire un pas à la question est M. Duruy qui, dans une circulaire adressée aux recteurs, recommandait l'étude du dessin qu'il appelait « l'écriture de l'industrie. » Dans le même temps, une commission fut nommée pour aviser aux moyens de développer l'enseignement technique; elle demanda aux Chambres un crédit de 500,000 francs. On lui en accorda 50,000. Tout en rendant hommage à ces efforts, le rapporteur fait observer que, s'ils n'ont pas abouti, c'est que l'on n'a pas voulu envisager la question dans son ensemble ou que l'on a été impuissant à le faire par suite de considérations d'ordre administratif.

Il rappelle encore le congrès international provoqué, en 1869, par l'Union centrale des beaux-arts et les vœux qu'il émit, tendant à généraliser l'éducation en matière d'art dans toutes les classes de la société, à créer des musées d'instruction à la ville et au village, à faire entrer l'enseignement du dessin dans le programme des matières obligatoires de l'instruction primaire, à enseigner au début les formes géométriques et celles des objets usuels, à recommander l'enseignement oral, à remédier à l'abus du modèle graphique, à fonder une école normale supérieure pour former des professeurs, à blâmer l'usage du modèle-estampe, à faire reproduire et propager les objets d'art possédés par chaque pays, à améliorer la condition des professeurs.

Le rapport officiel dont nous avons commencé l'analyse constate ensuite le désaccord des professeurs à propos de l'enseignement du dessin, les uns continuant à se servir des modèles-estampes, les autres demandant que l'on abandonne ce système pour revenir à la démonstration scientifique et à l'observation directe de la nature au moyen des figures en relief, enfin, en 1876, l'inscription au budget de 30,000 francs pour subventionner les écoles de dessin des départements; en 1879, l'adoption d'une proposition de loi sur l'organisation des écoles et des musées d'art industriel et, en 1880, le vote de la loi sur les écoles manuelles d'apprentissage. Le rapporteur attend beaucoup des associations syndicales; il ne doute pas que si l'Etat leur vient en aide au moyen de subventions pour la création ou le développement des écoles spéciales à chacune des industries, ou même des écoles donnant une instruction commune à plusieurs industries similaires, il trouvera là un puissant instrument de progrès. L'honorable rapporteur, M. Antonin Proust, rappelle que c'est cette complicité de l'action privée et de l'action publique qu'avait voulu réaliser l'institution du département spécial créé le 14 novembre 1881 sous le nom de *ministère des arts*. Ce ministère devait réunir toutes les branches de l'organisation des arts, il avait un plan, une méthode parfaitement définis. Sa suppression a rétabli la dispersion des services qui existait auparavant. Ils ont été restitués aux anciens départements dont ils faisaient partie et ce que la commission est appelée à rechercher, c'est comment il lui sera possible de réaliser les réformes qu'appellent les conclusions de l'enquête, en faisant appel au zèle des différents ministres intéressés. M. Proust s'empare d'abord des déclarations de M. Jules Ferry dans la séance de reprise des travaux de la commission. Le président du Conseil déclarait qu'il tenait à bien marquer la communauté de vues existant entre l'ancien ministère des arts et lui.

« La vraie solution, disait-il, la solution générale, définitive, c'est celle que nous poursuivons depuis plusieurs années; elle sera dans la vulgarisation de l'enseignement du dessin, introduit comme un élément fondamental, indispensable, obligatoire dans l'instruction élémentaire, secondaire et supérieure de ce pays. »

Et à propos de l'apprentissage, dont les conditions ont été bouleversées, M. Jules Ferry ajoutait :

« Il s'agit de rechercher ce qu'il serait utile et possible de faire pour chacune des professions intéressées, après avoir examiné la situation particulière de chacune d'elles, et c'est précisément le but de l'enquête; mais c'est ici, je crois qu'il faut se garder d'apporter des idées préconçues, théoriques, absolues. Il faut laisser par dessus tout se produire l'initiative des intéressés, l'encourager le plus possible, mais éviter tout ce qui pourrait ressembler à un enseignement officiel de l'industrie du meuble, par exemple, ou de la céramique ou de tout autre industrie d'art, car l'industrie vit et ne peut vivre que de la liberté. »

Le ministre terminait ainsi :

« J'entends employer à la solution de ces grandes questions tout ce que j'ai de bonne volonté et d'énergie. Je prendrai pour modèle la noble passion pour le beau et pour le bien qu'apportait dans la direction du ministère des arts mon honorable et éminent prédécesseur, et je mettrai au service de la cause qui nous est chère tout ce que je puis avoir de crédit dans le gouvernement et dans les Chambres. »

D'un autre côté, M. Proust espère que la commission rencontrera un appui précieux au ministère du commerce.

La seconde partie du rapport est consacrée aux dépositions recueillies par la commission d'enquête. Il résulte de ces dépositions que, à l'exception de quelques rares industries de luxe, qui trouvent dans la fidélité d'une clientèle restreinte la rémunération de leurs efforts, nos industries d'art sont pour la plupart menacées de décadence. Il faut en attribuer la cause à la division du travail nécessitée par les besoins d'une production excessive et à bon marché, à l'emploi des procédés mécaniques et aussi au commerce qui, en ne considérant que son intérêt immédiat, est trop souvent le mauvais conseiller de l'industrie. Examinant ensuite les faits particuliers à la France, le rapporteur constate que malgré le caractère étroit de leurs exigences personnelles, les corporations d'arts et métiers avaient constitué dans notre pays un fonds de familles industrielles dans lesquelles se perpétuaient, à l'aide d'une organisation hiérarchique et d'un enseignement rigoureux, ces traditions qui nous avaient donné une véritable supériorité dans les applications de l'art à l'industrie. Chercher à refaire aujourd'hui ces corporations n'aurait d'autre résultat que de condamner un certain nombre de retardataires à demeurer impuissants, au milieu d'un mouvement qui nécessite le recours à des moyens nouveaux d'enseignement et qui appelle des réformes profondes dans la répartition du travail. L'association, dans sa forme nouvelle, depuis la grande association de l'Etat jusqu'à la plus modeste des chambres syndicales, ne peut songer à rétablir l'apprentissage intime et lent d'autrefois. Elle y perdrait son temps. Ce qu'elle a le devoir de faire c'est de se munir d'un mode d'enseignement qui procède du général au particulier, qui répande les grands principes d'instruction commune à l'exercice de tous les arts et de tous les métiers, en se réservant de spécialiser cette instruction lorsque les aptitudes se sont nettement déterminées.

M. Antonin Proust fait observer que ce qui paraît difficile à concilier dans les conditions actuelles du travail en France, c'est l'élévation sans cesse croissante du prix de la main-d'œuvre et l'abaissement chaque jour plus grand du prix de vente. La commission ne peut à ce propos qu'émettre des vœux pour que les pouvoirs publics se préoccupent des améliorations à apporter à notre régime fiscal, aux tarifs de transports et de douanes et à la législation sur la propriété artistique. L'honorable rapporteur en mentionnant les plaintes des patrons contre leurs ouvriers trop prompts à organiser la grève, constate aussi que trop souvent les patrons sont étrangers à l'industrie qu'ils dirigent, qu'ils en connaissent mal l'outillage, qu'ils ne se décident à modifier cet outillage qu'à la dernière extrémité, qu'ils négligent par suite ce qui pourrait en même temps améliorer les conditions de la production et relever la situation des travailleurs. A propos des plaintes formulées contre la concurrence étrangère, M. Antonin Proust dit qu'elles ne sont le plus souvent que le fruit de l'ignorance profonde de ce qui se fait de l'autre côté de nos frontières. On se complaît dans une admiration imprudente de ce qui se fait en France et on professe un dédain profond pour ce que peuvent entreprendre les autres nations. Il faut se garder également de conseiller aux pouvoirs publics ces remèdes empiriques qui consistent à renoncer au bénéfice de l'adjudication des travaux, à faire des commandes exclusives et passagères, à demander en un mot, au profit de certaines catégories de citoyens, des sacrifices que la nation ne consent en réalité que sous certaines garanties profitables à tous. Que les unions de patrons ou d'ouvriers cherchent dans un meilleur mode d'association le moyen de participer aux grands travaux publics, qu'elles réclament du pouvoir législatif des modifications à la législation existante, si les lois actuelles n'assurent pas suffisamment leur indépendance ou paralysent leur action, rien de mieux ; mais qu'elles réclament un privilège dans la distribution du travail, nous ne saurions l'admettre parce que le privilège détruit l'émulation et ne ferait qu'aggraver le mal contre lequel nous voulons réagir.

Ce qui nous frappe au point de vue de l'enseignement, c'est que l'élévation du prix de la main-d'œuvre correspond à une diminution dans la valeur du produit et nous estimons que si nous relevons la valeur du produit, nous aurons considérablement atténué le danger de la contradiction que nous signalons. Il paraît que ce relèvement ne peut être obtenu que par le développement de l'enseignement professionnel et par l'introduction des notions artistiques dans cet enseignement. « Pour ma part, dit M. Proust, j'ai toujours envisagé la question à ce point de vue. J'ai toujours pensé que nous devons tout d'abord demander ce qui se fait en dehors de nous et que nous devons ensuite rechercher ce que nous pouvons faire chez nous, en tenant compte des conditions actuelles du travail dans notre société démocratique et de celles que nous pouvons lui faire en améliorant nos lois. » Les gouvernements étrangers ont si bien compris que les sociétés modernes vivent par l'industrie, qu'ils ont depuis une trentaine d'années multiplié les institutions destinées à favoriser l'enseignement professionnel. Après l'exposition de 1851 à Londres, où la supériorité de la France fut démontrée, le gouvernement anglais s'empara de la direction de l'enseignement des arts. L'*Art-departement*, section du conseil privé, fut créé pour propager dans tout le Royaume-Uni l'étude des arts. Il fonda le musée d'art industriel de South-Kensington pour lequel il recueillit dans l'univers entier des chefs-d'œuvre de tous les genres ; il fournit des subventions aux communes pour l'établissement d'écoles de dessin à la disposition desquelles il tient des modèles avec un rabais de 50 0/0. L'*Art-departement* est en outre aidé par les associations libres, les *mecanichs instituts*. Il distribue des récompenses et ouvre des concours entre les professeurs. Sa direction s'étend aussi aux musées industriels d'Edimbourg et de Dublin. Le budget affecté à ces différentes institutions s'élève à la somme de 6 millions.

L'Allemagne, depuis 1852, a organisé à moins de frais, mais avec autant de succès, l'enseignement des arts. Elle a institué l'enseignement du dessin, du modelage, de la sculpture sur pierre et sur bois dans presque toutes les communes. Elle a multiplié les écoles industrielles et les écoles du soir. Munich possède] depuis 1852 un musée d'art industriel, Nuremberg également, Berlin en a fondé un en 1867; le noyau des collections de ce musée est formé des objets d'arts achetés par le gouvernement à l'exposition universelle de Paris. Des cours de dessin y sont annexés. Cet établissement a un budget de près de 60,000 francs. La Belgique, l'Autriche, ont partout organisé l'enseignement du dessin. Vienne a créé un musée industriel en 1863 ; en Italie, en Suisse, on a beaucoup fait aussi pour le développement de l'enseignement professionnel ; en Russie, où il y a tout à faire pour vulgariser l'enseignement élémentaire, on constate une tendance vers les arts industriels. Moscou possède, depuis 1863, un musée d'art industriel où les artisans trouvent réunies des collections de modèles de tout genre en rapport avec leurs travaux. Aux États-Unis d'Amérique enfin, l'enseignement du dessin fait partie du programme d'instruction appliqué dans les 200,000 écoles primaires.

Le rapporteur consacre quelques observations à ce qui se fait en France. Il désirerait que le Conservatoire des arts et métiers devint, selon l'heureuse expression du général Morin, « une Sorbonne industrielle ». Le Conservatoire serait en quelque sorte le couronnement de l'édifice de l'enseignement industriel. Quelques modifications devraient être apportées aussi dans l'organisation des écoles d'arts et métiers destinées à former des contre-maîtres pour l'industrie. M. Proust rappelle qu'une commission, nommée pour étudier la constitution des écoles d'arts et métiers, exprima le vœu qu'un ensemble d'éducation professionnelle fut étudié depuis et y compris l'enseignement primaire, jusqu'à l'enseignement supérieur général. Les écoles d'arts et métiers auraient formé le degré secondaire de cet enseignement qui aurait compris aussi des écoles d'apprentis avec bourses d'apprentissage. M. Proust déplore que le crédit ouvert au Ministère du commerce pour encourager cet enseignement technique soit insuffisant. « Si maintenant, continue l'honorable rapporteur nous passons au Ministère de l'instruction publique (section des beaux-arts), nous y rencontrons tout d'abord le legs de l'ancien régime, l'école des beaux-arts qui a institué un cours d'art décoratif, l'école des arts décoratifs, école dirigée par notre très actif collègue M. Louvrier de Lajolais, école connue sous le nom de *Petite école* et qui sert trop souvent de marche-pied pour introduire dans l'établissement de la rue Bonaparte des ambitions artistiques mal justifiées. » On doit citer encore les écoles de Lyon, Dijon, Toulouse, cette dernière dotée par l'Etat, en 1879, les manufactures des Gobelins, de Sèvres, de Beauvais qui avaient été créées avec le caractère d'établissements d'enseignement secondaire pour certaines de nos industries et qui, tout en conservant un enseignement destiné à former des élèves, sont devenues des conservatoires de traditions limitées. Il existe aussi diverses écoles en province ; en outre les écoles d'apprentissage ont été placées dans une section de l'instruction publique. D'autres écoles professionnelles dépendent du Ministère du commerce. C'est une division fâcheuse. Le sentiment de M. Proust est que la réunion de ces différents services sous une seule et même direction constituerait un progrès considérable sur l'état de choses existant, parce que cette réunion permettrait à l'action publique de poursuivre l'exécution d'un programme nettement déterminé et de prêter par suite un appui plus efficace à l'action privée. Mais cette situation n'existant pas, le rapport se contente de rechercher comment il est possible d'améliorer la condition de notre enseignement des arts en tenant compte de la répartition des services auxquels sa direction est confiée. Il propose à la commission d'émettre les vœux suivants : 1° impulsion à donner à l'enseignement du dessin dans chacune des écoles normales d'instituteurs et d'institutrices, et, par suite, dans les écoles primaires ; 2° participation plus grande des écoles manuelles d'apprentissage aux subventions de la caisse des écoles ; 3° création d'écoles et musées d'art industriel, encouragements à donner aux écoles et musées d'art industriel créés par l'initiative privée au moyen d'une dotation spéciale de 5 millions ; 4° nécessité d'unifier les programmes qui se rapportent à l'enseignement des arts à tous les degrés, et dans toutes leurs applications, et d'unifier la direction à donner à cet enseignement par la constitution d'un conseil choisi par les administrations intéressées et l'organisation d'une seule et même inspection pour tous les établissements qui donnent l'enseignement des arts.

Ce paragraphe sur l'unification des programmes livre prise à la discussion. Nous y reviendrons tout à l'heure.

En terminant, M. Proust appelle l'attention de la commission sur la nécessité de relier les attributions du Ministère de l'instruction publique et celles du Ministère du commerce. Il se demande s'il n'y aurait pas lieu au moyen d'un décret d'attributions, de consacrer l'action commune des deux administrations en vue d'un but commun.

« On ne saurait se dissimuler, dit-il, qu'il est fort malaisé de distinguer à l'heure actuelle l'application des sciences à l'industrie et l'application de l'art à l'industrie. La science prête à l'art une assistance chaque jour de plus en plus grande, et lorsque, par exemple, la ville de Lyon nous demande la réorganisation de l'Ecole des Beaux-Arts de Lyon, la fondation à Lyon d'une Ecole de filature et de moulinage, la fondation d'une Ecole pratique de tissage, la réorganisation du Musée d'art et d'industrie avec laboratoire d'essai, salles d'expérimentation et de conférences; elle s'adresse en même temps et pour les mêmes établissements à l'administration du commerce, qui se réserve l'enseignement des sciences dans leur application à l'industrie, et à l'administration de l'instruction publique et des beaux-arts, qui entend garder l'enseignement des arts. Ne serait-il pas possible de provoquer un accord dans l'intérêt de la cause que nous avons à défendre ? »

Les conclusions du rapport de M. Proust ont été immédiatement adoptées par la commission. Elles sont fort sages, mais qu'en adviendra-t-il, et seront-elles jamais appliquées.

Après avoir exposé ces vues d'ensemble sur l'enseignement des arts industriels et décoratifs, nous avons à examiner l'enseignement essentiel du dessin.

En vertu de deux arrêtés du ministre de l'instruction publique, des cultes et des beaux-arts, l'un en date du 21 mai, le second du 2 juillet 1878, pris l'un et l'autre sur la proposition de M. de Chennevières, l'enseignement du dessin est devenu obligatoire, d'abord dans les établissements publics d'enseignement primaire, puis dans les lycées et collèges à partir de la classe de sixième jusqu'à la classe de philosophie inclusivement.

Dans le discours qu'il a prononcé à la distribution des récompenses du Salon de 1878, le ministre, M. Bardoux, disait déjà ce qu'il attendait de ces arrêtés :

« Les réformes qui viennent d'être opérées, grâce au concours que l'administration a trouvé dans le conseil des beaux-arts, permettent d'espérer qu'à la sortie de l'école primaire, l'écolier qui suivra dorénavant l'enseignement du dessin le connaîtra suffisamment pour apporter dans son travail d'ouvrier les qualités d'exactitude technique et de goût que l'instinct le meilleur ne peut jamais suppléer. »

La phrase est parfaite, et l'avenir justifiera des prévisions fondées sur la plus rigoureuse logique. Le ministre ajoutait :

« En rendant obligatoire dans les collèges et les lycées l'enseignement du dessin, et en le conduisant du mode purement graphique, qui répond à l'utile, au mode esthétique, qui fait appel au sentiment du beau, nous n'avons pas la pensée que nous ferons des artistes; mais nous avons voulu enlever à l'enseignement du dessin le caractère qu'on lui prêtait communément, de n'être qu'un art d'agrément. »

L'effort serait en énorme disproportion avec le résultat, si l'on imposait à la jeunesse universitaire sept années de dessin forcé, uniquement pour la dissuader de cette erreur que le dessin est un art d'agrément. Sans aucun doute, M. Bardoux voulait dire qu'en étendant l'étude du dessin à tous les degrés de l'instruction publique, il avait pour objet, non seulement de préparer des artisans artistes pour les industries du goût, mais aussi de former un public artiste lui-même, et pour parler le langage économique, d'éclairer le consommateur en même temps qu'il tendait à élever le niveau de la production.

Telle nous apparaît la conséquence enviée des réformes en projet. Nous disons réformes projetées et non accomplies, car les moyens d'accomplissement ne sont point dans les mains d'un ministre. Quel que soit son désir de bien faire, il ne dépend pas d'un arrêté ministériel d'improviser du jour au lendemain le personnel considérable des professeurs que supposent ces mesures excellentes, nécessaires, qui sont résolues en principe, mais qui sont loin de l'être en pratique. N'oublions pas, en effet, que la décision ministérielle est due en grande partie à l'*Union centrale*, à ses efforts aussi désintéressés que persistants, aux démonstrations publiques qu'elle a renouvelées pendant quinze ans, et à la suite desquelles les hommes de conviction qui la représentent formulèrent l'éclatante condamnation de toutes les méthodes actuellement en pratique dans l'enseignement du dessin. Dès lors, qui chargera-t-on de cet enseignement? Le titre II des arrêtés ministériels nous apprend que les professeurs seront nommés par le ministre et choisis : 1° parmi les anciens élèves de l'Ecole des beaux-arts munis de diplômes et de certificats de capacité établis par l'arrêté du 8 août 1876; parmi les artistes pourvus d'un certificat de capacité délivré à la suite d'un examen spécial dont les conditions seront ultérieurement établies. L'établissement de ces conditions suppose au préalable une absolue certitude de vues sur ce que doit être l'enseignement. Déjà nous en voyons l'indication en l'article 1er de ce même titre II, où il est dit que les figures et les modèles nécessaires à l'enseignement devront être approuvés par le ministre. Cet article, fort sage d'ailleurs dans sa formule, soulève la plus grosse question du moment dans l'ordre d'idées qui nous occupe. Nous avons cité l'opinion de l'*Union centrale* sur le modèle-estampe. Dans le texte que nous avons emprunté au *Bulletin de l'Union*, cette opinion est exprimée de telle façon qu'on pourrait se méprendre sur la réforme poursuivie par cette société. Tout le monde, sans discussion, accordera que « le procédé *unique* de l'estampe pour l'initiation au dessin est insuffisant et dangereux. » Mais, par cette rédaction, on paraît triompher trop aisément de contradicteurs fictifs, car dans la mesure de cette affirmation, il ne s'en trouvera point. Personne aujourd'hui ne songe à faire du modèle-estampe la source *unique* de l'enseignement du dessin. Les vœux déclarés de l'*Union centrale* sont plus radicaux. L'un de nos éminents collaborateurs, l'honorable administrateur des Gobelins, M. Alfred Darcel, notamment, était plus net, lorsqu'il disait dans une session des sociétés des beaux-arts des départements :

« L'abandon *presque exclusif* des gravures, des lithographies et des photographies, que les élèves copient plus ou moins servilement pendant des années entières, sans en tirer aucun fruit, est résolu, et la bosse doit leur être substituée. »

M. René Ménard, faisant depuis une conférence sur le dessin, concluait sur cette question :

« Il demandait, non pas qu'on supprimât absolument les modèles graphiques, mais qu'on diminuât considérablement le temps que l'élève y passe, que le choix des modèles fût très épuré, et que l'étude du bas-relief entrât *dès le début* dans notre éducation artistique. »

De la forme modérée, tempérée, où se présentent de tels vœux, il se dégage pour nous un vague soupçon « d'opportunisme ». Ce n'est pas là que nous trouvons dans toute sa sincérité la pensée de l'*Union centrale*. Il semble qu'on cherche à familiariser le public avec une idée qu'on n'ose encore proclamer ouvertement. Cette idée, nous la demanderons aux documents officiels de la Société, au rapport de la commission consultative (sous-commission des écoles), au conseil d'administration de l'*Union* en 1876 :

« Ne serait-il pas utile aujourd'hui, — disait le rapporteur, M. Racinet, — de mettre un terme à de certaines indécisions que des circonspections sans doute nécessaires ont laissées dans bien des esprits? C'est d'un accord unanime que vous avez condamné, comme étant le plus stérile du monde, l'exercice qui consiste dans la copie servile des modèles graphiques ; — l'expérience vous a démontré la vanité de ces études plus ou moins proches du *fac-simile*, où les facultés mentales des élèves ne sont point mises en jeu. Elles absorbent un temps précieux, qu'il faut remplacer un jour ou l'autre, alors que l'on s'est cru avancé, ce qu'à son véritable dommage, le plus grand nombre ne peut faire. La certitude possédée par vous sous ce rapport n'a cependant pas eu la conséquence logique qui en devait résulter; au lieu de conclure immédiatement qu'il fallait *avant toute chose* mettre l'élève en face de l'objet en nature, du solide élémentaire (cube, cône, pyramide, etc.), et que sa mise en regard de l'estampe ne devait s'effectuer qu'à un certain degré de l'étude, la question s'est quelque peu égarée dans la critique des modèles graphiques en usage; *si bien qu'au lieu d'entendre la condamnation d'un système vicieux*, le public a pu comprendre, en vous voyant désigner les pires, qu'il ne s'agissait au fond que du choix des modèles. »

Voilà au moins qui est formel, précis, articulé nettement et sans ambages. Suppression radicale du modèle-estampe, en lui substituant d'une façon exclusive, dès le début de l'enseignement, le modèle en relief.

Mettons-nous en garde contre des théories séduisantes par les simplifications qu'elles présentent, qui paraissent reposer sur la logique, que l'on peut croire fondées sur l'expérience, qui se produisent avec la plus entière bonne foi et le très sincère amour du bien, et pour toutes ces raisons qui sont périlleuses au suprême degré.

Sans entrer à fond dans la discussion, nous invoquerons le témoignage d'un homme dont la compétence non plus que le libre esprit ne sauraient être contestés, celui de l'un des prédécesseurs de M. L. de Lajolais à la direction de l'École nationale de dessin. M. Lecoq de Boisbaudran, abordant à son tour la question du modèle-estampe, dit, dans ses *Lettres à un jeune professeur*, où se résume une longue et savante pratique de l'enseignement :

« Je n'ignore pas qu'il existe aujourd'hui de grandes préventions contre les modèles dessinés ou gravés, particulièrement contre ceux des figures ou fragments de figures. On est encore sous le coup de l'irritation légitime causée par le triste souvenir des modèles de *Reverdin* et de *Julien* avec leurs hachures si compliquées et si prétentieuses. L'expérience en a fait justice. Leur imperfection, l'abus excessif de leur emploi expliquent une réaction qu'il faut cependant se garder d'exagérer : elle appellerait à son tour une réaction contraire, résultat ordinaire de toute exagération. »

M. L. de Boisbaudran constate que le modèle-estampe au début offre cet avantage de permettre au professeur précisément d'exiger une imitation complète, parce qu'il reste immuable et ne se prête ni aux à peu près, ni aux interprétations. Il considère le dessin copié comme une transition précieuse entre l'étude des figures géométriques et le dessin d'après la bosse. Ce qui manque aux modèles-estampes, c'est d'être simples et surtout gradués de manière à s'expliquer et se préparer l'un par l'autre dans une suite méthodique. A cette autorité, nous pourrions en joindre bien d'autres ; mais ne suffit-il pas d'invoquer celle des maîtres tels que Cennino-Cennini, Léonard de Vinci, Benvenuto Cellini, Vasari, Lomazzo, Armenini, Jean Cousin, etc., qui ont tous prescrit l'emploi des modèles de figures et de fragments de figures dessinés ou gravés ?

Mais, comme en toute discussion chacun s'opiniâtre dans ses convictions, il est un moyen simple, loyal, très lent, mais sûr, d'élucider la question pendante, et ce moyen, l'administration nouvellement réorganisée en dispose librement. Maintenant que la direction des beaux-arts a institué un bureau spécial de l'enseignement et que l'inspection générale est confiée à M. Guillaume, l'éminent artiste, dont le zèle, en ces matières, ne se lasse d'aucune étude, confiera sans doute à son nouveau personnel le soin d'examiner les méthodes d'enseignement qui lui seront soumises. Au lieu d'adopter préventivement une méthode unique, comme le recommande M. Antonin Proust, nous croyons qu'il y a lieu désormais de faire des expériences comparatives sans cesse et sévèrement suivies, contrôlées, inspectées et jugées d'année en année dans leurs résultats. Les nombreuses écoles municipales de la ville de Paris serviraient de champ d'épreuves d'autant meilleur que les épreuves y seraient plus facilement surveillées. Toute autre façon de procéder laisserait ouverte la lice des discussions oiseuses et pourrait bien achever de ruiner à jamais l'enseignement du dessin déjà si compromis en France par des engouements aventureux et périlleux.

Enseignement professionnel. Ce genre d'instruction est né d'hier et a surtout pris son véritable essor à la suite des différentes expositions universelles qui ont eu lieu avec tant d'éclat à Paris. Ces expositions constituent, en effet, le meilleur criterium de l'état d'avancement des arts industriels, des sciences appliquées et de la diffusion des connaissances scientifiques chez les divers peuples du globe.

Le siècle actuel est tout entier à l'industrie qui, d'accessoire qu'elle était aux époques précédentes, est passée tout à coup au premier rang des besoins et des éléments de richesse des nations modernes. Aussi l'enseignement industriel est-il devenu en même temps l'une des questions les plus importantes de notre époque, et l'avenir appartient évidemment à la nation qui saura le mieux propager cet enseignement spécial, mélange de science pure et d'application, de théorie et de pratique, ce qu'on appelle enfin l'*enseignement professionnel.*

La formule précise du meilleur enseignement n'est point trouvée, mais les plus généreux efforts sont tentés pour obtenir une prompte solution car tout le monde est unanime à reconnaître aujourd'hui qu'il est nécessaire de former des pléiades d'hommes, dont l'intelligence, ouverte de bonne heure par une bonne préparation scientifique à toutes les idées de progrès, possèdent en outre l'amour de leur profession; c'est là la condition essentielle du maintien de notre vieille suprématie.

Et dans l'enseignement industriel ou professionnel, nous entendons comprendre l'enseignement agricole, trop négligé en France, et qui cependant devrait être d'autant plus développé que l'agriculture est l'une des sources les plus fécondes de la richesse nationale.

Nous devons cependant reconnaître que cet enseignement spécial est déjà moins insuffisant; outre les trois écoles d'agriculture de Grignon, Grandjouan et La Saulsaye, il a été créé à Paris une Ecole supérieure d'agriculture qui, quoique à son début, donne les meilleures promesses pour l'avenir. Elle est destinée par son programme élevé à fournir des chefs d'exploitation agricoles analogues à ceux que l'Ecole centrale des arts et manufactures donne à l'industrie proprement dite. Nous pensons que la création d'écoles semblables serait une chose utile dans la plupart des grands centres agricoles de notre pays, de même que l'on a installé un peu partout des Facultés de droit et de médecine.

* **ENSIMAGE.** *T. de filat.* On désigne sous ce nom la lubrification que l'on fait subir en filature aux laines dessuintées, afin de faciliter une partie des transformations mécaniques auxquelles on les soumet. La constitution des brins de laine est naturellement rebelle à toute espèce de glissements, et comme ces brins ne peuvent se transformer en fils réguliers que par une série infinie et successive de ces glissements, il est nécessaire de faciliter ceux-ci par l'addition d'un liquide onctueux. Comme la quantité de ce liquide, d'une part, doit varier avec la qualité du textile à filer et doit être proportionnelle à l'âge de la laine, à son état plus ou moins normal de flexibilité et d'élasticité, et d'autre part doit être en rapport avec les qualités graisseuses plus ou moins efficaces de la substance employée, on conçoit de suite combien l'ensimage, opération très simple en apparence, exige la réalisation de conditions délicates à effectuer.

Les différents liquides en usage pour ensimer sont : les huiles d'olive, de colza, d'arachide, l'acide oléique vulgairement appelé *oléine*, la glycérine, et les émulsions dues à des inventeurs spéciaux. Les premières sont avant tout préférées : l'oléine qui très souvent n'est pas débarrassée de son acide est d'un emploi nuisible, non seulement pour les nuances des laines ensimées, mais encore pour le matériel de filature lui-même qui peut être attaqué; la glycérine est chère lorsqu'elle est pure, de plus elle est collante, ce qui ne facilite guère les glissements, puis, lorsqu'elle est impure et chargée d'eau, elle peut oxyder les garnitures, enfin, comme elle est très hygrométrique et augmente alors le poids de la laine sans que l'aspect de la matière change, elle peut devenir (et elle est quelquefois devenue) un élément de fraude entre les mains du peigneur à façon; quant aux émulsions, elles coûtent, il est vrai, meilleur marché à poids égal, que toute substance graisseuse pure, mais elles exigent généralement pour l'ensimage un volume de liquide plus considérable et, quand elles sont mal faites, elles amènent une très grande irrégularité dans le travail de la filature. Les proportions de la substance graissante, en dehors des conditions indiquées ci-dessus qui en font varier la quantité, sont généralement pour les laines peignées de 2 1/2 à 4 0/0 de la matière filamenteuse, et pour les laines cardées de 15 à 25 0/0.

Les appareils à ensimer automatiquement la laine sont fort nombreux. En voici, par exemple, un type représenté figure 514 et adapté à une carde C. La laine est étendue à l'entrée sur la

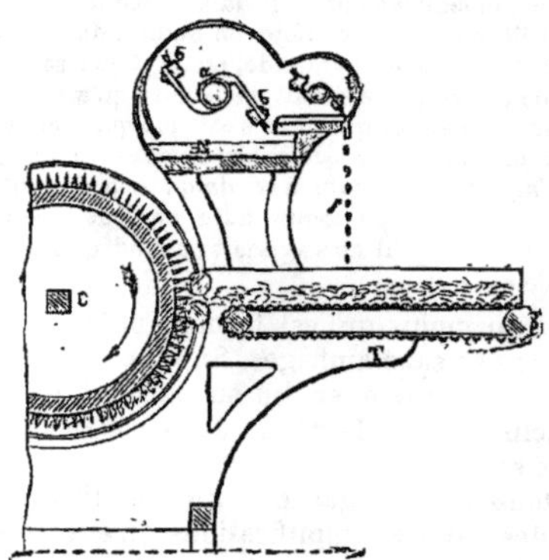

Fig. 514. — *Lubrificateur automatique de MM. Houget et Teston.*

toile sans fin T; l'huile se trouve dans un récipient A, où il forme une nappe liquide N, dans laquelle des brosses *b b*, tournant autour de l'axe *a*, viennent plonger successivement : elles s'imprègnent d'huile et en fournissent à une seconde brosse à mouvement circulaire placée plus loin qui donne naissance au filet huileux *f*.

En voici un autre genre dû à M. Martin, fondé sur une disposition représentée fig. 515. Une caisse C reçoit la laine à ensimer qui en est enlevée par une toile sans fin TT munie d'aiguilles. Les fibres sont étalées grâce au jeu d'un hérisson *h* et d'un moulinet *m* qui les égalise et les ouvre et les dirige vers une nouvelle toile sans fin T'', d'où elles sont livrées à l'appareil lamineur *cc'* qui les entraîne vers le brisoir O. C'est pendant son passage sur la toile T'' que l'huile est projetée ; celle-ci se trouve dans un réservoir *r r'* où elle est constamment mise en mouvement par un agitateur *a*; le liquide projeté sort par l'ouverture *e*, se rend dans le godet *g*, pour s'écouler sur les brosses BB fixées à l'extrémité des rayons d'un cylindre tournant et qui aspergent la laine à son passage.

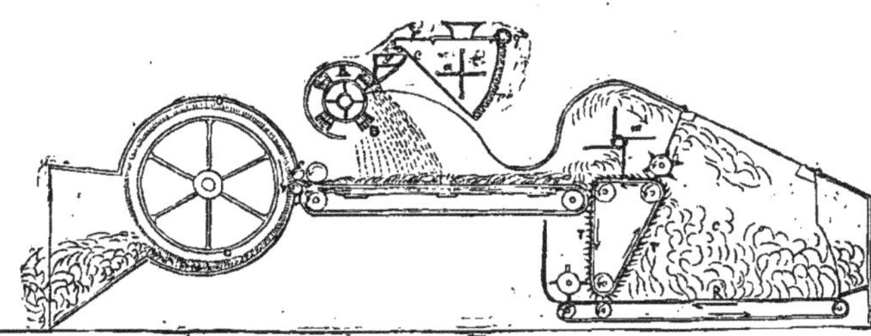

Fig. 515. — *Machine à ensimer de M. Martin.*

Lorsqu'on veut faire varier l'écoulement proportionnellement au degré de graissage qu'on désire appliquer, on fait monter plus ou moins vite le récipient *r*, au moyen du pignon de commande *q* agissant sur la crémaillère *r'* du vase graisseur. Il y a encore d'autres appareils à ensimer, mais ceux que nous venons de décrire résument les dispositions les plus nouvelles.

L'ensimage est l'une des opérations les plus importantes du travail des laines, et il est indispensable d'y procéder avec soin. Si le graissage est irrégulier, les opérations du cardage et de la filature deviennent plus difficiles et les produits peu parfaits ; s'il est trop abondant, et surtout s'il est fait avec des émulsions ou de mauvaises huiles, les fibres se détachent difficilement des garnitures et les bourrent rapidement ; s'il est insuffisant, les filaments boutonnent et se brisent. — A. R.

***ENSOUPLE.** *T. de tiss.* Long cylindre qui prend tantôt le nom d'*ensouple dérouleuse*, tantôt celui d'*ensouple enrouleuse*. L'ensouple dérouleuse est celle qui, placée derrière le métier, contient la chaîne. Elle tourne dans le sens du déroulement des fils, au fur et à mesure que la façure du tissu absorbe ces mêmes fils. L'ensouple enrouleuse est placée assez bas sous le métier, entre la poitrinière et le remisse. C'est elle qui absorbe à son tour, et par voie d'enroulement, le tissu au fur et à mesure que celui-ci se confectionne. Il arrive parfois que l'exécution d'un tissu complexe exige l'emploi simultané de plusieurs ensouples, les unes à tension fixe ou résistante, les autres à tension mobile et rétrograde. En pareil cas, il faut autant d'ensouples dérouleuses qu'il y a de chaînes concomitantes, ces dernières devant avoir chacune un *embuvage* spécial, absorption qui réclame un mode de déroulement plus ou moins rapide.

ENTABLEMENT. *T. d'arch.* Partie supérieure ou couronnement de l'édifice dans une ordonnance d'architecture grecque ou romaine. *L'ordre* est constitué par la *colonne* (V. ce mot) et par l'*entablement*. Ce dernier membre comprend trois parties : l'*architrave*, qui relie entre elles les colonnes d'une même file ; la *frise*, qui comprend la construction destinée à rattacher une file de colonnes à une autre ou à un mur ; la *corniche*, qui correspond à la toiture et dont la saillie forme un abri. Sous le rapport de l'exécution, les anciens ont employé pour l'entablement un procédé fort simple. Disposant de matériaux de grande dimension, ils formaient l'*architrave* au moyen de pierres portant d'une colonne à l'autre. L'architecture du moyen âge ayant introduit l'usage exclusif des petits matériaux, la Renaissance suivit cet exemple et, de nos jours, au lieu de se procurer à grands frais des architraves d'un seul morceau, on a recours à des voûtes plates, composées de plusieurs pierres taillées en claveaux. C'est là un mode de construction des plus défectueux. Les voûtes ainsi formées tendent à écarter les supports, à les renverser en dehors. La stabilité, d'une durée douteuse, n'est obtenue qu'à l'aide de nombreuses barres de fer qui traversent et retiennent les différentes parties du système.

Sous le rapport de la forme et des dimensions l'entablement varie suivant les ordres auxquels il appartient. Dans l'ordre dorique grec, l'architrave présente une large plate-bande ; elle est couronnée par un listel ou *tænia* pour tout ornement. La frise est décorée de *triglyphes* rectangulaires, dont les intervalles, appelés *métopes*, sont généralement rehaussés de peintures et de bas-reliefs. Au-dessus de la frise s'élève la corniche, dont le larmier, très saillant, offre une série de *mutules* ou modillons inclinés et plus épais à leur extrémité externe. Cet entablement varie, dans sa hauteur, entre les 3/7 et le 1/3 de la colonne. L'architrave de l'ordre ionique grec est le plus souvent divisée en trois bandes ou *faces* ; elle est couronnée par diverses moulures qui sont ornées d'oves, de perles et de feuilles ; elle a pour mesure moyenne de sa hauteur les 3/4 du diamètre de la colonne. La frise est un peu moins élevée que l'architrave et est aussi surmontée par des moulures ornées.

Ce qui caractérise la corniche ionique chez les Grecs, c'est la présence de *denticules* sous le larmier. La saillie de cette corniche, ainsi que sa hauteur, est égale généralement au diamètre de la colonne. Quant à l'entablement corinthien primitif, il participe tout à la fois de celui des ordres dorique et ionique. L'entablement dorique romain est moins solide et moins imposant que dans l'ordre dorique grec. Quelquefois l'architrave est divisée en deux faces. La frise est également décorée de triglyphes. Une bande règne dans toute la longueur de l'entablement. Sous le larmier se trouvent tantôt des mutules, tantôt des denticules, tantôt ces deux ornements à la fois et tantôt ni l'un ni l'autre. Quant à la corniche même, elle offre plusieurs variétés. Dans l'ordre *ionique*, l'architrave a trois faces, dont l'une, dans quelques cas, est ornée d'un chapelet. La frise est souvent sculptée. Les corniches varient beaucoup, comme dans le dorique : elles sont accompagnées de denticules et quelquefois d'oves et de modillons. L'architrave de l'ordre corinthien romain est divisée en deux ou trois faces, lesquelles peuvent être séparées par de petites cymaises ornées de feuillages. La frise et la corniche sont les parties où le luxe de la décoration se fait le mieux sentir, bien que quelquefois elles soient presque entièrement lisses. On voit sur certaines frises des guirlandes, des lions, des griffes, des bœufs, des vases, des instruments sacrés, etc... On trouve des corniches corinthiennes qui n'ont pas de larmier; d'autres, au contraire, ont un larmier énorme. Le larmier, quand il existe, est ou lisse ou rehaussé de canaux et même de méandres. Il est ordinairement accompagné de modillons. Il est rare enfin que les moulures de la corniche soient simplement profilées; elles sont presque toujours taillées d'oves, de feuillages ou de rais-de-cœur.

Dans le langage courant des travaux de bâtiment on appelle *entablement* ou *bandeau d'entablement* l'ensemble de moulures couronnant la façade d'une construction quelconque. On nomme *entablement à la capucine* un entablement qui, au lieu d'être mouluré, est simplement chanfreiné; *entablement recoupé*, celui qui fait retour, par avant-corps, sur une colonne ou un pilastre.— F. M.

ENTAILLE. *T. techn.* Evidement pratiqué dans un objet ; en *charp.*, on fait des entailles de différentes formes pour y introduire des corbeaux ou autres pièces de bois ; en *maçonn.*, pour y loger une pièce de fer ou de bois ; en *serrur.*, on fait des entailles dans le bois pour faire affleurer des pièces métalliques. || Outil de menuisier en forme de rabot pour faire des entailles, on dit aussi *entailloir*. || Outil de graveur pour saisir les pièces qu'il est difficile de tenir avec les doigts.

***ENTAQUAGE.** *T. de tiss.* Chaque ensouple (dérouleuse et enrouleuse) contient dans son sens longitudinal une rainure destinée à recevoir une baguette de même longueur qu'elle. Lorsque cette baguette passe dans les boucles faites à l'extrémité finale d'une chaîne, ou qu'elle s'appuie sur un pli fait dans le premier chef d'une étoffe en voie de fabrication, elle sert, soit à assujettir les fils à l'ensouple dérouleuse, soit à fixer le tissu à l'ensouple enrouleuse, afin d'obtenir une tension plus ou moins énergique dans l'ensemble. L'opération qui consiste à exécuter ces genres d'adaptation s'appelle *entaquage*. Cette expression s'applique au surplus à tous les procédés du même genre, qui ont pour but de maintenir en tension les cordes des semples ou chaînes volantes du lisage, les pièces à tondre, à lustrer, à garnir, à couper sur table, etc., etc. La boîte dite d'*entaquage* est une sorte d'encaissement faisant partie de l'ensouple enrouleuse; elle est destinée à enrouler les velours coupés de manière à éviter une superposition susceptible de nuire au poil.

***ENTÉ, ÉE.** *Art hérald.* Se dit des pièces de l'écu qui s'engrènent les unes dans les autres par des échancrures rondes.

ENTONNOIR. Outre l'ustensile ayant la forme d'un cône évasé et qui sert à transvaser des liquides, on donne ce nom à la partie supérieure d'un four à chaux.

ENTRAIT. *T. de charp.* Pièce de bois horizontale qui sert de base au triangle formé par la ferme d'un comble et qui réunit les pieds des *arbalétriers* (V. FERME). On dit aussi *tirant*. On appelle *entrait retroussé*, une pièce de bois également horizontale qui se trouve placée entre le tirant et le sommet de la ferme, lorsque celle-ci est d'assez grande hauteur. L'entrait retroussé s'oppose à la flexion des arbalétriers et sert fréquemment à l'établissement d'un *faux-plancher*. Dans les combles à la Mansard, où les fermes sont composées d'un triangle et d'un trapèze, la pièce qui forme la base du triangle est l'*entrait de brisis*.

***ENTRAVAILLÉ, ÉE.** *Art hérald.* Se dit d'un oiseau représenté les ailes déployées, mais avec un bâton ou quelque autre pièce passée entre les ailes ou les pattes.

ENTRE-COLONNEMENT. *T. d'archit.* Espace compris entre deux colonnes, variant selon les ordres, selon les besoins, mais dont la valeur est toujours rapportée au diamètre de la colonne, mesuré au bas du fût. A chacune de ces variétés, les anciens ont donné une appellation particulière, que Vitruve nous a transmise.

L'entre-colonnement *pycnostyle* est celui qui mesure un diamètre et demi ou trois *modules* ; le *systyle* est de deux diamètres ou quatre modules ; le *diastyle*, de trois diamètres ou six modules ; l'*aréostyle*, de quatre diamètres ou huit modules.

Les uns et les autres de ces entre-colonnements offraient des inconvénients graves : le pycnostyle et le systyle, mis surtout en usage pour les édifices doriques, ne pouvaient convenir qu'à des monuments de proportions colossales. Ils étaient si resserrés qu'ils ne permettaient pas à deux personnes de passer à la fois; le diastyle et surtout l'aréostyle offraient, au contraire, un tel écartement que l'architrave, fléchissant sous son propre poids, était en danger de se rompre. On imagina, dès lors, un cinquième entre-colonnement qui reçut le nom d'*eustyle*, et dont la proportion fut deux diamètres et un quart ou quatre modules et demi. L'eustyle était appliqué indistinctement à tous les ordres.

ENTRELACS. *T. d'arch. ornement.* On désigne ainsi un genre d'ornement dû à l'entrelacement de lignes combinées dans toutes les formes imaginables. Les entrelacs ont été et sont encore d'un usage très commun dans les pays où abondent les matériaux souples et flexibles.

— En Chine, par exemple, de temps immémorial, ces ornements ont dû passer de l'ameublement à la charpente, à la menuiserie du bâtiment, à l'architecture même. Les Grecs et les Romains en ont réduit l'usage à la simple décoration. L'art du Bas-Empire en fut prodigue. La période gothique, c'est-à-dire celle comprise entre la seconde moitié du XIIe siècle et la première du XVe, en est, au contraire, fort sobre. C'est surtout à partir de cette époque que l'on voit l'entrelacs faire invasion dans l'architecture, s'installer au sommet des grandes verrières des cathédrales, ramper dans la gorge des moulures, sous la forme de feuillages découpés à jour. La Renaissance en a fait un des éléments les plus abondants de la peinture et de la sculpture décoratives.

ENTREPÔTS. La faculté de déposer des marchandises d'origine étrangère dans un magasin spécial pour ne les en retirer et les livrer à la consommation que dans la mesure des besoins du destinataire, est une des plus grandes facilités qui ait été apportée au commerce international. Toutefois, la faculté d'entrepôt n'est un bienfait pour les relations commerciales avec l'étranger, que si les droits de magasinage sont des plus modérés et les formalités pour les entrées et les sorties aussi simples que possible.

Avant le régime des entrepôts, qui remonte, en France, à Colbert, et qui est appliqué aujourd'hui dans tous les états civilisés, l'industriel pour les matières premières, le négociant pour les objets fabriqués, ne pouvaient se procurer les produits qui leur étaient nécessaires, qu'à la condition d'acquitter immédiatement les droits de douane dont ces produits étaient grevés. Or, cette obligation avait l'inconvénient, d'abord de les obliger à limiter leurs achats, puis de les mettre dans l'impossibilité, par exemple, de profiter d'une baisse de prix pour faire un approvisionnement dans la mesure à la fois des besoins immédiats et des besoins ultérieurs. L'entrepôt est, en outre, une source de profits pour l'Etat, d'une part, par le fait de l'accroissement des importations, de l'autre, par la perception de droits d'un produit supérieur aux frais d'administration des magasins.

Les marchandises placées en entrepôt sont réputées hors de France. Quand elles en sortent, elles sont traitées comme si elles arrivaient du pays d'origine, et elles peuvent recevoir toutes les destinations que l'importateur veut leur donner.

L'entrepôt est *réel* ou *fictif*. Le premier est établi dans un local gardé par la douane; les issues en sont fermées à deux clefs, dont une reste entre les mains des agents de l'administration. Le second est établi dans les magasins du commerce sous des conditions déterminées. Tout importateur peut déclarer ses marchandises pour l'entrepôt réel régulièrement constitué. La déclaration d'impôt fictif doit être faite conjointement par l'importateur et par une caution solidaire. Il y a lieu également d'exiger une caution, quand, à défaut d'emplacement dans l'entrepôt réel, on permet exceptionnellement le dépôt des marchandises, sous double clef, dans des magasins particuliers.

L'entrepôt réel peut être ouvert à la fois aux produits tarifés et aux produits prohibés, ces derniers étant naturellement l'objet d'une surveillance particulière. Il n'est admis en entrepôt fictif que des produits non prohibés. Certaines exclusions ou restrictions d'entrepôt ont été établies en ce qui concerne les contrefaçons en librairie, les produits étrangers portant de fausses marques de fabrique française, les armes de guerre, les poudres, les marchandises avariées et les marchandises entrant en franchise de droits.

Les produits vendus par les entrepositaires donnent lieu a un *transfert* au profit du tiers acquéreur, qui s'engage envers la douane, aux lieu et place du précédent propriétaire. Les mutations et sorties d'entrepôt sont soumises à des conditions particulières, suivant qu'elles ont lieu par terre ou par mer et qu'elles s'appliquent à des objets déterminés.

Lorsqu'une ville a obtenu la concession d'un entrepôt et qu'elle est tenue, en conséquence, de pourvoir à la dépense occasionnée par la création et le service de cet établissement, elle jouit, en retour, des droits de magasinage et de manutention, conformément aux tarifs concertés avec les chambres de commerce et approuvés par le gouvernement. Elles peuvent aussi concéder temporairement ces droits avec concurrence et publicité, à des adjucataires qui, se mettant en leur lieu et place, se chargent de la construction, de l'entretien des bâtiments et de toutes autres dépenses.

La création d'un entrepôt peut aussi, au cas de refus du conseil municipal, être provoquée par le commerce local, représenté par la chambre de commerce, au moyen d'une association d actionnaires constituée en société anonyme.

Parmi les entrepôts spéciaux accordés à une ville, citons ceux qui existent à Paris pour les sels, pour les vins et autres liquides. L'entrepôt des vins notamment est le plus considérable des établissements de cette nature qui existe en France. C'est une vaste enceinte renfermant d'immenses magasins et caves où les vins et spiritueux sont admis en franchise sous la surveillance des agents de l'octroi et des contributions indirectes, pour n'acquitter les droits au profit de la ville et de l'Etat, qu'au moment de leur mise en consommation.

— Les quantités de marchandises qui entrent, chaque année, dans les entrepôts et en sortent suivent le mouvement commercial de cette même année. Le tableau suivant résume (en tonnes de 1,000 kilogrammes) les entrées et sorties de 1877 à 1881 :

	Entrées	Sorties
1877.	1.219.730	1.241.380
1878.	1.363.753	1.496.525
1879.	1.550.467	1.631.313
1880.	1.494.248	1.457.787
1881.	1.438.178	1.392.306

A. L.

ENTREPRENEUR, ENTREPRISE. Pris dans une acceptation très générale, le mot *entrepreneur* désigne celui qui, muni des capitaux et des connaissances nécessaires, met en œuvre ou fait mettre en œuvre diverses matières qui, converties en produits manufacturés, sont ensuite vendues par lui avec bénéfice. Cette appellation est synonyme de celle de *fabricant*, mais avec une signification plus étendue et, pour ainsi dire, sans limites. Dans un sens plus restreint bien que plus fréquemment usité, c'est celui qui s'occupe d'opérations non matérielles par lesquelles il fait un gain quelconque. Il existe, en effet, des entrepreneurs d'industrie agricole ou manufacturière et d'une foule d'industries se rattachant aux travaux publics ou privés, à l'exploitation des mines, aux théâtres, messageries, chemins de fer, etc. On voit par là que le mot *entreprise* ne peut guère s'appliquer à un fait isolé, à une action simple en elle-même. Pour qu'il y ait *entreprise*, il doit y avoir plan, combinaison, concours de moyens et d'individus. On dit cependant faire une chose *à l'entreprise* pour exprimer qu'elle est exécutée à forfait, encore bien qu'elle puisse être commencée et achevée par un seul. Mais le plus souvent l'opération exige le concours de plusieurs personnes. Dans tous les cas, s'il y a marché, l'exécution en demeure complètement aux risques et périls de celui qui l'a contracté et le paiement en est subordonné à l'entier achèvement et à la livraison de la chose entreprise. Ainsi l'ouvrier ou l'industriel qui travaille pour le compte d'autrui, celui qui reçoit un salaire à la journée ne sont pas des entrepreneurs. Ceux-ci sont classés par la loi dans la catégorie des commerçants, tandis que l'agent, l'ouvrier, ne sont aucunement justiciables des tribunaux de commerce.

L'entreprise proprement dite est donc une opération d'une durée plus ou moins longue et dont le résultat doit être un bénéfice pour celui qui la fait. Il y entre toujours un peu de hasard, comme dans toute opération financière, et c'est ce qui la distingue du commerce pur et simple. C'est pourquoi elle offre des chances de grands bénéfices comme des chances de grandes pertes. En général, une entreprise sera bonne si les objets sur lesquels on spécule sont recherchés et s'il y a peu de concurrence; elle sera d'autant plus sûre, en admettant quelques exceptions pour de très vastes opérations, que le *capital immobilisé* sera plus faible et le *capital de roulement* plus considérable. Il faut entendre ici par *capitaux immobilisés* les approvisionnements de matières premières, les ateliers de construction strictement nécessaires à l'industrie et l'outillage. Il est évident que l'une des premières conditions de succès de l'entreprise est l'économie apportée dans l'établissement des ateliers et autres constructions destinées à l'opération. On appelle *capitaux immatériels productifs* les connaissances générales et spéciales que possède le chef de l'entreprise. Ce dernier côté de la question n'est pas le moins important. En effet, pour la sûreté de la réussite on ne saurait trop faire d'études préliminaires. Nous ne nous étendrons pas sur ces études extrêmement variables; mais, en principe, il est de toute nécessité de bien connaître ses ressources, de calculer les chances de succès et d'insuccès, en se basant toujours, pour les résultats, sur les bénéfices les plus minimes et faisant même la part des crises commerciales, dont la fréquence sera en raison inverse de la faveur dont jouira l'industrie.

Dans le langage usuel, le nom d'*entrepreneur* s'applique plus particulièrement aux entrepreneurs de constructions, soit pour habitations privées, soit pour établissements publics, routes, ponts, canaux, etc. Souvent l'entrepreneur projette et dirige ses travaux par lui-même. Mais, lorsqu'il s'agit de construction d'une certaine importance, il exécute, soit sous la direction d'un architecte, soit sous celle d'un ingénieur des travaux publics. Dans le premier cas, l'architecte dresse les plans et devis, l'entrepreneur passe les marchés avec le propriétaire, fournit les matériaux et traite seul avec les ouvriers. L'architecte surveille les travaux, vérifie les objets fournis et règle les mémoires de l'entrepreneur. Quelquefois l'architecte est en même temps entrepreneur; mais le plus souvent, surtout dans les grandes villes, les deux professions sont distinctes. De même que l'architecte est responsable envers le propriétaire des vices des travaux qu'il a ordonnés, de même l'entrepreneur répond, pendant dix ans, envers l'architecte et même directement envers le propriétaire, s'il y a eu traité entre eux, de la mauvaise exécution des ordres qu'il a reçus (Code civ. art. 1792). Aussi l'usage a-t-il consacré que le propriétaire ne doit faire aucun paiement à l'entrepreneur sans l'approbation de l'architecte; mais le même usage a établi que des paiements par acomptes doivent être faits à des époques déterminées, sur états de situation dressés par l'architecte. Dans la pratique, l'entrepreneur dresse l'état; l'architecte se contente de le vérifier. Aucun tarif légal n'a fixé les honoraires dus aux architectes, non plus que la redevance due aux entrepreneurs; les tribunaux suivent, à cet égard, les usages locaux, constatés par experts et par la notoriété publique.

Pour les travaux administratifs, la personne ou la compagnie qui veut faire l'entreprise s'engage envers l'Etat à forfait, ou moyennant une somme fixe, ou enfin pour une concession ou pour un privilège exclusif. Le traité peut se faire avec l'administration, soit de gré à gré, soit par adjudication, soit par voie de soumission. Un cahier des charges, auquel l'entrepreneur doit se conformer sous peine de résiliation, et même, dans certains cas, de dommages-intérêts, règle les conditions de l'entreprise, notamment en ce qui concerne le mode et les délais de l'exécution des travaux. Le cautionnement peut consister en effets publics ayant cours légal, ou en immeubles déclarés, par les notaires ou conservateurs des hypothèques, francs et quittes de toutes charges et hypothèques, ou valant au moins le montant du cautionnement, tel qu'il est fixé par le cahier des charges.

Tous les principes que nous avons émis ci-dessus s'appliquent à ces professions, qui exigent toutefois des connaissances spéciales, dépendant surtout des sciences technologiques. Comme homme de métier, l'entrepreneur doit satisfaire à une foule de conditions. Pour simplifier et abréger, nous les résumerons dans une bonne organisation de ses ateliers qui se composent de machines et d'ouvriers. Les premières réclament tous les perfectionnements possibles, si l'entrepreneur ne veut rester au-dessous de ses concurrents. Toutefois, la plus grande prudence est ici de rigueur, pour que des capitaux ne soient pas inutilement engagés. Au reste, dans les travaux de bâtiments, le nombre des machines est très borné; on ne se sert guère que d'engins et d'équipages. Les grands ateliers de serrurerie comportent seuls des machines coûteuses. Dans le choix des ouvriers, l'entrepreneur doit avoir égard d'abord à la probité, puis à l'adresse et à une certaine instruction. Il est indispensable, surtout pour la conduite de ses ouvriers, qu'il ait de bons *maîtres-compagnons*, avec lesquels il n'a pas à regarder au prix de la journée. Ses ordres doivent toujours être donnés à ceux-ci, et il est de toute nécessité qu'il fasse peser sur eux une grande responsabilité. Sa surveillance doit s'exercer presque en totalité sur ces agents principaux, s'il veut pouvoir entreprendre et mener à bonne fin des opérations importantes. Au point de vue moral, l'entrepreneur doit repousser comme déshonorants tous les petits moyens illicites de gain que peuvent lui offrir les nombreux éléments nécessaires à l'exécution de l'œuvre. La responsabilité d'ailleurs est considérable ; elle est exposée avec tous les détails que la question comporte dans des traités spéciaux auxquels nous renvoyons le lecteur. — F. M.

Bibliographie : Code civil, art. 1792 ; *Manuel des lois du bâtiment*, édit. 1880 ; *Code Perrin*, édit. 1880 ; *Traité de la législation des bâtiments*, par FRÉMY-LIGNEVILLE, édit. 1881.

ENTRETOISE. 1° *T. de mécan.* Pièce métallique servant à maintenir un écartement invariable entre les bâtis ou différentes pièces de machines. Ces pièces, devant résister indifféremment à des efforts de tension ou de compression, doivent avoir leur section calculée en conséquence ; elles sont parfois renflées vers le milieu dans le but d'augmenter leur résistance dans le sens de la longueur. Les entretoises s'assemblent à leurs extrémités avec les pièces qu'elles maintiennent, soit par un prolongement en partie filetée, soit par des boulons, soit enfin avec queues d'hirondes avec cales.

Dans la construction des chaudières à foyers intérieurs, comme celles des locomotives, on réserve spécialement le nom d'*entretoises* aux tiges filetées qui soutiennent contre l'écrasement résultant de la pression de la vapeur, les parois planes du foyer et de la boîte à feu dans laquelle il est renfermé. Ces parois, qui sont généralement presque parallèles sont réunies entre elles par un quadrillage d'entretoises écartées de 100 millimètres environ. Ces entretoises sont presque toujours en cuivre dans les chaudières des locomotives françaises, elles ont 20 millimètres environ de diamètre et sont percées de part en part ou en partie seulement d'un canal de 5 à 6 millimètres de diamètre, de manière à avertir le mécanicien quand elles se rompent. Elles sont filetées et vissées dans les trous taraudés à cet effet sur les parois du foyer et de la boîte à feu, puis la tête est rivée à froid. La débouchure du trou central est généralement ménagée à l'intérieur du foyer, afin que le jet de vapeur qui se produit en cas de rupture agisse en même temps pour éteindre le feu sur la grille. Comme la rupture se produit toujours aux points d'encastrement, on se contente souvent de percer simplement les bouts des entretoises en laissant le corps plein.

On emploie cependant quelquefois sur le bas de la paroi arrière du foyer des entretoises complètement perforées qui fonctionnent alors comme appareils fumivores, cette disposition a pour but d'assurer la combustion complète du charbon sur la grille au moyen de l'appel d'air produit par les canaux intérieurs des entretoises perforées ; elle est très usitée en Amérique, mais elle paraît abandonnée chez nous, principalement parce que les feuilles de cuivre des foyers se rongeaient au voisinage des prises d'air.

On n'est pas encore arrivé en France à appliquer les entretoises en acier, bien qu'on ait déjà fait plusieurs essais sur cette question : on employait cependant dans ces essais des aciers ayant une malléabilité comparable à celle du cuivre, mais on a dû y renoncer en raison des ruptures fréquentes qui se sont déclarées. Il y a tout lieu de penser que ces ruptures doivent être attribuées en grande partie à la différence de dilatation des deux métaux, la tôle en cuivre du foyer et celle en fer de la boîte à feu, et on arriverait sans doute à l'éviter si on construisait, comme on le fait déjà à l'étranger, des chaudières en un métal unique comprenant seulement des tôles d'acier doux.

On tourne quelquefois les entretoises dans la partie qui ne pénètre pas dans les tôles et on taraude simplement les bouts, on évite ainsi, en supprimant les filets sur le corps de l'entretoise, les changements brusques de section qui peuvent entraîner des commencements de rupture, et peut-être en même temps diminue-t-on aussi l'entartrement.

Nous reproduisons en terminant les formules qui servent à calculer les principales données des entretoises :

Si d est le diamètre des entretoises mesuré au fond du filet et exprimé en millimètres ;

l leur écartement maximum en millimètres ;

p la pression effective de la chaudière en kilogrammes par centimètre carré ; on prend habituellement la formule approchée suivante, qui donne la valeur de l :

$$l = 16\frac{d}{\sqrt{p}}$$

l'épaisseur e des feuilles de cuivre des parois latérales étant donnée par l'équation :

$$e = 0{,}04\, l\sqrt{p} = 0{,}64\, d$$

Ces formules sont établies : la première en considérant la tôle comme ne résistant que par ses entretoises, le métal de celles-ci travaillant seulement à 3 kilogrammes par millimètre carré, la seconde en l'assimilant à une bande de largeur l et d'épaisseur e encastrée à ses extrémités, et chargée par une pression uniformément répartie de p kilog. par centimètre carré.

|| 2° *T. de chem. de fer.* Pièces en fonte maintenant l'écartement soit entre les rails et les contre-rails, soit entre les parties de rails assemblés formant une pointe de croisement. Ces entretoises épousent la forme intérieure des pièces qu'elles réunissent par l'intermédiaire de boulons traversant l'ensemble. Les entretoises réunissant les

rails et les contre-rails sont évidées à leur partie supérieure pour laisser le passage libre aux boudins des roues de locomotives ou de vagons.

|| 3° *T. de constr.* On appelle aussi *entretoises* ou pièces de pont, des pièces en tôles et cornières assemblées reliant les poutres des tabliers métalliques. Ces entretoises supportent généralement les efforts des charges roulantes appelées à circuler sur le tablier. Elles le font soit par l'intermédiaire de voûtes de remplissage en briques qui supportent des voies ou une chaussée, soit s'il s'agit d'un pont de chemin de fer, par l'intermédiaire de pièces secondaires appelées *longerons* et placées sous l'aplomb des rails. Dans ce cas les longerons supportent les traverses ou *longrines* en bois sur lesquels sont fixés les rails. || 4°. — V. Cloison.

* **ENTREVOIE.** *T. de chem. de fer.* Espace compris entre des voies parallèles, et compté entre les bords extérieurs des champignons supérieurs des rails. La cote de l'entrevoie, en pleine ligne, est calculée de manière que deux trains puissent se croiser côte à côte, sans se toucher et en laissant même un certain jeu, pour tenir compte de l'inclinaison que prennent, par suite du surhaussement, les véhicules sur les parties de voie en courbe. Cette entrevoie est de 2 mètres sur les chemins à voie normale de 1m,50. Comme le plus large des gabarits que l'on connaisse, celui de Berg-Marche, est de 3m,25, le jeu est encore de 0m,25, et l'on considère cela comme très suffisant, à la condition que les portières des trains de voyageurs ne s'ouvrent pas pendant la route. Dans les gares, l'entrevoie des voies de garage est habituellement de 3 mètres à 3m,50, pour que les agents puissent circuler entre les vagons stationnant sur les voies. Lorsque l'entrevoie doit être munie de candélabres à gaz ou des signaux, comme tout obstacle latéral à la voie doit être situé au moins à une distance de 1m,35 du rail le plus voisin, la cote de l'entrevoie est portée à 3m,50 ou 4 mètres, afin de laisser encore la place de circuler.

ENTREVOUS. *T. de constr.* Maçonnerie dont on recouvre les solives pour former le hourdis d'un plancher; on l'exécute aussi en briques creuses ou pleines appareillées en forme de voûte. || Intervalle entre les deux solives d'un plancher. || Remplissage de plâtre entre les poteaux d'une cloison ou d'un pan de bois. || Planche de chêne propre à faire des panneaux.

* **ENTREVOÛTER.** *T. de constr.* Garnir de maçonnerie les intervalles laissés entre les solives.

ENTURE. *T. de charp.* Assemblage par entailles de deux pièces de bois jointes bout à bout. || *T. de bonn.* On donne ce nom au nœud que l'on fait à un fil cassé et doublé sur plusieurs aiguilles dans la fabrication des bas. || *T. d'armur.* Rapport d'une pièce dans un bois de fusil.

I. **ENVELOPPE.** Nous n'avons pas à donner ici les diverses acceptions de ce mot qui s'applique généralement aux objets destinés à couvrir quelque chose en l'entourant; nous ne nous occuperons que de l'*enveloppe* de *lettres*, dont la fabrication constitue aujourd'hui une industrie importante. Il y a une dizaine d'années encore, les enveloppes de lettres se confectionnaient à la main; depuis, la machine-outil a été substituée à l'ouvrier. Bien que ce changement ne soit pas complet encore, bien que plusieurs des opérations s'effectuent encore à la main, il n'est pas téméraire d'avancer qu'un avenir prochain fera de cette fabrication une industrie exclusivement mécanique.

Nous allons décrire cette fabrication telle qu'elle s'effectue à l'heure actuelle dans les grandes maisons de papeterie, et notamment dans les ateliers de MM. Bichelberger et Champon, où nous avons puisé les renseignements qui suivent. Pénétrons d'abord dans l'atelier où se trouvent les *découpoirs* et les *machines à rogner*.

Le premier de ces appareils sert seul pour les enveloppes de dimensions usuelles; les deux engins sont, au contraire, employés concurremment pour les enveloppes de mesures spéciales. Chacune de ces machines permet d'obtenir, soit seule, soit combinée avec l'autre, suivant la sorte d'enveloppe fabriquée, en marche normale, une moyenne de production de 200 à 250,000 enveloppes par journée de dix heures de travail. Un ouvrier suffit pour conduire et servir chaque machine, sans qu'il ait besoin d'aucun apprentissage spécial.

Le mécanisme du *découpoir* est des plus simples. Ramené à ses lignes essentielles, il se compose d'un bâti en fonte, portant en son centre un plateau métallique destiné à recevoir le papier. Celui-ci est présenté à l'appareil sous une épaisseur moyenne de 1 1/2 à 2 centimètres, un peu plus ou un peu moins, suivant la nature du papier et le fini demandé au travail. Sur le papier, l'ouvrier place l'emporte-pièce; puis, au moyen d'une pédale placée à l'intérieur du bâti et à sa partie inférieure, il débraie un engrenage qui abaisse un plateau-presseur; celui-ci vient appuyer l'emporte-pièce sur le papier et détermine le découpage. Le plateau presseur remonte alors et est embrayé à nouveau. L'ouvrier pousse son papier et recommence une nouvelle opération. Suivant l'effort demandé aux découpoirs, on les construit pour le fonctionnement à la main ou au moteur.

Les emporte-pièces employés se composent de cadres en fer, dont les côtés sont terminés, du côté du plateau-presseur par des surfaces planes, et du côté du papier par des surfaces tranchantes en lames de couteaux. Ils sont fixes pour les découpages de forme connue et usuelle, mobiles pour ceux qui sortent des tracés ordinaires. Dans ce cas, les lames qui forment le cadre sont graduées sur leur bord externe, et assemblées à coulisse; ce qui permet de varier facilement les dimensions de l'enveloppe suivant les besoins de la commande.

Quand, au lieu d'enveloppes ordinaires, on a à découper des formes spéciales, on fait d'abord passer le papier par la machine à rogner. Dans cet outil, un plateau-presseur appuie fortement le papier contre une table métallique; puis, en manœuvrant un engrenage très simple ou une vis sans fin, l'ouvrier chargé de la conduite de l'engin abaisse un couteau qui se meut verticalement le long du bord extérieur du presseur, et tranche le papier suivant la ligne de coupe. De même que le découpoir, les machines à rogner fonctionnent à la main ou à la machine. Certaines d'entre elles portent un chariot-diviseur qui permet d'assurer une coupe bien rectangulaire. Au sortir de la machine à rogner, on passe le papier au découpoir où, avec l'aide d'un emporte-pièce de forme voulue, on abat les angles rentrants qui doivent se trouver à la jonction de deux pattes consécutives.

Suivons les ébauches d'enveloppes ainsi obtenues à l'atelier de gommage, où des femmes exécutent encore ce travail à la main. L'ouvrière en place un paquet sur un carton incliné et avec la dextérité que donne la pratique, étale en s'aidant d'un coupe-papier, les enveloppes de haut en bas, de telle sorte que les *pattes libres* soient placées dans des plans parallèles, leurs bords débordant les uns sur les autres. (Par patte libre, nous entendons celle destinée à être collée par le consommateur.) Puis, avec un large pinceau, trempé dans une dissolution de gomme arabique, elle étend la gomme d'un seul trait bien droit, et en ayant soin de ne pas en mettre autre part que sur les pattes libres, ce qui amènerait le collage des enveloppes les unes aux autres. Cette opération est très délicate et exige de l'ouvrière une très grande habitude et une sûreté de main remarquable. C'est aussi celle qui donne le plus de déchets à la fabrication. Il est donc à désirer que, comme pour les autres phases de la fabrication, on trouve prochainement le moyen de substituer le travail régulier de la machine à celui de l'ouvrière dans l'opération du gommage.

Celle-ci terminée, l'ouvrière enlève son carton et le porte sur un séchoir à air libre. L'enveloppe, une fois gommée, doit être pliée et séchée. Cette double opération s'effectue simultanément au moyen d'appareils très simples. Devant une table semblable à celle des machines à coudre est assise une ouvrière, ses pieds sur deux pédales qui actionnent, par l'intermédiaire d'un jeu de tringles, la première les deux côtés, la seconde la patte libre et la patte inférieure d'une enveloppe-matrice placée au milieu de la table; cette enveloppe-matrice reçoit l'enveloppe de papier par sa face externe. En abaissant la première pédale, les côtés de la matrice se rabattent en entraînant dans leur mouvement ceux de l'enveloppe de papier. En même temps, un levier mû à la main, placé au-dessus de la table, abaisse un presseur, qui applique le corps de l'enveloppe et les deux petites pattes repliées sur le fond de la matrice. Ajoutons que de chaque côté du presseur sont deux godets garnis d'éponges imbibées d'une solution de gomme arabique. Ces *gommeurs* sont placés obliquement à l'axe du levier, de telle sorte qu'au moment où l'ouvrière abaisse celui-ci, ils viennent s'appliquer exactement sur le bord externe des petites pattes et les enduisent de colle.

En abaissant ensuite la seconde pédale, l'ouvrière rabat sur les petites pédales ainsi préparées la patte inférieure et la patte libre de l'enveloppe, qui est maintenant terminée.

Un mouvement en sens inverse de la pédale rouvre l'enveloppe matrice; une enfant, placée à l'extrémité de la table, enlève rapidement l'enveloppe terminée, que l'ouvrière remplace immédiatement. Le travail s'effectue ainsi d'une manière très rapide et sans interruption appréciable. On a cherché, dans ces derniers temps, à faire automatiquement, mécaniquement, c'est-à-dire sans le concours direct de l'ouvrière, cette double opération simultanée du pliage et du gommage. Le problème est aujourd'hui résolu par « la machine continue ».

Ce n'est, en somme, qu'une machine à ployer ordinaire, dans laquelle les pédales motrices sont remplacées par une transmission mue par la vapeur. Cette transmission imprime un mouvement de va-et-vient horizontal à deux tringles munies de crochets. L'ouvrière place l'enveloppe sur la table. Les tringles la saisissent dans leur mouvement de translation et la portent à la matrice. Un déclenchement met à cet instant la matrice en mouvement. L'enveloppe se ferme, se gomme, puis au moment même où la machine se rouvre, glisse sur un plan incliné qui la conduit à la partie inférieure d'une grande case en bois, placée sur le côté de la table, et où les enveloppes terminées viennent s'accumuler en pile. Chaque fois qu'une enveloppe vient s'ajouter à la base de la pile, celle-ci remonte automatiquement d'une épaisseur égale dans l'intérieur de la case. On voit par là combien cette machine tend à simplifier les conditions du travail de la très intéressante industrie que nous venons de décrire. — R. F.

II. ***ENVELOPPE.** *T. de géom.* On appelle *courbe enveloppe* le lieu des intersections successives des courbes données par une équation $f(x, y, \alpha,)=o$ comprenant un paramètre α qui varie d'une façon continue. On démontre en géométrie que l'équation de cette courbe s'obtient en éliminant α entre l'équation $f(x, y, \alpha,)=o$, et sa dérivée par rapport à α, $\frac{df}{d\alpha}=o$. On en déduit facilement que l'enveloppe est tangente à toutes les enveloppées. On considère également les surfaces enveloppes obtenues par le même mode de génération, et on démontre de même que l'équation de la surface enveloppe de la famille des surfaces représentées par l'équation $f(x, y, z, \alpha,=o$, comprenant le paramètre variable α, s'obtient aussi en éliminant α entre l'équation $f(x, y, z, \alpha,)=o$ et sa dérivée $\frac{df}{d\alpha}=o$. Le plan tangent de l'enveloppe est le même que celui de l'enveloppée au point de contact commun.

On démontre que les surfaces développables peuvent être considérées comme l'enveloppe du plan tangent le long d'une génératrice supposé se déplacer autour de la surface suivant une loi déterminée, de manière à contenir continuellement deux génératrices infiniment voisines. De même les surfaces de révolution sont l'enveloppe d'une série de sphères de rayon variable dont le centre décrit l'axe de la surface considérée, et qui restent toujours tangentes à celle-ci.

*** ENVERGEURE** (Pr. enverjure). *T. de tiss.* Entre-croisement des fils d'une chaîne ou des cordes d'un *semple* de lisage sur deux verges en bois poli ou en verre, dites *bâtons d'encroix*. Les cordes ou fils *impairs* passent sur le premier bâton et sous le second, tandis que les fils *pairs* passent sous le premier et sur le second. On appelle *point d'envergeure* l'endroit où les fils se rencontrent entre ces deux bâtons parallèles. Cette disposition a pour but d'empêcher toute confusion dans l'ordre de la juxtaposition des fils ou des cordes.

***ENVIE.** Divinité allégorique, qu'on représente avec des yeux égarés, un teint livide et le visage ridé; elle est coiffée de couleuvres, un serpent lui ronge le sein et elle tient dans une main trois vipères et dans l'autre une hydre à sept têtes; quelquefois encore on l'a représentée déchirant un cœur de ses doigts longs et osseux.

ÉOLIPYLE. *T. de phys.* Appareil qui, d'après son étymologie (porte d'éole) était destiné, à l'origine, à produire un courant d'air issu d'une boule en métal, contenant de l'eau et percée d'une petite ouverture, puis soumise à l'action d'un foyer de chaleur.

— On croyait autrefois que la vaporisation de l'eau n'était que sa transformation en air; l'éolipyle de Héron, d'Alexandrie (120 ans avant notre ère), était destiné à montrer expérimentalement cette transformation, erreur qui a duré jusqu'au XVIIe siècle; époque à laquelle Salomon de Caus, architecte normand, prouva que le fluide qui s'échappe de l'éolipyle est de la vapeur d'eau, dont il démontra en même temps la puissance mécanique. Son éolipyle peut être regardé comme le point de départ des machines à vapeur.

On distingue des *éolipyles à réaction, à rotation, à jet de liquide, à jet de vapeur, à jet de flamme.* Les éolipyles *à réaction* servent à montrer les effets de recul produits par l'écoulement des gaz ou vapeurs, comme on le fait par l'écoulement des liquides. Le plus simple de ce genre est formé d'une boule creuse en laiton munie d'un tube: on la remplit d'eau en partie; on ferme le tube hermétiquement avec un bouchon. La boule est disposée sur un petit chariot portant une lampe placée au-dessous d'elle. Lorsque la chaleur de la lampe a réduit une certaine quantité d'eau en vapeur, la force élastique de celle-ci fait sauter le bouchon. Si l'on a eu soin de disposer le tube horizontalement et dans le sens de la longueur de chariot, on voit celui-ci reculer à quelque distance, en sens inverse du jet de vapeur; effet analogue à celui du recul des pièces de canon. Nous en donnons la figure à l'article CHALEUR.

Dans les *éolipyles à rotation*, le tube de dégagement est vertical; il est surmonté de deux tubes horizontaux légèrement recourbés dans le même sens à leurs extrémités. Lorsque la vapeur s'échappe par ces tubes, elle en détermine la rotation, comme l'écoulement des liquides détermine la rotation du tourniquet hydraulique.

Dans les *éolipyles* à jets de flamme, l'eau est remplacée par un liquide dont la vapeur est inflammable, comme l'alcool : il suffit d'allumer le jet de vapeur pour avoir un jet de flamme.

Les éolipyles actuels, usités pour produire un dard de flamme assez intense, présentent les dispositions suivantes : au-dessus d'une lampe à alcool se trouve un réservoir métallique dans lequel on met un liquide à vapeur inflammable (alcool). Un tube partant du sommet du réservoir aboutit latéralement ou verticalement à la mèche d'une lampe. La chaleur que développe la lampe sous le réservoir, réduit en vapeur le liquide qu'il contient. Cette vapeur vient traverser la flamme et lui donner une très grande activité, en augmentant considérablement le volume de la flamme et la force du jet. On a selon le cas, un dard horizontal ou un dard vertical. On fait usage de l'éolipyle à jet de flamme horizontal pour chauffer rapidement le liquide contenu dans un vase qu'on en approche, ou pour courber des tubes de verre, comme avec une lampe d'émailleur. L'éolipyle à jet vertical a été employé avec avantage par M. Boutigny, pour chauffer rapidement au rouge les plaques de cuivre sur lesquelles il produisait la *caléfaction* des liquides.

|| On donne encore le nom d'*éolipyle* à une sorte de ventilateur employé par les fumistes pour produire un courant d'air et chasser la fumée.

*** ÉORAGE.** — V. ROUISSAGE.

*** ÉOSINE.** *T. de chim.* Matière colorante rouge dérivée du goudron de houille.

— En 1871, Baeyer, en étudiant l'action de l'acide phtalique sur les phénols, découvrit la *fluorescéine*. Ce corps appartient à la classe des corps connus sous le nom de *phtaléines*, découverts et étudiés par Baeyer et ses élèves. Il s'obtient en chauffant l'anhydride phtalique avec la résorcine.

Au milieu de 1874, la *Badische anilin et Soda fabrik de Ludwigshafen* lançait dans le commerce une nouvelle matière colorante rouge nommée *éosine* (de ἠώς l'aurore), dont l'éclat dépassait tout ce qu'on connaissait d'analogue jusqu'à ce jour.

Le prix de ce produit était à l'origine excessivement élevé (1,000 francs le kilogramme).

En 1875, A.-W. Hofmann, avec la sagacité qu'il met dans toutes ses recherches parvint à établir la constitution de l'éosine, et au lieu d'utiliser à son profit cette découverte, il la publia, en rendant ainsi un service signalé aux consommateurs de ce produit. En effet, sitôt la chose connue, beaucoup d'usines s'empressèrent de monter la fabrication de l'éosine, dont le prix s'abaissa de manière à permettre son emploi d'une manière beaucoup plus étendue.

L'éosine est de la *fluorescéine tétrabromée*; nous décrirons donc successivement: la préparation de l'acide phtalique et de la résorcine, matières premières servant à la production de la fluorescéine, celle de la fluorescéine elle-même et finalement les procédés de bromuration de ce dernier corps.

PRÉPARATION DE LA RÉSORCINE. La résorcine est une dioxybenzine. Sa formule est

$$C^6H^4 < \begin{matrix} OH \\ OH \end{matrix}.$$

Nous ne décrirons pas ici ses nombreux modes de formation. Le seul qui soit utilisé industrielle ment consiste à traiter la benzine C^6H^6 par l'acide sulfurique fumant (attaque). On obtient ainsi un dérivé disulfoné qu'on transforme en sel de soude

$$C^6H^4 < \begin{matrix} SO^3Na \\ SO^3Na \end{matrix}.$$

Ce sel, fondu avec la soude caustique, fournit la résorcine sodique.

$$\underset{\text{Phénylène-disulfite de soude}}{C^6H^4 < \begin{matrix} SO^3Na \\ SO^3Na \end{matrix}} + \underset{\text{Soude caustique}}{4NaOH} = \underset{\text{Résorcine-sodique}}{C^6H^4 < \begin{matrix} ONa \\ ONa \end{matrix}}$$

$$+ \underset{\text{Sulfite de soude}}{2Na^2SO^3}.$$

La cuite obtenue est ensuite acidifiée et épuisée par l'éther (*épuisement*).

On soumet la résorcine à une distillation pour l'obtenir dans un état de pureté suffisant. Nous décrirons donc successivement l'attaque, la fusion, l'épuisement et la distillation.

(*a*) *Attaque*. Dans une marmite en fonte émaillée de la contenance de 100 à 120 litres munie d'un réfrigérant en plomb, on verse 90 kilogrammes d'acide sulfurique fumant à 80°, 24 kilogrammes de benzine purifiée par un battage à l'acide sulfurique 66°; on ajoute la benzine peu à peu par le cohobateur; la réaction est accompagnée d'un dégagement de chaleur tel que la benzine distille et retombe dans le récipient. Au bout de deux à trois heures, la totalité de la benzine s'est transformée en acide monosulfoné $C^6H^5.SO^3H$. On fait communiquer alors le récipient avec un réfrigérant descendant, et on chauffe graduellement jusque vers 275°. L'eau formée dans la réaction

$$\underset{\text{Benzine}}{C^6H^6} + \underset{\text{Acide sulfurique}}{2H^2SO^4} = \underset{\text{Acide disulfoné}}{C^6H^4 < \begin{matrix} SO^3H \\ SO^3H \end{matrix}} + \underset{\text{Eau}}{2H^2O}$$

distille, en entraînant le dernier reste de benzine inattaquée; on maintient pendant une demi-heure la température à 270-275°, on verse après refroidissement dans 2,000 litres d'eau et on sature par la chaux; on chasse le liquide dans un presse-filtre qui retient le sulfate de chaux; le sel de chaux

$$C^6H^4 < \begin{matrix} SO^3 \\ SO^3 \end{matrix} > Ca,$$

qui est soluble dans l'eau est transformé en sel de soude par addition de carbonate de soude; la chaux se précipite à l'état de carbonate insoluble; on filtre et on évapore à siccité la dissolution du sel de soude.

(*b*) *Fusion*. Dans une marmite en fonte chauffée au bain d'huile et munie d'agitateur mécanique, on chauffe pendant huit à neuf heures à 270° 60 kilogrammes de sel de soude avec 150 kilogrammes de soude caustique à 76° humectée avec une petite quantité d'eau. La masse liquide s'épaissit peu à peu et devient presque solide. On dissout dans 500 litres d'eau bouillante et on acidifie par l'acide chlorhydrique en faisant bouillir pendant quelque temps; il se dégage de l'acide sulfureux provenant de la décomposition des sulfites formés pendant la fusion. Par le refroidissement, il se sépare une petite quantité d'une matière résineuse noirâtre qu'on sépare par filtration.

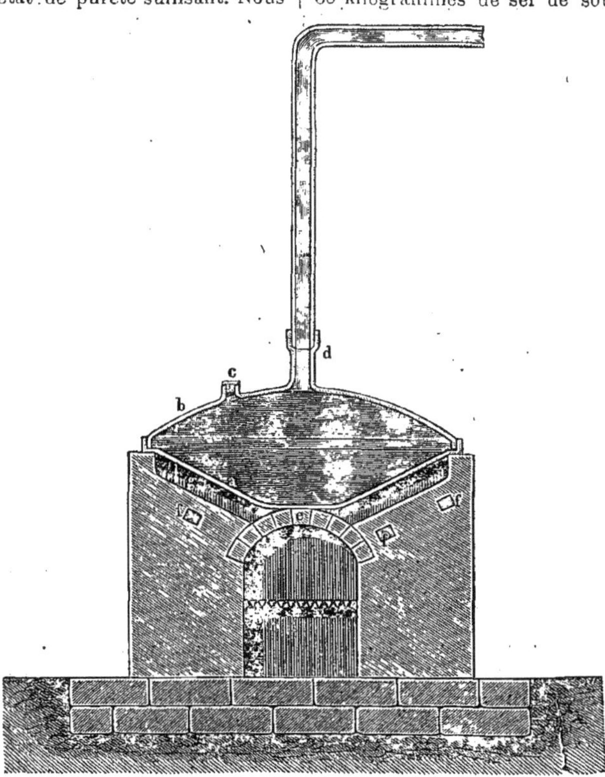

Fig. 516.

a Cuvette en poterie. — *b* Couvercle avec joint en ciment. — *c* Tube d'introduction des matières. — *d* Tube de dégagement pour les vapeurs. — *e* Voûte. — *f* Carneaux. — *g* Couche d'air chauffée par le gaz du foyer.

(*c*) *Epuisement*. La résorcine est très soluble dans l'eau; elle reste donc dans la liqueur acide obtenue précédemment; on introduit alors ce liquide dans une série de cylindres en cuivre de 250 litres de capacité légèrement inclinés sur leur axe et munis d'agitateurs mécaniques. Ces cylindres communiquent à la partie inférieure avec un récipient situé à une certaine hauteur qui renferme de l'éther; à la partie supérieure se trouve un tube qui se rend dans une espèce de boîte où vient se réunir l'éther provenant de plusieurs cylindres extracteurs; de là la dissolution éthérée qui renferme de la résorcine, se rend dans l'appareil distillatoire; les vapeurs d'éther viennent se condenser dans un réfrigérant qui communique avec le réservoir d'éther, de là l'éther se rend de nouveau dans les cylindres extracteurs et ainsi de suite.

Ainsi que l'on voit, cet appareil est continu. On remplit complètement les cylindres du liquide à épuiser et on fait arriver un courant d'éther assez lent qu'on règle au moyen de robinets; on agite doucement pour éviter une émulsion qui aurait pour conséquence l'entraînement dans l'appareil distillatoire du liquide aqueux. 1 kilogramme de résorcine exige pour l'épuisement l'emploi de 20 kilogrammes d'éther, on perd 1 0/0 d'éther soit 200 grammes pour chaque kilogramme de résorcine.

La résorcine reste dans l'appareil distillatoire sous forme d'un liquide presque incolore, qui par le refroidissement se prend en une masse cristalline.

(*d*) *Distillation.* Elle s'effectue dans des récipients en fonte émaillée, il est nécessaire d'opérer rapidement car la résorcine se décompose en partie par une distillation lente. La résorcine distillée peut être employée telle quelle pour la fabrication de la fluorescéine.

Propriétés de la résorcine. La résorcine, métadioxybenzine $C^6H^4(OH)^2$ forme des cristaux rhombiques, fusibles à 110°. Elle bout sans décomposition à 271-272°. Elle est très soluble dans l'eau, l'alcool et l'éther; sa solution aqueuse est colorée en violet par le chlorure ferrique. Le moyen le plus sûr de déceler sa présence consiste en sa transformation en *fluorescéine*. — V. plus loin.

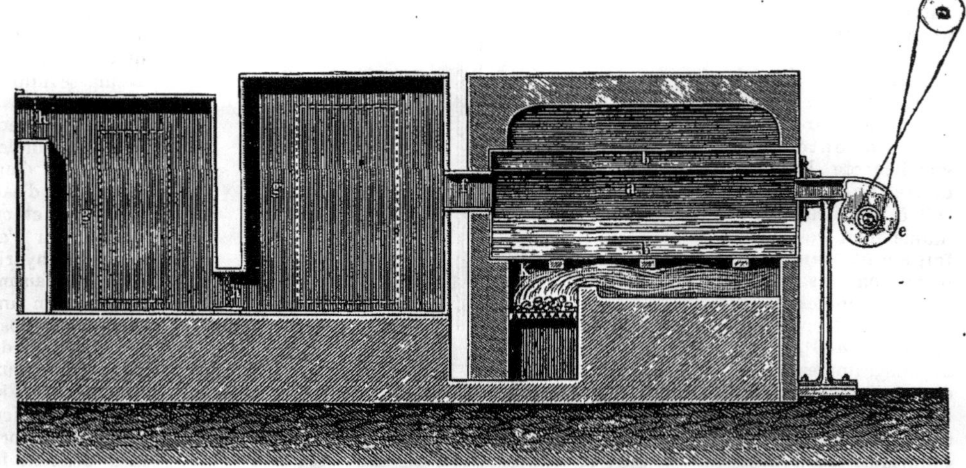

Fig. 517.

a Cylindre en fonte contenant l'acide phtalique. — *b* Cylindre en fer battu qui est rempli de phénanthène et sert de bain d'huile. — *e* Ventilateur. — *f* Tube abducteur de vapeurs. — *g* Chambres de condensation du bois. — *h* Tamis à larges mailles. — *i* Soupape qui donne issue à l'air provenant du ventilateur *e*. — *k* Foyer.

La résorcine traitée par l'acide nitrique se transforme en un dérivé trinitré $C^6H(OH)^2(AzO^2)^3$ connu depuis longtemps sous le nom d'*acide styphnique*.

Préparation de l'acide phtalique. L'acide phtalique se prépare toujours par le procédé classique, en oxydant les dérivés chlorés de la naphtaline.

La fabrication en grand comprend donc deux opérations bien distinctes : la *chloruration* de la naphtaline et l'*oxydation* du corps qui prend naissance. Une troisième opération consiste à soumettre l'acide phtalique formé à la *sublimation*; il se transforme ainsi en anhydride.

(*a*) *Chloruration.* On fait passer un courant de chlore à travers de la naphtaline chauffée jusqu'au-dessus de son point de fusion. Le produit est contenu dans une série de bombonnes en grès qui plongent dans un bain-marie, on y introduit 20 à 25 kilogrammes de naphtaline et on chauffe le bain-marie à la vapeur jusqu'à fusion de l'hydrocarbure; on fait arriver alors le courant de chlore qui doit être alors très énergique pour éviter autant que possible la formation du dichlorure liquide $C^{10}H^8C^{12}$; la masse s'échauffe très fortement; il est nécessaire de remplacer le courant de vapeur du bain-marie par un courant d'eau froide. Si en effet la température dans la bombonne atteint 180°, la masse entière se carbonise avec incandescence. La meilleure température est 150 à 160°

On obtient ainsi surtout du tétrachlorure de naphtaline $C^{10}H^8Cl^4$, à côté d'un peu de dichlorure liquide $C^{10}H^6Cl^4$. On presse fortement et on soumet le tourteau ainsi obtenu à l'oxydation.

(*b*) *Oxydation.* Cette opération s'effectue dans des vases plats en grès avec couvercle armé d'un tube d'échappement pour les vapeurs nitreuses (fig. 516). Ces récipients sont chauffés au bain d'air; on y introduit la naphtaline tétrachlorée et de l'acide nitrique d'une densité de 1,3-1,35.

Les vapeurs nitreuses sont régénérées comme à l'ordinaire : l'acide nitrique régénéré sert à une nouvelle opération. On obtient ainsi des tourteaux solides d'acide phtalique qu'on lave avec une petite quantité d'eau; on les presse et on les fait cristalliser dans l'eau bouillante.

(c) Sublimation. L'acide phtalique purifié est introduit dans un cylindre en tôle à double enveloppe (fig. 517), qui communique d'un côté avec une machine soufflante et de l'autre avec une série de chambres en bois dont les parois sont recouvertes de toile d'emballage.

Le cylindre intérieur qui contient l'acide phtalique est chauffé au moyen d'un bain de phénanthène contenu dans l'enveloppe extérieure. La température est maintenue vers 230° et on fait arriver dans le cylindre, à la surface de l'acide phtalique, un courant d'air plus ou moins violent suivant qu'on désire obtenir des aiguilles de petites dimensions ou des cristaux plus volumineux. C'est à ce dernier mode de procéder qu'on donne généralement la préférence. Les vapeurs entraînées par le courant gazeux viennent se condenser en magnifiques aiguilles sur les parois des chambres de condensation.

Théorie de la fabrication de l'acide phtalique. L'acide phtalique n'appartient pas, comme on pourrait le déduire de son mode de formation, à la série de la naphtaline. Il dérive d'un hydrocarbure plus simple, de la benzine par substitution de 2 atomes d'hydrogène par le radical carboxyle (COOH)'.

$$C^6H^4 < \begin{matrix} COOH \\ COOH \end{matrix}$$

La naphtaline peut être envisagée comme un corps formé par la réunion de deux noyaux benziniques.

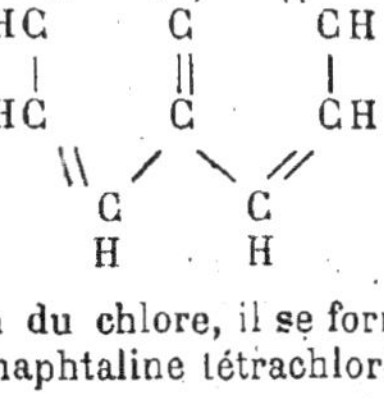

```
        H       H
        C       C
     //   \   /   \\
  HC        C        CH
  |         ||       |
  HC        C        CH
     \\   /   \   //
        C       C
        H       H
```

Dans l'action du chlore, il se forme un produit d'addition, la naphtaline tétrachlorée :

```
        H
        |       HCl
        C       C
     //   \   /   \
  HC        C        CHCl
  |         ||       |
  HC        C        CHCl
     \\   /   \   /
        C       C
        H       HCl
```

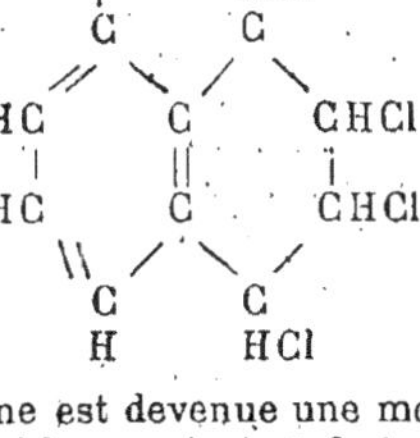

La naphtaline est devenue une molécule dissymétrique; le chlore qui s'est fixé sur un noyau le rend plus facilement attaquable par l'acide azotique; une partie de carbone est brûlée à l'état d'acide carbonique et de l'acide phtalique

$$\underset{\text{Tétrachlorure de naphtaline}}{C^{10}H^8Cl^4} + \underset{\text{Eau}}{H^2O} + \underset{\text{Oxygène}}{7O} = \underset{\text{Acide phtalique}}{C^6H^4(CO^2H)^2} + \underset{\text{Acide chlorhydrique}}{4HCl} + \underset{\text{Acide carbonique}}{2CO^2}$$

prend naissance.

Quant à la naphtaline, molécule symétrique, on ne parvient que difficilement à la transformer en acide phtalique par oxydation; la majeure partie est brûlée à l'état d'eau et d'acide carbonique. La dépense en chlore nécessaire à la préparation de l'acide phtalique se trouve donc amplement compensée par le rendement supérieur en acide phtalique qu'on obtient en oxydant la naphtaline tétrachlorée au lieu de naphtaline pure.

Propriétés de l'acide phtalique. L'acide phtalique $C^6H^4(CO^2H)^2$ cristallise en lamelles fusibles à 213°. Le produit industriel est constitué par l'anhydride

$$C^6H^4 < \begin{matrix} CO \\ CO \end{matrix} > O.$$

Il forme de longues aiguilles fusibles à 128° et distille sans décomposition à 276°; l'eau bouillante le transforme lentement en acide.

Préparation de la fluorescéine. Dans des marmites en fonte munies d'agitateurs, on chauffe un mélange intime de 25 kilogrammes de résorcine avec 17 kilogrammes d'anhydride phtalique. On élève la température jusque vers 200-210°. La masse d'abord liquide ne tarde pas à s'épaissir en dégageant de la vapeur d'eau. Lorsque la réaction est achevée, on fait bouillir la masse pulvérisée avec de l'eau, on filtre et on dessèche le produit qui est suffisamment pur pour pouvoir être bromé.

Propriétés de la fluorescéine. La fluorescéine forme une poudre cristalline rouge. Elle se décompose à 290°. Elle est peu soluble dans l'alcool, insoluble dans l'eau, soluble dans les alcalis. Les dissolutions alcalines présentent une magnifique fluorescence verte. La fluorescéine teint les fibres animales en jaune curcuma sans l'intermédiaire de mordants. Toutefois elle n'est pas employée par elle-même comme matière colorante.

Bromuration. On peut opérer suivant deux procédés. L'un consiste à se servir de brome à l'état naissant; d'après le second procédé, on brome directement en solution alcoolique.

Premier procédé. On dissout 5 kilogrammes de fluorescéine dans 200 litres d'eau bouillante additionnée de soude caustique. D'autre part, on dissout 11 kilogrammes de brome dans la soude caustique de manière à obtenir une liqueur incolore. On mélange les deux solutions et on acidifie en ajoutant peu à peu de l'acide chlorhydrique. Le dérivé bromé de la fluorescéine se sépare; on filtre, on lave et on redissout dans la quantité théorique de soude. Finalement, on évapore à siccité le sel de sodium.

Second procédé. On met en suspension dans

10 litres d'alcool, 1 kilogramme de fluorescéine finement pulvérisée et on ajoute peu à peu 1k,1 de brome en agitant constamment le liquide. Au bout de quelques minutes, on ajoute encore 1k,1 de brome. On laisse reposer pendant quelques heures, on décante, on lave le précipité avec un peu d'alcool et de l'eau jusqu'à décantation et on dissout dans la soude. Ce procédé donne un rendement inférieur au premier procédé. En revanche, on obtient une éosine qui donne en teinture des nuances plus fleuries.

Théorie de la fabrication de l'éosine. L'acide phtalique se combine à deux molécules de résorcine pour former la fluorescéine; il y a élimination d'eau.

$$\underset{\text{Anhydride phtalique}}{C^8H^4O^3} + \underset{\text{Résorcine}}{2C^6H^6O^2} = \underset{\text{Eau}}{2H^2O} + \underset{\text{Fluorescéine}}{C^{20}H^{12}O^5}$$

La fluorescéine est un dérivé du triphénylméthane; d'après les dernières recherches de Baeyer sa formule de structure est la suivante :

```
       C⁶H³OH
      /     >O
 C <  C⁶H³OH
 |    C⁶H⁴
 |     |
 O  — CO
```

Le brome agit sur la fluorescéine en se substituant à 4 atomes d'hydrogène; l'éosine qui est un sel de soude du corps ainsi formé a donc pour formule :

```
     C⁶HBr²ONa
 C <         >O
 | \ C⁶HBr² 
 O  \        ONa
 |   \
 CO — C⁶H⁴
```

La fluorescéine appartient à la famille des phtaléines. Elle peut donner naissance à de nombreux dérivés dont quelques-uns présentent une importance industrielle assez considérable, ce qui nous engage à en dire quelques mots.

Erythrosine. Cette matière colorante qui donne en teinture des nuances plus violacées que l'éosine ordinaire s'obtient en iodant la fluorescéine. L'iode libre n'agit pas assez énergiquement sur la fluorescéine pour permettre d'employer le second procédé. On a exclusivement recours à l'action de l'iode naissant; on opère d'après le procédé nº 1. Le mode de préparation est identique à celui de la fluorescéine bromée, ce qui nous dispense de nous étendre longuement à ce sujet.

Lutécienne ou *safranine.* Cette matière colorante est constituée par le sel de sodium de la fluorescéine bromonitrée. On la prépare de la manière suivante :

On dissout 9 kilogrammes de fluorescéine tétrabromée dans de l'eau rendue alcaline par la soude caustique; on ajoute 8 kilogrammes de nitrate de soude; on chauffe à l'ébullition et on additionne la liqueur de 15 kilogrammes d'acide sulfurique; le précipité, rouge d'abord, devient de couleur chair au bout d'un certain temps; on filtre, on lave et on redissout dans la soude. La lutécienne donne en teinture des nuances beaucoup plus nourries et plus violacées que l'éosine ordinaire.

Primerose. Cette matière colorante est soluble dans l'alcool et insoluble dans l'eau. On la prépare de la manière suivante. On dissout 5 kilogrammes de fluorescéine tétrabromée dans 10 litres d'alcool méthylique ou éthylique purs additionnés de 9 kilogrammes d'acide sulfurique à 66°. On chauffe à reflux au bain-marie pendant quatre heures, on verse dans l'eau, on filtre, on lave et on transforme le produit en sel de potassium en le faisant bouillir avec du carbonate de potasse; on filtre, on lave et on dessèche le produit. La matière ainsi préparée est constituée par le sel potassique de l'éther monométhylique ou monoéthylique de la fluorescéine tétrabromée. La primerose est insoluble dans l'eau; elle se dissout facilement dans l'alcool étendu de son volume d'eau. Elle donne en teinture des nuances beaucoup plus jaunes et plus stables que l'éosine ordinaire.

Finalement, il nous reste à dire quelques mots des éosines qui renferment des groupes substituants dans le noyau phtalique. Les dérivés de ces corps portent dans le commerce les noms de *rose bengale, phloxine* et *cyanosine.* Leur découverte remonte à l'année 1876; elle est due à M. Noelting.

Lorsqu'on traite l'acide phtalique dans de certaines conditions tenues secrètes, par le chlore, il se forme un *acide phtalique dichloré* particulier; en poussant l'action plus loin, on arrive à substituer la totalité de l'hydrogène par le chlore et on obtient l'*acide tétrachlorophtalique.*

L'acide phtalique dichloré chauffé avec la résorcine se transforme en une fluorescéine dichlorée. Cette dernière bromée fournit la *phloxine*; par l'action de l'iode, on obtient le *rose bengale.* Quant à la *cyanosine*, elle est constituée par le dérivé méthylique de la phloxine et elle n'est soluble que dans l'alcool.

La préparation de ces matières, en partant d'acide phtalique dichloré, s'effectue exactement comme celle des éosines décrites plus haut qui proviennent de l'acide phtalique ordinaire. Il est donc inutile d'y revenir. Les éosines dérivant de l'acide phtalique chloré présentent une nuance beaucoup plus violacée que les éosines ordinaires. Le rose bengale, par exemple, a la teinte de la fuchsine; son éclat est incomparable; les étoffes teintes avec la fuchsine paraissent tout à fait ternes à côté de celles teintes en rose bengale.

Toutes les matières colorantes dont nous venons de parler s'appliquent, en général, sur la laine, la soie et le coton. Elles donnent des teintes d'un éclat et d'une fraîcheur incomparables. Malheureusement, leur peu de stabilité restreint beaucoup leur emploi. Les ponceaux de xylidine leur ont fait une concurrence redoutable. Les prix des couleurs d'éosine se sont considérablement abaissés dans ces dernières années; l'éosine qui valait au début 1,000 francs le kilogramme, se vend actuellement dans les prix de 35 francs.

Analyse. On reconnaît l'éosine par sa transformation en fluorescéine qu'on peut effectuer par l'amalgame de sodium. Si on agite la matière colorante avec de l'eau et de l'amalgame de sodium, il y a décoloration; par addition d'une goutte de permanganate de potasse, le liquide prend instantanément la fluorescence verte caractéristique de la fluorescéine.

Quant à la différenciation des diverses marques d'éosine commerciale, nous renvoyons pour tous détails le lecteur à un article de M. Benedikt paru dans le *Moniteur scientifique*, 1883, p. 468. — G. B.

*ÉPAILLAGE. *T. de filat.* On désigne sous ce nom l'opération qu'on fait subir à la laine pour la débarrasser des matières végétales auxquelles elle se trouve mêlée.

Ce sont surtout les *laines exotiques* que l'on soumet à l'opération de l'épaillage : les matières végétales y sont, en effet, principalement constituées par une sorte de luzerne à gousse enroulée, munie sur ses bords de crochets, elles peuvent être enlevées par l'*égratteronnage* mécanique (V. ce mot), lorsqu'il s'agit des laines à peigne, mais pour les autres genres, elles ne peuvent bien être détruites qu'au moyen d'agents désagrégateurs spéciaux. Dans bon nombre de *laines de pays*, cet épaillage n'est pas indispensable, car les matières végétales tombent en partie au lavage, au cardage et au peignage, et on les enlève complètement par l'*épincetage* (V. ce mot) lorsqu'elles se retrouvent sur le tissu.

Actuellement, les agents désagrégateurs, dont on se sert pour l'épaillage des laines exotiques, sont les acides sulfurique et chlorhydrique étendus de 25 à 30 fois leur poids d'eau : ces acides attaquent rapidement les pailles et gratterons qui peuvent se trouver dans une toison, mais ils n'exercent aucune action sur la laine elle-même. Ils agissent ou par la prolongation du contact ou par une élévation de température.

Les procédés d'épaillage actuellement en usage sont très divers, plus de cent brevets ont été pris pour en déterminer exactement les détails. Cependant, nous croyons pouvoir les rapporter tous à trois modes d'agir bien distincts. Ces trois méthodes sont :

1° l'*épaillage par voie humide*; 2° l'*épaillage par voie sèche*; 3° l'*épaillage par les dissolutions salines*. Nous allons les examiner rapidement.

Epaillage par voie humide. La laine qui doit être épaillée par voie humide est généralement soumise à sept opérations différentes : dégraissage, immersion dans une dissolution saline destinée à préserver la fibre de l'action de l'acide, immersion dans un bain acide, séchage à l'étuve, battage, désacidage et rinçage. Nous allons passer rapidement en revue chacune de ces opérations : 1° avant de traiter la laine par l'acide, on doit de toute nécessité la dégraisser. Une laine mal dégraissée serait attaquée et la constitution de la fibre disparaîtrait. Les corps gras dont il s'agit de débarrasser la laine sont variables suivant qu'il s'agit du produit brut ou du produit manufacturé. Pour la laine *brute*, c'est le suint. On traite alors la laine par une quantité relativement faible d'eau dont on élève la température, puis ensuite on procède au rinçage. Si l'on a affaire à de la laine manufacturée, la matière grasse dont il faut la débarrasser provient de l'huile employée pour l'*ensimage* (V. ce mot). On se sert alors pour dégraisser du savon et du carbonate de soude; 2° une fois la laine brute ou en tissu dégraissée, on la fait passer dans une dissolution saline destinée à la préserver de l'action de l'acide. Cette opération n'est pas nécessaire pour les laines brutes destinées à la carde, pour les laines renaissance et pour des tissus qui ne doivent pas être teints. Les produits que l'on emploie comme agents préservateurs sont généralement des acétates d'alumine, de potasse ou de soude, c'est-à-dire des sels à base alcaline dont les acides sont facilement déplacés par l'acide épaillant; ou bien encore des chlorures alcalins ou terreux, mais seulement pour le cas où l'on doit se servir de l'acide sulfurique pour épailler; 3° les acides employés pour épailler par voie humide sont les acides sulfurique à 3° Baumé ou chlorhydrique à 4 ou 5°. La laine est placée dans de grandes cuves en bois garnies intérieurement de plomb. S'il s'agit de la laine en tissu, on munit les cuves de rouleaux pour conduire les pièces et rendre l'immersion courte et rapide; s'il s'agit de la laine brute, on place à leur intérieur une cage mobile à claire voie ou bien encore on se contente de remuer la matière avec des fourches; 4° le plus souvent, on place ensuite la laine dans un appareil dit *sécheuse* ou *carboniseuse*, où on la soumet à une température assez élevée pour détruire ce qui lui reste de gratterons. Cet appareil se compose de rouleaux entre lesquels la matière est conduite sur une toile métallique sans fin, si elle est à l'état brut, ou qui servent à conduire les pièces, s'il s'agit de tissus, et entre lesquels on introduit de la vapeur. Comme le chauffage à la vapeur coûte très cher, il est des industriels qui échauffent leur sécheuse en y envoyant les produits de la combustion d'un foyer à *coke*, de façon à ne pas produire de fumée; 5° pour faire disparaître les derniers débris des gratterons, on fait subir à la laine un battage énergique, au moyen d'une fouleuse à sec. Cette opération doit suivre le plus rapidement possible celle du séchage, afin de ne laisser reprendre aucune humidité aux gratterons; 6° enfin toutes ces opérations se terminent par un passage de la laine dans un bain alcalin pour la débarrasser des dernières traces d'acide qu'elle renferme. On se sert pour cela d'une eau additionnée de 1/2 à 1 0/0 de carbonate de soude ou d'ammoniaque; 7° un lavage à fond à l'eau claire complète le désacidage.

Epaillage par voie sèche. Pour épailler par ce procédé, la marche à suivre est exactement la même que lorsqu'on opère par voie humide, jusqu'à l'immersion dans le bain acide exclusivement.

L'acide employé est, en règle générale, l'acide chlorhydrique, l'acide sulfurique pouvant être difficilement produit à l'état gazeux. L'acide chlorhydrique gazeux s'obtient de différentes façons, soit par l'ébullition du liquide à 110°, soit par évaporation produite par courant d'air, soit par la préparation classique au moyen du sel marin, etc.

Epaillage par les dissolutions salines. Jusqu'ici, l'épaillage par les dissolutions salines n'a jamais été mis en application que sur la laine en tissu ou sur la laine brute teinte. On opère comme dans le procédé par voie humide, en supprimant le bain préservateur et en remplaçant le désacidage par un rinçage à l'eau quelque peu acidulée.

Parmi les substances salines, agissant chimiquement, qui peuvent être employées pour l'épaillage, deux seulement ont fait leur preuve industrielle, ce sont : le *chlorure d'aluminium* et le *phosphate acide de chaux*. Les dissolutions sont employées à 5° Baumé ; l'immersion se fait à tiède, et la température de la carboniseuse est suffisante à 115°.

Le sulfate d'alumine, celui de zinc, le chlorure de zinc, etc., peuvent épailler chimiquement, mais leur emploi est peu pratique ; ils nécessitent, pour se décomposer, une température trop élevée ; la laine serait atteinte. Les autres sels épaillants sont trop coûteux.

Les bisulfates alcalins peuvent aussi être employés, mais leurs propriétés étant celles d'un mélange d'un sulfate neutre avec de l'acide sulfurique, on retombe dans les procédés décrits plus haut, dans la méthode par voie humide.

Les silicates alcalins, proposés récemment comme substances épaillantes, n'exercent pas la moindre action chimique sur les matières végétales.

Le résultat obtenu par un sel épaillant est le même que celui donné par l'acide moins l'intensité. Il faut prendre certaines précautions pour épailler par les sels. C'est ainsi que le dégraissage doit être complet, afin qu'il ne se forme pas suivant le sel employé (chlorure ou phosphate) de savon, soit alumineux, soit calcaire, se fixant sur la fibre et préjudiciable à une bonne teinture. Pour les mêmes raisons, le rinçage, après épaillage de la pièce, doit être fait dans d'excellentes conditions. Lorsqu'on épaille au moyen de chlorure d'aluminium, le dépôt d'alumine qui se forme est quelquefois assez important pour que la pièce ne se mouille guère et devienne en quelque sorte imperméable (on sait que les waterproofs ne sont aussi rendus imperméables que par un dépôt d'alumine obtenu au moyen d'une immersion dans une dissolution d'acétate d'alumine et d'un séchage qui fait disparaître l'acide acétique).

L'épaillage par les sels a un avantage, c'est qu'il permet d'éviter l'action brutale des acides employés directement, mais l'effet sur la paille est inférieur à celui obtenu par les autres méthodes. Un seul bain suffit pour préserver et épailler la laine, on bat la pièce à la sortie de la sécheuse et les gratterons imparfaitement détruits se pulvérisent d'eux-mêmes, s'ils sont complètement secs. Le chlorure d'aluminium, qui est d'un prix assez élevé, se prépare habituellement dans l'atelier d'épaillage, en traitant par l'acide chlorhydrique et à chaud de l'alumine trihydratée. Quant au phosphate acide de chaux, ce n'est pas encore un produit industriel, mais on peut le préparer facilement et à bas prix au moyen des coprolithes et des nodules phosphatés.

Les trois procédés que nous venons de décrire seraient parfaits s'ils réalisaient les conditions suivantes : 1° faire disparaître complètement les gratterons ; 2° conserver à la laine son aspect et son toucher ; 3° nécessiter peu de frais ; 4° ne pas incommoder les ouvriers épailleurs. Or, aucun d'eux ne se trouve dans ce cas ; l'épaillage chimique n'a donc pas encore dit son dernier mot. — A. R.

* **ÉPAILLER.** *T. tech.* Enlever de l'or les impuretés qui proviennent de la fonte.

ÉPAISSISSANTS (Corps). *T. tech.* On donne le nom générique d'*épaississants*, à certains corps qui ont la propriété de rendre moins fluides les liquides dans lesquels ils sont désagrégés ou dissous. Quelques substances sont employées pour donner plus de consistance, plus de corps, mais ne peuvent être considérées comme épaississantes, car elles manquent de liant et se déposent : telles sont la *terre de pipe*, le *china-clay*. Les épaississants servent dans la préparation des couleurs pour l'impression des tissus et des papiers, dans les apprêts, dans l'alimentation. Les principaux épaississants sont les amidons, les fécules, les farines, les nombreuses variétés d'amidon désagrégé et rendu soluble, telles que l'amidon grillé ou bristisch-gum, le léïo-gomme, la dextrine, la gommeline, la gomme Lefèvre, la gomme Tissot, etc. Les gommes proprement dites, gomme arabique, Sénégal, de Bassora, de Salabréda, etc., le salep, le sagou, la graine de lin, le lichen, etc., la gomme adragante, le tapioca, la gélatine, la colle de poisson, le haï-taho, les algues, la caséine, l'albumine de sang et d'œuf, la gomme d'Inde, la gomme du Japon, etc.

L'épaississant le plus répandu est l'amidon, il provient soit du blé, soit du riz. Comme composition, l'amidon est identique à la fécule, mais il est dans l'usage de désigner sous le nom d'*amidon*, le produit extrait des graines, tandis que l'on réserve le nom de *fécule* à la matière extraite des autres parties des plantes.

* **ÉPANNELER.** *T. de constr.* Tailler grossièrement sur le chantier les blocs de pierre ou de marbre, avant de leur donner la forme définitive. L'*épannelage* se fait à la pioche ou à la scie, et ne se pratique guère que pour les parties saillantes destinées au ciseau des sculpteurs.

* **ÉPANNEUR.** *T. de mét.* Dans les carrières de pierre meulière, c'est le nom de l'ouvrier qui dégrossit les blocs ou carreaux destinés à la confection des meules de moulin, en leur donnant une forme plane sur un seul côté.

* **ÉPARGNE.** *T. techn.* On donne ce nom au vernis composé de blanc d'Espagne, de sucre et de gomme, que l'on applique sur certains endroits d'une pièce de dorure ou d'argenture pour les préserver de l'action d'un nouveau bain. || En *T. de grav.*, on entend par *taille en épargne* le procédé qui consiste à enlever le fond, de manière à laisser en relief les parties qui doivent former le dessin. || En *T. de céram.* On donne ce nom aux parties laissées en biscuit, alors que les autres surfaces sont émaillées.

ÉPAULEMENT. 1° *T. de constr.* Mur de soutènement. || 2° *T. de fortif.* Abri derrière lequel des troupes se placent pour se défiler des feux ou de la vue de l'ennemi. C'est ordinairement un ouvrage de fortification passagère élevé pour abriter le soldat ou protéger des pièces de canon. Pour construire un épaulement, on creuse un fossé, et on rejette les terres extraites en avant de ce fossé. On les bat et on les unit de façon à en former une espèce de mur derrière lequel les troupes peuvent s'agenouiller ou se coucher, et qui leur permet en même temps d'appuyer leurs armes. Les épaulements qui servent à l'artillerie sont plus élevés et sont souvent construits avec des fascines ou des sacs. || 3° *T. de charp.* Partie saillante réservée sur la face la moins large d'un tenon pour donner plus de solidité à la pièce. || 4° Petit espace plein entre deux mortaises, ou entre une mortaise et l'extrémité d'une pièce de bois.

ÉPAULETTE. Sans nous arrêter à la bande d'étoffe qui, dans le vêtement, couvre l'épaule, nous devons dire quelques mots de cette partie de l'équipement militaire, dont la forme, la dimension et la signification même ont souvent varié.

— Dans l'origine, l'épaulette fut la courroie sur laquelle on attachait les différentes pièces de l'armure, et plus tard, lorsque le mousquet devint l'arme de l'infanterie, on donna ce nom au petit sac de son placé sur l'épaule et sur lequel le soldat appuyait le lourd canon de son arme. L'épaulette ne devint un signe distinctif que depuis le ministère du maréchal de Belle-Isle qui, par une ordonnance de 1759, la fit adopter par les armées du roi; d'autres ordonnances fixèrent la forme, la matière et les dimensions de cet ornement, qui fut pendant près d'un siècle une partie essentielle de l'uniforme, à tous les degrés de la hiérarchie militaire. Aujourd'hui, on restreint de plus en plus le port de l'épaulette pour lui substituer la patte des Allemands et des Russes.

I. **ÉPÉE.** Arme offensive longue et aiguë que l'on porte suspendue au côté. L'épée est essentiellement une arme d'estoc, c'est-à-dire destinée à percer; mais on lui donne quelquefois une forme qui permet de l'employer comme arme de taille. Tel est l'*espadon*, ou épée à deux mains.

L'épée n'est portée, aujourd'hui, dans les carrières civiles, que par certains fonctionnaires en costume de cérémonie, et, à l'armée, par les officiers et sous-officiers de quelques corps spéciaux; mais pour les uns et pour les autres, elle ne constitue qu'une simple arme de parade.

Historique. On trouve l'épée sous différentes formes et dimensions chez tous les peuples et dans tous les temps. Les Gaulois, dont la métallurgie était peu avancée, se servaient d'épées longues et larges, ordinairement de fer, quelquefois de cuivre, mais presque toujours grossièrement fabriquées. L'épée des Francs était courte, acérée et de fer non trempé, dans le genre de l'épée de Childéric, fils de Mérovée et père de Clovis, mort en 481. Sa forme épaisse et robuste rappelle le glaive romain. Elle fut trouvée à Tournay et faisait partie de la riche collection de l'ancien *Musée des Souverains*, au Louvre.

Le moyen âge produisit des épées de forme et de longueur très variées. Les plus usitées sont désignées par les auteurs sous les noms de *flamberges*, *flambars*, *plommees*, *verduns*, *brans*, *braquemars*, *espadons*, *allumelles*, *quindrelles*, *estocades*, *colichemardes*, etc. On dit que Godefroi de Bouillon (xie siècle) fendait un homme en deux d'un coup d'épée. Le P. Daniel ne voit là rien de bien étonnant, si l'on songe à la force des hommes de cette époque et au poids des épées qu'ils maniaient, du reste, avec une grande habileté. On conserve, à Meaux, une épée longue de plus de trois pieds (0^m,974), large de trois pouces (0^m,081) et pesant cinq livres (2^k,447), regardée comme étant celle d'Ogier le Danois, un des preux de Charlemagne, mort à l'abbaye de Saint-Faron, à Meaux, vers la fin du xie siècle. Presque toutes ces armes disparurent au xvie siècle, et des formes nouvelles les remplacèrent.

A dater du règne de Louis XIII, on adopta l'épée d'escrime. Cette espèce a offert de grandes variétés de types; il y eut alors des épées à pistolet, à coquille, à garde en croix, en panier, en grille, à miséricorde, etc. Cette époque mit en grande vogue la *rapière* et la *brette*, d'où est venu le nom de *bretteur*. Dès lors, la manie de porter l'épée, qui n'avait jusqu'alors existé que dans la noblesse, s'empara de toutes les classes de la société. On imagina, pour la satisfaire, l'épée dite à la *financière*, dont le *carrelet* de nos jours n'est qu'une reproduction, et qui ne disparut qu'en 1793, avec l'effondrement de la monarchie.

Quand on visite les armes de la collection d'Ambras, au Musée de Vienne, de l'Armeria Real, à Madrid, de la collection Meyrick, au South Kensington à Londres, le sentiment du beau artistique ne tarde pas à dominer toutes les autres impressions. L'épée, cet instrument de mort, froid et nu, disparaît devant l'arme, produit du goût, exerçant la fantaisie et l'habileté de l'artiste, et rehaussant, par son mâle éclat, la dignité naturelle de l'homme. Pour peu que l'on remonte le cours des siècles, on n'aperçoit bientôt plus que des poignées aux lignes harmonieuses, merveilleusement appropriées à la forme de la main, d'ingénieux symboles de force et de courage, des ornements exécutés avec une rare délicatesse. C'est ainsi que plusieurs branches des arts industriels, la *damasquinerie*, entre autres (V. ce mot), est inséparable de celle de l'armurerie (V. Armure), tant leur alliance a été féconde en chefs-d'œuvre.

Le Musée d'artillerie, aux Invalides, et le Musée de Cluny, possèdent également plusieurs épées ayant appartenu à des personnages célèbres. Le *flambard* de Louis XI est remarquable par une singularité qui caractérise ce prince : sur les deux côtés se trouve gravé l'*Ave Maria*. L'épée que portait François Ier à la bataille de Pavie, a une poignée en croix, émaillée avec des ornements en or, parmi lesquels on distingue des salamandres. L'épée dont était ceint Henri IV, le jour de son mariage avec Marie de Médicis (1600), offre une lame richement damasquinée et chargée d'inscriptions relatives aux victoires du roi sur les ligueurs; le fourreau est incrusté de médaillons de nacre, où sont gravés les douze signes du zodiaque. Citons encore la fameuse épée de la collection Double, dispersée en 1881. Cette épée, qui date de 1614, a appartenu au maréchal d'Ancre dont elle porte les devises; sa poignée est à large garde, avec double coquille en fer doré, repercée à jour. La lame longue est finement gravée et porte une inscription en caractères dorés.

A l'Exposition universelle de 1862, dit M. Philippe

Burty, on signalait l'épée du général Bosquet, en or et en argent, ciselée chez Duponchel; l'épée du duc de Magenta, argent doré et pierres fines, ciselée chez Wiese, par M. Honoré; les épées du duc de Malakoff et de l'amiral Bruat, exécutées en argent oxydé, par Delacourt. Celles des autres nations, armes de luxe ou de combat, n'approchaient point des nôtres. — S. B.

Bibliographie : Le P. Daniel : *Histoire de la milice française*; Ph. Burty : *Histoire des arts industriels*, ch. *Bronze et Fer*; Ed. de Beaumont : *De l'art industriel de l'armurier et du fourbisseur en Europe, depuis l'antiquité jusqu'au XVIII*e *siècle (Gazette des Beaux-Arts*, t. XXII, 1867).

* **II. ÉPÉE.** *T. techn.* Grande alène droite qui sert à percer le cuir. || Pièce de l'appareil de la taille des pierres précieuses et qui unit le bras de l'arbre de la roue avec le coude de cet arbre. || *Art hérald.* Meuble d'armoiries représentant une épée posée en pal, en fasce, en bande, en sautoir, etc. *Épée garnie,* celle dont la poignée ou le pommeau est d'un autre émail que celui de la lame.

* **ÉPÉES.** *T. de tiss.* On désigne par ce mot les deux montants verticaux, de droite et de gauche, qui supportent toutes les pièces de la partie inférieure et horizontale du battant d'un métier à tisser. Ces pièces sont la masse ou sommier, la table, les boîtes à navette, le peigne et la *cape* ou poignée. Parfois une traverse supérieure, également horizontale vient consolider le battant. On suspend les épées aux *estazes* pour obtenir l'oscillation de l'appareil.

ÉPERON. 1° Branche de métal qui s'adapte au talon d'un cavalier et au milieu de laquelle joue un petit disque dentelé, nommé *molette,* dont les pointes servent à aiguillonner le cheval.

— L'éperon était connu des anciens; aux premiers temps du moyen âge c'était une sorte de dard, semblable

Fig. 518. — *L'éperonnier au XVI*e *siècle, d'après une vieille estampe.*

à un ergot de coq et qui sortait du talon de la chaussure. L'éperon d'or devint le signe distinctif de la chevalerie; le simple écuyer, qui n'avait droit qu'à l'éperon d'argent, chaussait l'éperon d'or lorsqu'il était créé chevalier, de là le proverbe : *Gagner ses éperons.*

La communauté des selliers éperonniers se sépara en 1678, mais les deux corps de métiers conservèrent les mêmes statuts. Pour passer maître, il fallait cinq années d'apprentissage et quatre de compagnonnage. Ils avaient saint Eloi pour patron.

|| 2° *T. de constr.* Construction saillante en charpente ou en maçonnerie, élevée au-devant des piles de pont ou des jetées pour les protéger contre la violence des eaux, les coups de mer ou les corps flottants; on dit aussi *bec, avant-bec.* || 3° Contre-fort extérieur destiné à soutenir un bâtiment ou un mur et à résister aux poussées qui tendent à le renverser. || 4° Bloc d'acier terminé en pointe et qui, placé à l'avant d'un navire cuirassé, constitue une arme offensive redoutable.

L'éperon des modernes a la même destination que le *rostrum* des anciens; celui-ci était une poutre terminée par une pointe de fer ou d'airain qui s'avançait en avant de la proue pour défoncer les navires ennemis. De nos jours, la question de l'éperon a préoccupé les ingénieurs et les constructeurs de la marine, mais si les Américains ont été les premiers, croyons-nous, à en armer leurs navires, c'est un Français, le capitaine Delisle qui, sous la Restauration, pressentit la transformation que devait subir la marine de guerre par la cuirasse des navires et l'emploi d'un éperon de bois recouvert de fer (*Mémoire au ministre de la marine*).

|| 5° *Art hérald.* Membre qui figure sur les écus de la noblesse militaire, et que l'on représente en pal, la molette tournée vers le chef.

ÉPERONNIER. *T. de mét.* Ouvrier, fabricant d'éperons et d'objets se rattachant au harnachement des chevaux.

* **ÉPERVIER.** *Art. hérald.* Meuble d'armoirie qui représente cet oiseau de proie et que l'on dit : *chaperonné* (coiffé), *longé* (attaché), *perché* (posé sur un bâton) lorsque ces objets sont d'un autre émail.

* **ÉPEUTISSAGE.** *T. de filat.* On désigne sous ce nom l'*épincetage* (V. ce mot) lorsqu'on le fait à la mécanique. Le principe de l'*épeutisseuse,* dont l'invention est due à M. David Labbey, en 1847, repose sur la combinaison d'un organe spécial nommé *peigne,* consistant en une ou deux lames d'acier, à denture très fine, montées en lames de rabot sur un châssis en bois ou en métal, évidé au milieu pour livrer passage aux nœuds rasés par l'outil : la denture est ordinairement de $0^m,003$ de profondeur et variable de 12 à 22 dents par centimètre en raison des tissus à traiter. En passant sur ce peigne, l'étoffe se débarrasse des irrégularités, fragments de fils et fibres plus ou moins apparents, restés dans les matières premières ou les produits.

Dans un grand nombre d'usines, l'épeutissage est maintenant supprimé, depuis que M. Frezon, d'Amiens, a eu l'idée d'appliquer aux pièces tissées le procédé utilisé pour la séparation des substances végétales de la laine brute ou des chiffons de laine, que nous avons décrit plus haut sous le nom d'*épaillage*. — V. ce mot.

ÉPI. 1° *T. d'arch.* Décoration en terre cuite ou en métal, qui revêt l'extrémité d'un poinçon de croupe ou de comble en pavillon.

— L'usage des épis était très répandu au moyen âge et à la Renaissance. Dans les édifices couverts en tuiles ces ornements furent d'abord en terre cuite vernissée et, dans la suite, en faïence ou terre émaillée. Les épis, découpant sur le ciel leur silhouette accentuée par des fleurons, des ajours, des saillies plus ou moins prononcées, formaient, à l'origine, de véritables enveloppes de l'extrémité du poinçon. Plus tard, ce furent seulement des appendices maintenus par une broche en fer fixée elle-même sur la tête de cette pièce de bois. Pour les combles en ardoise ou en métal, on faisait usage d'épis en plomb, tantôt repoussé, tantôt coulé, souvent même offrant l'application simultanée des deux procédés. Après la Renaissance, qui employa surtout pour ce genre de décoration la plomberie repoussée, on ne trouve plus d'épis que sur les monuments et les habitations princières. De nos jours, on en voit souvent sur les habitations de plaisance.

On appelle *épis d'amortissement*, des épis fréquemment placés aux sommets des pignons, et *appareil en épi*, une disposition particulière de pierres ou de briques formant dallage ou revêtement de parois verticales, et présentant l'aspect de *bâtons rompus*.

|| 2° *T. de charp.* Assemblage des pièces de bois, chevrons, liens, etc., qui se réunissent autour d'un poinçon pour supporter le comble circulaire d'un moulin, d'une tourelle, etc.

|| 3° Dans la construction hydraulique on donne ce nom aux digues construites pour diminuer l'impétuosité des eaux; pour redresser ou défendre les rives d'un fleuve. La disposition et la forme de l'épi varient naturellement suivant le but qu'on se propose d'atteindre. Il en est de même des matériaux employés à son édification et qui sont très divers, fascines, enrochements, maçonnerie, caissons en charpente. On divise les épis en *épis noyés* et *épis découverts*. Les premiers sont couverts aux heures de haute marée; les seconds sont toujours à découvert. Quand il est établi dans une direction de l'eau, l'épi prend le nom d'*épi de bordage*. || 4° *T. de serrur.* Crochet de fer placé sur un mur d'appui et de clôture, pour empêcher qu'on ne l'escalade. || 5° *Art hérald.* Meuble de l'écu représentant un épi de blé, d'orge, de maïs ou de mil. Il est en pal ordinairement.

* **ÉPICÉA.** *T. de bot.* C'est une variété de sapin qui doit à ses nombreux usages industriels la place que nous lui donnons ici. L'épicéa est un arbre de grande taille, plus élevé que le pin, son congénère, et qui atteint parfois des hauteurs de 60 mètres. Son bois, plus mou et de moins longue durée que celui du pin, n'en est pas moins propre cependant aux mêmes usages que celui de cet arbre. Dans le commerce, on le désigne sous les noms de *sapin rouge* ou de *sapin de Norvège*. L'épicéa est employé en menuiserie, en charpente, dans la construction des navires. Il sert dans la boissellerie; les luthiers le recherchent pour faire les tables d'harmonie de leurs instruments. Grâce à cet arbre, la scierie mécanique et la carbonisation du bois sont devenues deux industries les plus importantes de nos régions des Vosges et du Jura. L'épicéa fournit au printemps un suc résineux qu'on recueille au moyen d'incisions longitudinales pratiquées dans l'écorce et qui pénètrent jusqu'à l'aubier; ce suc coagulé fournit la poix dite de *Bourgogne*. C'est une substance jaunâtre quand elle est pure et d'où on peut retirer par distillation de la térébenthine et de la colophane. L'écorce de l'épicéa est parfois employée en guise de tannée. Dans le Nord, on emploie les jeunes pousses fermentées dans la fabrication de la bière.

ÉPICIER. *T. de mét.* Nos marchands modernes de comestibles, d'épices, de vins et de menus articles, n'auraient point de place dans cet ouvrage destiné aux arts et à l'industrie, si le passé de leur métier ne nous fournissait quelques points de contact avec notre programme. En effet, l'épicier d'autrefois fabriquait la chandelle, la bougie, la « moustarde et aultres saulces » et passait du suif et des « espices » aux drogues qu'il administrait comme apothicaire ; il était donc industriel et marchand. Sa marque personnelle était déposée au bureau des jurés et chez le prévôt, et il avait une foule d'obligations à remplir, comme celles d'avoir des balances justes, de ne point tricher sur le poids et, sous serment solennel, de ne point falsifier ses denrées !! Au début du XVIe siècle, les apothicaires, qui dédaignaient la chandelle pour se consacrer aux drogues, se trouvèrent humiliés de la commune origine qui les liait avec de « simples espiciers sans aulcune science » et demandèrent leur séparation. « Qui est espicier n'est pas apothicaire, et qui est apothicaire est espicier » dirent-ils au roi qui se rendit à ce raisonnement en acceptant leur requête. L'épicier subit alors des vicissitudes constantes, ne pouvant « rien entreprendre sur le corps de l'apothicairerie » il obtint la vente de divers articles en concurrence avec d'autres communautés, mais à des conditions qui lui rendaient difficile l'exercice de sa profession. Les différents corps de métiers, auxquels il rognait quelques bénéfices et dont les droits étaient garantis par le Parlement, lui créèrent toutes sortes de difficultés et si, sous l'ancien régime, sa condition ne fut point brillante, elle ne fut pas beaucoup plus enviable au début du nouveau; car, pendant la première moitié de ce siècle, l'épicier fut l'objet des sarcasmes et des plaisanteries de toute nature; ses laborieux efforts ont enfin triomphé de la malignité publique, et il a conquis sa place parmi les négociants considérés en raison de leur honorabilité.

ÉPICYCLOÏDE. *T. de géom.* Courbe décrite par un point déterminé I d'un cercle mobile de centre B qui roule sans glisser sur un cercle fixe de centre A. On démontre en géométrie que la normale IC en chaque point de cette courbe IDF, passe par le point de contact C correspondant du cercle mobile avec le cercle fixe, propriété qui est commune d'ailleurs à toutes les courbes de la famille des roulettes. Par suite, la tangente à l'épicycloïde est formée par la corde IX du cercle mobile passant par l'extrémité du diamètre de contact CB. On déduit de cette propriété un tracé de l'épicycloïde par points, dans lequel on n'est pas obligé de représenter le cercle générateur dans ses positions successives. Si on considère, en effet, un point quelconque I de l'épicycloïde, et qu'on représente le cercle générateur dans la position correspondante B, on sait que les deux arcs CC_0 et CI comptés respectivement sur les deux cercles fixe et mobile (fig. 519), à partir des deux points en contact à l'origine en C_0 sont égaux par hypothèse. Si on trace également le cercle mobile dans sa position initiale N_0, et qu'on prenne le point I_0 tel que l'arc I_0C_0 soit égal à l'arc IC, on reconnaît facilement que les deux triangles $C_0N_0I_0$ et CBI sont égaux, et on voit par suite que, pour obtenir un

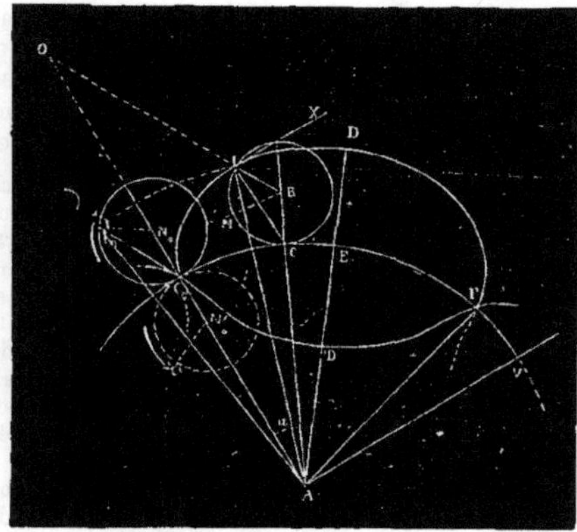

Fig. 519.

point quelconque I de l'épicycloïde, il suffit de tracer du point A comme centre un arc de cercle ayant pour rayon la distance AI_0 et d'en prendre l'intersection avec un arc de rayon C_0I_0 décrit d'un centre C pris sur la circonférence fixe à une distance telle que l'arc CC_0 soit égal à C_0I_0.

L'épicycloïde présente un point de rebroussement F chaque fois que le point générateur atteint le cercle mobile, elle forme ainsi une série de courbes comprises chacune dans un arc du cercle fixe égal au développement du cercle mobile, et ces courbes sont symétriques par rapport au rayon mené suivant la bissectrice AD de cet arc C_0AF.

On pourrait retrouver également ces différentes propriétés par le calcul en partant des formules suivantes qui donnent l'équation de l'épicycloïde, rapportées au centre du cercle fixe (l'axe de x se confondant avec la ligne AC_0 et l'axe des y étant donné par une perpendiculaire AV à cette droite).

$$x=(R+r)\cos\alpha-r\cos\frac{R+r}{r}\alpha,$$

$$y=(R+r)\sin\alpha-r\sin\frac{R+r}{r}\alpha).$$

R est le rayon du cercle fixe, r celui du cercle mobile, et α l'angle au centre correspondant à l'arc C_0C décrit sur le cercle fixe par le roulement du cercle générateur donnant le point considéré I.

On considère également en géométrie, l'épicycloïde $C_0D'F$ obtenue en faisant rouler le cercle mobile N_0' à l'intérieur du cercle fixe. L'équation de l'épicycloïde intérieure est la même que celle-ci sauf que $R+r$ est remplacé par $R-r$. La figure 519 donne un exemple du tracé d'une épicycloïde intérieure obtenue en faisant rouler le cercle N_0' à l'intérieur du cercle fixe.

L'épicycloïde forme une série de branches qui viennent se refermer au point de départ quand le cercle mobile a effectué un certain nombre de fois le tour du cercle fixe, lorsque r est commensurable avec R; autrement ces branches se répètent un nombre illimité de fois, et l'épicycloïde ne se ferme pas.

Cette courbe affecte des formes très diverses, suivant les longueurs respectives de R et de r; l'épicycloïde intérieure se réduit même à une droite, lorsque $r=\frac{R}{2}$. L'épicycloïde joue un rôle important en cinématique dans le tracé des *engrenages*. — V. ce mot.

Quand on prend le point décrivant l'épicycloïde en dehors de la circonférence génératrice, on obtient une courbe bouclée ou *épicycloïde allongée* quand ce point est en dehors de la circonférence génératrice, et une courbe sans boucles, dite *épicycloïde raccourcie* lorsque le point est à l'intérieur. Ces nouvelles courbes jouissent d'ailleurs de propriétés analogues à celle de l'épicycloïde proprement dite, l'équation en est donnée par les formules suivantes dans lesquelles d représente la distance du point décrivant au centre du cercle mobile :

$$x=(R+r)\cos\alpha-d\,\mathrm{co}\,\frac{R+r}{r}\alpha,$$

$$y=(R=r)\sin\alpha-d\sin\frac{R+r}{r}\alpha.$$

L'épicycloïde est une courbe qui trouve souvent son application dans les arts, elle prend en effet dans certains cas des formes gracieuses qui peuvent fournir un motif de décoration, comme on le voit par les exemples donnés (fig. 520 et 521); aussi a-t-on cherché à disposer des mécanismes permettant de la tracer d'une manière continue.

Fig. 520.

On trouvera la description des principaux types dans le *Traité de la composition des machines* de Lantz et Bétancourt, nous signalerons simplement ici la disposition la plus simple qui est le train épicycloïdal. Il comprend une roue dentée mobile susceptible d'engrener avec un pignon fixe, la roue mobile étant portée elle-même sur un bras mobile autour du pignon qui permet de la faire tourner autour de celui-ci en même temps qu'elle tourne sur elle-même en engrenant, on adapte enfin sur le disque de la roue une barre dans laquelle est pratiquée une rainure

Fig. 521.

portant un crayon que l'on peut faire glisser à volonté de manière à l'écarter ou le rapprocher du centre, on peut ainsi obtenir une épicycloïde extérieure allongée ou raccourcie.

On peut obtenir également par un mécanisme analogue, les épicycloïdes intérieures sans avoir besoin de prendre une roue fixe à denture intérieure dont l'emploi est toujours assez gênant. Il suffit en effet d'interposer entre la roue génératrice et le pignon fixe une seconde roue mobile engrenant avec celle-ci et portée sur le même bras que la roue mobile génératrice. On démontre en effet que le mouvement du point décrivant est alors le même que s'il tournait à l'intérieur d'une circonférence fictive, dont on détermine le rayon par le calcul en fonction de ceux des trois roues considérées.

On peut obtenir d'ailleurs une très grande variété de courbes en modifiant ces différents rayons; et on peut interposer également, au lieu d'une simple roue intermédiaire, un pignon avec une roue dentée solidaire; on obtient encore des courbes de même nature, mais on peut alors faire varier le rapport des vitesses angulaires dans des limites plus considérables.

***ÉPIERRER.** *T. techn.* Outre l'action d'enlever des pierres, on donne ce nom chez les *tann.*, à l'opération qui a pour but d'arracher d'une peau la laine ou le poil que le pelage n'a pu enlever, et qui se pratique du côté de la fleur avec une pierre à aiguiser.

***ÉPIERREUR.** *T. techn.* Organe de certains appareils et qui sert à retenir les pierres ou les corps lourds; on dit aussi *épierrier*.

ÉPIEU. *T. d'arm. anc.* Fer large, épais et pointu emmanché au bout d'une hampe solide. L'épieu a été employé comme arme de chasse pour le gros gibier, et plus rarement comme arme de guerre. Il n'est plus en usage depuis longtemps.

ÉPILAGE. *T. techn.* Action d'épiler le poil des animaux. — V. Chamoisage.

***ÉPILATION.** Action d'arracher les poils ou le duvet qui couvrent certaines parties du corps, au moyen de substances *épilatoires*. — V. Dépilatoire.

***ÉPILOBIUM.** On a essayé de tirer parti du duvet cotonneux qui recouvre certaines espèces d'*épilobium*, que l'on rencontre en grande quantité dans le nord des Etats-Unis. Les essais n'ont donné aucun résultat, et cette matière n'a pas plus de valeur que la ouate végétale de quelques oseraies ou des peupliers de nos contrées. C'est donc à tort qu'on a quelquefois signalé cette plante comme pouvant à la rigueur servir à la fabrication de tissus.

***ÉPILURES.** *T. techn.* On donne ce nom aux jets des pièces d'étain fondu.

***ÉPINAC.** Les premiers travaux dont les mines d'Epinac ont été l'objet remontent à 1774; mais ce n'est qu'à une époque bien postérieure, en 1829, que ces gisements devinrent la propriété de la Société civile des houillères et du chemin de fer d'Epinac — aujourd'hui transformée en Société anonyme — et commencèrent alors à être l'objet d'une exploitation rationnelle et méthodique.

C'est vers la même époque (en 1830) que se place la construction d'un chemin de fer de 28 kilomètres, destiné à relier les mines au canal de Bourgogne, et qui est la deuxième voie ferrée qui ait été établie en France.

Un décret, rendu en 1858, a régularisé et étendu la concession primitive, donnée en 1805, et y a joint les concessions de Sully et de Marvelay, qui constituent pour l'avenir une importante réserve. Les houillères d'Epinac occupent une superficie de 6,241 hectares, dont 5,000 environ se trouvent sur le terrain houiller proprement dit. Elles font partie du bassin d'Autun, dans le département de Saône-et-Loire.

Le terrain houiller de cette région peut être considéré comme formé de trois étages, l'étage supérieur est un dépôt de schistes bitumineux, l'étage moyen est composé de grès et de poudingues, l'étage inférieur renferme le gisement houiller. Celui-ci comprend quatre veines qui s'enfoncent dans le sol avec une pente moyenne d'environ 0,30^{c} par mètre. Le charbon est pur, mais tendre et friable.

L'exploitation des houillères, malgré de très nombreux travaux actuellement abandonnés, ne se fait aujourd'hui que par quatre puits, ceux de Souachères, Fontaine-Bonnard, Hagerman, Micheneau et la Garenne. Depuis peu, le puits Hottinguer a été également ouvert à l'extraction. Ce dernier puits, qui, en 1878, avait atteint la profondeur de 618 mètres, présente une importance toute spéciale, non seulement par les grandes richesses houillères qu'il a fait découvrir, mais aussi par suite de la première application sérieuse qui y ait été faite du système atmosphérique à l'exploitation des mines (V. Extraction). Cette innovation, due au savant ingénieur en chef des houillères, M. Blanchet, a valu aux mines d'Epinac la médaille d'or à la dernière exposition universelle. Elle résout d'une façon à la fois simple et pratique, le problème de l'exploitation des puits de mine aux grandes profondeurs, exploitation que le poids et la tension des câbles, employés jusqu'ici, tendait à rendre très difficile, impossible même, passé des limites relativement très restreintes. Les richesses houillères totales de la société d'Epinac, tant certaines que probables, sont évaluées à 1,718 millions d'hectolitres. Ses ressources certaines atteignent dores et déjà 68 millions d'hectolitres, et le puits Hottinguer a donné connaissance de masses qui, sans être toutefois entièrement reconnues encore, sont évaluées à environ 150 millions d'hectolitres. L'avenir des mines d'Epinac est donc assuré pour longtemps.

***ÉPINCETAGE.** Lorsqu'une étoffe de drap sort du métier à tisser, elle n'est pas encore marchande et renferme à sa surface un grand nombre de pailles, boutons, bouts de fils doubles, etc., dont il faut la débarrasser. On charge alors un certain nombre de femmes très exercées, de faire disparaître ces défectuosités à l'aide de petites pincettes pointues en fer. L'opération à laquelle se livrent ces ouvrières porte le nom d'*épincetage*. Cette opération exige une attention soutenue. Il s'agit en effet de n'enlever du drap que ce qui peut nuire à sa vente. Il faut donc avoir soin de ne rompre aucun fil de chaîne, ni occasionner de déchirure dans le tissu, et savoir, lorsqu'on a arraché quelques fils, rapprocher les parcelles déchirées de manière qu'on ne puisse s'apercevoir du défaut de l'étoffe. Pour certains draps très fins, cette opération a une telle importance qu'on la recommence jusqu'à trois fois, d'abord après le tissage, puis en gras ou en eau, puis enfin après l'apprêt. On termine l'épincetage en secouant le drap et en le brossant fortement, afin d'enlever de la surface du tissu les morceaux de fil qui y sont restés, et qui s'y fixeraient de nouveau au foulage si on négligeait de les enlever. — A. R.

* **ÉPINCETEUR, EUSE.** *T. de mét.* Celui, celle qui pratique l'épincetage; on dit aussi *épinceur, épinceuse, épinceleur, épinceleuse.*

* **ÉPINÇOIR.** *T. de mét.* Gros marteau taillé à deux coins peu tranchants, à l'usage des tailleurs de pavés de grès pour façonner les parements.

ÉPINETTE. Sorte de petit *clavecin* en usage avant l'invention de ce dernier instrument, qui lui-même a été remplacé par le *piano*. — V. CLAVECIN, PIANO.

HISTORIQUE. La forme de l'épinette, quasi triangulaire, la faisait ressembler à une harpe couchée horizontalement sur une table d'harmonie. Le nom d'*épinette*, en italien *spinetta*, lui vient de ce que les cordes étaient pincées par de petits morceaux de plume de corbeau en forme d'épine, fixées dans la partie supérieure de petits morceaux de bois minces et plats, que les facteurs d'instruments nommaient *sautereaux*, lesquels se trouvaient à l'extrémité des touches. Jean-Jacques Scaliger est le plus ancien auteur qui fasse mention de l'épinette. Voici ce qu'il en dit, dans sa *Poetica*, publiée en 1561 : « On avait ajouté aux plectres des pointes de plume de corbeau qui tiraient des cordes d'airain une harmonie plus douce. Dans mon enfance, on appelait cet instrument *clavicymbalum* et *harpsichordium*. Mais maintenant il a pris le nom d'*épinette*, à cause de ces pointes, semblables à des épines. » On a donc des preuves de l'existence de l'épinette au commencement du XVIe siècle; mais il est probable qu'elle existait déjà avant le XVe, car si l'instrument que Boccace désigne sous le nom de *cembalo* était le même que le clavecin ou le *cembalo* des modernes, on doit croire que l'épinette était connue à l'époque où écrivait le célèbre auteur du *Décaméron*, c'est-à-dire vers 1350.

Depuis le XVIe siècle jusque vers le milieu du XVIIIe, on employa fréquemment l'épinette. « Si j'avais une pauvre petite épinette pour soutenir un peu ma voix faiblissante, disait J.-J. Rousseau, je chanterais du matin au soir. » Mais cet instrument semble avoir plutôt convenu à la musique de chambre et vocale qu'à l'orchestre. Pour jouer un rôle au milieu des masses sonores, il fallait un instrument plus grand. On ne tarda pas à le trouver, et c'est alors qu'on perfectionna le *harpsichorde*. Ce n'était autre chose qu'une amplification de l'épinette. Galilée, dans son *Dialogo de la musica antiqua e de la moderna*, dit en termes très nets que le *harpsichorde* n'était qu'une harpe couchée, à laquelle on avait adapté le système de l'épinette.

Au XVIIe siècle, la famille des Ruckers, à Anvers, se distingua pour la facture des épinettes et des clavecins. Vers le même temps, les Hitchok et les Hayvard père et fils, célèbres facteurs, fournisseurs de la reine Anne, brillaient à Londres; plusieurs de leurs instruments existent encore, et portent la date de 1620 à 1640. D'autres facteurs d'épinettes, plus rapprochés de notre temps, ont joui également d'une grande réputation en Angleterre. On cite notamment Joseph Boudin, français d'origine, établi à Londres.

Il existe au Musée de Cluny et au Musée du Conservatoire de musique, de charmants spécimens d'épinettes italiennes et françaises, ornées pour la plupart de riches incrustations d'ivoire ou de peintures décoratives. Nous nous contenterons de citer une épinette française, couverte de peinture à la gouache d'une grande finesse. La caisse est en laque à figures d'or. Touches à trèfles; sautereaux à cuir. Ce précieux instrument, qui n'a subi aucune réparation, date de 1672 et est l'œuvre de Philippe Denis. Cet habile facteur était le frère de Jean Denis, organiste de Saint-Barthélemy et maître faiseur d'instruments de musique, qui publia chez Ballard, en 1650, un *Traité de l'accord de l'espinette*, petit livre fort curieux. — S. B.

Bibliographie : Spire BLONDEL : *Histoire anecdotique du piano*, 1880; Gustave CHOUQUET : *Le Musée du Conservatoire national de musique, Catalogue raisonné*, 1875.

I. ÉPINGLE. Petite tige métallique et pointue, qui sert à attacher ou fixer quelque chose.

— La fabrication des épingles, écrivait au siècle dernier l'illustre économiste anglais Adam Smith, se divise en 18 opérations distinctes. Un homme étire le fil; un autre le dresse; un troisième le coupe; un quatrième forme la pointe; un cinquième écrase l'extrémité pour recevoir la tête. Faire cette tête demande deux ou trois opérations distinctes; la placer est une besogne spéciale; blanchir l'épingle en est une autre; même la mise en papier constitue un métier à part.

Cette description a été bien souvent citée comme un des plus frappants exemples de la division du travail, et elle s'applique parfaitement à la fabrication des épingles telle qu'elle se pratique encore aujourd'hui dans un grand nombre de fabriques. Depuis cinq ou six ans, toutefois, elle a cessé d'être vraie; les progrès de la mécanique ont complètement transformé cette branche de l'industrie. La machine s'est substituée au travail manuel; c'est merveille de voir avec quelle rapidité, avec quelle économie, elle s'acquitte de cette besogne autrefois si compliquée. On peut dès aujourd'hui prévoir que d'ici peu les anciens procédés, partout employés jusqu'en ces dernières années, auront complètement disparu. Ils ne présenteront plus qu'un intérêt historique. Nous ne pensons donc pas devoir nous attarder à en parler ici. Nous préférons décrire de suite la fabrication de l'épingle telle qu'elle se pratique dans les ateliers munis de l'outillage nouveau, et notamment à l'usine de MM. Pagès et Ploquin, où il nous a été donné de la voir à l'œuvre dans tous ses détails.

Le fil de laiton livré par les tréfileries n'est pas immédiatement propre à être employé dans la fabrication de l'épingle. Il faut d'abord l'arrondir, lui donner un contour régulier; c'est ce qu'en terme de métier, on appelle faire le « plié. » Voici comment l'ouvrier procède à cette opération.

Deux bobines tronconiques en fonte, montées verticalement sur la table où il est assis, reçoivent un mouvement de rotation autour de leur axe par l'intermédiaire d'un engrenage à angle droit. Le fil est déroulé par la première bobine, passe par une filière de calibre déterminé, au sortir de laquelle il va s'enrouler sur la deuxième bobine. Les bobines tournent avec une vitesse moyenne de 50 tours à la minute. La filière, employée pour cette opération, se compose d'une barre rectangulaire d'acier, arrondie à sa partie supérieure, et présentant du côté opposé un orifice qui sert à percer dans l'épaisseur du métal des trous du calibre voulu. Ces trous sont ensuite fermés par rebattage au fur et à mesure des besoins, en sorte que la même barre peut servir presque indéfiniment.

Dans cette opération, le fil subit un allongement naturellement variable, suivant les grosseurs employées et celles auxquelles on veut descendre; mais l'extension moyenne est d'environ un tiers de la longueur mise en œuvre. Un ouvrier suffit à surveiller la marche de plusieurs bobines.

Les usines qui emploient encore les anciens procédés de fabrication sont obligées, pour façonner l'épingle, de passer par six opérations distinctes, confiées à six ouvriers différents. Il faut, en effet : 1° découper le fil de laiton en morceaux de la longueur voulue; 2° épointer l'épingle sur la meule; 3° tortiller le fil pour faire les têtes; 4° couper les têtes; 5° les recuire; 6° les façonner.

Les machines employées aux ateliers que nous avons visités exécutent automatiquement, d'une façon à la fois simple et rapide, ces diverses opérations. Ces machines, de provenance américaine, sont appelées *machines doubles*; elles sont surveillées par des femmes; c'est dire que leur marche est parfaitement régulière et n'exige que de l'attention et une grande propreté dans l'entretien. Elles sont placées en batterie sur une table, parallèlement les unes aux autres, et peuvent ainsi recevoir, simultanément ou séparément, leur mouvement par l'intermédiaire d'une poulie de renvoi placée sur l'arbre de couche de la machine motrice de l'atelier.

Nous allons décrire leur fonctionnement avec quelque détail.

Le fil, après avoir été retréfilé, ainsi que nous l'avons expliqué plus haut, est placé sur des bobines appelées *tournettes*. Ces bobines, de forme tronconique, sont formées par des lames de fer reliées par des plateaux de même métal; elles reçoivent leur mouvement de la machine à épingles elle-même, par l'intermédiaire d'une tige montée sur pivot, qui traverse leur plateau inférieur en son centre. L'action de la machine a d'abord pour résultat de dresser le fil.

A cet effet, tandis que la tournette, dans son mouvement de rotation autour de son axe, déroule le fil de laiton, une ouvrière le saisit par son extrémité libre et l'engage dans un chemin en zigzag formé par une série de pointes droites maintenues dans la position verticale par deux broches horizontales en acier, que l'on peut serrer ou desserrer à volonté. A la sortie de cet appareil l'extrémité libre du fil s'engage dans un conduit pratiqué dans l'*amenage*.

L'amenage est, ainsi que son nom l'indique, un organe destiné à amener jusqu'à une matrice, située dans son prolongement, l'extrémité du fil. Il se compose d'un ensemble de pièces formant un seul corps, et qui reçoit d'un excentrique, fixé latéralement, un mouvement de va-et-vient horizontal. A la sortie du conduit, le fil est serré entre deux plaques, faisant également partie de l'amenage, et qui ont pour but de l'empêcher de se tordre au moment où, entraîné par le mouvement de cette pièce, il rencontre la matrice, qui d'un seul coup, façonne la tête de l'épingle. Au même instant, un couteau transversal en acier, mis en mouvement par une came qui rencontre un bourrelet situé sur le volant de la machine, s'abaisse et coupe l'épingle à la longueur voulue. Une vis de réglage permet de modifier cette longueur suivant les besoins commerciaux.

La matrice reçoit son mouvement d'une poulie située sur le côté droit de la machine.

L'épingle, ou plutôt l'ébauche d'épingle ainsi formée, tombe alors d'elle-même dans une coulisse qui l'amène, par une pente rapide sur le devant de la machine. Elle y rencontre deux règles métalliques placées transversalement par rapport à l'axe longitudinal de la machine, l'une fixe, l'autre qui se déplace le long de la première par un mouvement de va-et-vient imprimé par une came, mue par la même poulie que celle qui actionne la matrice. Elle tombe entre ces deux règles, et prise par la tête, glissant sous l'impulsion de la règle mobile, elle gagne l'extrémité opposée de la règle, se dégage alors et rencontre une coulisse inclinée qui la conduit dans un récipient où on la recueille.

Mais dans cette translation, la pointe de l'épingle a rencontré un rouleau d'acier cannelé, situé en dessous des règles, et animé d'un mouvement de rotation autour de son axe longitudinal. Sa pointe s'est affûtée par le frottement contre le rouleau, et l'épingle, à son arrivée dans le récipient, est une épingle complète. Il ne reste plus qu'à la blanchir et à la mettre en paquets.

Nous donnerons une idée de la rapidité avec laquelle s'opère le travail, en disant qu'une machine fait en moyenne 150 épingles par minute, soit plus de deux épingles par seconde.

Le blanchiment de l'épingle se fait d'une façon très simple. Des plateaux d'étain, qui affectent la forme d'un plateau de balance, reçoivent les épingles; ils portent sur leurs rebords peu élevés trois ou quatre fils de cuivre réunis à leur extrémité opposée. On fait une pile de ces plateaux, et on les immerge dans une chaudière d'eau bouillante, contenant en solution une quantité convenable de crème de tartre. On a soin de laisser les fils de cuivre déborder la chaudière, de façon à pouvoir s'en servir pour retirer les plateaux au moment voulu. Après une immersion d'environ quatre heures, on retire les plateaux, qui ne présentent plus maintenant que des épingles parfaitement étamées.

Pour les sécher, on les vide dans un tonneau incliné, contenant de la sciure de bois, et auquel un engrenage communique un mouvement de rotation. On blute ensuite le contenu du tonneau, afin de séparer l'épingle de la sciure dans des vans en bois, de tous points semblables à ceux employés pour le blutage du blé.

L'encartage n'est pas une des opérations les moins intéressantes des fabriques d'épingles.

Chacun sait que les épingles se vendent ordinairement piquées dans du papier. Ceci ne demandait pas autrefois moins de trois opérations distinctes. Il fallait préparer dans le papier autant de fois deux plis qu'on voulait mettre de rangées d'épingles; puis, au moyen d'un peigne à dents très effilées, et en nombre égal à celui des épingles contenues dans une rangée, percer le papier à l'endroit des plis; enfin, placer les épingles, autrement dit les *bouter*.

Cette triple manutention amenait naturellement une main-d'œuvre assez élevée, et qui grevait considérablement le prix de revient du produit.

Dans l'usine que nous avons décrite, l'encartage offre un des plus curieux exemples de la substitution de la machine au travail de l'ouvrier; et les *encarteuses* dont nous allons parler exécutent, d'une façon aussi rapide qu'ingénieuse, le travail en question.

Ces engins sont, de même que les machines doubles, de petites dimensions, et fixés en batterie sur une table. Une ouvrière les manœuvre sans grande fatigue au moyen d'une pédale. A la partie supérieure est une sorte d'entonnoir vertical qu'en termes du métier on appelle la *trémée*. Il sert à recevoir les épingles qui s'échappent par son extrémité inférieure et glissent entre les barreaux d'une grille inclinée à 45° environ, et composée de lames d'acier séparées entre elles par des bandes de cuivre. Les épingles viennent garnir cette grille, la pointe en bas, et forment ainsi des séries parallèles de rangées profondes en nombre égal à celui des intervalles des barreaux. A la partie inférieure de cette grille se trouvent deux rainures servant au gaufrage du papier. Celui-ci est placé sur une plaque présentant une forte convexité tournée vers le sol, et qui est munie de deux arêtes vives qui viennent buter sur les rainures dont il vient d'être parlé.

La grille étant garnie d'épingles, l'ouvrière met en mouvement la pédale motrice de l'encarteuse. Cette pédale abaisse un couteau qui rencontre l'épingle et la fait descendre dans le gaufrage pratiqué entre la grille et la plaque courbe. En même temps, cette plaque s'élève et présente normalement le papier à l'épingle qui se fixe entre les deux gaufrages. En laissant remonter la pédale, le couteau s'élève, la plaque courbe descend; le papier est lâché, et l'ouvrière n'a plus qu'à le faire avancer sur la plaque pour recommencer ensuite à nouveau l'opération précédente. Pour la régularité de l'encartage, des divisions marquées sur le côté de la plaque courbe indiquent l'espace qui doit exister entre chaque rangée d'épingles. Chacune d'elles est généralement de 40 épingles, et on compte douze rangées par feuille. Dans le milieu on ménage un espace vide pour la marque et la facilité du pliage.

Il ne reste plus qu'à remplacer à la main, dans chaque rangée d'épingles, celles qui ont pu être tordues dans les manipulations précédentes. — R. F.

* II. **ÉPINGLE.** *T. de tiss.* Ce mot s'applique aux fers, soit ronds, soit plats à angles adoucis, dont on se sert pour fabriquer les velours épinglé, frisé ou cannelé. || Nom que les plombiers donnent aux gouttes de soudure qui traversent l'intérieur du tuyau qu'ils soudent.

* **ÉPINGLETTE.** 1° *T. d'exploit. de min.* Outil de mineur, employé dans le forage des trous de mines. L'épinglette est une tige métallique, épointée à sa partie inférieure, et terminée par un anneau à l'extrémité opposée. Elle est destinée à ménager un canal au centre du bourrage du trou de mine pour l'introduction de la mèche. L'épinglette en fer, en produisant, au moment où on la retire, des étincelles par son frottement contre les parois du trou de mine a donné lieu souvent à de graves accidents: aussi emploie-t-on de préférence des épinglettes de cuivre ou de bronze. On fait usage également d'épinglettes à corps de fer et à pointe de cuivre; mais ces dernières sont d'un emploi moins sûr. Pour être suffisamment solide l'épinglette doit avoir un certain diamètre, qui la rend d'un usage défectueux pour les canaux à petite section; aussi cet outil tend-il à devenir d'un usage très restreint.

|| 2° *T. de tiss.* Petites broches traversant le talon des aiguilles Jacquard pour : 1° limiter la course horizontale de ces dernières; 2° les empêcher de tourner; et 3° les maintenir emprisonnées dans la position qu'elles occupent au centre du bâti de la mécanique.

ÉPINGLIER. 1° *T. de mét.* Fabricant ou marchand d'épingles et d'aiguilles.

— Le fabricant d'épingles se nommait autrefois *épinglier, faiseur de burin* et *carrelet*. Le chef-d'œuvre de l'aspirant à la maîtrise consistait en un millier d'épingles fabriqué dans un espace de temps fixé par les gardes du métier. Les *aiguilliers-épingliers* formaient une seule corporation régie par les statuts que Charles VI avait donnés, en 1382, à Guy Chrétien, bailli de Rouen, pour les *tireurs de fer*.

|| 2° *T. techn.* Pièce de la bobine d'un rouet à filer munie de petits crochets qui ont pour objet une égale répartition du fil sur toute la carde de la bobine.

ÉPISSER. *T. de cord.* Assembler un fil ou une corde avec un autre fil ou une autre corde, en entrelaçant tellement les filaments ou les torons les uns avec les autres, qu'ils restent unis sans qu'on soit obligé de faire un nœud, ce qu'on nomme une *épissure*.

ÉPISSOIR. *T. de cord.* Instrument de fer, corne ou bois dur, pointu par un bout, et servant à défaire les nœuds, à détortiller les torons d'un cordage, etc.

ÉPLOYÉ, ÉE. *Art hérald.* Se dit des aigles, et particulièrement de l'aigle à deux têtes, qui ont les ailes ouvertes.

ÉPLUCHAGE. *T. techn.* Action de débarrasser, soit à la main, soit au moyen de machines, la laine, le coton, le papier, etc., des poussières ou des matières étrangères et nuisibles à une bonne fabrication.

ÉPONGE. *T. de zool.* Production animale, rangée par de Blainville, dans les amorphozoaires, et qui, dépourvue du cachet d'individualité que l'on croyait être jadis le propre de la nature animale, et dont on trouve au moins des vestiges dans les polypiers agrégés ou composés, fût jadis presque toujours considérée comme une plante, puisqu'Aristote émettait déjà des doutes sur sa véritable nature, et que de nos jours encore, M. Siébold en a fait un végétal. Les éponges sont des animaux du type le plus inférieur, que l'on retrouve à l'état fossile, et qui vivent actuellement dans les mers et dans les eaux douces. Bien des classifications ont été proposées pour les grouper d'une façon naturelle ; la plus simple est celle adoptée par M. Bauwerbanck, et en général admise par tous les zoologistes. Il reconnaît trois espèces principales, constituées d'après la nature chimique du polypier.

Ce sont; 1° les *calcarea* ou éponges calcaires; 2° les *silicea* ou éponges siliceuses; 3° les *cheratosa* ou éponges cornées.

Les éponges calcaires (*Grantia ciliata, Scycone cilitatum*, etc.), très communes sur les côtes de Bretagne, ne sont pas utilisées.

Il en est encore de même des *silicea*, qui renferment des espèces d'eau douce très nombreuses dans nos cours d'eau, et surtout dans le haut Nil (Reneaume et Grant, *Edimburg philos. journal*, T. XIV. p. 270). La famille des *cheratosa* est celle qui contient les éponges ordinaires, vivant dans toutes les mers, mais surtout dans celles des régions tempérées, ainsi que dans la Méditerranée, où elles sont très abondantes.

Les espèces qui sont surtout recherchées par le commerce, et qui sont utilisées (car certaines espèces ne sont pas récoltées) nous viennent de la Méditerranée, de la mer Rouge, de l'Amérique (Mexique et mer des Antilles) des côtes de Bahama, des mers Australes.

Pêche. Les éponges employées dans le commerce sont pêchées, soit au moyen d'instruments spéciaux, soit par des plongeurs, lorsque la mer n'est pas trop profonde dans les endroits où on les rencontre. D'ordinaire elles se trouvent à 3 ou 4 mètres au-dessous du niveau de l'eau ; cependant, on en cite qui vivent, au dire de certains auteurs, à 100 brasses de profondeur. Sur les côtes de Syrie, on emploie pour récolter l'éponge commune (*spongia communis*) ou l'éponge usuelle (*spongia usitatissima*), indifféremment des hommes ou des femmes, qui plongent, ou glissent le long d'une corde, pour aller détacher les éponges fixées au roc. En Tunisie, où les éponges sont bien plus grosses, on se sert de bateaux plats et de fourches à deux dents relevées, au moyen desquelles les pêcheurs harponnent les éponges qu'ils aperçoivent très bien au travers de la couche d'eau, mais qui ne seront alors que de qualité inférieure. Elles se rencontrent à 2 ou 7 kilomètres du rivage ; les éponges fines, celles que l'on détache au couteau, sont plus profondes (12 à 20 brasses).

Ces dernières sont toujours intactes et non détériorées, lors de la pêche, par les dents du harpon.

Quel que soit le procédé employé, la pêche ne se pratique que de juin à octobre. Sur les bords de la Méditerranée, elle occupe souvent jusqu'à 4,000 individus et plus, répartis sur 6 à 700 navires venant de Latakie, Chypre, Batroum, Stampalie, Tripoli, Castel-Rosso, Kalki, Simi, Kalminos, etc., et montés par 4 ou 6 hommes. Le pêcheur descend sur une grosse pierre (*scandali*) attachée au bout d'une corde, avec un filet sur la poitrine, et se laisse glisser au fond de la mer, pour arracher ce qui se trouve à sa portée. Il est remonté sur un signal donné. Dans le golfe du Mexique ou sur les côtes de Bahama, on a pu employer le bateau sous-marin, à cause du peu de profondeur, mais on se sert souvent aussi de perches que l'on enfonce le long du roc. La pêche est faite par des pêcheurs espagnols, anglais ou américains; les espèces récoltées : les *spongia pilacea* et *spongia cyma.*

Une fois les éponges pêchées, dans tous les pays on les suspend à des poteaux plantés dans la mer et on les laisse pendant un certain temps, jusqu'à ce qu'elles se soient dépouillées de leur sarcode (enveloppe organique), ou bien on les met dans des fosses et on les piétine de façon à en faire sortir la masse gélatineuse et à les laisser adhérer entre elles pour amener une fermentation lente ; ensuite on les lave pour pouvoir les mettre en balles, après dessiccation, en les comprimant soit à la presse hydraulique (Bahama), soit avec les pieds (Méditerranée).

La production des éponges ne peut suffire actuellement aux besoins du commerce, aussi a-t-on essayé d'en faire la culture. Dans la Floride notamment, quelques essais ont été tentés (journal *la Science*, Cambridge, Massachusett, 24 août 1883) à Key-West, et il y a lieu d'espérer que l'on pourra reproduire artificiellement ces utiles polypiers. Plusieurs procédés peuvent d'ailleurs être utilisés à cet égard : la récolte en avril ou mai des jeunes animaux et leur transport rapide sur un point voisin; ou l'emploi du bateau sous-marin qui permet de détacher les jeunes éponges et de les transporter, en les tenant submergées, sur un autre rivage. Il faut attendre dans tous les cas près de trois ans pour obtenir un développement convenable, car on ne connaît pas encore suffisamment le temps nécessaire à leur accroissement, ni celui de la durée de la vie de l'animal.

Les éponges employées dans l'industrie sont de diverses sortes ; on classe ainsi celles de la Méditerranée (Guillaumin) :

1° L'*éponge douce de Syrie* (*spongia usitatissima*, Lamk.), qui sert pour la toilette;

2° L'*éponge fine, douce, de l'Archipel*, employée surtout pour le corroyage, la lithographie, les manufactures de porcelaine;

3° L'*éponge dure*, dite *grecque*, employée de préférence pour les usages domestiques, la filtration des eaux (filtre souchon, etc.) ;

4° L'*éponge blonde de Syrie*, dite *de Venise*, qui est très légère, régulière, solide de texture, et sert aussi pour la toilette; elle vient d'Anatolie, de Caramanie, ainsi que des côtes de Barbarie, de

Bombas et de Mandroucka, du golfe de Benghayez;

5° L'*éponge blonde de l'Archipel*, dite *de Venise* également, et que l'on vend comme la précédente, sous le nom d'*éponge fine*, pour la toilette;

6° L'*éponge géline* qui vient des côtes de Barbarie;

7° L'*éponge brune de Barbarie* ou *de Marseille* (*spongia communis*, Lamk.), qui vient des côtes de Tunisie et des îles Kerkenia et Gerba; elle est très solide et résiste à l'action des alcalis et autres produits de lessivage.

8° L'*éponge de Salonique*.

Comme provenance on peut ranger ces éponges parmi celles qui nous viennent des bords de la Méditerranée.

Celles qui viennent des Antilles ont reçu dans le commerce le nom d'*éponges de la Havane*; elles arrivent de l'archipel des Antilles par la voie d'Angleterre; leur entrepôt dans le pays est à Nassau, dans l'île de la Nouvelle-Providence, sur le canal de Bahama. On en connaît six variétés commerciales qui sont : 1° l'*éponge bon grain*, pour la toilette; 2° l'*éponge mauvais grain*, qui se déchire quoique ayant le même usage; 3° l'*éponge boulet* (hard-heard) grosse et dure, prenant peu l'eau; 4° l'*éponge grass*, d'un grain peu solide; 5° l'*éponge laineuse* (Scheepwool); 6° l'*éponge veloutée* (Velvet). Ces deux dernières espèces sont les plus estimées.

Cette nomenclature est essentiellement commerciale, car dans chaque provenance on peut retrouver des spécimens de toute sorte, depuis l'éponge fine jusqu'à l'éponge dure, et l'éponge bon ou mauvais grain.

Les éponges peuvent, quoique de qualité commerciale, varier de coloration, cela dépend de la partie où on la considère (le pied étant souvent plus foncé), et de la nature minéralogique du sol. Elles offrent d'ordinaire une forme globuleuse, un peu cratériforme. (celles de l'île Mandonea sont pyriformes), leur surface convexe est veloutée; vers le centre on y voit des canaux (oscules) et tout autour de plus petits pertuis, la plupart du temps, bordés tous de poils rudes.

Les éponges de Syrie ont leur entrepôt à Saint-Jean-d'Acre; celles de Barbarie (Géline ou de Marseille), à Sphax.

Toutes les éponges, au moment de l'expédition des comptoirs, sont garnies de leur matière organique, laquelle forme une véritable croûte, et est constituée par un enduit mucilagineux de couleur brunâtre; c'est la partie que l'on désigne dans le commerce sous le nom de *lait de l'éponge*. Comme il serait assez dispendieux d'attendre sa destruction par la putréfaction, on l'enlève à la lime lorsque les éponges sont bien sèches. Ce lait est brunâtre chez presque toutes les éponges; chez celles de Barbarie cependant, il est presque noir.

L'éponge est expédiée sèche des comptoirs d'exportation; elle est aplatie à la presse hydraulique, pour lui donner le plus petit volume possible, et livrée sous forme de balles, enveloppées de toile, et d'un poids variable avec la nature de la marchandise. Les balles d'éponges fines varient entre 10 et 40 kilogrammes; celles de la Havane viennent en ballots de 50 kilogrammes en moyenne.

Toutes ces éponges brutes sont de coloration foncée; une seule est blanche naturellement, l'espèce dite Scheepwool; souvent elles arrivent avec une teinte jaunâtre, qui s'est développée pendant le voyage, et qui est due à la fermentation. Certaines éponges présentent quoique cela une teinte naturelle rougeâtre, surtout vers le pied; c'est lorsque l'éponge est morte avant d'avoir été détachée du roc sur lequel elle s'était fixée; nous dirons cependant que toutes les éponges Gerbis présentent une légère teinte rousse.

Avant d'être vendues au détail, les éponges subissent certaines préparations : elles sont d'abord battues pour les débarrasser des corps étrangers qu'elles peuvent contenir, comme les fragments de rochers ou les matières animales; elles sont ensuite passées à l'eau acidulée par l'acide chlorhydrique (à 1/20) pour les débarrasser des matières calcaires renfermées dans les mailles du tissu, et que le battage n'a pu enlever; traitées par l'eau pour les développer, redonner la forme primitive, et entraîner l'acide; égouttées ou essorées mécaniquement; puis, après dessiccation, coupées ou sciées, suivant leur grosseur, pour leur donner le volume commercial admis. Après cette opération on les ébarbe pour leur faire prendre une forme plus avantageuse, on blanchit par l'action de l'hypochlorite de soude, puis on prive de l'odeur de chlore par des procédés spéciaux qui varient avec chaque maison, et on sèche en les enfilant en longs chapelets et en les laissant à l'air ou exposant à l'étuve (à 40 ou 50°).

Les éponges sont enfin triées avant d'être livrées à la vente. Les principaux marchés d'éponges sont ceux de Londres, Paris, Marseille et Trieste. En France l'importation qui n'était que de 93,992 kilogrammes d'éponges communes et de 14,000 kilogrammes éponges fines, en 1856, était vingt ans après de 257,878 kilogrammes; l'exportation à cette époque de 89,600 kilogrammes. En 1881, il y eut 281,874 kilogrammes d'importation et 90,800 kilogrammes d'exportation. C'est qu'en effet, le commerce des éponges s'est vite répandu en France depuis un certain temps. En 1825, il n'y avait à Paris que cinq laveurs d'éponges; en 1843, M. Barnes fit venir de Bahama (Antilles) ces mêmes produits, et les répandit dans le commerce; aussi, les prix relativement élevés jadis, ont-ils baissé, au point de livrer pour 10 francs le kilogramme, les variétés fine, douce, ou la variété Scheepwool; le boulet à 4 francs; le velvet à 7 ou 8 francs; la fine dure au même prix, et les grass à 3 francs.

Usages. Nous n'avons pas besoin de rappeler les usages domestiques de l'éponge, nous ajouterons que les déchets ou rognures provenant de l'ébarbage sont utilisés : pour extraire de l'iode, faire du charbon d'éponge; les éponges dites à la cire où à la ficelle, qu'utilise l'art chirurgical; pour la filtration des liquides; servir de mèches aux lampes à carbures d'hydrogène (schiste, pétrole, gazéoline, benzine, etc.), et même à faire des articles pour literie ou meubles. — J. C.

*** ÉPONTILLAGE.** *T. de mar.* Action de soutenir avec les épontilles chacun des gros étais de fer ou de bois placés verticalement sous les baux et barrots et qui supportent les ponts des navires.

*** ÉPOUTIAGE** ou **ÉPOUTILLAGE.** *T. de filat.* Opération identique à l'*épincetage* (V. ce mot), qui se renouvelle d'une manière générale après le dégraissage du drap. On a dû, en effet, se servir, pour filer la laine, de corps gras spéciaux, ainsi que d'une colle quelconque pour tisser la chaîne. Lorsqu'on a extrait ces matières du tissu, par l'opération du dégraissage, les *époutis* ou défectuosités du tissu apparaissent plus nettement à l'œil. C'est alors qu'on procède à un second épincetage, qu'on désigne plus spécialement sous le nom d'*époutiage*, et qui ne fait que compléter le premier. — A. R.

*** ÉPOUTIEUR, EUSE.** *T. de mét.* Celui, celle qui fait l'époutiage des lainages.

I. ÉPREUVE. *T. de typogr.* En assemblant les caractères dont la réunion doit reproduire exactement le texte qui leur a été remis, les compositeurs apportent généralement la plus grande attention. Malgré cela, il est impossible qu'il ne se glisse pas dans leur travail des fautes et des irrégularités plus ou moins nombreuses. Tantôt c'est une lettre mise pour une autre (*coquille*); tantôt une lettre, une partie de phrase, une phrase entière répétée (*doublon*) ou omise (*bourdon*). Il y a encore des lettres cassées, tombées, hors ligne ou d'un autre œil que le caractère employé; des lettres trop hautes ou trop basses ; des lettres ordinaires mises pour des capitales ou des italiques et vice versâ ; des mots mal orthographiés, trop serrés ou trop espacés; des blancs à ajouter ou à supprimer ; des mots ou des lignes dont les lettres ne sont pas de niveau, etc. On voit donc qu'un texte ne peut pas être imprimé tel qu'il sort des mains du compositeur; il est indispensable qu'il soit préalablement examiné avec soin pour qu'on puisse le débarrasser de toutes les fautes et de toutes les irrégularités qui peuvent s'y trouver. Cet examen se fait soit avant la mise en pages, soit après, et, pour qu'il puisse avoir lieu, on tire un certain nombre d'exemplaires de l'ouvrage, tirage qui a lieu, suivant les circonstances, à la brosse, au frotton ou à la presse, mais qui ne peut être réellement satisfaisant que s'il est fait au moyen d'une presse particulière et par un ouvrier intelligent.

Les exemplaires ainsi tirés après la composition et avant l'impression définitive se nomment *épreuves*. La première, dite *première typographique*, est lue à l'imprimerie par un employé appelé *correcteur*, qui la collationne avec la *copie*, c'est-à-dire avec le texte remis aux compositeurs. Il est quelquefois assisté dans ce travail par un auxiliaire, nommé *teneur de copie*, qui lit celle-ci à haute voix, pendant que le correcteur suit sur l'épreuve, relève les fautes à mesure qu'il les trouve, et les marque d'un signe conventionnel. Cette opération terminée, l'épreuve est remise au metteur en pages, qui fait exécuter par les compositeurs toutes les corrections signalées, puis fait procéder au tirage d'une deuxième épreuve, qu'on nomme *seconde*.

Si l'ouvrage auquel l'épreuve appartient est une simple réimpression, et s'il n'y doit être apporté aucun changement, on se contente souvent de faire relire cette seconde à l'imprimerie, et le tirage définitif a lieu après cette dernière lecture. Si, au contraire, il s'agit de l'ouvrage d'un auteur vivant, on envoie cette seconde épreuve à l'auteur, qui l'examine lui-même et souvent remanie plus ou moins sa rédaction primitive. A partir de ce moment, on tire autant d'épreuves que l'auteur en demande et, chaque fois, on exécute les corrections qu'il indique. On ne s'arrête que lorsque, trouvant que tout va bien, il donne la permission d'imprimer en écrivant sur la dernière épreuve la formule *bon à tirer*, suivie de sa signature; de là le nom de *bon à tirer*, sous lequel on désigne aussi cette épreuve.

Quel que soit le nombre des épreuves demandées par l'auteur ou l'éditeur, l'imprimeur n'est tenu qu'à en faire lire deux : la première et le bon à tirer. Après ce dernier, il existe une autre espèce d'épreuve qu'on appelle *tierce*, quel que soit le nombre des épreuves précédentes. Ce n'est autre chose que le premier exemplaire tiré quand l'impression commence. Elle sert à vérifier si les corrections indiquées sur le bon à tirer ont été exécutées, et à s'assurer s'il ne s'est pas commis de nouvelles fautes. Quelquefois, au lieu de la lire entièrement, on se contente d'y jeter un coup d'œil rapide, mais c'est un tort, tant il est important de ne rien négliger pour que la correction soit la plus parfaite possible. Enfin, quand la tierce se trouve chargée de corrections, soit nouvelles, soit provenant du bon à tirer, la prudence exige qu'on en fasse une nouvelle, qui se nomme *revision* ou *vérification*, et ce n'est qu'après cette seconde tierce qu'on passe au tirage définitif.

Les personnes qui sont au courant des choses de l'imprimerie ne sont pas étonnées qu'il y ait des fautes dans les livres imprimés. Ce qui les surprend, au contraire, c'est de ne pas y en trouver davantage. Le lecteur voudra donc bien excuser les fautes qu'il rencontre dans ce *Dictionnaire*, car, malgré les soins que tous, rédacteurs et correcteurs, nous apportons dans la correction des épreuves, des erreurs regrettables échappent à notre attention. Quelques imprimeurs se sont bien vantés de n'en avoir laissé aucune, mais ils se sont presque toujours donné des démentis. L'anecdote du célèbre *Psautier* de 1457, chef-d'œuvre de Faust et Schœffer, est bien connue. Ces illustres artistes déclarent, en effet, sur les feuilles mêmes de la souscription, que l'ouvrage exécuté au moyen d'une récente et ingénieuse invention, ne renferme aucune faute. Or, à l'endroit même où se trouve cette déclaration, on lit *Spalmorum codex* au lieu de *Psalmorum codex*. L'histoire de l'imprimerie renferme plusieurs anecdotes de ce genre. — V. COQUILLE, CORRECTEUR.

II. ÉPREUVE. *T. de grav.* Dans le commerce des estampes, le mot *épreuve* a deux significations fort différentes :

1° Dans le premier sens, il désigne les différents essais que le graveur fait exécuter à mesure qu'il avance dans son travail, afin de juger l'effet produit par les parties de sa planche qui sont déjà terminées ou tout au moins plus ou moins avancées. Ainsi, dans la gravure à l'eau forte, par exemple, quand l'acide a suffisamment mordu sur le cuivre, on fait ordinairement tirer quelques essais, que l'on appelle *épreuves de l'eau-forte*. Plus tard, lorsque l'artiste a ébauché la planche avec le burin, c'est-à-dire y a presque entièrement indiqué tous les détails de son œuvre, il fait encore tirer d'autres essais, qu'on appelle *premières épreuves*, et pour désigner le point où il en est de son travail, on dit qu'il en est aux *premières épreuves*.

2° Dans le deuxième sens, on donne le nom d'*épreuves* à tous les exemplaires obtenus par l'impression d'une planche gravée entièrement terminée. Dans cette nouvelle acception, on dit qu'une épreuve est *bonne* ou *mauvaise*, suivant qu'elle a été bien ou mal imprimée; qu'elle est *brillante*, quand elle a toute la perfection possible, c'est-à-dire que toutes ses parties sont aussi distinctes, aussi pures qu'elles puissent l'être; qu'elle est *grise*, quand elle provient d'une planche qui commence à s'user ou que l'action de la presse n'a pas été assez forte, en sorte que l'encre est d'une couleur terne; qu'elle est *neigeuse*, quand l'encre, se trouvant trop épaisse, ou la planche n'ayant pas été encrée avec assez de soin, il y a dans les tailles des petites taches blanches qui en interrompent la continuité; qu'elle est *boueuse*, quand la planche, ayant été mal essuyée, du noir est resté sur les blancs, de telle sorte que les travaux se confondent.

Les premières épreuves étant généralement les plus belles ou du moins censées telles, et, par suite, les plus recherchées, par conséquent, les les plus chères, puisqu'elles proviennent de planches n'ayant pas encore servi, on a imaginé, pour les distinguer des autres, de les tirer avant de graver l'inscription qui explique le sujet; c'est ce qu'on appelle des *épreuves avant la lettre*. Quelquefois même, on procède à leur tirage avant la gravure du nom du peintre et de celui du graveur, qui sont placés ordinairement au bas de l'estampe, l'un à droite, l'autre à gauche. Les épreuves exécutées dans ces conditions sont dites *avant toutes lettres*.

D'autres distinctions ont encore été imaginées. Ainsi, on appelle *épreuves avant la lettre tracée* ou *avec la lettre blanche*, celles dont l'inscription a les lettres au simple trait, par conséquent peu visibles; *épreuves avec la lettre grise*, celles dont l'intérieur des lettres est rempli d'ornements ou de traits horizontaux qui les rendent plus apparentes; *épreuves avec la lettre noire*, celles dont l'intérieur des lettres a les ornements ou les traits horizontaux croisés par d'autres ornements ou d'autres traits, ce qui, au tirage, les fait paraître d'un noir uniforme : ce sont les *épreuves ordinaires*. Enfin, on appelle *épreuves avec la remarque*, des épreuves avec la lettre où se trouve une faute d'orthographe ou de ponctuation qui a été corrigée plus tard : cette faute semble donc attester que l'épreuve est une des premières qu'on ait tirées.

L'usage de faire imprimer des épreuves avant la lettre paraît avoir pris naissance au siècle dernier; celles de cette époque sont fort rares et souvent d'un prix élevé. Celles de notre siècle coûtent généralement le double des épreuves ordinaires, et c'est pour les faire payer le quadruple et davantage que l'imagination de certains marchands a imaginé les épreuves avant la lettre, avant toute lettre, avant la remarque, etc. Les épreuves qui portent ces différents noms sont le plus souvent le produit de la fraude.

III. **ÉPREUVE.** *T. de photog.* On entend par *épreuve photographique* une image obtenue par l'action de la lumière sur une surface préparée quelconque, plaque argentée, papier, verre, etc. Suivant ses qualités ou ses défauts, elle peut recevoir une foule d'épithètes dont la signification se comprend toute seule, deux cependant ont besoin d'une explication particulière. Il s'agit de la distinction qui se fait entre les *épreuves positives* et les *épreuves négatives*, expressions que l'on remplace respectivement par celles de *directes* et d'*inverses*.

Une épreuve est dite *positive* ou *directe*, quand les blancs et les noirs du modèle s'y trouvent représentés dans leur situation naturelle, les blancs correspondant exactement aux clairs et les noirs aux ombres. Au contraire, elle est *négative* ou *inverse*, quand les blancs et les noirs sont dans un ordre inverse, les parties blanches du modèle étant représentées par une teinte noire et les parties obscures par des blancs.

Tant qu'a duré la *daguerréotypie* ou photographie sur plaque, on n'a connu que les épreuves positives, ce mode d'opérer n'exigeant qu'une seule opération pour obtenir une image terminée. Les épreuves négatives n'ont paru qu'à l'époque de l'invention de la photographie sur papier, qui en a ensuite transmis l'usage à la photographie sur verre. Ces deux branches de la photographie nécessitent, en effet, deux opérations distinctes : l'une, la première, pour obtenir une image négative; l'autre, la seconde, pour avoir une image positive. Rien n'est plus simple que la production de l'épreuve positive, une fois qu'on s'est procuré l'image négative. Après avoir placé cette dernière, qu'elle soit sur papier ou sur verre, sur un papier imprégné de chlorure d'argent, on serre le tout entre deux glaces, puis on l'expose au soleil ou à la lumière diffuse. Cette exposition doit durer plus ou moins longtemps, mais, comme il est possible de suivre de l'œil la formation de l'image, on peut toujours l'arrêter à volonté. Dans tous les cas, la même épreuve négative peut servir à faire un très grand nombre d'épreuves positives; aussi la désigne-t-on assez généralement par le mot *cliché*, parce qu'elle rend à la photographie les mêmes services que l'imprimerie retire du *clichage*. — V. ce mot.

N'oublions pas que, dans les ateliers, on trouve plus simple de remplacer par les mots *positif* et *négatif*, les expressions d'*épreuve positive* et d'*épreuve négative* que nous avons employées dans tout ce qui précède.

Les procédés ordinaires de la photographie ne donnant pas aux épreuves une durée indéfinie, on a essayé d'y remédier en imaginant les *épreuves au charbon, aux encres grasses*, etc. Dans un autre but, on a proposé de produire des *épreuves en couleur*, mais c'est à l'article consacré à la PHOTOGRAPHIE, qu'il sera question de ces diverses innovations, dont plusieurs ont une importance réelle, et que sera également étudiée la partie théorique de la production des épreuves ordinaires, positives et négatives.

IV. **ÉPREUVE.** Dans son acception légale, l'épreuve est l'opération qui consiste, avant de prononcer la réception des pièces finies de toute nature, à les soumettre à certains essais pratiqués dans des conditions déterminées par un règlement ou un cahier des charges, en vue de déterminer si ces pièces sont en état de remplir le service pour lequel elles ont été préparées. C'est ainsi que les chaudières à vapeur, la plupart des ouvrages d'art pouvant présenter un danger quelconque pour la sécurité publique, ne peuvent pas être mis en service avant d'avoir satisfait à certaines épreuves prescrites par des lois, décrets ou règlements. — V. CHAUDIÈRE A VAPEUR, § *Administration*; PONT.

Les objets finis et les pièces détachées, et particulièrement celles en métal commandées par les administrations à l'industrie privée, sont soumises également à des épreuves de réception prévues dans les marchés. — V. ESSAIS MÉCANIQUES DES MÉTAUX.

ÉPROUVETTE. 1° Appareil de verre ou de cristal, employé pour faire certaines expériences sur les gaz, l'eau ou le mercure, et en général pour les expériences de physique ou de chimie. || 2° *T. de mécan.* Dans les essais mécaniques, l'éprouvette ou *barreau d'épreuve* est une pièce de dimensions déterminées, prélevée dans un objet fini de masse plus importante, qui doit être soumise à un essai mécanique dans lequel elle servira de témoin de la qualité de l'objet entier. Comme les dimensions de l'éprouvette exercent déjà par elles-mêmes une influence considérable sur les résultats de l'essai, surtout à la traction, on a toujours soin de les ramener à un type uniforme, arrêté à l'avance, afin d'avoir toujours des résultats bien comparables. — V. ESSAIS MÉCANIQUES DES MÉTAUX. || 3° *T. techn.* Sorte de jauge qu'on emploie pour juger de la quantité de vin ou d'alcool qui reste dans un tonneau. || 4° Cuiller de fer dans laquelle on fond de l'étain pour juger de sa qualité. || 5° Barres de fer placées dans les fourneaux de cémentation et qui servent à faire connaître le degré de carburation. || 6° Pivot que les couteliers réservent au bout d'un rasoir, et qu'ils cassent ensuite, pour juger, d'après l'apparence du grain de la cassure, de la qualité de l'acier.

ÉPUISEMENT. Pris dans un sens général, l'épuisement est une opération qui consiste à enlever l'eau envahissant une capacité ou une étendue de terrain déterminée au moyen de divers ustensiles ou machines, parmi lesquelles nous rangerons : l'*écope*, la *vis d'Archimède*, les *syphons*, les *roues à aube* ou *à tympan*, etc. Nous n'envisagerons, dans cet article, que les épuisements à ciel ouvert, et ce sont les plus nombreux, où la hauteur d'élévation de l'eau dépasse rarement 10 à 12 mètres, et reste le plus souvent au-dessous de 6 à 7 mètres ; pour l'épuisement des mines et des carrières, nous renvoyons le lecteur au mot EXHAURE.

C'est dans l'exécution des travaux publics que l'on rencontre le plus d'exemples d'épuisements de cette nature. Pour creuser les ports, les bassins, les canaux, pour construire les fondations des murs de quai, les barrages, les ponts, les écluses et généralement tous les édifices d'une certaine importance, il faut exécuter des fouilles descendant souvent à une profondeur notable au-dessous du niveau des eaux environnantes. Celles-ci tendant toujours à reprendre leur niveau sous l'action de la pression atmosphérique, envahissent les fouilles et doivent être épuisées au fur et à mesure pour permettre de travailler à sec.

Lorsque la quantité d'eau est faible, on a recours à une pompe à bras, manœuvrée par quelques hommes ; c'est le moyen le plus simple et le moins coûteux. Mais si la quantité d'eau est telle que 5 ou 6 hommes ne peuvent suffire à l'épuiser, alors il y a grand avantage à recourir à l'emploi de la vapeur, et la pompe presque universellement adoptée depuis déjà longtemps pour ce genre de travail est la pompe centrifuge.

La figure 522 représente une de ces pompes, construite par M. L. Dumont, avec la machine locomobile qui l'actionne, installée pour l'épuisement d'un chantier. Comme on le voit, elle est mise en mouvement directement par le volant de la machine, au moyen d'une courroie. La prise d'eau se fait dans un petit puisard qui recueille les eaux de toute la fouille. Un tuyau flexible intercalé dans la conduite d'aspiration facilite l'installation et permet de déplacer au besoin la crépine et la soulever hors de l'eau. Un grand nombre de carrières à ciel ouvert sont pourvues d'un appareil semblable, pourvu que la profondeur n'excède pas 14 à 15 mètres.

La captation et le jaugeage des sources pour l'alimentation des villes en eau potable donnent lieu à des travaux d'épuisement importants. Il y a, en effet, à dégager ces sources pour faciliter l'arrivée de l'eau, à creuser des aqueducs à une grande profondeur, pour drainer la nappe et recueillir les moindres filets d'eau ; enfin, à construire des réservoirs pour emmagasiner les eaux, les massifs pour la fondation des bâtiments et des machines, etc. La quantité d'eau nécessaire à l'alimentation d'eau des villes est importante ; les sources sont naturellement d'une puissance supérieure aux besoins, et enfin pour construire au-dessous de leur niveau, il faut des pompes d'épuisement d'un débit supérieur à celui des sources.

Pour travaux en rivière, la pompe que nous

représentons peut être installée avec sa machine sur un bateau; on a alors un appareil facile à déplacer et d'une installation très rapide, puisqu'il suffit de réunir le tuyau d'aspiration à la pompe.

Dans le principe, l'amorçage des pompes centrifuges s'effectuait en y versant de l'eau. Mais, depuis longtemps déjà, on y a substitué l'amorçage au moyen d'un jet de vapeur, qui se fait très rapidement et simplifie le service.

La grandeur d'une fouille n'a aucun rapport avec la quantité d'eau qui peut y affluer. C'est le voisinage des nappes d'eau qui peuvent servir de guide à cet égard. Encore y a-t-il beaucoup d'aléa. En général, c'est dans le gravier que l'on rencontre le plus d'eau à épuiser.

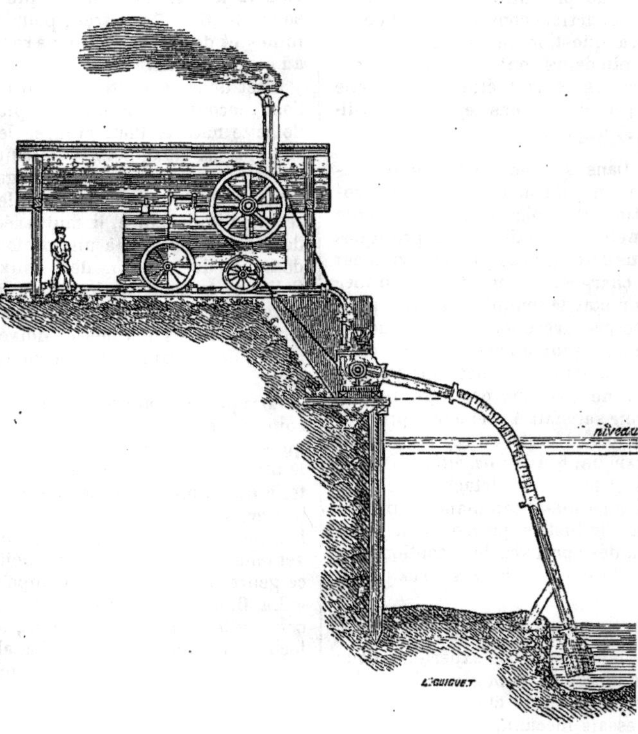

Fig. 522. — *Pompe appliquée à un travail d'épuisement.*

Les épuisements, dont il vient d'être question, permettant de travailler à sec, sont toujours temporaires; les installations disparaissent aussitôt que les constructions sont arrivées un peu au-dessus du niveau de l'eau.

Mais il y a toute une autre série d'épuisements où l'appareil à pomper reste installé d'une façon permanente et fonctionne par intermittence chaque fois qu'il y a nécessité, pour les formes de radoub, par exemple, fixes ou flottantes, la mise à sec des navires où il y a d'énormes quantités d'eau à épuiser en peu de temps, les cales de navires pour permettre de neutraliser au besoin une voie d'eau importante. La plupart des pompes de cale sont capables de débiter 800 à 1,000 mètres cubes d'eau par heure.

Enfin l'épuisement des eaux sur des étendues de terrains où l'écoulement naturel n'est pas possible ou insuffisant à certains moments, nécessite des pompes de dimensions considérables; elles sont utilisées pour le dessèchement des *marais*, des *moëres*, des *polders*, des *wacteringues*. On peut mentionner dans cet ordre de travaux les deux pompes installées à Steendaam, près Dunkerque, par l'ingénieur L. Dumont; elles débitent ensemble 300 mètres cubes par minute et assurent le dessèchement d'une étendue de 15,370 hectares. — V. POMPE, POLDER.

***ÉPURATEUR.** Appareil au moyen duquel on opère l'épuration des liquides ou des gaz.

ÉPURATION. *T. techn.* Clarification qui s'opère spontanément dans les sucs aqueux acides ou huileux, lorsqu'après les avoir exprimés des végétaux, on les laisse reposer, ou qu'on leur fait subir un commencement de fermentation. *Epuration* est dans ce sens synonime de *clarification*. Mais ce mot sert surtout à désigner, dans la pratique, les diverses opérations d'ordre physique, chimique ou mécanique, par lesquelles on sépare un produit, qu'on veut obtenir à l'état pur, des produits divers qui s'y trouvent mélangés. L'épuration a, pour certaines industries, une importance de premier ordre; nous signalerons plus particulièrement dans cet ordre d'idées l'épuration du *gaz d'éclairage*, de l'*eau*, de l'*huile*. — V. ces mots.

ÉPURE. On appelle *épure* la représentation graphique d'un corps ou de la solution d'un problème par les méthodes de la géométrie descriptive. On sait que cette science procède par *projections* allant généralement par deux, l'une sur un plan horizontal, l'autre sur un plan vertical. Ces deux projections d'un objet, supposées rabattues sur un même plan par un mouvement de rotation du plan de l'une d'elles autour de la charnière commune aux deux plans ou *ligne de terre*, constituent un ensemble qui se présente à l'œil sur un plan unique et qui n'est autre chose que l'épure.

Au point de vue de l'exécution, il existe pour la confection des épures, certaines règles constantes qui manifestent sans ambiguité et par une sorte de langage sensible aux yeux du spectateur, les positions respectives des diverses parties de l'objet représenté, en même temps que les lignes qui, n'appartenant pas au corps proprement dit, sont cependant nécessaires à tracer pour la compréhension rapide de la forme de ce corps ou de la solution du problème. Ainsi toutes les parties vues se représentent par des lignes noires pleines ; les parties cachées par des lignes pointillées composées de points ronds ; les axes ou lignes spéciales se font en lignes pointillées formées de traits allongés ou mixtes ; toutes les lignes de construction se font en rouge (carmin), et les lignes de rappel qui relient entre elles les deux projections du même point de l'espace, se font en bleu (bleu de Prusse).

Toute partie coupée ou arrachée est, en outre, garnie de hachures, c'est-à-dire de droites parallèles entre elles et parallèles à la direction du rayon lumineux (V. Dessin géométrique). Quant aux ombres, lorsqu'on les représente, c'est au moyen de hachures perpendiculaires au moyen lumineux ; il n'y a jamais de teintes dans une épure proprement dite, qui, sans cela deviendrait un *lavis*.

Enfin, sauf pour les titres où l'on emploie les caractères analogues à ceux du dessin géométrique, toutes les lettres que l'on peut avoir à inscrire sur la projection horizontale sont des petits caractères ordinaires, tels que *a*, *b*, *c*, tandis que sur la projection verticale on accompagne toutes ces lettres d'un accent *a'*, *b'*, *c'*, etc. Le graphique doit d'ailleurs se faire entièrement à la règle et à l'équerre, et on doit proscrire absolument l'emploi du té comme insuffisamment précis. — A. M.

ÉQUARRISSAGE. Industrie qui a pour objet l'abattage et le dépècement des chevaux, ânes, chiens, etc., pour en retirer toutes les parties utilisables par l'industrie : peau, graisse, crins, os, etc. || Apprêt spécial aux châles français ; tension de la pièce sur une table métallique bombée et chauffée à l'intérieur. || *Bois d'équarrissage*. — V. l'art. suivant.

ÉQUARRISSEMENT. 1° *T. de maçonn.* On appelle *taille par équarrissement* l'une des méthodes employées dans la coupe des pierres. — V. Taille. || *T. de charp.* Employé concurremment avec *équarrissage*, ce terme désigne une opération par laquelle on se propose de donner au corps cylindrique d'un arbre la forme prismatique rectangulaire, éminemment propre aux travaux de construction. Dans ce but, on enlève, suivant la longueur de l'arbre, à l'aide de la scie ou de la cognée, des parties telles qu'il en résulte quatre faces perpendiculaires ou d'équerre entre elles. Mais, avant d'équarrir, il faut déterminer la longueur de tronc à couper pour obtenir une pièce d'un équarrissage déterminé. Il importe également de savoir quel équarrissage auront les pièces tirées d'un arbre de grosseur connue. Dans la pratique, on se base sur cette donnée, fournie par l'expérience, que, dans une poutre équarrie provenant d'un arbre court et de diamètres à peu près égaux à ses extrémités, le côté de la section est égal à la circonférence de l'arbre divisée par 4,5. Un tronc de $0^m,90$ de tour donnera une pièce carrée de $0^m,20$ de largeur.

L'équarrissement se fait à la cognée ou à la scie. La première méthode est appliquée par les bûcherons équarrisseurs ou *doleurs*. L'arbre est d'abord placé horizontalement sur des chantiers ou pièces de bois qui l'élèvent un peu au-dessus de terre ; puis on y trace au cordeau la direction des faces à dresser. On procède ensuite à l'ébauchage à la cognée. A cet effet, l'ouvrier pratique de petites entailles verticales de distance en distance, sur toute la longueur, fait éclater les morceaux qu'elles séparent et polit enfin la pièce au moyen d'un outil particulier appelé *doloire* ou *épaule de mouton*. Dans ce procédé, le bois enlevé est réduit en copeaux et n'est bon qu'à être brûlé. L'équarrissage à la scie, pratiqué soit à bras d'homme, soit à l'aide de machines, est sans doute plus coûteux, mais fournit, outre la pièce équarrie, des *dosses* ou *flaches*, morceaux de bois utilisables, et dont la valeur excède fréquemment la différence de prix des deux méthodes. — V. Débitage, Sciage.

* **ÉQUARRISSOIR.** *T. techn.* Outil de fer ayant la forme d'un poinçon à section polygonale qui sert à agrandir les trous pratiqués dans une pièce de métal. || Bâtiment où l'on abat les bêtes de somme ou de trait.

ÉQUATORIAL. Instrument qui sert à suivre le mouvement diurne des astres et déterminer l'ascension droite et la déclinaison ; il se compose de deux cercles qui représentent l'un l'équateur, et l'autre le cercle de déclinaison. On y ajoute un quart de cercle dirigé vers le méridien, qui sert à élever l'équateur pour la latitude du lieu (Bouillet, *Dictionnaire des sciences*).

ÉQUERRE. On donne ce nom à divers instruments servant à tracer sur le papier ou sur le terrain, des perpendiculaires, des lignes d'inclinaisons connues et des parallèles.

Équerre de dessinateur. Les équerres de dessinateur sont des triangles de bois de poirier, d'une épaisseur de 1 millimètre et demi environ et présentant tous un angle droit. Les autres angles sont variables : c'est ainsi qu'on a l'équerre à 45°, à 60°, à 75°, etc.

Elles sont destinées à glisser constamment le long des règles par un de leurs côtés, les deux autres devant servir de guide au crayon. L'angle le plus important étant l'angle droit, il faut toujours s'assurer, avant de se servir d'une équerre, que cet angle a bien réellement 90 degrés. Pour cela on applique, par un des côtés de l'angle droit, l'équerre contre une règle, et on trace, avec l'autre côté, une perpendiculaire. On retourne alors l'équerre sans dessus dessous sans bouger la règle, et, faisant glisser le même côté de l'angle droit le long de celle-ci, on trace de nouveau au même point une perpendiculaire, qui doit se confondre mathématiquement avec la première, sinon, l'équerre est à rectifier.

Les équerres, comme les règles, doivent être

tenues dans un très grand état de propreté puisqu'elles sont appelées à glisser constamment sur le papier; il faut toujours, après s'en être servi, les débarrasser avec un peu de mie de pain de la couche de mine de plomb qu'elles ont forcément enlevée au dessin. En outre, il faut les tenir soigneusement à l'abri de l'humidité en les suspendant par un clou à un mur bien sec ou mieux à une cloison que l'équerre ne doit d'ailleurs pas toucher. Sans cela le bois se gonfle et l'instrument est rapidement déformé.

Équerre d'arpenteur. L'équerre d'arpenteur se compose d'un prisme ou d'un cylindre en cuivre présentant toutes placées à l'avance, des ouvertures en forme de petites fenêtres appelées *pinules*, et situées aux extrémités de quatre diamètres rectangulaires. On peut donc, en fixant l'instrument bien verticalement sur un pied, et rien qu'en envoyant par ces fenêtres des lignes de visée que l'on précise au moyen de jalons, tracer sur le terrain des perpendiculaires et des lignes à 45°.

Pour que la visée ait plus de précision, chaque fenêtre est divisée en deux parties; l'une d'elles est une fente mince, et l'autre une large fente au milieu de laquelle est tendu un fil, généralement un crin de cheval. D'une fenêtre à celle qui lui est diamétralement opposée, les fentes correspondent aux fils et réciproquement; ce système de *pinules* permet de donner aux lignes de visée une exactitude très suffisante dans les opérations ordinaires de l'arpentage. Lorsque les circonstances exigent une plus grande précision, on fait alors usage d'une lunette et d'un graphomètre.

Une recommandation absolue, lorsqu'on se sert de l'équerre, c'est d'en disposer le pied bien vertical au moyen de deux contrôles au fil à plomb ; on n'obtiendrait sans cela que des résultats absolument erronés. La même remarque s'applique au moindre jalon que l'on plante sur le terrain, et pour plus de sécurité, on fera toujours bien de les viser le plus près possible du pied qui a moins de chance de dévier de la bonne ligne que la tête.

Dans les ateliers on distingue les types qui suivent :

1° L'*équerre à chapeau*, formée d'une équerre simple avec l'adjonction sur le petit bras d'une partie perpendiculaire à celui-ci et formant T. Cette équerre est très utile pour reporter des traits d'un plan sur un autre perpendiculaire ;

2° L'*équerre à T*, formée comme son nom l'indique par la fixation au milieu de la petite branche, d'une partie verticale et présentant ainsi deux angles droits. Cette équerre est très employée pour la vérification des trous, afin de s'assurer s'ils sont percés et alésés perpendiculairement aux faces de la pièce.

On applique également, par extension, le nom d'*équerre* à des pièces formées de deux branches, comme les équerres ordinaires, mais dont les branches sont obliques entre elles; on distingue ainsi :

3° L'*équerre à écrous*, formée par la réunion de deux branches présentant un angle de 60° et destinée à la confection et au calibrage des écrous de forme hexagonale ;

4° La *fausse équerre*, composée de deux branches articulées, pouvant s'ouvrir et se fermer à volonté et servant à mesurer les angles dièdres. Cet instrument employé surtout dans les ateliers de menuisier et de charpentier, est formé de deux règles égales réunies entre elles et pouvant en recevoir une troisième qui s'intercale dans les deux autres. La double règle prend le nom de *manche*, et la règle simple celui de *lame*.

ÉQUIANGLE. *T. de géom.* Propriété des polygones qui ont tous leurs angles égaux. Les triangles équiangles sont en même temps équilatéraux, et la réciproque est vraie, tous les triangles équilatéraux sont équiangles, mais cette propriété ne s'étend pas aux polygones d'un nombre de côtés supérieur à trois.

ÉQUILATÉRAL. *T. de géom.* Propriété des polygones qui ont tous leurs côtés égaux.

***ÉQUILBOQUET.** *T. techn.* Outil de menuisier qui sert à vérifier le calibre des mortaises.

ÉQUILIBRE. *T. de mécan.* État d'un point matériel, ou d'un système de points, qui reste en repos sous l'action d'un système de forces, ou dont le mouvement, s'il en avait un antérieurement, n'est pas altéré par les forces qui le sollicitent. L'équilibre est dit *statique* dans le premier cas et *dynamique* dans le second. On démontre facilement d'ailleurs, en s'appuyant sur le principe expérimental de l'indépendance des forces, que les conditions de l'équilibre dynamique sont les mêmes que celles de l'équilibre statique, ce qui simplifie beaucoup l'étude du mouvement des corps. Les limites de ce *Dictionnaire* ne nous permettent pas de démontrer ici toutes les conditions d'équilibre, nous en reproduisons simplement l'énoncé en le basant sur le principe des mouvements virtuels :

Un système de points est en équilibre, sous l'action d'un système donné de forces lorsque la somme algébrique des travaux de ces forces est nulle, pour tout mouvement virtuel attribué au système. Cette condition exige pour l'équilibre d'un point matériel, que la somme algébrique des projections des forces sur une direction quelconque soit égale à zéro, et pour l'équilibre d'un corps solide, que la somme algébrique des projections des forces sur trois axes rectangulaires soit nulle séparément pour chacun de ces axes, et que la somme algébrique des moments de ces forces, par rapport à ces mêmes axes, soit aussi nulle séparément pour chacun d'eux. Nous n'insisterons pas ici sur ces considérations qui ressortent de la théorie pure, et nous dirons simplement quelques mots des conséquences résultant du principe général rappelé plus haut, qui obligent en pratique à prendre sur les machines à grande puissance, et particulièrement sur celles qui se déplacent en travaillant, des dispositions spéciales pour les *équilibrer*, c'est-à-dire pour combattre les perturbations qu'entraîne dans le mouvement de la machine le déplacement relatif des différents organes du mécanisme.

Les forces intérieures, qui se développent dans une machine supposée libre dans l'espace et soustraite à l'action de la pesanteur, ne peuvent en effet qu'entraîner des mouvements relatifs des différents organes, mais sans agir sur le centre de gravité de l'ensemble de la machine qui reste immobile s'il était en repos ou conserve le mouvement uniforme dû à sa vitesse acquise s'il en avait une. Lorsque certains organes de la machine sont déplacés dans une direction donnée par rapport à la machine, il se produit donc un effort qui tend à déplacer le reste de la machine dans la direction inverse, de manière à conserver la même situation du centre de gravité pour la nouvelle position du système.

Les efforts perturbateurs ainsi développés sont presque insensibles sur les machines fixes, et ils sont absorbés nécessairement par les fondations de la machine rattachée invariablement au sol. Il n'en est pas de même pour les locomotives qui peuvent obéir dans certaines directions, tout au moins, à l'action de ces forces ; et d'ailleurs les perturbations peuvent dans certains cas présenter une intensité suffisante pour compromettre la solidité de la machine, il importe donc de les contrebalancer autant que possible. On démontre par le calcul, et on reconnaît par l'observation, que les mouvements qu'elles communiquent aux locomotives en marche peuvent se classer dans quatre catégories différentes :

Mouvements de recul (va-et-vient dans le plan horizontal), de lacet (mouvement oscillatoire autour d'un axe vertical), de galop (mouvement oscillatoire autour de l'axe horizontal transversal) et de roulis (mouvement oscillatoire autour de l'axe longitudinal).

Pour éviter ces perturbations, on est obligé d'équilibrer les pièces mobiles, on a recours à l'emploi de contrepoids fixés généralement sur les roues motrices et rattachés ainsi aux pièces mobiles, bielles, manivelles, etc., leur disposition et leur poids sont réglés par le calcul de manière à ce qu'ils se déplacent toujours en sens inverse de celles-ci, et que dans les différents mouvements considérés, le centre de gravité du système formé par l'ensemble des pièces animées d'un mouvement relatif reste alors immobile, et ses déplacements n'affectent plus le centre général de la machine. En effectuant ce calcul pour les quatre sortes de perturbations considérées, on trouve des résultats différents variant de l'une à l'autre, car pour empêcher les mouvements horizontaux, il faut équilibrer certaines pièces animées d'un mouvement de va-et-vient, comme les pistons, qui n'influent pas sur les mouvements verticaux, on reconnaît ainsi que le contre-poids nécessaire à l'équilibre vertical est à peu près moitié moindre de celui qu'exigerait l'équilibre horizontal. En pratique, on se contente d'équilibrer les pièces tournantes, car l'expérience a montré d'ailleurs que l'emploi d'un contre-poids plus lourd, équilibrant complètement le mouvement de recul, n'était pas sans dangers au point de vue des mouvements verticaux et pouvait entraîner des déraillements, en déterminant dans certaines périodes du mouvement de rotation un soulèvement de la roue suffisant pour la détacher du rail.

Cette application des contrepoids, à laquelle on a universellement recours aujourd'hui pour l'équilibrage des locomotives, avait été indiquée déjà à l'origine des chemins de fer, et l'idée en remonterait à George Stephenson lui-même. Sharp et Robert contrebalançaient déjà en 1837, par des contrepoids, les parties tournantes du mécanisme. Plus tard, on essaya en 1845 en Angleterre, et aussi en France, sur les machines Crampton du Nord, d'équilibrer toutes les pièces mobiles ; mais on reconnut bientôt les inconvénients de ces contrepoids trop lourds, qui amènent une usure locale des bandages, et on revint à l'équilibre limité aux pièces tournantes.

Nous ne pouvons pas donner ici le calcul même des contrepoids, on trouvera l'exposé des différentes méthodes qu'on peut suivre en consultant la traduction du Mémoire de M. Nollau reproduite dans le *Traité des chemins de fer* de M. Couche, les communications de MM. Desmousseaux de Girré et Yvon Villarceau à la *Société des ingénieurs civils*, la *Note sur les machines locomotives* de M. Résal (*Annales des mines*, 5e série, 1853, tome III), le mémoire de M. Zeuner (*Uber das Wanken der Locomotiven*), et surtout la méthode si claire et si simple donnée par M. Couche (*Annales des mines*, 5e série, 1851).

ÉQUILIBRE DES GAZ. *T. de physiq.* La très grande mobilité des gaz, leur force expansive et leur diffusibilité ne permettent pas d'appliquer à ces fluides les lois d'équilibre des liquides. Lorsqu'un gaz est renfermé dans un vase, il en occupe tout le volume libre et exerce contre les parois une pression incessante. On ne peut pas dire alors qu'il y est en équilibre. Toutefois, on pourra faire équilibre à cette pression, par un autre gaz séparé du premier, au moyen d'une colonne liquide ou d'un obstacle solide, tel qu'un piston hermétique. Les deux gaz seront alors en équilibre.

On sait que la colonne mercurielle de baromètre ou la colonne d'eau d'une pompe, fait *équilibre* à la pression de l'air atmosphérique ; de même, la colonne de mercure de l'éprouvette d'une machine pneumatique ou de compression, ou celle d'un manomètre, fait, à tout instant, équilibre à la pression du gaz plus ou moins raréfié ou comprimé que les récipients renferment. — V. PNEUMATIQUE.

Les *niveaux à bulle d'air* sont des applications de la grande mobilité des gaz plutôt que de leur équilibre. Leur présence au-dessus du liquide donne à ces instruments une sensibilité extrême. — V. NIVEAU, NIVELLEMENT.

ÉQUILIBRE DES LIQUIDES. *T. de phys.* Un liquide est en équilibre, lorsque les forces qui le sollicitent s'entre-détruisent. L'équilibre peut être stable, instable ou dynamique. Ce dernier cas se présente quand un liquide est dans un vase animé d'un mouvement uniforme de rotation ou de translation plus ou moins rapide. Par exemple, si le liquide est dans un vase cylindrique ou conique tournant rapidement autour de son axe, le liquide prend une figure d'équilibre, variable avec la vitesse de rotation, en affectant la forme d'un paraboloïde.

L'eau, à la surface des mers, est dans un équilibre instable, perpétuellement dérangé par les marées, les vents et les actions mécaniques des navires qui fendent ses flots. L'équilibre des liquides comprend les cas suivants : 1° équilibre d'un liquide dans un seul vase; 2° équilibre d'un même liquide dans plusieurs vases communiquants : de là des niveaux d'eau, la distribution de l'eau dans les villes, les jets d'eau, les puits artésiens, etc.; 3° équilibre des liquides hétérogènes superposés dans le même vase; 4° équilibre de deux liquides hétérogènes dans des vases communiquants. Pour les conditions d'équilibre des liquides, dans ces différents cas, V. Hydrostatique.

ÉQUIPAGE. Sans nous arrêter aux diverses acceptions de ce mot, étrangères à ce *Dictionnaire*, disons qu'en *T. de métall.*, par exemple, on entend par *équipage* l'ensemble des pièces qui composent un train de laminoirs, une fonderie.

ÉQUIPAGE DE PONT. (Etym. esquipage, *T. de marine* tiré du mot *esquif* (grec σκαφος) barque, navire). Ce terme est actuellement usité avec des acceptions distinctes dans l'art naval et dans l'art militaire.

Dans la marine, on nomme *équipage* l'ensemble de tous les hommes embarqués pour faire le service d'un navire.

Dans l'armée de terre, on a primitivement compris sous la dénomination générale d'*équipages* les convois de voitures et de matériel qu'une armée en campagne traîne à sa suite, c'est ce que les Romains appelaient *impedimenta.* Dans l'art militaire moderne, le mot *équipage* a pris un sens plus restreint et n'est employé que dans les deux expressions suivantes : trains des équipages militaires et équipages de ponts.

Le train des équipages, en France, est un service de transports exclusivement militaires qui dépendait autrefois de l'Intendance et qui a été rattaché depuis quelques années comme personnel et matériel au service général de l'artillerie. Aux termes du décret rendu le 4 octobre 1883 (art. 2), dans chaque corps d'armée, l'autorité du général commandant l'artillerie du corps d'armée s'étend sur toutes les troupes et le matériel du train des équipages militaires stationnés dans la région.

Équipages de ponts de bateaux. On désigne ainsi dans une armée, les hommes, les chevaux et le matériel militaire exclusivement employés au transport et au lancement des ponts de bateaux en campagne. Dans toutes les armées européennes, à l'exception de l'armée française, les équipages de ponts de guerre ont été placés dans les attributions du service du génie.

Le matériel de ponts français n'a subi que des améliorations insignifiantes depuis le premier empire. La dernière organisation de nos équipages de ponts a été arrêtée, en 1877, dans les conditions suivantes : elle comprend : 1° 19 équipages de pont de corps d'armée; 2° 4 équipages de pont d'armée répartis 1 à Arras, 1 à Avignon, 2 à Angers; 3° 4 équipages de pont de place affectés au service des places de Besançon, Toul, Versailles et Lyon. (Ces derniers équipages de réserve doivent être traînés par des chevaux de réquisition.)

L'équipage *de pont de corps d'armée* comprend 16 bateaux et 4 chevalets à l'aide desquels on peut jeter un pont de 100 mètres de long avec les bateaux seuls et de 123 mètres avec les bateaux et chevalets. Cet équipage se subdivise en deux divisions comprenant chacune 7 sections savoir : 1 section de culée, 1 section de chevalets, 4 sections de bateaux, 1 section de forge. Tout ce matériel est porté par 48 voitures et est desservi par une compagnie de 150 pontonniers et une compagnie du train comprenant 250 chevaux, le tout formant sur les routes une colonne de 700 mètres environ.

L'équipage d'armée se compose de la réunion de deux équipages de pont de corps d'armée, comprenant 32 bateaux et 8 chevalets, ce qui permet de construire un pont de 196 mètres de long avec les bateaux seuls et de 241 mètres avec bateaux et chevalets. Cet équipage est transporté par 96 voitures, et il exige pour son service 250 pontonniers, 580 chevaux et 2 compagnies du train, le tout formant une colonne d'environ deux kilomètres de longueur.

Ces équipages permettent à chaque armée de lancer rapidement deux ponts de 200 mètres pour le passage des troupes de campagne, mais ils ne peuvent servir au passage de la grosse artillerie et n'ont qu'une durée provisoire. Dès qu'il s'agit de construire des ponts ayant une grande résistance et de la durée, on a recours au service du génie qui est chargé de la construction des ouvrages d'art en campagne.

Suivant l'opinion de généraux éminents parmi lesquels nous citerons les généraux Chareton, Chanzy et Lewal, il y aurait grand avantage et économie au point de vue du service de guerre, à ce que le corps du génie fut seul chargé du personnel et du matériel à mettre en œuvre pour assurer le passage des rivières en campagne. Diverses réformes ont été proposées dans ce sens depuis la dernière guerre. A la suite d'études présentées en 1878 sur les ponts de chemin de fer, par le capitaine Marcelle et de propositions faites en 1880, par le commandant R. Henry pour l'adoption d'un nouveau matériel de ponts, composé d'éléments triangulaires légers en acier, le Comité du génie a admis récemment en principe (*Journal officiel* du 7 septembre 1883), la constitution d'un nouvel équipage de ponts composé d'éléments portatifs en acier qui serait beaucoup plus léger et moins encombrant que le matériel, tout en bois, des équipages ordinaires. — V. Ponts militaires.

ÉQUIPEMENT. *L'équipement militaire* est l'ensemble des effets à l'usage des soldats et sous-officiers de toutes armes; les effets d'habillement et l'armement étant exceptés. On divise l'équipement en *grand équipement* et en *petit équipement,* ce dernier comprenant, en outre, les effets de linge et chaussure. Nous donnons ici la nomenclature de ces deux catégories d'objets :

1° *Effets de petit équipement* : linge et chaussures, chemise, caleçon, cravate ou col, calotte de coton, mouchoir, souliers, bottes ou bottines, éperons, cache-éperons, guêtres de cuir, guêtres de toile, gants de coton ou de peau, bretelles de pantalon, étui-musette ou petite besace, courroie de sautoir ou de manteau, pantalon de treillis ou de toile, gamelle individuelle, brosse à habits, brosse à souliers, brosse à lustrer, brosse à patience, brosse à fusil, boîte à graisse, fiole à tripoli, patience, martinet, bouchon de fusil, trousse garnie, sac de petite monture, gobelet ou quart, brosse à cheval, étrille, époussette, éponge, peigne à cheval, ciseaux, corde à fourrage, musette, sac à avoine, sabots ;

2° *Effets de grand équipement* : havre-sac, cartouchière ou giberne, ceinturon, porte-épée baïonnette, dragonne de sabre, bretelle de fusil, étui de révolver, bretelle porte-effets.

De cette nomenclature, résulte immédiatement cette constatation que l'équipement militaire n'est pas une industrie dans le sens propre du mot. Il constitue, au contraire, et bien plutôt, une juxtaposition d'industries, une réunion de métiers différents, concentrés dans un certain nombre de grands établissements auxquels ont donné naissance les profonds changements qui depuis un quart de siècle, et depuis une dizaine d'années surtout, ont modifié de fond en comble l'organisation des armées modernes.

— Il y a 25 ans, en effet, l'équipement militaire n'existait pas en tant qu'industrie. Les effets d'habillement et les chaussures étaient fabriqués par les ateliers régimentaires dans les différents corps de troupes ; l'industrie privée livrait à l'Etat les objets de grand et petit équipement. Il existait des fabricants de brosses, des ferblantiers, des corroyeurs, soumissionnaires auprès de l'administration de la guerre. Il n'y avait pas de fabricants d'équipement militaire, dans le sens qu'on est convenu dans le langage d'aujourd'hui d'attribuer à cette expression.

Les guerres de Crimée et d'Italie, en révélant des besoins immédiats, pressants, imprévus, montrèrent en même temps l'impuissance des diverses usines, à passer brusquement et sans préparation de la production du pied de paix à celle du pied de guerre. La guerre de 1870-1871 surtout, en introduisant le système de la mobilisation de la nation entière, en nécessitant la création d'immenses approvisionnements en effets de tous genres dans les magasins de l'Etat, a été le facteur principal de la concentration, entre les mains d'un petit nombre de grands établissements, de la fabrication de l'équipement. Ajoutons, toutefois, que ce système n'a rien de définitif; les commandes de l'Etat se font parfois de gré à gré, plus souvent par le système des adjudications publiques, et ces dernières sont ouvertes à tout industriel dont l'honorabilité est reconnue, et qui est en état de fournir à l'administration l'argent nécessaire pour cautionner ses engagements. Si les livraisons ont été en quelque sorte monopolisées dans ces dernières années par un certain nombre de grandes maisons, cela tient surtout à ce que, mieux que toutes autres, par leur organisation, par le chiffre énorme de leur production, par leur outillage perfectionné, elles ont été à même de répondre jusqu'ici à ce desideratum de l'industrie moderne : « la production à bon marché. »

Nous ne pouvons ici, — le lecteur le comprendra, — entrer dans le détail de la fabrication des divers objets qui composent la nomenclature que nous avons donnée plus haut, et nous nous bornerons à renvoyer ceux que ces questions intéressent aux différentes industries, telles que brosserie, boutonnerie, corroierie, clouterie, etc., décrites dans le corps de ce *Dictionnaire*.

Nous signalerons pourtant en quelques mots les particularités que peuvent offrir plusieurs de ces opérations par rapport au sujet qui nous occupe. Les bidons, les gamelles, les plats et toute la ferblanterie servant de cuisine à la troupe reçoivent leur forme d'estampeuses de tous modèles mues par la vapeur. Toutes ces pièces séjournent dans les fours à recuire entre leurs divers passages à l'estampe. Les modèles, les planchettes destinées à former la carcasse des gibernes ou des havre-sacs sont découpées au moyen de scies à ruban, semblables à celles qui sont employées dans l'industrie du bois. Les gabarits qui servent de modèles aux effets de lingerie sont faits généralement en carton. Ils aident l'ouvrier à guider la scie et permettent le découpage d'un très grand nombre de pièces à la fois. Les ourlets sont faits à la main pour les fournitures au gouvernement français, à la machine à coudre pour celles destinées aux Etats étrangers.

La partie la plus intéressante à suivre, dans les grandes manufactures, celle qui donne le mieux une idée de ce grand principe de la division du travail qui est la loi de la production moderne, est certainement la fabrication de la chaussure de troupe. Le soulier d'ordonnance en usage dans notre armée remonte au 25 janvier 1832, date à laquelle un décret, paru au *Journal officiel*, en a déterminé la forme d'une façon précise. La guêtre de cuir ne fut introduite dans notre armée que sept ans plus tard, par M. Schneider, alors ministre de la guerre. Elle date du 11 juillet 1839. La fabrication du soulier d'ordonnance ne demande pas moins de trente-sept opérations distinctes, savoir : 1° traçage de semelles ; 2° traçage de premières ; 3° traçage d'empeignes ; 4° traçage de quartiers ; 5° traçage de cambrures ; 6° coupe de semelles ; 7° coupe de premières ; 8° coupe d'empeignes ; 9° coupe de quartiers ; 10° coupe de cambrures ; 11° coupe de bons-bouts ; 12° coupe de sous-bouts ; 13° coupe de trépointes ; 14° coupe de fers ; 15° coupe de cambrions ; 16° estampage de semelles ; 17° estampage de premières ; 18° estampage de sous-bouts ; 19° griffage des bons-bouts ; 20° clouage des talons ; 21° parage des premières ; 22° parage des quartiers ; 23° jointure ; 24° montage ; 25° couture première ; 26° brochage ; 27° couture deuxième ; 28° clouage ; 29° sortie de formes ; 30° rabattage ; 31° vissage ; 32° talonnage ;

33° affleurage des vis; 34° rabotage; 35° ébourage; 36° polissage; 37° bichonnage.

L'estampage est fait à la matrice; le rabotage et le polissage sont faits au moyen de machines spéciales; le dressage de la face verticale du talon est dû à la râpe mécanique; l'affleurage des têtes de vis à la meule à émeri, etc.

Les coutures sont faites à la main par des cordonniers. Grâce à cette extrême division du travail, on compte dans les grands établissements une production qui atteint jusqu'à trois paires de chaussures par jour et par homme employé.

Nous venons d'examiner rapidement ce qu'est l'équipement militaire, et les détails dans lesquels nous sommes entrés suffisent à montrer au lecteur l'importance capitale de cette industrie, qui en contient cent autres en elle-même. Industrie bien digne d'être étudiée, car non seulement elle fait vivre une très nombreuse population ouvrière, mais aujourd'hui surtout que la nation armée est la base de la loi militaire française, les questions complexes et multiples qu'elle soulève ne peuvent pas être séparées de notre réorganisation défensive elle-même; elle mérite à ce titre l'attention de tous ceux qu'intéressent les questions militaires, de tous ceux qui ont le souci de notre armée et de la sécurité de la France.

ÉQUIPOLLÉ, ÉE. *Art hérald.* Se dit de neuf carrés disposés en forme d'échiquier, dont cinq, ceux des quatre coins et celui du milieu, sont d'un émail différent de ceux des quatre autres carrés.

***ÉQUIPOTENTIEL.** *T. de mécan. et d'électr.* Signifie : « dont tous les points ont le même potentiel ». De là, les expressions de *surfaces* et de *lignes équipotentielles*. — V. CHAMP DE FORCE, ÉLECTRICITÉ, § 37, POTENTIEL.

ÉQUIVALENCE. *T. de géom.* Propriété de deux ou plusieurs surfaces ou volumes qui peuvent être décomposés en un même nombre d'éléments identiques, mais qui une fois assemblés, peuvent n'être pas superposables. L'équivalence diffère de l'égalité géométrique en ce que cette dernière propriété s'entend seulement des figures superposables et qui par suite sont tout à fait identiques. L'équivalence implique seulement l'égalité des nombres exprimant le rapport de chacune des figures considérées avec l'unité de mesure.

ÉQUIVALENT. *T. de chim.* Lorsque fut connue la loi qui préside aux combinaisons que les divers corps simples peuvent faire entre eux, et que l'on eût observé que les corps ne se combinent que par proportions invariables et définies, on en tira cette conséquence, que l'on peut joindre à chaque corps un chiffre exprimant le rapport de la quantité pondérale selon lequel ce corps prend part, le plus souvent, aux phénomènes chimiques. Ce chiffre est ce que l'on appelle l'*équivalent* du corps; et, en le rapportant à une unité, qui jadis était 100, l'équivalent de l'oxygène, et est aujourd'hui 1, celui de l'hydrogène, on peut le rendre comparable à celui des autres corps simples.

C'est aux nombreuses et patientes recherches de Berzélius que l'on doit en grande partie les chiffres que *l'on nomme équivalents*, véritables nombres proportionnels, qui indiquent les proportions dans lesquelles les corps se combinent entre eux, mais aussi se remplacent dans les combinaisons. Nous allons prendre quelques exemples pour mieux préciser ce que l'on entend par équivalents.

Le zinc peut se combiner à l'oxygène, au soufre, au chlore, etc., pour faire de l'oxyde, du sulfure ou du chlorure de zinc; pour que ces corps nouveaux se forment, il faudra rigoureusement employer, pour un même poids, 32,5 de zinc (c'est l'équivalent de ce métal) :

8 d'oxygène;
16 de soufre;
35,5 de chlore.

Et si nous voulons maintenant transformer le chlorure de zinc, par exemple, en chlorure de plomb, ou d'argent, on verra qu'en place des 32g,5 de zinc, il faudra employer 103g,46 de plomb ou 107g,93 d'argent. Ces deux chiffres 103,46 et 107,93 équivalent donc à 32,5, comme les chiffres 35,5 — 16, ou 8, qui saturent un même poids de zinc, s'équivalent entre eux.

Si maintenant nous envisageons un sel quelconque, soit du sulfate de soude, dont l'équivalent est 71, puisqu'il correspond à 40 d'acide sulfurique, et à 31 de soude, nous verrons que si nous voulons substituer à l'acide un autre acide, il nous faudra employer :

22 grammes d'acide carbonique;
36,45 d'acide chlorhydrique;
54,04 d'acide nitrique;
71 d'acide phosphorique.

Comme, si nous avions fait l'inverse, en changeant, par exemple, l'oxyde dans notre sulfate de soude, il aurait fallu prendre* :

76,6 d'oxyde de baryum;
28 d'oxyde de calcium;
47,13 d'oxyde de potassium, etc.

Ces différentes quantités de bases et d'acides qui peuvent, dans une combinaison saline, se remplacer mutuellement sont donc équivalentes, et la preuve, c'est que le poids ne varie pas dans les doubles décompositions. Si nous mélangeons ensemble une solution de sulfate de soude et une de chlorure de baryum, nous ferons un précipité de sulfate de baryte et le chlorure de sodium produit restera dans la liqueur. Eh bien, en partant de la formule

$$NaO, SO^3 + BaCl = BaO, SO^3 + NaCl$$

nous verrons que 71g,07 de sulfate de soude
104g,05 de chlorure de baryum,
soit 175g,12 de sels mélangés
donnent 116g,63 de sulfate de baryte,
58g,49 de chlorure de sodium,
soit le même total 175g,12 de produits nouveaux.

On voit donc combien l'emploi des équivalents est commode dans les laboratoires, ou dans l'industrie, puisque les chiffres que nous avons indiqués, sont ceux qui représentent les équivalents du corps mis en présence.

Pour trouver l'équivalent d'un corps quelconque, il suffit donc de chercher quelle est la quantité de ce corps qui se combine avec le corps pris pour unité, l'hydrogène, puisque c'est ce corps qui a l'équivalent le moins élevé, ou a une quantité d'un corps simple quelconque, équivalente à l'hydrogène.

Nous donnons ci-contre le tableau indiquant les

Tableau des équivalents des corps.

Corps simples	Symbole	Equivalents O = 100	Equivalents H = 1	Corps simples	Symbole	Equivalents O = 100	Equivalents H = 1
Aluminium	Al	170.90	13.75	Manganèse	Mn	344.68	27.6
Antimoine	Sb	806.45	122	Mercure	Hg	1250	100
Argent	Ag	1349	107.93	Molybdène	Mo	596.10	48
Arsenic	As	937.50	75	Nickel	Ni	369.33	29.5
Azote	Az	175	14.044	Niobium	No	1251.53	100.12
Baryum	Ba	858	68.6	Or	Au	1227.75	97
Bismuth	Bi	1330.38	210	Osmium	Os	1242.62	100
Bore	Bo	136.15	11	Oxygène	O	100	8
Brome	Br	1000	79.952	Palladium	Pd	665.47	53
Cadmium	Cd	696.77	56	Phosphore	Ph	400	31
Calcium	Ca	250	20	Platine	Pt	1232.08	99
Carbone	C	75	6	Plomb	Pb	1294.50	103.46
Cérium	Ce	590	46	Potassium	K	489.30	39.137
Césium	Cs	1060.8	132.6	Rhodium	Rh	651.96	52
Chlore	Cl	443.20	35.457	Rubidium	Rb	683.2	85.4
Chrome	Ch	328.50	26.2	Ruthénium	Ru	416	52
Cobalt	Co	368.65	29.5	Sélénium	Se	495.28	39.5
Cuivre	Cu	395.60	31.75	Silicium	Si	266.82	14
Didyme	Di	620	48	Sodium	Na	287.17	23.043
Erbium	Er	»	166	Soufre	S	200	16.037
Etain	Sn	735.29	59	Strontium	St	548	43.75
Fer	Fe	350	28	Tantale	Ta	1148.36	68.8
Fluor	Fl	235.43	19	Tellure	Te	801.76	64
Gallium	Ga	»	69.69	Thallium	Th	1632	204
Glucinium	Gl	87.12	7	Thorium	To	743.86	59.80
Hydrogène	H	12.50	1	Titane	Ti	314.70	23
Ilménium	Il	756.59	62.92	Tungstène	Tu	1183.36	92
Indium	In	»	56.7	Uranium	Ur	750	120
Iode	I	1586	126.85	Vanadium	Va	855.84	68.46
Iridium	Ir	1232.08	98.6	Yttrium	Yt	401.31	31.18
Lanthane	La	588	46	Zinc	Zn	406.50	32.5
Lithium	Li	81.66	7	Zirconium	Zr	419.73	44.8
Magnésium	Mg	158.14	12				

équivalents des principaux corps simples connus, en rappelant, que si l'on y voit figurer les chiffres rapportés comme on le faisait jadis, à l'équivalent de l'oxygène 100, pris pour unité, on a depuis déjà longtemps abandonné ces chiffres, pour se servir de ceux bien plus simples se rapportant à l'équivalent de l'hydrogène, dont ils sont presque tous d'ailleurs, des multiples, ainsi que l'avait indiqué Prout. M. Dumas, en confirmant cette loi par des travaux postérieurs, a cependant montré que le chlore et le cuivre font exception à cette règle.

Si ces chiffres représentent, on ne saurait trop le répéter, non pas des poids absolus, mais bien les rapports pondéraux suivant lesquels, les corps se combinent, ou se déplacent, leur examen montre que cette règle d'équivalence absolue n'est pas toujours vraie ; c'est ce qui a lieu lorsqu'on vérifie le chiffre indiqué pour un corps qui se combine avec un second dans des proportions multiples. Ici, pour fixer l'équivalent réel, il a fallu se baser sur d'autres lois. Le plomb peut se combiner avec l'oxygène dans des proportions très variables : si dans le protoxyde PbO il y a bien 103,46 de plomb et 8 d'oxygène, dans le bioxyde PbO^2, 103,46 de plomb avec 2×8 d'oxygène, il y a un autre composé Pb^2O dans lequel 103,46×2 ou 206,92 de plomb sont combinés à 8 d'oxygène, comme dans le premier cas. Pourquoi, dès lors, avoir pris plutôt comme équivalent du plomb 103,46 que 206,92? C'est parce que, dans ces cas, on doit tenir compte de l'équivalence qui se produit lorsque deux corps peuvent se remplacer mutuellement dans des combinaisons isomorphes. Si l'on précipite par une lame métallique, le plomb qui existait dans une solution saline de ce corps, et si l'on a choisi pour cette opération un métal dont l'équivalent ne puisse faire naître des doutes, on voit que le poids du métal qui entre en solution et remplace le plomb précipité, correspond à 103,46 de plomb et non à 206,92 ; c'est ce qui fait prendre le premier chiffre comme étant l'équivalent réel. Le cuivre offre encore un exemple absolument semblable dans la détermination de son équivalent.

Dans d'autres circonstances, on a dû prendre pour représenter l'équivalent, le chiffre qui s'accorde le mieux avec la loi des volumes, ou tenir compte de certaines simplifications ou de certaines analogies de formules. Malgré cela il y a encore quelques exceptions à signaler : l'aluminium et l'oxygène se combinent sous la forme Al^2O^3, c'est-à-dire avec l'équivalent 13.75×2 pour le métal et 8×3 pour l'oxygène, au lieu de se combiner sous la forme AlO; l'azote et l'hydrogène sous celle de $Az\,H^3$, c'est-à-dire 14.04 avec 1×3; mais, malgré ces exceptions, assez nombreuses cependant, et dont nous pourrions multiplier les exemples, malgré des irrégularités évidentes, les chiffres qui représentent les équivalents des corps sont assez précis pour rendre dans la pratique de très grands services, quelle que soit d'ailleurs la théorie chimique que l'on admette pour représenter la constitution intime d'un corps. — J. C.

Équivalents électro-chimiques. L'équivalent électro-chimique d'un corps est le poids de ce corps mis en liberté ou décomposé dans un appareil électrolytique, par le passage de l'unité d'électricité. — V. ÉLECTRICITÉ, § 63.

ÉRABLE. Cet arbre appartient au genre type de la famille des acérinées; il est d'une haute stature et d'un port élégant; on en connaît diverses espèces qui forment en Europe de grandes forêts, et parmi lesquelles nous signalerons plus particulièrement : l'*érable à sucre*, originaire de l'Amérique du Nord, et qui croît également en assez grande abondance en Suède et en Norvège : l'*érable de montagne*, dit *sycomore*, et l'*érable faux-platane*. Ces deux dernières variétés peuvent atteindre 30 mètres de hauteur sur 1 mètre de diamètre; leurs tiges sont droites, cylindriques, régulières. Leur bois est très propre au chauffage, mais son prix élevé le fait surtout employer aux travaux de l'ébénisterie et de la menuiserie auxquels il convient à merveille. On l'emploie également dans la boissellerie, pour faire des instruments de musique, pour la marqueterie et le placage.

La sève de l'érable à sucre sert à fabriquer, dans les pays du Nord, une boisson fermentée; dans le Canada on emploie cette sève à la fabrication du sucre. Un érable de grandeur moyenne peut donner de 100 à 120 litres de suc, dont le rendement en sucre est environ 3 kilogrammes.

***ERARD** (SÉBASTIEN), facteur de pianos, naquit à Strasbourg, en 1752. Il avait seize ans quand la mort de son père le mit dans l'obligation de chercher du travail pour subvenir à ses besoins et aider sa famille. Il vint à Paris, et entra dans l'atelier d'un fabricant d'instruments de musique, mais il se fit bientôt remarquer, car c'était un esprit merveilleusement organisé « du petit nombre de ceux qui ont commencé et fini leur art », comme a dit Prony. L'invention du clavecin mécanique le tira de l'obscurité, et Louis XVI, qui en fit l'acquisition, lui accorda un brevet spécial qui l'affranchissait des difficultés que lui suscitèrent alors les métiers et les corporations. Protégé par la duchesse de Villeroy, il s'installa dans son hôtel et construisit pour elle un piano qui consacra sa réputation naissante. Il fabriqua alors des harpes, puis les premiers grands pianos à queue en forme de clavecins et à échappement que l'on ait vus en France.

Sébastien Erard avait créé à Paris et à Londres, pendant la révolution, deux fabriques de harpes et de pianos dont la prospérité fut extraordinaire; avec son frère *Jean-Baptiste*, qui fut son premier associé, il s'adjoignit encore son neveu *Pierre*, et les instruments signés Erard eurent, dans le monde entier, un succès prodigieux. Il reste fort peu d'œuvres des célèbres facteurs, cependant l'on cite comme un spécimen curieux le piano de Garat, l'illustre chanteur, portant cette mention : *Erard frères*, 37, *rue du Mail*, 1799.

L'art musical doit beaucoup à Sébastien Erard, car il ne s'est point contenté de lui donner le piano à queue à double échappement et les harpes à double mouvement, il a encore porté ses études vers l'orgue qu'il songea à perfectionner. Quoique malade et fatigué par un labeur constant, il construisit un orgue magnifique pour la chapelle du roi aux Tuileries, chef-d'œuvre qui fut saccagé par l'émeute en 1830. A bout de forces, il mourut en 1831, au château de la Muette, à Passy. Il était officier de la Légion d'honneur.

***ERARD** (PIERRE-JEAN-BAPTISTE-ORPHÉE), neveu de *Sébastien* ERARD, naquit en 1794, et mourut le 16 août 1855, à Passy. Il prit, en 1831, la succession de son oncle et continua les traditions artistiques et industrielles du fondateur de la maison. Parmi les beaux travaux dont il dota la facture instrumentale, on doit citer la reconstruction de l'orgue expressif brisé par le peuple, en 1830, dans la chapelle des Tuileries, et incendié en 1871. Pierre Erard qui était à sa mort officier de la Légion d'honneur, eut pour successeur les Schæffer, père et fils qui soutiennent dignement la vieille noblesse industrielle des Erard.

***ÉRATO.** *Myth.* Une des neuf Muses; elle présidait aux poésies lyriques. Elle est représentée sous les traits d'une nymphe vive et enjouée, couronnée de myrte et de roses, elle tient une lyre de la main gauche et un archet de la droite; près d'elle est un petit Cupidon ailé, avec son arc et son carquois et des tourterelles qui se becquètent.

***ERBIUM.** *T. de chim.* Nom donné à un corps simple, de nature métallique, mais que l'on n'a pu isoler. Son oxyde l'*erbine* Er^2O^3 est rose, et se trouve dans la gadolinite, silicate d'yttria très complexe, contenant de l'alumine, des oxydes de cérium, de lanthane, de fer, de glucinium, de calcium et de magnésium; ce composé a offert dans ces derniers temps un très vif intérêt, puisqu'il a permis à M. Clèves d'y signaler plusieurs corps simples nouveaux : le *scandium*, poids atomique, 45; l'*ytterbium* (marignac), poids atomique : 172,5; le *thulium*, poids atomique : 170,4; l'*erbium*, poids atomique : 166; et l'*holmium*, poids atomique : 162.

***ERBUE.** *T. de métall.* Fondant argileux qui, mêlé au minerai de fer, en facilite la fusion.

***ÉRÉMITE.** *T. de minér.* Variété très rare de phosphate de cérium et de lanthane, trouvée dans l'Oural, et aux Etats-Unis, à Norwich.

***ERGOTINE.** *T. de chim.* Produit mal défini, découvert par Wiggers, en 1831, dans l'ergot du seigle (*claviceps purpurea*, Tulasne).

L'ergotine de Wiggers est amorphe, d'un rouge brun, insoluble dans l'eau et l'éther, soluble dans l'alcool, l'acide acétique, la potasse, etc. Elle s'obtenait en débarrassant l'ergot de son huile fixe, puis traitant par l'alcool, et précipitant ensuite l'ergotine par l'eau.

Wenzell a donné le même nom à un principe de nature alcaloïdique, insoluble dans l'eau, dont la formule serait $C^{50}H^{52}Az^2O^3$, d'après M. Manassewitz. Il ne faut pas confondre ces produits, avec le corps employé en médecine sous le nom impropre d'*ergotine Bonjean*, lequel n'est que de l'extrait aqueux d'ergot de seigle.

***ÉRINITE.** *T. de minér.* Nom donné à divers corps : d'abord à un arseniate de cuivre contenant 2 équivalents d'eau, en masses d'un vert-émeraude et trouvées en Irlande (d'où son nom); puis, 2° par Beudant, à un arseniate complexe (calcophyllite), dans lequel l'acide phosphorique s'est en partie substitué à l'acide arsénique, et qui contient 2,13 0/0 environ d'alumine, plus douze équivalents d'eau. On le rencontre en Cornouailles et dans le Var (mines de la Garonne); 3° il existe encore une variété d'argile (hydrosilicate d'alumine ferrugineuse) qui porte le nom d'*érinite*.

***ÉRIOMÈTRE.** *T. de phys.* Instrument imaginé par Young pour mesurer les épaisseurs des fibres les plus déliées.

***ÉROS.** *Myth.* Dieu de l'amour chez les Grecs. — V. CUPIDON.

***ÉRUSSER.** *T. techn.* Dépouiller les tiges de lin de leurs feuilles avant de les mettre dans le ballon à rouir. On veut par là éviter l'accumulation d'une trop grande quantité de matières végétales dans les fosses ou les rivières, où se fait le rouissage, et diminuer ainsi l'odeur nauséabonde qui s'exhale toujours des routoirs en activité.

***ÉRYTHRINE.** 1° *T. de minér.* Variété d'arséniate de cobalt hydraté qui cristallise en fines aiguilles prismatiques, ordinairement rayonnées, de coloration rouge-violacée, translucides, à éclat vitreux; D=2.9. Leur analyse montre que ces cristaux renferment : 38,4 d'acide arsénique, 37,6 d'oxyde de cobalt et 24 0/0 d'eau. On trouve ce minerai parfois sous forme d'enduits terreux, sur d'autres minerais de cobalt. || 2° *T. de chim.* Principe qui se trouve dans les lichens à orseille, et a été découvert par Heeren dans le *Roccella tinctoria*, Ach. Il est incolore, inodore, cristallisé en aiguilles groupées en étoiles ; c'est un corps que l'on désigne aussi sous le nom d'*érythrite diorsellique* $C^8H^2(H^2O^2)^2(C^{16}H^8O^8)^2$. On l'obtient en traitant la plante par un lait de chaux, en filtrant, faisant passer dans le liquide un courant d'acide carbonique, puis reprenant le précipité par l'alcool chaud. On décolore par du charbon, on filtre, et on obtient les cristaux par refroidissement.

***ÉRYTHRITE.** 1° *T. de minér.* Variété de feldspath orthose : c'est un silicate anhydre d'alumine et de potasse, souvent accompagné de soude, chaux, magnésie et oxyde de fer, il est rose. On l'a trouvé dans la chaussée des géants (Irlande) || 2° *T. de chim.* Alcool tétratomique $C^8H^2(H^2O^2)^4$ ou $C^8H^{10}O^8$... $C^4H^6(HO)^4$, découvert par Stenhouse en 1848, et qui provient du dédoublement de l'érythrine; il cristallise en prismes carrés, fusibles à 120°, solubles dans l'eau. Pour l'obtenir, on reprend le précipité d'*érythrine* (V. plus haut) et de chaux, obtenu par l'action de l'acide carbonique, et on le chauffe à 150°, avec de la chaux, dans un autoclave. Il se forme de l'érythrite et de l'acide orsellique; on filtre, on sature par l'acide carbonique, on filtre à nouveau et concentre. Il se dépose des cristaux d'orcine et d'érythrite que l'on sépare par l'éther qui ne dissout que le premier.

ÉRYTHROBENZINE. *T. de chim.* Matière colorante artificielle découverte en 1861, par Laurent et Casthellaz. Elle s'obtient en mettant en contact pendant 24 heures, à la température ordinaire, de la nitrobenzine (12 parties), de la limaille de fer (24 parties) et de l'acide chlorhydrique (6 parties). Il se forme une matière résinoïde que l'on reprend par l'eau et de laquelle on sépare le produit colorant en y versant une solution de chlorure de sodium. Cette couleur préconisée pour l'impression et la teinture, n'a pas fourni de très bons résultats.

***ÉRYTHROSINE.** *T. de chim.* On connaît sous ce nom deux produits tout à fait différents. L'un est une combinaison sodique de la fluorescéine tétraiodée, livré depuis 1876, par MM. Brudschedler et Busch, de Bâle ; et le second, un principe amorphe, rouge, azoté, $C^{15}H^{18}Az^2O^3$ (Staedeler) résultant de l'action de l'acide nitrique sur la tyrosine. — V. EOSINE.

ESCABEAU. Siège de bois, sans dossier. || Marchepied portatif au moyen duquel on peut atteindre des objets élevés.

***ESCALETTE.** *T. de tiss.* L'escalette est un assemblage de règles disposées spécialement pour la *lecture* des mises en carte, opération antérieure au perçage des cartons-Jacquard. L'escalette se compose généralement de deux règles que deux écrous à oreillons maintiennent suffisamment appliquées l'une contre l'autre, sur les deux côtés antérieurs des montants du bâti de liseuse. La règle de derrière est plate; celle du devant présente deux biseaux, l'un supérieur, l'autre inférieur. Les deux coupants sont parfaitement rectilignes et peuvent se substituer au besoin. La mise en carte (dessin exécuté sur papier quadrillé) est introduite entre les deux règles et peut y glisser librement. Chaque rangée horizontale de cases du papier quadrillé doit venir, à son tour, affleurer le coupant du biseau inférieur, et être l'objet du travail qui vient d'être désigné sous le nom de *lecture*.

ESCALIER. *T. d'arch.* Construction à demeure servant à établir une communication facile entre deux plans dont l'un est plus élevé que l'autre.

Historique. L'usage des escaliers remonte à une haute antiquité. L'escalier monumental, en pierre ou en marbre, était fréquemment employé. On le retrouve dans les constructions de Palenque, en Amérique, comme dans celles de l'Egypte. Les escaliers ordinaires étaient construits à peu près à la manière moderne; ils étaient établis, soit dans les intérieurs des maisons, où on les fixait d'un côté contre le mur, en les laissant dégagés du côté opposé, soit à l'extérieur, soit encore dans une cage. On a retrouvé dans plusieurs temples grecs des escaliers ménagés aux angles de l'édifice et conduisant sur les combles ou dans les galeries qui régnaient au-dessus des bas-côtés de la cella. Ces escaliers ont été observés au grand temple de Pæstum. L'escalier à vis, dont on a attribué l'invention aux constructeurs du moyen âge, existait également chez les anciens, au moins chez les Grecs du Bas Empire. Dans un des piliers du pont bâti par Justinien sur le Sangarius, se trouve un escalier

Fig. 523. — *Escalier de la Psallette, à Nantes.*

tournant, encore parfaitement conservé et dont l'hélice forme l'appareil en vis de Saint-Gilles. L'escalier en spirale qui entoure le minaret de la mosquée de Hassan en démontre l'emploi chez les Arabes. Les Romains faisaient de même usage des escaliers dérobés ou plutôt de service, soit à l'intérieur des maisons, soit dans les temples. Quant aux escaliers d'un caractère monumental, ils étaient fort simples et montaient tout droit, imposant plutôt par leur largeur et l'emplacement qu'ils occupaient devant les temples et les palais. Les architectes du moyen âge adoptèrent le système des escaliers à vis, variant les dimensions de ces ouvrages, en raison des services auxquels ils devaient satisfaire. Ces escaliers, portant sur un noyau massif, étaient d'un usage éminemment rationnel dans les constructions militaires, où ils offraient une défense facile, pouvaient monter de fond jusqu'à des hauteurs considérables et se réparer facilement. Ils étaient également propres à donner l'accès aux clochers, aux parties supérieures des édifices religieux. Enfin, dans les maisons des riches particuliers, l'escalier était souvent ménagé dans une tour placée contre la façade de l'édifice. D'autres escaliers étaient disposés dans des tourelles circulaires ou polygonales, bâties en encorbellement. Lorsque l'espace ne manquait pas, ces ouvrages prenaient plus d'importance et donnaient souvent lieu à des combinaisons très ingénieuses. Tels étaient les escaliers à vis à double révolution, construits de manière que l'on pouvait descendre par l'une et remonter par l'autre, sans se rencontrer et même sans se voir; les escaliers formés de deux vis s'élevant l'une dans une cage intérieure, l'autre dans une cage extérieure. Enfin, à cette époque et au commencement de la Renaissance, les résidences seigneuriales, les hôtels et même les abbayes renfermaient les vis les plus belles et les plus surprenantes. La figure 523 représente un remarquable escalier à hélice, dont chaque marche est d'un seul morceau de granit et qui se trouve à Nantes, près de la cathédrale, dans un vieil édifice appelé aujourd'hui la Psallette et qui formait autrefois l'évêché. Il est superflu de citer le célèbre escalier à jour du château de Blois; celui non moins connu du château de Chambord. Pendant les XVIIe et XVIIIe siècles, les escaliers ne perdent en rien de leur importance dans les demeures somptueuses. Outre l'escalier principal, qui s'arrête au premier étage, des escaliers de dégagement sont disposés de manière à faciliter le service. Les édifices publics sont pourvus d'escaliers monumentaux. De nos jours enfin, ces sortes d'ouvrages sont traités dans les constructions diverses avec tout le soin et toute l'ampleur qu'exigent les destinations variées auxquelles ils doivent répondre.

Dans les édifices, les escaliers peuvent être extérieurs ou intérieurs. Les premiers, très fréquemment employés dans les constructions du moyen âge, notamment pour donner accès aux grandes salles des châteaux ou aux chemins de ronde des fortifications, ne sont plus guère usités que dans des cas tout particuliers. Les escaliers intérieurs desservent plusieurs étages d'un bâtiment et sont posés dans des cages comprises dans les constructions ou accolées à ces constructions. Mais, quels que soient leur emplacement et la nature des matériaux, pierre, bois ou fer, dont ils sont formés, l'exécution de ces ouvrages est soumise à certains principes généraux qui s'appliquent à tous indistinctement.

Un escalier est composé d'une série de marches ou plans parallèles superposés obliquement à des intervalles égaux, et destinés à recevoir les pieds de la personne qui monte ou qui descend. Chaque marche comprend le *giron*, qui est à la surface et la *contremarche*, partie verticale au-dessous du giron. Dans les escaliers en bois les plus simples, dits *échelles de meunier*, ce dernier élément n'existe pas. La longueur même de la marche reçoit le nom d'*emmarchement*. Un premier principe régit les dimensions à donner aux marches. Celles qui ont une certaine largeur ou un giron étendu, doivent avoir moins d'élévation que celles dont la largeur est moindre; cela tient aux conditions mêmes de l'ascension et de la descente; il faut en effet que chaque marche puisse être franchie d'un seul pas. La relation forcée, qui résulte de cette considération, entre la largeur et la hauteur d'une marche est exprimée par la formule suivante, appliquée dans la pratique :

$$G+2H=0^m,64,$$

et dans laquelle G est le giron, H la hauteur. On fait généralement $G=0^m,32$, ce qui donne $0^m,16$ pour H. En tout cas, le giron ne doit jamais avoir moins de $0^m,25$ et la hauteur plus de $0^m,19$. Dans les escaliers curvilignes, ces dimensions se mesurent sur la *ligne de foulée*, ligne idéale placée à $0^m,50$ ou $0^m,60$ de la *rampe* ou balustrade d'appui, c'est-à-dire à la distance qui permet à la main de se poser facilement sur cette rampe. Le second principe, quant aux dimensions, c'est que la hauteur doit être invariablement la même pour toutes les marches d'un même escalier. On a fixé de plus, en se basant sur l'expérience, au chiffre maximum de 21 le nombre de marches que l'on ne peut franchir sans fatigue, et l'on donne le nom de *palier* à un giron plus étendu qui constitue la 21e marche et qui forme repos. On appelle aussi *rampe* ou *volée*, la suite non interrompue de marches qui va d'un palier à l'autre, et *cage* la boîte ou l'enceinte qui renferme l'escalier. La balustrade d'appui déjà mentionnée sert de garde-fou et s'élève ordinairement à hauteur de ceinture. Il peut y avoir plusieurs paliers et, par conséquent, plusieurs volées dans la hauteur d'un même étage. Ces rampes ou volées sont tantôt *droites*, tantôt *courbes* ou *en quartiers tournants*.

Escaliers en pierres. Dans les plus simples de ces ouvrages, chaque marche est formée d'une seule pierre scellée par ses deux extrémités dans deux murs parallèles, les marches successives se recouvrant les unes les autres d'une certaine quantité et l'écartement des murs étant réglé sur la largeur prévue pour l'escalier (fig. 524 et 525). Cette dernière dimension peut être considérable. On multiplie alors, dans les perrons de faible hauteur, par exemple, les murs qui supportent les marches, de telle sorte que chacune d'elles puisse être formée de plusieurs morceaux sur sa longueur; ou bien, si l'on veut utiliser l'espace placé au-dessous de l'escalier, on soutient les marches comme nous le montre les figures 526 et 527, au moyen d'une voûte rampante en berceau, appelée *descente* et qui est supportée

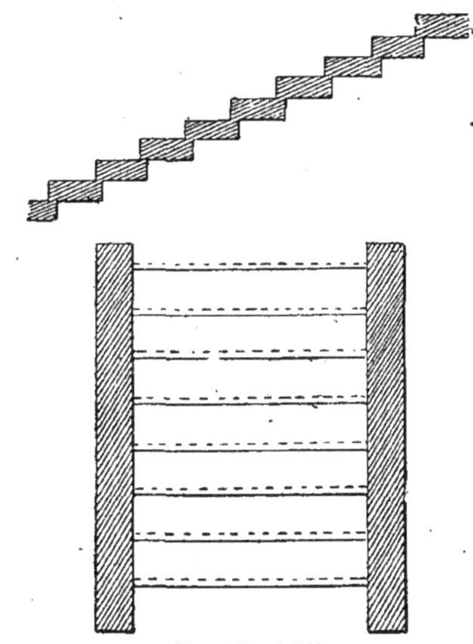

Fig. 524 et 525.

par les deux murs. Ces dispositions, adoptées pour les escaliers *droits*, s'appliquent également à ceux

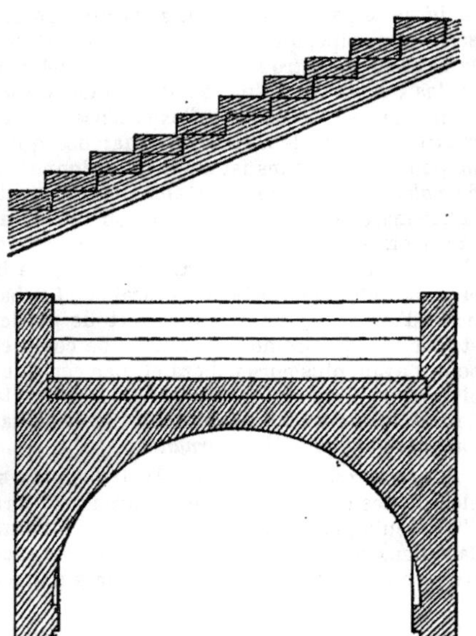

Fig 526 et 527.

qui sont établis sur plans curvilignes et que l'on appelle *escaliers tournants*. Dans ces derniers, les contremarches ne sont plus parallèles et les girons ne sont plus de la même largeur dans toute leur étendue ; leur plus grande largeur s'appuie contre la partie concave de la cage, et la plus petite contre la partie convexe. Dans les escaliers à plan circulaire, dits *escaliers à vis, en spirale, à limaçon*, cette dernière partie peut se réduire à un *noyau* plein montant de fond ou formé par les marches mêmes, qui se composent alors de trois portions: l'une formant le noyau, l'autre l'emmarchement, la troisième le scellement dans les murs de la cage (fig. 528 et 529). Le diamètre de celle-ci peut être assez grand et le noyau plein remplacé par un vide; l'escalier prend alors le nom de *vis à jour*, et les marches reposent les unes sur les

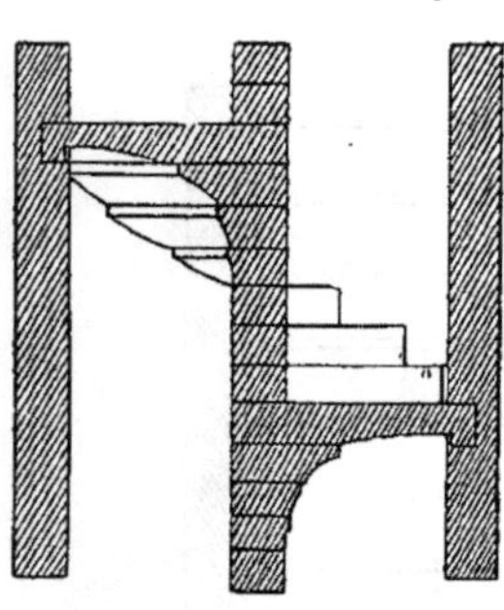

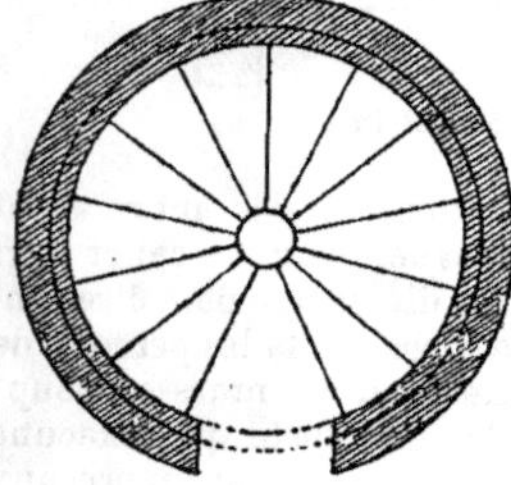

Fig. 528 et 529.

autres, à la manière des voussoirs à crossettes; elles sont maintenues par leur scellement, leur recouvrement et la pression qui s'exerce normalement à la coupe inclinée. Quand une voûte supporte les marches, c'est une voûte annulaire en descente ou ce qu'on appelle une *vis Saint Gilles*, du nom de l'abbaye de Saint Gilles, près Nîmes, où l'on prétend que cette forme aurait été employée pour la première fois. Les escaliers à vis, si fréquents dans les édifices des XIe et XIIe siècles, peuvent s'établir dans des emplacements restreints et donner accès sur un point quelconque de leur circonférence. Aussi les utilise-t-on pour les tours, les piliers, les clochers, les phares, etc. Ils peuvent aussi prendre un certain développement, comme celui que représente la figure 530, escalier en spirale de la fin du XVe ou du commencement du XVIe siècle et qui appartient au musée d'Angers.

Fig. 530.

Dans les constructions où l'espace ne fait pas défaut, notamment dans les hôtels construits pendant les deux derniers siècles, on voit très souvent des escaliers en pierre établis sur plan rectangulaire et composés de trois rampes que séparent deux paliers carrés, comme le montre le plan (fig. 531 et 532). Les volées sont soutenues, ainsi qu'on le voit sur la coupe, par des voussoirs où des demi-voûtes appuyées contre le mur de la cage; les paliers sont supportés par des trompes coniques ou par des voûtes en arc de cloître. Ces escaliers présentent plus de hardiesse que les précédents, tout en conservant un beau caractère monumental. Quelquefois même, on obtient plus de légèreté apparente en supprimant les voûtes et disposant les marches de telle sorte qu'elles se soutiennent les unes les autres. A cet effet, chaque marche repose, par une petite surface, sur celle qui précède, et s'y appuie, en outre, par une coupe dirigée normalement à la surface rampante qui forme le dessous de l'escalier, ainsi que le représente la fig. 533. Ces escaliers s'établissent avec ou sans *limon*. Dans le premier cas, deux systèmes de construction sont usités : tantôt les marches sont exécutées à part du limon, et leurs extrémités sont reçues dans des entailles pratiquées sur la face intérieure de cet appendice; tantôt chacune d'elles porte la partie de limon qui lui correspond. Les escaliers à limon présentent plus de solidité réelle et apparente que les autres et ils ont, en outre, l'avantage d'offrir à la balustrade un appui très convenablement disposé. Le limon est ordinairement arrondi à son extrémité inférieure et repose sur la seconde marche.

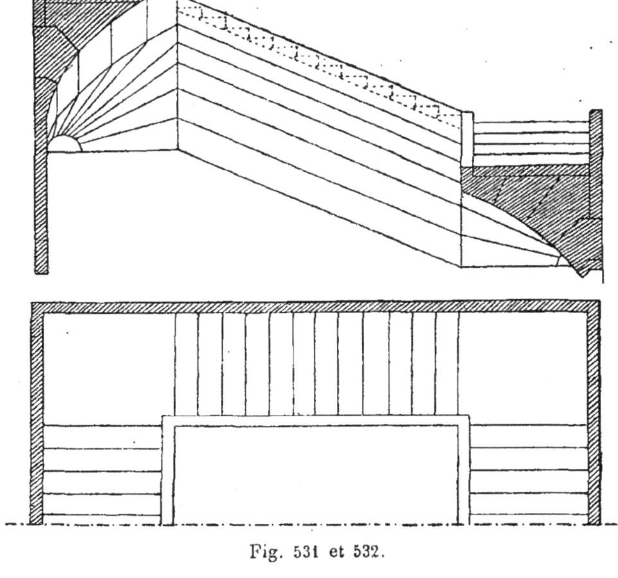
Fig. 531 et 532.

Ces escaliers à rampes droites et paliers de repos produisent un puissant effet. Très fréquents dans les hôtels des XVIIe et XVIIIe siècles, où, d'ailleurs, ils ne conduisent généralement qu'au premier étage, ils sont devenus d'un emploi très rare aujourd'hui, à cause de la place qu'ils occupent. On les remplace ordinairement par des *escaliers droits avec quartiers tournants*, c'est-à-dire formés de parties droites réunies par une partie demi-circulaire. Ce système évite les paliers de repos, qui font perdre de l'espace. Le cas le plus fréquent est celui où l'escalier ne comprend que deux rampes droites (fig. 534). Les marches de largeur irrégulière, qui occupent la partie courbe, sont dites *marches tournantes*. On ne trace pas leurs arêtes perpendiculaires à la ligne de foulée, pour éviter le changement brusque d'inclinaison que l'on éprouverait en passant de la partie droite à la partie circulaire, dès qu'on se rapprocherait du mur ou de la rampe, au lieu de se tenir au milieu de la longueur des marches. On obvie à cet inconvénient en répartissant la diminution progressive des marches, non seulement sur la partie demi-circulaire, mais encore sur une portion voisine des rampes droites. Cette répartition se nomme *balancement*. — V. ce mot.

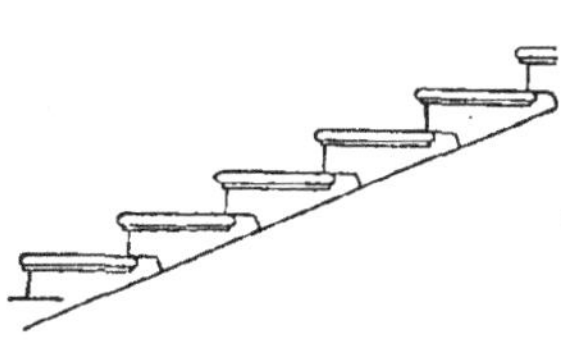
Fig. 533.

Escaliers en bois. Dans ces ouvrages, chaque marche est formée d'une pièce de bois, scellée, à une extrémité, dans le mur formant la cage de l'escalier et soutenue, de l'autre, par un limon. La disposition générale, les proportions des marches sont les mêmes que pour les escaliers en pierre. Dans les anciens escaliers, le limon était supporté, à chaque changement de direction, par un noyau montant de fond. Si l'emplacement le permettait, les rampes étaient droites et séparées par des paliers; dans le cas contraire, on avait recours à des marches tournantes assemblées dans les noyaux et, par suite, fort étroites au collet. Le limon portait, en outre, une balustrade en bois, surmontée d'une forte lisse. La figure 535 représente un escalier de l'époque de la Renaissance, appartenant au manoir de Knowle Kent, formé de rampes droites avec noyaux coupés, reliés par des limons inclinés. Dans les escaliers modernes, les noyaux montant de fond sont

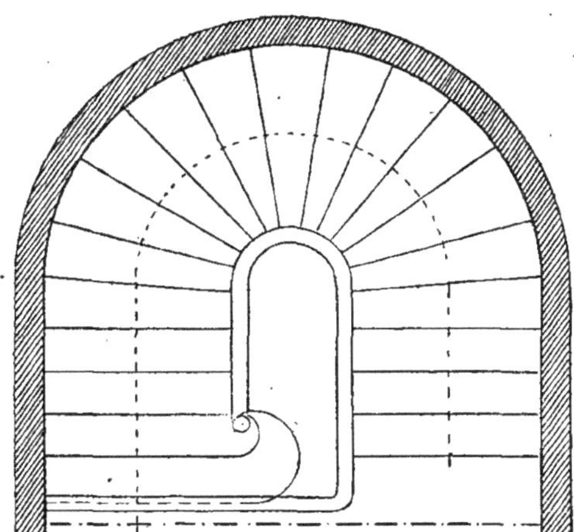
Fig. 534.

également supprimés; le limon se prolonge dans les changements de direction et les marches sont balancées. Elles sont formées chacune d'une seule pièce de bois, se recouvrent les unes les autres, de quelques centimètres, sont profilées sur le devant et plafonnées en dessous (fig. 536 A). Le limon fait saillie au-dessus des marches et au-dessous du plafond. La première marche est ordinairement exécutée en pierre dure, elle supporte le limon, assemblé dans une pièce horizontale appe-

Fig. 535.

lée *patin*. La partie inférieure du limon se termine par une volute qui reçoit le premier balustre de la rampe. La dernière marche d'une révolution, au niveau du plancher de l'étage auquel elle aboutit, est la marche *palière*, ainsi nommée parce qu'elle soutient les solives du palier. C'est

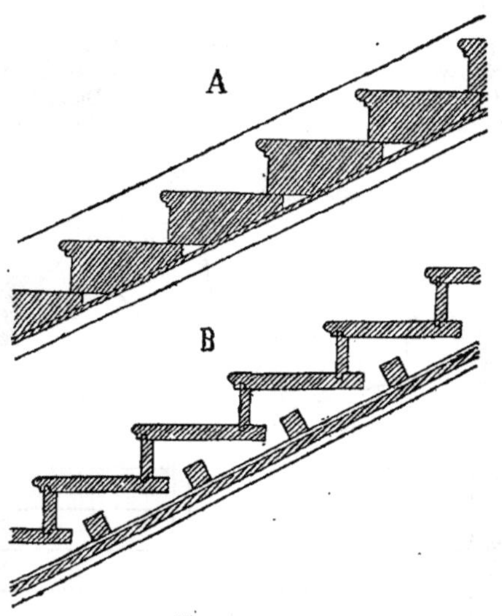

Fig. 536 et 537.

une pièce de bois scellée dans le mur par ses deux extrémités, et contre laquelle s'appuie le limon. Celui-ci est, en outre, maintenu, de distance en distance, par des boulons, dits *d'écartement*, scellés par un bout dans les parois de la cage.

On a cherché à supprimer le limon dans les escaliers en bois. Chaque marche a été reliée à la marche inférieure au moyen d'un boulon les traversant toutes deux, et, suivant la longueur des marches, on a multiplié ces moyens de consolidation, en ayant recours à deux et même à trois cours de boulons. Ce système, qui a reçu le nom d'*escalier à l'anglaise*, est très dispendieux; mais il a conduit à une autre disposition, qui est presque exclusivement employée aujourd'hui pour les habitations particulières, et qui est celle des escaliers avec *limons à crémaillère*, dits aussi *demi-anglais*. Dans ce nouveau système, le limon existe, mais il est dissimulé ; il est entaillé au droit de chacune des marches, de manière à présenter une suite de gradins. Le dessus de ces marches est formé par un madrier, et la partie antérieure, la *contremarche*, par une planche assemblée à rainure et languette ou à embrèvement dans les deux marches auxquelles elle se rattache (fig. 537 B). On plafonne en dessous sur lattis.

Dans les constructions ordinaires, les gardecorps ou *rampes* des escaliers en bois s'exécutent habituellement en fer. — V. RAMPE.

Telles sont les principales dispositions adoptées pour les escaliers en bois. D'autres systèmes ont été appliqués, parmi lesquels nous citerons les escaliers circulaires sur poteaux plus ou moins multipliés ; les escaliers doubles dans des cages circulaires; les escaliers suspendus dont la largeur diminue du bas en haut, pour faciliter l'accès d'un éclairage unique venant par le haut ; les escaliers isolés, tels que les *escaliers à limaçon* ou *à vis*, fréquemment employés dans les magasins et qui sont à noyau plein ou évidé; enfin les escaliers à répétition, dont la largeur est divisée en deux rampes, l'arête de chaque marche d'une rampe correspondant au milieu de la hauteur de chaque marche de l'autre rampe, de telle sorte qu'il y a une rampe pour chaque pied.

Escaliers en bois et fer ou en pierre et fer. On substitue fréquemment au limon en bois un limon en crémaillère exécuté en fer forgé, ce qui permet de donner plus de légèreté apparente et, en même temps, plus de solidité à la construction. On en fait même dans lesquels les marches seules sont en bois, les contremarches et le limon étant métalliques. Dans ce système, les contremarches ne jouent plus seulement, comme dans les escaliers en bois, le rôle de remplissages ; scellées dans le mur, elles fonctionnent comme des bras de levier ayant en longueur la largeur de l'escalier, une hauteur moyenne de $0^m,12$ et une épaisseur de $0^m,004$ à $0^m,006$ pour un escalier de $0^m,80$ à $1^m,20$. L'épaisseur du limon varie de $0^m,005$ à 0,008. A chaque palier, ce limon reporte une partie de la charge sur un filet en fer qui double la marche palière. Dans ces escaliers, les marches, au lieu d'être en bois, peuvent être en pierre ou en marbre.

Ce dernier système devrait être imposé dans un grand nombre de constructions, notamment dans les théâtres, où le danger d'incendie se joint à celui de l'encombrement

Escaliers en fer et fonte. La fonte et le fer laminé sont seuls employés dans ce genre d'escaliers. Les uns sont suspendus et disposés comme les escaliers en pierre sans limons. Les marches, scellées à l'une de leurs extrémités et se soutenant réciproquement, sont creuses; la face supérieure en est striée; elles sont reliées entre elles (fig. 538) par de fortes vis ou de petits boulons. Les autres sont formés de marches et de contremarches fondues d'une seule pièce et comprises entre deux limons en fer laminé. La marche repose, à chacune de ses extrémités, sur une cornière fixée au limon par des vis et elle y est boulonnée. La contremarche supérieure s'appuie sur elle et est également maintenue par des boulons. Les escaliers ainsi établis se prêtent à toutes les formes et peuvent être isolés ou adossés contre un mur. Dans ce dernier cas, des boulons à scellement assujettissent le limon extérieur à la maçonnerie. Une disposition très usuelle et appliquée particulièrement aux espaces restreints est la suivante: l'escalier est circulaire, avec noyau montant de fond. Chaque marche est fondue avec sa contremarche et la partie du noyau qui répond à sa hauteur. Ce dernier est creux et ses tronçons s'emboîtent successivement les uns dans les autres. Enfin, certains escaliers en fonte sont disposés en forme d'échelle de meunier. Leurs marches sont comprises entre deux limons et chacune porte avec elle les parties de ces limons qui s'élèvent jusqu'à la marche immédiatement supérieure. Les balustrades, pour économiser la place, se posent sur la face antérieure et non sur le côté des limons, comme dans les escaliers précédents.

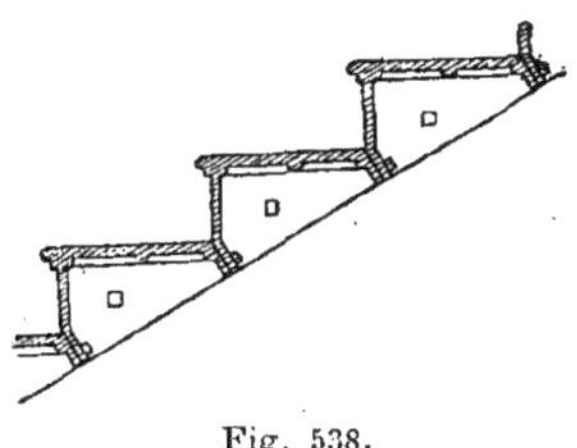

Fig. 538.

Disposition générale, décoration. Indépendamment de la construction de l'escalier en lui-même, l'architecte doit aviser à ce que cet ouvrage soit en harmonie générale avec l'édifice entier et lui assigner une place telle que, loin de rompre l'ensemble des appartements, il tende, au contraire, à les réunir. Il importe aussi que cet escalier soit d'un abord et d'un dégagement faciles, qu'il soit enfin bien éclairé, bien ventilé et d'un aspect gracieux. La facilité d'accès est obtenue par la mise en évidence de l'escalier, par son emplacement choisi dans l'un des axes du vestibule qui le précède et par son ouverture largement établie sur cette salle. A sa partie supérieure, l'escalier doit offrir un palier de dimensions suffisantes avec des issues directes et régulièrement disposées. Suivant la nature de l'édifice, l'escalier principal se reporte vers l'une des extrémités ou occupe une position centrale. Ce dernier système convient particulièrement aux bâtiments doubles en profondeur, parce que l'escalier ne coupe alors l'enfilade des pièces que sur une des faces. Quand l'escalier embrasse plusieurs étages et doit être éclairé par une fenêtre à chaque révolution, il importe que cette ouverture, si elle est établie à même hauteur que les autres, ne soit pas coupée par les marches ou par le palier intermédiaire, ce qui produit un effet détestable, trop souvent réalisé. Dans un édifice composé de plusieurs ailes se rattachant les unes aux autres, les points de croisement sont des endroits très convenables pour l'établissement de grands escaliers, surtout lorsqu'ils ne peuvent être éclairés que par leur partie supérieure. Dans les édifices de quelque importance, les escaliers principaux ne desservent très souvent que le premier étage, et des escaliers secondaires conduisent aux étages supérieurs. Ceux-ci ont ordinairement leur point de départ au rez-de-chaussée et servent, en même temps, au dégagement du premier étage.

La disposition des rampes en ligne droite sur toute leur longueur est la plus simple, mais non pas la plus satisfaisante: l'espace nécessaire est beaucoup trop long et, dès que la hauteur à franchir est un peu considérable, l'escalier paraît étroit par rapport à sa longueur et à la hauteur de la cage qui le renferme. Il vaut mieux adopter un ou deux changements de direction dans le tracé. Quand il n'y en a qu'un, l'escalier se compose soit de deux rampes parallèles de mêmes dimensions, soit d'une rampe centrale et de deux rampes latérales plus étroites. Au théâtre de Bordeaux, on a appliqué une autre disposition: les deux rampes supérieures se retournent à angle droit sur la première pour aboutir à deux vestibules opposés. La cage de cet escalier embrasse plusieurs étages et est accompagnée d'élégantes galeries. Le même parti, avec de plus vastes proportions et une richesse plus grande encore, a été adopté pour le nouvel Opéra de Paris. Enfin, la fantaisie fait quelquefois choisir d'autres formes pour ces constructions. On peut citer notamment la forme en fer à cheval donnée à certains escaliers extérieurs et dont il existe un bel exemple au palais de Fontainebleau. Dans ce cas, on fait partir à droite et à gauche deux escaliers qui viennent se joindre sur un même palier par les deux côtés opposés. Mais, quelle que soit la disposition adoptée pour les rampes d'un escalier d'une certaine importance, il convient de placer un palier de repos à chaque changement de direction, et même de couper les rampes par des paliers lorsqu'elles dépassent une certaine longueur.

L'éclairage d'un escalier doit être abondant et aussi uniformément distribué que possible. Dans ce but, il faudrait ouvrir des fenêtres sur deux faces opposées; mais cette solution est rarement facile à appliquer; on se borne, en général, à éclairer par une ou deux fenêtres placées à chaque révolution soit sur le palier, soit sur la face opposée. Souvent aussi le jour est pris uniquement à la partie supérieure de la cage, par une ouverture pratiquée au centre du plafond ou de la voûte qui la recouvre. Cette disposition, admissible pour un escalier n'embrassant que deux étages, est vicieuse au-delà; les rampes inférieures ne sont pas suffisamment éclairées.

L'ornementation d'un escalier doit être en rapport avec l'importance même de l'ouvrage et la nature de l'édifice. Elle exige néanmoins une certaine sobriété. Les balustrades d'appui offrent un des principaux éléments de la décoration. Elles consistaient autrefois en énormes balustres supportant une main-courante presque aussi forte que le limon. Aujourd'hui elles se font habituellement en serrurerie plus ou moins légère et présentent une main-courante presque constamment en bois travaillé avec soin. — F. M.

ESCAPE. *T. d'arch.* Fût d'une colonne ou partie la plus proche de la base. || Adoucissement qui sert à accorder le fût avec le filet inférieur.

* **ESCARBILLES.** Ce mot désigne les parties de houille qui ont subi une combustion incomplète, et qui, passant à travers la grille du foyer, viennent tomber dans le cendrier. La production exagérée des escarbilles est toujours un témoignage, soit d'un manque de soin du chauffeur dans la conduite de son feu, soit d'une mauvaise construction du foyer, lorsque la question de la chauffe à feux poussés est écartée.

Dans les fabriques bien dirigées, on sépare les escarbilles du mâchefer en les criblant sur une grille inclinée, et on utilise le charbon recueilli en le brûlant dans des foyers spéciaux pour des opérations qui n'exigent pas une température trop élevée. Ce mode de procéder n'empêche pas de perdre les morceaux les plus menus. On peut les recueillir dans une deuxième opération en lavant les cendres dans un baquet rempli d'eau, et en recueillant à la pelle les parties qui viennent surnager à la surface du liquide. Les débris ainsi obtenus peuvent être employés à la fabrication des agglomérés.

ESCARBOUCLE. *T. de minér.* Variété de grenat rouge d'un grand éclat qui contient 39 parties de silicate d'alumine et 61 parties de silicate de fer. || *Art hérald.* Pièce qui embrasse le champ de l'écu, et qui est formée de huit rayons fleuronnés ou fleurdelisés à leurs extrémités.

ESCARPE. *T. de fortif.* Paroi extérieure en terre ou en maçonnerie qui descend jusqu'au fond du fossé du rempart; elle est opposée à la *contrescarpe* ou ligne extérieure du fossé du côté de la campagne. || *T. techn.* Gabarit en bois dont on se sert pour régler la pente de talus d'un mur ou d'un rempart.

* **ESCOT.** *T. de tiss.* Etoffe croisée, en laine peignée, sèche, rase, fabriquée en écru, teinte en pièces, et dont l'armure est un sergé de quatre par moitié (c'est-à-dire l'armure batavia). Cet article, qui ne se fabrique presque plus et a reçu autrefois divers emplois, notamment pour châles imprimés, ne se vend actuellement que pour tabliers, robes de deuil ou costumes de religieuses; on ne le teint plus guère qu'en noir. Il se fait surtout à Amiens.

* **ESPACES NEUTRES.** *T. de mécan.* On donne le nom d'*espaces neutres*, *morts* ou *nuisibles*, aux endroits occupés par la vapeur, à partir de l'organe de détente variable, en dehors du volume engendré par la course du piston dans un cylindre. Ces espaces comprennent : la liberté du cylindre à chaque bout de course, les conduits du tiroir au cylindre, tout l'espace libre entre le papillon ou le tiroir de détente et le tiroir lui-même.

Lorsque l'on veut apprécier exactement le degré de détente d'une machine, il est indispensable de tenir compte du volume de ces espaces neutres et de l'ajouter à celui de l'introduction exprimée en fraction de la course du piston; si l'on omet cette précaution, on exagère évidemment le degré de détente. Le volume des espaces neutres est en moyenne de 1/20 pour le cylindre et de 1/15 pour la boîte à tiroir et les conduits de détente, le tout comparé au volume engendré par le piston. Les constructeurs s'efforcent de réduire autant que possible ces espaces neutres pour éviter la perte, à chaque coup de piston, de la vapeur qui les emplit jusqu'au tiroir et qui se rend inutilement au condenseur ou à l'air libre selon le cas. De plus, lorsque la vapeur qui se rend au cylindre est humide, l'eau tapisse les parois de ces conduits et cette eau consomme une certaine partie de la chaleur de la vapeur du coup de piston suivant pour sa vaporisation.

ESPADON. *T. d'arm. anc.* Longue et large épée à deux tranchants, quelquefois à lame dentelée ou flamboyante, en usage au moyen âge. Elle était longue de plus de 2 mètres et se manœuvrait en saisissant la poignée à deux mains.

* **ESPAGNE** (1). S. M. don François d'Assise et S. E. don Emilio de Santos, commissaire général, l'un des hommes les plus éminents de la Péninsule, ont déployé la plus grande ardeur pour montrer la chevaleresque Espagne dans son œuvre de régénération. Sous ce jeune roi qui met sa gloire à favoriser le développement de la richesse industrielle et agricole de son beau pays, la nation espagnole reprendra rapidement la place brillante qu'elle occupait avant les funestes révolutions qui l'ont affaiblie, et déjà de grands progrès ont été réalisés; l'Exposition de 1878 a permis de le constater.

Les territoires des monarchies espagnole et portugaise constituent à l'extrémité du sud-ouest du continent européen, la *Péninsule ibérique*, unie à la masse continentale par la chaîne des Pyrénées et baignée dans le reste de son périmètre par l'Océan atlantique et la Méditerranée. La plus grande extension rectiligne que l'on puisse constater dans la péninsule est de 1,214 kilomètres, entre le cap Saint-Vincent au sud-ouest et le cap de Creus au nord-est. Environ 1,220 kilomètres de lignes frontières, unies à plus de 2,120 kilomètres de côtes baignées par la Méditerranée et l'Atlantique, forment le périmètre de la nation espagnole. L'isthme des Pyrénées sépare la monarchie espagnole de la République française; cette frontière a une extension de 430 kilomètres depuis le cap Cervera, à l'embouchure de la Bidassoa. La mer Cantabrique, au nord, présente une ligne de côtes de 479 kilomètres. En résumé, le périmètre total du territoire espagnol est de 3,353 kilomètres, dont 976 correspondent aux côtes de l'Océan, 1,149 à celles de la Méditerranée, 430 à la frontière de la France et 778 à celle du Portugal.

La population qui ne comptait que 12 millions d'habitants en 1842, était en 1870 de 16,835,000.

Les routes sont nombreuses, souvent mal entretenues, et d'ailleurs d'une construction difficile dans ce sol montagneux et tourmenté; on compte environ 7,000 kilomètres de voies ferrées, lesquelles se rattachent à la France

(1) V. la note, p. 117, t. I.

par Irun à Bayonne et par Gérone à Perpignan, c'est-à-dire aux deux extrémités de la chaîne des Pyrénées. Les côtes espagnoles offrent 115 ports naturels et 29 artificiels, dont les entrées sont indiquées par 184 phares. On comptait, en 1876, un réseau télégraphique de 12,298 kilomètres.

L'Espagne a une configuration et une ossature géologiques qui se prêtent peu à l'établissement de canaux navigables; on en compte cependant quelques-uns qui servent principalement à l'arrosage, ce sont : le canal impérial d'Aragon, le canal de Castille, le canal de don Carlos, le canal d'Urgel, le Guadalquivir et le Tage canalisés, et d'autres petits canaux d'arrosage.

Les îles Baléares (Majorque, Minorque, Iviza) forment un archipel et constituent une des 49 provinces espagnoles. L'île d'Iviça, la plus voisine de la côte espagnole, a une superficie de 572 kilomètres carrés; la superficie de Majorque est de 3,411 kilomètres carrés, de Minorque, de 734 kilomètres carrés. Les îles Canaries forment aussi un archipel qui constitue également une province espagnole; le point le plus voisin de la côte d'Espagne est distant de 1,038 kilomètres et à 102 kilomètres de la côte d'Afrique.

Les soies et tissus de soie sont un des principaux produits de l'industrie espagnole, qui a ses principaux centres de fabrication à Valence, Murcie, Séville, Tolède.

La fabrication des tulles se fait principalement en Catalogne, Valence a la spécialité des éventails qui sont exportés partout.

La richesse forestière de l'Espagne est considérable; on peut fixer à environ 4 millions et demi d'hectares la superficie forestière de la Péninsule; les provinces les plus riches sont : Cuenca, 470,000 hectares, Termel, 286,000 hectares; Saragosse, 286,000 hectares et d'autres encore.

La sparterie est une industrie espagnole qui envoie ses produits à l'étranger; la tannerie a pris aussi, depuis quelques années, une certaine extension; les fabriques de Barcelone, de Salamanque, de Logroso, de Pontevedra, de Léon, etc., produisent même pour l'exportation.

La métallurgie n'a pas pris en Espagne le rang que ses excellents minerais et ses houilles devaient lui assigner; les fers et les aciers qu'elle produit sont de qualité supérieure, mais la consommation intérieure n'est pas assez considérable pour permettre à la sidérurgie de s'étendre beaucoup. Les fonderies de fer des Asturies et de Biscaye envoient leurs produits sur les côtes de la Méditerranée en concurrence avec ceux de l'étranger et de Malaga. Les laitons de la province d'Albacète sont renommés et figuraient avec honneur à l'Exposition. Les minerais espagnols sont variés et abondants; les provinces d'Almeria, de Murcie, de Jaen, sont riches en plomb; celles d'Almeria, de Biscaye, d'Oviedo, de Santander, en fer; de Huelva, en cuivre; de Ciudad-Real, Oviedo, Leon et Palencia, en houille, etc.

Le mercure s'extrait du cinabre des mines d'Almaden où le minerai est traité et le produit obtenu exporté. Les richesses minérales de l'Espagne sont très considérables; mais la difficulté des transports, la rareté des voies ferrées, des canaux et des routes font laisser inexploitées des mines très productives.

L'exportation des vins est l'une des branches les plus productives de la richesse agricole de l'Espagne où 1,377,000 hectares sont consacrés à la culture de la vigne; la production moyenne en vin est de 20,118,082 hectolitres par an.

860,000 hectares de sol sont affectés à la culture de l'olivier, dont l'huile s'exporte aussi en partie à l'étranger. Enfin l'Espagne exporte des pâtes alimentaires, des viandes salées, des conserves alimentaires, des légumes frais, des fruits frais et secs provenant principalement de Valence et de Malaga.

Le mouvement commercial de l'Espagne, d'après les statisticiens de la péninsule, est en progrès sensible sur les précédentes années. Voici, en raison de la situation du nôtre, des renseignements à méditer :

La valeur des exportations et importations de l'Espagne avec ses provinces d'outre-mer, possessions d'Afrique et d'Océanie et nations étrangères, s'élevait :

En 1882, à Fr.	1.582.042.988
De plus qu'en 1881	260.584.466
De plus que dans les précédentes années	403.649.968
Du total général, il correspond à l'importation	816.666.901
Les importations ont augmenté, pendant l'année 1882, de	166.097.411
Et les exportations de	94.487.055

Les articles qui, pour l'importation, ont eu le plus de mouvement, sont :

Le blé, la soie, le coton en rame, les charbons minéraux, la farine de blé, les fers et les ferrures, les vins, les eaux-de-vie, chaussures, conserves alimentaires, le bétail et les minerais de toutes sortes.

Le commerce général avec l'Europe et l'Afrique est représenté par Fr.	1.339.738.692
De plus qu'en 1881	215.055.847
De plus que dans les précédentes années	348.994.988
L'importation est représentée par	628.713.361
De plus qu'en 1881	136.298.549
L'exportation est représentée par	611.025.332
De plus qu'en 1881	78.759.298

Dans le chiffre qui représente les importations, les blés y entrent pour 74,445,431 francs; les farines pour 6,992,955 francs, et les autres céréales pour 17,753,500. Ces trois parties forment ensemble un total de 101,191,886 francs.

Les nations qui ont le plus contribué à l'augmentation de l'importation sont :

L'Allemagne, l'Algérie, la Belgique, le Danemarck, la France, l'Angleterre, Gibraltar, le Portugal, la Suède et la Norwège.

L'Italie et la Russie apparaissent en baisse.

L'exportation a été plus grande pour l'Algérie, la Belgique, la France, l'Angleterre et Gibraltar, et moindre pour :

L'Allemagne, le Danemarck, l'Italie, le Portugal, la Russie, la Suède et la Norvège.

L'art et l'industrie de l'Espagne à l'Exposition. Aujourd'hui, l'Espagne n'est encore qu'une nation essentiellement agricole; le jour où la science moderne aura définitivement trouvé un autre agent de combustion que la houille, sa formidable richesse géologique en fera l'un des pays industriels et manufacturiers les plus riches du monde. Jusque là, elle se repose dans la joie de son soleil et dans les fêtes de la couleur. Il n'était rien de pittoresque comme la façade espagnole de la rue des Nations à l'Exposition. Elle était construite dans le style moresque de l'Alhambra de Grenade, composée d'un corps central d'architecture et de deux pavillons en retrait, chargés de rinceaux, de volutes, d'arabesques, de médaillons où, dans une polychromie amusante, dominaient l'or et l'azur. Les effets entrecoupés, multipliés en menus accidents de couleur qui caractérisaient cette façade se retrouvaient dans la peinture de l'artiste espagnol le plus illustre. Nous avons nommé Fortuny mort récemment. Oui Fortuny fut un merveilleux artiste, et son exposition, celle même de ses disciples Ricardo, Madrazo et Rico, font honneur au pays. Mais l'art de Fortuny ne dépasse pas les fibres optiques des spectateurs, il n'exprime pas une civilisation, il ne formule pas une poétique nouvelle. Pourtant, il accommode d'une façon si preste, si pétillante, avec une si surprenante audace de coloration toute la vieille friperie du costume; il a tellement enrichi la variété des connaissances du ton et usé des dissonances avec une telle habileté que, sans chercher au delà, nous nous laissons surprendre à ce régal des yeux et, charmés, nous nous abandonnons en complices à cette extraordinaire exaltation du costume, à cette apothéose du chiffon. Cela donne bien la note de l'art décoratif en Espagne.

On s'y souvient cependant des origines, et parmi les exposants on retrouvait des descendants de ces artistes de Tolède et de Cordoue, dont l'Europe se disputait les produits. Il suffit, pour s'en convaincre, de se souvenir des belles collections d'armes damasquinées, ciselées et repoussées, et des nombreuses applications de la damasquinerie et de la ciselure aux menus objets de toilette et de bureau. Parmi les meubles, la pièce capitale, très remarquable ouvrage de sculpture en bois, était un billard. Mais quelle idée singulière que d'avoir poétisé un meuble de cette sorte en y appliquant les médaillons de Cervantes, Dante, Tasse, Shakespeare, Raphael, Léonard de Vinci, Titien, Valasquez, Michel-Ange, Machiavel.

On reconnait les traditions de l'art antique et de l'art oriental dans la céramique espagnole. Assurément, toute la grosse poterie si remarquable de cette section a été modelée sur les anciens modèles romains perpétués à travers les siècles. La poterie légère, au contraire, carafes en terre naturelle et en terre peinte, cruches de forme élancée, jarres à vaste panse, leur vient des Arabes, ainsi que ces carreaux vernis et historiés qui servent au revêtement extérieur des maisons et que Valence et Alcoy fabriquent en grande quantité.

Nul ne s'étonnera du développement accordé à l'exposition des éventails et des brodequins de femme. L'éventail et la chaussure constituent les armes essentielles de la coquetterie espagnole. Femmes du monde et femmes du peuple savent donner à l'éventail l'éloquence d'une langue spéciale. Parmi les nombreux spécimens réunis, il en était d'une richesse extraordinaire non seulement par la monture en nacre, en ivoire, en bois, délicatement fouillée, parfois accompagnée de pierres précieuses et de diamants; mais aussi par la beauté du dessin qui est souvent demandé à quelque artiste en renom. Les chaussures sont couvertes de broderies somptueuses. Il ne faut pas oublier, en effet, que la broderie est l'art national par excellence. De jolies mantilles, des draps bariolés de dessins écarlates, bleus, blancs, jaunes, les claires indiennes imprimées en dessins multicolores, les mannequins costumés de quelques provinces, les types des costumes de l'armée, les vives couleurs nationales partout répétées et flottantes, tout cela donnait un aspect de gaîté particulier à ce coin du Champ-de-Mars.

ESPAGNOL (Art). A. de Laborde, dont le nom fait autorité en matière d'art, a porté sur les artistes espagnols un jugement qui est comme le résumé de toutes les critiques: « Ce peuple, dit-il, a toujours été à la remorque des autres peuples, n'a jamais brillé par son initiative, mais a su, sous les Romains, sous les Arabes et au XVIe siècle, faire pénétrer son originalité nationale à travers les influences étrangères. »

Voilà donc fixées, en peu de mots, les trois périodes principales de l'art architectural en Espagne : les Romains, les Arabes, la Renaissance. Nous pourrions en ajouter une quatrième, qui ne manque pas d'importance ni d'intérêt : c'est celle qui se distingue au XVIIe siècle par l'influence des jésuites, et qui a produit, surtout au Mexique et dans les colonies soumises à l'Espagne, des monuments d'une originalité indiscutable; ce sont peut-être même les seuls dont on puisse faire cet éloge. Il n'est pas surprenant, en effet, que l'Espagne, conquise successivement par les Phocéens et les Phéniciens, théâtre d'une longue guerre entre les Carthaginois et les Romains, florissante sous la domination romaine, mais ravagée successivement par les barbares et les Maures qui, eux-mêmes, ne cèdent leur conquête qu'après plusieurs siècles de guerres acharnées, il n'est donc pas surprenant que l'Espagne ait été réduite à emprunter les principes de son architecture à ses maîtres, puisqu'elle a toujours été le théâtre de nouveaux troubles au moment où ayant appris longtemps elle pouvait produire à son tour des œuvres originales. Et sans aucun doute elle y serait parvenue. Ses architectes ont été souvent renommés pour leur habileté pratique, et elle a montré sa vitalité et son esprit inventif dans des branches de l'art où l'apprentissage est moins long et moins difficile. Si elle pouvait jouir d'un long repos, sous une direction ferme et intelligente, elle développerait rapidement ces dispositions naturelles qui, si elles n'en ont pas fait un peuple véritablement artiste, lui ont permis du moins d'imiter avec intelligence l'art étranger et d'en comprendre les beautés.

Il ne reste guère de l'art primitif de l'Ibérie que les statues informes de trois taureaux gigantesques qui se dressent sur la route de Tolède à Avila, et qui remontent évidemment à la plus haute antiquité. On a voulu voir dans ces blocs de rochers dégrossis une influence égyptienne, qui aurait pénétré avec les Phéniciens. Cette opinion est au moins discutable. Il est regrettable que les outrages du temps ne permettent pas de juger exactement de cet ouvrage, et surtout que les caractères anciens gravés sur ces monuments soient devenus indéchiffrables, car c'est le seul vestige qui nous soit parvenu d'une civilisation antérieure aux Romains.

Ceux-ci avaient conquis de bonne heure l'Ibérie et ils eurent bientôt fait de ce riche pays une florissante colonie. Terragone était à ce moment la reine de la Péninsule, la résidence habituelle des préteurs; elle a depuis longtemps perdu ce rôle prépondérant, qu'attestent encore des ruines imposantes. Evora possède un temple corinthien parfaitement conservé, Sagonte un théâtre et un cirque, Ségovie un aqueduc, Capara un arc-de-triomphe, Alcantara un temple, Mérida plusieurs théâtres, temples, amphithéâtres, etc.

La Péninsule avait été relativement épargnée par les Barbares, qui n'envahirent que tard ce côté de l'Europe. D'ailleurs, presque aussitôt les Goths s'y établirent et arrêtèrent l'invasion. Aussi, la plupart des monuments romains sont-ils dans un état remarquable de conservation. On a pu donner, au siècle dernier, une représentation dans le théâtre de Sagonte, et l'aqueduc de Ségovie est le seul qui fournisse encore l'eau à la ville à laquelle il était destiné.

Les Visigoths, qui succédèrent aux Romains, ne nous ont rien laissé qui nous permette de porter un jugement sur leur architecture. Ils avaient acquis cependant un grand renom d'habileté dans l'art de construire, au point qu'on a donné le nom de *gothique* à ce style qui, dès le XIIIe siècle, couvre l'Europe entière d'édifices admirables, et qui a reçu depuis la qualification plus logique d'*ogival*. Il est admissible, en effet, que des architectes d'origine espagnole aient dirigé des constructions et formé des élèves, principalement dans le Midi de la France, et même en Allemagne, mais il a été établi d'une façon certaine qu'il faut chercher l'origine du style ogival dans la partie de l'Europe qui s'étend de la vallée de la Seine à celle du Rhin. C'est là qu'on peut suivre les débuts et les progrès de ces principes nouveaux; c'est là qu'ils ont produit leurs merveilles.

D'ailleurs, les Goths d'Espagne bâtirent sans doute avec des matériaux légers et peu durables, et c'est surtout aux monuments qu'ils avaient élevés que s'attaquèrent les Arabes conquérants. En quelques années tout fut détruit. Les barbares convertis au catholicisme avaient utilisé les monuments romains en les appropriant à leur culte : les Arabes ne le tentèrent pas. Les ruines qu'ils avaient faites partout furent vite réparées; en moins d'un siècle la Péninsule fut couverte de constructions nouvelles : mosquées, châteaux-forts, palais, bains, enceintes de ville, qui témoignent de l'habileté des architectes maures et du zèle religieux des conquérants. — V. MAURESQUE.

Cette longue domination des Maures en Espagne laissa des traces si profondes dans l'esprit des artistes, que la construction en subit l'influence pendant plusieurs siècles. Dans les derniers temps de la conquête, par suite sans doute des relations qui s'établissent avec l'Europe centrale, sous la direction peut-être d'architectes normands, dont on retrouve les traces en Catalogne, l'ogive s'allie au cintre mauresque. Ce sont les débuts du style ogival. Mais bientôt celui-ci prend la première place et devient exclusif pour toutes les constructions chrétiennes. Ce n'est plus l'ogival pur de la France ou de l'Allemagne; lourd à l'extérieur, il emprunte à l'intérieur des détails du style mauresque qui lui enlèvent son unité. Ce mélange est très visible dans les monuments du XIIIe siècle, par exemple dans le couvent des carmélites de Burgos.

Fig. 539. — *Porte Sainte-Marie, à Burgos.*

Le chef-d'œuvre de l'art ogival en Espagne est la cathédrale de Burgos, commencée par saint Ferdinand. Quoique située dans une vallée, sa hauteur lui conserve un aspect grandiose. Les cathédrales de Tolède et de Ségovie sont de cette première période; celle de Barcelone, celle de Séville, pour laquelle on a achevé et utilisé la tour de la Giralda, ainsi que *los Rios* à Tolède, marquent la fin du règne en Espagne du style ogival.

Les forteresses, dont l'Espagne était couverte pendant tout le moyen âge, se ressentent également de l'influence mauresque. On y reconnait les tours carrées et les créneaux droits comme des dents de scie et sans encorbellements qui caractérisent l'architecture militaire des Arabes. D'une manière générale on peut dire que

Fig. 540. — *Façade du palais des ducs de l'Infantado, à Guadalaxara.*

les défenses étaient chez eux inférieures à celles des chrétiens.

C'est dans les constructions civiles que les réminiscences mauresques ont le caractère le plus saillant, et subsistent le plus longtemps. Les exigences du culte ou les progrès de l'art des sièges, n'apportent là aucune entrave aux architectes. Aussi doit-on chercher surtout dans les hôtels et les palais les indices de l'esprit inventif des Espagnols. Ce qui contribue à leur donner un aspect original, c'est cette disposition que les Espagnols avaient empruntée aux Maures, et qui est d'ailleurs une nécessité du climat, de réserver l'air et l'espace pour les intérieurs. Au dehors les murs sont élevés, sobrement ornés de têtes de clous ou de dentelures, les ouvertures sont rares et étroites, afin de ne laisser pénétrer que peu de jour et de chaleur. Seule la porte principale montre quelque richesse dans l'ornementation, elle seule dénote à l'étranger une habitation seigneuriale. De là un aspect lourd et massif, qui caractérise, d'ailleurs, toutes les habitations espagnoles qui ne sont pas de pur style mauresque.

Les relations étroites qui unissaient au XVIe siècle l'Espagne et l'Italie, favorisèrent les débuts de la Renaissance qui trouva près des rois d'Espagne des encouragements et des éloges. C'est à deux élèves de Michel-Ange, Becerra et Berruguete, qu'on doit l'introduction dans ce pays des principes nouveaux qui trouvèrent là un rapide développement. Comme dans les autres contrées de l'Europe, la lutte entre le gothique et la Renaissance dura encore quelques années, surtout pour l'architecture religieuse, comme on peut le voir dans la cathédrale de Malaga (1528). Mais bientôt on ne cherche même plus à lutter : on se contente, trop facilement, de superposer ou d'ajouter les constructions nouvelles aux anciennes, sans lien et sans transition. C'est ainsi qu'un escalier renaissance, fort remarquable, d'ailleurs, se dresse au milieu de la cathédrale de Burgos; dans la même ville, on a appliqué à une porte massive du moyen âge une élégante façade avec pilastres, colonnes et statues, qui étonne l'œil plus qu'elle ne le charme, malgré un mérite réel (fig. 539). Comme monument d'heureuses proportions et de gracieux aspect, on peut citer encore le tombeau de Ferdinand-le-Catholique, dans la cathédrale de Grenade. D'autre part, rien n'est plus lourd et plus disgracieux que le maître-autel de la cathédrale de Séville, qui date aussi du XVIe siècle, et qui est composé de petites niches contenant des figurines en bois de cèdre rehaussées de peintures et de dorures.

Les monuments de cette époque sont nombreux en Espagne; parmi les plus dignes d'attention nous pouvons placer le couvent de la Vierge, à Cadix, et le grand escalier de l'hôpital de Tolède. Mais les édifices de pur style sont fort rares. Il est plus fréquent de voir un assemblage souvent heurté du mauresque, du gothique et de l'antique, style particulier à l'Espagne, et que l'on a nommé *plateresque* à cause de sa ressemblance avec des modèles d'orfèvrerie. Le collège de Saint-Grégoire à Valladolid, le palais archiépiscopal et le grand collège de Salamanque sont des spécimens de ce genre d'architecture. On le retrouve souvent aussi dans les habitations et les édifices civils. Le palais des ducs de l'Infantado, à Guadalaxara, dont nous donnons la façade (fig. 540) montre, en effet, l'ogive dans sa porte, le fronton antique dans ses fenêtres, les ornements mauresques sur ses murs. C'est un exemple de style plateresque.

A la fin du XVIe siècle et dans les premières années du XVIIe, l'architecture cherche à se rapprocher des lignes droites et de la régularité qui étaient alors en honneur en France; mais elle devient lourde sans grandeur. Juan de Herrera, qui fut le plus célèbre des artistes de son temps, a bien été baptisé par Th. Gautier « l'architecte de l'ennui; » rien n'est plus monotone que les palais de l'Escurial et d'Araujuez, que la Bourse de Séville, que les églises de la Huelvas et de la Cruz à Valladollid. Tout en procédant des mêmes principes, ces monuments n'ont rien de comparable à ce que produisait en France le règne Louis XIV.

Pour être plus originales, les églises bâties par les Jésuites, en Espagne et dans les colonies, ne sont pas plus dignes d'une grande époque. Tout y est faux et exagéré. Ces édifices sont pourtant nombreux et d'une grande richesse; nous ne pouvons les citer tous. L'église de Saint-Paul de Loanda, Santa-Trinitad à Mexico, la Soledad à Vera-Cruz, et l'église de la Gloria à Rio, sont considérées comme les plus remarquables.

La décadence complète de l'art commence rapidement avec Crescencio, Martinez et Herrera le jeune. N.-D. del Pilar à Saragosse, Sainte-Croix et Saint-Louis à Madrid, ainsi que le palais de la Panaderia sont des chefs-d'œuvre de mauvais goût. Il était cependant réservé aux Espagnols, dans les premières années du XVIIIe siècle, d'exagérer jusqu'à la recherche ce style déplorable qu'on a appelé *rocaille* ou *rococo*, qui affectionne les lignes contournées, convulsionnées, les ornements bizarres et surchargés, les guirlandes, les vasques et les volutes, les imitations de rochers et de coquillages; l'Espagne toujours portée à l'exagération, ne pouvait échapper à cette contagion. Jose Churriguera, de Salamanque, fut l'importateur de ce style qui eut aussitôt une vogue irrésistible, et auquel il a laissé son nom. Le style *churrigueresque* fleurit partout à cette époque, principalement dans les édifices civils et particuliers. A Madrid, le portail de l'hospice, la caserne des gardes et le séminaire des nobles, le palais archiépiscopal de Séville et un peu partout une grande quantité de maisons et d'hôtels portent les traces de l'architecture churrigueresque.

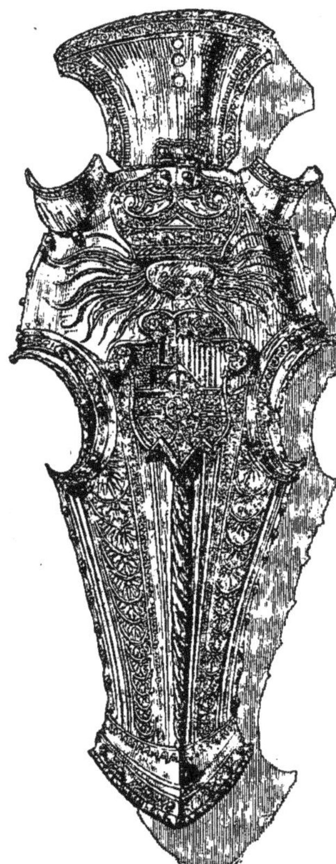

Fig. 541. — *Têtière de cheval à l'Armeria rual.*

Le milieu du XVIIIe siècle voit pourtant une réaction salutaire s'opérer parmi les artistes. Si elle n'a pas d'influence immédiate sur les habitations particulières, toujours soumises à la mode, elle rencontre dans le gouvernement et même dans le clergé des encouragements précieux pour la réforme de l'art monumental. L'exemple est donné par des architectes italiens, qui élèvent en Espagne des édifices de grand style, entre autres le Palais-Royal de Madrid dont la façade, ornée de pilastres corinthiens et doriques, est simple et majestueuse. Des artistes espagnols s'engagent aussitôt dans cette voie nouvelle, et construisent en peu d'années la chapelle de N.-D.-de-Carmen à Valence, la façade de la cathédrale de Santiago, le palais du duc de Liria, la douane de Madrid, la porte d'Alcala, la Bourse et la douane de Barcelone, etc.

C'est le dernier effort de l'art monumental en Espagne. Depuis, ce pays troublé profondément par les guerres extérieures, par l'invasion et par les guerres civiles, n'a plus cherché à reprendre dans le domaine de l'art une place qui devrait lui revenir. Les quelques architectes qui ont construit des œuvres d'importance ont cherché plutôt à imiter qu'à créer ou à modifier. Et sans doute ils ont agi sagement dans l'état actuel des esprits et de l'instruction qui a momentanément éloigné les Espagnols de toute idée artistique et élevée.

Sculpture. On peut faire à la sculpture, à la peinture, à la ciselure espagnoles le même reproche au point de vue de l'art : l'influence religieuse y est trop absolue. Le nu est exclus, l'étude de l'antiquité profane condamnée. Sous la surveillance de l'Inquisition, sous la direction d'un clergé fanatique et d'un gouvernement à sa dévotion, l'indépendance des artistes est devenue impossible. Ils se contentent d'habiller les figures de saints et de martyrs. Tantôt ce sont des conceptions, des assomptions, des chartreux ou des jésuites, tantôt des scènes de désolation ou de supplice, destinées à frapper de terreur les esprits, et traitées avec une imitation de la nature poussée souvent jusqu'à la trivialité.

Il n'y a donc que peu de chose à dire de la sculpture espagnole. Parmi les artistes les plus anciens, on cite Bartholomeo, qui décora le portail de la cathédrale de Terragone (1278). Au XIVe siècle, Jacques Castayls, et Centellas qui sculpta les stalles du chœur de la cathédrale de Palencia, puis Jean et Guilhem de la Mota, à qui est dû le beau retable d'albâtre de Terragone. Ce sont les seuls artistes chez lesquels on puisse remarquer quelque originalité. Encore leurs figures manquent-elles d'expression; et leurs draperies, lourdes et sans grâce, ne peuvent supporter de comparaison avec les œuvres des sculpteurs de France et d'Allemagne, encore moins avec celles des Italiens dont l'art s'est régénéré à l'étude de l'antique.

Les tombeaux sont souvent dignes d'attention par leur richesse et leur valeur artistique. Nous citerons ceux du cardinal Juan Cervantes, par Mercadante; de Juan II, à Burgos, par Gil de Siloe; de Ramon de Cardona, vice-roi de Sicile, à Bellpuig, de Ximénès, à Saint-Ildefonse, par Ordoñes.

Alonso Berruguete est le promoteur en Espagne des principes italiens, qui eurent une influence considérable sur l'art espagnol, surtout avec son élève, Gaspar Becerra, mais qui tombent bientôt dans une décadence complète. Quelques-uns pourtant cherchent à réagir : Alonso Cano, Juan Perez, qui sculpta les statues colossales du dôme de Séville; plus tard, au XVIIIe siècle, Antonio Salvador, connu surtout pour ses admirables crucifix ; c'est le dernier qui soit digne d'attention parmi les sculpteurs espagnols.

Peinture. Il n'y a rien à dire sur la peinture décorative en Espagne : elle n'existe pour ainsi dire pas, en dehors des œuvres religieuses proprement dites. L'école espagnole de peinture est pourtant la plus grande gloire artistique de ce pays. Juan de Joanes, Velasquez, Ribera, Moralès le divin, Ribalta, Herrera le vieux, Cano, Zurbaran, Murillo, Cespedès, le Raphaël espagnol, immortaliseront cette école à laquelle il ne manque guère que la variété dans les sujets pour prendre un rang prépondérant dans l'histoire de l'art.

Ciselure et orfèvrerie. L'Espagne est un pays minier par excellence. Aussi, dès l'antiquité, les arts du métal y ont-ils atteint un degré de perfection inconnu aux autres peuples. Les monceaux de scories et de minerais abandonnés par les anciens exploitants montrent encore l'importance de l'extraction, et nous savons que sous la domination romaine, les armes de l'Ibérie étaient en grande réputation.

Les Maures, très habiles ouvriers en métaux trouvèrent en Espagne des éléments excellents, et ils ont laissé de nombreux objets d'art sortis de leurs fabriques : armes, bijoux, marteaux de portes, boucliers, vases, pièces d'armures (fig. 541), ouvrages divers en filigrane d'argent, etc. C'est une des branches les plus intéressantes de l'art mauresque. Après eux, les procédés se perdent, l'exécution devient lourde et négligée, et l'Espagne tombe dans la dépendance des autres nations, principalement de l'Italie, pour les vases, les armures et les grandes pièces forgées ou ciselées. Cependant, l'industrie nationale manifeste encore quelque vitalité dans l'orfèvrerie religieuse, qui seule à ce moment peut donner quelque encouragement à son activité. Les reliquaires, les tabernacles, les encensoirs sont souvent travaillés avec soin et avec goût. Témoin le reliquaire dont nous donnons la tête ouvrante à quatre compartiments, et qui est un travail curieux du XVe siècle (fig. 542).

Fig. 542. — *Reliquaire à compartiments.*

Mais où l'art espagnol atteint sa perfection, à la fin du moyen âge et pendant la Renaissance, c'est dans la fabrication des épées et des armes de guerre. L'*Armeria real*, formée en grande partie d'armes espagnoles, est le musée le plus riche de l'Europe. L'industrie espagnole a compté de nombreux armuriers dont l'histoire a conservé les noms : Marcuarte, Palacio, Eusebio Zuloaga, qui inventa les armes se chargeant par la culasse, dont il existe des modèles à l'*Armeria real*; Sanchez de Mirueña et Alonzo Martinez, etc. Les principales fabriques d'armes étaient établies à Valence, à Saragosse, à Tolède, surtout, qui a conservé encore de nos jours sa réputation. Les eaux du Tage sont reconnues excellentes pour la trempe de l'acier; de plus les ouvriers ont coutume, lorsque le feu de la forge est trop vif, de le couvrir du sable blanc de ce fleuve, pour *rafraîchir* la cuisson; c'est à ce procédé qu'on attribue la supériorité de leur métal.

Cuirs. Les cuirs andalous conservèrent longtemps le monopole sur les marchés de l'Europe, surtout pour les tentures, l'ameublement et quelques parties des vêtements; rien n'égalait les cuirs de Cordoue, dits *cordouans*, ou le *vermeil* de Malaga, pour le tannage et l'élégance des ornements qu'on y appliquait par le gaufrage. Les cuirs de Séville et de l'Estramadure étaient également renommés. Mais peu à peu les cuirs de Hongrie et du Pérou prirent la première place et ils ont ruiné la fabrication espagnole.

Céramique et émaux. On trouve en Espagne de nombreux ouvrages de céramique et d'émail. Mais ils sont de travail arabe ou maure, ou d'origine italienne, et semblent n'avoir eu que peu d'influence sur l'industrie espagnole. Nous en réservons l'étude pour les articles spéciaux où elle trouvera mieux sa place. — C. DE M.

Bibliographie : Histoire des institutions, de la littérature, de l'histoire et des beaux-arts en Espagne, par L. VIARDOT, Paris, 1835, in-8°; *Des arts et des artistes en Espagne jusqu'à la fin du XVIII° siècle*, par E. LAFORGE, Lyon, 1859, in-8°; *Monuments arabes et mauresques d'Espagne*, par GIRAULT DE PRANGEY, 1839, in-folio; *Essai sur l'architecture des Maures en Espagne*, par le même, 1841, in-4°, gravures; *Les peintres espagnols*, par Ch. GUEULETTE, 1863, in-18: *Histoire abrégée des plus fameux peintres, sculpteurs et architectes espagnols*, par PALONIMO VELASCO, traduction, 1849, in-12; *Itinéraire descriptif de l'Espagne*, par H. de LABORDE, 1827 à 1841, 6 vol. in-8° et atlas; *Itinéraire descriptif, historique et artistique de l'Espagne et du Portugal*, par GERMOND DE LAVIGNE, 1865, in-18, cartes et plans.

ESPAGNOLETTE. *T. de serrur.* Tige verticale en fer rond fixée sur l'un des châssis d'une croisée, pour en opérer la fermeture au moyen de crochets qui s'introduisent par leurs extrémités dans le châssis dormant.

***ESPARS** ou **ESPART.** *T. de teint.* Barre de bois dur et cylindrique, fixée horizontalement dans un mur pour tordre les écheveaux.

***ESPATARD.** *T. de métall.* On nomme ainsi une paire de cylindres destinés à polir les petits fers dans leur dernier passage au laminoir. Ce sont deux cylindres sans cannelures, en fonte blanche à la surface et dont un seul est actionné par la machine; l'autre, le supérieur, est entraîné par le frottement contre le cylindre inférieur. Vient-on à introduire un petit fer plat, encore rouge, entre les espatards, le cylindre supérieur se soulève et la barre se polit, par la différence de longueur entre le développement du cylindre inférieur et la longueur laminée. Outre le polissage, le passage aux espatards amène encore un certain élargissement de la barre, quand le fer est introduit suffisamment chaud. Pour obtenir une surface plus unie, on a soin de faire peser sur la barre, avant le passage, une raclette qui détache les paillettes d'oxyde non adhérentes.

ESPÉRANCE. *Iconog.* Elle est sœur du Sommeil qui suspend nos chagrins et de la Mort qui les termine; les anciens qui l'ont déifiée lui ont consacré deux temples à Rome. Les artistes l'ont représentée sous les traits d'une belle jeune fille, vêtue d'une robe verte, couronnée de guirlandes et tenant dans ses mains des pavots, des épis, ou des fleurs et des herbes naissantes, ou encore une coupe fermée qui rappelle, disent quelques-uns, la boîte de Pandore au fond de laquelle l'Espérance était restée pour consoler les hommes; on la voit, dans quelques compositions, appuyée sur une ancre et levant les yeux vers le ciel; une charmante allégorie la représente allaitant l'Amour. On lui donne pour emblèmes une ancre, une proue de vaisseau, un nid d'oiseaux, des fleurs ou des feuilles à peine développées. Le vert est sa couleur symbolique.

***ESPOLIN.** *T. techn.* Petit tube de roseau sur lequel on dévide les filés pour la trame des tissus. || Sorte de navette sans ferrure ni roulettes, qui sert au tissage des étoffes brochées; on dit aussi *espoulin.*

ESPONTON. *T. d'arm. anc.* Espèce de pique longue de deux mètres et demi qui était autrefois, en France, l'arme des officiers et des sous-officiers de l'infanterie.

ESPRIT. *T. de chim. et de pharm.* On donnait autrefois le nom d'*esprits* à une foule de produits volatils très divers obtenus par distillation. Le type des esprits est l'*esprit de vin* ou *alcool* (*esprit ardent* des alchimistes).

Les alcools, quelle que soit leur origine, portent encore aujourd'hui dans le commerce et dans l'industrie le nom d'*esprits*.

En pharmacie, on appelait *esprits* : 1° les préparations constituées par de l'alcool chargé de principes volatils par distillation sur des substances aromatiques : cette dénomination est remplacée par celle d'*alcoolat*; 2° les produits de la distillation sèche de certaines substances minérales, végétales ou animales, simples ou complexes.

Avant Lavoisier et la création de la chimie, la distillation était à peu près le seul procédé d'investigation dont on disposât, et on la regardait comme une sorte d'analyse immédiate, tandis qu'elle n'est, en réalité, le plus souvent qu'un mode de décomposition et d'altération. Les corps liquides ou gazeux, recueillis par la distillation, passaient pour être la partie la plus active, l'*essence*, la *quintessence* ou l'*esprit* de la substance distillée : de là l'esprit de corne de cerf, de vipères, de crapauds, de succin, etc., préparations tombées en désuétude aujourd'hui.

On appelle aussi quelquefois *esprits* des infusions ou des dissolutions alcooliques obtenues sans distillation.

Enfin, dans le langage industriel, on a conservé à certains réactifs usuels le nom d'*esprits* que leur avaient assigné les savants de la Renaissance : *esprit de sel* (acide volatil du sel); *esprit de nitre* (acide nitrique); *esprit de bois* (alcool de bois), etc.

Nous donnons ci-dessous, par ordre alphabétique, la synonymie des esprits dont le nom se rencontre dans les ouvrages techniques anciens :

Esprit acide du bois. Acide pyroligneux ou acétique préparé par la distillation sèche du bois.

Esprit adiaphorétique. Alcool méthylique.

Esprit alcalin. Ammoniaque.

Esprit d'alun. Acide sulfurique étendu obtenu par la distillation sèche de l'alun.

Esprit ammoniacal aromatique. Esprit carminatif de Sylvius affaibli. — V. plus bas.

Esprit ammoniacal fétide. Alcoolat composé de castoreum, assa-fœtida, huile de succin, essence de rüe et de sabine, de corne de cerf. — Antihystérique.

Esprit antiarthritique de Pott. Mélange d'essence de térébenthine avec moitié d'acide chlorhydrique. — Antigoutteux.

Esprit antiictérique. Alcoolat d'essence de térébenthine.

Esprit ardent. Esprit-de-vin, alcool.

Esprit ardent de cochléaria. Alcoolat composé de cochléaria et raifort.

Esprit de bois ou *esprit de bois inflammable.* Alcool méthylique ou méthylène. — V. ce mot.

Esprit de camphre. Solution alcoolique de camphre.

Esprit carminatif de Sylvius. Alcoolat composé : dans 750 grammes d'alcool à 90° on fait macérer racine d'angélique, girofle, écorce d'orange amère, 2 grammes de chaque; racine d'impératoire, de galanga, noix muscade, macis, 3 grammes de chaque; baies de laurier, cannelle de Ceylan, 6 grammes de chaque; fruits d'angélique, de livèche, d'anis, 8 grammes de chaque; feuilles de romarin, de marjolaine, de rüe, de basilic, 24 grammes de chaque. — cordial et stomachique.

Esprit de corne de cerf. Partie aqueuse du liquide obtenu par distillation de la corne de cerf.

Esprit déphlogistiqué. Chlore.

Esprit d'éther nitrique. Mélange d'alcool avec 9 0/0 d'acide nitrique que l'on distille et dont on recueille 70 0/0.

Esprit d'éther sulfurique. Mélange d'alcool et d'éther à parties égales.

Esprit de fourmis. Alcoolat composé de fourmis rouges.

Esprit de Garus. Alcool de Garus. — V. Elixir.

Esprit d'ivoire. Huile résultant de la distillation de l'ivoire.

Esprit de lombrics. Huile résultant de la distillation des lombrics.

Esprit de Mindérérus. Acétate d'ammoniaque à 5° Baumé environ obtenu par la distillation du vinaigre et du carbonate d'ammoniaque imprégné de produits pyroligneux.

Esprit de miel. Alcoolat composé. — V. Parfumerie.

Esprit de Montpellier. Alcool de Montpellier.

Esprit de nitre. Acide nitrique.

Esprit de nitre dulcifié. Acide nitrique étendu avec 3 parties d'alcool. — Stimulant et diurétique.

Esprit de nitre fumant. Acide nitrique fumant.

Esprit pyroacétique. Acétone.

Esprit pyroligneux. Alcool méthylique.

Esprit pyroxylique. Alcool méthylique.

Esprits recteurs. Essences ou huiles volatiles.

Esprit de sel. Acide chlorhydrique.

Esprit de sel ammoniac. Gaz ammoniac.

Esprit de sel ammoniac vineux. Ammoniaque liquide avec 2 parties d'alcool.

Esprit de sel dulcifié. Alcoolé d'acide chlorhydrique.

Esprit de sel fumant. Solution saturée d'acide chlorhydrique.

Esprit de sel vineux. Ether chlorhydrique.

Esprit de soie. Huile résultant de la distillation de la soie.

Esprit de soufre. Acide sulfureux.

Esprit de succin. Partie liquide de la distillation de l'ambre jaune.

Esprit de suie. Liquide huileux produit par distillation sèche de la suie.

Esprit de tartre. Produit brut de la distillation sèche de l'acide tartrique.

Esprit d'urine Carbonate d'ammoniaque impur produit par distillation de l'urine en présence de la chaux.

Esprit de Vénus. Acide acétique concentré préparé par la distillation de l'acétate de cuivre.

Esprit de vin. Alcool retiré du vin.

Esprit de vinaigre. Acide acétique.

Esprit de vipères. Huile empyreumatique de la distillation des vipères.

Esprit de vitriol ou *huile de vitriol*. Acide sulfurique.

Esprit de vitriol doux. Mélange à parties égales d'alcool et d'éther.

Esprit de vitriol dulcifié. Mélange d'acide sulfurique avec 3 parties d'alcool (eau de Rabel). — Astringent et hémostatique.

Esprit volatil de Sylvius. Alcoolat composé ammoniacal : dans 500 d'alcool et 500 d'eau de cannelle, faire macérer quatre jours : zestes d'orange, zestes de citron, 90 grammes de chaque; vanille 30 grammes, girofle 8 grammes, cannelle 15 grammes, sel ammoniac 500; ajouter carbonate de potasse 500 grammes; puis distiller et remettre 500 grammes d'alcoolat. — Excitant qui a joui d'une grande vogue.

Esprits volatils. Liquides huileux et empyreumatiques obtenus par la distillation des matières animales et contenant du carbonate d'ammoniaque.

ESQUISSE. Outre la première forme que l'artiste donne à son idée et au moyen de laquelle il la définit et la fixe, on donne ce nom dans la fabrication des tissus au travail qui remplit les conditions imposées par l'*empoutage* et le *tramage*. La composition de l'esquisse est donc difficile, puisque celle-ci n'est susceptible d'être reproduite sur étoffe qu'autant qu'elle aura un raccord parfait sur chacune des quatre limites qui lui servent d'encadrement. C'est en vertu de cette concordance que le dessin peut se répéter un certain nombre de fois en travers, et un nombre indéfini de fois dans le sens de la longueur de la pièce, cette longueur étant elle-même arbitraire.

ESSAI. *T. de chim.* Procédé que l'on emploie pour reconnaître la pureté et la valeur de certains produits. Nous ne pouvons passer en revue, sous ce titre, tous les essais que l'on exécute journellement; il nous faudrait faire autant de chapitres qu'il y a pour ainsi dire de matières premières employées dans l'industrie; d'ailleurs, nous avons déjà décrit certains de ces procédés, car les méthodes dites *acidimétrie*, *alcalimétrie*, *chlorométrie*, etc., ne sont que les procédés utilisés pour essayer les acides, les bases (potasses, soudes et leurs sels), les chlorures, etc. ; à l'article Analyse par la voie sèche, au mot Chalumeau il est traité de l'essai des sels et des minéraux par le chalumeau, etc. S'il est préférable, ce qui a été du reste fait jusqu'à présent, de donner à chaque mot les caractères, altérations et essais des produits, comme on peut s'en convaincre en parcourant les articles Beurre, Bronze, Café, Chocolat, Chaudière a vapeur, Cire, Colle, Eau, Fibres, etc., il y a cependant des circonstances où le mot *essai* s'applique plus généralement; c'est ainsi que l'on emploie de préférence ce terme pour indiquer les opérations à faire pour connaître le pouvoir calorifique d'un combustible; la nature des fibres et de la matière colorante, qui constituent une étoffe quelconque; la composition d'un alliage d'or ou d'argent; d'une drogue. Nous ne traiterons donc ici que quelques chapitres spéciaux.

ESSAI DES MATIÈRES D'ARGENT ET D'OR

L'essai des métaux précieux se fait par divers procédés. Un procédé rapide, mais inexact, est celui dit de la *pierre de touche*. Il consiste à tracer avec l'alliage à essayer des traits sur la pierre dite *pierre de touche* (quartz lydien, noir et à grain fin). On passe alors sur l'un de ces traits (les premiers sont négligés comme ne donnant pas d'indications exactes) un mélange acide dit *eau de touchau* (984 grammes d'acide azotique à 32° et 16 grammes d'acide chlorhydrique à 22°), qui dissout le cuivre sans attaquer l'or. On essuie et examine la trace laissée sur la pierre. Avec une certaine habitude, on arrive assez bien à fixer ainsi, à 10 ou 20 millièmes près, le titre des objets d'or; mais, pour plus de certitude on se sert de *touchaux*, sortes d'étoiles terminées par des disques d'un titre connu 583/1,000, 625/1,000, 667/1,000, 708/1,000, 750/1,000, et l'on compare les traces laissées par ces touchaux avec celles de l'objet à essayer (fig. 543).

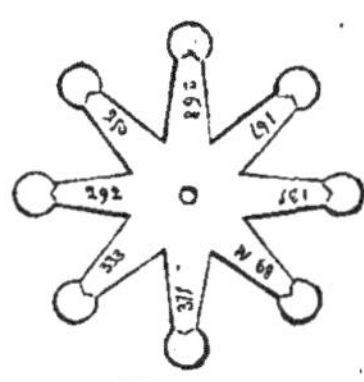

Fig. 543.

On fait aussi des essais d'argent au touchau (fig. 544), avec les titres 700, 720, 740, 760, 780, 800, 900 et 1,000/1,000; mais ces essais sont plus souvent faits, quand on peut sacrifier un peu du métal à essayer, par les procédés suivants :

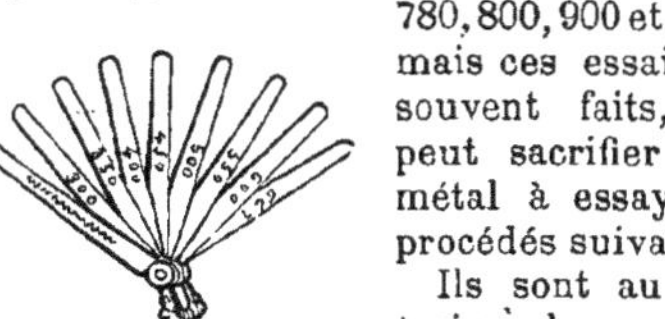

Fig. 544.

Ils sont au nombre de trois : les essais par la voie sèche, l'essai hydrostatique, les essais par la voie humide.

Essai par la voie sèche ou **par coupellation.** Nous ne reviendrons pas sur cette opération, qui a été décrite à sa place. Nous dirons que la coupellation sert non seulement pour séparer le plomb de l'argent qu'il contient, mais aussi pour doser les métaux précieux.

Coupellation du plomb d'œuvre. On nomme *plomb d'œuvre* un alliage préparé avec du plomb et des métaux argentifères, dans le but spécial d'en isoler l'argent, par la méthode de la coupellation. Cette opération s'exécute dans de grands fours à réverbère, de forme circulaire, et dont le type le plus répandu est celui employé à Clausthal (Hartz). Ce four est essentiellement constitué par une partie intérieure, de forme concave, faite en briques et recouverte de plusieurs lits de marne calcaire fortement tassée; c'est la coupelle. Elle est entourée par des revêtements en pierre de taille et offre supérieurement des rebords en briques; un couvercle en tôle, convexe, et garni à l'intérieur d'une épaisse couche d'argile, peut venir s'appliquer sur la coupelle; il se manœuvre au moyen d'une grue.

Le four présente latéralement cinq ouvertures : une correspond au foyer placé sur le côté; une autre correspond au *trou de chargement*, par lequel se fait l'introduction du métal à traiter, ou de la marne qui servira à préparer la coupelle; deux petites ouvertures latérales laissent passer les buses d'une assez forte soufflerie, que l'on fait agir pendant l'opération, et une dernière ouverture ménagée dans de la pierre tendre, est désignée sous le nom de *trou de coulée*; elle peut être creusée à volonté par des grattages successifs, de façon à correspondre, pendant tout le temps du travail, au niveau du bain de métal en fusion.

Pour faire la coupellation, on commence par préparer la sole du fourneau en tassant convenablement les lits d'argile, puis, quand la dessiccation de ceux-ci est complète, on dépose un lit de foin au centre, et on y arrime les saumons de métal à purifier. Cela fait, on abaisse le dôme ou couvercle, et on le lute en jointoyant complètement avec de l'argile.

Dès que la température est assez élevée, le plomb entre en fusion; on fait alors manœuvrer la soufflerie avec précaution, pour amener l'oxydation du métal, ainsi que celle du cuivre et du fer qu'il contient presque toujours. Le bain liquide se recouvre, par suite de cette oxydation, d'une certaine quantité de scories noirâtres que l'on peut enlever par l'ouverture. Après un temps, qui varie entre quinze ou seize heures, l'oxyde de plomb formé entre à son tour en fusion, les buses doivent à ce moment projeter un fort courant d'air dans la coupelle, afin de pousser la couche liquide vers le trou de coulée, et entraîner au dehors l'oxyde qui se solidifie en refroidissant; on surveille l'opération pour maintenir constamment l'ouverture au niveau de la surface du bain de liquide, et permettre ainsi à tout l'oxyde de plomb de pouvoir s'écouler au dehors.

Après quarante heures de feu environ, l'opération approche de sa fin; la pellicule d'oxyde qui recouvre l'argent en fusion s'anime d'un mouvement rapide; elle est irisée, par suite de son peu d'épaisseur, et lorsqu'elle disparaît, comme elle ne ternit plus l'argent, et que celui-ci brille de tout son éclat (ce phénomène est désigné sous le nom d'*éclair*), on juge que l'opération est terminée. On remarque en plus, que le culot métallique qui était aplati, tant qu'il restait de l'oxyde de plomb mêlé à l'argent, a pris maintenant la forme sphérique.

On soulève le couvercle après avoir enlevé le lut, puis on projette dans la coupelle une certaine quantité d'eau chaude, et ensuite de l'eau froide afin de refroidir lentement l'argent.

Le métal ainsi obtenu, porte dans le commerce le nom d'*argent de coupelle*, il n'est pas encore absolument pur, et renferme environ 1/16e de son poids de plomb. Pour le purifier davantage on peut l'affiner dans un fourneau rempli de bois.

Coupellation pour les essais d'alliages d'argent. Le dosage de l'argent, par la méthode de la voie sèche, demande pour être exécuté rigoureusement de grandes précautions; mais il est toujours moins exact que par le procédé de la voie humide. Il s'exécute, soit sur les alliages d'argent, proprement dits, dans lesquels, l'argent seul ou mélangé d'or, domine sur la quantité de cuivre, soit sur les alliages de billion, qui renferment au contraire beaucoup plus de cuivre que d'argent. Dans le procédé employé dans les laboratoires, on remplace le four industriel, par un fourneau à réverbère spécial, qui offre dans sa partie élargie, un demi cylindre en terre réfractaire, placé horizontalement et désigné sous le nom de *moufle* M (fig. 545), lequel sert à contenir les petites coupelles en os battu, dans lesquelles se fera l'essai. Ces vases ont, en effet, la propriété d'absorber dans leurs pores, les oxydes qui se forment sous l'influence de la chaleur, et qui se dissoudront dans l'oxyde de plomb, toujours indispensable dans la coupellation.

Les essais se font en général sur 1 gramme de matière ; mais, comme la plupart du temps, on ne connaît pas les proportions du mélange de cuivre et d'argent, et qu'il est nécessaire d'employer d'autant plus de plomb dans l'opération, qu'il existe plus de cuivre dans l'alliage, il est indispensable de rechercher approximativement la richesse du métal en argent. Plusieurs procédés peuvent renseigner sur la nature de l'alliage : 1° un métal riche est dense, ductile, blanc, dénué de sonorité ; il est au contraire plus ou moins jaune, léger, sonore, lorsqu'il renferme une forte proportion de cuivre ; 2° l'alliage passé au laminoir, et réduit en feuille mince, pourra être porté au rouge dans la moufle ; après l'action de la chaleur, on constate que l'argent pur, ou à 1000/1000es reste blanc, mais que sa surface est terne.

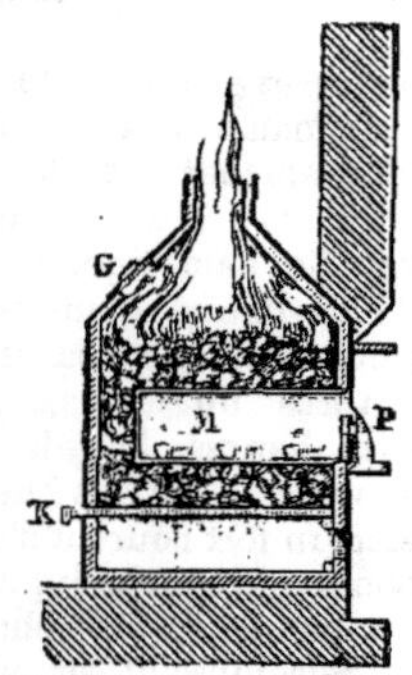

Fig. 545. — *Fourneau de coupellation.*

P Ouverture de la moufle obturée par un disque d'argile. — M Moufle avec trois coupelles en os.

L'argent à 950/1000es ou à 50 parties de cuivre, est d'un blanc-gris uniforme ; l'argent à 900/1000es ou à 100 parties de cuivre, est blanc gris mat, avec filet noir sur les bords ; l'argent à 880 ou 860/1000es, ou à 120, 140 parties de cuivre, est de couleur grise, presque noire ; l'argent qui contient 840/1000es ou 160 parties de cuivre, est tout à fait noir, ainsi du reste que tous les alliages ayant un titre inférieur ; 3° on peut encore faire l'essai à la pierre de touche, c'est-à-dire, tracer sur la pierre de ce nom, et conjointement, un trait avec l'alliage à essayer et des alliages d'un titre connu d'avance, puis faire agir l'acide azotique ; on compare ensuite les résultats que donne l'alliage inconnu et ceux déterminés d'avance, et l'on voit avec lequel de ces derniers on se rapproche le plus ; 4° mais le procédé le plus sûr consiste à faire un essai rapide en prenant 0gr,10 de l'alliage inconnu, et le passant à la coupelle, ainsi qu'il va être indiqué tout-à-l'heure, avec un gramme de plomb pauvre. Cela donne un titre suffisant pour savoir ce qu'on doit ajouter de plomb à l'alliage pour avoir le titre vrai.

Ce titre approximatif une fois connu, on pèse alors la quantité de plomb pur nécessaire pour faire le dosage, en se servant pour connaître ce chiffre, des tables données par Darcet (*Annales de chimie et de physique*, I. p. 66).

Table des quantités de plomb nécessaires pour faire les essais d'argent.

Titre de l'argent	Quantités de cuivre alliées à l'argent suivant les titres correspondants	Doses de plomb nécessaires pour obtenir l'affinage complet	Rapport qui existe dans le bain entre le plomb et le cuivre
argent à			
1000	0	3/10	0
950	50	3	60 à 1
900	100	7	70 à 1
800	200	10	50 à 1
700	300	12	40 à 1
600	400	14	35 à 1
500	500	16 à 17	32 à 1
400	600	—	26.666 à 1
300	700	—	22.857 à 1
200	800	—	20.000 à 1
100	900	—	17.777 à 1
1	999	—	17.016 à 1

Quant aux titres intermédiaires, c'est-à-dire ceux qui existent entre 1000 et 950, 950 et 900, etc., et pour lesquels les quantités de plomb n'ont pas été données, par une progression arithmétique, on les obtiendrait ; ainsi, par exemple, pour les proportions à mettre pour les titres compris entre 1000 et 950, on aurait les chiffres suivants :

Titre	Quantité de plomb à ajouter	Titre	Quantité de plomb à ajouter	Titre	Quantité de plomb à ajouter	Titre	Quantité de plomb à ajouter	Titre	Quantité de plomb à ajouter
	grammes		grammes		grammes		grammes		grammes
1000	0.300	990	0.600	980	1.300	970	2.070	960	2.700
999	0.300	989	0.660	979	1.380	969	2.140	959	2.860
998	0.300	988	0.720	978	1.460	968	2.210	958	2.930
997	0.550	987	0.780	977	1.540	967	2.280	957	3.010
996	0.550	986	0.840	976	1.620	966	2.350	956	3.080
995	0.550	985	0.900	975	1.720	965	2.420	955	3.150
994	0.550	984	1.000	974	1.790	964	2.510	954	3.220
993	0.550	983	1.080	973	1.830	963	2.580	953	3.290
992	0.550	982	1.160	972	1.930	962	2.650	952	3.360
991	0.550	981	1.220	971	2.000	961	2.720	951	3.430

Les essais ordinaires se font avec un gramme d'alliage, en employant donc, d'après les chiffres indiqués sur ces tableaux :

Pour la vaisselle d'argent (titre 950/1000es) . . . . 3 grammes de plomb.

Pour les alliages monétaires (titre 900/1000es) . . . . 7 grammes de plomb.

Pour les pièces d'orfèvrerie (titre 800/1000es) . . . . 10 — —

au-dessous de 800/1000es on ne prend plus que 0g,50

d'alliage, en employant bien entendu la moitié de la quantité de plomb indiquée sur les tableaux.

Mode opératoire. Lorsque l'on a porté au rouge la moufle du fourneau de coupelle, ayant soin d'avoir une température plutôt trop élevée que trop froide, au moyen de charbon de bois ou de gaz, on introduit avec des pinces la petite coupelle en os, à l'ouverture de la moufle, afin de la bien dessécher d'abord, sans la fendiller, puis on l'avance vers le tiers intérieur du four et on la porte au rouge blanc. Quand elle a atteint cette température, on y introduit la quantité de plomb pur jugée nécessaire pour faire l'essai, suivant la richesse approximative de l'alliage, et l'on referme la porte de la moufle. Le plomb ne tarde pas à fondre, et à se couvrir d'une couche grisâtre d'oxyde, lequel fond à son tour, et dégage alors la surface du bain qui devient brillante. On dit à ce moment que le plomb est *découvert*, on y dépose aussitôt 1 gramme ou 0g,50 de l'alliage à essayer, que l'on a eu soin de peser exactement, et de réduire en lame mince, puis d'envelopper dans un morceau de papier fin. Cette matière est nécessaire, pour fournir par sa combustion, assez de gaz réducteur pour faire passer l'oxyde de plomb produit, à l'état métallique. Lorsque l'oxydation des métaux autres que l'argent est obtenue, on voit alors, en écartant un peu la porte de la moufle, des fumées blanches d'oxyde, qui s'élèvent au-dessus de la coupelle, en serpentant, quand la température est convenable, gagnant de suite la voûte, s'il y a trop de chaleur, ou s'abaissant au contraire sur la sole, si la température n'est pas assez élevée. Sur la surface du bain métallique apparaissent quelques points lumineux, qui se meuvent avec une certaine rapidité, et deviennent de plus en plus nombreux, à mesure que l'on approche de la fin de l'opération, en même temps que l'oxyde de plomb absorbé par la coupelle, donne à la partie de cette dernière qui n'est plus en contact avec le métal fondu, une teinte rouge brun, si l'essai est toujours dans de bonnes conditions de température ; une teinte noire si l'essai a trop froid, ou une nuance blanchâtre, s'il a trop chaud. La surface du bain métallique de plane qu'elle était, au début de l'opération, devient à ce moment de plus en plus convexe; c'est alors qu'il est indispensable de surveiller attentivement l'essai, pour avoir le titre le plus exact qu'il soit possible d'avoir.

Avec des pinces, on rapproche la coupelle fort doucement, pour l'amener au bord de la moufle, et souvent même on la pose sur une légère couche de poudre d'os, puis on laisse la porte ouverte, afin d'éviter une trop grande chaleur. Le bouton de métal se débarrasse peu à peu des points lumineux qu'il présentait, il devient ensuite terne, puis se recouvre de bandes irisées qui se meuvent avec rapidité dans tous les sens. Ce phénomène de l'*iris*, dû, ainsi que nous l'avons dit, à la présence sur l'argent d'une mince pellicule d'oxyde de plomb, est de courte durée ; le bouton redevient terne, il faut alors le chauffer un peu plus, en rapprochant la porte du fourneau, pour permettre aux dernières traces d'oxydes de cuivre et de plomb de passer dans les pores de la coupelle. Dès que les oxydes ont disparu, l'*éclair* se produit, c'est-à-dire que le bain n'étant plus constitué que par de l'argent, offre à ce moment une teinte brillante. Le métal de sombre qu'il était, repasse brusquement au rouge, et se solidifie en cristallisant.

L'opération est terminée, si elle a été bien conduite. On amène la coupelle tout au bord du fourneau, et on la laisse refroidir lentement quelques minutes pour éviter que le bouton se *roche*. Le *rochage* de l'argent pourrait en effet entraîner une projection de métal fondu, en dehors de la coupelle : ce phénomène se produit, par suite de la propriété qu'a l'argent de dissoudre, lorsqu'il est en fusion, une très grande quantité d'oxygène (Samuel Lucas, *Ann. de chimie et de physique*, t. XII, p. 402), pouvant aller jusqu'à vingt-deux fois son volume (Gay-Lussac) ; le gaz se dégageant, par un refroidissement trop brusque, déforme le bouton d'argent et fait naître à sa surface des aiguilles plus ou moins longues et irrégulières, accompagnées souvent de projections à l'extérieur, ce qui fausse les résultats de l'essai. Avec un peu de soin, on évite le rochage ; on l'empêche également de se produire, en déposant à la surface du métal, au moment où l'éclair vient d'avoir lieu, un fragment de charbon allumé, qu'on laisse éteindre sur le bouton. L'oxygène en se dégageant est absorbé par le gaz que produit la combustion du morceau de charbon. Après refroidissement complet de la coupelle on enlève le bouton d'argent, et on le gratte avec un *gratte-boesse* (ou *gratte-brosse*) en fils métalliques, pour le bien débarrasser des traces d'oxyde de plomb qui y adhèrent souvent.

Lorsque la coupellation a été bien conduite, le bouton est arrondi, lisse et brillant, mais alors même qu'il ne serait pas roché, ce n'est pas une preuve que l'essai est réussi. Si la température a été trop élevée, du métal a pu se volatiliser, et passer dans la coupelle ; on est averti de cet inconvénient possible, par l'examen du bouton d'argent, qui est alors terne et aplati, tandis qu'un métal à teinte variable, à surface inférieure bulleuse, adhérant à la coupelle, et retenant des écailles de litharge, prouverait que l'opération a été conduite à une température trop basse, ce qui impliquerait forcément la présence dans l'argent, d'une trace de cuivre ou de plomb, non absorbé par la coupelle.

Comme ces opérations exigent, somme toute, une très grande habitude, on a toujours soin de conduire à la fois deux essais du même alliage. Les résultats ne peuvent être acceptés, que quand les poids d'argent obtenus sont concordants. On pèse donc le bouton d'argent ; si 1 gramme ou les 1000 millièmes, soumis à l'essai ont perdu 100 millièmes, il est évident que l'alliage essayé, était au titre de 900/1000es d'argent fin. Si l'essai a été pratiqué sur 0g,50, on devra multiplier par 2 le chiffre obtenu, pour que le nombre trouvé exprime le titre de l'alliage.

Quoique l'on puisse acquérir une très grande habileté dans la pratique de ces essais par voie sèche, et éviter autant que faire se peut, les chances d'erreur, le titre ainsi obtenu est toujours

Table de compensation pour l'essai des matières d'argent.

Titres exacts	Titres trouvés par coupellation	Pertes ou quantités d'argent à ajouter aux titres correspondants	Titres exacts	Titres trouvés par coupellation	Pertes ou quantités d'argent à ajouter aux titres correspondants
1000	998.97	1.03	500	495.32	4.68
975	973.24	1.76	475	470.50	4.50
950	947.50	2.50	450	445.69	4.31
925	921.75	3.25	425	420.87	4.13
900	896.00	4.00	400	396.05	3.95
875	870.93	4.07	375	371.39	3.61
850	845.85	4.15	350	346.73	3.27
825	820.78	4.22	325	322.06	2.94
800	795.70	4.30	300	297.40	2.60
775	770.59	4.41	275	272.42	2.58
750	745.48	4.52	250	247.44	2.56
725	720.36	4.64	225	222.45	2.55
700	695.25	4.75	200	197.47	2.53
675	670.27	4.73	175	172.88	2.12
650	645.29	4.71	150	148.30	1.70
625	620.30	4.70	125	123.71	1.29
600	595.32	4.68	100	99.12	0.88
575	570.32	4.68	75	74.34	0.66
550	545.32	4.68	50	49.56	0.44
525	520.32	4.68	25	24.78	0.22

trop faible de 1 à 5 millièmes; aussi, chaque essayeur doit-il déterminer expérimentalement, avec des alliages d'un titre connu, l'erreur qu'il commet dans chaque opération. On peut éviter ces calculs en se servant de la table ci-contre, dressée par le bureau des essais de la Monnaie de Paris.

Essai hydrostatique. Cette méthode, due à Karmarsch, s'emploie lorsque l'on ne veut pas altérer l'objet à essayer, et que l'on peut en prendre le poids spécifique. Si le cuivre et l'argent augmentent de volume par leur alliage, le frappage donne aussi au métal une densité plus forte, augmentant avec l'énergie de pression; aussi le procédé n'est utilisable que pour les alliages monétaires, les médailles. On prend le poids spécifique de la pièce, on soustrait du chiffre trouvé 8,814, on ajoute au reste deux zéros et on divise par 579. Le résultat exprimé en grains et multiplié par 3,475 donne le titre. On a trouvé la densité égale à 10,090, on aurait :

$$10{,}090 - 8{,}814 = 1{,}276$$

$$\text{et } \frac{127{,}600}{579} = 220 \times 3{,}475 = 764.$$

C'est le titre.

Essai d'argent par la voie humide. Gay-Lussac, en 1830, a indiqué un procédé très

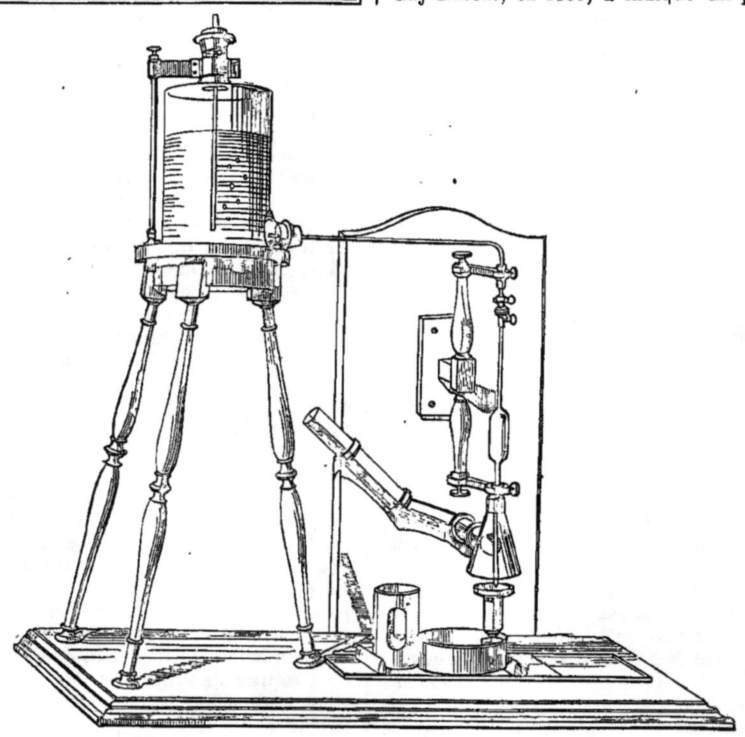

Fig. 546. — *Appareil pour les essais par voie humide.*

exact de dosage de l'argent, lequel est encore employé dans tous les bureaux de garantie. Il est basé sur ce fait, bien connu depuis longtemps, que le chlore, libre ou combiné, forme dans les dissolutions d'argent un précipité blanc insoluble; et qu'il faut pour convertir en chlorure 1 gramme d'argent pur, $0^{g},5417$ de chlorure de sodium pur et fondu. On nomme *liqueur normale* une solution qui renferme par *décilitre*, cette quantité rigoureuse de chlorure de sodium, et *liqueur décime* une liqueur 10 fois plus faible, c'est-à-dire contenant par *litre* $0^{g},5417$ de chlorure.

Etant donnés ces chiffres, lorsque l'on veut faire un essai d'argent, on commence par connaître approximativement le titre de l'alliage, en faisant un essai par coupellation, afin de savoir le poids à prendre du métal à essayer ; Gay-Lussac a d'ailleurs dressé des tables dans ce but (V. son *Instruction sur l'essai des matières d'argent par la voie humide*, Paris, 1832), puis on introduit l'alliage dans un flacon à l'émeri de 200 grammes environ, on y ajoute 5 à 6 cent. cubes d'acide azotique pur à 32° Baumé, on dissout le métal au bain-marie, puis on chasse les vapeurs nitreuses contenues dans le flacon en y insufflant de l'air avec un soufflet terminé par un tube de verre recourbé à angle droit. Supposons que l'on ait trouvé que l'alliage est à 880 millièmes, il aura fallu en prendre d'après l'équation $880 : 1000 : 1 : x = 1^{g},136$; alors, après la dissolution opérée ainsi qu'on vient de l'indiquer, on y verse 100 centimètres cubes de liqueur normale, on agite vivement le flacon bouché pendant 2 ou 3 minutes, et on obtient après repos, une liqueur claire, et un dépôt pulvérulent. Mais il est rare qu'avec l'essai de coupellation, on ait eu de suite un titre exact ; il peut rester de l'argent dans le liquide, par suite d'emploi d'une quantité trop faible de liqueur normale, ou bien celle-ci est en excès. On doit vérifier le fait ; pour cela on se sert de la liqueur décime dont on ajoute 1 centimètre cube dans le flacon contenant la liqueur normale qui a précipité l'argent ; s'il reste encore du métal, on voit un trouble blanc se produire; on agite, on laisse reposer, et on ajoute chaque fois un nouveau centimètre cube, jusqu'à ce qu'il n'y ait plus de précipité formé. Comme le dernier centimètre cube a pu ne pas servir totalement, on n'en compte que la moitié. Alors pour calculer le titre de l'alliage, supposons que l'on ait utilisé 6 centimètres cubes de liqueur décime, dont 5 1/2 sont à compter, ils représentent 5 milligrammes 1/2 d'argent, qui ajoutés au gramme représenté par les 100 centimètres cubes de liqueur normale forment 1005,5; de plus, on a pris $1^{g},136$ de prise d'essai en alliage, on a $1,136 : 1005,5 :: 1000 : x$, d'où

$$x = \frac{10055 \times 100}{1,136} = 885.$$

le titre exact est donc 885 millièmes.

Si au contraire, l'addition de liqueur décime n'a pas produit de précipité, la liqueur peut contenir un excès de chlorure de sodium, ou le titre pouvait être exact de suite. Pour vérifier le fait, on se sert d'une *liqueur décime d'argent*, contenant par litre, 1 gramme d'argent pur, sous forme d'azotate, et dont 1 centimètre cube neutralise exactement 1 centimètre cube de liqueur décime de sel marin. On en ajoute un centimètre cube dans le flacon pour neutraliser le centimètre cube de liqueur décime n'ayant pas fourni de précipité, puis successivement 1 centimètre cube, jusqu'à ce qu'après agitation, la liqueur ne précipite plus par la solution argentique. Supposons que l'on en ait employé 5 centimètres cubes, dont un doit être déduit ayant servi seulement à rétablir le titre primitif, et 1/2 est à supprimer comme ayant pu être inutile, c'est 3 millièmes 1/2 qu'il faut retrancher du titre ; au lieu d'être à 880 l'alliage n'était qu'à 876, 5 millièmes.

Dans les établissements où l'on a souvent à faire des essais, pour aller plus vite, et éviter en même temps les chances d'erreurs, on se sert d'appareils spéciaux de M. Deleuil et permettant de faire à la fois plusieurs essais. La liqueur normale est renfermée dans un réservoir en verre ou en métal, et la partie supérieure porte un bouchon avec un tube en verre plongeant jusque vers le fond, et permettant d'obtenir un écoulement constant. A la partie inférieure du réservoir se trouve une tubulure latérale dans laquelle se fixe un tube de verre venant se raccorder avec une pipette de 100 centimètres cubes ; un robinet sert à faire écouler la liqueur dans cette pipette (fig. 546) et un petit trou permet à l'air de s'échapper lorsqu'on bouche l'extrémité inférieure de celle-ci avec le doigt. L'appareil contenant exactement le volume de 100 cent. cubes de liqueur décime on fait arriver à l'aide d'un chariot le flacon contenant la solution d'argent, et on ouvre le robinet pour faire tomber la liqueur salée dans le vase. Quand on a fait plusieurs opérations semblables, on place les flacons dans un panier à compartiments, lequel se suspend au bout d'un ressort, et est disposé de façon à ce que tous les flacons soient animés d'un mouvement régulier, les bouchons étant maintenus par un couvercle à charnière (fig. 547). On termine ensuite l'essai ainsi que nous l'avons indiqué. Avec cette disposition, on perd un certain temps à mesurer exactement le volume de la liqueur, aussi Stass a-t-il modifié l'appareil de Gay-Lussac, en se servant d'une pipette ouverte à

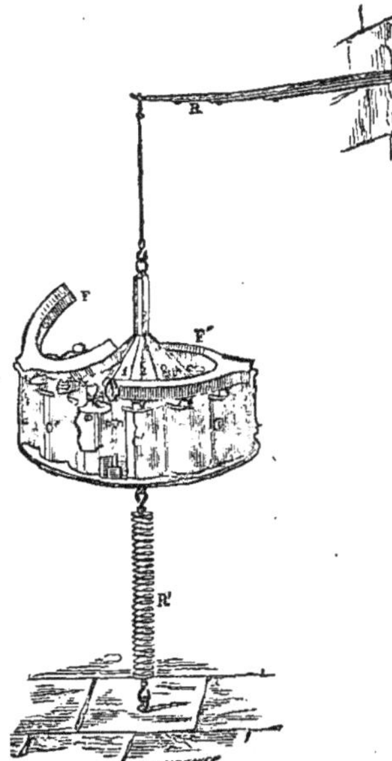

Fig. 547. — *Appareil pour agiter les essais d'argent par voie humide.*

Les flacons numérotés sont placés dans les cases C, C' et après avoir rabattu les couvercles *F* et *F'* qui maintiennent les bouchons, on abaisse l'appareil qui prend un mouvement alternatif de va-et-vient grâce aux ressorts *R* et *R'*.

ses deux extrémités se remplissant de liqueur normale par sa partie inférieure, un godet en verre placé à la partie inférieure recevant le liquide en excès qui peut arriver du réservoir. L'instrument rempli, on bouche avec le doigt l'extrémité supérieure, on retire le caoutchouc inférieur qui mettait en communication avec le réservoir, puis on pratique l'opération à la manière ordinaire. Sire a même perfectionné à son tour le nouvel appareil en construisant un instrument à niveau constant, à l'aide duquel la pipette de Stass se remplit sans l'aide de l'opérateur. Il suffit pour obtenir ce résultat de placer le réservoir à liqueur normale à une hauteur variable, de telle sorte que l'extrémité du tube à air enfoncé dans son bouchon soit juste au niveau de la pointe supérieure de la pipette. On doit à Vohard une autre méthode : il précipite la solution argentifère mélangée d'une trace de sulfate de peroxyde de fer par le sulfocyanure d'ammonium. Lorsque tout le sulfocyanure d'argent est précipité, il se forme une couleur rouge-sang persistante.

Essais d'argent contenant de l'or. Dans les essais de ce genre on trouve trois métaux à séparer, le cuivre, l'argent et l'or ; ce dernier pouvant constituer depuis 1/5e jusqu'à 1/5000e de la masse.

Ces essais exigent deux opérations différentes, la coupellation qui a pour but d'enlever le cuivre, et l'action dissolvante de l'acide azotique, pour séparer l'argent; cette dernière constituant ce que l'on nomme le *départ*.

On estime d'abord la quantité de cuivre en passant à la coupelle 0g,1 d'alliage, avec 1g,5 de plomb pur, parce qu'en présence de l'or, il faut employer une proportion plus grande de plomb qu'avec l'argent. Puis ce titre indiqué approximativement, on fait un nouvel essai avec 0g,50 de l'alliage à essayer, et 6 grammes de plomb. Le bouton d'argent aurifère refroidi et bien brossé au gratte-brosse est alors rigoureusement pesé, aplati sur une enclume avec un marteau, recuit en le chauffant au rouge, pour éviter qu'il ne soit cassant, laminé pour lui donner une épaisseur de 37/100e de millimètre, recuit à nouveau et roulé enfin en cornet. C'est alors que s'effectue l'opération du *départ*; elle se pratique en traitant l'essai roulé dans un petit matras à long col, par 70 à 72 grammes d'acide azotique à 22° Baumé, et portant à l'ébullition pendant 20 minutes. On décante l'acide, pour remettre moitié environ d'acide à 32° Baumé cette fois, on chauffe 10 minutes, puis on remplace l'acide par de l'eau distillée, afin de laver complètement la lame métallique. Pour enlever cette dernière qui est très fragile, on remplit le matras d'eau et le renverse dans un petit creuset en terre également plein d'eau. La lame descend ainsi sans secousse, on incline le vase pour enlever le liquide, et on dessèche ; alors, en recuisant le métal au rouge, on lui rend sa cohésion. Il suffit de peser pour connaître par le poids de l'or trouvé, combien on a dissous d'argent.

Fig. 548. — *Appareil de MM. Peligot et Levol, pour les essais d'or.*

A Rampe à gaz garnie de becs en couronne pour chauffer les matras figurés à droite, et dont les vapeurs acides se rendent dans l'ouverture de cheminée placée au-dessus des cols.— *B* Etagère recevant les matras après l'ébullition. — *C* Flacon pour l'acide à 32°. — *D* Flacon à eau distillée. — *H* Flacon recevant la liqueur provenant de l'attaque du cornet. — *H'* Flacon recevant la liqueur provenant des deux traitements par l'acide à 32°. — *H"* Flacon recevant les eaux de lavage du cornet.

Dans les hôtels des Monnaies, on se sert d'un appareil spécial construit par MM. Péligot et Levol, qui permet de faire plusieurs essais à la fois (fig. 548). MM. Johnson, Matthey et Cie, ont construit un autre instrument pour les essais rapides d'argent aurifère. On place les cornets d'alliage dans des tubes en platine disposés les uns à côté des autres dans un petit panier également en platine. Avec un crochet on introduit ce panier dans une chaudière contenant de l'acide azotique faible, puis après un temps convenable d'ébullition dans une autre chaudière contenant de l'acide concentré, de laquelle le panier repasse par la première chaudière. L'appareil est disposé de façon à condenser les vapeurs, et même à les diriger dans une cheminée. Les cornets sont ensuite lavés, puis introduits dans une moufle en platine introduite à son tour dans une moufle d'argile. Après le recuit on les pèse comme dans le procédé ancien.

Essais d'argent contenant du platine. Ces essais sont basés sur la propriété qu'a l'acide sulfurique concentré de dissoudre l'argent sans toucher au platine. Ils se font avec un demi-gramme d'alliage, par coupellation et départ, comme dans les essais précédents, mais en prenant plus de plomb pour la première opération, parce que sans cette précaution il y a *surcharge*, c'est-à-dire que l'essai garde du cuivre et du plomb, et cette surcharge peut être de 1/10e s'il y a le quart du platine dans l'alliage. Les essais d'alliage contenant de 1 à 80 00/00 de platine se font en plaçant la coupelle au bord de la moufle, ceux contenant jusqu'à 200 00/00 sont placés au milieu de la moufle, ceux plus riches au fond.

On commence par faire un essai approximatif pour se renseigner sur le titre de l'alliage, et savoir par le poids du cuivre disparu, ce qu'il faut employer de plomb; puis on pratique en même temps deux autres essais de coupelle, avec 0g,5 du métal, en plaçant une des coupelles au bord de la moufle, et l'autre au milieu, toujours avec 3g,50 de plomb. Si le bouton du bord est aplati, l'essai est de la 3e catégorie d'alliages (au-dessus de 200 00/00 de platine); s'il est rond il peut appartenir aux deux premières sortes. On lamine l'échantillon aplati, et pesé, puis on effectue le départ avec de l'acide sulfurique concentré, en faisant bouillir à deux reprises pendant 10 minutes; on lave, puis on recuit et on pèse, comme on l'a déjà indiqué. On a ainsi le poids du platine seul, et par différence avec la première pesée celui de l'argent.

Essais d'or tenant de l'argent. Dans ces alliages l'argent entre pour 1/10e au plus. L'essai se fait toujours de la même manière, par les deux méthodes réunies, avec un demi-gramme d'alliage, et un peu moins de plomb, lors de la coupellation, que si l'alliage ne contenait que de l'or et du cuivre. Si l'essai est supposé contenir 100 00/00 de cuivre, on prend pour une première coupellation 4,5 de plomb, et l'on chauffe fortement, puis on ramène la coupelle au bord de la moufle; le bouton refroidi doit peser 900 00/00 si la première approximation est juste. Alors on reprend une nouvelle pièce d'essai et on coupelle, en y ajoutant 4,5 de plomb et l'argent nécessaire à l'*inquartation* (1). Supposons que dans les 900 trouvés dans la première opération, il y ait 100 d'argent, alors il faudra 800 × 3 soit 2,400 d'argent. 2,400 — 100 qui existent déjà, puisque l'on a 900 00/00 de bouton, ou 2,300/2 sera le poids, sachant que l'on fait l'essai sur un demi-gramme.

L'essai fini on aplatit le bouton, on le recuit, on le lamine de 7 centimètres de longueur, on recuit et roule en spirale. On traite alors par l'acide nitrique, à 22° Baumé, puis à 32° Baumé, on lave, on recuit et on pèse. Cet or pur doit peser 800 00/00. Il est nécessaire dans ces essais, de faire exactement les calculs pour l'inquartation, car s'il y a trop d'argent, le cornet est très fragile et se brise facilement, et s'il y en a trop peu, le cornet contient encore de l'argent.

Essais d'or tenant du platine. Ces essais se font avec 0g,5 d'alliage et 8 grammes de plomb, pour la coupellation, en chauffant fortement et maintenant au fond de la moufle. Le poids du bouton indiquera celui de l'or et du platine réunis, le cuivre étant disparu par cette opération. On refait un nouvel essai avec 1200 parties d'argent d'inquartation. Le bouton obtenu a une surface mate et brillante par places. On le brosse, on l'aplatit, on recuit et lamine, pour recuire enfin et enrouler en spirale. On pratique le départ avec l'acide azotique à 22° Baumé, puis à 32° Baumé, on lave et recuit la plaque, pour pouvoir la peser. Le poids obtenu est souvent inexact, l'or retenant un peu de platine. Pour vérifier le fait on allie le cornet à 1200 00/00 d'argent, on repasse à la coupelle avec 1 gramme de plomb et on pratique finalement un nouveau départ pour comparer les résultats. En général les opérations sont plus faciles à effectuer lorsque la quantité de platine ne dépasse pas 1/10e du poids total de l'alliage.

Nous aurions encore à passer en revue les essais d'argent contenant de l'or et du platine, ceux d'or contenant de l'argent et du platine, ceux destinés à apprécier la quantité des métaux divers accompagnant le platine, mais ces sortes d'essais étant plus rares, nous renverrons aux ouvrages spéciaux pour trouver la marche à suivre. On pourra consulter avec profit le *Traité de l'essayeur* de Chaudet, ou l'ouvrage récent de Balling, le *Manuel pratique de l'art de l'essayeur*. — J. C.

(1) *Inquartation* est synonyme de départ, parce qu'il faut dans ces opérations, ajouter assez d'argent pour que l'or ne fasse qu'*un quart* de l'alliage.

ESSAI DES ÉTOFFES

Les étoffes peuvent avoir besoin d'être étudiées pour connaître, soit la proportion réelle de chaque fibre textile qu'elles contiennent, soit même la nature exacte de ces fibres, soit enfin la nature de la coloration artificielle qu'elles offrent, lorsque les tissus ont été teints ou imprimés.

Nous ne nous arrêterons pas à étudier comment on évalue la proportion de ces fibres, alors surtout que certains points de la question ont été déjà traités et que d'autres pourront l'être à une autre place. Il nous suffira de rappeler au lecteur que, pour certains tissus, il trouvera aux mots Conditionnement et Décreusage des renseignements fort précis; puis, que parfois, il faudra tenir compte, en dehors de la nature même du tissu, qui sera spécialement traitée à l'étude des Fibres textiles, de la surcharge qui est mise sur les étoffes apprêtées, surtout celles de coton et de soie, auxquelles on donne du poids, de la main, de la souplesse, etc., au moyen de kaolin, de terre de pipe, de sulfate de baryte, de glycérine, etc., pour les tissus de coton — ou même de produits métalliques plus ou moins dangereux, ainsi que nous l'avons d'ailleurs indiqué au mot Empoisonnement professionnel, surtout pour la soie; qu'il sera peut-être bon parfois de rechercher sur des étoffes écrues si le tissu a été savonné, huilé, stannaté, chromaté, chloré, etc., parce que ces opérations peuvent, si elles ont été mal conduites, altérer parfois la fibre, etc.

Dans l'essai des étoffes, on aura donc à rechercher : la nature exacte de la fibre; on arrive à connaître les caractères d'une fibre : 1° soit par l'*emploi du microscope*; 2° soit par le *moyen des réactifs chimiques*. Ces deux procédés seront décrits au mot FIBRES TEXTILES. Il n'en est pas de même de la recherche de la matière colorante déposée sur ces fibres et que nous allons maintenant décrire :

3° *Recherche de la matière colorante fixée sur le tissu.* Nous ne pouvons avoir la prétention d'indiquer ici toutes les réactions des nombreuses matières colorantes que, par impression ou teinture, on dépose sur les étoffes. Nous n'envisagerons que quelques nuances, renvoyant pour plus de détails à l'ouvrage de Persoz qui, dans un chapitre de son tome IV du *Traité de l'impression des tissus,* donne de longs détails sur ce sujet, à l'ouvrage de Fohl : *Caractérisation des étoffes teintes des cinq couleurs principales* : *bleu, jaune, rouge, vert, et violet*; à celui de A. Boley : *Recherches chimiques, Manuel pratique d'essais,* au *Moniteur scientifique de Quesneville,* juin 1874 et octobre 1882, etc.

On découpe le tissu en petites bandes que l'on soumet à l'action des réactifs, on en incinère en plus une certaine quantité. Cette dernière opération indique parfois, par l'odeur qui se dégage, la nature de la fibre (odeur de corne brûlée pour la soie, la laine); ou la nature du produit colorant (odeur d'ail, pour les composés arsenicaux, etc.). Elle renseigne, en outre, sur la nature du mordant employé, s'il y en a eu ; dans ce cas la cendre est plus volumineuse, elle garde les contours de la fibre, elle est lourde, etc. Il n'y a qu'un nombre restreint de corps servant comme mordants : l'alumine, l'oxyde de fer ou l'oxyde d'étain, le plus souvent; puis les oxydes de plomb, de chrome, de cuivre, de manganèse. Les cendres ont encore de la chaux ou de la silice, provenant des opérations que l'on a fait subir aux tissus.

(*a*) *Couleurs bleues.* Les étoffes teintes au *bleu campêche*, virent au rouge ou à l'orange, en présence de l'acide citrique, ou de l'acide chlorhydrique, et reprennent la nuance primitive dans un bain de soude. Elles donnent une cendre blanche, lorsqu'elles ont été mordancées à l'alumine; grise, avec les mordants de cuivre. Lorsque cette étoffe ne vire pas par ces mêmes acides, ou encore par l'hypochlorite de chaux, que sa cendre est rougeâtre, c'est que la teinture était au *bleu de Prusse* (ferrocyanure ferrique). Si la nuance est décolorée par les acides, par la soude si elle est soluble dans l'alcool et que l'étoffe ne donne pas de cendres caractéristiques, la couleur est un *bleu d'aniline*; mais s'il y a décoloration par le sulfhydrate d'ammoniaque, le cyanure de potassium, l'hypochlorite de chaux, c'est un *bleu au méthylène*. Dans les mêmes conditions l'acide azotique décolore l'*indigo*, mais la nuance n'est pas attaquée par les alcalis ; dans ce second cas, si l'hypochlorite de chaux décolore immédiatement le tissu, les cendres ne fournissent pas d'indications spéciales, à moins qu'une coloration brune ne serve à noter l'emploi d'un mordant de manganèse. Les *bleus d'orseille* sont indiqués par la teinte rouge que prend la couleur avec l'alun, l'acide chlorhydrique; ils ne changent pas ou fort peu en présence de l'ammoniaque, du cyanure de potassium. Quant aux étoffes imprimées avec l'*outremer* elles se reconnaissent facilement à l'odeur sulfhydrique qui se dégage quand on plonge le tissu dans l'acide chlorhydrique ; à leur inaltérabilité par le chlore ; elles laissent des cendres plus ou moins bleues. On reconnaît les *bleus d'alizarine* à la nuance violette qu'ils prennent avec l'acide chlorhydrique, à leur résistance aux alcalis. Les *bleus aux prussiates* deviennent instantanément jaunes avec la soude, résistent à tous les acides, à l'hypochlorite de chaux; leur cendre est ferrugineuse. Les nuances d'*indophénol* résistent aux alcalis et rougissent dans l'acide sulfurique.

(*b*) *Couleurs rouges.* Les tissus teints en *garance*, ou en *alizarine artificielle*, résistent au bain de savon bouillant (à 5 0/0), à l'action de l'ammoniaque, de l'acide citrique. Le *rouge au carthame* est détruit par le savon bouillant, et l'acide citrique faible ne fait pas reparaître la nuance, ce qui a lieu avec les *rouges d'aniline.* Ces dernières nuances sont détruites par la lessive de soude, l'hydrogène naissant. Les couleurs obtenues avec le *bois de Brésil* virent au jaune clair dans le bain de savon bouillant, et prennent une nuance rouge-cerise avec l'acide sulfurique étendu ; dans les mêmes conditions la *cochenille* prend une teinte jaunâtre dans le bain savonneux, et vire à l'orange avec l'acide. Les couleurs à base de *safranine* ne sont pas décolorées par le savon, par la lessive de soude; elles résistent momentanément à l'action de l'hydrogène naissant, puis deviennent jaunes. Les étoffes teintes à la *fuchsine* se décolorent dans le bain de savon bouillant, dans l'ammoniaque à froid, dans le cyanure de potassium à chaud; elles virent au jaune en présence de l'acide chlorhydrique. L'étoffe décolorée par l'ammoniaque reprend sa teinte en présence d'acide acétique. L'*éosine* appliquée sur tissus se décolore et devient également jaune avec l'acide chlorhydrique, mais elle donne de la fluorescence par sa solution dans l'ammoniaque, se décolore avec l'hypochlorite de chaux et brunit en présence du sulfhydrate d'ammoniaque. On emploie encore parfois dans l'impression des couleurs au *vermillon*, cette matière colorante se reconnaît facilement à son inaltérabilité dans l'acide chlorhydrique et à la couleur jaune qu'elle prend par l'ébullition dans la lessive de soude. La calcination de l'étoffe dégage des vapeurs d'acide sulfureux. Les rouges à la *murexyde* prennent par la potasse une teinte grise violacée, ils sont décolorés par l'acide chlorhydrique.

(*c*) *Couleurs jaunes.* Les étoffes teintes en *acide picrique* deviennent rouge sang par imbibition de cyanure de potassium. Celles colorées par l'*oxyde de fer* (rouille) se teignent en bleu à chaud, dans un bain acide de prussiate jaune. Le bain de savon bouillant fait virer au brun-rouge les nuances à base de *curcuma*, les acides produisent la teinte primitive. Dans les mêmes conditions le *bois jaune* donne une nuance brun foncé ; le savon ne modifie pas le jaune de *gaude*, mais l'acide sulfurique bouillant le détruit. La *graine de Perse*, le *quercitron* résistent bien au savon, la première prend une teinte orangée avec l'oxymuriate d'étain bouillant, tandis que la seconde ne change pas.

Les couleurs au *rocou* diffèrent des précédentes en ce que, si elles foncent dans le bain de savon, elles perdent de leur intensité avec l'ammoniaque, elles brunissent puis se décolorent avec l'acide azotique, rougissent par l'alun, les acides faibles.

On emploie dans l'impression un certain nombre de couleurs à base de plomb que l'on distingue aux caractères suivants : le *jaune de chrome* (chromate de plomb) vire au vert par le contact de l'acide chlorhydrique, mais la nuance primitive revient par lavage; cette nuance est détruite par l'acide azotique ; l'étoffe donne une cendre brune contenant du plomb. Les *jaunes de Naples* (antimoniate de plomb) et *de Cassel* (oxychlorure de plomb) deviennent blancs tous deux par l'action de l'acide chlorhydrique; mais, le premier n'est pas attaqué par l'acide azotique, tandis que le second donne un précipité blanc dans cette réaction ; de plus l'ammoniaque dissout le deuxième et ne réagit pas sur le jaune de Naples. L'incinération de ces étoffes dégage des vapeurs blanches, et si on calcine avec un peu de charbon on obtient un culot métallique de plomb et d'antimoine dans le premier cas, de plomb seul dans le second. Le *massicot* (protoxyde de plomb) donne des réactions qui se rapprochent de celles fournies par le jaune de Naples, mais en diffère par sa solubilité dans l'acide azotique.

Comme autres couleurs de nuance jaune ou orange, il faut encore mentionner : les couleurs à l'*orpiment* (trisulfure d'arsenic), elles résistent à l'action des acides azotique et chlorhydrique mais se dissolvent partiellement dans l'ammoniaque; l'incinération de l'étoffe dégage des vapeurs blanches d'odeur alliacée ; le *chromate de baryte*, qui se reconnaît à sa solubilité dans l'acide azotique, à son inaltérabilité dans l'ammoniaque, et au précipité blanc que provoque son immersion dans l'acide sulfurique ; l'étoffe brûlée sur la flamme du gaz colore celui-ci en vert ; le *jaune au cadmium* (sulfure) qui a beaucoup d'analogie avec l'orpiment, mais diffère surtout de cet autre sulfure par sa solubilité dans l'acide chlorhydrique et son insolubilité dans l'ammoniaque ; les *ocres jaunes* (argiles ferrugineuses) qui sont décomposées par les acides en même temps qu'elles fournissent un précipité; elles résistent à l'ammoniaque, au chlore, et donnent par l'incinération une cendre rouge abondante.

On emploie dans la teinture ou l'impression diverses couleurs d'aniline. Les étoffes colorées par la *phosphine* foncent dans l'acide chlorhydrique chaud, et sont attaquées, en donnant des précipités jaunes, par l'ammoniaque, le cyanure de potassium, le sulfate d'ammonium, l'hypochlorite de chaux; celles à la *nitroalizarine* résistent bien au bain de savon et rougissent par les alcalis; celles à l'*aurantia* mises dans la potasse deviennent orange foncé presque rouge.

(*d*) *Couleurs vertes.* Ces nuances résultant dans bien des cas de la superposition des couleurs bleues et jaunes, on procède ainsi : on chauffe dans un tube une bande d'étoffe avec de l'alcool à 95°. Il se produit alors deux cas : 1° l'alcool se colore en jaune, le tissu exprimé et lavé est bleu; 2° l'alcool devient vert, et la nuance du tissu diminue un peu.

1° En évaporant l'alcool, on met la nuance jaune en liberté, et on la soumet aux essais indiqués plus haut. Le tissu bleu est trempé dans l'hypochlorite de chaux, s'il se décolore on a la réaction de l'indigo, s'il résiste, c'est du bleu de Prusse.

2° L'alcool est coloré en vert. On peut avoir trois sortes principales de couleurs : l'union du *bleu d'aniline* avec une *matière jaune* : l'acide chlorhydrique faible donne à l'ébullition un liquide de couleur jaune, l'étoffe reste bleue; ou des nuances vertes artificielles, comme le *vert d'aniline à l'iode* ou le *vert d'aniline à l'aldéhyde* ; si le tissu chauffé avec l'acide chlorhydrique étendu est devenu rosé ou lilas, c'est le vert à l'iode, s'il est jaune ou même décoloré, c'est un vert à l'aldéhyde.

Quelques nuances vertes peuvent être cependant déposées directement sur le tissu. On reconnaît l'*outremer vert* à l'action de l'acide chlorhydrique qui décompose ce corps en dégageant de l'acide sulfhydrique ; les cendres de ces étoffes sont brunes et renferment de l'alumine ; le *vert Guignet* (oxyde de chrôme hydraté) à la teinte verte qu'il cède à l'acide chlorhydrique par la chaleur, ainsi qu'à son inaltérabilité en présence de l'acide azotique ou de l'ammoniaque ; les cendres sont noires et contiennent de l'oxyde de chrôme ; les *verts de Schèele, de Schweinfurth* (arsenite de cuivre, arsenite avec acétate de cuivre) à leur dissolution facile dans les acides chlorhydrique et azotique; dans l'ammoniaque, en se colorant en bleu ; l'incinération des étoffes faites avec ces couleurs répand une odeur alliacée. Les *verts de céruléine* ne changent pas au savonnage, mais en présence de l'ammoniaque et du zinc pulvérisé ils virent à l'orange, puis s'oxydant à l'air produisent des taches vertes. La céruléine donne des nuances se rapprochant beaucoup par leurs réactions de celles fournies par le *vert de Chine* ou *lokao*. Les *verts au prussiate* (faits avec du bleu de Prusse et graine de Perse), prennent une teinte bleue dans le chlore, ils ne renferment pas de chrome dans les cendres comme les *verts havraneck.*

L'incinération donne de son côté certains renseignements : une cendre plombique non ferrugineuse permet de supposer un mélange de *jaune de chrome et d'indigo*; une cendre ferrugineuse sans plomb, du *bleu de Prusse avec un jaune végétal* ; une cendre plombique et ferrugineuse, du *bleu de Prusse et du jaune de chrome.*

(*e*) *Couleurs violettes.* Les violets à base végétale sont encore employés ainsi que les couleurs dérivées de la houille. Le *violet de garance*, ceux d'*alizarine*, virent au jaune en présence du chlorure de chaux, au rouge brun par l'acide chlorhydrique, et déteignent un peu en présence de l'ammoniaque; l'étoffe lavée se colore en bleu dans un bain de prussiate jaune acide, et sa cendre est rougeâtre (ces deux dernières réactions étant dues au mordant de fer). Le *violet d'orseille* vire au bleu-violacé par un lait de chaux, par l'ammoniaque; au rouge-brique par l'acide chlorhydrique; la cendre est blanche, tandis que le *violet de campêche* passe au gris, puis se décolore avec le bain de chaux, et que le *violet de cochenille* est instantanément détruit par le même traitement. Les cendres dans le dernier cas sont en plus rougies par l'oxyde de fer employé comme mordant.

Les nuances en *violet d'aniline* sont avivées par l'acide citrique; elles deviennent bleu-violacé par un passage en acide chlorhydrique étendu, excepté celle due au *violet dit de Parme*, qui devient verdâtre, ainsi que la nuance *dahlia*, et rougeâtres après lavage; celles dues au *violet à l'iode* (violet Hoffmann), sont aussi avivées par l'acide citrique, mais l'acide chlorhydrique vire au vert, puis la nuance devient lilas pâle ou gris après lavage.

Les *violets de galléine* sont détruits par la potasse en donnant un liquide bleu fugace; ils virent par l'ammoniaque, et prennent une teinte rouge clair par l'hydrogène naissant; ceux de *gallocyanine* sont surtout caractérisés par leur solubilité dans l'acide sulfurique avec une coloration bleue; leur cendre laisse du chrome provenant du mordant employé pour les fixer.

(f) Couleurs noires. Le *noir au campêche* avec l'acide chlorhydrique rougit, puis se décolore; la liqueur acide est rouge; la soude donne une réaction analogue violacée; le savon bouillant rougit l'étoffe, puis la fait virer au violet, la liqueur est violette et la cendre ferrugineuse. Le *noir au chlorhydrate d'aniline* verdit par l'acide, devient brun puis pâlit dans la soude, brunit par l'hypochlorite de soude; celui au *chromate d'aniline* résiste à tous les réactifs, excepté le chlore et l'acide chromique, il ne verdit pas par les acides. Le *noir de garance* devient orange avec l'acide chlorhydrique, jaune avec la soude, brun, puis orangé avec le savon; la cendre contient de l'oxyde de fer et de l'alumine. Le *noir au tannin* (noix de galles, sumac) donne, avec l'acide chlorhydrique, des taches blanches devenant rouille par l'ammoniaque; l'étoffe laisse une cendre ferrugineuse. Les teintes obtenues avec les *sels de chrome et le campêche* virent au rouge-brun dans l'acide chlorhydrique, et au violet par l'addition de sel d'étain dans l'acide. On retrouve également du fer, si l'on a ajouté du prussiate rouge, ainsi que du chrome, dans le produit incinéré. Les *noirs obtenus avec l'indigo et la garance* deviennent bleus par un passage en acide chlorhydrique concentré, et vert-bleu avec le mélange de cet acide et du sel d'étain; ils donnent une cendre peu ferrugineuse. Quant aux noirs ou gris faits avec le *noir de fumée*, ils résistent au chlore, et à tous les agents; ils ne sont que déposés sur le tissu et s'enlèvent par frottement. Les couleurs à la *nigrosine* sont peu solides, elles partent même par savonnage, à moins qu'elles n'aient été fixées au tannin.

Il nous a été impossible dans ce chapitre, déjà long, de passer en revue toutes les couleurs, ou même de parler de nuances nouvelles et très intéressantes, surtout dans les jaunes, comme la canarine, le jaune soleil, les nouveaux produits de Poirrier. Nous n'avons voulu que donner des renseignements, persuadés que ceux qui auraient besoin d'indications plus complètes, voudront bien les puiser aux sources indiquées au début de cet article. — J. C.

Essai des fils, des cordages. — V. DYNAMOMÈTRE, FIBRES TEXTILES.

ESSAI DES DROGUES

Il ne peut entrer dans le cadre de cet ouvrage, de donner en détail le mode d'essai de chaque drogue aujourd'hui usitée, tant dans les arts que dans l'industrie. Nous ne pouvons donc qu'esquisser à grands traits les méthodes générales concernant les produits les plus employés, et nous indiquerons en même temps quelles sont les altérations et falsifications qui se rencontrent le plus fréquemment.

PRODUITS CHIMIQUES PROPREMENT DITS. *L'acide chlorhydrique* doit marquer 21 à 22° Baumé et doit être complètement précipité par le nitrate d'argent; le précipité, insoluble dans l'acide nitrique, doit être complètement soluble dans l'ammoniaque; cet acide dégage du chlore au contact du bioxyde de manganèse. Il peut être altéré par de l'acide sulfurique, de l'acide sulfureux, de l'acide nitrique, du fer, du sulfate de soude, de la chaux, du chlore, etc. : on le falsifie avec des matières salines.

L'*acide sulfurique* se trouve dans le commerce sous trois états différents : l'acide anhydre, l'acide fumant ou hémihydraté, ou acide de Nordhausen, et l'acide sulfurique normal, ou monohydraté, marquant 66°; on trouve encore l'acide dit *anglais* ne marquant que 52°. L'acide du commerce doit être incolore, marquer 66° Baumé, bouillir à + 326°, et 100 parties d'acide à 66° doivent saturer exactement 287,7 de carbonate de soude pur cristallisé ou 104,08 de carbonate de soude sec. L'acide sulfurique peut être altéré par des matières organiques, de l'acide nitrique, de l'acide chlorhydrique, de l'acide fluorhydrique, des composés azotés, par du sulfate de plomb, de chaux, de l'arsenic, etc.; on le falsifie quelquefois avec du sulfate de soude dans le but d'augmenter la densité.

L'*acide nitrique* ou *azotique* du commerce marque 36 à 40° Baumé, l'acide dit, *eau forte*, marque 26°, celui ne marquant que 20° s'appelle *eau forte seconde*; l'acide nitrique réel, c'est-à-dire sans eau, doit être saturé par 93,4 de carbonate de chaux ou 98,4 de carbonate de soude sec et pur, l'acide à 42° contient 38,1 0/0 d'eau, et bout à 120°, et l'acide à 36° contient 49,82 0/0 d'eau, et bout à 116°. Cet acide est souvent altéré par de l'acide sulfurique, de l'acide chlorhydrique, du chlore, de l'acide hypoazotique, des sulfates, du fer, du cuivre, etc., on l'adultère principalement avec le nitrate de potasse ou le nitrate de zinc.

L'*acide oxalique* se vend cristallisé; quand on verse de l'eau froide sur ces cristaux, on entend une sorte de cri, ce caractère peut servir à le distinguer des autres acides végétaux : il doit être complètement précipité par une dissolution de chaux; il est quelquefois altéré par de l'acide nitrique, de l'acide sulfurique, des sels de fer, de plomb, de potasse, de chaux, de cuivre, on le falsifie avec le sel d'oseille, l'acide tartrique, le sulfate de potasse, l'alun.

L'*acide tartrique* est blanc et cristallisé, inaltérable à l'air, il se dissout dans l'eau et l'alcool, précipite la chaux des sels végétaux solubles, mais non des sels minéraux, ce qui le distingue de l'acide oxalique. Il est altéré par suite de mauvaise préparation, par de l'acide sulfurique, du sulfate de chaux, du tartrate de chaux, du bitartrate de potasse ; on le falsifie avec de l'alun, de la chaux, du bisulfate de potasse.

L'*acide citrique* se dose au moyen d'une solution titrée de carbonate de soude ; il peut contenir de l'acide tartrique qui se reconnaît par le carbonate de potasse ; il est quelquefois altéré par de l'acide sulfurique, par des sels de plomb ou de cuivre, il est falsifié avec l'acide oxalique, l'acide tartrique, le sulfate de chaux.

L'*acide picrique* du commerce est rarement pur. Comme ce produit est très cher et assez dangereux à manier, il est essentiel de bien l'essayer : on emploie à cet effet, l'appareil de Casthelaz, dit *picromètre*, basé sur la solubilité beaucoup plus grande de l'acide picrique dans l'éther et la benzine que celles des impuretés qui peuvent s'y trouver. Il consiste en un tube gradué resserré à sa partie inférieure, l'espace resserré contient environ un gramme d'acide picrique, le tube qui est au-dessus de l'espace resserré est divisé en quatre parties pouvant contenir chacune 5 grammes d'éther pur ; le tube est bouché à l'émeri pour éviter l'évaporation, l'éther dissout l'acide picrique, et les impuretés insolubles se réunissent dans la partie inférieure du tube ; quand on voudra constater la présence de l'eau, de l'acide nitrique, de l'acide oxalique, on emploiera de préférence la benzine.

On peut aussi l'essayer en teignant comparativement deux échevettes de soie dans deux bains contenant une certaine quantité d'acide picrique pur et de l'acide à essayer ; on peut aussi imprimer sur laine une couleur contenant de l'acide picrique à essayer, comparativement à une autre couleur contenant de l'acide pur. L'acide picrique est altéré par des substances résineuses, des acides nitro et binitro-phénique, de l'eau, de l'acide azotique ; on le falsifie avec du picrate de soude, de l'azotate de potasse, du sel marin, de l'alun, du sulfate de soude, du borax, du sucre, etc.

Acide acétique. On vend dans le commerce divers acides acétiques, les uns pour l'industrie, les autres pour la consommation, ces derniers portent plus spécialement le nom de *vinaigres* (V. ce mot). Les acides acétiques se distinguent encore en acide acétique proprement dit et acide pyroligneux. Pour le dosage, nous renvoyons à ACÉTIMÉTRIE. Les altérations des acides acétiques varient avec leur mode de préparation : on trouve l'acide sulfureux, le sulfate et l'acétate de soude, les sels de chaux, des matières empyreumatiques, de l'acétone, du cuivre, du fer, du zinc, du plomb, du phosphate et de l'acétate de chaux. Les falsifications des acides acétiques sont des plus nombreuses : on y emploie les acides sulfurique, chlorhydrique, l'acide oxalique, des substances âcres, telles que poivre, moutarde, piment, des vins alunés, du sel de cuisine, des acétates de chaux, de soude, du tartre et du sulfate de soude.

Les acides acétiques ne doivent jamais être essayés à l'aréomètre, car les indications sont fausses, les densités n'étant pas en rapport avec les quantités d'acide : ainsi l'acide cristallisable a une densité de 1,063 et marque 8°,5 à l'aréomètre Baumé ; additionné de 30 0/0 d'eau, la densité devient 1,079, et si l'on met 50 0/0 d'eau, la densité redescend à 1,063.

L'*acétate d'alumine* est surtout employé dans la toile peinte ; il doit être exempt de sulfate et surtout de sels de fer, il contient quelquefois de la chaux et des sels de plomb.

L'*acétate de cuivre* ne doit contenir ni sulfates, ni sels de fer, ni carbonate de chaux.

L'*acétate de plomb* neutre ou sel de saturne renferme 68,44 de protoxyde de plomb ; le dosage se fait par l'acide carbonique, on essaie aussi ce sel avec les réactifs du fer. La présence de ce métal donne lieu à de graves inconvénients, car un acétate de plomb souillé de fer ne peut être employé pour faire les mordants d'alumine ; on essaie aussi le cuivre ; il contient quelquefois de l'acétate de soude, du nitrate de plomb.

Acétates de fer. — V. PYROLIGNITE DE FER.

L'*alumine* en pâte doit se dissoudre complètement et sans effervescence dans l'acide acétique, elle ne doit contenir ni fer, ni chaux, ni sulfates.

L'*alun* se trouve dans le commerce sous deux variétés, l'alun potassique et l'alun ammoniacal. On reconnaît ce dernier en ajoutant de la potasse à une dissolution de ce sel ; il se dégage de l'ammoniaque facile à reconnaître à l'odeur ; les aluns ne doivent pas être acides, mais être exempts de fer et de cuivre.

L'*alun de chrome* ne doit pas laisser de résidu par dissolution et ne pas contenir de chromate libre ; il doit également être exempt de fer.

L'*ammoniaque*, ou alcali volatil, est une solution gazeuse de gaz ammoniac dans l'eau ; à l'état pur, la dissolution doit s'évaporer complètement par la chaleur. 100 parties d'ammoniaque à 22° doivent saturer exactement 120 parties d'acide chlorhydrique pur à 22° ; l'ammoniaque est souvent altérée par des huiles empyreumatiques, par des acides, par des sels de chaux. On falsifie rarement l'ammoniaque, dont l'odeur est caractéristique ; quelquefois cependant, on y ajoute du chlorhydrate d'ammoniaque, ou du sel de cuisine, pour augmenter la densité, on y a aussi trouvé de l'alcool, d'après Vom Berg.

L'*arséniate de soude* qui est très employé pour les dégommages dans les fabriques de toiles peintes, doit se dissoudre sans résidu, il doit être exempt de fer, de silice et de carbonate de soude ; il doit être blanc ; il est quelquefois altéré par le fer des cornues dans lesquelles il est préparé, ou par la silice des bonbonnes.

Chlorates. Ceux de potasse, de soude, de baryte, de strontiane, sont généralement assez purs ; ils sont altérés par les chlorures de leurs bases.

Les *chromates de potasse* sont solubles dans l'eau, mais insolubles dans l'alcool, ils sont quelquefois mélangés de potasse qui se décèle par le nitrate de baryte, il se forme un précipité de chromate et de sulfate de baryte, ce dernier insoluble dans l'acide nitrique Le *chromate de soude* est moins pur, il contient outre le sulfate de soude, des chlorures que l'on reconnaît par le nitrate d'argent, le chlorure formé est insoluble dans l'eau et soluble dans l'ammoniaque.

La *chaux* est usitée en quantites considérables pour la teinture en indigo, elle doit se déliter facilement et ne pas laisser de résidu sablonneux. — V. CHAUX.

Chlorure de chaux. — V. CHLOROMÉTRIE.

Chlorure de sodium. Sel commun (V. CHLORURES). Le sel est souvent falsifié : on le mouille, pour lui donner plus de poids, on y ajoute du plâtre, du sulfate de soude, de l'alun, quelquefois du chlorure de potassium. Le sulfate de chaux se reconnaît facilement par son insolubilité dans l'eau, le sulfate de soude et l'alun sont décélés par le nitrate de baryte.

Chlorure de manganèse, ce sel est cristallisé et contient souvent un peu d'acide chlorhydrique libre, il contient aussi du fer; il est rarement falsifié.

Le *chlorure d'ammonium* ou sel ammoniac (V. CHLORURES), est souvent altéré par du sulfate d'ammoniaque, du chlorure de sodium, du sulfate de chaux : quelquefois du fer, du cuivre, qui se reconnaissent par le cyanure jaune, le fer précipitant en bleu, et le cuivre en brun marron.

L'*émétique*, ou tartrate de potasse et d'antimoine, est employé comme médicament et comme fixateur du tannin dans les industries de la teinture et de l'impression. Pur, l'émétique ne précipite pas le chlorure de baryum, l'oxalate d'ammoniaque, l'acétate acide de plomb, le nitrate d'argent. On le dose au moyen du tannin pur cristallisé, 2 grammes de tannin précipitent exactement 1^{gr},402 d'émétique. Ce sel qui est assez cher, est altéré par de la crème de tartre, de la silice, de l'oxyde d'antimoine, du fer, du cuivre. Il est falsifié par l'acide oxalique, on y a même ajouté du phosphate de soude et du sucre. On a beaucoup expédié d'Allemagne, dans ces derniers temps, de l'oxalate d'antimoine en place d'émétique.

Hyposulfites. L'industrie consomme aujourd'hui en quantités assez considérables l'hyposulfite de soude et l'hyposulfite de chaux. Ces sels contiennent généralement du sulfate et du sulfite, quelquefois du chlorure de cette base.

Le sulfate se reconnaît par le chlorure de baryum ; mais il faut chauffer, car l'hyposulfite de baryte donne, comme le sulfate de baryte, un précipité blanc ; seulement ce dernier est insoluble à froid et à chaud, tandis que l'hyposulfite de baryte est soluble à chaud ; on reconnaît les sulfites en précipitant par le nitrate d'argent, il se forme un précipité blanc de sulfite d'argent, on filtre et on redissout par l'ammoniaque; le sulfite seul est soluble, l'hyposulfite d'argent au contraire devient jaunâtre, puis noir, surtout à chaud.

Phosphate de chaux. — V. ENGRAIS.

Prussiates. Le *prussiate jaune* ou cyanure de fer et de potassium (V. CYANURES) est un sel jaune, quand il est gris, c'est qu'il contient du sulfure de fer que l'on reconnaît par la simple dissolution, le sulfure reste en suspension et dégage de l'acide sulfhydrique sous l'influence de l'acide sulfurique dilué.

Le *prussiate blanc* ou cyanure de potassium (V. CYANURES) contient quelquefois du sulfure de potassium que l'on reconnaît par les sels de plomb qui sont précipités en noir. Si le cyanure retient encore du cyanoferrure ou prussiate jaune, sa solution aqueuse forme avec un persel de fer, un précipité de bleu de Prusse, tandis que s'il est pur, on a un précipité verdâtre.

Le *prussiate rouge* ou ferricyanure de potassium (V. CYANURES) renferme des chlorures de potassium et de sodium, et du cyanure jaune non décomposé; on doit toujours le titrer pour connaître sa richesse, mais il faut auparavant rechercher s'il contient du chlore libre ou des composés métalliques. Parmi les procédés les plus usités, la méthode de Walace est des plus simples et des plus expéditives, on se sert d'une liqueur titrée contenant 1 à 2 centigrammes de sel d'étain, par division d'une burette graduée en centièmes. En présence de cyanure rouge et d'un excès d'acide chlorhydrique, le protochlorure passe rapidement à l'état de bichlorure, en ramenant le cyanure rouge à l'état de cyanure jaune. Le point d'arrêt de la réaction est pris au moment où le liquide change sa coloration verte contre une teinte violette très tranchée et qui ne vire pas au vert.

Potasse. — V. ALCALIMÉTRIE.

Rhodanates ou *sulfocyanures*. Ces sels n'existent dans le commerce que depuis peu de temps, cependant de nombreuses falsifications ont déjà été reconnues. Le sulfocyanure de potassium contient souvent du chlorure facile à reconnaître par le nitrate d'argent; le sulfocyanure de baryum contient aussi du chlorure de potassium et de baryum qui se décèlent de la même manière. Le sulfocyanure d'alumine contient quelquefois du sulfate, précipitable par le chlorure de baryum. Quelquefois les sulfocyanures sont légèrement colorés en rose ; cette couleur est due à la présence d'un peu de fer.

Sels de soude (V. SOUDE). Les sels de soude destinés au blanchiment s'essayent par teinture. On dissout une certaine quantité de soude, on plaque un échantillon de tissu dans le bain, on sèche, dégomme et on teint en alizarine. S'il y a trace de fer, le tissu se colore en violet. Ce moyen est des plus pratiques pour les blanchisseurs ou les teinturiers.

Sel d'étain. Le sel d'étain doit contenir 52 à 54 0/0 d'étain ; on fait une dissolution d'une quantité donnée, on précipite en faisant passer un courant d'hydrogène sulfuré en excès, on laisse le tout à l'air pendant une nuit, puis on chauffe pour chasser l'excès d'hydrogène sulfuré, on filtre, lave et sèche, on transforme ensuite par le grillage le sulfure obtenu en bioxyde stannique, 1 gramme de bioxyde stannique correspond à 0,78 d'étain métallique.

Silicates. On emploie deux silicates, celui de *potasse* et celui de *soude* ; ce dernier est aujourd'hui le plus répandu, souvent il est très alcalin; on reconnaît la base d'un silicate commercial par le procédé suivant, on introduit dans un tube à essais 1 centimètre cube du silicate à essayer avec 8 ou 10 centimètres cubes d'eau distillée, on agite et on additionne la solution de 1 centimètre cube d'acide acétique, qui devra la laisser complètement transparente. En ajoutant alors son volume d'alcool à 90°, quelques fragments d'acide tartrique, et en agitant le tout rapidement, on verra bientôt apparaître un précipité grenu et cristallin de bitartrate de potasse, si le silicate est à base de potasse; est-il à base de soude, ce n'est qu'après une trentaine d'heures qu'il se formera un précipité de tartrate de soude.

Un moyen très pratique pour doser en même temps la silice et la soude (dans le silicate de soude) consiste à en prendre une certaine quantité, à colorer la dissolution par du violet d'aniline, puis à titrer par de l'acide sulfurique. Au moment de la saturation, la coloration violette verdit, on en déduit la quantité d'alcali, on filtre et le précipité de silice, séché et calciné, est pesé, on a d'une part en 0/0 la teneur en soude et de l'autre, celle en silice.

La densité de la solution de silicate de potasse pur ne doit pas dépasser 33° Baumé, et lorsqu'elle atteint 25° Baumé = 1,806 de densité, elle est tellement visqueuse qu'elle cesse de couler à une température inférieure à + 20°. L'excès de densité des liqueurs fournies par l'industrie résulte de l'addition d'une proportion plus ou moins considérable d'une lessive de soude, pendant la concentration du silicate de potasse. Cette soude diminue la valeur vénale du produit, augmente d'une façon nuisible sa causticité, et atténue son pouvoir adhésif; on doit donc suspecter de fraude, ou de mauvaise préparation, tout silicate de potasse marquant de 35 à 40° et qui restera liquide et coulant au-dessous de + 20° et comme 1/15 de silicate de soude diminue singulièrement les propriétés adhésives de celui-ci, on devra, en cas de doute, mesurer mécaniquement la force d'adhésion des solutious de silicate de potasse.

Le *stannate de soude* est souvent mélangé d'arséniate. Il y a divers moyens de doser, mais le plus expéditif est le suivant, qui donne de bons résultats pour la pratique. On calcine le stannate, puis on le pulvérise; on en mélange ensuite un poids connu avec 5 parties de sel ammoniac, on chauffe dans un creuset de porcelaine, et on renouvelle l'opération jusqu'à ce que le résidu n'éprouve plus de perte de poids, l'étain alors a été entraîné à l'état de chlorure, et l'alcali se trouve dans le résidu à l'état de chlorure de sodium, la calcination doit se faire sans que le résidu entre en fusion. On peut aussi le doser en précipitant la solution aqueuse chaude par de l'acide sulfurique étendu, décantant après vingt-quatre heures de repos, l'acide métastannique qui s'est formé, puis lavant, séchant, calcinant et pesant.

Sulfates. Les principaux sulfates employés dans les arts et l'industrie, sont :

Le *sulfate d'alumine*; il doit surtout être exempt de fer et de silice; ces deux corps se reconnaissent facilement, le premier par le prussiate jaune, le second par l'acide chlorhydrique.

Le *sulfate de chaux* — V. PLÂTRE.

Le *sulfate de cuivre* du commerce, qui est presque pur; cependant on le trouve mélangé à du sulfate de fer, du sulfate de zinc et du sulfate de magnésie. Le fer se reconnaît en faisant bouillir le sel dans de l'eau additionnée d'acide nitrique et en traitant par un excès d'ammoniaque qui redissout l'oxyde de cuivre et laisse un dépôt d'oxyde de fer. Le zinc est indiqué au moyen d'un excès de potasse versé dans la solution aqueuse de cuivre; tous les métaux sauf le zinc sont précipités, on acidule la liqueur filtrée, et on traite par un excès de carbonate de soude qui précipite le zinc. La magnésie, que l'on trouve plus rarement, se précipite dans la liqueur obtenue après élimination des métaux par le sulfure ammonium; on n'a qu'à ajouter, après ébullition, du phosphate de soude ammoniacal qui détermine au bout d'un certain temps, un précipité de phosphate ammoniaco-magnésien.

Le *sulfate de fer* du commerce; ce sel est presque toujours impur, il peut contenir du sulfate de cuivre, de l'acide sulfurique libre, du sous-sulfate de fer, des sulfates de zinc, de chaux, de magnésie, de l'alun, de la mélasse et quelquefois de l'arsenic. Le sulfate acide se reconnaît facilement, il fait, en solution concentrée, effervescence avec les carbonates.

Le sulfate de fer pur précipité par du chlorure de baryum doit donner pour 100 parties de sulfate de fer, 83 parties de sulfate de baryte. Il contient ordinairement de 46 à 48 0/0 d'eau. Le cuivre se reconnaît facilement, en plongeant une lame de fer dans la solution, le cuivre se précipite; le zinc est décélé en ajoutant de l'ammoniaque en excès à la dissolution, filtrant, et chassant par l'ébullition l'excès d'ammoniaque de la liqueur, l'oxyde de zinc se précipite. L'alumine se reconnaît par une addition de potasse caustique en excès à une dissolution de sulfate ferreux, l'alumine reste dissoute; on filtre, et la liqueur filtrée, saturée par de l'acide chlorhydrique, laisse précipiter de l'alumine par l'addition de quelques gouttes d'ammoniaque.

Pour reconnaître la chaux, on peroxyde le sulfate ferreux par de l'acide nitrique, et on précipite par un excès d'ammoniaque; on filtre, et on ajoute de l'acide oxalique ou de l'oxalate d'ammoniaque. La mélasse se reconnaît au toucher onctueux particulier qui donne en même temps une apparence grasse. L'arsenic s'essaie par l'appareil de Marsh. — V. ARSENIC.

Le *sulfate de magnésie*; il contient souvent du sulfate de soude, un moyen simple d'essai consiste à ajouter de l'alcool à 90° à une solution aqueuse de ce sel : s'il est pur, la solution reste limpide; qu'elle se trouble, on peut être assuré de la présence de sulfate de soude, ou encore de chlorure de magnésium et de calcium; 100 parties de sulfate de magnésie à 7 équivalents d'eau contiennent 16 d'oxyde de magnésium anhydre; par la chaleur, ce sel éprouve la fusion aqueuse et doit perdre 51 0/0 d'eau.

Le *sulfate de soude* est insoluble dans l'alcool; il contient 10 équivalents d'eau, et perd à l'air son eau de cristallisation en s'effleurant, soit 56 0/0. Le sulfate de soude peut contenir du chlorure de sodium, des sels ammoniacaux, du fer, du cuivre, du plomb, et des sulfates de chaux, de magnésie, de manganèse. Le fer se reconnaît par une addition d'une infusion de noix de galle; quand il y a du cuivre, l'ammoniaque donne une coloration bleue; par l'hydrogène sulfuré, on décèle le plomb et le cuivre. Les sels ammoniacaux sont indiqués par l'addition de chaux vive au sel; bien broyer et chauffer, il se dégage du gaz ammoniac reconnaissable à son odeur. Le manganèse se décèle par un sulfure alcalin, qui donne un précipité couleur chair, de sulfure de manganèse; le sulfate de chaux se constate par l'oxalate d'ammoniaque, ou le carbonate de soude, et le sulfate de magnésie, par les carbonates qui précipitent la magnésie, et les bicarbonates qui ne la précipitent pas.

Le *sulfate de zinc* contient 49 0/0 d'eau de cristallisation, il renferme du sulfate de fer ou du sulfate de cuivre; le cyanure rouge donne un précipité *brun*, quand il contient du cuivre, et *bleu*, quand il y a du fer. La noix de galle colore la liqueur en *noir* plus ou moins intense, quand il y a du fer.

DROGUES PROPREMENT DITES ET SUBSTANCES COMMERCIALES. *Albumines* (V. ce mot). L'albumine d'œuf est solide, en croûtes transparentes jaunâtres avec un léger reflet verdâtre. L'albumine de sang est plus colorée, et a un aspect extérieur analogue à celui des plaques de gomme-laque; les albumines s'essaient de la façon suivante : on examine la transparence, la viscosité, l'odeur, le dépôt; une bonne albumine doit être complètement soluble et se coaguler, absolument par l'ébullition. Elle ne doit pas influencer les outremers par le vaporisage, ou du moins très peu; on fait, à cet effet, une couleur contenant de l'outremer, on vaporise un échantillon, on en passe un autre en eau bouillante, et on en garde un troisième comme type; la différence de teinte indique l'influence de coloration due à l'albumine. Ces échantillons savonnés au bouillon, pendant une demi-heure, constatent le degré de solidité. Il est indispensable d'avoir toujours sous la main un bon type d'albumine; ce type doit être renouvelé souvent, car l'albumine, au contact de l'air, se modifie au bout de quelques mois. Les altérations et falsifications de l'albumine sont nombreuses; on emploie la caséine, la gomme, la gélatine : on constate la caséine par l'acide acétique à 35°, la caséine se coagule. Le tannin décèle la gélatine, et la gomme est précipitée par l'alcool fort, en excès, ajouté à une dissolution qui a été bouillie et filtrée. La farine se reconnaît par la solution d'iode, et le sucre, par la liqueur de Fehling.

Amidons. Le commerce emploie l'amidon sous deux formes principales, en poudre ou en aiguilles prismatiques; ce dernier est préféré. L'amidon est insoluble dans l'alcool, et bleuit par l'iode, il contient quelquefois du gluten ce qui fait que l'empois s'aigrit plus facilement que quand il est pur. Comme il est souvent humide outre mesure, il est bon d'en dessécher une certaine quantité à l'étuve : l'amidon contient ordinairement 12 0/0 d'eau, au delà, on peut considérer l'eau comme une addition frauduleuse; il contient quelquefois du carbonate de chaux, reconnaissable par les acides avec lesquels il fait effervescence; du sulfate de chaux, dont la proportion se constate par le poids du résidu provenant de l'incinération d'une certaine quantité de l'amidon à essayer; l'amidon pur laisse au plus 2 0/0 de résidu. Quant l'amidon doit servir à épaissir des couleurs, on essaie, outre l'acidité, le rendement comme épaississement, en faisant des empois comparativement à des amidons types.

Les amidons ne sont pas tous de même provenance : on fait, outre les amidons de blé, des amidons de riz, de maïs; quand on a un microscope à sa disposition, on peut assez facilement les reconnaître, la grosseur et la forme des grains variant, d'après les provenances. Le tableau suivant (V. FARINE) donne la forme des principales variétés de matière amylacée, ainsi que leur plus grand diamètre, exprimé en millièmes de millimètres :

Espèce végétale	Farine	Diamètre en 1,000 de millimètre
Blé.	Sphérique ou lenticul..	50 à 40
Maïs.	Polyèdre arrondi. . . .	30
Riz.	Hexagonale	20
Pommes de terre..	Ovoïde.	180-140
Fèves	Allongée (hile linéaire)	75
Sagou.	Ovoïde avec section plane.	35
Betterave	Globuleuse.	8 à 6 (?)

Quand on n'a pas de microscope, on peut recourir au procédé suivant, dû à M. Maget :

On fait un empois à 10 0/0 d'amidon, avec l'amidon de blé, l'empois sera blanc, mat et s'épaissira promptement par le refroidissement; avec l'amidon de riz, l'empois s'épaissira lentement, la fécule donne de suite, même à chaud, un empois très épais, très transparent, mais qui se sépare vite. En ajoutant à 50 grammes de ces divers empois, 15 gouttes d'un mélange de 50 grammes eau distillée et 5 gouttes de teinture d'iode, on observe diverses colorations.

Le *rose persistant* indique l'amidon de *blés*; le *rose fugace* indique l'amidon de *riz;* le *lie de vin* indique l'amidon de *maïs;* le *bleu passant au violet* indique la *fécule*.

Amidons grillés. Les variétés d'amidons grillés sont très nombreuses; suivant les usages auxquels on les destine, on les emploie ou plus ou moins grillés, c'est-à-dire plus ou moins transformés. L'amidon grillé, pâle, contient encore beaucoup d'amidon blanc intact, tandis que l'amidon grillé foncé est complètement transformé. Le pouvoir épaississant est d'autant plus faible qu'il est plus grillé. On l'essaie en faisant une dissolution de 10 grammes d'amidon grillé dans 400 grammes d'eau, on filtre et on pèse le résidu, on doit avoir au plus 1 à 2 0/0 de résidu; au delà, l'amidon est mal grillé, ou a été fait avec des nuances trop grillées, mélangées à des nuances plus claires, pour donner la couleur demandée. On trouve quelquefois de la craie qui est facile à reconnaître par un acide. On essaie aussi les amidons grillés, en faisant une couleur à base d'alumine pour rose bon teint; cette couleur doit être faite en même temps qu'une autre, préparée avec un amidon grillé type. Les *léiogommes* s'essaient de la même façon, seulement au lieu de faire du rose, on fait avec du pyrolignite de fer un violet assez clair; plus le rendement est fort, meilleur est l'épaississant; la vivacité et la limpidité de la couleur obtenue sont aussi à prendre en considération.

La *caséine* s'essaie comme les albumines, en faisant une dissolution ammoniacale, et comparant avec une caséine type. Quand elle doit servir dans l'impression, on fait une couleur mélangée avec de l'outremer, ou du gris fumée, et on compare le rendement, après vaporisage et savonnage.

Cires. On trouve couramment dans le commerce, les cires animales, végétales et la cire fossile, ou cérésine. Ces dernières servent souvent à falsifier la cire d'abeilles qui est la plus chère. Nous renvoyons à ce mot pour les diverses altérations à signaler, et pour les moyens de les reconnaître.

Dextrines. — V. DEXTRINE, FÉCULE.

Essences. — V. ESSENCE, HUILE VOLATILE.

Farines. — V. FARINE, PANIFICATION.

Gélatine. Les meilleures gélatines sont les moins colorées, les moins odorantes, celles qui se gonflent le plus dans l'eau, qui font prendre en gelée la plus forte proportion de ce liquide; une bonne gélatine solidifie à + 10 à + 15, 10 à 13 fois son poids d'eau. Les gélatines les plus mauvaises sont celles qui se dissolvent le plus *à froid* dans l'eau. Il n'y a pas de méthode simple et rigoureuse pour établir la valeur d'une gélatine.

Glycérine. Une glycérine pure doit être neutre au papier de tournesol, complètement insoluble dans l'éther et le chloroforme. Les corps suivants ne doivent pas donner de précipité : oxalate d'ammoniaque (précipite la chaux), chlorure de baryum (précipite les sulfates), l'acide sulfhydrique (les sels de plomb). Le procédé d'essai de Champion et Pellet est assez expéditif, mais doit être fait par des mains exercées, car il est basé sur la production de nitroglycérine que donne une glycérine. Ce procédé se résume en trois opérations distinctes : le dosage de l'eau, obtenu en déterminant la densité du produit; celui des matières organiques, fourni par leur précipitation à l'aide du sous-acétate de plomb; et de la chaux, dosée par l'oxalate d'ammoniaque; la glycérine est, en outre, appréciée au moyen de sa transformation en nitro-glycérine : 100 parties de glycérine pure donnent 190 parties de nitro-glycérine.

Les corps suivants sont insolubles dans la glycérine : l'éther, les résines, les acides gras, la benzine, le camphre, le chloroforme, le sulfure de carbone, le bromure, chlorure et iodure de mercure, l'iodure de plomb.

Gommes. Les variétés de gomme usitées dans l'industrie sont très nombreuses, et il est très difficile de constater leur valeur, par des procédés spéciaux. Quand il s'agit de gommes destinées à l'alimentation (confiseries, pâtes) ou à la pharmacie (sirops, tablettes, émulsions), on a toujours soin de n'acheter que des gommes en morceaux, les mélanges se remarquent déjà par la simple inspection; les gommes de bonne qualité doivent être complètement solubles dans l'eau, précipitables par l'alcool, sans odeur et de peu de saveur; elles ne doivent pas se colorer avec l'eau iodée. Quand elles contiennent de la fécule, la liqueur se colore en bleu, et en rouge vineux, s'il y a de la dextrine.

Dans l'industrie (teinture et apprêts), on essaie les gommes, en examinant la viscosité, le degré fourni à l'aréomètre par un poids donné, comparativement à une gomme type, enfin on fait une couleur contenant un peu de fuchsine, on imprime sur laine, vaporise et lave. Une bonne gomme donne les tons les plus rosés, les gommes contenant de la chaux donnent des tons violacés (V. GOMME). Les gommes sont falsifiées avec les gommes de qualités inférieures, gomme de l'Inde, gomme de pays, Bdellium, etc., avec de la dextrine, de la farine, de la craie. Ces dernières substances ne se trouvent que dans les gommes qui se vendent en poudre.

Gomme adragante. On la trouve dans le commerce sous deux formes, vermiculée et en plaques; elle est quelquefois mélangée avec la gomme de Bassora, et la gomme de Sassa, dite *pseudo-adragante*. Cette dernière est jaunâtre et donne avec l'iode une coloration bleue presque comme la fécule. La gomme adragante en poudre est mélangée avec la gomme arabique, la fécule. La gomme arabique se reconnaît par l'addition d'alcool à une solution aqueuse de gomme adragante, celle-ci est soluble tandis que l'autre gomme se précipite. En laissant macérer la gomme adragante avec de l'eau, filtrant et essayant par l'iode, on reconnaît la fécule par la coloration bleue. Le microscope décèle plus facilement cette falsification.

Huiles. — V. HUILE.

Léiogommes. Les fécules torréfiées, les léiogommes, et produits gommeux analogues, s'essaient en en dissolvant une certaine quantité; on examine la viscosité, puis on filtre pour ensuite peser les résidus qui ne doivent pas dépasser 1 à 2 0/0. Ces substances ne doivent être ni acides ni alcalines. Quand il s'agit d'une nuance déterminée, on la compare au type, et pour l'emploi dans l'impression, on a soin de faire une couleur à base de fer, puis l'on teint, et le rendement donne la valeur relative du produit.

Savons. — V. SAVONIMÉTRIE. Les savons doivent contenir à peu près les proportions suivantes :

	Alcali	Acides gras	Eau
Savon blanc marbré (soude)..	6	64	30
— de coco (soude).....	5	22	73
— d'acide oléique.....	7	65	28
— mou vert de Marseille (potasse).......	9	44	46
— d'huile d'olive d'Ecosse (potasse).......	10	48	42

Les savons sont falsifiés avec de la fécule, de l'alumine, du silicate de soude, des matières résineuses, des sulfates et des chlorures, du talc, de la chaux, du plâtre.

Tannin (V. Acide tannique). Le tannin se dose au moyen de l'émétique. Un gramme de tannin doit précipiter 0,701 d'émétique pur. Dans l'industrie on essaie la pureté des tannins en teignant un échantillon mordancé en fer et un en fer et alumine avec 0,05 de matière, pour une surface de tissu contenant 25 centimètres carrés de couleur imprimée. Le tannin pur donne un gris particulier avec le fer, et un jaune chamois avec l'alumine. S'il est mélangé de sumac, d'extrait de châtaignier ou d'une autre substance tannante, la coloration est modifiée. — J. D.

Bibliographie : Dictionnaire de chimie, Wurtz; *Agenda du chimiste*, 1884; *Dictionnaire des altérations et falsifications*, Chevalier et Baudrimont; *Dictionnaire des falsifications*, par Soubeyran; *Leçons sur les matières premières*, Pennetier; *Chimie élémentaire*, par Girardin; *Traité des matières colorantes*, Schützenberger; *Chimie industrielle*, Payen; *Dictionnaire des produits de l'industrie susceptibles d'être analysés*, par Benoit, 1858, Paris; *Traité des moyens de reconnaître les falsifications des drogues simples et d'en constater le degré de pureté*, Bussy et Boutron-Charlard, Paris, 1829; *Manuel des falsifications des drogues simples et composées*, Pedroni, Paris, 1848.

ESSAI DES MATIÈRES COLORANTES

L'impression et la teinture des tissus, la teinture des peaux, des plumes, des pailles, des bois, la coloration des liqueurs, des objets de confiserie, des vernis, des corps gras, des encres de toutes sortes, l'impression des papiers, la fabrication des laques, la préparation des fleurs artificielles, etc., ont à leur disposition une variété considérable de matières colorantes, pour produire les innombrables nuances que l'on recherche de nos jours.

Sans entrer dans le détail des essais rigoureusement exacts à faire pour apprécier ces divers colorants, nous allons donner les méthodes générales employées en pratique, lesquelles permettent dans la plupart des cas, d'être suffisamment renseigné sur la valeur des produits essayés.

Couleurs plastiques. Les substances colorantes insolubles, telles que l'outremer, le vert Guignet, le noir de fumée, les ocres, les terres, le vermillon, le minium, doivent avoir un certain degré de finesse; pour le constater, on en mélange une quantité donnée avec de l'eau, et on examine, comparativement à une couleur type, la rapidité avec laquelle la couleur à essayer se dépose; plus elle sera fine, plus elle demandera de temps pour se déposer. On peut aussi mettre dans le bain ainsi préparé, une petite bande de calicot pendant au dehors du vase; par l'effet de la capillarité, le liquide entraînera la poudre et plus celle-ci sera ténue, plus la bande sera colorée; on essaie le pouvoir colorant en mélangeant la substance à essayer avec du blanc de zinc ou du blanc de baryte, ou du blanc d'Espagne bien pulvérisé. La couleur la plus intense sera celle qui perdra le moins. Quand on n'a pas de blanc type pour mélange, on peut mettre l'une des couleurs sur une feuille de papier; en pressant avec un couteau à papier on obtient une surface très lisse, si alors on met un peu de l'autre couleur, on voit immédiatement la différence; comme contrôle, on fait l'essai inverse. Pour les outremers, on a soin de faire une couleur, et le rendement en nuance et en intensité se voit après l'impression; on essaie aussi la solidité de l'outremer par l'alun; le plus résistant est naturellement celui qui se décompose le plus lentement. Quand ce sont des pâtes colorées à essayer, on en dessèche un échantillon pour voir la quantité d'eau, et le résidu sec est alors essayé comparativement à un type; on a soin aussi de filtrer un échantillon, de recueillir l'eau, et de l'évaporer pour s'assurer que la pâte colorée n'a pas été insuffisamment lavée; ce point est essentiel pour les couleurs obtenues par précipitation, telles que les jaunes et oranges de chrome. Si on lave ces couleurs, et celles obtenues par calcination, l'eau de lavage filtrée doit être absolument neutre, et ne pas contenir plus de sels que ce qu'en contient l'eau ordinaire. Le vert Guignet et le noir fritté sont quelquefois acides.

Laques. Les laques qui sont des précipités de matière colorante avec une base, métallique la plupart du temps, s'essaient en en imprimant une certaine quantité, mélangée à de la gomme, sur du coton et sur de la laine. L'échantillon sur coton donne le rendement, et l'échantillon sur laine fixé à la vapeur et lavé, renseigne sur la vivacité et la nuance du produit; on peut essayer ainsi les laques de cochenille, de campêche, de Cuba, de Fustet, de graine de Perse, de gaude, de Lima, de quercitron, de garance, d'orseille, etc. On doit avoir soin de faire plusieurs coupures de la même laque: on voit par les nuances claires si la richesse correspond au type, et si le produit est mélangé, car la moindre addition modifie les nuances très claires, soit comme vivacité, soit comme ton. Le *carmin d'indigo* s'essaie de la même manière.

Substitut d'indigo, rocou, safran, saflor, curcuma, cachou. Ces diverses matières colorantes s'essaient en en faisant également une couleur que l'on imprime sur coton, en même temps que l'on imprime la même couleur faite avec une matière type. Le substitut et le cachou peuvent être chromés; il va de soi que les substances solides comme le rocou, le cachou, etc., doivent d'abord être dissoutes.

Bois de teinture. Les bois de teinture sont très nombreux : leur mode d'essai se fait comme celui de l'alizarine que nous donnons plus loin en détail.

Extraits de bois. Comme ces produits sont fort sujets à être falsifiés, il faut en examiner le degré, faire une dissolution étendue de l'extrait, pour s'assurer qu'il ne contient aucune substance insoluble, car on les mélange à du sable, de la terre, de la sciure de bois; on y ajoute des fécules, de la mélasse, des extraits de moindre valeur commerciale. L'essai par teinture est celui qui donne le plus de sûreté, mais pour les extraits, ainsi que pour toutes les matières colorantes, il est indispensable d'avoir de bons types.

Les extraits de plantes comme les extraits de graines de Perse, de gaude, de Sumac, sont essayés de la même manière.

Couleurs d'anilines. On désigne improprement sous le nom de *couleurs d'aniline*, les matières colorantes dérivées de la houille; nous entendons par cette dénomination, toutes les matières colorantes nouvelles produites artificiellement. On les essaie toutes de la même manière, excepté l'alizarine que nous traiterons spécialement. On fait une dissolution de la matière à essayer que l'on filtre pour s'assurer qu'il n'y a pas de résidu, on essaie ensuite au *colorimètre* (V. ce mot) qui donne approximativement la valeur de la substance; enfin, on en fait une couleur que l'on imprime sur coton, et de préférence sur laine ou sur soie; on vaporise et on lave, quand on opère avec la laine et la soie; sur coton, on imprime seulement, mais alors on fait encore un essai avec une petite échevette mordancée en tannin, et on teint comparativement à un type. Voici la formule de la couleur que l'on peut employer pour toutes ces matières : 200 grammes de gomme adragante, 50 grammes d'eau qui servent à dissoudre la matière colorante dont on prend 50 centigrammes à 1 gramme. Cette formule peut servir pour les fuchsines, safranines, violets, gris, bruns, corallines, verts et bleus; les couleurs insolubles dans l'eau sont préalablement dissoutes dans l'alcool. Le microscope décèle l'addition des farines, fécules, etc.

Huiles d'aniline. Les huiles d'aniline ne sont pas des matières colorantes, mais forment la base du noir d'aniline. Il importe de s'assurer de leur rendement. Une bonne huile d'aniline doit avoir une densité de 1,001 à 1,010, et son point d'ébullition doit être de 187° à 192°. Elle doit être complètement soluble dans les acides chlorhydrique et sulfurique; quand les huiles doivent servir à préparer des matières colorantes, il faut transformer l'aniline à essayer, dans la matière colorante et comparer le rendement, mais quand il s'agit d'huile pour noir, on fait un noir par impression et oxydation, ou on fait un petit essai de teinture en prenant, par exemple, 1 gramme d'huile, 1 gramme d'acide chlorhydrique, 2 grammes de bichromate de potasse, et 150 grammes d'eau, on va au bouillon en 1 heure; après un bon rinçage, on donne un savon bouillant à raison de 2 grammes par litre, on lave et on sèche : une bonne huile donne un noir bleu velouté; quand l'huile contient plus de 30 0/0 de toluidine, le noir devient jaune ou roux et n'est pas à employer pour l'impression, car, outre le ton terne qu'il donne, il supporte difficilement le chlorage. Une bonne aniline laisse au plus de 1 à 2 0/0 de résidu brun par la distillation; on peut aussi essayer l'huile d'aniline en la transformant en chlorhydrate d'aniline, et dosant celui-ci comparativement à un chlorhydrate type, au moyen d'une liqueur titrée de soude pure. Pour reconnaître le point exact de saturation, il faut colorer avec du violet de méthylaniline qui indique la saturation complète de l'acide libre; en opérant une deuxième fois avec une liqueur colorée au tournesol, on a la saturation de la totalité de l'acide, la différence des deux dosages donne, par un simple calcul, la quantité d'aniline. 1gr,295 de sel d'aniline parfaitement pur contient 93 d'aniline, ou 100 grammes de sel pur doivent contenir 71 d'aniline.

Indigo. Cette matière colorante étant d'un prix élevé, il importe de s'assurer de la qualité que l'on achète. Comme l'indigo n'est pas une substance simple, mais un composé de plusieurs colorants, il est nécessaire de faire plusieurs essais qui renseignent sur les diverses matières composantes.

On fait d'abord un titrage de la matière colorante, en dissolvant 1 gramme d'indigo bien pulvérisé, dans 20 grammes d'acide sulfurique de Saxe; au bout de vingt-quatre heures, la dissolution a eu lieu, on étend l'eau distillée de façon à avoir exactement le volume d'un litre, on prend 10 ou 20 0/0 de cette dissolution, que l'on décolore par du chlorure de chaux à un dixième ou un cinquième de degré. Par comparaison avec de l'indigotine pure, on trouve le pourcentage en matières colorantes. Pour le rendement en teinte, on prend 20 0/0 de la dissolution sulfurique non étendue d'eau, on y met un demi-litre d'eau et on teint (dans un petit bocal d'un litre de capacité) un échantillon de laine d'un décimètre carré, on entre à froid et on pousse la température à 80° R. au bout d'une demi-heure, on rince et on sèche; pour chaque essai, teindre un échantillon avec l'indigo type pour pouvoir comparer. On peut doser l'indigotine par sublimation, ce qui donne le poids par différence des autres matières colorantes, le résidu noir grisâtre donne le poids des matières inactives ou terreuses; on peut encore doser l'indigotine par le bichromate, par le permanganate de potasse. Pour ces procédés, nous renvoyons aux divers traités de chimie de Würtz, Schützenberger, Persoz, etc. Les indigos contiennent de 3 à 6 0/0 d'eau, de 7 à 9 0/0 de cendres terreuses, mais cette proportion peut être variable, car les meilleurs indigos ne contiennent que 80 0/0 d'indigotine, et d'autres, comme les kurpahs, seulement 45 0/0.

Les indigos sont falsifiés avec l'amidon, le bleu de Prusse, le campêche, l'argile, l'amidon coloré par les couleurs d'aniline, etc.; toutes ces falsifications se reconnaissent facilement au moyen du mode d'essai que nous venons d'indiquer.

Alizarine artificielle, garances, garancines. Les produits dérivés de la garance tendant à disparaître, nous dirons seulement qu'ils s'essaient par teinture comme l'alizarine artificielle. Celle-ci se trouve à 10, 11, 20, 21 et 40 0/0. Pour connaître la quantité du produit, on évapore à sec un poids donné: la différence constitue l'eau; il faut aussi s'assurer que cette matière ne contient pas d'autres sels, comme le sulfate de soude qui provient d'un lavage incomplet: on laisse à cet effet déposer la pâte, et on siphonne le liquide clair que l'on examine par les procédés spéciaux, mais ce mode d'essai est peu employé, car on livre généralement aujourd'hui des produits assez purs. Pour les essais par teinture voici comme on procède. Dans une grande bassine en cuivre, dont le dessus présente sept ouvertures, assez larges pour y placer des bocaux de 1 litre de capacité, on met de l'eau salée pour faire un bain-marie, on introduit dans autant de vases (fig. 549) qu'il y a d'essais à faire, 500 centimètres cubes d'eau, on met le poids voulu de matière colorante, et ensuite un échantillon de tissu préalablement mordancé et bouzé, ce tissu est imprimé à 4 ou 5 couleurs, savoir : noir, puce, rouge, rose, violet. L'échantillon doit avoir 25 centimètres de large sur 10 centimètres de haut, on commence à chauffer le vase en cuivre, et on se guide pour la teinture au moyen du thermomètre placé à côté des bocaux. On met dans chaque bocal une baguette de verre et on a soin de remuer fréquemment et également dans les divers bocaux ; au bout d'une heure à une heure et demie, on est arrivé graduellement au bouillon, en ayant soin d'éviter les alternatives de température ; on sort alors les échantillons qui sont préalablement marqués d'incisions faites aux ciseaux, on rince à l'eau froide et on sèche ; quand il s'agit de garance, de fleur, d'alizarine, on partage les échantillons en deux, et l'on en savonne et avive une moitié, pour s'assurer de la solidité, et en même temps voir s'il n'y a pas de mélange, de colorant moins solide que celui essayé.

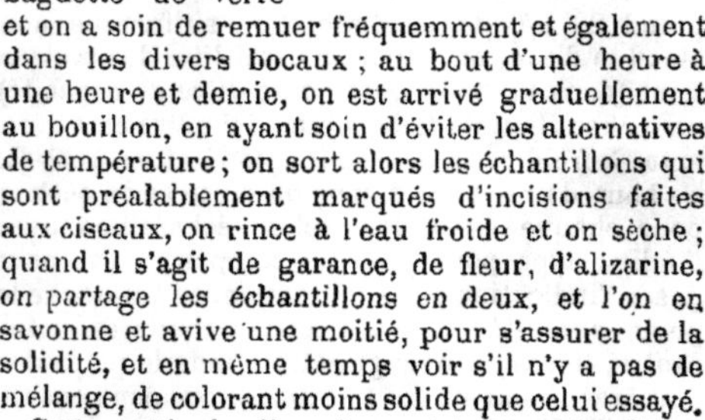

Fig. 549. — *Chaudière pour faire les essais de teinture.*

Cette méthode d'essai par teinture s'applique aux bois, aux extraits. Voici les quantités que l'on prend pour un échantillon de 25 centimètres de long sur 10 de large, à teindre dans un demi-litre d'eau.

	gr.
Alizarine commerciale de Verdet. . . .	0.75
— orange 20 0/0.	0.15
— rouge 10 0/0.	0.20
Bois de Brésil.	0.40
— de campêche.	0.30
— de Cuba.	0.50
— de Fustet.	0.50
— de Lima.	0.40
— de quercitron	0.50
Cochenille	0.75
Extrait de campêche 30°.	0.10
— de Cuba 30°	0.20
— de Fustet 30°.	0.20
— de Lima 30°	0.20
— de quercitron 30°	0.30
Fleur de garance.	3.00
Garance en poudre.	6.00
Garanceux sec.	2.00
Garancine.	0.75
Graine de Perse	0.40
Noix de galles	0.80
Pincoffine.	0.75
Quercitrine.	0.60
Sumac.	1.00
Tannin	0.60

L'alizarine bleue, qui se livre aujourd'hui en poudre, s'essaie par impression ; on fait une couleur contenant pour 100 grammes d'épaississant d'amidon, 4 grammes d'alizarine et 4 grammes de sulfate de zinc, on vaporise légèrement et on savonne. — J. D.

ESSAI DU POUVOIR CALORIQUE D'UN COMBUSTIBLE

La valeur réelle d'un combustible dépend évidemment de la plus ou moins grande quantité de chaleur qu'il développe pendant sa combustion.

Diverses méthodes permettent d'obtenir cette valeur calorifique :

(*a*) *Réduction d'un oxyde métallique.* Berthier a indiqué un procédé basé sur la détermination de la quantité d'oxygène nécessaire pour la combustion d'un corps, quantité qui est proportionnelle avec la chaleur développée. On commence par pulvériser le combustible à analyser, et on en prend 1 gramme que l'on mélange avec 20 ou 40 grammes de litharge pure et pulvérisée. On introduit le tout dans un creuset en terre, on recouvre d'un même poids de litharge, puis après avoir placé le couvercle sur le creuset, on chauffe doucement pour porter la masse à l'ébullition, on active alors le feu pendant dix minutes, puis laisse refroidir et casse le vase pour en séparer le culot métallique. Le charbon de bois pur donne 34 fois 1/2 son poids de plomb métallique. Cette méthode fournit des résultats un peu faibles ; il faut y ajouter, pour avoir un chiffre exact, 1/9e du poids total obtenu ; de plus, elle est inapplicable pour les combustibles hydrogénés lesquels se décomposent au-dessous du rouge.

Forchhammer emploie au lieu de litharge l'oxychlorure de plomb.

(*b*) La quantité de la chaleur dégagée pendant la combustion d'un combustible quelconque, peut en outre s'obtenir directement, en mesurant : 1° le poids de la glace à 0° fondue par la chaleur produite ; 2° en déterminant le poids de la quantité d'eau qui peut être vaporisée par un poids donné du combustible essayé ; on sait que, d'après Regnault, il faut 640 calories pour transformer 1 kilogramme d'eau à 0° en vapeur à 100°, ou 652 calories pour transformer un même poids d'eau en vapeur à 150° ; l'essai de production de vapeur donne les résultats suivants (Wagner), par kilogramme de combustible :

Bois de hêtre.	3.78	kil. de vapeur produite.
Houille fuligineuse . . .	6.90	— —
Cannel-coal	7.74	— —
Charbon de Newcastle. .	7.36	— —
— de Shamrock. .	8.55	— —
— d'Ecosse	6.94	— —

On peut également faire cet essai en se servant,

dans les usines, de la chaudière à vapeur, en ayant soin d'employer du charbon menu, sec, en poids connu, négligeant la chaleur absorbée par l'eau de la chaudière, la chaudière elle-même et la maçonnerie, et n'utilisant le charbon à essayer que lorsque l'eau de la chaudière est à 100°, ce que l'on constate à la sortie de la vapeur par les tubes de dégagement. Il faut tenir compte du niveau de l'eau dans la chaudière pour qu'il soit le même au début et à la fin de l'expérience, et de la température de l'eau d'alimentation.

La formule

$x = \frac{v637 - vt}{637}$ donne la quantité d'eau évaporée.

Supposons que l'on ait évaporé 10,580 kilogrammes d'eau à + 15°, et que l'on ait employé 1,320 kilogrammes de houille d'une origine quelconque, pour la réduction de cette quantité d'eau; nous aurons donc :

$$x = \frac{10580 \times 637 - 10580 \times 15}{637} = 10332$$

donc 1,320 kilogrammes de houille ont évaporé 10,332 kilogrammes d'eau à 0°, ou 1 kilogramme de charbon 7k,826 d'eau à 0°.

— 3° en mesurant l'élévation de température que fait éprouver la combustion d'un poids donné du corps à essayer à une quantité connue d'eau ou d'air. Cette méthode ayant été décrite au mot Calorimétrie, nous y renvoyons, en disant toutefois, que dans des essais de ce genre, ce sont surtout les calorimètres de Rumford ou de Bolley, qui sont les plus employés.

Tableau de la chaleur de combustion de certains corps :

Hydrogène pur.	34462	calories
Carbone (en faisant C^2O^4). .	8080	—
Pétrole brut.	11773	—
Essence de térébenthine. . .	10852	—
Cire.	10496	—
Ether hydrique.	9027	—
Graisse.	9000	—
Charbon de bois.	7640	—
Alcool éthylique	7183	—
Houille.	6000	—
Alcool méthylique	5307	—
Tourbe pressée.	4300	—
Bois.	3600	— (Wagner).

(c) L'essai du pouvoir calorifique d'un corps peut encore se déduire des résultats fournis par l'analyse chimique, en admettant, ce qui n'est pas toujours exact, que le combustible ne contient que du carbone, de l'hydrogène et de l'oxygène, et, que l'oxygène est éliminé sous forme d'eau pendant la combustion. Or, d'après le tableau précédent, ayant admis le nombre de 34462 comme chiffre calorifique absolu de l'hydrogène, 8080 pour celui du carbone pur, toujours pour élever de 1° la température de l'unité de poids d'eau, on n'aura, pour trouver le chiffre cherché qu'à faire le calcul suivant :

$$x = \frac{34462(H - 1/8O) + 8080C}{100}$$

en remplaçant les lettres H, O et C par les résultats en hydrogène, oxygène et carbone déduits de l'analyse. — J. C.

ESSAIS MÉCANIQUES DES MÉTAUX

T. de mécan. Les essais mécaniques des métaux prennent aujourd'hui une importance de plus en plus considérable dans l'appréciation de la qualité de ces produits : toutes les grandes administrations qui ont à les mettre en œuvre, ne manquent pas d'y avoir recours avant d'en prononcer la réception, et les industriels eux-mêmes ne négligent jamais d'éclairer leur fabrication par des recherches de ce genre. Ces essais ne sont appliqués toutefois que depuis une époque relativement récente, une vingtaine d'années environ ; la nature des produits métalliques se trouvait suffisamment définie en effet, jusque-là, par la marque de l'usine qui les avait fabriqués ou l'indication du procédé employé ; le consommateur demandait des fers du Berry, des fers de Franche-Comté, des affinés au bois, etc., et comme la qualité de ces produits était toujours bien uniforme, il n'était pas nécessaire de recourir à des essais spéciaux pour la contrôler.

Depuis lors, les procédés métallurgiques ont subi une transformation complète, la fonte au coke remplaçait la fonte au bois, le puddlage se substituait à l'ancien affinage au bas foyer, en même temps que les produits laminés prenaient la place des produits martelés dont ils n'avaient pas toujours la résistance et la pureté. Enfin, grâce au développement des moyens de communication, les usines pouvaient s'approvisionner au loin de matières premières de qualités inférieures dont l'emploi leur permettait encore d'abaisser leurs prix de revient. Elles arrivaient ainsi à développer leur production, quelquefois aux dépens de la qualité, mais elles enlevaient à leurs marques la considération dont elles avaient joui jusque là.

Puis est arrivé le métal fondu, métal complètement nouveau en quelque sorte, qui échappait à toute classification et restait en dehors de toutes les marques anciennes ; la constitution de ce métal était mal connue, il était impossible d'en apprécier les qualités physiques par un examen purement extérieur, et les administrations furent ainsi amenées à recourir à des essais spéciaux avant de prononcer la réception des pièces en métal fondu.

Les premiers cahiers des charges furent donc imposés pour les fournitures en fer et étendus plus tard à celles en acier fondu; ils furent appliqués d'abord par la marine française qui devança d'ailleurs toutes les compagnies de chemins de fer dans l'emploi de l'acier fondu pour ses tôles et ses cornières. Ces cahiers des charges comportèrent des essais à froid et à chaud pratiqués sur la pièce elle-même, dans le but de reconnaître si elle était en état de remplir le travail qu'on attendait d'elle. On s'attacha d'abord à déterminer la charge que le métal pouvait supporter sans rupture par unité de section, et on observa ensuite l'allongement à la rupture et même la limite d'élasticité. Ces essais à la traction donnaient des résultats indiscutables, indépendants du tour de main de l'ouvrier qui exerce toujours une certaine influence sur les essais d'emboutissage ou autres pratiqués à chaud, et ils se généralisèrent bientôt lorsqu'on eût reconnu qu'ils apportaient sur la nature du métal des renseignements mieux définis qu'avec les essais antérieurs. La marine française qui est peut-être, parmi nos grandes administrations, celle qui confie le plus de fournitures à l'industrie privée, et qui a été souvent l'initiatrice de nombreux progrès dans la métallurgie, prit une part prépondérante à cette modification des essais, et elle fit exécuter de nombreuses expériences en vue d'en démontrer la légitimité ; le cahier des charges, encore appliqué aujourd'hui par elle pour les fournitures en fer, remonte à 1868. Ce mode d'essai par traction, qu'elle inaugura en quelque sorte, est universellement adopté aujourd'hui et on le retrouve dans tous les cahiers des charges des compagnies de chemins de fer, qui l'ont suivie dans cette voie. Les forges elles-mêmes y ont continuellement recours, surtout dans la préparation de l'acier, comme nous le disions plus haut.

A côté des essais par traction, on pratique également des essais de différentes sortes qui mettent en jeu toutes les propriétés du métal étudié : tels sont les essais à la compression pour les pièces en fonte, les tubes, etc. ; ceux à la flexion pour les aciers à ressort, ceux à la torsion, etc. On pratique, en outre, des essais spéciaux à chaud et à froid, de soudure et de pliage, par exemple, pour apprécier la qualité des fers, de pliage et d'emboutissage sur les tôles, d'écrouissage sur les tôles de cuivre, etc.

Lorsqu'il est possible de le faire, on pratique souvent aussi des essais au choc sur des pièces complètes qu'on prélève au hasard sur toute une livraison. Tel est le cas, par exemple, dans les fournitures de matériel fixe des chemins de fer, comme pour les rails, les éclisses, etc., et dans le matériel roulant pour les essieux, les bandages, etc.

Les Compagnies de chemins de fer possèdent toutes maintenant un service spécial chargé de ces essais mécaniques et disposant de véritables ateliers organisés à ce point de vue. La préparation des éprouvettes de toutes sortes qu'exigent ces essais dans les usines, y occupe souvent d'une manière continue plusieurs machines-outils, et elle entraîne même pour les fournisseurs une véritable dépense de temps et d'argent, qui ne laisse pas que d'exercer une influence appréciable sur les prix de revient. On peut citer comme exemple des laboratoires d'essais établis par les compagnies de chemins de fer, celui du chemin de fer de Lyon, qui constitue avec le laboratoire récemment installé par la compagnie de l'Est un véritable modèle du genre. Les grandes forges ont installé également, tant pour leurs essais intérieurs de fabrication que pour les réceptions, des laboratoires semblables aussi complètement organisés, tout en étant moins luxueux peut-être.

Essai à la traction. L'essai à la traction est universellement pratiqué aujourd'hui, comme nous l'avons dit plus haut, et c'est toujours lui qui vient en première ligne dans l'appréciation de la qualité du métal. On relève ordinairement la résistance et l'allongement du métal au moment de la rupture, car ce sont les indications que les machines d'essai fournissent le plus facilement ; on y ajoute souvent la limite d'élasticité qui est la charge à partir de laquelle la pièce essayée subit une déformation permanente. On sait que le barreau soumis à l'essai à la traction subit d'abord un allongement qui se répartit sur toute sa longueur, et il reste susceptible de revenir à son état initial dès qu'on supprimera l'effort exercé, tant que cet effort n'a pas dépassé la limite d'élasticité. A partir de ce point, si on continue l'application de l'effort, la déformation devient permanente, la charge va en croissant jusqu'à une valeur maximum, puis la striction commence, c'est-à-dire que le métal s'étire et l'allongement se localise en une région déterminée où se produit ensuite la rupture.

En cherchant à représenter ces phénomènes par une courbe où les allongements sont portés en ordonnées, par exemple, tandis que les charges de rupture forment les abscisses, on reconnaît que cette courbe reste rectiligne tant que les charges sont inférieures à la limite d'élasticité, les allongements étant proportionnels aux efforts, et au delà de ce point la courbe se relève brusquement, les allongements croissant plus vite que les efforts. La limite d'élasticité diffère généralement peu de la moitié de la charge totale, mais la détermination précise de cette quantité ne peut se faire qu'au moyen de l'étude de la courbe considérée. Il serait intéressant à ce point de vue, comme le remarque M. Perrisé (*Mémoires de la Société des ingénieurs civils*, n° de janvier 1884), d'avoir des machines d'essai qui permissent de la tracer facilement d'une manière en quelque sorte automatique, car la connaissance de la limite d'élasticité forme, plutôt encore que celle de la charge de rupture, l'élément principal dans la détermination du travail qu'on peut faire subir en service au métal. On a cherché également, comme l'ont fait certains métallurgistes allemands, à caractériser la qualité du métal par le produit de la résistance à la rupture par l'allongement ou même par la somme de ces deux quantités. M. Deshayes a indiqué une caractéristique qui serait peut-être plus rationnelle, mais qui a l'inconvénient d'être plus compliquée, ce serait de comparer le rapport du travail de résistance vive élastique au travail de résistance totale au moment de la rupture. Ces travaux de résistance seraient déterminés en prenant l'aire de la courbe considérée plus haut jusqu'aux ordonnées correspondant respectivement à la limite d'élasticité et à la charge de rupture. M. Mangin, directeur des constructions navales, propose de son côté de considérer le rapport du travail de résistance à la rupture au produit de l'allongement par la charge correspondante. Ces modes de calculs sont, d'ailleurs, peu appliqués en pratique, les administrations se contentent, en général, de fixer des valeurs minima pour la résistance et l'allongement.

Ces essais ne peuvent généralement pas s'effectuer sur la pièce elle-même, dont la section est trop forte ou trop incommode pour qu'on puisse la saisir dans les mâchoires de la machine d'essai. On se trouve donc amené à découper une éprouvette qu'on soumet à la traction, et on juge de la qualité de la pièce d'après les résultats obtenus. Cette manière de procéder ne laisse pas toutefois que de présenter des inconvénients assez sensibles, car l'essai de l'éprouvette ne donne en réalité qu'une indication très approximative, et les résultats observés sont parfois en désaccord avec ceux qu'on obtiendrait en service. Enfin ces résultats dépendent beaucoup de circonstances tout à fait particulières à l'éprouvette, et le moindre défaut, qui serait sans influence sur la pièce elle-même, peut influer grandement sur les résultats de l'essai d'une barrette de section beaucoup plus faible.

Le mode de préparation des barreaux exerce une influence considérable sur les résultats de l'essai, comme on s'en rendra facilement compte en consultant l'ouvrage de M. Lebasteur (*Les métaux à l'Exposition universelle de 1878*. Paris, Dunod, 1878). Voir aussi l'*Etude* de M. Barba, *sur la résistance des matériaux dans les expériences à la traction* (*Mémoires de la Société des ingénieurs civils*, 1880). Nous résumons d'ailleurs les principales observations de ces ingénieurs, en raison de l'importance du sujet.

Le forgeage à chaud influe grandement sur la résistance des métaux : pour le fer, celle-ci va en augmentant avec le nombre des corroyages, mais cette loi n'est vraie toutefois que dans certaines limites; pour l'acier les résultats sont plus variables.

D'après M. Joessel, dont les expériences ne sont peut-être pas assez nombreuses pour être bien décisives, les aciers vifs s'adoucissent presque toujours par un étirage à chaud, tandis que les aciers doux augmentent de résistance.

Le martelage à froid et généralement toutes les opérations qu'on fait subir à froid au métal, comme le cisaillage ou le poinçonnage, ont pour effet de le durcir dans la région ainsi travaillée. M. Barba a démontré cette loi par ses belles expériences dont on trouvera le compte-rendu dans son *Etude sur l'emploi de l'acier dans les constructions*; il a fait voir, en outre, que la zone altérée par l'emploi du poinçon ou de la cisaille s'étend sur une faible épaisseur autour du trou ou de l'entaille; il suffit par suite de la faire disparaître en enlevant le métal à la machine à raboter pour que la section redevienne absolument saine.

M. Barba a minutieusement étudié également toutes les circonstances qui peuvent modifier les résultats de l'essai à la traction, et il a complété ainsi les observations déjà faites par M. Lebasteur; il a montré que le volume des éprouvettes reste constant dans l'essai, l'augmentation qu'il présente après rupture étant tout à fait insignifiante. Partant de là, il est arrivé à déterminer l'influence exercée par les dimensions mêmes de l'éprouvette, et à établir la loi de proportionnalité à observer entre la longueur et le diamètre pour obtenir des résultats comparables, quelles que soient les dimensions des éprouvettes considérées. L'allongement élastique reste bien constant pour deux éprouvettes de longueurs et de diamètres différents, mais l'allongement qui se produit ensuite au moment de la striction, se localise dans une région très étroite comprenant le point de cassure et il augmente d'autant plus le chiffre total d'allongement proportionnel que la longueur est plus faible et que le diamètre est plus grand. La longueur surtout exerce une influence considérable, qui modifie souvent dans une forte proportion les résultats de l'essai ; et on peut admettre, par exemple, avec M. Périssé, que les allongements proportionnels mesurés sur une longueur initiale de 200 millimètres auraient été augmentés dans la proportion de 1 à 1,3, si la longueur initiale eût été de 100 millimètres seulement. Ces observations sont devenues d'ailleurs très familières aujourd'hui à tous ceux qui ont eu l'occasion d'effectuer ces essais, et elles montrent qu'il ne faut jamais négliger d'indiquer la longueur initiale et même le diamètre de l'éprouvette à côté du chiffre d'allongement observé, si on veut fournir un renseignement précis.

Ces considérations ont amené certaines administrations à l'établissement d'un type d'éprouvette de dimensions arrêtées une fois pour toutes; et pour obtenir des résultats comparables, toutes les dimensions des éprouvettes qui ne peuvent pas être ramenées à ce titre sont fixées d'après une formule spéciale qui en assure la similitude, en établissant une relation entre la longueur et le diamètre.

La compagnie de Lyon a adopté la formule suivante $L^2=80S$, L étant la longueur de l'éprouvette en centimètres et S la section.

Pour $L=200$ millimètres, cette formule donne $S=500$ millimètres carrés ou $d=25^{m}/^{m2}$.

L'usine du Creusot, de son côté, emploie des éprouvettes répondant à la formule $L^2=50S$.

Pour $L=100$ millimètres, on a $S=200^{m}/^{m2}$ et $d=16$ millimètres.

La Compagnie de l'Ouest a adopté $L^2=100S$.

Il est particulièrement regrettable que toutes les administrations n'arrivent pas à s'entendre pour l'adoption d'un type uniforme, car on voit par ce qui précède qu'il est impossible autrement d'établir aucun rapprochement utile entre des résultats d'essai observés dans des conditions différentes.

La distance des points de repère aux têtes de l'éprouvette influe également d'une manière très sensible sur les essais : l'allongement augmente, en effet, à mesure que cette distance augmente, et il y aurait là encore un motif de plus pour l'adoption d'un type uniforme. Il en est de même pour les barreaux à section rectangulaire ; et là encore les expériences de M. Barba ont montré que les dimensions de ces barreaux, non seulement la longueur, mais encore aussi la largeur de la section initiale exerçait une certaine influence sur l'allongement total et la charge de rupture. L'inégalité de résistance qui en résulte, peu appréciable dans les cas ordinaires d'essai sur des barrettes pleines, devient très sensible sur deux barrettes d'essai de largeurs différentes qui sont poinçonnées en leur milieu; dans ce cas, les bords du trou ont à supporter un effort d'extension beaucoup plus considérable sur la large barrette que sur la petite. M. Barba a montré qu'avec le poinçonnage cylindrique de tôles identiques, la résistance à la rupture pouvait varier de $36^k,4$ à $42^k,7$ suivant que la largeur des éprouvettes s'abaissait de 112 millimètres à 32 millimètres.

Les circonstances accessoires qui accompagnent l'essai exercent enfin une influence qu'on ne saurait négliger. D'après M. Barba, la traction rapide donne plus de résistance et moins d'allongement que la traction lente, ce qu'il explique par la différence des températures pendant l'essai, l'éprouvette soumise à la traction rapide, est portée, en effet, à 60° et subit une sorte de trempe, tandis qu'elle se maintient à une température constante par suite du refroidissement pendant la traction lente. M. Kirkaldy admet, au contraire, que la charge de rupture est réduite dans l'essai par traction brusque, tandis que l'allongement resterait constant.

On observe toujours, d'ailleurs, que les résultats des essais sont altérés lorsqu'on interrompt l'essai pendant un certain temps, pour le reprendre ensuite, et cela même lorsqu'on n'atteint pas la limite d'élasticité du barreau essayé. Ainsi, par exemple, ainsi que l'a signalé M. Thomasset, si on cherche à déterminer cette limite en ramenant la charge à zéro pour reconnaître si l'éprouvette revient bien à son état initial, on reconnaît que ces retours à zéro ont pour effet de déplacer la limite d'élasticité qui est reculée, et l'écart devient très sensible si on a laissé l'éprouvette en charge pendant un certain temps, même lorsque cette charge n'est que la moitié de la limite d'élasticité.

Il en est de même si on laisse l'éprouvette en charge, même lorsque la striction est commencée et que la charge développée va en décroissant pour atteindre la valeur de rupture ainsi que nous le dirons plus loin. Si on reprend ensuite l'expérience au bout d'un certain temps, une demi-heure, par exemple, on voit la charge qui allait tout à l'heure en décroissant remonter encore pour atteindre un nouveau maximum et redescendre ensuite jusqu'à la rupture.

Quoi qu'il en soit, on doit toujours éviter les efforts brusquement développés, surtout quand on opère avec des machines sur le plateau desquelles il faut ajouter des surcharges successives, et c'est une recommandation qu'on ne néglige jamais d'observer dans les essais. On peut dire, en un mot, qu'il faut avoir soin de se placer toujours dans des conditions d'essai bien identiques à tous égards, pour avoir des résultats réellement comparables.

Machines d'essai a la traction. Les machines d'essai à la traction constituent de véritables balances dynamométriques, établies en vue de cette destination spéciale, elles doivent fournir un effort suffisant pour déterminer la rupture du barreau essayé, et permettre d'obtenir à chaque instant la mesure de l'effort auquel il est soumis et celle de l'allongement correspondant.

Ces machines peuvent se répartir en quatre groupes :

1° Celle où l'effort est exercé et mesuré par des poids agissant directement ; 2° celle où l'effort est exercé et mesuré par des poids agissant par l'intermédiaire de leviers; 3° celle où l'effort est exercé par une presse hydraulique et mesuré par une romaine ; 4° celle où l'effort est exercé par une presse hydraulique et mesuré au manomètre.

Dans les machines du premier groupe le barreau essayé, suspendu par l'une de ses extrémités à un point fixe, est chargé simplement à l'autre extrémité d'un plateau où on suspend des poids gradués. Ces machines ont servi lors des premières expériences sur l'emploi des métaux, mais elles sont tout à fait abandonnées maintenant. On peut citer par exemple les machines ayant servi aux expériences d'Hodgkinson sur la résistance à la traction de la fonte et du fer, et plus tard à celles de Vicat sur les fils de fer. Ces premières recherches permirent d'établir les lois précises de l'allongement des métaux sous l'effort de traction, de reconnaître la limite d'élasticité, etc. Elles furent reprises et complétées plus tard par le général Morin et surtout par M. Tresca qui montrèrent qu'il ne se produisait jamais aucun allongement permanent, tant qu'on n'avait pas dépassé la limite d'élasticité.

Les machines à poids qui ont servi à ces recherches ne pourraient être appliquées dans l'industrie, car elles obligent à manœuvrer des poids considérables, dès que la charge devient un peu forte, la mesure des allongements est très délicate, et l'épreuve elle-même occupe un temps trop long ; on s'est donc trouvé amené à appliquer des poids agissant à l'extrémité des leviers qui en multiplient l'effort.

Ce type de machines a été appliqué déjà en 1866, par M. Mangin, directeur des constructions navales, qui montra le premier toute l'importance des essais à la traction : la machine employée par lui était à levier simple amplifiant l'effort dans le rapport de 1 à 20. L'usine du Creuzot possède également une machine analogue à levier unique servant aujourd'hui à effectuer les essais des tôles.

Ces machines à levier simple sont devenues très rares aujourd'hui, car elles ne peuvent fournir non plus que des efforts relativement restreints inférieurs à 30 tonnes. On connaît au contraire un grand nombre de types de machines à leviers multiples, chaque constructeur adoptant ordinairement un type spécial, et nous ne saurions même les étudier tous ici. Nous mentionnerons seulement la machine construite par M. Trayvou, de la Mulatière, certains types de machines étrangères, comme celle du professeur Bauschinger, la machine américaine de MM. Flad et Pfeiffer, etc., qui appartiennent déjà au troisième groupe, l'effort moteur étant exercé au moyen d'une pompe ou d'une presse. Les machines à leviers multiples présentent ces inconvénients que la construction en est difficile et la sensibilité douteuse. La mise en mouvement des différents couteaux absorbe toujours aussi une certaine portion de la résistance, enfin il est difficile d'éviter les fortes oscillations qu'entraîne pour l'éprouvette essayée le chargement des poids sur le plateau de la machine. On ne peut jamais faire avec une précision rigoureuse les corrections essentiellement variables relatives au frottement, aux déformations des couteaux par suite des chocs, au ploiement des leviers, etc.

On remédie à une partie de ces difficultés en exerçant l'effort au moyen d'une presse hydraulique agissant directement dans l'axe du barreau au lieu d'employer des poids. Telles sont par exemple les deux machines de 200 tonnes de la Compagnie de Lyon, l'une horizontale pour l'essai des chaînes de grande longueur, et l'autre verticale pour l'essai des éprouvettes ordinaires ; dans ces deux machines, comme dans celle de l'usine de St-Chamond, et quelques autres machines étrangères, celle de Tangye, et celle de Kirkaldy qui était appliquée à la fonderie de Turin par le colonel Rosset, l'effort est mesuré au moyen d'une romaine. Ces machines sont certainement supérieures aux premières, mais elles n'en suppriment pas cependant tous les inconvénients ; il faut s'attacher à proportionner toujours bien exactement les mouvements du poids de la romaine à ceux du piston de la presse, ce qui est toujours très délicat, enfin, les leviers peuvent toujours se trouver faussés, etc. Un perfectionnement très sensible a été apporté par l'emploi des compresseurs dits *stérhydrauliques*, c'est-à-dire munis d'un piston à vis qui pénètre graduellement dans le cylindre de compression en exerçant un effort absolument continu ; avec les presses à pompe employées autrefois, au contraire, l'effort est toujours développé d'une manière un peu irrégulière et discontinue, bien que ces variations fussent déjà beaucoup moins sensibles cependant qu'avec les anciennes machines à poids.

Dans les machines du dernier groupe, l'effort exercé par la presse hydraulique est mesuré par un manomètre au lieu d'une romaine. Grâce à cette disposition, l'effort exercé, qu'il est toujours délicat de contrebalancer en agissant sur le poids de la romaine, se trouve équilibré automatiquement en quelque sorte par la pression du manomètre, qui se gradue toujours d'elle-même à la capacité de résistance du barreau. Il y a lieu de penser que les résultats obtenus dans ces conditions, surtout avec les machines dont le manomètre n'est pas installé sur la presse de compression elle-même, reproduisent plus exactement la réalité des faits qu'avec les machines à poids. On observe, en effet, par exemple, en examinant le manomètre pendant la durée de l'essai, qu'au bout d'un instant après que la striction a commencé sur le barreau essayé, la charge supportée qui atteint alors son maximum, va en diminuant progressivement pendant les derniers instants qui précèdent la rupture, et par suite la charge observée à l'instant précis de la rupture est inférieure à la charge maxima supportée antérieurement. Avec les machines à poids, on ne peut pas observer ce fait, et même si on continue l'application de nouvelles charges, on peut atteindre au moment de la rupture une charge supérieure à la charge maxima réellement supportée. Par contre, on diminue peut-être avec ces machines l'allongement de striction, puisque le barreau reste alors soumis à un effort trop élevé, et la rupture doit se produire par suite un peu plus vite. Les machines à manomètre donnent donc des résultats plus exacts à ces différents points de vue ; ajoutons enfin comme dernier avantage, que l'observation de la limite d'élasticité est grandement facilitée, car la colonne mercurielle reste stationnaire assez longtemps au moment où cette charge élastique est atteinte. On évite ainsi d'avoir à retourner à zéro pour déterminer cette limite, ce qui pourrait présenter l'inconvénient d'altérer les résultats, comme nous l'avons dit plus haut. Par contre, les machines à manomètre présentent l'inconvénient d'obliger à surveiller continuellement la colonne mercurielle pour observer la charge maxima ; on est toujours exposé à certaines erreurs d'observation, et elles auraient besoin d'être complétées par un appareil enregistreur d'un fonctionnement sûr.

Dans la machine de MM. Desgoffe et Olivier, et dans la machine de M. Witworth, l'une des extrémités du barreau est fixée à un point fixe, l'autre étant sollicitée par l'effort de la presse, et la charge ainsi développée est enregistrée par un manomètre installé directement sur le cylindre de compression. Dans les machines de M. Thomasset, ainsi que dans celle du colonel Maillard, c'est la seconde extrémité du barreau qui, par l'intermédiaire d'un organe particulier à chaque machine, transmet l'effort de traction à un manomètre tout à fait distinct de la presse.

Dans cette seconde disposition, comme on le voit, le manomètre ne peut enregistrer que l'effort réellement subi par le barreau, tandis que s'il est installé sur le cylindre de la presse, il accuse une charge supérieure, comprenant en même temps l'effort accessoire nécessaire pour vaincre les frottements de toute sorte, ceux des galets directeurs supportant le barreau, ceux de la garniture en cuir formant le joint du piston, et dans certains cas, ce frottement peut atteindre une fraction considérable de l'effort total. Il faut reconnaître, cependant, que le frottement des garnitures en cuir bien établies peut se réduire à une valeur absolument négligeable, comme l'ont montré les recherches entreprises récemment à ce sujet par M. Marié et dont nous dirons un mot plus bas.

Quoi qu'il en soit, la Marine proscrit aujourd'hui complètement les machines d'essai dans lesquelles l'effort développé est mesuré directement sur la presse qui le fournit (circulaire du ministre de la marine du 11 mai 1876), et on n'en rencontre plus guère d'exemples en France.

Toutes les fois qu'on a recours au manomètre pour la mesure des efforts exercés dans les machines à essayer les métaux, il convient donc de l'employer comme appareil spécial tout à fait distinct de la presse, et disposé de manière à n'accuser que les efforts réellement subis par le barreau. On trouvera un exemple de cette disposition dans l'installation des machines Thomasset qui

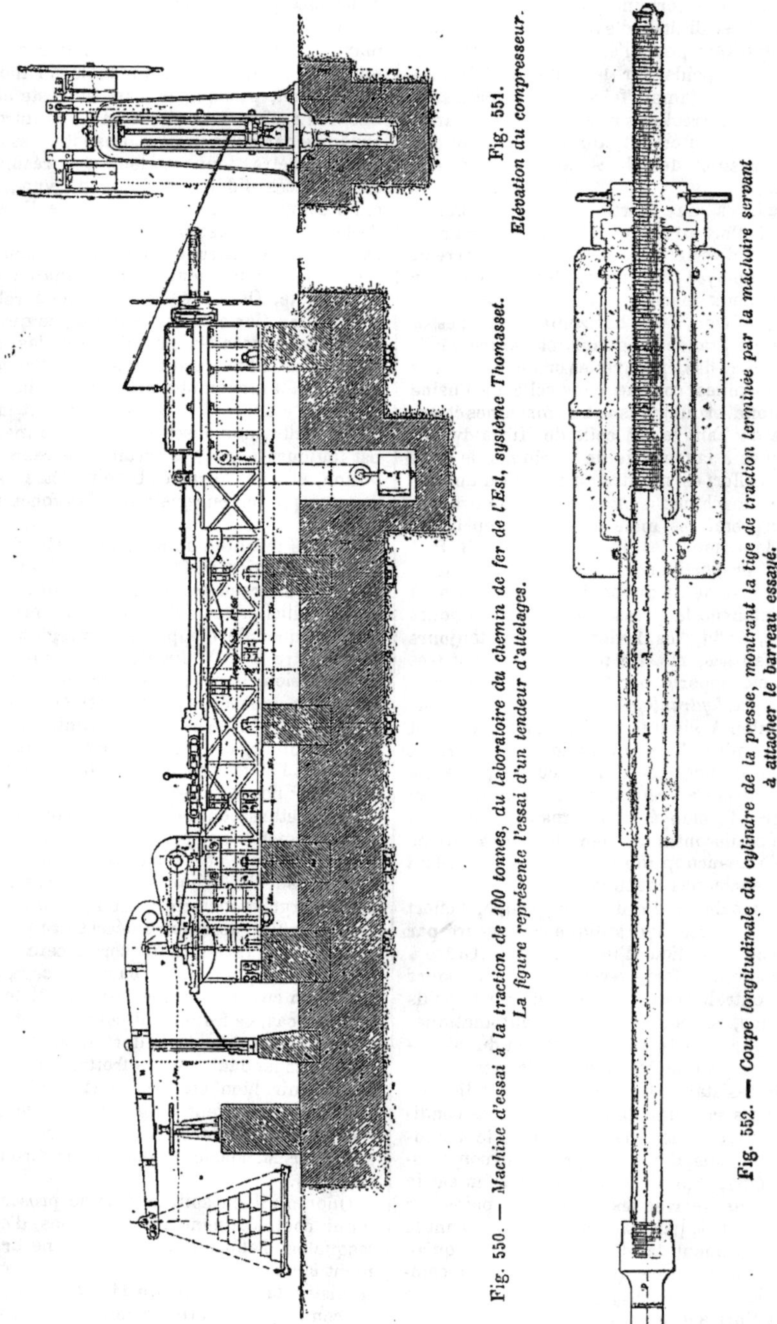

Fig. 550. — *Machine d'essai à la traction de 100 tonnes, du laboratoire du chemin de fer de l'Est, système Thomasset. La figure représente l'essai d'un tendeur d'attelages.*

Fig. 551. *Élévation du compresseur.*

Fig. 552. — *Coupe longitudinale du cylindre de la presse, montrant la tige de traction terminée par la machoire servant à attacher le barreau essayé.*

ont servi, pour ainsi dire, de type à la plupart des machines analogues créées depuis. Nous avons représenté dans les figures 550 à 552 la machine d'essai de 100 tonnes, construite par M. Thomasset pour le laboratoire des chemins de fer de l'Est.

La traction est exercée au moyen d'une presse hydraulique actionnée par un compresseur sterhydraulique, représenté dans la figure 551 ; celui-ci se compose d'un piston guidé T qui s'enfonce dans un corps de pompe vertical, quand on agit sur l'arbre horizontal supérieur en le faisant tourner, soit à la main par l'intermédiaire des deux volants à manettes, soit mécaniquement au moyen de courroies passant sur les poulies dont cet arbre est muni. Le piston forme écrou, en effet, avec une grande vis d'un pas très petit ayant le même axe, et à laquelle l'arbre supérieur imprime un mouvement de rotation par l'intermédiaire d'une vis sans fin engrenant avec un pignon denté. Le piston T avance en comprimant et refoulant l'eau contenue dans le cylindre et produit ainsi des pressions relativement élevées, obtenues par suite d'une manière parfaitement uniforme et sans aucun choc.

M. Desgoffes avait déjà disposé, en 1867, des compresseurs dits *sterhydrauliques*, qui servaient également à développer un effort régulier sans secousse. On remarquait, en particulier, à l'Exposition de 1867, sa presse à corde dans laquelle l'effort exercé était obtenu au moyen d'une corde qu'on faisait pénétrer plus ou moins dans le cylindre sous le piston compresseur. L'effort pouvait être gradué à volonté dans des limites très étendues et développé d'une manière presque insensible au besoin en faisant varier le diamètre de la corde. L'eau refoulée par le piston compresseur, dans la machine Thomasset, arrive par le petit tube incliné, représenté sur les figures 550 et 551 dans le cylindre à presse horizontal, où elle exerce l'effort de traction. Ce cylindre est représenté à grande échelle dans la figure 552, il renferme, comme on le voit, un piston à fourreau de section presque égale à la sienne; l'eau s'insinue dans le vide annulaire compris entre le cylindre et le piston, et elle exerce son effort à la base de celui-ci pour le repousser vers la droite. Le piston est traversé par une tige filetée terminée à son extrémité par la mâchoire qui reçoit le barreau. Cette tige est solidaire avec lui, et elle recule également pendant l'allongement. La vis dont elle est munie, commandée par le volant à manette E, a simplement pour but de permettre d'écarter plus ou moins les mâchoires suivant la longueur des éprouvettes à essayer.

Le barreau soumis à l'essai est attaché ainsi par l'une de ses extrémités au piston du cylindre à la presse qui reçoit l'effort transmis, et par l'autre, il est relié au petit bras d'un levier coudé dont le grand bras G, quintuple de celui-ci, vient butter contre le centre d'un plateau H appuyé sur un bassin circulaire rempli d'eau. Ce bassin, qu'on voit à gauche sur la figure à côté du levier coudé, est recouvert, d'ailleurs, d'une membrane en caoutchouc qui est boulonnée sur tout son pourtour et de manière à constituer une boîte étanche. L'effort émané du levier coudé se transmet ainsi jusqu'au plateau qui comprime l'eau sous le diaphragme en caoutchouc, et la pression ainsi déterminée est mesurée au moyen d'un manomètre K relié au bassin par un petit tube spécial. On en déduit immédiatement, comme on le comprend, la valeur de l'effort subi par le barreau en multipliant cette pression par la surface du plateau, puis par le rapport des longueurs des bras du levier coudé; d'ailleurs l'échelle du manomètre est toujours graduée de manière à donner directement les efforts exercés. La seule cause d'erreur que peut entraîner cette évaluation provient de ce que le plateau peut ne pas toujours presser la membrane en caoutchouc sur toute sa surface, il peut être incliné sur l'horizontale, l'indication du manomètre peut se trouver faussée s'il reste des bulles d'air emprisonnées dans l'eau, le levier peut être également un peu faussé, etc. Ces inconvénients étaient particulièrement sensibles sur les anciennes machines Thomasset, dont on ne pouvait guère vérifier la graduation par un tarage direct; mais celles que l'on construit actuellement sont munies généralement d'un levier spécial à l'extrémité duquel on peut suspendre directement des poids, afin de tarer le manomètre quand on le désire, comme c'est le cas sur la machine représentée : on voit, en effet sur la figure 550 le levier de tarage M avec le plateau supportant les poids gradués. Il faut reconnaître d'ailleurs que les indications données sont généralement bien exactes. Après la rupture du barreau, le piston de la presse hydraulique est ramené à sa position initiale par un contrepoids S supporté par deux chaînes, passant sur deux poulies de renvoi et fixé sur la tête du piston près de l'écrou E.

Le colonel Maillard a disposé un type de machine d'essai analogue à celle de M. Thomasset; la traction y est toujours exercée à l'aide d'une presse et du compresseur sterhydraulique, seulement elle est mesurée directement au moyen d'un manomètre à mercure sans intermédiaire de levier. Cette machine est plus simple peut-être que celle de M. Thomasset, elle élimine en même temps certaines causes d'erreur en supprimant le levier, en réduisant le parcours du piston et les frottements qui en résultent; mais, d'autre part, le réglage en est délicat.

Nous devons signaler encore la machine Chauvin, dont le fonctionnement est basé également sur le même principe, mais dont les dispositions sont toutes différentes. Le bâti de la machine est vertical, la presse hydraulique servant à développer l'effort de traction, est installée dans le soubassement entre les colonnes de soutènement, l'appareil de mesurage est disposé dans l'entablement. L'effort subi par le barreau rattaché par une de ses extrémités au piston de la presse est transmis à une chape faisant corps avec un plateau circulaire, qui vient appuyer sur une boîte remplie de mercure et fermée par un diaphragme en caoutchouc. La pression subie par le mercure est mesurée également au moyen d'un manomètre à air libre.

On trouvera, dans les différentes revues spéciales, la description d'un grand nombre de machines d'essai à la traction actuellement appliquées en France et à l'étranger; signalons simplement la machine d'essai de M. Kennedy au laboratoire d'essais mécaniques du Collège de l'Université à Londres (*Engineering*, 1881), et surtout la curieuse machine d'Emery, construite à l'arsenal de Watertown, aux Etats-Unis, et qui est mise par le gouvernement à la disposition du public pour les essais de tout genre. Cette machine peut mesurer des efforts atteignant jusqu'à 200,000 kilogrammes (*American Machinist*, nº du 21 juillet 1883).

Les manomètres employés dans la plupart des machines sont à mercure et à air libre, et ils peuvent servir à mesurer des efforts de 50 à 100,000 kilogrammes avec une colonne mercurielle de 3 mètres de hauteur au maximum. Il n'est guère facile de dépasser cette hauteur en pratique, et quand on doit atteindre des pressions plus considérables, il devient nécessaire de changer le rapport des dimensions principales de la machine. On ne peut pas essayer de mesurer directement la pression au moyen d'un manomètre métallique, par exemple, ce qui simplifierait beaucoup l'installation, car les indications de la plupart de ces appareils deviennent souvent inexactes et ne sont guère concordantes aux hautes pressions. La machine de M. Witworth était munie, cependant, d'un manomètre métallique. Il faut reconnaître, toutefois, que les recherches entreprises dernièrement sur cette question si importante de la graduation des manomètres aux hautes pressions, paraissent lui avoir fait faire un pas décisif, et les résultats obtenus en particulier par M. G. Marié, notamment avec les soupapes à fuite, permettent de penser qu'on peut arriver désormais à préparer des appareils gradués d'une manière uniforme. On trouvera dans les *Annales des Mines*, nº de janvier-février 1881, le compte-rendu détaillé de ces expériences présenté par l'auteur lui-même; nous en donnerons d'ailleurs au mot MANOMÈTRE un résumé succinct en raison de l'intérêt du sujet.

L'appareil manométrique auquel M. Marié a donné le nom de *soupape à fuite* est formé par une soupape glissant à frottement doux dans l'intérieur d'une gaîne cylindrique où s'exerce la pression à mesurer. Cette pression est équilibrée par une charge appliquée à l'extrémité d'un levier qui pèse sur la soupape. Il suffit de noter l'instant précis où elle se soulève, pendant qu'on fait varier graduellement la pression exercée, et on obtient la mesure de celle-ci en divisant la charge totale du levier par la surface d'action de la soupape. Avec une soupape cylindrique à frottement doux, on peut ainsi obtenir une mesure très exacte de cette surface, tandis qu'on ne peut jamais l'évaluer d'une manière précise avec les soupapes ordinaires de forme conique, d'autant plus que la surface d'action de la pression hydraulique paraît varier suivant les cas, l'eau arrivant à s'insinuer sous le siège. L'emploi des soupapes à fuite permet d'obtenir des manomètres métalliques de graduation bien précise et concordante, dont l'usage simplifiera l'installation des machines d'essai. Le seul inconvénient qu'il présente tient aux fuites d'eau qui se produisent lorsque la soupape est soulevée, mais ces fuites paraissent d'ailleurs peu importantes en pratique. La soupape à fuite peut, en outre, être combinée facilement avec l'emploi d'un appareil enregistreur inscrivant automatiquement les efforts développés. Il suffit, en effet, d'employer un piston à fuite de diamètre connu, sur lequel on fait agir un ressort taré au préalable; les déplacements de la soupape sont communiqués à un crayon qui trace des ordonnées proportionnelles à la pression sur une feuille de papier déroulée devant lui. M. Marié cite comme exemple un appareil construit au chemin de fer de Lyon par M. Mottet, pour enregistrer la variation des efforts d'une presse à caler les roues pendant l'opération du calage. Cet appareil donne la valeur de l'effort exercé pour chaque instant de l'avancement de l'essieu dans le trou du moyeu. Il semble qu'on pourrait réussir à appliquer, sans trop de difficulté, une disposition analogue sur les machines d'essai à la traction pour enregistrer automatiquement la courbe donnant les allongements et les efforts à chaque instant de l'essai, ce qui permettrait entre autres avantages, comme nous l'avons dit plus haut, de déterminer sans hésitation la limite d'élasticité.

Outre les différences essentielles que nous venons de signaler, les machines d'essai à la traction présentent encore certains traits distinctifs pouvant exercer une part d'influence sur les résultats de l'essai, tels sont, par exemple, ceux qui tiennent aux mâchoires servant à attacher les barreaux et, au mode de mesurage des allongements.

Pour les mâchoires, il faut toujours s'attacher à leur laisser toute liberté de mouvement afin qu'elles puissent se placer d'elles-mêmes dans l'axe du barreau; on évite ainsi les tractions obliques qui peuvent amener une rupture prématurée. Nous devons signaler particulièrement à ce point de vue la machine du colonel Maillard dans laquelle l'étrier porte-mâchoire mobile est articulé par un boulon vertical à la tige du piston de la presse, laquelle est elle-même mobile autour de tourillons horizontaux, ce qui constitue une sorte de double articulation à la Cardan.

Pour la mesure des allongements, on a appliqué différents appareils enregistreurs pouvant se fixer sur le barreau essayé; nous citerons notamment l'appareil à cadre de M. Mangin, les appareils du colonel Rosset, compas et multiplicateur à piston, et enfin l'enregistreur de M. Joessel, qui inscrit à la fois l'effort exercé et l'allongement correspondant et donne ainsi complètement la courbe de traction dont nous parlions plus haut. Malheureusement ces appareils dont l'emploi serait si intéressant à tous égards, et qui fourniraient même une foule d'indications qu'on ne peut pas obtenir par la simple observation extérieure, ne se sont pas encore répandus dans la pratique, car le fonctionnement en est très délicat, et les indications ne sont pas toujours exactes, aussi nous n'y insisterons pas ici; ajoutons enfin que l'installation en est longue et compliquée et exige le plus souvent une préparation particulière du barreau, il faut, en outre, des précautions spéciales pour éviter qu'ils ne soient faussés ou brisés au moment de la rupture.

Comme l'observation montre que la période élastique est toujours comprise dans les deux premiers millimètres d'allongement, M. Thomasset propose d'avoir, pour étudier cette période, un petit appareil multiplicateur servant à mesurer les allongements, et donnant au maximum deux millimètres par cinquantième de millimètre; cet appareil se posant sur l'éprouvette elle-même et fonctionnant automatiquement. Il permet ainsi de noter avec une très grande précision, les charges correspondantes à chaque cinquantième de millimètre. L'appareil s'enlève ensuite dès que la limite d'élasticité est dépassée, et l'observateur continue à noter les charges correspondantes par demi-millimètre, par exemple, jusqu'à rupture. On obtient ainsi tous les éléments nécessaires pour tracer une courbe représentant bien exactement toutes les circonstances de l'essai.

On se borne habituellement, dans la plupart des cas, à mesurer les allongements après rupture en rapprochant les extrémités du barreau aussi exactement que possible; quelquefois on emploie un cathétomètre pour relever les allongements pendant la durée de l'essai.

M. G. Marié a exécuté, comme nous l'avons dit plus haut, des expériences très curieuses en vue de déterminer le frottement des cuirs emboutis. Ces expériences présentent un intérêt très considérable pour l'installation des machines d'essai, en ce qu'elles ont montré que le frottement des cuirs bien établi est beaucoup moins considérable qu'on ne le croit souvent. Nous reviendrons sur ce sujet au mot Frottement; nous rappellerons seulement que, d'après les résultats observés, le coefficient de frottement serait seulement de 0,0033 pour une pression de 10 kilogrammes, et ce chiffre va même en décroissant d'une manière continue à mesure que la pression va elle-même en augmentant, et il se réduit à 0,0017 pour une pression de 600 kilogrammes par centimètre carré. On voit que dans ces conditions le frottement des cuirs serait tout à fait insensible, et qu'il n'y aurait pas à en tenir compte dans l'appréciation des efforts subis par le barreau d'essai. Cette observation permettrait de simplifier beaucoup la construction des machines d'essai, puisque ces appareils pourraient être constitués alors par de simples dynamomètres hydrauliques munis d'un manomètre métallique bien gradué, qui devrait être assez résistant toutefois pour supporter les chocs sans se détériorer.

La compagnie de Lyon, par exemple, a construit récemment dans ses ateliers deux dynamomètres hydrauliques de ce genre dont les indications sont très exactes et qui peuvent même servir à contrôler les machines d'essai dans les usines, l'un de ces dynamomètres peut mesurer des pressions allant jusqu'à 20 tonnes, et l'autre va jusqu'à 80 tonnes. Le premier a pu être gradué directement en le suspendant à une grue de 20 tonnes et soulevant par son intermédiaire des poids soigneusement tarés à la bascule, et on a retrouvé continuellement les mêmes indications toutes les fois qu'on a répété cette expérience. Le second a été gradué au moyen de la machine à essayer les métaux de la compagnie de Lyon, dont la puissance est de 100 tonnes, il donne également aussi des indications bien régulières et uniformes. Il est appliqué surtout à la mesure des efforts exercés dans la presse à caler les roues sur les essieux. Nous reproduisons dans les figures 553 et 554 la vue du manomètre de 80 tonnes, dont on trouvera la description dans un article intéressant publié par M. Lebasteur dans la *Revue générale des chemins de fer* (n° d'avril 1883). Cet appareil comprend une sorte de cuvette remplie d'eau glycérinée obturée par un diaphragme en laiton mince de deux dixièmes de millimètres d'épaisseur, ce diaphragme est soudé sur le pourtour de la cuvette qu'un petit joint consolidé par une bride met en communication avec un manomètre: l'effort est transmis au moyen d'un piston qui appuie sur le diaphragme, et il est mesuré en multipliant la surface du piston par la pression indiquée sur le manomètre.

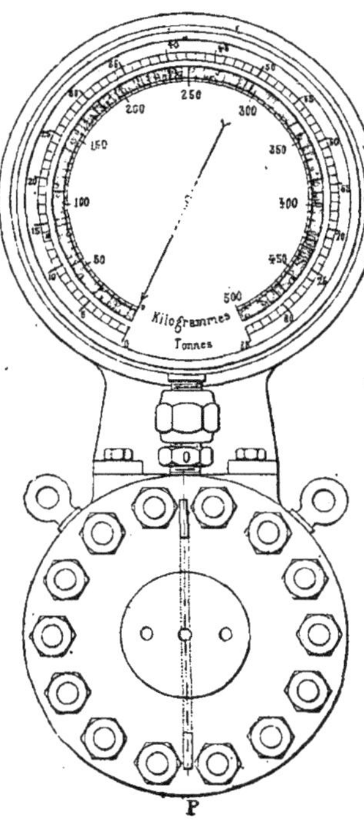

Fig. 553. — *Manomètre de 80 tonnes de la Compagnie de Lyon.*

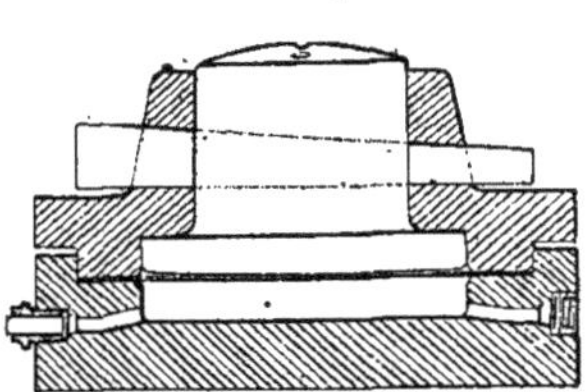

Fig. 554. — *Coupe suivant OP.*

M. Lebasteur ajoute en terminant que la disposition de ce manomètre est toute spéciale et que le bon fonctionnement de l'appareil lui a paru essentiellement subordonné à cette disposition. L'extremité libre du tube manométrique est liée avec un levier qui en amplifie les mouvements, et le bout de ce levier conduit, par l'intermédiaire d'un fil de platine très fin d'un 1/40 de millimètre de diamètre, une petite poulie calée sur l'arbre qui porte l'aiguille; on obtient ainsi des indications bien uniformes, qu'on n'observait pas tant qu'on a conservé le secteur avec pignon denté habituellement employé sur ces sortes d'instruments, les engrenages entraînant toujours un peu de frottement et de temps perdu.

Le dynamomètre de 20 tonnes est construit sur un type analogue, il se compose de deux pistons qui vont en se rapprochant sous l'action de l'effort exercé, l'un d'eux renferme la cuvette d'eau glycérinée, obturée par le diaphragme en laiton sur lequel l'autre vient presser ; les indications sont accusées également au moyen d'un manomètre à fil sans frottement. Chacun des deux pistons est muni d'une chape avec un œil permettant d'appliquer à l'appareil les efforts à mesurer.

Essais à la compression, à la flexion et à la torsion. Ces essais mettent en jeu différentes propriétés du métal qu'il est intéressant de connaître, et on y a souvent recours concurremment avec les essais à la traction. Les essais à la compression se pratiquent généralement sur les pièces en fonte et sur certaines pièces en fer ou en acier du matériel de chemin de fer, comme les bandages, etc.

Les premières expériences sur la flexion ont été exécutées au Conservatoire par M. Tresca et par le général Morin, elles ont permis de reconnaître que, jusqu'à ce qu'on atteigne la limite d'élasticité du métal, les flèches restent bien proportionnelles aux charges imposées, comme le suppose la théorie des ressorts.

Toutes les Compagnies de chemins de fer pratiquent des essais à la flexion pour la réception de leurs rails, et demandent qu'ils subissent sans rupture des charges déterminées qui varient avec les compagnies suivant qu'elles désirent avoir de l'acier plus ou moins dur.

Les éclisses sont essayées dans des conditions analogues, en soumettant à l'effort d'une presse hydraulique la poutre formée par l'assemblage de deux bouts de rails maintenus par des éclisses, dans les conditions de pose de la voie. Ces essais de flexion sont complétés, en outre, par des essais au choc et par des essais de traction pratiqués sur des barreaux découpés dans les pièces.

Certaines Compagnies, comme celle du Midi, soumettent leurs bandages à un essai à la compression sous l'action de la presse, le bandage ovalisé sous une pression déterminée qui varie avec le diamètre est soumis ensuite à l'essai au choc.

Les barres d'acier à ressort et les ressorts de tout genre sont soumis également à un essai à la flexion dans lequel on s'attache à déterminer leur limite d'élasticité et les flèches qu'ils prennent sous des charges croissantes.

On emploie à cet effet une machine comprenant un plateau commandé par une vis qui vient presser sur le ressort essayé, celui-ci est supporté par deux chariots roulant sur une voie ferrée qui repose elle-même sur la bascule d'une romaine servant à équilibrer la pression : la flèche est mesurée au moyen d'un index fixé au plateau et qui se déplace devant une tige graduée.

La plupart des constructeurs ont disposé leurs machines d'essai à la traction en vue de les appliquer à l'essai à la flexion ; nous citerons, par exemple, les machines de MM. Thomasset et Chauvin dont nous avons parlé plus haut.

On rencontre, d'ailleurs, un certain nombre de machines disposées sur un type analogue spécialement en vue des essais de flexion : nous citerons par exemple la balance Monge, la première peut-être en date et l'une des plus simples de ces machines, qui fut appliquée longtemps pour l'essai des fontes de l'artillerie. Elle a été remplacée depuis par le flectomètre à compresseur hydraulique de MM. Desgoffes et Olivier, disposé sur le type des machines hydrauliques dont nous avons parlé plus haut : le manomètre indicateur est toujours installé sur la presse même du compresseur, ce qui peut être une cause d'erreur, ainsi que nous l'avons remarqué déjà. Citons enfin la balance de M. Damourette, appliquée également dans les essais d'artillerie, qui enregistre à la fois les flèches et les pressions.

L'artillerie pratique également sur les aciers à canons des expériences de natures très diverses sur lesquelles nous ne pouvons pas nous étendre ici ; notamment des expériences sur la dureté du métal, sa résistance à la compression ou au mandrinage, etc. Le major Wadde, le colonel Rosset et le général Uchatius ont exécuté, par exemple, de nombreuses expériences de dureté en déterminant la pression nécessaire pour enfoncer un poinçon dans un échantillon donné de métal, en agissant par pression graduée ou même par choc ; mais ces essais ne se pratiquent guère dans les réceptions ordinaires ; il n'en est pas de même au contraire des essais de compression et de mandrinage qui sont toujours prescrits par les cahiers de charges, notamment pour les frettes et les tubes à canons.

Les essais de torsion se pratiquent principalement sur les fils métalliques, dont on veut vérifier la souplesse, on les tord en les enroulant un nombre de fois déterminé autour d'un cylindre de diamètre également déterminé, et la plupart des cahiers des charges prévoient actuellement cet essai. On y a recours aussi quelquefois pour l'essai des bronzes et des aciers, mais c'est un essai peu pratiqué. On emploie à cet effet des échantillons ayant la forme de barreaux cylindriques terminés par des têtes prismatiques. Une des extrémités du barreau est maintenue à peu près fixe en la pinçant entre les mâchoires d'un étau ou de la machine d'essai, et on exerce sur l'autre extrémité un effort tendant à le tordre autour de son axe.

M. Thomasset a disposé, pour cet essai, une machine spéciale dans laquelle l'effort de torsion est exercé au moyen d'une roue dentée engrenant avec une vis sans fin commandée par une manivelle, et il est mesuré au moyen du manomètre à mercure avec plateau qui sert pour les machines d'essai à la traction : l'angle de torsion du barreau est indiqué d'autre part par le déplacement d'une aiguille solidaire avec lui. M. Thurston a disposé de son côté une machine dans laquelle l'effort développé est mesuré par le déplacement d'un contrepoids qui s'écarte plus ou moins de la verticale ; cette machine est munie d'un appareil enregistreur inscrivant à la fois l'angle de torsion et le moment de l'effort correspondant.

Essais d'emboutissage. Pour les réceptions des tôles en fer et en acier, les différentes administrations pratiquent aussi, en dehors des épreuves de traction, des essais de pliage et d'emboutissage. On découpe dans les tôles essayées des barreaux rectangulaires de 3 à 4 centimètres de largeur qui sont soumis à un essai de pliage à froid et à chaud. Les cahiers des charges spéciaux pour chaque administration déterminent, suivant la qualité des tôles, l'angle de pliage qu'on doit obtenir sans que le barreau présente aucune crique.

Ces essais sont complétés enfin par un emboutissage à chaud, dans lequel on s'attache à produire avec une tôle plane emboutie à coups de marteau sur une forme creuse appropriée, une calotte sphérique dont la hauteur, rapportée à l'épaisseur de la tôle, varie également avec la qualité de celle-ci. Avec les tôles de qualité supérieure on obtient des boîtes carrées à angles vifs dont les arêtes ne présentent aucune crique. Avec les tôles d'acier suffisamment douces, des ouvriers habiles arrivent même à préparer par l'emboutissage à chaud, des objets de forme absolument quelconque et très compliquée ne rappelant aucunement la forme plane, comme des vases avec des anses, des candélabres à plusieurs branches, etc.

Le Creusot présentait, par exemple, à l'Exposition universelle de 1878, des objets en tôle emboutie fort remarquables au point de vue artistique, et témoignant par des essais tout à fait concluants de l'excellente qualité de la tôle qui avait servi à les fabriquer en même temps que de l'habilité de l'ouvrier chargé de ce travail.

Essais au choc. En dehors des essais dont nous venons de parler et qui s'opèrent généralement sous l'action d'un effort continu, on s'attache également à déterminer la résistance des métaux soumis à des efforts violents exercés d'une manière brusque comme le choc : le métal ne résiste pas, en effet, dans les mêmes conditions dans les deux essais puisque toutes les molécules n'ont pas le temps de prendre une tension uniforme sous l'effort du choc comme sous celui de la presse, et il est important d'avoir recours à ces deux sortes d'action ; bien que les essais au choc présentent toujours cet inconvénient de ne pouvoir pas être pratiqués dans des conditions absolument identiques, et de ne pas donner par suite des résultats bien comparables.

Le choc est employé d'ailleurs pour produire la plupart des essais dont nous venons de parler plus haut : on pratique en effet des essais au choc, par traction, par mandrinage, par flexion et ployage. Dans certains pays, les aciers à canons, par exemple, sont essayés à la traction par chocs, et on pratique également cet essai sur les fils destinés au gréement des navires.

Les essais de flexion et de ployage par choc sont ceux auxquels on a recours le plus fréquemment, surtout pour les pièces du matériel des chemins de fer, rails, éclisses, bandages, essieux, centres de roues, etc.

Les machines d'essais au choc présentent des dispositions très variées suivant les différentes usines qui les emploient, mais on peut dire qu'elles se composent toujours essentiellement d'un mouton guidé qui glisse entre deux montants verticaux de hauteur graduée, ce mouton est suspendu à une chaîne à déclic enroulée autour d'un tambour commandé mécaniquement, ou par une transmission hydraulique ou même quelquefois par un treuil manœuvré à la main. On soulève le mouton à la hauteur désirée, et on le fait tomber ensuite brusquement sur la pièce à essayer en agissant sur le déclic.

Ces appareils sont appliqués pour l'essai de différentes pièces dont la forme s'y prête. Celles-ci sont choisies au hasard dans la livraison parce qu'on ne peut pas essayer toutes les pièces à la fois, et les résultats qu'elles donnent à l'essai déterminent la décision à prendre sur l'ensemble du lot. Certaines Compagnies complètent même cet essai par des épreuves différentes, comme par exemple un essai à la traction pratiqué sur un barreau découpé dans les morceaux de la pièce essayée. Pour les essais au choc surtout, on observe une grande diversité d'appréciations suivant les différentes Compagnies, et les résultats demandés varient considérablement de l'une à l'autre. Certaines compagnies, en vue de parer à une usure trop rapide, rejettent le métal doux, et recherchent exclusivement un métal dur, tandis que d'autres, au contraire, soucieuses avant tout d'éviter les ruptures, exigent au contraire un métal plus doux et moins fragile. C'est ainsi que la Compagnie du Midi, par exemple, cherchant à obtenir un métal dur, demande simplement que ses rails DC, du type de 37 kilogrammes, posés sur des appuis distants de $1^{m},10$, supportent le choc du mouton de 300 kilogrammes, tombant d'une hauteur de $1^{m},75$ en prenant une flèche déterminée, et elle va jusqu'à exiger la rupture sous la hauteur de 4 mètres. Les autres compagnies françaises recherchent pour leurs rails un métal plus doux et imposent en conséquence des hauteurs de chute plus élevées dans les essais au choc. La Compagnie de l'Est demande que son rail à patin de 36 kilogrammes supporte une hauteur de chute de $2^{m},40$, et en général ce rail ne casse même pas sous une hauteur de 5 mètres. Les chemins de fer étrangers recherchent pour la plupart un métal plus doux que celui de nos lignes françaises, ils appliquent une nature d'acier presque insensible à la trempe et obtiennent des rails qui supportent sans rupture des chocs plus considérables, mais qui prennent en même temps des flèches beaucoup plus fortes. Les rails des chemins américains, par exemple, reposant sur des appuis écartés de 0.915, supportent le choc d'un mouton de 1,000 kilogrammes tombant d'une hauteur de 10 mètres. Ainsi que le remarque M. Grüner dans son *Etude sur la nature d'acier la plus convenable pour les rails*, *Annales des mines*, 4e livraison, 1881, l'acier des rails de la Cie du Midi supporte à l'essai à la traction une charge à la rupture de 85 kilogrammes, il présente un allongement de 10 à 12 0/0, avec une teneur en carbone de 0,70 environ et rentre ainsi dans la catégorie des aciers durs (5e classe de M. Deshayes), celui de la Compagnie de Lyon supporte seulement 65 kilogrammes, mais présente un allongement de 14 0/0 sur 100 millimètres, il a une teneur en carbone de 0,55 et se classe ainsi dans la 4e catégorie; les rails américains au contraire ont des charges de rupture variant de 45 à 55 kilogrammes avec des allongements de 20 0/0; et sont ainsi beaucoup plus doux que nos rails français.

Il faut remarquer d'ailleurs que, même au point de vue de l'usure, il n'est pas démontré que le métal dur soit nécessairement supérieur au métal doux, et les expériences exécutées en Amérique par M. Dudley, dont on trouvera la discussion dans la note de M. Grüner, tendraient même à établir la supériorité du métal doux. La question encore est loin d'être tranchée, et nous n'avons pas d'ailleurs à la discuter ici, nous y reviendrons au mot Rail, nous avons simplement cherché à faire ressortir par les essais les divers genres d'appréciation des compagnies.

Il en est de même pour les pièces du matériel roulant qui sont soumises à une usure particulière comme les bandages de roues. La Compagnie du Nord, par exemple, exige que les bandages des roues de voitures supportent le choc du mouton de 1,000 kilogrammes tombant d'une hauteur de 4m,40, et limite à 1/15 au maximum la flèche qu'ils peuvent présenter sous le choc. La Compagnie de Lyon au contraire pratique l'essai avec un mouton de 600 kilogrammes tombant d'une hauteur de 4m,20. On retrouverait des différences analogues sur les essais à la traction prescrits, et même aussi sur les essais de réception des essieux de voitures et de machines, surtout pour ceux en acier.

Comme l'essai au choc à outrance porte toujours nécessairement sur certaines pièces choisies au hasard dans un lot et ne peut pas donner une sécurité complète pour toutes les autres pièces composant le lot, certaines Compagnies, comme celle de l'Ouest, pratiquent en outre un essai spécial sur tous les bandages individuellement, afin de s'assurer qu'ils n'ont aucun défaut caché susceptible de produire une rupture immédiate. Les bandages embattus d'une paire de roues montées sont soumis au choc d'un marteau à devant de 7 à 8 kilogrammes, tenu par un ouvrier frappant de toutes ses forces. La roue tourne sur elle-même pendant que le bandage subit ces chocs, il reçoit ainsi 7 à 8 coups en différents points de sa circonférence, on lui fait faire 5 à 6 tours pendant que l'ouvrier continue à frapper, et le bandage est réputé bon s'il supporte cet essai sans rupture. On consultera à ce sujet avec un grand intérêt le rapport communiqué par M. Whaley à la Société des ingénieurs civils (V. *Bulletin de la Société*, du 18 juin 1878). Ce mode d'essai paraît donner en pratique des résultats très satisfaisants, car il permet d'écarter un certain nombre de bandages qui sont incontestablement mauvais. Les Compagnies de l'Ouest et du Nord appliquent actuellement cet essai particulier à tous leurs bandages et elles font usage de marteaux mécaniques dont le fonctionnement est plus régulier. L'appareil de la Compagnie de l'Ouest, qui figurait à l'Exposition de 1878, était disposé de manière à permettre à la fois l'essai des deux bandages d'une paire de roues montées. La machine disposée par la Compagnie du Nord est fondée sur le même principe, seulement elle permet d'éprouver des bandages de grand diamètre atteignant 2m,100; on en trouvera la description dans la *Revue générale des chemins de fer*, n° de mars 1881.

*** ESSANGEAGE.** *T. techn.* Opération du *blanchissage*. — V. ce mot.

ESSAYEUR. A cause de son importance et de la nature toute spéciale des marchandises qui le constituent, le commerce des matières d'or et d'argent est soumis à des obligations particulières qui ont principalement pour objet de mettre le public à l'abri des fraudes dont il peut être l'objet. Une de ces obligations consiste à interdire la fabrication de tout article d'or ou d'argent au-dessous de certains *titres* déterminés, c'est-à-dire sans contenir une quantité de métal précieux, de *fin* comme on dit, rigoureusement fixée. Le soin de veiller à l'exécution de la loi sous ce rapport est confié à l'administration monétaire pour les monnaies, et à des administrations particulières pour les bijoux et les objets d'orfèvrerie. Dans ces différentes administrations, des agents spéciaux nommés *essayeurs* sont chargés de déterminer exactement le titre des matières soumises à leur examen. L'on en distingue trois sortes: les *essayeurs des monnaies*, les *essayeurs de la garantie*, les *essayeurs du commerce*. Ceux des deux premières sont des fonctionnaires publics, tandis que les autres exercent à titre privé, sous la surveillance et avec l'agrément de l'administration financière.

Essayeurs des monnaies. Ils résident à l'hôtel des Monnaies à Paris. Ils sont chargés de veiller à l'exécution rigoureuse des prescriptions de la loi relatives au titre des monnaies, et de s'assurer que toutes les espèces sont bien au titre voulu au moment où elles vont être mises en circulation. En conséquence, à mesure que le directeur de la fabrication veut livrer au public les pièces provenant de ses opérations, plusieurs d'entre elles, prises au hasard sur la masse, passent entre les mains d'une commission qui, après avoir fait constater qu'elles ont le poids, les envoie à l'essayeur pour que celui-ci, de son côté, en détermine le titre, et ce n'est que lorsque cette détermination est effectuée qu'elles sont délivrées aux agents chargés de les faire circuler. Les essayeurs des monnaies sont nommés à vie par le ministre des Finances, après un concours qui a lieu devant un jury presque entièrement composé de membres de l'Académie des sciences. Ce concours roule sur les parties de la physique et de la chimie qui ont le plus de rapports avec l'essai des métaux précieux. Il faut, en outre, que les candidats exécutent plusieurs essais pratiques sur plusieurs alliages, les uns d'or, les autres d'argent, dont le titre leur est inconnu.

Essayeurs de la garantie. Ils sont chargés d'essayer tous les ouvrages d'or ou d'argent fabriqués par les orfèvres et les bijoutiers. Il y en a au moins un dans chaque bureau de garantie (V. Garantie). Quand un candidat se présente, il est examiné par l'inspecteur et le contrôleur du service des essais de l'hôtel des Monnaies, et s'il justifie de connaissances suffisantes, l'administration monétaire lui délivre un certificat de capacité, sur le vu duquel il obtient une nomination.

Essayeurs du commerce. Ils ont pour emploi de donner aux marchands et fabricants la connaissance exacte du titre et du poids des métaux précieux qu'ils veulent vendre, acheter ou mettre en œuvre. Pour le titre, le bulletin de l'essayeur fait foi dans le commerce. Quand l'acheteur et le vendeur ne sont pas d'accord, on reporte le lingot chez l'essayeur, dont le bulletin fait encore foi entre les deux parties. Les essayeurs exercent en vertu d'un certificat de capacité qui leur est délivré par l'administration, après un examen théorique et pratique passé devant l'inspecteur et le contrôleur de la Monnaie de Paris. Chacun d'eux a un poinçon qui porte son nom et un symbole qui lui est particulier, nom et symbole inscrits sur des planches déposées à l'hôtel des monnaies pour servir en cas de contestation. Quand l'essayeur a déterminé le titre d'un lingot, il doit y appliquer son poinçon et, de plus, indiquer en chiffres les millièmes d'or et les millièmes d'argent. Si le marchand qui a acheté dans le commerce un lingot paraphé, craint qu'il n'ait été mal titré, il peut le faire essayer à la Monnaie, et si le nouveau titre trouvé est inférieur à celui que l'essayeur a indiqué, celui-ci est tenu d'en payer la différence, ainsi que les frais d'essai, à moins que la différence n'excède pas 2 millièmes pour l'or et 5 millièmes pour l'argent. Aussi, pour ne pas exposer leur responsabilité, les essayeurs du commerce ont-ils soin de faire leur prise d'essai au milieu et aux extrémités du lingot, en trois parties égales, afin d'avoir une moyenne dans le cas où le lingot proviendrait d'une fonte mal brassée.

Dans ce qui précède, nous n'avons point parlé des moyens qu'emploient les essayeurs pour exécuter leurs opérations, parce qu'ils ont été décrits ailleurs. — V. Essai.

ESSE, ESSEAU. *T. tech.* Objet en forme d'S, et particulièrement cheville en fer, à tête aplatie vissée au bout d'un essieu de voiture, de chariot ou d'affût pour y maintenir la roue. || Crochet en forme de S placé aux extrémités du fléau d'une balance et auquel on suspend les chaînes du plateau. || Sorte de hache à l'usage des charpentiers et des menuisiers. || Marteau recourbé, nommé aussi *essette*, à l'usage de divers métiers.

ESSENCE. *T. de chim.* On donne ce nom, ou encore celui d'*huiles essentielles* ou d'*huiles volatiles*, aux principes volatils et aromatiques que l'on extrait d'un très grand nombre de plantes.

Les essences ont été employées comme parfums dès la plus haute antiquité, et l'on sait que certaines nations en faisaient un grand usage. Les Romains aromatisaient jusqu'à l'huile d'olive destinée à la table, en la laissant en contact avec des fleurs; en chauffant la résine de lentisque, on savait en isoler l'essence, que l'on recueillait directement sur du coton. Dès le xve siècle, Kunckel indiqua un moyen de séparer le parfum des fleurs, en commençant par faire fermenter de l'eau sucrée au moyen de levure, puis ajoutant les fleurs au liquide fermenté et en distillant ensuite. L'alcool produit pendant la fermentation étant un bon dissolvant des essences, on obtenait ainsi des *esprits aromatiques*.

Caractères physiques. Les essences ont en général une odeur forte qui n'est agréable que lorsqu'elle est très diluée (l'essence de noyer est inodore); leur saveur est âcre, piquante, irritante et même caustique; quelques-unes sont toxiques. Elles sont liquides en général, quelques-unes sont semi-liquides (essences d'anis, de fenouil, de menthe du Japon, de roses) à la température ordinaire; il y en a de solides (camphre ordinaire). Leur couleur varie beaucoup : la plupart sont incolores ou légèrement teintées de jaune; celles de cumin, de lavande, sont jaunes; celle de sassafras est rouge; celles d'absinthe, de cajeput, de cubèbes, sont vertes; celles de camomille, de patchouli, sont bleues, etc. Leur densité varie entre 0.835 (essence d'écorces d'oranges) et 1.173 (essence de gaultheria procumbens); les essences de plantes exotiques sont en général plus lourdes que l'eau. Leur point d'ébullition varie naturellement avec la densité: le point d'ébullition le plus bas est de 130°, le plus élevé de +300°; mais presque toutes ces huiles volatiles peuvent être entraînées à 100° par la vapeur d'eau. Les essences brûlent assez facilement en dégageant une fumée épaisse; elles sont altérables à l'air, au sein duquel elles absorbent l'oxygène (Priestley, de Saussure) pour se modifier parfois totalement; ainsi, à l'air, l'essence d'amandes amères se transforme en acide benzoïque; d'autres se modifient en dégageant en plus de l'acide carbonique, ou produisant de l'acide acétique, et se résinifiant. C'est cette propriété que l'on utilise en peinture pour avoir une dessiccation rapide, mais c'est aussi cette cause qui fait qu'il est dangereux de séjourner dans les appartements nouvellement peints, parce qu'en dehors de la disparition de l'oxygène dans la pièce, l'atmosphère se trouve viciée par les vapeurs d'essences, et que dès lors l'asphyxie est inévitable après un certain temps de séjour.

Les essences sont solubles dans un grand nombre de véhicules ; l'eau (eaux distillées aromatiques), l'alcool (alcoolats simples et composés, parfums concentrés, bouquets de fleurs, etc.), l'éther, le chloroforme, le sulfure de carbone, les carbures liquides (nettoyages à la benzine, etc.), les corps gras (pommades, etc.). Elles sont volatiles, et quand elles sont pures, elles ne tachent pas le papier sur lequel on les a versées. Leur action sur la lumière polarisée est absolument variable : les unes sont dextrogyres (essences d'aurantiacées), d'autres sont lévogyres (essences de labiées), d'autres enfin sont tout à fait inactives.

Caractères chimiques. Les essences en contact avec les alcalis ne se saponifient pas, car c'est improprement que l'on désigne sous le nom de *savon de Starkey*, un mélange d'essence de térébenthine et de carbonate de potasse auquel on ajoute de la térébenthine ; quelques-unes absorbent facilement l'ammoniaque : telle est l'essence de lavande, qui peut en condenser 47 fois son volume ; d'autres forment avec ce même corps des composés cristallins parfaitement définis, comme l'essence de moutarde, qui forme alors de la *thiosinnamine* $C^8H^8Az^2S^2$; dans quelques cas il y a production d'acide oxalique ; mais c'est toujours lorsque l'essence est de composition ternaire, car les carbures d'hydrogène ne sont pas attaqués le plus souvent. Les acides agissent de façon différente : l'acide sulfurique les colore souvent, et parfois les charbonne ; s'il est mélangé d'acide azotique, l'action peut être assez vive pour amener l'inflammation du mélange, avec production d'un charbon volumineux (charbon philosophique des anciens chimistes). L'acide azotique faible modifie souvent la couleur des essences ; s'il est concentré, il peut amener la formation de composés nitrés, comme avec l'essence d'anis, qui donne de l'anéthol binitré $C^{20}H^{10}(AzO^4)^2O^2$; si l'on chauffe les essences vers 200 ou 300° avec cet acide, on peut obtenir la formation d'acides nouveaux, de l'acide oxalique ou d'autres produits gardant une partie des éléments des essences ; l'acide chlorhydrique se dissout dans bon nombre d'essences, en faisant des composés cristallins (camphres artificiels). Certains composés métalliques sont réduits en présence des essences : l'oxyde mercurique chauffé avec elles passe à l'état de métal ; le bichlorure de cette base colore les essences en les altérant et devenant protochlorure ; les sels d'argent ou d'or sont réduits. C'est sur cette réaction qu'est basée l'argenture Drayton qui remplace souvent aujourd'hui l'argenture à l'aldéhyde qu'avait préconisée Liebig en 1844, et qui revient à 1 fr. 50 le mètre carré, au lieu de coûter 4 fr. 40 le mètre comme la dernière. Elle se pratique surtout lorsque l'on veut argenter ou dorer les boules en verre creux. On dissout 40 grammes d'azotate d'argent dans 60 grammes d'eau, et y ajoute 15 grammes d'ammoniaque liquide, on promène ce mélange à la surface intérieure du vase à argenter, puis après vingt-quatre heures, on introduit dans la boule un mélange constitué par 90 grammes d'alcool à 60°, et de 30 gouttes d'essence de girofle. La réduction du sel d'argent à l'état métallique est immédiate. On enlève le liquide et laisse sécher.

Composition des essences. On a presque toujours admis, jusqu'à ces derniers temps, que la plupart des essences étaient constituées par le mélange de deux corps : un solide, qui parfois se trouve seul, comme dans le camphre, c'est le corps que l'on désignait sous le nom de *stéaroptène*, et un liquide (*oléoptène*), qui peut également constituer la presque totalité de certaines essences (cajeput, cade vraie, etc.). Mais, si l'on étudie ces produits au point de vue de leur composition chimique élémentaire, on trouve que celles qui sont de composition binaire sont des carbures d'hydrogène, et que pour celles de composition ternaire, on y retrouve la plupart des fonctions chimiques qui caractérisent les composés organiques.

(*a*) Les essences constituées par des carbures d'hydrogène appartiennent presque toutes à la série camphénique, dont le type est l'essence de térébenthine $C^{20}H^{16}$; elles sont alors isomères avec ce corps, ou polymères, ou bien en dérivent. Mais si l'on soumet l'essence de térébenthine à l'action de l'hydrogène naissant, au moyen de l'acide iodique, on voit que ce corps se dédouble en faisant de l'hydrure d'amylène, car

$$C^{20}H^{16}+4(H^2)=2(C^{10}H^{12}),$$

alors on en a conclu que l'essence de térébenthine est un carbure dimère dont la formule

$$C^{20}H^{16}=2(C^{10}H^8).$$

Partant de ce fait, on admet dans les essences :

1° Des *carbures dimères* $(C^{10}H^8)^2=C^{20}H^{16}$; telles sont les essences de conifères, du genre citrus, de lavande, de thym, de tolu, de poivre, de girofle, de coriandre, de gingembre, de houblon, de laurier, de persil, de valériane, de camomille, de basilic, etc. ; leur densité varie entre 0,84 et 0,88 ; le point d'ébullition entre 155 et 200° ; elles sont d'oxidabilité différente, et forment avec l'acide chlorhydrique des chlorhydrates contenant un ou deux équivalents d'acide.

2° Des *carbures trimères* $(C^{10}H^8)^3=C^{30}H^{24}$; telles sont les essences de cubèbe et de copahu, dont la densité atteint 0.92, et le point d'ébullition 260° à 300°

3° Des *carbures tétramères* $(C^{10}H^8)^4=C^{40}H^{32}$; que l'on obtient par l'action de la chaleur sur les composés dimères, et qui ont une consistance visqueuse.

4° Des *carbures polymères* $(C^{10}H^8)^n$ qui résultent de l'action de l'acide sulfurique sur les autres carbures, sont solides, résineux, ou analogues au caoutchouc.

(*b*) Les essences que l'on range parmi les aldéhydes sont de composition ternaire, oxygénées, répondant à la formule générale $C^{2n}H^{2n}O^2$. Elles peuvent être mono ou diatomiques. Dans le premier groupe peuvent se ranger :

1° L'aldéhyde campholique $C^{20}H^{16}O^2$, ou camphre ordinaire, qui se forme, soit en oxydant le camphène,

$$C^{20}H^{16}+O^2=C^{20}H^{16}O^2,$$

soit en oxydant l'alcool campholique,

$$C^{20}H^{18}O^2+O^2=C^{20}H^{16}O^2+H^2O^2.$$

2° L'aldéhyde benzylique $C^{14}H^6O^2$, ou essence d'amandes amères, qui se fait par dédoublement, en présence de l'eau, de l'amygdaline, par l'émulsine ou sinaptase,

$$C^{40}H^{27}AzO^{22}+2(H^2O^2)=C^{14}H^6O^2$$
$$+2(C^{12}H^{12}O^{12})+HC^2Az$$

3° L'aldéhyde cinnamique, ou essence de cannelle $C^{18}H^8O^2$.

Dans les aldéhydes diatomiques nous trouvons : l'aldéhyde salicylique, ou essence de reine des prés $C^{14}H^6O^4$; l'aldéhyde anisique $C^{16}H^8O^4$, etc.

(c) Du reste, ainsi que nous l'avons remarqué déjà, presque toutes les fonctions chimiques se retrouvent dans les essences : il y a des *alcools*, tel est le menthol, principe solide de l'essence de menthe ; il y a des *phénols*, tels sont le thymol de l'essence de thym, qui est monoatomique, l'eugénol de l'essence de girofle qui est diatomique ; il y a des *aldéhydes*, nous les avons mentionnées ; des *acétones*, comme dans l'essence de rûe ; des *éthers*, comme pour l'essence de gaulteria procumbens, qui est d'éther méthylsalicylique ; l'essence de moutarde, ou éther allylsulfocyanique.

Classification. On a subdivisé les essences en quatre groupes : 1° *essences hydrocarbonées*, carbures d'hydrogène déjà indiqués, isomères ou polymères de $C^{10}H^8$; 2° *essences oxygénées*, aldéhydes, éthers, alcools, également indiqués ; 3° *essences sulfurées*, quaternaires, et possédant du soufre au nombre de leurs éléments (essences d'ail, d'assa fœtida). Elles ont un radical l'allyle $C^6H^5S^2$, et sont des sulfures ou des sulfocyanures de ce radical ; 4° *essences azotées* (essence de moutarde) qui contiennent également du soufre.

Etat sous lequel se trouvent les essences dans les végétaux. Les essences se trouvent parfois toutes formées dans les végétaux, et alors siègent dans des cellules spéciales, que l'on voit très facilement sur l'épicarpe (zest) des fruits des aurantiacées ; elles siègent tantôt dans les fruits (anis, fenouil, coriandre), tantôt dans les fleurs (roses), les fleurs et les feuilles (lavandes), toutes les parties de la plante, fleur, fruit, feuille, (aurantiacées) ; tantôt, au contraire, leurs éléments, réunis dans le végétal, ont besoin du concours d'un agent extérieur, pour constituer l'essence. C'est ainsi que, sous l'influence de l'eau froide, se forme l'essence d'amandes amères, par l'action de l'émulsine sur l'amygdaline ; que s'engendre l'essence de moutarde, par la réaction de la myrosine sur le myronate de potasse. L'émulsine, la myrosine sont des ferments : si l'eau était employée bouillante, la modification n'aurait plus lieu, par suite de la destruction de ces corps.

Extraction. La préparation des essences se fait, suivant la nature du produit à obtenir, de manières différentes :

1° Par *incision* simple des plantes qui renferment beaucoup d'huile essentielle. Ce procédé ne s'emploie que pour le laurier de la Guyane, et le dryobalanops camphora ;

2° Par *expression*, dans des toiles, ou des sacs de crin. Le produit obtenu ainsi est généralement plus suave que celui recueilli par distillation, mais il est aussi moins pur. Cette méthode ne sert guère que pour l'essence des aurantiacées, après avoir eu soin de râper le zest des fruits ;

3° Par *distillation*, en entraînant l'essence au moyen d'un courant de vapeur d'eau. L'opération industrielle se fait dans des alambics d'une contenance de 500 litres environ, avec des appareils ordinaires, ou bien avec l'alambic continu de Dress, Heywood et Barron. Le produit passe dans un réfrigérant refroidi pour les essences toujours liquides, ou maintenu à une certaine température, pour celles qui se concrètent facilement ; puis on le recueille dans un vase, autrefois désigné sous le nom de *récipient florentin*, mais souvent remplacé aujourd'hui par un autre, de forme cylindrique, et muni de tubulures latérales, une étant supérieurement placée et l'autre à la partie inférieure du vase. On conçoit en effet, que suivant la densité des essences, lorsque celles-ci se sépareront de l'eau qui finit par s'en saturer, les unes tomberont au fond du vase, alors que les autres gagneront la surface du liquide. Et, comme on a tout avantage à cohober les liqueurs, c'est-à-dire à épuiser de nouvelles fleurs par de l'eau distillée déjà aromatique, dans l'appareil continu, on met le récipient en communication avec la cucurbite, de telle sorte que l'eau distillée, séparée de son essence, en s'écoulant du récipient, regagne automatiquement l'appareil distillatoire, pour se réduire à nouveau en vapeur.

On employait jadis pour épuiser les plantes contenant une essence peu volatile, de l'eau chargée de sel marin, de façon à retarder le point d'ébullition de l'eau jusqu'à 110°, mais on a reconnu que ce procédé nuisait à la qualité de l'essence obtenue ;

4° Par *déplacement* : Robiquet, en 1835, a montré qu'avec divers dissolvants, comme l'éther, etc., on isolait facilement le principe odorant de certaines plantes, lorsque, quoique douées d'une odeur forte, elles contiennent cependant peu d'huile volatile. C'est ainsi qu'il obtient le parfum de la jonquille.

En 1857, M. Millon a substitué à l'éther, le sulfure de carbone qui a une valeur beaucoup moindre ; en évaporant et recueillant le dissolvant, on obtenait le principe volatil. C'est ainsi que l'on a préparé des essences de tubéreuse, de jasmin, d'héliotrope ; mais il reste parfois un peu d'odeur sulfurée, si le produit employé n'était pas d'une absolue pureté. Ce motif, et les dangers d'incendie, la déperdition, ont fait délaisser cette pratique, ainsi que l'emploi de la benzine, des pétroles (éther de pétrole) (Hirtzel), du chloroforme (G. Ville, Egrot), pour employer industriellement la suivante. L'appareil permettant d'épuiser les fleurs par les dissolvants, est dû à Laurent Naudin ; il a été construit en 1879. Il est basé sur la distillation en vase clos, dans le vide, et à une très base température. Les matières aromatiques étant dans un digesteur, on fait le vide, ce qui provoque l'ascension d'un dissolvant, qui peut alors rester en contact quinze minutes avec la plante. Le liquide saturé est ensuite envoyé, toujours par l'action du vide, dans un second vase, d'où il se rend dans l'évaporateur. Alors mettant celui-ci en communication avec un frigorifère refroidi énergiquement, on enlève tout le dissolvant qui distille et se rend dans le réservoir destiné à le contenir, tandis qu'il reste dans l'évaporateur tout le parfum mêlé à la cire végétale. En faisant arriver de l'alcool dans cette partie de l'appareil on obtient la partie solide restée dans l'appareil, et sépare la cire par un refroidissement convenable. On obtient ainsi des alcoolats très aromatiques, mais on supprime cette opération lorsqu'on veut dissoudre le parfum dans un corps gras. Ce mode d'opérer fournit des parfums très suaves, épuise les fleurs d'une manière complète, tout en donnant une plus-value de 100 0/0 sur le rendement.

En opérant successivement avec l'éther, l'alcool et l'eau, M. L. Naudin est parvenu à épuiser complètement certains produits alimentaires, comme le café, le cacao, le thé, et à condenser avec leur couleur, l'arome et la partie sapide de ces divers produits. — V. EXTRAIT.

5° Par l'*enfleurage*. On nomme ainsi le procédé qui consiste à dissoudre par un corps gras, à froid ou à chaud, le parfum des plantes à odeur fugace. En agitant ensuite le produit obtenu avec de l'alcool, on sépare le principe odorant. Ces alcools portent dans la parfumerie le nom d'*extraits de fleurs* ou de *bouquets*. L'enfleurage se pratique de diverses manières : tantôt en enveloppant les fleurs de cotons huilés, puis changeant les fleurs chaque jour, jusqu'à ce que l'huile soit saturée de principe odorant; on exprime ensuite pour agiter l'huile avec de l'alcool, afin d'en séparer le produit volatil ; tantôt, pour éviter l'action de l'air qui oxyde les corps gras et les fait rancir, en agissant en vase clos (procédé Piver), et en forçant l'air de l'appareil à passer d'un compartiment dans un autre, en ayant eu soin de déposer sur des rayons superposés, d'abord un lit de fleurs, puis un autre de matière grasse enduite en filaments. Le courant d'air saturé de principes odorants finit par céder aux corps gras toutes ses parties aromatiques, de sorte qu'en peu d'heures, et à l'abri de l'air extérieur, on arrive facilement à parfumer les graisses. L'enfleurage a lieu à froid pour le jasmin et la tubéreuse; on agite pendant vingt-quatre heures avec de l'alcool, dans des cylindres fermés, animés d'un mouvement circulaire, et au bout de ce temps le liquide a complètement privé la graisse de l'huile volatile qu'elle avait dissous. Pour l'enfleurage à chaud, M. Piver a modifié ce système : on emploie soit les graisses, soit la paraffine (Chardin et Massignon) en faisant circuler le dissolvant dans des compartiments chauffés par la vapeur, et y plongeant des fleurs placées dans des paniers métalliques, de telle sorte que des fleurs fraîches arrivent d'abord dans les caisses les plus chargées de principes dissous, pour sortir du côté où arrivent les graisses fraîches. Au moyen de cette méthode on peut saturer par jour 800 kilogrammes de matières grasses. L'avantage de la paraffine sur la graisse est de pouvoir se conserver saturée d'essence pendant longtemps, alors que les corps gras proprement dits, doivent être traités de suite par l'alcool, si l'on veut obtenir un produit très fin comme bouquet.

Rendement. Les quantités d'essences fournies par les plantes varient d'une façon très notable, avec le mode suivi pour l'obtention, avec la nature de la plante, la maturité de celle-ci, la composition du sol, l'exposition qu'avait le végétal, la sécheresse ou l'humidité de la saison, ainsi que la latitude à laquelle on se trouve. En ne tenant compte que du procédé par distillation avec la vapeur d'eau, on peut indiquer comme rendement moyen, les chiffres suivants obtenus par le traitement de 50 kilogrammes de produit :

Roses (pétales)	2g,20	
Fleurs d'oranger (Paris)	30	grammes.
— — (Provence)	150	—
Menthe	50	—
Anis	590	—
Girofle	5395	—

Le procédé Naudin permet d'obtenir un rendement bien supérieur à ces chiffres.

PRODUCTION ARTIFICIELLE. Etant donné que certaines essences sont des composés chimiques parfaitement définis, on a cherché à les obtenir par voie de synthèse. C'est ainsi que *l'essence de reine des prés* étant de l'aldéhyde salicylique, si l'on distille, en présence du bichromate de potasse, de la salicine dissoute dans de l'eau acidulée par l'acide sulfurique, on fait de l'aldéhyde absolument analogue à l'essence d'ulmaire (Piria), par fixation d'oxygène :

$$\underset{\text{Salicine}}{C^{26}H^{18}O^{14}} + 10(O^2) = \underset{\text{Aldéhyde salicylique}}{C^{14}H^6O^4} + 3(\underset{\text{Acide formique}}{C^2H^2O^4})$$
$$+ 3(\underset{\text{Acide carbonique}}{C^2O^4}) + 3(\underset{\text{Eau}}{H^2O^2})$$

l'*essence de gaulteria procumbens*, constituée par de l'éther méthylsalicylique, s'obtient en décomposant le salicylate de potasse, par l'acide sulfurique en présence de l'alcool méthylique :

$$\underset{\text{Alcool méthylique}}{C^2H^4O^2} + \underset{\text{Salicylate}}{C^{14}H^5O^5, KO} + \underset{\text{Acide sulfurique}}{SO^3, HO}$$
$$= \underset{\text{Ether méthylsalicylique}}{C^{16}H^8O^6} + H^2O^2 + KO.SO^3.$$

l'*essence de moutarde* ou éther allylsulfocyanique, se prépare facilement par le dédoublement de l'éther allyliodhydrique, en présence du sulfocyanure de potassium :

$$C^6H^5I + CyS.SK = \underset{\text{Ether allylsulfocyanique}}{C^6H^4(CyS.HS)} + KI$$

on pourrait citer d'autres exemples.

Les *essences de fruits*, si employées aujourd'hui par les parfumeurs, les confiseurs, les liquoristes et les glaciers, sont toutes constituées par des éthers parfois mélangés d'essences naturelles. L'*essence d'ananas* est de l'éther butyrique que l'on obtient en éthérifiant l'alcool ordinaire par l'acide butyrique, au moyen de l'acide sulfurique :

$$C^4H^6O^2 + C^8H^8O^4 = C^{12}H^{12}O^4 + H^2O^2.$$

On prépare de même l'*essence de pommes* (éther amylacétique) en éthérifiant l'alcool amylique par l'acide acétique :

$$C^{10}H^{12}O^2 + C^4H^4O^4 = C^{14}H^{14}O^4 + H^2O^2;$$

l'*essence de poires* (éther amylvalérianique) en éthérifiant l'alcool précédent par l'acide valérianique.

$$C^{10}H^{12}O^2 + C^{10}H^{10}O^4 = C^{20}H^{20}O^4 + H^2O^2.$$

Les *essences de coings, de cognac*, sont des éthers pélargoniques purs ou mélangés d'autres éthers obtenus dans le dernier cas avec l'huile de coco; l'*essence de rhum* n'est qu'un mélange d'éthers formique et butyrique, en proportions variables, etc. Ces exemples suffiront pour montrer les services que peuvent rendre les méthodes de synthèse pour reproduire certains corps que l'on ne retrouve qu'en minime quantité dans les végétaux.

Falsifications. Les essences étant presque toutes des produits d'un prix assez élevé, on les trouve très fréquemment altérées dans le commerce. Les corps qui s'y rencontrent le plus fréquemment sont les huiles fixes, l'essence de térébenthine ou des essences de qualités inférieures, l'alcool; puis dans celles qui se concrètent assez facilement: la cétine, le savon, ou la gélatine; enfin, dans quelques cas spéciaux, des produits très divers mais d'une odeur analogue; la nitrobenzine, par exemple, dans l'essence d'amandes amères, l'essence de géranium ou de bois de Rhodes, dans l'essence de roses, etc.

Pour retrouver ces fraudes, divers moyens généraux peuvent être indiqués :

(*a*) Pour rechercher les *huiles fixes* on peut verser l'essence sur du papier; une douce chaleur volatilise l'essence, le corps gras y laisse au contraire une tache transparente, répandant vers la fin l'odeur de térébenthine, si l'essence extraite de ce produit y avait été mélangée; — l'agitation avec de l'alcool est encore à signaler, celui-ci dissout l'essence et laisse le corps gras; — la distillation permet encore de séparer les deux corps, les principes gras n'étant pas volatils.

(*b*) La présence de l'*alcool* est indiquée de bien des manières; en agitant dans un tube gradué parties égales d'eau et d'essence suspecte, on peut après quelque temps de repos voir si le volume de l'eau n'a pas augmenté par suite de son mélange avec l'alcool; — en chauffant dans un tube, au bain-marie, et pendant cinq minutes, l'essence avec du chlorure de calcium, ou de l'acétate de potasse, s'il se forme au fond du tube un dépôt cristallin, c'est l'indice de la présence de l'alcool (Borsarelli); — si la fuchsine colore l'essence (excepté celles de cannelle et de géranium), c'est que l'essence était alcoolisée: cette réaction indiquerait 1 0/0 d'après Puscher; — l'addition d'huile d'olives à une essence permet par l'agitation de dissoudre celle-ci, on sépare ainsi l'alcool (Righini); — enfin, on peut ajouter un excès d'eau à l'huile frelatée, agiter et soumettre à la distillation. L'alcool passera dans les premiers temps de l'opération. La liqueur alcoolique pourra s'acidifier par l'action du noir de platine, elle rougira le papier bleu de tournesol, aura l'odeur acétique, puis saturée par le carbonate de soude et chauffée dans un tube de fusion avec l'acide arsénieux, elle dégagera l'odeur de cacodyle (Oberdorffer); — enfin, l'essence alcoolisée, traitée à chaud par l'acide azotique, dégage une odeur de pommes de reinette, due à la formation d'éther nitreux, et se colore en vert.

(*c*) Pour retrouver la présence de l'*essence de térébenthine* si fréquemment ajoutée aux essences de labiées, en dehors des indications déjà données, il faut citer le procédé Méro qui permet de retrouver 10 0/0 d'essence étrangère. Il consiste à mettre, dans un tube gradué, 3 grammes du corps à essayer avec 3 grammes d'huile d'œillette. L'essence pure donne un trouble laiteux après agitation (ce procédé ne peut servir pour les essences de thym et de romarin). Un autre moyen basé sur l'oxydation produite par l'essence de térébenthine a été proposé par Gréville: on commence par sulfurer un papier réactif à l'acétate de plomb, avec du sulfhydrate d'ammoniaque, puis on y verse quelques gouttes d'essence suspecte et l'on chauffe. S'il existe de l'essence de térébenthine, elle oxyde le sulfure en le transformant en sulfate et le papier se décolore. Nous remarquerons que les essences de lavande, de menthe, d'ambre, absolument pures, produisant cette réaction, le procédé n'a qu'une valeur relative.

(*d*) Les essences concrètes à la température ordinaire sont, avons-nous dit, frelatées avec du savon, de la gélatine, de la cétine. Pour retrouver ces adultérations on traite par l'eau qui dissout les deux premiers corps. Le liquide filtré pour enlever l'excès d'essence, mousse par l'agitation, donne un précipité par les sels de chaux et de plomb, s'il y a du *savon*; il précipite en plus par l'acide tannique, s'il y a de la *gélatine*; il fournirait de l'alcool par la distillation, si l'essence avait été étendue avec ce dernier véhicule. Cette même opération permet de séparer le *blanc de baleine* s'il en existait, car ce produit aurait pu être dissous par l'alcool, et alors, être séparé de ce dernier par la distillation. On le reconnaît à son aspect blanc et nacré, et à son point de fusion qui est de 44°.

(*e*) En dehors de ces fraudes qui peuvent se pratiquer sur toutes les essences en général, et qui sont parfois très difficiles à dévoiler, surtout lorsque l'on s'est contenté d'ajouter des essences de qualité inférieure à d'autres plus fines, nous avons indiqué quelques falsifications spéciales, qui proviennent de l'addition de matières ayant une analogie d'odeur avec celle de l'essence que l'on veut altérer. Telle est l'addition de nitrobenzine dans l'essence d'amandes amères, d'essence de géranium ou de bois de Rhodes, dans celle de roses. Nous pourrions citer d'autres fraudes, mais on ne peut sans dépasser la longueur voulue pour cet article, entrer dans tous ces détails. Nous nous contenterons donc de signaler les moyens à employer pour retrouver les altérations indiquées. L'essence d'amandes amères étant surtout falsifiée par l'addition d'alcool et de nitrobenzine (essence de mirbane) on retrouve l'alcool par les procédés connus, puis, pour reconnaître le composé nitré, on chauffe dans un tube 2 à 3 grammes de l'essence suspecte avec de la soude. Le mélange devient jaune si l'essence est pure, rouge s'il y a de la nitrobenzine; on agite alors avec du bisulfite de soude, on sépare les cristaux qui se sont formés, et on lave ceux-ci avec de l'éther. On décante celui-ci et l'évapore dans une cornue en présence de la limaille de fer et d'acide acétique. L'hydrogène qui se dégage à l'état naissant forme alors de l'aniline avec la nitrobenzine, l'aniline distille, et en saturant par de la chaux, le liquide recueilli, on obtient une coloration bleue caractéristique par l'addition d'hypochlorite de soude (Bourgoin). Quant à l'essence de roses, elle est concrète à la température ordinaire; pour rechercher ses altérations on commence par prendre son point de fusion, puis après on examine si elle se resolidifie en dix minutes, ce que fait le produit pur, en le maintenant dans de l'eau à + 15°; l'essence pure liquéfiée par la seule chaleur de la main, laisse voir des paillettes cristallines, tandis que mélangée d'essence de géranium, elle ne présente qu'une bouillie épaisse, sans paillettes; il en est de même s'il y a eu addition de stéarine. L'acide sulfurique, les vapeurs d'iode, ou l'acide hypoazotique, colorent en brun les essences de géranium ou de bois de Rhodes, on augmente ainsi la teinte de l'essence de rose, laquelle ne change pas lorsqu'elle est pure. Nous nous arrêterons à cet exemple qui montre déjà combien sont peu sûrs les procédés de recherches, lorsque l'on veut retrouver les mélanges d'essences entre elles, et nous renverrons pour les caractères de chacune d'elles en particulier, au mot de la plante qui sert à les obtenir. — J. C.

Essence minérale. *T. de chim.* On donne ce nom à un mélange de carbures d'hydrogène que l'on sépare dans l'épuration des pétroles bruts. Pour les obtenir on traite la matière première par l'acide sulfurique à 66°, on agite quelque temps, puis lave à grande eau, et enfin on soumet à la distillation fractionnée. Les produits recueillis entre 45 et 70°, et dont la densité est d'environ 0,65, constituent les éthers de pétrole; ceux qui passent entre 75 et 120° ont une densité de 0,702 à 0,704; c'est ce que l'on nomme *essence minérale* ou *essence de pétrole*. C'est un produit très inflammable, que l'on ne peut brûler que dans les lampes à éponges, qui dissout bien les corps gras, et peut même servir en place d'essence de térébenthine ou d'huile siccative, dans les peintures extérieures des habitations.

Essence vestimentale. *T. de dégrais.* Mélange à parties égales d'essences de citron et de térébenthine nouvellement rectifiées, que l'on emploie parfois chez les dégraisseurs pour enlever les taches de corps gras, sur les étoffes de soie ou de laine.

ESSIEU. *T. de mécan.* Barre de forme allongée servant à réunir les deux roues opposées d'un véhicule et transmettant sur celles-ci le poids de la charge suspendue.

Les essieux des petites charrettes et des voitures légères se sont fabriquées longtemps en bois lorsque le fer était rare et d'un prix élevé, les essences préférées pour cet usage étaient l'orme et le charme ; mais actuellement le bas prix du fer permet de l'employer partout à la confection des essieux, et on ne rencontre plus guère d'essieux en bois même sur les véhicules les plus grossiers. Ajoutons en outre que depuis une dizaine d'années environ, l'acier ou métal fondu tend à se substituer au métal puddlé pour cette application comme pour presque toutes les autres.

Les essieux de voitures présentent dans leur installation deux dispositions bien caractéristiques, ceux des véhicules ordinaires sont *fixes*, c'est-à-dire qu'ils sont invariablement fixés au châssis, et le roulement s'opère au contact du moyeu de la roue et de la fusée de l'essieu, les deux roues montées sur le même essieu sont alors absolument indépendantes et peuvent tourner l'une sans l'autre.

Ceux des véhicules de chemins de fer au contraire sont *mobiles*, c'est-à-dire qu'ils sont solidaires avec les roues correspondantes, et qu'ils tournent avec elles par rapport au châssis de la voiture, les deux roues sont alors calées sur l'essieu et ne peuvent pas tourner indépendamment l'une de l'autre. Cette dernière disposition serait inapplicable sur les véhicules ordinaires obligés de circuler sur des chaussées de surface inégale, et qui se trouveraient d'ailleurs dans l'impossibilité de se dévier en tournant sur eux-mêmes; mais sur les vagons de chemin de fer elle est universellement appliquée. Combinée avec la forme conique donnée aux bandages, elle est en quelque sorte caractéristique de ces sortes de véhicules dont elle assure la stabilité en marche. L'essieu forme un tout solidaire avec les deux roues, et aussitôt que les oscillations du véhicule viennent à déplacer transversalement l'essieu, et à reporter par suite les cercles de roulement sur des diamètres différents des bandages, la conicité produit sur la roue, dont le diamètre est le plus grand, des efforts de glissement qui persistent jusqu'à ce que l'égalité soit rétablie.

On a là une sorte de modérateur ou de frein qui tend à ramener le véhicule dans sa position normale sur la voie en absorbant tous les chocs ou oscillations qu'il peut subir. On peut dire d'ailleurs qu'on n'a jamais réussi à supprimer l'essieu mobile sur le matériel des chemins de fer, dans les rares essais qu'on a tentés à cet effet, qu'au prix de dispositions compliquées qui ont toujours obligé à y revenir; et l'essai qui a eu peut-être le plus de succès relatif, celui du matériel articulé du chemin de fer de Paris à Sceaux, n'a jamais eu d'imitateur. Nous n'examinerons pas ici, d'ailleurs, les inconvénients des différents systèmes essayés dont on trouvera la discussion dans le savant traité de M. Couche.

L'essieu comprend trois parties distinctes : 1° la partie centrale ou le *corps* qui reste brute, elle présente ordinairement la forme de deux troncs de cône réunis au milieu à leur petite base par un cylindre de faible hauteur ; mais le corps pourrait d'ailleurs recevoir une forme complètement cylindrique sans inconvénient ; 2° la *portée de calage* par laquelle se fait l'assemblage de l'essieu avec le moyeu du centre de roue qui doit être fixé sur lui. Cette partie est soigneusement tournée au diamètre intérieur du moyeu, l'essieu y est enfoncé sous l'effort d'une presse hydraulique, et il est ordinairement immobilisé par une clavette. Les cahiers des charges des Compagnies déterminent la pression minima sous laquelle doit s'effectuer ce calage, elle est par exemple de 40,000 kilog. pour les essieux de vagons de la Compagnie d'Orléans ; 3° vient ensuite la *fusée* sur laquelle repose la charge suspendue par l'intermédiaire de coussinets, et autour de laquelle s'opère le roulement. La fusée doit être tournée aussi exactement à dimension, et présenter une surface parfaitement exempte de tout défaut, crique ou paille si faible qu'elle soit; elle est terminée par un bourrelet.

Ces pailles peuvent déterminer, en effet, l'échauffement et le grippage de la fusée qui se trouve ainsi hors d'état de continuer son mouvement de rotation. On donne aux fusées une section aussi grande que possible, afin de diminuer la pression qu'elles supportent par unité de surface, et on doit s'attacher d'autre part à bien assurer le graissage continu en service pour éviter les chauffages, qui constituent, comme on sait, le principal accident auquel sont exposés les essieux, il importe de les empêcher absolument. Certaines compagnies ont même installé des appareils spéciaux pour roder les fusées par frottement et leur donner un poli absolu avant de les mettre en service. L'essieu non monté posé sur des coussinets en bois embrassant les fusées et commandé par une transmission, est animé d'un mouvement de rotation rapide sur lui-même, et il est maintenu en mouvement pendant un temps déterminé, jusqu'à ce que les fusées soient bien rodées. L'expérience paraît indiquer d'autre part que les essieux en fer dont les fusées présentent souvent des pailles donnent lieu à des grippages plus fréquents que ceux en acier, et la plupart des compagnies qui avaient conservé jusqu'à présent le fer puddlé pour leurs essieux songent à remplacer ce métal par l'acier fondu pour éviter ces grippages.

La fabrication des essieux est une opération de forgeage très simple en principe qui ne laisse pas néanmoins que d'être fort délicate en pratique. Le lingot destiné à ce travail est d'abord étiré au laminoir sous la forme d'une barre ronde présentant l'aspect général de l'essieu, puis celle-ci est étampée sous le pilon dans une matrice et on y ébauche les différentes parties de l'essieu. Cette opération exige ordinairement trois chaudes, une pour le corps de l'essieu et une pour chaque fusée. Les différentes Compagnies attachent d'ailleurs une grande importance à la bonne qualité des essieux, et en surveillent minutieusement la fabrication, dans ces différentes opérations; la Compagnie de Lyon, par exemple, va jusqu'à imposer pour ses essieux en fer l'emploi de natures déterminées de fontes, une composition déterminée de paquets, et prescrit également un nombre minimum de trois chaudes.

La fabrication des essieux en acier s'opère dans les mêmes conditions, le lingot d'acier est d'abord laminé en barre ronde, puis étampé au pilon. La difficulté de ce travail, tant sur l'acier que le fer, consiste à éviter les pailles et les criques à l'intérieur du corps de l'essieu, et surtout de la fusée ; car c'est surtout dans cette région que se produisent les ruptures.

Les essais de réception habituellement pratiqués consistent en un ployage et un redressement au choc opéré sur le corps et sur les fusées ; la plupart des Compagnies pratiquent en outre des essais à la traction sur des barreaux découpés dans les fusées. Nous citons comme exemple les conditions imposées par les chemins de fer de l'État :

L'essieu a essayer, placé sur deux points d'appui espacés de $1^m,50$, est soumis aux chocs d'un mouton de 400 kilogrammes, tombant d'une hauteur de $4^m,50$ au milieu de l'intervalle des points d'appui. Les chocs sont répétés jusqu'à ce que la flèche primitive de l'essieu comptée sur la longueur d'appui de $1^m,50$ ait augmenté de $0^m,25$. L'essieu est ensuite retourné et redressé au moyen de chocs semblables. Après cette épreuve, l'essieu ne doit présenter aucune crique, fissure ou dessoudure sensible, si peu importante qu'elle soit. Le pli comme le redressement ne doit pas être effectué en moins de quatre coups de mouton.

Chacune des fusées est ensuite essayée de la manière suivante :

L'essieu placé horizontalement est encastré à l'une de ses extrémités par la portée de calage dans un bloc de fonte disposé à cet effet et pesant 1,000 kilogrammes au moins, l'autre partie de calage repose sur une enclume. Dans ces conditions, on frappe sur le bourrelet de la fusée voisine de l'enclume avec un marteau guidé du poids de 400 kilogrammes tombant d'une hauteur de $0^m,60$ jusqu'à ce que la fusée ait pris une flèche de $0^m,10$. L'essieu est ensuite retourné en sens inverse et la fusée est soumise à des chocs de même importance jusqu'à ce qu'elle soit redressée. La fusée ne doit ni se rompre ni se criquer, ni se fendre dans le ployage et le redressement. Le pli, comme le redressement, ne devront pas être effectués en moins de cinq coups de mouton. Les flèches seront mesurées près du bourrelet, à la naissance du congé au moyen d'une règle reposant sur la portée de calage.

Lorsque l'essieu a supporté les épreuves ci-dessus définies, on le casse pour voir le grain au milieu du corps et à l'origine de chaque fusée. Les cassures doivent présenter un grain fin homogène avec arrachement.

Les chemins de fer de l'Etat prévoient également des essais à la traction pratiqués sur des barreaux découpés dans les fusées, et qui devront donner des résultats analogues à ceux que demandent les principales Compagnies françaises.

La Compagnie d'Orléans impose par exemple pour ses essieux en acier une charge de rupture de 45 à 50 kilogrammes, avec un allongement de 18 à 20 0/0, mesuré sur 200 millimètres.

Lorsque les essieux en acier sont absolument sains, ils peuvent effectuer un très long service sans rupture, et on en cite même dans certaines compagnies, qui sont en service depuis la constitution du réseau sans qu'il se soit jamais manifesté aucune avarie. Le parcours moyen des essieux coudés de machines en acier dépasse souvent 300,000 kilomètres, tandis que ceux en fer ne donnaient jamais plus de 30 à 35,000 kilomètres. La Compagnie de l'Ouest, par exemple, possède encore des essieux en acier de provenance Krupp qui ont été fournis de 1860 à 1868, au nombre de quarante et dont vingt-quatre sont encore aujourd'hui en service. Ces essieux ont déjà fourni un parcours moyen de 470,000 kilomètres avec un minimum de 276,000 et un maximum de 740,000.

Les ruptures d'essieux sont devenues très rares aujourd'hui, même avec les essieux en acier; celles qu'on observe se rattachent d'ailleurs presque toutes à des criques préexistantes dans le métal, et elles se localisent généralement en certaines régions déterminées de l'essieu. Pour les essieux coudés des locomotives, par exemple, elles s'observent principalement au point de raccordement du bras de la double manivelle de l'essieu coudé avec le tourillon correspondant; pour peu que l'acier présente une légère fente initiale dans cette région, celle-ci s'aggrave vite en service et la rupture se produit au bout de peu de temps.

Pour se mettre à l'abri des difficultés de fabrication qu'entraîne la double manivelle, on a même essayé de la supprimer en partie sur certains types de locomotives. On a préparé des essieux terminés à chaque extrémité par un simple bras muni d'un tourillon qu'on venait encastrer dans la roue correspondante, on évitait ainsi le second bras du coude remplacé alors par la roue elle-même, mais cette disposition ne s'est pas généralisée, car elle entraîne d'autre part des difficultés assez sensibles pour l'installation du mécanisme sur les locomotives à cylindres intérieurs.

Pour les essieux de voitures dont la forme est beaucoup plus simple, on observe aussi néanmoins des ruptures localisées en certaines régions, il faut s'attacher principalement à éviter dans le dessin de l'essieu, surtout dans le raccordement des fusées avec les portées de calage, les congés trop brusques qui peuvent donner lieu à des commencements de criques. C'est aussi cette raison qui a amené certaines Compagnies à recourir seulement à la pression du calage, pour fixer les roues sur les essieux, sans ajouter de clavette d'assemblage pour empêcher le mouvement de relatif, la pression de calage paraissant suffisamment élevée pour maintenir les deux pièces solidaires; on a remarqué en effet que les criques observées dans la portée de calage partaient presque toujours des rainures longitudinales tracées sur l'essieu pour recevoir cette clavette. Il faut ajouter d'ailleurs que c'est principalement sur le moyeu que se produisent les ruptures; les observations pratiquées en Allemagne sur ce sujet et dont on trouvera le compte-rendu dans l'ouvrage de M. Couche indiquent en effet les proportions suivantes:

63,6 0/0 de ruptures ayant eu lieu au moyeu,
27,3 0/0 de ruptures ayant eu lieu aux fusées,
9,1 0/0 de ruptures ayant eu lieu au corps.

Quant au chiffre total des ruptures il atteint seulement 0,056 sur 100 essieux en service et l'expérience de ces dernières années n'indique aucunement qu'il soit plus élevé pour l'acier que pour le fer.

On a essayé également de donner aux essieux la forme tubulaire qui serait théoriquement la plus avantageuse en raison de la nature des efforts auxquels ils sont soumis, flexion transversale et torsion; mais les essais pratiqués dans ce sens sur certaines lignes étrangères n'ont pas donné de résultats satisfaisants et on y a partout renoncé pour revenir à l'essieu plein.

***ESSORAGE.** Opération par laquelle on enlève aux tissus mouillés, une certaine quantité de l'eau qu'ils retiennent. Cette opération se fait de diverses manières, soit par des cylindres exprimeurs, soit par la *water-mangl*, par des *skeezers*, des *hydro-extracteurs* ou *essoreuses*.

***ESSORANT, ANTE.** *Art hérald.* Se dit des oiseaux qui prennent leur essor.

***ESSORÉ, ÉE.** *Art hérald.* Se dit du toit d'une maison dont l'émail est différent du reste de la construction.

***ESSOREUSE.** On donne le nom d'*essoreuses* aux appareils destinés à enlever aux tissus mouillés l'eau qu'ils retiennent à la suite des diverses opérations de teinture et de lavage. Anciennement, on tordait les tissus à la *cheville* (V. CHEVILLAGE). Ce procédé long et dispendieux avait l'inconvénient de donner des rappliquages, tout en n'enlevant pas suffisamment l'eau. Il a été remplacé plus tard par le *skeezer* qui a un autre inconvénient, celui de tendre les tissus irrégulièrement et dans le seul sens de la longueur. On a ensuite imaginé l'*hydro-extracteur* ou *essoreuse* dont le système le plus simple est la *folle* ou *panier à salade*, aussi appelé *diable*. Ce dernier a été fort employé en Normandie et se compose d'une caisse longue rectangulaire, dont les deux fonds carrés opposés sont garnis d'un grillage en fer étamé. Cette caisse est traversée, au point de jonction des deux diagonales des côtés longs, par un arbre destiné à la mettre en mouvement; deux poulies, l'une fixe, l'autre folle se trouvent sur cet axe. La caisse a environ 1 mètre de long, sur 0^m,60 de large et fait de 500 à 800 tours à la minute. Les pièces y restent environ un quart d'heure et perdent ainsi de 50 à 60 0/0 de l'eau qu'elles contenaient. Tout l'appareil est enfermé dans une caisse protectrice, destinée à recueillir l'eau enlevée par la force centripète.

Un autre système plus généralement adopté et particulièrement désigné sous le nom d'*essoreuse* est celui dû à Penzoldt. Le principe est le même que celui de l'appareil précédent; mais le mode de construction a subi de nombreuses modifications. En principe, l'appareil se compose d'une caisse cylindrique en métal, garnie à sa circonférence de trous, ou, de préférence, d'une toile métallique. Cette caisse, fixée sur un arbre, a un diamètre variable de 0^m,60 à 2^m,40, et fait de 1.800 à 2.400 tours à la minute. Les pièces sont placées de façon à ce que l'appareil soit bien en équilibre. L'appareil était mû primitivement par des roues d'engrenages destinées à augmenter progressivement la vitesse, puis on s'est servi de courroies, on a ensuite adopté des frictionneurs et enfin des petits moteurs à vapeur qui permettent de donner la vitesse que l'on veut. La commande se faisait d'abord dans le haut, puis elle a été placée dans le bas. Cet appareil a l'avantage d'éviter les rappliquages et d'enlever plus d'eau que tout autre appareil similaire. Une pièce de 100 mètres de coton pesant sèche 10 kilogrammes absorbe environ 10 kilogrammes d'eau et en perd par l'essorage près de 80 0/0, ce qu'on n'obtient ni par le skeezer, ni aucun des autres procédés connus.

Les essoreuses servent dans la teinture, la

stéarinerie, l'impression des tissus, la fabrication du sucre, des amidons, etc. Quand il s'agit d'essoreuses pour le sucre, elles portent plus généralement le nom de *turbines* ou centrifuges ; il y a trois systèmes spéciaux : la turbine française, la turbine allemande et la turbine américaine ou de Weston. — V. SUCRE. — J. D.

• EST (Chemin de fer l'). L'une des six grandes Compagnies entre lesquelles est partagée la plus grande partie du réseau des chemins de fer français. Les lignes qu'exploite la Compagnie de l'Est couvrent une superficie de 400 hectares environ, soit à peu près le 1/12 de la superficie de tout le territoire français ; elles traversent douze départements et desservent, en chiffres ronds, une population de 3,500,000 habitants, non compris le département de la Seine. L'annexion de l'Alsace et de la Lorraine a fait perdre au réseau de l'Est la partie la plus peuplée et la plus riche du territoire qu'il desservait avant 1870 ; il a subi, de ce chef, une réduction de 835 kilomètres.

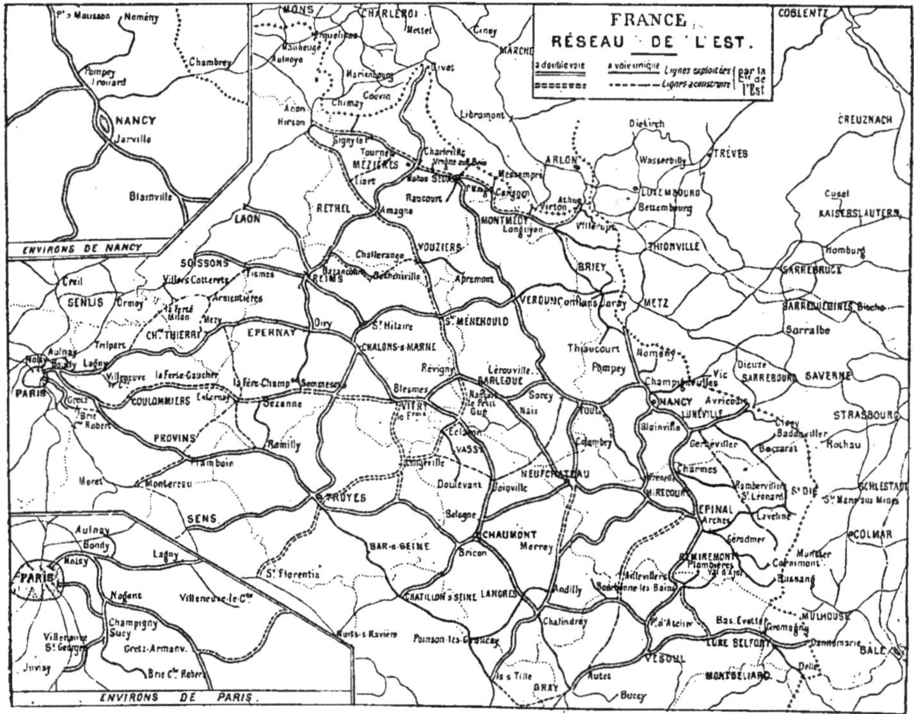

Fig. 555.

APERÇU HISTORIQUE DE LA CONSTITUTION DU RÉSEAU. De même que la plupart des Compagnies françaises, la Compagnie de l'Est s'est formée par voie de concessions et de fusions successives. Avant la loi du 11 juin 1842 qui a classé les grandes artères rayonnant autour de Paris, la région de l'Est de la France n'avait été dotée que de deux lignes concédées en 1837 et 1838, celles de Mulhouse à Thann et de Bâle à Strasbourg, qui avaient plutôt un caractère d'intérêt local, qu'un caractère d'intérêt général. La loi de 1842 pourvut à l'exécution, par les soins de l'Etat, de l'infrastructure d'une ligne de Paris à la frontière allemande par Nancy et Strasbourg, ligne dont le tracé par la vallée de la Marne avec embranchement sur Reims, donna lieu à d'importantes discussions au Parlement, pendant le mois de juillet 1844. Mais, en réalité, la Compagnie de l'Est ne fut véritablement constituée que par le décret d'adjudication du 25 septembre 1845 relatif à la concession de la ligne de Paris à Strasbourg et de Frouard à Metz. Le capital social était de 125,000,000 divisé en 250,000 actions de 500 francs.

La ligne principale fut ouverte, par sections successives, de 1849 à 1852, l'embranchement de Reims en 1854, et le prolongement de Metz à Saarbruck et à Thionville, de 1854 à 1859. Nous n'insisterons pas sur le détail des concessions successives faites à cette Compagnie ; on en trouvera l'énumération au tableau de la page 938, extrait des documents statistiques fournis par le Ministère des travaux publics. Pendant toute cette période, où la Compagnie commençait à s'organiser et à recueillir les premiers fruits de l'exploitation de ses lignes, d'autres concessions étaient accordées à des Compagnies qui ne devaient pas tarder à fusionner avec celle de l'Est et parmi elles, les plus importantes furent celles de Blesmes à Gray et des Ardennes, formant ensemble un total d'environ 350 kilomètres.

On a vu à l'article CHEMINS DE FER, sous l'influence de quelles causes et à la suite de quelles circonstances le gouvernement se vit amené, en 1859, à conclure avec les grandes Compagnies des conventions en vertu desquelles leur réseau était divisé en deux sections, l'ancien et le nouveau. L'Etat garantissait l'intérêt et l'amortissement du capital affecté à la construction des lignes classées dans le nouveau réseau. Nous n'avons donc pas à revenir sur les clauses générales de ce contrat pour lequel nous renvoyons à la page 128 du 3e volume de ce *Dictionnaire.*

La convention signée avec l'Etat le 11 mai 1859 contenait, entre autres stipulations particulières, la concession d'un chemin de fer dirigé de Mézières vers un point à déterminer sur la ligne de Soissons à la frontière belge; l'approbation d'un traité de fusion, entre la Compagnie de l'Est et la Compagnie des Ardennes; enfin le partage du réseau en deux sections distinctes, savoir :

1° *L'ancien réseau, comprenant* les lignes énumérées ci-après : de Paris à Strasbourg avec embranchement sur Reims et sur Mourmelon, et prolongement jusqu'à Kehl; de Paris à Vincennes et Saint-Maur avec raccordement sur la ligne de Mulhouse; de Frouard à Metz et à la frontière d'Allemagne; de Metz à Thionville et à la frontière du grand duché de Luxembourg; de Strasbourg à Wissembourg, de Strasbourg à Bâle, de Mulhouse à Thann, de Thann à Wesserling; le chemin de fer de Ceinture de Paris pour la part affectée à la Compagnie de l'Est;

2° Le nouveau réseau comprenant les lignes énumérées ci-après : de Paris à Mulhouse avec embranchements sur *Coulommiers, Provins*, Montereau et Bar-sur-Seine; de Blesmes à Saint-Dizier et à Gray; de Nancy à Gray par Epinal; de Reims à la frontière belge par Mezières, Charleville et Givet, avec embranchement sur Sedan; de Sedan à la ligne de Metz à Thionville, avec embranchement sur la frontière belge par Longwy; de Reims à la

Compagnie de l'Est. — Formation chronologique du réseau.

Année	Date de la décision	Désignation des lignes concédées	Longueur totale concédée
1845	27 novembre	Paris à Strasbourg (502 k.); Epernay à Reims (30 k.); Frouard à la frontière vers Sarrebruck (122 k.).	654
1852	25 mars	Metz à Thionville (30 kilomètres); Thionville à la frontière (16 kilomètres).	700
1853	17 août	*Montereau à Troyes* (100 kil.) *et Blesme à Gray* (180 kil.); *fusion*; *Noisy à Mulhouse* (362 kil.); *Gretz à Coulommiers* (33 kil.); Nancy à Gray (176 kil.); Paris à Vincennes et à la Varenne-St-Maur (17 kil.); Longueville à Provins (7 kil.); Chalmaison aux Ormes (3 kil.).	1.578
1854	20 avril	Strasbourg à Bâle et à Wissembourg (fusion) (196 kil.); Strasbourg à Kehl (8 kil.).	1.782
1857	21 Janvier	Troyes à Bar-sur-Seine (29 kil.); raccordement de Vincennes (2 kil.).	
1857	3 juillet	Châlons à Mourmelon (25 kil.).	
1858	29 mai	Abandon de 2 kilomètres sur Montereau à Troyes (25 avril 1857). Mulhouse à Thann (fusion) (14 kil.).	1.830
1859	11 juin	Détermination des réseaux; Thann à Wesserling (13 kil.); Ardennes (fusion) (417 kil.); Mézières à *Hirson (concession éventuelle, rendue définitive le 6 juillet 1862)* (55 kil.).	2.335
1860	12 décembre	Givet à la frontière, vers Morialmé (1 kil.).	2.336
1863	11 juin	Avricourt à Dieuze (fusion) (22 kil.); Epinal à Remiremont (24 kil.); Lunéville à Saint-Dié (50 kil.); Strasbourg à Barr (33 k.); embranchement sur Wasselonne (13 k.) et Mutzig (3 k.); Niéderbronn à Haguenau (20 kil.); Thionville à Niéderbronn (155 kil); Châtillon-sur-Seine à Chaumont (43 k.); Chaumont à Pagny (95 k.); Reims à Mourmelon (28 k.); Saint-Hilaire à Metz (157 k.); Belfort à Guebviller (49 k.); Schlestadt à Sainte-Marie-aux-Mines (21 k.); Bar-sur-Seine à Châtillon (éventuelle, définitive le 26 août 1865) (32 k.); Signy à la frontière vers Chimay (10 kil.) et Givet à la frontière vers Marche (6 kil.) (concessions éventuelles).	3.097
1867	15 juin	*Sarguemines à la frontière prussienne* (1 kil.).	3.098
1868	11 juillet	De la frontière française à Bâle (4 k.); La-Varenne-Saint-Maur à Boissy-Saint-Léger (5 k.); Boissy-Saint-Léger à Brie-Comte-Robert (14 k.) (éventuelle, définitive le 2 janvier 1869). Abandon des raccordements de Vincennes (2 kil.); Remiremont à la ligne de Colmar à Mulhouse (50 kil.), éventuelle, définitive le 3 août 1870.	3.165
1869		Ancienne gare de Niederbronn abandonnée (1 kil.).	3.164
1871	18 mai	Sections retranchées du réseau de l'Est : nouvelle frontière près Avricourt à Strasbourg et raccordement (92 k.); Strasbourg à Kehl (8 k.); nouvelle frontière, près Novéant à l'ancienne frontière prussienne (90 k.); Metz à Thionville et à l'ancienne front. prussienne (46 k.); Vendenheim *à Wissembourg* (57 kil.); Strasbourg à la frontière suisse (139 kil.); Lutterbach à Thann et à Wesserling (27 kil.). Nouvelle frontière, près Montreux-Vieux à Mulhouse (35 k.); nouvelle frontière, près Bussang à la ligne de Colmar à Mulhouse (13 k.); nouvelle frontière, près La Chapelle à Guebviller (31 kil.); Schlestadt à Sainte-Marie-aux-Mines (21 k.); Strasbourg à Barr et embranchements (49 kil.); *Avricourt à Dieuze* (22 k.); *nouvelle frontière, près Amanvillers à Metz* (13 k.); nouvelle frontière, près Audun-le-Roman à Thionville (17 k.); Thionville à Niederbronn (153 k.); Saarguemines à l'ancienne frontière prussienne (1 k.); Niederbronn à Haguenau (21 k.).	2.329
1873	17 juin	Sedan à la frontière belge (20 k.); d'un point de la frontière belge à un point de la vallée de la Moselle (115 k.); Aillevillers à Lure (31 k.); embranchement sur le Val-d'Ajol (17 k.); embranchement sur Plombières (11 k); Belfort à la frontière suisse (12 k.); Coulommiers à la Ferté-Gaucher (19 k.); Remiremont au Tillot et à Saint-Maurice (28 k.); Bourbonne-les-Bains à la ligne de Paris à Mulhouse (15 k.); de la gare de Langres à la ville de Langres (6 k.); Champigneulles à Jarville (7 k.); d'un point situé entre Montmédy et Velosnes à la frontière belge (3 k.); Epinal à Neufchâteau (76 k.). Abandon des sections de Remiremont à la ligne de Colmar à Mulhouse (37 k.), et de Belfort à la frontière allemande (18 k.).	2.634
1875	31 décembre	Raccordement du chemin de Ceinture intérieur avec le chemin de Vincennes (1 k.); Revigny à Vouziers (81 k.); de la vallée de l'Ourcq à Esternay (80 k.); Esternay à Romilly (32 k.); *Châtillon-sur-Seine à Is-sur-Tille* (71 k.); *Recey à Langres* (49 k.); Is-sur-Tille à Gray (38 k.); Jessains à Eclaron (53 k.), éventuelle, définitive le 12 mars 1879; La Ferté-Gaucher à Sézanne (40 kil.), éventuelle, définitive le 2 avril 1879. Is-sur-Tille à Chalindrey, cédée par la Compagnie de P.-L.-M. (44 kil.). Vézelise à Mirecourt (24 k.); Epernay à Romilly (84 k.); Nancy à Vézelise (32 k.); Nancy à Château-Salins *et à Vic* (24 k.); *Raccordement de la ligne de Nancy à Vézelise avec le canal de la Marne au Rhin* (2 k.).	3.295
1883	20 novembre	Armentières à Bazoches; Bas-Evette à Giromagny; Bétheniville à Challerange; Favières à Frenelle; Fère-Champenoise à Vitry; Gerberviller à Bruyère; Hirson à Amagne; Jussey à Darnieulles; Merrey à Neufchâteau; Neufchâteau à Barisey-la-Côte; Provins à Esternay; St-Dizier à Revigny; Saint-Florentin à Troyes et Vitry-le-François; Saint-Maurice à Bussang; Trilport à La Ferté-Milon. (Concessions définitives.) Brie-Comte-Robert à la ligne de Paris à Belfort; Brienne à Gondrecourt et à Sorcy; Flamboin à Mouy-sur-Seine; Jussey à Gray; Liart à Mézières. (Concessions éventuelles.) Amagne à Vouziers et Apremont; Arches à Saint-Dié et embranchements sur Fraze et Gerardmer; Baccarat à Badonviller; Bondy à Aulnay-le-Bondy; Chalindrey à Mirecourt; Langres à Andilly; Lérouville à Sedan; Lunéville à Gerbéviller; Nançois-le-Petit à Gondrecourt et Neufchâteau; Pompey à Nomeny; Sens à Troyes et Châlons; Toul à Colombey et Favières. (Cédées par l'Etat.) Abandon de la ligne de Chalmaison aux Ormes (3 kil.) 250 kilomètres de lignes non désignées dont la Compagnie accepte la concession.	5.027

ligne de Paris à Soissons; de Reims à Laon; enfin la ligne nouvellement concédée de Mézières à Hirson.

Cette dernière concession, faite à titre éventuel, fut rendue définitive en 1862, et une nouvelle convention, approuvée par décret du 11 juin 1863, donna à la Compagnie de l'Est, la concession définitive de dix nouvelles lignes pour lesquelles l'Etat s'engageait à payer, à titre de *subvention, une somme de 62,800,000 francs*, ainsi que la concession éventuelle de trois autres lignes.

Chacune des conventions qui suivirent les précédentes, en 1868, en 1873, en 1875 et en 1879 modifiait, d'ailleurs, les clauses primitives du contrat de 1859; en ce qui concerne le revenu réservé, le capital de premier établissement et les travaux complémentaires. Si nous n'insistons pas sur le détail de ces modifications en nous bornant à renvoyer au tableau de la page 938, pour l'énumération et la longueur des lignes concédées, c'est que toute cette organisation est devenue caduque, par suite de la mise en vigueur, à dater du 1er janvier 1884, de la nouvelle convention du 20 novembre 1883, dont nous allons donner brièvement l'analyse, attendu que l'article CHEMINS DE FER était antérieur à la négociation et à la conclusion de ces conventions entre l'Etat et les grandes Compagnies.

En 1878, le Parlement adoptait le programme démesuré de travaux publics, qu'avait conçu M. de Freycinet et qui ne comprenait pas moins de 18,000 kilomètres de chemins de fer à ajouter aux 22,000 kilomètres qui étaient alors en exploitation. Les fonds nécessaires à l'exécution de cette entreprise gigantesque, devaient être fournis par l'émission d'un nouveau type de rente 3 0/0, amortissable en 75 ans. L'exécution de ce plan financier fut enrayée par la crise de 1882 qui rendit imprudente l'ouverture immédiate des emprunts qu'il aurait fallu faire, pour continuer les travaux. Il fallait donc, dès lors, ou restreindre l'exécution des travaux de manière à limiter l'emprunt à une somme de 300 millions, qui ne pouvaient même pas être entièrement affectés à la construction de chemins de fer, ou se décharger sur les Compagnies, dont le crédit était solide, du soin de faire les lignes nouvelles, en un mot traiter avec les Compagnies. C'est cette solution qui a prévalu sous l'empire de nécessités urgentes, de manière à assurer l'achèvement du réseau, en obtenant, d'ailleurs, des grandes Compagnies toutes les concessions que l'Etat était en droit d'exiger d'elles, en échange de la sécurité qu'il leur offrait pour l'avenir.

En vertu de l'article premier de la convention avec la Compagnie de l'Est, il est fait concession à cette Compagnie, tant à titre définitif, qu'à titre éventuel, d'un ensemble de vingt lignes, représentant une longueur totale d'environ 1,450 kilomètres. La Compagnie s'engage, en outre, à accepter ultérieurement la concession qui lui serait faite par l'Etat d'environ 250 kilomètres de chemins de fer situés dans les départements qu'elle dessert. Sont enfin incorporés à son réseau, un certain nombre de lignes appartenant à l'Etat ou aux départements et qu'elle exploitait déjà pour la plupart. Pour toutes les lignes de l'Est indistinctement, la concession prendra fin le 26 novembre 1954.

Les dépenses de construction des lignes nouvellement concédées et désignées à l'article premier est à la charge de l'Etat; mais la Compagnie contribue aux dépenses de la superstructure, à raison de 25,000 francs par kilomètre; elle fournit, en outre, le matériel roulant, le mobilier et l'outillage d'exploitation, ce qui porte sa part contributive à 50,000 francs, soit au cinquième environ de la dépense totale par kilomètre. La Compagnie réalisera les emprunts pour se procurer les capitaux nécessaires, le service de ces emprunts sera, en partie à sa charge, en partie à la charge de l'Etat. Mais, comme la Compagnie de l'Est est une de celles qui ont fait antérieurement à 1883, un large appel à la garantie de l'Etat, en vertu des conventions de 1859 et que sa dette s'élève, intérêts compris, à plus de 150 millions, l'Etat fait abandon de cette dette à la condition que la Compagnie s'engage à exécuter entièrement à ses frais les travaux d'agrandissement de gares de jonction avec les nouvelles lignes et les travaux de superstructure pour une seule voie sur toutes les lignes nouvelles ainsi que ceux nécessaires à la pose de la deuxième voie jusqu'à concurrence de 182 kilomètres. En résumé, ce total des charges de la Compagnie de l'Est ne s'éloigne guère de 220 millions, et ce n'est pas avant plusieurs années que le budget ordinaire de l'Etat aura un surcroît quelconque de charges à supporter en raison de l'exécution des lignes concédées à cette Compagnie.

L'unification des réseaux de la Compagnie, décidée en principe, est toutefois retardée en vertu de l'article 2 qui prescrit que, jusqu'au 1er janvier qui suivra l'achèvement de l'ensemble des lignes nouvellement concédées; ces lignes, ainsi que celles comprises dans la convention de 1875, donneront lieu à l'ouverture d'un compte provisoire, dit d'*exploitation partielle*. Ce réseau provisoire devra peu à peu se confondre avec le reste des lignes en exploitation, de manière à faire graduellement passer au compte d'exploitation complète celle des nouvelles lignes dont les charges pourront être, d'une manière continue, couvertes par l'*excédent du revenu déversé* les années précédentes par les lignes en exploitation complète, déduction faite d'un revenu réservé et garanti de 20,750,000 francs, soit 35 fr. 50 par action; ce dividende constituera donc pendant longtemps encore un maximum et un minimum pour les actionnaires de l'Est. Lorsque le revenu net dépassera 29,500,000 francs ou 50 fr. 50 par action, l'excédent sera partagé à raison 2/3 pour l'Etat et 1/3 pour la Compagnie.

Sur chacune des lignes nouvelles, concédées par la convention de 1883, le nombre des trains de chaque sens que l'administration supérieure peut exiger de la Compagnie est fixé à raison de un par 3,000 de recette kilométrique locale, sans que ce nombre puisse être inférieur à trois. Aucune circulation de train ne peut être exigée sur ces lignes entre dix heures du soir et six heures du matin, tant que la recette locale n'aura pas atteint 15,000 francs par kilomètre, à moins que l'Etat ne prenne à sa charge toutes les dépenses supplémentaires qu'imposerait à la Compagnie la création d'un service de nuit. Enfin, de même que pour les autres Compagnies, dans le cas où l'Etat supprimerait la surtaxe, ajoutée par la loi du 16 septembre 1871 aux impôts de grande vitesse sur les chemins de fer, la Compagnie s'engage à réduire les taxes applicables aux voyageurs à plein tarif, de 10 0/0 pour la 2e classe et de 20 pour la 3e. En cas de rachat dans une période de cinq années, après cette réduction, on ajoutera au montant de l'annuité de rachat la perte résultant de cette mesure, en prenant pour base les recettes nettes de voyageurs de l'année qui a précédé la réforme. Si l'Etat fait ultérieurement de nouvelles réductions sur l'impôt, la Compagnie s'engage, en outre, à faire une réduction équivalente sur les taxes des voyageurs. Elle ne sera tenue toutefois à ce nouveau sacrifice qu'après qu'elle aura retrouvé, pour les voyageurs circulant sur le réseau actuellement exploité, les recettes nettes acquises avant la première réduction. En cas de rachat, la Compagnie peut demander que toute ligne, dont l'exploitation remonte à moins de quinze années, soit évaluée, non d'après son produit net, mais d'après le prix réel de premier établissement. Le prix total du rachat ne pourra, dans aucun cas, ressortir à une somme correspondant à une annuité inférieure au montant du revenu de 20,750,000 francs réservé aux actionnaires.

Tel est le résumé sommaire des principaux traits qui caractérisent le contrat récemment intervenu entre le gouvernement et la Compagnie de l'Est. Au point de vue de l'Etat, cette convention a l'avantage considérable de ne pas interrompre les travaux commencés et de donner suite à des engagements qui, s'ils ont été imprudemment pris envers les populations, n'en sont pas moins formels. Au point de vue de la Compagnie, la convention a l'avantage de fixer le régime auquel elle sera soumise pendant de longues années, de rendre fort peu probable et en tout cas, moins désavantageux, un rachat qui lui eût été onéreux, en raison de sa dette exigible de 150 millions, de faire don à la Compagnie d'environ 700 kilomètres de lignes complètement construites, enfin de supprimer toute chance de concurrence dans la région qu'elle dessert et par conséquent de rendre dorénavant son exploitation aussi fructueuse qu'elle pourra l'être. Au point de vue du public la convention stipule, pour la grand vitesse, des réductions dont l'Etat et la Compagnie supporteront les charges à peu près par moitié; mais ces abaissements sont laissés à l'initiative du gouvernement et, dans l'état actuel de nos finances, il est à présumer que cette initiative ne pourra pas s'exercer de sitôt.

Organisation administrative. La Compagnie de l'Est est administrée par un Conseil de dix-huit membres, que représente, par délégation, un Comité de six membres. Un directeur est placé à la tête de la Compagnie et centralise tous les services qui comprennent, outre le contentieux, la comptabilité générale, la caisse centrale et des titres, l'économat, les trois principales divisions que l'on retrouve dans tous les chemins de fer, savoir : l'exploitation, les travaux et la construction, le matériel et la traction. L'exploitation est dirigée par un chef auquel sont adjoints un sous-chef, un inspecteur général, un chef du mouvement, cinq agents commerciaux du contrôle et des réclamations. et sept inspecteurs principaux, à Paris, à Reims, à Châlons-sur-Marne, à Troyes, à Vesoul, à Charleville et à Nancy. Le service des travaux, à la tête duquel est un directeur, comporte deux ingénieurs en chef de la voie et de la construction, et outre le personnel central des études, six ingénieurs principaux pour l'entretien, à Paris, à Troyes, à Nancy, à Charleville, à Vesoul et à Reims; six ingénieurs de la construction à Epernay, à Châlons-sur-Marne, à Château-Thierry, à Gray, à Langres et à Neufchâteau. Le service du matériel et de la traction dirigé par un ingénieur en chef, avec cinq ingénieurs adjoints, à Paris, comporte sur la ligne, cinq chefs de traction, à La Villette, à Troyes, à Nancy, à Vesoul et à Reims. Le chemin de fer de Vincennes est administré à part par un ingénieur en chef qui dépend des trois chefs de service de la Compagnie.

Le Conseil d'administration, qui a toujours compté dans son sein les hommes les plus éclairés et les ingénieurs les plus éminents, au nombre desquels on peut citer Perdonnet, a été successivement présidé par le comte de Ségur, par M. Thouvenel, par M. Drouin de Lhuys, par M. Dariste, par MM. Davilliers et Baude. La direction a été confiée d'abord à M. Sauvage, et après sa mort à M. Jacqmin qui est encore aujourd'hui directeur, et dont le traité d'exploitation des chemins de fer est bien connu et toujours consulté avec fruit. Le secrétaire général est actuellement M. Borrel. A la tête du service de la construction se sont succédé M. Vuigner et Ledru ; quant au service du matériel et de la traction, il a été tour à tour confié d'abord à M. Sauvage, puis à M. Vuillemin et enfin à M. Regray depuis 1872; c'est sous les auspices de ce dernier ingénieur qu'ont été entreprises les grandes expériences sur les divers systèmes de chauffage des voitures et qu'a été construit le vagon dynamométrique que l'on a vu figurer aux dernières expositions d'électricité. En 1870 et en 1871, au moment de nos désastres, la Compagnie de l'Est a été la plus éprouvée de celles du réseau français; mutilée par les stipulations du traité de Francfort on peut dire qu'elle a largement payé sa dette à la patrie.

Principaux renseignements techniques. Les renseignements spéciaux aux conditions d'établissement de la voie, que nous donnons ci-après, sont relatifs à l'année 1880. Au 31 décembre 1880, le réseau d'intérêt général de la Compagnie de l'Est comptait 2,606 kilomètres, dont 1,907 à double voie et 699 à simple voie, soit environ 73 0/0 de lignes à double voie et 27 0/0 à simple voie; cette Compagnie est celle qui a la plus forte proportion de lignes à double voie, ce qui s'explique facilement si l'on songe à l'intérêt qu'il y a, au point de vue stratégique, à ce que les lignes situées ou convergeant vers notre frontière la plus exposée, soient en mesure d'amener rapidement les transports nécessaires à la mobilisation, en cas de guerre. Sur cette longueur de lignes à double voie, il y en a environ 2/5 qui sont ou vont être prochainement exploités par le Block-system. La longueur kilométrique des parties de voie qui sont en alignement droit, représentent 62 0/0 de la longueur totale du réseau, et l'on ne compte qu'une longueur de 1,6 0/0 en courbes d'un rayon inférieur à 500 mètres. Au point de vue du profil, 24 0/0 seulement des lignes exploitées par l'Est sont en palier; ce chiffre s'écarte peu de la moyenne pour le réseau français; sur une longueur représentant 43 0/0 de la longueur totale, on ne trouve que des déclivités égales ou inférieures à 0m,005 par mètre, et enfin les déclivités supérieures à cette limite entrent pour 33 0/0 dans le total. A la date précitée, les deux tiers de la longueur totale des voies était encore composée de rails de fer, le nombre des passages à niveau était de 1,637 et le nombre des ponts en dessus ou en dessous de 885 pour les routes. Sur les cours d'eau, le nombre des ponts et viaducs est de 3,722, dont 27 ont plus de 10 mètres de hauteur moyenne avec un développement longitudinal de 5,423 mètres; ces derniers, qui sont de grands ouvrages d'art, ont coûté 3,440 fr. en moyenne, par mètre courant. Parmi les viaducs, il y a lieu de citer celui de Chaumont en Bassigny et celui du Val-d'Enfer dans les Vosges. Enfin, les souterrains qui sont au nombre de 38, qui ont une longueur totale, entre les têtes, de près de 24 kilomètres et qui ont coûté 1,380 francs par mètre courant, comprennent l'un des plus longs tunnels de France, celui de Rilly, qui a 3,500 mètres de longueur.

L'effectif du matériel roulant de la Compagnie de l'Est, au 31 décembre 1883, est donné par le tableau suivant :

Désignation des	Totaux partiels	Totaux	Moyenne par kilom. exploité
Locomotives	»	1.140	0.34
Tenders	»	989	0.29
Voitures de luxe	6		
Voitures de 1re classe	502		
Voitures mixtes	195		
Voitures de 2e classe	706	2.673	0.81
Voitures de 3e classe	1.176		
Voitures à 2 étages : 1re, 2e, 3e classe	26		
Voitures à 2 étages : 2e classe	38		
Voitures à 2 étages : 3e classe	24		
Fourgons, trucks, écuries	910	918	0.28
Vagons divers à marchandises	26.653	26.653	8.20

PRINCIPAUX RÉSULTATS STATISTIQUES DE L'EXPLOITATION EN 1882. Les comptes établis par la Compagnie de l'Est étant arrêtés en vue de faire ressortir le montant du chiffre de la garantie de l'Etat, pour le régime des conventions de 1859, les renseignements statistiques qui s'y rattachent ne sont relatifs qu'à l'ancien et au nouveau réseau, abstraction faite des lignes exploitées par l'Est aux lieu et place des concessionnaires ou pour le compte de l'Etat, c'est-à-dire que ces renseignements ne portent que sur 2,743 kilomètres (longueur moyenne 2,598), au lieu de 3,646 kilomètres exploités en réalité pendant l'exercice 1882.

Résultats comparés de l'exploitation des années 1881 et 1882.

Désignation des articles	Ancien réseau		Nouveau réseau		Réseaux réunis	
	1881	1882	1881	1882	1881	1882
Long^r moyenne exploitée.	534	534	2.030	2.064	2.564	2.598
Recettes totales { grande vitesse.	22.311.167 42	23.056.803 95	21.105.254 18	22.528.089 88	43.416.421 60	45.584.893 83
Recettes totales { petite vitesse. .	28.778.078 14	28.140.136 82	49.056.465 10	49.554.005 07	77.834.543 24	77.694.141 89
Recettes totales { diverses.	3.417.843 61	3.125.896 49	1.788.712 80	1.446.403 30	5.206.536 41	4.592.399 77
Total.	54.507.089 17	54.322.837 26	71.950.432 08	73.548.588 25	126.457.501 25	127.871.435 51
Dépenses totales.	22.298.594 14	23.312.999 53	38.689.936 97	39.856.459 07	60.988.531 11	63.169.459 00
Excédent net.	32.208.495 03	31.009.837 73	33.260.495 11	33.692.129 18	65.468.970 14	64.701.976 51
Recette kilométrique. . . .	102.073 20	101.728 16	35.443 56	35.634 »	49.320 »	49.180 »
Dépense kilométrique. . .	41.757 67	46.657 30	19.059 08	19.310 30	23.786 »	24.315 »
Rapport de la dépense à la recette.	40 91	42 92	53 77	54 19	48 20	49 44
Parcours kilom. des trains	9.167.496	9.563.264	15.426.746	16.465.594	24.588.232	26.028.858
Recette par train kilom. .	5 94	5 66	4 67	4 47	5 14	4 91
Dépense par train kilom..	2 43	2 44	2 51	2 42	2 48	2 43
Produit par train kilom. .	3 51	3 24	2 16	2 05	2 66	2 48
Nombre de voyag. reçus. .	11.883.662	12.559.542	11.660.235	12.678.131	23.543.897	25.237.673
Nombre de voyageurs reçus à la distance entière	650.340	680.804	176.834	175.788	267.669	279.661
Parcours moyen d'un voyageur.	27^k.19	26^k,94	31^k,13	30^k,62	29^k,10	28^k,70
Produit moyen d'un voyageur.	1 59	1 55	1 76	1 76	»	»
Nombre de tonnes expéd.	6.892.996	7.220.617	9.784.720	10.526.206	16.677.716	17.746.823
Nombre de tonnes expédiées à la distance entière.	1.002.988	974.403	391.853	378.009	508.060	507.631
Parcours moyen d'une tonne.	73^k,3	67^k,00	82^k,2	79^k,33	79^k	73^k
Produit moyen d'une tonne	3 81	3 51	4 74	4 44	»	»

La gare de Paris a fait, à elle seule, en 1883, plus de 15 millions de recettes, et la gare de La Villette plus de 6 millions; 26 autres gares ont eu une recette supérieure à 1 million; la première gare qui n'ait pas une recette de 100,000 francs au moins, occupe le 194e rang dans la liste par ordre de recettes, qui comprend 589 stations ou haltes. Les profits résultant pour l'État de l'exploitation de ce réseau se sont élevés, en 1882, pour 2,784 kilomètres, aux chiffres suivants :

Recettes perçues.	19.556.507 86
Economies réalisées.	10.855.097 77
Total.	30.411.605 60

Parmi les transports les plus importants, en 1883, il y a lieu de citer la houille et le coke, qui représentent 2,828,000 tonnes, soit 1/5 du tonnage total; le minerai de fer qui compte pour 1,374,000 tonnes, soit 1/10 de l'ensemble; les céréales de toute nature, de 8 à 9 0/0; les graviers et pavés de 7 à 8 0/0, etc. Au point de vue de la recette, ce sont les houilles et coke qui occupent le premier rang avec une recette de 9,868,000 francs, soit de 11 à 12 0/0; pour les céréales, 8 à 9 0/0 de la recette totale; le minerai de fer ne vient plus qu'au 14e rang à cause du peu d'élévation des tarifs et de la courte distance des transports.

Terminons par quelques chiffres relatifs au bilan de la Compagnie au 31 décembre 1882. (Le bilan de 1883 nous est arrivé trop tard pour l'analyser.)

Actif.

Dépenses de premier établissement.	1.362.345.500 85
Secondes voies.	37.441.289 29
Dépenses de guerre.	21.519.558 19
Caisse des annuités.	18.047.443 14
A reporter.	1.439.353.791 47
Report.	1.439.353.791 47
Domaine privé.	8.123.198 59
Approvisionnements.	31.289.575 90
Caisse de retraites.	31.955.160 08
Portefeuille	18.505.371 21
Comptes divers.	19.976.849 82
Total.	1.549.203.947 07

Passif.

584,000 actions	292.000.000 »
368,828 obligations 5 0/0.	175.672.989 45
2,642,033 obligations 3 0/0.	792.150.698 32
Emprunts divers.	147.967.210 86
Emprunt 1883.	13.249.088 01
Subventions.	12.993.740 37
Réserves et assurances.	20.005.683 31
Caisse des annuités.	20.422.529 87
Domaine privé	8.123.198 59
Comptes divers.	66.618.808 29
Total égal	1.549.203.947 07

M. C.

ESTACADE. 1° Construction en charpente, formée de poutres assemblées, et destinée, en général, à supporter une voie. L'un des exemples les plus connus est celui de l'estacade de Saint-Valéry, sur laquelle l'embranchement de Noyelles à Saint-Valéry traverse la baie de la Somme, et qui a une longueur totale de 1,300 mètres, une hauteur de 10^m,75 au-dessus du niveau du sable, à marée basse.

On désigne également sous ce nom, les installations servant au déchargement de certaines marchandises pondéreuses, à l'intérieur des *gares*. — V. ce mot.

‖ 2° Sorte de jetée en bois ou en métal construite dans l'eau, afin de protéger une passe ou un avant-port contre l'action des vagues ou de permettre l'embarquement et le débarquement. On a quelquefois construit des estacades en travers d'une passe pour en défendre l'accès aux navires ennemis. Le plus généralement les estacades sont formées de pièces assemblées laissant entre elles de nombreux intervalles de telle sorte que la houle se brise en les traversant. Un tablier établi à la partie supérieure, à une hauteur convenable au-dessus du niveau de l'eau, sert à la circulation. — V. Jetée.

ESTAMPAGE. *T. techn.* L'estampage est un procédé mécanique à l'aide duquel on reproduit des ornements, des chiffres ou autres formes en relief, en les imprimant, soit par pression, soit par choc, sur les métaux, le cuir, le carton, etc. Quelle que soit la matière employée, la méthode est peu différente. Nous allons décrire celle qui réclame le plus de préparations ; de cette méthode en quelque sorte générale, il sera facile de déduire comment on peut opérer dans les cas les plus simples.

Avant d'indiquer les opérations de l'estampage, il nous semble utile de donner quelques explications sur les travaux qui doivent présider et préparer ce travail, et nous aurons ensuite à compléter ces renseignements en en montrant les applications. Le mot *estampage*, par extension de définition, sert du reste maintenant à désigner toute une industrie relativement récente, et qui, depuis une trentaine d'années qu'elle a pris naissance, a toujours été en progressant.

La première opération préliminaire doit être la création du modèle ; puis l'effet désiré obtenu, il faut l'étudier au point de vue des difficultés qui pourraient se présenter dans la fabrication ; difficultés qu'il est désirable d'atténuer le plus possible sans toutefois nuire à la bonne exécution du projet. L'étude faite en terre à modeler, on en tire un premier creux en plâtre, puis de ce creux un relief, qui est retouché et fini avec soin puisque c'est ce modèle même qui est destiné à être reproduit. C'est là le côté artistique de cette industrie.

Nous arrivons maintenant à la préparation des matrices à l'aide desquelles on doit estamper les reproductions du modèle. Ces matrices sont des creux en métal qui, ayant exactement la forme du relief que l'on veut copier, permettront d'obtenir des empreintes, reproductions exactes du modèle. Il faut remarquer ici, que ces matrices ne pourront donner que des parties, qui n'auront pas de dessous et (pour employer le terme de métier) viendront *en dépouille*. Cela d'ailleurs est de toute évidence puisque la plaque imprimée doit pouvoir être retirée très facilement du creux.

Lorsque les matrices doivent donner des détails d'une grande finesse, on les grave dans un bloc d'acier, dont la surface est ensuite trempée pour l'usage ; on fait aussi de ces creux en bronze mais plus généralement en fonte, ce qui est plus rapide et surtout moins coûteux.

Pour faire une matrice en fonte, on commence par l'exécuter en plâtre ; on tire par moulage un creux du relief que l'on veut reproduire, auquel on ajoute une épaisseur suffisante pour en faire un bloc ; ce bloc reçoit la forme que devra avoir la matrice en fonte, il sera assez épais pour que la matrice ne se brise pas sous le choc du marteau à estamper, et de plus il sera disposé de façon à pouvoir être maintenu aisément sur l'outil qui portera la matrice pendant le travail. Quand ce modèle est préparé en plâtre, on le fait couler en fonte, mais il est à l'état brut, il faut alors que le ciseleur, à l'aide de burins, de limes et d'outils spéciaux, retouche toute la surface du creux et lui donne le fini d'une matrice qui aurait été faite par un graveur.

La matrice préparée est fixée à l'aide de griffes ou de poupées, sur l'enclume du mouton, du balancier, ou du marteau-pilon.

Quand cette matrice a été disposée convenablement sur l'enclume de l'outil, on coule dans le creux du plomb fondu qui, après solidification, est retiré de la matrice, il présente en relief l'empreinte exacte de l'objet à estamper. A l'aide d'un burin, on enlève les aspérités dont les saillies sont un peu fortes et produiraient des déchirures dans la plaque que l'on doit estamper. On replace ensuite le relief ainsi préparé dans le creux de la matrice et l'on frappe avec le marteau à estamper dont la base inférieure est munie de petites saillies ; enfin on fixe ce plomb au marteau et on a ainsi obtenu le coin qui donnera la forme voulue aux plaques de métal.

Les feuilles de zinc, coupées aux dimensions déterminées, sont portées à une température d'environ 110° dans des étuves d'une construction spéciale. On les place sur la matrice où elles reçoivent le choc du marteau portant le relief en plomb qui fait coin, et elles prennent ainsi une première forme qui est l'empreinte grossière de la matrice. Cette opération terminée sur toutes les plaques que l'on veut estamper, on coule comme précédemment un nouveau plomb dans la matrice, on enlève encore les aspérités, mais un peu moins que les premières fois et l'on répète toutes les opérations déjà décrites. Suivant le plus ou moins de difficultés que présente le modèle, on doit faire passer ces plaques sept, huit et même dix fois, et dans l'étuve à réchauffer et sur la matrice ; le plomb, qui a été de moins en moins dégagé à chaque passe, ne doit plus être retouché à la dernière et il présente alors l'empreinte exacte du creux. Quand les plaques ont été complètement estampées, on enlève à l'aide d'une scie les parties inutiles et la pièce est alors prête à être employée ; souvent elle reçoit ainsi, telle qu'elle est, son emploi immédiat pour servir aux lambrequins, aux marquises, à l'ornementation des faces de chéneaux. Mais plus souvent encore, on assemble à l'aide de soudures les différentes pièces qui, réunies et patinées selon les cas, donnent les effets du bronze d'art ou de la pierre sculptée.

Les épis, les crêtes de faîtage, les revêtements de lucarnes et œils-de-bœuf, qui étaient autrefois exécutés en plomb, façonnés au marteau, sont maintenant obtenus par l'estampage avec un abaissement de prix considérable.

On peut du reste, par la même méthode, fabriquer ces différents ornements, soit en plomb, soit en cuivre, mais à la condition, pour obtenir le bon marché, que la quantité des objets à produire soit assez grande pour compenser les frais non d'un modèle, qui dans tous les cas est toujours nécessaire, mais la dépense de la matrice.

M. Coutelier, de Paris, est un de ceux qui ont le plus contribué à l'essor considérable que, dans ces dernières années, on a donné aux ornements en zinc; ses créations, qui relèvent de l'art industriel, ont multiplié l'emploi de ces décorations charmantes pour les faîtages des édifices et des maisons particulières, et nous avons pu constater, par l'étude que nous avons faite dans ses ateliers, que si l'industrie de l'estampage se prête à mille combinaisons sur diverses matières, elle offre notamment à l'architecture le concours d'une ornementation élégante et peu coûteuse.

I. **ESTAMPE.** Image imprimée, au moyen d'une planche gravée. Les estampes ont été ainsi nommées, de l'italien *stampare*, imprimer, parce que c'est par impression que le travail du graveur est transporté du métal ou du bois sur le papier. — V. GRAVURE.

HISTORIQUE. Ce n'est qu'à la fin du XVIe siècle que l'on a commencé à colliger les estampes, à réunir toutes celles d'un même maître, ce qui s'appelle aujourd'hui *former une œuvre*, et le premier amateur de ce genre paraît avoir été Claude Maugis, abbé de Saint-Ambroise de Bourges; qui mit quarante ans (1570-1610) à composer sa collection. D'un autre côté, c'est vers le XVIIIe siècle seulement que se répandirent les marchands d'estampes, comme on peut s'en convaincre en lisant les adresses mises au bas des estampes de cette époque. Auparavant, ils portaient le nom de marchands graveurs.

Si l'on parcourt les gravures sur bois du commencement du XVIe siècle, au Cabinet des Estampes, à la Bibliothèque nationale, on verra que ce genre de gravure, qui n'avait cessé de faire des progrès jusqu'à cette époque, n'a depuis cessé de déchoir. Mais pourquoi la gravure sur bois qui, au contraire de la gravure sur métal, imprime son empreinte par les parties saillantes, et qui, à tirage égal, est moins fatiguée que la gravure sur métal, tomba-t-elle dans ce triste état? La réponse est facile : elle a été peu à peu abandonnée parce qu'elle est d'un exercice long, difficile. La gravure sur cuivre, au contraire, est beaucoup plus simple, beaucoup plus facile. Aussi celle-ci ne cessa-t-elle de faire des progrès. — V. CHALCOGRAPHIE.

Au XVIIe siècle, le commerce des estampes avait pris une grande importance. En dépit de l'appréciation sévère du Poussin qui, dans sa lettre du 7 avril 1647, disait : « La pauvre peinture est réduite à l'estampe, » il faut convenir que les graveurs de ce temps étaient bien supérieurs à leurs devanciers. Quant à la manière de graver, on en pratiquait deux, l'une au burin, l'autre à l'eau forte. La première, comme on sait, est plus nette, plus correcte, plus vive; l'autre est plus moelleuse.

C'est alors que, suivant Félibien, parurent les estampes de Callot, dont à chaque trait, le facétieux burin est une saillie à faire rire : aussi ses eaux-fortes trouvaient-elles des amateurs acharnés. « J'ai tout Callot, hormis une seule, dit le Démocède de la Bruyère, qui n'est pas à la vérité de ses bons ouvrages, au contraire, c'est un des moindres, mais qui m'achèverait Callot; je travaille depuis vingt ans à recouvrer cette estampe, et je désespère enfin d'y réussir : cela est bien rude! » A la même époque florissaient Huret, dont les diverses tailles sont si ingénieusement appropriées au caractère de chaque objet; Chauveau, dont les ouvrages doublement à lui, portent son *invenit* et son *sculpsit*; Bosse, dont les touches quelquefois trop fortes sont chez lui moins le défaut de goût que le trop de vigueur; Nanteuil, cet aimable portraitiste, qui a gravé avec un art inconnu à tout autre qu'à lui, qui a le premier fait un habile choix de ces traits qui donnent seuls la physionomie; Mellan, qui, comme on sait, n'avait qu'une taille, qu'une ligne qui, s'élargissant, s'amincissant, donne, en parcourant toute la figure, tantôt l'ombre, tantôt la lumière, et qui faisait de cette seule taille, de cette seule ligne, magiquement sortir ses personnages. Citons encore Audran, si savant dans son beau mélange des hachures et du pointillé, si méthodique dans ses désordres étudiés, où se montre le hardi et digne graveur du peintre Le Brun; Edelinck, si souple, si fini, dans ses plus petits détails, qui rendent la poudre des cheveux, l'iris de l'œil, le tissu de l'épiderme; Masson, dont les détails expriment jusqu'à la légèreté des cheveux volants, jusqu'au teint, jusqu'à la physionomie, à l'humeur, au caractère des personnages, Masson dont le burin est un pinceau.

Ajoutons que ces excellents artistes obtinrent des privilèges de vingt ans pour leurs estampes; ils étaient protégés, d'ailleurs, par des amendes de 3,000 livres contre leurs contrefacteurs. D'après le *Livre commode des adresses*, le graveur Simon avait le privilège des portraits des personnes de la cour, et les Registres du Parlement, du 23 mars 1668, nous apprennent que Nanteuil avait le privilège des portraits du roi.

Les graveurs en renom avaient encore la spécialité des grandes gravures de thèses alors à la mode depuis le règne de Louis XIII. Les thèses de théologie, de philosophie, de jurisprudence et de médecine, qui au XVIIe siècle avaient tant d'éclat, étaient d'immenses pancartes ornées de gravures de maîtres tirées sur papier ou sur satin, d'après les dessins des grands faiseurs vivants, tels que, par exemple, le dessinateur et le graveur à l'eau forte, Jean Le Pautre. L'accessoire y étouffait le principal, et dans l'espace resté désert au milieu des feuilles, s'imprimaient les propositions de la thèse. Les récipiendaires présentaient ces feuilles à leurs patrons et à leurs amis. On a du fameux graveur et dessinateur Mellan, la thèse de M. Talon, décorée de grandes figures allégoriques et d'un cartouche historié portant l'effigie du cardinal Mazarin. Poilly et Pitau en ont gravé de superbes, ornées de portraits en grand, quelquefois en pied, de Louis XIV et de Colbert, avec les plus riches accessoires. Une ou deux de ces thèses, par Gérard Edelinck, sont des chefs-d'œuvre de la gravure française. Nanteuil en a gravé sept; Cossin grava celle de Turenne. Les moins riches, à défaut de gravure inédite, achetaient un tirage de planche toute faite. On en vendait chez Vallet, graveur du roi, rue St-Jacques, et chez Gautret, même rue. François Cars, qui fut un des plus habiles burins du temps de Louis XV, gravait de ces thèses et en faisait également commerce.

Les graveurs vendaient ces thèses dans leurs boutiques. La boutique des graveurs en taille-douce est, en effet, comme nous l'avons dit déjà, une tradition du XVIe, du XVIIe et du XVIIIe siècle. De même que de nos jours, la plupart des graveurs en taille-douce et à l'eau forte avaient, de Henri IV à Louis XV, leurs boutiques ou leurs échoppes, qui étaient à la fois leurs ateliers et leurs magasins. Jacques Androuet, le célèbre dessinateur et graveur du XVIe siècle, tenait boutique, et c'est parce qu'il avait un cereeau ou cercle pendu comme enseigne à sa maison, qu'il a été, de son temps, appelé *du Cerceau* et que le nom lui en est resté. Israël Sylvestre, Pérelle et le grand Edelinck lui-même avaient également boutique. Gérard Audran demeurait non loin de la boutique de Cochin le père, rue Saint-Jacques, qui fut longtemps le grand centre des ateliers de graveurs.

Le XVIIIe siècle renchérit encore sur le précédent par l'invention et la nouveauté des procédés. Cette époque vit naître la gravure au pastel, inventée par Bonnet, la gravure en couleurs inventée par Le Blon, la gravure à l'aquarelle, inventée par Janiset, Debucourt et Descourtils. Mais une prompte décadence ne tarda pas à se manifester. Comme l'exprimait Diderot, dans son Salon de 1767, « les graveurs se multiplient à l'infini, et la gravure s'en va. » La Révolution ne fit qu'achever sa ruine. Les illustrations des livres, si brillantes et si fines au XVIIIe siècle, étaient elles-mêmes tombées, à l'époque du Consulat, bien au-dessous du médiocre.

Quoi qu'il en soit, pendant les mauvais jours de la Convention, la confiscation, la mise aux enchères des biens des émigrés durent encombrer certaines boutiques de prodigieuses masses d'estampes. Mais les amateurs parisiens étaient trop préoccupés des sinistres événements du jour et de l'avenir de leur destinée pour chercher des consolations parmi ces opimes dépouilles revendues en détail et à vil prix. Quand le Consulat, suivi bientôt de l'Empire, vint, après une longue confusion, rassembler les atômes épars de la société française, chaque classe commença à se reconnaître, à reprendre sa position normale. Dès lors on voit reparaître les fureteurs indigènes, mais ils étaient rares. En ces temps où les bulletins de la grande armée occupaient toute l'attention, les amateurs de belles gravures artistiques provenant de bibliothèques princières entreprenaient des excursions matinales presque toujours fructueuses, et poursuivaient chaque jour leurs pacifiques conquêtes. C'était le bon temps pour les achats de vieille imagerie intéressante. « Alors, écrivait M. Bonnardot, en 1858, alors pullulaient les pièces curieuses; il se donnait des Israël Sylvestre à dix centimes; les plus curieux sujets d'Abraham Bosse, Léonard Gaultier, Thomas de Leu, Sébastien Leclerc et autres graveurs, si prodigieusement relevés depuis dans l'estime publique, coûtaient entre 25 et 75 centimes! En un mot on payait par sous ce que trente ans plus tard on payait par francs, et ce qu'on paie, à l'heure qu'il est, par napoléons. »

Si nous arrivons à la Restauration, à l'année 1816, on remarque à peu près la même abondance; mais depuis cette époque il y eut un peu de hausse sur tout ce qui concerne les églises, les monastères, les portraits d'Henri IV, du *vertueux* Louis XVI, du *pacificateur* Alexandre, du *malheureux* Pichegru, du *loyal chevalier français* Bernadote, et du *brave* Moreau. Néanmoins, les étalages et les boutiques étaient toujours bien fournis. Le quartier général des imagiers étalagistes était établi autour du Louvre; les portiques à colonnes de cet édifices étaient eux-mêmes tapissés d'estampes. La nouvelle rue du Carrousel, ouverte en 1808, fut occupée presque exclusivement par des marchands d'estampes et de bouquins. Les quais Conti, Malaquais et Voltaire étaient un des faubourgs de cette capitale de l'imagerie, sans compter les mille bric-à-brac dispersés çà et là sur toute la surface de Paris et même hors barrière.

Que devait être plaisant l'aspect pittoresque de ces murailles diaprées d'estampes de toutes tailles, noires ou coloriées, échantillons de toutes les écoles. On nettoie trop la voie publique, disaient, au commencement du siècle, les iconophiles enthousiastes. « La Monnaie, écrit l'un d'eux cinquante ans plus tard, depuis qu'elle possède un manteau blanchâtre, a secoué les échoppes et les groupes d'images qui égayaient son soubassement. Bientôt l'Institut regratté à neuf s'empressera d'imiter son aristocratique voisine. Il ne restera plus, en fait d'estampes en plein air, que les étalages sur le sol, aux jours de fêtes publiques, d'imagerie de paysans, de monceaux de fumier lithographique indignes d'arrêter un instant l'iconophile. »

Quoi qu'on en ait dit, le succès de la lithographie donna une nouvelle impulsion au commerce des estampes. Toutes les œuvres nouvelles de quelque importance étaient immédiatement reproduites par les lithographes. Mais, à partir de 1840, les amateurs virent surgir de nouveaux concurrents, notamment pour les gravures relatives à l'histoire et aux beaux-arts. C'est alors que beaucoup durent se résigner, pour combler certaines lacunes importantes de leurs recueils, à faire des sacrifices énormes par rapport à leurs anciens prix d'acquisition.

Vint le second Empire, ère formidable pour les anciens accapareurs d'estampes historiques; car des millionnaires, des ex-ministres, des princes, des têtes couronnées, se mirent sur les rangs. Le moment était venu, pour les anciens collectionneurs, d'apprendre à se priver. Mais ils se consolèrent en songeant que l'ardeur de ces opulents et redoutables rivaux, qu'ils avaient précédés d'un demi-siècle dans la carrière, donnait raison à la passion de toute leur vie. Ils se sentirent fiers de posséder en si grand nombre des joyaux dont les riches seuls maintenant peuvent se passer la fantaisie.

Aujourd'hui que l'art pénètre partout, qu'il se vulgarise et s'impose aux humbles comme aux puissants, les amateurs d'estampes sont innombrables. On en trouve dans toutes les conditions, surtout parmi les artistes. — S. B.

Bibliographie : Abraham BOSSE : *Traité des manières de graver*; FÉLIBIEN : *Entretiens sur la vie des peintres et des graveurs*; PERRAULT : *Hommes illustres* ; PILES : *Cours de peinture*, ch. *Coloris*, art. *Gravures*; FEUILLET DE CONCHES : *Causeries d'un curieux*; BONNARDOT : *Quelques pages sur M. A. P. M. Gilbert et sur sa collection d'estampes.*

II. ESTAMPE. *T. techn.* Plaque de métal gravée en creux sur laquelle on frappe les matières dont on veut obtenir un ornement estampé. || Outil qui a quelque analogie avec une dame, et qui sert à battre la terre dans la fabrication des pipes || Mastic qui sert à garnir le fond des formes à sucre.

ESTAMPER. *T. techn.* Action de faire l'estampage, d'imprimer en relief des métaux, le cuir, la terre, la monnaie. || Faire le cuilleron de la cuiller; former le contour d'un ouvrage d'orfèvrerie.

*** ESTAMPEUR.** *T. de mét.* Celui qui fait l'estampage. || Outil qui sert à l'estampage; pilon de bois à l'aide duquel on estampe les formes à sucre.

*** ESTANQUETTE.** *T. techn.* Pièce de fer placée au centre de la partie inférieure de la presse à vermicelle, et sous le moule, pour qu'il puisse résister à la pression du piston.

*** ESTAZE.** *T. de tiss.* Chapeau ou partie supérieure longitudinale du métier à tisser. C'est sur l'extrémité antérieure des deux estazes qu'est suspendu le battant.

*** ESTÈQUE.** *T. techn.* Outil de forme et de matière différentes à l'usage du tourneur, pour amener aux profils voulus les surfaces intérieures et extérieures des pièces.

*** ESTIENNE** (Les), famille d'imprimeurs, de libraires et d'érudits français, originaire de Provence. D'après un arbre généalogique, propriété de la maison Didot, elle descendait, en droite ligne, de Pierre Estienne, seigneur de Lambesc, qui vivait en 1200. Ayant embrassé l'industrie des livres, au commencement du XVIe siècle, elle y resta jusque vers la fin du siècle suivant, pendant cent soixante deux ans. Dans cet intervalle, elle ne publia pas moins de 1,590 éditions différentes parmi lesquelles les belles-lettres figurent pour 823, l'histoire pour 297, la théologie pour 239, les sciences et arts pour 152 et la jurisprudence pour 79.

Nous allons donner quelques détails sur les principaux membres de la famille des ESTIENNE, du moins sur ceux qui ont eu un rôle un peu marquant dans l'histoire des livres. On sait qu'à l'exemple des dynasties souveraines, ils se distinguent par leurs prénoms suivis d'un nombre.

Henri Ier (ESTIENNE), né vers 1470, mort en 1520, Il était fils de Godefroy, frère cadet de Bérenger, seigneur de Lambesc, et de Laure de Montolivet, dont la famille avait une branche d'olivier dans ses armoiries. On ne possède presque aucun détail sur sa vie; on sait seulement que plein d'enthousiasme pour l'imprimerie typographique, dont l'introduction en France était toute récente, il ne crut pas déroger en s'y adonnant, ce qui le fit déshériter par son père en 1484. Ce fut sans doute afin de pouvoir se livrer plus librement à sa nouvelle carrière qu'il quitta la Provence, pour se rendre à Paris. Il était dans cette ville en 1500, peut-être même en 1496, où il exploitait, en commun avec Hopil Wolfgang, une imprimerie, située rue Jean-de-Beauvais, à l'enseigne des deux lapins *(in officina cuniculorum)*. Henri se trouva seul vers la fin de 1502. A partir de ce moment, il publia un assez grand nombre d'ouvrages, principalement de philosophie, de mathématiques, d'astronomie, les uns pour son propre compte, les autres pour le compte de divers libraires ou en participation avec les auteurs. De tous ces ouvrages, dont le nombre est de 120, presque tous in-folio, un seul est en français : c'est un traité de géométrie qui parut en 1514. Un autre volume, le *Quintuplex Psalterium*, ainsi appelé parce qu'il renferme cinq versions latines des psaumes, a cela de particulier que les versets du texte sacré y sont pour la première fois distingués par des chiffres arabes, ce qui le fit mettre à l'index des livres prohibés. Dans ses diverses impressions, Henri Estienne ne cessa de montrer qu'il avait au plus haut degré le sentiment du beau ; elles sont toutes d'une exécution très soignée et témoignent une profonde capacité littéraire et typographique. Elles ont généralement pour emblème, au premier feuillet, les armes de l'Université de Paris entourées de festons et supportées par deux anges qui soutiennent une banderole, sur laquelle on lit quelquefois cette devise : *plus olei quam vini* (plus d'huile que de vin), qui exprime si admirablement l'énergique activité qui fut la vertu héréditaire de ses descendants. Au-dessus se voit une main sortant des nuages et tenant un livre fermé. Sur quelques titres, ces armes sont accompagnées de l'écu de France, ou bien ont un écu vide au-dessous. Enfin, sur d'autres, se voit la devise : *fortuna opes auferre, non animum potest* (la fortune peut nous ravir les richesses, mais ne nous ôtera pas notre énergie), qui, d'après M. Ambroise-Firmin Didot, pourrait bien être une allusion personnelle.

Henri Estienne mourut, avons-nous dit, en 1520. Sa veuve épousa Simon de Colines, habile imprimeur et graveur en lettres, qui continua sa maison et qui, pour rappeler la première marque de son imprimerie, mit deux lapins pour emblème à la plupart des volumes qu'il imprima. Quant à ses fils au nombre de trois, *François Ier*, *Robert Ier* et *Charles*, ils embrassèrent tous la profession de leur père, mais à des degrés différents. L'un d'eux, l'aîné, *François Ier*, né à Paris, en 1502, mort dans la même ville en 1550, paraît n'avoir été qu'un modeste libraire-éditeur, et l'on regarde le peu de livres qui portent son nom comme étant sortis des presses de son beau-père, Simon de Colines. En conséquence, nous ne nous y arrêterons pas davantage.

Robert Ier (ESTIENNE), imprimeur, libraire, érudit et philologue français, né à Paris en 1503, mort à Genève en 1557. Il n'avait que dix-sept ans à la mort de son père, il continua son éducation littéraire et son instruction typographique chez Simon de Colines, son beau-père, qui se déchargea bientôt sur lui de la direction de l'imprimerie (1524), pour se consacrer exclusivement à la gravure des caractères.

Le premier livre sur lequel figura le nom de *Robert* fut une savante et charmante édition, format in-16, du *Nouveau Testament*, en latin, qui parut en 1552, et dont il revit le texte avec le plus grand soin. La Sorbonne ne vit pas avec plaisir cette publication d'un format qui popularisait les Saintes Ecritures et où les protestants puisaient leurs arguments. Elle attaqua le texte, mais sans vouloir engager ni discussion, ni controverse. Les attaques des théologiens n'effrayèrent pas le jeune typographe. Bientôt même, il conçut le projet d'une grande édition de la Bible, mais des affaires d'intérêt et de famille lui en firent différer l'exécution. Ce fut, en effet, vers 1524, à l'âge de 21 ans, qu'il rentra dans la propriété de l'imprimerie paternelle, et, en 1527, il épousa la fille de Josse Bade, l'un des littérateurs les plus instruits du XVIe siècle. Cette femme, elle-même douée d'un rare mérite, le seconda merveilleusement et ne contribua pas peu à la prospérité de la maison de commerce. A partir de ce moment, il ne se passa aucune année qu'il ne donnât une édition de quelque classique qui ne fût originale ou tout au moins supérieure à celles qui existaient déjà, soit par la pureté du texte, soit par l'importance des commentaires. Enfin en 1528, il fit paraître la grande *Bible latine* in-folio, superbe livre dont le texte avait été collationné, par ses soins, aux meilleures sources, sur les manuscrits et sur la Polyglotte d'Alcala. Mais, cette fois, l'acharnement de la Sorbonne fut tel que, sans la haute faveur dont il jouissait auprès de François Ier, qui l'honorait d'une réelle amitié, il eût été obligé de sortir de France. Au milieu des agitations de toute espèce où il ne cessa de vivre dès ce moment, il n'abandonna pas ses travaux d'érudition, ce qui lui permit, en 1532, de publier son *Trésor de la langue latine* (*Dictionna-*

rium seu thesaurus linguæ latinæ), in-folio, qu'il augmenta énormément par la suite.

En 1539, pour récompenser Robert Estienne de ses travaux, François Ier l'avait nommé son imprimeur pour la langue latine et la langue hébraïque; en 1540, il le nomma également son imprimeur pour le grec. Ces titres et l'affection du roi le protégèrent encore en 1545 contre le ressentiment des théologiens, quand, dans une nouvelle édition de la Bible, il mit, à côté de la vulgate, une traduction du texte hébreu plus fidèle que celle de Saint Jérôme, qui lui-même avoue avoir plus songé à exprimer le sens que la valeur des mots; mais, après la mort de François Ier, il ne tarda pas à s'apercevoir qu'il ne pouvait plus compter sur la protection royale. Il prit alors le parti de se réfugier à Genève avec toute sa famille (1550). Depuis longtemps affilié au parti calviniste, indigné d'ailleurs des persécutions incessantes qu'il avait essuyées, il ne tarda pas à embrasser la réforme, et par représailles de ce que le fanatisme des catholiques lui avait fait souffrir, il eut la faiblesse de se laisser emporter par son ardeur de néophyte protestant jusqu'à applaudir au supplice de Michel Servet. Ajoutons qu'il fonda à Genève une imprimerie d'où sortirent, comme de celle de Paris, nombre d'excellents ouvrages, surtout des livres calvinistes.

Robert Estienne mourut le 7 septembre 1559, laissant la réputation de premier typographe de son temps et d'un érudit des plus profonds. On a calculé que pendant les trente-quatre années de sa carrière typographique, il avait imprimé au moins 500 éditions grecques, latines ou françaises, formant 647 volumes, dont 70 in-folio, 90 in-4°, 376 in-8° et 111 in-16 ou in-32. La plupart de ces livres sont marqués, soit de son olivier, avec la devise : *Noli altum sapere;* soit de sa marque d'imprimeur du roi : une lance autour de laquelle s'entrelacent un serpent et une branche d'olivier, ayant au-dessous un vers d'Homère, qui signifie : au bon roi et au vaillant soldat; soit enfin une simple branche d'olivier, qu'il adopta à Genève, avec la légende : *Oliva Roberti Stephani* (Olivier de Robert Estienne).

Charles (ESTIENNE), médecin et imprimeur français, troisième fils de Henri Ier et frère du précédent, né à Paris en 1504, mort dans la même ville en 1564. Après avoir reçu une brillante instruction littéraire, il se tourna du côté de la médecine vers laquelle le portaient ses goûts particuliers, et fut reçu docteur de la Faculté de Paris. Des voyages qu'il fit en Allemagne et en Italie, où le roi Henri II l'envoya comme ambassadeur, l'engagèrent ensuite à s'occuper d'archéologie ; enfin, vers 1550, quand son frère se fut réfugié à Genève, il prit la direction de l'imprimerie abandonnée par ce dernier, afin de sauver les intérêts de ses neveux restés ou revenus à Paris. Parmi les ouvrages sortis de ses presses, nous ne citerons que le *Prædium rusticum*, paru en 1554, traduit depuis par lui-même en français, et réimprimé par divers imprimeurs sous le nom de *Maison rustique*. Charles n'avait de rivaux comme savant que dans sa propre famille, mais son caractère emporté et jaloux lui aliéna ses amis et même ses parents. Des emprunts écrasants, auxquels il fut obligé par plusieurs de ses entreprises de librairie, mirent ses affaires commerciales dans un si piteux état qu'en 1561 ses créanciers le firent enfermer au Châtelet pour dettes où il mourut après trois ans de détention.

Henri II (ESTIENNE), dit *le grand*, imprimeur et érudit français, fils aîné de Robert Ier, né à Paris, en 1528, mort à Lyon, en 1598. C'est le premier de la dynastie à tous les points de vue. Admirablement formé par son père pour l'érudition, qu'on ne séparait pas alors de la typographie, il commença, vers l'âge de dix-huit ans, des voyages qui occupèrent la moitié de sa vie, le mirent en rapport avec les savants de tous les pays, lui permirent de visiter les bibliothèques les plus riches de l'Europe, soit pour y chercher des manuscrits non encore découverts, soit pour y collationner les textes déjà connus. Ses connaissances philologiques étaient si étendues qu'il savait à fond toutes les langues modernes aussi bien que les langues anciennes, et quelques-unes des langues orientales. Il habita alternativement Paris et Genève pendant ses moments de repos. C'est dans la première de ces villes qu'en 1554, il donna la première édition des poésies d'*Anacréon*, dont il avait trouvé deux manuscrits. Trois ans plus tard, ses opinions religieuses, pleinement conformes à celles de son père, l'engagèrent à se fixer définitivement à Genève. Il fonda dans cette ville une imprimerie distincte de celle de son père; mais, en 1559, ce dernier l'ayant institué son héritier universel, avec la charge de veiller à l'éducation et à l'avenir de ses frères et sœurs, il réunit cette imprimerie à l'établissement paternel.

Le nombre des ouvrages publiés par Henri II Estienne est très considérable. Ce sont, outre des éditions princeps de plusieurs auteurs anciens, surtout grecs, des traductions latines, des traités de grammaire, des glossaires, des satires et des pamphlets contre les moines, les courtisans, la reine Catherine de Médicis, etc. On peut citer, parmi les plus importantes : les *Poetæ græci principes*, 1566, 2 in-folio, véritable chef-d'œuvre typographique, dans lequel, pour distinguer les noms propres de personnes, de peuples, de villes, de montagnes, de fleuves, etc., il plaça au-dessus des mots des signes particuliers, qui compliquèrent beaucoup le travail des compositeurs; un *Corpus medicum*, sous le titre de *Medicæ artis principes*, 1567, 2 in-folio, dans lequel il réunit un grand nombre de traités sur l'art de guérir, dont chacun, difficile à trouver, formait souvent plusieurs volumes; le *Thesaurus linguæ græcæ*, 1572-1573, 4 in-folio, monument d'une prodigieuse érudition, que son père avait conçu, qu'il rédigea après onze ans de longs travaux, et qu'il imprima au milieu des circonstances les plus difficiles.

Toutes ces publications ne furent pas heureuses commercialement parlant. Beaucoup d'entre elles lui coûtèrent même la plus grosse partie de sa fortune, et, pour comble de malheur, un tremblement de terre détruisit sa maison avec ses livres et ses manuscrits, pendant qu'il était en voyage à la recherche de nouvelles ressources. Il apprit ce malheur à Lyon, tomba malade, sa tête s'égara et fut transporté à l'hôpital de cette ville où il mourut.

Après Henri II, la famille des Estienne compta plusieurs autres imprimeurs, mais aucun ne s'éleva au même niveau que les précédents, bien que quelques-uns, dans le nombre, eussent un certain mérite.

ESTOC. *T. techn.* Outil avec lequel le faïencier arrondit les vases sur le tour. || Vase qui reçoit la terre molle. || *T. d'arm. anc.* Grande épée à lame rigide, souvent quadrangulaire, évidée, que portaient les hommes d'armes des XVe et XVIe siècles, et qui servait à percer, d'où l'expression *frapper d'estoc.*

ESTOMPE. Morceau de peau roulée, fixée par son bord externe, et terminé en pointe ou en forme de cône. Il sert à étendre une poudre noire très fine, soit de crayon, soit de pastel, et à adoucir et dégrader les teintes. On fait des estompes de différentes grosseurs et en peaux diverses, buffle, castor, etc. On substitue souvent à la peau le papier gris avec avantage.

***ESTOQUIAU.** Ce mot désigne généralement toute pièce de fer façonnée pour en retenir ou en arrêter d'autres; on dit aussi *étoquiau.*

ÉTABLE. *T. de constr. agric.* Bâtiment servant à loger les animaux de l'espèce bovine.

Les bovidés sont élevés dans la ferme en vue de diverses spéculations, et exigent, dans chaque cas, un local qui leur soit approprié. Nous ne parlerons ici que des étables d'élevage, des étables pour animaux de travail et pour vaches laitières, enfin des étables d'engraissement; on trouvera à l'article CONSTRUCTION RURALE, t. III, tous les renseignements nécessaires à l'emplacement exigé par un bœuf ou une vache, ainsi que les détails de construction des étables.

Etables d'élevage. C'est dans ces locaux que l'on abrite les jeunes animaux après leur sevrage. L'atmosphère de ces étables doit être tempérée et sèche; des ventilateurs assurent le renouvellement de l'air. Les veaux sont séparés par des stalles et quelquefois ceux que l'on destine à la reproduction sont enfermés dans des boxes. Un parc engazonné communique directement avec l'étable d'élevage.

Etables pour animaux de travail. Ces étables sont quelquefois appelées *bouveries,* mais ces bâtiments peuvent aussi abriter les vaches qui sont employées dans certaines localités comme animaux de trait. Dans les bouveries bien organisées, les bœufs qui travaillent ordinairement au joug double sont réunis deux par deux dans des stalles de 3 mètres de largeur. Dans le Limousin, les bœufs sont placés le long de l'aire à battre les grains, sur laquelle on met les fourrages servant à leur alimentation et en sont séparés par des cloisons en planches percées de trous ovales par lesquels les animaux passent la tête et le cou. Ce système de cloisons appelées *cornadis,* est très utile, sépare la stalle de la mangeoire, et empêche tout gaspillage des aliments. Pour les animaux de travail, il est inutile d'établir un couloir d'alimentation.

Etables pour vaches laitières. Elles sont communément désignées sous le nom de *vacheries.* Suivant le nombre des animaux, on adopte une disposition simple ou double, avec un couloir d'alimentation par rang. A une extrémité de la vacherie, on dispose une stalle d'une dimension un peu plus grande que les autres pour le taureau, quelquefois même, on le loge dans une boxe qui communique avec une petite cour fermée par des lices. Aujourd'hui, on emploie avec avantage, comme clôture des paddocks, 3 ou 4 rangs de ronce artificielle en fils de fer galvanisés, maintenus par des poteaux en bois dur ou en fer. La vacherie doit être chaude, bien aérée, légèrement humide; ces conditions seules favorisent une abondante secrétion de lait de bonne qualité. Une extrémité de la vacherie est occupée par des petites stalles, dans lesquelles on met les jeunes veaux jusqu'au moment de leur sevrage. On a proposé la forme circulaire pour les vacheries, le centre est occupé par les rateliers, et la circonférence par les veaux; les vaches sont placées suivant les rayons; cette disposition est bonne au point de vue de l'utilisation complète de l'emplacement, mais offre de sérieuses difficultés dans la construction du bâtiment.

Etables d'engraissement. L'engraissement des bêtes à cornes s'opère sur les jeunes animaux ou sur ceux qui ont déjà rendu des services comme bêtes de travail. Les animaux à l'engrais sont quelquefois placés dans des boxes; le local doit être chaud, légèrement humide, peu éclairé, et surtout très tranquille; ces conditions sont nécessaires afin que l'engraissement marche rapidement. M. Decrombecque a installé dans son exploitation de Lens (Pas-de-Calais) une étable d'une disposition originale. Les boxes sont carrées de 2[m],70 de côté et ont 1[m],20 de profondeur, disposées le long d'un couloir et dans lesquelles on fait descendre les animaux maigres à l'aide d'un plan incliné volant. On entasse continuellement le fumier sous l'animal qui s'élève ainsi graduellement. Pour suivre son mouvement d'ascension, la mangeoire est mobile dans le sens vertical. Les couches de litière se superposent et, au bout de 2 à 3 mois, la fosse est complètement pleine, l'animal, alors engraissé, est sorti de la boxe et emmené sur le marché. Du côté extérieur, des portes ouvrent sur les boxes et servent à la rentrée et à la sortie des animaux; ces portes sont doubles, et la partie supérieure sert de fenêtre durant la période d'engraissement. Ce système d'étable, qui donne d'excellents résultats, mériterait d'être appliqué sur une plus grande échelle qu'il ne l'est actuellement. — M. R.

ÉTABLI. *T. d'atel.* Table en bois de forte épaisseur et bien rigide, employée dans les ateliers, qui reçoit un ou plusieurs étaux destinés au travail du bois ou du fer. L'établi des menuisiers porte, en outre de l'étau en bois, une sorte de griffe fixée sur une pièce de bois carrée qui peut glisser à volonté dans l'épaisseur de la table, et un varlet. La griffe sert à immobiliser les pièces de bois qu'on veut raboter, et le varlet sert à maintenir surtout celles qui doivent recevoir un trait de scie.

ÉTABLISSEMENTS CLASSÉS. Sous le nom d'*établissements classés*, on comprend tous les établissements industriels *incommodes* ou *dangereux* pour le voisinage, sous le rapport du bruit, de la fumée, des odeurs ou des chances d'incendie.

— La législation concernant ces établissements était fort imparfaite au siècle dernier et ce n'est qu'à partir du 15 octobre 1810, jour où parut un décret impérial régissant la matière, qu'on a surveillé de près l'installation des industries dans les villes.

L'article 1er de ce décret comprend la division des établissements industriels en trois classes : la première embrasse les établissements qui doivent être éloignés des habitations particulières ; la seconde, ceux dont l'éloignement des habitations n'est pas rigoureusement nécessaire ; la troisième, enfin, comprend les industries qui peuvent être exercées sans inconvénient auprès des habitations.

L'article 2 détermine l'autorité compétente pour la délivrance des autorisations : c'est le Préfet, en ce qui concerne les établissements de 1re et 2e classe, et le Sous-Préfet en matière d'industrie de 3e classe.

Les articles 3 à 6 visent les formalités à accomplir pour obtenir une autorisation de 1re classe : ce sont l'envoi au Préfet d'une demande et l'affichage de cette demande dans toutes les communes à 5 kilomètres de rayon. Dans le délai d'un mois, durée de l'affichage, tout particulier est admis à présenter ses moyens d'opposition ; les maires des communes ont la même faculté. S'il y a des oppositions, le conseil de préfecture donne son avis, s'il n'y en a pas la permission sera accordée, sur l'avis du Préfet.

L'article 7 dit que pour obtenir une autorisation de 2e classe, l'industriel devra adresser au Sous-Préfet de son arrondissement une demande qui sera transmise au Maire de la commune dans laquelle on projette de former l'établissement, en le chargeant de procéder à une enquête de *commodo* et *incommodo*. L'enquête terminée, le résultat en est transmis au Sous-Préfet qui prend un arrêté qu'il transmet au Préfet. En cas d'opposition, le Conseil de préfecture est appelé à statuer, sauf le recours au Conseil d'Etat.

Les autorisations de 3e classe sont délivrées, aux termes de l'article 8, par le Préfet de police, à Paris, et par le Maire dans les autres villes. Les oppositions sont toujours soumises à l'appréciation du Conseil dn préfecture. Les articles 9 à 11 stipulent la distance qu'on devra observer vis-à-vis des établissements industriels autorisés si on ne veut pas s'exposer à être gênés par eux, le classement de ces établissements, d'après un tableau annexé au décret, et enfin la non rétroactivité des dispositions comprises dans ce document. Toutefois, l'article 12, autorise le Conseil d'Etat à supprimer un établissement de 1re classe, dont l'origine est antérieure au décret, s'il est prouvé que la salubrité publique, la culture ou l'intérêt général souffrent très sérieusement de la présence de cet établissement.

Enfin, l'article 13 établit que l'avantage, dont jouissent les industries existant au moment du décret, de fonctionner sans autorisation disparaîtra le jour où ces industries seront transférées dans un autre emplacement ou auront subi une interruption de six mois dans leurs travaux.

Le 14 janvier 1815 paraît une ordonnance du roi qui stipule (art. 2) que l'enquête de *commodo* et *incommodo* sera, non seulement exigible pour les autorisations de 2e classe, mais, en outre, pour celles de 1re classe. L'article 4 transmet au Directeur général de la police les attributions données aux Préfets et aux Sous-Préfets en ce qui concerne l'examen des demandes d'autorisation, formées dans toute l'étendue du département de la Seine et dans les communes de St-Cloud, Meudon et Sèvres.

L'ordonnance du 30 novembre 1837, émanant du Préfet de police, règle spécialement les formalités à accomplir par les industriels pour obtenir l'autorisation d'exploiter un établissement classé dans le ressort de sa préfecture. L'article 3 stipule d'accompagner toute demande d'un plan en double expédition, dessiné sur une échelle de 5 millimètres par mètre, et indiquant les détails de l'exploitation, c'est-à-dire la désignation des fours, machines, etc., ainsi que les tenants et aboutissants aux ateliers. Dans le cas d'un établissement de 1re classe, ces pièces seront accompagnées d'un autre plan, également en double expédition, dressé sur une échelle de 0m,025 pour 100 mètres, et qui donnera l'indication de toutes les habitations situées dans un rayon de 800 mètres au moins. L'article 4 prescrit aux industriels de n'apporter aucun changement dans la disposition de leur établissement sans une autorisation nouvelle sous peine de voir fermer leur usine.

La nomenclature des établissements classés fut remaniée à de nombreuses reprises depuis le 15 octobre 1810, à raison des industries nouvelles qui prirent naissance depuis cette époque. Les tableaux que nous donnons aux pages suivantes étaient annexés au décret impérial du 31 décembre 1866, lequel n'a fait que rappeler les dispositions légales mises en vigueur par les édits précédents. Nous avons introduit, dans la nomenclature de 1866, les modifications qu'on lui a fait subir, notamment le 19 mai 1873, en ce qui concerne la vente et la fabrication des huiles de pétrole et de schiste, des essences et autres hydrocarbures. La nomenclature de 1866 a été augmentée le 31 janvier 1872, le 7 mai 1878, le 22 avril 1879, le 26 février 1881 et le 20 juin 1883 d'un certain nombre d'établissements dans la plupart desquels s'exercent des industries qui n'existaient pas lorsque parut le décret de 1866.

Avant de terminer cet exposé de la législation qui régit actuellement les établissements classés, disons qu'à Paris il existe un service d'inspection, chargé de veiller à l'exécution des conditions prescrites par M. le Préfet de Police dans les arrêtés d'autorisation qui concernent les nombreux établissements du département de la Seine. Ce service est composé de douze inspecteurs, fort au courant des questions industrielles, et placés sous la savante direction de M. Bezançon, chef de division à la Préfecture de police.

Il fut créé, il y a une vingtaine d'années, et ne se composait, à cette époque, que de huit agents. Depuis lors, le nombre des établissements industriels s'accroissant toujours, les usines finirent par couvrir une grande partie de la banlieue de Paris et former une ceinture fort incommode pour les habitants de la capitale. D'autre part, les matières de vidange qu'on envoyait autrefois à la voirie de Paris furent de plus en plus retenues par les Compagnies chargées de leur extraction et de leur transport, en vue de les traiter pour leur propre compte dans des usines qu'elles installèrent sur divers points du département de la Seine. L'infection qui résulta de la présence de ces établissements, mal organisés pour la plupart, suscita des plaintes très vives qui décidèrent le Conseil général de la Seine à donner l'importance actuelle au service d'inspection, dont le personnel était alors trop restreint pour repondre aux besoins nouveaux.

NOMENCLATURE DES ÉTABLISSEMENTS INSALUBRES, DANGEREUX OU INCOMMODES CLASSÉS JUSQU'AU 1er JANVIER 1884.

Explication des abréviations contenues dans la colonne de droite.

O Odeur.	E N Emanations nuisibles.
Æ Altération des eaux.	I Danger d'incendie.
B Bruit	P Poussière.

	Classe	Inconvénients
Les animaux et leurs dépouilles.		
Ménageries	1	Danger
Chiens (Infirmeries de)	1	O-B
Vacheries dans les villes de plus de 5,000 habitants	3	O-Urines
Laiteries en grand dans les villes	2	O
Porcheries	1	O-B
Engraissement des volailles dans les villes (Etablissements pour l')	3	O
Abattoirs publics; triperies annexes; boyauderies et corderies à instruments	1	O-Æ
Chairs, débris et issues (Dépôts de), provenant de l'abattage des animaux Equarrissage des animaux	1	O-En
Echaudoirs { Préparation industrielle des débris d'animaux	1	O
Echaudoirs { — — des parties d'animaux propres à alimentation	3	O
Boyaux salés (Dépôts de) destinés à la charcuterie	2	O
Vessies nettoyées (Gonflement et séchage des)	2	O
Cuirs et poils { Cuirs verts et peaux fraîches (Dépôts)	2	O
Cuirs et poils { Secrétage des peaux et poils de lièvre et lapin	2	O
Cuirs et poils { Peaux de mouton (Séchage)	3	O-P
Crins et soies de porc (travail sans fermentation)	2	O-P
Soies de porcs (travail avec fermentation)	1	O
Sang { 1° Séparation de la fibrine et de l'albumine 2° Dépôt pour la fabrication du bleu de Prusse 3° Fabriques de poudre pour clarification des vins	1	O
Albumine. *Fabrication au moyen du sérum frais du sang*	3	O
Os { Dépôt d'os frais, en grand	1	O-En
Os { Dépôt d'os secs, en grand	3	O
Cornes et sabots (Aplatissement des) { Avec macération	2	O-Æ
Cornes et sabots (Aplatissement des) { Sans macération	3	O
Industries animales. — Travail des peaux, cuirs.		
Cuirs vernis	1	O-I
Pélanage et séchage des peaux, secrétage des peaux de lièvre et lapin	2	O
Tanneries, corroieries, chamoiseries, parchemineries	2	O
Séchage des peaux de mouton	3	O-P
Hongroieries, maroquineries, mégisseries, teinture des peaux	3	O
Battage des cuirs	3	B et Eb.
Lustrage et apprêtage des peaux	3	O-P
Travail des graisses, stéarinerie, savonnerie.		
Graisses fondues à feu nu, fabriques de graisses pour voitures	1	O-I
Graisses de cuisine (Traitement des), fabrication du suif brun, du suif d'os	1	O-I
Suif en branches { Fondoirs à feu nu	1	O-I
Suif en branches { Fondoirs au bain-marie ou à la vapeur	2	O
Acide stéarique { Par distillation	1	O-I
Acide stéarique { Par saponification	2	O-I
Refonte des graisses et suifs, fabrication des chandelles	3	O-I
Bougies de stéarine, paraffine et cire (moulage)	3	O-I
Savonneries	3	O
Glycérine (Distillation de la)	3	O
Glycérine (Extraction de la) des eaux de savonnerie ou de stéarinerie	2	O
Huiles de toutes sortes et industries similaires.		
Huiles de poisson, dégras ou huile de Bergues à l'usage des chamoiseurs et corroyeurs (fabric.)	1	O-I
Huile et essence de pétrole, huiles de schiste et de goudron, essences et autres hydrocarbures liquides pour l'éclairage et le chauffage, la fabrication des couleurs et vernis, le dégraissage des étoffes, ou tout autre emploi :		
1° Fabrication, distillation et travail en grand	1	O-I
2° Dépôts { Produits inflammables au-dessous de 35° au contact d'une allumette. { 3,000 litres et au-dessus	1	O-I
2° Dépôts { Produits inflammables au-dessous de 35° au contact d'une allumette. { de 1,500 à 3,000 litres	2	O-I
2° Dépôts { Produits inflammables au-dessous de 35° au contact d'une allumette. { de 300 à 1,500 litres	3	O-I
2° Dépôts { Produits inflammables au-dessus de 35° au contact d'une allumette. { 15,000 litres et au-dessus	1	O-I
2° Dépôts { Produits inflammables au-dessus de 35° au contact d'une allumette. { de 7,500 à 15,000 litres	2	O-I
2° Dépôts { Produits inflammables au-dessus de 35° au contact d'une allumette. { de 1,500 à 7,500 litres	3	O-I
Sinapismes (Fabriques de) { sans distillation d'hydrocarbures	2	O
Sinapismes (Fabriques de) { avec distillation	1	O-I

	Classe	Inconvénients
Huiles de toutes sortes et industries similaires (Suite).		
Huile de pieds de bœuf (Fabriques d') — Emploi de matières en putréfaction	1	O
Huile de pieds de bœuf (Fabriques d') — Matières non putréfiées	2	O
Huiles et autres corps gras extraits de débris de matières animales	1	O-I
Huiles rousses (Fabric. des) par traitement des cotons et des débris de graisse à haute tempér.	1	O-I
Huileries ou moulins à huile, épuration des huiles	3	O-I
Mélange à chaud ou cuisson des huiles — en vases ouverts	1	O-I
Mélange à chaud ou cuisson des huiles — en vases clos	2	O-I
Huiles de ressence (Fabrication des)	2	O-Æ
Huiles extraites des eaux grasses pour la savonnerie et autres usages — en vases ouverts	1	O-I
Huiles extraites des eaux grasses pour la savonnerie et autres usages — en vases clos	2	O-I
Huiles lourdes créosotées (injection des bois dans de grands ateliers opérant d'une manière permanente	2	O-I
Industries alimentaires. — brasseries, distilleries.		
Laiteries en grand dans les villes	2	O
Fromages (Dépôts de)	3	O
Sécheries de morues, dépôts de rogues et de poissons salés Fabriques de conserves de sardines dans les villes Saucissons (Fabrication en grand des) Salaison et saurage des poissons dans des ateliers	2	O
Choucroute (Ateliers de fabrication), confiserie des olives Dépôts de salaisons dans les villes Salaison et préparation des viandes, enfumage du lard Saurage de harengs	3	O O-F
Oignons (Dessiccation des) dans les villes	3	O
Gélatine alimentaire et gélatines provenant de peaux blanches et de peaux fraîches non tannées (Fabrication de la)	2	O
Colle forte (Fabrication de la)	1	O-Æ
Café (Torréfaction en grand du)	3	O-F
Distilleries en général (Eaux-de-vie, genièvre, kirsch, absinthe et autres liqueurs alcooliques.	3	I
Alcool (Distillerie agricole de l'), alcools autres que de vin, sans rectification	3	Æ
Alcool (Rectification de l')	2	I
Brasseries	3	O
Engrais divers, carbonisation de divers produits et industries qui s'y rattachent.		
Engrais (Fabrication au moyen des matières animales)	1	O-Æ
Engrais, vidanges, débris d'animaux (Dépôts d') — non préparés ou en magasins non couverts	1	O
Engrais, vidanges, débris d'animaux (Dépôts d') — desséchés ou désinfectés et en magasins couverts — dépôts de plus de 25,000 kilogrammes	2	O
Engrais, vidanges, débris d'animaux (Dépôts d') — desséchés ou désinfectés et en magasins couverts — dépôts de moins de 25,000 kilogrammes	3	O
Guano — Dépôts de plus de 25,000 kilogrammes	1	O
Guano — Pour la vente au détail	3	O
Boues et immondices (Dépôts de) et voiries	1	O
Os (Torréfaction pour engrais) / Noir d'ivoire et noir animal (Fabrication du) — gaz non brûlés	1	O-I
Os (Torréfaction pour engrais) / Noir d'ivoire et noir animal (Fabrication du) — gaz brûlés	2	O-I
Noir animal (Revivification du)	2	EN-O
Carbonisation des matières animales, en général	1	O
Enfumage des sabots par la combustion de la corne ou autres matières animales, dans les villes	1	O
Superphosphates de chaux et de potasse (Fabrication des)	2	EN
Phosphate de chaux (Extraction et lavage du)	3	Æ
Sulfate d'ammoniaque et chlorhydrate d'ammoniaque — Fabrication par distillation de matières animales	1	O
Sulfate d'ammoniaque et chlorhydrate d'ammoniaque — Fabriques annexes de dépôts d'engrais provenant de vidanges ou de débris d'animaux, précédemment autorisés	2	O-EN
Noir de fumée (Fabrication par la distillation de la houille, des goudrons, etc.)	2	F-O
Noir minéral (Fabrication par broyage de résidus de distillation de schiste bitumineux)	3	O-P
Crayons de graphite (Fabrication des)	2	P
Cyanure et cyanoferrure de potassium — par la calcination directe des matières animales avec la potasse	1	O
Cyanure et cyanoferrure de potassium — p^r calcin. avec des matières préalablement carbonisées en vase clos	2	O
Cyanure rouge de potassium	3	EN
Combustibles et produits extraits par la calcination de diverses matières autres qu'animales.		
Scieries mécaniques et établissements où l'on travaille le bois à l'aide de machines à vapeur ou à feu	3	I
Chantiers de bois à brûler, charbon de bois (dépôts et magasins de)	3	EN-I
Tonnellerie en grand opérant sur fûts à matières grasses et putrescibles	2	B-O-F
Acide pyroligneux — Purification	2	O
Acide pyroligneux — par carbonisation du bois — Produits gazeux non brûlés	2	F-O
Acide pyroligneux — par carbonisation du bois — Produits gazeux brûlés	3	F-O
Combustion des plantes marines dans des établissements permanents (soudes de varechs)	1	O-F
Résidus du lessivage des soudes brutes	1	O-EN
Tannée humide (Incinération de la)	2	O-F

	Classe	Inconvénients
Combustibles et produits extraits par la calcination de diverses matières autres qu'animales (Suite).		
Lies de vin pour la production des cendres gravelées — Séchage	2	O
Lies de vin pour la production des cendres gravelées — Incinération — Dégagement de fumée au dehors	1	O
Lies de vin pour la production des cendres gravelées — Incinération — *Combustion ou condensations des fumées*	2	O
Potasse par calcination des résidus de mélasse	2	O
Fabrication du gaz d'éclairage — pour l'usage public	2	O-I
Fabrication du gaz d'éclairage — pour l'usage particulier	3	O-I
Gazomètres pour l'usage particulier non attenants aux usines de fabrication	3	O-I
Goudrons divers et brais végétaux — Usines où a lieu l'élaboration	1	O-I
Goudrons divers et brais végétaux — Traitement dans les usines de production et dépôts en général ainsi qu'usines où a lieu le trempage des tuiles métalliques	2	O-I
Coke (Fabrication du) — en plein air ou en fours non fumivores	1	F-P
Coke (Fabrication du) — en fours fumivores	2	P
Tourbe (Carbonisation de la) — en vases ouverts	1	O-F
Tourbe (Carbonisation de la) — en vases clos	2	O
Lignites (Incinération des)	1	F-EN
Matières très inflammables et explosibles.		
Fabrication du fulminate de mercure, de poudres et matières fulminantes	1	I-E
Fabrication d'étoupilles avec matières explosibles	1	I-E
Fabrication des pièces d'artifices	1	I-E
Fabrication du phosphore et des allumettes avec des matières détonantes et fulminantes	1	I-E
Fabrication du celluloïd et produits nitrés analogues	1	I-E
Dépôts d'allumettes chimiques — de plus de 25 mètres cubes	2	I
Dépôts d'allumettes chimiques — de 5 à 25 mètres cubes	3	I
Amorces fulminantes pour pistolets d'enfants (Fabrication d')	2	E
Ateliers de façonnage du celluloïd	2	I
Dépôts et magasins de vente en gros du celluloïd et produits nitrés analog., bruts ou travaillés	3	I
Produits chimiques et matières colorantes minérales et organiques.		
Acide chlorhydrique provenant de la décomposition des divers chlorures — sans condensation	1	EN
Acide chlorhydrique provenant de la décomposition des divers chlorures — avec condensation complète	2	EN
Chlore, chlorures alcalins, protochlorure d'étain et chlorure de chaux en grand	2	O
Perchlorure de fer et chlorure de chaux (fabriques de moins de 300 kilogrammes par jour)	3	O
Chlorures de soufre (Fabrication des)	1	EN
Sel de soude (Fabrication du) avec le sulfate de soude	3	F-EN
Marcs ou charrées (Exploitation en vue d'en extraire le soufre, soit libre, soit combiné)	1	O-EN
Acide azotique (Fabrication de l')	3	EN
Acide oxalique, arsénieux et arsénique par l'acide nitrique — sans destruction des gaz nuisibles	1	F
Acide oxalique, arsénieux et arsénique par l'acide nitrique — avec destruction des gaz nuisibles	3	F-Acc.
Acide oxalique par la sciure de bois et la potasse	2	F
Acide salicylique (Fabrication au moyen du phénol)	2	O
Acide picrique — Gaz nuisibles non brûlés	1	V-Nuis.
Acide picrique — Gaz nuisibles détruits	3	V-Nuis.
Soufre — Pulvérisation et blutage	3	P-I
Soufre — Fusion ou distillation	2	EN-I
Sulfure de carbone (Fabriques et manufactures de) dans lesquelles on l'emploie en grand. Les dépôts suivent le régime des H. de pétrole (pour les tourteaux d'olives notamment)	1	I
Acide sulfurique — Combustion du soufre et des Pyrites	1	EN
Acide sulfurique — de Nordhausen par décomposition du sulfate de fer	3	EN
Sulfure de sodium (Fabrication du)	2	O-EN
Sulfures d'arsenic (Vapeurs condensées)	2	O-EN
Sulfate de cuivre par grillage des pyrites	1	EN
Sulfate de mercure — Vapeurs non absorbées	1	EN
Sulfate de mercure — Vapeurs absorbées	2	E moindr.
Sulfate de peroxyde de fer (nitro-sulfate de fer) par le sulfate de fer et l'acide nitrique	2	EN
Sulfate de protoxyde de fer par l'acide sulfurique sur ferraille	3	F-EN
Sulfates de fer et d'alumine, alun (Fab. par lavage des terres pyriteuses et alumineuses grillées)	3	F-Æ
Acide arsénique et arséniate de potasse — Vapeurs acides absorbées	1	EN
Acide arsénique et arséniate de potasse — Vapeurs non absorbées	2	E-Acc.
Nitrates métalliques obtenus par l'action directe des acides — Vapeurs non condensées	1	EN
Nitrates métalliques obtenus par l'action directe des acides — Vapeurs condensées	2	EN
Nitrate de méthyle	1	Expl.
Nitro-benzine, aniline et dérivés de la benzine	2	O-I-EN
Matières colorantes (Fabrication au moyen d'aniline et nitro-benzine des)	3	O-EN
Murexide (Fabrication de la) par réaction en vase clos de l'acide nitrique et de l'acide urique	2	EN
Orseille — préparée en vases ouverts	1	O
Orseille — préparée en vases clos avec emploi d'ammoniaque à l'exclusion de l'urine	3	O
Cochenille ammoniacale (Fabrication de la)	3	O
Ammoniaque par décomposition des sels ammoniacaux	3	O

	Classe	Inconvénients
Produits chimiques et matières colorantes minérales et organiques (Suite).		
Baryte caustique par décomposition du nitrate (Fabrication de la) — Vapeurs non condensées ni détruites	1	EN
Baryte caustique par décomposition du nitrate (Fabrication de la) — Vapeurs condensées ou détruites	2	EN
Blanc de zinc, céruse, litharge, massicot, minium (Fabriques du)	3	EN
Chromate de potasse	3	O
Encres d'imprimerie avec cuisson d'huiles	1	O-I
Ether (Dépôts d') — La quantité emmagasinée même temporairement égale 1,000 litres ou plus	1	I-Exp.
Ether (Dépôts d') — La quantité varie de 100 à 1,000 litres	2	I-Exp.
Collodion (Fabrication du)	1	I-Exp.
Acide lactique (Fabrication de l')	2	O
Aldéhyde (Fabrication de l')	1	I
Sulfate de baryte (Décoloration au moyen de l'acide chlorhydrique en vases ouverts du)	2	EN
Rouges de Prusse et d'Angleterre, par calcination du sulfate de fer	1	EN
Industries autres que mécaniques et métallurgiques et produits divers.		
Amidon grillé (Fabrication de l')	3	O
Amidonneries — par fermentation	1	O-EN-Æ
Amidonneries — par séparation du gluten sans fermentation	2	Æ
Féculeries et fabriques de glucose	3	O-Æ
Raffineries et fabriques de sucre	2	F-O
Dépôts de pulpe de betteraves humide destinées à la vente	3	O-E
Boules au glucose caramélisé pour usage culinaire	3	O
Agglomérés ou briquettes de houille (Fabrication des) — au brai gras	2	O-I
Agglomérés ou briquettes de houille (Fabrication des) — au brai sec	3	O
Asphaltes, bitumes, brais et matières bitumineuses — Dépôts	3	O-I
Asphaltes, bitumes, brais et matières bitumineuses — Travail à feu nu	2	O-I
Résines, galipots et arcansons (Travail en grand pour la fonte et l'épuration des)	1	O-I
Torches résineuses (Fabrication des)	2	O-I
Cire à cacheter (Fabrication de la)	3	I
Caoutchouc (Travail avec emploi d'huiles essentielles ou de sulfure de carbone et application des enduits)	2	I
Bâches imperméables (Fabrication des) — avec cuisson des huiles	1	I
Bâches imperméables (Fabrication des) — sans cuisson des huiles	2	I
Taffetas et toiles vernis ou cirés (Fabrication des), feutres et visières vernis	1	I
Toiles grasses pour l'emballage, tissus, cordes goudronnées, feutres et papiers goudronnés, cartons et tuyaux bitumés (Fabrication des) — Travail à chaud	2	O-I
Toiles grasses pour l'emballage, tissus, cordes goudronnées, feutres et papiers goudronnés, cartons et tuyaux bitumés (Fabrication des) — Travail à froid	3	O-I
Toiles peintes	3	O
Vernis — gras	1	O-I
Vernis — à l'esprit-de-vin	2	O-I
Eponges (Lavage et séchage des) (O Æ). Travail des fanons de baleine (Em. Inc.)	3	Div.
Chrysalides (Ateliers pour l'extraction des parties soyeuses des)	1	O
Tabac — Manufactures	2	O-P
Tabac — Incinération des côtes	1	O-F
Industries mécaniques et métallurgiques. — Poteries de toutes sortes.		
Appareil de réfrigération — à ammoniaque	3	O
Appareil de réfrigération — à éther ou autres liquides volatils et combustibles	1	O
Appareil de réfrigération — à acide sulfureux	2	O
Hauts-fourneaux (F P). Forges et chaudronneries de grosses œuvres employant des marteaux mécaniques	2	F-B
Chaudronneries et serrureries ayant des marteaux à main dans les villes de 2,000 habitants et au-dessus — 4 à 10 étaux ou enclumes ou de 8 à 20 ouvriers	3	
Chaudronneries et serrureries ayant des marteaux à main dans les villes de 2,000 habitants et au-dessus — plus de 10 étaux ou enclumes ou plus de 20 ouvriers	2	
Ateliers de construction de machines et vagons	2	F-B
Générateurs à vapeur (Règlement spécial).		
Batteurs d'or et d'argent. Battoirs à écorces dans les grandes villes (B P)		
Boutonniers et autres emboutisseurs de métaux par moyens mécaniques	3	B
Fabrication du ferblanc (F). Lavoirs à houille, à laine (Æ) et à minerais		
Buanderies. Bocards à minerais ou à crasses (B). Pileries mécaniques des drogues (B P)	3	Divers
Moulins à broyer plâtre, chaux, cailloux et pouzzolanes (P)		
Tréfileries (B F). Tôles et métaux vernis (O I). Tôles émaillées (Fabrication des) (F)		
Acier (Fabrication de l')	3	F
Affinage de l'or et de l'argent par les acides	1	EN
Dérochage du cuivre par les acides, dérochage et galvanisation du fer	3	O-EN
Bains et boues provenant du dérochage des métaux (Traitement des) — Vapeurs non condensées	1	EN
Bains et boues provenant du dérochage des métaux (Traitement des) — Vapeurs condensées	2	EN
Galons et tissus d'or et d'argent (Brûlage en grand dans les villes des)	2	
Cendres d'orfèvre (Traitement par le plomb des)	3	F-Met.
Fonderie de cuivre, laiton et bronze (E N). Fonderies en deuxième fusion (F)	3	Div,

	Classe	Inconvénients
Industries mécaniques et métallurgiques. Poteries de toutes sortes (Suite).		
Fonte et laminage du plomb, zinc et cuivre (B F)	3	Div.
Platine (Fabriques de)	2	EN
Dorure et argenture sur métaux, étamage des glaces	3	EN
Argenture des glaces avec application de vernis aux hydrocarbures	3	O-I
Miroirs métalliques (Fabrication des) et autres ateliers employant des *moutons* — Marteaux pesant au plus 25 kil. et ayant 1 mètre au plus de chute	3	B-E
Miroirs métalliques (Fabrication des) et autres ateliers employant des *moutons* — Marteaux pesant au plus 25 kil. et plus de 1 mètre de chute; Marteaux supérieurs à 25 kil. et de longueur de chute quelconque	2	B-E
Fours à chaux, à plâtre et à ciment — Permanents	2	F-P
Fours à chaux, à plâtre et à ciment — Ne travaillant pas plus de un mois par an. (La pouzzolane suit ce régime sans limite de temps)	3	F-P
Tuileries, poteries de terre, briqueteries, fabriques d'émaux. Fours à calciner les cailloux, fabriques de tuyaux de drainage, *fours non fumivores*	3	F
Verreries, cristalleries et manufactures de glaces; Porcelaine, faïence, pipes à fumer, terres émaillées; Poêliers fournalistes, poêles et fourneaux en faïence et terre cuite — fours non fumivores	2	F
Verreries, cristalleries et manufactures de glaces; Porcelaine, faïence, pipes à fumer, terres émaillées; Poêliers fournalistes, poêles et fourneaux en faïence et terre cuite — fours fumivores	3	F-Acc.
Textiles. Tissus. Teinture et dégraissage. Papier.		
Cocons (Traitement des frisons de)	2	Æ
Cocons (filature employant au moins six tours)	3	O-Æ
Rouissage en grand du chanvre et du lin — procédés anciens	1	EN-Æ
Rouissage en grand du chanvre et du lin — par acides, eau chaude et vapeur	2	EN-Æ
Teillage du lin, du chanvre et du jute en grand	2	R-P
Lavage et séchage en grand des déchets de filature de ces textiles	2	O-Æ
Battage, cardage et épuration des laines, crins et plumes de literie	3	O-P
Battage et lavage des fils de laine, bourre et déchets de filatures de laine et de soie	3	B-P
Battage des tapis en grand	2	B-P
Blanchiment des fils, toiles et papiers par le chlore	2	O-EN
Blanchiment des fils et tissus, lin, chanvre et coton par les hypochlorites; déchets de coton et du coton gras	3	O-Æ
Blanchiment des fils et tissus laine et soie par l'acide sulfureux — gazeux	2	O-EN
Blanchiment des fils et tissus laine et soie par l'acide sulfureux — en solution	3	E-Acc.
Teintureries et teintures des crins	3	O-Æ
Dépôts de chiffons (O) et grands dépôts de déchets et matières filamenteuses. Etoupes préparées avec de vieux cordages; fabrication des ouates	3	I
Traitement des chiffons par l'acide chlorhydrique — sans condensation	1	EN
Traitement des chiffons par l'acide chlorhydrique — avec condensation	3	E-Acc.
Dégraissage des tissus et déchets de laine par les huiles de pétrole et autres hydrocarbures	1	I
Chapeaux — de soie ou autres préparés au moyen d'un vernis (Fabrication des)	2	I
Chapeaux — de feutre	3	O-P
Lustrage au soufre des imitations de chapeaux de paille	3	P
Fabrication de *papiers* (I), de pâte à papier de paille et autres (Æ). Cartonniers (O) et fabricants de tabatières en carton (O I)	3	Divers

ÉTAGE. *T. de constr.* Ensemble des pièces qui, dans un bâtiment sont situées de plain-pied, occupant l'espace compris entre deux planchers. L'étage placé soit au niveau du sol, soit un peu en contre-haut est le *rez-de-chaussée*. La division située au-dessous du rez-de-chaussée et qui comprend les caves, voûtées ou non, reçoit la désignation d'*étage souterrain*. Au-dessus du rez-de-chaussée se trouve immédiatement le 1er étage, puis le 2e, le 3e, etc. Celui qui est pratiqué dans le comble prend le nom d'*étage en galetas* ou *mansarde*, parce qu'il est souvent recouvert d'un toit à la Mansard et que le mur de face en est incliné. Les autres étages sont dits *carrés*. Il était d'usage autrefois, à Paris notamment, d'établir entre le rez-de-chaussée et le 1er étage une division de faible hauteur appelée *entre-sol*. Cette division subsiste avec le même nom dans un grand nombre de constructions modernes; mais elle ne peut avoir moins de $2^m,60$ d'élévation, en vertu d'un décret de 1852, qui fixe ce chiffre comme minimum pour la hauteur des étages dans les maisons de Paris. L'étage carré placé immédiatement sous le comble prend le nom d'*attique*. D'anciens règlements interdisaient, en France, de donner aux maisons plus de trois étages carrés. Depuis, ce nombre a été considérablement dépassé. On a vu des maisons de neuf et dix étages. La législation actuelle détermine les limites dans lesquelles les constructeurs doivent se renfermer. — V. FAÇADE.

— Les anciens habitants de l'Asie pratiquaient la superposition des étages, comme l'attestent les descriptions faites par leurs historiens des monuments de Ninive et de Babylone. En Grèce et en Italie, les maisons d'un ordre secondaire avaient seules des étages. Vitruve rapporte qu'au-dessus de l'*atrium* d'un grand nombre d'habitations romaines, on superposait des chambres qui étaient occupées par des gens de condition inférieure ou de fortune modeste, par les étrangers et les affranchis.

ÉTAI, ÉTAIEMENT ou **ÉTAYEMENT.** *T. de constr.* Opération par laquelle on se propose de soutenir un bâtiment menaçant ruine, ou bien certaines parties de construction sous lesquelles, on doit reprendre en sous-œuvre ou percer des ouvertures. Pour cette opération on emploie des *étais*, pièces de bois dur équarries, qui prennent différents noms, suivant leur position : *pointal*, *chandelle*, *contre-fiche*, *chevalement*, *étrésillon*, *couche*, *couchis*, *semelle*, *fourrure*, *calé*, etc. L'ouvrage exécuté reçoit aussi la désignation d'*étaiement*.

Veut-on, par exemple, soutenir un plancher près de s'écrouler? on dresse au-dessous un ou plusieurs poteaux verticaux que l'on place toujours entre deux *couchis* ou plates-formes : l'une inférieure située soit sur le sol, soit sur une voûte ou un plancher établi plus bas ; l'autre, supérieure, formant chapeau et intercalée entre le plancher à supporter et la tête du poteau. De cette manière, l'effort de l'étai ne peut occasionner de trous dans les surfaces avec lesquelles il est en contact. Quand il s'agit de substituer momentanément un appui à un autre, pour porter la charge jusqu'à ce que de nouveaux travaux soient achevés ; de percer, par exemple, de larges baies, comme portes cochères, ouvertures de boutiques, etc., on emploie le *chevalement*. Ce système se compose d'un *chapeau*, grosse pièce de bois carrée qui traverse le mur perpendiculairement, de deux étais légèrement inclinés qui portent le chapeau et d'une *semelle* recevant le pied des étais. Lorsqu'il faut résister à un effort latéral, tel que la poussée d'un mur qui se déverse ou la retombée d'une voûte, on contrebute cet effort à l'aide d'étais inclinés convenablement et appelés *contre-fiches*. Ces étais reposent par le pied sur des semelles, où ils sont arrêtés par des coins ou *cales* fixés avec de gros clous ; la tête est ordinairement scellée dans le mur ou arrêtée par une couche à peu près verticale. Ce dernier moyen est aussi employé pour soutenir des terres, on met alors contre celles-ci des *couchis*. S'il s'agit de résister à un double effort latéral, comme celui qui serait produit par deux tableaux d'une fenêtre tendant à se rapprocher, par les deux parois d'une fouille près de s'ébouler, on applique un système particulier qui reçoit le nom d'*étrésillonnement*, à cause des pièces appelées *étrésillons* qui servent à maintenir l'écartement des parties opposées.

ÉTAIN. *T. de chim. et de métall.* Corps simple métallique, dont la connaissance paraît remonter à une très haute antiquité.

HISTORIQUE et STATISTIQUE. Les mots *bedil* et *κασσίτερος* (en sanscrit *kastira*, en arabe *kasdeer*), que l'on trouve dans les anciens écrits hébraïques et grecs, sont ordinairement considérés comme désignant l'étain ; mais cela n'est pas absolument certain, parce que primitivement le plomb était souvent confondu avec l'étain. Les Romains n'eurent aussi tout d'abord que le mot *plumbum* pour désigner ces deux métaux, et ce n'est que dans Pline, au premier siècle de notre ère, que nous trouvons l'étain nettement distingué d'avec le plomb ; le premier est appelé *plumbum album* ou *candidum*, le second *plumbum nigrum* ; plus tard, c'est-à-dire environ 300 ans après J.-C., la distinction est encore mieux établie et l'étain reçoit le nom de *stannum*. Les peuples anciens retirèrent tout d'abord de l'Inde l'étain dont ils faisaient usage pour la préparation du bronze, industrie qui était déjà très développée aux Indes et en Chine 1800 ans avant J.-C. C'est ensuite en Espagne et surtout dans les îles Cassitérides (Sorlingues actuelles), voisines du comté de Cornouailles (Angleterre), que les Phéniciens et les Carthaginois et plus tard les Phocéens allaient chercher l'étain qu'ils livraient au commerce.

Actuellement l'étain provient surtout des mines de l'Angleterre (Cornouailles), de la presqu'île de Malacca, des îles Banca et Biliton, de l'Australie (Queensland, Victoria, Nouvelle-Galles du Sud), de la Chine, de la Saxe, du Chili, du Pérou et du Mexique.

Pendant longtemps les mines du comté de Cornouailles fournirent la majeure partie de l'étain ; ces mines sont exploitées depuis des siècles et maintenant encore leur production est considérable. L'exploitation des mines de la Saxe et de celles de la Bohême remonte au XVe siècle, elle a été très active pendant quelques centaines d'années, mais actuellement on ne travaille plus que dans une seule mine, celle d'Altenberg, en Saxe. C'est au XVIe siècle que l'étain extrait des minerais de Malacca, parut sur le marché européen, tandis que l'étain de Banca n'est arrivé en Europe qu'en 1829 et celui de Biliton seulement en 1855 ; enfin, l'importation de l'étain d'Australie, du Chili, du Pérou et du Mexique ne remonte guère à plus de dix ou quinze ans.

La production annuelle de l'étain est maintenant d'environ 45 à 55 millions de kilogrammes, ainsi répartis :

Australie	10,000,000 à 15,000,000 kil.
Angleterre.	10,000,000 »
Malacca et îles voisines. . .	10,000,000 »
Banca et Biliton	7,000,000 à 9,000,000
Chine	5,000,000 »
Tasmanie.	3,000,000 à 5,000,000
Saxe (Altenberg)	150,000 »

Etat naturel. On ne connaît jusqu'à présent que deux espèces de minerais d'étain, l'*étain oxydé* et l'*étain sulfuré*. De ces deux minerais, l'*étain oxydé* ou *cassitérite*, SnO^2, avec 78,7 0/0 d'étain, à l'état pur, est le seul qui soit exploité et tant soit peu abondant (V. CASSITÉRITE). L'*étain sulfuré* (*étain pyriteux, or mussif natif*) est extrêmement rare ; il n'a encore été trouvé que dans les mines de Cornouailles, à Zinnwald, en Bohême, et à Tambillo, au Pérou.

MÉTALLURGIE DE L'ÉTAIN

Pour extraire l'étain de son minerai, il suffit de soumettre ce dernier à une fusion réductrice, mais le plus généralement cette fusion doit être précédée d'une série d'opérations, qui ont pour but d'enrichir le minerai et d'en éliminer les combinaisons métalliques étrangères avec lesquelles il est ordinairement mélangé.

Le minerai est d'abord trié, bocardé et lavé sur des tables à secousses ; l'étain oxydé, ainsi débarrassé en majeure partie de sa gangue, est ensuite grillé dans un four à réverbère ordinaire ou à sole tournante (four de Brunton), afin d'éliminer le soufre, l'arsenic, l'antimoine, le fer et le cuivre. Par le grillage, les pyrites cuivreuses, ferrugineuses et arsenicales sont en effet décomposées ; le soufre et l'arsenic sont volatilisés sous forme d'acide sulfureux et d'acide arsénieux, et les métaux avec lesquels ils étaient combinés sont transformés en combinaisons spécifiquement plus légères et par suite plus faciles à séparer par le lavage de l'étain oxydé plus lourd.

Lorsque les matières sont riches en arsenic, il faut employer une haute température dès le commencement du grillage, tandis que si elles ne sont que très peu arsenicales on chauffe d'abord modérément, et lorsque le dégagement des acides sulfureux et arsénieux s'arrête, on élève la température au rouge sombre, en ajoutant à la fin une petite quantité de poudre de charbon, afin de

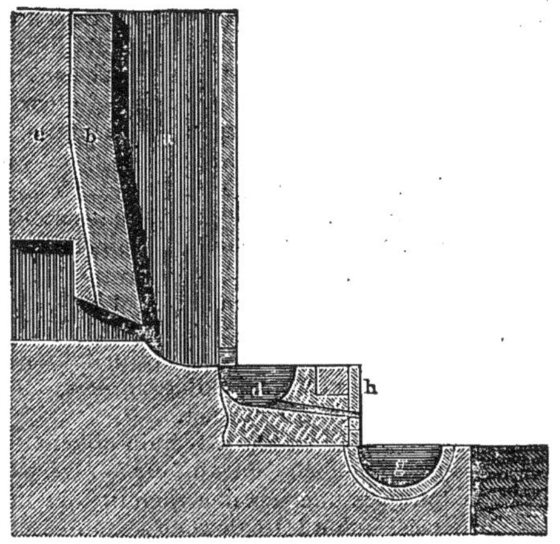

Fig. 556. — *Four à manche (section verticale).*

décomposer l'arséniate de fer et d'éliminer l'arsenic autant que possible. L'acide arsénieux est ordinairement recueilli dans des chambres de condensation, placées entre le four de grillage et sa cheminée.

Le minerai grillé est de nouveau lavé sur des tables à secousses, afin de séparer les oxydes métalliques plus légers d'avec l'étain oxydé, ou bien, comme cela a lieu fréquemment, il est soumis à un traitement par l'acide sulfurique ou chlorhydrique étendus ; ces acides dissolvent l'oxyde de fer, l'oxyde de cuivre et l'oxyde de bismuth, et, lorsque ces deux oxydes sont en quantités considérables, on traite les solutions en vue de l'extraction du cuivre et du bismuth.

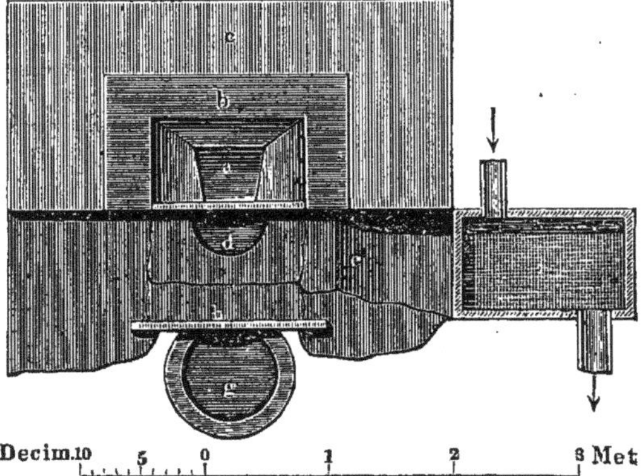

Fig. 557. — *Four à manche (plan).*

A l'aide des traitements précédents, on arrive dans la plupart des cas à obtenir un minerai suffisamment pur pour être soumis à la fusion, mais si, comme cela se rencontre fréquemment, le minerai renferme du wolfram, celui-ci reste avec l'étain oxydé, parce que son poids spécifique est à peu près égal à celui de ce dernier et que le grillage et les acides le laissent inaltéré. Pour éliminer le wolfram, on chauffe au rouge vif le minerai grillé et lavé dans un four à réverbère, puis on y ajoute 10 0/0 de carbonate de sodium, on brasse bien et on continue de chauffer pendant 3 ou 4 heures; l'acide tungstique du wolfram est ainsi transformé en tungstate de sodium, et ce dernier est éliminé par lixiviation de la masse retirée du four et refroidie. Ce procédé, indiqué par Oxland en 1847, est employé à Drakwall et à East-Pool (Cornouailles). On peut aussi se servir dans le même but du sulfate de sodium, qui est moins cher que le carbonate. Afin d'éviter les frais considérables qu'entraîne ce mode de purification du minerai d'étain et la perte de métal qui en résulte, par suite de la formation de stannate de sodium soluble, on se contente à Altenberg (Saxe) de séparer autant que possible le wolfram par un simple triage à la main.

Lorsque l'on a affaire à des minerais d'alluvion très riches et très purs comme ceux de Banca et de Malacca, on les fond immédiatement sans les griller.

Les minerais, enrichis et purifiés par les méthodes qui viennent d'être décrites, sont fondus dans des fours à manche ou à réverbère; les premiers sont employés dans les usines de la Saxe et de la Bohême, ainsi qu'à Banca; tandis qu'on se sert des seconds en Angleterre et en Australie (Sydney, Brisbane) ; les fourneaux à manche étaient aussi employés autrefois dans les Cornouailles pour le traitement des minerais d'alluvion les plus purs.

Fonte au four à manche. Un four à manche (fig. 556 et 557) se compose d'une cuve *a* en granit, reposant sur une maçonnerie en gneiss, et d'un bassin de réception ou avant-creuset *d*; la pierre de fond est d'un seul morceau et sa face supérieure présente une concavité inclinée vers l'avant-creuset; ce dernier communique au moyen d'un trou de coulée avec la chaudière en fer *g*, destinée à recevoir l'étain fondu. A sa partie supérieure le four est muni de chambres dans lesquelles sont retenues les poussières de minerai entraînées par le vent de la soufflerie. Le minerai est disposé par couches dans la cuve du four avec du charbon de bois (et quelquefois avec des scories riches d'une opération précédente), et tous les quarts d'heure on ajoute une petite charge de minerai et de charbon, de façon à toujours maintenir le four presque plein. L'étain oxydé est réduit par l'oxyde de carbone résultant de la combustion du charbon. Les gangues, ordinairement très fusibles, produisent une scorie pâteuse, qui s'écoule avec l'étain dans l'avant-creuset. On enlève de temps en temps les scories, lorsque l'avant-creuset est rempli d'étain fondu, on débouche le trou de coulée et le métal se rend dans la chaudière g. L'étain impur ainsi obtenu est raffiné directement (par *perchage*) dans cette chaudière, ou bien au contraire il est versé dans des moules, où il prend la forme de lingots ou saumons qui sont ultérieurement raffinés par *liquation*.

A Altenberg, on traite par 24 heures 1,600 kilogrammes de minerai, qui exigent de 5, 8 mètres cubes de charbon de bois, et l'on obtient un peu plus de 800 kilogrammes d'étain et 800 kilogrammes de scories; on perd 13 à 15 0/0 d'étain, dont 8 à 9 0/0 par volatilisation.

Fonte au four à réverbère. Les fours à réverbère employés en Angleterre sont à voûte très surbaissée et à sole ovale et concave. Ils offrent généra-

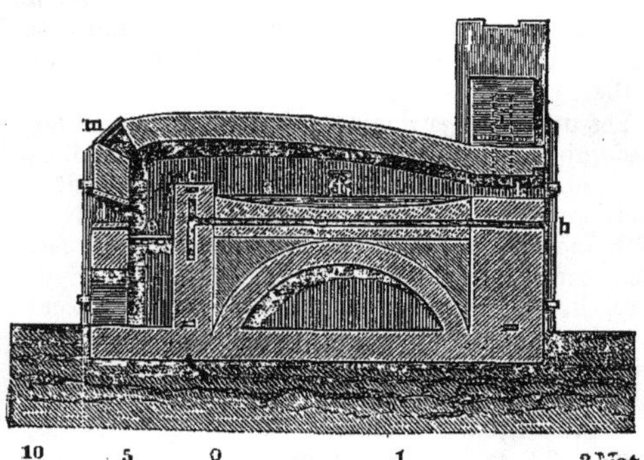

Fig. 558. — *Four à réverbère (section verticale).*

lement les dispositions représentées par les figures 558 et 559; a la sole, sous laquelle l'air circule par les canaux bb; c pont de chauffe; d porte pour l'introduction du combustible dans le foyer e; f ouverture de charge, qui est fermée après l'in-

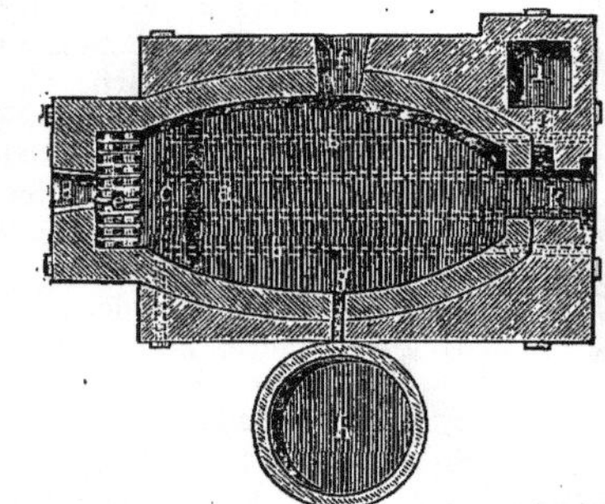

Fig. 559. — *Four à réverbère (plan).*

troduction du minerai; g trou de coulée faisant communiquer la partie la plus basse de la sole avec la chaudière en fonte h, destinée à recevoir l'étain fondu; k porte pour brasser la charge et retirer les scories; i renard conduisant les gaz de la combustion dans la cheminée; m ouverture pour charger le minerai.

On charge à la fois dans le four 1,000 à 1,250 kilogrammes de minerai grillé et lavé, mélangé avec un quart ou un cinquième de menu de houille ou d'anthracite, en y ajoutant comme fondants une partie de pierres calcaires et de spath fluor. Les portes étant fermées, on élève peu à peu la température, on brasse de temps en temps, et au bout de 4 ou 5 heures, on jette sur la masse en fusion quelques pelletées de houille sèche en poudre, puis on retire les scories. La réduction est terminée en 6 ou 8 heures, et l'on peut alors faire écouler l'étain dans la chaudière en fonte. Lorsque le métal contenu dans celle-ci s'est séparé des particules de scories et des autres substances étrangères avec lesquelles il était mélangé, on le verse dans des moules en fonte ou bien dans une autre chaudière, où on le raffine par perchage. Cela fait on enlève les scories restées sur la sole du four et recommence une nouvelle opération.

100 kilogrammes de minerai grillé et lavé, avec une teneur en métal de 66 à 73 0/0, fournissent 60 kilogrammes d'étain brut; la quantité de houille consommée est de 110 à 120 kilogrammes, et la perte en étain de 6,5 0/0 environ.

Raffinage de l'étain brut. L'étain obtenu par fusion au four à manche ou au four à réverbère renferme toujours une certaine quantité de métaux étrangers, qu'on lui enlève en le soumettant à l'opération du raffinage. Le raffinage est effectué par liquation ou par agitation mécanique, ou par ces deux moyens réunis.

En Saxe et en Bohême, la *liquation* consiste simplement à puiser à l'aide d'une cuiller en fer le métal contenu dans la chaudière du fourneau à manche et à le faire couler à plusieurs reprises à travers une couche de charbons ardents disposés sur une aire dite *de liquation*. Cette dernière consiste en une plaque de fonte reposant sur un massif légèrement incliné vers un creuset destiné à recevoir l'étain. Celui-ci laisse en s'écoulant entre les charbons les métaux moins fusibles sous forme de grains irréguliers à demi-solidifiés. La liquation terminée, on verse l'étain raffiné dans des moules, où il prend la forme de blocs, de saumons ou de baguettes, ou bien on le coule sur une table en cuivre, de façon à lui donner la forme de feuilles, qu'on roule ensuite et qui portent le nom de *balles d'étain*.

En Angleterre, le raffinage de l'étain est effectué par liquation et perchage. La liquation s'opère dans le four à réverbère employé pour la fusion ou dans un autre four offrant des dispositions analogues. Les saumons d'étain étant disposés dans le four, on les chauffe à une température modérée; l'étain fond et s'écoule dans un bassin d'affinage disposé à côté du four, tandis que le résidu difficilement fusible, contenant les métaux (fer, cuivre, tungstène, etc., avec un peu d'étain), qui altéraient la pureté de l'étain, reste sur la sole du four. En chauffant plus fortement, on liquéfie également ce résidu et on le recueille à part; abandonné au repos, il se sépare en deux couches, dont la supérieure, qui est de l'étain impur, est enlevée avec précaution et soumise à plusieurs raffinages successifs.

L'étain recueilli dans le bassin d'affinage est maintenant soumis au *perchage*, opération qui consiste à plonger à plusieurs reprises dans le métal fondu des tiges de bois vert ; le bois se carbonise partiellement, il se produit un vif dégagement de gaz, qui donne lieu à un bouillonnement, et les crasses qui se trouvaient disséminées dans le métal montent à la surface du bain ; en même temps, l'oxyde d'étain dissous est réduit à l'état métallique. Lorsque l'étain s'est un peu refroidi, on enlève les crasses avec soin et on procède au moulage. Les couches supérieures du bain fournissent les meilleures sortes d'étain, qui sont livrées au commerce sous le nom d'*étain en blocs* (*refined block tin*), ou d'*étain en grains* ou *étain en larmes* (*grain tin*). Pour obtenir ce dernier, on chauffe les blocs d'étain de façon à les rendre fragiles et on les laisse tomber d'une assez grande hauteur ou on les frappe avec un lourd marteau ; l'étain se réduit alors en fragments qui présentent une agglomération de grains allongés en larmes.

Curter a fait connaître, en 1875, un procédé de raffinage de l'étain brut, qui consiste à filtrer le métal, fondu et refroidi vers son point de solidification, à travers un filtre composé de lames de fer-blanc serrées les unes contre les autres ; l'étain du fer-blanc fond et, par suite de cette fusion, il se forme entre les lames de ferblanc des interstices capillaires, à travers lesquels filtre de l'étain très pur, tandis que le filtre retient sous forme d'une masse pâteuse les impuretés contenues dans le métal (arsenic, fer, cuivre, etc.).

Affinage des scories. Les scories provenant de la fonte des minerais au four à manche ou au four à réverbère consistent généralement en silicates de protoxyde de fer, de protoxyde de manganèse, d'alumine, de chaux, de magnésie, et en combinaisons de ces bases avec les acides stannique et tungstique. Elles renferment aussi fréquemment, surtout celles des fours à manche, de grandes quantités d'étain métallique disséminé dans leur masse à l'état de division extrême ou sous forme de grains. Les scories préalablement bocardées et lavées, sont mélangées avec le minerai et fondues avec celui-ci, ou bien, si elles sont riches en étain, on les fond directement (*affinage des scories*) soit seules, soit avec les scories du raffinage de l'étain brut. Le métal fourni par les scories donne, après raffinage, un étain dont la qualité est quelquefois aussi bonne que celle de l'étain des minerais. L'affinage des scories produit, en outre de l'étain, un résidu désigné sous le nom de *scories dures* et qui se compose essentiellement d'un alliage de fer et d'étain (30 à 92 0/0 Sn, 61 à 8 0/0 Fe), mélangé avec de petites quantités de tungstène, d'arsenic, de charbon, etc. ; cet alliage offre une couleur grise ou blanche, une structure cristalline, et il est généralement très cassant. Lorsque la scorie dure renferme plus d'un tiers d'étain, on en sépare celui-ci par liquation, jusqu'à ce qu'il ne reste plus qu'un alliage offrant à peu près la formule :

$$Fe^4Sn (= 112\,Fe \text{ et } 59\,Sn).$$

Extraction de l'étain des résidus de fer-blanc. Moulin et Dolé disposent dans une grande chambre les déchets de fer-blanc et y font arriver de l'acide chlorhydrique gazeux, jusqu'à ce que le fer commence à être attaqué. Ils dissolvent dans l'eau les chlorures métalliques formés et précipitent l'étain par le zinc ou le fer. Le dépôt métallique est ensuite lavé à l'acide sulfurique étendu, puis fondu et coulé en lingots. Dans le procédé indiqué par E. Kopp, on traite les déchets de ferblanc par la soude, puis on ajoute peu à peu de la litharge ; l'étain entre en dissolution sous forme de stannate de sodium et l'oxyde de plomb est réduit. Ce dernier se dépose avec du fer sous forme d'une masse spongieuse ; on sépare le plomb par lévigation, puis on le réoxyde pour l'employer à de nouveaux traitements. Le stannate de sodium est livré au commerce ou bien il est réduit par fusion avec de la craie et du charbon.

Préparation de l'étain pur. L'étain chimiquement pur ne peut être obtenu que par voie humide. A cet effet, on dissout de l'étain granulé du commerce dans un excès d'acide chlorhydrique, on laisse reposer, puis on décante avec précaution la solution claire et après y avoir ajouté un peu d'acide sulfurique pour séparer les petites quantités de plomb qu'elle contient, on en précipite l'étain par le zinc métallique ; l'étain spongieux ainsi précipité est lavé avec de l'acide chlorhydrique étendu, puis avec de l'eau. On peut aussi oxyder l'étain du commerce par l'acide azotique, puis réduire, après l'avoir lavé, l'acide métastannique ainsi obtenu en le fondant avec du charbon de sucre pur.

Propriétés de l'étain. L'étain est un métal blanc, presque aussi blanc que l'argent, à reflet légèrement jaunâtre, mou, mais moins que le plomb, assez ductile et assez tenace ; il communique aux doigts une odeur particulière, désagréable. Quand il est en baguettes, on peut le plier facilement et il fait alors entendre un craquement, que l'on appelle *cri de l'étain* ; ce phénomène est dû au brisement des petits cristaux renfermés dans la masse du métal et il cesse de se produire lorsqu'on a plié plusieurs fois la baguette soumise à l'essai ; lorsqu'on traite par l'acide chlorhydrique ou l'eau régale étendus la surface d'une lame d'étain, on met en évidence la structure cristalline sous forme d'arborescences, dont les dispositions varient avec la pureté du métal ; cette propriété est utilisée pour la production du *moiré métallique* ; fondu, il cristallise par un refroidissement lent en tables quadrangulaires striées ; en soumettant à l'électrolyse une solution de protochlorure d'étain on obtient au pôle négatif des cristaux d'étain. La densité de l'étain est égale à 7,29, il fond à 228°, suivant Rudberg et Crighton ; à 230°, suivant Kuppfer ; son symbole chimique est Sn, son équivalent 25 et son poids atomique 50 ; sa chaleur spécifique est égale à 0,05623, d'après Regnault, et son coefficient de dilatation à 0,002193, sa conductibilité calorifique est égale à 14,5, sa conductibilité électrique (à 21°) à 11,45, celles de l'argent étant 100. Grâce à sa grande malléabilité, l'étain peut être réduit par le battage en feuilles d'une minceur extrême (de $0^{mm},00027$ d'épaisseur et même moins) ; les feuilles ainsi obtenues sont employées sous le nom de *tain* pour l'étamage des glaces. On peut transformer l'étain en une poudre très fine en le versant, après l'avoir fondu, dans une boîte en bois sphérique et agitant celle-ci jusqu'à solidification du métal; à l'aide d'un tamis, on sépare ensuite les grains de la poudre fine; on obtient encore le métal plus divisé en le précipitant de ses solutions au moyen d'une lame de zinc; il se présente alors sous forme d'une poussière noire qui, appliquée sur du papier et ensuite polie, offre un vif éclat métallique.

L'étain ne s'altère pas sensiblement au contact de l'air sec ou humide à la température ordinaire, sa surface devient seulement plus terne, mais si on le chauffe à une température élevée il se transforme d'abord en protoxyde d'étain, puis en bioxyde, et cette transformation est beaucoup plus rapide lorsqu'il est porté au rouge vif ou qu'il renferme du plomb; le produit de cette oxydation, désigné sous le nom de *potée d'étain*, est employé pour polir le verre et les métaux et pour colorer l'émail en blanc. A froid l'étain ne s'oxyde que très lentement au contact de l'eau, mais au rouge celle-ci est décomposée avec formation de bioxyde d'étain. L'étain n'est attaqué que très lentement par l'acide sulfurique étendu, mais lorsque l'acide est concentré et bouillant, le métal s'oxyde rapidement, il se dégage de l'acide sulfureux et il se forme du sulfate de protoxyde d'étain. L'acide azotique ordinaire réagit énergiquement sur l'étain en donnant naissance à d'abondantes vapeurs nitreuses et à de l'acide métastannique insoluble; à froid, l'acide très étendu dissout l'étain en le transformant, sans dégagement de gaz, en azotate de protoxyde; l'acide monohydraté est sans action à froid. L'eau régale convertit l'étain en bichlorure ou en acide métastannique si l'acide azotique est en excès. L'acide chlorhydrique concentré dissout l'étain en le transformant en protochorure hydraté (sel d'étain); si l'acide est étendu et froid la dissolution n'a lieu que très lentement. Les solutions alcalines concentrées et chaudes réagissent sur l'étain en dégageant de l'hydrogène et en donnant naissance à des métastannates, qui restent en dissolution. L'étain s'unit directement au soufre, au sélénium, au tellure, au phosphore, au chlore, au silicium, à l'arsenic et à un grand nombre de métaux.

Usages de l'étain. L'étain est employé pour la confection de toutes sortes d'ustensiles et appareils, pour étamer le fer (ferblanc), le laiton (blanchiment des épingles) et le cuivre, pour préparer des *alliages* (V. plus loin); sous formes de feuilles, on s'en sert pour l'étamage des glaces, pour garnir intérieurement des boîtes, des coffrets, pour envelopper le chocolat, le fromage, le savon, etc., afin de les préserver de l'action de l'air et de l'humidité.

Variétés commerciales. Voici, d'après Girardin, quelles sont les différentes espèces d'étain que l'on rencontre dans le commerce:

1° *Etain anglais*, comprenant quatre variétés : (*a*) *Etain ordinaire anglais*, en blocs de 150 à 170 kilogrammes, en lingots de 20 à 40 kilogrammes, ou en baguettes de 122 à 152 grammes; dur, assez pur, assez facile à fondre et à travailler, d'un blanc mat quand il est coulé depuis peu; employé pour la poterie d'étain, l'étamage du fer-blanc, les boutons de troupe, les alliages. (*b*) *Etain anglais raffiné*, en blocs, en lingots ou en baguettes: d'un blanc plus pur que le précédent, plus flexible, plus fusible; sert pour l'étamage des ustensiles de cuisine et du ferblanc demi-brillant. (*c*) *Etain grain*, en blocs et en lingots, plus brillant et plus pur que les précédents; sert en teinture, pour la fabrication des couleurs, pour l'étamage du fer-blanc brillant et des glaces. (*d*) *Etain grain en larmes*, encore plus pur que le précédent, présente l'apparence d'une cristallisation brillante et régulière; employé pour les opérations les plus délicates et surtout la teinture.

2° *Etain Banca*, deux variétés : (*a*) *Etain Banca brillant*, en saumons de 30 kilogrammes; doux, souple, ductile, élastique, facile à fondre et à laminer, très pur et d'un blanc bleuâtre éclatant; sert pour l'étamage du ferblanc brillant et des glaces, pour la teinture et les produits chimiques. (*b*) *Etain Banca terne*, en saumons; couleur terne, peu employé.

3° *Etain Malacca*, en blocs carrés avec les quatre angles retroussés, du poids de 500 grammes à 1 kilogramme et appelés *chapeaux*; le meilleur de tous les étains, très brillant, doux, souple, ductile, léger et d'une pureté parfaite, propre à tous les usages, et surtout à la teinture et à l'étamage des glaces.

4° *Etain du Mexique*, en blocs de 25 kilogrammes, peu estimé, gris noirâtre, dur, cassant, non ductile; deux variétés: *étain brillant* et *étain terne;* il sert à différents usages.

5° *Etain d'Allemagne* (Saxe et Bohême); en blocs et en saumons, c'est le plus mauvais de tous les étains, mêmes caractères que celui du Mexique; il sert pour les alliages.

Impuretés contenues dans l'étain du commerce. L'étain du commerce peut renfermer du plomb, du cuivre, du bismuth, du zinc, du fer, de l'antimoine, de l'arsenic et du soufre. Ces substances ne se trouvent qu'en très petite quantité dans les étains de Banca, de Malacca, de Biliton, ainsi que dans l'étain grain anglais, et parmi ces variétés, l'étain de Banca peut être considéré comme presque chimiquement pur, car il ne contient que 0,01 ou tout au plus 0,04 0/0 de métaux étrangers.

La proportion du *plomb dans l'étain du commerce* est quelquefois très considérable, elle peut s'élever jusqu'à 25 et même 50 0/0; il s'agit alors d'une véritable falsification, parce que le métal, non seulement, perd de sa valeur, mais encore devient dangereux à employer pour la confection des vases destinés à contenir des aliments, pour l'étamage, etc. La recherche du plomb offre donc une importance particulière; elle peut être effectuée simplement et rapidement de la manière suivante : dans une capsule en porcelaine, on chauffe jusqu'à réduction des deux tiers 50 grammes de l'étain à essayer, 2 grammes d'acide azotique et 4 centimètres cubes d'eau; après refroidissement, on ajoute 10 centimètres cubes d'eau distillée et l'on filtre; si l'étain renferme du plomb, le liquide filtré donne avec une solution d'iodure de potassium un précipité jaune. Cette réaction est très sensible puisqu'elle permet de découvrir jusqu'à 1/40000 de plomb. Si l'on veut connaître la quantité du plomb, on procède suivant les méthodes usitées pour le dosage de ce métal (V. PLOMB). D'après une ordonnance de police du 23 février 1853, l'étain des vases destinés à contenir des aliments ou des boissons ne doit renfermer que 10 0/0 de plomb ou des autres métaux qui se trouvent ordinairement dans l'étain du commerce. Mais, d'après les recherches de Roussin et de Fordos, la poterie d'étain ne devrait pas contenir plus de 5 0/0 de plomb, parceque, au-dessus de cette proportion, l'étain cède du plomb à tous les liquides acidulés. La recherche et le dosage des autres substances étrangères renfermées dans l'étain sont effectués d'après les méthodes ordinaires de l'analyse chimique (V. notamment C. Balling, *Manuel de l'art de l'essayeur*, p. 493).

Alliages d'étain. Les plus importants sont les alliages avec le *cuivre* (bronze, métal des canons, métal des cloches), avec le *plomb* (soudure des plombiers et des ferblantiers, poterie d'étain), avec l'*antimoine* (métal anglais), avec le *bismuth* et le *plomb* (métal fusible de Darcet, alliage de Newton) et avec le *fer* (ferblanc) (V. ALLIAGES, ANTIMOINE, BISMUTH, BRONZE, CUIVRE, FERBLANC, SOUDURE). L'étain s'unit aussi très facilement avec le *mercure*, en donnant des amalgames très brillants et inaltérables à l'air, qui sont employés pour l'étamage des glaces et des globes de verre (dans ce dernier cas, on ajoute à l'amalgame un peu de plomb et de bismuth).

Oxydes d'étain. L'étain forme avec l'oxygène trois combinaisons différentes : le protoxyde d'étain, SnO, le sesquioxyde d'étain, Sn^2O^3, et le bioxyde d'étain, SnO^2.

Le *protoxyde d'étain* ou *oxyde stanneux* n'existe pas tout formé dans la nature ; à l'état anhydre il a une couleur presque brun foncé, il est insoluble dans l'eau, et lorsqu'on le chauffe au contact de l'air, il se transforme en bioxyde d'étain. A l'état hydraté $Sn(OH)^2$, il est blanc. Les acides et les alcalis caustiques dissolvent le protoxyde d'étain, mais les solutions alcalines se décomposent très promptement en stannate de sodium ou de potassium, qui reste en dissolution, et en étain métallique qui se sépare. On obtient le protoxyde d'étain en précipitant une solution de protochlorure d'étain par le carbonate de sodium ; l'hydroxyde d'étain ou hydrate stanneux ainsi obtenu, chauffé à l'abri du contact de l'air, se transforme en protoxyde anhydre. Si l'on fait bouillir l'hydrate d'étain avec une solution de potasse étendue, on obtient de petits cristaux brun foncé de protoxyde d'étain anhydre.

Le *sesquioxyde d'étain* hydraté se présente, lorsqu'il vient d'être précipité, sous forme d'une masse amorphe blanc gris, qui, par dessiccation à l'abri du contact de l'air, se transforme en sesquioxyde anhydre brun noir. On le prépare en introduisant, dans une solution de protochlorure d'étain, de l'hydroxyde de fer humide et chauffant à ébullition ; il se forme du protochlorure de fer, qui reste en dissolution, et du sesquioxyde d'étain qui se précipite.

Le *bioxyde d'étain* ou *oxyde stannique* se rencontre dans le minerai désigné sous le nom d'étain oxydé ou cassitérite. Sous forme d'hydroxyde, il offre deux modifications : le *bioxyde d'étain* (*a*) ou *hydrate stannique ordinaire*

$$SnO(OH)^2$$

et le *bioxyde d'étain* (*b*) ou *acide métastannique*

$$Sn(OH)^4.$$

L'*hydrate stannique ordinaire* ou *acide stannique* récemment précipité se présente sous forme d'une masse gélatineuse, qui rougit le tournesol et se dissout dans les acides chlorhydrique et sulfurique étendus, ainsi que dans l'acide azotique froid, mais par ébullition de sa solution dans le dernier acide, il se sépare de nouveau sous forme gélatineuse ; desséché à 140°, il se transforme en acide métastannique. On prépare l'acide stannique en précipitant une solution de bichlorure d'étain par le carbonate de potassium ou l'ammoniaque, ou bien en précipitant une solution de stannate de potassium par l'acide chlorhydrique.

L'*acide métastannique* est un corps blanc pulvérulent, qui par dessiccation perd une partie de son eau ; il se distingue de l'acide stannique par son insolubilité dans l'acide azotique. On obtient l'acide métastannique en traitant l'étain par l'acide azotique, dans lequel il se sépare sous forme d'une poudre blanche.

Les acides stannique et métastannique, en s'unissant avec les bases, donnent naissance à des combinaisons salines.

Stannate de sodium. On obtient cette combinaison, Na^2SnO^3, en fondant du bioxyde d'étain avec de l'hydrate de soude ou de l'étain avec de l'hydrate de soude et du salpêtre, ou bien encore en faisant bouillir du bioxyde d'étain avec une lessive de soude. Pour préparer en grand le stannate de sodium, on délaie de l'étain oxydé (cassitérite) grillé et réduit en poudre avec une lessive de soude, on évapore le mélange à siccité, puis on le chauffe à 300° environ. On épuise par l'eau la masse refroidie et l'on évapore à cristallisation la solution filtrée. D'après une autre méthode, on fait bouillir dans un vase en métal 70 à 80 parties de litharge avec 45 parties d'une lessive de soude à 1,35 de densité et ajoute 16 parties d'étain granulé. Il se forme du stannate de sodium et en même temps, il se sépare du plomb à l'état spongieux, qu'après avoir lavé on convertit en litharge par chauffage sur une plaque de fer. Le stannate de sodium est un sel incolore avec 3 molécules d'eau de cristallisation, il se dissout dans l'eau froide plus facilement que dans l'eau bouillante, et il est décomposé par les acides, ainsi que par l'acide carbonique de l'air. Il est employé comme mordant, sous le nom de *sel d'apprêt*, dans la teinture des fils et des tissus de coton en rose et en rouge du Brésil, lilas et violet de campêche, etc.

Stannate de chrome. Cette combinaison, désignée en Angleterre, où elle a été préparée pour la première fois, sous le nom de *pinck-colour*, est obtenue de la manière suivante : on transforme 1 kilogramme d'étain en acide métastannique au moyen de l'acide azotique, puis on mélange intimement l'acide métastannique ainsi produit avec 50 grammes de chromate de potassium, 2 kilogrammes de craie, 1 kilogramme de sable quartzeux et 1 litre d'eau, on dessèche la masse, on la broie, puis on la tasse fortement dans un creuset, où on la chauffe au rouge vif pendant quelques heures dans un fourneau à vent. On réduit en une poudre très fine la masse calcinée et on la chauffe de nouveau au rouge en y ajoutant un peu de soude calcinée. Le produit est ensuite lavé et desséché. Il offre une couleur rouge rose plus claire que la laque de garance, il est très stable et peut être employé pour la décoration de la faïence ou de la porcelaine, sur lesquelles il donne après cuisson une couleur rouge de sang. En supprimant la craie et calcinant à la température du four à porcelaine, on obtient une masse violette, à laquelle on a donné le nom de *laque minérale* et qui peut être employée pour l'impression des papiers peints et la décoration de la porcelaine.

Stannate de cuivre. Le stannate de cuivre est une belle couleur verte non vénéneuse, qui est connue sous le nom de *vert de Gentèle* et que l'on prépare de la manière suivante : on mélange une solution de 125 parties de sulfate de cuivre avec une solution de 59 parties d'étain dans l'eau régale, puis on ajoute une lessive de soude, tant qu'il se produit un précipité, on lave et on dessèche ce dernier. On peut aussi calciner 59 parties d'étain avec 100 parties d'azotate de sodium, dissoudre la masse calcinée dans une lessive de soude étendue et avec ce liquide précipiter une solution de sulfate de cuivre.

Chlorures d'étain. L'étain donne avec le chlore deux combinaisons : le protochlorure d'étain, chlorure stanneux, sel d'étain, $SnCl^2$, et le bichlorure d'étain, chlorure stannique, liqueur fumante de Libavius, $SnCl^4$ (V. CHLORURE). Le bichlorure d'étain, en s'unissant avec le chlorure d'ammonium, donne naissance à un sel double, $SnCl^4, 2AzH^4Cl$, qui, sous le nom de *pink-salt* ou de *sel d'étain pour rose*, est employé comme mordant dans l'impression des indiennes. Pour préparer cette combinaison, on dissout dans l'eau 2 parties de sel d'étain, on sature la solution par le gaz chlore et on la verse dans une solution bouillante de 1 partie de chlorure d'ammonium dans 2 parties d'eau. Le sel double, incolore et neutre, qui se sépare, est soluble dans 3 parties d'eau. Une solution aqueuse concentrée de ce sel n'est pas modifiée par l'ébullition, mais si l'on fait bouillir la solution étendue, tout l'oxyde d'étain se précipite. Cette propriété, ainsi que sa réaction neutre, rendent le pink-salt particulièrement propre à remplacer le protochlorure d'étain, dans les cas où ce dernier ne peut pas être employé à cause de l'acide libre qu'il renferme.

Sulfures d'étain. Parmi les combinaisons de l'étain avec le soufre, on connaît le protosulfure d'étain ou sulfure stanneux, SnS, le sesquisulfure d'étain, Sn^2S^3, et le bisulfure d'étain ou sulfure stannique, SnS^2; ce dernier offre seul de l'importance au point de vue industriel.

Bisulfure d'étain, or mussif. Pour le préparer, on mélange intimement 18 parties d'amalgame d'étain (contenant 6 parties de mercure) avec 6 parties de sel ammoniac et 7 parties de soufre et l'on chauffe le mélange au bain de sable pendant plusieurs heures dans un ballon de verre à long col, en élevant à la fin la température presque jusqu'au rouge faible, jusqu'à ce qu'il ne se dégage plus de vapeurs de sel ammoniac. On peut aussi traiter de la même manière les mélanges suivants : un amalgame de 2 parties d'étain et de 2 parties de mercure, 1,5 partie de soufre, et 1 partie de sel ammoniac, ou bien un amalgame de 12 parties d'étain et de 3 parties de mercure, 7 parties de soufre et 3 parties de sel ammoniac. Sous l'influence de la chaleur, le sel ammoniac se dégage d'abord, le mercure se sublime ensuite sous forme de cinabre (de sulfure) combiné avec de petites quantités de chlorure d'étain, et l'or mussif reste. Il n'y a que la couche supérieure de celui-ci qui forme une préparation convenable; l'inférieure offrant toujours une vilaine couleur doit être mise à part. L'or mussif ainsi obtenu se présente sous forme d'écailles cristallines jaune d'or ou jaune brunâtre, à éclat métallique, et qui, au toucher, donnent la sensation du talc; ces écailles sont insolubles dans l'eau et ne sont pas attaquées même par les acides azotique et chlorhydrique. L'or mussif, désigné aussi sous les noms d'*or mosaïque*, d'*or de Judée*, de *bronze des peintres*, peut être appliqué en couches très minces à la surface des corps, aussi l'emploie-t-on pour bronzer ou dorer en faux le bois, le plâtre, le laiton, les métaux, etc. sur lesquels on le fixe avec du blanc d'œuf. Mais maintenant il est généralement remplacé par la poudre de bronze, bien que celle-ci offre une résistance beaucoup moins grande à l'action de l'hydrogène sulfuré et des huiles à réaction acide. Les physiciens se servent de l'or mussif pour frotter les coussinets des machines électriques.

Phosphure d'étain, étain phosphoreux. L'étain phosphoreux est employé depuis quelque temps pour la préparation du bronze phosphoreux; il se présente sous forme de masses lamellaires d'un blanc d'argent, qui se dissolvent dans l'acide chlorhydrique en dégageant de l'hydrogène phosphoré. On peut l'obtenir en ajoutant du phosphore à de l'étain en fusion, en faisant agir des vapeurs de phosphore sur de l'étain fondu, en calcinant un mélange de 3 parties d'acide phosphorique vitreux, de 1 partie de charbon et de 6 parties d'étain, ou bien en fondant simplement de l'acide phosphorique avec de l'étain.

L'**azotate d'étain** des teinturiers est une dissolution d'étain granulé dans l'eau régale, qui renferme du protochlorure et du bichlorure d'étain, mais pas d'azotate; cette dissolution est aussi désignée sous les noms de *physique*, de *composition*, de *sel de rosage*.

Caractères des sels d'étain. Toutes les combinaisons d'étain, chauffées au chalumeau dans la flamme de réduction sur une perle de borax colorée en bleu par du bioxyde de cuivre, communiquent à la perle une coloration rouge brun ou rouge rubis, par suite de la réduction du bioxyde de cuivre en protoxyde. Cette réduction n'a lieu qu'en présence d'un composé d'étain. Une lame de zinc, introduite dans une solution d'étain additionnée d'acide chlorhydrique, produit un dépôt d'étain métallique en forme de lamelles grisâtres ou de petites masses spongieuses.

Sels de protoxyde d'étain ou stanneux. Ils sont incolores, les sels neutres solubles rougissent le tournesol; ils absorbent facilement l'oxygène de l'air et se transforment partiellement ou totalement en sels de bioxyde.

L'*hydrogène sulfuré* donne dans les solutions neutres ou acides un précipité de protosulfure d'étain hydraté brun foncé; dans les solutions alcalines, la précipitation ne se produit pas ou est incomplète; un grand excès d'acide chlorhydrique peut empêcher la réaction. Le précipité de protosulfure d'étain est soluble dans le polysulfure d'ammonium jaune, ainsi que dans les lessives de potasse et de soude. Le *sulfure d'ammonium* donne également lieu à un précipité de protosulfure d'étain. La *potasse*, la *soude*, l'*ammoniaque* et les *carbonates alcalins* produisent un précipité volumineux d'oxyde d'étain hydraté, facilement soluble dans un excès de potasse ou de soude, mais insoluble dans les autres réactifs. Le *bichlorure de mercure*, ajouté en excès à du protochlorure d'étain ou à un autre sel de protoxyde additionné d'acide chlorhydrique, se transforme en protochlorure de mercure qui se dépose sous forme d'un précipité blanc.

Sels de bioxyde d'étain ou stanniques. Ils sont incolores; ceux qui sont solubles sont décomposés au rouge et rougissent à l'état neutre la teinture de tournesol.

L'*hydrogène sulfuré*, ajouté en excès, donne dans les solutions acides ou neutres, surtout à chaud, un précipité jaune de bisulfure d'étain, soluble dans les alcalis fixes et les sulfures alcalins. Le *sulfure d'ammonium* produit aussi un précipité de bisulfure d'étain, soluble dans un excès de réactif. La *potasse*, la *soude*, l'*ammoniaque* et les *carbonates alcalins* donnent des précipités blancs solubles dans un excès de *potasse*, de *soude* ou d'*ammoniaque*, mais difficilement solubles dans les carbonates alcalins.

Le *chlorure d'or*, versé dans une solution contenant un mélange de sels de protoxyde et de bioxyde d'étain, donne naissance à un précipité rouge pourpre (pourpre de Cassius), insoluble dans l'acide chlorhydrique.

L'étain n'est vénéneux qu'à un très faible degré, mais les alliages d'étain contenant du plomb ne sont pas sans offrir un certain danger, car on connaît une foule d'empoisonnements provoqués par l'usage de vases faits avec de l'étain plombifère. L'action physiologique des préparations stanniques n'est encore que peu connue; suivant Orfila, des doses, même faibles de protochlorure d'étain, produiraient dans l'économie des désordres analogues à ceux auxquels donne lieu le bichlorure de mercure; les autres préparations solubles et même les oxydes posséderaient des propriétés analogues, mais seulement à haute dose; le bichlorure d'étain, le chlorure d'étain et d'ammonium (pink-salt), le stannate de sodium offrent une action beaucoup plus énergique.

DOSAGE DE L'ÉTAIN DANS LES MINERAIS ET LES PRODUITS INDUSTRIELS. La détermination de la *teneur en étain des minerais* (cassitérite, étain oxydé) peut être effectuée par voie sèche de la manière suivante, d'après Levol : on mélange 2 grammes de minerai (grillé et purifié, si c'est nécessaire, par digestion dans l'acide chlorhydrique) avec 20 0/0 de poudre de charbon de bois et l'on chauffe le mélange au rouge intense pendant une heure dans un creuset en porcelaine; on verse ensuite dans le creuset 0,50 à 0,75 grammes de cyanure de potassium exempt de sulfate, on chauffe encore pendant cinq minutes environ, on laisse refroidir, puis on sépare la scorie du culot d'étain et l'on pèse celui-ci.

Lorsque le minerai renferme beaucoup de métaux étrangers, il est préférable de suivre le procédé suivant : on fait digérer pendant quelques minutes à l'ébullition 5 grammes du minerai avec de l'eau régale, on lave bien le résidu, on le dessèche, on le grille, s'il s'est séparé beaucoup de soufre, puis on le mélange avec 1 gramme de charbon de sucre et l'on chauffe le tout dans un creuset en porcelaine; on dissout l'étain réduit dans l'acide chlorhydrique et, de la dissolution, on le précipite à l'état spongieux en introduisant dans la liqueur un bouton de zinc fixé à un fil de platine; on lave l'éponge d'étain ainsi obtenue, puis on la fait tomber à l'aide de la fiole à jet dans une capsule en porcelaine, on décante l'eau et on absorbe le reste avec du papier à filtrer; on comprime l'éponge d'étain à l'aide d'un pilon en porcelaine, on la fond sous une couche de stéarine et on la pèse après solidification.

Pour essayer les *minerais contenant du wolfram*, les *scories d'étain* et l'*émail*, on chauffe la substance dans un creuset en platine avec 8 à 12 fois son poids de sulfate acide de potassium, jusqu'à ce que la masse soit en fusion tranquille, puis on fait bouillir avec de l'eau chargée d'acide chlorhydrique et l'on filtre. La silice, l'acide tungstique et l'oxyde d'étain sont retenus par le filtre; on les fait tomber dans un vase à précipités, où on les fait digérer avec une lessive de soude caustique, qui dissout l'acide tungstique; on filtre de nouveau et l'on fond le résidu desséché avec du charbon, comme il a été décrit plus haut.

Parmi les méthodes proposées pour doser l'étain par *voie volumétrique*, celle de Lenssen donne seule des résultats exacts. Une quantité pesée (0,20 grammes) d'étain réduit en poudre fine, ou d'étain précipité de la solution d'un minerai au moyen du zinc, est dissoute dans l'acide chlorhydrique à l'abri du contact de l'air; la solution obtenue est additionnée d'une dissolution contenant un mélange de 1 partie de tartrate de potassium et de sodium avec 3 parties de carbonate de sodium anhydre; on ajoute ensuite à la liqueur limpide et faiblement alcaline un peu de solution d'amidon et avec une burette on verse une solution décime d'iode, jusqu'à ce que le liquide prenne une coloration bleue persistante. 1 centimètre cube de solution décime d'iode correspond à 0,0059 grammes d'étain.

Par la *méthode pondérale*, l'étain est généralement dosé sous forme d'acide stannique. Ne pouvant décrire ici cette méthode, nous nous contenterons de renvoyer aux traités spéciaux de chimie analytique (de Frésénius, de Balling, de Post), où l'on trouvera également la description détaillée des autres procédés proposés pour le dosage de l'étain, aussi bien dans les minerais que dans les produits industriels. — Dr L. G.

Bibliographie : Salmon : *Art du potier d'étain*, 1788; Pelouze et Frémy : *Traité de chimie*, t. III, p. 777, 1865; P. Schützenberger : *Traité de chimie générale*, t. I, p. 682, 1880; Barreswill et Girard, *Dictionnaire de chimie industrielle*, t. III, p. 107, 1864; Bischof : *Das Kupfer und seine Legirungen*, Berlin, 1865; Petitgaud : *Exposition internationale de 1867, Rapports du Jury*, t. IV, p. 672; Wurtz : *Dictionnaire de chimie*, t. I, p. 1284, 1870, et Supplément, p. 688; J. Girardin : *Leçons de chimie*, t. II, p. 487, 1872; Bolley et Birnbaum : *Handbuch der chemischen Technologie*, t. VII, p. 810, Brunswick, 1877; Karsten : *Métallurgie*, t. I, p. 66 et 521; Bolley : *Manuel d'essais et de recherches chimiques*, 2e édit., trad. par L. Gautier, p. 432 et 449, 1877; R. Wagner et L. Gautier : *Nouveau traité de chimie industrielle*, t. I, p. 154, 1878; Frésénius : *Traité d'analyse chimique quantitative*, 4e édit., p. 304, 1879; C. Balling : *Manuel de l'art de l'essayeur*, traduit par L. Gautier, p. 488, 1881; Chevallier et Baudrimont : *Dictionnaire des falsifications*, p. 471, 1882; O. Dammer : *Lexikon der chemischen Technologie*, Leipzig, 1883; J. Post : *Traité d'analyse chimique appliquée aux essais industriels*, trad. par L. Gautier, p. 370, 1884.

***ÉTALEUSE.** *T. de filat.* L'étaleuse ou *table à étaler*, est la machine qui vient la première dans la série de celles employées pour le filage du lin. Elle a pour but de transformer en un ruban continu les cordons de textile qui ont été précédemment peignés. Elle est représentée figure 560.

Elle se compose tout d'abord d'une table hori-

Fig. 560. — *Etaleuse à lin.*

zontale BD, sur la surface de laquelle sont des cuirs sans fin qui se meuvent continuellement dans la direction des cylindres E; c'est sur ces cuirs, d'environ 1 décimètre 1/2 de largeur, que les ouvrières étalent les cordons de lin, en les superposant les uns à la suite des autres. Ces cordons marchent en avant, s'engagent entre les conduites *a*, puis passent sous les cylindres alimentaires E, dits *fournisseurs*, sous lesquels ils s'unissent par la seule pression qui leur est communiquée au moyen des poids. Continuant son chemin, le lin s'engage des cylindres E sous les cylindres C, dits *étireurs*; et comme la vitesse des cylindres H est plus grande que celle des cylindres E, il en résulte que, du parcours des uns aux autres, le ruban s'allonge, est *étiré*, subit ce qu'en terme de filature on appelle un *étirage* (V. ce mot). Il sort donc après les étireurs plus long qu'il n'était entré avant les fournisseurs. Finalement, il est reçu dans un pot cylindrique et allongé, près duquel un compteur indique la longueur débitée chaque fois que le dit pot est rempli.

Bien qu'il y ait, comme l'indique la figure 560, six cuirs à la table à étaler (plus souvent trois ou quatre) il n'y a qu'un seul ruban à la sortie. Tous les rubans se réunissent près du pot à l'aide d'un *parallélisme*.

Tel est l'agencement général d'une table à étaler.

Entre les fournisseurs E et les étireurs C la distance est assez grande; aussi, pour que les rubans soient guidés en ligne droite d'une paire de cylindres à l'autre et afin de maintenir leur parallélisme de la manière la plus parfaite possible, des barres de fer mobiles dites *barrettes*, portant des rangées de peignes ou *gills*, les soutiennent. Ces barrettes marchent en avant en même temps que les rubans; elles sont guidées par des vis. Ces vis sont disposées par paires contre les parois intérieures du bâti de la machine : les barrettes sont terminées par de petites plaques de fonte auxquelles on donne comme épaisseur celle d'un pas de vis, et dont on taille les extrémités obliquement comme les dents d'engrenage, de manière à leur en faire suivre le filet. Dans chacun des couples

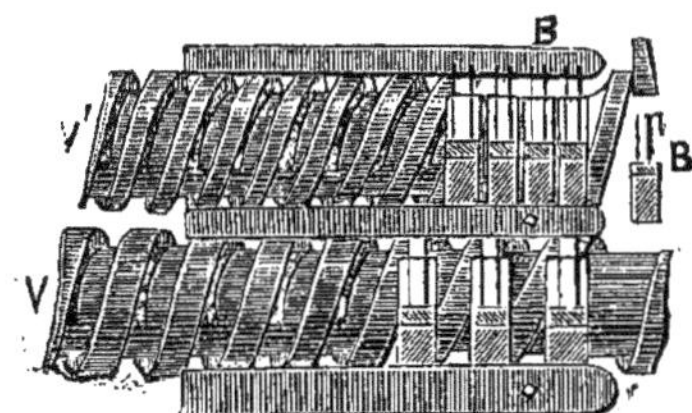

Fig. 561. — *Jeu des vis et des barrettes dans l'étaleuse à lin.*

de vis, l'une est superposée à l'autre, comme l'indique la fig. 561, où l'on voit distinctement quelques barrettes B munies de gills engagées dans la vis supérieure V'; les vis de dessus conduisent à l'étireur les barrettes qui supportent les mèches, tandis que celles du dessous ramènent à l'extrémité opposée les barrettes vides. On a soin de donner un pas double à la vis inférieure V, comme le montre bien la figure 561, afin que les barrettes soient plus rapidement amenées sur le dessus et pour en économiser la moitié par dessous. Un guide parallèle à chaque vis trace la route à suivre et mène les gills sur une horizontale très droite, tandis qu'une autre coulisse verticale, placée à chaque extrémité, les force à tomber et à monter verticalement. Lorsqu'une barrette est arrivée à l'extrémité de sa course inférieure, elle est soulevée par une came qui la porte un peu au-dessus du guide supérieur et la soutient un moment à cette hauteur jusqu'à ce qu'elle soit saisie par la vis du haut qui doit la guider : cette came présente un dos assez allongé et concentrique de manière à bien remplir son effet. Une came de moindre dimension, souvent adaptée à l'extrémité opposée de la vis supérieure, est destinée à pousser les barrettes, lorsque celles-ci ne tombent pas assez vite de leur propre poids. Le mécanisme est ordonné de telle sorte que le mouvement de chaque vis correspondante soit identique, et que les cames de ces vis agissent en même temps sur les extrémités de la barrette. Si nous insistons sur cette disposition, c'est que les barrettes munies de gills jouent un très grand rôle dans la filature du lin, elles existent en effet dans toutes les machines de préparation de cette industrie, c'est-à-dire la table à étaler, les *étirages* (V. ce mot) et les bancs-à-broches. — A. R.

|| 2° On donne le nom d'*étaleuses* aux ouvrières qui conduisent la machine dont nous venons de parler.

— V. *Etudes sur le peignage et les métiers de préparation pour lin*, par Alfred Renouard fils et P. Goguel, t. IV, Paris, libr. Baudry.

ETAMAGE. Le mot *étamage* sert à désigner deux opérations tout à fait distinctes. 1° La première consiste à recouvrir un métal commun facilement oxydable d'un autre métal moins oxydable ou véritablement inoxydable. Ainsi, l'on recouvre le fer d'une couche d'étain pour le préserver de l'oxydation qu'il éprouve à l'air humide. Ainsi encore, on revêt les vases culinaires en cuivre d'une couche d'étain, afin d'éviter la formation des sels vénéneux de cuivre qui a lieu au contact des matières grasses ou acides. Toutefois, aujourd'hui, au lieu de se servir de l'étain seul, on emploie aussi le zinc et le plomb seul, ce qui constitue le *zincage* et le *plombage*; 2° la seconde a pour but de revêtir des feuilles ou des plaques de verre d'une pellicule d'un amalgame d'étain, afin de leur communiquer la propriété de réfléchir les objets, ce qui permet de les convertir à peu de frais en miroirs. Nous allons passer successivement en revue : l'*étamage à l'étain*, l'*étamage au zinc*, l'*étamage au plomb*, et nous terminerons par l'*étamage des glaces*. Ajoutons tout d'abord que si l'étamage métallique a une grande connexité avec certains procédés de dorure et d'argenture, il en diffère quant au principe, les deux métaux à juxtaposer exerçant l'un sur l'autre une action assez grande pour qu'ils se soudent aussitôt que leurs surfaces sont en contact, il faut seulement, c'est une condition indispensable, qu'ils aient été parfaitement décapés (V. Décapage), c'est-à-dire absolument débarrassés d'oxyde.

Etamage à l'étain. Il se pratique sur le cuivre et sur le fer. L'application sur le cuivre est la plus ancienne. Pline le Naturaliste en attribue l'invention aux Gaulois ; mais il ne dit pas s'ils la firent pour se mettre à l'abri du vert-de-gris ou seulement pour enjoliver certaines pièces de leurs meubles. C'est par elle que nous commencerons.

I. *Etamage du cuivre.* On commence toujours par le décapage. Pour cela, on chauffe l'objet à étamer, on le saupoudre de sel ammoniac broyé très fin, puis on frotte légèrement avec un tampon d'étoupe, afin de bien étendre le sel. L'oxyde qui recouvrait le métal se combine avec le sel et il se forme un sel double volatil que la chaleur enlève. Au lieu de sel ammoniac, on peut se servir également d'une dissolution de chlorure double de zinc et d'ammoniaque. Ce composé s'obtient très facilement par la combinaison du chlorure de zinc et du sel ammoniac; il est très soluble dans l'eau, se décompose par la chaleur en chlorure de zinc, qui se fond, et en hydrochlorate d'ammoniaque, qui se sublime. Enfin, il facilite à tel point l'étamage, qu'aussitôt mis en contact avec le cuivre et l'étain, les deux métaux adhèrent parfaitement entre eux.

Le cuivre étant décapé, c'est-à-dire devenu très

brillant, on procède à l'étamage proprement dit. Il suffit pour cela de verser sur la pièce chauffée une quantité convenable d'étain fondu et de l'y étendre avec de l'étoupe de manière qu'il y en ait une épaisseur égale sur toutes les parties. Si quelques points sont défectueux, on jette dessus un peu de résine pulvérisée qui, en enlevant l'oxyde, facilite l'alliage des deux métaux.

L'étamage fait avec l'étain fin, ou étain pur, est brillant, d'un beau blanc et complètement inoffensif. Malheureusement, il est coûteux et, pour le rendre moins cher, on remplace l'étain par un alliage renfermant une quantité de plomb très variable. Quand cette quantité est infiniment petite, l'alliage ne présente aucun danger, mais il est rare qu'il en soit ainsi, surtout dans les localités telles que les campagnes, où les étameurs ne sont pas l'objet d'une surveillance sévère, ces industriels ne se faisant aucun scrupule d'employer de l'étain contenant 25 à 50 0/0 de plomb, et même davantage. Ces étamages dangereux se reconnaissent à la nuance bleuâtre et terne que la présence du plomb leur donne.

Que l'étamage soit effectué avec l'étain fin ou l'étain allié au plomb, si les objets sont d'un usage habituel, ou tout au moins fréquent, il est prudent de le renouveler très souvent, au moins tous les mois, parce que le récurage, le frottement des cuillers et des fourchettes, et les sauces acides enlèvent chaque jour des parcelles de la couche préservatrice et finissent par mettre le cuivre à nu. On comprendra, du reste, la nécessité de ce renouvellement quand on saura que la couche d'étain déposée sur le cuivre n'a pas plus de $0^{mm},0675$ d'épaisseur.

En 1770, un industriel parisien, Biberel père, a fait connaître, sous le nom d'*étamage-polychrone*, un mode d'étamage qui dure environ sept fois autant que l'étamage ordinaire et, en même temps, est plus économique et plus salubre. Il consiste à se servir d'un alliage de 6 parties d'étain et de 1 partie de fer. On obtient cet alliage en fondant d'abord l'étain, y projetant des rognures de fer, puis chauffant jusqu'au rouge. Il a été recommandé par la Société d'encouragement pour l'industrie nationale et par le Conseil d'hygiène et de salubrité du département de la Seine, mais il a rencontré, dans la pratique, des difficultés qui l'ont empêché de se répandre autant qu'il l'eût mérité, comme d'être cassant à chaud, peu malléable à froid, et d'une application plus difficile que l'étain ou l'alliage de plomb et d'étain, d'exiger une température plus élevée pour se fixer, enfin d'être d'une couleur moins brillante. On a proposé de le remplacer par d'autres alliages qui, aux qualités qui lui sont propres, joignent celles dont on l'accuse de manquer. L'un, dû à Motte et Richarson, se fait avec 90,4 d'étain, 5,7 de nickel et 3,9 de fer. Un autre, imaginé par Budi, a la même composition, mais en d'autres proportions. Enfin, un troisième, qui a été breveté au nom d'un sieur Guanilh, est formé d'étain additionné d'un peu de fer et de platine.

II. *Etamage du fer*. Il produit le *ferblanc*. On sait que lorsque la tôle de fer, ou fer noir, est exposée au contact de l'air humide, elle se couvre rapidement d'une couche d'oxyde qui augmente peu à peu et finit par la trouer. C'est pour remédier à cet inconvénient qu'on a imaginé de la recouvrir d'une mince couche d'étain, ce qui lui fait alors donner le nom de *ferblanc*. Après cette opération, elle a la couleur, le brillant et l'aspect de l'étain, et, ce qu'il y a de remarquable, c'est qu'elle conserve son éclat à l'air beaucoup mieux que l'étain lui-même, à cause de l'action galvanique qui se produit entre les deux métaux. Toutefois, il est indispensable que la couche protectrice ne présente aucune solution de continuité, car la moindre fissure ne tarderait pas à faire naître une tache de rouille, le fer étamé étant, par suite de cette action galvanique, plus facilement oxydable que le fer pur.

— Le ferblanc n'est donc en réalité que de la tôle mince étamée. On admet généralement que l'art de le fabriquer a été inventé en Bohême, probablement au XVe siècle, et que de ce pays il pénétra en Saxe vers 1620. Une cinquantaine d'années plus tard, un nommé André Yaranton l'introduisit en Angleterre. Enfin, un peu plus tard, il fut apporté en France par des ouvriers allemands attirés par le gouvernement, à l'instigation de Colbert.— V. Ferblanc.

La tôle à ferblanc se prépare à part. Pour l'obtenir, on choisit du fer de la meilleure qualité, de préférence du fer affiné au charbon de bois. On le lamine suivant des grandeurs qui dépendent de la puissance des machines dont on dispose, puis, au moyen de cisailles, on découpe la tôle obtenue, en feuilles de dimensions uniformes, qui varient suivant les pays. Ces feuilles se travaillent par paquets de 100, 150, 200 et 275. On commence par les décaper. Cette opération se fait en les plongeant l'une après l'autre dans de l'acide chlorhydrique affaibli, de manière que les deux surfaces soient bien mouillées par le liquide. Après cinq ou six minutes d'immersion, on les transporte dans un four où on les chauffe au rouge obscur pour les dessécher, après quoi on les retire et on les laisse refroidir à l'air. Leur surface se découvre par la séparation d'écailles d'oxyde qui s'en détachent. Cet effet produit, un ouvrier les saisit avec une pince par huit ou dix à la fois, et les frappe avec force contre un bloc de fonte, pour en faire tomber tout l'oxyde. Enfin, on les passe sous un laminoir à cylindres durs de 40 à 45 centimètres de diamètre. Les feuilles sont alors bien unies; mais leur surface est encore parsemée de taches noirâtres dont on les débarrasse en les plongeant successivement, d'abord, pendant dix à douze heures, dans un bain d'eau de son ou de seigle qu'on a fait aigrir, puis, pendant une heure, dans une autre eau contenant quelques centièmes d'acide sulfurique. Quand on les retire de cette dernière, on les jette dans de l'eau pure, où on les frotte avec de l'étoupe et du sable fin, après quoi on les dépose dans un lieu sec jusqu'au moment de les étamer.

III. *Applications diverses*. L'étamage à l'étain s'emploie souvent, soit pour préparer certains métaux rebelles, la fonte de fer par exemple, à recevoir des couches de métaux plus précieux, soit pour donner à une foule d'objets en fer, en cuivre, en laiton, en zinc, une apparence plus agréable. Dans ce cas, on plonge les objets préalablement décapés dans des bains dont l'alun ammoniacal, le sel d'étain et la crème de tartre font presque toujours partie. L'opération est toujours très courte, mais le dépôt d'étain n'a qu'une épaisseur insignifiante.

Étamage au zinc. Appliqué au fer, l'étamage au zinc préserve bien mieux de l'oxydation que l'étain, parceque, dans le couple voltaïque formé par les deux métaux, c'est le zinc qui est positif relativement au fer. En s'oxydant, le zinc se recouvre d'une pellicule d'oxyde qui joue le rôle d'un vernis et garantit de toute altération les couches sous-jacentes. De plus, il met le fer à l'abri de toute altération, non seulement, partout où il est en contact avec lui, mais encore dans les parties qui, pour une cause quelconque, se trouvent à nu. C'est cette propriété qui rend si précieux le *zingage* du fer, véritable nom de l'opération. Ce procédé d'étamage a été proposé, dès 1742, par le chimiste français Malouin, mais c'est un autre de nos compatriotes, l'ingénieur civil Sorel, qui l'a rendu pratique en 1836. Nous n'avons pas besoin de faire remarquer que le nom de *galvanisation* qu'on lui donne communément et celui de *fer galvanisé* par lequel on désigne souvent ce produit n'ont aucune raison d'être.

Le zingage est tout à fait semblable à l'étamage à l'étain. La pièce de fer est d'abord décapée, soit par de l'acide sulfurique étendu, soit par du chlorure double de zinc et d'ammoniaque, puis saupoudrée de sel ammoniac et enfin plongée quelques instants dans un bain de zinc pur. La couche de sel ammoniac est destinée à entretenir le décapage. Au sortir du bain, il n'y a qu'à nettoyer la pièce avec de la sciure de bois afin d'enlever mécaniquement une mince couche d'oxyde de zinc qui s'est formée à la surface au moment même où elle est sortie du bain.

Les usages du fer zingué sont des plus étendus et ils augmentent toujours. Les principaux sont : dans la fabrication des tuyaux de vapeur, des tuyaux de conduite pour les eaux, des formes à sucre, des baquets et autres vases analogues, etc. On zingue, d'ailleurs, tous les objets de fer ou de fonte, après qu'ils ont reçu la forme définitive.

Étamage au plomb. Il consiste à remplacer l'étain où le zinc dans l'opération de l'étamage du fer par le plomb. On obtient ainsi le *fer plombé*, qu'on emploie surtout pour couvrir les édifices, parce qu'il est moins coûteux et plus léger que le plomb pur, et qu'il n'a pas les inconvénients que présente le zinc dans cette application. Il se pratique comme l'étamage au moyen de ces deux métaux, avec le sel double de chlorure de zinc et de sel ammoniac pour agent de décapage.

Étamage des glaces. Il a pour but de recouvrir une de leurs surfaces d'une couche de mercure dont la blancheur et l'éclat produisent une réflexion presque absolue et sans aucune altération des couleurs propres à l'objet réfléchi. Toutefois, le mercure ne peut pas être employé seul ; il a besoin d'être retenu parce que sa grande liquidité le ferait glisser, et c'est pour y parvenir qu'on l'associe à l'étain. Voici comment on procède, opération qu'on nomme *mise en tain* : disons d'abord qu'elle s'effectue sur une pierre de grandeur suffisante, qui est bien plane, bien dressée et engagée dans un cadre de bois, dont l'un des petits côtés est libre pour laisser un passage à la glace, tandis que les trois autres sont garnis d'un rebord continu qui sert à faire couler le mercure en excès. Cette pierre est portée, dans le milieu de sa longueur, par un axe sur lequel elle peut exécuter un mouvement de bascule. Après l'avoir mise de niveau, on y étend le plus exactement possible une feuille d'étain ayant les dimensions de la plaque qu'on veut étamer, on lisse cette feuille avec des brosses de crin doux afin d'en faire disparaître le moindre pli, enfin, on verse dessus une petite quantité de mercure, dont on la frotte avec des rouleaux de lisières de drap, ce qui favorise et hâte l'amalgame, et l'on termine en y répandant autant de mercure qu'elle peut en retenir, lequel ne dépasse pas une épaisseur de 4 à 5 millimètres. Il n'y a plus alors qu'à garnir d'une bande de papier la partie de la pierre qui reste entre son bord et la feuille d'étain, pour que la glace, à son passage, ne puisse être rayée par le frottement ni prendre aucune ordure.

Pendant que ces opérations s'effectuent, la glace à étamer a été nettoyée et séchée avec le plus grand soin. Cela fait, on la prend avec plusieurs doubles de papier de soie, on l'amène dans une position horizontale, puis posant son bord sur la bande de papier, on la fait glisser sur la feuille d'étain, aussi près que possible, mais sans la toucher, jusqu'à ce que cette feuille soit recouverte par le verre. La glace étant ainsi *coulée* sur le mercure, on la couvre d'une pièce de flanelle ou de drap, et on la charge de poids afin de favoriser son contact avec l'amalgame et d'aider, par la pression, à l'expulsion du mercure en excès. On facilite encore cette expulsion en donnant une légère inclinaison à la pierre. Au bout d'environ vingt-quatre heures, la glace se trouve suffisamment égouttée. A ce moment, elle peut être relevée de sa pierre et transportée sur un égouttoir en bois ou tréteau à sécher. On lui donne d'abord une inclinaison légère, qu'on augmente ensuite peu à peu pour arriver, vers la fin, à la position verticale. Cette dernière opération dure de huit jours à trois semaines.

L'étamage des glaces au moyen de l'amalgame d'étain a toujours été considéré comme une opération très insalubre à cause des vapeurs mercurielles à l'action desquelles les ouvriers sont exposés. Aussi, a-t-on essayé, de nos jours, de le remplacer soit par l'*argenture*, soit par le *platinage*.

La découverte scientifique qui a servi de point de départ à l'*argenture* des glaces a été faite en 1835 par le chimiste Justus Liebig. En 1843 ou 1844, un premier brevet fut pris en France et en Angleterre, pour l'appliquer, par M. Drayton, mais il ne produisit pas des résultats assez importants pour déterminer son adoption. Un second brevet pris également en France quelque temps après par M. Petit-Jean, fut plus heureux, et dès ce moment, l'argenture des glaces put devenir pratique. Elle emploie plusieurs procédés.

Le procédé Petit-Jean repose sur l'action de l'acide tartrique sur les sels d'argent en présence de l'ammoniaque. On dissout 60 grammes d'azotate d'argent dans 60 grammes d'ammoniaque d'une densité de 0,87 à 0,88, il y a dégagement de chaleur, mais on laisse refroidir et, quand le refroidissement est complet, on ajoute 500 grammes d'eau distillée, en ayant soin de filtrer pour séparer un léger dépôt d'argent réduit. Enfin, on prend le liquide fourni par la filtration, on y ajoute goutte à goutte 75 grammes d'acide tartrique dissous dans 30 grammes d'eau, et l'on étend de 2 litres 1/2 d'eau distillée. On prépare, en outre, une seconde liqueur, qui ne diffère de la précédente qu'en ce qu'elle renferme le double d'acide tartrique.

Les liqueurs dont il vient d'être parlé ne doivent se préparer qu'au moment de l'emploi. Quand elles sont prêtes à servir, on place la glace à étamer, bien nettoyée et de niveau, sur une table creuse en fonte, qui peut être chauffée par un courant de vapeur ou par circulation d'eau chaude. On la chauffe de 45 à 50°, on l'humecte d'eau, puis on verse dessus une couche de 3 millimètres de la première liqueur. Au bout de quinze à vingt minutes, l'effet voulu est produit et la feuille de verre est revêtue d'une couche d'argent d'une épaisseur uniforme. On déverse le liquide en excès en inclinant la glace du côté d'une gouttière pratiquée pour cela dans la table. Enfin, si l'on veut que la couche d'argent soit plus épaisse, on recommence l'opération avec la seconde liqueur. Le travail terminé, on lave la glace, puis on la sèche, et l'on termine en appliquant sur le côté argenté une couche de peinture à l'huile au minium, ou d'un enduit bitumineux, ou même de cuivre galvanique.

Le procédé Petit-Jean a l'avantage d'une exécution très rapide et d'un grand bon marché ; il n'exige en effet que 7 à 8 grammes d'argent pour recouvrir un mètre superficiel de verre, soit une dépense de 1 fr. 40 à 1 fr. 80 pour la valeur du métal employé. En outre, les glaces argentées supportent sans inconvénients les voyages de long cours, ce que ne peuvent faire celles qui ont reçu l'étamage ordinaire. On leur adresse cependant un reproche : c'est de présenter une blancheur un peu pâle à cause de la teinte inclinant au jaune de l'argent. D'après M. Lenoir, il suffirait pour y remédier de soumettre les glaces, après les avoir argentées, à l'action d'une dissolution étendue de cyanure double de mercure et de potassium ; il se formerait ainsi un amalgame d'argent blanc et brillant très adhérent au verre. Les glaces étamées de cette manière n'auraient plus de reflet jaunâtre et donneraient des images blanches entièrement comparables à celles que fournissent celles qu'on prépare par l'ancien procédé, et leur étamage, comme celui qu'on obtient par le procédé de Petitjean non modifié, ne serait d'aucun danger.

Le *platinage* a été inventé en 1864 par un chimiste du nom de Dodé. Il se fait à une température élevée comme un émaillage. Voici, en peu de mots, en quoi il consiste : d'une part, dissoudre 100 grammes de platine dans l'eau régale, évaporer à siccité, broyer le résidu à l'essence de lavande ; d'autre part, broyer 25 grammes de litharge et 25 grammes de borate de plomb avec 10 grammes de la même essence ; mélanger les deux produits ; les broyer de nouveau avec soin et très fin ; enfin, étendre le mélange au pinceau sur l'un des côtés du verre qu'on veut étamer, et qui, après dessiccation, est porté au rouge sombre dans une moufle ; le platine se montre alors à l'état métallique et le miroir est fait. Ce procédé est simple, mais il paraît avoir rencontré dans la pratique des difficultés qui en ont empêché l'application industrielle. Dans tous les cas, il procure un étamage inférieur en beauté aux précédents. — M.

ÉTAMBOT. *T. de mar.* Pièce forte et droite qui termine la partie de l'arrière du navire, et placée presque verticalement sur l'extrémité arrière de la quille.

* **ÉTAMBRAI.** *T. de mar.* Ouverture que l'on fait dans l'épaisseur de chaque pont d'un navire, pour servir de passage aux mâts et aux cabestans.

ÉTAMEUR. *T. de mét.* Ouvrier qui fait l'étamage.

ÉTAMINE. *T. de tiss.* Etoffe dont la chaîne et la trame sont en laine peignée. Ce tissu qui se fabriquait autrefois pour robe, était en toile légère. On faisait également des voiles avec l'étamine. ‖ Les étamines de laine peignée qui comprennent un nombre considérable de genres, se fabriquent encore quelquefois à Reims et à Nogent-le-Rotrou, sous les différents noms de *burat raz* (pour vêtements de religieuses), *burat voile* ou *voile clair* (pour voiles de religieuses ou robes de deuil), *burat doux* (pour robes de juges et d'avocats, et parfois aussi pour soutanes de prêtres). On a aujourd'hui remplacé l'*étamine à bluteau* par la *toile à bluter* en soie, que les vers attaquent moins facilement et qui tend à se généraliser dans les meuneries pour le tamisage de la farine.

* **ÉTAMPAGE.** *T. techn.* Opération qui a pour but d'imprimer, à l'aide d'une pression, un dessin sur une plaque métallique en la comprimant fortement entre deux moules, dont l'un est gravé en creux et l'autre en relief. — V. ESTAMPE.

* **ÉTAMPE.** *T. techn.* Pièce mécanique profilée sur sa largeur, dont les ouvriers se servent pour exécuter à coups de marteau sur des bandes de métal des moulures ou des empreintes différentes selon la forme de l'étampe. Le *dessous d'étampe* est une pièce de fer à surface concave, sur laquelle les ouvriers façonnent les pièces cylindriques.

* **ÉTAMPEUR.** *T. de mét.* Ouvrier qui fait l'étampage, qui produit manuellement ou mécaniquement des dessins en relief ou en creux sur une feuille métallique.

* **ÉTAMPOIR.** *T. techn.* Outil du facteur d'orgues pour ployer les lames de cuivre destinées aux anches de certains tuyaux.

ÉTAMPURE. *T. techn.* Evasement que présente l'entrée d'un trou pratiqué dans une plaque de métal.

ÉTANÇON. *T. de constr.* Grosse pièce de bois, placée le plus verticalement possible, destinée à soutenir un mur ou un plancher qui menace ruine et qu'on doit reprendre en sous-œuvre.

ÉTAT (Chemins de fer de l'). A l'exception de l'Angleterre, de la Suisse, de l'Espagne, la plupart des autres pays de l'Europe ont des chemins de fer exploités par l'Etat ou par des Compagnies fermières agissant pour le compte de l'Etat. Nous allons examiner avec quelques détails ce qui concerne le réseau de l'Etat en France et quelques-uns de ceux de l'étranger.

Situation du réseau de l'Etat au 1er janvier 1884. La constitution définitive du réseau de l'Etat résulte de l'application des lois du 20 novembre 1883. En tenant compte de l'échange des lignes qui a eu lieu entre l'Etat et la Compagnie d'Orléans, le réseau de l'Etat couvre actuellement un triangle occupant le sud-ouest de la France et lançant une pointe jusqu'à Chartres, entre les réseaux de l'Ouest et d'Orléans. La superficie de la contrée desservie par les chemins de fer de l'Etat est, dans ces conditions, de 3,250 myriamètres carrés, soit 1/15 environ de la surface totale de la France. Ces chemins traversent dix départements et desservent une population de 2,300,000 habitants. La longueur exploitée était, au 1er janvier 1884, de 2,444 kilomètres; la longueur totale, quand toutes les lignes en construction ou simplement classées en 1879 seront achevées, sera de 3,331 kilomètres.

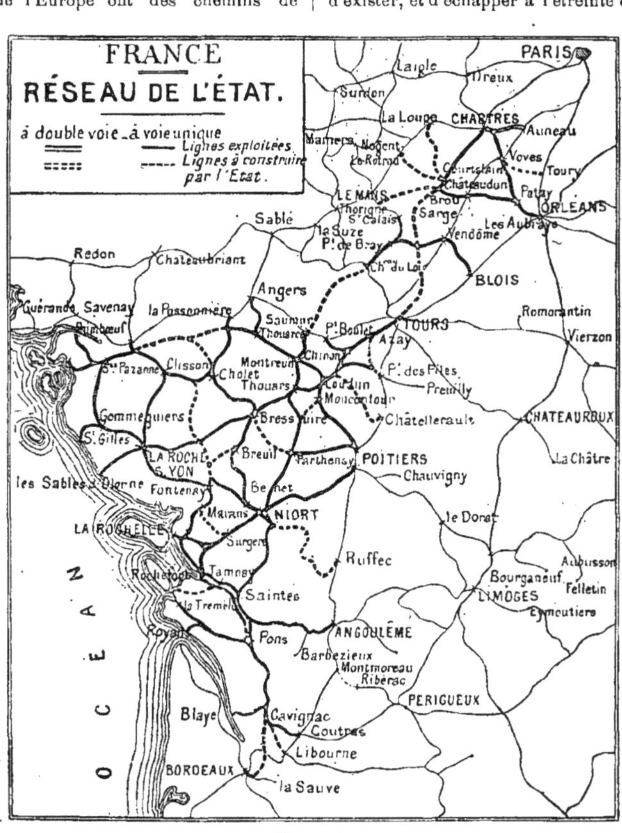

Fig. 562.

Aperçu historique. La création des chemins de fer de l'Etat en France, est de date encore récente, puisqu'elle ne remonte qu'à l'année 1878. Les circonstances qui ont amené cette innovation dans le régime de nos chemins de fer, sont sommairement relatées à la page 129 de l'article Chemins de fer (V. cet art.), En réalité, l'existence du réseau d'Etat n'est due qu'à l'impossibilité de trouver une autre solution pour assurer la continuation de l'exploitation de plusieurs lignes en faillite (Charentes, Vendée, etc.), en présence du rejet, par le Parlement, des projets de lois qui proposaient de rétrocéder aux grandes Compagnies et particulièrement à l'Orléans, ces lignes en détresse. D'ailleurs, au cours de la discussion, M. de Freycinet, alors ministre, déclara que l'exploitation par l'Etat des lignes rachetées n'aurait qu'un caractère provisoire et temporaire et cesserait à la volonté du Parlement.

Ce régime provisoire dure depuis cinq ans déjà et, loin de tendre à disparaître, il a été, au contraire, consolidé par les conventions de 1883, dont le but avoué était précisément de donner au réseau de l'Etat les moyens d'exister, et d'échapper à l'étreinte des grandes Compagnies voisines.

Avant l'adoption de ces conventions, le réseau de l'Etat auquel on rattachait successivement toutes les lignes non concédées, au fur et à mesure de leur ouverture à l'exploitation, et qui avait ainsi des tronçons mal reliés dans toutes les régions de la France, était, au contraire, enchevêtré avec certaines lignes de la Compagnie d'Orléans, précisément dans la contrée du Sud-Ouest qui lui servait de berceau. Aux termes de la convention avec la Compagnie d'Orléans, cette situation a été régularisée par la cession à l'Etat des lignes de Nantes à la Roche-sur-Yon, de Poitiers à La Rochelle et à Rochefort, et d'Angers à Niort; le réseau de l'Etat forme ainsi un ensemble homogène compris entre les lignes de Tours à Nantes et à Bordeaux, avec une percée vers Vendôme, St-Calais et Chartres, permettant aux trains de l'Etat d'arriver à Paris, par les rails de la Compagnie de l'Ouest, jusque dans la gare de Montparnasse. Il est certain que cette répartition nouvelle est plus rationnelle que l'ancienne; mais il ne faudrait pas en conclure que l'exploitation par l'Etat soit dorénavant une meilleure solution que par le passé. On verra plus loin, dans les documents statistiques, la mesure des sacrifices qu'elle impose au budget, et par suite, aux contribuables.

Organisation administrative. Aux termes du décret sur l'organisation administrative, la gestion de ce réseau provisoire a été confiée, sous l'autorité du Ministre des travaux publics, à un conseil d'administration de neuf membres nommés par décret; le nombre de ces membres a été depuis porté à douze par un nouveau décret qui a soulevé de nombreuses critiques, et qui paraît peu justifié. Les travaux d'infrastructure des lignes à construire restent toutefois dans les attributions de l'administration centrale des travaux publics. Le Conseil est investi de fonctions analogues à celles des conseils des Compagnies; il a notamment le pouvoir de nommer et de renvoyer les agents, de fixer les tarifs sous réserve de l'homologation, d'approuver les règlements et marchés, de contrôler la gestion financière du caissier central et de présenter au Ministre le compte d'administration de chaque exercice.

La situation spéciale de l'Administration des lignes de l'Etat dont la tête est à Paris et dont le cœur est à Tours complique beaucoup le mécanisme des services de ce réseau. Le directeur, M. Gauckler qui a succédé à M. Lesguillier, député, réside à Paris et il a près de lui un ingénieur en chef adjoint. Les services rattachés à la direction de Paris comprennent le secrétariat, les deux divisions techniques, la comptabilité, le contrôle, le contentieux et la construction. A Tours sont, au contraire, concentrés les services de l'exploitation, du matériel et de la traction, de la voie et des bâtiments, qui vont subir des remaniements extrêmement importants, au point de vue du personnel et des résidences en raison de la nouvelle répartition, à dater du 1er janvier 1884, des lignes qui composeront désormais le réseau de l'Etat.

Principaux renseignements statistiques. Les renseignements que nous donnons ci-après, relativement à la voie, remontent à l'année 1880, et sont puisés dans le dernier bulletin, publié en 1882, par le Ministre des travaux publics, sur les chemins de fer français. A cette époque le réseau de l'Etat proprement dit comprenait un ensemble de 1,808 kilomètres, dont 9 kilomètres seulement, soit un 1/200 étaient à double-voie; sur une longueur totale de 1,938 kilomètres, y compris les voies de garage accessoires, il n'y avait que 213 kilomètres en rails d'acier. Les parties de lignes en alignement droit présentaient un développement de 1,164 kilomètres, et les parties en courbe d'un rayon inférieur à 500 mètres, 82 kilomètres environ; 600 kilomètres, soit un tiers, étaient en palier; 309 kilomètres étaient en pente de 0^m,01 à 0^m,02 et 31 kilomètres en pente supérieure à 0^m,02, le maximum étant 26^m/^{m} par mètre. Le nombre des passages à niveau était de 2,538, le nombre des ponts et viaducs sous rails de 2,650, dont 4 d'une hauteur moyenne de plus de 10 mètres. Le nombre des souterrains était de 11, d'une longueur totale de près de 3 kilomètres et le nombre des stations, de 289 espacées en moyenne de 6 kilomètres.

Au 31 décembre 1881, l'effectif du matériel roulant des chemins de fer de l'Etat, était de 250 locomotives dont le parcours annuel est de 9,467,000 kilomètres, de 954 voitures à voyageurs ayant un parcours de 27,000,000 de kilomètres, et de 7,470 fourgons ou vagons ayant parcouru 60,000,000 de kilomètres. Le parcours moyen annuel est de 35,000 kilomètres pour une locomotive, de 29,000 kilomètres pour une voiture et de 700 kilomètres pour un vagon. L'effectif, rapporté à la longueur du réseau, est, par kilomètre, de 0 locom. 34, de 0 voiture 46 et 3 vagons 6.

Les 1,804 kilomètres composant le réseau de l'Etat, au 31 décembre 1881, coûtaient à cette époque, soit comme prix de rachat, soit comme dépenses faites ultérieurement pour leur construction et leur parachèvement, la somme de 437,301,905 francs, ou 242,407 francs par kilomètre.

Principaux résultats de l'exploitation en 1881. Les chiffres suivants sont relatifs aux lignes rattachées au réseau de l'Etat en 1881. Le premier tableau est relatif aux résultats financiers de l'exploitation.

	Ancien réseau	Nouveau réseau	Ensemble
Longueur kilométrique	1.883 k.	221 k.	2.104 k.
Recettes — Grande vitesse	8.728.539	595.110	9.323.669
Recettes — Petite vitesse	9.317.173	340.740	9.657.913
Recettes totales du trafic	18.045.712	935.850	18.981.562
Recettes — En dehors du trafic	560.212	2.033	562.245
Totales	18.605.924	937.883	19.543.807
Recette kilométrique	10.206 »	4.244 »	9.576 »
Recette par kilomètre de train	2 51	1 73	2 46
Dépenses totales	15.555.099 »	1.339.322 »	16.894.421 »
Dépense kilométrique	8.532 »	6.060 »	8.265 »
Dépense par kilomètre de train	2 10	2 48	2 12
Recettes nettes totales	3.050.845 »	— 401.439 »	2.649.406 »
Recette kilométrique	1.674 »	— 1.816 »	1.311 »
Recette par kilomètre de train	0 41	— 0 74	0 33
Coefficient d'exploitation	0 83	1 42	0 86

Nombre de voyageurs 1re classe	139.943	Nombre de tonnes expédiées	2.227.451
Nombre de voyageurs 2e classe	622.926	Nombre de tonnes à 1 kilomètre	164.786.117
Nombre de voyageurs 3e classe	6.028.779	Nombre de tonnes à la distance entière	77.111
Total	6.791.779	Parcours moyen d'une tonne	72^k,3
		Produit total de la petite vitesse	9.785.397
Parcours total des voyageurs	218.065.628 k.	Produit moyen d'une tonne	4 29
Nombre de voyag. à la distance entière	102.043	Tarif moyen perçu	0.0593
Parcours moyen d'un voyageur	32^k,1	Charge moyenne d'un train de marchandises	22 t.
Produit total des voyageurs	10.218.618		
Produit moyen d'un voyageur	1 50	Charge moyenne d'un vagon	3 t.
Tarif moyen par kilomètre	0.047	Nombre journalier de trains à la distance entière	10
Nombre moyen de voyageurs par train	26		

Nous ne pouvons donner exactement le chiffre du capital engagé pour l'établissement du rachat de ces lignes au 31 décembre 1881, mais le taux de la rémunération de ce capital ne dépasse guère 0 fr. 70 0/0 environ, soit la dixième partie de ce qu'il est pour les grandes Compagnies. On peut juger par là de l'étendue des sacrifices imposés aux contribuables par l'existence même du réseau d'État.

Le second tableau donne l'indication de quelques autres renseignements statistiques relatifs à l'exploitation du réseau d'Etat, en 1881, mais seulement en tenant compte de l'incorporation de certaines lignes, ce qui porte à 2,137 kilomètres sa longueur totale.

Réseaux de l'État dans les pays étrangers. *Belgique.* La longueur des lignes exploitées par l'Etat belge, représentait, au 31 décembre 1881, plus de la moitié et près des deux tiers de la longueur totale des chemins de fer de ce pays, ainsi qu'il résulte des renseignements fournis par la *Revue générale des chemins de fer* (août 1883).

Les résultats de l'exploitation de l'Etat comparés à ceux des Compagnies diverses, sont donnés par le tableau suivant :

	Recette totale	Dépense totale	Recette nette	Par kilomètre			Coefficient d'exploitation
				Recette	Dépense	Produit net	
Etat	113.395.143	70.097.861	43.297.281	39.916	24.675	15.241	61.8
Compagnies (1)	38.548.174	21.173.529	17.374.645	25.545	14.031	11.514	54.8
Totaux et moyennes	151.943.317	91.271.390	60.671.926	34.929	20.081	13.947	60

(1) La longueur kilométrique de 1,509 kilomètres qui est dans ce tableau comprend les longueurs exploitées par ces Compagnies sur des territoires étrangers.

Les Compagnies exploitent à meilleur compte que l'Etat qui possède, cependant, les meilleures lignes du pays.

Hollande. Extrait de la statistique des chemins de fer de l'Union allemande.

En 1880		Réseau de l'Etat	Compagnies privées	Ensemble
Longueur moyenne exploitée		1.048	944	1.992
Recette totale	G. V.	10.963.820	17.936.820	28.900.640
	P. V.	8.279.917	9.591.295	17.871.212
	Total	19.243.737	27.528.115	46.771.852
Recette kilométrique		18.950	30.249	23.400
Dépense totale		10.725.850	15.262.445	25.988.275
Dépense kilométrique		10.235	16.168	13.000
Produit net total		8.517.907	12.265.670	20.783.577
Produit net kilométrique		8.715	14.081	10.400
Coefficient d'exploitation		53 0/0	53 0/0	»
Rémunération du capital		3.15	4.59	»

Les chemins de l'Etat néerlandais sont exploités en régie par une Compagnie fermière.

Italie. Les résultats de l'exploitation des chemins de l'Etat, dans la Haute Italie, comparés à ceux des Compagnies sont donnés par le tableau suivant :

	Recette nette	Dépense totale	Recette nette	Recette kilométrique	Dépense kilométrique	Produit kilométrique	Coefficient
Etat	117.602.571	72.216.055	45.386.516	32.806	20.143	12.662	0.61
Compagnies	74.059.042	62.516.100	11.542.942	13.900	11.700	2.200	0.84
Ensemble	191.661.613	134.732.155	56.929.458	21.688	15.246	6.472	0.70

Bien que les résultats de l'exploitation par l'Etat soient de beaucoup supérieurs à ceux qu'ont obtenus les Compagnies italiennes, en raison de ce que les lignes de la Haute Italie sont les meilleures de la Péninsule, l'enquête récemment ouverte par le gouvernement au sujet du régime à adopter à la suite de l'expérience faite depuis le rachat, a abouti à cette conclusion que l'exploitation par l'Etat n'a donné satisfaction à aucun des besoins de l'industrie et du commerce.

Suède, Norwège et Danemarck (année 1878). Les résultats sont donnés par le tableau ci-après :

	Suède			Norwège Etat	Danemarck		
	Etat	Compagnies	Ensemble		Etat	Compagnies	Ensemble
Longueur moyenne exploitée	1.645	3.253	5.052	871	811	346	1.157
Dépense totale 1er établissem.	241.219.000	243.795.000	485.014.000	79.350.000	86.603.000	56.587.000	143.190.000
Dépense par kilomètre	140.244	75.000	101.454	88.750	106.760	163.300	123.700
Recette brute kilométrique	12.408	6.000	7.839	6.494	8.101	18.684	11.265
Dépense kilométrique	9.042	3.600	5.283	4.725	6.546	8.857	7.235
Produit kilométrique	3.366	2.400	2.556	1.769	1.555	9.827	4.030
Coefficient	0.73	0.60	0.64	0.84	0.80	0.47	0.71
Rendement	0.024	0.044	0.028	0.013	0.015	0.06	0.028

En Allemagne, des considérations d'ordre politique, ou plutôt purement stratégiques, ont présidé au rachat général des chemins de fer; l'Etat y exploite près des trois quarts des lignes existantes et il tend à en absorber la totalité : dans ces conditions, aucune comparaison exacte avec les chemins de ce pays n'est possible. Mais à part cette exception, les résultats que nous venons de résumer montrent bien l'inhabileté commerciale de l'Etat en matière d'exploitation des chemins de fer. C'est à ce titre qu'il était intéressant de rapprocher ces chiffres de ceux qu'accuse le bilan de notre réseau d'Etat. — M. C.

*** ÉTATS-UNIS D'AMÉRIQUE (1).** L'Exposition de l'Amérique du Nord, en 1878, présentait un très vif intérêt. Ses machines ont tout spécialement attiré l'attention des ingénieurs et des fabricants, car la main-d'œuvre dans ce pays étant fort coûteuse, il a fallu donner à la machine un développement considérable; aussi pour une foule d'opérations qui, chez nous, nécessitent encore le concours de l'homme, emploie-t-on, aux Etats-Unis, la machine-outil et un grand nombre de petits ateliers sont-ils mis en mouvement par un appareil à vapeur de faibles dimensions et marchant parfaitement. Les machines agricoles et les couseuses mécaniques y ont figuré avec distinction; il n'est point inutile de remarquer ici que la France reçoit de l'Amérique une partie importante de son outillage agricole et domestique.

Il nous faut rappeler encore les modèles de vagons appropriés à ces longs voyages américains qui obligent le voyageur à s'installer dans un compartiment de chemin de fer, comme on le fait dans une cabine de paquebot transatlantique.

L'Amérique étant essentiellement un pays producteur — notre marché le sait trop bien — ses produits ne témoignent guère d'une préoccupation artistique quelconque, mais en revanche l'accroissement constant de l'industrie manufacturière aux Etats-Unis, est un des traits remarquables du développement rapide de ce pays, et les chiffres suivants, que nous empruntons à la *République industrielle*, chiffres donnant la valeur brute des objets manufacturés dans l'Amérique Septentrionale, à l'époque de chaque recensement indiqué, sont autant de preuves intéressantes de cette croissance. Les chiffres fournis pour chaque recensement, sont ceux des dix dernières années; par conséquent, le nombre correspondant dans le tableau suivant, à l'année 1850, représente la valeur brute des objets manufacturés de 1840 à 1850, et ainsi de suite :

	Francs		Francs
1850....	5.095.548.080	1870...	16.929.301.270
1860....	9.429.258.380	1880...	26.547.895.955

En comparant ces chiffres entre eux, on voit que la période décennale de 1850-60 avait gagné 85,05 0/0 sur la précédente; celle de 1860-70 avait gagné 79,54 0/0 et enfin le recensement de 1880 indique un gain de 58,59 0/0 de la dernière période sur celle 1860-70.

Si maintenant nous considérons la valeur nette des produits manufacturés, considérés dans les quatre derniers recensements, c'est-à-dire après déduction du prix de la matière brute employée, on trouve les chiffres suivants :

	Francs		Francs
1850....	2.319.676.480	1870....	6.975.572.800
1860....	4.271.282.920	1880....	9.863.778.200

La même comparaison que pour le précédent tableau montre une augmentation de 84,13 0/0 dans la décade 1850-60; de 63,31 0/0 en 1870 et de 41,40 0/0 en 1880.

Il est très intéressant de voir la progression suivie pendant les quarante dernières années par les salaires payés aux ouvriers. Elle est indiquée par les chiffres ci-dessous :

	Francs		Francs
1850....	1.183.797.320	1870....	3.102.337.370
1860....	1.894.394.780	1880....	4.739.768.975

Soit une augmentation de 60,03 0/0 de 1850 à 1860; de 63,76 0/0 de 1860 à 1870 et de 52,78 0/0 de 1870 à 1880.

Le nombre des ouvriers employés dans les manufactures américaines a été successivement :

En 1850. . de	958.079	En 1870. . de	2.053.996
En 1860. . de	1.311.246	En 1880. . de	2.732.595

Soit une augmentation de 36,86 0/0 en 1860; de 56,64 0/0 en 1870 et de 33,04 0/0 en 1880.

L'augmentation relativement minime du nombre d'ouvriers employés, semblerait indiquer que les salaires sont répartis sur un nombre restreint d'individus, et cette conclusion serait confirmée, d'ailleurs, par l'augmentation survenue dans la moyenne des gains individuels. Car, en effet, M. Carroll D. Wright, dans son rapport sur le *système des factories*, nous apprend que les salaires dans les industries textiles ont doublé depuis cinquante ans.

Le volume, dont nous extrayons tous ces renseignements, contient, en outre, un tableau dressé avec un soin minutieux, et qui indique la position géographique des industries manufacturières aux Etats-Unis.

L'Etat de New-York occupe le premier rang pour la population, le nombre de manufactures, le total des capitaux employés et la valeur des produits fabriqués; il vient en seconde ligne pour la valeur moyenne des fermes et la valeur annuelle de ses productions agricoles; il occupe la troisième place en ce qui concerne le nombre des fermes situées dans l'Etat. La Pensylvanie, qui vient en second pour la population et les manufactures, vient en quatrième et cinquième lignes pour l'agriculture.

L'Ohio, troisième pour la population et le nombre des établissements manufacturiers, se trouve au quatrième rang pour les capitaux employés, et au cinquième pour la valeur des objets fabriqués. L'Illinois, quatrième au point de vue de la population, du nombre des manufactures et de la valeur des produits, n'arrive qu'au cinquième rang par rapport au capital employé. Mais cet État se trouve en tête de la liste pour le nombre des fermes et la valeur totale de ses produits agricoles; il occupe le troisième rang en ce qui concerne le montant des capitaux affectés à l'agriculture.

Si l'on considère le nombre d'individus employés, l'industrie manufacturière la plus importante des Etats-Unis est celle du coton, qui occupe 185,472 personnes recevant ensemble 45,614,419 dollars de salaires et fournissant des produits pour une valeur de 210,950,383 dollars. Au point de vue de la valeur de la production, l'industrie la plus considérable est celle de la meunerie, qui représente une valeur totale annuelle de 505,185,712 dollars. L'industrie lainière vient immédiatement après celle du coton pour le nombre des personnes employées; puis viennent le commerce des bois, la fonderie et la fabrication des machines, l'industrie du fer et de l'acier, et enfin le commerce des chaussures.

Il semble que ce soit peine perdue que de chercher quelque trace d'art décoratif chez un peuple qui n'a pour ainsi dire pas d'art et assurément pas d'art national. L'Amérique si jeune encore, sans histoire, sans tradition, toute à sa formation politique et industrielle, n'avait pas encore tourné ses préoccupations vers cette forme des manifestations intellectuelles à laquelle elle n'attachait aucune valeur pratique, convertible en dollars. A la longue pourtant, les Yankees ont compris qu'ils étaient les tributaires de l'Europe pour toute la fabrication des choses de luxe. Or, comme leur ambition avouée est pré-

(1) V. la note p. 117, t. I.

cisément de se passer du vieux continent en tout et pour tout, les municipalités aujourd'hui, les sociétés libres, le département de l'instruction publique, rivalisent d'efforts pour répandre dans les écoles et propager dans l'industrie la pratique du dessin. De toutes parts, à Boston, à New-York, se fondent d'importants musées qu'enrichit l'initiative privée par souscriptions, dons, legs, etc. La plupart des peintres actuels de l'Amérique sont élèves de nos peintres français ou vivant en France. Notre rude Bretagne retient tout une colonie d'artistes américains; d'autres se sont mis à l'école de Courbet, quelques-uns de M. Gérôme, de M. Cabanel, de nos « impressionnistes » même. Ceux-ci vont en Angleterre, ceux-là à Düsseldorf; tous se forment en Europe. Malgré tout ce que nous venons de dire, l'Amérique s'honore d'un grand artiste décorateur, un orfèvre, M. Tiffany, de New-York.

M. Tiffany s'inspire très évidemment du Japon, non toutefois sans avoir étudié les procédés de notre Christofle. Mais il avait eu la bonne fortune d'analyser à Philadelphie, c'est-à-dire avant nous la très savante technique japonaise en matière de métaux précieux. Il ne se borne pas à emprunter aux artistes de l'extrême Orient les aspects si francs de leur décor : plantes aux longues feuilles capricieusement tracées, oiseaux, poissons; il a su aussi s'assimiler leurs précieux alliages aux tons multiples et divers en raison des diverses et multiples combinaisons d'or, d'argent et de bronze. Il est digne de remarquer, à l'éloge de M. Tiffany, qu'il n'a point recours aux réactifs chimiques. Il emploie le métal franc qui peut braver la morsure des siècles. Les patines de l'orfèvrerie d'argent ne nous ont pas paru moins remarquables chez M. Tiffany que le choix judicieux des formes. Nous avons noté qu'il avait renoncé au brunissage qui donne à l'argenterie un lustre glacial. Dans les grandes pièces aux ornements repoussés sur argent la ciselure est parfaite. Dans les plus petits détails on peut en dire autant de tout ce qui sort des mains de cet habile artiste. Il n'est pas jusqu'à la gravure des couverts de table qui n'offre des mérites de finesse et de précision très rares. Si l'Amérique attaque toutes les branches de l'art décoratif avec cette vigueur et cet excellent sentiment esthétique, elle ne tardera pas à réaliser le rêve de cet égoïsme commercial, dont ses tarifs de douane sont l'absolu témoignage.

ÉTAU. *T. d'atel.* Outil, formant une espèce de presse, employé pour serrer et maintenir immobile dans une position quelconque une pièce qu'on veut travailler. L'étau reçoit différentes dispositions suivant l'usage auquel il est destiné, mais il se compose habituellement de deux mâchoires, portant le nom de *mors*, articulées à leur partie inférieure autour d'un axe horizontal : l'une des mâchoires est fixe, et la seconde est mobile et continuellement repoussée de la première par une lame de ressort interposée. Elle est retenue par la tête d'une forte vis à filets carrés dont l'écrou, qui prend le nom de *boîte*, est emmanché dans la branche fixe. En agissant sur la vis, on ouvre ou ferme les mâchoires de l'étau. Ces mâchoires sont aciérées à l'intérieur, striées et trempées. Parmi les différents types d'étaux, nous signalerons simplement les suivants :

1° l'*étau à pied* le plus fréquemment appliqué dans les ateliers de construction. Il est fixé à demeure dans une position invariable sur l'établi, et a son pied reposant sur le sol;

2° l'*étau mobile* ou *tournant*, employé surtout dans les ateliers de précision, il ne diffère de l'étau à pied ordinaire que par la forme de la bride de fixation. La branche, qui correspond à la mâchoire fixe présente alors une portée sur laquelle est ajustée une bride circulaire fixée sur l'établi, et l'étau peut tourner autour de son pied reposant dans une petite crapaudine fixée sur le sol;

3° l'*étau à griffes*, qui est un petit étau ordinaire employé surtout par les horlogers : la branche fixe est munie d'une griffe permettant de la fixer dans l'épaisseur d'une table;

4° l'*étau parallèle*, dont la branche mobile se déplace parallèlement à elle-même sous l'action de la vis au lieu de pivoter autour d'une articulation;

5° l'*étau à main*, qui est une petite pince à vis qu'on tient à la main pour serrer les objets de petites dimensions;

6° l'*étau à chanfrein*, qui est formé de deux branches articulées avec des mors faisant un angle obtus avec les faces verticales pour permettre d'abattre les arêtes des pièces et former des chanfreins. Cet étau est serré lui-même dans un étau ordinaire, pour maintenir la pièce, car il ne porte pas de moyen de serrage;

7° l'*étau à goupilles*, employé principalement en horlogerie pour la fabrication des petits axes, il est formé d'une sorte de pince en acier, dont les branches sont recourbées et amincies au milieu et forment ressort. Cet outil est muni d'une queue emmanchée dans une poignée en bois permettant de le tenir à la main.

Citons enfin 8° l'*étau des menuisiers* entièrement en bois, dont la branche mobile est formée par une planche qu'on vient serrer au contact du pied de l'établi en agissant sur une vis en bois qui traverse le pied formant branche fixe.

*** ÉTÉ.** Divinité allégorique que les artistes ont personnifiée sous les traits d'une femme couronnée d'épis murs, tenant une faucille d'une main, et de l'autre, soit une gerbe, soit une corne d'abondance d'où s'échappent des fruits et des grains.

ÉTENDAGE. *T. techn.* 1° Action, manière de faire sécher le papier, le linge, etc. Les fils et les tissus, après l'*essorage*, sont soumis à la dessiccation, soit au tambour, soit dans des locaux spéciaux auxquels on donne le nom d'*étente*, *étendoir*, *étendage*. — V. CHAMBRE A OXYDER.

Les étendages sont ou à air chaud ou à air froid. Dans ces derniers, c'est l'air libre qui agit, d'où leur nom d'*étendage à air libre*. Les étendages à air libre se composent généralement de grands bâtiments de 15 à 20 mètres et plus de hauteur, dont les parois en bois sont formées par des auvents à jour disposés comme les rangs des persiennes de fenêtre. Il existe divers systèmes d'ouvertures et de fermeture d'étente destinés à favoriser l'évaporation plus rapide de l'eau. Les pièces sont suspendues à des *barettes* dans l'intérieur et à l'extérieur et sont exposées à tous les vents.

Les séchoirs à air chaud ne diffèrent des précédents qu'en ce qu'ils sont chauffés, soit à l'air chaud provenant des foyers, soit au moyen de cylindres creux en cuivre dans lesquels circule de la vapeur (fig. 563).

La dessiccation des pièces à l'étente froide est la plus économique et la plus favorable aux couleurs, mais les exigences de la fabrication empê-

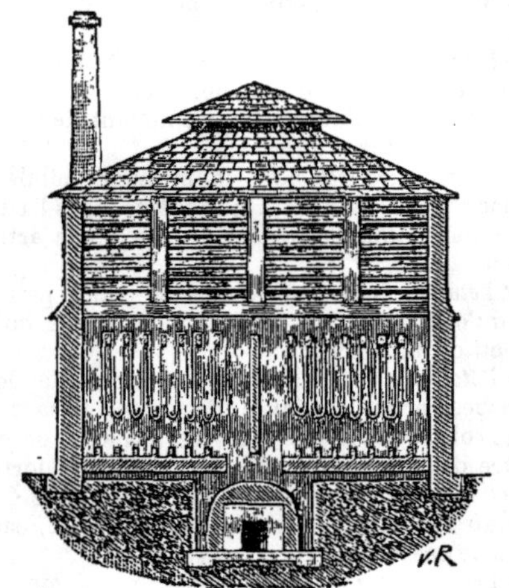

Fig. 563. — *Étente à air chaud.*

chent souvent d'utiliser ce mode de séchage qui est trop long et trop incertain eu égard aux influences hygrométriques de l'air. On se sert aujourd'hui plus généralement des *tambours*.

|| 2° Opération qui consiste à développer les manchons de verre à vitres.

ÉTENDARD. Ce mot se confond dans la langue ordinaire avec *bannière* et *drapeau* (V. ces mots); mais il doit en être distingué étymologiquement et historiquement. Soit qu'on le dérive du latin *extendere*, ce qui implique un large déploiement d'étoffe, soit qu'on le rattache au radical tudesque *stand*, indiquant un signal fixe et immobile, le mot *étendard* n'est ni la *bannière*, ou signe de ralliement pour le *ban* et l'*arrière-ban*, ni le *drapeau*, lambeau plus ou moins étroit se balançant au sommet d'une hampe. Il a pendant longtemps désigné, dans la langue maritime, ce qu'on appelle aujourd'hui *pavillon*, c'est-à-dire l'enseigne à laquelle on reconnaît, non seulement la nationalité d'un navire, mais encore le rang qu'il occupe dans une escadre et le grade de l'officier qui le commande. L'étendard d'un vaisseau avait autrefois des gardes, qui se groupaient autour de lui en cas d'abordage et lui faisaient un rempart de leur corps. Ainsi en était-il des gonfaloniers, ou porteurs du signe de l'autorité et du commandement au moyen âge.

Avec le temps, les trois termes *bannière, drapeau, étendard*, se sont spécialisés : le premier, qui avait pour origine la chape de saint Martin, les images des saints patrons sous lesquelles marchaient les milices paroissiales et l'oriflamme conservée sur l'autel de la basilique de Saint-Denis, n'a gardé qu'une signification religieuse, sauf dans le style figuré ; le second n'est plus guère pris, au propre, que dans son acception militaire et désigne le signe de ralliement des combattants à pied ; le troisième se dit exclusivement aujourd'hui des enseignes de la cavalerie : au *porte-drapeau* d'un régiment ou d'un bataillon, lequel a succédé à l'ancien gonfalonier, correspond le *porte-étendard* d'un escadron.

En poésie et en éloquence, le mot *étendard* partage avec ses congénères, *bannière* et *drapeau*, les divers sens figurés dans lesquels on les emploie ; les hymnes de l'église exaltent l'étendard de la croix ; le Coran cite l'étendard du Prophète ; Massillon appelle l'oriflamme l' « étendard sacré » ; l'étendard de la liberté, de la patrie, de la révolte est bien connu ; quant à « l'étendard sanglant de la tyrannie », il figure dans le fameux chant des Marseillais et a joué un grand rôle dans notre histoire contemporaine. « Lever l'étendard », c'est arborer une idée, une doctrine, une vertu ou un vice ; « se ranger sous les étendards » de quelqu'un, c'est faire acte de parti en politique, en religion, en philosophie, en art ou en littérature.

La technique de l'étendard est celle de la bannière, du drapeau, de l'enseigne et du pavillon ; il a dû avoir toutes les formes, depuis la botte de paille de la cohorte romaine jusqu'à la queue de cheval des Janissaires ; pour le suivre dans ses diverses transformations, il faudrait écrire l'histoire des armées de terre et de mer. — L. M. T.

* **ÉTENDEUR, EUSE.** *T. de mét.* Ouvrier qui fait l'étendage du verre à vitres au moyen de l'appareil appelé *étenderie*. || Ouvrier, ouvrière qui suspend les tissus, les feuilles de papier sur les cordes de l'étendoir ou étente.

ÉTENDOIR. *T. techn.* Atelier où l'on opère le séchage des tissus, du papier, du linge ; on dit aussi *étente*.

* **ÉTHAL.** *T. de chim.* Alcool monoatomique de la série éthylique, ayant pour formule

$$C^{32}H^{32}(H^2O^2) = C^{32}H^{34}O^2 \ldots C^{16}H^{34}O$$

découvert par M. Chevreul en 1823, et caractérisé comme alcool, en 1836, par MM. Dumas et Péligot. Il existe sous forme d'éther, c'est-à-dire combiné avec divers acides gras, dans le blanc de baleine. Il est solide, blanc, nacré, fond à 49°, et bout à 360° ; insoluble dans l'eau, très soluble dans l'alcool et l'éther. Il brûle avec une flamme très éclairante. On l'obtient en saponifiant le blanc de baleine (4 parties) par l'hydrate de potasse (2 parties) en présence de l'alcool (5 parties) au moyen de la chaleur ; il faut chauffer quarante-huit heures au bain-marie. On transforme les sels de potasse formés, en sels de chaux, au moyen du chlorure de calcium, puis on reprend la masse insoluble, par l'eau, pour laver le produit, puis après dessiccation, par l'éther, qui sépare l'éthal. L'évaporation du dissolvant donne le produit, que l'on décolore, s'il est besoin, par le noir animal.

* **ÉTHANE.** *T. de chim.* Hydrure d'éthylène, ayant pour formule $C^4H^6 \ldots C^2H^6$, résultant de l'union di-

recte, au rouge sombre, de volumes égaux de gaz éthylène et d'hydrogène $C^4H^4 + H^2 = C^4H^6$, ou, de la fixation de l'hydrogène naissant sur ce même corps. Lorsque l'on chauffe de l'éthylène avec de l'acide iodhydrique, il se fait d'abord de l'iodhydrate d'éthylène $C^4H^4(HI)$, puis, à 280°, la décomposition de ce corps s'effectue sous l'action de l'hydracide libre, $C^4H^4(HI) + HI = C^4H^6 + I^2$. On peut encore obtenir ce corps : par l'action du même acide sur l'alcool; il y a formation d'éther iodhydrique, puis décomposition de celui-ci en hydrure d'éthylène

$$C^4H^6O^2 + HI = C^4H^5I + H^2O^2$$

$$\text{et } C^4H^5I + HI = C^4H^6 + I^2$$

Par l'action du couple zinc-cuivre, sur l'iodure d'éthyle en présence de l'eau, ou mieux, de l'alcool, et chauffant légèrement d'abord.

ÉTHER. *T. de chim.* On confond sous ce nom deux classes de composés différents; d'une part les oxydes de radicaux alcooliques (ce sont les *éthers proprement dits*) d'autre part des combinaisons de radicaux alcooliques avec les acides (*éthers simples* et *éthers composés*).

L'éther ordinaire appelé improprement *éther sulfurique* est le type des premiers; c'est l'oxyde d'éthyle $C^2H^5OC^2H^5$. L'éther méthylchlorhydrique et l'éther éthylacétique appartiennent à la seconde catégorie. Le premier dérive de l'union de l'acide chlorhydrique avec l'alcool méthylique ; le second est formé aux dépens d'alcool et d'acide acétique :

$$\underset{\text{Alcool méthylique}}{CH^3OH} + HCl = \underset{\text{Eau}}{H^2O} + \underset{\text{Chlorure de méthyle ou éther méthylchlorhydrique}}{CH^3Cl}$$

$$\underset{\text{Alcool éthylique}}{C^2H^5.OH} + \underset{\text{Acide acétique}}{CH^3.CO.OH} = \underset{\text{Eau}}{H^2O} + \underset{\text{Ether éthylacétique}}{C^2H^5.O.CO.CH^3}$$

Le chlorure de méthyle comme tous les éthers dérivant des hydracides est un éther simple. L'éther éthylacétique doit être rangé dans la catégorie des éthers composés. Les éthers proprement dits ou oxydes des radicaux alcooliques peuvent être rangés en deux subdivisions suivant que les deux radicaux alcooliques sont identiques ou différents; dans ce dernier cas on a les éthers mixtes.

Nous allons décrire succinctement les réactions et les propriétés générales de ces diverses classes d'éthers. Nous étudierons ensuite les représentants les plus importants de ces diverses séries en nous attachant surtout à la description des corps qui jouissent d'applications industrielles.

Finalement nous dirons quelques mots des éthers ou essences de fruit.

PRÉPARATION ET PROPRIÉTÉS GÉNÉRALES DES DIVERSES CLASSES D'ÉTHERS.

(*a*) **Éthers proprement dits.** Ces corps s'obtiennent en faisant agir l'acide sulfurique sur l'alcool dont on veut obtenir l'éther. Ils prennent également naissance lorsqu'on fait agir un éther simple sur un alcoolate, par exemple :

$$\underset{\text{Iodure de méthyle}}{CH^3I} + \underset{\text{Ethylate de sodium}}{C^2H^5ONa} = \underset{\text{Iodure de sodium}}{NaI} + \underset{\text{Ether méthyléthylique}}{CH^3.O.C^2H^5}$$

La formation de l'éther ordinaire $C^2H^5.O.C^2H^5$ en partant d'alcool et d'acide sulfurique a été expliquée par M. Williamson. Ce savant a démontré qu'il se forme d'abord de l'acide sulfovinique qui en réagissant sur une deuxième molécule d'alcool, forme de l'éther en régénérant de l'acide sulfurique.

$$(1)\quad \underset{\text{Alcool éthylique}}{C^2H^5.OH} + \underset{\text{Acide sulfurique}}{H^2SO^4} = \underset{\text{Acide sulfovinique}}{C^2H^5.O.SO^3H} + \underset{\text{Eau}}{H^2O}$$

$$(2)\quad \underset{\text{Acide sulfovinique}}{C^2H^5O.SO^3H} + \underset{\text{Alcool éthylique}}{C^2H^5.OH} = \underset{\text{Acide sulfurique}}{H^2SO^4} + \underset{\text{Ether}}{C^2H^5.O.C^2H^5}$$

Propriétés des éthers proprement dits. Ces corps sont très stables; ils ne sont que difficilement décomposés, avec séparation des deux radicaux alcooliques qu'ils renferment, par le pentachlorure de phosphore, l'acide chlorhydrique ou iodhydrique. Ils forment en général des liquides incolores, mobiles, doués d'une odeur assez agréable, et qui se volatilisent à des températures de plus en plus élevées à mesure qu'on s'élève dans la série.

(*b*) **Éthers simples.** Les éthers simples s'obtiennent en faisant réagir les hydracides sur les alcools correspondants.

$$\underset{\text{Alcool éthylique}}{C^2H^5.OH} + \underset{\text{Acide chlorhydrique}}{HCl} = \underset{\text{Chlorure d'éthyle}}{C^2H^5Cl} + \underset{\text{Eau}}{H^2O}$$

On les obtient encore en faisant agir les composés halogénés du phosphore ou simplement le phosphore et l'halogène sur l'alcool.

$$\underset{\text{Alcool méthylique}}{3CH^3OH} + \underset{\text{Iode}}{3I} + \underset{\text{Phosphore}}{P} = \underset{\text{Acide phosphoreux}}{P(OH)^3} + \underset{\text{Iodure de méthyle}}{3CH^3I}$$

C'est là-même, le mode de préparation le plus commode pour certains bromures et iodures alcooliques.

Propriétés des éthers simples. Les éthers simples sont des liquides (les chlorures de méthyle et d'éthyle sont gazeux à la température ordinaire) volatils, assez stables. Les iodures se décomposent à la lumière comme presque tous les composés organiques qui renferment de l'iode. Les alcalis ne saponifient que difficilement les éthers simples. Leur stabilité diminue à mesure qu'on s'élève dans la série.

Éthers composés. Les éthers composés se préparent en faisant agir l'acide sur l'alcool ; dans ce cas il y a une limite à l'éthérification ainsi que l'ont démontré Berthelot et Péan de Saint-Gilles dans leurs travaux classiques sur la formation des éthers. Ce procédé est généralement peu pratique Il est préférable de faire agir l'acide chlorhydrique ou l'acide sulfurique sur un mélange de l'acide et de l'alcool. En employant l'acide chlorhydrique, il se forme probablement d'abord le chlorure de l'acide, qui transforme l'alcool en éther avec formation d'acide chlorhydrique, exemple :

$$\underset{\text{Acide acétique}}{CH^3-CO-OH} + \underset{\text{Acide chlorhydrique}}{HCl} = \underset{\text{Eau}}{H^2O} + \underset{\text{Chlorure d'acétyle}}{CH^3.CO.Cl}$$

$$\underset{\text{Chlorure d'acétyle}}{CH^3.CO.Cl} + \underset{\text{Alcool éthylique}}{C^2H^5OH} = \underset{\text{Acide chlorhydrique}}{HCl} + \underset{\text{Acétate d'éthyle}}{CH^3-CO-OC^2H^5}$$

L'action de l'acide sulfurique est tout à fait analogue ; il se forme d'abord de l'acide sulfovinique, puis ce dernier réagit sur l'acide organique avec régénération d'acide sulfurique et formation d'éther.

$$C^2H^5.OH + SO^2(OH)^2 = SO<{}^{OH}_{OC^2H^5} + H^2O$$

Alcool éthylique — Acide sulfurique — Acide sulfovinique — Eau

$$SO<{}^{OH}_{OC^2H^5} + CH^3.CO.OH = SO^2<{}^{OH}_{OH}$$

Acide sulfovinique — Acide acétique — Acide sulfurique

$$+ CH^2.CO.OC^2H^5$$

Acétate d'éthyle

Propriétés des éthers composés. Ces corps sont les moins stables des trois catégories de corps que nous venons de citer. Ils présentent la plus grande analogie avec les *sels* de la chimie minérale. Les alcalins et les terres alcalines les saponifient, c'est-à-dire, régénèrent l'alcool primitif en s'emparant de l'acide; l'eau seule suffit souvent pour réaliser cette transformation surtout à une température élevée. Les acides minéraux et organiques produisent le même effet.

Les éthers peuvent même faire la double décomposition entre eux.

Les éthers composés sont doués, pour la plupart, d'une odeur agréable. Ils sont employés pour imiter l'arome de certains fruits. — V. plus loin ÉTHERS DE FRUITS.

Nous venons de donner à grands traits les caractères principaux des différentes catégories d'éthers; nous allons, maintenant, donner la prération et la propriété des corps les plus importants des trois séries.

ÉTUDE DES PRINCIPAUX ÉTHERS.

(*a*) **Éthers proprement dits.** De tous les éthers de cette série, le seul qui ait une certaine importance est l'éther ordinaire ou éther sulfurique $C^2H^5—O—C^2H^5$. Nous ne décrirons que celui-là.

HISTORIQUE. Il est probable que ce corps a été entrevu par Raymond Lulle et Basile Valentin qui ont étudié l'action de l'acide sulfurique sur l'alcool. Déjà au XVIe siècle, il faisait partie de la pharmacopée allemande, publiée pour la première fois à Nuremberg, en 1535. Les gouttes de Hoffmann (mélange d'éther et d'alcool) ont été inventées au commencement du XVIIIe siècle. Les savants français ont beaucoup contribué à l'étude de l'éther; citons, entre autres, Baumé, Boullay, Saussure et Gay-Lussac qui en déterminèrent la composition. C'est à Boullay qu'est dû le procédé de fabrication continue de l'éther usité encore de nos jours.

FABRICATION. Dans une chaudière en fonte on introduit : 150 kilogrammes alcool à 90°; 270 kilogrammes acide sulfurique concentré.

On chauffe ce mélange à 140°, température à laquelle il entre en ébullition et on y fait arriver un courant continu d'alcool de manière à maintenir la température constante; l'alcool se transforme au fur et à mesure en eau et en éther qui distillent; on conduit les vapeurs dans un serpentin en cuivre bien refroidi où elles se condensent. On interrompt l'opération lorsqu'on a employé 800 kilogrammes d'alcool; l'acide sulfurique doit être alors renouvelé. Le produit obtenu renferme de l'acide sulfureux, de l'eau et de l'alcool; on le traite par un lait de chaux et on distille au bain-marie. Une seconde rectification fournit l'éther suffisamment pur pour les besoins de l'industrie. Pour obtenir l'éther chimiquement pur, on lave le produit commercial à plusieurs reprises avec de petites quantités d'eau qui enlève l'alcool qu'il retient avec ténacité. On dessèche par le chlorure de calcium, on décante et on laisse le liquide en contact avec du sodium métallique jusqu'à cessation du dégagement d'hydrogène. On rectifie ensuite au bain-marie.

L'éther forme un liquide incolore, très mobile, doué d'une odeur agréable et d'une saveur brûlante. Il bout à 35° et ne se solidifie pas à — 100°. Sa densité à 16° est 0,7024. L'éther est très combustible; sa vapeur forme avec l'air un mélange fortement détonant. C'est un corps qui doit être manié avec les plus grandes précautions lorsqu'on a à faire à des quantités un peu considérables de substance.

L'éther est peu soluble dans l'eau, 1 partie d'éther se dissout dans 10 parties d'eau. *Vice versa*, 1 partie d'eau exige pour se dissoudre 50 parties d'éther. L'éther est miscible à l'alcool et à la plupart des liquides organiques en toutes proportions. Soumis à l'oxydation, il donne naissance aux mêmes corps que l'alcool éthylique.

L'éther est employé surtout comme dissolvant dans la fabrication du collodion, de l'acide tannique, comme agent de froid dans les machines à glace, en médecine comme anesthésique local ou général et comme excitant, etc. Il donne naissance à de nombreux dérivés chlorés, bromés, etc., qui ont été étudiés par divers savants. Ils n'ont aucune importance industrielle.

(*a*) **Éthers simples.** *Chlorure de méthyle ou éther méthylchlorhydrique* CH^3Cl. La meilleure manière de préparer ce corps consiste à chauffer un mélange d'alcool méthylique et de chlorure de zinc, en faisant passer à travers le liquide un courant de gaz acide chlorhydrique. Il se dégage du chlorure de méthyle.

$$CH^3OH + HCl = CH^3Cl + H^2O$$

Alcool méthylique — Acide chlorhydrique — Chlorure de méthyle — Eau

Le chlorure de méthyle a acquis dans ces dernières années une certaine importance industrielle: sa préparation en grand s'effectue actuellement en partant d'un résidu de l'industrie sucrière, les vinasses.

Il s'est créé ainsi une nouvelle industrie, grâce aux efforts persévérants de son promoteur M. C. Vincent.

Les vinasses renferment une quantité considérable de bétaine (triméthylglycocolle) qui, par la distillation sèche, fournit de la triméthylamine.

Or le chlorhydrate de triméthylamine, chauffé à une température élevée dans un courant de gaz acide chlorhydrique, se scinde en chlorure de méthyle et en chlorhydrate d'ammoniaque.

$$Az(CH^3)^3 + 4HCl = AzH^4Cl + 3CH^3Cl$$

Triméthylamine — Acide chlorhydrique — Chlorure d'ammonium — Chlorure de méthyle

Le chlorure de méthyle qui se dégage est purifié par des lavages à l'acide chlorhydrique étendu et à la soude; le premier agent retient les bases, le second retient l'acide chlorhydrique entraîné mécaniquement; le gaz est ensuite liquéfié par compression et emmagasiné dans des cylindres en fer forgé, de la contenance de 200 à 250 litres.

Le chlorure de méthyle forme un gaz incolore doué d'une odeur éthérée; il se liquéfie et bout à 23°. Il est presque insoluble dans l'eau, soluble dans l'alcool. Il brûle avec une flamme bordée de vert.

Emplois. Le chlorure de méthyle sert à la préparation de la diméthylaniline qui trouve un emploi dans l'industrie des matières colorantes artificielles. On l'emploie encore pour l'extraction des parfums et comme agent frigorifique.

Iodure de méthyle CH^3I. Ce corps se prépare en ajoutant peu à peu 10 parties de phosphore rouge à un mélange de 100 parties d'iode et 35 parties d'alcool méthylique ; l'addition de chaque portion de phosphore détermine un certain échauffement. On laisse reposer pendant vingt-quatre heures et on distille. Le produit est lavé à la soude étendue et rectifié.

L'iodure de méthyle forme un liquide incolore, brunissant rapidement à la lumière. Il bout à 42,5°, sa densité est 2,3.

Chlorure d'éthyle C^2H^5Cl. On prépare industriellement le chlorure d'éthyle en chauffant en autoclave à 250° un mélange d'alcool éthylique et d'acide chlorhydrique; la pression atteint 25 atmosphères. Le produit purifié par un lavage à la soude est recueilli dans un récipient en fer forgé refroidi avec de la glace.

Le chlorure d'éthyle est un liquide très volatil; il bout à 12,5° et se présente généralement sous l'état gazeux. Il est insoluble dans l'eau et se dissout dans deux parties d'alcool. Il est employé dans la fabrication des matières colorantes dérivées du goudron de houille.

(c) **Éthers composés.** *Nitrate de méthyle* CH^3OAzO^2. Ce corps a été autrefois l'objet d'une fabrication régulière, il était employé dans la fabrication du vert méthyle. Ses propriétés explosives ont fait renoncer à son emploi.

On peut le préparer en ajoutant un mélange d'alcool méthylique et d'acide sulfurique à un mélange refroidi d'acides nitrique et sulfurique. Il forme un liquide incolore, D=1,182 qui détone violemment par le choc. Il peut être distillé; mais sa vapeur détone avec une violence extrême lorsqu'on chauffe à 150°. Il n'est plus employé aujourd'hui.

Salicylate de méthyle

$$C^6H^4 < \begin{matrix} OH \\ COOCH^3 \end{matrix}$$

Ce corps constitue la presque totalité de l'*essence de gaultheria.* On peut le préparer artificiellement en distillant un mélange d'acide salicylique, d'alcool méthylique et d'acide sulfurique. Il est liquide, bout à 224° et est doué d'une odeur aromatique très agréable.

Nitrite d'éthyle $C^2H^5.O.AzO$. Le nitrite d'éthyle était connu des anciens alchimistes à l'état impur. En effet, dans l'action de l'acide nitrique sur l'alcool une partie de ce dernier est transformée en éther nitrique, tandis qu'une autre partie s'oxyde aux dépens d'une seconde quantité d'acide nitrique qui passe alors à l'état d'acide nitreux; finalement, ce dernier réagit sur l'alcool inattaqué en formant l'éther éthylnitreux. Le nitrite d'éthyle obtenu par l'action de l'acide nitrique sur l'alcool doit donc être un mélange de nitrate et de nitrite d'éthyle et d'aldéhyde. Pour obtenir l'éther nitreux pur, on fait agir le nitrite de soude et l'acide sulfurique sur l'alcool. La chaleur dégagée par la réaction suffit pour faire distiller le corps formé.

Le nitrite d'éthyle forme un liquide très mobile doué d'une odeur de pomme de reinette. Sa densité est 0,9. Il est très volatil car il entre déjà en ébullition à 18° ; c'est pourquoi il est employé en dissolution alcoolique. A l'état pur il se conserve indéfiniment, s'il est humide il se décompose peu à peu en dégageant du bioxyde d'azote.

Nitrate d'éthyle. $C^2H^5.O.AzO^2$. Nous avons vu que l'action de l'acide nitrique par l'alcool donnait lieu à une oxydation et que l'acide nitreux formé réagissait sur ce dernier; on évite cette action en ajoutant au mélange de l'urée qui détruit l'acide nitreux au fur et à mesure de sa formation. Le produit obtenu par distillation est rectifié sur le carbonate de potasse desséché. Il forme un liquide incolore, doué d'une odeur agréable toute autre que celle du nitrite et d'une saveur sucrée d'abord, amère ensuite. Il bout à 86°,3, sa densité à 0° est de 1,13. Sa vapeur surchauffée détone avec violence.

Formiate d'éthyle. $H.CO.OC^2H^5$. A 8 parties de formiate de soude sec, on ajoute peu à peu un mélange de 7 parties d'alcool à 88° et de 11 parties d'acide sulfurique. La chaleur dégagée par la réaction suffit pour faire distiller l'éther formique. On traite le liquide obtenu par un lait de chaux pour enlever l'acide, on dessèche par le chlorure de calcium et on rectifie.

L'éther éthylformique forme un liquide incolore, doué d'une odeur et d'une saveur aromatiques. Sa densité est 0,940, il bout à 54°,9 et se dissout dans 9 parties d'eau. Il est très employé pour fabriquer l'essence de rhum et de cognac artificielle.

Acétate d'éthyle. $CH^3CO.O.C^2H^5$. L'acétate d'éthyle se prépare de la manière suivante. A 9 kilogrammes d'acide sulfurique concentré et pur on ajoute peu à peu 3,6 kilogrammes d'alcool à 92° en agitant constamment. Le mélange s'échauffe beaucoup et on obtient de l'acide sulfovinique. On laisse reposer pendant 24 heures à l'abri de l'air, et on verse peu à peu le liquide en refroidissant sur 6k,8 d'acétate de soude fondu.

On laisse reposer 12 heures et on distille. Le liquide distillé est rectifié sur du chlorure de calcium ; on obtient ainsi 6 kilogrammes d'éther éthylacétique pur. Il forme un liquide doué d'une odeur très agréable, qui bout à 74°,3. Sa densité est 0,900. Il doit être conservé à l'état sec. Il est employé en médecine et comme dissolvant dans les laboratoires.

Butyrate d'éthyle. $C^4H^7O.OC^2H^5$. On chauffe à 80° pendant quelque temps un mélange de 2 parties d'alcool, 2 parties d'acide butyrique et 1 partie d'acide sulfurique ; on verse dans l'eau, on lave l'huile qui surnage avec du carbonate de soude en dissolution étendue, on dessèche sur du chlorure de calcium et on rectifie. Il forme un liquide incolore, doué d'une odeur agréable de fruit. Il bout à 121°, sa densité est 0,900.

Valérianate d'éthyle. $C^5H^9O.OC^2H^5$. S'obtient comme le corps précédent en remplaçant l'acide butyrique par l'acide valérianique. Liquide incolore. D=0,866. Il bout sans décomposition à 134°,5.

Sébate d'éthyle. $C^{10}H^{16}O^4(C^2H^5)^2$. Ce corps s'obtient en éthérifiant d'après les méthodes usuelles (par exemple, digestion avec un mélange d'alcool et d'acide sulfurique), l'acide sébacylique obtenu par la distillation de l'acide oléique provenant de l'huile de ricin. Il forme un liquide incolore. Densité 0,965. Il bout à 307-308°.

Ether œnanthique. $C^{14}H^{26}(C^2H^5)^2O^3$. Cet éther est contenu dans le vin, dans l'eau-de-vie des céréales, et dans l'écorce de coings. Pour le préparer on distille la lie de vin avec la moitié de son volume d'eau en ayant soin de préserver la matière de la carbonisation ; on lave le liquide avec du carbonate de soude étendu. L'éther œnanthique est un liquide mobile d'une odeur de vin extrêmement prononcée, qui est presque enivrante lorsqu'on la respire de près. Sa saveur est très forte et désagréable. Il est insoluble dans l'eau, soluble dans l'éther et dans l'alcool. Densité 0,870. Il bout de 225-230°.

Ether éthylbenzoïque. $C^6H^5.CO.OC^2H^5$. On sature une dissolution alcoolique d'acide benzoïque par l'acide chlorhydrique, au réfrigérant à reflux et on distille ; il passe d'abord de l'alcool, puis l'éther benzoïque qu'on purifie par un lavage au carbonate de soude et une rectification. On l'obtient ainsi sous forme d'un liquide incolore, doué d'une odeur agréable. Densité 1,054 à 10°. Il bout à 209°. Il est insoluble dans l'eau, soluble dans l'alcool en toutes proportions.

Nitrite d'amyle. $C^5H^{11}.O.AzO$. Ce corps se forme en faisant passer un courant d'acide nitreux dans de l'alcool amylique et en distillant. C'est un liquide jaunâtre qui bout à 99°. Il est doué d'une odeur pénétrante. L'inhalation de ses vapeurs accélère considérablement les battements du corps. Il est employé en médecine pour combattre l'asthme et l'épilepsie.

Nitrate d'amyle. $C^5H^{11}.O.AzO^2$. Préparé d'après la méthode générale. Il forme un liquide incolore doué d'une odeur de punaise. Il bout à 148°. Sa vapeur est explosive. Il est très vénéneux.

Acétate d'amyle. $CH^3CO.OC^5H^{11}$. On le prépare en chauffant un mélange de 1 partie d'acide sulfurique, 2 parties d'alcool amylique et 2 parties d'acide acétique cristallisable. Au bout de quelque temps on distille, et on purifie comme d'habitude. Liquide incolore, d'une odeur très agréable. D=0,884. Il bout à 137°.

Butyrate d'amyle. $C^4H^7O.OC^5H^{11}$. Se prépare comme l'acétate. Liquide incolore, doué d'une odeur d'ananas. D=0,852 à 15. Il bout à 176°.

Valérianate d'amyle. $C^5H^9O.OC^5H^{11}$. Ce corps se forme comme produit secondaire dans la préparation de l'acide valérianique par oxydation de l'alcool amylique. On peut le préparer comme l'éther éthylique correspondant en remplaçant l'alcool ordinaire par l'alcool amylique.

Il forme un liquide incolore D=0,879 qui bout à 188°. Il est doué d'une odeur de pommes très prononcée.

Ethers de fruits. Depuis quelque temps, on trouve dans le commerce des essences de fruits qui servent à la préparation de liqueurs, de pastilles, etc. Les divers fabricants d'essences les préparent sans doute au moyen de formules qui leur sont propres et cette circonstance explique la différence de saveur qu'on y remarque surtout en les étendant d'une grande quantité d'eau. Si les essences ont été préparées avec un alcool dilué, leur odeur est plus caractérisée et elles semblent plus fortes ; mais si on en mélange une petite quantité avec

Noms des essences	Ether méthylsalicylique	Ether éthylnitreux	Ether éthylformique	Ether éthylacétique	Ether éthylbutyrique	Ether éthylvalérianique	Ether éthylsébacylique	Ether éthylbenzoïque	Ether éthylœnantique	Ether amylacétique	Ether amylbutyrique	Ether amylvalérianique	Chloroforme	Aldéhyde	Glycérine	Alcool amylique	Acide oxalique	Acide succinique	Acide tartrique	Acide benzoïque	Huile de persico	Essence d'orange	Essence de citron	Alcool éthylique
Essence de pomme . .	»	1	»	1	»	»	»	»	»	»	»	10	1	2	4	»	1	»	»	»	»	»	»	»
— de poire . . .	»	»	»	5	»	»	»	»	»	2	»	»	»	»	2	»	»	»	»	»	»	»	»	»
— de cerise . . .	»	»	»	5	»	»	»	5	1	»	»	»	»	»	3	»	»	»	»	1	»	»	»	»
— de merise. . .	»	»	»	10	»	»	»	5	»	»	»	»	»	»	»	»	1	»	»	2	2	»	»	»
— de pêche . . .	»	»	5	5	5	5	1	»	»	»	»	»	»	2	5	2	»	»	»	»	5	»	»	»
— d'abricot . . .	»	»	»	»	10	5	»	»	1	»	1	»	1	»	4	2	»	»	1	»	»	»	»	»
— de prune. . .	»	»	1	5	2	»	»	»	»	»	»	»	»	5	8	»	»	»	»	»	4	»	»	»
— de raisin . . .	1	»	2	»	»	»	»	»	10	»	»	»	2	2	10	»	»	3	5	»	»	»	»	»
— de groseille. .	»	»	»	5	»	»	»	1	1	»	»	»	»	1	»	»	»	1	5	1	»	»	»	»
— de fraise . . .	1	1	1	5	5	»	»	»	»	3	2	»	»	2	»	»	»	»	»	»	»	»	»	»
— de framboise.	1	1	1	5	1	»	1	1	1	1	1	»	»	1	4	»	»	1	5	»	»	»	»	»
— d'ananas. . .	»	»	»	»	5	»	»	»	»	»	10	»	1	1	3	»	»	»	»	»	»	»	»	»
— de melon. . .	»	»	1	»	4	5	10	»	»	»	»	»	»	2	3	»	»	»	»	»	»	»	»	»
— d'orange . . .	1	»	1	5	1	»	»	1	»	1	»	»	2	2	10	»	»	»	1	»	»	10	»	»
— de citron . . .	»	1	»	10	»	»	»	»	»	»	»	»	1	2	5	»	»	1	10	»	»	»	10	»
— de banane . .	»	»	»	»	1	»	»	»	»	1	»	»	»	»	»	»	»	»	»	»	»	»	»	5

beaucoup d'eau en proportions données on peut mieux discerner la véritable intensité de leur saveur. Le tableau de la page 976 a été publié par le professeur Maisch. Ces formules sont données par mesure de 100 parties d'alcool et les acides quels qu'ils soient ont été préalablement dissous dans l'alcool.

Les essences sont généralement colorées en rouge ou en jaune-brun avec du caramel ou de la fuchsine. — G. B.

***ÉTHYLANILINE.** *T. de chim.* L'aniline, traitée par les iodures ou chlorures alcooliques, donne lieu à la formation de produits de substitution. Une partie de l'hydrogène du groupe amide AzH^2, est remplacé par le radical alcoolique du chlorure employé. Ainsi, en faisant agir le chlorure d'éthyle (V. ÉTHYLE) sur l'aniline en présence de chaux, il se forme de l'éthylaniline.

$$\underset{\text{Aniline}}{2C^6H^5-AzH^2}+\underset{\text{Chlorure d'éthyle}}{2C^2H^5.Cl}+\underset{\text{Chaux}}{CaO}$$

$$=\underset{\text{Chlorure de calcium}}{CaCl^2}+\underset{\text{Eau}}{H^2O}+\underset{\text{Ethylaniline}}{2C^6H^5-Az<^{H}_{C^2H^5}}$$

Si l'on fait agir le chlorure d'éthyle en excès, on obtient une aniline diéthylée, la *diéthylaniline*.

$$C^6H^5-AzH^2+2C^2H^5Cl+CaO$$

$$=CaCl^2+H^2O+\underset{\text{Diéthylaniline}}{C^6H^5-Az<^{C^2H^5}_{C^2H^5}}$$

Il ne faut pas pousser trop loin l'action, car la diéthylaniline formée peut fixer encore une molécule de chlorure d'éthyle pour donner un ammonium, le chlorure de triéthyl-phénylammonium

$$C^6H^5-Az<^{(C^2H^5)^3}_{Cl}$$

l'azote devenant pentatomique. Cet ammonium se forme toujours en petite quantité dans la préparation industrielle de la diéthylaniline.

PRÉPARATION INDUSTRIELLE DE LA DIÉTHYLANILINE. En grand on ne se sert généralement pas de chlorure d'éthyle tout formé. On chauffe dans un autoclave en fonte émaillée un mélange de

Chlorhydrate d'aniline . . .	35	kilogrammes.
Alcool éthylique	45	—
Aniline.	25	—

On élève la température jusque vers 280°. La pression dans l'autoclave atteint 20-25 atmosphères. On enlève le feu et on laisse refroidir de manière à faire tomber la pression à 2 ou 3 atmosphères. On recommence alors à chauffer, puis on maintient la température pendant 4 à 6 heures entre 280 à 300°. La pression remonte alors vers 15 atmosphères. Après que l'appareil est refroidi, on traite son contenu par un léger excès de lait de chaux ; les bases viennent surnager, on les décante et on les distille au moyen d'un courant de vapeur d'eau, enfin on les rectifie par distillation fractionnée dans une cornue en fer chauffée au bain d'huile.

La liqueur alcaline aqueuse d'où l'on a séparé la diéthylaniline, contient en dissolution une certaine quantité de chlorure de triéthylphénylammonium. On évapore la dissolution à sec et on les distille dans des cornues en fer chauffées à feu nu ; on recueille ainsi un mélange de diéthylaniline et l'alcool éthylique.

Propriétés et usages de la diéthylaniline. La diéthylaniline se présente sous forme d'un liquide incolore, doué d'une odeur assez agréable lorsqu'il est pur. Il bout sans se décomposer à 213°,5.

La diéthylaniline sert à la préparation de la matière colorante connue sous le nom de *vert brillant*. Pour obtenir ce dernier corps, on chauffe la diéthylaniline avec de l'aldéhyde benzoïque et du chlorure de zinc. On obtient ainsi une substance incolore, qu'on transforme en vert par oxydation au moyen du bioxyde de plomb. — V. VERT.

Quand à la monoéthylaniline, elle est également liquide, bout à 204° et n'a pas d'emplois.

***ÉTHYLE.** *T. de chim.* L'éthyle n'existe pas à l'état de liberté. C'est un radical hypothétique dont on admet l'existence dans les dérivés éthyliques. L'alcool par exemple C^2H^5OH, est de l'hydrate d'éthyle. Cherche-t-on à mettre l'éthyle en liberté, sa molécule se double et on obtient le butane C^4H^{10}.

Les dérivés les plus importants de l'éthyle sont les suivants :

Chlorure d'éthyle C^2H^5Cl. On l'obtient en traitant l'alcool éthylique par l'acide chlorhydrique. Une dissolution de ce corps dans l'alcool était connue des anciens alchimistes. Le chlorure d'éthyle est un liquide incolore qui bout à 12°,5. Il ne se dissout que peu dans l'eau, en revanche il est très soluble dans l'alcool.

Bromure d'éthyle C^2H^5Br. Liquide bouillant à 38°. Il brûle avec une flamme verte. On l'obtient en ajoutant avec précaution du brome à un mélange d'alcool et de phosphore.

Iodure d'éthyle C^2H^5I. Préparé comme le bromure, il forme un liquide incolore brunissant à la lumière. Il bout à 71°,5. Ces corps sont employés en médecine.

***ÉTHYLÈNE.** *T. de chim.* Si on considère l'hydrure d'éthyle ou éthane, CH^3-CH^3 on voit qu'on peut par élimination de 2 atomes d'hydrogène, obtenir deux corps différents suivant que les deux atomes sont enlevés au même atome de carbone ou à deux atomes différents : on obtient d'un côté l'éthylène CH^2-CH^2 ou l'*éthylidène* CH^3-CH (V. plus loin). Le premier seul existe à l'état de liberté ; on ne connaît du second que ses dérivés.

L'éthylène s'obtient en chauffant à 160-170°, 25 grammes d'alcool avec 150 grammes d'acide sulfurique. On fait couler goutte à goutte dans le liquide chauffé un mélange de 1 partie d'alcool et de 2 parties d'acide sulfurique, on fait passer le gaz qui se dégage dans trois flacons laveurs qui contiennent de la soude et de l'acide sulfurique, qui dessèche le gaz. L'éthylène est un gaz incolore doué d'une odeur éthérée, il se liquifie à 0° sous une pression de 45 atmosphères.

L'éthylène est combustible, il brûle avec une flamme blanche. Un mélange d'éthylène et d'oxygène détone avec une grande violence à l'approche d'un corps enflammé. L'éthylène est contenu en quantité notable dans le gaz d'éclairage (4,5 0/0).

Chlorure d'éthylène. CH^2Cl-CH^2Cl. (Syn. liqueur des Hollandais). L'éthylène n'est pas un corps saturé, il fixe très facilement deux atomes de chlore pour donner un chlorure. Les anciens chimistes qui avaient étudié l'éthylène, connaissaient cette propriété ; ils avaient donné à l'éthylène le nom de *gaz oléfiant* à cause de sa manière de se comporter vis-à-vis du chlore.

Pour préparer le chlorure d'éthylène on fait passer un courant d'éthylène à travers un mélange de 2 parties de peroxyde de manganèse, 3 parties de chlorure de sodium, 4 parties d'eau, 5 parties d'acide sulfurique ; le chlore dégagé s'unit directement à l'éthylène. Au bout d'un certain temps on distille et on rectifie.

Le chlorure d'éthylène est un liquide incolore, doué d'une odeur éthérée très agréable. Il bout sans décomposition à 84°. Sa densité est 1,26. Il est employé comme anesthésique.

Le bromure d'éthylène s'obtient en faisant passer de l'éthylène à travers du bromure.

Il est liquide, incolore, se décompose lentement à la lumière et bout à 131°. Sa densité est de 2,18 à 20°.

Ethylidène. CH^3CH. Ce corps n'existe pas à l'état libre. Le chlorure, CH^3-CHCl^2, s'obtient comme produit accessoire dans la fabrication du *chloral* (V. ce mot). On l'isole par la distillation fractionnée. C'est un liquide incolore d'une densité de 1,17 à 20° ; il bout à 60°. Il est employé comme agent anesthésique. — G. B.

ÉTINCELÉ. *Art hérald.* Se dit d'un écu et des meubles semés d'étincelles.

ÉTINCELLE ÉLECTRIQUE. Une des formes lumineuses de la *décharge électrique*. — V. DÉCHARGE ÉLECTRIQUE, ELECTRICITÉ §§ 22 et 45, FEU SAINT-ELME.

I. * **ÉTIRAGE.** *T. de filat.* Les premières opérations de la filature, après avoir désagrégé, nettoyé et épuré des filaments textiles, les ont aussi groupés sous la forme de rubans, sortes de boudins de grosseurs variables. Mais ces filaments y sont simplement rassemblés et réunis d'une manière irrégulière. Les *étirages*, souvent aussi nommés *laminages*, sont les opérations par lesquelles on redresse tous ces filaments, en les développant dans toute leur longueur, et en les rangeant bien parallèlement les uns aux autres dans le sens de l'axe des rubans. En principe, les machines au moyen desquelles on pratique l'opération de l'étirage et qui portent le nom de *bancs d'étirage*, se composent de deux paires de cylindres, formées chacune d'un rouleau métallique à surface tantôt lisse, tantôt cannelée, auquel les organes de commande de la machine communiquent un mouvement de rotation régulière, et d'un second rouleau dit *cylindre presseur*, dont la surface présente généralement une certaine élasticité, et qui se trouve convenablement appuyé sur le premier : l'ensemble de ces deux cylindres constitue un véritable laminoir. Les rubans à traiter sont engagés entre les premiers cylindres (*fournisseurs*) qui les entraînent et les dirigent vers les seconds (*étireurs*), lesquels sont distants des premiers d'une quantité supérieure à la longueur maxima des filaments que l'on traite, et animés d'une vitesse plus grande. On voit immédiatement que les rubans introduits avec une vitesse égale à celle des fournisseurs sont obligés d'acquérir la vitesse des étireurs et par conséquent de s'allonger dans les rapports de ces vitesses. Cet allongement qui prend le nom d'*étirage* ou de *laminage*, résulte des glissements qu'éprouvent les filaments les uns sur les autres, et par suite desquels ils sont tous obligés de s'étendre sur leur longueur dans le sens suivant lequel ils sont entraînés, c'est-à-dire dans le sens de la longueur du ruban ; en même temps, ils s'échelonnent régulièrement les uns par rapport aux autres.

Les rubans étirés s'amincissent dans la proportion de leur allongement. Le poids d'une même longueur de ruban, 5 mètres, par exemple, se trouvera donc divisé par la valeur de l'étirage subi, et la longueur correspondant à un même poids, c'est-à-dire le *numéro*, est au contraire multiplié par cette même quantité.

Cependant, les limites dans lesquelles on peut étirer ainsi les rubans sans les rompre se trouvent restreintes en raison du peu de longueur des filaments, et il n'est pas possible d'atteindre en une seule fois le degré de perfection nécessaire. Afin de pouvoir procéder à plusieurs opérations successives, il est nécessaire d'empêcher que les rubans ne s'amincissent trop, et dans ce but on est amené à les réunir plusieurs fois les uns aux autres, en terme technique à les *doubler*, tout en continuant de les étirer. Les *doublages*, qui ont aussi pour effet d'uniformiser la grosseur des rubans, en atténuant les irrégularités qu'ils pourraient présenter, produisent l'effet inverse des étirages : le poids d'une même longueur de ruban est multiplié par le doublage et le numéro divisé par lui. En représentant par p le poids d'une longueur déterminée de ruban qui alimente la machine, et par p' le poids de la même longueur du ruban sortant, par n le numéro du premier ruban, et par n' celui du second, par e l'étirage et par d le doublage, on a donc :

$$p'=\frac{p\times d}{e} \quad \text{et} \quad n'=\frac{n\times e}{d}.$$

Les bancs d'étirage, que l'on retrouve dans la filature de toutes les matières textiles, sauf la soie grège et la laine cardée, reposent toutes sur le même principe, mais présentent des dispositions spéciales pour chaque nature de filaments.

Les *cotons*, dont les filaments sont très courts, ne peuvent être étirés que très peu à la fois. Pour faire rendre aux machines un plus grand effet utile, on les munit de trois ou de quatre (quelquefois même de cinq) paires de cylindres disposées les unes à la suite des autres. Les cylindres inférieurs sont en fer et cannelés, les presseurs sont recouverts de drap d'abord, puis de peau de mouton, de manière à présenter une surface élastique capable de bien s'appuyer contre les cylindres inférieurs sous l'action de poids agissant par l'intermédiaire de sellettes sur leurs tourillons extrêmes. Les distances qui séparent les plans des axes des paires successives de cylindres sont un peu supérieures à la longueur des filaments, de manière qu'aussitôt qu'un filament cesse d'être retenu par l'une, il se présente à la suivante sans rester abandonner à lui-même. Les vitesses d'entraînement vont en croissant d'une paire de cylindres à l'autre, de sorte qu'il se produit un premier étirage toujours très faible de la première à la seconde paire de cylindres, un second étirage plus fort de la seconde à la troisième, et un troisième étirage que l'on fait tantôt plus fort, tantôt moindre que le précédent entre les troisièmes et les quatrièmes cylindres lorsqu'ils existent. L'étirage total, dont la valeur est égale au produit des étirages partiels, ne dépasse jamais six lorsqu'il n'y a que trois paires de cylindres ou huit lorsque les machines en ont quatre. Le doublage est en général égal à l'étirage, c'est-à-dire que dans le premier cas on réunit six rubans, et dans le second huit. Au sortir des machines, les rubans sont déposés dans des pots disposés comme ceux des *cardes* (V. ce mot). Le peu de longueur des filaments conduit à ne placer les cylindres qu'à une faible distance les uns des autres et il n'est pas nécessaire de guider les rubans entre eux. On donne ordinairement trois passages pour de semblables bancs d'étirage aux cotons ordinaires et aux cotons fins.

Dans le travail des *laines peignées*, dont les filament sont beaucoup plus longs que ceux du coton, les bancs d'étirage (qui portent souvent le nom de *bobinoirs*) ne possèdent que deux paires de cylindres, les fournisseurs et les étireurs, distants les uns des autres d'une assez grande quantité, toujours un peu supérieure à la longueur des filaments de laine sur laquelle on opère. En raison de cet écartement plus grand, il est nécessaire de guider les rubans de manière à les empêcher de se désagréger par suite des mouvements des filaments les uns sur les autres, et des conséquences des frottements qui se produisent. On dispose dans ce but, entre les fournisseurs et les étireurs, des hérissons ou peignes cylindriques formés d'un cylindre en cuivre garni sur toute sa surface d'aiguilles en acier convenablement inclinées entre lesquelles s'engagent et glissent les filaments. Ces peignes tournent avec une vitesse un peu supérieure à la vitesse de translation que les fournisseurs communiquent au ruban. Les bobinoirs, dans la plupart des filatures, produisent aussi l'amincissement graduel des rubans, auxquels on conserve une consistance suffisante en les faisant passer, à leur sortie des étireurs, dans des frottoirs, composés de deux manchons en cuir de buffle, tendus chacun sur deux cylindres qui, outre un mouvement de translation de vitesse égale à celle du ruban, communiquent aux buffles un mouvement de va-et-vient par suite duquel le ruban qui passe entre eux se trouve roulé sur lui-même. Le ruban, qui prend plutôt le nom de *mèche*, est enroulé sur une bobine. On donne en général huit à dix passages sur de semblables machines avec des étirages de cinq à dix et au delà, et des doublages de trois à quatre. Les premiers passages se font souvent, surtout avant le peignage, au moyen de *gill-boxs* (V. ce mot), semblables en principe aux bancs d'étirage employés pour le *lin*.

Pour cette dernière matière, ainsi que pour les *étoupes*, de même que pour les *jutes* et les *bourres de soie* (schappe, fantaisie, etc.), la conduite des rubans entre les fournisseurs et les étireurs se fait au moyen de barrettes, c'est-à-dire de règles portant des peignes, et dont les deux extrémités s'engagent dans des vis qui leur transmettent un mouvement de translation dont la vitesse est toujours égale à celle que les fournisseurs communiquent au ruban. Une disposition particulière abaisse les barrettes qui arrivent près des étireurs et les ramène près des fournisseurs. Pour le lin en particulier, le premier banc d'étirage est précédé d'une table sur laquelle on forme les rubans en étalant des mèches peignées; cette table se trouve décrite au mot ÉTALEUSE ainsi que la disposition dont nous parlons. La valeur des étirages varie pour ce textile de dix à quinze environ. — A. R.

II. ***ÉTIRAGE.** *T. de métall.* Primitivement et jusqu'aux premières années de ce siècle, on se servait exclusivement du marteau pour l'étirage ou l'allongement des métaux. Cet outil, excellent pour les petites fabrications placées dans les pays accidentés, auprès de chutes d'eau puissantes, expulse bien, par le choc, les matières étrangères, mais il est lent et, par conséquent, coûteux.

On se sert actuellement, pour l'étirage de tous les métaux, de *cylindres cannelés* quand il s'agit de donner un profil, et de *cylindres unis* quand il s'agit de laminer en feuilles. On donne aussi à ces instruments le nom de *laminoirs*. Ceux-ci sont en fonte, quelquefois en acier et plus rarement en fer. Ce sont des *solides de révolution*, dont l'axe est représenté par des tourillons ou *collets*, qui leur permettent de tourner dans des *cages*. Les tourillons sont reliés à des arbres, et les cylindres peuvent être mis en mouvement de rotation par un moteur à action directe ou indirecte, par engrenages ou par courroies.

Dans une cage se trouvent au moins deux cylindres travaillant ensemble. Quelquefois il y en a trois, quatre, travaillant ensemble dans le même train. Ils sont souvent parallèles deux à deux, avec leurs axes dans le même plan. On nomme *table* la partie du cylindre qui est comprise entre les tourillons et qui est dans l'intérieur des cages. Les *trèfles* sont les extrémités des tourillons, disposées en forme d'étoiles à plusieurs branches, pour permettre l'attelage par manchonnement avec d'autres cylindres.

***ÉTIRE.** *T. de corr.* Lame de fer à tranchant émoussé pour étendre les peaux et les rendre plus compactes.

ÉTOFFE. *T. de tiss.* Bien que ce mot soit presque toujours employé comme synonyme de *tissu*, il caractérise plutôt l'objet vénal, tandis que *tissu* s'applique plus spécialement au mode de contexture qui constitue l'étoffe. Cette interrogation : « quel est le tissu de votre étoffe ? » justifie les deux acceptions qui précèdent. || *T. de métall.*

Nom générique des alliages qu'on emploie dans la fabrication des tranchants.

***ÉTOILE MOBILE.** *T. d'artill.* Instrument employé pour mesurer le diamètre de l'âme des bouches à feu. Le principe de l'étoile mobile consiste à appliquer contre les parois de l'âme et suivant un diamètre, deux pointes convenablement guidées dont on

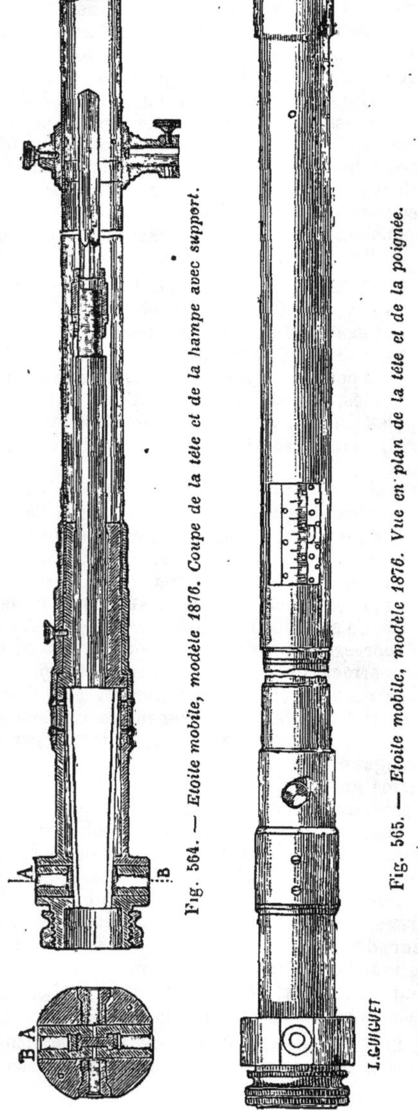

Fig. 564. — *Étoile mobile, modèle 1876. Coupe de la tête et de la hampe avec support.*

Fig. 565. — *Étoile mobile, modèle 1876. Vue en plan de la tête et de la poignée.*

fait varier l'écartement à l'aide d'un plan incliné; les déplacements des pointes sont proportionnels à ceux du plan incliné qui les amplifie. Ces pointes mobiles sont montées sur une tête en acier qui porte deux autres pointes fixes, placées suivant un diamètre perpendiculaire, et destinées uniquement à servir de guides. La tête est montée sur une hampe creuse en laiton qui permet de l'engager plus ou moins dans l'âme. Dans l'intérieur de la hampe peut glisser une tringle en acier portant à une de ses extrémités deux portions de cylindre creux également inclinées sur l'axe, et terminée à l'autre par une poignée. Cette poignée présente une fenêtre rectangulaire, qui permet de lire les divisions d'une échelle tracée sur la hampe, tandis qu'un trait de repère ou une seconde division, constituant un vernier, est gravé sur le bord de la fenêtre.

Avec l'étoile mobile ancien modèle, qui ne porte qu'un trait de repère, on peut apprécier une variation de 1/10 de millimètre dans l'écartement des pointes. Avec le nouveau modèle, adopté en 1876, l'emploi d'un vernier permet d'apprécier le 1/100 de millimètre; l'artillerie de la marine a même fait construire une étoile perfectionnée qui donne le 1/1000 de millimètre.

La hampe porte une graduation en centimètres qui a pour point de départ le plan des pointes et permet de lire immédiatement la distance, par rapport, soit à la tranche de la bouche, soit à la tranche de la culasse, du plan diamétral suivant lequel on a pris la mesure. Pour plus de commodités, la hampe, de même que la tringle, sont formées de plusieurs allonges pouvant se visser l'une sur l'autre; l'étoile mobile ancien modèle ne pouvait se monter que sur 3 mètres de longueur, celle du modèle 1876 se monte sur 6 mètres (fig. 564 et 565). Des supports servent à soutenir la portion de la hampe qui se trouve en dehors de la bouche à feu.

La course des pointes étant forcément limitée, à chaque calibre, correspond un jeu de pointes déterminées; pour les grands calibres on est même forcé d'avoir recours à l'emploi d'une tête spéciale.

Pour mesurer les diamètres des cloisons ou des rayures, on place sur la tête de l'étoile mobile un collier ou secteur conducteur à deux branches, entaillées suivant le profil des rayures (fig. 566). On engage les rayures de ce secteur dans celles de la pièce et on fait tourner la tête dans le collier de manière à amener l'extrémité des pointes vis-à-vis le milieu des rayures ou des cloisons à mesurer. Dans cette position, on fixe solidement le collier sur la tête et on enlève la vis qui fixe la tête sur la hampe; alors, en enfonçant la hampe, le collier tourne suivant l'inclinaison des rayures et les pointes restent toujours au milieu des mêmes rayures ou cloisons.

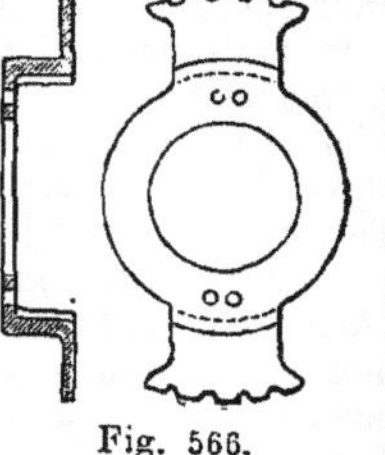

Fig. 566.
Secteur conducteur.

Chaque fois l'instrument doit être réglé soigneusement pour le calibre qu'on veut mesurer. Pour cela, après avoir vissé sur la tête de l'étoile le jeu de pointes voulu, on engage cette tête dans une lunette correspondant exactement au calibre de la pièce et l'on pousse la poignée de façon à faire glisser la tringle et, par suite, le plan incliné, jusqu'à ce que les pointes mobiles viennent appuyer sur la surface intérieure de la lunette. On déplace alors la poignée par rapport à la tringle de manière à faire coïncider le trait de repère ou le zéro du vernier avec le zéro de l'échelle tracée sur la hampe. L'opération du réglage exigeant autant de lunettes que de bouches à feu, et même plusieurs lunettes pour chacune d'elles, à cause des différents diamètres de la chambre, on les remplace aujourd'hui par une jauge à vis de réglage avec jeu de broches, correspondant aux rayures et à la chambre et portant l'indication du diamètre à mesurer.

On a construit, dans ces dernières années, pour la mesure du diamètre intérieur des canons de fusil, une étoile mobile d'un modèle spécial, analogue à celle en usage pour les bouches à feu. Elle permet de mesurer les diamètres avec une approximation de 1/100 de millimètre; un second vernier au 1/10 donne à 1/10 de millimètre près la distance à l'entrée de la chambre du point du canon où l'on mesure le diamètre.

ÉTOLE. Ornement sacerdotal formé d'une longue bande d'étoffe unie, brodée ou brochée, que le prêtre passe derrière son cou et laisse pendre des deux côtés par devant.

ÉTONNER. *T. techn.* Se dit, en *t. de constr.*, pour ébranler, lézarder par commotion ou charge excessive. || Faire éclater un diamant en le travaillant; l'éclat produit se nomme *étonnure.* || Fêler le marbre. || Faire subir au drap une tension trop forte.

* **ÉTOUFFAGE.** *T. techn.* On donne ce nom dans l'industrie séricicole au traitement pratique usité pour asphyxier les chrysalides des vers à soie dans leurs coques. La méthode la plus en usage consiste dans l'exposition des cocons à une température de 100° environ. La chaleur du soleil, celle d'un four à pain, d'un calorifère à air chaud, de la vapeur d'eau, sont utilisées suivant le cas, l'importance des masses sur lesquelles on opère, et le plus ou moins de ressources des opérateurs. Quelquefois, c'est l'éducateur lui-même qui pratique l'étouffage des cocons, avant la vente et la livraison de ses produits, mais, en général, les cocons sont vendus vivants, puis asphyxiés dans l'usine par le filateur. — V. Soie.

* **ÉTOUFFEMENT.** *T. techn.* Dans certaines fabrications qui se font au moyen de fours, demi-extinction qui précède le défournement.

ÉTOUPE. Lorsque les bottes de lin arrivent dans les filatures, les filaments qui les composent sont encore entourés d'ordures et de débris de chénevottes, et toujours quelque peu mêlés, mais ils sont surtout trop gros, en raison du nombre considérable de fibres élémentaires dont ils sont formés et qui sont accolées les unes à côté des autres. C'est alors qu'on soumet le lin au *peignage* (V. ce mot). Nous verrons plus loin que l'un des buts principaux de cette opération est de réduire les fibres à une finesse correspondant à celle des fils qu'elles doivent produire, et que, pour arriver à ce résultat, on refend ces filaments dans le sens de leur longueur, au moyen des aiguilles dont sont munis des peignes. Mais ce travail ne peut se faire, dans les conditions actuelles, d'une manière absolument régulière et sans qu'une partie des fibres soit arrachée hors de la masse et entraînée en désordre. Ce produit accidentel du peignage constitue, pendant l'opération, l'*étoupe*, tandis que l'on donne le nom de *long brin* à la partie conservée régulière.

Il serait téméraire de vouloir faire une classification de tous les genres d'étoupes. Non seulement chaque espèce de lin fournit des étoupes qui lui sont propres, mais une même sorte, selon le degré de rouissage et de teillage, peut donner naissance, dans un même lot, à des produits très disparates. D'une manière générale, les trois opérations qui constituent le peignage du lin, *émouchetage*, peignage proprement dit, et repassage, fournissent trois sortes d'étoupes bien distinctes; avec la première, on a les sortes les plus mauvaises et les plus dures, ce qu'on appelle les *émouchures* ou *codilles*; avec la seconde, on a les étoupes ordinaires et moyennes qui sont des filaments de très bonne nature et pouvant donner en filature des résultats satisfaisants; avec la troisième, on obtient les étoupes fines et supérieures. Tout filateur quelque peu expérimenté sait faire la distinction des genres dont nous parlons.

On ne peut nier cependant que certaines sortes de lins ne donnent des étoupes plus ou moins estimées. C'est ainsi que la généralité des lins rouis sur terre et de nature médiocre fournit un genre d'étoupe assez peu goûté, et que les lins rouis à l'eau courante donnent des étoupes qui sont généralement regardées comme supérieures à toutes. Néanmoins, la qualité des étoupes n'est pas toujours en rapport avec la qualité des lins qui les ont fournies, c'est ce qui arrive par exemple pour les fibres de bonne nature très chargées aux extrémités.

Filature des étoupes. Pour filer les étoupes, on les fait passer sur diverses machines qui sont: 1° la *carde*; 2° les *bancs d'étirage*; 3° le *banc à broches*; 4° le *métier à filer*; 5° le *dévidoir*.

Les bancs d'étirage, bancs à broches, métiers à filer et dévidoirs sont communs à la filature de lin et à la filature d'étoupes. Nous nous abstiendrons donc ici d'en parler, nous réservant de le faire avec détails lorsqu'il s'agira du filage du lin (V. Lin). Mais la *carde* au contraire est tout à fait spéciale au travail de l'étoupe. Nous croyons donc devoir nous étendre un peu plus sur cette machine, qui diffère notablement de l'appareil de même nom employé pour le coton (V. Carde), et dont la description et la théorie n'ont jamais été jusqu'ici établies.

Dans la filature française, on soumet généralement les étoupes au travail des *cardes*, directement après le peignage du lin et sans aucune préparation; mais on ne peut, en agissant ainsi, obtenir des fils bien réguliers et dépouillés de paille. Il arrive même que ces étoupes ne sont *cardées* qu'après que les dents de cardes ne peuvent produire l'effet désirable dans leur ensemble, c'est-à-dire après qu'elles ont été entassées dans des sacs, pour pouvoir être conservées en magasin, où elles se serrent; deviennent compactes et en quelque sorte semblables à des boules.

Il n'est pas douteux cependant qu'une préparation préliminaire des étoupes ne puisse donner de meilleurs résultats. Dans la filature de coton, par exemple, les cotons sortant des ballots où ils ont été entassés, sont préparés au cardage par des machines spéciales. Pour la filature des étoupes il faudrait quelque chose de semblable.

Travail de la carde a étoupes. Dans la carde pour étoupes, l'organe principal est un *tambour* D (fig. 567) ainsi nommé parceque c'est lui qui, dans toute la machine, offre la plus grande surface. Il se compose d'un grand cylindre de fonte mince, tourné avec soin pour éviter les faux-lourd et fermé à chaque extrémité par des parois en tôle, afin d'empêcher la ventilation artificielle que produirait sa rotation continue et rapide.

Le tambour est armé en son pourtour de *dents* ou pointes en acier inclinées dans le sens de sa course, il opère le travail des étoupes avec les cylindres qui lui sont juxtaposés.

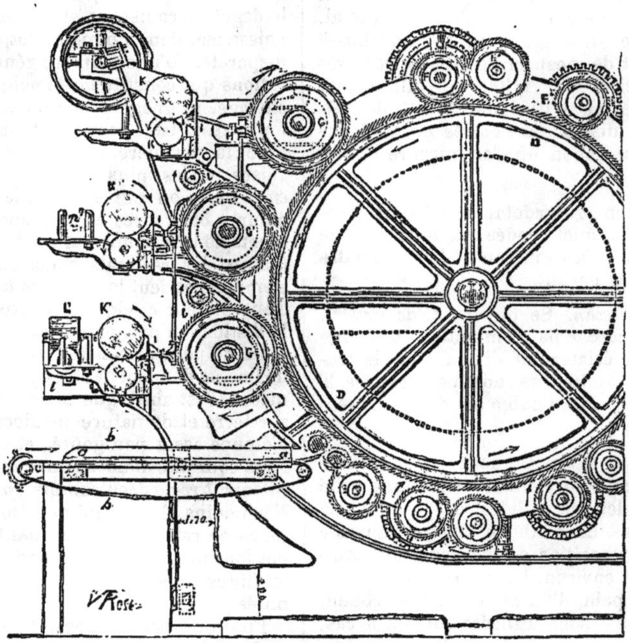

Fig. 567. — *Coupe verticale d'une carde à étoupes.*

L'alimentation se fait au moyen d'une *table horizontale b*, qui sert de soutien à des toiles sans fin qui amènent l'étoupe *a* au tambour. Cette table se trouve à une hauteur du sol suffisante pour que l'ouvrier qui conduit la machine puisse facilement y étendre les poignées d'étoupes. Comme l'appareil doit produire à la fois trois rubans, chaque carde comprend trois tabliers sans fin sur lesquels on étale la matière à carder. Chacun d'eux est entraîné par deux rouleaux *c* en bois, parallèles, traversés par des axes en fer et supportés aux deux extrémités de la table.

L'ouvrier étale les étoupes successivement sur la toile du milieu, puis sur les deux autres latérales. Et afin que les étoupes amassées sur les tabliers ne s'entremêlent pas en passant de l'un à l'autre, la partie dans laquelle circule la toile du milieu est limitée par des joues verticales en bois solidaires avec la table. Pour que l'étalage soit opéré régulièrement, des traits transversaux divisent les toiles en longueurs égales, par exemple en demi-yards, c'est-à-dire 45 centimètres environ (on n'emploie dans le travail des étoupes, comme dans celui du lin, que des mesures anglaises). Pour ne mettre sur chacune de ces divisions que des poids égaux, les étoupes sont pesées dans une balance placée près de la carde, et qui porte d'un côté un plateau, de l'autre une boîte de ferblanc avec un poids constant pour faire équilibre au plateau. Deux rouleaux à dents obliques, appelés *fournisseurs*, retirent de suite la matière amenée par les toiles. Un autre cylindre E, est placé sous le fournisseur inférieur et porte le nom de *délivreur* ou *débourreur-fournisseur*; nous en expliquerons la fonction tout à l'heure.

Sur la circonférence du tambour est disposée une série de six paires de rouleaux en fonte, hérissés d'aiguilles de même longueur que le tambour mais d'un diamètre beaucoup moindre. Chaque *couple* se compose, comme il est indiqué très distinctement aux rouleaux du haut, d'un *travailleur* F, etc., et d'un *débourreur* E, etc., d'un diamètre un peu plus fort dont nous indiquerons plus loin les fonctions. La denture de ces cylindres traverse un ruban continu de cuir, d'une faible largeur enroulé en spirale sur leur surface. La *garniture* (terme technique qui indique la disposition de la denture) des débourreurs, est analogue à celle des tambours: pointes droites et peu inclinées. Aux travailleurs, au contraire, les pointes sont très inclinées, et généralement, afin de mieux retenir l'étoupe, les deux ou trois premiers travailleurs ont leurs pointes recourbées comme l'indique la figure 568 en sens inverse du sens de leur rotation.

Un seul ouvrier suffit pour la manœuvre de la machine, car les rouleaux alimentaires sont placés du côté de la sortie des rubans d'étoupe. Lorsqu'en effet la matière textile arrive au sommet du tambour, au sortir de la sixième paire de rouleaux, elle est saisie par trois forts cylindres peigneurs GG'G, appelés *doffers*, qui permettent d'obtenir plusieurs rubans d'étoupe se réunissant en un seul à la sortie. La garniture de ces doffers est analogue à celle des derniers travailleurs; pointes droites, mais très inclinées.

Fig. 568. — *Disposition de la garniture des travailleurs dans une carde pour étoupes.*

Les doffers, marchant très lentement, contrairement aux autres rouleaux de la carde, sont comme on le voit, superposés à l'entrée de la machine et dégagent l'étoupe dont ils se chargent au moyen d'un couteau à mouvement alternatif qui agit à la surface de chacun d'eux et qui porte le nom de *doffing-knife*. Cette étoupe, s'échappant sous forme d'une nappe légère, se rétrécit peu à peu et s'engage enfin sous forme de ruban entre le rouleau d'appel K et son cylindre de pression K'. Des brosses circulaires *i*, dont le mouvement de rotation s'opère dans le même sens que les doffers, sont disposées au-dessous de ces cylindres, afin de nettoyer leur denture.

Le déchet qui provient du travail des étoupes est reçu dans un énorme récipient creusé à dessein sous la carde. Mais pour que des brins d'étoupe proprement dits ne s'égarent pas dans le rebut, la partie inférieure du tambour est garnie de cylindres en ferblanc, qui ne sont pas portés sur la figure pour ne pas la compliquer, et que l'on place au travers des autres cylindres garnis d'aiguilles. Ces cylindres en ferblanc maintiennent l'étoupe contre les pointes en l'empêchant de passer dans le duvet.

Chacun des rubans d'étoupes qui sort des rouleaux KK', en passant par des entonnoirs pour mieux se rétrécir, fait le tour des broches obliques *n'* et finit par s'engager sous l'*étireur* unique L'. Au sortir de ce rouleau, le ruban, pour être régularisé, est encore allongé par une petite *machine à étirer* en miniature qui ne figure pas ici et qu'on adapte à toutes les cardes sous le nom de *rotary-gills*, il finit par tomber dans un pot, où la longueur débitée est déterminée par compteur à sonnette.

Dans toutes les filatures d'étoupe, les cardes se désignent par le nombre de pieds anglais du diamètre et de la longueur du tambour. Ainsi, par exemple, une carde 5×6 est une carde dont le tambour a 5 pieds anglais de diamètre et 6 de longueur. La largeur de la table correspondant à la longueur du tambour, on peut en déduire dans ce cas qu'il y a trois tabliers sans fin, la largeur des tabliers étant toujours de deux pieds anglais.

Théorie de la carde à étoupes. Pour bien se rendre compte du travail de la carde, il faut suivre la marche des étoupes depuis l'entrée jusqu'à la sortie de la machine. C'est ce que nous allons faire. Ainsi, ces étoupes sont d'abord étalées sur les toiles sans fin de façon que sur une même longueur, un mètre par exemple, leur poids soit constant. Les toiles, par leur mouvement, les amènent en regard des fournisseurs; elles s'engagent entre ces cylindres qui viennent se présenter au tambour; celui-ci, tournant avec une grande rapidité (de 160 à 180 tours par minute), les attaque et les brise, les enlève et les entraîne vers les rouleaux suivants.

On voit, par le sens du mouvement des fournisseurs, que celui du haut cède facilement ses étoupes au tambour et ne peut guère s'engorger. Il n'est pas de même du fournisseur inférieur qui, tournant comme s'il était commandé par le tambour, peut entraîner des étoupes, pour les ramener vers la nappe étalée sur les toiles. Aussi, pour empêcher cet effet nuisible de se produire, a-t-on placé immédiatement au-dessous un débourreur-fournisseur qui enlève les brins de lin que le tambour n'aurait pas saisis; les pointes du tambour attaquant à revers celles de ce débourreur avec une vitesse supérieure, on conçoit aisément qu'elles doivent lui enlever toute la matière cardée.

Il résulte donc de ce qui précède, qu'à partir du débourreur-fournisseur, le tambour est chargé d'étoupe qu'il conduit vers la première paire de rouleaux. A l'inspection du sens des rotations et de la direction des pointes, il est facile de se rendre compte de la façon dont s'opère le travail.

En effet, la vitesse à la circonférence du tambour étant supérieure à la vitesse à la circonférence du débourreur, les étoupes du tambour glissent sur les pointes du débourreur qui ne peut les retenir, et continuent leur course vers le travailleur, dont la marche est très lente. Les garnitures du tambour et du travailleur se présentent pointe à pointe, et les pointes du tambour courent pour ainsi dire après celles de ce cylindre qu'elles dépassent. Il résulte de cette disposition que les pointes du travailleur, étant dépassées de vitesse par celles du tambour, accrochent les étoupes que porte ce tambour, les retiennent et les entraînent sous forme floconneuse vers le débourreur; c'est cette opération qui, à proprement parler, constitue le *cardage*.

Quant au débourreur, sa vitesse étant beaucoup plus grande que celle du travailleur, et ses pointes attaquant à revers celles de ce dernier, il s'empare à petites quantités des étoupes, qu'il vient présenter dans un état plus parfait au tambour. Celui-ci s'en empare comme il a fait au débourreur-fournisseur, en recèle une partie au travailleur et conduit le reste aux rouleaux suivants où le même travail se répète. (Il est clair qu'au fur et à mesure qu'on avance, les rouleaux sont de plus en plus rapprochés entre eux et du tambour.)

A partir de la sixième paire de rouleaux, les étoupes ont atteint un degré de division et de parallélisme à peu près suffisant. Elles sont alors, comme nous l'avons vu, déposées par le tambour sur les trois doffers de la même manière qu'elles ont été déposées précédemment sur les travailleurs. Les doffers les amènent jusqu'en un endroit où les lames d'acier, dites *doffing-knives*, armées de petites dents, viennent par un mouvement saccadé très vif, battre contre les doffers et les dégager sous forme d'un voile. Ce voile est appelé par deux rouleaux entre lesquels il s'engage après avoir passé au travers d'un tube en forme d'entonnoir, dont le but est de réduire la largeur du ruban et de le transformer, au sortir des rouleaux, en un autre ruban d'environ trois pouces de largeur.

Chacun des doffers produisant un ruban, il y a donc trois rubans. Ceux-ci viennent se réunir en un seul sur une plaque à doubler à la hauteur du doffer inférieur. Ces doffers étant à des distances inégales du tambour fournissent des étoupes qui, sous le rapport de la finesse, varient du premier au dernier; aussi sépare-t-on quelquefois les trois rubans pour avoir trois qualités d'étoupes.

Telle est la marche générale des étoupes dans une carde. Cette marche autour des cylindres, telle que nous venons de l'indiquer, constitue le travail dit *en dehors*. Les étoupes, en effet, font, à chaque paire de rouleaux, le tour *extérieur* des cylindres. Mais il existe une seconde disposition dont le but est d'effectuer le travail dit *en dedans*. Dans ce cas, l'ordre des rouleaux cardeurs est interverti, et, à chaque paire, le travailleur précède le débourreur au lieu de le suivre. Alors les étoupes, déposées par le tambour sur le travailleur, sont presque immédiatement reprises par le débourreur qui les recède au tambour.

Chacun de ces modes de travail présente un vice capital des plus préjudiciables.

Voyons d'abord le travail en dehors.

Dans ce mode d'opérer, les étoupes, prises au travailleur T par le débourreur D (fig. 569), sont placées par celui-ci sur une nappe que le tambour amène des rouleaux précédents et qui est moins travaillée que celle qu'il y dépose. Il faut alors que cette nappe, pour quitter une paire de rouleaux et passer à la paire suivante, ou traverse une nappe moins travaillée ou recommence la marche *abcd* qu'elle a déjà parcourue ; si elle perce la nappe qui arrive, ce ne peut être qu'au détriment du cardage déjà effectué, et les fibres, au lieu de continuer à se paralléliser doivent en partie se remêler et s'enchevêtrer à nouveau ; si elle ne perce pas cette nappe, elle est assujettie à tourner dans un espèce de dédale, d'où elle ne sort que quand le travailleur est trop chargé, et encore alors ce sont les étoupes amenées en dernier lieu qui passent les premières.

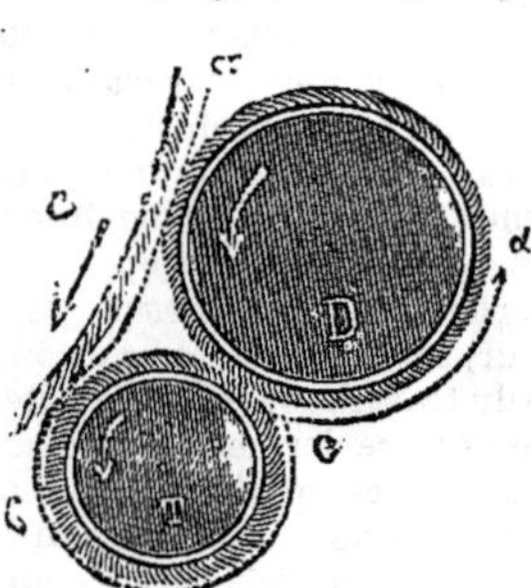

Fig. 569. — *Travail en dehors.*

Le vice que nous signalons est évidemment des plus graves, et à côté du *décardage* qui doit se produire à chaque paire de rouleaux, il faut placer une détérioration de la matière, due à ce que celle-ci est trop tourmentée ; il doit indubitablement en résulter une grande quantité de déchet.

Examinons maintenant ce qu'est le travail en dedans.

Le travail en dedans supprime l'inconvénient dont nous venons de parler, car les étoupes, prises au travailleur par le débourreur, sont placées sur le tambour à un endroit où la nappe n'est pas encore arrivée. Mais d'un autre côté, le cardage doit s'effectuer complètement (fig. 570) dans l'espace triangulaire très restreint compris entre le tambour, le travailleur et le débourreur. Il en résulte que, si la matière est longue ou peu ouverte, il se forme ce qu'on appelle des *boudins* et on en arrive aux mêmes conséquences, c'est-à-dire détérioration de la matière et déchet.

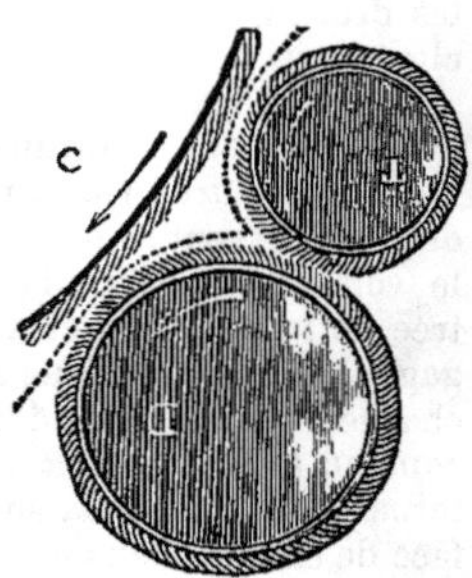

Fig. 570. — *Travail en dedans.*

Tout ceci nous prouve que la carde, telle qu'elle est actuellement construite, est loin d'être parfaite.

Entretien et réglage des cardes à étoupes. En règle générale, une carde ne fonctionne bien qu'autant qu'on l'entretient convenablement. On doit la nettoyer tous les huit jours, en ayant soin non seulement de dégager les engrenages des poussières qui les obstruent, mais encore de rendre les dents du tambour bien nettes. Un tambour bien entretenu peut fonctionner dix ans ; passé ce temps, il faut renouveler les pointes qui le garnissent. Le récipient des duvets se vide deux ou trois fois par jour. Il faut toujours régler la carde en rapport avec la charge d'étoupes qu'on doit lui livrer et le numéro de fil qu'on veut produire. En principe cette machine fonctionne d'autant mieux qu'elle est moins chargée, et lorsqu'on veut en obtenir un rendement plus grand qu'elle ne peut donner réellement, l'étoupe couvre les dents des cylindres et les engorge complètement.

Dans l'alimentation de la carde, il faut éviter de laisser engager sur la toile sans fin des matières dures qui pourraient briser ou plier les pointes et être cause de feu.

L'écartement des cylindres ne peut se régler que par la pratique. Les fournisseurs sont rapprochés le plus possible des tabliers, afin de mieux saisir la matière et pour que le tambour ne puisse leur enlever l'étoupe qu'on leur fournit. Les débourreurs, de leur côté, sont d'autant plus rapprochés du tambour que la matière est plus fine. Trop éloignés, ils n'exercent aucune action sur l'étoupe, qui se tord et bourre les cylindres ; trop rapprochés, ils la déchirent et l'énervent. Ils doivent, il est vrai, marcher plus vite que les travailleurs, mais cette vitesse ne doit pas être exagérée au détriment des fibres cardées.

Lorsque, ce qui arrive parfois, les matières doivent être ménagées, on éloigne quelque peu plusieurs travailleurs du tambour, sans rien changer aux transmissions de mouvement, de manière à diminuer le nombre d'*étirages* (V. ce mot) auxquels les filaments sont successivement soumis.

Quant aux doffers, ils ne doivent pas être aussi éloignés du tambour que les débourreurs, mais graduellement moins rapprochés suivant la hauteur qu'ils occupent. Ainsi, le premier est placé plus loin que le second et enlève les brins les plus longs ; le second plus loin que le troisième et enlève les brins moyens ; le troisième saisit les étoupes les plus menues.

Les cardes qui sont des machines à rotation, alimentées par des matières très inflammables étendues sur une surface considérable, donnent souvent naissance à des incendies partiels. C'est ce qui fait qu'elles se trouvent le plus souvent soit dans des caves voûtées, soit à un rez-de-chaussée bien cimenté.

Pour éteindre les incendies des cardes, un grand nombre d'industriels se servent de ces petits appareils en tôle, auxquels on donne le nom d'*extincteurs*, où l'on a comprimé de l'eau chargée d'acide carbonique, munis d'un robinet qu'il suffit de tourner pour laisser échapper le liquide, en cas d'incendie, sur les parties en feu. Le gaz carbonique qui se dégage avec abondance, joint à l'action du liquide en pluie, empêche la flamme de se propager. D'autres font communiquer la carderie avec un robinet à vapeur provenant des générateurs et qu'on lâche en cas de feu. Ce moyen est peu employé parce qu'il a le grand inconvénient de rouiller les garnitures (pointes) de la carde en danger.

La chaux en poudre est employée par quelques filateurs. Plusieurs pelletées de chaux, jetées dans une carde en feu, en arrêtent immédiatement l'incendie. Ce moyen a l'avantage sur tout autre, de ne nuire aucunement aux cardes et même de les nettoyer.

Dans tous les cas, comme l'eau est encore le remède universel, on fera bien d'en tenir constamment prête dans les carderies, dans des seaux à incendie suspendus le long de la muraille à la disposition du cardeur.

D'ailleurs, en règle générale, l'incendie est souvent moins à craindre dans l'*intérieur* de la carde que dans le récipient rempli de duvet qui se trouve en dessous. Il faut alors, en cas de feu, *laisser marcher* la carde, en éloigner aussitôt tout objet inflammable, débourrer les brosses aussi vite et et autant qu'il est possible, et débarrasser les engrenages des duvets qui voltigent autour d'eux. Quelques pelletées de chaux sur le tambour, quelques seaux d'eau sur les déchets sous la carde, suffisent alors pour qu'on puisse se rendre maître du feu.

Briseuse. Outre les cardes proprement dites, les filateurs d'étoupes emploient une machine spéciale, dite *briseuse*, ainsi nommée parce qu'on l'emploie pour briser les matières dures et serrées et pour ouvrir les étoupes tordues, les mèches de préparation rompues, les cordages ouverts, les déchets de filage au sec, etc.

La briseuse est une machine qui, à première vue, ressemble beaucoup à la carde, mais qui en diffère essentiellement en ce qu'elle ne produit aucun étirage sur les filaments. La carde rend l'étoupe allongée et sous forme de *ruban*, la briseuse l'amène à l'arrière sous forme d'une *nappe* continue qui s'amasse auprès de la machine, et dont on porte ensuite les débris à la carde pêle-mêle.

Elle a comme rouleaux une paire de fournisseurs, un débourreur-fournisseur, plus deux paires de travailleurs et de débourreurs entre lesquels se trouve un cylindre en ferblanc. Elle est munie par derrière d'un seul doffer, sur lequel s'amassent les étoupes, qui en sont débourrées par un doffing-knife.

Les garnitures des fournisseurs, du tambour, du débourreur-fournisseur et des débourreurs, sont montées sur bois ; celles des travailleurs et des doffers sont seules montées sur cuir.

Pour que le travail de l'étoupe soit moins approfondi, les débourreurs sont placés suivant la méthode du travail en dedans.

Doubleuse. Pour faire certains numéros de fil il est nécessaire de carder les étoupes deux fois. Ce travail se pratique sur une machine dont les garnitures sont plus fines que celles de la carde qui l'a précédé.

On a imaginé divers systèmes pour réunir successivement entre elles les cardes d'un même assortiment et les alimenter l'une par l'autre, mais la pratique n'a jamais admis ces sortes d'inventions. Non seulement les appareils étaient alors trop compliqués, mais encore l'arrêt d'une seule de ces machines avait pour effet de faire cesser le travail de l'assortiment tout entier. On en est toujour revenu à la méthode classique.

Dans ce cas, la table de la seconde carde est supprimée, et l'on place, au-dessous des étireurs, sur des supports ménagés à cet effet, d'immenses bobines sur lesquelles sont enroulés dix à douze rubans d'étoupe déjà cardée. Au lieu d'étaler l'étoupe, on laisse engager ces rubans dans la carde. Les rubans sont enroulés au préalable sur la bobine au moyen d'une machine dite *doubleuse*. Il y a plusieurs systèmes d'appareils qui portent ce nom. La doubleuse la plus employée se compose essentiellement de deux cylindres qui tournent dans le même sens, entre lesquels la bobine traversée par une broche est exposée horizontalement. La bobine obéit au mouvement des rouleaux, vu la pression exercée sur les extrémités de la broche. On place devant un manteau à dix ou douze passages les pots de filature dans lesquels se sont entassés les rubans d'étoupe déjà cardée, et la bobine entraîne dans sa course les rubans qui s'enroulent sur son fuseau. Ceux-ci sont maintenus pour ne pas s'ébouler, par deux plaques en forme de rondelles disposées sur les côtés de la machine. Lorsque la bobine est pleine, on fait cesser la pression et on l'enlève avec facilité.

Opérations subséquentes. Le cardage des étoupes n'est qu'une opération préliminaire de la matière brute ; il a pour résultat de transformer celle-ci en un ruban, lequel peut ensuite être allongé petit à petit, de manière à se rapprocher de plus en plus de l'état de fil. L'allongement de ce ruban se fait sur les machines dont nous avons donné les noms plus haut. Arrivé à l'appareil dit *banc à broches* le ruban, suffisamment allongé, commence à être tordu, et c'est sur la machine dite *métier à filer* qu'il reçoit la torsion et l'allongement définitifs. Comme le fil formé se trouve alors sur des bobines, il est finalement dévidé sur un *dévidoir* où il reçoit la forme commerciale qui est celle de l'écheveau. Nous ne décrirons pas ici les machines qui suivent la carde, car elles sont identiques, comme nous l'avons dit, à celles employées pour le filage du lin (V. LIN). Nous les étudierons lorsque nous nous occuperons de ce dernier textile. — A. R.

* **ÉTOUPIÈRE.** Femme qui charpit les vieux cordages dans les ports de mer. Ce sont, en France, les femmes de marins qui se livrent au travail du détordage des câbles usés ; en Angleterre, on confie ce soin aux prisonniers. On a imaginé dans ces dernières années des machines dites *à fabriquer l'étoupe* en vue de remplacer le travail manuel, mais jusqu'ici on n'en a obtenu qu'un résultat médiocre. L'étoupe ainsi produite est destinée au calfatage des navires.

ÉTOUPILLE. *T. d'artill.* Artifice employé pour mettre le feu à la charge des bouches à feu. Les étoupilles se placent à l'entrée du canal de lumière, elles renferment une petite charge de poudre suffisante pour lancer à travers ce canal un jet de flamme susceptible d'enflammer la poudre même à travers l'enveloppe de la gargousse, de là le nom de *fusée d'amorce* sous lequel on les désigne aussi quelquefois.

— Les premières étoupilles, dont la mise en service en France est due à Gribeauval (1774), étaient formées de tubes en roseau dont on avait enlevé la moelle pour la remplacer par une composition fusante faite avec du pulvérin et de l'eau-de-vie gommée et amorcée avec un bout de mèche à étoupille, formée de la réunion de plusieurs brins de coton recouverts d'une pâte faite de pulvérin et d'eau-de-vie gommée. A défaut de roseau on employait un tube en papier ; le tube en roseau étant susceptible de conserver le feu, la marine le remplaça, en 1807, pour le service à bord, par un tube en plume. L'*étoupille en roseau* et l'*étoupille en plume* ont été réglementaires pendant longtemps. On y mettait le feu, soit directement avec le boute-feu, soit avec la lance à feu, artifice qui brûlait en donnant un long jet de flamme.

Vers 1829, seulement, la marine commença à faire usage d'une *étoupille fulminante à percussion*, étoupille en plume portant à sa partie supérieure une capsule ou pastille fulminante dont on déterminait l'inflammation par le choc d'un percuteur, sorte de marteau sur lequel on agissait à l'aide d'un cordon tire-feu. En 1847, l'artillerie de terre adopta l'*étoupille fulminante à friction*, avec tube en cuivre, qui est encore réglementaire aujourd'hui et dont l'inflammation est déterminée par le passage au travers d'une amorce fulminante d'un corps rugueux que l'on tire brusquement à l'aide d'un cordon-tire-feu, En 1859, la marine, laissant de côté l'étoupille à percussion, a adopté également une étoupille à friction, mais avec un tube en plume.

Les étoupilles à frictions se composent d'un grand tube rempli de poudre et fermé du côté de la tête par un tampon de façon à projeter la flamme vers l'intérieur. Au milieu ou au-dessus de la poudre est placé un petit tube contenant la composition fulminante ; il est traversé par le rugueux, fil en cuivre rouge terminé à une de ses extrémités par une partie aplatie et dentelée et à l'autre par une boucle qui sert à accrocher le cordon tire-feu (fig. 571). On enflamme l'étoupille en agissant vivement sur le tire-feu de façon à provoquer le passage brusque du rugueux à travers la composition fulminante. La pâte fulminante est formée de 10 parties de chlorate de potasse, 20 de sulfure d'antimoine et 4 grammes d'eau gommée pour l'étoupille de l'artillerie de terre ; pour celle de la marine, cette composition fulminante s'altérant trop rapidement à bord et aux colonies, on l'a remplacée par une autre comprenant 20 parties de fulminate de mercure, 8 de sulfure d'antimoine et 4 d'eau gommée.

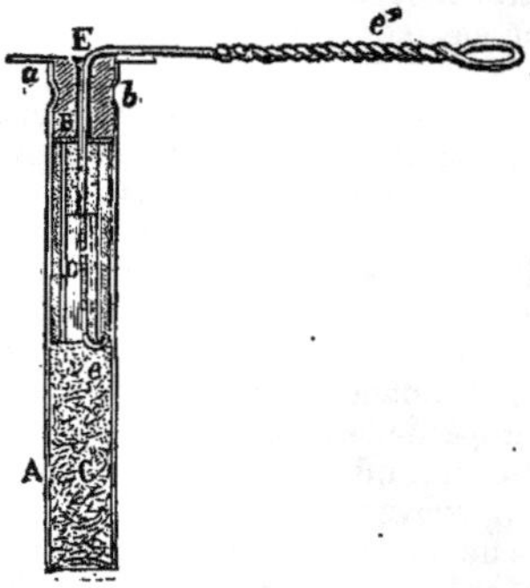

Fig. 571. — *Etoupille à friction de l'artillerie de terre.*

A Grand tube. — *B* Tampon en bois. — *C* Poudre ordinaire. — *D* Petit tube contenant à sa partie supérieure la foudre fulminante. — *E* Rugeux. — *a* Oreilles empêchant le grand tube de s'enfoncer dans la lumière. — *b* Etranglement servant à fixer le tampon en bois dans le grand tube. — *e* Partie dentelée du rugueux. — *e'* Boucle du rugueux.

Avec les bouches à feu des derniers modèles, par suite de l'emploi de charges de plus en plus fortes, les fuites de gaz par le canal de lumière sont devenues de plus en plus violentes et les dégradations, qui en sont la conséquence, sont alors également de plus en plus fréquentes et de plus en plus graves. En outre, la lumière étant percée dans la culasse, dans le prolongement même de l'axe de la pièce, les projections des débris de l'étoupille sont dangereuses pour les servants. Pour remédier à ces inconvénients on a cherché à fabriquer des étoupilles pouvant obturer le canal de lumière.

Jusqu'ici l'artillerie de terre n'a point encore adopté de modèle d'étoupille obturatrice, mais les étoupilles ordinaires employées pour le tir des bouches à feu des derniers modèles, sont pourvues d'un dispositif ayant pour but d'empêcher la projection éventuelle du grand et du petit tube.

La marine emploie depuis 1874, pour le tir de ses bouches à feu à lumière centrale, une *étoupille obturatrice à percussion centrale.* Cette étoupille se compose d'une douille en laiton, obtenue par emboutissage ; au fond est placée une capsule fulminante en regard de laquelle est vissée une cheminée percée d'un canal, le reste de la douille est rempli de poudre (fig. 572). L'inflammation s'obtient par le choc d'un percuteur ; l'amorce étant chassée en avant, le fulminate vient buter contre la cheminée et prend feu. En faisant varier l'épaisseur du fond de la douille on peut augmenter ou diminuer la sensibilité de l'étoupille.

Plusieurs modèles d'*étoupille obturatrice à friction* ont été expérimentés, aucun d'eux n'a encore donné de résultats assez satisfaisants pour pouvoir être rendu réglementaire.

Pour la mise du feu par l'électricité soit à bord des cuirassés, soit dans les tourelles cuirassées dont sont pourvus certains forts, on a recours depuis plusieurs années à l'emploi d'*étoupilles électriques*.

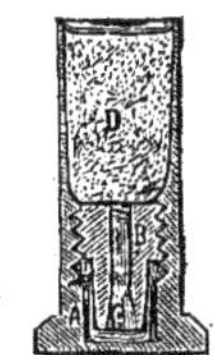

Fig. 572. *Etoupille à percussion centrale de la marine.*

A Douille. — *B* Cheminée. — *C* Capsule. — *D* Poudre.

Les étoupilles électriques ordinaires ne diffèrent des étoupilles à friction ordinaires qu'en ce que le rugueux et le petit tube avec sa composition fulminante sont remplacés par une amorce électrique. Celle-ci comprend un fil conducteur en cuivre recouvert de gutta-percha; ce fil est formé de deux branches entre lesquelles est placé pour servir d'*inflammateur* un fil de platine iridié enroulé en hélice et un *allumeur* formé de coton-poudre en floches placé au contact du fil de platine. Lorsqu'on fait passer le courant, le fil de platine rougit et enflamme l'allumeur qui communique le feu à la poudre.

L'*étoupille électrique obturatrice* est basée sur le même principe : la douille en laiton présente intérieurement les mêmes dimensions que celles de l'étoupille obturatrice à percussion. Le fil de platine, placé au fond et entouré d'une poudre fulminante destinée à servir d'allumeur, communique électriquement d'une part, avec la douille, et de l'autre avec une tige centrale par laquelle on fait passer le courant. Cette tige est disposée de façon à traverser le fond de la douille tout en restant isolée et ne laissant passer aucune fuite de gaz. Tous ces artifices sont fabriqués à l'Ecole de pyrotechnie de Bourges pour l'artillerie de terre, et à l'Ecole de pyrotechnie de Toulon pour la marine.

ÉTRANGLEMENT. 1° *T. de mécan.* Obstacle apporté à l'écoulement de la vapeur vers un cylindre, par la fermeture partielle d'un registre, d'une valve ou d'une soupape. C'est le moyen que l'on emploie pour modérer l'allure d'une machine, lorsque cette machine ne possède pas de détente variable, mais il est beaucoup plus dispendieux que ce dernier mode, attendu que tout étranglement détermine une perte de force vive et occasionne des condensations qui absorbent une certaine portion de la chaleur de la vapeur au moment de son passage à travers l'étranglement. || 2° *T. de min. Etranglement de serre.* Rapprochement brusque du toit contre le mur de la couche exploitée.

* **ÉTRANGLOIR.** *T. de mar.* Lunette en fer, de fortes dimensions, à l'aide de laquelle on peut permettre ou intercepter le passage d'une chaîne d'ancre dans un manchon en fonte fixé sur un pont, au-dessus d'un puits à chaîne, au moyen d'un levier sur lequel on agit avec un palan.

ÉTRAVE. *T. de mar.* Pièce qui s'élève à l'avant du navire dans son plan diamétral, depuis l'extrémité de la quille jusque sous le beaupré.

* **ÉTREIGNOIR.** *T. techn.* Outil garni de clefs percées de trous, que l'on emploie pour serrer fortement des pièces assemblées les unes dans les autres.

* **ÉTRÉSILLONNEMENT.** — V. ETAIEMENT.

* **ÉTRICHAGE.** *T. techn.* Opération du fabricant de cordes d'instruments. — V. CORDE DE BOYAUX.

ÉTRIER. *T. de constr.* Pièce de fer coudée carrément ou en forme d'U qui embrasse une pièce de bois ou de métal, une charpente pour la soutenir ou la soulager. || *Art. hérald.* Meuble de l'écu représentant l'étrier du cavalier.

* **ÉTRILLAGE.** *T. de cord.* Etriller la ficelle, c'est la débarrasser de la chenevotte qu'elle contient, coucher les poils de chanvre en les collant, la rendre brillante, unie, en un mot la polir.

Jusqu'à présent, dans les petites corderies, on fait cette opération de la manière suivante : le « piquet » de ficelle à polir, composé d'un certain nombre de brins de même longueur, est allongé et fortement tendu le long d'un chemin, entre deux pièces de bois très solides placées à chaque extrémité. Sur ce piquet de ficelles ainsi tendu on place l'*éréda* ou *raida*, appareil spécial composé de trois broches en fer et de cordes en crin enlacées avec ces broches et la ficelle à polir, sur lequel on attelle un cheval. Celui-ci traîne l'éréda dans toute la longueur du piquet, et au bout d'un certain nombre d'allées et venues la ficelle se trouve polie.

Cette manière d'opérer présente plusieurs inconvénients dont les principaux sont : 1° d'exposer les ouvriers qui travaillent sur un chemin de 1m,20 à 1m,50 de large au plus, avec un cheval qui passe constamment auprès d'eux, à se faire blesser; 2° ces animaux, pour pouvoir faire le travail qu'on attend d'eux, doivent être de première force et sont par conséquent fort chers, de plus, il faut souvent les remplacer, car ils sont mal conduits, brutalisés et rapidement mis hors de service.

Aussi pour remplacer le cheval dans les usines qui ont un moteur à vapeur ou hydraulique, a-t-on inventé des *étrilleuses mécaniques* dont la principale est celle de MM. Laboulais frères, d'Angers. Elle est agencée de la manière suivante :

Sur un bâti en fonte, monté sur pierre de taille à l'une des extrémités de l'aire du cordier, sont deux tambours à gorges placés solidement sur axes verticaux. Ces tambours peuvent tourner dans les deux sens, car ils sont venus de fonte avec un engrenage placé à leur partie supérieure, dont chacun est commandé par un même pignon placé sur un arbre vertical entre eux, tournant à la volonté de l'ouvrier dans un sens ou dans l'autre, à l'aide de trois pignons d'angle et de trois poulies, comme dans la commande des machines à raboter.

A l'autre extrémité de l'aire, correspondant aux tambours, est une poulie à gorge montée sur un axe vertical, lequel est mobile à l'aide d'une vis à droite ou à gauche.

Une corde sans fin enveloppe de plusieurs tours

les gorges des tambours fixés d'un côté, et s'enroule en même temps sur la gorge de la poulie placée du côté opposé. L'ouvrier *étrilleur* se place entre les deux brins de cette corde, il y attache l'éréda de crin qui servira à polir les ficelles tendues le long de l'aire et la fait manœuvrer sur toute la longueur de celle-ci à l'aide d'une disposition spéciale de la machine.

Les ficelles à étriller sont arrangées en piquet le long de la corde sans fin, d'un côté on attache ledit piquet qui se compose de plusieurs brins de même longueur (dont chacun est lié à un petit morceau de bois de 30 centimètres de long appelé *bois de piquet*) à un poteau fixe, de l'autre à un treuil qui tend également et d'un seul coup tous les fils.

La manœuvre de ce treuil est toute spéciale. Il arrive en effet que, sous l'action de la machine qui fait courir l'éréda le long du piquet, les ficelles s'allongent considérablement; il faut alors les tendre à nouveau, et comme l'allongement est presque continu pendant l'étrillage, il faut à chaque instant faire agir ce treuil. Autrefois, un homme restait continuellement auprès dudit treuil et n'agissait que sur l'ordre de l'ouvrier étrilleur. Or, comme la longueur de l'aire varie de 50 à 150 mètres et plus, l'ouvrier ne pouvait, au milieu du bruit, que difficilement se faire entendre de son camarade du treuil; celui-ci était du reste assez peu attentif, n'ayant à faire qu'un travail intermittent. Aujourd'hui, les constructeurs fournissent avec leur machine des *treuils-raidisseurs* destinés à remplacer cet homme, et à mettre la tension du piquet complètement à la disposition de l'ouvrier étrilleur à tout point de l'aire d'étrillage. — V. Ficelle. — A. R

ÉTRUSQUE (Art). L'art étrusque ne nous est guère connu que par quelques sépultures et par les travaux de savants ingénieurs qui ont tenté de reconstituer en partie cette civilisation disparue. Elle a certainement tenu une place très importante dans l'histoire de l'art en Italie, mais elle est surtout intéressante pour nous comme étant l'origine de la civilisation romaine.

Les Etrusques, qui occupaient la partie de l'Italie à laquelle on a donné le nom de Toscane, furent pendant longtemps le peuple le plus puissant de la Péninsule. Ils entretenaient un commerce actif avec les ports de la Méditerranée; outre les douze grandes cités d'Etrurie, ils avaient établi douze colonies sur les bords du Pô, et douze en Latium et en Campanie. Dès que Rome voulut s'étendre dans le Latium, elle dut entrer en rivalité avec les *lucumonies* étrusques, et cette lutte, une des plus importantes pour l'avenir du peuple roi, se termina, un siècle plus tard, sur les bords du lac Varimon, par la défaite complète des Etrusques et leur absorption dans le territoire romain. Ils ne tardèrent pas à développer chez leurs vainqueurs ces habitudes de luxe et de goût, qui mettaient un cachet d'élégance jusque sur les objets et ustensiles les plus communs sortis des fabriques d'Etrurie.

Il ne reste de l'architecture étrusque que quelques fragments d'enceintes murales, et des sépultures généralement bien conservées, protégées qu'elles ont été d'abord par le culte que les Romains conservaient aux demeures des morts, et plus tard par l'indifférence et l'ignorance des conquérants, qui n'ont attaché aucune importance à des tertres couverts de buissons. Les enceintes fortifiées ont surtout souffert pendant les luttes de cités à cités qui ont agité l'Italie pendant tout le moyen âge. Ces murailles et ces portes sont bâties au moyen de pierres polygonales parfaitement jointes, sans ciment, appareil employé également par les Romains, sans doute d'après les architectes étrusques, et qui offre de grandes garanties de solidité et de durée. Elles se rattachent évidemment à la civilisation pélasgique, qui avait pénétré en Italie par les rapports commerciaux si fréquents entre ce pays et la Grèce.

Les quelques fragments de monuments qui nous sont parvenus attestent, d'ailleurs, cette influence de l'art grec. On y remarque, comme dans l'architecture grecque primitive, l'imitation des édifices en bois, qui ont donné l'idée de tailler dans la pierre des poutres, des caissons, des triglyphes, etc.; ainsi qu'on le remarque à Tarquinie, à Vulci, à Cœré. De même, cette ordonnance particulière à l'architecture étrusque, et à laquelle on a donné le nom d'*ordre toscan*, n'est qu'une simplification du dorique grec, élégante sans doute, mais qu'on a peut-être qualifié à tort d'ordre particulier et propre à déterminer un style architectural.

Il a été agité souvent aussi une question fort importante pour l'histoire de l'art : c'est celle de savoir si l'on doit rapporter aux Etrusques l'invention des voûtes à plein cintre construites au moyen de voussoirs. On sait, en effet, que c'est l'introduction de la voûte dans la construction qui donne à l'architecture romaine son caractère original et la distingue de l'architecture grecque, qui n'emploie que la plate-bande. Il est certain que les premières constructions faites ainsi à Rome, telles que le grand cloaque, étaient dues à des architectes venus de l'Etrurie; il existe encore à Volaterre une porte murale à plein-cintre dont l'archivolte est formée de voussoirs, avec une clef ornée d'une tête en relief d'un dessin primitif : ce sont là des indices importants. Cependant il ne paraît pas établi que, même à l'apogée de leur civilisation les artistes étrusques aient employé la voûte et se soient rendu compte de son importance. Les portes qui nous restent sont très variées, et ne peuvent nous fournir des données exactes. A Arpino, la porte est ogivale, élevée au moyen de blocs horizontaux dont on a abattu une portion; à Alatri, on voit une porte triangulaire; à Signia, les jambages s'élèvent verticalement pour se briser et se rapprocher en formant une section de pyramide tronquée. Il n'y a donc pas là de règles constantes.

Les sépultures, au contraire, soumises à des rites religieux, ne subissent aucune autre influence que celle de la configuration des lieux. Dans les pays montagneux, à Toscanella, par exemple, le sarcophage est confié à un caveau creusé dans le roc; à Vulci, à Tarquinies, qui sont en plaine, le tombeau est creusé dans le sol et maçonné avec soin. Il est précédé de plusieurs chambres auxquelles on accède par un escalier, et qui reçoivent les objets appartenant au défunt. Le tout est surmonté d'un tumulus en pierres, recouvert de terre, de façon à former un tertre élevé. La plupart des tombeaux étrusques ont été retrouvés et ouverts, au commencement de ce siècle, par le prince de Canino. La description la plus curieuse et la plus étendue qui nous soit restée d'un monument étrusque est celle faite par Pline, d'après Varron, du tombeau dit de Porsenna, près de Clusium. Mais Pline, excellent naturaliste, était sans doute médiocre architecte, car son texte est si confus et si peu intelligible, que la restitution de cette sépulture a présenté des difficultés très grandes. Voici cependant quel aurait été son aspect, d'après Quatremère de Quincy (*Monuments et ouvrages d'art antique*).

Sous un soubassement carré d'environ 500 mètres de long, on avait ménagé un labyrinthe, selon la coutume, pour mieux dissimuler la chambre du sarcophage. Au-dessus, cinq pyramides coniques surmontées d'un chapeau (*pétasus*) d'où pendaient des clochettes agitées par le vent; derrière cette première construction s'en trouvait une autre semblable, mais plus élevée, qui portait quatre pyramides carrées de 30 mètres de hauteur; enfin, au milieu, s'élevait une plate-forme de hauteur égale à celle de la pyramide, et qui supportait également cinq tumulus coniques comme les premiers.

Cette interprétation du texte de Pline nous donne un monument tellement bizarre, et tellement contraire à tout ce que nous connaissons de l'art étrusque, qu'on est arrivé à douter de l'existence même du tombeau de Porsenna, et à considérer le récit de Pline, ou du moins celui de Varron, comme l'exposition allégorique d'un système religieux. Nous nous contenterons d'indiquer ici cette thèse ingénieuse qui a trouvé des partisans éclairés.

Fig. 573. — *Sacrifice étrusque.*

Les tombeaux étrusques étaient décorés intérieurement de peintures qui ne manquaient pas de valeur artistique, et dont plusieurs nous ont été conservées: elles représentent des scènes à la fois naïves et variées, rendues souvent avec une grande vérité d'expressions. Ces peintures sont à la détrempe.

L'art étrusque, en ce qui concerne la peinture et la sculpture, a passé par trois périodes distinctes. La première a tous les caractères de l'art à son enfance. Les sculptures ne sont que des marionnettes grossières et mal taillées; les membres sont joints au corps ou ne s'en séparent qu'imparfaitement; le tronc, à peine formé, est posé gauchement et sans souplesse, la tête est commune et sans expression. Les mêmes défauts se remarquent dans le dessin des fresques.

Fig. 574. — *Vase étrusque.*

Mais bientôt l'étude se perfectionne, l'idée s'élève. Avec la seconde période, qui est certainement la plus intéressante de l'art toscan, l'expression est observée avec soin, recherchée et forcée même; les mouvements sont exagérés, les muscles accusés, ce qui est d'autant plus visible que, contrairement à ce qui se faisait en Grèce, les Etrusques s'attachent à l'étude du nu et font rarement usage de figures drapées. On ne peut refuser à leurs artistes une grande finesse d'observation et une certaine habileté dans le rendu. Voyez, par exemple, le fragment que nous donnons figure 573, et qui représente un sacrifice : les prêtres chargés des offrandes, le joueur de flûte, les guerriers, les assistants apportant leurs présents au dieu ont leur physionomie distincte; les mouvements sont libres, les proportions justes: tout indique un art déjà avancé.

Pendant la troisième période, l'art étrusque perd son originalité. Les artistes toscans se trouvent à Rome en contact avec des artistes grecs, et reconnaissant la supériorité de leurs procédés, ils s'engagent avec ardeur dans une voie nouvelle où ils égalent bientôt leurs maîtres; mais, dès lors, ils ne sont plus que des copistes, et ils demeurent stationnaires, tandis que les Grecs se perfectionnent et produisent des chefs-d'œuvre.

L'art industriel était très développé en Toscane, et on a trouvé dans les sépultures nombre de bijoux, de vases et d'ustensiles qui témoignent de l'habileté des ouvriers. Le prince de Canino en a recueilli plus de 2,000 dans chacune des nécropoles de Vulci et de Tarquinies. Tous les objets en métal : lampes, miroirs, boucliers, armes et bijoux sont d'une élégance et d'un fini remarquables et dignes de la haute réputation que les produits de l'Etrurie avaient acquise auprès des peuples de l'antiquité.

L'art de modeler était arrivé à un grand degré de perfection, et l'abondance des vases qu'on a recueillis a permis de fixer, d'une façon certaine, trois périodes dans l'histoire de la céramique étrusque. Ces poteries étaient couvertes de dessins analogues aux fresques dont nous avons parlées. Nous rappellerons, en peu de mots, les caractères distinctifs de chaque période.

Première période. Vases de terre cuite brune, ornés de peintures hiéroglyphiques, personnages roides, aux membres joints au corps, aux gestes anguleux. Animaux fantastiques : sphinx, griffons, chimères; l'influence égyptienne est prépondérante.

Deuxième période. Les scènes sont mieux indiquées, plus animées; les personnages se meuvent, souvent même l'action devient de la violence, les épisodes de chasses et de combats sont très fréquents. Déjà à cette époque l'influence des Grecs se fait sentir, timide encore. Le vase étrusque trouvé à Vulci, que nous représentons figure 574, marque bien la transition de cette période à la suivante. Admete fait à Alceste ses derniers adieux. A côté d'eux Caron armé d'un marteau — attribut tout étrusque — et un génie brandissant des serpents. Cette scène n'est pas grecque, mais le modèle du vase n'est point étrusque. On sent là l'imitation des modèles étrangers qui à cette époque envahissaient l'Italie.

Troisième période. L'influence grecque se montre triomphante et exclusive; le nu domine, les scènes deviennent riantes, calmes, gracieuses; les procédés de fabrication atteignent une grande perfection, le dessin des vases est svelte et pur.

Notons encore à la fin de la civilisation romaine des contrefaçons fort bien faites des vases étrusques de la première période qui, à cette époque déjà, étaient très recherchés des collectionneurs. — C. DE M.

Bibliographie : L'Etrurie et les Etrusques, par Noël des Vergers; *Journal des savants,* articles de Raoul ROCHETTE, 1828, 1830, 1834, 1836, 1843-45 ; *Histoire de l'art monumental,* par BATISSIER ; *Histoire de l'architecture,* par D. RAMÉE.

ÉTUVE. *T. de chim.* Nom donné à un appareil dans lequel se fait la dessiccation des corps, lorsqu'on veut y doser l'humidité, ou simplement les priver d'eau. L'échauffement de l'air peut être variable dans ces sortes d'appareils : ainsi, dans l'étuve Coulier, que l'on chauffe avec une lampe d'appartement, la température n'est pas constante, comme dans l'étuve de Gay-Lussac, qui a toujours la température de l'eau en ébullition. Pour les corps que l'on doit soumettre à une température assez élevée, on peut se servir soit de l'étuve à huile, qui atteint le degré de chaleur que peuvent fournir les divers corps gras portés à l'ébullition, ou de l'étuve à bain de sable de Schlœsing, ou encore des étuves à gaz, dans lesquelles on peut obtenir, à l'aide de divers systèmes de régulateurs, des températures constantes, indiquées par des thermomètres.

Dans l'industrie, on donne encore le nom d'étuve à de grandes pièces, chauffées à une température variable, comme dans les fabriques d'indienne; ou, à peu près fixe, comme dans les fabriques de dextrine où l'on porte à 110-120° la fécule préalablement mouillée d'eau acidulée, etc.

Étuve de corderie. Lieu muni de fourneaux et de chaudières où l'on goudronne les cordages et les fils.

* **EUCALYPTUS.** *T. de bot.* Nom donné à un genre de plantes australiennes, appartenant à la famille des myrtacées, et qui comprend près de 150 espèces, dont certaines ont une grande utilité. Ce sont de beaux arbres à bois agréablement teinté, à écorce colorée et parfois très dure à entamer par l'outil, que l'on peut assez facilement acclimater dans les régions les plus diverses, puisque depuis 1837, on voit un bel échantillon d'*eucalyptus viminalis* près d'Edimbourg, et qu'en Algérie il y en avait plus de deux millions de pieds en 1878; mais, qui ne résistent pas aux rigueurs d'un long hiver. Ces arbres ont été préconisés, surtout il y a quelques années, comme servant à l'assainissement de certains terrains marécageux ; les émanations résineuses qu'ils répandent, purifient l'air. L'*eucalyptus robusta* conviendrait parfaitement aux chotts d'Algérie, ainsi qu'à diverses régions d'Italie. L'*eucalyptus globulus,* Labil (Blue gum) fournit une essence (eucalyptol : 3 0/0 dans les feuilles) et des feuilles, que l'on utilise pour leurs propriétés médicales, contre les fièvres intermittentes, la tuberculose fébrile, les sueurs profuses, ainsi que comme stimulant. De l'*eucalyptus mannifera,* Bot. Soc., découle une manne abondante, analogue à celle du fresne, et de l'*eucalyptus resinifera,* Smith, on retire, par incision du tronc, un suc astringent, nommé *gomme kino de la Nouvelle Hollande,* qui est préconisé dans les dyssenteries, et est utilisé en teinture; l'écorce de l'*eucalyptus leucoxylon,* donne souvent d'ailleurs, jusqu'à 22 0/0 de son poids de tannin.

Le bois de diverses espèces d'eucalyptus a des propriétés spéciales; outre sa coloration, qui parfois rappelle celle de l'acajou de Saint-Domingue, il est très dur, résineux, et inattaquable aux insectes ; aussi, emploie-t-on depuis fort longtemps déjà en Australie, les bois d'*eucalyptus globulus* (blue gum), d'*eucalyptus rostrata,* Cav. (red gum), d'*eucalyptus robusta,* Smith ; d'*eucalyptus leucoxylon* (white gum), d'*eucalyptus obliqua,* L'Her ; d'*eucalyptus meliodora,* etc., pour faire tous les travaux importants de charpenterie, les poteaux télégraphiques (sur près de 50,000 kilomètres, en 1880), ainsi que les traverses de chemin de fer, les constructions navales, etc. Depuis quelques années, un industriel français, M. Bouchereaux, fabrique avec l'eucalyptus globuleux des plantations algériennes, des meubles droits, courbés ou tournés, des chaises, etc., dont la couleur jaunâtre, rappelant celle de l'érable, la grande dureté, l'incorruptibilité à l'air et l'inaltérabilité par les insectes, sont aujourd'hui très appréciées. Il y a tout lieu d'espérer que la culture de l'eucalyptus, grâce aux efforts de M. de Mueller, de M. Naudin, se multipliera de plus en plus, et qu'on verra des meubles, faits avec ces essences, se vulgariser et se vendre couramment d'ici peu de temps. — J. C.

EUDIOMÈTRE. *T. de phys.* Instrument servant à réaliser l'analyse ou la synthèse de différents corps. Nous n'avons pas à revenir sur les expériences synthétiques; en faisant l'étude de l'EAU, nous avons montré comment se pratique la reconstitution de ce liquide, au moyen de l'eudiomètre, par la combinaison des gaz oxygène et hydrogène; mais, n'ayant pu détailler au mot AIR, comment on pratique par ce moyen, l'analyse de ce mélange gazeux, nous allons ici donner quelques détails sur son emploi.

Il existe différentes sortes d'eudiomètres : celui décrit page 510 de ce volume, est l'eudiomètre simple à mercure, il est essentiellement constitué par une éprouvette en verre épais, traversée à sa partie supérieure, par une tige en fer venant se terminer, au voisinage d'une autre tige métallique munie d'une chaîne conductrice. Supposons que, l'instrument étant rempli de mercure et placé sur la cuve à mercure, la chaîne étant en contact avec ce métal, on y introduise 100 volumes d'air et 100 volumes d'hydrogène : en faisant jaillir une étincelle électrique entre les deux pointes métalliques, on produira une secousse qui fera remonter le mercure dans l'éprouvette, parce qu'une combinaison s'est effectuée entre l'oxygène de l'air et l'hydrogène ajouté, et que de l'eau a été engendrée. Si l'éprouvette est graduée, on peut constater qu'à la place des 200 volumes gazeux primitifs, il en reste 137 par exemple (il y a souvent une variation de 3 volumes en plus, ou en moins), donc 63 volumes ont été absorbés par la combinaison produite. Or, l'eau engendrée contient 1/3 d'oxygène, pour 2/3 d'hydrogène, c'est-à-dire que l'on soustrait à l'air 21 volumes d'oxygène. Le mélange gazeux contenu dans l'éprouvette sera donc constitué par 79 volumes d'air (100-21) et par 58 d'hydrogène (100-42), c'est-à-dire, par

$$79+58=167$$

volumes de gaz.

L'eudiomètre simple permet d'obtenir une certaine approximation, mais la secousse produite, lors de la combinaison, occasionne souvent quelques erreurs; aussi, Mitscherlich a-t-il modifié l'appareil de Gay-Lussac, en disposant dans le pied de l'instrument une garniture avec soupape, qui s'oppose à la déperdition du gaz ; et plus nouvellement encore M. Ribau a-t-il proposé un second perfectionnement, portant sur la disposition de l'armature inférieure, pour préserver des effets explosifs, souvent considérables, qui se produisent, même avec l'eudiomètre Bunsen (à fils de platine).

L'eudiomètre de Volta est destiné à pouvoir agir avec l'eau. Après l'expérience, on visse sur l'instrument un tube gradué, avec mesure à coulisse, au moyen duquel on fait la lecture facile du volume gazeux, en y faisant pénétrer les gaz non combinés, par la manœuvre d'un robinet.

Pour les expériences d'une grande précision, MM. Regnault, Doyère, puis M. Schlœsing ont proposé des instruments dans lesquels la lecture du volume gazeux se fait parfois avec un catéthomètre, et en tenant toujours compte des influences de pression, de température, etc., etc., qui peuvent influencer les résultats. — J. C.

***EUPHOTIDE.** *T. de minér.* Roche constituée par du feldspath albite compacte, avec diallage vert, ou diallage métalloïde, et se transformant parfois, sur les bords des épanchements, en variolite. Elle appartient à la famille pyroxénique, et constitue la variété à diallage dominant. Dans les périodes éruptives anciennes elle se range dans la période mélaphyrique, qui s'étend du terrain permien au trias ; on en retrouve au mont Genèvre ; à la Serre, entre la Mure et Valdens (Alpes), dans les Appennins, l'Illyrie, etc., où elle a joué, comme les serpentines, en général, un rôle considérable à l'époque de l'éocène supérieur.

***EURITE.** *T. de minér.* Roche formée de felspath albite compacte, ou de pétrosilex, de coloration variable, avec grains de feldspath laminaire, de mica, et même, de quartz, amphibole, tourmaline, disthène, etc. Il en existe de compacte, de porphyroïde, de granitoïde. Elle se trouve dans les terrains de transition, et dans les plus anciens terrains d'épanchement. Au microscope on y voit des sphérolithes à croix noire. On en rencontre près d'Autun (à Sincey, à La Selle); près de Bourganeuf, à Sainte-Magnance (Yonne). Elles appartiennent à la période éruptive ancienne, dite *porphyrique.*

***EUTERPE.** *Myth.* L'une des neuf Muses. Elle inventa la flûte, et c'est elle qui présidait à la poésie lyrique et à la musique. Les modernes se sont conformés à la tradition antique qui la représente ordinairement sous la figure d'une jeune fille couronnée de fleurs, tenant d'une main un cahier de musique et de l'autre une flûte, simple ou double; elle est entourée de hautbois ou d'autres instruments de musique.

ÉVAPORATION. *T. de phys.* Passage spontané d'un liquide à l'état de vapeur, lorsque ce changement d'état se produit seulement à sa surface. Quand la transformation a lieu dans toute la masse du liquide, elle se nomme *ébullition.* Le mot de *vaporisation* s'applique, en général, au passage d'un liquide à l'état gazeux, quel que soit le mode du changement d'état. Toutefois, il s'emploie plus particulièrement dans le cas où le liquide est exposé à un foyer de chaleur plus ou moins intense.

On a cru pendant longtemps que la présence de l'air était nécessaire à l'évaporation de l'eau. L'expérience de Fontana a démontré qu'au contraire l'air est un obstacle à ce changement d'état; et l'on constate facilement qu'un liquide volatil introduit dans le vide barométrique s'y évapore instantanément; c'est-à-dire qu'il y produit en un instant très court toute la vapeur qui est nécessaire à la saturation de tout l'espace qui lui est offert. De plus, l'expérience montre que la quantité de vapeur produite dans un espace donné est la même, que cet espace soit vide ou déjà occupé par l'air ou par un gaz sans action chimique sur cette vapeur, dont la tension est la même dans les deux cas. Si l'évaporation d'un liquide s'effectue avec lenteur quand il est abandonné, dans un vase ouvert, à la température et à la pression ordinaires, on peut l'activer, soit en élevant sa température, soit en diminuant la pression à sa surface. Voici d'ailleurs les circonstances qui influent sur la vitesse d'évaporation :

1° *La température du liquide.* Un liquide émet de la vapeur à toute température, même très basse; mais plus la température s'élève, plus il en produit dans un temps donné. Toutes choses égales d'ailleurs, la tension de la vapeur augmente rapidement avec la température.

2° *L'étendue de la surface libre.* L'évaporation s'effectuant à la surface libre d'un liquide, il est évident que la quantité de vapeur, produite dans un temps donné, sera proportionnelle à l'étendue de cette surface. C'est pour cette raison que l'on peut conserver longtemps, dans des tubes ouverts, mais effilés en pointe très fine, des liquides très volatils. On trouve une application de ce principe dans la concentration des eaux de la mer par les marais salants, et dans celle des eaux salines sur les bâtiments de graduation.

3° *La température de l'air environnant.* L'air ambiant absorbe d'autant mieux la vapeur qui lui arrive du liquide, que sa propre température est plus élevée et que la vapeur qu'il contient déjà est plus éloignée de son point de saturation.

4° *L'état hygrométrique de l'air* joue donc ici un rôle important. Si l'air était lui-même saturé de vapeur, comme cela arrive quelquefois dans certains jours de pluie ou de dégel, l'évaporation deviendrait insensible ou même nulle. Suivant Dalton : la quantité de liquide évaporée dans un temps donné est proportionnelle à l'excès de la tension maxima de la vapeur, pour la température de l'expérience, sur la tension de la vapeur qui existe dans l'atmosphère.

5° *Le renouvellement de l'air.* Chacun sait que l'eau des rues et des chemins disparaît promptement sous l'action d'un vent rapide, parce que l'air entraîne la vapeur à mesure qu'elle se forme à la surface du liquide. Lorsque l'air est parfaitement calme, la vapeur sature l'espace environnant et devient un obstacle à l'évaporation ultérieure. C'est par le renouvellement de l'air que, dans les brasseries, on sèche l'orge germée pour arrêter en temps utile la germination. Dans les *séchoirs* des blanchisseries, l'air pénètre à travers des jalousies dans de vastes hangars, où sont étendus sur des perches ou des cordes les tissus à faire sécher promptement. Par contre, c'est par défaut d'agitation ou de renouvellement de l'air que l'herbe reste fraîche sous les arbres d'une forêt, que l'humidité persiste dans les vallées profondes, dans les caves. Quelques pierres amoncelées au pied d'un arbre, un peu de paille ou de fumier, ou des feuilles, au pied des plantes, y entretiennent utilement l'humidité. Les cloches que les jardiniers mettent sur les plantes, non seulement y concentrent la chaleur, mais y maintiennent l'humidité, la vapeur nécessaire à la végétation.

L'*essorage* des poudres à tirer est fondé sur le renouvellement de l'air.

L'*agitation du liquide* a un effet analogue à celui de l'agitation de l'air; mais il est moins efficace.

6° *La raréfaction de l'air.* On a constaté que l'évaporation de l'eau est plus rapide sur les hautes montagnes que dans les plaines : on a mis à profit cette observation en plaçant les liquides à évaporer sous des récipients où l'on fait le vide, pour enlever la vapeur à mesure qu'elle se produit. C'est un des meilleurs moyens d'activer l'évaporation. Il est, dans bien des cas, préférable à l'emploi de la chaleur, qui souvent dénature partiellement les produits soumis à son action, comme les sirops de sucre qu'il faut concentrer, pour les amener au degré nécessaire à leur cristallisation. On trouve, parmi les liquides, tous les degrés d'évaporabilité : depuis la glycérine, l'acide sulfurique concentré qui n'émettent aucune vapeur, depuis les huiles qui en émettent fort peu, mais dont l'odeur accuse néanmoins qu'elles se produisent, jusqu'aux liquides très volatils, comme les éthers, le chloroforme, les chlorure et iodure de méthyle, etc. On a constaté que le mercure émet dans le vide des vapeurs appréciables et que la chambre barométrique n'en est pas exempte. De plus, on sait que dans les ateliers où ce liquide est employé à la température et à la pression ordinaires, les ouvriers ne seraient pas à l'abri des dangers que le mercure fait courir à leur santé, si l'on n'avait soin de répandre chaque jour, après leur départ, de l'ammoniaque dans les ateliers, pour absorber les vapeurs mercurielles.

Il est quelquefois nécessaire d'empêcher l'évaporation d'un liquide. Il suffit pour cela de mettre à sa surface une couche de glycérine ou d'huile fixe qui ne s'évapore pas et produit ici l'effet d'un piston hermétique.

FROID PRODUIT PAR L'ÉVAPORATION. L'évaporation est toujours accompagnée d'un abaissement de température. Cet effet n'est pas sensible quand le changement d'état se produit lentement à l'air libre. Mais il devient frappant si le passage a lieu rapidement, par exemple, quand on verse de l'éther sur le dos de la main, on sent alors un froid très sensible.

Pour évaluer l'abaissement de température qui se produit dans l'évaporation de certains liquides très volatils, comme l'éther, le sulfure de carbone, on entoure la boule d'un petit thermomètre, d'un morceau de papier spongieux ou d'un linge fin; on la plonge dans le liquide et l'on agite l'instrument à l'air; on le voit bientôt indiquer une température fixe qui peut s'abaisser jusqu'à — 15° pour l'éther et à — 22° pour le sulfure de carbone. Avec ce dernier liquide, la vapeur d'eau atmosphérique vient se condenser sur le papier et s'y congeler en une espèce de neige assez abondante (Exp. de M. Decharme). L'abaissement de température tient à ce que la transformation d'un liquide en vapeur exige une certaine quantité de chaleur (chaleur dite *latente de vaporisation*) qui est nécessairement empruntée aux corps en contact avec le liquide, c'est-à-dire au thermomètre et à l'air ambiant.

CONGÉLATION DE L'EAU DANS LE VIDE. On doit au physicien Leslie la première expérience (faite en 1810) de la congélation de l'eau par évaporation, et qu'on exécute actuellement de la manière suivante : on met quelques gouttes d'eau sur une capsule de liège enfumé. On dispose cette capsule, au moyen d'un trépied en fils métalliques, au-dessus d'un large vase V (fig. 575) contenant de l'acide sulfurique concentré. Après avoir placé l'appareil sous le récipient d'une machine pneumatique, on fait le vide aussi exactement qu'il est possible, puis on ferme la clef de la machine. Au bout de 10 à 15 minutes, l'eau est entièrement congelée. D'après ce qui précède, on se rend facilement compte de cet effet. L'eau s'évapore rapidement dans ce vide imparfait; l'acide, très avide d'eau, absorbe la vapeur à mesure qu'elle se produit. Mais comme la vaporisation exigeant une certaine quantité de chaleur et l'eau ne pouvant l'emprunter au liège qui est très mauvais conducteur, c'est à sa propre substance qu'elle la prend; de là le refroidissement, la congélation de l'eau restante, qui, d'après la chaleur de solidification d'une part (79 calories), et la chaleur de vaporisation de l'autre (606;5 calories) a environ sept fois le poids de l'eau vaporisée en cette circonstance. Par ce procédé, Leslie est parvenu à congeler dans le vide quelques gouttes de mercure sur un morceau de glace.

Fig. 575. — *Expérience de Leslie congélation de l'eau dans le vide.*

Cryophore de Wollaston. Pour éviter l'emploi de la machine pneumatique, Wollaston condense la vapeur d'eau par le froid. La première disposition consiste en un tube de verre contenant de l'eau à congeler; elle a été purgée d'air par une ébullition prolongée et l'extrémité du tube a été fermée à la lampe d'émailleur. Si l'on entoure seulement la partie supérieure du tube d'un mélange réfrigérant, on condensera la vapeur sur les parois internes du tube; mais l'eau, en s'évaporant dans le vide produit par cette condensation même, se refroidit au point de se congeler.

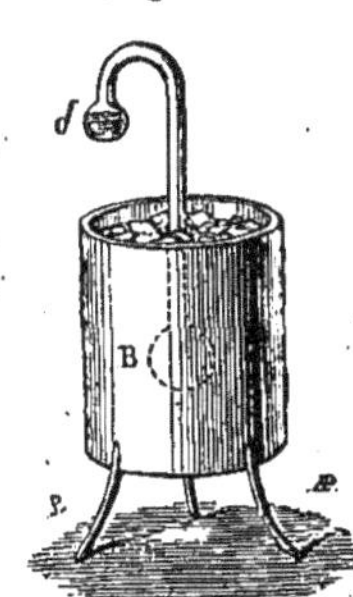

Fig. 576. — *Cryophore de Wollaston.*

Dans la seconde disposition, la plus usitée, le cryophore (porte-froid) se compose de deux boules de verre B et *d* (fig. 576) réunies par un tube de même nature recourbé en siphon. La petite branche débouche au-dessus de la boule contenant l'eau privée d'air, et la grande aboutit à la boule vide qu'on entoure du mélange réfrigérant contenu dans une éprouvette. Le résultat est le même que précédemment : l'eau de la boule hors du mélange réfrigérant se congèle par suite du froid produit par l'évaporation du liquide et la condensation de la vapeur.

On peut congeler rapidement l'eau contenue dans un petit tube de verre plongé dans un vase contenant de l'éther dont on active l'évaporation au moyen d'un soufflet. Si l'on substitue le sulfure de carbone à l'éther, la congélation de l'eau, par ce procédé, est plus rapide encore. Il suffit, en effet, de verser un peu d'eau sur du sulfure de carbone; dans lequel on souffle un courant d'air, pour avoir de la *glace instantanée.*

La solidification de l'acide carbonique par l'évaporation instantanée de son liquide, est un exemple frappant du froid produit par ce changement d'état.

Dans les laboratoires et dans les fabriques de produits chimiques, on fait un continuel usage de l'évaporation, soit spontanée à l'air libre, soit à l'étuve, pour concentrer les liquides et les amener à cristalliser. L'évaporation se fait aussi dans le vide en présence de matières solides avides d'eau, comme la chaux vive, le chlorure de calcium.

Alcarazas ou *hydrocérames.* L'usage des vases en terre poreuse, destinés à rafraîchir les liquides, est encore une application de l'évaporation.

Les *hygromètres à évaporation,* les *atmidomètres,* les *atmidoscopes,* les *évaporomètres,* sont des instruments fondés sur les principes de l'évaporation. On peut citer encore des applications plus usuelles et des faits plus journaliers, qui ne sont que des conséquences de l'évaporation de l'eau. Ainsi, lorsqu'on répand de l'eau dans les rues, dans les maisons, sur le plancher d'une chambre, on provoque une évaporation d'autant plus active que l'air se renouvelle mieux, d'où résulte un abaissement de température appréciable. « Au Bengale, on garnit les fenêtres de rameaux mouillés, munis de leurs feuilles; l'air qui s'introduit se refroidit en passant à travers le feuillage sur lequel il active l'évaporation. On peut ainsi abaisser la température de 10° à 15° au-dessous de la température ambiante, l'évaporation se faisant très activement à cause de la grande sécheresse de l'air. » (Physiq. de Daguin.)

La surface des corps poreux, celle des végétaux, des animaux, du corps humain, sont le siège d'une évaporation continuelle, qui est une cause puissante de refroidissement. C'est grâce à elle que la température du sang peut se maintenir constante, dans les conditions qui tendraient à l'élever.

La règle d'hygiène qui nous prescrit de ne pas nous exposer longtemps à un courant d'air, surtout quand la surface de la peau est humide, résulte de ce que, dans ces conditions, l'évaporation amène un refroidissement capable d'arrêter la transpiration cutanée, ce qui est toujours un danger. En sortant d'un bain, la surface du corps tout entière est le siège d'une évaporation active; l'abaissement subit de température qui en résulte fait éprouver le frisson bien connu des baigneurs.

Enfin, les appareils d'anesthésie locale sont fondés sur le froid produit par l'évaporation de l'éther. La température du jet liquide, pulvérisé à l'aide de l'appareil Richardson, peut descendre jusqu'à — 15°; alors les tissus deviennent insensibles. — C. D.

Évaporation au point de vue industriel. Dans l'article qui précède, on vient de voir quelles sont les lois théoriques qui président à l'évaporation des liquides ou des solutions salines. Nous allons rechercher ici quelles sont, au point de vue pratique et industriel, les applications générales des lois physiques qui viennent d'être rappelées, et nous indiquerons d'une manière très succincte quelles sont les principales méthodes en usage dans l'industrie pour arriver à une évaporation méthodique et rationnelle, c'est-à-dire économique.

L'évaporation est d'autant plus économique qu'elle consomme moins de charbon. A ce titre, nous devons citer tout d'abord l'évaporation spontanée à l'air libre. Nous ne saurions donner un meilleur exemple de ce mode d'évaporation que les marais salants de la Méditerranée et de l'ouest des côtes françaises. Nous ne pouvons entrer ici dans le détail de cette intéressante industrie; la question sera d'ailleurs traitée d'une manière approfondie au mot SALINES où elle trouvera mieux sa place, et où nous aurons occasion de rappeler les admirables travaux auxquels notre illustre compatriote Balard a attaché son nom. Nous devons toutefois indiquer ici quelles sont les conditions générales qu'il faut rechercher pour obtenir une évaporation à l'air libre rapide et économique.

Il va de soi tout d'abord que ce mode d'évaporation n'est possible que dans les pays secs et chauds. Ceci admis, les deux facteurs les plus importants de la question seront la surface d'évaporation et le renouvellement fréquent de l'air ambiant. Les bassins d'évaporation devront donc, autant que possible, être installés dans des lieux bien aérés et présenter, par rapport à leur profondeur, la plus grande surface possible. Le fractionnement des solutions, suivant le degré de concentration, s'impose pratiquement d'une façon presque absolue dans la plupart des cas. La méthode la plus rationnelle est le plus souvent celle qui consiste à avoir un premier bassin d'évaporation élevé au-dessus du sol d'une certaine hauteur, et où on refoule, au moyen de pompes, le liquide à évaporer. Quand celui-ci a subi un commencement de concentration, on le laisse écouler dans un bassin inférieur, et ainsi de suite, la profondeur et la capacité des bassins diminuant naturellement au fur et à mesure qu'ils reçoivent des solutions plus concentrées.

Tous les artifices au moyen desquels on augmentera la surface du liquide en contact avec l'air ou qui hâteront le renouvellement de celui-ci tendront naturellement à accroître la rapidité de l'évaporation. Au rang de ces artifices, on peut citer comme fournissant un excellent moyen d'action et étant fréquemment appliqué dans la pratique celui qui consiste dans la division extrême du liquide en contact avec l'atmosphère. Nous en donnerons pour exemple les bâtiments de graduation usités autrefois dans les salines de l'Est de la France pour amener les eaux à un premier degré de concentration, et qui sont souvent employés aujourd'hui encore pour refroidir les eaux chaudes des usines dans certaines contrées. Les eaux salines y filtrent d'étage en étage sur des fagots placés à différentes hauteurs d'une charpente en bois élevée.

Au lieu de diviser le liquide à évaporer, on peut atteindre le même but par un courant d'air forcé, ce qui amènera au contact de la surface du liquide une quantité d'air bien plus considérable en un temps donné, par suite une plus grande évaporation. Montgolfier, en 1794, fit le premier l'essai de ce procédé. Il l'appliqua à la concentration de divers sirops, et obtint, de même qu'en 1797, époque à laquelle il renouvela ses expériences, un véritable succès théorique. Plus tard, des essais ont été faits pour remplacer le courant d'air froid par un courant d'air chaud, et diverses applications de ce principe ont été faits à la sucrerie et à la raffinerie. La complication des appareils et le coût relativement élevé du charbon, si on compare la dépense avec celle des appareils à cuire dans le vide, n'ont pas permis jusqu'ici l'extension industrielle des systèmes d'évaporations basés sur ces artifices.

Un autre mode d'évaporation est celui en vase ouvert par l'action directe d'un foyer. Elle peut se faire dans une ou plusieurs chaudières consécutives : quand elle doit avoir lieu à une température élevée, il y a toujours intérêt à employer plusieurs chaudières. Dans ce cas, on installe les chaudières en étage sur le parcours de la flamme ou des gaz chauds du foyer, et on les fait communiquer, soit au moyen d'un simple robinet, soit par l'entremise d'un siphon à deux branches toujours amorcé, soit enfin par tout autre artifice, suivant la nature des liquides. Ceux-ci, échauffés dans les chaudières supérieures, viennent achever leur évaporation dans la chaudière inférieure, qui est, elle, soumise à l'action directe du foyer.

Nous citerons, entre les nombreux exemples de ce mode de faire, constamment en usage dans l'industrie, les batteries de chaudières employées à la concentration des lessives de *soude* (V. ce mot), ainsi que les fours qui servent à l'incinération des vinasses provenant de la distillation des mélasses. — V. DISTILLERIE.

Nous ne pouvons entrer ici, sans empiéter sur le cadre naturel d'autres articles, sur les formes, les dimensions, les matériaux employés ou usités pour l'évaporation économique des liquides. Il est bien évident que ce sont là choses réglées par la nature même des corps que l'on a à traiter, et leur multiplicité même ne nous permet pas de nous étendre à ce sujet. En règle générale, nous devons faire observer qu'au point de vue économique, il y a intérêt, chaque fois que la nature des liquides en cause le permet, à effectuer l'évaporation à une température qui ne soit pas inférieure à celle de l'ébullition.

Il est établi en effet, depuis les belles expériences de Péclet, que la quantité de chaleur absorbée pour la vaporisation de 1 kilogramme d'eau augmente rapidement à mesure que la température du liquide s'abaisse, ce qui s'explique par la chaleur perdue par l'échauffement de l'air et le rayonnement à la surface du liquide.

Un des modes d'évaporation industrielle le plus

fréquemment employés consiste dans l'emploi de la vapeur circulant, soit à travers un serpentin plongeant dans le liquide à évaporer, soit entre les deux parois d'un double-fond. Les appareils destinés à agir suivant ce système se composent toujours : 1° d'une chaudière à vapeur, dans laquelle la vapeur est formée à une pression correspondant à une température supérieure de 15 à 20° à celle à laquelle l'évaporation doit avoir lieu; 2° d'une ou plusieurs chaudières évaporatoires que la vapeur chauffe en circulant ainsi qu'il a été dit plus haut.

Amenée en contact avec un corps froid, la vapeur se condense, en dégageant sa chaleur latente. 1 kilogramme de vapeur, à 100° donne, en se condensant dans 5 kilogrammes 1/2 d'eau à 0°, 6 kilogrammes 1/2 d'eau à 100°. Ce mode d'évaporation est donc très énergique; il a sur le chauffage à feu nu l'avantage de ne pas altérer les chaudières, mais il est généralement plus coûteux que lui, sauf dans les cas où on emploie dans ce but les vapeurs perdues des usines.

Les chaudières évaporatoires sont de formes très variées. Elles doivent répondre aux conditions suivantes : 1° ne pas être altérées par le liquide à évaporer; 2° quand le chauffage se fait par une enveloppe concentrique extérieure, avoir une forme et une épaisseur qui leur permettent de résister, sans déformation ni déchirure à la pression de la vapeur.

Les serpentins ou les enveloppes au travers desquels circulent la vapeur peuvent être également très divers en leurs formes, mais ils doivent toujours : 1° avoir une épaisseur suffisante pour n'être ni déformés, ni déchirés par la tension de la vapeur; 2° être disposés de manière à faciliter l'écoulement de l'eau de condensation dans un réservoir extérieur ou dans la chaudière génératrice; 3° avoir une surface suffisante pour condenser, en un temps donné, une quantité de vapeur au moins égale à celle que doit émettre le liquide soumis à l'évaporation.

Il nous resterait, pour terminer cette rapide revue des divers systèmes employés pour l'évaporation des liquides, à parler de la cuite dans le vide, qui a pris en sucrerie en ces dernières années une importance capitale, et tend chaque jour à gagner du terrain dans le domaine industriel; elle a trouvé son expression dans l'appareil bien connu dit *appareil à triple effet*. Mais ce sujet trouvera sa place naturelle à l'article SUCRERIE, et ne pourrait être abordé ici avec le développement qu'il comporte.

— V. PÉCLET : *Traité de la chaleur;* WURTZ : *Dictionnaire de chimie.*

ÉVENT. *T. techn.* On donne ce nom aux conduits ménagés dans la construction des moules de fonderie, pour que l'air et les gaz puissent s'échapper pendant l'opération de la coulée. En général, on nomme ainsi tout conduit réservé dans un bâti pour donner issue aux gaz et aux fumées. || *T. de teint.* Donner de l'air à un tissu sortant des bains, aux soies pour le lissage des flottes en les écartant, aux fils en les chevillant.

ÉVENTAIL. Les éventails tiennent une place respectable dans l'histoire de l'art et de l'industrie depuis plusieurs siècles en Orient, en Italie, en Espagne et surtout en France, où leur fabrication occupe, à Paris seulement, près d'un millier d'artistes et d'ouvriers, tels que sculpteurs, découpeurs, graveurs, peintres, décorateurs, orfèvres, etc., etc.

— L'origine de l'éventail remonte aux premiers âges du monde oriental. Dans l'Inde antique, l'éventail (*pânk'ha*) fait d'abord de feuilles de lotus ou de jonc tressé, était un instrument d'utilité autant qu'un objet de parure. Les poètes sanscrits en parlent dans leurs descriptions, et les monuments indous ont conservé les formes particulières qu'on lui donnait. Ceux du ve siècle de notre ère avaient une forme allongée et se composaient de plumes de paon retenues par un manche de métal précieux rehaussé de pierreries. Ce genre d'éventail s'est conservé jusqu'à nos jours, comme le témoignent les splendides spécimens rapportés de l'Inde par le prince de Galles (fig. 578 et 579).

Fig. 577 à 579. — *Eventails indous.*

Les Indous emploient encore des espèces d'écrans beaucoup moins luxueux, en filaments tressés de plusieurs couleurs (fig. 577), ainsi que des *chasse-mouches* ou « tchaoûnrys, » formés d'une queue de *yak* ou buffle du Thibet. Le soyeux, la longueur et la blancheur des crins constituent la beauté de ces queues, auxquelles on adapte des poignées d'or ou d'argent avec des ornements en émail. Dans l'ancienne monarchie indoue, le *chasse-mouches* était, avec le *parasol* et l'*éventail*, un des attributs de la royauté. Il n'en est plus de même aujourd'hui, et le plus misérable palefrenier, la plus humble servante, se servent du *tchaoûnry*, aussi bien que le premier ministre du royaume.

De même que les Indous, les Chinois font usage de chasse-mouches depuis les temps les plus reculés. Mais en Chine et au Japon, l'usage de l'éventail est plus généralement adopté; car cet objet est regardé par tout le monde comme une partie essentielle de la toilette, une parure d'étiquette et de bon ton (fig. 580).

Suivant le poète Lo-ki, l'invention des éventails remonterait à l'empereur Wou-wang (1134 av. J.-C.). Les

Fig. 580. — *Eventail chinois.*

premiers furent faits d'abord de feuilles de bambou et de plumes; on en fit ensuite de soie blanche unie et de tissus de soie brodés. Les Chinois se servent également d'écrans en soie unie ou rehaussés de plumes de paon et d'autres oiseaux, tels que le faisan. Le poète Thou-fou (714-774

Fig. 581. — *Eventail égyptien.*

de notre ère) mentionne ces derniers dans son *Chant d'automne* : « Je vois encore s'agiter les éventails en plumes de faisan, pareils à de légers nuages. » Ces petits écrans étaient appelés *pien-mien*, « commodes pour la figure. »

Jusqu'ici on n'avait connu que les éventails demi-elliptiques, demi-circulaires, ou de la forme de la queue du faisan. Bientôt les Chinois adoptèrent les éventails *plissés*, c'est-à-dire qui se fermaient et qui étaient composés, les uns de lames minces et mobiles, les autres d'une feuille symétriquement plissée. Tout porte à présumer que l'invention en est due aux Japonais. Chez ce peuple, en effet, le rôle de l'éventail est aussi important qu'en Chine, et fait partie intégrante du costume national.

Fig. 582.

Dans la cosmogonie égyptienne, l'éventail était l'emblème du bonheur et du repos céleste, en même temps que l'insigne ostensible des princes. Il prenait, dans ce cas, la forme demi-circulaire et se plaçait au bout d'un long manche (fig. 581). Mais l'éventail proprement dit, c'est-à-dire celui réservé au sexe, paraît avoir été composé de plumes d'autruches, dans le genre de celui de la reine Aah-Hotep,

Fig. 583. — *Eventail espagnol (XVIe siècle).*

femme de Kamès et mère d'Amosis (1730 av. J.-C.). Le manche et le couronnement de ce *flabellum*, qui, par conséquent, a un peu plus de trente-cinq siècles d'antiquité, sont en bois et recouverts d'une feuille d'or. Au pourtour du couronnement on voit encore les trous dans lesquels s'agençaient les plumes d'autruche qui formaient l'éventail proprement dit.

Les sculptures antiques des palais de Ninive et de Khorsabad confirment l'emploi que les Assyriens faisaient de l'éventail ou chasse-mouches; mais chez ce peuple, qui employait parfois des écrans de forme carrée, l'instrument dont il s'agit était généralement formé d'un manche surmonté de trois feuilles de palmier.

Des Assyriens les éventails passèrent aux Mèdes et aux Perses. Quant aux Arabes, ils ne les adoptèrent que beaucoup plus tard. Il était d'usage, chez eux, comme chez les Chinois, d'y tracer des inscriptions. Les *Mille et une Nuits* font souvent mention des éventails.

Aujourd'hui, en Perse et en Turquie, l'éventail est en activité continuelle dans les harems. Le même usage subsiste dans nos possessions des côtes d'Afrique, où l'éventail en plumes de paon du dey d'Alger a acquis une importance historique.

Un fait curieux, qu'il est bon de faire remarquer, c'est la double origine asiatique et américaine de l'éventail. Les Toltèques, ces Pélasges du Nouveau-Monde, qui léguèrent leurs institutions aux Aztèques ou Mexicains, et dont la civilisation se reflète sur les nombreux monuments sculptés de l'antiquité maya ou yucatèque, faisaient, en effet, un fréquent emploi des éventails ou chasse-mouches. L'éventail, très commun au Mexique avant la conquête, était, comme aux Indes et en Egypte, un symbole d'autorité. Le dieu du Paradis et le disciple militaire du fondateur de la monarchie mexicaine, sont représentés tenant à la main un flabellum de plumes.

Don Alvarado Tezozomoc, chroniqueur mexicain contemporain de Cortez, parle de plusieurs espèces d'éventails faits de plumes précieuses accompagnées d'une « tresse de cheveux dorés, » et va jusqu'à citer les principaux centres de leur fabrication. Enfin le même auteur rapporte que Moctheuzoma (Montézuma II) ayant appris l'arrivée des Espagnols, offrit au conquistador un grand nombre de bijoux, parmi lesquels figuraient deux éventails « garnis de magnifiques plumes, dont un côté était orné d'une lune d'or, et l'autre d'un soleil de même métal parfaitement poli et qui brillait au loin. »

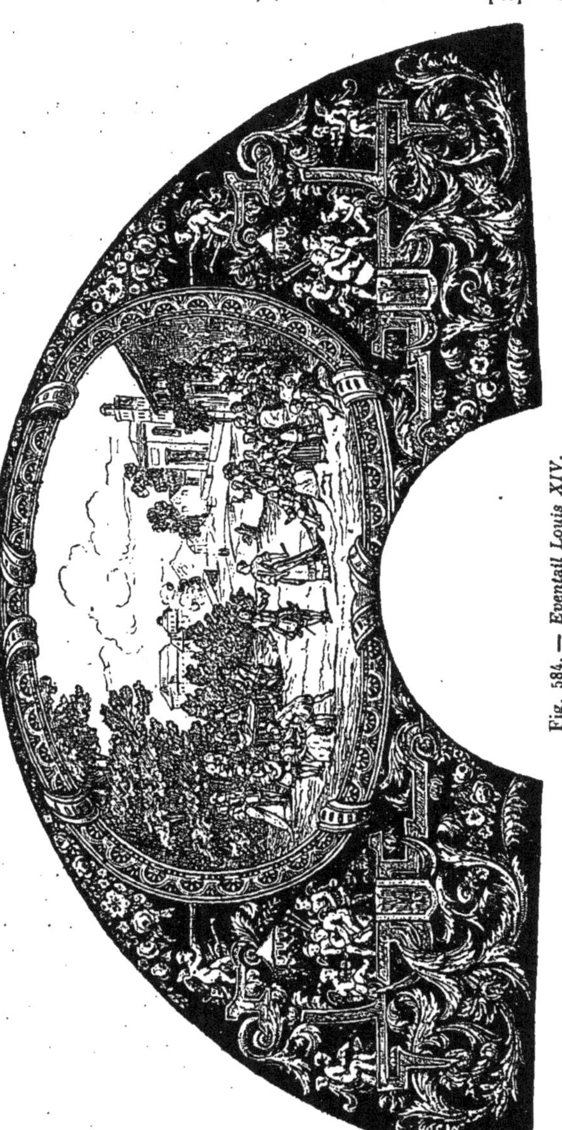

Fig. 584. — Eventail Louis XIV.

Mais laissons-là ces peuples enfants, et remontons le cours des temps jusqu'à l'âge d'or de l'antiquité païenne.

Selon les récentes découvertes historiques et archéologiques, les Grecs ont reçu l'éventail des Assyriens, par l'entremise des Phéniciens et des Phrygiens, qui en modifièrent la forme. Quoi qu'il en soit de cette importation étrangère, les branches de myrte, l'acacia, les feuilles triples du platane oriental, ainsi que les feuilles de lotus, furent sans doute les premiers éventails qu'on ait connus dans l'ancienne Grèce; mais l'art apprit bientôt à imiter les feuilles naturelles, et ces dernières cédèrent la place aux feuilles artificielles, dont l'avantage consistait à durer plus longtemps.

Au ve siècle de notre ère seulement, les femmes grecques donnèrent la préférence aux éventails en plumes de paon. Ces derniers étaient originaires d'Asie Mineure, comme nous l'apprend l'esclave phrygien de l'*Oreste*, d'Euripide.

Les Etrusques se servaient également d'éventails en plumes de paon de longueurs inégales, étalées en forme de demi-cercle. Les vases peints en offrent de nombreux exemples (fig. 582). Par la suite, l'éventail s'introduisit chez les Romains, qui lui donnèrent le nom de *flabellum*. Les éventails les plus recherchés alors étaient ceux de matière précieuse peinte de brillantes couleurs ou de plumes de paon, ainsi qu'on le voit dans Properce. Ceux des gens riches avaient ordinairement un long manche, et un jeune esclave, appelé *flabellifer* (porte-éventail), était chargé de porter l'éventail de sa maîtresse, afin de l'éventer pour protéger son visage contre l'importunité des insectes et de la chaleur.

Les Romains employaient aussi une espèce de chasse-mouches (*muscarium*), plumasseau fait de longues plumes de paon, cité par Martial, ou formé de la queue d'une vache. Ces derniers, dont la mode avait été apportée de l'Inde, n'eurent pas à beaucoup près la vogue des *tabellæ*, nouveau genre d'éventails construits à l'aide de petites lames de bois précieux ou d'ivoire très minces, dont Ovide et Properce ont fait la description.

Au commencement du moyen âge, l'église seule se servait du *flabellum*, devenu un instrument de culte. Ce n'est qu'au XIIIe siècle qu'on vit renaître la mode des éventails parmi les laïques. Déjà ceux de plumes réunies en touffe ou étalées en demi-cercle étaient très recherchés en Italie. Ils avaient des manches d'ivoire ou même d'or enrichis de pierreries. Les plumes d'autruche, de paon, de perroquet, de corbeaux des Indes et d'autres oiseaux les ornaient à profusion.

L'éventail prit alors en France le nom d'*esmouchoir*, comme le témoignent les *Inventaires* et les *Comptes* du XIVe siècle. Il n'y avait guère toutefois que les femmes des grands seigneurs qui eussent des éventails, dont on peut voir la forme dans les miniatures des romans de chevalerie.

Le recueil de costumes de Vecellio, cousin du Titien, montre que vers le milieu du XVe siècle les Espagnoles portaient de grands écrans ronds garnis de plumes (fig. 583), tandis que les Italiennes donnaient la préférence à ceux tressés en paille de riz. Mais bientôt les éventails furent apportés de Chine à la cour de Portugal et en Espagne. Dès lors, les éventails en quart de cercle plissés, d'origine japonaise, s'introduisirent en Europe, et finirent par faire abandonner tous les autres.

A l'ancien *esmouchoir*, appelé aussi *esventour* ou *esventoir* au temps de Rabelais, succéda dorénavant l'*esventail*, ainsi dénommé dans l'article 12 des statuts des doreurs sur cuir, année 1594. Brantôme est le premier, qui, dans les *Vies des dames illustres* (1590), se soit servi de cette expression.

Fig. 585. — *Eventail au ballon (Epoque Louis XVI).*

C'est vers ce temps que l'on dût abandonner en France les éventails plissés ronds, lesquels cédèrent la place aux éventails de plumes à quatre branches, employés concurremment avec les « esventails de cuir façon du Levant, » cités dans l'*Inventaire de Catherine de Médicis*.

En Italie, cependant, on se servait toujours des éventails à *touffe*, des éventails *plissés*, et des éventails en *forme de drapeau*. Il n'en était pas tout à fait de même en Angleterre où, après avoir fait son apparition sous Richard II, à la fin du XIVe siècle, l'éventail s'acclimata et se répandit peu à peu dans les hautes classes, principalement à l'époque d'Henri VIII. La reine Elisabeth le mit en faveur et institua cet usage, encore suivi de nos jours, que c'est le seul présent qu'une souveraine puisse accepter de ses sujets.

Selon Malone, le commentateur de Shakespeare, les éventails coûtaient, au temps du grand tragique anglais, jusqu'à 40 *livres sterling*. Ils étaient de plumes d'autruche et ressemblaient à nos plumeaux. Des manches d'or et d'argent, paraît-il, les rendaient assez précieux pour tenter la cupidité des voleurs, comme on le voit par une scène des *Joyeuses commères de Windsor*. Ajoutons que ces éventails se portaient suspendus à la ceinture par une chaîne d'or, coutume renouvelée du moyen âge.

Au XVIIe siècle, la mode des éventails était générale en Europe. C'est à cette époque qu'un peintre espagnol, Cano de Arevalo, fit fortune en s'adonnant spécialement à la peinture d'éventails. Pendant ce temps, en France, les industriels qui fabriquaient les éventails avaient de longues contestations avec les merciers qui les vendaient. Cet état de choses dura jusqu'au mois de janvier 1678, lorsque Louis XIV érigea par lettres patentes les éventaillistes en corps de jurande et maîtrise, et confirma leurs statuts. Aux termes de ces règlements, le métier de maître éventailliste consistait à faire fabriquer et à composer un éventail dans toutes ses parties. L'éventailliste avait la permission de peindre les éventails, d'imprimer avec le pinceau et sur toutes sortes d'étoffes, des figures d'oiseaux, des paysages ou des personnages; mais il lui était défendu de fabriquer aucun bâton d'éventail; il devait acheter ces objets aux peigniers et aux tabletiers, ou bien aux orfèvres, lorsqu'ils étaient d'or et d'argent.

Ce fut vers 1657 que la mode des éventails se répandit à la cour. A partir de ce moment, les feuilles et les montures rivalisèrent de luxe, et l'écaille, l'ivoire, et la nacre, délicatement fouillés, servirent de cadres à de gracieux tableaux, dus au pinceau des meilleurs artistes. On cite, en effet, des éventails de ce temps attribués à Charles Lebrun, à Romanelli, à Raymond de Lafage, à Stella, etc. (fig. 584).

Les éventaillistes furent puissamment aidés dans la recherche du degré de perfection que nous venons de signaler, par le peintre en voitures Martin, qui, cherchant à imiter les laques de la Chine et du Japon, trouva un vernis très fin, devenu célèbre, et qu'on fit servir à fixer sur l'ivoire les plus légères, les plus suaves gouaches. Martin, qui donna son nom à ce vernis, a été loué par Voltaire (*De l'inégalité des conditions*) et par Duclos, dans son conte intitulé : *Acajou et Zirphile*.

Au XVIIIe siècle, la mode des éventails se généralisa encore davantage. Ceux qui provenaient des Indes et de la Chine étaient surtout particulièrement recherchés. On en trouve des preuves dans le *Livre-Journal* de Lazare Duvaux, marchand bijoutier ordinaire du roy (1748-58). Ces éventails donnèrent naissance chez nous à la fabrication des éventails dits *brisés*, dont la mode passa bien vite en Angleterre; mais il ne paraît pas que les éventails *plissés* aient beaucoup souffert de cette vogue.

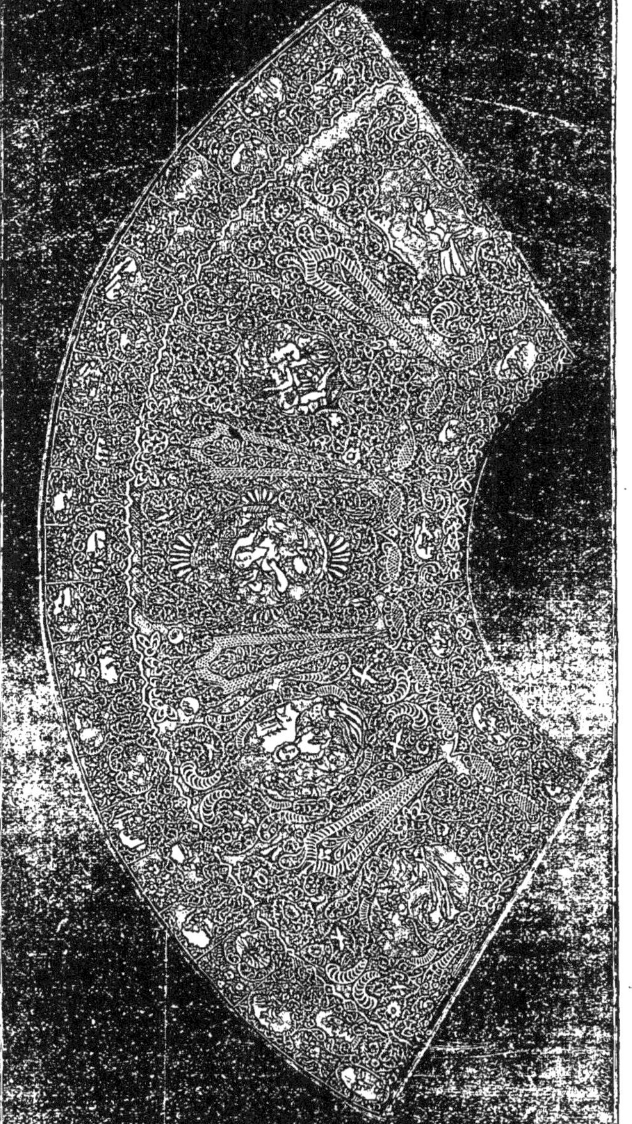

Fig. 586. — *Éventail de Mme de Pompadour.*

Le fabuliste Gay, auteur d'un *Poème de l'éventail*, a montré quelle était de son temps la construction de ce petit meuble ingénieux et combien la France excellait dans sa fabrication. Des artistes renommés concouraient, il est vrai, à maintenir notre supériorité : Watteau, Gillot, Boucher, Lancret, Rosabba Carriera, etc., ne dédaignaient point d'esquisser quelques modèles d'éventails, que de véritables peintres éventaillistes, tels que Cahaigne, Pichard et Mme Doré, copiaient et reproduisaient ensuite à merveille. Il est vrai que toutes les feuilles d'éventail n'avaient pas la même valeur; il s'en faisait en tulle, en dentelle, en soie et en papier, rehaussées d'ornements en paillettes. Quant aux montures, qu'on faisait encore à Paris, elles se composaient d'ivoire, d'écaille, de nacre, de bois, de baleine ou de roseau. C'est, en effet, vers 1830 seulement que Wuillaume fonda la première fabrique d'éventails, à Méru (Oise), qui est devenu depuis un centre industriel de la plus grande importance.

Citons pour mémoire les éventails de la Révolution, dont un collectionneur érudit, M. de Liesville, possédait une série très complète, conservée aujourd'hui au Musée Carnavalet. Cette époque fut le triomphe des éventails en papier imprimé et colorié, connus tour à tour sous le nom d'éventails *aux assignats*, *à la Nation*, *à la Marat*. Mais, après le 9 thermidor, le luxe reparut et multiplia comme par enchantement les éventails en crêpe, à paillettes, en cèdre odorant ou en palissandre, dont s'éventaient les merveilleuses. Le fameux éventail dit *des Rentiers*, ainsi que l'éventail *au ballon*, datent tous deux du Directoire.

Avec le Consulat naquirent les éventails *lilliputiens* ou *imperceptibles*, dont parle Mme de Genlis. Ceux-ci étaient garnis de taffetas ou de gaze « brodés en acier. » Ils rivalisèrent longtemps avec les éventails *brisés* en écaille blonde, entièrement dépourvus de feuille, et dont la vogue se continua pendant le premier Empire, sous la dénomination d'*éventails à lorgnette*.

Enfin, la Restauration rendit aux éventails leur ancienne splendeur. M. Desrochers, et son prédécesseur, rue du Caire, près la rue Saint-Denis, furent un des premiers, après 1830, à donner le signal de cette renaissance. Grâce à l'initiative continuelle de nos habiles éventaillistes et de quelques artistes de goût et de talent, secondés par Vanier, entre autres, qui inaugura le commerce des éventails anciens, les magnifiques éventails du temps de Louis XIV, de Louis XV et de Louis XVI devinrent des types de fabrication contemporaine; la sculpture, si longtemps négligée, fut remise en honneur, et l'introduction de plusieurs perfectionnements industriels donna un nouvel essor à l'éventaillerie de luxe.

C'est alors que le gendre et successeur de M. Desrochers, l'éventailliste Alexandre, imagina un style moderne digne de se substituer à l'art ancien. Il eut recours, dans ce but, au talent d'artistes célèbres et obtint la collaboration directe de Français, Horace Vernet, Antigua, Picou, Diaz, Veyrassat, Plassan, Emile Vattier, de Beaumont, Eugène Lami, Hamon, Rosa Bonheur, Vidal, Soldé, Baron, Gavarni, etc., etc., pour les feuilles; aux célèbres ornemanistes Ranvier, Rossigneux, ainsi qu'aux frères Fannière, et au bijoutier Wiese, pour les montures. Le succès couronna sa tentative, et l'éventail caractéristique de l'époque moderne, l'éventail du XIXe siècle proprement dit était créé.

Parmi les éventaillistes qui suivirent avantageusement M. Alexandre dans l'ère de rénovation inaugurée par lui, il faut citer en premier lieu M. Duvelleroy. Les émules de ce dernier sont aujourd'hui fort nombreux : contentons-nous de mentionner MM. Voisin, Vanier-Chardin, Mmes Guérin, Rodien, et enfin M. Kées, dont les charmants produits ont obtenu diverses récompenses aux dernières Expositions.

Il existe quelques éventails devenus célèbres. Les plus intéressants sont sans contredit l'éventail offert par Saint-Evremond à Ninon de Lenclos (collection de Mme la comtesse de Chambrun); l'éventail attribué à Boucher (collect. de M. le Dr Piogey); l'éventail de la marquise de Pompadour (collect. de Mme Achille Jubinal) (fig. 586); l'éventail de la reine Marie-Antoinette (collect. de M. Eugène de Thiac); l'éventail représentant Mirabeau (collect. de Mme Jubinal de Saint-Albin).

FABRICATION. Dans les éventails modernes on distingue la *monture* et la *feuille*. La monture, qu'on appelle aussi *pied* ou *bois*, quelle qu'en soit la matière, se compose de petites baguettes de bois, de nacre, d'ivoire, etc., assemblées à l'une de leurs extrémités, dite *tête*, au moyen d'une *rivure*. Les baguettes extérieures se nomment *brins*, leur réunion forme la *gorge*; les lamelles minces et flexibles qui sont le prolongement des brins, et sur lesquelles on colle l'une des faces de la feuille, s'appellent *flèches*. Enfin les deux branches extérieures s'appellent *maitres-brins*, afin qu'ils puissent protéger la feuille lorsque l'éventail est fermé.

La feuille d'éventail est souvent formée de deux morceaux de papier collés légèrement l'un sur l'autre. Souvent aussi elle se compose de papier doublé d'une peau de chevreau connue dans le commerce sous le nom de *cabretille*, et nommée vulgairement *vélin, peau de poulet, peau de cygne*. C'est aux éventaillistes Desrochers, Drevon et Alexandre, que l'on doit la perfection des procédés de cette fabrication. Depuis quelques années, la peau est souvent remplacée par le satin.

En général, la feuille de l'éventail se fait tout entière à Paris. On y exécute les dessins qui y sont ensuite imprimés, coloriés, peints, montés et bordurés. C'est dans la peinture à la gouache et dans la bordure en or que consiste la richesse de la feuille. Pour fixer la feuille sur le *bois*, on la place dans un moule composé de deux feuilles de papier très fort et plissé d'avance. En fermant ce moule, et en le serrant avec force, on imprime à la feuille des plis ineffaçables.

Les bois d'éventails se fabriquent dans quelques villages du département de l'Oise, entre Méru et Beauvais. Les communes d'Andeville, du Déluge, de Corbeil-Cerf et de Sainte-Geneviève s'occupent exclusivement de ce travail. Les matières principales sont la nacre, l'ivoire, l'écaille, la corne, l'os, le citronnier, le santal, l'ébène, etc. C'est dans la découpure de la nacre, de l'ivoire et de l'écaille, que les habiles artisans de l'Oise se distinguent par la beauté des dessins, la finesse des détails, l'élégance de la sculpture des fleurs et des ornements. Les montures riches se travaillent à Paris.

Outre l'éventail à feuilles, il y a encore l'éventail appelé *brisé*, dont toutes les lames, séparées et faites des mêmes matières solides qui composent les éventails ordinaires, roulent sur un ruban qui les réunit à leur extrémité supérieure. Cet éventail, moins propre que l'autre à donner de l'air, est d'un brillant effet, et se manœuvre facilement. — S. B.

Bibliographie : Histoire des éventails chez tous les peuples et à toutes les époques, par S. BLONDEL; *Statistique de l'industrie à Paris*, 1866, et *Rapports des délégations ouvrières à l'Exposition de 1867*, § *Eventails; Magasin pittoresque*, t. XXIII, article de M. Natalis RONDOT; Exposition de 1855 : *Rapport du Jury*, par M. Natalis RONDOT; *South Kensington Museum, Catalogue of the loans exhibition of fans*, 1870, préface de M. Samuel REDGRAVES; *Histoire du costume en France*, par QUICHERAT; *Recueil de costumes anciens et modernes*, par VECELLIO; *History of British costume*, London, 1864; *Ventagli*, par Ambrogio TENENTI, Milano, 1882; *L'éventail*, par Octave UZANNE, 1882.

* **ÉVENTAILLERIE.** Art de fabriquer des éventails.

ÉVENTAILLISTE. *T. de mét.* Celui qui peint ou qui fabrique des éventails. — ÉVENTAIL.

ÉVIDEMENT. 1° *T. de maçonn.* Partie de pierre abattue entre deux faces adjacentes pour former des angles rentrants, pour tailler des crossettes de claveaux, etc. || 2° *T. de charp.* Partie enlevée d'une pièce pour former des moulures.

ÉVIDER. *T. techn.* Tailler à jour certains ouvrages, découper, faire des cannelures. || Arrondir la tête des aiguilles et y façonner la cannelure.

ÉVIDOIR. *T. techn.* Outil de luthier pour travailler l'intérieur d'un instrument. || Etabli de charron.

ÉVIER. *T. de constr.* Large pierre de cuisine creusée en *bassin*, et percée d'un trou communiquant avec un tuyau en plomb, pour l'écoulement dans les descentes extérieures des eaux de lavage. || Canal de pierre servant à l'écoulement des eaux dans les cours ou dans les allées.

ÉVOLUTION. *T. de tiss.* Mouvement que les fils d'une chaîne exécutent pendant le tissage, soit en *lève*, soit en *rabat*.

Cette expression est surtout employée dans la formule des deux principes qui suivent : 1er principe : lorsque, dans une armure, chaque fil a une évolution *spéciale*, évolution indiquée par le pointage de chaque rangée longitudinale de cases de l'échiquier qui sert de mise en carte, il faut, dans le remisse, autant de lames qu'il y a de fils compris dans le rapport-chaîne de cette armure. 2° principe : lorsque, dans une armure, plusieurs fils ont une évolution *similaire*, on peut réduire le nombre de lames à un minimum qui est révélé par la mise en carte elle-même.

EXCAVATEUR. On appelle ainsi les appareils dérivés des dragues, mais destinés à travailler à sec, soit pour creuser des canaux et des tranchées, soit pour extraire des terres pour les remblais ou du sable pour le ballast. Ces appareils sont décrits avec les dragues dont ils ne diffèrent que par le mode de translation ; c'est le même outil roulant sur un chariot au lieu de flotter sur un bateau. — V. DRAGUE.

***EXCENTRER.** *T. d'atel.* Déplacer volontairement l'axe d'une pièce.

***EXCENTRIQUE.** *T. de mécan.* Organe employé sur les machines, pour transformer suivant une loi déterminée, un mouvement circulaire continu en un mouvement rectiligne alternatif. Ce nom a été appliqué d'abord à l'excentrique circulaire formé d'un disque rond tournant autour d'un axe placé hors de son centre, puis il a été étendu à tous les profils en forme de cames agissant par contact pour opérer la même transformation de mouvement. On peut ajouter en outre pour distinguer les excentriques et les cames que le contact reste continu avec ceux-là, tandis qu'il est intermittent avec les cames.

L'excentrique circulaire est le seul qui opère la transformation de mouvement par l'intermédiaire d'un lien rigide, il remplace en réalité une manivelle rattachée par une bielle à la tige qui doit recevoir le mouvement alternatif. Il permet de ne pas interrompre l'arbre moteur, comme il faudrait le faire autrement avec une manivelle, mais il a l'inconvénient, commun d'ailleurs à tous les excentriques, d'entraîner des frottements considérables, aussi ces organes ne doivent-ils être employés que pour la transmission de faibles efforts. Cet

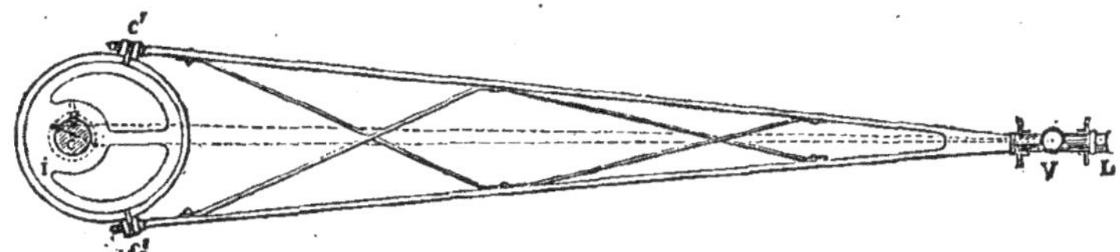

Fig. 587.

excentrique est représenté dans la figure 587, il comprend, comme on le voit, un disque circulaire I ordinairement évidé pour en diminuer le poids. Ce disque est calé sur un arbre perpendiculaire à son plan, et distant de son centre d'une quantité O C égale à la longueur de la manivelle qu'il remplace. Il est embrassé par un anneau ordinairement en deux pièces, appelé bague ou collier d'excentrique, et il est rattaché par les barres d'excentrique C' V à l'extrémité de la pièce V L qui doit recevoir un mouvement alternatif dont la direction passe par le centre de l'arbre moteur. L'extrémité V de la barre subit à chaque instant un déplacement d'amplitude égal à celui de la projection H sur cette direction du centre C de l'excentrique tournant autour de l'arbre moteur O, on a en réalité une bielle conduite par un bouton de manivelle embrassant l'axe moteur.

La vitesse du déplacement de la tige v est donnée à chaque instant en fraction de la vitesse u de rotation par la relation suivante :

$$\frac{v}{u}=\frac{\mathrm{OH}}{\mathrm{OC}}.$$

Les autres types d'excentriques agissent directement sur la pièce à conduire ; ils se partagent d'ailleurs en deux catégories, suivant que le frottement s'opère contre un galet ou contre un cadre embrassant l'excentrique.

Excentrique à galets. L'excentrique à *galets* est représenté dans la figure 588, il est mobile autour de l'axe F et il agit sur la pièce qui oscille dans la direction AB en repoussant continuellement le galet C dont elle est munie. La position de ce galet est donnée à chaque instant par la distance du point de contact correspondant jusqu'à l'axe de rotation, et on voit par suite que, si on a l'équation de l'excentrique en coordonnées polaires rapportée au centre de rotation :

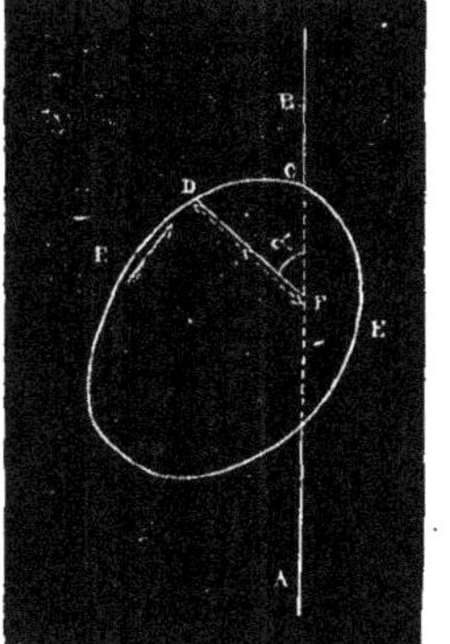

Fig. 588. — *Tracé théorique de l'excentrique à galets.*

$$r=f(\alpha),$$

cette équation donnera en même temps les élongations successives x du galet pour un angle de rotation égal à α, d'où

$$x\mathrm{FD}=f(\alpha)$$

On peut en déduire par suite la vitesse de déplacement du galet à chaque instant

$$v=\frac{dx}{dt}=\frac{d\alpha}{dt}\,\frac{df}{d}.$$

Si le mouvement de rotation de l'excentrique est uniforme, on a $\alpha=\omega t$, d'où

$$v=\frac{dx}{dt}=\omega\,\frac{df}{d\alpha}.$$

On voit que, pour une position donnée de l'excentrique, la vitesse du galet est proportionnelle à la vitesse angulaire de celui-ci.

Les équations que nous venons de rappeler permettent toujours évidemment de tracer le profil de l'excentrique réalisant un mouvement donné dont on connaît l'équation $x=f(\alpha)$; mais dans la pratique, on ne s'attache qu'à certaines dispositions particulièrement simples.

Si on veut donner par exemple au galet un mouvement de déplacement uniforme, on reconnaît facilement que la courbe qu'il convient d'adopter pour le profil de l'excentrique est donnée par l'équation

$$r=r_0+c\alpha$$

qui est celle d'une spirale d'Archimède, on a en effet

$$x=r_0+c\omega t,$$

d'où $v=c\omega$,

la vitesse est donc bien indépendante du temps, la vitesse angulaire ω étant supposée constante. Comme le rayon vecteur de la spirale augmente continuellement avec l'angle α, on ne pourrait évidemment pas ramener le galet en arrière, après qu'il a atteint son élongation maxima, on se trouve donc amené à placer sur la même tige un second galet roulant sur un second profil convenable; et pour que la tige soit mieux guidée on s'attache en général à ce que les deux galets glissent conti-

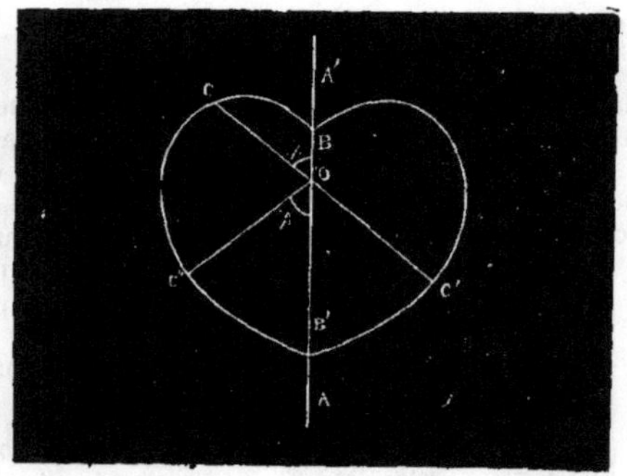

Fig. 589. — *Tracé de la courbe en cœur.*

nuellement sur l'excentrique, dont le profil est constitué alors par la réunion des courbes correspondant à chacun des galets (fig. 589). L'excentrique est partagé symétriquement par ces deux courbes dont chacune est directrice pendant une demi-révolution. Cette condition exige évidemment que toutes les cordes passant par l'axe de rotation O aient toujours une longueur constante égale à la distance de deux galets. On peut s'assurer facilement qu'elle est remplie par le tracé obtenu en prenant deux spirales d'Archimède symétriques comme on en voit un exemple figure 589. Il suffit de démontrer, en effet, qu'un rayon quelconque CC', passant par le centre de rotation O, est de longueur constante. Prenons C''O symétrique de C'O par rapport à l'axe AA' et ayant par conséquent même longueur que lui, nous avons une ligne brisée COC'' dont la longueur est égale à CC'. Or OC, par définition, $=r_0+c\beta$, et comme l'angle AOC'', pris égal à AOC', est égal aussi à COA', nous avons $OC''=r_0+c(\pi-\beta)$, d'où $OC+OC'=2r_0+c\pi$; cette somme est donc bien indépendante de β. Ce tracé a reçu le nom de *courbe en cœur* en raison de la forme particulière qu'il présente.

En réalité les galets directeurs ont toujours une épaisseur appréciable, mais pour en tenir compte il suffit évidemment de substituer au profil primitif un profil parallèle et intérieur au premier distant de celui-ci d'une longueur égale au rayon du galet. Ces deux galets sont d'ailleurs rattachés entre eux par un châssis de forme invariable embrassant l'excentrique et qui ne peut se mouvoir que suivant la direction considérée. On trouve un exemple de cette disposition dans la fig. 590, donnant la vue de l'excentrique avec ses deux galets et le châssis qui les rattache. Le tracé du profil parallèle correspondant à un galet donné présente néanmoins certaines difficultés, car il se

Fig. 590. — *Excentrique en cœur avec ses galets directeurs et son châssis.*

produit nécessairement une lacune entre les normales intérieures correspondant à l'angle rentrant en B, tandis que ces normales se croisent à l'angle saillant en B' comme on s'en rend facilement compte en exécutant le tracé. On y remédie en raccordant les deux courbes par un arc de cercle dans le premier cas, et en substituant un profil arrondi dans le second. Ce tracé laisse alors un vide entre le profil théorique et le profil vrai, et il en résulte que, à chaque changement qui se produit dans le sens du mouvement, le galet ne reste plus en contact avec l'excentrique, et il se produit un choc d'autant plus sensible que la vitesse reste constante.

Quand le mouvement uniforme n'est pas nécessairement indiqué, il est préférable de recourir au tracé d'excentrique indiqué par le général Morin. Ce tracé assure au galet une vitesse variant régulièrement avec le temps et qui devient nulle aux deux extrémités de la course. La vitesse croît uniformément pendant la première moitié et décroît uniformément pendant la seconde moitié de la course.

Ce résultat est obtenu en employant des arcs de paraboles tracés de la manière suivante :

On prend une droite OA représentant la durée de révolution de l'excentrique ; on la partage en huit ou en un multiple de huit parties égales, et par le point 4, milieu de OA, on élève une perpendiculaire m_4 4 de longueur égale à la course totale du galet. Par les points 2 et 6 on mène des ordonnées égales à la moitié de cette course ; on réunit ensuite les points m_2, m_4, m_6, ainsi obtenus par un arc de parabole ayant son sommet en m_4, puis on prend le demi-arc m_2, m_4, qu'on retourne pour le faire aller de O en m_2 et de m_8 en m_6. Cet arc ainsi disposé est tangent à la droite horizontale en O et en A, et il se raccorde en m_6 et m_2 par un point d'inflexion avec l'arc primitivement tracé. La courbe formée par la réunion de ces 3 arcs de paraboles sert de courbe des espaces pour tracer le profil de l'excentrique. On décrit la circonférence de rayon OG passant par la position la plus rapprochée du galet en G, puis on la partage en un nombre de parties égales au nombre des divisions de OA, soit en 8 parties dans l'exemple considéré, on mène les rayons par les points de division en partant de zéro au point G pour y revenir avec la division 8, et on les prolonge respectivement au delà de la circonférence OG de quantités égales aux longueurs des ordonnées correspondantes $1m_1$, $2m_2$, etc., de la courbe des espaces, et on trace ensuite la courbe G, 1, 2, 3, G'... 8, réunissant les points ainsi obtenus (fig. 591).

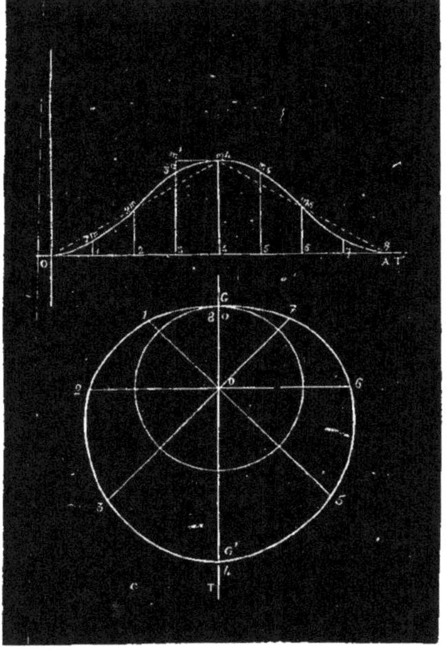

Fig. 591. — *Tracé de la courbe d'excentrique à arcs de paraboles du général Morin.*

Il est facile de s'assurer qu'il y a bien correspondance entre ce profil et la courbe des espaces, et d'après les propriétés de la parabole, on reconnaît que le profil ainsi obtenu jouit bien de cette propriété que toutes ses cordes passant par le centre de rotation O sont de longueur constante, et en outre on voit que la vitesse croît proportionnellement au temps dans la première période de la révolution, et décroît ensuite dans la seconde pour devenir nulle. Lorsque la nature du mouvement à communiquer doit comprendre certaines intermittences, il convient d'interrompre les deux courbes symétriques dont la réunion constitue le profil pour les remplacer pendant la période d'intermittence par des arcs de cercle ayant leur centre sur l'axe de rotation, le mouvement est alors interrompu pendant tout le temps que les galets glissent au contact des arcs ainsi tracés.

Quand la nature du mouvement exige que la somme des diamètres ne soit plus constante, on ne peut plus employer deux galets, et on remplace alors le profil saillant de l'excentrique par une rainure tracée dans un plateau suivant une courbe appropriée et qui conduit le galet unique.

Excentrique à cadre. Dans ce type d'excentrique, la tige conduite est munie, au lieu de galet, d'un cadre rectangulaire embrassant l'excentrique, et qui reste toujours tangent au profil de celui-ci sur deux côtés parallèles (fig. 592 et 593). Dans ce cas, le profil de l'excentrique doit être établi de manière à ce que cette condition soit toujours remplie dans toutes les positions successives, ce qui exige que la distance des deux tangentes parallèles quelconques soit toujours constante et égale à la distance des bords du cadre.

La corde perpendiculaire à la direction de ces tangentes et passant par le centre de rotation K (fig. 592) viendra nécessairement, en effet, se confondre avec la direction de la tige A'A dans une des positions de l'excentrique, et les deux tangentes correspondantes se confondront elles-mêmes avec les bords des cadres FGF'G'. On reconnaît facilement qu'un excentrique circulaire MN de centre M, tournant autour d'un point K de sa circonférence, comme on en voit un exemple figure 592, satisfait à cette condition puisque deux tangentes parallèles FG, F'G' menées à un cercle sont toujours entre elles à une distance égale au diamètre. Il est d'ailleurs très facile d'obtenir aussi dans ce cas, la loi du mouvement de la tige conduite AA', en calculant la distance des tangentes successives du profil de l'excentrique à l'axe de rotation. Pour l'excentrique circulaire, par exemple, la distance NL=KV qui mesure l'élongation est donnée par l'expression $r(1 + \text{Sin}\, MKL)$, l'angle MKL étant l'angle de rotation de l'excentrique, si on suppose la vitesse

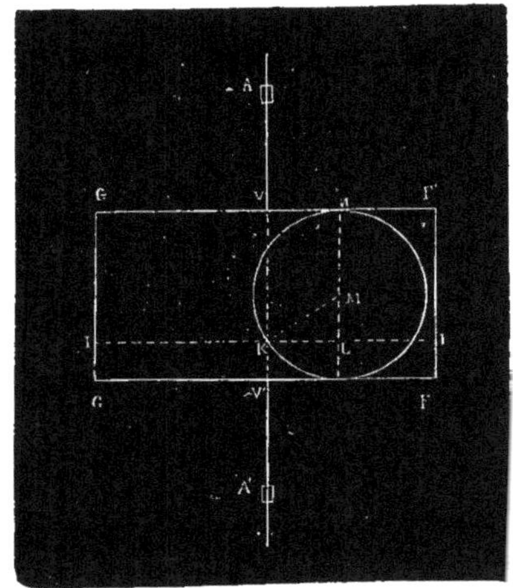

Fig. 592. — *Excentrique circulaire à cadre.*

de rotation uniforme égale à ω, MKL est proportionnel au temps t, et on a pour l'élongation

$$x = NL = r(1 + \sin \omega t).$$

Un autre tracé d'excentrique à cadre qu'on rencontre d'ailleurs sur certains types de machines à vapeur où il est appliqué à la conduite de la tige du tiroir, est celui de l'excentrique triangulaire représenté figure 593. On prend un triangle équilatéral curviligne dont un des sommets se confond avec le centre de rotation C, la longueur des côtés AC étant égale à la distance MP des bords du cadre de la tige LL, et de chacun des trois sommets comme centre, avec un rayon égal à la longueur

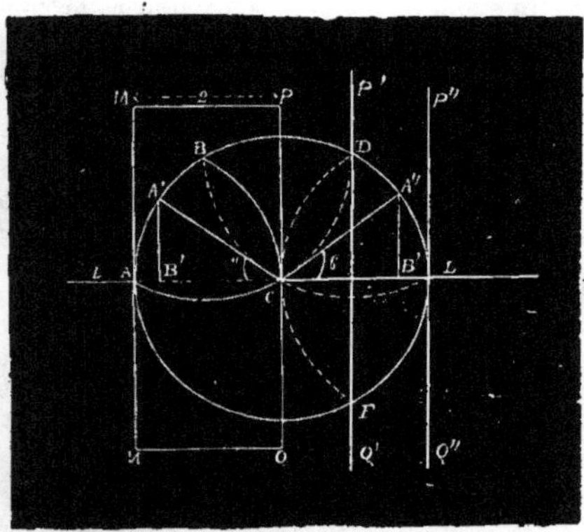

Fig. 593. — *Tracé théorique de l'excentrique triangulaire.*

du côté, on trace un arc de cercle réunissant les deux sommets opposés, de manière à constituer un triangle curviligne ABC dont les trois côtés sont formés par des arcs de cercle. Ce tracé répond à la condition posée plus haut, car chacun des sommets A, B et C peut être considéré comme un cercle de rayon infiniment petit, et une droite quelconque menée par ce sommet devient alors une tangente au profil; la distance des deux tangentes parallèles est donc bien constante et égale au rayon des trois arcs de cercle.

En étudiant le mouvement de la tige, on reconnaît que pendant une demi-révolution de l'excentrique autour du point C, elle passe par trois phases distinctes :

Dans la première ABC se transporte en BCD, et PQ en P'Q'. Le mouvement de la tige LL est alors celui de la projection B' du point A sur la direction LL, et l'élongation AB' est donnée par l'expression

$$x = r(1 - \cos \alpha), \quad (\alpha \text{ variant de } 0 \text{ à } 60^\circ)$$

la vitesse va en croissant, comme on le reconnaît en calculant $\frac{dx}{dt}$.

Dans la seconde période, l'excentrique passe de la position BCD à DCL, le sommet D se meut sur P'Q' et le mouvement de la tige est celui de la projection B' du point A'' sur LL, on reconnaît facilement que la vitesse est alors en décroissance, $x = r \cos \beta$ (β variant de 60° à 0).

Dans la troisième période, le triangle vient en LCF, l'arc DF est tangent au côté P''Q'' qui reste immobile et la tige ne se déplace pas. Ce tracé d'excentrique assure donc une variation graduelle de la vitesse de la tige, et évite absolument tous les chocs.

En pratique le tracé en est légèrement modifié, car en prenant le sommet de l'excentrique au centre de l'arbre, on serait obligé d'interrompre l'arbre en ce point. On remplace le sommet qui se confondrait avec le centre de l'arbre par un arc de cercle d'un rayon OE un peu supérieur à celui Oe de l'arbre (fig. 594), et on le raccorde avec les deux côtés curvilignes du tracé, de la manière suivante :

Après avoir tracé la petite circonférence de rayon OE, on trace, du point O comme centre, l'arc de cercle AB de rayon égal à la course BD à donner au cadre augmentée du rayon OE de la petite circon-

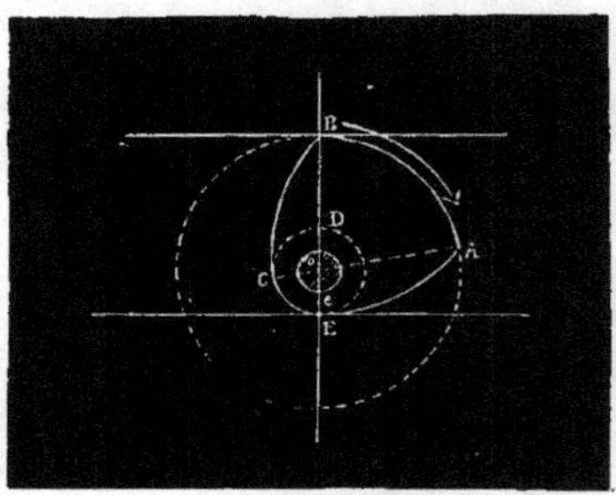

Fig 594.—*Excentrique triangulaire modifié pour ne pas interrompre l'arbre de commande.*

férence. On mène le diamètre BE, et on décrit, du point B comme centre avec BE pour rayon, l'arc de cercle EA qui vient rencontrer le premier arc tracé en un point A qui devient le troisième sommet de l'excentrique. De ce point A comme centre avec le même rayon on décrit enfin un arc de cercle BC qui se raccorde avec la petite circonférence en C, et qui passe au point B. On obtient ainsi le tracé complet ABCE du profil, on reconnaît facilement d'ailleurs que la loi du mouvement de la tige est très peu modifiée par ce changement de tracé.

|| *T. de tourn.* Mandrin au moyen duquel on fait varier le centre de la pièce sans l'enlever de dessus le tour.

* **EXCITATEUR.** *T. d'électr.* Instrument permettant de décharger, sans danger de commotion pour l'expérimentateur, un corps conducteur fortement électrisé.

Il fut imaginé par de Romas, en 1753, à l'occasion de la célèbre expérience par laquelle il démontra l'identité de la foudre et de l'étincelle électrique : un cerf-volant, lancé dans un nuage orageux, était mis en communication avec un cylindre de ferblanc par l'intermédiaire d'un fil de cuivre intercalé dans sa corde. Pour tirer des étincelles de ce cylindre, de Romas se servit d'un conducteur métallique relié au sol par une chaîne et tenu à la main par un manche isolant : cette disposition constitue un *excitateur*.

Pour décharger une bouteille de Leyde par la mise en communication métallique de ses deux armatures, on emploie un excitateur à deux arcs métalliques terminés chacun par une boule et articulés comme les branches d'un compas, que l'on tient à la main à l'aide de manches de verre fixés à chacun des arcs. En mettant l'une des boules en contact avec l'armature externe, l'étincelle jaillit entre l'autre boule et l'armature interne à travers la couche d'air qui les sépare, dès que l'épaisseur de cette couche devient suffisamment petite.

Pour les petites décharges, les manches de verre deviennent inutiles, le corps humain étant bien plus résistant que les métaux.

Pour fondre les fils métalliques, percer un cube de verre, etc., on emploie l'*excitateur universel* de Henley. Ce sont deux tiges droites avec une boule à un bout et un crochet à l'autre : elles peuvent glisser dans des manchons fixés sur des colonnes de verre verticales. On approche les boules l'une de l'autre en donnant aux tiges la position convenable. En reliant les crochets des tiges aux deux armatures d'une batterie de Leyde, la décharge passe entre les boules et fond un fil fin attaché à celle-ci, ou perce un cube de verre placé sur une tablette isolante entre les deux boules, etc.

Dans le langage des physiciens, le terme *excitateur* est employé par opposition à celui de *continuateur* ou de *multiplicateur* : c'est dans ce sens que l'on distingue les agents *excitateurs*, indispensables pour provoquer un phénomène, et les agents *continuateurs* ou *multiplicateurs*, qui, incapables à eux seuls de donner naissance au phénomène, peuvent cependant prolonger sa durée, accroître son intensité et amplifier ses effets. Aussi, dans l'étude des actions chimiques de la lumière, on appelle rayons *continuateurs* les radiations *lumineuses* qui, incapables de provoquer une action chimique, continuent cependant l'action commencée par les rayons *excitateurs*, qui sont les radiations *chimiques*.

Dans les machines *électriques*, on appelle machines *excitatrices* ou organes *excitateurs*, les machines ou les organes servant à *amorcer* les machines *génératrices* ou les organes *multiplicateurs*. — V. Électricité, § 2, 16, 48, et Dynamo-électriques (Machines). — J. R.

***EXHAURE** ou **ÉPUISEMENT DES MINES.** On désigne ainsi l'opération qui a pour objet d'extraire des mines l'eau, qui y descend par les roches perméables, et par les fentes des roches dures. Cette opération est d'une nécessité absolue, et dans certains cas, l'impossibilité de la mener à bien, a forcé à l'abandon de mines encore riches. Nous étudierons d'abord les conditions dans lesquelles se produisent les venues d'eau dans les mines, puis nous décrirons les moyens propres à empêcher l'accès des eaux par des défenses extérieures ou intérieures, et enfin, nous étudierons les moyens propres à les faire sortir de la mine, d'abord sans engins mécaniques, ensuite au moyen de ces engins.

Conditions des venues d'eau. Les parois d'une mine reçoivent en général des quantités d'eau, très petites en chaque point. Cette eau vient des petites fissures qui traversent le terrain, et dans lesquelles l'eau est en repos, avant l'ouverture de la mine. L'eau s'écoule par ces fissures dans la mine, et est remplacée par des infiltrations provenant, soit de la surface, soit de nappes supérieures. On pourrait croire, si on raisonnait légèrement, que la quantité d'eau, qui pénètre ainsi dans une mine par unité de temps, est proportionnelle à la surface du rocher mis à nu et à la racine carrée de la profondeur des travaux. Mais cette quantité a un maximum qui dépend de l'aire des orifices d'infiltration au jour, et de la pression d'eau qui s'y exerce. L'entretien d'eau d'une mine ne croît que lentement avec la surface de rocher mise à nu, et est à peu près indépendante de la profondeur. Si on fait des travaux à un niveau supérieur, cela diminue la quantité d'eau qui afflue plus bas. Quand on exploite une mine, il peut en résulter que les petits canaux qui l'alimentent en eau se développent, et que l'entretien d'eau augmente.

En outre de ces venues d'eau normales, il faut compter parfois avec des venues d'eau exceptionnelles, provenant soit de couches perméables qui affleurent au jour, en des points où l'eau peut pénétrer, soit de failles plus ou moins ouvertes qui font communiquer la mine avec de semblables couches ou avec le jour. Quelquefois les couches aquifères existent à une faible profondeur et il faut les traverser pour aller exploiter des mines situées au-dessous. C'est le cas, par exemple, dans les mines de houille du nord de la France et de la Belgique. On a recours alors à des procédés spéciaux de fonçage, de cuvelage et d'épuisement, qui sont décrits à l'article Puits. Dans ce cas, quand le niveau aquifère a été traversé, on a, pendant l'exploitation de la mine, partout au-dessus de soi, un réservoir d'eau prêt à s'épancher dans la mine, si des fissures se produisent dans le terrain imperméable qui l'en sépare. Dans le cas de failles aquifères, au contraire, la zone dangereuse est une bande plus ou moins large, et plus ou moins voisine de la verticale. Il faut s'en isoler par les moyens que nous étudions dans le courant de cet article. Il faut encore citer le danger de la rencontre des galeries ou cavernes, qui ont été creusées jadis dans des terrains calcaires par des eaux acides, et où les eaux peuvent encore circuler.

Défenses extérieures. Comme défenses extérieures contre l'entrée de l'eau dans la mine, il faudrait théoriquement rendre imperméable la surface du sol au-dessus de la mine, et sur une grande étendue autour. On s'attache, en général, aux points d'infiltration permanente, tels que le lit des ruisseaux, les fonds de vallée, le fond des marais et des étangs, la région de la surface où les anciens exploitants ont laissé de vieux travaux plus ou moins bien remblayés.

Défenses intérieures. Il est évident que toutes choses égales d'ailleurs, on diminuera les chances de venue d'eau si on développe les travaux dans le sens vertical, mais ceci n'est pas possible pour un gîte quelconque. On laisse souvent sous des rivières, des massifs intacts qui s'appellent *investisons*.

D'une manière générale, le moyen d'empêcher l'accès de l'eau dans une mine est l'étude détaillée des conditions dans lesquelles l'exploitation produira des cassures à la partie supérieure, suivant qu'on exploitera avec ou sans remblais, et le groupement des travaux de façon que ces cassures ne viennent pas au jour dans des endroits dangereux, comme le lit d'un ruisseau.

Quand les eaux ont déjà pénétré dans d'anciens travaux, on peut encore les empêcher d'envahir les travaux en activité. Il suffit pour cela de réserver autour des travaux anciens un massif intact, ou mieux traversé d'un trou de sonde qu'on pourra fermer à volonté, et par lequel on saignera l'eau des vieux travaux. On laissera de même un massif de protection, sur la limite commune de deux concessions voisines.

On peut barrer un puits ou une galerie en avant d'un point au delà duquel il y a de l'eau, par une cloison étanche qui s'appelle *plate cuve* dans le premier cas, ou *serrement* dans le second. Ces cloisons doivent être tout à fait imperméables et extrêmement solides, car leur rupture serait un vrai désastre. On donne à ces ouvrages une forme droite, ou une forme busquée ou sphérique, bombée dans le sens d'où viendra la pression. Dans les serrements droits, on laisse une ouverture carrée que l'on ferme à l'arrière avec un clapet muni d'une garniture en caoutchouc, et serré à l'avant par une fermeture autoclave. Dans les serrements busqués ou sphériques, on pose toutes les pièces par derrière, c'est-à-dire du côté où viendra l'eau, sauf la clef que l'on tire de l'avant avec des tire-fonds. La clef est quelquefois un bouchon à vis, placé dans un cône en fonte appelé *trou-d'homme*. On fait autant que possible le travail du picotage et du calfatage par l'arrière, pour que la pression de l'eau ne fasse pas partir les picots.

Pendant l'exécution d'un barrage, pour se débarrasser du contact des eaux qu'il est destiné à arrêter, on fait deux batardeaux en amont et en aval, et on les met en relation par un tuyau, qu'on logera à la fin dans l'ouverture qui servira à la retraite des ouvriers. Quand un barrage est achevé, et que l'eau y est venue, il faut permettre l'évacuation complète de l'air qui est derrière. A cet effet, on perce à la partie supérieure un trou de foret, où on fixe un petit tuyau montant et recourbé. L'air s'écoule ; quand l'eau arrive, il n'y a plus qu'à boucher avec une cheville de bois. Quelquefois on consolide le barrage par un système de charpente, mais il faut que la pression de cette charpente soit moindre que celle de l'eau, sans quoi cela tendrait à ouvrir le barrage. Il est bon de recouvrir le derrière d'un barrage avec une feuille de caoutchouc vulcanisé, ou de toile goudronnée pour assurer la complète étanchéité.

Quand on craint des coups d'eau très rapides on prépare une porte en fonte munie de boulons sur son pourtour et d'une charnière à sa partie supérieure. D'ordinaire, on la soulève au plafond, et on la supporte par des buttes en bois. On prépare en même temps un cadre en fonte muni de trous correspondants aux boulons. En cas de coup d'eau, on culbute les buttes, la porte tombe et les boulons se placent dans les trous ; on boulonne et on calfate, et on a alors le temps de faire un autre serrement.

Il est bon de surveiller les serrements au moyen d'une tubulure où est placé, en permanence ou non, un manomètre. Si on arrive à concevoir des craintes sur la solidité d'un serrement, on en construit un autre plus solide à petite distance, et quand il est fait, on ouvre en petit les robinets du premier, de sorte qu'il ne fonctionne plus. Sans cette précaution, au moment de la rupture du premier barrage, l'eau arriverait contre le second avec une trop grande vitesse.

Concentration des eaux. La première chose à faire pour épuiser les eaux d'une mine est de les réunir dans un réservoir commun. En général, cette concentration se fait par la pesanteur, les galeries employées au roulage ayant une pente plus que suffisante pour assurer la circulation de l'eau. Mais il peut y avoir des cas, où la forme géométrique du gîte, ou la présence du grisou oblige à mener les travaux en descendant à partir du puits.

S'il s'agit d'un ouvrage long, mais de faible pente, on établit de distance en distance, dans la galerie, de petits puisards reliés par une série d'écheneaux ayant la pente voulue. On verse à la main avec des seaux, l'eau de chaque puisard, dans l'écheneau qui part au-dessus de lui.

Souvent pour épuiser un petit chantier en descenderie, on emploie un tonneau circulant sur un vagon, une petite pompe en bois très rudimentaire appelée *canard*, une pompe en fer construite sur le modèle des pompes à incendie, ou enfin une pompe rotative à force centrifuge. Quelquefois on établit un siphon pour franchir un seuil, on l'amorce par une tubulure à la partie supérieure, et on le munit à ses extrémités de clapets que les flotteurs ferment quand le siphon serait sur le point de cesser d'être amorcé.

Il est bon en général de clarifier les eaux avant leur arrivée au puisard, pour éviter qu'elles ne le comblent et qu'elles n'abiment les organes des pompes. On peut employer à cet effet la force centrifuge, ou épanouir brusquement une veine liquide. En tous cas, il est bon de conserver les eaux pendant deux ou trois jours, dans un réservoir muni d'une cloison ne montant pas jusqu'à la surface de l'eau, pour retenir les matières plus lourdes que l'eau, et d'une cloison descendant de la partie supérieure dans l'eau pour retenir les corps flottants. Quelquefois même on filtre les eaux à travers des toiles métalliques tendues sur des cadres.

Les eaux sont ainsi rassemblées dans un *puisard* ou *bouniou*. Ce récipient doit pouvoir contenir les eaux qui affluent dans la mine en vingt-quatre heures. On peut de là les faire sortir au jour, soit par voie horizontale, s'il existe dans le voisinage un point de la surface du sol, où le niveau le plus haut des eaux, soit plus bas que le puisard de la mine, soit dans les autres cas par voie verticale.

Galeries d'écoulement. Quand tout ou partie des travaux d'une mine est situé au-dessus d'un point assez voisin de la surface du sol, comme c'est souvent le cas dans les mines métalliques, situées généralement en pays de montagnes, on réunit les eaux dans une galerie qui va rejoindre ce point avec une pente uniforme, mais très faible. Les eaux de toute la partie supérieure de la mine sortiront naturellement par là au jour, et il n'y aura plus qu'à élever les eaux de la partie inférieure, jusqu'à ce niveau.

Quelquefois, quand la galerie d'écoulement est faite, on introduit dans la mine, de propos délibéré, des eaux superficielles prises à l'orifice du puits, et on utilise comme force motrice la chute de ces eaux jusqu'à la galerie d'écoulement.

Les galeries d'écoulement doivent être faites le plus rapidement possible, car elles ne commencent à servir que quand elles sont complètement finies. On doit les attaquer à la fois par les deux bouts et par le plus grand nombre possible de points intermédiaires, fournis par des puits ou des galeries. On choisit des points plus rapprochés dans les régions où les puits auxiliaires seront le plus longs, afin d'arriver à ce que toutes les rencontres soient à peu près simultanées. On emploie en général, pour tracer les galeries d'écoulement, des moyens mécaniques plus coûteux, mais plus rapides que le percement à la main.

On donne en général aux galeries d'écoulement une largeur de près de 2 mètres et une hauteur de près de 3 mètres, suffisante pour qu'un plancher, établi au-dessus de l'eau pour la visite, y rende la circulation facile. Une voie en fer est généralement établie sur ce plancher pour faciliter le transport des matériaux destinés aux réparations. Il est très essentiel que la sole d'une galerie d'écoulement soit absolument imperméable, pour que l'eau qui y circule ne rentre pas dans les profondeurs de la mine. A cet effet, si elle est tracée dans la direction d'un filon, le mieux est de la placer au mur de façon que l'exploitation ne disloque pas sa sole. Si on est obligé de la tracer au toit, on la garantira par un long pilier de sûreté, dont l'axe devra se confondre avec celui de la galerie, en projection orthogonale sur le plan du gite. Sur les points où cette précaution serait impossible à prendre, il faudrait murailler complètement la galerie d'écoulement, et ensuite, la visiter avec soin, et boucher toutes les fissures au fur et à mesure de leur apparition. A la traversée d'un gite précédemment exploité, on fera couler l'eau dans un canal en bois suspendu et soustrait ainsi aux dislocations causées par les vieux travaux. On pourra aussi dans ce cas recourir à un lit artificiel en fonte.

Dans certains cas, les galeries d'écoulement sont faites avec une grande largeur et utilisées pour le transport des matières par bateaux.

C'est dans les mines métalliques que se rencontrent les plus belles galeries d'épuisement. Cela tient à ce que l'eau a une facilité plus grande de s'y infiltrer que dans les houillères, à ce que le sol est en général plus accidenté, et enfin à ce que le combustible est plus cher. La galerie Georges au Harz, d'une longueur de 10,960 mètres a été faite à la fin du XVIIIe siècle, en 22 ans, au moyen de dix-sept puits auxiliaires. On a commencé, en 1851, la galerie Ernest-Auguste dans la même région, mais à un niveau inférieur; elle a été faite en 15 ans, bien qu'elle eût 23,338 mètres. Cette galerie a 1^m,75 de largeur, 2^m,60 de hauteur et une pente de 1/2 millimètre par mètre. Elle permet d'utiliser, en introduisant de l'eau dans la mine, des chutes de 400 mètres qui donnent une force motrice énorme. Ces grands travaux nécessitaient que les mines de Harz fussent entre les mains de l'Etat, qui peut attendre longtemps les bénéfices de l'exploitation. Il y a d'autres galeries d'écoulement remarquables dans presque toutes les mines métalliques de l'Allemagne, de l'Autriche et de la Hongrie.

Dans les mines métalliques, si on peut diriger la galerie d'écoulement perpendiculairement aux filons, on a encore l'avantage d'exécuter sans dépense spéciale, un grand travail de recherche.

MACHINES D'ÉPUISEMENT. Rappelons d'abord, pour mémoire, qu'on s'est quelquefois servi de la fontaine de Héron pour faire monter des eaux inférieures au niveau de la galerie d'écoulement. A Schemnitz, en 1755, il y en avait une qui élevait l'eau de 33 mètres, avec une chute motrice de 46 mètres. L'appareil Lisbet qui fonctionne à Liévin, pour épuiser les eaux des travaux en vallée, est une demi-fontaine de Héron, en ce sens qu'au lieu de comprimer l'air par une chute d'eau, on l'emprunte à la machine à air comprimé.

Passons maintenant à l'étude des pompes proprement dites. Elles se classent en deux catégories d'après la position du clapet de sortie. S'il est dans le piston, la pompe est dite *élévatoire*, et le mouvement ascendant de l'eau a lieu pendant la course ascendante des tiges, qui agissent par traction. Si au contraire le clapet de sortie est

Fig. 595. — *Pompe noyée foulante et pompe noyée élévatoire.*

dans le corps de pompe et si le piston est plein, la pompe est dite *foulante*, et le mouvement ascendant de l'eau a lieu pendant la course descendante des tiges, qui agissent alors par compression (fig. 595). Ces désignations s'appliquent quand le clapet d'entrée est noyé. Quand, au contraire, le corps de pompe est relié au puisard par un tube dont la hauteur ne doit pas dépasser pratiquement 8 mètres, et au haut duquel est le clapet d'entrée *dénoyé*, on ajoute au nom de la pompe le mot *aspirante*; et si la hauteur à laquelle elle élève l'eau au-dessus du corps de pompe est très faible, on l'appelle simplement pompe aspirante (fig. 596).

Généralement, on partage la hauteur du puits en plusieurs répétitions, sur chacune desquelles une pompe élève les eaux. En général, la pompe

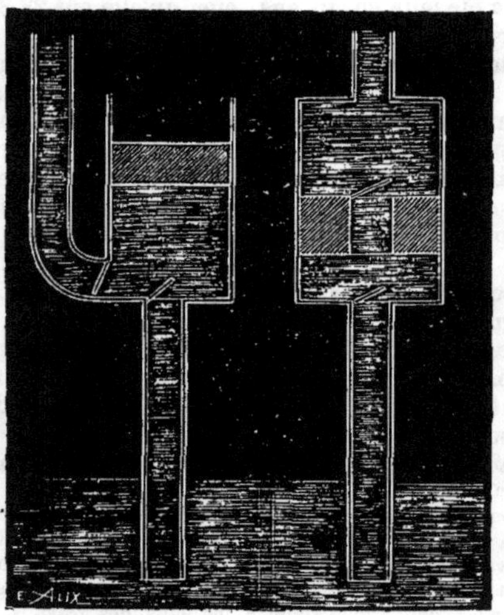

Fig. 596. — *Pompe aspirante foulante et pompe aspirante élévatoire.*

du bas est simplement aspirante, et les autres sont toutes élévatoires, ou toutes foulantes.

Si on dispose d'une machine motrice de rotation ou à double effet, on emploie en général deux maîtresses tiges qui oscillent en sens contraire et s'équilibrent, et auxquelles sont attelées, alternativement sur l'une et sur l'autre, les tiges des pompes. Ces tiges sont trop faibles pour agir par compression et les pompes doivent être élévatoires. Leurs tiges sont placées à l'intérieur des tuyaux montants. Une autre solution consiste à avoir une seule maîtresse tige dont le poids égale celui de l'eau et à l'équilibrer en partie par un poids égal à sa moitié. On fait agir la vapeur sur ce contre-poids. Dans la course montante de la tige, le contrepoids descend et est, en outre, poussé par la vapeur avec une force égale à son poids. Dans la course descendante de la tige, la tige est équilibrée par l'eau qu'elle foule, et la vapeur monte le contrepoids.

Si au contraire, ce qui est le cas le plus habituel, on dispose d'une machine motrice à simple effet, on n'établit qu'une seule maîtresse tige attelée directement, ou par l'intermédiaire d'un balancier, à celle du cylindre moteur. On emploie la machine à élever la tige, et celle-ci en descendant refoule l'eau dans les tuyaux montants. Les pompes sont foulantes et le travail n'est pas régulier. Cette disposition est celle qui simplifie le plus les pompes. On décompose la maîtresse tige en un certain nombre de parties, chacune d'une section différente, qui opèrent pour leur propre compte et refoulent l'eau dans la colonne montante correspondante. On surcharge ou on équilibre, s'il y a lieu, chaque portion de la maîtresse tige, de telle sorte que, à la rencontre de deux parties de la maîtresse tige, ou au point d'attache, la charge soit nulle pendant la descente des tiges, et égale pendant leur ascension au poids de toutes les colonnes d'eau inférieures. Si toutes les répétitions sont identiques, la charge, et par suite la section en un point quelconque, est proportionnelle au nombre de répétitions inférieures, et on a pour la section longitudinale de la maîtresse tige un profil parabolique. Il est très bon de s'arranger pour que le refoulement d'un piston quelconque soit obtenu par le poids de la partie de la maîtresse tige qui est située au-dessous : de la sorte les pistons ne sont jamais poussés pendant leur course descendante, la maîtresse tige n'a plus besoin d'être rigide et ne fouette jamais.

La pompe inférieure est toujours une pompe aspirante. Le tuyau dont elle est munie plonge dans le puisard, est fermé au bout et muni de *narines* latérales, se prolonge d'environ 5 mètres au-dessus du niveau de l'eau dans le puisard et est fermé à la partie supérieure par le clapet d'aspiration placé dans une partie renflée appelée *chapelle*. On peut sortir ce clapet par la porte de la chapelle, et on peut aussi, si la pompe est noyée, retirer le clapet par un crochet descendu dans le tuyau montant, après avoir préalablement sorti le piston. Le corps de pompe est en fonte et alésé avec soin. Si les eaux sont acides, ce qui est un cas habituel dans les mines métalliques et même dans les mines de houille, on le fait ou on le garnit en bronze.

Les pompes supérieures sont des pompes foulantes à piston plein. Elles prennent l'eau par un tuyau horizontal, aboutissant à la bâche correspondante ; quand le piston descend, ce tuyau est fermé par le clapet d'aspiration, et quand le piston monte, le clapet d'aspiration s'ouvre. Les pompes refoulent l'eau par un tuyau vertical qui aboutit à la bâche de l'étage supérieur. Ce tuyau est fermé à la partie inférieure, pendant que le piston monte, par le clapet de refoulement, qui s'ouvre quand le piston descend. Les deux clapets sont quelquefois en cuir ou en gutta-percha avec armature en cuivre; quelquefois ils ont la forme d'un hémisphère, muni d'une anse; quelquefois ils sont coniques et en acier. En tous cas, ils sont enfermés dans des chapelles munies d'une porte. Ces chapelles sont généralement éprouvées à une pression hydraulique quintuple. Le piston plein

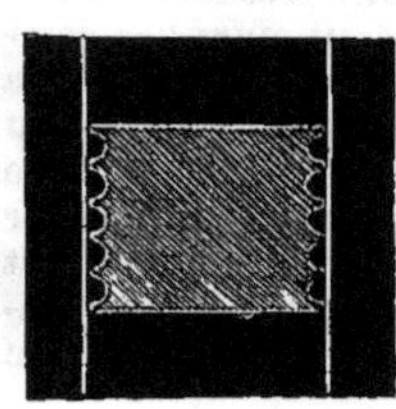

Fig. 597.

est en bois et cerclé, et recouvert à la partie inférieure avec de la fonte ou du bronze. On peut lui mettre une garniture en étoupe, en cuir ou en gutta-percha et on peut aussi n'en pas mettre. Le piston Deleuil présente la coupe ci-jointe (fig. 597), et pour peu qu'on marche vite, l'étanchéité est assurée. On peut aussi employer des pistons plongeurs, frottant seulement dans le presse-étoupes. Il est bon d'y percer un petit canal pour laisser s'échapper l'air qui tend à s'accumuler au point *a* (fig. 598). Dans la pratique, chaque pompe foulante élève l'eau sur une hauteur de 50 à 100 mètres. A Illsang, dans le Salzkammergut, une seule pompe élève de la saumure à 370 mètres de hauteur.

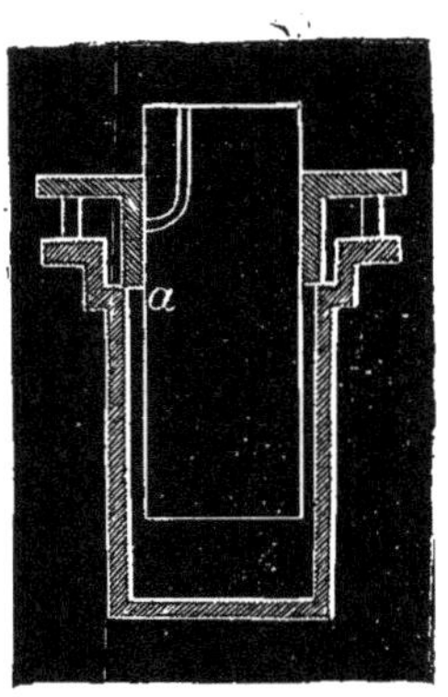

Fig. 598

Les bâches sont des caisses en tôle, posées sur des paliers de support en bois, très résistants. Elles doivent être reliées par des communications qui font descendre le trop plein de chaque bâche à la bâche inférieure.

La colonne montante est formée de tuyaux en fonte, quelquefois en tôle et très rarement en laiton, munis de brides, et superposés les uns sur les autres. On serre avec des boulons, les brides contiguës, et on assure l'étanchéité par l'interposition de bagues en fer, en plomb ou en cuivre rouge, entourées d'étoupes goudronnées ou de glu marine, et placées dans des rainures circulaires des deux brides. Les tuyaux inférieurs de la colonne sont plus forts que ceux de la partie supérieure, car ils ont à supporter une plus forte pression. Si les eaux sont acides, on peint les tuyaux au minium, et on les garnit de planchettes de bois à l'intérieur. En Angleterre, on a employé avec succès des tuyaux en carton bitumé. La vitesse de l'eau dans les tuyaux ne doit pas dépasser 1 mètre par seconde.

La maîtresse tige se fait, en général, en chêne ou en sapin rouge, et on assemble les différentes pièces bout à bout en trait de Jupiter avec des couvrejoints en fer, ou mieux avec de très forts couvrejoints en bois. On calcule les maîtresses tiges pour les faire travailler à $0^k,5$ et quelquefois même seulement à $0^k,2$ par centimètre carré. Quelquefois aussi, mais plus rarement, on fait les maîtresses-tiges en fer ou en acier et on les dispose comme des poutres en treillis.

On doit, en outre, installer dans le puits d'exhaure une série d'échelles avec des planchers, et un cabestan pour la pose des pompes. Ce cabestan doit être placé sous un toit qui le protège de la pluie, mais non du vent.

Le diamètre des pompes varie de $0^m,20$ à 1 mètre, et la course de $1^m,20$ à 4 mètres. Le nombre des coups de piston doit descendre à 3 par minute pour les grands appareils et peut monter à 10 pour les petits. On calcule les pompes au moment de l'installation pour faire l'épuisement en marchant huit heures par jour. En général, si la machine motrice produit 100 kilogrammètres, on n'en utilise guère dans les pompes que 75 ou 80. Le déchet se répartit à peu près de la manière suivante :

Frottements dans le foulement	12
Frottements dans la levée	8
Eau redescendue	5
	25

Moteurs d'épuisement. Il est très rare qu'il suffise d'employer comme moteurs d'épuisement des hommes ou des chevaux. Dans ce cas, on peut facilement transformer le mouvement de rotation en un mouvement alternatif de bielles, mettant les pompes en marche.

Il y a eu à Dannemora des moulins à vent comme moteurs d'épuisement.

Si on dispose d'une chute d'eau de hauteur assez limitée, on peut établir une roue à augets dont le mouvement de rotation lent est transmis au puits d'exhaure, où règnent deux maîtresses tiges, qui actionnent des pompes élévatoires. La transmission de force est obtenue, soit par un système de bielles, de tirants et de varlets, soit mieux par un câble télédynamique circulant rapidement et enroulé sans fin sur deux poulies, reliées par des engrenages à la roue à augets et aux pompes.

Si on dispose d'une chute d'eau de hauteur considérable, on peut employer une turbine, à la condition d'augmenter sa masse par un volant considérable. Mais, dans ce cas, c'est la machine à colonne d'eau qui est généralement usitée. Cette machine est généralement à simple effet et sa tige commande directement les pompes.

Si on ne dispose pas de chute d'eau d'une force suffisante, il faut recourir à l'emploi de la vapeur. Si la quantité d'eau à épuiser est, en poids, au plus le double ou le triple de la quantité de charbon ou de minerai, on peut employer pour l'épuisement la machine d'extraction elle-même pendant quelques heures par jour, ou une machine analogue, ou encore établir sur l'arbre de la machine d'extraction une manivelle spéciale qui actionnera les pompes. Quand on utilise à cet effet la machine d'extraction, on peut employer des caisses à eau qu'on place dans les cages d'extraction ou qu'on leur substitue. Ces caisses se remplissent dans le puisard par le soulèvement d'un clapet placé sur le fond. Quand elles sont arrivées au jour, on les vide par divers artifices, mais sans les détacher des câbles, si les caisses ont été substituées aux cages d'extraction.

Si la quantité d'eau à épuiser est plus considérable, il faut avoir recours à une machine spéciale. On emploiera, par exemple, une machine à vapeur de rotation, fixe ou locomobile, selon que l'épuisement doit être permanent ou temporaire. On peut l'établir au fond du puits, afin d'aspirer l'eau du puisard, et de la refouler directement au jour; on a ainsi l'avantage de supprimer le matériel des pompes et des tiges; mais on a une machine placée dans de mauvaises conditions de conservation, et on soumet les corps de pompe et les tuyaux à d'énormes pressions. Si on établit la machine à l'orifice supérieur du puits d'exhaure, on a les avantages et les inconvénients inverses.

Le volant doit être suffisant pour franchir le point mort, mais pas assez pour obtenir une grande régularité, inutile dans ce cas particulier.

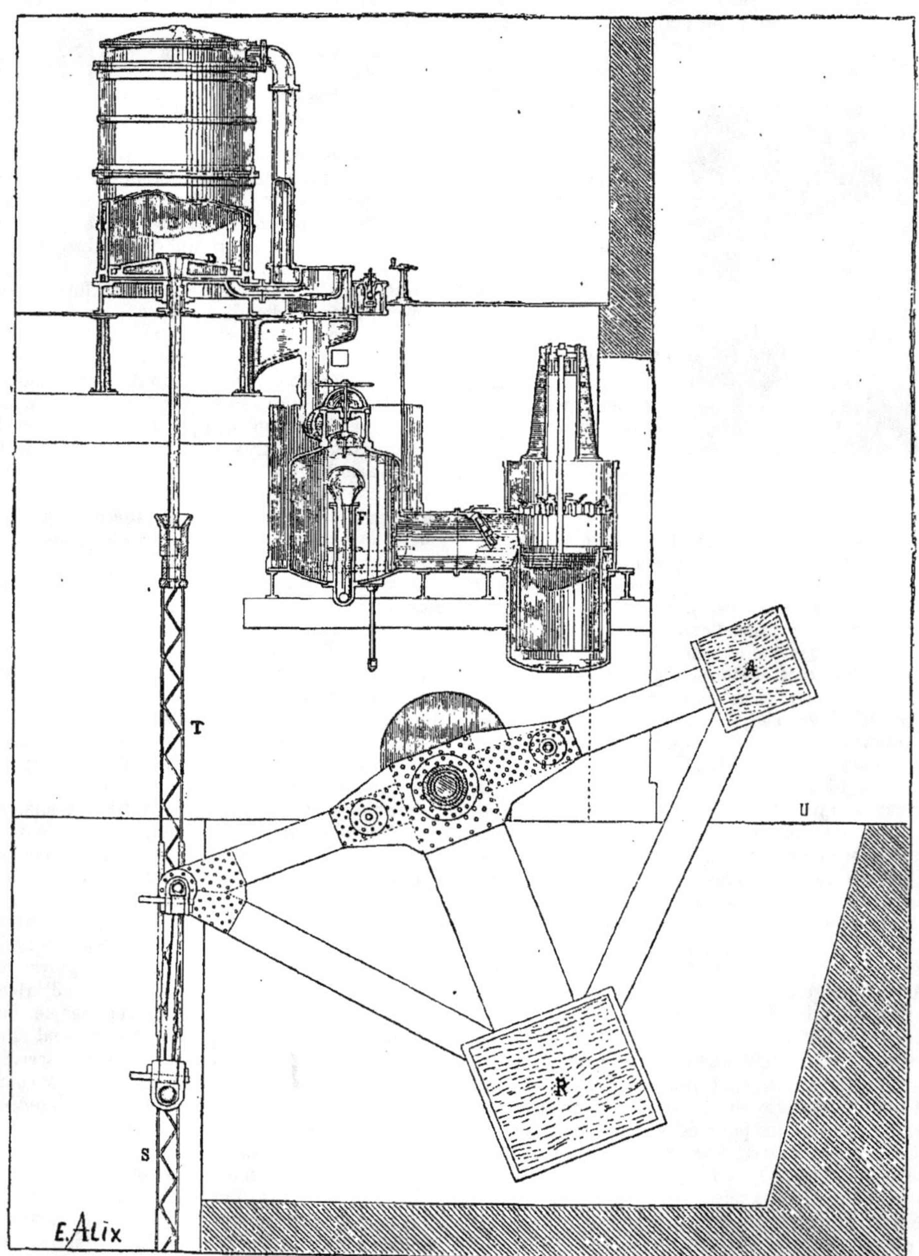

Fig. 599. — *Machine d'épuisement à simple effet à traction directe et à régénérateur Bochkoltz.*
C Corps de pompe. — *P* Piston. — *T* Tige. — *F* Condensateur. — *A* Contrepoids. — *R* Régénérateur. — *S* Puits. — *U* Niveau du sol.

Pour les très grands épuisements, il est préférable d'employer une machine à simple effet et à moyenne pression, actionnant la tige de pompe comme le ferait une machine à colonne d'eau. Ce type de machine est connu sous le nom de machine de *Cornouailles*. La vapeur agit d'abord à pleine pression sur la partie supérieure du piston pour le faire descendre, et pour faire monter en aspirant l'eau, la maîtresse tige de la pompe, attelée à l'autre extrémité du balancier. On coupe l'admission et on laisse la vapeur se détendre. Le piston doit arriver au bas de sa course avec une vitesse à peu près nulle. On établit alors l'équilibre de pression sur ses deux faces; le poids des tiges les fait descendre, et refoule l'eau dans les tuyaux montants. Avant que le piston ne soit arrivé en haut de sa course, on ferme la soupape d'équilibre; la vapeur, confinée au-dessus, se comprime et crée une résistance telle que le piston arrive au haut de sa course avec une vitesse à peu près nulle. Quand on veut donner un second coup de piston, on ouvre la soupape d'échappement, qui fait communiquer le dessous du piston avec le condenseur, et un instant après, on ouvre la soupape d'admission, qui met la chaudière en communication avec la partie supérieure où il reste déjà un peu de vapeur, à peu près à la même pression.

Voici quelques données numériques sur la machine de Cornouailles.

Diamètre du cylindre		0.50 à 2.50	
Course du piston, en moyenne		2.00 à 3.00	
		Diamètre	Levée
Soupapes	admission	0.20	0.033
	équilibre	0.25	0.026
	échappement	0.30	0.040

Pression, 2 à 4 atmosphères.

Dépense, 1 à 5 kilogrammes de charbon par cheval et par heure. On est même descendu à 879 grammes.

Vitesse du piston à vapeur { 1.30 à la montée. 0.50 à la descente.

Quelquefois on supprime le balancier et on établit la machine à traction directe en renversant le jeu de vapeur. Ce système est moins coûteux, il dispense d'avoir un point d'appui solide pour l'axe du balancier et il a, en outre, cet avantage que la vapeur, agissant dans la partie inférieure du cylindre tend à l'appuyer sur le sol, au lieu de le soulever. Mais il offre l'inconvénient d'encombrer l'orifice du puits avec le cylindre de la machine à vapeur, et de l'exposer à de graves avaries dans le cas d'une explosion générale de grisou. En général, le système à traction directe est plus usité sur le continent, tandis que le système à balancier se rencontre plus fréquemment en Angleterre.

Une autre variante, connue sous le nom de système de *Woolf*, consiste à faire la détente par l'emploi de deux cylindres, soit superposés et ne différant que par le diamètre, soit juxtaposés et différant par la course et par le diamètre. La marche de la machine à deux cylindres est plus douce; pour un degré donné de détente et pour la même force moyenne, la force initiale est moindre que dans une machine à un seul cylindre.

Une troisième variante est l'emploi du *régénérateur de force* de M. Bochkoltz. Dans la machine de Cornouailles ordinaire, l'effort supporté par la tige en marche, se mesure par le poids d'une colonne d'eau ayant pour base le piston et ayant une hauteur égale à la distance verticale du piston au niveau supérieur de l'eau. Au moment du départ, il faut, en outre, soulever le clapet dormant; son poids n'est rien, mais ce qui est considérable, c'est la différence entre la pression de l'eau qui s'exerce sur ses deux surfaces. Cette différence est égale à la pression qui s'exercerait sur une surface égale au recouvrement, lequel est, en général, au moins le cinquième de la surface du clapet. En conséquence, la maîtresse tige doit, pour pouvoir ouvrir le clapet, avoir un certain excès de poids. Dans la montée des tiges, il faut soulever cet excès de poids, et dans la descente, dès que le clapet est ouvert, il est inutile et même nuisible, car il accélérerait trop la marche de la machine. On l'équilibre quelquefois en étranglant la soupape d'équilibre et en demandant à la vapeur du travail résistant. M. Bochkoltz a paré à tous ces inconvénients en imaginant son régénérateur. C'est un bras implanté perpendiculairement au-dessous du balancier, et muni d'un poids très lourd à l'extrémité; il fonctionne comme un pendule, agissant comme moteur pendant le commencement de la course descendante et de la course ascendante des tiges, et comme frein pendant la fin de la course descendante ou de la course ascendante des tiges (fig. 599).

En terminant, nous allons donner, comme exemple, différents renseignements numériques sur une machine d'épuisement établie à Hardinghem, dans le Boulonnais :

Entretien d'eau	5.000 mèt. c. par 24 h.
Durée de l'épuisement	20 heures.
Profondeur	320 mètres.
Poids de l'appareil	422 tonnes.
Contrepoids	190 —
Prix, sans le contrepoids	230.000 francs.
Force nominale	550 chevaux.

La dépense pour l'épuisement de 1 tonne d'eau de 100 mètres de profondeur avec une machine d'extraction est d'au moins 0 fr. 05 et avec une machine de Cornouailles, elle peut descendre à 0 fr. 03 et même au-dessous. Ces chiffres ont une grande importance, car les quantités d'eau qu'on doit extraire sont parfois considérables. Ainsi, pendant le fonçage de la fosse 5 de Lens, on a dû extraire jusqu'à 60,000 mètres cubes d'eau par jour. — A. B.

EXOSMOSE. *T. de phys.* Impulsion de dedans en dehors. — V. ENDOSMOSE.

* **EXPANSEUR.** *T. techn.* Nom donné parfois à l'outil dont on se sert, depuis quelques années, pour la mise en place des tubes de chaudières sur leurs plaques de tête. — V. DUDGEON.

EXPANSION. *T. de mécan.* Qualité que possède la vapeur, pendant sa détente, de remplir l'espace dans lequel elle est renfermée, en y exerçant une pression à peu près inversement proportionnelle avec l'accroissement de volume qu'elle subit. Ceci permet de se rendre compte de l'économie considérable réalisée avec les machines à vapeur actuelles, comparativement aux anciennes machines. Les consommations de 2, 3, 4 et même 5 kilogrammes, par cheval et par heure, se sont abaissées jusqu'à $0^k,900$ et même à $0^k,850$, dans quelques machines où la détente est très prolongée. Chacun sait que la pression de la vapeur croît rapidement avec l'élévation de température, ainsi entre la vapeur à 1 atmosphère de pression et celle à 10 atmosphères, il n'y a, en nombre rond, qu'un écart de 80°. On voit que pour 4/5 d'augmentation de chaleur communiquée à la vapeur, on obtient à la chaudière une pression décuple. La faculté d'expansion de cette vapeur, à une tension initiale élevée, est naturellement beaucoup plus grande qu'avec les anciennes machines dans lesquelles la pression à la chaudière ne dépassait guère 2 atmosphères. Le volume après la détente n'ayant d'autre limite que l'obligation de conserver une pression suffisante pour surmonter les résistances de la machine en jeu et pouvoir s'échapper ensuite au condenseur ou à l'air libre, plus la pression initiale sera élevée, plus le rapport entre les volumes de vapeur, après et avant la détente, pourra être grand et conséquemment plus la machine sera économique. Cet effet est utilisé aujourd'hui dans les machines dites *compound*, qui seraient beaucoup mieux qualifiées sous le nom de machine à *détente séparée*; dans ces machines l'admission a lieu dans l'un des cylindres et la détente s'opère dans un ou dans plusieurs cylindres, généralement d'un diamètre plus fort que celui du cylindre admetteur.

EXPLOITATION DES BOIS. Dans le langage forestier, l'exploitation comprend les opérations qui ont pour but la réalisation des produits des bois arrivés à l'âge auquel les arbres dont ils se composent, ont acquis les dimensions qui les rendent propres aux usages auxquels ils sont destinés. Ces opérations sont l'*abatage* et le *façonnage*. Pris dans l'acception forestière, cette dernière opération ne comprend que les façons données aux bois sur le parterre de la coupe, pour les amener à l'état où ils sont livrés au commerce. Le travail ultérieur auquel les bois de diverses catégories sont soumis pour être utilisés dans les innombrables industries qui les emploient est du domaine de ces industries et non de celui de l'exploitation forestière.

L'abatage des bois s'effectue le plus généralement pendant la saison d'arrêt de la sève, c'est-à-dire du mois de novembre au mois d'avril. C'est le moment où les travaux des champs sont terminés et où par conséquent il est plus facile de trouver des ouvriers. C'est aussi celui où les tissus ligneux sont moins gorgés de liquides et partant moins susceptibles de s'altérer.

Il est cependant des circonstances dans lesquelles les bois ne peuvent être abattus en hiver. Ainsi, dans les montagnes dont l'accès est rendu difficile à cause des neiges, les arbres résineux sont le plus souvent abattus pendant les mois de mai et de juin, et pourvu qu'ils soient écorcés promptement, leur qualité n'a pas à souffrir de ce retard dans l'abatage.

Les taillis simples ou composés, dans lesquels on pratique l'écorcement pour subvenir aux besoins de la tannerie, sont aussi abattus pendant la montée de la sève, qui dans nos climats s'effectue du mois d'avril au mois de juin, et les bois ainsi écorcés ne perdent rien de leur qualité. Le chêne *pelard* est même supérieur comme combustible à celui qui n'a pas été écorcé.

Dans les forêts traitées en taillis, c'est-à-dire dans lesquelles la régénération du peuplement se fait en grande partie par les rejets de souches, il y a intérêt à procéder à l'abatage avant que la sève se mette en mouvement. Les souches exploitées en hiver produisent au printemps des bourgeons qui ont le temps de s'aoûter avant les froids, tandis que les rares bourgeons qui peuvent naître sur des souches coupées au printemps sont trop tendres au retour de la mauvaise saison, pour résister aux gelées. L'exploitation du printemps a donc pour effet assez habituel d'entraîner la perte d'une année de végétation.

Il est sage de tenir compte de cette perte dans les calculs qui ont pour objet de déterminer, d'après la valeur relative des écorces et du bois, s'il y a lieu d'écorcer ou de livrer les bois *en gris*, c'est-à-dire revêtus de leur écorce.

D'après une croyance populaire fort ancienne, car elle est rapportée par Pline, les bois abattus pendant les deux premiers quartiers de la lune se conserveraient bien, tandis que ceux qui sont abattus pendant la pleine lune jusqu'à la nouvelle seraient sujets à s'altérer. Duhamel a fait de nombreuses expériences à ce sujet et il n'a rien trouvé qui justifie cette opinion, pourtant si répandue, que la lune exerce une influence sur la qualité des bois.

L'abatage des taillis se fait à la hache pour les brins un peu forts, les *traînants* sont coupés à la serpe. La section doit être franche et aussi près de terre que possible, l'écorce doit rester adhérente à la souche car c'est de cette écorce que naissent les bourgeons destinés à renouveler le taillis. Les vieilles souches sont ravalées au niveau du sol. Il est très important que la surface de la section soit bien nette et plutôt convexe que concave afin que l'eau n'y séjourne pas.

Dans les parties de forêt qui sont inondées pendant l'hiver, les souches sont laissées un peu hautes, afin que les premiers bourgeons puissent se développer hors de l'eau, mais dans les terrains sains on peut couper rez-terre. Après l'exploitation la terre se tassera assez pour que la souche s'élève de quelques centimètres au-dessus du sol, ce qui suffit pour déterminer la production des bourgeons.

L'abatage rez-terre a pour but de donner *du pied* aux brins qui naissent sur les souches. Ceux qui se produisent sur de hauts étocs sont mal attachés et sujets à être renversés par les vents, tandis que ceux qui viennent à fleur de terre où à peu près s'enracinent dans le sol et forment des sujets qui ont toutes les qualités des *francs de pied*.

L'abatage des arbres de futaies s'opère suivant les habitudes locales, à la hache ou à la *scie*. Dans tous les cas il est recommandé de couper d'abord les plus grosses branches afin que la chute de l'arbre soit plus facile à diriger. L'ouvrier qui fait cet ébranchage se rend compte de la direction qu'il convient d'imprimer à l'arbre pour que sa chute cause aussi peu de dommages que possible, et il laisse dans cette direction quelques branches qui, par leur poids, feront pencher l'arbre du côté où il doit tomber. Quand cet ébranchage est terminé, il attache au sommet de la tige principale une forte corde qui servira à diriger la chute.

Les bûcherons qui se servent de la hache commencent par ouvrir une entaille du côté où l'arbre doit tomber. Quand cette entaille est arrivée aux deux tiers du diamètre, ils en ouvrent une seconde du côté opposé, un peu au-dessus de la première. Quand ils jugent que le moment de la chute est proche, ils tirent sur la corde pour amener l'arbre dans la direction voulue. Ce mode d'abatage, quand il est appliqué à des arbres d'un fort diamètre, entraîne une perte de bois très notable, car les deux entailles réduisent en copeaux d'une valeur insignifiante, une portion importante du tronc, dans la partie où son diamètre est le plus grand. Pour éviter cette perte, on procède souvent à l'abatage des gros arbres, en creusant autour de la souche une tranchée dans laquelle les grosses racines mises à nu sont coupées. L'arbre ainsi déchaussé est amené à terre avec toute sa culée. Ce mode d'abatage, qui s'emploie presque exclusivement pour le chêne, porte le nom expressif d'abatage à *cul noir*, parce que les culées de cet arbre sont en général fortement colorées en noir.

La scie à main dite *passe-partout*, est aujourd'hui employée souvent à l'abatage des arbres. La manière d'opérer est à peu près semblable à celle qui vient d'être décrite, si ce n'est que les entailles qui font perdre beaucoup de bois, sont remplacées par des traits de scie beaucoup moins dommageables.

Pour éviter aux ouvriers le travail très pénible du sciage horizontal, on a cherché à substituer aux forces de l'homme, celles des machines. Un anglais, M. A. Ransome, a construit une scie mue par la vapeur, qui d'après l'inventeur doit remplacer avantageusement la scie passe-partout. La scie Ransome est formée d'une lame d'acier de 3 millimètres d'épaisseur fixée à l'extrémité de la tige d'un piston, se mouvant dans un cylindre qui est mis en communication avec le générateur par un tube flexible en caoutchouc.

Les bois qui doivent être écorcés sont abattus en temps de sève, c'est-à-dire du mois d'avril au milieu de juin. Les temps chauds et humides sont les plus favorables, les temps secs et froids sont au contraire très peu propices. Les perches de taillis sont écorcées au fur et à mesure de l'abatage; pour entretenir le mouvement de la sève on leur conserve des rameaux feuillés. L'ouvrier place la perche sur des chevalets, il ouvre dans l'écorce des incisions annulaires à l'équidistance de 1^m,16, puis il fait avec la serpe, sur les tronçons ainsi divisés, une incision longitudinale dans laquelle il insinue un instrument en forme de spatule, formé d'un morceau de bois dur, ou mieux d'un tibia de cheval, et par des pesées successives il détache l'écorce en un seul morceau. Dans certains pays, au lieu d'écorcer l'arbre abattu, on l'écorce sur pied. Pour cela, l'ouvrier pratique au pied du sujet une entaille annulaire, puis il incise longitudinalement l'écorce qu'il détache en lanières aussi longues que possible. Le haut de la tige et les branches sont ensuite écorcés quand l'arbre est abattu.

L'écorce aussitôt levée est étalée au soleil, sur des branchages ou des bois abattus, et non directement sur le sol qui est toujours humide; quand elle est suffisamment sèche, on la râcle pour enlever les mousses, les lichens, après quoi on la lie en bottes de 90 centimètres à 1 mètre de tour sur 1^m,14 de longueur. Ces bottes pèsent de 18 à 20 kilogrammes.

Comme l'écorcement ne peut être pratiqué que pendant un temps très limité et à une époque où les bras sont employés aux travaux des champs, on a cherché un mode de décortication praticable en toute saison. — V. Ecorcement.

Les bois abattus sont débités, suivant leurs dimensions et leur nature en *bois d'œuvre* et en *bois de chauffage*.

Les bois d'œuvre sont ceux qui servent aux constructions navales ou civiles, et ceux qui sont employés comme traverses, poteaux de télégraphes, étais de mine, ou débités en planches, merrains ou lattes. Les bois de feu sont débités en bois de corde, bois à charbons, fagots, bourrées et rémanents. Les bois de construction et de sciage sont souvent expédiés en grume, c'est-à-dire tels quels. C'est ainsi qu'on transporte après les avoir préalablement écorcés ou coupés en troncs de 3^m,57 ou 3^m,90 de longueur, les sapins et épicéas, destinés à être débités en planches dans les scieries mécaniques.

Les chênes, destinés aux constructions navales et à la charpente, sont équarris sur le parterre de la coupe; on équarrit aussi ceux qui doivent être sciés sur place, à raison de l'éloignement des scieries mécaniques. Les arbres d'autres essences, tels que les hêtres, les charmes, les frênes, les érables, quand ils sont destinés aux emplois industriels auxquels ils sont propres, sont livrés en grume.

Les traverses, poteaux télégraphiques, étais de mine, sont l'objet de marchés spéciaux qui spécifient les dimensions et le mode de livraison.

Le sciage des planches et des plateaux se fait le plus souvent dans les scieries mécaniques. C'est seulement dans les forêts d'un accès difficile que l'on emploie à ce travail les scieurs de long. Les bois de fente, merrains, échalas et lattes, sont fabriqués sur le parterre des coupes, par des ouvriers qui sont désignés sous le nom de *fendeurs*. Les bois destinés à la fente sont coupés en billes de la longueur des marchandises qu'on en veut tirer, ces billes fendues au moyen du *coutre* en deux, puis en quatre, sont ensuite débitées en douelles, lattes ou échalas.

Les bois qui sont impropres à l'industrie, soit à raison de leur nature, soit à cause de leur forme défectueuse, sont convertis en bois de chauffage.

Le débit des bois de feu se fait à la hache pour les brins les plus menus et à la scie pour ceux qui ne peuvent être coupés d'un seul coup de hache.

Dans les exploitations de quelque importance on se sert pour débiter les bois de chauffage d'une scie circulaire mue par la vapeur. Cette machine d'un usage assez fréquent dans les chantiers est facilement transportable.

Avec une force de deux chevaux on peut faire 12 à 14 traits de scie à la minute dans du bois de 15 à 18 centimètres de grosseur, ce qui procure une économie de plus de 50 0/0 sur le sciage fait à bras d'homme. — B. G.

EXPLOITATION DES CHEMINS DE FER. On désigne sous le nom d'*exploitation* l'ensemble des services d'un chemin de fer, qui entrent en jeu quand la période de construction est terminée. On comprend donc, dans cette dénomination, non seulement l'exploitation commerciale, mais encore les services qui dirigent le matériel et la traction, et aussi ceux qui assurent l'entretien et la surveillance de la voie. C'est le fonctionnement détaillé de ces divers services que nous nous proposons d'examiner, en passant rapidement sur les matières qui ont déjà été traitées dans l'article CHEMIN DE FER. — V. cet article.

1° Exploitation proprement dite. (*a*) ORGANISATION GÉNÉRALE. A tout seigneur tout honneur; c'est par le chef de l'exploitation qu'il convient de débuter; c'est de lui, en effet, que dépend le fonctionnement plus ou moins régulier de cette vaste machine qu'on appelle l'exploitation d'un grand réseau de chemin de fer, et les agents valent toujours ce que vaut leur chef. Or, ces fonctions de chef d'exploitation sont peut-être les plus difficiles de celles que l'on peut avoir à exercer, par suite de la variété des ressources qu'elles exigent de la part de celui qui en est investi. Faire à tout instant une dépense continuelle d'activité et d'énergie; surveiller étroitement les détails de service, sans pour cela perdre la notion des vues d'ensemble formant l'apanage obligatoire de celui qui dirige une grande affaire industrielle; prévoir à fond les conséquences des moindres mesures, qui, sans importance apparente au premier abord, se trouvent décuplées dans leurs effets, par suite des dimensions de l'échelle sur laquelle elles sont appliquées; posséder surtout la parfaite connaissance des hommes que l'on a sous la main, prévoir leurs défaillances, modérer leur zèle, les empêcher de s'engourdir et de dépasser le but, distinguer quel est le mobile de leur ambition, le faire naître au besoin, savoir quel parti on peut en tirer le cas échéant; en un mot, mettre chacun et chaque chose à sa place; trouver, au milieu de ces absorbantes occupations le loisir nécessaire pour ne pas laisser rigoureusement close la porte du cabinet directorial; faire enfin de fréquentes tournées d'inspection, afin de connaître ce personnel qui est échelonné dans les mailles d'un réseau souvent fort étendu; voilà, en vérité, un programme qui paraît dépasser la mesure de ce que l'on peut demander à un seul homme. Ce n'est cependant qu'un aperçu bien incolore et bien incomplet de la tâche qu'accomplissent chaque jour les gens d'élite que les grandes Compagnies de chemins de fer ont dévoués à ce labeur incessant. Aussi ne peut-on guère assumer la responsabilité d'une charge aussi lourde qu'à la condition d'avoir acquis, d'une part, dans les écoles spéciales, par le commerce des sciences, la sûreté de méthode qui facilite le travail en y mettant de l'ordre; d'autre part, dans un stage prolongé, l'expérience et la maturité qui ne s'improvisent pas.

Personnel. A côté de ce chef, qui souvent prend le titre de directeur de l'exploitation et qui concentre alors tous les services autres que celui de la construction, est un sous-chef ou sous-directeur, pour le suppléer en cas d'empêchement, pour le remplacer un jour. C'est ainsi, d'ailleurs, qu'à chaque degré de l'échelle, on retrouve ce dédoublement inévitable, nécessaire, parce que la machine ne cesse jamais de fonctionner. Nous nous dispensons de revenir sur les indications données (vol. III, p. 137) au sujet de la division administrative des divers services de l'exploitation; elle est d'ailleurs, à peu de différences près, calquée sur un modèle uniforme pour les diverses Compagnies. C'est l'ordre que nous allons suivre en examinant le mécanisme de tous les rouages concourant à assurer le fonctionnement de la machine. Mais auparavant il est nécessaire de dire quelques mots du personnel investi de ces fonctions.

Le recrutement de ce personnel ne se fait pas d'après des règles invariables; nous ne possédons pas, en effet, en France, une école de chemins de fer, comme il en existe une en Italie. C'est une lacune évidente et il est étonnant que les grandes Compagnies, qui se sont syndiquées pour la gérance d'un certain nombre de questions qui les intéressent en commun, n'aient pas pris l'initiative de la fondation d'une école où l'on formerait des agents d'un certain niveau. Quoi qu'il en soit, les agents destinés aux emplois supérieurs sortent souvent des écoles spéciales : ainsi l'on ne compte pas moins de 360 ingénieurs des arts et manufactures attachés, à divers titres, aux six grandes Compagnies et aux chemins de fer de l'Etat. Il y a aussi beaucoup d'anciens élèves de l'Ecole polytechnique qui, renonçant aux fonctions militaires, ont donné leur démission à leur sortie de l'Ecole; enfin, un certain nombre d'ingénieurs des ponts et chaussées ou des mines ont été attachés aux Compagnies, surtout dans les services de la construction, en obtenant de l'Etat un congé illimité.

Des candidats aux emplois subalternes, on n'exige qu'un nombre de connaissances assez limité. Les intérimaires qui sont destinés à passer dans le service actif, subissent un examen sommaire, de beaucoup au-dessous du niveau de celui que l'autorité militaire impose aux engagés conditionnels. Il ne faudrait pas s'étonner outre mesure de cette indulgence relative; car, de même qu'on ne devient forgeron qu'en forgeant le fer, de même, le métier des chemins de fer ne s'apprend qu'à l'usage. En n'accueillant les candidats qu'à titre d'essai, sans les commissionner immédiatement, on se réserve évidemment d'examiner si, après un stage d'une durée moyenne, l'employé nouvellement recruté sera en état de s'acquitter des fonctions souvent délicates que comporte le titre de chef de gare. La responsabilité qui s'attache à ces fonctions, le soin et l'attention soutenue qu'elles réclament, plutôt que la variété des connaissances techniques, la bonne tenue, l'exactitude, l'esprit commercial surtout, voilà autant de motifs pour qu'on ne choisisse les titulaires qu'après une épreuve prolongée, consistant à leur faire traverser successivement la série des grades de la hiérarchie administrative, depuis l'homme d'équipe et le simple commis aux écritures, en passant par les fonctions de chef de manœuvres ou d'aide-receveur, de surveillant ou de sous-chef, etc.

Caisses de retraite. L'élément le plus important d'une bonne organisation du personnel est, sans contredit, la sécurité qu'offre aux employés, pour l'avenir, l'installation d'une caisse de retraites, surtout quand cette caisse est alimentée non seulement par les intéressés, mais aussi par l'administration elle-même. Or, à ce point de vue, ainsi qu'il résulte d'une étude publiée par M. Chauffart, dans la *Revue générale des chemins de fer* (1883, 1er sem., p. 207), le système en vigueur dans les grandes Compagnies françaises, présente des avantages incomparables par rapport aux errements de l'Etat, vis-à-vis de ses fonctionnaires.

Toutes ces compagnies, sauf celle de Paris à Orléans, font, il est vrai, subir aux traitements annuels de leurs employés des retenues de 3 0/0 sur les traitements; quelques-unes y ajoutent une retenue égale au premier douzième de toute augmentation : l'Ouest même retient 4 0/0. Mais aucune de ces administrations ne retient 5 0/0 comme l'Etat, et chacune intervient en versant une subvention égale ou supérieure aux retenues des agents; le Midi verse jusqu'à 6,30 0/0 et l'Est jusqu'à 8 0/0 du traitement soumis à retenue. D'autre part, la Compagnie d'Orléans remplace ces diverses combinaisons par une association de ses employés aux bénéfices en ajoutant, quand il y a lieu, des compléments de subvention destinés à garantir un minimum de pension. L'Est, le Lyon, le Midi ont constitué des caisses de retraites proprement dites, qui font face à tous les engagements de ces compagnies; le Nord confie le soin de ses pensions à la Caisse des retraites pour la vieillesse. L'Ouest et l'Orléans font leurs versements à cette même caisse. Enfin, toutes les Compagnies ont déterminé, pour l'entrée en jouissance des pensions, des limites d'âge ou de temps de service qui ne dépassent jamais vingt-cinq ans de service et cinquante ans d'âge et qui souvent, dans des cas particuliers, s'abaissent à quinze ans de service, sans condition d'âge. Les veuves et les enfants mineurs reçoivent, au décès de l'employé, une quote-part de la pension : il suffit pour cela que le mariage ait été contracté depuis un laps de temps égal à six ans au plus, et s'abaissant même, sur l'Est, à deux années. Toutes ces retenues restent, d'ailleurs, la propriété des employés, la caisse des retraites n'en étant que le dépositaire.

Primes et amendes. Le système des primes, auquel ont recours quelques compagnies, et le Nord en particulier, pour intéresser leur personnel à la régularité et à l'économie du service n'est plus contesté. On objecte, à tort ou à raison, que les employés négligents sacrifient plus volontiers leur prime, qu'ils ne se résignent à encourir une amende, et qu'on obtient, par conséquent, davantage de leur zèle en les stimulant par la crainte de perdre une parcelle quelconque de leur traitement qu'en leur offrant l'appât d'un bénéfice imprévu. Cette objection tombe dès que l'on fait entrer les amendes en jeu, en même temps que les primes; l'employé fautif est alors doublement puni. La seule critique que l'on puisse faire, à notre avis, au système des primes, c'est que, par exemple, pour la régularité de la marche des trains, les agents se mettent d'accord entre eux, en cas de retard, pour ne pas perdre leur prime et qu'ils inscrivent des heures inexactes ou qu'ils imputent l'irrégularité à des causes imaginaires. Ce n'est que par un contrôle incessant qu'on arrive à déjouer ces petites conspirations déloyales. Quant aux pénalités qui se traduisent par des amendes, des privations temporaires de traitement, ou en dernier ressort, par l'exclusion du coupable, il ne faudrait pas se faire illusion sur leur fréquence et leur importance. Les Compagnies de chemins de fer n'ont d'autre intérêt que d'assurer leur service dans de bonnes conditions : le montant des amendes est versé à la caisse des retraites et profite à la masse des employés.

Enfin, pour terminer, des cautionnements sont exigés des employés qui ont un maniement de fonds ou qui ont la responsabilité du transport ou de la surveillance des colis; ces cautionnements, qui dépassent rarement la valeur du montant d'une année de traitement, sont loin d'être en rapport avec les indemnités que la Compagnie doit payer quand il se produit des avaries ou des soustractions importantes. D'ailleurs, les sommes ainsi déposées par les agents portent des intérêts et constituent un placement d'autant plus avantageux que l'employé n'a pas la tentation de toucher au capital, et qu'on lui constitue, presque malgré lui, une petite réserve pour l'avenir.

(*b*) SERVICE ACTIF. Ce service est celui que l'on désigne souvent sous le nom de *Mouvement*, parce que ses attributions essentielles sont relatives à la circulation. C'est, en effet, à l'administration centrale et sous la direction du chef du mouvement que sont tracés les itinéraires de la marche des trains qui forment, pour ainsi dire, la base de toute l'exploitation.

Marche des trains. On a indiqué à l'article CINÉMATIQUE (V. ce mot, IIIe vol.) comment sont construits les graphiques qui représentent figurativement la marche des trains, et qu'on traduit ensuite sur des livrets de marche contenant exactement les heures d'arrivée et de départ à chaque station. Ces graphiques et ces livrets constituent un cadre dans les limites duquel le personnel doit, en temps normal, se renfermer étroitement. A cet effet, les trains facultatifs eux-mêmes (V. TRAIN), c'est-à-dire ceux qui n'ont lieu que suivant les besoins du service, sont indiqués sur les itinéraires, de manière que les seules exceptions que l'on admette sont celles des trains spéciaux, des trains militaires, et des trains ou machines de secours. Dans ces cas exceptionnels, la méthode suivie pour la mise en marche des trains, varie, suivant qu'il s'agit d'une ligne à double voie ou d'une ligne à voie unique.

Sur les lignes à double voie, où toutes les précautions sont toujours prises comme si un train était attendu, l'expédition d'un train spécial, non prévu au livret, ne demande, en réalité, comme mesures préparatoires, que le laps de temps nécessaire pour tracer très rapidement son itinéraire sur le graphique, de manière qu'il ne rejoigne aucun train ou ne soit rejoint par aucun train dans l'intervalle de deux stations suffisamment aménagées pour que l'on puisse faire garer celui des deux trains que doit dépasser l'autre. Les gares intéressées sont prévenues par un avis télégraphique et, si le temps l'a permis, par une circulaire qui spécifie les points où doivent avoir lieu les garages. Sur les lignes à voie unique, où il importe essentiellement d'éviter toute chance de collision entre deux trains circulant en sens inverse, la mise en marche de tout train ou de toute machine, en dehors des itinéraires prévus, dépend uniquement d'un agent spécial, qui a la responsabilité de la circulation sur toute une section de ligne à une seule voie. Lui seul peut envoyer aux gares les avis nécessaires et en recevoir les accusés de réception, sans lesquels il ne doit pas autoriser le départ du train exceptionnel. Il n'est fait exception à cette règle que pour la circulation des machines de secours qui doivent être expédiées d'urgence, en l'absence de l'agent spécial, sur une demande formelle faite par écrit ou par dépêche télégraphique.

La sécurité de la circulation des trains n'est pas seulement garantie par l'observation des itinéraires réguliers ou exceptionnels et des mesures de précaution tout à fait spéciales dont il vient d'être question. Chaque point de la voie où s'arrête un train, où se produit une obstruction par suite de manœuvres ou d'accidents, doit être considéré comme un point dangereux qu'il faut couvrir à l'aide de *signaux* (V. ce mot), faits à la main ou à l'aide de *disques* (V. ce mot), qui ont une signification déterminée.

Outre ces obstacles fixes, dont la protection est assurée dans beaucoup de gares et de bifurcations, au moyen d'*enclenchements* (V. ce mot) entre les disques et les aiguilles, il y a à tenir compte des chances que les trains peuvent courir de se rejoindre ou de se rencontrer. De là le mode d'exploitation connu sous le nom de *Block system* (V. ce mot et Électrosémaphore), sur les lignes à double voie, et l'emploi de grosses *cloches* (V. ce mot) sur les lignes à simple voie. Grâce à toutes ces précautions accumulées, grâce surtout à la stricte observation des règlements, les accidents provenant du fait de la circulation des trains sont assez rares aujourd'hui, quand on les compare au nombre considérable des trains mis en marche, et surtout des voyageurs qui y prennent place. Actuellement, on ne compte plus, pour la période des dix dernières années, qu'une moyenne de 1 voyageur tué sur 17 millions transportés, et un blessé sur 8 millions. Pour de plus amples détails sur cette question nous renvoyons à l'article Chemin de fer (t. III, p. 163) où le chapitre des accidents a été traité d'une manière très complète.

Service des gares. Nous n'avons examiné jusqu'ici la circulation des trains qu'en pleine voie, entre les gares; il reste à traiter ce qui concerne le service des gares, qui sont la partie essentielle de l'exploitation d'un chemin de fer.

Les chefs de gare, suppléés par des sous-chefs ou des surveillants, dirigent, dans son ensemble et dans ses détails, le service de leur gare, comprenant : la police et le mouvement des voyageurs, la surveillance des cours et des voies, la circulation, la formation et la décomposition des trains dans l'enceinte de la gare, la perception des taxes de toute nature, etc.; ils veillent à la conservation de toutes les dépendances mobilières et immobilières, affectées au service de la gare et sont responsables de tous les faits qui s'y passent.

La régularité et l'exactitude du départ des trains sont surtout l'objet de l'attention continuelle d'un chef de gare, car c'est un élément essentiel de la sécurité : les retards qui ne sont pas regagnés pendant la route, se répercutent en s'augmentant, les correspondances des trains entre eux sont manquées, les croisements des trains sur les lignes à une seule voie sont dérangés, et tel retard de dix minutes qu'a pris un train à une gare de bifurcation se ressent, douze heures plus tard, à 200 ou 300 kilomètres plus loin, sous la forme d'un retard d'une heure. Quoi qu'il en soit, on voit que la régularité a une importance assez grande pour que certaines compagnies, le Nord entre autres, aient cru devoir instituer des primes de régularité, réparties entre les agents des gares et des trains, de manière à leur assurer une rétribution supplémentaire de 0,10 et 0,15 pour tout train parti exactement de la gare terminus, ou n'ayant stationné que pendant le temps réglementaire dans une gare de passage.

Les trains ne font pas seulement que passer dans les stations ; tantôt ils s'y garent pour se laisser dépasser par des trains de marche plus rapide, tantôt ils y font des manœuvres pour prendre ou pour déposer des vagons. La disposition des voies à l'intérieur de la *gare* (V. ce mot) doit être étudiée de manière à rendre tous ces mouvements de machines aussi rapides et aussi économiques que possible; mais cela ne suffit pas, et le rôle des agents de la gare a une grande influence sur la bonne exécution de ces opérations. Aussi les mécaniciens sont-ils entièrement subordonnés à l'autorité du chef de gare pour tous les mouvements de leurs machines dans l'enceinte des gares, et ces mouvements leur sont indiqués par le chef des manœuvres, au moyen de signaux conventionnels, faits soit avec la corne d'appel ou le sifflet, soit avec le drapeau ou la lanterne, pour commander l'arrêt, la marche en avant ou en arrière. Les vagons sont détachés du train et y sont accrochés par des agents dépendant de la gare ; seul l'attelage de la machine et de son tender est exclusivement effectué par le chauffeur.

Quelques mots sont nécessaires, pour expliquer le travail tout spécial des grandes gares de triage et de formation. Aux extrémités de la ligne et à certaines gares de bifurcation où convergent plusieurs embranchements, la plupart des trains, sauf ceux qui sont directs, doivent être refondus ou reformés. Il faut donc, dans ces gares, décomposer les trains en groupant les vagons isolés, par direction ou par catégorie, ce qui constitue le *triage*, puis reprendre ces mêmes vagons pour les ranger, dans chaque direction, suivant leur destination définitive, opération qui porte le nom de *formation*, ou plutôt de *classement* (V. ce mot). L'ensemble des manœuvres nécessaires à la composition d'un train s'effectue habituellement au moyen d'hommes, de chevaux et de machines, opérant sur des faisceaux de voies réunies entre elles par des aiguilles, des plaques tournantes ou des chariots transbordeurs. Depuis quelques années, on cherche à utiliser la pesanteur pour exécuter une partie de ce travail. La voie qui commande le faisceau de voie de triage, est alors établie en rampe, la machine conduit au sommet de la rampe le groupe de vagons à trier et ceux-ci sont décrochés au fur et à mesure, ils descendent sous l'action de leur propre poids jusqu'aux aiguilles par lesquelles on les dirige sur la voie où ils doivent stationner.

Le mouvement d'une gare de triage de moyenne importance peut atteindre environ 2,000 vagons par jour, en additionnant, bien entendu, ensemble les vagons entrés et sortis, c'est-à-dire que chaque vagon manœuvré dans la gare est compté deux fois. Ce chiffre est considérablement accru lorsque la gare de triage dessert, en même temps, une ville manufacturière ou un centre houiller; le mouvement atteint alors souvent 3 ou 4,000 vagons par jour. A la gare de La Chapelle, avant la translation au Bourget du service des échanges avec la grande ceinture, il y a eu des journées qui se sont élevées jusqu'à 6,000 vagons, tout compris, gare locale, charbons, pierres, Ceinture, Compagnie du gaz, transit et douane.

Manutention. Ce qu'on nomme *service local* est, en effet, l'ensemble des installations, halles, quais, cours, etc., ouverts au public qui vient y expédier et y recevoir ses marchandises; en d'autres termes, c'est, avec les *embranchements particuliers* (V. ce mot) l'aliment vital et nourricier du chemin de fer. Aussi les opérations de chargement et de déchargement des marchandises dans les vagons constituent-elles un problème fort intéressant de l'exploitation technique des chemins de fer, eu égard surtout au prix élevé de la main-d'œuvre. Quand il s'agit de vagons complets, les expéditeurs et destinataires font, le plus souvent, eux-mêmes, la manutention de leurs vagons, et il leur en est tenu compte dans la perception des frais accessoires; mais tous les vagons chargés de marchandises diverses sont remplis ou vidés par les soins de la Compagnie qui, grâce à l'emploi d'engins perfectionnés, cherche à réduire, autant que possible, le prix de revient de cette coûteuse opération. — V. le mot Grue.

Le poids des marchandises chargées ne doit pas dépasser la charge maxima inscrite sur les vagons. Le chargement doit pouvoir passer sous le *gabarit*, cadre mobile formé d'une tige de fer suspendue à des montants verticaux et placée de manière à rester un peu au-dessous de la limite du contour des ouvrages d'art (ponts et tunnels) de la ligne.

Les pièces de bois ou les rails d'une grande longueur, chargés sur des vagons plats, ne doivent pas en dépasser le périmètre, sinon, on les fixe, à leurs extrémités, sur deux vagons spéciaux, munis, en leur milieu, d'une forte traverse pivotant sur une cheville ouvrière, de manière à former un système articulé qui peut circuler dans les courbes. Les plates-formes, pour le chargement des pierres, ont leur plancher garni de fortes traverses sur lesquelles la pierre doit porter à plat, sans l'intermédiaire d'aucune cale. Le transport des glaces et des plaques tournantes a lieu sur des trucks spéciaux; quant aux pièces de dimensions extraordinaires leur chargement est subordonné à l'acceptation préalable de la Compagnie et à l'étude des moyens à employer pour que le transport ait lieu avec sécurité, sans aucune chance d'avarie. Le chargement des matières explosibles est réglé par des arrêtés ministériels (V. Dynamite). Enfin, le pétrole et les huiles inflammables sont généralement déposés, dans les gares, sur des quais découverts et écartés, de manière à éviter les chances d'incendie.

Une fois que les vagons sont chargés ou vidés, il faut les ramener des quais et des cours sur les voies de garage où les trains doivent les prendre. Cette manœuvre se fait habituellement en tournant les vagons sur des plaques situées sur des traverses rectangulaires reliant les voies entre elles; il faut trois ou quatre hommes au moins pour effectuer la rotation d'un vagon chargé; un seul cheval attelé au même vagon atteint le résultat dans un laps de temps trois fois moindre. Enfin, si le trafic est très important, il y a tout intérêt à employer des moyens mécaniques; une petite machine, dite de *manutention*, peut suffire quand le mouvement concentré sur une même traversée ne dépasse pas 250 vagons par jour; de 250 à 500 vagons, il y a des avantages à recourir à l'emploi d'un *chariot transbordeur*, sans fosse, mû à l'aide de la vapeur. Enfin, au-dessus de 500 vagons, la solution la plus économique consiste dans l'usage des *cabestans hydrauliques*, échelonnés le long de la traversée à desservir. Ce sont des tambours en fonte à axe vertical, dont la rotation est obtenue par une machine Armstrong que l'on fait mouvoir en y introduisant, à l'aide d'une pédale, l'eau sous pression d'une conduite générale alimentée par des accumulateurs. En accrochant un câble au vagon et en enroulant ce câble sur le cabestan on fait avancer le vagon, et on le fait reculer au moyen de poupées de renvoi fixées dans le sol; enfin on peut le faire tourner sur les plaques. L'économie de temps et de chevaux qui résulte de cette manière d'opérer est très importante au point de vue du dégagement rapide des halles, et par suite, au point de vue de la bonne utilisation des quais, des voies et du matériel. D'après des expériences faites à La Chapelle, le prix de revient ressort, par vagon, à 0 fr. 30, c'est-à-dire 25 0/0 moins cher qu'avec les chevaux ; on peut tourner 130 vagons dans 1 heure, soit environ 2,600 par journée de 20 h. ; si les cabestans travaillaient au maximum, ce prix de revient ressortirait à 0 fr. 12 par vagon.

A côté de ces puissants moyens d'action, qui sont réservés aux grandes gares, il y a lieu de citer, au contraire, des engins, tels que le *poussevagons*, qui sont destinés à venir en aide aux stations peu importantes où le personnel est peu nombreux. Un seul homme suffit pour manœuvrer avec le poussevagon, un vagon chargé de 5 tonnes ; en général, on peut dire que la puissance de ce levier représente à peu près la force de trois hommes.

Il est assez difficile de se rendre compte du prix de revient de la manutention dans les gares de marchandises ; en divisant la dépense totale de la gare par le nombre de tonnes manutentionnées dans cette gare par les soins de la Compagnie, on obtient un quotient très variable s'élevant jusqu'à 1 fr. 10 par tonne. Mais, lorsqu'on divise seulement les dépenses afférentes au service de manutention et de manœuvres, par le tonnage total, en ayant le soin de doubler le nombre des tonnes transbordées, on trouve une moyenne qui est souvent de 0 fr. 50 et qui atteint quelquefois 0 fr. 80, suivant la nature des marchandises et l'importance du trafic, les dépenses restent les mêmes quand ce dernier oscille entre certaines limites. Une bonne équipe de 4 hommes peut, en 10 heures de travail, transborder 40 à 50 tonnes de marchandises expédiées par vagon complet, ce qui, lorsqu'on paie le travail à *la tâche*, fait ressortir la tonne à 0 fr. 30 environ. Pour certaines opérations spéciales, telles que le déversement du charbon sur des *estacades*, le prix peut s'abaisser à 0 fr. 12 ou 0 fr. 15 par tonne. Avec une bonne grue à vapeur de 10 tonnes, manutentionnant 200 tonnes par jour, on descend à peu près au même chiffre. Mais ce ne sont là que des exceptions que l'on doit nécessairement regarder comme étant fort au-dessous de la moyenne et qui ne se produisent que quand il s'agit d'un important trafic de même nature.

Utilisation du matériel. L'une des préoccupations constantes de celui qui exploite est, à côté de la réduction de dépenses de manutention, la bonne utilisation du matériel. Dans les moments où le trafic est le plus actif, on manque presque toujours de matériel, quelque important qu'en soit l'effectif ; si d'ailleurs, une Compagnie s'outillait en vue de faire face à la période d'hiver où elle manque généralement de vagons, elle n'aurait plus assez de voies de garage pour les remiser pendant l'été où ils sont immobilisés par la baisse du trafic. Le problème à résoudre consiste donc à tirer de chaque vagon le maximum de ce qu'il peut donner, à le faire circuler continuellement à charge aussi complète que possible, à le pourchasser pour qu'il stationne le moins longtemps possible dans les gares, pour qu'il soit rapidement déchargé et pour que, s'il doit revenir à vide au lieu de production, il fasse son évolution complète dans le plus bref délai. L'emploi de trains nombreux et légers, marchant rapidement, suivant la formule anglaise, la suppression de tout séjour inutile dans les gares intermédiaires, l'accélération des opérations de chargement et de déchargement, quand elles dépendent de la Compagnie, rien n'est négligé pour que l'on obtienne de chaque vagon le meilleur rendement possible pendant les périodes de crise. Ainsi, au moment de la Sainte-Barbe, un vagon à houille desservant les houillères du Pas-de-Calais (à 200 kilomètres de Paris en moyenne) n'emploie pas plus de 3 jours pour faire une évolution complète. Ce résultat est l'un des plus remarquables que l'on puisse atteindre en concentrant tous les efforts vers un but unique : rapide libération du matériel.

Cette loi est tellement une nécessité de premier ordre, que les pénalités les plus onéreuses sont imposées pour les vagons, transitant du réseau d'une Compagnie sur celui d'une autre, et non restitués dans les délais réglementaires : l'indemnité due est de 3 francs par jour d'absence au delà de ces limites. Aussi, dans un grand nombre de cas, préfère-t-on faire le transbordement des marchandises aux points d'échange. D'ailleurs, la nature du trafic influe beaucoup sur le travail produit par chaque véhicule. Plus une Compagnie expédie, transporte de grosses marchandises expédiées à grandes distances, mieux elle utilise son matériel, les ruptures de charge étant peu fréquentes.

En divisant le parcours total des vagons d'une Compagnie, sur son propre réseau, par l'effectif de son matériel, on trouve, en moyenne, 15 à 18,000 kilomètres par vagon et par an ; en divisant le nombre des vagons par le nombre des kilomètres exploités, on trouve de 9 à 15 véhicules par kilomètre. En divisant le tonnage annuel, par le nombre des vagons, on trouve que chaque vagon transporte environ 4 à 500 tonnes par an ; en divisant le parcours moyen d'un vagon par le parcours moyen d'une tonne, qui est de 100 à 150 kilomètres, on a le nombre de voyages effectués par un vagon dans l'année, soit 100 à 120. En multipliant par 10 tonnes, on a la capacité moyenne et annuelle d'un vagon, soit 1,000 à 1,200 tonnes ; l'utilisation de chaque vagon, c'est-à-dire le rapport du nombre de tonnes qu'il transporte en réalité, à sa capacité moyenne, diffère peu de 40 0/0.

(*c*) SERVICE COMMERCIAL. Il ne serait pas exact de croire que le trafic vient tout seul à un réseau de chemin de fer et que, à défaut d'incitations et de recherches actives et prolongées, on recueille autre chose qu'un certain minimum inévitable et obligatoire. Etudier les tarifs de manière à déjouer la concurrence des autres voies ferrées et des voies navigables, signaler toutes mesures et améliorations qui sont de nature à attirer le trafic, entretenir des relations constantes avec le public et avec les industriels, surveiller discrètement les progrès de la fabrication ou de l'extraction afin de maintenir les moyens de transport en harmonie avec ces progrès, éteindre les réclamations en donnant à temps satisfaction aux intéressés, avoir des représentants et des correspondants à l'étranger, telles sont les attributions du service commercial d'une grande Compagnie.

Étude des tarifs. L'étude des tarifs est une des plus délicates que l'on puisse citer ; un déplacement de quelques centimes, amplifié par le nombre de kilomètres et par le tonnage considérable auquel s'applique souvent un tarif, peut produire des différences très notables dans les recettes. La question des tarifs ayant été, dans l'article Chemin de fer, l'objet d'une discussion générale, nous nous bornons ici à donner quelques indications sommaires sur les procédés mis en œuvre pour étudier les tarifs. Pour se rendre compte exactement de l'influence que peut avoir une modification sur les résultats donnés par un tarif existant, on a recours à la méthode graphique suivante : on prend pour abscisses les distances en kilomètres et pour ordonnées, les prix perçus. Si la base du tarif était la proportionnalité exacte entre le prix et la distance, le tarif serait représenté par une ligne droite oblique qui ne partirait pas de l'origine des coordonnées, attendu qu'à chaque prix il faut ajouter une constante représentant les frais fixes (frais de gare et de chargement) et qu'en outre, les transports faits à des distances inférieures sont taxés comme s'ils avaient parcouru 6 kilomètres. Mais, en réalité, le graphique d'un tarif n'est jamais une ligne droite, parce que, comme il a été expliqué dans l'article que nous rappelions plus haut, la basse décroît en raison inverse de la distance, ce qui fait que l'ensemble du tarif est représenté plutôt par une ligne brisée se rapprochant plus ou moins d'une courbe ; il arrive souvent qu'à partir d'une certaine distance, la taxe devient constante et ne dépasse plus un maximum qui constitue le prix ferme pour tous les transports effectués au delà de cette distance ; la courbe représentative du barême se termine alors par une horizontale.

Pour compléter le graphique, il faut ajouter tous les points, généralement situés au-dessous de la courbe du tarif général, et représentant les prix spéciaux de gare en gare, applicables aussi aux stations intermédiaires non dénommées. Quand ce travail d'ensemble, représentant la situation actuelle, est terminé, il faut, pour se rendre compte de l'influence que pourrait avoir une modification de prix, faire relever une statistique exacte des transports de l'espèce qui ont eu lieu pendant le cours de l'année précédente, grouper les chiffres de tonnage et de recette, par exemple de 10 en 10 kilomètres, pour le tarif général, et à chaque prix spécial, pour les prix de gare en gare. Puis, en adoptant une échelle arbitraire on trace des cercles dont la surface est proportionnelle au tonnage et à la recette, de manière à se donner une image, pour ainsi dire, des résultats qu'a produits l'application du tarif pendant le courant de l'année entière. Sur ce graphique il est alors très aisé de faire les recherches qui doivent aboutir soit à des redressements, soit à des abaissements, soit à la création de nouveaux prix spéciaux, dont la nécessité est clairement démontrée par la faiblesse du tonnage de certains cercles. Nous donnons au croquis ci-contre (fig. 600) un exemple d'un de ces graphiques si intéressants et si utiles, en nous bornant, bien entendu, à n'en figurer qu'un fragment suffisant pour faire comprendre le principe.

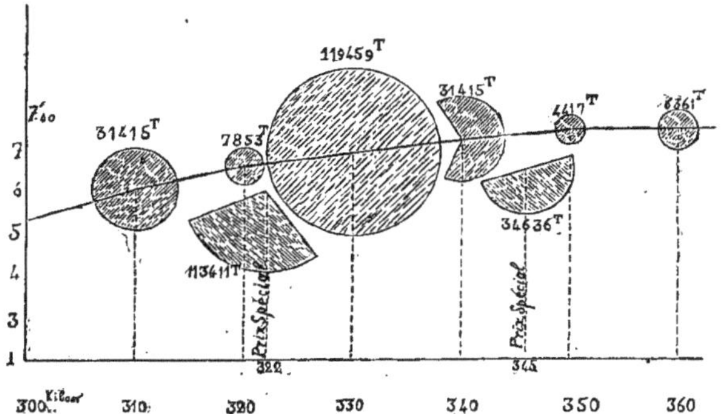

Fig. 600. — *Graphique pour l'étude des tarifs.*

Ce travail est évidemment très compliqué et on conçoit qu'on ne le met en œuvre que quand il s'agit d'un remaniement très important d'une série de tarifs existants, comme par exemple celui qui vient d'avoir lieu d'un commun accord entre l'Etat et les grandes Compagnies. Mais, pour toutes les petites additions et modifications de détail dont l'étude est incessante, l'outil écraserait le but qu'il s'agit d'obtenir ; aussi le chef des tarifs puise-t-il bien plus dans sa propre expérience et dans la profonde connaissance qu'il a de son métier, les éléments nécessaires à l'appréciation des conséquences du moindre changement à apporter au jeu des tarifs. C'est là, plus que partout ailleurs, qu'il est impossible de remplacer l'habitude acquise.

Réclamations. L'instruction des réclamations, qui ressort également au service commercial, n'offre aucun détail particulier qui mérite d'être signalé ; c'est une organisation purement administrative qui permet de suivre la trace d'un colis égaré, de régler les indemnités réclamées pour des avaries survenues en cours de transport, enfin, d'opérer la restitution ou, au bout d'un certain délai, la vente à l'encan des objets trouvés et non réclamés. Quand on procède rapidement, sans laisser traîner en longueur les réclamations, on arrive à régler les litiges par des transactions à l'amiable qui évitent 29 fois sur 30, de recourir au Contentieux. Néanmoins, les indemnités payées par les Compagnies représentent une charge très lourde que l'on n'évalue pas à moins de 1,300,000 francs en moyenne, par an, sur un grand réseau enchevêtré d'embranchements, qui rendent le service plus difficile, et desservant une région où le public est plus exigeant.

Correspondances. Parmi les attributions du service commercial, il y a lieu de citer celle qui consiste à établir un bon système de correspondance par voie de terre avec les stations du réseau. Il convient toutefois de faire remarquer que cette question perd, chaque année, de son importance, à mesure que les lignes de chemins de fer se multiplient et que les embranchements nouveaux vont, en s'irradiant, desservir jusqu'au moindre chef-lieu de canton. Mais la faiblesse du trafic qu'ont à espérer ces lignes de la quatrième catégorie ne permet pas de les classer et de les considérer autrement que comme de véritables services de correspondances, des tramways, le plus souvent à voie étroite.

Études de trafic. Dans ces conditions, l'intervention préalable des études commerciales peut avoir une grande influence sur le tracé d'une petite ligne, et c'est par la recherche des résultats probables de l'exploitation de la ligne, qu'il convient de débuter. Or, il existe une méthode simple et suffisamment exacte de se rendre compte, par le calcul, du chiffre probable de la recette kilométrique d'une ligne à construire. Cette méthode est fondée sur la proportionnalité qui existe ordinairement entre le trafic et la population d'une même région. C'est ce que l'on appelle la *moyenne caractéristique* de la contrée ; lorsqu'il ne s'agit pas du voisinage des grandes villes ou des centres industriels importants, cette moyenne s'écarte peu de 2 à 4 voyages par habitant et par an, 1 ou 2 tonnes transportées par habitant et par an.

Ayant tracé, sur une bonne carte, la ligne, de manière à desservir le mieux possible les localités, et l'emplacement des stations, on calcule la somme des produits des populations que desservira chaque gare, par la distance qui séparera cette gare de l'origine de l'embranchement. Le produit Σpl, représente le nombre d'*habitants kilométriques* qui utilisera la ligne. Si v et t représentent les caractéristiques du mouvement par habitant, en voyageurs et en tonnes, le chemin projeté aura, en doublant pour tenir compte de l'aller et du retour, un mouvement de

$$2\Sigma pl(v+t);$$

si τ et τ_1 sont les tarifs moyens perçus pour le transport des voyageurs et des marchandises (impôt déduit), la recette brute de la ligne sera

$$R=2\Sigma pl(v\tau+t\tau_1)$$

et la recette kilométrique, L étant la longueur de la ligne,

$$K=\frac{2\Sigma pl(v\tau+t\tau_1)}{L}.$$

On ajouterait au chiffre R, s'il y avait lieu, la recette spécialement due au mouvement industriel, et calculée à part d'après les données recueillies sur place.

Lorsque l'embranchement est relié à ses deux extrémités, et c'est le cas général des lignes ferrées, on doit se préoccuper, d'une part du trafic intérieur en le calculant comme il est indiqué ci-dessus, et d'autre part du trafic de transit. Pour ce dernier, il n'y a d'autre moyen que de prendre comme terme de comparaison une ligne existante et placée dans des conditions analogues. Les résultats donnés par ce calcul ne se produisent généralement pas dès la première année, puisque les coefficients caractéristiques par lesquels il est fondé, sont empruntés à des lignes ouvertes ; on estime que, pendant les 4 ou 5 premières années après leur mise en exploitation, la progression du trafic est de 5 à 7 0/0, tandis qu'elle finit ensuite par prendre une allure régulière et ne dépasse guère 2 à 3 0/0. Il ne faut pas, d'ailleurs, perdre de vue que les méthodes de calcul les plus exactes ne sauraient remplacer une bonne visite, faite sur place, par un agent familiarisé avec ces sortes de recherches, et dont le *flair* est tel qu'il peut *a priori* formuler d'instinct le chiffre approximatif de la recette probable qu'il y a lieu d'espérer. Ce genre de calculs n'est pas celui qui se présente le plus fréquemment ; les lignes nouvelles qui sont aujourd'hui en construction, ont été tracées souvent dans un but stratégique, parfois avec des arrière-pensées d'ordre électoral, qui n'ont rien à voir avec les intérêts commerciaux; puis une fois qu'elles sont classées, étudiées et même construites par l'Etat, dont on connaît les capacités en matière commerciale, on les donne à exploiter à des Compagnies qu'il eût mieux valu consulter dès le début. Mais il arrive, en mainte occasion, que l'on demande à une Compagnie d'ouvrir une station ou une halte nouvelle, sur une ligne existante. Le problème que soulève cette demande d'intercalation consiste à rechercher s'il y a réellement un intérêt sérieux à réaliser ce vœu et s'il en résultera une perte ou un gain, en tenant compte du détournement de trafic qui se produira, aux deux stations environnantes. On commence donc par chercher quelle est la caractéristique du mouvement des voyageurs et des marchandises, à ces deux stations, en divisant la demi-somme de leurs arrivages et de leurs expéditions par la population qu'elles desservent dans un rayon de 5 à 6 kilomètres, déduction faite, bien entendu, des industries spéciales.

Cela fait, on note sur une bonne carte les communes qui utiliseraient la halte demandée S, et on les divise en trois groupes :

$$\begin{array}{ccccccc} & A & \longleftarrow l_1 \longrightarrow & S & \longleftarrow l_2 \longrightarrow & B & \\ A_1 & \text{---} & \text{---} & \text{---} & \text{---} & \text{---} & B_1 \end{array}$$

1° Dans le premier groupe, on classe les n habitants qui viendront à la halte S et qui allaient à la station A pour la direction AA_1, à la station B, pour la direction BB_1. Si, en moyenne, α voyageurs et β tonnes se dirigent vers AA_1, tandis que $1-\alpha$ et $1-\beta$ vont au contraire vers BB_1, il y a recette supplémentaire à la fois sur les parcours l_1 et l_2 et cette recette porte sur

$$n[\alpha l_1+(1-\alpha)l_2+\beta l_1+(1-\beta)l_2]$$

habitants kilométriques;.

2° Dans le deuxième groupe se trouvent les communes actuellement desservies par la station A et qui viendront désormais à la halte pour la direction BB_1, ce qui donne lieu à une perte de n_1 habitants sur la longueur l_1, soit

$$n_1 l_1[1-\alpha+1-\beta]$$

habitants kilométriques ;

3° De même, dans le troisième groupe, pour les n_2 habitants desservis par la station B

$$n_2 l_2(\alpha+\beta)$$

habitants kilométriques.

On aura donc au total un trafic kilométrique : en voyageurs

$$H=[\alpha l_1+1-\alpha)l_2]n-(1-\alpha)n_1 l_1-\alpha n_2 l_2$$

en marchandises

$$H_1=[\beta l_1+(1-\beta)l_2]n-(1-\beta)n_1 l_1-\beta n_2 l_2$$

soient, comme précédemment v et t les moyennes caractéristiques, r et r' les recettes moyennes (impôt déduit), pour les voyageurs et les marchandises ; en comptant l'aller et le retour, la recette supplémentaire sera

$$R=2(H\,vr+H_1\,tr')$$

On obtient ainsi la recette brute ; pour en conclure le chiffre de la recette nette, il faut, aux frais d'exploitation, évalués par comparaison avec ceux d'une halte ou d'une station de même importance, ajouter l'intérêt et l'amortissement du capital employé à l'installation. En mettant ces charges annuelles en regard du chiffre de la recette brute supplémentaire à espérer, on peut en conclure s'il y a intérêt à repousser ou à accueillir la demande d'intercalation qui est présentée par les intéressés.

Indépendamment des considérations d'intérêt pécuniaire, il y a des motifs d'un autre ordre, qui peuvent avoir une influence décisive sur les conclusions de cet examen. Ce sont, d'un côté, l'éloignement de deux stations existantes ; la nécessité, ou l'utilité de garer les trains entre ces deux stations, des raisons stratégiques, des cas de pression électorale, etc... ; d'un autre côté, la fréquence de la circulation sur la ligne dont il s'agit, la difficulté d'imposer un nouvel arrêt aux trains existants qui ont déjà un itinéraire chargé, le profil de la ligne qui rendrait le démarrage des trains très difficile, la nécessité de ne pas créer un précédent qui ne pourrait être invoqué, dans des circonstances analogues.

(*d*) Contrôle des recettes. Ici se présente un service de comptabilité qui n'offre aucun intérêt technique et sur lequel nous glisserons rapidement. Peu importe, en effet, de connaître le détail des procédés employés pour établir les bordereaux au moyen desquels toutes les opérations de recettes et de dépenses des gares sont minutieusement contrôlées par le service central, qui reçoit chaque jour et au bout de chaque semaine les pièces comptables servant à établir cette vérification. Il est clair que, plus les réseaux s'étendront, plus il deviendra difficile, voir même impossible de passer en revue cette comptabilité dans tous ses détails. Alors ne sera-t-on pas plutôt amené à développer davantage le service de l'inspection qui procède par vérification, faite à l'improviste et sans aucune périodicité, dans les gares et les stations de toute importance ; à faire des *prises d'essai* sur les pièces comptables en négligeant le plus grand nombre et à punir sévèrement les erreurs que renfermeront ces feuilles prélevées au hasard. C'est évidemment là qu'est la solution de l'avenir.

Services communs. Il y a de même toute une partie de la comptabilité qui exige un personnel nombreux, dont il serait facile de diminuer l'importance ; ce sont les comptes communs entre diverses Compagnies, résultant de l'application de tarifs communs et internationaux au trafic qui passe d'un réseau sur l'autre. Pour bien faire, il faudrait instituer, non pas seulement en France, mais pour tout le continent, une chambre de liquidation, analogue à celle à laquelle toutes les Compagnies anglaises ont remis la gestion de leurs comptes de balances, le *clearing-house*, qui établit les différences de l'actif et au passif de chaque administration, exactement dans les mêmes conditions qu'une banque centrale pour les opérations de bourse. On pourrait également faire ressortir à cette chambre syndicale les comptes des gares communes ; celles-ci sont ordinairement exploitées par l'une des Compagnies en contact, l'autre paye à la première le loyer de la gare, calculé à raison de 5,45 0/0 des dépenses d'établissement et participe aux frais d'exploitation dans une proportion qui est généralement établie au prorata du nombre de trains, quelquefois au prorata du tonnage ; quant à la formule de répartition au prorata du nombre des branches aboutissant à la gare commune, elle n'est plus guère en usage aujourd'hui.

(*e*) Statistique. Sans la statistique, il est difficile de se rendre compte des résultats donnés par les diverses mesures qui constituent le service de l'exploitation. Tous les renseignements propres à éclairer et à guider le chef d'exploitation par la comparaison de l'efficacité des moyens qu'il met en œuvre, ont une importance extrême. De là la nécessité de concentrer les éléments fournis quotidiennement par le personnel des gares et des trains, de manière à en tirer cette quintescence qui est la sanction indispensable de toute opération industrielle et commerciale. L'emploi d'un nombreux personnel, affecté à l'ingrate besogne de dépouiller des multitudes de feuilles et de totaliser des chiffres, est largement justifié par l'utilité des conclusions qu'on tire de ces résultats ; d'ailleurs l'introduction des femmes dans ce service a produit, en général, de très heureux effets. C'est le service de la statistique qui fournit annuellement les chiffres formant la base du rapport du conseil d'administration à l'assemblée générale des actionnaires. C'est encore ce service qui s'occupe des décomptes avec les autres Compagnies pour le parcours du matériel ; la balance à établir pour l'échange des vagons représente souvent des différences de plusieurs centaines de mille francs ; un avis donné, en temps utile, pour opérer le transbordement aux gares de contact, évite quelquefois un onéreux et inutile emprunt de matériel au voisin, qui bénéficierait de ce parcours supplémentaire. Il en est de même du stationnement prolongé des vagons étrangers dans les gares qui négligeraient de les renvoyer de suite.

(*f*) Services accessoires. L'éclairage et le chauffage des trains et des gares, constitue un service assez étendu, mais dans les détails duquel il serait superflu d'entrer, les articles Chauffage et Eclairage contenant, à ce sujet, d'utiles renseignements.

Le *service télégraphique*, souvent réuni dans la même main que le précédent, concentre la pose et l'entretien des fils et appareils électriques de toute nature. Le développement que prend l'emploi de l'électricité, dans l'exploitation des chemins de fer, est chaque jour plus considérable. Ce n'est pas seulement le télégraphe, ce sont les signaux, les freins, le téléphone pour les relations de bureau à bureau, l'éclairage électrique, etc., qui exigent la présence d'un personnel exercé, capable de remédier immédiatement aux dérangements qui viennent à se produire, de réparer sans retard, avec des pièces de rechange, les avaries survenues à ces divers appareils. On compte, en moyenne, un préposé par 50 kilomètres de ligne; ces agents perpétuellement en tournée d'inspection, appelés d'une gare à l'autre, ont une besogne qui nécessite une grande dépense d'activité et l'on ne peut guère, sur une ligne où il y a le Block system, par exemple, étendre davantage leur circonscription.

Il faut, en outre des ateliers en quelques points du réseau, un laboratoire de physique et de chimie au service central, pour les recherches de toute nature; c'est ce qui est cause que l'on a souvent avantage à réunir ce service avec celui de l'éclairage, où l'on a à faire de fréquentes expériences photométriques ou calorifiques.

Le *service du petit matériel* est un service de fournitures, de toute espèce, une sorte d'*économat* de l'exploitation, et ses attributions qui comportent depuis le mobilier et l'outillage des gares jusqu'à l'habillement du personnel, sont vastes et nécessitent, de la part du chef de service, des qualités spéciales qui soient en rapport avec les délicates fonctions qu'il remplit. Le mobilier d'exploitation qui entre, pour sa part, dans le capital de premier établissement d'une ligne, ne comprend pas seulement les meubles proprement dits, on y fait entrer tout l'outillage utilisé pour la manutention sur les quais, avec les grues, les ponts mobiles pour le chargement des chevaux et des bestiaux, le matériel de la *désinfection* des vagons, celui de la salubrité pour le nettoyage des cabinets d'aisance, les pompes à incendie, etc. En ce qui concerne notamment le service des incendies, des surveillants-pompiers, chargés d'exercer le personnel à la manœuvre des pompes à bras ou à vapeur, sont en résidence dans quelques grandes gares du réseau, et sont spécialement préposés à l'extinction des commencements d'incendie.

Fabrication des billets. La fourniture des imprimés et surtout la fabrication, le comptage et le numérotage des billets ou tickets, sont également du ressort du service du petit matériel. La Compagnie du chemin de fer du Nord a récemment installé, dans sa gare de Paris, un système de fabrication mécanique des billets qui donne les meilleurs résultats, au point de vue de l'économie et de la rapidité. On a fait choix, comme moteur, d'une machine à gaz du système Otto, de la force d'un cheval environ, ce moteur communique son mouvement à 4 machines à imprimer et à 3 machines à compter. Les morceaux de carton, empilés à la main dans un couloir de descente, sont amenés au-dessous d'une presse mobile dont le composteur se modifie automatiquement, à chaque billet, par le mouvement même de la machine, l'encrage des caractères à imprimer se fait de lui-même, au moyen d'une disposition de rouleaux accessoires, chaque billet, poussé par le suivant, tombe ensuite dans un couloir d'évacuation et sort de la machine à imprimer pour passer dans la machine à contrôler le numérotage, qui diffère de la précédente en ce que les nombres formés par le composteur mobile, au lieu de s'imprimer sur le billet, au moment de son passage, apparaissent simplement à une petite ouverture latérale pratiquée dans le châssis du compteur.

Quand nous aurons cité la photographie et l'héliographie, la première pour obtenir le signalement de chaque agent et le classer à son dossier, la seconde pour se procurer des reproductions des plans des gares et stations, nous aurons donné une idée à peu près complète des services qui se rattachent à celui du petit matériel.

Nous n'avons pas à insister sur ce qui concerne le service médical, dont il a été amplement question à l'article CHEMIN DE FER.

Il en est de même du bureau militaire, c'est-à-dire de celui qui est chargé d'établir la situation des hommes *non disponibles*, comme aussi de préparer, d'accord avec la commission militaire instituée près de chaque compagnie, les itinéraires pour les cas de mobilisation, en d'autres termes le passage subit de l'état normal à la situation désignée sous le nom de *chemin de fer de campagne*.

2° **Matériel et traction.** (*a*) ATELIERS CENTRAUX. Chaque Compagnie a dans quelques grandes gares de son réseau, installé des ateliers centraux où elle exécute elle-même la réparation de son matériel. Un atelier de réparations pour locomotives et tenders comporte essentiellement quatre grandes divisions : le montage, l'ajustage, la chaudronnerie, la forge, et de plus, quelques accessoires, comme la peinture, les bureaux, le dessin, etc. Selon les besoins et l'organisation générale du service du matériel, on peut y ajouter encore la construction et la réparation des essieux montés et des ressorts, voire même une fonderie de cuivre et de fer, etc. Dans le montage, les machines sont, dès leur arrivée, placées sur des fosses et démontées par les ajusteurs. Les pièces du mécanisme, les boîtes à graisse, les lames de ressorts, sont lessivées et nettoyées, examinées, enfin rebutées ou réparées dans l'ajustage et dans la forge. Les essieux montés passent au parc à roues ; le remplacement des bandages, des essieux, des boutons de manivelle, se fait dans un atelier spécial, et le rafraîchissage des roues s'opère généralement dans l'ajustage. L'alésage complet ou partiel des cylindres et le dressage des tables de tiroirs se font souvent sur place. La tuyauterie, les enveloppes, la cheminée, etc., sont réparées ou remplacées en temps utile par les tôliers, les chaudronniers en cuivre ou en fer. La chaudière, enfin, ne subit quelquefois que de légères réparations sans déplacement et sans qu'il soit nécessaire de la mettre en chantier dans la chaudronnerie même. Les tenders ne sont pas réparés dans un atelier spécial, on leur réserve seulement une place suffisante dans la chaudronnerie.

Les bâtiments de montage sont habituellement rectangulaires, desservis par un ou deux chariots à vapeur en face desquels viennent s'aligner perpendiculairement les fosses écartées de 7es d'axe en axe. L'opération consistant à prendre une machine froide sur une voie, à l'amener sur le chariot, la transporter devant la fosse et la mettre en place, exige de dix à douze minutes et trois hommes. La machine est ensuite levée soit avec la grue roulante, soit avec le vérin à vis, et le travail de réparation, qui n'offre d'ailleurs aucune particularité, commence aussitôt.

Les ateliers pour la réparation des vagons et voitures sont, en raison même des dimensions moindres de ces véhicules, beaucoup plus simplement installés que ceux des locomotives. Les corps de métiers, peintres, tapissiers, ébénistes, etc., qui y travaillent, sont d'une nature toute spéciale; la force mécanique n'y est employée que sur une très petite échelle et nous n'avons par conséquent à signaler que la disposition même de l'atelier, consistant en voies parallèles entre elles, reliées ensemble par des chariots à bras, et recouvertes d'une toiture à deux inclinaisons, le jour venant par des vitrages installés seulement sur les pans qui sont orientés vers le nord. Les réparations courantes, qui ne nécessitent pas le renvoi du véhicule aux ateliers centraux, comme par exemple, le remplacement d'un boulon ou d'un tender cassé, une reprise dans le drap d'une voiture, une vitre à remettre à une portière, etc., tout cela se fait très rapidement dans de petits ateliers de visiteurs échelonnés dans les gares qui ont une importance moyenne, surtout dans les gares de triage, où les chocs produits pendant les manœuvres exposent les vagons à recevoir d'assez fréquentes avaries.

Les dépenses des réparations de locomotives se chiffrent, sur un grand réseau, par une somme d'environ 3,000 francs par machine comptée à l'effectif et de 8 à 10 centimes par kilomètre parcouru; le nombre annuel des machines réparées est le plus souvent supérieur à celui de l'effectif en service. Pour les tenders, la moyenne est de 4 à 500 fr. par tender et de 1^{c},5 par kilomèt. Pour les vagons et les voitures, la moyenne ne dépasse guère 200 francs par véhicule et 0^{c},60 par kilomètre parcouru, le petit entretien et le nettoyage coûte environ 0^{c},2 par kilomètre.

(*b*) Dépôts. La disposition et l'emplacement des dépôts jouent un grand rôle dans l'organisation d'un grand service de traction, ils comprennent depuis la simple petite remise où deux machines peuvent trouver un abri, jusqu'aux grandes installations pour 150 ou 200 locomotives. Les opinions sont très partagées en ce qui concerne la forme qu'il convient d'adopter pour ces dépôts importants; sans trancher cette question, nous remarquerons seulement que le système des grandes remises rectangulaires, desservies par des chariots roulants, paraît prévaloir définitivement sur celui des rotondes dont toutes les voies rayonnantes aboutissent à une seule plaque centrale, il est certain que, si cette plaque vient à être obstruée ou avariée, toutes les machines sont momentanément enfermées dans la rotonde, sans pouvoir en sortir. D'autre part, si les machines sont jointives en avant, on perd nécessairement un certain espace angulaire à l'arrière. Quelle que soit la disposition que l'on adopte, la construction de la toiture d'un dépôt nécessite des soins tout particuliers : des hottes sont ménagées, pour l'écoulement de la fumée, au-dessus du point où stationne la cheminée de la machine. Comme accessoires d'un dépôt, il y a lieu de signaler les dortoirs de mécaniciens et de chauffeurs, les quais à combustible, les grues d'alimentation, les forces à descendre les roues, les séchoirs pour le sable dont la machine doit s'approvisionner, afin de le semer sur la voie lorsqu'elle se met à patiner, etc.

Chaque dépôt comporte des chauffeurs chargés d'allumer les machines afin qu'elles soient prêtes pour l'heure où les mécaniciens viennent les prendre, ces agents d'ordre secondaire n'ont pas à faire manœuvrer la machine, ils ont pour seule mission de la mettre en pression.

(*c*) Mécaniciens et chauffeurs. Les mécaniciens chargés de la conduite des locomotives sont généralement recrutés parmi les meilleurs ouvriers ajusteurs. Ces agents ont été récemment, de la part de nos législateurs, l'objet d'une sollicitude toute spéciale et certainement exagérée. A ne lire que l'exposé du projet de loi sur les rapports entre les Compagnies et leurs employés, projet de loi dont les tendances suspectes ont été dénoncées dans l'article Chemin de fer, on croirait que dans la situation actuelle, les mécaniciens sont des victimes qu'on envoie à la mort sur des ponts qui s'écroulent, ou qu'on révoque un peu avant leur retraite, après leur avoir imposé, pendant de longues années, une durée de travail excessive pour les forces humaines. Or il n'en est rien : les mécaniciens des trains de voyageurs effectuent des trajets qui ont une durée de deux à cinq heures; les intervalles entre l'aller et retour varient de trois à neuf heures et les mécaniciens ne reprennent un nouveau service qu'après un repos de dix à quinze heures. Les mécaniciens des trains de marchandises font des trajets de trois à onze heures, suivis de repos de six à quinze heures, et, revenus à leur dépôt, ils ne reprennent un nouveau service qu'après un repos de douze à dix-huit heures. Le service des trains est, en outre, coupé de temps en temps par des services de réserve que l'on peut considérer comme équivalents au demi-repos. D'autre part, le travail réel des mécaniciens et des chauffeurs est le temps passé en marche, augmenté seulement du temps très court de la mise en tête et du remisage de la machine; la moyenne de la durée quotidienne du travail ne dépasse donc pas sept ou huit heures. Lorsque des réparations sont nécessaires à la machine, le mécanicien est porté en disponibilité au dépôt, où il peut être éventuellement appelé à remplacer d'autres agents malades ou permissionnaires. Les traitements des mécaniciens sont composés, pour une portion notable, environ 40 0/0, de primes de toute espèce établies, les principales en vue d'obtenir d'eux la plus grande régularité possible dans la marche des trains, les autres pour les empêcher de gaspiller les matières mises à leur disposition. Ils arrivent ainsi, en moyenne, à 3,500 francs de solde. Ils ne font guère qu'un stage de trois ans dans chaque classe et atteignent la première classe vers leur septième année de service, de manière à jouir du traitement le plus élevé pendant la plus grande partie de leur carrière.

Dans le service de la traction, la seule punition en usage est la *mise à pied*; l'agent puni ne travaille pas et n'est pas payé pendant la durée de sa punition; c'est, à proprement parler, un congé sans solde qui lui est imposé. Quant aux révocations et retraits d'emplois, qui ne représentent guère que 1 à 2 0/0 de l'effectif, ces mesures graves ne sont prises qu'à l'égard des agents qui se montrent intempérants ou indisciplinés. Un emploi qui comporte des responsabilités aussi graves ne peut évidemment être confié à des hommes qui se montreraient négligents ou imprudents, pas plus qu'à ceux qui commettent des actes d'improbité. L'état sanitaire des mécaniciens est, d'ailleurs, très satisfaisant : les hommes employés sur les machines ne paient, pour ainsi dire, jamais tribut aux épidémies régnant sur les localités qu'ils habitent ou qu'ils parcourent, et l'exercice de leur métier ne les prédispose à aucune maladie spéciale.

(*d*) Appareils de secours. Dans un certain nombre de gares sont déposés en stationnement ce que l'on appelle des *vagons de secours*, munis de tous les appareils nécessaires pour rétablir la circulation en cas de *déraillement* (V. ce mot), ou d'éboulement à la voie. En cas d'accident, le vagon de secours est demandé par dépêche télégraphique à la gare de dépôt la plus voisine; même, pour faciliter ces demandes de secours, certaines Compagnies, le Nord par exemple, ont installé en pleine voie, à un grand nombre de passages à niveau, des télégraphes rudimentaires permettant aux agents des trains en détresse, même lorsqu'ils n'ont pas d'instruction, de passer la dépêche indiquant la nature et le lieu de l'accident. Quand la machine et le vagon de secours doivent arriver à contre-voie, on établit un pilotage entre la dernière gare et le point où le secours est demandé; aucun train, aucune machine n'est introduite sur la voie unique temporaire sans la présence, à l'aiguille, de l'employé pilote et sans son ordre. Le vagon de secours est ordinairement armé, outre la boîte médicale, de crics, d'anspects, de leviers, de cordes, de traverses, enfin de tous les engins dont on peut avoir besoin pour relever les véhicules et les remettre sur rails, pour faire les réparations les plus urgentes s'ils sont à peu près en état de continuer leur route, etc. M. Ferdinand Mathias, ingénieur principal de la traction au chemin de fer du Nord, a récemment imaginé de nouveaux appareils de secours, plus spécialement destinés à relever les machines déraillées. Ce sont de forts *vérins* à manivelle et à écrou, d'un poids de 150 kilogrammes chacun, que l'on installe par paires à chaque extrémité d'une traverse de la voie. Cette installation n'exige que quelques minutes et deux ou trois hommes à chaque manivelle, lèvent aisément la machine de 0,03 par minute, ce qui correspond à une durée de vingt-cinq minutes pour une levée de 0,75. Lorsque la machine est soulevée, on fait usage de crics de ripage et de *poulains* à buttoir mobile, pour la déplacer transversalement et la remettre sur rails, après avoir préalablement, si cela est nécessaire, opéré la réfection de la voie. La durée d'une opération complète, pour une machine à quatre essieux pesant 45 tonnes, est d'une heure, et cela, sans aucun danger pour les ouvriers qui travaillent au relèvement.

(*e*) Approvisionnements, économat. L'acquisition des combustibles nécessaires au service de la traction représente le 1/4 ou le 1/5 de la valeur totale des approvisionnements d'un grand réseau; elle représente environ 7,000 francs par machine et par an. La plupart des Compagnies ont adjoint à leur économat un magasin où les denrées sont mises à la disposition du personnel à des prix extrêmement peu élevés; les livraisons faites dépassent la valeur de 250 francs par famille et par an. La Compagnie d'Orléans qui est très largement entrée dans cette voie, fait aussi confectionner des vêtements par les veuves, filles ou femmes d'employés et d'ouvriers attachés à son service : les livraisons de vêtements s'élèvent en moyenne à près de 240 francs par famille. Les opérations de tous ces magasins, y compris la boulangerie et le réfectoire se soldent annuellement en recette environ 1 0/0 du budget total. Les fonds de secours, distribués aux ouvriers et consistant en espèces, en vêtements, en linge, en literie, denrées et aliments de toute nature, s'élèvent à près de 50,000 francs par an, répartis entre 6 ou 700 familles, se composant de près de 3,000 personnes.

3° Entretien et surveillance de la voie.

(*a*) Organisation du service. Dans un grand nombre de cas, la direction du service de l'entretien et de la surveillance de la voie est dans la même main que celui de la construction des lignes nouvelles; la raison de cette fusion est facile à comprendre. Ces deux services ont de nombreux points de contact, s'alimentent aux mêmes sources, emploient dans l'exécution les mêmes procédés, etc. Ce serait donc s'exposer à de doubles emplois que de les isoler l'un de l'autre, et il est bon sans doute que l'on diminue notablement les frais généraux en les réunissant ensemble. C'est précisément là le défaut le plus visible de nos chemins de fer de l'Etat en France, défaut qui s'accentue encore davantage en Belgique, où les deux services sont du ressort de deux ministres différents! Quoi qu'il en soit, l'entretien et la surveillance sont généralement assurés par des ingénieurs de la voie, qui relèvent d'un ingénieur en chef, qui a quelquefois dans ses attributions les études relatives à la transformation des gares existantes, et les commandes de matériel nécessaire au renouvellement de la voie. Sous les ordres des ingénieurs de la voie, sont échelonnés, sur la ligne, des chefs de section (titre équivalent à celui de conducteur des travaux, dans les ponts et chaussées) et au-dessous d'eux, des chefs de districts, ou piqueurs de travaux; telle est la hiérarchie des agents qui dirigent à des degrés divers, d'une part les équipes de travailleurs chargés de renouveler la voie et d'exécuter les réparations dans les gares, d'autre part le nombreux personnel affecté au gardiennage des passages à niveau, des sémaphores, des ponts tournants et des bifurcations.

(*b*) Entretien de la voie. Ce n'est pas toujours une chose facile que d'exécuter, sans interrompre le service sur une ligne chargée de trafic, où passent à chaque instant des trains de voyageurs ou de marchandises, les substitutions de rails ou de traverses, les réparations diverses et les modifications reconnues nécessaires. L'expérience seule peut donner aux hommes qui conduisent ces travaux presque quotidiens, une promptitude et une sûreté d'allures, telles que le service n'est gêné ou interrompu que dans des cas extrêmement rares et seulement pour des circonstances graves. Dans l'intervalle de deux trains, une équipe s'abat sur un point de la ligne où les matériaux nécessaires ont été apportés, en temps utile, par un train ordinaire, ou par un train spécial, dit *de ballast*; des agents sont détachés pour assurer les signaux de ralentissement prescrits par les règlements; le rail est démonté, la traverse enlevée et tout est remplacé et remis en état dans l'espace d'un quart d'heure ou d'une demi-heure. Il faut reconnaître toutefois que ces substitutions sont beaucoup moins fréquentes depuis que l'acier a remplacé le fer pour la pose de la voie courante.

(*c*) Surveillance de la voie. La surveillance est exercée par des cantonniers dont les femmes sont généralement chargées de garder les barrières des passages à niveau. Ces agents s'assurent, dans leurs tournées, que rien ne s'oppose à la libre circulation des trains. Ils resserrent, chaque fois que cela est nécessaire, les coins, chevillettes, crampons, tirefonds, boulons d'éclisses, etc., pour assurer un contact parfait de toutes les pièces entrant dans la composition des voies. Ils ont encore le soin de tenir la voie en bon état, de damer la surface de ballast, de manière à assurer l'écoulement des eaux, d'entretenir les haies vives, les clôtures et les plantations, de faire l'allumage des signaux, leur nettoyage et leur entretien, etc. Ils sont assermentés de manière à pouvoir dresser procès-verbal contre les personnes étrangères qui s'introduiraient dans l'enceinte du chemin de fer, et même contre les délits de voirie que viendraient à commettre les riverains. En temps de neige, ils travaillent activement à dégager les rails, à déblayer les voies, puis l'entre-voie et enfin les banquettes d'accotement. Pendant les orages, ils s'assurent que la voie n'est pas dégarnie de ballast entraîné par les eaux de pluie. En ce qui concerne particulièrement les passages à niveau, les barrières de ceux qui sont très fréquentés restent habituellement ouvertes dans l'intervalle des trains; elles sont gardées par un agent à poste fixe qui ferme les barrières à l'approche des trains. Les autres barrières restent habituellement fermées, excepté dans le cas de proximité d'une gare, et l'ouverture n'en est faite, pour les voitures, que sur la demande des passants. Lorsque le passage n'est pas gardé la nuit, le garde de jour doit se lever pour ouvrir la barrière. Les passages à niveau situés près des gares sont fermés pendant le stationnement des trains, ou tout au moins pendant leurs manœuvres. Si le passage est fréquenté, la durée de la fermeture des barrières ne doit pas excéder dix ou même cinq minutes; à cet effet, on interrompt et on coupe la manœuvre pour rouvrir les barrières et laisser circuler les passants qui s'étaient accumulés des deux côtés. Lorsque des réclamations se produisent au sujet de la fermeture prolongée d'un passage à niveau, l'enquête consiste à faire faire un comptage dont les résultats sont reproduits graphiquement de la manière suivante. On prend les minutes pour abscisses et les heures pour ordonnées, et on

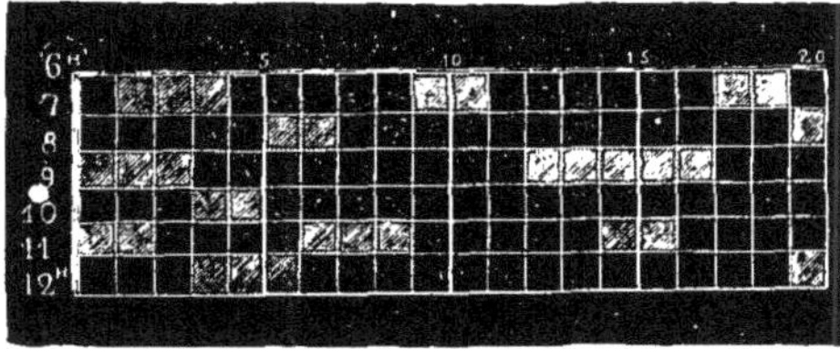

Fig. 601 — *Graphique de la durée de fermeture d'un passage à niveau.*

teinte les cases correspondant à la durée de la fermeture: ainsi, d'après l'exemple choisi (fig. 601) le passage aurait été fermé de $9^h,12^m$ à $9^h,17^m$, de $11^h,6^m$ à $11^h,9^m$. On totalise pour chaque journée les minutes et on fait ressortir le maximum. Quoi qu'il en soit, quand un passage à niveau est placé dans une situation gênante à ce point de vue, il est rare que l'on ne soit pas conduit à y substituer un passage en dessus ou en dessous.

(*d*) Travaux complémentaires. La ligne une fois construite, on n'en a pas fini avec tous les travaux à exécuter, surtout dans les gares, soit qu'on ait à y recevoir de nouvelles lignes, soit que l'accroissement de trafic exige leur agrandissement. Les études relatives à ces transformations continuelles exigent un personnel central beaucoup plus nombreux que celui qui s'occupe de la construction des lignes neuves.

Les études relatives à la transformation des gares et aux installations de signaux sont de beaucoup les plus fréquentes, on pourrait dire que c'est l'objet exclusif des travaux complémentaires. Les projets sont dressés d'après les indications fournies par le service de l'exploitation proprement dite, en ce qui concerne les besoins du trafic et les nécessités de la sécurité. Les devis sont établis en ventilant minutieusement ce qui doit être porté au compte *entretien*, et ce qui se rapporte au compte de premier établissement. Dans le compte d'entretien doivent figurer tous les travaux représentant la main-d'œuvre, la différence entre la valeur brute et la valeur réelle des matériaux rentrant en magasin; les dépenses de premier établissement comprennent, au contraire, tout ce qui est fourniture de matériaux quelconques, venant en augmentation de la valeur du capital. Cette ventilation est indispensable étant donnés les rapports intimes, qui unissent l'Etat et les grandes Compagnies françaises. Les travaux complémentaires qui viennent grever le capital et retarder l'époque du partage des recettes ne sont exécutés qu'après une autorisation ministérielle accordée sur l'avis du Conseil général des ponts et chaussées. Tout est examiné à la loupe et l'on peut dire que les améliorations les plus sages, celles que réclame avec instance le public, peuvent être retardées ou paralysées par un *veto* dont les Compagnies ne s'auraient s'affranchir qu'en portant la dépense au compte d'entretien, c'est-à-dire en la faisant figurer parmi les dépenses annuelles de l'exploitation. Mais, là encore, il est probable que ce virement de compte se heurterait, au bout de quelques années, à une rectification des inspecteurs des finances qui reprennent, quoique tardivement, le contrôle de tous les comptes de la Compagnie. Ainsi ce monopole décrié, qu'on reproche si amèrement à nos grandes Compagnies se réduit, en ce qui concerne le droit de faire des dépenses, à la permission de tourner dans un cercle étroit sous la surveillance des agents de l'Etat, c'est-à-dire à la tutelle d'un mineur ou d'un interdit.

(*e*) MATÉRIEL DES VOIES. Le matériel de toute nature nécessaire à la construction, à l'entretien et à la surveillance des voies est étudié et commandé par les soins d'un service central qui est organisé à peu près de la même manière dans la plupart des administrations de chemins de fer. Le service des usines est composé de contrôleurs ou d'agents réceptionnaires préposés aux épreuves que les cahiers de charges imposent aux fournisseurs. Nous n'avons pas à entrer ici dans le détail de ces conditions dont l'exposé trouvera mieux sa place au mot RAIL. On rattache généralement au matériel des voies, les installations pour l'alimentation d'eau, les canalisations pour le gaz, les chantiers d'injection et de créosotage pour les *traverses*, etc.

4° **Contrôle de l'exploitation.** Nous avons indiqué plus haut que les compagnies françaises sont soumises à une tutelle très étroite de la part de l'Etat. Le service de contrôle des chemins de fer qui est chargé de cette surveillance auprès de laquelle celle qui s'exerce dans les autres contrées de l'Europe n'est rien, ressort au Ministère des travaux publics et dépend de la Direction générale des chemins de fer, subdivisée elle-même en service de la construction et en service de l'exploitation du contrôle financier et de la statistique des chemins de fer. Pour la construction des chemins de fer, les diverses régions de la France où des chemins de fer sont soit projetés, soit en exécution, se subdivisent en 9 inspections à la tête desquelles est placé un inspecteur général des ponts et chaussées, préposé à la surveillance des travaux, à la réception des lignes nouvelles, qu'elles soient construites par l'Etat ou par les compagnies. La date de l'ouverture est fixée, d'un commun accord, dans la tournée de réception contradictoire.

La direction de l'exploitation des chemins de fer se subdivise elle-même en exploitation technique, exploitation commerciale, contrôle financier et statistique des chemins de fer. L'exploitation technique et commerciale de chaque réseau est contrôlé par un inspecteur général de qui dépendent pour la partie technique, des ingénieurs en chef, des ingénieurs ordinaires, pour la partie commerciale, un inspecteur principal, des inspecteurs particuliers et enfin les commissaires de surveillance administrative. Ces derniers sont le rouage le plus connu du public dans le fonctionnement de cette grande machine du contrôle; c'est à eux qu'il appartient de verbaliser dans la plupart des cas, de recevoir les réclamations du public, de s'interposer lorsqu'il y a lieu de faire respecter les règlements, etc. Enfin, pour terminer, nous rappellerons qu'au Ministère sont formées, en dehors du Conseil général des ponts et chaussées, dont il a déjà été question ci-dessus, diverses commissions spéciales énumérées ci-après :

Le *Conseil supérieur des voies de communication*, composé de membres du parlement, de membres de l'administration, de membres représentant le commerce, l'industrie et l'agriculture; ce conseil connaît de certaines questions se rattachant aux transports, par exemple, l'enquête sur les tarifs lui a été dévolue.

Le *Comité consultatif des chemins de fer*, qui a une composition analogue au Conseil supérieur, mais qui s'occupe de questions moins générales.

Le *Comité de l'exploitation technique des chemins de fer* auquel sont renvoyées les affaires se rattachant plus particulièrement à la sécurité, aux inventions, etc., puis les *commissions chargées de l'examen des comptes de premier établissement* des chemins de fer.

Enfin, la *commission militaire supérieure des chemins de fer*, qui se transformerait en temps de guerre, en direction des chemins de fer de campagne. — M. C.

— V. *Agenda des chemins de fer*, n° 6, Dunod, édit.; *Revue générale des chemins de fer*, n°s de février 1879, janvier et décembre 1880; janvier, juillet et novembre 1882; février, mars et novembre 1883; janvier 1884.

EXPLOITATION DES CARRIÈRES. Les carrières sont des excavations creusées par l'homme à la surface de la terre, ou dans sa profondeur, pour en extraire les matières suivantes : ardoises, grès, pierres à bâtir et autres, marbres, granits, pierres à chaux, pierres à plâtre, pouzzolanes, trapps, basaltes, laves, marnes, craies, sables, pierres à fusil, argiles, kaolin, terres à foulon, terres à poterie, substances terreuses, cailloux de toute nature, terres pyriteuses regardées comme engrais. Elles appartiennent en toute propriété au propriétaire du sol, mais il doit se conformer, dans leur exploitation, aux règlements locaux, qui ont été pris dans la plupart des départements, et qui exigent en général une déclaration préalable au maire, et l'observation de diverses mesures de prudence.

Les carrières s'exploitent parfois par galeries souterraines, mais le plus souvent à ciel ouvert. Nous décrirons ici les procédés à ciel ouvert, renvoyant à l'article EXPLOITATION DES MINES pour les procédés par galeries souterraines. En général, on prend le gîte par gradins successifs, séparés par de petites banquettes. La hauteur de chaque gradin est, en général, de 1,50 à 3,00, mais quelquefois, on va jusqu'à 16 mètres. L'inclinaison de chaque gradin peut être verticale dans les roches dures et descendre à 35° sur l'horizontale dans le cas du sable. Nous distinguerons cinq cas selon la nature du gîte :

1° Dépôt horizontal sans grand recouvrement. Cela se prend, très simplement, par tranchées successives.

2° Dépôt d'alluvion au fond d'une vallée. Cela se prend de même, en ayant soin de détourner les eaux, et de ne jamais abandonner un quartier avant qu'il ne soit complètement épuisé.

3° Affleurement d'un gîte horizontal dans une vallée d'érosion. On fait au-dessus du gîte un découvert avec un talus convenable et on dépose les déblais qni en proviennent au-dessous du gîte.

4° Affleurement d'un gîte incliné. Il faut faire de grands découverts, qui fournissent des déblais, qu'on met où l'on peut.

5° Dépôt horizontal avec un fort recouvrement. On fait de longs ouvrages parallèles. On loge où l'on peut le déblai fourni par le premier de ces ouvrages, et ensuite on loge celui qui est fourni par chaque ouvrage dans l'ouvrage précédent.

L'extraction dans les carrières à ciel ouvert nécessite souvent l'emploi d'engins mécaniques, tels que : le *treuil*, qui peut être mis en mouvement par des manivelles, ou par des roues à chevilles, sur lesquelle l'homme monte ; le *billon de conduite*, ou câble fixé au fond de la carrière et à la surface du sol, et servant à guider une petite poulie qui supporte la matière à extraire ; et le *billon de rappel*, qui est fixé au bord de la carrière, descend dans la carrière, supporte la matière à extraire, et remonte à la surface du sol où il est tiré.

EXPLOITATION DES MINES. D'après la loi du 21 avril 1810 qui régit cette matière, les mines sont des excavations creusées par l'homme à la surface de la terre ou dans sa profondeur, pour en extraire les matières suivantes : or, argent, platine, mercure, fer en filons ou couches, cuivre, étain, zinc, calamine, bismuth, cobalt, arsenic, manganèse, antimoine, molybdène, plombagine, ou autres matières métalliques, soufre, charbon de terre ou de pierre, bois fossile, bitume, alun, ou sulfates métalliques. Le sel gemme a été omis dans l'énumération de la loi, mais on a décidé depuis que ses gisements constituaient néanmoins des mines. Nous décrirons à l'article GISEMENTS les diverses formes que peuvent affecter les couches, filons ou amas de matières utiles.

La propriété des mines est une propriété distincte de celle de la surface, créée par un acte de concession délibéré en Conseil d'Etat. Avant d'exploiter une mine, il faut faire des recherches, découvrir un gisement, en demander et en obtenir la concession.

RECHERCHES. Jadis, les recherches étaient uniquement menées au hasard; aujourd'hui elles sont guidées par la géologie, qui n'est rien autre chose que la coordination des travaux des chercheurs et des exploitants. On sait dans quel terrain et dans quelles conditions on a des chances de trouver chaque espèce de matière utile.

On peut trouver des fragments de matières utiles (galène, pyrite, étain oxyde roulé, imprégnation de vert de gris sur des calcaires, etc.) ou des gangues qui les accompagnent (baryte sulfatée, spath fluor, quartz cristallisé, etc.). On cherche ces matières dans les thalwegs, en suivant le lit des torrents, et quand on les trouve anguleuses, le gîte n'est pas loin. Quand on cherche des mines de houille, la rencontre d'empreintes végétales est un très bon indice. Il y a des filons qui jaillissent au jour en forme de dykes, et d'autres qui se signalent par des dépressions. Les sources salées sont souvent le témoin d'un dépôt de sel dans le voisinage, et les sources ocreuses d'un dépôt de fer. Les gouttelettes de mercure annoncent un gîte de cinabre. On trouve aussi quelquefois le pétrole en gouttelettes dans les eaux naturelles. Le témoin gazeux qui indique le plus fréquemment des gîtes minéraux est l'hydrogène carboné. Il annonce des gîtes de combustibles minéraux, de sel ou de pétrole.

On est le plus souvent guidé dans la recherche des gîtes, par la présence de ceux qui sont déjà connus. Les gisements de plomb de Pontgibaud se prolongent en direction sur 30 kilomètres. Le bassin houiller de Mons se prolonge en direction sous la craie par le bassin de Valenciennes et du Pas-de-Calais. Desandrouin consacra au dernier siècle, 17 ans et 3 millions de francs à trouver la houille maigre d'Anzin. De même le bassin de la Moselle est le prolongement de celui de Sarrebruck. Les galeries d'écoulement quand elles sont faites transversalement aux filons recoupent ceux qui sont parallèles. On peut être guidé par des renseignements historiques, quelquefois réduits à des noms de lieux caractéristiques (Ferrières, Aurières, Argentières, Plombières, etc.); quelquefois relatifs à d'anciennes mines que des catastrophes telles que la guerre, la famine, la peste, etc., ont fait abandonner avant qu'elles ne fussent épuisées; quelquefois consistant en restes d'anciennes exploitations, en tas de gangues ou en tas de scories.

Quand on a découvert le gîte, la première chose à faire est de jalonner son affleurement, et de faire entre les points qui sont trop éloignés, de petites tranchées transversales, de façon à le retrouver dans l'intervalle. Les travaux postérieurs dépendent de la position du gîte. 1° Si le gîte est dans le flanc d'un côteau et à peu près parallèle à la vallée, on ouvre une galerie au fond de la vallée au-dessus des plus hautes eaux, et on marche normalement à la recherche du gîte en profondeur, en donnant à la galerie une pente juste suffisante pour l'écoulement des eaux. Une semblable galerie a l'avantage de bien mesurer la largeur du gîte, et de trouver ceux qui lui seraient parallèles. 2° Si le gîte est dans le flanc d'un côteau et transversal à la vallée on ouvre une galerie, le plus bas possible dans l'affleurement, et on marche en suivant le gîte en direction, mais en se tenant toujours contre le mur, qui ne bougera pas comme le toit, quand on videra le gîte. Une semblable galerie a l'avantage d'explorer le gîte en étant rémunératrice. On fait ainsi plusieurs *galeries d'allongement* dans le gîte, et on les relie pour assurer l'aérage, par des montages tracés de bas en haut. Si la roche est trop ébouleuse, ou s'il y a du grisou, on trace ces montages de haut en bas. 3° Si, au contraire, l'affleurement du gîte est en un point tel qu'on ne puisse pas trouver dans le voisinage de points plus bas, on a encore deux moyens qui consistent, l'un à ouvrir, dans le gîte suivant sa ligne de plus grande pente, une *fendue*, et l'autre à foncer un *puits* vertical qui recoupera le gîte et ceux qui seraient parallèles. Ces deux moyens s'emploient quelquefois en pays de montagnes, concurremment avec ceux indiqués plus haut, et on y trouve l'avantage d'assurer l'aérage.

Quant on suit une couche ou un filon par une galerie en direction il peut se faire qu'on arrive à une faille. Généralement, le toit de la faille est descendu par rapport au mur, mais il y aussi des failles inverses, où le toit est monté par rapport au mur. Si le gîte est horizontal, et si la faille est dans le premier cas, il faudra monter pour retrouver le gîte, si on prend la faille par son toit et descendre, si on la prend par son mur. C'est le contraire si la faille est inverse. Si le gîte n'est pas horizontal, ce qui est le cas le plus habituel, on peut le retrouver au delà de la faille par une galerie horizontale. Un plan horizontal prolongé jusqu'à son intersection avec le plan de la faille, fait avec lui un angle obtus et un angle aigu. C'est du côté de l'angle obtus qu'on retrouvera le gîte, si, ce qui est le cas le plus habituel, c'est le toit de la faille qui est descendu par rapport au mur. On traverse généralement la faille, dans une direction perpendiculaire à sa trace horizontale, et dans le sens marqué par la règle ci-dessus, qui est connue sous le nom de *règle de Schmidt*. Le mineur qui se fierait absolument à la règle de Schmidt serait exposé à se tromper 1° si le rejet a eu lieu en sens inverse; 2° si tout le terrain a été renversé, postérieurement à l'accident; 3° si l'accident qu'on croit moderne et croiseur, est au contraire le plus ancien; 4° si le gîte est postérieur à la faille et a été intercepté par elle.

On emploie fréquemment pour rechercher les gîtes en profondeur, des procédés qui seront décrits à l'article SONDAGE. On trouve alors le gîte, à moins qu'on ne tombe justement dans l'intervalle du rejet causé par une faille. Les recherches de mines peuvent être faites par le propriétaire du sol ou avec son consentement, mais à la condition de ne pas exploiter, de se soumettre à la surveillance administrative pour la sûreté des ouvriers, et de ne pas approcher ces travaux à moins de 100 mètres d'une maison ou enclos muré, sans le consentement du propriétaire. Le ministre des travaux publics peut donner à celui qui fait des recherches, l'autorisation renouvelable de disposer pendant un an du produit de ses recherches, s'il la demande au préfet, en l'accompagnant d'un plan au 1/10,000. Le permis de vente contient l'obligation de tenir un registre d'avancement des travaux et de ne pas faire de véritable exploitation; il ne préjuge pas le choix du concessionnaire futur. Les recherches de mines peuvent aussi être faites sans l'autorisation du propriétaire du sol, mais avec celle du Chef de l'Etat. Dans ce cas, le permissionnaire doit payer d'avance au propriétaire pour occuper ses terrains le double de ce qu'ils lui auraient rapporté ; et s'il doit occuper ces terrains d'une façon permanente, il peut être tenu de les acheter au double de leur valeur. Si le permissionnaire a en même temps un permis de vente, le gouvernement fixe la redevance qu'il doit payer au propriétaire. Dans l'intérieur d'une concession déjà instituée, le concessionnaire seul a le droit de faire des recherches pour la substance concédée.

Quand le gisement est découvert, on en demande la concession. Les diverses formalités à accomplir seront énumérées à l'article MINES. Nous allons supposer maintenant que le décret de concession a été rendu et qu'on procède à l'exploitation.

MÉTHODES D'EXPLOITATION. Nous renverrons pour les méthodes d'exploitation à ciel ouvert à l'article EXPLOITATION DES CARRIÈRES, et nous ne parlerons ici que des méthodes d'exploitation souterraine, de beaucoup les plus fréquentes dans les mines.

La prudence la plus élémentaire commande d'avoir dans une même mine au moins deux accès par puits ou galerie. La position des points d'entrée est déterminée par des conditions d'ordre extérieur et d'ordre intérieur. Il est bon de se placer en un point culminant, pour faciliter le départ des voitures, et près des voies de communication. Dans le cas d'un puits muni de machines à vapeur, il faut s'arranger de façon à avoir une eau convenable pour les chaudières. Il vaut mieux se mettre dans le mur des gîtes que dans le toit, parce que le toit bouge. En se mettant à la fois dans le toit et dans le mur, cela évite les grands travers bancs. En général, l'étendue du champ d'exploitation d'un puits varie de 200 à 500 mètres. Pour rendre minimum l'ensemble des dépenses de fonçage de puits et de roulage à l'intérieur, le calcul démontre qu'il faut que le nombre des puits soit en raison inverse de la puissance 2/3 de la profondeur.

On fractionne le gîte en étages qui ont de 10 à 60 mètres de hauteur verticale. Chaque étage est desservi par un *travers banc* horizontal partant du puits à la hauteur de sa partie inférieure, et se dirigeant vers le gîte, perpendiculairement à sa direction, puis, à partir du point où le gîte a été atteint, par deux galeries d'allongement ou *voies de fond* menées dans les deux sens, et franchissant les failles quand il s'en trouve, ainsi qu'il a été dit plus haut. L'étage est la portion du gîte comprise entre ces galeries et celles de l'étage supérieur. Quelquefois on subdivise un étage en 2 ou 3 sous-étages par une ou deux galeries d'allongement intermédiaires, où le roulage est, en général, fait par des hommes, et non par des chevaux. Un étage est divisé en un certain nombre de lopins par des montages, destinés à l'aérage, et reliant sa voie de fond avec celle de l'étage supérieur.

Les travaux d'exploitation sont influencés par la puissance, l'inclinaison, la solidité et la constance du gîte. Une puissance de 2,50 caractérise les gîtes moyens. Quand le gîte est à peu près horizontal, on prend le mur du gîte pour sole des galeries; quand il est à peu près vertical on prend ses épontes pour parois latérales des galeries. La solidité du toit a une grande importance dans les gisements à peu près horizontaux, et la solidité du gîte, dans les gisements à peu près verticaux. Quand le gîte est de richesse variable, il faut faire le traçage à petites mailles.

Quelles que soient les conditions du gîte, les travaux doivent être menés avec sûreté, avec économie et de façon à assurer une production constante. Au point de vue de la sûreté, il faut éviter les éboulements, se préoccuper du danger d'incendie et des coups de grisou, avoir des ateliers indépendants les uns des autres, et condenser chacun d'eux pour faciliter la surveillance. Au point de vue de l'économie, il faut réduire la proportion des traçages à l'avantage des dépilages, n'avoir que des vides restreints qui ne nécessitent pas des bois exceptionnels, avoir le moins possible de galeries permanentes et les entretenir en très bon état. Au point de vue de la constance, il est bon d'être toujours en traçage et de conserver des réserves, afin de n'être jamais pris au dépourvu. Les modes d'exploitation usités se classent en trois groupes : 1° *par piliers abandonnés* ; 2° *par foudroyage*; 3° *par remblai.*

La méthode des *piliers abandonnés* consiste à laisser en place une quantité suffisante de la matière exploitable, pour qu'elle se tienne. On laisse des *estaus* entre les étages, et à chaque étage on laisse des *piliers* carrés ou des piliers longs qui se superposent aux différents étages, et qui se terminent à la partie supérieure par des parties un peu évasées. Cette méthode s'applique exclusivement aux matières solides et d'un prix vil, car on perd au moins la moitié de la substance exploitable.

Les méthodes par *foudroyage* consistent à prendre tout le gîte, et à laisser le plafond s'effondrer. Si le toit est assez solide pour tenir sur 2 ou 3 mètres, pendant 2 ou 3 jours, et s'il prévient avant de tomber, cette méthode est très rationnelle. Quand le toit ne prévient pas on le supporte provisoirement par des buttes qui préviennent avant de s'écraser, et qu'on enlève, si on peut, soit en en hachant le pied, soit en les tirant avec des chaînes. Quand le toit est trop solide, on peut le faire tomber en tirant des coups de mine. L'avantage du foudroyage est de donner un foisonnement important. Si N est son coefficient et si h est la hauteur de la tranche, les roches ne se brisent que jusqu'à une hauteur H déterminée par la condition $NH = H + h$. Quand on opère par foudroyage, il faut prendre chaque étage en descendant; de la sorte, le foudroyage ne nuit pas aux parties qui sont encore à prendre, ni aux voies de roulage. Pour la même raison, il faut dépiler en retraite, des limites du champ d'exploitation vers le puits. Il est bon que le périmètre soit une ligne brisée, pour que les tailles soient mieux protégées. Les inconvénients de ce système sont d'abord le danger qu'il présente, ensuite les détériorations qu'il occasionne à la matière qui se brise, et les pertes qu'il faut subir quand on n'est pas maître de l'éboulement.

Les méthodes par foudroyage pour les gîtes minces se rapportent à quatre types selon qu'on emploie : 1° *des massifs courts ou un tracé en échiquier*; 2° *des massifs longs parallèles à la voie de fond*; 3° *des enlevures inclinées* suivant la ligne de plus grande pente; 4° *des chambres ou des enlevures* séparées par des massifs qu'on reprend ultérieurement si on peut.

Les gîtes puissants sont découpés en tranches qui sont horizontales si le gîte est très incliné, et parallèles au gîte s'il est peu incliné.

Les méthodes par *remblai* sont actuellement celles qui tendent à prédominer, surtout pour les matières d'un prix élevé. Elles ont l'avantage de pouvoir tout prendre. On exploite chaque étage en montant de sorte qu'on se tient sur le remblai qui forme un sol factice. On peut employer pour remblais les matières suivantes : 1° de l'argile qui fait prise et est étanche à l'eau et aux incendies, mais dont le tassement va jusqu'à 50 0/0; 2° les galets de rivière ou les morceaux d'épontes de filon; cela ne fait pas prise et reste très perméable, mais cela se tasse un peu; 3° les sables, scories et laitiers qui joignent les inconvénients de l'argile à ceux des galets, mais qui sont des matières encombrantes dont on tient à se débarrasser; 4° les résidus de préparation mécanique, qui ont l'avantage d'être très fins; 5° les schistes bitumeux et pyriteux; c'est détestable s'ils n'ont pas été d'abord grillés à l'air; 6° une maçonnerie complète, comme cela se pratique avec un grand luxe à la mine de mercure d'Almaden.

Les sources du remblai sont les suivantes : 1° l'excès de substance stérile à pied d'œuvre, par exemple le faux toit des couches de houille, quand il en existe un ; 2° les travaux au rocher, tels que les travers bancs; 3° les déchets de la préparation mécanique, qui encombreraient la surface ; 4° les matériaux provenant du découvert des exploitations à ciel ouvert; 5° des carrières spéciales, ouvertes soit dans la mine, soit au dehors ; 6° quelquefois le remblai qui a déjà servi pour les étages supérieurs.

Pour faire descendre le remblai dans la mine, on emploie l'un des procédés suivants : 1° le jeter dans des puits ; 2° le faire descendre par des puits spéciaux avec des freins fortement serrés ; 3° le faire servir de contrepoids à la matière utile qui monte. Le remblai, entré dans la mine, doit toujours descendre, jusqu'au point où il est employé. Pour remblayer, on commence par dresser un mur en pierres sèches, puis on jette le remblai à la pelle en bourrant autant que possible. Un homme met en place par jour 60 à 150 hectolitres de remblai.

Les méthodes par remblai dans les gîtes minces voisins de l'horizontale, se rapportent à trois types principaux : 1° les grandes tailles montantes, suivant la ligne de plus grande pente du gîte ; 2° les grandes tailles chassantes, suivant la direction du gîte ; 3° les demi-pentes ou tailles inclinées.

Les méthodes par remblai dans les gîtes minces, se rapprochant de la verticale, se rapportent à trois types principaux : 1° les chasses étroites, parallèles à la voie de fond ; 2° les gradins droits, où on attaque un lopin compris entre deux voies de fond et deux montages, par un de ses angles supérieurs, et où on a toujours la matière sous les pieds et le remblai sur la tête ; 3° les gradins renversés, où on attaque un lopin analogue par un de ses angles inférieurs, et où on a toujours la matière sur la tête et le remblai sous les pieds.

Les méthodes par remblai dans les gîtes puissants se rapportent à cinq types principaux : 1° les tranches parallèles à la stratification de la couche quand celle-ci se rapproche du plan horizontal. On exploite alors généralement la tranche supérieure par foudroyage : 2° la méthode en travers ou par tranches horizontales, employée dans les filons puissants, dans les amas ou dans les couches puissantes redressées ; 3° la méthode des recoupes où l'on emploie des plans de division parallèles au gîte et d'autres horizontaux ; 4° la méthode verticale où l'on emploie des plans de division verticaux normaux au gîte, et d'autres horizontaux ; 5° la méthode de rabattage qui ressemble à celle des gradins renversés, appliquée à des tranches de gîte, normales ou parallèles à sa direction.

Exploitation proprement dite. Quelle que soit la méthode d'exploitation, il faut abattre la matière, la transporter dans la mine et la sortir au jour. Nous décrirons à l'article PUITS les procédés employés pour foncer et consolider les puits dans les terrains ordinaires et dans ceux qui sont aquifères ou ébouleux, et à l'article GALERIES, les procédés employés pour les percer selon la nature des terrains. L'abattage se fait suivant la nature de la matière, à la main, au feu, à l'eau, à la poudre ou à la dynamite. Le travail à la *main* se pratique dans les matières peu résistantes. Les outils d'attaque varient suivant la dureté de la roche. 1° Ceux du *terrassier* sont la pioche munie d'une branche pointue et d'une branche en biseau, avec un manche en frêne à section elliptique entrant dans une douille tronconique dont la petite base est du côté de l'ouvrier, le coin du terrassier petite bûche encastrée dans du fer, la pince en fer terminée par un biseau qu'on entre dans la terre et sur laquelle on agit comme sur un levier. 2° Les outils d'attaque du *houilleur* sont le pic, outil très léger formé d'un manche en bois et d'un corps en fer aux deux extrémités duquel on fixe des pointes par des clavettes, la *rivelaine* sorte de pic à manche très long, le coin du houilleur, tout en fer, que l'on enfonce à la massette. 3° Les outils d'attaque du *mineur* sont le *ciseau* avec une massette de 2 à 3 kilogrammes, la *pointerolle* qui est un ciseau à pointe carrée, emmanché dans du bois. L'outil de chargement est dans tous les cas la pelle, ou ses variétés, telles que la pelle à grille et le râble.

Le travail au *feu*, aujourd'hui presque partout abandonné, a été pratiqué jadis pour les matières dures, qu'on pouvait faire éclater en les refroidissant par l'eau après les avoir échauffées. On mettait le feu dans des espèces de trémies, ou sur des massifs de remblais, placés devant le front de taille.

Le travail à l'*eau* est commode, mais offre cet inconvénient qu'il faut ensuite enlever l'eau. On peut utiliser la pression de l'eau comme dans les cartouches hydrauliques de M. Guibal, l'action dynamique de l'eau mélangée ou non de sable fin et quartzeux, et lancée avec vitesse, l'action physique de l'eau se congelant, l'action organique de l'eau sur les bois qu'elle allonge, l'action dissolvante de l'eau sur les roches solubles, par exemple sur le sel gemme.

Le travail à la *poudre* ou à la *dynamite* est le mode le plus usité actuellement. Nous l'étudierons à l'article POUDRE. Quand on veut avancer très vite on emploie pour forer les trous de mine, des perforatrices que nous décrirons à l'article PERFORATION MÉCANIQUE.

Quand les vides sont créés, il faut assurer leur durée en les consolidant par du bois, du fer ou de la maçonnerie. On peut demander au bois de soutènement des qualités diverses pour chacune desquelles les essences recommandables sont les suivantes :

Solidité : chêne.
Rectilignité : chêne, pin, châtaignier, hêtre.
Légèreté : bois résineux, bois blanc.
Souplesse : Orme, hêtre, frêne, châtaignier.
Résistance au mauvais air : acacia, chêne.
Résistance aux alternatives de sécheresse et d'humidité : aune, chêne, hêtre, châtaignier, pin.

On emploie le bois dans les galeries quelquefois sous forme de buttes isolées ou alignées, pour soutenir le toit, mais le plus souvent sous forme de cadres formés de quatre pièces entaillées à leurs extrémités sous des angles un peu obtus et juxtaposées les unes aux autres. Ces cadres sont quelquefois juxtaposés et quelquefois séparés par des distances qui vont jusqu'à 2 mètres. Ils sont quelquefois consolidés par une *chandelle*, pièce de bois placée verticalement au milieu, on par un *étrésillon* qui relie les deux montants dans le voisinage de la partie supérieure, et qui repose soit sur des embrèvements, soit sur des goussets. Quelquefois, au contraire, on supprime la *semelle* ou pièce de bois inférieure, et l'un des montants ou même les deux. Le cadre se réduit alors au *chapeau* ou pièce de bois supérieure, qui peut être d'ailleurs consolidé par une ou plusieurs jointes de force. Quelquefois on relie les cadres par un garnissage de planches. On emploie dans les puits, même quand le rocher est solide, un garnissage en bois de choix, que l'on dispose en cadres jointifs ou en cadres non jointifs dont les écartements sont maintenus par des longrines d'angle. On y adjoint quelques cadres d'une grande solidité, notamment à l'orifice supérieur.

Parfois, dans le boisage des galeries on remplace le chapeau par une pièce de fer qui est généralement un vieux rail. Quelquefois on emploie des rails courbés, et de trois de ces rails assemblés par des manchons d'accouplement, on forme un cercle complet qui remplace un cadre de boisage. Souvent aussi pour les galeries qui doivent avoir une grande durée, ou pour les puits, on remplace le boisage par le muraillement. La maçonnerie se fait en moellons piqués ou en briques, et avec du mortier hydraulique. Généralement dans les galeries, on emploie deux murs surmontés par une voûte en plein cintre, et on a soin de remblayer l'intervalle entre l'extrados de la voûte et la roche. Quelquefois, on relie les parties inférieures des murs par un radier. On muraille les puits généralement avec deux épaisseurs de briques, disposées en travées successives portant sur les roues lisses.

La matière utile étant abattue, il faut la transporter par les voies intérieures de la mine, soit au jour, soit au pied du puits d'extraction. Le transport se faisait anciennement à dos d'homme, par trainage dans des bennes à patin, par roulage dans des brouettes, ou par roulage dans des chiens de mines, caisses parallélipipédiques munies de deux essieux, l'un à l'avant, l'autre au milieu, et circulant dans des chemins de bois formés de deux longrines placées à quelques centimètres de distance. On a pu aussi utiliser les galeries d'écoulement pour transporter les matières dans des bateaux halés par des hommes. C'est un procédé excellent, quand il est applicable, ce qui malheureusement est rare.

Dans l'immense majorité des cas, le transport souterrain se fait sur de petits chemins de fer dont la voie a 45 à 80 centimètres de large, et les rails pèsent en moyenne 5 à 10 kilogrammes au mètre courant. Les voies sont généralement en pente de 1/2 0/0 de telle sorte que l'effort nécessaire pour remonter le vagon vide soit égal à celui nécessaire pour faire descendre le vagon plein. On les fait quelquefois en pente de 1 0/0 de telle sorte qu'il n'y ait aucun effort à faire pour la descente. Il faut alors faire un plus grand effort à le remonte, mais le rendement en tonnes kilométriques est plus élevé. Le matériel roulant a dans certains cas ses roues calées sur l'essieu comme dans les chemins de fer, mais la plupart du temps elles sont folles, comme dans les voitures. Les roues sont rarement en bois, généralement en fonte coulée en coquille. Quelquefois les vagons ne sortent pas de la mine et on les vide dans un cuffat quand ils arrivent au puits. Le plus souvent les vagons montent au jour dans les cages. Dans les voies horizontales les vagons sont traînés par des hommes ou des enfants, ou bien sont réunis en trains, remorqués par des chevaux. Dans les plans inclinés on fait à la fois descendre un vagon plein et remonter un vagon vide, et on dispose d'un frein pour empêcher le mouvement de trop s'accélérer. Souvent dans les grandes mines, le roulage est obtenu par des moyens mécaniques spéciaux que nous étudierons à l'article TRACTION MÉCANIQUE.

Généralement on s'arrange pour que dans l'intérieur de la mine les matières suivent un chemin horizontal ou descendant. Elles arrivent ainsi soit au jour, soit le plus souvent à la partie inférieure du puits d'extraction. Nous renverrons à l'article EXTRACTION pour l'étude des moyens propres à les faire monter au jour. Quand les vagons sont extraits au jour il faut les culbuter. On les amène pour cela à l'intérieur de roues où ils reposent sur des rails et où ils sont maintenus à la partie supérieure par des arrêts. L'ensemble de la roue et du vagon plein a son centre de gravité au-dessus de l'axe de la roue. Le vagon bascule et se vide. Cela déplace le centre de gravité de l'ensemble et le ramène encore (dans cette position) au-dessus de l'axe de la roue. Le vagon bascule de nouveau et on l'emmène pour le faire redescendre dans la mine. Les culbuteurs sont situés au-dessus de glissières qui mènent les matières dans les grands vagons ou dans les bateaux qui doivent les emporter, ou dans les premiers appareils de la préparation mécanique.

La préparation mécanique, moins importante pour la houille, est une question capitale pour les mines métalliques. Nous décrirons en détail les opérations qui la constituent à l'article PRÉPARATION MÉCANIQUE.

En même temps que le service de l'extraction, les mines doivent assurer l'épuisement ou *exhaure*, la ventilation et la circulation des hommes. Pour les services de l'*exhaure* et de la *ventilation* nous renverrons aux articles spéciaux où ils sont décrits.

La circulation des hommes dans les puits est généralement facilitée par l'emploi des machines d'extraction ou de machines spéciales que nous décrivons à l'article FAHRKÜNSTE. Dans les autres cas, elle a lieu au moyen d'échelles qui doivent être inclinées à 70°. Elles sont tantôt parallèles, tantôt en sens alterné. On peut citer aussi pour mémoire les glissières du Salzkammergut inclinées à 45°, et formées de deux rondins de sapin bien savonnés le long desquels on glisse en serrant une corde avec un gant, pour faire frein.

SURVEILLANCE. Les mines sont exploitées sous la surveillance des ingénieurs du corps des mines qui interviennent : 1° en cas d'accidents; 2° au moins une fois par an; 3° à propos de redevances.

Les accidents les plus graves qui peuvent survenir dans l'exploitation des mines sont : 1° les coups de feu dont il est parlé à l'article GRISOU, et qui font un grand nombre de victimes simultanément. Dans un accident survenu dans le Yorkshire le 12 décembre 1866 il y a eu 361 hommes tués; 2° les incendies qui peuvent avoir des causes diverses, et dont il est parlé à l'article INCENDIES SOUTERRAINS; 3° les effondrements complets causés par un mauvais aménagement des travaux ou par un tremblement de terre; 4° les coups d'eau après lesquels on peut sauver des ouvriers qui ont été enfermés sous pression dans des culs-de-sac montants.

Le plus grand nombre d'ouvriers tués ou blessés

dans les mines, le sont en dehors de ces catastrophes. Les causes les plus fréquentes des petits accidents sont l'éboulement d'une partie du toit, la rupture d'un câble d'extraction, la chute dans un puits, la rencontre d'une berline dans un plan incliné ou même dans une galerie, un coup de mine maladroitement tiré, etc.

— Toutes les fois qu'il survient dans une mine un accident ayant causé la mort ou des blessures graves à un ou plusieurs ouvriers, ou qui compromettrait la sûreté des travaux, celle des mines ou des propriétés de la surface, et l'approvisionnement des consommateurs, les exploitants sont tenus d'en informer immédiatement le maire de la commune et l'ingénieur du corps des mines. Celui-ci se rend sur les lieux ou y envoie un garde-mines, et le procès-verbal qui constate les causes de l'accident est transmis au procureur de la République et au préfet du département.

En dehors des accidents, chaque mine doit être visitée au moins une fois par an par l'ingénieur des mines, qui dresse un procès-verbal de cette visite. Les concessionnaires de mines paient à l'Etat, chaque année, une redevance fixe de 10 francs par kilomètre carré de concession, qu'ils exploitent ou non leur mine, et une redevance proportionnelle égale à 5 0/0 du produit net. On désigne ainsi l'excédent de la valeur, sur le carreau de la mine, des matières extraites dans l'année, qu'elles aient été ou non vendues ou utilisées par l'exploitant, sur les dépenses qui ont été faites également dans l'année pour les extraire. Les dépenses de premier établissement se comptent intégralement dans l'année où elles sont faites, et les excédents de dépenses d'une année, ne viennent pas en déduction du revenu net des années suivantes. Les exploitants adressent au préfet, avant le 1er mai, une *déclaration détaillée de leurs recettes et de leurs dépenses*, et par conséquent du produit net de l'année précédente. Le comité de proposition, composé de l'ingénieur des mines, du maire et des adjoints, des communes sur lesquelles s'étend la concession et des deux répartiteurs communaux les plus fort imposés, fait une seconde proposition pour le revenu net. L'ingénieur des mines, et le directeur des contributions directes font chacun successivement de nouvelles propositions pour ce revenu net, qui est enfin fixé par le comité d'évaluation, composé du préfet ou d'un conseiller de préfecture, de deux conseillers généraux nommés par le préfet, du directeur des contributions directes, de l'ingénieur des mines, et de deux des principaux propriétaires de mines dans les départements où il y a un nombre suffisant d'exploitations. Dans le cas où les exploitants jugent que le comité d'évaluation les a imposés sur un produit net trop élevé, ils peuvent en appeler devant le conseil de préfecture, ou, s'ils n'obtiennent pas gain de cause, devant le Conseil d'Etat. Les exploitants peuvent obtenir un abonnement de cinq ans à la redevance proportionnelle, calculé sur la moyenne des cinq années précédentes. La redevance fixe et la redevance proportionnelle sont chacune augmentées d'un dixième. — A. B.

EXPLOITATION DES TOURBIÈRES. L'exploitation des tourbières ne peut être pratiquée que par le propriétaire du sol ou son consentant, mais il faut qu'il soit muni d'une autorisation administrative, qu'il paie patente et qu'il se soumette aux observations de l'ingénieur des mines pour la direction des travaux. Cette exploitation a lieu de l'une des trois manières suivantes suivant l'abondance de l'eau.

1° S'il y a un quartier que l'on puisse épuiser avec un canal, on l'exploite pendant l'été à l'aide du petit *louchet*. C'est une bêche munie d'un aileron, dont on se sert avec le pied, et avec laquelle on tire des *pointes* que l'on dépose latéralement. On dispose l'ouvrage d'une façon linéaire ou en carré;

2° S'il y a trop d'eau pour qu'on puisse l'épuiser, on se sert du grand louchet qui a 7 ou 8 mètres de long; c'est un outil coupant, muni de deux rebords et porté par un long manche. Le petit et le grand louchet sont décrits à l'article LOUCHET;

3° Dans les eaux profondes et au large des bords on se sert de la drague, espèce de poche en treillis, qui va puiser au fond la tourbe en bouillie.

Quand on a extrait la tourbe en formes de pointes, on doit la laisser sécher. Il faut un hectare d'*étentes* pour un hectare de tourbière. Il faut empiler définitivement la tourbe au bon moment, car si on s'y prend trop tôt, elle ne sèche jamais, et si on s'y prend trop tard, elle devient friable. Quand on a extrait la tourbe en bouillie on la met à sécher dans des caisses en planches, puis on la fait marcher par des hommes avec des planches sous les pieds, puis sans planches. On la coupe alors et on en fait des pointes artificielles.

EXPLOSIFS. Les substances explosives sont des corps solides ou liquides qui, sous l'influence d'un choc, ou d'une élévation de température, développent dans un temps très court une grande quantité de gaz avec dégagement de chaleur considérable, et peuvent ainsi produire des effets destructeurs ou des effets de projection.

On donne généralement le nom de *poudres* à celles qui se présentent sous forme de poudres fines ou de grains solides, plus ou moins volumineux, susceptibles d'être réduits à l'état de poudre par écrasement.

Parmi les corps ou mélanges explosifs dont l'usage se trouve aujourd'hui le plus répandu, les uns présentent une grande analogie avec la poudre ordinaire, dont ils ont conservé en totalité ou en partie les éléments constitutifs (V. POUDRE), les autres, qui sont à la fois les plus nombreux et les plus puissants, résultent de l'action de l'acide nitrique sur des matières organiques. Parmi ces derniers, à peu près tous ceux qui sont employés aujourd'hui à des titres divers dans les arts ou l'industrie peuvent être rapportés à quatre classes : 1° les *pyroxyles*, dérivés des substances ligneuses (V. COTON-POUDRE); 2° la *nitroglycérine* et les *dynamites* qui en dérivent (V. DYNAMITE); 3° l'*acide picrique* et les *picrates* (V. POUDRE PICRATÉE); 4° enfin les *fulminates* (V. FULMINATE) dont l'usage a toujours été restreint à certains usages tout à fait spéciaux.

EXPLOSION DES CHAUDIÈRES A VAPEUR. Des théories plus ou moins soutenables ont maintes fois été hasardées, pour expliquer les causes de ces désastreux accidents, qui prennent parfois les proportions d'une véritable catastrophe, surtout lorsqu'ils se produisent à bord des navires, exemples : le *Comte d'Eu*, en 1845; le *Rolland*, dans le port de Toulon, en 1858; l'*Aigrette*, sur la rade d'Antivari, en 1859; le *Thunderer*, en 1876; la *Revanche*, en 1877.

Sur la *Revanche*, la déchirure s'est produite

dans la tôle supérieure horizontale du conduit de fumée de l'une des chaudières du milieu, au moment de l'appareillage de l'escadre sur la rade de Villefranche. Les boîtes à fumée étaient ouvertes à ce moment, la vapeur a envahi la chambre de chauffe et s'est dirigée surtout vers l'avant, dans les faux-ponts et la batterie, brûlant tous ceux qu'elle rencontrait sur son passage. Il est probable que si les boîtes à fumée avaient été fermées, le courant de vapeur se serait dirigé vers la cheminée et l'on n'aurait pas eu à déplorer la mort de tant de victimes. La tôle de ce conduit était réduite à 3 millimètres, et même moins, d'épaisseur en certains endroits; il n'est donc pas bien surprenant qu'elle ait cédé sous la pression, relativement modérée de 125 centimètres de mercure.

(Les soupapes de sûreté avaient été déchargées quelques mois avant l'accident).

A part l'*Aigrette*, pour laquelle on n'a pu faire que des suppositions, les autres accidents sont dus uniquement à un excès de pression.

Quelques personnes attribuent les explosions de chaudières aux faits suivants :

L'*action électrique* développée par la vaporisation. Il est permis de se demander comment l'électricité pourrait atteindre la tension d'explosion, puisque cette électricité ne peut se produire qu'à la surface des chaudières et que jamais on n'a essayé d'isoler ces dernières.

Inflammation du gaz oxyhydrogène. Ce gaz serait formé par la décomposition de l'eau en contact avec des surfaces chauffées au rouge et par une introduction d'air à l'intérieur. Une étincelle électrique suffirait pour déterminer l'explosion. Comment cette étincelle peut-elle se produire; c'est ce que l'on oublie de dire.

Il est arrivé parfois que des explosions assez graves ont eu lieu dans les courants de flamme ou à la base de la cheminée, lorsque celle-ci possède un registre qu'on a laissé fermé pendant un certain temps; les gaz dégagés par une combustion lente peuvent alors s'accumuler et devenir détonants. Pour prévenir ce genre d'accidents, il suffit d'ouvrir le registre avant d'activer à nouveau la combustion.

L'*état sphéroïdal.* On conçoit assez que l'eau puisse passer à l'état sphéroïdal, en bulles plus ou moins grosses à l'intérieur d'une chaudière, mais il est plus difficile d'admettre que le passage de l'état sphéroïdal à celui de vapeur puisse amener une explosion.

Retard de l'ébullition ou *eau surchauffée.* C'est pour obvier à cet état de l'eau, que M. le capitaine de vaisseau Trèves a proposé, en 1883, dans un Mémoire adressé à l'Académie des sciences, de munir les chaudières d'un tuyau dans lequel on injecterait de l'air, avant leur remise en action, et d'adapter à chacune d'elles un thermo-manomètre qui indiquerait l'élévation anormale de la température de l'eau, comparativement à la température de la vapeur. On peut, dans un cabinet de physique en s'entourant de précautions assez minutieuses, retarder le point de l'ébullition de l'eau, mais il est très douteux que pareilles circonstances puissent se présenter fortuitement dans une chaudière.

Baisse subite de la pression. L'équilibre de température étant rompu, entre la vapeur saturée et la masse d'eau de la chaudière, cette eau se vaporiserait presque instantanément, ou serait projetée avec une telle violence contre les parois, que la chaudière éclaterait. L'ouverture brusque des soupapes de sûreté ou des soupapes d'arrêt est généralement suivie d'entraînements d'eau considérables; si l'eau animée de la vitesse que lui communique la vapeur ne se fraie pas un passage par les soupapes, il est certain que la chaudière sera violemment choquée.

Un effet analogue peut se produire à la suite d'une déchirure; l'eau peut venir en aide à la vapeur pour la destruction de la chaudière. Dans ce cas, ce serait un excès de pression ou un manque de résistance qui aurait provoqué l'éclatement.

Quant aux soupapes bien conditionnées, les pas de vis qui servent à leur manœuvre sont généralement assez petits et l'effort à exercer est encore assez grand pour qu'il soit peu commode de les ouvrir à courir; en tous cas, il faut toujours s'attacher à les ouvrir doucement.

Surchauffe des parois. La première conséquence d'une surchauffe des parois de la chaudière est une diminution de la résistance de ces parois, c'est à des faits de cette nature que sont dus la plupart des affaissements des ciels de fourneaux. Notons que le plus souvent, cette surchauffe est due aux dépôts existant à l'intérieur; la dilatation de la croûte de ces dépôts n'étant pas la même que celle du fer, cette croûte s'écaille et peut tomber tout d'un coup, en rétablissant ainsi le contact de l'eau avec une surface qui dans nombre de cas a été portée au rouge. Il y a évidemment alors une plus grande quantité de vapeur produite que lorsque le métal se trouve à la température ordinaire des foyers.

Mais nous savons que chaque kilogramme d'eau exige l'absorption d'un nombre considérable de calories pour sa transformation en vapeur; il faudrait donc que la portion rougie ait atteint une assez grande surface pour qu'il pût résulter une explosion du fait même de cette production de vapeur. La contraction subite du métal et sa diminution de résistance peuvent entraîner des déchirures, dont les effets sont presque aussi désastreux que ceux des explosions dites *fulminantes.* Il est donc de première importance d'avoir des chaudières aussi propres que possible, et conséquemment leur nettoyage doit avoir lieu à des époques périodiques, en rapport avec la durée de leur fonctionnement.

Le manque d'eau peut aussi naturellement occasionner la surchauffe des parties touchées par la flamme; dans les chaudières tubulaires ce sont les premières rangées supérieures des tubes qui supportent en premier lieu les conséquences d'un abaissement de niveau. Les tubes rougissent, ils s'écrasent parfois et il en résulte des fuites plus ou moins abondantes, Lorsqu'on s'aperçoit d'un abaissement de niveau assez important pour compromettre les tubes ou le ciel d'un foyer, suivant le cas, il faut s'empresser de mettre bas les feux, au lieu d'essayer à rétablir le niveau, surtout s'il y a quelque temps que cet état de chose dure. Il faut que la surveillance soit bien peu efficace, pour ne pas s'apercevoir, à temps, d'une diminution de niveau et prendre toutes les mesures nécessaires pour parer aux inconvénients qui en résultent.

Trépidations des parois. Certains auteurs recommandent de ne pas frapper de coups dans le voisinage des chaudières en fonction; la conclusion rigoureuse de cette observation serait qu'il faut s'abstenir de mettre des chaudières à bord des bâtiments de combat. Les vibrations produites, lors de la détonation d'un canon de 100 tonnes, ou même d'une modeste pièce de 14 centimètres, sont autrement vives que celles dues à un coup donné, même avec les plus fortes masses, dans le voisinage des chaudières.

Existe-t-il un seul exemple d'une explosion de cette espèce? Nous n'en connaissons pas et pourtant les circonstances dans lesquelles on tire du canon, pendant la marche sous vapeur, sont très loin d'être rares. Lorsque l'on fait se cogner nez à nez deux chaloupes à vapeur, à 6 et 7 nœuds de vitesse, comme le fit M. le vice-amiral comte de Gueydon en 1866 et 1867, et plus tard l'amiral russe Boutakof, pour étudier la question des abordages par l'éperon, le choc transmis à la chaudière n'équivaut-il pas aux plus fortes vibrations que les chaudières puissent subir dans n'importe quelles circonstances de coups donnés dans leur voisinage. Quand deux trains se rencontrent, les chaudières sont parfois *écrabouillées*, mais, que nous sachions, il n'y a pas d'explosions.

Certes, il est bon, il est indispensable même, de prévenir et de prémunir les mécaniciens et les chauffeurs des dangers qu'ils peuvent encourir et faire encourir aux personnes qui les entourent, par le fait des chaudières qu'ils sont appelés à conduire, mais il faut aussi leur inspirer de la confiance et ne pas leur laisser supposer que malgré une surveillance incessante, il peut prendre fantaisie à l'une de leurs chaudières, de leur éclater entre les mains, pour une cause plus ou moins mystérieuse : gaz mal définis à l'intérieur, décomposition, surchauffe de l'eau, électricité, trépidations, etc.

Quant à nous, notre opinion est toute faite, on n'éprouvera jamais de catastrophes de cette nature tant que l'on observera les règles suivantes :

Avoir des soupapes de sûreté bien construites, fonctionnant librement et portant une charge correspondante à l'état de résistance dans lequel se trouve la chaudière.

Pour être certain du fonctionnement des soupapes, les soulever *un instant* une fois par quart (art. 60 de la circulaire de l'Amirauté anglaise, 1874, sur la conduite des machines et des chaudières).

Pour déterminer la résistance d'une chaudière, faire une épreuve à froid, une fois par an, ou après une réparation importante; la pression d'épreuve sera moitié en sus de celle de la charge à demeure des soupapes de sûreté.

Passer fréquemment des inspections minutieuses des chaudières; si ces inspections laissent des doutes, renouveler l'épreuve à froid et décharger les soupapes en conséquence du résultat.

Tenir les chaudières propres, surveiller les effets de la corrosion intérieure ou extérieure, remédier aux fuites même minimes toutes les fois qu'on le pourra.

Pendant la marche, avoir un niveau aussi constant que possible et consulter le manomètre.

Pour plus de sécurité, on devrait imposer à tous les constructeurs de chaudières, l'obligation de placer en un lieu visible de la chambre de chauffe, une petite soupape un peu plus chargée que les soupapes de sûreté proprement dites. Cette soupape remplirait le rôle d'un sifflet d'alarme avertisseur, lorsque pour une cause quelconque, les grandes soupapes ne fonctionneraient pas, malgré un excès de pression. (Cette soupape, *sentinel valve* des Anglais, est réglementaire pour les nouveaux appareils évaporatoires de la marine française.)

Cette question des explosions de chaudières est d'une telle importance qu'on se demande pourquoi, depuis longtemps, on n'est pas mieux renseigné sur ce sujet. L'Etat fait tous les jours des expériences très coûteuses pour déterminer quel est le meilleur système d'artillerie qu'il convient d'adopter, sur la résistance des canons, etc., pourquoi n'en pas faire autant pour les chaudières ou au moins pourquoi ne pas faire juger *officiellement*, si telles ou telles conditions, créées à loisir, peuvent ou non déterminer une explosion; un rapport auquel on donnerait la plus grande publicité serait dressé à la suite de ces expériences et l'on saurait ainsi, une fois pour toutes, quelles sont les circonstances contre lesquelles on doit se tenir en garde. Des expériences de ce genre ont eu lieu en Amérique, sur l'initiative de M. Francis Stevens, en 1871; le gouvernement nomma une commission pour y assister.

La première chaudière soumise à une épreuve d'éclatement avait fonctionné pendant 13 ans sur le *Joseph Belknap*; elle fut d'abord essayée sous une pression hydraulique de $7^{atm.}$,1/2 qui fit sauter quelques rivets. Après réparation, elle subit une nouvelle épreuve à froid qu'on limita à $5^{atm.}$,1/2. Le 15 novembre, on l'essaya à la vapeur; on laissa la pression s'élever jusqu'à 4 atmosphères, sans qu'il en résultât aucune fracture. Le 22 novembre, on établit un niveau de 30 centimètres environ au-dessus des tubes, on condamna la soupape de sûreté, mais malgré tous les efforts on ne put réussir à faire monter la pression au-dessus de $6^{atm.}$,20; les fuites autour du dôme de vapeur étaient trop abondantes.

La deuxième expérience fut faite sur une boîte rectangulaire, construite spécialement à cet effet et solidement entretoisée. Les côtés de la boîte étaient en tôle d'excellente qualité, de 8 millimètres d'épaisseur, rivée sur un cadre en fer forgé. Le tout fut placé dans une maçonnerie, après que la boîte eut été remplie d'eau jusqu'à 94 centimètres du fond. Le feu fut allumé et la boîte fit explosion lorsque les manomètres accusèrent une pression de 11 atmosphères, ce qui eut lieu 35 minutes après la formation de la vapeur à la pression atmosphérique.

On constata que les filets des boulons d'entretoise et ceux dans la tôle n'avaient nullement souffert; l'effort exercé par la pression de la vapeur avait fait emboutir les tôles, de telle sorte que les filets n'étaient plus en prise au moment de l'éclatement. Cette boîte avait préalablement supporté une pression hydraulique de 9$^{atm.}$,20 et une pression sous vapeur de 6$^{atm.}$,8, sans qu'il en résultât la moindre fuite.

Une chaudière qui avait servi pendant 25 ans sur le *Bordentown*, et pour laquelle l'inspecteur avait délivré un certificat permettant de la faire fonctionner à 2 atmosphères, servit à la troisième expérience. Elle supporta d'abord des pressions hydrauliques de 4 atmosphères et de 3$^{atm.}$93 après réparation, puis une pression de 3 atmosphères sous vapeur, pression à laquelle elle résista parfaitement pendant plusieurs jours. Le 23 novembre il fut décidé qu'on essaierait de faire éclater cette chaudière. Les soupapes de sûreté furent calées et le niveau fut établi à 38 centimètres au-dessus des tubes, on chauffa avec du bois; lorsque la pression de la vapeur eut atteint 1$^{atm.}$,967, les observations commencèrent et donnèrent lieu aux résultats suivants :

Temps	Pression	Temps	Pression
midi	atmosphères	midi	atmosphères
21'	1.967	30'	3.100
23'	2.233	31'	3.233
25'	2.499	32'	3.333
27'	2.732	33'	3.468
29'	2.967	34'	3.566

A la pression de 3$^{atm.}$,333 quelques-unes des pattes ou des tirants furent arrachés avec un grand bruit; lorsque la pression eut atteint 3$^{atm.}$,566 la chaudière fit explosion avec une violence terrible. Le dôme et une partie de l'enveloppe à laquelle il était attaché, formant une masse d'environ 3,000 kilogrammes, furent projetés à une grande hauteur et tombèrent à 140 mètres environ de l'endroit où la chaudière était placée. Le reste de la chaudière était pour ainsi dire haché en menus morceaux, sauf le faisceau de tubes qui demeura sur place; les plaques de tête furent projetées dans des directions opposées.

Sept minutes avant l'explosion les tubes indicateurs accusaient encore un niveau de 38 centimètres au-dessus de la dernière rangée de tubes.

Cette expérience montre : qu'il n'est pas nécessaire que l'excès de pression soit très considérable, pour produire tous les effets d'une explosion fulminante, il a suffi d'une 1/2 atmosphère environ au-dessus de la pression que la chaudière avait supporté impunément quelques jours avant; que la pression d'éclatement a été inférieure à 0$^{atm.}$,364 à celle supportée lors de l'épreuve hydraulique (on avait déjà recueilli quelques exemples du même genre); que le tout s'est produit avec un niveau d'eau surabondant.

Cette chaudière pesait 18,136 kilogrammes, elle contenait 13,652 kilogrammes d'eau et 68 kilogrammes de vapeur dont la température était de 149° 44 centigrades. Au moment de l'explosion, la masse entière d'eau et de vapeur a été libérée de toute la chaleur qu'elle contenait, au-dessus de la température correspondant à la pression atmosphérique. Si l'on admet que toute cette chaleur a été dépensée en travail mécanique et qu'on effectue le petit calcul qui peut rendre compte du maximum de travail possible, on trouvera, à raison de 429 kilogrammètres par calorie rendue libre, que la chaudière et son contenu auraient pu être élevés à la hauteur de 9,115 mètres. Elle emmagasinait donc toute l'énergie nécessaire pour produire tous les faits observés. A la suite de ces premières expériences, dues à l'initiative privée, le Congrès décida qu'une somme de 100,000 dollars serait affectée à la continuatiou de l'étude des causes d'explosion.

Plusieurs chaudières cylindriques ont été alimentées pendant que le niveau avait été maintenu à dessein très bas, afin de laisser rougir la tôle du foyer; elles ont toutes subi de graves avaries, mais on n'est parvenu à faire éclater qu'une seule d'entre elles, les manomètres ont indiqué 25 atmosphères au moment de l'explosion et on avait dû alimenter à plusieurs reprises dans les conditions ci-dessus, avant de déterminer la rupture violente de cette chaudière.

V. *Engineering*, du 5 janvier 1872; le *Nautical Magazine*, de février 1874; la *Revue maritime*, de novembre 1872, juin 1873, avril 1874; *Franklin institute journal*, 1872 et 1873.

Résumé général : Pour prévenir les explosions de chaudières, faire passer des inspections périodiques des appareils évaporatoires par des hommes spécialement désignés pour ce service.

EXPORTATIONS ET IMPORTATIONS. Nous diviserons cette étude en quatre parties, qui seront les suivantes :

1° *Résumé de notre commerce extérieur de 1716 à 1882*; 2° *produits étrangers dont l'importation, et produits français, dont l'exportation, a diminué ou augmenté;* 3° *causes de la crise actuelle*; 4° *remèdes ou palliatifs.*

I. *Résumé de notre commerce extérieur.* 1° *XVIIIe siècle.* Nous possédons, sur notre commerce extérieur, des documents, sinon officiels, au moins très dignes de foi, de 1716 à 1768. Ils ont été recueillis par Arnould, chef du bureau de la Balance du Commerce, à l'époque où ce bureau existait. Nous allons les analyser, en faisant remarquer que, pendant longtemps en France, les documents recueillis par l'Administration n'ont pas distingué entre le commerce général, comprenant les transits, et les réexportations, et le commerce *spécial* qui ne comprend, en ce qui concerne les exportations, que les produits d'origine française, et en ce qui concerne les importations, que les produits seulement destinés à la consommation du pays. Des comparaisons exactes ne pourront donc avoir lieu qu'à partir de l'époque où les deux commerces ont été donnés séparément, c'est-à-dire à partir de 1825.

Les documents antérieurs à notre siècle ne donnent, en outre, que les valeurs et non les quantités, lacune qui ne permet pas des rapprochements exacts avec les temps actuels. C'est donc surtout à titre de curiosité, que nous analyserons les documents afférents aux années antérieures à 1825.

En 1716 (la première année pour laquelle nous possédons des renseignements sur notre commerce extérieur), la valeur (d'après des évaluations dont les bases sont restées inconnues) de nos importations, a été de 71,044,000 livres, et celle de nos exportations de 105,672,000 livres. Nos exportations dépassaient donc sensiblement nos importations.

A l'importation, les valeurs se répartissaient ainsi par nature de produits :

	Livres
Matières premières	19.738.000
Denrées alimentaires et boissons	14.936.000
Produits fabriqués	12.264.000
Monnaies d'or et d'argent	13.013.000
Produits divers	11.093.000
Total égal	71.044.000

On remarque, parmi les importations, une valeur de 1,543,000 livres provenant de la *vente de Noirs dans nos colonies d'Amérique*.

Les exportations se répartissaient par nature de produits comme suit :

	Livres
Matières premières	5.756.000
Denrées alimentaires et boissons	50.246.000
Produits fabriqués	38.007.000
Produits divers	11.663.000
Total égal	105.672.000

Dans les denrées alimentaires et boissons, le vin et ses dérivés (eau-de-vie, vinaigre), figurent pour 27,108,000 livres. On cherche vainement des monnaies d'or et d'argent à l'exportation.

Soixante-onze années s'écoulent; nous sommes en 1787. Cette année, la valeur des importations a monté, de 71,044,000 livres en 1716, à 379,918,000; c'est-à-dire qu'elle a, en apparence, plus que quintuplé; mais évidemment les valeurs de 1787 ne sont plus celles de 1716; le prix de l'argent a diminué; on n'a donc pas, en l'absence des quantités, la véritable mesure de l'accroissement de nos importations.

Les matières premières figurent, en 1787, au total des importations pour la somme de 167,976,000 livres ou de 44 0/0; les produits fabriqués pour 91,032,000 livres; les denrées alimentaires ou boissons pour 71,737,000 livres; les marchandises et produits divers pour 49,175,000 livres. Dans cette dernière catégorie, nous trouvons les tabacs en feuilles pour 15,640,000 livres et les *Noirs vendus dans les colonies françaises d'Amérique* pour 4,584,000 livres. Les métaux précieux sont confondus avec les marchandises.

Ne sont pas compris dans les chiffres qui précèdent les résultats du commerce de l'Inde et de la Chine, d'une valeur de 34,726,000 livres, dont 27,125,000 de produits fabriqués, 6,076,000 livres de denrées alimentaires, et le surplus de marchandises et produits divers.

Le total des importations a donc été de 414,637,000 livres.

La valeur des exportations (commerce avec l'Inde et la Chine non compris) a été de 424,428,000, se décomposant ainsi par nature de produits :

	Livres
Matières premières	29.705.000
Denrées alimentaires et boissons	83.330.000
Produits fabriqués	123.532.000
Produits divers	36.797.000

En dehors de ces sommes le document officiel donne, pour la première fois, la valeur des exportations à destination de nos colonies d'Asie et d'Afrique pour une somme de 4,163,000 livres, et de nos colonies d'Amérique pour 152,206,000 livres. Nous obtenons ainsi le total ci-dessus de 424,428,000 livres,

Enfin, il faut encore tenir compte de nos exportations pour l'Inde et la Chine, dont la valeur a été de 17,429,000 livres.

Rappelons que le commerce général et spécial sont ici confondus, et qu'ils ne sont donnés séparément qu'à partir de 1825.

La valeur des importations ayant été de 414.637.000 livres, et celle des exportations de 441,857,000 livres, la différence a été, au profit des exportations, de 27,220,000 livres.

2° *Temps modernes*. Nous arrivons aux temps modernes. Dix années plus tard, c'est-à-dire en 1797, les importations s'élèvent à 353 millions de francs et les exportations seulement à 211 millions. On constate ainsi l'effet du trouble profond apporté dans notre industrie par la longue crise révolutionnaire qui a si sensiblement appauvri le pays. La situation s'améliore avec le Consulat. La valeur totale de nos échanges passe de 564 millions en 1797, à 595 en 1800, pour atteindre progressivement son maximum en 1806, 933 millions, dont 477 à l'importation et 456 à l'exportation. Les perturbations économiques déterminées par les guerres qui ont suivi la rupture du traité d'Amiens font descendre ce chiffre à 769 en 1807, à 651 en 1808, à 620 en 1809. On constate une amélioration en 1810 : 705, dont 339 à l'importation et 366 à l'exportation. Pour la première fois depuis 1787, la balance se liquide de nouveau au profit de notre pays. Une nouvelle et forte baisse se produit de 1811 à 1814, sous l'influence des désastres militaires, qui amènent, dans cette dernière année, la chute de l'empire. Nouvelle amélioration à partir de la paix de 1815; elle atteint son maximum en 1818 : 838 millions, dont 336 à l'importation, et 502 à l'exportation.

Nous sommes en 1825. Cette année, les statistiques commerciales prennent un intérêt tout nouveau, par ce double fait qu'elles indiquent séparément le mouvement du commerce général et du commerce spécial, et qu'elles signalent les rentrées et les sorties des métaux précieux. L'année 1825 est, en outre, une année de prospérité exceptionnelle, puisque l'ensemble du commerce extérieur (général et spécial) rapproché de celui de 1824 est de 1,201 millions, contre 896. Le commerce spécial, en 1825, passe, de 1,201 millions, valeur du commerce général en 1824, à 945; la différence est de 256 ou de 27 0/0. Si cet écart pouvait être considéré comme normal, il indiquerait la proportion dans laquelle devraient être réduits tous les chiffres antérieurs, pour avoir une juste idée du véritable commerce de la France.

La période 1826-1829 se fait remarquer par le développement continu de notre commerce international : 897 millions (commerce spécial) en 1826; 987 en 1829.

La révolution de juillet 1830 éclate; il n'a encore diminué, cette année, que de 45 millions (987 et 942). Mais la crise se caractérise en 1831 (830 contre 942). La nouvelle monarchie une fois consolidée, un second mouvement progressif se manifeste; nous remontons à 1,012, pour atteindre le maximum de 1,772 en 1846. L'opposition violente dont le gouvernement est l'objet, dans les chambres et dans la presse, à partir de cette année, et qui permet de prévoir une nouvelle crise politique, détermine un mouvement de recul assez sensible à la fois dans nos importations et nos exportations en 1847. La crise éclate en février 1848, et la valeur de notre commerce extérieur tombe de 1,772 millions en 1846, à 1,164 en 1848.

Avant d'étudier l'influence sur nos échanges de l'établissement de la deuxième République, jetons un coup d'œil sur les excédents réciproques des importations et des exportations de 1825 à 1852.

La valeur (officielle) des exportations (commerce spécial) a constamment dépassé celle des importations de 1825 à 1840, sauf en 1830, 1837 et 1840. A partir de cette dernière année, le fait contraire se produit jusqu'en 1847. Nouveau mouvement dans le sens opposé dont 1848 est le point de départ, et qui est très sensible en 1850, 1851 et 1852. En l'absence de renseignements spéciaux sur les causes, autres que politiques, de ces oscillations, nous ne pouvons que nous borner à les constater.

L'étude du mouvement des métaux précieux conduit à cette observation curieuse et non moins inexplicable que, sans distinction des excédents réciproques des importations et des exportations, la balance du commerce, exprimée par l'entrée ou la sortie des métaux précieux, a été constamment favorable à la France (sauf en 1826) de 1821, date du premier relevé officiel de cette nature, jusqu'en 1852.

Que signifie ce document, qui semble donner un démenti aux balances défavorables représentées par les excédents des importations sur les exportations? Le mouvement des métaux précieux n'aurait-il aucun rapport nécessaire avec celui des échanges? ou bien la fixation de la valeur des produits entrés et sortis aurait-elle quelque chose d'arbitraire? serait-elle peu conforme à la réalité? ou enfin faut-il considérer les métaux précieux comme des marchandises *sui generis*, qui sont importées ou exportées selon les besoins de la circulation dans les pays qui échangent leurs produits? Il est certain que, de l'ensemble des faits enregistrés par la douane, le montant du numéraire est le document le moins inexact, puisqu'il résulte d'une constatation matérielle. Cette constatation ne s'applique pas, il est vrai, aux monnaies apportées ou emportées par les voyageurs ; mais cette portion du numéraire est bien loin d'avoir l'importance des quantités déclarées à la douane, les voyageurs ayant beaucoup plus de traites sur les banquiers des pays où ils se rendent, que d'espèces métalliques.

Nous arrivons au second Empire. Le fait dominant cette période est un accroissement considérable de l'ensemble des échanges, dont la valeur (arrêtée annuellement par une commission spéciale et ainsi plus exacte que précédemment) n'a presque pas cessé de s'accroître, pour atteindre son maximum en 1869, c'est-à-dire à la veille de la guerre déplorable qui amènera le démembrement du pays, dont les ressources seront encore affaiblies par une rançon énorme et par des impôts nouveaux destinés à faire face aux exigences d'une dette publique que le paiement de cette rançon aura énormément accrue.

En 1870, le mouvement des échanges (commerce spécial) tombe, de 6,228 millions en 1869, à 5,669.

La réforme douanière accomplie par le traité de 1860 avec l'Angleterre, et par les traités de même nature, c'est-à-dire basés sur les données du libre échange, conclus plus tard avec les autres grands pays d'Europe, n'a pas été sans influence sur l'accroissement sensible des transactions internationales. Nous voyons, en effet, la valeur totale du commerce spécial passer, de 3,907 millions en 1859, à 4,174 en 1860, pour s'accroître ensuite à peu près sans interruption jusqu'à la chute de l'Empire.

Mais un fait important s'est produit dans cette période : la supériorité des exportations françaises sur les importations étrangères n'a plus été constante à partir de 1853. Elle cesse à partir de 1855, pour reparaître, il est vrai, pendant les années suivantes jusqu'en 1866, et disparaître ensuite de 1867 à 1870. Il est évident que les traités de commerce, fondés sur une appréciation exagérée de la force de résistance de l'industrie française, ont surtout favorisé les industries étrangères, dont les ressources véritables étaient restées inconnues des négociateurs français. D'un autre côté, il est possible qu'une plus grande exactitude dans la fixation de la valeur des importations explique, au moins partiellement, les oscillations que nous venons de constater dans les excédents réciproques des importations et des exportations.

Ces oscillations ne se sont pas reproduites dans le mouvement du numéraire, dont l'importation s'est toujours effectuée au profit de notre pays, et quelquefois dans des proportions considérables. Et, par exemple, la différence a été de 475 millions en 1858, de 511 en 1866, de 596 en 1867, alors que, dans cette même année, nos exportations avaient été sensiblement inférieures à nos importations. De là, la confirmation de cette observation que les entrées et sorties des métaux précieux obéissent à des influences autres que la balance des échanges, et notamment à des opérations d'arbitrage sur les métaux précieux entre les grandes places du monde.

La dernière période qui va nous occuper comprend les années 1871 à 1882.

La valeur totale de notre commerce extérieur tombée de 6,228 millions en 1869, à 5,669 en 1870, se relève dès 1871, malgré la continuation de la guerre et l'occupation par l'ennemi d'une notable partie de notre territoire, à 7,332, pour atteindre son maximum en 1882 (8,508). Mais, en 1877, la valeur des importations commence à dépasser celle des exportations dans des proportions considérables et que nous devons faire connaître.

Il est certain qu'en dehors de l'accroissement de l'importation : 1° des produits alimentaires, qu'une série de mauvaises récoltes a rendu nécessaire; 2° de certaines matières premières de notre industrie que la maladie persistante de nos vers à soie, par exemple, nous a obligés d'acheter au dehors; 3° enfin de la diminution de nos exportations de vins et de spiritueux par suite des dévastations du phylloxéra, on constate une importation toujours croissante des produits fabriqués de l'étranger, ainsi qu'une diminution, également progressive, de la vente des nôtres.

Et cependant la balance du numéraire (y compris probablement les métaux précieux en barres) nous est restée favorable (sauf en 1879 et 1880) mais dans d'assez faibles proportions en 1881 et 1882.

Voici le tableau de la valeur de notre commerce spécial de 1877 et 1882 (valeurs en millions de francs) :

	Importations	Exportations
1877	3.670	3.436
1878	4.176	3.180
1879	4.595	3.231
1880	5.033	3.468
1881	4.863	3.562
1882	4.972	3.596

Le fait indéniable qui résulte de l'ensemble des documents que nous venons de reproduire, c'est un accroissement continu, sauf dans les années de révolutions, de nos échanges avec l'étranger. Si nous prenons, à partir de 1825, des périodes décennales, en éliminant ces mêmes années, nous avons les résultats suivants :

	Accroissement	
	total	p. 100
De 1825 à 1835	152	16.08
1836 à 1845	511	46.58
1846 à 1856	1.611	90.92
1857 à 1866	2.236	60.00
1867 à 1877	1.253	21.40
1878 à 1882	1.212	16.48

On voit que les accroissements, absolus et relatifs, ont diminué à partir de 1857-1866, qui est la période de l'accroissement absolu le plus considérable. Cette diminution est le résultat en quelque sorte de la force même des choses, les besoins de la consommation sur le marché intérieur et sur les marchés extérieurs étant forcément limités, et par le mouvement des populations, et par les progrès plus ou moins rapides de la richesse publique au sein de ces populations.

II. *Produits étrangers dont l'importation, et produits français dont l'exportation ont diminué ou augmenté.* Pour ne pas étendre cette étude outre mesure, nous la limiterons à la période 1867-1881 (15 années), et aux produits les plus importants.

1° *Importations.* (a) *Denrées alimentaires.* Le nombre des animaux de boucherie introduits en France, après des oscillations plus ou moins considérables, a atteint son maximum en 1878 (2,873,446) pour diminuer dans les quatre dernières années. Le minimum (abstraction faite de l'année 1870) tombe sur l'année initiale 1867 (1,481,971). Il est évident, d'après ces résultats, que la production française est impuissante à pourvoir aux besoins de la consommation intérieure, qui grandit avec le développement de l'aisance générale, mais surtout avec l'accroissement des populations urbaines, qui consomment beaucoup plus de viande que les populations rurales. Il faut tenir compte, en outre, de ce fait que l'élève de la race ovine diminue assez sensiblement, d'abord par la mise en valeur des terres vaines et vagues qui servent à la dépaissance des animaux de cette race, puis par la très forte concurrence des laines australiennes, qui ne permettent plus de vendre celles des races indigènes à des prix rémunérateurs.

L'importation des viandes fraîches et salées a été rapidement progressive à partir de 1871 (30,905 tonnes métriques) jusqu'en 1880 (50,971), année du maximum. Elle tombe à 35,910 en 1881, par suite de l'interdiction des viandes de porc américaines.

Même progression pour les œufs, les fromages et le beurre, qui passent : les œufs, de 3,774 tonnes en 1867, à 7,252 en 1881 ; les fromages, de 9,305 en 1868, à 15,825 en 1879 ; le beurre, de 3,334 en 1868, à 7,272 en 1881. Le poisson de mer n'obéit pas au même mouvement d'accroissement : 38,316 en 1867 ; 55,267 (maximum) en 1873 ; 54,430 (2e maximum) en 1879 ; puis 50,169 en 1880, et 48,996 en 1881. Ces oscillations dépendent évidemment de l'influence plus ou moins favorable des saisons sur les résultats de la pêche.

L'importation des céréales et farines a monté, selon l'état des récoltes en France, à 7,332,000 hectolitres (minimum de la période) en 1872, à 13,143,400 en 1876, à 14,554,126 en 1877, à 33,123,331 en 1878, à 43,932,952 en 1879 (maximum), à 42,107,144 en 1880, pour tomber à 28,704,901 en 1881. Il faut, toutefois, réduire ces quantités de celles qui ont été exportées et ont varié également selon l'abondance ou l'insuffisance de la récolte, et dont le minimum tombe en 1872, année, comme nous l'avons vu, de la moindre exportation.

L'entrée des sucres étrangers a varié avec l'importance de la production de nos colonies et de la production indigène. Cette double production a diminué dans ces trois dernières années, et, par suite, les sucres étrangers ont été importés en plus grandes quantités. On sait que l'importance de la production indigène diminue forcément dans les années où, par l'effet des intempéries, la betterave n'a donné qu'une faible quantité de matière sucrée et où la concurrence étrangère s'est fait le plus sentir.

La dévastation de nos vignobles par la plus redoutable des maladies qui les aient encore frappés, en réduisant de plus de moitié la production indigène normale, devait amener, en quantités considérables, les vins étrangers sur notre marché. Nous les voyons entrer, en effet, dans la mesure progressive ci-après :

1877.	647.228
1878.	1.523.516
1879.	1.830.681
1880.	7.095.769
1881.	7.703.797

C'est l'Espagne qui fournit le plus fort contingent de cette importation ; l'Italie vient à la suite et à une assez grande distance. Les vins de liqueur sont également entrés en quantités croissantes ; le maximum a été atteint en 1881 : 135,010 hectolitres (35,504 en 1871).

Les légumes secs et leurs farines, trouvent sur notre marché, un débouché qui s'élargit sans relâche : 14,942 tonnes en 1867 ; 91,001 en 1881. Il en est de même pour les fruits de table : 37,513 tonnes en 1867, 169,683 (maximum) en 1880.

Les substances destinées à fournir les boissons chaudes, comme le café et le thé, trouvent, chez nous, un nombre de consommateurs de plus en plus élevé, à en juger d'après le mouvement des quantités importées. Le nombre des tonnes de café a passé de 47,266 en 1867, à 64,596 en 1881. Nous ne consommons encore qu'une très faible quantité de thé, comme l'indiquent les chiffres ci-après : 315 tonnes en 1867, et 418 en 1881. Il en est autrement du cacao, dont nous avons importé 7,030 tonnes en 1867, et 12,181 en 1881.

(b) *Matières premières de notre industrie.* Elles arrivent sur notre marché en quantités généralement croissantes. Nous avons 57,545 tonnes en 1867, et 72,069 en 1879 (maximum) de peaux brutes et de pelleteries. Nous ne trouvons plus que 67,007 en 1880, et 65,770 en 1881.

Les laines en masse, entrées dans la mesure de 93,205 tonnes en 1867, ont atteint en 1880 le chiffre maximum de 151,105, tombé à 141,616 en 1881.

Les soies, cotons et dérivés, par suite de la maladie persistante de nos vers à soie, sont entrés, ces dernières années, dans de fortes proportions : 6,791 tonnes en 1867 ; 13,045 en 1881. Les oscillations que l'on constate dans les quinze dernières années s'expliquent par les alternatives de succès et de revers de nos éducations, et aussi par l'extension de notre fabrication.

Ces oscillations ont une plus grande amplitude pour les cotons en laine, dont l'importation a varié, par exemple, entre 87,096 tonnes en 1873, et 157,859 (maximum) en 1876, pour tomber à 131,117 en 1880, et se relever à 152,435 en 1881. Elles ont probablement pour cause des mouvements correspondants dans les récoltes.

L'importation du lin est progressive, mais avec de fortes oscillations. Le maximum tombe en 1877 (80,360 tonnes) ; le minimum en 1867 (40,223 tonnes).

Pour le chanvre, le maximum tombe en 1881 (24,217 tonnes) ; le minimum en 1867 (7,964). Le progrès est sensible, mais avec de fréquentes intermittences.

Nos fabriques s'approvisionnent de plus en plus de ce textile, peu connu autrefois, auquel on a donné le nom de *jute*, et que l'Angleterre a employé la première. L'importation en a plus que doublé de 1867 (16,379 tonnes), à 1880 (41,672 maximum). Nous ne trouvons plus que 32,203 en 1881.

Notre industrie métallurgique est obligée de s'approvisionner, dans une proportion notable, de fonte brute à l'étranger ; toutefois avec des mouvements d'une extrême irrégularité. Il est peu d'importations, en effet, qui soient sujettes à des accroissements et des diminutions aussi considérables. C'est ainsi que les entrées s'élèvent de 72,066 tonnes en 1880, à 191,191 en 1881 ; elles avaient été de 32,049 en 1874, de 101,401 en 1877.

Les fers et aciers entrent en France en quantités assez importantes, mais plutôt comme matière première que comme produit fabriqué ; c'est ainsi qu'une note officielle nous avertit que les augmentations exceptionnelles de 1880 et 1881 (125,301 tonnes et 209,154 par rapport à une moyenne annuelle antérieure de 50,000 tonnes) s'expliquent par l'entrée de 71,891 tonnes de machefer en 1880 et de 120,836 en 1881.

Nos fabriques sont obligées de s'approvisionner à l'étranger des métaux que notre sol ne produit pas ou ne produit qu'en quantités insuffisantes. Ainsi, nous avons importé en 1881, 29,244 tonnes de cuivre brut et allié, contre 24,810 en 1867; — 5,868 tonnes d'étain brut en 1881, contre 3,888 en 1867; — 59,635 tonnes de plomb brut et allié, contre 36,493 en 1867; — 42,885 tonnes de zinc de première fusion et laminé, contre 38,731 en 1867; — et 1,339,916 tonnes de minerais de toute sorte, contre 514,163 en 1867.

(c) *Produits fabriqués.* Après les denrées alimentaires et les matières premières de notre industrie, viennent les produits fabriqués, les uns faisant concurrence à nos produits similaires, les autres constituant des marchandises que nous ne fabriquons pas ou que nous fabriquons en quantités insuffisantes. Nous ne mentionnerons que les plus importants, en continuant à ne donner que les quantités, sauf en ce qui concerne les produits chimiques, les fils de coton, les tissus de soie, de coton, de laine, de lin ou de chanvre et l'horlogerie, le mode de perception du droit sur ces articles ne permettant que d'indiquer les valeurs.

L'importation des fils de lin ou de chanvre a plutôt diminué qu'augmenté (2,388 tonnes en 1867 et 2,055 en 1881), soit que notre production se soit mise au niveau des besoins, soit que la mode ait délaissé les tissus faits de ce textile, ou enfin que ces tissus aient été importés en quantités croissantes. Celle des fils de laine s'est accrue de 614 tonnes en 1867, à 2,174, maximum en 1878; mais avec une diminution notable dans les trois dernières années. Les fils de poils de chèvre ne paraissent pas avoir fait une concurrence bien sensible à nos similaires, puisque l'importation est tombée de 575 tonnes (maximum) en 1875, à 349 en 1881; elle avait été de 191 en 1867.

La concurrence la plus redoutable nous a été faite pour les fils de coton. Il est vrai que la perte de l'Alsace-Lorraine, centre d'une fabrication considérable, nous a obligés à demander à l'étranger les quantités de fils que cette province nous fournissait autrefois, et que nos usines n'ont pu remplacer. Il faut dire aussi que l'abaissement des droits de douane et le mode de perception *ad valorem*, très favorable aux importateurs, ont contribué à provoquer les accroissements que nous allons signaler. La valeur (et non la quantité) des fils importés, peu sensiblement accrue de 1867 à 1869, s'élève subitement à 26,9 millions de fr. en 1871, pour atteindre le maximum de 47,6 en 1876, et tomber, après d'assez fortes oscillations, à 37,4 en 1881.

Mais les fils de textiles peuvent, dans une certaine mesure, être classés parmi les matières premières; il en est autrement des tissus, et ici nous allons constater les progrès véritablement inquiétants de la concurrence étrangère. Ainsi la valeur des tissus de soie importés a passé, par une progression presque continue, de 21 millions en 1867, à près de 50 millions en 1881. Celle des tissus de laine, après s'être élevée de 42 millions en 1867, à 100 (maximum) en 1872, est tombée à 77 en 1881. L'importation des cotonnades, après avoir atteint, comme celle des lainages, son maximum en 1872 (97,5), année d'une consommation exceptionnelle à l'intérieur, à la suite des dévastations de 1870-71, recule ensuite à 68,2 en 1879, pour reprendre à 79,1 en 1880, et à 77,0 en 1881. Les tissus de lin ou de chanvre ont été l'objet de la même défaveur que les fils; de 14,4 millions en 1867, ils ont faibli à 9,7 en 1881.

L'horlogerie étrangère tend à élargir son débouché en France, mais nullement dans des proportions qui puissent justifier les plaintes de l'industrie nationale. La valeur de son importation reste presque immobile à 3 millions.

Ne perdons pas de vue, d'ailleurs, que le tarif douanier de 1880 a relevé les droits sur un certain nombre d'articles, observation qui s'applique à tous les produits dont nous venons de signaler les mouvements.

Revenons aux quantités, qui sont la meilleure mesure des importations, comme des exportations.

Les peaux préparées, après un accroissement dont le maximum tombe en 1875 (904 tonnes en 1868, minimum, et 5,480 en 1875), fléchissent à 4,336 en 1881.

Le fait de concurrence à notre industrie le plus remarquable, parce qu'il était le moins prévu, nous est fourni par l'orfèvrerie et la bijouterie, dont le poids en hectogrammes a monté, de 14,732 en 1867, à 60,049 en 1881. Qui aurait pu croire qu'une industrie d'art, pour laquelle la fabrique française jouit de la plus grande notoriété, serait ainsi battue sur son propre marché?

Notre industrie métallurgique subit le même sort: 22,231 tonnes de machines et mécaniques en 1867; 54,355 en 1881. Nous avons constaté plus haut un fait analogue pour le fer et l'acier, mais sous certaines réserves. Les armes de fabrication étrangère viennent également nous disputer notre marché: 149 tonnes en 1867; 203 en 1881, en diminution sensible sur le maximum (516 en 1876).

2° *Exportations.* Les exportations vont nous offrir un sujet d'études non moins intéressant.

(a) *Matières alimentaires.* Si nous importons un nombre considérable d'animaux de boucherie, nous en exportons aussi une quantité notable, mais beaucoup moins pour la consommation alimentaire que pour le croisement de nos races avec des races étrangères. La même raison a fait rechercher très vivement nos chevaux, dont l'exportation arrivée, de 6,663 en 1867, à 26,157 (maximum) en 1875, inspirait, au point de vue des besoins de notre armée, d'assez légitimes préoccupations; elles ont cessé en présence d'une forte diminution dans les années suivantes.

Nos exportations de viandes salées sont minimes comparées avec nos importations. Elles sont, d'ailleurs, tombées de 4,798 tonnes en 1867, à 2,530 en 1881.

Nos exportations d'œufs ont sensiblement diminué à partir de l'année du maximum (34,417 tonnes en 1875, et 21,052 en 1881).

Le résultat contraire s'est produit pour nos fromages, que l'étranger apprécie de plus en plus: 2,310 tonnes en 1867; 4,076 en 1881.

Notre beurre, frais ou salé, subit, sans raison connue, des alternatives d'accroissement et de diminution assez sensibles: 24,137 tonnes en 1867; 39,709 en 1877; 30,880 en 1881.

Notre poisson de mer est de plus en plus recherché à partir de 1876: 15,234 tonnes cette même année (12,033 en 1867), et 25,968 (maximum) en 1881.

Nous avons vu que l'étranger nous a fourni la denrée alimentaire la plus importante, les céréales et leurs farines, dans la mesure de l'abondance ou de l'insuffisance de nos récoltes. La même cause a produit le même effet en ce qui concerne nos exportations de même nature. Les plus fortes diminutions ont eu lieu en effet en 1878 et en 1879 (190,318 tonnes, minimum en 1879). Elles se sont relevées en 1881 (424,723).

L'étranger nous achète de moins en moins nos pommes de terre à partir de 1878 (187,702 tonnes, et 158,708 en 1881). Est-ce l'effet d'une moindre récolte, ou de la maladie qui a sévi, dans la même période, sur le précieux tubercule?

Nos légumes secs et leurs farines avaient trouvé, jusqu'en 1878, un débouché toujours plus étendu (34,585 tonnes, contre 15,072 en 1867); à partir de cette même année, ce débouché s'est assez notablement rétréci: 19,792 en 1881.

On peut en dire autant de nos fruits de table, dont l'exportation est tombée, du maximum de 63,741 en 1874, à 47,186 en 1881, après avoir fléchi à 30,751 en 1880. Les récoltes jouent ici, comme pour tous les autres produits agricoles, au double point de vue de la quantité et de la qualité, une influence sensible. Mais il faut tenir compte aussi des progrès de l'arboriculture à l'étranger.

La décroissance est très sensible pour nos sucres bruts indigènes, tombés, du maximum de 111,248 tonnes en

1874, à 23,684 en 1880, avec un relèvement à 38,133 en 1881. Même évolution pour nos sucres raffinés, dont l'exportation est tombée de 214,100 tonnes en 1875, à 110,275 en 1881. Ce résultat est dû à la crise sucrière qui s'est produite en France, depuis quelques années, par suite, dit-on, de l'assiette défectueuse de l'impôt, que les fabricants considèrent, en outre, comme excessif. Par la même raison, nous avons vu le sucre étranger entrer en France dans les proportions suivantes : 69,812 tonnes en 1879; 133 065 en 1880; 145,735 en 1881. Nos sucres raffinés perdent aussi de leurs débouchés : 214,100 tonnes en 1874; 110,275 en 1881.

L'exportation de nos vins a naturellement diminué par la raison qui a fait accroître l'importation des vins étrangers : la diminution de moitié de notre récolte. De 408,141 en 1873 (maximum), elle est tombée graduellement à 257,220 hectol. en 1881. Il y a même lieu de s'étonner que la diminution n'ait pas été plus considérable. Il va sans dire que ce sont les qualités supérieures que l'étranger, comme toujours, nous a achetées. Les débouchés de nos spiritueux se sont encore plus resserrés. : 48,563 en 1870, et 27,269 en 1881, il est vrai que, par suite du renchérissement du vin à l'intérieur, beaucoup de vins, soumis autrefois à la distillation, ont dû cesser de l'être. L'exportation de nos liqueurs s'est, au contraire, maintenue, mais sans augmentation, à partir du maximum (3,013 tonnes en 1875).

(*b*) *Matières premières.* L'exportation de nos peaux brutes et pelleteries, après des oscillations d'un certaine intensité, ont pris un mouvement ascendant assez caractérisé à partir de 1875 (15,475 tonnes), pour arriver aux maxima de 26,762 en 1880, et 26,557 en 1881.

Même résultat pour nos laines (à moins qu'il ne s'agisse de réexportations), malgré la diminution de nos troupeaux de la race ovine (13,612 tonnes en 1867; 35,063 en 1880, et seulement 29.480 en 1881).

Les débouchés de nos soies en cocons, écrues, grèges, se sont constamment élargis depuis 1867 (1,886 tonnes), 3,490 en 1874; 6,003 en 1880.

Notre lin, brut ou teillé, continue à être recherché par le fabricant étranger, mais sans que ses demandes s'accroissent notablement : 14,448 en 1867; 18,985 (maximum) en 1880; 14,109 en 1881.

Par suite de la découverte de l'alizarine ou garance artificielle, notre production de la garance naturelle a diminué dans une proportion dont le chiffre de nos importations donne la véritable mesure : 14,123 tonnes en 1867; 1,207 en 1881.

(*c*) *Produits fabriqués.* L'exportation de nos articles de fonte, fer et acier, est tombée de 155,720 tonnes (maximum) en 1872, à 15,772 en 1881. C'est une des plus fortes diminutions que nous ayons constatées La chute a été moins lourde pour nos articles de cuivre : 7,243 tonnes en 1868 (maximum), et 4,293 en 1881.

Nos fils de lin ou de chanvre ont vu le marché étranger se fermer dans les proportions suivantes : 6,184 tonnes (maximum) en 1874; 1,798 en 1881.

Nos fils de coton et de laine ont eu une destinée moins mauvaise : 2,260 tonnes en 1867; 6,857 tonnes (maximum) en 1879; 4,880 en 1881.

La situation de nos peaux préparées a été plus favorable encore : 6,197 tonnes en 1867; 9,565 en 1881.

L'orfèvrerie et la bijouterie, un des fleurons de notre couronne industrielle, ne soutiennent plus, sur les marchés étrangers, leur ancienne supériorité. Ces marchés s'ouvrent de préférence aux produits similaires qui, par l'abaissement du *degré de fin* dans le métal employé (en Allemagne notamment), se vendent à un bien moindre prix que les nôtres. L'autorisation, accordée par une loi récente, à nos fabricants d'abaisser dans le même sens leur prix de revient, rendra peut-être moins inégales les conditions de la lutte.

Il ne faut pas perdre de vue d'ailleurs — et cette observation s'applique à l'ensemble de nos produits artistiques — que l'étranger s'approprie tous nos modèles, sans aucun souci de l'immoralité d'un pareil procédé, qu'aggrave, en outre, la vente de ses produits comme d'origine française et avec les étiquettes de nos fabricants. Ce reproche s'adresse surtout à l'Allemagne. Nous verrons si la nouvelle convention internationale relative à la conservation de la propriété industrielle mettra un terme à de pareils actes de déloyauté.

On devait s'attendre, en présence d'un accroissement très notable de l'importation des machines et mécaniques à une diminution corrélative de l'exportation des nôtres. Elle n'a pas été cependant aussi forte qu'on pouvait le craindre, puisque de 21,965 tonnes (maximum) en 1872, elle n'a fléchie qu'à 18,956 en 1881 (4,465 en 1867).

Nos armes luttent très péniblement contre la concurrence étrangère : 3,569 tonnes (maximum) en 1875; 1,002 en 1881.

L'exportation de nos tissus appelle une attention particulière. La vente de nos mérinos est tombée de 4,559,582 kilogrammes (maximum) en 1874, à 2,856,759 en 1879, pour se relever péniblement à 3,462,545 en 1880, et à 3,157,373 en 1881. Celle de nos draps a suivi, avec des intermittences, un mouvement progressif assez marqué : 4,337,964 kilogrammes en 1869, à la veille de la guerre; 6,086,638 en 1881. Cette industrie, dont l'importance en France est bien connue, n'est donc pas en souffrance, au moins au point de vue de ses débouchés extérieurs. Il n'en est pas de même pour les étoffes diverses, dont la vente au dehors est tombée, de 6,356,671 kilogrammes (maximum) en 1875, à 5,451,795 en 1881. Nos étoffes mélangées se défendent énergiquement sur les marchés étrangers, sans perdre, mais aussi sans gagner du terrain : 3,902,259 kilogrammes (maximum) en 1880; 3,820,312 en 1881.

Décomposons de la même manière nos tissus de soie, dont les documents officiels n'indiquent que la valeur, valeur qui, avec la cherté croissante de la matière première, a dû correspondre lorsqu'elle s'est accrue, à des quantités égales et même inférieures exportées.

Nos étoffes pures, unies, ont fortement rétrogradé : 354,528,000 francs (maximum) en 1873; 94,889,000 en 1881. — Nos étoffes façonnées ont, au contraire, progressé : 1,522,000 francs (minimum) en 1874; 15,422,000 francs en 1881. — Le succès de nos soieries mélangées a été bien plus grand encore : 11,803,000 francs en 1874 (minimum); 67,380,000 francs en 1881. — Nos gazes et crêpes ont eu des oscillations relativement énormes : 912,000 francs (minimum) en 1874 : 17,527,000 francs en 1878 (maximum); 12,301,000 francs en 1881. — Nos tulles ont subi des fluctuations de même nature, passant d'une valeur de 17,043,000 francs en 1873, à 5,906,000 francs en 1879 (minimum), pour remonter à 14,536,000 francs en 1881. On voit combien est considérable l'influence que la mode exerce sur ces étoffes, qu'on peut appeler de fantaisie! — La passementerie (soie pure et mélangée) a traversé les mêmes épreuves, passant d'une valeur de 17,634,000 francs (maximum) en 1870 (?), à 8,695,000 fr. en 1876, pour se relever à 15,718,000 francs en 1879, et à 15,184,000 francs en 1881. — Ce sont nos rubans qui ont le plus perdu : 61,143,000 francs en 1867, et 15,083,000 francs en 1881.

Si nous réunissons en un total les chiffres afférents à ces sept catégories de soieries pour les deux années 1867 et 1881, nous trouvons que la valeur de nos exportations de nos tissus de soie est tombée de 416,158,000 en 1867, à 234,795,000 en 1881. C'est la branche de notre commerce extérieur qui a le plus souffert.

Il est quelques autres articles dont nous devons faire connaître le mouvement, parce qu'ils concernent des industries françaises qu'on a pu croire longtemps sans rivales. Ce sont : 1° les confections; 2° le papier et ses applications; 3° les peaux préparées; 4° les ouvrages en peau; 5° la tabletterie, bimbeloterie, mercerie, parapluies, meubles et ouvrages en bois; 6° les modes et fleurs artificielles; 7° les articles divers de l'industrie parisienne.

Nous n'avons pour ces marchandises que les valeurs, les quantités ne donnant, disent les documents officiels, qu'une très faible et souvent fausse idée de l'importance de leur sortie.

1° Confections (lingeries et autres). Le point de départ (1867) est une valeur de 94.1 millions, qui tombe à 93 millions en 1881. Le maximum a été atteint en 1872 (108,2 millions); le minimum tombe, en 1879 (en dehors des années de guerre 1870-71), à 67,7 millions. De pareils écarts donnent la mesure des oscillations survenues dans l'exportation de ces produits.

2° Le papier et ses applications, après de non moins fortes oscillations, ont atteint, à la sortie, une valeur de 55,6 millions en 1881, après avoir fait 58,8 (maximum) en 1878, et 36,8 (minimum) en 1867.

3° Les peaux préparées, de 68,5, point de départ en 1867, sont arrivées à 109,6 en 1872 (maximum), à 101,8 en 1874, à 100,2 en 1881. Tous les autres chiffres sont plus ou moins inférieurs.

Faisons remarquer, en passant, que tous les maxima de 1872 sont le résultat de l'interruption des exportations en 1870-71 et, par suite, de besoins extraordinaires au dehors.

4° Nos ouvrages en peau ont fourni une brillante carrière : 71,5 en 1867; 169,0 en 1881 (maximum).

5° Tabletterie, etc., etc. Ici, la perte est considérable : de 185,4 millions (maximum) en 1867, nous sommes tombés à 153,3 (minimum) en 1878, pour nous relever à 168,4 l'année suivante, et retomber à 162 en 1881.

6° Modes et fleurs artificielles. Cette industrie, essentiellement parisienne comme la précédente, a eu un sort plus heureux. De 21,7 (minimum) en 1868, elle a fourni à l'étranger pour 45,6 millions (maximum), en 1881, de produits.

Nous ne devons pas oublier nos outils et ouvrages en métaux, dont la clientèle étrangère, après s'être sensiblement accrue, de 1872 à 1874 (91,2, 99,3 et 96,6 millions), a diminué dans les années suivantes, 70,6 en 1881 (32,1 en 1867).

Nos instruments de musique trouvent encore des acheteurs pour une somme importante : 9,2 en 1867, 13,1 (maximum en 1875) et 10,4 en 1881.

Nos poteries, verres et cristaux luttent, mais avec un désavantage marqué, contre les industries similaires sur les marchés étrangers : 31,9 en 1867 et 39,5 en 1881, contre 60,4 en 1873, et 70 en 1875. Peut-être les valeurs ont-elles diminué, ce qui impliquerait que les quantités n'ont pas décru.

Il est une question importante qu'il faut nécessairement réserver, mais sans pouvoir lui donner une solution, c'est celle de savoir si la consommation intérieure des produits dont l'exportation a faibli, n'a pas augmenté. Dans ce cas, l'industrie atteinte en apparence ne l'aurait pas été en réalité, les consommateurs étrangers ayant été remplacés par ceux du pays producteur.

En résumé, les industries françaises peuvent être rangées, au point de vue de l'exportation, en trois catégories : celles qui ont décidément perdu de leurs débouchés; celles qui luttent énergiquement pour les conserver; enfin celles qui ont obtenu un avantage marqué.

Voici, à ce sujet, le résumé des relevés statistiques qui précèdent :

1° En ce qui touche nos exportations de denrées alimentaires, nous n'avons constaté d'extension de nos débouchés qu'en ce qui concerne notre fabrication fromagère et nos poissons de mer. Tous nos autres produits sont en déclin marqué, à l'exception peut-être de nos beurres frais et salés, qui ne reculent que lentement devant la concurrence étrangère. Ces diminutions ont pour cause principale les énormes exportations des produits agricoles de toute nature des États-Unis. On sait la cause du recul de nos vins et spiritueux ; ce recul n'est pas très sensible pour les liqueurs; mais, en ce qui concerne les eaux-de-vie, seuls nos produits les plus délicats continuent à l'emporter, au dehors, sur les produits allemands.

2° L'exportation de nos matières premières est en accroissement pour les peaux brutes et pelleteries, pour les laines, les soies en cocons, grèges, écrues, moulinées, et pour les peaux préparées. Elle est en diminution pour les fils de lin et de chanvre. Nos lins ne cèdent que pas à pas le terrain.

3° Ce sont les mouvements de nos produits fabriqués qui ont appelé le plus vivement notre attention. Nous avons constaté des diminutions plus ou moins sensibles, plus ou moins progressives sur les suivants : fils de lin et de chanvre, fontes, fers et aciers, orfèvrerie et bijouterie, mécaniques et machines, armes, tissus de laine, et notamment mérinos, étoffes diverses, étoffes mélangées, étoffes de soie pures et unies, gazes et crêpes, rubans, confections et lingerie, tabletterie, bimbeloterie, mercerie, meubles et autres ouvrages en bois, outils et ouvrages en métaux. Les accroissements, en plus petit nombre, ont porté sur les peaux préparées, sur les draps (laine), sur les tissus de soie façonnés, sur les soieries mélangées, sur la passementerie de soie pure et mélangée, sur le papier et ses applications, sur les peaux préparées, surtout sur les ouvrages en peau, sur les modes et fleurs artificielles.

Il y a lutte plus ou moins énergique, avec des alternatives de succès et de revers, pour notre lin (matières premières), pour nos machines et mécaniques, pour nos étoffes mélangées (lainages), pour nos confections et lingerie, pour nos instruments de musique, nos poteries, verres et cristaux. Cette lutte s'étant terminée par des revers dans ces dernières années, nous avons classé aux diminutions les articles qui en sont l'objet.

Il était nécessaire d'étudier, comme nous venons de le faire, les oscillations de notre commerce extérieur pour une longue période afin de constater les alternatives qu'il a subies et de démontrer que la crise dont se plaint notre industrie en ce moment n'est pas un fait entièrement nouveau, et, par suite, n'est pas irrémédiable. Il s'agit maintenant de serrer de plus près la question, c'est-à-dire de constater le degré d'intensité de cette crise en prenant pour sujet d'étude une période rapprochée et moins étendue. Les six années 1877-1882 nous paraissent d'autant mieux appropriées à une recherche de cette nature, que la diminution progressive de nos exportations est généralement signalée comme remontant à 1877. Nous substituerons les valeurs aux quantités, les valeurs seules étant indiquées, pour un certain nombre d'articles, par les statistiques officielles.

1° Importations. 1° *Denrées alimentaires.* (*a*) Céréales. Le maximum de la valeur des importations a été (en millions de francs) de 857,4 en 1879. Ce chiffre s'est graduellement abaissé à 502,4 en 1882. (*b*) Bestiaux. On remarque la forte et brusque augmentation de 1877 à 1878 : 178.7 et 238,3 ; viennent ensuite 196,0 en 1879; 177,2 en 1880; 144,3 (minimum) en 1881 et 178,4 en 1882. (*c*) Viandes fraîches et salées. L'importation tombe de 69,7 (maximum) en 1880, à 34,9 (minimum) en 1882. Nous avons déjà dit que cette diminution de moitié est due à l'interdiction des viandes de porc américaines. (*d*) Légumes secs et divers légumes. La valeur tombe de 38,2 en 1879 (maximum), à 30,9 (minimum) en 1882. (*e*) Fromages et Beurres. Importation toujours croissante de 31,9 en 1867 à 44,8 en 1882. (*f*) Fruits de table. La valeur de leur importation (déterminée par l'état de la récolte en France et au dehors) a été de 38,5 (minimum) en 1877, de 102,2 en 1880, puis de 72,1 et 68,2 en 1881 et 1882. (*g*). Sucre étranger. Nous avons déjà dit que la richesse en sucre plus ou moins grande des betteraves en France, en favorisant ou en réduisant la production indigène, appelle ou éloigne le sucre étranger. Aussi constatons-nous, dans la valeur des importations, des différences qui vont de 39,8 (minimum) en 1879, à 85,3 en 1881 et 82,3 en 1882 (*h*) Vins. Le maximum de l'importation tombe en 1880 (370,2); le minimum (204,0) en 1877, année pendant laquelle les ravages du phylloxéra n'ont pas encore eu la gravité qu'ils prendront plus tard. (*i*) Eaux-de-vie et esprits de toute sorte. Nous avons déjà signalé la cause principale de l'accroissement des importations (diminution des quantités de vins soumises à la distillation). De 11,0 en 1877, elles ont monté à 28,3 en 1882. (*j*) Huiles d'olive. La valeur de l'importation est également subordonnée à l'état de la récolte en France. De là les oscillations suivantes : 55,4 en 1877 (*maximum*) et 22,7 (*minimum*) en 1882.

En résumé, le mouvement des importations des denrées alimentaires n'a rien de compromettant pour notre agriculture. Que notre production redevienne normale, que la longue série des mauvaises récoltes fasse place à une série opposée, et nous n'aurons rien à demander à l'étranger, malgré les conditions exceptionnellement favorables de la concurrence des américains. Cette concurrence aura toutefois pour effet, il ne faut pas se le dissimuler, de maintenir le prix du blé en France à un taux qui ne laissera qu'un bien faible profit à nos cultivateurs. Or, il ne faut pas perdre de vue que notre agriculture n'est pas fortement éprouvée seulement depuis une dizaine d'années, par des récoltes insuffisantes ; elle ne porte, en outre, que très difficilement les lourdes charges que lui impose notre système d'impôts. De là, pour elle, la nécessité de faire des produits plus rémunérateurs que le blé et notamment de substituer de plus en plus les cultures fourragères, c'est-à dire la production de la viande, aux cultures céréales. L'Angleterre lui en a donné depuis longtemps l'exemple.

2° *Matières premières*. L'accroissement de leur importation, en signalant l'insuffisance de certaines récoltes, et notamment de la soie, du lin, du chanvre, ou la diminution de nos animaux de race ovine, et, par suite, de la production de la laine indigène, atteste les besoins croissants de notre industrie. Il y a donc lieu de s'en féliciter. Sans doute, il serait préférable que nos fabricants pussent s'approvisionner, *à prix égal*, sur le marché intérieur ; mais si notre agriculture, ou ne produit pas dans la mesure des besoins, ou produit à un prix de revient trop élevé, ils sont obligés, pour pouvoir soutenir la concurrence étrangère, de s'adresser aux marchés extérieurs.

Or nous allons voir qu'ils ont subi de plus en plus cette nécessité.

(a) Soie et bourre de soie. De 226,2 en 1877, la valeur de leur importation a monté graduellement à 391,1 en 1881, pour retomber à 318,2 en 1882. Cette diminution coïncide probablement avec une réduction de notre fabrication, mais peut être aussi avec une récolte meilleure. (*b*) Laines en masse. La valeur maxima de l'importation tombe, en 1880, à 370,2 ; elle se réduit à 303,1 en 1882. Ici on chercherait vainement une explication autre que celle de la diminution de notre fabrication. (c) Coton et laine. Le maximum se produit, en 1881, 225,4, avec une assez forte diminution en 1882, 211,8. Même explication. (*d*) Lin. L'importation, tombée, de 97,0 en 1877 à 65,1 en 1880, remonte à 69,6 en 1881 et à 69,7 en 1882. Notre fabrication ne s'est donc pas ralentie dans ces deux dernières années. (*e*) Chanvre. Nous n'en dirons pas autant de ce textile, dont l'importation, après s'être élevée de 12,2 en 1880, à 19,0 en 1881, a fléchi à 16,6 en 1882. (*f*) Jute. L'importation oscille, mais plutôt dans le sens d'une diminution que d'une augmentation (17,6 maximum en 1877; 15,2 en 1882). (*g*) Peaux et pelleteries brutes. Fortes oscillations dans les quatre dernières années : 175,2, 170,0, 162,0, 171,0, fabrication stationnaire, pour ne pas dire rétrograde. (*h*) Bois communs. Mouvement décroissant à partir de 1880 : 278,0, 211,4, 228,4. (*i*) Graines oléagineuses. Du maximum en 1881, 123,5, nous rétrogradons à 99,4 en 1882; (*j*) Bois exotiques. Importation toujours croissante : 16,9 en 1877; 28,3 en 1882. (*k*) Huile de graines grasses et fruits oléagineux, 25,9 (maximum) en 1881 ; 22,1 en 1882. (*l*) Indigo. Oscillations, mais avec tendance à la diminution : 32,9 (maximum) en 1878, 26,5 en 1882. (*m*) Houille crue et coke. Mouvement toujours ascendant à partir de 1878 : 143,1 en 1878 et 189,1 en 1882. (*n*) Minerais de toute sorte. Diminution, avec des oscillations à partir de 1877, année du maximum (42,9); 37,3 en 1882.

Dans les chiffres ci-dessus, on ne constate pas ces diminutions continues qui signalent une décroissance manifeste de la production industrielle. Les accroissements sont même plus nombreux que les diminutions.

3° *Produits fabriqués*. (*a*) Tissus de laine. L'accroissement est presque continu : 68,6 en 1877, 84,3 en 1882. (*b*) Tissus de coton. 62,3 en 1879 (minimum), 73,0 en 1882. (c) Tissus de soie et de bourre de soie. Accroissement continu depuis 1877 (32,5) jusqu'en 1881, 49,6 et 1882, 49,5. (*d*) Tissus de lin ou de chanvre. Décroissance marquée depuis 1879 : 15,5 (maximum) en 1879 et 8,6 (minimum) en 1882. (*e*) Machines et mécaniques. L'importation s'accroît sans relâche : 37,8 en 1879 et 87,6 en 1882 ; outils et ouvrages en métaux, même mouvement : 12,9 en 1877, 27,1 en 1882. (*f*) Fer et acier. Même résultat, 13,2 en 1877, 27,1 en 1882. (*g*). Fonte brute, 4,8 (*minimum*) en 1879, 15,6 en 1882. (*h*) Plomb. Augmentation à partir de 1879 : 19,2 et 21,2 en 1882. (*i*) Étain brut, 8,6 en 1877, 13,7 en 1882. (*j*) Zinc. Importation stationnaire. (*k*) Cuivre. Acroissement à partir de 1879 : 35,3 ; 44,2 en 1881 ; 43,1 en 1882. (*l*) Fils de coton. Accroissement a partir de 1879 : 31,2, 37,4, 37,4 et 37,2. (*m*) Fils de laine. Maximum en 1881 : 20,7 ; réduction à 15,5 en 1882. (*n*) Fils de lin et de chanvre. Accroissement à partir de 1880 : 7.8 (minimum), 12,0 (maximum) en 1882. (*o*) Peaux préparées. Accroissement à peu près continu : 25,6 en 1877, 37,2 en 1882. (*p*) Papier, carton, livres et gravures. Importation également croisante : 12,5 en 1877, 24,5 en 1882. (*q*) Ouvrages en peau et en cuir : 3,5 en 1877, 9,2 en 1882. (*r*) Orfèvrerie et bijouterie : 3,8 en 1877, 10,5 en 1881, 9,8 en 1882. (*s*) Horlogerie : 2,1, minimum en 1877, 5,6 en 1882.

Ici l'illusion n'est pas permise. Les produits étrangers viennent faire aux nôtres, et sur notre propre marché, une concurrence de plus en plus victorieuse, malgré des droits d'entrée qui, quoique très sensiblement réduits depuis la réforme économique de 1860, constitueraient cependant encore une protection suffisante, si nos industries étaient progressives comme celles contre lesquelles elles sont appelées à lutter.

2° Exportations. Si nos importations d'objets fabriqués augmentent même pour ceux qu'autrefois l'étranger nous demandait, il est assez probable que nous devrons constater une diminution de la vente de ces mêmes objets. Il restera à rechercher si cette diminution n'est pas compensée, dans une certaine mesure, par un accroissement de l'exportation d'autres articles. Il est très possible, d'ailleurs, qu'en même temps que nous importons des quantités croissantes de certaines marchandises que nous fabriquons aussi, mais de qualité inférieure, par exemple, nous en exportions d'une qualité supérieure, nos produits, par leur haut prix de revient, s'adressent surtou aux consommateurs riches de tous les pays.

Voici, au surplus, les faits pour la même période et toujours pour le commerce spécial ; nous limiterons notre recherche aux produits fabriqués.

(*a*) Tissus de laine. Leur valeur tombe de 325,1 en 1877, à 309,3 en 1879, se relève à 370,2 en 1880, pour retomber à 267,7 en 1881 et remonter subitement à 401,9 en 1882. (*b*) Tissus de soie et de bourre de soie. Même mouvement : 259,2 en 1877, 326,7 en 1879, puis 234,3, 245.1, 289,7. (*c*) Tissus de coton. Accroissement continu à partir de 1878 : 56,5, 63,4, 79,1, 88,2 et 97,8 en 1882. (*d*) Tissus de lin ou de chanvre. Oscillations : 31,5 (maximum en 1877, 22,6 (minimum) en 1882 ; tendance marquée à une diminution. (*e*) Ouvrages en peau ou en cuir. Accroissement marqué en 1880 et 1881 : 163,9 et 169,0 ; forte baisse en 1882 156,5. (*f*) Peaux préparées. Mouvement progressif de 1880 à 1882 : 92,1, 100,2, 103,5. (*g*) Confections. Minimum en 1879, 67,7, maximum en 1881, 92,8, forte chute en 1882, 73,9. (*h*) Outils et ouvrages en métaux. 70,6 (maximum) en 1881, 66,7 en 1882. (*i*) Orfèvrerie et bijouterie. Maximum (68,0) en 1881 et 66,3 en 1882. (*j*) Papier et ses applications. Exportations soutenues, mais sans accroissement marqué, 54,9 en 1880, 55,6 en 1881, 52,3 en 1882. (*k*) Poteries, verres et cristaux. Diminution sensible, 46,5 (maximum) en 1877, 39,1 en 1882. (*l*) Modes et fleurs artificielles. Minimum en 1879 (30,1), maximum en 1881 (45,6), 38,5 en 1882. (*m*) Tabletterie, bimbeloterie, lorgnettes, brosserie, éventails, boutons, parapluies, meubles et ouvrages en bois. Maximum en 1880 (185,1), 180,2 en 1881 : chute lourde en 1882, 129,5. (*n*) Articles divers de l'industrie parisienne. Ici perte très sensible des débouchés : 10,5 (maximum) en 1880 ; puis 2,4 en 1881 et 0,9 en 1882. (*o*) Produits chimiques. Vente croissante : 56,7 en 1880, 58,8 en 1881, 65,6 en 1882. (*p*) Machines et mécaniques. Exportation toujours croissante : 20,8 en 1877, 28,0 en 1882. (*q*) Horlogerie. Vente soutenue, sans variation sensible, sauf une notable augmentation en 1882 : 22,8 (maximum), 15,3 (minimum) en 1879. (*r*) Instruments de musique. Exportation soutenue mais sans augmentation : de 10,0 (minimum) en 1882 ; 11,9 (maximum) en 1877. (*s*) Armes. Mouvement progressif jusqu'en 1880 : 8,5 ; mouvement contraire en 1881 et 1882 : 5,1 et 2,1. (*t*) Parfumeries et savons. Oscillation, sans accroissement ni diminution marquée : 16,5 millions en moyenne.

Quant à notre exportation de fils de textiles, elle n'a quelque importance que pour ceux de laine, dont l'exportation a atteint son maximum en 1880, 49,3, pour reculer à 38,1 en 1881 et se relever à 39,9 en 1882.

Les documents qui précèdent peuvent se résumer ainsi :

On observe une diminution marquée, dans ces six dernières années, pour les tissus de soies, les tissus de lin et de chanvre, les ouvrages en peau ou en cuir, les confections, les outils et ouvrages en métaux, les poteries, verres et cristaux, la tabletterie, la bimbeloterie, etc., etc., les articles divers de l'industrie parisienne et les armes.

Les augmentations sont en plus petit nombre ; elles portent sur les peaux préparées, l'orfèvrerie et la bijouterie, les produits chimiques, les médicaments préparés, les machines et les mécaniques.

Les exportations sont stationnaires sur les produits ci-après : papier et ses applications, horlogerie, instruments de musique, parfumerie et savons, fils de laine.

On constate de très fortes oscillations pour les tissus de laine, les modes et fleurs artificielles. On peut même généraliser l'observation en ce sens que presque toutes nos exportations subissent des alternatives dans les deux sens, les accroissements se produisent après les diminutions et *vice versa* ; ce qui semblerait indiquer que, lorsque les pays qui reçoivent nos produits, en ont fait, dans une année, un approvisionnement important, ils nous en achètent moins l'année suivante.

Jusqu'en 1882 inclusivement, malgré l'accroissement constant de l'entrée des produits manufacturés et la diminution de nos exportations, on ne peut pas encore dire que la crise de notre industrie est très caractérisée. Elle se dessine sans doute ; mais les alternatives de revers et de succès de nos produits ne semblent pas indiquer une décadence définitive et irrémédiable. La lutte, au contraire, est vive et soutenue, et, avec une certaine amélioration, certains progrès dans les procédés de fabrication, avec un peu plus de confiance dans l'avenir politique de notre pays, un peu moins d'exigences des ouvriers, la France pourrait reprendre le rang qu'elle occupait autrefois comme puissance industrielle.

Mais nous ne devons pas nier que ces espérances ont été un peu ébranlées par les résultats du commerce de 1883, dont le résumé a été récemment publié par l'administration des douanes. D'après ce résumé, l'importation des produits manufacturés s'est élevée, de 416 à 669 millions et leur exportation a baissé de 1,963 à 1,810 millions. Les diminutions les plus importantes ont porté sur les suivants : soieries 128 millions, tabletteries 50, peaux préparées 11, outils et ouvrages en métaux 9, confections 9, cristaux, verres et poteries 9, meubles, ouvrages en bois, etc., 5 millions. Or, ce sont précisément les articles qui sont en souffrance depuis quelques années.

D'après les relevés des cinq premiers mois 1884, la situation se présente sous un aspect non moins menaçant. Ainsi, nos exportations d'objets fabriqués ont sensiblement diminué par rapport à la période correspondante de 1883 : 664,176,000 francs, contre 730,868,000 francs, et le total de nos exportations est tombé, de 1,387,151,000 francs, à 1,305,047,000 francs. Cette fois, la crise se manifeste avec une évidence irrécusable, et il importe d'en étudier les causes. Nous les rechercherons autant que le permettent les difficultés inhérentes à la connaissance non seulement de la situation économique d'un grand pays comme le nôtre, mais encore de tous les États avec lesquels il échange des produits.

III. *Causes présumées de la crise.* Il est une question préalable à résoudre, question d'une importance incontestable : la France est-elle seule à souffrir d'une crise industrielle ? S'il était démontré que la crise est un fait général, motivé par des circonstances de même nature, il n'y aurait peut-être pas lieu de s'alarmer pour notre pays. Or voici la situation d'après les documents officiels. Nous procéderons par ordre alphabétique des noms des États pour lesquels nous avons pu nous procurer les documents officiels (commerce spécial).

Allemagne. De 1877 à 1882, les importations ont oscillé comme suit (valeurs en millions de marks ; le mark = 1 fr. 25) ;

1877	1878	1879	1880	1881	1882
3.774	3.514	3.773	2.821	2.963	3.120

La plus forte baisse qui se produit à partir de 1879 est due au nouveau tarif, fortement protecteur, adopté en 1879 et mis en vigueur en 1880.

Les exportations ont progressé comme suit :

2.762	2.887	2.776	2.895	2.977	3.190

Ici, pas le moindre indice d'une crise industrielle ; on constate, au contraire, en même temps qu'une forte diminution des importations, un accroissement marqué des ventes en dehors. L'aggravation des droits de douane n'a donc eu aucun effet fâcheux pour la fabrication allemande. Elle semble plutôt en avoir accru l'activité.

Angleterre. Les importations ont oscillé comme suit (valeurs en millions de livres sterling ; la livre sterling = 25 francs) :

1877	1878	1879	1880	1881	1882	1883
394	369	363	411	397	412	426

L'accroissement est marqué à partir de 1880.

On remarque des mouvements divers dans les exportations ; les chiffres qui suivent ne s'appliquent qu'aux produits britanniques, à l'exclusion des produits coloniaux et étrangers, par conséquent au commerce spécial :

1877	1878	1879	1880	1881	1882	1883
199	193	191	223	234	241	240

Les exportations sont toujours croissantes à partir de 1880, sauf un temps d'arrêt en 1883. Ainsi pas de crise; quant à la différence entre les importations et les exportations, elle est en quelque sorte un fait normal en Angleterre, et s'explique par ce fait qu'une quantité considérable de marchandises, surtout de matières premières, viennent en Angleterre, qui est le marché le plus recherché du monde entier, pour y être vendus et réexportés.

Autriche-Hongrie. (Valeurs en millions de florins; le florin = 2 fr. 50.) Les importations se sont à peu près constamment accrues depuis 1877 :

1877	1878	1879	1880	1881	1882
555	552	556	613	642	654

Il en a été de même des exportations :

667	655	675	666	717	782

Ici encore point de crise, mais, au contraire, un progrès continu.

Belgique. (En millions de francs.) Marche presque toujours progressive des importations :

1877	1878	1879	1880	1881	1882
1.426	1.473	1.525	1.681	1.630	1.607

Même observation pour les exportations.

1877	1878	1879	1880	1881	1882
1.082	1.112	1.190	1.217	1.303	1.326

Les excédents des importations portent sur les denrées alimentaires et les matières premières.

Espagne. (Commerce général et valeurs en millions de pesetas ou de francs.) Ici également les accroissements sont presque continus.

	1877	1878	1879	1880	1881
Importations . . .	489	502	571	623	640
Exportations . . .	514	477	525	637	664

Etats-Unis. Commerce spécial et valeurs en millions de dollars de 5 francs :

	1877	1878	1879	1880	1881	1882
Importations . . .	438	423	434	636	624	707
Exportations . . .	590	681	698	824	884	733

Italie. (Valeurs en millions de lires ou de francs.) Les importations ont oscillé comme suit :

1877	1878	1879	1880	1881	1882
1.141	1.059	1.247	1.186	1.239	1.225

Les exportations sont en accroissement continu sauf un temps d'arrêt en 1882 :

1877	1878	1879	1880	1881	1882
934	998	1.072	1.103	1.164	1.149

Russie. Valeurs en millions de roubles argent valant 4 francs.

Les alternatives d'accroissement et de diminution sont fréquentes pour les importations dans la période 1877-81:

1877	1878	1879	1880	1881
321	595	588	623	518

Elles le sont également pour les exportations :

1877	1878	1879	1880	1881
528	618	628	499	506

Les diminutions des importations en 1881 s'expliquent par des aggravations de tarifs en 1880. Les produits exportés étant surtout des produits agricoles, les mouvements en plus ou en moins ont surtout pour cause l'abondance ou la médiocrité des récoltes.

En résumé, les signes évidents d'une crise n'existent qu'en France.

Arrêtons-nous donc aux causes.

Elévation des salaires. Sur ce point, l'assentiment est général. Les exigences incessantes des ouvriers, la mise en interdit des maisons qui refusaient d'y faire droit, et précisément au moment où ces maisons, ayant accepté des commandes de l'étranger, étaient obligées d'y satisfaire à tout prix, ces exigences ont déterminé, surtout à Paris, une hausse de la main-d'œuvre inconnue des autres pays, sauf peut être en Angleterre, où elle est, d'ailleurs, sensiblement atténuée par l'emploi des machines sur une plus grande échelle qu'en France. Pour les tissages notamment, nos ouvriers ont réussi à obtenir un salaire supérieur de près d'un tiers à celui que paient les autres pays. C'est à cette raison qu'il faut attribuer notamment la concurrence victorieuse que nous font, sur notre propre marché, les mérinos et les cachemires étrangers. Pour le travail manuel, la hausse est encore plus grande, en ce qui concerne certaines industries, comme celles des articles en bois, de la mercerie, de la bimbeloterie, etc. Les grèves sont devenues fréquentes à ce point, que nos industriels hésitent à accepter des commandes livrables à jour fixe. Or, il faut reconnaître qu'elles sont relativement rares en Allemagne, en Belgique, en Suisse, en Autriche-Hongrie, où le législateur plus prévoyant qu'en France, n'en a pas, d'ailleurs, proclamé l'impunité. — V. Grève.

Les prétentions excessives de nos ouvriers ne sont pas dues exclusivement aux prédications socialistes, mais encore aux besoins nouveaux qu'ils se sont créés par des habitudes de bien-être inconnues il y a quelques années. Nous avons à peine besoin de faire remarquer qu'en ruinant notre industrie, ils se vouent eux-mêmes à une profonde misère, dont la sécurité intérieure du pays pourrait bien recevoir, plus tard, une grave atteinte.

Inquiétudes politiques. Ces inquiétudes sont générales et profondes. Dans un pays où les révolutions se succèdent sans relâche, comme dans les tristes républiques de l'Amérique du sud, où les Chambres se remplissent d'hommes complètement étrangers à la connaissance des intérêts généraux de leur pays, et, dans tous les cas, les subordonnant à leurs intérêts électoraux, il est évident que cette sécurité, cette confiance dans le lendemain qui sont la condition nécessaire des entreprises industrielles et commerciales de quelque importance, ne sauraient exister. Or, cette condition, qui fait défaut chez nous, se rencontre à un haut degré dans les pays qui nous font la plus forte concurrence, l'Allemagne, l'Angleterre, la Belgique et la Suisse.

L'accroissement rapide des populations urbaines crée, dans nos principales villes, des foyers d'agitation d'autant plus dangereux, que l'autorité municipale y est l'organe des opinions politiques extrêmes, que le gouvernement ne peut ou ne veut sévir, que, par suite, la justice est désarmée et que la bourgeoisie, se sentant abandonnée, n'ose opposer aucune résistance.

Il est des inquiétudes d'une autre nature en France, et aussi, quoique à un moindre degré, en Europe; ce sont celles qui résultent de la situation tendue de notre pays vis-à-vis de l'Allemagne.

La rançon énorme qui nous a été imposée et l'annexion de nos plus riches provinces, des dévastations sans nombre ont ouvert, au cœur de la France, une plaie toujours saignante et qui ne se cicatrisera peut-être jamais. On peut donc craindre les conséquences d'un ressentiment que n'ont fait qu'aggraver, d'une part, les efforts du gouvernement allemand pour fomenter une coalition contre la France et lui enlever ses alliances en quelque sorte naturelles; de l'autre, l'aggravation du tarif douanier allemand, dirigée surtout contre notre pays. Pour nous, il ne nous serait permis d'user de représailles que si nous nous décidions à modifier notre tarif général et notre tarif conventionnel dans le sens de la protection.

Ces inquiétudes, naturellement beaucoup plus vives en France qu'ailleurs, exercent, sur notre industrie, une influence préventive qui écarte, pour elle, la possibilité de nouer, avec l'étranger, des relations commerciales à long terme.

Les droits de douane à l'étranger. Ces droits ont été sensiblement élevés depuis 1870, c'est-à-dire depuis la chute du gouvernement qui, en France, avait appliqué, peut-être un peu prématurément, le principe de la liberté des échanges. La Russie, l'Allemagne, l'Italie, la Belgique, l'Espagne, le Canada, les colonies australiennes de l'Angleterre, ont relevé leurs tarifs, et dans d'assez fortes proportions pour beaucoup de nos articles, qui sont surtout des articles de luxe.

En ce qui concerne nos tissus par exemple, nous payons, pour citer quelques exemples: en Allemagne 35 0/0; en Russie 80 0/0. D'après une récente décision du gouvernement russe, 42 articles nouveaux, jusque-là admis en franchise, payent des droits dont plusieurs atteignent particulièrement l'industrie française. En Belgique, les droits sur nos eaux-de-vie, nos liqueurs, nos vinaigres, ont été notablement élevés. On sait que le tarif américain est presque prohibitif pour nos produits les plus importants, et ce tarif ne paraît pas devoir être modifié de longtemps, par suite de la grande influence politique qu'exercent les chefs des industries qui ont fait naître ce tarif. Enfin le gouvernement allemand prépare une nouvelle aggravation de tarifs dirigée surtout contre les produits français

Conditions économiques de la production industrielle en France. Quelques-unes de ces conditions lui sont défavorables. Ainsi nous payons plus cher que l'Angleterre, la Belgique et l'Allemagne, certaines matières premières, ou certains produits à demi-fabriqués, comme le fer, l'acier et la houille. Nous payons plus cher que l'Angleterre, les cotons, les laines en masse et le jute, par cette raison que nous allons les acheter, en très grande partie, sur les marchés anglais, au lieu de nous approvisionner directement aux lieux de production. Le taux de l'escompte est plus élevé chez nous, où très peu d'industriels vont directement à la Banque de France, qu'en Angleterre où les établissements de crédit sont plus nombreux et les capitaux plus abondants. Nos industries étant moins concentrées, nos frais généraux sont plus élevés. Par suite de l'étendue de notre territoire, nos produits ont plus de frais de transport à payer pour arriver aux frontières de terre ou de mer que l'Angleterre ou la Belgique. En Allemagne, les chemins de fer les plus importants ayant passé entre les mains de l'Etat, le transport des marchandises destinées à l'exportation a été l'objet de dégrevements spéciaux. En France, les taxes au profit de l'Etat sur les transports à grande vitesse ne permettent pas aux compagnies de les effectuer au-dessous des prix actuels. Toutefois, elles ont à examiner, si, même au point de vue de l'intérêt bien compris de leurs actionnaires, elles ne pourraient pas les réduire, moyen certain d'obtenir des chargements plus complets et de mieux utiliser ainsi leurs frais de traction. Enfin, s'il est vrai qu'elles ont des tarifs réduits pour les marchandises étrangères importées en France, leur patriotisme leur fait un devoir de les appliquer aux produits français destinés à l'exportation.

La France est le pays le plus imposé de l'Europe, et les taxes qu'elle acquitte sous les formes les plus variées, pour faire face à des dépenses le plus souvent improductives, pèsent lourdement sur son industrie. Cette industrie est, en outre, concentrée dans de grandes agglomérations urbaines, où les frais généraux sont très élevés, les droits d'octroi frappant souvent plusieurs de ses matières premières, notamment son combustible.

La concurrence étrangère. L'accroissement continu des importations et spécialement des importations d'objets pour lesquels nous jouissions autrefois d'une sorte de privilège sur les marchés étrangers, indique suffisamment que cette concurrence devient de plus en plus redoutable. A une époque où l'habileté de la main-d'œuvre jouait le rôle le plus important dans la fabrication, nos ouvriers, surtout ceux de Paris, pouvaient avoir une certaine supériorité sur ceux de l'étranger. Mais depuis que la machine a remplacé les bras, il s'est établi, entre les divers pays, une sorte d'égalité, à ce point de vue, dans les conditions de la production. C'est en Angleterre que, par suite des grèves des *Trades Unions*, la machine a été introduite pour la première fois dans l'usine. Depuis, son application a reçu une énorme extension et la diminution corrélative des prix de revient a permis à l'industrie anglaise non seulement d'approvisionner exclusivement la métropole et ses 57 colonies, mais encore de s'emparer des marchés étrangers pour ses fers, ses aciers, sa quincaillerie, sa coutellerie, ses cotonnades et en partie de ses lainages.

L'Allemagne est devenue manufacturière, lorsque, par l'union douanière complète (Zollverein), ses fabricants ont entrevu la possibilité d'approvisionner un jour presque exclusivement, le marché intérieur d'abord, puis de lutter, à armes égales, sur les marchés extérieurs. Mais ils ont réalisé les progrès les plus considérables, lorsque l'aggravation des droits de douane, en 1879, les ont rendus décidément maîtres du marché intérieur, c'est-à-dire d'un marché de 45 millions d'habitants. A partir de ce moment, en effet, n'ayant plus de crainte pour ce marché, qui leur offrait déjà un débouché considérable, ils ont concentré toute leur activité, tous leurs efforts sur les moyens de s'en créer au dehors, et ils y ont réussi. Ayant la houille à bon marché, par suite de la richesse de leurs gîtes minéraux, disposant d'une main-d'œuvre sensiblement moins chère que celle de la plupart des autres pays producteurs, puis d'un outillage aussi perfectionné que possible, informés à temps, moins par leurs consuls, que par leurs propres agents commerciaux, des besoins des consommateurs étrangers, comptant, et avec raison, sur le patriotisme de leurs millions de compatriotes établis à l'étranger (qui, en effet, recherchent, avant tout, les produits de la patrie allemande), admirablement secondés, en outre, par les gouvernements locaux, qui ont multiplié les écoles d'enseignement techniques et les musées industriels ; — ils ont obtenu des résultats supérieurs à ceux de leurs concurrents. Ils ne se sont fait, d'ailleurs, aucun scrupule de prendre à ces derniers, comme nous l'avons dit plus haut, leurs cartons, leurs étiquettes, leurs titres d'articles, leurs patrons et leurs modèles. Ils n'hésitent même pas, par exemple, à vendre, comme d'origine française, des produits qu'ils ont fabriqués eux-mêmes.

Ajoutons, pour terminer sur ce point, que la concurrence allemande est surtout favorisée par une préférence devenue générale (mais surtout en France) pour les articles à *bon marché*, abstraction faite de la qualité, c'est-à-dire de la durée. Or, les produits allemands sont surtout des produits à bon marché.

Service militaire. Serait-il vrai que la durée du service militaire, plus longue, jusqu'à ce jour, en France qu'en Allemagne, puis le passage successif sous les drapeaux de la classe tout entière, c'est-à-dire le service obligatoire, ait exercé, sur l'industrie française, une influence défavorable en raréfiant la main-d'œuvre, en faisant obstacle à une instruction technique complète, en rendant plus difficile les voyages commerciaux à l'étranger ? Mais n'avons-nous pas emprunté à l'Allemagne nos nouvelles institutions militaires, et ces institutions ont-elles fait obstacle au développement industriel de ce pays ? il est vrai que l'Allemagne, malgré l'importance qu'elle attache au recrutement de son armée, a su tenir compte des exigences de son expansion commerciale. La loi autorise le gouvernement à dispenser du service militaire les jeunes gens qui s'engagent à aller passer un certain nombre d'années hors d'Europe, soit comme patrons, soit comme employés. Quant à l'effectif entretenu sous les drapeaux, il est à peu près le même dans les deux pays.

Le haut prix des articles français. Il est certain que, par leur prix élevé, nos produits sont surtout destinés aux classes riches ou au moins aisées et, dans ces conditions, leur consommation est plus limitée que ceux qui s'adressent surtout aux classes moyennes ou inférieures. A ce point de vue l'Allemagne et l'Angleterre, par exemple, ont un avantage marqué sur nous.

Il faut dire, en outre, que nos produits étant, à un haut degré, des produits dans lesquels domine ce qu'on est convenu d'appeler le *goût*, et cette qualité étant essentiellement conventionnelle ou relative, ils doivent subir, plus que les autres, les influences de la mode, de cette puissance mystérieuse qui rend ses arrêts dans l'ombre et sans jamais les motiver. Or, nous avons la prétention d'être les arbitres du goût et nous croyons que, par cette raison, nos marchandises doivent toujours et nécessairement trouver des consommateurs dans le monde entier. Peut être devrions-nous modifier nos prétentions à ce sujet et produire surtout en vue des besoins, bien constatés, des consommateurs. C'est la ligne de conduite des Anglais, des Allemands et des Américains.

Défaut d'initiative. Nos industriels apprécient-ils la gravité de la lutte qui s'est engagée entre eux et leurs concurrents étrangers ? Et dans ce cas font-ils tout ce qui dépend d'eux pour la soutenir dans les meilleures conditions possibles ? Plusieurs de nos consuls sont de l'avis contraire. Ils expriment le regret que leur fait éprouver la rareté des maisons de commerce françaises à l'étranger. Ils se plaignent qu'à la différence des Anglais, des Allemands et même des Belges, nos industriels ou commerçants ne viennent pas s'enquérir sur place des causes de la diminution de leur clientèle. Leurs rapports signalent particulièrement l'activité de la propagande des représentants des maisons allemandes et anglaises. Notre commerce n'aurait pas à son service, en dehors d'un corps consulaire souvent impuissant à ce point de vue, des représentants locaux actifs, éclairés et sachant la langue du pays. D'un autre côté, on lui reproche de ne vouloir pas faire les avances qu'exigerait l'organisation de cette représentation et de ne pas chercher à former des associations qui les feraient à frais communs. Comparons cette inertie aux efforts de l'Allemagne industrielle ou commerçante pour étendre sa clientèle. « Elle a à sa disposition, dit M. Ch. Thierry Mieg, une véritable pépinière de jeunes gens élevés dans les écoles commerciales, parlant plusieurs langues, ayant passé une partie de leur jeunesse à l'étranger et notamment en Angleterre, et ne craignant pas de s'expatrier pour assurer le développement des affaires de la maison à laquelle ils appartiennent. A Hambourg, on voit de grands hôtels qu'habitent des commerçants avec leurs familles ; ce sont les associés de maisons d'exportations à destinations lointaines. Ces maisons comptent généralement deux associés ; l'un est à Hambourg pour faire les achats, l'autre est au Japon, en Australie, en Amérique, pour s'occuper des ventes, et comme cette expatriation est pénible, les associés alternent pour un an ou deux ans. Celui qui revient loge à l'hôtel, son séjour à Hambourg devant être de courte durée ; l'autre part avec sa famille pour aller le remplacer au-delà des mers. »

Causes diverses. (*a*) *Absence d'émigration.* La France n'émigre pas comme l'Allemagne. Elle manque ainsi de cette clientèle dévouée que sa rivale s'est faite à peu près dans toutes les parties du globe. Seuls quelques milliers de nos Basques se sont établis à Buenos-Ayres et à Montevideo, et entretiennent, avec la mère-patrie, des relations commerciales d'une certaine importance. Les colonies françaises des Etats-Unis et d'Egypte recherchent aussi ses produits. Mais ces résultats sont insignifiants en présence de l'étendue des échanges que provoque l'existence, dans les régions transocéaniques, de 7 à 8 millions d'Allemands. (*b*) *Insuffisance de l'outillage.* On reproche à nos industriels de ne pas tenir leur outillage au niveau des progrès qu'a réalisés celui de l'Angleterre, de l'Allemagne et de la Belgique. On attribue notamment à cette infériorité le succès de la sucrerie allemande et la concurrence qu'elle fait à la nôtre sur notre propre marché. Comme preuve de l'esprit de routine qui caractériserait notre fabrication, on cite ce fait que de vieilles machines belges auraient été achetées par des filateurs français de l'Est; tandis que la filature de Verviers aurait créé des établissements où quatre *assortiments* nouveaux produisent autant que quatorze anciens. Il est vrai qu'on ne peut se procurer certaines machines qu'à l'étranger et qu'elles paient, à leur entrée en France, des droits de douane assez lourds. Dans notre tarif général, aussi bien que dans nos traités de commerce, il y aurait tout avantage à dégrever tous les appareils qui pourraient être, pour le travail national, un élément nouveau de puissance et d'économie. (*c*) *Insuffisance de notre corps consulaire.* On reproche également à notre pays d'avoir perdu, depuis l'anéantissement, dans le siècle dernier, de son empire colonial, le goût des entreprises coloniales, et d'avoir négligé l'étude des langues étrangères. Dans cette situation, il est difficile, même pour un corps consulaire bien choisi, de suppléer à des initiatives privées qui sont indispensables. Mais il ne remplit que très imparfaitement sa mission. Son premier défaut est d'avoir un caractère presque exclusivement diplomatique. Les jeunes gens continuent, malgré quelques améliorations dans les conditions d'admission, à y entrer sans les études spéciales indispensables; ne voyant dans les chancelleries que le côté brillant, ils ont une tendance marquée à dédaigner les affaires commerciales. Vainement des règlements nombreux leur enjoignent d'adresser au ministre les documents les plus récents sur la situation économique de leur place, sur l'état de la concurrence étrangère pour les produits les plus importants. Les consuls anglais et allemands, au contraire choisis parmi d'anciens habitants du pays, ne rêvant ni les avancements, ni les gloires diplomatiques, sont d'efficaces auxiliaires du commerce de leur pays. Bien mieux, depuis quelques années, les secrétaires des ambassades anglaises ont reçu la mission de préparer et d'adresser à leur gouvernement un résumé périodique des faits économiques les plus importants qui s'accomplissent dans le pays près duquel ils sont accrédités, et le ministère met sous les yeux du parlement les plus importants de ces résumés, que les journaux publient également. Nous sommes cependant en progrès. Dès son arrivée au ministère, M. Hérisson, ministre actuel du Commerce s'est empressé d'adresser à son collègue des affaires étrangères une réclamation à ce sujet. Des ordres ont été donnés aux consuls, dont les rapports sont devenus meilleurs, et les bureaux transmettent au commerce aussi rapidement que possible ces rapports qui sont, en outre, publiés immédiatement par le *Moniteur officiel du commerce*, feuille hebdomadaire, rédigée au ministère par un fonctionnaire de ce département. (*d*) *Insuffisance de la protection accordée à nos nationaux à l'étranger.* On accuse également nos agents consulaires de ne pas prendre suffisamment en main la défense de nos nationaux dans leurs conflits avec les gouvernements locaux et de déterminer ainsi des liquidations prématurées, en même temps que la perte de l'influence française auprès de ces gouvernements. (*e*) *Conséquences des désastres de* 1870-71. Selon quelques écrivains « la fortune industrielle ne survit jamais à la suprématie politique. C'est toujours le vainqueur qui impose au monde ses idées, ses goûts et jusqu'à ses produits; c'est toujours lui qui s'empare du marché, après s'être emparé des provinces. Il n'y a pas de prospérité économique pour les vaincus. » *Insuffisance de l'enseignement techniqne.* Cette insuffisance est aujourd'hui reconnue, et on assure que le gouvernement s'occupe sérieusement d'y remédier par la création d'écoles spéciales et de musées industriels. Rappelons, à ce sujet, que ces musées existent depuis longtemps en Allemagne, et qu'on y voit figurer tous les produits nouveaux, quel que soit le pays d'origine, avec l'indication des procédés de fabrication, des prix de revient, etc. Les machines nouvelles, les anciennes machines perfectionnées y figurent également avec les indications les plus précises sur le mode de fonctionnement et le résultat obtenu. Les écoles d'art (écoles à la fois théoriques et pratiques) abondent dans le même pays, et les élèves qui ont été diplômés à la fin des études reçoivent des bourses de voyages qui leur permettent de compléter soit dans les centres industriels de l'Europe, soit sur les principales places du globe, les notions que leur ont données les professeurs les plus compétents. (*f*) *Spéculations déloyales.* Enfin, serait-il vrai que nos fabricants envoient à l'étranger des produits qui n'ont ni la qualité, ni la quantité indiquées et que notre industrie se discrédite ainsi par la faute de nos expéditeurs? Serait-il vrai, en outre, que nos exportations portent sur des articles démodés dans le pays d'origine et dont la vente y est devenue impossible? On cite, sur ces divers griefs, des faits graves qui, s'ils étaient exacts, tendraient à faire croire que la crise dont nous souffrons est, en grande partie, notre œuvre.

Il est des causes spéciales de la diminution de nos exportations pour divers pays. C'est ainsi, pour citer un exemple, que l'ouverture du chemin de fer du Saint-Gothard, en rapprochant sensiblement l'Allemagne de l'Italie et de la Suisse, a donné une forte impulsion à l'entrée dans ces deux pays, des produits et surtout des charbons et des fers allemands. On comprend que, dans cette prévision, le gouvernement allemand ait contribué pour une forte somme à la construction de cette ligne internationale.

Avant peu, l'ouverture du chemin du Voralberg, en ouvrant un accès direct sur l'Europe occidentale aux produits autrichiens qui transitent aujourd'hui à travers l'Allemagne, accroîtra très probablement leur importation en France.

Mentionnons, pour être complets, autant que possible, sur ce point, diverses explications, peut être un peu risquées, de notre crise commerciale.

Quelques économistes l'attribuent à une baisse exceptionnelle et momentanée des prix à l'étranger, baisse résultant d'une production exagérée et équivalant à une forte réduction de nos droits de douane. D'autres prétendent que, dans la situation économique actuelle des principaux Etats des deux mondes, notre marché a été surtout recherché par les fabricants étrangers parce qu'il compte le plus grand nombre de consommateurs aisés, et qu'il est par conséquent, le plus (solvable.

L'incertitude qui plane sur notre régime douanier définitif en présence du grand nombre des simples conventions commerciales que nous avons signées, conventions qui peuvent être dénoncées à la simple volonté des parties, et la crainte d'un rehaussement de notre tarif seraient, pour plusieurs, la principale des raisons qui ont provoqué les importations considérables que nous avons signalées. Un spécialiste veut même que la baisse des prix qui s'est déclarée, depuis quelques années, sur les principaux marchés, explique, dans une grande mesure, la diminution purement apparente de la valeur de nos exportations. Il est regrettable que cette interprétation ne concorde pas avec le fait de la diminution non seulement des valeurs, mais encore des quantités.

Nous ne ferons que mentionner la doctrine qui veut voir un accroissement de la richesse publique dans la supériorité progressive des importations sur les exportations, et cite à ce sujet l'exemple de l'Angleterre. Les auteurs de cette doctrine oublient que l'Angleterre est le plus vaste marché du monde entier des matières premières et même de certains produits fabriqués, et qu'au lieu d'y envoyer en espèces, qui ne produiraient qu'un médiocre revenu, le produit de leurs riches exploitations industrielles et minières sur tous les points du globe, ses hardis et entrepreneurs enfants les expédient sous forme de marchandises qui ont une vente assurée et fructueuse.

IV. *Les remèdes ou palliatifs.* En indiquant les principales causes de la diminution de nos exportations, nous avons indirectement signalé les moyens au moins d'enrayer notre crise industrielle. Mais il est quelques uns de ces moyens sur lesquels nous voulons plus particulièrement appeler l'attention.

Au premier rang des causes de la crise, nous avons mentionné l'accroissement continu des salaires. Peut-on atténuer l'importance de cet élément de la hausse, souvent très sensible (meubles, boiseries, etc.), de nos produits? Cela nous paraît douteux.

Dans tous les cas nous n'avons que deux ressources à notre disposition. La première, qui n'est pas sans inconvénients au point de vue politique, consisterait, pour nos industriels, à opposer aux prétentions toujours croissantes et de plus en plus ruineuses de nos ouvriers, la concurrence des ouvriers étrangers, Suisses, Italiens, Belges, qui, ayant de moindres besoins, se contentent d'un moindre salaire. Cette concurrence s'opère déjà par la force même des choses, puisque le dernier recensement de notre population signale un accroisement très sensible, de 1876 à 1881, de l'élément étranger. Elle seule peut remédier aux conséquences économiques de ce double fait que notre population ne s'accroît qu'avec une extrême lenteur et que nos émigrations sont à peu près nulles.

Le second consisterait dans le déplacement de nos industries, qui quitteraient les villes où les frais de production sont très élevés, et iraient s'établir dans les campagnes. Avec le très grand développement de notre réseau ferré, notamment de notre troisième ou quatrième réseau, ce déplacement aurait plus d'avantages que d'inconvénients. La vie matérielle coûtant moins cher dans les communes rurales et les tentations devant y être moindres, les dépenses de l'ouvrier le seraient également; il pourrait donc se contenter d'un salaire moins ruineux pour le patron.

Enfin, son éloignement des villes le protégerait contre les prédications insensées de prétendus ouvriers, qui ne sont, au fond, que des spéculateurs politiques, recherchant d'abord un siège au conseil municipal, pour aspirer plus tard aux honneurs et surtout aux profits de la députation.

La concentration des industries dans les grandes villes n'aggrave pas seulement les frais de production par la cherté des locaux, par le chiffre élevé des impôts généraux, par les exigences de la main-d'œuvre, se produisant surtout au moment où l'ouvrier croit savoir que le patron a accepté, à ses risques et périls, la commande d'articles livrables dans un délai déterminé, mais encore par les taxes d'octroi dont sont passibles plusieurs matières premières, notamment les bois et les fers de construction et surtout les charbons.

Il se passe, en ce qui concerne ce dernier et si important élément de la production, un fait assez grave et qui paraît avoir échappé à l'attention de l'administration supérieure. Les fabricants dont la consommation dépasse 1,000 tonnes, ont généralement, avec la ville, un abonnement qui leur permet de faire entrer gratuitement tout ce qui dépasse cette quantité, tandis que ceux dont la consommation est moindre payent intégralement le droit d'octroi sur tout le charbon qui entre dans leur usine. Les premiers ont donc un avantage marqué sur les seconds.

Il est, en outre, une transformation qui s'impose à notre industrie et qu'elle devra subir tôt ou tard. Cette transformation s'est déjà réalisée pour le commerce de la vente au détail qui se concentre de plus en plus dans de grands établissements, offrant au public, avec un choix très varié, des prix moindres que les petits, à la condition, il est vrai, du payement comptant. Bien que considérables, les frais généraux de ces immenses magasins sont compensés par ce fait qu'achetant en fabrique par quantités énormes, ils obtiennent de plus forts rabais que les établissements de moindre importance.

Notre industrie devra forcément suivre cet exemple; ce n'est qu'à cette condition qu'elle pourra réduire ses frais de production. Les grandes usines sont, d'ailleurs, seules en mesure de se procurer l'outillage le plus perfectionné et de diminuer encore, à ce point de vue, le prix de revient de leurs produits. Enfin, opérant sur une grande échelle, elles peuvent se contenter d'un bénéfice minime sur chaque article, le total de leurs profits en fin d'année devant être encore très satisfaisant. Ce mouvement de concentration, depuis longtemps réalisé en Angleterre et en Belgique, s'opère, depuis quelques années, en Allemagne et touchera bientôt à sa fin. C'est encore une des causes de la lutte que nous soutenons, avec un désavantage marqué, contre ses produits, en dehors des éléments de supériorité que lui assurent le bon marché de son combustible, de ses fers, de ses transports (depuis que la plus grande partie du réseau ferré est entre les mains de l'État), et enfin du moindre prix de la main-d'œuvre.

Il est indispensable, en outre, que, dans leur propre intérêt, nos Compagnies de chemins de fer viennent en aide à notre industrie par des combinaisons de tarifs qui dégrèvent nos exportations et l'arrivée à destination des matières premières de nos industries. Suivant le genre et la valeur des marchandises, suivant les besoins très variés et très variables des industries et des commerces, nos Compagnies doivent modifier leurs prix.

La tarification doit être essentiellement commerciale et non pas mathématique; elle doit supprimer les distances dans la mesure du possible, rapprocher les centres de consommation et les centres de production, et, surtout en ce qui concerne nos exportations, faire arriver nos produits aux frontières de terre et de mer le plus promptement et aux moindres frais possibles.

Nos Compagnies ne sauraient être éloignées, d'ailleurs, de la pensée de donner satisfaction aux nécessités de la situation actuelle; car si notre industrie venait décidément à péricliter, elles seraient gravement atteintes elles-mêmes, comme l'indique la diminution de leurs transports depuis quelques mois. Et c'est une justice que leur rend, à ce sujet, le ministre des Travaux Publics quand, dans sa circulaire aux Chambres de commerce du 26 janvier 1884, il leur dit : « En signant les conventions approuvées par la loi du 29 novembre dernier, les grandes compagnies ont pris, relativement aux tarifs, des engagements dont la réalisation donnera, dans une large mesure, satisfaction aux vues du public. »

Par cette même circulaire, le ministre invite les chambres de commerce, c'est-à-dire les intéressés, à lui faire connaître : « 1° quelles sont les taxes qui, en permettant aux marchandises étrangères d'arriver sur nos marchés à des conditions spécialement avantageuses, annihilent ainsi, au grand préjudice de la production nationale, les effets de notre régime douanier ; 2° quels sont, parmi les tarifs de transit des produits étrangers, ceux qui pourraient être appliqués à l'exportation des nôtres ; 3° enfin, quelles sont, en ce qui concerne ces tarifs, les mesures à prendre pour développer le mouvement commercial de nos ports. Espérons que les chambres de commerce pourront fournir à ce sujet, au ministre, des indications qui lui permettront d'adresser aux compagnies des propositions de nature à concilier les intérêts économiques du pays avec la juste rémunération due à l'énorme capital engagé dans l'industrie des chemins de fer en France.

Les droits de douane qui grèvent encore un grand nombre des matières premières de notre industrie peuvent-ils être réduits ou mieux encore supprimés? Dans un meilleur état de nos finances, cela serait possible et l'effet s'en ferait bientôt sentir par une diminution notable de nos frais de production.

Et c'est le cas, en le modifiant quelque peu, de reproduire le mot célèbre du baron Louis : « Donnez-moi de bonnes finances et je donnerai au pays une bonne situation économique. »

Les admissions temporaires à titre gratuit de certaines matières premières, à la charge de réexportation des produits fabriqués contenant un poids égal de ces matières, sont un excellent moyen de venir, dans le même ordre d'idées, en aide à notre production. Sans doute, des abus considérables se sont produits dans l'usage de ces admissions, et la constatation du poids ou des quantités employées dans les produits réexportés, rencontre de très grandes difficultés ; l'administration des douanes n'en doit pas moins en maintenir le principe, et, au besoin, en élargir l'application.

L'État devrait encourager l'établissement, dans nos principaux ports de commerce, de ventes publiques de la nature de celles qui existent en Angleterre, en Belgique, en Hollande et aux États-Unis, et qui n'ont pas peu contribué à la prospérité industrielle ou commerciale de ces pays. La vente publique sur les grandes places maritimes, c'est la halle du monde ; c'est la Bourse des matières ouvrables, qui y sont cotées, adjugées et distribuées ensuite entre les divers pays producteurs. Le système des ventes publiques repose sur ce principe que, s'il ne peut y avoir de transactions sans marché, le lieu où se tient ce marché bénéficie des échanges. C'est l'histoire de nos anciennes foires de Beaucaire et de Lyon, et de la foire, toujours en activité, de Leipsick. Toute transaction commerciale entraîne, en effet, des opérations de banque, des courtages, des commissions très fructueuses pour les places où elles ont lieu.

Londres et Liverpool étaient autrefois les seuls magasins internationaux et encaissaient ainsi les tributs de tout l'univers. Aujourd'hui elles ont perdu ce monopole qu'Anvers et Rotterdam lui disputent avec un succès toujours croissant.

Des ventes publiques ont lieu depuis quelques mois à Marseille et à Nice; d'autres ports, Dunkerque entre autres, s'occupent d'en organiser.

Nos fabricants bénéficieront ainsi du coût des transports et des courtages qu'ils payent actuellement à nos voisins du Nord, et pourront s'approvisionner à moins de frais, sans sortir de leur pays.

Quelques industriels, élevés probablement dans ce qu'on a appelé la religion de l'Etat-providence, ont demandé qu'une loi autorise le gouvernement à accorder à nos produits des primes de sortie. Ils se fondent sur un précédent récent en faveur de l'industrie des constructions maritimes. Ces primes, d'un effet utile peut-être au début d'une industrie qui doit prendre, plus tard, par des raisons diverses, un développement considérable, et à laquelle il faut donner le temps de réaliser le brillant avenir qui lui est réservé, ne sauraient être accordées à des industries arrivées au maximum de leur développement et qui luttent contre des difficultés dont il n'est pas possible de prévoir le terme. Il serait de beaucoup préférable, si notre situation financière le permettait, de dégrever complètement les matières premières et d'attendre ensuite de l'énergique initiative des intéressés le retour à notre ancienne supériorité industrielle.

Si, dans l'état actuel de nos institutions politiques et avec cette conviction, aujourd'hui généralement acquise, qu'il ne faut réclamer de l'État que ce que l'association est incapable de faire, et seulement quand il s'agit d'un grand intérêt public, nous pouvons cependant et même nous devons le solliciter de donner à nos forces productives des encouragements qu'il est particulièrement en mesure, et sans peser sur les finances du pays, de leur accorder. Passons une revue rapide des institutions qu'il peut créer ou des institutions onéreuses qu'il peut améliorer. Nous examinerons ensuite quelle doit être la part à faire, dans le même but, à l'application du principe économique: « Aide-toi toi-même. ».

Qu'a fait l'État, jusqu'à ce moment, pour atténuer les conséquences de la crise? Il a institué, au ministère du Commerce, un Bureau de renseignements industriels et commerciaux et créé trois publications périodiques destinées à porter ces renseignements à la connaissance du public. Un de ces recueils a pour titre; *Moniteur officiel du Commerce*, dont il est question plus haut; les autres sont le *Bulletin de la propriété industrielle et commerciale* et les *Avis commerciaux*, feuille autographiée distribuée aux Chambres de commerce, aux Chambres d'arts et manufactures et à la presse de Paris et des départements. Le *Bulletin* a spécialement pour but de faire connaître les brevets pris en exécution de la loi spéciale du 5 juillet 1844, ainsi que les marques de fabrique déposées conformément à la loi du 23 juin 1857.

Le ministre du Commerce a certainement aussi recommandé au ministre des Affaires étrangères de subordonner désormais la nomination des agents consulaires à des conditions d'aptitudes spéciales, surtout en ce qui concerne les notions économiques et la connaissance de la langue des pays de destination. Nous disons *certainement*, car des concours ont été institués récemment, qui paraissent devoir donner satisfaction à ce vœu. Mais, sous un gouvernement où les cabinets sont obligés de rallier à chaque instant une majorité toujours chancelante, par des faveurs de toute nature, nous croyons médiocrement à l'efficacité de ces concours, les résultats n'en étant pas publiés et aucune loi ne faisant au ministre un devoir de nommer les candidats les plus heureux.

Nous savons que le ministre du commerce a invité les préfets à recueillir et à lui transmettre, sur les industries de leur département, après s'être renseignés auprès des chefs de ces industries et des syndicats ouvriers, s'il en existe, tous les documents propres à en faire connaître l'état réel. Ces rapports sont publiés par le *Moniteur officiel du Commerce*. Peut-être a-t-il fait la même demande aux chambres de commerce et aux chambres consultatives, et aux organes spéciaux d'informations avec lesquels son département est en rapport officieux.

Mais c'est tout ce qu'il pouvait faire immédiatement dans un pays où, à la différence de ce qui se passe en Allemagne, les vicissitudes ministérielles sont des plus fréquentes

Mais, si le ministre ne pouvait faire *immédiatement* plus qu'il n'a fait, ses successeurs auront à étudier les questions suivantes :

1° N'y a-t-il pas lieu de replacer nos colonies, qu'approvisionnent aujourd'hui, grâce au tarif le plus débonnaire, les pays étrangers, sous le régime douanier de la métropole ? Quelques explications sont nécessaires à ce sujet. Le Sénatus-consulte de 1866 a accordé la plus grande liberté commerciale à nos possessions d'outre-mer. Il a autorisé les conseils généraux de la Martinique, de la Guadeloupe et de la Réunion à établir, non seulement des droits d'octroi de mer, qui sont perçus au profit des communes et frappent tous les produits, mais encore des droits de douane qui n'atteignent que les produits d'origine étrangère. Une loi postérieure a étendu ce régime à la Guyane et aux établissements de la côte occidentale d'Afrique. Ces colonies ne tardèrent pas à donner à l'acte de 1866 une interprétation à laquelle ses auteurs n'avaient pas songé. Elles pensèrent que, puisqu'elles avaient le droit d'établir des tarifs de douane, elles avaient par voie de conséquence, celui de les modifier et même de les supprimer. Elles ne s'en firent pas faute et bientôt elles abrogèrent les taxes de douane pour ne conserver que les octrois de mer. Les produits étrangers qui acquitteraient, en France, des droits de douane, se trouvent ainsi assimilés aux produits français, quand ils pénètrent dans nos colonies. Quant à l'Algérie, son régime douanier a été, après de nombreuses vicissitudes, réglé, en dernier lieu, par la loi du 17 juillet 1867 qui consacre le principe que les produits étrangers sont admissibles en Algérie aux mêmes droits qu'en France. Certains produits ne sont même passibles que du tiers des droits qu'ils acquittent en France; ce sont: les fontes, les fers, les tôles, les fils de fer, les aciers, cuivres, plombs, produits chimiques, papiers, machines et mécaniques de toutes sortes, ouvrages ou métaux. Or, il est notoire que le régime inauguré par le Sénatus-consulte de 1866 et la loi de 1867 a porté un grave préjudice à la production nationale, au profit de l'Allemagne, qui nous menace d'un Sedan commercial, de la Belgique et de l'Angleterre. Il y a lieu de se demander si notre situation économique permet cette étrange libéralité qui consiste à exclure des produits français de marchés qui devraient leur appartenir.

La question est aujourd'hui pendante devant la Chambre. Elle aura, en outre, à examiner s'il conviendra d'appliquer le Sénatus-consulte de 1866 et la loi de 1867, à nos possessions coloniales du Tonkin et de Madagascar, qui nous coûtent en ce moment, tant d'hommes et d'argent...

C'est également le devoir de l'État de protéger, par des conventions avec les états industriels, la *copie* des modèles français et l'*adaptation* de nos marques de fabrique, deux actes de déloyauté de nos concurrents et une des causes de la diminution de nos exportations. Contre la copie de nos modèles, il sera bien difficile de prendre des mesures efficaces ; mais il en est autrement en ce qui concerne l'usurpation de nos marques de fabrique.

C'est dans cette louable intention que le gouvernement a signé, le 20 mars 1883, et que les chambres ont approuvé récemment, une convention avec un certain nombre de pays des deux mondes, pour la protection de la propriété industrielle. La substance de cette convention est dans l'article 2, qui est ainsi conçu : « Les sujets ou citoyens de chacun des états contractants, jouiront, dans tous les autres états contractants, en ce qui concerne les brevets d'invention, les dessins ou modèles industriels, les marques de fabrique ou de commerce et le nom commercial, des avantages que les lois respectives accordent actuellement ou accorderont par la suite aux nationaux. »

Cette convention a été signée entre la France, la Belgique, le Brésil, l'Espagne, le Guatémala, l'Italie, les Pays-Bas; le Portugal, le Salvador, la Serbie et la Suisse.

Certes, une convention diplomatique est chose excellente en principe; mais qui en surveillera, qui en assurera l'exécution? Nos industriels, en les supposant exactement informés, pourront-ils aller poursuivre les contrevenants devant les tribunaux de leur pays? Quelle perte de temps et d'argent! Pour obvier, dans la mesure du possible, à cet inconvénient, qui pourrait bien réduire la convention à l'état de lettre morte, l'art. 9 stipule que tout produit portant illicitement une marque de fabrique ou de commerce, pourra être saisi à la requête, soit du ministère public, soit de la partie intéressée, selon la législation du pays. Aux termes de l'art.12, chacun des États contractants s'engage à établir chez lui, un service spécial de la propriété industrielle et un dépôt central pour la communication au public des brevets d'invention, des dessins ou modèles industriels et des marques de fabrique ou de commerce. L'art. 13 institue un « Bureau international de l'Union pour la protection de la propriété industrielle » Bureau qui sera placé sous la direction de l'autorité fédérale suisse et aura aussi probablement son siège à Berne. Il est à regretter que la convention soit muette sur les attributions de ce Bureau ; sera-t-il chargé de constater les infractions à la propriété industrielle et d'en poursuivre la répression sur la demande des intéressés ? on ne pourrait pas lui confier une plus utile mission.

L'État pourrait encore examiner s'il n'y aurait pas lieu de provoquer le dégrèvement des frais de transport sur les cours d'eau qui appartiennent à des Compagnies.

Si l'État ne peut dégrever entièrement les matières premières de notre industrie, nous avons déjà dit qu'il pourrait au moins étendre à un certain nombre de ces matières le système des admissions temporaires à charge de réexportation, dans un délai déterminé, des produits fabriqués; il l'a fait notamment, par un décret du 18 septembre 1883, pour les fils de coton écrus, simples ou retors, des n°s 50 et au-dessus (c'est-à-dire des numéros très fins), destinés à la fabrication des mousselines et des tissus de soie et de coton.

Quant aux enquêtes, parlementaires ou non, que l'État ou les Chambres ont déjà provoquées, en grand nombre depuis 1830, ce sont des expédients sans valeur, la vérité ne s'en dégageant jamais, pour l'excellente raison que les témoignages entendus sont toujours le résultat d'un parti-pris, d'une opinion longtemps arrêtée d'avance et exclusivement basée sur des intérêts privés.

Il nous reste à examiner très succinctement ce que peuvent, par la voie de l'association, avec ou sans le concours de l'Etat, les industriels eux-mêmes.

Et, tout d'abord, mentionnons certaines institutions allemandes que notre pays pourrait s'approprier utilement.

Tous les ans, les inspecteurs de l'industrie publient, avec l'assentiment du ministre compétent, non pas seulement sur les résultats des lois relatives au travail des enfants et des femmes dans les manufactures, mais encore sur le degré de prospérité ou de souffrance des diverses industries qu'ils ont inspectées, un rapport très étendu, qui est lu avec un très vif intérêt, non seulement par les industriels, mais encore par tous ceux qui veulent connaître, sous sa face la plus importante, la situation économique du pays.

Nous avons aussi des inspecteurs de l'industrie; mais ils ne publient rien ; il est vrai que leur mission se borne seulement à constater les infractions à la loi sur le travail des enfants et des femmes.

En Allemagne, les représentants des principales industries se réunissent tous les ans, dans une des principales villes, pour discuter leurs intérêts communs, solliciter du gouvernement les mesures propres à les favoriser ou se concerter pour agir seuls, à défaut du gouvernement, dans le même but.

Tous les ans, dans le même pays, le secrétaire de l'association des Chambres de commerce (***Deutsehen Handelstag***) publie un résumé de la situation industrielle de l'Allemagne, d'après les comptes rendus de ces mêmes chambres. C'est un volumineux document qui fait connaître, pour l'année à laquelle il se rapporte, tous les faits propres à intéresser les fabricants et les commerçants.

En France, nous avons aussi des Chambres de commerce; mais très peu font connaître l'état de l'industrie dans leur circonscription, et personne, jusqu'à ce jour, n'a songé à résumer, dans un travail analytique, les documents qu'elles ont pu avoir recueillis et publiés. Nous avons, il est vrai, une commission des valeurs qui est chargée officiellement d'arrêter les prix des principales marchandises, pour servir de base aux publications de la douane sur le commerce extérieur. A l'occasion de ce travail, elle publie quelques données sur les vicissitudes de ce commerce et leurs causes. Mais cette partie de son travail n'a pas tous les développements qu'elle comporte.

Ce n'est pas que l'esprit public s'endorme absolument, en France, dans une trompeuse sécurité. On comprend généralement que notre pays subit une double et formidable crise, crise industrielle et crise agricole, et qu'il n'y a pas un instant à perdre pour l'enrayer, si ce n'est pour y mettre un terme. Tantôt c'est la Chambre syndicale des négociants-commissionnaires qui prend l'initiative de conférences, de publications et d'enquêtes, destinées à développer nos relations avec l'étranger. Tantôt c'est l'Union des fabricants pour la protection internationale de la propriété industrielle, qui poursuit à l'étranger les infractions à la propriété industrielle, et à laquelle on doit la convention internationale que nous venons d'analyser. Tantôt ce sont les écoles de commerce qui se fondent dans quelques-unes de nos grandes villes maritimes et qui distribuent *des bourses* de voyage à l'étranger. Citons encore les associations et leurs lauréats pour populariser l'étude des langues étrangères. Nous devons aussi une mention des plus favorables à la *Société d'initiative privée*, récemment fondée par la Chambre syndicale des négociants-commissionnaires, ayant pour but principal de faire connaître à ses membres tous les événements industriels et commerciaux qui se produiront à l'étranger, de créer plus tard, quand elle disposera de ressources suffisantes, un de ces *musées industriels*, si populaires en Allemagne, sorte d'école technique vivante. Le Ministre du Commerce s'est également préoccupé de cette question et actuellement huit Chambres de commerce organisent des *Musées commerciaux*; il a, de plus, demandé au Parlement 50,000 francs pour aider ces fondations et en provoquer d'autres. Dix Chambres de commerce françaises fonctionnent à l'étranger (Nouvelle-Orléans, Lima, Montevideo, Mexico, Guatemala, Londres, Barcelone, Alexandrie, le Caire, Odessa), mais il faut encore travailler sans relâche afin d'appliquer à notre pays toutes les institutions commerciales qui font de l'Allemagne, avec le concours, il est vrai, de ses excellents agents consulaires, le pays le mieux informé et le mieux préparé aux luttes industrielles qui existent en Europe.

Enfin, signalons la fondation récente, par la Chambre de commerce de Paris, de la *Société d'encouragement pour le commerce français d'exportation*. Cette Société donnera son appui aux jeunes gens qui voudront aller s'établir dans les divers pays des deux mondes. Elle leur allouera des bourses de voyage, des passages gratuits, et leur fera des avances pécuniaires qu'ils rembourseront quand ils seront en mesure de s'acquitter. Ces jeunes gens seront naturellement désignés pour représenter les maisons françaises à l'étranger.

L'œuvre de la Chambre de commerce est en pleine voie de succès et il n'y a pas d'exagération à dire que ce succès se dessine avec l'élan d'un mouvement national. Les Chambres de commerce des principales villes ont envoyé leur adhésion; la Banque de France, les principales Sociétés financières, les capitalistes et banquiers les plus connus en ont fait autant. La *Société d'encouragement* reçoit aussi des membres adhérents qui s'engagent à fournir une souscription de 20 francs par an. — A. L.

EXPOSITIONS DE L'INDUSTRIE. La première idée d'une exposition des produits de l'industrie appartient à la France, et date seulement des dernières années du XVIIIe siècle. Si les foires du moyen âge, pour ne pas remonter plus haut, et notamment les célèbres foires de Beaucaire, de Guibray et de Saint-Germain rassemblaient, à époque fixe, des marchands de toutes les nations, porteurs des produits les plus variés, il n'était venu à l'idée d'aucun des princes qui favorisaient le développement de ces grands entrepôts commerciaux, d'établir une sorte d'émulation entre les artisans, de récompenser les plus habiles, de stimuler ainsi l'esprit de recherche et d'invention. Chacun de ces marchands nomades ne songeait qu'à écouler la plus grande quantité de draps, d'étoffes ou d'autres objets. Tant mieux pour celui qui, grâce à la supériorité de ses marchandises, ou son habileté, vendait le plus rapidement, au prix le plus élevé. Si certains ateliers, certains centres de fabrication avaient les préférences de la foule, ils les devaient à une longue réputation, à la constatation bien établie de leur supériorité. L'ancienne organisation des métiers, il faut bien le reconnaître, rendait presque inutile la proclamation officielle des talents. Les règlements garantissaient à l'acheteur la qualité de la marchandise; ils ne permettaient guère l'abaissement des prix et laissaient encore moins de place aux innovations qui eussent menacé d'une concurrence redoutable les maîtres de la corporation. Dans ces conditions, les expositions industrielles étaient impossibles; elles n'eussent abouti à aucun résultat.

On pourrait citer quelques tentatives faites à différentes reprises par certains artisans pour soumettre au public en dehors de ces marchés publics, les pièces exceptionnelles exécutées sur commande. Ainsi, au XVIIIe siècle, plusieurs industriels invitèrent, par avis inséré dans les feuilles publiques, les amateurs à venir examiner chez eux les œuvres destinées aux cours étrangères. Le nombre des visiteurs devait être forcément bien restreint et un meuble, une pièce d'orfèvrerie, un bijou qui avait quelquefois exigé des années de travail, allait s'enfouir dans une demeure princière ou partait pour un pays lointain sans que le chef-d'œuvre eût accru la réputation de son auteur.

Vers le milieu du XVIIIe siècle, les artisans avaient ainsi pressenti les avantages des expositions publiques. A l'appui de ce qui précède, on peut citer un fait bien curieux. On sait que, depuis 1673 et surtout depuis 1737, les peintres et les sculpteurs de l'Académie royale exposaient périodiquement leurs ouvrages dans le grand salon du Louvre. Un ciseleur, un des plus habiles et des plus fameux de son temps, Gouthière, songea à profiter de l'affluence qu'attirait le salon de peinture pour exposer un meuble qu'il venait de terminer. Le protecteur ordinaire du célèbre artisan, le duc d'Aumont, se chargea de présenter la requête au directeur des Bâtiments du Roi; le postulant se serait contenté d'un coin dans le vestibule d'entrée. Même sous cette forme modeste, la pétition de Gouthière n'avait guère de chance de succès; elle fut repoussée. On montrait bien dans ces expositions de beaux-arts, les œuvres les plus remarquables et les plus récentes de la manufacture des Gobelins; mais c'était par une faveur spéciale qui ne s'étendait pas à de simples particuliers et à des entreprises commerciales. Il fallait une modification profonde dans les anciennes mœurs pour que les expositions industrielles prissent naissance. Le bouleversement économique causé par la Révolution française devint ainsi la cause première de cette institution.

Exposition de l'an VII. C'est à François de Neufchâteau, alors ministre de l'Intérieur, que revient l'honneur d'avoir ouvert le premier concours auquel le gouvernement ait appelé les chefs d'industrie en offrant un certain nombre de récompenses aux découvertes nouvelles et aux produits les plus parfaits. Cette exposition commença le 1er vendémiaire an VII (21 septembre 1798) pour durer dix jours, ainsi que l'annonce le titre du curieux catalogue en huit pages qui nous a conservé les noms des exposants. Comme ce catalogue est aujourd'hui de toute rareté, nous entrerons dans quelques détails sur son contenu. Voici d'abord son titre : « Catalogue des superbes marchandises des manufactures de toute la République, avec les noms des manufacturiers, de leurs départements, leurs numéros de boutique, et la liste générale des beautés qu'ils renferment dans leurs magasins qui sont exposées pendant la foire au Champ-de-Mars, et le détail des tableaux qui sont au concours, avec les prix destinés aux vainqueurs des jeux, le 1er vendémiaire an VII, et le détail des évolutions militaires pour attaquer le Fort d'assaut, l'exécution de sa prise, et la manière d'y mettre le feu pour le réduire en cendre. — A Paris, se distribue rue Jacques, chez Dumaka, n° 647, près le cloître Benoît. » Et au dos de ce titre plein de promesses, après un éloge du citoyen François de Neufchâteau, on lisait cette annonce : « Manière de la prise du fort. La prise du fort, situé vis-à-vis l'hôtel de la Patrie, au Champ-de-Mars, sera pris d'assaut après un combat opiniâtre, et de suite réduit en cendre. » Immédiatement après venait cette épigraphe en gros caractères : « Vivent à jamais ceux dont l'industrie fait le bonheur de la patrie. »

Le gouvernement n'avait rien négligé, on le voit, pour augmenter l'éclat et l'attrait de cette première exposition. Pourtant, malgré les promesses pompeuses du catalogue, les industriels des villes éloignées n'avaient pas montré un grand empressement à se rendre à l'invitation du ministère. Le plus grand nombre des produits rangés dans les soixante-huit boutiques du Champ-de-Mars appartenaient à des maisons de Paris; le contingent de la province était fort restreint. On remarquait surtout dans cette seconde catégorie les tapisseries d'Aubusson du citoyen Roby, des faïences de Chantilly, des étoffes provenant des manufactures d'Arpajon, de Toulouse, de Sedan, de Châteauroux, de Cholet, de Louviers, etc.; des aciers de la Nièvre, des armes de Versailles, des toiles peintes et des cuirs de Pont-Audemer (Eure); enfin, des envois de diverses manufactures de Mayenne, de Troyes, de Sèvres, de Rouen, du Creuzot qui fabriquait alors des cristaux, etc. Le ministère exposait dans les 56e et 57e boutiques les échantillons les plus remarquables de la manufacture nationale de Sèvres, que le Catalogue recommandait en ces termes : « Il est difficile de peindre au public la beauté d'une infinité d'ouvrages sortis de cet atelier, on invite les amateurs à les contempler. » Ailleurs, le rédacteur présentait une critique indirecte des produits exposés; le fait ne laisse pas que d'être piquant. Au sujet des cuirs de la fabrique des citoyens Martin et Le Gendre, de Pont-Audemer (30e boutique), le Catalogue dit dans un français douteux : « Il est à désirer que ce cuir fût aussi bon que celui de Liège. »

La manufacture des Gobelins avait fourni son contingent. Le Catalogue se termine par l'énumération des pièces de tapisserie qui sont exposées dans le temple. « C'était l'Embrasement du quartier de Rome, Jésus chassant les marchands du temple et Apollon avec les neuf Muses; la deuxième pièce d'après Jouvenet, les autres reproduisant les fresques du Vatican. »

Parmi les exposants parisiens, on remarque des noms célèbres dans l'industrie : l'horlogerie de Bréguet alors à ses débuts, « boutique très intéressante, » dit le Catalogue, les crayons de la manufacture et invention du citoyen Conté, des ouvrages imprimés sur vélin de la maison Didot jeune qui occupait deux boutiques, des cheminées de Desarnod, des porcelaines de Dihl et Guérard et des cristaux de la manufacture du Gros-Caillou. Dans la 40e boutique se voyaient les modèles des poids et mesures de la République, exécutés sous les ordres du ministre de l'intérieur. Et le Catalogue d'ajouter cette naïve observation : « Il est à désirer que chacun la contemple pour apprécier son mérite. »

On avait promis aux exposants douze récompenses; elles furent proclamées solennellement dans la fête patriotique et militaire du 1er vendémiaire. Les noms de ces vainqueurs de la première exposition méritent d'être rappelés. Neuf étaient de Paris, trois appartenaient à la province. C'était Payn fils (bonneterie), de Troyes; Botter (faïence), de Chantilly, et Julien (fils et cotons), demeurant au Luat, près Ermont (Seine-et-Oise). Les lauréats parisiens étaient : Bréguet, Didot et Herhan, Dihl et Guérard, Conté, Desarnod, Lenoir (instruments de précision), Clouet (fers convertis en acier), Gremond et Barre (toiles peintes), Deharme (ouvrages en tôle vernie). Douze récompenses seulement avaient été promises avant l'ouverture; le gouvernement y ajouta treize mentions, décernées à huit exposants de Paris, deux de l'Eure, un de la Nièvre, un du Doubs, un de Seine-et-Oise. En tout vingt-cinq récompenses, tant médailles que mentions pour cent dix exposants environ.

Exposition de l'an IX. Le succès de cette première expérience avait été des plus satisfaisants; on résolut de renouveler périodiquement ces concours qui promettaient d'exercer la plus heureuse influence sur les progrès de l'industrie. Toutefois, les circonstances politiques ne permirent pas d'organiser une nouvelle exposition aussitôt qu'on l'avait projeté. Ce fut en l'an IX seulement, après la signature de la paix continentale, que le premier Consul ordonna, par arrêté du 13 ventôse, une exposition de l'industrie dont la durée était limitée aux cinq jours complémentaires de l'année.

Ce nouveau concours permit de constater le progrès sensible de plusieurs industries. On avait construit pour la circonstance des portiques dans la cour du Louvre. Cette galerie provisoire, composée seulement d'un rez-de-chaussée, était peinte en marbres de diverses nuances et disposée de manière à s'harmoniser avec la partie supérieure du palais. Dans cette galerie, deux cent vingt exposants appartenant à trente-huit départements, avaient mis sous les yeux du public plus de quatre cents produits. Le gouvernement divisa cette fois les récompenses en trois classes; il décerna 19 médailles d'or, 28 d'argent et 30 de bronze. Sur les douze industriels qui avaient reçu la première récompense de l'an VII, sept obtinrent cette fois la médaille d'or : Pierre Didot, Lenoir, Herhan, Conté, Désarnod, Deharme et Dubaux et Jullien, du Luat. Les nouveaux exposants jugés dignes de la récompense la plus élevée étaient : Solages et Bossut, modèle d'une nouvelle écluse; Lignereux et Jacob, meubles; tous les autres appartenaient à la province : Solers-Guents et Goury, fabricants de limes, scies, etc., à Dilling (Moselle); Utzschneider, à Sarreguemines, et Merlin-Hall, à Montereau, récompensés pour leurs poteries; Fauler, Kempf et Muntzer, maroquins, à Choisy-sur-Seine; Montgolfier, papeterie, à Annonay; Decretot, draps, à Louviers; Ternaux, draps, à Louviers, Sedan, Reims; Delaître, Noël et Cie, cotons filés, à l'Epine, près Arpajon; Bauwens, cotons filés, à Passy (Seine); Godet et Delépine, velours, à Rouen; Morgan et Delahaye, velours à Amiens. Sur les treize exposants mentionnés en l'an VII, huit obtinrent la médaille d'argent, cinq étaient de Paris : Salneuve, mécanicien; Lepetit-Walle, coutellier; Perrin, fabricant de toiles métalliques; Bouvier, fondeur; Cahours, bonnetier. Trois appartenaient aux départements : Raoul, limes, à Thionville; Plumer, Donnet et Vannier, cuirs, à Pont-Audemer; Detrey aîné, bonnetier à Besançon.

Exposition de l'an X. Nous n'avons pas à nous étendre ici sur une création due à Chaptal, et qui exerça la plus heureuse influence sur la prospérité de l'industrie française; nous voulons parler de la *Société d'encouragement pour l'industrie nationale*, fondée en l'an X sur le modèle d'une Société anglaise. Encore est-il indispensable de dire quelques mots des débuts de cette Société, car elle prit une part active à l'exposition de l'an X. Dès la première année de sa fondation, elle offrait six prix de 1,000, 2,000 et 3,000 francs pour la fabrication des filets de pêche, du blanc de plomb, du bleu de Prusse, des vis à bois, des vases de métal revêtus d'un émail à bon marché, et enfin pour le repiquage ou la transplantation des grains d'automne au printemps.

Cette Société qui comptait des savants illustres et l'élite des industriels français, se trouvait naturellement désignée pour fournir les Comités d'examen. Les exposants ne pouvaient souhaiter des juges plus compétents et plus impartiaux. Si, comme l'avait prescrit l'arrêté du 13 ventôse an IX, les expositions de l'industrie fussent revenues périodiquement chaque année, à la date anniversaire de la fondation de la République, le gouvernement eût trouvé chez les membres de cette Société le plus précieux concours pour la direction de ces solennités.

L'exposition de l'an X, grâce à la sollicitude du ministre et à la situation politique dans laquelle se trouvait alors le pays, fut des plus brillantes. Toutes les industries étaient représentées, car on avait sagement décidé que le bon marché des produits, pourvu que la qualité fût satisfaisante, avait un titre égal aux encouragements de l'Etat que la perfection des objets de luxe obtenue à grands frais. Soixante-treize départements prirent part à cette exhibition installée, comme celle de l'an IX, sous les portiques de la cour du Louvre. Le nombre des exposants s'élevait à cinq cent quarante, il avait presque triplé depuis l'année précédente. Pour récompenser ce magnifique élan de la partie laborieuse de la nation, le jury disposait de 38 médailles d'or, 53 médailles d'argent et 60 médailles de bronze. Parmi les industriels jugés dignes de la récompense la plus élevée, on retrouve les noms de Bréguet, Morgan et Delahaye, Fourmy, Deharme, Conté, Désarnod, Pierre Didot, Jacob l'ébéniste, Ternaux, etc., qui s'étaient déjà distingués aux précédentes expositions. A côté d'eux, se firent remarquer les orfèvres Odiot et Auguste, les horlogers Berthoud et Janvier; Johannot, papetier d'Annonay; Joubert et Masquelier, pour la calcographie; des filateurs de soie, des fabricants de velours, de draps, etc., etc. Il serait malaisé de faire un choix parmi les exposants qui reçurent la médaille d'argent. On remarque parmi eux les noms de Sallandrouze, fabricant de tapis; de Sandoz, horloger; de Ladouepe-Dufourgerais et Veytard, pour les cristaux du Creuzot. Les manufactures nationales de Sèvres, des Gobelins et de la Savonnerie, représentées par leurs productions les plus récentes, se trouvaient naturellement hors concours.

Le Catalogue, composé de 48 pages in-8°, se montre peu explicite. Il se borne le plus souvent à donner le nom du fabricant, son adresse, en mentionnant les distinctions qu'il a obtenues les années précédentes, avec l'indication très sommaire des produits exposés.

Enfin, dans le milieu de la cour du Louvre, les frères Trabuchy (ne faut-il pas lire Trabucci), poêliers, à la barrière du Roule, avaient exposé une reproduction en terre cuite du monument de Lysicrates à Athènes, exécutée sous la direction des architectes Legrand et Molinos. Malgré le brillant succès de l'exposition de 1802, le gouvernement résolut de suspendre ces concours pendant quelques années afin de donner aux industriels le temps de se perfectionner et de se préparer à de nouvelles luttes. D'ailleurs la reprise des hostilités avec l'Angleterre et les changements politiques survenus à cette époque, retardèrent jusqu'en 1806 la nouvelle convocation des industries françaises.

Exposition de 1806. C'est au retour de la campagne d'Austerlitz, par un décret rendu le 15 février 1806, que Napoléon Ier songea à joindre aux fêtes instituées pour célébrer le triomphe de ses armées, l'éclat d'une exposition des produits de l'industrie française. Les succès militaires devaient ainsi profiter au développement des manufactures. La situation politique de la France après la glorieuse campagne d'Austerlitz attira une affluence considérable d'exposants de tous les points du vaste empire sur lequel Napoléon avait étendu son autorité. Cent quatre départements étaient représentés par mille quatre cent vingt-deux exposants. A une pareille affluence de concurrents la cour du Louvre ne suffisait plus; on installa l'exposition sur l'esplanade des Invalides. Les portiques s'étendaient de l'hôtel des Invalides à la Seine. Comme d'habitude les manufactures nationales durent soumettre à l'examen du public leurs productions, sans participer au concours et aux récompenses.

Le nombre des maisons représentées ayant presque triplé, on augmenta celui des récompenses. Mais on se garda bien de prodiguer ces distinctions, comme on l'a fait trop souvent de nos jours. 54 médailles d'or, 97 médailles d'argent et 80 médailles de bronze furent décernées; beaucoup d'exposants reçurent seulement des mentions honorables. Il est vrai qu'en vertu d'un règlement fort équitable les industriels récompensés aux précédents concours ne devaient pas recevoir de nouvelles médailles, à moins d'avoir mérité une récompense supérieure.

Nous trouvons cependant dans la liste des médailles d'or les orfèvres Auguste et Odiot, Pierre et Firmin Didot qui, comme Desarnod, avaient pris part à toutes les expositions et avaient toujours obtenu les premières récompenses, Dihl et Guérard, Jacob le fameux ébéniste, Montgolfier, Ternaux et les potiers Merlin-Hall de Montereau et Utzschneider de Sarreguemines. A côté de ces vétérans de l'industrie, on remarque de nouveaux noms dont la réputation ne tardera pas à égaler celle de leurs devanciers. Tels sont Baltard, le graveur au burin, Biennais, l'orfèvre, Oberkampf, le fabricant de toiles peintes, Thomire, l'auteur de tant de bronzes remarquables, la manufacture des glaces de Paris, l'horloger Japy, Joubert et Masquelier, calcographes, enfin des fabricants d'étoffes de soie, de coton, de laine, qui ont, eux aussi, rendu de grands services au développement de l'industrie nationale, mais dont le nom est moins populaire que ceux des fabricants qui ont, dans une mesure quelconque, contribué à l'alliance de l'art et de l'industrie. Parmi les exposants jugés dignes de médailles d'argent en 1806, on remarque la manufacture de poteries de Chantilly, la maison Dolfus, Mieg et Cie pour les toiles peintes, l'horloger Lepaute, les frères Piranesi, Sallandrouze, enfin Treuttel, Wurtz, Milling et Née, pour la calcographie. Dans la liste des médailles de bronze se trouvent les noms de Belloni, le mosaïste, Carcel et Cie, pour l'éclairage, Filhol et Landon, pour la calcographie, Galle et Ravrio, pour les bronzes ciselés, etc., etc. Nous renvoyons pour plus de détails aux listes de récompenses publiées dans le *Moniteur officiel* de l'Empire.

Le décret du 15 février 1806 avait fixé à trois années le retour périodique des expositions de l'industrie française. Les événements politiques ne permirent pas de suivre ce programme. Au surplus, la prohibition absolue dont les marchandises anglaises étaient l'objet, et les efforts tentés par le gouvernement pour remplacer les produits dont il interdisait l'entrée sur le continent, exercèrent la plus heureuse influence sur le développement de l'industrie. D'ailleurs la Société d'encouragement dont nous avons parlé plus haut et plusieurs autres sociétés instituées sur son modèle, multiplièrent leurs efforts en offrant des prix à toutes les découvertes utiles.

Exposition de 1819. Une ordonnance de Louis XVIII, en date du 13 janvier 1819, décida que le retour des expositions industrielles aurait lieu tous les quatre ans; la première était fixée à l'année 1819, la seconde serait ouverte en 1821. Des instructions detaillées adressées aux préfets chargés d'organiser les jurys départementaux renfermaient ce passage remarquable : « Faites-vous rendre compte des découvertes qui pourraient avoir amené, depuis dix ans, une amélioration notable dans une branche quelconque de l'industrie manufacturière de votre département, et signalez-moi les savants, les artistes, les ouvriers auxquels on en est redevable. Un mécanicien, un simple contre-maître, ou même un ouvrier doué d'un esprit observateur, ont quelquefois, par d'heureuses découvertes, élevé tout à coup des manufactures au plus haut degré de prospérité, etc. »

Le moment était favorable, malgré les charges énormes qui pesaient alors sur le pays; aussi l'exposition de 1819 fut-elle une de celles qui permettent de constater les progrès les plus sensibles dans les productions de l'industrie nationale. Quinze cents fabricants envoyèrent, de tous les points de la France, plus de six mille objets manufacturés qui trouvèrent une installation spacieuse dans les salles du rez-de-chaussée du Louvre récemment terminées.

Si le nombre des exposants avait dépassé les espérances du ministère, les récompenses ne manquèrent pas aux industriels qui, par leur empressement patriotique, avaient fourni le témoignage le plus éclatant du relèvement du pays. Le jury central, à l'exemple de celui de 1806, établit cinq degrés de distinction : médailles d'or, d'argent, de bronze, mentions honorables, simples citations. Un certain nombre de décorations de la Légion d'honneur échurent aux plus méritants; dans le nombre figurent MM. Bréguet, Lerebours, Jandau, chef d'institution à l'école de Châlons, Firmin Didot, Jacquart, Kœchlin, Lenoir, opticien, et Utschneider, fabricant de faïences. MM. Ternaux et Oberkampf, déjà décorés et qui avaient obtenu les plus hautes récompenses dans les précédentes expositions, reçurent le titre de baron. Enfin M. d'Arcet, membre de l'Académie des sciences, connu par de nombreuses applications de la chimie aux arts et manufactures, fut décoré du cordon de Saint-Michel.

Les médailles d'or étaient au nombre de 84. Nous retrouvons dans cette liste les noms déjà célèbres de Biennais, du comte de Chaptal, pour le sucre de betteraves, de Pierre Didot, Firmin Didot, Henri Didot et Cie, Dolfus Mieg et Cie, Érard, Gonord, Conté, Jacob, Jacquart, Joubert, éditeur de la galerie de Florence, Kœchlin, Lerebours, Montgolfier, Oberkampf, Odiot, la manufacture des glaces de Saint-Gobain, Thomire et Cie, et nombre d'autres fabricants moins populaires. Les médailles d'argent atteignirent le chiffre de 1?0, chiffre dépassé de beaucoup par les médailles de bronze et les mentions.

Un remarquable rapport, rédigé au nom du jury central par M. Costaz, qui avait déjà rempli les mêmes fonctions en l'an IX, en l'an X et en 1806, constate avec un soin minutieux les progrès accomplis dans les différentes industries depuis l'exposition de 1806. On y voit que le jury avait pris sa mission au sérieux et s'était livré à un examen approfondi des produits avant d'accorder une récompense. Ce rapport est en quelque sorte un tableau complet, bien que succinct, des industries françaises, de leurs procédés, de leur situation en 1819. Les observations ou même les critiques ne sont pas ménagées aux exposants; les juges se préoccupent en même temps de la question d'esthétique, et de la simplification des procédés de fabrication. Nous ne pouvons tenter une analyse même sommaire de ce rapport, contentons-nous d'avoir signalé un des documents les plus intéressants qui existent sur l'histoire de l'industrie française.

Depuis le commencement du siècle, une révolution considérable s'était accomplie dans l'industrie; le métier mécanique tendait à se substituer partout au travail de l'ouvrier, en se perfectionnant sans cesse. Enfin si la vapeur n'avait pas fait son apparition à l'exposition de 1819, elle était déjà connue et utilisée en France dans la plupart des établissements industriels. On ne reverra pas de longtemps sans doute une rénovation des procédés de fabrication semblable à celle qui a marqué les vingt premières années de ce siècle.

Exposition de 1823. En parlant des premières expositions de l'industrie française, nous avions à insister sur des faits oubliés ou peu connus; mais à mesure que nous nous rapprochons d'une époque récente, nous pouvons restreindre nos développements et nous borner à quelques renseignements statistiques. En 1823, le jury central constate de notables progrès dans toutes les branches de l'industrie, malgré le court espace de temps écoulé depuis la précédente exposition; mais il se plaint de l'absence de plusieurs départements. 76 départements seulement sont représentés par les principaux chefs d'industrie. 74 médailles d'or, 151 médailles d'argent, sans compter les médailles de bronze et les mentions, récompensèrent les produits les plus remarquables. Parmi les noms qui paraissent alors pour la première fois, on remarque ceux de Denière, le bronzier; Fauconnier, l'orfèvre; Galle, le bronzier; le comte de Polignac, pour les laines mérinos; la compagnie des mines de fer de Saint-Étienne.

Exposition de 1827. Cette exposition fut un peu moins brillante que les précédentes. Un certain nombre de chefs de maisons, parmi les plus distingués, commençaient à se retirer des concours de crainte de fournir des armes à leurs rivaux, en livrant le secret de leurs procédés. Le jury se plaignait de cette abstention qui privait l'exposition de ses éléments les plus intéressants. Cependant le catalogue enregistrait encore 1,631 exposants, sur lesquels 1,110, plus des deux tiers, appartenaient au département de la Seine. 20 départements s'étaient complètement abstenus; ceux des Vosges, du Pas-de-Calais, de la Côte-d'Or, de la Haute-Saône, de la Somme, de la Haute-Marne, de la Meuse et de l'Yonne, qui possédaient cependant des industries florissantes, n'étaient représentés que par un très petit nombre de maisons. Le jury demandait encore cette fois, comme il l'avait fait précédemment, que les industriels envoyassent surtout les objets à bon marché, accessibles à toutes les bourses et d'un usage répandu. On se préoccupait autant et plus de l'utilité des produits exposés que des difficultés vaincues uniquement en vue de l'exposition.

47 médailles d'or, 12 croix de la Légion d'honneur furent distribuées en 1827. Parmi les noms des fabricants jugés dignes de la première médaille, on trouve ceux de Bréguet, de la comtesse de Cayla, pour échantillons de laine lisse, de Charles Derosne, le fondateur de la maison Derosne et Cail, de Firmin Didot, Érard, Javal frères et Cie, Pleyel père et fils, Ternaux et fils. Dans la liste des nouveaux décorés, on rencontre Denière, le fabricant de bronzes, de Saint-Cricq-Cazeaux, chef de la manufacture de faïence, à Creil, Bellangé, conseiller du Roi au conseil général des manufactures, un maître de forges, des ma-

nufacturiers de draps et d'étoffes de soie à Sedan, Elbeuf, Castres, Nîmes, Tours, Lyon, etc. On ne négligeait rien, comme on voit, pour intéresser à ces solennités périodiques toutes les régions de la France.

Exposition de 1834. Le rapporteur du jury central, le baron Charles Dupin, présenta, dans un mémoire fort curieux, la statistique, pour chaque genre d'industrie, soit des quantités, soit des évaluations des produits nationaux exportés et des produits étrangers importés. Il mit en parallèle les résultats des années 1823, 1827 et 1834 ; il voulait ainsi fournir des éléments pour constater les progrès réalisés, pour juger si les progrès de nos industries étaient apparents ou réels, s'ils étaient plus rapides ou plus lents que ceux des nations voisines.

Ce rapport notait une augmentation sensible du nombre des concurrents. Il s'élevait en 1834 à 2,447, pour 1,700 en 1827. Le nombre des médailles augmente en proportion : on accorda 28 décorations, 70 médailles d'or et 246 médailles d'argent. A mesure que nous nous rapprochons des expositions contemporaines, nous rencontrons un plus grand nombre de noms occupant encore de nos jours une haute situation dans l'industrie. Ainsi, parmi les nouveaux chevaliers de la Légion d'honneur, on remarque MM. Derosne, Érard, Gros-Jean, Kœchlin, Guimet, Hartmann, Paturle, Pleyel, Sallandrouze, Thomire père. Dans la liste des médailles d'or, on lit les noms de MM. André Kœchlin, Auzou, Biétry, Ch. Derosne, Firmin Didot, Gros-Jean Kœchlin, Guimet, Hartmann, Lerebours, Pape, Sallandrouze-Lamornais, la compagnie des verreries de Saint-Louis, la Société des papeteries du Marais et de Sainte-Marie. Enfin dans la liste des médailles d'argent apparaissent pour la première fois des noms qui ne tarderont pas à acquérir une véritable célébrité. Ce sont ceux de MM. Audriveau-Goujon, Charrière, Gavard, Germain Thibault et Cie, Géruzet, Hachette, Massin, Pankoucke, le comte de Pontgibaud, Thierry-Mieg, Vuillaume, etc., etc.

Parmi les progrès les plus considérables réalisés par l'industrie de 1819 à 1834, il faut signaler en première ligne l'emploi de la vapeur appliquée à toutes les machines, la substitution née de la nécessité du sucre de betteraves au sucre des colonies, l'utilisation du sang des animaux provenant des abattoirs comme engrais ; la découverte d'un nouveau procédé pour obtenir un des matériaux les plus employés dans la construction, c'est-à-dire la chaux hydraulique; la composition d'un bleu aussi parfait et aussi inaltérable que l'outremer et coûtant deux cents fois moins cher; on peut également constater les progrès remarquables réalisés par toutes les industries qui traitent les métaux. Chacune de ces étapes avait été marquée par des découvertes fécondes, des perfectionnements importants que les expositions avaient provoqué et immédiatement porté à la connaissance des intéressés.

Exposition de 1839. Si, quelques années auparavant, le jury avait eu le droit de se plaindre qu'un certain nombre de départements restassent indifférents et étrangers aux expositions, l'affluence des concurrents, en 1839, commença à faire entrevoir un autre danger qui n'a cessé d'aller en augmentant depuis cette époque, c'est-à-dire l'encombrement des produits envoyés par un pur esprit de spéculation, sans que leur étude pût offrir aucun résultat utile aux visiteurs. « On pouvait appréhender, a dit un juge compétent, que l'esprit mercantile ne cherchât à s'emparer des expositions; que le jury trop nombreux ne perdît de sa force d'ensemble et ne manquât de direction ; que ses commissions, trop chargées de travail, ne faiblissent devant des intérêts particuliers; que les récompenses ne fussent recherchées plutôt comme des enseignes de boutiques que comme des titres d'honneur industriel, et que la cupidité ou l'amour propre des individus ne parvinssent, au milieu de la confusion que l'administration publique n'aurait pu prévenir, à obtenir par des moyens peu honorables les prix qui ne devraient être décernés qu'à l'intelligence fécondée par le travail. » Ces observations qui datent de 1855 sont plus justes, en 1878, que jamais. Et, de fait, les expositions tendent plus que jamais à devenir d'immenses bazars où disparaissent, derrière la masse des inventions puériles, les efforts et les progrès des grands chercheurs que leur mérite place à la tête de leur époque.

En 1839, le nombre des exposants atteignait le chiffre de 3,281. Aussi, tandis que les salles du Louvre avaient suffi en 1819, 1823 et 1827 aux expositions de l'industrie transportées en 1834 sur la place de la Concorde, il fallut trouver pour celle de 1839 un emplacement plus vaste. On se décida pour les Champs-Élysées où devaient également s'installer les expositions de 1844 et de 1849. Le nombre des récompenses fut augmenté dans des proportions démesurées; près des trois quarts des exposants (2,305 médailles ou mentions) obtinrent des distinctions qui perdaient singulièrement de leur signification, du moment où elles étaient répandues avec une pareille profusion. L'excès ne devait pas s'arrêter là ; on vit, cinq ans plus tard, 3,253 récompenses réparties entre 3,960 exposants. Évidemment ceux qui étaient exclus de cette trop large répartition avaient le droit de se dire lésés. Sur 12 exposants, 2 seulement n'obtenaient pas de récompense. Le résultat sera le même pour l'industrie que pour les beaux-arts. L'abus des récompenses en rendra la suppression nécessaire; car il parait difficile maintenant de les restreindre en les ramenant à un chiffre raisonnable. Les grandes inventions qui faisaient, en 1839, leur apparition étaient peu nombreuses. Le jury constatait le développement régulier des grandes découvertes qui avaient signalé le commencement du siècle, l'application générale de la vapeur comme force motrice et les nouveaux perfectionnements de la mécanique ; mais les véritables innovations dans l'industrie se bornaient à :

1° L'introduction de la filature mécanique du lin, inventée par de Girard en 1810, pratiquée d'abord en Angleterre, apportée en France avant 1834, mais d'abord avec si peu de succès que, selon les paroles du jury de 1839 « tout espoir de l'établir avantageusement en France semblait alors perdu. »

2° La fabrication de la chaux hydraulique par les nouveaux procédés inventés par M. Vicat.

3° L'invention des phares lenticulaires par M. Fresnel.

Les chemins de fer, la télégraphie électrique et le daguerréotype ne feront leur apparition qu'en 1844.

Une importante modification fut introduite à la suite de l'exposition de 1839 dans les travaux du jury. A un rapport unique qui présentait jusque-là la synthèse de l'exposition, fut substituée une suite de rapports particuliers présentés par chaque section et passant successivement en revue le mérite des produits exposés. L'accroissement considérable des envois rendait peut-être cette modification inévitable; mais ses inconvénients sautent aux yeux. Ces rapports partiels ne peuvent donner une idée d'ensemble de l'exposition. Avec ce système, les idées personnelles du rapporteur, et aussi ses antipathies ou ses prédilections particulières se donnent bien plus librement carrière qu'autrefois.

Parmi les 27 exposants qui reçurent la croix à la suite de l'exposition de 1839, figurent les noms de MM. Biétry, Fourneyron, Pape, Jean Dolfus; le plus grand nombre des autres manufacturiers avait mérité cette distinction par des tissus, des soieries, des draps et des cachemires. Dans les 101 exposants à qui fut décernée la médaille d'or, figurent quelques vétérans des précédentes expositions et bon nombre de noms nouveaux. On remarque parmi eux l'administration des usines de Bouxwiller, MM. Charrière, Christofle, Derosne et Cail, Firmin

Didot, Érard, Feray et Cie, Fourneyron, Geruzet, Schneider frères et Cie, Thiébaut, Vuillaume, la manufacture de Saint-Gobain, etc. Les médailles d'argent deviennent trop nombreuses pour qu'on puisse faire un choix parmi leurs titulaires.

Exposition de 1844. Ce fut dans les Champs-Élysées, comme nous l'avons dit, que s'ouvrit l'exposition de 1844. Elle présentait les mêmes caractères que la précédente; les anciens concours des sommités de l'industrie française tendent de plus en plus à devenir un marché, une véritable foire ouverte à tous les petits commerces, aux plus infimes industries. Nous avons déjà indiqué le nombre des exposants (3,960) et celui des récompenses (3,253). Le Roi accorda 31 décorations; le nombre des premières médailles fut de 123. Parmi les nouveaux chevaliers de la Légion d'honneur, on remarque les noms de MM. André, fondeur, au Val d'Osne; Bonnet, fabricant de soieries, à Lyon; Cail, constructeur de machines; Charrière, fabricant d'instruments de chirurgie; Godard fils, fabricant de cristaux, à Baccarat; Gros, fabricant de tissus de coton, à Wesserling; Roller, facteur de pianos; Thénard, ingénieur en chef des ponts et chaussées, à Abzac (Gironde). Sur la liste des médailles d'or figurent les noms de MM. le comte d'Andelarre, fers; Best, Leloir et Cie, graveurs sur bois; Cavaillé-Coll père et fils, orgues; Christofle et Cie, dorure électrique, bijouterie; Dauphinot-Pérard, mérinos; Derosne et Cail, appareils et machines pour fabriques et raffineries de sucre; Durenne, chaudières de locomotives; Froment-Meurice, Geruset, Grohé frères, ébénistes; Lemercier, lithographe; Lepaute, phares; Mazeline frères, bateaux à vapeur; Morel et Cie, orfévrerie, bijouterie, etc.; Rousseau, décoration de porcelaines; Schwilgué, horlogerie de précision; la Société des Ardoisières d'Angers, Vuillaume, violons, etc.

Rappelons que c'est à l'exposition de 1844 que les chemins de fer et le daguerréotype firent leur apparition pour ainsi dire officielle.

Exposition de 1849. Ouverte au lendemain d'une révolution qui avait profondément ébranlé la situation économique de la France, et dont le contre-coup s'était fait sentir par toute l'Europe, l'exposition de 1849 obtint pourtant un succès énorme. Elle présentait une innovation importante. L'agriculture était représentée par ses outils et ses productions dans une bien plus large mesure que précédemment. C'est réellement la première tentative sérieuse pour placer en parallèle les produits bruts, tels qu'ils sortent du sein de la terre, et les produits manufacturés, façonnés et transformés par l'outillage de plus en plus compliqué et de plus en plus parfait de l'industrie. On sait que l'exemple donné en 1849 a été suivi aux expositions suivantes, et particulièrement aux expositions universelles. Le rapport du jury ne donne pas, pour 1849, le nombre exact des exposants; nous savons seulement que, grâce à l'adjonction de l'agriculture, il était sensiblement plus élevé que celui de 1844. Le chiffre des médailles d'or était porté à 178; 51 décorations furent réparties entre les exposants les plus méritants, parmi ceux-ci nous nous contenterons de citer les noms de MM. Cavaillé-Coll, Durenne, Gouin, Hardy, chef des pépinières d'Alger; Hartmann, Kolb-Bernard, Lefébure, fabricant de dentelles; Marcus, directeur de la cristallerie de Saint-Louis; Say et Pallu, directeur des mines de Pontgibaud. Sur la liste des médailles d'or se retrouvent bon nombre de noms déjà signalés aux précédentes expositions. Ce sont MM. Auzoux, Cavaillé-Coll, Charrière, Christofle, Denière, Froment-Meurice, Geruset, Gouin, Guimet, Lemercier, Lerebours et Secrétan. Un certain nombre de noms nouveaux commencent alors leur réputation; citons les plus connus : MM. Davillier, tissus de coton; Duponchel, orfèvrerie; Paul Dupont et Cie, notice sur l'imprimerie; Engelmann et Graff, chromolithographie; Jouvin et Doyon, ganterie de peau; Liénard, dessins pour meubles; Maes, cristallerie; Mame, typographie; Ménier et Cie, produits chimiques; Meynard, ébénisterie; Paillard, bronzes d'art; Plon frères, typographie; Requillart, Roussel et Chocqueel, tapis; Ruolz, chimie; E. Seillière et Cie, tissus de coton blancs et écrus; Silbermann, typochromie; Yemeniz, tissus de soie. Enfin, parmi les exposants qui avaient été distingués dans la classe de l'agriculture, se trouvent ceux de MM. Béhague, élevage de bestiaux; de Lancosme-Brèves et Duguen, engrais; Héricart de Thury, culture; Institut de Grigon (M. Bella), élevage; Latache, élevage; Lemarié, grande culture; Paix de Beauvoys, ruches à miel; Rocher, appareils à distiller l'eau de mer, etc., etc.

Il nous reste maintenant à passer en revue les expositions de l'industrie depuis 1850 jusqu'en 1883, c'est-à-dire à rendre sommairement compte des expositions universelles de Londres en 1851, 1862 et 1872-75, de celles de Paris en 1855, 1867 et 1878, enfin de celles de Vienne en 1873, de Philadelphie en 1876, et d'Amsterdam en 1883. Les relations internationales, les besoins du commerce ont rendu désormais nécessaire cette vulgarisation en quelque sorte permanente de tous les progrès obtenus. La lutte qui existait autrefois entre les différentes contrées d'un même pays s'établit maintenant entre toutes les nations de la terre. Il n'est pas de peuple, si étranger qu'il soit à la civilisation européenne, qui n'y prenne part. Si la France a eu l'honneur d'organiser la première exposition nationale, c'est à l'Angleterre qu'appartient l'initiative de la première exposition internationale et universelle.

Exposition universelle de Londres, en 1851. A plusieurs reprises, différentes nations étrangères avaient suivi l'exemple de la France en organisant dans leurs capitales des expositions des produits de l'industrie. Chose curieuse! C'est la Russie qui entre la première dans cette voie; elle organise une exposition dès 1829 et renouvelle cette expérience en 1831, 1835, 1839, 1843 et 1847. L'Autriche compte trois expositions en 1835, 1839 et 1845; la Belgique en eut également trois, en 1835, 1841 et 1847; la Prusse une seule en 1844. Je ne parle que pour mémoire des timides tentatives faites dans cette voie par le Piémont et l'Espagne. Chaque nation semblait se préparer ainsi par l'examen de ses forces au grand tournoi international auquel l'Angleterre allait convier l'Europe.

Nous ne pouvons entrer ici dans l'étude approfondie des expositions universelles. Un pareil travail exigerait des volumes. Les catalogues et les rapports des divers jurys, c'est-à-dire les documents officiels forment à eux seuls toute une bibliothèque. Nous devons donc nous borner à quelques traits principaux, en insistant sur le rôle de la France dans les diverses expositions étrangères.

L'exposition de Londres en 1851 ouvrit le 1er mai et dura jusqu'au 11 octobre. La superficie totale de l'exposition comprenait 97,000 mètres carrés. La construction coûta 4,400,767 fr. 05; la dépense totale atteignit 7,319,864 fr. 05 et la recette 12.652,508 fr. 55. Il y eut donc, cette fois, un bénéfice de 5,332,644 fr. 50.

On sait que, pour héberger les exposants de 1851, l'Angleterre avait fait construire ce palais de cristal qu'on visite encore à Sydenham. Cette immense cage de verre excita tout d'abord l'admiration générale; il semblait qu'on eût découvert le type d'architecture qui convenait le mieux aux nécessités de l'industrie moderne, tandis qu'on avait simplement appliqué, sur une bien plus grande échelle, les principes qui ont présidé à la construction de toutes les gares de chemin de fer. Cependant on montrait encore un certain souci de la décoration et de l'harmonie architectoniques; cette préoccupation apparaît encore à l'exposition universelle de Paris en 1855 pour diminuer ensuite de plus en plus. En 1867 et en 1878, si on a cherché à introduire quelques éléments décoratifs dans la construction des façades, il faut reconnaître que le reste des immenses halles livrées à l'industrie n'a rien de commun avec l'art. On ne songe plus qu'à construire des abris d'une durée éphémère sur un plan plus ou moins commode, plus ou moins nouveau; quant à innover un type d'architecture élégante et légère qui bénéficie au moins des avantages que présentent les matériaux employés, le fer et le verre, les ingénieurs aujourd'hui chargés de la haute direction des expositions universelles n'en ont guère souci. Il faut bien reconnaître que la construction érigée en 1851 par les Anglais, est restée le modèle du genre.

Lors de l'ouverture de cette première exposition universelle, la supériorité de l'art et du goût français fut unanimement reconnue. Si les Anglais l'emportaient par l'excellence de leur outillage industriel, si leurs machines étaient sans rivales, la France triompha facilement dans toutes les industries somptuaires, telles que la décoration des appartements, les meubles, l'orfèvrerie et la bijouterie, les dessins des étoffes de soie, la reliure, etc. Le *Journal officiel* donne, dans le numéro du 21 juillet 1851, la liste des exposants par ordre alphabétique, et dans celui du 15 octobre la liste par sections. Le numéro du 16 octobre publiait la nomenclature des grandes médailles, au nombre de 56; le lendemain, 17, le même journal donnait la liste des 625 médailles d'argent; enfin, le 18, étaient publiés les noms des 372 concurrents qui avaient obtenu des mentions honorables. En tout 1,053 récompenses remportées par les exposants français. Nous ne pouvons faire un choix dans ce nombre immense; contentons-nous de donner l'énumération des 56 industriels qui reçurent la grande médaille, renvoyant pour de plus amples détails aux listes du *Journal officiel*.

La Chambre de commerce de Lyon; le Dépôt de la guerre, pour la Carte de l'état-major; le Ministère de la guerre; le Ministère de la marine; l'École des mines; la manufacture des Gobelins; la manufacture de Sèvres; MM. André, pour fonte de fer; Aubanel, bronze et fonte; Barbedienne, bronze et réduction; Berard et Cie, houille épurée; Bourdon, manomètres et baromètres; Buron, télescopes à bas prix; Cail et Cie, appareils pour cuire le sucre dans le vide; Constantin, fleurs artificielles; Darblay, procédé pour la mouture du blé; Deleuil, balance et machine pneumatique; Delicourt, papiers peints; de Milly, acide et bougie stéariques; Deneirouse, Boisglavy et Cie, nouveau procédé pour l'exécution des dessins de fabrique compliqués; Dubost Soleil, saccharimètre, télescope; Dubroquet, application du levier pneumatique à un orgue d'église; Érard, pianos et harpes; Estivant frères, planches en cuivre; Fourdinois, buffet; Froment, théodolite et mètre divisé; Froment-Meurice, milieu de table en orfèvrerie; Fromont et fils, turbine; Grar et Cie, échantillons de sucre de betterave; Graux de Mauchamp, nouvelle espèce de laine; Grenet, gélatine incolore; Gueyton, galvanoplastie; Guimet, bleu d'outre-mer; Hermann, machines à fabriquer le chocolat; Japy, horlogerie; Lemonnier, parure destinée à la reine d'Espagne; Liénard, pendule en bois sculpté; Maes, fabricant de verre; Martins, talbotypes sur verre par le procédé albumineux; Marcel frères, cachets, tabatières; Masson, légumes conservés; Matifat, sujets originaux en bronze; Mercier et Cie, machines pour carder et filer la laine; Popelin Ducarre, nouveau procédé de fabrication du charbon de bois; Pradier, statue de Phryné; Pratt et Agard, produits tirés des eaux salines; Quennessen, creusets en platine; Risler et fils, dépurateur pour nettoyer le coton; Rudolphi, bijoux; Sax et Cie, instruments en cuivre; Serret, Hamoir, Duquesne et Cie, spiritueux; Taurines, dynamomètre; Védy, baromètre anéroïde; Vittoz, bronzes dorés; Vuillaume, violons; Wagner neveu, horloge à mouvement continu, télescope, etc.

Cette liste suggère plusieurs réflexions. Si on y trouve les noms d'un grand nombre d'industriels qui s'étaient signalés dans les expositions françaises, on est tout étonné de n'y pas rencontrer d'autres fabricants non moins renommés, non moins méritants. Pour ne citer qu'un exemple, l'Imprimerie nationale, qui exposait en 1851, ne fut jugée digne que d'une médaille d'argent, absolument comme certains imprimeurs qui sont loin de l'égaler en perfection. Ainsi, de la première exposition universelle résultait cet enseignement que, quand les milieux ne sont plus les mêmes, les mérites relatifs des concurrents peuvent paraître différents. Évidemment dans la liste qu'on vient de lire, certains noms n'auraient pas paru dignes en France d'une si haute récompense et auraient été remplacés par d'autres maisons qui jouissent chez nous d'une réputation plus répandue; ce seul fait démontre la nécessité de faire contrôler les jugements d'un public prévenu, et par conséquent partial, par des arbitres nouveaux et désintéressés.

Exposition universelle de 1855, à Paris. Le succès de l'exposition universelle de Londres devait lui créer des imitateurs. Ce fut la France qui se chargea de convoquer toutes les nations de l'Europe, sauf la Russie avec qui elle était alors en guerre, à ce second tournoi international. On construisit spécialement pour recevoir les produits de l'industrie le Palais des Champs Élysées qui existe encore. Il présentait un grave défaut : pour ménager l'espace ou diminuer la dépense, on avait construit deux étages; on a reconcé depuis à cette disposition. Le long de la Seine, sur le quai Debilly, avait été bâtie, pour les machines, une longue galerie provisoire reliée à l'exposition centrale par un pont aérien. Cette galerie présentait un développement de 1,200 mètres en longueur sur 22 mètres de large. Enfin on avait voulu associer les beaux-arts à cette solennité et on leur avait construit entre l'avenue Montaigne et la rue Marbœuf un petit palais isolé.

A notre point de vue, cette séparation, bien nettement accusée, des œuvres d'art et des produits de l'industrie paraît plus convenable à tous égards que la confusion introduite, aux expositions suivantes, entre ces deux classes si différentes d'exposants. On reconnaîtra bientôt, si ce n'est déjà fait, que c'est compromettre et rabaisser l'art que de lui assigner une place, fût-ce la première, parmi les métiers. Les artistes n'ont que trop de tendance, par le temps qui court, à faire acte de marchands ou d'industriels, pour qu'on ne vienne pas encore provoquer des rapprochements dangereux pour la dignité de l'art. Au surplus, l'exemple de 1878 démontrera sans doute aux organisateurs des expositions futures que c'est vouloir trop embrasser que de réunir dans un même endroit toutes les productions de l'esprit humain. On arrive ainsi à la confusion. Il semble que tout le monde y gagnerait, les exposants, le public et surtout le jury, si on ne faisait plus désormais que des expositions internationales partielles. Les beaux-arts débuteraient, l'industrie viendrait ensuite, puis l'agriculture aurait son tour. Dans tous les cas, il est urgent de séparer désormais les beaux-arts de l'industrie, comme on l'avait sagement fait en 1855.

Le palais des Champs-Élysées, construit par une compagnie à qui l'État accordait certains privilèges, fut commencé le 1er janvier 1853 et terminé en vingt-huit mois. L'inauguration eut lieu le 15 mai. L'exposition dura jusqu'au 15 novembre. Le palais était plus petit que celui qui avait été édifié à Londres en 1851; mais, si l'on ajoute à la superficie du palais proprement dit celle des annexes et de l'exposition des beaux-arts, on constate que la deuxième exposition universelle contenait 21,000 mètres carrés de plus que la première. Le nombre des exposants s'élevait à 16,000 environ, dont 9,237 pour la France. L'Autriche en comptait 1,660 et l'Angleterre 1,484 seulement. En 1851 le nombre des exposants avait été de 13,937. L'Angleterre figurait dans ce chiffre pour 6,861, la France et l'Algérie, qui venaient ensuite, pour 1,710. Remarquons en passant qu'en 1851 la France avait obtenu la plus forte proportion de récompenses : 1,053 pour 1,710 exposants; tandis que les 6,861 exposants anglais n'en avaient pour leur part que 2,155 sur un total de 5,248 médailles ou mentions.

Il serait impossible de résumer la liste des récompenses décernées aux exposants français de 1855. De pareils documents ne s'analysent pas. Leur reproduction exigerait trop d'espace. On trouvera dans le *Moniteur universel* du 15 novembre la nomenclature des décorations décernées à la suite de l'exposition, et, dans le numéro du lendemain, 16 novembre, la liste des récompenses obtenues par les exposants français.

Deux grandes divisions avaient été établies : 1° Produits de l'industrie; 2° œuvres d'art. Les envois des industriels étaient répartis en sept groupes qui ne répondent plus aux classifications adoptées en 1878. En voici le détail : 1er groupe, industries ayant pour objet principal l'extraction ou la production des matières brutes; 2e groupe, industries ayant spécialement pour objet l'emploi des forces mécaniques; 3e groupe, industries spécialement fondées sur l'emploi des agents physiques et chimiques, ou se rattachant aux sciences et à l'enseignement; 4e groupe, industries se rattachant spécialement aux professions savantes; 5e groupe, manufactures de produits minéraux; 6e groupe, manufactures de tissus; 7e groupe, ameublement et décoration, modes, dessin industriel, imprimerie, musique. Enfin venait un 8e groupe formant à lui seul la seconde division et comprenant la peinture, gravure, lithographie, sculpture, gravure en médailles, architecture.

La comparaison de cette classification et de celle qui a été adoptée en 1878 comme en 1867 inspire d'utiles réflexions; elle nous livre en quelque sorte le secret des préoccupations qui ont influé sur l'organisation de ces différentes expositions. Tandis que les premiers suivent en quelque sorte l'ordre rationnel en allant de la matière brute, telle que nous la recevons de la nature, aux produits les plus complexes et les plus perfectionnés de l'intelligence humaine, les auteurs des programmes de 1867 et de 1878 descendent des œuvres d'art pures, par des degrés bien sensibles, jusqu'à la matière inerte. Le but est identique; il s'agit de faire ressortir les conquêtes de l'industrie sur la matière, de l'homme sur la nature, de l'esprit sur la force brutale; il nous semble que le premier système atteint mieux ce résultat que le second. Peut-être a-t-on trop sacrifié à la curiosité banale de la foule, et aussi, en ces derniers temps, à un engouement, platonique au moins jusqu'ici, pour toutes les questions et tous les problèmes pédagogiques.

Parmi les nouvelles conquêtes industrielles qui excitèrent le plus vivement l'attention, il faut signaler la machine à coudre que l'Amérique envoyait pour la première fois sur le marché européen. On constatait l'amélioration, le perfectionnement ou la diffusion de procédés ingénieux déjà remarqués en 1851. La France conservait encore le premier rang dans les industries qui relèvent du dessin : l'orfèvrerie, la bijouterie, l'ébénisterie, la céramique, les dessins pour étoffes. L'Autriche seule pouvait entrer sur quelques points en comparaison. Mais on remarquait déjà, et l'observation se trouve consignée dans les rapports des juges les plus compétents, que l'Angleterre, avertie de son infériorité dans toutes les industries qui confinent aux beaux-arts par les comparaisons de 1851, n'avait rien négligé pour sortir de cet état humiliant. Elle avait créé des musées, multiplié les écoles, répandu l'enseignement du dessin dans tous les centres manufacturiers importants. Si elle s'était résignée à d'immenses sacrifices, elle commençait à recueillir le prix de ses peines; car on constatait une amélioration sensible dans les formes et la décoration des meubles et des ustensiles sortant de ses ateliers. Il lui restait sans doute beaucoup à faire pour égaler la France dans toutes les branches où celle-ci dominait. Mais si les industriels français s'endormaient dans leur triomphe, ils ne tarderaient pas à être atteints et dépassés par leurs voisins. Tels étaient les pronostics inquiétants qui sortaient du rapprochement des deux premières expositions universelles, et il faut bien reconnaître que ces prophéties, à la veille de se réaliser aujourd'hui, n'ont pas ébranlé l'apathique confiance de notre pays. La France qui avait envoyé peu de machines à Londres en 1851, reparaissait en 1855 avec tous ses avantages. On pouvait constater les énormes progrès accomplis depuis dix ans dans cette voie où les Anglais restaient toujours supérieurs à tous leurs rivaux. Toutefois, le principal succès de l'exposition française fut pour les peintres et les sculpteurs qui illustraient alors notre école. Les pays étrangers avaient bien quelques noms célèbres à mettre en regard, aucun d'eux toutefois ne pouvait présenter un pareil ensemble de gloires incontestées. On comprit alors quelle influence les progrès de l'art exercent sur l'industrie d'un peuple.

Exposition universelle de Londres, en 1862. Il devient de plus en plus difficile, à mesure que les expositions se multiplient, de déterminer les caractères essentiels qui distinguent chacune d'elles. Le nombre des exposants va sans cesse croissant; mais l'intérêt des expositions n'augmente pas dans les mêmes proportions. L'encombrement commence, beaucoup d'industriels d'un ordre inférieur ne cherchent qu'à se procurer une réclame commerciale. Les expositions désormais se ressemblent toutes; on retrouve les objets qu'on a vus précédemment. Certains produits naturels ou manufacturés semblent constituer le mobilier spécial et obligé de toute exposition universelle. Tels sont ces blocs dorés qui représentent la masse d'or extraite des mines exotiques. Le gros du public est toujours pris à de pareils joujoux qu'il serait temps de bannir d'un congrès sérieux de l'industrie européenne.

L'exposition de 1862 présentait surtout deux particularités remarquables. D'abord les progrès de plus en plus sensibles accomplis par nos voisins dans les industries d'art et notamment dans la céramique. Pour marcher plus vite dans la voie qu'ils se sont tracés, ils embauchent nos artistes les plus renommés ou viennent chez nous acheter des modèles. Cependant, les artisans anglais se mettent en mesure de se passer un jour de ce concours; ils étudient, profitent des précieux éléments d'instruction qu'on ne cesse de mettre à leur disposition; en somme, ils ne cessent de progresser. Le cri d'alarme, jeté par quelques prophètes sept ans auparavant, est répété cette fois par des centaines de voix. La France n'a plus un instant à perdre si elle veut conserver, sinon le monopole, au moins la suprématie dans les industries somptuaires qui font sa gloire et sa richesse. Le traité de commerce la met dans un état de grande infériorité vis-à-vis de sa rivale dans toutes les branches de l'industrie qui demandent surtout un outillage perfectionné. Saura-t-elle au moins garder cette avance que les premières expositions avaient constatée dans tous les métiers où l'art joue un grand rôle? Chaque exposition nouvelle inspire de plus sérieuses inquiétudes. Celle de 1862 abondait en révélations inquiétantes.

L'exposition de Londres offrait, en 1862, une autre particularité bonne à signaler quoiqu'elle ne rentre pas directement dans le cadre de ce travail. Usant d'un droit incontestable, les Anglais avaient étendu l'admission, dans la classe des beaux-arts, à tous les artistes décédés depuis l'année 1762. Cette clause leur permettait de réunir et d'étaler avec orgueil, sous les yeux de l'Europe, la série presque complète des œuvres de leurs maîtres les plus fameux. On sait avec quel soin jaloux les Anglais gardent les productions de leurs artistes. Aussi ne connaissait-on guère *la brillante école qui jeta un si vif* éclat vers la fin du siècle dernier que de réputation, ou sur les relations de quelques privilégiés admis dans les châteaux de l'aristocratie et dans les galeries particulières formées par de riches amateurs. L'école anglaise fut révélée, en 1862, au monde artiste qui put en même temps constater la profonde et rapide décadence de cet art si particulier, si franchement original.

Le nombre des exposants augmentant chaque fois, le *chiffre des récompenses croît en proportion*; il devient de plus en plus malaisé de faire un choix parmi tous les noms distingués par les jurys.

Exposition universelle de Paris, en 1867. Tandis qu'auparavant les architectes ou ingénieurs chargés de l'aménagement des Expositions ne semblaient s'inquiéter que d'entasser le plus de marchandises dans le plus petit espace, les organisateurs de l'Exposition de 1867 obéirent à d'autres préoccupations. Ils voulurent rendre commodes et instructives les visites qui, grâce au développement sans cesse croissant de l'espace occupé, devenaient de plus en plus fatigantes. Pour arriver à ce but, ils imaginèrent d'appliquer stric-

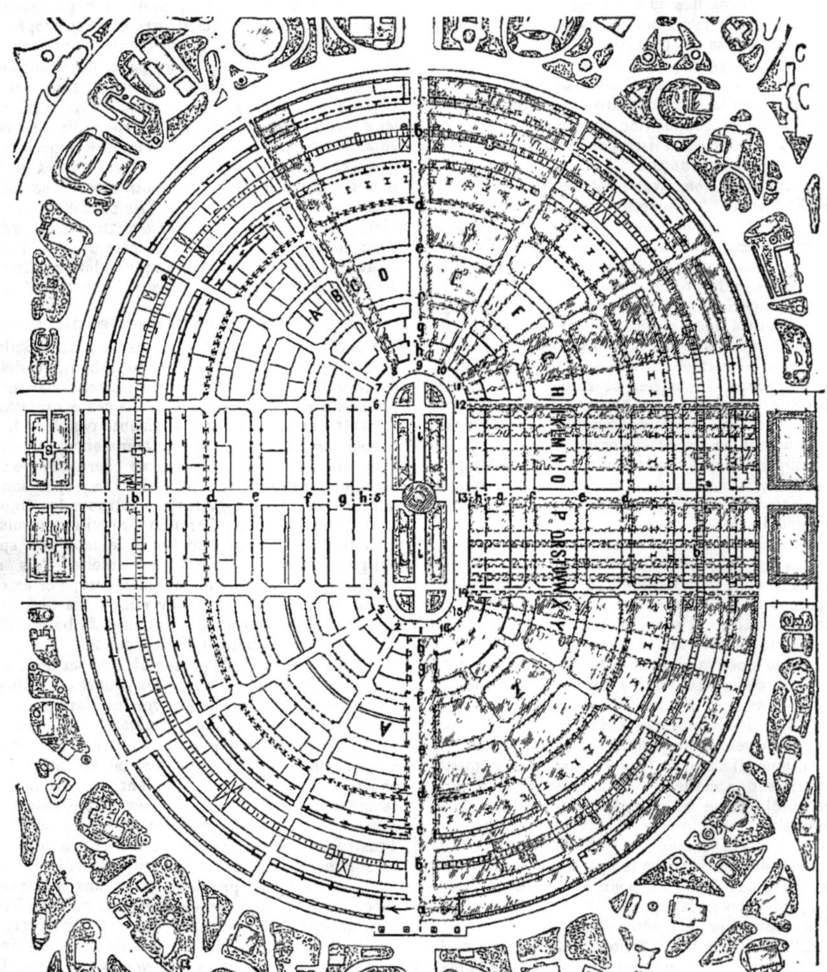

Fig. 602. — Plan du Palais de l'Exposition de 1867 au Champ-de-Mars, à Paris.

Galerie 1 (denrées et boissons, cafés). — *b* Galerie 2 (instruments et procédés de fabrication employés dans les diverses industries). — *c* et *d* Galerie 3 (*c* production; *d* effets, y compris les tissus, et autres objets, bijoux, pendules, armes, etc., etc.). — *e* Galerie 4 (meubles et différents objets d'ameublement). — *f* Galerie 5 (matériel et œuvres des beaux-arts). — *g* Galerie 6 (Machines, peinture, sculpture). — *h* Galerie 7 (Historique du travail). — *i* Jardin central.

A France. — *B* Algérie et colonies. — *C* Hollande. — *D* Belgique. — *E* Prusse et les États du nord de la Prusse. — *F* États du sud. — *G* Autriche. — *H* Suisse. — *I* Espagne. — *K* Portugal. — *L* Grèce. — *M* Danemark. — *N* Suède et Norwège. — *O* Russie. — *P*. Italie. — *Q* États de l'Église. — *R* Roumanie. — *S* Turquie. — *T* Egypte. — *U* Chine, Japon, Siam. — *V* Perse. — *W* Tunis, Maroc. — *X* Amérique sept. — *Y* Brésil et républiques de l'Amérique du sud. — *Z* Angleterre.

1 Vestibule. — 2 Rue d'Alsace. — 3 Rue de Normandie. — 4 Rue de Flandre. — 5 Rue de Paris. — 6 Rue de Lorraine. — 7 Rue de Provence. — 8 Rue des Pays-Bas. — 9 Rue de Belgique. — 10 Rue de Prusse. — 11 Rue d'Autriche. — 12 Rue d'Espagne. — 13 Rue de Russie. — 14 Rue d'Afrique. — 15 Rue de l'Inde. — 16 Rue d'Angleterre.

tement sur le terrain les divisions prescrites par le programme ou imposées par les diverses nationalités. Tout le monde connaît le plan de l'Exposition de 1867 : autour d'un jardin central des galeries concentriques étaient affectées à chacun des dix groupes annoncés dans le programme. Un rayon, de largeur variable, allant du centre à la galerie extérieure, était accordé à chaque pays et lui assurait ainsi une place dans chacune des divisions industrielles. Voulait-on étudier spécialement une catégorie particulière d'objets; on n'avait qu'à suivre la même galerie dans son parcours circulaire, et on rencontrait successivement tous les échantillons de la même industrie chez les différentes nations. Au contraire, le visiteur désirait-il examiner toutes les productions naturelles ou manufacturées de la même contrée avant de passer à un autre peuple; il devait partir du centre et se diriger en droite ligne vers la galerie extérieure, sans s'écarter du rayon affecté au pays qu'il étudiait. On trouvait ainsi facilement l'objet de ses recherches, et on évitait de longs voyages; la comparaison entre tous les produits d'une même classe était aussi aisée pour le public que pour le jury. Ce système était susceptible de perfectionnements; il l'emportait de beaucoup sur celui qui lui a été préféré en 1878.

Pour le classement des produits, on avait adopté, comme nous l'avons dit, un ordre inverse de celui qui avait été suivi en 1851 et en 1855. On débutait cette fois par les œuvres les plus accomplies de l'esprit humain pour arriver, par des degrés successifs, à la matière brute. Voici la répartition des dix groupes. 1er groupe : œuvres d'art; 2e groupe : matériel et application des arts libéraux; 3e groupe : meubles et autres objets destinés à l'habitation; 4e groupe : vêtements et autres objets portés par la personne; 5e groupe : produits (bruts et ouvrés) des industries extractives; 6e groupe : instruments et procédés des arts usuels; 7e groupe : aliments (frais ou conservés) à divers degrés de préparation; 8e groupe : produits vivants et spécimens d'établissements d'agriculture; 9e groupe : produits vivants et spécimens d'établissements de l'horticulture; 10e groupe : objets spécialement exposés en vue d'améliorer la condition physique et morale de la population. Ces dix groupes se subdivisent en 95 classes.

On ne saurait se dissimuler que cette division peu rationnelle donnait prise à de nombreuses critiques. Le dixième groupe ne signifie rien; il rappelle seulement les tendances socialistes dont le souverain d'alors aimait à faire parade. Les huitième et neuvième groupes auraient fort bien pu n'en faire qu'un seul; cependant cette division présentait sans doute des avantages, puisqu'on n'a pas cru devoir mieux faire que de la suivre en 1878.

Le Palais du Champ-de-Mars contenait les sept premiers groupes: on avait ingénieusement trouvé le moyen de satisfaire aux besoins physiques des visiteurs en faisant rentrer les restaurants français aussi bien qu'étrangers dans une des classes de l'Exposition; la galerie extérieure qui leur était consacrée n'était pas une des moindres curiosités ni une des moindres attractions de l'Exposition. Les trois derniers groupes avaient trouvé place hors du palais dans des constructions spéciales.

Dans la galerie circulaire la plus rapprochée du centre on avait rassemblé les produits caractérisant les diverses époques de l'histoire du travail; c'était un véritable musée archéologique emprunté aux églises, aux musées et aux collections particulières. On vit là des chefs-d'œuvre de l'industrie et de l'art anciens appartenant à toutes les époques, à toutes les nationalités, à tous les degrés de la civilisation, depuis les outils et les armes rudimentaires des âges anti-historiques et de l'époque celtique, jusqu'aux meubles les plus élégants, jusqu'aux tentures les plus somptueuses du XVIIIe siècle. Si la France était représentée largement par les productions de ses habiles artisans, les expositions rétrospectives de l'Angleterre, du Portugal, des pays scandinaves, des nations orientales offraient, elles aussi, un vif intérêt.

Pour augmenter encore l'attrait de cette Exposition, on avait donné place dans la galerie des machines à des ouvriers exécutant sous les yeux du public les mille objets qui forment le fond de l'industrie parisienne. Enfin, dans le parc qui entourait le palais se trouvaient disséminées des constructions parfois importantes, présentant les types les plus remarquables de l'architecture de chaque nation. Rien n'avait été négligé pour rendre la leçon qui doit ressortir de chaque exposition aussi attrayante que possible, et peut-être un moraliste rigoureux trouverait-il que les expositions s'écartaient ainsi de leur but sérieux et instructif et tendaient trop à devenir des lieux de plaisir.

Cette fois, tous les pays de l'Europe avaient répondu à l'appel de la France; la Russie venait pour la première fois prendre part à une exposition ouverte à Paris. Le contingent de l'extrême Orient, encore bien incomplet, excitait cependant une vive curiosité, un légitime intérêt. La visite de presque tous les souverains de l'Europe vint en quelque sorte consacrer le succès de cette exposition, une des plus complètes, des plus attrayantes et des plus originales dont on ait gardé le souvenir. Il semblait que ce spectacle grandiose ne pourrait jamais être dépassé ou même renouvelé.

L'Exposition de 1867 présentait un développement de 140,000 mètres carrés, 20,000 de plus que celle de 1862; le règlement général édicté le 12 juillet 1865 fixait l'ouverture au 1er avril 1867 et la clôture au 1er novembre. Comme il arrive toujours en pareille circonstance, les travaux n'étaient pas achevés le jour de l'inauguration. Elle eut lieu cependant le 1er avril, au milieu des ouvriers qui terminaient les aménagements intérieurs du palais et dura sept mois. Une société de garantie subventionnée par l'État avait accepté, sans courir de grands risques, les chances de l'entreprise; le succès répondit à ses espérances; elle a pu distribuer à ses actionnaires, après la clôture des comptes, un certain bénéfice. Cette circonstance explique comment les archives de la commission chargée de l'Exposition de 1867 se trouvent aujourd'hui aux Archives nationales, à qui elles ont été offertes par la commission même, et non au Ministère de l'agriculture et du commerce. C'est également les Archives nationales qui ont hérité de la collection de monnaies et de poids et mesures envoyés par toutes les nations exposantes pour aider à la préparation d'un système international de monnaies et de mesures.

Exposition universelle de Vienne, en 1873. Si les désastres de 1871 empêchèrent la France de prendre, à l'Exposition de 1873, la place qu'elle avait obtenue jusque-là dans les concours internationaux, elle sut prouver, grâce au dévouement patriotique de ses industriels, que les épreuves, si dures qu'elles eussent été, n'avaient ni abattu son courage, ni épuisé ses forces. Les exposants français tenaient un rang honorable parmi leurs rivaux. Mais, de l'avis des juges les plus compétents, c'est surtout par l'affluence et la somptuosité des produits orientaux que se distingua surtout l'Exposition de Vienne. On n'a pas oublié que son succès fut singulièrement diminué par l'épidémie qui désola l'Autriche et qui empêcha beaucoup d'étrangers d'entreprendre un voyage dangereux. C'est grand dommage, parce qu'il y avait là une série d'industries orientales imparfaitement connues jusqu'ici, et révélées pour la première fois à l'Occident. A la suite de l'Exposition de Vienne, on chercha à relever le prix des récompenses en créant des séries distinctes de prix. Chez les uns, on récompensait un progrès; chez d'autres un effort patient et continu; on distinguait tantôt le mérite transcendant d'un produit exposé, tantôt le bon marché. Cet essai paraît avoir peu réussi. Il est difficile de faire accepter du public des idées aussi complexes. Il ne s'inquiète guère des nuances dont la commission de Vienne voulait tenir compte, et il préférera toujours un classement simple et clair à toutes les distinctions spécieuses à l'aide desquelles le jury dissimule mal son embarras. Il est incontestable que, plus on va, plus les expositions deviennent nombreuses, et plus le rôle des jurés est pénible et difficile. D'un autre côté, il n'est pas aisé de réduire le chiffre des médailles. Le seul espoir d'une récompense honorifique a souvent décidé un industriel à des dépenses élevées; il est dur de lui refuser cette modeste compensation de ses peines et de ses sacrifices. Et cependant, il nous semble que si le nombre des récompenses continue à augmenter en proportion du nombre des exposants, la valeur morale des médailles ou des mentions se trouvera singulièrement amoindrie. Peut-être sera-t-on obligé d'en venir au système que l'Angleterre chercha à inaugurer en 1872.

Expositions périodiques internationales de Londres de 1871 à 1874. L'Angleterre qui avait ouvert la première exposition universelle, fut aussi la première à se rendre compte des inconvénients résultant de l'extension de ces expositions. L'avantage qu'elle n'avait cessé d'en retirer était considérable; aussi chercha-t-elle un moyen de corriger l'abus qui menaçait l'avenir de ces concours internationaux. Elle imagina de scinder une exposition universelle en une série d'expositions successives en leur conservant un caractère international. Une catégorie spéciale de produits se présentera la première année, aussi complète que possible, et sera remplacée l'année suivante par une autre catégorie; ce nouveau système fut essayé en 1871 et dura quatre années. Le succès ne couronna pas cette innovation. Le public qui la plupart du temps ne voit pas la moitié d'une exposition universelle, va droit à ce qui l'intéresse particulièrement. Une exposition qui comprend tout offre donc à chacun un attrait.

Les détails infinis auxquels une exposition partielle peut et doit descendre n'ont d'intérêt que pour les spécialistes; le visiteur indifférent, le badaud, est bien vite fatigué de cette accumulation d'objets de même nature, identiques, presque semblables. Cette fois, la leçon, si instructive qu'elle soit, est au-dessus de ses forces. Aussi croyons-nous que les expositions périodiques, comme celles dont l'Angleterre a fait l'expérience, ne sont pas destinées à être renouvelées.

Exposition de Philadelphie, en 1876. Le retentissement de la première exposition universelle à laquelle l'Amérique ait convié l'Europe ne nous permet pas de la passer sous silence. Le Nouveau-Monde s'est porté avec empressement à un spectacle dont il ne connaissait les magnificences que par ouï-dire, et il a pu, pour la première fois, avoir la connaissance exacte de ses forces. Les Américains ont donné là à l'Europe un grave sujet de méditations en se montrant parfaitement aptes à toutes les industries pour lesquelles ils étaient jusque-là tributaires de l'ancien continent. Ils ont appris et apprennent chaque jour davantage à se passer des métiers européens et à manufacturer eux-mêmes chez eux leurs matières premières. Déjà, ils disputent à certains pays la palme dans des industries auxquelles ces pays doivent une réputation séculaire. N'ont-ils pas en 1878 brigué la grande médaille d'honneur décernée à la Suisse pour l'horlogerie? Aussi peut-on prévoir l'époque assez rapprochée où l'Europe perdra cet important marché, et devra reporter ailleurs l'excédent de sa production. On ne saurait nier que les expositions universelles soient pour quelque chose dans cette révolution économique si grosse de conséquences. L'Exposition de Philadelphie aura marqué pour l'Amérique le point de départ d'une nouvelle ère industrielle.

Le caractère français redoute les longs voyages et les expéditions lointaines; aussi beaucoup de noms qui eussent dignement soutenu la réputation de nos manufactures ne paraissent-ils pas sur le catalogue de l'Exposition de Philadelphie; mais on peut juger par la liste des récompenses accordées à nos nationaux que les principaux établissements qui font la gloire de notre pays avaient en Amérique des représentants autorisés.

Avant d'arriver à l'étude de l'Exposition universelle de 1878, il nous faut revenir en arrière et parler de quelques expositions spéciales que nous avons laissées de côté pour ne pas interrompre l'historique des expositions universelles. Nous ne dirons rien, cela nous entraînerait trop loin, des expositions locales ou mêmes universelles que plusieurs villes de France ont organisées à différentes époques. Depuis quelque temps ces exhibitions des produits de l'industrie locale doivent une partie de leurs succès aux galeries d'art rétrospectif ouvertes simultanément. On a pu constater à cette occasion combien les collections particulières des amateurs de province recélaient d'objets précieux dus à l'art et à l'industrie de nos pères.

Expositions des Beaux-Arts appliqués à l'industrie. Rappelons en quelques mots les efforts faits depuis dix-sept ans par une Société d'initiative privée pour stimuler et seconder le zèle des industriels français. Depuis 1861, l'*Union centrale des Beaux-Arts appliqués à l'industrie* a périodiquement offert tous les deux ans aux industriels parisiens l'occasion de mettre sous les yeux du public leurs produits les plus récents. Cette Société a su constamment intéresser le public à ses efforts en donnant à chacune de ces expositions un caractère particulier. Si celles de 1861 et 1863 ne sont encore que des ébauches imparfaites ou des essais timides; l'Exposition de 1865 destinée à préparer nos fabricants au tournoi international de 1867 en leur proposant les modèles les plus parfaits des temps passés, présentait une réunion exceptionnelle d'admirables meubles empruntés aux collections du marquis d'Hertford, de M. L. Double, et des amateurs les plus distingués de Paris. En 1869, les meubles cèdent la place à la céramique, et les plus merveilleux modèles des fabriques italiennes, françaises, hispano-moresques garnissent les vitrines installées au premier étage du Palais des Champs-Elysées. L'Exposition de 1874 ne fut pas moins brillante que ses devancières; tout ce qui touche à l'histoire du costume avait été réuni dans les salles qui, deux années après, étaient consacrées à l'histoire de la tapisserie. Pendant que la grande nef du Palais est abondonnée aux industries modernes, ces musées rétrospectifs initient le public et aussi les chefs des grandes maisons parisiennes, à tous les détails de la décoration ancienne. En proposant ainsi d'excellents exemples à l'étude et à l'imitation des artisans, l'Union centrale sert utilement la cause de l'industrie française sans jamais la séparer de celle de l'art.

Exposition universelle de 1878, à Paris. Décidée seulement au commencement de l'année 1876, l'Exposition de 1878 dut être préparée en moins de deux ans. Rien n'était commencé au mois d'août 1876 et l'inauguration avait lieu au jour fixé, le 1er mai 1878. Le Palais élevé avec cette rapidité fantastique occupait 420,000 mètres carrés. La façade principale avait 350 mètres de large; les deux galeries des machines formant les côtés longs du parallélogramme mesuraient 655 mètres de long et 24 de haut. Les galeries qui reliaient les deux façades étaient divisées en huit travées. Une moitié du Palais était réservée aux exposants français, l'autre aux étrangers.

L'entrée des sections étrangères était caractérisée, dans la rue des Nations, par une façade d'une architecture propre à chaque peuple. Nous en donnons la perspective figure 604 (1).

Les beaux-arts furent logés dans un bâtiment incom-

(1) Le lecteur trouvera dans l'ordre alphabétique, une étude d'ensemble sur chacune des expositions des nations étrangères.

mode et disgracieux placé au centre, perpendiculaire à l'axe des deux façades. Les salons qui leur étaient attribués laissaient un espace vide au centre du Palais. Dans le jardin ménagé à cet endroit s'élevait le pavillon de la ville de Paris. De nombreuses annexes avaient été construites sur les flancs du Palais pour obvier à l'insuffisance de l'espace accordé à chaque nation. L'Exposition agricole s'étendait le long du quai d'Orsay, depuis le pont de l'Alma jusqu'au pont d'Iéna. Sur l'esplanade des Invalides étaient aménagés des boxes qui ont successivement reçu les animaux gras, les chiens, les chevaux envoyés par les différentes nations. Les grandes administrations de l'Etat : le Ministère de l'intérieur, celui des Travaux publics, la Direction des tabacs, celle des forêts élevèrent des pavillons spéciaux dans les parcs qui entouraient l'exposition. Cet exemple fut suivi par de grandes compagnies, la Société du Creuzot, celle de Terre-Noire, la Compagnie parisienne du Gaz qui avaient chacune leur installation particulière dans le parc.

Devant la principale façade du Palais s'étendait un parc réservé à l'Exposition horticole permanente qui se prolongeait tout autour de l'Exposition et se complétait par des bâtiments élevés le long de la Seine. Enfin, sur le bord de l'eau, de grandes galeries ont reçu les expositions de la navigation, du sauvetage et des ports de commerce.

Le Trocadéro, réservé d'abord aux fêtes, aux concerts et à la galerie de l'art rétrospectif, a vu peu à peu ses

Fig. 603. — *Vue de la façade de l'Exposition universelle de Paris, en 1878.*

jardins envahis par le trop plein du Champ-de-Mars. Ainsi, sur le bord de la Seine, entre la rivière et le chemin laissé à la circulation, on rencontrait, à droite, le génie civil ; à gauche, le matériel des chemins de fer. Dans le parc du Trocadéro, la partie droite réservée à la France, comme dans le Palais, était occupée par l'Algérie, la pisciculture, le grand aquarium d'eau douce, la météorologie, les forêts. Sur la gauche, étaient groupées 9 des constructions élevées par les différentes nations exposantes : le Japon, l'Egypte, Siam, la Chine, la Perse, le Maroc, la Tunisie, la Suède, la Norwège et l'Angleterre. On connait la distribution du Palais du Trocadéro : au centre, une immense salle ronde, dite salle des fêtes; derrière cette salle, l'Exposition rétrospective de l'art oriental. De chaque côté, deux grandes salles de conférences, dont les parois sont garnies des portraits historiques chassés des salles qui leur avaient été attribuées au Champ-de-Mars par les exigences des artistes. Enfin les deux longues galeries qui s'arrondissent à droite et à gauche en regardant la Seine contenaient l'art rétrospectif de la France et des nations étrangères. Dans la galerie extérieure qui entoure la salle des fêtes furent exposés les dessins des anciens édifices de la France, exécutés par les architectes du gouvernement et conservés dans les archives de la Commission des monuments historiques. On ne saurait imaginer un local plus défavorable pour une pareille exposition. Laisser pendant six mois de délicates aquarelles en plein air, exposées au soleil et à la pluie, contre des murs encore humides, c'est condamner une partie de ces documents précieux à une destruction presque certaine. Il est étrange de montrer une pareille indifférence pour des œuvres aussi susceptibles, quand on n'ose pas laisser sous un portique voûté les marbres et les bronzes de la sculpture moderne. Les beaux-arts avaient été complètement sacrifiés à l'Exposition de 1878; les salles qui leur étaient consacrées dans le Champ-de-Mars étaient insuffisantes, trop basses, mal aménagées, mal éclairées. On ne voit que trop que les chefs de l'Exposition ne s'intéressaient guère à ces *produits*-là.

Cependant, la galerie rétrospective de l'art, même après les splendeurs de 1867, offrait encore un champ bien vaste à l'étude. Si la prétention de donner un abrégé de l'histoire de l'industrie humaine depuis les âges préhistoriques, depuis les temps primitifs jusqu'à nos jours, si ce programme trop étendu devait rendre certaines lacunes plus sensibles, si certaines séries devaient s'étendre démesurément, comme il arrive toujours en pareille circonstance, au détriment de certaines autres, la galerie du Trocadéro possédait assez de richesses, renfermait des trésors en assez grand nombre pour justifier l'immense succès qu'elle a obtenu. Dans les quinze salles occupées par l'art français, sous de magnifiques tapisseries dont quelques-unes remontent au XIVe et au XVe siècle, étaient classés dans de hautes vitrines les objets qui font la gloire des plus riches cabinets de Paris. MM. Gréau, Basilewski et Spitzer occupent chacun une salle entière; M. Carapanos montre les admirables bronzes recueillis dans les fouilles de Dodone, M. Ponton d'Amécourt et M. Gariel ont envoyé les plus belles collections de monnaies qui existent aujourd'hui. Citons en passant les terres cuites antiques de

Fig. 604. — *La rue des Nations au Palais du Champ-de-Mars.*

M. Rayet, les bustes et les bronzes italiens du XVe siècle de M. G. Dreyfus, la collection judaïque de M. Strauss, les faïences et les émaux des membres de la famille de Rothschild, les verres antiques de M. Charvet, les faïences de M. de Liesville, les étoffes de M. le baron Davillier, enfin les précieux monuments exposés par les églises, les musées et les bibliothèques de province et les administrations parisiennes : l'Hercule de bronze de Bordeaux, l'Apollon de Troyes, les deux Jupiter de Lyon et d'Evreux, les tapisseries de la mairie de Boussac, aujourd'hui au musée de Cluny, les précieux manuscrits de la bibliothèque de Rouen, les pièces les plus rares du musée céramique de la même ville, les splendides émaux de Léonard Limousin appartenant à l'église de Saint-Père de Chartres, les riches bureaux du XVIIIe siècle empruntés aux Ministères des finances, des Travaux publics, etc., etc. Quel malheur qu'un bon catalogue n'ait pas consacré le souvenir de cette brillante réunion de chefs-d'œuvre! Cette collection éphémère abondait, et c'était là son but, en modèles charmants offerts à l'étude et à l'imitation de nos artisans modernes.

Il faut bien avouer que, sauf la galerie orientale, presque entièrement formée d'objets appartenant à des collections parisiennes, l'art rétrospectif se trouvait assez mal représenté chez les nations étrangères. On avait pris ce qu'on avait trouvé, et ainsi formé un assemblage d'objets disparates dont beaucoup ne méritaient pas un pareil honneur.

Evidemment ces expositions rétrospectives ont leur intérêt et leur utilité; mais, comme les objets qui les composent ne sauraient guère changer, il ne faudrait pas en abuser. Il est temps que la France suive l'exemple de l'Angleterre, de l'Autriche, de la Russie et de la Belgique, et commence sans tarder son musée des arts décoratifs.

C'est là, non dans un marché industriel, que les grandes collections d'objets d'art ancien devront passer tour à tour sous les yeux du public. C'est là qu'il faut envoyer et réunir beaucoup d'objets fort intéressants, mais qui n'ont leur place ni au Louvre, car le Louvre ne doit conserver que des chefs-d'œuvre, ni au Musée de Cluny, trop encombré depuis longtemps.

Retournons maintenant au Palais du Champ-de-Mars, pour passer rapidement en revue les produits les plus remarqués de la section française, en laissant de côté le premier groupe réservé aux arts libéraux. Le deuxième groupe consacré à l'éducation et à l'enseignement, et au matériel des arts libéraux a reçu, en 1878, un développement qu'on ne lui avait pas encore vu. Cette importance accordée aux méthodes et aux instruments de l'instruction trahit la préoccupation qui règne en France depuis 1871, et qui se traduit chaque jour par la fondation de nouvelles écoles. A ce point de vue, l'exposition du Ministère de l'Instruction publique pour l'enseignement primaire, secondaire et supérieur (classes 6, 7 et 8) est des plus intéressantes par la multiplicité des documents, des statistiques, des modèles qu'elle met à la disposition du visiteur. La classe 9 (imprimerie et librairie) réunit tous les grands éditeurs de Paris, tous les ouvrages de luxe publiés depuis dix ans. Les maisons Didot, Hachette, Quantin, Plon, Jouaust, conservent leur supériorité.

La classe 10 renferme la papeterie, la reliure, le matériel très varié des arts de la peinture et du dessin. Dans la classe 11, application usuelle des arts du dessin et de la plastique, on remarque des figures ou des têtes en relief, en plâtre; des plans, des aquarelles, des modèles de dessins pour l'industrie. A la photographie, à ses applications multiples, à ses procédés nouveaux et perfectionnés est réservée la classe 12. Viennent ensuite les instruments de musique (cl. 13); la médecine, hygiène et assistance publique (cl. 14); les instruments de précision (cl. 15); les cartes et appareils de géographie et de cosmographie (cl. 16).

Le groupe troisième consacré au mobilier et accessoires (classes 17 à 29), présente toute une catégorie de produits dans lesquels éclate depuis longtemps la supériorité des ouvriers français. Ce groupe débute par la classe 17, c'est-à-dire les meubles à bon marché et les meubles de luxe. Là, nous trouvons les noms réputés de Grohé, de Meynard, de Mazaroz Ribailier, et surtout ceux de Fourdinois et de Sauvrezy. Jamais ouvrier n'a travaillé avec autant de délicatesse le bois ou le bronze; jamais la matière ne s'est assouplie sous l'outil, comme elle le fait de nos jours; mais le plan général du meuble laisse souvent à désirer. La décoration est surchargée outre mesure; partout des ornements et des sculptures; c'est trop à la fois. Aussi le but n'est-il pas atteint et le meuble moderne présente-t-il rarement cet aspect monumental et décoratif qu'on rencontre chez les anciens meubles français de toutes les époques. Il tombe dans l'excès des meubles italiens. Le fabricant actuel se préoccupe trop du détail et ne considère pas assez l'ensemble; il perd ainsi un travail énorme, et cet immense effort n'aboutit qu'à un résultat médiocre.

Ces observations s'appliquent aussi, mais dans une plus faible mesure, aux ouvrages du tapissier et du décorateur (cl. 18), aux papiers peints (cl. 21), et aux tapis, tapisseries et autres tissus d'ornement (cl. 22); là, nos fabricants ont donné des modèles de goût en exécutant de véritables tours de force. Les classes 19 (cristaux, verrerie et vitraux) et 20 (céramique), obtiennent un grand et légitime succès; mais elles sont, elles aussi, sur une pente dangereuse. La coutellerie (cl. 23) ne nous arrêtera pas. Dans les classes suivantes : orfèvrerie (cl. 24), bronzes d'art, fontes d'art et métaux repoussés (cl. 25), les grands noms de l'industrie parisienne, les maisons Christofle, Froment-Meurice, Odiot, Fannière, Boucheron, Barbedienne, Graux-Marly, Dasson, Denière conservent la haute position conquise par des efforts incessants et un travail soutenu. Aucun peuple ne peut lutter avec la France pour les bronzes d'art ni pour la riche orfèvrerie qui emprunte à l'art vivant ses modèles originaux sans se contenter du pastiche. Ces deux classes occupent une place capitale dans l'exposition française. Ce troisième groupe comprend encore l'horlogerie (cl. 26), les appareils et procédés de chauffage et d'éclairage (cl. 27), la parfumerie (cl. 28), la maroquinerie, tabletterie et vannerie (cl. 29). Sur ce terrain, la France soutient, sans trop de désavantage, la lutte avec les fabriques étrangères; mais elle ne montre pas la même supériorité que dans les classes 17, 18, 24 et 25. Le quatrième groupe (cl. 30 à 42) comprend, sous la désignation très élastique : tissus, vêtements et accessoires, les objets les plus variés. Tandis que la classe 42, affectée à la bimbeloterie, nous montre des jouets d'enfants qui, eux aussi, font leur bénéfice des progrès incessants de la mécanique, on trouve dans les classes 30, 31, 32, 33 et 34, les fils et tissus de coton, de lin et de chanvre, de laine cardée ou peignée, et enfin de soie. Les châles occupent la classe 35; les dentelles, tulles, broderies et passementeries la classe 36; la bonneterie et la lingerie la classe 37.

Enfin, dans la suivante, se rencontrent toutes les grandes maisons de confection de Paris, les couturières et les tailleurs en renom. On pourrait s'étonner de trouver ici la joaillerie et la bijouterie (cl. 39), séparées de l'orfèvrerie et confondues avec les vêtements complets à 39 francs. Ainsi l'a voulu la logique de la classification adoptée. Ce qui n'a pas empêché tous les habiles bijoutiers de Paris, les Falize, les Massin, les Bapst, les Rouvenat, les Boucheron, les Fontana, d'envoyer des trésors moins remarquables encore par le prix du métal ou de la pierre que par la délicatesse de la monture. On cherche et on arrive à rendre le métal dans lequel les pierres sont serties, de plus en plus mince et léger; on produit ainsi des ornements d'une grâce et d'une finesse exquises.

La classe 40, consacrée aux armes à feu, renferme encore des produits qui pourraient être classés parmi les objets d'art; mais les groupes suivants contenant les industries extractives, les produits bruts et ouvrés (groupe 5), puis les outillages et procédés des industries mécaniques (groupe 6), enfin les produits alimentaires (groupe 7), ne sauraient guère intéresser que des spécialistes, et ne peuvent pas donner lieu à des observations générales. On retrouve toutefois le goût de l'industriel français dans les produits de la classe 62 : carrosserie et charronnage. Jamais cette classe ne s'était montrée aussi complète.

Enfin la galerie des machines présente un spectacle grandiose, qui dépasse de beaucoup tout ce qu'on avait vu aux précédentes Expositions. Si certaines salles consacrées aux tissus sont imparfaitement remplies et paraissent quelque peu vides, ici pas un coin inoccupé. Jamais les constructeurs et les chefs des grands ateliers n'avaient montré autant d'empressement pour répondre à l'appel des organisateurs d'une exposition universelle.

Les annexes élevées sur les flancs de la halle centrale renfermaient le matériel des chemins de fer, les machines agricoles, tout ce qui n'avait pu trouver place dans ce palais si vaste et encore trop étroit. La galerie du travail, dont le centre était occupé par une taillerie de diamants, avait été imitée de celle de 1867; j'ignore si cette exposition de l'ouvrier en action instruit beaucoup le public; mais, dans tous les cas, les visiteurs paraissaient prendre un vif intérêt aux opérations des petites industries qui ont ici leurs représentants.

En terminant cette revue sommaire, il est nécessaire de dire un mot des manufactures nationales (1). Depuis

(1) Parmi les rapports publiés sur l'Exposition de 1878, il convient de citer à part celui de M. Didron sur les arts décoratifs paru

plusieurs années, et déjà aux précédentes expositions, on avait constaté la décadence des établissements de Sèvres et des Gobelins. On a provoqué une consultation des médecins les plus autorisés; on a nommé une commission des personnes supposées les plus aptes à trouver la cause du mal et à indiquer le remède. Les commissions se sont réunies, ont délibéré, ont déposé leur rapport et le mal continue comme devant et s'aggrave tous les jours. On peut accorder que la manufacture de Sèvres s'est un peu relevée depuis 1867; mais il lui reste encore beaucoup à faire. Quant aux Gobelins, ils tournent de plus en plus à la copie du tableau, et quand ils s'essaient dans une grande tenture décorative, comme les *Eléments* d'après Le Brun, ils restent si inférieurs aux modèles des temps anciens, qu'on regrette pour eux cette pénible comparaison. Et voici que les habiles artistes des Gobelins viennent de reproduire l'*Apothéose d'Homère*, d'après Ingres, c'est-à-dire la peinture la moins décorative, la moins riche de tons, la moins faite en un mot pour devenir un modèle de tapisserie!

Exposition universelle d'Amsterdam, en 1883. Pour la première fois, la Hollande donnait, en 1883, le spectacle d'une exposition internationale. Mais le caractère spécial de cette solennité avait empêché bon nombre de grandes maisons d'y prendre part. En effet, c'était une société particulière qui avait accepté l'initiative et les risques de l'entreprise. Aussi l'exposition avait-elle pris dès l'origine un caractère mercantile qui n'a pas laissé de nuire à son succès. Les commerçants, d'autre part, commencent à être las des dérangements et des frais que leur imposent ces expositions étrangères, sans compensation proportionnée. On leur fait beaucoup de promesses pour obtenir leur concours, et le seul résultat est trop souvent une amère déception. Il est fort à craindre que nos premiers industriels se refusent de plus en plus, dans l'avenir, à se présenter à des concours qui ne leur offrent aucun avantage.

Cependant l'exposition d'Amsterdam a donné lieu à la nouvelle constatation de la supériorité de la France dans les industries somptuaires. L'art de l'ameublement a été, pour notre pays, l'occasion d'un succès d'autant plus flatteur qu'il se manifesta d'une manière toute spontanée. Mais de ce que nous possédons encore, d'après une constatation récente, la suprématie dans une fabrication où nous sommes depuis longtemps sans rivaux, il ne faudrait pas négliger les moyens, quels qu'ils soient, de maintenir cette supériorité. Nos concurrents nous observent et nous copient, et ils ne négligeront aucun moyen pour nous disputer la palme dans les prochains concours.

En terminant cette étude rétrospective sur les expositions de l'industrie, soit nationales, soit universelles, nous avions songé à résumer ici les conclusions qui découlent des observations présentées dans le cours de ce travail sur l'avenir des expositions de l'industrie. Mais ce travail a été fait et bien fait dans le *Rapport général officiel* sur l'exposition universelle de 1867 à Paris. On trouvera dans ce volume, publié sous la date de 1869, quoi qu'il renferme un rapport de 1871, les renseignements statistiques les plus complets et les plus minutieux sur cette exposition de 1867. Tout y est, aucun chiffre ne manque, avec les rapports, listes de jurys, pièces officielles. Mais la partie la plus curieuse du travail est sans contredit le livre II consacré à l'avenir des expositions et où se trouve la critique la plus vive qu'on puisse rencontrer des expositions temporaires. L'auteur, c'est évidemment M. Le Play qui est l'inspirateur de ce projet, propose de les remplacer par des expositions permanentes nommées *Musées généraux* ou *commerciaux*. Il ne se dissimule aucune des objections que soulève sa proposition; il les énumère et les discute une à une; il présente enfin un projet d'organisation qui ne laisse pas que de paraître fort séduisant. Rien n'est oublié, ni des difficultés de l'entreprise, ni des éléments de succès. Il semble enfin que l'auteur ait reçu mission de présenter un projet étudié et complet pour le remplacement des expositions universelles. Dès 1867 en effet, on disait, on répétait avec conviction qu'il était impossible de recommencer ce qui venait d'être fait. Et cependant l'exposition de 1878 a complètement éclipsé le succès de son aînée. Qui pourrait dire aujourd'hui si le moment de réaliser le programme laissé par le commissaire général est arrivé ou doit être encore différé? Il nous paraît incontestable que l'on devra, un jour ou l'autre en revenir à une exposition permanente, faisant périodiquement passer sous les yeux du public des industries différentes représentées aussi complètement que possible. Mais, encore une fois, la curiosité publique ne paraît pas lasse de ces spectacles infiniment variés et amusants, et il faut admettre que les directeurs des grandes maisons industrielles y trouvent leur compte, puisque, malgré les déboires, malgré les charges dont ils se plaignent sans cesse, ils se montrent fort empressés à occuper la place qui leur est attribuée dès qu'une nouvelle exposition universelle est annoncée. Qu'importent d'ailleurs ces questions individuelles devant l'intérêt général, et qui pourrait se refuser à admettre que les expositions universelles aient puissamment contribué à la diffusion du bien-être, au progrès de l'industrie et ainsi à l'avancement des problèmes sociaux?

L'ouverture de la prochaine exposition universelle française est fixée; elle doit coïncider avec le centième anniversaire de l'ouverture des États-généraux de 1789. On ne saurait mieux célébrer la date immortelle de la naissance des sociétés modernes qu'en nous offrant le spectacle glorieux et rassurant du chemin parcouru par l'industrie depuis un siècle. Faisons des vœux pour qu'aucun obstacle ne vienne à la traverse de ces beaux projets, et souhaitons que l'exposition universelle de 1889 soit pour notre pays le point de départ d'une nouvelle période de paix et de prospérité. — J. J. G.

seulement au commencement de 1882. Ce livre remarquable est rempli d'observations de la plus grande justesse sur l'état actuel et l'avenir des industries somptuaires.

DE L'INFLUENCE DES EXPOSITIONS SUR LE MOUVEMENT INDUSTRIEL ET ARTISTIQUE

Quelle influence les expositions universelles internationales exerceront-elles sur l'avenir de l'art et de l'industrie? La question s'impose ici, car elle divise les esprits les meilleurs à raison de la diversité des intérêts engagés et selon qu'on l'étudie dans ses conséquences ou locales et économiques, ou générales et concourant au bien être du plus grand nombre. Il en est de cette question comme de celles du libre-échange et du système protectionniste, jugées le plus souvent l'une et l'autre en vertu de considérations commerciales individuelles ou régionales. Le rapprochement est d'autant plus frappant que les expositions internationales ne sont à tout prendre que le libre échange transporté dans le domaine de la création et de l'invention en matière d'art et d'industrie. Si l'on se dégage des préoccupations commerciales souvent contradictoires, est-il besoin de démontrer le bénéfice considérable qu'apporteront à l'humanité ces vastes concours fréquemment renouvelés entre toutes les industries, et entre toutes les nations du monde civilisé? On nous permettra, cependant, avant d'aborder directement le sujet qui nous touche de plus près, de rappeler que nulle personne vraiment désintéressée n'a jamais pu contester le bienfait des expositions universelles au point de vue du progrès de l'industrie, et bien moins encore les enseignements et les leçons qu'elles apportent aux individus et aux peuples non infatués d'eux-mêmes et soucieux de s'instruire. Nous n'osons dire immédiatement qu'il en soit de même sur le terrain de l'art. Il est évident pour tout le monde, en effet, que les expositions d'industrie vont directement à leur but puisqu'elles contribuent puissamment à nous faire parcourir les longues étapes qui nous séparent encore de notre idéal d'affranchissement, idéal enraciné au cœur de l'homme avec la ténacité de l'instinct, avec une force en quelque sorte providentielle. L'homme, et c'est là sa grandeur, n'a jamais accepté les dures servitudes que lui impose sa condition terrestre. Il a dû les subir, il ne s'y est jamais soumis. Jeté nu, sans armes et sans défense sur la planète qu'il occupe, il n'a pas un seul instant cessé de protester contre l'infériorité dans laquelle il se trouvait placé vis-à-vis de la nature. Dès le premier jour, il est entré en lutte contre les obstacles incessants que les climats, que les monts et les fleuves, que les animaux et les végétations d'espèces malfaisantes dressaient devant lui, contre les pernicieuses influences, en un mot, que les phénomènes astronomiques qui régissent le globe terrestre opposaient, non seulement à son bien-être, mais bien pis encore à son existence. Il n'avait dans ce rude combat d'autre motif d'espérer que son génie, d'autre foi qu'en son audace (*audax Iapeti genus*), il n'avait d'autre arme que le travail.

Avec ces moyens, bien humbles en apparence et tout-puissants en réalité, il a entrepris de discipliner ces forces ennemies, de les enrôler à son service et, sous son active et intelligente direction, de les faire concourir à son bonheur, à ce bien-être qu'elles semblaient lui refuser. Il s'est dit qu'en dépit de sa faiblesse, il saurait conquérir ce monde formidablement armé contre lui. Mais la conquête au début fut lente, et lente surtout par l'isolement des efforts individuels. Que de conquêtes partielles déjà accomplies, que de trésors acquis déjà furent ainsi perdus sur ce terrain où il fallait disputer le sol pied à pied! Perdus! et pourquoi? sinon parce que chaque pionnier du grand œuvre marchait à l'aveugle et seulement pour son propre compte, ignorant que son voisin peut-être avait déjà défriché l'espace où il s'engageait à son tour, dépensant vainement à ce labeur et son temps, et sa peine, et son génie, alors que ses sueurs eussent été si fécondes s'il avait repris la tâche commune précisément au point où l'avaient amenée ses devanciers. L'information (qui permet l'association et la continuité des efforts), telle est la loi fondamentale des progrès rapides en fait d'industrie, loi dès longtemps prévue et appliquée par les premières sociétés dans la mesure étroite où le leur permettait la difficulté des communications et conséquemment des échanges d'idées entre les pays les plus rapprochés. Il est donc certain que le retour fréquent des expositions industrielles, en généralisant sur la surface du globe l'information des découvertes isolées, concentre, dans une action simultanée, les forces qui jadis s'égaraient au hasard. A l'effort individuel a succédé l'effort collectif. Par là, à n'envisager que le résultat immédiat auquel tendent les convocations périodiques des énergies inventives de tous les peuples, et sans s'arrêter à de plus hautes et plus lointaines espérances, on est largement autorisé à affirmer que les expositions de l'industrie universelle, une des grandes idées de ce siècle, vont tout droit à leur but si avouable, nous dirons même si noble : à l'affranchissement du servage que la nature hostile fait peser lourdement sur l'humanité.

Est-ce à dire que dans l'application les meilleurs principes soient exempts de conséquences regrettables? Non pas. C'est ainsi que, notamment dans les industries de luxe et de goût, certains chefs de maisons — déjà renommées il est vrai et maintes fois récompensées — se tiennent à l'écart des Expositions dans la crainte trop souvent justifiée de voir les modèles qu'ils ont créés aussitôt copiés et exploités à leur détriment par des rivaux peu scrupuleux. Mais c'est là une question de législation internationale réglant et protégeant le droit de propriété des modèles; et il appartient aux gouvernements honnêtes de la régler dans le sens de la probité. — On se plaint aussi du développement excessif en surface que tendent à prendre les expositions internationales universelles et pour remédier à cet inconvénient nuisible aux intérêts de l'étude, on propose de retirer aux expositions internationales le caractère d'universalité, et de les spécialiser. La solution serait, à notre avis, pire que le mal et il en est une plus simple, qui consiste à imposer aux jurys d'admission une sévérité plus attentive dans le choix des objets reçus, de telle sorte que ce soit déjà un honneur, une récompense en quelque sorte pour l'exposant que d'avoir été admis à exposer. — Nous croyons enfin qu'il y a lieu pour la France moins que pour tout autre peuple, de considérer comme trop fréquente la périodicité undécennale des grandes expositions, par cette raison toute simple que le Français ne sort pas de chez lui et n'est informé des progrès accomplis à l'étranger que si l'étranger prend la peine de venir ici les lui montrer.

Est-il si évident que les expositions internationales concourent nécessairement aux progrès de l'art? Est-il incontestable qu'elles exercent une influence également heureuse à ce point de vue chez tous les peuples? La question est complexe, il faut la traiter avec soin et méthodiquement.

A priori, quelles que soient les conclusions auxquelles nous arrivions, nous déclarons qu'elles ne sauraient nous déterminer à combattre le principe de l'admission des beaux-arts et des arts décoratifs dans les concours internationaux. Il serait parfaitement inutile, en effet, de les tenir à l'écart; le mal, si mal y a, ne vient point du fait même de ces agglomérations, qui sont elles-mêmes un résultat de causes plus hautes et plus générales. On aurait beau ne point mêler les arts à ces grandes exhibitions que la facilité des communications créée par l'industrie moderne aurait toujours pour effet de vulgariser entre les peuples; l'état, les ressources, les tendances et les manifestations de l'art chez chacun d'eux. Si cette vulgarisation doit présenter quelque danger, il est donc certain qu'il vaut mieux aller au devant du péril par l'immense *publicité* des expositions. La publicité, par contre-coup, aura tout au moins l'avantage d'accuser ces inconvénients avec certitude et par cela seul, de nous suggérer le désir et peut-être le moyen d'y remédier.

Evidemment, les peuples encore enfants en ce qui touche à la culture des arts, retirent des fruits précieux des enseignements que leur apporte l'exposition de toutes les écoles d'art européennes. Ils apprennent nos procédés et mieux que cela, comment on peut regarder et interpréter les phénomènes extérieurs avec le sens et par les moyens de l'art. Ceux chez qui cette faculté résidait latente et non encore révélée, à l'état seulement de vagues aspirations, reçoivent en de semblables circonstances la confirmation de leurs instincts et s'engagent à leur tour dans cette voie de jouissances délicates, qui satisfait aux plus nobles appétits de l'homme. Le seul danger pour ces débutants, c'est qu'ils acceptent sans contrôle des formules toutes faites et qu'au lieu d'interpréter directement leurs sensations personnelles, ils se bornent à reproduire mécaniquement pour ainsi dire les manifestations d'art qui appartiennent à des peuples d'un génie différent.

Et c'est là précisément le péril qui menace, non seulement les peuples qui entreront désormais dans le monde de l'art, mais aussi les anciennes écoles du continent. Si la suprême vertu d'une école en général — et en particulier de chaque artiste — consiste à exprimer avec une absolue sincérité de sensation les émotions que lui font éprouver le spectacle de la nature, à traduire ses pensées, ses sentiments *absolument personnels* à l'aide des formes et des couleurs dont le monde extérieur lui fournit les éléments et les modèles; si (ce qui doit être un *Credo* rigoureux en fait d'art), la grandeur propre d'une école ou d'un artiste consiste à apporter aux hommes une formule nouvelle, si humble ou si vaste qu'elle soit; en un mot, si l'originalité est véritablement le titre principal d'une école ou d'un artiste au sympathique empressement des foules, n'y a-t-il pas lieu de craindre que par cette fréquente communication des écoles entre elles, l'originalité de chacune ne s'émousse singulièrement et que l'art de l'avenir n'en arrive à se couler dans un moule uniforme, sans distinction de race ni de génie national, au détriment des âpretés natives et au plus grand profit de la médiocrité banale? On le voit, la question méritait d'être posée. Ne pouvant l'éluder, il faut l'aborder franchement et la traiter sans redouter d'envisager froidement toutes ses conséquences.

Autrefois, les écoles vivaient éloignées l'une de l'autre, dans un isolement à peu près complet. Sur un fond primitif, transmis par tradition à travers la longue nuit du moyen âge, recueilli dans les manuscrits où s'étaient conservées les formules de l'art byzantin, au nord et au midi, en Italie comme en Allemagne, des hommes d'un génie plus actif surent asseoir les premières bases d'un art nouveau. Ils exprimèrent naïvement alors leurs conceptions particulières de la vie morale et de la vie physique, traduisant au moyen de la *forme et de la couleur*, les spectacles naturels qu'ils avaient sous les yeux, et les passions qu'ils partageaient avec les hommes dont ils étaient entourés, et en tirèrent les magnifiques conceptions décoratives qui illustrent tout l'art chrétien. Ces premiers maîtres laissaient quelques élèves initiés par eux à leurs procédés. Ceux-ci, à leur tour, rentrés dans leur ville, dans leur village, continuaient à l'aide de ces procédés à exprimer leurs émotions propres et non plus celles de leurs initiateurs. Leur réputation se fondait, mais dans un rayon étroit; on venait à eux, mais de peu de distance, pour apprendre les moyens pratiques de l'art et ces moyens acquis, chacun les appliquait d'une façon vraiment originale. Il y avait assurément un lien, le lien qui formait école entre ces diverses générations d'artistes; mais ce caractère d'école ne tenait pas moins à la communauté d'origine, c'est-à-dire à une certaine communauté de mœurs, de passions, de sentiments, qu'à la communauté des principes recueillis à une même source. C'est dans cet isolement relatif que se sont formées les écoles du Nord, allemande, flamande, hollandaise; les écoles du Midi, l'école de Sienne, *l'école florentine, l'école romaine, l'école bolo*naise, l'école vénitienne, vivant côte à côte sur un petit espace de terre et cependant marquées si franchement au sceau du génie local. C'est d'un tel état de choses que sortirent les Albert Dürer, les Rembrandt, les Ruysdaël, les Rubens, les Raphaël, les Léonard, les Michel-Ange, les Titien, les Véronèse, tous ces grands noms qui éclairent l'histoire de l'art et brillent d'un éclat personnel si vif. Aujourd'hui les choses ont bien changé. L'enseignement est collectif, non seulement pour les artistes d'une même nation, mais encore pour les écoles du monde entier. Les établissements publics consacrés à l'éducation spéciale de l'art, admettent des élèves de toutes les nationalités; bien plus, beaucoup d'artistes étrangers viennent solliciter les leçons de nos peintres français, et au lieu de reporter chez eux les enseignements ainsi recueillis, ils adoptent définitivement la vie française, prennent résidence à Paris, exposent à nos Salons annuels, entrent dans les ateliers de nos industries d'art, participent à tous nos concours, à toutes nos récompenses et ne gardent de leur origine étrangère que la forme de leur nom. D'autre part, la majorité des artistes dans les écoles étrangères, sans aller si loin, garde les yeux tournés vers la France, périodiquement vient visiter nos expositions, y puiser plutôt encore des procédés et des modèles définitifs qu'un guide général et une manière d'observer.

Les expositions universelles de 1867 et de 1878 nous ont montré en ses premiers résultats ce qu'i semble au premier abord devoir advenir de ce frottement constant des écoles entre elles, je veux dire une sorte d'émoussement inévitable du tempérament national dans l'art et la naissance d'un art cosmopolite. Evidemment, si la multiplicité des communications entre les peuples avait pour résultat inévitable d'amener et de produire cet effacement absolu de toute originalité dans l'art, il faudrait arrêter ici nos espérances d'avenir et fermer à jamais le livre glorieux de l'histoire des arts. Mais il est impossible qu'il en soit ainsi. Aveuglément, et sans autres raisons que des raisons de pur sentiment, nous nierions intrépidement que nous ayons atteint le terme et touché le fond de cette faculté qui est comme le couronnement de la civilisation pour l'humanité.

L'homme a reçu le sens de l'art comme il a reçu le sens du vrai et du bien. Il ne laissera pas plus périr le premier que les deux autres. Il est impossible d'autre part que les phénomènes sociaux qui contribuent au développement de l'industrie, c'est-à-dire à notre affranchissement de la matière, conduisent par une singulière et inacceptable contradiction à l'écrasement de ce qui précisément domine la matière, à l'étouffement de l'idéal. Nous ne pouvons douter de la durée et de l'accélération du mouvement industriel et social qui tend à rapprocher et à confondre les peuples de plus en plus. Nous avons vu ce que ce rapprochement apportait avec lui de bienfaits, on ne saurait admettre que ce qui profite si largement à l'humanité dans cette direction sur le terrain de l'art puisse lui être nuisible. Il n'y a donc pas à se révolter contre cette loi des sociétés modernes, mais à compter avec elle. La période d'émoussement, de cosmopolitisme dans laquelle nous entrons sera plus ou moins longue, mais nous avons la ferme assurance qu'elle ne peut être qu'une période de transition. Peut-être n'y aura-t-il plus de grandes écoles locales nationales; mais toujours il y aura de grandes individualités qui, pour n'être point spécialisées, enfermées dans les lisières d'une tradition d'école, n'en auront qu'une action plus large et plus énergique sur l'humanité. Au lieu d'être les représentants de la Flandre, de la Hollande, de l'Allemagne, de Rome, de Florence ou de Venise, ils seront les représentants de l'humanité tout entière.

Lorsque des hommes de génie auront à se manifester dans un milieu et à un moment où les races, confondant leurs lumières personnelles en un seul foyer, auront affirmé comme loi fondamentale de l'art un retour absolu à l'étude de la nature considérée comme un moyen d'exprimer l'âme humaine : ils domineront d'un sommet plus haut. Ici, comme dans l'industrie, l'effort collectif aura grandi d'autant plus les affirmations du génie individuel.

Ajoutons, d'autre part, que les artistes prédestinés sont à peu près insensibles à l'influence du milieu esthétique où ils se développent. Ils empruntent à leurs devanciers, à leurs maîtres directs, une première somme de connaissances et de procédés matériels nécessaires pour formuler leurs pensées, mais ils n'acceptent aucune formule toute faite. Le public, les amateurs et les artistes inférieurs seuls étudient le milieu d'art contemporain, et ces derniers sont seuls aussi à emprunter des éléments d'actions et de succès aux nombreux ouvrages que les expositions universelles mettent sous leurs yeux. Chaque année on voit, comme une nouvelle plaie d'Egypte, la nuée des sauterelles de la vogue, on les voit ces chercheurs sans idée, ces plagiaires de l'idée d'autrui pulluler, surgir de toutes parts, après chaque succès éclatant, le fractionner, l'émietter, le corrompre, s'y mettre comme les termites, le creuser, s'y tailler de la besogne, le calquer, le copier, le retourner en tous sens, nous le montrer sous toutes les faces jusqu'à nous en écœurer; et c'est bien à cela qu'ils réussissent en effet. A quoi l'on ne peut rien faire. Il y a toujours eu, il y aura toujours une plèbe dans l'art comme dans tous les autres ordres d'activité.

Quant aux maîtres originaux, ne craignons point de le répéter, il n'y a pas à s'inquiéter de cette transformation des mœurs à laquelle le XIXe siècle nous fait assister. Art local ou art cosmopolite, sur quelque terrain que ce soit, leur génie se manifestera spontanément, se développera librement sans s'arrêter à d'apparentes entraves, parce que le génie est une force irrésistible, une faculté indépendante des causes secondaires. Il est possible que la moyenne de l'art subisse l'influence de cette transformation, qu'elle gagne en science, en procédés et qu'elle perde en originalité. Mais au total, notre conviction profonde et notre plus chère espérance, c'est que le patrimoine de l'humanité n'en sera pas amoindri. Nous en avons pour garant l'histoire qui nous révèle à chacune de ses pages l'action constante, l'action providentielle du génie.

Maintenant, est-il possible de prévoir quelle forme déterminée prendra cette action, comment elle se rattachera aux évolutions des sociétés modernes? Peut-être. Mais il faudrait un volume pour traiter une question si grave, assez grave pour solliciter la réflexion des esprits les plus sérieux et servir de thème aux méditations du philosophe. D'ailleurs, ce n'est pas ici le lieu. Le champ des conjectures ne saurait être ouvert plus longtemps à cette place qui appartient uniquement aux faits. — E. C.

EXPOSITIONS OUVRIÈRES. Des articles qui précèdent il résulte que les expositions officielles répondent à diverses considérations d'ordre élevé, qu'elles sont autant de points lumineux dans l'histoire du travail de l'humanité, et que pour atteindre cet idéal dont parle si éloquemment notre ami Ernest Chesneau, il faut, par de constants efforts, accélérer ce mouvement qui pousse les peuples à s'unir pour la plus grande gloire du genre humain.

Ces nobles sentiments trouveront un écho dans tous les cœurs, mais nous voudrions en même temps y faire pénétrer cette nécessité de convier à l'honneur tous ceux qui auront été à la peine. Cela s'est-il fait jusqu'ici? non; en dehors de ces concours nationaux ou internationaux, nous avons vu des expositions de toute nature dues à l'initiative privée qui, loin d'avoir la haute respectabilité de l'*Union centrale* ne constituaient, à proprement parler, que des affaires d'entrepreneurs assez habiles pour donner à leurs bazars temporaires les apparences de l'utilité publique.

Eh bien, toutes ces exhibitions, gouvernementales, officielles, semi-officielles, sérieuses ou non, n'ont jamais fait ressortir le rôle de l'ouvrier dans l'objet exposé, et le patron seul a été récompensé. Quelques grandes maisons ont bien obtenu des médailles de collaborateurs pour leurs contremaîtres, mais c'est là une rare exception, et nous voudrions que ce fût une règle, car s'il est juste que la Société et l'Etat proclament le nom du chef qui commande et contribue aux progrès de nos arts et de nos industries, il serait équitable, selon nous, que l'on décernât un brevet de mérite à l'ouvrier qui exécute.

On dit, non sans raison, que la machine s'étant substituée à l'homme, celui-ci n'est plus qu'un accessoire de celle-là, et que la part de l'ouvrier, dans un travail quelconque, devient difficile à déterminer. L'objection est sérieuse, et cependant nous n'hésitons pas à la combattre. Nous posons en principe, que le même travail fait mécaniquement peut être bien ou mal fait, selon l'ouvrier auquel on le confie; or, s'il y a des différences appréciables d'exécution que l'expérience nous a permis de constater, on doit chercher à obtenir de l'ouvrier la plus grande somme de perfection possible.

Nous admettons que la part d'initiative de l'ouvrier est faible, nulle même, dans certaines industries, mais dans un grand nombre d'arts et de métiers elle est large et quelquefois complète, indispensable même. Développer cette initiative devient alors une nécessité imposée par la lutte que subit notre industrie, et nous ne voyons point de meilleur moyen de provoquer l'émulation de nos artisans qu'en leur permettant de s'affirmer individuellement et de conquérir, eux aussi, les palmes du mérite.

En dégageant de l'essai informe d'exposition ouvrière tenté en 1878 les quelques efforts qui ont été faits par des ouvriers, on peut se rendre compte des résultats qu'on est en droit d'espérer le jour où, fermement résolu à rester sur le terrain économique, on organisera des expositions exclusivement ouvrières dans lesquelles on encadrera les travaux de nos plus intelligents apprentis; nous aurions alors dans un avenir prochain, une élite de travailleurs, fiers de leurs succès et tenant haut et ferme le drapeau de notre vieille suprématie dans les arts, les sciences et l'industrie.

Ces considérations générales et que, faute de place, nous ne pouvons développer davantage, ont conduit le *Dictionnaire* à poursuivre le projet d'une exposition dont le caractère est démontré par le procès-verbal suivant, projet qui a reçu des encouragements chaleureux et des adhésions nombreuses.

.... M. Lami expose ensuite au Comité de Rédaction qu'ému du développement de la concurrence étrangère, de son influence sur la crise que subit l'industrie française, si prospère jusqu'ici; frappé des conséquences de cette crise, du malaise qui en résulte et du découragement qu'elle provoque dans une partie de la population laborieuse; convaincu cependant qu'une action énergique peut concourir à enrayer le mal, en stimulant l'amour du progrès, il a conçu le projet d'une *Exposition ouvrière et scolaire professionnelle* dont il a étudié, depuis quelque temps, l'organisation et les résultats qu'on en peut attendre.

« Chaque exposition a sa caractéristique; celle dont je rêve la fondation serait exclusivement réservée aux ouvriers qui n'ont d'autre capital que leur intelligence, la force de leurs bras et l'habileté de leurs mains.

« Le travail individuel doit être honoré, récompensé en proportion de ses efforts et de ses résultats, et c'est, selon moi, en facilitant largement les manifestations individuelles de l'ouvrier français, si intelligent, si ingénieux, que nous provoquerons cet amour du progrès et cette recherche dans l'invention qui ont fait ces ouvriers de génie, les Palissy, les Boule, les Carcel, les Oberkampf, les Richard Lenoir, les Jacquard, etc. »

L'Exposition comprendra :

1° Les ouvrages des ouvriers, à quelque industrie qu'ils appartiennent, à la condition que l'objet exposé soit entièrement construit ou fabriqué de leurs mains; les patrons-ouvriers qui, dans l'atelier, exécutent les mêmes travaux que leurs compagnons; les façonniers travaillant pour le compte d'autrui. Sont également compris dans cette catégorie d'exposants les ouvriers qui ont apporté un perfectionnement ou une amélioration dans une machine, un appareil, un objet quelconque.

2° Les travaux manuels mécaniques des élèves des écoles d'apprentissage et de ceux qui suivent les cours professionnels, à la condition que l'exposant ait moins de 18 ans.

« Les récompenses aux apprentis seront solennellement décernées en séance publique.

« L'Exposition ouvrière ressuscitera en quelque sorte, et selon les exigences de notre époque, l'institution du *Chef-d'œuvre* qui, autrefois, décernait la *Maîtrise* à l'ouvrier. Des demandes seront faites auprès des différents compagnonnages qui possèdent des chefs-d'œuvre d'arts et métiers, et nous aurons ainsi un *Musée rétrospectif* qui sera l'une des plus grandes attractions de cette Exposition.

« L'Exposition *sera gratuite pour les exposants*; mais en ne considérant que les sources diverses de revenus des expositions précédentes, organisées au Palais de l'Industrie, on est en droit d'espérer qu'elle sera fructueuse; le produit net en sera affecté à constituer le premier fond d'une œuvre d'amélioration dont le caractère reste à déterminer, mais qui devra s'exercer exclusivement dans l'intérêt de la classe ouvrière. »

Le Palais de l'Industrie, aux Champs-Elysées, seul emplacement possible pour une telle manifestation, étant concédé pour plusieurs années, nous avons dû renvoyer l'exécution de ce projet à une époque ultérieure, mais l'idée fera son chemin si elle n'est pas dénaturée par les politiciens.

Si des hommes de cœur et de dévoûment veulent se consacrer à ce genre d'exposition, ils devront rigoureusement lui conserver le caractère national, indépendant, dégagé de toute préoccupation politique que nous lui avions donné; nous serons alors avec eux et notre concours leur est acquis. Autrement ils seront détournés du but que nous poursuivons : développer le goût du métier dès l'apprentissage, obtenir la plus grande perfection possible dans la main-d'œuvre, élever le niveau des connaissances pratiques et aussi la dignité professionnelle de l'ouvrier et de l'artisan.

EXTINCTEUR. Appareil en tôle contenant de l'eau chargée d'acide carbonique et destiné, dans un atelier, une usine, à combattre un commencement d'incendie.

EXTIRPATEUR ou **CULTIVATEUR.** *T. de mach. agr.* Machine destinée à compléter le travail de la charrue et à préparer les terres pour le hersage. L'extirpateur et le cultivateur ne forment aujourd'hui qu'une seule et même machine garnie de dents, à l'extrémité desquelles on vient rapporter des pièces mobiles ou socs de formes différentes et appropriées au travail que l'on veut obtenir.

L'extirpateur est garni de socs plats, larges et tranchants sur les bords, qui ont pour effet d'écrouter le sol horizontalement à une faible profondeur; on s'en sert pour le déchaumage et le nettoyage du sol. Le cultivateur, au contraire, est armé de socs moins larges et plus bombés, il remue le sol plus énergiquement que l'extirpateur, et dans quelques cas il fait un léger labour qui peut remplacer le travail de la charrue.

Les extirpateurs actuels sont construits entièrement en fer, et le prix du kilogramme varie de 0 fr. 75 à 1 fr. 15, suivant que la fonte entre plus ou moins dans leur construction. Le poids de la machine tirée par deux chevaux s'élève environ de 140 à 180 kilogrammes et suit, pour chaque collier en plus, une augmentation de 50 à 80 kilogrammes. La largeur travaillée par l'extirpateur varie de $0^m,85$ pour 2 chevaux à $1^m,40$ pour une traction de 4 à 6 chevaux. Suivant la nature du sol, et la force de l'attelage, on peut labourer de 1 à 4 hectares par jour. Avec l'extirpateur Dombasle à 5 socs, travaillant de 8 à 14 centimètres de profondeur et attelé de 3 à 4 chevaux on peut cultiver environ 2 hectares par jour. L'effort de traction des cultivateurs dépend de la nature du sol, de la profondeur de la culture et de la forme des dents. — M. R.

* I. **EXTRACTEUR.** *T. techn.* On désigne sous le nom d'*extracteur* (ou *exhausteur*, par dérivation de l'anglais *exhauster*) un appareil employé principalement dans les usines à *gaz d'éclairage.* Lorsque le gaz se dégage par la distillation de la houille dans les cornues, il a toujours à vaincre la somme des résistances occasionnées par son passage dans les barillets, les condensateurs, laveurs et épurateurs; il a de plus à vaincre la pression déterminée par le poids du gazomètre qu'il doit soulever. L'extracteur a pour but de supprimer l'influence nuisible de toutes ces résistances : il aspire le gaz au fur et à mesure de sa production et réduit à zéro la pression dans les cornues; il refoule ensuite le gaz jusque sous la cloche du gazomètre avec une force égale aux pressions à vaincre. Ces résultats augmentent le rendement de la houille, diminuent les pertes par les fissures des cornues, atténuent la formation des dépôts de graphite et produisent en somme une économie sensible dans la fabrication du gaz.

On emploie parfois les extracteurs dans d'autres industries que celle du gaz, notamment dans les fabriques de céruse, où on a utilisé ces appareils pour aspirer l'acide carbonique et le refouler dans les dissolutions de sels de plomb qu'il doit transformer en carbonate. — G. J.

II. **EXTRACTEUR.** C'est le nom donné par M. Bazin à un appareil de dévasement et de dragage par succion, analogue aux bateaux pompeurs de Saint-Nazaire et de Lorient, dont il diffère surtout parce que le tuyau d'aspiration traverse le fond du bateau, de façon à permettre d'installer la pompe à laquelle il aboutit au-dessous de la flottaison du bateau; il en résulte que non seulement cette pompe n'a pas besoin d'être amorcée, mais que son travail d'aspiration se trouve supprimé, puisque le mélange d'eau et de matières est refoulé dans le tuyau avec une force proportionnelle à la hauteur de la colonne d'eau qui presse sur son orifice inférieur. La pompe n'a donc plus qu'à refouler le mélange à la hauteur nécessaire pour le déverser dans les chalands. On a pu, dans ces conditions, recourir à l'emploi des pompes centrifuges qui se laissent facilement traverser par les herbes, les coquillages et les détritus; des pierres et des clous sont même souvent entraînés sans inconvénients. On a soin de placer la pompe à une hauteur telle que la vitesse des matières à la sortie du tuyau d'aspiration soit la même que celle qui correspond, dans le tuyau de refoulement, au maximum de débit de la pompe; on évite ainsi les pertes de travail.

M. Collignon, professeur à l'École des ponts et chaussées, a donné à la Société philomathique de Paris (27 décembre 1873), la théorie mathématique de la relation qui existe entre la hauteur à laquelle débouche le tuyau d'aspiration et la richesse en matières solides du mélange aspiré; cette théorie et la construction graphique qu'elle permet d'établir font voir que le rapport du déblai entraîné à l'eau qui l'entraîne, c'est-à-dire le coefficient d'utilisation de l'appareil, décroît à mesure que la hauteur augmente, et cette diminution est d'autant plus grande que le poids spécifique des matières solides diffère davantage de celui de l'eau. Dans la pratique on place les pompes centrifuges à fond de cale; la partie des tuyaux d'aspiration qui traverse la coque du bateau est en caoutchouc épais et cependant assez flexible pour qu'on puisse faire varier l'inclinaison des tuyaux; on règle cette inclinaison à l'aide d'une grue installée à l'arrière du bateau, abaissant le tuyau lorsque le liquide débité par les pompes est trop clair; le relevant s'il est trop chargé de matières solides. Cette manœuvre continuelle du tuyau a une influence considérable sur le rendement. Chaque tuyau est muni, à la partie inférieure, d'une crépine qui arrête les corps trop volumineux; une petite fente longitudinale permet à l'eau de diluer suffisamment le mélange aspiré pour éviter les engorgements. Pour travailler dans les fonds plus compacts, le bateau est muni à l'avant d'une roue excavatrice, mise en mouvement par une chaîne galle et servant à désagréger le sol en avant du tuyau d'aspiration. Les ailettes des pompes sont garnies de bandes de caoutchouc pour donner une meilleure obturation et pour diminuer l'usure produite par le choc du sable et des graviers.

Les déplacements du bateau sont obtenus d'une façon ingénieuse en utilisant le refoulement de l'eau par les pompes dans deux tuyaux installés sur les côtés du bateau; il faut alors relever le tuyau d'affouillement pour le faire aspirer dans l'eau claire; on fait tourner le bateau en combinant l'action d'un tuyau de refoulement avec celle du gouvernail. L'emploi de ces appareils présente deux difficultés contre lesquelles il est bon de se prémunir; l'une qui se rencontre toutes les fois que l'on met en mouvement dans des tuyaux des masses d'eau mélangées de matières solides; c'est le danger des arrêts imprévus pendant la marche, arrêts qui provoquent immédiatement dans les appareils des dépôts, quelquefois tellement compacts qu'il faut tout démonter pour les enlever. L'autre qui est particulière au système; c'est la nécessité d'empêcher l'eau de pénétrer dans le bateau lorsqu'il faut ouvrir l'une des pompes pour la réparer.

Employés aux dévasements, ces appareils peuvent entrainer par heure environ 1,200 mètres cubes d'un mélange dont la densité est de 1,25 pour 10 mètres de profondeur; 1,20 pour 12 mètres et 1,10 pour 20 mètres. Un extracteur de 10 chevaux de force employé en Angleterre, par la compagnie du Great Eastern Railway, travaillant à 8^{m},25 de profondeur, a pu extraire par an 200,000 tonnes de sables et graviers au prix de 27 francs la tonne; ce prix comprend le transport et la décharge à 3,200 mètres, ainsi que l'intérêt et l'amortissement du prix d'achat, soit 50,000 francs. — J. B.

***EXTRACTION.** *T. d'exploit. des min.* Le service de l'extraction dans les mines comprend le transport des matières qu'on sort de la mine, par des puits verticaux, ou par des voies assez voisines de la verticale, pour que les matières ne puissent pas reposer sur le sol et qu'il faille les suspendre à un câble ou à une chaîne. On a dans le même puits deux câbles dont l'un fait monter les matières contenues dans des récipients quelconques, et dont l'autre descend des récipients vides, de sorte que les poids morts s'équilibrent. Ces récipients sont ou bien des *bennes* ou *cuffats*, dans lesquels on vide les vagonnets qui transportent les matières à l'intérieur de la mine, ou bien des *cages*, dans lesquelles on les fait entrer. Les bennes ou cuffats sont suspendus à un câble dans un puits vertical, et les cages sont guidées dans un puits qui peut n'être pas exactement vertical. Le lieu où les matières arrivent au fond du puits s'appelle la *recette intérieure*, l'*accrochage* ou l'*envoyage*, et l'extrémité supérieure du puits s'appelle la *recette*.

Une benne est un tonneau renflé au centre, fretté en fer, fermé à la partie inférieure par un plancher consolidé par un croisillon en madriers ou en fer, et muni à la partie supérieure de trois crochets, où s'adaptent trois chaînes. Ce récipient a une capacité de 6 à 30 hectolitres et pèse vide, de 150 à 500 kilogrammes. On le fait marcher seulement avec une vitesse de 0,50 à 1,50 par seconde. On ralentit encore au moment de la rencontre des deux bennes, en un point où on a eu soin d'élargir le puits. La benne est surmontée d'une plaque en fer appelée *parapluie*.

Les *cages* ont commencé à remplacer les bennes il y a une cinquantaine d'années. Ce sont de grands espaces parallélipipédiques, comprenant de 1 à 4 étages, dans chacun desquels on introduit de 1 à 4 vagonnets ou berlines. Les cages sont guidées dans leur course par des longrines en bois, ce qui permet de leur donner une vitesse de 4 à 15 mètres par seconde. Les cages ont été d'abord faites en bois; maintenant on les fabrique avec des fers en T ou en U, et on tend à les faire en acier de façon à les alléger beaucoup. Pour les guider, on les munit, sur leurs petits côtés, de mains en fer prenant les longrines avec un petit jeu. On les surmonte d'un toit, afin d'amortir l'effet du choc du câble, en cas de rupture de celui-ci. Afin d'empêcher les vagonnets de ressortir, on ferme les cages par une chaînette, ou mieux par

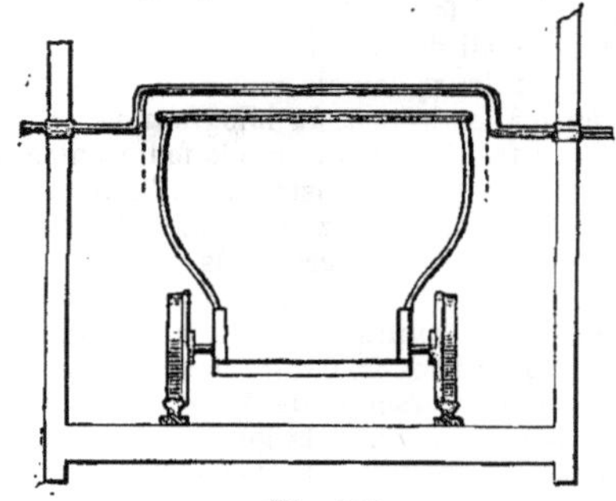

Fig. 605.

une balustrade plusieurs fois coudée (fig. 605), qui laisse le passage libre au vagon quand on l'a fait tourner de 180°. Les cages pèsent de 600 à 3,000 kilogrammes et contiennent de 1 à 8 vagonnets pesant vides, chacun de 100 à 300 kilogrammes, et contenant chacun de 300 à 1,000 kilogrammes de matières. Les cages doivent être munies d'un *parachute* de telle sorte qu'elles restent accrochées au guidonnage, en cas de rupture du câble. Nous décrirons, à l'article Parachute, les principaux systèmes employés.

Les guides des cages peuvent être en charpente, en fer ou en câble. Les guides en charpente sont des longrines verticales d'une section de 10 à 15 centimètres sur 15 à 20 centimètres, fixées sur des pièces horizontales, appelées *moises*, par des boulons à tête noyée. Ces guides sont les meilleurs au point de vue du fonctionnement du parachute. Les guides en fer sont de vieux rails ou des fers à T. Les guides en câble de fer sont des câbles placés aux quatre coins du puits, attachés en haut au-dessus des molettes, et portant en bas de grands poids. Ils ont l'avantage de ne pas réduire la section libre du puits. Ils permettent d'établir un guidonnage hélicoïdal dans les puits où on est obligé, par diverses circonstances, d'établir les recettes dans des azimuts différents. Ils permettent aussi de guider les bennes. Généralement, les guidonnages sont interrompus aux recettes et remplacés par des *faux guides*, placés sur les longs côtés de la cage, un peu plus longs que la partie supprimée des guidonnages. Il est bon dans ce cas, que les mains de fer des cages, qui prennent les guidonnages, soient un peu évasées à la partie supérieure et à la partie inférieure. Quelquefois, on ferme les recettes avec des portes, munies d'un guidonnage supplémentaire qui vient compléter la partie supprimée du guidonnage. D'autres fois, on ne supprime pas la partie du guidonnage qui est au droit des recettes, mais on la rend mobile autour d'une charnière horizontale.

Les dispositions des recettes intérieures varient suivant qu'on emploie des cuffats ou des cages. Dans le premier cas, on dispose un pas de cuffat où les enchaîneurs amènent le cuffat qu'ils ont d'abord saisi par des gaffes, ou longs manches en bois, armés de crochets. Le cuffat reste dans cette position pendant qu'on y décharge les vagons (fig. 606).

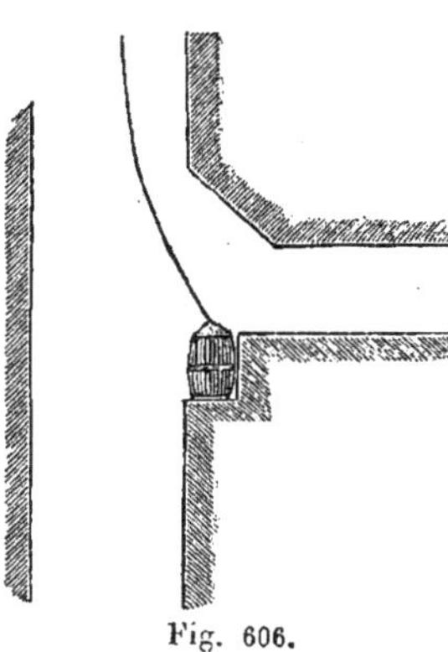

Fig. 606.

Dans le cas des cages, on les pose sur un *clichage*, de façon que le sol de la cage soit juste au niveau du sol de la recette, et que l'on puisse pousser les vagons de la voie ferrée de la mine, sur les rails qui sont sur le sol de la cage. Le clichage peut être constitué par des verrous, mais cela présente un grand danger s'ils sont fermés par erreur et qu'une cage arrive inopinément. Il vaut mieux que le clichage soit constitué par des taquets mobiles autour d'un axe horizontal. Un contre-poids les maintient ouverts; et pour qu'ils soient fermés, il faut qu'on les maintienne à la main ou qu'une cage soit posée dessus. Quelquefois on fait l'inverse, et le contre-poids les maintient fermés, mais cette disposition paraît moins recommandable.

La cage ou la benne est suspendue à un câble qui peut être rond, plat ou conique, ou remplacé par une chaîne. Le câble *rond* est formé de plusieurs torons enroulés en hélice, et chaque *toron* est formé de la réunion de plusieurs fils de *caret*. Le câblage en hélice a le double avantage de faire travailler tous les brins également et d'amortir les chocs. Il a l'inconvénient de causer une tendance au tournoiement, qui donne le vertige aux hommes, et de diminuer la résistance à la rupture. Le câble rond s'enroule en hélice sur un arbre de treuil. Le câble *plat* est formé de plusieurs câbles ronds (ou *aussières*), cousus ensemble, de façon que leurs hélices soient alternativement dextrorsum et sinistrorsum ; de la sorte, un câble plat n'a pas de tendance au gauche et s'enroule régulièrement sur une bobine en spirale d'Archimède.

Les câbles ronds ou plats, s'ils étaient continués toujours avec la même section, pourraient atteindre une longueur telle, que leur poids seul suffît à les rompre à la partie supérieure. Il est nécessaire, dans les mines d'une grande profondeur, d'employer des câbles diminués. Théoriquement, on peut concevoir un câble dont la section soit en chaque point proportionnelle à la tension. Si a est la section de l'extrémité inférieure du câble, s'il porte un poids p, et son poids spécifique est $\tilde{\omega}$, la section à une hauteur h au-dessus de l'extrémité inférieure doit être

$$A = a e^{\frac{a\tilde{\omega}h}{P}}.$$

Le poids total d'un pareil câble est

$$P\left(e^{\frac{a\tilde{\omega}h}{P}} - 1\right),$$

le poids par mètre est $a\tilde{\omega}$ au petit bout et

$$a\tilde{\omega}e^{\frac{a\tilde{\omega}h}{P}},$$

au gros bout. Un pareil câble peut supporter un poids quelconque, au bout d'une longueur également quelconque.

Dans la pratique, on peut employer des câbles discontinus, formés de mises cylindriques successives d'une section de moins en moins grande; mais il vaut mieux supprimer un à un les torons ou même les fils de caret. On donne ainsi en général au câble la forme d'un tronc de cône qui a pour grande base et pour petite base

$$a e^{\frac{a\tilde{\omega}h}{P}} \text{ et } a.$$

Les câbles peuvent être faits en chanvre, en aloès, en fer ou en acier. Les câbles en *chanvre* ont un poids spécifique de 1,050 à 1,100 kilogrammes, suivant le serrage. Il ne faut pas les faire travailler à plus de 75 à 80 kilogrammes par centimètre carré de section. On peut goudronner les câbles en chanvre; ils peuvent absorber 17 0/0 de leur poids de goudron, mais il ne faut pas aller jusque là. Les câbles en *aloès* qui sont faits avec le filament de l'*agave*, sont plus légers et plus résistants que ceux en chanvre. Ils ont un poids spécifique de 1,000 kilogrammes et peuvent supporter 600 kilogrammes par centimètre carré sans se rompre : cependant on recommande de ne pas les faire travailler à plus de 80 kilogrammes. L'humidité leur est favorable. La durée des câbles végétaux peut descendre à 4 ou 5 mois quand l'air est très mauvais, elle peut aller, quand l'air est très bon, jusqu'à 2 ou 3 ans pour les câbles ronds et même 4 ou 5 ans pour les câbles plats. On peut augmenter la durée des câbles cylindriques en les retournant bout pour bout, au milieu de leur durée, parce que les deux extrémités travaillent très inégalement. Il est également bon de changer les deux câbles de place au milieu de leur durée, car celui qui s'enroule en passant sous la bobine se fatigue plus que l'autre.

Les câbles en fils de *fer* qui ont commencé à être utilisés depuis une cinquantaine d'années ont l'avantage de durer beaucoup plus longtemps, sauf qu[illegible]d il y a dans le puits des eaux acides. Ils supportent, à poids égal, une charge supérieure d'au moins un quart [illegible] celle d'un câble végétal. Quand ils sont hors d'usage, c'est encore de la vieille ferraille. Malheureusement, les vibrations auxquelles les câbles sont soumis donnent au fer une texture cristalline qui facilite sa rupture. Il est bon de faire passer chaque jour le câble devant une réglette tenue à la main, avec laquelle on sent passer les fils cassés. Les fils de fer employés varient entre le n° 12 et le n° 17. Le n° 12 a 1m/m,8 de diamètre et une charge de rupture de 140 kilogrammes. Le n° 17 a 3 millimètres de diamètre et une charge de rupture de 389 kilogrammes. On ne suspend à un câble que le 1/7 de sa charge de rupture, moins le poids du câble. Les câbles en fil de fer ont souvent une âme en chanvre. On les lave et on les graisse de temps en temps. On a proposé, dans ces dernières années, l'emploi de câbles en fils d'*acier*, qui ont une résistance supérieure du quart à celle des câbles en fils de fer, mais qu'il faut enrouler sous les rayons plus grands, d'au moins 3 mètres.

Les *chaînes* sont usitées quelquefois, notamment en Angleterre, au lieu de câbles. Ces engins sont lourds et encombrants : une chaîne ne peut guère supporter que le tiers de ce que supporte un câble en fer d'égal poids. En outre, l'état de vibration fait cristalliser le fer et le rend cassant : les chaînes rompent brusquement. Il faut laver les chaînes de temps en temps, et les recuire environ tous les six mois. Dans tous les cas, il est indispensable que la soudure de chaque maillon soit faite sur le côté, pour que si un maillon s'entr'ouvre, cela ne fasse pas sûrement rompre la chaîne. Il est bon que les maillons soient consolidés par un étai central.

Lors même qu'on emploie des câbles, il faut les terminer par 3 ou 4 bouts de chaîne pour supporter la benne ou la cage. Si on a un câble rond, on lui fait faire deux fois le tour d'un boulon, passé dans une fourche, et on le fait remonter parallèlement au câble montant avec lequel on l'attache. Si on a un câble plat, on fait passer son extrémité dans un anneau soudé aux chaînes, et on la fixe avec le câble montant par deux doubles armures en fer, dont les rivets sont mis à froid. La fourche ou l'anneau termine la partie supérieure d'un grappin de sûreté qu'un ressort maintient fermé, et dans lequel passent les 3 ou 4 bouts de chaîne qui supportent la benne ou la cage (fig. 607).

Fig. 607.

L'orifice du puits est en général fermé par des balustrades automatiques, que la cage enlève quand elle monte et qu'elle replace en descendant. Les puits où est installé un ventilateur qui aspire l'air de la mine doivent être bouchés par un couvercle que la cage, quand elle arrive, soulève et remplace momentanément, et qu'elle replace quand elle redescend. Au-dessus du puits le câble passe sur les *molettes*. Ce sont d'énormes poulies d'un diamètre de 2 à 6 mètres établies avec une grande solidité. Dans le cas où on emploie un câble plat, la molette a une gorge plate d'une largeur supérieure de 2 centimètres à celle du câble, et munie de joues de 10 à 12 centimètres. La molette a au contraire une gorge ronde si telle est la forme du câble. Le corps des molettes est en fonte, leur axe est en fer forgé, et leur gorge est recouverte en bois ou avec un morceau de vieux câble. Les rayons sont disposés en double cône comme dans la carrosserie.

Divers procédés ont été employés pour garantir la cage du choc contre les molettes, dans le cas où le mécanicien oublierait de fermer à temps son régulateur. Un premier moyen consiste à rétrécir le guidonnage vers le haut, de sorte que la cage y reste coincée et que le câble se casse. Un second moyen consiste à mettre un tampon d'arrêt élastique, qui donne un arrêt moins brusque. Un troisième moyen consiste à placer au dessous du point que la cage ne doit pas dépasser, un levier qui, quand il est soulevé, ferme le régulateur de la machine motrice, ouvre les purgeurs, et engage le frein à vapeur, ou bien encore fait marcher la machine à contre vapeur. Un quatrième moyen consiste à établir la connexion de la cage et du câble, au moyen d'une broche mobile autour de son centre de courbure, et munie d'une queue qui vient buter contre le point qu'il ne faut pas dépasser. Le même mouvement ferme un clichage, c'est-à-dire amène sous la cage des taquets qui doivent la recevoir.

Les molettes sont installées au-dessus du puits, à la partie supérieure d'un *chevalement* ou *belle fleur*. Il doit être assez haut pour que la cage ne risque pas d'être envoyée aux molettes. Il y en a qui atteignent une hauteur de 36 mètres. Le chevalement est quelquefois double pour deux puits jumeaux. On peut le supprimer quand on a une recette souterraine, communiquant avec le jour par une galerie. Quand on installe un chevalement, on établit son principal arc-boutant dans la résultante des deux forces qui agissent sur la molette, et qui sont dirigées suivant les deux brins du câble. On peut faire les chevalements en sapin, qu'on renouvelle tous les trois ou quatre ans, mais actuellement on tend à les construire plutôt en fer. On en a fait aussi en maçonnerie. En tout cas, on leur met une couverture, afin de protéger les organes de l'humidité.

Après être passé sur la molette, le câble redescend et va s'enrouler sur la *bobine*, en spirale d'Archimède, si c'est un câble plat. La bobine est munie de deux jantes ayant chacune leurs rayons. L'arbre ou *estomac* a un rayon d'environ 40 centimètres, et est fait soit en fer, soit en fonte. Il est très solidement fixé à l'extrémité du câble, et est entouré d'une partie de câble qui ne se déroule jamais, et qui constitue la *fourrure*, dont le rayon est de 1 à 3 mètres. Il faut que le rayon initial d'enroulement soit constant; et à cet effet, si on a à couper le bout du câble, et s'il faut emprunter, par exemple, deux spires à la fourrure, on en déroulera deux autres, et avant de les réenrouler, on les doublera par un morceau de vieux câble. Quand on a un câble rond, il s'enroule en hélice sur un *tambour*. Le tambour est un treuil ordinaire d'environ 40 centimètres de diamètre. Le bras de levier est constant. On a essayé d'un treuil cylindrique court, sur lequel le câble s'enroule en plusieurs couches, de sorte que le bras de levier est variable d'une façon discontinue. On emploie aussi des tambours coniques sur lesquels le bras de levier varie d'une façon continue.

Les bobines ou les tambours, mis en mouvement par la machine d'extraction, font marcher le câble auquel sont suspendues les bennes ou les cages. Il y a une bobine ou un tambour correspondant à chaque câble. L'un des câbles s'enroule sur sa bobine par dessus en venant de la molette, et l'autre par dessous; de sorte qu'en faisant tourner les bobines dans le même sens, on fait monter l'une des cages et descendre l'autre.

Le procédé, pour recevoir les matières au jour, varie suivant qu'on emploie des bennes ou des cages. Quand les bennes arrivent au jour, on les accroche par le fond, le mécanicien redescend, et alors la benne bascule et se vide. On peut aussi employer des bennes roulantes, munies d'oreilles qui sont prises dans les crochets de trois tringles verticales parallèles. Cela fait un chapelet de bennes qu'on monte au-dessus du puits; on ferme alors l'orifice du puits par un pont volant; le mécanicien redescend et pose les bennes une à une sur le pont, où les moulineurs les arrachent. Quand on emploie une cage, on la pose au jour sur un clichage analogue à celui du fond, et on tire les vagons sur une voie ferrée qui se trouve au même niveau. On les conduit à des culbuteurs. Un culbuteur se compose de deux roues parallèles, entre lesquelles sont deux rails qui supportent le vagon, et qui sont munies de crochets pour le retenir à la partie supérieure. Le centre de gravité du culbuteur avec un vagon plein est au-dessus du centre de rotation; de sorte que l'appareil culbute, et vide le vagon qui est retenu par les crochets. A ce moment le centre de gravité est déplacé, et se retrouve au-dessus du centre de rotation; l'appareil culbute de nouveau, revient dans sa première position, et on enlève le vagon vide. Les culbuteurs sont situés au-dessus de glissières qui amènent, en général, les matières extraites dans les grands vagons ou dans les bateaux qui doivent les emporter. Les glissières sont fermées en bas par une plaque de tôle capable de tourner autour de sa partie supérieure. Il en résulte que les matières séjournent dans les glissières assez longtemps pour qu'on puisse quelquefois faire à la main un triage des matières stériles, mélangées aux matières utiles. Quelquefois les glissières sont munies de grilles plus ou moins espacées qui classent les morceaux suivant leur grosseur. Quelquefois elles ne sont que les premiers appareils d'un atelier complet de *préparation mécanique*. — V. ce mot.

Le moteur d'extraction peut être l'homme, le cheval, une machine hydraulique, ou une machine à vapeur. On fait agir l'homme sur un bras de levier de 35 à 40 centimètres qu'il déplace avec une vitesse de 75 centimètres par seconde, et sur lequel il exerce un effort de 7 à 8 kilogrammes, pouvant s'élever exceptionnellement à 12 kilogrammes. On peut mettre deux hommes à chaque bout d'un treuil, et leur faire monter à eux quatre de 100 mètres de profondeur une tonne à l'heure. On commence en général le fonçage des puits, jusqu'à 20 ou 30 mètres, avec des hommes comme moteurs. Le travail des hommes comme moteurs s'emploie dans les carrières, et dans les mines où on extrait des quantités très faibles de matières très précieuses. Quand on emploie des chevaux, on les fait tourner dans un manège. On leur fait traîner une pièce de bois disposée de façon à se piquer dans le sol et à tout arrêter, si les chevaux venant à se fatiguer, la charge redescendait. A la fin de l'extraction, quand il ne reste plus dans le puits qu'une faible longueur de câble, on fait aller les chevaux au trot. Dans un puits d'Almaden, on parvient à extraire 60 tonnes par jour, d'une profondeur de 350 mètres, en employant 5 postes de 8 mulets qui travaillent chacun pendant 3 heures. Le travail des chevaux est convenable pour l'extraction pendant le fonçage des puits de la profondeur de 20 à 30 mètres, à celle de 120 à 150.

Si on veut employer la force hydraulique, on peut recourir à la roue à augets, à la turbine, à la machine à colonne d'eau ou à la balance d'eau.

1° La roue à augets doit être à double aubage pour pouvoir tourner dans les deux sens, en donnant de l'eau à une travée et en la refusant à l'autre. Elle est limitée à une hauteur de chute de 16 mètres.

2° La turbine doit être aussi à double aubage. Elle peut utiliser des chutes de 150 mètres, et a l'avantage de débiter beaucoup d'eau en étant très petite.

3° La machine à colonne d'eau est une excellente machine d'extraction, quand sa force motrice est suffisante. Il y a dans le Harz une machine à colonne d'eau qui utilise une chute motrice de 215 mètres.

4° La balance d'eau est un petit moteur directement alternatif, qui peut servir pour de petites extractions près de la surface du sol.

On peut aussi employer des machines à air comprimé ou des machines à air dilaté, mais la plupart des machines d'extraction sont des machines à vapeur. Autrefois, on employait des machines à un seul cylindre. Dans ce cas, pour démarrer quand on était au point mort, il fallait que les hommes agissent avec de grands leviers sur les bras du volant. Aujourd'hui on emploie presque partout des machines à deux cylindres dont les manivelles sont perpendiculaires l'une à l'autre. Cela supprime le point mort, et cela régularise le mouvement moteur. On n'a plus besoin d'un volant que pour l'application d'un frein à grand rayon.

La machine d'extraction doit être simplifiée, autant que possible, afin de diminuer les chances d'arrêt. On marche généralement à haute pression et sans condensation. On a ainsi l'avantage d'avoir un frein à vapeur énergique, et on est dispensé de l'emploi d'un condenseur encombrant. La machine d'extraction est toujours à détente variable. Il faut marcher à pleine pression au commencement de l'ascension pour créer la vitesse, et à la fin, pour que le mécanicien pendant les manœuvres ait bien sa machine en main. Pendant l'ascension, il faut une assez longue détente par raison d'économie. Il y a en général un mécanisme de changement de marche très simple, consistant dans la coulisse de Stephenson ou dans un de ses dérivés.

Divers ingénieurs ont imaginé des procédés spéciaux pour faire varier la détente dans les machines d'extraction, sans obliger le mécanicien à une tension d'esprit ou à une fatigue trop grande. Le procédé de M. Audemar consiste à interrompre l'admission dans la boîte du tiroir au moyen d'une soupape mue par un levier actionné par une came Meyer. Le procédé de M. Guinotte consiste dans l'emploi d'un tiroir ordinaire, surmonté d'un second tiroir destiné à boucher les ouvertures d'admission de vapeur qui le traversent. On fait varier la course de ce second tiroir par des artifices assez compliqués, et on donne à la machine, pour chaque instant de l'extraction, juste la force voulue. Le procédé de M. Scohy consiste dans l'emploi d'un petit tiroir spécial ou tuile de détente qui détend dans la boîte du tiroir d'admission, et qui se meut toujours dans le même sens que le piston.

Dans les machines d'extraction,

La course du piston varie de.	1.00	à	2.00
Le diamètre du piston, de	0.50	à	1.00
La vitesse moyenne du piston, de.. . .	1.30	à	1.50
Le nombre de tours par minute, de. . .	15	à	30
La vitesse des bennes, de	0.50	à	1.50
Et la vitesse des cages..	4.00	à	15.00

La force en chevaux est comprise entre 4 et 400 chevaux, et généralement entre 100 et 150. Le poids des cages et des vagons s'équilibre. On a à enlever le poids de la matière et du câble avec une vitesse donnée. Il faut une force en chevaux effective de $\frac{Pv}{75}$ et comme la machine n'a qu'un rendement d'environ $\frac{3}{4}$, on prend une machine à vapeur de la force de $\frac{4}{3}\,\frac{Pv}{75}$.

Il faut que, si l'un des cylindres est au point mort, l'autre soit capable d'enlever le poids de la matière et du câble. Il faut même y ajouter les vagons et la cage, car au moment initial, l'autre câble qui supporte aussi des vagons vides et une cage est détendu parce que la cage repose sur des taquets. Si Q est le total des poids de la matière, des vagons, de la cage et du câble, et si R est le rayon initial d'enroulement, c'est-à-dire le rayon de l'estomac métallique plus l'épaisseur de la fourrure, le moment résistant est QR. Si n est le timbre de la chaudière, si d est le diamètre du corps de pompe et l la course du piston, le moment moteur est

$$\frac{\pi d^2}{4}.n.10000.\frac{l}{2}.$$

Pour tenir compte des résistances passives, il faut qu'on ait

$$\frac{\pi d^2}{4}n.10000\frac{l}{2} \geqslant \frac{4}{3}QR.$$

Si v est la vitesse moyenne de la cage ou des bennes et si w est la vitesse moyenne du piston, on a

$$\frac{2\pi R}{2l} = \frac{v}{w}.$$

On en tire

$$(1)\quad l = \frac{\pi R w}{v}$$

et, en substituant dans la formule précédente, on a très approximativement

$$(2)\quad d \geqslant 0{,}01\sqrt{\frac{Qv}{nw}}.$$

On connaît ainsi les deux dimensions du cylindre et la force en chevaux de la machine.

Le mécanicien se place entre les deux cylindres de la machine, de façon à en bien voir toutes les parties, et à voir la recette supérieure du puits qui est à environ 25 mètres de distance. L'inconvénient de ce système est que, si la cage va aux molettes, le mécanicien, en danger d'être atteint par le câble, quitte généralement son poste. Le mécanicien doit tenir en main les leviers du changement de marche et du régulateur, et avoir à sa portée le levier qui commande le frein à vapeur.

Le mécanicien obéit aux signaux qu'il reçoit du fond. Quand le puits est muraillé, la voix porte très bien. Le signal le plus simple est un timbre frappé par un marteau équilibré qu'on tire de l'intérieur du puits par un fil de fer. On emploie aussi parfois une tige métallique qui règne tout le long du puits, et qu'on choque au fond avec un marteau. Il y a en divers points du câble des marques à la peinture blanche qui avertissent exactement le mécanicien de la position de la cage. En outre, dans la plupart des mines, un tableau reproduit à petite échelle, à l'aide d'engrenages, ce qui se passe dans le puits. Les mobiles qui représentent les cages, portent des taquets qui agissent sur des cloches placées en des points déterminés.

Le chiffre de l'extraction d'un puits varie depuis quelques dizaines jusqu'à un millier de tonnes par jour. La fosse nº 5 de Lens extrait en moyenne 1,000 tonnes de charbon par jour, et ce chiffre a été porté un jour à 3,000 tonnes. Les frais de premier établissement comprennent la machine et ses chaudières, le chevalement, les recettes, le bâtiment et le guidonnage. On peut compter en tout pour un puits de 400 mètres de profondeur, environ 150,000 francs. Ces frais doivent s'amortir en dix ans. Il faut compter comme main-d'œuvre, le machiniste, les chauffeurs, les enchaîneurs et les receveurs. Le combustible consommé est dans les mines de houille du charbon de mauvaise qualité, valant environ 5 à 6 fr. la tonne. Le câble pèse environ 7 kilogs par mètre courant et vaut environ 1 fr. 20 le kilog. Il dure en moyenne 15 mois. Enfin il faut tenir compte de l'entretien de la machine et du câble. En réunissant tous ces frais, on obtient environ 1 franc comme prix de revient du million de kilogrammètres utiles. Si on appelle P le poids utile, p le poids du câble par mètre et h la hauteur du puits, on a à enlever au commencement $P+ph$ et à la fin

$P - ph$. Le terme ph est souvent aussi grand et même plus grand que P. Il faut donc demander à la machine un effort très variable qui peut même changer de sens dans le courant d'une ascension. Divers moyens peuvent être employés pour régulariser cet effort d'une façon complète ou approximative. Un premier moyen consiste à avoir un câble sans fin qui s'équilibre toujours. Il a l'inconvénient de doubler la longueur du câble, et ne s'emploie presque jamais. Un second moyen consiste à équilibrer le câble d'extraction par une chaîne amarrée, à une de ses extrémités et attachée par l'autre à une corde qui passe sur une poulie de renvoi et va s'enrouler sur une poulie de rayon ρ placée sur l'arbre du treuil de rayon r. Au début, la chaîne est verticale et tire de tout son poids sur la corde. Pour quelle fasse équilibre au câble d'extraction, si on appelle p et ϖ les poids par mètre du câble et de la chaîne, et h et n leurs longueurs, il faut qu'on ait

$$phr = \varpi n \rho.$$

Quand la benne est montée de z, une longueur z de câble a changé de côté par rapport au treuil. Le point de suspension de la chaîne a baissé de $\frac{z\rho}{r}$, et une longueur $\frac{z\rho}{2r}$ pèse sur le point d'amarre et ne tire plus la corde. Si on pose la condition $2z.p.r = \frac{z\rho}{2r}\varpi\rho$ ou $4pr^2 = \varpi\rho^2$, la chaîne continuera à faire équilibre au câble d'extraction. Si les rayons ρ et r sont égaux, on a $ph = \varpi n$, c'est-à-dire que la chaîne pèse autant que le câble d'extraction, et on a $\varpi = 4p$, et $n = \frac{h}{4}$, c'est-à-dire que la chaîne pèse quatre fois plus par mètre courant, et que le point d'amarre est au quart de la profondeur. Il faut placer la chaîne dans une bure dont la profondeur soit au moins $\frac{h}{2}$. Parfois, au lieu d'amarrer la chaîne-contrepoids à un point fixe, on en laisse reposer une partie sur un plancher; mais cela offre cet inconvénient que la chaîne s'emmêle quelquefois. On peut remplacer la chaîne-contrepoids par un vagon placé sur une voie dont la pente est calculée avec soin

Les bobines sur lesquelles les câbles plats s'enroulent en spirale d'archimède donnent un moyen approximatif de régulariser le moment résistant. Nous allons faire le calcul dans l'hypothèse d'un câble cylindrique. Il est un peu différent dans le cas d'un câble diminué. Soit e l'épaisseur du câble. Appelons r et $\theta = 2n\pi$, n pouvant être fractionnaire, les coordonnées polaires d'un de ses points sur la bobine, en prenant pour pôle le centre de la bobine et pour axe polaire la droite qui passe par le point, où le câble quitte la bobine, quand les cages se rencontrent. On a

$$r = \rho + ne.$$

On a très approximativement

$$ds = r\,d\theta = (\rho + ne).2\pi\,dn,$$

et on en tire

$$s = 2n\pi\rho + n^2e\pi,$$

les arcs étant comptés à partir du point correspondant à la rencontre des bennes. Pour l'autre cage, on a de même $s' = 2n\pi\rho - n^2e\pi$. La distance des cages à chaque instant est $s + s' = 4n\pi\rho$. Si h est la hauteur totale du puits, et $2N$ le nombre total des tours pour une ascension complète $h = 4N\pi\rho$. La profondeur de la rencontre au-dessous du jour est $S = 2N\pi\rho + N^2\pi e = \frac{h}{2} + \frac{h^2e}{16\pi\rho^2}$. Les forces d'inertie sont en général négligeables par rapport aux poids, et il suffit d'écrire les conditions d'équilibre statique entre les forces mises en jeu. Si P est le poids de matière utile et P_1 le poids mort, et si p est le poids par mètre du câble supposé cylindrique, au moment où on a enroulé une longueur s de câble depuis la rencontre, on a à monter un poids $P + P_1 + p(S - s)$ avec un rayon d'enroulement $\rho + ne$ et on y est aidé par la descente, d'un poids $P_1 + p(S + s')$ avec un rayon d'enroulement $\rho - ne$. En remplaçant s et s' par leurs valeurs et en posant

$$A = (P + 2P_1 + ph)e + \frac{p^2h^2e^2}{8\pi\rho^2} - 4p\pi\rho^2$$

et $B = 2p\pi e^2$, le moment résistant total est donné par la formule $M = P\rho + An - Bn^3$ et représenté par la courbe ci-jointe (fig. 608). Pour rendre ce moment résistant le moins variable

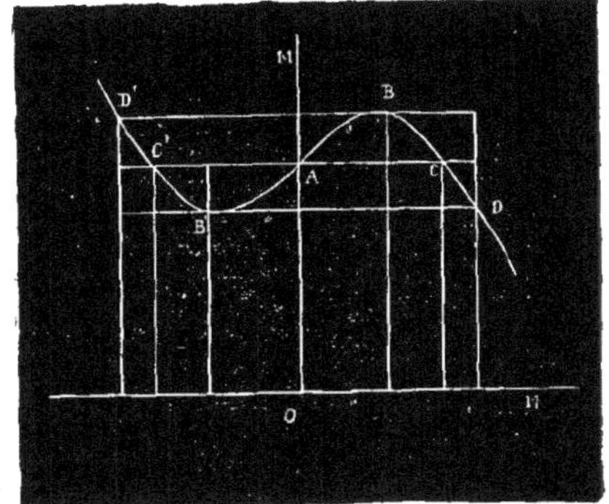

Fig. 608. — *Courbe des moments résistants.*

possible, il faut que A soit positif. Le moment résistant, à l'instant de la rencontre des cages, quand tout s'équilibre, sauf le poids utile est $P\rho$. C'est la valeur moyenne du moment résistant. L'écart entre le moment résistant et sa valeur moyenne passe, pour

$$n = \pm\sqrt{\frac{A}{2B}}$$

par un maximum égal à

$$\pm\frac{2A}{3}\sqrt{\frac{A}{3B}}.$$

Puis il repasse par o pour

$$n = \pm\sqrt{\frac{A}{B}}$$

et reprend une valeur égale au maximum pour

$$n = \pm 2\sqrt{\frac{A}{3B}}.$$

Pour que le moment résistant soit le mieux possible régularisé, il faut que cette dernière valeur de n soit précisément celle qui correspond au commencement et à la fin de la course, c'est-à-dire $\frac{h}{4\pi\rho}$. On a donc la condition

$$2\sqrt{\frac{A}{3B}}=\frac{h}{4\pi\rho}.$$

En remplaçant A et B par leurs valeurs, et en posant $x=\frac{4\pi\rho^2}{eh}$, cette condition devient

$$x^2-x\frac{P+2P_1+ph}{ph}-\frac{1}{8}=o,$$

équation qui a une racine positive et une seule. Cette racine rend $A=\frac{3peh}{8x}$, valeur positive, comme il convient. On détermine ainsi le rayon d'enroulement correspondant à la rencontre. Le rayon initial, c'est-à-dire le rayon de l'estomac, plus l'épaisseur de la fourrure est $\rho-Ne$. En remplaçant N par sa valeur $\frac{h}{4\pi\rho}$, on obtient pour le rayon initial $\rho\left(1-\frac{1}{x}\right)$. Et comme le rayon de l'estomac est connu, on en déduit l'épaisseur de la fourrure. De la sorte l'écart entre le moment résistant et sa valeur moyenne, pendant chaque ascension du câble, passe trois fois par o, et quatre fois par un maximum égal en valeur absolue à $\frac{pe^2h^3}{128\pi^2\rho^3}$, valeur en général inférieure au dixième du moment résistant moyen. Les mêmes calculs permettent de régulariser l'extraction quand on emploie un câble rond enroulé sur un tambour conique. Si d est le diamètre du câble et si α est le demi-angle au sommet du tambour conique $d\sin\alpha$ remplace e dans les calculs précédents. Enfin, un dernier moyen pour atteindre le même but, consisterait à comprimer de l'eau dans un accumulateur, avec l'excédent de force disponible à la fin de chaque ascension, et à récupérer cette force au commencement de chaque ascension.

Pour terminer cette étude sur l'extraction dans les mines il ne nous reste plus qu'à renvoyer à l'article EXPLOITATION DES CARRIÈRES pour les procédés par billon de conduite ou de rappel, et à dire un mot des procédés d'extraction sans câble. Trois procédés ont été proposés pour opérer ainsi l'extraction sans câble.

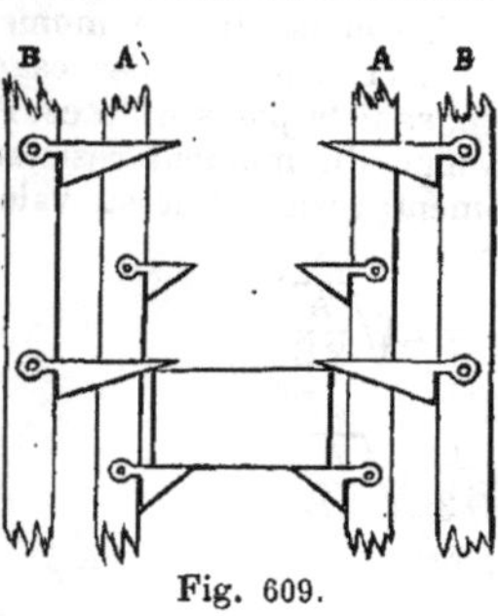

Fig. 609.

Le premier procédé, qui a été établi par M. Méhu, ingénieur de la Compagnie d'Anzin, était une sorte de *Fahrkunst* (V. ce mot), analogue à celles qui servent à la circulation des ouvriers. On avait tout le long du puits deux systèmes de longuerines munies de taquets à talon, pouvant s'effacer si on les soulève, mais pas si on les

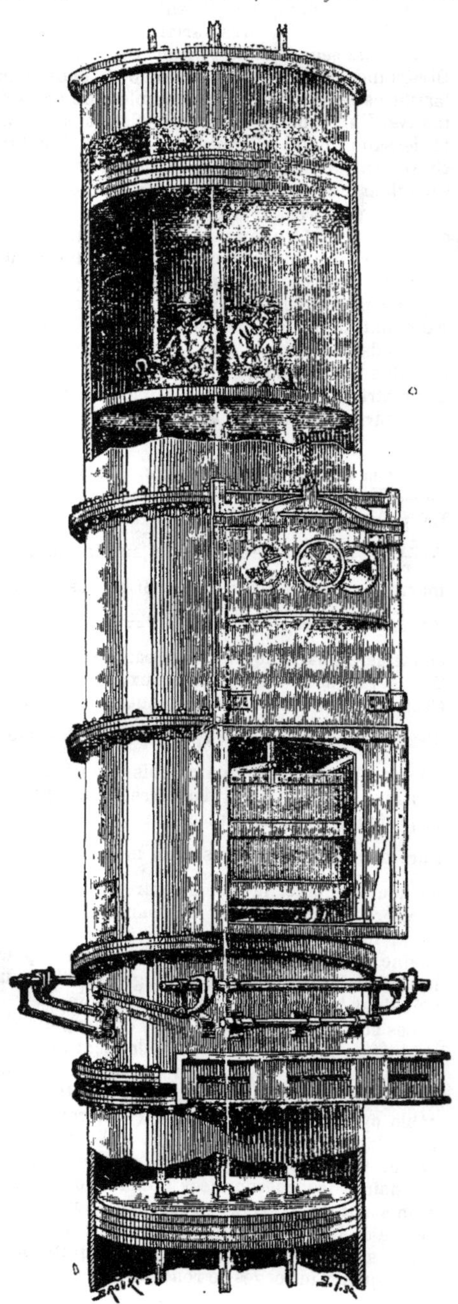
Fig. 610. — *Dispositif du puits d'Epinac.*

abaisse. En élevant les longuerines A, sur les taquets desquelles le vagon repose, on efface les taquets des longuerines B. Si on monte le vagon un peu au-dessus, les taquets redescendent par leur propre poids; on redescend alors les longuerines A et on dépose le vagon sur les taquets des longuerines B. On répète alternativement la même manœuvre avec les longuerines B et A. On peut concevoir un système à double effet dans lequel les longuerines B descendent et montent en même temps que les longuerines A montent et descendent (fig. 609). Ce système a été un peu modifié par M. Guibal, qui a proposé d'employer deux paires de doubles tiges reliées par des planchers, sur lesquels sont placés les vagons. Quand le plancher sur lequel est le vagon arrive à sa position finale, il est soulevé par un taquet et se transforme en un plan incliné qui lance le vagon sur le plancher de l'autre double tige.

Un autre système qui a été essayé à Charleroi dès 1817, consiste dans l'emploi de norias. On peut les guider par les roues dentées placées de distance en distance, et reliées entre elles par des bielles d'accouplement, comme dans les locomotives.

Enfin, un troisième procédé consiste à considérer le puits comme un tube dans lequel circule un piston auquel est suspendue la matière à extraire, et à faire le vide au-dessus. On pourrait aussi envoyer dessous de l'air comprimé. Ce système, dérivant des anciens chemins de fer atmosphériques, avait été appliqué dès la première exposition universelle de Paris, à un monte-charges de haut fourneau. Il a été appliqué sur une grande échelle par M. Blanchet, à Epinac, dans un puits de 1,60 de diamètre à la partie supérieure duquel on raréfie l'air jusqu'à amener sa pression à un tiers d'atmosphère. On suspend au piston un chapelet de 9 chariots contenant chacun 6 hectolitres de charbon. Cela forme un poids utile de 4,000 kilogrammes plus un poids mort de 7,500 kilogrammes. Pendant chaque ascension du piston, le puits s'emplit de l'air de la mine, et on peut s'arranger de façon que, pendant la descente du piston ce volume d'air sort refoulé non dans la mine, mais à l'extérieur. On a ainsi l'avantage d'assurer la ventilation de la mine sans machine spéciale. Cet appareil est représenté par la fig. 610.— A. B.

EXTRADOS. *T. d'arch.* Surface convexe et extérieure d'une voûte. Il est opposé à *intrados*.

EXTRAIT. Ce nom s'applique, d'une manière générale, à des produits renfermant, sous un volume relativement restreint, les principes utiles de différentes matières d'origine végétale ou animale. Ces produits tendent, de plus en plus, à remplacer dans le commerce les matières premières dont ils dérivent, en raison de leur commodité d'emploi et de leur transport facile: il suffira de citer, comme exemple, les *extraits pharmaceutiques* pour faire comprendre l'avantage qu'il y a à employer un extrait qui résume, sous un petit volume, les principes actifs existant dans une masse considérable de matière première.

La préparation des extraits implique tout d'abord la solution du principe qu'on désire isoler; suivant les propriétés de ce principe on emploie tel ou tel dissolvant, mais industriellement on n'utilise que trois corps, l'eau, l'alcool et l'éther; parmi eux, l'eau joue le rôle principal. Le mode d'extraction le plus rationnel est celui qui consiste à saturer le dissolvant de principes utiles par une *lixiviation méthodique*. Les principes utiles étant dissous, il s'agit de les amener à un faible volume : il faut *concentrer* la solution; cette opération s'exécute à l'aide de la chaleur, soit à *l'air libre*, soit dans le *vide* qui présente l'avantage de soustraire les matières organiques à l'action de l'air et qui, de plus, permet de chauffer beaucoup moins les extraits, ce qui évite encore une chance d'altération.

Ces principes généraux exposés nous diviserons notre sujet en quatre parties concernant :

1° Les *extraits colorants* ou *tannants*;
2° Les *extraits de parfumerie*;
3° Les *extraits pharmaceutiques*;
4° Les *extraits de viande.*

Après l'étude de ces quatre grandes classes nous examinerons en particulier les principaux extraits existant dans le commerce.

EXTRAITS COLORANTS OU TANNANTS.

Ces produits jouent un très grand rôle dans l'industrie de la teinture; ils évitent l'emploi de bois et de plantes très volumineux, d'une richesse colorante fort inégale, mais leur usage doit être rigoureusement subordonné à l'honorabilité des maisons qui les préparent, car ces produits se prêtent admirablement à l'application des procédés mis en œuvre par les fraudeurs.

Dans cette étude nous ne nous occuperons que de la préparation des extraits de bois de teinture, renvoyant pour les extraits tels que ceux de garance et d'orseille, aux articles qui traitent spécialement de ces corps.

La préparation des extraits tinctoriaux comporte, tout d'abord, la dissolution du principe colorant; pour que cette dissolution soit aussi complète que possible, il faut que la division du bois soit très grande afin que le dissolvant pénètre facilement les fibres ligneuses. Cette division était réalisée d'une façon très grossière au début de l'industrie que nous étudions; on se contentait de débiter les bois en copeaux au moyen de la hache. Ce procédé fut remplacé avec avantage par le broyage du bois en présence d'eau, de façon à réduire le tout en une pâte qui se prêtait très bien à l'extraction de la matière colorante; le broyage était réalisé à l'aide de meules verticales dont le débit n'était malheureusement pas assez considérable pour que le procédé fut économique. Actuellement, on divise les bois à l'aide de varlopes formées par des couteaux unis ou dentés, suivant qu'on veut produire des copeaux ou de la poudre grossière; dans tous les cas, on ne doit pas pousser trop loin la division du bois afin de conserver à la masse une certaine porosité qui lui permette de s'égoutter facilement. Dans certains cas, avant de soumettre le bois à l'épuisement on l'abandonne à l'air après l'avoir humecté de façon à développer dans la masse une réaction qu'on a reconnue très profitable au développement de la couleur et à son rendement; cette réaction est surtout importante dans le cas du bois de campêche. La qualité de l'eau employée exerce une grande influence sur la nature des extraits et un fabricant expérimenté met à profit cette action pour obtenir à volonté les différents produits que réclame sa clientèle; d'une façon générale on emploie de préférence l'eau distillée provenant des appareils à évaporation. L'épuisement du bois est toujours réalisé à l'aide d'eau chaude de façon à dissoudre beaucoup de produit utile dans peu de liquide ; on a cherché dans cette voie à dépasser le point d'ébullition de l'eau en épuisant les bois sous pression. L'appareil Pierron et Dehaître, construit à cet effet, se compose d'une chaudière sphérique en cuivre, de 400 à 700 litres, pouvant tourner autour d'un axe horizontal et susceptible de résister à une pression de 2 atmosphères. Les copeaux sont introduits par un orifice pratiqué à la partie supérieure de la chaudière que l'on achève de remplir presque complètement avec de l'eau. On ouvre le robinet de vapeur et on ferme l'appareil avec son couvercle en ayant soin de laisser ouvert le robinet supérieur pour que l'air puisse s'échapper. Quand le manomètre commence à indiquer la pression, le liquide est arrivé à l'ébullition, on ferme le robinet d'air et on maintient la vapeur à la pression de 1 atmosphère et demi, pendant quinze à vingt minutes. On ferme alors le robinet d'arrivée de vapeur et on ouvre le robinet de sortie, ce qui permet, vu la pression qui se trouve dans l'appareil, d'envoyer le liquide dans des réservoirs placés aux étages supérieurs, d'où on peut ensuite le distribuer facilement dans toutes les parties de l'usine. Cette méthode a, nous l'avons dit, l'avantage de dissoudre aussi complètement qu'il est possible les principes colorants; mais elle a, d'autre part, l'inconvénient d'augmenter la solubilité des matières étrangères de telle sorte qu'on a des extraits moins purs que lorsqu'on opère la solution à une température peu élevée. La température de 60 à 70° est celle qu'on réalise le plus souvent, elle est combinée avec le principe de la *lixiviation méthodique* qui consiste à traiter le bois à plusieurs reprises par des liquides de plus en plus pauvres en matière colorante. On se sert, à cet effet, de quatre ou six cuviers en bois qu'on peut ranger sur le même plan ; ces cuviers sont munis d'un double fond percé de trous sur lequel on jette les copeaux; dans l'intervalle compris entre les deux fonds se trouve un serpentin percé de trous qui permettent d'injecter de la vapeur dans l'eau dont on couvre les copeaux. Supposons qu'on ait affaire à quatre cuviers renfermant du bois neuf, on soumettra les copeaux du premier cuvier à l'eau chaude, puis, lorsqu'on jugera que l'action est terminée on enverra le liquide dans le second cuvier, soit par l'intermédiaire d'un monte jus, soit à l'aide d'une pompe, puis on élèvera la température à l'aide du jet de vapeur, après quoi on fera circuler le jus dans le troisième cuvier et ainsi de suite ; pendant ce temps on a remis de nouvelle eau dans le premier cuvier puis on l'a fait passer, après épuisement, dans le second cuvier. De cette façon, on voit que lorsque le premier liquide arrive dans le quatrième cuvier, le bois du premier est soumis pour la quatrième fois à l'action de l'eau pure ; dans ces conditions il est épuisé, les copeaux sont enlevés, remplacés par des neufs et le premier cuvier devient ainsi le dernier de la série, c'est-à-dire qu'il recevra l'eau ayant déjà passé sur le bois des trois autres.

Les copeaux de bois épuisés ont été pendant longtemps une grande gêne pour les fabriques d'extraits, mais on est parvenu à réaliser des foyers qui permettent de les utiliser comme combustibles ; le caractère spécial de ces foyers consiste dans un retour des gaz de la combustion vers les copeaux mouillés de façon à en dégager l'humidité qui se trouve entraînée avec les gaz ; ce n'est qu'une fois secs que les copeaux arrivent au foyer proprement dit et sont brûlés. Quant à la solution colorante, quel que soit son mode de préparation, sa densité varie suivant les bois de 1°,5 à 3° Baumé ; après dépôt on l'envoie dans les appareils d'évaporation qui fonctionnent, soit à l'air libre, soit dans le vide. Dans les appareils à l'*air libre* on augmente autant que possible la surface d'évaporation ; on arrive à ce résultat de deux manières différentes. Le système des *lentilles* consiste en un arbre horizontal en cuivre creux sur lequel sont soudées de distance en distance des enveloppes creuses qui affectent la forme de grandes lentilles à la surface desquelles on scelle de petits augets. L'arbre est appuyé à ses deux extrémités sur deux tourillons fixés sur les bords d'une grande caisse en tôle de cuivre affectant la forme d'un demi cylindre et soutenue par une enveloppe de bois; de cette façon, la caisse étant remplie de solution colorante et l'arbre animé d'un mouvement de rotation, la moitié environ de la surface des lentilles plonge dans le liquide, et si l'on vient à faire passer dans le système un courant de vapeur d'eau, la couche de liquide qui couvre les lentilles s'évapore. L'évaporation de cette faible quantité de liquide étant très rapide, le travail serait peu considérable et il y aurait un grand inconvénient à exposer la couche d'extrait sec à l'action de la haute température de la vapeur, c'est pour cela qu'on ménage à la surface des lentilles des augets qui écoulent au fur et à mesure de la rotation le liquide qu'ils ont puisé dans l'auge, de manière que tout le système d'évaporation soit constamment humecté pendant son fonctionnement. La vapeur non condensée peut être utilisée pour le chauffage des cuves d'extraction ; quant à l'eau chaude de condensation on s'en sert pour l'épuisement des bois.

Tout le système est recouvert d'une hotte surmontée d'une trémie élevée afin d'entraîner les vapeurs.

Les lentilles sont remplacées dans quelques fabriques par un système composé de deux enveloppes cylindriques de cuivre de diamètres assez différents pour que dans l'espace qui existe entre eux on puisse faire circuler un courant de vapeur. Le tout est placé sur une cuve semblable à celle du système précédemment décrit, et en faisant tourner l'appareil à *double enveloppe* on humecte les deux surfaces du liquide soumis à l'évaporation ; en disposant suivant deux ou trois génératrices des cylindres de petites auges, on peut entretenir à la surface des enveloppes une couche de liquide suffisante pour éviter la dessiccation de l'extrait. La solution de colorant est amenée dans ce système jusqu'à ce que l'extrait marque le degré voulu, soit 20 ou 30° Baumé. Il arrive parfois qu'on arrête l'évaporation lorsqu'elle n'est que partielle et qu'on abandonne au repos de manière à laisser déposer les matières étrangères, de nature résineuse le plus souvent, entraînées à la faveur du grand volume d'eau lors de l'extraction et qui se précipitent au cours de l'évaporation, soit à cause de leur solubilité moindre, soit en raison de leur altération rapide au contact de l'air. Les extraits préparés avec les liquides ainsi purifiés sont plus appréciés et portent, suivant le point où on les a arrêtés et celui où on les amène, les noms d'*extraits 5/30 6/30 7/30° Baumé.*

Quant aux appareils d'*évaporation dans le vide*, nous ne nous engagerons pas dans leur description; ils ont, d'ailleurs, la plus grande analogie avec les appareils à double ou *triple effet* utilisés dans les fabriques de sucre. Ces appareils permettent d'éviter le contact de l'air, l'évaporation se fait à basse température et dans des conditions d'économie telles que la vapeur dépensée est deux fois moindre qu'avec les appareils à air libre; il y a donc un grand avantage à les employer puisqu'on obtient avec eux des produits plus beaux et d'une préparation moins coûteuse.

M. Varillat a imaginé de pousser l'évaporation des extraits plus loin qu'on ne le fait généralement, et de les amener à l'*état sec* en les agitant continuellement sur une aire métallique chauffée par un bain marie et couverte d'une enveloppe où on peut faire un vide de 60 à 65 centimètres; la concentration de ces extraits étant fort longue, il en résulte que leur prix de revient est trop élevé pour qu'ils puissent lutter avec les extraits courants du commerce, aussi a-t-on abandonné assez généralement leur mode de préparation.

Le rendement en extrait sec est de 15 0/0 du poids du bois dans le cas du campêche, et de 12 à 12,5 0/0 dans le cas des bois rouges et jaunes.

Extrait de Campêche. On en rencontre plusieurs variétés dans le commerce. L'extrait sec de Campêche *Haïti* est très pur et sert en teinture pour la fabrication des bleus foncés sur laine. L'extrait sec *prima* ou n° 1, que l'on emploie pour les noirs sur coton ou sur laine est généralement mélangé à des proportions variables de mélasse ou d'extraits de matières astringentes; cette addition de mélasse ne peut pas être considérée comme une falsification, car elle prévient l'oxydation de la matière colorante. L'*extrait en pâte* sert pour les couleurs mélangées; enfin les extraits liquides à 30° Baumé, n° 1, 15, 10 et 5° Baumé sont employés pour la fabrication des noirs et des gris et sont généralement additionnés de mélasse ou de matières astringentes. — V. CAMPÊCHE.

Extrait de châtaignier. Ce produit doit son importance à la forte proportion de tannin qu'il renferme, ce qui rend son emploi précieux pour la préparation des noirs de fer, dans l'industrie de la teinture. Il a été fabriqué en grand, tout d'abord, par Michel, de Lyon, il y a une trentaine d'années ; son usage a pris, depuis cette époque, une grande extension et en raison des nombreuses fabriques qui existent dans l'Ardèche, la Savoie, en France et le Piémont, en Italie, les prix ont baissé énormément dans ces dernières années.

Extrait de bois jaune. Ce produit se présente, soit à l'état sec sous le nom d'*extrait de Cuba*, soit à l'état fluide et marquant 30° Baumé. Les meilleures qualités sont préparées avec les bois de Cuba, de Tampico et de Tuspan.

Extrait de Quercitron. Il affecte la forme solide ou liquide. Sa préparation est assez longue en raison du peu de solubilité que présente la matière colorante qu'il renferme. Le chêne dont l'écorce fournit cet extrait est cultivé surtout dans l'Amérique du Nord.

Extraits de bois rouges. Ces produits dérivent de diverses sortes de bois rouges compris généralement sous la dénomination de *bois de Brésil*; autrefois, le plus employé était le *bois de Fernambouc*, aujourd'hui, le sappan et le lima tiennent la tête. Les extraits sont solides ou liquides et alors ils marquent, soit 20, soit 30° Baumé; ils renferment fréquemment, à cet état, du glucose ou de la dextrine.

Usages des extraits. Les extraits colorants sont employés en teinture et dans la préparation de laques utilisées par les fabricants de papiers peints et les imprimeurs typographes et lithographes.

A côté de ces extraits il existe des produits dérivés des matières tannantes et qu'on emploie en teinture pour la préparation des noirs de fer et dans l'industrie des cuirs pour le tannage. Il est vrai de dire qu'à côté de l'économie de temps que réalise le tanneur en employant ces produits, puisqu'il arrive en deux mois à obtenir des cuirs qu'il ne peut avoir qu'au bout de quinze mois en suivant la méthode ancienne, il y a une infériorité réelle des cuirs préparés par ce *procédé rapide* et les maisons qui ont souci de leur réputation sont loin de donner la préférence à ce nouveau mode de tannage ; tout au plus enrichissent-elles le tan avec ces extraits de façon à accélérer le tannage sans risquer toutefois de nuire à la qualité de leurs produits.

La fabrication des extraits a été créée en France par M. Charles Meissonnier et cette industrie semble rester fidèle à son origine ; cependant, l'Amérique envoie depuis quelques années en Europe, des extraits qu'elle fabrique beaucoup plus économiquement que nous, sur les lieux mêmes de la production du bois. Mais la qualité parfaite de nos extraits français permet à nos producteurs, malgré le bon marché des extraits étrangers, d'en exporter encore des quantités considérables.

Bibliographie : Traité des matières colorantes, de SCHUTZEMBERGER; *Chimie industrielle*, de GIRARDIN; *Dictionnaire de chimie*, de WURTZ; *Rapports du jury de l'Exposition universelle de 1878*, cl. 47; *Communications inédites.*

EXTRAITS DE PARFUMERIE

Les produits qu'on désigne sous ce nom sont des dissolutions de parfums d'origine végétale ou animale dans un liquide approprié : l'alcool est le véhicule le plus souvent employé. Les extraits portent, en général, le nom de la matière à laquelle ils doivent leur parfum, mais il est des cas où l'on donne le nom d'une plante à un extrait qui en rappelle l'odeur, sans toutefois que la plante citée y soit pour quelque chose; on arrive à ce résultat en combinant divers parfums, de telle sorte que le *bouquet* qu'on obtient n'ait l'odeur d'aucun des composants, mais une odeur résultante qui rappelle celle de la plante invoquée.

Les extraits s'emploient le plus souvent pour le mouchoir; ils peuvent être préparés de trois manières : 1° par *macération* de la matière odorante dans le solvant; 2° par *dissolution* dans un liquide approprié de l'huile essentielle obtenue, soit par distillation, soit par extraction à l'aide d'un solvant convenable; 3° par le traitement alcoolique des *corps gras enfleurés*.

Extraits préparés par macération. Ce procédé présente l'avantage d'extraire complètement le parfum des matières traitées, sans que ce parfum subisse aucune altération; de plus, l'alcool dissout des corps gras et résineux qui *fixent* le parfum lorsqu'on vient à étendre l'extrait sur une surface, et que le solvant disparaît sous l'influence de l'évaporation. Cet avantage est diminué, il est vrai, par l'inconvénient qui résulte de la coloration des liquides tenant les matières étrangères en solution. Lorsqu'on n'a à préparer que de petites quantités d'extraits, il est un instrument très commode qu'on peut employer avec avantage, c'est le *mélangeur-agitateur à extraits;* il consiste en un arbre qu'on peut animer d'un mouvement de rotation, soit à la main, soit mécaniquement; aux extrémités de cet arbre s'élèvent perpendiculairement des bras terminés par des fourches disposées de telle façon qu'en posant une fiole sur deux d'entre elles, l'axe de cette fiole soit dans un plan différent de l'axe de rotation. Les fioles qu'on emploie sont terminées par des goulots à leurs deux extrémités, et ce sont ces goulots qu'on engage dans les fourches de l'appareil; on comprend, de cette façon, qu'en animant l'arbre d'un mouvement de rotation, on modifie continuellement la surface de contact de la matière et du solvant, et on favorise considérablement l'extraction du parfum. Dans les parfumeries importantes, on opère sur de gros volumes d'extraits qu'on prépare en laissant macérer plus ou moins longtemps les produits dans des réservoirs de cuivre. Nous avons eu l'occasion de voir une installation de ce genre fort bien conçue : le réservoir d'alcool se trouvait au rez-de-chaussée d'un bâtiment dont le sous-sol était occupé par une série de réservoirs en tôle de cuivre disposés deux par deux; chaque paire contenant le même extrait, on laissait le liquide d'un des réservoirs se reposer, tandis qu'on débitait l'autre. A mi-hauteur de ce sous-sol se trouvait un récipient en cuivre d'assez grande capacité où se faisait la macération; un tube métallique amenait l'alcool, une ouverture permettait de jeter le produit odorant sur un faux fond percé de trous, puis on fermait le tout, et à l'aide d'un agitateur à palettes qu'on pouvait mouvoir de l'extérieur à l'aide d'une manivelle, on remuait de temps en temps la masse pour favoriser l'extraction; après un temps de contact suffisant, on envoyait le liquide sur un filtre de feutre pour séparer les parties solides entraînées, puis de là le liquide éclairci se rendait dans le réservoir à extraits. La matière épuisée était extraite de l'appareil par un trou d'homme disposé latéralement à la partie inférieure de l'appareil.

Extraits obtenus par dissolution des essences. Ce sont les plus commodes à préparer puisqu'ils résultent d'une simple dissolution des parfums dans l'alcool, mais ce sont les moins recherchés parce qu'ils ne présentent pas, en général, le parfum pur et suave de la matière première. Cette altération est due aux procédés suivis pour l'extraction des corps odorants. Les *essences,* notamment, sont préparées le plus souvent par distillation, soit à feu nu, soit à la vapeur; quel que soit le mode de chauffage, le parfum, sous l'influence de l'eau, de l'oxygène de l'air et de la température, subit une transformation quelquefois peu importante comme dans le cas des huiles essentielles retirées du cèdre, des limons, du cédrat, etc.; mais le plus souvent perfide pour la bonté du produit.

Toutes ces mauvaises conditions sont évitées en suivant le mode d'extraction des parfums imaginé par M. Laurent Naudin, et que nous croyons appelé à un grand avenir industriel. Ce procédé consiste à dissoudre les parfums, puis à distiller la solution dans le vide et à basse température.

Nous extrayons du Bulletin de la Société chimique de Paris (t. 38, p. 586, année 1882), la description de l'appareil de M. Naudin, dont la figure 611 donne une idée très complète; il se compose :

1° D'un vase A (digesteur) dans lequel on extrait le parfum par contact du liquide volatil avec la matière odorante. On peut, au lieu d'un vase unique, avoir une série de vases, communiquant entre eux, de manière à obtenir un épuisement méthodique.

2° D'un vase B (décanteur) dans lequel la solution parfumée est purgée par décantation de la partie aqueuse des fleurs fraîches, entraînées mécaniquement pendant la digestion.

3° D'un vase C (évaporateur) où se fait la distillation du solvant volatil et où le parfum se dépose.

4° D'une pompe aspirante et foulante P servant: (*a*) à activer la distillation du solvant volatil par aspiration de ses vapeurs et leur liquéfaction, par refoulement dans le réfrigérant F. (*b*) à enlever, dans un but économique, à la fin de l'opération, les dernières traces du solvant qui pourraient subsister dans les diverses parties de l'appareil, et à les refouler dans le réfrigérant F.

5° D'un réfrigérant tubulaire F où se fait la condensation du liquide volatil. Ce condenseur est refroidi par un des procédés connus : ammoniaque, acide sulfureux, etc...

6° D'un récepteur R servant à emmagasiner le solvant employé.

7° Trois vases A, B, C, et le réfrigérant F peuvent être tenus hermétiquement clos au moyen de joints. Le tube TT'', qui commande tout l'appareil, distribue le vide par la pompe pneumatique P'. Ce tube est en communication avec les vases A, B, C, par les tubes *t*, *t'*, *t''*, munis de robinets. Les rentrées d'air se font à volonté par 2, 2', 2'', 2''', ou au moyen d'air comprimé provenant de l'air extrait de l'appareil et refoulé dans un petit récipient spécial. Des manomètres *m*, *m'*, *m''*, indiquent à tout moment l'état du vide dans chaque vase. Le niveau du liquide solvant est indiqué par un regard en verre sur chaque vase (voir E et A). Les vases A et C sont entourés d'une double enveloppe permettant l'introduction à volonté de vapeur d'eau chaude ou d'eau froide.

Fonctionnement. Cela posé, voici comment fonctionne l'appareil : les fleurs, les feuilles, etc..... sont introduites dans le digesteur A, et renfermées dans un panier indiqué en U. Le joint est fait, et le vide obtenu en ouvrant le robinet *t*. Par l'effet seul du vide, on fait monter du récepteur R, par le tube *nn'*, une quantité de solvant déterminée à l'avance par un trait marqué sur le regard en verre E. Après avoir laissé ces matières en contact pendant un temps convenable, 15 minutes au plus, on fait passer le liquide solvant chargé du parfum du vase A dans le vase B, en communication avec le vase A au moyen du tube VX qui part de la base du vase A. L'eau contenue dans les fleurs est entraînée mécaniquement par le solvant.

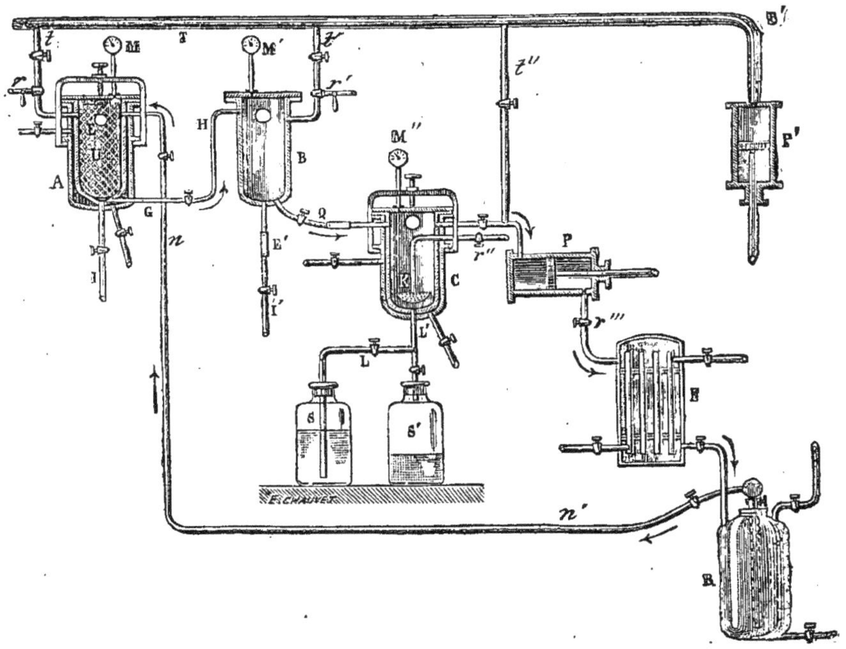

Fig. 611. — *Appareil d'extraction des parfums.*

Elle se dépose à la partie inférieure du vase B, et est expulsée au dehors par le tube I. Un regard en verre E' permet de séparer nettement les deux couches liquides. On établit la communication entre l'évaporateur C et le réfrigérant F, puis on fait le vide par le tube *t''*. On laisse alors écouler du vase B le dissolvant chargé de parfum, purgé d'eau, dans l'évaporateur C. On ferme la communication entre B et C, et on refroidit énergiquement F, comme il vient d'être dit, et l'on met la pompe P en action. Les vapeurs du solvant sont aspirées en C, puis refoulées et condensées rapidement en F. Pendant le cours de la distillation la température de l'évaporateur C est maintenue au degré de celle de l'atmosphère ambiante. A cet effet, on restitue par un courant d'eau ordinaire dans la double enveloppe, la chaleur latente empruntée au solvant volatil par sa transformation en vapeurs.

Lorsqu'on dispose d'une source de froid très énergique, l'emploi de la pompe P comme moyen de liquéfaction peut être supprimé. Dans ce cas, les vapeurs passent directement de C en F. Le solvant laisse, après évaporation complète, sur les parois de l'évaporation C, un résidu blanc ou diversement coloré, tantôt solide, tantôt liquide, tantôt oléagineux ou demi fluide, et devenant toujours solide au bout de quelque temps.

Lorsque la distillation est terminée, on laisse écouler le liquide distillé, condensé en F dans le récipient R. Si la distillation a été faite à température suffisamment basse, ce liquide n'a pas entraîné sensiblement de matière odorante, et peut être employé à nouveau pour des opérations à faire sur des parfums différents. Le parfum mélangé à la cire des fleurs ou des feuilles, dissoute elle-même par l'éther doit être séparé de cette dernière. Pour cela, en maintenant le vide en C, on fait monter par le tube L une quantité donnée de l'alcool contenu dans le vase S; on laisse en digestion quelque temps. On favorise la dissolution par des rentrées d'air qui agitent violemment la masse en K', après quoi on laisse écouler le liquide dans le vase S' qu'on refroidit à 10° pour précipiter la cire, tandis que le parfum reste dissous dans l'alcool. On filtre pendant le refroidissement. Le parfum ainsi préparé constitue un alcoolat.

Les fleurs épuisées, renfermées dans le digesteur A, retiennent mécaniquement une certaine quantité de solvant. Pour le recueillir, on chauffe la masse par introduction de vapeur dans la chemise extérieure, et l'on condense le liquide dans un réfrigérant spécial. L'emploi du vide permet de récupérer la totalité du solvant mis en œuvre.

Les avantages présentés par cette machine, à circulus dans le vide, peuvent se résumer ainsi :

1° Suppression de tout danger d'incendie;

2° Extraction rapide et complète des parfums, quelle que soit leur altérabilité. Leur dissolution en quelques heures dans un véhicule approprié (alcool, huile, graisse ou glycérine);

3° Obtention de parfums purs avec toute leur suavité par suite de la basse température d'extraction;

4° Exploitation de nouvelles fleurs permettant l'emploi de nouveaux parfums;

5° Condensation des parfums sous un volume excessivement petit, et sous une forme indéfiniment convenable;

6° Plus-value considérable de tous les rendements anciens de tous les parfums;

7° Emploi des liquides extrêmement volatiles, parmi lesquels on a essayé :

	Point d'ébullition
L'hydrure de butyle.	0°
L'hydrure d'amyle.	30°
Le chlorure d'éthyle.	9°
Le chlorure de méthyle.	— 23°

Les divers extraits préparés en partant des essences se font en parfumant 1 litre d'alcool avec les proportions suivantes d'huiles essentielles ;

Essence de cédrat	100	grammes.
— de géranium à odeur de rose. .	125	—
— de patchouly	8	—
— de rose	20	—
— de santal..	20	—

EXTRAITS OBTENUS PAR TRAITEMENT DES CORPS GRAS ENFLEURÉS.

L'*enfleurage* consiste à extraire le parfum des plantes par des corps gras, tels que le saindoux ou la graisse de bœuf. Cette opération se pratique sur une grande échelle dans le midi de la France. — V. ESSENCE.

Pour préparer un extrait à l'aide d'une graisse parfumée, il faut la diviser autant que possible, de manière à offrir au dissolvant une large surface de contact. Cette condition est réalisée en fondant le corps gras et en le coulant doucement dans l'alcool froid; il est divisé ainsi en petites gouttelettes que le dissolvant pénètre facilement. La proportion d'alcool varie suivant l'intensité odorante de la graisse parfumée; ainsi, l'extrait de cassie se prépare en maintenant en présence, pendant trois ou quatre semaines, 3 kilogrammes de pommade de cassie et 5 litres d'esprit de vin; l'extrait de jasmin demande 1 kilogramme de graisse parfumée par litre d'alcool. Après une période de contact assez prolongée on n'a plus qu'à filtrer pour avoir un produit bon à livrer en nature ou mélangé à d'autres extraits pour réaliser des bouquets.

L'extraction des parfums par les corps gras présente quelques inconvénients résultant de la solubilité partielle de ces corps gras dans l'alcool et de leur altération au contact de l'air; aussi a-t-on songé à les remplacer par d'autres matières telles que la *paraffine* et la *vaseline* qui sont des carbures d'hydrogène inaltérables à l'air et peu solubles dans l'alcool. Malgré les avantages que présentent ces matières leur emploi est encore fort limité.

Bibliographie : Des odeurs et des parfums, PIESSE, lib. Germer Baillière; *Bulletin de la Société chimique de Paris*, année 1882; *Communications inédites*.

EXTRAITS PHARMACEUTIQUES

Ces extraits sont le résultat de l'évaporation jusqu'à consistance molle ou sèche de véhicules contenant en solution des principes médicamenteux. Leur composition est toujours fort complexe, car, par le fait même de leur préparation, les principes actifs se trouvent dilués dans une proportion, quelquefois considérable, de corps neutres qu'on n'a pu séparer; en outre, une partie de ces produits se transforment, au cours de la concentration de leur solution, au point que certains extraits donnent, une fois achevés, une assez grande quantité de produits insolubles lorsqu'on les soumet à l'action du véhicule qui les tenait en solution au début.

Le choix du liquide qui doit servir à préparer un extrait, a une très grande importance puisqu'il s'agit non seulement d'extraire un principe médicamenteux, mais encore de le séparer des corps qui l'accompagnent. En ce qui concerne les plantes, cette séparation est considérée comme plus commode, par certains auteurs, lorsque le végétal est frais car, d'après eux, le transport des liquides d'épuisement se fait mieux à travers les parois des cellules encore pleines de suc; les adversaires de cette théorie disent avec juste raison que les sucs végétaux amènent en dissolution ou en émulsion, des masses de produits étrangers aux corps qu'on recherche et que par conséquent on doit s'adresser de préférence aux plantes sèches. Nous pensons qu'il est impossible d'indiquer une règle absolue en pareille matière et que dans certains cas il sera plus avantageux de traiter la plante sèche tandis que dans d'autres cas ce sera le contraire; les propriétés du principe actif qu'on veut séparer, celle des corps qui l'accompagnent doivent décider de la marche à suivre. Suivant le véhicule qu'on emploie pour amener les principes médicamenteux à l'état de solution, on donne aux produits terminés le nom d'*extraits aqueux, alcooliques, acétiques, éthérés*, etc.

Nous admettrons pour la classification des extraits aqueux l'ordre adopté dans l'*officine* :

1° *Extraits dérivés des sucs de fruits ;*

2° *Extraits dérivés de sucs de plantes dépurés ;*

3° *Extraits dérivés de sucs de plantes non dépurés;*

4° *Extraits aqueux proprement dits, obtenus par macération, infusion, décoction, ou lixiviation des matières médicamenteuses.*

Nous ne nous étendrons pas sur l'étude des procédés mis en œuvre pour la préparation des extraits rangés dans les trois premières catégories. Il s'agit, en effet, des sucs obtenus par pression, soit des plantes entières, soit des fruits; ces sucs, après repos, sont amenés à l'état d'extraits par la concentration; dans d'autres cas, on enlève à ces sucs certains éléments étrangers, qu'on précipite le plus souvent par des réactifs appropriés, puis on concentre le suc dépuré.

Nous développerons, au contraire, la quatrième classe d'extraits, en raison de son importance, tant au point de vue du nombre des produits préparés à l'aide de cette méthode qu'au point de vue des appareils qu'elle met en œuvre. Toute opération relative à l'extraction d'un principe actif est précédée de la *division* de la matière première afin

Fig. 612. — *Atelier de préparation des extraits.*

que celle-ci offre la plus grande surface de contact possible au dissolvant. Cette division est réalisée le plus souvent par le concassage et le *broyage*.

La *macération* consiste à laisser en contact pendant un certain temps la matière première avec le véhicule extracteur, de manière à pénétrer peu à peu la masse de la matière traitée et à en retirer le plus possible de principes utiles.

L'*infusion* met à profit la différence de solubilité souvent très grande que présentent la plupart des corps lorsqu'on les met en contact avec un véhicule soit chaud, soit froid.

La *décoction* est une sorte de macération à chaud qui a l'avantage sur cette opération de provoquer dans la masse traitée, sous l'influence de la chaleur, un mouvement continuel qui renouvelle les surfaces de contact et désagrège peu à peu les tissus de la matière traitée.

La *lixiviation* est une méthode d'épuisement très rationnelle qui permet, à l'aide d'un volume relativement restreint de solvant, d'extraire une grande quantité de produits solubles.

La *lixiviation* d'une matière quelconque est grandement accélérée par l'état de division de cette matière, à la condition, toutefois, que cette division ne soit pas exagérée; en effet, un véhicule pénètrera facilement une poudre dont les grains seront moyennement gros, tandis qu'il n'en sera plus de même si ces grains atteignent une ténuité exagérée.

Le premier appareil pratique de lixiviation dit *de déplacement* est celui qu'indiqua Guibourt; il nécessitait l'emploi de grandes quantités de dissolvant, tandis que l'appareil construit par Payen permettait de pratiquer l'extraction avec un volume restreint de dissolvant.

Nous renverrons le lecteur aux traités spéciaux pour l'étude de la construction et du fonctionnement de ces deux appareils qui ont été modifiés par beaucoup d'inventeurs, de manière à les adapter à l'extraction industrielle de nombreux principes médicamenteux.

Après avoir exposé les diverses méthodes suivies pour amener les principes actifs à l'état de solutions, nous allons décrire maintenant les procédés qu'on met en œuvre pour concentrer ces solutions.

Autrefois, la préparation des extraits se faisait en concentrant tout simplement à feu nu les solutions, dans des bassines en métal; il en résultait une élévation de température nécessairement égale à 100° pendant le cours de l'évaporation; si l'on tient compte, d'autre part, qu'on avait intérêt à augmenter autant que possible la surface d'évaporation, on voit qu'on réunissait ainsi les deux principales causes d'altération des corps organiques; la chaleur et l'oxydation, et on comprend qu'elle était l'importance de cet *apothème* ou *extractif oxygéné* qui représentait le produit insoluble résultant de l'altération de divers principes. Cet inconvénient fut bien diminué par l'emploi de bassines chauffées à la vapeur où le contact direct du feu n'existe plus. Ce système d'évaporation, fort répandu actuellement, consiste en des bassines de cuivre très larges et peu profondes s'appliquant sur des ouvertures pratiquées dans le couvercle d'une boîte à eau maintenue continuellement en ébullition; les établissements qui ont une chaudière à vapeur ont avantage à envoyer dans la boîte un courant de vapeur. L'évaporation de l'extrait peut-être accélérée, ainsi que cela se fait à l'usine de la Société des produits pharmaceutiques dirigée par M. Adrian, à l'aide d'un petit agitateur mécanique fixé à un arbre vertical animé d'un mouvement de rotation; de cette manière, la masse étant continuellement remuée le chauffage en est très régulier.

Le progrès définitif dans l'obtention des extraits pharmaceutiques fut réalisé le jour où l'on adopta le système d'évaporation dans le vide, mis à profit depuis longtemps dans les sucreries pour l'évaporation des jus sucrés.

La figure 612 qui représente l'atelier de préparation des extraits de la Société des produits pharmaceutiques, nous montre dans le coin de gauche un appareil de concentration dans le vide, dont le système est très généralement adopté. Il consiste en un récipient en cuivre très solide dans lequel on verse la solution à réduire, laquelle est chauffée par un serpentin de vapeur, disposé dans la partie inférieure du récipient; la vapeur d'eau qui se dégage se rend par un col de cygne dans un petit réservoir en cuivre, d'où elle passe dans un second réservoir du même genre, où elle subit l'action d'une pluie très fine qui la condense, et entraîne, par cela même, une diminution de la pression régnant dans l'appareil; cette pluie s'échappe d'une pomme d'arrosoir où aboutit une conduite d'eau froide; l'eau de condensation est enlevée par une pompe qui entraîne en même temps l'air de l'appareil, de telle sorte que la dépression augmentant peu à peu, l'ébullition du liquide extractif arrive à se faire à une température relativement basse, et les éléments qu'il renferme en solution sont, par conséquent, à peine altérés. Le réservoir interposé entre l'alambic et le condenseur est là pour offrir un refuge à l'extrait dans le cas où il viendrait à mousser et à passer dans le col de cygne. Il y a intérêt, pour le bon fonctionnement de l'appareil, à ne pas introduire la solution extractive tout d'un coup dans l'alambic, mais peu à peu, afin de favoriser, à chaque effusion nouvelle, l'ébullition de la masse entière. Deux lunettes disposées face à face dans la paroi de l'alambic, permettent de se rendre compte de l'avancement de la concentration en examinant l'apparence que présente la matière éclairée, par une lumière qu'on peut disposer derrière le carreau opposé à celui où l'on regarde.

Les extraits préparés dans le vide sont plus hygrométriques et moins colorés que les extraits obtenus par évaporation à l'air; de plus, ces derniers renferment une proportion quelquefois assez forte de produits insolubles dans le liquide qui les tenait dissous tout d'abord, tandis que les premiers restent presque entièrement solubles.

Les avis sont très partagés sur la consistance qu'il vaut mieux donner aux extraits pharmaceutiques; Dausse invoque en faveur de l'état sec la facilité de mieux doser les proportions d'extrait; mais, en desséchant les extraits, on enlève leur eau d'hydratation, et il en résulte une insolubilité partielle. Les extraits mous ont le grand inconvénient d'être d'une conservation difficile, aussi le point le plus convenable est-il celui d'une pâte ferme capable d'être convertie en pilules. L'extrait bien préparé ne doit jamais être tout à fait noir; il doit avoir l'odeur et la saveur du produit d'origine, et donner une solution aqueuse claire.

En ce qui concerne les proportions des divers extraits fournies par les plantes, nous renverrons le lecteur au codex. Il est une variété d'extraits qui prend beaucoup d'importance depuis quelques années, ce sont les *extraits fluides*, qui permettent au pharmacien et même au malade de préparer immédiatement un médicament en diluant l'extrait dans une proportion déterminée d'un liquide convenable. La bonté de ces produits ne peut être garantie que par l'honorabilité de la signature qui les couvre, et leur emploi est en général très aléatoire.

Bibliographie : Codex médicamentarius, 1883; *Officine de Dorvault; Rapports du jury de l'Exposition universelle de 1878*, cl. 47; *Communications inédites.*

EXTRAITS DE VIANDE

Ce produit est le résultat de l'évaporation au bain-marie du *bouillon de bœuf* préparé de la façon ordinaire; il contient, concentrés sous un faible volume, les éléments de la viande solubles dans l'eau chaude.

L'*extrait de viande*, universellement connu en raison de la grande autorité du chimiste allemand Liebig, qui imagina la préparation de cet aliment, est fabriqué très en grand dans un établissement créé, en 1863, à Fray-Bentos, dans la république de l'Uruguay. Dans ce pays les bêtes à cornes sont extrêmement nombreuses et à un prix très bas, de telle sorte que la préparation de l'extrait de viande peut s'y faire dans des conditions de bon marché exceptionnelles. La chair des animaux abattus est immédiatement découpée, hachée mécaniquement, puis mise à macérer à la vapeur dans de vastes bouilloires; le bouillon, séparé de la graisse et clarifié, est évaporé jusqu'à consistance convenable dans des appareils à cuire dans le vide, analogues à ceux des sucreries : 32 kilogrammes de viande de bœuf, exempte de graisse et d'os, fournissent à peu près 1 kilogramme d'extrait dont 8 à 12 grammes suffisent pour reproduire 1 litre de bon bouillon.

L'usage de cette préparation culinaire se répand de plus en plus à mesure que s'élève le prix de la viande de boucherie.

M. Berjot, de Caen, a imaginé d'obvier à l'inconvénient reproché à l'extrait de viande pure, de ne pas donner un bouillon aussi agréable que celui préparé dans les ménages, en préparant un extrait de légumes frais qui aromatise d'une façon très heureuse le bouillon si on le prépare de la façon suivante :

Extrait de viande	10 grammes.
— de légumes	1 —
Graisse de porc.	1 —
Sel.	10 —
Eau bouillante.	1 litre

M. Martin de Lignac a observé que non seulement la température de l'ébullition mais aussi l'évaporation poussée au-delà d'un certain terme faisait perdre au bouillon son arome. C'est pour éviter cette altération que l'auteur conseille de ne pas élever la température d'évaporation au-delà de 45 à 50° et d'arrêter l'opération lorsque l'extrait marque 6 ou 7°. On en remplit alors des boîtes cylindriques en ferblanc d'un quart de litre, représentant le produit de 1 kilogramme de viande; on soude une plaque de ferblanc circulaire sur l'ouverture qui est de 2 centimètres environ, puis on place les boîtes dans un bain-marie clos où elles sont chauffées à 105° durant une demi-heure. Cette température suffit pour tuer les ferments que les vases et le bouillon pouvaient contenir et la fermeture hermétique s'oppose à tout accès des ferments. Payen assure qu'il a pu garder cet extrait pendant plusieurs années sans qu'il ait subi aucune altération; le bouillon est préparé en étendant l'extrait de dix à douze fois son volume d'eau bouillante. — ALB. R.